高层建筑施工手册

（第三版）

主　编　杨嗣信

副主编　高玉亭　程　峰　侯君伟　吴　琏

中国建筑工业出版社

图书在版编目（CIP）数据

高层建筑施工手册/杨嗣信主编．—3版．—北京：中国建筑工业
出版社，2016.12
ISBN 978-7-112-19769-9

Ⅰ.①高… Ⅱ.①杨… Ⅲ.①高层建筑-工程施工-技术手册
Ⅳ.①TU974-62

中国版本图书馆 CIP 数据核字(2016)第 213575 号

本手册第三版的修订，仍然遵循突出高层，简化一般，增添新结构、新技术、新材料、新机具、新工艺，删除陈旧技术的原则。第三版共 10 章，计有：概述、高层建筑施工测量、脚手架工程、高层建筑基础深基坑工程施工、桩基础、混凝土结构工程、预应力工程、钢结构工程、建筑防水工程、建筑节能工程施工技术。

近十几年来，我国在建筑施工技术方面发展很快，特别是作为一种节能环保可持续发展的结构材料——钢结构，已在超高层建筑中得到广泛应用；混凝土结构工业化、机械化程度大大提高；新型模板逐步推广，钢筋加工实现工厂化生产；防水和节能保温材料均有创新。这些新发展推广的技术，均已纳入本次修订的内容中。在修订过程中，以工种工程和结构工艺体系相结合，采用近期已修订或新颁的规范、规程和标准，按已形成的成套施工技术进行编排，尽量方便读者使用。本手册可作为高层、超高层建筑施工的参考，同时对于相同结构类型的一般建筑的施工亦可适用。

本手册可供建筑施工人员使用，也可供建筑设计人员、大专院校土建专业师生学习参考。

责任编辑：林婉华
责任校对：王宇枢　姜小莲

高层建筑施工手册
（第三版）
主　编　杨嗣信
副主编　高玉亭　程　峰　侯君伟　吴　琎
*
中国建筑工业出版社出版、发行(北京海淀三里河路 9 号)
各地新华书店、建筑书店经销
北京红光制版公司制版
北京圣夫亚美印刷有限公司印刷
*
开本：787×1092 毫米　1/16　印张：115¼　字数：2869 千字
2017 年 4 月第三版　　2017 年 4 月第二十次印刷
定价：**258.00** 元
ISBN 978-7-112-19769-9
(29109)

第 三 版 前 言

《高层建筑施工手册》第一、二版出版以来，受到广大读者的欢迎，特此表示感谢。目前我国高层建筑犹如雨后春笋，已延伸到中小城市，尤其是近十几年来，全国建造了大批超高层建筑，如天津 117 大厦、上海中心大厦、深圳平安金融中心、武汉绿地中心以及北京 CBD 核心区"中国尊"大厦，高度都接近或超过 600m。据统计，全球超过 250m 高度的超高层建筑，中国是最多的国家，共有 122 座，占全球总量 50％以上。高层、超高层建筑的迅速发展，大大促进了我国建筑业总体科技水平的提高。

近十几年来我国建筑施工技术的发展主要有以下几方面：

1. 钢结构（包括混合结构）发展迅速

钢结构作为一种节能环保可持续发展的结构材料，已在超高层建筑中得到广泛应用，尤其是钢管混凝土（柱）结构得到大面积采用。在超高层核心筒中也已采用了钢板混凝土结构；筒体混凝土输送已研发采用了泵送顶升混凝土新工艺；筒体模板采用了液压提升工艺；塔式起重机的设置，发展到耸立在核心筒工作平台上与液压提模同时提升。

2. 混凝土结构工业化、机械化程度大大提高

预拌商品混凝土、泵送混凝土普遍得到推广，装配式、半装配化（预制与现浇相结合）结构得到迅速发展。混凝土配制工艺得到创新，C40 级混凝土每立方米水泥用量（掺粉煤灰）降至 220kg 左右；混凝土一次泵送高度已达 600m；研发推广了"承重、保温、装饰"为一体的"三合一"预制外墙板和叠合板楼板。

3. 新型模板正在逐步推广，钢筋加工实现了工厂化生产

在超高层核心筒工程中普遍采用了液压提（爬）模，楼板工程采用了叠合楼板；铝质模板在我国南方已开始推广应用，塑料模板也已开始应用。

钢筋加工已采用工厂化生产。从原材料到成型进行机械化、自动化、联动线生产，有的工厂包括生产叠合楼板全过程实现联动线生产，全线只需 3～4 人操作。

4. 防水和节能保温材料均有创新

目前刚性防水技术已有发展，自粘型卷材已普遍应用，防水涂料品种多，且质量有很大提高，如非固化沥青橡胶等。

近几年生产了"真空绝热板"节能保温材料，导热系数为 0.008W/(m·K)，防火等级为 A 级，对减薄外墙外保温的厚度十分有利。

这次第三版的修订原则，仍然遵循突出高层，简化一般；增添新技术、新材料、新机具、新工艺，删除旧技术。在修订过程中，我们得到很多设计、施工、科研、监理单位专家的帮助和关注，同时也参考引用诸多方面的期刊文章，特此表示衷心的感谢！但鉴于我

们受水平所限，仍会存在各种错误，"挂一漏万"之误，希望给予指正。另外，本次修订由于受到多本国标、行标修订的影响以及其他种种原因，拖延时间较长，也在此深表歉意！

编者

2016 年 3 月

4

《高层建筑施工手册》（第三版）编写人员

组织编写单位 北京双圆工程咨询监理有限公司

主　编 杨嗣信

副主编 高玉亭　程　峰　侯君伟　吴　琏

1　概述　杨嗣信

2　高层建筑施工测量　徐　伟　陈硕晖　郭彦玉　刘昌武　张建红　唐敏

3　脚手架工程　张镇华　马英鹤

4　高层建筑基础深基坑工程施工　侯君伟　王　远　安　民　张新军　刘　东　娄晞欣　寿建绍　潜宇维　马　迅　李　峥　刘文航　狄　超　李　佳　关伯卿

5　桩基础　沈保汉　陆彩云　刘　柯　辛军霞

6　混凝土结构工程

6.1　模板工程　赵玉璋　侯君伟　王书成　郭劲光　马　锴　刘永忠　陶利兵　杨　晅　曹　力　张　杰　郭方其

6.2　钢筋工程　侯君伟　李万鹏　张　婷　于益生　刘　扬　邓克斌　张　延　汪学军　张　建　李克锐　郭　珺

6.3　混凝土工程　艾永祥　汪亚冬

7　预应力工程　周黎光　张　喆　王　丰　尤德清　司波　陈新礼　徐　刚　苏浩

8　钢结构工程　张　伟　路克宽　庞京辉　赵　娜　高玉兰

9　建筑防水工程　叶林标　曹征富

10　建筑节能工程施工技术　王庆生　高　原

第 二 版 前 言

高层建筑施工手册（第一版）出版至今已有 8 年了，8 年来印刷总量近 5 万册，受到广大读者的好评。1996 年该手册曾获建设部第三届全国优秀建筑科技图书部级奖一等奖。

8 年来，在我国改革开放的大好形势下，全国工程建设突飞猛进，高层建筑的发展已从大城市向中小城市延伸。高层建筑的迅速发展，进一步促进了建筑科技的进步，带动了施工技术、施工机械、建筑材料的更新和发展。

正因为如此，近年来全国出现了一批诸如深圳地王大厦（81 层 384m 高）和上海金茂大厦（88 层 420m 高，居世界第三位）的钢结构超高层建筑；也出现了大体量的混凝土结构高层建筑，如 13 个单体建筑总成总面积 94 万 m^2 的北京东方广场以及广东国际大厦（63 层 18 万 m^2）和广州中天（中信）广场（80 层 34.4 万 m^2）。

由于高层建筑的发展，1994 年以来，建设部颁发了在全国范围内大力推广 10 项新技术的建议要求，1998 年又在原有 10 项新技术的基础上，针对新的发展，重新补充了 10 项新技术的内容，这对进一步推动全国建筑技术的发展起到了重要的作用。

这些新技术主要有：

粗钢筋连接技术已由原来的 1∶5 坡度的锥螺纹连接发展到 1∶10 坡度的锥螺纹连接和等强冷镦锥螺纹连接；近期又发展了不用冷镦的等强滚压直螺纹连接，其工艺不仅简单，而且工效高、性能稳定、价格低，颇受欢迎。

近年来，预拌混凝土在全国范围也得到快速发展，尤其是高强、高性能混凝土的应用，使预拌混凝土越来越发挥了它的优势，如 1998 年北京东方广场工地，为了满足地下室混凝土底板不留施工缝的要求，采用了预拌混凝土在 24h 内共浇筑 1.2 万 m^3。高强混凝土的应用量已日益增长，在北京、上海等地区，还开始使用了 C70 和 C80 的高强混凝土，高性能混凝土随着研究的深化，也已在一些工程中应用。

在钢结构施工方面，提升、滑移技术都有很大的进展。

在模板技术方面，小钢模使用量逐渐减少，并且已由钢框竹（木）胶合板模板发展到全钢中型（宽 600mm）组合模板。由于这种模板的板块大、刚度好，组合后拼缝少，因此为推行清水混凝土和减少混凝土面层的抹灰创造了条件。

另外，由于碗扣式脚手架的大力推广应用和不断创新，从而实现了模板支撑与脚手架可以通用，大大提高了模板和脚手架的周转利用率。

高效钢筋和无粘结预应力混凝土技术的迅速发展，特别是将它们应用于高层、超高层建筑，不仅能节约结构材料，而且也提高了建筑结构的性能。

高层建筑的防水技术，也都采用了多道设防的措施，贯彻了"多道设防，以防为主，防排结合，综合治理"的十六字方针。在混凝土自防水技术上，也有了新的突破，全国出现了多品种混凝土防水剂；防水卷材的品种也在不断增加，SBS、APP 等改性沥青卷材均已得到大力推广；防水涂料无论是从品种、质量还是从环境保护方面都有较大幅度的改进和提高。

建筑节能和墙体改革，已由外墙内保温发展到采用外墙外保温技术。

高层建筑的装饰工程，特别是外装饰工程，已从各种砖面层、石渣类面层发展到采用干挂石材和玻璃幕墙及金属幕墙新技术，使城市的面貌焕然一新。

综上所述，由于近十年来在高层建筑施工技术方面发展很快，特别是在推广采用 10 项新技术方面取得了丰硕的成果。为此，在修订本手册第二版时，一方面删去或简化了部分已陈旧过时的内容，更重要的是增补了不少新技术、新材料、新机具和新工艺，敬供读者参考。

为了努力把本手册第一版修订好，能切实反映出近年来在高层建筑施工方面的成果，我们在编写过程中得到了不少施工单位和专家们的帮助；另外，也引用了各方面刊载的有关资料，为此表示衷心的感谢。

限于编者水平，并受到时间和信息条件所限，难免还存在挂一漏万和不当之处，我们热忱地欢迎读者批评指正。

杨嗣信

2000 年 9 月

《高层建筑施工手册》（第二版）编写人员

主　编：杨嗣信

副主编：侯君伟

1. 概述　杨嗣信
2. 施工测量　唐敏　王光遐
3. 施工机具　刘佩衡
4. 脚手架工程　魏忠泽、张镇华
5. 基础工程　施文华（5.1、5.3、5.4、5.5）

　　　　　　　孙义正（5.2.1～5.2.3）

　　　　　　　侯君伟（5.2.4）

　　　　　　　刘育毅、张志恒（5.3、5.6）

　　　　　　　刘恒祥（5.6）

6. 桩基工程　沈保汉
7. 钢筋混凝土结构工程施工　侯君伟（7.1，7.3，7.6，7.7）

　　　　　　　　　　　　　侯君伟、吴琏（7.2）

　　　　　　　　　　　　　张玉明（7.3.1.3）

　　　　　　　　　　　　　刘恒祥（7.4）

　　　　　　　　　　　　　毛凤林（7.5）

　　　　　　　　　　　　　侯君伟、胡世德（7.8）

8. 钢结构　王康强、贾颖、闫兴隆、刘治国、贾春（8.1～8.6.14）

　　　　　　侯君伟（8.6.15，8.7）

9. 外墙围护结构和隔墙工程　侯君伟、吴琏（9.1.4）
10. 装饰工程　侯君伟、吴琏（10.3）
11. 防水工程　叶林标（11.1～11.4）、刘恒祥（11.5）
12. 施工组织与管理　魏镜宇、侯君伟
13. 国内高层建筑简况资料　胡世德

参加编写人员：卢振国

第 一 版 前 言

20世纪70年代末以来，由于建设事业的发展，旅游和城市住房的迫切需要，在我国一些大、中城市和沿海特区，陆续建造了一批高层、超高层建筑。建造的层数由十几层，二三十层，发展到五六十层。采用的建筑材料、结构类型和施工技术不断创新，有的已达到国际水平，积累了丰富的经验。这些经验虽时有报导，但多数分散在各种期刊杂志和书籍中，缺乏系统的介绍。为了系统地整理和总结高层、超高层建筑的施工经验，特应中国建筑工业出版社之约，组织从事高层、超高层建筑施工有丰富经验的工程技术人员，编写了这本《高层建筑施工手册》工具书，供从事施工以及设计和教学人员参考。

本手册共分十二部分，即概述、施工测量、施工机具、脚手架工程、基础工程、钢筋混凝土工程、钢结构工程、外墙围护结构与隔墙、装饰工程、防水工程、施工组织与管理和国内高层建筑简况资料。这些内容，以突出高层、超高层建筑为主，即针对高层、超高层建筑的特点，着重介绍近十几年来在实践中涌现出的一批新结构、新材料、新工艺、新机具和管理经验；以现场实用技术为主，即采取以工种工程和结构工艺体系相结合的方法，尽可能地介绍其成套技术和已经形成的工法内容，并根据近期已修订的规范、规程和标准进行编写，它不仅可以用于高层、超高层建筑施工，对于一些结构类型和材料做法相似的一般建筑，亦可参照使用。以介绍国内的经验为主，同时对国外有关经验，也作了适当的介绍。另外，在保证本手册内容的系统性和完整性的基础上，尽量减少与现已出版的《建筑施工手册》（第二版）不必要的重复。

鉴于编写这本手册。不可能完全依靠编写者自己的实践经验，为了努力实现上述要求，切实反映各地在高层、超高层建筑施工方面的成果，在编写过程中，我们不仅得到不少施工单位、不少有经验的同志的帮助，而且还引用了各方面的有关报导和参考资料。为此，特向积极帮助我们和积极介绍国内外高层、超高层建筑施工经验的先行者们，表示衷心的感谢！

本手册的编写内容，由于受到时间和参考资料的条件所限，再加上编者的水平有限，难免有不少错误和不当之处，我们热忱地欢迎读者批评指正。

杨嗣信

1992年1月

《高层建筑施工手册》（第一版）编写人员

主　编　杨嗣信

副主编　胡世德　侯君伟

1. 概述　杨嗣信

2. 施工测量　王光遐

3. 施工机械　刘佩衡

4. 脚手架工程　刘佩衡　张镇华

5. 基础工程　施文华（5.1.1，5.1.2，5.1.3.1，5.1.3.2，5.1.3.4，5.4.1，5.4.2，
　　　　　　　　5.4.3.1，5.4.3.2，5.5）

　　　　　　刘育毅　张志恒（5.4.3.5）

　　　　　　侯君伟（5.3.2，5.4.3.1，5.4.3.3，5.4.3.4）

　　　　　　沈保汉（5.1.2，5.1.3.4，5.2，5.6）

　　　　　　孙义正（5.3.1）

　　　　　　刘恒祥　柯新权（5.7）

6. 钢筋混凝土结构工程

6.1　现浇钢筋混凝土结构工程　何培源　侯君伟

6.2　框架结构工程　侯君伟

6.3　大模板结构工程　刘恒祥

6.4　滑升模板结构工程　刘树驹

6.5　装配式大板结构工程　侯君伟

6.6　筒体结构工程　何培源

7. 钢结构工程　王康强（7.1～7.5）

　　　　　　　关忆卢（7.6）

8. 外墙围护结构和隔断墙工程　侯君伟（8.1.1，8.1.2，8.1.3，8.1.5，8.2）

　　　　　　　　　　　　崔学云　房家栋（8.1.4）

9. 装饰工程　刘明伦（9.1～9.8）

　　　　　　侯君伟（9.9）

10. 防水工程　叶林标（10.1～10.4）

　　　　　　刘恒祥（10.5）

11. 施工组织与管理　魏镜宇　侯君伟

12. 国内高层建筑简况资料　胡世德

另外，参加编写工作的人员还有：卢振国、朱金鼎。

目　　录

1 概　　述

1.1　高层建筑的发展概况

各国对高层建筑有自己的划分，欧洲以 20 层为高层，北美因为 20 几层的建筑相当普遍，所以 20 几层的建筑都不叫高层，因此美国以 30～40 层为高层建筑，70～80 层以上为超高层建筑。日本以住宅超过 20 层为高层，办公楼、旅馆以 30 层为高层。而以层数来划分是不合理的，因为层高出入很大，从 2.5～5.0m 都有，会影响到总高度。

联合国教科文组织所属"世界高层建筑委员会：1972 年国家高层建筑会议"中，作了如下规定，这个规定既有层数又有高度，共分四类。

第一类高层建筑：9～16 层（最高到 50m）；

第二类高层建筑：17～25 层（最高到 75m）；

第三类高层建筑：26～40 层（最高到 100m）；

第四类：40 层以上（最高 100m 以上）为超高层建筑。

1983 年以前，我国曾以 8 层作为高层建筑的起点。1983 年 6 月《高层民用建筑设计防火规范》中定为 10 层及 10 层以上的住宅建筑和建筑高度超过 24m 的其他民用建筑为高层建筑。到 1987 年，建设部制定的《民用建筑设计通则》JGJ 37—87 规定，高层建筑是指 10 层以上的住宅及总高度超过 24m 的公共建筑及综合建筑。2010 年颁布的《高层建筑混凝土结构技术规程》JGJ 3—2010 规定高层建筑是指 10 层及 10 层以上或房屋高度超过 28m 的住宅建筑以及房屋高度大于 24m 的其他民用建筑结构。建筑高度大于 100m 的民用建筑为超高层建筑，这与联合国的规定是一致的，只是有高度没有定层数。

高层建筑是城市化、工业化和科技发展的产物。城市工业化和商业化的发展，城市人口的猛增，建设用地的紧张，促使建筑向高空发展。而水泥、钢铁以及电梯等材料和设备的发展，为建造大批高层建筑提供了物质基础。

19 世纪中叶，美国开始兴建高层建筑，但由于建筑材料的原因发展甚慢，直到 20 世纪初才开始有较大的发展。从 1909 年开始，美国相继建造 50 层（213m 高）、57 层（高 241m）等高层建筑，直至 1931 年在纽约建成 102 层、高 381m、有 65 部电梯的摩天大楼——帝国大厦，从此以后世界各发达国家的高层建筑和超高层建筑犹如雨后春笋，发展迅速。

我国近代高层建筑起源于上海。抗日战争前，上海已建成 10 层以上高层建筑约 35 栋，其中 1932 年～1934 年建成的国际饭店（24 层，高 82.5m）不仅是新中国成立前国内最高的建筑，也是当时远东最高的建筑。

中华人民共和国成立后，从 20 世纪 50 年代开始，在北京、广州等地区，只是建造少量的 8～13 层的公共建筑。20 世纪 60 年代，在广州首次建成了 27 层、高 87.6m 的广州宾馆；20 世纪 70 年代后期全国一些大城市陆续兴建了一批高层建筑，不仅是外事、旅游业用房，一般高层住宅也纷纷拔地而起。典型的是广州 33 层、高 115m 的白云宾馆和北京前三门 40 万 m^2 的一般高层住宅（9～16 层）。进入 20 世纪 80 年代，随着改革开放的深入发展，全国各大城市和一批中等城市普遍兴建了以外事、旅游和办公商业为主的高层建筑，同时高层住宅建筑也发展较快，迄 20 世纪末，从当时国内已建成最高的 100 栋高层建筑的统计资料来看，全部都是在 1985 年以后建成的，其中 93 幢是在 20 世纪 90 年代建成的，这说明进入 20 世纪 90 年代以后高层建筑不仅数量上越来越多，并且越建越高，向超高层建筑发展。当时上海的金茂大厦，88 层、421m 高，已是世界上第三高建筑，而深圳地王大厦 81 层、高 325m，名列第十三。名列第一的是马来西亚基隆坡的石油大厦，88 层、450m 高。进入 21 世纪以后，由于我国钢产量猛增，钢结构与组合结构发展较快，超大跨度和超高层建筑犹如雨后春笋，上海的环球金融中心，101 层、492m 高，北京的国贸三期工程，74 层、330m 高；天津的津塔工程 75 层，336.9m 高。而近五年我国又出现了不少高度超过 450m 的超高层建筑：如上海环球金融中心，492m 高；重庆瑞安大厦468m 高；广东东塔 532m 高；天津 117 大厦 597m 高；武汉绿地中心 606m 高。现今世界最高建筑仍然是迪拜的迪拜塔工程，169 层 828m 高。

国内外高层建筑能够得到迅速发展的主要原因：

1. 丰富城市面貌，改善城市环境和景观，增强都市繁荣气氛

高层建筑可以根据不同地区城市的特点，塑造出代表本地区独特的建筑形象，使城市造型与风貌增添异彩。同时高层建筑能腾出更多的地面和自由空间，用作绿化和居民娱乐设施与散步、旅游等公共活动场所，有利于改善城市环境和居住条件。

2. 有利于人们的使用和管理

近几年来，国内外兴建了许多"广场"、"中心"之类的高层建筑，集办公、生活、商业、健身、餐饮和娱乐于一体，所以又简称"商住楼"。在一幢高层建筑中，有地下车库，地上一～四层是购物商场和餐饮、健身之类用房，再往上是办公用房和公寓，采取了竖向分区的格局，这样可以缩短相互的距离，节约时间，提高效率。不出大楼什么事都可以办成，大大方便了用户，比设置若干栋多层建筑，既可少占建设用地，又可解决分散使用与需要集中管理的矛盾，其经济效益、社会效益和用户的个人综合效益，都是十分显著的。

3. 节约城市建设用地和城市设施费用

在市场竞争条件下，城市建设用地价格昂贵，闹市区的地价高于建筑造价，这就加重了用户购房负担；另外由于高层建筑可以缩小城市范围，相对减少诸如各种管线、道路等的投资，并且也便于城市管理。

4. 有利于改善城市环境和居住条件

住在高层建筑中，高瞻远瞩，心胸开阔，无限风光，有极好的观赏感受。有些超高层建筑在一定高度还设置楼层绿化，更有利于美化城市，便于游览、观赏。但高层建筑的发展如果城市规划不加控制，也会造成过于集中所带来的交通拥堵问题。

5. 科技进步是确保高层建筑顺利发展的重要条件

高层建筑的发展又推动了科技的进一步发展。几千年来，建造房屋的建筑材料和技术主要是土、木、砖、石、石灰和砌筑技巧，但从 19 世纪后期到目前，随着钢铁、水泥的产量大幅度增长和土地价格不断增值以及竖向运输工具——电梯、扶梯的创新，为发展高层建筑奠定了物质基础。近几十年来，随着科学技术的不断进步，结构理论科学的发展，以及新材料、新设备、新工艺、新机具的大量涌现，在结构体系、物质条件和技术手段方面，均产生了重大突破，从而使高层建筑得到普遍发展。

1.2　高层建筑的结构材料和类型

近代高层建筑的结构材料，主要有钢筋混凝土、钢-混凝土组合结构和钢结构三类结构。钢结构的优点是自重轻、施工速度快、现场用工省、有利于建筑工业化和文明施工；缺点是耗钢量大，每平方米建筑面积用钢量达 120～210kg，相当于钢筋混凝土用钢量的 3 倍，工程造价亦比钢筋混凝土结构高。

20 世纪末，国内的高层建筑和超高层建筑大量采用了钢筋混凝土结构，其次是钢-混凝土组合结构，用的最少的是钢结构。21 世纪以来情况发生了变化，超高层建筑结构材料向着钢-混凝土组合结构发展，主要是因为这种组合结构的经济效益和结构性能较好，并且特别有利于防火，已成为提高结构整体抗震性能、增加结构使用空间的有效的结构形式，目前在超高层建筑设计中已广泛应用。2001 年以后我国已陆续颁发了有关型钢钢筋混凝土组合结构的技术规范。并编制了《钢-混凝土组合结构施工规范》GB 50901—2013，进一步推动了钢管混凝土柱的发展。

另外，钢结构（包括组合结构）的剪力墙也有很大的发展，目前已有不少工程采用了纯钢板剪力墙、钢板混凝土剪力墙和带钢斜撑混凝土剪力墙等，另外在钢杆件的连接、制造等方面也在不断创新，施工工艺不断发展。

高层建筑的装配化施工在 20 世纪 70 年代曾得到推广，全装配化高层住宅在北京已建造到 16 层，后来由于造价、抗震等原因没有坚持下去。1976 年北京在前门十里长街的高层住宅 40 万 m² 工程中曾使用过外墙预制壁板、预制空心楼板和现浇钢筋混凝土剪力墙半装配化结构体系，采用大模板施工工艺，效果颇好，并得到大面积推广使用。可是到了 20 世纪 90 年代，这种半装配化建筑体系却逐步被全现浇钢筋混凝土体系所替代。进入 21 世纪以来，装配化施工又开始兴起，建设部提出"发展建筑产业现代化"，即以住宅产业化为载体，以设计标准化、构件部品化、施工装配化为特征，这一技术政策近几年来，已在高层住宅建筑中逐步得到发展。

钢筋混凝土高层建筑结构可分为框架-剪力墙结构、筒体结构和剪力墙结构三大类，纯框架结构由于抵抗水平荷载的能力低，侧向刚度差，水平位移大，所以一般很少使用（尤其在地震区）。框架-剪力墙结构一般用于高度在 100m 以下的高层建筑。100m 以上的超高层建筑一般均采用筒体结构（包括框架-筒体），这是由于筒体结构具有良好的空间刚度，一般多用于大型超高层的公共建筑（如大厦、广场之类建筑）。剪力墙结构适用于高层住宅。北京市的高层住宅大部分采用了剪力墙结构，并以大模板施工工艺为主。这种工艺从 1976 年就开始大面积推广应用，后来发展到大开间和底层大空间（作商店使用）、上部大开间结构。为了使结构进一步满足使用功能要求，开始推广使用框支剪力墙结构，即下部是框架结构，上部为剪力墙结构，效果很好。剪力墙结构最大的优点是可以采用大模板工艺，技术较易掌握，效率高，工期快，并且取消抹灰，从根本上消除了墙体抹灰存在的空鼓、裂缝等通病。所以高层住宅采用钢筋混凝土剪力墙结构，并积极推广清水混凝土，无疑是很好的结构体系。此外，板柱结构体系（即无梁楼盖）也值得引起重视，它具有降低层高、施工方便、易保证质量、工期快、用工省等许多特点，是梁板柱结构体系所无法比拟的。这种结构体系还有利于飞模、无粘结预应力等许多新技术的推广。如广州的"国际大厦主楼"工程，63 层、199m 高，筒中筒结构，采用了无梁楼盖，大大增加了有效空间；再如北京饭店贵宾楼，由于采用了板柱结构体系，采用无粘结预应力平板技术，减小了层高，在建筑总高度控制不变的条件下，使整个建筑增加了两层，取得了非常显著的经济效益和社会效益。但目前我国却很少采用，值得引起我们深思。

在《高层建筑混凝土结构技术规程》JGJ 3—2010 中将无梁楼盖结构的使用范围扩大了，因此，今后可能会有较快的发展。

1.3　高层建筑施工技术的发展

高层建筑的发展，为施工技术的进步提供了广阔的天地，而施工技术的进步，又是确保高层建筑能够顺利发展的重要条件。从 20 世纪 70 年代中期，由于科学技术的不断进步，施工技术也出现日新月异的飞跃发展。随着建筑工业化的发展，机械化、工厂化施工水平不断提高，已经逐步改革了传统的旧工艺，从而改善了劳动条件，提高了劳动效率，加快了建设速度。

1.3.1　基础工程的施工技术发展迅速

为了确保建筑物的稳定性，高层建筑的基础工程，必须考虑地下埋深嵌固的要求。高度越高，基础越深，这就给施工带来很大的困难。以北京为例，目前基础埋深超过 15m 的已很普遍，其中如京城大厦的基础埋深达 23.76m；东方广场工程基础最大挖深为 25m，中国国家大剧院工程基础最深达 41m。因此，高层建筑基础工程的施工，直接影响着工期和造价。另外，由于高层建筑上部荷载大，为了更有效地将荷载传递给地基，一般条形基础已不能满足需要，要采用桩基础、箱形基础、筏板基础 CFG 桩以及桩基和箱基复合的基础等。这样，需要解决好深基坑挡土支护、送桩和成桩设备以及大体积混凝土等诸多施工难点。

目前，桩基础已是高层建筑常用的一种基础形式，尤其在南方及沿海一带的软土层地区应用更为广泛。在打入预制桩方面，除个别工程采用钢管桩外，一般采用预制混凝土桩，其打入设备、打桩技术已有很高水平。但是，由于其施工振动大，易断桩，在接桩方面施工难度大，近几年来已很少采用。采用灌注混凝土桩较为广泛，尤其在北方土质较好的大城市采用更多，其优点是施工简便、噪声小、造价低。为了提高单桩承载能力，已逐步由小直径（Φ400mm 以下）向大直径（Φ1m 以上）发展，并开发了桩端压力注浆方法，对孔底虚土起到渗透、填充、压实、固结和加强附近土层的作用。钻孔技术也有了新的发展，除少数较浅的可以采用人工挖孔外，一般均采用长、短螺旋钻孔机。随着钻孔灌注桩的发展，目前水下钻孔和混凝土灌注以及扩孔等技术，均有新的突破。

高层建筑的深基坑开挖，尤其是在闹市区施工，因场地十分狭窄，不宜放坡。即使在施工场地较宽敞的地区，放坡也要增加大量的土方挖填量，很不经济。为了能够做到垂直开挖，挡土支护技术有了很大的发展，其方法也较多，可根据土质、深度和周围环境选用。常用的有挡土灌注桩、钢板桩、土钉支护及地下连续墙等，有的还可以配合土层锚杆工艺进行加固，以提高其挡土支护能力。

我国近几年对土层锚杆的理论、计算方法、施工机械和施工工艺均进行了研究和开发，取得了较显著的效果。如北京京城大厦 23.76m 的深基坑，采用 H 型钢板桩打入土层，挖土时沿基础高度施加 3 道预应力土层锚杆，比日方提出的设 5 道土层锚杆，节约工程费用约三分之一。采用大直径灌注桩加土层锚杆的综合挡土支护技术，在北京被广泛采用。土层锚杆技术不但可以用于较好的土层，也已成功地用于含水量饱和的淤泥质软黏土中。

为了把挡土支护结构与地下结构工程结合起来，一些工程采用了桩墙合一和一桩一柱等技术，其效果十分显著，如北京新世纪饭店等工程均已采用。

地下连续墙挡土支护技术，目前应用也比较广泛，如北京的王府饭店、上海的电信大楼和广州的白天鹅宾馆、花园酒店、国际大厦等。广州的国际大厦还将地下连续墙与土层锚杆结合起来使用，取得了较好的效果。有少量工程采用了逆作法施工，尤其是地下连续墙与逆作法联合应用，效果显著，这方面也已取得初步经验，预计今后将会有较快的发展。

在深基坑施工降低地下水位方面，不仅成功的应用了真空井点、喷射井点、电渗井点、深井泵等技术，还试点采用了冻结法。对于因降水而引起附近地面严重沉降的问题也研究了防止措施。

支护技术在原有桩锚、土钉墙、地下连续墙、内支撑的基础上有了较快的发展，普遍得到了推广应用，并且能够在一个工程中综合使用几种护坡技术。如北京某工程基础埋深 20 几米，上部采用土钉墙；中部采用桩锚技术；下部采用地下连续墙，效果很好。大部分地下工程都采用了上部（约 5~6m）土钉墙，下部桩锚的施工工艺，可以大大降低成本。内支撑（南方较多使用）也由满堂支撑发展为边圈局部（利用圆拱原理）支撑的工艺，大大减少了支撑费用并且扩大了空间，利于土方开挖。土钉墙原来是在 10m 深的基坑中使用，现在已扩大到了 15m 的深基坑，并且与中间加土层锚杆和圈梁的工艺结合起来。为了节约地下水，不少地区变抽水降水为止水的工艺，采取在施工工程的四周设置止水帷幕的措施，在北京已大量使用，同时避免该工程周围的建筑（尤其是高层建筑）因过度抽水造成附近建筑地基下沉的弊病。

近 10 年来在一些软土地基地区如上海等城市，发展"逆作法"和"半逆作法"施工，取得了显著的经济效益。逆作法的核心难题是土方开挖，还有待进一步研究加以解决。"半逆作法"是近 10 年来创出的一条新路子，但还不太成熟，有待于进一步研究优化。由于地下车库和高层空间裙房的大量出现，为了解决抗浮问题，"抗浮桩"和"抗浮锚杆"以及钢渣压重等抗浮技术也在不断的发展。但采用抗浮锚杆时，对基础底板防水不利，易造成渗漏，应引起重视。"地基处理"技术近 10 年也有很大发展，诸如"CFG 桩"和"挤密灰土桩或水泥土桩"等都得到广泛应用，效果较好。工程桩在全国范围内使用得也日益增多，并且有较大的发展，尤其是钢管桩、桩端和桩侧压力注浆桩等施工技术，已得到大力推广应用，取得显著的经济效益和社会效益。

1.3.2 模板技术已形成体系，并在创新

用于现浇混凝土结构工程施工的模板技术，从 20 世纪 70 年代以钢代木以来，已研制开发形成了组合式、工具式和永久式三大系列模板体系：有适用于梁、板、柱和墙体施工

的组合钢模板、钢框木（竹）胶合板组合式模板；有适用于墙体等竖向结构施工的大模板、滑动模板、爬升模板以及钢、铝和塑料、玻璃钢柱模；有适用于楼板（包括密肋楼盖）施工的桌（飞）模、塑料模壳和永久性模板。近年来铝合金组合模板在我国南方发展较快。以上模板技术的发展对节约木材、减轻劳动强度、提高工效、加快工程进度、确保混凝土结构高层建筑的发展，起到了很大的作用。遗憾的是进入 21 世纪以来，由于建筑行业广泛实行项目经理负责制，加之模板专业化施工的推进速度迟缓，在项目经理部不堪重负购买上述金属定型、工具式模板的情况下，除支承部件仍采用各种钢管脚手架外，其他均改用了"多层板"做面板，木方子做龙骨的散装散拆工艺，费工费料。要改变这种局面，仍须推动模板专业化发展，实现模板设计、配置、支拆、回收一体化。

近 10 年来，模板的支承系统和脚手架紧密结合起来。模板支承系统都采用了各种脚手架（如碗扣式、插接式、盘扣式、扣件式等脚手架）。近几年来，插接式脚手架迅速发展，在许多主要工程中都已纷纷使用，效果很好。此外在高层或超高层（含钢筋混凝土结构和钢结构）的核心筒工程中已大量推广"液压爬升模板"，成立了专业队伍，不但进度快（2～3d 一层），并且用工少，还解决了部分垂直运输，减轻了塔吊的负担，深受欢迎。建议今后可将此项技术用于高层剪力墙结构施工。另外在钢筋混凝土剪力墙工程中使用的大模板，目前已较多的使用"组装式大模板"，面板既可采用钢材，亦可采用"多层板"等，大大增加了模板的周转率。另外大模板还可以分解作其他构件模板使用。

1.3.3　粗钢筋连接工艺有了新的突破

在高层建筑中，粗钢筋（Φ 20～Φ 40）用量激增，而钢筋的连接方法直接影响着施工进度、结构质量和成本。传统的帮条焊、搭接焊已远远不能适应高层建筑的发展需要，它不仅工艺复杂，而且每个粗钢筋接头的施焊时间较长，每层上千个接头就要占用几天工期，另外给混凝土浇筑也带来很大的难度。20 世纪 80 年代初期，研制发展了电渣压力焊、气压焊等新工艺，在北京长城饭店和北京西苑饭店使用过，但气压焊由于施焊技术要求高，质量难以保证。后来又研发了径向套筒挤压连接和轴向套筒挤压连接等机械接头。虽然机械接头的成本比电渣压力焊、气压焊要高，但是它的工艺简单，效率高，易保证质量，节约能源，且无明火作业，故应用较广，在 20 世纪 90 年代初得到广泛推广应用。同时北京建筑工程研究院又成功地研发了锥螺纹接头，虽然深受施工单位欢迎。但因接头强度不能达到钢筋母材的抗拉强度，后来虽经研究将锥度由 1∶5 改为 1∶10，基本上能达到接头与母材等强，但使用不多。为了安全起见，20 世纪 90 年代初曾研制了镦粗锥螺纹接头和镦粗直螺纹接头，其接头强度均超过了钢筋母材，但由于工艺复杂未能得到大面积推广应用。后来又研制了等强滚压直螺纹接头和剥肋直螺纹接头，这种接头不仅工艺简单，而且性能稳定，进入 21 世纪，直螺纹连接技术得到迅速推广，尤其在北京等大城市，几乎都使用这种钢筋连接技术，并有专业队伍承包施工。此外，在钢筋混凝土剪力墙结构施工中，还使用了钢筋网片，可节约钢材，减少钢筋绑扎时间，加快施工进度，但迄今未能得到推广应用。同时各种高强钢筋也进一步得到了推广应用。

1.3.4　混凝土施工工艺和机械化水平有了迅速发展

随着现浇钢筋混凝土高层建筑的发展，施工现场混凝土使用量大幅度增长，加上高层建筑施工现场一般都比较狭窄，砂、石堆放困难，且混凝土搅拌噪声大，严重扰民，因此近几年来在大中城市都大力发展了预拌混凝土。20 世纪 80 年代末，全国就有 30 多个城市发展了预拌混凝土,改变了长期以来现场分散搅拌、人工运送的传统方法,并装备了成套的运送设备,如搅拌车、混凝土输送泵、布料杆等,从而使混凝土施工的机械化水平有了迅速的提高。特别在泵送混凝土方面,不仅利用带布料杆的泵车进行地下大体积混凝土基础工程的浇筑,而且在上海、北京、广州等城市的不少超高层建筑中,已开始广泛使用泵送混凝土。如上海市位于南京东路闹市区的海沦宾馆,基础工程混凝土量达 6.8 万 m³,设计要求一次浇筑完毕不准有施工缝,由于采用了预拌混凝土和泵送工艺,只用了 65 个小时即全部浇筑完毕;北京东方广场工程,在浇基础混凝土底板时,24 小时一次浇筑了混凝土 12000 多 m³;再如北京京广中心(高 208m)、国贸三期(高 330m)以及上海金茂大厦(高 421m)、环球金融大厦(高 474m)以及上海中心(高度超过 600m 的 C100 混凝土)等工程都实现了一次泵送到位,使混凝土的垂直运送工艺大大简化。随着泵送混凝土的发展,混凝土外加剂的研究应用已成为现代混凝土材料和技术中不可缺少的部分。

目前我国外加剂的品种比较齐全,各种高效减水剂、缓凝剂、早强剂、防冻剂等都已广泛使用,对改进混凝土工艺和性能都起到了明显的作用。

近 20 年来混凝土掺合料(矿物质)的应用出现了可喜的情况,主要是粉煤灰得到了大面积的应用。由于粉煤灰的综合应用和推广,对改善混凝土性能、节约水泥、控制混凝土裂缝的产生、降低混凝土成本以及节能、环保均起到积极作用。在混凝土中掺加粉煤灰以后,不但可以节约水泥,减少混凝土收缩,改善了混凝土施工的可操作性,并且还可以较大的提高混凝土的后期强度,在大体积混凝土中效果更为显著。21 世纪以来在高层建筑的地下工程中利用混凝土后期强度方面(必须是掺加粉煤灰)已推广普及到全国,一般均利用 60d 或 90d 的强度等级,并且在有关规范规程中,均已作了规定,设计单位一般都能认可。另外,在混凝土配制方面,为了控制基础底板厚大体积混凝土的裂缝,在减少水泥用量大量掺加矿物掺合料方面均有了突破性进展,C40~C50 混凝土的水泥用量可控制在 200~270kg/m³,掺合料的掺量占胶凝材料总量的 34%~35%。全国一些著名的超高层建筑如上海环球、上海中心、北京国贸三期、央视中心、天津津塔和深圳平安等工程,使用效果良好。

但对矿物掺合料的应用要慎重,掺入粉煤灰对混凝土后期强度和减少混凝土收缩、控制混凝土裂缝是有利的。磨细矿渣粉虽对混凝土早期强度有利,但因颗粒细不宜多掺,否则易产生混凝土裂缝,故不太适宜在楼板混凝土中使用。近几年来控制混凝土裂缝的技术发展较快,对混凝土的裂缝必须采取综合治理方法,从设计、施工、混凝土配合比和材料等四个方面采取一系列有效措施才能得到控制,缺一不可,另外加强管理(如养护)也是十分重要的。

目前,不重视混凝土养护和预拌混凝土向罐车内加水仍然是混凝土施工中的突出问题,这些问题必须引起高度重视,采取有效措施,确保混凝土质量。

混凝土强度的确定,应该根据工程情况实事求是地在安全、经济的原则下选用,不是混凝土强度越高越好,尤其是高层地下工程,除柱子混凝土外,一般构件(基础底板、地下外墙)的混凝土强度等级均不宜超过 C35。高层建筑的地下工程混凝土可以充分利用混凝土的后期强度,但只允许用于掺粉煤灰的混凝土,可以利用 60d 或 90d 龄期的混凝土强度,作为混凝土的设计强度等级,这样可以降低水泥用量,对混凝土裂缝的控制也是有利的。

高层建筑的基础底板，目前有两种设计方案，即梁板筏形基础和板式筏形基础，从降低造价和施工方便等方面来考虑，建议采用板式筏形基础为宜，一方面梁板式筏形基础底板的梁一般很高，支模板很不方便，浇筑混凝土困难较多，并且梁与梁之间还需大量回填做地面，需要增加大量的工料和工期。另外还要加深基坑深度（即加深整个地下工程的高度），经有关资料介绍，其综合经济效益梁板式筏形基础不如平板式筏形基础的经济效果好，值得引起重视。

1980 年北京长城饭店首先采用以混凝土后浇带替代永久性的混凝土伸缩缝。从此，使建筑物立面不因伸缩缝的设置而影响整体美观。但是后浇带的设置给施工带来极大的困难，一般伸缩后浇带必须到 14d 后才可浇筑，这一段模板不能拆除，影响模板周转，特别是基础底板较厚，建筑垃圾进入后浇带后不易清除，给管理带来很大困难。近几年来已有不少工程取消了伸缩后浇带，采取"分仓法"施工的新工艺，从基础底板开始将整块底板切成 30～40m 见方的小块混凝土，采取各小块间隔浇筑的方法，间隔时间一般为 7d，地下室外墙也同样采用这种工艺，北京"蓝色港湾工程"300m×80m 的地下工程就是采用这种工艺，半年后未发现肉眼能见到的混凝土裂缝。这种工艺的原理也同样可用于地上工程，"分仓法"施工必须严格按照混凝土施工规范组织施工，尤其对施工缝的处理，必须按照规范规定严格遵照执行，并且要切实加强混凝土养护，不少于 14d。关于"沉降后浇带"问题，近十年来也有很大的突破。过去对沉降后浇带的封闭时间，必须等待高层部分结构封顶后或封顶后再观察一段时间，然后再由设计决定是否封闭，这给施工带来了极大的困难，沉降后浇带长期（一年半载）封闭不了。在科研、设计、施工人员的密切配合下，研制了取消伸缩后浇带和局部沉降后浇带的办法，并在北京 50 多个工程，全国百余工程中采用，效果良好。目前北京已编制了《超长大体积混凝土结构跳仓法技术规程》，即将批准颁发。

1.3.5 防水工程技术推陈出新

屋面防水近 20 年来，一直以卷材为主，使用较多的仍是 3mm＋4mm 厚 SBS 改性沥青卷材，防水层表面缺少保护措施。近几年出现的新材料和新工艺，如防水、保温和找坡三合一的 SF-Ⅲ屋面防水保温技术，施工简便，造价较低，效果很好。非固化橡胶沥青防水涂料（信斯特 SEAL）是一种非固化防水材料（胶态），可用于屋面、厕浴间和地下防水，也开始用于地铁工程，由于该材料固含量高，永不固化，防水性能好，粘结力强，更适应基层变形能力强的工程，鸟巢钢柱与钢筋混凝土楼板接缝曾使用了该材料，效果较显著，该材料已有北京市地方标准，已广泛用于防水工程。

在地下防水方面，近几年来刚性防水技术迅速发展，由于在地下基槽内施工条件恶劣，已逐步开始向刚性防水发展。如水泥基的"渗透结晶型防水"（赛柏斯）在国内发展较快，可以掺入混凝土内或进行混凝土表面处理，也可堵漏；又如 FS101 和 FS102 复合刚性防水（FS102 直接掺在混凝土中；FS101 掺在表面水泥砂浆抹灰），二者同时使用就形成了复合防水（双保险），该材料已在国内普遍推广应用。与此相似的还有华旗 F-511 系列防水技术，已有华北标办图集。刚性防水具有许多优点，可以缩短工期、降低成本、延长防水寿命、施工方便、易修复并有利于环保。近几年在国家大剧院工程中应用"聚脲弹性防水涂料"对水池混凝土板进行防水处理，整体性好，全国也开始推广应用。改性沥青除热作法外，最近又研发了 WJG-TG 粘贴式改性沥青防水卷材，该产品保留了改性沥青卷材耐老化、耐紫外线、耐水、耐腐蚀等优点外，通过胶粘剂对基层的刮涂形成具有一定厚度的胶膜层，首先将基体全部封闭，起到了涂膜防水功能，有效地提高防水质量，从而实现了卷材、涂膜、基层三者紧密结合，形成了一个相互支撑的复合防水体系，提高了防水工程质量。由于全部实现冷作施工，操作简单，具有节能减排、环保效果，−20℃仍可施工。

从目前发展情况来看，地下室外墙防水不宜采用卷材防水，主要是由于外墙肥槽窄，操作条件恶劣，采用热作业，很难保证卷材搭接粘贴无隙，一旦粘贴不密实，窜水进入内墙造成渗漏。故建议采用防水涂料防水或刚性防水，包括渗透结晶型防水涂料等。

1.3.6 建筑节能（外墙保温）技术有了较快发展

近10年来外墙保温技术发展很快，目前常用的有"外贴聚苯板面层薄抹灰"、"保温板内置技术"、抹胶粘聚苯颗粒砂浆（含发泡聚氨酯夹心）、"预制饰面、保温二合一挂板"（也可粘贴）等，目前用得最普遍的是"外贴聚苯板面层薄抹灰"做法。但采用的聚苯板应是 B_1 级防火等级（目前已有生产），并根据建筑物的高度采取设置防火隔离带的措施（采用岩棉、玻璃棉等不燃 A 级保温材料）。最近出现了一种不燃 A 级保温材料"OPF傲德防火保温板"，是以酚醛泡沫材料为主的硬板材，耐燃性好、烟量低、高温性能稳定、绝热隔热、隔声、易加工成型，有较好的耐久性，遇火不燃烧、不收缩、不变形、不滴落、不具备火焰传播性及变形现象。该产品导热系数≤0.028W/(m·K)；氧指数≥40；PU≥28。

近几年全国有些地区（如河北、青岛等）还采用了将保温板夹在现浇混凝土墙内的做法。钢丝网混凝土聚苯夹芯条板已经鉴定，并推广应用。有些钢筋混凝土框架剪力墙结构的围护结构采用了轻质保温砌块（在轻质空心砌块的空心填充保温材料），效果也很好。三合一钢筋混凝土预制外墙板，30年前已采用，如何解决在现场生产（如地下室或利用小区内绿化地），减少运输，降低造价，应该是今后的发展方向，对提高工业化、机械化、装配化水平，对文明施工和绿色施工都有重要的意义。

1.3.7 脚手架技术有了创新

20世纪引进的钢管扣件式脚手架和碗扣式脚手架仍然是目前主要的脚手架。在使用扣件式脚手架方面近十多年来有所创新；为了节约钢材，一般都将落地脚手架改为挑架或提升脚手架（外脚手架只支搭3～4层架子，逐步往上提升）。碗扣式脚手架使用范围也越来越广，在高大支模工程中都使用了碗扣式脚手架，使脚手架与模板支承架实行通用；在钢结构高空散拼装施工中作承重支撑系统，大大扩大了碗扣脚手架的使用范围。在一些比较大的支模工程中也都用扣件或碗扣钢管脚手架做模板支承系统。

近几年来从国外引进了一些新型脚手架，如盘扣式脚手架和插接式脚手架，主要在杆件节点和钢管材质上作了改进，钢管采用了 Q345 级钢，可以加大立管间距、减少投资。节点连接采用卡片连接，操作方便，可以加快支搭速度。高层建筑外装修，较多的采用了吊篮代替外架子施工，可以降低成本，目前已有成套经验和有关规范规程，也有专业公司出租，使用安全方便。外墙采用外贴聚苯板抹灰贴面砖或刷涂料的保温饰面工程，一般也都采用吊篮作脚手架，玻璃幕墙和石材饰面施工也都使用吊篮辅助安装。

1.3.8 装饰工程技术日新月异

随着大批高级公共建筑的发展，各类高级装饰饰面材料蓬勃兴起，除了花岗石和大理石块材大量用于地面和墙面外，装饰陶瓷，包括高级釉面砖墙、地砖，大型陶瓷饰面板，陶瓷彩釉装饰砖和变色釉面砖等，得到广泛采用。另外玻璃装饰砖饰面、金属装饰饰面等使用也很广泛。建筑涂料花样翻新，品种繁多，内墙涂料有聚乙烯醇和耐擦洗、耐水等品种。外墙涂料常用的有醋酸乳胶漆、乙丙乳胶漆（包括乙丙乳液厚涂料）、苯丙乳胶漆、丙烯酸酯及硅溶胶无机建筑涂料，以及复层花式涂料等。此外还有氯偏乳液、苯丙乳液、聚氨酯等地面涂料。

塑料在建筑装饰中的应用也日趋广泛，如塑料地板（聚氯乙烯）、塑料装饰板以及钙塑板、铝塑吊顶装饰板等。在奥运工程中普遍推广了"亚麻布塑料地面"（卷材型），使用效果较好，值得推广使用。随着各种装饰材料的发展，各种胶粘剂也相继得到了研制开发。如建筑胶粘剂、瓷砖胶粘剂、建筑装饰胶粘剂、大理石胶粘剂以及塑料地板胶和各种塑料壁纸胶粘剂等。建筑胶的出现使装饰工程施工进一步减少了湿作业，提高了工效和工程质量。

以外墙围护和装饰功能为一体的玻璃幕墙，目前全国各地已陆续使用。但玻璃幕墙的保温问题仍未彻底解决（达到65％节能要求）。目前使用较多的是中空 Low-E 玻璃，节能效果不太理想，个别采用双层玻璃幕墙，但造价太高。外墙石材装饰自从20世纪90年代，为了防止色差，由湿作业改为干挂形式，近20年来，在全国均已大力推广应用，效果很好，但成本加大。进入21世纪以来，南方有些地区采取超薄石材饰面用特种胶进行粘结的"新湿作业"工艺，效果较好，目前还未能在全国推行。另外，金属幕墙也得到广泛应用。在外贴聚苯板抹灰的面层上粘贴面砖的工艺，经过长期研究，采用了加镀锌钢丝网的工艺，已试验成功，并已推广使用，能满足拉拔试验的要求。

在高级装修的公共建筑中，一般都采用轻钢龙骨纸面石膏板（有单板、双层两种做法，中间夹有50mm厚保温板）的非承重隔墙；顶棚也大量采用了轻钢龙骨、铝合金龙骨与装饰石膏板以及各类装饰吸声板和铝合金装饰吊顶。

室内装饰工程近10年来，无较大变化。人工石材（如微晶石等）有了较大发展，不仅色彩丰富，解决了色差问题，并且加工简便，规格尺寸准确，很受欢迎。腻子、涂料品种质量都有较大的提高。

隔断内墙方面，从20世纪末，在住宅工程中广泛使用了陶粒混凝土空心条板，由于禁止使用黏土陶粒，近年来已不再使用。目前正在研究推广由炉渣、矿渣或其他轻骨料配制的轻质空心两面光条板。公共建筑的隔断墙目前较多使用的仍然是加气块，两面均需抹灰，湿作业量大，建议改为石膏空心砌块（不用抹灰）或压制工艺的轻质空心砌块，该产品尺寸、规格、高度精确，有专用砌筑砂浆，砌筑后不用抹灰，可以取消抹灰湿作业。

1.3.9　绿色施工和高层住宅产业化正在发展

绿色施工包括四节一环保，即：节地、节水、节能、节材及环境保护。近年来我国在绿色施工方面发展较快，尤其是通过奥运工程和世博工程，竭力贯彻了绿色施工的各项要求，表现在雨水的利用、太阳能的应用、地下水将抽水降水改为止水帷幕、十大新技术的推广应用（节约材料）、合理施工总平面布置节约施工用地等方面。

建筑产业现代化这是近几年提出的新问题，也是建筑行业中的一件大事，必须引起重视。建筑产业现代化是以建筑工业化发展的成果为基础，以新型建筑工业化的生产方式为手段，以住宅产业化为载体，以设计标准化、构件部品化、施工装配化为特征，通过对设计、生产、施工等整个建筑产业链资源的优化配置，提高建筑业集成率和生产效率，推进建筑节能、环保及建筑产品全生命周期价值最大化，实现建筑业绿色发展。而建筑工业化是运用最新生产技术及管理手段，通过模数化、标准化设计实现工厂化生产和现场施工的装配化、机械化，尽量减少现场施工工作量、湿作业和人力物料消耗，达到高效建造节能环保的目的。

建筑产业现代化是以住宅产业化为载体，以住宅市场的需求为导向，以建材、轻工等行业为依托，以工厂化生产各种构件、部品为手段，现场装配为基础，以人才科技为资源。通过将住宅生产全过程的设计、构配件生产、施工安装建造等环节联结为一个完整的产业系统，并力争建筑物的各种构件、部品的加工（不包括原材料），门、窗构件加工，混凝土集中搅拌以及厕浴、橱柜、管线、通风……各部品半成品的加工工厂都由集团公司统一领导管理（即子公司），初级阶段也可以组成联合体，从而实现住宅建筑一体化的生产经营组织形式。

1. 高层住宅产业化包括以下几个方面（即四要素）

（1）住宅建筑设计标准化；

（2）部品（包括钢筋混凝土各种构件）生产工业化（即工厂化）；

（3）施工安装装配化；

（4）土建装修一体化。

2. 实行住宅产业化的主要优点

（1）便于实现"四节一环保"。

——节地：户型经优化实现标准化，模数协调，房屋使用面积相对较高，节约土地资源，还可以减少现场施工用地。

——节水：构件工厂预制，水循环利用，节约水资源。

——节能：三合一（结构、保温、装饰）预制外墙板复合一体，保温与结构同寿命，工厂化生产确保质量，机械化、自动化水平大大提高。

——节材：减少模板用量，少用脚手架；钢筋集中下料减少损耗；充分利用工业废料。

——环保：工厂生产环保条件好，采用装配式建造，减少现场湿作业，降低施工噪声和粉尘污染；减少建筑垃圾及污水排放，有关资料表明：采用产业化建造方式，水耗、能耗、人工、垃圾排放与污水排放分别为传统方式的35%、63%、53%、41%与35%；其经济效益和社会效益明显。

（2）提高劳动生产力，大大减少现场劳动力，改善工人劳动条件，提高机械化水平。

（3）可以集成应用新技术，实行工厂化施工，有利于开展科研工作和新技术、新工艺、新材料的推广应用。

（4）有利于专业化施工，提高专业水平和开展科研工作。

（5）由于建造方式的改变，对保证施工质量和安全十分有利，且便于管理。

（6）提高了居住品质，体现以人为本，实现绿色施工，减少施工扰民，保障施工人员健康。

高层钢筋混凝土结构产业化住宅，应该是当前急需解决的重大问题，已引起有关领导的高度重视，提出大力发展"节能省地型住宅"，在住宅建设领域要实现四节一环保，实现住宅产业现代化。我国政府在哥本哈根气候会议上提出减排 45% 的发展目标，提出发展低碳经济，北京市政府又提出了加大政策性住房建设力度，引导企业采用产业化方式，控制和提高住宅品质。我国住宅建筑所占比重甚大，随着住宅建筑产业化的发展，必然会带动我国整个建筑工程产业化的迅速发展，从而促使我国建筑业达到世界先进水平。

2 高层建筑施工测量

层数超过 10 层的住宅建筑和高度超过 24m 的其他民用建筑称为高层建筑；其中，层数超过 40 层或高度超过 100m 的高层建筑称为超高层建筑。

2.1 高层建筑施工测量的特点和基本要求

2.1.1 高层建筑施工测量的特点

1. 由于建筑层数多、高度高，结构竖向偏差直接影响结构受力状态，故施工测量中对竖向投测的精度要求高，所用仪器和测法要适应结构类型、施工方法和场地条件；由于建筑结构复杂（尤其是钢结构）、设备和装修标准较高，以及高速电梯的安装等，要求测量精度至毫米级；由于建筑平面、立面造型新颖且复杂多变，故要求测量放线方法能因地制宜，灵活适应，并需配备功能相适应的专用仪器和采取必要的安全措施。

2. 由于建筑工程量大，多为分期施工，且工期长，为保证工程的整体性和各局部施工的精度要求，在开工前要测设足够精度的场地平面控制网和标高控制网；又由于有大面积或整个场地的地下工程，施工现场布置变化大，故要求采取妥善措施，使控制网的主要桩点在施工期间能准确、牢固地保留至工程竣工，并能移交给建设单位继续使用，这项工作是保证整个施工测量顺利进行的基础，也是当前施工测量中难度最大的工作之一。

3. 为了验证设计的安全度，获取结构安全的相关信息，需进行建筑物的健康监测，具体包括：沉降观测、建筑物水平位移观测、建筑物倾斜观测等；由于高层建筑的基坑深度均比较大，其安全等级多为一级基坑，所以需进行监测的项目较多，例如：相邻建筑沉降观测、支护结构变形监测、土体变形监测等；钢构件的焊接变形、混凝土的整体收缩变形等也是测量控制中需要考虑的问题；建筑物不均匀沉降是结构安全的重要影响源，同时也为施工测量增加了难度，假设高层建筑存在一定范围内的不均匀沉降现象，就需要单独采取措施，消除其对控制测量的影响；群体建筑中不同高度建筑物间的不均匀沉降也是影响装修和结构安全的重要因素，可以采用预留沉降量的方式予以解决。

4. 由于采取立体交叉作业，施工项目多，为保证工序间的相互配合、衔接，施工测量工作与设计、施工等各方面密切配合，并要事先充分做好准备工作，制定切实可行的与施工同步的测量放线方案。测量放线人员要严格遵守施工放线的工作准则。为了确保工程质量，防止因测量放线的差错造成事故，必须在整个施工的各个阶段和各主要部位做好验线工作，防患于未然。

2.1.2 超高层建筑测量的特点与难点

1. 超高层建筑一般是指层数在 40 层以上或建筑高度 100m 以上的建筑物。当建筑高度在 100m 以下时，可以将建筑物视为一个稳定的没有变形的结构体，采用常规的测量手段就可以保证控制轴线的竖向传递，最常用的方法就是激光铅直仪内控法；当建筑物超过一定高度后，随着高度的不断增加，结构体不再是静态的了，它受日照、风载等影响产生的周期性变形逐渐显现出来，使结构体逐渐转变为动态形式，位于结构体顶部的施测层（在施层）成不规则的摆动状态，其摆动的周期和幅度取决于建筑物的高度和外界因素的影响，此时就不能用常规的手段来测量了。

2. 在无温差、无风载条件下，可以认为超高层建筑是静止的，此时竖向轴线在理论上是铅直的，若±0.00处的某一控制点 A，则过 A 点的铅垂线即为超高层建筑任意楼层的控制线（A_i）；实际施工中超高层建筑受日照、风载等外界条件的影响，在超过一定高度后就会产生一定程度的摆动，此时各 A_i 点的连线不再是铅垂线，变为了一条随外界因素和时间变化的竖曲线，如何在施工阶段通过采取措施将控制点投射在这条曲线上是测量控制的难点。

3. 超高层建筑的竖向荷载（自重）很大，结构体的弹性压缩变形对建筑物高程传递的影响较为显著；建筑物均匀沉降也是在施工测量控制中需要考虑的重要因素。如何消除上述与高程控制有关的各项影响，是超高层施工测量控制的关键环节。

4. 超高层建筑结构体施工一般都采用自爬模板施工，在竖向上分为三个施工段，最上端为核心筒墙体，一般它与中部核心筒楼板结构要相差三个层（高），如何控制结构墙体的位置和铅直是施工测量控制的新课题；而最下部的外框结构与核心筒楼板结构还要差三到四层，如何保证三个不同施工阶段在测量控制上的连续性和一致性是超高层竖向整体控制的关键环节。

2.1.3 现代测量仪器及其使用、保养的基本要求

1. 现代测量仪器发展

随着科学的进步与发展，测量仪器在近百年中，大体上走了四代。20 世纪初前 20～30 年，仪器上的望远镜为长筒（30～50cm）、外调焦、倒像或正像、十字线为蛛丝制成；第二次世界大战前后为第二代，望远镜为短筒（15～20cm）、内调焦、倒像、十字丝为玻璃刻划制成，水准仪为微倾式，水准管上方装有符合折光棱镜而提高了定平精度，经纬仪为光学度盘与对中；20 世纪 60～70 年代为第三代，望远镜为短筒、正像、快慢调焦、充氮，水准仪上的水准管与经纬仪竖盘指标水准管均被自动补偿机构代替，从此测量仪器走上自动定平的地步；20 世纪 80 年代以后水准仪与经纬仪的读数走上了电子数字化显示。同时，激光铅直仪、全站仪、测量机器人、GPS、三维激光扫描仪等现代测量仪器的诞生，推动了建筑施工测量技术的飞速发展，使建筑施工测量进入了光机电一体化和数字化的时代。

2. 水准仪

（1）工程水准仪：望远镜放大倍数 24～28 倍，微倾气泡水准仪已被自动补偿水准仪所代替，精度为每公里往返测高差平均值的中误差 m（标准差 σ）为 ±（3～2mm），是施工现场使用最多的水准仪。图 2-1-1 是北京光学仪器生产的 AL332-1 型自动补偿水准仪。

（2）精密水准仪：瑞士威特厂生产的 N_3 光学精密水准仪，其望远镜清澈明丽，放大超过 40 倍，

图 2-1-1　AL332-1 型自动补偿水准仪

内置平行板测微器可直接读至 0.1mm，估读至 0.01mm，升降螺旋有刻度，可测度小竖直角和坡度变化。专供高等级水准测量、地震变形沉降观测、高程工业和实验室测量等应用。附件有自准目镜、激光目镜、对角目镜、目镜灯等。图 2-1-2 为 N_3 精密水准仪。

图 2-1-3 为在北京光学仪器厂生产的 $S_{1.5}$ 自动补偿水准仪上，加装一平行玻璃板测微器，可使精度达到 $S_{0.7}$ 水平，这样既可用于普通工程水准，又可用于工程沉降观测。随着仪器制造的进步和发展，此类仪器正逐渐被数字水准仪所取代。

图 2-1-2　N_3 精密水准仪

图 2-1-3　$S_{0.7}$ 精密水准仪

（3）数字水准仪：数字水准仪是在自动补偿精密水准仪的基础上，安装了传感器、微处理器、数据处理软件等电子器件，测量时，利用主机中的传感器，自动识别条码尺上的条码分划，经过图像处理后，自动显示与记录视线高、水平距离等数据，并可以将数据传输至计算机进行后续处理，成为现代化和信息化测量的高科技产品。

图 2-1-4 为日本索佳（SOKKIA）公司生产的 SDLIX 数字水准仪，图 2-1-5 为美国天宝（Trimble）公司生产的 DINI03 数字水准仪，其标准精度可达到 ±0.3mm，在高层建筑施工测量中，可完成高等级的场区高程控制网的施测，以及施工中的沉降变形测量工作。

图 2-1-4　索佳 SDLIX 数字水准仪

图 2-1-5　天宝 DINI03 数字水准仪

3. 工程经纬仪

光学经纬仪曾经是施工现场保有量最大的测量仪器，目前我国还在生产和使用，但逐渐将被数字化显示的电子经纬仪所代替。图 2-1-6 为北京光学仪器厂生产的 J_6 和 J_2 级光学经纬仪。

图 2-1-7 为北京光学仪器厂生产的电子经纬仪，它有 360°（DEG）制、400g（GRAD）制与顺时针读数、逆时针读数四种显示方法。后视时可直接置 0°00′00″，前视

时则直接显示角度数值，而不用估读，因之实测中，无论精度、速度均比同精度的光学经纬仪效果好，并可自动记录、贮存数据。

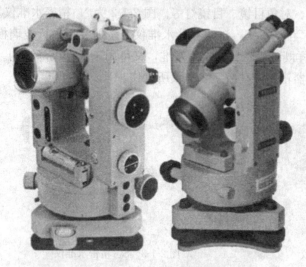

图 2-1-6　J_2、J_6 光学经纬仪

图 2-1-7　电子经纬仪

4. 全站仪

全站仪是一种光机电算一体化的高科技全能测量仪器。测距部分由发射、接收与照准成共轴系统，测角部分由电子测角系统完成，机中电脑编有各种应用程序，直接测出水平角、竖直角及斜距离是全站仪的基本功能。此外，应用电脑中的程序可直接测出测点的三维坐标（Y、X、H）及两点间距等。

全站仪测距的标准表达式为：

$$m_D = \pm (a + b \cdot D) \tag{2-1-1}$$

式中　m_D——测距中误差（mm）；

　　　a——仪器标称精度的固定误差（mm）；

　　　b——仪器标称精度的比例误差系数（mm/km）；

　　　D——被测距离（km）。

光电测距仪的精度分为 4 个等级，见表 2-1-1。

测距仪的精度分级　　　　　　　　　　　　　　　表 2-1-1

精 度 等 级	测距标准偏差
Ⅰ	$m_D \leqslant (1+D)$ mm
Ⅱ	$(1+D)$ mm $< m_D \leqslant (3+2D)$ mm
Ⅲ	$(3+2D)$ mm $< m_D \leqslant (5+5D)$ mm
Ⅳ（等外级）	$(5+5D)$ mm $< m_D$

注：D 为测量距离，单位为千米（km）。

全站仪按测程分类，分为短程、中程、长程。测距小于 3km 为短程，3km 至 15km 为中程，15km 至 60km 为长程。

全站仪测角部分的准确度等级以仪器的标称标准偏差来划分，见表 2-1-2。

标准度等级分类 表 2-1-2

仪器等级	I		II		III			IV
标称标准偏差	0.5″	1.0″	1.5″	2.0″	3.0″	5.0″	6.0″	10.0″
各级标准偏差范围	$m_\beta \leqslant 1.0″$		$1.0″ < m_\beta \leqslant 2.0″$		$2.0″ < m_\beta \leqslant 6.0″$			$6.0″ < m_\beta \leqslant 10.0″$

注：m_β 为测角标准偏差。

图 2-1-8 为北京光学仪器厂生产的 DZQ22 型全站仪，该系列测距精度为 ± （5＋5・D）、± （2＋2・D），测角精度为 ±2″、±5″。

5. 高层建筑施工测量专用仪器仪

为了适应高层建筑施工测量的需要，近年来，国内外一些仪器厂家研制了一批适用于不同结构、不同精度的测量铅直线的专用仪器，现简要介绍如下：

（1）激光铅直仪

此种专用仪器有水准气泡定平和自动定平两种类型。图 2-1-9 为北京博飞公司生产的 DZJ3-L1 激光铅直仪。该仪器采用水准气泡定平、半导体激光器，体积小，重量轻，耐振动，寿命长；视准轴与竖轴、激光光轴同轴，激光光轴与视准轴同焦，性能稳定可靠；激光有效射程白天≥120m，夜间≥300m；方格

图 2-1-8 DZQ22 型全站仪

型激光靶，方便用户操作，配有可卸式滤光片，人眼可通过望远镜观测；激光下对点激光光斑无须调焦，提高测量精度。图 2-1-10 为索佳公司生产的 LV1 自动激光铅直仪。

图 2-1-9 DZJ3-L1 激光铅直仪　　　图 2-1-10 LV1 自动激光铅直仪

ZL 型自动天顶准直仪（图 2-1-11）、NL 型自动天底准直仪（图 2-1-12）和 ZNL 型自动天顶—天底准直仪（图 2-1-13）为瑞士徕卡厂生产，该类铅直仪为光学仪器，安置后只要定平圆水准器，仪器就可自动给出天顶或天底方向。ZL 型自动天顶准直仪精度为 ±1″（±1：200000），但望远镜为 20 倍，若配上激光目镜，则可给出同样精度的铅直激光束；ZNL 型自动天顶—天底准直仪在使用时，仪器上部可由基座上取出，上下调转，当物镜

向上安置时，目镜就可观测天顶方向；当物镜向下安置时，目镜就可观测天底方向，精度均为±6″（±1∶30000）。

图 2-1-11　ZL 型自动天顶准直仪　　　　图 2-1-12　NL 型自动天底准直仪

图 2-1-13　ZNL 型自动天顶-天底准直仪

此三类仪器精度高，价格昂贵，适用于超高层建筑或钢结构工程施工测量，但现已停产。

（2）其他传统测量仪器

此类仪器大多已不再生产了，属于落后的、即将被淘汰的范畴。但在施工单位还有相当数量的此类仪器，还具有使用价值。

1）配有 90°弯管目镜的经纬仪：将望远镜物镜指向天顶方向，由弯管目镜观测。当仪器水平转动一周时，若视线一直指在一点上，则说明视线方向正处于铅直，用以向上竖向投测。这种经纬仪是投资少、又能满足竖向投测精度要求的最简便的仪器。

2）垂准经纬仪：上海第三光学仪器厂生产的 6″级 DJ6-C6 垂准经纬仪，配有 90°弯管目镜。该仪器既能使望远镜仰视向上，又能使望远镜俯视向下，使视线通过直径 20mm 的空心竖轴指向天底。施测前应将仪器水平转动一周，若视线向上或向下一直指在一点上，说明视线方向正处于铅直。此仪器一测回（即正倒镜各观测一次取平均位置）垂准观测中误差不大于±6″，即 100m 高差处平面误差为±3mm（约±1/30000）。此仪器可专门用作施测垂准方向，也可作一般经纬仪使用。

3）激光经纬仪：北京光学仪器厂生产装有半导体激光器的 DJJ 型激光经纬仪，它是在望远镜筒上装一半导体激光器，用一组导光系统把激光与望远镜的光学系统联系起来，组成带有激光发射光系统的经纬仪，白天定向距离 180m、夜间 800m。为了测量时观测目标的方便，激光束进入发射系统前设有遮光转换开关，遮去发射的光束，即可在目镜（或通过弯管目镜）处观测目标，而不必关闭电源。和前述配有 90°弯管目镜的经纬仪一样，施测前将物镜指向天顶方向时，水平转动仪器一周，激光点（或视线）一直指在一点上，说明激光束（或视线）方向正处于铅直。此仪器平时也可用作一般经纬仪使用，在施工现场因其为可见光，故在施工放线中，方便清除视线上障碍物。

6. GPS 测量

GPS 测量技术是近 20 年发展起来的高新测量技术，它打破了传统测量的概念，依托于

GPS卫星进行测量工作，具有观测站之间无需通视、定位精度高、提供三维坐标、操作简便、全天候作业、测量时间短等优势。GPS测量技术一般分为静态测量技术和RTK测量技术。

（1）静态测量技术

静态测量技术，即载波相位静态差分技术，其具体观测模式是多台接收机在不同的测站上进行静止同步观测，时间由15min到十几小时不等。进行GPS静态测量时，GPS接收机的天线在整个观测过程中的位置是静止的，通过接收到的卫星数据的变化来求得待定点的坐标。它主要用于建立各种控制网。

（2）RTK测量技术

RTK技术，即载波相位差分技术，实时处理两个测站载波相位观测量的差分方法。RTK系统由基准站和移动站组成。其基本原理是将基准站采集的载波相位发送给用户，用户根据基准站的差分信息进行求差解算用户位置坐标。RTK技术可应用于测绘地形图、平面位置的施工放样等。

2.1.4 测量仪器使用和保养的基本要求

1. 测量仪器的领用与检查

测量仪器应按规定的手续向有关部门借领使用。借领时应对仪器及其附件进行全面检查，发现问题应立即提出。检查的主要内容是：

（1）仪器有无碰撞伤痕、损坏，附件是否齐全、适用。

（2）各轴系转动是否灵活，有无杂音。各操作螺旋是否有效，校正螺丝有无松动或丢失，水准器气泡是否稳定、有无裂纹。自动安平仪器的灵敏件是否有效。

（3）物镜、目镜有无擦痕，物像和十字丝是否清晰。

（4）经纬仪读数系统的光路是否清晰。度盘和分微尺刻划是否清楚、有无行差。

（5）光电仪器要检查电源、电线是否配套、齐全。

2. 正确使用测量仪器

（1）仪器的出入箱及安置：仪器开箱时应平放，开箱后应记清主要部件（如望远镜、竖盘、制动螺旋、微动螺旋、基座等）和附件在箱内的位置，以便用完后按原样入箱。仪器自箱中取出前，应松开各制动螺旋，一手持基座、一手扶支架将仪器轻轻取出。仪器取出后应及时关闭箱盖，并不得坐人。

测站应尽量选在安全的地方。必须在光滑地面安置仪器时，应将三脚尖嵌入地面缝隙内或用绳将三脚架捆牢。安置脚架时，要选好三足方向，架高适当，架首概略水平，仪器放在架首上应立即旋紧连接螺旋。

观测结束后仪器入箱前，应先将定平螺旋和制、微动螺旋退回正常位置，并用软毛刷除去仪器表面灰尘，再按出箱时原样就位入箱。箱盖关闭前应将各制动螺旋轻轻旋紧，检查附件齐全后可轻关箱盖，箱口吻合方可上锁。

（2）仪器的一般操作：仪器安置后必须有人看护，不得离开，并要注意防止上方有物坠落。一切操作均应手轻、心细、稳重。定平螺旋应尽量保持等高。制动螺旋应松紧适当，不可过紧。微动螺旋在微动卡中间一段移动，以保持微动效用。操作中应避免用手触及物镜、目镜。烈日下或零星小雨时应打伞遮挡。

（3）仪器的迁站、运输和存放：迁站前，应将望远镜直立（物镜朝下）、各制动螺旋微微旋紧、光电仪器要断电并检查连接螺旋是否旋紧。迁站时，脚架合拢后，置仪器于胸前，一手携脚架于肋下，一手紧握基座，持仪器前进时，要稳步行走。仪器运输时不可倒放，更要注意防振、防潮。

仪器应存放在通风、干燥、常温的室内。仪器柜不得靠近火炉或暖气。

（4）测量仪器的检验与校正：所有测量仪器设备必须经法定的计量检测机构检定合格后才准予使用，检定的有效期按照国家相关规定执行。各类测量仪器应根据使用情况和自身特点，在使用前或定期进行自我检验和校正，保证仪器始终处于受控状态。各类仪器如发生故障，切不可乱拆乱卸，应送专业修理部门修理。

（5）光电仪器的使用：使用仪器前，先要熟悉仪器的性能及操作方法，并对仪器的测量模式和主要参数进行确认，例如使用全站仪时，检查棱镜与仪器设置的棱镜常数是否一致，是否进行温度修正等；视场内只能有一个反光棱镜，避免测线两侧及反光镜后方有其他光源或反射体，更要尽量避免逆光观测，严禁将镜头对准太阳和其他强光源观测，在阳光下或小雨天气作业时均要打伞遮挡；迁站或运输时，要切断电源并防止振动；设备长期不用，要把电池取出；激光对人眼有害，使用激光仪器时不可直视光源。

2.1.5 高层建筑施工测量人员应具备的基本能力

1. 看图能力

关键是要能够看懂、看通施工图，知道在不同的情况下需要看哪些图，图中的哪些是必须掌握的关键信息，例如采用何种坐标系统、高程系统等；要能够将总平面图、建筑图、结构图和细部节点图结合起来看，要审核图纸之间是否吻合一致；现在电子版施工图已经很普及了，这就要求测量员能够掌握CAD、天正等制图软件，不管是纸版还是电子版一定要注意其版本的有效性。

2. 操作仪器的能力

测量员应熟练掌握各类仪器的操作，能够根据工作半径快速将仪器安置在最佳位置；熟知仪器每一个旋钮、按键的功能，防止操作不当，防止误操作导致原始设置被更改。要掌握快速校核仪器的方法：例如，2C的校核，铅直仪取4次投测的中心点，使用经纬仪或全站仪测角时，应隔一段时间进行重新后视，以便及时发现仪器的下沉或扰动。

3. 布设控制网的能力

控制网的布设应根据现场和建筑物的具体情况而定，对控制网的精度等级、测设的难易程度、桩点的稳定程度、使用是否方便等都需要综合考虑。

高程控制网的布设：水准点应布置在土体变形小的地方，可借用首级平面控制点，切忌采用设在槽边变形区内的平面控制点作为高程控制点；水准点的间距宜在100m左右，精度四等，方法附合水准；基槽下的高程控制点宜设置在塔吊基础上，引测方法视现场条件而定；楼层标高传递点宜按流水段设置，首段至少设两个，中间段可以只设一个传递点；楼层标高传递点的高程必须重新由水准基点引测。

平面控制网的布设：对于一般的单体工程平面控制网布设，可根据建筑物角点桩，直接测设，每个施工流水段不得少于一组控制点；对于大型重点工程和群体工程宜设置两级控制，首级控制的桩点宜采用任意网，其原则为精度合理，便于使用、图形稳定；二级控制网可参考普通工程控制网设置。

4. 记录、计算、绘图能力

测量记录要求原始真实、数字正确、内容完整、字体工整；熟练掌握坐标正反算、水准路线测量计算、槽底高程计算等基本计算，计算力求方法科学、计算有序、步步校核、结果可靠；掌握 CAD、天正建筑等基本的绘图软件，能够在电子版图中提取测量或放样数据，能够运用软件将平面图转换到施工坐标系中，并根据坐标数据绘制平面图；熟悉误差理论，能针对误差产生的原因采取有效措施，并能对各种观测数据进行科学处理。由于测量的专业性比较强，测量资料应由测量员来完成的，测量员必须要会填写测量资料，掌握填写要求。

5. 学习和总结能力

施工测量的基本原理是相同的，但建筑工程的形式和施工条件是千变万化的，测量新技术也在不断涌现，测量人员要求具备学习和总结的能力，总结成功经验，吸取失败的教训，掌握其中的规律，学会发散思维，不断地提高自身的素质，提出自己的观点，制定工作的思路，确定研究的方向，切忌墨守成规，一成不变。

2.2 施工测量前的准备工作

2.2.1 了解设计意图，学习和校核图纸

2.2.1.1 了解工程总体布局、定位与标高情况

通过对总平面图设计说明的学习以及设计交底，了解总体布局、工程特点和设计意图。首先应了解工程所在地区的红线桩位置及坐标、周围环境及与原有建筑物的关系、现场地形及拆迁情况（尤其是地下建筑物与地下管线等）；其次应了解建筑物的总体布局、朝向、定位依据、定位条件及建筑物主要轴线的间距及夹角；再次应了解水准点位置及标高、建筑物首层室内地坪±0.000 的绝对标高（尤其是有几种不同标高的±0.000 时）、整个场地的竖向布置（标高、坡度等）、绿化及道路、地上地下管线的安排等。其中应特别注意以下几个问题：

1. 工程总体布局和拆迁情况

先从设计总平面图上了解现场的原地貌、地物情况；新建建筑物的总体布局、道路及管线的安排。查核场地内需要保留的原有建（构）筑物和名贵树木与新建建筑物的位置是否准确；需要拆迁和需要保留的地下管线的种类、数目是否齐全，位置是否正确。为了准确地核实上述情况，还应从建设单位或城市规划部门取得施工现场的现状大比例尺地形图，并根据设计的条件将新建建筑物绘制到地形图上，以便能更详细、准确地了解现场的地上和地下情况。无论是从总图上还是从地形图上了解到的资料，都需要到现场进行实地考察核对或补测，尤其是对名贵树木的树冠和根系范围以及何种地下管线和检查井的情况要进行核对，这样便于施工时采取必要的措施，防止事故发生，以保证设计定位符合实地情况和测量定位的顺利进行。

2. 建筑物的平面定位情况

（1）定位依据。一般有两种：一种是根据附近原有建筑物或构筑物定位，这要求必须是四廓（或中心线）规整的永久性建（构）筑物，定位依据点的具体位置也必须是明确的（如墙面、勒脚、台阶……），必要时应由建设单位和设计单位共同在现场用红白漆标出，以防出现差错；另一种是由规划、设计给定建筑物主要角点的坐标，并根据城市规划部门测定的平面控制点、道路中心线、规划红线或场地平面控制网（建筑方格网）定位，这种

方法必须了解掌握所标注的坐标等定位条件是否合理，标注点的位置是建筑物的外廓角点还是轴线交点，相邻两点的距离与图纸标注的距离是否一致等。

（2）定位条件。应以给定的定位依据为准，能唯一确定建筑物位置的几何条件，最基本的是能确定建筑物的一个点位和一个边的方向。若其中缺少一个条件，则无法定位。若在一个点和一个边的方向定位条件之外，还有其他给定条件，则会出现定位中的相互矛盾的情况。

如图2-2-1所示，为某小区内新建一幢高层风车形塔楼（29.300m×29.300m），从设计总平面图中给定的定位依据和定位尺寸看似合理，但因车棚和菜店均不是永久性建筑，故不能作为定位依据。因为从南北定位尺寸看，由 AB 边的延长线向北量 6.000m 为塔楼南侧，而由塔楼北侧至车棚 DE 边的距离就很难正好是 20.000m，这就出现了定位尺寸上的矛盾条件；同样如从东西向定位，若保证塔楼西侧距 BC 边的定位尺寸为 12.000m，就难以保证 FG 边至塔楼的定位尺寸为 18.500m，这又是一个尺寸上的矛盾；又若塔楼平行于 BC 边，则不一定同时平行于 FG 边，这也是一个方向矛盾的条件。合理的定位条件应该是明确以 BC 边为定位依据，塔楼方向平行 BC，去掉前述的北侧至车棚 20.000m 和东侧至菜店 18.500m 的矛盾条件即可；也可以只给出塔楼中心点的坐标和一个轴线的方向。

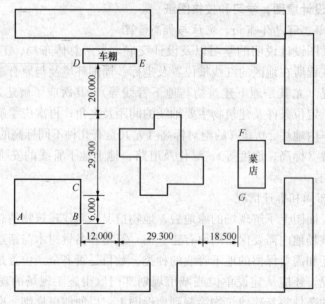

图 2-2-1 风车形塔楼定位（单位：m）

又如图2-2-2所示，甲、乙、丙、丁为规划红线桩，1号、2号和3号三幢建筑的定位条件分别是：①三幢建筑均距北侧红线乙丙为 6.000m；②1号建筑 AB 边平行东侧红线甲乙且间距为 4.000m；3号建筑 CD 边平行西侧红线丙丁且间距为 4.070m。

从图2-2-2中可以看出，上述定位条件①是可行的。但定位条件②则产生了矛盾条件：因为红线桩乙、丙两处的红线夹角均不是 90°，若1号建筑 AB 边平行红线甲乙边，则1号建筑在 B 处就不能是 90°；同样3号建筑在 C 点处也不能是 90°。若建筑物大角保持 90°，则不能平行东西两侧红线。另外红线桩乙、丙两处的红线夹角之和大于 180°，则 $A'D'$ 的间距必然要大于乙丙间距 169.470m，而图中所给尺寸两者一样，说明所给的 $A'D'$ 的间距有误。

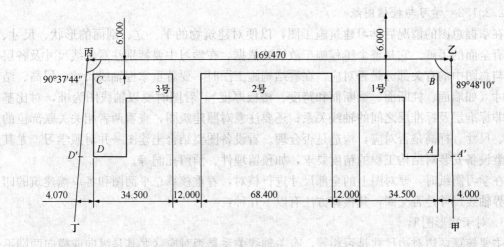

图 2-2-2 小区建筑定位（单位：m）

3. 建筑物的标高定位情况

（1）常用的有两种：一种是根据设计部门给定的水准点或导线点的已知标高，用绝对标高定位；另一种是根据附近原有建（构）筑物或道路、广场的某一指定部位为准，用相对标高定位。如以给定的水准点或导线点为依据时，则至少要给两个已知点，在校测高差正确后，方可使用；如以原有建（构）筑物为标高依据时，则所指定的部位必须明确，点位必须稳定，必要时应由建设单位和设计单位共同在现场用红白漆标出，防止有误。

（2）场地和建筑物的±0.000设计标高是否合理的核查。场地的坡度、排水方向和设计标高是否合理，应从是否符合城市规划部门对该地区竖向总体规划的要求以及场地排水方向和出口标高是否合理可行进行核查。另外，土方是否平衡、工程费用是否合理等也需进行核定。

建筑物±0.000的设计标高是否合理，应从附近建筑物±0.000的标高、道路和广场的标高是否对应，建筑物排水的出水口标高与附近排水管道标高是否衔接以及建筑物室内的±0.000标高与室外场地的设计标高是否适应等方面核查。

如图2-2-3所示，为某建筑小区幼儿园设计总图，图中曲线为原地面等高线，平行折线为场地设计地面等高线，两者相比可看出整个场地需要填方0.1～1.1m。从场地设

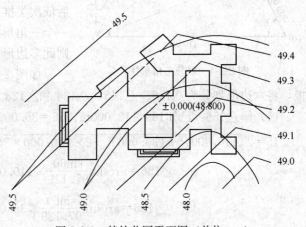

图 2-2-3 某幼儿园平面图（单位：m）

计等高线标高看，建筑物室内地坪±0.000的绝对标高应为49.850m以上（即室外设计地坪49.400m再加三步台阶高差0.450m），而图中所给±0.000的设计标高为48.800m，即室内地坪低于室外地坪0.200～0.700m，说明室内地坪的设计标高有误。

2.2.1.2　学习与校核图纸

在掌握总图的情况后学习建筑施工图，以便对建筑物的平、立、剖面的形状、尺寸、构造有全面的了解。它是整个工程施工放线的依据。在学习中要特别注意轴线尺寸及各层标高与总图中的有关部分是否对应。在看结构施工图时，要着重掌握轴线尺寸、层高、结构尺寸（如墙面、柱断面、梁断面和跨度、楼板厚度）。看图时要以轴线图为准，对比基础、非标准层及标准层之间的轴线关系；还要注意对照建筑图，查看两者相关关联部位的轴线、尺寸、标高是否对应，构造是否合理。看设备图要结合土建图一并对照学习，尤其要注意设备安装对结构工程的精度要求，如预留埋件、预留孔洞等。

在学习图纸时，要对图上的全部尺寸进行核对，着重核算总平面图和各单幢建筑的四周边界轴线尺寸是否交圈，其核算方法有以下几种：

1. 对于矩形图形

主要核算两边对边尺寸是否相等，有关轴线关系是否对应（尤其是纵向或横向两端不贯通的轴线）等。

2. 对于梯形图形

主要核算梯形斜边与高的比值是否与底角（或顶角）相对应。

3. 对于多边形图形

先要核算其内角和是否等于 $(n-2) \times 180°$（n 为多边形的边数），再核算其四周边长是否交圈。核算宜采用 CAD 图形软件进行，对于纸版施工图也可采用投影法或划分三角形法两种方法核算。

投影法是用计算闭合导线的方法，计算多边形各边在任意两坐标轴上的投影的代数和应等于零的原理，核算其四周边长是否交圈；划分三角形法是以一长边的一端为极，将多边形划分 $(n-2)$ 个三角形，先从含长边的三角形开始，将两已知边及其夹角值代入余弦定理解得第三边长后，用正弦定理解得其余两夹角；然后依次类推逐个解算各三角形至另一侧；当最后一个三角形推算出的边长及夹角与设计值相等时，则此多边形四周边长交圈。

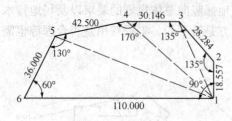

图 2-2-4　划分三角形法

如图 2-2-4 为划分三角形法。如图选 1 点为极，将六边形划分为△156、△145、△134 和△123 四个三角形，按以下次序核算：

(1) 解△156：已知 $\overline{16}=110.000$m、$\overline{56}=36.000$m、$\angle 561=60°$。

$$\overline{15}=\sqrt{(110.000)^2+(36.000)^2-2\times110.000\times36.000\times\cos60°}=97.139\text{m}$$

$$\angle 156=\arcsin\frac{\sin60}{97.139}\times110.000=101°16'47''$$

$$\angle 156=\arcsin\frac{\sin60}{97.139}\times36.000=18°43'13''$$

计算校核：$60°00'00''+101°16'47''+18°43'13''=180°00'00''$

(2) 解△145：已知 $\overline{15}=97.139$m，$\overline{45}=42.500$m。

$$\angle 451=130°00'00''-101°16'47''=28°43'13''$$

$$\overline{14}=\sqrt{(97.139)^2+(42.500)^2-2\times97.139\times42.500\times\cos28°43'13''}=63.255\text{m}$$

$$\angle 145 = \arcsin \frac{\sin 28°43'13''}{63.255} \times 97.139 = 132°26'37''$$

$$\angle 514 = \arcsin \frac{\sin 28°43'13''}{63.255} \times 42.500 = 18°50'10''$$

计算校核：$28°43'13'' + 132°26'37'' + 18°50'10'' = 180°00'00''$

(3)解△134：已知$\overline{14} = 63.255$m，$\overline{34} = 30.146$m。

$$\angle 341 = 170°00'00'' - 132°26'37'' = 37°33'23''$$

$$\overline{13} = \sqrt{(63.255)^2 + (30.146)^2 - 2 \times 63.255 \times 30.146 \times \cos 37°33'23''} = 43.435\text{m}$$

$$\angle 134 = \arcsin \frac{\sin 37°33'23''}{43.435} \times 63.255 = 177°24'58''$$

$$\angle 413 = \arcsin \frac{\sin 37°33'23''}{43.435} \times 30.146 = 25°01'39''$$

计算校核：$37°33'23'' + 117°24'58'' + 25°01'39'' = 180°00'00''$

(4)解△123：已知$\overline{13} = 43.435$m，$\overline{23} = 28.284$m。

$$\angle 231 = 135°00'00'' - 117°24'58'' = 17°35'02''$$

$$\overline{12} = \sqrt{(43.435)^2 + (28.284)^2 - 2 \times 43.435 \times 28.284 \times \cos 17°35'02''} = 18.577\text{m}$$

$$\angle 123 = \arcsin \frac{\sin 17°35'02''}{18.577} \times 43.435 = 135°00'00''$$

$$\angle 312 = \arcsin \frac{\sin 17°35'02''}{18.577} \times 28.284 = 27°24'58''$$

计算校核：$17°35'02'' + 135°00'00'' + 27°24'58'' = 180°00'00''$

$$\angle 612 = 18°43'13'' + 18°50'10'' + 25°01'39'' + 27°24'58''$$
$$= 90°00'00''$$

由于从$\overline{16}$边长经过四个三角形推算出的$\overline{12}$边长与设计值一致，且四个三角形在1点处的各项角之和等于设计值$90°00'00''$，故说明该六边形四周边长交圈。

4. 对于圆形或圆弧形

圆形和圆弧形的高层建筑逐渐增多，如北京亚运会运动员村22层的五洲大酒店旅馆1号楼，为半径$R = 65.0 \sim 80.5$m、转角$\alpha = 86°49'31''$的大圆弧形；上海29层的华亭宾馆是由两个1/4圆弧组成的"S"形；北京29层的国际饭店由三个圆弧面组成。除建筑物本身为圆弧形外，旋转餐厅、地下车库的车道也多采用圆弧形曲线。

(1)圆曲线的各部分名称、常用符号和设计要素如图2-2-5所示：

交点（JD）——两切线的交点，它是根据设计条件测设的，也称转折点。

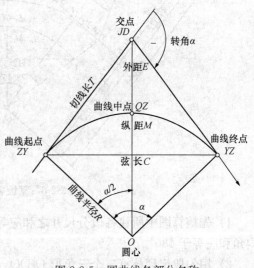

图2-2-5 圆曲线各部分名称

转角（α）——当两切线方向确定后，转角 α 的值即已知，它也称折角。

半径（R）——圆曲线半径，多是设计给定的数值。

由图 2-2-5 可看出，当交点（JD）位置确定后，转角（α）和半径（R）就是确定圆曲线的设计要素。

（2）圆曲线的主点和测设要素（图 2-2-5），曲线主点为：

曲线起点（ZY）——切线与圆曲线的切点，也称直圆点；

曲线中点（QZ）——圆曲线的中点，也称曲中点；

曲线终点（YZ）——圆曲线与切线的切点，也称圆直点。

圆曲线三个主点位置，是根据 α 与 R 计算出下列测设要素测设的。

切线长 $\qquad\qquad\qquad\qquad T=R\cdot\mathrm{tg}\alpha/2$ （2-2-1）

弧长 $\qquad\qquad\qquad\qquad L=R\cdot\alpha°\pi/180°$ （2-2-2）

弦长 $\qquad\qquad\qquad\qquad C=2R\cdot\sin\alpha/2$ （2-2-3）

外距 $\qquad\qquad\qquad\qquad E=R（\sec\alpha/2-1）$ （2-2-4）

中央纵距（矢高） $\qquad\qquad M=R（1-\cos\alpha/2）$ （2-2-5）

计算校核： $\qquad\qquad\qquad T=\sqrt{(M+E)^2+(C/2)^2}$ （2-2-6）

例如某饭店其平面形状是以三个圆弧为主组成的对称图形，如图 2-2-6 所示（$\overgroup{12-3-45-0-67-8-1}$），对其四周边长是否交圈的核算工作，可用"划分三角形法"划分为几个三角形按以下步骤进行：

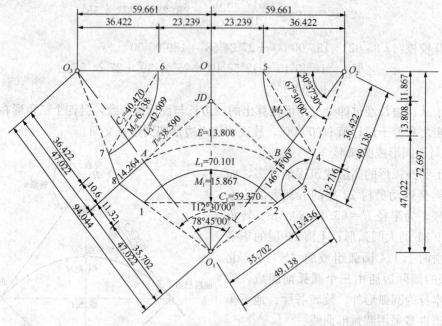

图 2-2-6 某饭店平面（单位：m）

1）先核算图中所注各段分尺寸之和应等于其总尺寸，再核算△$O_1O_2O_3$ 与△$O_{13}O_2$ 的内角和应等于 180°。

2）用勾股定理核算三个三角形 O_1OO_2 与 O_1B3、O_2B3 的边长，分别满足：

$$(72.697)^2 + (59.661)^2 = (94.044)^2$$
$$(47.022)^2 + (14.264)^2 = (49.138)^2$$

3) 用公式（2-2-2）核算：

$\overset{\frown}{12}$弧长　　　　　$L_1 = 35.702 \times 112.5° \times \pi/180° = 70.101\text{m}$

$\overset{\frown}{45}$与$\overset{\frown}{67}$弧长　　$L_2 = 36.422 \times 67.5° \times \pi/180° = 42.909\text{m}$

4) 用公式（2-2-3）核算：

$\overset{\frown}{12}$弦长 $C_1 = 2 \times 35.702 \times \sin\dfrac{\sin112.5°}{2} = 59.370\text{m}$

$\overset{\frown}{45}$与$\overset{\frown}{67}$弦长 $C_2 = 2 \times 36.422 \times \sin\dfrac{\sin67.5°}{2} = 40.470\text{m}$

5) 用公式（2-2-5）核算：

$\overset{\frown}{12}$弧的矢高 $M_1 = 35.702 \times \left(1 - \cos\dfrac{\sin112.5°}{2}\right) = 15.867\text{m}$

$\overset{\frown}{45}$与$\overset{\frown}{67}$的矢高 $M_2 = 36.422 \times \left(1 - \cos\dfrac{\sin67.5°}{2}\right) = 6.138\text{m}$

6) 用公式（2-2-4）核算：

$$\overset{\frown}{AB}\text{的切线长 } T = 47.022 \times \text{tg}\dfrac{78.75°}{2} = 38.590\text{m}$$

$$\overset{\frown}{AB}\text{的外距 } E = 47.022 \times \left(\sec\dfrac{78.75°}{2} - 1\right) = 13.808\text{m}$$

7) 用公式（2-2-6）对 T、C、M 和 E 作计算校核。

通过以上核算，对照图 2-2-6 中所注尺寸，说明该图四周边长交圈。

2.2.1.3 了解设计对测量放线精度的要求

通过学习和校核图纸，在了解建筑物的总体和各部分情况的基础上，要进一步明确设计对施工测量精度的一般要求以及一些特殊的精度要求，了解、掌握施工工艺对测量精度的要求（如电梯安装对结构竖向精度要求，铝合金幕墙与门窗对柱间距的精度要求等），以便使测量放线工作更好地符合设计和施工的要求。

2.2.2 了解施工部署，制定测量放线方案

2.2.2.1 了解施工部署

一般应从施工流水段的划分、施工次序、进度安排和施工现场暂设工程布置等方面了解。

1. 暂设工程的布置，直接关系到整个场地测量平面和标高控制网的布设及点位的长期保留，因此，在现场施工总平面图布置时，要与各方面协调一致，选好位置，防止事后相互干扰，以保证控制网中主要点位能长期、稳定的保留。

2. 根据施工流水段的划分与工程进度安排，明确测量放线的先后次序、时间要求以及测量放线人员的安排。

2.2.2.2 制定测量放线方案

根据设计要求和施工部署，制定切实可行的测量放线方案，它是保证测量放线工作顺

利进行的重要措施。测量放线方案包括以下主要内容：

1. 编制依据

包括相关测量规范、总平面等相关施工图纸、红线或拨地钉桩通知单。

2. 工程概况

包括场地面积与工程位置；建筑面积、层数与高度、结构类型及施工方案要求等工程采用的坐标系统和高程系统；测量工作的重点和难点；测量工作部署等。

3. 施测布置及任务安排

包括测量工作安排；组织部署；主要测量方法；测量工作内容和职责划分；大型群体工程还应进行测量作业区段划分。

4. 各项方案设计

包括起始依据校测；场地测量；平面及高程控制测设；轴线及高程的竖向传递；场地平面控制网与标高控制测量；细部及施工过程控制测量；钢结构、变形监测等（专业分包）测量；复核及验收测量。

5. 测量工作质量保证措施

包括控制桩点的设定、保护和标识；测量工作质量控制；控制测量基本要求和细部测量的常规要求；测量仪器的检定、使用及校准；测量资料管理。

6. 资源配置

包括测量人员配备，测量仪器及相关软件的配备。

7. 其他

安全文明施工及环保要求。

2.2.3 控制桩的交接与复测

2.2.3.1 控制桩的交接

多数高层建筑是根据规划红线和给定的水准点进行定位和确定标高的。因此，控制桩（测量的依据点）的移交和校测是保证整个场地定位和标高正确的基础。

1. 参与单位

移交方：建设单位（业主），是移交工作的组织者，由相关领导和技术人员参加；接收方：施工单位，由项目技术负责人、测量主管和测量员参加；见证方：监理公司，由测量监理工程师参加。

2. 移交内容

由城市规划部门提供的施工测量定位依据点，包括城市导线点、红线桩、拨地桩、定位桩、道路中线桩、拟建建筑物角点、建筑物定位的参照物或点位、高程点、临时水准点等，上一施工单位测设的平面和高程控制桩点等。

3. 相关要求

检查所移交桩点的数量是否满足定位的要求（不少于3个）；现场桩点指认须有照片留档；内业文字、数据资料的交接（检查是否有明显的漏洞）；进行桩点交接时，资料应齐全，测量数据、附图和标志等必须是正式、有效、符合要求，相关文件应是原始的。交接桩工作完成后，应填写交接桩记录（见表2-2-1）。建设、监理、施工单位分别保存。

交 接 桩 记 录 表 2-2-1

工程名称		×××工程	交接桩时间	×年×月×日
交接桩形式			现场指认	
序号	交接桩点点号		桩点的属性或形式	桩点状态
1	A 点		红线桩	保护良好
2	D [128] 6		城市导线点	保护良好
3	3—1		建筑物角点	有扰动现象
4	BM2		现场临时水准点	保护良好
5	×号楼西南角点		作为参照点的原有建筑物	完好
6	G5		GPS点	完好
签字	交桩单位	建设单位	监理单位	施工单位
	×××	×××	×××	×××

2.2.3.2 控制桩的复测

1. 内业复核

主要包括：核算设计总平面图上各红线桩的坐标（y、x）及边长（D）、左夹角（β）与规划部门提供的钉桩成果通知单是否对应；检查相关数据是否合理、交圈，与施工图是否对应。

2. 外业复核

（1）复核的精度要求

复核测量的精度不低于所移交桩点的测设精度，不仅要能判断其对错，还要能够测出误差值的大小。

（2）方法

高程控制桩的复核：附合测量、往返测取平均值；平面控制桩的复核：直接测量桩点间的距离和角度，即使是直接测得坐标也需要转化为距离和角度。直接测坐标无法确定测站点、后视点精度，用实测边长和角度与理论值进行比较，容易判断哪些边角更趋近理论值。

（3）复核结果的确定

在确定复核测量的精度满足相关要求的前提下，将测量数据与已知数据直接比对，并用简图进行表述，对于重点工程需对实测数据进行平差计算，并采用平差后的数据与理论数据进行比对。图 2-2-7 为某工程平面控制网的布设及平差示意图，表 2-2-2、表 2-2-3 为平面及高程控制网的实测数据与理论值对照表。

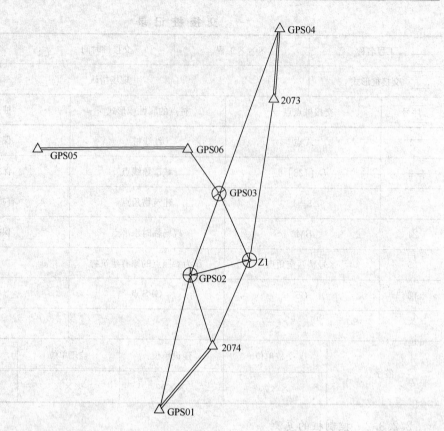

图 2-2-7　平面控制网布设及平差示意图

某工程平面控制网实测数据与理论值对照表　　　　表 2-2-2

测站	测点	实测角度 (°′″)	理论角度 (°′″)	差值 (″)	实测距离 (m)	理论距离 (m)	差值 (mm)
GPS02	GPS01	0 00 00			480.61715	480.61839	−1.24
	GPS03	185 08 11.5625	185 08 05.34	6.22	295.08425		
	2074	337 00 50.625	337 00 53.20	−2.58	253.76302		
2074	GPS01	0 00 00			266.13545	266.13527	0.18
	GPS02	135 09 15.375	135 09 11.68	3.70	253.76308	253.76614	−3.07
GPS01	GPS02	0 00 00			480.61243		
	2074	21 51 37.125	21 51 35.99	1.14	26.13539		
GPS06	GPS05	0 00 00			394.23576	394.23576	0.00
	GPS03	242 17 47.25	242 17 46.24	1.01	182.07136	182.06705	4.31
GPS03	GPS04	0 00 00			600.92192	600.92039	1.53
	GPS06	316 34 34.25	316 34 35.3	−1.05	182.07087		
	GPS02	179 34 02.125	179 33 56.23	5.90	295.08448	295.08458	−0.10
GPS04	GPS03	0 00 00			600.92143		
	2073	348 21 57.5625	348 22 00.44	−2.88	249.57266	249.57529	−2.63

注：平面控制网按国家四等进行平差，验前单位权中误差 1.50″；总边长 6392.9213m，平均边长：319.6461m，
最小边长 165.0541m，最大边长 600.9219m；控制网中最小角度：21.5137，最大角度 348.2158；最大点位
误差 [GPS03] ＝0.0039m；最大点间误差＝0.0057m；最大边长比例误差＝1/51152；平面网验后单位权中
误差＝2.25″。

某工程高程控制网实测数据与理论值对照表 表 2-2-3

序号	路线	实测高差	理论高差	差值（mm）
1	GPS01-2074	−1.03964	−1.03940	−0.23
2	2074-GPS02	−0.37143	−0.36950	−1.93
3	GPS02-GPS03	0.02312	0.02340	−0.28
4	GPS06-GPS05	0.49227	0.49120	1.07
5	2074-GPS03	−0.34832	−0.34610	−2.22
6	GPS03-GPS06	−1.93189	−1.93080	−1.09
7	GPS03-GPS04	−0.25990	−0.26150	1.60

注：高程控制网按国家二等进行平差，每公里高差中误差＝0.91mm；最弱点高程中误差［GPS06］＝0.33mm，规范允许每公里高差中误差＝2mm。

2.2.3.3 复测结果反馈

首先将结果告知项目技术负责人，经其确认后以纸版资料或文件的形式告知监理和业主；普通工程可用简要说明、略图的简单方式，对于大型、重点工程需要采用正式复测报告的形式。

复测报告包括下列内容：概述，对复测桩点的来源、等级、现状和复测的工作进程进行描述；外业和内业人员情况，测量仪器的精度等级和受控状态；水平角观测、距离观测、水准测量等复测方法；采用的规范、标准；内业计算的方法，采用软件的版本；复测及平差计算的结果；复测结论，控制网（已知点）是否精度符合规范要求，是否满足施工测量的要求；附件，控制网测量坐标和高程成果资料，平差报告。

2.3 场 地 测 量

2.3.1 场地测量的目的和概念

1. 目的

场地地形测量是指施工单位进场后对施工用地范围及周边受施工影响区域地形地貌进行的测量，目的是为施工部署、暂设布置提供依据，为土方工程提供施工区域原始地表面的高程，并作为土方量计算的依据。

2. 基本概念

（1）地物

人工建造与自然形成的物体，如房屋建筑、道路桥梁、地上地下的各种管线、树木、沟坎、河流、湖泊等。

（2）地貌

地面的高低起伏，如平地、斜坡、山头、山脊、山谷和洼地等。

（3）地形

地物和地貌统称为地形。

（4）地形图比例尺

地形图上任意线段的长度 l 与它所代表的地面上的实际水平长度 L 之比，称为地形图的比例尺。用分子为 1 的分数表示，即：$\dfrac{l}{L} = \dfrac{1}{M}$ 式中 M 是缩小的倍数。地形图比例尺的大小是由其分数值决定的，分数值大，比例尺就大。如 1∶500（1/500）比例尺大于 1∶1000（1/1000）比例尺；1∶5000（1/5000）比例尺小于 1∶2000（1/2000）比例尺。

（5）比例尺精度

在正常情况下，人眼直接在图上能分辨出来的最小长度为 0.1mm，地形图上的 0.1mm 所代表的实地水平距离称为比例尺精度，用 ε 表示，即 $\varepsilon = 0.1M$mm。

（6）等高线

地面上高程相等的相邻点所连成的闭合曲线。地形图上用等高线表示地面的高低起伏情况。相邻两条等高线之间的高差称作等高距，用 h 表示。相邻两条等高线间的水平距离称作等高线平距，用 d 表示。

（7）等高线的特性

同一条等高线上各点的高程都相等；等高线是闭合曲线，如不在本图幅内闭合，则必在图外闭合；除在悬崖或绝壁处外，等高线在图上不能相交或重合；等高线平距小，表示坡度陡，平距大表示坡度缓，平距相等则坡度相等；等高线与山脊线、山谷线成正交。

2.3.2 地形测量的方法

传统的大平板仪测图、小平板仪与经纬仪联合测图、经纬仪测图在精度上、工作效率上和应用扩展上都比较落后，现已基本不再被采用。随着数字化测量仪器的发展，地形测量也逐步向数字化测图方向发展，数字化测图方法主要有全站仪数字化测图法和 GPS-RTK 数字化测图法。

2.3.2.1 数字化测图的基本概念

数字化测图：在测绘过程中，以数字方式实现对地形信息的采集、记录和处理的一种测图方法。

数字地图：贮存在数据载体上的数字形式的地形图。

数字化测图的优点：数字测图的自动化效率高，劳动强度小，错误（读、记、展）率小，绘得的地形图精确、美观、规范；数字信息可供传输、处理、共享；局部更新速度快；无损失地记录了外业测绘数据，实现了高精度；数字地形图能自动提取面积、方位、坐标、距离等信息，还可用来计算土方量等。

2.3.2.2 全站仪数字化测图

全站仪数字化测图可分为野外数据采集和数据内业处理两部分。

1. 野外数据采集步骤

（1）测站设置及后视定向

在测站点安置全站仪并输入测站点坐标和高程（x，y，H）及仪器高，然后照准后视点并输入后视点坐标及棱镜高，此时全站仪会根据测站点和后视点的坐标自动反算出后视方位角并确定。

（2）碎部测量

在待测点安置棱镜并将棱镜高输入全站仪（只有当棱镜高改变时才需另行输入），逐点观测并输入地形点编号。待测点通常是取待测区域内地物的边界点（例如原有建筑的角点、地下管井、道路、古树等）和地貌的变化点（例如沟坎的变化处、地面的起伏等）；传统的方格网法是取网格交点处的高程作为地表高程计算的依据，该测法工作量大、精度较低、方法落后，一般不提倡使用，但复测的吻合程度高。若业主和监理有此要求也可以采用。

（3）绘制草图

碎部点的位置应由有经验的领图员来确定，指挥司尺员跑点立棱镜，并及时绘制草图记录相关数据信息，绘草图时尽量使用标准地形图图式中的符号，尽量做到"草图不草"。领图员还应经常与观测者联络，以便核对草图中的点号信号，防止全站仪中的数据信息和草图中的数据不一致。

2. 数据内业处理

（1）外业数据的下载和处理

将全站仪通过专用数据电缆与计算机连接，运行相关的通信软件，设置好通信端口与通信参数等，即可操作全站仪向计算机中上传数据。数据上传后，按所使用成图软件对数据格式的要求进行数据处理。

（2）展绘地形图

设定绘图比例，将处理好的数据文件导入成图软件进行展点，根据草图用成图软件中的符号库精确绘制地物、地貌，用三角网法（DTM）绘制等高线或方格网；地形图绘制完后进行细部编辑与修改，并将建筑物的位置展到图中，这样数字地形图就绘制完成。

2.3.2.3 GPS-RTK 数字化测图

1. RTK 基本工作原理

RTK（Real Time Kinematic）实时动态测量技术，是以载波相位观测为根据的实时差分 GPS 技术，它是测量技术发展里程中的一个突破，它由基准站接收机、数据链、流动站接收机三部分组成。

RTK 基本工作原理：如图 2-3-1，在已知高等级点上（基准站）安置 1 台接收机为参考站，对卫星进行连续观测，并将其观测数据和测站信息，通过无线电传输设备，实时地发送给流动站，流动站 GPS 接收机在接收 GPS 卫星信号的同时，通过无线接收设备，接收基准站传输的数据，然后根据相对定位的原理，实时解算出流动站的三维坐标及其精度（即基准站和流动站坐标差 ΔX、ΔY、ΔH，加上基准坐标得到的每个点的 WGS-84 坐标，通过坐标转换参数得出流动站每个点的平面坐标 X、Y 和海拔高 H）。

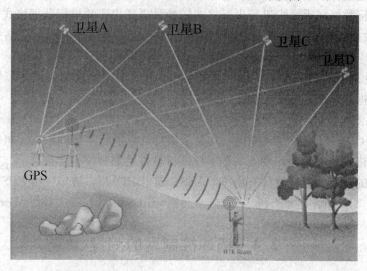

图 2-3-1 RTK 基本工作原理

2. RTK 作业流程

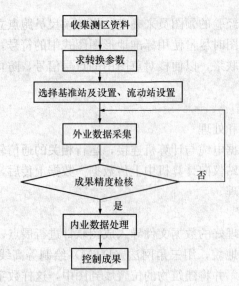

3. GPS-RTK 的具体实施步骤

（1）架设基准站，设置好 GPS 主机工作模式。

（2）打开手簿软件，连接基准站、新建项目，设置坐标系统参数，设置好基准站参数，使基准站发射差分信号。

（3）连接移动站，设置移动站，使得移动站接收到基准站的差分数据，并达到固定解。

（4）移动站到测区已知点上测量出固定解状态下的已知点原始坐标。

（5）根据已知点的原始坐标和当地坐标求解出两个坐标系之间的转换参数。

（6）打开坐标转换参数，则 RTK 测出的原始坐标会自动转换成当地坐标。

（7）到另外至少一个已知点检查所得到的当地坐标是否正确。

（8）在当地坐标系下进行碎部测量，得到当地坐标系下的坐标数据。

（9）将坐标数据在手簿中进行坐标格式转换，得到想要的坐标数据格式。

（10）将数据通过手簿软件传输到电脑中，按所使用成图软件对数据格式的要求进行数据处理。

（11）将处理好的数据文件导入成图软件中进行地形图的绘制（具体步骤和全站仪数字化测图的数据内业处理方法类似）。

4. 数字化测绘软件

全站仪及 GPS-RTK 数字化测图，均是采集特征点的三维坐标数据。将数据传输到计算机中，经过格式转化，运用专业的数字化测绘软件绘制数字地形图。

国内常见的数字化测绘软件有南方 CASS、瑞得 RDMS、清华三维 EPSW、北京威远图（WelTop）SV300、上海杰科（日本）、天测 walkSurvey、浙大数维 Workfield 等。

2.4 场地控制网的测设

根据先整体后局部的工作程序，准确地测定与保护好场地控制网——平面控制网和标高控制网的桩位，是整个场地内各栋建（构）筑物平面和标高定位、高层建筑竖向控制的基本依据；是保证场地内整体施工测量精度和分区或分期施工相互衔接的基础。因此，控制网的设计、测设及桩位的保护等项工作，应与工程施工方案、现场布置统一考虑确定。

2.4.1 场地平面控制网的测设

2.4.1.1 布网原则

场地平面控制网的布设应根据建筑整体布局、主体建筑物的形状、主要点位、轴线尺寸和定位条件以及场地情况、施工方案等全面考虑后确定，一般布网原则为：

1. 控制网应均布全场区，对于单栋的高层建筑可以布设单级控制网，对于建筑物及轴线的几何形状比较复杂、群体建筑、超大型公共建筑，且项目部配有全站仪的情况下，应根据工程需要布设两级或三级控制网；控制网的图形要合理，要便于使用（平面定位和高层竖向控制）、施测和长期保留；各级控制网间必须相互连接，精度的梯度要合理。上一级控制网是下一级控制网测设的依据，同时也是土方和基础测量放线的依据；首级控制的桩点间距以控制在200～500m，点位的设置是任意的，以便于使用为好，但网形一定要稳固；末级控制网布设与一般控制网布设相同，控制线的间距以30～50m为宜。

2. 相邻控制点之间应通视，对于需要长期保留的控制桩，桩的顶面标高应略低于场地设计标高，对于只需在施工期间保存的控制桩，宜做成观测平台的形式，平台的高度不小于1.50m，平台的面积不小于1.50m×1.50m；控制桩的桩底或平台的基础应低于冰冻层。

3. 为便于施工使用和控制网自身闭合校核，末级控制网宜为四周平行于建筑物的闭合图形。其中必须包括：上一级控制网的桩点或作为场地定位依据的起始点和起始边；建筑物的对称轴和主要轴线；弧形建筑物的圆心点（或其他几何中心点）和直径方向（或切线方向或长弦方向）；电梯井的主要轴线和施工分段处的轴线等。为了方便使用，一般不直接采用建筑物的主要轴线作为控制线，而是采用主要轴线的借线来作为控制线。

4. 控制网的坐标系统：控制网测设、建筑物定位一般都是用城市坐标系统，当建筑物的主要轴线与城市坐标系不平行时，宜将控制网的坐标转换为与轴线平行的建筑坐标系。在一些重点工程中，存在不同设计院采用不同坐标系的现象，尤其是相邻施工单位间更要引起足够的重视，解决办法是双方采用各自坐标系统放样一个共同点，以确定不同系统之间的协调一致性。

2.4.1.2 网形

场地平面控制网的网形，主要应以适合满足整个场地建筑物测设的需要。常用的网形有以下几种：

1. 矩形网

这是建筑场地中最常用的网形，也称建筑方格网，对于多级控制网而言它属末级控制网，也可作为局部高精度控制网的网形。适用于一般按方形或矩形布置的高层建筑或建筑群。

图2-4-1是某高层饭店的场地平面控制网。$ABCD$为建筑红线，$\angle A = 90°00'00''$。建筑物定位条件是以A点点位和AB、AD方向为准按图示尺寸定位。

2. 主轴线

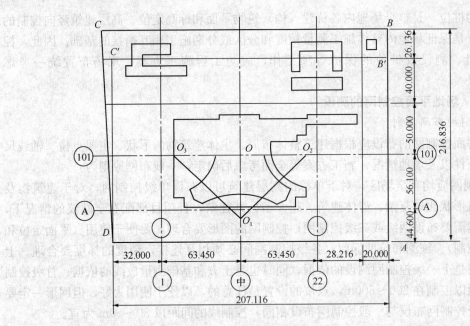

图 2-4-1　某高层饭店场地平面控制网（单位：m）

对于单体建筑且施工场地不便于组成闭合网形的，可只测设建筑物主轴线或平行于建筑物的折线形的主轴线，但在测设中要有严格的测设校核。

图 2-4-2 为某文化交流中心的场地平面控制轴线图。由于场地窄小，基础开挖面积大，在现场只测定和保留建筑物的 AA' 轴和 BB' 轴所构成的"十"字主轴线，作为整个施工定位的控制轴线。

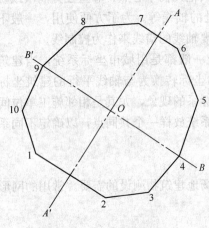

图 2-4-2　某文化交流中心
场地平面控制轴线图

3. 多边形网

多级控制网中的首级平面控制网或图根网，对于三角形、梯形或六边形等非矩形布置的建筑场地，也可按其主轴线的情况，测设多边形平面控制网。当场地内建筑物有两套或多套轴线时，要尽量选其共同点，以组成统一的一套公用的平面控制网。采用全站仪导线测量。

图 2-4-3（a）为某饭店场地平面控制网，它是根据 60°的柱网轴线和近于矩形的场地情况考虑确定的，其夹角有 30°、60°及 120°等几种，中间为十字轴线，四周为闭合七边形。图 2-4-3（b）为标准层平面。

4. 导线控制网

当群体建筑的占地面积较大且距已知点的距离较远时，可采用导线网，它一般是作为首级控制网的，采用全站仪精密导线测量进行测设。如图 2-4-4 所示为某工程双结点精密导线控制网示意图。

5. GPS 网

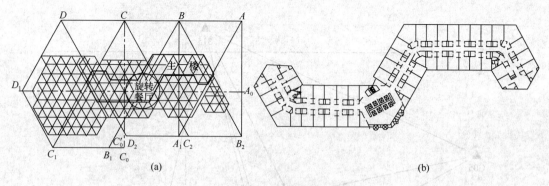

图 2-4-3　某饭店场地平面控制网

（a）平面控制网；（b）标准层平面

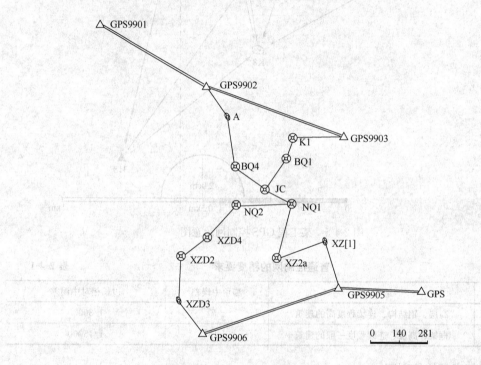

图 2-4-4　某工程双结点精密导线控制网示意图

已知点距施工场地较远，控制点间不具备理想的通视条件时，可采用 GPS 静态测量来测设控制网，场地测量的图根点也可以采用 RTK 进行测量。如图 2-4-5 所示为某工程 GPS 控制网示意图。

2.4.1.3　精度要求

1. 普通控制网

平面控制网主要是作为场地内所有建（构）筑物准确定位和高层竖向控制的依据，有时也用于竣工测量和变形观测。因此，一般高层建筑的控制网（含多级控制网中的末级网）的精度应符合《工程测量规范》GB 50026—2007 中对控制网的精度要求。见表2-4-1。

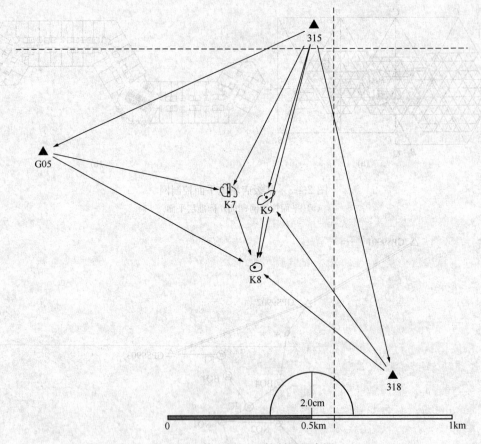

图 2-4-5 某工程 GPS 控制网示意图

普通控制网的精度要求 表 2-4-1

等级	适用范围	测角中误差	边长相对中误差
一	高层、钢结构、连续程度高的建筑	±7″	1/30000
二	框架、高层、连续程度一般的建筑	±15″	1/15000

2. 高精度整体控制网

对于超大型群体性高层建筑而言，上述精度是无法满足整体控制测量要求的，因此，控制网需要分级设置，通常为二到三级。其首级控制网的精度也必须随之提高，根据工程实践，多级控制网中的首级控制网的精度宜采用四等精密导线的精度，即测角中误差2.5″，测距相对中误差 1/80000，方位角闭合差 $5\sqrt{n}$，导线全长相对闭合差 1/35000。当首级控制网为 GPS 网时，其精度等级宜采用四等。

3. 局部高精度控制网

在高层建筑施工中，钢结构、幕墙等安装精度要求较高，土建施工控制网的精度通常无法满足其专业安装的需求，因此需要单独测设局部高精度控制网来满足其需要。局部高精度控制网是在原有控制网的基础上，通过增加观测次数、改变测量方法和增加多余观测来达到局部提高控制网精度的目的。局部控制网的精度是根据安装精度来确定的，通常控制网的精度要比安装精度高一个数量等级，具体精度需要根据工艺要求、测量方式进行设计。

2.4.1.4 测法

为保证高层建筑场地平面控制网的相对精度，对于在城市规划区内单栋的高层的建筑，一般应以设计指定的一个红线桩的点和一条红线边的方向为准进行测设。对于施工场地较大且距已知控制点较远的高层建筑群体性，应根据测设方法确定已知点的数量，采用精密导线测量或 GPS 静态测量时，已知点一般不少于 4 个。控制网的测设方式应根据已知点情况、场地、工期、网形及精度要求等因素来确定。目的是保证满足设计和施工的需要。

1. 直接测法

该方法是民用建筑施工现场最常用的测法，即根据定位条件和已知点的复测结果选定符合主要定位条件的长边上的一点一方向作为起始点位和起始方向，然后放样出预先设定的控制网点位。在现场直接测定（放样）控制网的点位，一般是先测定（放样）控制网的中心十字主轴线或一字主轴线，经校核后，再向四周扩展成整个场地的闭合网形。如图 2-4-1 所示，就是先以 A 点和 AB、AD 方向为准，测设出 101 轴和中轴，在 O 点闭合校核后，再向外扩展成 $AB'C'D$ 矩形网。这种一步一校核的测法，保证了主体建筑物轴线的定位精度，且便于整个施测工作。

当场地四周红线互不通视或不便使用时，则可根据场地附近城市导线点和建筑物的设计坐标，直接测设场地平面控制网。如图 2-4-6 中 $ABCDEF$ 为距高层建筑物各边均为10.000m 的场地平面控制网，2 点与 3 点为附近城市导线点，经校测其坐标与点位均可靠。根据建筑物角点的设计坐标，推算出 A 点和 B 点的坐标和放样所需的数据。测设时，首先将经纬仪安置在 2 点上，以 $0°00'00''$ 后视 3 点，逆时针测设 $11°55'09''$，并在视线上量27.844m 定 A 点；再安置经纬仪于 3 点，测设出 B 点；然后分别在 A 点和 B 点校核其左

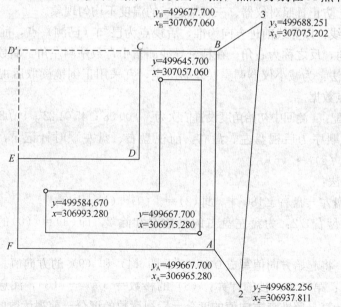

图 2-4-6 根据城市导线点测设场地平面控制网

角与间距；最后，以 AB 为基线测设 D' 与 F 形成闭合，校核后，再加密成 $ABCDEF$ 场地平面控制网。

2. 精密导线测法

精密导线控制网是先在现场埋设好控制桩，然后再精确地测量出各控制桩点的坐标。根据现行国家标准《工程测量规范》要求，精密导线控制网（以四等为例）的测角精度要达到 $2.5''$，测距相对中误差为 $1/80000$。全站仪的测距精度较高且稳定，但角度测量受到多种因素的影响，其精度会有较大幅度的波动。因此，运用全站仪进行四等精度导线测量的关键就是提高角度测量精度。普通角度测量与精密角度测量的技术要求见表 2-4-2。

普通角度测量与精密角度测量的技术要求　　　　　　表 2-4-2

类别	等级	测角中误差	方位角闭合差	1″级全站仪测回数	2C	圆周角闭合差	度盘分配
普通	一级	$8''$	$10\sqrt{n}$	1	$20''$	—	—
精密	四等	$2.5''$	$5\sqrt{n}$	4	$8''$	$4''$	✓

注：表中 n 是测站数。

（1）技术要求

以 $1''$ 级全站仪为例，水平角观测时应采用左、右角观测，左、右角平均值之和与 $360°$ 的较差小于 $4''$；水平角观测一测回内 $2C$ 较差，Ⅰ级全站仪为 $8''$；同一方向值各测回较差，Ⅰ级全站仪为 $6''$。

（2）角度测量方法

1）温度控制：开始测量前需提前 30min 将仪器安置在测量环境中，仪器的温度与环境温度保持一致，对于全站仪等需要进行温度修正的仪器，应随着环境温度的变化随时修正仪器的温度修正数；即使在冬季若光照充足时，也需要为仪器打伞遮阳，夏季时遮阳伞需覆盖三脚架，防止日照对仪器、三脚架造成的温度不均匀现象。

2）测量路线：以导线前进方向为准，后视点为已知（已测）点，前视点为导线前进方向时称为左角，反之称为右角。在精密导线测量中奇数站测左角，偶数站测右角。

3）观测方法：为减小仪器调焦误差的产生，宜采用正倒镜读取后视点数据后，再倒正镜读取前视点数据。

4）度盘分配：4 测回中初始角度设置依次为：$0°00'08''$；$45°04'22''$；$90°08'38''$；$135°12'52''$。

5）记录：顺序为后视盘左、盘右，前视盘右、盘左顺时针记录，即表 2-4-3 中的 $(0) \rightarrow (1) \rightarrow (5) \rightarrow (6)$。

6）计算方法：

①$2C = |$ 盘左－盘右 $\pm 180° |$，即$(2) = |(0) - (1) \pm 180°|$。

②（盘左＋盘右）/2：为盘左盘右的秒数之和除 2，即$(3) = \{(0)$ 的秒数＋(1) 的秒数$\}/2$。

③方向值：将起始方向值写成 $0°00'00''$，即（4）和（9）的方向值。照准点方向值的计算（分两步）：第一步：秒的计算：（8）的秒数＝（7）－（3），注意借位情况。第二步：度和分的计算：照准点方向值的度分＝后视读数的度分－前视读数的度分（当结果为负数的时候＋$360°$），即（8）的度分＝（5）的度分－（0）的度分；第一步和第二步联合

结果即为（8）的计算结果。

④左右角的差值：左右角的方向值相加与 360°之差，即（12）＝（8）＋（11）－360°。

⑤左右角的中数：左角方向值的秒数加上左右角差值的一半，即（13）＝（8）的秒数＋（12）/2。

⑥总测回方向值中数计算（分两步）第一步：度和分的计算：总测回方向值中数的度和分为后视照准点左角方向值的度分，即（15）的度分＝（8）的度分；第二步：秒的计算：（15）的秒数＝｛（13）＋（14）｝/2。第一步和第二步联合结果即为（15）的计算值。

表 2-4-3 为精密导线的计算方法，表 2-4-4 为精密导线水平角观测手簿的填写范例。

（3）距离测量

规范要求四等精密导线的测距为一测回，即每瞄准目标测量 2～4 次，取各次测量的平均值作为两点间的距离值，每段距离均需往返观测，取往返观测的平均值作为实测距离。

（4）平差计算

精密导线需采用专业软件进行平差，外业完成后，应根据实测数据绘制草图，并将点号、角度、距离标注在草图上；对照草图将实测数据录入软件当中。

3. GPS 网测量

（1）概述

GPS 测量技术是近 20 年新发展起来的高新测量技术，它由三个独立的部分组成：空间部分、地面控制系统、用户设备部分。它的基本定位原理是：卫星不间断地发送自身的星历参数的时间信息，用户接收到这些信息后，经过计算求出接收机的三维位置、三维方向以及运动速度和时间信息。

（2）测量原理

GPS 静态测量采用载波相位静态差分技术，其具体观测模式是多台接收机在不同的测站上进行静止同步观测。GPS 进行静态测量时，GPS 接收机的天线在整个观测过程中的位置是静止的，在数据处理时，将接收机天线的位置作为一个不随时间的改变而改变的量，通过接收到的卫星数据的变化来求得待定点的坐标。

（3）坐标系统

GPS 测量获得的是 GPS 基线向量，是属于 GWS-84 坐标系的三维坐标，而对于建筑工程而言大多采用地方坐标系统，为了避免投影面变形对测量结果的影响，需要进行坐标转换，GPS 生产厂家在随机软件中都带有相应的坐标转换程序，使用软件时应注意当地中央子午线的经度、投影面高程和起算点的三维坐标数据的设定。

（4）布网

对于高层或超高层建筑的 GPS 控制网一般由若干个独立观测环构成，以三角形和四边形组成混合形式的网形，当采用现场独立坐标系时，应将中央子午线设在建筑物的中心轴线上，控制网点应设在建筑物的四周，控制网的图形要力求简单，几何强度要好。

（5）四等 GPS 测量技术要求

接收机精度：固定误差≤10mm，比例误差≤10mm/km；约束点间的边长相对中误差 1/10 万，约束平差后最弱边相对中误差 1/4 万。

表 2-4-3

精密导线水平角观测手簿及计算方法

测站：B

测回数	左右角	镜站号	盘左(° ′ ″)	盘右(° ′ ″)	2C(″)	(盘左+盘右)/2(″)	方向值(° ′ ″)	左右角差值(″)	左右角中数(″)	总测回方向值中数(° ′ ″)	距离	距离中数
1	左	A	0 00 08 (0)	(1)	(2)	(3)	(4)					
		C	(5)	(6)		(7)	(8)	(12)	(13)	(15)		
2	右	C	45 04 22				(10)		(14)			
		A					(11)					
3	左	A	90 08 38									
		C										
4	右	C	135 12 52									
		A										

观测者：　　　　　记录者：　　　　　检查者：　　　　　仪器型号：　　　　　日期：　　　　　天气：

表 2-4-4

精密导线水平角观测手簿

测站：B

测回数	左右角	镜站号	盘左(° ′ ″)	盘右(° ′ ″)	2C(″)	(盘左+盘右)/2(″)	方向值(° ′ ″)	左右角差值(″)	左右角中数(″)	总测回方向值中数(° ′ ″)	距离	距离中数
1	左	A	0 00 08	180 00 07	1	7.5	0 00 00					
		C	81 00 25	261 00 25	0	25	81 00 17.5	-3	19	81 00 19.25		
2	右	C	45 04 22	225 04 21	1	21.5	0 00 00					
		A	324 04 01	144 04 01	0	1	278 59 39.5					
3	左	A	90 08 38	270 08 36	2	37	0 00 00					
		C	171 08 56	351 08 54	2	55	81 00 18	-3	19.5			
4	右	C	135 12 52	315 12 53	1	52.5	0 00 00					
		A	54 12 31.5	234 12 31.5	0	31.5	278 59 39					

观测者：　　　　　记录者：　　　　　检查者：　　　　　仪器型号：　　　　　日期：　　　　　天气：

观测条件：卫星高度角≥15°；有效卫星数≥5颗；数据采样间隔10～30″；观测时段≥45min。

（6）测量

将GPS接收机（不少于3台）安置在测站点上，首先在两个已知点设置两台，其余接收机安置在待测点上，记录每台接收机到桩点顶部的高度，统一同步开机、关机，并做好记录；搬站时需保持两个点上的接收机不动，最后一次移站时至少要包括一个已知点。

表2-4-5为某工程GPS控制网静态测量观测记录。

某工程 GPS 控制网静态测量观测记录				表 2-4-5
点号	仪器号	开机时间	关机时间	仪器高（m）
K9	5560	14：05	15：03	1.092
K7	5560	15：35	16：35	1.411
K8	5012	14：04	15：01	0.96
K8	5012	15：34	16：34	0.978
318	5628	14：05	15：05	1.480
G05	5628	15：37	16：35	1.578
315	5368	14：05	15：20	1.460
315	5368	15：35	16：35	1.460

（7）解算

通过数据线将接收机中的测量数据传输到配套的静态数据处理软件中进行平差解算并输出成果报告。

2.4.2 场地高程控制网的测设

2.4.2.1 布网原则

场地标高控制应根据已知标高的水准点（或城市精密导线点）的位置、场地建（构）筑物的布局、场地平面控制网的布置和施工方案、现场情况等全面考虑进行布置，一般布网原则为：

1. 根据高层建筑的规模确定高程控制网的精度和布设，对于占地面积较大的高层建筑群体来说应分两级进行控制，第一级为高精度控制网，用于整体的高程控制，同时也可以作为变形监测的控制网；第二级控制网为单位高层建筑工程的高程控制基准，精度相对较低，群体建筑的二级高程控制网应串联在一起，构成闭合图形，以便闭合校核；对于单体的高层建筑在建筑物附近至少要设置3个水准点或在原有建筑上测设±0.000的水平线；高层建筑的基础深度大多6.0m以上，所以在基础施工阶段还必须在基坑内设置高程控制网点。

2. 控制网通常设置在施工场区以外的稳定区域；控制点的间距不小于500m；二级控制网或单体的高层建筑的高程控制点应布设在施工场区以内，间距控制在100m左右，即在场地内任何地方安置水准仪时，都能同时后视两个水准点，以便使用。

3. 各水准点点位要设在建筑物开挖和地面沉降范围之外，对于在竣工后还需保存的高程控制点，其桩顶标高应略低于该处场地设计标高，桩底应低于冰冻线，以便于长期保留。通常也可在平面控制网的桩顶钢板上，焊上一个小半球体作为水准点之用。

2.4.2.2 精度要求

对于首级高程控制应采用二等或三等水准测量进行高程的引测；对于第二级高程控制网应采用四等水准测量进行高程的引测。

水准测量主要技术指标见表 2-4-6。

水准测量主要技术指标 GB 50026—2007

表 2-4-6

等级	每千米高差全中误差（mm）	路线长度（km）	水准仪型号	水准尺	观测次数		往返测较差、附合或环线闭合差	
					与已知点联测	附合或环线	平地（mm）	山地（mm）
二	2	—	DS1	铟瓦	往返各一次	往返各一次	$4\sqrt{L}$	
三	6	≤50	DS1 DS3	铟瓦 双面尺	往返各一次	往测一次 往返各一次	$12\sqrt{L}$	$4\sqrt{n}$
四	10	≤16	DS3	双面尺	往返各一次	往一次	$20\sqrt{L}$	$6\sqrt{n}$

2.4.2.3 测法

1. 引测高程控制网时，若各已知高程起始点的精度低于拟测控制网的精度时，需根据复测结果先对已知点的高程进行修正后再进行高程控制网的引测。

2. 高程控制网的引测优先采用附合水准路线，尽量不采用闭合线路和支线测量。

3. 高程控制网的网形需稳固，优先采用节点网的形式或节点水准路线的形式，若距离较近且控制点的数量较少，也可以采用附合水准路线进行。

4. 对于控制网和节点水准测量，应采用专业软件进行平差计算。

5. 应定期对高程控制点进行复测，基础施工阶段每一个月复测一次，结构施工阶段每三个月复测一次。

2.4.3 控制桩的埋设、保护和标识

2.4.3.1 控制桩的埋设

1. 分类

按用途可分为平面控制桩、高程控制桩、图根点。

按测量工作性质可分为施工测量控制桩和沉降观测控制桩两大类，而沉降观测中又分控制点、工作点和监测点。

按作用时间可分为临时性控制桩和长期性控制桩，临时性控制桩的使用期限通常不超过半年，多为木桩或在硬化场地、道路上钉射钉；永久性控制桩至少要使用到工程结束，若有业主需要在工程结束后永久保留，多为按规范要求埋设的现浇混凝土桩，桩顶设有金属测量点标志。

2. 控制桩的埋设

控制桩埋设的方式取决于测量工作的性质、精度要求和使用时间的长短。对于长期保存的桩点，通常集平面和高程、施工控制和变形监测于一身，既便于使用和保护，又可减低桩点埋设的工作量和成本。

用于建筑工程的控制桩埋设都相对简单，主要满足以下三个条件即可，一是选址处的地基要稳固，避免将其安置在受环境条件影响而易产生扰动地基上；二是埋设深度大于冰冻线；三是易于使用、保护。通常有以下三种类型，应视具体情况进行选择。

（1）地表型控制桩，是施工中最常见的类型，适用于一般高层建筑的平面和高程控制的桩点。桩的直径不小于500mm，深度以超过冰冻线并坐落在稳固的地基上，桩顶标高略高于自然地坪，在桩的中心埋入直径不小于20mm的钢筋，埋入深度不小于200mm，外露高度不大于20mm，并在钢筋的中心处刻上十字测量标记。

（2）测量平台，用于超大施工区域且测量精度要求较高的测量控制，便于使用，受外界干扰少，成本较高。混凝土基础2500mm×2500mm；厚度300mm，埋深要求超过冰冻线并坐落在稳固的地基上，砌筑240mm厚砖墙，成2000mm×2000mm的田字形筒状结构，高度不低于1500mm，内部用砂子填充，顶部设200mm厚混凝土现浇板，在中间位置埋入直径不小于20mm的钢筋，外露高度不大于20mm，并在钢筋的中心处刻上十字测量标记。

（3）固定式观测墩，主要用于变形监测等高精度控制点，稳定性好，受外界干扰少，便于提高测量精度，成本较高。做法参照《建筑变形测量规范》JGJ 8—2007附录A。

2.4.3.2 控制桩的保护与标识

在地表类控制桩和观测墩的四周需要用钢管或其他材料将桩位围护起来，维护的栏杆应用油漆粉刷成红白两色，桩点间的距离较远时，应插上彩旗，以便识别，水平栏杆的高度不宜大于1.20m。对于观测平台应在四周安装防护栏杆，并安装方便测量员上下的梯子。

所有的控制点均需进行标识，每个工程控制桩的标识应统一要求，标识要醒目，信息要正确。标识主要包括：点号、坐标及高程数据、桩点所属单位和责任人等内容，如图2-4-7所示。

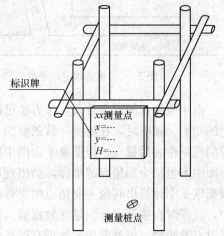

图 2-4-7 控制桩的保护及标识

2.5 建筑物定位放线和基础放线

2.5.1 建筑物的定位放线

2.5.1.1 建筑物定位测量的特点和依据

根据设计给定的定位依据和定位条件进行建筑物的定位放线，是确定建筑物平面位置和开挖基础的关键环节，根据国家和地方规划部门的相关规定，建筑物定位须由地方上有资质的专业测绘单位（测绘院、所）承担，负责单位工程±0.00处建筑物主外廓（含保温做法）主要角点的测设，施工单位根据这些已知点（角点）进行控制轴线的引测。

对于铁路、机场等国家工程是直接给定国家或系统的高等级测量点，一些超大型厂区或群体建筑仅提供地方坐标系或厂区坐标系的高等级控制点，这些高等级控制点是工程建设中测量控制的依据，施工单位依据它进行整体控制网的测设，再根据控制网测设出建筑物（单位工程）的主要角点。无论是哪种形式的定位，其目的都是为规划部门的验核提供必要的点位，这些点位在建筑物定位验核完成后，都会因基础开挖而不存在了。

建筑物定位的精度取决于已知点的精度和定位测量的精度，对施工单位来说只能校核出已知点的相对精度，其绝对精度是无法掌控的，定位测量的精度是相对于已知点的。

多级控制网中的末级控制网（也称轴线控制网）的实质就是带有延续性的建筑物定位测量，控制网或控制桩与建筑物角点的关系是保持不变的，要保证定位角点的可恢复性。

由规划测绘部门直接给定的建筑物角点桩，其精度一般不高，定位条件有矛盾，不能满足平面控制精度要求。对此，应采用角点中满足主要定位条件的一点一方向作为平面定位的起始点位和起始方向，而不去理会精度较低的次要角点桩，主要定位条件是指与主要道路或建筑相邻的长边，如图 2-5-1 所示。有时设计会给定新建建筑物与原有建筑物间的距离，若新老建筑不平行时，应注意设计给定的距离是两建筑之间的最小距离。

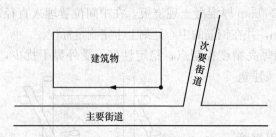

图 2-5-1　建筑物定位条件

规范对建筑物定位精度是没有明确要求的，根据地形图测量的标准，通常情况下公认的定位允许偏差为 50mm。但若建筑物相互之间有明确的连接精度要求时，建筑物之间的相对精度不得低于连接精度的要求。

2.5.1.2　建筑物定位的方法

1. 全站仪放样定位

由于全站仪的逐步普及，该方法已成为建筑定位的主要方法，坐标放样是全站仪最常用的功能。施测时，在精度一致的前提下，选择邻近的控制桩点作为测站点，选距离远的控制桩点作为后视点，根据总平面图中给定的建筑物角点的坐标数据进行放样；有时总平面图中未包括全部角点的坐标，会出现相邻两角点不在同一条直线上的情况，定位时还应根据施工图计算出其余主要角点的坐标数据。当放样数据较多时，宜事先将数据输入仪器中，放样时直接调取。但是在数据输入时必须反复校对，保证数据的准确性，因测设时如果没有参照物，很难发现因数据有误造成的放样错误。安置好全站仪后，进入放样程序，输入或调出放样数据，依照仪器的提示依次定出建筑物的各个角点。

全站仪放样采用的是半测回测量，其精度不是很稳定。比如，两次放样同一点位，会出现不一致的情况，当两者之间的差值小于 3mm，就不需要改正了，当两者之间的差值大于 5mm，则必须再增加测回数，剔除误差较大的值，对原测设的点位进行修正。

2. RTK 放样定位

RTK 系统由基准站和移动站组成。其基本原理是将基准站采集的载波相位数据发送给用户，用户根据基准站的差分信息进行求差解算用户位置坐标。RTK 技术应用于建筑物平面位置的放样工作很简单，将建筑物角点的坐标数据用数据线从电脑传输到 RTK 的手簿中，进入 RTK 的放样程序，调取出放样点号，依照手簿的提示放样出对应的点位。RTK 放样的速度很快，但精度相对较低，仅可以达到 ±10mm。

3. 经纬仪＋钢尺定位

采用经纬仪测角＋钢尺量距进行建筑物定位的方法在城市中已不多见，该种方法的优点是仪器的投入较少，测设方法比较简单；缺点是钢尺量距的精度低，受场地环境影响大。下列情况可采用经纬仪＋钢尺进行定位：定位测量依据为原有建（构）筑物、规划红线或道路中心线等；建筑物体量不大且距红线桩等已知点距离较近；只有经纬仪和钢尺两种主要测量工具。一般地，根据原有建（构）筑物定位，常用的方法有三种，即延长直线法、平行线法和直角坐标法；根据规划红线、道路中心线或场地平面控制网定位，常用方法有四种，即直角坐标法、极坐标法、交会法和综合法。下面以实例简单介绍以上几种方法。

（1）根据原有建（构）筑物定位

如图 2-5-2 所示，$ABCD$ 为原有建筑物，$MNQP$ 为新建高层建筑，$M'N'Q'P'$ 为该高

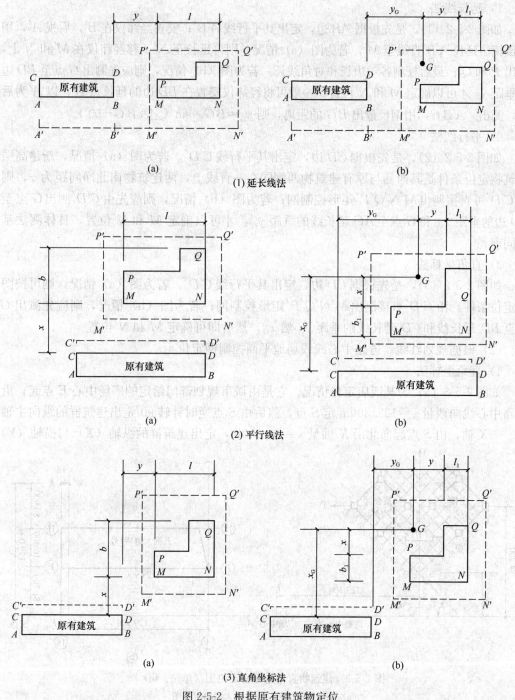

图 2-5-2　根据原有建筑物定位

层建筑的矩形控制网。由于定位条件的不同，可分成两类情况：一类情况是如图 2-5-2 (a) 类，它是仅以一栋原有建筑物的位置和方向为准，用各 (a) 图中所示的 y、x 值确定新建高层建筑物位置的；另一类情况则是以一栋原有建筑物的位置和方向为主，再加另外的定位条件，如各 (b) 图中 G 为现场中的一个固定点，G 至新建高层建筑物的距离 y、x 是定位的另一个条件。

1）延长线法

如图 2-5-2 (1)，是先根据 AB 边，定出其平行线 $A'B'$；安置经纬仪在 B'，后视 A'，用正倒镜法延长 $A'B'$ 直线至 M'，若为图 (a) 情况，则再延长至 N'，移经纬仪在 M' 和 N' 上，定出 P' 和 Q'；最后校测各对边长和对角线长；若为图 (b) 情况，则应先测出 G 点至 BD 边的垂距 y_G 才可以确定 M' 和 N' 位置。一般可将经纬仪安置在 BD 边的延长点 B'，以 A' 为后视，测出 $\angle A'B'G$，用钢尺量出 $B'G$ 的距离，则 $y_G = B'G \times \sin (\angle A'B'G - 90°)$。

2）平行线法

如图 2-5-2 (2)，是先根据 CD 边，定出其平行线 $C'D'$。若为图 (a) 情况，新建高层建筑物定位条件是其西侧与原有建筑物西侧同在一直线上，两建筑物南北净间距为 x，则由 $C'D'$ 可直接测出 $M'N'Q'P'$ 矩形控制网；若为图 (b) 情况，则应先由 $C'D'$ 测出 G 点至 CD 边的垂距 x_G 和 G 点至 AC 延长线的垂距 y_G，才可以确定 M' 和 N' 位置，具体测法基本同前。

3）直角坐标法

如图 2-5-2 (3)，是先根据 CD 边，定出其平行线 $C'D'$。若为图 (a) 情况，则可按图示定位条件，由 $C'D'$ 直接测出 $M'N'Q'P'$ 矩形控制网；若为图 (b) 情况，则应先测出 G 点至 BD 延长线和 CD 延长线的垂距 y_G 然 x_G，然后即可确定 M' 和 N' 位置。

（2）根据规划红线、道路中心线或场地平面控制网定位

1）直角坐标法

如图 2-5-3 (a) 为某饭店定位情况。它是由城市规划部门给定的广场中心 E 点起，沿道路中心线向西量 $y = 123.300$m 定 S 点，然后由 S 点逆时针转 90° 定出建筑群的纵向主轴线——X 轴，由 S 点起向北沿 X 轴量 $x = 84.200$m，定出建筑群的纵轴（X）与横轴（Y）

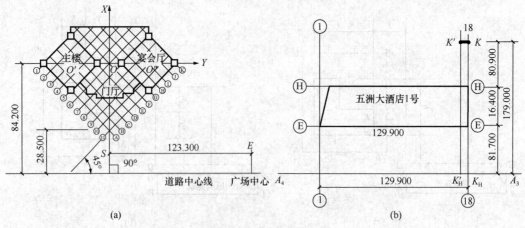

(a)　　　　　　　　　(b)

图 2-5-3　建筑物直角坐标法定位图（单位：m）

(a) 某饭店定位图；(b) 某大酒店定位图

的交点 O。

如图 2-5-3（b）为某大酒店 1 号楼定位情况。$A_3 \sim A_4$ 为南侧规划红线，间距 270.000m。K 为 2 号楼的圆心点，它在 A_3A_4 边上的垂足为 K_H（地上无此点），垂距 $K \sim K_H = 179.000$m。A_3、A_4 和 K 点由城市规划部门已在现场测定。1 号楼①轴至⑱轴东西长 129.000m，Ⓔ轴至Ⓗ轴南北宽 16.400m，定位条件是⑱轴与 $K \sim K_H$ 重合，Ⓔ轴平行 $A_3 \sim A_4$ 边，垂距为 81.700m。根据红线外一点 K 进行定位的测设中，首要的问题是准确地在红线上定出 K 点的垂足 K_H 点。由于现场暂设工程的影响，除了 A_3 至 A_4 通视外，A_3 至 K 和 A_4 至 K 均不能通视，且只有在 $K \sim K_H$ 线的左右，留有 3~4m 的一条通道可用来定位使用。为此，先将经纬仪以正倒镜调直法，准确安置在 A_3A_4 线的 K_H' 点上；以 A_4 为后视顺时针转 $90°00'00''$，定出垂线，并在此方向上由 K_H' 起，量 179.000m 定出 K' 点；移仪器 K' 点上，以 K_H' 后视，逆时针转 $90°00'00''$，检查 K 点在视线南侧仅 6mm，说明 K 点至 A_3A_4 红线的间距正确；经实量 $K'K$ 间距为 2.182m，这样由 K_H' 向 A_3 方向量为 2.182m，准确定出 K_H 点（即⑱轴线延长点），由 K_H' 向 A_4 方向量 $129.900 - 2.182 = 127.718$m，准确定出①轴线延长点 1；最后由 K_H 点 1 点作 A_3A_4 方向的垂直方向线，并在其上定出Ⓔ轴和Ⓗ轴。

2）极坐标法

如图 2-5-4 为五幢 25 层运动员公寓，1 号～4 号楼的西南角正布置在半径 $R = 186.000$m 的圆弧形地下车库的外缘。定位时可将经纬仪安置在圆心 O 点上，用 $0'00'00''$，后视 A 点后，按表 2-5-1 中 1 号～5 号点设计极坐标数据，由 A 点起一次定出各幢塔楼的西南角点 1、2、3、4、5，并实量各点间距作为校核。

3）交会法

如图 2-5-5 为某重要路口北侧折线旁高层建筑 $MNQP$，其两侧均平行道路中心线，间距为 d。定位时，先在规划部门给出的道路中心线定出 1、2、3、4 点，并根据 d 值定出各垂线上的 $1'$、$2'$、$3'$、$4'$点，然后 $1'2'$ 与 $4'3'$ 两方向线交会定出 S'，最后由 S' 点和建筑物四廊尺寸定出矩形控制网 $M'S'N'Q'R'P'$。

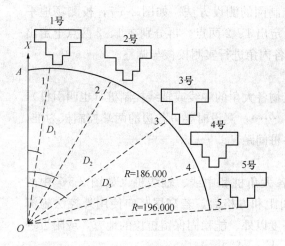

图 2-5-4 建筑物极坐标法定位图

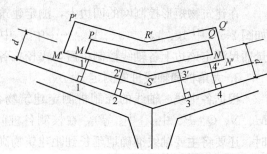

图 2-5-5 建筑物交会法定位图

点 位 测 设 表　　　　　　　　表 2-5-1

测站	后视	点名	直角坐标		极坐标		间距 D (m)	备注
			横坐标 y (m)	纵坐标 x (m)	极角 φ	极距 d (m)		
0	A		0.000	0.000		0.000		
			0.000	186.000	0°00′00″	186.000		
							17.199	
		1	17.181	185.205	5°18′00″	186.000		
							57.552	
		2	72.975	171.087	23°06′00″	186.000		
							57.552	
		3	121.782	140.589	40°54′00″	186.000		
							62.998	
		4	161.726	91.873	60°24′00″	186.000		
							63.815	
		5	192.655	36.054	79°24′00″	196.000		

4）综合法

如图 2-5-6 为某小区的一幢高层板楼 $MNQP$，其定位条件是：M 点正落在 AB 规划红线上，MN 平行 BC 规划红线，且距 G 为 8.000m。为了定位，首先要确定 MN 相对于 BC 边的位置。因此，先在 B 点上安置经纬仪，测出 $\angle ABC$ 和 $\angle GBC$，并量出 GB 间距；算出 MN 至 BC 的垂直距离 $MM_1 = 8.000\text{m} + GB\sin\angle GBC$ 和 $M_1B = MM_1\cot(180°00′00″ - \angle ABC)$。

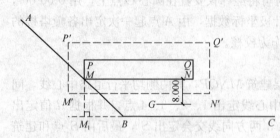

图 2-5-6　建筑物综合法定位图（单位：m）

当求出 MM_1 和 M_1B 后，可以 BC 边为准，用直角坐标法、极坐标法或交会法等测定矩形控制网 $M'N'Q'P$，并用所给定位条件进行检测。

2.5.1.3　建筑物矩形控制网的测设与放线

1. 矩形控制网的测设

根据建筑物定位条件和矩形网距建筑物四廓轴线关系以及现场情况，来决定矩形控制网的测设方法。如图 2-5-7，校测场地平面控制网Ⅰ、Ⅱ两点无误后，先在Ⅰ、Ⅱ边上定出 1、2 两点，再分别在 1、2 两点上定出 M'、P' 和 N'、Q'，然后对矩形网的各边长和各内角进行实测校核与调整。

2. 轴线控制桩的测定

在建筑物矩形控制网的四边上，测定建筑物各大角的中线或轴线控制桩（也叫引桩），如图 2-5-7 中 1_S、1_N、A_W、A_E、……中$_S$、中$_N$……。测设时要以各边的两端控制桩为准，量通尺测定该边上各轴线控制桩后，再校核各桩间距。

3. 大角桩和轴线桩的测定

根据各中线、轴线的控制桩测定建筑物各大角桩和中线、轴线桩（如图 2-5-7 中的 M、N、Q、P、中$_N$、中$_S$ 等），在校测各桩间距和方格后，若高层竖向使用外控法施测时，还要将主要轴线准确地延长到距建筑物高度以外、能稳固保留桩位的地方，或附近现有建筑物的墙面上（如图 2-5-7 中的 $1'_S$、$1'_N$、A'_W、A'_E）。

高层建筑物基础开挖均较深，基槽四周多设护坡桩，桩顶砌矮墙以防雨水。砌筑矮墙

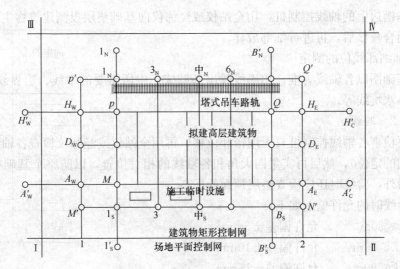

图 2-5-7　建筑物矩形控制网的测设

前应放线、抄平，使墙身平行建筑物、顶面水平，这样，既可使现场整齐，又可在此矮墙顶面上测设出各中线、轴线的位置，用以作为基槽内测设中线、轴线的依据。

4. 基槽灰线的撒设

根据建筑物各轴线桩或控制桩，按基础图撒好基槽灰线。这道工序精度要求不高，但很容易出差错。因此，在经自检合格后，要提请有关部门验线。

5. 验线

验线时首先要检查定位依据的正确性和定位条件的几何尺寸，再检查建筑物矩形控制网和建筑四廓尺寸及轴线间距，这是保证建筑物定位条件和本身尺寸的正确性的重要措施。

验线时决不可只检查建筑物的自身四廓尺寸，而不检查建筑物的定位情况，这样可能会造成建筑物位置的漏检，致使整个建筑物定位不正确。

此外，验线时不仅要检查建筑物矩形网和各大角桩位、槽线情况，还要检查各轴线、尤其是主要轴线的控制桩（引桩）桩位是否准确和稳定，因为它是挖槽后，各施工层放线和高层竖向控制的基本依据。另外，沿规划红线兴建的高层建筑，在放线后，还要由城市规划部门验线，经验线合格后，方可破土开工，以防新建高层建筑压、超红线。

2.5.2　建筑物的基础放线

当基础垫层浇筑后，在垫层上测定建筑物各轴线、结构外廓线等，称基础放线（俗称摺底）。它是确定建筑物结构位置的关键，在测设前必须先复核（轴线）控制桩位的正确性和精度，严防出现错误。

2.5.2.1　基础放线

1. 轴线控制的检测

根据建筑物矩形控制网的四角桩，检测各轴线控制桩位确实没有碰动和位移后方可使用。当建筑轴线较复杂，如60°柱网或任意角度的柱网，或测量放线使用平行借线时，都要特别注意防止用错轴线控制桩。

2. 四大角和主轴线的投测

根据基槽边上的轴线控制桩，用全站仪或经纬仪向基础垫层投测建筑物主轴线或四廓轴线，经闭合校核后，再进行细部放样。

3. 基础细部线位的测定

根据基础图以各轴线为准，用墨线弹出基础施工中所需要的中线、边界线、墙宽线、柱位线、集水坑线等。

2.5.2.2 验线

首先要检查各轴线控制桩有无用错和位移，再用全站仪或经纬仪检查各轴线的投测位置（即基础的定位），然后再实量四大角和各轴线的相对位置，以防整个基础在基槽内移动错位。另外，验线时还应检查垫层顶面的标高。

基础验线时的允许偏差如下：

长度 $L \leqslant 30m$　　　　允许偏差 $\pm 5mm$

$30m < L \leqslant 60m$　　　允许偏差 $\pm 10mm$

$60m < L \leqslant 90m$　　　允许偏差 $\pm 15mm$

$90m < L$　　　　　　允许偏差 $\pm 20mm$

注：验线允许偏差引自《工程测量规范》GB 50026—2007。

2.6　高层建筑的竖向投测

高层建筑轴线的竖向传递分为 ± 0.00 以下和 ± 0.00 以上两部分。高层建筑的基础通常都较深，并伴有地下车库等地下空间，其地下部分的建筑面积较大，当建筑物的长度或宽度大于200m时，传统的测控手段无法满足施工的需求。当高层建筑施工到 ± 0.000 后，随着结构的升高，需将首层轴线逐层向上投测，用以作为各层放线和结构竖向控制的依据。其中，以建筑物外廓轴线和控制电梯井轴线的投测最为重要。随着高层建筑设计高度的增加，施工中对竖向偏差的控制要求越高，轴线竖向投测的精度和方法就必须与其适应，以保证工程质量。这是高层建筑施工测量的重点，也是难点。

2.6.1　高层建筑竖向精度要求

层间竖向测量偏差不应超过 $\pm 3mm$，建筑全高（H）竖向测量偏差不应超过 $3H/10000$，且不应大于表2-6-1的规定。

竖向测量允许偏差　　　　　　　　　　　　　　　　　　表2-6-1

H（m）	$30 < H \leqslant 60$	$60 < H \leqslant 90$	$90 < H \leqslant 120$	$120 < H \leqslant 150$	$150 < H$
允许偏差（mm）	± 10	± 15	± 20	± 25	± 30

2.6.2　高层建筑竖向投测方法及要点

为了满足上述测量精度要求，常采用下列几种方法进行高层建筑轴线的竖向投测。无论使用哪种方法投测，都必须依据平面控制网进行。

2.6.2.1　外控法

当施工场地比较宽阔时，多使用此法。施测时主要是将经纬仪安置在高层建筑附近进行竖向投测，故此法也叫经纬仪竖向投测法。由于场地情况的不同，安置经纬仪的位置不同，又分为以下三种投测方法：

1. 延长轴线法

此法适用于场地四周宽阔，能将高层建筑轮廓轴线延长到建筑物总高度以外，或附近的多层或高层建筑物顶面上，并可在轴线的延长线上安置经纬仪，以首层轴线为准，向上逐层投测。如图 2-6-1 中的甲仪器安置在轴线的控制桩上，后视首层轴线后，抬起望远镜将轴线直接投测在施工层上。如 110.8m 高的南京金陵饭店主楼和 103.4m 高的北京中央电视台播出楼均采用此法作竖向投测。随着建筑物高度、密度和长度不断加大，施工场地日趋狭小，施工层安全防护等因素的影响，由于该方法耗时过长并有较大的局限性，该方法已很少采用。

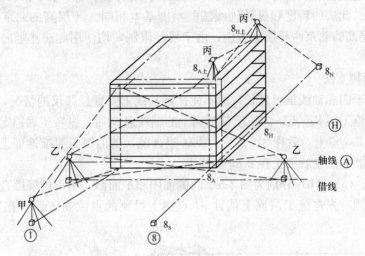

图 2-6-1 经纬仪竖向投测

用延长轴线法投测时的主要误差有以下几项：

照准目标的误差（$m_{照}$），它包括照准后视点的误差 $m_{照后}$ 和照准前视点的误差 $m_{照前}$。当经纬仪望远镜的放大倍数为 V、后视视线长为 D、前视视线长为 D' 时，则：

$$m_{照后} = \frac{60''}{V} \times \frac{D}{\rho''} \times \frac{D'}{D} = \frac{60''}{V} \times \frac{D'}{\rho''}$$

$$m_{照前} = \frac{60''}{V} \times \frac{D'}{\rho''}$$

$$m_{照} = \sqrt{m_{照后}^2 + m_{照前}^2} = \frac{60''}{V} \times \frac{D'}{\rho''} \times \sqrt{2}$$

投测时的投点标志误差（$m_{标}$）随前视视线长 D' 和投点设备不同，一般在 2~5mm 之间，故可取 $m_{标} = \pm 3$mm。

以上两项（$m_{照}$、$m_{标}$）均为偶然误差。

经纬仪竖轴不铅直的影响误差（$m_{竖}$），当所用经纬仪水平度盘水准管的分划值为 τ，定平精度为 $\tau/5$，投测的高差为 H 时，则：

$$m_{竖} = \frac{H}{\rho''} \times \frac{\tau}{5}$$

$m_{竖}$ 为系统误差。

根据以上三项误差（$m_{照}$、$m_{标}$、$m_{竖}$）的性质不同，当用正倒镜投测、取平均值时，

其误差 $M_{均}$ 为：$M_{均} = \sqrt{\dfrac{m_{照}^2 + m_{标}^2}{2} + m_{竖}^2}$

若再考虑现场上的机具振动、风吹、阳光照射等影响，$M_{均}$ 值可适当地放宽限度。

2. 侧向借线法

此法适用于场地四周较小，高层建筑四廓轴线无法延长，但可将轴线向建筑物外侧平行移出，俗称借线。移出的尺寸应视外脚手架的情况而定，尽量超过 2m。如图 2-6-1 中的乙仪器和乙′仪器是先后安置在借线上，以首层的借线点为后视，向上投测并指挥施工层上的人员，垂直视线横向移动水平尺，以视线为准向内量出借线尺寸，即可在施工层上定出轴线位置。此法的精度和延长轴线法的精度基本相同。14 层高的北京中日友好医院病房楼和 31 层高的北京西苑饭店主楼，由于场地限制，均使用此法作竖向投测，取得良好结果。

3. 正倒镜挑直法

此法适用于四廓轴线虽可延长，但不能在延长线上安置经纬仪的情况，如图 2-6-1 中丙仪器安置在施工层 $8_{A上}$ 点，向下后视地面上的轴线点 8_S 后，纵转望远镜定出 $8_{H上}$ 点；然后将仪器移到 $8_{H上}$ 点上，后视 $8_{A上}$ 点后，纵转望远镜，若前视正照准地面上的轴线点 8_N，则两次安置仪器的位置就都正在 $8_S 8_N$ 轴线上。

如图 2-6-2（a）、（b）分别为图 2-6-1 的侧面图和平面图，用正倒镜挑直法在施工层上投测⑧轴。施测时先在施工层面上估计 8_A 点向上投测的点位如 $8'_{A上}$。在其上安置经纬

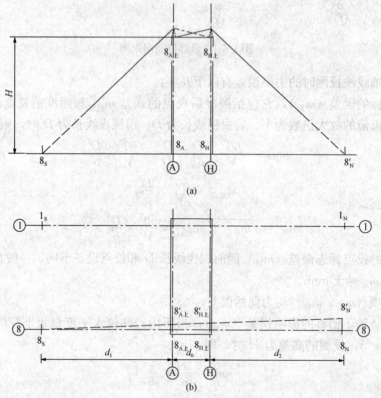

图 2-6-2　正倒镜挑直法

(a) 侧面图；(b) 平面图

仪，后视 8_S，用正倒镜延长直线取分中定出 $8'_{H上}$，然后移仪器到 $8'_{H上}$，后视 $8'_{A上}$，仍用正倒镜延长直线取分中定出 $8'_N$，实量出 $8_N8'_N$ 间距后，根据相似三角形相应边成正比的原理，用下式计算两次镜位偏离⑧轴的垂距：

$$8'_{A上}8_{A上} = 8'_{A上}8_N \times \frac{d_1}{d_1 + d_0 + d_2} \qquad (2\text{-}6\text{-}1)$$

$$8'_{H上}8_{H上} = 8'_N8_N \times \frac{d_1 + d_0}{d_1 + d_0 + d_2} \qquad (2\text{-}6\text{-}2)$$

上述垂距算出后，即可在施工层上由 $8'_{A上}$ 和 $8'_{H上}$ 定出⑧轴上的方向点 $8_{A上}$ 及 $8_{H上}$。再将经纬仪依次安置在 $8_{H上}$ 及 $8_{A上}$ 点上，仍用正倒镜延长直线法检测 8_N、$8_{H上}$、$8_{A上}$ 及 8_S 四点应同在一直线上。若在 8_S 点出现误差，按式（2-6-1）、（2-6-2）取 $8_{A上}$、$8_{H上}$ 二次点位的分中位置，作为最后结果。

按上述步骤投测得到的 $8_{A上}$、$8_{H上}$ 相对于⑧轴的点位中误差 $m_{8A上}$、$m_{8H上}$ 的计算式推导如下：

由式（2-6-1）、（2-6-2）得：

$$m_{8A上} = m_{8'N8N} \times \frac{d_1}{d_1 + d_0 + d_2} \qquad (2\text{-}6\text{-}3)$$

$$m_{8H上} = m_{8'N8N} \times \frac{d_1 + d_0}{d_1 + d_0 + d_2} \qquad (2\text{-}6\text{-}4)$$

设 8_S 和 8_N 相对于⑧轴的点位中误差为 $m_{起} = \pm 2mm$，它实为测 $8_{A上}$ 和 $8_{H上}$ 的起始数据误差。

若经纬仪安置在 $8_{A上}$ 点上后视 8_S，用正倒镜延长直线取分中定出 $8'_{H上}$，设 $8'_{H上}$ 相对于⑧轴的点位中误差为 $m'_{8H上}$，它主要是由起始数据误差 $m_{起}$、竖轴不铅直的影响误差 $m_{竖}$ 和正倒镜照准误差 $m_{照}$ 构成，用公式表示为：

$$m'_{8H上} = \sqrt{\left(\frac{d_0}{d_2}\right)^2 (m_{起}^2 + m_{竖}^2) + m_{照}^2} \qquad (2\text{-}6\text{-}5)$$

当经纬仪安置在 $8'_{H上}$ 点上后视 $8'_{A上}$，用正倒镜延长直线取分中定出 $8'_N$，对照式（2-6-5），$8'_N$ 相当于 8_N 的点位中误差 $m_{8'N8N}$ 为：

$$m_{8'N8N} = \sqrt{\left(\frac{d_0 + d_2}{d_0}\right)^2 m_{8'H上}^2 + m_{竖}^2 + m_{照}^2 + m_{起}^2} \qquad (2\text{-}6\text{-}6)$$

当最后按上述程序反向投测，并取两次点位的分中位置作为最后投测结果时，上述精度还可提高近一倍。

当用延长轴线法或侧向借线法投测轴线时，应每隔 5 层或 10 层用挑直法校测一次，以提高精度，减少竖向偏差的累积。

4. 经纬仪竖向投测的要点

（1）测前要对仪器的轴线关系进行严格的检校，观测时要精密定平水平度盘水准管，以减少竖轴不铅直的误差。

（2）轴线的控制桩点要准确，标志要准确、明显，并妥善保护好。应尽量以首层轴线位置为准，直接向施工层投测，避免逐层上投或下投造成误差积累。

（3）取正倒镜投测的平均位置，以抵消仪器的视准轴不垂直横轴和横轴不垂直竖轴的误差影响。

（4）采用坐标放样法时，应使用坐标测量功能复测已设点位的坐标，以校核点位测设的正确性。

2.6.2.2 内控法

当施工场地窄小，在建筑物之外的轴线上安置仪器施测困难时，多使用内控法。施测时在建筑物的首层测设室内控制网，用垂准线原理进行竖向投测，故此法也叫垂准线投测法。由于使用仪器的不同，又分为以下几种投测方法。

1. 激光铅直仪内控法

随着高层建筑、电视塔等工程的高度不断增加和激光铅直仪的不断普及，该方法已成为高层建筑轴线竖向传递的主要手段。激光铅直仪精度可靠，且操作简便，是一种竖向控制的专用仪器。

（1）相关要求

采用激光铅直仪内控法需在首层建立内控网点，控制点的布设取决于施工流水段，首个施工流水段的控制点不少于 3 个，其余施工流水段的控制点不少于两个，各流水段的控制点需形成便于校核的整体控制网，即相邻流水段的相邻控制点宜设置在同一条直线上。在布设内控点时，应考虑到电梯井、楼梯等对垂直度要求较高部位的需求。

控制点宜设置在混凝土中的铁埋件或钢筋头上，并对控制点进行标识。首层控制点布设完成后，需进行整体联测，在通过平差调整后才允许使用，施工需为联测创造必要的条件。

在支模和浇筑混凝土时需要预留贯通的激光传递孔；传递孔宜为圆形，有效孔径不小于 200mm，且不大于 300mm。激光束若贴近混凝土、模板等物体时，会产生偏转，所以必须保证在激光传递路线上（以激光束为中心，半径 100mm 范围内）没有任何阻挡物。

传递口应按照安全防护的相关要求采取相应的防护措施，以确保测量过程中人员和仪器的安全，测量工作完毕后也必须按照相关要求对传递孔进行防护。

（2）施测要点

1）在首层内控点安置激光铅直仪，开启激光发射装置，检查传递路线是否畅通。

2）在待测层激光传递孔上设置激光接收靶板（也可用毛玻璃代替）。

3）在首层对激光铅直仪进行调焦，使激光束聚焦在接收靶上，分 4 次投射，每次投射后将激光铅直仪顺时针旋转 90°。

4）用签字笔或彩色水笔在待测层的接收靶上标定出激光束每次投测的位置，若 4 次投射的位置不重合，其最大点间距应小于 10mm，在此范围内时，取四点的中心作为投测的最终点位；若超出此范围，应检查激光铅直仪的安置是否有问题，并进行重测，若依然超出，需对仪器进行检校；首个点位投射完毕后，依次进行下一个点位的投设。

5）在待测层上用经纬仪（或全站仪）和钢尺检校各投射点的几何关系，并与上一个施工流水段上的点或轴线进行校核。当投测点的竖向传递精度符合精度要求后，以它作为依据进行细部点的放样。

（3）精度分析

以目前国内常见的激光铅直仪作为参照，标称精度 1/40000，在 100m 高度内其误差 <2.5mm（m_1）；对中偏差 <1.0mm（m_2）；定点偏差 <1.0mm（m_3）；其整体影响为 $m=\sqrt{m_1^2+m_2^2+m_3^2}=\pm2.87mm<25.0$mm，满足《工程测量规范》对总高允许偏差的要求，

同时满足层间允许偏差的要求。

若采用精度为 1/200000 的高精度激光铅直仪，投测精度则可达到 1mm，可以满足超高层建筑和精密安装施工的需求。将超高层建筑简化为悬臂梁计算，假定超高层建筑物的高度在 300m 时的摆动幅度为 30mm，为满足相邻层间的竖向偏差小于 3mm 的条件，则总共需要传递 10 次，其总体中误差为 $\sqrt{10}=\pm3.16mm$。设允许误差为三倍的中误差，则 $m_{限}=\pm9.5mm<30mm$，由此可以证明采用分节铅直传递的精度可以满足轴线竖向传递的精度要求，同时每节的铅直线可以趋近于变形曲线，达到消减承测面摆动对轴线竖向传递影响的目的。

2. 其他内控方法

在激光铅直仪普及之前有许多在建筑物内部进行轴线竖向传递的其他方法，随着激光铅直仪的全面普及和其他测量新仪器的应用，这些老旧测量仪器和落后的测量方法属于逐渐被淘汰的范畴，但目前尚有部分方法还在继续使用。

（1）吊线坠法

这是一种最简单、最传统的竖向传递方法，目前依然还有使用价值。在高层建筑轴线竖向传递时需使用较重的线坠悬吊，以首层靠近建筑物轮廓的轴线交点为准，直接向各施工层引测轴线。施工中，如果采取的措施得当，使用线坠引测铅直线是既经济、简单，又直观、准确的方法。一般在 3～4m 层高的情况下，只要认真操作，由下一层向上一层悬吊铅直线的误差不会大于 ±2mm。若采取依次逐层悬吊 16 层，其总误差不会大于 $\pm2mm\sqrt{16}=\pm8mm$，此精度能满足规范要求。

（2）天顶准直法

天顶方向是指测站点正上方、铅直指向天空的方向。天顶准直法就是使用能测设天顶方向的仪器，进行竖向投测，故也叫仰视法。常用测设天顶方向的仪器有以下几种：

1）配有 90°弯管目镜的经纬仪。如 27 层高的上海宾馆，因场地限制使用了此法，是在 J2 经纬仪上安装了 90°弯管目镜，实测结果：在 65m 高度上误差为 ±2mm，即竖向误差为 ±6″。

2）激光经纬仪。激光经纬仪即在经纬仪上加装与视准轴同轴的激光发射装置，用可见激光束替代经纬仪的视线。将激光经纬仪的望远镜设置为天顶方向，在首层的控制点向上铅直投测到施测层，经图形闭合校对调整后，再放出各细部，效果良好。总高度为207.26m 的北京京城大厦，施工中使用 J2 级激光经纬仪控制竖向，取得最大偏差18.5mm 的优良结果。

3）自动天顶准直仪。这种仪器最适用于高层钢结构安装。63 层、200.00m 高的广东国际大厦主楼，为筒中筒现浇钢筋混凝土结构。由于场地限制，采用天顶准直法作竖向控制。为此，在主楼首层地面（+0.950m），精确测定了与结构柱列轴线相平行、24.10m×30.00m 的室内矩形控制网，使用 ZL 自动激光准直仪向各施工层进行竖向投测。由于施工环境等影响，将 63 层分为四段控制，即将首层的矩形控制网依次精确投测到第 17 层（+59.200m）、32 层（+104.200m）和 47 层（+149.200m），作为下一段向各施工层投测的根据。实际封顶时的最大偏差为 14mm。

4）自动天顶-天底准直仪。这种仪器除精度较低外，其他基本上与前述仪器相同，适用于一般工程中。广州中天广场主楼（80 层）高 322m，桅杆尖高 390m，为钢筋混凝土框架-筒体结构体系。外廓为 46.300m×46.300m 的正方形,内筒为八边形。测设 40.300m×39.300m 的矩形内控制网,使用天顶-天底准直仪,将全楼分为八段(每段约 35m)自下向施工层投测,最大误差为 16.6mm。

总之,从上述仪器的使用情况看,天顶法最适宜高层钢结构的安装校正测法,若装有激光则更适用于高层滑模施工的工程。但是无论在哪种工程中使用,仪器均安置在施工层的下面。因此,施测中要注意对仪器的安全采取保护措施,防止落物击伤,并经常对光束的竖直方向进行检校。观测时间最好选在阴天又无风的时候,以保证精度。

(3)天底准直法

天底方向是指过测站点、铅直向下所指的方向。天底准直法就是使用能测设天底方向的仪器,进行竖向投测,故也叫俯视法。测设时在待测层安置天底型测量仪器,并使仪器的中心与首层的控制点处在同一条铅垂线上。此种投测方法的优点是测量员和测量仪器均在施测层进行作业,有较好的安全保障。此类仪器的生产数量较少,现已停产。测设天底方向的仪器,除自动天顶-天底准直仪外,常用的有以下两种。

1)垂准经纬仪。126.600m 高的上海华东电管局大楼,现浇钢筋混凝土结构,场地非常狭小,选用 DJ6-C6 垂准经纬仪,以内控法投测轴线。用大线坠挂线与垂准仪观测结果相比较,以校核垂准经纬仪的精度,最大误差不超过 3mm。

2)自动天底准直仪。由徕卡公司制造的自动天底准直仪,精度高达 1/200000,但望远镜的倍数仅为 20 倍,有效传递高度受到一定程度的影响,此种仪器用法同前。

2.6.2.3 内外控综合法

由于场地的限制,在高层建筑施工中,尤其是超高层建筑施工中,多使用内控法进行竖向控制,但因内控法所用内控网的边长较短,一般多在 20～50m 之间,每次向施工面上投测后,虽可对内控网各边及各夹角的自身尺寸进行校测与调整,但检查不了内控网在施工面上的整体位移与转动。为此,在一些超高层建(构)筑物的施工中,多使用内外控互相结合的测法。如:1990 年亚运会前建成的 386m 高的北京中央电视塔,在 −22.5～+251.5m 的塔身施工中,用 4 台大功率的激光铅直仪控制塔身内方筒,用 4 台望远镜放大倍数为 60 的高精度经纬仪,在电视塔十字主轴线上的不同距离处,控制塔身外圆筒,并与内控法相互校核,取得良好的效果。

1999 年建成的上海金茂大厦,地下 3 层(−18.65m),地上 88 层,结构高度 369.70m,塔尖高度 420.50m。采用钢筋混凝土为主的钢-钢筋混凝土混合结构。平面为 52.700m×52.700m 方形,中心为钢筋混凝土的 27.000m×27.000m 的内筒。内筒内设由 A_1 为中心的 A_2-A_3-A_4-A_5 五点组成的 22.500m×20.275m 的十字形内控制网;外筒内设由 A_6-A_7-A_8-A_9-A_6 四点组成的 39.100m×39.100m 的方形内控网,如图 2-6-3 所示。使用 ZL 自动准直仪,将全楼分

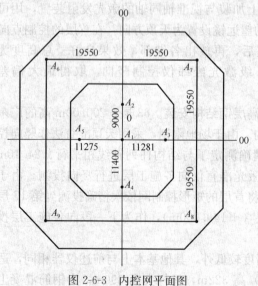

图 2-6-3 内控网平面图

为 7 段（地下-A_3-A_{17}-A_{27}-A_{38}-A_{48}-A_{54}-A_{72}，每段 50m 左右）向各施工层投测。为了防止整个建筑的位移与转动，在金茂大厦的四周——东方明珠电视塔、招商大厦、世界广场与文峰大酒店上设已知坐标的检查点，当内筒内的十字形内控网投测完毕，在中心点 A_1 上安置经纬仪，利用四周的四个外方向检测并调整中心点 A_1 点后，再检查 A_2、A_3、A_4、A_5 是否满足要求，效果比较理想。

在高层建筑轴线竖向投测中，无论使用哪种方法，都会遇到阳光照射使被晒的一面建筑物温度升高，因而使整个建筑物向背阳光的侧面倾斜，即上午向西、中午向北、下午向东。倾斜的程度与阳光的强度、建筑结构的材料、高度和平面形状等有关。这些在每个具体工程中均有不同，施测中应注意摸索具体规律，采取措施，以减少其影响。在钢结构的柱身竖向校测中，还会遇到由于焊接次序的不同而产生的焊缝收缩对柱身竖向的影响，这要在投测中采取预留变形的办法解决。

2.6.2.4 现代常用的投测方法

1. 全站仪坐标放样法

当基槽的区域较大、超长或几何形状复杂时，不适合采用经纬仪延长轴线法和正倒镜挑直线法时，可以采用全站仪坐标放样法来投测控制轴线的交点。根据工程实践证明，采用此方法的精度比两条方向线相交所定出点位的精度高，在施测时间上可以降低三倍。坐标放样是全站仪在建筑施工测量中应用最广泛、实用性最强的功能。用此方法向基槽投测竖向轴线，具有方便灵活、控制范围大、精度可靠的优势，这种方法在±0.000 以上或以下均适用。

在施测前，首先在室内根据施工图和施测区域的具体情况，解算出控制轴线交点的坐标；将全站仪安置在控制点 A 上，后视控制点 B，在仪器中输入或调取测站、后视点及待测点的坐标，全站仪显示待测点至测站的距离和方位角；先用微动螺旋使方向角为 $0°00'00''$，此时全站仪视准轴与待定点的方向重合；将棱镜安置在此方向线上，选择测距，此时仪器会显示测站至反光镜与测站至待定点的距离差，移动反光镜使距离差为零，则该点即为欲设点。

尽管全站仪可以直接放样坐标点，但是它的原始测设数据只有水平角、竖角和斜距，坐标数据则是由仪器内部的电脑计算出来的，首先竖角 θ 的精度 m_θ 影响由斜距 d 换算得到的水平距离 D 和高差 h 的精度（m_D 和 m_h），而后水平角 β 的精度 m_β 又进一步影响到待测点坐标的精度（m_x 和 m_y）。

因为 $D = d\cos\theta$ 所以 $m_D = \pm\sqrt{\cos^2\theta \cdot m_d^2 + d^2 \cdot \sin^2\theta \cdot \left(\dfrac{m\theta}{\rho}\right)^2}$

因为 $h = d\sin\theta$ 所以 $m_x = \pm\sqrt{\cos_\beta^2 \cdot m_D^2 + D^2 \cdot \sin_\beta^2 \cdot \left(\dfrac{m\beta}{\rho}\right)^2}$

因为 $x = D\cos\beta$ 所以 $m_h = \pm\sqrt{\sin^2\theta \cdot m_d^2 + d^2 \cdot \cos^2\theta \cdot \left(\dfrac{m\theta}{\rho}\right)^2}$

因为 $y = D\sin\beta$ 所以 $m_y = \pm\sqrt{\sin^2\beta \cdot m_D^2 + D^2 \cdot \cos^2\beta \cdot \left(\dfrac{m\beta}{\rho}\right)^2}$

$\rho = 206265$

假定某型号全站仪测距精度为 $\pm3mm + 2ppm$，测角精度为 $\pm5''$。依据公式计算其在常用范围内的误差值。通过表 2-6-2 和表 2-6-3 可看出，随着竖直角的变化，水平距离误差 m_D 和高差误差 m_h 也在变化，但变化的幅度比较小，一般均在 1mm 以下，精度在 1/2.3 万～1/5 万之间，完全可以满足建筑施工测量的精度要求。而点位误差基本为圆形，这说明点位在两个方向上的误差值是基本相同的，也就是说测距与测角误差是相互匹配的，这也是为什么 ±3mm＋2ppm 全站仪配制的测角精度为 ±5″ 的原因。

不同竖角时全站仪水平距离及高差精度表　　单位：±mm　　　　表 2-6-2

水平距离	50m		100m		200m		300m	
m_D	$m_D=±3.1mm$		$m_D=±3.2mm$		$m_D=±3.4mm$		$m_D=±3.6mm$	
项目 竖角	m_D	m_h	m_D	m_h	m_D	m_h	m_D	m_h
0°	1.21	3.1	2.42	3.2	4.85	3.4	7.27	3.6
15°	1.2	2.90	2.48	3.15	4.76	3.52	7.08	3.95
30°	1.87	2.75	2.64	3.02	4.53	3.81	6.55	4.79
40°	2.20	2.50	2.77	2.90	4.31	4.06	6.44	5.43

竖角 15°时全站仪点位坐标误差表　　单位：±mm　　　　表 2-6-3

距离	50m		100m		200m		300m	
m_D	$m_D=1.21$		$m_D=2.48$		$m_D=4.76$		$m_D=7.08$	
水平角	m_x	m_y	m_x	m_y	m_x	m_y	m_x	m_y
0°	1.21	1.21	2.48	2.42	4.76	4.84	7.08	7.27
30°	1.21	1.21	2.46	2.44	4.78	4.82	7.13	7.22
45°	1.21	1.21	2.45	2.45	4.80	4.80	7.18	7.18
60°	1.21	1.21	2.44	2.46	4.82	4.78	7.22	7.13
90°	1.21	1.21	2.42	2.48	4.84	4.76	7.27	7.08

2. 全站仪后方交会法

将全站仪安置在施测层的任意点位上，依次后视若干个地面上的已知点，用全站仪的角度后方交会功能求解出施测层上仪器安置点的坐标，若条件许可，宜采用精度更高的距离加角度的后方交会法。采用后方交会测量的关键是测站点与后视点间的通视条件和已知后视点的精度，后视点必须 ≥4 个，点位要易瞄准。

为便于观测，后视目标点位要选在尽可能高的位置（如电视转播塔、天线等易于辨认和观测物体的尖部）；此类目标点均无法安置棱镜，用经纬仪或全站仪在 3 个以上的已知控制点上，测量出已知站点与目标点（天线）连线的方位角或夹角，观测时已知点与目标点的图形要稳定；根据已知点的坐标数据和目标点与已知点间的角度关系，用 CAD 软件采用几何作图的方法求解出目标点的坐标数据；鉴于已知控制桩点的基线都相对较短，所以必须通过增加观测次数来提高测角精度，以获得精度较高的后视目标点坐标数据；获得后视点坐标数据后，应在已知点上对其进行校核，已知坐标与后方交会测量所得坐标之差应 ≤3mm。

采用后方交会法测量新控制点坐标时，每站的测量次数不少于 3 次，在成果中剔除偏差值较大的数据，取偏差值接近的两个数据的平均值为该点的坐标数据，在待测层确定新控制点的个数要≥2个；为了进行有效的校核新控制点的正确性和精度，必须要保证新点的数量在两个以上，新控制点间不宜互为后视，应取远处的已知方向点作为后视方向。

3.GPS测量法

GPS测量法就是通过在地面的基准点上和在施测层的待测点上架设GPS接收机，直接测定待测层上点位的平面坐标。GPS测量有静态测量和RTK动态测量两种模式，应根据实际情况选定具体的方法。

（1）静态测量

GPS静态测量的精度较高，可达± $(2.5+1×10^{-6}D)$ mm。高层建筑中的静态测量一般采用4台以上GPS接收机同步进行，至少有两台GPS架设在地面上的已知控制点上，至少有两台架设在楼顶施测层上以便校核；地面两控制点间的基线长度宜≥1km；楼顶接收机间的距离很短，点位间的距离误差可适当放宽。静态测量基本技术要求为：卫星高度角10°～15°；有效卫星数≥4颗；数据采样间隔10″～30″；观测时间一般大于40min。

在选定楼顶控制点位置时，应避开影响卫星信号接收和产生多路径效应的塔吊、施工架体等。观测结束后，应采用网络传输设备在第一时间将数据传送到数据处理终端进行数据的处理和分析。

（2）RTK测量

RTK测量，可以采用内置电台、内置网络或外部数据链形式，无论何种形式都必须设置基准站，基准站可以架设在已知点上，也可以在未知点上（最好选一个稳固的地方作为永久点，这样只要解算一次参数就可以长期使用，无需反复采点解算），流动站可以根据工程需要确定数量。由于GPS所采用的坐标系为WGS-84坐标系，而实际的工作中所使用的是北京－54、国家－80或地方坐标系，因此存在WGS-84和当地坐标系统之间的转换问题。一般地，坐标转换方法有三参数、七参数、四参数＋高程拟合、一步法和点校验等，其中四参数＋高程拟合法适用于大部分普通工程用户，只需要两个任意坐标系已知坐标即可进行参数求解。

参数解算时先设置好基准站，然后把移动台拿到已知点上采点，一般取10次平均值。另外，为提高采点精度，可以将GPS移动台的对中杆用三脚架替代。通过四参数完成WGS-84平面到当地平面的转化，利用高程拟合完成WGS-84椭球高到当地水准的拟合。RTK测量的优点是测量时间快，每个点位的测量时间仅需几秒钟；缺点是精度略低，其测量精度约为± $(10+1×10^{-6}D)$ mm。因此，在高精度控制测量中一般不建议使用GPS-RTK测量方法。

在高层建筑中采用GPS-RTK测量时，一般不少于两台流动站，其中一台架设在地面已知点上进行实时校准，其余流动站设在楼顶。为了提高测量精度，建议下列几种做法：流动站宜架设在三脚架上；测量时取10次测量的平滑值，连续观测3次后取平均值作为该点的坐标数据；每次观测之间用金属板屏蔽卫星信号，断开接收机与卫星的联系。

2.6.2.5 外界环境对竖向投测的影响

对于高度大于100m的高层建筑（也称超高层建筑），受日照、风载的环境条件的影响，建筑物会产生摆动现象，摆动的幅度和振幅随着建筑物高度的增加而增加。为削减摆动对轴线竖向投测的影响，投测应选择摆动最小的时段进行，宜选择温度较低的早晨和选择风力较小的时段进行投测，当风力大于五级时应停止投测。当摆动的幅度大于等于

30mm 时，其轴线竖向投测时需进行修正，以消除施工层摆动对轴线竖向投测的影响。

高层建筑的竖向控制必须要与动态的施测层保持同步，需参照同步进行的变形监测数据，求解出（用激光铅直内控法、全站仪后方交会法、GPS 测量法等方法测设的）施测层上控制点的位置（坐标数据）的位移分量 Δx、Δy（或位移的方向和该方向上的位移量），对施测层上测站点的坐标进行修正后，再进行待测层细部测量。

根据变形监测数据，已知在当前时段，结构体变形的方向为 γ，变形量为 d，则其在 x 方向的变形量为 $\Delta x = d \cdot \cos\gamma$，则其在 y 方向的变形量为 $\Delta y = d \cdot \sin\gamma$。将放样点坐标数据加上修正值后进行放样，则定出的点位就是与结构体同步摆动的即时位置，若结构体处于无摆动状态时，该点位会回归到它的理论位置。

每次的修正值都是不同的，所以上述做法的计算量较大，可以采用对测站点的坐标值进行修正的方法，则计算量可以大幅度地减少。首先用后方交会法或 GPS 测量法直接测量出控制点的即时坐标数据 X，Y，根据变形监测数据得出的位移分量 Δx、Δy，则修正后的控制点坐标数据 $x = X - \Delta x$，$y = Y - \Delta y$。采用修正后的控制点坐标设定测站数据，依据放样点的理论数据进行放样，即可测设出放样点位（动态下的）即时位置。

2.7 高层建筑高程的竖向传递

2.7.1 概述

高层建筑的高程传递，需将起始点设在首层，当建筑高度大于 50m 时，需在固定的楼层设置高程传递接力点；当建筑物高度小于 150m 时，宜采用钢尺垂直向上传递，当建筑物高度大于 150m 时，需采用全站仪测距＋钢尺量距等其他测量传递方式；高层建筑每个楼层的高程传递点不少于 3 个，其中第一个流水段的高程传递点不少于两个；在高程传递过程中，既需要保证总高度传递精度，还需要保证相邻层间高程点的允许偏差。

高层建筑自身荷载较大，建筑物沉降量有可能较大，当建筑高度大于 100m 后，结构体自身的压缩变形越趋明显，这两种变形是同时存在的，它对建筑物的 ±0.000 和高程的传递会产生不利影响，进而会影响竖向管线的安装，因此在高程传递时需要在保证层高的前提下，采取预留、递减等有效措施剔除它的不利影响。

《高层建筑混凝土结构技术规程》JGJ 3—2010 对高程传递的精度有如下要求，见表 2-7-1。

表 2-7-1

H（m）	$H \leqslant 30$	$30 < H \leqslant 60$	$60 < H \leqslant 90$	$90 < H \leqslant 120$	$120 < H \leqslant 150$	$150 < H$
允许偏差（mm）	±5	±10	±15	±20	±25	±30

《高层建筑混凝土结构技术规程》JGJ 3—2010 规定建筑高度大于 150m 时，标高竖向传递的允许偏差为 ±30mm，显然现有标准规范无法覆盖高度超过 150m 时高层建筑的高程传递。常规的钢尺铅直传递的方法直接从基准点传递到施测层，实施有困难、可操作性较差，需要采用 GPS 高程测量、全站仪三角高程测量等方法进行补充，其精度都可以满足 ±30mm 的精度要求，但相邻楼层高程传递误差是独立的，是非线性的；按等精度原则考虑，相邻楼层或任意楼层间的高程传递误差为 $\pm30\text{mm}\sqrt{2} = \pm42\text{mm}$，同时，规范规定

相邻楼层高程传递误差≤±3mm，显然在高程传递精度指标是双控的。所以还需要用钢尺进行辅助测量，以保证竖向相邻层间标高允许误差小于 3mm 的要求。

当高层建筑的结构形式为内筒（钢）外框，且内筒采用爬模时，核心筒施工墙和楼板施工不同步，一般需相差三层，与（钢）外框架结构相差六到七层，如何保证三个施工层段的一致性是高程测量的关键环节；墙体施工时没有稳定的地方架设水准仪，增加了测量的难度。

2.7.2 ±0.000 以下的高程传递

高层建筑的基础一般均较深，有时又不在同一标高上，为了保证建筑全高控制的精度要求，在基础施工中就应注意标高传递的准确性，为±0.000 以上的标高传递打好基础。

±0.000 以下各层的标高需在基础垫层施工开始前进行，其临时性高程控制点宜设在塔吊的塔身上，也可以设在基坑四周的护坡桩上。当基槽内设立的塔吊距基槽上口的距离小于 50m 时，先用水准仪将已知点的高程引测到塔身，然后用钢尺沿塔身向下量设出各结构层的高程控制点；若基槽内未设立塔吊或塔吊距槽边较远时，应在基槽上口搭设一个悬挑架子，然后将钢尺悬吊在架子上，将高程传递到基槽底部；也可以沿汽车马道用水准测量的方法将高程引测到槽底。无论采用何种方法，基槽内的高程控制点不允许少于两个，引测需采用附合测量的方法进行，即从一个已知点引测至槽底，再由槽底附合到地面上另一个已知高程点。如图 2-7-1 所示为±0.000 以下标高传递、计算示意图。

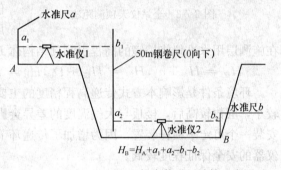

图 2-7-1 ±0.000 以下标高传递、计算示意图

2.7.3 ±0.000 以上的高程传递

2.7.3.1 常用的高程传递方法

±0.000 以上的高程传递，主要是用钢尺沿结构外墙、边柱或电梯井向上竖直测量。一般高层建筑至少要由 3 处向上引测，以便于相互校核和适应分段施工的需要。引测步骤是：

（1）先用水准仪根据两个已知高程控制点，在各向上引测处准确地测出高程传递点的高程（一般多测 +1.000m 标高线）。

（2）用钢尺沿铅直方向，向上量至施工层，并划出正（+）米数的水平线，各层均应由各处的起始标高线向上直接量取。高差超过一整钢尺长时，应在该层精确测定高程传递接力点的高程，作为再向上引测的依据。

（3）将水准仪安置到施工层，校测由下面传递上来的各水平线，误差应在 ±6mm 以内。在各层抄平时，应后视两条水平线以作校核。如图 2-7-2 所示为 ±0.000 以下标高传递、计算示意图。

2.7.3.2 其他高程传递方法

钢尺是保证层间标高误差小于 3mm 的主要测量工具，当建筑物高度超过 100m 后，完全采用钢尺传递高程，是不

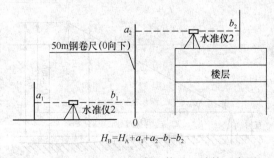

图 2-7-2 ±0.000 以上高程传递、计算示意图

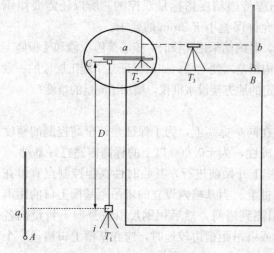

图 2-7-3　全站仪天顶测距法

现实的，在建筑物全高测量中其精度也难于保证，因此需要通过其他测量手段分阶段对钢尺传递的高程进行校核，每个阶段间的高度宜小于 50m。

1. 全站仪天顶测距法

利用全站仪的测距功能，用全站仪对处于同一铅垂线上的棱镜进行竖直距离测量，如图 2-7-3 所示，A 为已知高程点，B 为待定点，在距结构体约 50cm 处（或激光铅直仪投测的内控点上）架设全站仪，竖盘采用 $90°00'00''$ 和 $270°00'00''$ 分别读取立在已知点 A 上塔尺的读数 a_1（取其平均值），测量出全站仪（中心）的高程 $H_仪$；用全站仪测量出到棱镜间的铅直距离 D_h；在施测层用水准仪将棱镜的高程引测到结构体 B 上。则

$$H_仪 = H_A + a_1, H_棱 = H_仪 + D_h, H_B = H_棱 + a - b = H_A + a_1 + D + a - b$$

环境条件是影响本方式传递高程精度的主要因素，若采用内控点传递，由于传递孔径较小，层数较高后，楼板与大气温度的差异会影响测距的精度；若在结构外侧传递，需要安装一个可定平横杆装置，因为增加了传递环节，使传递精度有所降低，同时测量人员和仪器的安全保证程度较低。

2. 全站仪三角高程测量

全站仪三角高程测量即利用测得的竖角和斜距，解算出地面已知高程点与施测层高程基准点的高差，从而将高程传递到施测层。在高程传递时不宜采用三维坐标直接测量施测层上待测点的高程，原因是这种方法不能直接增加竖角和斜距的测回数，从而难以提高传递的精度。

当观测距离不太远，我们可以将水准面看成水平面，可不考虑地球曲率和大气折光的影响。但当两点距离较远时，就必须考虑地球曲率和大气折光的影响。要考虑地球曲率和大气折射误差改正计算会比较麻烦，因此需要采用对向观测的办法来抵消上述两种因素的影响。对向观测，即双向观测，分别将全站仪架设在控制点和施测层的待定点上，对应地将棱镜安置在施测层上的待定点上或已知控制点上，通过两次三角高程测量的平均值求得施测层基准点的高程。

如图 2-7-4 所示，假设地面已知高程点为 A 点，施测层基准点为 B 点，为了测定 A、B 点之间的高差 h_{AB}，在 A 点架设全站仪，在 B 点架设棱镜。设 D_{AB} 是 A、B 两点之间的水平距离，α_A 为全站仪照准棱镜中心的竖直角，i_A 为仪器高，v_A 为棱镜高，K 为大气折光系数，R 为地球曲率半径，则 A、B 两点之间单向观测高差为：

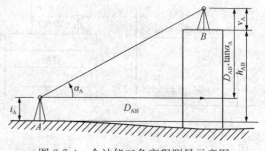

图 2-7-4　全站仪三角高程测量示意图

$$h_{AB} = D_{AB} \cdot \tan\alpha_A + \frac{1-K}{2R}D_{AB}^2 + i_A - v_A \tag{2-7-1}$$

同理，由 B 点向 A 点进行对向观测，假设两次观测是在相同的气象条件下进行的，则取双向观测的平均值可以抵消地球曲率和大气折光的影响，并得到 A、B 两点对向观测平均高差为：

$$\overline{h}_{AB} = \frac{1}{2}\left[D_{AB} \cdot \tan\alpha_A - D_{BA} \cdot \tan\alpha_B + (i_A - v_A) - (i_B - v_B)\right] \tag{2-7-2}$$

设 $m_{\alpha_A} = m_{\alpha_B} = m_\alpha$，$m_{D_{AB}} = m_{D_{BA}} = m_D$，$m_{i_A} = m_{i_B} = m_{v_A} = m_{v_B} = m_g$，$D_{AB} = D_{BA} = D$；$|\alpha_A| = |\alpha_B| = \alpha$，根据误差传播定律，得到上式计算高差中误差为：

$$m_h = \pm\sqrt{\frac{1}{2}\left(m_D^2 \cdot \tan^2\alpha + \frac{D^2 m_\alpha^2}{\rho^2 \cos^4\alpha}\right) + m_g^2} \tag{2-7-3}$$

如果使用（$1''$、$1+1$ppm）或（$2''$、$2+2$ppm）全站仪观测，即测角标准差和测距标准差分别为 $m_\alpha = \pm 1''$、$m_D = \pm (1+1\times10^{-6}D)$ mm 或 $m_\alpha = \pm 2''$、$m_D = \pm (2+2\times10^{-6}D)$ mm，仪器高和棱镜高量取中误差 $m_g = \pm 1.0$mm，则对应不同的竖直角 α 和水平距离 D，对向观测高差的中误差见表 2-7-2 所示。

对向观测高差中误差（单位：mm）　　　　　　　　　　表 2-7-2

竖直角 (°)	全站仪精度	对向观测水平距离（m）					
		250	350	450	550	650	850
15	$1''$、$1+1$ppm	1.378	1.649	1.952	2.274	2.608	3.298
	$2''$、$2+2$ppm	2.144	2.806	3.498	4.205	4.920	6.364
25	$1''$、$1+1$ppm	1.436	1.983	2.050	2.364	2.672	3.35
	$2''$、$2+2$ppm	2.456	3.214	4.003	4.808	5.623	7.268
35	$1''$、$1+1$ppm	1.758	2.155	2.608	3.080	3.563	4.549
	$2''$、$2+2$ppm	3.010	3.947	4.920	5.911	6.912	8.932
45	$1''$、$1+1$ppm	2.172	2.769	3.401	4.052	7.714	6.056
	$2''$、$2+2$ppm	3.985	5.261	6.579	7.917	9.268	11.987

从试验数据分析可看出：对向观测高差中误差随着竖直角及观测距离的增大而增大。对于短测距边长，仪器高和棱镜高量测误差是全站仪三角高程的主要误差。若取二倍中误差作为三角高程极限误差，测角中误差为 $\pm1''$ 全站仪的三角高程测量精度可以满足三等水准测量要求，但仍旧超出 ±3mm/层的精度要求。当建筑物高度在 300m 以上时，采用坐标测量、单项三角高程测量的精度可以满足对总高允许偏差的要求，但无法满足规范对层间高度允许偏差的要求。对于超高层建筑的三角高程测量必须采用 $1''$ 级精密全站仪进行，并且需要通过增加观测次数来提高精度。

3. GPS 高程测量

GPS 静态高程测量：利用 GPS 静态测量求解施测层的高程（向施测层传递高程）精度可达 ±5mm，符合总高允许偏差的要求，但超过了相邻层间的允许偏差，所以该方法只适合于按阶段对顶部施测层进行校核，而不适合在每层进行高程传递，且该方法测量的时段较长。

GPS-RTK 高程测量：RTK 的标称精度为 $\pm 20mm$，根据大量的实测数据分析，它的实际精度在 $5\sim 10mm$ 之间，所以它适合于施测层上粗略的高程测量，例如模板、钢结构安装等施工标高的预控。

2.7.4 标高施测中的要点

（1）观测时尽量做到前后视线等长。测设水平线时，最好采用直接调整水准仪的仪器高度，使后视时的视线正对准水平线，前视时则可直接用铅笔标出视线标高点，然后用铝合金直尺以硬铅笔画水平线。这种测法比一般在木板上标记出视线再量反数的测法，能提高精度 $1\sim 2mm$。

（2）由 ± 0.000 水平线向下或向上量高差时，所用钢尺应经过检定，量高差时尺身应铅直并用标准拉力，同时要进行尺长和温度改正（钢结构不加温度改正）。

（3）采用预制构件的高层结构施工时，要注意每层的高差不要超限，同时更要注意控制各层的标高，防止偏差积累使建筑物总高度偏差超限。为此，在各施工层标高测出后，应根据偏差情况，在下一层施工时对层高进行适当的调整。

（4）为保证竣工时 ± 0.000 和各层标高的正确性，应请建设单位和设计单位明确：在测定 ± 0.000 水平线和基础施工时，如何对待地基开挖后的回弹与整个建筑在施工期间的下沉影响；在钢结构工程中，钢柱负荷后对层高的影响。不少高层建筑在基础施工中将总下沉量在基础垫层的设计标高中预留出来，取得了较好的效果。

2.8 细部测量及施工控制测量

2.8.1 平面位置的细部测量

平面位置的细部测量，具体方法是依据投测在施工层上的轴线点或平面控制点，用经纬仪或全站仪进行校核无误后，测设出一组主要控制轴线，控制轴线通常为轴线的平行借线，它与轴线距离多为整数；然后根据楼层结构平面图进行建筑物各细部的放线，如结构外廓线、门窗洞口线等。鉴于施测的区域很小，细部放线首选传统的经纬仪＋钢尺进行，也可采用全站仪坐标法，对于不便于安置仪器的狭小区域，也可采用钢尺距离交会的方法进行。

2.8.2 平面位置的施工控制测量

平面位置的施工控制测量，常规的方法是利用控制线和线坠提供的铅垂线进行模板的垂直度控制。对于采用爬模、钢结构及滑模等方法施工的高层建筑，需采用相应的测量方法对结构施工进行控制。

采用爬模的内筒外框结构施工时，为控制墙体垂直度和轴线偏差，需对核心筒提模施工进行测量控制。可同时架设多台激光铅直仪在最上部结构楼层的控制线（点）上，直接用激光点控制上部爬模（墙体）轴线偏差，同时需要采用吊线坠的方法检查每层墙体的垂直度，如图 2-8-1 所示。

当施测层的日照和风振摆动大于 20mm 时，仪器的后视点宜选用在同一高度的已知点（方向），当摆动小于 20mm 时，仪器的后视点可以选用较远处的控制点。通常情况下

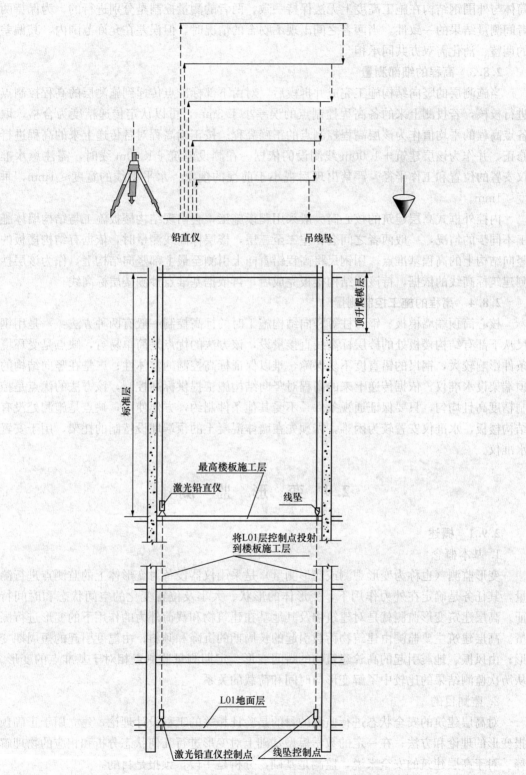

图 2-8-1 激光铅直仪和吊线坠竖向控制测量

筒体与外围钢结构在施工高度上无法保持一致，两者的测量控制是分别进行的，为保持两者间测量结果的一致性，当两者之间出现不吻合的情况时，但误差在允许范围内，其偏差的调整、消化需双方共同承担。

2.8.3 高程的细部测量

当施测层的竖向结构施工完成并拆模后，对由下部标准点传递到施测层的高程控制点进行校核，若投测上来的各高程控制点的误差小于 3mm，可以认定传递精度为合格，取各点高程的平均值作为该层高程控制点的正确高程。按正确高程对各传递上来的高程进行修正，并作为该层建筑＋1.00m 线测设的依据。在测设建筑＋1.00m 线时，需注意水准仪安置的位置和工作半径，严禁出现后视小于前视的现象。水平墨线的宽度≤1mm，垂度＜1mm。

内控外框式高层建筑的核心筒一般采用爬模施工，会出现结构楼板施工与结构墙体施工不同步的情况，一般两者之间会相差二至三层，楼层标高线测量时，依据有结构楼板的竖向结构上的高程基准点，用钢尺将高程铅直向上引测至最上部竖向结构上，作为该层抄测建筑标高线的依据，待该层结构楼板完成后，再依据基准点抄测楼层标高线。

2.8.4 高程的施工控制测量

核心筒顶端墙模板、钢骨柱等竖向结构施工时的标高控制一般有两种方法：一是用钢尺从下部有结构楼板处的楼层标高线直接量设，该方法的优点是简单易行，缺点是受环境条件影响较大，钢尺的铅直度不易保障，难以保证标高控制的整体性；二是在竖向结构的顶端架设水准仪，依据传递上来的高程对竖向结构施工提供标高控制，该方法的优点是控制精度高且均匀，只要保证通视条件，不受其他条件制约，方便使用，缺点是施测处没有结构楼板，水准仪安置较为困难，需预先在墙体混凝土的顶端埋设特制的托架，用于安置水准仪。

2.9 变 形 监 测

2.9.1 概述

1. 基本概念

变形监测（也称为变形观测或变形测量）是采用仪器设备对变形体上的监测点进行测量，其任务是确定在外力作用下，变形体的形状、大小及位置变化的空间状态和时间特征。高层建筑变形监测就是对建筑物及其地基在建筑物和载荷外力的作用下的变形进行测量。高层建筑主要监测由建筑物荷载引起的长周期的沉降和倾斜；由温度引起的短周期变形；由风振、地震引起的高耸建筑物的瞬间变形。定期测量监测点相对于基准点的变形。从历次监测结果的比较中了解变形与时间和荷载的关系。

2. 监测目的

对高层建筑的安全状态进行监测的目的是验证相关的工程设计理论，建立用于正确预报变形的理论和方法；在一定的数学模型基础上对变形进行几何状态分析和相应的物理解释。对于高层建筑的安全来说，监测是基础，分析是手段，预报是目的。

3. 监测背景

《建筑变形测量规范》JGJ 8—2007 规定地基基础设计等级为甲级的建筑、复合地基或软土地基上设计等级为乙级的建筑、加层及扩建建筑、受邻近深基坑开挖施工影响或受场地地下水等环境因素变化影响的建筑、需要积累经验或进行设计反分析的建筑都必须进行变形监测，高层建筑通常都需要进行变形监测。

4. 监测内容

高层建筑变形监测主要包括建筑物沉降及倾斜监测、施工机械稳定性监测、支撑及模架监测、卸荷前后的变形监测、建筑挠度监测、基坑及支护监测、相邻建筑物及管线监测等。

5. 职责划分

高层建筑施工的变形监测主要包括建筑物本身的沉降、倾斜等变形监测和基坑、防护等施工安全监测两部分，前者一般为精密变形监测，需由建设单位委托有资质的专业测量单位进行，后者视基坑等监测对象的安全等级来确定监测项目，由建设方委托具备相应资质的第三方对基坑工程实施现场监测；边坡巡视、塔吊的垂直度、模架稳定程度等施工过程中的安全性监测，由负责施工的总包单位或分包单位负责；对于业主和分包负责的安全监测，总包主要是对监测方案的审批，对监测单位的工作给予协助支持和监督，根据监测数据判断监测对象的安全程度。

2.9.2 变形监测的特点和基本措施

2.9.2.1 变形监测的特点

1. 精度要求高

为了能准确地反映出建（构）筑物的变形情况，一般规定测量的误差应小于变形量 $1/10 \sim 1/20$。为此，变形监测中应使用精密水准仪（S1、S05）、精密经纬仪（J1、J2）和精密全站仪等精密的仪器及方法。

2. 监测时间性强

各项变形监测的首次监测时间必须按时进行，否则得不到原始数据，而使整个监测失去意义。其他各阶段的复测，也必须根据工程进展定时进行，不得漏测或补测，这样才能得到准确的变形量及其他变化情况。

3. 监测成果要可靠、资料要完整

这是进行变形分析的需要，否则得不到符合实际的结果。

2.9.2.2 变形监测的基本措施

为了保证变形监测成果的精度，除按规定时间一次不漏地进行监测外，在监测中应采取"一稳定、四固定"的基本措施。

1. 一稳定

一稳定是指变形监测依据的基准点、工作基点和被监测物上的变形监测点，其点位要稳定。基准点是变形监测的基本依据，每项工程至少有 3 个稳固可靠的基准点，并每半年复测一次；工作基点是监测中直接使用的依据点，要选在距监测点较近但比较稳定的地方。对通视条件比较好或监测项目比较少的高层建筑，可不设工作基点，而直接依据基准点监测。变形监测点应设在被监测物上最能反映变形特征且便于监测的位置。

2. 四固定

四固定是指所用仪器、设备要固定；监测人员要固定；监测的条件、环境基本相同；监测的路线、镜位、程序和方法要固定。

2.9.3 变形监测的分类和精度要求

2.9.3.1 变形监测的分类

建筑工程变形监测按照监测的部位可分为外部监测和内部监测两大类。

外部监测也称常规变形监测，即在被监测变形体的表面进行监测，其特点是监测范围广，监测精度高，所测得的量值既可以为绝对位移也可以为相对位移，但是它只能反映变形体的外观形态的几何变化；在监测作业中选择高精度测量仪器进行方向、距离、坐标和高差的测量，是工程建（构）筑物、深基坑工程和地下工程变形监测的主要手段，现在变形监测大多使用数字化测量仪器，使自动、实时监测更为简便易行，数据的传输、处理也都可以实现数字化、信息化和网络化，使变形监测的技术手段上了一个新的台阶。主要测量仪器有精密全站仪、精密数字水准仪、GPS、三维激光扫描仪等。

内部监测主要是对变形体的内部变形和相关物理变化进行监测，根据《建筑基坑工程监测技术规范》要求，在基坑安全监测中除传统测量外，还要求进行属物理测量范畴的桩体测斜、锚索拉力监测、土压力监测、桩内力监测、静力动态监测等。此类测量不属于常规的传统测量技术范畴，其特点是可以真实地反映出变形体内部的情况，但测量的范围较小，代表性相对较差，成本较高。

在施工中一般采用两者相结合的方法来提高监测结果的可靠性。

2.9.3.2 变形监测的等级及精度要求

变形测量的等级与精度取决于变形体设计时允许的变形值的大小和进行变形测量的目的。如果监测目的是为了使变形值不超过某一允许的数值从而确保建筑物的安全，则其监测的中误差应小于允许变形值的 $1/10 \sim 1/20$；如果监测的目的是为了研究其变形过程，则其监测精度还应更高。

现行国家标准《工程测量规范》GB 50026—2007 规定的变形等级和精度要求如表 2-9-1 所示。注意，变形点的高程中误差和点位中误差，系相对于邻近基准点而言。当水平位移变形测量用坐标向量表示时，向量中误差为表中相应等级点位中误差的 $1/\sqrt{2}$ 倍。监测等级和精度的选择，采用时应参考设计的意见和工程的性质、特点、环境条件等因素。

变形监测的等级划分及精度要求   表 2-9-1

等级	垂直位移监测		水平位移监测	适用范围
	变形监测点的高程中误差（mm）	相邻变形监测点的高差中误差（mm）	变形监测点的点位中误差（mm）	
一等	0.3	0.1	1.5	变形特别敏感的高层建筑、高耸构筑物、工业建筑、重要古建筑、精密工程设施、特大型桥梁、大型直立岩体、大型坝区地壳变形监测等
二等	0.5	0.3	3.0	变形比较敏感的高层建筑、高耸构筑物、工业建筑、古建筑、特大型和大型桥梁、大中型坝体、直立岩体、高边坡、重要工程设施、重大地下工程、危害性较大的滑坡监测等

等级	垂直位移监测		水平位移监测	适用范围
	变形监测点的高程中误差（mm）	相邻变形监测点的高差中误差（mm）	变形监测点的点位中误差（mm）	
三等	1.0	0.5	6.0	一般性的高层建筑、多层建筑、工业建筑、高耸构筑物、直立岩体、高边坡、深基坑、一般地下工程、危害性一般的滑坡监测、大型桥梁等
四等	2.0	1.0	12.0	监测精度要求较低的建（构）筑物、普通滑坡监测、中小型桥梁等

2.9.4 监测方案编制

监测方案是指导监测实施的主要技术文件，主要包括监测的目的、监测项目、监测仪器设备、数据采集、数据分析和反馈。监测方案是以安全监测为目的的，根据不同工程项目监测对象的主要安全指标进行方案设计。监测项目和监测点的布设应能够较为全面地反映监测对象的状态，应尽量地应用先进的、可靠性强的监测技术，以尽量减少与施工的交叉影响。

方案的编制步骤：收集方案编写的基础资料──→现场踏勘，了解周边环境──→编制初稿──→与相关单位确定监测项目的控制基准值──→完善、报批。

监测方案的内容包括：工程概况；监测的目的与意义；监测的项目和监测点的数量；监测点布置平面、剖面图；各监测项目的周期和频率；人员、仪器配备；监测项目的控制基准；监测资料的整理与分析；监测报告送达的对象和时限。

监测方案由实施单位负责编制，报业主、设计、监理和总包单位审核，对于重大监测项目应进行专家论证。

2.9.5 建筑物变形监测

2.9.5.1 沉降监测

沉降监测是建筑物变形监测的主要内容，它主要包括新建建筑物的沉降监测，施工邻近场地的原有建筑物、道路、管线的沉降监测等。新建建筑物的沉降属长期监测项目，在竣工后的运营期间仍需要继续监测，其余的则为施工过程中的短期安全性监测。结构施工阶段沉降监测的频次为每增加一到两层监测一次（以设计意见为准），装修阶段和使用阶段的监测频次取决于建筑物的沉降速率，监测的频率逐渐减少，直至结束。

1. 施工对邻近建（构）筑物影响的监测

打桩（包括护坡桩）和采用井点降低水位等，均会使邻近建（构）筑物产生不均匀的沉降、裂缝和位移等变形。为此，在打桩前，除在打桩、井点降水影响范围以外设基准点，还要根据设计要求，对距基坑一定范围的建（构）筑物上设置沉降监测点，并精确地测出其原始标高。以后根据施工进展，及时进行复测，以便针对变形情况，采取安全保护措施。

2. 施工塔吊底座的沉降监测

高层建筑施工使用的塔吊，吨位和臂长均较大。塔吊基座虽经处理，但随着施工的进展，塔身逐步增高，尤其在雨季时，可能会因塔基下沉、倾斜而发生事故。因此，要根据情况及时对塔基四角进行沉降监测，检查塔基下沉和倾斜状况，以确保塔吊运转安全，工作正常。

3. 地基回弹监测

一般基坑越深，挖土后基坑底面的原土向上回弹量越大，建筑物施工后其下沉也越大。为了测定地基的回弹值，基坑开挖前，在拟建高层建筑的纵、横主轴线上，用钻机打直径 100mm 的钻孔至基础底面以下 300～500mm 处，在钻孔套管内压设特制的测量标志，并用特制的吊杆或吊锤等测定标志顶面的原始标高。当套管提出后，测量标志即留在原处，在套管提出后所形成的钻孔内装满石灰粉，以表示点位。待基坑挖至底面时，按石灰粉的位置，轻轻找出测量标志，测出其标高，然后，在浇筑混凝土基础前，再测一次标高，从而得到各点的地基回弹值。地基回弹值是研究地基土体结构和高层建筑物地基下沉的重要资料。

4. 地基分层和邻近地面的沉降监测

这项监测是了解地基下不同深度、不同土层受力的变形情况与受压层的深度，以及了解建筑物沉降对邻近地面由近及远的不同影响。这项监测的目的和方法基本同回弹监测。

5. 建筑物自身的沉降监测

这是高层建筑沉降监测的主要内容。当浇筑基础底板时，就按设计指定的位置埋设好临时监测点。一般浮筏基础或箱形基础的高层建筑，应沿纵、横轴线和基础周边设置监测点。监测的次数与时间要求：第一次监测应在基础底板完成后开始，然后每施工 1～2 层监测一次，直至竣工。工程竣工后第一年测 4 次，第二年测 2 次，第三年后每年测 1 次，至下沉稳定为止。一般砂土地基测 2 年，黏性土地基测 5 年，软土地基测 10 年。

6. 沉降监测点的布设

当施工至基础底板或±0.000 时，在沉降变化较显著的地方布设监测点，例如高低层建筑的交接处或新老建筑物的交接处，天然地基与人工地基交界处，建筑物的四角及承重墙柱处，沉降监测点的位置需要得到设计的认可。监测点与工作基点或基准点间形成一个监测网，它与高程控制网是互为独立的，控制网是监测网的依据；监测网的测量数据为绝对高程，在特殊环境下也可以采用相对高程；沉降监测网的网形可以采用附合路线、环形路线和闭合路线，但监测网中每条路线的长度和监测点的数量要大致相等。如图 2-9-1 所示为某高层住宅变形监测点的布置图。

7. 沉降的速度

在高层建筑物荷载、地下水位升降、地震、外界振动、地基冻融、附近施工等影响下，地基的土层会逐步产生压缩，建筑物的沉降速度取决于地基土孔隙中向外排出空气和水的速度。砂子及卵石地基的沉降量较小，达到稳定的时间较短，一般施工期间的沉降量占总沉降量

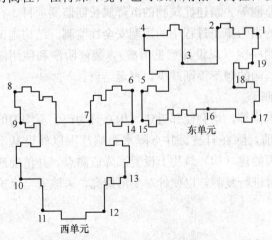

图 2-9-1　某高层住宅变形监测点布置图

的 70%；而软土地基的沉降量较大，达到稳定的时间较长，一般施工期间的沉降量占总沉降量的 25%。沉降的速度一般分为加速沉降、等速沉降和减速沉降，减速沉降是建筑物趋于稳定的标志。

8. 沉降监测的方法

沉降监测方法主要采用 S_{05} 级精密数字水准仪往返测量：精度级别一级，往返测闭合差 $\leqslant 0.3\sqrt{n}$，监测一测段高差之差 $\leqslant 0.45\sqrt{n}$。优点：仪器普及率高，易于掌握，操作直观，路线相对灵活；缺点：所需监测时间较长，无法实现实时监测。

液体静力水准测量也是沉降监测的方法之一，该方法的精度较高，可以实现数据采集数字化，但仪器的利用率低，一次性投入较大。

9. 沉降监测的成果

（1）建筑平面图

如图 2-9-2 所示，图上应标有监测点位置及编号，必要时应另绘竣工时及沉降稳定时的等沉线图。

（2）下沉量统计表

这是根据沉降监测原始记录整理而成的各个监测点的每次下沉量和累积下沉量的统计值。

（3）监测点的下沉量曲线

如图 2-9-3 所示，图中横坐标表示时间。图形分上下两部分，上部分为建筑荷载曲线，下部分为各监测点的下沉曲线。

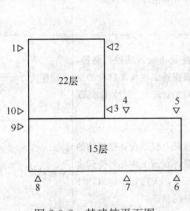

图 2-9-2　某建筑平面图

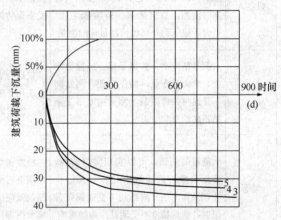

图 2-9-3　某建筑物沉降图

2.9.5.2　位移监测

1. 护坡桩的位移监测

无论是钢板护坡桩还是混凝土护坡桩，在基坑开挖后，由于受侧压力的影响，桩身均会向基坑方向产生位移，为监测其他位移情况，一般要在护坡桩基坑一侧 500mm 左右设置平行控制线，用经纬仪视准线法，定期进行监测，以确保护坡桩的安全。

2. 日照对高层建（构）筑物上部位移变形的监测

这项监测对施工中如何正确控制高层建（构）筑物的竖向偏差具有重要作用。监测随建（构）筑物施工高度的增加，一般每 30m 左右实测一次。实测时应选在日照有明显变化的晴天天气进行，从清晨起每一小时监测一次，至次日清晨，以测得其位移变化数值与方向，并记录向阳面与背阳面的温度。竖向位置以使用天顶法为宜。

3. 建筑物本身位移的监测

由于地质或其他原因，当建筑物在平面位置上发生位移时，应根据位移的可能情况，在其纵向和横向上分别设置监测点和控制线，用经纬仪视准线法或小角度法进行监测。和沉降监测一样，水平位移监测也分四个等级，各等级的使用范围同表 2-9-1，各等级的变形点的点位中误差分别为：一等为±1.5mm，二等为±3.0mm，三等为±6.0mm，四等为±12.0mm。

4. 位移监测仪器

位移监测仪器要根据实际情况进行选择，如表 2-9-2 为位移监测仪器性能对照表。

水平位移监测仪器性能对照

表 2-9-2

仪　器		优　　点	缺　　点	仪器精度
全站仪	普通全站仪	具有价格优势，仪器的普及率高，易于操作，企业现有仪器在精度上基本满足要求	需人工操作，受人为因素影响较大，精度相对偏低。不适用于 300m 以上的监测，受安全防护等外界条件影响较大	2″ 2+2ppm；1″ 2+2ppm；1″ 1+1ppm
	测量机器人	目标识别、照准、测角与测距、目标跟踪、记录，全部自动化，可以消除测量误差中的人为因素，可以实现实时监测，数据采集、传输数字化。适合于建筑物外廓或内部目标的测量	在施工单位尚未普及，仪器操作、数据采集的专业性较强，成本较高。受安全防护等外界条件影响较大	1″ 1+1ppm；0.5″ 0.5+0.5ppm
GPS	静态	测量精度高，数据采集、传输数字化，全天候作业，操作简便。测站间不受通视条件限制，测量精度不受测站距离的影响	仅适合在建筑物的顶端进行测量，无法用于建筑物外廓或内部目标的测量。测量时间相对较长（最快 15min）	平面精度 2.5+1ppm
	动态	测量时间短，可以实现实时监测，数据采集、传输数字化，全天候作业，操作简便。测站间不受通视条件限制，测量精度不受测站距离的影响	精度相对较低，仅适合在建筑物的顶端进行测量，在施工现场易受到多路径效应的干扰，无法用于建筑物外廓或内部目标的测量	平面精度 10+1ppm

2.9.5.3　倾斜监测

1. 建（构）筑物竖向倾斜监测

一般要在进行倾斜监测的建（构）筑物上设置上、下二点或上、中、下多点监测标志，各标志应在同一竖直面内。用经纬仪正倒镜法，由上向下投测各监测点的位置，然后根据高差计算倾斜量。或以某一固定方向为后视，用测回法监测各点的水平角及高差，再进行倾斜量的计算。

2. 建（构）筑物不均匀下沉对竖向倾斜影响的监测

这是高层建筑中最常见的倾斜变形监测，利用沉降监测的数据和监测点的间距，即可计算由于不均匀下沉对倾斜的影响。

2.9.6 建筑基坑变形监测

2.9.6.1 基坑监测的意义

工程的设计、施工和基坑监测是保证深基坑工程质量和施工安全的三大基本要素。在深基坑的设计施工过程中，由于地质条件、荷载条件、材料性质、施工条件和外界其他条件的复杂影响，而且基于当前土压力计算理论和边坡计算模型的局限性，很难单纯从理论上预测工程中可能遇到的问题，无法从理论上客观准确地找出边坡稳定性的定量分析、预测的方法。同时以往的施工经验也只能有条件的借鉴，不能盲目的全部照搬。所以在基坑的开挖施工中，对支护结构、基坑邻近建筑物、地下管线以及周围土体等监测对象进行几何状态和相关的物理量监测，以监测数据为依据，对基坑支护进行动态分析和信息反馈，用以指导施工的全过程。并可通过监测数据来验证基坑的设计强度，确保基坑支护体系和相邻建筑物的安全，为今后降低工程成本指标提供设计依据；可及时了解施工环境（地下土层、地下管线、地下设施、地面建筑）在施工过程中所受的影响及影响程度；可及时发现和预报险情的发生及险情的发展程度，为及时采取安全补救措施提供依据。

2.9.6.2 基坑的安全等级

《建筑地基基础工程施工质量验收规范》GB 50202—2002 规定，符合下列情况之一的，为一级基坑：重要工程或支护结构做主体结构的一部分；开挖深度大于 10m；与邻近建筑物、重要设施的距离在开挖深度以内的基坑；基坑范围内有文物、重要管线等需严加防护的基坑。开挖深度小于 7m，且周围环境无特别要求的基坑为三级基坑。除一级和三级外的基坑为二级基坑。

2.9.6.3 基坑监测的内容

基坑工程监测内容见表 2-9-3。

基坑工程监测项目 表 2-9-3

监测项目	安全等级		
	一级	二级	三级
围护墙（边坡）顶部水平位移	应测	应测	应测
围护墙（边坡）顶部竖向位移	应测	应测	应测
深层水平位移	应测	应测	宜测
立柱竖向位移	应测	宜测	宜测
围护墙内力	宜测	可测	可测
支撑内力	应测	宜测	可测
立柱内力	可测	可测	可测
锚杆内力	宜测	宜测	可测
土钉内力	宜测	可测	可测
坑底隆起（回弹）	宜测	可测	可测
围护墙侧向土压力	宜测	可测	可测
孔隙水压力	宜测	可测	可测
地下水位	应测	应测	应测

续表

监测项目		安全等级		
		一级	二级	三级
土体分层竖向位移		宜测	可测	可测
周边地表竖向位移		应测	应测	宜测
周边建筑	竖向位移	应测	应测	应测
	倾斜	应测	宜测	可测
	水平位移	应测	宜测	可测
周边建筑、地表裂缝		应测	应测	应测
周边管线变形		应测	应测	应测

2.9.6.4　基坑监测的方法

在一级基坑的监测当中，除典型的沉降监测和水平位移监测外，还有许多属非经典测量科目的物理范畴监测项目，例如：深层水平位移监测、锚索应力监测、桩侧土压力监测、护坡桩内力监测、土体垂直位移监测、地下水位监测、液体静力水准实时监测、地基回弹等。

2.9.6.5　基坑监测的频率

基坑监测的频率见表 2-9-4。

基坑监测的频率　　　　表 2-9-4

基坑类别	施工进程		基坑设计开挖深度			
			≤5m	5~10m	10~15m	>15m
一级	开挖深度 (m)	≤5	1次/1d	1次/2d	1次/2d	1次/2d
		5~10		1次/1d	1次/1d	1次/1d
		>10			2次/2d	2次/2d
	底板浇筑后时间 (d)	≤7	1次/1d	1次 1d	2次 1d	2次 1d
		7~14	1次 3d	1次 2d	1次 1d	1次 1d
		14~28	1次 5d	1次 3d	1次 2d	1次 1d
		>28	1次 7d	1次 5d	1次 3d	1次 3d
二级	开挖深度 (m)	≤5	1次/2d	1次/2d		
		5~10		1次/1d		
	底板浇筑后时间 (d)	≤7	1次/2d	1次 2d		
		7~14	1次 3d	1次 3d		
		14~28	1次 7d	1次 5d		
		>28	1次 10d	1次 10d		

注：1. 当基坑工程等级为三级时，监测频率可视具体情况要求适当降低；

　　2. 基坑工程施工至开挖前的监测频率视具体情况确定；

　　3. 宜测、可测项目的仪器监测频率可视具体情况要求适当降低；

　　4. 有支撑的支护结构各道支撑开始拆除完成后 3d 内监测频率应为 1次/1d。

2.9.6.6 报警值的设定

当出现下列情况之一时，必须立即进行危险报警，并应对基坑支护结构和周边环境中的保护对象采取应急措施：监测数据达到监测报警值的累计值；基坑支护结构或支撑土体的位移值突然明显增大或基坑出现流沙、管涌、隆起、陷落或比较严重的渗漏等；基坑支护结构的支撑或锚杆体系出现过大变形、压屈、断裂、松弛或拔出的迹象；周边建筑的结构部分、周边地面出现较严重的突发裂缝或危害结构的变形裂缝；周边关系变形突然明显增长或出现裂缝、发生管道泄露现象；根据当地工程经验判断，出现其他必须进行危险报警的情况。建筑基坑工程周边环境监测报警值见表 2-9-5；基坑及支护结构监测报警值见表 2-9-6。

建筑基坑工程周边环境监测报警值   表 2-9-5

项目监测对象			累计值		变化速率 (mm/d)	备注
			绝对值（mm）	倾斜		
1	地下水位变化		1000	—	500	
2	管线	管道 压力	10~30	—	1~3	直接观察点数据
		管道 非压力	10~40	—	3~5	
		柔性管线	10~40	—	3~5	
3	邻近建（构）筑物	最大沉降	10~60	—	1~3	
		差异沉降	—	2/1000	0.1H/1000	
4	裂缝宽度	建筑物	1.5~3	—	持续发展	
		地面	10~15	—	持续发展	

注：1. H—为建（构）筑物承重结构高度。

    2. 第 3 项累计值取最大沉降和差异沉降两者的小值。

基坑及支护结构监测报警值   表 2-9-6

序号	监测项目	支护结构类型	基坑类别 一级		变化速率 (mm/d)
			累计值		
			绝对值 (mm)	相对基坑深度（h）控制值	
1	墙（坡）顶水平位移	放坡、土钉墙、喷锚支护	30	0.3%	5
		灌注桩	20	0.2%	2
2	墙（坡）顶竖向位移	放坡、土钉墙、喷锚支护	20	0.3%	3
		灌注桩	10	0.1%	2
3	基坑周边地表竖向位移		25~35		2
4	坑底回弹		20		2
5	铁路轨道沉降		−10~+15		2
6	土钉应力				
7	桩体内力				
8	锚索拉力		70%f		
9	土压力				
10	孔隙水压力				

注：1. h—基坑设计开挖深度；f—设计极限值。

    2. 累计值取绝对值和相对基坑深度（h）控制值两者的小值。

    3. 当监测项目的变化速率连续 3d 超过报警值的 50%，应报警。

2.9.6.7　巡视检查

基坑工程巡视检查宜包括以下内容：

支护结构：支护结构的成型质量；冠梁、围檩、支撑有无裂缝出现；支撑、立柱有无较大变形；止水帷幕有无开裂、渗漏；墙后土体有无裂缝、沉陷及滑移；基坑有无涌土、流沙、管涌。

施工工况：开挖后暴露的土质情况与岩土勘察报告有无差异；基坑开挖分段长度、分层厚度及支锚设置是否与设计要求一致；场地地表水、地下水排放状况是否正常，基坑降水、回灌设施是否运转正常；基坑周边地面有无超载。

周边环境：周边管道有无破损、泄露情况；周边建筑有无新增裂缝出现；周边道路（地面）有无裂缝，沉陷；邻近基坑及建筑的施工变化情况。

监测设施：基准点、监测点完好状况；监测元件的完好及保护情况；有无影响监测工作的障碍物。

2.9.7　结构体施工过程的变形监测

在施工过程中，我们往往需要对大跨度构件、模架支撑体系及大型设备的承载结构进行变形监测，以确定施工的安全程度，验核设计与实际的吻合程度，为结构的安全性提供客观评判的依据。例如，网架安装完成后，需要进行变形监测，用以了解整个网架的变形情况是否符合设计要求。随着网架结构的形态向高、大、复杂方向的发展，对监测仪器和监测方法提出了新的要求。此外，重型施工机械在结构上作业时结构的变形、大跨度劲性梁的变形、塔吊的垂直度等也都属施工过程的变形监测。

2.9.7.1　球网架竖向变形监测

对于球网架等金属屋盖结构的变形监测通常分三个阶段进行：第一阶段为屋盖结构安装完毕，支撑结构尚未拆除，此时的监测数据是监测的初始数据；第二阶段为支撑节点拆除，但支撑架子尚未全部拆除，此时屋盖结构的荷载完全靠其自身来承受；第三阶段为屋面及屋盖内的设备安装全部完成，施工架体全部拆除，此阶段屋盖的荷载全部加载完毕。

对于非水平球网架屋盖结构，每一个球的空间位置都是不一样的，对球网架结构变形的关注主要体现在竖向变形上，采用对中杆即可满足观测精度的要求；网架的上下两层都需要进行监测，为了监测下层网架需采用 5m 对中杆，假定 5m 对中杆的摆动幅度为 0.2m，其对竖向变形监测的影响仅 4mm，当对中杆的摆动幅度为 0.1m 时，其影响仅为 1mm，这对于大跨度网架结构的变形来说是满足监测的精度要求的。

屋面荷载全部加载完成后，此时由于支撑架子已拆除，测量员无法在待测球体上安置棱镜。用带免棱镜功能的全站仪瞄准球体的中心，并将球表面坐标转换为球心坐标。

全站仪照准球心位置的方法：用十字丝分划板上的竖丝分别对准球的左边缘和右边缘，记录下两个方位角的值 θ_1、θ_2 同理，用横丝对准球体的上边缘和下边缘，分别记录下两个角度值 γ_1、γ_2。当全站仪正对球体时，照准视线的方位角 $\alpha = (\theta_1 + \theta_2)/2$,竖角 $\beta = (\gamma_1 + \gamma_2)/2$,且视线通过球心，如图 2-9-4 所示。

微调全站仪，使方位角和竖角读数正好为 α 和 β 时，用全站仪免棱镜观测法，测出全站仪中心到球面的距离 D。如图 2-9-5 所示，全站仪中心与球面点的高差 H，已知球的半

径为 R，利用三角形几何关系，可以推算出球心高程 $H_0 = H_i + \dfrac{H(D+R)}{D}$。

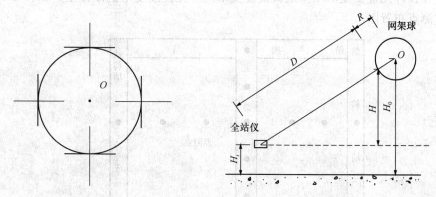

图 2-9-4　照准球心的方法　　图 2-9-5　全站仪免棱镜法测量球心高程几何关系图

2.9.7.2　网壳钢结构变形测量

对于复杂网壳钢结构，若用传统方法进行变形监测，工作量大，可能漏掉变形较大的区域。采用三维激光扫描测量可以克服以上缺点，实现多点整体变形监测及分析。三维激光扫描原理：通过发射激光束到达被测物体再被反射回扫描仪的时间差，得到扫描仪到被测物体的距离，再运用编码器来测量镜头旋转角度与激光扫描仪的水平旋转角度，以获得每一个点的三维坐标，即 x、y、z 值。

通过激光扫描获得被测物体表面的数据点云；对点云采用点、线、面约束条件进行配准；截取所需部位的点云数据；对点云数据进行拟合；用平面进行相交操作，提取被扫描构件的特征数据。采用三维激光扫描测量进行变形监测主要是采用多期点云模型直接叠加分析、构建不规则三角网模型整体叠加分析、点云特征线形变分析以及整体剖面分析等方式，从而完整精确地表达多期点云数据的差异情况，即被扫描构件的变形情况。

三维激光扫描采用非接触式高速激光测量方式，无需反射棱镜，没有白天和黑夜的限制，直接对目标进行扫描；突破单点测量方式，以高密度、高精度获取海量点云数据，具有数字化程度高、扩展性强，通过数据后处理能快速重构三维模型。虽然三维激光扫描技术成本较高，尚未推广普及，但它是数字化测量和数字化施工的重要手段，随着三维激光扫描仪国产化的进程，其发展前景良好。

2.9.7.3　楼板的挠度变形监测

在施工过程中，有时一些重型设备需要在结构层上作业，它对结构及支撑体系的荷载非常大，涉及到结构和施工的安全，因此必须要对其工作区域的结构进行监测，监测一般分为结构内力监测和结构挠度监测两部分。对于大跨度、支撑高、荷载重的型钢混凝土梁工程而言，下部支撑体系的设计方法通常参照钢筋混凝土梁模板支撑的设计方法，不考虑型钢混凝土梁中型钢承担部分混凝土的能力，在模架支撑设计时偏于保守，在施工中造成人力和物力的浪费。为了验证这个研究的可靠性，需要对结构和支撑体系的内力进行监测，还需要对钢骨梁的挠度变形进行监测。

结构挠度监测主要采用精密水准仪进行，首先在没有加载的情况测得初始值，加载后再在不同工况下进行监测，得出结构挠度变形值。挠度变形监测既可以采用绝对高程，也可以采用相对高程；挠度监测的已知点必须设在稳定的、无沉降的区域。每个单元的监测点必须布置在预计无挠度变形——最大挠度变形——无挠度变形的断面上，如图2-9-6为挠度变形监测点布置图。

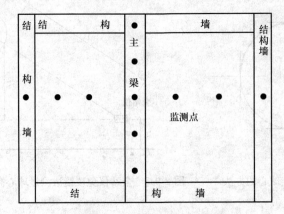

图 2-9-6　挠度变形监测点布置图

2.9.7.4　监测数据的采集、分析、处理和反馈

1. 采集

通过现场监测取得的数据和与之相关的其他资料的搜集、记录等。现在，大多数仪器为自动采集数据，并将量测值自动传输到数据库管理系统；非自动读数、记录的监测仪器，采用人工将实测数据输入计算机。每次观测后应立即对原始观测数据进行校核和整理，包括原始观测值的检验、物理量的计算、填表制图、异常值的剔除、初步分析和整编等，并将检验过的数据输入计算机的数据库管理系统。

2. 分析

常用的方法有：比较法、作图法和数学、物理模型法等，通过分析各监测物理量值大小、变化规律、发展趋势，以便对工程的安全状态和应采取的措施进行评估决策。

3. 处理

主要是指绘制时间位移曲线散点图、建筑高度位移曲线散点图、温差位移曲线散点图和风载位移曲线散点图，在取得足够的数据后，还应根据散点图的数据分布状况，选择合适的函数，对监测结果进行回归分析，以预测结构体可能出现的最大位移值，为轴线竖向传递的修正提供依据，为建筑物的安全状况提供参考。

4. 反馈

由于监测信息对施工测量控制和施工安全非常重要，因此监测信息反馈一定要及时，以便有关方面能及时采取正确的措施，确保施工安全。按规定的格式和内容，及时向业主和相关单位、部门上报监测成果周报和月报，供有关单位据此对施工情况进行评估，提出调整设计参数、改变工程施工方法和工艺要求的建议。

为保证监测结果真实有效，加快信息反馈速度，全部监测数据宜采用计算机管理。变形测量信息采集、整理尽量使用变形软件处理，并建立变形测量数据库。

每次监测必须有监测结果，及时上报监测报表，并按期向有关单位提交阶段性监测报表，同时附上相应的测点位移时态曲线图，对该阶段的施工情况进行评价并提出施工建议。

对变形前期的时态曲线进行回归分析，选择与实测数据拟合较好的函数进行处理，定期向建设单位、设计单位、监理单位报告变形观测的各种报表，并对变形趋势进行预测预报。

如发现监测结果异常时，则及时向相关施工单位及相关部门汇报情况，并同施工单位共同分析原因，提出合理化建议，采取处理措施。

3 脚 手 架 工 程

脚手架工程是高层建筑施工中必须使用的重要工具设备，特别是外脚手架在高层建筑施工中占有相当重要的位置，它使用量大，技术要求复杂，对施工人员的安全、工程质量、施工进度、工程成本以及邻近建筑物和场地影响都很大，与多层建筑施工用的外脚手架比较有许多不同之处，对其选型、设计计算、构造和安全技术有着严格的要求。而近十多年来，高层建筑施工使用的外脚手架由单一的落地式脚手架逐步发展到落地式脚手架、分段悬挑的外脚手架、附着式升降脚手架（爬架）、外挂架等多种形式。

高层建筑施工用的内脚手架也由于建筑使用功能的多样化、复杂化，建筑设计出现了许多大空间的多功能厅、多层共享的高大空间厅堂以及日益增多的体育比赛场馆、礼堂、戏院等，其施工所用的内脚手架也由单一的一般满堂脚手架有了新的发展。

本章重点介绍近 10 多年来高层建筑施工出现的常用的和新型的扣件式钢管脚手架、附着式升降脚手架、悬挑脚手架等，以及常用的几种高大室内空间施工用的满堂脚手架的设计与施工。

3.1 外 脚 手 架

随着高层建筑的发展，也促使施工技术不断发展，建筑施工用脚手架也随之得到不断发展，由单一的落地式钢管脚手架发展为多种不同形式脚手架，扣件式钢管脚手架、附着式升降脚手架、悬挑式脚手架、门式钢管脚手架、外挂脚手架、吊篮等都较广泛的采用。

3.1.1 扣件式钢管外脚手架

扣件式钢管外脚手架是以标准的钢管作杆件（立杆、横杆与斜杆），以特制的扣件作连接件组装成骨架，铺放脚手板，并用支撑与防护构配件搭设而成的各种用途的脚手架。

3.1.1.1 基本要求

用扣件式钢管搭设的脚手架，是施工临时结构，它要承受施工中的各种垂直和水平荷载。因此，脚手架必须有足够的承载能力、刚度和稳定性。在施工过程中，在各种荷载作用下不发生失稳倒塌以及超过容许要求的变形、倾斜、摇晃或扭曲现象，以确保安全施工。

1. 在纵向水平杆与立杆的交点处必须设置横向水平杆，并与纵向水平杆卡牢。立杆下应有底座和垫板。整个架子应设置必要的支撑与连墙点，以保证脚手架成为一个稳固的结构。

2. 外脚手架的搭设，一般应沿建筑物周围连续交圈搭设，如果因条件限制不能交圈搭设时，应设置必要的横向之字支撑，端部加强设置连墙点。

3. 一般高度超过 25m 的脚手架称为高层外脚手架，因此高层外脚手架均应搭设双排脚手架，高度一般不宜超过 50m。当必须超过 50m 时，必须根据设计计算，分段搭设或分段卸荷。

4. 脚手架搭设应满足工人操作、材料堆放及运输等使用要求，并要保证搭设升高、周转脚手板和操作安全方便。

3.1.1.2 对地基的要求

高层建筑施工所用脚手架，由于脚手架的自重及其上施工荷载均由脚手架基础传至地基。为使脚手架保持稳定不下沉，保证牢固和安全，首先就必须要具有一个牢固可靠的脚手架基础。因此，高层建筑施工用的脚手架基础，应通过设计计算确定其构造，并按设计构造规定施工。若各地在这方面有自己的具体规定时，也可按各地有关规定施工。但脚手架基础顶面标高应高于自然地坪 100～150mm，外沿应具有排水坡度，设有排水沟，以利排水。一般来说，还可按脚手架搭设高度和地质的不同情况按下述方法设置脚手架的基础：

1. 脚手架搭设高度在 30m 以下时，先将原土地面平整夯实，在每一立杆位置上铺长不小于 1m，宽不小于 200mm，厚不小于 50mm 的垫木，垫木上加设立杆底座，并用铁钉固定牢靠。若原土地面为软弱土（淤泥和淤泥质土，松散的砂，新近沉积的黏性土和粉土，$f_k<130kPa$ 的填土），则应于其上铺设 2m 宽、200mm 厚的道渣垫层，再于其上沿纵向铺设规格不小于 [20 号的通长槽钢，脚手架立杆立于槽钢内；也可在道渣上沿纵向铺设通长垫木，立杆底部加设底座和扫地杆；或作专门处理。

2. 脚手架搭设高度在 30～50m 时，应在槽钢（或垫木）与道渣垫层间沿纵向铺设 C20 的素混凝土预制块。

3. 脚手架搭设高度超过 50m 时，必须根据工程表面地质情况，进行脚手架基础的具体设计。

4. 脚手架在搭设前，也可先做宽度不小于 1500mm 带排水明沟的混凝土散水坡，不另做基础，使脚手架直接立于其上。这样还可便于清理脚手架下的落地灰和建筑垃圾。

5. 严禁将脚手架架设在深基础外侧的填土层上；凡遇有此情况时，应用钢梁将其一端置于地下室顶板上或地下室另加设的牛腿上，另一端置于未破坏的地基土上，然后于钢梁上再架设立杆，此时脚手架立杆底部必须加设扫地杆。

6. 在高层建施工中，为便于交叉作业，扩大地面上的施工操作场地，脚手架采用不落地搭设，而是在建筑结构施工到下述部位再进行悬空架设，即：无裙房的高层建筑施工至 2、3 层处；有裙房的高层建筑施工至裙房屋面上一层处。

3.1.1.3 搭设参数

常用密目式安全网全封闭双排脚手架结构的设计尺寸，可按表 3-1-1 采用。

3.1.1.4 构造要求

1. 脚手架纵向水平杆、横向水平杆、脚手板

(1) 纵向水平杆的构造应符合下列规定：

1) 纵向水平杆应设置在立杆内侧，单根杆长度不应小于 3 跨；

2) 纵向水平杆接长应采用对接扣件连接或搭接，并应符合下列规定：

①两根相邻纵向水平杆的接头不应设置在同步或同跨内；不同步或不同跨两个相邻接头在水平方向错开的距离不应小于 500mm；各接头中心至最近主节点的距离不应大于纵距的 1/3（图 3-1-1）。

常用密目式安全立网全封闭式双排脚手架的设计尺寸　　　　表 3-1-1

连墙件设置	立杆横距 l_b (m)	步距 h (m)	下列荷载时的立杆纵距 l_a (m)				脚手架允许搭设高度 H (m)
			2+0.35 (kN/m²)	2+2+2×0.35 (kN/m²)	3+0.35 (kN/m²)	3+2+2×0.35 (kN/m²)	
二步三跨	1.05	1.5	2.0	1.5	1.5	1.5	50
		1.80	1.8	1.5	1.5	1.5	32
	1.30	1.5	1.8	1.5	1.5	1.5	50
		1.80	1.8	1.2	1.5	1.2	30
	1.55	1.5	1.8	1.5	1.5	1.5	38
		1.80	1.8	1.2	1.5	1.2	22
三步三跨	1.05	1.5	2.0	1.5	1.5	1.5	43
		1.80	1.8	1.2	1.5	1.2	24
	1.30	1.5	1.8	1.5	1.5	1.2	30
		1.80	1.8	1.2	1.5	1.2	17

注：1. 表中所示 2+2+2×0.35（kN/m²），包括下列荷载：2+2（kN/m²）为 2 层装修作业层施工荷载标准值；2×0.35（kN/m²）为 2 层作业层脚手板自重荷载标准值。

　　2. 作业层横向水平杆间距，应按不大于 $l_a/2$ 设置。

　　3. 地面粗糙度为 B 类，基本风压 $w_0=0.4\text{kN/m}^2$。

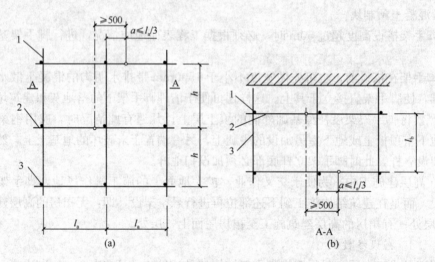

图 3-1-1　纵向水平杆对接接头布置
(a) 接头不在同步内（立面）；(b) 接头不在同跨内（平面）
1—立杆；2—纵向水平杆；3—横向水平杆

②搭接长度不应小于 1m，应等间距设置 3 个旋转扣件固定；端部扣件盖板边缘至搭接纵向水平杆杆端的距离不应小于 100mm。

3）当使用冲压钢脚手板、木脚手板、竹串片脚手板时，纵向水平杆应作为横向水平杆的支座，用直角扣件固定在立杆上；当使用竹笆脚手板时，纵向水平杆应采用直角扣件固定在横向水平杆上，并应等间距设置，间距不应大于 400mm（图 3-1-2）。

（2）横向水平杆的构造应符合下列规定：

1）作业层上非主节点处的横向水平杆，宜根据支承脚手板的需要等间距设置，最大间距不应大于纵距的 1/2；

2）当使用冲压钢脚手板、木脚手板、竹串片脚手板时，双排脚手架的横向水平杆两端均应采用直角扣件固定在纵向水平杆上；单排脚手架的横向水平杆的一端应用直角扣件固定在纵向水平杆上，另一端应插入墙内，插入长度不应小于 180mm；

3）当使用竹笆脚手板时，双排脚手架的横向水平杆的两端，应用直角扣件固定在立杆上；单排脚手架的横向水平杆的一端，应用直角扣件固定在立杆上，另一端插入墙内，插入长度不应小于 180mm。

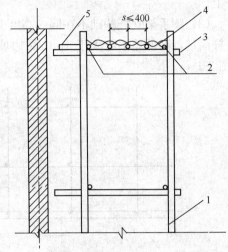

图 3-1-2　铺竹笆脚手板时纵向水平杆的构造
1—立杆；2—纵向水平杆；3—横向水平杆；
4—竹笆脚手板；5—其他脚手板

（3）主节点处必须设置 1 根横向水平杆，用直角扣件扣接且严禁拆除。

（4）脚手板的设置应符合下列规定：

1）作业层脚手板应铺满、铺稳、铺实。

2）冲压钢脚手板、木脚手板、竹串片脚手板等，应设置在 3 根横向水平杆上。当脚手板长度小于 2m 时，可采用两根横向水平杆支承，但应将脚手板两端与横向水平杆可靠固定，严防倾翻。脚手板的铺设应采用对接平铺或搭接铺设。脚手板对接平铺时，接头处应设两根横向水平杆，脚手板外伸长度应取 130～150mm，两块脚手板外伸长度的和不应大于 300mm（图 3-1-3a）；脚手板搭接铺设时，接头应支在横向水平杆上，搭接长度不应小于 200mm，其伸出横向水平杆的长度不应小于 100mm（图 3-1-3b）。

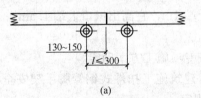
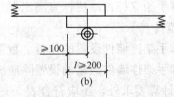

（a）　　　　　　　　　　　　　　（b）

图 3-1-3　脚手板对接、搭接构造
（a）脚手板对接；（b）脚手板搭接

3）竹笆脚手板应按其主竹筋垂直于纵向水平杆方向铺设，且应对接平铺，四个角应用直径不小于 1.2mm 的镀锌钢丝固定在纵向水平杆上。

4）作业层端部脚手板探头长度应取 150mm，其板的两端均应固定于支承杆件上。

2. 立杆

（1）每根立杆底部宜设置底座或垫板。

（2）脚手架必须设置纵、横向扫地杆。纵向扫地杆应采用直角扣件固定在距钢管底端不大于 200mm 处的立杆上。横向扫地杆应采用直角扣件固定在紧靠纵向扫地杆下方的立杆上。

（3）脚手架立杆基础不在同一高度上时，必须将高处的纵向扫地杆向低处延长两跨与立杆固定，高低差不应大于 1m。靠边坡上方的立杆轴线到边坡的距离不应小于 500mm（图 3-1-4）。

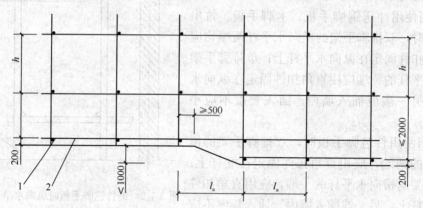

图 3-1-4　纵、横向扫地杆构造
1—横向扫地杆；2—纵向扫地杆

（4）单、双排脚手架底层步距均不应大于 2m。

（5）单排、双排与满堂脚手架立杆接长除顶层顶步外，其余各层各步接头必须采用对接扣件连接。

（6）脚手架立杆的对接、搭接应符合下列规定：

1）当立杆采用对接接长时，立杆的对接扣件应交错布置，两根相邻立杆的接头不应设置在同步内，同步内隔 1 根立杆的两个相隔接头在高度方向错开的距离不宜小于 500mm；各接头中心至主节点的距离不宜大于步距的 1/3。

2）当立杆采用搭接接长时，搭接长度不应小于 1m，并应采用不少于 2 个旋转扣件固定。端部扣件盖板的边缘至杆端距离不应小于 100mm。

（7）脚手架立杆顶端栏杆宜高出女儿墙上端 1m，宜高出檐口上端 1.5m。

3. 连墙件

（1）脚手架连墙件设置的位置、数量应按专项施工方案确定。

（2）脚手架连墙件数量的设置除应满足《建筑施工扣件式钢管脚手架安全技术规范》JGJ 130 的计算要求外，还应符合表 3-1-2 的规定。

连墙件布置最大间距　　　　　　　　　　　表 3-1-2

搭设方法	高度	竖向间距 （h）	水平间距 （l_a）	每根连墙件覆盖面积 （m²）
双排落地	≤50m	$3h$	$3l_a$	≤40
双排悬挑	>50m	$2h$	$3l_a$	≤27
单排	≤24m	$3h$	$3l_a$	≤40

注：h—步距；l_a—纵距。

（3）连墙件的布置应符合下列规定：

1）应靠近主节点设置，偏离主节点的距离不应大于300mm；

2）应从底层第一步纵向水平杆处开始设置，当该处设置有困难时，应采用其他可靠措施固定；

3）应优先采用菱形布置，或采用方形、矩形布置。

（4）开口形脚手架的两端必须设置连墙件，连墙件的垂直间距不应大于建筑物的层高，并且不应大于4m。

（5）连墙件中的连墙杆应呈水平设置，当不能水平设置时，应向脚手架一端下斜连接。

（6）连墙件必须采用可承受拉力和压力的构造。对高度24m以上的双排脚手架，应采用刚性连墙件与建筑物连接。

（7）当脚手架下部暂不能设连墙件时，应采取防倾覆措施。当搭设抛撑时，抛撑应采用通长杆件，并用旋转扣件固定在脚手架上，与地面的倾角应在$45°\sim60°$之间；连接点中心至主节点的距离不应大于300mm。抛撑应在连墙件搭设后再拆除。

（8）架高超过40m且有风涡流作用时，应采取抗上升翻流作用的连墙措施。

4. 门洞

（1）单、双排脚手架门洞宜采用上升斜杆、平行弦杆桁架结构形式（图3-1-5），斜杆与地面的倾角α应在$45°\sim60°$之间。门洞桁架的形式宜按下列要求确定：

1）当步距h小于纵距l_a时，应采用A型；

2）当步距h大于纵距l_a时，应采用B型，并应符合下列规定：

①$h=1.8m$时，纵距不应大于1.5m；

②$h=2.0m$时，纵距不应大于1.2m。

（2）单、双排脚手架门洞桁架的构造应符合下列规定：

1）单排脚手架门洞处，应在平面桁架（图3-1-5中$ABCD$）的每一节间设置1根斜腹杆；双排脚手架门洞处的空间桁架，除下弦平面外，应在其余5个平面内的图示节间设置1根斜腹杆（图3-1-5中1-1、2-2、3-3剖面）。

2）斜腹杆宜采用旋转扣件固定在与之相交的横向水平杆的伸出端上，旋转扣件中心线至主节点的距离不宜大于150mm。当斜腹杆在1跨内跨越2个步距（图3-1-5A型）时，宜在相交的纵向水平杆处，增设1根横向水平杆，将斜腹杆固定在其伸出端上。

3）斜腹杆宜采用通长杆件，当必须接长使用时，宜采用对接扣件连接，也可采用搭接，搭接构造应符合本节"3.1.1.4"中2. 立杆（6）第二款的规定。

（3）单排脚手架过窗洞时应增设立杆或增设1根纵向水平杆（图3-1-6）。

（4）门洞桁架下的两侧立杆应为双管立杆，副立杆高度应高于门洞口1~2步。

（5）门洞桁架中伸出上下弦杆的杆件端头，均应增设一个防滑扣件（图3-1-5），该扣件宜紧靠主节点处的扣件。

5. 剪刀撑与横向斜撑

（1）双排脚手架应设置剪刀撑与横向斜撑，单排脚手架应设置剪刀撑。

（2）单、双排脚手架剪刀撑的设置应符合下列规定：

1）每道剪刀撑跨越立杆的根数应按表3-1-3的规定确定。每道剪刀撑宽度不应小于4跨，且不应小于6m，斜杆与地面的倾角应在$45°\sim60°$之间；

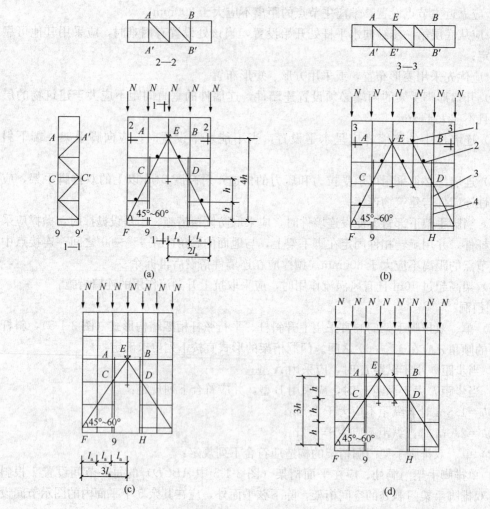

图 3-1-5　门洞处上升斜杆、平行弦杆桁架

（a）挑空 1 根立杆 A 型；（b）挑空 2 根立杆 A 型；（c）挑空 1 根立杆 B 型；（d）挑空 2 根立杆 B 型
1—防滑扣件；2—增设的横向水平杆；3—副立杆；4—主立杆

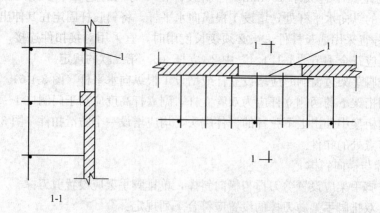

图 3-1-6　单排脚手架过窗洞构造
1—增设的纵向水平杆

剪刀撑跨越立杆的最多根数　　　　　　　　表 3-1-3

剪刀撑斜杆与地面的倾角 α	45°	50°	60°
剪刀撑跨越立杆的最多根数 n	7	6	5

2）剪刀撑斜杆的接长应采用搭接或对接，搭接应符合本节"3.1.1.4"2. 立杆第（6）条第二款的规定；

3）剪刀撑斜杆应用旋转扣件固定在与之相交的横向水平杆的伸出端或立杆上，旋转扣件中心线至主节点的距离不应大于 150mm。

（3）高度在 24m 及以上的双排脚手架应在外侧全立面连续设置剪刀撑；高度在 24m 以下的单、双排脚手架，均必须在外侧两端、转角及中间间隔不超过 15m 的立面上，各设置一道剪刀撑，并应由底至顶连续设置（3-1-7）。

（4）双排脚手架横向斜撑的设置应符合下列规定：

1）横向斜撑应在同一节间，由底至顶层呈之字形连续布置，斜撑的固定应符合本节"3.1.1.4"中 4. 门洞（2）条第 2 款的规定；

2）高度在 24m 以下的封闭型双排脚手架可不设横向斜撑，高度在 24m 以上的封闭型脚手架，除拐角应设置横向斜撑外，中间应每隔 6 跨距设置一道。

（5）开口型双排脚手架的两端均必须设置横向斜撑。

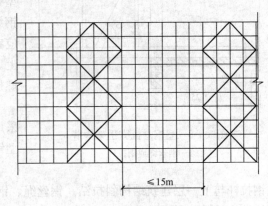

≤15m

图 3-1-7　高度 24m 以下剪刀撑布置

6. 斜道

（1）人行并兼作材料运输的斜道的形式宜按下列要求确定：

1）高度不大于 6m 的脚手架，宜采用一字形斜道；

2）高度大于 6m 的脚手架，宜采用之字形斜道。

（2）斜道的构造应符合下列规定：

1）斜道应附着外脚手架或建筑物设置；

2）运料斜道宽度不应小于 1.5m，坡度不应大于 1：6；人行斜道宽度不应小于 1m，坡度不应大于 1：3。

3）拐弯处应设置平台，其宽度不应小于斜道宽度。

4）斜道两侧及平台外围均应设置栏杆及挡脚板。栏杆高度应为 1.2m，挡脚板高度不应小于 180mm。

5）运料斜道两端、平台外围和端部均应按本节"3.1.1.4"3. 连墙件第（1）～（6）条的规定设置连墙件；每两步应加设水平斜杆；应按本节"3.1.1.4"5. 剪刀撑与横向斜撑第（2）～（5）条的规定设置剪刀撑和横向斜撑。

（3）斜道脚手板构造应符合下列规定：

1）脚手板横铺时，应在横向水平杆下增设纵向支托杆，纵向支托杆间距不应大

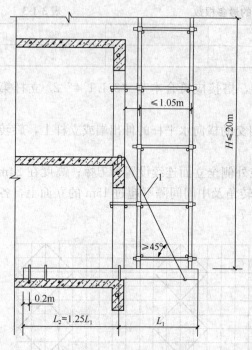

图 3-1-8　型钢悬挑脚手架构造

1—钢丝绳或钢拉杆

于 500mm；

2）脚手板顺铺时，接头应采用搭接，下面的板头应压住上面的板头，板头的凸棱处应采用三角木填顺；

3）人行斜道和运料斜道的脚手板上应每隔 250～300mm 设置 1 根防滑木条，木条厚度应为 20～30mm。

7. 型钢悬挑脚手架

（1）一次悬挑脚手架高度不宜超过 20m。

（2）型钢悬挑梁宜采用双轴对称截面的型钢。悬挑钢梁型号及锚固件应按设计确定，钢梁截面高度不应小于 160mm。悬挑梁尾端应在两处及以上固定于钢筋混凝土梁板结构上。锚固型钢悬挑梁的 U 形钢筋拉环或锚固螺栓直径不宜小于 16mm（图 3-1-8）。

（3）用于锚固的 U 形钢筋拉环或螺栓应采用冷弯成形。U 形钢筋拉环、锚固螺栓与型钢间隙应用钢楔或硬木楔楔紧。

（4）每个型钢悬挑梁外端宜设置钢丝绳或钢拉杆与上一层建筑结构斜拉结。钢丝绳、钢拉杆不参与悬挑钢梁受力计算；钢丝绳与建筑结构拉结的吊环应使用 HPB300 级钢筋，其直径不宜小于 20mm，吊环预埋锚固长度应符合现行国家标准《混凝土结构设计规范》GB 50010 中钢筋锚固的规定（图 3-1-8）。

（5）悬挑钢梁悬挑长度应按设计确定，固定段长度不应小于悬挑段长度的 1.25 倍。型钢悬挑梁固定端应采用 2 个（对）及以上 U 形钢筋拉环或锚固螺栓与建筑结构梁板固定，U 形钢筋拉环或锚固螺栓应预埋至混凝土梁、板底层钢筋位置，并应与混凝土梁、板底层钢筋焊接或绑扎牢固，其锚固长度应符合现行国家标准《混凝土结构设计规范》GB 50010 中钢筋锚固的规定（图 3-1-9、图 3-1-10、图 3-1-11）。

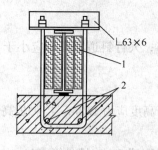

图 3-1-9　悬挑钢梁 U 形螺栓固定构造

1—木楔侧向楔紧；2—两根 1.5m 长直

径 18mmHRB335 钢筋

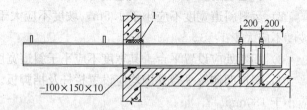

图 3-1-10　悬挑钢梁穿墙构造

1—木楔楔紧

（6）当型钢悬挑梁与建筑结构采用螺栓钢压板连接固定时，钢压板尺寸不应小于 100mm×10mm（宽×厚）；当采用螺栓角钢压板连接时，角钢的规格不应小于 63mm×

63mm×6mm。

（7）型钢悬挑梁悬挑端应设置能使脚手架立杆与钢梁可靠固定的定位点，定位点离悬挑梁端部不应小于100mm。

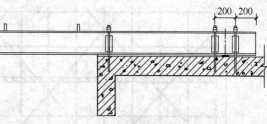

（8）锚固位置设置在楼板上时，楼板的厚度不宜小于120mm。如果楼板的厚度小于120mm，应采取加固措施。

图 3-1-11 悬挑钢梁楼面构造

（9）悬挑梁间距应按悬挑架架体立杆纵距设置，每一纵距设置1根。

（10）悬挑架的外立面剪刀撑应自下而上连续设置。剪刀撑设置应符合本节"3.1.1.4" 5.剪刀撑与横向斜撑第（2）条、（5）条的规定。

（11）连墙件设置应符合本节"3.1.1.4" 3.连墙件的规定。

（12）锚固型钢的主体结构混凝土强度等级不得低于C20。

3.1.2 附着式升降脚手架（又简称爬架）

附着式升降脚手架为高层建筑施工使用的外脚手架，是目前高层建筑主体结构和装修施工进行高空作业的一种新型脚手架。它的主要特点是：仅需要搭设4层楼高的脚手架，脚手架附着在建筑物上，本身带有升降机构和升降动力设备，随着工程进展，脚手架可沿建筑物升降，满足结构和外装修施工的需要。具有省工、省料、省时、省钱的四大优点。

3.1.2.1 附着式升降脚手架七大组成部分

1. 架体结构

由竖向主框架、水平支承桁架和架体构架（即操作脚手架）组成。

（1）竖向主框架，是垂直于建筑物外立面、作为水平支承桁架的支撑点并与附着支承结构连接、承受架体竖向和水平荷载，并通过附着支承结构传递给建筑物的构件。见图3-1-12、图3-1-13和图3-1-14。

（2）水平支承桁架，主要承受构架（操作脚手架）的垂直荷载，并将构架的垂直荷载传递给纵向主框架。

（3）架体构架，是指现场采用钢管搭设在相邻两竖向主框架之间、水平支承桁架之上的操作人员作业的脚手架，可用扣件式钢管脚手架、门式钢管脚手架、碗扣式钢管脚手架搭设。

2. 附着支承结构

是通过穿墙螺栓直接附着在工程结构上，并与竖向主框架相连接，承受并传递脚手架荷载的支承结构构件。同时它也是升降动力设备和防坠装置的支承结构。

3. 升降的动力设备

通常有三种：

（1）电动葫芦，一般常用的是这种。

（2）手动葫芦，只在单跨架体升降才允许使用。电动葫芦的特点：重量轻、体积小、寿命长、操作简单、易于控制、维修保养较容易等。

（3）液压设备，用的较少，一般架体上带大模板的用液压的多。液压千斤顶的特点：传动力大、升降均匀、成本较高。

附着式升降脚手架更多的用电动葫芦作为提升动力，液压动力在爬模工程中使用较多。

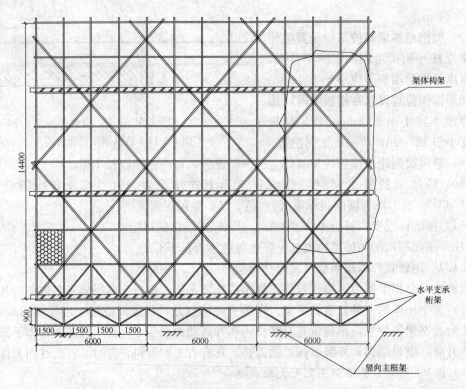

图 3-1-12　竖向主框架为单片式外立面、水平剖面图

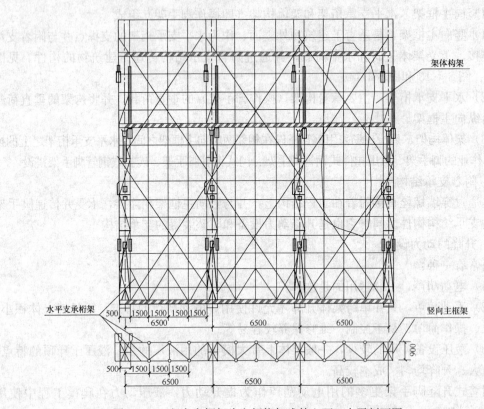

图 3-1-13　竖向主框架为空间桁架式外立面、水平剖面图

4. 防倾覆导向装置

一般是由固定在附着支承结构上的导向轮（或导轨）与竖向主框架上的导轨（或导轮）组成，保证脚手架升降和使用过程中不发生倾覆。同时它也是升降时的导向装置。

防倾覆导向装置导向间隙要求在 5mm 以内，它的作用是保持架体前后、左右对水平方向位移的约束，限定架体只能沿垂直方向运动，并防止架体在升降过程中晃动、倾覆和水平错动。

5. 防坠装置

防坠装置是脚手架在升降和使用过程中发生坠落时的制动安全装置。

防坠落是对附着式升降脚手架的安全要求，它的作用是在动力装置本身的制动装置失效，提升钢丝绳、葫芦链条突然断裂或提升横梁滑落及使用工况架体意外坠落等突发情况时，能在瞬间准确、迅速锁住架体，防止其下坠造成伤亡事故。

防坠装置有两大类，一类是吊杆式，一类是托抓式，无论哪一类防坠装置，规范规定制动距离为：整体式升降脚手架不大于 80mm，单片式升降脚手架不大于 150mm。

6. 同步升降装置

同步升降装置是观测和控制脚手架升降过程中各个吊点的高差（不水平度）或荷载的均衡程度的安全装置，必须有报警和紧急制动功能，保证附着式升降脚手架能够同步升降。同步及荷载控制系统应通过控制各提升设备间的升降差和控制各提升设备的荷载来控制各提升设备的同步性。因为各吊点如果不同步升降，将产生吊点荷载不均匀，有的可能过大，超过吊点承载能力而发生事故，因此必须保证升降过程各吊点同步。

7. 齐备的安全防护设施

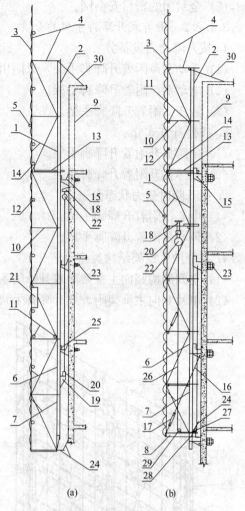

图 3-1-14　两种不同主框架的架体断面构造图
(a) 竖向主框架为单片式；
(b) 竖向主框架为空间桁架式

1—竖向主框架；2—导轨；3—密目安全网；4—架体；5—剪刀撑（45°～60°）；6—立杆；7—水平支承桁架；8—竖向主框架底部托盘；9—正在施工层；10—架体横向水平杆；11—架体纵向水平杆；12—防护栏杆；13—脚手板；14—作业层挡脚板；15—附墙支座（含导向、防坠装置）；16—吊拉杆（定位）；17—花篮螺栓；18—升降上吊挂点；19—升降下吊挂点；20—荷载传感器；21—同步控制装置；22—电动葫芦；23—锚固螺栓；24—底部脚手板及密封翻板；25—定位装置；26—升降钢丝绳；27—导向滑轮；28—主框架底部托座与附墙支座临时固定连接点；29—升降滑轮；30—临时拉结

为保护脚手架上的操作人员不发生高空坠落和下方施工人员不受坠落物体打击伤害，必须有如下安全防护设施：

（1）护身栏，脚手架外侧 0.6m 和 1.2m 高，设两道护身栏杆。

（2）挡脚板，高度不小于 180mm。

（3）全封闭的密目安全网。

3.1.2.2 附着式升降脚手架的分类

1. 按升降动力设备分

（1）手动葫芦附着升降脚手架，只能用在单跨升降的附着式升降脚手架。

（2）电动葫芦附着升降脚手架。

（3）液压式附着升降脚手架。

2. 按提升方式分

（1）单跨提升附着升降脚手架。

（2）整体提升附着升降脚手架。

3. 按升降时受力状态分

（1）中心吊附着升降脚手架。

（2）偏心吊附着升降脚手架。

4. 按竖向主框架结构类型分

（1）空间结构竖向主框架附着升降脚手架（图 3-1-15）。

（2）单片竖向主框架附着式升降脚手架（图 3-1-16）。

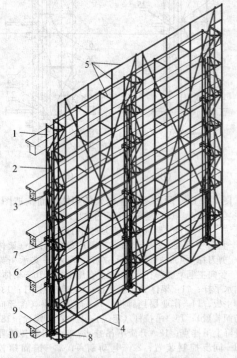

图 3-1-15 空间桁架式主框架的架体示意图
1—竖向主框架（空间桁架式）；2—导轨；3—悬臂梁（含防倾覆装置）；4—水平支承桁架；5—架体构架；6—升降设备；7—悬吊梁；8—下提升点；9—防坠落装置；10—工程结构

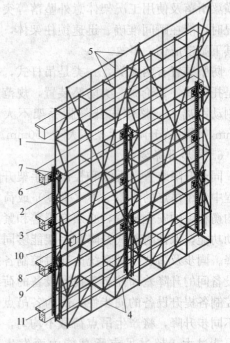

图 3-1-16 单片式主框架的架体示意图
1—竖向主框架（单片式）；2—导轨；3—附墙支座（含防倾覆、防坠落装置）；4—水平支承桁架；5—架体构架；6—升降设备；7—升降上吊挂件；8—升降下吊点（含荷载传感器）；9—定位装置；10—同步控制装置；11—工程结构

5. 按附墙支承结构类型分

（1）钢牛腿或悬挑梁式附着升降脚手架。

（2）导轨式（附墙支承结构是 1 根承重导轨）附着升降脚手架。

3.1.2.3 附着式升降脚手架的基本要求

1. 一般要求

（1）在满足安全、使用、简便和经济要求的前提下，尽量使产品达到设备化、工具化、标准化和模数化。

（2）架体各组成部件应具有足够的强度、刚度和稳定性，架体各组成部件应连接可靠，具有足够的整体稳定性。

（3）架体升降平稳，有安全可靠的附墙支承结构。

（4）有可靠的防倾、防坠装置，有齐全的安全防护设施。

（5）附着支承装置应按照结构施工时混凝土实际强度而进行附着验算。

（6）动力设备要符合产品规定、使用规定和其他有关技术规定的要求。

（7）各类附着式升降脚手架要按照各自的特点分别进行设计计算，且必须具备构造参数、计算书、试验检验报告、使用范围和使用规定。

2. 使用功能要求

（1）为结构施工中钢筋绑扎、模板安装与拆除、混凝土浇筑振捣、预应力张拉提供作业面和安全防护；

（2）为结构装修施工中进行抹灰、贴保温板、镶贴面砖和石材、喷涂、安装各种材质窗户和玻璃等提供作业面和安全防护；

（3）满足施工作业人员工作、安全通行、物料搬运等要求；

（4）满足结构施工时分流水段施工的防护要求；

（5）满足爬架与塔吊、施工电梯、物料平台配合使用要求；

（6）要能适应高层建筑平面和立面的简单变化要求；

（7）满足其他使用功能的要求。

3.1.2.4 附着式升降脚手架结构构造

1. 附着式升降脚手架结构构造的尺寸要求

（1）架体高度不应大于 5 倍楼层高；

（2）架体宽度不应大于 1.2m；

（3）直线布置的架体支承跨度不应大于 7m，折线或曲线布置的架体中心线处支承跨度不应大于 5.4m；

（4）附着式升降脚手架架体的水平悬挑长度不应大于 2m，且不得大于跨度的 1/2；

（5）架体全高与支承跨度的乘积不应大于 $110m^2$；

（6）纵向水平杆的步距宜为 1.8m。

2. 竖向主框架结构

附着式升降脚手架必须在附着支承结构部位设置与架体高度相等的与墙面垂直的定型的竖向主框架，竖向主框架应采用焊接或螺栓连接的桁架并能与其他杆件、构件共同构成有足够强度、支撑刚度的空间几何不变体系的稳定结构。构造应符合下列规定：

（1）竖向主框架可采用整体结构或分段对接式结构。结构形式应为桁架或门形刚架式两类。各杆件的轴线应汇交于节点处，并应采用螺栓或焊接连接，如不汇交于一点，必须进行附加弯矩计算；

（2）中心吊时，在吊装横梁行程范围内竖向主框架内侧水平杆去掉部分的断面，必须采取可靠的加固措施；

（3）主框架内侧应设有导轨；

（4）竖向主框架宜采用单片式主框架（图3-1-12）或空间桁架式主框架（图3-1-13）。

3. 水平支承桁架

在竖向主框架的底部应设置水平支承桁架，其宽度与主框架相同，平行于墙面，其高度不宜小于1.8m，用于支承架体构架。水平支承桁架结构构造要求如下：

（1）桁架各杆件的轴线应相交于节点上，并宜用节点板构造连接，节点板的厚度不得小于6mm；

（2）桁架上、下弦应采用整根通长杆件，或于跨中设一拼接的刚性接头。腹杆上、下弦连接应采用焊接或螺栓连接；

（3）桁架与主框架连接处的斜腹杆宜设计成拉杆；

（4）架体构架的立杆底端必须放置在上弦节点各轴线的交汇处；

（5）内外两片水平桁架的上弦和下弦之间应设置水平连接杆件，各节点必须是焊接或螺栓连接；

（6）水平支承桁架的两端与主框架的连接，可采用杆件轴线交汇于一点，且能活动的铰接点。

4. 附着支承结构

（1）应于主框架所覆盖的每一楼层处设置一道附墙支座。

（2）在使用工况应将主框架固定于附墙支座上。

（3）升降工况，附墙支座上应设有防倾、导向和防坠的结构装置。

（4）附墙支座应采用锚固螺栓与建筑物连接，受拉端的锚固螺栓不得少于2个。螺杆露出螺母应不少于3扣和10mm，垫板尺寸应由设计确定，且不得小于100mm×100mm×10mm。

（5）附墙支座支承在建筑物上连接处混凝土的强度应按设计要求确定，但不得小于C10。

5. 架体构架

架体构架宜采用扣件式钢管脚手架，其结构构造应符合《建筑施工扣件式钢管脚手架安全技术规范》JGJ 130的规定。架体构架应设置在两竖向主框架之间，并以纵向水平杆与之相连，其立杆应设置在水平支承桁架的节点上。

6. 架体结构设计制作的安全措施

（1）水平支承桁架最底层应设置脚手板，与建筑物墙面之间也应设置脚手板全封闭。在脚手板的下面应用安全网兜底。

（2）架体悬臂高度不得大于架体高度（H）的2/5和6m。

（3）当水平支承桁架不能连续设置时，局部可采用脚手架杆件进行连接，但其长度不得大于2.0m。并且必须采取加强措施，确保其强度和刚度不得低于原有的桁架。

（4）物料平台不得与附着式升降脚手架各部位和各结构构件相连，其荷载应独立地直接传递给建筑工程结构。

（5）当架体遇到塔吊、施工电梯、物料平台需断开或开洞时，断开处应加设栏杆和封闭，开口处应有可靠的防止人员及物料坠落的措施。

（6）架体外立面必须沿高度设置剪刀撑，剪刀撑跨度不得大于6.0m；其水平夹角为

45°～60°，并应将竖向主框架、水平支承桁架和架体连成一体；悬挑端应以竖向主框架为中心成对设置对称斜拉杆，其水平夹角应不小于45°。

（7）架体结构在以下部位应采取可靠的加强构造措施：

1）与附墙支座的连接处；

2）架体上提升机构的设置处；

3）架体上防坠、防倾装置的设置处；

4）架体吊拉点设置处；

5）架体平面的转角处；

6）架体因碰到塔吊、施工电梯、物料平台等设施而需要断开或开洞处；

7）其他有加强要求的部位。

（8）附着式升降脚手架的安全防护措施应满足以下要求：

1）架体外侧必须用密目安全网（≥2000目/100cm²）围挡；密目安全网必须可靠固定在架体上；

2）架体底层的脚手板除应铺设严密外，还应具有可折起的翻板构造；

3）作业层外侧应设置防护栏杆和180mm高的挡脚板；

4）作业层应设置固定牢靠的脚手板，其与结构之间的间距应满足《建筑施工扣件式脚手架安全技术规范》的相关规定。

（9）附着式升降脚手架构配件的制作必须符合以下要求：

1）具有完整的设计图纸、工艺文件、产品标准和产品质量检验规程；制作单位应有完善有效的质量管理体系；

2）制作构配件的原、材辅料的材质及性能应符合设计要求，并按规定对其进行验证和检验；

3）加工构配件的工装、设备及工具应满足构配件制作精度的要求，并应定期进行检查。工装应有设计图纸；

4）构配件应按工艺要求及检验规程进行检验；对附着支承结构，防倾、防坠落装置等关键部件的加工件应进行100%检验；构配件出厂时，应提供出厂合格证。

（10）附着式升降脚手架必须在每个竖向主框架处设置升降设备，升降设备宜采用电动葫芦或电动液压设备；升降设备应与建筑结构和架体有可靠的连接，单跨升降时可采用手动葫芦。

3.1.2.5 附着式升降脚手架的安全装置

附着式升降脚手架必须具有防倾覆、防坠落和同步升降控制的安全装置。

1. 防倾覆装置

（1）防倾覆装置中必须包括导轨和两个以上与导轨连接的可滑动的导向件；

（2）防倾覆导轨的长度不应小于竖向主框架，且必须与竖向主框架可靠连接；

（3）在升降和使用两种工况下，最上和最下两个导向件之间的最小间距不得小于2.8m或架体高度的1/4；

（4）应具有防止竖向主框架倾斜的功能；

（5）应用螺栓与附墙支座连接，其装置与导向杆之间的间隙不应大于5mm。

2. 防坠落装置

（1）防坠落装置应设置在竖向主框架上，每一升降设备处不得少于1个，使用工况和升降工况下都能起作用。

（2）必须是机械式的全自动装置，严禁使用每次升降都需重组的手动装置。

（3）技术性能除应满足承载能力要求外，还应符合表3-1-4的规定。

防坠落装置技术性能

表3-1-4

脚手架类别	制动距离（mm）
整体式升降脚手架	≤80
单片式升降脚手架	≤150

（4）应具有防尘、防污染的措施，并应灵敏可靠和运转自如。

（5）防坠落装置与升降设备必须分别独立固定在不同的附着支承结构上。

（6）钢吊杆式防坠落装置，钢吊杆规格应由计算确定，且不应小于$\phi25mm$。

3. 同步控制装置

（1）附着式升降脚手架升降时，必须配备有限制荷载或水平高差的同步控制系统。连续式水平支承桁架，应采用限制荷载自控系统；简支静定水平支承桁架，应采用水平高差同步自控系统；当设备受限时，可选择限制荷载自控系统。

（2）限制荷载自控系统：

1）当某一机位的荷载超过设计值的15%时，应采用声光形式自动报警和显示报警机位；当超过30%时，应能使该升降设备自动停机。

2）应具有显示设计提升力和超载提升力，以及记忆和储存每个机位实际提升力的功能。

3）除应具有本身故障报警功能外，并应适应现场环境。

4）性能应可靠、稳定，控制精度应在5%以内。

（3）水平高差同步控制系统：

1）当水平支承桁架两端高差达到30mm时，应能自动停机，待其他机位到达后再自动开机。

2）应具有显示各提升点的实际升高和超高的数据并有记忆和储存的功能。

3.1.2.6 附着式升降脚手架的安装

附着式升降脚手架必须按照专项施工方案组织施工。附着式升降脚手架在首层安装前应设置安装平台，安装平台应有保障施工人员安全的防护设施，安装平台的水平精度和承载能力应满足架体安装的要求如下：

1. 相邻竖向主框架的高差应不大于20mm；

2. 竖向主框架和防倾导向装置的垂直偏差不应大于5‰，且不得大于60mm；

3. 预留穿墙螺栓孔和预埋件应垂直于建筑结构外表面，其中心误差应小于15mm；

4. 建筑结构混凝土强度应由计算确定，但不应小于C10；

5. 升降机构连接应正确且牢固可靠；

6. 全部附着固定结构的安装符合设计规定，严禁少装附着固定连接螺栓和使用不合格螺栓；

7. 安全保险装置全部合格，安全防护设施齐备并符合设计要求，并应设置必要的消防设施；

8. 电源、电缆及控制柜等的设置应符合《施工现场临时用电安全技术规范》JGJ 46—2005 的有关规定；

9. 升降动力设备工作正常；

10. 安全控制系统的设置和试运行效果符合设计要求；

11. 采用扣件式脚手架搭设的架体构架，其搭设质量应符合《建筑施工扣件式钢管脚手架安全技术规范》JGJ 130 要求；

12. 升降设备、同步与荷载控制系统及防坠落装置等专项设备，应分别采用同一厂家、同一规格型号的产品；

13. 升降设备、控制系统、防坠落装置等应有防雨、防砸、防尘等措施。

3.1.2.7 附着式升降脚手架的升降

1. 附着式升降脚手架每次升降前，应按照升降前检查表 3-1-6 进行检查，经检查合格后，方可进行升降。

2. 升降操作必须遵守：

（1）应按升降作业程序规定和操作规程进行作业；

（2）操作人员不得停留在架体上；

（3）架体上的荷载符合设计规定；

（4）所有妨碍升降的障碍物已经拆除，施工荷载不得超过两层，每层为 $0.5kN/m^2$；

（5）所有影响升降作业的约束已经拆开；

（6）各相邻提升点间的高差不得大于 30mm，整体架最大升降差不得大于 80mm；

（7）升降过程中应实行统一指挥、规范指令。升、降指令只能由总指挥一人下达，当有异常情况出现时，任何人均可立即发出停止指令；

（8）采用环链葫芦作升降动力时，应严密监视其运行情况，及时发现、解决可能出现的翻链、绞链和其他影响正常运行的故障；

（9）采用液压设备作升降动力的，应严密监视整个液压系统的压力、流量、温度、油液污染、元件的运动速度、振动和噪声等参数变化，应及时解决可能出现的问题，确保正常工作；

（10）架体升降到位后，应及时按使用状况要求进行附着固定。在没有完成架体固定工作前，施工人员不得擅自离岗或下班。

3. 附着式升降脚手架架体升降到位固定后，应按表 3-1-5 进行检查，合格后方可使用；遇五级（含五级）以上大风和大雨、大雪、浓雾和雷雨等恶劣天气时，严禁进行升降作业。

3.1.2.8 附着式升降脚手架的使用要求

1. 附着式升降脚手架应按设计性能指标进行使用，不得随意扩大使用范围；架体上的施工荷载必须符合设计规定，严禁超载，严禁放置影响局部杆件安全的集中荷载。

2. 架体内的建筑垃圾和杂物应及时清理干净。

3. 附着式升降脚手架在使用过程中不得进行下列作业：

利用架体吊运物料；

在架体上拉结吊装缆绳（索）；

在架体上推车；

任意拆除结构件或松动连接件；

拆除或移动架体上的安全防护设施；

利用架体支撑模；

其他影响架体安全的作业。

4. 当附着式升降脚手架停用超过六个月时，应采取加固措施。

5. 当附着式升降脚手架停用超过一个月或遇六级（含六级）以上大风后复工时，应进行检查，确认合格后方可使用。

6. 螺栓连接件、升降设备、防倾装置、防坠落装置、电控设备等应至少每月进行维护保养一次。

3.1.2.9 附着式升降脚手架的拆除

附着式升降脚手架的拆除工作应按专项施工方案及安全操作规程的有关要求进行。必须对拆除作业人员进行安全技术交底。拆除时应有可靠的防止人员与物料坠落的措施，拆除的材料及设备严禁抛扔。拆除作业必须在白天进行。遇五级（含五级）以上大风和大雨、大雪、浓雾和雷雨等恶劣天气时，不得进行拆卸作业。

3.1.2.10 附着式升降脚手架的管理

1. 编制专项施工方案

附着式升降脚手架根据住房和城乡建设部建质［2009］87 号文《危险性较大的分部分项工程安全管理办法》的规定，属于危险性较大的分部分项工程，施工前应编制专项方案，提升高度 150m 及以上的附着式升降脚手架属于超过一定规模的危险性较大的分部分项工程，施工单位应当组织专家对专项方案进行论证。

专项方案由专业承包单位组织有关专业技术人员结合工程实际编制，并由施工单位技术部门组织本单位施工技术、安全、质量等部门的专业技术人员进行审核，经专业承包单位及总承包单位技术负责人签字后，由总承包单位组织专家论证。

专项施工方案应包括下列内容：

工程特点；

平面布置图；

脚手架设计计算书，工程结构受力验算；

安全措施；

特殊部位的加固措施；

安装、升降、拆除程序及措施；

使用规定。

2. 承包责任制

专业承包单位必须有相应的资质等级，二级资质等级只能承担 80m 高度以下工程，施工总承包单位应与专业施工单位签订专业承包合同，明确总包、分包或租赁等各方的安全生产责任。

专业施工单位必须制定本单位（企业）设计、制作、施工操作和检验规程及产品标准。

3. 人员培训，持证上岗

附着式升降脚手架应设置专业技术人员、安全管理人员及专业作业人员。专业作业人员经专门培训，取得合格专业操作资格证书，方可持证上岗。

4. 施工总承包单位统一监督管理

（1）附着式升降脚手架在安装、升降、使用、拆除等作业前，应向有关作业人员进行安全教育，并应监督对作业人员的安全技术交底；

（2）应对专业承包人员的配备和专业操作人员的资格进行审查；

（3）安装、升降、拆除等作业时，应派专业人员进行监督；

（4）应组织附着式升降脚手架的检查验收；

（5）应定期进行安全巡检。

5. 电气设施、线路、接地、避雷措施

附着式升降脚手架使用的电气设施、线路及接地、避雷措施等应符合现行作业标准《施工现场临时用电安全技术规范》JGJ 46 的规定。

6. 附着式升降脚手架的产品

附着式升降脚手架产品应具有国务院建设行政主管部门组织鉴定或验收的合格证书，并应符合相应规范的要求。

7. 防坠落装置

防坠落装置应经法定检测机构检定后方可使用，使用过程中，使用单位应定期对其有效性和可靠性进行检测。安全装置受冲击荷载后应进行解体检验。

8. 其他

（1）施工中发现安全隐患应及时排除，对可能危及人身安全时，应停止作业并进行整改，整改后重新验收检查，合格后方可使用。

（2）各地建筑安全主管部门及产权单位和使用单位应对附着式升降脚手架建立设备技术档案，其主要内容应包括：机型、编号、出场日期、验收、检收、实验记录及故障、事故情况。

3.1.2.11 附着式升降脚手架的检查

1. 附着式升降脚手架安装前应具有下列文件：

（1）从事附着式升降脚手架工程施工的单位应取得有国务院建设行政主管部门颁发的相应资质证书及安全生产许可证；

（2）附着式升降脚手架必须具有国务院建设行政主管部门组织鉴定或验收的证书；

（3）附着式升降脚手架应有专项施工方案，并经企业技术负责人审批及工程项目总监理工程师审核；高度 150m 及以上的必须有专家论证报告、施工单位根据论证报告修改完善的方案，应由专业施工单位施工总包单位技术负责人、项目总监理工程师、建设单位项目负责人签字。

（4）其他资料：

1）产品进场前的自检记录；

2）特种作业人员和管理人员岗位证书；

3）各种材料、工具和设备的质量合格证、材质单、测试报告；

4）主要部件及提升机构必须具备的合格证。

2. 附着式升降脚手架应在下列阶段进行检查与验收：

（1）安装使用前；

（2）提升或下降前；

（3）提升、下降到位，投入使用前。

3. 附着式升降脚手架安装及使用前，应按表 3-1-5 的规定进行检验，合格后方可使用。附着式升降脚手架提升、下降作业前应按表 3-1-6 的规定进行检验，合格后方可实施提升或下降作业。

附着式升降脚手架首次安装完毕及使用前检查验收表　　　表 3-1-5

工程名称				结构形式	
建筑面积				机位布置情况	
总包单位				项目经理	
租赁单位				项目经理	
安拆单位				项目经理	

序号	检查项目		标　准	检查结果
1	保证项目	竖向主框架	各杆件的轴线应汇交于节点处，并应采用螺栓或焊接连接，如不交汇于一点，应进行附加弯矩验算	
2			各节点应焊接或螺栓连接	
3			相邻竖向主框架的高差≤30mm	
4		水平支承桁架	桁架上、下弦应采用整根通长杆件，或设置刚性接头；腹杆上、下弦连接应采用焊接或螺栓连接	
5			桁架各杆件的轴线应相交于节点上，并宜用节点板构造连接，节点板的厚度不得小于 6mm	
6		架体构造	空间几何不变体系的稳定结构	
7		立杆支承位置	架体构架的立杆底端应放置在上弦节点各轴线的交汇处	
8		立杆间距	应符合现行行业标准《建筑施工扣件式钢管脚手架安全技术规范》JGJ 130 中小于等于 1.5m 的要求	
9		纵向水平杆的步距	应符合现行行业标准《建筑施工扣件式钢管脚手架安全技术规范》JGJ 130 中的小于等于 1.8m 的要求	
10		剪刀撑设置	水平夹角应满足 45°~60°	
11		脚手板设置	架体底部铺设严密，与墙体无间隙，操作层脚手板应铺满、铺牢，孔洞直径小于 25mm	
12		扣件拧紧力矩	40N·m~65N·m	
13		附墙支座	每个竖向主框架所覆盖的每一楼层处应设置一道附墙支座	
14			使用工况，应将竖向主框架固定于附墙支座上	
15			升降工况，附墙支座上应设有防倾、导向的结构装置	
16			附墙支座应采用锚固螺栓与建筑物连接，受拉螺栓的螺母不得少于两个或采用单螺母加弹簧垫圈	
17			附墙支座支承在建筑物上连接处混凝土的强度应按设计要求确定，但不得小于 C10	

序号	检查项目		标　准	检查结果
18	保证项目	架体构造尺寸	架高≤5倍层高	
19			架宽≤1.2m	
20			架体全高×支承跨度≤110m²	
21			支承跨度直线形≤7m	
22			支承跨度折线或曲线形架体，相邻两主框架支撑点处的架体外侧距离≤5.4m	
23			水平悬挑长度不大于2m，且不大于跨度的1/2	
24			升降工况上端悬臂高度不大于2/5架体高度且不大于6m	
25			水平悬挑端以竖向主框架为中心对称斜拉杆水平夹角≥45°	
26		防坠落装置	防坠落装置应设置在竖向主框架处并附着在建筑结构上	
27			每一升降点不得少于1个，在使用和升降工况下都能起作用	
28			防坠落装置与升降设备应分别独立固定在建筑结构上	
29			应具有防尘防污染的措施，并应灵敏可靠和运转自如	
30			钢吊杆式防坠落装置，钢吊杆规格应由计算确定，且不应小于ϕ25mm	
31			防倾覆装置中应包括导轨和两个以上与导轨连接的可滑动的导向件	
32		防倾覆设置情况	在防倾导向件的范围内应设置防倾覆导轨，且应与竖向主框架可靠连接	
33			在升降和使用两种工况下，最上和最下两个导向件之间的最小间距不得小于2.8m或架体高度的1/4	
34			应具有防止竖向主框架倾斜的功能	
35			应用螺栓与附墙支座连接，其装置与导轨之间的间隙应小于5mm	
36		同步装置设置情况	连续式水平支承桁架，应采用限制荷载自控系统	
37			简支静定水平支承桁架，应采用水平高差同步自控系统，若设备受限时可选择限制荷载自控系统	
38	一般项目	防护设施	密目式安全立网规格型号≥2000目/100cm²，≥3kg/张	
39			防护栏杆高度为1.2m	
40			挡脚板高度为180mm	
41			架体底层脚手板铺设严密，与墙体无间隙	

检查结论				
检查人签字	总包单位	分包单位	租赁单位	安拆单位

符合要求，同意使用（　　　）

不符合要求，不同意使用（　　　）

总监理工程师（签字）：　　　　　　　　　　　　　　　　　年　　月　　日

　　注：本表由施工单位填报，监理单位、施工单位、租赁单位、安拆单位各存一份。

附着式升降脚手架提升、下降作业前检查验收表 表 3-1-6

工程名称			结构形式	
建筑面积			机位布置情况	
总包单位			项目经理	
租赁单位			项目经理	
安拆单位			项目经理	

序号	检查项目		标　准	检查结果
1	保证项目	支承结构与工程结构连接处混凝土强度	达到专项方案计算值，且≥C10	
2		附墙支座设置情况	每个竖向主框架所覆盖的每一楼层处应设置一道附墙支座	
3			附墙支座上应设有完整的防坠、防倾、导向装置	
4		升降装置设置情况	单跨升降式可采用手动葫芦；整体升降式应采用电动葫芦或液压设备；应启动灵敏，运转可靠，旋转方向正确；控制柜工作正常，功能齐备	
5		防坠落装置设置情况	防坠落装置应设置在竖向主框架处并附着在建筑结构上	
6			每一升降点不得少于1个，在使用和升降工况下都能起作用	
7			防坠落装置与升降设备应分别独立固定在建筑结构上	
8			应具有防尘防污染的措施，并应灵敏可靠和运转自如	
9			设置方法及部位正确，灵敏可靠，不应人为失效和减少	
10			钢吊杆式防坠落装置，钢吊杆规格应由计算确定，且不应小于ϕ25mm	
11		防倾覆装置设置情况	防倾覆装置中应包括导轨和两个以上与导轨连接的可滑动的导向件	
12			在防倾导向件的范围内应设置防倾覆导轨，且应与竖向主框架可靠连接	
13			在升降和使用两种工况下，最上和最下两个导向件之间的最小间距不得小于2.8m或架体高度的1/4	
14		建筑物的障碍物清理情况	无障碍物阻碍外架的正常滑升	
15		架体构架上的连墙杆	应全部拆除	
16		塔吊或施工电梯附墙装置	符合专项施工方案的规定	
17		专项施工方案	符合专项施工方案的规定	

序号	检查项目	标 准	检查结果
18	操作人员	经过安全技术交底并持证上岗	
19	运行指挥人员、通信设备	人员已到位，设备工作正常	
20	监督检查人员	总包单位和监理单位人员已到场	
21	电缆线路、开关箱	符合现行行业标准《施工现场临时用电安全技术规范》JGJ 46 中的对线路负荷计算的要求；设置专用的开关箱	

序号18～21 检查项目栏合并标注"一般项目"。

检查结论				
检查人签字	总包单位	分包单位	租赁单位	安拆单位

符合要求，同意使用（　　　）
不符合要求，不同意使用（　　　）

总监理工程师（签字）：　　　　　　　　　　　　　　　　年　　月　　日

注：本表由施工单位填报，监理单位、施工单位、租赁单位、安拆单位各存一份。

防坠、防倾装置在附着式脚手架使用、提升和下降阶段均应进行检查，合格后，方可作业。附着式升降脚手架临时用电应符合《施工现场临时用电安全技术规范》JGJ 46—2005 的要求。

3.1.2.12 附着式升降脚手架的验收

1. 附着式升降脚手架安装前应具有下列文件：

（1）相应资质证书及安全生产许可证；

（2）附着式升降脚手架的鉴定或验收证书；

（3）产品进场前的自检记录；

（4）特种作业人员和管理人员岗位证书；

（5）各种材料、工具的质量合格证、材质单、测试报告；

（6）主要部件及提升机构的合格证。

2. 附着式升降脚手架应在下列阶段进行检查与验收：

（1）首次安装完毕；

（2）提升或下降前；

（3）提升、下降到位，投入使用前。

3. 附着式升降脚手架首次安装完毕，应按表 3-1-5 的规定进行检验，合格后方可使用。

4. 附着式升降脚手架提升、下降作业前应按表 3-1-6 的规定进行检验，合格后方可实施提升或下降作业。

5. 在附着式升降脚手架使用、提升和下降阶段均应对防坠、防倾装置进行检查，合格后方可作业。

6. 附着式升降脚手架所使用的电气设施和线路应符合现行行业标准《施工现场临时用电安全技术规范》JGJ 46 的要求。

3.1.3 门式钢管脚手架

3.1.3.1 适用范围

门式钢管脚手架（简称门式脚手架），多用于高层建筑外脚手架、满堂红内脚手架、工具式脚手架和模板支架。它的特点是组装方便，并可调节高度。特别适用于搭设使用周期短或频繁周转的脚手架。但由于组装件接头大部分不是螺栓紧固连接，而是插销、搭扣式的连接，因此搭设较高大或荷载较大时，必须按照规范要求附加钢管拉结和剪刀撑，以保证其形成一个稳定的空间脚手架结构。

3.1.3.2 基本构造

1. 门式钢管脚手架的分类和组成

（1）门式钢管脚手架

以门架、交叉支撑、连接棒、挂扣式脚手板、锁臂、底座等组成基本结构，再以水平加固杆、剪刀撑、扫地杆加固，并采用连墙件与建筑物主体结构相连的一种定型化钢管脚手架（图 3-1-17）。又称门式脚手架。

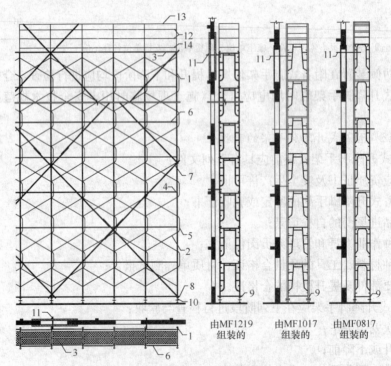

图 3-1-17　门式钢管脚手架的组成

1—门架；2—交叉支撑；3—挂扣式脚手板；4—连接棒；5—锁臂；6—水平加固杆；7—剪刀撑；
8—纵向扫地杆；9—横向扫地杆；10—底座；11—连墙件；12—栏杆；13—扶手；14—挡脚板

（2）门架

门式脚手架的主要构件，其受力杆件为焊接钢管，由立杆、横杆及加强杆等相互焊接组成（图 3-1-18a、b、c）。

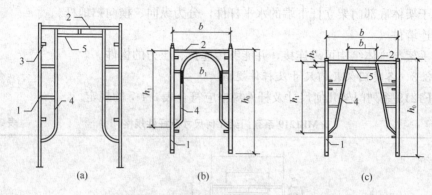

图 3-1-18 门架

(a) MF1219 门架；(b) MF0817 门架；(c) MF1017 门架
1—立杆；2—横杆；3—锁销；4—立杆加强杆；5—横杆加强杆

（3）配件

门式脚手架的其他构件，包括连接棒、锁臂、交叉支撑、挂扣式脚手板、底座、托座。

1）连接棒

用于门架立杆竖向组装的连接件，由中间带有凸环的短钢管制作。

2）交叉支撑

每两榀门架纵向连接的交叉拉杆。

3）锁臂

门架立杆组装接头处的拉接件，其两端有圆孔挂于上下榀门架的锁销上。

4）锁销

用于门架组装时挂扣交叉拉杆和锁臂的锁柱，以短圆钢围焊在门架立杆上，其外端有可旋转 90°的卡销。

5）挂扣式脚手板

两端设有挂钩，可紧扣在两榀门架横梁上的定型钢制脚手板。

6）调节架

用于调整架体高度的梯形架，其高度为 600～1200mm，宽度与门架相同。

7）底座

安插在门架立杆下端，将力传给基础的构件，分为可调底座和固定底座。

8）托座

插放在门架立杆上端，承接上部荷载的构件，分为可调托座和固定托座。

（4）加固杆

用于增强脚手架刚度而设置的杆件，包括剪刀撑、水平加固杆、扫地杆。

（5）剪刀撑

在架体外侧或内部成对设置的交叉斜杆，分为竖向剪刀撑和水平剪刀撑。

（6）水平加固杆

设置于架体层间门架两侧的立杆上，用于增强架体刚度的水平杆件。

（7）扫地杆

设置于架体底部门架立杆下端的水平杆件，分为纵向、横向扫地杆。

（8）连墙件

将脚手架与主体结构可靠连接，并能够传递拉、压力的构件。

3.1.3.3　各类门架几何尺寸及杆件规格

1. MF1219 系列门架几何尺寸及杆件规格应符合表 3-1-7 的规定。

MF1219 系列门架几何尺寸及杆件规格　　　　　　　　　　　　表 3-1-7

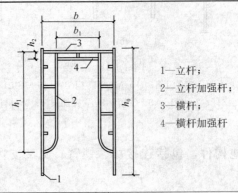

1—立杆；
2—立杆加强杆；
3—横杆；
4—横杆加强杆

门架代号		MF1219	
门架几何尺寸 （mm）	h_2	80	100
	h_0	1930	1900
	b	1219	1200
	b_1	750	800
	h_1	1536	1550
杆件外径壁厚 （mm）	1	$\phi 42.0 \times 2.5$	$\Phi 48.0 \times 3.5$
	2	$\phi 26.8 \times 2.5$	$\Phi 26.8 \times 2.5$
	3	$\phi 42.0 \times 2.5$	$\Phi 48.0 \times 3.5$
	4	$\phi 26.8 \times 2.5$	$\Phi 26.8 \times 2.5$

注：表中门架代号含义同现行行业产品标准《门式钢管脚手架》JG 13。

2. MF0817、MF1017 系列门架几何尺寸及杆件规格应符合表 3-1-8 的规定。

MF0817、MF1017 系列门架几何尺寸及杆件规格　　　　　表 3-1-8

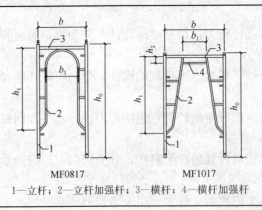

MF0817　　　　　　　　MF1017
1—立杆；2—立杆加强杆；3—横杆；4—横杆加强杆

门架代号		MF 0817	MF1017
门架几何尺寸 （mm）	h_2	—	114
	h_0	1750	1750
	b	758	1018
	b_1	510	402
	h_1	1260	1291
杆件外径壁厚 （mm）	1	$\phi 42.0 \times 2.5$	
	2	$\phi 26.8 \times 2.2$	
	3	$\phi 42.0 \times 2.5$	
	4	$\phi 26.8 \times 2.2$	

注：表中门架代号含义同现行行业产品标准《门式钢管脚手架》JG 13。

3.1.3.4 门式钢管脚手架搭设要求

1. 门架

（1）门架应能配套使用，在不同组合情况下，均应保证连接方便、可靠，且应具有良好的互换性。

（2）不同型号的门架与配件严禁混合使用。

（3）上下榀门架立杆应在同一轴线位置上，门架立杆轴线的对接偏差不应大于 2mm。

（4）门式脚手架的内侧立杆离墙面净距不宜大于 150mm；当大于 150mm 时，应采取内设挑架板或其他隔离防护的安全措施。

（5）门式脚手架顶端栏杆宜高出女儿墙上端或檐口上端 1.5m。

2. 配件

（1）配件应与门架配套，并应与门架连接可靠。

（2）门架的两侧应设置交叉支撑，并应与门架立杆上的锁销锁牢。

（3）上下榀门架的组装必须设置连接棒，连接棒与门架立杆配合间隙不应大于 2mm。

（4）门式脚手架或模板支架上下榀门架间应设置锁臂，当采用插销式或弹销式连接棒时，可不设锁臂。

（5）门式脚手架作业层应连续满铺与门架配套的挂扣式脚手板，并应有防止脚手板松动或脱落的措施。当脚手板上有孔洞时，孔洞的内切圆直径不应大于 25mm。

（6）底部门架的立杆下端宜设置固定底座或可调底座。

（7）可调底座和可调托座的调节螺杆直径不应小于 35mm，可调底座的调节螺杆伸出长度不应大于 200mm。

3. 加固杆

（1）门式脚手架剪刀撑的设置必须符合下列规定：

1）当门式脚手架搭设高度在 24m 及以下时，在脚手架的转角处、两端及中间间隔不超过 15m 的外侧立面必须各设置一道剪刀撑，并应由底至顶连续设置；

2）当脚手架搭设高度超过 24m 时，在脚手架全外侧立面上必须设置连续剪刀撑；

3）对于悬挑脚手架，在脚手架全外侧立面上必须设置连续剪刀撑。

（2）剪刀撑的构造应符合下列规定（图 3-1-19）：

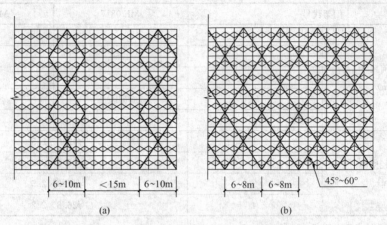

图 3-1-19　剪刀撑设置示意图

（a）、（b）脚手架搭设高度 24m 及以下、超过 24m 时剪刀撑设置

1）剪刀撑斜杆与地面的倾角宜为 $45°\sim60°$；

2）剪刀撑应采用旋转扣件与门架立杆扣紧；

3）剪刀撑斜杆应采用搭接接长，搭接长度不宜小于 1000mm，搭接处应采用 3 个及以上旋转扣件扣紧；

4）每道剪刀撑的宽度不应大于 6 个跨距，且不应大于 10m；也不应小于 4 个跨距，且不应小于 6m。设置连续剪刀撑的斜杆水平间距宜为 $6\sim8m$。

（3）门式脚手架应在门架两侧的立杆上设置纵向水平加固杆，并应采用扣件与门架立杆扣紧。水平加固杆设置应符合下列要求：

1）在顶层、连墙件设置层必须设置；

2）当脚手架每步铺设挂扣式脚手板时，至少每 4 步应设置一道，并宜在有连墙件的水平层设置；

3）当脚手架搭设高度小于或等于 40m 时，至少每两步门架应设置一道；当脚手架搭设高度大于 40m 时，每步门架应设置一道；

4）在脚手架的转角处、开口形脚手架端部的两个跨距内，每步门架应设置一道；

5）悬挑脚手架每步门架应设置一道；

6）在纵向水平加固杆设置层面上应连续设置。

（4）门式脚手架的底层门架下端应设置纵、横向通长的扫地杆。纵向扫地杆应固定在距门架立杆底端不大于 200mm 处的门架立杆上，横向扫地杆宜固定在紧靠纵向扫地杆下方的门架立杆上。

4. 转角处门架连接

（1）在建筑物的转角处，门式脚手架内、外两侧立杆上应按步设置水平连接杆、斜撑杆，将转角处的两榀门架连成一体（图 3-1-20）。

（2）连接杆、斜撑杆应采用钢管，其规格应与水平加固杆相同。

（3）连接杆、斜撑杆应采用扣件与门架立杆及水平加固杆扣紧。

5. 连墙件

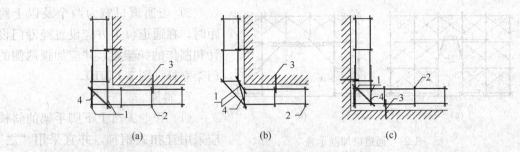

图 3-1-20 转角处脚手架连接

(a)、(b) 阳角转角处脚手架连接；(c) 阴角转角处脚手架连接

1—连接杆；2—门架；3—连墙件；4—斜撑杆

（1）连墙件设置的位置、数量应按专项施工方案确定，并应按确定的位置设置预埋件。

（2）连墙件的设置除应满足《建筑施工门式钢管脚手架安全技术规范》JGJ 128 的计算要求外，尚应满足表 3-1-9 的要求。

连墙件最大间距或最大覆盖面积　　　　　　　　　表 3-1-9

序号	脚手架搭设方式	脚手架高度 (m)	连墙件间距（m）		每根连墙件覆盖面积 (m²)
			竖向	水平向	
1	落地、密目式 安全网全封闭	≤40	3h	3l	≤40
2					
3		>40	2h	3l	≤27
4	悬挑、密目式 安全网 全封闭	≤40	3h	3l	≤40
5		40~60	2h	3l	≤27
6		>60	2h	2l	≤20

注：1. 序号 4~6 为架体位于地面上高度；

　　2. 按每根连墙件覆盖面积选择连墙件设置时，连墙件的竖向间距不应大于 6m；

　　3. 表中 h 为步距；l 为跨距。

（3）在门式脚手架的转角处或开口形脚手架端部，必须增设连墙件，连墙件的垂直间距不应大于建筑物的层高，且不应大于 4.0m。

（4）连墙件应靠近门架的横杆设置，距门架横杆不宜大于 200mm。连墙件应固定在门架的立杆上。

（5）连墙件宜水平设置，当不能水平设置时，与脚手架连接的一端，应低于与建筑结构连接的一端，连墙杆的坡度宜小于 1：3。

6. 通道口

（1）门式脚手架通道口高度不宜大于 2 个门架高度，宽度不宜大于 1 个门架跨距。

（2）门式脚手架通道口应采取加固措施，并应符合下列规定：

1）当通道口宽度为一个门架跨距时，在通道口上方的内外侧应设置水平加固杆，水平加固杆应延伸至通道口两侧各一个门架跨距，并在两个上角内外侧应加设斜撑杆（图 3-1-21a）；

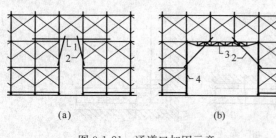

图 3-1-21 通道口加固示意

(a)、(b) 通道口宽度为一个门架跨距、两个及
以上门架跨距加固示意

1—水平加固杆；2—斜撑杆；3—托架梁；4—加强杆

2）当通道口宽为两个及以上跨距时，在通道口上方应设置经专门设计和制作的托架梁，并应加强两侧的门架立杆（图 3-1-21b）。

7. 斜梯

（1）作业人员上下脚手架的斜梯应采用挂扣式钢梯，并宜采用"之"字形设置，一个梯段宜跨越两步或三步门架再行转折。

（2）钢梯规格应与门架规格配套，并应与门架挂扣牢固。

（3）钢梯应设栏杆扶手、挡脚板。

8. 地基

（1）门式脚手架与模板支架的地基承载力应根据"3.3.2.5 门式钢管脚手架设计计算"中第 5 点的规定经计算确定，在搭设时，根据不同地基土质和搭设高度条件，应符合表 3-1-10 的规定。

地　基　要　求　　　　　　　　　　表 3-1-10

搭设高度 （m）	地　基　土　质		
	中低压缩性且压缩性均匀	回填土	高压缩性或压缩性不均匀
≤24	夯实原土，干重力密度要求 15.5kN/m³。立杆底座置于面积不小于 0.075m² 的垫木上	土夹石或素土回填夯实，立杆底座置于面积不小于 0.10m² 垫木上	夯实原土，铺设通长垫木
>24 且≤40	垫木面积不小于 0.10m²，其余同上	砂夹石回填夯实，其余同上	夯实原土，在搭设地面满铺 C15 混凝土，厚度不小于 150mm
>40 且≤55	垫木面积不小于 0.15m² 或铺通长垫木，其余同上	砂夹石回填夯实，垫木面积不小于 0.15m² 或铺通长垫木	夯实原土，在搭设地面满铺 C15 混凝土，厚度不小于 200mm

注：垫木厚度不小于 50mm，宽度不小于 200mm；通长垫木的长度不小于 1500mm。

（2）门式脚手架与模板支架的搭设场地必须平整坚实，并应符合下列规定：

1）回填土应分层回填，逐层夯实；

2）场地排水应顺畅，不应有积水。

（3）搭设门式脚手架的地面标高宜高于自然地坪标高 50～100mm。

（4）当门式脚手架与模板支架搭设在楼面等建筑结构上时，门架立杆下宜铺设垫板。

9. 悬挑脚手架

（1）悬挑脚手架的悬挑支承结构应根据施工方案布设，其位置应与门架立杆位置对应，每一跨距宜设置 1 根型钢悬挑梁，并应按确定的位置设置预埋件。

（2）型钢悬挑梁锚固做法与扣件式钢管脚手架悬挑型钢梁相同，见 3.1.1.4 节。

（3）悬挑脚手架底层门架立杆与型钢悬挑梁应可靠连接，不得滑动或窜动。型钢梁上应设置固定连接棒与门架立杆连接，连接棒的直径不应小于 25mm，长度不应小于 100mm，应与型钢梁焊接牢固。

（4）悬挑脚手架的底层门架两侧立杆应设置纵向扫地杆，并应在脚手架的转角处、两端和中间间隔不超过 15m 的底层门架上各设置一道单跨距的水平剪刀撑，剪刀撑斜杆应与门架立杆底部扣紧。

（5）在建筑平面转角处（图 3-1-22），型钢悬挑梁应经单独计算设置；架体应按步设置水平连接杆，并应与门架立杆或水平加固杆扣紧。

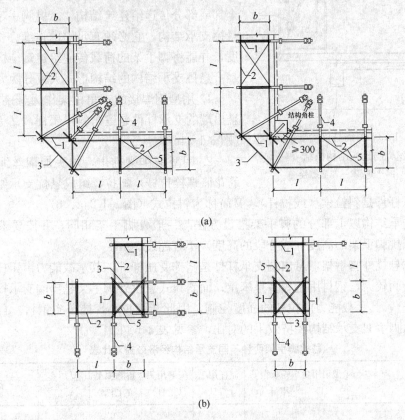

(a)

(b)

图 3-1-22　建筑平面转角处型钢悬挑梁设置

(a) 型钢悬挑梁在阳角处设置；(b) 型钢悬挑梁在阴角处设置

1—门架；2—水平加固杆；3—连接杆；4—型钢悬挑梁；5—水平剪刀撑

（6）每个型钢悬挑梁外端宜设置钢丝绳或钢拉杆与上一层建筑结构斜拉结（图 3-1-23），钢丝绳、钢拉杆不得作为悬挑支撑结构的受力构件。

（7）悬挑脚手架在底层应满铺脚手板，并应将脚手板与型钢梁连接牢固。

3.1.4　悬挑式外脚手架

3.1.4.1　适用范围

在高层建筑施工中，遇到以下三种情况时，可采用悬挑式外脚手架。

1. ±00 以下结构工程回填土不能及时回填，而主体结构工程必须立即进行，否则将影响工期；

2. 高层建筑主体结构四周为裙房，脚手架不能直接支承在地面上；

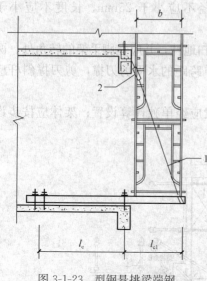

图 3-1-23　型钢悬挑梁端钢
丝绳与建筑结构拉结
1—钢丝绳；2—花篮螺栓

3. 超高层建筑施工，脚手架搭设高度超过了架子的容许搭设高度，因此将整个脚手架按容许搭设高度分成若干段，每段脚手架支承在由建筑结构向外悬挑的结构上。

3.1.4.2　悬挑式支承结构

悬挑式外脚手架，是利用建筑结构外边缘向外伸出的悬挑结构来支承外脚手架，将脚手架的荷载全部或部分传递给建筑结构。悬挑脚手架的关键是悬挑支承结构，它必须有足够的强度、稳定性和刚度，并能将脚手架的荷载传递给建筑结构。

悬挑支承结构的结构形式大致分两大类：

1. 用型钢焊接的三角桁架作为悬挑支承结构，悬出端的支承杆件是三角斜撑压杆，又称为下撑式（图 3-1-24c）；

2. 用型钢作梁挑出，端头加钢丝绳（或用钢筋花篮螺栓拉杆）斜拉，组成悬挑支承结构。由于悬出端支承杆件是斜拉索（或拉杆），又简称为斜拉式（图 3-1-24a、b）。

悬挑支承结构以上部分的脚手架搭设方法与一般外脚手架相同，并按要求设置连墙点。这种悬挑脚手架的高度（或分段的高度）不宜超过 20m。

下撑式悬挑外脚手架，悬出端支承杆件是斜撑受压杆件，其承载能力由压杆稳定性控制，因此断面较大，钢材用量较多且笨重；而斜拉式悬挑外脚手架悬出端支承杆件是斜拉索（或拉杆），其承载能力由拉杆的强度控制，因此断面较小，能节省钢材，自重轻。两种不同悬挑脚手架支承结构经济效果的对比，参见表 3-1-11。

悬挑脚手架两种不同支承结构经济效益对比表　　　　表 3-1-11

支架结构形式	型钢用量（t）	铁板钢筋用量（t）	制作用工（工日）	安装用工（工日）	拆除用工（工日）	复用率（%）	备　注
三角桁架下撑式	29.1	9.71	120	40	20	50	按 4 层用量计
型钢挑梁＋拉筋上挂式	13.2	2.33	12	4	8	90	按 4 层用量计
节约数	15.9	7.38	108	36	12		按 4 层用量计

注：资料来源《深圳海丰苑高层建筑外架施工》。

3.1.4.3　高层建筑悬挑式外脚手架实例

北京西苑饭店工程主楼第 23 层以上为塔楼结构，其中部为钢筋混凝土筒体，四周挑出两层钢结构，塔楼结构和外装修工程施工均采用悬挑 12.6m 的钢平台上搭设扣件钢管脚手架。

悬挑钢平台设在 65m 高空处，在其上搭设近 30m 高的双排钢管脚手架和面积为 5m×20m、高 12m 的满堂脚手架，见图 3-1-25。

钢平台由 6 榀 KL 钢桁架和作为连系支撑的横向角钢焊接构成，每榀钢桁架采用三对吊挂（其中两对设有捯链调紧装置）钢丝绳，将钢桁架悬挂在电梯井壁上，在上下支点处，

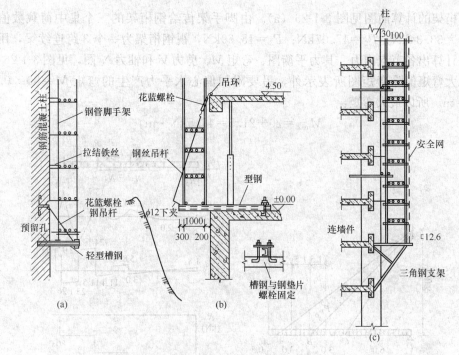

图 3-1-24 两种不同悬挑支承结构的悬挑式脚手架

(a)、(b) 斜拉式悬挑外脚手架；(c) 下撑式悬挑外脚手架

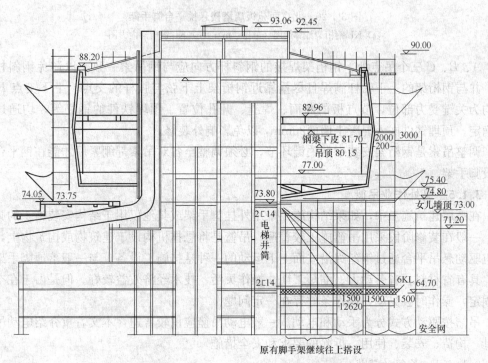

图 3-1-25 悬挑平台脚手架示意图

电梯井筒内设置由两根 14 号槽钢构成的加强杆，将水平作用力直接传递到相应的楼板结构。在上支点处混凝土墙靠外侧附加了 φ22 钢筋，以抵抗水平力对井筒壁产生的附加弯矩。

钢桁架的计算简图见图 3-1-26（a）。由脚手架传给钢桁架的三个集中荷载数值分别为：$P_1 = 33.34kN$；$P_2 = 47.07kN$；$P_3 = 15.69kN$，视钢桁架为一个 3 跨连续梁，用弯矩分配法计算出各节点内力。其力平衡图、弯矩 M、剪力 V 和轴力 N 图，见图 3-1-26（b）。桁架最大弯矩值除弯矩图所表示外，另要附加偏心水平力产生的弯矩 $M = 80 \times 0.25 = 20kN \cdot m$。所以最大弯矩：

$$M_{max} = 20 + 21.5 = 41.5kN \cdot m$$

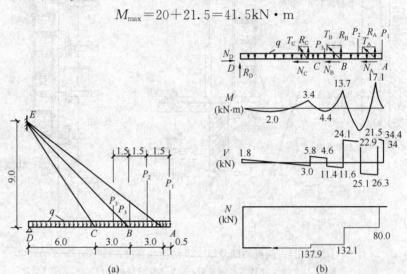

图 3-1-26　北京西苑饭店塔楼悬挑平台脚手架

（a）KL 钢桁架计算简图（单位：m）；（b）KL 钢桁架内力图

　　A、B、C 三个吊点处，钢桁架焊接的钢斜杆方向应与钢吊索一致，以避免钢斜杆受弯，并与钢桁架的上下弦杆满焊且尽量靠近钢桁架上下弦与腹杆的交点。上下支点 E 和 D 均为关键受力部位，节点板的断面、焊缝、开孔位置、预埋铁件的钢筋等，均通过计算确定。预埋铁件嵌入混凝土墙面20mm，以免影响外装修。

　　调整吊索是钢桁架安装中的关键环节，必须调整至各对吊索都绷紧后才能在钢平台上搭设脚手架。

3.1.5　高处作业吊篮

在高层建筑施工中，如果结构施工采用外挂脚手架或其他仅用于结构安装施工的脚手架，一般在装修阶段采用吊篮施工较普遍。吊篮是将悬挂机构设于建筑物或构筑物上，提升机驱动悬吊平台通过钢丝绳沿立面上下运动的一种悬挂施工设备。与一般落地脚手架相比，具有省材料、省劳动力、缩短工期、操作灵活、技术经济效益较好。但是由于在空中不固定，操作时会晃动，操作条件存在一定问题。

吊篮按驱动方式分为手动和电动。一般电动吊篮应用较普遍，本文着重介绍电动吊篮设计、构造、安装、使用、拆除的要求和安全措施。

3.1.5.1　吊篮的荷载

1. 高处作业吊篮的荷载可分为永久荷载（即恒载）和可变荷载（即活载）两类。永久荷载包括：悬挂机构、吊篮（含提升机和电缆）、钢丝绳、配重块；可变荷载包括：操作人员、施工工具、施工材料、风荷载。

2. 永久荷载标准值（G_k）应根据生产厂家使用说明书提供的数据选取。

3. 施工活荷载标准值（q'_k），宜按均布荷载考虑，应为 $1kN/m^2$。

4. 吊篮的风荷载标准值应按下式计算：

$$Q_{wk} = w_k \times F \tag{3-1-1}$$

式中　Q_{wk}——吊篮的风荷载标准值（kN）；

　　　w_k——风荷载标准值（kN/m^2）；

　　　F——吊篮受风面积（m^2）。

3.1.5.2　设计计算

1. 吊篮动力钢丝绳强度应按容许应力法进行核算，计算荷载应采用标准值，安全系数 K 应选取 9。

2. 吊篮动力钢丝绳所承受荷载，应符合下列规定：

（1）竖向荷载标准值应按下式计算：

$$Q_1 = (G_k + Q_k)/2 \tag{3-1-2}$$

式中　Q_1——吊篮动力钢丝绳竖向荷载标准值（kN）；

　　　G_k——吊篮及钢丝绳自重标准值（kN）；

　　　Q_k——施工活荷载标准值（kN）。

（2）作用于吊篮上的水平荷载可只考虑风荷载，并应由两根钢丝绳各负担 $1/2$，水平荷载标准值应按下式计算：

$$Q_2 = Q_{wk}/2 \tag{3-1-3}$$

式中　Q_2——吊篮动力钢丝绳水平荷载标准值（kN）；

　　　Q_{wk}——吊篮的风荷载标准值（kN）。

（3）吊篮在使用时，其动力钢丝绳所受拉力应按下式核算：

$$Q_D = K\sqrt{Q_1^2 + Q_2^2} \tag{3-1-4}$$

式中　Q_D——动力钢丝绳所受拉力的施工核算值（kN）；

　　　K——安全系数，选取 9。

（4）吊篮在使用时，动力钢丝绳所受拉力（Q_D）不应大于钢丝绳的破断拉力。

（5）高处作业吊篮通过悬挂机构支撑在建筑物上，应对支撑点的结构强度进行核算。

（6）支承悬挂机构前支架的结构所承受的集中荷载应按下式计算：

$$N_D = Q_D(1 + L_1/L_2) + G_D \tag{3-1-5}$$

式中　N_D——支承悬挂机构前支架的结构所承受的集中荷载（kN）；

　　　Q_D——吊篮动力钢丝绳所受拉力的施工核算值，应按式（3-1-4）计算（kN）；

　　　G_D——悬挂横梁自重（kN）；

　　　L_1——悬挂横梁前支架支承点至吊篮吊点的长度（m）；

　　　L_2——悬挂横梁前支架支承点至后支架支承点之间的长度（m）。

计算简图：

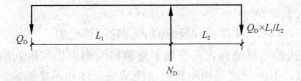

（7）当后支架采用加平衡重的形式时，支承悬挂机构后支架的结构所承受的集中荷载应按式（3-1-6）计算：

$$T = 2 \times (Q_D \times L_1/L_2) \tag{3-1-6}$$

式中 T——支承悬挂机构后支架的结构所承受集中荷载（kN），其中 2 为平衡安全系数。

（8）当后支架采用与楼层结构拉结卸荷形式时，支承悬挂机构后支架的结构所承受集中荷载应按下式计算：

$$T = 3 \times (Q_D \times L_1/L_2) \tag{3-1-7}$$

（9）当支承悬挂机构前后支撑点的结构的强度不能满足使用要求时，应采取加垫板放大受荷面积或在下层采取支顶措施。

（10）固定式悬挂支架（指后支架拉结型）拉结点处的结构应能承受设计拉力；当采用锚固钢筋作为传力结构时，其钢筋直径应大于 16mm；在混凝土中的锚固长度应符合该结构混凝土强度等级的要求。

（11）悬挂吊篮的支架支撑点处结构的承载能力，应大于所选择吊篮各工况的荷载最大值。

3.1.5.3 构造措施

1. 高处作业吊篮应由悬挂机构、吊篮平台、提升机构、防坠落机构、电气控制系统、钢丝绳和配套附件、连接件组成。

2. 吊篮平台应能通过提升机构沿动力钢丝绳升降。

3. 吊篮悬挂机构前后支架的间距，应能随建筑物外形变化进行调整。

3.1.5.4 吊篮的安装

1. 高处作业吊篮安装时应按专项施工方案，在专业人员的指导下实施。

2. 安装作业前，应划定安全区域，并应排除作业障碍。

3. 高处作业吊篮组装前应确认结构件、紧固件已配套且完好，其规格型号和质量应符合设计要求。

4. 高处作业吊篮所用的构配件应是同一厂家的产品。

5. 在建筑物屋面上进行悬挂机构的组装时，作业人员应与屋面边缘保持 2m 以上的距离。组装场地狭小时应采取防坠落措施。

6. 悬挂机构宜采用刚性连接方式进行拉结固定。

7. 悬挂机构前支架严禁支撑在女儿墙上、女儿墙外或建筑物挑檐边缘。

8. 前梁外伸长度应符合高处作业吊篮使用说明书的规定。

9. 悬挑横梁应前高后低，前后水平高差不应大于横梁长度的 2%。

10. 配重件应稳定可靠地安放在配重架上，并应有防止随意移动的措施。严禁使用破损的配重件或其他替代物。配重件的重量应符合设计规定。

11. 安装时钢丝绳应沿建筑物立面缓慢下放至地面，不得抛掷。

12. 当使用两个以上的悬挂机构时，悬挂机构吊点水平间距与吊篮平台的吊点间距应相等，其误差不应大于 50mm。

13. 悬挂机构前支架应与支撑面保持垂直，脚轮不得受力。

14. 安装任何形式的悬挑结构，其施加于建筑物或构筑物支承处的作用力，均应符合建筑结构的承载能力，不得对建筑物和其他设施造成破坏和不良影响。

15. 高处作业吊篮安装和使用时,在10m范围内如有高压输电线路,应按照现行行业标准《施工现场临时用电安全技术规范》JGJ 46的规定,采取隔离措施。

3.1.5.5 吊篮的使用

1. 高处作业吊篮应设置作业人员专用的挂设安全带的安全绳及安全锁扣。安全绳应固定在建筑物可靠位置上,不得与吊篮上任何部位有连接,并应符合下列规定:

(1) 安全绳应符合现行国家标准《安全带》GB 6095的要求,其直径应与安全锁扣的规格相一致;

(2) 安全绳不得有松散、断股、打结现象;

(3) 安全锁扣的配件应完好、齐全,规格和方向标识应清晰可辨。

2. 吊篮宜安装防护棚,防止高处坠物造成作业人员伤害。

3. 吊篮应安装上限位装置,宜安装下限位装置。

4. 使用吊篮作业时,应排除影响吊篮正常运行的障碍。在吊篮下方可能造成坠落物伤害的范围,应设置安全隔离区和警告标志,人员或车辆不得停留、通行。

5. 在吊篮内从事安装、维修等作业时,操作人员应佩戴工具袋。

6. 使用境外吊篮设备时应有中文使用说明书;产品的安全性能应符合我国的行业标准。

7. 不得将吊篮作为垂直运输设备,不得采用吊篮运送物料。

8. 吊篮内的作业人员不应超过2个。

9. 吊篮正常工作时,人员应从地面进入吊篮内,不得从建筑物顶部、窗口等处或其他孔洞处出入吊篮。

10. 在吊篮内的作业人员应佩戴安全帽,系安全带,并应将安全锁扣正确挂置在独立设置的安全绳上。

11. 吊篮平台内应保持荷载均衡,不得超载运行。

12. 吊篮做升降运行时,工作平台两端高差不得超过150mm。

13. 使用离心触发式安全锁的吊篮在空中停留作业时,应将安全锁锁定在安全绳上;空中启动吊篮时,应先将吊篮提升使安全绳松弛后再开启安全锁。不得在安全绳受力时强行扳动安全锁开启手柄;不得将安全锁开启手柄固定于开启位置。

14. 吊篮悬挂高度在60m及其以下的,宜选用长边不大于7.5m的吊篮平台;悬挂高度在100m及其以下的,宜选用长边不大于5.5m的吊篮平台;悬挂高度在100m以上的,宜选用不大于2.5m的吊篮平台。

15. 进行喷涂作业或使用腐蚀性液体进行清洗作业时,应对吊篮的提升机、安全锁、电气控制柜采取防污染保护措施。

16. 悬挑结构平行移动时,应将吊篮平台降落至地面,并应使其钢丝绳处于松弛状态。

17. 在吊篮内进行电焊作业时,应对吊篮设备、钢丝绳、电缆采取保护措施。不得将电焊机放置在吊篮内;电焊缆线不得与吊篮任何部位接触;电焊钳不得搭挂在吊篮上。

18. 在高温、高湿等不良气候和环境条件下使用吊篮时,应采取相应的安全技术措施。

19. 吊篮施工遇有雨雪、大雾、风沙及5级以上大风等恶劣天气时,应停止作业,并应将吊篮平台停放至地面,应对钢丝绳、电缆进行绑扎固定。

20. 当施工中发现吊篮设备故障和安全隐患时,应及时排除,如可能危及人身安全,应停止作业,并应由专业人员进行维修。维修后的吊篮应重新进行检查验收,合格后方可使用。

21. 下班后不得将吊篮停留在半空中,应将吊篮放至地面。人员离开吊篮、进行吊篮维修或每日收工后应将主电源切断,并应将电气柜中各开关置于断开位置并加锁。

3.1.5.6 吊篮的拆除

1. 高处作业吊篮拆除时应按照专项施工方案,并应在专业人员的指挥下实施。

2. 拆除前应将吊篮平台下落至地面,并应将钢丝绳从提升机、安全锁中退出,切断总电源。

3. 拆除支承悬挂机构时,应对作业人员和设备采取相应的安全措施。

4. 拆卸分解后的构配件不得放置在建筑物边缘,应采取防止坠落的措施。零散物品应放置在容器中。不得将吊篮任何部件从屋顶处抛下。

3.1.5.7 吊篮的管理

1. 高处作业吊篮在使用前必须经过施工、安装、监理等单位的验收,未经验收或验收不合格的吊篮不得使用。

2. 高处作业吊篮应按表 3-1-12 的规定逐台逐项验收,并应经空载运行试验合格后,方可使用。

表 3-1-12

高处作业吊篮使用验收表

工程名称		结构形式	
建筑面积		机位布置情况	
总包单位		项目经理	
租赁单位		项目经理	
安拆单位		项目经理	

序号	检查部位		检 查 标 准	检查结果
1	保证项目	悬挑机构	悬挑机构的连接销轴规格与安装孔相符并用锁定销可靠锁定	
			悬挑机构稳定,前支架受力点平整,结构强度满足要求	
			悬挑机构抗倾覆系数大于等于 2,配重铁足量稳妥安放,锚固点结构强度满足要求	
2		吊篮平台	吊篮平台组装符合产品说明书要求	
			吊篮平台无明显变形和严重锈蚀及大量附着物	
			连接螺栓无遗漏并拧紧	
3		操控系统	供电系统符合施工现场临时用电安全技术规范要求	
			电气控制柜各种安全保护装置齐全、可靠,控制器件灵敏可靠	
			电缆无破损裸露,收放自如	
4		安全装置	安全锁灵敏可靠,在标定有效期内,离心触发式制动距离小于等于 200mm,摆臂防倾 3°～8°锁绳	
			独立设置锦纶安全绳,锦纶绳直径不小于 16mm,锁绳器符合要求,安全绳与结构固定点的连接可靠	
			行程限位装置正确稳固,灵敏可靠	
			超高限位器止挡安装在距顶端 80cm 处固定	

序号	检查部位		检 查 标 准	检查结果
5	保证项目	钢丝绳	动力钢丝绳、安全钢丝绳及索具的规格型号符合产品说明书要求	
			钢丝绳无断丝、断股、松股、硬弯、锈蚀，无油污和附着物	
			钢丝绳的安装稳妥可靠	
6	一般项目	技术资料	吊篮安装和施工组织方案	
			安装、操作人员的资格证书	
			防护架钢结构构件产品合格证	
			产品标牌内容完整（产品名称、主要技术性能、制造日期、出厂编号、制造厂名称）	
7		防护	施工现场安全防护措施落实，划定安全区，设置安全警示标识	

验收结论	

验收人签字	总包单位	分包单位	租赁单位	安拆单位

监理单位验收：

符合验收程序，同意使用 （ ）

不符合验收程序，重新组织验收 （ ）

总监理工程师（签字）：　　　　　　　　　　　　　年　　月　　日

注：本表由施工单位填报，监理单位、施工单位、租赁单位、安拆单位各存一份。

3.1.6 附着式电动施工平台

附着式电动施工升降平台是大型自升降式高空作业平台。它的基本原理是组拼而成的工作平台通过驱动器靠齿轮、齿条传动，沿着附着在建筑物上立柱升降并可停在任意位置以满足施工需要，有着非常可靠的电气和机械安全系统，平台可根据需要伸缩以满足建筑物外立面变化，在安装、使用时不用预制基础，移动时只需拆除部分立柱和附墙，通过底部的轮子很方便地更换作业地点，可替代钢、竹、木等脚手架及电动吊篮，主要用于既有建筑物的改造和新建筑物的幕墙、涂料、砌筑等外墙装修，也可用作高大厅堂的墙面和顶棚装修，是原桥式脚手架的升级和完善，是一种高效、安全的新型脚手架设备。

3.1.6.1 附着式电动施工平台的组成

附着式电动施工平台架主要由底座、平台横梁、立柱、安全防护构件、驱动器等部分组成，可以组成单柱和双柱两种，如图 3-1-27、图 3-1-28。

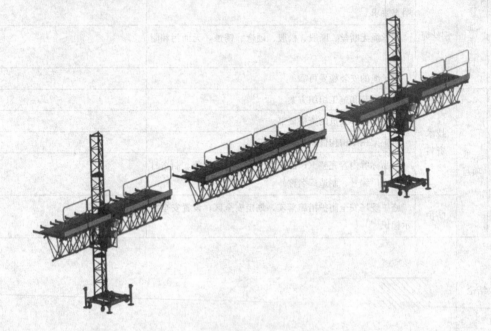

图 3-1-27 附着式电动升降平台

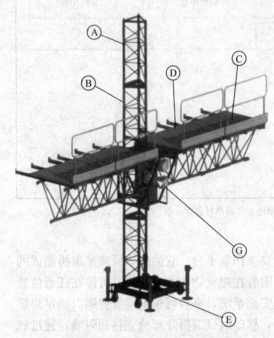

图 3-1-28 电动施工平台结构图

Ⓐ—顶立柱；Ⓑ—标准立柱；Ⓒ—1m 平台；Ⓓ—1.5m 平台；Ⓔ—底座；Ⓖ—驱动器

1. 底座（E）

每个施工平台底座如图 3-1-29 都有一个焊接框架做成的底盘，底盘上由 5 个支腿（其中 4 个放置于平台底座四周，1 个在平台底座中心）用于传递立柱荷载。

平台底部还装有 4 个滚轮，能够在不完全分解施工平台构件的情况下，很方便地更换作业场地。

此外，在平台底座上还有一个缓冲橡胶减振器，能够减少施工平台下降时对底座的冲击。

2. 立柱（A、B）

立柱是由方钢管、齿条、钢筋等焊接而成的三角形格构，标准节的高度为 1.5m。立柱分为标准立柱（A）和限位立柱（B）两种，如图 3-1-30，限位立柱主要用于立柱最底部和最顶部。当驱动器上的微动开关接触到限位立柱上的限位块时自动停止，防止驱动器碰撞底座或越出立柱而发生危险。

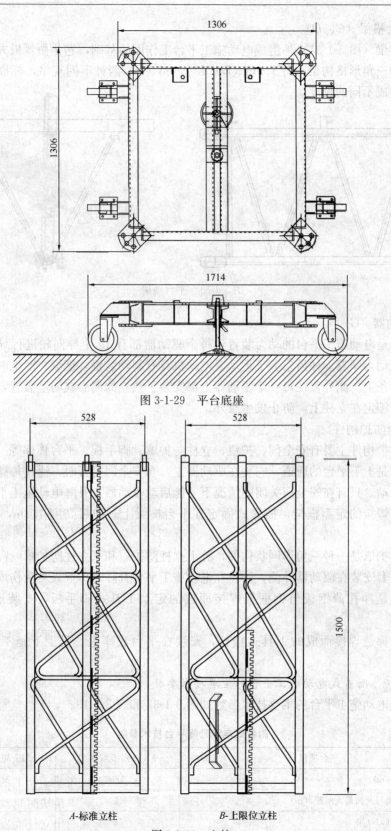

图 3-1-29 平台底座

图 3-1-30 立柱

A-标准立柱   B-上限位立柱

3. 平台横梁（C、D）

平台横梁（图 3-1-31）是组成电动施工平台工作面的基础，它是由 3 根方钢管和圆钢焊接而成的三角形格构架。有 1.5m（D）和 1.0m（C）两种不同规格，标准节间通过销轴连接来组成不同的长度。

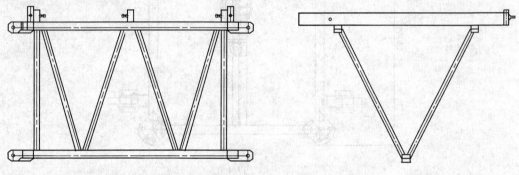

图 3-1-31 平台横梁

4. 驱动器（G）

驱动器是电动施工平台的动力装置，每个驱动器都有 15 个导向轮进行导向，通过双电动机提供动力顺着立柱齿条上下运动。电动机具有制动装置，能够在断电时把驱动器锁定在立柱齿条上。此外，在每一个驱动器上都安装了独立的离心式防坠装置，能够将超过限速的平台锁定在立柱上，防止发生意外。

5. 安全防护构件

安全防护构件主要有安全门、护栏、立柱防护罩、脚手板、平台楼梯等。

安全门是上下平台的通道，它装在驱动器上。当安全门打开时，通过传感器感应，驱动器无法启动。只有在安全门关闭的情况下才能启动驱动器，升降电动施工平台。

护栏是焊接的定型框架，插套式固定在平台横梁上。护栏高度 1.2m，底部设有挡脚板。

立柱防护罩是一种三角形网状构件，分上立柱防护罩和下立柱防护罩，高度与立柱高度相同，插套安装在驱动器外侧，防止在电动施工平台升降时作业人员受伤或落物伤人。

脚手板是冲孔薄钢板与钢框架焊接而成的定型工具式脚手板，安装迅速、简单、牢固。

平台楼梯是焊接而成的工具式楼梯，安装在平台底座上，是上下施工升降平台的通道。

3.1.6.2 附着式电动施工平台的主要技术参数

附着式电动施工平台的主要技术参数如图 3-1-32 和表 3-1-13。

附着式电动升降平台技术参数   表 3-1-13

平台项目	MC-36/15 双柱型	MC-36/15 单柱型
最大高度（m）	180	180
第一道附墙与地面最大间距（m）	6	6
最大荷载（kN）	36	15

续表

平台项目	MC-36/15 双柱型	MC-36/15 单柱型
附墙间最大间距（m）	6	6
最大承载人数	5	3
平台最大长度（m）	30.10	9.8
平台宽度（m）	1.35	1.35
平台最大伸展宽度（m）	0.95	0.95
电动机额定功率（kW）	4×2.2	2×2.2
升降速度（m/min）	6	6
额定电流（A）	2×5.4	5.4
启动电流（A）	2×24.3	24.3
供电规格	400V -50Hz	400V-50Hz
工作状态时允许最大风速（km/h）-没有附墙	45.7	45.7
工作状态时允许最大风速（km/h）	55.8	55.8
护栏最大抗力（kN）	0.9	0.9
组装时最大允许风速（km/h）	45.7	45.7
不使用时最大允许风速（km/h）	165.2	165.2
噪声水平（dB）	60dB（A）	60dB（A）

注：表中最大高度为设计高度，当高度超过120m时须采取措施，已施工工程最大高度为260m。

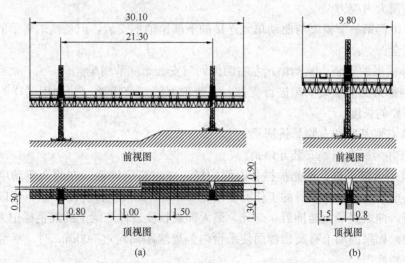

图 3-1-32　附着式施工电动平台示意
（a）单柱型；（b）双柱型

3.1.6.3　附着式电动施工平台的特点

1. 安装方便快捷、速度快。附着式电动施工平台架所有构件均为标准件，组装方便快捷。作业人员通过短期培训能很快掌握操作技术，并且便于管理。

2. 附墙方式简单，不受结构外形以及离墙距离的限制，也不需要预埋构件或预留孔洞，通过膨胀螺栓和钢管扣件可以很方便地附着在建筑结构梁、板、墙上。

3. 齿轮齿条啮合的传动原理使得施工平台升降平稳快速。

4. 作业面的宽度可以根据结构外形的变化通过伸缩梁和伸缩梁上部宽度0.3m的定型钢脚手板进行调节。

5. 可靠的智能化安全防坠装置，在无论何种原因产生动力失效，均能迅速将架体锁定在施工平台立柱上。

6. 提供了安全可靠的操作平台，平台宽度1.3m，承受能力大，主要外装材料可以通过平台直接运送至施工作业面。

7. 基础不需要像塔吊、施工电梯一样做特殊处理，受场地条件的限制较小。

8. 施工平台底部基座带可调节滚轮，平台不需要完全解体（仅需拆除立柱和附墙件）即可很方便地进行作业地点的转换。

9. 施工速度快。依靠自身升降平台可以直接将施工材料运输至作业位置，不需占用塔吊等垂直运输设备。

10. 与吊篮相比，更稳定，作业人员更舒适，安全性更好。

3.1.6.4　附着式电动施工平台的安装

1. 基座和两侧第一节横梁的安装。首先安装左侧的平台底座，注意一定要调整好底座的水平度和垂直度，调节可调支腿使底座滑轮离开地面。

安装好平台底座后，安装左侧的第一节悬臂平台横梁，用3个销轴和驱动单元固定。

安装右侧的第一节平台横梁（两立柱中部平台横梁），用上部两个销轴固定，不安装下部的1个销轴。这样就可以使双柱型电动施工平台在发生允许倾斜时有一定的变形量而不至于产生较大内应力。

注意：中部第一节横梁与驱动单元连接的下部销轴不安装，但悬挑端横梁的3个销轴必须安装齐全。

2. 相邻横梁的安装。驱动单元左右两侧同时安装第二节横梁。

3. 对中部第二节横梁下端进行支撑，安装中部第三节横梁，并利用同样的方法将横梁安装至需要的长度。

4. 安装右侧基座和右侧悬挑横梁。

5. 检查并为所有销轴安装开口销。

6. 安装平台脚手板、外侧护栏、内侧护栏、左右两侧护栏，在两个驱动单元位置安装安全门。电动施工平台本身的工作面宽度是1.3m，如果平台宽度不足，可以使用伸缩横梁来调节，伸缩梁最大能伸展0.95m，最大伸展长度以伸缩梁上的红色标记为准，严禁超出警戒线。如果因墙上有突出物而使平台内侧离墙距离超过300mm时，平台内侧一定要安装防护栏杆。

7. 安装安全门梯并用螺栓紧固在底座上。

8. 将电控箱安装在平台中部的栏杆上，将电源电缆线接至电控箱，将驱动单元电缆线接到电控箱。

9. 启动电源按钮，指示灯将闪烁，如不闪烁请调整电源相位。

10. 将竖向安装构件如立柱等均匀放置在平台上（严禁放置构件超出额定荷载）。

11. 立柱的安装。安装第一节立柱，提升平台（不超出第一节立柱）。检查电控系统是否正确安装，平台是否能正常升降。将立柱和安装立柱所需要的工具放置于平台上（严禁荷载超出手册所规定的最大荷载）。

注意：在安装阶段的最大荷载是 2 个工人和正常使用荷载时的一半，一定要遵守相关的荷载规定。

提升电动施工平台到需要高度，安装立柱。润滑接头的定位销和齿条。用螺栓连接两节立柱，拧紧到规定的扭矩。继续安装立柱，直到需要安装第一道附墙件（结构第 3 层顶部位置）。

注意：在安装到 3m 高度时安装一个临时附墙件。

12. 安装第二节立柱并安装第一道附墙件（在结构第 3 层位置）。由于电动施工平台可能会向外倾覆，所以必须及时安装附墙件。附墙在立柱上安装附墙框，通过膨胀螺栓将附墙杆固定在结构上，再用直角扣件将附墙杆和附墙框固定。

注意：（1）一定要检查膨胀螺栓的拔出力。

（2）至少每隔一个月检查一下各种螺栓的扭矩是否符合要求。

（3）第一道附墙距离地面 5.8m，以后每隔 5.8m 装一道附墙件。

13. 按照同样的方法安装立柱至设计高度（目前为 18 层）。

14. 安装顶部红色限位立柱并安装立柱保护罩。立柱安装到指定高度后再安装顶部限位立柱，限位立柱颜色为红色，并且安装了一个限位框，齿条也只有一部分，防止提升平台超出立柱。

注意：立柱的自由端不能超过 3m。

15. 最后调整平台底座中心可调支腿并固定牢固。

16. 平台检查验收并投入使用。

3.1.6.5 附着式电动施工平台的使用规定

1. 底座可调支腿下必须垫 50mm 厚的木板；

2. 平台的操作人员必须持有高空作业人员操作证书并经公司培训合格；

3. 当需要加宽平台时应在最底部操作，避免高空作业，如确实需要高空作业，一定要挂好安全带；

4. 平台上所承载的物料和人员，不允许超过平台允许荷载；

5. 在升降过程中，人员和物料应均匀分布；

6. 出现紧急情况时，请及时按下电动操控箱上的紧急停止按钮；

7. 当遇大风时，停止电动施工平台的使用；

8. 在每天工作完毕后请将电动施工平台下降到最低位置，并将电控箱锁好；

9. 在每次升降前，请先查看可调支腿是否在正确位置；

10. 不允许在承载力不明的结构上使用电动施工平台；

11. 在任何阶段，平台上的操作工人严禁攀爬护栏，不允许站在高于护栏的工作面上；

12. 无论上升、下降或在停止状态，一定要关闭安全门；

13. 及时清理平台上的杂物；

14. 使用前必须检查平台上所有的安全装置和电控系统。

3.1.6.6 附着式电动施工平台的拆除

1. 拆除准备

（1）组织现场相关人员进行安全技术交底，明确拆除顺序、安全保障体系和构件的拆除方法。

（2）安全员负责现场安全警戒及安全检查工作。

（3）班组长负责现场具体的拆除工作及物料的运输工作。

（4）清除支架上的杂物、垃圾、障碍物。

2. 拆除施工工艺

按照与施工平台安装相反的顺序进行拆除。

（1）提升到最顶部，从上至下按顺序逐个拆除立柱和附墙。将拆下的立柱放在平台上，注意不要超过在安装和拆除过程中平台所能承受的最大荷载。

重复以上操作直到拆除完立柱。

（2）拆除护栏、脚手板、安全门。

（3）拆除电控系统。

（4）按照与安装平台时的相反顺序拆除平台横梁。

（5）松开可调支腿，直到轮子接触地面。

3.1.6.7 工程实例

北京四季酒店，主体为框架剪力墙结构，1层6.9m，2～4层4.5m，5～19层层高为3.3m，20～23层为3.8m。建筑总标高均为98.1m。

施工要求：建筑中央大厅从第5层一直到顶部是14.9m×21m的高空天井，有三面要做结构柱子的贴砖装修，另一面做浮雕装饰，顶部安装采光棚。如果按传统做法搭设满堂红落地式脚手架，约需脚手架200多吨，对5层顶板承载力要求高，且费工费时。经多方比选，决定采用MC36/15附着式电动施工平台，具体做法是：从第5层顶板搭设电动施工平台，每面两台，共设8台，在长边的电动施工平台上用钢管扣件搭设一个桁架平台，利用电动施工平台将桁架平台提升到厅堂天井顶部并用钢丝绳将桁架平台荷载卸荷至建筑结构上，进行顶部采光棚施工，完工后，再将桁架平台落至5层，拆除桁架平台，再利用电动施工平台进行四周装饰作业，总计用钢管扣件不足10t，节约了大量材料，也保证了结构安全，为解决高大厅堂的装修提供了新途径。

施工平台提升到顶面后立面图如图3-1-33。

3.1.7 绑扎式有节钢管脚手架

我国香港地区，长期以来，一直使用竹脚手架作为高层建筑施工外脚手架，甚至内地的驰名施工企业在香港承包工程也逐步"入乡随俗"，由开始使用钢管扣件脚手架转向使用竹脚手架，这是为什么呢？因为它在保证安全的前提下具有搭设方便、快速、自重轻、使用灵活、成本低的优点。特别是绑扎快捷方便，拆除也方便，只需用刀割断绑扎带。但是最近逐步发现竹材

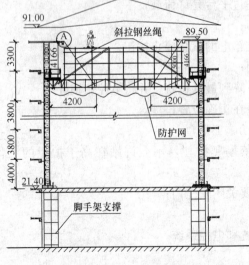

图 3-1-33　立面布置

的货源和质量不稳定，给竹脚手架搭设带来一些问题，很多青竹子到场后收缩大，规格也不稳定，因此产生了用轻型钢管代替竹杆，仍采用传统的绑扎的方法搭设脚手架。这就是从施工实践中提出的课题，绑扎式（有节）钢管脚手架（图 3-1-34）就是这样产生的，是中国传统的绑扎式竹脚手架与扣件式钢管脚手架相结合的新型脚手架，它既保留了施工方便灵活的绑扎式工艺，而用材质均匀稳定的有节钢管代替了材质不均匀稳定、强度偏低的竹杆，是取长补短的结合。它具有工人在架体上操作条件好（因为步距高一般 1.998m，最少 1.8m）、架体自重轻、搭设与拆除方便、施工快速、灵活的特点。目前已经通过工程试用，在香港地区很可能逐步推广。它是一种有发展前途的，具有中国特色的新型脚手架。目前香港地区推广有个过渡阶段，即用有节钢管做立杆，竹竿做水平杆，采用特制塑料带绑扎。有人会提出质疑，我国强制性规定木和钢、竹和钢是不能混用的，但是要认真分析为什么要这样规定，这是因为木钢、竹钢混用节点不能用扣件，只能绑扎，通常钢管是不带节的，绑扎肯定会打滑，所以国家的规定是有道理的。但是采用有节钢管就不存在这个问题了，其绑扎点通过抗滑移试验，最后的节点破坏不是滑移，而是绑扎带被拉断或钢管壁的挤压塑变形，因为抗滑移的能力不是钢管之间的摩擦力，而是绑扎带的强度或钢管壁的挤压塑变形。目前采用的绑扎带节点（见图 3-1-34b）能满足脚手架承载能力的需要。通过脚手架真型试验也说明这种节点具有一定强度和刚度，能保证脚手架整体稳定。从三个真型试验的破坏试验，也看出它与扣件式钢管脚手架破坏形式相似，脚手架失稳破坏后未发现绑扎节点滑移现象，都是整体大波失稳破坏，说明这种节点刚度能保证脚手架的整体稳定。

(a)　　　　　　　　　　　　　　　　(b)

图 3-1-34　绑扎式（有节）钢管脚手架
(a) 立面图；(b) 节点图

3.1.7.1　绑扎式（有节）钢管脚手架构配件

1. 钢管

（1）脚手架钢管应采用现行国家标准《直缝电焊钢管》GB/T 13793 或《低压流体输送用焊接钢管》GB/T 3091 的 Q235 普通钢管热镀锌，其质量应符合现行国家标准《碳素结构钢》GB/T 700 中 Q235 级钢的规定。

（2）外立杆、内立杆及剪刀撑宜采用Φ48.6×2.3热镀锌钢管，表面有一侧焊有Φ4×8止滑扣挡销，间距50mm，每根钢管最大重量不应大于16kg。

（3）纵向水平杆、横向水平杆、护身栏宜采用Φ42×1.8热镀锌钢管。

2. 绑扎带

绑扎带为这种脚手架专用配方塑料带，每条重量8g，宽约6mm，厚0.8mm，长2.2m，每扎220条。一条塑料带的极限拉力应为900～1000N，并具有抗老化功能。

3. 连墙件

连墙件宜采用定型专用膨胀螺栓固定，采用Φ48.6×2.3钢管，外端300mm段一侧表面焊Φ4×8止滑扣，间距50mm。

4. 底座

底座是设于立杆底部的钢板垫座，有固定底座和可调底座两种。

5. 脚手板和挡脚板

（1）木脚手板采用杉木或松木制作，其材质应符合现行国家标准《木结构设计规范》GB 50005中Ⅱ级材质的规定。脚手板的厚度不应小于25mm，两端应各设直径为4mm的镀锌钢丝两道。

（2）木挡脚板厚25mm，宽180mm。

3.1.7.2　构造要求

1. 常用双排脚手架设计尺寸

（1）外排立杆横距 l_b=666mm。

（2）操作层之间的步距 h=1998mm，内排架立杆纵向水平杆之间的步距为 h=1998mm；外排架纵向水平杆之间的步距为 $h/3$=666mm。

（3）内排架立杆纵距 l_a=1.5m，外排架立杆纵距 l_a=0.75m。

2. 纵向水平杆、横向水平杆、脚手板

（1）纵向水平杆的构造应符合下列规定：

1）纵向水平杆宜设置在立杆内侧，其长度不宜小于3跨；

2）操作层的纵向水平杆应采用搭接，搭接长度不应小于1m，应等距离绑扎3个扣，端部绑扎扣边缘至搭接纵向水平杆端距离不应小于100mm；

3）操作层纵向水平杆应为横向水平杆的支座，用绑扎扣与立杆绑扎牢固；

4）外排架在操作层之间的两根纵向水平杆可采用对接连接。

（2）横向水平杆的构造应符合下列规定：

1）主节点处必须设置1根横向水平杆，横向水平杆在绑扎时应向上翘起30°。凡是与立杆相交的横向水平杆应与立杆绑扎牢，其中有一个搭在内排纵向水平杆上的节点，应与内排纵向水平杆扎牢固；

2）横向水平杆，靠墙一端的悬挑长度不应大于200mm。

（3）脚手板的设置与扣件式钢管脚手架相同，见3.1.1.4节。

3. 立杆

（1）每根立杆底部应设置底座或垫板。

（2）脚手架必须设置纵、横向扫地杆。纵向扫地杆应采用绑扎扣固定在距底座上皮不大于200mm处的立杆上。横向扫地杆亦应采用绑扎扣固定在紧靠纵向扫地杆下方的立杆上。

（3）立杆必须用连墙件与建筑物可靠连接。

（4）立杆接长除顶层顶步可采用搭接外，其余各层各步接头必须采用套管对接连接。对接、搭接应符合下列规定：

1）立杆上的套管对接节点应交错布置：两根相邻立杆的接头不应设置在同步内，同步内隔1根立杆的两个相隔接头在高度方向错开的距离不宜小于500mm；各接头中心至主节点的距离不宜大于步距的1/3；

2）搭接长度不应小于1m，应采用不少于3个绑扎扣固定，端部绑扎扣的边缘至杆端距离不应小于100mm。

（5）立杆顶端宜高出女儿墙上皮1m，高出檐口上皮1.5m。

4. 连墙件

（1）连墙件布置应按二步二跨设置。

（2）连墙件的布置应符合下列规定：

1）宜靠近主节点设置，偏离主节点的距离不应大于200mm；

2）应从底层第一步纵向水平杆处开始设置，当该处设置有困难时，应采用其他可靠措施固定；

3）宜优先采用菱形布置，也可采用方形、矩形布置；

4）一字形、开口形脚手架的两端必须设置连墙件，连墙件的垂直间距不应大于建筑物的层高，并不应大于4m（2步）。

（3）应采用刚性连接与建筑可靠连接。

（4）连墙件的构造应符合下列规定：

1）连墙件宜呈水平设置，当不能水平设置时，与脚手架连接的一端应下斜连接，不应采用上斜连接；

2）连墙件必须采用可承受拉力和压力的构造；

3）架高超过40m且有风涡流作用时，应采取抗上升翻流作用的连墙措施。

5. 剪刀撑与横向支撑

（1）剪刀撑的设置应符合下列规定：

1）每道剪刀撑宽度不应小于4跨，且不应小于6m，斜杆与地面的倾角宜在45°～60°之间；

2）剪刀撑斜杆的接长宜采用搭接；

3）剪刀撑斜杆应用绑扎扣固定在与之相交的横向水平杆的伸出端或立杆上，绑扎节点中心线至主节点的距离不宜大于150mm。

（2）横向斜撑的设置应符合下列规定：

1）横向斜撑应在同一节间，由底至顶层呈之字形连续布置。

2）一字形、开口形双排脚手架的两端均必须设置横向斜撑。

3.1.7.3 搭设要求

1. 脚手架搭设应先搭设外排架，包括剪刀撑，同步设置连墙件以固定外排架，然后搭设内排架，并同步绑扎小横杆。

2. 外排架搭设顺序应以一端向另一端分段连续搭设，每搭一段自下而上搭到顶，同步绑扎剪刀撑与连墙件，直至整个外排架搭设完。

3. 内排架与横向水平杆搭设应按下列规定：

（1）对应内排架与横向水平杆位置的外排架立杆，先绑扎横向水平杆并向上翘起30°角，然后按下至水平位置与对应的内排立杆绑扎牢，并相应地绑扎纵向水平杆。

（2）在内排立杆纵向间距中心对应的外排立杆，先绑扎横向水平杆并向上翘约30°角，然后按下至水平位置搭在内排纵向水平杆上并绑扎牢。

（3）高度大于40mm时，用专用的三角托架分段搭设。

3.1.7.4 拆除

1. 拆除脚手架前的准备工作应符合下列规定：

（1）应全面检查脚手架的绑扎连接、连墙件、支撑体系等是否符合构造要求；

（2）应根据检查结果补充完善施工组织设计中的拆除顺序和措施，经主管部门批准后方可实施；

（3）应由脚手架专业队负责人进行拆除安全技术交底；

（4）应清除脚手架上杂物及地面障碍物。

2. 拆除脚手架时，应符合下列规定：

（1）拆除作业必须由上而下逐层进行，严禁上下同时作业；

（2）连墙件必须随脚手架逐层拆除，严禁先将连墙件整层或数层拆除后再拆脚手架；分段拆除高差不应大于2步，如高差大于2步，应增设连墙件加固；

（3）当脚手架拆至下部最后1根长立杆的高度时，应先在适当位置搭设临时抛撑加固后，再拆除连墙件；

（4）当脚手架采取分段、分立面拆除时，对不拆除的脚手架两端，应设置连墙件和横向斜撑加固。

3. 卸料时应符合下列规定：

（1）各构配件严禁抛掷至地面；

（2）运至地面的构配件应按规定及时检查、整修与保养，并按品种、规格随时码放整齐存放。

3.2 内脚手架及悬挑式物料平台

3.2.1 内脚手架

高层建筑的大厅、餐厅、会议厅、游泳池、多功能厅、多层共享的高大空间厅堂等的吊顶及抹灰施工，往往都需要搭设满堂内脚手架或活动操作平台。结构安装施工时，荷载较大，往往要搭设满堂支撑架。

3.2.1.1 扣件式钢管满堂脚手架

1. 常用满堂脚手架结构的设计尺寸，可按表3-2-1采用。

常用敞开式满堂脚手架结构的设计尺寸　　　　　　表3-2-1

序号	步距（m）	立杆间距（m）	支架高宽比不大于	下列施工荷载时最大允许高度（m）	
				2（kN/m²）	3（kN/m²）
1	1.7～1.8	1.2×1.2	2	17	9
2		1.0×1.0	2	30	24
3		0.9×0.9	2	36	36

续表

序号	步距 (m)	立杆间距 (m)	支架高宽 比不大于	下列施工荷载时最大允许高度（m）	
				2（kN/m²）	3（kN/m²）
4		1.3×1.3	2	18	9
5	1.5	1.2×1.2	2	23	16
6		1.0×1.0	2	36	31
7		0.9×0.9	2	36	36
8		1.3×1.3	2	20	13
9	1.2	1.2×1.2	2	24	19
10		1.0×1.0	2	36	32
11		0.9×0.9	2	36	36
12	0.9	1.0×1.0	2	36	33
13		0.9×0.9	2	36	36

注：1. 最少跨数应符合《建筑施工扣件式钢管脚手架安全技术规范》JGJ 130 附录 C 表 C-1 规定；

    2. 脚手板自重标准值取 0.35kN/m²；

    3. 地面粗糙度为 B 类，基本风压 $w_0 = 0.35$kN/m²；

    4. 立杆间距不小于 1.2m×1.2m，施工荷载标准值不小于 3kN/m² 时，立杆上应增设防滑扣件，防滑扣件应安装牢固，且顶紧立杆与水平杆连接的扣件。

2. 满堂脚手架搭设高度不宜超过 36m；满堂脚手架施工层不得超过 1 层。

3. 满堂脚手架立杆的构造应符合本书"3.1.1.4"2. 立杆第(1) ～（3）条的规定；立杆接长接头必须采用对接扣件连接。立杆对接扣件布置应符合本书"3.1.1.4"2. 立杆第（6）条第一款的规定。水平杆的连接应符合本书"3.1.1.4"1. 脚手架纵向水平杆、横向水平杆、脚手板第（1）条2）的有关规定，水平杆长度不宜小于 3 跨。

4. 满堂脚手架应在架体外侧四周及内部纵、横向每 6m 至 8m 由底至顶设置连续竖向剪刀撑。当架体搭设高度在 8m 以下时，应在架顶部设置连续水平剪刀撑；当架体搭设高度在 8m 及以上时，应在架体底部、顶部及竖向间隔不超过 8m 分别设置连续水平剪刀撑。水平剪刀撑宜在竖向剪刀撑斜杆相交平面设置。剪刀撑宽度应为 6～8m。

5. 剪刀撑应用旋转扣件固定在与之相交的水平杆或立杆上，旋转扣件中心线至主节点的距离不宜大于 150mm。

6. 满堂脚手架的高宽比不宜大于 3，当高宽比大于 2 时，应在架体的外侧四周和内部水平间隔 6～9m、竖向间隔 4～6m 设置连墙件与建筑结构拉结，当无法设置连墙件时，应采取设置钢丝绳张拉固定等措施。

7. 最少跨数为 2、3 跨的满堂脚手架，宜按本书"3.1.1.4"3. 连墙件的规定设置连墙件。

8. 当满堂脚手架局部承受集中荷载时，应按实际荷载计算并应局部加固。

9. 满堂脚手架应设爬梯，爬梯踏步间距不得大于 300mm。

10. 满堂脚手架操作层支撑脚手板的水平杆间距不应大于 1/2 跨距；脚手板的铺设应符合本章"3.1.1.4"1. 脚手架纵向水平杆、横向水平杆、脚手板第（4）条的规定。

3.2.1.2 扣件式钢管满堂支撑架

1. 满堂支撑架立杆步距与立杆间距不宜超过《建筑施工扣件式钢管脚手架安全技

规范》JGJ 130 附录 C 表 C-2~表 C-5 规定的上限值，立杆伸出顶层水平杆中心线至支撑点的长度 a 不应超过 0.5m。满堂支撑架搭设高度不宜超过 30m。

2. 满堂支撑架立杆、水平杆的构造要求应符合本章"3.1.1.4"中"2. 立杆"中(1) ~ (3) 条及"1. 脚手架纵向水平杆、横向水平杆、脚手板"中（1）条之2）款的规定。

3. 满堂支撑架应根据架体的类型设置剪刀撑，并应符合下列规定：

（1）普通型

1）在架体外侧周边及内部纵、横向每 5~8m，应由底至顶设置连续竖向剪刀撑，剪刀撑宽度应为 5~8m（图 3-2-1）。

2）在竖向剪刀撑顶部交点平面应设置连续水平剪刀撑。当支撑高度超过 8m，或施工总荷载大于 15kN/m²，或集中线荷载大于 20kN/m 的支撑架，扫地杆的设置层应设置水平剪刀撑。水平剪刀撑至架体底平面距离与水平剪刀撑间距不宜超过 8m（图 3-2-1）。

（2）加强型

1）当立杆纵、横间距为 0.9m×0.9m~1.2m×1.2m 时，在架体外侧周边及内部纵、横向每 4 跨（且不大于 5m），应由底至顶设置连续竖向剪刀撑，剪刀撑宽度应为 4 跨。

2）当立杆纵、横间距为 0.6m×0.6m~0.9m×0.9m（含 0.6m×0.6m，0.9m× 0.9m）时，在架体外侧周边及内部纵、横向每 5 跨（且不小于 3m），应由底至顶设置连续竖向剪刀撑，剪刀撑宽度应为 5 跨。

3）当立杆纵、横间距为 0.4m×0.4m~0.6m×0.6m（含 0.4m×0.4m）时，在架体外侧周边及内部纵、横向每 3~3.2m 应由底至顶设置连续竖向剪刀撑，剪刀撑宽度应为 3~3.2m。

4）在竖向剪刀撑顶部交点平面应设置水平剪刀撑，扫地杆的设置层水平剪刀撑的设置应符合本章"3.2.1.2 扣件式钢管满堂支撑架"第 3 条（1）之2）的规定，水平剪刀撑至架体底平面距离与水平剪刀撑间距不宜超过 6m，剪刀撑宽度应为 3~5m（图 3-2-2）。

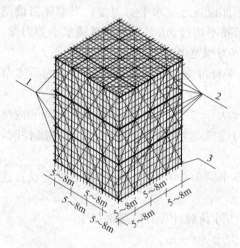

图 3-2-1 普通型水平、竖向剪刀撑布置图
1—水平剪刀撑；2—竖向剪刀撑；
3—扫地杆设置层

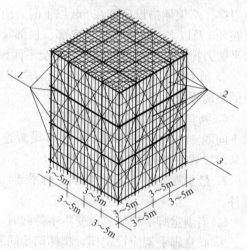

图 3-2-2 加强型水平、竖向剪刀撑构造布置图
1—水平剪刀撑；2—竖向剪刀撑；
3—扫地杆设置层

4. 竖向剪刀撑斜杆与地面的倾角应为 45°～60°，水平剪刀撑与支架纵（或横）向夹角应为 45°～60°，剪刀撑斜杆的接长应符合本书"3.1.1.4"中"5. 剪刀撑与横向斜撑"第（2）条 2）的规定。

5. 剪刀撑的固定应用旋转扣件固定在与之相交的水平杆或立杆上，旋转扣件中心线至主节点的距离不宜大于 150mm。

6. 满堂支撑架的可调底座、可调托撑螺杆伸出长度不宜超过 300mm，插入立杆内的长度不得小于 150mm。

7. 当满堂支撑架高宽比不满足《建筑施工扣件式钢管脚手架安全技术规范》JGJ 130 附录 C 表 C-2～表 C-5 规定（高宽比大于 2 或 2.5）时，满堂支撑架应在支架的四周和中部与结构柱进行刚性连接，连墙件水平间距应为 6～9m，竖向间距应为 2～3m。在无结构柱部位应采取预埋钢管等措施与建筑结构进行刚性连接，在有空间部位，满堂支撑架宜超出顶部加载区投影范围向外延伸布置 2～3 跨。支撑架高宽比不应大于 3。

3.2.1.3 门式钢管脚手架组装满堂脚手架

1. 满堂脚手架的门架跨距和间距应根据实际荷载计算确定，门架净间距不宜超过 1.2m。

2. 满堂脚手架的高宽比不应大于 4，搭设高度不宜超过 30m。

3. 满堂脚手架的构造设计，在门架立杆上宜设置托座和托梁，使门架立杆直接传递荷载。门架立杆上设置的托梁应具有足够的抗弯强度和刚度。

4. 满堂脚手架在每步门架两侧立杆上应设置纵向、横向水平加固杆，并应采用扣件与门架立杆扣紧。

5. 满堂脚手架的剪刀撑设置（图 3-2-3）除应符合本章"3.1.3.4"之"3. 加固杆"中（2）条的规定外，尚应符合下列要求：

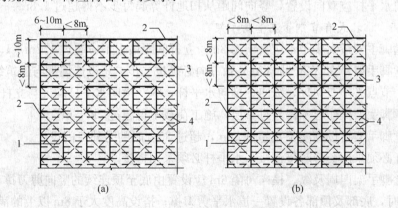

图 3-2-3　剪刀撑设置示意图
（a）搭设高度 12m 及以下时剪刀撑设置；（b）搭设高度超过 12m 时剪刀撑设置
1—竖向剪刀撑；2—周边竖向剪刀撑；3—门架；4—水平剪刀撑

（1）搭设高度 12m 及以下时，在脚手架的周边应设置连续竖向剪刀撑；在脚手架的内部纵向、横向间隔不超过 8m 应设置一道竖向剪刀撑；在顶层应设置连续的水平剪刀撑；

（2）搭设高度超过 12m 时，在脚手架的周边和内部纵向、横向间隔不超过 8m 应设置连续竖向剪刀撑；在顶层和竖向每隔 4 步应设置连续的水平剪刀撑；

（3）竖向剪刀撑应由底至顶连续设置。

6. 在满堂脚手架的底层门架立杆上应分别设置纵向、横向扫地杆，并应采用扣件与门架立杆扣紧。

7. 满堂脚手架顶部作业区应满铺脚手板，并应采用可靠的连接方式与门架横杆固定。操作平台上的孔洞应按现行行业标准《建筑施工高处作业安全技术规范》JGJ 80 的规定防护。操作平台周边应设置栏杆和挡脚板。

8. 对高宽比大于 2 的满堂脚手架，宜设置缆风绳或连墙件等有效措施防止架体倾覆，缆风绳或连墙件设置宜符合下列规定：

（1）在架体端部及外侧周边水平间距不宜超过 10m 设置；宜与竖向剪刀撑位置对应设置；

（2）竖向间距不宜超过 4 步设置。

9. 满堂脚手架中间设置通道口时，通道口底层门架可不设垂直通道方向的水平加固杆和扫地杆，通道口上部两侧应设置斜撑杆，并应按现行行业标准《建筑施工高处作业安全技术规范》JGJ 80 的规定在通道口上部设置防护层。

3.2.1.4 碗扣式满堂脚手架

1. 杆件的平直度不得大于 $H/2000$，立杆的垂直偏差不得大于 $H/600$。

2. 立杆间距应根据荷载情况采用 1.2～1.8m 组成群柱架。

3. 群柱架的高宽比应不大于 5。

4. 立杆应用长 1.8m 和 3.0m 杆件错开布置，不得将接头布置在同一位置。

5. 立一层立杆即应将斜撑对称安装牢靠，不得遗漏和随意拆除。

6. 横向水平杆应双向设置，竖向间距从扫地杆算起每步不得超过 1.8m。

3.2.1.5 绑扎式有节钢管满堂脚手架

1. 满堂脚手架最大步距不应大于 1.8m，立杆间距最大不应超过 1.2m×1.2m。

2. 满堂脚手架，在 X-X 轴与 Y-Y 轴方向必须按二步二跨设连墙件与建筑结构拉结。

3. 每个节点必须有立杆，纵向、横向水平杆，纵、横向水平杆均应与立杆绑扎牢。

4. 满堂脚手架操作层不得超过一层，施工荷载不得超过 2kN/m²。

5. 满堂脚手架搭设高度不宜超过 30m，超过 30m 时的另外专门设计。

6. 立杆必须采用套管对接连接，水平杆必须采用搭接。

7. 满堂脚手架四周及纵、横向每隔 6m 应设置由底至顶连续的竖向剪刀撑；搭设高度在 8m 以下时，底部及顶部各设置一道水平剪刀撑；搭设高度大于 8m 以上的满堂脚手架，在竖向剪刀撑顶部每个交点平面还应设置水平连续剪刀撑。

8. 满堂脚手架高度宽度比不宜大于 3。

9. 满堂脚手架局部承受集中荷载，应按实际荷载设计计算，并进行局部加固。

10. 满堂脚手架应设爬梯，爬梯步距不应大于 300mm。

11. 当施工场地条件不允许搭设满堂脚手架时，可采用桁架横梁架空一部分立杆，但必须进行专门的设计计算。对桁架和立杆及节点分别进行计算和构造加强措施设计。

12. 脚手板必须满铺。

3.2.1.6 活动操作平台架

1. 活动操作平台架应进行专项设计，应该有计算书及设计图纸。设计中应附加稳定验算，作为专项施工方案纳入施工组织设计。

2. 操作平台的面积一般不应超过 $10m^2$，高度不宜超过 5m，高宽比不应超过 2。超过此限值要进行专项设计与计算，并进行专家论证。

3. 装设轮子的移动平台，轮子与平台结合应牢固，立柱底离地面高度不应超过 80mm，见图 3-2-4。

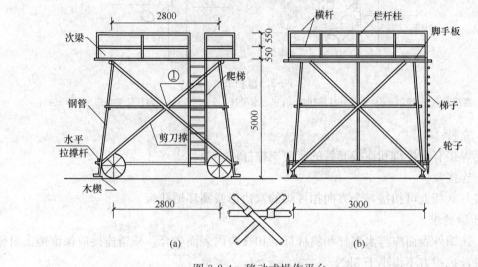

图 3-2-4 移动式操作平台

(a) 立面图；(b) 侧面图

4. 操作平台四周必须按临边作业要求设置防护栏杆，并应设置爬梯，步距不应超过 300mm。

5. 操作平台可采用 Φ 48×3.5 钢管，用扣件连接，台面满铺脚手板。

3.2.1.7 承插型盘扣式钢管支架

承插型钢管支架有许多类型。这类脚手架较扣件式钢管脚手架搭设方便，受力合理，节约用工。但是这类脚手架关键的问题是要保证插销外表面应与插孔配件表面吻合，并保证锤击能自锁不松动、不拔脱。正像《建筑施工承插型盘扣式钢管支架安全技术规程》JGJ 231—2010 的强制性条文第 3.1.2 条规定所述"插销外表面应与水平杆和斜杆杆端扣接头内表面吻合，插销连接应保证锤击自锁后不拔脱，抗拔力不得小于 3kN"。以及第 3.1.3 条的规定，"插销应具有可靠防拔脱构造措施，且应设置便于目视检查楔入深度的刻痕或颜色标记"。

在高层建筑施工中，用于外脚手架较少，而且优越性不明显，目前多用于体型复杂、高大结构的体育馆、车站、公共建筑及市政工程的模板支撑或满堂脚手架。

1. 主要构配件

（1）承插型盘扣式钢管支架

立杆采用套管承插连接，水平杆和斜杆采用杆端扣接头卡入连接盘，用楔形插销连接，形成结构几何不变体系的钢管支架。承插型盘扣式钢管支架由立杆、水平杆、斜杆、可调底座及可调托座等构配件构成。根据其用途可分为模板支架和脚手架两类。盘扣节点构成由焊接于立杆上的连接盘、水平杆杆端扣接头和斜杆杆端扣接头组成（图3-2-5）。

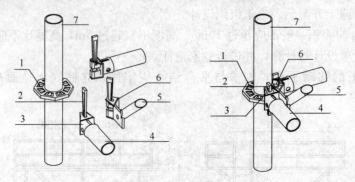

图 3-2-5　盘扣节点

1—连接盘；2—插销；3—水平杆杆端扣接头；4—水平杆；5—斜杆；6—斜杆杆端扣接头；7—立杆

（2）立杆

杆上焊接有连接盘和连接套管的竖向支撑杆件。

（3）连接盘

焊接与立杆上可扣接8个方向扣接头的八边形或圆环形孔板。

2. 质量要求

（1）插销外表面应与水平杆和斜杆杆端扣接头内表面吻合，插销连接应保证锤击自锁后不拔脱，抗拔力不得小于3kN。

（2）插销应具有可靠防拔脱构造措施，且应设置便于目视检查楔入深度的刻痕或颜色标记。

（3）立杆盘扣节点间距宜按0.5m模数设置；横杆长度宜按0.3m模数设置。

（4）主要构配件种类、规格宜符合表3-2-2。

承插型盘扣式钢管支架主要构、配件种类、规格　　　　　　　　　　表 3-2-2

名　称	型　号	规格（mm）	材　质	理论重量（kg）
立杆	A-LG-500	Φ60×3.2×500	Q345A	3.75
	A-LG-1000	Φ60×3.2×1000	Q345A	6.65
	A-LG-1500	Φ60×3.2×1500	Q345A	9.60
	A-LG-2000	Φ60×3.2×2000	Q345A	12.50
	A-LG-2500	Φ60×3.2×2500	Q345A	15.50
	A-LG-3000	Φ60×3.2×3000	Q345A	18.40
	B-LG-500	Φ48×3.2×500	Q345A	2.95
	B-LG-1000	Φ48×3.2×1000	Q345A	5.30
	B-LG-1500	Φ48×3.2×1500	Q345A	7.64
	B-LG-2000	Φ48×3.2×2000	Q345A	9.90
	B-LG-2500	Φ48×3.2×2500	Q345A	12.30
	B-LG-3000	Φ48×3.2×3000	Q345A	14.65

续表

名　称	型　号	规格（mm）	材　质	理论重量（kg）
水平杆	A-SG-300	Φ48×2.5×240	Q235B	1.40
	A-SG-600	Φ48×2.5×540	Q235B	2.30
	A-SG-900	Φ48×2.5×840	Q235B	3.20
	A-SG-1200	Φ48×2.5×1140	Q235B	4.10
	A-SG-1500	Φ48×2.5×1440	Q235B	5.00
	A-SG-1800	Φ48×2.5×1740	Q235B	5.90
	A-SG-2000	Φ48×2.5×1940	Q235B	6.50
	B-SG-300	Φ42×2.5×240	Q235B	1.30
	B-SG-600	Φ42×2.5×540	Q235B	2.00
	B-SG-900	Φ42×2.5×840	Q235B	2.80
	B-SG-1200	Φ42×2.5×1140	Q235B	3.60
	B-SG-1500	Φ42×2.5×1440	Q235B	4.30
	B-SG-1800	Φ42×2.5×1740	Q235B	5.10
	B-SG-2000	Φ42×2.5×1940	Q235B	5.60
竖向斜杆	A-XG-300×1000	Φ48×2.5×1008	Q195	4.10
	A-XG-300×1500	Φ48×2.5×1506	Q195	5.50
	A-XG-600×1000	Φ48×2.5×1089	Q195	4.30
	A-XG-600×1500	Φ48×2.5×1560	Q195	5.60
	A-XG-900×1000	Φ48×2.5×1238	Q195	4.70
	A-XG-900×1500	Φ48×2.5×1668	Q195	5.90
	A-XG-900×2000	Φ48×2.5×2129	Q195	7.20
	A-XG-1200×1000	Φ48×2.5×1436	Q195	5.30
	A-XG-1200×1500	Φ48×2.5×1820	Q195	6.40
	A-XG-1200×2000	Φ48×2.5×2250	Q195	7.55
	A-XG-1500×1000	Φ48×2.5×1664	Q195	5.90
	A-XG-1500×1500	Φ48×2.5×2005	Q195	6.90
	A-XG-1500×2000	Φ48×2.5×2402	Q195	8.00
	A-XG-1800×1000	Φ48×2.5×1912	Q195	6.60
	A-XG-1800×1500	Φ48×2.5×2215	Q195	7.40
	A-XG-1800×2000	Φ48×2.5×2580	Q195	8.50
	A-XG-2000×1000	Φ48×2.5×2085	Q195	7.00
	A-XG-2000×1500	Φ48×2.5×2411	Q195	7.90
	A-XG-2000×2000	Φ48×2.5×2756	Q195	8.80
	B-XG-300×1000	Φ33×2.3×1057	Q195	2.95
	B-XG-300×1500	Φ33×2.3×1555	Q195	3.82
	B-XG-600×1000	Φ33×2.3×1131	Q195	3.10

续表

名　称	型　号	规格（mm）	材　质	理论重量（kg）
竖向斜杆	B-XG-600×1500	Φ33×2.3×1606	Q195	3.92
	B-XG-900×1000	Φ33×2.3×1277	Q195	3.36
	B-XG-900×1500	Φ33×2.3×1710	Q195	4.10
	B-XG-900×2000	Φ33×2.3×2173	Q195	4.90
	B-XG-1200×1000	Φ33×2.3×1472	Q195	3.70
	B-XG-1200×1500	Φ33×2.3×1859	Q195	4.40
	B-XG-1200×2000	Φ33×2.3×2291	Q195	5.10
	B-XG-1500×1000	Φ33×2.3×1699	Q195	4.09
	B-XG-1500×1500	Φ33×2.3×2042	Q195	4.70
	B-XG-1500×2000	Φ33×2.3×2402	Q195	5.40
	B-XG-1800×1000	Φ33×2.3×1946	Q195	4.53
	B-XG-1800×1500	Φ33×2.3×2251	Q195	5.05
	B-XG-1800×2000	Φ33×2.3×2618	Q195	5.70
	B-XG-2000×1000	Φ33×2.3×2119	Q195	4.82
	B-XG-2000×1500	Φ33×2.3×2411	Q195	5.35
	B-XG-2000×2000	Φ33×2.3×2756	Q195	5.95
水平斜杆	A-SXG-900×900	Φ48×2.5×1273	Q235B	4.30
	A-SXG-900×1200	Φ48×2.5×1500	Q235B	5.00
	A-SXG-900×1500	Φ48×2.5×1749	Q235B	5.70
	A-SXG-1200×1200	Φ48×2.5×1697	Q235B	5.55
	A-SXG-1200×1500	Φ48×2.5×1921	Q235B	6.20
	A-SXG-1500×1500	Φ48×2.5×2121	Q235B	6.80
	B-SXG-900×900	Φ42×2.5×1272	Q235B	3.80
	B-SXG-900×1200	Φ42×2.5×1500	Q235B	4.30
	B-SXG-900×1500	Φ42×2.5×1749	Q235B	5.00
	B-SXG-1200×1200	Φ42×2.5×1697	Q235B	4.90
	B-SXG-1200×1500	Φ42×2.5×1921	Q235B	5.50
	B-SXG-1500×1500	Φ42×2.5×2121	Q235B	6.00
可调托座	A-ST-500	Φ48×6.5×500	Q235B	7.12
	A-ST-600	Φ48×6.5×600	Q235B	7.60
	B-ST-500	Φ38×5.0×500	Q235B	4.38
	B-ST-600	Φ38×5.0×600	Q235B	4.74
可调底座	A-XT-500	Φ48×6.5×500	Q235B	5.67
	A-XT-600	Φ48×6.5×600	Q235B	6.15
	B-XT-500	Φ38×5.0×500	Q235B	3.53
	B-XT-600	Φ38×5.0×600	Q235B	3.89

注：1. 立杆规格为Φ60×3.2的为A型承插型盘扣式钢管支架；立杆规格为Φ48×3.2的为B型承插型盘扣式钢管支架；

　　2. A-SG、B-SG为水平杆适用于A型、B型承插型盘扣式钢管支架；

　　3. A-SXG、B-SXG为斜杆适用于A型、B型承插型盘扣式钢管支架。

（5）连接盘、扣接头、插销以及可调螺母的调节手柄采用碳素铸钢制造时，其材料机械性能不得低于现行国家标准《一般工程用铸造碳钢件》GB/T 11352 中牌号为 ZG 230—450 的屈服强度、抗拉强度、延伸率的要求。

（6）杆件焊接制作应在专用工艺装备上进行，各焊接部位应牢固可靠。焊丝宜采用符合现行国家标准《气体保护电弧焊用碳钢、低合金钢焊丝》GB/T 8110 中气体保护电弧焊用碳钢、低合金钢焊丝的要求，有效焊缝高度不应小于 3.5mm。

（7）铸钢或钢板热锻制作的连接盘的厚度不应小于 8mm，允许尺寸偏差应为 ±0.5mm；钢板冲压制作的连接盘厚度不应小于 10mm，允许尺寸偏差应为 ±0.5mm。

（8）铸钢制作的杆端扣接头应与立杆钢管外表面形成良好的弧面接触，并应有不小于 $500mm^2$ 的接触面积。

（9）楔形插销的斜度应确保楔形插销楔入连接盘后能自锁。铸钢、钢板热锻或钢板冲压制作的插销厚度不应小于 8mm，允许偏差尺寸应为 ±0.1mm。

（10）立杆连接套管可采用铸钢套管或无缝钢管套管。采用铸钢套管形式的立杆连接套长度不应小于 90mm，可插入长度不应小于 75mm；采用无缝钢管套管形式的立杆连接套长度不应小于 160mm，可插入长度不应小于 110mm。套管内径与立杆钢管外径间隙不应大于 2mm。

（11）立杆与立杆连接套管应设置固定立杆连接件的防拔出销孔，销孔孔径不应大于 14mm，允许尺寸偏差应为 ±0.1mm；立杆连接件直径宜为 12mm，允许尺寸偏差应为 ±0.1mm。

（12）连接盘与立杆焊接固定时，连接盘盘心与立杆轴心的不同轴度不应大于 0.3mm；以单侧边连接盘外边缘处为测点，盘面与立杆纵轴线正交的垂直度偏差不应大于 0.3mm。

（13）可调底座和可调托座的丝杠宜采用梯形牙，A 型立杆宜配置 Φ48 丝杠和调节手柄，丝杠外径不应小于 46mm；B 型立杆宜配置 Φ38 丝杠和调节手柄，丝杠外径不应小于 36mm。

（14）可调底座的底板和可调托座托板宜采用 Q235 钢板制作，厚度不应小于 5mm，允许尺寸偏差应为 ±0.2mm，承力面钢板与丝杠应采用环焊，并应设置加劲片或加劲拱度；可调托座托板应设置开口挡板，挡板高度不应小于 40mm。

（15）可调底座及可调托座丝杠与螺母旋合长度不得小于 5 扣，螺母厚度不得小于 30mm，可调托座和可调底座插入立杆内的长度应符合以下要求：

模板支架可调托座的伸出顶层水平杆或双槽钢托梁的悬臂长度（图 3-2-6）严禁超过 650mm，且丝杠外露长度严禁超过 400mm，可调托座插入立杆或双槽钢长度不得小于 150mm。

（16）主要构配件的支座质量及形位公差要求，应符合表 3-2-3 的规定。

（17）可调托座、可调底座承载力，应符合表 3-2-4 的规定。

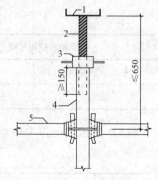

图 3-2-6 带可调托座伸出
顶层水平杆的悬臂长度

1—可调托座；2—螺杆；3—调节
螺母；4—立杆；5—水平杆

主要构配件的制作质量及形位公差要求 表 3-2-3

构配件名称	检查项目	公称尺寸 （mm）	允许偏差 （mm）	检测量具
立杆	长度	—	±0.7	钢卷尺
	连接盘间距	500	±0.5	钢卷尺
	杆件直线度	—	$L/1000$	专用量具
	杆端面对轴线垂直度	—	0.3	角尺
	连接盘与立杆同轴度	—	0.3	专用量具
水平杆	长度	—	±0.5	钢卷尺
	扣接头平行度	—	≤1.0	专用量具
水平斜杆	长度	—	±0.5	钢卷尺
	扣接头平行度	—	≤1.0	专用量具
竖向斜杆	两端螺栓孔间距	—	≤1.5	钢卷尺
可调托座	托板厚度	5	±0.2	游标卡尺
	加劲片厚度	4	±0.2	游标卡尺
	丝杆外径	Φ48、Φ38	±2	游标卡尺
可调底座	底板厚度	5	±0.2	游标卡尺
	丝杆外径	Φ48、Φ38	±2	游标卡尺
挂扣式钢脚手板	挂钩圆心间距	—	±2	钢卷尺
	宽度	—	±3	钢卷尺
	高度	—	±2	钢卷尺
挂扣式钢梯	挂钩圆心间距	—	±2	钢卷尺
	梯段宽度	—	±3	钢卷尺
	踏步高度	—	±2	钢卷尺
挡脚板	长度	—	±2	钢卷尺
	宽度	—	±2	钢卷尺

可调托座、可调底座承载力 表 3-2-4

轴心抗压承载力		偏心抗压承载力	
平均值（kN）	最小值（kN）	平均值（kN）	最小值（kN）
200	180	170	153

（18）挂扣式钢脚手板承载力，应符合表 3-2-5 的规定。

挂扣式钢脚手板承载力 表 3-2-5

项　　目	平　均　值	最　小　值
挠度（mm）	≤10	
受弯承载力（kN）	＞5.4	＞4.9
抗滑移强度（kN）	＞3.2	＞2.9

（19）构配件外观质量应符合下列要求：

1）钢管应无裂纹、凹陷、锈蚀，不得采用对接焊接钢管；

2）钢管应平直，直线度允许偏差应为管长的 1/500，两端面应平整，不得有斜口、毛刺；

3）铸件表面应光整，不得有砂眼、缩孔、裂纹、浇冒口残余等缺陷，表面粘砂应清除干净；

4）冲压件不得有毛刺、裂纹、氧化皮等缺陷；

5）各焊缝有效焊缝高度应符合本节第（6）条的规定，焊缝应饱满，焊药应清除干净，不得有未焊透、夹渣、咬肉、裂纹等缺陷；

6）可调底座和可调托座表面宜浸漆或冷镀锌，涂层应均匀、牢固；架体杆件及其他构配件表面应热镀锌，表面应光滑，在连接处不得有毛刺、滴瘤和多余结块；

7）主要构配件上的生产厂标识应清晰。

《建筑施工承插型盘扣式钢管支架安全技术规程》第 6.2.1 条规定用承插型盘扣式钢管支架搭设双排脚手架时，搭设高度不宜大于 24m。因此一般不适宜高层建筑外脚手架，至于做满堂脚手架，"规程"没有提到，也没有规定。作者认为如果要做满堂脚手架可参考该规程模板支架有关规定。

3.2.2 悬挑式物料平台

高层建筑施工中，在结构完成后，有些大规格材料、设备无法从外部用电梯或井字架往室内运，结构施工拆下的模板、支撑需由室内往外运，向上层施工层倒运，这时塔吊也不能直接吊运。因此必须设置悬挑的物料平台，以便将这些需外运的物料通过先运到悬挑物料平台上，再用塔吊吊至上一个施工层，需要运进的物料，先用塔吊调至需用楼层的物料平台上，再运至室内。见图 3-2-7。

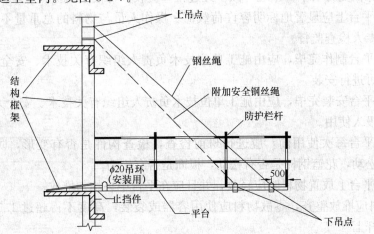

图 3-2-7 悬挑式物料平台

3.2.2.1 基本要求

1. 悬挑式物料平台悬挑长度一般 3～6m，宽度 2～4m，面积不宜大于 20m²，具体尺寸应根据施工需要和所施工的结构情况确定。

2. 由于悬挑长度大，平台活荷载也较大，一般考虑大于 3kN/m²，因此必须严格按要求进行设计计算，绘制加工及安装图纸，编制专项的设计施工方案。

3. 上部悬挑点以及下部支撑点一般在建筑的窗口位置，必须验算建筑物结构能否承担悬挑平台附加的荷载。如果不够，应该在做施工组织设计时向结构设计人员提出要求附加钢筋。

4. 钢丝绳长度宜一次定型，水平面的夹角不宜小于45°，必须使用∞形花篮螺栓调节松紧，∞形花篮螺栓的强度应与钢丝绳等强度。

5. 采用钢板作平台板面时，应采用焊接或螺栓与次梁连接固定。采用脚手板或其他木板做平台面板时，应采用钢丝与次梁绑扎牢固。

6. 物料平台前端及两侧伸出拉结点长度不宜大于500mm。

7. 物料平台临边应设置不低于1.5m的防护栏杆（两道防护栏杆分别高度为0.75m、1.5m），内侧设置硬质材料的挡板，如钢板、木板等。

8. 主梁在平台搁支点处加设止挡件，抵抗斜拉悬挂钢丝绳的水平力，一般吊焊一根长度与主梁宽度相等的型钢。主梁在建筑物上的搁置长度不应小于600mm。

9. 斜拉杆或钢丝绳应该在通过吊点且与平台平面垂直的平面内，也就是说在主梁垂直中心轴的平面内，否则对主梁产生双向偏心弯矩，主梁承载力明显减小。

3.2.2.2 安装、拆除与管理

1. 悬挑物料平台必须与脚手架等临时设施隔离开。

2. 平台两侧的斜拉杆或钢丝绳，每侧应设置两道，靠建筑内侧一道作为附加安全装置不参加计算，但断面与外侧的钢丝绳相同。

3. 钢平台应设置4个吊装环，吊装、运输平台时应使用卡环。不得用吊钩直接钩挂，吊环应采用Q235沸腾钢。

4. 钢平台安装时，必须待支撑点固定牢固，斜拉吊杆或钢丝绳调整完毕。一般应该外侧稍高，保证受力后平台不往外倾。经过检查验收方可松吊钩。

5. 物料平台上应显著地标明容许荷载值。操作人员与物料的总重量不能超过容许荷载。应配备专人检查监督。

6. 物料平台制作完毕，应由施工单位技术负责人组织有关技术、安全人员共同验收合格后，方可进行安装。

7. 物料平台安装完毕，应由施工单位技术负责人组织有关技术、安全人员共同验收，合格后方可投入使用。

8. 物料平台每次使用前，应进行班前检查，检查构件是否有变形，防护是否严密，吊点是否有松动，花篮钢杆是否有松动，板面是否有松动。

9. 物料平台上放置物料时应轻放，并且应在平台中央均匀堆放。

10. 长料应堆放整齐，零散物料应使用容器或袋装，高度不得超过1.5m，严禁将物料堆放在栏杆上。

11. 物料平台上不能积压物料，应及时清运，下班时必须将物料清运干净。

3.3 高层建筑施工脚手架的设计与计算

3.3.1 脚手架设计原则

脚手架的设计原则，应是实用、安全、经济、简便。

1. 实用

脚手架首先必须满足施工操作的要求。

(1) 要有适当的宽度、步架高度、离墙距离，便于工人操作，并能堆放和运送必需的材料和小型工具。

(2) 要能满足立体交叉流水作业和多工种作业的要求，尽量减少和避免多次拆改架子。

(3) 要与垂直运输设施（电梯、井字架）、楼层或作业面相适应，以确保脚手架操作所需材料的运输及作业高度的需要。

2. 安全

高层建筑施工中，由于脚手架的问题而出现的安全事故较多，因此脚手架的设计不但要满足使用的要求，而且首先要考虑安全问题。

(1) 脚手架本身必须具有足够的承载能力，在施工荷载作用下不变形、不倾斜、不摇晃；同时，脚手架的地基也必须有足够的承载能力，以确保架子不致发生不均匀沉陷或倾斜。

(2) 要充分估计施工中可能发生的不利荷载，设计中要明确控制荷载。

(3) 要有可靠的安全防护措施，包括防护栏、挡脚板、安全网、上下通道扶梯、斜道防滑、多层立体作业的防护、悬吊架的安全锁和雨季防电、避雷设施等等。

3. 经济

在满足使用和安全要求的条件下，应对几种方案进行经济比较，要因地制宜、就地取材。另外，还要进行综合比较，如对施工工期、劳动力消耗、工程质量等方面的影响等。

4. 简便

在脚手架设计时，要做到使脚手架搭设、拆除和搬运较方便，周转灵活，以减轻工人的劳动强度。

3.3.2 脚手架的设计计算

3.3.2.1 荷载

1. 垂直荷载的传递路线

(1) 一般扣件式钢管脚手架，北方采用钢或木脚手板，南方有的采用竹笆板，其荷载传递路线如下（绑扎式有节脚手架与钢木脚手板传递路线相同）：

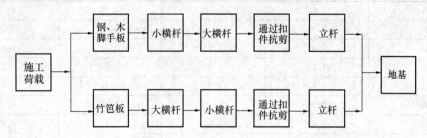

(2) 门型脚手架荷载传递路线如下：

(3) 挂架子、吊篮架的荷载传递路线如下：

（4）附着式升降脚手架的荷载传递路线如下：

2. 荷载标准值的有关规定

（1）作用于脚手架的荷载分为永久荷载（恒荷载）与可变荷载（活荷载）。永久荷载包括架子自重及其附件重；可变荷载包括施工荷载及风载。

（2）脚手架结构自重包括组成架子的所有杆件、扣件、螺栓、脚手板、护身栏、安全网、挡脚板、钢丝绳等。设计架子时必须根据其实际情况进行计算。

（3）施工荷载指作用于脚手架操作层的荷载，它包括施工过程模板装置全部重量、运输小车（包括内装的材料）、存放的材料、操作人员及小型工具等重量。

结构施工用的脚手架施工荷载标准值取值，经过大量调查研究，确定为 3000N/m²。

装修用的脚手架，施工荷载标准值为 2000N/m²。装修用的吊篮施工荷载标准值按 1000N/m² 控制。

脚手架的防护栏杆水平活荷载标准值为 500N/m²。

（4）作用于架子的风荷载标准值，应按《建筑结构荷载规范》GB 50009—2012 的有关规定计算，但由于架子是临时结构，应按基本风压值 10 年一遇选用。

故脚手架的风压标准值可按下式计算：

$$w_k = \beta_z \mu_z \mu_s w_0 \tag{3-3-1}$$

式中　w_k——风荷载标准值（kN/m²）；

　　　β_z——风振系数，取 1.0；

　　　μ_z——风压高度变化系数，查表 3-3-1；

风压高度变化系数 μ_z　　　　　　　　　　表 3-3-1

离地面或海平面高度	地面粗糙度类别			
（m）	A	B	C	D
5	1.09	1.00	0.65	0.51
10	1.28	1.00	0.65	0.51
15	1.42	1.13	0.65	0.51
20	1.52	1.23	0.74	0.51
30	1.67	1.39	0.88	0.51
40	1.79	1.52	1.00	0.60
50	1.89	1.62	1.10	0.69
60	1.97	1.71	1.20	0.77
70	2.05	1.79	1.28	0.84
80	2.12	1.87	1.36	0.91
90	2.18	1.93	1.43	0.98
100	2.23	2.00	1.50	1.04

离地面或海平面高度 (m)	地面粗糙度类别			
	A	B	C	D
150	2.46	2.25	1.79	1.33
200	2.64	2.46	2.03	1.58
250	2.78	2.63	2.24	1.81
300	2.91	2.77	2.43	2.02
350	2.91	2.91	2.60	2.22
400	2.91	2.91	2.76	2.40
450	2.91	2.91	2.91	2.58
500	2.91	2.91	2.91	2.74
≥550	2.91	2.91	2.91	2.91

注：1. A类指近海海面和海岛、海岸、湖岸及沙漠地区；

2. B类指田野、乡村、丛林、丘陵以及房屋比较稀疏的乡镇；

3. C类指有密集建筑群的城市市区；

4. D类指有密集建筑群且房屋较高的城市市区。

μ_s——脚手架风荷载体型系数，应按表 3-3-2 采用；

脚手架的风荷载体型系数 μ_s　　　　　　　　　　表 3-3-2

背靠建筑物的状况		全封闭	敞开、框架和开洞墙
脚手架状况	全封闭、半封闭	1.0ϕ	1.3ϕ
	敞　开	μ_{stw}	

ϕ——挡风系数，$\phi = A_n/A_w$（A_n 为挡风面积，A_w 为迎风面积）；敞开式，单、双排脚手架的 ϕ 值按表 3-3-3 采用；

敞开式双排脚手架挡风系数 ϕ 值　　　　　　　　　表 3-3-3

步距 (m)	纵距（m）			
	1.20	1.50	1.80	2.00
1.20	0.115	0.105	0.099	0.097
1.35	0.110	0.100	0.093	0.091
1.50	0.105	0.095	0.089	0.087
1.80	0.099	0.089	0.083	0.080
2.00	0.096	0.086	0.080	0.077

μ_{stw}——风压体型系数，根据《建筑结构荷载规范》GB 50009—2012 表 8.3.1 第 33

项公式：$\mu_{stw} = \phi\mu_s \dfrac{1-\eta^n}{1-\eta}$，其中，$\eta$ 查 GB 50009—2012 表 8.3.1 第 33 项；μ_s

查 GB 50009—2012 表 8.3.1 第 37 项；n 为脚手架排数；

w_0——基本风压值（kN/m^2）应按现行《建筑结构荷载规范》规定采用。

3. 荷载组合与组合系数

设计脚手架结构应根据使用过程中可能同时出现的荷载，按承载能力极限状态和正常使用极限状态分别进行荷载效应组合，并取各自最不利组合进行设计。对脚手架结构各种荷载组合及其组合系数，按表 3-3-4 取用。

荷 载 组 合　　　　　　　　表 3-3-4

计 算 项 目	荷 载 组 合
纵向、横向水平杆强度与变形	永久荷载＋施工均布活荷载
脚手架立杆稳定	（永久荷载＋施工均布活荷载）①
	永久荷载＋0.9（施工均布活荷载＋风荷载）
连墙杆承载力	风荷载＋3.0kN

①此种组合形式仅用于基本风压不大于 0.35kN/m²，高度不大于 50m 的敞开式单、双排脚手架立杆。

荷载计算系数：

（1）计算架体荷载时，应考虑结构重要性系数、荷载分项系数、荷载组合系数和动力系数；

（2）在计算附着支承装置荷载时，应考虑冲击系数和荷载变化系数；

（3）计算吊具、索具荷载时，也应考虑冲击系数和荷载变化系数；

（4）各项计算系数的取值规定如下：

1）结构重要性系数 γ_0 取 0.9；

2）恒荷载分项系数取 1.2；抗倾覆验算（有利时）取 0.9；活载荷分项系数取 1.4；

3）组合风荷载时的荷载系数取 0.9。

4. 荷载设计值的计算表达式

$$S = \gamma_0\gamma_d(\gamma_G G_K + \gamma_Q Q_K) \qquad (3\text{-}3\text{-}2)$$

$$S = \gamma_0\gamma_d[\gamma_G G_K + \phi(\gamma_Q Q_K + \gamma_w Q_w)] \qquad (3\text{-}3\text{-}3)$$

上两式中　　γ_0——结构重要性系数；

γ_G、γ_Q、γ_w——分别为恒载、活载和风载分项系数；

G_K、Q_K、Q_w——分别为恒载、活载、风载标准值；

ϕ——荷载组合系数。

5. 荷载的取值

计算构件的强度、稳定性与连接强度时，应采用荷载设计值；验算构件的变形时，应采用荷载标准值。

3.3.2.2　脚手架设计基本规定

1. 结合脚手架特点，脚手架结构大部分均属于薄壁型钢结构，也有少部分为普通型钢制成的一般钢结构，故在设计计算时，应遵照《冷弯薄壁型钢结构技术规范》GB 50018—2002 或《钢结构设计规范》GB 50017—2003 的有关规定；

2. 附着式升降脚手架结构中的架体、支承桁架、主框架、附着支承装置、防坠和导向装置，应按承载能力的极限状态和正常使用时的极限状态进行计算设计；

3. 吊具和索具应按容许应力进行设计，为此应相应遵守《钢结构设计规范》GB 50017—2003 和有关起重吊装的现行规范；

4. 脚手架架体，应按其实际构造和具体支承情况，根据荷载传递路线确定计算简图，再按弹性理论进行内力分析，然后根据内力进行杆件、节点的设计与验算；必要时还应通过实际架子进行荷载试验加以验证，以便确保其安全可靠；

5. 脚手架体设计的安全度，应相当于用容许应力设计的 K 值（安全系数）。即强度设计，K 值应大于或等于 1.5；稳定设计，K 值应大于或等于 2.0；根据这一原则，在采用的设计公式中来满足这一要求；

6. 设计附着支承装置时，吊具的安全系数应符合吊装规范的要求，吊索的 K 值应≥6；

7. 纵向或横向水平杆的轴线对立杆的偏心距不大于 55mm 时，立杆稳定计算可不考虑此偏心距的影响；

8. 钢材的强度设计值与弹性模量，应按表 3-3-5 采用：

钢材的强度设计值与弹性模量（N/mm²）   表 3-3-5

钢 材		抗拉、抗压和抗弯强度 f	抗拉 f_t^b	抗剪 f_v	弹性模量 E
牌号	厚度或直径（mm）				
Q235 钢	≤16	215	—	125	206×10³
	>16～40	205	—	120	
	>40～60	200	—	115	
	>60～100	190	—	110	
普通螺栓	4.6级、4.8级	—	170	140	
	5.6级	—	210	190	
	8.8级	—	400	320	

注：表中厚度系指计算点的钢材厚度，对轴心受拉和轴心受压构件系指截面中较厚板件的厚度。

9. 扣件（抗滑）、底座的承载力设计值，应按表 3-3-6 采用；

扣件、底座的承载力设计值（kN）   表 3-3-6

项　　目	扣件数量（个）	扣件、底座承载力设计值
对接扣件	1	3.20
直角扣件、旋转扣件	1	8.00
	2	16.00
底座抗压	1	40.00

注：扣件螺栓拧紧力矩值，不应小于 40N·m，也不应大于 65N·m。

10. 受弯构件的挠度，不应超过表 3-3-7 中规定的容许值；

受弯构件的容许挠度   表 3-3-7

构件类别	容许挠度 [ν]	构件类别	容许挠度 [ν]
脚手板、纵向横向水平杆	$L/150$ 及 10mm	竖向分段悬挑结构的受弯构件	$L/400$

注：L 为受弯构件的计算跨度。

11. 受压、受拉构件的长细比，不应超过表 3-3-8 中规定的容许值；

受压、受拉构件的容许长细比   表 3-3-8

构件类别	容许长细比 [λ]	构件类别	容许长细比 [λ]
立杆	210	拉杆	350
横向支撑、剪刀撑的压杆	250	支撑桁架、主框架的拉杆	300
支撑桁架、主框架的压杆	150		

12. 脚手架上同时有两个以上操作层作业时，在同跨距内竖向各作业层的施工均布活荷载标准值的总和，不得超过 5.0kN/m²；

13. 连墙件、立杆地基承载力等，均应根据实际荷载进行计算。

3.3.2.3 扣件式钢管脚手架设计计算

新规范采用钢管 $\phi48.3\times3.6$，但目前市场上没有这类钢管，建议计算时，按实际管径和壁厚计算钢管截面几何特性数值（如截面积、惯性矩、截面模量、回转半径及每米重量），以保证安全。但是有关架体自重的计算用表新规范按 $\phi48.3\times3.6$ 计算的。双排脚手架可采用旧规范 JGJ 130—2001 计算用表 A-1，满堂脚手架、满堂支撑架如果自己计算较烦琐，可偏于安全的采用新规范 JGJ 130—2011 数据用表，满堂脚手架、满堂支撑架其他计算用表也可采用，但上述四项几何特征值必须按所采用的钢管和壁厚计算，但不能小于 $\phi48.3\times3.0$。

1. 基本规定

（1）脚手架的承载能力应按概率极限状态设计法的要求，采用分项系数设计表达式进行设计。可只进行下列设计计算：

1）纵向、横向水平杆等受弯构件的强度和连接扣件的抗滑承载力计算；

2）立杆的稳定性计算；

3）连墙件的强度、稳定性和连接强度的计算；

4）立杆地基承载力计算。

（2）计算构件的强度、稳定性与连接强度时，应采用荷载效应基本组合的设计值。永久荷载分项系数应取 1.2，可变荷载分项系数应取 1.4。

（3）脚手架中的受弯构件，尚应根据正常使用极限状态的要求验算变形。验算构件变形时，应采用荷载效应的标准组合的设计值，各类荷载分项系数均应取 1.0。

（4）当纵向或横向水平杆的轴线对立杆轴线的偏心距不大于 55mm 时，立杆稳定性计算中可不考虑此偏心距的影响。

（5）当采用本书第 3.1.1.3 节规定的构造尺寸，其相应杆件可不再进行设计计算。但连墙件、立杆地基承载力等仍应根据实际荷载进行设计计算。

（6）钢材的强度设计值与弹性模量应按表 3-3-5 采用。

（7）扣件、底座、可调托撑的承载力设计值应按表 3-3-9 采用。

扣件、底座、可调托撑的承载力设计值（kN）   表 3-3-9

项目	承载力设计值
对接扣件（抗滑）	3.20
直角扣件、旋转扣件（抗滑）	8.00
底座（抗压）、可调托撑（抗压）	40.00

（8）受弯构件的挠度不应超过表 3-3-10 中规定的容许值。

受弯构件的容许挠度　　　　　　　　　　表 3-3-10

构件类别	容许挠度 $[\nu]$
脚手板，脚手架纵向、横向水平杆	$l/150$ 与 10mm
脚手架悬挑受弯杆件	$l/400$
型钢悬挑脚手架悬挑钢梁	$l/250$

注：l 为受弯构件的跨度，对悬挑杆件为其悬伸长度的 2 倍。

（9）受压、受拉构件的长细比不应超过表 3-3-11 中规定的容许值。

受压、受拉构件的容许长细比　　　　　　表 3-3-11

构件类别		容许长细比 $[\lambda]$
立杆	双排架　满堂支撑架	210
	单排架	230
	满堂脚手架	250
横向斜撑、剪刀撑中的压杆		250
拉杆		350

2. 双排脚手架计算

（1）纵向、横向水平杆的抗弯强度应按下式计算：

$$\sigma = \frac{M}{W} \leqslant f \tag{3-3-4}$$

式中　σ——弯曲正应力；

M——弯矩设计值（N·mm），应按本节第（2）条的规定计算；

W——截面模量（mm³），应按《建筑施工扣件式钢管脚手架安全技术规范》JGJ 130—2011 附录 B 表 B.0.1 采用；

f——钢材的抗弯强度设计值（N/mm²），应按表 3-3-5 采用。

（2）纵向、横向水平杆弯矩设计值，应按下式计算：

$$M = 1.2M_{Gk} + 1.4\sum M_{Qk} \tag{3-3-5}$$

式中　M_{Gk}——脚手板自重产生的弯矩标准值（kN·m）；

M_{Qk}——施工荷载产生的弯矩标准值（kN·m）。

（3）纵向、横向水平杆的挠度应符合下式规定：

$$\nu \leqslant [\nu] \tag{3-3-6}$$

式中　ν——挠度（mm）；

$[\nu]$——容许挠度，应按表 3-3-10 采用。

（4）计算纵向、横向水平杆的内力与挠度时，纵向水平杆宜按三跨连续梁计算，计算跨度取立杆纵距 l_a；横向水平杆宜按简支梁计算，计算跨度 l_b 可按图 3-3-1 采用。

（5）纵向或横向水平杆与立杆连接时，其扣件的抗滑承载力应符合下式规定：

$$R \leqslant R_c \tag{3-3-7}$$

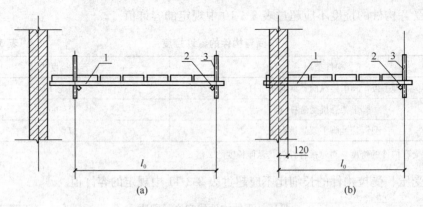

图 3-3-1 横向水平杆计算跨度

(a) 双排脚手架；(b) 单排脚手架

1—横向水平杆；2—纵向水平杆；3—立杆

式中 R——纵向或横向水平杆传给立杆的竖向作用力设计值；

R_C——扣件抗滑承载力设计值，应按表 3-3-9 采用。

（6）立杆的稳定性应按下列公式计算：

不组合风荷载时：

$$\frac{N}{\varphi A} \leqslant f \tag{3-3-8}$$

组合风荷载时：

$$\frac{N}{\varphi A} + \frac{M_w}{W} \leqslant f \tag{3-3-9}$$

式中 N——计算立杆段的轴向力设计值（N），应按式（3-3-10）、（3-3-11）计算；

φ——轴心受压构件的稳定系数，应根据长细比 λ 由《建筑施工扣件式钢管脚手架安全技术规范》JGJ 130—2011 附录 A 表 A.0.6 取值；

λ——长细比，$\lambda = \dfrac{l_0}{i}$；

l_0——计算长度（mm），应按本节第（8）条的规定计算；

i——截面回转半径（mm），可按《建筑施工扣件式钢管脚手架安全技术规范》JGJ 130—2011 附录 B 表 B.0.1 采用；

A——立杆的截面面积（mm²），可按上述规范 JGJ 130—2011 附录 B 表 B.0.1 采用；

M_w——计算立杆段由风荷载设计值产生的弯矩（N·mm），可按式（3-3-13）计算；

f——钢材的抗压强度设计值（N/mm²），应按表 3-3-5 采用。

（7）计算立杆段的轴向力设计值 N，应按下列公式计算：

不组合风荷载时：

$$N = 1.2(N_{G1k} + N_{G2k}) + 1.4 \sum N_{Qk} \tag{3-3-10}$$

组合风荷载时： $\qquad N = 1.2(N_{G1k} + N_{G2k}) + 0.9 \times 1.4 \sum N_{Qk} \tag{3-3-11}$

式中 N_{G1k}——脚手架结构自重产生的轴向力标准值；

N_{G2k}——构配件自重产生的轴向力标准值；

$\sum N_{Qk}$——施工荷载产生的轴向力标准值总和，内、外立杆各按一纵距内施工荷载总和的 1/2 取值。

(8) 立杆计算长度 l_0 应按下式计算：

$$l_0 = k\mu h \tag{3-3-12}$$

式中　k——立杆计算长度附加系数，其值取 1.155，当验算立杆允许长细比时，取 $k=1$；

　　　μ——考虑单、双排脚手架整体稳定因素的单杆计算长度系数，应按表 3-3-12 采用；

　　　h——步距。

单、双排脚手架立杆的计算长度系数 μ　　　　　表 3-3-12

类　别	立杆横距 (m)	连墙件布置	
		二步三跨	三步三跨
双排架	1.05	1.50	1.70
	1.30	1.55	1.75
	1.55	1.60	1.80
单排架	≤1.50	1.80	2.00

(9) 由风荷载产生的立杆段弯矩设计值 M_w，可按下式计算：

$$M_w = 0.9 \times 1.4 M_{wk} = \frac{0.9 \times 1.4 w_k l_a h^2}{10} \tag{3-3-13}$$

式中　M_{wk}——风荷载产生的弯矩标准值（kN·m）；

　　　w_k——风荷载标准值（kN/m²），应按式（3-3-1）计算；

　　　l_a——立杆纵距（m）。

(10) 双排脚手架立杆稳定性计算部位的确定应符合下列规定：

1) 当脚手架采用相同的步距、立杆纵距、立杆横距和连墙件间距时，应计算底层立杆段；

2) 当脚手架的步距、立杆纵距、立杆横距和连墙件间距有变化时，除计算底层立杆段外，还必须对出现最大步距或最大立杆纵距、立杆横距、连墙件间距等部位的立杆段进行验算。

(11) 双排脚手架允许搭设高度 $[H]$ 应按下列公式计算，并应取较小值。

不组合风荷载时：

$$[H] = \frac{\varphi A f - (1.2 N_{G2k} + 1.4 \sum N_{Qk})}{1.2 g_k} \tag{3-3-14}$$

组合风荷载时：

$$[H] = \frac{\varphi A f - \left[1.2 N_{G2k} + 0.9 \times 1.4 \left(\sum N_{Qk} + \frac{M_{wk}}{W} \varphi A\right)\right]}{1.2 g_k} \tag{3-3-15}$$

式中　$[H]$——脚手架允许搭设高度（m）；

　　　g_k——立杆承受的每米结构自重标准值（kN/m），可按《建筑施工扣件式钢管脚手架安全技术规范》JGJ 130—2011 附录 A 表 A.0.1 采用。

(12) 连墙件杆件的强度及稳定应满足下列公式的要求：

强度：

$$\sigma = \frac{N_l}{A_c} \leqslant 0.85f \tag{3-3-16}$$

稳定：

$$\frac{N_l}{\varphi A} \leqslant 0.85f \tag{3-3-17}$$

$$N_l = N_{lw} + N_0 \tag{3-3-18}$$

式中　σ——连墙件应力值（N/mm²）；

　　　A_c——连墙件的净截面面积（mm²）；

　　　A——连墙件的毛截面面积（mm²）；

　　　N_l——连墙件轴向力设计值（N）；

　　　N_{lw}——风荷载产生的连墙件轴向力设计值，应按本节第（13）条的规定计算；

　　　N_0——连墙件约束脚手架平面外变形所产生的轴向力。单排架取 2kN，双排架取 3kN；

　　　φ——连墙件的稳定系数，应根据连墙件长细比按《建筑施工扣件式钢管脚手架安全技术规范》JGJ 130—2011 附录 A 表 A.0.6 取值；

　　　f——连墙件钢材的强度设计值（N/mm²），应按表 3-3-5 采用。

（13）由风荷载产生的连墙件的轴向力设计值，应按下式计算：

$$N_{lw} = 1.4 \cdot w_k \cdot A_w \tag{3-3-19}$$

式中　A_w——单个连墙件所覆盖的脚手架外侧面的迎风面积。

（14）连墙件与脚手架、连墙件与建筑结构连接的连接强度应按下式计算：

$$N_l \leqslant N_v \tag{3-3-20}$$

式中　N_v——连墙件与脚手架、连墙件与建筑结构连接的抗拉（压）承载力设计值，应根据相应规范规定计算。

（15）当采用钢管扣件做连墙件时，扣件抗滑承载力的验算，应满足下式要求：

$$N_l \leqslant R_c \tag{3-3-21}$$

式中　R_c——扣件抗滑承载力设计值，一个直角扣件应取 8.0kN。

3. 满堂脚手架计算

（1）立杆的稳定性应按式（3-3-8）、（3-3-9）计算。由风荷载产生的立杆段弯矩设计值 M_w，可按式（3-3-13）计算。

（2）计算立杆段的轴向力设计值 N，应按公式（3-3-10）、（3-3-11）计算。施工荷载产生的轴向力标准值总和$\sum N_{Qk}$，可按所选取计算部位立杆负荷面积计算。

（3）立杆稳定性计算部位的确定应符合下列规定：

1）当满堂脚手架采用相同的步距、立杆纵距、立杆横距时，应计算底层立杆段；

2）当架体的步距、立杆纵距、立杆横距有变化时，除计算底层立杆段外，还必须对出现最大步距、最大立杆纵距、立杆横距等部位的立杆段进行验算；

3）当架体上有集中荷载作用时，尚应计算集中荷载作用范围内受力最大的立杆段。

（4）满堂脚手架立杆的计算长度应按下式计算：

$$l_0 = k\mu h \tag{3-3-22}$$

式中　k——满堂脚手架立杆计算长度附加系数，应按表 3-3-13 采用；

h——步距；

μ——考虑满堂脚手整体稳定因素的单杆计算长度系数，应按《建筑施工扣件式钢管脚手架安全技术规范》JGJ 130—2011 附录 C 表 C-1 采用。

满堂脚手架计算长度附加系数   表 3-3-13

高度 H（m）	$H \leqslant 20$	$20 < H \leqslant 30$	$30 < H \leqslant 36$
k	1.155	1.191	1.204

注：当验算立杆允许长细比时，取 $k=1$。

（5）满堂脚手架纵、横水平杆计算应符合本节"3.3.2.3"第 2 条第（1）～（5）款的规定。

（6）当满堂脚手架立杆间距不大于 1.5m×1.5m，架体四周及中间与建筑物结构进行刚性连接，并且刚性连接点的水平间距不大于 4.5m，竖向间距不大于 3.6m 时，可按本节"3.3.2.3"第 2 条第（6）～（10）款双排脚手架的规定进行计算。

4. 满堂支撑架计算

（1）满堂支撑架顶部施工层荷载应通过可调托撑传递给立杆。

（2）满堂支撑架根据剪刀撑的设置不同分为普通型构造与加强型构造，其构造设置应符合本书"3.2.1.2 扣件式钢管满堂支撑架"第 3 条的规定，两种类型满堂支撑架立杆的计算长度应符合本节第（6）条的规定。

（3）立杆的稳定性应按式（3-3-8）、（3-3-9）计算。由风荷载设计值产生的立杆段弯矩 M_W，可按式（3-3-13）计算。

（4）计算立杆段的轴向力设计值 N，应按下列公式计算：

不组合风荷载时：

$$N = 1.2 \sum N_{Gk} + 1.4 \sum N_{Qk} \tag{3-3-23}$$

组合风荷载时： $$N = 1.2 \sum N_{Gk} + 0.9 \times 1.4 \sum N_{Qk} \tag{3-3-24}$$

式中 $\sum N_{Gk}$——永久荷载对立杆产生的轴向力标准值总和（kN）；

    $\sum N_{Qk}$——可变荷载对立杆产生的轴向力标准值总和（kN）。

（5）立杆稳定性计算部位的确定应符合下列规定：

1）当满堂支撑架采用相同的步距、立杆纵距、立杆横距时，应计算底层与顶层立杆段；

2）符合本节"3.3.2.3 扣件式钢管脚手架设计计算"中"3. 满堂脚手架计算第（3）条第二款、第三款"的规定。

（6）满堂支撑架立杆的计算长度应按下式计算，取整体稳定计算结果最不利值：

顶部立杆段： $$l_0 = k\mu_1(h + 2a) \tag{3-3-25}$$

非顶部立杆段： $$l_0 = k\mu_2 h \tag{3-3-26}$$

式中 k——满堂支撑架计算长度附加系数，应按表 3-3-14 采用；

    h——步距；

    a——立杆伸出顶层水平杆中心线至支撑点的长度；应不大于 0.5m，当 0.2m<a<0.5m 时，承载力可按线性插入值；

  μ_1、μ_2——考虑满堂支撑架整体稳定因素的单杆计算长度系数，普通型构造应按《建筑施工扣件式钢管脚手架安全技术规范》JGJ 130—2011 附录 C 表 C-2、C-4 采用；加强型构造应按前述规范 JGJ 130—2011 附录 C 表 C-3、C-5 采用。

满堂支撑架计算长度附加系数取值　　　　　　　　　　表 3-3-14

高度 H（m）	$H\leqslant 8$	$8<H\leqslant 10$	$10<H\leqslant 20$	$20<H\leqslant 30$
k	1.155	1.185	1.217	1.291

注：当验算立杆允许长细比时，取 $k=1$。

（7）当满堂支撑架小于 4 跨时，宜设置连墙件将架体与建筑结构刚性连接。当架体未设置连墙件与建筑结构刚性连接，立杆计算长度系数 μ 按上述规范 JGJ 130—2011 附录 C 表 C-2～表 C-5 采用时，应符合如下规定：

1）支撑架高度不应超过一个建筑楼层高度，且不应超过 5.2m；

2）架体上永久荷载与可变荷载（不含风荷载）总和标准值不应大于 7.5kN/m²；

3）架体上永久荷载与可变荷载（不含风荷载）总和的均布线荷载标准值不应大于 7kN/m。

5. 脚手架地基承载力计算

（1）立杆基础底面的平均压力应满足下式的要求：

$$p_k = \frac{N_k}{A} \leqslant f_g \tag{3-3-27}$$

式中　p_k——立杆基础底面处的平均压力标准值（kPa）；

　　　N_k——上部结构传至立杆基础顶面的轴向力标准值（kN）；

　　　A——基础底面面积（m²）；

　　　f_g——地基承载力特征值（kPa），应按本节第（2）条规定采用。

（2）地基承载力特征值的取值应符合下列规定：

1）当为天然地基时，应按地质勘察报告选用；当为回填土地基时，应对地质勘察报告提供的回填土地基承载力特征值乘以折减系数 0.4；

2）由载荷试验或工程经验确定。

（3）对搭设在楼面等建筑结构上的脚手架，应对支撑架体的建筑结构进行承载力验算，当不能满足承载力要求时，应采取可靠的加固措施。

6. 型钢悬挑脚手架计算

（1）当采用型钢悬挑梁作为脚手架的支承结构时，应进行下列设计计算：

1）型钢悬挑梁的抗弯强度、整体稳定性和挠度；

2）型钢悬挑梁锚固件及其锚固连接的强度；

3）型钢悬挑梁下建筑结构的承载能力验算。

（2）悬挑脚手架作用于型钢悬挑梁上立杆的轴向力设计值，应根据悬挑脚手架分段搭设高度按式（3-3-10）、（3-3-11）分别计算，并应取其较大者。

（3）型钢悬挑梁的抗弯强度应按下式计算：

$$\sigma = \frac{M_{\max}}{W_n} \leqslant f \tag{3-3-28}$$

式中 σ——型钢悬挑梁应力值；

M_{max}——型钢悬挑梁计算截面最大弯矩设计值；

W_n——型钢悬挑梁净截面模量；

f——钢材的抗弯强度设计值。

（4）型钢悬挑梁的整体稳定性应按下式验算：

$$\frac{M_{max}}{\varphi_b W} \leqslant f \tag{3-3-29}$$

式中 φ_b——型钢悬挑梁的整体稳定性系数，应按现行国家标准《钢结构设计规范》GB 50017 的规定采用；

W——型钢悬挑梁毛截面模量。

（5）型钢悬挑梁的挠度（图 3-3-2）应符合下式规定：

$$\upsilon \leqslant [\upsilon] \tag{3-3-30}$$

式中 $[\upsilon]$——型钢悬挑梁挠度允许值，应按表 3-3-10 取值；

υ——型钢悬挑梁最大挠度。

（6）将型钢悬挑梁锚固在主体结构上的 U 形钢筋拉环或螺栓的强度应按下式计算：

$$\sigma = \frac{N_m}{A_l} \leqslant f_l \tag{3-3-31}$$

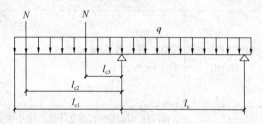

图 3-3-2 悬挑脚手架型钢悬挑梁计算示意图

式中 σ——U 形钢筋拉环或螺栓应力值；

N_m——型钢悬挑梁锚固段压点 U 形钢筋拉环或螺栓拉力设计值（N）；

A_l——U 形钢筋拉环净截面面积或螺栓的有效截面面积（mm^2），一个钢筋拉环或一对螺栓按两个截面计算；

N—悬挑脚手架立杆的轴向力设计值；l_c—型钢悬挑梁锚固点中心至建筑楼层板边支承点的距离；l_{c1}—型钢悬挑梁悬挑端面至建筑结构楼层板边支承点的距离；l_{c2}—脚手架外立杆至建筑结构楼层板边支承点的距离；l_{c3}—脚手架内立杆至建筑结构楼层板边支承点的距离；q—型钢梁自重线荷载标准值

f_l——U 形钢筋拉环或螺栓抗拉强度设计值，应按现行国家标准《混凝土结构设计规范》GB 50010 的规定取 $f_l = 50 N/mm^2$。

（7）当型钢悬挑梁锚固段压点处采用 2 个（对）及以上 U 形钢筋拉环或螺栓锚固连接时，其钢筋拉环或螺栓的承载能力应乘以 0.85 的折减系数。

（8）当型钢悬挑梁与建筑结构锚固的压点处楼板未设置上层受力钢筋时，应经计算在楼板内配置用于承受型钢梁锚固作用引起负弯矩的受力钢筋。

（9）对型钢悬挑梁下建筑结构的混凝土梁（板）应按现行国家标准《混凝土结构设计规范》GB 50010 的规定进行混凝土局部抗压承载力、结构承载力验算，当不满足要求时，应采取可靠的加固措施。

（10）悬挑脚手架的纵向水平杆、横向水平杆、立杆、连墙件计算应符合本章"3.3.2.3 扣件式钢管脚手架设计计算"中"2 双排脚手架计算"的规定。

7. 构配件质量检查

构配件质量检查要求、检查数量、检查方法见表 3-3-15。

构配件质量检查表 表 3-3-15

项 目	要 求	抽检数量	检查方法
钢管	应有产品质量合格证、质量检验报告	750 根为一批，每批抽取 1 根	检查资料
	钢管表面应平直光滑，不应有裂缝、结疤、分层、错位、硬弯、毛刺、压痕、深的划道及严重锈蚀等缺陷，严禁打孔；钢管使用前必须涂刷防锈漆	全数	目测
钢管外径及壁厚	外径 48.3mm，允许偏差±0.5mm；壁厚 3.6mm，允许偏差±0.36，最小壁厚 3.24mm	3%	游标卡尺测量
扣件	应有生产许可证、质量检测报告、产品质量合格证、复试报告	按《钢管脚手架扣件》GB 15831 的规定	检查资料
	不允许有裂缝、变形、螺栓滑丝；扣件与钢管接触部位不应有氧化皮；活动部位应能灵活转动，旋转扣件两旋转面间隙应小于 1mm；扣件表面应进行防锈处理	全数	目测
扣件螺栓拧紧扭力矩	扣件螺栓拧紧扭力矩值不应小于 40N·m，且不应大于65N·m	按《建筑施工扣件式钢管脚手架安全技术规范》JGJ 130—2011 8.2.5 条	扭力扳手
可调托撑	可调托撑抗压承载力设计值不应小于 40 kN。应有产品质量合格证、质量检验报告	3‰	检查资料
	可调托撑螺杆外径不得小于 36mm，可调托撑螺杆与螺母旋合长度不得少于 5 扣，螺母厚度不小于 30mm。插入立杆内的长度不得小于 150mm。支托板厚不小于 5m，变形不大于 1mm。螺杆与支托板焊接要牢固，焊缝高度不小于 6mm	3‰	游标卡尺、钢板尺测量
	支托板、螺母有裂缝的严禁使用	全数	目测
脚手板	新冲压钢脚手板应有产品质量合格证	—	检查资料
	冲压钢脚手板板面挠曲≤12mm（l≤4m）或≤16mm（l>4m）；板面扭曲≤5mm（任一角翘起）	3‰	钢板尺
	不得有裂纹、开焊与硬弯；新、旧脚手板均应涂防锈漆	全数	目测
	木脚手板材质应符合现行国家标准《木结构设计规范》GB 50005 中Ⅱ级材质的规定。扭曲变形、劈裂、腐朽的脚手板不得使用	全数	目测
	木脚手板的宽度不宜小于 200mm，厚度不应小于 50mm；板厚允许偏差−2mm	3‰	钢板尺
	竹脚手板宜采用由毛竹或楠竹制作的竹串片板、竹笆板	全数	目测
	竹串片脚手板宜采用螺栓将并列的竹片串连而成。螺栓直径宜为 3～10mm，螺栓间距宜为 500～600mm，螺栓离板端宜为 200～250mm，板宽 250mm，板长 2000mm、2500m、3000mm	3‰	钢板尺

3.3.2.4 附着式升降脚手架设计计算

1. 基本规定

(1) 附着式升降脚手架应进行计算的项目：

1) 竖向主框架构件强度和压杆的稳定计算；

2) 水平支承桁架构件的强度和压杆的稳定计算；

3) 脚手架架体构架构件的强度和压杆稳定计算；

4) 附着支承结构构件的强度和压杆稳定计算；

5) 附着支承结构穿墙螺栓以及螺栓孔处混凝土局部承压计算；

6) 连接节点计算。

(2) 附着式升降脚手架的索具、吊具应按有关机械设计的规定，按容许应力法进行设计。同时还应符合下列规定：

1) 荷载值应小于升降动力设备的额定值；

2) 吊具安全系数 K 应取 5；

3) 钢丝绳索具安全系数 $K=6\sim8$，当建筑物层高 3m（含）以下时应取 6，3m 以上时应取 8。

(3) 脚手架结构构件的容许长细比 $[\lambda]$ 应符合下列规定：

1) 竖向主框架压杆：　　　　$[\lambda]\leqslant150$

2) 脚手架立杆：　　　　　　$[\lambda]\leqslant210$

3) 横向斜撑杆：　　　　　　$[\lambda]\leqslant250$

4) 竖向主框架拉杆：　　　　$[\lambda]\leqslant300$

5) 剪刀撑及其他拉杆：　　　$[\lambda]\leqslant350$

(4) 受弯构件的挠度限值应符合表 3-3-16 的规定。

受弯构件的挠度限值 　　　　　　　　　　　　表 3-3-16

构件类别	挠度限值
脚手板和纵向、横向水平杆	$L/150$ 和 10mm（L 为受弯杆件跨度）
水平支承桁架	$L/250$（L 为受弯杆件跨度）
悬臂受弯杆件	$L/400$（L 为受弯杆件跨度）

(5) 螺栓连接强度设计值应按表 3-3-17 的规定采用。

螺栓连接强度设计值（N/mm²）　　　　　　　表 3-3-17

钢材强度等级	抗拉强度 f_t^b	抗剪强度 f_v^b
Q235	170	140

(6) 钢管截面特性及自重标准值应符合表 3-3-18 的规定。

钢管截面特性及自重标准值 　　　　　　　　表 3-3-18

外径 d (mm)	壁厚 t (mm)	截面积 A (mm²)	惯性矩 I (mm⁴)	截面模量 W (mm³)	回转半径 i (mm)	每米长自重 (N/m)
48.3	3.2	453	1.16×10^5	4.80×10^3	16.0	35.6
48.3	3.6	506	1.27×10^5	5.26×10^3	15.9	39.7

（7）竖向主框架、水平支承桁架、架体构架，应根据正常使用极限状态的要求验算变形。

2. 构件的计算

按现行的《钢结构设计规范》GB 50017—2003 中相应的计算公式进行计算。

（1）受弯构件计算

1）抗弯强度计算

$$\sigma = \frac{M_{max}}{W_n} \leqslant f \qquad (3\text{-}3\text{-}32)$$

式中　M_{max}——最大弯矩设计值（N·m）；

　　　　f——钢材的抗拉、抗压和抗弯强度设计值（N/mm²）；

　　　　W_n——构件的净截面抵抗矩（mm³）。

2）挠度验算

$$\nu \leqslant [\nu] \qquad (3\text{-}3\text{-}33)$$

$$\nu = \frac{5q_k l^4}{384EI_x} \qquad (3\text{-}3\text{-}34)$$

或

$$\nu = \frac{5q_k l^4}{384EI_x} + \frac{P_k l^3}{48EI_x} \qquad (3\text{-}3\text{-}35)$$

式中　ν——受弯构件的计算挠度值（mm）；

　　$[\nu]$——受弯构件的容许挠度值（mm）；

　　　q_k——均布线荷载标准值（N/mm）；

　　　P_k——跨中集中荷载标准值（N）；

　　　E——钢材弹性模量（N/mm²）；

　　　I_x——毛截面惯性矩（mm⁴）；

　　　l——计算跨度（m）。

（2）受拉和受压杆件计算

1）中心受拉和受压杆件强度应按下式计算：

$$\sigma = \frac{N}{A_n} \leqslant f \qquad (3\text{-}3\text{-}36)$$

式中　N——拉杆或压杆最大轴力设计值（N）；

　　　A_n——拉杆或压杆的净截面面积（mm²）；

　　　f——钢材的抗拉、抗压和抗弯强度设计值（N/mm²）。

2）压弯杆件稳定性应满足下式要求：

$$\frac{N}{\varphi A} \leqslant f \qquad (3\text{-}3\text{-}37)$$

当有风荷载组合时，水平支承桁架上部的扣件式钢管脚手架立杆的稳定性应符合下式要求：

$$\frac{N}{\varphi A} + \frac{M_x}{W_x} \leqslant f \qquad (3\text{-}3\text{-}38)$$

式中　A——压杆的截面面积（mm²）；

　　　φ——中心受压构件的稳定系数，应按《建筑施工工具式脚手架安全技术规范》

JGJ 202—2010 附录 A 表 A 选取；

M_x——压杆的弯矩设计值（N·m）；

W_x——压杆的截面抗弯模量（mm^3）；

f——钢材的抗拉、抗压和抗弯强度设计值（N/mm^2）。

（3）水平支承桁架设计计算

1）水平支承桁架上部脚手架立杆的集中荷载应作用在桁架上弦的节点上。

2）水平支承桁架应构成空间几何不变体系的稳定结构。

3）水平支承桁架与主框架的连接应设计成铰接并应使水平支承桁架按静定结构计算。

4）水平支承桁架设计计算应包括下列内容：

①节点荷载设计值；

②杆件内力设计值；

③杆件最不利组合内力；

④最不利杆件强度和压杆稳定性；受弯构件的变形验算；

⑤节点板及节点焊缝或连接螺栓的强度。

5）水平支承桁架的外桁架和内桁架应分别计算，其节点荷载应为架体构架的立杆轴力；操作层内外桁架荷载的分配应通过小横杆支座反力求得。

（4）竖向主框架设计计算应符合下列规定：

1）竖向主框架应是几何不变体系的稳定结构，且受力明确；

2）竖向主框架内外立杆的垂直荷载应包括下列内容：

①内外水平支承桁架传递来的支座反力；

②操作层纵向水平杆传递给竖向主框架的支座反力。

3）风荷载按每根纵向水平杆挡风面承担的风荷载，传递给主框架节点上的集中荷载计算：

4）竖向主框架设计计算应包括下列内容：

①节点荷载标准值的计算；

②分别计算风荷载与垂直荷载作用下，竖向主框架杆件的内力设计值；

③计算风荷载与垂直荷载组合最不利杆件的内力设计值；

④最不利杆件强度和压杆稳定性以及受弯构件的变形计算；

⑤节点板及节点焊缝或连接螺栓的强度；

⑥支座的连墙件强度计算。

（5）附墙支座设计应符合下列规定：

1）每一楼层处均应设置附墙支座，且每一附墙支座均应能承受该机位范围内的全部荷载的设计值，并应乘以荷载不均匀系数 2 或冲击系数 2；

2）应进行抗弯、抗压、抗剪、焊缝、平面内外稳定性、锚固螺栓计算和变形验算。

（6）附着支承结构穿墙螺栓计算

穿墙螺栓应同时承受剪力和轴向拉力，其强度应按下列公式计算：

$$\sqrt{\left(\frac{N_v}{N_v^b}\right)^2 + \left(\frac{N_t}{N_t^b}\right)^2} \leqslant 1 \qquad (3\text{-}3\text{-}39)$$

$$N_v^b = \frac{\pi D_{\text{螺}}^2}{4} f_v^b \tag{3-3-40}$$

$$N_t^b = \frac{\pi d_0^2}{4} f_t^b \tag{3-3-41}$$

式中　N_v，N_t——一个螺栓所承受的剪力和拉力设计值（N）；

N_v^b，N_t^b——一个螺栓抗剪、抗拉承载能力设计值（N）；

$D_{\text{螺}}$——螺杆直径（mm）；

f_v^b——螺栓抗剪强度设计值，一般采用 Q235，取 $f_v^b = 140\text{N/mm}^2$；

d_0——螺栓螺纹处有效截面直径（mm）；

f_t^b——螺栓抗拉强度设计值，一般采用 Q235，取 $f_t^b = 170\text{N/mm}^2$。

（7）穿墙螺栓孔处混凝土受压状况如图 3-3-3 所示，其承载能力应符合下式要求：

$$N_v \leqslant 1.35 \beta_b \beta_l f_c bd \tag{3-3-42}$$

式中　N_v——一个螺栓所承受的剪力设计值（N）；

β_b——螺栓孔混凝土受荷计算系数，取 0.39；

β_l——混凝土局部承压强度提高系数，取 1.73；

f_c——上升时混凝土龄期试块轴心抗压强度设计值（N/mm²）；

b——混凝土外墙的厚度（mm）；

d——穿墙螺栓的直径（mm）。

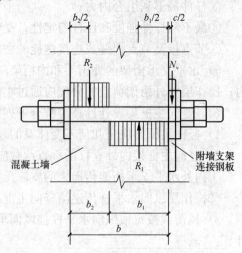

图 3-3-3　穿墙螺栓处混凝土受压状况图

（8）导轨设计计算

1）荷载设计值应根据不同工况分别乘以相应的荷载不均匀系数；

2）应进行抗弯、抗压、抗剪、焊缝、平面内外稳定性、锚固螺栓计算和变形验算。

（9）防坠装置设计计算

1）荷载的设计值应乘以相应的冲击系数，并应在一个机位内分别按升降工况和使用工况的荷载取值进行验算；

2）应依据实际情况分别进行强度和变形验算；

3）防坠装置不得与提升装置设置在同一个附墙支座上。

（10）主框架底座和吊拉杆设计应符合下列规定：

1）荷载设计值应依据主框架传递的反力计算；

2）结构构件应进行强度和稳定性验算，并对连接焊缝及螺栓进行强度计算。

（11）用作升降和防坠的悬臂梁设计应符合下列规定：

1）应按升降和使用工况分别选择荷载设计值，两种情况选取最不利的荷载进行计算，并应乘以冲击系数 2，使用工况时应乘以荷载不均匀系数 1.3；

2）应进行强度和变形计算；

3）悬挂动力设备或防坠装置的附墙支座应分别计算。

(12) 升降动力设备选择

1) 应按升降工况一个机位范围内的总荷载，并乘以荷载不均匀系数 2 选取荷载设计值；

2) 升降动力设备荷载设计值 N_s 不得大于其额定值 N_c。

(13) 液压油缸活塞推力计算

$$p_r \geqslant 1.2 p_1 \tag{3-3-43}$$

$$P_H = \frac{\pi D^2}{4} p_Y \tag{3-3-44}$$

式中　p_1——活塞杆的静工作阻力，也即是起重计算时一个液压机位的荷载设计值（kN/cm²）；

　　　1.2——活塞运动的摩阻力系数；

　　　P_H——活塞杆设计推力（kN）；

　　　D——活塞直径（cm）；

　　　p_Y——液压油缸内的工作压力（kN/cm²）。

3.3.2.5　门式钢管脚手架设计计算

1. 基本规定

(1) 门式脚手架与模板支架的设计应根据工程结构形式、荷载、地基土类别、施工设备、门架构配件尺寸、施工操作要求等条件进行。

(2) 门式脚手架与模板支架的设计应符合下列要求：

1) 应具有足够的承载能力、刚度和稳定性，应能可靠地承受施工过程中的各类荷载；

2) 架体构造应简单、装拆方便、便于使用和维护。

(3) 门式脚手架的搭设高度除应满足设计计算条件外，不宜超过表 3-3-19 的规定。

门式钢管脚手架搭设高度　　　　　　　　　　表 3-3-19

序号	搭设方式	施工荷载标准值 ΣQ_k（kN/m²）	搭设高度（m）
1	落地、密目式 安全网全封闭	≤3.0	≤55
2		>3.0 且≤5.0	≤40
3	悬挑、密目式 安全立网全封闭	≤3.0	≤24
4		>3.0 且≤5.0	≤18

注：表内数据适用于重现期为 10 年、基本风压值 $w_0 \leqslant 0.45 \text{kN/m}^2$ 的地区，对于 10 年重现期、基本风压值 $w_0 > 0.45 \text{kN/m}^2$ 的地区应按实际计算确定。

(4) 门式脚手架与模板支架应进行下列设计计算：

1) 门式脚手架：

①稳定性及搭设高度；

②脚手板的强度和刚度；

③连墙件的强度、稳定性和连接强度。

2) 模板支架的稳定性；

3) 门式脚手架与模板支架门架立杆的地基承载力验算；

4）悬挑脚手架的悬挑支承结构及其锚固连接；

5）满堂脚手架和模板支架必要时应进行抗倾覆验算。

（5）当门式脚手架的搭设高度及荷载条件符合表 3-3-19 的规定，且架体构造符合本书第 3.1.3.2 节的要求时，可不进行稳定性和搭设高度的计算。但连墙件、地基承载力及悬挑脚手架的悬挑支撑结构及其锚固应根据实际荷载进行设计计算。

（6）门式脚手架宜采用定型挂扣式脚手板。当采用非定型脚手板时，应进行脚手板的强度、刚度计算。

（7）本章关于门式脚手架的设计计算方法，适用于 MF1219、MF1017、MF0817 系列门架；关于满堂脚手架和模板支架的设计计算方法，适用于 MF1219、MF1017 系列门架。其他种类门架的设计计算方法，应根据门架与配件试验和架体结构试验结果分析确定。

（8）钢材的强度设计值与弹性模量应按表 3-3-20 的规定取值。

钢材的强度设计值与弹性模量　　　　　　　　表 3-3-20

项　目	Q235 级钢		Q345 级钢	
	钢管	型钢	钢管	型钢
抗拉、抗压和抗弯强度设计值（N/mm²）	205	215	300	310
弹性模量（N/mm²）	2.06×10^5			

2. 门式脚手架稳定性及搭设高度计算

（1）门式脚手架的稳定性应按下式计算：

$$N \leqslant N^d \tag{3-3-45}$$

式中　N——门式脚手架作用于一榀门架的轴向力设计值，应按式（3-3-46）、式（3-3-47）计算，并应取较大值；

　　　N^d——一榀门架的稳定承载力设计值，应按式（3-3-50）计算，或按《建筑施工门式钢管脚手架安全技术规范》JGJ 128—2010 附录 B 表 B.0.5 查取。

1）门式脚手架作用于一榀门架的轴向力设计值，应按下列公式计算：

不组合风荷载时：

$$N = 1.2(N_{G1k} + N_{G2k})H + 1.4 \sum N_{QK} \tag{3-3-46}$$

式中　N_{G1k}——每米高度架体构配件自重产生的轴向力标准值；

　　　N_{G2k}——每米高度架体附件自重产生的轴向力标准值；

　　　H——门式脚手架搭设高度；

　　　$\sum N_{Qk}$——作用于一榀门架的各层施工荷载标准值总和；

　　　1.2、1.4——永久荷载与可变荷载的荷载分项系数。

组合风荷载时：

$$N = 1.2(N_{G1k} + N_{G2k})H + 0.9 \times 1.4 \left(\sum N_{QK} + \frac{2M_{wk}}{b} \right) \tag{3-3-47}$$

$$M_{wk} = \frac{q_{wk}H_1^2}{10} \tag{3-3-48}$$

$$q_{wk} = w_k l \tag{3-3-49}$$

式中 M_{wk}——门式脚手架风荷载产生的弯矩标准值；

q_{wk}——风线荷载标准值；

H_1——连墙件竖向间距；

l——门架跨距；

b——门架宽度；

0.9——可变荷载的组合系数。

2）一榀门架的稳定承载力设计值应按下列公式计算：

$$N^d = \varphi \cdot A \cdot f \tag{3-3-50}$$

$$i = \sqrt{\frac{I}{A_1}} \tag{3-3-51}$$

对于 MF1219、MF1017 门架：

$$I = I_0 + I_1 \frac{h_1}{h_0} \tag{3-3-52a}$$

对于 MF0817 门架：

$$I = \left[A_1 \left(\frac{A_2 b_2}{A_1 + A_2} \right)^2 + A_2 \left(\frac{A_1 b_2}{A_1 + A_2} \right)^2 \right] \times \frac{0.5 h_1}{h_0} \tag{3-3-52b}$$

式中 φ——门架立杆的稳定系数，根据立杆换算长细比 λ 值，应由《建筑施工门式钢管脚手架安全技术规范》JGJ 128—2010 附录 B 表 B.0.6 取值。对于 MF1219、MF1017 门架：$\lambda = kh_0/i$；对于 MF0817 门架：$\lambda = 3kh_0/i$；

k——调整系数，应按表 3-3-21 取值；

i——门架立杆换算截面回转半径（mm）；

I——门架立杆换算截面惯性矩（mm⁴）；

h_0——门架高度（mm）；

h_1——门架立杆加强杆的高度（mm）；

I_0、A_1——分别为门架立杆的毛截面惯性矩和毛截面面积（mm⁴、mm²）；

I_1、A_2——分别为门架立杆加强杆的毛截面惯性矩和毛截面面积（mm⁴、mm²）；

b_2——门架立杆和立杆加强杆的中心距（mm）；

A——一榀门架立杆的毛截面面积（mm²），$A = 2A_1$；

f——门架钢材的抗压强度设计值，应按表 3-3-20 取值。

调整系数 k 表 3-3-21

脚手架搭设高度（m）	≤30	>30 且≤45	>45 且<55
k	1.13	1.17	1.22

（2）门式脚手架的搭设高度应按下列公式计算，并应取其计算结果的较小者：

不组合风荷载时：

$$H^d = \frac{\varphi A f - 1.4 \sum N_{QK}}{1.2(N_{G1K} + N_{G2K})} \tag{3-3-53}$$

组合风荷载时：

$$H_w^d = \frac{\varphi A f - 0.9 \times 1.4 \left(\sum N_{QK} + \dfrac{2M_{wk}}{b} \right)}{1.2(N_{G1k} + N_{G2k})} \tag{3-3-54}$$

式中 H_d——不组合风荷载时脚手架搭设高度；

　　　H_w^d——组合风荷载时脚手架搭设高度。

3. 连墙件计算

(1) 连墙件杆件的强度及稳定应满足下列公式的要求：

强度：

$$\sigma = \frac{N_l}{A_c} \leqslant 0.85f \qquad (3\text{-}3\text{-}55)$$

稳定：

$$\sigma = \frac{N_l}{\varphi A} \leqslant 0.85f \qquad (3\text{-}3\text{-}56)$$

$$N_l \leqslant N_w + 3000 (\text{N}) \qquad (3\text{-}3\text{-}57)$$

式中 σ——连墙件应力值（N/mm²）；

　　　A_c——连墙件的净截面面积（mm²），带螺纹的连墙件应取有效截面面积；

　　　A——连墙件的毛截面面积（mm²）；

　　　N_l——风荷载及其他作用对连墙件产生的拉（压）轴向力设计值（N）；

　　　N_w——风荷载作用于连墙件的拉（压）轴向力设计值（N），应按式（3-3-58）计算；

　　　φ——连墙件的稳定系数，应按连墙件长细比查《建筑施工门式钢管脚手架安全技术规范》JGJ 128—2010 附录 B 表 B.0.6；

　　　f——连墙件钢材的抗压强度设计值，应按表 3-3-20 取值。

(2) 风荷载作用于连墙件的水平力设计值应按下式计算：

$$N_w = 1.4 w_k \cdot L_1 \cdot H_1 \qquad (3\text{-}3\text{-}58)$$

式中 L_1——连墙件水平间距；

　　　H_1——连墙件竖向间距。

(3) 连墙件与脚手架、连墙件与建筑结构连接的连接强度应按下式计算：

$$N_l \leqslant N_v \qquad (3\text{-}3\text{-}59)$$

式中 N_v——连墙件与脚手架、连墙件与建筑结构连接的抗拉（压）承载力设计值，应根据相应规范规定计算。

(4) 当采用钢管扣件做连墙件时，扣件抗滑承载力的验算，应满足下式要求：

$$N_l \leqslant R_c \qquad (3\text{-}3\text{-}60)$$

式中 R_c——扣件抗滑承载力设计值，一个直角扣件应取 8.0kN。

4. 满堂脚手架计算

(1) 满堂脚手架的架体稳定性计算，应选取最不利处的门架为计算单元。门架计算单元选取应同时符合下列规定：

1) 当门架的跨距和间距相同时，应计算底层门架；

2) 当门架的跨距和间距不相同时，应计算跨距或间距增大部位的底层门架；

3) 当架体上有集中荷载作用时，尚应计算集中荷载作用范围内受力最大的门架。

(2) 满堂脚手架作用于一榀门架的轴向力设计值，应按所选取门架计算单元的负荷面积计算，并应符合下列规定：

1) 当不考虑风荷载作用时，应按下式计算：

$$N_j = 1.2\Big[(N_{G1k} + N_{G2k})H + \sum_{i=3}^{n} N_{GiK}\Big] + 1.4\sum_{i=1}^{n} N_{QiK} \tag{3-3-61}$$

式中　　N_j——满堂脚手架作用于一榀门架的轴向力设计值；

N_{G1k}、N_{G2k}——每米高度架体构配件、附件自重产生的轴向力标准值；

$\displaystyle\sum_{i=3}^{n} N_{GiK}$——满堂脚手架作用于一榀门架的除构配件和附件外的永久荷载标准值的
　　　　　总和；

$\displaystyle\sum_{i=1}^{n} N_{QiK}$——满堂脚手架作用于一榀门架的可变荷载标准值总和；

　　　　H——满堂脚手架的搭设高度。

2）当考虑风荷载作用时，应按下列公式计算，并应取其较大值：

$$N_j = 1.2\Big[(N_{G1k} + N_{G2k})H + \sum_{i=3}^{n} N_{GiK}\Big] + 0.9 \times 1.4\Big(\sum_{i=1}^{n} N_{QiK} + N_{Wn}\Big) \tag{3-3-62}$$

$$N_j = 1.35\Big[(N_{G1K} + N_{G2K})H + \sum_{i=3}^{n} N_{GiK}\Big] + 1.4\Big[0.7\sum_{i=1}^{n} N_{QiK} + 0.6N_{Wn}\Big] \tag{3-3-63}$$

式中　N_{Wn}——满堂脚手架一榀门架立杆风荷载作用的最大附加轴力标准值；

　　1.35——永久荷载分项系数；

0.7、0.6——可变荷载、风荷载组合系数。

（3）满堂脚手架的稳定性验算，应满足下式要求：

$$\frac{N_j}{\varphi A} \leqslant f \tag{3-3-64}$$

5. 门架立杆地基承载力验算

（1）门式脚手架与模板支架的门架立杆基础底面的平均压力，应满足下式要求：

$$P = \frac{N_K}{A_d} \leqslant f_a \tag{3-3-65}$$

式中　P——门架立杆基础底面的平均压力；

　　N_K——门式脚手架或模板支架作用于一榀门架的轴向力标准值，应按本节第（2）
　　　　　条规定计算；

　　A_d——一榀门架下底座底面面积；

　　f_a——修正后的地基承载力特征值，应按式（3-3-70）计算。

（2）作用于一榀门架的轴向力标准值，应根据所取门架计算单元实际荷载按下列规定
计算：

1）门式脚手架作用于一榀门架的轴向力标准值，应按下列公式计算，并应取较大者：
不组合风荷载时：

$$N_k = (N_{G1k} + N_{G2k})H + \sum N_{QK} \tag{3-3-66}$$

组合风荷载时：

$$N_k = (N_{G1K} + N_{G2K})H + 0.9\Big(\sum N_{Qk} + \frac{2M_{WK}}{b}\Big) \tag{3-3-67}$$

式中　N_k——门式脚手架作用于一榀门架的轴向力标准值。

2）满堂脚手架作用于一榀门架的轴向力标准值，应按下式计算：

$$N_k = (N_{G1k} + N_{g2k})H + \sum_{i=3}^{n} N_{GiK} + \sum_{i=1}^{n} N_{QiK} + 0.6N_{Wn} \tag{3-3-68}$$

式中 N_k——满堂脚手架作用于一榀门架的轴向力标准值。

3）模板支架作用于一榀门架的轴向力标准值，应按下式计算：

$$N_k = (N_{G1k} + N_{g2k})H + \sum_{i=3}^{n} N_{GiK} + \sum_{i=1}^{n} N_{QiK} + 0.6N_{Wn} \tag{3-3-69}$$

式中 N_k——模板支架作用于一榀门架的轴向力标准值；

$\sum_{i=1}^{n} N_{QiK}$——模板支架作用于一榀门架的可变荷载标准值总和。

（3）修正后的地基承载力特征值应按下式计算：

$$f_a = k_c \cdot f_{ak} \tag{3-3-70}$$

式中 k_c——地基承载力修正系数，应按表 3-3-22 取值；

f_{ak}——地基承载力特征值，按现行国家标准《建筑地基基础设计规范》GB 50007 的规定，可由载荷试验或其他原位测试、公式计算并结合工程实践经验等方法综合确定。

（4）地基承载力修正系数 k_c 应按表 3-3-22 的规定取值。

地基承载力修正系数 表 3-3-22

地基土类别	修正系数（k_c）	
	原状土	分层回填夯实土
多年填积土	0.6	—
碎石土、砂土	0.8	0.4
粉土、黏土	0.7	0.5
岩石、混凝土	1.0	—

（5）对搭设在地下室顶板、楼面等建筑结构上的门式脚手架或模板支架，应对支承架体的建筑结构进行承载力验算，当不能满足承载力要求时，应采取可靠的加固措施。

6. 悬挑脚手架支承结构计算

（1）当采用型钢梁作为悬挑脚手架的支承结构时，应进行下列设计计算：

1）型钢悬挑梁的抗弯强度、整体稳定性和挠度；

2）型钢悬挑梁锚固件及其锚固连接的强度；

3）型钢悬挑梁下建筑结构的承载能力验算。

（2）悬挑脚手架作用于一榀门架的轴向力设计值 N，应根据悬挑脚手架分段搭设高度按式（3-3-46）、式（3-3-47）分别计算，并应取其较大者。

（3）型钢悬挑梁的抗弯强度应按下列公式计算：

$$\sigma = \frac{M_{max}}{W_n} \leqslant f \tag{3-3-71}$$

$$M_{max} = \frac{N}{2}(l_{c1} + l_{c2}) + 0.6ql_{c1}^2 \tag{3-3-72}$$

式中 σ——型钢悬挑梁应力值（N/mm²）；

M_{max}——型钢悬挑梁计算截面最大弯矩设计值（N·mm）；

W_n——型钢悬挑梁净截面模量（mm³）；

f——钢材的抗弯强度设计值；

N——悬挑脚手架作用于一榀门架的轴向力设计值（N）；

l_{c1}——门架外立杆至建筑结构楼层板边支承点的距离（mm），可取外立杆中心至板边距离加 100mm；

l_{c2}——门架内立杆至建筑结构楼层板边支承点的距离（mm），可取内立杆中心至板边距离加 100mm；

q——型钢梁自重线荷载标准值（N/mm）。

（4）型钢悬挑梁的整体稳定性应按下式验算：

$$\frac{M_{max}}{\varphi_b W} \leqslant f \qquad (3\text{-}3\text{-}73)$$

式中　φ_b——型钢悬挑梁的整体稳定性系数，应按现行国家标准《钢结构设计规范》GB 50017 的规定采用；

W——型钢悬挑梁毛截面模量。

（5）型钢悬挑梁的挠度应按下列公式计算（图 3-3-4）：

$$\nu_{max} \leqslant [\nu_T] \qquad (3\text{-}3\text{-}74)$$

$$\nu_{max} = \frac{N_k}{12EI}(2l_{c1}^3 + 2l_c l_{c1}^2 + 2l_c l_{c1} l_{c2} + 3l_{c1} l_{c2}^2 - l_{c2}^3)$$

$$(3\text{-}3\text{-}75)$$

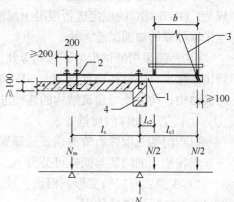

图 3-3-4　悬挑脚手架型钢悬挑梁
构造与计算示意图
1—型钢悬挑梁；2—压点钢板；
3—钢丝绳；4—建筑主体结构

式中　$[\nu_T]$——型钢悬挑梁挠度允许值，取 $l_{c1}/200$；

ν_{max}——型钢悬挑梁最大挠度（mm）；

N_k——悬挑脚手架作用于一榀门架的轴向力标准值（N），应按式（3-3-66）、式（3-3-67）计算，取较大者；

E——钢材弹性模量；

I——型钢悬挑梁毛截面惯性矩（mm⁴）；

l_c——型钢悬挑梁锚固点中心至建筑结构楼层板边支承点的距离（mm），可取型钢梁锚固点中心至板边距离减 100mm。

（6）将型钢悬挑梁锚固在主体结构上的 U 形钢筋拉环或螺栓的强度应按下列公式计算：

$$\sigma = \frac{N_m}{A_l} \leqslant f_l \qquad (3\text{-}3\text{-}76)$$

$$N_m = \frac{N(l_{c1} + l_{c2})}{2l_c} \qquad (3\text{-}3\text{-}77)$$

式中　σ——U 形钢筋拉环或螺栓应力值（N/mm²）；

N_m——型钢悬挑梁锚固段压点 U 形钢筋拉环或螺栓拉力设计值（N）；

A_l——U 形钢筋拉环净截面面积或螺栓的有效截面面积（mm²），一个钢筋拉环或一对螺栓应按两个截面计算；

f_l——U 形钢筋拉环或螺栓抗拉强度设计值，应按现行国家标准《混凝土结构设计规范》GB 50010 的规定取 $f_l=50\text{N/mm}^2$。

（7）当型钢悬挑梁锚固段压点处采用 2 个（对）及以上 U 形钢筋拉环或螺栓锚固连接时，其钢筋拉环或螺栓的承载能力应乘以 0.85 的折减系数。

（8）当型钢悬挑梁与建筑结构锚固的压点处楼板未设置上层受力钢筋时，应经计算在楼板内配置用于承受型钢梁锚固作用引起负弯矩的受力钢筋。

（9）对型钢悬挑梁下建筑结构的混凝土梁（板）应按现行国家标准《混凝土结构设计规范》GB 50010 的规定进行混凝土局部抗压承载力、结构承载力验算，当不满足要求时，应采取可靠的加固措施。

（10）当采用型钢桁架下撑式等其他结构形式作为悬挑脚手架的支承结构时，应按现行国家标准《钢结构设计规范》GB 50017、《混凝土结构设计规范》GB 50010 的规定，对其结构、构件及与建筑结构的连接进行设计计算。

7. 门架、配件的质量要求

（1）门架与配件质量类别及处理规定

周转使用的门架与配件可分为 A、B、C、D 四类，并应符合下列规定：

1）A 类：有轻微变形、损伤、锈蚀。经清除粘附砂浆泥土等污物，除锈、重新油漆等保养工作后可继续使用。

2）B 类：有一定程度变形或损伤（如弯曲、下凹），锈蚀轻微。应经矫正、平整、更换部件、修复、补焊、除锈、油漆等修理保养后继续使用。

3）C 类：锈蚀较严重。应抽样进行荷载试验后确定能否使用，试验应按现行行业产品标准《门式钢管脚手架》JG 13 中的有关规定进行。经试验确定可使用者，应按 B 类要求经修理保养后使用；不能使用者，则按 D 类处理。

4）D 类：有严重变形、损伤或锈蚀。不得修复，应报废处理。

（2）质量类别判定

1）周转使用的门架与配件质量类别判定应按表 3-3-23～表 3-3-27 的规定划分。

门 架 质 量 分 类　　　　　　　　　　　　　表 3-3-23

	部位及项目	A 类	B 类	C 类	D 类
立杆	弯曲（门架平面外）	≤4mm	>4mm	—	—
	裂　纹	无	微小	—	有
	下　凹	无	轻微	较严重	≥4mm
	壁　厚	≥2.2mm	—	—	<2.2mm
	端面不平整	≤0.3mm	—	—	>0.3mm
	锁销损坏	无	损伤或脱落	—	—
	锁销间距	±1.5mm	>1.5mm <-1.5mm	—	—
	锈　蚀	无或轻微	有	较严重（鱼鳞状）	深度≥0.3mm
	立杆（中-中）尺寸变形	±5mm	>5mm <-5mm	—	—
	下部堵塞	无或轻微	较严重	—	—
	立杆下部长度	≤40mm	>400mm	—	—

续表

部位及项目		A类	B类	C类	D类
横杆	弯曲	无或轻微	严重	—	—
	裂纹	无	轻微	—	有
	下凹	无或轻微	≤3mm	—	>3mm
	锈蚀	无或轻微	有	较严重	深度≥0.3mm
	壁厚	≥2mm	—	—	<2mm
加强杆	弯曲	无或轻微	有	—	—
	裂纹	无	有	—	—
	下凹	无或轻微	有	—	—
	锈蚀	无或轻微	有	较严重	深度≥0.3mm
其他	焊接脱落	无	轻微缺陷	严重	—

脚手板质量分类　　　　　　　　　　　　　　　　　　表 3-3-24

部位及项目		A类	B类	C类	D类
脚手板	裂纹	无	轻微	较严重	严重
	下凹	无或轻微	有	较严重	—
	锈蚀	无或轻微	有	较严重	深度≥0.2mm
	面板厚	≥1.0mm	—	—	<1.0mm
搭钩零件	裂纹	无	—	—	有
	锈蚀	无或轻微	有	较严重	深度≥0.2mm
	铆钉损坏	无	损伤、脱落	—	—
	弯曲	无	轻微	—	严重
	下凹	无	轻微	—	严重
	锁扣损坏	无	脱落、损伤	—	—
其他	脱焊	无	轻微	—	严重
	整体变形、翘曲	无	轻微	—	严重

交叉支撑质量分类　　　　　　　　　　　　　　　　表 3-3-25

部位及项目	A类	B类	C类	D类
弯曲	≤3mm	>3mm	—	—
端部孔周裂纹	无	轻微	—	严重
下凹	无或轻微	有	—	严重
中部铆钉脱落	无	有	—	—
锈蚀	无或轻微	有	—	严重

连接棒质量分类　　　　　　　　　　　　　　　　　表 3-3-26

部位及项目	A类	B类	C类	D类
弯曲	无或轻微	有	—	严重
锈蚀	无或轻微	有	较严重	深度≥0.2mm
凸环脱落	无	轻微	—	—
凸环倾斜	≤0.3mm	>0.3mm	—	—

可调底座、可调托座质量分类

表 3-3-27

部位及项目		A 类	B 类	C 类	D 类
螺杆	螺牙缺损	无或轻微	有	—	严重
	弯　　曲	无	轻微	—	严重
	锈　　蚀	无或轻微	有	较严重	严重
扳手、螺母	扳手断裂	无	轻微	—	—
	螺母转动困难	无	轻微	—	严重
	锈　　蚀	无或轻微	有	较严重	严重
底板	翘　　曲	无或轻微	有	—	—
	与螺杆不垂直	无或轻微	有	—	—
	锈　　蚀	无或轻微	有	较严重	严重

2）根据表 3-3-23～表 3-3-27 的规定，周转使用的门架与配件质量类别判定应符合下列规定：

①A 类：表中所列 A 类项目全部符合；

②B 类：表中所列 B 类项目有一项和一项以上符合，但不应有 C 类和 D 类中任一项；

③C 类：表中 C 类项目有一项和一项以上符合，但不应有 D 类中任一项；

④D 类：表中 D 类项目有任一项符合。

（3）标志

1）门架及配件挑选后，应按质量分类和判定方法分别做上标志。

2）门架及配件分类经维修、保养、修理后必须标明"检验合格"的明显标志和检验日期，不得与未经检验和处理的门架及配件混放或混用。

（4）抽样检查

1）抽样方法：C 类品中，应采用随机抽样方法，不得挑选。

2）样本数量：C 类样品中，门架或配件总数小于或等于 300 件时，样本数不得少于 3 件；大于 300 件时，样本数不得少于 5 件。

3）样品试验：试验项目及试验方法应符合现行行业产品标准《门式钢管脚手架》JG 13 的有关规定。

3.3.2.6　悬挑式物料平台计算

1. 悬挑式物料平台示意图（图 3-3-5）

悬挑式物料平台，一般可用槽钢作主、次梁，上铺 50mm 厚的木板，并用螺栓与槽钢固定。

恒荷载包括：主梁、次梁、平台木板、防护栏杆和板、安全网、吊环、钢丝绳等。

活荷载包括：（1）施工荷载：平台要转运堆放的物料以及操作人员，按实际需要转运的物料荷载计算。

（2）风荷载。

2. 次梁计算（图 3-3-6）

（1）计算弯矩

考虑活荷载最不利组合

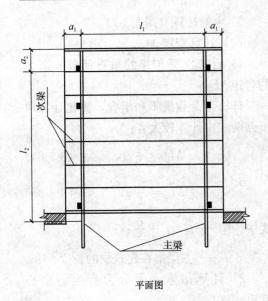

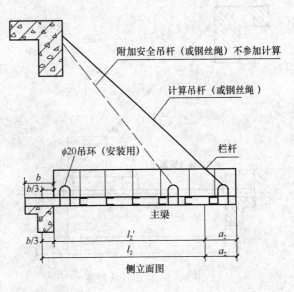

图 3-3-5 悬挑式物料平台

$$M = \frac{1}{8}ql_1^2 - \frac{1}{2}q_G q_1^2 \quad (3\text{-}3\text{-}78)$$

无悬臂时:

$$M = \frac{1}{8}ql_1^2 \quad (3\text{-}3\text{-}79)$$

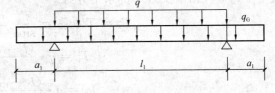

图 3-3-6 次梁计算简图

式中 q——次梁上恒荷载设计值与活荷
载设计值之和;

q_G——次梁上恒荷载设计值。

(2) 验算强度

$$\sigma = \frac{M}{W} \leqslant f \quad (3\text{-}3\text{-}80)$$

式中 W——次梁截面抵抗矩;

f——次梁钢材抗弯强度设计值。

(3) 整体稳定性验算

$$\frac{M_x}{\varphi_b w_x} \leqslant f \quad (3\text{-}3\text{-}81)$$

式中 φ_b——次梁的整体稳定性系数,按《钢结构设计规范》GB 50017—2003 附录 B
确定。

(4) 挠度验算

$$\nu \leqslant [\nu] \quad (3\text{-}3\text{-}82)$$

$$\nu = \frac{1}{384EI}ql_1^4 \quad (3\text{-}3\text{-}83)$$

式中 E——钢材的弹性模量;

I——次梁截面惯性矩;

q—— $q_G + q_Q$ 的标准值;

$[\nu]$—— $[\nu] = \frac{1}{200}l_1$。

173

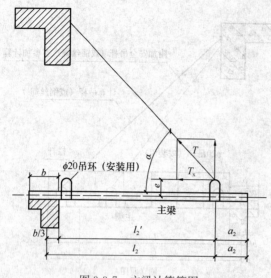

图 3-3-7 主梁计算简图

3. 主梁计算（图 3-3-7）

（1）计算弯矩 M_{max}

1）计算次梁传递的垂直荷载 q 产生的弯矩 M_1

计算活荷载最不利组合，简化计算取下列两式中计算较大者：

$$M_1 = \frac{1}{8}ql_2^2 \tag{3-3-84}$$

$$M_1 = \frac{1}{8}qa_2^2 \tag{3-3-85}$$

式中　l_2——$l_2 = l_2^1 + \frac{b}{3}$；

　　　b——主梁搭在建筑物的长度。

2）计算吊索水平分力产生的偏心弯矩

$$M_2 = T_x \cdot e \tag{3-3-86}$$

式中　T_x——吊索拉力 T 的水平分力。

$$T_x = T\cos\alpha = \frac{T_y}{\sin\alpha} = T_y\cot\alpha = \frac{T_y}{\tan\alpha}$$

$$T_y = q \cdot \frac{(l_2 + a_2)^2}{2} \cdot \frac{1}{l_2}$$

$$\therefore \quad T_x = q \cdot \frac{(l_2 + a_2)^2}{2l_2} \cdot \frac{1}{\tan\alpha} \tag{3-3-87}$$

3）计算最大弯矩

$$M_{max} = M_1 + M_2 \tag{3-3-88}$$

（2）计算主梁的轴心压力 N

$$N = T_x = T_y\cot\alpha \tag{3-3-89}$$

（3）主梁强度验算

$$\frac{N}{A_n} + \frac{M_{max}}{\gamma_x W_x} \leqslant f \tag{3-3-90}$$

式中　A_n——主梁净截面面积；

　　　γ_x——主梁截面塑性发展系数查《钢结构设计规范》表 5.2.1，I 字钢 $\gamma_x = 1.05$，若为槽钢不对称的，表中无，应 $\gamma_x = 1.0$；

　　　M_{max}——次梁垂直荷载产生的弯矩与吊索水平分力偏心弯矩之和；

　　　W_x——主梁的 x 轴净截面模量。

（4）主梁压弯构件，弯矩作用平面内稳定性验算［根据《钢结构设计规范》GB 50017—2003 公式 5.2.2-1，即式（3-3-91）］。

$$\frac{N}{\varphi_x A} + \frac{\beta_{mx} M_x}{\gamma_x M_{1x}\left(1 - 0.8\dfrac{N}{N'_{Ex}}\right)} \leqslant f \tag{3-3-91}$$

式中　A——主梁毛截面面积；

φ_x——弯矩作用平面内的轴心受压构件稳定系数;

M_x——最大弯矩;

W_{1x}——在弯矩作用平面内对较大受压纤维的毛截面模量;

β_{mx}——等效弯矩系数,$\beta_{mx}=1.0$;

N'_{Ex}——系数,$N'_{Ex}=\dfrac{\pi^2 EA}{1.1\lambda_x^2}$;

N——轴心压力,$N=T_y\cot\alpha$。

(5)主梁压弯构件,弯矩作用平面外的稳定性计算

$$\frac{N}{\varphi_y A}+\eta\frac{\beta_{1x}M_x}{\varphi_b W_{1x}}\leqslant f \qquad (3\text{-}3\text{-}92)$$

式中 φ_y——弯矩作用平面外的轴心受压杆件稳定系数;

M_x——最大弯矩;

η——截面影响系数,非闭口截面 $\eta=1$;

β_{tx}——等效弯矩系数,可采用 $\beta_{tx}=1$ 计算;

φ_b——梁的整体稳定系数,按《钢结构设计规范》GB 50017—2003 附录 B 计算确定;

W_{1x}——主梁受压纤维确定的毛截面模量。

(6)主梁挠度验算(同次梁)

$$\nu=\frac{5ql_2^4}{384EI}<[\nu] \qquad (3\text{-}3\text{-}93)$$

4. 钢丝绳验算

$$\frac{F}{T}\geqslant K \qquad (3\text{-}3\text{-}94)$$

式中 F——钢丝绳破断拉力;

K——钢丝绳法定安全系数,$K=10$;

T——物料平台钢丝绳计算拉力设计值,按式(3-3-95)计算。

$$T=T_y\cdot\frac{1}{\sin\alpha}=\frac{1}{2l_2\sin\alpha}q(l'_2+a_2)^2 \qquad (3\text{-}3\text{-}95)$$

3.3.3 脚手架设计计算举例

3.3.3.1 扣件式钢管脚手架计算举例

[例] 基本风压 $w_0=0.55\text{kN/m}^2$,外挂 2000 目/cm² 密目安全网,挡风系数 $\varphi=0.8$,四层脚手板,二层同时作业,活荷载 $3+2=5\text{kN/m}^2$,连墙件二步三跨布置,步距 1.8m,立杆横距 1.05m,挑 0.15m,纵距 1.5m,钢管为 $\phi48\times3.5$(有关计算的截面特征值查旧规范 JGJ 130—2001)见图 3-3-8。计算允许搭设高度 H_s。

允许搭设高度 H_s 应按公式(3-3-15)计算:

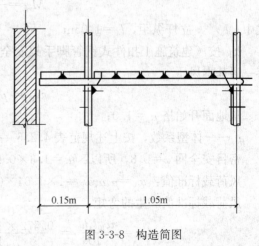

0.15m 1.05m

图 3-3-8 构造简图

$$H_s = \frac{\varphi A f - \left[1.2 N_{G2k} + 0.9 \times 1.4 \left(\sum N_{Qk} + \dfrac{M_{Wk}}{W} \varphi A\right)\right]}{1.2 g_k}$$

1. 先计算 $\varphi A f$，主要是求 φ。

（1）计算长度按式（3-3-12）计算

$$l_0 = k \mu h$$

式中 k——计算长度附加系数，取值 1.155；

μ——考虑脚手架整体稳定因素的单杆计算长度系数，按表 3-3-12 采用，查得 $\mu =$ 1.50 所以：$l_0 = 1.155 \times 1.50 \times 1.8 = 3.12 m$

（2）计算 λ，求 φ 值

$$\lambda = \frac{l_0}{i} = \frac{3120}{15.8} = 197.5$$

查《建筑施工扣件式钢管脚手架安全技术规范》JGJ 130—2011 附录 A 表 A.0.6，φ = 0.185

（3）立杆设计承载能力 $\varphi A f$

$$\varphi A f = 0.185 \times 489 \times 205 = 18545 N = 18.545 kN$$

2. 计算 N_{G2k}

N_{G2k} 是构配件自重标准值产生的轴向力，它包括四层脚手板、挡脚板、栏杆、安全网，查《建筑施工扣件式钢管脚手架安全技术规范》JGJ 130—2011 4.2.1 条表 4.2.1-1 及表 4.2.1-2，并取安全网 0.01kN/m²。

所以：$N_{G2k} = \{4 \times [1.2 \times 1.5 \times 0.35 + 1.5 \times 0.14] + 40 \times 0.01\} \times 0.5$
$= 3.76(kN) \times 0.5$
$= 1.88 kN$

3. 计算 $\dfrac{M_{wk}}{w}$ 风荷载产生的轴向力

按式（3-3-13）

$$M_W = 0.9 \times 1.4 M_{wk}$$
$$M_{wk} = \frac{W_K l_a h^2}{10}$$

式中 l_a——立杆纵距，$l_a = 1.05 m$。

w_K 按《建筑施工扣件式钢管脚手架安全技术规范》JGJ 130—2011 4.2.5 条，取 10 年一遇基本风压

$$w_K = \mu_z \mu_s w_0$$

从地面开始搭 $\mu_z = 1.0$；

μ_s——体型系数，按上述规范表 4.2.6 一般情况为开洞墙，$\mu_s = 1.3 \varphi$；

密目安全网 $\varphi = 0.8$，所以：$\mu_s = 1.3 \times 0.8 = 1.04$。

风荷载标准值：$w_k = \mu_z \mu_s w_0 = 1 \times 1.04 \times 0.55 = 0.572 kN/m^2$

风荷载标准值产生的弯矩：

$$M_{wk} = \frac{w_K l_a h^2}{10} = \frac{0.572 \times 1.5 \times 1.8^2}{10} = 0.28 kN/m^2$$

$$\frac{M_{wk}}{W} = \frac{0.28 \times 10^6}{5080} = 54.7 \text{N/mm}^2$$

4. 求活荷载产生的轴力 $\sum N_Q$ 标准值

$$\sum N_Q = 1.2 \times 1.5 \times 5000 \times 0.5 = 4500 \text{N} = 4.5 \text{kN}$$

5. 计算 H_s

查表规范附录 A（因为钢管为 $\phi 48 \times 3.5$，故查旧规范 JGJ 130—2001）表 A-1 得 $g_k = 0.1248$kN/m 所以：

$$H_s = \frac{\varphi A f - \left[1.2 N_{G2k} + 0.9 \times 1.4 \left(\sum N_{Qk} + \frac{M_{wk}}{W} \varphi A \right) \right]}{1.2 g_k}$$

$$= \frac{18545 - \left[1.2 \times 1880 + 0.9 \times 1.4 (4500 + 54.7 \times 0.185 \times 489) \right]}{1.2 \times 0.1248}$$

$$= 29625 (\text{mm}) = 29.3 \text{m}$$

可以看出考虑风荷载后，允许搭设高度明显降低，特别是如果再往上考虑风荷载变化系数 μ_z，风荷载明显增大，计算的允许搭设高度更要降低，在使用过程中应重视风荷载的影响。

3.3.3.2 满堂支撑架设计计算举例

［例］某多功能厅屋顶结构安装，搭设满堂支撑架，其搭设简图见图 3-3-9，搭设条件

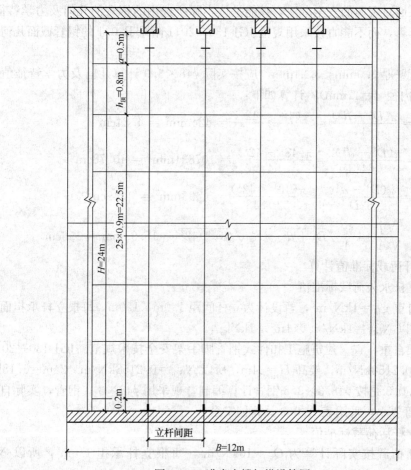

图 3-3-9 满堂支撑架搭设简图

及设计参数如下：

安装施工活荷载按实际计算为 $Q_k = 10\text{kN/m}^2$；

操作平台自重按实际计算为 $G_{1k} = 1\text{kN/m}^2$；

满堂支撑架底面积为 24m×12m（即 $B=12\text{m}$），架高 24m（即 $H=24\text{m}$），高宽比 $H/B=2$；

钢管采用现有钢管 $\phi48\times3.0$；

立杆间距先假设 1.0m×1.0m，顶步距 $h_{顶}=0.8\text{m}$，其他步距均为 0.9m（即 $h=0.9\text{m}$），剪刀撑设置按加强型，支撑架顶支撑点至顶层水平杆中心线的长度 $a=0.5\text{m}$。

试验算该满堂支撑架立杆的稳定性是否符合要求？如果不符合要求，改进后再进行验算。计算所采用的钢管 $\phi48\times3.0$ 的几何与力学特征数值：当前贯彻新规范，JGJ 130—2011 有 1 个实际问题，新规范选用的钢管为 $\phi48.3\times3.6$，所有的有关计算用表及构造搭设用表均按 $\phi48.3\times3.6$ 钢管计算编制的，但是目前市场上几乎没有 $\phi48.3\times3.6$ 的钢管，市场上的 $\phi48$ 左右的钢管都偏小，因此在这个较长的过渡时期，为了保证设计计算结果的安全度，笔者认为按规范 JGJ 130—2011 表 8.1.8 允许偏差的要求，当管径超出 $\phi48.3$ 钢管允许负偏差 0.5mm（即小于 $\phi47.8$）时，或者钢管壁厚超出 $\phi48.3$ 钢管允许负偏差（即小于 3.24mm）时，其中只要有一项是这样的情况，应该视为尺寸不合格的钢管，但目前不可能不采用，面对现实的安全办法，只能是按实际所选用的钢管的几何及力学特征值，以此进行设计计算，而不能直接采用规范 JGJ 130—2011 附录 B.0.1 的钢管截面几何及力学特征值。

该例题钢管壁厚 3.0mm<3.24mm，应按实际 $\phi48\times3.0$ 计算几何及力学特征值（外径 $D=48\text{mm}$，内径 $d=42\text{mm}$）。计算如下：

$$A = \frac{\pi(D^2-d^2)}{4} = \frac{\pi(48^2-42^2)}{4} = 424\text{mm}^2 = 4.24\text{cm}^2$$

$$I = \frac{\pi(D^4-d^4)}{64} = \frac{\pi(48^4-42^4)}{64} = 107831\text{mm}^4 = 10.78\text{cm}^4$$

$$W = \frac{\pi(D^4-d^4)}{32D} = \frac{\pi(48^4-42^4)}{32\times48} = 4493\text{mm}^3 = 4.49\text{cm}^3$$

$$i = \sqrt{\frac{I}{A}} = \frac{1}{4}\sqrt{D^2+d^2} = \frac{1}{4}\sqrt{48^2+42^2} = 15.95\text{mm} = 1.6\text{cm}$$

1. 每根立杆荷载标准值计算

（1）每根立杆永久荷载标准值

操作平台自重 $g_{1k}=1\text{kN/m}^2$，暂设计为立杆间距 1.0m×1.0m，每根立杆承担面积为 $1\times1=1\text{m}^2$，所以 $N_{G1k}=1\text{kN/m}^2\times1\text{m}^2=1\text{kN}$。

钢管支撑架自重，查《建筑施工扣件式钢管脚手架安全技术规范》JGJ 130—2011 表 A.0.3 得 $g_{2k}=0.2158\text{kN/m}$，架高 $H=24\text{m}$，所以 $N_{G2k}=0.2158\text{kN/m}\times24\text{m}=5.18\text{kN}$。

（注意表 A.0.3 是按 $\phi48.3\times3.6$ 钢管计算编制，现采用 $\phi48\times3.0$ 钢管，实际自重较 $\phi48.3\times3.6$ 钢管要小，采用表 A.0.3 计算偏安全）

（2）每根立杆活荷载标准值

安装施工活荷载按实际计算为 $Q_k=10\text{kN/m}^2$，每根立杆承担 1.0m^2，所以 $N_{Qk}=10\text{kN/m}^2\times1.0\text{m}^2=10\text{kN}$。

2. 计算每根立杆荷载组合设计值

在室内不组合风荷载，按公式（3-3-23）计算：

$$N = 1.2 \sum N_{Gk} + 1.4 \sum N_{Qk}$$

所以 $N = 1.2 \times (1+1.58) + 1.4 \times 10 = 7.42 + 14 = 21.42\text{kN}$

3. 支撑架立杆稳定性验算

（1）立杆计算长度计算

1）顶部立杆段按公式（3-3-25） $l_{0顶} = k\mu_1 (h_{顶} + 2a)$

其中 k 查表 3-3-14，因为 $H=24\text{m}$，所以 $k=1.291$

∵ 剪刀撑为加强型，∴ 查上述规范 JGJ 130—2011 表 C-3 得 $\mu_1 = 1.377$。

$$l_{0顶} = 1.291 \times 1.377 \times (0.8 + 2 \times 0.5) = 3.20\text{m}$$

2）非顶部立杆段用公式（3-3-26），$l_0 = k\mu_2 h$

∵ 剪刀撑为加强型，∴ 查上述规范 JGJ 130—2011 表 C-5 得 $\mu_2 = 2.802$

$$l_0 = 1.291 \times 2.802 \times 0.9 = 3.26\text{m}$$

计算应取上述两者较大值计算，即 $l_0 = 3.26\text{m}$。

（2）计算长细比

$$\lambda = \frac{l_0}{i} = 326/1.6 = 203.8$$

稳定性系数查表（上述规范 JGJ 130—2011，表 A.0.6），∵ $\lambda = 203.8$，∴ $\varphi = 0.174$

（3）验算立杆稳定性

不组合风荷载按公式（3-3-8）计算

$$\frac{N}{\varphi A} \leqslant f$$

$$N = 21.42\text{kN}, \varphi = 0.174, A = 4.24\text{cm}^2 = 424\text{mm}^2$$

∴ $\frac{N}{\varphi A} = (21.42 \times 1000) / (0.174 \times 424) = 290 \ (\text{N/mm}^2) > f = 205 \ (\text{N/mm}^2)$，

不符合要求。

验算结果立杆稳定性不满足要求，因此支撑架设计要进行修改

4. 支撑架设计调整

修改有两个途径：一是减小立杆间距使立杆荷载减小，二是减小步距提高支撑架承载力，从该例来看减小立杆间距较简单，因此将立杆间距调整为 $0.75\text{m} \times 0.75\text{m}$。

（1）每根立杆永久荷载标准值

操作平台自重 $g_{1k} = 1\text{kN/m}^2$，暂设计为立杆间距 $0.75\text{m} \times 0.75\text{m}$，每根立杆承担面积为 $0.75 \times 0.75 = 0.563\text{m}^2$，所以 $N_{G1k} = 1\text{kN/m}^2 \times 0.563\text{m}^2 = 0.563\text{kN}$。

钢管支撑架自重，查"规范" JGJ 130—2011 表 A.0.3 得 $G_{2k} = 0.1814 \ (\text{kN/m})$，架高 $H = 24\text{m}$，所以 $N_{G2k} = 0.1814\text{kN/m} \times 24\text{m} = 4.35 \ (\text{kN})$

（2）每根立杆活荷载标准值

安装施工活荷载按实际计算为 $Q_k = 10\text{kN/m}^2$，每根立杆承担 0.563m^2，所以 $N_{Qk} = 10\text{kN/m}^2 \times 0.563\text{m}^2 = 5.63\text{kN}$。

（3）荷载组合

在室内不组合风荷载，按公式（3-3-23）计算：

$$N = 1.2 \sum N_{Gk} + 1.4 \sum N_{Qk}$$

所以 $N = 1.2 \times (0.563 + 4.35) + 1.4 \times 5.63 = 5.90 + 7.88 = 13.78kN$

（4）立杆计算长度计算

1）顶部立杆段按"规范"公式 5.4.6-1　$l_{0顶} = k\mu_1(h_顶 + 2a)$

其中 k 查"规范"表 5.4.6，因为 $H = 24m$，所以 $k = 1.291$。

∵ 剪刀撑为加强型，∴ 查"规范"JGJ 130—2011 表 C-3 得 $\mu_1 = 1.285$。

$$l_{0顶} = 1.291 \times 1.285 \times (0.8 + 2 \times 0.5) = 2.99m$$

2）非顶部立杆段用公式（3-3-26），$l_0 = k\mu_2 h$

∵ 剪刀撑为加强型，∴ 查上述规范 JGJ 130—2011 表 C-5 得 $\mu_2 = 2.608$

$$l_0 = 1.291 \times 2.608 \times 0.9 = 3.03m$$

计算应取上述两者较大值计算，即 $l_0 = 3.03m$。

（5）计算长细比

$$\lambda = \frac{l_0}{i} = 303/1.6 = 189.4$$

稳定性系数查表（规范 JGJ 130—2011，表 A.0.6），∵ $\lambda = 189.4$，∴ $\varphi = 0.200$

（6）验算立杆稳定性

不组合风荷载按公式（3-3-8）计算

$$\frac{N}{\varphi A} \leqslant f$$

$$N = 13.78kN, \varphi = 0.200, A = 4.24cm^2 = 424mm^2$$

$$\therefore \frac{N}{\varphi A} = (13.78 \times 1000)/(0.200 \times 424) = 162.5(N/mm^2) < f = 205(N/mm^2)，满$$
足要求。

因此该满堂支撑（安装）脚手架，如果用 $\phi48 \times 3.0$ 钢管搭设，应设计为立杆间距 0.75m×0.75m，步距 $h = 0.9m$，顶端步距 $h_顶 = 0.8m$，$a = 0.5m$，剪刀撑设置为加强型，立杆稳定性能满足要求。改进后的搭设简图见图 3-3-10。

3.3.3.3　附着式升降脚手架计算举例

[例] 单片主框架，跨度达到《建筑施工工具式脚手架安全技术规范》JGJ 202—2010 规定的极限值 7.0m，面积也是极限值 110m² （所以上面护身栏只能有 1.2m 高），爬升机械是一般的电动葫芦，吊点加强构件、滑轮及附墙支座合计自重，本例题按 1.85kN 考虑（计算时应按实际情况计算），基本风压值取风荷载较大的沿海深圳地区 $w_0 = 0.45kN/m^2$，风荷载体形系数考虑到不可能做到全封闭，故取 $\mu_s = 1.3\varphi = 1.3 \times 0.8 = 1.04$，风荷载高度变化系数高度为 150m 时，B 类地区的 $\mu_z = 2.38$，因此这个例题是目前附着式升降脚手架跨度和体型最大、荷载最大的单片主框架附着式升降脚手架，可供一般同类型附着式升降脚手架设计计算参考。本例计算中构件的节点焊缝或螺栓连接部分计算略去，这部分可根据制作设计节点大样图，按《钢结构设计规范》GB 50017—2003 的规定验算。

1. 水平支承桁架计算实例

结构说明：所有杆件均采用 $\phi48.3 \times 3.6$ 钢管，节点为焊接节点，螺栓组装连接，跨度为 4×1.75m=7.0m，脚手架步距 1.8m，总高度 15.6m，内外排桁架中心距 0.9m，短横杆挑出 0.25m。

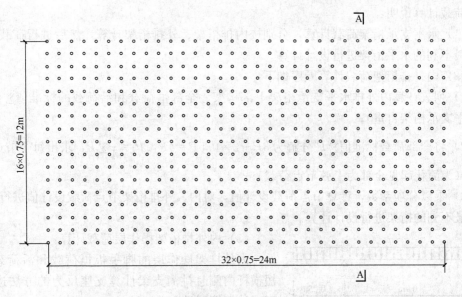

立杆平面布置图

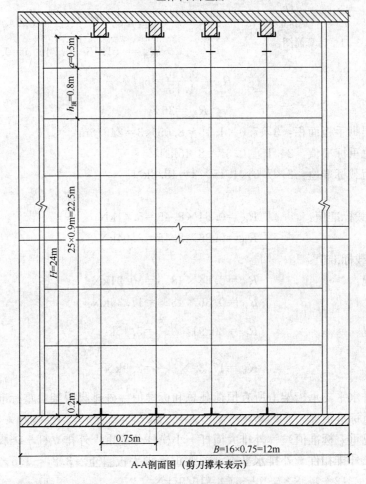

A-A剖面图（剪刀撑未表示）

图 3-3-10 改进后的搭设简图

荷载计算说明：

（1）水平支承桁架荷载计算，分别按内排桁架、外排桁架计算，然后进行荷载比较，选取最不利的水平桁架进行设计计算。

（2）内外排桁架荷载计算顺序如下：

1）列表计算内外排水平支承桁架上部构架、全部恒荷载和活荷载的标准值$\sum P$（包括水平支承桁架自重）；

2）将全部荷载标准值$\sum P$分解为$3P+2\times 0.5P=4P$，$P=\frac{1}{4}\sum P$，求出每个节点荷载P值（为简化起见全部为上弦节点荷载）；

3）乘以分项系数，计算节点荷载设计值，对内、外排桁架节点荷载设计值进行比较，选取最不利的桁架进行设计计算。

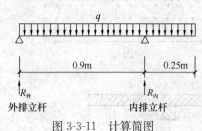

图 3-3-11 计算简图

（3）内外排桁架操作层荷载计算：

内外排架操作层的脚手板恒荷载和活荷载，按短横杆内侧悬挑简支梁计算支座反力的方法进行分配，计算简图见图 3-3-11。

$$R_内=\frac{q\times 1.15^2}{0.9\times 2}=0.74q$$

$$R_外=（1.15-0.74）q=0.41q$$

所以：

$$R_内=\frac{0.74q}{1.15}=64\%$$

$$R_外=36\%$$

一跨三层脚手板面积：$3\times 7.0\times 1.15=8.05\times 3=24.15\text{m}^2$

脚手板总重标准值：$24.15\times 0.35=8.45\text{kN}$

二层活荷载标准值：$2\times 7.0\times 1.15\times 3=48.3\text{kN}$

所以：

1）恒荷载标准值：

$$R_内=0.64\times 8.45=5.41\text{kN}$$

$$R_外=0.36\times 8.45=3.04\text{kN}$$

2）活荷载标准值：

使用工况：

$$R_内=0.64\times 48.3=30.91\text{kN}$$

$$R_外=0.36\times 48.3=17.39\text{kN}$$

升降工况：

$$R_内=30.91\times \frac{0.5}{3}=5.15\text{kN}$$

$$R_外=17.39\times \frac{0.5}{3}=2.9\text{kN}$$

（4）外排水平支承桁架上所有恒荷载总和标准值＝外排脚手架自重标准值＋外排水平支承桁架自重标准值

外排架总重（标准值）＝外排大横杆＋小横杆分配重＋外排立杆＋挡脚板和安全网＋外排剪刀撑＋外排扣件＋外排水平支承桁架重＋脚手板自重＝$3.87+1.5\times 0.36+1.47+1.99+1.65+2.12+4.58\times 0.5+3.04=16.97\text{kN}$

（5）内排水平支承桁架所有恒荷载总和标准值＝内排脚手架自重标准值＋内排水平支

承桁架重标准值

内排架体总重标准值＝内排架大横杆＋小横杆分配重＋内排立杆＋内排扣件＋内排水平支承桁架重＋爬升机构＋脚手板自重＝1.94＋1.5×0.64＋1.44＋0.99＋4.58×0.5＋1.85＋5.41＝14.88kN

（6）内、外排水平支承桁架恒荷载上弦节点荷载标准值计算：

1）外排

节点恒荷载标准值：

$$P_{外恒} = \frac{16.97}{4} = 4.24kN$$

节点活荷载标准值：

使用工况
$$P_{外活使} = \frac{17.39}{4} = 4.35kN$$

升降工况
$$P_{外活升} = \frac{4.35}{6} = 0.72kN$$

2）内排

节点恒荷载标准值：

$$P_{内恒} = \frac{14.88}{4} = 3.72kN$$

节点活荷载标准值：

使用工况
$$P_{内活使} = \frac{30.91}{4} = 7.73kN$$

升降工况
$$P_{内活升} = \frac{7.73}{6} = 1.29kN$$

3）上弦节点荷载标准值计算结果汇总表（表3-3-28）

上弦节点荷载标准值汇总表　　　　　　　　表3-3-28

荷载类别	外排桁架		内排桁架	
	使用工况（kN）	升降工况（kN）	使用工况（kN）	升降工况（kN）
恒荷载	4.24	4.24	3.72	3.72
活荷载	4.35	0.72	7.73	1.29

4）上弦节点荷载设计值计算结果汇总表（表3-3-29）

$$P_{设} = 0.9 \times (1.2P_{恒} + 1.4P_{活})$$

0.9——结构重要性系数。

上弦节点荷载设计值汇总表　　　　　　　　表3-3-29

外排桁架		内排桁架	
使用工况（kN）	升降工况（kN）	使用工况（kN）	升降工况（kN）
0.9×(1.2×4.24+ 1.4×4.35)＝10.06	0.9×(1.2×4.24+ 1.4×0.72)＝5.49	0.9×(1.2×3.72+ 1.4×7.73)＝13.76	0.9×(1.2×3.72+ 1.4×1.29)＝5.64

5）比较

根据汇总表3-3-29进行比较可得知，最不利的情况是内排桁架在使用工况下，其节

点荷载设计值 $P=13.76$ kN，应以此作为水平支承桁架的设计计算荷载。

6）计算桁架杆件内力

①$P=1$ 单位荷载作用下的内力图（图 3-3-12）

②$P=13.76$ kN 作用下桁架的内力图（图 3-3-13，单位 kN）

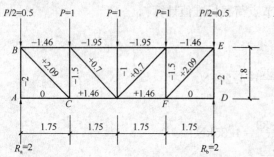

图 3-3-12 　$P=1$ 单位荷载作用下内力图　　　　图 3-3-13 　$P=13.76$ kN 作用下内力图

7）验算最不利杆件的强度和压杆稳定性

通过上述桁架内力图 3-3-13，可知拉杆最危险的是 BC 杆、FE 杆，$N_{max}=28.76$ kN，压杆最危险的是 AB 杆、DE 杆，$N_{max}=-27.52$ kN。

①验算 BC 杆、FE 杆抗拉强度，查《建筑施工工具式脚手架安全技术规范》JGJ 202—2010 表 4.2.9 得 $A_n=506$ mm^2

$$\frac{N_{max}}{A_n}=\frac{28.76\times 10^3}{506}=56.83\text{N/mm}^2 < f=205\text{N/mm}^2，符合要求。$$

②验算 AB 杆、DE 杆压杆稳定性

$$\lambda=\frac{l_0}{i}=\frac{1.8\times 10^3}{15.9}=113.2$$

查上述规范表 JGJ 202—2010 附录表 A

$$\varphi=0.494$$

$$\frac{N_{max}}{\varphi A}=\frac{27.52\times 10^3}{0.494\times 506}=122.1\text{N/mm}^2 < f=205\text{N/mm}^2，符合要求。$$

8）节点焊缝及连接螺栓

按《钢结构设计规范》GB 50017—2003 规定计算。

2. 主框架计算举例

竖向主框架是一个竖向桁架，承受整个架体垂直荷载和水平荷载，并将其传递给附墙支座，通过附墙支座传递给建筑结构，特别是水平风荷载对竖向主框架的杆件产生较大的内力，而且计算也比较复杂。

竖向主框架一般设计成桁架式，可用一般结构力学的方法求解内力，如果设计成刚架，则要用特殊方法，如有限元法，本文就简单的桁架式主框架计算举例，下面重点说明两个问题：

（1）竖向主框架的荷载很重要的一项是水平风荷载，究竟什么情况下是最危险的？

在升降工况下，施工荷载为 3×0.5 kN/m^2，风荷载最大是 5 级，因为 5 级以上的风是不可以进行升降作业的，而 5 级风风速 $v_0=10$ m/s。根据荷载规范提供的计算公式 w_0

$$=\frac{v_0^2}{1600}=\frac{10^2}{1600}=0.062\text{kN/m}^2，风荷载很小，不值得计算。$$

在使用工况下，也是不值得计算的，因为 6 级风以上将不允许在脚手架上作业，因为 6 级风速 $v_0=13\text{m/s}$，计算基本风压值 $w_0=0.106\text{kN/m}^2$，也是很小的。

《建筑施工工具式脚手架安全技术规范》JGJ 202—2010 第 4.1.2 条中的第 3 款关于 w_0 的说明中"升降及坠落工况，可取 0.25kN/m^2 计算是不妥的，因为 $w_0=0.25\text{kN/m}^2$ 按公式 $w_0=\dfrac{v_0^2}{1600}$ 反算风速 $v_0=20\text{m/s}$，是 8 级风，是不允许作业的。因此，最危险的状态应该是停工状态，架体在空中、甚至高空，风荷载乘以分项系数、高度变化系数将有可能超过 1kN/m^2 以上，因此应该对这种停工状态进行风荷载的验算，既然是停工状态，那么计算的条件比较有利，一方面垂直荷载可以减小，人员和主要重设备应该从架子上拆下来，施工活荷载可按 0.5kN/m^2 考虑，另外还可以按照计算的条件对脚手架采取一些措施，如果计算下来仍感不足，还可以采取加固措施。

实际上只有在停工状态下，才能采用规范 JGJ 202—2010 中提供的风荷载标准值计算

$$w_\text{K}=\beta_z\mu_z\mu_s w_0$$

（2）计算风荷载标准值：

1）因为附着式升降脚手架是工具式脚手架，一个厂家的产品，可能在很多地方用，因此应该将可能用到地方都考虑，来选用基本风压值，本例题选用 10 年一遇基本风压 $w_0=0.45\text{kN/m}^2$，全国绝大部分地区都可以用。

2）风压高度变化系数 μ_z 的选用，取 150m，B 类粗糙度 $\mu_z=2.38$。

3）体形系数 $\mu_s=1.3\varphi=1.3\times0.8=1.04$。

4）风振系数 $\beta_z=1$。

所以，风荷载标准值：$w_\text{K}=\beta_z\mu_z\mu_s w_0=1\times2.38\times1.04\times0.45=1.11\text{kN/m}^2$

（3）结构说明：

外排立杆为 1 根 $\phi48.3\times3.6$，内排立杆为 2 根 $\phi48.3\times3.6$，此二立杆中心距为 0.14m，主框架内外排立杆中心距为 0.9m，步距 1.8m，竖向主框架上端防护栏杆高 1.2m。与前面所述水平支承桁架对应连接。

（4）计算作用于主框架的集中荷载：

由于是停工状态，活荷载与升降状态一样，但是因为要与风荷载组合，活荷载还要乘 0.9 的组合系数，主框架自重 2.7kN，分配给 $P_\text{外}$ 为 $\frac{1}{3}\times2.7=0.9\text{kN}$，分配给 $P_\text{内}$ 为 $\frac{2}{3}\times2.7=1.8\text{kN}$，所以 $P'_\text{外}=0.9\times1.2\times\dfrac{3.04}{12}+0.9\times1.4\times\dfrac{2.9}{12}=0.58\text{kN}$

水平桁架一个节点荷载设计值：$P_\text{外}=4\times P_\text{升降}-0.9\times1.4\times0.1\times P_\text{外活升}=4\times5.49-0.9\times1.4\times0.1\times0.72=21.87\text{kN}$

水平桁架一个节点荷载设计值：$P'_\text{内}=0.9\times1.2\times\dfrac{5.41}{12}+0.9\times1.4\times\dfrac{5.15}{12}=1.03\text{kN}$

$P_\text{内}=4\times P_\text{升降}-0.9\times1.4\times0.1\times P_\text{内活升}=4\times5.64-0.9\times1.4\times0.1\times1.29=22.4\text{kN}$

风荷载标准值 $w_\text{k}=1.11\text{kN/m}^2$

风荷载设计值 $w_\text{设}=0.9\times1.4\times1.11\times0.9=1.26\text{kN/m}^2$

$$P_1 = 1.8 \times 1.75W_{设} \times 4 = 15.86\text{kN}$$
$$P_2 = (0.9 + 0.6) \times 1.75W_{设} \times 4 = 13.2\text{kN}$$
$$P_3 = (0.9 + 0.2) \times 1.75W_{设} \times 4 = 9.7\text{kN}$$

计算简图见图 3-3-14。

（5）求风荷载 P_1、P_2、P_3 作用下，主框架各杆件的内力（图 3-3-15）。

1）将主框架当作一个带悬臂的三跨连续梁，求支座反力 R_A、R_B、R_C、R_D。

$$R_A = R_{A1} + R_{A2}$$
$$R_B = R_{B1} + R_{B2}$$
$$R_C = R_{C1} + R_{C2}$$
$$R_D = R_{D1} + R_{D2}$$

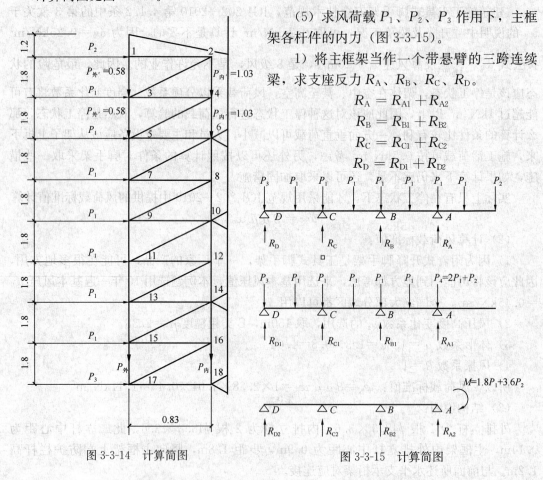

图 3-3-14　计算简图

图 3-3-15　计算简图

$M = 1.8 \times 14.4 + 3.6 \times 12 = 69.12\text{kN·m}$，用弯矩分配法求得：

$$R_{A2} = 26.76\text{kN}$$
$$R_{B2} = -33.8\text{kN}$$
$$R_{C2} = 8.45\text{kN}$$
$$R_{D2} = -1.41\text{kN}$$

$$R_{A1} = 0.35P_1 + 2P_1 + P_2 = 6.35 \times 15.86 + 2 \times 15.86 + 12 = 50.47\text{kN}$$
$$R_{B1} = (0.5 + 0.65)P_1 + P_1 = 2.15 \times 15.86 = 34.1\text{kN}$$
$$R_{C1} = R_{B1} = 34.1\text{kN}$$
$$R_{D1} = 0.35P_1 + P_3 = 0.35 \times 15.86 + 9.7 = 15.25\text{kN}$$
$$R_A = R_{A1} + R_{A2} = 50.47 + 26.76 = 77.23\text{kN}$$
$$R_B = R_{B1} + R_{B2} = 34.1 - 33.8 = 0.3\text{kN}$$
$$R_C = R_{C1} + R_{C2} = 34.1 + 8.45 = 42.55\text{kN}$$

$$R_D = R_{D1} + R_{D2} = 15.25 - 1.41 = 13.84\text{kN}$$

2）计算竖向主框架各杆件内力（图 3-3-16）。

杆 1-2——（−13.2kN）；

杆 2-4——（−28.6kN）；

杆 1-3——（0kN）；

杆 2-3——（31.43kN）；

杆 3-4——（−29.06kN）；

杆 4-6——（−91.56kN）；

杆 3-5——（28.6kN）；

杆 4-5——（69.19kN）；

杆 5-6——（−44.92kN）；

杆 6-8——（−21.55kN）；

杆 5-7——（91.56kN）；

杆 6-7——（−76.93kN）；

杆 7-8——（16.45kN）；

杆 8-10——（14.09kN）；

杆 7-9——（21.55kN）；

杆 8-9——（−39.17kN）；

杆 9-10——（0.59 kN）；

杆 10-12——（16.02kN）；

杆 9-11——（−14.09kN）；

杆 10-11——（−2.12kN）；

杆 11-12——（−14.97kN）；

杆 12-14——（−16.41kN）；

杆 11-13——（−16.02kN）；

杆 12-13——（35.64kN）；

杆 13-14——（−30.83kN）；

杆 14-16——（8.98kN）；

杆 13-15——（16.41kN）；

杆 14-15——（−27.9kN）；

杆 15-16——（−4.14kN）；

杆 16-18——（0.01kN）；

杆 15-17——（−8.98kN）；

杆 16-17——（9.86kN）；

杆 17-18——（−13.84kN）。

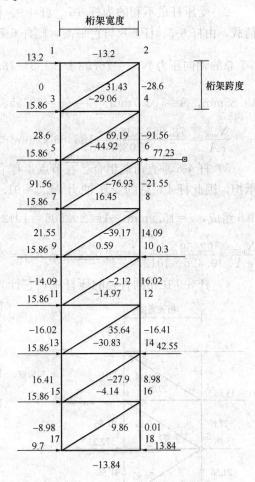

图 3-3-16 竖向主框架杆件内力

（6）分析风荷载与垂直荷载作用的组合，并验算最不利杆件的强度和压杆稳定性，由风荷载作用产生的内力较大，起决定性作用，从计算结果看有下列 4 根杆件最不利：

1）受拉杆件最不利的是杆 5-7，风荷载产生的拉力为 83.18kN，垂直荷载产生的是压力，偏于安全简化不与组合，按 91.56kN 验算杆件 5-7 的抗拉强度：

$$\frac{N_{max}}{A_n} = \frac{91.56 \times 10^3}{506} = 180.94 \text{N/mm}^2 < f = 205 \text{N/mm}^2,\ 符合要求。$$

2) 受压杆最不利的为杆 6-7、杆 4-6、杆 8-9，分别验算节点 4、节点 6，有两个垂直荷载，由杆 6-7、杆 6-8 与它平衡，则杆 6-7 需增加轴向压力为 $1.03 \times 1.1 = 1.133$ kN。杆 6-7 总的轴向压力 $N_{max} = 76.93 + 1.133 = 78.063$ kN，该杆为 $\phi 60 \times 4$，其 $i_x = \frac{\sqrt{60^2 + 52^2}}{4} = 19.85$ mm，$A = 703.7$ mm²　$\lambda = \frac{l_0}{i_x} = 99.75$、$\varphi = 0.588$

$$\frac{N_{max}}{\varphi A} = \frac{78.063 \times 10^3}{0.588 \times 703.7} = 188.66 \text{N/mm}^2 < f = 205 \text{N/mm}^2,\ 符合要求。$$

3) 杆 4-6 垂直荷载组合：在节点 4 有个集中荷载 1.03，偏于安全简化为完全由杆 4-6 承担，因此杆 4-6 总的受压轴力 $N_{max} = 91.56 + 1.03 = 92.59$ kN，杆 4-6 由两根 $\phi 48.3 \times 3.6$ 组成，$i = 15.9$ mm，$A = 2 \times 506 = 1012$ mm²，$\lambda = \frac{l}{i} = \frac{1800}{15.9} = 113.2$、查表 $\varphi = 0.495$

$$\frac{N_{max}}{\varphi A} = \frac{92.59 \times 10^3}{0.495 \times 1012} = 187.05 \text{N/mm}^2 < f = 205 \text{N/mm}^2,\ 符合要求。$$

4) 杆 8-9 在相同直径的压杆中，它计算长度最长，轴力较大，也应验算，偏于安全的简化考虑，垂直荷载组合附加轴力与杆 6-7 相同为 1.33kN，因此 $N_{max} = 39.17 + 1.133 = 40.303$ kN，该斜杆为 $1\phi 48.3 \times 3.6$，$i = 15.9$ mm，$A = 506$ mm²，$\lambda = \frac{l}{i} = \frac{1980}{15.9} = 124.5$、查表 $\varphi = 0.424$

$$\frac{N_{max}}{\varphi A} = \frac{40.303 \times 10^3}{0.424 \times 506} = 187.85 \text{N/mm}^2 < f = 205 \text{N/mm}^2,\ 符合要求。$$

(7) 压杆 6-7，是计算长度为 1982mm 的杆件，中心压力最大的杆，也算该主框架最不利的杆件，通过计算可看出如果仍用 $\phi 48.3 \times 3.6$ 钢管，是不能满足压杆稳定性要求的，所以采取加大管径为 $\phi 60 \times 4$，其实如果改变一下杆件布置，将杆 6-7 取消以杆 5-8 代替，则计算 5-8 为拉杆，其计算结果如下，可不加大管径，其他杆件也能满足要求。因此可将主框架结构杆件按图 3-3-17 布置。修改杆件 6-7 不存在，以杆 5-8 代替，拉杆 $5-8 = +76.93$ kN。比原杆件 $5-7 = +91.56$ kN 小，不用验算杆 5-8 是安全的。杆 4-6 和杆 6-8 轴力均为 -91.56 kN，前面已经验算过没问题，杆 8-9 受压杆轴力未变，前面已经验算过了，是安全的。所以如图 3-3-17 修改结构杆件布置后，所

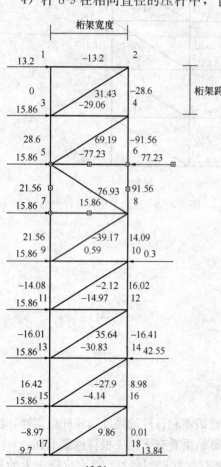

图 3-3-17　修改后的杆件内力

有杆件强度和稳定性验算均符合要求。如此修改，结构受力合理。

杆 1-2——（−13.2kN）；

杆 2-4——（−28.6kN）；

杆 1-3——（0kN）；

杆 2-3——（31.43kN）；

杆 3-4——（−29.06kN）；

杆 4-6——（−91.56kN）；

杆 3-5——（28.6kN）；

杆 4-5——（69.19kN）；

杆 5-6——（−77.23kN）；

杆 6-8——（−91.56kN）；

杆 5-7——（21.56kN）；

杆 5-8——（76.93kN）；

杆 7-8——（−15.86kN）；

杆 8-10——（14.09kN）；

杆 7-9——（21.56kN）；

杆 8-9——（−39.17kN）；

杆 9-10——（0.59kN）；

杆 10-12——（16.02kN）；

杆 9-11——（−14.08kN）；

杆 10-11——（−2.12kN）；

杆 11-12——（−14.97kN）；

杆 12-14——（−16.41kN）；

杆 11-13——（−16.01kN）；

杆 12-13——（35.64kN）；

杆 13-14——（−30.83kN）；

杆 14-16——（8.98kN）；

杆 13-15——（16.42kN）；

杆 14-15——（−27.9kN）；

杆 15-16——（−4.14kN）；

杆 16-18——（0.01kN）；

杆 15-17——（−8.97kN）；

杆 16-17——（9.86kN）；

杆 17-18——（−13.84kN）。

3. 附墙支承结构的验算

附墙支座的集中荷载最大值可能出现在下列两情况，选其中的较大值验算附墙支承结构。计算简图见图 3-3-18。

（1）升降时发生坠落

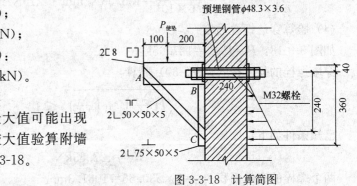

图 3-3-18　计算简图

$$P_{升坠} = r_3 \cdot P_{升设}$$

式中 r_3——冲击系数，r_3 取 2；

$P_{升设}$——升降工况提升荷载设计值。

$P_{升设}$＝内外排水平支承桁架升降工况总荷载设计值＋一榀主框架自重荷载设计值

$$= （5.49＋5.64）×4＋2.7×1.2×0.9＝47.44kN$$

$$P_{升坠}＝2×47.44＝94.88kN$$

（2）使用工况下发生坠落时

$$P_{使坠} = r_2 \cdot P_{使设}$$

式中 $P_{使坠}$——使用工况，一个防坠吊点平均的荷载设计值；

r_2——荷载不均匀系数，$r_2＝1.3$。

$P_{使设}$＝内外排水平支承桁架使用工况总荷载设计值＋一榀主框架自重荷载设计值

$$= （10.06＋13.76）×4＋2.7×1.2×0.9＝98.2kN$$

∴ $$P_{使坠}＝1.3×98.2＝127.65kN$$

选取使用工况下发生坠落的集中荷载，是附墙支承结构的最不利荷载，以此计算附墙支承结构和穿墙螺栓以及验算螺栓孔混凝土局部承压强度。

（3）验算附墙支承钢结构

计算简图见图 3-3-18。

1）AB 杆为拉弯杆，$P＝127.65kN$

$$M_{max} = \frac{2}{3}P×0.1 = 8.51kN \cdot m$$

$$N_{AB} = R_A = \frac{2}{3}P = 85.1kN$$

$$\frac{N}{A} + \frac{M_{max}}{W_x} = \frac{85.1×10^3}{20.5×10^2} + \frac{8.51×10^6}{50.6×10^3} = 41.51 + 168.18 = 209.7 < 215N/mm^2$$

符合要求。

2）AC 杆为中心受压杆

$$N_{AC} = \frac{2}{3}P \cdot \sqrt{2} = \frac{2×127.65}{3}×1.414 = 120.35kN$$

$$\lambda = \frac{l_{AC}}{i} = \frac{30×\sqrt{2}}{1.53} = 27.7, \text{查表} \varphi = 0.925$$

$$\frac{N_{AC}}{\varphi A} = \frac{120.35×10^3}{0.925×9.6×10^3} = 135.53N/mm^2 < 215N/mm^2，\text{符合要求。}$$

（4）验算穿墙螺栓强度

如图 3-3-18：$P＝P_{使坠}＝127.65kN$

穿墙螺栓的强度按式（3-3-39）验算：

$$\sqrt{\left(\frac{N_v}{N_v^b}\right)^2 + \left(\frac{N_t}{N_t^b}\right)^2} \leqslant 1$$

已知条件如下：

$$N_v = 127.65kN$$

两个螺栓的有效面积 $A_n = 2×530.66 = 1061.3mm^2$

$$f_v^b = 140 \text{N/mm}^2, f_t^b = 170 \text{N/mm}^2$$

$$N_t^b = 1061.3 \times 170 = 180424 \text{N} = 180 \text{kN}$$

$$N_v^b = 2 \times \frac{\pi d^2}{4} \times 140 = 2 \times \frac{\pi 32^2}{4} \times 140 = 225189 \text{N} = 225 \text{kN}$$

穿墙螺栓需承受的拉力

$$N_t = \frac{P \times 0.2}{0.24} = \frac{127.65 \times 0.2}{0.24} = 106.4 \text{kN}$$

$$\therefore \quad \sqrt{\left(\frac{127.65}{225}\right)^2 + \left(\frac{106.4}{180}\right)^2} = \sqrt{0.322 + 0.349} = 0.82 < 1 \text{ 符合要求。}$$

（5）验算穿墙螺栓孔壁混凝土局部承压强度

依据公式（3-3-42）进行计算。假设混凝土强度达到 C20，一个规则螺栓孔壁强度按下式计算：$N_v \leqslant 1.35 \beta_b \beta_l f_c bd$

已知 $\beta_b = 0.39$，$\beta_l = 1.73$，$f_c = 9.6 \text{N/mm}^2$，$b = 240$，$d = 32$。

二个螺栓 M32 承压能力如下：

$2 \times 1.35 \times 0.39 \times 1.73 \times 9.6 \times 240 \times 32 = 13247 \text{N} = 134.27 \text{kN} > 128.7 \text{kN}$，符合要求。

如果预计混凝土强度只能达到 C15，可采取以下措施，预留穿墙螺栓孔，用钢管 $\phi 48.3 \times 3.6$；拆模时保留钢管，公式中 d 可取 $d = 48.3$，其孔壁承压能力计算值为 $2 \times 1.35 \times 0.39 \times 1.73 \times 7.2 \times 240 \times 48.3 = 152042 \text{N} = 152.7 \text{kN} > 128.7 \text{kN}$，符合要求，式中 7.2 为 C15 的 $f_c = 7.2 \text{N/mm}^2$。根据上述计算，在施工中附着式升降脚手架附墙支承结构应如下安排：

防坠装置设置在最底下一个附墙支座较为合理，因为它所需要的混凝土孔壁承载能力最大，在其上面一个附墙支座可设置升降机构，再上面的附墙支座仅作为导向支座。因为越在上面混凝土的养护时间越短，强度低。

由上述计算结果可看出，按上述风荷载大小计算主框架，基本充分发挥其承载能力，如果高度再增加到 150m 以上，或风力再大，应另采取措施，例如将脚手架下降一步架高度，并加斜撑支撑主框架悬臂，减少甚至消除主框架悬臂弯矩；两主框架之间每楼层加设一道连墙件，或者拆除安全网等，降低风荷载对脚手架结构的破坏力。其实所选 $w_0 = 0.45 \text{kN/m}^2$，其反算风速为 26.8m/s，相当于 10 级风，脚手架无论在任何高度，根据大风警报都应该采取相应的加固措施。

3.3.3.4 门式钢管满堂脚手架计算举例

满堂脚手架设计时，应选取最不利的门架单元进行计算。因满堂脚手架的用途较多，因此计算单元的选取应按架体高度、门架跨距和间距、架上有无集中荷载、架体构造及搭设方法有无变化等多种因素综合考虑，选取最不利的计算单元，有时需选取多个计算单元进行验算。满堂脚手架作用于一榀门架的轴向力设计值，按该榀门架的负荷面积计算。

[例] 因屋面结构施工的需要，需搭设 21.9m（宽）×30m（长）×24.9m（高）满堂脚手架，架上施工荷载 3.0kN/m²，架体上因结构施工需要布设固定荷载 8kN/m²，施工现场具备 MF1219 门架、Φ42×2.5mm 钢管和配套扣件，其他配件可以根据施工需要选择，架体上操作平台采用多层胶合板，已知胶合板及胶合板支承梁自重 0.5kN/m²，基本风压 $w_0 = 0.5 \text{kN/m}^2$，地面粗糙度 B 类，选择门架的布置方式，并进行稳定承载力

计算。

1. 一榀门架的稳定承载力计算

满堂脚手架搭设高度 24.9m 时：

$$I = I_0 + I_1 \frac{h_1}{h_0} = 6.08 \times 10^4 + 1.42 \times 10^4 \times \frac{1536}{1930} = 7.21 \times 10^4 \, \text{mm}$$

$$i = \sqrt{\frac{I}{A_1}} = \sqrt{\frac{7.21 \times 10^4}{310}} = 15.25 \, \text{mm}^2$$

门架立杆长细比：根据 $H = 24.9$m，查表 3-3-21，得 $k = 1.13$

$$\lambda = \frac{kh_0}{i} = \frac{1.13 \times 1930}{15.25} = 143$$

根据 $\lambda = 143$，查《建筑施工门式钢管脚手架安全技术规范》JGJ 128—2010 附录 B 表 B.0.6，得门架立杆稳定系数 $\varphi = 0.336$，根据 $f = 205 \text{N/mm}^2$，$A = 310 \times 2 \text{mm}^2$，$\varphi = 0.336$

$$N^d = \varphi A f = 0.336 \times 310 \times 2 \times 205 \times 10^3 = 42.71 \, \text{kN}$$

由此可知，本案满堂脚手架搭设高度为 24.9m 时，一榀门架稳定承载力是 42.70kN。42.70kN 应是本案满堂脚手架一榀门架稳定承载力的限值，所搭设架体一榀门架的轴向力设计值均不应超过此限值，即：$N \leqslant N^d$。

2. 门架平面排布的选择

架体的排布设计及选择门架排布方式时，应根据一榀门架稳定承载力限值及架上荷载值综合考虑，试排门架纵距和间距后进行计算。

根据本案上部固定荷载较大的特点，门架平面排布选择复式（交错）布置的方式（图 3-3-19），门架的纵距为 1.83m，间距为 1.22+0.6=1.82m，在架体高度方向上选择 12 步整架 1 步调节架，调节架高度选择 1.2m，则高度方向共 13 步架，其高度为 12×1.95+1.2=24.6m，剩余 0.3m 的高度考虑胶合板和胶合板支承梁的高度，其余用可

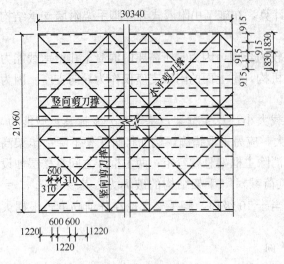

图 3-3-19 门架复式布置平面图

调托座调整。底层门架设纵、横向扫地杆。水平加固杆按步在门架两侧的立杆上纵、横向设置。竖向剪刀撑在外部周边设置，内部纵向 4 跨距 4×1.83m 设置，横向间距 4×1.82m 设置。水平剪刀撑每 4 步设置。剪刀撑均连续设置。竖向剪刀撑斜杆间距 4×1.83m 或 4×1.82m。

3. 架体计算单元的选择

根据本案架体上荷载均匀，架体排布纵、横等距的情况，选择架体中间带剪刀撑的门架为计算单元。

4. N_{G1k}、N_{G2k}、$\sum N_{Gik}$、$\sum N_{Gk}$ 的计算

（1）N_{G1k} 计算

每步门架高度的构配件及其自重为：

门架	1 榀	0.224kN
交叉支撑	2 副	$0.04\times2=0.08$kN

水平加固杆每步纵横向设置

$$(1.83\times2+1.82)\times0.0243=0.133\text{kN}$$

水平加固杆用 4 个直角扣件 $0.0135\times4=0.054$kN

连接棒、锁臂各 2 个　$0.006\times2+0.0085\times2=0.029$kN

托座 2 个、梯形架 1 个　$(0.045\times2+0.133)\div13=0.017$kN

合计　　　　　　　0.537kN

每米高架体：$N_{G1k}=\dfrac{0.537}{1.95}=0.275$kN/m

（2）N_{G2k} 计算

剪刀撑、扫地杆均采用 $\phi42\times2.5$mm 钢管，钢管自重 0.0243kN/m

横向剪刀撑：$\tan\alpha=\dfrac{4\times1.95}{4\times1.82}=1.071$

$$\cos\alpha=0.683$$

钢管自重：$2\times\dfrac{1.82}{0.683}\times0.0243=0.13$kN

同理，纵向剪刀撑：$\tan\alpha=\dfrac{4\times1.95}{4\times1.83}=1.066$

$$\cos\alpha=0.684$$

钢管自重：$2\times\dfrac{1.83}{0.684}\times0.0243=0.13$kN

每跨距内 2 个直角扣件、4 个旋转扣件。

扣件自重：$2\times0.0135+4\times0.0145=0.085$kN

每米架高竖向剪刀撑自重：$\dfrac{0.13+0.13+0.085}{1.95\times4}=0.044$kN/m

扫地杆自重：$(2\times1.83+1.82)\times0.0243=0.133$kN

扫地杆 4 个直角扣件自重：$4\times0.0135=0.054$kN

每米架高扫地杆自重 $\dfrac{0.133+0.054}{24.9}=0.008$kN/m

水平剪刀撑：水平剪刀撑斜杆按 4 跨距（4×1.83m）、4 间距（4×1.82m）设置，计算水平剪刀撑交点处钢管自重，水平剪刀撑在架体高度方向上设 3 道。

$$\tan a=\dfrac{4\times1.82}{4\times1.83}=0.996$$

$$\cos a=0.7083$$

钢管自重：$2\times\dfrac{1.82}{0.7083}\times0.0243=0.126$kN

扣件，每跨间内有 2 个旋转扣件，扣件自重：$2 \times 0.0145 = 0.029kN$

每米架高水平剪刀撑自重：$\dfrac{(0.126 + 0.029) \times 3}{24.9} = 0.019kN/m$

架顶操作平台周边设置栏杆、挡脚板、密目式安全网高 1.5m，操作平台周边的围护重应计入周边门架计算单元。本案为简化计算，将操作平台周边的围护重计入中间部位门架以求得最大轴力。

每米架高栏杆、挡脚板、安全网自重：

$$\frac{3 \times 1.83 \times 0.0243 + 3 \times 0.0135 + 1.5 \times 1.83 \times 0.02}{24.9} = 0.01kN/m$$

每米高架体：$N_{G2k} = 0.044 + 0.008 + 0.019 + 0.01 = 0.081kN/m$

（3）架体上固定荷载产生的轴向力标准值 ΣN_{Gik} 计算

按一榀门架的负荷面积计算，本案一榀门架的负荷面积为 $\dfrac{1.83}{2} \times 1.82$

则：$\displaystyle\sum_{i=3}^{n} N_{Gik} = (8 + 0.5) \times \frac{1.83}{2} \times 1.82 = 14.155kN$

（4）架体上施工荷载产生的轴向力标准值 ΣN_{Gk} 计算

按一榀门架的负荷面积计算：

$$\Sigma N_{Gk} = \sum_{i=3}^{n} N_{Gik} = 3 \times \frac{1.83}{2} \times 1.82 = 5kN$$

5. 风荷载计算

（1）μ_z 的确定

根据本案所给条件，$H = 24.9m$ 时，查《建筑结构荷载规范》GB 50009—2012，得 $\mu_z = 1.33$。

（2）μ_{stw} 的确定

本案例门架纵向复式（交错）排列共为 25 排，21.96m；横向复式（交错）排列共为 33 列，30.96m。周边门架排列可做适当调整，满足一榀门架的负荷面积不大于 $\dfrac{1.83}{2} \times 1.82 = 1.67m^2$。本案为敞开式满堂脚手架。计算风荷载时，可按门架立杆与水平加固杆组成的多榀桁架，根据现行国家标准《建筑结构荷载规范》GB 50009 的规定，按 $\mu_{stw} = \mu_{st} \dfrac{1 - \eta^n}{1 - \eta}$ 公式计算得到的 μ_{stw}，是架体的整体风荷载体型系数。本案为了简便，将架体近似看成为跨距 $\dfrac{1.83}{2}$ m，间距为 1.82m 的满堂脚手架，本案计算得 $\mu_{stw} = 2.306$。操作层围护密目网体型系数 $\mu_{stw} = 0.8$。

（3）w_{kf}（脚手架风荷载标准值）、w_{km}（密目网风荷载标准值）计算

$$w_{kf} = \mu_z \mu_{stw} w_0 = 1.33 \times 2.306 \times 0.5 = 1.533kN/m^2$$

$$w_{km} = \mu_z \mu_{stw} w_0 = 1.33 \times 0.8 \times 0.5 = 0.532kN/m^2$$

（4）F_{wf}、F_{wm} 计算

按《建筑施工门式钢管脚手架安全技术规范》JGJ 128—2010 式（4.2.7-1）、式（4.2.7-2）计算。

$$F_{wf} = l_a H w_{kf} = 1.82 \times 24.9 \times 1.533 = 69.472kN$$

$$F_{wm} = l_a H_m w_{km} = 1.82 \times 1.5 \times 0.532 = 1.452 \text{kN}$$

（5）倾覆力矩计算

$$M_{wq} = H\left(\frac{1}{2}F_{wf} + F_{wm}\right) = 24.9 \times \left(\frac{1}{2} \times 69.472 + 1.452\right) = 901.08 \text{kN} \cdot \text{m}$$

（6）门架立杆附加轴力计算

$$N_{wn} = \frac{6M_{wq}}{(2n-1)n\dfrac{l}{2}} = \frac{6 \times 901.08}{(2 \times 25 - 1) \times 25 \times \dfrac{1.83}{2}} = 4.82 \text{kN}$$

6. 作用于一榀门架的最大轴向力设计值计算

不组合风荷载时，按式（3-3-61）计算：

$$N_j = 1.2\left[(N_{G1k} + N_{G2k})H + \sum_{i=3}^{n} N_{Gik}\right] + 1.4\sum_{i=1}^{n} N_{Qik}$$

$$= 1.2[(0.275 + 0.081) \times 24.9 + 14.155] + 1.4 \times 5 = 34.62 \text{kN}$$

组合风荷载时，按式（3-3-62）、式（3-3-63）计算：

$$N_j = 1.2\left[(N_{G1k} + N_{G2k})H + \sum_{i=3}^{n} N_{Gik}\right] + 0.9 \times 1.4\left(\sum_{i=1}^{n} N_{Gik} + N_{wn}\right)$$

$$= 1.2 \times \left[(0.275 + 0.081) \times 24.9 + 14.155\right] + 0.9 \times 1.4(5 + 4.82)$$

$$= 39.99 \text{kN}$$

$$N_j = 1.35\left[(N_{G1k} + N_{G2k})H + \sum_{i=3}^{n} N_{Gik}\right] + 1.4\left(0.7\sum_{i=1}^{n} N_{Gik} + 0.6N_{wn}\right)$$

$$= 1.35[(0.275 + 0.081) \times 24.9 + 14.155] + 1.4 \times (0.7 \times 5 + 0.6 \times 4.82)$$

$$= 40.03 \text{kN}$$

取 $N = 40.03$kN。满足稳定承载力要求。

根据本案例可知，满堂脚手架设计时，应先计算出门架稳定承载力值，之后，根据此限值试排门架的跨距、间距及高度上排列方式，确定架体的水平加固杆、剪刀撑等布设方式，这样架体结构已经初定，再对架体进行计算。一般一个架体试排 2～3 次即可设计计算完毕。模板支架的设计也按此方法进行。

3.3.3.5 悬挑脚手架计算举例

［例］假设有一个悬挑双排外脚手架，钢管采用 $\phi 48 \times 3.5$（有关计算的截面特征值查旧规范 JGJ 130—2001）钢管，步距 1.5m，共 16 步（24m），立杆纵距 1.5m，架宽见示意图 3-3-20，四层脚手板，二层作业（共 5kN/m²），对悬挑梁及有关锚固螺栓进行设计计算。

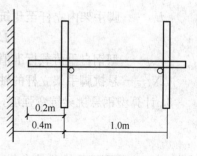

图 3-3-20 架宽示意图

1. 计算立杆的轴力设计值

按公式（3-3-10）

$$N = 1.2(N_{G1k} + N_{G2k}) + 1.4\sum N_{Qk}$$

其中 N_{G1k}——脚手架自重产生的轴向力标准值；查《建筑施工扣件式钢管脚手架安全技术规范》JGJ 130 附录 $A q_k = 0.1394$kN/m

$$\therefore \quad N_{G1k}=0.1394\text{kN/m}\times 24\text{m}=3.35\text{kN}$$

其中　N_{G2k}——构配件自重产生的轴向力标准值；查《建筑施工扣件式钢管脚手架安全技术规范》JGJ 130 表 4.2.1-1（脚手板）和表 4.2.1-2（挡脚板、栏杆）另加安全网重

$$\therefore \quad N_{G2k}=1.2\times 1.5\times 0.35\times 4+1.5\times 0.14\times 4+24\times 0.01=2.52+0.84+0.24$$
$$=3.6\text{kN}$$

其中　N_{Qk}——施工荷载产生的轴向力标准值：

$$N_{Qk}=1.2\times 1.5\times 5=9\text{kN}$$
$$N=1.2\times (3.35+3.6)+1.4\times 9=8.34+12.6=20.94\text{kN}$$

每根立杆的轴力设计值 $N_1=\dfrac{N}{2}=\dfrac{20.94}{2}=10.47\text{kN}$

2. 计算简图（图 3-3-21）

B 点是楼板边沿支座反力合力作用点，偏于安全假设在楼板内距楼板边沿 0.15m，见图 3-3-22。

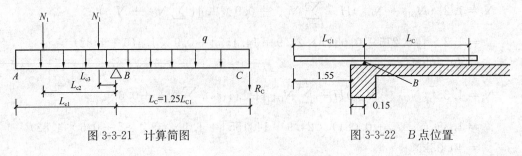

图 3-3-21　计算简图　　　　　　　　图 3-3-22　B 点位置

图中　L_c——型钢悬挑梁锚固点中心至结构楼层边支撑钢垫板中心的距离；

L_{c1}——型钢悬挑梁悬挑端头至结构楼层边支撑钢垫板中心的距离；

$$\therefore \quad L_{c1}=1.4+2\times 0.15=1.7\text{m}$$

L_{c2}——脚手架外立杆至建筑结构楼层边支撑钢垫板中心的距离；

$$L_{c2}=1.4+0.15=1.55\text{m}$$

L_{c3}——脚手架内立杆至建筑结构楼层边支撑钢垫板中心的距离；

$$L_{c3}=0.4+0.15=0.55\text{m}$$

q——型钢自重荷载标准值，设选取 $q=17.4\text{kg/m}=0.174\text{kN/m}$；

N_1——悬挑脚手架立杆的轴向力设计值，$N_1=10.47\text{kN}$。

3. 计算型钢悬挑梁抗弯强度，选取型钢悬挑梁的型号

$$\sigma=\frac{M_{max}}{W_n}\leqslant f$$

式中　W_n——型钢悬挑梁的净截面模量。

$$M_{max}=N_1(L_{c2}+L_{c3})+\frac{1}{4}\times 1.2\times q\times L_{c1}^2$$

$$=10.47\times (1.55+0.55)+\frac{1}{2}\times 1.2\times 0.174\times 1.7^2$$

$$=22.29\text{kN}\cdot\text{m}$$

$$f = 215 \text{N/mm}^2$$

$$\therefore \qquad W_n \geqslant \frac{1}{f} M_{max} = \frac{22.29 \times 10^6}{215} = 103674 \text{mm}^3$$

如果选 16 号工字钢 $W_x = 106100 \text{mm}^3$，刚度能满足强度设计要求，但稳定性计算肯定不够，因此应选取 18 号工字钢 $W_x = 134300 \text{mm}^3$。

4. 验算型钢悬挑梁整体稳定性

根据《钢结构设计规范》GB 50017—2003 第 4.2.2 条公式（4.2.2），在最大刚度主平面内受弯的构件，其整体稳定性应按下列公式计算：

$$\frac{M_x}{\varphi_b W_x} \leqslant f$$

式中　M_x——绕强轴作用的最大弯矩，即 $M_{max} = 22.29 \text{kN} \cdot \text{m}$；

　　　W_x——按受压纤维确定的梁毛截面模量，查型钢表 $W_x = 134300 \text{mm}^3$；

　　　φ_b——梁的整体稳定性系数，应按《钢结构设计规范》GB 50017—2003 附录 B 确定。

查钢结构设计规范附录 B 的 B.4 双轴对称工字形等截面悬臂梁的系数 β_b

1）先计算 ξ，查《钢结构设计规范》表 B.1 注 1

$$\xi = \frac{l_1 t_1}{b_1 h}$$

式中　l_1——受压翼缘侧向支撑点的间距，梁的支座视为侧支承。

$\therefore \quad l_1 = 1.7 \text{m} = 1700 \text{mm}$

$b_1 = 85 \text{mm}$，$t_1 = 8 \text{mm}$，$h = 180 \text{mm}$

$\therefore \quad \xi = \dfrac{1700 \times 8}{85 \times 180} = 0.89$

2）查《钢结构设计规范》表 B.4 得 $\beta_b = 0.21 + 0.67\xi = 0.21 + 0.67 \times 0.89 = 0.81$

3）根据 β_b 按钢结构设计规范公式 B.1-1 计算 φ_b

$$\varphi_b = \beta_b \frac{4320}{\lambda_y^2} \cdot \frac{Ah}{W_x} \left[\sqrt{1 + \left(\frac{\lambda_y t_1}{4.4 h} \right)^2} + \eta_b \right] \frac{235}{f_y}$$

式中　η_b——截面不对称影响系数，工字钢为双对称截面，$\therefore \eta_b = 0$；

$\dfrac{235}{f_y}$——为非 Q235 钢所采用，本题 $\dfrac{235}{f_y} = 1$。

$$\therefore \qquad \varphi_b = \beta_b \frac{4320}{\lambda_y^2} \cdot \frac{Ah}{W_x} \left[\sqrt{1 + \left(\frac{\lambda_y t_1}{4.4 h} \right)^2} + \eta_b \right]$$

式中　λ_y——梁的侧向支承点间对截面弱轴 y-y 的长细比，$\lambda_y = \dfrac{l_1}{i_y}$；

　　　i_y——毛截面对 Y 轴的回转半径，查型钢表 $i_y = 17.7 \text{mm}$；

　　　A——梁的毛截面面积，查型钢表 $A = 2216 \text{mm}^2$；

　　h，t_1——工字梁截面全高和受压翼缘厚度，查型钢表得 $h = 180$、$t_1 = 8$。

$$\therefore \qquad \lambda_y = \frac{1700}{17.7} = 96$$

$$\varphi_b = 0.81 \times \frac{4320}{96^2} \times \frac{2216 \times 180}{134300} \sqrt{1 + \left(\frac{96 \times 8}{4.4 \times 180} \right)^2} = 1.128 \times 1.403 = 1.58$$

4）根据"钢结构设计规范"附录 B.1，$\because \varphi_b=1.58>0.6$，应按下列公式计算 φ'_b 代替 φ_b

$$\varphi'_b=1.07-\frac{0.282}{1.58}=0.89$$

5）验算型钢梁整体稳定性

$$\frac{M_x}{\varphi_b W_x}=\frac{22.29\times10^6}{0.89\times134300}=186.5\ (\text{N/mm}^2)<f=215\ (\text{N/mm}^2)，满足要求。$$

6）根据已求 φ_b 重新按整体稳定性选型钢型号，以免假设选定的型号太保守。

$$W_x\geqslant\frac{M_x}{\varphi_b f}=\frac{22.29\times10^6}{0.89\times215}=116488\text{mm}^3$$

根据 $W_x=116488\text{mm}^3$，必须选 18 号工字钢，$W_x=134300\text{mm}^3$，16 号工字钢 $W_x=106100\text{mm}^3$，不满足。

5. 验算型钢悬挑梁的挠度

1）计算每根立杆的轴力标准值

$$N_2=\frac{1}{2}[N_{G1K}+N_{G2K}]+N_{QK}=\frac{1}{2}[(3.35+3.6)+9]=7.98\text{kN}$$

2）计算公式查静力计算手册悬臂端挠度

$$f_A=\frac{N_2 L_{c2}^2 L_{c1}}{6EI}\left(3-\frac{L_{c2}}{L_{c1}}\right)+\frac{N_2 L_{c3}^2 L_{c1}}{6EI}\left(3-\frac{L_{c3}}{L_{c1}}\right)+\frac{qL_{c1}^4}{8EI}$$

$$=\frac{N_2 L_{c1}}{6EI}\left[L_{c2}^2\times\left(3-\frac{L_{c2}}{L_{c1}}\right)+L_{c3}^2\left(3-\frac{L_{c3}}{L_{c1}}\right)\right]+\frac{qL_{c1}^4}{8EI}$$

$$=\frac{7.98\times10^3\times1700}{6\times2.06\times10^5\times1209\times10^4}\times\left(1550^2\times\left(3-\frac{1550}{1700}\right)+550^2\left(3-\frac{550}{1700}\right)\right]$$

$$+\frac{0.174\times1700^4}{8\times2.06\times1209\times10^9}=0.91\times10^{-6}\times(5016985+809632)+0.07$$

$$=5.37\text{mm}$$

按《钢结构设计规范》GB 50017 中附录 A 表 A.1.1，允许挠度 $[v]=\frac{1700\times2}{250}=\frac{3400}{250}=13.6\text{mm}>5.37\text{mm}$，满足要求。

6. 锚固端预埋锚栓设计计算

根据计算简图求锚固端拉力 R_c 设计值

$$R_c\cdot1.25L_{c1}=M_{max}-\frac{q}{2}\times1.25^2\times L_{c1}^2=22.29-\frac{0.174}{2}\times1.25^2\times1.7^2$$

$$=22.29-0.39=21.90\text{kN}\cdot\text{m}$$

$$\therefore\qquad R_c=\frac{M}{1.25L_{c1}}=\frac{21.90\times10^6}{1.25\times1700}=10306\text{N}=10.306\text{kN}$$

根据《混凝土结构设计规范》GB 50010 第 9.7.6 条规定，每个预埋吊环按 2 个截面计算吊环应力，其应力不应大于 65N/mm²，锚固端预埋 2 对 U 形螺栓，4 个截面考虑共同作用系数乘以 0.85，按此要求计算预埋 U 形螺栓每个螺栓净截面积 A，如下计算：

$$R_c = 0.85 \times 4 \times A \times 65$$

$$\therefore \quad A = \frac{R_c}{0.85 \times 4 \times 65} = \frac{10306}{0.85 \times 4 \times 65} = 46.6 \text{mm}^2$$ ，按计算可选 M12 预埋 U 形螺栓，

每个螺栓净面积 76mm²。根据《建筑施工扣件式钢管脚手架安全技术规范》JGJ 130—2011 第 6.10.2 构造要求规定螺栓直径不宜小于 ϕ16，因此选用 4M16U 形螺栓。

7. 对在施工工程结构楼板进行验算

进行验算时，应考虑的集中荷载 R_B 计算（按板边垫铁垫垫起最不利情况考虑）

$$R_B = 2N_1 + q(L_{c1} + 1.25L_{c1}) + R_c$$
$$= 2 \times 10.47 + 0.174 \times (1.7 + 1.25 \times 1.7) + 10.42$$
$$= 22.94 + 0.67 + 10.42 = 34.03 \text{kN}$$

应对该结构楼板边沿（或梁）附加集中荷载 34.03kN 进行验算，如果建筑结构承担不了，最简单的办法是加斜拉吊杆，并进行设计计算，即使建筑结构能承担该集中荷载，从安全措施考虑也应加斜拉吊杆。

8. 构造设计（图 3-3-23）

3.3.3.6 悬挑式物料平台计算举例

1. 悬挑式物料平台示意（图 3-3-24）

2. 平台板面 50mm 厚脚手板验算

（1）木材抗弯强度设计值及弹性模量（一般选用木材 TC13）调整系数，查《木结构设计规范》GB 50005 表 4.2.1-4 和表 4.2.1-5 得强度设计值和弹性模量调整系数如下：

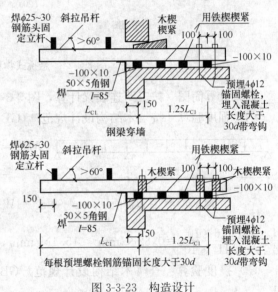

图 3-3-23 构造设计

调整原因	强度设计值调整	弹性模量调整系数
露天环境	$K_1 = 0.9$	$K_1' = 0.85$
施工和维修	$K_2 = 1.2$	$K_2' = 1.0$
5 年以内使用年限	$K_3 = 1.1$	$K_3' = 1.1$
总调整系数	$K = K_1 \times K_2 \times K_3 = 1.188$	$K' = K_1' \times K_2' \times K_3' = 0.935$
	$\therefore f_m = 13 \times 1.188 = 15.4 \text{N/mm}^2$	$E = 0.935 \times 9000 = 8415 \text{N/mm}^2$

（2）荷载标准值和设计值（取 1m 宽板计算）

荷载标准值：脚手板 0.35kN/m²

恒荷载：$q_{恒} = 0.35 \times 1 = 0.35 \text{kN/m}$

活荷载：$q_{活} = 3 \text{kN/m}^2 \times 1 \text{m} = 3 \text{kN/m}$

荷载标准值：$q_{标} = 0.35 + 3 = 3.35 \text{kN/m}$

荷载设计值 $q_{设} = 1.2 q_{恒} + 1.4 q_{活} = 1.2 \times 0.35 + 1.4 \times 3 = 4.62 \text{kN/m}$

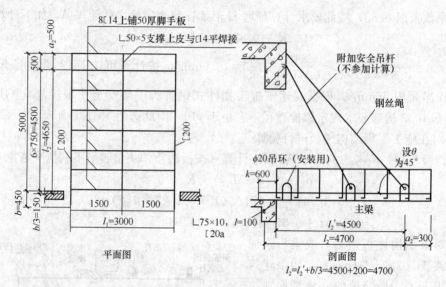

图 3-3-24　悬挑式物料平台示意图

（3）计算简图（按三跨连续梁计算，图 3-3-25）

（4）强度验算 ［按《木结构设计规范》（GB 50005）公式 5.2.1］

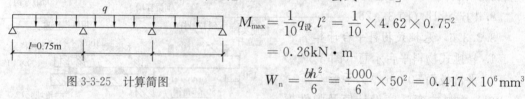

图 3-3-25　计算简图

$$M_{max} = \frac{1}{10} q_{设} \, l^2 = \frac{1}{10} \times 4.62 \times 0.75^2$$
$$= 0.26 \text{kN} \cdot \text{m}$$

$$W_n = \frac{bh^2}{6} = \frac{1000}{6} \times 50^2 = 0.417 \times 10^6 \text{mm}^3$$

$$\frac{M_{max}}{W_n} = \frac{0.26 \times 10^6}{0.417 \times 10^6} = 0.62 \text{N/mm}^2 < 15.4 \text{N/mm}^2 ，符合要求。$$

（5）挠度验算：查《木结构设计规范》GB 5005—2003 表 4.2.7 允许挠度 ［w］$=$ $\frac{1}{150} l = \frac{1}{150} \times 750 = 5 \text{mm}$

计算挠度：$w = \frac{5}{384} \frac{q_{标} l^4}{EI}$

$$I = \frac{bh^3}{12} = \frac{1000 \times 50^3}{12} = 10.42 \times 10^6 \text{mm}^4$$

$$E = 8415 \text{N/mm}^2$$

$$q_{标} = 3.35 \text{kN/m} = 3.35 \text{N/mm}$$

$$l = 750 \text{mm}$$

$$\therefore w = \frac{5}{384} \frac{q_{标} l^4}{EI} = \frac{5 \times 3.35 \times 750^4}{384} \times \frac{1}{8415 \times 10.42 \times 10^6} = 0.16 \text{mm} < 5 \text{mm}，符合要求。$$

3. 次梁计算

（1）计算简图（图 3-3-26）

（2）荷载计算

恒荷载标准值：［脚手板 ＋［14 热轧轻型槽钢）

图 3-3-26　次梁计算简图

槽钢自重]

$$q_{恒}=0.35\times0.75+0.12=0.38kN/m$$

活荷载标准值：

$$q_{活}=3kN/m^2\times0.75m=2.25kN/m$$

$$q_{标}=q_{恒}+q_{活}=0.38+2.25=2.63kN/m$$

荷载设计值：

$$q_{设}=1.2q_{恒}+1.4q_{活}=1.2\times0.38+1.4\times2.25=3.606kN/m$$

（3）计算弯矩设计值

$$M_{max}=\frac{1}{8}ql_1^2=\frac{1}{8}\times3.606\times3^2=4.06kN\cdot m=4.06\times10^6N\cdot mm$$

（4）验算强度

查轻型槽钢［14

$$W_x=70.2\times10^3mm^3$$

$$\frac{M_{max}}{W_X}=\frac{4.06\times10^6}{0.0702\times10^6}=57.8N/mm^2<215N/mm^2，符合要求。$$

（5）整体稳定性验算

根据《钢结构设计规范》GB 50017 附录 B.3 公式（B.3）

$$\varphi_b=\frac{570bt}{l_1h}$$

［14 槽钢 $b=58mm$，$t=8.1mm$，$h=140mm$

$$\therefore \varphi_b=\frac{570bt}{l_1h}=\frac{570\times58\times8.1}{1500\times140}=1.275>0.6，按公式（B.1-2）求$$

$$\varphi'_b=1.07-\frac{0.282}{1.275}=0.85$$

$$\therefore \frac{M}{\varphi_bW}=\frac{4.06\times10^6}{0.85\times0.0702\times10^6}=68N/mm^2<f=215N/mm^2，符合要求。$$

（6）验算挠度

参照《建筑施工工具式脚手架安全技术规范》JGJ 202—2010 表 4.2.6 规定，

$$[w]=\frac{1}{150}l 和 10mm，\frac{1}{150}l=\frac{4000}{150}=26.7mm>10mm，取 [w]=10mm$$

计算挠度

$$q_{标}=2.63kN/m=2.63N/mm，l=4000mm$$

$$F=2.06\times10^5（N/mm^2）$$

［14 槽钢：$I=491.1\times10^4mm^4$（查型钢表）

$$\therefore w=\frac{5}{384}\frac{q_{标}\,l^4}{EI}=\frac{5\times2.63\times4000^4}{384}\times\frac{1}{2.06\times10^5\times4.911\times10^6}=2.74mm<10mm，符$$

合要求。

4. 主梁验算

（1）计算简图（图 3-3-27）

（2）荷载计算

荷载标准值选热轧轻型［20a 自重
0.2kN/m，栏杆及挡脚板、安全网按
0.2kN/m 计，［14 自重＝0.1228kN/m

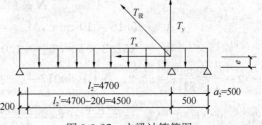

图 3-3-27 主梁计算简图

$$q_{恒} = 0.35 \times 1.5 + \frac{10.5 \times 0.1228}{4.7} + 0.2 + 0.2 = 1.09 \text{kN/m}$$

$$q_{活} = 3 \times 1.5 = 4.5 \text{kN/m}$$

$$q_{标} = q_{恒} + q_{活} = 1.09 + 4.5 = 5.59 \text{kN/m} = 5.59 \text{N/mm}$$

$$q_{设} = 1.2 q_{恒} + 1.4 q_{活} = 1.2 \times 1.09 + 1.4 \times 4.5 = 7.61 \text{N/mm}$$

（3）计算最大弯矩设计值 按活荷载最不利组合，偏于安全简化

$$M_1 = \frac{1}{8} q_{设} l_2^2 = \frac{1}{8} \times 7.61 \times 4.7^2 = 21 \text{kN} \cdot \text{m}$$

偏心弯矩 $M_2 = T_x \cdot e$, $T_x = T_y \cdot \dfrac{1}{\tan\alpha}$

$$T_y = q_{设} \times \frac{(l_2 + a_2)^2}{2} \times \frac{1}{l_2}$$

$$l_2 = 4700 \quad a_2 = 500$$

$$T_y = 7.61 \times \frac{(4700 + 500)^2}{2} \times \frac{1}{4700} = 21890 \text{N} = 21.89 \text{kN}$$

$$\alpha = 45° \quad \therefore \quad T_x = T_y \cdot \frac{1}{\tan\alpha} = 21.89 \times 1 = 21.89 \text{kN}$$

$$e = 0.17 + 0.13 = 0.3 \text{m}$$

0.17—是吊点与槽钢中心轴的偏心；

0.13—是与建筑物支撑点 L75×10 与槽钢中心轴的偏心。

则 $\qquad M_2 = T_x \cdot e = 21.89 \times 0.3 = 6.57 \text{kN} \cdot \text{m}$

$$\therefore \quad M_{max} = M_1 + M_2 = 21 + 6.57 = 27.57 \text{kN} \cdot \text{m}$$

（4）强度验算

查型钢表 $W_n = 167.2 \times 10^3 \text{mm}^3$

按《钢结构设计规范》GB 50017—2003 公式（5.2.1）

$$\frac{N}{A_n} + \frac{M_{max}}{\gamma_x W_x} \leqslant f$$

$$A_n = 25.16 \times 10^2 \text{mm}^2, W_x = 167.2 \times 10^3 \text{mm}^3$$

$$\gamma_x = 1.0, N = T_x = 29.23 \text{kN} = 29230 \text{N}$$

$$\frac{N}{A_n} + \frac{M_{max}}{\gamma_x W_x} = \frac{21890}{25.16 \times 10^2} + \frac{27.57 \times 10^6}{1 \times 167.2 \times 10^3} = 8.7 + 164.9 = 173.6 \text{N/mm}^2 < 215 \text{N/mm}^2,$$

符合要求。

（5）主梁是压弯杆件，弯矩作用平面内稳定性验算

按 GB 50017—2003 规范公式（5.2.2-1）

$$\frac{N}{\varphi_x A} + \frac{\beta_{mx} M_{max}}{\gamma_x W_x \left(1 - 0.8 \dfrac{N}{N'_{EX}}\right)} \leqslant f$$

$$A = 25.16 \times 10^2 \text{mm}^2, M_{max} = 27.57 \times 10^6 \text{N} \cdot \text{mm}$$

$$W_x = 167.2 \times 10^3, \beta_{mx} = 1.0, N = 29230 \text{N}, i = 81.5 \text{mm}$$

$$\lambda = \frac{l'_2}{i} = \frac{4500}{81.5} = 55.2, \text{ 查 GB 50017—2003 附录 C}, \varphi = 0.900$$

$$N'_{EX} = \frac{\pi^2 EA}{1.1 \lambda_x^2} = \frac{\pi^2 \times 2.06 \times 10^5 \times 2516}{1.1 \times 55.2^2} = 1526183 \text{N}$$

$$\frac{N}{\varphi_x A} + \frac{\beta_{mx} M_{max}}{\gamma_x W_x \left(1 - 0.8 \dfrac{N}{N'_{EX}}\right)} = \frac{21890}{0.9 \times 2516} + \frac{1.0 \times 27.57 \times 10^6}{1 \times 167.2 \times 10^3 \left(1 - 0.8 \dfrac{21890}{1526183}\right)}$$

$$= 9.66 + 166.81 = 176.47 < 215\text{N/mm}^2, \text{符合要求}$$

（6）弯矩作用平面外的稳定性验算

用 GB 50017—2003 公式 5.2.2-3

$$\frac{N}{\varphi_y A} + \eta \frac{\beta_{tx} M_x}{\varphi_b W_x} \leqslant f$$

$N = 21890\text{N}$，$A = 2516\text{mm}^2$，$W_x = 167.2 \times 10^3 \text{mm}^3$，$i_y = 23.5\text{mm}$
$\eta = 1$，$\beta_{tx} = 1$，$M_x = 33.19 \times 10^6 \text{N} \cdot \text{mm}$）

$$\lambda_y = \frac{750}{i_y} = \frac{750}{23.5} = 31.9, \quad \varphi_y = 0.959$$

[20a，$b = 80\text{mm}$，$t = 9.7\text{mm}$，$h = 200\text{mm}$

根据 GB 50017—2003 附录 B.3 公式（B.3），$\varphi_b = \dfrac{570bt}{l_1 h} \cdot \dfrac{235}{f_y} = \dfrac{570 \times 80 \times 9.7}{750 \times 200} \cdot 1 =$

2.95＞0.6，按公式（B.1-2）求 $\varphi'_b = 1.07 - \dfrac{0.282}{\varphi_b} = 1.07 - \dfrac{0.282}{2.95} = 1.07 - 0.1085 =$

0.974，以 φ'_b 代 φ_b

$$\therefore \frac{N}{\varphi_y A} + \eta \frac{\beta_{tx} M_x}{\varphi_b W_x} = \frac{21890}{0.959 \times 2516} + \frac{1 \times 27.57 \times 10^6}{0.974 \times 167.2 \times 10^3} = 9.07 + 169.29 = 178.36\text{N/}$$

$\text{mm}^2 < 215\text{N/mm}^2$，符合要求。

（7）挠度计算，查型钢表 $I = 1660 \times 10^4 \text{mm}^4$

[w] 参照 JGJ 202—2010 表 4.2.6 按水平支承桁架的要求，

[w] $= 1/250 = 4650/250 = 18.6\text{mm}$

计算挠度

$$w = \frac{5}{384} \frac{q_{标} l_2^4}{EI} = \frac{5 \times 5.59 \times 4700^4}{384} \times \frac{1}{2.06 \times 10^5 \times 1660 \times 10^4} = 10.46\text{mm} < 18.6\text{mm}, \text{符}$$

合要求。

5. 斜拉钢丝绳计算

根据《建筑施工高处作业安全技术规范》JGJ 80—91 公式（附 5-9）

$$K = \frac{F}{T} \geqslant [K]$$

T——钢丝绳所受拉力的标准值；

F——钢丝绳的破断拉力，取钢丝绳的破断拉力总和乘以换算系数；

[K]——作吊索用的钢丝绳法定安全系数，[K] $= 10$。

$$T = T_y \times \frac{1}{\sin\alpha} \times \frac{q_{标}}{q_{设}} = \frac{21890}{\sin 45°} \times \frac{5.59}{7.61} = \frac{21890}{0.707} \times 0.735 = 22742\text{N}$$

$$F \geqslant T[K] = 22742 \times 10 = 227420\text{N} = 227.42\text{kN}$$

按本书表 3.4.2 钢丝绳破断拉力换算系数表，钢丝 6×19 绳芯 1 换算系数 0.85，查表 3-4-3 选钢丝绳直径 23，钢丝直径 1.5，钢丝强度极限 1400N/mm^2。

钢丝破断拉力总和为 281.5kN

$F = 281.5 \times 0.85 = 239.3\text{kN} > 227.42\text{kN}$，符合要求。

6. 斜拉吊点节点强度验算

（1）吊环钢板抗剪验算

$$T = 30.96\text{kN}$$

吊环钢板抗剪能力

$$N_{vb} = 10 \times 50 \times f_v = 500 \times 125 = 62.5\text{kN} > 30.96\text{kN}，符合要求。$$

（2）吊环钢板抗弯验算

吊环钢板相当于一个悬臂梁

$$M = T_k \times 70 = 21890 \times 70$$
$$= 1532300\text{N} \cdot \text{mm}$$
$$= 1.5323\text{kN} \cdot \text{m}$$
$$W = \frac{bh^2}{6} = \frac{10 \times 160^2}{6} = 42667\text{mm}^3$$
$$\frac{M}{W} = \frac{1532300}{42667} = 35.9\text{N/mm}^2 < 215\text{N/mm}^2，符合要求。$$

（3）按表 3.4.1 选用 6.8 号吊环，作为吊环与钢丝绳之间的连接卡环，安全荷重 68kN＞30.9kN。

7. 安全措施

在高空大风停工时，应附加下部斜撑，防止大风作用向上翻转。

3.4 高层建筑施工脚手架卸荷措施与安全设施

3.4.1 高层建筑施工脚手架卸荷措施

高层建筑施工采用落地式扣件钢管脚手架、门型脚手架时，受到架子本身搭设高度的限制，例如扣件式钢管脚手架搭设高度不宜超过 50m，门型脚手架搭设高度不宜超过 45m，而目前 200m 以上的高层建筑已经不少，通常采用分段悬挑架托搭设；也有采用分段卸荷措施，将高层外脚手架若干段斜拉卸荷吊挂在建筑结构上。以下介绍几个大工程不同做法的实例，可供参考。

3.4.1.1 分段悬挑钢梁或刚架支承脚手架

这种方法就是在高层建筑结构上每隔 6～8 层向外挑出钢梁，这些钢梁有的是先在结构上预埋铁件然后焊接悬挑钢梁，有的是由建筑物楼面向外伸出钢梁（楼面上预埋锚环固定钢梁），并附钢丝绳与建筑物斜拉加强。这些钢梁分段支承着脚手架的荷重，这样架子可以搭得很高。例如南京金陵饭店、广州的白云宾馆和白天鹅宾馆、北京的五洲大酒店和天桥宾馆、上海宾馆等工程均采用这种方法。

南京金陵饭店共 27 层，高 110m，外脚手架采用分段搭设，每 8 层楼（12 步架、高 21.6m）作为一段，上下独立全部隔断，这样受力明确，也有利于周转倒用。脚手架支承在三角悬臂钢架上，钢架是焊在结构框架的预埋铁件上，见图 3-4-1。脚手架立杆纵距为 1.85m 和 2.20m，横距 1.0m，内立杆距墙 0.2m，步高 1.80m。上面满铺钢筋脚手网片，外侧垂直面满挂细尼龙安全网。脚手架每 3 步与结构拉结一道。脚手架的拆除是随着外装修进度由上而下进行，同时用气割卸下钢三角架，结构上留下的预埋铁，再用轻便吊篮操作修补。

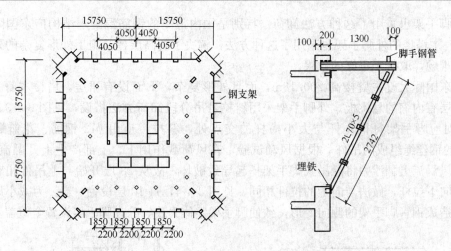

图 3-4-1 钢架平面布置和立面图

3.4.1.2 分段用钢管斜撑并附加钢丝绳斜拉卸荷

这种方法比悬挑钢梁或刚架的方法更简单，能缩短工期，就地取材，可节省钢材，也很少给外装修留下修补工作。

例如深圳桑达大厦（30 层），分别于 3 层、7 层、14 层、20 层、26 层用钢管三角支撑斜挑附加钢丝绳斜拉的形式共分五段卸荷，见图 3-4-2。三角支撑布置的水平距离为 3 个立杆间距 3×1.5m＝4.5m。脚手架立杆纵距 1.5m，横距 1.1m，步距 1.8m，内立杆距墙 0.3m。这些斜撑为卸荷点，同时又作为脚手架的连墙点，起到了一举两得的作用，比型钢焊接钢架卸荷装置，可以节约大量钢材，而且这种方法不占工期，拆卸简单，可以缩短工期。

3.4.1.3 斜拉悬吊分段卸荷

高层脚手架采用分段设置斜拉可用钢筋吊杆或钢丝绳进行卸荷，方法简易可靠。

这种方法在 1982 年北京西苑饭店工程高 80m 的不封闭双排扣件钢管外脚手架以及在裙房屋顶搭设的高 80m 的马道，均得到采用。并在一般高层住宅建筑施工中得到推广应用。北京新世纪饭店（高 110m）

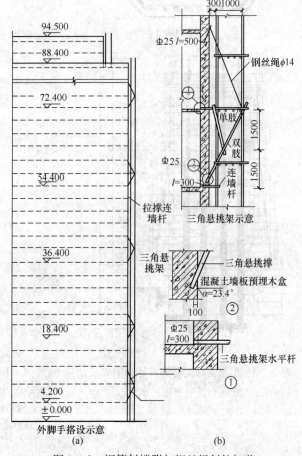

图 3-4-2 钢管斜撑附加钢丝绳斜拉卸荷

局部外脚手架也采用了这种方法卸荷。特别是国内最高的钢筋混凝土结构广东国际大厦（63层）主塔楼的外脚手架也采用了这种方法，解决了超高层建筑施工外形复杂的外脚手架搭设难题，取得了很好的效果。

广东国际大厦主塔楼高 200.18m，而且外形复杂，下面设有裙房，塔楼本身 7～22 层，层层有内缩的悬挑板。外脚手架采用斜拉悬吊分段卸荷方法搭设，见图 3-4-3。每隔 5 层，对应脚手架每根立杆与大小横杆的交点处，斜拉一道由 $\phi12$ 钢筋、花篮螺栓和 $\phi12.5$ 的钢丝绳组成的吊件。根据风动试验，在风荷载作用下，上部产生上升翻流风力，为防止风涡流上翻浮力将悬吊式脚手架托起导致破坏，故从 28 层开始与上吊件相对应同时设置向下拉杆，做法与向上的拉件相同，见图 3-4-4，每 10 层设置一道。为减小风涡流侧向力造成钢管脚手架的侧向变形，致使脚手架整体失稳，除在脚手架设置全覆盖垂直剪

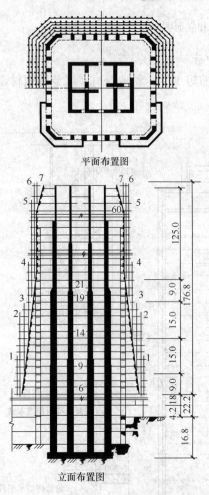

平面布置图

立面布置图

图 3-4-3 广东国际大厦钢管外脚手架平、
立面布置（单位：m）

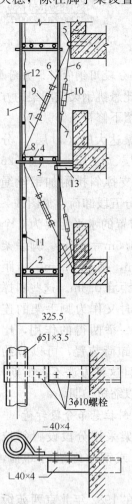

图 3-4-4 脚手架吊拉示意图

1—立杆；2—大横杆；3—小横杆；4—钢筋算条走道板；
5—$\phi16$ 预埋吊环；6—$\phi12$ 钢筋；7—$\phi12.5$ 钢丝绳；8—卡
子；9—M20 花篮螺栓；10—M20 花篮螺栓；11—竹栏杆；
12—尼龙安全网；13—附墙连接件

刀撑（建筑外四个垂直面和拐角面各设一排，角度为45°～60°）外，从28层起每10层设置一道水平支撑，每隔5层在拐角处相应设置16套水平斜拉附墙连接件，以抵抗脚手架侧向风力，见图3-4-5。这样保证了整个脚手架形成一个稳定结构体系。

广东国际大厦双排外脚手架，采用$\phi 51$钢管，扣件连接，立杆纵距为2m，内外管横距为1m，内立管中心距墙面325mm，脚手架步距高3m，（同楼层高），满铺钢筋算脚手板。脚手架有防雷避雷措施，将斜拉预埋吊环与楼板钢筋焊接，楼板钢筋与主楼四角外筒设置的竖向地极焊接连通一体，形成防雷避雷系统。

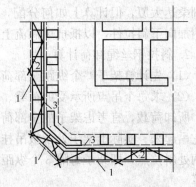

图3-4-5 脚手架支撑体系布置图
1—垂直剪刀撑；2—水平斜撑；
3—斜拉附墙连接件

3.4.1.4 斜拉钢丝绳卸荷设计计算例题

某高层建筑装修施工，需搭设50.0m高双排钢管外脚手架，已确定的条件如下：

已知立杆横距$b=1.05$m；立杆纵距$l=1.50$m；内立杆距建筑外墙皮距离$b_1=0.35$m；

脚手架步距$h=1.80$m；铺设压制钢脚手板层数为6层；同时进行装修施工层数为2层。

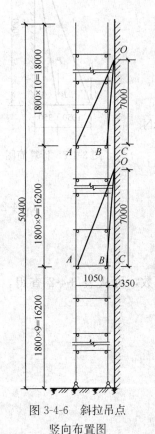

图3-4-6 斜拉吊点
竖向布置图

脚手架与建筑主体结构连接点的布置，其竖向间距$H_1=2h=2×1.80=3.6$m，水平距离$L_1=3l=3×1.50=4.5$m；钢管为$\phi 48×3.5$；根据规定均布施工荷载$Q_k=2.0$kN/m²。试进行斜拉钢丝绳卸荷设计与计算。

1. 斜拉钢丝绳卸荷设计要点

（1）斜拉吊点竖向距离以12～18m为宜，该例竖向布置见图3-4-6。

（2）吊点水平间距以1～3个立杆纵距为宜，该例$L=3×1.50=4.50$m。

（3）为减少斜拉引起的水平力，避免立杆与小横杆连接扣件发生滑移而引起立杆向里弯曲变形，应使斜拉钢丝绳与水平短横杆的交角α尽量大，一般$\tan\alpha \geqslant 3～5$为宜。

（4）斜拉钢丝绳用手拉葫芦（捯链）或花篮螺栓拉紧，做到所有钢丝绳拉紧程度基本相同，避免钢丝绳受力不均匀。

（5）吊点必须在立杆与大横杆、小横杆的交点处，钢丝绳必须由大横杆底部兜紧。

（6）吊点处应设双根小横杆，1根与立杆卡牢，1根与大横杆卡牢，两根小横杆端头与建筑物顶紧，或用螺栓固定在墙面预埋铁件上，承受斜拉引起的水平力。

（7）可在吊点下方附加斜撑杆，与钢丝绳共同受力，如深圳桑达大厦，但计算上如何分配，比较复杂。在沿海大风地区，当架高大于 100m 时，应附加向下斜拉件，以抵抗风涡流上翻浮力，避免上浮力将架子托起导致破坏。

2. 斜拉钢丝绳卸荷计算

(1) 先计算架子一个纵距全部荷载的设计值，即求出的 N 值，$N=33\text{kN}$。

(2) 求每个吊点所承受的荷载、吊索拉力及吊点位置、小横杆所受压力。

所卸荷载，宜考虑架子的全部荷载由卸荷点承受，这样即使架子要下塌，钢丝绳也能把它吊起来。实际上架子处于被吊挂状态，这是很安全的。该例每 3 根立杆中有 1 根立杆设两处斜拉点，即架子每隔 3 个纵距，共有 4 个斜拉点，每个吊点所承受荷载 P_1 按下式计算

$$P_1 = \frac{3N}{4} \times K_x \qquad (3\text{-}4\text{-}1)$$

式中 K_x——荷载不均匀系数，由于钢丝绳拉紧程度不相同，以及内、外立杆荷载也不等，这些不均匀因素，综合考虑不均匀系数 $K_x=1.5$。

$$\therefore \quad P_1 = \frac{3 \times 33}{4} \times 1.5 = 37.1\text{kN}$$

计算简图如图 3-4-7。

因为 C 点没有垂直反力，因此 A、B 两点斜拉钢丝绳的垂直分力均分别与该点作用的荷载 P_1 相等。

$$\therefore \quad T_{AO} = P_1 \times \frac{\sqrt{7^2+1.4^2}}{7} = 1.02P_1 = 37.9\text{kN}$$

$$T_{AB} = -P_1 \times \frac{1.4}{7} = -\frac{1}{5}P_1 = -7.42\text{kN}$$

$$T_{BO} = P_1 \times \frac{\sqrt{7^2+0.35^2}}{7} = P_1 = 37.1\text{kN}$$

$$T_{BC} = -\left(P_1 \times \frac{0.35}{7} + T_{AB}\right) = -(1.86+7.42) = -9.28\text{kN}$$

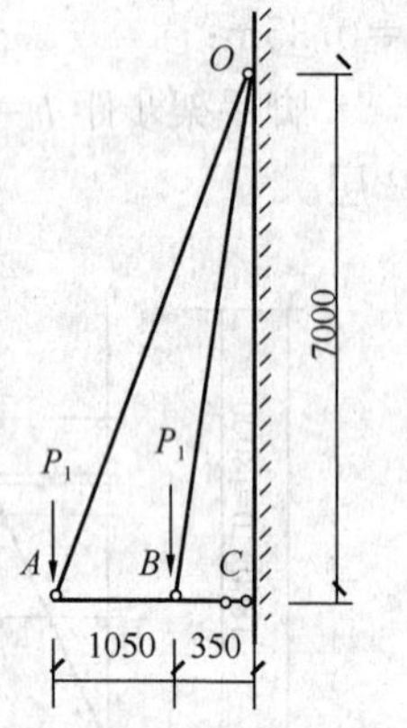

3. 验算钢丝绳抗拉强度
按下列公式

图 3-4-7 计算简图

$$P_x \leqslant \frac{\alpha P_g}{K} \qquad (3\text{-}4\text{-}2)$$

式中 P_x——钢丝绳的计算拉力，该题 $P_x=37.9\text{kN}$；

P_g——钢丝绳的钢丝破断拉力总和（kN）；

α——考虑钢丝受力不均匀的钢丝破断拉力换算系数，可从表 3-4-2 查得，$\alpha=0.85$；

K——钢丝绳使用的安全系数，查表 3-4-6，取 $K=8$。

若采用 6×19，绳芯 1 钢丝绳

$$P_g \geqslant \frac{KP_x}{\alpha} = \frac{8 \times 37.9}{0.85} = 356.7\text{kN}$$

选 $\phi 26$ 钢丝绳，$P_g=362\text{kN}>356.7\text{kN}$。

$\therefore$ 安全。

4. 选择与钢丝绳配套使用的卡环

由已选 $\phi26$ 钢丝绳，查表 3-4-1 得适用的卡环为 4.9 号，其安全荷重 49kN＞37.9kN。

∴ 安全。

5. 计算工程结构上的预埋吊环

根据《混凝土结构设计规范》GB 50010—2010 第 9.7.6 条规定，"吊环应采用 HPB300 级钢筋制作，锚入混凝土的深度不应小于 $30d$ 并应焊接或绑扎在钢筋骨架上，d 为吊环钢筋的直径。在构件的自重标准值作用下，每个吊环按 2 个截面计算的钢筋应力不应大于 65N/mm²。"

∴ 吊环钢筋面积

$$A_g = \frac{P_x}{2 \times 65} = \frac{P_x}{130} = \frac{37900}{130} = 291mm^2$$

选 $\phi20$，则 $A_g = 314mm^2 ＞ 291mm^2$。

∴ 安全。

6. 验算吊点处扣件抗滑承载能力

每个扣件抗滑承载能力设计值为 6kN。

吊点处，水平方向分力最大值 $T_{AB} = 7.42kN$，只要两个扣件就满足了。每个吊点处现有两个扣件与立杆卡紧，因此水平方向抗滑移是足够的。但垂直方向分力为 37.1kN，只有两个扣件显然不够，所需扣件数 $n = \frac{37.1}{6} = 6$ 个，因此要采取措施，防止大横杆被钢丝绳兜起沿立杆向上滑移，其方法见图 3-4-8。这样加固之后，每个节点共有 7 个扣件抵抗向上滑移，能保证大横杆不沿立杆向上滑移。

7. 验算工程结构的强度、稳定和变形

根据斜拉钢丝绳对工程结构的附加荷载，验算工程结构的强度、稳定和变形。

此例从略，但这项工作是非做不可的，要根据施工的工程结构具体情况，进行验算和加固。

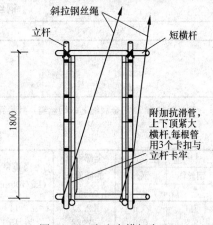

图 3-4-8　防止大横杆向上
滑移作法示意

3.4.1.5　悬挑、卸荷设计计算用表

1. 卡环规格及安全荷载（表 3-4-1）

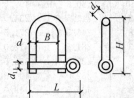

号　码	安全荷重（kN）	适用钢丝绳最大直径（mm）	主　要　尺　寸（mm）				重　量（kg）
			横销螺纹直径 d_1	卡环本体直径 d	横销全长 L	环孔间距 B	环孔高度 H	

卡环规格及安全荷重　　　　　表 3-4-1

号　码	安全荷重（kN）	适用钢丝绳最大直径（mm）	横销螺纹直径 d_1	卡环本体直径 d	横销全长 L	环孔间距 B	环孔高度 H	重　量（kg）
0.2	2.0	4.7	M3	6	35	12	35	0.02

续表

| 号　码 | 安全荷重 （kN） | 适用钢丝绳 最大直径 （mm） | 主　要　尺　寸（mm） | | | | | 重量 （kg） |
			横销螺纹直径 d_1	卡环本体直径 d	横销全长 L	环孔间距 B	环孔高度 H	
0.3	3.3	6.5	M10	8	44	16	45	0.03
0.5	5.0	8.5	M12	10	55	20	50	0.05
0.9	9.3	9.5	M16	12	65	24	60	0.1
1.4	14.5	13	M20	16	86	32	80	0.2
2.1	21.0	15	M24	20	101	36	90	0.3
2.7	27.0	17.5	M27	22	111	40	100	0.5
3.3	33.0	19.5	M30	24	123	45	110	0.7
4.1	41.0	22	M33	27	137	50	120	0.94
4.9	49.0	26	M36	30	153	58	130	1.23
6.8	68.0	28	M42	36	176	64	150	1.87
9.0	90.0	31	M48	42	197	70	170	2.63
10.7	107.0	34	M52	45	218	70	190	3.6
16.0	160.0	43.5	M64	52	262	100	235	66

注：材料为 Q235，型号为沪 Q/JB 44—02。

2. 钢丝绳规格及荷载性能（表 3-4-2～表 3-4-5）

钢丝绳破断拉力换算系数　　　　　　　　　　　　表 3-4-2

序　号	钢丝绳结构	换算系数
1	6×19	0.85
2	6×37	0.82
3	6×61	0.80

注：对加有 7×7 金属绳芯的钢丝绳，其换算系数相应减少 0.03。

钢丝 6×19，绳芯 1　　　　　　　　　　　　表 3-4-3

| 直　径 | | 全部钢丝 的截面积 （mm²） | 参考重量 （kg/100m） | 钢丝强度极限（N/mm²） | | | | |
| 钢丝绳 （mm） | 钢丝 （mm） | | | 1400 | 1550 | 1700 | 1850 | 2000 |
				钢丝破断拉力总和（kN）				
7.7	0.5	22.37	21.14	31.3	34.6	38.0	41.3	44.7
9.3	0.6	32.22	30.45	45.1	49.9	54.7	59.6	64.4
11.0	0.7	43.85	41.44	63.3	67.9	74.5	81.1	87.7
12.5	0.8	57.27	54.12	80.1	88.7	97.3	105.5	114.5
14.0	0.9	72.49	68.50	101.0	112.0	123.0	134.0	144.5
15.5	1.0	89.49	84.57	125.0	138.5	152.0	165.5	178.5
17.0	1.1	108.28	102.30	151.5	167.5	184.0	200.0	216.5
18.5	1.2	128.87	121.80	180.0	199.5	219.0	238.0	257.5
20.0	1.3	151.24	142.9	211.5	234.0	257.0	279.5	302.0
21.5	1.4	175.40	165.8	245.5	271.5	298.0	324.0	350.5
23.0	1.5	201.35	290.3	281.5	312.0	342.0	372.0	402.5
24.5	1.6	229.09	216.5	320.5	355.0	389.0	423.5	458.0
26.0	1.7	258.63	244.4	362.0	400.5	439.5	478.0	517.0
28.0	1.8	289.95	274.0	405.5	449.0	492.5	536.0	579.5
31.0	2.0	357.96	338.3	501.0	554.5	608.5	662.0	715.5
34.0	2.2	433.13	409.3	606.0	671.0	736.0	801.0	
37.0	2.4	515.46	487.1	721.5	798.5	876.0	953.5	
40.0	2.6	604.95	571.7	846.5	937.5	1025.0	1115.0	
43.0	2.8	701.60	663.0	982.0	1085.0	11900	1295.0	

钢丝 6×37，绳芯 1 表 3-4-4

直 径		全部钢丝的截面积（mm²）	参考重量（kg/100m）	钢丝强度极限（N/mm²）				
钢丝绳	钢丝			1400	1550	1700	1850	2000
(mm)				钢丝破断拉力总和(kN)				
11.0	0.5	43.57	40.96	60.9	67.5	74.0	80.6	87.1
13.0	0.6	26.74	58.98	87.8	97.2	106.5	116.0	125.0
15.0	0.7	85.39	80.27	119.5	132.0	145.0	157.5	170.5
17.5	0.8	111.53	104.8	156.0	172.5	189.5	206.0	223.0
19.5	0.9	141.16	132.7	197.5	218.5	239.5	261.0	282.0
21.5	1.0	174.27	163.8	243.5	270.0	296.0	322.0	248.5
24.0	1.1	210.87	198.2	295.0	326.5	358.0	390.0	421.5
26.0	1.2	250.95	235.9	351.0	388.5	426.5	464.0	501.5
28.0	1.3	294.52	276.8	412.0	456.5	500.5	544.5	589.0
30.0	1.4	341.57	321.1	478.0	529.0	580.5	631.5	683.0
32.5	1.5	392.11	268.6	548.5	607.5	666.5	725.0	784.0
34.5	1.6	446.13	419.4	624.5	691.5	758.0	825.0	892.0
36.5	1.7	503.64	473.4	705.0	780.5	856.0	931.5	1000.5
39.0	1.8	564.63	530.8	790.0	875.0	959.5	1040.0	1125.0
43.0	2.0	697.08	655.3	975.5	1080.0	1185.0	1285.0	1390.0

钢丝 9×61，绳芯 1 表 3-4-5

直 径		全部钢丝的截面积（mm²）	参考重量（kg/100m）	钢丝强度极限（N/mm²）				
钢丝绳	钢丝			1400	1550	1700	1850	2000
(mm)				钢丝破断拉力总和（kN）				
11.0	0.4	45.97	43.21	64.3	71.2	78.1	85.0	91.9
14.0	0.5	71.83	67.52	100.5	111.0	122.0	132.5	143.5
16.5	0.6	103.43	97.22	144.5	160.0	175.5	191.0	206.5
19.5	0.7	140.78	132.3	197.0	218.0	239.0	260.0	281.5
22.0	0.8	183.88	172.8	257.0	285.0	312.5	340.0	367.5
25.0	0.9	232.72	218.8	325.5	360.5	395.5	430.5	465.0
27.5	1.0	287.31	270.1	402.0	445.0	488.0	531.5	574.5
30.5	1.1	357.65	326.8	486.5	538.5	591.0	643.0	695.0
33.0	1.2	413.73	388.9	579.0	641.0	703.0	765.0	827.0
36.0	1.3	485.55	456.4	679.0	725.5	825.0	898.0	971.0
38.5	1.4	563.13	529.3	788.0	872.5	957.0	1040.0	1125.0
41.5	1.5	646.45	607.7	905.0	1000.0	1095.0	1195.0	1290.0
44.0	1.6	735.51	691.4	1025.0	1140.0	1250.0	1360.0	1470.0

注：表中粗线左侧为供应光面或镀锌钢丝绳；右侧只供应光面钢丝绳。

3. 钢丝绳安全系数（表 3-4-6）

钢丝绳安全系数 K

表 3-4-6

用　途	K	用　途	K
作缆风	3.5	作吊索，无弯曲时	6～7
用于滑车时：		作捆绑吊索	8～10
手动的	4.5	一般卷扬机用钢丝绳	8～10
机动的	5～6	用于载人的升降机	14

3.4.2 高层建筑施工脚手架防电避雷措施

1. 在高、低压线路下方均不得搭设脚手架。脚手架的外侧边缘与外电架空线路的边线之间必须保持安全操作距离。最小安全操作距离应不小于表 3-4-7 所列数值。当条件限制达不到表 3-4-7 规定的最小距离时，必须采取防护措施，增设屏障、防护架并悬挂醒目警告标志牌，如果上述防护措施也无法实现，则必须与有关部门协商采取迁移外电线路，甚至改变工程位置。

2. 脚手架若在相邻建筑物、构筑物防雷保护范围之外，则应安装防雷装置，防雷装置的冲击接地电阻值不得大于 30Ω。

脚手架的外侧边缘与外电架空线路的边线之间的最小安全操作距离

表 3-4-7

外电线路电压（kV）	1 以下	1～10	35～110	154～220	330～500
最小安全操作距离（m）	4	6	8	10	15

注：上、下脚手架和斜道严禁搭设在有外电线路的一侧。

3. 避雷针可用直径 25～32mm、壁厚不小于 3mm 的镀锌钢管或直径不小于 12mm 的镀锌钢筋制作，设在房屋四角脚手架的立杆上，高度不小于 1m，并将所有最上层的大横杆全部接通，形成避雷网络。

4. 接地板可利用在施工工程的垂直接地板，也可用直径不小于 20mm 的圆钢。水平接地板可用厚度不小于 4mm、宽 25～40mm 的角钢制作。接地板的设置，可按脚手架的长度不超过 50m 设置一个，接地板埋入地下的最高点，应在地面下深度不浅于 500mm。埋设接地板时，应将新填土夯实。接地板不得设置在蒸气管道或烟囱风道附近经常受热的土层内；位于地下水以上的砖石、焦碴或砂子内，均不得埋设接地板。

5. 接地线可采用直径不小于 8mm 的圆钢或厚度不小于 4mm 的扁钢。接地线的连接应保证接触可靠。在脚手架的下部连接时，应用两道螺栓卡箍，并加设弹簧垫圈，以防松动，保证接触面不小于 10cm²。连接时将接触表面的油漆及氧化层清除，使其露金属光泽，并涂以中性凡士林。接地线与接地板的连接应采用焊接，焊缝长度应大于接地线直径的 6 倍或扁钢宽度的 2 倍。

6. 接地装置完成后，要用电阻表测定电阻是否符合要求。接地板的位置，应选择人们不易走到的地方，以避免和减少跨步电压的危害和防止接地线遭机械损伤。同时应注意与其他金属物或电缆之间保持一定距离（一般不小于 3m），以免发生击穿危害。在有强烈腐蚀性的土中，应使用镀铜或镀锌的接地板。

7. 在施工期间遇有雷雨时，钢脚手架上的操作人员应立即离开。

主 要 参 考 文 献

[1] 山文华，叶来福．广东国际大厦 63 层主塔楼外脚手架搭设技术．建筑技术．1991.9

[2] 韩云桥等．南京京陵饭店工程施工概况．建筑技术．1983，12

[3] 江苏省建安公司深圳—公司．深圳市桑达大厦脚手架搭设总结

[4] 李国强等．广州白天鹅宾馆工程施工．建筑技术．1984，7

[5] 张镇华．西苑饭店工程悬挑脚手平台设计．建筑技术．1985，7

[6] 刘宏德．海丰苑高层建筑外架施工．建筑机械化．1986，12

[7] 《钢结构设计规范》GB 50017—2003

[8] 《建筑结构荷载规范》GB 50009—2012

[9] 《混凝土结构设计规范》GB 50010—2010

[10] 《木结构设计规范》GB 50005—2003(2005 年版)

[11] 《建筑施工工具式脚手架安全技术规范》JGJ 202—2010

[12] 《建筑施工扣件式钢管脚手架安全技术规范》JGJ 130—2011

[13] 《建筑施工门式钢管脚手架安全技术规范》JGJ 128—2010

[14] 《建筑施工高处作业安全技术规范》JGJ 80—91

[15] 《高处作业吊篮》GB 19155—2003

[16] 《施工现场临时用电安全技术规范》JGJ 46—2005

[17] 《建筑施工承插型盘扣式钢管支架安全技术规程》JGJ 230—2010

4 高层建筑基础深基坑工程施工

高层建筑由于层数多、建筑高、荷载重、面积大、造型复杂，主楼与群房高低悬殊，在结构上必须加大地下的埋深嵌固深度，以确保高层建筑的稳定性，必须采用桩基础、筏形基础、箱形基础以及桩基和箱基复合基础，使上部荷载有效地传递给地基。根据《高层建筑混凝土结构技术规范》JGJ 3—2010 规定，基础埋置深度，天然地基或复合地基应为建筑高度的 1/15；桩基时应为建筑高度的 1/18，桩长不计在埋置深度以内。另外，高层建筑由于功能的需要，充分利用地下空间，往往将地下建成 3~4 层的地下室，深度达 20~30m。因此，深基坑工程施工已成为高层建筑施工不可缺少的项目。

4.1 深基坑工程的特点和要求

4.1.1 深基坑工程的特点

1. 基坑支护工程是临时结构

一般情况，基坑支护工程均为临时结构，当完成地下室工程施工后，它的任务也就完成了。它与永久性结构相比，其安全储备要求小，这样带来的风险也较大。因此，在设计与施工时，必须有应急措施，加强监测，万一发生险情，能够得到及时抢救。

2. 基坑支护工程具有较强的地区性

深基坑支护在岩土工程中具有特别强的地区性，淤泥软土地区、砂土地区、黄土地区各有不同的地基性质，也有不同的水文条件，其差异很大，同一城市不同区域亦有差异。因此，基坑支护工程的设计和施工，必须因地制宜，针对其具有的独特个性，认真对待。外地的经验和其他工程的经验，只能借鉴与参考，不能照搬。要根据本工程的地质水文条件、周围环境条件，采取不同的设计方案、不同的施工措施。

3. 基坑支护工程具有很强的复杂性

（1）深基坑工程理论尚不完善，突出地表现为设计和施工相互交叉、密不可分。因为，施工的每个阶段其结构和外部荷载都在发生变化，而且挖土次序和位置的变化等也都会对最后结果产生直接影响，绝不是能以原设计计算图所能决定的。但是，只要设计和施工密切配合，加强监测和分析，及时处理和解决问题，深基坑支护工程中存在的困难是可以克服的。

（2）土压力理论尚待进一步发展

支护结构的土压力计算是个复杂问题，影响因素太多，诸如土体性质、开挖深度、围护结构后超载、支护结构刚度、支撑预加应力、锚杆预应力、施工顺序以及土体孔隙水的渗流等等。库伦、朗肯的土压力理论，虽然现在还在应用，但尚待进一步发展。

（3）基坑工程具有很强的环境保护特征

基坑支护工程是为主体结构地下部分的施工而采取的临时性措施。因基坑开挖涉及基坑周边环境安全，支护结构除满足主体结构施工要求外，还需满足基坑周边环境要求。支护结构的设计和施工均应把保护基坑周边环境安全放在重要位置。基坑支护工程具有两种功能。首先应具有防止基坑的开挖危害周边环境的功能，这是支护结构的首要的功能。其次，应具有保证工程自身主体结构施工安全的功能，应为主体地下结构施工提供正常施工的作业空间及环境，提供施工材料、设备堆放和运输的场地、道路条件，隔断基坑内外地下水、地表水以保证地下结构和防水工程的正常施工。不能为了考虑本工程项目的要求和利益，而损害环境和相邻建（构）筑物所有权人的利益。

4. 基坑支护工程具有时空效应规律

基坑的几何尺寸、土质以及开挖步骤和基坑在无支撑状态下的暴露时间，与基坑变形有着一定的关系。例如：

（1）在软黏土地区通过检测，发现基坑开挖与支护结构变形有时间和空间的相关关系。

在基坑开挖时，当施工到某一阶段因故暂停一段时间，结构变形会随时间的推移而不断增长。如某工程地下连续墙开挖到一定深度后，虽然不再挖深，地下墙的水平位移变形速率可达 3mm/d；而无支撑暴露时，时间对墙体变形的影响则更为显著。据测试，在同样无支撑暴露情况下，72h 位移速率远远大于 16h 的位移速率。这一时间效应说明，基坑开挖对支护结构的支撑时间，愈快愈好，对施工与结构计算有着密切关系。

（2）开挖土体的高度、宽度以及开挖土体所处的深度，对墙体变形的影响也相当显著。在同一开挖深度下，开挖土体的宽度越宽、高度越高，则墙体水平位移的变化速率越大。

某工程测得：当开挖宽度分别为 3m、6m、12m 时，墙体水平位移的变化速率分别为：0.35mm/d，2mm/d，7mm/d 左右，宽度对变形的影响，近乎呈几何级数增长。开挖土体的高度对变形，也有类似的规律。

经过多年的实践总结与理论分析认为：基坑开挖过程中，应该有计划地对土体进行多种形式的划分：分层、分条、分块、对称、平衡地进行开挖。

在软土地区进行基坑开挖，因土的流变性质，应适当减小每步开挖土方的空间尺寸及减少每步开挖的时间，即减少开挖暴露部分基坑挡墙尚未支撑的时间。这个空间和时间考虑了土体自身控制的允许极限位移。采取这种方法解决软土流变性、稳定基坑，通常称为软土基坑的"时空效应"施工法。

5. 基坑支护工程是系统工程

基坑支护工程涉及土力学、结构力学、基础工程及测试技术等，从广义上讲包括：地质勘察、场地水文地质调查；支护结构设计及施工；降水设计方案和基坑开挖施工设计；监测方案、周围环境调查及环境保护设计等内容。

基坑工程要有总体方案设计，要有分项设计和施工图。总体方案设计应在基础工程初步设计时就着手进行，诸如部分工程桩兼作立柱；地下主体工程施工时支撑如何换桩；基坑支护结构与地下主体工程如何结合；围护结构（地下连续墙）如何适应地下主体结构的施工等等。

总体方案设计要作下列各项的详细调查：工程地质调查；水文地质调查；场地地下障碍物调查；工程周围环境调查（包括邻近建筑物状况、周围管线、地下构筑物等）；工程四周道路及施工现场条件的调查等。

在调查研究的基础上，根据设计依据、设计规定，作出各项设计和施工方案。

支护结构在保证安全的前提下，还要考虑经济合理、施工方便，还要预估结构在基坑开挖情况下的变形，过大的变形往往引起结构失稳。

在施工方案中要明确基坑土方开挖的方式、步骤和速度，这些均有可能导致主体结构桩的变位，也可能导致围护结构有较大的位移。

基坑工程是系统工程，在施工中应加强设计、施工、监测的密切合作，做到信息化施工。

4.1.2 深基坑支护工程的要求

深基坑支护的目的是要保证相邻建（构）筑物、地下管线及道路的安全，防止坑外土方沉陷、坍塌，保证基坑内土方挖到预定标高，使基础和地下室工程顺利施工。因此，对深基坑支护工程的基本要求，有以下三点：

1. 确保基坑围护体系起到挡土作用，保证基坑四周边坡的稳定。

2. 确保基坑四周相邻的建（构）筑物、地下管线等，在基坑工程土方开挖及地下室施工期间，不会因土体的变形、沉降、水平位移而受到损害。

3. 在地下水位较高的地区，通过排水、降水、截水等措施，确保基坑工程施工在地下水位以上作业。

深基坑支护工程一旦发生事故，不仅影响投资、延误工期还会造成人身伤亡。因此，如何确保深基坑支护工程的安全，保证邻近管线、道路和建筑物不受损害，做到既节约投资，又便利施工，缩短工期，则是当前深基坑支护工程设计施工的重要课题。

4.2　深基坑工程勘察要求及环境调查

4.2.1 深基坑工程勘察要求

基坑工程的岩土勘察应符合下列规定：

1. 勘探点范围应根据基坑开挖深度及场地的岩土工程条件确定；基坑外宜布置勘探点，其范围不宜小于基坑深度的1倍；当需要采用锚杆时，基坑外勘探点的范围不宜小于基坑深度的2倍；当基坑外无法布置勘探点时，应通过调查取得相关勘察资料并结合场地内的勘察资料进行综合分析；

2. 勘探点应沿基坑边布置，其间距宜取 15～25m；当场地存在软弱土层、暗沟或岩溶等复杂地质条件时，应加密勘探点并查明其分布和工程特性；

3. 基坑周边勘探孔的深度不宜小于基坑深度的2倍；基坑面以下存在软弱土层或承压水含水层时，勘探孔深度应穿过软弱土层或承压水含水层；

4. 应按现行国家标准《岩土工程勘察规范》GB 50021 的规定进行原位测试和室内试验并提出各层土的物理性质指标和力学指标；对主要土层和厚度大于3m的素填土，应按"4.3.1设计原则"中第14条的规定进行抗剪强度试验并提出相应的抗剪强度指标；

5. 当有地下水时，应查明各含水层的埋深、厚度和分布，判断地下水类型、补给和排泄条件；有承压水时，应分层测量其水头高度；

6. 应对基坑开挖与支护结构使用期内地下水位的变化幅度进行分析；

7. 当基坑需要降水时，宜采用抽水试验测定各含水层的渗透系数与影响半径；勘察报告中应提出各含水层的渗透系数；

8. 当建筑地基勘察资料不能满足基坑支护设计与施工要求时，应进行补充勘察。

9. 岩土测试参数、试验方法及参数的功能，见表 4-2-1。

岩土测试参数、试验方法及参数的功能 　　　　　　　　　表 4-2-1

试验类别	测试参数	试验方法	参数功能
物理性质	ω ρ G_s	含水量试验 密度试验 比重试验	土的基本参数计算
	颗粒大小分布曲线 不均匀系数 $C_u = d_{60}/d_{10}$ 有效粒径 d_{10} 中间粒径 d_{30} 平均粒径 d_{50} 限制粒径 d_{60}	颗粒分析试验	评价流沙、管涌可能性
水理性质	渗透系数 h_y、h_h	渗透试验	土层渗透性评价、降水抗渗计算
力学性能	$e \sim p$ 曲线 压缩系数 a 压缩模量 E_s 回弹模量 E_{ur}	固结试验	土体变形及回弹量计算
	$e \sim \log p$ 曲线 先期固结压力 p_c 超固结比 OCR 压缩指数 C_c 压缩指数 C_s	固结试验	土体应力历史评价、 土体变形及回弹量计算
	内摩擦角 φ_{cq} 黏聚力 c_{cq}	直剪固结快剪试验	土压力计算及稳定性计算
	内摩擦角 φ_s 黏聚力 c_s	直剪慢剪试验	同上
	内摩擦角 φ_{cu}（总应力） 黏聚力 c_{cu}（总应力） 有效内摩擦角 φ' 有效黏聚力 c'	三轴固结不排水剪（cu）试验	土压力计算及稳定性验算

试验类别	测试参数	试验方法	参数功能
力学性能	有效内摩擦角 φ' 有效黏聚力 c'	三轴固排水剪（CD）试验	土压力计算
	内摩擦角 φ_{cu} 黏聚力 c_{cu}	三轴不固结不排水剪（cu）试验	施工速度较快，排水条件差的黏性土的稳定性验算
	无侧限抗压强度 q_u 灵敏度 S_t	无侧限抗压强度试验	稳定性验算
	静止土压力系数 K_0	静止土压力系数试验	静止土压力计算

4.2.2 深基坑设计前的环境调查

基坑开挖产生的水平位移和地层沉降将会影响到周围建（构）筑物、道路和地下管道，特别是大中城市建筑物稠密地区，当影响超过允许范围，将会带来严重的后果。所以，在基坑设计前，为了限制基坑施工的影响，必须对周围环境进行勘察调查，以便采取针对性的措施。勘察的内容如下：

1. 既有建（构）筑物的结构类型、层数、位置、基础形式和尺寸、埋深、使用年限、用途等。

在大中城市建筑物稠密地区进行基坑工程施工，宜对下述内容进行调查：

（1）周围建（构）筑物的分布，及其与基坑边线的距离；

（2）周围建（构）筑物的上部结构形式、基础结构及埋深、有无桩基和对沉降差异的敏感程度，需要时要收集和参阅有关的设计图纸；

（3）周围建筑物是否属于历史文物或近代优秀建筑，或对使用有特殊严格的要求；

（4）如周围建（构）筑物在基坑开挖之前已经存在倾斜、裂缝、使用不正常等情况，需通过拍片、绘图等手段收集有关资料。必要时要请有资质的单位事先进行分析鉴定；

（5）基坑周围邻近有地铁隧道、地铁车站、地下车库、地下商场、地下通道、人防、管线共同沟等，亦应调查其与基坑的相对位置、埋设深度、基础形式与结构形式、对变形与沉降的敏感程度等。这些地下构筑物及设施往往有较高的要求，进行邻近深基坑施工时要采取有效措施。

2. 各种既有地下管线、地下构筑物的类型、位置、尺寸、埋深等；对既有供水、污水、雨水等地下输水管线，尚应包括其使用状况及渗漏状况。应调查的内容：

在大中城市进行基坑工程施工，基坑周围的主要管线为煤气、上水、下水和电缆。

（1）煤气管道。与基坑的相对位置、埋深、管径、管内压力、接头构造、管材、每个管节长度、埋设年代等。

（2）上水管道。与基坑的相对位置、埋深、管径、管材、管节长度、接头构造、管内水压、埋设年代等。

（3）下水管道。与基坑的相对位置、管径、埋深、管材、管内水压、管节长度、基础形式、接头构造、窨井间距等。

（4）电缆。电缆种类很多，有高压电缆、通信电缆、照明电缆、防御设备电缆等。有的放在电缆沟内，有的架空。有的用共同沟，多种电缆放在一起。电缆有普通电缆与光缆之分，光缆的要求更高。

对电缆应调查掌握下述内容：与基坑的相对位置、埋深（或架空高度）、规格型号、使用要求、保护装置等。

（5）通过基坑内的管线，包括正在使用的管线和废弃管线。

3. 道路的类型、位置、宽度、道路行驶情况、最大车辆荷载等。

在城市繁华地区进行基坑工程，邻近常有道路。这些道路的重要性不相同，有些是次要道路，而有些则属城市干道，一旦因为变形过大而破坏，会产生严重后果。道路状况与施工运输亦有关。为此，应调查下述内容：

（1）基坑周边道路与基坑的距离，路基和路面结构，路面破损和沉降情况；

（2）了解基坑周边道路的行驶情况。为交通流量通行能力、道路承载能力等。

4. 基坑开挖与支护结构使用期内施工材料、施工设备等临时荷载的要求。

基坑现场周围的施工条件，对基坑工程设计和施工有直接影响，事先必须加以调查了解。

（1）施工现场周围的交通运输、商业规模等特殊情况，了解在基坑工程施工期间对土方和材料、混凝土等运输有无限制，必要时是否允许阶段性封闭施工等，这对选择施工方案有影响；

（2）了解施工现场附近对施工产生的噪声和振动的限制。如对施工噪声和振动有严格的限制，则影响桩型选择和支护结构的爆破拆除混凝土支撑；

（3）了解施工场地条件，是否有足够场地供运输车辆运行、堆放材料、停放施工机械、加工钢筋等，以便确定是全面施工、分区施工还是用逆筑法施工。

5. 雨期时的场地周围地表水汇流和排泄条件。

4.3 深基坑支护结构设计

4.3.1 设计原则

1. 基坑支护设计应规定其设计使用期限。基坑支护的设计使用期限不应小于一年。

2. 基坑支护应满足下列功能要求：

（1）保证基坑周边建（构）筑物、地下管线、道路的安全和正常使用；

（2）保证主体地下结构的施工空间。

3. 基坑支护设计时，应综合考虑基坑周边环境和地质条件的复杂程度、基坑深度等因素，按表 4-3-1 采用支护结构的安全等级。对同一基坑的不同部位，可采用不同的安全等级。

支护结构的安全等级   表 4-3-1

安全等级	破 坏 后 果	γ_0
一级	支护结构失效、土体过大变形对基坑周边环境或主体结构施工安全的影响很严重	1.10
二级	支护结构失效、土体过大变形对基坑周边环境或主体结构施工安全的影响严重	1.00

续表

安全等级	破 坏 后 果	γ_0
三级	支护结构失效、土体过大变形对基坑周边环境或主体结构施工安全的影响不严重	0.90

注：γ_0——支护结构重要性系数。

《建筑地基基础工程施工质量验收规范》GB 50202—2002 对基坑分级和变形监控值作出以下规定，见表 4-3-2。

基坑变形的监控值（cm） 表 4-3-2

基坑类别	围护结构墙顶位移监控值	围护结构墙体最大位移监控值	地面最大沉降监控值
一级基坑	3	5	3
二级基坑	6	8	6
三级基坑	8	10	10

注：1. 符合下列情况之一，为一级基坑：

    （1）重要工程或支护结构为主体结构的一部分；

    （2）开挖深度大于 10m；

    （3）与邻近建筑物、重要设施的距离在开挖深度以内的基坑；

    （4）基坑范围内有历史文物·近代优秀建筑·重要管线等需严加保护。

  2. 三级基坑为开挖深度小于 7m，且周围环境无特别要求的基坑。

  3. 除一级和三级外的基坑属二级基坑。

  4. 当周围已有设施有特殊要求时，尚应符合这些要求。

  5. 本表适用于软土地区的基坑工程，对硬土地区应执行设计规定。

4. 支护结构设计时应采用下列极限状态：

（1）承载能力极限状态

1）支护结构构件或连接因超过材料强度而破坏，或因过度变形而不适于继续承受荷载，或出现压屈、局部失稳；

2）支护结构和土体整体滑动；

3）坑底因隆起而丧失稳定；

4）对支挡式结构，挡土构件因坑底土体丧失嵌固能力而推移或倾覆；

5）对锚拉式支挡结构或土钉墙，锚杆或土钉因土体丧失锚固能力而拔动；

6）对重力式水泥土墙，墙体倾覆或滑移；

7）对重力式水泥土墙、支挡式结构，其持力土层因丧失承载能力而破坏；

8）地下水渗流引起的土体渗透破坏。

（2）正常使用极限状态

1）造成基坑周边建（构）筑物、地下管线、道路等损坏或影响其正常使用的支护结构位移；

2）因地下水位下降、地下水渗流或施工因素而造成基坑周边建（构）筑物、地下管线、道路等损坏或影响其正常使用的土体变形；

3）影响主体地下结构正常施工的支护结构位移；

4）影响主体地下结构正常施工的地下水渗流。

5. 支护结构、基坑周边建筑物和地面沉降、地下水控制的计算和验算应采用下列设计表达式：

（1）承载能力极限状态

1）支护结构构件或连接因超过材料强度或过度变形的承载能力极限状态设计，应符合下式要求：

$$\gamma_0 S_d \leqslant R_d \qquad (4\text{-}3\text{-}1)$$

式中　γ_0——支护结构重要性系数，应按表 4-3-1 的规定采用；

　　　S_d——作用基本组合的效应（轴力、弯矩等）设计值；

　　　R_d——结构构件的抗力设计值。

对临时性支护结构，作用基本组合的效应设计值应按下式确定：

$$S_d = \gamma_F S_k \qquad (4\text{-}3\text{-}2)$$

式中　γ_F——作用基本组合的综合分项系数，应按第 6 条的规定采用；

　　　S_k——作用标准组合的效应。

2）整体滑动、坑底隆起失稳、挡土构件嵌固段推移、锚杆与土钉拔动、支护结构倾覆与滑移、土体渗透破坏等稳定性计算和验算，均应符合下式要求：

$$\frac{R_k}{S_k} \geqslant K \qquad (4\text{-}3\text{-}3)$$

式中　R_k——抗滑力、抗滑力矩、抗倾覆力矩、锚杆和土钉的极限抗拔承载力等土的抗力标准值；

　　　S_k——滑动力、滑动力矩、倾覆力矩、锚杆和土钉的拉力等作用标准值的效应；

　　　K——安全系数。

（2）正常使用极限状态

由支护结构水平位移、基坑周边建筑物和地面沉降等控制的正常使用极限状态设计，应符合下式要求：

$$S_d \leqslant C \qquad (4\text{-}3\text{-}4)$$

式中　S_d——作用标准组合的效应（位移、沉降等）设计值；

　　　C——支护结构水平位移、基坑周边建筑物和地面沉降的限值。

6. 支护结构构件按承载能力极限状态设计时，作用基本组合的综合分项系数（γ_F）不应小于 1.25。对安全等级为一级、二级、三级的支护结构，其结构重要性系数分别不应小于 1.1、1.0、0.9。各类稳定性安全系数应按《建筑基坑支护技术规程》JGJ 120—2012 中各章的规定取值。

7. 支护结构重要性系数与作用基本组合的效应设计值的乘积（$\gamma_0 S_d$）可采用下列内力设计值表示：

弯矩设计值

$$M = \gamma_0 \gamma_F M_k \qquad (4\text{-}3\text{-}5)$$

剪力设计值

$$V = \gamma_0 \gamma_F V_k \qquad (4\text{-}3\text{-}6)$$

轴向力设计值

$$N = \gamma_0 \gamma_F N_k \tag{4-3-7}$$

式中 M——弯矩设计值（kN·m）；

　　M_k——作用标准组合的弯矩值（kN·m）；

　　V——剪力设计值（kN）；

　　V_k——作用标准组合的剪力值（kN）；

　　N——轴向拉力设计值或轴向压力设计值（kN）；

　　N_k——作用标准组合的轴向拉力或轴向压力值（kN）。

8. 基坑支护设计应按下列要求设定支护结构的水平位移控制值和基坑周边环境的沉降控制值：

（1）当基坑开挖影响范围内有建筑物时，支护结构水平位移控制值、建筑物的沉降控制值应按不影响其正常使用的要求确定，并应符合现行国家标准《建筑地基基础设计规范》GB 50007 中对地基变形允许值的规定；当基坑开挖影响范围内有地下管线、地下构筑物、道路时，支护结构水平位移控制值、地面沉降控制值应按不影响其正常使用的要求确定，并应符合现行相关标准对其允许变形的规定；

（2）当支护结构构件同时用作主体地下结构构件时，支护结构水平位移控制值不应大于主体结构设计对其变形的限值；

（3）当无本条第（1）款、第（2）款情况时，支护结构水平位移控制值应根据地区经验按工程的具体条件确定。

9. 基坑支护应按实际的基坑周边建筑物、地下管线、道路和施工荷载等条件进行设计。设计中应提出明确的基坑周边荷载限值、地下水和地表水控制等基坑使用要求。

10. 基坑支护设计应满足下列主体地下结构的施工要求：

（1）基坑侧壁与主体地下结构的净空间和地下水控制应满足主体地下结构及其防水的施工要求；

（2）采用锚杆时，锚杆的锚头及腰梁不应妨碍地下结构外墙的施工；

（3）采用内支撑时，内支撑及腰梁的设置应便于地下结构及其防水的施工。

11. 支护结构按平面结构分析时，应按基坑各部位的开挖深度、周边环境条件、地质条件等因素划分设计计算剖面。对每一计算剖面，应按其最不利条件进行计算。对电梯井、集水坑等特殊部位，宜单独划分计算剖面。

12. 基坑支护设计应规定支护结构各构件施工顺序及相应的基坑开挖深度。基坑开挖各阶段和支护结构使用阶段，均应符合第 4 条、第 5 条的规定。

13. 在季节性冻土地区，支护结构设计应根据冻胀、冻融对支护结构受力和基坑侧壁的影响采取相应的措施。

14. 土压力及水压力计算、土的各类稳定性验算时，土、水压力的分、合算方法及相应的土的抗剪强度指标类别应符合《建筑基坑支护技术规程》JGJ 120—2012 中第 3.1.14 条的规定。

15. 支护结构设计时，应根据工程经验分析判断计算参数取值和计算分析结果的合理性。

4.3.2 深基坑支护结构的类型和选型

4.3.2.1 深基坑支护结构的类型

1. 支挡式结构

支挡式结构是由挡土构件和锚杆或支撑组成的一类支护结构体系的统称，其结构类型包括：排桩—锚杆结构、排桩—支撑结构、地下连续墙—锚杆结构、地下连续墙—支撑结构、悬臂式排桩或地下连续墙、双排桩等，这类支护结构都可用弹性支点法的计算简图进行结构分析。支挡式结构受力明确，计算方法和工程实践相对成熟，是目前应用最多也较为可靠的支护结构形式。

锚拉式支挡结构（排桩—锚杆结构、地下连续墙—锚杆结构）和支撑式支挡结构（排桩—支撑结构、地下连续墙—支撑结构）易于控制水平变形，挡土构件内力分布均匀，当基坑较深或基坑周边环境对支护结构位移的要求严格时，常采用这种结构形式。悬臂式支挡结构顶部位移较大，内力分布不理想，但可省去锚杆和支撑，当基坑较浅且基坑周边环境对支护结构位移的限制不严格时，可采用悬臂式支挡结构。双排桩支挡结构是一种刚架结构形式，其内力分布特性明显优于悬臂式结构，水平变形也比悬臂式结构小得多，适用的基坑深度比悬臂式结构略大，但占用的场地较大，当不适合采用其他支护结构形式且在场地条件及基坑深度均满足要求的情况下，可采用双排桩支挡结构。

从技术角度看，支撑式支挡结构比锚拉式支挡结构适用范围更宽，但内支撑的设置给后期主体结构施工造成很大障碍，所以，当能用其他支护结构形式时，一般可不首选内支撑结构。锚拉式支挡结构可以给后期主体结构施工提供很大的便利，但有些条件下不适合使用锚杆。另外，锚杆长期留在地下，给相邻地域的使用和地下空间开发造成障碍，不符合保护环境和可持续发展的要求。一些国家在法律上禁止锚杆侵入红线之外的地下区域，但我国绝大部分地方目前还没有这方面的限制。

（1）桩排式挡土结构

1）以灌注桩间隔式排列或密排式排列，桩上做冠梁（圈梁）连接，如图 4-3-1 为间隔式，图 4-3-2 为密排式，其中（a）为一字排列；（b）为交错排列；（c）为桩间筑水泥砂小桩或水泥土桩，这种桩间可作锚杆施工。

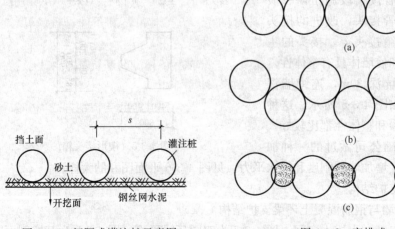

图 4-3-1 间隔式灌注桩示意图   图 4-3-2 密排式

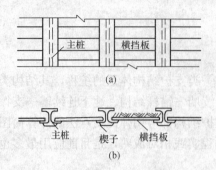

图 4-3-3 主桩加横挡板式挡土墙
(a) 立面；(b) 平面

密排桩比地下连续墙施工简便，但整体性不如地下连续墙，防水须作水泥土或压力注浆帷幕。

2）用 H 型钢桩（Ⅰ字钢）加挡板结构，如图 4-3-3 所示，为 H 型钢加插板。

这种 H 型钢桩一次投资费用大，工程完后须拔出，按摊销费计算则比灌注桩节省。

3）连拱式桩结构，如图 4-3-4 所示。

用大直径灌注桩与小直径灌注桩组成的连拱式结构，拱的矢高 $f = (1/4 \sim 1/2) L$，L 为大桩中心距。小直径组成的拱截面可换算成同截面等厚度的连续墙板。这种结构形式将土压力对平面结构产生的拉弯应力转化为沿拱轴方向的轴压力。小桩可以不用钢筋，但大桩

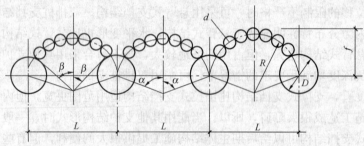

图 4-3-4 连拱式支护结构

必须放钢筋。在太原及沈阳有两个工程事故就是连大直径桩也不放钢筋造成的。因为作为拱脚的大桩还受拉弯应力。

（2）地下连续墙

混凝土地下连续墙具有挡土、防水、抗渗及作为建筑物外墙承重作用，广泛应用。但工艺复杂，费用较贵。

地下连续墙需按槽段施工，一般施工中的接头用管接头，改进的接头有箱接头，楔形箱接头等。接头的主要作用是防渗漏和使墙体具有整体性。

金茂大厦基坑深 20m，连续墙深 36m，改进接头如图 4-3-5 所示。这种接头箱的防水抗渗和整体性都比较好。

另外上海基础公司做过的一种加肋式地下连续墙，增加墙的刚度和抗水平力，见图 4-3-6 平面图和肋大样。

（3）圆拱式支护结构

1）地下连续墙与钢筋混凝土环梁支护结构

它的独特优点是增大挖土空间，图 4-3-7 为双圆环梁平面，图 4-3-8 为基坑剖面图。

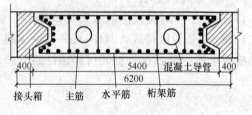

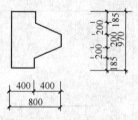

图 4-3-5 楔形接头箱

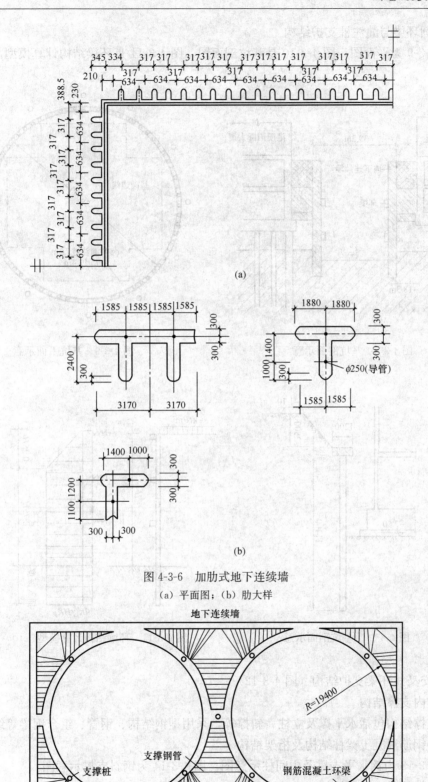

图 4-3-6 加肋式地下连续墙

(a) 平面图；(b) 肋大样

图 4-3-7 环梁支撑系统平面

2）圆环梁与灌注桩支护结构

图 4-3-9 为平面图，图 4-3-10 是基坑剖面图，图 4-3-11 是环梁结构计算模型。

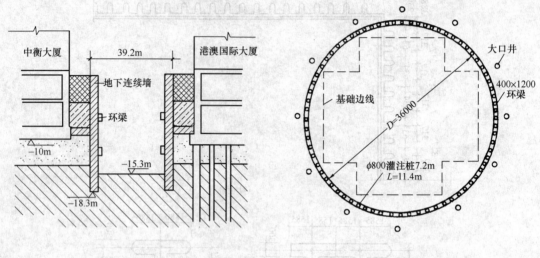

图 4-3-8　基坑剖面示意　　　　　　　图 4-3-9　基坑平面示意

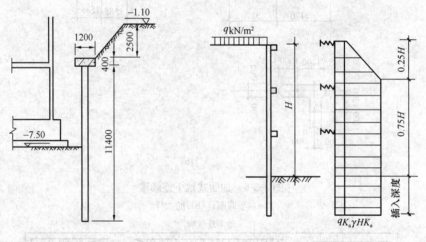

图 4-3-10　基坑剖面示意　　　　　图 4-3-11　环梁结构计算模型

3）交叉式环梁支护结构（图 4-3-12）。

（4）内支撑结构

内支撑结构包括水平撑及立柱、斜撑等，采用型钢结构、钢管、组合钢梁等组成，以后发展为钢筋混凝土梁柱结构及桁架结构。

图 4-3-13 为钢水平支撑及中间柱示意图。图 4-3-14 为钢斜支撑示意图。

（5）拉锚式支护及锚杆

图 4-3-15 为在地面下拉锚式结构，可以是锚梁或锚桩。拉锚稳定区如图 4-3-15 所示。

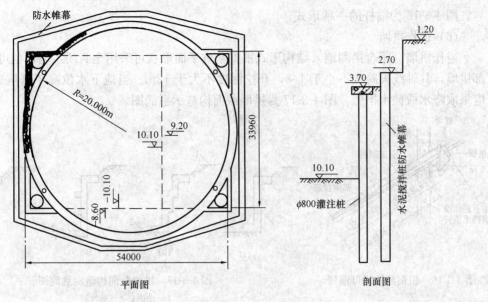

图 4-3-12 交叉式环梁支护结构

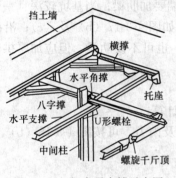

图 4-3-13 钢水平支撑示意图

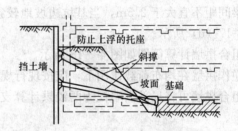

图 4-3-14 钢斜撑示意图

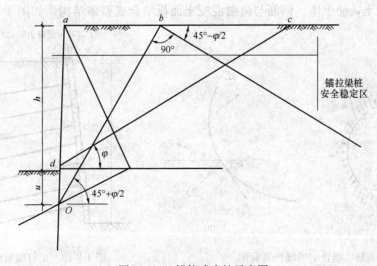

图 4-3-15 锚拉式支护示意图

图 4-3-16 为锚杆的一种形式。

（6）逆作拱墙

逆作拱墙（闭合拱圈墙）结构形式根据基坑平面形状可采用全封闭拱墙，也可采用局部拱墙，其轴线矢跨比不小于 1/8，开挖深度不大于 12m。当地下水位高于基坑底面时，应采取降水或截水措施。图 4-3-17 为拱墙截面构造示意简图。

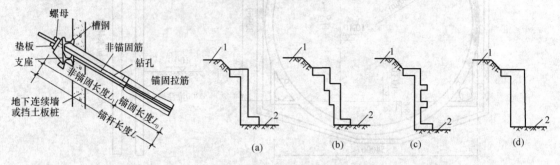

图 4-3-16　粗钢筋加螺母锚杆　　　　图 4-3-17　拱墙截面构造示意简图
1—地面；2—基坑底

拱墙截面宜为Ⅰ字形，图 4-3-17（a）；拱壁上下端要加肋梁；当基坑较深且一道Ⅰ字形拱墙的支护高度不够时，可由数道拱墙叠合组成，如图 4-3-17（b）及（c）；沿拱墙设的肋梁间距不宜大于 2.5m，当基坑边坡地较狭窄时，也可不设肋梁，但应加厚拱壁，如图 4-3-17（d）所示。

组合拱墙计算简图如图 4-3-18 所示。

逆作拱墙在均布荷载作用下，应按现行规范公式计算。

组合拱墙可将局部拱墙视为两铰拱计算支座反力及内力，可按图 4-3-18（b）支座受力计算。

2. 土钉墙

在基坑开挖坡面用机械钻孔或洛阳铲成孔，孔内放钢筋并注浆，在坡面安装钢筋网，喷射 C20 混凝土，使土体、钢筋与喷射混凝土面板结合成整体结构，如图 4-3-19 所示。

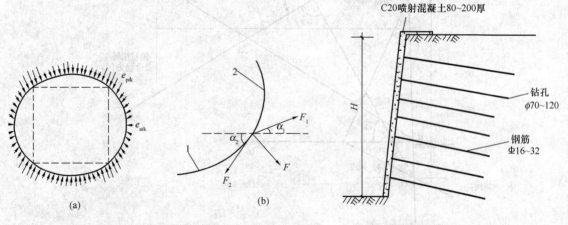

图 4-3-18　组合型拱墙计算简图　　　　图 4-3-19　土钉喷射混凝土剖面
（a）组合型拱墙；（b）拱支座受力分析图
1—1 号拱支座；2—2 号拱支座

坡面可以是 90°，也可以 80°左右，土钉应通过计算。它是一种经济、简便、施工快速、不需大型施工设备的基坑支护形式。曾经一段时期，在我国部分省市，不管环境条件如何、基坑多深，几乎不受限制的应用土钉墙，造成一段时间内，土钉墙支护的基坑工程险情不断、事故频繁。土钉墙支护的基坑之所以在基坑坍塌事故中所占比例大，除去施工质量因素外，主要原因之一是在土钉墙的设计理论还不完善的现状下，将常规的经验设计参数用于基坑深度或土质条件超限的基坑工程中。目前的土钉墙设计方法，主要按土钉墙整体滑动稳定性控制，同时对单根土钉抗拔力控制，而土钉墙面层及连接按构造设计。土钉墙设计与支挡式结构相比，一些问题尚未解决或没有成熟、统一的认识。如：①土钉墙作为一种结构形式，没有完整的实用结构分析方法，工作状况下土钉拉力、面层受力问题没有得到解决。面层设计只能通过构造要求解决，《建筑基坑支护技术规程》JGJ 120—2012 规定了面层构造要求，但限定在深度 12m 以内的非软土、无地下水条件下的基坑。②土钉墙位移计算问题没有得到根本解决。由于国内土钉墙的通常做法是土钉不施加预应力，只有在基坑有一定变形后土钉才会达到工作状态下的受力水平，因此，理论上土钉墙位移和沉降较大。当基坑周边变形影响范围内有建筑物等时，是不适合采用土钉墙支护的。

土钉墙与水泥土桩、微型桩及预应力锚杆组合形成的复合土钉墙，主要有下列几种形式：①土钉墙+预应力锚杆；②土钉墙+水泥土桩；③土钉墙+水泥土桩+预应力锚杆；④土钉墙+微型桩+预应力锚杆。不同的组合形式作用不同，应根据实际工程需要选择。

3. 重力式水泥土墙

深层搅拌水泥土是加固饱和软土的一种新方法，最早用于地基加固，现在作为防渗墙及浅基坑的挡土支护墙，是一种非主流的支护结构形式。

利用深层搅拌机将深层软土和水泥强制搅拌，经过水泥和软土之间一系列物理化学反应，使软土硬结成具有整体、水稳定性及有一定强度的桩，组成水泥土墙，如图 4-3-20 所示。

水泥土墙一般采用搅拌桩，墙体材料是水泥土，其抗拉、抗剪强度较低。因此，只有按重力式结构设计时，才会具有一定优势。

水泥土墙用于淤泥质土、淤泥基坑时，基坑深度不宜大于 7m。由于按重力式设计，需要较大的墙宽。当基坑深度大于 7m 时，随基坑深度增加，墙的宽度、深度都太大，经济上、施工成本和工期都不合适，墙的深度不足会使墙位移、沉降，宽度不足，会使墙开裂甚至倾覆。

如果采取在墙内加小桩或加 H 型钢桩及支撑，也可以做得较深。也可采用格栅式水泥土墙加 φ100 小桩方法，如图 4-3-21 平面及图 4-3-22 剖面所示。

如上海环球世界商业大厦，引进日本 S.M.W 工法（Soil Mixing Wall），基坑深 8.65m，插入 H 型钢与水泥土墙结合，水泥土桩三层，厚度接近 2m，并充分利用 H 型钢腹板翼缘稳定，钢桩可回收以降低造价。见图 4-3-23。

4. 截水帷幕

基坑支护中很重要的问题是控制地下水。控制的方法有：集水明排，各种降水措施，降水与回灌截水帷幕等。

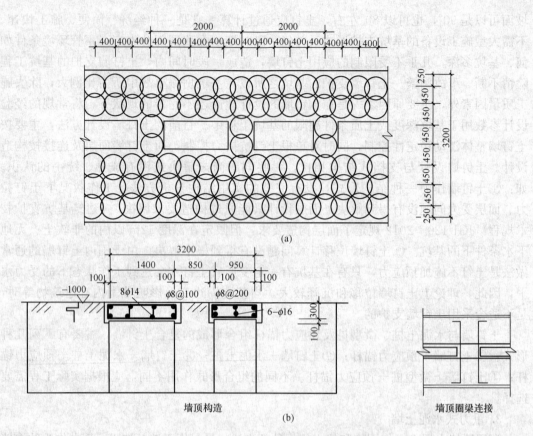

图 4-3-20 深层搅拌水泥土墙格栅式支护图

（a）水泥土挡墙搅拌桩组合平面；（b）墙顶构造及圈梁连接

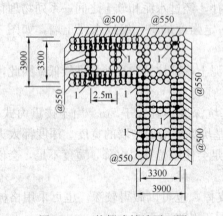
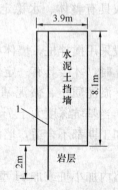

图 4-3-21 格栅式挡墙平面图　　图 4-3-22 垂直锚固钢筋混凝土微型桩图

1—φ100mm 钢筋混凝土微型桩　　　　1—微型桩 φ100mm

　　截水帷幕最常用的方法是采用深层搅拌水泥土桩筑成防水防渗墙，可以像图 4-3-24 不加型钢的平面，筑成三排桩，但其厚度应满足基坑防渗要求。

　　另外可以用高压旋喷水泥桩或高压旋喷水泥墙筑成防水帷幕。高压旋喷桩、墙是借高压喷射管（单重管、双重管、三重管）以高压泵用 15MPa 高压力喷射水泥浆并旋转形成

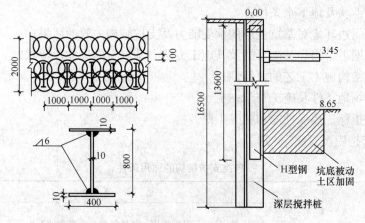

图 4-3-23 型钢与水泥土墙结合支护图

旋喷桩，施工方法：先是采用钻机带动喷射管，管上有 1 个和 2 个横向特制的喷射头进行成孔，然后将 15MPa 的高压力水泥浆，通过喷射头上直径 2mm 的横向喷嘴向土中喷射，同时钻杆一边旋转一边向上提升，由于高压喷射流有强大的切削力，因此喷射的水泥浆与土混合成旋喷桩。图 4-3-24 为灌注桩与高压喷射水泥桩结合成为防水帷幕。

图 4-3-25 为高压喷射水泥墙筑成的防渗帷幕，图中显示为摆喷墙，也可以是直墙用旋喷，主要起到防渗作用。

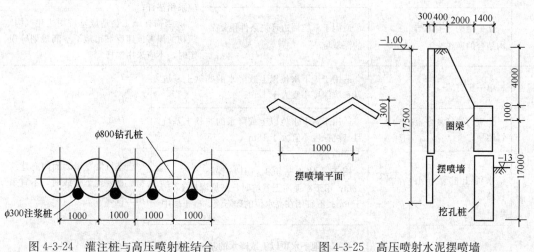

图 4-3-24 灌注桩与高压喷射桩结合　　　　图 4-3-25 高压喷射水泥摆喷墙

用上面介绍的高压喷射水泥墙（图 4-3-24），因与灌注桩结合，常因圆弧结合差而达不到防渗要求，发生漏水事件。

4.3.2.2 深基坑支护结构的选型

基坑支护结构的选型非常重要，必须根据地质条件、水文情况、周边环境、开挖深度因地制宜地选择符合适用条件的支护结构。选型时必须符合既安全又经济的原则，要考虑安全等级。

1. 支护结构选型时，应综合考虑下列因素：

（1）基坑深度；

（2）土的性状及地下水条件；

（3）基坑周边环境对基坑变形的承受能力及支护结构失效的后果；

（4）主体地下结构和基础形式及其施工方法、基坑平面尺寸及形状；

（5）支护结构施工工艺的可行性；

（6）施工场地条件及施工季节；

（7）经济指标、环保性能和施工工期。

2. 支护结构应按表 4-3-3 选型。

各类支护结构的适用条件

表 4-3-3

结构类型		适 用 条 件	
	安全等级	基坑深度、环境条件、土类和地下水条件	
支挡式结构	锚拉式结构	一级 二级 三级	适用于较深的基坑	1. 排桩适用于可采用降水或截水帷幕的基坑； 2. 地下连续墙宜同时用作主体地下结构外墙，可同时用于截水； 3. 锚杆不宜用在软土层和高水位的碎石土、砂土层中； 4. 当邻近基坑有建筑物地下室、地下构筑物等，锚杆的有效锚固长度不足时，不应采用锚杆； 5. 当锚杆施工会造成基坑周边建（构）筑物的损害或违反城市地下空间规划等规定时，不应采用锚杆
	支撑式结构		适用于较深的基坑	
	悬臂式结构		适用于较浅的基坑	
	双排桩		当锚拉式、支撑式和悬臂式结构不适用时，可考虑采用双排桩	
	支护结构与主体结构结合的逆作法		适用于基坑周边环境条件很复杂的深基坑	
土钉墙	单一土钉墙	二级 三级	适用于地下水位以上或降水的非软土基坑，且基坑深度不宜大于 12m	当基坑潜在滑动面内有建筑物、重要地下管线时，不宜采用土钉墙
	预应力锚杆复合土钉墙		适用于地下水位以上或降水的非软土基坑，且基坑深度不宜大于 15m	
	水泥土桩复合土钉墙		用于非软土基坑时，基坑深度不宜大于 12m；用于淤泥质土基坑时，基坑深度不宜大于 6m；不宜用在高水位的碎石土、砂土层中	
	微型桩复合土钉墙		适用于地下水位以上或降水的基坑，用于非软土基坑时，基坑深度不宜大于 12m；用于淤泥质土基坑时，基坑深度不宜大于 6m	
重力式水泥土墙		二级 三级	适用于淤泥质土、淤泥基坑，且基坑深度不宜大于 7m	
放坡		三级	1. 施工场地满足放坡条件； 2. 放坡与上述支护结构形式结合	

注：1. 当基坑不同部位的周边环境条件、土层性状、基坑深度等不同时，可在不同部位分别采用不同的支护形式；

2. 支护结构可采用上、下部以不同结构类型组合的形式。

3. 采用两种或两种以上支护结构形式时，其结合处应考虑相邻支护结构的相互影响，且应有可靠的过渡连接措施。

4. 支护结构上部采用土钉墙或放坡、下部采用支挡式结构时，上部土钉墙应符合 4.5 土钉墙的规定，支挡式结构应考虑上部土钉墙或放坡的作用。

5. 当坑底以下为软土时，可采用水泥土搅拌桩、高压喷射注浆等方法对坑底土体进行局部或整体加固。水泥土搅拌桩、高压喷射注浆加固体可采用格栅或实体形式。

6. 基坑开挖采用放坡或支护结构上部采用放坡时，应对基坑开挖的各工况进行整体滑动稳定性验算，边坡的圆弧滑动稳定安全系数（K_s）不应小于 1.2。放坡坡面应设置防护层。

4.3.2.3 深基坑支护结构常用类型参考及实例

1. 深基坑支护结构常用类型参考，见表 4-3-4。

深基坑挡土支护结构常用类型参考表　　　　　　　　　　　　　　表 4-3-4

挡土支护结构类型	应考虑的因素			注意事项与说明
	施工及场地条件	土层条件	开挖深度（m）	
钢板桩	地下水位较高；邻近基坑边无重要建筑物或地下管线	软土、淤泥及淤泥质土	<10	优点：板桩系工厂制品，质量及接缝精度均能保证；有一定的挡水能力；能重复使用。缺点：打桩挤土，拔出又带出土体；在砂砾层及密砂中施工困难；刚度较排桩与地下连续墙小。适用于地下水位较高、水量较多、软弱地基及深度不太大的基坑
H型钢桩加横挡板	地下水位较低；邻近基坑边无重要建筑物或地下管线	黏土、砂土	<25	优点：施工简单迅速；拔桩作业简单，主桩可重复使用；缺点：整体性差；止水性差；打拔桩噪声大；拔桩后留下孔洞需处理；在卵石地基中较难施工。地下水位高时需降水
深层搅拌水泥土桩挡墙	基坑周围不具备放坡条件，但具备挡墙的施工宽度；邻近基坑边无重要建筑物或地下管线	软土、淤泥质土	<12	优点：水泥土实体相互咬合较好，桩体连续性好，强度较高；既可挡土又可形成隔水帷幕；适用于任何平面形状；施工简便。缺点：坑顶水平位移较大；需要有较大的坑顶宽度
悬臂桩排式挡土支护结构	基坑周围不具备放坡条件或重力式挡墙的宽度；邻近基坑边无重要建筑物或地下管线	软土地区；一般黏性土	<4（软土地区）；<10（一般黏性土地区）	优点：施工单一，不需支锚系统；基坑深度不大时，从经济性、工期和作业性方面分析为较好的支护结构形式。缺点：对土的性质和荷载大小较敏感；坑顶水平位移及结构本身变形较大。变形较大时可选用双排桩或多排桩体系
支撑排桩挡土支护结构	基坑平面尺寸较小；或邻近基坑边有深基础建筑物；或基坑用地红线以外不允许占用地下空间；邻近地下管线需要保护	不限	<30	优点：受地区条件、土层条件及开挖深度等的限制较少；支撑设施的构架状态单纯，易于掌握应力状态，易于实施现场监测。缺点：挖土工作面不开阔；支撑内力的计算值与实际值常不相符，施工时需采取对策；在以往施工中，往往由于支撑结构不合理，施工质量差而造成事故

续表

挡土支护结构类型	应考虑的因素			注意事项与说明
	施工及场地条件	土层条件	开挖深度（m）	
锚杆排桩挡土支护结构	基坑周围施工宽度狭小；邻近基坑边有建筑物或地下管线需要保护；邻近基坑边无深基础建筑物；或基坑用地红线以外允许占用地下空间	锚杆的锚固段要求有较好土层，其余不限	<30	优点：用锚杆取代支撑可直接扩大作业空间，进行机械化施工；开挖面积特大时，或开挖平面形状不整齐时，或建筑物地下层高差复杂时，或倾斜开挖且土压力为单侧时，采用锚杆较支撑有利。缺点：挖土作业需要分层进行；当基坑用地红线以外不允许占用地下空间时，需采用拆卸式锚杆
地下连续墙	基坑周围施工宽度狭小；邻近基坑边有建筑物或地下管线需要保护	不限	<60	优点：低振动，低噪声；刚度大，整体性好，变形小，故周围地层不致沉陷，地下埋设物不致受损；任何设计强度、厚度或深度均能施工；止水效果好；施工范围可达基坑用地红线，故可提高使用面积；可作为永久结构的一部分。缺点：工期长；造价高；采用稳定液挖掘沟槽，废液及废弃土处理困难；需有大型机械设备，移动困难
土钉墙	基坑周围不具备放坡条件；邻近基坑边无重要建筑物、深基础建筑物或地下管线	一般黏性土、中密以上砂土	<15	优点：土钉与坑壁土通过注浆体、喷射混凝土面层形成复合土体，提高边坡稳定性及承受坡顶荷载的能力；设备简单；施工不需单独占用场地；造价低；振动小，噪声低。缺点：在淤泥、松砂或砂卵石中施工困难；土体内富含地下水施工困难。在市区内或基坑周围有需要保护的建筑物时，应慎用土钉墙
环形内支撑桩墙支护结构	基坑周边施工场地狭窄或有相邻重要建筑物，且基坑尺寸较大	可塑以上黏性土	<30	对下列条件，可选用环形内支撑排桩支护结构：相邻场地有地下建筑物，不宜选用锚杆支护时；为保护场地周边建筑物，基坑支护桩不得有较大内倾变形时；场地土质条件较差，对支护结构有较大要求时；地下水较高时，应设挡土及止水结构
组合式支护结构	邻近基坑边有重要建筑物或地下管线；基坑周边施工场地狭窄	不限	<30	单一支护结构形式难以满足工程安全或经济要求时，可考虑组合式支护结构；其形式应根据具体工程条件与要求，确定能充分发挥所选结构单元特长的最佳组合形式
拱圈支护结构	基坑周围施工宽度狭小；采用排桩支护结构较困难或不经济；邻近基坑边无重要建筑物	硬塑黏性土，砂土	<12	优点：结构受力合理、安全可靠；施工方便；工期短；造价低。缺点：拱圈结构只是解决支挡侧压力的问题，不解决挡水问题。对地下水的处理还需采取降水，作防水帷幕或坑内明沟排水等方法解决

挡土支护结构类型	应考虑的因素			注意事项与说明
	施工及场地条件	土层条件	开挖深度(m)	
逆作法或半逆作法支护结构	基坑周边施工场地狭窄;邻近基坑边有重要建筑物或地下管线	不限	<20	优点:以地下室的梁板作支撑,自上而下施工,变形小;节省临时支护结构;可以地上、地下同时施工,立体交叉作业,施工速度快;适用于开挖平面不规则、基底高低不平或侧压力不平衡等作业条件下的工程。缺点:挖土施工比较困难;节点处理比较困难
地面水平拉结与支护桩结构	基坑周围场地开阔;有条件采用预应力钢筋或花篮螺栓拉紧	一般黏性土、砂土	<12	在挡土桩上端采用水平拉结,其一端与挡土桩连接,另一端与锚梁或锚桩连接,可以作预应力张拉端,也可以用花篮螺栓拉紧。优点:施工简单;节省支护费用。缺点:因锚梁或锚桩要在稳定区内,故要有一定的场地
支护结构与坑内土质加固的复合式支挡	基坑内被动土压力区土质较差,或基坑较深,防止基坑支护结构过大变形或坑底土体隆起	可塑黏性土	<20	坑内加固目的:减少挡土结构水平位移;弥补墙(桩)体插入深度不足;抗坑底隆起;抗管涌。被动区加固方法:注浆法、深层搅拌桩法和旋喷桩法等

注:本表可供北京地区参考。

2. 支护结构实例

(1) 软土地区支护方案及实例

1) 支护方案基本原则

软土具有强度低、压缩性大、透水性小、受荷载后变形大,加之蠕变及应力松弛等特性,以及容易出现坑底隆起、管涌等现象。因此,在大、中城市内建筑物密集地区开挖深基坑,周围土体变形是不容忽视的问题。在深基坑开挖中稍有疏忽,将会导致邻近建筑物及地下管线的损坏。软土地区支护方案的基本原则如下:

① 必须从基坑各部位的具体情况出发,根据基坑周边场地条件和地质条件接近或不同的情况,采用同一种或多种挡土支护结构。由于各地区软土的工程特性差异较大,因此,挡土支护结构不能照搬照抄,应根据地区特点,因地制宜地设计与施工。

② 开挖深度较小时,可采用悬臂式挡土支护结构;开挖深度较大时,可视情况采用单支点或多支点挡土支护结构;开挖范围较小时,可采用内撑型支点;开挖范围较大时,可采用单层或多层锚杆。

③ 土质较好的情况可采用土层锚杆或排桩等类型;土质较差的情况,则可采用深层搅拌水泥桩墙;当软土层很厚的情况下,可采用地下连续墙。

2) 实例

上海地区的地质为饱和黏土、淤泥质土,深达20多米,土的内摩擦角为$6°\sim10°$,从很多基坑滑移、地基失稳事故分析,坑底土的稳定性不够是重要的因素,原因是被动土压力不足。因此加固被动土区的做法是上海软土区的一个特点。加固被动土区比加长桩或墙的嵌固（插入）深度较经济，而且可以使桩或墙的弯矩大为减少，并减少桩顶位移。

被动土区加固可用深层搅拌水泥土沿支护桩或墙局部加固，以底土面下加固 5m，宽 5m 为佳。

现按基坑深度：6m 以内；6～10m；10m 以上的支护结构选型作为参考，见表 4-3-5。

软土地区（上海经验）支护结构实践经验选用表　　　　　　表 4-3-5

地　　质	基坑深	支　护　结　构　形　式
	6m 以内	1. 深层搅拌桩筑成的水泥土重力墙（无支撑）施工简便，速度快，造价低； 2. 无支撑的挡土排桩，在场地不许可时采用 φ600 灌注桩，桩与桩间的后面注浆，或树根桩或水泥搅拌桩封密，以达到止水作用，灌注桩顶部要设一道冠梁，将灌注桩连成整体。必要时在转角处设一道斜撑； 3. 无支撑钢板桩，基坑施工完后应拔出钢板桩
水位地面下 1～2.0m ① 杂填土 ② 粉质黏土、淤泥质粉质黏土 ③ 淤泥质黏土 ④ 砂质粉土加淤泥质黏土 ⑤ 淤泥质粉质黏土 ⑥ 粉质黏土加粉砂 ⑦ 粉质黏土 ⑧ 粉砂，含水量45%～50%，压缩性高	6～10m	1. 如场地许可，用深层搅拌桩加灌注桩，局部可加支撑，例如上海国脉大厦解决深 10m 的基坑； 2. 深层搅拌桩加 H 型钢，日本称之为 S. M. W 工法，在上海环球商业大厦（坑深 8.65m）采用，型钢可以拔出，较节省投资； 3. φ800～φ1000 灌注桩，桩后注高压浆，或深层搅拌桩止水，1 道支撑被动土区注浆，如上海由由大厦坑深 9.9m，比 2 道支撑节约投资 76 万元； 4. 地下连续墙厚 800mm，顶部圈帽梁，四角设钢筋混凝土斜撑及角撑。如上海海仑宾馆； 5. 地下连续墙，一道钢支撑或混凝土支撑； 6. 钢板桩围护用 1～2 道钢管支撑，如上海静安希尔顿饭店及新锦江饭店，基坑深 7m 及 9.6m； 7. 地下连续墙逆作法施工，利用梁板作支撑，设必要的中间桩，如上海基础公司办公楼，基坑深 10m
	坑深超过 10m	1. 采用钻孔灌注桩及钢支撑，坑外作止水帷幕，坑内作水泥土搅拌桩加强被动土区。如上海永华大楼基坑深 10.6m，用 φ800 槽注桩，嵌固 11m，三道钢管支撑。又如上海国际航运大楼采用 φ1000～φ1200 灌注桩； 2. 地下连续墙及钢筋混凝土支撑。如上海金茂大厦基坑深 19.65m，采用 1000mm 厚地下连续墙深 36m，4 道钢筋混凝土支撑。又如恒隆广场，坑深 18.2m，4 道支撑，第 4 道为钢支撑； 3. 地下连续墙及钢支撑。如世界广场坑深 16～18m，采用 1000mm 厚地下连续墙，用 H 型钢梁支撑。又如香港广场，坑深 12.55～17m，采用 800mm 厚地下连续墙，以钢管支撑； 4. 地下连续墙逆作法。上海电信大楼，坑深 12.6m，地下连续墙厚 600mm，墙深 17m； 5. 日本 S.S.S 工法，用楼板代替支撑地下连续墙，如上海森茂国际大厦，坑深 17.8m，用地下连续墙，厚 1000mm，墙深 30m，近似逆作法； 6. 环形梁支护（最早用于天津） 上海华侨大厦基坑深 12m，用 φ850 灌注桩，第一道为混凝土环形梁，断面 1m×2m，直径 48.4m；第二道支撑为钢管，桩外侧为止水帷幕，内侧为深层搅拌加强被动土区。上海万都大厦环形支护，直径 92m

① 水泥土墙

用深层搅拌机械筑成的水泥土墙适合于较浅的基坑支护。在墙中加筑灌注桩则可以筑更深一些的基坑，表 4-3-5 中上海国脉大厦加灌注桩后可做到 10m 深（局部加支撑）。广东花都市水泥土墙加小型灌注桩后可以做到 9m 深。上海环球商业大厦在水泥土中加 H型钢后，可做到 8.65m 深的基坑，见图 4-3-23。

② 地下连续墙

地下连续墙有承重、抗渗、挡土的作用，利用地下连续墙作为建筑结构的外墙，必将减少基坑工程的投资。上海金茂大厦 88 层 420m 高主楼基坑深 19.65m，美国 SOM 设计事务所设计。该工程设计时就明确用地下连续墙为地下室外墙，因此梁板结构节点已经在建筑结构中设计好。

基坑深度超过 10m 的，在软土地区采用地下连续墙比较普遍，用逆作法时可以用梁板支撑，用正作法则须用钢结构、钢筋混凝土结构作支撑。多年来在上海采用混凝土结构作支撑更为普遍。金茂大厦用 4 道混凝土支撑，上海恒隆广场深 18.2m，4 道支撑，3 道混凝土支撑，第 4 道为钢结构支撑。混凝土支撑刚度大，但拆除困难。

③ 环梁支护方案

环梁支护结构方案最早采用于天津基坑支护，支护结构方案有两种，其一是筑灌注桩圆形结构，上做环形圆顶圈梁，平面如图 4-3-9 所示，剖面如图 4-3-10，其结构计算模型如图 4-3-11 所示。另一种为地下连续墙做成圆形，平面如图 4-3-7，剖面如图 4-3-8。按深度可在墙内筑 2～3 道内环梁。实践证明：环梁支护拓宽挖土施工空间，相对位移小，经济效益大。

（2）黏土、砂土地区支护方案及实例

我国东北、华北地区及西北的大部分地区多属一般黏性土、粉土及砂土地区，而且多数地区的地下水位较深。

1）支护方案基本原则

必须从基坑各部位的具体情况出发，根据基坑周边场地条件和地质条件接近或不同的情况，采用同一种或多种挡土支护结构类型。

① 如基坑周边场地较为开阔，则可采用上段放坡开挖，下段采用悬臂桩或桩锚挡土支护结构；如坑周场地较为狭窄并且邻近又有重要建筑物需要保护时，则可采用地下连续墙加锚杆或支撑方案。

② 开挖深度不大时，可采用悬臂式挡土支护结构、土钉墙或喷锚支护等结构；开挖深度较大时，可视情况采用挡土桩加单层锚杆或多层锚杆形式。

③ 土质较好的情况可采用土钉或喷锚支护结构；土质较差的情况，则可采用桩锚结构或锚杆加地下连续墙等形式。

④ 如地下水位较低时，可采用土钉或喷锚支护结构及稀疏桩排挡土支护结构；如地下水位较高时，可采用支护桩与水泥土桩（旋喷桩、深层搅拌桩等）或地下连续墙联合作用的形式等。

2）实例（以北京为例）

北京地区的地质属于永定河冲积扇层，由西往东冲积层逐渐变厚，一般有两个砂卵石层，呈黏土、粉土及砂土的交变层，地下水位较深，约为 5m，10m，15m 及 20m 不等，最深达 25m，近年水位呈上升趋势。一般粉质黏土 c 值 20～30kPa，φ 值 15°～25°；黏质粉土 c 值 25kPa，φ 值 30°；细中砂 φ 值 35°，砂卵石 φ 值可达 45°。由于土质较好，较多采用锚杆。现按基坑深度为：8m 以内，8～15m，15m 以上划分的实践经验，作为支护结构选型的参考。如表 4-3-6。

北京地区支护结构实践经验供选型参考表　　　　　　　　表 4-3-6

地质情况	基坑深	支护结构情况
水位深 5m，10m，最深地点达 25m（京城大厦 1985） ① 杂填土 ② 粉质黏土 ③ 黏质粉土 ④ 细砂 ⑤ 卵石 ⑥ 粉质黏土、黏质粉土 ⑦ 细砂 ⑧ 中砂 ⑨ 卵石、细中砂	8m 以内	$\phi800$ 灌注桩悬臂式，桩中心距 1500mm，以钢丝网水泥抹面层，用于北京医院急诊楼北京邮政枢纽工程，以 $\phi1000$mm 灌注桩悬臂式，基坑深达 10.2m
	8～15m	1. 灌注桩及锚杆支护 　新世界中心工程坑深 15.8m，采用先放坡 4.5m，用 $\phi800$ 灌注桩间距 1.6m，桩长 15.7m，入土嵌固 4.4m，锚杆 1 道，用 2-$\phi25$ 钢筋倾角 20°，帽连梁 550mm×900mm 　2. H 型钢桩及锚杆支护 　国际饭店基坑深 13.5m，用 H 钢型钢桩及 $\phi500$ 灌注桩挡土，1 道锚杆，倾角 13°，锚筋 1-$\phi40$ 　3. 双排桩及锚杆 　北京农贸中心大厦坑深 15.1m，用 $\phi400$ 双排灌注桩，桩顶做宽帽梁，其下 4m 做 1 道锚杆 　4. 放坡及悬臂双排桩结合 　安外华侨公寓基坑深 14.6m，采用先按 1：0.6 放坡到 -7.0m，做 $\phi600$ 梅花形双排桩悬臂 7.6m 　5. 土钉墙支护 　① 庄胜中心广场，基坑深 14.3m，边坡直立，$\phi28$ 土钉 9 排 　② 新亚综合楼工程坑深 14.6m，9 道土钉，长 8～12m 　6. 土钉墙与悬臂灌注桩结合 　宗帽小区工程基坑深 14m，上面 7m 用插筋补强土钉，下面 7m 用 $\phi800$ 灌注桩悬臂支护
	基坑深于 15m	1. 灌注桩与 2 道（层）锚杆 　东方广场工程，基坑面积 9.12 万 m²，深 15～23m，采用 $\phi800$ 灌注桩，2 道锚杆，局部 1 道及 3 道，锚杆共 1428 根，7～9 根 1570 级钢绞线 　2. 灌注桩及 1 道（层）锚杆 　① 恒基中心工程基坑深 16m，用 $\phi800$ 灌注桩及 1 道锚杆（东坡锚杆标高 39.00m，地面标高 43.00m），做法为在地面下 5m 打 $\phi800$ 灌注桩，桩顶做帽连梁并作为锚杆支撑点，帽梁上砌砖墙挡土，锚杆倾角 25°，锚索为 6 根 1570 级 $\phi15$mm 钢丝组成的钢绞线 　② 丰联广场，基坑深 17.8m，在地面下 4.5m 做 $\phi800$ 灌注桩，桩上做帽梁为锚杆的支点腰梁，帽梁上接桩到地面做一通梁为塔吊轨道之一，锚杆倾角为 25° 　③ 长安俱乐部坑深 16.8m，灌注桩 $\phi800～\phi1000$，1 道锚杆做在桩顶下 4.5m 处，长 25～30m，6 根 1570 级 $\phi15$ 钢丝组成钢绞线 　3. H 型钢桩及 3 道（层）锚杆 　京城大厦基坑深 23.5m，采用 488H 型钢桩加插板，分别在 -5m，-12m 及 -18m 处设 3 层锚杆，倾角为 25°及 30° 　4. 地下连续墙及 4 层锚杆

地质情况	基坑深	支 护 结 构 情 况
水位深 5m, 10m, 最深地点达 25m（京城大厦 1985） ① 杂填土 ② 粉质黏土 ③ 黏质粉土 ④ 细砂 ⑤ 卵石 ⑥ 粉质黏土、黏质粉土 ⑦ 细砂 ⑧ 中砂 ⑨ 卵石、细中砂	基坑深于 15m	王府饭店工程，基坑深 16m，采用 600mm 厚地下连续墙，分别在 −1.8m，−6.7m，−11.2m 及 −13.7m 处设 4 道锚杆，墙为外墙承重 　5. 灌注桩及 2 道支撑 1 道锚杆 　北京国贸二期工程基坑深 18.6m，因邻近皆有建筑及地铁二期工程线，采用 $\phi800$ 灌注桩间距 1.6m，在 −2.5m 及 −8m 处设 2 道钢支撑，3 排钢立柱，在 −14.5m 处锚杆 1 道，长 14m，锚索为 4 根 7ϕ5 钢绞线 　6. 土钉墙支护 　① 通港大厦基坑深 17m，边坡直立 　② 百盛大厦基坑深 17m，北坡用土钉墙 　③ 公主坟商业大厦基坑深 16.5m，边坡基本直立 　④ 安外 6 号地综合楼，坑深 16.95m，基本直立 　⑤ 清华同方工程，基坑深 15.45m，土钉墙支护，中间加 2 道预应力钢筋锚杆 　7. 土钉墙及灌注桩加 1 道锚杆 　远洋大厦工程基坑深 17m，上面 6.75m 做土钉墙，下面 10.25m 做灌注桩及帽梁，并以帽梁作锚杆支点做 1 道锚杆

由于北京地质较好，地下水位低，一般在坑深 8m 以内的采用悬臂式灌注桩，并可做成间隔式，桩外用钢丝网水泥抹面，桩上做连接帽梁，施工简便。在 8～15m 的坑深用 $\phi800$ 灌注桩，1 道锚杆，或用土钉墙。15m 以上的基坑深度如采用灌注桩则用 2 道或 3 道锚杆，地下连续墙用的较少。如用 H 型钢能拔出，则较经济，否则费用太大。京城大厦坑深 23.5m，3 道锚杆，由于第一道锚杆在 −5m，用 H 型钢悬臂部分有太大的位移（10 多 cm），用刚度大的 $\phi800$ 灌注桩同样悬臂 5m，位移实测为 10mm。

另一种做法如恒基中心和丰联广场，基坑深 17m，在地面下 5m 筑 $\phi800$ 灌注桩（先堆土 5m），在桩上做帽连梁，梁上预埋孔洞做 1 道 25°～30°的钢绞线锚杆，帽梁上砌砖或做连接短柱，这种做法解决坑深 15～17m 的支护，比较经济。

此外还可以用不同形式结构组合方式支护。如北京远洋大厦基坑深 17m，采用地面下 6.75m 做土钉墙，其下做 $\phi800$ 灌注桩 1 道锚杆方案。又如北京宗帽小区基坑深 14m，采用地面下 7m 做土钉墙，下面 7m 做 $\phi800$ 灌注桩悬臂式组合式支护，比较安全经济。

4.3.3 作用在支护结构上的水平荷载

作用于围护墙上的水平荷载，主要是土压力、水压力和地面附加荷载产生的水平荷载。

围护墙所承受的土压力，要精确的计算有一定困难，因为影响土压力的因素很多，不仅取决于土质，还与围护墙的刚度、施工方法、空间尺寸、时间长短、气候条件等有关。

挡土结构上的土压力计算是个比较复杂的问题，从土力学这门学科的土压力理论上讲，根据不同的计算理论和假定，得出了多种土压力计算方法，其中有代表性的经典理论如朗肯土压力、库仑土压力。由于每种土压力计算方法都有各自的适用条件与局限性，也就没有一种统一的且普遍适用的土压力计算方法。

由于朗肯土压力方法的假定概念明确，与库仑土压力理论相比具有能直接得出土压力的分布，从而适合结构计算的优点，受到普遍接受，实践证明是可行的。但是，由于朗肯土压力是建立在半无限土体的假定之上，在实际基坑工程中基坑的边界条件有时不符合这一假定，如基坑邻近有建筑物的地下室时，支护结构与地下室之间是有限宽度的土体；再如，对排桩顶面低于自然地面的支护结构，是将桩顶以上土的自重化作均布荷载作用在桩顶平面上，然后再按朗肯公式计算土压力。但是当桩顶位置较低时，将桩顶以上土层的自重折算成荷载后计算的土压力会明显小于这部分土重实际产生的土压力。对于这类基坑边界条件，按朗肯土压力计算会有较大误差。所以，当朗肯土压力方法不能适用时，应考虑采用其他计算方法解决土压力的计算精度问题。

　　库仑土压力理论（滑动楔体法）的假定适用范围较广，对上面提到的两种情况，库仑方法能够计算出土压力的合力。但其缺点是如何解决成层土的土压力分布问题。为此，在不符合按朗肯土压力计算条件下，可采用库仑方法计算土压力。但库仑方法在考虑墙背摩擦角时计算的被动土压力偏大，不能应用于被动土压力的计算。

　　根据《建筑基坑支护技术规程》JGJ 120—2012，水平荷载按以下计算。

　　1. 计算作用在支护结构上的水平荷载时，应考虑下列因素：

　　（1）基坑内外土的自重（包括地下水）；

　　（2）基坑周边既有和在建的建（构）筑物荷载；

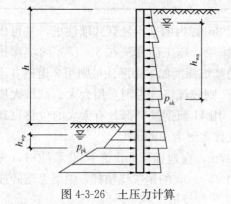

图 4-3-26　土压力计算

　　（3）基坑周边施工材料和设备荷载；

　　（4）基坑周边道路车辆荷载；

　　（5）冻胀、温度变化及其他因素产生的作用。

　　2. 作用在支护结构上的土压力应按下列规定确定：

　　（1）支护结构外侧的主动土压力强度标准值、支护结构内侧的被动土压力强度标准值宜按下列公式计算（图 4-3-26）：

　　1）对地下水位以上或水土合算的土层

$$p_{ak} = \sigma_{ak} K_{a,i} - 2c_i \sqrt{K_{a,i}} \qquad (4\text{-}3\text{-}8a)$$

$$K_{a,i} = \tan^2 \left(45° - \frac{\varphi_i}{2} \right) \qquad (4\text{-}3\text{-}8b)$$

$$p_{pk} = \sigma_{pk} K_{p,i} + 2c_i \sqrt{K_{p,i}} \qquad (4\text{-}3\text{-}8c)$$

$$K_{p,i} = \tan^2 \left(45° + \frac{\varphi_i}{2} \right) \qquad (4\text{-}3\text{-}8d)$$

式中　p_{ak}——支护结构外侧，第 i 层土中计算点的主动土压力强度标准值（kPa）；当 p_{ak} <0 时，应取 p_{ak}=0；

　　σ_{ak}、σ_{pk}——分别为支护结构外侧、内侧计算点的土中竖向应力标准值（kPa），按第 5 条的规定计算；

$K_{a,i}$、$K_{p,i}$——分别为第 i 层土的主动土压力系数、被动土压力系数；

　　c_i、φ_i——分别为第 i 层土的黏聚力（kPa）、内摩擦角（°）；按《建筑基坑支护技术规程》JGJ 120—2012 中第 3.1.14 条的规定取值；

p_{pk}——支护结构内侧，第 i 层土中计算点的被动土压力强度标准值（kPa）。

2）对于水土分算的土层

$$p_{ak} = (\sigma_{ak} - u_a)K_{a,i} - 2c_i\sqrt{K_{a,i}} + u_a \qquad (4\text{-}3\text{-}8e)$$

$$p_{pk} = (\sigma_{pk} - u_p)K_{p,i} + 2c_i\sqrt{K_{p,i}} + u_p \qquad (4\text{-}3\text{-}8f)$$

式中　u_a、u_p——分别为支护结构外侧、内侧计算点的水压力（kPa）；对静止地下水，按第 4 条的规定取值；当采用悬挂式截水帷幕时，应考虑地下水从帷幕底向基坑内的渗流对水压力的影响。

（2）在土压力影响范围内，存在相邻建筑物地下墙体等稳定界面时，可采用库仑土压力理论计算界面内有限滑动楔体产生的主动土压力，此时，同一土层的土压力可采用沿深度线性分布形式，支护结构与土之间的摩擦角宜取零。

（3）需要严格限制支护结构的水平位移时，支护结构外侧的土压力宜取静止土压力。

（4）有可靠经验时，可采用支护结构与土相互作用的方法计算土压力。

3. 对成层土，土压力计算时的各土层计算厚度应符合下列规定：

（1）当土层厚度较均匀、层面坡度较平缓时，宜取邻近勘察孔的各土层厚度，或同一计算剖面内各土层厚度的平均值；

（2）当同一计算剖面内各勘察孔的土层厚度分布不均时，应取最不利勘察孔的各土层厚度；

（3）对复杂地层且距勘探孔较远时，应通过综合分析土层变化趋势后确定土层的计算厚度；

（4）当相邻土层的土性接近，且对土压力的影响可以忽略不计或有利时，可归并为同一计算土层。

4. 静止地下水的水压力可按下列公式计算：

$$u_a = \gamma_w h_{wa} \qquad (4\text{-}3\text{-}9a)$$

$$u_p = \gamma_w h_{wp} \qquad (4\text{-}3\text{-}9b)$$

式中　γ_w——地下水重度（kN/m³），取 $\gamma_w = 10\text{kN/m}^3$；

h_{wa}——基坑外侧地下水位至主动土压力强度计算点的垂直距离（m）；对承压水，地下水位取测压管水位；当有多个含水层时，应取计算点所在含水层的地下水位；

h_{wp}——基坑内侧地下水位至被动土压力强度计算点的垂直距离（m）；对承压水，地下水位取测压管水位。

5. 土中竖向应力标准值应按下式计算：

$$\sigma_{ak} = \sigma_{ac} + \sum \Delta\sigma_{k,j} \qquad (4\text{-}3\text{-}10a)$$

$$\sigma_{pk} = \sigma_{pc} \qquad (4\text{-}3\text{-}10b)$$

式中　σ_{ac}——支护结构外侧计算点，由土的自重产生的竖向总应力（kPa）；

σ_{pc}——支护结构内侧计算点，由土的自重产生的竖向总应力（kPa）；

$\Delta\sigma_{k,j}$——支护结构外侧第 j 个附加荷载作用下计算点的土中附加竖向应力标准值（kPa），应根据附加荷载类型，按第 6 条~第 8 条计算。

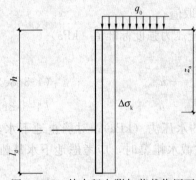

图 4-3-27 均布竖向附加荷载作用下
的土中附加竖向应力计算

6. 均布附加荷载作用下的土中附加竖向应力标准值应按下式计算（图 4-3-27）：

$$\Delta\sigma_k = q_0 \tag{4-3-11}$$

式中 q_0——均布附加荷载标准值（kPa）。

7. 局部附加荷载作用下的土中附加竖向应力标准值可按下列规定计算：

（1）对条形基础下的附加荷载（图 4-3-26a）：

当 $d + a/\tan\theta \leqslant z_a \leqslant d + (3a+b)/\tan\theta$ 时

$$\Delta\sigma_k = \frac{p_0 b}{b + 2a} \tag{4-3-12a}$$

式中 p_0——基础底面附加压力标准值（kPa）；

d——基础埋置深度（m）；

b——基础宽度（m）；

a——支护结构外边缘至基础的水平距离（m）；

θ——附加荷载的扩散角（°），宜取 $\theta = 45°$；

z_a——支护结构顶面至土中附加竖向应力计算点的竖向距离。

当 $z_a < d + a/\tan\theta$ 或 $z_a > d + (3a+b)/\tan\theta$ 时，取 $\Delta\sigma_k = 0$。

（2）对矩形基础下的附加荷载（图 4-3-28a）：

当 $d + a/\tan\theta \leqslant z_a \leqslant d + (3a+b)/\tan\theta$ 时

$$\Delta\sigma_k = \frac{p_0 bl}{(b+2a)(l+2a)} \tag{4-3-12b}$$

式中 b——与基坑边垂直方向上的基础尺寸（m）；

l——与基坑边平行方向上的基础尺寸（m）。

当 $z_a < d + a/\tan\theta$ 或 $z_a > d + (3a+b)/\tan\theta$ 时，取 $\Delta\sigma_k = 0$。

（3）对作用在地面的条形、矩形附加荷载，按本条第（1）、（2）款计算土中附加竖向应力标准值 $\Delta\sigma_k$ 时，应取 $d = 0$（图 4-3-28b）。

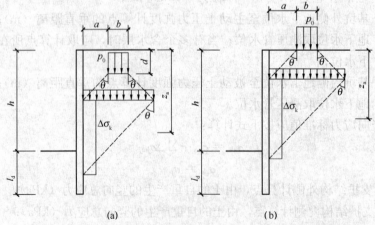

图 4-3-28 局部附加荷载作用下的土中附加竖向应力计算
（a）条形或矩形基础；（b）作用在地面的条形或矩形附加荷载

8. 当支护结构顶部低于地面，其上方采用放坡或土钉墙时，支护结构顶面以上土体对支护结构的作用宜按库仑土压力理论计算，也可将其视作附加荷载并按下列公式计算土中附加竖向应力标准值（图4-3-29）：

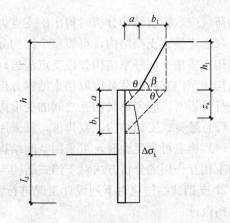

图4-3-29 支护结构顶部以上采用放坡或土钉墙时土中附加竖向应力计算

（1）当 $a/\tan\theta \leqslant z_a \leqslant (a+b_1)/\tan\theta$ 时

$$\Delta\sigma_k = \frac{\gamma h_1}{b_1}(z_a - a) + \frac{E_{ak1}(a+b_1-z_a)}{K_a b_1^2}$$

(4-3-13a)

$$E_{ak1} = \frac{1}{2}\gamma h_1^2 K_a - 2ch_1\sqrt{K_a} + \frac{2c^2}{\gamma}$$

(4-3-13b)

（2）当 $z_a > (a+b_1)/\tan\theta$ 时

$$\Delta\sigma_k = \gamma h_1 \qquad\qquad (4\text{-}3\text{-}13c)$$

（3）当 $z_a < a/\tan\theta$ 时

$$\Delta\sigma_k = 0 \qquad\qquad (4\text{-}3\text{-}13d)$$

式中　z_a——支护结构顶面至土中附加竖向应力计算点的竖向距离（m）；

　　　a——支护结构外边缘至放坡坡脚的水平距离（m）；

　　　b_1——放坡坡面的水平尺寸（m）；

　　　θ——扩散角（°），宜取 $\theta = 45°$；

　　　h_1——地面至支护结构顶面的竖向距离（m）；

　　　γ——支护结构顶面以上土的天然重度（kN/m³）；对多层土取各层土按厚度加权的平均值；

　　　c——支护结构顶面以上土的黏聚力（kPa）；按"4.3.1 设计原则"中第14条的规定取值；

　　　K_a——支护结构顶面以上土的主动土压力系数；对多层土取各层土按厚度加权的平均值；

　　　E_{ak1}——支护结构顶面以上土体的自重所产生的单位宽度主动土压力标准值（kN/m）。

4.4 支 挡 结 构

4.4.1 结构分析

1. 支挡式结构应根据结构的具体形式与受力、变形特性等采用下列分析方法：

第（1）～（3）款方法的分析对象为支护结构本身，不包括土体。土体对支护结构的作用视作荷载或约束。这种分析方法将支护结构看作杆系结构，一般都按线弹性考虑，是目前最常用和成熟的支护结构分析方法，适用于大部分支挡式结构。

（1）锚拉式支挡结构，可将整个结构分解为挡土结构、锚拉结构（锚杆及腰梁、冠梁）分别进行分析；挡土结构宜采用平面杆系结构弹性支点法进行分析；作用在锚拉结构上的荷载应取挡土结构分析时得出的支点力。

（2）支撑式支挡结构，可将整个结构分解为挡土结构、内支撑结构分别进行分析；挡土结构宜采用平面杆系结构弹性支点法进行分析；内支撑结构可按平面结构进行分析，挡土结构传至内支撑的荷载应取挡土结构分析时得出的支点力；对挡土结构和内支撑结构分别进行分析时，应考虑其相互之间的变形协调。

（3）悬臂式支挡结构、双排桩，宜采用平面杆系结构弹性支点法进行分析。

（4）当有可靠经验时，可采用空间结构分析方法对支挡式结构进行整体分析或采用结构与土相互作用的分析方法对支挡式结构与基坑土体进行整体分析。

2. 支挡式结构应对下列设计工况进行结构分析，并应按其中最不利作用效应进行支护结构设计：

（1）基坑开挖至坑底时的状况；

（2）对锚拉式和支撑式支挡结构，基坑开挖至各层锚杆或支撑施工面时的状况；

（3）在主体地下结构施工过程中需要以主体结构构件替换支撑或锚杆的状况；此时，主体结构构件应满足替换后各设计工况下的承载力、变形及稳定性要求；

（4）对水平内支撑式支挡结构，基坑各边水平荷载不对等的各种状况。

3. 采用平面杆系结构弹性支点法时，宜采用图 4-4-1 所示的结构分析模型，且应符合下列规定：

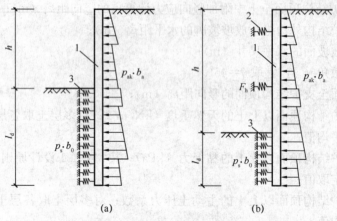

图 4-4-1　弹性支点法计算

（a）悬臂式支挡结构；（b）锚拉式支挡结构或支撑式支挡结构

1—挡土结构；2—由锚杆或支撑简化而成的弹性支座；

3—计算土反力的弹性支座

（1）主动土压力强度标准值可按"4.3.3 作用在支护结构上的水平荷载"的有关规定确定；

（2）土反力可按第 4 条确定；

（3）挡土结构采用排桩时，作用在单根支护桩上的主动土压力计算宽度应取排桩间距，土反力计算宽度（b_0）应按第 7 条确定（图 4-4-2）；

（4）挡土结构采用地下连续墙时，作用在单幅地下连续墙上的主动土压力计算宽度和土反力计算宽度（b_0）应取包括接头的单幅墙宽度；

（5）锚杆和内支撑对挡土结构的约束作用应按弹性支座考虑，并应按第 8 条确定。

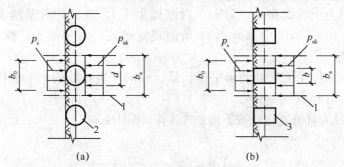

图 4-4-2　排桩计算宽度
（a）圆形截面排桩计算宽度；（b）矩形或工字形截面排桩计算宽度
1—排桩对称中心线；2—圆形桩；3—矩形桩或工字形桩

4. 作用在挡土构件上的分布土反力应符合下列规定：

（1）分布土反力可按下式计算：

$$p_s = k_s v + p_{s0} \tag{4-4-1a}$$

（2）挡土构件嵌固段上的基坑内侧土反力应符合下列条件，当不符合时，应增加挡土构件的嵌固长度或取 $P_{sk} = E_{pk}$ 时的分布土反力。

$$P_{sk} \leqslant E_{pk} \tag{4-4-1b}$$

式中　p_s——分布土反力（kPa）；

$\quad$ k_s——土的水平反力系数（kN/m³），按第 5 条的规定取值；

$\quad$ v——挡土构件在分布土反力计算点使土体压缩的水平位移值（m）；

$\quad$ p_{s0}——初始分布土反力(kPa)；挡土构件嵌固段上的基坑内侧初始分布土反力可按本规程公式(4-3-8a)或公式(4-3-8e)计算，但应将公式中的 p_{ak} 用 p_{s0} 代替、σ_{ak} 用 σ_{pk} 代替、u_a 用 u_p 代替，且不计 $(2c_i\sqrt{K_{a,i}})$ 项；

$\quad$ P_{sk}——挡土构件嵌固段上的基坑内侧土反力标准值（kN），通过按公式（4-4-1a）计算的分布土反力得出；

$\quad$ E_{pk}——挡土构件嵌固段上的被动土压力标准值（kN），通过按公式（4-3-8c）或公式（4-3-8f）计算的被动土压力强度标准值得出。

5. 基坑内侧土的水平反力系数可按下式计算：

$$k_s = m(z - h) \tag{4-4-2}$$

式中　m——土的水平反力系数的比例系数（kN/m⁴），按第 6 条确定；

$\quad$ z——计算点距地面的深度（m）；

$\quad$ h——计算工况下的基坑开挖深度（m）。

6. 土的水平反力系数的比例系数宜按桩的水平荷载试验及地区经验取值，缺少试验和经验时，可按下列经验公式计算：

$$m = \frac{0.2\varphi^2 - \varphi + c}{v_b} \tag{4-4-3}$$

式中　m——土的水平反力系数的比例系数（MN/m^4）；

　　c、φ——分别为土的黏聚力（kPa）、内摩擦角（°），按《建筑基坑支护技术规程》JGJ 120—2012 中第 3.1.14 条的规定确定；对多层土，按不同土层分别取值；

　　v_b——挡土构件在坑底处的水平位移量（mm），当此处的水平位移不大于 10mm 时，可取 $v_b=10mm$。

7. 排桩的土反力计算宽度应按下列公式计算（图 4-4-2）：

对圆形桩

$$b_0 = 0.9(1.5d + 0.5) \qquad (d \leqslant 1m) \tag{4-4-4a}$$

$$b_0 = 0.9(d + 1) \qquad (d > 1m) \tag{4-4-4b}$$

对矩形桩或工字形桩

$$b_0 = 1.5b + 0.5 \qquad (b \leqslant 1m) \tag{4-4-4c}$$

$$b_0 = b + 1 \qquad (b > 1m) \tag{4-4-4d}$$

式中　b_0——单根支护桩上的土反力计算宽度（m）；当按公式（4-4-4a）～公式（4-4-4d）计算的 b_0 大于排桩间距时，b_0 取排桩间距；

　　d——桩的直径（m）；

　　b——矩形桩或工字形桩的宽度（m）。

8. 锚杆和内支撑对挡土结构的作用力应按下式确定：

$$F_h = k_R(v_R - v_{R0}) + P_h \tag{4-4-5}$$

式中　F_h——挡土结构计算宽度内的弹性支点水平反力（kN）；

　　k_R——挡土结构计算宽度内弹性支点刚度系数（kN/m）；采用锚杆时可按第 9 条的规定确定，采用内支撑时可按第 10 条的规定确定；

　　v_R——挡土构件在支点处的水平位移值（m）；

　　v_{R0}——设置锚杆或支撑时，支点的初始水平位移值（m）；

　　P_h——挡土结构计算宽度内的法向预加力（kN）；采用锚杆或竖向斜撑时，取 $P_h = P \cdot \cos\alpha \cdot b_a/s$；采用水平对撑时，取 $P_h = P \cdot b_a/s$；对不预加轴向压力的支撑，取 $P_h = 0$；采用锚杆时，宜取 $P = 0.75N_k \sim 0.9N_k$，采用支撑时，宜取 $P = 0.5N_k \sim 0.8N_k$；

　　P——锚杆的预加轴向拉力值或支撑的预加轴向压力值（kN）；

　　α——锚杆倾角或支撑仰角（°）；

　　b_a——挡土结构计算宽度（m），对单根支护桩，取排桩间距，对单幅地下连续墙，取包括接头的单幅墙宽度；

　　s——锚杆或支撑的水平间距（m）；

　　N_k——锚杆轴向拉力标准值或支撑轴向压力标准值（kN）。

9. 锚拉式支挡结构的弹性支点刚度系数应按下列规定确定：

（1）锚拉式支挡结构的弹性支点刚度系数宜通过《建筑基坑支护技术规程》JGJ 120—2012 中附录 A 规定的基本试验按下式计算：

$$k_R = \frac{(Q_2 - Q_1)b_a}{(s_2 - s_1)s} \qquad (4\text{-}4\text{-}6a)$$

式中 Q_1、Q_2——锚杆循环加荷或逐级加荷试验中（$Q\text{-}s$）曲线上对应锚杆锁定值与轴向拉力标准值的荷载值（kN）；对锁定前进行预张拉的锚杆，应取循环加荷试验中在相当于预张拉荷载的加载量下卸载后的再加载曲线上的荷载值；

s_1、s_2——（$Q\text{-}s$）曲线上对应于荷载为 Q_1、Q_2 的锚头位移值（m）；

s——锚杆水平间距（m）。

（2）缺少试验时，弹性支点刚度系数也可按下式计算：

$$k_R = \frac{3E_s E_c A_p A b_a}{[3E_c A l_f + E_s A_p (l - l_f)]s} \qquad (4\text{-}4\text{-}6b)$$

$$E_c = \frac{E_s A_p + E_m (A - A_p)}{A} \qquad (4\text{-}4\text{-}6c)$$

式中 E_s——锚杆杆体的弹性模量（kPa）；

E_c——锚杆的复合弹性模量（kPa）；

A_p——锚杆杆体的截面面积（m²）；

A——注浆固结体的截面面积（m²）；

l_f——锚杆的自由段长度（m）；

l——锚杆长度（m）；

E_m——注浆固结体的弹性模量（kPa）。

（3）当锚杆腰梁或冠梁的挠度不可忽略不计时，应考虑梁的挠度对弹性支点刚度系数的影响。

10. 支撑式支挡结构的弹性支点刚度系数宜通过对内支撑结构整体进行线弹性结构分析得出的支点力与水平位移的关系确定。对水平对撑，当支撑腰梁或冠梁的挠度可忽略不计时，计算宽度内弹性支点刚度系数可按下式计算：

$$k_R = \frac{\alpha_R E A b_a}{\lambda l_0 s} \qquad (4\text{-}4\text{-}7)$$

式中 λ——支撑不动点调整系数：支撑两对边基坑的土性、深度、周边荷载等条件相近，且分层对称开挖时，取 $\lambda = 0.5$；支撑两对边基坑的土性、深度、周边荷载等条件或开挖时间有差异时，对土压力较大或先开挖的一侧，取 $\lambda = 0.5 \sim 1.0$，且差异大时取大值，反之取小值；对土压力较小或后开挖的一侧，取（$1 - \lambda$）；当基坑一侧取 $\lambda = 1$ 时，基坑另一侧应按固定支座考虑；对竖向斜撑构件，取 $\lambda = 1$；

α_R——支撑松弛系数，对混凝土支撑和预加轴向压力的钢支撑，取 $\alpha_R = 1.0$，对不预加轴向压力的钢支撑，取 $\alpha_R = 0.8 \sim 1.0$；

E——支撑材料的弹性模量（kPa）；

A——支撑截面面积（m²）；

l_0——受压支撑构件的长度（m）；

s——支撑水平间距（m）。

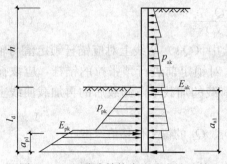

图 4-4-3　悬臂式结构嵌固稳定性验算

11. 结构分析时，按荷载标准组合计算的变形值不应大于按"4.3.1 设计原则"中第 8 条确定的变形控制值。

4.4.2　稳定性验算

1. 悬臂式支挡结构的嵌固深度（l_d）应符合下式嵌固稳定性的要求（图 4-4-3）：

$$\frac{E_{pk}a_{p1}}{E_{ak}a_{a1}} \geqslant K_e \tag{4-4-8}$$

式中　K_e——嵌固稳定安全系数；安全等级为一级、二级、三级的悬臂式支挡结构，K_e 分别不应小于 1.25、1.2、1.15；

E_{ak}、E_{pk}——分别为基坑外侧主动土压力、基坑内侧被动土压力标准值（kN）；

a_{a1}、a_{p1}——分别为基坑外侧主动土压力、基坑内侧被动土压力合力作用点至挡土构件底端的距离（m）。

2. 单层锚杆和单层支撑的支挡式结构的嵌固深度（l_d）应符合下式嵌固稳定性的要求（图 4-4-4）：

$$\frac{E_{pk}a_{p2}}{E_{ak}a_{a2}} \geqslant K_e \tag{4-4-9}$$

式中　K_e——嵌固稳定安全系数；安全等级为一级、二级、三级的锚拉式支挡结构和支撑式支挡结构，K_e 分别不应小于 1.25、1.2、1.15；

a_{a2}、a_{p2}——基坑外侧主动土压力、基坑内侧被动土压力合力作用点至支点的距离（m）。

3. 锚拉式、悬臂式支挡结构和双排桩应按下列规定进行整体滑动稳定性验算：

（1）整体滑动稳定性可采用圆弧滑动条分法进行验算；

（2）采用圆弧滑动条分法时，其整体滑动稳定性应符合下列规定（图 4-4-5）：

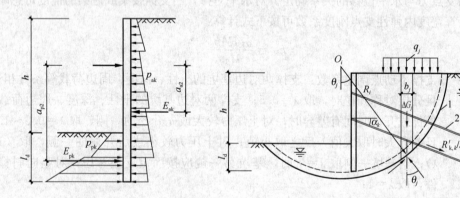

图 4-4-4　单支点锚拉式支挡结构和
支撑式支挡结构的嵌固稳定性验算

图 4-4-5　圆弧滑动条分法整体稳定性验算
1—任意圆弧滑动面；2—锚杆

$$\min\{K_{s,1}, K_{s,2}, \cdots, K_{s,i}, \cdots\} \geqslant K_s \tag{4-4-10a}$$

$$K_{s,i} = \frac{\sum\{c_j l_j + [(q_j b_j + \Delta G_j)\cos\theta_j - u_j l_j]\tan\varphi_j\} + \sum R'_{k,k}[\cos(\theta_k + \alpha_k) + \psi_v]/s_{x,k}}{\sum(q_j b_j + \Delta G_j)\sin\theta_j} \tag{4-4-10b}$$

式中 K_s——圆弧滑动稳定安全系数；安全等级为一级、二级、三级的支挡式结构，K_s 分别不应小于 1.35、1.3、1.25；

$K_{s,i}$——第 i 个圆弧滑动体的抗滑力矩与滑动力矩的比值；抗滑力矩与滑动力矩之比的最小值宜通过搜索不同圆心及半径的所有潜在滑动圆弧确定；

c_j、φ_j——分别为第 j 土条滑弧面处土的黏聚力（kPa）、内摩擦角（°），按《建筑基坑支护技术规程》JGJ 120—2012 中第 3.1.14 条的规定取值；

b_j——第 j 土条的宽度（m）；

θ_j——第 j 土条滑弧面中点处的法线与垂直面的夹角（°）；

l_j——第 j 土条的滑弧长度（m），取 $l_j = b_j / \cos\theta_j$；

q_j——第 j 土条上的附加分布荷载标准值（kPa）；

ΔG_j——第 j 土条的自重（kN），按天然重度计算；

u_j——第 j 土条滑弧面上的水压力（kPa）；采用落底式截水帷幕时，对地下水位以下的砂土、碎石土、砂质粉土，在基坑外侧，可取 $u_j = \gamma_w h_{wa,j}$，在基坑内侧，可取 $u_j = \gamma_w h_{wp,j}$；滑弧面在地下水位以上或对地下水位以下的黏性土，取 $u_j = 0$；

γ_w——地下水重度（kN/m³）；

$h_{wa,j}$——基坑外侧第 j 土条滑弧面中点的压力水头（m）；

$h_{wp,j}$——基坑内侧第 j 土条滑弧面中点的压力水头（m）；

$R'_{k,k}$——第 k 层锚杆在滑动面以外的锚固段的极限抗拔承载力标准值与锚杆杆体受拉承载力标准值（$f_{ptk}A_p$）的较小值（kN）；锚固段的极限抗拔承载力应按"4.4.5.1 土层锚杆设计"中第 4 条的规定计算，但锚固段应取滑动面以外的长度；对悬臂式、双排桩支挡结构，不考虑 $\sum R'_{k,k}[\cos(\theta_k + \alpha_k) + \psi_v]/s_{x,k}$ 项；

α_k——第 k 层锚杆的倾角（°）；

θ_k——滑弧面在第 k 层锚杆处的法线与垂直面的夹角（°）；

$s_{x,k}$——第 k 层锚杆的水平间距（m）；

ψ_v——计算系数；可按 $\psi_v = 0.5\sin(\theta_k + \alpha_k)\tan\varphi$ 取值；

φ——第 k 层锚杆与滑弧交点处土的内摩擦角（°）。

（3）当挡土构件底端以下存在软弱下卧土层时，整体稳定性验算滑动面中应包括由圆弧与软弱土层层面组成的复合滑动面。

4. 支挡式结构的嵌固深度应符合下列坑底隆起稳定性要求：

（1）锚拉式支挡结构和支撑式支挡结构的嵌固深度应符合下列规定（图 4-4-6）：

$$\frac{\gamma_{m2} l_d N_q + c N_c}{\gamma_{m1}(h + l_d) + q_0} \geqslant K_b \tag{4-4-11a}$$

$$N_q = \tan^2\left(45° + \frac{\varphi}{2}\right) e^{\pi\tan\varphi} \tag{4-4-11b}$$

$$N_c = (N_q - 1)/\tan\varphi \tag{4-4-11c}$$

式中 K_b——抗隆起安全系数；安全等级为一级、二级、三级的支护结构，K_b 分别不应小于 1.8、1.6、1.4；

γ_{m1}、γ_{m2}——分别为基坑外、基坑内挡土构件底面以上土的天然重度（kN/m³）；对多层土，取各层土按厚度加权的平均重度；

l_d——挡土构件的嵌固深度（m）；

h——基坑深度（m）；

q_0——地面均布荷载（kPa）；

N_c、N_q——承载力系数；

c、φ——分别为挡土构件底面以下土的黏聚力（kPa）、内摩擦角（°），按"4.3.1 设计原则"中第 14 条的规定取值。

（2）当挡土构件底面以下有软弱下卧层时，坑底隆起稳定性的验算部位尚应包括软弱下卧层。软弱下卧层的隆起稳定性可按公式（4-4-11a）验算，但式中的 γ_{m1}、γ_{m2} 应取软弱下卧层顶面以上土的重度（图 4-4-7），l_d 应以 D 代替。

注：D 为基坑底面至软弱下卧层顶面的土层厚度（m）。

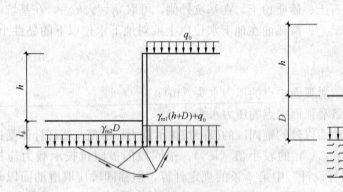

图 4-4-6　挡土构件底端平面下土的隆起稳定性验算　　　　图 4-4-7　软弱下卧层的隆起稳定性验算

（3）悬臂式支挡结构可不进行隆起稳定性验算。

5．锚拉式支挡结构和支撑式支挡结构，当坑底以下为软土时，其嵌固深度应符合下列以最下层支点为轴心的圆弧滑动稳定性要求（图 4-4-8）：

$$\frac{\sum\left[c_j l_j + (q_j b_j + \Delta G_j)\cos\theta_j \tan\varphi_j\right]}{\sum(q_j b_j + \Delta G_j)\sin\theta_j} \geqslant K_r \qquad (4-4-12)$$

式中　K_r——以最下层支点为轴心的圆弧滑动稳定安全系数；安全等级为一级、二级、三级的支挡式结构，K_r 分别不应小于 2.2、1.9、1.7；

c_j、φ_j——分别为第 j 土条在滑弧面处土的黏聚力（kPa）、内摩擦角（°），按《建筑基坑支护技术规程》JGJ 120—2012 中第 3.1.14 条的规定取值；

l_j——第 j 土条的滑弧长度（m），取 $l_j = b_j/\cos\theta_j$；

q_j——第 j 土条顶面上的竖向压力

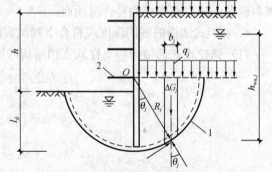

图 4-4-8　以最下层支点为轴心的圆弧滑动稳定性验算

1—任意圆弧滑动面；2—最下层支点

标准值（kPa）；

b_j——第 j 土条的宽度（m）；

θ_j——第 j 土条滑弧面中点处的法线与垂直面的夹角（°）；

ΔG_j——第 j 土条的自重（kN），按天然重度计算。

6. 采用悬挂式截水帷幕或坑底以下存在水头高于坑底的承压水含水层时，应按《建筑基坑支护技术规程》JGJ 120—2012 中附录 C 的规定进行地下水渗透稳定性验算。

7. 挡土构件的嵌固深度除应满足第 1 条～第 6 条的规定外，对悬臂式结构，尚不宜小于 $0.8h$；对单支点支挡式结构，尚不宜小于 $0.3h$；对多支点支挡式结构，尚不宜小于 $0.2h$。

注：h 为基坑深度。

4.4.3 排桩工程

4.4.3.1 排桩设计

1. 排桩的桩型与成桩工艺应符合下列要求：

（1）应根据土层的性质、地下水条件及基坑周边环境要求等选择混凝土灌注桩、型钢桩、钢管桩、钢板桩、型钢水泥土搅拌桩等桩型；

（2）当支护桩施工影响范围内存在对地基变形敏感、结构性能差的建筑物或地下管线时，不应采用挤土效应严重、易塌孔、易缩径或有较大振动的桩型和施工工艺；

（3）采用挖孔桩且成孔需要降水时，降水引起的地层变形应满足周边建筑物和地下管线的要求，否则应采取截水措施。

在国内排桩的桩型采用混凝土灌注桩的占绝大多数，但有些情况下，适合采用型钢桩、钢管桩、钢板桩或预制桩等，有时也可以采用 SMW 工法施工的内置型钢水泥土搅拌桩。这些桩型用作挡土构件时，与混凝土灌注桩的结构受力类型是相同的，可按支挡式支护结构进行设计计算。但采用这些桩型时，应考虑其刚度、构造及施工工艺上的不同特点，不能盲目使用。

2. 混凝土支护桩的正截面和斜截面承载力应符合下列规定：

（1）沿周边均匀配置纵向钢筋的圆形截面支护桩，其正截面受弯承载力宜按以下规定进行计算：

1）沿周边均匀配置纵向钢筋的圆形截面钢筋混凝土支护桩，其正截面受弯承载力应符合下列规定（图 4-4-9）：

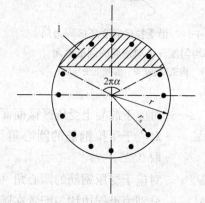

图 4-4-9 沿周边均匀配置纵向钢筋的圆形截面
1—混凝土受压区

$$M \leqslant \frac{2}{3} f_c A r \frac{\sin^3 \pi\alpha}{\pi} + f_y A_s r_s \frac{\sin \pi\alpha + \sin \pi\alpha_t}{\pi} \tag{4-4-13a}$$

$$\alpha f_c A \left(1 - \frac{\sin 2\pi\alpha}{2\pi\alpha}\right) + (\alpha - \alpha_t) f_y A_s = 0 \tag{4-4-13b}$$

$$\alpha_t = 1.25 - 2\alpha \tag{4-4-13c}$$

式中 M——桩的弯矩设计值（kN·m），按"4.3.1 设计原则"中第 7 条的规定计算；

f_c——混凝土轴心抗压强度设计值（kN/m²）；当混凝土强度等级超过 C50 时，f_c 应以 $\alpha_1 f_c$ 代替，当混凝土强度等级为 C50 时，取 $\alpha_1 = 1.0$，当混凝土强度等级为 C80 时，取 $\alpha_1 = 0.94$，其间按线性内插法确定；

A——支护桩截面面积（m²）；

r——支护桩的半径（m）；

α——对应于受压区混凝土截面面积的圆心角（rad）与 2π 的比值；

f_y——纵向钢筋的抗拉强度设计值（kN/m²）；

A_s——全部纵向钢筋的截面面积（m²）；

r_s——纵向钢筋重心所在圆周的半径（m）；

α_t——纵向受拉钢筋截面面积与全部纵向钢筋截面面积的比值，当 $\alpha > 0.625$ 时，取 $\alpha_t = 0$。

注：本条适用于截面内纵向钢筋数量不少于 6 根的情况。

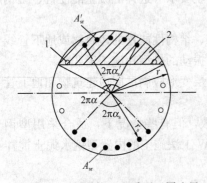

图 4-4-10 沿受拉区和受压区周边局部均匀配置纵向钢筋的圆形截面
1—构造钢筋；2—混凝土受压区

2）沿受拉区和受压区周边局部均匀配置纵向钢筋的圆形截面钢筋混凝土支护桩，其正截面受弯承载力应符合下列规定（图 4-4-10）：

$$M \leqslant \frac{2}{3} f_c Ar \frac{\sin^3 \pi\alpha}{\pi} + f_y A_{sr} r_s \frac{\sin \pi\alpha_s}{\pi\alpha_s}$$
$$+ f_y A'_{sr} r_s \frac{\sin \pi\alpha'_s}{\pi\alpha'_s} \quad (4\text{-}4\text{-}14a)$$

$$\alpha f_c A \left(1 - \frac{\sin 2\pi\alpha}{2\pi\alpha}\right) + f_y (A'_{sr} - A_{sr}) = 0 \quad (4\text{-}4\text{-}14b)$$

$$\cos \pi\alpha \geqslant 1 - \left(1 + \frac{r_s}{r} \cos \pi\alpha_s\right)\xi_b \quad (4\text{-}4\text{-}14c)$$

$$\alpha \geqslant \frac{1}{3.5} \quad (4\text{-}4\text{-}14d)$$

式中 α——对应于混凝土受压区截面面积的圆心角（rad）与 2π 的比值；

α_s——对应于受拉钢筋的圆心角（rad）与 2π 的比值；α_s 宜取 $1/6 \sim 1/3$，通常可取 0.25；

α'_s——对应于受压钢筋的圆心角（rad）与 2π 的比值，宜取 $\alpha'_s \leqslant 0.5\alpha$；

A_{sr}、A'_{sr}——分别为沿周边均匀配置在圆心角 $2\pi\alpha_s$、$2\pi\alpha'_s$ 内的纵向受拉、受压钢筋的截面面积（m²）；

ξ_b——矩形截面的相对界限受压区高度，应按现行国家标准《混凝土结构设计规范》GB 50010 的规定取值。

注：本条适用于截面受拉区内纵向钢筋数量不少于 3 根的情况。

3）沿受拉区和受压区周边局部均匀配置的纵向钢筋数量，宜使按公式（4-4-14b）计算的 α 大于 1/3.5，当 $\alpha < 1/3.5$ 时，其正截面受弯承载力应符合下列规定：

$$M \leqslant f_y A_{sr} \left(0.78r + r_s \frac{\sin \pi\alpha_s}{\pi\alpha_s}\right) \quad (4\text{-}4\text{-}15)$$

4）沿圆形截面受拉区和受压区周边实际配置的均匀纵向钢筋的圆心角应分别取为 $2\frac{n-1}{n}\pi\alpha_s$ 和 $2\frac{m-1}{m}\pi\alpha'_s$。配置在圆形截面受拉区的纵向钢筋，其按全截面面积计算的配筋率不宜小于 0.2% 和 $0.45f_t/f_y$ 的较大值。在不配置纵向受力钢筋的圆周范围内应设置周边纵向构造钢筋，纵向构造钢筋直径不应小于纵向受力钢筋直径的 $1/2$，且不应小于 10mm；纵向构造钢筋的环向间距不应大于圆截面的半径和 250mm 的较小值。

注：1. n、m 为受拉区、受压区配置均匀纵向钢筋的根数；

2. f_t 为混凝土抗拉强度设计值。

（2）沿受拉区和受压区周边局部均匀配置纵向钢筋的圆形截面支护桩，其正截面受弯承载力宜按第 2 条中第（1）款第 2）条～第 4）条的规定进行计算；

（3）圆形截面支护桩的斜截面承载力，可用截面宽度为 $1.76r$ 和截面有效高度为 $1.6r$ 的矩形截面代替圆形截面后，按现行国家标准《混凝土结构设计规范》GB 50010 对矩形截面斜截面承载力的规定进行计算，但其剪力设计值应按 4.3.1 设计原则中第 7 条确定，计算所得的箍筋截面面积应作为支护桩圆形箍筋的截面面积；

（4）矩形截面支护桩的正截面受弯承载力和斜截面受剪承载力，应按现行国家标准《混凝土结构设计规范》GB 50010 的有关规定进行计算，但其弯矩设计值和剪力设计值应按 4.3.1 设计原则中第 7 条确定。

注：r 为圆形截面半径。

3. 型钢、钢管、钢板支护桩的受弯、受剪承载力应按现行国家标准《钢结构设计规范》GB 50017 的有关规定进行计算，但其弯矩设计值和剪力设计值应按 4.3.1 设计原则中第 7 条确定。

4. 采用混凝土灌注桩时，对悬臂式排桩，支护桩的桩径宜大于或等于 600mm；对锚拉式排桩或支撑式排桩，支护桩的桩径宜大于或等于 400mm；排桩的中心距不宜大于桩直径的 2.0 倍。

5. 采用混凝土灌注桩时，支护桩的桩身混凝土强度等级、钢筋配置和混凝土保护层厚度应符合下列规定：

（1）桩身混凝土强度等级不宜低于 C25；

（2）纵向受力钢筋宜选用 HRB400、HRB500 钢筋，单桩的纵向受力钢筋不宜少于 8 根，其净间距不应小于 60mm；支护桩顶部设置钢筋混凝土构造冠梁时，纵向钢筋伸入冠梁的长度宜取冠梁厚度；冠梁按结构受力构件设置时，桩身纵向受力钢筋伸入冠梁的锚固长度应符合现行国家标准《混凝土结构设计规范》GB 50010 对钢筋锚固的有关规定；当不能满足锚固长度的要求时，其钢筋末端可采取机械锚固措施；

（3）箍筋可采用螺旋式箍筋；箍筋直径不应小于纵向受力钢筋最大直径的 $1/4$，且不应小于 6mm；箍筋间距宜取 100～200mm，且不应大于 400mm 及桩的直径；

（4）沿桩身配置的加强箍筋应满足钢筋笼起吊安装要求，宜选用 HPB300、HRB400 钢筋，其间距宜取 1000～2000mm；

（5）纵向受力钢筋的保护层厚度不应小于 35mm；采用水下灌注混凝土工艺时，不应小于 50mm；

（6）当采用沿截面周边非均匀配置纵向钢筋时，受压区的纵向钢筋根数不应少于 5

根；当施工方法不能保证钢筋的方向时，不应采用沿截面周边非均匀配置纵向钢筋的形式；

（7）当沿桩身分段配置纵向受力主筋时，纵向受力钢筋的搭接应符合现行国家标准《混凝土结构设计规范》GB 50010 的相关规定。

6. 支护桩顶部应设置混凝土冠梁。冠梁的宽度不宜小于桩径，高度不宜小于桩径的0.6 倍。冠梁钢筋应符合现行国家标准《混凝土结构设计规范》GB 50010 对梁的构造配筋要求。冠梁用作支撑或锚杆的传力构件或按空间结构设计时，尚应按受力构件进行截面设计。

7. 在有主体建筑地下管线的部位，冠梁宜低于地下管线。

8. 排桩桩间土应采取防护措施。桩间土防护措施宜采用内置钢筋网或钢丝网的喷射混凝土面层。喷射混凝土面层的厚度不宜小于 50mm，混凝土强度等级不宜低于 C20，混凝土面层内配置的钢筋网的纵横向间距不宜大于 200mm。钢筋网或钢丝网宜采用横向拉筋与两侧桩体连接，拉筋直径不宜小于 12mm，拉筋锚固在桩内的长度不宜小于 100mm。钢筋网宜采用桩间土内打入直径不小于 12mm 的钢筋钉固定，钢筋钉打入桩间土中的长度不宜小于排桩净间距的 1.5 倍且不应小于 500mm。

9. 采用降水的基坑，在有可能出现渗水的部位应设置泄水管，泄水管应采取防止土颗粒流失的反滤措施。

10. 排桩采用素混凝土桩与钢筋混凝土桩间隔布置的钻孔咬合桩形式时，支护桩的桩径可取 800～1500mm，相邻桩咬合长度不宜小于 200mm。素混凝土桩应采用塑性混凝土或强度等级不低于 C15 的超缓凝混凝土，其初凝时间宜控制在 40～70h 之间，坍落度宜取 12～14mm。

4.4.3.2 混凝土灌注排桩施工与检测

1. 基本要求

（1）排桩的施工应符合现行行业标准《建筑桩基技术规范》JGJ 94—2008 对相应桩型的有关规定。

（2）当排桩桩位邻近的既有建筑物、地下管线、地下构筑物对地基变形敏感时，应根据其位置、类型、材料特性、使用状况等相应采取下列控制地基变形的防护措施：

1）宜采取间隔成桩的施工顺序；对混凝土灌注桩，应在混凝土终凝后，再进行相邻桩的成孔施工；

2）对松散或稍密的砂土、稍密的粉土、软土等易坍塌或流动的软弱土层，对钻孔灌注桩宜采取改善泥浆性能等措施，对人工挖孔桩宜采取减小每节挖孔和护壁的长度、加固孔壁等措施；

3）支护桩成孔过程出现流砂、涌泥、塌孔、缩径等异常情况时，应暂停成孔并及时采取有针对性的措施进行处理，防止继续塌孔；

4）当成孔过程中遇到不明障碍物时，应查明其性质，且在不会危害既有建筑物、地下管线、地下构筑物的情况下方可继续施工。

（3）对混凝土灌注桩，其纵向受力钢筋的接头不宜设置在内力较大处。同一连接区段内，纵向受力钢筋的连接方式和连接接头面积百分率应符合现行国家标准《混凝土结构设计规范》GB 50010 对梁类构件的规定。

（4）混凝土灌注桩采用分段配置不同数量的纵向钢筋时，钢筋笼制作和安放时应采取控制非通长钢筋竖向定位的措施。

（5）混凝土灌注桩采用沿桩截面周边非均匀配置纵向受力钢筋时，应按设计的钢筋配置方向进行安放，其偏转角度不得大于 10°。

（6）混凝土灌注桩设有预埋件时，应根据预埋件用途和受力特点的要求，控制其安装位置及方向。

（7）钻孔咬合桩的施工可采用液压钢套管全长护壁、机械冲抓成孔工艺，其施工应符合下列要求：

1）桩顶应设置导墙，导墙宽度宜取 3～4m，导墙厚度宜取 0.3～0.5m；

2）相邻咬合桩应按先施工素混凝土桩、后施工钢筋混凝土桩的顺序进行；钢筋混凝土桩应在素混凝土桩初凝前，通过成孔时切割部分素混凝土桩身形成与素混凝土桩的互相咬合，但应避免过早切割；

3）钻机就位及吊设第一节钢套管时，应采用两个测斜仪贴附在套管外壁并用经纬仪复核套管垂直度，其垂直度允许偏差应为 0.3%；液压套管应正反扭动加压下切；抓斗在套管内取土时，套管底部应始终位于抓土面下方，且抓土面与套管底的距离应大于 1.0m；

4）孔内虚土和沉渣应清除干净，并用抓斗夯实孔底；灌注混凝土时，套管应随混凝土浇筑逐段提拔；套管应垂直提拔，阻力过大时应转动套管同时缓慢提拔。

（8）除有特殊要求外，排桩的施工偏差应符合下列规定：

1）桩位的允许偏差应为 50mm；

2）桩垂直度的允许偏差应为 0.5%；

3）预埋件位置的允许偏差应为 20mm；

4）桩的其他施工允许偏差应符合现行行业标准《建筑桩基技术规范》JGJ 94 的规定。

（9）冠梁施工时，应将桩顶浮浆、低强度混凝土及破碎部分清除。冠梁混凝土浇筑采用土模时，土面应修理整平。

（10）采用混凝土灌注桩时，其质量检测应符合下列规定：

1）应采用低应变动测法检测桩身完整性，检测桩数不宜少于总桩数的 20%，且不得少于 5 根；

2）当根据低应变动测法判定的桩身完整性为Ⅲ类或Ⅳ类时，应采用钻芯法进行验证，并应扩大低应变动测法检测的数量。

2. 排桩施工

（1）当基坑不考虑防水（或已采取降水措施）时，钻孔灌注桩可按一字形间隔排列或相切排列形成排桩。间隔排列的间距常为 2.5～3.5 倍桩径。当基坑考虑防水时，可按一字形搭接排列，也可按间隔或相切排列，并设隔水帷幕。间隔或相切排列需另设隔水帷幕时，桩体净距可根据桩径、桩长、开挖深度、垂直度及扩颈情况来确定，一般为 100～150mm。

（2）钻孔灌注排桩中桩径和桩长根据地质和环境条件由计算确定，一般桩径可取 500～1000mm，通常以采用≥ϕ600mm 为宜。密排式钻孔灌注排桩每根桩的中心线间距一般应为桩直径加 100～150mm，即两根桩的净间距为 100～150mm，以免钻孔时碰及邻桩。

分离式钻孔灌注排桩的中心距，应由设计根据实际受力情况确定。

（3）钻孔灌注排桩施工前必须试成孔，数量不得少于2个。以便核对地质资料，检验所选的设备、机具、施工工艺以及技术是否适宜。

（4）钻孔灌注排桩施工时要严防个别桩坍孔，致使后施工的邻桩无法成孔，造成开挖时严重流砂或涌土。钻孔灌注排桩采用泥浆护壁作业法成孔时，要特别注意孔壁护壁问题。通常采用跳孔法施工，当桩孔出现坍塌或扩径较大时，会导致两根已经施工的桩之间插入后施工的桩时发生成孔困难，可采取排桩轴线外移的措施。

（5）应严格控制钻孔垂直度，避免桩间隙过大。若地下水从桩间空隙渗出，应及时采取针对性的封堵措施。

（6）排桩顶部设置的冠连梁其宽度、高度和混凝土强度等级按设计决定。排桩施工完后立即做冠连梁，当作为连系梁时按构造配筋；当作为锚杆支座时，其尺寸和配筋应另行设计。

（7）基坑开挖后，排桩间土的防护可采用钢丝网水泥护面。

4.4.3.3　钻孔咬合桩施工

钻孔咬合桩围护结构是指桩身密排且相邻桩桩身相割形成的具有防渗作用的连续挡土支护结构，该支护结构既可全部采用钢筋混凝土桩，也可采用素混凝土桩与钢筋混凝土桩相间布置。钻孔咬合灌注桩一般采用全套管桩机又称贝诺特（Benoto）钻机施工，成孔深，振动小，噪声低，无须泥浆护壁，成桩质量稳定。相邻混凝土排桩间部分圆周相嵌，使之形成具有良好防渗作用的整体连续挡土支护结构。

1. 钻孔咬合桩施工特点

全套管钻机施工法实质上是一种冲抓斗跟管钻进的施工方法。在咬合桩施工过程中，为便于切割，桩的排列方式一般设计为1根素混凝土桩（B桩）和1根钢筋混凝土桩（A桩）间隔布置，其中B桩必须采用超缓凝混凝土，A桩采用普通混凝土，先施工B桩，后施工A桩。A桩施工时利用套管钻机的切割能力切割掉相邻B桩重叠部分的混凝土，从而使A桩嵌入B桩，但必须在B桩混凝土初凝之前完成A桩切割成孔。施工工艺流程如图4-4-11，其施工顺序为：$B1 \rightarrow B2 \rightarrow A1 \rightarrow B3 \rightarrow A2 \rightarrow B4 \rightarrow A3 \cdots\cdots$

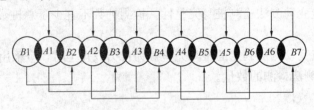

图4-4-11　咬合桩施工流程

钻孔咬合桩由于特殊的施工工艺和施工要求，具有如下特点：

（1）咬合桩成桩精度和超缓凝混凝土是决定桩间能否有效咬合的关键因素。特别是60h超缓凝混凝土的配比，需在施工前反复试验确定。与其他桩型相比，咬合桩的施工难度较大。

（2）咬合灌注桩一般采用全套管桩机（双称贝诺特钻机）施工，成孔深，振动小，噪声低，无须泥浆护壁，成桩质量稳定，施工现场整洁文明。采用钢套管也较好地避免了钻

（冲）孔灌注桩可能发生的缩颈、断桩、混凝土离析等质量问题，成桩质量高。

（3）在深基坑工程中，由于钻孔咬合桩有可靠的钢套管护壁，可有效地防止孔壁坍塌，减少对周边土体和相邻建筑物的扰动，适应周边建筑保护要求较高、对基坑变形控制要求较严的工程。

（4）除岩层以外，全套管钻机施工法可适用于任何土层，尤其是有淤泥、流沙、地下水富集等不良条件的沿海地区软土地层。但在孤石、泥岩层或软岩层成孔时，成孔效率会显著降低。另外，当地下水位下有厚细砂层（厚度大于 5m）时，由于摇动作业使砂层压密，会造成压进或拉拔套管困难，故应避免在有厚砂层的土层中使用。

2. 钻孔咬合桩关键施工技术

咬合桩成桩精度控制和超缓凝混凝土的超缓凝时间控制是决定桩间能否有效咬合的关键因素。若成桩精度控制不好，相邻桩就会发生前后或左右叉开的现象；若先序施工的桩缓凝时间控制不好，则后序桩在成桩时因无法切割前序桩而不能咬合。此外，咬合桩钢筋笼上往往埋有与主体结构连接的预埋件，因而钢筋笼的定位也特别重要。

（1）成桩精度控制

1）孔口定位偏差及垂直度确定：为确保钻孔咬合桩桩底能满足最小咬合厚度的要求，应对其孔口定位偏差和垂直度确定允许值并进行严格控制，孔口定位偏差可参照表 4-4-1 选定。根据现行相关规范，钻孔咬合桩的垂直度一般可取 3‰。

孔口定位偏差参考值（mm） 表 4-4-1

	桩长 h（m）	<10	10～15	>15
咬合厚度 a（mm）	150	±15	±10	—
	200	±20	±15	±10
	250	±25	±20	±15

通常情况下，在咬合桩施工前，相邻桩咬合厚度 a 是由设计单位确定的，桩间最小咬合厚度也由设计单位确定，一般情况下最小咬合厚度不应小于 50mm。为确保所选定的孔口偏差和垂直度能满足桩间最小咬合厚度的要求，施工前需对初步选定的孔口偏差和垂直度按下式进行验算：

$$a - 2(kh + \delta) \geqslant 50\text{mm} \qquad (4\text{-}4\text{-}16)$$

式中　a——设计咬合厚度；

　　　h——桩长；

　　　k——桩身垂直度；

　　　δ——孔口定位偏差。

2）孔口定位偏差控制：孔口定位偏差控制一般是利用定位导墙精确安放第一节套管来控制孔口成孔精度。桩顶上部混凝土或钢筋混凝土导墙上定位孔的直径通常比设计桩径大 20～40mm，具体数值应按前面选定的孔口偏差来定（图 4-4-12）。钻机就位后，将第一节钢套管插入定位孔并检查调整，尽量使套管与定位孔之间的空隙保持均匀。

3）垂直度控制：成孔垂直度控制包括以下三方面内容。

① 套管顺直度检查和校正。钻孔咬合桩施工前应在平整地面上进行套管顺直度检查和校正，首先检查和校正单节套管顺直度，然后按实际桩长连接套管，套管顺直度偏差一

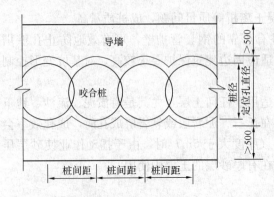

图 4-4-12 导墙及咬合桩定位示意图

般控制在 $0.1\% \sim 0.2\%$。

② 成孔过程垂直度监测与检查。成孔过程中垂直度监测与检查分地面检测和孔内检查。地面检测是在地面选择两个相互垂直的方向用经纬仪或线坠检测地面以上部分套管的垂直度，发现偏差及时纠正。这项检测贯穿每根桩的整个成孔过程。孔内检查是在每节套管压完后安装下一节套管之前，都要停下来用线坠进行孔内垂直度检查，不合格时需进行纠偏，直至合格才能进行下一节套管施工。

③ 纠偏。成孔过程中若发现垂直度偏差过大，必须及时进行纠偏调整，纠偏一般采用以下三种方法：

a. 利用钻孔机油缸进行纠偏。如果偏差不大或套管入土不深（一般小于 5m），直接利用钻机的 2 个顶升油缸和 2 个推拉油缸调节套管的垂直度即可。

b. A 桩纠偏。如果 A 桩在入土 5m 以下发生较大偏移，可先利用钻机油缸直接纠偏；若达不到要求，可向套管内填砂或黏土，边填土边拔起套管，直至将大套管提升到上一次检查合格处，然后调直套管，检查其垂直度，合格后再重新下压。

c. B 桩纠偏。B 桩的纠偏方法与 A 桩相同，其不同之处是不能向套管内填砂或黏土而应填入与 B 桩相同的混凝土，否则有可能在桩间留下土夹层，从而影响排桩的防水效果。

(2) 超缓凝混凝土指标确定及配制要点

在咬合桩施工过程中，B 桩混凝土早凝会造成 A 桩无法成桩或垂直度无法保证。一般情况下，先序施工的 B 桩混凝土初凝时间需控制在 60h 左右，而 60h 超缓凝混凝土技术目前尚无标准可循，初凝时间和坍落度较难控制。超缓凝混凝土设计和质量控制在咬合桩施工中起重要作用，尤其是缓凝时间和坍落度的控制对咬合桩施工至关重要。

1) B 桩混凝土缓凝时间确定

B 桩混凝土缓凝时间是根据单桩成桩时间来确定的，与地质条件、桩长、桩径和钻机能力等有关。因此，B 桩混凝土缓凝时间可按照以下方法确定。

首先应根据具体工程情况测定单桩成桩所需时间 t，然后可按下式确定 B 桩混凝土的缓凝时间。

$$T = 3t + K \tag{4-4-17}$$

式中　T——B 桩混凝土缓凝时间（初凝时间）；

　　　K——安全储备时间，一般取 $1.5t$；

　　　t——单桩成桩所需时间。

2) B 桩混凝土坍落度确定

在 A 桩成孔过程中，由于 B 桩混凝土还处于流动状态，因此若 B 桩混凝土坍落度过小、开挖面距套管底部距离过小，B 桩混凝土就有可能从 A、B 桩相交处涌入 A 桩孔内，称为"管涌"。为克服"管涌"，B 桩混凝土的坍落度干孔不宜超过 14cm，水下灌注不宜超过 $18 \sim 20$cm，以降低混凝土的流动性。同时，待 B 桩缓凝混凝土坍落度损失一段时间

后再继续施工 A 桩。控制管涌除对 B 桩混凝土坍落度有要求外，A 桩成孔时其套管底口应保持超前开挖面一定距离，一般不应小于 2.5m。

3）超缓凝混凝土配制要点

① 超缓凝混凝土试配的要点是确定缓凝减水剂和掺合料（主要是粉煤灰掺合料）的掺量。缓凝剂最好采用复合型缓凝高效减水剂。此外，混凝土凝结时间的长短与水泥品种和水泥强度等级、粉煤灰的掺量、骨料的颗粒级配及吸水率、砂率等因素有关。混凝土配比需要反复试验确定。

② 粉煤灰对混凝土凝结时间和强度（特别是后期强度）的影响是不可忽视的。粉煤灰的合理掺量应在试配前综合平衡各种因素，也可考虑在混凝土中引入以松香皂类为主要成分的引气剂，这类引气剂在混凝土拌合过程中能引入大量微细气泡，能改善混凝土的和易性及抗冻性的耐久性，且不会降低混凝土的强度，也能延缓混凝土凝结时间。

（3）钢筋笼定位措施

咬合桩钢筋笼上往往埋有与主体结构连接的预埋件，因而钢筋笼定位要力求准确。为此，一般采取如下措施：在钢筋笼外侧加焊定位耳形钢筋，不仅利于定位，而且可保证保护层厚度及减小钢筋笼与套管内壁的摩擦；采用三点同时起吊，防止钢筋笼扭转变形；为使钢筋笼有足够的刚度以保证在运输和吊放过程中不产生变形，每隔 2m 用 Φ 20mm 钢筋设置一道加强箍；钢筋笼下放时，应对准孔位中心，采用正、反旋转慢慢地逐步下放，放至设计标高后立即固定；在钢筋笼底部焊接抗浮钢板以增加混凝土灌注时钢筋笼的抗浮能力。

3. 工程实例

[例 4-4-1] 天津地铁三号线华苑站位于迎水道与桂苑路交口处。车站全长 200m，总宽 20.70m，基坑最大开挖深度 18.5m。主体采用二柱三跨双层框架结构，地下岛式站台，站顶覆土厚 3.25m。主体基坑围护结构采用直径 1000mm 的咬合桩，桩长约 28m，A 桩为 C30 钢筋混凝土桩，B 桩为 C15 超缓凝素混凝土桩。桩间距 750mm，咬合厚度 250mm。

车站场地地层从上至下依次为第四系全新统人工填土层、第 Ⅰ 陆相层、第 Ⅰ 海相层、第 Ⅱ 陆相层、第 Ⅲ 陆相层，岩性主要为杂填土、粉质黏土、粉土及淤泥质粉质黏土。各土层多呈可塑～软塑状态。

本工程场地地下水量丰富，埋藏浅，水位标高一般在地表下 1.1～3.6m，主要靠大气降水及附近地表水补给，属孔隙潜水，随季节变化幅度为 0.5～1.0m。

通过相关计算及试验，本工程咬合桩主要施工技术参数为孔口定位偏差 ±15mm，垂直度偏差不大于 3‰，B 桩混凝土缓凝时间 60h；B 桩超缓凝混凝土配合比见表 4-4-2。

B 桩超缓凝混凝土配合比　　　　　　　　　　　　　　　　　　　　表 4-4-2

原材料	水　泥	外加剂	掺合剂	
品种规格	普通硅酸盐水泥	高效减水剂 sp401	粉煤灰 Ⅱ	河砂 2.5
用量（kg/m³）	255	5.46	109	792

配合比：水泥：砂：石子：水＝1：3.11：4.11：0.71，坍落度 180±30mm

4.4.3.4 钢板桩施工

钢板桩是高层建筑深基坑临时挡土支护结构的类型之一，并能防水。由于它强度高，结合紧密，不易漏水，施工简便，可全部机械化操作，可以反复使用，因而在软弱地基和地下水多的地区得到广泛应用。

通过实践，拔出钢板桩比较困难，因此一次性投资较大。近年来较多采用灌注桩与深层搅拌水泥桩相结合的方法在软土地区解决防水、抗渗、挡土支护施工。

1. 钢板桩的形式

钢板桩基本上分为平板形和波浪形两类，每类又分多种。平板形适用于地基土质较好，易于打入，基坑深度不大的工程；波浪形或组合式的钢板桩，适用于深度较大的基坑。

我国常用的钢板桩截面形式及技术性能，见表 4-4-3。其中拉森形钢板桩长度有 12m、18m 和 30m 三种，根据需要可以焊接接长。

国产拉森式（U形）钢板桩　　　　　　　　表 4-4-3

型号	尺寸 (mm)				截面积 A 单根 (cm²)	重量		惯性矩 I_x		截面抵抗矩	
	宽度 b	高度 h	腹板厚 t_1	翼缘厚 t_2		单根 (kg)	每米宽 (kg/m)	单根 (cm⁴)	每米宽 (cm⁴/m)	单根 (cm³)	每米宽 (cm³/m)
鞍Ⅳ形	400	180	15.5	10.5	99.14	77.73	193.33	4.025	31.963	343	2043
鞍Ⅳ形（新）	400	180	15.5	10.5	98.70	76.94	192.58	3.970	31.950	336	2043
包Ⅳ形	500	185	16.0	10.0	115.13	90.80	181.60	5.955	45.655	424.8	2410

钢板桩在不同土质中的吸附力见表 4-4-4。

钢板桩在不同土质中的吸附力　　　　　　　　表 4-4-4

土 质	静吸附力 τ_d (kN/m²)	动吸附力 τ_v (kN/m²)	动吸附力 τ_v（含水量很少时）(kN/m²)	土 质	静吸附力 τ_d (kN/m²)	动吸附力 τ_v (kN/m²)	动吸附力 τ_v（含水量很少时）(kN/m²)
粗砂砾	34.0	2.5	5.0	粉质黏土（含水）	47.0	5.5	
中砂（含水）	36.0	3.0	4.0	粉质黏土	30.0	4.0	
细砂（含水）	39.0	3.5	4.5	黏土	50.0	7.5	
粉土（含水）	24.0	4.0	6.5	硬黏土	75.0	13.0	
砂质粉土（含水）	29.0	3.5	5.5	非常硬的黏土	130.0	25.0	

钢板桩分无锚板桩和有锚板桩两类。无锚板桩用于较浅的基坑，依靠入土部分的土压力维持桩的稳定；有锚板桩是在上部用拉锚或支撑加以固定。

相邻钢板桩的结合形式，分互握式和握裹式两种锁口。互握式锁口间隙较大，其转角可达 24°，可构成曲线形的钢板桩排；握裹式锁口较紧密，转角只允许 10°～15°。

2. 钢板桩打设方法的选择

封闭式的钢板桩工程，要求做到墙面平直，便于安装腰梁（一般用槽钢，见图 4-4-13，钢拉杆，见图 4-4-14）；封闭合拢好。其打设方法有以下几种：

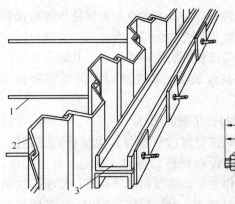

图 4-4-13　固定钢板桩的腰梁
1—拉杆；2—钢板桩；3—腰梁

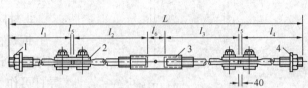

图 4-4-14　钢拉杆
1—螺母；2—环形节点板；3—拉杆；4—垫圈

（1）单独打入法

这种方式是从板桩墙的一角开始，逐块（或两块为一组）打设，直至工程结束。其优点是：打入方式简便、迅速，不需要其他辅助支架。缺点是：这种打入方式易使板桩向一侧倾斜，且误差积累后不易纠正。因此，这种方式只适用于板桩墙要求不高且板桩长度较小（如小于 10m）的情况。

（2）双层围檩法

这种打入方式，是先在地面上沿板桩墙的两侧每隔一定距离打入围檩桩（工字钢），并于其上、下安装两层钢围檩（工字钢），然后根据钢围檩上的画线将钢板桩逐块全部插好，树起高大的板桩墙，待轴线准确无误且四角封闭合拢后，再按阶梯形将钢板桩一块块打入土中。

采用这种方式打设钢板桩的优点是：桩墙的平面尺寸准确，墙面的平直度和桩的垂直度都易保证，封闭合拢较好，工程质量能保证。其缺点是耗费的辅助材料多，不经济，且施工速度较慢。一般只用于桩墙质量要求很高的情况（图 4-4-15）。

（3）屏风法

用单层围檩，然后以 10～20 块钢板桩为一组，根据围檩上的画线逐块插入土中，形成屏风墙（图 4-4-16）。然后先将两端 1～2 块钢板桩打入，并严格控制其垂直度，用电焊固定在围檩上，作为定位钢

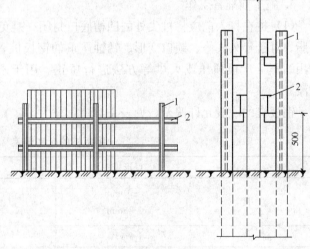

图 4-4-15　双层围檩
1—围檩桩；2—围檩

板桩。其余钢板桩按 1/2 或 1/3 顺序高度呈阶梯状打设。如此逐组进行。

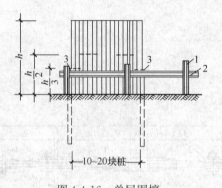

图 4-4-16 单层围檩

1—围檩桩；2—围檩；
3—两端先打入的定位钢板桩

这种打桩方式的优点是可以减少倾斜误差积累，防止过大的倾斜，而且易于实现封闭合拢，能保证板桩墙的施工质量。其缺点是插桩的自立高度较大，要注意插桩的稳定和施工安全。

3. 打桩机械的选择

钢板桩打设的机械与其他桩种施工相同。但结合打设钢板桩的特点（稳定、行走方便；导杆可作水平、垂直和前后调整；便于每块钢板桩随时校正），宜选用三支点导杆式履带打桩机。桩锤有落锤、蒸汽锤、柴油锤和振动锤等，以选柴油锤为宜。锤重一般以钢板桩重量的两倍为宜。桩锤的外形尺寸要适应桩的宽度，桩锤的直径不得大于桩组合打入块数的总宽度。

4. 打桩流水段的划分

打桩流水段的划分与桩的封闭合拢有关。流水段长度大，合拢点就少，相对积累误差大，轴线位移相应也大（图 4-4-17a、b）；流水段长度小，则合拢点多，积累误差小，但封闭合拢点增加（图 4-4-17c）。一般情况下，应采用后一种方法。

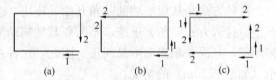

图 4-4-17 打桩流水段选择
(a) 一流水段；(b) 二流水段；(c) 四流水段

另外，采取先边后角的打设方法，可保端面相对距离，不影响墙内围檩支撑的安装精度，对于打桩积累偏差可在转角外作轴线修正。

5. 施工前准备工作

（1）桩在打入前应将桩尖处的凹槽底口封闭，避免泥土挤入，锁口应涂以黄油或其他油脂。对于年久失修、锁口变形、锈蚀严重的钢板桩，应进行整修矫正。弯曲变形的桩，可用油压千斤顶顶压或火烘等方法进行矫正。用于永久性工程的钢板桩，表面应涂防锈漆。

钢板桩的一般允许偏差，见表 4-4-5。

钢板桩的允许误差

表 4-4-5

分　类		U 形板桩	Z 形板桩	直腹板板桩
宽　度		+10mm −5mm	+8mm −4mm	±4mm
高　度		+4%	±5%	—
厚度	小于 10mm	±1mm		+1.5mm −0.8mm
	10～16mm	±1.2mm		—
	16mm 以上	±1.5mm		—

续表

分类		U形板桩	Z形板桩	直腹板板桩
弯曲	长度不超过10m	不超过全长的0.15%	不超过全长的0.15%	不超过全长的0.15%
	长度超过10m	不超过15mm加（全长 −10m)的0.12%	不超过15mm加（全长 −10m)的0.10%	不超过15mm加（全长 −10m)的0.10%
扭曲	长度不超过10m	不超过全长的0.30%	不超过全长的0.15%	不超过全长的0.20%
	长度超过10m	不超过30mm加（全长 −10m)的0.20%	不超过15mm加（全长 −10m)的0.10%	不超过20mm加（全长 −10m) 的0.10%
长 度		不 限 制		
端面平整度		不超过宽度的4%		

（2）安装围檩支架。围檩支架的作用是保证钢板桩垂直打入和打入后的钢板桩墙面平直。

围檩支架由围檩桩和围檩组成（图4-4-18），其形式：在平面上有单、双面之分；在高度上有单、双和多层之分。第一层围檩的安装高度约在地面以上50cm处。双面围檩之间的净距，以比两块板桩的组合宽度大8~10mm为宜。围檩支架每次安装的长度，视具体情况而定，其截面和打入土中深度，应通过计算确定。

（3）转角桩制作。在板桩墙转角处为实现封闭合拢，往往要有特殊形式的转角桩（图4-4-19）。转角桩是将钢板桩从背面中线处切开，再根据选定的断面进行组合而成。转角桩的组合形状以"拉森"板桩为例有下述几种：

① 将一块钢板桩切断，转角90°，组成闭口槽（图4-4-19a）；

② 将一块钢板桩切断，转角90°，组成开口槽（图4-4-19b）；

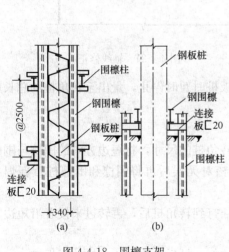

图 4-4-18　围檩支架

（a）平面图；（b）立面图

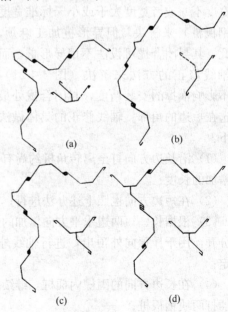

图 4-4-19　转角桩

（a）闭口槽；（b）开口槽；（c）转向槽；（d）90°转角

③ 将一块钢板桩切断，转角 90°，组成转向槽（图 4-4-19c）；

④ 将一块钢板桩切断后用其半块，焊接在另一块钢板桩上，成 90° 转角（图 4-4-19d）。

转角桩制作要经过切断和焊接两道工序，制作时要采取措施解决切割变形和焊接变形。

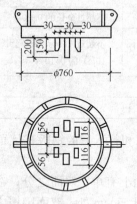

图 4-4-20　桩帽

6. 钢板桩的打设

（1）先用吊车将钢板桩吊至插桩点处进行插桩，插桩时锁口要对准，每插入一块即套上桩帽（图 4-4-20），上端加硬垫木，轻轻加以锤击。

（2）在打桩过程中，为保证钢板桩的垂直度，用两台经纬仪在两个方向加以控制。

（3）为防止锁口中心线平面位移，可在打桩进行方向的钢板桩锁口处设卡板，阻止板桩位移。同时在围檩上预先算出每块板桩的位置，以便随时检查校正。

（4）开始打设的一、二块钢板桩的位置和方向应确保精确，以便起到导向样板作用，故每打入 1m 应测量一次，打至预定深度后应立即用钢筋或钢板与围檩支架电焊作临时固定。

7. 轴线修正与封闭合拢

由于钢板桩打入时的倾斜而且锁口接合部还有空隙，所以要使最初打入的钢板桩和最后打入的钢板桩准确无误的封闭合拢，是异常困难的。往往要用异形桩（上下宽度不一或者宽度大于或小于标准宽度的钢板桩）来解决。但异形桩加工麻烦，因此，其封闭合拢可设法不用异形桩，而用轴线修正的方法来解决（图 4-4-21），为不影响横撑的安装精度，封闭合拢处最好选在短边的角部。轴线修正的具体做法如下：

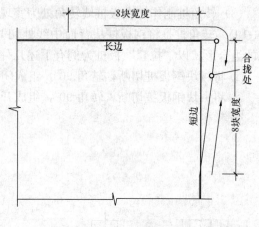

图 4-4-21　轴线修正

（1）沿长边方向打至离转角桩约尚有 8 块钢板桩时暂时停止，量出至转角桩的总长度和增加的长度；

（2）在短边方向也照上述办法进行；

（3）根据长、短两边水平方向增加的长度和转角桩的尺寸，将短边方向的围檩与围檩桩分开，用千斤顶向外顶出，进行轴线外移，经核对无误后再将围檩和围檩桩重新焊接固定；

（4）在长边方向的围檩内插桩，继续打设，插打到转角桩后，再转过来接着沿短边方向插打两块钢板桩；

（5）根据修正后的轴线沿短边方向继续向前插打，最后一块封闭合拢的钢板桩，设在短边方向从端部算起的第三块板桩的位置处。

4.4.4　地下连续墙工程

4.4.4.1　地下连续墙设计

1. 地下连续墙的正截面受弯承载力、斜截面受剪承载力应按现行国家标准《混凝土结构设计规范》GB 50010 的有关规定进行计算，但其弯矩、剪力设计值应按 4.3-1 设计原则中第 7 条确定。

2. 地下连续墙的墙体厚度宜根据成槽机的规格，选取 600mm、800mm、1000mm 或 1200mm。

目前地下连续墙在基坑工程中已有广泛的应用，尤其在深大基坑和环境条件要求严格的基坑工程，以及支护结构与主体结构相结合的工程。按现有施工设备能力，现浇地下连续墙最大墙厚可达 1500mm，采用特制挖槽机械的薄层地下连续墙，最小墙厚仅 450mm。常用成槽机的规格为 600mm、800mm、1000mm 或 1200mm 墙厚。

3. 一字形槽段长度宜取 4～6m。当成槽施工可能对周边环境产生不利影响或槽壁稳定性较差时，应取较小的槽段长度。必要时，宜采用搅拌桩对槽壁进行加固。

对环境条件要求高、槽段深度较深，以及槽段形状复杂的基坑工程，应通过槽壁稳定性验算，合理划分槽段的长度。

4. 地下连续墙的转角处或有特殊要求时，单元槽段的平面形状可采用 L 形、T 形等。

5. 地下连续墙的混凝土设计强度等级宜取 C30～C40。地下连续墙用于截水时，墙体混凝土抗渗等级不宜小于 P6。当地下连续墙同时作为主体地下结构构件时，墙体混凝土抗渗等级应满足现行国家标准《地下工程防水技术规范》GB 50108 等相关标准的要求。

6. 地下连续墙的纵向受力钢筋应沿墙身两侧均匀配置，可按内力大小沿墙体纵向分段配置，但通长配置的纵向钢筋不应小于总数的 50％；纵向受力钢筋宜选用 HRB400、HRB500 钢筋，直径不宜小于 16mm，净间距不宜小于 75mm。水平钢筋及构造钢筋宜选用 HPB300 或 HRB400 钢筋，直径不宜小于 12mm，水平钢筋间距宜取 200～400mm。冠梁按构造设置时，纵向钢筋伸入冠梁的长度宜取冠梁厚度。冠梁按结构受力构件设置时，墙身纵向受力钢筋伸入冠梁的锚固长度应符合现行国家标准《混凝土结构设计规范》GB 50010 对钢筋锚固的有关规定。当不能满足锚固长度的要求时，其钢筋末端可采取机械锚固措施。

7. 地下连续墙纵向受力钢筋的保护层厚度，在基坑内侧不宜小于 50mm，在基坑外侧不宜小于 70mm。

8. 钢筋笼端部与槽段接头之间、钢筋笼端部与相邻墙段混凝土面之间的间隙不应大于 150mm，纵向钢筋下端 500mm 长度范围内宜按 1：10 的斜度向内收口。

9. 地下连续墙的槽段接头应按下列原则选用：

（1）地下连续墙宜采用圆形锁口管接头、波纹管接头、楔形接头、工字形钢接头或混凝土预制接头等柔性接头（图 4-4-22）。

（2）当地下连续墙作为主体地下结构外墙，且需要形成整体墙体时，宜采用刚性接头（图 4-4-23）；刚性接头可采用一字形或十字形穿孔钢板接头、钢筋承插式接头等；当采取地下连续墙顶设置通长冠梁、墙壁内侧槽段接缝位置设置结构壁柱、基础底板与地下连续墙刚性连接等措施时，也可采用柔性接头。

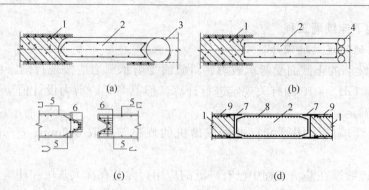

(a)　　　　　　　　　　　(b)

(c)　　　　　　　　　　　(d)

图 4-4-22　地下连续墙柔性接头

（a）圆形锁口管接头；（b）波形管接头；

（c）楔形接头；（d）工字形型钢接头

1—先行槽段；2—后续槽段；3—圆形锁扣管；4—波形管；5—水平钢筋；

6—端头纵筋；7—工字钢接头；8—地下连续墙钢筋；9—止浆板

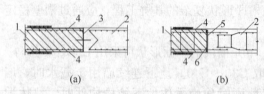

(a)　　　　　　　　(b)

图 4-4-23　地下连续墙刚性接头

（a）十字形穿孔钢板刚性接头；（b）钢筋承插式接头

1—先行槽段；2—后续槽段；3—十字钢板；

4—止浆片；5—加强筋；6—隔板

10. 地下连续墙墙顶应设置混凝土冠梁。冠梁宽度不宜小于墙厚，高度不宜小于墙厚的 0.6 倍。冠梁钢筋应符合现行国家标准《混凝土结构设计规范》GB 50010 对梁的构造配筋要求。冠梁用作支撑或锚杆的传力构件或按空间结构设计时，尚应按受力构件进行截面设计。

4.4.4.2 地下连续墙施工与检测

1. 基本规定

（1）地下连续墙的施工应根据地质条件的适应性等因素选择成槽设备。成槽施工前应进行成槽试验，并应通过试验确定施工工艺及施工参数。

（2）当地下连续墙邻近的既有建筑物、地下管线、地下构筑物对地基变形敏感时，地下连续墙的施工应采取有效措施控制槽壁变形。如：

1）采取间隔成槽的施工顺序，并在浇筑的混凝土终凝后，进行相邻槽段的成槽施工；

2）对松散或稍密的砂土和碎土石、稍密的粉土、软土等易坍塌的软弱土层，地下连续墙成槽时，可采取改善泥浆性质、槽壁预加固、控制单幅槽段宽度和挖槽速度等措施增强槽壁稳定性。

（3）成槽施工前，应沿地下连续墙两侧设置导墙，导墙宜采用混凝土结构，且混凝土强度等级不宜低于 C20。导墙底面不宜设置在新近填土上，且埋深不宜小于 1.5m。导墙的强度和稳定性应满足成槽设备和顶拔接头管施工的要求。

导墙的形式有预制和现浇钢筋混凝土两种，现浇导墙较常用，质量易保证。现浇导墙形状有 "L"、倒 "L"、"［" 等形状，可根据地质条件选用。当土质较好时，可选用倒 "L" 形；采用 "L" 形导墙时，导墙背后应注意回填夯实。导墙上部宜与道路连成整体。当浅层土质较差时，可预先加固导墙两侧土体，并将导墙底部加深至原状土上。两侧导墙净距通常大于设计槽宽 40~50mm，以便于成槽施工。

导墙顶部可高出地面 100~200mm，以防止地表水流入导墙沟，同时为了减少地表水的渗透，墙侧应用密实的黏性土回填，不应使用垃圾及其他透水材料。导墙拆模后，应在导墙间加设支撑，可采用上下两道槽钢或木撑，支撑水平间距一般 2m 左右，并禁止重型机械在尚未达到强度的导墙附近作业，以防止导墙位移或开裂。

（4）成槽前，应根据地质条件进行护壁泥浆材料的试配及室内性能试验，泥浆配比应按试验确定。泥浆拌制后应贮放 24h，待泥浆材料充分水化后方可使用。成槽时，泥浆的供应及处理设备应满足泥浆使用量的要求，泥浆的性能应符合相关技术指标的要求。当泥浆配比不合适时，可能会出现槽壁较严重的坍塌，这时应将槽段回填，调整施工参数后再重新成槽。有时，调整泥浆配比能解决槽壁坍塌问题。

（5）单元槽段宜采用间隔一个或多个槽段的跳幅施工顺序。每个单元槽段，挖槽分段不宜超过 3 个。成槽时，护壁泥浆液面应高于导墙底面 500mm。

每幅槽段的长度，决定挖槽的幅数和次序。常用做法是：对三抓成槽的槽段，采用先抓两边后抓中间的顺序；相邻两幅地下连续墙槽段深度不一致时，先施工深的槽段，后施工浅的槽段。

（6）槽段接头应满足混凝土浇筑压力对其强度和刚度的要求。安放槽段接头时，应紧贴槽段垂直缓慢沉放至槽底。遇到阻碍时，槽段接头应在清除障碍后入槽。混凝土浇灌过程中应采取防止混凝土产生绕流的措施。

地下连续墙水下浇筑混凝土时，因成槽时槽壁坍塌或槽段接头安放不到位等原因都会导致混凝土绕流，混凝土一旦形成绕流会对相邻幅槽段的成槽和墙体质量产生不良影响。

（7）地下连续墙有防渗要求时，应在吊放钢筋笼前，对槽段接头和相邻墙段混凝土面用刷槽器等方法进行清刷，清刷后的槽段接头和混凝土面不得夹泥。

（8）钢筋笼制作时，纵向受力钢筋的接头不宜设置在受力较大处。同一连接区段内，纵向受力钢筋的连接方式和连接接头面积百分率应符合现行国家标准《混凝土结构设计规范》GB 50010 对板类构件的规定。

（9）钢筋笼应设置定位垫块，垫块在垂直方向上的间距宜取 3～5m，在水平方向上宜每层设置 2～3 块。

（10）单元槽段的钢筋笼宜整体装配和沉放。需要分段装配时，宜采用焊接或机械连接，钢筋接头的位置宜选在受力较小处，并应符合现行国家标准《混凝土结构设计规范》GB 50010 对钢筋连接的有关规定。

（11）钢筋笼应根据吊装的要求，设置纵横向起吊桁架；桁架主筋宜采用 HRB400 级钢筋，钢筋直径不宜小于 20mm，且应满足吊装和沉放过程中钢筋笼的整体性及钢筋笼骨架不产生塑性变形的要求。钢筋连接点出现位移、松动或开焊时，钢筋笼不得入槽，应重新制作或修整完好。

（12）地下连续墙应采用导管法浇筑混凝土。导管拼接时，其接缝应密闭。混凝土浇筑时，导管内应预先设置隔水栓。

（13）槽段长度不大于 6m 时，混凝土宜采用两根导管同时浇筑；槽段长度大于 6m 时，混凝土宜采用 3 根导管同时浇筑。每根导管分担的浇筑面积应基本均等。钢筋笼就位后应及时浇筑混凝土。混凝土浇筑过程中，导管埋入混凝土面的深度宜在 2.0～4.0m 之间，浇筑液面的上升速度不宜小于 3m/h。混凝土浇筑面宜高于地下连续墙设计顶面 500mm。

（14）除有特殊要求外，地下连续墙的施工偏差应符合现行国家标准《建筑地基基础工程施工质量验收规范》GB 50202 的规定。

（15）冠梁的施工应符合"4.4.3.2 混凝土灌注排桩施工与检测"中基本要求第 9 条的规定。

（16）地下连续墙的质量检测应符合下列规定：

1）应进行槽壁垂直度检测，检测数量不得小于同条件下总槽段数的 20%，且不应少于 10 幅；当地下连续墙作为主体地下结构构件时，应对每个槽段进行槽壁垂直度检测；

2）应进行槽底沉渣厚度检测；当地下连续墙作为主体地下结构构件时，应对每个槽段进行槽底沉渣厚度检测；

3）应采用声波透射法对墙体混凝土质量进行检测，检测墙段数量不宜少于同条件下总墙段数的 20%，且不得少于 3 幅，每个检测墙段的预埋超声波管数不应少于 4 个，且宜布置在墙身截面的四边中点处；

4）当根据声波透射法判定的墙身质量不合格时，应采用钻芯法进行验证；

5）地下连续墙作为主体地下结构构件时，其质量检测尚应符合《建筑地基基础工程施工质量验收规范》GB 50202 的要求。

2. 地下连续墙施工

地下连续墙是在地面上采用一种挖槽机械设备，沿着支护或深开挖工程的周边轴线，在泥浆护壁条件下，开挖出一条狭长的深槽，清槽后，在槽内吊放钢筋笼，然后用导管法灌注水下混凝土，筑成一个单元槽段，如此逐段进行，在地下筑成一道连续的钢筋混凝土墙壁，作为截水、防渗、承重、挡土结构。

（1）地下连续墙的特点

1）适用于多种地基条件，对地基的适用范围很广。从软弱的冲积地层到中硬的地层、密实的砂砾层、多种软岩和硬岩等所有的地基均可以建造地下连续墙。

2）施工时振动小、噪声低。这是地下连续墙能在城市建设工程中得到飞速发展的重要原因之一。

3）在建筑物、构筑物密集地区可以施工，对邻近的结构和地下设施没有什么影响。我国的实践已证明，距离现有建筑物基础 1m 左右就可以顺利进行施工。由于地下连续墙的刚度比一般的支护结构刚度大得多，能承受较大的侧向压力，在基坑开挖时，由于其变形小，因而周围地面的沉降少，不会或较少危害邻近的建筑物或构筑物。极少发生地基沉降或塌方事故，已成为深基坑工程中必不可少的挡土结构。

4）防渗性能好。深基础施工时，对地下水处理得如何，直接关系到工程的成败及环保生态效果。特别适用于保护地下水资源，限制进行施工降水的建设工程。

5）可用于"逆作法"施工。将地下连续墙方法与"逆作法"结合，就形成一种深基础和多层地下室施工的有效方法，地下部分可以自上而下施工，这方面我国已有较成熟的经验。

6）可用作刚性基础。即地下连续墙已不再单纯作为挡土、防渗墙，而且可用它代替桩基础、沉井或沉箱基础，承受更大荷载。

（2）材料和施工机械与设备

1) 材料

① 泥浆材料

泥浆（又称护壁泥浆）是地下连续墙施工中成槽槽壁稳定的关键材料，主要起到护壁、携渣、冷却机具和切土滑润的作用。目前工程中大量使用的是膨润土泥浆，另外，还有高分子聚合物泥浆、CMC（羧甲基纤维素）泥浆和盐水泥浆等，其主要成分和外加剂如表 4-4-6 所示。膨润土的化学成分，见表 4-4-7。

护壁泥浆的种类及其主要成分 　　　　　　　　　　　　　　表 4-4-6

泥浆种类	主要成分	常用的外加剂
膨润土泥浆	膨润土、水	分散剂、增黏剂，加重剂、防漏剂
高分子聚合物泥浆	高分子聚合物、水	
CMC泥浆	CMC、水	膨润土
盐水泥浆	膨润、盐水	分散剂、特殊黏土

膨润土的化学成分 　　　　　　　　　　　　　　表 4-4-7

产　生	SiO_2	Al_2O_3	Fe_2O_3	MgO	CaO	细度（目/cm^2）	硅铝率
吉林九台	75.46	13.23	1.52	2.09	1.49	300	5.1
浙江临安	64.09	15.21	2.57	0.19	0.96	260	3.6
南京龙泉	61.75	15.68	2.15	2.57	2.21	260	3.4

注：硅铝率 $=\dfrac{SiO_2}{Al_2O_3+Fe_2O_3}$。

a. 泥浆质量控制指标（表 4-4-8）

泥浆质量的控制指标 　　　　　　　　　　　　　　表 4-4-8

泥浆性能	新配制		循环泥浆		废弃泥浆		检验方法
	黏性土	砂性土	黏性土	砂性土	黏性土	砂性土	
相对密度	1.04~1.05	1.06~1.08	<1.15	<1.25	>1.25	>1.35	比重计
黏度（s）	20~24	25~30	<25	<35	>50	>60	漏斗黏度计
含砂率（%）	<3	<4	<4	<7	>8	>11	洗砂瓶
pH 值	8~9	8~9	>8	>8	>14	>14	试纸
胶体率（%）	>98	>98	—	—	—	—	量杯法
失水量	<10mL/30min	<10mL/30min	<20mL/30min	<20mL/30min	—	—	失水量仪
泥皮厚度	<1mm	<1mm	<2.5mm	<2.5mm	—	—	

在特殊的地质和工程条件下，当仅采用增加膨润土的用量的方法不能满足要求时，可在泥浆中掺入掺合物。增大泥浆相对密度可掺入重晶石（相对密度 4.1~4.2）方铅矿粉末（相对密度 6.8）；在透水性大的砂或砂砾层中，出现泥浆漏失现象可掺入为锯末（参考用量为 1%~2%）、蛭石粉末、稻草末等，达到堵漏目的。

b. 泥浆制备

（a）泥浆配合比

确定泥浆配合比时，首先根据为保持槽壁稳定所需的黏度来确定膨润土的掺量（一般为 6%～10%）、增黏剂 CMC 的掺量（一般为 0.01%～0.30%）和分散剂纯碱的掺量（一般为 0～0.5%）。

配制泥浆时，先根据初步确定的配合比进行试配，如试配制出的泥浆性能符合规定的要求，则可投入使用，否则需修改初步确定的配合比。试配制出的泥浆要按泥浆控制指标的规定进行试验测定。

泥浆性能的控制指标，在不同情况下试验的内容亦有所不同：在确定泥浆配合比时，要测定黏度、相对密度、含砂量、稳定性、胶体率、静切力、pH 值、失水量和泥皮厚度；在检验黏土造浆性能时，要测定胶体率、相对密度、稳定性、黏度和含砂量；新生产的泥浆、回收重复利用的泥浆、浇筑混凝土前槽内的泥浆，主要测定黏度、相对密度和含砂量。

新鲜泥浆基本配合比和性能指标，参见表 4-4-9、表 4-4-10。

新鲜泥浆基本配合比 表 4-4-9

泥浆材料	膨润土	纯碱	CMC	水
1m³ 投料量（kg）	116.6	4.664	0.583	949.3

新鲜泥浆性能指标 表 4-4-10

项 目	黏度（s）	相对密度	pH 值	失水量（cc）	泥皮厚（mm）
指标	18～20	1.0～1.25	7～9	≤30	≤2

（b）泥浆需要量

地下连续墙施工泥浆需要量主要是按泥浆损失量进行计算，可参考下式进行估算：

$$Q = \frac{V}{n} + \frac{V}{n}\left(1 - \frac{K_1}{100}\right)(n-1) + \frac{K_2}{100}V \qquad (4-4-18)$$

式中　Q——泥浆总需要量（m³）；

　　　V——设计总挖土量（m³）；

　　　n——单元槽段数量；

　　　K_1——浇筑混凝土时的泥浆回收率（%），一般为 60%～80%；

　　　K_2——泥浆消耗率（%），一般为 10%～20%。

（c）泥浆搅拌和贮存

泥浆应经过充分搅拌，常用方法有：低速卧式搅拌机搅拌、高速回转式搅拌机搅拌、螺旋桨式搅拌机搅拌、压缩空气搅拌、离心泵重复循环。新配制的泥浆应静置 24h 以上，使膨润土充分水化后方可使用，使用中应经常测定泥浆指标。成槽结束时要对泥浆进行清底置换，不达标的泥浆应按环保规定予以废弃。

常用高速回转式搅拌机和喷射式搅拌机（图 4-4-24）两类。搅拌设备应保证必要的泥浆性能，搅拌效率要高，能在规定时间内供应所需泥浆。亦可将高速回转式搅拌机与喷射式搅拌机组合使用进行制备泥浆，即先经过喷嘴喷射拌合后再进入高速回转搅拌机拌合，直至泥浆达到设计浓度。

泥浆存贮位置以不影响地下连续墙施工为原则，泥浆输送距离不宜超过 200m，否则应在适当地点位置设置泥浆回收接力池。

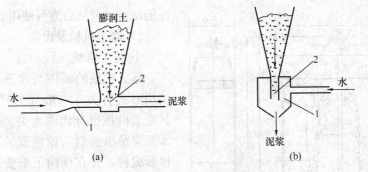

图 4-4-24　喷射式搅拌机工作原理

(a) 水平形；(b) 垂直形

1—喷嘴；2—真空部位

泥浆存贮池分搅拌池、储浆池、重力沉淀池及废浆池等，其总容积为单元槽段体积的3～3.5 倍左右。贮存泥浆宜用钢贮浆罐或地下、半地下式贮浆池。如用立式贮浆罐或离地一定高度的卧式贮浆罐，则可自流送浆或补浆，无须送浆泵。贮浆罐容积应适应施工的需要。如用地下或半地下式贮浆池，要防止地面水和地下水流入池内。

c. 泥浆处理

在地下连续墙施工过程中，泥浆要与地下水、砂、土、混凝土接触，膨润土、掺合料等成分会有所消耗，而且也混入一些土渣和电解质离子等，使泥浆受到污染而质量恶化。泥浆的恶化程度与挖槽方法、土的种类、地下水性质和混凝土浇筑方法等有关。其中尤其是挖槽方法影响更大，如用钻抓法挖槽，泥浆污染就较少，因为大量的土渣由抓斗直接抓出装车运走；而用反循环的多头钻成槽则泥浆污染较大，因为用这种方法挖槽时挖下来的土要由循环流动的泥浆带出。另外，如地下水内含盐分或化学物质，则会严重污染泥浆。

被污染后恶化了的泥浆，经处理后仍可重复使用，如污染严重难以处理或处理不经济者则舍弃。

泥浆处理分土渣分离处理（物理再生处理）和污染泥浆化学处理（化学再生处理）。其中物理处理又分重力沉淀和机械处理两种，重力沉降处理是利用泥浆与土渣的相对密度差使土渣产生沉淀的方法，机械处理是使用专用除砂除泥装置回收。

泥浆经处理后，用控制泥浆质量的各项指标进行检验，如果需要可再补充掺入材料进行再生调制。经再生调制的泥浆，送入贮浆泥（罐），待新掺入的材料与处理过的泥浆完全融合后再重复使用。

② 混凝土浇筑材料

a. 水泥：用强度等级 42.5 级普通硅酸盐水泥或 32.5 级矿渣硅酸盐水泥，要新鲜无结块，不含杂质。

b. 砂：宜用粒度良好的中、粗砂，含泥量小于 5%。

c. 石子：宜采用卵石，如使用碎石，应适当增加水泥用量及砂率，以保证坍落度及和易性的要求，其最大粒径不应大于导管内径的 1/6 和钢筋最小间距的 1/4，且不大于40mm。含泥量小于 1%。

d. 外加剂：可根据需要掺加减水剂、缓凝剂等外加剂，掺入量应通过试验确定。

e. 钢筋：按设计要求选用，应有出厂质量证明书或试验报告单，并应取试样做机械

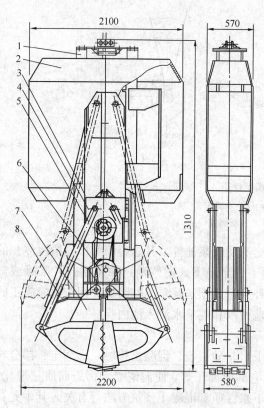

图 4-4-25 索式斗体推压式导板抓斗

1—导轮支架；2—导板；3—导架；4—动滑轮座；
5—提杆；6—定滑轮；7—斗体；8—弃土压板

性能试验，合格后方可使用。

2）施工机械及设备

① 施工机械

施工机械的采用与地下连续墙的施工结构形式有关，一般分为柱列式和壁式，其施工机械也分为两大类。前者主要通过水泥浆及添加剂与原位置的土进行混合搅拌形成桩，并在横向上重叠搭接形成连续墙；后者则由水泥浆与原位置土搅拌形成连续墙，并就地灌注混凝土形成连续墙。柱列式地下连续墙施工机械设备一般采用长螺旋钻孔机和原位置土混合搅拌壁式地下连续墙（TRD工法）施工设备；壁式地下连续墙施工机械设备一般采用抓斗式成槽机、回转式成槽机及冲击式三大类，抓斗式包括悬吊式液压抓斗成槽机、导板式液压抓斗成槽机和导杆式液压抓斗成槽机三种，回转式包括垂直多轴式成槽机和水平多轴式回转钻成槽机（铣槽机）两种。见图 4-4-25～图 4-4-31。

② 槽段接头设备

有金属接头管、履带或轮胎式起重机、顶升架（包括支承架、大行程千斤顶和油泵等）或振动拔管机等。

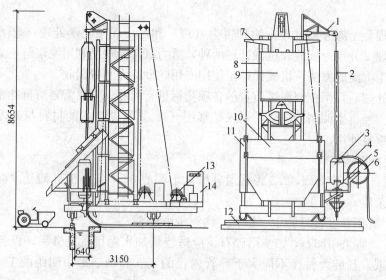

图 4-4-26 钻抓式成槽机

1—电钻吊臂；2—钻杆；3—潜水电钻；4—泥浆管及电缆；5—钳制台；6—转盘；7—吊臂滑车；8—机架立柱；9—导板抓斗；10—出土上滑槽；11—出土下滑槽架；12—轨道；13—卷扬机；14—控制箱

③ 其他机具设备

有钢筋对焊机，弯曲机，切断机，交、直流电焊机及混凝土浇筑机具等。

（3）施工槽段接头构造

施工接头是浇筑地下连续墙时在墙的纵向连接两相邻单元墙段的接头。

1）确定槽段间接头的构造时应考虑以下因素：

① 对下一单元槽段的成槽施工不会造成困难。

② 不会造成混凝土从接头下端及侧面流入背面。

③ 能承受混凝土侧压力，不致严重变形。

④ 根据结构设计的要求，传递单元槽段之间的应力，并起到伸缩接头的作用。

⑤ 槽段较深需将接头管分段吊入时应装拆方便。

⑥ 在难以准确进行测定的泥浆中能够较准确的进行施工。

⑦ 造价低廉。

2）常用的施工接头有以下几种：

① 接头管接头：这是地下连续墙施工应用最多的一种施工接头。施工时，待一个单元槽段土方挖好后，于槽段端部用吊车放入接头管，然后吊放钢筋笼并浇筑混凝土，待浇筑的混凝土强度达到 0.05～0.20MPa 时（一般在混凝土浇筑后 3～5h，视气温而定），开始用吊车或液压顶升架提拔接头管，上拔速度应与混凝土浇筑速度、混凝土强度增长速度相适应，一般为（2～4）m/h，应在混凝土浇筑结束后 8h 以内将接头管全部拔出。接头管直径一般比墙厚小 50mm，可根据需要分段接头。 接头管拔出后，

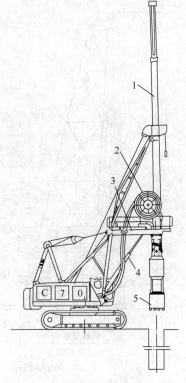

图 4-4-27　导杆液压抓斗
构造示意图

1—导杆；2—液压管线回收轮；
3—平台；4—调整倾斜度用的
千斤顶；5—抓斗

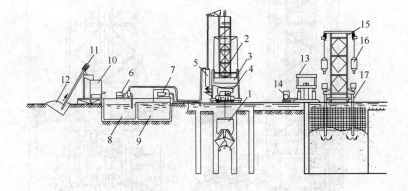

图 4-4-28　地下连续墙用钻抓法施工的工艺布置

1—导板抓斗；2—机架；3—出土滑槽；4—翻斗车；5—潜水电站；6、7—吸泥泵；8—泥浆池；9—泥浆沉淀池；10—泥浆搅拌机；11—螺旋输送机；12—膨润土；13—接头管顶升架；14—油泵车；15—混凝土浇灌机；16—混凝土吊斗；17—混凝土导管

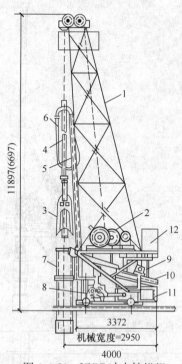

图 4-4-29 ICOS 冲击钻机组

1—机架；2—卷扬机；3—钻斗；4—钻杆；5—
中间输浆管；6—输浆软管；7—导向套管；8—
泥浆循环泵；9—振动筛电动机；10—振动筛；
11—泥浆槽；12—泥浆搅拌机

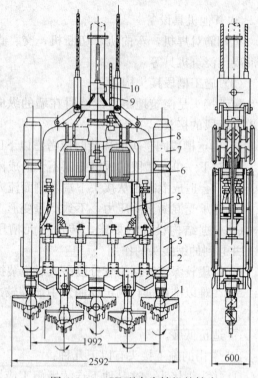

图 4-4-30 SF 型多头钻机的钻头

1—钻头；2—侧刀；3—导板；4—齿轮箱；5—减速箱；
6—潜水电动机；7—纠偏装置；8—高压进气管；9—泥浆
管；10—电缆结头

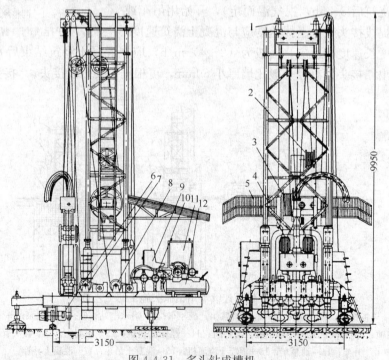

图 4-4-31 多头钻成槽机

1—小台令；2、3—电缆收线盘；4—多头钻机机头；5—雨篷；6—行走电动机；
7、8—卷扬机；9—操作台；10—卷扬机；11—配电箱；12—空气压缩机

单元槽段的端部形成半圆形，继续施工即形成两相邻单元槽段的接头，它可以增强整体性和防水能力，其施工过程如图 4-4-32 所示。

当施工宽 900～1200mm、深 50～100m 的地下连续墙时，用液压顶升架在混凝土浇筑结束后再就位顶拔就较困难。可采用"注砂钢管接头工艺"（图 4-4-33）。

② 接头箱接头：接头箱接头可以使地下连续墙形成整体接头，接头的刚度较好。接头箱接头的施工方法与接头管接头相似，见图 4-4-34。

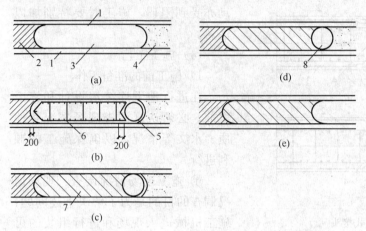

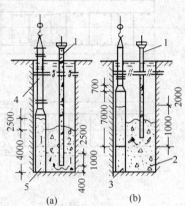

图 4-4-32　接头管接头的施工程序

（a）开挖槽段；（b）吊放接头管和钢筋笼；（c）浇筑混凝土；
（d）拔出接头管；（e）形成接头

1—导墙；2—已浇筑混凝土的单元槽段；3—开挖的槽段；
4—未开挖的槽段；5—接头管；6—钢筋笼；7—正浇筑
混凝土的单元槽段；8—接头管拔出后的孔洞

图 4-4-33　注砂钢管接头工艺

（a）开始浇筑混凝土时；
（b）注砂钢管开始上拔

1—混凝土导管；2—浇筑的地下连续
墙混凝土；3—砂桩；4—注砂钢管；
5—注砂钢管用的砂

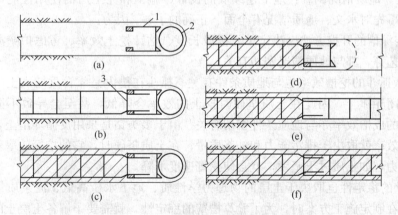

图 4-4-34　接头箱接头的施工程序

（a）插入接头箱；（b）吊放钢筋笼；（c）浇筑混凝土；（d）吊出接头管；
（e）吊放后一槽段的钢筋笼；（f）浇筑后一槽段的混凝土，形成整体接头

1—接头箱；2—接头管；3—焊在钢筋笼上的钢板

③ 隔板式接头：隔板式接头按隔板的形状分为平隔板、榫形隔板和 V 形隔板（图 4-4-35）。由于隔板与槽壁之间难免有缝隙，为防止新浇筑的混凝土渗入，要在钢筋笼的两边铺贴维尼龙等化纤布。化纤布可把单元槽段钢筋笼全部罩住，也可以只有 2～3m 宽。

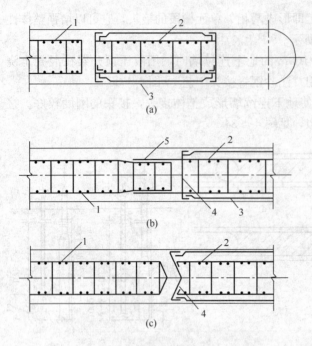

图 4-4-35　隔板式接头

(a) 平隔板；(b) 榫形隔板；(c) V形隔板

1—正在施工槽段的钢筋笼；2—已浇筑混凝土槽段的钢筋笼；

3—化纤布；4—钢隔板；5—接头钢筋

要注意吊入钢筋笼时不要损坏化纤布。

带有接头钢筋的榫形隔板式接头，能使各单元墙段形成一个整体，是一种较好的接头方式。但插入钢筋笼较困难，且接头处混凝土的流动亦受到阻碍，施工时要特别加以注意。

(4) 施工工艺

1) 施工前的准备工作

在进行地下连续墙设计和施工之前，必须认真调查现场情况和地质、水文等情况，以确保施工的顺利进行。

① 施工现场情况调查：现场情况调查的目的是为了解决下述问题：施工机械进入现场和进行组装的可能性；挖槽时弃土的处理和外运；给水排水和供电条件；地下障碍物和相邻建（构）筑物情况；噪声、振动与污染等公害引起的有关问题等。

② 水文、地质情况调查：地下连续墙的设计、施工和完工后的使用性能，在很大程度上取决于事先对水文、地质情况有全面、正确的了解。因为：

a. 确定深槽的开挖方法、决定单元槽段长度、估计挖土效率、考虑护壁泥浆的配合比和循环工艺等，都与地质情况密切有关。

b. 导板抓斗的挖槽效率也与地质条件有关。抓斗在槽内是靠自重切入土内，以钢索或液压设备闭斗抓土，因此在土质坚硬时挖土的效率会降低，甚至会导致不能抓土。同样，多头钻的成槽效率亦与地质条件密切有关。由于多头钻是采用反循环出土，在土质松软时，挖掘效率就取决于排污能力和补浆质量；在土质坚硬时，它的挖掘效率就取决于钻头的切削能力，如土质过于坚硬，就会使挖掘速度下降。

c. 槽壁的稳定性也取决于土层的物理力学性质、地下水位高低、泥浆质量和单元槽段的长度。在制定施工方案时，为了验算槽壁的稳定性，就需要了解各土层土的重力密度 γ、内摩擦角 φ、内聚力 c 等物理力学指标。

d. 基坑坑底的土体稳定也和坑底以下土的物理力学指标密切有关，在验算坑底隆起和管涌时，需要土的重力密度 γ、土的单轴抗压强度 q_u、内摩擦角 φ、内聚力 c、地下水重力密度和地下水位高度等数据。

e. 在研究地下连续墙施工用泥浆向地层渗透是否会污染邻近的水井等水源时，也需利用土的渗透系数等指标参数。

③ 认真细致地制定施工方案，一般应包括：

a. 工程特点，水文、地质和周围情况以及其他与施工有关条件的说明。

b. 挖掘机械等施工设备的选择。

c. 导墙设计。

d. 单元槽段划分及其施工顺序。

e. 预埋件和地下连续墙与内部结构连接的设计和施工详图。

f. 护壁泥浆的配合比、泥浆循环管路布置、泥浆处理和管理。

g. 废泥浆和土渣的处理。

h. 钢筋笼加工详图，钢筋笼加工、运输和吊放所用的设备和方法。

i. 混凝土配合比设计，混凝土供应和浇筑方法。

j. 动力供应和供水、排水设施。

k. 施工平面图布置：包括挖掘机械运行路线；挖掘机械和混凝土浇灌机架布置；出土运输路线和堆土处；泥浆制备和处理设备；钢筋笼加工及堆放场地；混凝土搅拌站或混凝土运输路线；其他必要的临时设施等。

l. 工程施工进度计划，材料及劳动力等的供应计划。

m. 安全措施、质量管理措施和技术组织措施等。

2）施工工艺流程（多头钻施工及泥浆循环工艺，图 4-4-36）

3）导墙修筑

① 导墙的作用：

a. 挡土墙。在挖掘地下连续墙沟槽时，接近地表的土极不稳定，容易坍陷，而泥浆也不能起到护壁的作用，因此在单元槽段完成之前，导墙就起挡土墙作用，为防止导墙在土压力和水压力作用下产生位移，一般在导墙内侧每隔 1m 左右加设上、下两道木支撑（其规格多为 50mm×100mm 和 100mm×100mm），如附近地面有较大荷载或有施工机械运行时，还可在导墙内每隔 20～30cm 设钢闸板支撑，以防止导墙位移位变形。

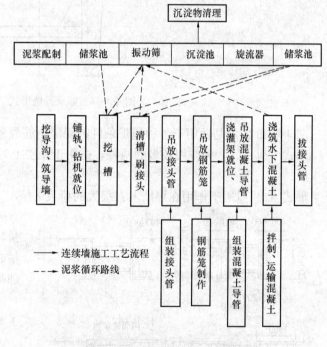

图 4-4-36　多头钻施工及泥浆循环工艺

b. 作为测量的基准，它规定了沟槽的位置，表明单元槽段的划分，同时也作为测量挖槽标高、垂直度和精度的基准。

c. 作为重物的支承，它既是挖槽机械轨道的支承，又是钢筋笼、接头管等搁置的支点，有时还承受其他施工设备的荷载。

d. 存蓄泥浆。导墙可存蓄泥浆，稳定槽内泥浆液面。泥浆液面应始终保持在导墙面以下 200mm，并高于地下水位 1.0m，以稳定槽壁。

　　此外，导墙还可防止泥浆漏失；阻止雨水等翻面水流入槽内；地下连续墙距现有建筑物很近时，施工时还起一定的控制地面沉降和位移的作用；在路面下施工时，可起到支承横撑的水平导梁的作用。

　　② 导墙的形式：导墙一般为现浇的钢筋混凝土结构，但亦有钢制的或预制钢筋混凝土的装配式结构，可多次重复使用。不论采用哪种结构，都应具有必要的强度、刚度和精度，而且一定要满足挖槽机械的施工要求，现浇钢筋混凝土导墙见图 4-4-37。

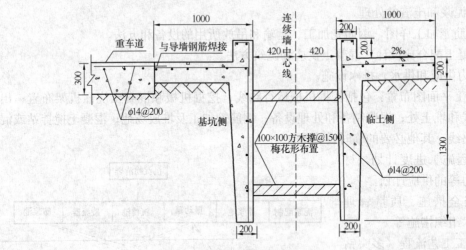

图 4-4-37　标准导墙形式

　　图 4-4-38 所示是适用于各种施工条件的现浇钢筋混凝土导墙的形式：

　　形式（a）、（b）为应用较多的两种，适用于表层土为杂填土、软黏土等承载能力较弱的土层。

　　形式（c）适用于作用在导墙上有很大的荷载的情况。

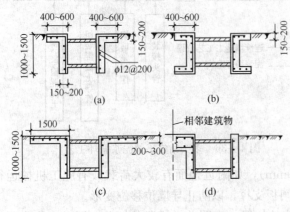

图 4-4-38　各种导墙的形式

当地下连续墙距现有建（构）筑物很近，对相邻结构需要加以保护时，宜采用形式（d）的导墙，其邻近建（构）筑物的一肢适当加强。

　　③ 在确定导墙形式时，应考虑下列因素：

　　a. 表层土的特性，表层土体是密实的还是松散的，是否为回填土，土体的物理力学性能如何，有无地下埋设物等；

　　b. 荷载情况，挖槽机械的重量与组装方法，钢筋笼的重量，挖槽

与浇筑混凝土时附近存在的静载与动载情况；

　　c. 地下连续墙施工时对邻近建（构）筑物可能产生的影响；

　　d. 地下水的状况。地下水位的高低及其水位变化情况；

e. 当施工作业面在地面以下时（如在路面以下施工），对先施工的临时支护结构的影响。

4）施工工艺

① 导墙的施工顺序：测量放样→开挖沟槽→浇筑素混凝土垫层→绑扎钢筋→支模→浇筑导墙混凝土→拆模并设置横撑→导墙沟回填。

② 工艺要点：

a. 导墙宜筑于密实的黏性土地基上。墙背宜以土壁代模，以防止槽外地表水渗入槽内。如果墙背侧需回填土时，应用黏性土分层夯实，以免漏浆。每个槽段内的导墙应设一个溢浆孔。

b. 导墙的水平钢筋必须连接，使导墙成为墙体。导墙施工接头位置应与地下连续墙施工接头位置错开。

c. 导墙面应高于地面约10cm，可防止地面水流入槽内污染泥浆。导墙的内墙面应平行于地下连续墙轴线，对轴线距离的最大允许偏差为±10mm；内外导墙面的净距，应为地下连续墙名义墙厚加40mm，净距的允许误差为±5mm，墙面应垂直；导墙顶面应水平，全长范围内的高差应小于±10mm，局部高差应小于5mm。导墙的基底应和土面密贴，以防槽内泥浆渗入导墙后面。

d. 导墙顶面应高出地下水位1m以上，以保证槽内泥浆液面高于地下水位0.5m以上，且不低于导墙顶面0.3m。

e. 导墙混凝土强度应达到70%以上方可拆模。拆模后，应立即将导墙间加木支撑，直至槽段开挖拆除。严禁重型机械通过、停置或作业，以防导墙开裂或变形。

5）泥浆制备与使用

见"（2）材料和施工机械与设备中1）材料"。

6）槽段开挖

① 挖槽施工前应预先将连续墙划分为若干个单元槽段，其长度一般为4～7m。每个单元槽段由若干个开挖段组成。在导墙顶面划好槽段的控制标记，如有封闭槽段时，必须采用两段式成槽，以免导致最后一个槽段无法钻进。

划分单元槽段时尚应考虑单元槽段之间的接头位置，一般情况下接头避免设在转角处及地下连续墙与内部结构的连接处，以保证地下连续墙有较好的整体性。单元槽段划分还与接头形式有关。外纵墙的槽段接头应避开与横隔墙连接处，而横隔墙则应采用整体式接头进行连接（图4-4-39）。

② 成槽前对钻机进行一次全面检查，各部件必须连接可靠，特别是钻头连接螺栓不得有松脱现象。

③ 为保证机械运行和工作平稳，轨道铺设应牢固可靠，道砟应铺填密实。轨道宽度允许误差为

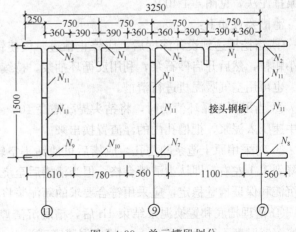

图4-4-39 单元槽段划分

±5mm，轨道标高允许误差±10mm。连续墙钻机就位后应使机架平稳，并使悬挂中心点和槽段中心一致。钻机调好后，应用夹轨器固定牢靠。

④ 挖槽过程中，应保持槽内始终充满泥浆，以保持槽壁稳定。成槽时，按排渣和泥浆循环方式分为正循环和反循环。当采用砂浆排渣时，按砂泵是否潜入泥浆中，又分为泵举式和泵吸式。一般采用泵举式反循环方式排渣，操作简便，排泥效率高，但开始钻进须先用正循环方式，待潜水砂石泵电机潜入泥浆中后，再改用反循环排泥。

⑤ 当遇到坚硬地层或遇到局部岩层无法钻进时，可采用冲击钻将其破碎，用空气吸泥机或砂石泵将土渣吸出地面。

⑥ 成槽时要随时掌握槽孔的垂直精度，应利用钻机的测斜装置经常观测偏斜情况，不断调整钻机操作，并利用纠偏装置来调整下钻偏斜。

⑦ 挖槽时应加强观测，如槽壁发生较严重的局部坍落时，应及时回填并妥善处理。槽段开挖结束后，应检查槽位、槽深、槽宽及槽壁垂直度等项目，合格后方可进行清槽换浆。在挖槽过程中应做好施工记录。

7）清槽

清槽是地下连续墙施工中的一项重要工作。必须做好。

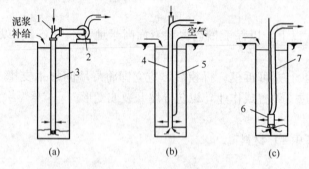

图 4-4-40　清槽方法

(a) 砂石吸力泵排泥；(b) 压缩空气升液排泥；(c) 潜水泥浆泵排泥
1—接合器；2—砂石吸力泵；3—导管；4—导管或排泥管；
5—压缩空气管；6—潜水泥浆泵；7—软管

清槽的方法，一般有沉淀法和置换法两种。沉淀法是在土渣基本都沉淀到槽底之后再进行清底；置换法是在挖槽结束之后，对槽底进行认真清理，然后在土渣还没有再沉淀之前就用新泥浆把槽内的泥浆置换出来，使槽内泥浆的相对密度在 1.15 以下。我国多用后者的置换法进行清底。

清除沉渣的方法，常用的有：①砂石吸力泵排泥法；②压缩空气升液排泥法；③带搅动翼的潜水泥浆泵排泥法，见图 4-4-40。

清槽要点如下：

① 当挖槽达到设计深度后，应停止钻进，仅使钻头空转不进尺，将槽底残留的土打成小颗粒，然后开启砂石泵，利用反循环抽浆，持续吸渣 10～15min，将槽底钻渣清除干净。也可用空气吸泥机进行清槽。

② 当采用正循环清槽时，将钻头提高槽底 100～200mm，空转并保持泥浆正常循环，以中速压入泥浆，把槽孔内的浮渣置换出来。

③ 对采用原土造浆的槽孔，成槽后可使钻头空转不进尺，同时射水，待排出泥浆密度降到 1.1 左右，即认为清槽合格。但当清槽后至浇筑混凝土间隔时间较长时，为防止泥浆沉淀和保证槽壁稳定，应采用符合要求的新泥浆将槽孔的泥浆全部置换出来。

④ 清理槽底和置换泥浆结束 1h 后，槽底沉渣厚度不得大于 150mm；浇筑混凝土前槽底沉渣厚度不得大于 200mm，槽内泥浆密度为 1.1～1.25、黏度为 18～22s、含砂量应

小于 8%。

8）钢筋笼制作与安装

① 钢筋笼制作

a. 钢筋笼根据地下连续墙墙体配筋图和单元槽段的划分来制作。钢筋笼最好按单元槽段做成一个整体。如果地下连续墙很深或受起重设备起重能力的限制，需要分段制作，吊放时再连接时，接头宜用绑条焊接，纵向受力钢筋的搭接长度，如无明确规定时可采用 60 倍的钢筋直径。

b. 钢筋笼端部与接头管或混凝土接头面间应留有 15～20cm 的空隙。主筋净保护层厚度通常为 7～8cm，保护层垫块厚 5cm，在垫块和墙面之间留有 2～3cm 间隙。

c. 制作钢筋笼时要预先确定浇筑混凝土用导管的位置，由于这部分要上下贯通，因而周围需增设箍筋和连接筋进行加固。尤其在单元槽段接头附近插入导管，由于此处钢筋较密集，更需特别加以处理。

d. 横向钢筋有时会阻碍导管插入，所以纵向主筋应放在内侧，横向钢筋放在外侧（图 4-4-41）。纵向钢筋的底端应距离槽底面 100～200mm，底端应稍向内弯折，以防止吊放钢筋笼时擦伤槽壁，但向内弯折的程度不应影响插入混凝土导管。纵向钢筋的净距不得小于 100mm。

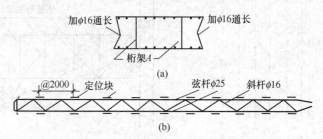

图 4-4-41　钢筋笼构造示意图

（a）横剖面图；（b）纵向桁架的纵剖面图

e. 加工钢筋笼时，要根据钢筋笼重量、尺寸以及起吊方式和吊点布置，在钢筋笼内布置一定数量的纵向桁架（图 4-4-42）。

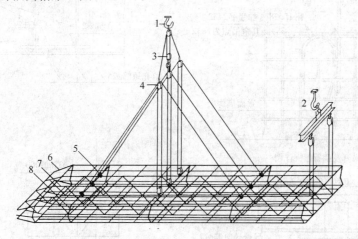

图 4-4-42　钢筋笼的构造与起吊方法

1、2—吊钩；3、4—滑轮；5—卸甲；6—端部向里弯曲；7—纵向桁架；8—横向架立桁架

为了防止钢筋笼在吊装时产生不可复原的变形，保证钢筋笼吊装安全，吊点位置的确定与吊环、吊具的安全性应经过设计验算，吊筋与吊环必须同纵向桁架主筋焊接。

　　制作钢筋笼时，要根据配筋图确保钢筋的正确位置、间距及根数。纵向钢筋接头宜采用焊接。钢筋连接除四周两道钢筋的交点需全部点焊外，其余的可采用 50% 交错点焊。所有用于内部结构连续的预埋件、预埋钢筋等，应与钢筋笼焊牢固（图 4-4-43）。

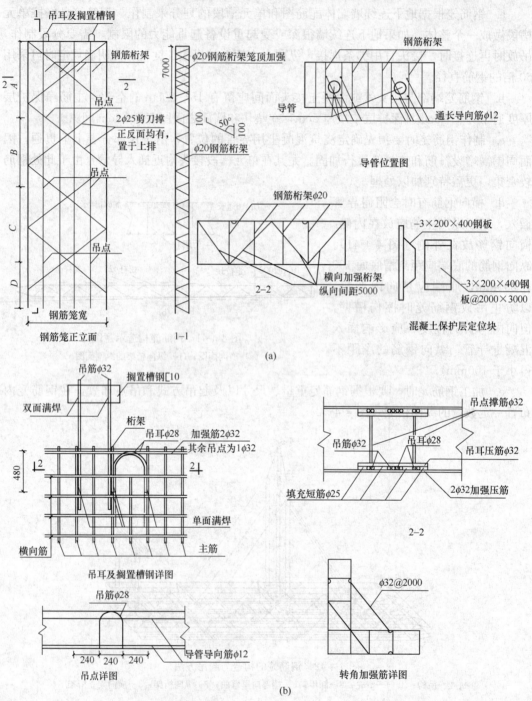

图 4-4-43　钢筋笼起吊加固措施
(a) 起吊加固措施 (1)；(b) 起吊加固措施 (2)

f. 钢筋笼制作允许偏差，见表 4-4-11。

钢筋笼制作允许偏差 表 4-4-11

项　目	偏差（mm）	检 查 方 法
钢筋笼长	±50	钢尺量，每片钢筋网检查上、中、下三处
钢筋笼宽度	±20	
钢筋笼厚度	0，—10	
主筋间距	±10mm	任取一断面，连续量间距，取平均值作为一点，每片钢筋网上量测四点
分布筋间距	±20mm	
预埋件中心位置	±10mm	抽查

② 钢筋笼吊放

a. 钢筋笼吊放应使用起吊架，采用双索或四索起吊，以防起吊时因钢索的收紧力而引起钢筋笼变形。同时要注意在起吊时不得拖拉钢筋笼，以免造成弯曲变形。为避免钢筋笼吊起后在空气中摆动，应在钢筋笼下端系上溜绳，用人力加以控制。

b. 钢筋笼需要分段吊入接长时，应注意不得使钢筋笼产生变形。下段钢筋笼入槽后，临时穿钢管搁置在导墙上，再焊接接长上段钢筋笼。钢筋笼吊入槽内时，吊点中心必须对准槽段中心，竖直缓慢放至设计标高，再用吊筋穿管搁置在导墙上。如果钢筋笼不能顺利地插入槽内，应重新吊出，查明原因，采取相应措施加以解决，不得强行插入。

9）浇筑水下混凝土

① 混凝土浇筑之前，有关槽段的准备工作如下：

② 混凝土配合比：在确定地下连续墙工程中所用混凝土的配合比，应考虑到混凝土采用导管法在泥浆中浇筑的特点。除满足一般水工混凝土的要求外，尚应考虑泥浆中浇筑的混凝土的强度随施工条件变化较大，在整个墙面上的强度分散性亦大，因此，混凝土应

按照比结构设计规定的强度等级提高一级进行配合比设计。

粗骨料宜用粒径 5～25mm 的河卵石。如用 5～40mm 的碎石，应适当增加水泥用量和提高砂率，以保证所需的坍落度与和易性。水泥应采用 42.5 级的普通硅酸盐水泥和矿渣硅酸盐水泥，单位水泥用量，粗骨料如为卵石应在 370kg/m³ 以上，如采用碎石并掺加减水剂，应在 400kg/m³ 以上，如采用碎石而未掺加减水剂时，应在 420kg/m³ 以上。水灰比不大于 0.60。混凝土的坍落度宜为 18～20cm，并应有一定的流动度保持率；坍落度降低至 15cm 的时间，一般不宜小于 1h；扩散度宜为 34～38cm；混凝土拌合物的含砂率不小于 45%；混凝土的初凝时间，应能满足混凝土浇筑和接头施工工艺要求，一般不宜低于 3～4h。

③ 混凝土浇筑：

a. 接头管和钢筋就位后，应检查沉渣厚度并在 4h 以内浇筑混凝土。浇筑混凝土必使用导管，其内径一般选用 250mm，每节长度一般为 2.0～2.5mm。导管要求连接牢靠，接头用橡胶圈密封，防止漏浆。导管接头若用法兰连接，应设锥形法兰罩，以防拔管时挂住钢筋。

b. 在单元槽段较长时，应使用多根导管浇筑，导管内径与导管间距的关系一般是：导管内径为 150mm，200mm，250mm 时，其间距分别为 2m，3m，3～4m，且距槽段端部均不得超过 1.5m。为防止泥浆卷入导管内，导管在混凝土内必须保持适宜的埋置深度，一般应控制在 2～4m 为宜。在任何情况下，不得小于 1.5m 或大于 6m。

c. 混凝土浇筑应连续进行，槽内混凝土面上升速度一般不宜小于 2m/h，中途不得间歇。在浇筑过程中应随时掌握混凝土浇筑量，应有专人每 30min 测量一次导管埋深和管外混凝土标高。测定应取三个以上测点，用平均值确定混凝土上升状况，以决定导管的提拔长度。当混凝土不能畅通时，应将导管上下提动，慢提快放，但不宜超过 300mm。导管不能做横向移动。提升导管应避免碰挂钢筋笼。

d. 随着混凝土的上升，要适时提升和拆卸导管，导管底端埋入混凝土面以下一般保持 2～4m，不宜大于 6m，并不小于 1.5m，严禁把导管底端提出混凝土上面。

e. 在一个槽段内同时使用两根导管浇筑混凝土时，其间距不应大于 3.0m，导管距槽段端头不宜大于 1.5m，混凝土应均匀上升，各导管处的混凝土表面的高差不宜大于 0.3m，混凝土浇筑完毕，终浇混凝土面高程应高于设计要求 0.3～0.5m，此部分浮浆层以后凿去。

10) 接头部位施工

① 连续墙各单元槽段间的接头形式，一般常用的为半圆形接头形式，见"(3) 施工槽段接头构造"。浇筑混凝土后，根据混凝土的凝结速度，徐徐将接头管拔出。在浇筑下段混凝土前，应用特制的钢丝刷子沿接头处上下往复移动数次，刷去接头处的残留泥浆，以利新旧混凝土的结合。

接头管一般用 10mm 厚钢板卷成。槽孔较深时，做成分节拼装式组合管，各单节长度为 6m、4m、2m 不等，便于根据槽深接成合适的长度。外径比槽孔宽度小 10～20mm，直径误差在 ±3mm 以内。接头管表面要求平整光滑，连接紧密可靠，一般采用承插式销接。各单节组装好后，要求上下垂直。

② 接头管一般用起重机组装、吊放。吊放时要紧贴单元槽段的端部和对准槽段中心，

保持接头管垂直并缓慢地插入槽内。下端放至槽底，上端固定在导墙或顶升架上。

③ 提拔接头管宜使用顶升架（或较大吨位吊车），顶升架上安装有大行程（1～2m）、起重量较大（50～100t）的液压千斤顶两台，配有专用高压油泵。

④ 提拔接头管必须掌握好混凝土的浇筑时间、浇筑高度、混凝土的凝固硬化速度，一般宜在混凝土开始浇筑后 2～3h 即开始提动接头管，然后使管子回落。以后每隔 15～20min 提动一次，每次提起 100～200mm，使管子在自重下回落，说明混凝土尚处于塑性状态。如管子不回落，管内又没有涌浆等异常现象，宜每隔 20～30min 拔出 0.5～1.0m，如此重复。在混凝土浇筑结束后 5～8h 内将接头管全部拔出。

3. 质量检验标准

(1) 施工中应检查成槽的垂直度、槽底的淤积物厚度、泥浆相对密度、钢筋笼尺寸、浇筑导管位置、混凝土上升速度、浇筑面标高、地下墙连接面的清洗程度、商品混凝土的坍落度、锁口管的拔出时间及速度等。

(2) 成槽结束后应对成槽的宽度、深度及倾斜度进行检验，重要结构每段槽段都应检查，一般结构可抽查总槽段数的 20%，每槽段应抽查 1 个段面。

(3) 每 50m³ 地下连续墙应做 1 组试件，每幅槽段不得少于 1 组，在强度满足设计要求后方可开挖土方。

(4) 地下连续墙的质量检验标准见表 4-4-12。

地下连续墙质量检验标准

表 4-4-12

项目	序号	检查项目		允许偏差或允许值		检查方法
				单位	数值	
主控项目	1	墙体强度		设计要求		查试件记录或取芯试压
	2	垂直度：永久结构			1/300	测声波测槽仪或成槽机上的监测系统
		临时结构			1/150	
一般项目	1	导墙尺寸	宽度	mm	W+40	用钢尺量，W 为地下连续墙设计厚度
			墙面平整度	mm	<5	用钢尺量
			导墙平面位置	mm	±10	用钢尺量
	2	沉渣厚度：永久结构		mm	≤100	重锤测或沉积物测定仪测
		临时结构		mm	≤200	
	3	槽深		mm	+100	重锤测
	4	混凝土坍落度		mm	180～220	坍落度测定器
	5	钢筋笼尺寸	主筋间距	mm	±10	用钢尺量
			主筋长度	mm	±100	用钢尺量
			箍筋间距	mm	±20	用钢尺量
			直径	mm	±10	用钢尺量
	6	地下墙表面平整度	永久结构	mm	<100	此为均匀黏土层，松散及易坍土层由设计决定
			临时结构	mm	<150	
			插入式结构	mm	<20	
	7	永久结构时的预埋件位置	水平向	mm	≤10	用钢尺量
			垂直向	mm	≤20	水准仪

注：引自《建筑地基基础工程施工质量验收规范》GB 50202—2002。

4.4.5 土层锚杆支护工程

锚杆支护结构是挡土结构与外拉系统相结合的一种深基坑组合式支护结构。主要由挡土支护结构、腰梁和锚杆三部分组成。它是在深开挖的排桩墙、地下连续墙或已开挖的基坑立壁土层钻孔一定设计深度，形成柱状或其他形状，在孔内放入钢筋、钢绞线，灌入水泥浆，可施加预应力，使之与土层结合成为抗拉（拔）力强的锚杆。它的一端与工程结构物或挡土桩墙连接，另一端锚固在地基的土层或岩层中，其特点是能与土体结合在一起承受很大的拉力，以保持结构的稳定。

土层锚杆有多种类型，基坑工程中主要采用钢绞线锚杆，当设计的锚杆承载力较低时，有时也采用钢筋锚杆。钢绞线锚杆杆体为预应力钢绞线，具有强度高、性能好、运输安装方便等优点，其抗拉强度设计值是普通热轧钢筋的 4 倍左右，是性价比最好的杆体材料。预应力钢绞线锚杆在张拉锁定的可操作性、施加预应力的稳定性方面均优于钢筋。因此，预应力钢绞线锚杆应用最多、也最有发展前景。钢绞线锚杆又可细分为多种类型，最常用的是拉力型预应力锚杆，还有拉力分散型锚杆、压力型预应力锚杆、压力分散型锚杆，压力型锚杆可应用钢绞线回收技术，适应环境保护的要求。

锚杆成孔工艺主要有套管护壁成孔、螺旋钻杆干成孔、浆液护壁成孔等。套管护壁成孔工艺下的锚杆孔壁松弛小、对土体扰动小、对周边环境的影响最小。工程实践中，螺旋钻杆成孔、浆液护壁成孔工艺，锚杆承载力低，成孔施工导致周边建筑物地基沉降的情况时有发生。设计和施工时应根据锚杆所处的土质、承载力大小等因素，选定锚杆的成孔工艺。

锚杆注浆工艺有一次常压注浆和二次压力注浆。一次常压注浆是浆液在自重压力作用下充填锚杆孔。二次压力注浆需满足两个指标，一是第二次注浆时的注浆压力，一般需不小于 1.5MPa，二是第二次注浆时的注浆量。满足这两个指标的关键是控制浆液不从孔口流失。一般的做法是：在一次注浆液初凝后一定时间，开始进行二次注浆，或者在锚杆锚固段起点处设置止浆装置。可重复分段劈裂注浆工艺（袖阀管注浆工艺）是一种较好的注浆方法，可增加二次压力注浆量和沿锚固段的注浆均匀性，并可对锚杆实施多次注浆，但这种方法目前在工程中的应用还不普遍。

4.4.5.1 土层锚杆设计

1. 土层锚杆的应用应符合下列规定：

（1）锚拉结构宜采用钢绞线锚杆；承载力要求较低时，也可采用钢筋锚杆；当环境保护不允许在支护结构使用功能完成后锚杆杆体滞留在地层内时，应采用可拆芯钢绞线锚杆；

（2）在易塌孔的松散或稍密的砂土、碎石土、粉土、填土层，高液性指数的饱和黏性土层，高水压力的各类土层中，钢绞线锚杆、钢筋锚杆宜采用套管护壁成孔工艺；

（3）锚杆注浆宜采用二次压力注浆工艺；

（4）锚杆锚固段不宜设置在淤泥、淤泥质土、泥炭、泥炭质土及松散填土层内；

（5）在复杂地质条件下，应通过现场试验确定锚杆的适用性。

2. 锚杆的极限抗拔承载力应符合下式要求：

$$\frac{R_k}{N_k} \geqslant K_t \tag{4-4-19}$$

式中 K_t——锚杆抗拔安全系数；安全等级为一级、二级、三级的支护结构，K_t 分别不
应小于 1.8、1.6、1.4；

N_k——锚杆轴向拉力标准值（kN），按第 3 条的规定计算；

R_k——锚杆极限抗拔承载力标准值（kN），按第 4 条的规定确定。

3. 锚杆的轴向拉力标准值应按下式计算：

$$N_k = \frac{F_h s}{b_a \cos \alpha} \qquad (4\text{-}4\text{-}20)$$

式中 N_k——锚杆轴向拉力标准值（kN）；

F_h——挡土构件计算宽度内的弹性支点水平反力（kN），按 4.4.1 结构分析的规定
确定；

s——锚杆水平间距（m）；

b_a——挡土结构计算宽度（m）；

α——锚杆倾角（°）。

4. 锚杆极限抗拔承载力应按下列规定确定：

（1）锚杆极限抗拔承载力应通过抗拔试验确定，试验方法应符合《建筑基坑支护技术
规程》JGJ 120—2012 中附录 A 的规定。

（2）锚杆极限抗拔承载力标准值也可按下式估算，但应通过《建筑基坑支护技术规
程》JGJ 120—2012 中附录 A 规定的抗拔试验进行验证：

$$R_k = \pi d \sum q_{sk,i} l_i \qquad (4\text{-}4\text{-}21)$$

式中 d——锚杆的锚固体直径（m）；

l_i——锚杆的锚固段在第 i 土层中的长度（m）；锚固段长度为锚杆在理论直线滑动
面以外的长度，理论直线滑动面按第 5 条的规定确定；

$q_{sk,i}$——锚固体与第 i 土层的极限粘结强度标准值（kPa），应根据工程经验并结合表
4-4-13 取值。

锚杆的极限粘结强度标准值 表 4-4-13

土的名称	土的状态或密实度	q_{sk} (kPa)	
		一次常压注浆	二次压力注浆
填土		16~30	30~45
淤泥质土		16~20	20~30
黏性土	$I_L > 1$	18~30	25~45
	$0.75 < I_L \leqslant 1$	30~40	45~60
	$0.50 < I_L \leqslant 0.75$	40~53	60~70
	$0.25 < I_L \leqslant 0.50$	53~65	70~85
	$0 < I_L \leqslant 0.25$	65~73	85~100
	$I_L \leqslant 0$	73~90	100~130
粉土	$e > 0.90$	22~44	40~60
	$0.75 \leqslant e \leqslant 0.90$	44~64	60~90
	$e < 0.75$	64~100	80~130

续表

土的名称	土的状态或密实度	q_{sk} (kPa)	
		一次常压注浆	二次压力注浆
粉细砂	稍密	22～42	40～70
	中密	42～63	75～110
	密实	63～85	90～130
中砂	稍密	54～74	70～100
	中密	74～90	100～130
	密实	90～120	130～170
粗砂	稍密	80～130	100～140
	中密	130～170	170～220
	密实	170～220	220～250
砾砂	中密、密实	190～260	240～290
风化岩	全风化	80～100	120～150
	强风化	150～200	200～260

注：1. 采用泥浆护壁成孔工艺时，应按表取低值后再根据具体情况适当折减；

2. 采用套管护壁成孔工艺时，可取表中的高值；

3. 采用扩孔工艺时，可在表中数值基础上适当提高；

4. 采用二次压力分段劈裂注浆工艺时，可在表中二次压力注浆数值基础上适当提高；

5. 当砂土中的细粒含量超过总质量的 30% 时，表中数值应乘以 0.75；

6. 对有机质含量为 5%～10% 的有机质土，应按表取值后适当折减；

7. 当锚杆锚固段长度大于 16m 时，应对表中数值适当折减。

（3）当锚杆锚固段主要位于黏土层、淤泥质土层、填土层时，应考虑土的蠕变对锚杆预应力损失的影响，并应根据蠕变试验确定锚杆的极限抗拔承载力。锚杆的蠕变试验应符合《建筑基坑支护技术规程》JGJ 120—2012 中附录 A 的规定。

5. 锚杆的非锚固段长度应按下式确定，且不应小于 5.0m（图 4-4-44）：

$$l_f \geqslant \frac{(a_1 + a_2 - d\tan\alpha)\sin\left(45° - \dfrac{\varphi_m}{2}\right)}{\sin\left(45° + \dfrac{\varphi_m}{2} + \alpha\right)} + \frac{d}{\cos\alpha} + 1.5 \tag{4-4-22}$$

式中　l_f——锚杆非锚固段长度（m）；

　　　α——锚杆倾角（°）；

　　　a_1——锚杆的锚头中点至基坑底面的距离（m）；

　　　a_2——基坑底面至基坑外侧主动土压力强度与基坑内侧被动土压力强度等值点 O 的距离（m）；对成层土，当存在多个等值点时应按其中最深的等值点计算；

　　　d——挡土构件的水平尺寸（m）；

　　　φ_m——O 点以上各土层按厚度加权的等效内摩擦角（°）。

6. 锚杆杆体的受拉承载力应符合下式规定：

$$N \leqslant f_{py} A_p \tag{4-4-23}$$

式中　N——锚杆轴向拉力设计值（kN），按
4.3.1 设计原则第 7 条的规定
计算；

f_{py}——预应力筋抗拉强度设计值（kPa）；
当锚杆杆体采用普通钢筋时，取
普通钢筋的抗拉强度设计值；

A_p——预应力筋的截面面积（m²）。

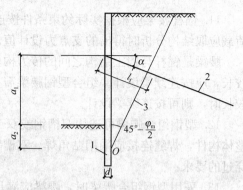

图 4-4-44　理论直线滑动面
1—挡土构件；2—锚杆；3—理论直线滑动面

7. 锚杆锁定值宜取锚杆轴向拉力标准值的
（0.75～0.9）倍，且应与 4.4.1 结构分析中第 8
条中的锚杆预加轴向拉力值一致。

8. 锚杆的布置应符合下列规定：

（1）锚杆的水平间距不宜小于 1.5m；对多层锚杆，其竖向间距不宜小于 2.0m；当锚杆的间距小于 1.5m 时，应根据群锚效应对锚杆抗拔承载力进行折减（间距为 1.0m 时折减系数可取 0.8）或改变相邻锚杆的倾角；

（2）锚杆锚固段的上覆土层厚度不宜小于 4.0m；

（3）锚杆倾角宜取 15°～25°，不应大于 45°，不应小于 10°；锚杆的锚固段宜设置在强度较高的土层内；

（4）当锚杆上方存在天然地基的建筑物或地下构筑物时，宜避开易塌孔、变形的土层。

9. 钢绞线锚杆、钢筋锚杆的构造应符合下列规定：

（1）锚杆成孔直径宜取 100～150mm；

（2）锚杆自由段的长度不应小于 5m，且应穿过潜在滑动面并进入稳定土层不小于 1.5m；钢绞线、钢筋杆体在自由段应设置隔离套管；

（3）土层中的锚杆锚固段长度不宜小于 6m；

（4）锚杆杆体的外露长度应满足腰梁、台座尺寸及张拉锁定的要求；

（5）锚杆杆体用钢绞线应符合现行国家标准《预应力混凝土用钢绞线》GB/T 5224 的有关规定；

（6）钢筋锚杆的杆体宜选用预应力螺纹钢筋、HRB400、HRB500 螺纹钢筋；

（7）应沿锚杆杆体全长设置定位支架；定位支架应能使相邻定位支架中点处锚杆杆体的注浆固结体保护层厚度不小于 10mm，定位支架的间距宜根据锚杆杆体的组装刚度确定，对自由段宜取 1.5～2.0m；对锚固段宜取 1.0～1.5m；定位支架应能使各根钢绞线相互分离；

（8）锚具应符合现行国家标准《预应力筋用锚具、夹具和连接器》GB/T 14370 的规定；

（9）锚杆注浆应采用水泥浆或水泥砂浆，注浆固结体强度不宜低于 20MPa。

10. 锚杆腰梁可采用型钢组合梁或混凝土梁。锚杆腰梁应按受弯构件设计。锚杆腰梁的正截面、斜截面承载力，对混凝土腰梁，应符合现行国家标准《混凝土结构设计规范》GB 50010 的规定；对型钢组合腰梁，应符合现行国家标准《钢结构设计规范》GB 50017 的规定。当锚杆锚固在混凝土冠梁上时，冠梁应按受弯构件设计。

11. 锚杆腰梁应根据实际约束条件按连续梁或简支梁计算。计算腰梁内力时，腰梁的荷载应取结构分析时得出的支点力设计值。

腰梁是锚杆与挡土结构之间的传力构件。钢筋混凝土腰梁一般是整体现浇，梁的长度较长，应按连续梁设计。组合型钢腰梁需在现场安装拼接，每节一般按简支梁设计，腰梁较长时，则可按连续梁设计。

12. 型钢组合腰梁可选用双槽钢或双工字钢，槽钢之间或工字钢之间应用缀板焊接为整体构件，焊缝连接应采用贴角焊。双槽钢或双工字钢之间的净间距应满足锚杆杆体平直穿过的要求。

13. 采用型钢组合腰梁时，腰梁应满足在锚杆集中荷载作用下的局部受压稳定与受扭稳定的构造要求。当需要增加局部受压和受扭稳定性时，可在型钢翼缘端口处配置加劲肋板。

对于组合型钢腰梁，锚杆拉力通过锚具、垫板以集中力的形式作用在型钢上。当垫板厚度不够大时，在较大的局部压力作用下，型钢腹板会出现局部失稳，型钢翼缘会出现局部弯曲，从而导致腰梁失效，进而引起整个支护结构的破坏。因此，设计需考虑腰梁的局部受压稳定性。加强型钢腰梁的受扭承载力及局部受压稳定性有多种措施和方法，如：可在型钢翼缘端口、锚杆锚具位置处配置加劲肋（图 4-4-45），肋板厚度一般不小于 8mm。

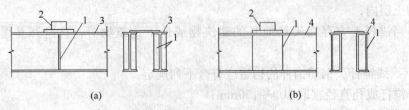

(a)　　　　　　　　　　　　(b)

图 4-4-45　钢腰梁的局部加强构造形式

(a) 工字钢；(b) 槽钢

1—加强肋板；2—锚头；3—工字钢；4—槽钢

14. 混凝土腰梁、冠梁宜采用斜面与锚杆轴线垂直的梯形截面；腰梁、冠梁的混凝土强度等级不宜低于 C25。采用梯形截面时，截面的上边水平尺寸不宜小于 250mm。

15. 采用楔形钢垫块时，楔形钢垫块与挡土构件、腰梁的连接应满足受压稳定性和锚杆垂直分力作用下的受剪承载力要求。采用楔形现浇混凝土垫块时，混凝土垫块应满足抗压强度和锚杆垂直分力作用下的受剪承载力要求，且其强度等级不宜低于 C25。

4.4.5.2　土层锚杆施工与检测

1. 基本要求

(1) 当锚杆穿过的地层附近存在既有地下管线、地下构筑物时，应在调查或探明其位置、尺寸、走向、类型、使用状况等情况后再进行锚杆施工。

(2) 锚杆的成孔应符合下列规定：

1) 应根据土层性状和地下水条件选择套管护壁、干成孔或泥浆护壁成孔工艺，成孔工艺应满足孔壁稳定性要求；

2) 对松散和稍密的砂土、粉土，碎石土，填土，有机质土，高液性指数的饱和黏性土宜采用套管护壁成孔工艺；

3）在地下水位以下时，不宜采用干成孔工艺；

4）在高塑性指数的饱和黏性土层成孔时，不宜采用泥浆护壁成孔工艺；

5）当成孔过程中遇不明障碍物时，在查明其性质前不得钻进。

锚杆成孔是锚杆施工的一个关键环节，主要应注意以下问题：①塌孔。造成锚杆杆体不能插入，使注浆液掺入杂物而影响固结体完整性和强度，影响握裹力和粘结强度，使钻孔周围土体塌落、建筑物基础下沉等。②遇障碍物。使锚杆达不到设计长度，如果碰到电力、通信、煤气管线等地下管线会使其损坏并酿成严重后果。③孔壁形成泥皮。在高塑性指数的饱和黏性土层及采用螺旋钻杆成孔时易出现这种情况，使粘结强度和锚杆抗拔力大幅度降低。④涌水涌砂。当采用帷幕截水时，在地下水位以下特别是承压水土层成孔会出现孔内向外涌水冒砂，造成无法成孔、钻孔周围土体坍塌、地面或建筑物基础下沉、注浆液被水稀释不能形成固结体、锚头部位长期漏水等。

（3）钢绞线锚杆和钢筋锚杆杆体的制作安装应符合下列规定：

1）钢绞线锚杆杆体绑扎时，钢绞线应平行、间距均匀；杆体插入孔内时，应避免钢绞线在孔内弯曲或扭转；

2）当锚杆杆体选用 HRB400、HRB500 钢筋时，其连接宜采用机械连接、双面搭接焊、双面帮条焊；采用双面焊时，焊缝长度不应小于杆体钢筋直径的 5 倍；

3）杆体制作和安放时应除锈、除油污、避免杆体弯曲；

4）采用套管护壁工艺成孔时，应在拔出套管前将杆体插入孔内；采用非套管护壁成孔时，杆体应匀速推送至孔内；

5）成孔后应及时插入杆体及注浆。

（4）钢绞线锚杆和钢筋锚杆的注浆应符合下列规定：

1）注浆液采用水泥浆时，水灰比宜取 0.5～0.55；采用水泥砂浆时，水灰比宜取 0.4～0.45，灰砂比宜取 0.5～1.0，拌合用砂宜选用中粗砂；

2）水泥浆或水泥砂浆内可掺入提高注浆固结体早期强度或微膨胀的外加剂，其掺入量宜按室内试验确定；

3）注浆管端部至孔底的距离不宜大于 200mm；注浆及拔管过程中，注浆管口应始终埋入注浆液面内，应在水泥浆液从孔口溢出后停止注浆；注浆后浆面下降时，应进行孔口补浆；

4）采用二次压力注浆工艺时，注浆管应在锚杆末端 $l_a/4$～$l_a/3$ 范围内设置注浆孔，孔间距宜取 500～800mm，每个注浆截面的注浆孔宜取 2 个；二次压力注浆液宜采用水灰比 0.5～0.55 的水泥浆；二次注浆管应固定在杆体上，注浆管的出浆口应有逆止构造；二次压力注浆应在水泥浆初凝后、终凝前进行，终止注浆的压力不应小于 1.5MPa；

注：l_a 为锚杆的锚固段长度。

5）采用二次压力分段劈裂注浆工艺时，注浆宜在固结体强度达到 5MPa 后进行，注浆管的出浆孔宜沿锚固段全长设置，注浆应由内向外分段依次进行；

6）基坑采用截水帷幕时，地下水位以下的锚杆注浆应采取孔口封堵措施；

7）寒冷地区在冬期施工时，应对注浆液采取保温措施，浆液温度应保持在 5℃以上。

（5）锚杆的施工偏差应符合下列要求：

1）钻孔孔位的允许偏差应为 50mm；

2）钻孔倾角的允许偏差应为 3°；

3）杆体长度不应小于设计长度；

4）自由段的套管长度允许偏差应为±50mm。

（6）组合型钢锚杆腰梁、钢台座的施工应符合现行国家标准《钢结构工程施工质量验收规范》GB 50205 的有关规定；混凝土锚杆腰梁、混凝土台座的施工应符合现行国家标准《混凝土结构工程施工质量验收规范》GB 50204 的有关规定。

（7）预应力锚杆的张拉锁定应符合下列要求：

1）当锚杆固结体的强度达到 15MPa 或设计强度的 75%后，方可进行锚杆的张拉锁定；

2）拉力型钢绞线锚杆宜采用钢绞线束整体张拉锁定的方法；

3）锚杆锁定前，应按表 4-4-14 的检测值进行锚杆预张拉；锚杆张拉应平缓加载，加载速率不宜大于 $0.1N_k/min$；在张拉值下的锚杆位移和压力表压力应能保持稳定，当锚头位移不稳定时，应判定此根锚杆不合格；

4）锁定时的锚杆拉力应考虑锁定过程的预应力损失量；预应力损失量宜通过对锁定前、后锚杆拉力的测试确定；缺少测试数据时，锁定时的锚杆拉力可取锁定值的 1.1 倍～1.15 倍；

5）锚杆锁定应考虑相邻锚杆张拉锁定引起的预应力损失，当锚杆预应力损失严重时，应进行再次锁定；锚杆出现锚头松弛、脱落、锚具失效等情况时，应及时进行修复并对其进行再次锁定；

6）当锚杆需要再次张拉锁定时，锚具外杆体长度和完好程度应满足张拉要求。

锚杆张拉锁定时，张拉值大于锚杆轴向拉力标准值，然后将拉力在锁定值的（1.1～1.15）倍进行锁定。第一，是为了在锚杆锁定时对每根锚杆进行过程检验，当锚杆抗拔力不足时可事先发现，减少锚杆的质量隐患。第二，通过张拉可检验在设计荷载下锚杆各连接节点的可靠性。第三，可减小锁定后锚杆的预应力损失。

工程实测表明，锚杆张拉锁定后一般预应力损失较大，造成预应力损失的主要因素有土体蠕变、锚头及连接的变形、相邻锚杆影响等。锚杆锁定时的预应力损失约为 10%～15%。当采用的张拉千斤顶在锁定时不会产生预应力损失，则锁定时的拉力不需提高 10%～15%。

钢绞线多余部分宜采用冷切割方法切除，采用热切割时，钢绞线过热会使锚具夹片表面硬度降低，造成钢绞线滑动，降低锚杆预应力。当锚杆需要再次张拉锁定时，锚具外的杆体预留长度应满足张拉要求。确保锚杆不用再张拉时，冷切割的锚具外的杆体保留长度一般不小于 50mm，热切割时，一般不小于 80mm。

（8）锚杆抗拔承载力的检测应符合下列规定：

1）检测数量不应少于锚杆总数的 5%，且同一土层中的锚杆检测数量不应少于 3 根；

2）检测试验应在锚固段注浆固结体强度达到 15MPa 或达到设计强度的 75%后进行；

3）检测锚杆应采用随机抽样的方法选取；

4）抗拔承载力检测值应按表 4-4-14 确定；

5）检测试验应按《建筑基坑支护技术规程》JGJ 120—2012 中附录 A 的验收试验方法进行；

6）当检测的锚杆不合格时，应扩大检测数量。

锚杆的抗拔承载力检测值   表 4-4-14

支护结构的安全等级	抗拔承载力检测值与轴向拉力标准值的比值
一级	≥1.4
二级	≥1.3
三级	≥1.2

2. 土层锚杆施工

(1) 锚杆的构造

锚杆由锚头、锚具、锚筋（粗钢筋、钢绞线）、塑料套管、分割器及腰梁组成。见图 4-4-46～图 4-4-54。

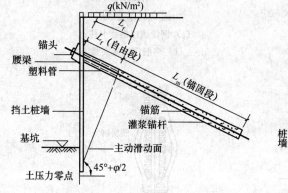

图 4-4-46 锚杆与挡土桩、墙连接示意图

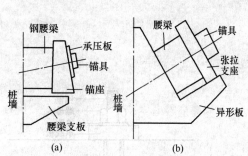

(a)   (b)

图 4-4-47 锚具腰梁示意图
(a) 直梁式腰梁；(b) 斜梁式腰梁

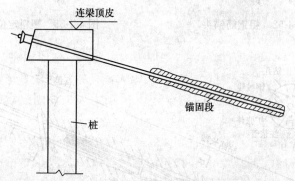

图 4-4-48 锚杆与桩上连接圈梁示意图

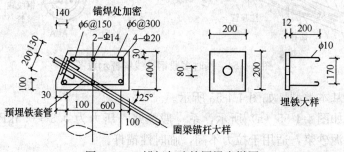

图 4-4-49 锚杆与连接圈梁大样图

293

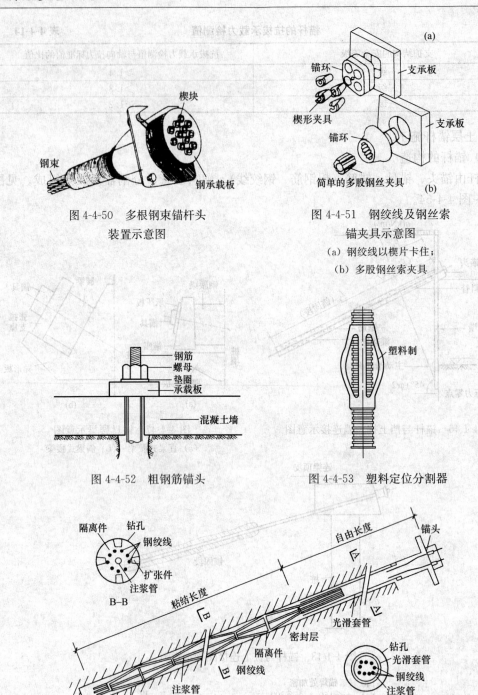

图 4-4-50　多根钢束锚杆头
装置示意图

图 4-4-51　钢绞线及钢丝索
锚夹具示意图
（a）钢绞线以楔片卡住；
（b）多股钢丝索夹具

图 4-4-52　粗钢筋锚头

图 4-4-53　塑料定位分割器

图 4-4-54　临时多股钢绞线锚杆示意图

锚杆有三种基本类型，如图 4-4-55 所示。

第一种类型如图 4-4-55（a）所示，系一般注浆（压力为 0.3～0.5kPa）圆柱体，孔内注水泥浆或水泥砂浆，适用于拉力不高，临时性锚杆。

第二种类型如图4-4-55（b）所示，为扩大的圆柱体或不规则体，系用压力注浆，压力从2MPa（二次注浆）到高压注浆5MPa左右，在黏土中形成较小扩大区，在无黏性土中可以扩大较大区。

第三种类型如图4-4-55（c），是采用特殊的扩孔机具，在孔眼内沿长度方向扩一个或几个扩大头的圆柱体。这类锚杆用特制扩孔机械，通过中心杆压力将扩张式刀具缓缓张开削土成型，在黏土及无黏性土中都可适用，可以承受较大的抗拔力。

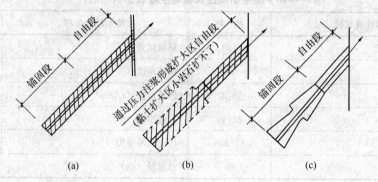

图4-4-55 锚杆的基本类型

锚杆所以能锚固在土层中作为一种新型受拉杆件，主要是由于锚杆在土层中具有一定的抗拔力。如图4-4-56所示。当锚固段锚杆受力，首先通过锚索（粗钢筋或钢绞线）与周边水泥砂浆的握裹力传到砂浆中，然后通过砂浆传到周围土体。传递过程随着荷载增加，锚索与水泥砂浆粘结力（握裹力）逐渐发展到锚杆下端，待锚固段内发挥

图4-4-56 锚杆受力机理
τ—孔壁对砂浆的平均摩阻应力；
μ—砂浆对钢筋的平均握裹应力

最大粘结力时，就发生与土体的相对位移，随即发生土与锚杆的摩阻力，直到极限摩阻力。

（2）干作业成孔锚杆施工

1）施工准备

① 材料要求

a. 预应力杆体材料宜选用钢绞线、高强度钢丝或高强螺纹钢筋。当预应力值较小或锚杆长度小于20m时，预应力筋也可采用HRB335级或HRB400级钢筋。

b. 水泥浆体材料：水泥应选用普通硅酸盐水泥，必要时可采用抗硫酸盐水泥，不得使用高铝水泥。细骨料应选用粒径小于2mm的中细砂。采用符合要求的水质，不得使用污水，不得使用pH值小于4.5的酸性水。

c. 外加剂：外加剂的加入应保证水泥浆拌合后，水泥浆中的氯化物总含量不超过水泥重量的0.1%。

d. 润滑脂：不得将不同材质的润滑脂混合使用。

e. 隔离架：应由钢、塑料或其他对杆体无害的材料制作，不得使用木质隔离架。

f. 防腐材料：在锚杆服务年限内，应保持其耐久性，在规定的工作温度内或张拉过程中不开裂、变脆或成为流体，不得与相邻材料发生不良反应，应保持其化学稳定性和防

水性，不得对锚杆自由段的变形产生约束。

② 主要机具

a. 成孔机具设备：有螺旋式钻孔机、旋挖冲击式钻孔机。

北京市机械施工公司自行设计制作的 MZⅡ型电动双速长螺旋步履式钻机，在干作业时有较大优越性，其钻机性能如表 4-4-15 所示。

MZⅡ型电动双速长螺旋步履式钻机性能   表 4-4-15

技术性能名称	参 数	技术性能名称	参 数
钻孔直径（mm）	160	钻架倾角（°）	15°～35°
钻孔深度（m）	30	回转角度（°）	360°
扭矩（kN·m）	3.86/3.02	回转速度（r/min）	0.57
钻孔功率（kW）	25/40	行走步距（m）	1.4
钻机转速（r/min）	63/129	吊车起吊能力（N）	2500
拉拔力（kN）	60	总重量（kg）	12000

b. 灌浆机具设备：有灰浆泵、灰浆搅拌机等。

c. 张拉设备：可选用 YC-60 型穿心式千斤顶、配 SY-60 型油泵油压表等。

③ 作业条件

a. 在锚杆施工前，应根据设计要求、土层条件和环境条件，制定施工方案，合理选择施工设备、器具和工艺方法。

b. 根据施工方案的要求和机器设备的规格、型号，平整出保证安全和足够施工的场地。

c. 开挖边坡，按锚杆尺寸取 2 根进行钻孔、穿筋、灌浆、张拉、锚定等工艺试验，并做抗拔试验，检验锚杆质量及施工工艺和施工设备的适应性。

d. 在施工区域内修建施工便道及排水沟，搭设钻机平台，将施工机具设备运进现场，并安装维修试运行，检查机械、钻具、工具等是否完好安全。

e. 施工前，要认真检查原材料型号、品种、规格及锚杆各部件的质量，并检查原材料的主要技术性能是否符合设计要求。

f. 进行施工放线，定出挡土墙、桩基线和各个锚杆孔的孔位、锚杆的倾斜角。

g. 锚杆施工前护坡桩已施工完毕。

h. 在土方施工的同时，留设张拉锚杆工作面（一般为锚位以下 50cm）。

2）施工工艺

① 施工顺序和工艺流程

场地须先挖土后按图 4-4-57 施工，并循环进行二层、三层施工。

干作业的工艺流程是：

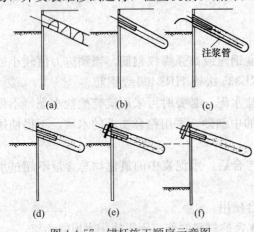

图 4-4-57　锚杆施工顺序示意图

（a）钻孔；（b）插放钢筋或钢绞线；（c）灌浆；
（d）养护；（e）安装锚头，预应力张拉；（f）挖土施工准备→移机就位→校正孔位调整角度→钻孔→接螺旋钻杆，继续钻孔到预定深度→退螺旋钻杆→插放钢筋或钢绞线→插入注浆管→灌水泥浆→养护→上腰梁及锚头（如地下连续墙或桩顶圈梁则不需腰梁）→预应力张拉→锁紧螺栓或楔片→锚杆施工完继续挖土。

② 确定孔位

钻孔位置直接影响到锚杆的安装质量和力学效果，因此，钻孔前应由技术人员按施工方案要求定出孔位，标注醒目的标志，不可由钻机机长目测定位。因此要随时注意调整好锚孔位置（上下左右及角度），防止高低参差不齐和相互交错。

③ 钻机就位

确定孔位后，将钻机移至作业平台，调试检查。

④ 调整角度

钻机就位后，由机长调整钻杆钻进角度，并经现场技术人员用量角仪检查合格后，方可正式开钻。另外，要特别注意检查钻杆左右倾斜度。

⑤ 钻孔并清孔

a. 钻机就位前应先检查钻杆端部的标高、锚杆的间距是否符合设计要求。就位后必须调整钻杆，符合设计的水平倾角，并保证钻杆的水平投影垂直于坑壁，经检查无误后方可钻进。

b. 钻进时应根据工程地质情况，控制钻进速度，防止憋钻。遇到障碍物或异常情况应及时停钻，待弄清情况后再钻进或采取相应措施。

c. 钻至设计要求深度后，空钻慢慢出土，以减少拔钻杆时的阻力，然后拔出钻杆。

d. 清孔、锚杆组装和安放：安放锚杆前，干式钻机应采用洛阳铲等手工方法将附在孔壁上的土屑或松散土清除干净。

⑥ 安装锚索

a. 每根钢绞线的下料长度＝锚杆设计长度＋腰梁的宽度＋锚索张拉时端部最小长度（与选用的千斤顶有关）。

b. 钢绞线自由段部分应涂满黄油，并套入塑料管，两端绑牢，以保证自由段的钢绞线能伸缩自由。

c. 捆扎钢绞线隔离架，沿锚杆长度方向每隔 1.5m 设置 1 个。

d. 锚索加工完成，经检查合格后，运至孔口。入孔前将 $\phi 15mm$ 镀锌管（做注浆管）平行并入一起，然后将锚索与注浆管同步送入孔内，直到孔口外端剩余最小张拉长度为止。如发现锚索安插入孔内困难，说明钻孔内有黏土堵塞，不要再继续用力插入，使钢绞线与隔离架脱离。拔出锚索，清除出孔内的黏土，重新安插到位。

⑦ 一次注浆

a. 宜选用灰砂比 1∶1～1∶2，水灰比为 0.38～0.45 的水泥砂浆或水灰比为 0.45～0.50 的纯水泥浆，必要时可加入一定的外加剂或掺合料。

b. 在灌浆前将管口封闭，接上压浆管，即可进行注浆，浇注锚固体，灌浆是土层锚杆施工中的一道关键工序，必须认真执行，并做好记录。

c. 一次灌浆法只用 1 根灌浆管，利用 0.1～12MPa 泥浆泵进行灌浆，灌浆管端距孔底 300～500mm 处，待浆液流出孔口时，用水泥袋纸等捣塞入孔口，并用湿黏土封堵孔口，严密捣实，再以 2～4MPa 的压力进行补灌，要稳压数分钟灌浆才告结束。

⑧ 二次注浆

a. 二次灌浆法是在一次灌浆形成注浆体的基础上，对锚杆锚固段进行二次高压劈裂注浆，使浆液向周围地层挤压渗透，形成直径较大的锚固体并提高周围地层力学性能，可提高锚杆承载能力。宜用水灰比 0.45～0.55 的水泥浆。浆体强度一般 7d 不应低于 20MPa，28 不应低于 30MPa；压力型锚杆浆体强度 7d 不应低于 25MPa，28d 不应低于 35MPa。

b. 二次灌浆通常在一次注浆后 4～24h 进行，具体间隔时间由浆体强度达到 5MPa 左右而加以控制。二次灌浆适用于承载力低的土层中的锚杆。

c. 二次灌浆法要用两根灌浆管，第一次灌浆用灌浆管的管端距离锚杆末端 50cm 左右，管底出口处用黑胶布等封住，以防沉放时土进入管口。第二次灌浆用灌浆管的管端距离锚杆末端 100cm 左右，管底出口处亦用黑胶布封住，且从管端 50cm 处开始向上每隔 2m 左右作出 1m 长的花管，花管的孔眼为 $\phi 8$mm，花管段数视锚固段长度而定。

d. 注浆前用水引路，润湿，检查输浆管道；注浆后及时用水清洗搅浆、压浆设备和灌浆管等，在灌浆体硬化之前，不能承受外力或由外力引起的锚杆位移。

注浆完毕后进行养护。

⑨ 制作安装钢腰梁及锚头

a. 腰梁设计

腰梁是传力结构，将锚头的轴拉力传到桩上，分成水平力及垂直力。腰梁设计要充分考虑支护结构的特点、材料、锚杆倾角、锚杆的垂直分力以及结构形式。

一种垂直分力较小、采用工字钢组合箱形直梁式，如图 4-4-47（a）所示，组合箱形直梁通过腰梁托板承受垂直分力，制作简单，拆装方便。

另一种倾角较大、垂直分力大，腰梁需承受较大的复合力矩，采用直梁式无法承受，为此设计异形支承座板，其特点是组合工字钢斜梁承受轴压力，充分发挥工字组合梁的特点，如图 4-4-47（b）所示。垂直分力由异形钢板承受，结构受力合理，节约钢材，加工简单。

b. 腰梁加工及安装

腰梁的加工安装要保证异形支承板承压面在一条直线上，才能使梁受力均匀，护坡桩施工过程中，各桩偏差大，不可能在同一平面上，有时甚至偏差较大，必须在腰梁安装中予以调整。方法是：在现场测量桩的偏差，在现场加工异形支撑板，进行调整，使腰梁承压面在同一平面上，对锚杆点也同样进行标高实测，找出最大偏差和平均值，对有腰梁的两根工字钢间距进行调整。

腰梁安装可采取直接安装和先组装成梁后整体吊装的两种方法。

直接安装法：把工字钢按设计要求放置在挡土桩上，用枕木垫平，然后焊缀板组成箱梁，其特点是安装方便省事。但后焊缀板不能通焊立缝，不易保证质量。

组装成梁后整体吊装法：在现场基坑上面将梁分段组装焊接，再运到坑内整体吊装安装。采用此法须预先测量长度，要有吊运机具，安装时用人较多，但质量可靠。可以在基坑上面同时施工，与锚杆施工平行流水作业，缩短工时。

⑩ 预应力张拉

a. 张拉前要校核千斤顶，检查锚具硬度，清擦孔内油污、泥浆。还要处理好腰梁表面锚索孔口使其平整，避免张拉应力集中，加垫钢板，然后用 $0.1\sim0.2$ 轴向拉力设计值 N_t 对锚杆预张拉 $1\sim2$ 次，使杆体完全平直，各部位接触紧密。

b. 张拉力要根据实际所需的有效张拉力和张拉力的可能松弛程度而定，一般按设计轴向力的 $75\%\sim85\%$ 进行控制。

c. 当锚固段的强度大于 15MPa 并达到设计强度等级的 75% 后方可进行张拉。

d. 张拉时宜先使横梁与托架紧贴，然后再用千斤顶进行整排锚杆的正式张拉。宜采用跳拉法或往复式张拉法，以保证钢筋或钢绞线与横梁受力均匀。

e. 张拉过程中，按照设计要求张拉荷载分级及观测时间进行，每级加荷等级观测时间内，测读锚头位移不应少于 3 次。当张拉等级达到设计拉力时，保持 10min（砂土）至 15min（黏性土）3 次，每次测读位移值不大于 1mm 才算变位趋于稳定，否则继续观察其变位，直至趋于稳定方可。

⑪锚头锁定

a. 考虑到设计要求张拉荷载要达到设计拉力，而锁定荷载为设计拉力的 70%，因此张拉时的锚头处不放锁片，张拉荷载达到设计拉力后，卸荷到 0，然后在锚头安插锁片，再张拉到锁定荷载。

b. 张拉到锁定荷载后，锚片锁紧或拧紧螺母，完成锁定工作。

⑫开挖、支护

分层开挖并做支护，进入下一层锚杆施工，工艺同上。

3）质量要求

① 主控项目

a. 锚杆工程所用原材料、钢材、水泥浆及水泥砂浆强度等级必须符合设计要求。

b. 锚固体的直径、标高、深度和倾角必须符合设计要求。

c. 锚杆的组装和安放必须符合《岩土锚杆（索）技术规程》（CECS22）的要求。

d. 锚杆的张拉、锁定和防锈处理必须符合设计和施工规范的要求。

e. 土层锚杆的试验和监测必须符合设计和施工规范的规定。

② 一般项目

a. 水泥、砂浆及接驳器必须经过试验，并符合设计和施工规范的要求，有合格的试验资料。

b. 在进行张拉和锁定时，台座的承压面应平整，并与锚杆的轴线方向垂直。

c. 进行基本试验时，所施加最大试验荷载（Q_{max}）不应超过钢丝、钢绞线、钢筋强度标准值的 0.8 倍。

d. 锚具应有防腐措施。

e. 土层锚杆施工质量检验标准应符合表 4-4-16 的规定。

土层锚杆施工质量检验标准　　　　　　　　　　　　　　表 4-4-16

项　目	检查项目	允许偏差或允许值	检查方法
主控项目	锚杆长度（mm）	±30	钢尺量
	锚杆锁定力	符合设计要求	测力计

续表

项　目	检查项目	允许偏差或允许值	检查方法
一般项目	锚杆位置（mm）	±100	钢尺量
	钻孔倾斜度（°）	±1	测钻机倾角
	注浆量（m³）	大于理论计算浆量	检查计量数据

4）应注意的质量问题

① 根据设计要求、地质水文情况和施工机具条件，认真编制施工方案，选择合适的钻孔机具和方法，精心操作、确保顺利成孔和安装锚杆并顺利灌注。

② 在钻孔过程中，应认真控制钻进参数，合理掌握钻进速度，防止埋钻、卡钻、坍孔、掉块、涌砂和缩颈等各种通病的出现，一旦发生孔内事故，应尽快进行处理并配备必要的事故处理工具。

③ 干作业钻机拔出钻杆后要立即下钢绞线注浆，以防塌孔。

④ 锚杆安装应按设计要求，正确组装，正确绑扎，认真安插，确保锚杆安装质量。

⑤ 锚杆灌浆应按设计要求，严格控制水泥浆、水泥砂浆配合比，做到搅拌均匀，并使灌注设备和管路处于良好工作状态。

⑥ 施加预应力应根据所用锚杆类型正确选用锚具，并正确安装台座和张拉设备，保证数据准确可靠。

⑦ 注浆压力应高于承压水头压力且不低于1MPa。注浆前用水润湿输浆管，检查输浆管道，注浆后及时用水清洗注浆设备及注浆管。

（3）湿作业成孔锚杆施工

1）湿作业工艺流程为：

施工准备→移机就位→安钻杆校正孔位调整倾角→打开水源→钻孔→反复提内钻杆冲洗→安内套管钻杆及外套管→继续钻进→反复提内钻杆冲洗到预定深度→反复提内钻杆冲洗至孔内出清水→停水→拔内钻杆（按节拔出）→插放钢绞线束及注浆管→灌浆→用拔管机拔外套管（按节拔出），二次灌浆→养护→安装腰梁→安锚头锚具→预应力张拉→楔片锁紧→锚杆完后挖土。

采用湿作业施工时，要挖好排水沟、沉淀池、集水坑，准备好潜水泵，使成孔时排出的泥水通过排水沟到沉淀池，再入集水坑用水泵抽出，同时准备好钻孔用水。

2）材料与机具的选用：

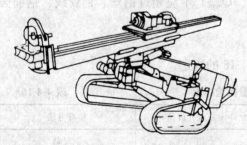

图 4-4-58　德国 Krupp DHR80A 钻机

① 塑料套管材料：应具有足够的强度，保证其在加工和安装过程中不致损坏，具有抗水性和化学稳定性，与水泥砂浆和防腐剂接触无不良反应。

② 主要成孔机具，选用套筒成孔机械，见图 4-4-58 和表 4-4-17。

3）湿作业成孔，先启动水泵，注水钻进，并根据地质条件控制钻进速度，每节钻杆

德国克虏伯公司钻机性能参数　　　　　　　　　　　　　表 4-4-17

项　　目	钻 机 类 型	
	HB101	HB105
钻孔直径（mm）	64～27	由锚固要求而定
扭矩（N·m）	950	6000
冲击次数（次/min）	1800	1800
转速（r/min）	0～140	0～32～55
进给力（kN）	最大 25	最大 25
钻臂总长（mm）	6250	6250
发动机功率（kW）	74	74
机重（t）	8.3	8.3
外形尺寸（长×高×宽）(mm)	6610×2300×2200	6100×2300×2200

在接杆前，一定要反复冲洗外套管内的泥水，直到清水溢出。接外套管时要停止供水，把丝扣处泥沙清除干净，抹上少量黄油，要保证接的套管与原有套管在同一轴线上。钻进过程中随时注意速度、压力及钻杆轴线平直。钻进到离设计深度 20cm 时，用清水反复冲洗管中泥砂，直到外套管内溢出清水，然后退出内钻杆，逐节拔出后，用塑料管测深并做记录。具体如下：

①打开水源、钻孔：

a. 先启动水泵注水钻进。

b. 钻孔采用带有护壁套管的钻孔工艺，套管外径为 150mm。严格掌握钻孔的方位，调整钻杆，符合设计的水平倾角，并保证钻杆的水平投影垂直于坑壁，经检查无误后方可钻进。

c. 钻进时应根据工程地质情况，控制钻进速度。遇到障碍物或异常情况应及时停钻，待情况清楚后再钻进或采取相应措施。钻孔深度大于锚杆设计长度 200mm。

d. 钻孔达到设计要求深度后，应用清水冲洗套管内壁，不得有泥砂残留。

e. 护壁套管应在钻孔灌浆后方可拔出。

②反复提内钻杆冲洗。每节钻杆在接杆前，一定要反复冲洗外套管内泥水，直到清水溢出。

③接内套管钻杆及外套管：

a. 接装内套管。

b. 安外套管时要停止供水，把丝扣处泥砂清除干净，抹上少量黄油，要保证接的套管与原有套管在同一轴线上。

④继续钻进至设计孔深。

⑤清孔：湿式钻机应采用清水将孔内泥土冲洗干净。

⑥停水、拔内钻杆：待冲洗干净后停水，然后退出内钻杆，逐节拔出后，用测量工具测深并作记录。

4）锚索加工完成，经检查合格后，运至孔口。入孔前将 $\phi15$mm 镀锌管（做注浆管）平行并入一起，然后将锚索与注浆管同步送入孔内，直到孔口外端剩余最小张拉长度为止。如发现锚索安插入管内困难，说明钻管内有黏土堵管，不要再继续用力插入，使钢绞线与隔离架脱离，随后把钻管拔出，清除出孔内的黏土，重新在原位钻孔到位。

5）水作业钻机拔出钻杆后，外套留在孔内不会坍孔，但不宜时间过长，以防流砂涌入管内，造成堵塞。

6）其他与干作业成孔锚杆施工相同。

（4）锚杆防腐

1）锚杆锚固段的防腐处理

① 一般腐蚀环境中的永久锚杆，其锚固段内杆体可采用水泥浆或砂浆封闭防腐，但杆体周围必须有 2.0cm 厚的保护层。

② 严重腐蚀环境中的永久锚杆，其锚固段内杆体宜用波纹管外套，管内孔隙用环氧树脂水泥浆或水泥砂浆充填，套管周围保护层厚度不得小于 1.0cm。

③ 临时性锚杆锚固段应采用水泥浆封闭防腐，杆体周围保护层厚度不得小于 1.0m。

2）锚杆自由段的防腐处理

① 永久性锚杆自由段内杆体表面宜涂润滑油或防腐漆，然后包裹塑料布，在塑料布面再涂润滑油或防腐漆，最后装入塑料套管中，形成双层防腐。

② 临时性锚杆的自由段可采用涂润滑油或防腐漆，再包裹塑料布等简易防腐措施。

3）外露锚杆部分的防腐处理

① 永久性锚杆采用外露头时，必须涂以沥青等防腐材料，再采用混凝土密封，外露钢板和锚具的保护层厚度不得小于 2.5cm。

② 永久性锚杆采用盒具密封时，必须用润滑油填充盒具的空隙。

③ 临时性锚杆的锚头宜采用沥青防腐。

（5）锚杆试验和检测

详见《建筑基坑支护技术规程》JGJ 120—2012 中附录 A。

4.4.6　内支撑结构工程

内支撑结构可选用钢支撑、混凝土支撑、钢与混凝土的混合支撑。

钢支撑，不仅具有自重轻、安装和拆除方便、施工速度快、可以重复利用等优点，而且安装后能立即发挥支撑作用，对减小由于时间效应而产生的支护结构位移十分有效，因此，对形状规则的基坑常采用钢支撑。但钢支撑节点构造和安装相对复杂，需要具有一定的施工技术水平。

混凝土支撑是在基坑内现浇而成的结构体系，布置形式和方式基本不受基坑平面形状的限制，具有刚度大、整体性好、施工技术相对简单等优点，所以，应用范围较广。但混凝土支撑需要较长的制作和养护时间，制作后不能立即发挥支撑作用，需要达到一定的材料强度后，才能进行其下的土方开挖。此外，拆除混凝土支撑工作量大，一般需要采用爆破方法拆除，支撑材料不能重复使用，从而产生大量的废弃混凝土垃圾需要处理。

4.4.6.1　内支撑结构工程设计

1. 内支撑结构选型应符合下列原则：

（1）宜采用受力明确、连接可靠、施工方便的结构形式；

（2）宜采用对称平衡性、整体性强的结构形式；

（3）应与主体地下结构的结构形式、施工顺序协调，应便于主体结构施工；

（4）应利于基坑土方开挖和运输；

（5）需要时，可考虑内支撑结构作为施工平台。

2. 内支撑结构应综合考虑基坑平面形状及尺寸、开挖深度、周边环境条件、主体结构形式等因素，选用有立柱或无立柱的下列内支撑形式：

（1）水平对撑或斜撑，可采用单杆、桁架、八字形支撑；

（2）正交或斜交的平面杆系支撑；

（3）环形杆系或环形板系支撑；

（4）竖向斜撑。

内支撑结构形式很多，从结构受力形式划分，可主要归纳为以下几类（图 4-4-59）：

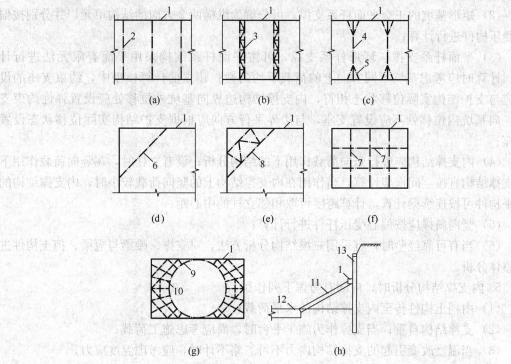

图 4-4-59　内支撑结构常用类型

（a）水平对撑（单杆）；（b）水平对撑（桁架）；（c）水平对撑（八字撑杆）；

（d）水平斜撑（单杆）；（e）水平斜撑（桁架）；（f）正交平面杆系支撑；

（g）环形杆系支撑；（h）竖向斜撑

1—腰梁或冠梁；2—水平单杆支撑；3—水平桁架支撑；4—水平支撑主杆；5—八字撑杆；6—水平角撑；7—水平正交支撑；8—水平斜交支撑；9—环形支撑；10—支撑杆；11—竖向斜撑；12—竖向斜撑基础；13—挡土构件

①水平对撑或斜撑，包括单杆、桁架、八字形支撑。②正交或斜交的平面杆系支撑。③环形杆系或板系支撑。④竖向斜撑。每类内支撑形式又可根据具体情况有多种布置形式。一般来说，对面积不大、形状规则的基坑常采用水平对撑或斜撑；对面积较大或形状不规则的基坑有时需采用正交或斜交的平面杆系支撑；对圆形、方形及近似圆形的多边形的基坑，为能形成较大开挖空间，可采用环形杆系或环形板系支撑；对深度较浅、面积较大基坑，可采用竖向斜撑，但需注意，在设置斜撑基础、安装竖向斜撑前，无撑支护结构应能

够满足承载力、变形和整体稳定要求。对各类支撑形式，支撑结构的布置要重视支撑体系总体刚度的分布，避免突变，尽可能使水平力作用中心与支撑刚度中心保持一致。

3. 内支撑结构宜采用超静定结构。对个别次要构件失效会引起结构整体破坏的部位宜设置冗余约束。内支撑结构的设计应考虑地质和环境条件的复杂性、基坑开挖步序的偶然变化的影响。

4. 内支撑结构分析应符合下列原则：

（1）水平对撑与水平斜撑，应按偏心受压构件进行计算；支撑的轴向压力应取支撑间距内挡土构件的支点力之和；腰梁或冠梁应按以支撑为支座的多跨连续梁计算，计算跨度可取相邻支撑点的中心距；

（2）矩形基坑的正交平面杆系支撑，可分解为纵横两个方向的结构单元，并分别按偏心受压构件进行计算；

（3）平面杆系支撑、环形杆系支撑，可按平面杆系结构采用平面有限元法进行计算；计算时应考虑基坑不同方向上的荷载不均匀性；建立的计算模型中，约束支座的设置应与支护结构实际位移状态相符，内支撑结构边界向基坑外位移处应设置弹性约束支座，向基坑内位移处不应设置支座，与边界平行方向应根据支护结构实际位移状态设置支座；

（4）内支撑结构应进行竖向荷载作用下的结构分析；设有立柱时，在竖向荷载作用下内支撑结构宜按空间框架计算，当作用在内支撑结构上的竖向荷载较小时，内支撑结构的水平构件可按连续梁计算，计算跨度可取相邻立柱的中心距；

（5）竖向斜撑应按偏心受压杆件进行计算；

（6）当有可靠经验时，宜采用三维结构分析方法，对支撑、腰梁与冠梁、挡土构件进行整体分析。

5. 内支撑结构分析时，应同时考虑下列作用：

（1）由挡土构件传至内支撑结构的水平荷载；

（2）支撑结构自重；当支撑作为施工平台时，尚应考虑施工荷载；

（3）当温度改变引起的支撑结构内力不可忽略不计时，应考虑温度应力；

（4）当支撑立柱下沉或隆起量较大时，应考虑支撑立柱与挡土构件之间差异沉降产生的作用。

温度变化会引起钢支撑轴力改变，根据经验，对长度超过 40m 的支撑，认为可考虑 10%～20% 的支撑内力变化。

6. 混凝土支撑构件及其连接的受压、受弯、受剪承载力计算应符合现行国家标准《混凝土结构设计规范》GB 50010 的规定；钢支撑结构构件及其连接的受压、受弯、受剪承载力及各类稳定性计算应符合现行国家标准《钢结构设计规范》GB 50017 的规定。支撑的承载力计算应考虑施工偏心误差的影响，偏心距取值不宜小于支撑计算长度的 1/1000，且对混凝土支撑不宜小于 20mm，对钢支撑不宜小于 40mm。

7. 支撑构件的受压计算长度应按下列规定确定：

（1）水平支撑在竖向平面内的受压计算长度，不设置立柱时，应取支撑的实际长度；设置立柱时，应取相邻立柱的中心间距；

（2）水平支撑在水平平面内的受压计算长度，对无水平支撑杆件交汇的支撑，应取支撑的实际长度；对有水平支撑杆件交汇的支撑，应取与支撑相交的相邻水平支撑杆件的中心间距；当水平支撑杆件的交汇点不在同一水平面内时，水平平面内的受压计算长度宜取与支撑相交的相邻水平支撑杆件中心间距的 1.5 倍；

（3）对竖向斜撑，应按本条第（1）、（2）款的规定确定受压计算长度。

8. 预加轴向压力的支撑，预加力值宜取支撑轴向压力标准值的（0.5～0.8）倍，且应与 4.4.1 结构分析中第 8 条中的支撑预加轴向压力一致。

9. 立柱的受压承载力可按下列规定计算：

（1）在竖向荷载作用下，内支撑结构按框架计算时，立柱应按偏心受压构件计算；内支撑结构的水平构件按连续梁计算时，立柱可按轴心受压构件计算；

（2）立柱的受压计算长度应按下列规定确定：

1）单层支撑的立柱、多层支撑底层立柱的受压计算长度应取底层支撑至基坑底面的净高度与立柱直径或边长的 5 倍之和；

2）相邻两层水平支撑间的立柱受压计算长度应取此两层水平支撑的中心间距；

（3）立柱的基础应满足抗压和抗拔的要求。

10. 内支撑的平面布置应符合下列规定：

（1）内支撑的布置应满足主体结构的施工要求，宜避开地下主体结构的墙、柱；

（2）相邻支撑的水平间距应满足土方开挖的施工要求；采用机械挖土时，应满足挖土机械作业的空间要求，且不宜小于 4m；

（3）基坑形状有阳角时，阳角处的支撑应在两边同时设置；

（4）当采用环形支撑时，环梁宜采用圆形、椭圆形等封闭曲线形式，并应按使环梁弯矩、剪力最小的原则布置辐射支撑；环形支撑宜采用与腰梁或冠梁相切的布置形式；

（5）水平支撑与挡土构件之间应设置连接腰梁；当支撑设置在挡土构件顶部时，水平支撑应与冠梁连接；在腰梁或冠梁上支撑点的间距，对钢腰梁不宜大于 4m，对混凝土梁不宜大于 9m；

（6）当需要采用较大水平间距的支撑时，宜根据支撑冠梁、腰梁的受力和承载力要求，在支撑端部两侧设置八字斜撑杆与冠梁、腰梁连接，八字斜撑杆宜在主撑两侧对称布置，且斜撑杆的长度不宜大于 9m，斜撑杆与冠梁、腰梁之间的夹角宜取 $45°～60°$；

（7）当设置支撑立柱时，临时立柱应避开主体结构的梁、柱及承重墙；对纵横双向交叉的支撑结构，立柱宜设置在支撑的交汇点处；对用作主体结构柱的立柱，立柱在基坑支护阶段的负荷不得超过主体结构的设计要求；立柱与支撑端部及立柱之间的间距应根据支撑构件的稳定要求和竖向荷载的大小确定，且对混凝土支撑不宜大于 15m，对钢支撑不宜大于 20m；

（8）当采用竖向斜撑时，应设置斜撑基础，且应考虑与主体结构底板施工的关系。

11. 支撑的竖向布置应符合下列规定：

（1）支撑与挡土构件连接处不应出现拉力；

（2）支撑应避开主体地下结构底板和楼板的位置，并应满足主体地下结构施工对墙、柱钢筋连接长度的要求；当支撑下方的主体结构楼板在支撑拆除前施工时，支撑底面与下方主体结构楼板间的净距不宜小于 700mm；

（3）支撑至坑底的净高不宜小于 3m；

（4）采用多层水平支撑时，各层水平支撑宜布置在同一竖向平面内，层间净高不宜小于 3m。

12. 混凝土支撑的构造应符合下列规定：

（1）混凝土的强度等级不应低于 C25；

（2）支撑构件的截面高度不宜小于其竖向平面内计算长度的 1/20；腰梁的截面高度（水平尺寸）不宜小于其水平方向计算跨度的 1/10，截面宽度（竖向尺寸）不应小于支撑的截面高度；

（3）支撑构件的纵向钢筋直径不宜小于 16mm，沿截面周边的间距不宜大于 200mm；箍筋的直径不宜小于 8mm，间距不宜大于 250mm。

13. 钢支撑的构造应符合下列规定：

（1）钢支撑构件可采用钢管、型钢及其组合截面；

（2）钢支撑受压杆件的长细比不应大于 150，受拉杆件长细比不应大于 200；

（3）钢支撑连接宜采用螺栓连接，必要时可采用焊接连接；

（4）当水平支撑与腰梁斜交时，腰梁上应设置牛腿或采用其他能够承受剪力的连接措施；

（5）采用竖向斜撑时，腰梁和支撑基础上应设置牛腿或采用其他能够承受剪力的连接措施；腰梁与挡土构件之间应采用能够承受剪力的连接措施；斜撑基础应满足竖向承载力和水平承载力要求。

14. 立柱的构造应符合下列规定：

（1）立柱可采用钢格构、钢管、型钢或钢管混凝土等形式；

（2）当采用灌注桩作为立柱基础时，钢立柱锚入桩内的长度不宜小于立柱长边或直径的 4 倍；

（3）立柱长细比不宜大于 25；

（4）立柱与水平支撑的连接可采用铰接；

（5）立柱穿过主体结构底板的部位，应有有效的止水措施。

15. 混凝土支撑构件的构造，应符合现行国家标准《混凝土结构设计规范》GB 50010 的有关规定。钢支撑构件的构造，应符合现行国家标准《钢结构设计规范》GB 50017 的有关规定。

4.4.6.2　内支撑结构工程施工与检测

1. 基本要求

（1）内支撑结构的施工与拆除顺序，应与设计工况一致，必须遵循先支撑后开挖的原则。

（2）混凝土支撑的施工应符合现行国家标准《混凝土结构工程施工质量验收规范》GB 50204 的规定。

（3）混凝土腰梁施工前应将排桩、地下连续墙等挡土构件的连接表面清理干净，混凝土腰梁应与挡土构件紧密接触，不得留有缝隙。

（4）钢支撑的安装应符合现行国家标准《钢结构工程施工质量验收规范》GB 50205 的规定。

（5）钢腰梁与排桩、地下连续墙等挡土构件间隙的宽度宜小于 100mm，并应在钢腰梁安装定位后，用强度等级不低于 C30 的细石混凝土填充密实或采用其他可靠连接措施。

（6）对预加轴向压力的钢支撑，施加预压力时应符合下列要求：

1）对支撑施加压力的千斤顶应有可靠、准确的计量装置；

2）千斤顶压力的合力点应与支撑轴线重合，千斤顶应在支撑轴线两侧对称、等距放置，且应同步施加压力；

3）千斤顶的压力应分级施加，施加每级压力后应保持压力稳定 10min 后方可施加下一级压力；预压力加至设计规定值后，应在压力稳定 10min 后，方可按设计预压力值进行锁定；

4）支撑施加压力过程中，当出现焊点开裂、局部压曲等异常情况时应卸除压力，在对支撑的薄弱处进行加固后，方可继续施加压力；

5）当监测的支撑压力出现损失时，应再次施加预压力。

（7）对钢支撑，当夏期施工产生较大温度应力时，应及时对支撑采取降温措施。当冬期施工降温产生的收缩使支撑端头出现空隙时，应及时用铁楔将空隙楔紧或采用其他可靠连接措施。

（8）支撑拆除应在替换支撑的结构构件达到换撑要求的承载力后进行。当主体结构底板和楼板分块浇筑或设置后浇带时，应在分块部位或后浇带处设置可靠的传力构件。支撑的拆除应根据支撑材料、形式、尺寸等具体情况采用人工、机械和爆破等方法。

（9）立柱的施工应符合下列要求：

1）立柱桩混凝土的浇筑面宜高于设计桩顶 500mm；

2）采用钢立柱时，立柱周围的空隙应用碎石回填密实，并宜辅以注浆措施；

3）立柱的定位和垂直度宜采用专门措施进行控制，对格构柱、H 型钢柱，尚应同时控制转向偏差。

（10）内支撑的施工偏差应符合下列要求：

1）支撑标高的允许偏差应为 30mm；

2）支撑水平位置的允许偏差应为 30mm；

3）临时立柱平面位置的允许偏差应为 50mm，垂直度的允许偏差应为 1/150。

2. 内支撑结构施工

（1）内支撑结构的种类与结构形式

常用的内支撑系统按材料可分为：钢管支撑、型钢支撑、钢筋混凝土支撑、钢和钢筋混凝土组合支撑等。

按其受力形式可以分为：单跨压杆式支撑、多跨压杆式支撑、双向多跨压杆式支撑、水平桁架式支撑、水平框架式支撑、大直径环梁及边桁架相结合的支撑和斜撑等。

（2）钢支撑施工

钢结构支撑主要用钢管和 H 型钢两种，常见结构形式的节点构造，见图 4-4-60、图 4-4-61。钢支撑具有重量轻、拆卸方便、材料损失少的特点。但一次投资大，且由于两个方向施加预应力，所以纵横杆件之间的连接，始终处于铰接状态，形不成整体刚接，因此不如钢筋混凝土支撑结构整体刚度大。

1）钢支撑平面及手压千斤顶布置如图 4-4-62 所示。

节点千斤顶布置最一般方法如图 4-4-62（a）；也可将油压千斤顶布置在中段，如图

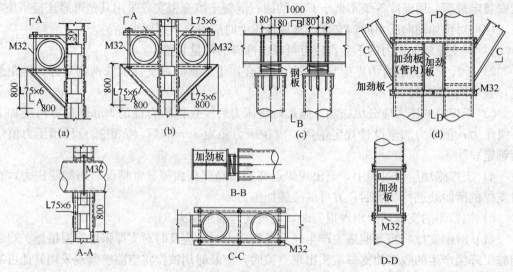

图 4-4-60　竖撑与钢管支撑节点图

（a）单肢钢管支撑与格构式立柱连接节点构造详图；（b）双肢钢管支撑与格构式立柱连接节点构造详图；
（c）钢管支撑与 H 型钢围檩连接节点构造详图；（d）双肢钢管与八字撑连接节点构造详图

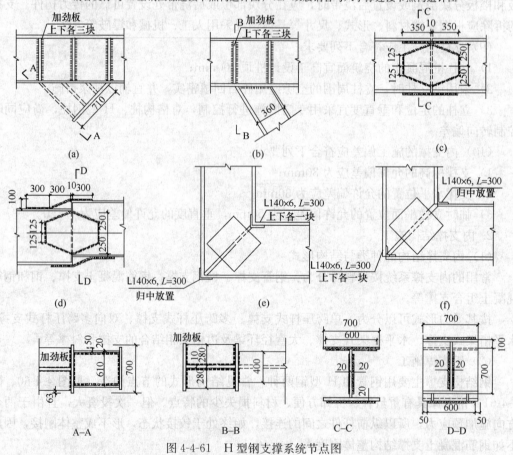

图 4-4-61　H 型钢支撑系统节点图

（a）斜撑与围檩连接节点牛腿详图；（b）八字撑与围檩连接节点详图；（c）钢围檩连接节点详图；
（d）钢围檩异形连接节点详图；（e）钢围檩转角处连接节点详图一；（f）钢围檩转角处连接节点详图二

4-4-62（b）；如果基坑四周荷载不均匀，考虑偏心荷载作用下施加预紧力，可调整千斤顶位置如图 4-4-62（c）；也可以在支撑两端加千斤顶如图 4-4-62（d）。

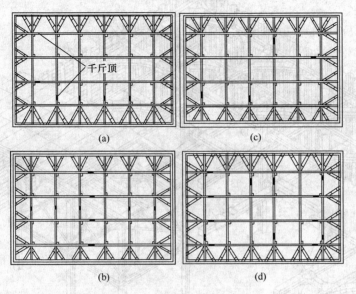

图 4-4-62　钢支撑平面及手压千斤顶布置图

2）支撑与支护结构的连节点，如图 4-4-63。

带活络接头的支撑如图 4-4-64 所示。

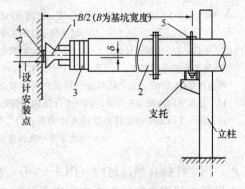

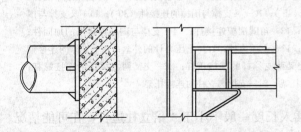

图 4-4-63　支撑与围护系统的连接节点

图 4-4-64　带活络接头的支撑
1—活络接头；2—支撑；3—钢板楔；4—传力垫板；
5—U 形箍紧螺栓；Δ—安装点定位误差为±15mm；
δ—支撑轴线偏差≤20mm

钢支撑围护体系工程透视图如图 4-4-65 所示，其支撑节点及油压千斤顶位置等较为详细。

3）当基坑平面尺较大，支撑长度超过 15m 时，需设立柱来支承水平支撑，缩短支撑的计算长度，防止支撑弯曲而失稳破坏。

立柱通常用钢立柱，长细比一般小于 25，由于基坑开挖结束浇筑底板时支撑立柱不能拆除，为此立柱最好做成格构式，以利底板钢筋通过。钢立柱不能支承于地基上，而需支承在立柱桩上。目前多用混凝土灌注桩作为立柱支承桩，灌注桩混凝土浇至基坑面为

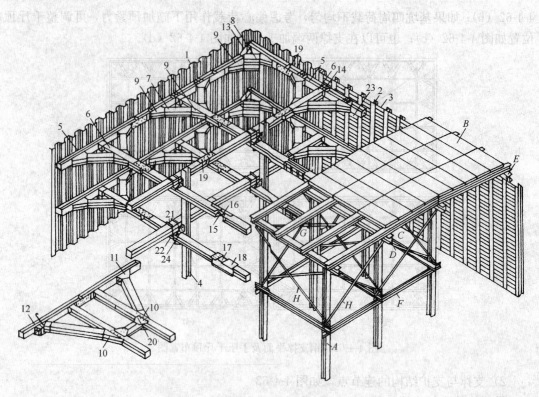

图 4-4-65　钢支撑围护体系工程实例

A—施工钢平台立柱；B—钢平台板；C—钢阀槽；D—钢横梁；E—围护壁上钢横梁；F—钢平面立柱的水平连杆；
G—钢平台立柱的水平拉杆；H—钢平台立柱的斜拉杆

1—板桩；2—H 型钢板桩；3—插板；4—H 型钢立柱；5—H 型钢围檩；6—H 型钢支撑；7—H 型钢水平支撑；
8—H 型钢的角隅支撑；9—叉支撑与围檩的连接件（45°）；10—叉支撑与围檩的连接件（30°）；11—叉支撑与围
檩的连接件（60°）；12—用混凝土填充的连接节点；13—角隅围檩连接件；14—支撑与围檩连接点的加固件；
15—支撑节间的油压千斤顶；16—千斤顶的加强肢；17—土压力计；18—土压力计的外盒；19—支撑的连接钢
板；20—支撑桁架中弦杆和腹杆连接钢板；21—交叉两支撑杆的连接压杆；22—交叉两支撑杆的连接螺杆；
23—围檩与围护壁的连接托架；24—支撑与立柱的连接托架

止，钢立柱插在灌注桩内（图 4-4-66），插入长度一般不小于 4 倍立柱边长，在可能情况
下尽可能利用工程桩作为立柱支承桩。立柱通常设于支撑交叉部位，施工时立柱桩应准确
定位，以防偏离支撑交叉部位。

腰（冠）梁的作用是将围护墙上承受的土压力、水压力等外荷载传递到支撑上，为一
受弯剪的构件，其另一作用是加强围护墙体的整体性。所以增强腰梁的刚度和强度对整个
支护结构体系有重要意义。

4）钢支撑皆用钢腰梁，钢腰梁多用 H 型钢或双拼槽钢等，通过设于围护墙上的钢牛
腿或锚固于墙内的吊筋加以固定（图 4-4-67）。钢腰梁分段长度不宜小于支撑间距的 2 倍，
拼装点尽量靠近支撑点。如支撑与腰梁斜交，腰梁上应设传递剪力的构造。腰梁安装后与
围护墙间的空隙，要用细石混凝土填塞。

钢支撑受力构件的长细比不宜大于 75，联系构件的长细比不宜大于 120。安装节点尽
量设在纵、横向支撑的交汇处附近。纵向、横向支撑的交汇点尽可能在同一标高上，这样

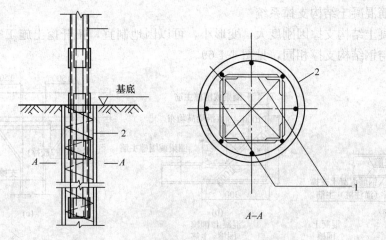

图 4-4-66　钢格构立柱与灌注桩支承
1—钢格构立柱；2—灌注桩

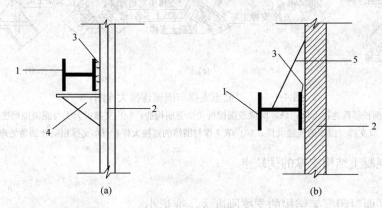

(a)　　　　　　　　(b)

图 4-4-67　钢腰梁固定
(a) 用牛腿支承；(b) 用吊筋支承
1—腰梁；2—支护墙体；3—填塞细石混凝土；4—钢牛腿；5—吊筋

支撑体系的平面刚度大，尽量少用重叠连接。钢支撑与钢腰梁可用电焊等连接。

5）采用钢支撑体系时应注意事项：

① 施工中要严格控制支撑轴线及交汇点的偏心，设计要验算允许偏心下的弯矩。支撑端点与地下墙接触的承压板、垫板要按图 4-4-64 布置，承压板与垫板要均匀接触，承压板中心与支撑轴线要尽量一致。

② 长支撑中间设置三向约束构造。

③ 钢支撑体系的中间支承柱，要有足够的抗回弹和抗沉降的安全度。

④ 钢支承中设置预加轴力的顶力装置、测力装置，见图 4-4-64。

⑤ 斜向钢支撑与围护墙体或围檩相接处，要在墙体或围檩上设钢支托，要使支撑轴力线与钢支托的传力钢板相垂直。见图 4-4-68。

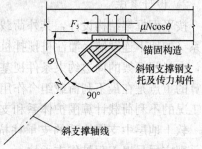

图 4-4-68　斜向钢支撑详图

（3）钢筋混凝土结构支撑系统

钢筋混凝土结构支撑因刚度大，变形小，可以因地制宜，拓开挖土施工空间工作面，且施工费用与钢结构支撑相同，见图 4-4-69。

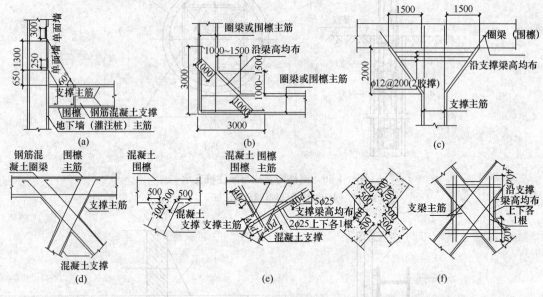

图 4-4-69　混凝土支撑与围檩连接大样图

（a）围檩与围护结构连接大样；（b）圈梁或围檩折角加强筋构造；（c）支撑扩大头与圈梁围檩连接大样；

（d）双支撑与围檩的连接大样；（e）单支撑与围檩的连接大样；（f）支撑相交处倒角处理

1）钢筋混凝土结构支撑的优缺点

① 优点

a. 做成平面封闭框架结构的支撑刚度大、变形小。

b. 可以按基坑形状变化，设计为各种不同尺寸的现浇钢筋混凝土结构支撑系统。

c. 能筑成较大空间进行挖土施工：如筑成圆环形结构、双圆结构、折线形几种稳定结构、内折角斜撑角中空长方形结构等，总之能形成比较大空间挖土作业面，又能形成平面封闭框架的整体刚度大的支撑结构。

② 缺点

a. 支撑时间比钢结构时间长。

b. 拆除工作困难，几乎没有材料可以回收，有时需进行爆破作业，运走碎块碴。

2）设计考虑

按平面框架结构设计，其外荷载包括土压力、水压力和地面附加荷载三部分，由围护体系（如地下连续墙、灌注桩搅拌桩等）直接作用在封闭框架周边与围护体系连接的围檩和，在封闭框架的周边约束条件视基坑形状、土质物理力学性质和围护体系的刚度而定。计算的重点是在最不利荷载组合作用下，产生最不利的内力组合和最大水平位移，并对每个工况的不利荷载计算围护体系和支撑的内力及水平位移。

软土地层中支撑体系的支承柱抗隆起及抗沉降的安全系数应提高，如坑内设深工程桩，则应尽量以工程桩作支承柱。

合理提高支撑立模的刚度和精度，严格控制偏心误差。

3）混凝土支撑施工

混凝土支撑也多用钢立柱。腰梁与支撑整体浇筑，在平面内形成整体。位于围护墙顶部的冠梁，多与围护墙体整浇，位于桩身处的腰梁也通过桩身预埋筋和吊筋加以固定。混凝土腰梁的截面宽度要不小于支撑截面高度；腰梁截面水平向高度由计算确定，一般不小于 1/8 腰梁水平面计算跨度。腰梁与围护墙间不留间隙，完全密贴，见图 4-4-70。

按设计要求当基坑挖土至规定深度时，要及时浇筑支撑和腰梁，以减少时间效应，减小变形。支撑受力钢筋在腰梁内锚固长度要不小于 $30d$。要待支撑混凝土强度达到不小于 80% 设计强度时，才允

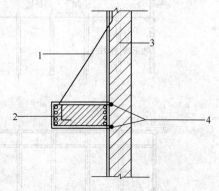

图 4-4-70　桩身处钢筋混凝土腰梁的固定
1—吊筋；2—钢筋混凝土腰梁；
3—支护墙体；4—与预埋筋连接

许开挖支撑以下的土方。支撑和腰梁浇筑时的底模（模板或细石混凝土薄层等），挖土开始后要及时去除，以防坠落伤人。支撑如穿越外墙，要设止水片。

在浇筑地下室结构时如要换撑，必须在底板、楼板的混凝土强度达到不小于设计强度的 80% 以后才允许换撑。

4.4.7　支护结构与主体结构的结合及逆作法

逆作法是指沿建筑物地下室轴线施工地下连续墙或沿基坑周围施工其他临时围护墙，同时在建筑物内部的有关位置浇筑或打下中间支承桩和柱，作为施工期间于底板封底之前承受上部结构自重和施工荷载的支承；然后施工地面一层的梁板结构，作为地下连续墙或其他围护墙的水平支撑。随后逐层向下开挖土方和浇筑多层地下结构，直至底板封底。同时，由于地面一层的楼面结构已经完成，因此可以同时向上逐层进行地下结构施工，见图 4-4-71。

4.4.7.1　支护结构与主体结构的结合及逆作法的设计

1. 支护结构与主体结构可采用下列结合方式：

（1）支护结构的地下连续墙与主体结构外墙相结合；

（2）支护结构的水平支撑与主体结构水平构件相结合；

（3）支护结构的竖向支承立柱与主体结构竖向构件相结合。

2. 支护结构与主体结构相结合时，应分别按基坑支护各设计状况与主体结构各设计状况进行设计。与主体结构相关的构件之间的结点连接、变形协调与防水构造应满足主体结构的设计要求。按支护结构设计时，作用在支护结构上的荷载除应符合"4.3.3 作用在支护结构上的水平荷载"和"4.4.6.1 内支撑结构工程设计"的规定外，尚应同时考虑施工时的主体结构自重及施工荷载；按主体结构设计时，作用在主体结构外墙上的土压力宜采用静止土压力。

3. 地下连续墙与主体结构外墙相结合时，可采用单一墙、复合墙或叠合墙结构形式，其结合应符合下列要求（图 4-4-72）：

（1）对于单一墙，永久使用阶段应按地下连续墙承担全部外墙荷载进行设计；

（2）对于复合墙，地下连续墙内侧应设置混凝土衬墙；地下连续墙与衬墙之间的结合

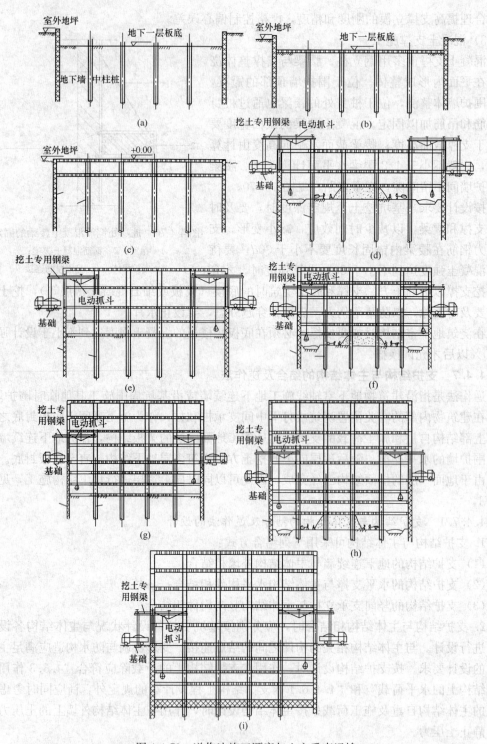

图 4-4-71 逆作法施工顺序与土方垂直运输

(a) 开挖地下一层土方；(b) 浇筑地下一层楼盖；(c) 浇筑±0.00 标高处楼盖；
(d) 施工上部一层结构，同时开挖地下二层土方；(e) 施工上部二层结构，同时浇筑地下二层楼盖；
(f) 施工上部三层结构，同时开挖地下二层土方；(g) 施工上部四层结构，同时浇筑地下三层楼盖；
(h) 施工地上五层结构，同时开挖地下四层土方；(i) 浇筑地下室底板

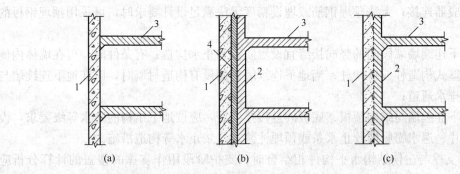

图 4-4-72　地下连续墙与主体结构外墙结合的形式

(a) 单一墙；(b) 复合墙；(c) 叠合墙

1—地下连续墙；2—衬墙；3—楼盖；4—衬垫材料

面应按不承受剪力进行构造设计，永久使用阶段水平荷载作用下的墙体内力宜按地下连续墙与衬墙的刚度比例进行分配；

（3）对于叠合墙，地下连续墙内侧应设置混凝土衬墙；地下连续墙与衬墙之间的结合面应按承受剪力进行连接构造设计，永久使用阶段地下连续墙与衬墙应按整体考虑，外墙厚度应取地下连续墙与衬墙厚度之和。

4. 地下连续墙与主体结构外墙相结合时，主体结构各设计状况下地下连续墙的计算分析应符合下列规定：

（1）水平荷载作用下，地下连续墙应按以楼盖结构为支承的连续板或连续梁进行计算，结构分析尚应考虑与支护阶段地下连续墙内力、变形叠加的工况；

（2）地下连续墙应进行裂缝宽度验算；除特殊要求外，应按现行国家标准《混凝土结构设计规范》GB 50010 的规定，按环境类别选用不同的裂缝控制等级及最大裂缝宽度限值；

（3）地下连续墙作为主要竖向承重构件时，应分别按承载能力极限状态和正常使用极限状态验算地下连续墙的竖向承载力和沉降量；地下连续墙的竖向承载力宜通过现场静载荷试验确定；无试验条件时，可按钻孔灌注桩的竖向承载力计算公式进行估算，墙身截面有效周长应取与周边土体接触部分的长度，计算侧阻力时的墙体长度应取坑底以下的嵌固深度；地下连续墙采用刚性接头时，应对刚性接头进行抗剪验算；

（4）地下连续墙承受竖向荷载时，应按偏心受压构件计算正截面承载力；

（5）墙顶冠梁与地下连续墙及上部结构的连接处应验算截面受剪承载力。

5. 当地下连续墙作为主体结构的主要竖向承重构件时，可采取下列协调地下连续墙与内部结构之间差异沉降的措施：

（1）宜选择压缩性较低的土层作为地下连续墙的持力层；

（2）宜采取对地下连续墙墙底注浆加固的措施；

（3）宜在地下连续墙附近的基础底板下设置基础桩。

6. 用作主体结构的地下连续墙与内部结构的连接及防水构造应符合下列规定：

（1）地下连续墙与主体结构的连接可采用墙内预埋弯起钢筋、钢筋接驳器、钢板等，预埋钢筋直径不宜大于 20mm，并应采用 HPB300 钢筋；连接钢筋直径大于 20mm 时，宜采用钢筋接驳器连接；无法预埋钢筋或埋设精度无法满足设计要求时，可采用预埋钢板的方式；

（2）地下连续墙墙段间的竖向接缝宜设置防渗和止水构造；有条件时，可在墙体内侧接缝处设扶壁式构造柱或框架柱；当地下连续墙内侧设有构造衬墙时，应在地下连续墙与衬墙间设置排水通道；

（3）地下连续墙与结构顶板、底板的连接接缝处，应按地下结构的防水等级要求，设置刚性止水片、遇水膨胀橡胶止水条或预埋注浆管注浆止水等构造措施。

7. 水平支撑与主体结构水平构件相结合时，支护阶段用作支撑的楼盖的计算分析应符合下列规定：

（1）应符合"4.4.6.1 内支撑结构工程设计"的有关规定；

（2）当楼盖结构兼作为施工平台时，应按水平和竖向荷载同时作用进行计算；

（3）同层楼板面存在高差的部位，应验算该部位构件的受弯、受剪、受扭承载能力；必要时，应设置可靠的水平向转换结构或临时支撑等措施；

（4）结构楼板的洞口及车道开口部位，当洞口两侧的梁板不能满足传力要求时，应采用设置临时支撑等措施；

（5）各层楼盖设结构分缝或后浇带处，应设置水平传力构件，其承载力应通过计算确定。

8. 水平支撑与主体结构水平构件相结合时，主体结构各设计状况下主体结构楼盖的计算分析应考虑与支护阶段楼盖内力、变形叠加的工况。

9. 当楼盖采用梁板结构体系时，框架梁截面的宽度，应根据梁柱节点位置框架梁主筋穿过的要求，适当大于竖向支承立柱的截面宽度。当框架梁宽度在梁柱节点位置不能满足主筋穿过的要求时，在梁柱节点位置应采取梁的宽度方向加腋、环梁节点、连接环板等措施。

10. 竖向支承立柱与主体结构竖向构件相结合时，支护阶段立柱和立柱桩的计算分析除应符合"4.4.6.1 内支撑结构工程设计"第 9 条的规定外，尚应符合下列规定：

（1）立柱及立柱桩的承载力与沉降计算时，立柱及立柱桩的荷载应包括支护阶段施工的主体结构自重及其所承受的施工荷载，并应按其安装的垂直度允许偏差考虑竖向荷载偏心的影响；

（2）在主体结构底板施工前，立柱基础之间及立柱与地下连续墙之间的差异沉降不宜大于 20mm，且不宜大于柱距的 1/400。

11. 在主体结构的短暂与持久设计状况下，宜考虑立柱基础之间的差异沉降及立柱与地下连续墙之间的差异沉降引起的结构次应力，并应采取防止裂缝产生的措施。立柱桩采用钻孔灌注桩时，可采用后注浆措施减小立柱桩的沉降。

12. 竖向支承立柱与主体结构竖向构件相结合时，1 根结构柱位置宜布置 1 根立柱及立柱桩。当 1 根立柱无法满足逆作施工阶段的承载力与沉降要求时，也可采用 1 根结构柱位置布置多根立柱和立柱桩的形式。

13. 与主体结构竖向构件结合的立柱的构造应符合下列规定：

（1）立柱应根据支护阶段承受的荷载要求及主体结构设计要求，采用格构式钢立柱、H 型钢立柱或钢管混凝土立柱等形式；立柱桩宜采用灌注桩，并应尽量利用主体结构的基础桩；

（2）立柱采用角钢格构柱时，其边长不宜小于420mm；采用钢管混凝土柱时，钢管直径不宜小于500mm；

（3）外包混凝土形成主体结构框架柱的立柱，其形式与截面应与地下结构梁板和柱的截面与钢筋配置相协调，其节点构造应保证结构整体受力与节点连接的可靠性；立柱应在地下结构底板混凝土浇筑完后，逐层在立柱外侧浇筑混凝土形成地下结构框架柱；

（4）立柱与水平构件连接节点的抗剪钢筋、栓钉或钢牛腿等抗剪构造应根据计算确定；

（5）采用钢管混凝土立柱时，插入立柱桩的钢管的混凝土保护层厚度不应小于100mm。

14. 与支护结构结合的主体结构构件的设计应符合"4.4.4.1 地下连续墙设计"、"4.4.6.1 内支撑结构工程设计"的有关规定。

4.4.7.2　支护结构与主体结构的结合及逆作法施工与检测

1. 基本要求

（1）地下连续墙与主体结构外墙相结合时，地下连续墙的施工应符合下列规定：

1）地下连续墙成槽施工应采用具有自动纠偏功能的设备；

2）地下连续墙采用墙底后注浆时，可将墙段折算成截面面积相等的桩后，按现行行业标准《建筑桩基技术规范》JGJ 94 的有关规定确定后注浆参数，后注浆的施工应符合该规范的有关规定。

（2）竖向支承立柱与主体结构竖向构件相结合时，立柱及立柱桩的施工除应符合"4.4.6.2 内支撑结构工程施工与监测"中第 1 条第（9）款规定外，尚应符合下列要求：

1）立柱采用钢管混凝土柱时，宜通过现场试充填试验确定钢管混凝土柱的施工工艺与施工参数；

2）立柱桩采用后注浆时，后注浆的施工应符合现行行业标准《建筑桩基技术规范》JGJ 94 有关灌注桩后注浆施工的规定。

为保证钢立柱在土体未开挖前的稳定性，要求在立柱桩施工完毕后必须对桩孔内钢立柱周边进行密实回填。

（3）主体结构采用逆作法施工时，应在地下各层楼板上设置用于垂直运输的孔洞。楼板的孔洞应符合下列规定：

1）同层楼板上需要设置多个孔洞时，孔洞的位置应考虑楼板作为内支撑的受力和变形要求，并应满足合理布置施工运输的要求；

2）孔洞宜尽量利用主体结构的楼梯间、电梯井或无楼板处等结构开口；孔洞的尺寸应满足土方、设备、材料等垂直运输的施工要求；

3）结构楼板上的运输预留孔洞、立柱预留孔洞部位，应验算水平支撑力和施工荷载作用下的应力和变形，并应采取设置边梁或增强钢筋配置等加强措施；

4）对主体结构逆作施工后需要封闭的临时孔洞，应根据主体结构对孔洞处二次浇筑混凝土的结构连接要求，预先在洞口周边设置连接钢筋或抗剪预埋件等结构连接措施；有防水要求的洞口应设置刚性止水片、遇水膨胀橡胶止水条或预埋注浆管注浆止水等构造措施。

（4）逆作的主体结构的梁、板、柱，其混凝土浇筑应采用下列措施：

1）主体结构的梁板等构件宜采用支模法浇筑混凝土；

2）由上向下逐层逆作主体结构的墙、柱时，墙、柱的纵向钢筋预先埋入下方土层内的钢筋连接段应采取防止钢筋污染的措施，与下层墙、柱钢筋的连接应符合现行国家标准《混凝土结构设计规范》GB 50010 对钢筋连接的规定；浇筑下层墙、柱混凝土前，应将已浇筑的上层墙、柱混凝土的结合面及预留连接钢筋、钢板表面的泥土清除干净；

3）逆作浇筑各层墙、柱混凝土时，墙、柱的模板顶部宜做成向上开口的喇叭形，且上层梁板在柱、墙节点处宜预留墙、柱的混凝土浇捣孔；墙、柱混凝土与上层墙、柱的结合面应浇筑密实、无收缩裂缝；

4）当前后两次浇筑的墙、柱混凝土结合面可能出现裂缝时，宜在结合面处的模板上预留充填裂缝的压力注浆孔。

（5）与主体结构结合的地下连续墙、立柱及立柱桩，其施工偏差应符合下列规定：

1）除有特殊要求外，地下连续墙的施工偏差应符合现行国家标准《建筑地基基础工程施工质量验收规范》GB 50202 的规定；

2）立柱及立柱桩的平面位置允许偏差应为 10mm；

3）立柱的垂直度允许偏差应为 1/300；

4）立柱桩的垂直度允许偏差应为 1/200。

（6）竖向支承立柱与主体结构竖向构件相结合时，立柱及立柱桩的检测应符合下列规定：

1）应对全部立柱进行垂直度与柱位进行检测；

2）应采用敲击法对钢管混凝土立柱进行检验，检测数量应大于立柱总数的 20%；当发现立柱缺陷时，应采用声波透射法或钻芯法进行验证，并扩大敲击法检测数量。

（7）与支护结构结合的主体结构构件的设计、施工、检测，应符合"4.4.4.2 地下连续墙施工与监测"和"4.4.6.2 内支撑结构工程施工与监测"的有关规定。

2. 支护结构与主体结构的结合及逆作法施工

"逆作法"施工，根据地下一层的顶板结构封闭还是敞开，分为"封闭式逆作法"和"敞开式逆作法"。前者在地下一层的顶板结构完成后，上部结构和地下结构可以同时进行施工，有利于缩短总工期；后者上部结构和地下结构不能同时进行施工，只是地下结构自上而下的逆向逐层施工。

（1）"逆作法"施工特点

1）缩短工程施工的总工期

采用"封闭式逆作法"施工，一般情况下只有地下一层占部分绝对工期，而其他各层地下室可与地上结构同时施工，不占绝对工期，因此可以缩短工期的总工期。地下结构层数愈多，工期缩短愈显著。

2）基坑变形小，减少深基坑施工对周围环境的影响

采用逆作法施工，是利用地下室的楼盖结构作为支护结构地下连续墙的水平支撑体系，其刚度比临时支撑的刚度大得多，而且没有拆撑、换撑工况，因而可减少围护墙在侧压力作用下的侧向变形。

3）简化基坑的支护结构，有明显的经济效益

采用逆作法施工，一般地下室外墙与基坑围护墙采用两墙合一的形式，一方面省去了单独设立的围护墙，另一方面可在工程用地范围内最大限度扩大地下室面积，增加有效使

用面积。此外，围护墙的支撑体系由地下室楼盖结构代替，省去大量支撑费用。而且楼盖结构即支撑体系，还可以解决特殊平面形状建筑或局部楼盖缺失所带来的布置支撑的困难，并使受力更加合理。

4) 施工方案与工程设计密切有关

按逆作法进行施工，中间支承柱位置及数量的确定、施工过程中结构受力状态、地下连续墙和中间支承柱的承载力以及结构节点构造、软土地区上部结构施工层数控制等，都与工程设计密切有关，需要施工单位与设计单位密切结合研究解决。

5) 可减少基坑隆起及抗浮问题

施工期间楼面恒载和施工荷载等通过中间支承柱传入基坑底部，压缩土体，可减少土方开挖后的基坑隆起。同时中间支承柱作为底板的支点，使底板内力减小，而且无抗浮问题存在，使底板设计更趋合理。

但逆作法施工和传统的顺作法相比，也存在一些问题，主要表现在以下几方面：

1) 由于挖土是在顶部封闭状态下进行，基坑中还分布有一定数量的中间支承柱（亦称中柱桩）和降水用井点管，使挖土的难度增大。

2) 逆作法用地下室楼盖作为水平支撑，支撑位置受地下室层高的限制，无法调整。如遇较大层高的地下室，有时需另设临时水平支撑或加大围护墙的断面及配筋。

3) 逆作法施工需设中间支承柱，作为地下室楼盖的中间支承点，承受结构自重和施工荷载。在软土地区由于单桩承载力低，数量少会使底板封底之前上部结构允许施工的高度受限制，不能有力地缩短总工期，如加设临时钢立柱，则会提高施工费用。

4) 对地下连续墙、中间支承柱与底板和楼盖的连接节点需进行特殊处理。

5) 在地下封闭的工作面内施工，安全上要求使用低于 36V 的低电压，为此则需要特殊机械。有时需增设一些垂直运输土方和材料设备的专用设备。还需增设地下施工需要的通风、照明设备。

(2) 施工前准备工作

主要是编制施工方案。在编制施工方案时，根据逆作法的特点，要选择逆作施工形式、布置施工孔洞、布置上人口、布置通风口、确定降水方法、拟定中间支承柱施工方法、土方开挖方法以及地下结构混凝土浇筑方法等。

封闭式逆作法施工，需布置一定数量的施工洞孔，以便出土、机械和材料出入；施工人员出入和进行通风。主要有出土口、上人口和通风口。

出土口的作用，是开挖土方的外运、施工机械和设备的吊入和吊出；模板、钢筋、混凝土等的运输通道；开挖初期施工人员的出入。因此，出土口的布置原则是：应选择结构简单、开间尺寸较大处；靠近道路便于出土处；有利于土方开挖后开拓工作面处；便于完工后进行封堵处。要根据地下结构布置、周围运输道路情况等研究确定。出土口的数量，主要取决于土方开挖量、工期和出土机械的台班产量。

在地下室开挖初期，一般都利用出土口同时用作上人口，当挖土工作面扩大之后，宜设置上人口，一般一个出土口宜对应设一个上人口。

地下室在封闭状态下开挖土方时，不能形成自然通风，需要进行机械通风，需设置通风孔。通风口分放风口和排风口，一般情况下出土口就作为排风口，在地下室楼板上另预留孔洞作为通风管道入口。随着地下挖土工作面的推进，当露出送风口时，及时安装大功率轴流风机；启动风机向地下施工操作面送风，清新空气由各送风口流入，经地下施工操作面从排风口（出土口）流出，形成空气流通，保证施工作业面的安全。

送风口的数量目前不进行定量计算，一般其间距不宜大于 10m。

一般情况下，逆作法施工中的通风设计和施工应注意以下各点：

1）在封闭状态下挖土，尤其是以人力挖土为主，劳动力比较密集，其换气量要大于一般隧道和公共建筑的换气量；

2）送风口应使风吹向施工操作面，送风口距离施工操作面的距离一般不宜大于 10m，否则应接长风管；

3）单件风管的重量不宜太大，要便于人力拆装；

4）取风口距排风口（出土中）的距离应大于 20m，且高出地面 2m 左右，保证送入新鲜空气；

5）为便于已完工楼板上的施工操作，在满足通风需要的前提下，宜尽量减少预留放风孔洞的数量。

（3）中间支承柱（中柱桩）施工

底板以上的中间支承柱的柱身，多为钢管混凝土柱或 H 型钢柱，断面小、承载能力大，便于与地下室的梁、柱、墙、板等连接。

由于中间支承柱上部多为钢柱，下部为混凝土柱，所以，多用灌筑桩方法进行施工，成孔方法视土质和地下水位而定。

在泥浆护壁下用反循环或正循环潜水电钻钻孔时，顶部要放护筒，钻孔后吊放钢管、型钢。钢管、型钢的位置要十分准确，否则与上部柱子不在同一垂线上对受力不利，因此钢管、型钢吊放后要用定位装置。传统方法是在相互垂直的两个轴线方向架设经纬仪，根据上部外露钢管或型钢的轴线校正中间支承柱的位置，由于只能在柱上端进行纠偏，下端的误差很难纠正，因而垂直度误差较大。

中间支承柱（中柱桩）也可用套管式灌筑桩成孔方法（图 4-4-73），它是边下套管、边用抓斗挖孔。由于有钢套管护壁，可用串筒浇筑混凝土，也可用导管法浇筑，要边浇筑混凝土边上拔钢套管。支承柱上部用 H 型钢或钢管，下部浇筑成扩大的桩头。混凝土柱浇至底板标高处，套管与 H 型钢间的空隙用砂或土填满，以增加上部钢柱的稳定性。

图 4-4-74 所示为"逆作法"施工时中间支承柱的布置情况。

逆作法施工，对中间支承柱（中柱桩）的施工质量要求要高于常规施工方法。其质量要求如下：

1）挖孔中间支承柱（中柱桩）

① 平面位移≤1cm，垂直度≤1/1000。

② 截面尺寸误差在−5～＋8mm 内。

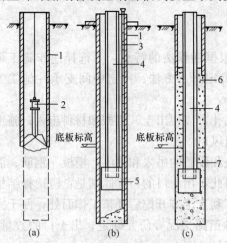

图 4-4-73 中间支承柱用大直径
套管式灌柱桩施工

（a）成孔；（b）吊放 H 型钢、浇筑混凝土；

（c）抽套管、填砂

1—套管；2—抓斗；3—混凝土导管；4—H 型钢；

5—扩大的桩头；6—填砂；7—混凝土柱

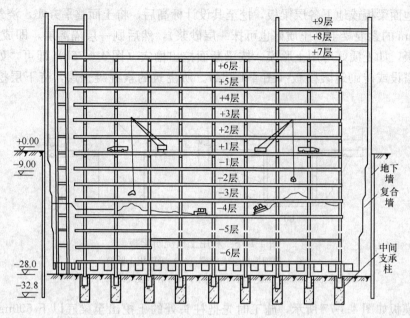

图 4-4-74　中间支承柱布置及施工

③ 预埋铁件中心线位移≤10mm。

④ 预埋螺栓预埋孔中心线误差≤5mm。

2）钻孔灌注桩中间支承柱

① 平面位移≤5cm，垂直度≤1/300。

② 截面尺寸≤2cm。

③ 钢筋入槽深度≤1cm。

④ 塌壁、扩孔≤10cm。

3）型钢中间支承柱

① 根据上海地铁 H 型钢中柱桩的实测数据，当产生 2cm 的双向偏心时，柱身应力较轴心受力时增大 30%～45%，4cm 双向偏心时，增大 60%～100%，因而中柱桩的平面位移应≤2cm，垂直度≤1/600。

② 截面制作尺寸误差≤2mm。

"一柱一桩"格构柱混凝土逆作施工时，分两次支模，第一次支模高度为柱高减去预留柱帽的高度，主要为方便格构柱振捣混凝土，第二次支模到顶，顶部形成柱帽的形式。应根据图纸要求弹出模板的控制线。图 4-4-75 为逆作立柱模板支撑示意图。

（4）地下室结构施工

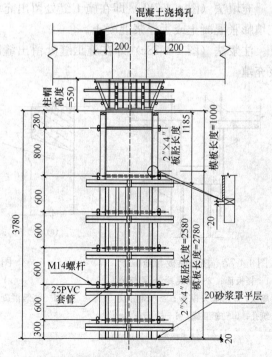

图 4-4-75　逆作立柱模板支撑示意图

对于地面梁板或地下各层梁板，挖至其设计标高后，将土面整平夯实，浇筑一层 C10 厚约 100mm 的素混凝土（土质好也可抹一层砂浆），然后刷一层隔离层，即成楼板模板。对于梁模板，如土质好可用土胎模，按梁断面挖出槽穴（图 4-4-76b）即可，如土质较差可用模板搭设或砖砌筑梁模板（图 4-4-76a）。所浇筑的素混凝土层，待下层挖土时一同挖去。

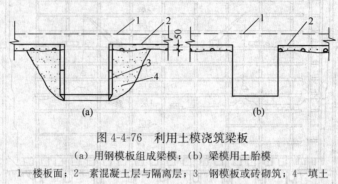

图 4-4-76　利用土模浇筑梁板

(a) 用钢模板组成梁模；(b) 梁模用土胎模

1—楼板面；2—素混凝土层与隔离层；3—钢模板或砖砌筑；4—填土

柱头模板如图 4-4-77 所示，施工时先把柱头处的土挖出至梁底以下 500mm 左右处，设置柱子的施工缝模板，为使下部柱子易于浇筑，该模板宜呈斜面安装，柱子钢筋通穿模板向下伸出接头长度，在施工缝模板上面立柱头模板与梁模板相连接。如土质好柱头可用土胎模，否则就用模板搭设。下部柱子挖出后搭设模板进行浇筑。

施工缝处的浇筑，常用的方法有三种，即直接法、充填法和注浆法。

直接法（图 4-4-78a）即在施工缝下部继续浇筑混凝土时，仍然浇筑相同的混凝土，有时添加一些铝粉以减少收缩。为浇筑密实可做出一假牛腿，混凝土硬化后可凿去。

充填法（图 4-4-78b）即在施工缝处留出充填接缝，待混凝土面处理后，再于接缝处充填膨胀混凝土或无浮浆混凝土。

注浆法（图 4-4-78c）即在施工缝处留出缝隙，待后浇混凝土硬化后用压力压入水泥浆充填。

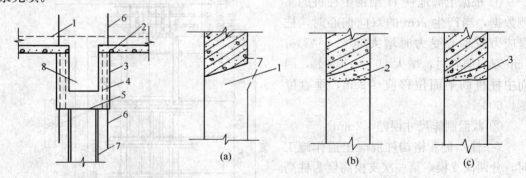

图 4-4-77　柱头模板与施工缝

1—楼板面；2—素混凝土层与隔离层；3—柱头模板；4—预留浇筑孔；5—施工缝；6—柱筋；7—H 型钢；8—梁

图 4-4-78　施工缝处的浇筑方法

(a) 直接法；(b) 充填法；(c) 注浆法

1—浇筑混凝土；2—充填无浮浆混凝土；3—压入水泥浆

在上述三种方法中，直接法施工最简单，成本也最低。施工时可对接缝处混凝土进行二次振捣，以进一步排除混凝土中的气泡，确保混凝土密实和减少收缩。

钢筋的连接，可用电焊和机械连接（锥螺纹连接、套筒挤压连接）。由于焊接时产生废气，封闭施工时对环境污染较大，宜少用。

混凝土的输送宜采用混凝土泵，用输送管直接输送至浇筑地点。由于逆作法施工工程的挖深一般较大，对于向下配管，《混凝土泵送施工技术规程》JGJ/T 10—2011 规定：倾斜或垂直向下泵送施工时，且高差大于 20m 时，应在倾斜或垂直管下端设置弯管或水平管，弯管和水平管折算长度不宜小于 1.5 倍高差。

至于竖向结构混凝土的浇筑方法，由于混凝土是从顶部的侧面入仓，为便于浇筑和保证连接处的密实性，除对竖向钢筋的间距适当调整外，竖向结构顶部的模板宜做成喇叭形。

由于上、下层竖向结构的结合面在上层构件的底部，再加上地面土的沉降和刚浇筑混凝土的收缩，在结合面处易出现缝隙，这对于受压构件是不利的。为此，宜在结合面处的模板上预留若干压浆孔，需要时可用压力灌浆消除缝隙，保证竖向结构连接处的密实性。

逆作内衬墙的施工流程为：衬墙面分格弹线→凿出地下连续墙立筋→衬墙螺杆焊接→放线→搭设脚手排架→衬墙与地下连续墙的堵漏→衬墙外排钢筋绑扎→衬墙内侧钢筋绑扎→拉杆焊接→衬墙钢筋隐蔽验收→支衬墙模板→支板底模→绑扎板钢筋→板钢筋验收→板、衬墙和梁混凝土浇筑→混凝土养护。

施工内衬墙结构，内部结构施工时采用脚手搭排架，模板采用多层板，内部结构施工时要严格控制内衬墙的轴线，保证内衬墙的厚度，并要对地下连续墙墙面进行清洗凿毛处理，地下连续墙接缝有渗漏必须进行修补，验收合格后方可进行结构施工。在衬墙混凝土浇筑前应对纵横向施工缝进行凿毛和接口防水处理。

（5）降低地下水

在软土地区进行逆作法施工，降低地下水位是必不可少的。通过降低地下水位，使土体产生固结，便于封闭状态下挖土和运土，可减少地下连续墙的变形，更便于地下室各层楼盖利用土模进行浇筑，防止底模沉陷过大，引起质量事故。

由于用逆作法施工的地下室一般都较深，在软土地区施工多采用深井泵或加真空的深井泵进行地下水位降低。

确定深井数量时要合理有效，不能过多也不能少。因为深井数量过多，间隔小，一方面费用高，另一方面也给地下室挖土带来困难，由于挖土和运土时都不允许碰撞井管，会使挖土效率降低。但如深井数量过少，则降水效果差，或不能完全覆盖整个基坑。会使坑底土质松软，不利于在坑底土体上浇筑楼盖。根据经验软土地区一般以 $200 \sim 250 \text{m}^2$/井为宜。

在布置井位时要避开地下结构的重要构件（如梁等）。因此要用经纬仪精确定位，误差宜控制在 20mm 以内，定位后埋设成孔钢护筒，成孔机械就位后要用经纬仪校正钻杆的垂直度。成孔后清孔，吊放井管时要在井管上设置限位装置，以确保井管在井孔的中心。在井四周填砂时，要四周对称填砂，确保井位归中。

降水时，一定要在坑内水位降至各工况挖土面以下 1.0m 以后，方可进行挖土。在降水过程中，要定时观察、记录坑内外的水位，以便掌握挖土时间和降水的速度。

（6）地下室土方开挖

在逆作法的挖土过程中，随着挖土的进展和地下、地上结构的浇筑，作用在周边地下连续墙和中间支承柱（中柱桩）上的荷载愈来愈大。挖土周期过长，不但因为软土的时间效应会增大围护墙的变形，还可能造成地下连续墙和中间支承柱间的沉降差异过大，直接威胁工程结构的安全和周围环境的保护。

在确定出土口之后，要在出土口上设置提升设备，用来提升地下挖土集中运输至出土口处的土方，并将其装车外运。

挖土要在地下室各层楼板浇筑完成后，在地下室楼板底下逐层挖土。

各层的地下挖土，先从出土口处开始，形成初始挖土工作面后，再向四周扩展。挖土采用"开矿式"逐皮逐层推进，挖出的土方运至出土口处提升外运。

在挖土过程中要保护深井泵管，避免碰撞失效。同时要进行工程桩的截桩（如果工程桩是钻孔灌筑桩等）。

挖土可用小型机械或人力开挖。机械在坑内的运行，会扰动坑底的原土，如降水效果不十分好时，会使坑底土体松软泥泞，影响楼盖的土模浇筑。

人力挖土和运土便于绕开工程桩、深井泵管等障碍物；对坑底土扰动少；随着挖土工作面的扩大，可以投入大量人力挖土，施工进度可以控制。由于上述原因，目前在逆作法的挖土工序上，主要采用人力挖土。

挖土要逐皮逐层进行，开挖的土方坡面不宜大于 75°，防止塌方，更严禁掏挖，防止土方坍落伤人。

地下室挖土与楼盖浇筑是交替进行，每挖土至楼板底标高，即进行楼盖浇筑，然后再开挖下一层的土方。图 4-4-71 表示某工程的施工顺序和出土口采用的提升土方的机械设备。

为了有效控制基坑变形，基坑土方开挖和结构施工时可通过划分施工块并采取分块开挖与施工的方法。施工块划分的原则是：

1）分层、分块、平衡对称、限时支撑

按照"时空效应"原理，采取"分层、分块、平衡对称、限时支撑"的施工方法。

2）合理划分各层分块的大小

由于一般情况下顶板为明挖法施工，挖土速度比较快，相对应的基坑暴露时间短，故第一层土的开挖可相应划分得大一些；地下各层的挖土是在顶板完成的情况下进行的，速度比较慢，为减小每块开挖的基坑暴露时间，顶板以下各层土方开挖和结构施工的分块面积可相对小些，这样可以缩短每块的挖土和结构施工时间，从而使围护结构的变形减小，地下结构分块时需考虑每个分块挖土时能够有较为方便的出土口。

3）采用盆式开挖方式

通常情况下，逆作区顶板施工前，先大面积开挖土方至板底下约 150mm 处，然后利用土模进行顶板结构施工。采用土模施工明挖土方量很少，大量的土方将在后期进行逆作暗挖，挖土效率将大大降低。采用盆式开挖的方式，周边留土，明挖中间大部分土方，一方面控制基坑变形，另一方面增加明挖工作量从而增加了出土效率。对于顶板以下各层土方的开挖，也可采用盆式开挖的方式，起到控制基坑变形的作用。

4）采用抽条开挖方式

逆作底板土方开挖时，一般来说底板厚度较大，支撑到挖土面的净空较大，这对控制基坑的变形不利。此时可采取中心岛施工的方式，即基坑中部底板达到一定强度后，按一定间距抽条开挖周边土方，并分块浇捣基础底板，每块底板土方开挖至混凝土浇捣完毕，宜控制在72h以内。

5) 楼板结构局部加强代替挖土栈桥

支护结构与主体结构相结合的基坑，由于顶板先于大量土方开挖施工，因此可以将栈桥的设计和水平梁板的永久结构设计结合起来，并充分利用永久结构的工程桩，对楼板局部节点进行加强，作为逆作挖土的施工栈桥，满足工程挖土施工的需要。

(7) 施工中结构沉降控制

结构的沉降控制是逆作法施工的关键问题之一。在逆作法施工过程中，随着上部结构施工层数的增加，作用在中间支承柱和地下连续墙上的荷载逐渐增加；另一方面随着地下室开挖深度的逐渐增大，中间支承柱和地下连续墙与土的摩擦接触面也逐渐减少，使其承载力逐渐降低。同时随着土方的开挖，其卸载作用还会引起坑底土体的回弹，使中间支承柱有抬高的趋势。土体回弹的作用不如一般基坑开挖那样明显。

结构分析表明，当地下连续墙与中间支承柱的沉降差以及相邻中间支承柱的沉降差超过20mm时，在水平结构中将产生过大的附加应力，因此一般规定沉降差不得超过20mm，以确保结构的安全。

在逆作法施工过程中，应在中间支承柱和地下连续墙上设置沉降观测点，采用二次闭合测量和进行观测数据和处理，以提高数据的真实性。利用沉降的观测数据和模拟计算沉降数据的对比，可以观察出施工期间地下连续墙和各中间支承柱的沉降发展趋势，需要时可采取有效的技术措施控制沉降差的发展。

4.4.8 双排桩工程

4.4.8.1 双排桩的特点

与常用的支挡式支护结构如单排悬臂桩结构、锚拉式结构、支撑式结构相比，双排桩刚架支护结构有以下特点：

1. 与单排悬臂桩相比，双排桩为刚架结构，其抗侧移刚度远大于单排悬臂桩结构，其内力分布明显优于悬臂结构，在相同的材料消耗条件下，双排桩刚架结构的桩顶位移明显小于单排悬臂桩，其安全可靠性、经济合理性优于单排悬臂桩。

2. 与支撑式支挡结构相比，由于基坑内不设支撑，不影响基坑开挖、地下结构施工，同时省去设置、拆除内支撑的工序，大大缩短了工期。在基坑面积很大、基坑深度不很大的情况下，双排桩刚架支护结构的造价常低于支撑式支挡结构。

3. 与锚拉式支挡结构相比，在某些情况下，双排桩刚架结构可避免锚拉式支挡结构难以克服的缺点。如：①在拟设置锚杆的部位有已建地下结构、障碍物，锚杆无法实施；②拟设置锚杆的土层为高水头的砂层（有隔水帷幕），锚杆无法实施或实施难度、风险大；③拟设置锚杆的土层无法提供要求的锚固力；④拟设置锚杆的工程，地方法律、法规规定支护结构不得超出用地红线。

此外，双排桩还具有施工工艺简单、不与土方开挖交叉作业、工期短等优势。

4.4.8.2 双排桩设计

双排桩结构虽然已在少数实际工程中应用，但目前——尚没有提出双排桩结构计算方法。在《建筑基坑支护技术规程》JGJ 120—2012中只给出了前后排桩矩形布置的计算方法。

1. 双排桩可采用图 4-4-79 所示的平面刚架结构模型进行计算。

2. 采用图 4-4-79 的结构模型时，作用在后排桩上的主动土压力应按"4.3.3 作用在支护结构上的水平荷载"的规定计算，前排桩嵌固段上的土反力应按"4.4.1 结构分析"第 4 条确定，作用在单根后排支护桩上的主动土压力计算宽度应取排桩间距，土反力计算宽度应按"4.4.1 结构分析"第 7 条的规定取值（图 4-4-80）。前、后排桩间土对桩侧的压力可按下式计算：

$$p_c = k_c \Delta v + p_{c0} \tag{4-4-24}$$

式中 p_c——前、后排桩间土对桩侧的压力（kPa）；可按作用在前、后排桩上的压力相等考虑；

k_c——桩间土的水平刚度系数（kN/m^3）；

Δv——前、后排桩水平位移的差值（m）：当其相对位移减小时为正值；当其相对位移增加时，取 $\Delta v = 0$；

p_{c0}——前、后排桩间土对桩侧的初始压力（kPa），按第 4 条计算。

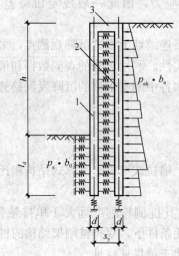

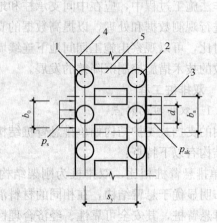

图 4-4-79 双排桩计算
1—前排桩；2—后排桩；3—刚架梁

图 4-4-80 双排桩桩顶连梁及计算宽度
1—前排桩；2—后排桩；3—排桩对称中心线；4—桩顶冠梁；5—刚架梁

3. 桩间土的水平刚度系数可按下式计算：

$$k_c = \frac{E_s}{s_y - d} \tag{4-4-25}$$

式中 E_s——计算深度处，前、后排桩间土的压缩模量（kPa）；当为成层土时，应按计算点的深度分别取相应土层的压缩模量；

s_y——双排桩的排距（m）；

d——桩的直径（m）。

4. 前、后排桩间土对桩侧的初始压力可按下列公式计算：

$$p_{c0} = (2\alpha - \alpha^2) p_{ak} \tag{4-4-26a}$$

$$\alpha = \frac{s_\mathrm{y} - d}{h\tan(45 - \varphi_\mathrm{m}/2)} \tag{4-4-26b}$$

式中　p_ak——支护结构外侧,第 i 层土中计算点的主动土压力强度标准值(kPa),按
"4.3.3 作用在支护结构上的水平荷载"第 2 条的规定计算;

　　　　h——基坑深度(m);

　　　　φ_m——基坑底面以上各土层按厚度加权的等效内摩擦角平均值(°);

　　　　α——计算系数,当计算的 α 大于 1 时,取 $\alpha=1$。

　　5. 双排桩的嵌固深度(l_d)应符合下式嵌固稳定性的要求(图 4-4-81):

$$\frac{E_\mathrm{pk}a_\mathrm{p} + Ga_\mathrm{G}}{E_\mathrm{ak}a_\mathrm{a}} \geqslant K_\mathrm{e} \tag{4-4-27}$$

式中　K_e——嵌固稳定安全系数;安全等级为一级、二级、三级的双排桩,K_e 分别不应小于 1.25、1.2、1.15;

　　E_ak、E_pk——分别为基坑外侧主动土压力、基坑内侧被动土压力标准值(kN);

　　a_a、a_p——分别为基坑外侧主动土压力、基坑内侧被动土压力合力作用点至双排桩底端的距离(m);

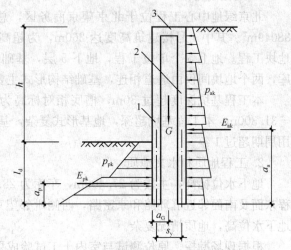

图 4-4-81　双排桩抗倾覆稳定性验算
1—前排桩;2—后排桩;3—刚架梁

　　　　G——双排桩、刚架梁和桩间土的自重之和(kN);

　　　　a_G——双排桩、刚架梁和桩间土的重心至前排桩边缘的水平距离(m)。

　　双排桩的嵌固稳定性验算问题与单排悬臂桩类似,应满足作用在后排桩上的主动土压力与作用在前排桩嵌固段上的被动土压力的力矩平衡条件。与单排桩不同的是,在双排桩的抗倾覆稳定性验算公式(4-4-25)中,是将双排桩与桩间土整体作为力的平衡分析对象,考虑了土与桩自重的抗倾覆作用。

　　6. 双排桩排距宜取 $2d\sim5d$。刚架梁的宽度不应小于 d,高度不宜小于 $0.8d$,刚架梁高度与双排桩排距的比值宜取 $1/6\sim1/3$。

　　7. 双排桩结构的嵌固深度,对淤泥质土,不宜小于 $1.0h$;对淤泥,不宜小于 $1.2h$;对一般黏性土、砂土,不宜小于 $0.6h$。前排桩端宜置于桩端阻力较高的土层。采用泥浆护壁灌注桩时,施工时的孔底沉渣厚度不应大于 50mm,或应采用桩底后注浆加固沉渣。

　　8. 双排桩应按偏心受压、偏心受拉构件进行支护桩的截面承载力计算,刚架梁应根据其跨高比按普通受弯构件或深受弯构件进行截面承载力计算。双排桩结构的截面承载力和构造应符合现行国家标准《混凝土结构设计规范》GB 50010 的有关规定。

　　双排桩刚架梁两端均有弯矩,在根据《混凝土结构设计规范》GB 50010 判别刚架梁是否属于深受弯构件时,按照连续梁考虑。

　　9. 前、后排桩与刚架梁节点处,桩的受拉钢筋与刚架梁受拉钢筋的搭接长度不应小

于受拉钢筋锚固长度的 1.5 倍，其节点构造尚应符合现行国家标准《混凝土结构设计规范》GB 50010 对框架顶层端节点的有关规定。

4.4.8.3　双排桩施工

参见"4.4.3.2 混凝土灌注排桩施工与监测"有关内容。

4.4.9　工程实例

［例 4-4-2］北京绿地工程超深基坑支护综合技术

1. 工程概况

北京绿地中心工程位于北京望京商务区，总建筑面积为 351524m²，总占地面积为 38049m²。其中 4 号楼建筑高度达 260m，为超高层工程。工程分为 625 地块工程及 627 地块工程。地上 5 个单位工程，地下 5 层，基础结构整体连通，地下分别为两个连体车库，两个地块间仅由通道相连，基础结构形式主要为桩-筏基础及筏形基础。

本工程基坑深度超过 30m，槽底相对标高为 −22.200m，基坑最大深度相对标高为 −31.300m。本工程基坑超深，地基形式复杂，基础结构面积大，对基坑支护要求高，使用周期超过 1 年。

2. 工程地质和水文地质

地下水位标高，主楼为 27.400m，车库为 28.300m，±0.000 标高处为 36.450m。工程东面及南面邻近五环路和京密路，西侧毗邻望京社区，北侧毗邻地铁 15 号线，该地区地下水位高，地质情况复杂。

根据现场勘探、原位测试与室内土工试验成果的综合分析，将本次岩土工程勘察勘探深度范围内（最深 102.00m）的地层，按成因年代划分为人工堆积层和第四纪沉积层两大类，按岩性及工程特性进一步划分为 13 个大层及亚层。

北京的气候为典型的暖温带半湿润大陆性季风气候，夏季高温多雨，冬季寒冷干燥。降雨季节分配不均匀，全年降水的 80% 集中在夏季 6，7，8 三个月，7，8 月降水量大。本工程岩土工程勘察期间（2011 年 7 月中旬～8 月上旬）于钻孔中实测到 7 层地下水，具体地下水水位情况见表 4-4-18。

地下水分布情况

表 4-4-18

地下水类型	地下水静止水位（承压水测压水头）	
	水位埋深（m）	水位标高（m）
台地潜水	2.60～3.80	30.500～32.030
层间水	8.50～9.20	25.200～25.970
层间水	9.60～11.60	22.540～24.870
层间水	21.30～22.70	11.540～13.170
承压水	27.00～29.70	4.770～7.460
承压水	35.10～37.70	11.540～13.170
承压水	41.60	−6.970

3. 基坑支护方案

（1）根据地下水分布复杂的特点，本工程基坑外地下水采用止水帷幕封堵，基坑内部地下水采用疏干井和集、排水井明排；基坑大部分采用护坡桩＋预应力锚杆支护形式。

（2）本工程红线紧邻基坑边线，施工现场场地、道路条件有限，工程西侧、北侧均为已修建完毕或在建市政道路工程，因此采用护坡桩进行边坡支护。

（3）根据岩土工程勘察报告，地下结构深度范围内地下水量极大。止水帷幕方案采用桩间及桩后两道止水帷幕的方式（图 4-4-82）。

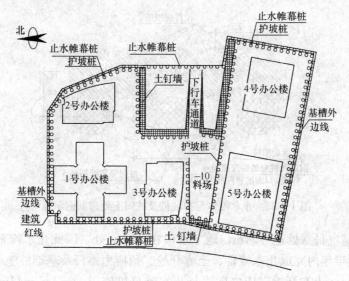

图 4-4-82　基坑支护情况

4. 方案优化设计及施工措施

（1）二次接力坡道设计

625 地块和 627 地块陆续开工，土方开挖及基坑支护工程相继进行。两地块间道路宽 20m，若对两地块分别进行桩锚支护，预应力锚杆势必造成对穿相邻基坑内。另外基坑较深，出土坡道等布置困难。整体考虑 625 地块和 627 地块的基坑施工，将 20m 宽道路下挖 10m，减小土体侧压力，在 625 地块与 627 地块间的道路范围内增加混凝土拉梁设计。整个现场形成 2 个接力坡道。同时减小了 2 个相邻基坑的护坡桩 10m 的施工长度。该方案解决了 2 个相邻基坑锚杆对穿，影响土方开挖和边坡支护的问题，同时解决了出土坡道的问题。

该方案虽然增加开挖及回填土方，但是减少了 10m 护坡桩的桩长，所节约护坡桩成本高于增加的土方成本。−10m 平台（20m 宽）硬化后作为施工场地，在整个基础施工中发挥了无可替代的作用。

（2）优化护坡桩施工

本工程共设护坡桩 335 根，其中整体基坑周边均下挖 4m 再进行护坡桩施工，−4m 施工的护坡桩共 127 根，减少了 127 根护坡桩 4m 桩长施工成本。

在 625 地块、627 地块间通道部位，先下挖 10m 再进行护坡桩施工，−10m 护坡桩共 208 根，减少 208 根护坡桩 10m 桩长施工成本。

护坡桩工程采用旋挖施工工艺，旋挖钻成孔施工法即在一个可闭合开启的钻斗底部及侧边镶焊切削刀锯，在伸缩钻杆旋转驱动下旋转切削挖掘土层，同时使切削挖掘出的土渣运入钻斗内，钻头装满后提出孔外卸土，如此循环形成桩孔。

（3）止水帷幕施工

1）本工程止水帷幕方案采用在桩间及桩后设两道止水帷幕的方式，其中桩间采用潜孔冲击高压旋喷桩作为止水帷幕与围护桩咬合，桩后采用长螺旋高压喷射注浆搅拌桩与潜孔冲击高压旋喷桩结合作为止水帷幕，有效解决了围护桩施工过程外胀的难题（图 4-4-83）。

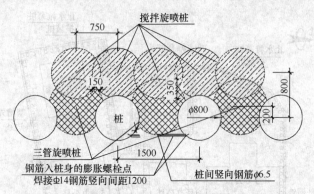

图 4-4-83　止水帷幕与护坡桩及桩间土处理剖面示意

2）本工程基坑最深处达−31m，地下水位在−11m 处，因此止水帷幕需在−11m 处开始施工，且须半年内完成止水帷幕、土方开挖、预应力锚杆及基础桩施工等，工期十分紧张。因此，−4m 土方开挖完毕立即进行止水帷幕桩施工。−4～−11m 处帷幕桩为空桩，两个地块工程陆续进行土方开挖及止水帷幕施工，实现流水施工，缩短工期 45d，节约 7m 长止水帷幕的水泥浆成本。

3）两个地块间 20m 宽道路两侧为深基坑的周边，考虑到止水效果，设计方案减少了两地块间的帷幕桩施工，降低了帷幕桩施工成本，加快了施工进度。

4）本工程为三边工程，图纸变更频繁。原设计图纸中基坑最深处不超过−23m，但是后期图纸变更为基坑深度为−31.5m，该深度已超过帷幕止水的有效深度。因此，设计了坑中坑的小帷幕止水体系，即在局部加深范围内增加了一个小型的帷幕区域，利用现有设备及资源在最短时间解决了该问题，避免了工期延误。

（4）预应力锚杆施工

预应力锚杆范围内为黏质粉土、粉质黏土，含水量较大。考虑到套管湿作业施工工艺造价较高，故优先选用水泥浆护壁湿作业施工工艺，在局部土层砂性大、含水量大、水泥浆护壁塌孔的部位再选用备选的套管湿作业工艺施工。

在土方施工同时，留设张拉锚杆工作面（锚位以下 500mm）。预应力锚杆干作业施工工艺成孔，若成孔困难，可采用带套管锚杆钻机湿作业施工工艺，锚杆需穿过含水层，而穿过含水层的厚度将直接影响锚杆的成孔工艺，因此现场需根据实际条件进行调整。

（5）坑内排水施工方案

1）坑内明沟排水井构造及周边排水。基坑肥槽内挖设明沟、集水井，井管与井孔间填 2～5mm 滤料。降水井内安装扬程大于 30m，6～15t/h 的潜水泵，考虑到雨季和特殊情况现场需配备充足的潜水泵，水泵用钢丝绳吊于井内并用胶管或塑料管连接，将地下水抽至周边排水沟内，通过排水沟排至周边排水系统中，以免造成水污染。

2）周边排水。沿基坑周边肥槽设排水沟，沟宽度为上口 500mm，下口 300mm，深度为 300mm。基坑上侧布置直径为 100mm 的排水总管,其水力坡度为 0.3%。在排水口位置设沉淀池,基坑中抽出的地下水采取集中回收用于冲洗土方车轮等,抽出的多余地下水可经沉淀池沉淀后排出。

3)基坑内疏排水井和坑外观测井施工。基坑中部和肥槽内的排水井和观测井采用大口径管井,由自然地面开始施工。根据井深及地层情况,布置 2 台反循环钻机,采用泵吸反循环工艺成孔。

4)基坑施工周期长,经冬季寒冷、开春化冻和雨季降雨等多种复杂情况,采取相应处理措施。冬季护坡桩身导水管流水遇冷空气形成冰流,且体积越来越大。采用搭设脚手架并挂安全网的方式进行防护,不等冰块积攒过多,定期人工敲碎冰块,再覆盖素土或保温棉毡,以防止槽底冻土,北京冬季冻土深度达 800mm,覆盖厚度严格按 800mm 冻土深度进行计算。气温回升后是边坡及基槽控制的关键期,由于土层中的饱和冰冻融,边坡变形量会明显增加,应加大观测频率,发现异动立即采取回顶及加固措施。及时清理肥槽排水沟,确保槽内排水顺畅,严禁出现化冻冰雪水对基底浸泡的现象。雨季期间,在保证槽底排水的基础上应注意边坡上方,观察井内的水位,严禁出现雨水排入观察井的现象,应做好盖板并加强对观察井监测。

5. 基坑监测

本工程在边坡护坡桩设置了位移监测点,对基坑边坡进行长期监测,共设置监测点77 个,按每周监测 1 次的频率出数据报告。据监测报告数据统计,边坡稳定性好,累计位移值均在 ±20mm 以内,单次位移值在 ±1mm 以内,但部分监测点超过预警值。根据现场情况及数据分析,超过预警值部位主要有 4 点,其中 3 点在塔式起重机基座周围,另外 1 点经排查发现边坡外 7m 处有市政排水点漏水。根据分析结果分别对以上部位查找漏水点,排除隐患进行加固修理,确保边坡整体稳定。

[例 4-4-3] 天津金德园基坑工程施工技术

金德园工程位于天津市和平区,紧邻南京路,占地面积 14752m²,总建筑面积163700m²。该工程由 1 幢 46 层超高层和 4 幢 30~31 层高层建筑组成,地下为 2 层连通式车库,地下 2 层层高 5.20m,地下 1 层层高 5.05m。坑底标高分别为 −14.400m、−13.000m、−12.400m,1 号楼电梯基坑坑底标高 −19.380m。±0.000m 相当于大沽海平面标高 +4.600m,室外设计标高 −0.450m。

1. 场地概况

本工程场地紧张,四周均为道路。基坑边线距北侧西宁道中心 14m,相邻为 5 层小区;距东侧贵阳路中心 17.5m,相邻为 30 层高层住宅;距南侧兰州道中心 15m,相邻为 5~7 层住宅;距西侧昆明道中心 15m,相邻为 5 层小区。各道路均有密布的管线通过(图 4-4-84)。

根据岩土工程勘察报告,场地静止水位在绝对标高 2.200~2.900m。场区浅层地下水分为潜水(埋深 15.0m 以上)和微承压水(埋深 18.0~22.0m)。年最低水位在 4~6 月份,年最高水位在 8~9 月份。勘察埋深 30m 的土层分布为:①2 素填土,②1 黏土,②2粉土,③1 粉质黏土,③2 粉质黏土,④粉质黏土,⑤1 粉砂,⑤2 粉土,⑤3 粉质黏土,⑥粉土,⑦1 粉质黏土。

2. 地下工程施工流程

地下工程总体施工流程为:工程桩与支护桩施工→塔式起重机安装→降水→开挖至帽

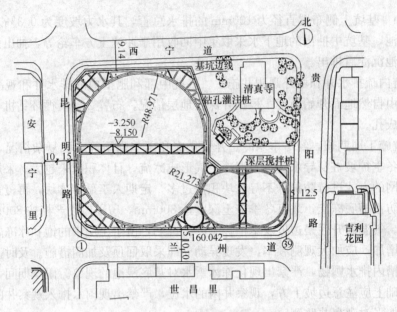

图 4-4-84　基坑支护及周边环境（单位：m）

梁底→帽梁施工→土方开挖至第一道环梁底→栈桥施工→第一道环梁施工→第一道环梁下方范围土方开挖至第二道环梁底→第二道环梁施工→土方开挖至坑底→人工清槽→垫层→地基与工程桩头处理→砌外墙砖胎模→铺底板防水层→底板施工→砌外墙砖胎模→底板与钻孔桩间土方回填，做换撑板带→拆除第二道环梁→地下2层结构施工→砌外墙砖胎模→外墙与钻孔桩间土方回填，做换撑板带→拆除第一道环梁→地下1层结构施工→回填土。

3. 工程桩与支护桩

（1）1号楼桩基采用 $\phi800mm$ 钻孔灌注桩后压浆工艺，单桩桩侧和桩端总压浆量1400kg。有效桩长55.6m，桩端持力层为⑨4粉土层，单桩竖向极限承载力标准值7900kN，混凝土强度等级C35，桩数230根。2～5号楼采用 $\phi600mm$ 钻孔灌注桩，有效桩长34.6m，桩端持力层为⑦4粉土层，单桩竖向极限承载力标准值4600kN，混凝土强度等级C30，2号楼桩数172根、3号楼桩数172根、4号楼桩数162根、5号楼桩数155根。裙房采用 $\phi600mm$ 钻孔灌注桩，有效桩长19.6m，桩端持力层为⑦1粉土层，单桩竖向极限承载力标准值1700kN，单桩极限承载力抗拔标准值1100kN，混凝土强度等级C30，桩数696根。

（2）基坑支护采用 $\phi850@600$ 深层搅拌桩止水，桩长26m，水泥为42.5级普通硅酸盐水泥，掺入比不小于15%，水泥土桩无侧限抗压强度不小于1200kPa，其渗透系数不大于 $3.5\times10^{-7}cm/s$，切断⑤1粉砂和⑤2粉土层伸入⑤3粉土层和⑥粉土层中，采用三轴深层搅拌机施工。$\phi900mm@1000mm$ 连排灌注桩挡土，桩长20.5m，21.5m。

（3）钻孔灌注桩施工流程：场地平整，桩位放线→护筒埋设→钻机就位，孔位校正成孔，泥浆循环，清除废浆及泥渣→第一次清孔→质量检验→下放钢筋笼→第二次清孔→测定沉渣→浇筑下混凝土→成桩。

（4）后压浆施工工艺：制作钢筋笼，设置压浆导管→检查导管及质量→起吊，沉放钢筋笼，安装压浆阀→浇筑混凝土→检查压浆导管安装质量→配置水泥浆→压浆。

4. 塔式起重机安装

本工程工期紧张，土方开挖面积约 14000m²，开挖工程量约 20 万 m³，须在土方开挖前完成立塔工作，以解决土方开挖运输需要。选择 3 台工作幅度为 55m 的塔式起重机，设置在基坑周边，下为钻孔灌注桩、承台基础；2 台工作幅度为 50m 塔式起重机设置在基坑内侧，下为钢管桩基础。

钢管桩塔式起重机基础做法为在土方开挖前采用打入法成孔，随即下设钢套管，灌注混凝土和钢套管内的第一段混凝土，再下放预留钢筋，浇钢套管内的第二段混凝土，然后制作塔式起重机地脚，进行塔式起重机安装（安装后即可投入使用），最后在土方开挖过程中随挖土深度按分段高度逐段焊接桁架支撑，并于槽底位置浇塔基框箍底脚。

钢管桩基础采用 4 根劲性 $\phi 529mm \times 12mm$、长 15.5m 的钢管，钢管随桩打入地下，插入桩内 3m（桩长 25m，桩径 800mm），上皮标高控制在 1.050m，塔基基座采用 $\phi 820mm \times 12mm$、长 1000mm 的钢管，塔脚预埋在 $\phi 820 \times 12$ 钢管内。

钢管桩周围土方随基坑一同开挖。在塔身 5m 范围内保持水平开挖，以防土方挤压塔身，开挖土方时施工机械严禁碰撞塔身。随土方开挖，及时安装并焊接水平支撑进行加固，在加固水平支撑的同时安装相同位置的垂直支撑。塔身附近土方开挖应分步进行，每步开挖深度不大于 2m，禁止随意加大开挖深度给塔身造成危害或隐患。

5. 钢筋混凝土支撑

本工程基坑支护采用钢筋混凝土水平环梁 2 道。第 1 道环梁顶标高为 −3.250m，第 2 道环梁顶标高为 −8.150m，截面尺寸有 2000mm×800mm，1500mm×800mm，1200mm×800mm 等，边梁截面为 1200mm×800mm；帽梁顶标高为 −0.950m，−1.950m，帽梁截面尺寸为 1000mm×500mm；支撑结构采用 450mm×450mm 格构柱，型钢为 4×L140×12，缀板 4×−400×300×10@800mm；与环梁连接采用托板和加劲肋。边梁与围护桩连接处采用 4Φ14mm 开口箍筋和围护桩中的 10mm 厚钢板箍焊接连接（图 4-4-85）。

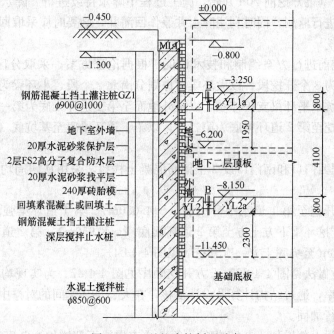

图 4-4-85 基坑支护剖面示意

(1) 支撑施工

1) 帽梁部分开挖至设计标高，施工帽梁。

2) 灌注桩、水泥土搅拌桩和帽梁混凝土强度达到100%并降水20d后，坑内全面开挖至设计标高（−4.050m），施工第1层水平支撑系统。

3) 第1层水平支撑系统混凝土强度达到100%后，开挖至设计标高（−8.950m），施工第2层水平支撑系统。

4) 第2层水平支撑系统混凝土强度达到100%后，开挖至坑底设计标高，施工基础底板至设计标高（−11.450m）。

5) 基础底板及换撑板带强度达到100%后，拆除第2层水平支撑系统。

6) 继续施工地下2层至设计标高（−6.200m）。待地下2层结构及换撑板带强度达到100%后，拆除第1层水平支撑系统。

(2) 支撑拆除

支撑采用机械拆除，拆除环梁时先拆角撑及边梁，再拆环梁，最后拆对撑梁。

6. 土方开挖

(1) 基坑降水

1) 降水井采用无砂大孔混凝土管井，用钻机成孔。孔内放入 ϕ500mm 管井，管外侧包一层40目尼龙网。地面1m以下井深范围内回填粒径3～7mm的细石滤料，孔顶处1m深度用黏土填塞。

2) 降水井滤水管位置均根据各井位对应的地质剖面设计：基坑内降水井滤水管设置在⑤1粉土层，井深19m；滤水管设置在⑤2粉土层，井深24m。土层均为弱透水性，共设置43口。在基坑外设置观测井，滤水管设置在③2粉质黏土层，井深16m，土层为微透水性，共设置16口。

3) 降水早于基坑开挖前20d开始，施工过程中降水持续进行。降水过程中对邻近建筑物和地下管线进行监测，同时利用降水井兼作回灌井，必要时应采取回灌措施。

(2) 土方开挖

1) 土方开挖前进行方案编制和技术论证，根据论证方案，采取分区分层开挖方式，将基坑合理划分为3个开挖段，以大环梁对撑划分南北2个段，小环梁为1个开挖段。分层开挖，结合基坑水平环梁支护体系，以室外地面至第1道环梁底为第一步，以第1道环梁底两侧放坡开挖至第2道环梁底为第二步，以第1道环梁底至基坑底（除环梁部位）为开挖第三步。

2) 在本工程西门口和南门口设2个钢筋混凝土栈桥，采用从四周均匀对称中心岛式开挖方式。

第一步土方开挖至第1道水平环梁底（−4.050m）。第1道环梁强度满足设计要求（35MPa）后，开挖环梁下方土方至第2道环梁底（−8.950m）。第2道环梁达到设计强度后，从−8.950m至坑底土方一次开挖（见图4-4-84）。

3) 挖土栈桥做法见图4-4-86，土方开挖顺序见图4-4-87。为实现均衡挖土和循环运土，提高工作效率，通过结构计算及设计复核，在大、小环梁间的对撑中间位置和大、小环梁相切部位进行加固。

第1道支撑梁上部增加4Φ25钢筋，第2道支撑梁下部增加2Φ25钢筋。同时，上下两道支撑梁之间增加 4 根 $\phi530mm \times 12mm$ 钢管支撑，钢管支撑与 2 道支撑梁交接处增加加劲肋。两道支撑梁施工完毕，在支撑梁周边 1000mm 范围夯填石屑，铺设 2cm 厚钢板，车辆可在上方行驶。经过环梁的车辆限载 40t；不允许满载车辆停在环梁上方。

经实施上述方案，仅用 2 个月便完成本工程 20 万 m^3 土方开挖量，工期比原计划缩短 15d。

7. 坑中坑支护工艺

因 1 号楼电梯井位置的槽底深达 $-19.380m$，地质条件较差，须验算放坡稳定性。

已知放坡高度 4.98m，宽度 2.88m；土层参数（自坑面向坑底）：

(1) ③2 粉质黏土，层厚 1m，重度 $19.3kN/m^3$，内摩擦角 $13.4°$，黏聚力 16.9kPa；

(2) ④粉质黏土，层厚 4.1m，重度 $20kN/m^3$，内摩擦角 $9.800°$，黏聚力 18.3kPa；

(3) ⑤1 粉砂，层厚 2.3m，重度 $20.3kN/m^3$，内摩擦角 $27.3°$，黏聚力 12.20kPa。

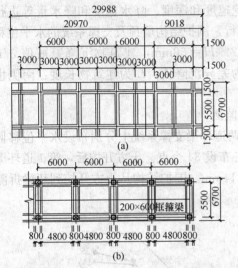

采用圆弧法计算，求得整体稳定性安全系数 $K_s = 1.298 \approx 1.30$。考虑此部位涌水量大、极易出现流砂等不利因素，采取以下措施保证土方开挖安全：在电梯基坑上口 1m 范围施打一周高压旋喷桩，做坑中坑支护兼作止水帷幕；以主楼基坑坑底标高 $-14.400m$ 为准，桩长 13m，切断⑤1 粉砂弱透水层和⑤2 粉土弱透水层伸入⑤3 粉砂层和⑥粉土层中，水泥掺量 40%，水玻璃 3%。水泥固化基本达到要求后，开始进行土方开挖。

土方开挖过程中，坑底涌水量极大且出现流砂现象，为此采取边降水边挖土的办法。同时加大坑中坑外侧

图 4-4-86 栈桥构造示意

(a) 平面图；(b) 箍梁平面；(c) 剖面

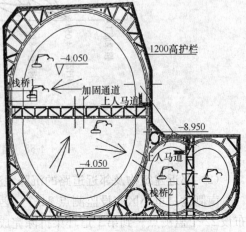

图 4-4-87 土方开挖示意

邻近降水井的降水频率与降水量；根据周边建筑、道路的沉降情况，在必要时通过观测井回灌，以防抽水量过大影响周边环境安全。增加坑内降水措施，土方开挖至坑底标高后，在基坑四周挖贯通排水盲沟，边挖边填过滤碎石，和坑内降水井连通。加快垫层施工进度，垫层厚度增至300mm用于坑内压底，浇筑垫层混凝土前铺无纺布1层，基坑坑底及坑壁浇筑C30 P8混凝土，配筋双层双向Φ14@200mm钢筋。

通过实施上述措施后，保证了坑中坑土方开挖顺利完成。

8. 基坑支护施工过程监测

为确保基坑支护结构和周边建筑物、道路、管线的安全，在基坑土方开挖、支护、结构施工及支护拆除各阶段，主要进行围护梁顶水平位移和沉降、环梁水平支撑位移和沉降、周边建筑沉降、周边道路位移和沉降、水位变化等项目监测。

根据各施工阶段进行动态同步监测，施工期间监测频率为1次/d；施工后期监测频率1次/2d。根据每日监测情况，及时对基坑开挖速度和深度、降水速度和降水量等进行调整，使深基坑施工在监控信息指导下合理地进行。围护结构墙顶及支撑系统的水平位移监测警戒值为80mm，地面沉降量报警值为0.2%H=38mm，建筑物沉降警戒值$\delta/L<$1/300=0.0033（H为基坑开挖深度19m，δ为差异沉降值，L为建筑物长度：南侧世昌里45m，西侧安宁里50m）。

（1）围护结构墙顶及支撑系统的水平位移监测

本工程围护结构及−3.250m，−8.150m两道环梁支撑系统上分别布设水平位移监测点。在围护结构上布设29个点；两道环梁上各布设34个点。土方开挖后，第1道环梁水平最大位移35mm，第2道环梁水平最大位移14mm。围护结构从土方开挖到环梁拆除全过程位移变化如图4-4-88。

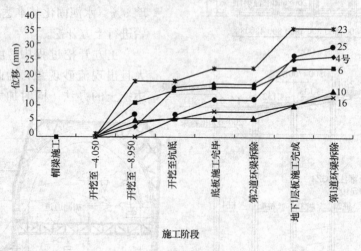

图4-4-88 墙顶位移累计变化曲线

（2）邻近建筑物及邻近道路的沉降观测

南侧世昌里小区布设监测点24个，西侧安宁里小区布设监测点10个。四周道路上共布设22个监测点。到第1道环梁拆除完成，地面位移为0。道路累计最大沉降29.48mm，小于警戒值（0.2%H）=0.2%×19000=38mm；安宁里沉降值δ/L=62.12/50000=

0.00124＜警戒值（1/300）＝0.0033，世昌里沉降值$\delta/L=60.25/45000=0.00134$＜警戒值（1/300）＝0.0033。

4.5 土 钉 墙

土钉墙是用于土体开挖时保持基坑侧壁或边坡稳定的一种挡土结构，主要由密布于原位土体的土钉、粘附于土体表面的钢筋混凝土面层、土钉之间的被加固土体和必要的防水系统组成，如图4-5-1。土钉是置于原位土体中的细长受力杆件，通常可采用钢筋、钢管、型钢等。按土钉置入方式可分为钻孔注浆型、直接打入型、打入注浆型。面层通常采用钢筋混凝土结构，可采用喷射工艺或现浇工艺。面层与土钉通过连接件进行连接，连接件一般采用钉头筋或垫板，土钉

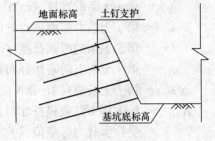

图 4-5-1 土钉墙

之间的连接一般采用加强筋。土钉墙支护一般需设置防排水系统，基坑侧壁有透水层或渗水土层时，面层可设置泄水孔。

复合土钉墙是土钉墙与各种隔水帷幕、微型桩及预应力锚杆等构件的结合，可根据工程具体条件选择与其中一种或多种组合，形成了复合土钉墙。

4.5.1 土钉墙设计

4.5.1.1 稳定性验算

1. 土钉墙应按下列规定对基坑开挖的各工况进行整体滑动稳定性验算：

（1）整体滑动稳定性可采用圆弧滑动条分法进行验算。

（2）采用圆弧滑动条分法时，其整体滑动稳定性应符合下列规定（图4-5-2）：

$$\min\{K_{s,1}, K_{s,2}\cdots, K_{s,i}, \cdots\} \geqslant K_s \tag{4-5-1a}$$

$$K_{s,i} = \frac{\sum[c_j l_j + (q_j b_j + \Delta G_j)\cos\theta_j \tan\varphi_j] + \sum R'_{k,k}[\cos(\theta_k + \alpha_k) + \psi_v]/s_{x,k}}{\sum(q_j b_j + \Delta G_j)\sin\theta_j} \tag{4-5-1b}$$

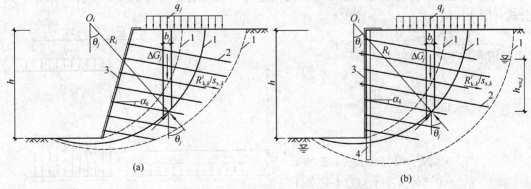

图 4-5-2 土钉墙整体滑动稳定性验算

(a) 土钉墙在地下水位以上；(b) 水泥土桩或微型桩复合土钉墙

1—滑动面；2—土钉或锚杆；3—喷射混凝土面层；4—水泥土桩或微型桩

式中 K_s——圆弧滑动稳定安全系数；安全等级为二级、三级的土钉墙，K_s 分别不应小于 1.3、1.25；

$K_{s,i}$——第 i 个圆弧滑动体的抗滑力矩与滑动力矩的比值；抗滑力矩与滑动力矩之比的最小值宜通过搜索不同圆心及半径的所有潜在滑动圆弧确定；

c_j、φ_j——分别为第 j 土条滑弧面处土的黏聚力（kPa）、内摩擦角（°），按《建筑基坑支护技术规程》JGJ 120—2012 第 3.1.14 条的规定取值；

b_j——第 j 土条的宽度（m）；

θ_j——第 j 土条滑弧面中点处的法线与垂直面的夹角（°）；

l_j——第 j 土条的滑弧长度（m），取 $l_j = b_j/\cos\theta_j$；

q_j——第 j 土条上的附加分布荷载标准值（kPa）；

ΔG_j——第 j 土条的自重（kN），按天然重度计算；

$R'_{k,k}$——第 k 层土钉或锚杆在滑动面以外的锚固段的极限抗拔承载力标准值与杆体受拉承载力标准值（$f_{yk}A_s$ 或 $f_{ptk}A_p$）的较小值（kN）；锚固段的极限抗拔承载力应按"4.5.1.2 土钉承载力计算"中第 5 条和"4.4.5.1 土层锚杆设计"中第 4 条的规定计算，但锚固段应取圆弧滑动面以外的长度；

α_k——第 k 层土钉或锚杆的倾角（°）；

θ_k——滑弧面在第 k 层土钉或锚杆处的法线与垂直面的夹角（°）；

$s_{x,k}$——第 k 层土钉或锚杆的水平间距（m）；

ψ_v——计算系数；可取 $\psi_v = 0.5\sin(\theta_k + \alpha_k)\tan\varphi$；

φ——第 k 层土钉或锚杆与滑弧交点处土的内摩擦角（°）。

（3）水泥土桩复合土钉墙，在需要考虑地下水压力的作用时，其整体稳定性应按公式（4-4-10a）、公式（4-4-10b）验算，但 $R'_{k,k}$ 应按本条的规定取值。

（4）当基坑面以下存在软弱下卧土层时，整体稳定性验算滑动面中应包括由圆弧与软弱土层层面组成的复合滑动面。

（5）微型桩、水泥土桩复合土钉墙，滑弧穿过其嵌固段的土条可适当考虑桩的抗滑作用。

2. 基坑底面下有软土层的土钉墙结构应进行坑底隆起稳定性验算，验算可采用下列公式（图 4-5-3）。

$$\frac{\gamma_{m2}DN_q + cN_c}{(q_1b_1 + q_2b_2)/(b_1+b_2)} \geqslant K_b$$

(4-5-2a)

$$N_q = \tan^2\left(45° + \frac{\varphi}{2}\right)e^{\pi\tan\varphi}$$

(4-5-2b)

$$N_c = (N_q - 1)/\tan\varphi$$ (4-5-2c)

$$q_1 = 0.5\gamma_{m1}h + \gamma_{m2}D$$ (4-5-2d)

$$q_2 = \gamma_{m1}h + \gamma_{m2}D + q_0$$ (4-5-2e)

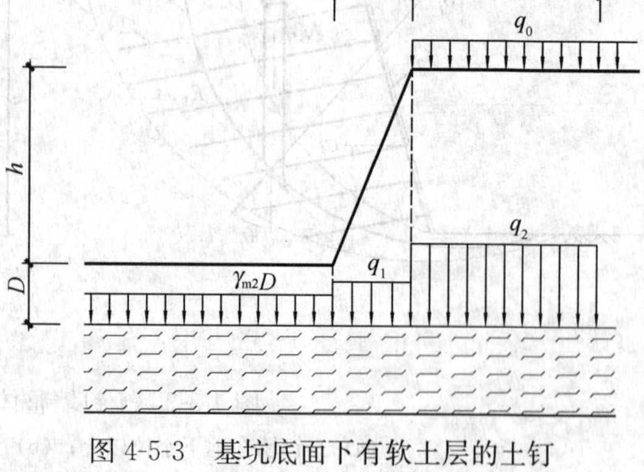

图 4-5-3 基坑底面下有软土层的土钉墙隆起稳定性验算

式中 K_b——抗隆起安全系数；安全等

级为二级、三级的土钉墙，K_b 分别不应小于 1.6、1.4；

q_0——地面均布荷载（kPa）；

γ_{m1}——基坑底面以上土的天然重度（kN/m³）；对多层土取各层土按厚度加权的平均重度；

h——基坑深度（m）；

γ_{m2}——基坑底面至抗隆起计算平面之间土层的天然重度（kN/m³）；对多层土取各层土按厚度加权的平均重度；

D——基坑底面至抗隆起计算平面之间土层的厚度（m）；当抗隆起计算平面为基坑底平面时，取 $D=0$；

N_c、N_q——承载力系数；

c、φ——分别为抗隆起计算平面以下土的黏聚力（kPa）、内摩擦角（°），按"4.3.1 设计原则"中第 14 条的规定取值；

b_1——土钉墙坡面的宽度（m）；当土钉墙坡面垂直时取 $b_1=0$；

b_2——地面均布荷载的计算宽度（m），可取 $b_2=h$。

3. 土钉墙与截水帷幕结合时，应按《建筑基坑支护技术规程》JGJ 120—2012 中附录 C 的规定进行地下水渗透稳定性验算。

4.5.1.2 土钉承载力计算

1. 单根土钉的极限抗拔承载力应符合下式规定：

$$\frac{R_{k,j}}{N_{k,j}} \geqslant K_t \tag{4-5-3}$$

式中 K_t——土钉抗拔安全系数；安全等级为二级、三级的土钉墙，K_t 分别不应小于 1.6、1.4；

$N_{k,j}$——第 j 层土钉的轴向拉力标准值（kN），应按第 2 条的规定计算；

$R_{k,j}$——第 j 层土钉的极限抗拔承载力标准值（kN），应按第 5 条的规定确定。

2. 单根土钉的轴向拉力标准值可按下式计算：

$$N_{k,j} = \frac{1}{\cos \alpha_j} \zeta \eta_j p_{ak,j} s_{x,j} s_{z,j} \tag{4-5-4}$$

式中 $N_{k,j}$——第 j 层土钉的轴向拉力标准值（kN）；

α_j——第 j 层土钉的倾角（°）；

ζ——墙面倾斜时的主动土压力折减系数，可按第 3 条确定；

η_j——第 j 层土钉轴向拉力调整系数，可按公式（4-5-6a）计算；

$p_{ak,j}$——第 j 层土钉处的主动土压力强度标准值（kPa），应按"4.3.3 作用在支护结构上的水平荷载"中第 2 条确定；

$s_{x,j}$——土钉的水平间距（m）；

$s_{z,j}$——土钉的垂直间距（m）。

3. 坡面倾斜时的主动土压力折减系数可按下式计算：

$$\zeta = \tan \frac{\beta - \varphi_m}{2} \left[\frac{1}{\tan \dfrac{\beta + \varphi_m}{2}} - \frac{1}{\tan \beta} \right] \Big/ \tan^2 \left(45° - \frac{\varphi_m}{2} \right) \tag{4-5-5}$$

式中　β——土钉墙坡面与水平面的夹角（°）；

　　　φ_m——基坑底面以上各土层按厚度加权的等效内摩擦角平均值（°）。

4. 土钉轴向拉力调整系数可按下列公式计算：

$$\eta_j = \eta_a - (\eta_a - \eta_b)\frac{z_j}{h} \tag{4-5-6a}$$

$$\eta_a = \frac{\sum(h - \eta_b z_j)\Delta E_{aj}}{\sum(h - z_j)\Delta E_{aj}} \tag{4-5-6b}$$

式中　z_j——第 j 层土钉至基坑顶面的垂直距离（m）；

　　　h——基坑深度（m）；

　　ΔE_{aj}——作用在以 $s_{x,j}$、$s_{z,j}$ 为边长的面积内的主动土压力标准值（kN）；

　　　η_a——计算系数；

　　　η_b——经验系数，可取 $0.6\sim1.0$；

　　　n——土钉层数。

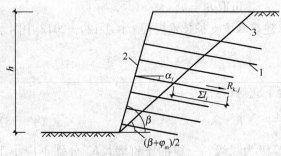

图 4-5-4　土钉抗拔承载力计算

1—土钉；2—喷射混凝土面层；3—滑动面

5. 单根土钉的极限抗拔承载力应按下列规定确定（图 4-5-4）：

（1）单根土钉的极限抗拔承载力应通过抗拔试验确定，试验方法应符合《建筑基坑支护技术规程》JGJ 120—2012 中附录 D 的规定。

（2）单根土钉的极限抗拔承载力标准值也可按下式估算，但应通过《建筑基坑支护技术规程》JGJ 120—2012 中附录 D 规定的土钉抗拔试验进行验证：

$$R_{k,j} = \pi d_j \sum q_{sk,i} l_i \tag{4-5-7}$$

式中　d_j——第 j 层土钉的锚固体直径（m）；对成孔注浆土钉，按成孔直径计算，对打入钢管土钉，按钢管直径计算；

　　$q_{sk,i}$——第 j 层土钉与第 i 土层的极限粘结强度标准值（kPa）；应根据工程经验并结合表 4-5-1 取值；

　　　l_i——第 j 层土钉滑动面以外的部分在第 i 土层中的长度（m），直线滑动面与水平面的夹角取 $\dfrac{\beta+\varphi_m}{2}$。

（3）对安全等级为三级的土钉墙，可按公式（4-5-7）确定单根土钉的极限抗拔承载力。

（4）当按本条第（1）～（3）款确定的土钉极限抗拔承载力标准值大于 $f_{yk}A_s$ 时，应取 $R_{k,j} = f_{yk}A_s$。

锚固体与土层之间的粘结强度大小与很多因素有关，主要包括土层条件、注浆工艺及注浆量、成孔工艺等，在采用表 4-5-1 数值时，还应根据这些因素及施工经验合理选择。

土钉的极限粘结强度标准值 表 4-5-1

土的名称	土的状态	q_{sk}（kPa）	
		成孔注浆土钉	打入钢管土钉
素填土		15～30	20～35
淤泥质土		10～20	15～25
黏性土	$0.75 < I_L \leqslant 1$	20～30	20～40
	$0.25 < I_L \leqslant 0.75$	30～45	40～55
	$0 < I_L \leqslant 0.25$	45～60	55～70
	$I_L \leqslant 0$	60～70	70～80
粉土		40～80	50～90
砂土	松散	35～50	50～65
	稍密	50～65	65～80
	中密	65～80	80～100
	密实	80～100	100～120

6. 土钉杆体的受拉承载力应符合下列规定：

$$N_j \leqslant f_y A_s \tag{4-5-8}$$

式中 N_j——第 j 层土钉的轴向拉力设计值（kN），按"4.3.1 设计原则"中第 7 的规定计算；

f_y——土钉杆体的抗拉强度设计值（kPa）；

A_s——土钉杆体的截面面积（m²）。

4.5.1.3 构造

1. 土钉墙、预应力锚杆复合土钉墙的坡比不宜大于 1：0.2；当基坑较深、土的抗剪强度较低时，宜取较小坡比。对砂土、碎石土、松散填土，确定土钉墙坡度时应考虑开挖时坡面的局部自稳能力。微型桩、水泥土桩复合土钉墙，应采用微型桩、水泥土桩与土钉墙面层贴合的垂直墙面。

注：土钉墙坡比指其墙面垂直高度与水平宽度的比值。

2. 土钉墙宜采用洛阳铲成孔的钢筋土钉。对易塌孔的松散或稍密的砂土、稍密的粉土、填土，或易缩径的软土宜采用打入式钢管土钉。对洛阳铲成孔或钢管土钉打入困难的土层，宜采用机械成孔的钢筋土钉。

3. 土钉水平间距和竖向间距宜为 1～2m；当基坑较深、土的抗剪强度较低时，土钉间距应取小值。土钉倾角宜为 5°～20°。土钉长度应按各层土钉受力均匀、各土钉拉力与相应土钉极限承载力的比值相近的原则确定。

4. 成孔注浆型钢筋土钉的构造应符合下列要求：

（1）成孔直径宜取 70～120mm；

（2）土钉钢筋宜选用 HRB400、HRB500 钢筋，钢筋直径宜取 16～32mm；

（3）应沿土钉全长设置对中定位支架，其间距宜取 1.5～2.5m，土钉钢筋保护层厚度不宜小于 20mm；

（4）土钉孔注浆材料可采用水泥浆或水泥砂浆，其强度不宜低于 20MPa。

5. 钢管土钉的构造应符合下列要求：

（1）钢管的外径不宜小于 48mm，壁厚不宜小于 3mm；钢管的注浆孔应设置在钢管末端 $l/2 \sim 2l/3$ 范围内；每个注浆截面的注浆孔宜取 2 个，且应对称布置，注浆孔的孔径宜取 $5 \sim 8$mm，注浆孔外应设置保护倒刺；

（2）钢管的连接采用焊接时，接头强度不应低于钢管强度；钢管焊接可采用数量不少于 3 根、直径不小于 16mm 的钢筋沿截面均匀分布拼焊，双面焊接时钢筋长度不应小于钢管直径的 2 倍。

注：l 为钢管土钉的总长度。

6. 土钉墙高度不大于 12m 时，喷射混凝土面层的构造应符合下列要求：

（1）喷射混凝土面层厚度宜取 $80 \sim 100$mm；

（2）喷射混凝土设计强度等级不宜低于 C20；

（3）喷射混凝土面层中应配置钢筋网和通长的加强钢筋，钢筋网宜采用 HPB300 级钢筋，钢筋直径宜取 $6 \sim 10$mm，钢筋间距宜取 $150 \sim 250$mm；钢筋网间的搭接长度应大于 300mm；加强钢筋的直径宜取 $14 \sim 20$mm；当充分利用土钉杆体的抗拉强度时，加强钢筋的截面面积不应小于土钉杆体截面面积的 1/2。

7. 土钉与加强钢筋宜采用焊接连接，其连接应满足承受土钉拉力的要求；当在土钉拉力作用下喷射混凝土面层的局部受冲切承载力不足时，应采用设置承压钢板等加强措施。

8. 当土钉墙后存在滞水时，应在含水层部位的墙面设置泄水孔或采取其他疏水措施。

9. 采用预应力锚杆复合土钉墙时，预应力锚杆应符合下列要求：

（1）宜采用钢绞线锚杆；

（2）用于减小地面变形时，锚杆宜布置在土钉墙的较上部位；用于增强面层抵抗土压力的作用时，锚杆应布置在土压力较大及墙背土层较软弱的部位；

（3）锚杆的拉力设计值不应大于土钉墙墙面的局部受压承载力；

（4）预应力锚杆应设置自由段，自由段长度应超过土钉墙坡体的潜在滑动面；

（5）锚杆与喷射混凝土面层之间应设置腰梁连接，腰梁可采用槽钢腰梁或混凝土腰梁，腰梁与喷射混凝土面层应紧密接触，腰梁规格应根据锚杆拉力设计值确定；

（6）除应符合上述规定外，锚杆的构造尚应符合"4.4.5.1 土层锚杆设计"中有关构造的规定。

10. 采用微型桩垂直复合土钉墙时，微型桩应符合下列要求：

（1）应根据微型桩施工工艺对土层特性和基坑周边环境条件的适用性选用微型钢管桩、型钢桩或灌注桩等桩型；

（2）采用微型桩时，宜同时采用预应力锚杆；

（3）微型桩的直径、规格应根据对复合墙面的强度要求确定；采用成孔后插入微型钢管桩、型钢桩的工艺时，成孔直径宜取 $130 \sim 300$mm，对钢管，其直径宜取 $48 \sim 250$mm，对工字钢，其型号宜取 I10 $\sim$ I22，孔内应灌注水泥浆或水泥砂浆并充填密实；采用微型混凝土灌注桩时，其直径宜取 $200 \sim 300$mm；

（4）微型桩的间距应满足土钉墙施工时桩间土的稳定性要求；

（5）微型桩伸入坑底的长度宜大于桩径的 5 倍，且不应小于 1m；

（6）微型桩应与喷射混凝土面层贴合。

11. 采用水泥土桩复合土钉墙时，水泥土桩应符合下列要求：

（1）应根据水泥土桩施工工艺对土层特性和基坑周边环境条件的适用性选用搅拌桩、旋喷桩等桩型；

（2）水泥土桩伸入坑底的长度宜大于桩径的 2 倍，且不应小于 1m；

（3）水泥土桩应与喷射混凝土面层贴合；

（4）桩身 28d 无侧限抗压强度不宜小于 1MPa；

（5）水泥土桩用作截水帷幕时，应符合"4.7.1.2 截水"对截水的要求。

4.5.2 土钉墙施工与检测

4.5.2.1 基本要求

1. 土钉墙应按土钉层数分层设置土钉、喷射混凝土面层、开挖基坑。

土钉墙是分层分段施工形成的，每完成一层土钉和土钉位置以上的喷射混凝土面层后，基坑才能挖至下一层土钉施工标高。设计和施工都必须重视土钉墙这一形成特点。设计时，应验算每形成一层土钉并开挖至下一层土钉面标高时土钉墙的稳定性和土钉拉力是否满足要求。施工时，应在每层土钉及相应混凝土面层完成并达到设计要求的强度后才能开挖下一层土钉施工面以上的土方，挖土严禁超过下一层土钉施工面。超挖会造成土钉墙的受力状况超过设计状态。因超挖引起的基坑坍塌和位移过大的工程事故屡见不鲜。

2. 当有地下水时，对易产生流砂或塌孔的砂土、粉土、碎石土等土层，应通过试验确定土钉施工工艺及其参数。

3. 钢筋土钉的成孔应符合下列要求：

（1）土钉成孔范围内存在地下管线等设施时，应在查明其位置并避开后，再进行成孔作业；

（2）应根据土层的性状选用洛阳铲、螺旋钻、冲击钻、地质钻等成孔方法，采用的成孔方法应能保证孔壁的稳定性、减小对孔壁的扰动；

（3）当成孔遇不明障碍物时，应停止成孔作业，在查明障碍物的情况并采取针对性措施后方可继续成孔；

（4）对易塌孔的松散土层宜采用机械成孔工艺；成孔困难时，可采用注入水泥浆等方法进行护壁。

4. 钢筋土钉杆体的制作安装应符合下列要求：

（1）钢筋使用前，应调直并清除污锈；

（2）当钢筋需要连接时，宜采用搭接焊、帮条焊连接；焊接应采用双面焊，双面焊的搭接长度或帮条长度不应小于主筋直径的 5 倍，焊缝高度不应小于主筋直径的 0.3 倍；

（3）对中支架的截面尺寸应符合对土钉杆体保护层厚度的要求，对中支架可选用直径 6～8mm 的钢筋焊制；

（4）土钉成孔后应及时插入土钉杆体，遇塌孔、缩径时，应在处理后再插入土钉杆体。

5. 钢筋土钉的注浆应符合下列要求：

（1）注浆材料可选用水泥浆或水泥砂浆；水泥浆的水灰比宜取 0.5～0.55；水泥砂浆的水灰比宜取 0.4～0.45，同时，灰砂比宜取 0.5～1.0，拌合用砂宜选用中粗砂，按重量计的含泥量不得大于 3%；

（2）水泥浆或水泥砂浆应拌合均匀，一次拌合的水泥浆或水泥砂浆应在初凝前使用；

（3）注浆前应将孔内残留的虚土清除干净；

（4）注浆应采用将注浆管插至孔底、由孔底注浆的方式，且注浆管端部至孔底的距离不宜大于 200mm；注浆及拔管时，注浆管出浆口应始终埋入注浆液面内，应在新鲜浆液从孔口溢出后停止注浆；注浆后，当浆液液面下降时，应进行补浆。

6. 打入式钢管土钉的施工应符合下列要求：

（1）钢管端部应制成尖锥状；钢管顶部宜设置防止施打变形的加强构造；

（2）注浆材料应采用水泥浆；水泥浆的水灰比宜取0.5～0.6；

（3）注浆压力不宜小于 0.6MPa；应在注浆至钢管周围出现返浆后停止注浆；当不出现返浆时，可采用间歇注浆的方法。

7. 喷射混凝土面层的施工应符合下列要求：

（1）细骨料宜选用中粗砂，含泥量应小于 3%；

（2）粗骨料宜选用粒径不大于 20mm 的级配砾石；

（3）水泥与砂石的重量比宜取 1：4～1：4.5，砂率宜取45%～55%，水灰比宜取 0.4～0.45；

（4）使用速凝剂等外加剂时，应通过试验确定外加剂掺量；

（5）喷射作业应分段依次进行，同一分段内应自下而上均匀喷射，一次喷射厚度宜为30～80mm；

（6）喷射作业时，喷头应与土钉墙面保持垂直，其距离宜为 0.6～1.0m；

（7）喷射混凝土终凝 2h 后应及时喷水养护；

（8）钢筋与坡面的间隙应大于 20mm；

（9）钢筋网可采用绑扎固定；钢筋连接宜采用搭接焊，焊缝长度不应小于钢筋直径的10 倍；

（10）采用双层钢筋网时，第二层钢筋网应在第一层钢筋网被喷射混凝土覆盖后铺设。

喷射混凝土按现有施工技术水平和常用操作程序，一般采用以下做法和要求：

1）混凝土喷射机设备能力的允许输送粒径一般需大于 25mm，允许输送水平距离一般不小于 100m，允许垂直距离一般不小于 30m；

2）根据喷射机工作风压和耗风量的要求，空压机耗风量一般需达到 9m³/min；

3）输料管的承受压力需不小于 0.8MPa；

4）供水设施需满足喷头水压不小于 0.2MPa 的要求；

5）喷射混凝土的回弹率不大于 15%；

6）喷射混凝土的养护时间根据环境的气温条件确定，一般为 3～7d；

7）上层混凝土终凝超过 1h 后，再进行下层混凝土喷射，下层混凝土喷射时应先对上层喷射混凝土表面喷水。

8. 土钉墙的施工偏差应符合下列要求：

（1）土钉位置的允许偏差应为 100mm；

（2）土钉倾角的允许偏差应为 3°；

（3）土钉杆体长度不应小于设计长度；

（4）钢筋网间距的允许偏差应为 ±30mm；

(5) 微型桩桩位的允许偏差应为 50mm；

(6) 微型桩垂直度的允许偏差应为 0.5%。

9. 复合土钉墙中预应力锚杆的施工应符合"4.4.5.2 土层锚杆施工与检测"的有关规定。微型桩的施工应符合现行行业标准《建筑桩基技术规范》JGJ 94 的有关规定。水泥土桩的施工应符合"4.7.1.2 截水"的有关规定。

10. 土钉墙的质量检测应符合下列规定：

(1) 应对土钉的抗拔承载力进行检测，土钉检测数量不宜少于土钉总数的 1%，且同一土层中的土钉检测数量不应少于 3 根；对安全等级为二级、三级的土钉墙，抗拔承载力检测值分别不应小于土钉轴向拉力标准值的 1.3 倍、1.2 倍；检测土钉应采用随机抽样的方法选取；检测试验应在注浆固结体强度达到 10MPa 或达到设计强度的 70% 后进行，应按《建筑基坑支护技术规程》JGJ 120—2012 中附录 D 的试验方法进行；当检测的土钉不合格时，应扩大检测数量；

(2) 应进行土钉墙面层喷射混凝土的现场试块强度试验，每 500m² 喷射混凝土面积的试验数量不应少于一组，每组试块不应少于 3 个；

(3) 应对土钉墙的喷射混凝土面层厚度进行检测，每 500m² 喷射混凝土面积的检测数量不应少于一组，每组的检测点不应少于 3 个；全部检测点的面层厚度平均值不应小于厚度设计值，最小厚度不应小于厚度设计值的 80%；

(4) 复合土钉墙中的预应力锚杆，应按"4.4.5.2 土层锚杆施工与检测"中第 8 条的规定进行抗拔承载力检测；

(5) 复合土钉墙中的水泥土搅拌桩或旋喷桩用作截水帷幕时，应按"4.7.1.2 截水"第 14 条的规定进行质量检测。

4.5.2.2 土钉墙施工

1. 施工前的准备工作

土钉墙施工的准备工作，一般包括以下内容：

(1) 了解工程质量要求和施工监测内容与要求，如基坑支护尺寸的允许误差，支护坡顶的允许最大变形，对邻近建筑物、道路、管线等环境安全影响的允许程度等。

(2) 土钉支护宜在排除地下水的条件下进行施工。

(3) 确定基坑开挖线、轴线定位点、水准基点、变形观测点等，并加以妥善保护。

(4) 制定基坑支护施工方案，周密安排支护施工与基坑土方开挖、出土等工序的关系，使支护与开挖密切配合，力争达到连续快速施工。

(5) 所选用材料应满足下列规定：

1) 土钉钢筋使用前应调直、除锈、除油；

2) 优先选用强度等级为 42.5 的普通硅酸盐水泥；

3) 采用干净的中粗砂，含水量应小于 5%；

4) 使用速凝剂，应做与水泥的相容性试验及水泥浆凝结效果试验。

(6) 施工机具选用应符合下列规定：

1) 成孔机具和工艺视场地地质特点及环境条件选用，要保证进钻和抽出过程中不引起坍孔，可选用冲击钻机、螺旋钻机、回转钻机、洛阳铲等，在易坍孔的土体中钻孔时宜采用套管成孔或挤压成孔工艺；

2）注浆泵规格、压力和输浆量应满足设计要求；

3）混凝土喷射机应密封良好，输料连续均匀，输送水平距离不宜小于100m，垂直距离不宜小于30m；

4）空压机应满足喷射机工作风压和风量要求，一般选用风量9m³/min以上、风压大于0.5MPa的空压机；

5）搅拌混凝土宜采用强制式搅拌机；

6）输料管应能承受0.8MPa以上的压力，并应有良好的耐磨性；

7）供水设施应有足够的水量和水压（不小于0.2MPa）。

常用的施工机具见表4-5-2～表4-5-5。

锚杆钻机性能参数 表 4-5-2

项　目	钻 机 型 号		
	MGJ-50	YTM87	QC-100
钻孔直径（mm）	110～180	150（可调）	卵石层：65 其他土层：65～100
钻孔深度（m）	30～60	60	中密卵石层：6～8 其他土层：11～21
转速（r/min）	低速：32～187 高速：59～143		冲击速度：14.5Hz
发动机功率（kW）	Y160M—4 电动机：11 1100 柴油机：11	电动机：37	气动 耗气量：9～10m³/min
进给力（kN）	22	45	工作风压：0.4～0.7MPa
机重（kg）	850	3750	186
外形尺寸（长×宽×高）（mm）	3525×1000×1225	4510×2000×2300	3508×232×285

注：锚杆钻机能自动退钻杆、接钻杆，尤其适用于土中造孔。

轻型地质钻机性能参数 表 4-5-3

项　目	钻 机 型 号	
	GX-1T	GX-50
钻孔直径（mm）	75～150	75～150
钻孔深度（m）	30～150	20～100
立轴转速（r/min）	60，180，360，600	99，236，378
发动机功率（kW）	Y160-4 电动机：11 S1100A 柴油机：11	Y132M-4 电动机：7.5 195 型柴油机：8.82
进给力（kN）	19	10
机重（kg）	500	360
外形尺寸（长×宽×高）（mm）	1568×620×1205	1360×620×1080

混凝土喷射机主要技术参数　　　　表 4-5-4

项　目	型　号						
	HPJ-Ⅰ	HPJ-Ⅱ	PZ-5B	PZ-7	PZ-10C	HPZ6	HPZ6T
生产能力（m³/h）	5	5	5	7	1～10	6	2，4，6
输料管内径（mm）	50	50	50	65	75	50	50～75
粒料直径（mm）	20	20	20	20	25	＜25	＜30
输送距离（m）	潮喷 200，湿喷 50					20～50	20～40
耗气量（m³/h）	7～8			7～9		5～7	10
电动机功率（kW）	喷射部分：5.5 搅拌部分：3		5.5	5.5	5.5	3	7.5
重量（kg）	1000	1000	700	750	750	920	800
外形尺寸（长×宽×高）（mm）	2200×960 ×1560	2200×780 ×1600	1300×800 ×1200	1300×800 ×1300		1332×774 ×1110	1500×1000 ×1600

UBJ 系列挤压式灰浆泵主要技术参数　　　　表 4-5-5

项　目	型　号			
	0.8	1.2	1.8	3
灰浆流量（m³/h）	0.8	1.2	0.4，0.6，1.2，1.8	1，2，3
电源电压（V）	380	380	380	380
主电机功率（kW）	1.5	2.2	2.2/2.8	4
最高输送高度（m）	25	25	30	40
最大水平输送距离（m）	80	80	100	150
额定工作压力（MPa）	1	1.2	1.5	2.45
重量（kg）	175	185	300	350
外形尺寸（长×宽×高）（mm）	1220×662×960	1220×662×1035	1270×896×990	1370×620×800

2. 施工工艺流程

土钉墙支护必须遵循从上到下分步开挖、分步钻孔、设注浆钢筋的原则，即边开挖边支护。其工艺流程如图 4-5-5 所示。

（1）土钉墙施工流程

开挖工作面→修整坡面→施工第一层面层→土钉定位→钻孔→清孔检查→放置土钉→注浆→绑扎钢筋网→安装泄水管→施工第二层面层→养护→开挖下一层工作面→重复上述步骤直至基坑设计深度。

（2）复合土钉墙施工流程

止水帷幕或微型桩施工→开挖工作面→修整坡面→施工第一层混凝土面层→土钉或锚杆定位→钻孔→清孔检查→放置土钉或锚杆→注浆→绑扎面层钢筋网及腰梁钢筋→安装泄水管→施工第二层混凝土面层及腰梁→养护→锚杆张拉→开挖下一层工作面→重复上述步骤直至基坑设计深度。

3. 施工工艺

（1）开挖土方

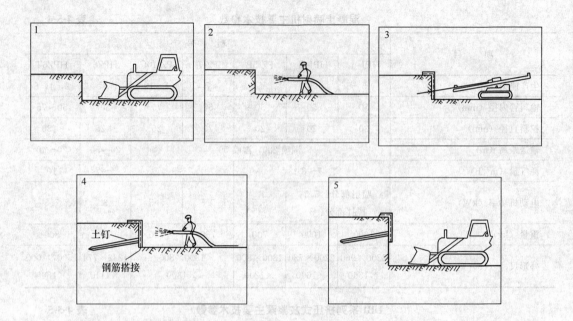

图 4-5-5 土钉喷射混凝土工艺流程图

1）土钉支护应按设计规定分层开挖，按作业顺序施工。

在未完成上层作业面的土钉与喷射混凝土以前，不得进行下一层深度的开挖。

2）当用机械进行土方作业时，不得超挖深度，边坡宜用小型机具或铲、锹进行切削清坡，以保证边坡平整，符合设计坡度要求。

3）基坑在水平方向的开挖也应分段进行，一般可取 10～20m。同时，应尽量缩短边坡裸露时间，即开挖后在最短的时间内设置土钉、注浆及喷射混凝土。对于自稳能力差的土体，如高含水量的黏性土和无黏结力的砂土，应立即进行支护。

4）允许在距离基坑四周边坡 8～10m 的基坑中部自由开挖，但应注意与分层作业区的开挖相协调。

5）为防止基坑边坡的裸露土体塌陷，对于易塌的土体可采取下列措施：

① 对修整后的边坡，立即喷上一层薄的砂浆或混凝土，凝结后再进行钻孔（图 4-5-6a）；

② 在作业面上先构筑钢筋网喷射混凝土面层，而后进行钻孔和设置土钉；

③ 在水平方向上分小段间隔开挖（图 4-5-6b）；

④ 先将作业深度上的边壁做成斜坡，待钻孔并设置土钉后再清坡（图 4-5-6c）；

⑤ 在开挖前，沿开挖面垂直击入钢筋或钢管，或注浆加固土体（图 4-5-6d）。

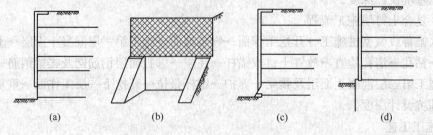

图 4-5-6 易塌土层的施工措施

（2）喷射第一道面层

每步开挖后应尽快做好面层，即对修整后的边壁立即喷上一层薄混凝土或砂浆。

（3）设置土钉

土钉的设置可以采用专门设备将土钉钢筋击入土体，但是通常的做法是先在土体中成孔，然后置入土钉钢筋并沿全长注浆。钢筋土钉和钢管土钉的构造如图4-5-7。

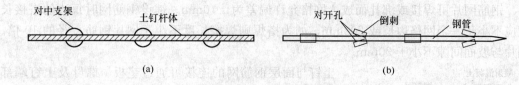

图 4-5-7　土钉杆体构造
(a) 钢筋土钉；(b) 钢管土钉

1）土钉成孔采用的机具应适合土层特点，满足成孔要求，进钻和抽出过程不会引起塌孔。在易塌孔的土体中需采取措施，如套管成孔。

2）成孔前应按设计要求定出孔位做出标记和编号。成孔过程中做好记录，按编程逐一记载；土体特征、成孔质量、事故处理等，发现较大问题时，反馈、修改土钉设计参数。

3）成孔后要进行清孔检查，对孔中出现的局部渗水、塌孔或掉落松土应立即处理，成孔后应及时穿入土钉钢筋并注浆。

4）钢筋入孔前应先设置定位架，保证钢筋处于孔的中心部位，定位架形式同锚杆钢筋定位架。支架沿钢筋长的间距约为2~3m左右，支架应不妨碍注浆时浆体流动。支架材料可用金属或塑料。

（4）注浆

注浆前要验收土钉钢筋安设质量是否达到设计要求。

1）成孔内注浆可采用重力、低压[(0.4~0.6)MPa]或高压[(1~2)MPa]方法注浆。

对水平孔必须采用低压或高压方法注浆。压力注浆时，应在钻孔口部设置止浆塞，注满浆后保持压力3~5min。压力注浆尚需配备排气管，注浆前送入孔内。

对于下倾斜孔，可采用重力或低压注浆。注浆采用底部注浆方式。注浆导管底端先插入孔底，在注浆的同时将导管以匀速缓慢拔出，导管的出浆口应始终处在孔中浆体表面以下，保证孔中气体能全部逸出。重力注浆以满孔为止，但在初凝前须补浆1~2次。

2）二次注浆。为提高土钉抗拔力可采取二次注浆方法。即在首次注浆终凝后2~4h内，用高压[(2~3)MPa]向钻孔中第二次灌注水泥浆，注满后保持压力5~8min。二次注浆管的边壁带孔并与土钉孔同长，在首次注浆前与土钉钢筋同时放入孔内。

3）向孔内注入浆体的充盈系数必须大于1。每次向孔内注浆时，宜预先计算浆体体积并根据注浆泵的冲程数，求出实际向孔内注浆体积，以确认注浆量超过孔的体积。

4）注浆所用水泥砂浆的水灰比，宜在0.4~0.45之间。当用水泥净浆时宜为0.45~0.5，并宜加入适量的速凝剂、外加剂等，以促进早凝和控制泌水。施工时当浆体工作度不能满足要求时，可外加高效减水剂，但不准任意加大用水量。

浆体应搅拌均匀立即使用。开始注浆、中途停顿或作业完毕后，须用水冲洗管路。

注浆砂浆强度试块，采用70mm×70mm×70mm立方体，经标准养护后测定，每批至少 3 组（每组 3 块）试件，给出 3d 和 28d 强度。

（5）土钉与面层连接

在喷混凝土之前，先按设计要求绑扎、固定钢筋网。面层内的钢筋网片应牢固固定在边壁上并符合设计规定的保护层厚度要求。钢筋网片可用插入土中的钢筋固定，但在喷射混凝土时不应出现振动。

钢筋网片可焊接或绑扎而成，网格允许偏差为±10mm。铺设钢筋网时每边的搭接长度应不小于一个网格边长或 200mm，如为搭焊则焊接长度不小于网片钢筋直径的 10 倍。网片与坡面间隙不小于 20mm。

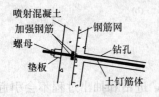

图 4-5-8　土钉与面层钢筋网连接

土钉与面层钢筋网的连接可通过垫板、螺母及土钉端部螺纹杆固定（图 4-5-8）。垫板钢板厚 8～10mm，尺寸为 200mm×200mm～300mm×300mm。垫板下空隙需先用高强水泥砂浆填实，待砂浆达一定强度后方可旋紧螺母以固定土钉。土钉钢筋也可通过井字加强钢筋直接。

（6）喷射混凝土面层

1）面层内的钢筋网片应牢固固定在土壁上，并符合保护层厚度要求，网片可以与土钉固定牢固，喷射混凝土时网片不得晃动。

钢筋网片可以焊接或绑扎而成，网格允许误差 10mm，网片铺设搭接长度不应小于 300mm 及 25 倍钢筋直径。

2）喷射混凝土材料，水泥强度等级宜为 42.5，干净碎石、卵石，粒径不宜大于 12mm，水泥与砂石重量比宜为 1∶4～1∶4.5，砂率 45%～55%，水灰比 0.4～0.45，宜掺外加剂，并应满足设计强度要求。

3）喷射作业前要对机械设备、风、水管路和电线进行检查及试运转，清理喷面，埋好控制喷射混凝土厚度的标志。

4）喷射混凝土射距宜在 0.8～1.5m，并从底部逐渐向上部喷射。射流方向应垂直指向喷射面，但在钢筋部位，应先填充钢筋后方，然后再喷钢筋前方，防止钢筋背后出现空隙。

5）当面层超过 100mm 时，要分两次喷射。当进行下步喷射混凝土时，应仔细清除施工缝接合面上的浮浆层和松散碎屑，并喷水使之湿润。

6）根据现场环境条件，进行喷射混凝土的养护，如浇水、织物覆盖浇水等养护方法，在混凝土终凝后 2h 进行，养护时间视温度、湿度而定，一般宜为 7d。

7）混凝土强度应用 100mm×100mm×100mm 立方体试块进行测定，将试模底面紧贴边壁侧向喷入混凝土，每批留 3 组试块。

8）当采用干法作业时，空压机风量不宜小于 9m³/min，以防止堵管，喷头水压不应小于 0.15N/m²，喷前应对操作手进行技术考核。

4. 场地排水及降水

（1）土钉支护应在排除地下水条件下施工。应采取适宜的降水措施，如地下水丰盛或与江河水连通，降水措施无效时，宜采用隔水帷幕，止住地下水进入基坑。

（2）基坑四周支护范围内的地表应加修整，构筑排水沟和水泥砂浆或混凝土地面，防止地表水向下渗透。靠近基坑坡顶宽 2～4m 的地面应适当垫高，里（沿边坡处）高外低，便于径流远离坡边。

（3）为排除积聚在基坑的渗水和雨水，应在坑底四周设置排水沟及集水坑（图 4-5-9）。排水沟应离开边坡壁 0.5～1.0m，排水沟及集水坑宜用砖砌并抹砂浆，防止渗漏，坑中水应及时抽出。

基坑边壁有透水层或渗水土层时，混凝土面层上要做泄水孔，即按间距 1.5～2.0m 均布插设长 0.4～0.6m、直径不小于 40mm 的塑料排水管，外管口略向下倾斜，管壁上半部分可钻些透水孔，管中填满粗砂或圆砾作为滤水材料，以防止土颗粒流失（图 4-5-10）。

为了排除积聚在基坑内的渗水和雨水，应在坑底设置排水沟和集水井。排水沟应离开坡脚 0.5～1m，严防冲刷坡脚。排水沟和集水井宜用砖衬砌并用砂浆抹内表面以防止渗漏。坑中积水应及时排除。

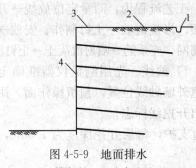

图 4-5-9　地面排水

1—排水沟；2—防水地面；
3—喷射混凝土护顶；4—喷射混凝土面层

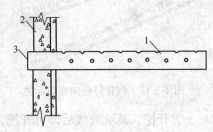

图 4-5-10　面层内泄水管

1—孔眼；2—面层；3—排水管

4.5.3　工程实例

[例] 钢管锚钉在基坑支护中的应用

1. 工程概况

某高层建筑自然地坪标高为 -1.300m，坑底标高为 -6.600m，局部标高为 -7.200m，故开挖深度为 5.30m，局部开挖深度为 5.90m。该工程西边紧靠道路，无法采用放坡进行开挖，长度约 107m，为达到止水、防渗、挡土的作用，保证工程的顺利进行，采用土钉墙进行围护。

土钉支护是以较密排列的土钉作为土体主要补强手段，通过钢管锚钉与土体和喷射混凝土面层共同工作，形成补强复合土体，达到稳定边坡的目的。边坡位移一般不超过 2‰。

土钉支护适用于地下水位较低或人工降水后的黏性土、粉土、杂填土及非松散砂土等，不宜用于淤泥质土、饱和软土及未经降水处理地下水以下的土层。场地土质较好且均匀，基坑开挖深度在 5～15m 范围内时，可采用土钉支护方法。

2. 基坑支护方案

（1）施工准备

1）土钉采用 $\phi 48 \times 3.5$ 钢管，土钉水平安放角为 10° 和 20°，根据开挖深度布置土钉的排数，垂直方向间距为 0.9，0.93，1.0，1.1，1.2，1.4，1.5m，水平方向间距为 1m，均采用梅花形布置（图 4-5-11）。

2）采用低压注浆，注浆压力控制在 0.4～0.6MPa。注浆采用 42.5 级普通硅酸盐水泥，水灰比为 0.5，注浆量不少于 20kg/m，水泥浆应拌合均匀，做到随拌随用，一次拌合的水泥浆在初凝前用完。

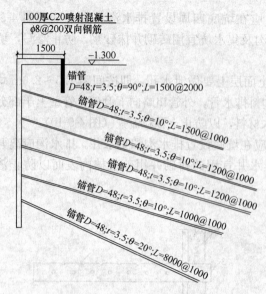

图 4-5-11 钢管钉竖向布置示意

3）喷射混凝土强度等级为 C20，厚度为 100mm，混凝土配合比为水泥：砂：石＝1：2：2，喷射混凝土中添加 5％～6％的速凝剂。钢筋网规格为 $\phi 8@200$，双向布置，加强筋规格为 2Φ14。

4）施工机具、设备采用空压机、混凝土喷射机、注浆机、钢管冲击机、电焊机和搅拌机。

（2）施工工艺

工艺流程为：测量定位放线→开挖工作面、修整边坡→土钉制作、安放→绑扎钢筋网、连系筋→喷射混凝土→土钉注浆。

1）放线。先用测量仪器准确定出地下室外墙轴线位置，预留操作面，用石灰做出开挖线标志。

2）土方开挖。基坑放线后即可开挖。边开挖边支护，每层开挖深度为 1.50m，分层开挖，分层支护，挖完亦支护完。

3）修坡。土方开挖后，按照设计剖面坡度修理基坑边坡，要求坡面修理平整，确保喷射混凝土的质量。

4）土钉制作、安放。土钉第一根末端封闭，做成尖端，在土钉四周开注浆小孔，小孔直径为 5～8mm，小孔在土钉上呈螺旋状布置，间距为 500mm。土钉口部 2.5m 范围内不设置注浆孔。采用钢管冲动机将加工好的土钉按照设计标高、间距打入土体内。如深度不够需加接土钉时，土钉与土钉的连接部位采用钢筋焊接，搭接长度为 30cm。如遇建筑物基础和管线障碍，应设法避开。边坡顶部垂直土钉距基坑边 1.5m，土钉长度为 1.50m，间距为 2m。

5）绑扎钢筋网。钢筋网片规格一般为Φ8@200mm，双向布置，为加强面层与土钉协调受力，使钢筋网牢固地固定在边壁上，增加Φ14mm 的连系筋，焊成井字形，将土钉与井字架焊牢，接头部分要预留一定的搭接长度（图 4-5-12），锚管端部、连系筋、三角筋应相互焊牢（图 4-5-13）。

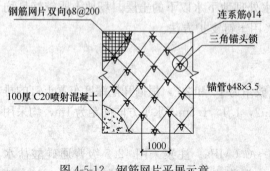

图 4-5-12 钢筋网片平展示意

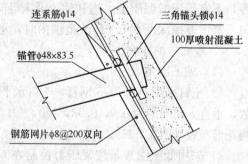

图 4-5-13 锚管锁定示意

6）喷射混凝土。面层混凝土在钢筋网编焊工作完成后进行，喷射混凝土的射距在

0.8～1.5m 范围内，从底部逐渐向上部喷射，射流方向一般应垂直喷射面。在施工搭接处应清除杂质，在喷射前用水润湿，确保喷射混凝土搭接良好，保证喷射混凝土质量，不发生渗水现象。

7）土钉注浆。在面层喷射混凝土达到一定强度时才能注浆。注浆前先用高压水管插入管底部，冲洗钢管，直至出现清水。然后从钢管底部开始注浆，边注浆边拔管，再进行口部高压灌浆。土钉注浆通过两方面控制：一是注浆压力控制在 0.4～0.8MPa；二是注浆量控制在 40kg/m 左右。为防止土钉端部发生渗水，在土钉成孔之后、喷射混凝土之前，将土钉周围用黏土及水泥浆填塞密实，注浆饱满，即可避免出现土钉头渗水现象。

3. 施工监测

土钉墙施工须以信息化施工作为保障，因此测试工作是必须的，测试项目包括：（1）边坡的水平位移，报警值为 2mm/d，连续 3d；（2）边坡的沉降观测，报警为 1mm/d，连续 3d。

正常情况下，每天测量一次，开挖过程或阴雨天须跟踪观察，每 2h 测一次，提供信息数据。对支护位置的量测至少应有基坑边坡顶部的水平位移与垂直沉降，测点位置应选在变形最大或局部地质条件最为不利的地方，测点总数不宜少于 3 个，测点间距不宜大于 30m。当基坑附近有建筑物等设施时，也应在相应位置设置测点，用精密水准仪和经纬仪量测。

4. 应急抢险措施

（1）治水处理

本工程地下水位约在地表以下 1m，含水率为 30% 左右，含水量较大。雨水或其他地面水量较多时，应从地面沿坡壁四周、距坑壁 1.0～1.5m 处设置排水沟，将雨水或其他地面水引流到远离基坑的地方排出，在排水沟与坑壁之间的地面喷射钢筋混凝土，以防坑边地表渗水。

当坑壁含水量较大并出现渗水或涌水现象时，喷护前在土钉上方 20～40cm 处设置长度为 3～5m 的引流管，水平间距为 2.0～2.5m，以减少边坡的水压和保持边坡的干燥，以利于喷射混凝土施工，在较潮湿的土壁上喷射混凝土时，应添加适量的速凝剂。

当坑底渗水较严重时，在坑底距坑壁 1.0m 处设置排水沟，将水引流至远离坑壁的集水坑，抽排到地面的排水沟内。土挖至坑底时，为防止地下水和软土上涌，应随挖随做混凝土垫层，以便将坑底封死。

（2）局部裂缝处理

局部坑壁位移过大、坑边出现裂缝时，可在适当位置加密加长布置土钉并采取外层拽拉加固措施，以防止变形扩大，确保边坡的稳定。必要时可在局部区域坑外卸载，确保基坑安全。

（3）局部滑塌处理

一般可在塌方处口部打垂直锚杆桩和焊接横向拉筋，将边坡外积土回填，及时喷射面层，重新打入加长加密的土钉并同时注浆。

4.6　重力式水泥土墙

4.6.1　重力式水泥土墙设计

4.6.1.1　稳定性与承载力验算

1. 重力式水泥土墙的滑移稳定性应符合下式规定（图 4-6-1）：

$$\frac{E_{pk} + (G - u_m B)\tan\varphi + cB}{E_{ak}} \geqslant K_{sl} \qquad (4\text{-}6\text{-}1)$$

式中　K_{sl}——抗滑移安全系数，其值不应小于 1.2；

E_{ak}、E_{pk}——分别为水泥土墙上的主动土压力、被动土压力标准值（kN/m），按"4.3.3 作用在支护结构上的水平荷载"第 2 条的规定确定；

　　　　G——水泥土墙的自重（kN/m）；

　　　u_m——水泥土墙底面上的水压力（kPa）；水泥土墙底位于含水层时，可取 $u_m = \gamma_w (h_{wa} + h_{wp})/2$，在地下水位以上时，取 $u_m = 0$；

　　c、φ——分别为水泥土墙底面下土层的黏聚力（kPa）、内摩擦角（°），按《建筑基坑支护技术规程》JGJ 120—2012 中第 3.1.14 条的规定取值；

　　　　B——水泥土墙的底面宽度（m）；

　　　h_{wa}——基坑外侧水泥土墙底处的压力水头（m）；

　　　h_{wp}——基坑内侧水泥土墙底处的压力水头（m）。

2. 重力式水泥土墙的倾覆稳定性应符合下式规定（图 4-6-2）：

$$\frac{E_{pk}a_p + (G - u_m B)a_G}{E_{ak}a_a} \geqslant K_{ov} \qquad (4\text{-}6\text{-}2)$$

式中　K_{ov}——抗倾覆安全系数，其值不应小于 1.3；

　　　a_a——水泥土墙外侧主动土压力合力作用点至墙趾的竖向距离（m）；

　　　a_p——水泥土墙内侧被动土压力合力作用点至墙趾的竖向距离（m）；

　　　a_G——水泥土墙自重与墙底水压力合力作用点至墙趾的水平距离（m）。

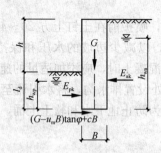 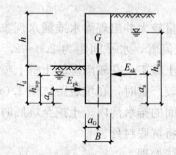

图 4-6-1　滑移稳定性验算　　　　图 4-6-2　倾覆稳定性验算

3. 重力式水泥土墙应按下列规定进行圆弧滑动稳定性验算：

（1）可采用圆弧滑动条分法进行验算；

（2）采用圆弧滑动条分法时，其稳定性应符合下列规定（图 4-6-3）：

$$\min\{K_{s,1}, K_{s,2}, \cdots, K_{s,i} \cdots\} \geqslant K_s \qquad (4\text{-}6\text{-}3a)$$

$$K_{s,i} = \frac{\sum\{c_j l_j + [(q_j b_j + \Delta G_j)\cos\theta_j - u_j l_j]\tan\varphi_j\}}{\sum(q_j b_j + \Delta G_j)\sin\theta_j} \qquad (4\text{-}6\text{-}3b)$$

式中　K_s——圆弧滑动稳定安全系数，其值不应小于 1.3；

　　$K_{s,i}$——第 i 个圆弧滑动体的抗滑力矩与滑动力矩的比值；抗滑力矩与滑动力矩之比的最小值宜通过搜索不同圆心及半径的所有潜在滑动圆弧确定；

　　c_j、φ_j——分别为第 j 土条滑弧面处土的黏聚力（kPa）、内摩擦角（°）；按《建筑基坑

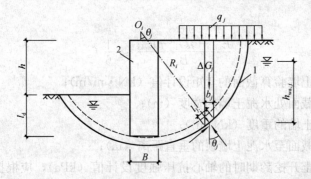

图 4-6-3 整体滑动稳定性验算

支护技术规程》JGJ 120—2012 中第 3.1.14 条的规定取值；

b_j——第 j 土条的宽度（m）；

θ_j——第 j 土条滑弧面中点处的法线与垂直面的夹角（°）；

l_j——第 j 土条的滑弧长度（m）；取 $l_j = b_j / \cos\theta_j$；

q_j——第 j 土条上的附加分布荷载标准值（kPa）；

ΔG_j——第 j 土条的自重（kN），按天然重度计算；分条时，水泥土墙可按土体考虑；

u_j——第 j 土条滑弧面上的孔隙水压力（kPa）；对地下水位以下的砂土、碎石土、砂质粉土，当地下水是静止的或渗流水力梯度可忽略不计时，在基坑外侧，可取 $u_j = \gamma_w h_{wa,j}$，在基坑内侧，可取 $u_j = \gamma_w h_{wp,j}$；滑弧面在地下水位以上或对地下水位以下的黏性土，取 $u_j = 0$；

γ_w——地下水重度（kN/m³）；

$h_{wa,j}$——基坑外侧第 j 土条滑弧面中点的压力水头（m）；

$h_{wp,j}$——基坑内侧第 j 土条滑弧面中点的压力水头（m）。

（3）当墙底以下存在软弱下卧土层时，稳定性验算的滑动面中应包括由圆弧与软弱土层层面组成的复合滑动面。

4. 重力式水泥土墙，其嵌固深度应符合下列坑底隆起稳定性要求：

（1）隆起稳定性可按公式（4-4-11a）～公式（4-4-11c）验算，但公式中 γ_{m1} 应取基坑外墙底面以上土的重度，γ_{m2} 应取基坑内墙底面以上土的重度，l_d 应取水泥土墙的嵌固深度，c、φ 应取水泥土墙底面以下土的黏聚力、内摩擦角；

（2）当重力式水泥土墙底面以下有软弱下卧层时，隆起稳定性验算的部位应包括软弱下卧层，此时，公式（4-4-11a）～公式（4-4-11c）中的 γ_{m1}、γ_{m2} 应取软弱下卧层顶面以上土的重度，l_d 应以 D 代替。

注：D 为坑底至软弱下卧层顶面的土层厚度（m）。

5. 重力式水泥土墙墙体的正截面应力应符合下列规定：

（1）拉应力：

$$\frac{6M_i}{B^2} - \gamma_{cs} z \leqslant 0.15 f_{cs} \qquad (4\text{-}6\text{-}4a)$$

（2）压应力：

$$\gamma_0 \gamma_F \gamma_{cs} z + \frac{6M_i}{B^2} \leqslant f_{cs} \qquad (4\text{-}6\text{-}4b)$$

（3）剪应力：

$$\frac{E_{aki} - \mu G_i - E_{pki}}{B} \leqslant \frac{1}{6} f_{cs} \qquad (4-6-4c)$$

式中　M_i——水泥土墙验算截面的弯矩设计值（kN·m/m）；

　　　B——验算截面处水泥土墙的宽度（m）；

　　　γ_{cs}——水泥土墙的重度（kN/m³）；

　　　z——验算截面至水泥土墙顶的垂直距离（m）；

　　　f_{cs}——水泥土开挖龄期时的轴心抗压强度设计值（kPa），应根据现场试验或工程经验确定；

　　　γ_F——荷载综合分项系数，按"4.3.1 设计原则"第 6 条取用；

E_{aki}、E_{pki}——分别为验算截面以上的主动土压力标准值、被动土压力标准值（kN/m），可按"4.3.3 作用在支护结构上的水平荷载"第 2 条的规定计算；验算截面在坑底以上时，取 $E_{pk,i}=0$；

　　　G_i——验算截面以上的墙体自重（kN/m）；

　　　μ——墙体材料的抗剪断系数，取 0.4～0.5。

6. 重力式水泥土墙的正截面应力验算应包括下列部位：

（1）基坑面以下主动、被动土压力强度相等处；

（2）基坑底面处；

（3）水泥土墙的截面突变处。

在验算截面的选择上，需选择内力最不利的截面、墙身水泥土强度较低的截面，本条规定的计算截面，是应力较大处和墙体截面薄弱处，作为验算的重点部位。

7. 当地下水位高于坑底时，应按《建筑基坑支护技术规程》JGJ 120—2012 附录 C 的规定进行地下水渗透稳定性验算。

4.6.1.2　构造

1. 重力式水泥土墙宜采用水泥土搅拌桩相互搭接成格栅状的结构形式，也可采用水泥土搅拌桩相互搭接成实体的结构形式。搅拌桩的施工工艺宜采用喷浆搅拌法。

2. 重力式水泥土墙的嵌固深度，对淤泥质土，不宜小于 1.2h，对淤泥，不宜小于 1.3h；重力式水泥土墙的宽度，对淤泥质土，不宜小于 0.7h，对淤泥，不宜小于 0.8h。

注：h 为基坑深度。

3. 重力式水泥土墙采用格栅形式时，格栅的面积置换率，对淤泥质土，不宜小于 0.7；对淤泥，不宜小于 0.8；对一般黏性土、砂土，不宜小于 0.6。格栅内侧的长宽比不宜大于 2。每个格栅内的土体面积应符合下式要求：

$$A \leqslant \delta \frac{cu}{\gamma_m} \qquad (4-6-5)$$

式中　A——格栅内的土体面积（m²）；

　　　δ——计算系数；对黏性土，取 $\delta=0.5$；对砂土、粉土，取 $\delta=0.7$；

　　　c——格栅内土的黏聚力（kPa），按"4.3.1 设计原则"第 14 条的规定确定；

　　　u——计算周长（m），按图 4-6-4 计算；

　　　γ_m——格栅内土的天然重度（kN/m³）；对多层土，取水泥土墙深度范围内各层土按厚度加权的平均天然重度。

格栅形布置的水泥土墙应保证墙体的整体性，设计时一般按土的置换率控制，即水泥土面积与水泥土墙的总面积的比值。淤泥土的强度指标差，呈流塑状，要求的置换率也较大，淤泥质土次之。

格栅形水泥土墙，应限值格栅内土体所占面积。格栅内土体对四周格栅的压力可按谷仓压力的原理计算，通过公式（4-6-5）使其压力控制在水泥土墙承受范围内。

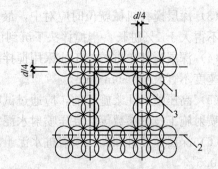

图 4-6-4 格栅式水泥土墙
1—水泥土桩；2—水泥土桩中心线；3—计算周长

4. 水泥土搅拌桩的搭接宽度不宜小于 150mm。

搅拌桩重力式水泥土墙靠桩与桩的搭接形成整体，桩施工应保证垂直度偏差要求，以满足搭接宽度要求。当搅拌桩较长时，应考虑施工时垂直度偏差问题，增加设计搭接宽度。

5. 当水泥土墙兼作截水帷幕时，应符合"4.7.1.2 截水"对截水的要求。

6. 水泥土墙体的 28d 无侧限抗压强度不宜小于 0.8MPa。当需要增强墙体的抗拉性能时，可在水泥土桩内插入杆筋。杆筋可采用钢筋、钢管或毛竹。杆筋的插入深度宜大于基坑深度。杆筋应锚入面板内。

7. 为加强整体性，减少变形，水泥土墙顶面宜设置混凝土连接面板，面板厚度不宜小于 150mm，混凝土强度等级不宜低于 C15。设置面板不但可便利后期施工，同时可防止雨水从墙顶渗入水泥土格栅。

4.6.2 重力式水泥土墙施工与检测

4.6.2.1 基本要求

1. 水泥土搅拌桩的施工应符合现行行业标准《建筑地基处理技术规范》JGJ 79 的规定。

2. 重力式水泥土墙的质量检测应符合下列规定：

（1）应采用开挖方法检测水泥土搅拌桩的直径、搭接宽度、位置偏差；

（2）应采用钻芯法检测水泥土搅拌桩的单轴抗压强度、完整性、深度。单轴抗压强度试验的芯样直径不应小于 80mm。检测桩数不应少于总桩数的 1%，且不应少于 6 根。

重力式水泥土墙由搅拌桩搭接组成格栅形式或实体式墙体，控制施工质量的关键是水泥土的强度、桩体的相互搭接、水泥土桩的完整性和深度。所以，主要检测水泥土固结体的直径、搭接宽度、位置偏差、单轴抗压强度、完整性及水泥土墙的深度。

4.6.2.2 水泥土墙施工

1. 一般要求

（1）水泥土墙应采取切割搭接法施工。应在前桩水泥土尚未固化时进行后序搭接桩施工。施工开始和结束的头尾搭接处，应采取加强措施，消除搭接沟缝。

（2）深层搅拌水泥土墙施工前，应进行成桩工艺及水泥掺入量或水泥浆的配合比试验，以确定相应的水泥掺入比或水泥浆水灰比，浆喷深层搅拌的水泥掺入量宜为被加固土密度的 15%～18%；粉喷深层搅拌的水泥掺入量宜为被加固土密度的 13%～16%。

（3）深层搅拌机械就位时应对中，最大偏差不得大于 2cm，并且调平机械的垂直度，偏差不得大于 1‰桩长。当搅拌头下沉到设计深度时，应再次检查并调整机械的垂直度。

（4）深层搅拌单桩的施工应采用搅拌头上下各二次的搅拌工艺。喷浆时的提升（或下沉）速度不宜大于 0.5m/min。

（5）高压喷射注浆施工前，应通过试喷试验，确定不同土层旋喷固结体的最小直径、高压喷射施工技术参数等。高压喷射水泥水灰比宜为 1.0～1.5。

（6）深层搅拌桩和高压喷射桩水泥土墙的桩位偏差不应大于 50mm，垂直度偏差不宜大于 0.5%。

（7）当设置插筋时桩身插筋应在桩顶搅拌完成后及时进行。插筋材料、插入长度和出露长度等均应按计算和构造要求确定。

（8）高压喷射注浆应按试喷确定的技术参数施工，切割搭接宽度应符合下列规定：

1）旋喷固结体不宜小于 150mm。

2）摆喷固结体不宜小于 150mm。

3）定喷固结体不宜小于 200mm。

（9）相邻桩的搭接长度不宜小于 20cm。相邻桩喷浆工艺的施工时间间隔不宜大于 10h。

（10）水泥土桩应在施工后一周内进行开挖检查或采用钻孔取芯等手段检查成桩质量，若不符合设计要求应及时调整施工工艺。

（11）水泥土墙应在设计开挖龄期采用钻芯法检测墙身完整性，钻芯数量不宜少于总桩数的 1%，且不应少于 6 根；并应根据设计要求取样进行单轴抗压强度试验。

（12）水泥土墙应有 28d 以上的龄期，达到设计强度要求时，方能进行基坑开挖。

图 4-6-5　水泥土桩墙

2. 工艺类别及特点

深层搅拌水泥土桩墙（图 4-6-5），是采用水泥作为固化剂，通过特制的深层搅拌机械，在地基深处就地将软土和水泥强制搅拌形成水泥土，利用水泥和软土之间所产生的一系列物理-化学反应，使软土硬化成整体性的并有一定强度的挡土、防渗墙。它可作为基坑截水及不大于 6m 深基坑的支护工程。这类重力式支护相对位移较大，不适宜用于深基坑，当基坑长度大时，要采取中间加墩、起拱等措施，以控制产生过大位移。

水泥土墙施工工艺可采用下述三种：①喷浆式深层搅拌（湿法）；②喷粉式深层搅拌（干法）；③高压喷射注浆法（也称高压旋喷法）。

（1）在水泥土墙中采用湿法工艺施工时注浆量较易控制，成桩质量较为稳定。迄今为止，绝大部分水泥土墙都采用湿法工艺，在设计与施工方面的经验较多，故一般应优先考虑湿法施工工艺。

（2）干法施工工艺虽然水泥土强度较高，但其喷粉量不易控制，搅拌难以均匀，离散性较大，出现事故的概率较高，目前已很少应用。

（3）水泥土桩也可采用高压喷射注浆成桩工艺，它采用高压水、气切削土体搅拌形成水泥土桩。该工艺施工简便，喷射注浆施工时，只需在土层中钻 300mm 的小孔，便可在土中喷射成直径 0.4～2mm 的加固水泥土桩。因而可在区域较小或贴近已有基础施工，但该工艺水泥用量大，造价高，一般当场地受到限制机械无法施工时，或一些特殊场合下可选用高压喷射注浆成桩工艺。

3. 材料与施工机具

(1) 材料

1) 水泥：一般以普通硅酸盐水泥，强度等级 42.5 为宜。

2) 砂：中砂或粗砂，含泥量小于 5%。

3) 外掺剂：为改善水泥土的性能或提高早期强度，宜加入外掺剂，常用的外掺剂有粉煤灰、木质素磺酸钙、碳酸钠、氯化钙、三乙醇胺等。各种外掺剂对水泥土强度有着不同的影响，掺入合适的外掺剂，既可节约水泥用量，又可改善水泥土的性质，同时也利用一些工业废料，减少对环境的影响。

表 4-6-1 为常用外掺剂的作用及其掺量，可供参考。

水泥土外掺剂及掺量

表 4-6-1

外 掺 剂	作 用	掺 量[①]（%）
粉煤灰	早强、填充	50～80
木质素磺酸钙	减水、可泵、早强	0.2～0.5
碳酸钠	早强	0.2～0.5
氯化钙	早强	2～5
三乙醇胺	早强	0.05～0.2
石 膏	缓凝、早凝	2
水玻璃	早强	2

① 外掺剂掺量系外掺剂用量与水泥用量之比。

除上述外掺剂外，将生石灰粉与水泥混合使用或掺入适量（如相当于水泥重量的 2%）的石膏，对提高水泥土的强度也有显著作用。另外，将几种外掺剂按不同配方掺入水泥，对水泥土强度提高也有不同作用。

4) 搅拌用水：搅拌用水按《混凝土用水标准》JGJ 63—2006 的规定执行。要求搅拌用水不影响水泥土的凝结与硬化。

5) 地下水：由于水泥土是在自然土层中形成的，地下水的侵蚀性对水泥土强度影响很大，尤以硫酸盐（如 Na_2SO_4）为甚，它会对水泥产生结晶性侵蚀，甚至使水泥丧失强度。因此在海水渗入等地区地下水中硫酸盐含量高，应选用抗硫酸盐水泥，防止硫酸盐对水泥土的结晶性侵蚀，防止水泥土出现开裂、崩解而丧失强度的现象。

(2) 配合比选择

1) 水泥掺入比 a_w：水泥掺入比 a_w 是指掺入水泥重量与被加固土的重量（湿重）之比，即：

$$a_w = \frac{掺入的水泥重量}{被加固土的重量}（\%）$$

水泥土墙水泥掺入比 a_w 通常选用 12%～14%，低于 7% 的水泥掺量对水泥土固化作用小，强度离散性大，故一般掺量不低于 7%。对有机质含量较高的浜土和新填土，水泥掺量应适当增大，一般可取 15％～18％。当采用高压喷射注浆法施工时，水泥掺量应增加到 30％左右。

2）水灰比（湿法搅拌）：湿法搅拌时，水泥浆的水灰比可采用 0.45～0.50。

（3）施工机械（深层搅拌湿法作业）

1）SJB 深层搅拌桩机：深层搅拌桩机是用于湿法施工的水泥土桩机，它的组成由深层搅拌机、机架及配套机械等组成（图 4-6-6）。

SJB 型深层搅拌机由电机、减速器、搅拌轴、搅拌头、中心管、输浆管、单向球阀、横向系板等组成（图 4-6-7）。其技术参数如表 4-6-2 所示。

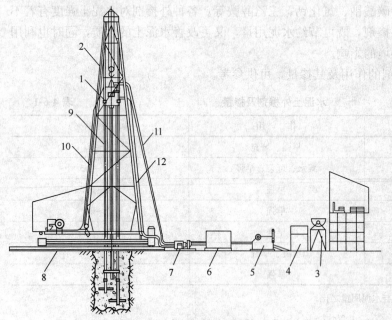

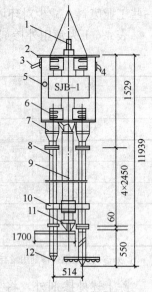

图 4-6-6 SJB 型深层搅拌桩机机组
1—深层搅拌桩；2—塔架式机架；3—灰浆拌制机；4—集料斗；
5—灰浆泵；6—贮水池；7—冷却水泵；8—道轨；9—导向管；
10—电缆；11—输浆管；12—水管

图 4-6-7 SJB-1 型深层搅拌机
1—输浆管；2—外壳；3—出水口；4—进水口；5—电动机；6—导向滑块；7—减速器；8—搅拌轴；9—中心管；10—横向系杆；11—球形阀；12—搅拌头

SJB 系列深层搅拌机技术参数　　　　表 4-6-2

技术参数	SJB-1	SJB-30	SJB-37	SJB-40	SJBF-45	SJBD-60
电机功率（kW）	2×26	2×30	2×37	2×40	2×45	2×30
额定电流（A）	2×55	2×60	2×72	2×75	2×85	2×60
搅拌轴转数（r/min）	46	43	42	43	40	35
额定扭矩（N·m）	2×6000	2×6400	2×8500	2×8500	2×10000	2×15000
搅拌轴数量（根）	2	2	2	2	2	1
搅拌头距离（mm）	515	515	530	515	515	—
搅拌头直径（mm）	700～800	700	700	700	760	800～1000

技术参数	SJB-1	SJB-30	SJB-37	SJB-40	SJBF-45	SJBD-60
一次处理面积（m²）	0.71～0.88	0.71	0.71	0.71	0.85	0.5～0.8
加固深度（m）	10	10～12	15～20	15～20	18～25	20～28
主机外形尺寸（mm）	950×440×1150	950×482×1617	1165×740×1750	950×480×1737	—	—
主机重量（t）	3.0	2.25	2.5	2.45	—	—
电机冷却方式	水冷却	水冷却	风冷却	水冷却	风冷却	风冷却

SJB 型深层搅拌机的配套设备有灰浆搅拌机、灰浆泵、冷却水泵、输浆胶管等。

2）GZB-600 型深层搅拌机（图 4-6-8）：该机动力采用 2 台 30kW 型电机，各自连接 1 台 2K-H 齿轮减速器。该机采用单轴叶片喷浆方式，搅拌轴与输浆管为同心内外管，搅拌轴外径 φ129，内管为输浆管，直径 φ76。

搅拌轴外设若干层辅助搅拌叶，其底部与搅拌头通过法兰连接。水泥浆通过中心输浆内管从搅拌头喷浆叶片的喷口中注入土中。其机组示意图如图 4-6-9 所示。其技术性能如表 4-6-3 所示。

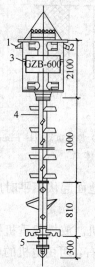

图 4-6-8 GZB-600 型深层搅拌机
1—电缆接头；2—进浆口；3—电动机；
4—搅拌轴；5—搅拌头

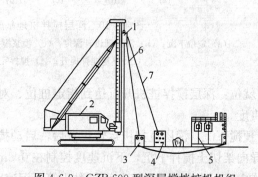

图 4-6-9 GZB-600 型深层搅拌桩机机组
1—深层搅拌桩；2—步履式机架；3—流量计；4—控制柜；
5—灰浆拌制及泵送机组；6—输浆管；7—电缆

CZB-600 型深层搅拌机技术性能　　　　　　　　表 4-6-3

	搅拌轴数量（根）	1		灰浆拌制机台数×容量（L）	2×500
深层搅拌机	搅拌叶片外径（mm）	600	固化剂制备系统	泵输送量（L/min）	281
	搅拌轴转数（r/min）	50		泵送压力（kPa）	1400
	电机功率（kW）	30×2		集料斗容量（L）	180
起吊设备	提升力（kN）	150	技术指标	一次加固面积（m²）	0.28
	提升速度（m/min）	0.6～1.0		最大加固深度（m）	10～15
	提升高度（m）	14		加固效率（m/台班）	60
	接地压力（kPa）	60		重量（t）	12

4. 施工工艺

搅拌桩成桩工艺可采用"一次喷浆、二次搅拌"或"二次喷浆、三次搅拌"工艺，主要依据水泥掺入比及土质情况而定。一般水泥掺量较小，土质较松时，可用前者，反之可用后者。

（1）工艺流程

深层搅拌法的施工程序为：深层搅拌机定位→预搅下沉→制配水泥浆（或砂浆）→喷浆搅拌、提升→重复搅拌下沉→重复搅拌提升直至孔口→关闭搅拌机、清洗→移至下一根桩。重复以上工序。见图 4-6-10。

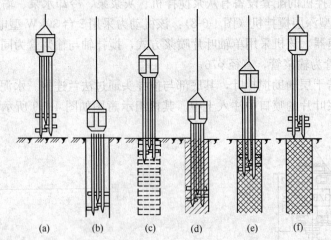

图 4-6-10　深层搅拌桩地基施工工艺流程
（a）定位下沉；（b）深入到设计深度；（c）喷浆搅拌提升；（d）原位重复搅拌下沉；
（e）重复搅拌提升；（f）搅拌完成形成加固体

1）就位：深层搅拌桩机开行达到指定桩位、对中。当地面起伏不平时应注意调整机架的垂直度。

2）预搅下沉：深层搅拌机运转正常后，启动搅拌机电机。放松起重机钢丝绳，使搅拌机沿导向架切土搅拌下沉，下沉速度控制在 0.8m/min 左右，可由电机的电流监测表控制。工作电流不应大于10A。如遇硬黏土等下沉速度太慢，可以输浆系统适当补给清水以利钻进。

3）制备水泥浆：深层搅拌机预搅下沉到一定深度后，开始拌制水泥浆，待压浆时倾入集料斗中。

4）提升喷浆搅拌：深层搅拌机下沉到达设计深度后，开启灰浆泵将水泥浆压入地基土中，此后边喷浆、边旋转、边提升深层搅拌机，直至设计桩顶标高。此时应注意喷浆速率与提升速度相协调，以确保水泥浆沿桩长均匀分布，并使提升至桩顶后集料斗中的水泥浆正好排空。搅拌提升速度一般应控制在 0.5m/min 左右。

5）沉钻复搅：再次沿钻进行复搅，复搅下沉速度可控制在 0.5～0.8m/min。

如果水泥掺入比较大或因土质较密在提升时不能将应喷入土中的水泥浆全部喷完时，可在重复下沉搅拌时予以补喷，即采用"二次喷浆、三次搅拌"工艺，但此时仍应注意喷浆的均匀性。第二次喷浆量不宜过少，可控制在单桩总喷浆量的 30%～40%，由于过少的水泥浆很难做到沿全桩均匀分布。

6) 重复提升搅拌：边旋转、边提升，重复搅拌至桩顶标高，并将钻头提出地面，以便移机施工新的桩体。此至，完成1根桩的施工。

7) 移位：开行深层搅拌桩机（履带式机架也可进行转向、变幅等作业）至新的桩位，重复1)～6) 步骤，进行下1根桩的施工。

8) 清洗：当一施工段成桩完成后，应及时进行清洗。清洗时向集料斗中注入适量清水，开启灰浆泵，将全部管道中的残存水泥浆冲洗干净并将附于搅拌头上的土清洗干净。

（2）工艺要点

1) 深层搅拌水泥土墙施工前，应进行成桩工艺及水泥掺入量或水泥浆的配合比试验，以确定相应的水泥掺量比例或水泥浆水灰比，浆喷深层搅拌的水泥掺量宜为被加固土密度的 15%～18%；粉喷深层搅拌的水泥掺量宜为被加固土密度的 13%～16%。

采用高压喷射注浆桩，施工前应通过试喷试验，确定不同土层旋喷固结体的最小直径、高压喷射施工技术参数等，高压喷射水泥浆水灰比宜为 1.0～1.5。

2) 水泥土墙支护的截面多采用连续式和格栅形，当采用格栅形，水泥土的置换率（即水泥土面积 A_n 与水泥挡土结构面积 A 的比值）对于淤泥不宜小于 0.8，淤泥质土不宜小于 0.7，一般黏性土及砂土不宜小于 0.6，格栅长宽比不宜大于 2。水泥土桩与桩之间的搭接宽度，考虑截水作用不宜小于 150mm，不考虑截水作用不宜小于 100mm。墙体宽度 B 和插入深度 D，根据基坑深度、土质情况及其物理力学性能、周围环境、地面荷载等由计算确定。在软土地区，当基坑开挖深度 $h_0 \leqslant 5m$，可按经验取 $B=(0.6～0.8) h_0$，尺寸以 500mm 进位，$D=(0.8～1.2) h_0$。

基坑深度一般控制在 7m 以内，插入深度前后排可以有较小的不一致。

3) 水泥土加固体强度随水泥掺量比例而异，一般掺量比例取 12%～14%，为改善水泥土的性能和提高早期强度，可掺加木钙、三乙醇胺、氯化钙、硫酸钠等。水泥土加固体的强度以 30d 的无侧限抗压强度标准值 q_n 不应低于 0.8MPa 为宜。

4) 水泥土桩墙施工机具一般优先选用喷浆型双轴型深层搅拌机械，无深层搅拌机设备时，也可采用高压喷射注浆桩（又称旋喷桩）或粉体喷射桩（又称粉喷桩）代替。

5) 深层搅拌机械就位时应对中，最大偏差不得大于 20mm，并且应调平机械的垂直度，偏差不得大于 1‰桩长。深层搅拌单桩的施工应采用搅拌头上下各两次的搅拌工艺。喷浆时的提升（或下沉）速度不宜大于 0.5m/min。输入水泥浆的水灰比不宜大于 0.5，泵送压力宜大于 0.3MPa，泵送流量应恒定。

施工时，先将深层搅拌机用钢丝绳吊挂在起重机上，用输浆胶管将贮料罐砂浆泵与深层搅拌机接通，开动电动机，搅拌机叶片相向而转，借设备自重，以 0.38～0.75m/min 的速度沉至要求的加固深度；再以 0.3～0.5m/min 的均匀速度提起搅拌机。与此同时开动砂浆泵，将砂浆从深层搅拌机中心管不断压入土中，由搅拌叶片将水泥浆与深层处的软土搅拌，边搅拌边喷浆直到提至地面（近地面开挖部位可不喷浆，便于挖土），即完成一次搅拌过程。

搅拌机预搅下沉时，不宜冲水，当遇到较硬土层下沉太慢时，方可适量冲水，但应考虑冲水成桩对桩身强度的影响。

6) 水泥土墙应采取切割搭接法施工。应在前桩水泥土尚未固化时进行后序搭接桩施工，相邻桩的搭接长度不宜小于 200mm。相邻桩喷浆工艺的施工时间间隔不宜大于 10h。施工开始和结束的头尾搭接处，应采取加强措施，消除搭接沟缝。

7）高压喷射注浆应按试喷确定的技术参数施工，切割搭接宽度，对旋喷固结体不宜小于 150mm；摆喷固结体不宜小于 150mm，定喷固结体不宜小于 200mm。

8）深层搅拌桩和高压喷射注浆桩，当设置插筋或 H 型钢时，桩身插筋应在桩顶搅拌或旋喷完成后及时进行，插入长度和出露长度等均应按计算和构造要求确定。H 型钢靠自重下插至设计标高。

9）水泥土桩墙应有 28d 以上的龄期，达到设计强度要求时，方可进行基坑开挖。

5. 质量要求

（1）施工前应检查水泥及外掺剂的质量、桩位、搅拌机工作性能及水泥浆流量计及其他计量装置的完好程度。

（2）施工中应检查机头提升速度、水泥浆或水泥注入量、搅拌桩的长度及标高。

（3）施工结束后，应检查桩体强度，支护水泥土搅拌桩应取 28d 后的试件。

（4）水泥土搅拌桩质量检验标准见表 4-6-4。

水泥土搅拌桩质量检验标准 表 4-6-4

项目	序号	检查项目	允许偏差或允许值		检查方法
			单位	数量	
主控项目	1	水泥及外掺剂质量	设计要求		查产品合格证书或抽样送检
	2	水泥用量	参数指标		查看流量计
	3	桩体强度	设计要求		按规定方法
	4	地基承载力	设计要求		按规定方法
一般项目	1	机头提升速度	m/min	≤0.5	量机头上升距离及时间
	2	桩底标高	nm	±200	测机头深度
	3	桩顶标高	mm	+100 -50	水准仪（最上部 500mm 不计入）
	4	桩位偏差	mm	<50	用钢尺量
	5	桩径		<0.04D	用钢尺量，D 为桩径
	6	垂直度	%	≤1.5	经纬仪
	7	搭接	mm	>200	用钢尺量

（5）水泥土搅拌桩应在施工后一周内进行开挖检查或采用钻孔取芯等手段检查成桩质量，若不符合设计要求应及时调整施工工艺；水泥土桩墙应在设计开挖龄期采用钻芯法检测墙身完整性，钻芯数量不宜少于总桩数的 1%，且不少于 6 根；并应根据设计要求取样进行单轴抗压强度、完整性、深度的检验。

6. 施工注意事项

（1）正确使用深层搅拌机

1）当搅拌机的入土切削和提升搅拌负荷太大，电动机工作电流超过额定时，应降低提升或下降速度或适当补给清水。万一发生卡钻、停转现象，应立即切断钻机电源将搅拌机强制提出地面重新启动，不得在土中启动。

2）电网电压低于 350V 时，应暂停施工以保护电机。

3）对水冷型主机在整个施工过程中冷却循环水不断中断，应经常检查进水、出水温度，温差不能过大。

4）塔架式或桅杆式机架行走时必须保持路基平整，行走稳定。

（2）做好开挖样槽

由于水泥土墙是由水泥土桩密排（格栅型）布置的，桩的密度很大，施工中会出现较大涌土现象，即在施工桩位处土体涌出高于原地面，一般会高出 1/8～1/15 桩长。这为桩顶标高控制及后期混凝土面板施工带来麻烦。因此在水泥土墙施工前应先在成桩施工范围开挖一定深度的样槽，样槽宽度可比水泥土墙宽 b 增加 300～500mm，深度应根据土的密度等确定，一般可取桩长的 1/10。

（3）即时清除障碍

施工前应清除搅拌桩施打范围内的一切障碍，如旧建筑基础、树根、枯井等，以防止施工受阻或成桩偏斜。当清除障碍范围较大或深度较深时，应做好覆土压实，防止机架倾斜。清障工作可与样槽开挖同时进行。

（4）确保机架垂直度

机架垂直度是决定成桩垂直度的关键。因此必须严格控制，垂直度偏差应控制在 1% 以内。

（5）施工前应进行工艺试桩

在施工前应进行工艺试桩。通过试桩，熟悉施工区的土质状况，确定施工工艺参数，如钻进深度、灰浆配合比、喷浆下沉及提升速度、喷浆速率、喷浆压力及钻进状况等。

（6）成桩施工中应注意的问题

1）控制下沉及提升速度。一般预搅下沉的速度应控制在 0.8m/min，喷浆提升速度不宜大于 0.5m/min，重复搅拌升降可控制在 0.5～0.8m/min。

2）严格控制喷浆速率与喷浆提升（或下沉）速度的关系，确保水泥浆沿全桩长均匀分布，并保证在提升开始时同时注浆，在提升至桩顶时，该桩全部浆液喷注完毕，控制好喷浆速率与提升（下沉）速度的关系是十分重要的。喷浆和搅拌提升速度的误差不得大于 ±0.1m/min。对水泥掺入比较大，或桩顶需加大掺量的桩的施工，可采用二次喷浆、三次搅拌工艺。

3）防止断桩。施工中发生意外中断注浆或提升过快的现象，应立即暂停施工，重新下钻至停浆面或少浆桩段以下 0.5mm 的位置，重新注浆提升，保证桩身完整，防止断桩。

4）连续的水泥土墙中相邻桩施工的时间间隔一般不应超过 24h。因故停歇时间超过 24h，应采取补桩或在后施工桩中增加水泥掺量（可增加 20%～30%）及注浆等措施。前后排桩施工应错位成踏步式，以便发生停歇时，前后施工桩体成错位搭接形式，有利墙体稳定及止水效果。

5）钻头及搅拌叶检查。经常性、制度性地检查搅拌叶磨损情况，当发生过大磨损时，应及时更换或修补钻头，钻头直径偏差应不超过 3%。

对叶片注浆式搅拌头，应经常检查注浆孔是否阻塞；对中心注浆管的搅拌头应检查球阀工况，使其正常喷浆。

（7）做好试块制作

一般情况每一台班应做一组试块（3块），试模尺寸为 70.7mm×70.7mm×70.7mm，试块水泥土可在第二次提升后的搅拌叶边提取，按规定的养护条件进行养护。

（8）进行成桩记录

施工过程中必须及时做好成桩记录，不得事后补记或事前先记，成桩记录应反映真实施工状况。

成桩记录主要内容包括：水泥浆配合比、供浆状况、搅拌机下沉及提升时间、注浆时间、停浆时间等。

4.6.2.3 加筋水泥土桩（墙）施工（SMW工法）

加筋水泥土桩法是在水泥土桩中插入大型 H 型钢，由 H 型钢承受土侧压力。因此 SMW 墙具有挡土与止水双重作用。除了插入 H 型钢外，还可插入钢管等。由于插入了型钢，故也可设置支撑。见图 4-6-11。

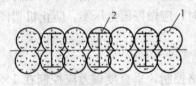

图 4-6-11　加筋水泥土桩墙支护

1—水泥土搅拌桩；2—H 型钢

1. 主要施工机械

（1）水泥土搅拌桩机

加筋水泥土桩法施工用搅拌桩机与一般水泥土搅拌桩机基本相同，主要是功率大，以适应型钢的压入。目前采用的国产搅拌桩机，有江阴振冲器厂研制的 SJBD60 型搅拌桩机，其直径可达 1m，钻进深度可达 28m，是我国适用于 SMW 工法施工的较先进的一种机型。此外，经改进的 SJBF45 型双钻头搅拌桩机，成桩直径 2φ760，深度可达 25m。部分适用于 SMW 工法的搅拌桩机的主要技术参数见表 4-6-5。

适用于 SMW 工法的国产搅拌桩机　　　　　　　　表 4-6-5

项目 \ 型号	SJBF45 型	SJBD60 型	JJ 型
电机功率（kW）	2×45	2×30	2×60
搅拌轴转速（r/min）	40	35	35
额定扭矩（kN·m）	2×10	15	2×15
搅拌轴数	2	1	2
一次处理面积（m²）	0.85	0.5～0.78	0.90
搅拌头直径（mm）	2φ760	800～1000	2×800
搅拌深度（m）	18～25	20～28	20～28

（2）压桩（拔桩）机

H 型钢压入与拔出一般采用液压压桩（拔桩）机。H 型钢的拔出阻力较大，另外，H 型钢在基坑开挖后受侧土压力的作用往往有较大变形，使拔出受阻。水泥土与型钢的粘结力可采取在型钢表面涂刷隔离减摩剂解决，而型钢变形则难以解决，因此设计时应考虑型钢受力后的变形不能过大。

2. 施工工艺

（1）工艺流程（图 4-6-12）

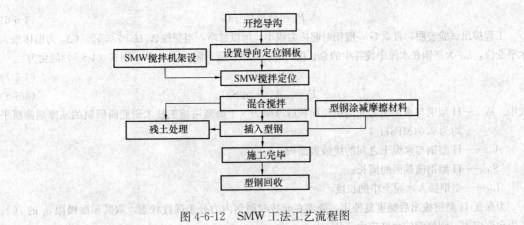

图 4-6-12 SMW 工法工艺流程图

（2）工艺要点

1）开挖导沟，设置围檩导向架

沿 SMW 墙体位置需开挖导沟，并设置围檩导向架。导沟可使搅拌机施工时的涌土不致冒出地面，围檩导向架则是确保搅拌桩及 H 型钢插入位置的准确，这对设置支撑的 SMW 墙尤为重要。围檩导向架应采用型钢做成，导向围檩间距比型钢宽度增加 20～30mm，导向桩间距 4～6m，长度 10m 左右。围檩导向架施工时应控制好轴线与标高。见图 4-6-13。

2）搅拌桩施工

搅拌桩施工工艺与水泥土墙施工法相同，但应注意水泥浆液中宜适当增加木质素磺酸钙的掺量，也可掺入一定量的膨润土，利用其吸水性提高水泥土的变形能力，不致引起墙体开裂，对提高 SMW 墙的抗渗性能很有效果。

水泥浆参考配合比，见表 4-6-6。

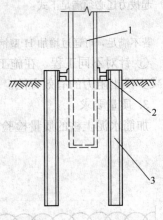

图 4-6-13 围檩导向架
1—H 型钢；2—导向围檩；3—导向桩

水泥浆参考配合比　　　　　　　　　　　　表 4-6-6

每立方米土体	水泥（kg）	膨润土（kg）	水灰比
	75～200	10～30	0.3～0.8

3）型钢的压入与拔出

① 加工的 H 型钢应保证其平直光滑，无弯曲、无扭曲，焊缝质量应达到要求。扎制型钢或工厂定型型钢在插入前应校正其平直度。

② 型钢压入时除采用压桩机外，并辅以起重机械设备。

③ 当基坑开挖深度≤10m 时，设计中可考虑 H 型钢的完整回收，施工前应进行型钢抗拔验算。

④ 为保证 H 型钢拔出后仍能重复使用，起拔力（P_m）必须小于或等于型钢的允许应力（[P]）。

注：当基坑开挖深度≤10m 时，设计中可考虑 H 型钢的完整回收，施工前应进行型钢抗拔验算。H 型钢的起拔力 P_m 主要由静摩擦阻力 P_f、变形阻力 P_d 及自重 G 等三部组成，即：

$$P_m = P_f + P_d + G \qquad (4\text{-}6\text{-}6)$$

工程拔出试验表明，自重 G 一般相对起拔力很小，可以忽略，当变位 $\Delta_m/L_H \leqslant 0.5\%$（$\Delta_m$ 为墙体最大水平变位，L_H 为型钢在水泥中搅拌中的总长度）时，其最大变形阻力 $P_d \approx P_f$，则式（4-6-6）简化为：

$$P_m \approx 2P_f \qquad (4\text{-}6\text{-}7)$$

$$P_f = \mu_f A_\infty = 2\mu_f S_H L_h \qquad (4\text{-}6\text{-}8)$$

式中　μ_f——H 型钢与水泥土之间的单位面积静摩阻力（上海隧道施工技术研究所研制的减摩剂涂层平均为 0.04MPa）；

　　A_∞——H 型钢与水泥土之间的接触表面积；

　　S_H——H 型钢横截面的周长；

　　L_H——型钢插入水泥土中的长度。

为保证 H 型钢拔出后能重复使用，要求在起拔时型钢内力处于弹性状态，取其屈服极限 σ_s 的 70% 作为允许应力，则型钢的允许应力 $[P]$ 为：

$$[P] = 0.7\sigma_s A_H \qquad (4\text{-}6\text{-}9)$$

式中　A_H——H 型钢横截面面积。

起拔力还必须满足下式：

$$P_m \leqslant [P] \qquad (4\text{-}6\text{-}10)$$

若不满足，可通过增加 H 型钢厚度或提高 H 型钢强度，这同时也提高了墙体的刚度，对工程有利。

⑤ 针对不同工程，在施工前应做好拔出试验，以确保型钢顺利回收。涂刷减摩材料是减少拔出阻力的有效方法。

3. 质量要求

加筋水泥土桩的质量检验标准见表 4-6-7。

加筋水泥土桩质量检验标准　　　表 4-6-7

序号	检查项目	允许偏差		检查方法
		单位	数值	
1	型钢长度	mm	±10	钢尺量
2	型钢垂直度	%	<1	经纬仪测量
3	型钢插入标高	mm	±30	水准仪测量
4	型钢插入平面位置	mm	10	钢尺量

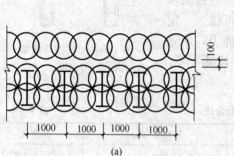

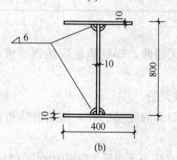

图 4-6-14　加筋水泥土围护尺寸图

（a）平面布置；（b）型钢尺寸

4.6.3　工程实例

［例］上海环球世界商厦基坑型钢水泥土复合墙体施工

1. 工程概况

上海环球世界商厦地处上海市静安区，工程占地面积约 3971m²，主建筑地下两层，地上 30 层，基坑面积 3000m²，开挖深度 8.65m。采用 SMW 工法，即采用一道钢筋混凝土支撑（截面 600mm×600mm）加筋水泥土围护结构，施作三层搅拌桩，厚度接近 2.0m，间隔 1m 插入大截面超薄型 H 型钢，见图 4-6-14，利用水泥土搅拌桩的侧限保证其腹板和翼缘的稳定性。

2. 设计计算

（1）地质条件

由详勘资料，得到有关地质资料如表 4-6-8 所示。

土 层 参 数 表　　　　　　　　　　　　　　表 4-6-8

序号	土　　层	层厚（m）	重度（kN/m³）	黏聚力（kPa）	内摩擦角（°）	承载力（kPa）
①	杂填土	1.7				
②	褐黄色粉质黏土	1.7	18.5	21.4	16.4	80
③	灰色粉质黏土	4.6	17.0	9.5	12.9	70
④	灰色淤泥质黏土	8.5	16.6	10.9	8.7	60
⑤1a	褐灰色黏土	6.5	17.6	15.6	11.8	85
⑤1b	灰色粉质黏土	7.5	17.7	19.2	15.5	95
⑤2	灰色砂质粉土		17.3	7.86	22.7	100

（2）确定入土深度

根据上海地区经验，地下连续墙入土深度可取 $0.7 \sim 1.0h$（挖深），设计考虑取 $0.9h$ $=7.85\text{m}$，则围护总深 $L=16.5\text{m}$。型钢插入开挖面以下 5m。

（3）抗倾覆验算

安全系数：$K=1.53>1.5$。

（4）抗隆起验算

安全系数：$K=1.31>1.2$。

（5）内力及位移计算

根据 H 型钢尺寸有：$I=0.001644\text{m}^4$，取提高系数 $\alpha=1.2$，则等效宽度：

$$h=\sqrt[3]{\frac{12\alpha E_s I_s}{E_c(w+t)}}=550\text{mm}$$

通过杆系有限元程序计算结果：

墙体最大位移为：$D=33.6\text{mm}$

墙体最大剪力为：$V=344.1\text{kN/m}$

墙体最大弯矩为：$M=520\text{kN} \cdot \text{m/m}$

（6）强度验算

根据前述假定，在 SMW 工法中，围护结构剪力、弯矩仅由 H 型钢承担，水泥土墙

$M_{max}=M(W+t)=520\text{kN} \cdot \text{m}$

$$\sigma=\frac{M_{max}y}{2I}=126.5\text{MPa}<[\sigma]=210\text{MPa}$$

水泥土最大剪力：

$$V_{max}=V(W+t)=344.1\text{kN}$$

$$\tau_{max}=\frac{VS}{I\delta}=49.1\text{MPa}<[\tau]=100\text{MPa}$$

满足要求。

3. 施工措施

按设计要求，针对本工程情况提出了 12 条措施：

（1）H 型钢制作时，必须贴角满焊；

（2）H 型钢制作必须平直，不得发生平面形状的扭曲或弯曲，保证 H 型钢能顺利插入；

（3）保证 14% 的水泥掺量及提升速度每分钟不大于 50cm；

（4）搅拌桩施工必须复搅一次以上；

（5）搅拌桩成桩后立即插入 H 型钢，并保证其垂直度与平行度，利于支撑架设；

（6）搅拌桩养护时间应大于 60d，方可开挖；

（7）为了保证围护结构在开挖面的有效支承，被动区应预加注 6%～8% 的水泥浆液，加强根部土体强度；

（8）开挖两周前结束基坑内降水；

（9）开挖后应及时支撑，并不得超挖；

（10）钢筋混凝土支撑上不得堆放重物，且其要达到 70% 的设计强度后才能进行下一步开挖；

（11）尽量减少坑底暴露时间，挖至坑底后迅速封底；

（12）如有局部漏水，应立即堵漏，防止基坑周围地面沉降，保护周围建筑和管线的安全。

4. 监测结果

为了对施工过程和周围环境作全面的监测，对"环球世界商厦"深基坑工程安排了如下测点：

（1）周围环境监测，共 24 点。

（2）围护结构顶部的沉降和位移测试，共 20 点。

（3）H 型钢应力测试，3 组共 36 点。

从已得到的实测数据看，此次 SMW 工法的实施，基本上达到了设计的要求，墙顶的水平位移基本控制在 3cm 以内，绝大多数在 1～2cm，而周围的沉降除了个别由于施工原因引起较大沉降外，也控制在 3cm 以内。

另外，根据监测得到的结果反复弯矩值，其最大弯矩为 500kN·m，接近计算值。

5. 施工要点

（1）导沟开挖：开挖导向沟槽，可作为泥水沟，并确定表层土是否存在障碍物。导沟一般宽 0.8～1.0m，深 0.6～1.0m。

（2）置放导轨：导轨主要用于施工导向与型钢定位。

（3）设定施工标志：根据设计的型钢间距，设定施工标志。

（4）SMW 施工：首先搅拌下沉，上提喷浆，然后重复搅拌下沉，上提喷浆。在搅拌桩施工注入水泥浆过程中，有一部分浆液会返回地面，要尽快清除并沿挡墙方向作一沟槽，方便插入型钢。

（5）插入型钢：一般在水泥土凝固之前型钢靠自重沉入水泥土中，能较好的保持型钢的垂直度与平行度。

（6）固定型钢：型钢沉入设计标高后，用水泥砂浆等将型钢固定。

（7）施工完成 SMW：撤除导轨，并按设计顶圈梁的尺寸开槽置模（多为泥模）。

（8）废土运弃：将废土用汽车运出施工场地。

（9）施工顶圈梁：型钢顶宜浇筑一道圈梁以提高水泥土墙的整体刚度。

需要指出的是：①水泥浆中的掺加剂除掺入一定量的缓凝剂（多用木质素磺酸钙）外，宜掺入一定量膨润土，利用膨润土的保水性增加水泥土的变形能力，防止墙体变形后过早开裂，影响其抗渗性；②对于不同工程不同的水泥浆配合比，在施工前应作型钢抗拔试验，再采取涂减摩剂等一系列措施，保证型钢顺利回收利用。

4.7 地 下 水 控 制

地下水控制方法包括：截水、降水、集水明排，地下水回灌不作为独立的地下水控制方法，但可作为一种补充措施与其他方法一同使用。仅从支护结构安全性、经济性的角度，降水可消除水压力从而降低作用在支护结构上的荷载，减少地下水渗透破坏的风险，降低支护结构施工难度等。但降水后，随之带来对周边环境的影响问题。在有些地质条件下，降水会造成基坑周边建筑物、市政设施等的沉降而影响其正常使用甚至损坏。降水引起的基坑周边建筑物、市政设施等沉降、开裂、不能正常使用的工程事故时有发生。另外，有些城市地下水资源紧缺，降水造成地下水大量流失、浪费，从环境保护的角度，在这些地方采用基坑降水不利于城市的综合发展。为此，有的城市的地方政府已实施限制基坑降水的地方行政法规。

4.7.1 基本规定

4.7.1.1 一般要求

1. 地下水控制应根据工程地质和水文地质条件、基坑周边环境要求及支护结构形式选用截水、降水、集水明排方法或其组合。

2. 当降水会对基坑周边建（构）筑物、地下管线、道路等造成危害或对环境造成长期不利影响时，应采用截水方法控制地下水。采用悬挂式帷幕时，应同时采用坑内降水，并宜根据水文地质条件结合坑外回灌措施。

3. 地下水控制设计应符合"4.3.1设计原则"第8条对基坑周边建（构）筑物、地下管线、道路等沉降控制值的要求。

4. 当坑底以下有水头高于坑底的承压水时，各类支护结构均应按《建筑基坑支护技术规程》JGJ 120—2012 中附录 C 第 C.0.1 条的规定进行承压水作用下的坑底突涌稳定性验算。当不满足突涌稳定性要求时，应对该承压水含水层采取截水、减压措施。

4.7.1.2 截水

1. 基坑截水应根据工程地质条件、水文地质条件及施工条件等，选用水泥土搅拌桩帷幕、高压旋喷或摆喷注浆帷幕、地下连续墙或咬合式排桩。支护结构采用排桩时，可采用高压旋喷或摆喷注浆与排桩相互咬合的组合帷幕。对碎石土、杂填土、泥炭质土、泥炭、pH 值较低的土或地下水流速较大时，水泥土搅拌桩帷幕、高压喷射注浆帷幕宜通过试验确定其适用性或外加剂品种及掺量。

2. 当坑底以下存在连续分布、埋深较浅的隔水层时，应采用落底式帷幕。落底式帷幕进入下卧隔水层的深度是为了满足地下水绕过帷幕底部的渗透稳定性要求，可按下式验算，且不宜小于 1.5m：

$$l \geqslant 0.2\Delta h - 0.5b \tag{4-7-1}$$

式中 l——帷幕进入隔水层的深度（m）；

Δh——基坑内外的水头差值（m）；

b——帷幕的厚度（m）。

3. 当坑底以下含水层厚度大而需采用悬挂式帷幕时，帷幕进入透水层的深度应满足《建筑基坑支护技术规程》JGJ 120—2012 中附录 C 第 C.0.2 条、第 C.0.3 条对地下水从帷幕底绕流的渗透稳定性要求，并应对帷幕外地下水位下降引起的基坑周边建（构）筑物、地下管线沉降进行分析。

4. 截水帷幕在平面布置上应沿基坑周边闭合。当采用沿基坑周边非闭合的平面布置形式时，应对地下水沿帷幕两端绕流引起的渗流破坏和地下水位下降进行分析。

5. 采用水泥土搅拌桩帷幕时，搅拌桩直径宜取 450～800mm，搅拌桩的搭接宽度应符合下列规定：

（1）单排搅拌桩帷幕的搭接宽度，当搅拌深度不大于 10m 时，不应小于 150mm；当搅拌深度为 10～15m 时，不应小于 200mm；当搅拌深度大于 15m 时，不应小于 250mm。

（2）对地下水位较高、渗透性较强的地层，宜采用双排搅拌桩截水帷幕；搅拌桩的搭接宽度，当搅拌深度不大于 10m 时，不应小于 100mm；当搅拌深度为 10～15m 时，不应小于 150mm；当搅拌深度大于 15m 时，不应小于 200mm。

搅拌桩、旋喷桩帷幕一般采用单排或双排布置形式（图 4-7-1），理论上，单排搅拌桩、旋喷桩帷幕只要桩体能够相互搭接、桩体连续、渗透系数小于 10^{-6}cm/s，是可以起到截水效果的，但受施工偏差制约，很难达到理想的搭接宽度要求。假设桩长 15m，设计搭接 200mm，当位置偏差为 50mm、垂直度偏差为 1% 时，则帷幕底部在平面上会偏差 200mm。此时，实际上桩之间就不能形成有效搭接。如桩的设计搭接过大，则桩的间距减小、桩的有效部分过少，造成浪费和增加工期。所以帷幕超过 15m 时，单排桩难免出现搭接不上的情况。图 4-7-1 的双排桩帷幕形式可以克服施工偏差的搭接不足，对较深基坑双排桩帷幕比单排桩帷幕的截水效果要好得多。

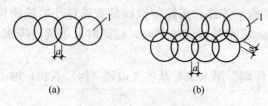

图 4-7-1 搅拌桩、旋喷桩帷幕平面布置形式

1—旋喷桩或搅拌桩

（a）单排搅拌桩或旋喷桩帷幕；

（b）双排搅拌桩或旋喷桩帷幕

6. 搅拌桩水泥浆液的水灰比宜取 0.6～0.8。搅拌桩的水泥掺量宜取土的天然重量的 15%～20%。

7. 水泥土搅拌桩帷幕的施工应符合现行行业标准《建筑地基处理技术规范》JGJ 79 的有关规定。

8. 搅拌桩的施工偏差应符合下列要求：

（1）桩位的允许偏差应为 50mm；

（2）垂直度的允许偏差应为 1%。

9. 采用高压旋喷、摆喷注浆帷幕时，注浆固结体的有效半径宜通过试验确定；缺少试验时，可根据土的类别及其密实程度、高压喷射注浆工艺，按工程经验采用。摆喷注浆的喷射方向与摆喷点连线的夹角宜取 $10°\sim25°$，摆动角度宜取 $20°\sim30°$。水泥土固结体的搭接宽度，当注浆孔深度不大于 10m 时，不应小于 150mm；当注浆孔深度为 $10\sim20m$ 时，不应小于 250mm；当注浆孔深度为 $20\sim30m$ 时，不应小于 350mm。对地下水位较高、渗透性较强的地层，可采用双排高压喷射注浆帷幕。

摆喷帷幕一般采用图 4-7-2 所示的平面布置形式。由于射流范围集中，摆喷注浆的喷射长度比旋喷注浆的喷射长度大，喷射范围内固结体的均匀性也更好。实际工程中高压喷射注浆帷幕采用单排布置时常采用摆喷形式。

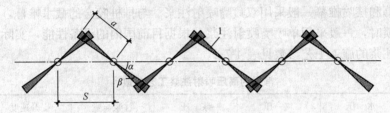

图 4-7-2 摆喷帷幕平面形式
1—摆喷帷幕

旋喷固结体的直径、摆喷固结体的半径受施工工艺、喷射压力、提升速度、土类和土性等因素影响，根据国内一些有关资料介绍，旋喷固结体的直径一般在表 4-7-1 的范围，摆喷固结体的半径约为旋喷固结体半径的 $1.0\sim1.5$ 倍。

旋喷注浆固结体有效直径经验值 表 4-7-1

土类	方法	单管法	二重管法	三重管法
黏性土	$0<N\leqslant5$	$0.5\sim0.8$	$0.8\sim1.2$	$1.2\sim1.8$
	$5<N\leqslant10$	$0.4\sim0.7$	$0.7\sim1.1$	$1.0\sim1.6$
砂 土	$0<N\leqslant10$	$0.6\sim1.0$	$1.0\sim1.4$	$1.5\sim2.0$
	$10<N\leqslant20$	$0.5\sim0.9$	$0.9\sim1.3$	$1.2\sim1.8$
	$20<N\leqslant30$	$0.4\sim0.8$	$0.8\sim1.2$	$0.9\sim1.5$

注：N 为标准贯入试验锤击数。

图 4-7-3 是搅拌桩、高压喷射注浆与排桩常见的连接形式。高压喷射注浆与排桩组合的帷幕，高压喷射注浆可采用旋喷、摆喷形式。组合帷幕中支护桩与施喷、摆喷桩的平面

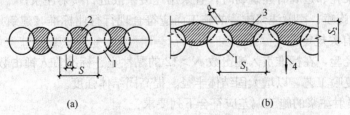

(a)　　　　　　　　　　(b)

图 4-7-3 截水帷幕平面形式
(a) 旋喷固结体或搅拌桩与排桩组合帷幕；(b) 摆喷固结体与排桩组合帷幕
1—支护桩；2—旋喷固结体或搅拌桩；3—摆喷固结体；4—基坑方向

轴线关系，应使旋喷、摆喷固结体受力后与支护桩之间有一定的压合面。

10. 高压喷射注浆水泥浆液的水灰比宜取 0.9～1.1，水泥掺量宜取土的天然重量的 25%～40%。

11. 高压喷射注浆应按水泥土固结体的设计有效半径与土的性状确定喷射压力、注浆流量、提升速度、旋转速度等工艺参数，对较硬的黏性土、密实的砂土和碎石土宜取较小提升速度、较大喷射压力。当缺少类似土层条件下的施工经验时，应通过现场试验确定施工工艺参数。

旋喷帷幕和摆喷帷幕一般采用双喷嘴喷射注浆。与排桩咬合的截水帷幕，当采用半圆形、扇形摆喷时，一般采用单喷嘴喷射注浆。根据目前国内的设备性能，实际工程中常见的高压喷射注浆的施工工艺参数见表 4-7-2。

<table>
<tr><td colspan="7" align="center">常用的高压喷射注浆工艺参数　　　　　　表 4-7-2</td></tr>
<tr><td>工　艺</td><td>水　压
（MPa）</td><td>气　压
（MPa）</td><td>浆　压
（MPa）</td><td>注浆流量
（L/min）</td><td>提升速度
（m/min）</td><td>旋转速度
（r/min）</td></tr>
<tr><td>单管法</td><td></td><td></td><td>20～28</td><td>80～120</td><td>0.15～0.20</td><td>20</td></tr>
<tr><td>二重管法</td><td></td><td>0.7</td><td>20～28</td><td>80～120</td><td>0.12～0.25</td><td>20</td></tr>
<tr><td>三重管法</td><td>25～32</td><td>0.7</td><td>≥0.3</td><td>80～150</td><td>0.08～0.15</td><td>5～15</td></tr>
</table>

12. 高压喷射注浆帷幕的施工应符合下列要求：

（1）采用与排桩咬合的高压喷射注浆帷幕时，应先进行排桩施工，后进行高压喷射注浆施工；

（2）高压喷射注浆的施工作业顺序应采用隔孔分序方式，相邻孔喷射注浆的间隔时间不宜小于 24h；

（3）喷射注浆时，应由下而上均匀喷射，停止喷射的位置宜高于帷幕设计顶面 1m；

（4）可采用复喷工艺增大固结体半径、提高固结体强度；

（5）喷射注浆时，当孔口的返浆量大于注浆量的 20% 时，可采用提高喷射压力等措施；

（6）当因浆液渗漏而出现孔口不返浆的情况时，应将注浆管停置在不返浆处持续喷射注浆，并宜同时采用从孔口填入中粗砂、注浆液掺入速凝剂等措施，直至出现孔口返浆；

（7）喷射注浆后，当浆液析水、液面下降时，应进行补浆；

（8）当喷射注浆因故中途停喷后，继续注浆时应与停喷前的注浆体搭接，其搭接长度不应小于 500mm；

（9）当注浆孔邻近既有建筑物时，宜采用速凝浆液进行喷射注浆；

（10）高压旋喷、摆喷注浆帷幕的施工尚应符合现行行业标准《建筑地基处理技术规范》JGJ 79 的有关规定。

根据工程经验，在标准贯入锤击数 $N > 12$ 的黏性土、标准贯入锤击数 $N > 20$ 的砂土中，最好采用复喷工艺，以增大固结体半径、提高固结体强度。

13. 高压喷射注浆的施工偏差应符合下列要求：

（1）孔位的允许偏差应为 50mm；

（2）注浆孔垂直度的允许偏差应为 1%。

14. 截水帷幕的质量检测应符合下列规定：

（1）与排桩咬合的高压喷射注浆、水泥土搅拌桩帷幕，与土钉墙面层贴合的水泥土搅拌桩帷幕，应在基坑开挖前或开挖时，检测水泥土固结体的尺寸、搭接宽度；检测点应按随机方法选取或选取施工中出现异常、开挖中出现漏水的部位；对设置在支护结构外侧单独的截水帷幕，其质量可通过开挖后的截水效果判断；

（2）对施工质量有怀疑时，可在搅拌桩、高压喷射注浆液固结后，采用钻芯法检测帷幕固结体的单轴抗压强度、连续性及深度；检测点的数量不应少于3处。

4.7.1.3 降水

1. 基坑降水可采用管井、真空井点、喷射井点等方法，并宜按表4-7-3的适用条件选用。

各种降水方法的适用条件　　　　　　　　　　　表 4-7-3

方 法	土 类	渗透系数（m/d）	降水深度（m）
管 井	粉土、砂土、碎石土	0.1～200.0	不限
真空井点	黏性土、粉土、砂土	0.005～20.0	单级井点<6 多级井点<20
喷射井点	黏性土、粉土、砂土	0.005～20.0	<20

2. 降水后基坑内的水位应低于坑底 0.5m。当主体结构有加深的电梯井、集水井时，坑底应按电梯井、集水井底面考虑或对其另行采取局部地下水控制措施。基坑采用截水结合坑外减压降水的地下水控制方法时，尚应规定降水井水位的最大降深值和最小降深值。

3. 降水井在平面布置上应沿基坑周边形成闭合状。当地下水流速较小时，降水井宜等间距布置；当地下水流速较大时，在地下水补给方向宜适当减小降水井间距。对宽度较小的狭长形基坑，降水井也可在基坑一侧布置。

4. 基坑地下水位降深应符合下式规定：

$$s_i \geqslant s_d \qquad (4-7-2)$$

式中　s_i——基坑内任一点的地下水位降深（m）；

　　　s_d——基坑地下水位的设计降深（m）。

5. 当含水层为粉土、砂土或碎石土时，潜水完整井的地下水位降深可按下式计算（图 4-7-4、图 4-7-5）：

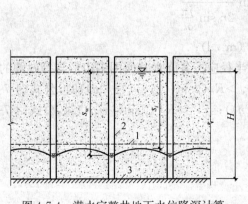

图 4-7-4　潜水完整井地下水位降深计算

1—基坑面；2—降水井；3—潜水含水层底板

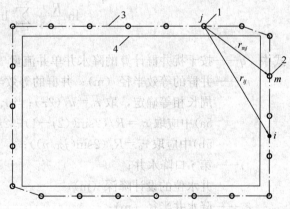

图 4-7-5　计算点与降水井的关系

1—第 j 口井；2—第 m 口井；3—降水井所围面积的边线；4—基坑边线

$$s_i = H - \sqrt{H^2 - \sum_{j=1}^{n} \frac{q_i}{\pi k} \ln \frac{R}{r_{ij}}} \qquad (4\text{-}7\text{-}3)$$

式中　s_i——基坑内任一点的地下水位降深（m）；基坑内各点中最小的地下水位降深可取各个相邻降水井连线上地下水位降深的最小值，当各降水井的间距和降深相同时，可取任一相邻降水井连线中点的地下水位降深；

　　　　H——潜水含水层厚度（m）；

　　　　q_j——按干扰井群计算的第 j 口降水井的单井流量（m³/d）；

　　　　k——含水层的渗透系数（m/d）；

　　　　R——影响半径（m），应按现场抽水试验确定；缺少试验时，也可按公式（4-7-5a）、公式（4-7-5b）计算并结合当地工程经验确定；

　　　　r_{ij}——第 j 口井中心至地下水位降深计算点的距离（m）；当 $r_{ij} > R$ 时，应取 $r_{ij} = R$；

　　　　n——降水井数量。

6. 对潜水完整井，按干扰井群计算的第 j 个降水井的单井流量可通过求解下列 n 维线性方程组计算：

$$s_{w,m} = H - \sqrt{H^2 - \sum_{j=1}^{n} \frac{q_i}{\pi k} \ln \frac{R}{r_{jm}}} \quad (m = 1, \cdots, n) \qquad (4\text{-}7\text{-}4)$$

式中　$s_{w,m}$——第 m 口井的井水位设计降深（m）；

　　　　r_{jm}——第 j 口井中心至第 m 口井中心的距离（m）；当 $j = m$ 时，应取降水井半径 r_w；当 $r_{jm} > R$ 时，应取 $r_{jm} = R$。

7. 当含水层为粉土、砂土或碎石土，各降水井所围平面形状近似圆形或正方形且各降水井的间距、降深相同时，潜水完整井的地下水位降深也可按下列公式计算：

$$s_i = H - \sqrt{H^2 - \frac{q}{\pi k} \sum_{j=1}^{n} \ln \frac{R}{2r_0 \sin \frac{(2j-1)\pi}{2n}}} \qquad (4\text{-}7\text{-}5a)$$

$$q = \frac{\pi k (2H - s_w) s_w}{\ln \frac{R}{r_w} + \sum_{j=1}^{n-1} \ln \frac{R}{2r_0 \sin \frac{j\pi}{n}}} \qquad (4\text{-}7\text{-}5b)$$

式中　q——按干扰井群计算的降水井单井流量（m³/d）；

　　　　r_0——井群的等效半径（m）；井群的等效半径应按各降水井所围多边形与等效圆的周长相等确定，取 $r_0 = u/(2\pi)$；当 $r_0 > R/(2\sin((2j-1)\pi/2n))$ 时，公式（4-7-5a）中应取 $r_0 = R/(2\sin((2j-1)\pi/2n))$；当 $r_0 > R/(2\sin(j\pi/n))$ 时，公式（4-7-5b）中应取 $r_0 = R/(2\sin(j\pi/n))$；

　　　　j——第 j 口降水井；

　　　　s_w——井水位的设计降深（m）；

　　　　r_w——降水井半径（m）；

　　　　u——各降水井所围多边形的周长（m）。

8. 当含水层为粉土、砂土或碎石土时，承压完整井的地下水位降深可按下式计算

（图 4-7-6）：

$$s_i = \sum_{j=1}^{n} \frac{q_j}{2\pi Mk} \ln \frac{R}{r_{ij}} \quad (4\text{-}7\text{-}6)$$

式中 M——承压水含水层厚度（m）。

9. 对承压完整井，按干扰井群计算的第 j 个降水井的单井流量可通过求解下列 n 维线性方程组计算：

$$s_{w,m} = \sum_{j=1}^{n} \frac{q_j}{2\pi Mk} \ln \frac{R}{r_{jm}} \quad (m = 1, \cdots, n)$$

$$(4\text{-}7\text{-}7)$$

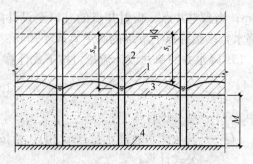

图 4-7-6　承压水完整井地下水位降深计算
1—基坑面；2—降水井；3—承压水含水层顶板；
4—承压水含水层底板

10. 当含水层为粉土、砂土或碎石土，各降水井所围平面形状近似圆形或正方形且各降水井的间距、降深相同时，承压完整井的地下水位降深也可按下列公式计算：

$$s_i = \frac{q}{2\pi Mk} \sum_{j=1}^{n} \ln \frac{R}{2r_0 \sin \frac{(2j-1)\pi}{2n}} \tag{4-7-8a}$$

$$q = \frac{2\pi Mks_w}{\ln \dfrac{R}{r_w} + \sum\limits_{j=1}^{n-1} \ln \dfrac{R}{2r_0 \sin \dfrac{j\pi}{n}}} \tag{4-7-8b}$$

式中 r_0——井群的等效半径(m)；井群的等效半径应按各降水井所围多边形与等效圆的周长相等确定，取 $r_0 = u/(2\pi)$；当 $r_0 > R/(2\sin((2j-1)\pi/2n))$ 时，公式(4-7-8a)中应取 $r_0 = R/(2\sin((2j-1)\pi/2n))$；当 $r_0 > R/(2\sin(j\pi/n))$ 时，公式(4-7-8b)中应取 $r_0 = R/(2\sin(j\pi/n))$。

11. 含水层的影响半径宜通过试验确定。缺少试验时，可按下列公式计算并结合当地经验取值：

（1）潜水含水层

$$R = 2s_w\sqrt{kH} \tag{4-7-9a}$$

（2）承压水含水层

$$R = 10s_w\sqrt{k} \tag{4-7-9b}$$

式中 R——影响半径（m）；

　　s_w——井水位降深（m）；当井水位降深小于 10m 时，取 $s_w = 10$m；

　　k——含水层的渗透系数（m/d）；

　　H——潜水含水层厚度（m）。

12. 当基坑降水影响范围内存在隔水边界、地表水体或水文地质条件变化较大时，可根据具体情况，对按第 5 条～第 10 条计算的单井流量和地下水位降深进行适当修正或采用非稳定流方法、数值法计算。

13. 降水井间距和井水位设计降深，除应符合公式（4-7-2）的要求外，尚应根据单井流量和单井出水能力并结合当地经验确定。

14. 真空井点降水的井间距宜取 0.8～2.0m；喷射井点降水的井间距宜取 1.5～

3.0m；当真空井点、喷射井点的井口至设计降水水位的深度大于 6m 时，可采用多级井点降水，多级井点上下级的高差宜取 4～5m。

15. 降水井的单井设计流量可按下式计算：

$$q = 1.1 \frac{Q}{n} \tag{4-7-10}$$

式中 q——单井设计流量；

Q——基坑降水总涌水量（m^3/d），可按"4.7.2.1 基坑降水量计算"中相应条件的公式计算；

n——降水井数量。

基坑降水的总涌水量，可将基坑视作一口大井按概化的大井法计算。"4.7.2.1 基坑降水量计算"给出了均质含水层潜水完整井、均质含水层潜水非完整井、均质含水层承压水完整井、均质含水层承压水非完整井和均质含水层承压水—潜水完整井 5 种典型条件的计算公式。实际的含水层分布远非这样理想，按上述公式计算时应根据工程的实际水文地质条件进行合理概化。如，相邻含水层渗透系数不同时，可概化成一层含水层，其渗透系数可按各含水层厚度加权平均。当相邻含水层渗透系数相差很大时，有的情况下按渗透系数加权平均后的一层含水层计算会产生较大误差，这时反而不如只计算渗透系数大的含水层的涌水量与实际更接近。大井的井水位应取降水后的基坑水位，而不应取单井的实际井水位。这 5 个公式都是均质含水层、远离补给源条件下井的涌水量计算公式，其他边界条件的情况可以参照有关水文地质、工程地质手册。

16. 降水井的单井出水能力应大于按公式（4-7-10）计算的设计单井流量。当单井出水能力小于单井设计流量时，应增加井的数量、直径或深度。各类井的单井出水能力可按下列规定取值：

（1）真空井点出水能力可取 36～60m^3/d；

（2）喷射井点出水能力可按表 4-7-4 取值；

喷射井点的出水能力 表 4-7-4

外管直径（mm）	喷射管		工作水压力（MPa）	工作水流量（m^3/d）	设计单井出水流量（m^3/d）	适用含水层渗透系数（m/d）
	喷嘴直径（mm）	混合室直径（mm）				
38	7	14	0.6～0.8	112.8～163.2	100.8～138.2	0.1～5.0
68	7	14	0.6～0.8	110.4～148.8	103.2～138.2	0.1～5.0
100	10	20	0.6～0.8	230.4	259.2～388.8	5.0～10.0
162	19	40	0.6～0.8	720.0	600.0～720.0	10.0～20.0

（3）管井的单井出水能力可按下式计算：

$$q_0 = 120\pi r_s l \sqrt[3]{k} \tag{4-7-11}$$

式中 q_0——单井出水能力（m^3/d）；

r_s——过滤器半径（m）；

l——过滤器进水部分的长度（m）；

k——含水层渗透系数（m/d）。

17. 含水层的渗透系数应按下列规定确定：

（1）宜按现场抽水试验确定；

（2）对粉土和黏性土，也可通过原状土样的室内渗透试验并结合经验确定；

（3）当缺少试验数据时，可根据土的其他物理指标按工程经验确定。

根据资料介绍，各种土类的渗透系数的一般范围见表 4-7-5。

岩土层的渗透系数 k 的经验值　　　　　　　　表 4-7-5

土的名称	渗透系数 k	
	m/d	cm/s
黏　土	<0.005	$<6×10^{-6}$
粉质黏土	0.005~0.1	$6×10^{-6}~1×10^{-4}$
黏质粉土	0.1~0.5	$1×10^{-4}~6×10^{-4}$
黄　土	0.25~10	$3×10^{-4}~1×10^{-2}$
粉　土	0.5~1.0	$6×10^{-4}~1×10^{-3}$
粉　砂	1.0~5	$1×10^{-3}~6×10^{-3}$
细　砂	5~10	$6×10^{-3}~1×10^{-2}$
中　砂	10~20	$1×10^{-2}~2×10^{-2}$
均质中砂	35~50	$4×10^{-2}~6×10^{-2}$
粗　砂	20~50	$2×10^{-2}~6×10^{-2}$
均质粗砂	60~75	$7×10^{-2}~8×10^{-2}$
圆　砾	50~100	$6×10^{-2}~1×10^{-1}$
卵　石	100~500	$1×10^{-1}~6×10^{-1}$
无充填物卵石	500~1000	$6×10^{-1}~1×10^{0}$

18. 管井的构造应符合下列要求：

（1）管井的滤管可采用无砂混凝土滤管、钢筋笼、钢管或铸铁管。

（2）滤管内径应按满足单井设计流量要求而配置的水泵规格确定，宜大于水泵外径 50mm。滤管外径不宜小于 200mm。管井成孔直径应满足填充滤料的要求。

（3）井管与孔壁之间填充的滤料宜选用磨圆度好的硬质岩石成分的圆砾，不宜采用棱角形石渣料、风化料或其他黏质岩石成分的砾石。滤料规格宜满足下列要求：

1）砂土含水层

$$D_{50} = 6d_{50} \sim 8d_{50} \tag{4-7-12a}$$

式中　D_{50}——小于该粒径的填料质量占总填粒质量 50% 所对应的填料粒径（mm）；

　　　d_{50}——含水层中小于该粒径的土颗粒质量占总土颗粒质量 50% 所对应的土颗粒粒径（mm）。

2）d_{20} 小于 2mm 的碎石土含水层

$$D_{50} = 6d_{20} \sim 8d_{20} \tag{4-7-12b}$$

式中　d_{20}——含水层中小于该粒径的土颗粒质量占总土颗粒质量 20% 所对应的土颗粒粒径（mm）。

3）对 d_{20} 大于或等于 2mm 的碎石土含水层，宜充填粒径为 10~20mm 的滤料。

4）滤料的不均匀系数应小于2。

（4）采用深井泵或深井潜水泵抽水时，水泵的出水量应根据单井出水能力确定，水泵的出水量应大于单井出水能力的1.2倍。

（5）井管的底部应设置沉砂段，井管沉砂段长度不宜小于3m。

19. 真空井点的构造应符合下列要求：

（1）井管宜采用金属管，管壁上渗水孔宜按梅花状布置，渗水孔直径宜取12～18mm，渗水孔的孔隙率应大于15%，渗水段长度应大于1.0m；管壁外应根据土层的粒径设置滤网；

（2）真空井管的直径应根据单井设计流量确定，井管直径宜取38～110mm；井的成孔直径应满足填充滤料的要求，且不宜大于300mm；

（3）孔壁与井管之间的滤料宜采用中粗砂，滤料上方应使用黏土封堵，封堵至地面的厚度应大于1m。

20. 喷射井点的构造应符合下列要求：

（1）喷射井点过滤器的构造应符合第19条第（1）款的规定；喷射器混合室直径可取14mm，喷嘴直径可取6.5mm；

（2）井的成孔直径宜取400～600mm，井孔应比滤管底部深1m以上；

（3）孔壁与井管之间填充滤料的要求应符合第19条第（3）款的规定；

（4）工作水泵可采用多级泵，水泵压力宜大于2MPa。

21. 管井的施工应符合下列要求：

（1）管井的成孔施工工艺应适合地层特点，对不易塌孔、缩颈的地层宜采用清水钻进；钻孔深度宜大于降水井设计深度0.3～0.5m；

（2）采用泥浆护壁时，应在钻进到孔底后清除孔底沉渣并立即置入井管、注入清水，当泥浆相对密度不大于1.05时，方可投入滤料；遇塌孔时不得置入井管，滤料填充体积不应小于计算量的95%；

（3）填充滤料后，应及时洗井，洗井应直至过滤器及滤料滤水畅通，并应抽水检验井的滤水效果。

22. 真空井点和喷射井点的施工应符合下列要求：

（1）真空井点和喷射井点的成孔工艺可选用清水或泥浆钻进、高压水套管冲击工艺（钻孔法、冲孔法或射水法），对不易塌孔、缩颈的地层也可选用长螺旋钻机成孔；成孔深度宜大于降水井设计深度0.5～1.0m；

（2）钻进到设计深度后，应注水冲洗钻井、稀释孔内泥浆；滤料填充应密实均匀，滤料宜采用粒径为0.4～0.6mm的纯净中粗砂；

（3）成井后应及时洗孔，并应抽水检验井的滤水效果；抽水系统不应漏水、漏气；

（4）抽水时的真空度应保持在55kPa以上，且抽水不应间断。

23. 抽水系统在使用期的维护应符合下列要求：

（1）降水期间应对井水位和抽水量进行监测，当基坑侧壁出现渗水时，应检查井的抽水效果，并采取有效措施；

（2）采用管井时，应对井口采取防护措施，井口宜高于地面200mm以上，应防止物体坠入井内；

（3）冬季负温环境下，应对抽排水系统采取防冻措施。

24．抽水系统的使用期应满足主体结构的施工要求。当主体结构有抗浮要求时，停止降水的时间应满足主体结构施工期的抗浮要求。

25．当基坑降水引起的地层变形对基坑周边环境产生不利影响时，宜采用回灌方法减少地层变形量。回灌方法宜采用管井回灌，回灌应符合下列要求：

（1）回灌井应布置在降水井外侧，回灌井与降水井的距离不宜小于6m；回灌井的间距应根据回灌水量的要求和降水井的间距确定；

（2）回灌井宜进入稳定水面不小于1m，回灌井过滤器应置于渗透性强的土层中，且宜在透水层全长设置过滤器；

（3）回灌水量应根据水位观测孔中的水位变化进行控制和调节，回灌后的地下水位不应高于降水前的水位。采用回灌水箱时，箱内水位应根据回灌水量的要求确定；

（4）回灌用水应采用清水，宜用降水井抽水进行回灌；回灌水质应符合环境保护要求。

26．当基坑面积较大时，可在基坑内设置一定数量的疏干井。

27．基坑排水系统的输水能力应满足基坑降水的总涌水量要求。

4.7.1.4 集水明排

集水明排的作用是：①收集外排坑底、坑壁渗出的地下水；②收集外排降雨形成的基坑内、外地表水；③收集外排降水井抽出的地下水。

1．对坑底汇水、基坑周边地表汇水及降水井抽出的地下水，可采用明沟排水；对坑底渗出的地下水，可采用盲沟排水；当地下室底板与支护结构间不能设置明沟时，也可采用盲沟排水。

2．排水沟的截面应根据设计流量确定，排水沟的设计流量应符合下式规定：

$$Q \leqslant V/1.5 \tag{4-7-13}$$

式中　Q——排水沟的设计流量（m^3/d）；

　　　V——排水沟的排水能力（m^3/d）。

3．明沟和盲沟的坡度不宜小于0.3%。采用明沟排水时，沟底应采取防渗措施。采用盲沟排出坑底渗出的地下水时，其构造、填充料及其密实度应满足主体结构的要求。

图4-7-7是一种常用明沟的截面尺寸及构造。盲沟常采用图4-7-8所示的截面尺寸及构造。排泄坑底渗出的地下水时，盲沟常在基坑内纵横向布置，盲沟的间距一般取25m左右。盲沟内宜采用级配碎石充填，并在碎石外铺设两层土工布反滤层。

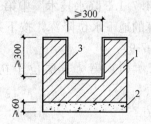
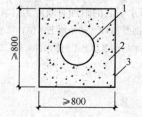

图 4-7-7　排水明沟的截面及构造　　图 4-7-8　排水盲沟的截面及构造

1—机制砖；2—素混凝　　　　　1—滤水管；2—级配碎石；

土垫层；3—水泥砂浆面层　　　　3—外包二层土工布

4. 沿排水沟宜每隔 30~50m 设置一口集水井；集水井的净截面尺寸应根据排水流量确定。集水井应采取防渗措施。

明沟的集水井常采用如下尺寸及做法：矩形截面的净尺寸 500mm×500mm 左右，圆形截面内径 500mm 左右；深度一般不小于 800mm。集水井采用砖砌并用水泥砂浆抹面。

盲沟的集水井常采用如下尺寸及做法：集水井采用钢筋笼外填碎石滤料，集水井内径 700mm 左右，钢筋笼直径 400mm 左右，井的深度一般不小于 1.2m。

5. 基坑坡面渗水宜采用渗水部位插入导水管排出。导水管的间距、直径及长度应根据渗水量及渗水土层的特性确定。导水管常用直径不小于 50mm，长度不小于 300mmPVC 管，埋入土中的部分外包双层尼龙网。

6. 采用管道排水时，排水管道的直径应根据排水量确定。排水管的坡度不宜小于 0.5%。排水管道材料可选用钢管、PVC 管。排水管道上宜设置清淤孔，清淤孔的间距不宜大于 10m。

7. 基坑排水设施与市政管网连接口之间应设置沉淀池。明沟、集水井、沉淀池使用时应排水畅通并应随时清理淤积物。

4.7.1.5 降水引起的地层变形计算

1. 降水引起的地层压缩变形量可按下式计算：

$$s = \psi_w \sum \frac{\Delta\sigma'_{zi} \Delta h_i}{E_{si}} \tag{4-7-14}$$

式中　s——计算剖面的地层压缩变形量（m）；

ψ_w——沉降计算经验系数，应根据地区工程经验取值，无经验时，宜取 $\psi_w = 1$；

$\Delta\sigma'_{zi}$——降水引起的地面下第 i 土层的平均附加有效应力（kPa）；对黏性土，应取降水结束时土的固结度下的附加有效应力；

Δh_i——第 i 层土的厚度（m）；土层的总计算厚度应按渗流分析或实际土层分布情况确定；

E_{si}——第 i 层土的压缩模量（kPa）；应取土的自重应力至自重应力与附加有效应力之和的压力段的压缩模量。

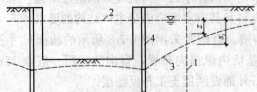

图 4-7-9　降水引起的附加有效应力计算
1—计算剖面 1；2—初始地下水位；
3—降水后的水位；4—降水井

2. 基坑外土中各点降水引起的附加有效应力宜按地下水稳定渗流分析方法计算；当符合非稳定渗流条件时，可按地下水非稳定渗流计算。附加有效应力也可根据"4.7.1.3 降水技术"中第 5 条、第 6 条计算的地下水位降深，按下列公式计算（图 4-7-9）：

（1）第 i 土层位于初始地下水位以上时

$$\Delta\sigma'_{zi} = 0 \tag{4-7-15a}$$

（2）第 i 土层位于降水后水位与初始地下水位之间时

$$\Delta\sigma'_{zi} = \gamma_w z \tag{4-7-15b}$$

（3）第 i 土层位于降水后水位以下时

$$\Delta\sigma'_{zi} = \lambda_i \gamma_w s_i \tag{4-7-15c}$$

式中 γ_w——水的重度（kN/m^3）；

    z——第 i 层土中点至初始地下水位的垂直距离（m）；

    λ_i——计算系数，应按地下水渗流分析确定，缺少分析数据时，也可根据当地工程经验取值；

    s_i——计算剖面对应的地下水位降深（m）。

3. 确定土的压缩模量时，应考虑土的超固结比对压缩模量的影响。

4.7.2 地下水控制技术

基坑工程中的降低地下水也称地下水控制，即在基坑工程施工过程中，地下水要满足支护结构和挖土施工的要求，并且不因地下水位的变化，对基坑周围的环境和设施带来危害。

4.7.2.1 基坑涌水量计算

根据水井理论，水井分为潜水（无压）完整井、潜水（无压）非完整井、承压完整井和承压非完整井。这几种井的涌水量计算公式不同。

1. 群井按大井简化时，均质含水层潜水完整井的基坑降水总涌水量可按下式计算（图 4-7-10）：

$$Q = \pi k \frac{(2H - s_d)s_d}{\ln\left(1 + \dfrac{R}{r_0}\right)} \tag{4-7-16}$$

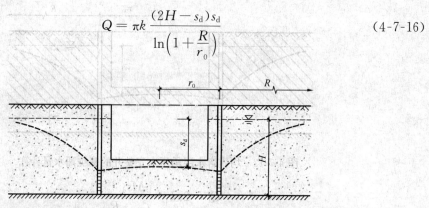

图 4-7-10 均质含水层潜水完整井的基坑涌水量计算

式中 Q——基坑降水总涌水量（m^3/d）；

    k——渗透系数（m/d）；

    H——潜水含水层厚度（m）；

    s_d——基坑地下水位的设计降深（m）；

    R——降水影响半径（m）；可按"4.7.1.3 降水"第 11 条计算；

    r_0——基坑等效半径（m）；可按 $r_0 = \sqrt{A/\pi}$ 计算；

    A——基坑面积（m^2）。

2. 群井按大井简化时，均质含水层潜水非完整井的基坑降水总涌水量可按下列公式计算（图 4-7-11）：

$$Q = \pi k \frac{H^2 - h^2}{\ln\left(1 + \frac{R}{r_0}\right) + \frac{h_m - l}{l}\ln\left(1 + 0.2\frac{h_m}{r_0}\right)} \quad (4\text{-}7\text{-}17a)$$

$$h_m = \frac{H + h}{2} \quad (4\text{-}7\text{-}17b)$$

式中 h——降水后基坑内的水位高度（m）；

　　　 l——过滤器进水部分的长度（m）。

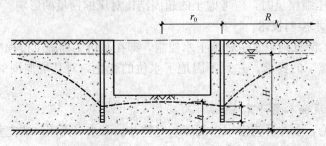

图 4-7-11　均质含水层潜水非完整井的基坑涌水量计算

3. 群井按大井简化时，均质含水层承压水完整井的基坑降水总涌水量可按下式计算（图 4-7-12）：

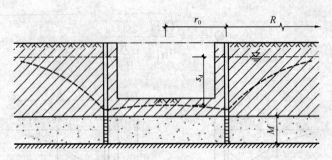

图 4-7-12　均质含水层承压水完整井的基坑涌水量计算

$$Q = 2\pi k \frac{M s_d}{\ln\left(1 + \frac{R}{r_0}\right)} \quad (4\text{-}7\text{-}18)$$

式中 M——承压水含水层厚度（m）。

4. 群井按大井简化时，均质含水层承压水非完整井的基坑降水总涌水量可按下式计算（图 4-7-13）：

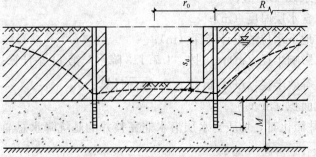

图 4-7-13　均质含水层承压水非完整井的基坑涌水量计算

$$Q = 2\pi k \frac{Ms_d}{\ln\left(1 + \dfrac{R}{r_0}\right) + \dfrac{M-l}{l}\ln\left(1 + 0.2\dfrac{M}{r_0}\right)} \tag{4-7-19}$$

5. 群井按大井简化时，均质含水层承压水—潜水完整井的基坑降水总涌水量可按下式计算（图4-7-14）：

$$Q = \pi k \frac{(2H_0 - M)M - h^2}{\ln\left(1 + \dfrac{R}{r_0}\right)} \tag{4-7-20}$$

式中　H_0——承压水含水层的初始水头。

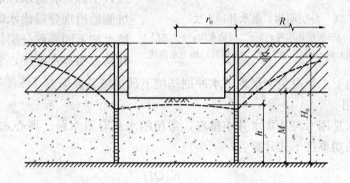

图 4-7-14　均质含水层承压水—潜水完整
井的基坑涌水量计算

4.7.2.2　集水明排技术

1. 明沟、集水井排水

明沟、集水井排水多是在基坑的两侧或四周设置排水明沟，在基坑四角或每隔 30～50m 设置集水井，使基坑渗出的地下水通过排水明沟汇集于集水井内，然后用水泵将其排出基坑外（图4-7-15）。

集水井、排水沟宜布置在基坑外侧一定距离，有隔水帷幕时，排水系统宜布置在隔水帷幕外侧且距隔水帷幕的距离不宜小于 0.5m；无隔水帷幕时，基坑边从坡顶边缘起计算。

排水明沟宜布置在拟建建筑基础边 0.4m 以外，沟边缘离开边坡坡脚应不小于 0.3m。排水明沟的底面应比挖土面低 0.3～0.4m。集水井底面应比沟底面低 0.5m 以上，并随基坑的挖深而加深，以保持水流畅通。

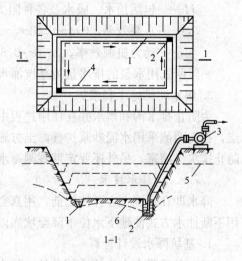

图 4-7-15　明沟、集水井排水方法
1—排水明沟；2—集水井；3—离心式水泵；
4—设备基础或建筑物基础边线；5—原地下
水位线；6—降低后地下水位线

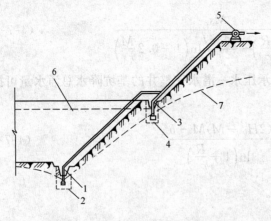

图 4-7-16 分层明沟、集水井排水法

1—底层排水沟；2—底层集水井；3—二层排水沟；4—二层
集水井；5—水泵；6—原地下水位线；7—降低后地下水位线

集水井截面一般为 $0.6m \times 0.6m$ ~$0.8m \times 0.8m$，并保持低于挖土面 $0.8 \sim 1.0m$，井壁可用砖砌、木板或钢筋笼等简易加固。挖至坑底后，井底宜低于坑底 $1m$，并铺设碎石滤水层，防止井底土扰动。基坑排水沟一般底宽不小于 $0.3m$，沟底应有一定坡度，以保持水流畅通。

当基坑开挖的土层由多种土组成，中部夹有透水性能的砂类土，基坑侧壁出现分层渗水时，可在基坑边坡上按不同高程分层设置明沟和集水井构成明排水系统，分层阻截和排除上部土层中的地下水，避免上层地下水冲刷基坑下部边坡造成塌方（图 4-7-16）。

2. 水泵选用

集水明排水是用水泵从集水井中排水，常用的水泵有潜水泵、离心式水泵和泥浆泵，排水所需水泵的功率按下式计算：

$$N = \frac{K_1 QH}{75\eta_1\eta_2} \qquad (4\text{-}7\text{-}21)$$

式中 K_1——安全系数，一般取 2；

Q——基坑涌水量（m^3/d）；

H——包括扬水、吸水及各种阻力造成的水头损失在内的总高度（mm）；

η_1——水泵效率，$0.4 \sim 0.5$；

η_2——动力机械效率，$0.75 \sim 0.85$。

一般所选用水泵的排水量为基坑涌水量的 $1.5 \sim 2.0$ 倍。

3. 集水明排施工和维护

为防止排水沟和集水井在使用过程中出现渗透现象，可在沟、井底部浇筑素混凝土垫层，在沟两侧采用水泥砂浆护壁。土方施工过程中，应注意定期清理排水沟中的淤泥，以防止排水沟堵塞。另外还要定期观测排水沟是否出现裂缝，及时进行修补，避免渗漏。

4.7.2.3 降水技术

降水即在基坑土方开挖之前，用真空（轻型）井点、喷射井点或管井深入含水层内，用不断抽水方式使地下水位下降至坑底以下，同时使土体产生固结以方便土方开挖。

1. 基坑降水设计计算

（1）各种降水方法的适用条件，见表 4-7-3；

（2）基坑地下水位降深，见公式（4-7-2）、公式（4-7-3）、公式（4-7-5a）、公式（4-7-5b）、公式（4-7-6）、公式（4-7-8a）、（4-7-8b）；

（3）单井流量计算，见公式（4-7-4）、公式（4-7-7）；

（4）降水井单井设计流量，见公式（4-7-10）；

（5）管井单井出水能力，见公式（4-7-11）。

2. 真空井点降水

真空井点降低地下水位，是按设计要求沿基坑周围埋设井点管，一般距基坑边 1～1.5m，铺设集水总管（并有一定坡度），将各井点与总管用软管（或钢管）连接，在总管中段适当位置安装抽水水泵或抽水装置。

（1）一般要求

1）基坑降水宜编制降水施工方案，其主要内容为：（井点降水方法；井点管长管、构造和数量；降水设备的型号和数量；井点系统布置图；井孔施工方法及设备；质量和安全技术措施；降水对周围环境影响的估计及预防措施等。

2）降水设备的管道、部件和附件等，在组装前必须经过检查和清洗。滤管在运输、装饰和堆放时应防止损坏滤网。

3）井孔应垂直，孔径上下一致。井点管应居于井孔中心，滤管不得紧靠井孔壁或插入淤泥中。

4）井孔采用湿法施工时，冲孔所需的水流压力如表 4-7-6 所示。在填灌砂滤料前应把孔内泥浆稀释，待含泥量小于 5% 时才可灌砂。砂滤料填灌高度应符合各种井点的要求。

冲孔所需的水流压力 表 4-7-6

土 的 名 称	冲水压力 （kPa）	土 的 名 称	冲水压力 （kPa）
松散的细砂	250～450	中等密实黏土	600～750
软质黏土、软质粉土质黏土	250～500	砾石土	850～900
密实的腐殖土	500	塑性粗砂	850～1150
原状的细砂	500	密实黏土、密实粉土质黏土	750～1250
松散中砂	450～550	中等颗粒的砾石	1000～1250
黄土	600～650	硬黏土	1250～1500
原状的中粒砂	600～700	原状粗砾	1350～1500

5）井点管安装完毕应进行试抽，全面检查管路接头、出水状况和机械运转情况。一般开始出水混浊，经一定时间后出水应逐渐变清，对长期出水混浊的井点应予以停闭或更换。

6）降水施工完毕，根据结构施工情况和土方回填进度，陆续关闭和逐根拔出井点管。土中所留孔洞应立即用砂土填实。

7）如基坑坑底进行压密注浆加固时，要待注浆初凝后再进行降水施工。

（2）真空井点施工

1）工艺流程

定位放线→挖井点沟槽，敷集水总管→冲孔（或钻孔）→安装井点管→灌填滤料、黏土封口→用弯联管连通井点管与总管→安装抽水设备并与总管连接→安装排水管→真空泵排气→离心水泵试抽水→观测井中地下水位变化。

2）机具设备

真空井点系统由井点管（管下端有滤管）、连接管、集水总管和抽水设备等组成。

① 井点管

井点管为直径 38～55mm 的钢管，长度 5～7m，管下端配有滤管和管尖。滤管直径与井点管相同，管壁上渗水孔直径为 12～18mm，呈梅花状排列，孔隙率应大于 15%；管壁外应设两层滤网，内层滤网宜采用 30～80 目的金属网或尼龙网，外层滤网宜采用 3～10 目的金属网或尼龙网；管壁与滤网间应采用金属丝绕成螺旋形隔开，滤网外面应再绕一层粗金属丝。

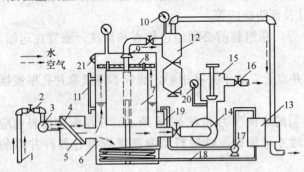

图 4-7-17　真空泵真空井点抽水设备工作简图

1—井点管；2—弯联管；3—集水总管；4—过滤箱；5—过滤网；6—水气分离器；7—浮筒；8—挡水布；9—阀门；10—真空表；11—水位计；12—副水气分离器；13—真空泵；14—离心泵；15—压力箱；16—出水管；17—冷却泵；18—冷却水管；19—冷却水箱；20—压力表；21—真空调节阀

滤管下端装一个锥形铸铁头。井点管上端用弯管与总管相连。

② 连接管与集水总管

连接管常用透明塑料管。集水总管一般用直径 75～110mm 的钢管分节连接，每节长 4m，每隔 0.8～1.6m 设一个连接井点管的接头。

③ 抽水设备

根据抽水机组的不同，真空井点分为真空泵真空井点、射流泵真空井点和隔膜泵真空井点，常用者为前两种。

真空泵真空井点由真空泵，离心式水气分离器等组成（图 4-7-17、表 4-7-7）。这种真空井点真空度高（67～80kPa），带动井点数多，降水深度较大（5.5～6.0m），适用于较大的工程降水。

真空泵型真空井点系统设备规格与技术性能　表 4-7-7

名　称	数量	规　格、技　术　性　能
往复式真空泵	1台	V_5 型（W_6 型）或 V_6 型；生产率 4.4m^3/min，真空度 100kPa，电动机功率 5.5kW，转速 1450r/min
离心式水泵	2台	B 型或 BA 型；生产率 30m^3/h，扬程 25m，抽吸真空高度 7m，吸口直径 50mm，电动机功率 2.8kW，转速 2900r/min
水泵机组配件	1套	井点管 100 根，集水总管直径 75～100mm，每节长 1.6～4.0m，每套 29 节，总管上节管间距 0.8m，接头弯管 100 根；冲射管用冲管 1 根；机组外形尺寸 2600mm×1300mm×1600mm，机组重 1500kg

射流泵真空井点设备由离心水泵、射流器（射流泵）、水箱等组成，如图 4-7-18 所示。

3）井点布置

真空井点的布置主要取决于基坑的平面形状和基坑开挖深度，应尽可能将要施工的建筑物基坑面积内各主要部分都包围在井点系统之内。开挖窄而长的沟槽时，可按线状井点布置。如沟槽宽度大于 6m，且降水深度不超过 6m 时，可用单排线状井点，布置在地下水流的上游一侧（图 4-7-19），两端适当加以延伸，延伸宽度以不小于槽宽为宜。当因场地限制不具备延伸条件时，可采取沟槽两端加密的方式。如开挖宽度大于 6m 或土质不良，则可用双排线状井点。当基坑面积较大时，宜采用环状井点（图 4-7-20），有时也可布置成"U"形，以利于挖土机和运土车辆出入基坑。井点管距离基坑壁一般可取 0.7～1.0m，以防局部发生漏气。在确定井点管数量时应考虑在基坑四角部分适当加密。当基坑采用隔水帷幕时，为方便挖土，坑内也可采用井点降水。

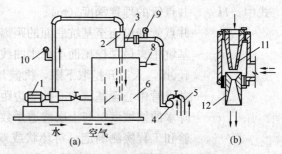

图 4-7-18 射流泵真空井点设备工作简图

（a）工作简图；（b）射流器构造

1—离心泵；2—射流器；3—进水管；4—集水总管；5—井点管；6—循环水箱；7—隔板；8—泄水口；9—真空表；10—压力表；11—喷嘴；12—喉管

井点管的埋置深度可按下式计算（图 4-7-20）：

$$H \geqslant H_1 + h + iL + l \qquad (4\text{-}7\text{-}22)$$

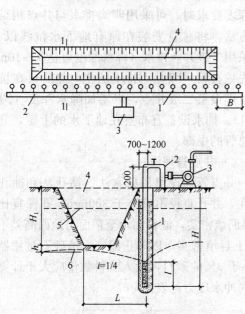

图 4-7-19 单排线状井点布置

1—井点管；2—集水总管；3—抽水设备；4—基坑；5—原地下水位线；6—降低后地下水位线

H—井管长度；H_1—井点埋设面至坑底距离；l—滤管长度；h—降低后水位至坑底安全距离；L—井管至坑边水平距离

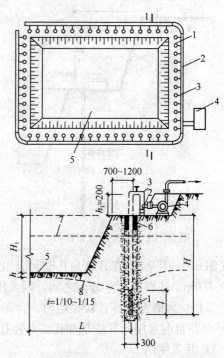

图 4-7-20 环形井点布置图

1—井点；2—集水管；3—弯联管；4—抽水设备；5—基坑；6—填黏土；7—原地下水位线；8—降低后地下水位线

式中　*H*——井点管的埋置深度（m）；

H_1——井点管埋设面至基坑底面的距离（m）；

h——基坑中央最深挖掘面至降水曲线最高点的安全距离（m），一般为 0.5～
1.0m，人工开挖取下限，机械开挖取上限；

L——井点管中心至基坑中心的短边距离（m）；

i——降水曲线坡度，与土层渗透系数、地下水流量等因素有关，根据扬水试
验和工程实测确定。对环状或双排井点可取 1/10～1/15；对单排线状
井点可取 1/4；环状降水取 1/8～1/10；

l——滤管长度（mm）。

井点露出地面高度，一般取 0.2～0.3m。

H 计算出后，为安全计，一般再增加 1/2 滤管长度。井点管的滤水管不宜埋入渗透系数极小的土层。在特殊情况下，当基坑底面处在渗透系数很小的土层时，水位可降到基坑底面以上标高最低的一层渗透系数较大的土层底面。

一套机组携带的总管最大长度：真空泵不宜超过 100m；射流泵不宜超过 80m；隔膜泵不宜超过 60m。当主管过长时，可采用多套抽水设备；井点系统可以分段，各段长度应大致相等，宜在拐角处分段，以减少弯头数量，提高抽吸能力；分段宜设阀门，以免管内水流紊乱，影响降水效果。

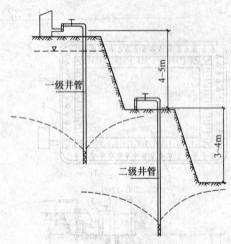

图 4-7-21　二级井点布置图

真空泵由于考虑水头损失，一般降低地下水深度只有 5.5～6m。当一级井点不能满足降水深度要求时，可采用明沟排水与井点相结合的方法，将总管安装在原有地下水位线以下，或采用二级井点排水（降水深度可达 7～10m），即先挖去第一级井点排干的土，然后再在坑内布置埋设第二级井点，以增加降水深度（图 4-7-21）。抽水设备宜布置在地下水的上游，并设在总管的中部。

4）井点管埋设

井点管埋设可用射水法、钻孔法和冲孔法成孔，井孔直径不宜小于 300mm，孔深宜比滤管底深 0.5～1.0m。在井管与孔壁间应用滤料回填密实，滤料回填至顶面与地面高差不宜小于 1.0m。滤料顶面至地面之间，须采用黏土封填密实，以防止漏气。填砂石过滤器周围的滤料应为磨圆度好、粒径均匀、含泥量小于 3% 的砂料，投入滤料数量应大于计算值的 85%。目前常用的方法是冲孔法，冲孔时的冲水压力见表 4-7-6。

5）井点使用

井点使用前应进行试抽水，确认无漏水、漏气等异常现象后，应保证连续不断抽水。应备用双电源，以防断电。一般抽水 3～5d 后水位降落漏斗渐趋稳定。出水规律一般是"先大后小、先浑后清"。

在抽水过程中，应定时观测水量、水位、真空度，并应使真空泵保持在 55kPa 以上。

3. 喷射井点降水

喷射井点用于深层降水，其一层井点可把地下水位降低 8～20m。其工作原理如图 4-7-22 所示。喷射井点的主要工作部件是喷射井管内管底端的扬水装置——喷嘴的混合室（图 4-7-23）。

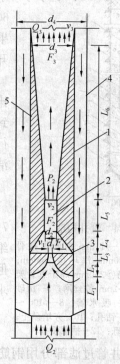

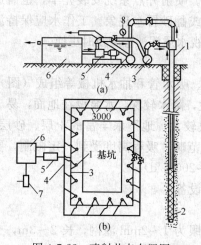

图 4-7-22　喷射井点布置图
（a）喷射井点设备简图；（b）喷射井点平面布置图
1—喷射井管；2—滤管；3—供水总管；4—排水总管；5—高压离心水泵；6—水池；7—排水泵；8—压力表

图 4-7-23　喷射井点扬水装置（喷嘴和混合室）构造
1—扩散室；2—混合室；3—喷嘴；4—喷射井点外管；5—喷射井点内管；L_1—喷射井点内管底端两侧进水孔高度；L_2—喷嘴颈缩部分长度；L_3—喷嘴圆柱部分长度；L_4—喷嘴口至混合室距离；L_5—混合室长度；L_6—扩散室长度；d_1—喷嘴直径；d_2—混合室直径；d_3—喷射井点内管直径；d_4—喷射井点外管直径；Q_2—工作水加吸入水的流量（$Q_2=Q_1+Q_0$）；P_2—混合室末端扬升压力（MPa）；F_1—喷嘴断面积；F_2—混合室断面积；F_3—喷射井点内管断面积；v_1—工作水从喷嘴喷出时的流速；v_2—工作水与吸入水在混合室的流速；v_3—工作水与吸入水排出时的流速

1）工艺流程

设置泵房，安装进排水总管→水冲法或钻孔法成井→安装喷射井点管、填滤料→接通过水、排水总管，与高压水泵或空气压缩机接通→各井点管外管与排水管接通，通到循环水箱→启动高压水泵或空气压缩机抽水→离心泵排除循环水箱中多余水→观测地下水位。

2）井点布置

井点管的外管直径宜为 73～108mm，内管直径宜为 50～73mm，滤管直径为 89～127mm。井孔直径不宜大于 600mm，孔深应比滤管底深 1m 以上。滤管的构造与真空井点相同。扬水装置（喷射器）的混合室直径可取 14mm，喷嘴直径可取 6.5mm，工作水箱不应小于 10m³。井点使用时，水泵的启动泵压不宜大于 0.3MPa。正常工作水压为 0.25P_0（扬水高度）。

井点管与孔壁之间填灌滤料（粗砂）。孔口到填满滤料之间用黏土封填，封填高度为

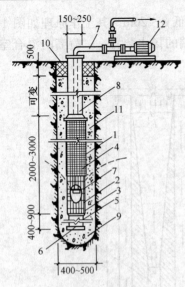

图 4-7-24　管井构造

1—滤水井管；2—φ14mm 钢筋焊接骨架；3—6mm×30mm 铁环@ 250mm；4—10 号铁丝垫筋@250mm 焊于管骨架上，外包孔眼 1～2mm 铁丝网；5—沉砂管；6—木塞；7—吸水管；8—φ100～200mm 钢管；9—钻孔；10—夯填黏土；11—填充砂砾；12—抽水设备

0.5～1.0mm。

常用的井点间距为 2～4m。每套喷射井点的井点数不宜超过 30 根。总管直径宜为 150mm，总长不宜超过 60m。每套井点应配备相应的水泵和进、回水总管。如果由多套井点组成环圈布置，各套进水总管宜用阀门隔开，自成系统。

每根喷射井点管埋设完毕，必须及时进行单井试抽，排出的浑浊水不得回入循环管路系统，试抽时间要持续到水由浑浊变清为止。喷射井点系统安装完毕，也需进行试抽，不应有漏气或翻砂冒水现象。工作水应保持清洁，在降水过程中应视水质浑浊程度及时更换。

4. 管井降水

管井由滤水井管、吸水管和抽水机械等组成（图 4-7-24）。管井排水量大，降水较深，水泵设在地面，易于维护。适于渗透系数较大，地下水丰富的土层、砂层。但管井属于重力排水范畴。吸程高度受到一定限制，要求渗透系数较大（1～200m/d）。

（1）井点构造与设备

1）滤水井管

下部滤水井管过滤部分用钢筋焊接骨架，外包孔眼为 1～2mm 滤网，长 2～3m，上部井管部分用直径 200mm 以上的钢管、塑料管或混凝土管。

2）吸水管

用直径 50～100mm 的钢管或胶皮管，插入滤水井管内，其底端应沉到管井吸水时的最低水位以下，并装逆止阀，上端装设带法兰盘的短钢管一节。

3）水泵

采用 BA 型或 B 型，流量 10～25m³/h 离心式水泵。每个井管装置 1 台，当水泵排水量大于单孔滤水井涌水量数量时，可另加设集水总管，将相邻的相应数量的吸水管连成一体，共用 1 台水泵。

（2）管井的布置

沿基坑外围四周呈环形布置或沿基坑（或沟槽）两侧或单侧呈直线形布置，井中心距基坑（槽）边缘的距离，依据所用钻机的钻孔方法而定，当用冲击钻时为 0.5～1.5m；当用钻孔法成孔时不小于 3m。管井埋设的深度和距离，根据需降水面积和深度及含水层的渗透系数等而定，最大埋深可达 10m，间距 10～15m。

（3）管井埋设

管井埋设可采用泥浆护壁冲击钻成孔或泥浆护壁钻孔方法成孔。钻孔底部应比滤水井管深 200mm 以上。井管下沉前应进行清洗滤井，冲除沉渣，可灌入稀泥浆用吸水泵抽出置换或用空压机洗井法，将泥渣清出井外，并保持滤网的畅通，然后下管。滤水井管应置于孔中心，下端用圆木堵塞管口，井管与孔壁之间用 3～15mm 砾石填充作过滤层，地面下 0.5m 内用黏土填充夯实。

水泵的设置标高根据要求的降水深度和所选用的水泵最大真空吸水高度而定，当吸程不够时，可将水泵设在基坑内。

（4）管井的使用

管井使用时，应经试抽水，检查出水是否正常，有无淤塞等现象。抽水过程中应经常对抽水设备的电动机、传动机械、电流、电压等进行检查，并对井内水位下降和流量进行观测和记录。井管使用完毕，将井管拔出，将滤水井管洗去泥砂后储存备用，所留孔洞用砂砾填实，上部50cm深用黏性土填充夯实。

5. 深井井点降水（用于疏干降水的管井井点）

深井井点降水是在深基坑的周围埋置深于基底的井管，通过设置在井管内的潜水泵将地下水抽出，使地下水位低于坑底。降水深（＞15m）；井距大，对平面布置的干扰小；不受土层限制；但成孔质量要求严格。适于渗透系数较大（10～250m/d），土质为砂类土，地下水丰富，降水深，面积大，时间长的情况，降水深可达50m以内。

（1）井点系统设备

由深井井管和潜水泵等组成（图4-7-25）。

1）井管

井管由滤水管、吸水管和沉砂管三部分组成。可用钢管、塑料管或混凝土管制成，管径一般为300mm，内径宜大于潜水泵外径50mm。

① 滤水管（图4-7-26）。当土质较好，深度在15m内，也可采用外径380～600mm、壁

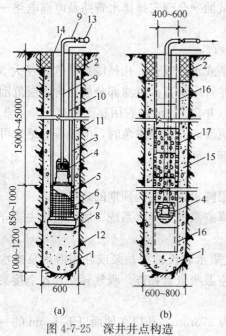

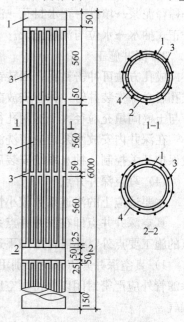

图4-7-25 深井井点构造

（a）钢管深井井点；（b）无砂混凝土管深井井点
1—井孔；2—井口（黏土封口）；3—ϕ300～375mm井管；4—潜水电泵；5—过滤段（内填碎石）；6—滤网；7—导向段；8—开孔底板（下铺滤网）；9—ϕ50mm出水管；10—电缆；11—小砾石或中粗砂；12—中粗砂；13—ϕ50～75mm出水总管；14—20mm厚钢板井盖；15—小砾石；16—沉砂管（混凝土实管）；17—混凝土过滤管

图4-7-26 深井滤水管构造

1—钢管；2—轴条后孔；3—ϕ6mm垫筋；
4—缠绕12号铁丝与钢筋锡焊焊牢

厚 $50\sim60mm$、长 $1.2\sim1.5m$ 的无砂混凝土管作滤水管，或在外再包棕树皮二层作滤网。

② 吸水管。连接滤水管，起挡土、贮水作用，采用与滤水管同直径的实钢管制成。

③ 沉砂管，在降水过程中，起砂粒的沉淀作用，一般采用与滤水管同直径的钢管，下端用钢板封底。

2）水泵

常用长轴深井泵或潜水泵。每井 1 台，并带吸水铸铁管或胶管，配上一个控制井内水位的自动开关，在井口安装 $75mm$ 阀门以便调节流量的大小，阀门用夹板固定。每个基坑井点群应有 2 台备用泵。

3）集水井

用 $\phi325\sim500mm$ 钢管或混凝土管，并设 $3‰$ 的坡度，与附近下水道接通。

（2）深井布置

深井井点一般沿工程基坑周围离边坡上缘 $0.5\sim1.5m$ 呈环形布置；当基坑宽度较窄，也可在一侧呈直线形布置；当为面积不大的独立的深基坑，可采取点式布置。井点宜深入到透水层 $6\sim9m$，通常还应比所需降水的深度深 $6\sim8m$，间距一般相当于埋深，由 $10\sim30m$。

（3）深井施工

1）工艺流程

准备工作→钻机进场→定位安装→开孔→下护口管→钻进→终孔后冲孔换浆→下井管→稀释泥浆→填砂→止水封孔→洗井→下泵试抽→合理安排排水管路及电缆电路→试抽水→正式抽水→水位与流量记录。

2）深井施工

成孔方法可冲击钻孔、回转钻孔、潜水钻或水冲成孔。孔径应比井管直径大 $300mm$，成孔后立即安装井管。井管安放前应清孔，井管应垂直，过滤部分放在含水层范围内。井管与土壁间填充粒径大于滤网孔径的砂滤料。井口下 $1m$ 左右用黏土封口。

在深井内安放水泵前应清洗滤井，冲洗沉渣。安放潜水泵时，电缆等应绝缘可靠，并设保护开关控制。抽水系统安装后应进行试抽。

（4）真空深井井点

主要适应土的渗透系数较小情况下的深层降水，能达到预期的效果。

真空深井井点即在深井井点系统上增设真空泵抽气集水系统。所以它除去遵守深井井点的施工要点外，还需再增加下述几点：

1）真空深井井点系统分别用真空泵抽气集水和长轴深井泵或井用潜水泵排水。井管除滤管外应严密封闭以保持真空度，并与真空泵吸气管相连。吸气管路和各个接头均应不漏气。

2）孔径一般为 $650mm$，井管外径一般为 $273mm$。孔口在地面以下 $1.5m$ 的一段用黏土夯实。单井出水口与总出水管的连接管路中，应装置单向阀。

3）真空深井井点的有效降水面积，在有隔水支护结构的基坑内降水，每个井点的有效降水面积约为 $250m^2$。由于挖土后井点管的悬空长度较长，在有内支撑的基坑内布置井点管时，宜使其尽可能靠近内支撑。在进行基坑挖土时，要设法保护井点管，避免挖土时损坏。

6. 回灌

当基坑外地下水位降幅较大、基坑周围存在需要保护的建（构）筑物或地下管线时，宜采用地下水人工回灌措施。回灌措施包括回灌井、回灌砂井、回灌砂沟和水位观测井等。回灌砂井、回灌砂沟一般用于浅层潜水回灌，回灌井用于承压水回灌。

对于坑内减压降水，坑外回灌井深度不宜超过承压含水层中基坑截水帷幕的深度，以影响坑内减压降水效果。对于坑外减压降水，回灌井与减压井的间距宜通过计算确定，回灌砂井或回灌砂沟与降水井点的距离一般不宜小于 6m，以防降水井点仅抽吸回灌井点的水，而使基坑内水位无法下降。回灌砂沟应设在透水性较好的土层内。在回灌保护范围内，应设置水位观测井，根据水位动态变化调节回灌水量。

回灌井可分为自然回灌井与加压回灌井。自然回灌井的回灌压力与回灌水源的压力相同，一般可取为 0.1~0.2MPa。加压回灌井通过管口处的增压泵提高回灌压力，一般可取为 0.3~0.5MPa。回灌压力不宜超过过滤管顶端以上的覆土重量，以防止地面处回灌水或泥浆混合液的喷溢。

回灌井施工结束至开始回灌，应至少有 2~3 周的时间间隔，以保证井管周围止水封闭层充分密实，防止或避免回灌水沿井管周围向上反渗、地面泥浆水喷溢。井管外侧止水封闭层顶至地面之间，宜用素混凝土充填密实。

回灌井点宜进入稳定降水曲面下 1m，且位于渗透性较好的土层中。回灌井点滤管的长度应大于降水井点滤管的长度。

回灌水量可通过水位观测孔中水位变化进行控制和调节，通过回灌宜不超过原水位标高。回灌水箱的高度，可根据灌入水量决定。回灌水宜用清水。实际施工时应协调控制降水井点与回灌井点。

回灌水量要适当，过小无效，过大会从边坡或钢板桩缝隙流入基坑。

采用砂沟、砂井回灌：在降水井点与被保护建（构）筑物之间设置砂井作为回灌井，沿砂井布置一道砂沟，将降水井点抽出的水，适时、适量排入砂沟，再经砂井回灌到地下，实践证明也能收到良好效果。

回灌砂井的灌砂量，应取井孔体积的 95%，填料宜采用含泥量不大于 3%、不均匀系数在 3~5 之间的纯净中粗砂。

4.7.2.4 降水与排水施工质量检验要求

降水与排水施工质量检验标准 表 4-7-8

序号	检查项目	允许值或允许偏差		检查方法
		单位	数值	
1	排水沟坡度	‰	1~2	目测：沟内不积水，沟内排水畅通
2	井管（点）垂直度	%	1	插管时目测
3	井管（点）间距（与设计相比）	mm	≤150	钢尺量
4	井管（点）插入深度（与设计相比）	mm	≤200	水准仪
5	过滤砂砾料填灌（与设计值相比）	%	≤5	检查回填料用量
6	井点真空度：真空井点 喷射井点	kPa kPa	>60 >93	真空度表 真空度表
7	电渗井点阴阳极距离：真空井点 喷射井点	mm mm	80~100 120~150	钢尺量 钢尺量

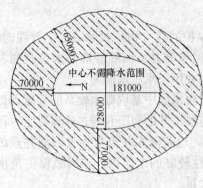

图 4-7-27 环状基坑降水范围示意

4.7.2.5 工程实例

[例] 大面积环状基坑降水设计与施工技术

1. 工程概况及地质条件

（1）工程概况

体育场地上 4 层，基础形式为独立承台基础和条形基础，埋深在现自然地坪以下约 2.5m。基坑形状为椭圆形环状基坑，中间椭圆长轴约 181m、短轴为 128m，圆环径向尺寸由 65～77m 不等，降水范围大（图 4-7-27）。在基坑开挖期间，应确保分区域将地下水位控制在 3m 以下，以保证基坑开挖的顺利进行。

（2）工程地质水文概况

根据本工程《岩土工程勘察报告》，除上部耕土外，其余均为第四系全新统（Q4）冲积、沼泽相沉积物和上更新系统（Q3）冲积物。主要为：粉土、黏土、粉质黏土与粉土夹粉质黏土层。场地地基土的均匀性较好。

场地范围内仅一层地下水，属潜水，主要受大气降水的补给，施工期间静止地下水位埋深 1.60～1.80m，地下水位平均标高为 5.900m，地下水位年变化幅度为 1.0～2.0m。

2. 基坑降水设计及计算

（1）降水设计

1）由于本次基础底标高埋深分别为自然地面以下约 2.5m 和场地静止地下水位以下，根据《岩土工程勘察报告》提供的场地环境条件和水文地质条件以及在邻近地方的施工经验，拟采用管井抽降的降水方案。根据国家规范和该地区相邻工程施工经验，须对场地条形基础、独立基础降水 0.5m 以上方可开挖。

2）降水井孔深 L 为 20m，孔径 600mm，井管为直径 400mm 的水泥砾石滤水管，井管外填入砾石滤料，砂层部位填入直径为 2～7mm 的砾石或石屑。

3）结合相邻工程的施工经验，为降低降水成本、保证降水效果，在降水计算过程中，截取一个自然单元进行计算，环向长取井距 50m，径向取整个基础布置长度 70m 计算（图 4-7-28）。

（2）基坑涌水量计算

1）基坑类型：基坑属于均质含水层潜水完整井基坑，且基坑远离边界。

2）基坑涌水量计算简图如图 4-7-29 所示。

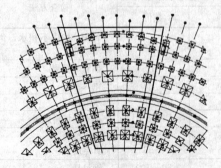

图 4-7-28 截取计算单元示意

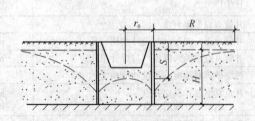

图 4-7-29 基坑示意

3）计算公式为：

$$Q = 1.366k \frac{(2H-S)S}{\lg\left(1+\dfrac{R}{r_0}\right)}$$

式中：Q 为基坑涌水量；k 为含水层渗透系数，取 0.5m/d；H 为潜水含水层厚度，取 20.00m；S 为基坑水位降深，取 3.00m；R 为降水影响半径，取 18.97m；r_0 为基坑等效半径，取 32.90m。

4）计算结果：基坑涌水量 $Q=383.35\mathrm{m}^3/\mathrm{d}$。

（3）降水井计算

1）计算公式为：

$$n=1.1Q/q$$

$$q=120nr_s l^3 \sqrt{k}$$

式中：r_s 为过滤器半径，为 0.2m；l 为过滤器进水部分长度，为 2m。

2）计算结果：降水井数量 $n=4$。

3）根据施工现场 15 个单元段环形布置，共计布置 60 口井，作用到各单元实际作用降水井数为 6 口以上，根据相关施工经验，可满足降水效果。

（4）过滤器长度计算

1）基坑类型：基坑属于潜水完整井。

2）计算公式：

$$y_0 = \sqrt{H^2 - \frac{0.732Q}{k}\left(\lg R_0 - \frac{1}{n}\lg n r_0^{n-1} r_w\right)}$$

$$R_0 = r_0 + R$$

式中：r_w 为管井半径，为 0.20m；R_0 为基坑等效半径与降水井影响半径之和，为 51.87m。

3）计算结果：单井井管进水长度 $y_0=7.93\mathrm{m}$，满足要求。施工中管井过滤器长度取含水层厚度值。

（5）基坑中心点水位降深计算

1）基坑类型：基坑属于块状基坑，且属于潜水完整井稳定流。

2）计算公式：

$$S = H - \sqrt{H^2 - \frac{Q}{1.366k}\left(\lg R_0 - \frac{1}{n}\lg(r_1 r_2 \cdots r_n)\right)}$$

式中：r_1，r_2，$\cdots r_n$ 为各井距基坑中心或各井中心处的距离。

3）计算结果：基坑中心点水位降深 $S=5.44\mathrm{m}$，满足设计降水深度值。

（6）降水井布置

根据以上计算结果，结合以往工程经验，沿基础环向布置 3 排降水井（图 4-7-30），环向降水

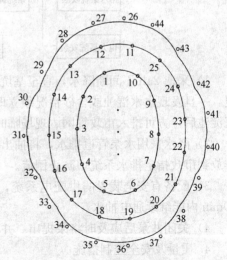

图 4-7-30　降水井布置示意

井间距不超过 35m，径向按 3 排均布，整个基础施工降水共计布井 60 口。沿外环布置一道集水管，各井排水引入集水管统一排出。

降水管井深度取 20m，下泵深度为 19m。选泵：出水量不小于 3.0～5.0m³/h，扬程不小于 20.0m。

3. 打井及降水施工技术

（1）打井

打井施工工艺如下图所示。

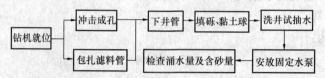

1）采用反循环回转钻机成孔，钻孔时使用现场原土进行黏土造浆，须保证清水的供给，循环泥浆池不得小于 30m³，以便控制泥浆稠度。成孔后进行彻底换浆，泥浆密度不得大于 1.1g/cm³，换浆后立即下井管。井管选择有一定强度、渗透能力好的水泥砾石滤水管，管径 400mm，接头处的死管长度小于 2cm；井管应保持垂直和居中，最后一节管要高出地面 20～50cm；井孔内沉淀厚度不大于 0.5m。

2）为避免降水出砂，对桩基础造成影响，成井时回填滤料选用粗砂，滤料须沿井壁四周均匀下入，上部 1～2m 待洗井后用黏性土封井。

3）洗井。成井后下潜水泵进行洗井工作，洗井由上至下分层进行，要求洗至水清砂净。在洗井过程中应随时观察上水情况，在连续抽水 6～10h 水中泥砂量仍未明显减少的情况下或还出现大量的泥砂时，应立即停止抽水，对该井进行处理，下面的井在施工时应及时对成井后的填料进行调整后方可进行下一步施工。深井清洗后，需连续抽水 24h。

（2）降水

降水施工工艺如下图所示。

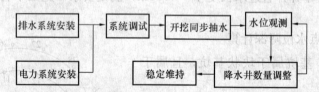

1）采取 24h 不间断降水，直至基坑回填施工完毕后。降水过程中要随时观测出水情况，一旦发现出水混浊或含砂情况须立即停泵检查原因，井内抽出的水经周圈集水管引入沉淀池后，方可排入市政管网、现场临时消防水池，以满足现场用水需要。

2）降水采用水泵管道排水，将抽出的地下水分别排入两个沉淀池，再由集水管集中排放到市政指定排水系统，防止倒流。

3）配备有安全装置的供配电系统，并配备双回路电源，以便在主电源临时停电时，10min 内能继续通电抽水。

4）关闭井泵后应及时将泵提出，并对管井进行砂料填封，并确保填封质量。

4. 质量及安全控制措施

（1）成孔孔径不小于设计孔径，孔身垂直，孔深不小于设计要求。换浆后泥浆密度不大于 1.1g/cm³。

（2）井深不得小于 20m，下井管连接要牢固、顺直，不得碰撞孔壁。

（3）回填滤料选用粗砂，滤料填放需均匀、不架空。

（4）上部封井应待洗井完成后进行，封井土用黏性土，厚度保证在 1~2m。

（5）成井后在施工单位自检合格的情况下报监理单位验收，验收通过后方可进行降水施工。降水后每天派专人负责检查各井排水情况，根据排水量大小及时调整抽水时间；降水 5~10d 后通过观测点检查降水效果，必要时调整降水方案。

（6）设专人 24h 不间断抽水，并做好降水记录。定期取降水测试含砂量，保证含砂量不大于 0.05%。

（7）发现沟、槽边有裂纹或部分下沉时，要及时报告有关部门，并将人员撤离到安全位置，严禁冒险作业。

（8）在现场沿外侧临时道路布置总集水管线，统一排至沉淀池利用、回灌、排入市政管网，确保排水顺畅。

4.8 基坑开挖与监测

4.8.1 基坑开挖

4.8.1.1 基本规定

1. 基坑开挖

（1）基坑开挖应符合下列规定：

1）当支护结构构件强度达到开挖阶段的设计强度时，方可下挖基坑；对采用预应力锚杆的支护结构，应在锚杆施加预加力后，方可下挖基坑；对土钉墙，应在土钉、喷射混凝土面层的养护时间大于 2d 后，方可下挖基坑；

2）应按支护结构设计规定的施工顺序和开挖深度分层开挖；

3）锚杆、土钉的施工作业面与锚杆、土钉的高差不宜大于 500mm；

4）开挖时，挖土机械不得碰撞或损害锚杆、腰梁、土钉墙面、内支撑及其连接件等构件，不得损害已施工的基础桩；

5）当基坑采用降水时，应在降水后开挖地下水位以下的土方；

6）当开挖揭露的实际土层性状或地下水情况与设计依据的勘察资料明显不符，或出现异常现象、不明物体时，应停止开挖，在采取相应处理措施后方可继续开挖；

7）挖至坑底时，应避免扰动基底持力土层的原状结构。

以上规定了基坑开挖的一般原则。锚杆、支撑或土钉是随基坑土方开挖分层设置的，设计将每设置一层锚杆、支撑或土钉后，再挖土至下一层锚杆、支撑或土钉的施工面作为一个设计工况。因此，如开挖深度超过下层锚杆、支撑或土钉的施工面标高时，支护结构受力及变形会超越设计状况。这一现象通常称作超挖。许多实际工程实践证明，超挖轻则引起基坑过大变形，重则导致支护结构破坏、坍塌，基坑周边环境受损，酿成重大工程事故。

施工作业面与锚杆、土钉或支撑的高差不宜大于 500mm，是施工正常作业的要求。不同的施工设备和施工方法，对其施工面高度要求是不同的，可能的情况下应尽量减小这一高度。

降水前如开挖地下水位以下的土层，因地下水的渗流可能导致流砂、流土的发生，影响支护结构、周边环境的安全。降水后，由于土体的含水量降低，会使土体强度提高，也有利于基坑的安全与稳定。

（2）软土基坑开挖除应符合第（1）条的规定外，尚应符合下列规定：

1）应按分层、分段、对称、均衡、适时的原则开挖；

2）当主体结构采用桩基础且基础桩已施工完成时，应根据开挖面下软土的性状，限制每层开挖厚度，不得造成基础桩偏位；

3）对采用内支撑的支护结构，宜采用局部开槽方法浇筑混凝土支撑或安装钢支撑；开挖到支撑作业面后，应及时进行支撑的施工；

4）对重力式水泥土墙，沿水泥土墙方向应分区段开挖，每一开挖区段的长度不宜大于40m。

软土基坑如果一步挖土深度过大或非对称、非均衡开挖，可能导致基坑内局部土体失稳、滑动，造成立柱桩、基础桩偏移。另外，软土的流变特性明显，基坑开挖到某一深度后，变形会随暴露时间增长。因此，软土地层基坑的支撑设置应先撑后挖并且越快越好，尽量缩短基坑每一步开挖时的无支撑时间。

2. 基坑支护

基坑支护工程属住房和城乡建设部《危险性较大的分部分项工程安全管理办法》建质〔2009〕87号文中的危险性较大的分部分项工程范围，施工与基坑开挖不当会对基坑周边环境和人的生命安全酿成严重后果。基坑开挖面上方的锚杆、支撑、土钉未达到设计要求时向下超挖土方、临时性锚杆或支撑在未达到设计拆除条件时进行拆除、基坑周边施工材料、设施或车辆荷载超过设计地面荷载限值，致使支护结构受力超越设计状态，均属严重违反设计要求进行施工的行为。锚杆、支撑、土钉未按设计要求设置，锚杆和土钉注浆体、混凝土支撑和混凝土腰梁的养护时间不足而未达到开挖时的设计承载力，锚杆、支撑、腰梁、挡土构件之间的连接强度未达到设计强度，预应力锚杆、预加轴力的支撑未按设计要求施加预加力等情况均为未达到设计要求。当主体地下结构施工过程需要拆除局部锚杆或支撑时，拆除锚杆或支撑后支护结构的状态是应考虑的设计工况之一。拆除锚杆或支撑的设计条件，即以主体地下结构构件进行替换的要求或将基坑回填高度的要求等，应在设计中明确规定。基坑周边施工设施是指施工设备、塔吊、临时建筑、广告牌等，其对支护结构的作用可按地面荷载考虑。因此，在《建筑基坑支护技术规程》JGJ 120—2012中强制规定了如下内容：

（1）当基坑开挖面上方的锚杆、土钉、支撑未达到设计要求时，严禁向下超挖土方。

（2）采用锚杆或支撑的支护结构，在未达到设计规定的拆除条件时，严禁拆除锚杆或支撑。

（3）基坑周边施工材料、设施或车辆荷载严禁超过设计要求的地面荷载限值。

3. 基坑维护

基坑开挖和支护结构使用期内，应按下列要求对基坑进行维护：

（1）雨期施工时，应在坑顶、坑底采取有效的截排水措施；对地势低洼的基坑，应考虑周边汇水区域地面径流向基坑汇水的影响；排水沟、集水井应采取防渗措施；

（2）基坑周边地面宜作硬化或防渗处理；

（3）基坑周边的施工用水应有排放措施，不得渗入土体内；

（4）当坑体渗水、积水或有渗流时，应及时进行疏导、排泄、截断水源；

（5）开挖至坑底后，应及时进行混凝土垫层和主体地下结构施工；

（6）主体地下结构施工时，结构外墙与基坑侧壁之间应及时回填。

4. 支护结构或基坑周边情况监测

支护结构或基坑周边环境出现"4.8.2 基坑工程施工监测"中 4.8.2.1 基本规定的第 23 条规定的报警情况或其他险情时，应立即停止开挖，并应根据危险产生的原因和可能进一步发展的破坏形式，采取控制或加固措施。危险消除后，方可继续开挖。必要时，应对危险部位采取基坑回填、地面卸土、临时支撑等应急措施。当危险由地下水管道渗漏、坑体渗水造成时，应及时采取截断渗漏水源、疏排渗水等措施。

4.8.1.2　基坑土方开挖

1. 施工准备工作

基坑土方工程是基坑工程重要组成部分，合理的土方开挖施工组织、开挖顺序和挖土方法，可以保证基坑本身和周边环境的安全。所以开挖前必须要做好相关的施工准备工作。施工前应首先熟悉和掌握勘察报告、设计图纸、法律法规和标准规范等文件；应对场内地下障碍物、土质、场内外地下管线、周边建（构）筑物状况、场外交通状况及弃土点等做详细的调查；应编制基坑土方开挖施工方案，确定土方开挖的机械选型、施工测量、挖土顺序和流程、场内交通组织、挖土方法及平面布置和相关技术措施，并编制基坑开挖应急预案。

土方开挖前应确保工程桩、围护结构等施工完毕，且强度达到设计要求；应通过降水等措施，保证坑内水位低于基坑开挖面及基坑底面 0.5～1.0m，同时开挖前应完成排水系统的设置；应对相关的基坑监测数据进行必要的分析，以确定前期施工的基坑支护体系的变形情况及对周边环境的影响，并进一步复核相关监测点。

2. 挖土方案和施工机械

基坑工程的挖土方案，主要有放坡挖土、中心岛式（也称墩式）挖土、盆式挖土和逆作法挖土。前者无支护结构，后三种皆有支护结构。

土方开挖施工中常用机械主要有反铲挖掘机、抓铲机、土方运输车等。其中反铲挖掘机是土方开挖施工的主要机械，一般根据土质条件、斗容量大小与工作面高度、土方工程量以及与运输机械的匹配等条件进行选型。

3. 基坑开挖常用施工方法

（1）放坡开挖

当场地允许并经验算能保证土坡稳定性时，可采用放坡开挖；开挖较深时应采用多级放坡；多级放坡的平台宽度不宜小于 1.5m。采用放坡开挖的基坑，应验算边坡整体稳定性；多级放坡时应同时验算各级和多级的边坡整体稳定性。

放坡坡脚位于地下水位以下时，应采取降水或隔水帷幕的措施。放坡坡顶、放坡平台和坡脚位置的明水应及时排除，排水系统与坡脚的距离宜大于 1.0m。土质较差或留置时间较长的放坡坡体表面，宜采用钢丝网水泥砂浆喷射或聚合材料覆盖等方法进行护坡，护坡面层宜扩展至坡顶一定距离。坑顶不宜堆土或存在堆载（材料或设备），遇有不可避免的附加荷载时，在进行边坡稳定性验算时应计入附加荷载的影响。机械挖土时严禁超挖或造成边坡松动。边坡宜采用人工进行清坡，其坡度控制应符合放坡设计要求。

在地下水位较高的软土地区，应在降水达到要求后再进行土方开挖，宜采用分层开挖的方式进行开挖。分层挖土厚度不宜超过 2.5m。挖土时要注意保护工程桩，防止碰撞或因挖土过快、高差过大使工程桩受侧压力而倾斜。

（2）中心岛（墩）式挖土

中心岛（墩）式挖土，宜用于大型基坑，支护结构的支撑形式为角撑、环梁式或边桁（框）架式，中间具有较大空间情况下。此时可利用中间的土墩作为支点搭设栈桥。挖土机可利用栈桥下到基坑挖土，运土的汽车也可利用栈桥进入基坑运土。这样可以加快挖土和运土的速度（图 4-8-1）。

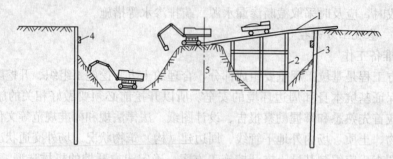

图 4-8-1 中心岛（墩）式挖土示意图
1—栈桥；2—支架（尽可能利用工程桩）；3—围护墙；4—腰梁；5—土墩

中心岛（墩）式挖土，中间土墩的留土高度、边坡的坡度、挖土层次与高差都要经过仔细研究确定。由于在雨季遇有大雨土墩边坡易滑坡，必要时对边坡尚需加固。

挖土可分层开挖，多数是先全面挖去第一层，然后中间部分留置土墩，周围部分分层开挖。开挖多用反铲挖土机，如基坑深度大则用向上逐级传递方式进行装车外运。

整个的土方开挖顺序，必须与支护结构的设计工况严格一致。要遵循"开槽支撑、先撑后挖、分层开挖、严禁超挖"的原则。

挖土时，除支护结构设计允许外，挖土机和运土车辆不得直接在支撑上行走和操作。

为减少时间效应的影响，挖土时应尽量缩短围护墙无支撑的暴露时间。一般对一、二级基坑，每一工况挖至规定标高后，钢支撑的安装周期不宜超过一昼夜，混凝土支撑的完成时间不宜超过两昼夜。

对面积较大的基坑，为减少空间效应的影响，基坑土方宜分层、分块、对称、限时进行开挖，土方开挖顺序要为尽可能早的安装支撑创造条件。

土方挖至设计标高后，对有钻孔灌注桩的工程，宜边破桩头边浇筑垫层，尽可能早一些浇筑垫层，以便利用垫层（必要时可加厚作配筋垫层）对围护墙起支撑作用，以减少围护墙的变形。

挖土机挖土时严禁碰撞工程桩、支撑、立柱和降水的井点管。分层挖土时，层高不宜过大，以免土方侧压力过大使工程桩变形倾斜，在软土地区尤为重要。

同一基坑内当深浅不同时，土方开挖宜先从浅基坑处开始；如条件允许可待浅基坑处底板浇筑后，再挖基坑较深处的土方。

如两个深浅不同的基坑同时挖土时，土方开挖宜先从较深基坑开始，待较深基坑底板浇筑后，再开始开挖较浅基坑的土方。

如基坑底部有局部加深的电梯井、水池等，深度较大时宜先对其边坡进行加固处理后再进行开挖。

土方开挖采用墩式开挖，主要是利用中心土墩搭设栈桥，以加快土方外运。挖土顺序如图 4-8-2 所示。

挖土结束后，将全部挖土机吊出基坑退场。

墩式挖土，对于加快土方外运和提高挖土速度是有利的，但对于支护结构受力不利，由于首先挖去基坑四周的土，支护结构受荷时间长，在软黏土中时间效应（软黏土的蠕变）显著，有可能增大支护结构的变形量。

（3）盆式挖土

盆式挖土（图 4-8-3）是先开挖基坑中间部分的土，周围四边留土坡，土坡最后挖除。这种挖土方式的优点是周边的土坡对围护墙有支撑作用，有利于减少围护墙的变形。其缺点是大量的土方不能直接外运，需集中提升后装车外运。

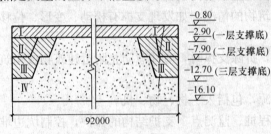

图 4-8-2 墩式土方开挖顺序

Ⅰ—第一次挖土；Ⅱ—第二次挖土；Ⅲ—第三次挖土；
Ⅳ—第四次挖土

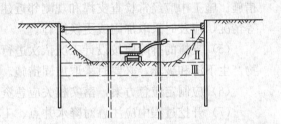

图 4-8-3 盆式挖土

Ⅰ—第一次挖土；Ⅱ—第二次挖土；
Ⅲ—第三次挖土

盆式挖土周边留置的土坡，其宽度、高度和坡度大小均应通过稳定验算确定。如留的过小，对围护墙支撑作用不明显，失去盆式挖土的意义。如坡度太陡边坡不稳定，在挖土过程中可能失稳滑动，不但失去对围护墙的支撑作用，影响施工，而且有损于工程桩的质量。

盆式挖土需设法提高土方上运的速度，对加速基坑开挖起很大作用。

4. 施工注意事项

（1）采用土钉墙、土层锚杆支护的基坑，开挖时应与土钉、锚杆施工相协调，开挖和支护施工应形成循环作业。每层开挖深度宜为相应土钉、锚杆的竖向间距，每层分段长度不宜大于 30m。每层每段开挖后应及时进行支护施工，尽量缩短无支护暴露时间。采用重力式水泥土墙、板墙悬臂围护的基坑开挖，开挖前围护结构的强度和龄期均应满足设计要求。面积较大的基坑可采取平面分块、均匀对称的开挖方式，并及时浇筑垫层。采用钢板桩拉锚的基坑开挖前，应确保拉锚体系设置完毕且预应力施加达到设计要求；锚桩与锚筋在土方开挖过程中应采取保护措施。

（2）采用内支撑支护的基坑，开挖的方法和顺序应遵循"先撑后挖、限时支撑、分层开挖、严格超挖"的原则，尽量减少基坑无支撑暴露时间和空间。应根据基坑工程等级、支撑形式等因素，确定基坑开挖的分区及其顺序，并及时设置支撑或基础底板。挖土机械和车辆不得直接在支撑上行走或作业，严禁在底部已经挖空的支撑上行走或作业。

（3）采用逆作法进行暗挖施工时，基坑开挖方法必须与主体结构设计、支护结构设计相协调，主体结构在施工期间的变形、不均匀沉降均应满足设计要求。应根据基坑设计工况、平面形状、结构特点、支护结构、周边环境等情况设置取土口，分层、分块、对称开挖，并及时进行水平结构施工。以主体结构作为取土平台、土方车辆停放及运行路线的，应根据施工荷载要求对主体结构、支撑立柱等进行加固专项设计。施工设备应按照规定的线路行走。面积较大的基坑宜采用盆式开挖，分块、对称、限时开挖周边土方和进行结构施工。取土平台、施工机械和车辆停放及行驶区域的结构平面尺寸和净空高度应满足施工机械及车辆的要求。暗挖作业区域可利用取土口作为自然通风采光，并应采取强制通风的措施。暗挖作业区域、通道等应有备用应急照明线路，照明设施应根据挖土的进度及时配置。

（4）深基坑土方开挖施工应安排 24h 专人巡视；应对附近已有建筑或构筑物、道路、管线实施不间断监测。如发现位移超过报警值，应及时与设计和建设单位联系，采取应急措施。施工中应经常检查支撑和观测邻近建筑物的情况，如发现支撑有松动、变形、位移等情况，应及时采取加固或更换措施。

（5）支撑的拆除应按设计工况依次进行，拆除支撑时，应注意防止附近建筑物或构筑物产生下沉和破坏，必要时采取加固措施。

（6）应制定应急方案，落实相关应急资源，包括人、材、物、机。

（7）开挖过程中应注意对降水井点、工程桩、监测点、支护结构的保护，控制坑边堆载和栈桥的施工荷载。在群桩基础的桩打设后，宜停留一定时间，再开挖基坑土方，土方开挖宜均匀、分层、尽量减少开挖时的土压力差，以保证桩位正确和边坡稳定。

（8）开挖施工前，应设置地表水排水设施；开挖过程中，在坑底边应设置排水沟槽和集水井，并保持对坑内外水位的控制。

（9）应严格控制开挖过程中形成的临时边坡，尤其是边坡坡度、坡顶堆载、坡脚排水等，避免造成边坡失稳。

（10）要注意防止以下事故的发生：

1）防止深基坑挖土后土体回弹变形过大

深基坑土体开挖后，地基卸载，土体中压力减少，土的弹性效应将使基坑底面产生一定的回弹变形（隆起）。回弹变形量的大小与土的种类、是否浸水、基坑深度、基坑面积、暴露时间及挖土顺序等因素有关。

施工中减少基坑回弹变形的有效措施，是设法减少土体中有效应力的变化，减少暴露时间，并防止地基土浸水。因此，在基坑开挖过程中和开挖后，均应保证井点降水正常进行，并在挖至设计标高后，尽快浇筑垫层和底板。必要时，可对基础结构下部土层进行加固。

2）防止边坡失稳

目前挖土机械多用斗容量 1m³ 的反铲挖土机，其实际有效挖土半径约 5～6m，而挖土深度为 4～6m，习惯上往往一次挖到深度，这样挖土形成的坡度约 1：1。由于快速卸荷、挖土与运输机械的振动，如果再于开挖基坑的边缘 2～3m 范围内堆土，则易于造成边坡失稳。

边坡堆载（堆土、停机械等）给边坡增加附加荷载，如事先未经详细计算，易形成边坡失稳。

3）防止桩位移和倾斜

打桩完毕后基坑开挖，应制定合理的施工顺序和技术措施，防止桩的位移和倾斜。

对先打桩后挖土的工程，使原处于静平衡状态的地基土遭到破坏，使原来的地基强度遭到破坏。在软土地区施工，这种事故已屡有发生，值得重视。为此，在群桩基础的桩打设后，宜停留一定时间，并用降水设备预抽地下水，待土中由于打桩积聚的应力有所释放，孔隙水压力有所降低，被扰动的土体重新固结后，再开挖基坑土方。土方的开挖宜均匀、分层，尽量减少开挖时的土压力差，以保证桩位正确和边坡稳定。

5. 土方开挖阶段的应急措施

土方开挖有时会引起围护墙或临近建筑物、管线等产生一些异常现象。此时需要配合有关人员及时进行处理，以免产生大祸。

（1）围护墙渗水与漏水

土方开挖后支护墙出现渗水或漏水，如渗漏严重时则往往会造成土颗粒流失，引起支护墙背地面沉陷甚至支护结构坍塌。一旦出现渗水或漏水应及时处理，常用的方法有：

对渗水量较小，不影响施工也不影响周边环境的情况，可采用坑底设沟排水的方法。对渗水量较大，但没有泥砂带出，造成施工困难，而对周围影响不大的情况，可采用"引流-修补"方法。即在渗漏较严重的部位先在围护墙上水平（略向上）打入一根钢管，内径 20~30mm，使其穿透支护墙体进入墙背土体内，由此将水从该管引出，而后将管边围护墙的薄弱处用防水混凝土或砂浆修补封堵，待修补封堵的混凝土或砂浆达到一定强度后，再将钢管出水口封住。如果引流出的水为清水，周边环境较简单或出水量不大，则不作修补也可，只需将引入基坑的水设法排出即可。

对渗、漏水量很大的情况，应查明原因，采取相应的措施：

如漏水位置离地面不深处，可将支护墙背开挖至漏水位置下 500~1000mm，在支护墙后用密实混凝土进行封堵。如漏水位置埋深较大，则可在墙后采用压密注浆方法，浆液中应掺入水玻璃，使其能尽早凝结，也可采用高压喷射注浆方法。采用压密注浆时应注意，其施工对支护墙会产生一定压力，有时会引起支护墙向坑内较大的侧向位移，必要时应在坑内局部回填土后进行，待注浆达到止水效果后再重新开挖。

（2）围护墙侧向位移发展

基坑开挖后，支护结构发生位移过大，或位移发展过快，则往往会造成较严重的后果。应采取相应的应急措施。

1）重力式支护结构

对水泥土墙等重力式支护结构，其位移一般较大，如开挖后位移量在基坑深度的 1/100 以内，尚应属正常，如果位移发展渐趋于缓和，则可不必采取措施。如果位移超过 1/100 或设计估计值，则应予以重视。首先应做好位移的监测，绘制位移-时间曲线，掌握发展趋势。重力式支护结构一般在开挖后 1~2d 内位移发展迅速，来势较猛，以后 7d 内仍会有所发展，但位移增长速度明显下降。如果位移超过估计值不太多，以后又趋于稳定，一般不必采取特殊措施，但应注意尽量减小坑边堆载，严禁动荷载作用于围护墙或坑边区域；加快垫层浇筑与地下室底板施工的速度，以减少基坑敞开时间；应将墙背裂缝用水泥砂浆或细石混凝土灌满，防止雨水、地面水进入基坑及浸泡支护墙背土体。对位移超过估计值较多，而且数天后仍无减缓趋势，或基坑周边环境较复杂的情况，就应采取一些附加措施，常用的方法有：水泥土墙背后卸荷，卸土深度一般2m左右，卸土宽度不宜小于3m；加快垫层施工，加厚垫层厚度，尽早发挥垫层的支撑作用；加设支撑，支撑位置宜在基坑深度的1/2处，加设腰梁加以支撑（图4-8-4）。

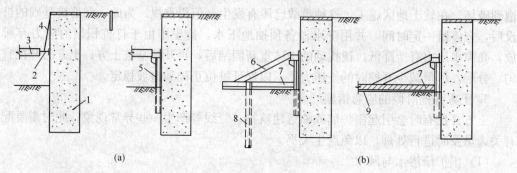

图 4-8-4　水泥土墙加临时支撑

(a) 对撑；(b) 竖向斜撑

1—水泥土墙；2—围檩；3—对撑；4—吊索；5—支承型钢；6—竖向斜撑；

7—铺地型钢；8—板桩；9—混凝土垫层

2）悬臂式支护结构

悬臂式支护结构发生位移主要是其上部向基坑内倾斜，也有一定的深层滑动。

为防止悬臂式支护结构上部位移过大，加设支撑或拉锚都是十分有效的，也可采用支护墙背卸土的方法。

防止深层滑动也应及时浇筑垫层，必要时也可加厚垫层，以形成下部水平支撑。

3）支撑式支护结构

由于支撑的刚度一般较大，支护结构一般位移较小，其位移主要是插入坑底部分的支护桩墙向内变形。因此，对于支撑式支护结构，如发生墙背土体的沉陷，主要应设法控制围护桩（墙）嵌入部分的位移，着重加固坑底部位，具体措施有：

① 增设坑内降水设备，降低地下水。如条件许可，也可在坑外降水；

② 进行坑底加固，如采用注浆、高压喷射注浆等提高被动区抗力；

③ 垫层随挖随浇，对基坑挖土合理分段，每段土方开挖到底后及时浇筑垫层；

④ 加厚垫层，采用配筋垫层或设置坑底支撑。

对于周围环境保护很重要的工程，如开挖后发生较大变形，可在坑底加厚垫层，并采用配筋垫层，使坑底形成可靠的支撑，同时对抑制坑内土体隆起也非常有利。减少了坑内土体隆起，也就控制了支护墙下段位移。

如果是由于支护墙的刚度不够而产生较大侧向位移，则应加强支护墙体，如在其后加设树根桩或钢板桩，或对土体进行加固等。

（3）流砂及管涌的处理

在细砂、粉砂层土中如流砂管涌等十分严重，则会引起基坑周围的建筑、管线的倾斜、沉降。

对轻微的流砂现象，在基坑开挖后可采用加快垫层浇筑或加厚垫层的方法"压注"流砂。对较严重的流砂应增加坑内降水措施，使地下水位降至坑底以下 0.5～1m 左右。降水是防治流砂的最有效的方法。

造成管涌的原因一般是由于坑底的下部支护排桩中出现断桩，或施打未及标高，或地下连续墙出现较大的孔、洞，或由于排桩净距较大，其后止水帷幕又出现漏桩、断桩或孔洞，造成管涌通道所致。如果管涌十分严重，也可在支护墙前再打设一排钢板桩，在钢板桩与支护墙间进行注浆，钢板桩底应与支护墙底标高相同，顶面与坑底标高相同，钢板桩的打设宽度应比管涌范围较宽 3～5m。

（4）临近建筑与管线位移的控制

基坑开挖后，坑内大量土方挖去，土体平衡发生很大变化，引起坑外房屋裂缝，管线断裂、泄漏。基坑开挖时必须加强观察，当位移或沉降值达到报警值后，应立即采取措施。

对建筑的沉降的控制一般可采用跟踪注浆的方法。根据基坑开挖进程，连续跟踪注浆。注浆孔布置可在围护墙背及建筑物前各布置一排，两排注浆孔间则适当布置。注浆深度应在地表至坑底以下 2～4m 范围，具体可根据工程条件确定。注浆压力控制不宜过大，注浆量可根据支护墙的估算位移量及土的空隙率来确定。采用跟踪注浆时，应严密观察建筑的沉降状况，防止由注浆引起土体搅动而加剧建筑物的沉降或将建筑物抬起。对沉降很大，而压密注浆又不能控制的建筑，如其基础是钢筋混凝土的，则可考虑采用静力锚杆压桩的方法。

对基坑周围管线保护的应急措施一般有两种方法：

1) 打设封闭桩或开挖隔离沟

对地下管线离开基坑较远，但开挖后引起的位移或沉降又较大的情况，可在管线靠基坑一侧设置封闭桩，为减小打桩挤土，封闭桩宜选用树根桩，也可采用钢板桩、槽钢等，施打时应控制打桩速率，封闭板桩离管线应保持一致距离，以免影响管线。

在管线边开挖隔离沟也对控制位移有一定作用，隔离沟应与管线有一定距离，其深度宜与管线埋深接近或略深，在靠管线一侧还应做出一定坡度。

2) 管线架空

管线架空前应先将管线周围的土挖空，在其上设置支承架，支承架的搁置点应可靠牢固，能防止过大位移与沉降，并应便于调整其搁置位置。然后将管线悬挂于支承架上，如管线发生较大位移或沉降，可对支承架进行调整复位，以保证管线的安全，图4-8-5是某高层建筑边管道保护支承架的示意图。

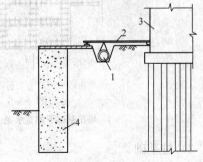

图 4-8-5 管道支承架
1—管道；2—支承架；3—临近高层建筑；
4—支护结构

4.8.1.3 基坑工程施工与施工现场设施的布置

基坑工程在施工过程中有大量机械设备、材料需要堆放及转运，而在基坑施工阶段，现场大部分场地已被开挖的基坑占去，周围可供的施工用地往往很小，这种情况在闹市区或建筑密集地区更为突出。因此，在施工时除对现场应做好合理布置外，还应根据现场条件、工程特点及施工方案做好施工设施的布置，如起重机基础或开行道路、大型设备（如混凝土泵车）的停放点、挖土栈桥或坡道、临时施工平台等，以保证施工的顺利进行。现场施工设置，有的在基坑工程施工前就应布置完成，有的在基坑工程施工中逐步布置，因此，在基坑工程施工前应做好详细的布置方案。

1. 塔吊及其基础的布置

基坑工程的塔吊布置位置，有两种情况：一是布置在基坑边；二是布置在基坑内。塔吊的基础可做成桩基、混凝土块体基础，也可设在地下室底板上。

（1）基坑边塔吊的设置

当采用附着式塔吊且基坑面积与上部建筑面积相近时，基坑施工阶段的塔吊通常布置在基坑边。基坑边的塔吊在基坑开挖后塔吊基础往往容易随围护墙体的变形而发生位移，在重力式及悬臂式围护墙中尤为显著。

基坑边的塔吊布置大致有以下三种：

1）常规方法

如果塔吊基础位于围护墙体外，且计算围护墙的位移很小（如不大于 10mm），可按常规方法设置塔吊基础并架设塔吊。但塔吊基础部位的围护墙体及支撑设计，应考虑塔吊的附加荷载。此法一般不宜用于重力式或悬臂式支护结构，由于它们的位移往往较大，会引起塔吊的位移与倾斜。

2）水泥土基础

在水泥土重力式支护结构中，由于水泥土墙的宽度较大，且格栅式布置的水泥加固土其承载力也较高，因此可利用水泥土墙，在其上再浇筑塔吊混凝土块体基础。工程实践证明，这是一个很有效的方法。应注意的是，由于重力式挡土墙的位移较大，这对塔吊的稳定带来隐患，因此控制水泥土墙的位移十分重要，通常可采用加宽水泥土墙与加大其入土深度，必要时还可在塔吊部位的坑底采取加固手段，以减小其位移。同时，在土方开挖时特别是开挖初期应加强对塔吊监测，保证其偏差在安全范围内。图 4-8-6 是水泥土墙上设置塔吊基础的示意图。

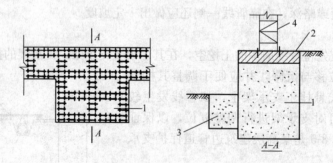

图 4-8-6　水泥土墙上设置塔吊基础
1—塔吊基础下加宽水泥土墙；2—塔吊基础；3—坑底加固；4—塔吊

3）桩基础

当基坑边水泥土墙计算位移较大，塔吊直接置于水泥土墙顶上可能发生危险，则应在塔吊基础下设置桩基础，以确保安全。塔吊基础桩一般可设置 4 根，一般可取桩 400mm×400mm 或 ϕ600 左右，桩长 12~18m。

对于排桩式围护墙或地下连续墙，往往塔吊位置会坐落在围护墙顶上，如直接设置塔吊基础，会造成基底软硬严重不均的现象，在塔吊工作时产生倾斜。此时，应在支护墙外侧另行布置桩基，一般布置 2 根即可（图 4-8-7）。该桩验算以沉降为主，设计时应使其沉降差控制在 5mm 内，以保证塔吊的正常工作。

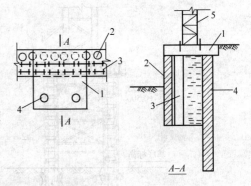

图 4-8-7　塔吊桩基布置
1—塔吊基础；2—支护墙；3—止水帷幕；
4—塔吊桩基；5—塔吊

（2）基坑中央的塔吊位置

几幢高层建筑的地下连成一片的地下室，基坑面积很大，此时塔吊的布置往往不能设在基坑边，而需设在基坑中央。此外，如采用内爬式塔吊的工程，塔吊设置往往也需设在基坑中。

基坑中央的塔吊设置，可在地下工程施工前进行，其施工顺序为：

1）确定塔吊的布置位置

基坑内塔吊的布置位置主要根据上部结构施工的需要及所选塔吊类型确定。

如采用附着式塔吊，应根据上部结构的施工状况，将塔吊布置在地上部结构的外墙外侧的合适位置，并根据附着装置确定具体定位尺寸。塔吊位置应避免设在地下室墙的部位、支护结构支撑的部位、换撑的部位及其他与支护结构或主体结构施工有影响的部位。

如采用内爬式塔吊，一般根据上部结构电梯井或预留塔吊爬升通道的位置设置塔吊。

2）塔吊桩基及支承立柱施工

由于在地下结构施工前就需将塔吊安装完成，而以后基坑又将开挖，故基坑中央设置的塔吊需采用桩基并用支承立柱将其托起（图 4-8-8）。支承柱上端设置塔吊承台。桩基一般采用钻孔灌注桩，在浇筑混凝土前插入支承立柱。也可采用 H 型钢等桩柱合一的形式。

钻孔灌注桩桩基一般用 4 根，桩顶设在基底标高处，桩长应根据计算确定。桩径不宜小于 $\phi700$，需考虑支承立柱的插入，配筋可采用半桩长配置方法。支承立柱一般采用格构式，也可采用 H 型钢。常用的格构式截面为 400mm×400mm 或 450mm×450mm，主肢采用 4L125×10mm 或 4L140×10mm。

桩基也可采用 H 型钢等打入，采用这种方法把桩基与支承立柱合为一体，下端插入基坑底下，上端搁置塔吊承台。

由于施工过程中支承立柱需穿过底板，在地下室底板施工前需做好立柱的防水处理，可在立柱边焊接止水钢板。

3）塔吊承台

支承立柱顶部设置塔吊承台，其形式可采用钢筋混凝土结构，也可采用钢结构。

4）塔吊安装

与常规平地安装类似。

5）基坑开挖与系杆安装

塔吊安装经验收后即可投入使用，但在基坑开挖过程中，应随基坑开挖自上而下逐层安装系杆，将 4 个支承立柱连成整体以保证支承立柱的稳定性。一般情况下塔吊立柱应自

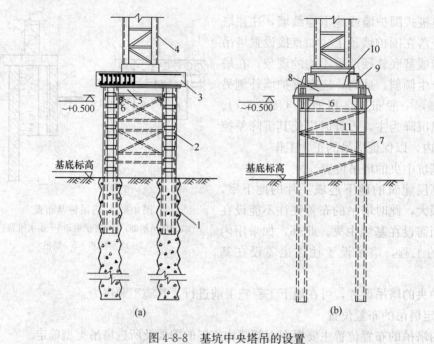

图 4-8-8　基坑中央塔吊的设置

(a) 灌筑桩及钢筋混凝土承台；(b) 钢桩及钢结构承台

1—灌筑桩；2—格构式支承立柱；3—混凝土承台；4—塔吊塔身；5—钢梁；6—牛腿；

7—H型钢桩（与支承柱合一）；8—钢主梁；9—箱形钢次梁；10—塔吊十字底座；11—系杆

成体系，尽可能不要与支护结构的支撑体系连接。

2. 行车通道及大型设备停放

(1) 行车道路

基坑开挖时特别是土方机械及运土卡车运输开行十分繁忙。应使主干道尽可能远离基坑的位置，但由于施工场地的限制或施工方法的需要，在基坑边免不了有车辆频繁开行，因此应做好坑边的行车通道。

行车通道上荷载较大，且属动荷载，因此在设计支护结构时应充分考虑。

对于重力式支护结构，水泥土墙外侧的动荷载对墙体稳定及侧向位移不利，可以采用加宽围护墙宽度，使之成为行车通道，使车辆直接开行在水泥土墙顶上。

对于悬臂式支护结构，支护结构外侧可铺设路基箱或浇筑一定厚度（200～300mm）的刚性路面，以分散荷载，减小对悬臂桩的影响。

有支撑的支护结构，一般位移可得到有效的控制，如设计中考虑了车辆行驶的荷载，在支护墙后铺设一般的混凝土路面即可。

土方运输车辆在挖土过程中需进出基坑，该区段的支护结构应相对加强。

(2) 大型设备停放

如混凝土泵车、混凝土搅拌运输车、履带式起重机、发动机等，一般应尽量远离坑边停放，如停放位置距围护墙背的水平距离大于基坑深度的 2 倍，则可不采取特殊措施，否则，应采取一定措施。

如荷载较大、有振动或相对固定的荷载，采用水泥加固土是较有效的方法。对设备荷载较小的或经常移动的设备，也可采用混凝土路面或铺设路基箱的方法。

3. 施工平台

基坑工程中常常遇到坑边场地狭窄，施工用地紧张的情况，在基坑支护结构的内侧搭设施工平台，是解决用地紧张的一个方法。

（1）悬挑式平台（图 4-8-9）

当基坑外边的场地或道路偏小，需向基坑内拓宽，而拟拓宽的宽度不大时，可采用悬挑式平台。悬挑式平台可用钢结构或钢筋混凝土结构。一般不宜大于 1.5m，如外挑较大，应采取搁置式平台。

（2）搁置式平台

当施工平台需挑出坑内距离较大时，应采用搁置式平台。

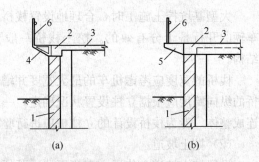

图 4-8-9　悬挑式平台示意图

（a）钢平台；（b）钢筋混凝土平台

1—围护墙；2—冠梁；3—路面；4—悬挑钢结构；

5—混凝土悬挑梁；6—栏杆

搁置式平台多用钢结构，其一端搁置在冠梁上，另一端则搁置在支承立柱顶部的横梁上。支承立柱可采用格构式或 H 型钢等，可置于基础底板面上，也可插入坑底的立柱桩内，如支承采用 H 型钢的，可直接插入坑底土层中（图 4-8-10）。

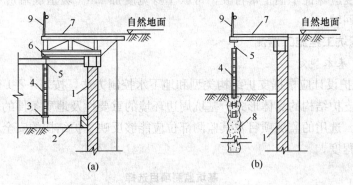

图 4-8-10　搁置式钢平台

（a）支承立柱设于底板面；（b）支承立柱插入坑底土层

1—支护墙；2—地下室底板；3—预埋铁板；4—支承立柱；5—横梁；

6—平台梁；7—施工平台；8—灌注桩；9—栏杆

支承立柱置于地下室底板上的缺点是，必须在基础底板施工后并达到一定强度方可架设平台，在底板施工前则无法使用平台。

支承立柱插入立柱桩内或直接插入坑底土层中，其施工较复杂，但从基坑工程挖土开始便可使用平台。支承立柱可采用格构式钢结构，截面应进行验算，通常材料可选用 4L100×10 或 4L120×10，截面 300mm×300mm 或 400mm×400mm，立柱桩也采用钻孔灌注桩，桩顶标高与坑底标高相同，桩径 $\phi600 \sim 700$，桩长应根据平台荷载计算确定，软土中一般为 15m 左右，支承柱采用 H 型钢的则可直接插入坑底土层中，但需用打入法施工。

4. 施工栈桥与坡道

（1）挖土栈桥

大型基坑挖土施工时，合理地设置栈桥，对解决施工场地紧张，便于挖土机械及运土车辆的开行是十分有效的。挖土栈桥一般与上道支撑合二为一，这样可充分利用支撑结构。

栈桥的宽度应考虑机车的最大宽度并增加 $1\sim2m$ 的行车间隙，一般可取 $5m$ 左右。栈桥的纵向跨度应根据立柱设置状况确定，一般可取 $6\sim9m$。主支撑间宜设置联系梁，使其连成整体。专为栈桥设计的立柱桩应进行验算，如利用工程桩，则一般可不作验算。

（2）挖土坡道

设置挖土坡道，使运土车辆下坑，既便于运土，又大大提高运输效率，但由于卡车爬坡的速度不能过大，因此坡道需有一定的长度，在小型基坑中难以实现。

挖土坡道多采用钢结构。在坡道两侧设置支承立柱，其上架设钢桁架，再铺设路基箱，由此组成一个挖土坡道，在土方开挖过程中，支承立柱间加设系杆，以保证坡道的整体稳定。

支承立柱的设置可采用格构式或 H 型钢等，前者则需另设立柱桩。

坡道的坡度不宜大于 $10°$，一般取 $6°\sim8°$，为便于卡车上坡，应在坡面上焊接棍肋防滑，此外，在两侧应安装防护栏杆。

坡道的宽度应保证车辆正常行驶，可取车身宽度加 $2m$。坡道底端应有平台，以便挖土机械及卡车回转。

4.8.2 基坑工程施工监测

4.8.2.1 基本规定

1. 基坑支护设计应根据支护结构类型和地下水控制方法，按表 4-8-1 选择基坑监测项目，并应根据支护结构的具体形式、基坑周边环境的重要性及地质条件的复杂性确定监测点部位及数量。选用的监测项目及其监测部位应能够反映支护结构的安全状态和基坑周边环境受影响的程度。

基坑监测项目选择 表 4-8-1

监 测 项 目	支护结构的安全等级		
	一级	二级	三级
支护结构顶部水平位移	应测	应测	应测
基坑周边建（构）筑物、地下管线、道路沉降	应测	应测	应测
坑边地面沉降	应测	应测	宜测
支护结构深部水平位移	应测	应测	选测
锚杆拉力	应测	应测	选测
支撑轴力	应测	应测	选测
挡土构件内力	应测	宜测	选测
支撑立柱沉降	应测	宜测	选测
挡土构件、水泥土墙沉降	应测	宜测	选测
地下水位	应测	应测	选测
土压力	宜测	选测	选测
孔隙水压力	宜测	选测	选测

注：表内各监测项目中，仅选择实际基坑支护形式所含有的内容。

2. 安全等级为一级、二级的支护结构，在基坑开挖过程与支护结构使用期内，必须进行支护结构的水平位移监测和基坑开挖影响范围内建（构）筑物、地面的沉降监测。

3. 支挡式结构顶部水平位移监测点的间距不宜大于 20m，土钉墙、重力式挡墙顶部水平位移监测点的间距不宜大于 15m，且基坑各边的监测点不应少于 3 个。基坑周边有建筑物的部位、基坑各边中部及地质条件较差的部位应设置监测点。

4. 基坑周边建筑物沉降监测点应设置在建筑物的结构墙、柱上，并应分别沿平行、垂直于坑边的方向上布设。在建筑物邻基坑一侧，平行于坑边方向上的测点间距不宜大于 15m。垂直于坑边方向上的测点，宜设置在柱、隔墙与结构缝部位。垂直于坑边方向上的布点范围应能反映建筑物基础的沉降差。必要时，可在建筑物内部布设测点。

5. 地下管线沉降监测，当采用测量地面沉降的间接方法时，其测点应布设在管线正上方。当管线上方为刚性路面时，宜将测点设置于刚性路面下。对直埋的刚性管线，应在管线节点、竖井及其两侧等易破裂处设置测点。测点水平间距不宜大于 20m。

6. 道路沉降监测点的间距不宜大于 30m，且每条道路的监测点不应少于 3 个。必要时，沿道路宽度方向可布设多个测点。

7. 对坑边地面沉降、支护结构深部水平位移、锚杆拉力、支撑轴力、立柱沉降、挡土构件沉降、水泥土墙沉降、挡土构件内力、地下水位、土压力、孔隙水压力进行监测时，监测点应布设在邻近建筑物、基坑各边中部及地质条件较差的部位，监测点或监测面不宜少于 3 个。

8. 坑边地面沉降监测点应设置在支护结构外侧的土层表面或柔性地面上。与支护结构的水平距离宜在基坑深度的 0.2 倍范围以内。有条件时，宜沿坑边垂直方向在基坑深度的（1~2）倍范围内设置多个测点，每个监测面的测点不宜少于 5 个。

9. 采用测斜管监测支护结构深部水平位移时，对现浇混凝土挡土构件，测斜管应设置在挡土构件内，测斜管深度不应小于挡土构件的深度；对土钉墙、重力式挡墙，测斜管应设置在紧邻支护结构的土体内，测斜管深度不宜小于基坑深度的 1.5 倍。测斜管顶部应设置水平位移监测点。

10. 锚杆拉力监测宜采用测量锚杆杆体总拉力的锚头压力传感器。对多层锚杆支挡式结构，宜在同一剖面的每层锚杆上设置测点。

11. 支撑轴力监测点宜设置在主要支撑构件、受力复杂和影响支撑结构整体稳定性的支撑构件上。对多层支撑支挡式结构，宜在同一剖面的每层支撑上设置测点。

12. 挡土构件内力监测点应设置在最大弯矩截面处的纵向受拉钢筋上。当挡土构件采用沿竖向分段配置钢筋时，应在钢筋截面面积减小且弯矩较大部位的纵向受拉钢筋上设置测点。

13. 支撑立柱沉降监测点宜设置在基坑中部、支撑交汇处及地质条件较差的立柱上。

14. 当挡土构件下部为软弱持力土层，或采用大倾角锚杆时，宜在挡土构件顶部设置沉降监测点。

15. 当监测地下水位下降对基坑周边建筑物、道路、地面等沉降的影响时，地下水位监测点应设置在降水井或截水帷幕外侧且宜尽量靠近被保护对象。基坑内地下水位的监测点可设置在基坑内或相邻降水井之间。当有回灌井时，地下水位监测点应设置在回灌井外侧。水位观测管的滤管应设置在所测含水层内。

16. 各类水平位移观测、沉降观测的基准点应设置在变形影响范围外，且基准点数量不应少于两个。

17. 基坑各监测项目采用的监测仪器的精度、分辨率及测量精度应能反映监测对象的实际状况。

18. 各监测项目应在基坑开挖前或测点安装后测得稳定的初始值，且次数不应少于两次。

19. 支护结构顶部水平位移的监测频次应符合下列要求：

（1）基坑向下开挖期间，监测不应少于每天一次，直至开挖停止后连续三天的监测数值稳定；

（2）当地面、支护结构或周边建筑物出现裂缝、沉降，遇到降雨、降雪、气温骤变，基坑出现异常的渗水或漏水，坑外地面荷载增加等各种环境条件变化或异常情况时，应立即进行连续监测，直至连续三天的监测数值稳定；

（3）当位移速率大于前次监测的位移速率时，则应进行连续监测；

（4）在监测数值稳定期间，应根据水平位移稳定值的大小及工程实际情况定期进行监测。

20. 支护结构顶部水平位移之外的其他监测项目，除应根据支护结构施工和基坑开挖情况进行定期监测外，尚应在出现下列情况时进行监测，直至连续三天的监测数值稳定。

（1）出现第19条第2、3款的情况时；

（2）锚杆、土钉或挡土构件施工时，或降水井抽水等引起地下水位下降时，应进行相邻建筑物、地下管线、道路的沉降观测。

21. 对基坑监测有特殊要求时，各监测项目的测点布置、量测精度、监测频度等应根据实际情况确定。

22. 在支护结构施工、基坑开挖期间以及支护结构使用期内，应对支护结构和周边环境的状况随时进行巡查，现场巡查时应检查有无下列现象及其发展情况：

（1）基坑外地面和道路开裂、沉陷；

（2）基坑周边建（构）筑物、围墙开裂、倾斜；

（3）基坑周边水管漏水、破裂，燃气管漏气；

（4）挡土构件表面开裂；

（5）锚杆锚头松动，锚具夹片滑动，腰梁及支座变形，连接破损等；

（6）支撑构件变形、开裂；

（7）土钉墙土钉滑脱，土钉墙面层开裂和错动；

（8）基坑侧壁和截水帷幕渗水、漏水、流砂等；

（9）降水井抽水异常，基坑排水不通畅。

23. 基坑监测数据、现场巡查结果应及时整理和反馈。当出现下列危险征兆时应立即报警：

（1）支护结构位移达到设计规定的位移限值；

（2）支护结构位移速率增长且不收敛；

（3）支护结构构件的内力超过其设计值；

（4）基坑周边建（构）筑物、道路、地面的沉降达到设计规定的沉降、倾斜限值；基坑周边建（构）筑物、道路、地面开裂；

（5）支护结构构件出现影响整体结构安全性的损坏；

（6）基坑出现局部坍塌；

（7）开挖面出现隆起现象；

（8）基坑出现流土、管涌现象。

4.8.2.2 基坑工程施工监测技术

1. 监测的目的和原则

（1）目的

支护结构的设计，虽然根据地质勘探资料和使用要求进行了较详细的计算，但由于土层的复杂性和离散性，勘探提供的数据常难以代表土层的总体情况，土层取样时的扰动和试验误差也会产生偏差；荷载和设计计算中的假定和简化会造成误差；挖土和支撑装拆等施工条件的改变，突发和偶然情况等随机困难等也会造成误差。为此，为准确掌握和预测基坑工程施工过程中的受力和变形状态及其对周边环境的影响，必须进行施工监测。

在施工过程中通过实测数据检验工程设计所采取的各种假设和参数的正确性，及时改进施工技术或调整设计参数，对可能发生危及基坑工程本体和周围环境安全的隐患进行及时、准确的预报，确保基坑结构和相邻环境的安全。

（2）原则

监测数据必须可靠真实，必须及时，监测数据需在现场及时计算处理，发现有问题及时复测，做到及时反馈；埋设于土层或结构中的监测元件应尽量减少受到结构正常受力的影响；对所有监测项目，应按照工程具体情况预先设定预警值和报警制度，监测结束后整理出监测报告。

2. 支护结构监测常用仪器及其应用

支护结构的监测，主要分为应力监测与变形监测。应力监测主要用机械系统和电气系统的仪器；变形监测主要用机械系统、电气系统和光学系统的仪器。

（1）变形监测仪器

变形监测仪器除常用的经纬仪、水准仪外，主要是测斜仪。

测斜仪是一种测量仪器轴线与沿垂线之间夹角的变化量，进行测量围护墙或土层各点水平位移的仪器（图4-8-11）。使用时，沿挡墙或土层深度方向埋设测斜管（导管），让测斜仪在测斜管内一定位置上滑动，就能测得该位置处的倾角，沿深度各个位置上滑动，就能测得围护墙或土层各标高位置处的水平位移。

测斜仪最常用者为伺服加速度式和电阻应变片式。伺服加速度式测斜仪精度较高；电阻应变片式测斜仪精度也能满足工程的实际需要。

测斜管可用工程塑料、聚乙烯塑料或铝质圆管。内壁有两个互成90°的导槽，如图4-8-12所示。

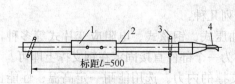

图 4-8-11　测斜仪
1—敏感部件；2—壳体；3—导向轮；4—引出电缆

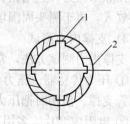

图 4-8-12　测斜管断面
1—导向槽；2—管壁

　　测斜管埋设主要采用钻孔埋设和绑扎埋设（图 4-8-13），一般测围护墙挠曲采用绑扎埋设，测土体深层位移时采用钻孔埋设。测斜管与钻孔之间孔隙应填充密实；埋设时测斜管应保持竖直无扭转，其中一组导槽方向应与所需测量的方向一致。

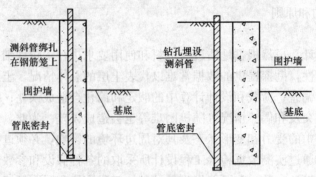

图 4-8-13　测斜管埋设示意图

（2）应力监测仪器

1）土压力观测仪器

　　支护结构在使用阶段，有时需观测随着挖土过程的进行，作用于围护墙上土压力的变化情况，以便了解其与土压力设计值的区别，保证支护结构的安全。

　　测量土压力主要采用埋设土压力计（也称土压力盒）的方法。土压力计有液压式、气压平衡式、电气式（有差动电阻式、电阻应变式、电感式等）和钢弦式，其中应用较多的为钢弦式土压力计。

　　钢弦式土压力计有单膜式、双膜式之分。单膜式者受接触介质的影响较大，由于使用前的标定要与实际土体介质完全一致，往往难以做到，故测量误差较大。所以目前使用较多的仍是双膜式的钢弦式土压力计。

　　钢弦式双膜土压力计的构造如图 4-8-14 所示。

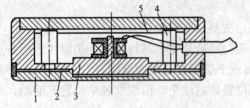

图 4-8-14　钢弦式双膜土压力计的构造
1—刚性板；2—弹性薄板；3—传力轴；
4—弦夹；5—钢弦

2）孔隙水压力计

　　测量孔隙水压力用的孔隙水压力计，其形式、工作原理皆与土压力计相同，使用较多的也是钢弦式孔隙水压力计。

　　孔隙水压力计宜用钻孔埋设，待钻孔至要求深度后，先在孔底填入部分干净的砂，将测头放入，再于测头周围填砂，最后用黏土将上部钻孔封闭。

3）支撑内力测试

　　支撑内力测试方法，常用的有下列几种：

　　① 压力传感器。压力传感器有油压式、钢弦式、电阻应变片式等多种，多用于型钢或钢管支撑。使用时把压力传感器作为一个部件直接固定在钢支撑上即可。

　　② 电阻应变片。多用于测量钢支撑的内力。选用能耐一定高温、性能良好的箔式应变片，将其贴于钢支撑表面，然后进行防水、防潮处理并做好保护装置，支撑受力后产生应变，由电阻应变仪测得其应变值进而可求得支撑的内力。应变片的温度补偿宜用单点补

偿法。电阻应变仪宜用抗干扰、稳定性好的应变仪，如 YJ-18 型、YJD-17 型等电阻应变仪。

③ 千分表位移量测装置。测量装置如图 4-8-15 所示。量测原理是：当支撑受力后产生变形，根据千分表测得的一定标距内支撑的变形量，和支撑材料的弹性模量等参数，即可算出支撑的内力。

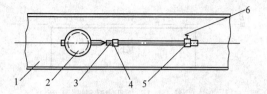

图 4-8-15　千分表量测装置
1—钢支撑；2—千分表；3—标杆；
4、5—支座；6—紧固螺钉

④ 应力、应变传感器。该法用于量测钢筋混凝土支撑系统中的内力。对一般以承受轴力为主的杆件，可在杆件混凝土中埋入混凝土计，以量测杆件的内力。对兼有轴力和弯矩的支撑杆件和围檩等，则需要同时埋入混凝土计和钢筋计，才能获得所需要的内力数据。为便于长期量测，多用钢弦式传感器。

应力、应变传感器的埋设方法，钢筋计应直接与钢筋固定，可焊接或用接驳器连接。混凝土计则直接埋设在要测试的截面内。

3. 基坑工作监测技术

有关高层建筑基坑工程的监测项目，监测点布置以及监测方法和精度要求，按《建筑基坑工程监测技术规范》GB 50497—2009 规定执行。

4. 周围环境监测

受基坑挖土等施工的影响，基坑周围的地层会发生不同程度的变形。因此在进行基坑支护结构监测的同时，还必须对周围的环境进行监测。监测的内容主要有：坑外地形的变形；临近建筑物的沉降和倾斜；地下管线的沉降和位移等。其中包括地表沉降、地下水监测；建筑物沉降监测、建筑物倾斜监测、建筑物裂缝监测；以及地下管线的沉降和位移监测，这些监测涉及工程外部关系，应由专业测量人员承担，以使监测数据可靠而公正。测量的技术依据应遵循中华人民共和国现行的《城市测量规范》GJJ 8、《建筑变形测量规程》JGJ/T 8、《工程测量规范》GB 50026 等。

5. 工程实例

[例] 超大型深基坑变形监测方案与实施

某研发中心一期工程基坑由 E-05 地块、F-04 地块、F-05 地块 3 个独立的大型基坑组成，总占地面积超过 7 万 m²，基坑深 16～22m，采用上部土钉墙＋下部桩锚支护方式。3 个基坑独立进行止水设计，每个基坑周边按两个护坡桩间设置一根搅喷桩（或高压旋喷桩）布置。为保证基坑开挖过程中边坡安全稳定，针对基坑边坡水平位移、地表沉降进行监测。

1. 水平位移监测方法

水平位移采用视准线法进行监测。

（1）监测原理

采用 J6 级经纬仪为观测工具，以及时反馈施工及使用期间边坡坡顶、坡腰不同测点的变形情况，供现场技术人员分析处理。

视准线法的过程是先在需进行位移观测的基坑槽壁上（或支护结构上）设 1 条视准线，并在该视准线两端设置 2 个工作基点（A，B），分别作为立站点及后视点，然后沿该

图 4-8-16 觇牌法测量示意

视准线在槽壁上分设若干观测点，测量时可用觇牌法直接读出测点的水平位移。

觇牌法是指测量时用带有读数尺的觇牌设置在观测点，把经纬仪立在工作基点 A 上后视 B 点，对校核点确定无误后，通过觇牌读出测点的位移（图 4-8-16）。

（2）测点布置及实施方法

1）测点布置

3 个基坑分别设置位移观测点，以布置在边坡的各重要拐角及中点部位为原则，观测点靠近基坑边沿，后视点及立站点应尽量设置在基坑影响范围外。根据现场实际情况，本工程观测点主要布置在护坡桩冠梁顶和土钉墙上口线，间距 20～25m。

2）实施

护坡桩冠梁施工结束后即布设混凝土面上的观测点并进行第一次观测，取得的数据作为初始数据。基坑开挖过程中须指派专人严格按周期进行观测，以便分析变形，必要时还应绘制变形曲线。每次观测结果须真实可靠地记录在观测表格内并及时整理，将数据和分析结果分为几种等级，实测与设计情况基本吻合者用绿色表示；当天数据超过规范要求或有一定异常者用黄色表示；有倾向性偏离且偏离值较大者用红色表示，并加上不安全的警示标记，监测人员须及时向技术主管汇报并加强监测频率。监测记录应形成成果报表并及时上报。

3）观测时间

开挖过程中应随时观测，在施工关键线路上应增加观测次数。基坑每开挖一步都应有变形观测数值。观测间隔时间为每天观测 1 次，必要时应连续观测；若遇雨天，雨后须进行观测。基坑开挖完毕后，可适当延长观测间隔时间；基坑回填完毕方可停止观测。

4）记录

施工前应对原场地情况进行全面调查，重点查清已有裂缝情况，并以笔录和照片记录的方式存档。每次观测结果应由记录员详细记入表格。

5）观测注意事项

为减小观测误差，应采用相同的观测方法和观测线路；应使用同一台仪器且应由同一个人进行观测。

（3）变形监控预警值

本工程观测精度允许偏差为 ±1.0mm。本基坑属一级基坑，按《建筑地基基础工程施工质量验收规范》GB 50202—2002 7.1.7 条规定，本工程变形监控预警值设计如表 4-8-2 所示。

基坑变形监控预警值（mm）   表 4-8-2

边坡位置	护坡桩顶	土钉墙顶
E-05 地块	25	30
F-04 地块	25	30
F-05 地块	30	40

2. 测斜仪法

（1）监测设备

监测的目的是获得基坑分层水平位移，为此使用测斜仪进行边坡水平位移监测。采用 CX-03 伺服加速度式数字测斜仪，综合水平位移误差为每 15m 深度测量误差不超过 ±4mm。

（2）监测点布置

根据场地情况和监测目的设 3 个监测点，分别布置在基坑各边坡的中心，具体设置位置可根据实际施工情况确定。

测斜管与基坑中部某个桩体浇筑成一体，所以该测点反映了边坡上该点水平位移量和水平位移变形速率。采用上述布点的原因是基坑边坡中部变形量和变形速率为该边坡最大处，应将监测点尽可能集中于该部位。由于受两个垂直边相互牵制，基坑边角处位移最小，也是基坑最安全处，所以通常不在该处布置监测点。

（3）监测方式

测斜监测的次数主要与基坑开挖配合，并受边坡变形速率控制。测点周围每次开挖后应监测 1 次，变形速率大于 2mm/d 时应连续监测；当停止开挖且变形速率小于 2mm/d 时，每周监测 1 次。测斜仪的布置如图 4-8-17 所示。

监测结束时间通常为基坑回填完毕。基坑开挖监测过程中应每周对监测数据、变形曲线图进行分析。

3. 沉降位移监测方法

为反映基坑的准确沉降情况，沉降观测点应埋设在最能反映沉降特征且便于观测的位置。一般要求基坑上设置的沉降观测点纵横对称，且相邻两点间距 15～30m，均匀分布在基坑周围。

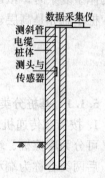

图 4-8-17　测斜仪布置示意

沉降观测依据的基准点、工作基点和被观测物上的沉降观测点点位、所用仪器、设备和观测人员应稳定；观测的环境条件应基本一致；观测路线、程序和方法应固定。

4. 周边水源的监测及处理措施

F-04 及 F-05 栋号基坑南侧有人工湖，F-04 及 E-05 栋号西侧有泄洪排水渠，降雨时对两处水源应加强监测，发现水位上涨时应及时通知相关方采取疏排措施。上述两处水源均对基坑支护的稳定性造成不利影响，因此在基坑水位高且产生侧压的情况下，应在桩间护壁上渗水明显部位加设导水管将水导出，以减轻水压产生的侧压力，保证基坑边坡安全。

4.9　基坑工程施工安全要求

按《建筑深基坑工程施工安全技术规范》JGJ 311—2013 规定执行。

5 桩 基 础

桩是基础中的柱形构件，其作用在于穿过弱的压缩性土层或水，把来自上部结构的荷载，传递到更硬或更密实且压缩性较小的土层或岩石上。

高层建筑采用桩基础的具体条件如下：

浅层土软弱且承载力较低而在较深处或深层处有承载力较高的持力层时；上部结构传给基础的垂直荷载与水平荷载很大时；建筑物对不均匀沉降敏感或要求严格控制时；上部结构体型复杂时；拟建场地的工程地质条件变化较大时。

桩基础亦是高层建筑常用的基础形式，尤其在沿海一带软土地基地区应用更多。

5.1　桩基础的分类和选择

5.1.1　基桩分类

1. 按荷载传递机理分

可分为摩擦桩、端承摩擦桩、摩擦端承桩和端承桩四种类型。前两类合称为摩擦型桩，后两类合称为端承型桩。

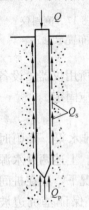

图 5-1-1　单桩的荷载传递

单桩的荷载传递机理，如图 5-1-1 所示。

对于挤土桩（打入桩等）而言，按下式计算

$$Q_u = Q_{su} + Q_{pu} - W_p \tag{5-1-1}$$

对于非挤土桩（钻孔桩等）而言，按下式计算

$$Q_u = Q_{su} + Q_{pu} - W_p + W_s \tag{5-1-2}$$

式中　Q_u——单桩竖向极限承载力；

Q_{su}——单桩总极限侧阻力；

Q_{pu}——单桩总极限端阻力；

W_p——桩的重量；

W_s——相应于入土桩体积的土柱重。

一般情况下，W_p 和 W_s 与 Q_u 相比是很小的，可略去不计，所以以上两式可改写为

$$Q_u = Q_{su} + Q_{pu} \tag{5-1-3}$$

● 摩擦桩：在承载能力极限状态下，桩顶竖向荷载由桩侧阻力承受，桩端阻力小到可忽略不计；

● 端承摩擦桩：在承载能力极限状态下，桩顶竖向荷载主要由桩侧阻力承受，$Q_{su} > Q_{pu}$；

● 摩擦端承桩：在承载能力极限状态下，桩顶竖向荷载主要由桩端阻力承受，$Q_{su} < Q_{pu}$；

● 端承桩：在承载能力极限状态下，桩顶竖向荷载由桩端阻力承受，桩侧阻力小到可忽略不计。

这四种类型桩具体分类见表 5-1-1。

桩按荷载传递机理分类 表 5-1-1

	摩擦桩	端承摩擦桩	摩擦端承桩	端承桩
Q_{su}/Q_u（%）	100～95	95～50	50～5	5～0
Q_{pu}/Q_u（%）	0～5	5～50	50～95	95～100

2. 按材料分

可分为木桩、钢筋混凝土桩、钢桩和组合材料桩等。其中，钢筋混凝土桩又可分为普通钢筋混凝土桩（简称 R.C 桩，混凝土强度等级为 C15～C40）、预应力钢筋混凝土桩（简称 P.C 桩，混凝土强度等级为 C40～C80）和预应力高强混凝土桩（简称 PHC 桩，混凝土强度等级不低于 C80）；钢桩又可分为钢管桩和 H 型钢桩；组合材料桩中有钢管外壳加混凝土内壁的合成桩。

3. 按形状分

可分为圆形桩（实心圆、空心圆断面桩和管桩）、角形桩（三角形、四角形、六角形、八角形和外方内圆空心桩及外方内异形空心桩等）、异形桩（十字形、X 形、楔形、扩底形、树根形、梯形、锥形、T 形及波纹形锥形桩等）、螺旋桩（螺纹桩及螺杆桩等）、多节桩（多节扩孔灌注桩、多节挤扩灌注桩及节桩等）。

4. 按直径或断面大小分

可分为小桩（又称微型桩，$d \leqslant 250$mm）、中等直径桩（250mm$<d<$800mm）和大直径桩（$d \geqslant 800$mm）。

5. 按长度比 α 分

可分为短桩（$\alpha=1.5\sim3.0$）和长桩（$\alpha>3$）。

$$\alpha = \frac{L}{\lambda} \tag{5-1-4}$$

式中　L——桩长；

　　　λ——桩特征长。

$$\lambda = \sqrt[4]{\frac{4EI}{BK_n}} \tag{5-1-5}$$

式中　E——桩的纵向弹性模量；

　　　I——桩截面惯性矩；

　　　B——桩截面宽度；

　　　K_n——水平方向地基系数。

通常，$L \leqslant 10$m 称为短桩；10m$<L \leqslant 30$m 称为中长桩；30m$<L \leqslant 60$m 称为长桩；$L>60$m 称为超长桩。

6. 按施工方法分

可分为非挤土桩、部分挤土桩和挤土桩三大类型，详见图 5-1-2。再细分，桩的施工方法已超过 300 种。施工方法的变化、完善、更新可以说是日新月异，与时俱进。

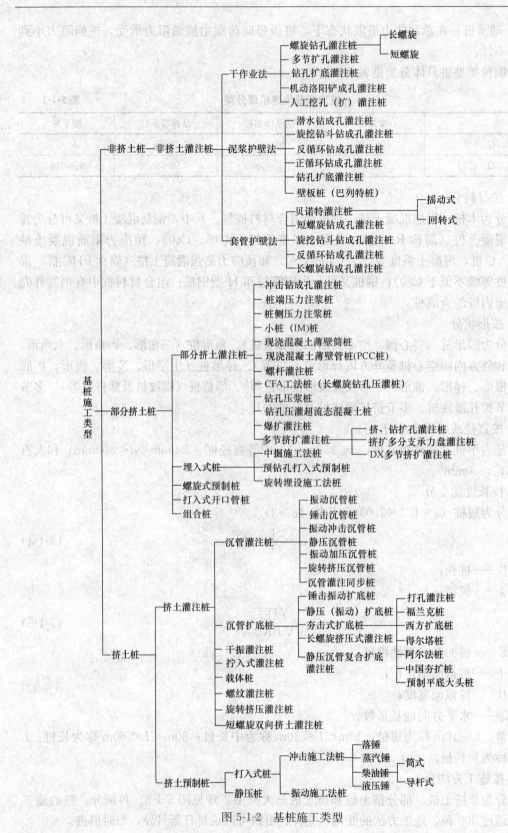

图 5-1-2 基桩施工类型

5.1.2 桩型选择

5.1.2.1 桩型选择的基本原则

在选择桩型与工艺时，应对建筑物的特征（建筑结构类型、荷载性质、桩的使用功能、建筑物的安全等级等）、地形、工程地质条件（穿越土层、桩端持力层岩土特性）、水文地质条件（地下水类别、地下水位）、施工机械设备、施工环境、造价以及工期等进行技术经济分析选定。表 5-1-2 为三大类型桩施工法的比较。表 5-1-3 为三大类型桩施工法的选择例。

三大类型桩的比较　　　　　　　　　　　　　　　　　　表 5-1-2

类型		优　点	缺　点	施工管理难易度	不合适的地层
预制桩	打入式桩	施工容易 施工质量较易保证 在相同直径的情况下，承载力最大 暂时设立容易 工期短	振动大 噪声大 截桩量大 直径大时施工较难 造价高	比较容易	地层倾斜时桩易产生破损、弯曲 打入含石块的地层时，桩易产生破损、弯曲 对于密度大的粉砂、细砂等土层，桩打入困难
	埋入式桩	振动小 噪声低 可进行从小直径到大直径（约 1m）桩的施工	由于施工方法及施工者的因素偏差较大 泥土、泥水的处理困难 属于比较新的工法，技术熟练者较少，承载力较小 必须根据地层条件选择施工方法	比较难	在带有承压水的砂层中施工易发生涌砂现象 在含有石块的地层中施工，成孔费时，并往往不能施工
灌注桩		振动小 噪声低 可进行大直径桩的施工，可获得很高的单桩承载力 容易确认土质 容易变更桩长 即使地基的中间层为坚硬层，也可进行施工	由于施工方法及施工者的因素偏差较大 泥土、泥水的处理较难 淤泥处理较难 有时会发生施工质量问题 必须根据地层条件选择施工方法 桩周土或桩底土容易松弛	比较难	在带有承压水的砂层中施工易发生涌砂现象 地层倾斜时会造成桩的弯曲 在含有石块的地层中施工，成孔费时

三大类型桩施工法选择例　　　　　　　　　　　　　　表 5-1-3

桩型 选择条件	打　入　桩			埋入桩	灌　注　桩			
	RC 桩	PC（PHC）桩	钢管桩		旋挖钻斗钻法	贝诺特法	反循环法	人工挖孔桩
市街、住宅区等	×	×	×	○	○	△	△	△
地下水位高	○	○	○	△	○	○	○	×
桩端持力层深	×	△	○	△	△	△	△	×
贯通含石块的中间地层	△	×	△	○	△	×	△	△

注：○合适；△需要十分注意；×困难。

5.1.2.2 桩基几何尺寸的选择

1. 桩径与桩长

（1）确定桩长的参考标准

决定桩长应根据土层的竖向分布特征，选择地基土持力层（包括摩擦持力层和桩端持力层），对于按实体基础考虑的群桩，还应考虑桩端压缩层深度。

一般应选择较硬土层作为桩端持力层。桩端全断面进入持力层的深度，对于黏性土、粉土不宜小于 $2d$（d——桩的直径），砂土不宜小于 $1.5d$，碎石类土，不宜小于 $1d$。当存在软弱下卧层时，桩端以下硬持力层厚度不宜小于 $3d$。

当硬持力层较厚且施工条件许可时，桩端全断面进入持力层的深度宜达到桩端阻力的临界深度。

强风化岩的力学性质一般与碎石类土相似，用它作为桩端持力层时，桩进入该层的深度不宜小于 $1d$。

对于嵌岩桩，嵌岩深度应综合荷载、上覆土层、基岩、桩径、桩长诸因素确定；对于嵌入倾斜的完整和较完整岩的全断面深度不宜小于 $0.4d$ 且不小于 0.5m，倾斜度大于30%的中风化岩，宜根据倾斜度及岩石完整性适当加大嵌岩深度；对于嵌入平整、完整的坚硬岩和较硬岩的深度不宜小于 $0.2d$，且不应小于 0.2m。

桩长的选择，应考虑在基础附近已埋入地下的建（构）筑物等。

群桩桩长的选择还要考虑土的扩散角，避免应力重叠。

承受水平荷载的桩，其入土深度应大于有效桩长，即对水平荷载发挥有效抗力的那部分长度。

对于挤土桩，尚应考虑贯穿硬夹层深度的可能性。

（2）确定桩径的参考标准

首先应考虑各种桩成型的最小直径要求（不包括微型桩，即 JM 桩）。例如：打入式预制桩不小于 25cm×25cm；干作业钻孔桩不小于 30cm；泥浆护壁钻孔桩和冲孔桩不小于 50cm；人工挖孔桩不小于 80cm 等。

其次，要充分利用桩身材料强度来确定桩截面。例如，当作用在桩上的外力小于桩在土中的承载力时，一般应采用小截面桩。

下述情况，应扩大桩截面：①有较大的集中荷载和桩端在密实土中时；②当有较大的水平荷载或上拔荷载作用时；③为了穿过较厚的软弱土层而增大侧表面时；④长度不大时。

对于排架柱或框架柱下的桩基，当建筑场地埋藏有基岩、砂卵石等坚硬持力层时，可采用一柱一桩，以节省承台用料。但此时必须确保桩的施工质量。

（3）选择长径比（L/d）的参考标准

对于摩擦桩和端承摩擦桩，由于其大部分桩身轴向压力通过桩侧阻力向下和向四周传布，使轴向压力随深度递减，事实上不存在桩身压屈失稳问题，因此，其长径比可不作限制，宜采用细长桩。对于摩擦端承桩和端承桩，当其桩端持力层强度低于桩身材料强度的情况下，一般宜优先考虑采用扩底灌注桩。

按不出现压屈失稳条件来确定桩的长径比，一般说来，仅当高承台桩露出地面的长度较大，或桩侧土为可液化土、超软土的情况下，才需考虑这一问题。对于一般土中的桩，其压屈临界荷载值很高，远大于由土体强度控制的极限承载力。因此，主要根据施工因素适当考虑桩身稳定问题，来确定最大长径比。

按施工垂直度偏差控制桩长径比，主要是考虑不致出现桩端交会而降低桩端阻力。当桩的设计最小中心距一般为 $2.5d$，桩的容许水平偏差为 $d/4$，垂直度容许偏差为 1%，由此可得到保证相邻桩端不交会的条件是 $L/d \leqslant 60$。

2. 桩的中心距

群桩基础中心距的确定需考虑下列因素：

（1）考虑挤土桩成桩过程的挤土效应。对于打入桩、压入桩、沉管灌注桩等挤土桩，其成桩过程的挤土效应，是确定这类桩最小中心距的主导因素。

对于沉管灌注桩，要考虑成桩过程中桩间土体不至于因桩距过小而发生过大的隆起，或对邻桩产生过大的侧向挤压力，而造成颈缩或断桩；对于饱和土中的预制桩，沉桩过程中产生较大的超静水孔压，土体出现隆起和侧移，如果桩中心距过小，会对已入土的桩产生上拔力和水平推力，使其向上抬起和倾斜，导致桩端阻力降低，桩身拉断和折断；当预制桩接头焊接质量差，桩距过小，沉桩的挤土效应会造成接头拉断并脱离。粉土和砂土中的挤土桩，当桩距过小，由于挤土效应可能使沉桩阻力逐步增大，以致无法沉至设计标高，在地面上形成高低不等的"桩林"。为此对挤土桩的最小中心距应严加限制。

我国《建筑桩基技术规范》JGJ 94—2008 规定的基桩最小中心距见表 5-1-4。当施工中采取减小挤土效应的可靠措施时，表中数值可根据当地经验适当减小。

基桩的最小中心距   表 5-1-4

土类与成桩工艺		排数不少于 3 排且桩数不少于 9 根的摩擦型桩桩基	其他情况
非挤土灌注桩		3.0d	3.0d
部分挤土桩	非饱和土、饱和非黏性土	3.5d	3.0d
	饱和黏性土	4.0d	3.5d
挤土桩	非饱和土、饱和非黏性土	4.0d	3.5d
	饱和黏性土	4.5d	4.0d
钻、挖孔扩底桩		2D 或 $D+2.0$m（当 $D>2$m）	1.5D 或 $D+1.5$m（当 $D>2$m）
沉管夯扩、钻孔挤扩桩	非饱和土、饱和非黏性土	2.2D 且 4.0d	2.0D 且 3.5d
	饱和黏性土	2.5D 且 4.5d	2.2D 且 4.0d

注：1. d——圆桩设计直径或方桩设计边长，D——扩大端设计直径。

    2. 当纵横向桩距不相等时，其最小中心距应满足"其他情况"一栏的规定。

    3. 当为端承桩时，非挤土灌注桩的"其他情况"一栏可减小至 2.5d。

浙江省《建筑软弱地基基础设计规范》DBJ 10-1-90，对沉管灌注桩基的最小中心距和最大布桩平面系数，见表 5-1-5。所谓布桩平面系数系指同一建筑物内，桩的横截面面积之和与边桩外缘线所包围的场地面积之比。表 5-1-5 中数据在考虑打入式桩的挤土效应时可参考。

沉管灌注桩的最小中心距和最大布桩平面系数   表 5-1-5

土的类别	一般情况		排列超过 2 排、桩数超过 9 根的摩擦桩基础	
	最小中心距	最大布桩平面系数	最小中心距	最大布桩平面系数
穿越饱和土	4.0d	5%	4.5d	4%
穿越非饱和土	3.5d	6.5%	4.0d	5%

注：表中 d 为桩身设计直径。

（2）考虑群桩效应。一般说来，群桩由"整体破坏"转变为"刺入破坏"的桩距界限值，从承载能力和经济效果综合来看，可以认为是最优的设计桩距。对于软弱地基中的群桩基础，增大桩距和桩长，是提高单桩承载力取值的手段。

（3）考虑邻桩干扰效应。对于在黏性土、粉土和密砂中的摩擦桩和端承摩擦桩，要考虑不致因桩距过小产生过大的邻桩干扰效应，而降低承载力。

（4）确定桩距时，应考虑承台分担荷载的作用。

5.1.2.3 常用桩设桩工艺选择

见表 5-1-6。

一些常用桩设桩工艺选择参考表

表 5-1-6

桩型	桩径或桩宽 (mm)	桩长 (m)	穿越土层											桩端进入持力层				地下水位		对环境影响		孔(桩)底有无挤密
			一般黏性土及其他填土	黄土 非自重湿陷	黄土 自重湿陷	季节性冻土、膨胀土	淤泥和淤泥质土	粉土	砂土	碎石土	中间有硬夹层	中间有砂夹层	中间有碎石夹层	硬黏性土	密实砂土	碎石土	软质岩石和风化岩石	以上	以下	振动和噪声	排浆	
长螺旋钻孔灌注桩	300～1500	≤30	○	○	△	○	×	○	△	×	△	△	×	○	○	△	△	○	×	低	无	无
短螺旋钻孔灌注桩	300～3000	≤80	○	○	△	○	×	△	△	△	△	△	△	○	○	△	△	○	×	低	无	无
小直径钻孔扩底灌注桩(干作业)	桩身 300～600 扩大头 800～1200	≤30	○	○	△	○	×	○	△	△	△	△	△	○	○	△	△	○	○	低	无	无
机动洛阳铲成孔灌注桩	270～500	≤20	○	○	△	△	×	○	△	×	△	△	×	○	○	△	△	○	×	中	无	无
人工挖(扩)孔灌注桩	800～4000	≤60	○	○	×	○	×	○	△	△	△	△	△	○	○	△	△	○	△	无	有	无
潜水钻成孔灌注桩	450～4500	≤80	○	○	○	○	○	○	△	△	△	△	△	○	○	△	△	○	○	低	有	无
旋挖钻斗钻成孔灌注桩	800～4000	≤130	○	○	△	△	×	○	△	×/△	△	×/△	×/△	○	○	△	△	○	△	低	有	无
反循环钻成孔灌注桩	400～4000	≤150	○	○	○	△	×	○	△	×/△	△	×/△	×/△	○	○	△	△	○	△	低	有	无
正循环钻成孔灌注桩	400～2500	≤90	○	○	△	○	×	○	△	△	△	×/△	×/△	○	○	△	△	○	△	低	有	无
大直径钻孔扩底灌注桩(泥浆护壁)	桩身 800～4100 扩大头 1000～4380	≤70	○	○	○	△	×	○	×/△	×/△	○	×	×/△	○	○	△	×/△	○	△	低	有	无
贝诺特灌注桩	600～3000	≤90	○	○	○	○	○	○	△	△	△	△	△	○	○	△	△	○	○	低	无	无
冲击成孔灌注桩	600～2000	≤50	○	×	△	×	×	○	△	×/△	△	△	△	○	○	△	△	○	○	中	有	无
桩端压力注浆桩	400～2000	≤130	○	△	○	△	×	○	△	△	○	×/△	×/△	○	○	△	△	○	○	低	有/无	有
钻孔压浆桩	400～800	≤30	○	△	△	○	×	○	△	△	△	△	△	○	○	△	△	○	○	低	无	有
长螺旋钻孔压灌桩	400～1000	≤30	○	○	○	○	×	○	△	△	○	△	△	○	○	△	△	○	○	低	无	有

续表

桩型	桩径或桩宽 (mm)	桩长 (m)	穿越土层 一般黏性土及其填土	黄土 非自重湿陷	黄土 自重湿陷	季节性冻土、膨胀土	淤泥和淤泥质土	粉土	砂土	碎石土	中间有硬夹层	中间有砂夹层	中间有碎石夹层	桩端进入持力层 硬黏性土	密实砂土	碎石土	软质岩石和风化岩石	地下水位 以上	以下	对环境影响 振动和噪声	排浆	孔(桩)底有无挤密
锤击沉管成孔灌注桩	270～800	≤35	○	○	○	△	○	○	△	×	△	△	×	○	○	△	△	○	○	高	无	有
振动沉管成孔灌注桩	270～270	≤50	○	○	○	△	○	○	△	×	△	△	×	○	○	△	×	○	○	高	无	有
振动冲击沉管成孔灌注桩	270～500	≤25	○	○	○	△	○	○	△	△	△	△	△	○	○	△	△	○	○	高	无	有
夯扩桩	325～530	≤25	○	○	○	△	○	○	△	×	△	△	×	○	○	△	×	○	○	中	无	有
福兰克桩	325～600	≤20	○	○	○	△	○	○	△	△	△	△	△	△	△	△	×	○	○	中	无	有
载体桩	300～600	≤25	○	○	○	△	○	○	△	△	△	△	△	○	○	△	△	○	○	中	无	有
DX挤扩灌注桩	桩身 400～1500 承力盘 800～2500	≤60	○	△	△	△	○	○	△	×/△	△	○	×/△	○	△	△	△	○		低	有/无	有
预钻孔打入式预制桩	300～1200	≤70	○	○	○	○	○	○	△	△	△	○	△	○	○	△	△	○	○	低	有/无	有
中掘施工法桩	300～1500	≤80	○	○	○	○	○	○	△	△	△	○	△	○	△	△	×/△	○	○	低	有	有
打入式钢管桩（开口）	300～1500	≤80	○	○	○	○	○	○	△	△	△	○	×	○	○	△	○	○	○	高	无	有
打入式 RC 桩	250～800	≤60	○	○	○	○	○	○	△	×	△	○	×	○	○	×	△	○	○	高	无	有
打入式管桩	300～1000	≤60	○	○	○	○	○	○	△	×	△	○	×	○	○	△	△	○	○	高	无	有
静压管桩	300～600	≤70	○	△	△	△	○	○	△	×	△	○	×	○	△	×	×	○	○	高	无	有

注：1. 表中符号○—表示比较适合，即在大多数情况下适合，施工实绩多；△—表示有可能采用，或在某些情况下适合，或施工实绩不多；×—表示不宜采用，即在大多数情况下不适合，或几乎没有施工实绩；

2. 表中成孔工艺选择的可能性及桩径、桩长参数会随着设桩工艺进步而有所突破或变化；

3. 钻机、成孔机的成孔深度比桩在实际深度比实际成孔深度大得多，如正、反循环钻机最大钻孔深度分别可达到600m和650m，但最大桩长分别为90m和150m。

5.1.2.4 常用桩施工方法的优缺点

见表 5-1-7。

一些常用桩基施工方法的优缺点 表 5-1-7

桩 型	优 点	缺 点
打入式预制桩（筒式柴油锤沉桩方式）	• 安装方便，施工准备周期短，暂时架设容易 • 施工质量容易控制 • 成桩不受地下水影响 • 生产效率高，施工速度快，工期短 • 相同土层地质条件下，单方承载力最高 • 无泥浆排放	• 振动大，噪声高，扰民严重 • 在 $N>30$ 的砂层中沉桩困难 • 在厚度大的软土层中打长桩，常因拉应力而造成桩拉裂 • 直径大时施工较难 • 造价高 • 挤土效应显著
调频调幅液压（或电驱式）振动桩锤	• 安装方便，施工准备周期短，暂时架设容易 • 选择较佳频率，可调节偏心力矩，实现激振力由小到大可控调节 • 实施零启动，在力矩不为零情况下不能启动振动桩锤，保证在启动过程无共振出现 • 实施零停机，在停止振动前偏心力矩先自动回到零，保证在停机过程无共振出现 • 施工质量容易控制 • 成桩效率高，施工速度快，工期短	• 在 $N>30$ 的砂层中沉桩困难，但可以借助于射水法冲刷硬层以克服沉桩困难 • 存在挤土效应
静压桩	• 无噪声，无振动 • 无冲击力，施工应力小，桩顶不易破坏 • 沉桩精度较高，不易产生偏心沉桩 • 比打入式桩减少钢筋和水泥用量 • 压桩力能自动记录和显示，可预估和验证单桩承载力 • 送桩后桩身质量较可靠	• 压桩设备较笨重 • 要求边桩中心到已有建筑物的间距较大 • 压桩力受一定限制 • 贯穿中间硬夹层困难 • 挤土效应仍然存在，需视不同工程情况采取措施以减少其公害
沉管灌注桩（$d<500\text{mm}$）	• 设备简单，施工方便，操作简单 • 造价低 • 施工速度快，工期短 • 随地质条件变化适应性强 • 无泥浆排放	• 由于桩管口径的限制，影响单桩承载力 • 振动大，噪声高 • 因施工方法及施工者的因素，偏差较大 • 施工方法和工艺不当会造成缩颈、隔层、断桩、夹泥、空底等情况 • 遇淤泥层时处理比较难 • 在 $N>30$ 的砂层中沉桩困难
夯扩桩	• 在桩端处夯出扩大头，单桩承载力较高 • 借助于内夯管和桩锤的重量夯击灌入的混凝土，桩身质量高 • 可按土层地质条件，调节施工参数、桩长和夯扩头直径，以提高单桩承载力 • 施工机械轻便，机动灵活，适应性强 • 施工速度快，工期短，造价低，无泥浆排放	• 遇中间硬夹层，桩管很难沉入 • 遇承压水层，成桩困难 • 振动较大，噪声较高

桩 型	优 点	缺 点
载体桩	• 通过夯击填充料挤密土体形成复合载体，大大地提高单桩承载力 • 可根据不同的设计要求，通过调整施工参数来调节单桩承载力 • 施工机械轻便，移动方便 • 施工中无需降水 • 可减少土方开挖的工程量 • 施工中无泥浆产生，还可消纳大量建筑垃圾和工业废料，有利于环境保护 • 可穿透杂填土，层成孔成桩 • 施工造价低廉，施工速度快 • 夯扩体形状可控且边界较清楚	• 遇承压水层成孔成桩困难 • 因属于挤土桩，视具体工艺不同，或多或少地对周边建筑物和地下管线产生挤土效应 • 护筒式夯扩工艺实施中，在夯扩填充料最后阶段有低振感
预钻孔打入式预制桩	• 预钻孔时振动和噪声降低 • 预钻孔后充分打入保证桩端阻力 • 预钻孔可穿越较密实砂层 • 可对桩端加固或设扩大头，以提高桩端阻力	• 打桩时振动和噪声值与打入式桩一样，但打入深度浅，影响小 • 桩侧阻力明显降低，但可在孔与桩间注浆，提高桩侧阻力
中掘施工法桩	• 振动小，噪声低 • 孔径不大于桩径，可保障桩侧阻力 • 可穿越坚硬中间层，较厚的固结层 • 可在倾斜地层中施工 • 可在易坍塌的地层中施工 • 桩起护筒作用，对周围建筑物影响小 • 可进行大直径桩的施工 • 可对桩端加固或设扩大头以提高桩端阻力	• 与预钻孔打入式桩相比，施工速度降低 • 大深度桩施工时，不仅桩需焊接，螺旋钻杆也需接长，施工较麻烦 • 桩机较大，狭窄场地施工困难 • 因施工方法及施工者的因素，偏差较大
螺旋钻孔灌注桩（干作业）	• 设备简单，施工方便 • 振动小，噪声低，不扰民 • 钻进速度快，工期短 • 无泥浆污染 • 因是干作业成孔，混凝土灌注质量较好 • 造价低	• 桩端或多或少留有虚土 • 单方承载力较低 • 地下水位以下无法成孔 • 适用范围限制较大
钻孔扩底灌注桩	• 振动小，噪声低 • 造价低 • 单方承载力与打入式预制桩相当 • 桩身直径缩小，钻孔后排土量减少 • 桩身直径缩小和桩数减少，可缩小承台面积 • 大直径钻扩桩可适应高层建筑一柱一桩要求	• 桩端有时留有虚土 • 干作业钻扩孔法在地下水位以下无法成孔 • 水下作业钻扩孔法需处理废泥浆

桩 型	优 点	缺 点
旋转挤压灌注桩	• 适用范围广泛，施工不受地下水影响 • 承载力高，沉降小 • 成桩效率高 • 污染程度低 • 机械化施工程度高 • 高度智能化 • 节能减排	• 设计和施工时需考虑挤土效应的影响，并采取减小挤土效应的措施 • 成孔成桩工艺特殊，受力机理比较复杂，有关的设计计算公式及理论分析等需要进一步完善
人工挖孔灌注桩	• 设备简单，振动小，噪声低 • 施工现场干净 • 对施工现场周围的原有建筑物影响小 • 施工速度快，可多桩孔同时施工 • 土层情况明确，可直接观察地质变化情况 • 桩端虚土能清除干净 • 适应市区狭窄场地施工	• 无混凝土护壁或钢模板的情况下，易发生土壁坍落，会发生人身伤亡事件 • 遇有害气体会发生人身死亡事件 • 孔外物体坠落孔内，会造成人身伤亡事件 • 桩长度大时需预防缺氧
贝诺特灌注桩	• 振动小，噪声低 • 用套管插入整个孔内，孔壁不会坍落 • 配合各种抓斗，几乎各种土层、岩层均可施工 • 可在各种杂填土中施工 • 无泥浆污染 • 可确切地搞清持力层土质，选定合适桩长 • 因用套管，可靠近既有建筑物施工 • 容易确保确实的桩断面形状 • 可挖掘小于套管内径1/3的石块 • 因含水比例小，较容易处理虚土 • 可作斜桩 • 成孔和成桩质量高	• 因是大型机械，施工时要有较大场地 • 地下水位下有厚细砂层（厚度5m以上）时，拉拔套管困难 • 在软土及含地下水的砂层中挖掘，因下套管时的摇动使周围地基松软 • 桩径有限制 • 无水挖掘时需注意防止缺氧、有害气体等发生 • 容易发生涌砂、隆起现象 • 会发生钢筋笼上升事故 • 工地边界到桩中心的距离比较大
反循环钻成孔灌注桩	• 振动小，噪声低 • 可施工大直径（4.0m）、大深度（150m）桩 • 用天然泥浆即可保护孔壁 • 可用特殊钻头钻挖岩石 • 可进行水上施工 • 可钻挖地下水位下厚细砂层（厚度5m以上） • 钻挖速度较快 • 几乎各种土层、岩层均可施工	• 很难钻挖比钻头的吸渣口径大的卵石或巨石 • 土层中有较高压力的承压水或地下水流时，施工比较困难 • 如果水压头和泥浆密度等管理不当，会引起坍孔 • 钻挖出来的土砂中水分多，弃土困难 • 废泥水处理量大 • 暂时架设的规模大

桩 型	优 点	缺 点
正循环钻成孔灌注桩	• 钻机小，重量轻，狭窄工地也能使用 • 设备简单 • 设备故障较少，工艺技术成熟，操作简单 • 噪声低，振动小 • 工程费用较低	• 泥浆上返速度低，排渣能力差，岩土重复破碎现象严重 • 泥浆黏度大，密度大，使孔壁泥膜厚 • 沉渣厚度大
潜水钻成孔灌注桩	• 设备简单，体积小，重量轻，施工转移方便，狭窄工地也能使用 • 整机潜入桩孔中钻进，无噪声，无振动 • 动力装置潜在孔底，耗用动力小 • 钻孔时不需提钻排渣，钻孔效率较高 • 电动机在水中运转，温升较低 • 钻杆不需要旋转，故断面较小并不易折断	• 有泥浆污染问题 • 反循环排渣时，若遇大石块，易卡管 • 桩孔易扩大，使灌注混凝土超方
旋挖钻斗钻成孔灌注桩	• 振动小，噪声低 • 最适宜于在黏性土中干钻（不要稳定液） • 机械安装比较简单 • 施工场地内移动方便 • 钻进速度快 • 造价低 • 工地边界到桩中心的距离较小	• 钻挖卵石（10cm以上）层很困难 • 稳定液管理不适当时，会产生坍孔 • 土层中有强承压水时，施工困难 • 废泥浆处理困难 • 沉渣处理困难 • 孔径比钻头直径大 7%～20%左右
冲击钻成孔灌注桩	• 冲击土层时的冲挤作用形成的孔壁较坚固 • 在含有较大卵砾石层，漂砾石层中成孔效率较高 • 设备简单，操作方便，钻进参数容易掌握 • 设备移动方便，机械故障少 • 泥浆不是循环的，故泥浆用量少，消耗小 • 只有在提升钻具时才需要动力，能耗小 • 在流砂层中亦能钻进	• 大部分作业时间消耗在提放钻头和掏渣上，故钻进效率低 • 容易出现桩孔不圆的情况 • 容易出现孔斜、卡钻和掉钻等事故 • 由于冲击能量的限制，孔深和孔径均比反循环钻成孔施工法小 • 岩屑多次重复破碎
钻孔压浆桩	• 振动小，噪声低 • 能在流砂、淤泥、砂卵石、易塌孔和地下水的条件下成孔成桩 • 解决了断桩、缩颈、桩端虚土等问题，还有局部扩径现象 • 单方承载力较高 • 施工速度快，工期短	• 因为无砂混凝土，故水泥消耗量较大 • 桩身上部和下部的混凝土密实度不一致 • 注浆结束后，地面上水泥浆流失较多 • 遇到厚流砂层时成桩困难

桩 型	优 点	缺 点
桩端压力注浆桩	• 适应性广（适用土质范围广，可配合用于各种非挤土灌注桩及冲击钻成孔灌注桩） • 改善桩与土的相互作用 • 施工方法灵活，注浆设备简单，便于普及 • 改变桩端虚土的组成结构 • 单方承载力高，技术经济效益显著 • 保留原各种灌注桩的优点	• 需精心施工，不然会造成注浆管被堵、注浆管被包裹、地面冒浆和地下窜浆等现象
DX挤扩灌注桩	• 单桩承载力高，可充分利用桩身上下各部位的硬土层，抗拔承载力高 • 成孔成桩工艺适用范围较广，既可结合泥浆护壁法成直孔，也可结合干作业法成直孔 • 低噪声、低振动，泥浆排放量大大减少 • 节省造价，缩短工期 • 挤扩后，承力盘和承力岔的腔体成形稳定而不坍塌 • 挤扩时机控转角，定位准确，成桩差异性小 • 桩身稳定性好	• 配合干作业长螺旋成孔后挤扩时如果砂层过厚，易发生承力盘腔体坍塌 • 配合泥浆护壁法成孔后挤扩时，如果泥浆相对密度过小（小于1.20～1.25），易发生承力盘腔体坍塌 • 成桩后，对于有三个以上承力盘桩体的检测方法尚需进一步完善
长螺旋钻孔压灌桩	• 具有桩体材料自行护壁的功能，无须附加其他护壁措施，免除泥浆污染、处理及外运等工作，环保效果好 • 成孔、成桩由一机一次完成，施工程序简化，施工效率高工程质量稳定 • 桩端沉渣少，桩壁无泥皮，桩身强度高，承载能力高 • 低噪声，低振动，不扰民 • 施工造价低	• 遇到粒径大的卵石层或厚流砂层成孔困难 • 设备种类多，要求作业人员技术水平较高并配合紧密，施工管理较难 • 混凝土配合比或坍落度不符合要求或混凝土压灌时前后者配合不紧密，易发生堵管现象 • 桩孔内混凝土坍落度损失过快，会造成钢筋笼植入不到位

5.2 沉 桩 机 械 设 备

5.2.1 桩锤

桩锤有柴油锤（导杆式和筒式）、液压打桩锤和振动沉拔桩锤（电动式和液压式）等，其工作原理、适用范围和优缺点可参考表5-2-1。

各种桩锤适用范围及优缺点比较表

表 5-2-1

桩锤种类	工 作 原 理	适 用 范 围	优缺点
筒式柴油锤	锤的冲击体在圆筒形的气缸内，根据二冲程柴油发动机的原理，以轻质柴油为燃料，利用冲击部分的冲击力和燃烧压力为驱动力，引起锤头跳动夯击桩顶	（1）适宜于打各种桩；（2）适宜于一般土层中打桩；（3）也可打斜桩（最大斜桩角度为45°）。是各种桩锤中使用最为广泛的一种	重量轻，体积小，打击能量大，施工性能好，单位时间内打击次数多，机动性强，桩顶不易打坏，运输费用低，燃料消耗少；但振动大，噪声高，润滑油飞散，在软土中打设效率低
导杆式柴油锤	根据二冲程柴油发电动机的原理，用卷扬机将缸锤（冲击部分）提升至横梁处固定，然后松开锤钩，缸锤自由下落，撞及活塞，缸塞间空气受到压缩，温升，最后气缸内雾状燃油被点燃爆发，爆发力使桩下沉	（1）适宜于打各种桩（木桩、钢板桩、钢筋混凝土桩）；（2）最近20多年来，用于夯扩桩和锤击沉管桩	结构简单，整机重量轻，运输与安装方便；冷启动性能好；在软土中打桩效率比筒式柴油锤高；相同重量下，其打击能量比筒式柴油锤小；耐磨性差
振动沉拔桩锤	利用锤高频振动，以高加速度振动桩身，使桩身周围的土体产生液化，减小桩侧与土体间的摩阻力，然后靠锤与桩体的自重将桩沉入土层中。拔桩时，在边振的情况下，用起重设备将桩拔起	（1）适用于围堰工程中钢板桩施工；（2）施打一定长度的钢筋桩、H型钢桩、钢筋混凝土预制桩和灌注桩；（3）适用于粉质黏土、松砂、黄土和软土，不宜用于岩石、砾石和密实的黏性土层；（4）在地基处理工程中使用	施工速度快，使用方便，施工费用低，施工时噪声低，没有其他公害污染，结构简单，维修保养方便；可兼用作沉桩和拔桩作业，启动、停止容易；但不适宜于打斜桩，在硬质土层中打桩，有时不易贯入，需要大容量电力
液压打桩锤	单作用液压锤是冲击块通过液压装置提升到预定的高度后快速释放，冲击块以自由落体方式打击桩体的。而双作用液压锤是冲击块通过液压装置提升到预定高度后，再次从液压系统获得加速能量来提高冲击速度而打击桩体	适用范围与筒式柴油锤相同	无烟气污染，噪声较低，软土地区施工启动性能好，打击力峰值小，桩顶不易损坏，冲击块行程调节平稳，斜桩角度大，可用于水下打桩；但结构复杂，保养与维修工作量大，价格贵，冲击频率小，作业效率较筒式柴油锤低
射水沉桩	利用水压力冲刷桩端处土层，再配以锤击沉桩	（1）常与锤击法联合使用，适宜打大断面钢筋混凝土空心管桩；（2）可用于多种土层，而以砂土、砂砾土或其他坚硬土层最适宜；（3）不能用于粗卵石和极坚硬的黏土层	能用于坚硬土层，打桩效率高，桩顶不易损坏；但设备较多，当附近有建筑物时，水流易使建筑物沉陷，不能打斜桩

1. 导杆式柴油锤

导杆式柴油锤为气缸冲击式。这种锤在软土中启动性能好，适用于打小型桩，近20多年来多用于夯扩桩和锤击沉管灌注桩。

导杆式柴油打桩锤的构造见图 5-2-1，其规格与技术性能，见表 5-2-2 和表 5-2-3。

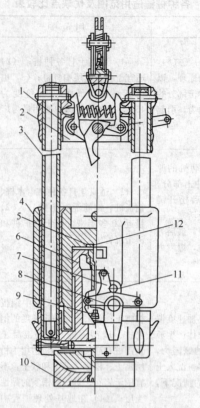

图 5-2-1　导杆式柴油打桩锤构造示意

1—顶横梁；2—起落架；3—导杆；4—缸锤；5—喷油嘴；

6—活塞；7—曲臂；8—油门调整杠杆；9—油泵；10—桩

帽；11—撞击销；12—燃烧室

导杆式柴油打桩锤技术参数（JG/T 5109—1999）　　　　　　　　表 5-2-2

型　号	气缸质量 （kg）	桩锤质量 （kg）	最大能量（理论值） （kJ）	柴油锤高度 （mm）	导轨宽度 （mm）
DD1	150	≤300	≥1.5	≤2300	240
DD2	250	≤480	≥3		
DD4	400	≤800	≥5.6		210
DD6	600	≤1300	≥10.8	≤3400	300
DD12	1200	≤2200	≥25.2	≤4800	
DD18	1800	≤3200	≥37.8		
DD25	2500	≤4200	≥57.5	≤5000	360/330
DD40	4000	≤7200	≥92	≤5600	
DD63	6300	≤11000	≥157.5	≤6100	330/600
DD80	8000	≤14000	≥200	≤6500	600

江苏东达工程机械有限公司生产的导杆式柴油打桩锤的技术参数 表 5-2-3

参数名称 \ 型号	DD1	DD2	DD6	DD12	DD18	DD25	DD32	DD40	DD50	DD63	DD80	DD108
气缸体质量(kg)	150	250	600	1200	1800	2500	3200	4000	5000	6300	8000	10800
气缸体最大冲程(m)	1.2	1.2	1.87	2.1	2.1	2.3	2.5	2.5	3.0	3.0	3.0	3.0
频率(min⁻¹)	50~70	50~70	45~60	45~60	45~60	42~55	40~50	40~50	35~50	35~50	35~50	35~50
最大能量(kJ)	1.8	3	10.8	25.2	37.8	57.5	80	100	147	185	235	317.52
燃油消耗量(L/h)	1.0	1.2	3.1	4.5	6.9	10	12	14	16.8	18	20	35
气缸孔径(mm)	120	135	200	250	290	370	410	450	490	510	580	670
活塞行程(mm)	170	210	381	441	540	500	565	585	686	714	780	882
压缩比	22	22	15	15	15	22	22	22	22	22	22	22
桩锤总质量(kg)	300	480	1260	2230	3120	4200	5350	7200	9200	11600	14200	18200
导轨形式	槽钢	槽钢	槽钢	槽钢	槽钢	槽钢/圆钢	槽钢/圆钢	槽钢/圆钢	槽钢/圆钢	圆钢	圆钢	圆钢
导轨中心距(mm)	120/240	120/240	300	300/340/360	340/360	360/330	360/330	360/330	330	330	600	600

2. 筒式柴油锤

筒式柴油锤应用最广,按打桩锤功能,可分为直打型和斜打型,直打型也可用于打斜桩,只是润滑方式不同,而仅限于打 15°~20° 范围内的斜桩,而斜打型则可在 0°~45° 范围内打各种角度的桩,如图 5-2-2 (a)、(c);按打桩锤的冷却方式,可分为水冷式和风冷式,如图 5-2-2 (d)、(c);按打桩锤的润滑方式,可分为飞溅润滑和自动润滑;按打桩锤的应用方式,可分为陆上型和水上型,如图 5-2-2 (a)、(b)。

筒式柴油锤第一规格系列技术参数和第二系列技术参数分别见表 5-2-4 和表 5-2-5。

筒式柴油锤第一规格系列技术参数 (JG/T 5053.1—1995) 表 5-2-4

型号 \ 项目	冲击部分质量 (kg)	桩锤总质量 (不大于) (kg)	桩锤全高 (不大于) (mm)	一次冲击最大能量 (不小于) (kN·m)	最大跳起高度 (不小于) (m)
D8	800	2200	4700	24	3
D16	1600	3700	4730	48	3
D25	2500	5700	5260	75	3
D30	3000	6200	5260	90	3
D36	3600	8200	5285	108	3
D46	4600	9200	5285	138	3
D62	6200	12300	5910	186	3
D80	8000	17300	6200	240	3
D100	10000	20800	6358	300	3

注:本表适用于冲程不低于 3m 的柴油锤,第一规格系列为优先采用系列。

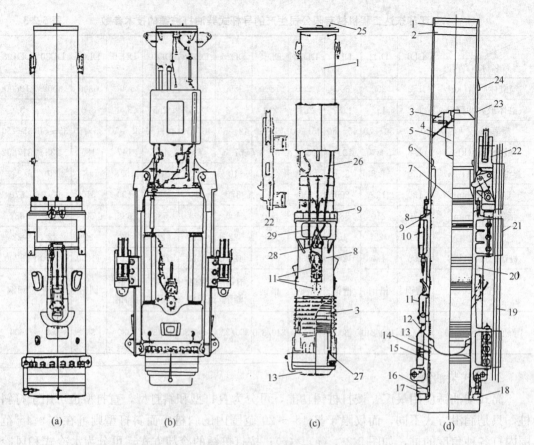

(a)   (b)   (c)   (d)

图 5-2-2　筒式柴油打桩锤类型和主体结构

1—上气缸；2—挡槽；3—上活塞；4—油室；5—渗油管；6—钩肩；7—导向环；8—下气缸；9—螺栓；10—油箱；
11—供油泵；12—燃烧室；13—下活塞；14—油槽；15—活塞环；16—压环；17—外端环；18—缓冲圈；19—导杆；
20—水箱；21—导向板；22—起落架；23—启动槽；24—上碰块；25—气缸盖；26—润滑油管；27—内衬圈；
28—润滑油泵；29—油管

筒式柴油锤第二规格系列技术参数（JG/T 5053.1—1995） 表 5-2-5

型号＼项目	冲击部分质量（kg）	桩锤总质量（不大于）（kg）	桩锤全高（不大于）（mm）	一次冲击最大能量（不小于）（kN·m）	最大跳起高度（不小于）（m）
D1.4	140	360	2700	2.49	1.78
D12	1200	2800	4000	30.0	2.50
D18	1800	4400	4200	45.0	2.50
D25	2500	6800	5000	62.5	2.50
D32	3200	7500	5000	80.0	2.50
D35	3500	8600	5100	87.5	2.50
D40	4000	9800	5300	100.0	2.50
D45	4500	10400	5000	112.5	2.50
D50	5000	12000	5300	125.0	2.50
D60	6000	16800	6000	150.0	2.50
D72	7200	18500	6000	180.0	2.50

注：本表适用于冲程低于 3m 的柴油锤。

国内外部分筒式柴油锤的型号、规格和技术性能，见表 5-2-6 和表 5-2-7。

筒 式 柴 油 锤　　　　　表 5-2-6

生产厂	型号	冷却方式	外形尺寸 (mm)			总质量 (kg)	冲击部分质量 (kg)	容许斜打角 (°)	打击频率 (次/min)	冲击能量 (kN·m)	燃油消耗量 (L/h)	润滑油消耗量 (L/h)	最大爆发力 (kN)	适宜桩的最大质量 (kg)
			长	宽	深									
上海工程机械厂	D8-22	风冷	4700	410	590	1950	800	26	38～52	23.9～12.8	4.0	1.0	505	2500
	D12-42	风冷	5070	440	610	3000	1280	26	36～52	42.5～20.5	4.5	1.0	606	4500
	D16-32	风冷	5570	485	665	3250	1600	26	36～52	53.5～25.6	5.5	1.0	686	5000
	D19-42	风冷	4700	485	665	3695	1820	45	37～52	57.6～28.8	6.6	1.0	686	6000
	D25-32	风冷	5570	640	715	5610	2500	45	37～52	79.0～40.0	8.0	1.0	1304	7000
	D30-32	风冷	6260	640	715	6110	3000	45	37～52	94.8～48.0	10.0	1.0	1304	8000
	D36-32	风冷	6285	785	848	8190	3600	45	37～53	113.7～55.5	11.5	2.0	1695	10000
	D46-32	风冷	6285	785	848	9190	4600	45	37～53	145.3～70.9	16.0	2.0	1695	15000
	D62-22	风冷	6910	800	970	12280	6200	45	35～50	219.0～107.1	20.0	2.3	1800	25000
	D80-23	风冷	7200	890	1110	16905	8000	45	36～45	266.8～171.1	25.0	2.9	2600	30000
	D100-13	风冷	7358	890	1110	20360	10000	26	36～45	333.5～213.9	30.0	2.9	2600	40000
	D50C	风冷	6285	785	848	9590	5000	45	39～53	145.3～70.9	16.0	2.0	1695	15000
	D128	风冷	7600	1136	1045	27000	12860		36～45	426.5	36.6	2.9	3600	51000
	D138	风冷	7600	1136	1045	28000	13800		36～45	459.8	40.5	2.9	3900	53000
	D160	风冷	8000	1160	1165	34000	16000		36～45	533.0	46.0	4.5	4500	70000
	D180	风冷	8150	1160	1165	36500	18000		36～45	590.0	56.5	4.5	5000	80000
	D220	风冷	7900	1300	1320	45500	22000		36～45	733.0	70.0	6.5	6200	100000
广东力源液压压机机械公司	HD6	风冷	4970	350	625	1850	600	14	36～52	20.4～9.6	3.5	1.5	505	2500
	HD8	风冷	4970	350	625	2050	800	14	36～52	27.2～12.8	5.0	1.5	505	3000
	HD12	风冷	5000	440	625	3110	1280	14	36～52	43.5～20.5	6.1	1.5	606	5000
	HD19	风冷	5300	440	625	3750	1820	14	36～52	61.9～29.4	7.0	1.5	686	6000
	HD25	风冷	5410	560	700	5550	2500	14	36～52	85.0～39.2	8.5	1.5	1304	7000
	HD30	风冷	5410	560	700	6050	3000	14	36～52	102.3～48.5	10.0	1.5	1304	8000
	HD36	风冷	5770	660	930	8200	3600	14	37～52	112.9～56.5	12.5	2.5	1695	10000
	HD46	风冷	5770	660	930	9200	4600	14	36～52	156.4～72.1	17.0	2.5	1695	15000
	HD50	风冷		670	1002	11400	5000	14	35～52	180.0～80.0	17.0	2.5	1770	20000
	HD62	风冷	6490	710	980	12300	6200	14	35～50	217.0～108.5	21.5	2.5	1800	25000
	HD72	风冷	6490	710	980	13100	7200	14	36～50	244.8～122.4	23.5	2.5	1800	27000
	HD80	风冷	6720	820	1100	16900	8000	14	36～45	272.0～176.0	26.0	5.0	2600	30000
	HD100	风冷	6720	820	1100	20560	10000	14	36～45	340.0～220.0	29.0	5.0	2600	40000
	HD125	风冷	6963	910	1185	23500	12500	14	36～45	425.0～275.0	43.0	5.0	3395	50000
	HD150	风冷	6963	910	1185	26000	15000	14	37～45	480.0～330.0	47.0	5.0	3395	70000

续表

生产厂	型号	冷却方式	外形尺寸(mm) 长	宽	深	总质量(kg)	冲击部分质量(kg)	容许斜打角(°)	打击频率(次/min)	冲击能量(kN·m)	燃油消耗量(L/h)	润滑油消耗量(L/h)	最大爆发力(kN)	适宜桩的最大质量(kg)
德国宝峨机械设备有限公司	D6-42	风冷	4300	465	711	1620	600		39~52	17.0~9.6	3.7	0.25		
	D8-42	风冷	4695	420	711	2426	800		37~52	25.4~12.8	3.8	0.5		
	D12-42	风冷	5580	482	737	3220	1280		37~52	40.4~20.3	4.5	0.5		
	D19-42	风冷	5610	495	737	4400	1820		37~52	57.6~29.1	7.6	0.6		
	D25-32	风冷	5425	635	762	6710	2500		37~52	79.0~40.0	8.0	1.0		
	D30-32	风冷	5425	635	927	7210	3000		37~52	94.9~48.0	10.0	1.0		
	D36-32	风冷	5580	724	927	9026	3600		37~52	113.8~57.6	11.5	1.5		
	D46-32	风冷	5580	724	1003	10025	4600		37~52	145.5~73.6	16.0	1.5		
	D62-22	风冷	6890	825	1156	13290	6200		35~50	219.1~103.4	20.0	2.0		
	D80-23	风冷	7195	890	1244	18690	8000		36~45	267.3~171.1	25.0	2.6		
	D100-13	风冷	7345	890	1244	22135	10000		36~45	334.0~213.8	30.0	2.6		
	D125-32	风冷	7772	1042	1347	27330	12500		36~45	417.6~267.3	36.0	3.6		
	D138-32	风冷	7894	1042	1347	29030	13800		36~45	460.9~295.0	38.6	3.6		
	D160-32	风冷	7864	1156	1478	33800	16000		36~46	534.5~327.4	45.0	5.0		
	D180-32	风冷	8047	1156	1478	37470	18000		36~46	601.3~368.3	49.6	5.0		
日本神户制钢所	K13	水冷	4145	616	720	2900	1300	20	40~60	37	3~8	1.0	680	
	K25	水冷	4650	768	850	5200	2500	20	39~60	75	9~12	1.5	1080	8000
	K35	水冷	4650	881	950	7500	3500	20	39~60	105	12~16	2.0	1500	8000
	K45	水冷	4925	996	1090	10500	4500	20	39~60	135	17~21	2.5	1910	8000
	KB45	水冷	5460	996	1090	11000	4500	45	35~60	135	17~21	3.5	1910	8000
	KB60	水冷	5770	1135	1340	15000	6000	45	35~60	180	24~30	4.0	2460	
	KB80	水冷	6100	1384	1480	20500	8000	30	35~60	240	32~40	6.0	2500	10000
	K13A	水冷	4145	616	720	2900	1300	20	40~60	37	3~8	0.2~0.7	680	
	K25A	水冷	4650	768	850	5200	2500	20	39~60	75	9~12	0.2~0.7	1080	
	K35A	水冷	4650	881	950	7500	3500	20	39~60	105	12~16	0.3~1.0	1500	
	K45A	水冷	4925	996	1090	10500	4500	20	39~60	135	17~21	0.4~1.0	1910	
荷兰喜来打桩锤公司	H800	风冷	5950	520	585	2170	800	45	40~50	22	4	1	345	
	H1250	风冷	7395	700	780	2700	1250	45	40~50	34.38	6	1	510	
	H1500	风冷	7900	700	780	2950	1500	45	40~50	41.25	6	1	530	
	H2500	风冷	7770	930	1000	5250	2500	45	40~50	68.75	9.5	1.5	896	
	H2800	风冷	8165	930	1000	5605	2800	45	40~50	77.0	10	1.5	986.5	
	H3500	风冷	7940	940	1100	7300	3500	45	40~50	96.25	11	1.5	1192.0	

生产厂	型 号	冷却方式	外形尺寸 (mm)			总质量 (kg)	冲击部分质量 (kg)	容许斜打角 (°)	打击频率 (次/min)	冲击能量 (kN·m)	燃油消耗量 (L/h)	润滑油消耗量 (L/h)	最大爆发力 (kN)	适宜桩的最大质量 (kg)
			长	宽	深									
荷兰喜来打桩锤公司	H5000	风冷	7815	1090	1340	11750	5000	45	40～50	137.5	16	2	1930.0	
	H5700	风冷	8280	1090	1340	12450	5700	45	40～50	156.75	16	2	1950.0	
	H6200	风冷	8580	1090	1340	12950	6200	45	40～50	170.50	17	2	1970.0	
	H7500	风冷	8815	1180	1550	17730	7500	45	40～50	206.25	24	2	2650.0	
	H8800	风冷	9490	1180	1550	19030	8800	45	40～50	242.00	24	2	2670.0	
	H10000	风冷	9800	1200	1600	23200	10000	45	40～50	276.00	26	4	3077.2	
	H15000	风冷	9600	1300	1900	34400	15000	45	40～50	414.00	40	5	4020.0	
德国德尔马克公司	D8-22	风冷	4700	410	590	2050	800	26.6	38～52	23.9～12.8	4	1	505	
	D16-32	风冷	4730	485	665	3350	1600	26.6	36～52	53.5～25.6	5.5	1	686	
	D25-32/33	风冷	5260	640	715	5510	2500	18.4	37～52	79.0～40.0	8	1	1304	
	D30-32/33	风冷	5260	640	715	6010	3000	18.4	37～52	94.8～48.0	10	1	1304	
	D36-32/33	风冷	5285	785	848	8200	3600	18.4	37～53	113.7～55.5	11.5	2	1695	
	D46-32/33	风冷	5285	785	848	9200	4600	18.4	37～53	145.3～70.9	16	2	1695	
	D62-22	风冷	5910	800	970	12270	6200	26.6	35～50	219.0～107.1	20	3.2	1800	
	D80-23	风冷	6200	890	1110	17105	8000	26.6	36～50	266.8～171.1	25	2.9	2600	
	D100-23	风冷	6358	890	1110	20570	10000	11.3	36～45	333.5～213.9	30	2.9	2600	

注：1. 上海工程机械厂生产的柴油锤 D36-32、D46-32 和 D62-22 型为引进德尔马克公司，并经该公司验收的产品。
2. 日本神户制钢所型号系列中带 A 者为减烟型柴油锤。
3. 神户制钢所型号系列中的 KB 型表示斜打型桩锤。
4. 德尔马克公司生产的柴油锤，如 D25-32/33 型，在打 45°斜桩时，桩锤长度要加长 1m，其总质量也相应增加。
5. 冲击部分质量即指上活塞质量。
6. 容许斜打角与桩架及设计有关。
7. 打击频率与燃油泵、土类及桩型有关。
8. 适宜桩的最大质量与桩型（钢筋混凝土预制桩、管桩及钢板桩等）有关。

筒式柴油锤由锤体和起落架两大部分组成。锤体是打桩锤的主机；起落架的作用是用来沿着导杆方向升、降柴油锤以及柴油锤开始工作时，用以启动冲击部分的机构。

安全操作要点：

（1）桩锤启动前，应注意使桩锤、桩帽和桩在同一轴线上，防止偏心打桩。

（2）初打时应关闭供油泵的油门，使锤冷打。当桩贯入度小于 100mm/击时，方可逐渐开启油门。

（3）在打桩过程中，应有专人负责拉好曲臂上的控制绳，如出现意外情况时可紧急停锤。

（4）冲击部分与启动钩脱离后，应将起落架继续提起，并始终使它与上气缸保持 2m 左右的距离。

（5）打桩过程中应注意观察冲击部分的润滑油是否从油孔中泄出。下活塞的润滑油应每隔 15min 注入一次。如果 1 根桩打进时间超过 15min，则必须在桩打完后，立即加注润

三菱重工业株式会社筒式柴油锤　　　　　　　　表 5-2-7

型　号	单位	MH15	MH25	MH35	MH45	MH45B	MH72B*	MH72B	MH80B*	MH80B	MHC15	MHC25	MHC35	MHC45
冷却方式		水冷	水冷	水冷	水冷	水冷	水冷	水冷	水冷	水冷	水冷	水冷	水冷	水冷
总质量（包括起吊装置）	kg	3350	5505	7740	10305	10705	19937	18362	20737	19162	3350	5505	7740	10305
冲击部分质量	kg	1500	2500	3500	4500	4500	7200	7200	8000	8000	1500	2500	3500	4500
燃油消耗量	L/h	5~8	9~14	13~20	15~22	15~22	25~37	25~37	30~40	30~40	5~8	9~14	13~20	15~22
燃油箱容量	L	24	42	55	70	100	158	158	158	158	24	42	55	70
润滑油消耗量	L/h	1.2	1.8	2.2	2.6	3~4	5~6	5~6	5~6	5~6	0.3~0.7	0.3~0.7	0.4~1.0	0.5~1.0
润滑油箱容量	L	4.7	7.5	9.5	13.3	20	44	44	44	44	4.7	7.5	9.5	13.3
冷却水箱容量	L	95	135	175	210	210	435	435	435	435	95	135	175	210
冲击次数	次/min	42~60	42~60	42~60	42~60	42~60	42~60	42~60	42~60	42~60	42~60	42~60	42~60	42~60
冲击部分最大行程	mm	2500	2500	2500	2500	2500	2500	2300	2300	2300	2500	2500	2500	2500
最大冲击有效能量	kN·m	45	75	105	135	135	216	216	220	220	45	75	105	135
最大爆发力	kN	680	1150	1550	2000	2000	2800	2800	2800	2800	680	1150	1550	2000
容许负荷限度　总贯入度	mm/锤	9.0	9.0	9.0	9.0	9.0	9.0	9.0	9.0	9.0	9.0	9.0	9.0	9.0
容许负荷限度　有效贯入度	mm/锤	1.0	1.0	1.0	1.0	1.0	1.0	1.0	1.0	1.0	1.0	1.0	1.0	1.0
正常的打斜打桩极限	度	15	15	15	15	30	30	30	30	30	15	15	15	15
适用的桩质量	10^3kg	1.0~2.5	1.5~4.5	2.5~6.5	3.5~8.5	3.5~8.5	5~17	5~17	6~20	6~20	1.0~2.5	1.5~4.5	2.5~6.5	3.5~8.5
钢管桩直径	mm	300~450	400~700	400~800	600~1000	600~1000	800~1500	800~1500	800~1500	800~1500	300~450	400~700	500~800	600~1000
钢筋混凝土桩直径	mm	250~400	350~500	400~600	500~800	500~800	800~1000	800~1000	800~1000	800~1000	250~400	350~500	400~600	500~800
工字型和H型钢桩	mm	250~400	300~400	350~400	400以上	400以上	—	—	—	—	250~400	300~400	350~400	400以上
钢板桩	块	III~IV	同左打2块	同左打3块	同左	同左	—	—	—	—	III~V	同左打2块	同左打3块	同左
导杆中心至锤中心距离	mm	245	470	540	700	700	900	900	900	900	245	470	540	700
外形尺寸　长度	mm	4255	4420	4585	4785	5175	5905	5905	5905	5905	4255	4420	4585	4785
外形尺寸　宽度	mm	624	726	846	924	980	2010	1220	2010	1220	624	726	846	924
外形尺寸　进深	mm	780	952	1075	1275	1275	1630	1605	1630	1605	780	952	1075	1275

注：1. 型号系列中带 C 字母的表示减烟型柴油锤，带 B 字母的表示上型，其余均为陆上型。

2. 型号系列中带 * 的表示斜打型柴油锤。

滑油，但注油间隔时间不应超过 30min。

（6）冲击部分起跳高度严禁超过 2.5m。

（7）当最终贯入度每 10 击小于或等于 2mm 时，应立即停打。

（8）应经常检查导向板的磨损情况，并按要求进行修补或更换。

（9）打桩过程中，严禁任何人进入离桩轴线的 4m 半径范围内。

3. 振动沉拔桩锤

振动沉拔桩锤具有沉桩和拔桩的双重作用，在桩基施工中得到广泛的应用。

振动沉拔桩锤按动力，可分为电动振动沉拔桩锤和液压振动沉拔桩锤；按振动频率，可分为低频（400～1000r/min）、中频（1000～2000r/min）、高频（2000～3000r/min）和超高频（大于 3000r/min）；按工作方式，可分为普通型振动锤（运转中偏心力矩和振动频率不可调节的振动锤）、变矩型振动锤（运转中可调节偏心力矩的振动锤）、变频型振动锤（运转中可调节振动频率的振动锤）和变矩变频型振动锤（运转中可调节偏心力矩和振动频率的振动锤）；按振动偏心块结构，可分为固定式偏心块和可调式偏心块后者的特点是在偏心块转动的情况下，根据土层性质，用液压遥控的方法实现无级调整偏心力矩，从而达到理想的打桩效果。

（1）电动振动沉拔桩锤。

电动振动桩锤规格系列技术参数见表 5-2-8。

电动振动桩锤规格系列技术参数（GB/T 8517—2004）　　　　表 5-2-8

型号	电动机功率 （kW）	偏心力矩 （N·m）	激振力 （kN）	偏心轴转速 （r/min）	空载振幅 （不小于） （mm）	许用拔桩力 （不小于） （kN）
DZ4	3.7, 4	18～47	18～47	600～1500	2	—
DZ8	7.5	38～95	38～96	600～1500	2	—
DZ11	11	56～140	56～140	600～1500	3	60
DZ15	15	76～229	64～192	600～1500	3	60
DZ22	22	112～336	93～281	500～1500	3	80
DZ30	30	152～458	128～384	500～1500	3	80
DZ37	37	188～565	158～474	500～1500	4	100
DZ40	40	203～610	170～512	500～1500	4	100
DZ45	45	229～587	192～576	500～1500	4	120
DZ55	55	280～840	234～704	500～1500	4	160
DZ60	60	305～916	256～769	500～1500	4	160
DZ75	75	381～1145	320～961	500～1500	5	240
DZ90	90	624～1718	307～846	400～1100	5	240
DZ120	120	833～2290	410～1128	400～1100	8	300
DZ150	150	1041～2863	513～1410	400～1100	8	300
DZ180	180	1249～3436	615～1692	400～1100	8	330
DZ200	200	1388～3818	684～1880	400～1100	10	330
DZ240	240	1666～4581	820～2256	400～1100	10	330

注：1. 特性代号：普通型，—（本表中所示）；变矩型，J；变频型，P；变矩变频形，S。

2. 空载振幅的偏差率不应大于±10%。

3. 双电机驱动振动锤的主参数电机总功率就近靠系列标准。

国内部分公司生产的普通型电动振动锤的技术参数见表 5-2-9。

浙江振中工程机械公司普通型电动振动锤技术参数 表 5-2-9

型号	电动机功率（kW）	偏心力矩（N·m）	激振力（kN）	偏心轴转速（r/min）	空载振幅（mm）	许用拔桩力（kN）	外形尺寸（mm）			桩锤质量（kg）
							长	宽	深	
DZ30Y	30	170	180	980	8.4	100	1770	1336	1015	3100
DZ40Y	37/40	190	230	1050	9.3	100	1770	1336	1015	3200
DZ50Y	45	250	280	1000	9.0	120	2050	1420	1040	3750
DZ60Y	55	300	350	1000	10.1	120	2050	1420	1040	3950

注：1. 桩锤质量不包括夹桩器质量。

2. 浙江瑞安八达工程机械公司及江苏东达工程机械公司等也生产 DZ 普通型电动振动锤。

配合 DZ 系列轨道式打桩架用的液压夹桩器，见表 5-2-10。

配合 DZ 系列轨道式打桩架用的液压夹桩器（振中工程机械厂） 表 5-2-10

项目与单位 \ 型号	ZYJ80	项目与单位 \ 型号	ZYJ80
大腔作用力（kN）	310	可夹混凝土预制桩尺寸（mm）	≤400×400
工作压力（MPa）	100	可放钢筋笼尺寸（mm）	≤φ300
最大夹紧力（kN）	800	外形尺寸（长×宽×高）（mm）	840×520×890
额定流量（L/min）	10		

单电机振动沉拔桩锤的主体结构如图 5-2-3 所示。由减振器、振动器、夹桩器和电动机四大部分组成。

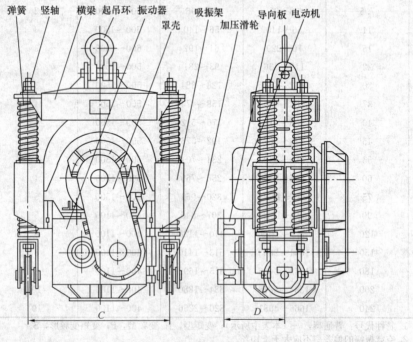

图 5-2-3 单电机电动振动沉拔桩锤的主体构造

减振器主要由悬吊架、减振弹簧、弹簧导柱及悬吊立轴组成。振动器是振动沉拔桩锤的振源。大部分产品采用同步逆向回转的偏心块结构形式，且以双轴型为最普遍。夹桩器的作用是把振动锤所产生的激振力传递到桩上。夹桩器由推力液压缸、杠杆、滑块和夹持片组成。

最近 20 多年来，随振动沉管桩广泛使用，国内引进或开发以下 5 种类型电动振动桩锤：DZ 耐振电机系列振动桩锤、DZ 中孔系列振动桩锤、DZ 框架式系列振动桩锤、DZJ 系列可调偏心力矩振动桩锤和 DZPJ 系列变频变矩振动桩锤。

1）耐振电机振动桩锤

该桩锤既能加压又能拔桩，其型号、规格和技术性能见表 5-2-11 和表 5-2-12。

DZ 耐振电机振动锤 表 5-2-11

项　　目	DZ45A	DZ45B	DZ45C	DZ60A	DZ60B	DZ60C	DZ90A	DZ90B	DZ120A
静偏心力矩（N·m）	245	363	441	360	490	588	460	635	680
振动频率（r/min）	960	800	670	1050	800	670	1050	800	1000
激振力（kN）	363	260	220	486	352.8	295	570	454	775
空载振幅（mm）	8.9	13.7	16.25	9.8	13	15.2	10.3	14	11.6
空载加速度（g）	13	9.8	8.125	13	9.3	7.63	12.69	10	
振动部分质量（kg）	2800	2686	3259	3654	3814	3940	4555	4628	
桩锤总质量（kg）	3880	3926	4739	4963	5256	5450	6155	6228	8341
许用拔桩力（kN）	160	160	160	200	200	200	240	240	350
许用加压力（kN）	100	100	100	100	100	100	120	120	
电机功率（kW）		45			60			90	120

上海振中机械制造公司耐振变频电机振动锤技术参数 表 5-2-12

项　目		DZ45P	DZ60P	DZ90P	DZ120P	DZ150P	DZ90PKS	DZ120PKS
电机功率(kW)		45	60	90	120	150	45×2	60×2
静偏心力矩(N·m)		245/191/144	360/279/207	460/351/258	665/462/339	2500/1500/1000	510/354/260	700/486/357
振动频率(r/min)		1150/1300/1500	1100/1250/1450	1050/1200/1400	1000/1200/1400	620/800/980	1000/1200/1400	1000/1200/1400
激振力(kN)		363	486	570	747	1075	570	786
空载振幅(mm)		8.9/7.0/5.2	9.6/7.4/5.5	10.3/7.9/5.8	11.6/8.0/5.9	29.4/17.6/11.8	9.7/6.7/4.9	8.3/5.8/4.3
空载加速度(g)		13	13	12.7	12	12.6	10.8	9.3
许用加压力(kN)		100	100	120	240	/	120	400
许用拔桩力(kN)		157	200	240	400	680	240	400
振动部分质量(kg)		2800	3820	4560	5850	8680	5370	8610
桩锤总质量(kg)		3800	5110	6160	7600	10250	7190	11780
外形尺寸	长(mm)	1190	1210	1250	1720	1710	2400	3120
	宽(mm)	1100	1370	1500	1310	1420	1420	1690
	高(mm)	2340	2500	2600	2640	5620	2060	2540

2）中孔振动桩锤（图 5-2-4）

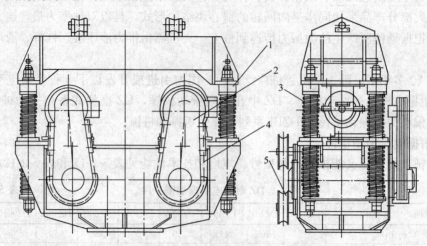

图 5-2-4　中孔 DZKS 振动桩锤的主体构造
1—减振系统；2—动力传动装置；3—加压滑轮；4—激振器；5—导向装置

中孔振动锤是针对单电机普通振动锤存在放置钢筋笼不便，施工速度较慢，贯入能力较差和承载能力不高而开发的产品。其特点是：采用双电机；中间开有一个通孔；在桩管内有一个落锤，桩端采用预制桩尖，沉桩过程中，如遇坚硬土层，可在振动的同时利用落锤冲击桩尖，以克服硬层的阻力。该桩锤型号、规格和技术性能见表 5-2-13。

DZ 中孔振动锤　　　　　　　　　　　　　　　　　　　　　　　表 5-2-13

项　目	DZ45KS	DZ60KS	DZ75KS	DZ110KS
静偏心力矩（N•m）	238	370	370	510
振动频率（r/min）	1020	1050	1000	1020
激振力（kN）	277	460	414	593
空载振幅（mm）	8.3	10.0	10.9	10.0
空载加速度（g）	9.7	11.0	12.2	12.4
振动部分质量（kg）	2935		3450	4789
桩锤总质量（kg）	4138	4472	4875	6523
容许拔桩力（kN）	180	200	200	240
容许加压力（kN）	120	120	120	120
电机功率（kW）	22×2	30×2	37×2	55×2
电机形式	普通电机	耐振电机	抗振电机	普通电机
中心孔直径（mm）	500	500	500	600

3）框架式振动锤

它与现行的振动桩锤相比，其主要特点是：导向机构设在减振系统上，使振动很少影响桩架。该桩锤型号、规格和技术性能见表 5-2-14。

DZ 框架式振动锤 表 5-2-14

项　目	DZ30J	DZ60J	项　目	DZ30J	DZ60J
静偏心力矩（N·m）	194	325	振动部分质量（kg）	1970	2880
振动频率（r/min）	980	1020	桩锤总质量（kg）	3800	4500
激振力（kN）	208	378	容许拔桩力（kN）	140	200
空载振幅（mm）	10.0	11.5	容许加压力（kN）	100	100
空载加速度（g）	10.9	13.37	电机功率（kW）	30	60

4）可调偏心力矩振动锤

该桩锤的最大特点是：利用液压控制偏心力矩变换装置，使振动锤在启动、停机及运行过程中从零至设计最大值的无级调节偏心力矩。桩锤在偏心力矩为零的状态下启动，有效地减小启动时电流对电网的冲击；在无偏心力矩下启动或停机，不会发生对桩架或起重机械的共振现象，保证施工设备安全可靠地使用；在沉拔桩过程中，可以改变振幅以适应地层土质的变化，达到良好的沉拔速度及效果；在零偏心力矩下启动，使桩位对中方便、正确、省时。

DZJ 系列振动锤配制各种桩（钢筋混凝土预制桩、预应力管桩、H 型钢桩及钢管桩）的夹具。该桩锤的优点是：激振力大，操作简单，噪声低，能适应不同土层沉桩的要求，可进行大直径钢管桩的沉桩。其型号、规格和技术性能见表 5-2-15。

浙江和上海振中工程机械公司 DZJ 可调偏心力矩振动锤技术参数 表 5-2-15

项　目		小型	中　型		中　型		大　型				
		DZJ45	DZJ60	DZJ90	DZJ135	DZJ90 KSA	DZJ110 KS	DZJ180	DZJ200	DZJ240	DZJ480S	
电机功率(kW)		45	60	90	135	45×2	55×2	180	200	240	240×2	
静偏心力矩(N·m)		0~206	0~353	0~403	0~754	0~700	0~700	0~2940	0~2940	0~3528	0~4671	0~5684
激振力(kN)		0~338	0~477	0~546	0~843	0~815	0~815	0~1029	0~1430	0~1822	0~2940	
振动频率(r/min)		1200	1100	1100	1000	1020	1020	560	660	680	750	680
空载振幅(mm)		0~6.2	0~7.0	0~6.6	0~8.5	0~7.45	0~8.2	0~8.9	0~17.4	0~16.7	0~12.2	0~18.3	0~22.0
许用拔桩力(kN)		180	215	254	392	300	240	588	588	686	1176	
许用加压力(kN)						120	120					
振动部分质量(kg)		3960	5100	6400	9060	8715	8015	13900	13900	13900	0~26000	0~26300
桩锤总质量(kg)		4100①	5800①	7300①	10720①	12000②	10577②	9870	19350②	20000②	29500②	34600	34900
钢管夹头可变幅度(mm)					φ600~φ1200			φ700~φ1200	φ700~φ1800	φ700~φ2000	φ700~φ3000	
外形尺寸	长(mm)	1650	1710	1800	1930				1650	1800	2800	
	宽(mm)	1100	1180	1270	1350				1730	1750	2160	
	高(mm)	2370	2530	2730	3420				6540	7080	7800	

① 桩锤总质量含标准夹头质量。

② 桩锤总质量含钢管夹头质量。

5)变频变矩振动桩锤

该桩锤的最大特点是：利用液压控制偏心力矩变换装置实现偏心力矩从"零"至设计最大值间可任意无级调节；配装专用的耐振变频电机，通过变频技术又实现了振动频率在设计的范围内可任意无级调节。其优越性：①桩锤在偏心力矩为"零"的状态下启动，有效地减少启动时电流对电网的冲击，节能效果明显。②在"零"偏心力矩下启动或停机，完全避免对桩架或起重机械产生共振，保证了施工设备安全、可靠地使用。③在沉拔桩过程中，可以通过改变振幅和频率来适应土层和土质的变化，以达到良好的沉拔速度及效果。④可实现在激振力恒定不变情况下的小振幅高频率振动，使振动波衰减加快，大大地减少振动危害，符合环保要求。

表 5-2-16 为上海振中机械制造公司生产的 DZPJ 系列变频变矩振动锤的型号、规格和技术性能。

上海振中机械制造公司 DZPJ 系列变频变矩振动锤技术参数 表 5-2-16

项 目	DZPJ90	DZPJ90KS	DZPJ120	DZPJ150	DZPJ200	DZPJ240	DZPJ480
电机功率(kW)	90	45×2	120	150	200	240	480
静偏心力矩(N·m)	0～404	0～600	0～600	0～2500	0～2940	0～3528	0～5684
振动频率(r/min)	1100～1430	1100～1430	1000～1400	620～980	660～920	680～950	680～950
激振力(kN)	0～540	0～815	0～768	0～4078	0～1430	0～1822	0～2940
空载振幅(mm)	0～7.6	0～8.3	0～10.5	18	21	23.5	0～22
许用加压力(kN)	—	120	—	—	—	—	—
许用拔桩力(kN)	254	300	300	600	588	686	1176
振动部分质量(kg)	5300	7020	5070	11000	14000	15000	25800
桩锤总质量(kg)	6500	9100	7400	14500	17000	20000	34900

电动振动锤安全操作要点：①操作前必须检查各部螺栓、螺母及销的连接有无松动，电气设备是否完好。启动后检查电动机转向是否正确；②起吊用钢丝索磨损严重或有断股现象时，应及时予以换新；③悬挂振动锤的起重机，其吊钩必须有保险装置；④电操纵盘和电动机必须接地线；⑤启动前电压应比额定电压高 10%～15%；⑥沉桩时必须有效地控制沉桩速度，以防止电流过大引起耐振电动机损坏；⑦沉桩至规定标高时，应先将主机停止，待其完全停止后才能拆桩，检修和调整时要切断电源；⑧拔桩前当夹桩器将桩夹持后，须待压力表的压力达到额定值时，方可起拔；⑨桩被完全拔出后，在吊桩钢丝绳未吊紧前，不得将夹桩器松掉。

(2)液压振动沉拔桩锤

液压振动沉拔桩锤其振动原理与电动振动沉拔桩锤完全相同，区别只是动力不同。后者是利用耐振电动机为动力，前者则利用柴油发动机带动液压泵，输出一定压力的液压油，带动液压马达及其输出轴，传递到偏心块回转轴使偏心块旋转。

与电动振动沉拔桩锤相比，液压振动沉拔桩锤的优点是：振动频率属于中高频范围并可进行无级调节，使其适应于各种不同地层土质的变化；振动质量与非振动质量的比例合理，沉桩效果好；桩锤重量小，为电动振动锤的一半左右；振动箱是全密封的，可适应于各种施工作业，特别是水下振动沉拔桩；可在工地迅速安装和调整直径要求；没有电力的要求；可进行大直径桩的沉拔桩施工。其缺点是：整机装置复杂；维护保养要求高，修理周期长；整机费用昂贵。

中高频振动锤通过高频来提高激振力，增大振动加速度。高频振动锤则是使强迫振动频率与桩体共振，利用桩产生的弹性波对土体产生高速冲击，由于冲击能量较大将显著减小土体对桩体的贯入阻力，因而沉桩速度很快。在硬土层中下沉大截面桩时，沉桩效果较好。对周围土体的剧烈振动影响一般在 300mm 以内，可适用城市桩基础。工作时振感小，噪声低，无污染。除不能入岩外，此类桩锤几乎适用于任何恶劣地质条件下施工。

表 5-2-17 至表 5-2-20 分别为国内外部分液压振动沉拔桩锤的技术参数。

美国 APE 打桩设备公司液压振动锤技术参数 表 5-2-17

项　　目		APE15	APE20	APE50	APE100	APE150	APE200T	APE300	APE400	APE600
偏心力矩（N·m）		69	104	150	253	250	600	750	1500	2300
激振力（kN）		259	382	445	783	907	2126	1841	3203	4830
振动频率（r/min）		0～1850	0～1850	0～1650	0～1670	0～1800	0～1700	0～1500	0～1400	0～1400
最大拔桩力（kN）		266	266	534	534	711	1335	1335	2224	2224
桩锤质量（kg）		1315	1587	2812	3583	3900	7483	9977	14512	17236
外形尺寸	宽（mm）	191	355	355	355	355	355	355	660	914
	长（mm）	1910	1066	1320	2230	2230	2560	2690	3050	4320
	高（mm）	1270	1570	1570	1730	1830	2260	2690	2560	2590

注：锤高未含夹具。

上海振中机械制造公司 YZPJ 液压振动锤技术参数 表 5-2-18

项　　目	YZPJ50	YZPJ50A	YZPJ75	YZPJ100	YZPJ150	YZPJ200
静偏心力矩（N·m）	0～80	0～138	0～203	0～447	0～670	0～900
最大振动频率（r/min）	2400	1800	1800	1400	1400	1400
激振力（kN）	0～515	0～500	0～736	0～980	0～1470	0～1960
空载振幅（mm）	0～4.0	0～4.6	0～5.5	0～6.7	0～7.6	0～9.1
许用拔桩力（kN）	180	294	441	588	882	1176
最大液压流量（L/min）	200	227	332	463	642	797
最大工作压力（MPa）	31.5	28.0	28.0	28.0	28.0	31.5
最大液压功率（kW）	105	106	154	216	300	418
振动部分质量（kg）	2000	3060	3770	6718	9000	9946

上海朗信 V 系列高频液压振动锤 表 5-2-19

项　　目	V80	V120	V160	V240	V320
静偏心力矩（N·m）	142	218	282	436	564
振动频率（r/min）	2245	2220	2245	2220	2245
最大激振力（kN）	800	1200	1600	2400	3200
最大振幅（mm）	23	22	25	24	27
最大拔桩力（kN）	200	300	400	600	800
振动部分质量（kg）	1460	2210	2600	4050	4800

续表

项　目		V80	V120	V160	V240	V320
桩锤质量（kg）		3300	4500	5400	8500	10000
外形尺寸	宽（mm）	400	400	400	400	400
	长（mm）	1170	1800	2000	1800	2000
	高（mm）	1400	1400	1465	2100	2165
液压管长度（m）		25	35	45	45	45

广东力源 SV 液压振动锤技术参数　　　　表 5-2-20

项　目		SV35S	SV40S	SV50S	SV80	SV35L	SV40L	SV50L
静偏心力矩（N·m）		50	60	77	260	50	60	77
最大激振动（kN）		350	400	530	800	350	400	530
最大振动频率（r/min）		2600	2500	2500	1650	2600	2500	2500
空载振幅（无夹具）（mm）		14.2	17.5	20.3	23.3	17.1	20.7	23.9
空载振幅（带夹具）（mm）		9.7	12.1	14.4	17.5	11.0	13.5	16.1
最大拔桩力（kN）		120	120	120	400	120	120	120
最大液压功率（kW）		91	110	116	214	91	110	116
最大工作压力（MPa）		35	34	35	34	35	34	35
最大工作流量（L/min）		156	200	200	378	156	200	200
振动部分质量（无夹具）（kg）		1001	1030	1090	3370	922	968	1035
桩锤质量（kg）		1320	1350	1410	4110	1241	1288	1355
外形尺寸	宽（mm）	312	320	330	355	312	320	330
	长（mm）	1185	1185	1251	2286	1130	1130	1210
	高（mm）	1523	1523	1557	1750	1152	1152	1186

注：1. 桩锤高度未包括夹具高度。
　　2. SV-S 系列和 SV-L 系列的差别主要反映在桩锤外形尺寸上。

　　YZPJ 系列振动锤机构的最大特点是利用液压控制偏心变换装置，使振动锤在启动、停机及运行过程中从零至设计最大值间无级调节偏心力矩。液压动力站配有变量泵，使振动频率可无级调节。YZPJ 系列液压振动锤实现无级变矩变频，且操作简单，噪声低，能适应不同土层沉桩的要求，显示出较大的优越性。

　　4. 液压打桩锤

　　液压打压锤可分为：油压缸双作用方式；油压缸驱动自由落下方式；油压缸和钢缆驱动自由落下方式；单作用油缸自由落下方式和夯锤直接驱动的自由落下方式。这五种类型的比较，见表 5-2-21。

不同结构形式的液压打桩锤的比较表　　　　表 5-2-21

项目＼类型	油压缸双作用	油压缸驱动自由落下	油压缸和钢缆驱动自由落下	单作用油缸自由落下	夯锤直接驱动自由落下
打击次数	多（实际行程小）	中	少（落下高度大）	中	中
锤长	短（油缸短）	中	长（落下高度大）	中	短（无油缸）

续表

类型 项目	油压缸双作用	油压缸驱动 自由落下	油压缸和钢缆 驱动自由落下	单作用油缸 自由落下	夯锤直接驱动 自由落下
打击力	大（压入力）	中	小（夯锤质量小）	中	中
液压效率	高(上、下时不减压)	低(下落时减压)	同左	同左	同左
燃油消耗	好	差	差	差	差
密封件寿命	长（行程短）	中	中	中	短（密封直径大）
油压管道寿命	中（落下时低压 侧油不流动）	短（落下时低压 侧为负压）	长（上、下时 流量差小）	中（向上时低压 侧油不流动）	中（落下时低压 侧油不流动）
相应锤种 （日本）	日本车辆 NH40 NH70 石建	日立 HNC65 HNC80 神户 HK45 HK65	武江 PM55～PM140	常盘 TK120 TK160	新荣 Z50～Z85 KY25～KY85

国内外部分液压打桩锤的型号、规格和技术性能，见表 5-2-22。

液压打桩锤　　　　　　　　　　　　　　　　表 5-2-22

生产厂	型号	外形尺寸(mm)			总质量 (kg)	冲击部分质量 (kg)	最大冲程 (mm)	最大冲击能量 (kN·m)	冲击频率 (次/min)	噪声值 (30m处) (dB)	额定工作压力 (MPa)	额定流量 (L/min)	动力功率 (kW)
		长	宽	深									
广东力源公司	HHP5	6540	1060	880	10450	5000	1200	60	36～90		24	200	132
	HHP8	7298	1200	1100	14500	8000	1200	96	36～90		24	260	191
	HHP11	7926	1200	1100	17500	11000	1200	132	36～90		24	380	239
	HHP14	6020	1200	1380	22900	14000	1500	210	30～90		24	520	298
	HHP17	6020	1250	1445	25300	17000	1500	255	30～90		24	640	320
	HHP20	6300	1300	1510	29600	20000	1500	300	30～90		24	760	390
日本车辆	NH20	4280	830	985	5400	2000	1600	32	28～90	75～85	18.5	130	81
	NH40	5500	1050	1180	9800	4000	1520	60.8	28～80	75～85	18.5	218	106
	NH70	5610	1250	1375	14300	7000	1280	89.6	25～70	75～85	18.5	218	106
	NH100	5950	1350	1475	22500	10000	1440	144	20～56	75～85	21.0	242	114
英国BSP公司	CX50	5020			7799	4000	1200	51	33～100		20.0	180	71
	CX60	5863			9159	5000	1200	60	33～100		24.1	215	127
	CX85	5863			11452	7000	1200	83	33～100		26.0	215	127
	CX110	6380			14107	9000	1200	106	33～100		25.0	215	250
	CG180	6720			17300	12000	1500	176	31～100		18.0	380	250
	CG210				19350	14000	1500	206	31～100		26.0	400	250
	CG240	6930			21700	16000	1500	235	31～100		28.0	400	250
	CG270				25110	18000	1500	270	31～100		28.0	410	250
	CG300	7590			26000	20000	1500	294	29～100		28.0	420	250
	CGL370	7000			34650	25000	1500	370	32～75		25.0	650	390
	CGL440	7465			41150	30000	1500	440	32～75		26.0	775	450
	CGL520	7930			46650	35000	1500	520	32～75		27.0	900	520

续表

生产厂	型号	外形尺寸 (mm)			总质量 (kg)	冲击部分质量 (kg)	最大冲程 (mm)	最大冲击能量 (kN·m)	冲击频率 (次/min)	噪声值 (30m处) (dB)	额定工作压力 (MPa)	额定流量 (L/min)	动力功率 (kW)
		长	宽	深									
芬兰永腾公司	HHK7A	6160			9450	7000	1200	82	40～100		18.5	450	248
	HHK9A	6530			11750	9000	1200	106	40～100		23.5	450	248
	HHK55	5910			7450	5000	1500	74	30～100		14.5	302	248
	HHK75	6650			9840	7000	1500	103	30～100		20.5	350	248
	HHK95	7390			12000	9000	1500	132	30～100		26.0	350	248
	HHK105	6750			14700	10000	1500	147	30～100		14.5	603	298
	HHK125	7250			17200	12000	1500	176	30～100		17.5	603	298
	HHK155	6620			20850	15000	1500	221	30～100		21.7	750	414
	HHK175	6940			23200	17000	1500	250	30～100		24.5	750	414
	HHK205	7420			26400	20000	1500	294	30～100		27.0	750	414
	HHK255	7950			36800	25000	1500	368	30～100		24.0	950	708
德国MENCK公司	NH48	5135	920	870	5800	2500	1920	48	0～40	74～78	11.0	295	66
	MH57	5630	920	870	6800	3000	1900	57	0～40	74～78	12.5	285	74
	MH68	5630	920	870	8000	3500	1940	68	0～40	74～78	14.5	295	88
	MH80	6365	920	870	9900	4200	1900	80	0～40	74～78	17.0	290	110
	MH96	6365	920	870	11500	5000	1920	96	0～40	74～78	19.5	285	122
	MH120	5530	1400	1260	15200	6300	1900	120	0～40	74～78	16.0	390	129
	MH145	5530	1400	1260	18000	7500	1930	145	0～40	74～78	19.0	385	155
	MH165	5930	1400	1260	20500	8600	1920	165	0～38	74～78	18.5	420	170
	MH195	5930	1400	1260	24000	10000	1950	195	0～38	74～78	20.5	440	184
德国空峨—芬宝公司	HR1500	3200	520		2300	1500	1200	17.7	0～100		21.0	90	40
	HR2000	3295	520		2800	2000	1200	23.5	0～100		27.0	90	50
	HR3000	3400	700		4600	3000	1200	35.3	0～100		20.0	180	75
	HR4000	3500	700		5600	4000	1200	47.0	0～100		25.0	180	90
	HR5000	3600	700		7200	5000	1200	58.8	0～100		27.0	180	100
	HR7000	3800	800		9600	7000	1200	82.4	0～100		27.0	200	105
	HR10000	4700	800		12600	10000	1200	117.0	0～100		29.0	250	130
韩国布鲁斯公司	0712	5700	1240	1120	11000	7000	1200	82.4	0～40		23.0	190	115
	1012	5910	1130	1530	15300	10000	1200	118.0	0～38		25.0	260	172
	1415	6980	1400	1468	23600	14000	1500	206.0	0～35		25.0	370	290
	1615	7390	1400	1468	26300	16000	1500	236.0	0～30		25.0	410	425
	2015	9570	1400	1468	32500	20000	1500	294.0	0～28		27.0	480	475
	3015	9980	2080	2180	54000	30000	1500	441.0	0～26		27.0	650	525
	4715	12260	2200	2200	84000	47000	1500	691.0	0～24		27.0	1000	998

注：1. 上海工程机械厂引进日本车辆株式会社技术生产 NH70 和 NH100 两种锤型。
   2. 表中各公司生产的液压锤型号很多，并未全部列入，以韩国布鲁斯公司为例，该公司共有 40 种型号，本表仅列入常用的 7 种型号。
   3. 表中总质量一列未包括桩帽的质量。
   4. 表中外形尺寸中长度一列未包括桩帽的长度。

相对于筒式柴油锤而言，液压打桩锤有如下优点：①可靠性高，这是因为其整体框架结构中，活动部件只有冲击部分，故障率低，易于维修。②可控性强，这是因为桩锤的冲程和冲击频率可调，即可控制桩锤与桩的作用时间，避免损桩，可优化作业效率，提高生产效率。③适应性强，可用于多种桩型，可在陆上和水上作业，可打直桩和斜桩。④经济性强，只需较小的液压动力源，降低能源消耗，减少运营成本。⑤可监控性，不少公司生产的液压打桩锤都装有监视器，可直接和间接地显示打桩作业情况，并记录液压锤作业参数，还可将记录储存输入电脑并打印结果。⑥环境保护好，液压锤作业清洁，无废气排放。通过锤击速率的优化，可较大地减少噪声和地面振动。主要缺点是价格贵，影响推广使用。

两种锤的技术性能的比较，见表 5-2-23。

液压打桩锤与筒式柴油锤比较 表 5-2-23

项　　目	液压打桩锤	筒式柴油锤
噪声（30m 处）	75～85dB	95～105dB
振动（30m 处）	60～75dB	65～75dB
油烟飞散	无	有
冲击部分质量	重	轻
冲打一次桩的入土深度	大（因冲击部分重）	小
冲击部分落下高度的调节	以 0.1～0.2m 的间距调节	不可调节
适用桩径的范围	广（由于冲击部分落下高度可以调节）	狭
冲打次数	少（柴油打桩锤的 1/2～1/3）	多
作业效率	约为柴油打桩锤的 1/2	约为液压打桩锤的 2 倍
冲击部分最大落下高度	小（一般约为 1.2～1.8m）	大（一般约为 2.2～2.5m）
附属装置	液压供给源、液压管电缆	无特别装置
总质量	重	轻
价格	贵	便宜

液压打桩锤由液压系统、冲击块、桩帽、起吊导向框架及导向板所组成。图 5-2-5 为日本车辆制造株式会社液压打桩锤的结构示意图。

液压系统由双层液压油缸、蓄压器、活塞和连接冲击部分的球头等组成。冲击部分保证冲击能量，因其不存在对燃油的雾化等问题，故结构简单。起吊导向架起冲击部分上下运动的导向作用。

安全操作要点：

① 桩帽内无缓冲垫，千万不能启动桩锤。

② 经运输后重新使用的桩锤，每次启动前，应对溢流阀的卸载压力进行调试。

③ 桩锤在运输之前，要确保动力装置中溢流阀调节正确，并安装好油路和连接信号线。

5.2.2 桩架

桩架是习惯叫法，根据它的用途和构造原理，实际上是一台打桩专用的起重与导向设备。柴油锤、气动锤、振动锤、液压锤以及钻孔机的工作装置等在施工时都必须与桩架配

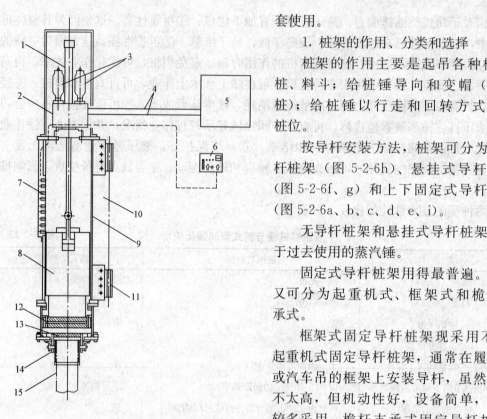

图 5-2-5　液压打桩锤结构示意

1—油缸；2—阀组；3—蓄压器；4—管道；5—液压源；6—控制箱；7—无触点开关；8—冲击部分；9—壳体；10—起吊导向架；11—导向板；12—冲击块缓冲垫；13—桩帽缓冲垫；14—桩帽；15—桩

套使用。

1. 桩架的作用、分类和选择

桩架的作用主要是起吊各种桩锤、桩、料斗；给桩锤导向和变帽（打斜桩）；给桩锤以行走和回转方式移动桩位。

按导杆安装方法，桩架可分为无导杆桩架（图 5-2-6h）、悬挂式导杆桩架（图 5-2-6f、g）和上下固定式导杆桩架（图 5-2-6a、b、c、d、e、i）。

无导杆桩架和悬挂式导杆桩架多用于过去使用的蒸汽锤。

固定式导杆桩架用得最普遍。其中又可分为起重机式、框架式和桅杆支承式。

框架式固定导杆桩架现采用不多。起重机式固定导杆桩架，通常在履带吊或汽车吊的框架上安装导杆，虽然精度不太高，但机动性好，设备简单，现场较多采用。桅杆支承式固定导杆桩架，配合柴油锤、液压锤等，使用广泛，发展迅速，机动灵活。

按行走方式，桩架可分为轨道式、履带式、步履式、滚管式和简易式。

桩架的选择取决于以下各点：①所选定的桩锤的形式、质量和尺寸；②桩的材料、材

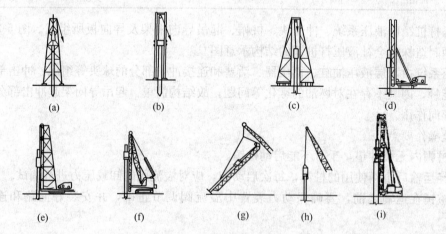

图 5-2-6　桩架的形式

(a) 箭式；(b) 双杆架式；(c) 扩展式；(d) 桅杆式；(e) 塔式；(f) 悬挂导杆式；

(g) 悬挂导杆式（上下两点悬吊）；(h) 桩锤悬吊式；(i) 桅杆支撑式

质、断面形状与尺寸、桩长和桩的连接方式；③桩的种类（一种或多种）、桩数、桩的施工精度、桩距及桩的布置方式；④作业空间、打入位置和施工人员的熟练程度；⑤桩锤的通用性和桩架台数；⑥打桩的连续程度和工期。

桩架主要由底盘、导杆（或龙门架）、斜撑、滑轮组和动力设备等组成。桩架高度可按桩长需要分节组装，每节长 3～4m。桩架高度的选择一般按桩长＋滑轮组高＋桩锤高度＋桩帽高度＋起锤移位高度（取 1～2m）等决定。

2. 走管式（滚动式或滚管式）打桩架

依靠卷扬机在钢管上横向移位或随滚动的钢管作纵向移位的桩架。适用于打预制桩和灌注桩（图 5-2-7）。

3. 轨道式打桩架

轨道式打桩架采用轨道行走底盘，多电机分别驱动，集中操纵控制，可配合螺旋钻柴油锤、振动锤和沉管灌注桩，能吊桩、吊锤，行走、回转移位，导杆能水平微调和倾斜打斜桩，装有升降电梯为打桩工人提供良好的操作条件（图 5-2-8）。但其机动性能较差，需铺枕木和钢轨，施工不便。

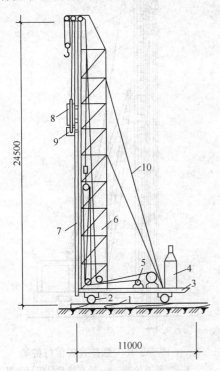

图 5-2-7 滚管式打桩架

1—枕木；2—滚管；3—底架；4—锅炉；
5—卷扬机；6—桩架；7—龙门架；
8—蒸汽锤；9—桩帽；10—牵绳

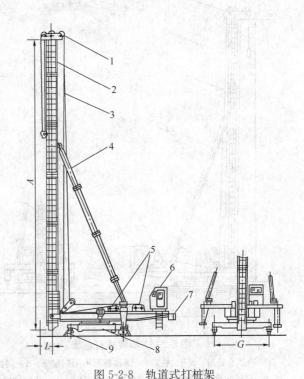

图 5-2-8 轨道式打桩架

1—顶部滑轮组；2—立柱；3—锤和桩起吊用钢丝绳；
4—斜撑；5—吊锤和桩用卷扬机；6—司机室；7—配重；
8—底盘；9—轨道

4. 步履式打桩架

液压步履式打桩架以步履方式移动桩位和回转，不需铺枕木和钢轨，机动灵活，移动桩位方便，打桩效率较高，是一种具有我国自己特点的打桩架底盘（图 5-2-9）。

5. 履带式打桩架

履带式打桩架是以履带式起重机为主机的一种多功能打桩机。它可悬挂筒式柴油锤、液压锤和振动锤，以分别施打各种类型的预制桩；如果悬挂长螺旋钻孔机，则能进行钻孔灌注桩施工。

履带式打桩架按整机结构，可分为悬挂式履带打桩架和三点支撑式履带打桩架；按主机的传动结构，可分为机械传动和全液压传动，或两种兼有的传动；按导杆结构，可分为框架式和圆管式结构，而圆管式结构又可分为单导向（单面型）、双导向（双面型）和双层型。

（1）悬挂式履带打桩架（履带悬挂式打桩架）

悬挂式履带打桩架以通用型履带起重机为主机，以起重机吊杆悬吊打桩架导杆，在起重机底盘与导杆之间用叉架连接（图 5-2-10）。此类桩架可容易地利用已有的履带起重机改装而成，桩架构造简单，操纵方便，适合于打桩量不大的施工现场使用；但垂直精度调节较差，尤其是以机械传动的履带起重机改装成的桩架，其垂直精度更不易控制。

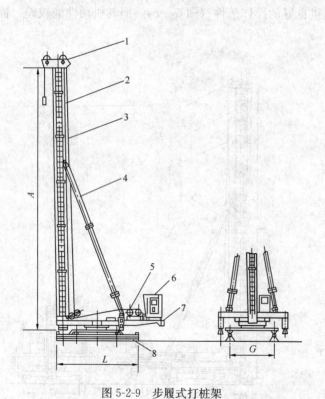

图 5-2-9　步履式打桩架

1—顶部滑轮组；2—立柱；3—锤和桩起吊用钢丝绳；4—斜撑；
5—吊锤和桩用卷扬机；6—司机室；7—配重；8—步履式底盘

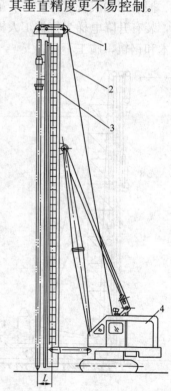

图 5-2-10　悬挂式履带打桩架

1—顶部滑轮组；3—锤和桩起吊用钢丝绳；
3—立柱；4—履带起重机

（2）三点支撑式履带打桩架（履带三点式打桩架）

三点支撑式履带打桩架是以专用履带式机械为主机，配以钢管式导杆和两根后支撑组成，是国内外最先进的一种桩架。一般采用全液压传动。履带中心距可调，导杆可单导向也可双导向，还可自转 90°。图 5-2-11 为北京建筑机械化研究院研制的 DJU72A-H 三点支撑式履带打桩架示意图。

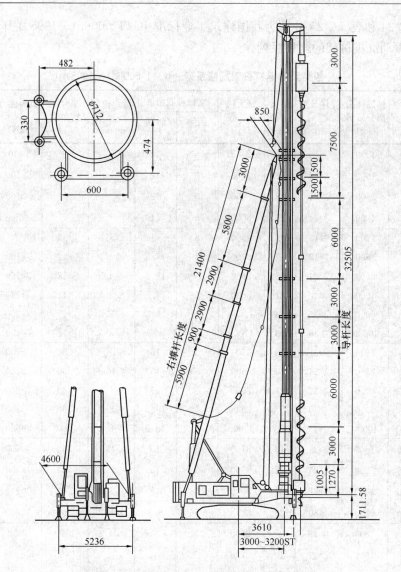

图 5-2-11 DJU72A-H 三点支撑式履带打桩架

三点支撑式履带打桩架具有垂直精度调节灵活；整机稳定性好，可以施打后仰 20°范围内的斜桩；同种类型主机，可配备几种类型的导杆，悬挂各种类型的柴油锤、液压锤和钻孔机头；不需外部动力源和移动迅速等特点。

三点支撑式履带打桩架安全操作要点：①打桩架行走、回转及提升桩锤不得同时进行；②打桩架严禁偏心吊桩。正前方吊桩时，其水平距离，对于混凝土预制桩不得大于4m，对于钢管桩不得大于 7m；③双导向导杆作业时，须待导杆转向到位，并将导杆锁住后，方可起吊；④当风速超过 15m/s 时，应停止作业；当风速超过 30m/s 时应将导杆放倒；⑤作业区内架空输电线路距导杆的距离不得小于 5m；⑥必须在主机完全停稳后方可进行前进或倒退的转换；⑦桩架带锤行走时，必须将桩锤放至最低位置；⑧施打斜桩时，严禁导杆后仰后使桩架回转及行走；⑨严禁桩架在斜坡上回转。带有行走联锁制动器的桩架，在上下坡时须使用行走制动器。

表 5-2-24 和表 5-2-25 分别为我国建筑工业标准 JG/T 5006.1—1995 关于各类柴油锤打桩架和振动沉拔桩架的规格系列。

各类柴油锤打桩架规格系列（JG/T 5006.1—1995）　　　　表 5-2-24

型　号		桩锤冲击部分质量（kg）	立柱长度（m）	最大桩长（m）	最大桩质量（kg）	立柱可倾角度		行走速度（m/min）	平台回转角度（°）	负荷能力（kN）	桩架总质量（kg）
						前倾（°）	后倾（°）				
走管式	JZ12	1200	≥15	9	2800	5	12			≥60	≤18000
	JZ16	1600	≥18	12	3700	5	12			≥100	≤24000
	JZ25	2500	≥21	18	5600	5	12			≥160	≤28000
	JZ40	4000	≥24	21	8500	5	14			≥240	≤33000
轨道式	JG12	1200	≥15	9	2800	5	≥12	≤4.5	≥120	≥60	≤12000
	JG16	1600	≥18	12	3700	5	18.5	≤4.5	≥120	≥100	≤20000
	JG25	2500	≥24	18	5600	5	18.5	≤4.5	≥120	≥160	≤33000
	JG40	4000	≥27	21	8500	5	18.5	≤3.5	≥120	≥240	≤45000
	JG60	6000	≥33	23	12000	5	18.5	≤3.5	≥120	≥300	≤65000
	JG100	10000	≥36	26	17000	5	—	≤3.5	≥120	≥500	≤100000
履带三点式	JU16	1600	≥21	12	3700	5	15	≤16.6	360	≥100	≤40000
	JU25	2500	≥24	18	5600	5	15	≤16.6	360	≥160	≤50000
	JU40	4000	≥27	21	8500	5	15	≤8.3	360	≥240	≤65000
	JU60	6000	≥30	23	12000	5	18.5	≤8.3	360	≥300	≤80000
	JU100	10000	≥33	26	17000	5	18.5	≤8.0	360	≥500	≤100000
履带悬挂式	JUG 16	1600	≥21	12	3700	5	15	≤25.0	360	≥100	≤40000
	JUG 25	2500	≥24	18	5600	5	15	≤25.0	360	≥160	≤50000
	JUG 40	4000	≥27	21	8500	5	15	≤8.3	360	≥240	≤65000
	JUG 60	6000	≥30	23	12000	5	8.5	≤8.3	360	≥300	≤80000
步履式	JB12	1200	≥18	9	2800	5	>5	≤4.8	≥90	≥60	≤14000
	JB16	1600	≥21	12	3700	5	>5	≤4.8	≥90	≥100	≤24000
	JB25	2500	≥24	18	5600	5	>5	≤4.2	≥90	≥150	≤36000
	JB40	4000	≥27	21	8500	5	>5	≤4.2	≥90	≥240	≤48000
	JB60	6000	≥30	23	12000	2	>2	≤4.2	≥90	≥300	≤70000

注：除走管式打桩架外，其余 4 种打桩架的平台回转速度为 (0.3～0.4) r/min。

各类振动沉拔桩架规格系列（JG/T 50061—1995）　　　　表 5-2-25

型　号		振动桩锤电机功率（kW）	立柱长度（m）	立柱可倾角度		行走速度（m/s）	平台回转角度（°）	负荷能力（kN）	桩架总质量（kg）
				前倾（°）	后倾（°）				
走管式	JZZ30	30	≥18	9	5			≥100	≤18000
	JZZ45	45	≥21	9	5			≥150	≤21000
	JZZ60	60	≥24	9	5			≥200	≤27000
	JZZ90	90	≥27	9	5			≥250	≤36000

型　号		振动桩锤电机功率（kW）	立柱长度（m）	立柱可倾角度		行走速度（m/s）	平台回转角度（°）	负荷能力（kN）	桩架总质量（kg）
				前倾（°）	后倾（°）				
轨道式	JZG45	45	≥27	5	5	≤0.15	≥120	≥150	≤26000
	JZG60	60	≥30	5	5	≤0.15	≥120	≥200	≤33000
	JZG90	90	≥33	5	5	≤0.15	≥120	≥250	≤40000
履带式	JZU45	45	≥21	5	18.5	≤1.5	360	≥150	≤35000
	JZU60	60	≥24	5	18.5	≤1.5	360	≥200	≤45000
	JZU90	90	≥27	5	18.5	≤1.5	360	≥250	≤50000
	JZU120	120	≥30	5	18.5	≤1.5	360	≥300	≤65000
步履式	JZB45	45	≥21	2	2	≤0.15	≥90	≥150	≤25000
	JZB60	60	≥24	2	2	≤0.15	≥90	≥200	≤36000
	JZB90	90	≥27	2	2	≤0.15	≥90	≥250	≤48000
	JZB120	120	≥30	2	2	≤0.15	≥90	≥300	≤58000

表 5-2-26 至表 5-2-31 为国内外部分轨道式、履带式和步履式打桩架的技术性能表。

浙江振中工程机械公司轨道式打桩架　　　　　　　　表 5-2-26

项　目	DJ20J	DJ25J
沉桩最大深度（m）	20	25
沉桩最大直径（mm）	400	500
最大加压力（kN）	100	160
最大拔桩力（kN）	200	300
配用振动锤最大功率（kW）	40	60
导杆允许前倾最大角度（°）	10	10
导杆允许后倾最大角度（°）	5	5
主卷扬机最大牵引力（kN）	30	50
主卷扬机功率（kW）	11	17
移架卷扬机最大牵引力（kN）	15	15
移架卷扬机功率（kW）	4.5	4.5
斜撑减速器最大轴向力（kN）	20	20
斜撑减速器功率（kW）	2×1	2×1
外形尺寸（长×宽×高）（m）	9.6×10×25	10×10×30
重量（不包括锤）（kg）	17500	20000

山东鑫国重机科技公司履带式和步履式打桩架　　　　　　　　表 5-2-27

项　目	XGJB40	XGJB60	XGJB90	XGJB120
立柱高度（m）	21	25	28	35
平台回转角度（°）	360	360	360	360
平台回转速度（r/min）	0-1.3	0-1.3	0-1.4	0-1.4

续表

项　目		XGJB40	XGJB60	XGJB90	XGJB120
立柱可倾角度	前倾（°）	9	9	12	12
	后倾（°）	5	5	5	5
行走速度（m/min）		4.2	4.2	4.8	4.8
斜撑调整速度（m/min）		1.2	1.2	1.4	1.4
爬坡能力（°）		2	2	2	2
额定压力（MPa）		16	16	18	20
许用拔桩力（kN）		300	300	350	400
最大钻孔直径（mm）		600	800	800	800
最大钻孔深度（m）		16	20	24	30
工作状态外形尺寸（m）		8.5×4.6×22.0	9.8×5.0×26.0	11.0×5.2×29.0	13.5×6.0×36.0
桩架质量（kg）	履带式	36000	42000	50000	60000
	步履式	30000	35000	40000	52000

注：表中 XGJB 为鑫国步履式打桩架，如为鑫国履带式打桩架应标记为 XGJU。

浙江振中工程机械公司履带式和步履式打桩架

表 5-2-28

项　目		三点支撑、电动履带式桩架			三点支撑步履式桩架		
		JZL50	JZL75	JZL90A	JZB90	JZB200	JZB240
桩架高度（m）		24.5	30.0	30.0	26/30	29/34	41
许用拔桩力（kN）		240	300	350	350	600	710
回转角度（°）		±180	±180	±180	±180	±180	
立柱可倾角度	前倾（°）	9	9	9	9	9	12
	后倾（°）	5	5	5	5	3	5
履带接地长度（mm）		3680	5000	4500			
履带宽度（mm）		400	400	400			
爬坡能力（°）		3	3	3	3	3	3
行走速度（m/min）		4.0	3.5	1.48	3.38	4.20	
回转速度（r/min）		0.4	0.3	0.32	0.32	0.25	
桩架横向移动	速度（m/min）						2.4/4.5
	步长（m）						3.1
桩架纵向移动	速度（m/min）						2.4/4.5
	步长（m）						0.8
轮距（mm）					4000	4600	
轨距（mm）					4000	5200	
桩架总质量（kg）		27000	40000	50000	43000	61000	100000
接地比压（MPa）		0.045	0.060	0.087			0.05

项 目		三点支撑、电动履带式桩架			三点支撑步履式桩架		
		JZL50	JZL75	JZL90A	JZB90	JZB200	JZB240
外形尺寸（长×宽×高）(m)					11.3×47× 26.9	13.3×6.0× 30.8	12×10× 41
电机功率（kW）		18.5	22.0	18.5			45.0
定额压力（MPa）		13	16	16			16
选配 情况	最大振动锤型号	DZ55	DZ90	DZ90	DZ90	DZJ200	DZJ240
	最大柴油锤型号	D19	D46	D50	D50	D80	D128
	长螺旋钻孔深度（m）	20	24	25	25	30	

上海工程机械厂和江苏东达机械公司三点支撑步履式打桩架　　　　表 5-2-29

项 目		上海工程机械厂		江苏东达机械公司		
		JBY80A	JB160	JBY80	JBYJ50	JBYJ80
立柱标准长度（m）		24	21～39			
选配 情况	最大钻孔机型号		ZKD100-3			
	最大筒式柴油锤型号	D80	D160			
	最大导杆式柴油锤型号				DD63	DD100
	最大振动锤型号				DZ90	DZ90
最大桩质量（kg）		8000			16000	
最大立柱长度（m）			39			
立柱可倾 角度	前倾（°）	1.5	1.5	9.0	4.5	4.5
	后倾（°）	1.5	1.5	3.0	3.0	3.0
爬坡能力（°）				3	3	2
许用拉拔力（kN）		380	706		200	350
平台回转角度（每次）(°)		0～360	±10	0～360	13	20
平台回转速度（r/min）		0.35				
桩架横向 移动	速度（m/min）	<4.2	<4.5	4.2	5.0	4.78
	步长（mm）	1700	3100			
桩架纵向 移动	速度（m/min）		<2.7			
	步长（mm）		800			
桩架 顶升	速度（m/min）	<0.50	<0.55			
	高度（mm）	±300	±450			
履板轨距 (mm)	工作时		9100			
	移位时	4680	4800	4500		3000
轮距 (mm)	工作时	4680	4800	4000		8000
	移位时		5000			
接地比压（MPa）		≤0.1	≤0.1			

项　目	上海工程机械厂		江苏东达机械公司		
	JBY80A	JB160	JBY80	JBYJ50	JBYJ80
电动机功率（kW）	55	45			18.5
液压系统压力（MPa）	20	25/20			16
桩架总质量（kg）	54000	130000	50000	35800	38000
外形尺寸（长×宽×高）(m)	9.5×5.6×25.5	14.0×9.5×41.5	10.8×5.2×27.7	7.0×9.2×24.6	8.4×11.2×24.3

广东力源液压机械公司三点支撑步履式打桩架　　表 5-2-30

项　目		JB62A	JB62B	JB62C	JB100B	JB100C
额定负荷（kN）		320	320	320	400	400
立柱长度（m）		21，24，27，30			21，24，27，30，33	
立柱直径（mm）		630	630	630	720	720
立柱可倾　前倾（°）		2	2	2	2	2
角度　后倾（°）		3	3	3	3	3
爬坡能力（°）		2	2	2	2	2
平台回转角度（°）		360	360	360	360	360
平台回转速度（r/min）		0～0.45	0～0.45	0～0.45	0～0.50	0～0.50
行走机构	长船行走速度（m/min）	0～3.8	0～3.8	0～3.8	0～3.5	0～3.5
	长船行走步长（mm）	1500	2000	2000	2000	2000
	短船行走速度（m/min）	—	0～1.7	0～3.8	0～1.7	0～1.7
	短船行走步长（mm）	—	600	600	600	600
	长船接地比压（MPa）	0.040	0.034	0.050	0.033	0.039
	短船接地比压（MPa）	0.160	0.043	0.060	0.043	0.051
液压系统	电机功率（kW）	37	37	37	45	45
	额定压力（MPa）	20	20	20	20	20
外形尺寸	长度（mm）	11850	9500	11520	10650	11760
	宽度（mm）	5200	6080	9800	6300	10410
	高度（最大）(mm)	31500	31500	31500	31500	31500
桩架总质量（kg）		52000	54000	65000	62000	75000
选配情况	最大筒式柴油锤型号	HD62	HD62	HD62	HD100	HD100
	最大液压打桩锤型号	HHP8	HHP8	HHP8	HHP14	HHP14
	最大电动振动锤型号	90kW	90kW	90kW	120kW	120kW
	最大液压振动锤型号	SV80	SV80	SV80	SV100	SV100
	最大长螺旋成孔直径（mm）	600	600	600	800	800
	最大长螺旋成孔深度（m）	24	24	24	26	26

表 5-2-31

全液压三点支撑式履带式打桩架（主机）技术性能

生产厂	主机型号	主机爬坡能力(°)	回转速度(r/min)	行驶速度(km/h)	主机质量(kg)	额定输出功率(kW)	发动机转速(r/min)	主卷扬筒 提升时	主卷扬筒 下降时	副卷扬筒 提升时	副卷扬筒 下降时	导杆卷扬筒 提升时	导杆卷扬筒 下降时	总长度	总宽度 作业时	总宽度 运输时	总高度 作业时	总高度 运输时	作业时履带扩张后宽度(mm)	最大回转半径(mm)
石川岛建机	IPD-85	22	3.5	0.7~1.2		119	2100	27~54	27~54	27~54	27~54			6283	5200	3300	5170	3250	4220	3650
	IPD-95	22	3.5	0.7~1.2		119	2100	27~54	27~54	27~54	27~54			6283	5200	3300	6625	3305	4220	3650
	IPD-105	22	3.5	0.8~1.4		119	2100	30~60	30~60	30~60	30~60			6283	5200	3300	6625	3135	4300	3650
	IPD-115	22	2.7	0.8~1.5		119	2100	25~50	25~50	25~50	25~50			6283	5240	3300	6570	3250	4470	3650
日本车辆	DHJ-40		2.0	1.9	21400	86	2200	58	58	58	58			5498	3160	2910	3040	3250	3160	3330
	DHP-70	22	3.5	1.4	28000	92	2000	32.5~65	32.5~65	32.5~65	32.5~65	48	48	6470	4010	3300	5034	3305	4010	3980
	DH308-80M	22	3.5	1.4	28000	92	2000	33~66	33~66	33~66	33~66	48	48	6350	5276	3300	5034	3135	4010	3980
	DH408-95M	22	3.3	1.1	36100	114	2000	33~66	33~66	33~66	33~66	48	48	7160	5314	3300	6684	3250	4153	5282
	DH508-105M	22	2.4	1.0	38000	114	2000	33~66	33~66	33~66	33~66	48	48	7160	5314	3300	6684	3250	4380	5263
	DH558-110M	22	3.0	1.0	39900	147	2100	33~66	33~66	33~66	33~66	49	49	7710	6333	3200	6684	3208	4400	5308
	DH608-120M	16.7	2.9	0.8	44200	136	2000	30~60	30~60	30~60	30~60	48	48	7843	5314	3300	7280	3299	4500	5340
	DH658-135M	22	2.5	1.0	47300	147	2100	30~61	30~61	30~61	30~61	47	47	7880	6333	3200	7345	3310	4600	5508
神户制钢所	60P	18	2.5~4.1	0.9~1.5	27400	71	1400	29~47	19~31			38~47	16~27	5030	5000	3300	5300	3400	3960	3640
	75P	18	2.8~4.3	0.78	31500	77	1600	30~46	18~28			35~53	19~29	7240	5000	3300	5530	3370	3960	4800
	80P	18	2.8~4.1	0.77	36000	77	1600	46~50	18~28			35~53	19~29	6795	5000	3300	5560	3400	3960	4300
	85PⅡ	18	2.8~4.3	0.68	31300	96	1800	32~45	20~28	32~45	自由下降	47~65	30~43	7285	5000	3300	5590	3436	3960	4800
	110P	18	2.9	0.44~0.87	38200	112	2000	45~59	28~36	45~59	45~59	41~54	自由下降	7605	5000	3320	5650	3450	4400	4795
	130P	18	3.0	0.7~1.0	48500	132	2000	31~62	31~62	31~62	31~62	50	50	5960	5254	3500	8020	3452	4740	4800
日立建机	PD80	22	3.3	1.0	41300	90	2000	27~54	27~54	27~54	27~54	39	39	6805	4010	3300	5650	3270	4010	4290
	PD90	22	3.1	1.0	40000	97	2000	26~52	26~52	26~52	26~52	40	40	7390	4010	3300	6360	3270	4010	4850
	PD100	22	2.7	0.8	40000	112	2000	30~60	30~60	30~60	30~60	45	45	7245	4300	3300	6775	3300	4300	4500
北京	DJU72A-H	22	2.5	0.6~1.2		118	2150	46~123	46~123	46~123	46~123	48	48	7000		3300		3300	5236	3200

注：
1. 上海工程机械厂引进日本车辆株式会社技术生产 DH558-110M-3 和 DH658-135M-3 两种桩架。
2. 主机质量一栏，均不包括配重和导杆导座的质量。
3. 主机爬坡能力不包括配重和导杆底座。
4. 最大回转半径不含导杆底座。
5. 操作与传动均为液压方式。

5.3 混凝土预制桩锤击法和振动法沉桩

混凝土预制桩的沉桩方法可分为锤击法沉桩、振动法沉桩、压入法沉桩、埋入法沉桩、射水法沉桩以及组合法沉桩。本节主要介绍锤击法与振动法沉桩，并以前者为主。

锤击法混凝土预制桩的优缺点见表 5-1-7。

5.3.1 混凝土预制桩的制作

1. 混凝土预制桩的分类

混凝土预制桩按生产方式分类如下：

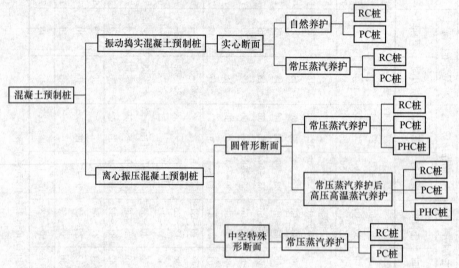

2. 振动捣实混凝土预制桩

我国采用的预制桩多数为正方形实心截面，最小截面为 250mm×250mm，最大截面为 600mm×600mm。桩的单节长度的确定，应满足桩架的有效高度、制作场地条件、运输和装卸能力，也应避免进入硬持力层后接桩。锤击桩的桩架高度与单根桩长度的关系大致如下：

单根桩长≤24m，桩架高度≥30m；

单根桩长≤26m，桩架高度≥34m；

单根桩长≤30m，桩架高度≥40m。

该桩型适用范围如下：

硬塑以上黏性土、中密以上砂土、碎石土及强风化岩层均为该桩型的良好桩端持力层。

该桩型比较适用于地层水平成层，且桩端持力层不深于 60m 的地区。

若场地周围环境复杂，如紧贴已有建筑物、邻近有地下管线等公共设施或桩端持力层起伏较大，预制桩长度不易确定，则不宜采用该桩型；若场地埋藏厚度较大的硬夹层，则沉桩时需采取辅助措施预钻孔、冲水等，使之顺利沉桩。对沉桩产生的噪声、振动及挤土等需进行严密监控，以对周边环境实施保护。

桩的制作视桩的长度、运输和制作等条件，可在工厂也可在施工现场预制。重点介绍现场预制。

(1) 对于两个以上吊点的桩,预制时要根据打桩顺序来确定桩尖朝向。

(2) 现场重叠法制作预制桩时,邻桩与上层柱的混凝土浇筑,须待邻桩或下层桩的混凝土达到设计强度的30%以后进行,重叠层数一般不宜超过4层。

(3) 现场浇筑预制桩混凝土的浇筑顺序,应由桩顶向桩尖连续浇筑,严禁中断。

(4) 桩内钢筋应严格保证位置正确,桩尖应对准纵轴线。钢筋骨架的允许偏差见表5-3-1和表5-3-2。

(5) 实心断面预制桩的制作允许偏差见表5-3-3。

(6) 纵向钢筋顶部保护层不宜过厚,钢筋网的距离应正确,以防锤击时打碎桩顶。

预制桩钢筋骨架的允许偏差 JGJ 94—2008

表 5-3-1

项次	项 目	允许偏差(mm)
1	主筋间距	±5
2	桩尖中心线	10
3	箍筋间距或螺旋筋的螺距	±20
4	吊环沿纵轴线方向	±20
5	吊环沿垂直于纵轴线方向	±20
6	吊环露出桩表面的高度	±10
7	主筋距桩顶距离	±5
8	桩顶钢筋网片位置	±10
9	多节桩桩顶预埋件位置	±3

《建筑地基基础工程施工质量验收规范》GB 50202—2002 关于预制桩钢筋骨架质量检验标准(表5-3-2)的规定与《建筑桩基技术规范》JGJ 94—2008》(表5-3-1)的规定略有差别。

预制桩钢筋骨架质量检验标准(mm)GB 50202—2002

表 5-3-2

项	序	检查项目	允许偏差或允许值	检查方法
主控项目	1	主筋距桩顶距离	±5	用钢尺量
	2	多节桩锚固钢筋位置	5	用钢尺量
	3	多节桩预埋铁件	±3	用钢尺量
	4	主筋保护层厚度	±5	用钢尺量
一般项目	1	主筋间距	±5	用钢尺量
	2	桩尖中心线	10	用钢尺量
	3	箍筋间距	±20	用钢尺量
	4	桩顶钢筋网片	±10	用钢尺量
	5	多节桩锚固钢筋长度	±10	用钢尺量

实心断面预制桩的制作允许偏差 JGJ 94—2008

表 5-3-3

项 次	项 目	容许偏差(mm)
1	横截面边长	±5
2	桩顶对角线之差	≤5
3	保护层厚度	±5
4	桩身弯曲矢高	不大于1‰桩长,且不大于20

项　　次	项　　目	容许偏差（mm）
5	桩尖偏心	≤10
6	桩端面倾斜	≤0.005
7	桩节长度	±20

（7）钢筋骨架的主筋连接宜采用对焊和电弧焊，当钢筋直径不小于 20mm 时，宜采用机械接头连接。主筋接头配置在同一截面内的数量，应符合下列规定：①当采用对焊和电弧焊时，对于受拉钢筋，不得超过 50%；②相邻两根主筋接头截面的距离应大于 35 倍主筋直径，并不应小于 500mm；③必须符合《钢筋焊接及验收规程》JGJ 18 和《钢筋机械连接通用技术规程》JGJ 107 的规定。

（8）预制桩的混凝土强度等级不宜低于 C30。对于长桩或总锤击数超过 500 击的锤击桩，应符合桩体强度及 28d 龄期的两项条件才能锤击。

（9）钢筋混凝土预制桩的质量检验标准应符合《建筑地基基础工程施工质量验收规范》GB 50202—2002 表 5.4.5 的规定。

（10）锤击桩的纵向钢筋的最小配筋率不宜小于 0.8%，但当桩身穿过一定厚度的硬土层时；桩的长径比 $60 < L/d \leqslant 80$ 时；单桩的设计承载力较大时，桩大片密集设置时；桩受到大面积地面堆载影响时，其配筋率宜采用 1%～1.2%。当估计锤击沉桩困难较大，长径比 $L/d > 80$，单桩设计承载力很大时，宜结合具体情况再适当增加配筋率。

主筋直径不宜小于 14mm，保护层厚度为 30mm。桩身宽度 ≥350mm 时，主筋不少于8 根。当桩需打入基岩风化带、碎石层或沉桩困难时，宜设置桩靴。

（11）锤击桩的粗骨料的粒径宜为 5～40mm。

（12）桩上应标明编号和制作日期，如不预埋吊环，则应标明绑扎位置。

（13）制作验收时，应有下列资料：桩的结构图；材料检验记录；钢筋隐蔽验收记录；混凝土试块强度报告；桩的检查记录和养护方法。

用重叠法制桩时，应结合浇筑顺序逐根检验。

3. 离心振压混凝土预制桩

离心振压 RC 管桩由于在给定的弯矩作用下，桩身易产生裂缝；运输中桩身易产生裂缝；锤打时桩顶易破损；接头的结构不稳定，故较少采用。现在均采用离心振压预应力混凝土预制桩。

（1）先张法与后张法预应力混凝土管桩

预应力混凝土管桩按其施加预应力工艺的不同，可分为先张法预应力混凝土管桩和后张法预应力混凝土管桩。

先张法预应力混凝土管桩（以下简称预应力管桩或管桩）采用先张法预应力工艺和离心成型法，制成一种空心圆筒体混凝土预制构件。

离心法工艺后张法大直径管桩系由离心工艺生产的混凝土桩节通过张拉预应力钢绞线并灌注水泥浆使钢绞线自锚等工艺手段拼装而成的。

我国先张法预应力混凝土管桩国家标准规定的技术要求：

1）混凝土抗压强度

① 预应力混凝土管桩用混凝土强度等级不得低于 C60，预应力高强混凝土管桩用混

凝土强度等级不得低于C80。

② 预应力钢筋放张时，管桩的混凝土抗压强度不得低于45MPa。

③ 产品出厂时，管桩用混凝土抗压强度不得低于其混凝土设计强度等级值。

2）混凝土有效预压应力值

A型、AB型、B型和C型管桩的混凝土有效预压应力值分别为4.0N/mm²、6.0N/mm²、8.0N/mm²和10.0N/mm²，其计算值应在各自规定值的±5%范围内。A型、AB型、B型和C型管桩的抗弯性能指标见表5-3-4。

管桩的抗弯性能 GB 13476—2009　　表5-3-4

外径 D (mm)	型号	壁厚 t (mm)	抗裂弯矩 (kN·m)	极限弯矩 (kN·m)	外径 D (mm)	型号	壁厚 t (mm)	抗裂弯矩 (kN·m)	极限弯矩 (kN·m)
300	A	70	25	37	700	A	130	275	413
	AB		30	50		AB		332	556
	B		34	62		B		388	698
	C		39	79		C		459	918
400	A	95	54	81	800	A	110	392	589
	AB		64	106		AB		471	771
	B		74	132		B		540	971
	C		88	176		C		638	1275
500	A	100	103	155		A	130	408	612
	AB		125	210		AB		484	811
	B		147	265		B		560	1010
	C		167	334		C		663	1326
	A	125	111	167	1000	A	130	736	1104
	AB		136	226		AB		883	1457
	B		160	285		B		1030	1854
	C		180	360		C		1177	2354
600	A	110	167	250	1200	A	150	1177	1766
	AB		206	346		AB		1412	2330
	B		245	441		B		1668	3002
	C		285	569		C		1962	3924
	A	130	180	270	1300	A	150	1334	2000
	AB		223	374		AB		1670	2760
	B		265	477		B		2060	3710
	C		307	615		C		2190	4380
700	A	110	265	397	1400	A	150	1524	2286
	AB		319	534		AB		1940	3200
	B		373	671		B		2324	4190
	C		441	883		C		2530	5060

3) 混凝土保护层

外径 300mm 管桩预应力钢筋的混凝土保护层厚度不得小于 25mm，其余规格管桩预应力钢筋的混凝土保护层厚度不得小于 40mm。用于特殊要求环境下的管桩，保护层厚度应符合相关标准或规程的要求。

4) 允许偏差和外观质量

允许偏差和外观质量应符合表 5-3-5 和表 5-3-6 的规定。

（2）离心振压 PC 管桩（混凝土强度等级不低于 C60）

该桩由于预应力的作用，桩身很少产生裂缝；柱顶部用焊接的钢板补强，锤打时很少破损；采用焊接接头使长桩成为可能。

（3）离心振压 PHC 管桩（混凝土强度等级不低于 C80）

20 多年来，PHC 桩生产在我国广东、上海、浙江、江苏等地区取得了长足的发展。其主要优缺点如下：

优点：①高强度：经过高温高压蒸汽养护后，混凝土强度等级高（≥C80）；②工厂化生产：制桩周期短，从成型到使用只需 3～4d，可根据设计要求配桩，有利于提高施工速度；③设计选用范围广：可选用不同直径、壁厚和桩长，在同一建筑物基础中可采用不同尺寸的管桩，便于布桩并可充分发挥每根桩的承载力；④单桩承载力高：桩端可支承在承载力高的深持力层中；⑤抗锤击性能好，穿透能力强：可承受重型柴油锤上千次锤击不破裂，可穿透 5～6m 厚的砂层，桩尖可进入强风化岩层；⑥运输吊装方便，接桩快捷，施工速度快，现场文明；⑦成桩质量可靠，监理监测方便；⑧有较好的经济性：工程造价比较便宜，由于激烈的市场竞争，管桩售价及沉桩费用大幅度下降，使管桩基础的综合价格相当有竞争力；⑨对锤击、振动、静压、埋入和射水等不同沉桩工艺均能适应。

缺点：①用筒式柴油锤沉桩时振动大，噪声高；②遇到孤石和障碍物多的地层，有坚硬夹层、石灰岩地层以及从松软突变到特别坚硬的地层时，施工困难；③挤土效应较显著；④PHC 管桩混凝土强度等级虽然可达 C80 以上，但脆性大，韧性和延性较差，抗拉与抗弯强度低，一旦生产制造、设计或施工某一环节处理不当，则常会出现横向或纵向裂缝，影响正常使用，这种情况在实际中已屡见不鲜。

（4）PC 管桩生产工艺要点

PC 管桩的主要工艺为：编成含预应力筋的钢筋笼；钢筋笼放入钢模中；投入混凝土；拉紧预应力筋；离心振动捣实；蒸汽养护；施加预应力，脱模；水中养护；成品出厂（见图 5-3-1）。

（5）PHC 管桩生产工艺要点

PHC 桩的结构和制造工艺几乎与 PC 桩相同，差别在于，经离心、常压蒸养、拆模后，PC 桩只进行自然养护，而 PHC 桩需要进行高压蒸养（见图 5-3-1）。

（6）管桩桩尖

管桩沉入土中的第一节桩称为底桩，底桩端部都要设置桩尖（靴），其形式很多，有封闭式、外开放式、内开放式、钢管式、平桩靴、钢板靴、钢锥靴及钢十字劲板靴等。常用桩尖主要有 3 种：十字形、圆锥形和开口形，应根据地质条件和设计要求选用。前两种属于封口形。开口形桩尖穿越砂层能力强，挤土效应较其他桩尖形式小，但价格较高，一般用于桩径较大、桩长较长且布桩较密的场地。开口形桩尖当用在入土深度为 40m 以上

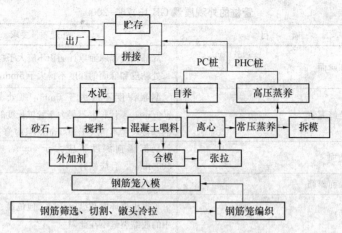

图 5-3-1 PC 和 PHC 管桩工艺流程

且桩径＞500mm 的管桩工程中，成桩后桩身下部约有 1/3～1/2 桩长的内腔被土体充塞，挤土作用可以大大减少。圆锥形和十字形桩尖作为封口桩尖，成桩后管桩内孔不进土，可通过低压照明用直观法检查成桩质量。圆锥形桩尖穿越砂层能力较强，且加工容易，价格便宜，但遇地下障碍物或软硬不均的地层时容易倾斜。十字形桩尖加工容易，价格便宜，穿透硬地层（卵石层及强风化岩层）能力强，故被广泛应用，广东约 90％以上的管桩采用十字形桩尖。

在宁波地区还采用混凝土闭合桩尖。

（7）管桩产品的质量要求

管桩的尺寸允许偏差见表 5-3-5。管桩的外观质量分类和要求见表 5-3-6。

管桩的尺寸允许偏差（mm）GB 13476—2009 表 5-3-5

序号	项　　目		允许偏差
1	桩节长度 L		±0.5％L
2	端部倾斜		≤0.5％D
3	外径 D	300～700mm	+5 −2
		800～1400mm	+7 −4
4	壁厚 t		+20 0
5	保护层厚度		+5 0
6	桩身弯曲度	L≤15m	≤L/1000
		15m<L≤30m	≤L/2000
7	桩端板	端面平面度	≤0.5
		外径	0 −1
		内径	0 −2
		厚度	正偏差不限 0

管桩的外观质量 GB 13476—2009　　　　　　　　　　　　　　　　　表 5-3-6

序号	项　目		外观质量要求
1	粘皮和麻面		局部粘皮和麻面累计面积不应大于桩总外表面的 0.5%；每处粘皮和麻面的深度不得大于 5mm，且应修补
2	桩身合缝漏浆		漏浆深度不应大于 5mm，每处漏浆长度不得大于 300mm，累计长度不得大于管桩长度的 10%，或对称漏浆的搭接长度不得大于 100mm，且应修补
3	局部磕损		局部磕损深度不应大于 5mm，每处面积不得大于 5000mm^2，且应修补
4	内外表面露筋		不允许
5	表面裂缝		不得出现环向和纵向裂缝，但龟裂、水纹和内壁浮浆层中的收缩裂缝不在此限
6	桩端面平整度		管桩端面混凝土和预应力钢筋镦头不得高出端板平面
7	断筋、脱头		不允许
8	桩套箍凹陷		凹陷深度不应大于 10mm
9	内表面混凝土塌落		不允许
10	接头和桩套箍与桩身结合面	漏浆	漏浆深度不应大于 5mm，漏浆长度不得大于周长的 1/6，且应修补
		空洞和蜂窝	不允许

（8）管桩适用范围

管桩在全国各地区大面积推广应用，随之而来锤击管桩的病害也屡见不鲜，因此正确地设定管桩的适用范围，显得十分重要。

1）管桩桩端持力层的选择

管桩宜以较厚、较均匀的强风化或全风化岩层、坚硬的黏性土层、密实碎石土、砂土、粉土层作为桩端持力层。各地区桩端持力层埋藏深度差异较大，因此管桩长度差异较大，广东沿海特别是珠江三角洲广大地区，基岩埋藏较浅，约 10～30m，且基岩风化严重，强风化岩层较厚，其上一般还有一层残积土，这样的工程地质条件，最适合管桩的应用；珠江三角洲某些地区，基岩埋藏较深，管桩桩尖一般设置在中密或密实的砂层中，桩长约 30～40m；上海地区一般以⑦$_2$层灰色粉细砂或⑧$_1$层粉质黏土夹粉砂层作为桩端持力层，桩长 50～70m；宁波地区管桩桩尖一般进入⑧层粉砂～中砂 1～2m，桩长 45～55m。以上这些都是以桩侧阻力为主的端承摩擦桩。纯摩擦型管桩采用桩长控制，因而不需要选择桩端持力层。

管桩一般可打入强风化岩层 1～3m。但很难打入中风化岩层，更不可能打入微风化岩层。

2）不宜应用管桩的工程地质条件

① 孤石和障碍物多的地层；

② 有难以贯穿的坚硬夹层；

③ 石灰岩地层；

④ 从松软突变到特别坚硬的地层。

4. 预应力混凝土空心方桩

（1）预应力混凝土空心方桩的技术优势

离心法成型的先张法预应力混凝土空心方桩（以下简称空心方桩）是上海中技桩业公司近五六年来开发研究并大量应用的新桩型，截面形状外方内圆，它是集预制混凝土方桩和管桩技术优势为一体的新产品。该产品已通过原建设部科技推广认证，具备技术先进、性价比高、节材、降耗、环保等优点，符合国家节能减排，可持续发展的战略方针。该产品经过多年来的广泛应用，显示出质量稳定可靠，市场前景广阔及节约造价等特点。

空心方桩与管桩相比有以下优越性：①空心方桩沿袭传统预制混凝土方桩的特点，其外截面为方形，比圆形更适宜堆放；②在相同横截面积的实体形状时，圆周长最小；相同外周长时，空心方桩比管桩横截面积减少 12%～18%。对于以侧阻力为主的摩擦桩和端承摩擦桩的桩型而言，空心方桩占有优势。③相同的横截面积时，空心方桩的截面抵抗矩比管桩增加 7%～16%。

（2）国家建筑标准设计图集 08SG360

08SG360 图集规定的预应力高强混凝土空心方桩和预应力混凝土空心方桩的技术参数分别见表 5-3-7 和表 5-3-8。

关于图集中空心方桩适用范围的几点说明：①该桩适用于工业与民用建筑的低承台桩基础工程。②该桩适用于非抗震区、抗震设防烈度 6 度和 7 度地区。③该桩适用于非液化土层主要承受竖向荷载的桩基，当用于承受水平荷载或用作抗拔桩时需验算后使用。④该桩按二 b 环境类别进行耐久性设计。

预应力高强混凝土空心方桩（PHS）几何参数、配筋及力学性能　　　　表 5-3-7

编号	边长 B (mm)	内径 D (mm)	单节长度 L (mm)	混凝土强度等级	型号	预应力钢筋	螺旋筋	混凝土有效预压应力（N/mm²）	抗裂弯矩 M_{cr} (kN·m)	极限弯矩设计值 M_u (kN·m)	竖向抗压承载力设计值 R_P (kN)	竖向抗拉承载力设计值 N_{pu} (kN)	理论质量 (kg/m)
PHS-A300（160）	300	160	≤12	C80	A	8Φ^D7.1	Φ^b4	3.52	34	37	1961	322	179
PHS-AB300（160）					AB	8Φ^D9.0	Φ^b4	5.48	43	59	1864	515	
PHS-A350（190）	350	190	≤12	C80	A	8Φ^D9.0	Φ^b4	4.15	58	69	2600	515	241
PHS-AB350（190）					AB	8Φ^D10.7	Φ^b4	5.70	69	97	2496	724	
PHS-A400（250）	400	250	≤14	C80	A	8Φ^D9.0	Φ^b4	3.58	77	83	3107	515	283
PHS-AB400（250）					AB	8Φ^D10.7	Φ^b4	4.94	91	117	3000	724	
PHS-A450（250）	450	250	≤15	C80	A	12Φ^D9.0	Φ^b5	3.88	119	140	4265	772	395
PHS-AB450（250）					AB	12Φ^D10.7	Φ^b5	5.35	141	197	4105	1085	
PHS-B450（250）					B	12Φ^D12.6	Φ^b5	7.22	171	273	3897	1508	
PHS-A500（300）	500	300	≤15	C80	A	12Φ^D9.0	Φ^b5	3.35	148	159	5053	772	460
PHS-AB500（300）					AB	12Φ^D10.7	Φ^b5	4.62	175	224	4891	1085	
PHS-B500（300）					B	12Φ^D12.6	Φ^b5	6.27	209	311	4679	1508	

续表

编号	边长 B (mm)	内径 D (mm)	单节长度 L (mm)	混凝土强度等级	型号	预应力钢筋	螺旋筋	混凝土有效预压应力 (N/mm²)	抗裂弯矩 M_{cr} (kN·m)	极限弯矩设计值 M_u (kN·m)	竖向抗压承载力设计值 R_P (kN)	竖向抗拉承载力设计值 N_{pu} (kN)	理论质量 (kg/m)
PHS-A550（350）					A	16Φ^D9.0	Φ^b5	3.85	206	239	5740	1029	
PHS-AB550（350）	550	350	≤15	C80	AB	16Φ^D10.7	Φ^b5	5.30	246	336	5526	1447	532
PHS-B550（350）					B	16Φ^D12.6	Φ^b5	7.16	298	464	5248	2010	
PHS-A550（310）					A	16Φ^D9.0	Φ^b5	3.52	206	239	6370	1029	
PHS-AB550（310）	550	310	≤15	C80	AB	16Φ^D10.7	Φ^b5	4.85	244	336	6155	1447	583
PHS-B550（310）					B	16Φ^D12.6	Φ^b5	6.57	293	464	5874	2010	
PHS-A600（400）					A	20Φ^D9.0	Φ^b5	4.22	275	332	6460	1286	
PHS-AB600（400）	600	400	≤15	C80	AB	20Φ^D10.7	Φ^b5	5.79	329	466	6195	1809	606
PHS-AB600（400）					B	20Φ^D12.6	Φ^b5	7.81	401	629	5852	2513	
PHS-A600（360）					A	20Φ^D9.0	Φ^b5	3.85	274	332	7185	1286	
PHS-AB600（360）	600	360	≤15	C80	AB	20Φ^D10.7	Φ^b5	5.30	327	466	6918	1809	665
PHS-B600（360）					B	20Φ^D12.6	Φ^b5	7.16	396	629	6571	2513	
PHS-A650（410）					A	24Φ^D9.0	Φ^b6	4.09	353	437	8033	1544	
PHS-AB650（410）	650	410	≤15	C80	AB	24Φ^D10.7	Φ^b6	5.62	423	613	7714	2171	750
PHS-B650（410）					B	24Φ^D12.6	Φ^b6	7.58	514	817	7301	3015	
PHS-A700（440）					A	28Φ^D9.0	Φ^b6	3.54	411	476	9477	1544	
PHS-AB700（440）	700	440	≤15	C80	AB	28Φ^D10.7	Φ^b6	4.89	487	668	9154	2171	869
PHS-B700（440）					B	28Φ^D12.6	Φ^b6	6.61	587	901	8733	3015	

预应力混凝土空心方桩（PS）几何参数、配筋及力学性能　　　表 5-3-8

编号	边长 B (mm)	内管 D (mm)	单节长度 L (mm)	混凝土强度等级	型号	预应力钢筋	螺旋筋	混凝土有效预压应力 (N/mm²)	抗裂弯矩 M_{cr} (kN·m)	极限弯矩设计值 M_u (kN·m)	竖向抗压承载力设计值 R_P (kN)	竖向抗拉承载力设计值 N_{pu} (kN)	理论质量 (kg/m)
PS-A300（160）					A	8Φ^D7.1	Φ^b4	3.52	32	37	1455	322	
PS-AB300（160）	300	160	≤12	C60	AB	8Φ^D9.0	Φ^b4	5.47	41	59	1353	515	179
PS-A350（190）					A	8Φ^D9.0	Φ^b4	4.14	56	69	1916	515	
PS-AB350（190）	350	190	≤12	C60	AB	8Φ^D10.7	Φ^b4	5.69	67	97	1807	724	241
PS-A400（250）					A	8Φ^D9.0	Φ^b4	3.58	74	83	2303	515	
PS-AB400（250）	400	250	≤14	C60	AB	8Φ^D10.7	Φ^b4	4.93	88	117	2191	724	283

编号	边长 B (mm)	内管 D (mm)	单节长度 L (mm)	混凝土强度等级	型号	预应力钢筋	螺旋筋	混凝土有效预压应力 (N/mm²)	抗裂弯矩 M_{cr} (kN·m)	极限弯矩设计值 M_u (kN·m)	竖向抗压承载力设计值 R_P (kN)	竖向抗拉承载力设计值 N_{pu} (kN)	理论质量 (kg/m)
PS-A450 (250)					A	12 Φ^D9.0	Φ^b5	3.88	114	140	3151	772	
PS-AB450 (250)	450	250	≤15	C60	AB	12 Φ^D10.7	Φ^b5	5.33	136	197	2984	1085	395
PS-B450 (250)					B	12 Φ^D12.6	Φ^b5	7.20	166	266	2765	1508	
PS-A500 (300)					A	12 Φ^D9.0	Φ^b5	3.34	141	159	3754	772	
PS-AB500 (300)	500	300	≤15	C60	AB	12 Φ^D10.7	Φ^b5	4.61	168	224	3585	1085	460
PS-B500 (300)					B	12 Φ^D12.6	Φ^b5	6.25	203	310	3363	1508	
PS-A550 (350)					A	16 Φ^D9.0	Φ^b5	3.85	198	239	4242	1029	
PS-AB550 (350)	550	350	≤15	C60	AB	16 Φ^D10.7	Φ^b5	5.29	237	336	4019	1447	532
PS-B550 (350)					B	16 Φ^D12.6	Φ^b5	7.15	289	446	3728	2010	
PS-A600 (400)					A	20 Φ^D9.0	Φ^b5	4.21	263	332	4756	1286	
PS-AB600 (400)	600	400	≤15	C60	AB	20 Φ^D10.7	Φ^b5	5.78	318	459	4479	1809	606
PS-B600 (400)					B	20 Φ^D12.6	Φ^b5	7.78	390	600	4119	2513	
PS-A650 (410)					A	24 Φ^D9.0	Φ^b6	4.08	338	437	5922	1544	
PS-AB650 (410)	650	410	≤15	C60	AB	24 Φ^D10.7	Φ^b6	5.61	408	597	5589	2171	750
PS-B650 (410)					B	24 Φ^D12.6	Φ^b6	7.56	500	781	5155	3015	
PS-A700 (440)					A	28 Φ^D9.0	Φ^b6	3.54	393	476	7027	1544	
PS-AB700 (440)	700	440	≤15	C60	AB	28 Φ^D10.7	Φ^b6	4.88	469	655	6689	2171	869
PS-B700 (440)					B	28 Φ^D12.6	Φ^b6	6.60	569	871	6248	3015	

（3）空心方桩桩尖

1）开口形钢桩尖

主要用于空心方桩需穿透较坚硬土层，桩端持力层软坚硬且桩端需进入持力层一定距离的场合。

2）十字形钢桩尖

主要用于空心方桩穿越软土层较厚，桩端持力层顶板标高起伏较大或坡度较大的场合。

3）锥形钢桩尖

主要用于摩擦型桩且中间需穿越软薄硬土层或以粉质黏土、粉砂层为主的桩端持力层场合。

4）锥形混凝土桩尖

主要用于摩擦型桩且软土层软厚，而中间土层无较硬层的场合。

（4）空心方桩产品的质量要求

空心方桩的尺寸允许偏差见表 5-3-9。空心方桩的外观质量分类和需求见表 5-3-10。

空心方桩的尺寸和保护层厚度允许偏差（JC/T 2029—2010）　　　　　　表 5-3-9

序号	项目		允许偏差（mm）
1	桩节长度 L		$+0.7\%$ -0.5%
2	端部倾斜		$\leqslant 0.5\%a$
3	边长 a		$+5$ -4
4	内径 d		$+5$ 负偏差不限
5	保护层厚度		$+10$ 0
6	桩身弯曲度		$\leqslant L/500$
7	端板	外侧平面度	$\leqslant 1.5$
		边长	± 1
		内径	± 2
		厚度	正偏差不限 0

空心方桩的外观质量（JC/T 2029—2010）　　　　　　表 5-3-10

序号	项目		合格品要求
1	粘皮和麻面		局部粘皮和麻面累计面积不大于桩身外表面积的 0.5%；每处粘皮和麻面的深度不大于 5mm
2	桩身合缝漏浆		漏浆深度不大于 10mm，每处漏浆长度不大于 300mm，累计长度不大于桩长度的 10%，或对称漏浆的搭接长度不大于 100mm
3	混凝土局部磕损		每处面积不大于 $6400mm^2$，混凝土局部磕损深度不大于 10mm
4	内外表面露筋		不允许
5	表面裂缝		不得出现环向和纵向裂缝，但龟裂、水纹和内壁浮浆层中的收缩裂纹不在此限
6	桩端面平整度		桩端面混凝土和预应力钢筋镦头不得高出端板平面
7	断筋、脱头		不允许
8	内表面混凝土塌落		不允许
9	桩与端板结合面	漏浆	漏浆深度不大于 10mm，露浆长度不大于周长的 1/4，每处漏浆长度不大于 30mm
		空洞和蜂窝	不允许

5.3.2　预制混凝土桩的起吊、运输和堆放

1. 起吊

（1）振动捣实混凝土预制桩

预制桩须达到设计强度等级的 70% 后方可起吊。若需提前起吊，必须作强度和抗裂

度验算。起吊时吊点位置应符合设计计算规定。当吊点少于或等于 3 个时，其位置应按正、负弯矩相等的原则计算确定；当吊点多于 3 个时，其位置则应按反力相等的原则计算确定。常见的几种吊点合理位置，如图 5-3-3 所示。

起吊时应用吊索系于设计吊点处；如无吊环，设计又未作规定时，可按图 5-3-3 位置捆绑起吊，在吊索与桩身接触处应加衬垫，以防损坏棱角或桩身表面。

（2）管桩和空心方桩

管桩和空心方桩的吊运应符合下列规定：

1）管桩和空心方桩出厂前应作出厂检查，其规格、批号、制作日期应符合所属的验收批号内容。

2）管桩和空心方桩在吊运过程中应轻吊轻放，严禁抛掷、碰撞、滚落。

3）单节管桩和空心方桩可用专用吊钩钩住桩两端内壁直接进行水平起吊。

4）管桩和空心方桩运至施工现场时应分别按表 5-3-5 和表 5-3-6 及表 5-3-9 和表 5-3-10 的要求进行检查验收，严禁使用质量不合格及在吊运过程中产生裂缝的桩节。

5）当单节管桩和空心方桩的长度不大于 18m 时，宜采用两支点法（图 5-3-2c）；当单节管桩和空心方桩的长度大于 18m 时，宜采用三支点法（图 5-3-2d）。

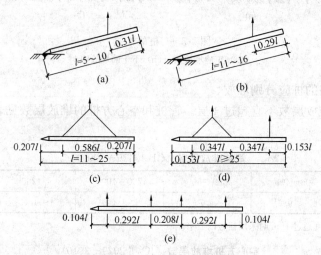

图 5-3-2 预制桩吊点的合理位置（单位：m）

（a）、（b）RC 桩 1 点吊法；（c）RC 桩两点吊法；

（d）RC 桩 3 点吊法；（e）RC 桩 4 点吊法

2. 运输

桩（含预制桩、管桩和空心方桩）的运输一般可分为预制场驳运、场外运输和施工现场驳运。

（1）桩须达到设计强度等级的 100% 后方可运输。若需提前运输，必须采取措施并经验算合格后方可进行。

（2）运桩必须平稳，不得损伤。支垫点应设在吊点处，不得因搬运使桩身产生的应力超过允许值。

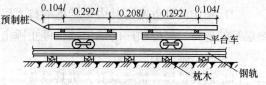

图 5-3-3 预制桩平板轻轨运输

（3）一般情况下，宜根据打桩顺序和速度随打随运，以减少二次搬运。桩运到现场后，应按相关质量检验标准进行验收，并进行外观复查，检查在运输过程中桩身有否磕伤、掉角、露筋、开裂甚至断裂。断裂桩严禁使用。

（4）桩的运输方式：当运距不大时，可在桩下面垫以滚筒（桩与滚筒之间应放有托板），用卷扬机拖动桩身前进；当运距较大时，可采用轻便轨道小平台车运输（图5-3-3）；对于较短的桩，也可采用汽车或拖拉机运输。运输时，桩的支点应与吊点位置一致；应做到桩身平稳放置，无大的振动；严禁在场地上以拖拉桩体代替运输。

3. 堆放

（1）堆放场地必须平整、坚实，不应产生不均匀沉陷。

（2）支点垫木的间距应根据吊点位置确定，各层垫木应在同一垂直线上（图5-3-4）。垫木宜选用耐压的长木枋或枕木，不得使用有棱角的金属构件。垫木应分别位于距桩端1/5桩长处；底层最外缘的桩应在垫木处用木楔塞紧。

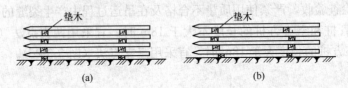

图 5-3-4 桩的堆放
(a) 正确堆放法；(b) 不正确堆放法

（3）不同规格的桩应分别堆放。

（4）预制桩堆放层数不宜超过4层。管桩和空心方桩的堆放层数见表5-3-11和表5-3-12。

管桩堆放层数（GB 13476—2009）　　　　　　　　　表 5-3-11

外径（mm）	300～400	500～600	700～1000	1200	1300～1400
堆放层数	≤9	≤7	≤5（4）	≤4（3）	3（2）

注：管桩及拼接长度超过15m时采用括号内数字。

空心方桩堆放层数（JC/T 2029—2010）　　　　　　　表 5-3-12

边长（mm）	250～400	500～600	650～1000
堆放层数	≤9	≤7	≤5

5.3.3　预制混凝土桩的沉设

1. 沉桩前的准备工作

（1）编制施工组织设计。

（2）制定沉桩方案，其中包括桩端持力层的选择、中间硬夹层的穿越、桩锤与桩架及垫层等的选择、沉桩顺序的确定及桩停止锤击的控制原则等。

（3）组织施工图会审。

（4）选择桩锤、桩架及有关机具设备。

（5）认真处理高空、地上和地下障碍物。

（6）对邻近场地（一般为50m以内）的地下管线和建筑物的结构与基础情况作全面、

认真、细致地检查，必要时研究并采取适当的隔振、减振、防挤土效应、监测、预加固及拆除的措施。

（7）对建筑物基线以外 4～6m 以内的整个区域或打桩机行驶路线范围内的场地进行平整、夯实。在桩架移动路线上，地面坡度不得大于 1%。

（8）修好运输道路，做到平坦坚实。打桩区域及道路近旁应排水畅通。

（9）在打桩现场或附近需设置水准点，数量不宜少于两个，用以抄平场地和检查桩的入土深度。根据建筑物的轴线控制桩定出桩基每个桩位，作出标志，并在打桩前，应对桩的轴线和桩位进行复验。

（10）打桩机进场后，应按施工顺序铺设轨垫，安装桩机和设备，并进行试机。桩的起吊定位，一般利用桩架附设的起重钩吊桩就位或配备起重机送桩就位。

（11）正确堆放并小心吊运桩节。

（12）试打桩。

（13）收集施工前应具备的技术文件和资料。

2. 桩的接头

（1）普通混凝土预制方桩的接头

国内 RC 桩的接头大体有以下四种形式，即角钢帮焊接头（图 5-3-5a）、钢板对焊接头（图 5-3-5b）、法兰盘接头（图 5-3-5c）和硫黄胶泥锚固接头（图 5-3-5d）。各种接头的适用范围、优缺点见表 5-3-13，最近十年来也采用机械快速连接（螺纹式、啮合式）接头。

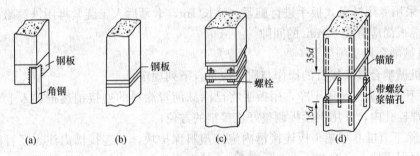

图 5-3-5 普通混凝土预制方桩接头

普通混凝土预制方桩接头对比 表 5-3-13

接头种类	特点	适用范围	优缺点
角钢帮焊接头	角钢与桩节端部钢板焊接，需验算连接焊缝的抗剪、抗拉强度	各类土层	接头连接强度能保证；接头承载力大，能用于长径比大或密集布置或需穿过一定厚度较硬土层的预制桩；但焊接时间长，沉桩效率降低
钢板对焊接头	上下桩节预埋钢板对接焊接	各类土层	同上
法兰盘接头	用螺栓连接，螺栓拧紧后，锤击数次，使上下桩节端部密合，再拧紧螺母，并将螺母焊死	各类土层	连接操作时间较短，沉桩效率较高；但耗钢量较多

续表

接头种类	特点	适用范围	优缺点
硫黄胶泥锚固接头	在上节桩的下端伸出 $\phi22\sim\phi25$ 锚筋，下节桩的上端预留 $\phi56\sim\phi60$ 内螺纹锚筋孔。接桩时使上节桩的 4 根锚筋插入下节桩的锚筋孔内，其间用硫黄胶泥予以胶结	大多数用于软弱土层或沉桩无困难的地层	节约钢材；操作简便；接桩时间短，沉桩效率较高；但接头承载力不如前三种大

1) 焊接接头施工

均要求端头钢板与桩的轴线垂直，钢板平整，以使相连接的两桩节轴线重合，连接后桩身保持竖直。接头施工时，当下节桩沉至桩顶离地面 0.8~1.5m 处便吊上节桩。若两端头钢板之间有缝隙，用薄钢片垫实焊牢，然后由两人进行对角分段焊接。在焊接前要清除预埋件表面的污泥杂物，焊缝应连续饱满。

2) 快速机械螺纹接头施工

采用快速机械螺纹接桩的操作与质量应符合下列规定：

① 接桩前应检查桩两端制作的尺寸偏差及连接件，无受损后方可起吊施工，其下节桩端宜高出地面 0.8m；

② 接桩时，卸下上下节桩两端的保护装置后，应清理接头残物，涂上润滑脂；

③ 应采用专用接头锥度对中，对准上下节桩进行旋紧连接；

④ 可采用专用链条式扳手进行旋紧（臂长 1m，卡紧后人工旋紧再用铁锤敲击板臂），锁紧后两端板尚应有 1~2mm 的间隙。

3) 机械啮合接头施工

采用机械啮合接头接桩的操作与质量应符合下列规定：

① 将下下接头板清理干净，用扳手将已涂抹沥青涂料的连接销逐根旋入上节桩Ⅰ型端头板的螺栓孔内，并用钢模板调整好连接销的方位；

② 剔除下节桩Ⅱ型端头板连接槽内泡沫塑料保护块，在连接槽内注入沥青涂料，并在端头板面周边抹上宽度 20mm、厚度 3mm 的沥青涂料；当地基土、地下水含中等以上腐蚀介质时，桩端板板面应满涂沥青涂料；

③ 将上节桩吊起，使连接销与Ⅱ型端头板上各连接口对准，随即将连接销插入连接槽内；

④ 加压使上下节桩的桩头板接触，完成接桩。

4) 硫黄胶泥锚固接头施工

先将下节桩沉至桩顶离地面 0.8~1.0m 处，提取沉桩机具后对锚筋孔进行清洗，除去孔内油污、杂物和积水，同时对上节桩的锚筋进行清刷调直；接着将上节桩对准下节桩，使 4 根锚筋（其长度为 15 倍锚筋直径）插入锚筋孔（其孔径为锚筋直径的 2.5 倍，长度大于 15 倍锚筋直径），下落压梁并套住上节桩顶，保持上下节桩的端面相距 200mm 左右，安设好施工夹箍（由 4 块木板，内侧用人造革包裹 40mm 厚的树脂海绵块组成）；然后将熔化的硫黄胶泥（胶泥浇注温度控制在 145℃左右）注满锚筋孔内，并溢出铺满下节桩顶面；最后将上节桩和压梁同时徐徐下落，使上下桩端面紧密粘合。当硫黄胶泥停歇冷却（表 5-3-14）并拆除施工夹箍后，即可继续沉桩。硫黄胶泥灌注时间一般为 2min。

硫黄胶泥灌注后需停歇的时间　　　　　　　　　　　表 5-3-14

桩截面 (mm²)	不同气温下的停歇时间（min）									
	0～10℃		11～20℃		21～30℃		31～40℃		41～50℃	
	打入桩	静压桩	打入桩	静压桩	打入桩	静压桩	打入桩	静压桩	打入桩	静压桩
400×400	6	4	8	5	10	7	13	9	17	12
450×450	10	6	12	7	14	9	17	11	21	14
500×500	13	—	15	—	18	—	21	—	24	—

硫黄胶泥是一种热塑冷硬性胶结材料，它由胶结料、细骨料、填充料和增韧剂熔融搅拌混合而成，其重量配合比（％）为：硫黄：水泥：粉砂：聚硫 708 胶＝44：11：44：1；或硫黄：石英砂：石黑粉：聚硫甲胶＝60：34.3：5：0.7，其中：

硫黄——纯度 97％ 以上的粉状或片状硫黄，含水率小于 1％，不含杂质；

粉砂——可用含泥量少且通过 30 目筛的普通砂；也可用清除杂质的 40/70 目工业模型砂；

石英砂——宜选用 6 号或洁净砂；

水泥——可选用低强度等级的水泥；

石墨粉——含水率小于 0.5％；

聚硫橡胶——增韧剂，可选用黑绿色液态聚硫 708 胶或青绿色固态聚硫甲胶。应随做随用，贮藏期不应超过 15d，使用时注意防水密闭，防杂质污染。

硫黄胶泥具有在一定温度下多次重复搅拌熔融而强度不变的特性。故可固定生产，制成成品，重复熔融使用。其熬制方法如下：

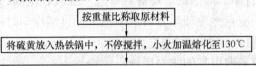

按重量比称取原材料

将硫黄放入热铁锅中，不停搅拌，小火加温熔化至 130℃

将水泥和干燥的砂均匀地加入到熔化的硫黄内，不停地搅拌，并升温至 150～155℃

将聚硫 708 胶（使用聚硫甲胶时需切成长 15～20mm、宽 4～5mm、厚 1～2mm 的薄片）缓慢均匀地加入硫黄砂浆中，不断搅拌，严格控制温度，使其保持在 170℃ 以内（超过 170℃ 会使硫升华和聚硫橡胶分解而影响质量）

待完全脱水（以液面上无气泡为准）后，降温至 140～150℃，浇注入模盘，制成硫黄胶泥预制块

硫黄胶泥锚固法施工注意事项：①硫黄的熔点为 96℃，故在备料、贮藏和熬制过程中应避免明火接触。熬制时要在通风处，并备有劳保用品，熬制温度严格控制在 170℃ 以内；②采用硫黄胶泥半成品在现场重新熬制时，炉子的结构要满足硫黄胶泥能进一步脱水，物料熔化能上下运动混合均匀，搅拌器的转速能分级调速（先慢后快）；③桩的运输、起吊要注意避免碰弯锚筋，损伤连接面混凝土，必要时需采取保护措施；④接桩用的夹箍，应有一定强度和刚度，以保证节点密实与桩的整体性。

硫黄胶泥的物理力学性能见表 5-3-15。

硫黄胶泥的物理力学性能　　　　　　　　　　　表 5-3-15

密度 (kg/m³)	吸水率 (％)	弹性模量 (N/mm²)	抗拉强度 (N/mm²)	抗压强度 (N/mm²)	抗折强度 (N/mm²)	握裹强度（N/mm²）	
						与螺纹钢筋	与螺纹孔混凝土
2280～2320	0.12～0.24	5×10⁴	4	40	10	11	4

注：1. 热变性：在 60℃ 以下不影响强度；

　　2. 热稳定性：92％；

　　3. 疲劳强度：取疲劳应力比值 0.38 经 200 万次损失 20％。

（2）管桩接头

管桩接头，以往有榫接式、充填式和法兰盘螺栓式等形式，现在几乎均采用端头板电焊连接法。端头板是管桩顶端的一块圆环形钢板，厚度一般为 18～22mm，端板外缘一周留有坡口，供对接时烧焊之用。焊接接头构造图见图 5-3-6。

采用焊接接桩除应符合现行行业标准《建筑钢结构焊接技术规程》JGJ 81 的有关规定外，尚应符合下列规定：

1）下节桩段的桩头宜高出地面 0.5m；

2）下节桩的桩头处宜设导向箍；接桩时上下节桩段应保持顺直，错位偏差不宜大于 2mm；接桩就位纠偏时，不得采用大锤横向敲打；

3）桩对接前，上下端板表面应采用铁刷子清刷干净，坡口处应刷至露出金属光泽；

4）焊接宜在桩四周对称地进行，待上下桩节固定后拆除导向箍再分层施焊；焊接层数不得少于 2 层，第一层焊完后必须把焊渣清理干净，方可进行第二层（的）施焊，焊缝应连续、饱满；

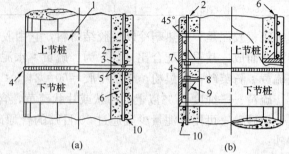

图 5-3-6　焊接式接头
（a）端板式接头；（b）圆筒式接头
1—补强板；2—预应力钢筋；3—锚头；4—电弧焊；
5—端板；6—锚固筋；7—定位件；8—锚固筋螺母；
9—加强肋；10—附加钢筋

5）焊好后的桩接头应自然冷却后方可继续锤击，自然冷却时间不宜少于 8min；严禁采用水冷却或焊好即施打；

6）雨天焊接时，应采取可靠的防雨措施；

7）焊接接头的质量检查宜采用探伤检测，同一工程探伤抽样检验不得少于 3 个接头。

近年来，机械快速接头连接形式也得到应用。

（3）空心方桩接头

采用端头板电焊连接法，与管桩接头相同。

3. 锤击法沉桩

锤击法沉桩是利用桩锤自由下落时的瞬间冲击力锤击桩头所产生的冲击机械能，克服土体对桩的侧阻力和端阻力，使桩体下沉。

（1）冲击式桩锤的选择

桩锤形式和锤重的选择主要根据地层土质条件（桩侧摩擦持力层和桩端持力层）、桩的规格（桩长、桩截面和桩的质量等）、桩的密集程度及施工条件。筒式柴油锤的锤重选择参考见表 5-3-16。液压打桩锤的锤重选择参考见表 5-3-17。

桩锤选择的一般原则如下：

1）打桩宜采取"重锤低击"方式。筒式柴油锤的常用冲程为 1.8～2.3m，一般情况以不超过 1.5m 为宜；液压打桩锤的最大冲程为 1.2～1.5m，一般情况以不超过 1.0m 为宜；落锤以不超过 1.0m 为宜。

2）使桩能打穿较厚的硬夹层，进入桩端持力层，达到设计预定的深度。

3）桩的锤击应力应小于桩材的允许强度，保证桩不致遭受破坏，桩的锤击压应力不宜大于混凝土的抗压强度，锤击拉应力不宜大于混凝土的抗拉强度。

柴油锤的锤重选择参考表　　　　　　　　　　　　　表 5-3-16

锤　　型		筒式柴油锤型号						
		D25	D35	D45	D60	D72	D80	D100
锤的动力性能	冲击部分质量（kg）	2500	3500	4500	6000	7200	8000	10000
	总质量（kg）	6500	7200	9600	15000	18000	19000	20000
	冲击力（kN）	2000～2500	2500～4000	4000～5000	5000～7000	7000～10000	＞10000	＞12000
	常用冲程（m）	1.8～2.3	1.8～2.3	1.8～2.3	1.8～2.3	1.8～2.3	1.8～2.3	1.8～2.3
适用的桩规格	预制方桩、预应力管桩的边长或直径（mm）	350～400	400～450	450～500	500～550	550～600	600 以上	600 以上
	钢管桩直径（mm）	400	400	600	900	900～1000	900 以上	900 以上
桩端持力层 黏性土粉土	一般进入深度（m）	1.5～2.5	2.0～3.0	2.5～3.5	3.0～4.0	3.0～5.0		
	静力触探比贯入阻力 P_s 的平均值（MPa）	4	5	＞5	＞5	＞5		
砂土	一般进入深度（m）	0.5～1.5	1.0～2.0	1.5～2.5	2.0～3.0	2.5～3.5	4.0～5.0	5.0～6.0
	标准贯入击数 N（未修正）	20～30	30～40	40～45	45～50	50	＞50	＞50
岩石（软质）进入深度（m）	强风化	0.5	0.5～1	1～2	2～2.5	2.5～3		
	中等风化		表层	0.5～1	1～1.5	1.5～2		
锤的常用控制贯入度（mm/10 击）		20～30	20～30	20～30	30～50	40～80	50～100	70～120
设计单桩极限承载力（kN）		800～1600	2500～4000	3000～5000	5000～7000	7000～10000	＞10000	＞10000

注：1. 本表除岩土两项数字外，其余数字均来自《建筑桩基技术规范》JGJ 94—2008。

2. 本表仅供选锤用，不能作为确定承载力的依据。

3. 本表适用于桩端进入硬土层一定深度的长度为 20～60m 的钢筋混凝土预制桩及长度为 40～60m 的钢管桩。

液压打桩锤的锤重选择参考表　　　　　　　　　　表 5-3-17

锤　　型	日立建机				日本车辆			
	HNC65	NHC80	NC105	NC125	NH40	NH70	NH100	NH150B
钢筋混凝土桩适用直径（mm）	300～500	300～600	400～800	400～1200	300～450	300～600	400～800	500～1200
相当的筒式柴油锤	D25～D35 级	D25～D45 级	D25～D70 级	D25～D80 级	D12～D25 级	D12～D35 级	D25～D72 级	D35～D80 级

4）打桩的总锤击数和全部锤击时间应适当控制，以避免桩的疲劳破坏或降低桩锤效率，预制方桩的总锤击数不宜超过 1500～2000，最后 5m 的锤击数不宜超过 500～600；PHC 管桩和 PC 管桩的总锤击数分别不宜超过 2500 和 2000，最后 1m 的锤击数分别不宜超过 300 和 200。

5）桩的贯入度不宜过小，柴油锤沉桩贯入度不宜小于（10～20）mm/10 击，以免损坏桩、桩锤和桩架。

（2）桩帽、桩垫和锤垫的选择

沉桩应选用适合桩顶尺寸的桩帽和弹性衬垫，以缓和打桩时的冲击，使打桩应力均匀分布，使桩顶的损坏减至最小，同时延长撞击的持续时间以利于桩贯入。

为了保证冲击力的传递，实心桩与空心桩的桩帽结构应有所区别。对于空心桩，冲击力作用在环形截面上，桩帽底板应厚一些；实心桩的接触面积较大，故桩帽底板可薄一些。

桩帽用铸钢或钢板制成。锤垫放在桩帽的凹座中。当沉桩容易时，锤垫可用一块硬木（如榆木等）或白棕绳圈盘等；当沉桩较困难时，要选用橡木、绿心樟木等；对于剧烈沉入的钢筋混凝土桩或钢桩，可采用塑性锤垫。在国外有采用横纹棉帆布叠层加强的酚醛树脂锤垫，这些叠层的结合层均能和铝板胶结，或者将其放在顶端钢板和底部硬木垫片之间（图 5-3-7）。

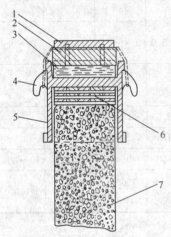

图 5-3-7　锤击桩的桩帽、
桩垫和锤垫

1—钢板；2—塑料；3—硬木；
4—提吊突耳；5—桩帽；
6—桩垫；7—预制桩

桩垫多用松木、纸垫、酚醛层压塑料、合成橡胶、成卷绳索、粗麻布垫以及石棉纤维等。

我国近十多年来成功地将大型碟簧锤垫用于大直径预应力混凝土管桩的沉设，其弹性模量和恢复系数均高于松木、橡胶石棉板等材料，可避免桩顶混凝土碎裂，确保沉桩质量。

桩帽与桩接触的表面应平整，与桩身应在同一直线上。桩锤本身带桩帽时，只须在桩顶护以桩垫。

（3）送桩器的选择

1）送桩器及衬垫设置应符合下列规定：

① 送桩器宜做成圆筒形，并应有足够的强度、刚度和耐打性。送桩器长度应满足送桩深度的要求，弯曲度不得大于 1/1000；

② 送桩器上、下两端面应平整，且与送桩器中心轴线相垂直；

③ 送桩器下端面应开孔，使空心桩内腔与外界连通；

④ 送桩器应与桩匹配：套筒式送桩器下端的套筒深度宜取 250～350mm，套管内径应比桩外径大 20～30mm；插销式送桩器下端的插销长度宜取 200～300mm，杆销外径应比（管）桩内径小 20～30mm，对于腔内存有余浆的管桩，不宜采用插销式送桩器；

⑤ 送桩作业时，送桩器与桩头之间应设置 1～2 层麻袋或硬纸板等衬垫。内填弹性衬垫压实后的厚度不宜小于 60mm。

2）锤击沉桩送桩应符合下列规定：

① 送桩深度不宜大于 2.0m；

② 当桩顶打至接近地面需要送桩时，应测出桩的垂直度并检查桩顶质量，合格后应及时送桩；

③ 送桩的最后贯入度应参与相同条件下不送桩时的最后贯入度并修正；

④ 送桩后遗留的桩孔应立即回填或覆盖；

⑤ 当送桩深度超过 2.0m 且不大于 6.0m 时，打桩机应为三点支撑履带自行式或步履式柴油打桩机；桩帽和桩锤之间应用竖纹硬木或盘圆层叠的钢丝绳作"锤垫"，其厚度宜取 150~200mm。

（4）打桩步骤

1）现场测量放线设地桩（常用小木桩、竹桩、圆钢或将石灰灌入预钻孔内等插入桩位中心）。

2）打桩设备进场，桩机就位。

3）将定规（木、混凝土、钢制，其形状与桩外形相同）中心对准地桩。

4）在桩位正前方与正侧方垂直地架设两台经纬仪或测线锤。

5）用夹具或桩箍将桩嵌固在桩架的导杆中，垂直对准桩位中心，缓缓放下，插入土中；待桩位和垂直度校正后，即将桩锤、锤垫、桩帽和桩垫压在桩顶上，并在桩身侧面或桩架上设置标尺，做好记录；开始打桩应起锤轻压或轻击数锤，观察桩架、桩锤以及桩身等垂直度一致后，即可转入正常施打。

沉桩时如桩顶不平，可用麻袋或厚纸板等垫平，亦可先用环氧树脂砂浆补抹平整；开始打桩时，落距应较小，入土一定深度待桩稳定竖立后，再按需求的落距进行施打。

6）接桩时，下节桩的地面预留高度一般为 0.5~0.8m。在下节桩打入后，应检查下节桩的顶部，如有损伤应及时修复，并将在桩顶上的杂物清除掉。在上节桩就位前，应清除掉其下端接头处所附着的污染物。有变形的桩应修理后再就位。

7）当采用送桩工艺时，送桩和桩顶面要接触紧密平整。送桩后遗留的桩孔应立即回填或覆盖。

8）沉桩应连续进行，避免长时间中断。

（5）打桩顺序

打桩顺序安排不合理，往往会造成桩位偏移、上拔、地面隆起过多、邻近建筑物和地下管线破坏等事故。

通常确定打桩顺序的基本原则是：

1）根据桩的密集程度及周围建（构）筑物的情况，按流水法分区考虑打桩顺序：①若桩较密集，且距周围建（构）筑物较远、施工场地较开阔时，宜从中间向四周进行；②若桩较密集、场地狭长、两端距建（构）筑物较远时，宜从中间向两端进行；③若桩较密集，且一侧靠近建（构）筑物时，宜从毗邻建（构）筑物的一侧开始由近及远地进行。

2）根据基础的设计标高，宜先深后浅。

3）根据桩的规格，宜先大后小，先长后短。

4）根据高层建筑主楼（高层）与裙房（低层）的关系，宜先高后低。

5）根据桩的分布状况，宜先群桩后单桩。

6）根据桩的打入精度要求，宜先低后高。

打桩顺序确定后，还需考虑打桩机是往后"退打"，还是往前"顶打"，因为这涉及桩的布置和运输问题。

（6）桩位允许偏差

锤击沉桩（预制混凝土方桩、预应力混凝土空心桩、管桩、钢桩）的桩位偏差，应符合表 5-3-18 的规定。斜桩倾斜度的偏差不得大于倾斜角正切值的 15%（倾斜角系桩的纵向中心线与铅垂线间夹角）。

锤击沉桩桩位的允许偏差 表 5-3-18

项　　　目	允许偏差（mm）
带有基础梁的桩：（1）垂直基础梁的中心线 （2）沿基础梁的中心线	$100+0.01H$ $150+0.01H$
桩数为 1～3 根桩基中的桩	100
桩数为 4～16 根桩基中的桩	1/2 桩径或边长
桩数大于 16 根桩基中的桩：（1）最外边的桩 （2）中间桩	1/3 桩径或边长 1/2 桩径或边长

注：H 为施工现场地面标高与桩顶设计标高的距离。

（7）桩停止锤击的控制原则

1）桩端（指桩的全断面）位于一般土层时，以控制桩端设计标高为主，贯入度为辅；

2）桩端达到坚硬、硬塑的黏性土、中密以上粉土、砂土、碎石类土以及风化岩时，以贯入度控制为主，桩端标高为辅；

3）贯入度已达到而桩端标高未达到时，应继续锤击 3 阵，按每阵 10 击的贯入度不大于设计规定的数值加以确认，必要时贯入度应通过试验或与有关单位协商确定。

当贯入度剧变；或桩身突然发生倾斜、移位、有严重回弹；或桩身、桩顶出现严重裂缝破碎等情况时，应暂停打桩，分析原因并及时与有关单位研究处理，采取相应措施。

桩的最后贯入度应在下列条件下测量：①锤的落距符合规定；②桩帽、锤垫和桩垫的情况正常；③锤击没有偏心；④桩顶没有破坏或破坏处已凿平。

（8）锤击式混凝土预制桩施工检查项目（表 5-3-19）

4. 振动法沉桩

振动法沉桩是采用偏心块式电动或液压振动锤进行沉桩，桩锤通过电力或液压驱动，使两组偏心块作同速相向旋转，使桩产生竖向的上下振动，造成桩周土体强度显著降低和桩端处土体挤开，桩侧摩阻力和桩端阻力大大减小，使桩逐渐沉入土中。

（1）振动法沉桩优缺点

1）优点：①操作简便，沉桩效率高；②沉桩时桩的横向位移和变形均较小，不易损坏桩体；③电动振动锤的噪声与振动比筒式柴油锤小得多；而液压振动锤噪声低，振动小。

2）缺点：①振动锤构造较复杂，维修较困难；②电动振动锤耗电量大，需要大型供电设备；③液压振动锤费用昂贵；④地基受振动影响大，遇到硬夹层时穿透困难，仍有沉桩挤土公害。

（2）振动法沉桩工艺分类

振动法沉桩按施工工艺的分类，见表 5-3-20。

锤击式混凝土预制桩施工管理检查表 表 5-3-19

检查要点	检查要点
1. 共同项目	6. 桩的架设
（1）各项目是否与有关各方谈妥？	（1）桩位是否正确无误？
（2）设计图、说明书是否满足要求？	（2）架设机械的起吊能力是否足够？
（3）必要的照片是否在整理中？	（3）架设方法是否合适？
	（4）导杆长度是否足够？
2. 施工准备	（5）桩垂直度的矫正方法是否恰当？
（1）施工场地内道路是否通畅？	
（2）地层的承载力、排水是否合适？	7. 桩的打入
（3）电气设备的容量、位置是否合适？	（1）打桩顺序是否恰当？
（4）桩的进场是否已确认？	（2）桩锤动作是否正常？
（5）与政府有关部门的联络和手续是否办妥？	（3）桩锤垫的厚度是否有效？
（6）因打桩引起承压水、天然气喷出，是否预想到？	（4）桩锤落距是否恰当？
（7）是否考虑了邻近建筑物的侧向移动？	（5）打击应力是否在容许范围内？
	（6）是否打偏？
3. 障碍物的清除	（7）收锤时的总锤数和贯入度是否合适？
（1）地下埋设物是否已移设或撤除？	（8）收锤时桩有无异常？
（2）地下构筑物、埋设物是否得到妥善保护？	（9）先打入的桩是否有上浮现象？
（3）空中障碍物是否已移走？	（10）打桩精度是否在容许范围内？
（4）是否与有关施工单位取得联系？	（11）施工记录是否齐全？
（5）是否已考虑万一发生事故所采取的对策？	
（6）地下障碍物是否已清除？	8. 桩的接头
	（1）接头部分的形状是否恰当？
4. 桩的运输保管	（2）焊工的资格的技能如何？
桩的运输及保管是否合适？	（3）接头部分的清扫、干燥是否充分？
	（4）焊接误差、焊点间隔是否在容许范围内？
5. 桩的质量	（5）焊接器、焊把线是否合适？
（1）桩的形状、尺寸是否满足规定要求？	（6）焊接条件的管理是否合适？
（2）桩的材质是否良好？	（7）定位焊接是否恰当？
（3）桩的外观是否良好？	

振动法沉桩工艺分类表 表 5-3-20

序号	方法名称	工作原理	适用范围
1	干振施工法	只有振动作用	软土、松砂土层；桩长小于 30m，桩径小于 500mm
2	振动扭转施工法	振动与扭转联合作用	各类较硬土层；大型管桩采用低转速重偏心块振动锤；小型管桩采用高转速轻偏心块振动锤
3	振动冲击施工法	振动与冲击联合作用，振动作用以克服桩侧摩阻力，冲击作用以克服桩端阻力	沉桩能力较强，穿透性能较好；适用于各种土层，尤其存在硬夹层时
4	振动加压施工法	振动与静压联合作用	沉桩能力强，穿透性能好；可贯穿硬夹层，可进入桩端持力层一定深度

序号	方法名称	工作原理	适用范围
5	附加弹簧振动施工法	振动与附加弹簧联合作用	桩体下沉速度比干振施工法快；适用于软土、松砂土层；桩长小于30m，桩径小于500mm
6	附加配重振动施工法	采用配重桩帽	软土、松砂土层；桩长小于30m，桩径小于400mm
7	附加配重振动加压施工法	为方法6和方法4并用	使用效果略优于振动加压法
8	预钻孔振动施工法	预先钻孔和方法1并用	穿透硬夹层，增加桩的贯入深度

（3）振动锤的选择

振动锤的分类、原理、适用范围见表5-3-21。

振动锤分类、原理和适用范围 表 5-3-21

种类	原理	适用范围
低频振动锤	当振动锤的频率与土体自振频率一致时，土体共振，振幅一般在7～25mm内	可用于大直径钢筋混凝土管桩的沉设，但对邻近建筑物产生一定的振动影响
中频振动锤	通过提高频率来增大激振力和振动加速度，振幅较小，一般为3～8mm	在黏性土中沉桩，常会显得能量不足，一般用于松散和中密的砂、石层，松散的冲积层。大都与预钻孔法和中掘工法并用
高频振动锤	把桩土看作是单自由度的振动体系，使振动锤的强迫振动频率接近这一体系的自振频率，桩产生纵向振动，贯入土中	冲击能量较大，沉桩速度很快，在硬土层中沉设大直径桩效果好，对周围土体的剧烈振动影响一般在0.3m以内，可在城区使用
超高频震动锤	把桩看作是一个均质弹性体，使振动锤的强迫振动频率接近桩身纵向振动的自振频率，由于桩身共振，将桩贯入土中	振幅很小，为其他振动锤的1/4～1/3，但振动频率极高，而对周围土体的振动影响范围极小，常用于对噪声和振动限制较严的桩基施工中

（4）选用振动锤时需考虑的要求

1）周围环境对振动和噪声的承受能力；

2）振动锤应具有必要的起振力，以克服桩土间的摩阻力，使桩能顺利地下沉到设计标高；

3）振动体系应具有必要的振幅，以克服桩端阻力，有利于桩的下沉；

4）振动锤应具有必要的频率，频率的选择需考虑是强迫土体共振，还是桩体共振；

5）振动锤应具有必要的偏心力矩，以使桩能穿透硬夹层；

6）振动体系应具有必要的重量，以克服桩端阻力，使桩穿透或贯入坚硬土层。

（5）振动法沉桩施工

振动法沉桩与锤击法沉桩基本相同，不同的是采用振动沉拔桩锤进行施工。操作时，桩机就位后吊起桩插入桩位土中，使桩顶套入振动箱连接固定桩帽或用液压夹桩器夹紧，启动振动箱进行沉桩到设计深度。沉桩宜连续进行，以免停歇时间过久而难于沉入。一般控制最后三次振动（加压），每次 5min 或 10min，测出每分钟的平均贯入度，当不大于设计规定的数值时，即符合要求。摩擦桩则以沉桩深度符合设计要求深度为止。

振动沉桩的注意事项：

1）沉桩中如发现桩端持力层上部有厚度超过 1m 的中密以上的细砂、粉砂和粉土等硬夹层时，可能会发生沉入时间过长或穿不过现象，硬性振入较易损坏桩顶、桩身或桩机，此时应会同设计部门共同研究采取措施。

2）桩帽或夹桩器必须夹紧桩顶，以免滑动，否则会影响沉桩效率，损坏机具或发生安全事故。

3）桩架应保持竖直、平正，导向架应保持顺直。桩架顶滑轮、振动箱和桩纵轴必须在同一垂直线上。

4）沉桩中如发现下沉速度突然减小，此时桩端可能遇上硬土层，应停止下沉而将桩提升 0.5~1.0m，重新快速振动冲下，以利于穿透硬夹层而继续下沉。

5）沉桩中应控制振动锤连续作业时间，以免动力源烧损。

5.4 混凝土预制桩静压法沉桩

5.4.1 静压法沉桩机理和适用范围

最近 20 多年来静压桩在我国软土地区高层建筑中较为广泛应用，并取得了长足的进步。采用此法施工的桩长已达 65m 以上，压桩机的设计压力已达 12000kN。

1. 静压法沉桩机理

静压预制桩主要应用于软土地基。在桩压入过程中，以桩机本身的重量（包括配重）作为反作用力，以克服压桩过程中的桩侧摩阻力和桩端阻力。当预制桩在竖向静压力作用下沉入土中时，桩周土体发生急速而激烈的挤压，土中孔隙水压力急剧上升，土的抗剪强度大大降低，此时桩身很容易下沉。

静压桩优缺点除表 5-1-7 外，尚具有以下几点：

（1）静压法沉桩与锤击法沉桩相比，由于避免了锤击应力，桩的断面可以减小，配筋率可减少，混凝土强度等级也可降低。

静压法沉桩可免去锤垫、桩垫等缓冲材料，桩顶也不会击碎。

（2）静压桩与沉管灌注桩相比，后者常发生缩颈、断桩、吊脚、夹泥等质量事故，而静压桩的成桩与沉桩质量和单桩承载力均较有保证。

2. 适用范围

静压桩基础宜用于上覆土层较软弱，桩端持力层为硬塑~坚硬的黏性土层、中密~密实碎石土、砂土、粉土层、全风化岩层及强风化岩层的场地。

当桩需贯穿有一定厚度的砂性土夹层时，必须根据桩机的压桩力与终压力及土层的性状、厚度、密度、组合变化特点与上下土层的力学指标；桩型、桩的构造、强度、桩截面规格大小与布桩形式；地下水位高低；以及终压前的稳压时间与稳压次数等，综合考虑其适用性。

压桩力大于 4000kN 的压桩机，可压穿 5~6m 厚的中密~密实砂层。

中小型压桩机（压桩力≤2400kN），穿越砂层的能力较有限。所以对其情况，需进行压桩可行性判断。如砂土层的厚度在 1~2m，压穿可能较大。也有用 YZY-160 型压桩机，进入稍密——中密、局部密实细砂层 5~6m（350mm×350mmRC 桩）的实例。

静压桩也适宜于覆土层不厚的岩溶地区。因为在这些地区采用钻孔桩，很难钻进；采用冲孔桩，容易卡锤；采用打入式桩，容易打碎；只有采用静力压桩可慢慢压入，并且能显示出压桩阻力。如为溶洞、溶沟等发育的岩溶地区，静压桩宜慎用。

在地层中有较多孤石、障碍物的地区，静压桩亦宜慎用。

5.4.2 机械设备

静压法沉桩按加压方法可分为压桩机施工法、锚桩反压施工法和利用结构物自重压入施工法等，本节介绍压桩机施工法。

（1）压桩机按压桩位置可分为中压式和前压式。中压式压桩机的夹桩机构设在压桩机中心，施压时要求桩位周围约有 4m 以上的空间。前压式压桩机的夹桩机构设在桩机前端，可施压距邻近建筑物 0.6~1.2m 处的桩位，但因是偏置压桩，压桩力一般只能达到该桩机最大压桩力的 60%。

（2）压桩机按压桩方式可分为顶压式和箍压式。顶压式是指通过压梁将整个压桩机自重和配重施加在桩顶上，把桩逐渐压入土中（图 5-4-1）。箍压式是指压桩时，开动电动油泵，通过抱箍千斤顶将桩箍紧，并借助于压桩千斤顶将整个压桩机的自重和配重施加在桩顶上，把桩逐渐压入土中（图 5-4-2）。

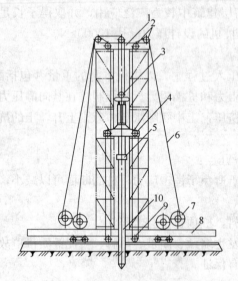

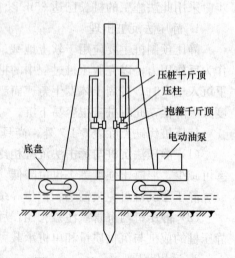

图 5-4-1　DY-80 型绳索式静力
压桩机原理示意

图 5-4-2　箍压式压桩机工作原理

1—桩机顶梁；2—导向滑轮；3—提升滑轮组；4—压梁动滑轮组；
5—桩帽；6—钢丝绳；7—卷扬机；8—底盘；9—底盘定滑轮组；
10—需压入的桩

（3）压桩机按驱动动力可分为机械式和液压式。机械式中又分为蒸汽式和绳索电动式。

（4）压桩机按行走机构可分为托板圆轮式（图 5-4-1）步履式（图 5-4-3）和履带式。

（5）按压桩的结构特性可分为直桁架式（图 5-4-1）、柱式（图 5-4-3）和挺杆式。

（6）按配重的设置特性可分为固定式和平衡移动式。中压式压桩机通常采用固定式配重，平衡移动式配重设置在钢轨小平车上，常用于前压式压桩机上。

DY-80 型绳索式静力压桩机（图 5-4-1）的主要技术参数见表 5-4-1。

全液压式静力压桩机（图 5-4-3）的行走、转向、升降、起吊、夹持、压桩等工作全部用液压驱动。

桩机的行走装置是由横向步履行走（短船）、纵向步履行走（长船）和回转机构组成。表 5-4-2 为原武汉建工机械厂生产的 YZY 系列静力压桩机的性能参数表，该系列机的构造又分两种类型：长船行走机构与平台纵向平行（如 YZY200、500 型）和长船行走机构与平台纵向垂直（如 YZY280、400 型）。

全液压静力压桩机是具有我国特殊的桩工机械。施压部位不在桩顶端面而在桩身侧面（即箍压式）。YZY 静力压桩机还配套安装了微机处理系统，用以准确记录压桩时的压力阻力值，经数据处理后即可打印出压入阻力-深度曲线。该曲线的用途：检证工程勘察报告所提供的比贯入阻力曲线；判断压入深度；预估单桩竖向承载力。

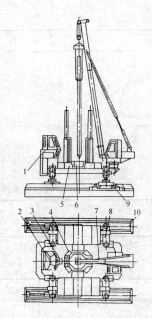

图 5-4-3 YZY 型静力压桩机
1—操纵室；2—电气控制台；3—液压系统；4—导向架；5—配重；6—夹持机构；7—吊桩吊手；8—支腿平台；9—横向行走及回转机构；10—纵向行走机构

DY-80 型绳索式静力压桩机		表 5-4-1	
性 能 指 标		参 数	
总体性能	最大压桩力（kN）		800
	桩机行走速度（m/min）		1.6
	外形尺寸（长×宽×高）（mm）		14000×6646×21700
	桩机重量	桩机重量（kg）	62000
		附加配重重量（kg）	18000
		总重量（kg）	80000
	桩机压重速度（m/min）		1.5～6.5
	压梁提升速度（m/min）		8.2
	架体分节长度（m）		8+6+4
顶升机构	顶升油缸总顶升力（kN）		4×400
	顶升速度（m/min）		0.47
	顶升时机构接地应力（N/mm²）		0.077
横移转向机构	横称油缸推力（kN）		2×154
	横移油缸拉力（kN）		2×114
	横移速度（m/min）		1.25
	一次横移最大距离（mm）		800
	一次转向角度（°）		13

续表

性 能 指 标		参 数
行走机构	电动机功率（kW）	2×4
	减速器型号	JZQH-350-1-5Z，6Z
	制运器型号	TZ₂-200/100
	行走速度（m/min）	8.45
油泵车	电动机功率（kW）	13
	高压油泵型号	ZM40
	电动机转速（m/min）	970
压桩机平均接地应力（N/mm²）		0.035

YZY 系列液压静力压桩机主要技术参数　　　表 5-4-2

参数	型号		120	160	200	280	400	500	600
最大压入力		kN	1200	1600	2000	2800	4000	5000	6000
单桩承载能力（参考值）		kN	600～800	1000～1200	1300～1500	1800～2100	2600～3000	3200～3700	3500～4000
边桩距离		m	3.2	3.5	3.5	3.5	3.5	4.5	4.5
接地压力（长船/短船）		MPa	0.058/0.093	0.067/0.123	0.08/0.09	0.094/0.12	0.097/0.125	0.09/0.137	0.09/0.137
压桩桩段截面	最小	m×m	0.3×0.3	0.3×0.3	0.35×0.35	0.35×0.35	0.35×0.35	0.4×0.4	0.4×0.4
	最大	m×m	0.4×0.4	0.5×0.5	0.5×0.5	0.5×0.5	0.5×0.5	0.55×0.55	0.55×0.55
行走速度（长船）	伸程	m/s	0.127	0.14	0.09	0.088	0.069	0.083	0.083
压桩速度 慢（2缸）/快（4缸）		m/s	0.06	0.063	0.033	0.038	0.25/0.079	0.023/0.07	0.023/0.07
一次最大转角		rad	0.4	0.4	0.46	0.45	0.4	0.21	0.21
液压系统额定工作压力		MPa	17	17	20	26.5	24.3	22	16/22
配电功率		kW	70.5	92	96	112	11	132	55+55+30
工作吊机	起重力矩	kN·m	150	360	460	460	480	720	800
	用桩长度	m	9	10	13	13	13	13	16
整机质量	自重	kg	55000	78000	80000	90000	130000	150000	158000
	配重	kg	80000	105000	130000	210000	290000	350000	462000
拖运尺寸（宽×高）		m×m	3.32×4.2	3.38×4.2	3.38×4.2	3.38×4.3	3.39×4.4	3.38×4.4	3.38×4.4

注：浙江振中工程机械公司、江苏吴江良工机械公司及广东力源液压机械公司等生产 YZY 系列静力压桩机，并
　　且已生产 YZY700 和 YZY800 型压桩机。

表 5-4-3 为山河智能机械股份有限公司生产的 ZYJ 系列静力压桩机的性能参数表。

ZYJ 系列液压静力压桩机性能参数 表 5-4-3

		ZYJ 80	ZYJ 120	ZYJ 180	ZYJ 240	ZYJ 320	ZYJ 380	ZYJ 420	ZYJ 500	ZYJ 600	ZYJ 680	ZYJ 800	ZYJ 900	ZYJ 1000	ZYJ 1200
额定压桩力（kN）		800	1200	1800	2400	3200	3800	4200	5000	6000	6800	8000	9000	10000	12000
额定工作油压(MPa)		19.5	23.1	22.0	23.1	24.7	24.5	23.6	25	23.9	23.5	24.4	24.2	24.1	23.4
压桩速度 (m/min)	高速	3.1		5.4	5.0	5.5		4.5			5.0	4.0	5.0	4.2	3.6
	低速	1.5		1.0	0.9		1.0		0.70		0.85	0.7	0.85	0.75	0.7
压桩行程（m）		1.5		1.6							1.8				
位移（m）	纵向	1.6		2.2	3.0						3.6				
	横向	0.4		0.5		0.6					0.7				
转角（°）		11		12	10						8				
升降（m）		0.6	0.65	0.75	0.9		1.0				1.1				
方桩 (mm)	最小	□200			□300						□350				
	最大	□300		□400		□500					□600				
最大圆桩（mm）		Φ300		Φ400		Φ500				Φ600					Φ800
边桩距离（m）		0.45		0.8		0.8			0.68				1.0		
角桩距离（m）		0.8		1.15		1.35				1.2				1.53	
额定起吊质量（10³kg）		5.0			8.0				12.0			16.0		25.0	
变幅力矩（kN·m）		160		400			600					800		900	
功率（kW）	压桩	15	22		37		45		60		74	90	111		135
	起重	7.5			22					30				45	
外形尺寸 (mm)	工作长	7000	8000		1000		12000	12000	12500	13200	13500	14000	13800	14500	18000
	工作宽	4054	4254	5200	6200	6550	6860	6980	7030	7760	8260	8460	9160		9300
	运输高	2650	2880	2900	2920			2940				3020		3100	
总质量（含配重）（10³kg）		≥82	≥122	≥182	≥245	≥325	≥383	≥425	≥503	≥602	≥682	≥802	≥902	≥1002	≥1202

表 5-4-4 为武汉华威建筑桩工机械公司生产的 GZY 和 DGYZ 系列静力压桩机的性能参数表。

GZY 和 GZYD 系列液压静力压桩机性能参数 表 5-4-4

			GZY300 GZY300D	GZY400 GZY400D	GZY500 GZY500D	GZY600 GZY600D	GZY700 GZY700D	GZY800 GZY800D	GZY1000 GZY1000D
外形尺寸 (mm)	工作状态	长	9600	10600	11000	12000	12400	12500	12500
		宽	8500	10000	11000	12000	12400	12500	12500
		高	3000	3000	3000	3000	3000	3250	3250
	运输状态	长	10500	10500	11000	12000	12300	12500	12500
		宽	3200	3380	3380	3380	3380	3380	3380
		高	2700	2700	2800	2800	3200	3000	3000

		GZY300 GZY300D	GZY400 GZY400D	GZY500 GZY500D	GZY600 GZY600D	GZY700 GZY700D	GZY800 GZY800D	GZY1000 GZY1000D
最大压入力（kN）		3000	4000	5000	6000	7000	8000	10000
最大回转角度（°）		16°	16°	16°	14°	10°	8°	8°
最小边桩距离（mm）		900	900	1000	1000	1000	1000	1000
工作行程（mm）	升降	900	900	900	900	900	900	900
	压桩	1600	1600	1600	1600	1600	1600	1600
	纵向行走	1000	1000	1000	1000	800	800	800
	横向行走	3000	3000	3500	3500	3500	3500	3500
工作速度（m/min）	单梁，双梁串联压桩	2.7	2.4	2.6	2.3	2.0	1.8	1.4
	双梁并联压桩	1.35	1.2	1.3	1.15	1.0	0.9	0.7
	桩机行走	3.5	3.5	3.0	2.6	2.6	2.0	2.0
泵规格	主机	90，107	107，107	125，160	125，160	117，160	117，160	117，160
	吊机	63/40	63/40	63/40	63/40	63/40	63/40	63/40
电机功率（kW）	主机	45×2	45×2	45×2	45×2	45×2	45×2	45×2
	吊机	30	30	30	30	30	30	30
液压系统工作压力（MPa）	主机	16	17	18	19	20	20	20
	吊机	16	16	16	16	16	16	16
桩参数	方桩截面尺寸（mm）	350×350	350×350	400×400	400×400	400×400	400×400	400×400
		400×400	400×400	450×450	450×450	450×450	450×450	450×450
			450×450	500×500	500×500	500×500	500×500	500×500
					600×600	600×600	600×600	600×600
	管桩截面尺寸（直径 mm）	300	300	300，400	300，400	300，400	400，500	400，500
		400	400	500，550	500，550	500，550	600，700	600，700
		500	600	600，700	600，700	800	800	800
桩机接地压力（kPa）	左右支承接地压力	93	100	104	110	113	130	135
	中部支承接地压力	125	125	130	125	120	130	135
压力计算系数	单梁压桩	9.8	12	14	16	18	20	25
	双梁串联压桩	9.8	12	14	16	18	20	25
	双梁并联压桩	19.6	24	28	32	36	40	50

注：GZY300D-D 表示顶压式压桩机，不带 D 表示抱压式压桩机。顶压机型无边桩尺寸。

5.4.3 施工工艺

1. 桩的制作、堆放、起吊和运输

用于静压桩施工的钢筋混凝土预制桩有 RC 方桩、RC 空心方桩、PC 管桩、PHC 管桩及预应力空心方桩等。桩的堆放、起吊和运输有关事项见本章 5.3.2 节。

2. 压桩机的选择

（1）选择压桩机的参数应包括下列内容：

① 压桩机型号、桩机质量（不含配重）、最大压桩力等；

② 压桩机的外形尺寸及拖运尺寸；

③ 压桩机的最小边桩距及最大压桩力；

④ 长、短船型履靴的接地压强；

⑤ 夹持机构的形式；

⑥ 液压油缸的数量、直径，率定后的压力表读数与压桩力的对应关系；

⑦ 吊桩机构的性能及吊桩能力。

（2）广东地区的静力压桩机选择参考表（表5-4-5）可供有关地区参考。

静力压桩机的选择应综合考虑桩的规格（断面和长度）、穿越土层的特性、桩端土的特性、单桩极限承载力及布桩密度等因素。合理地选用静力压桩机的途径有经验法、现场试压桩法及静力计算公式预估法等。

静力压桩机选择参考表　　　　　　　表 5-4-5

项目 \ 压桩机型号		160～180	240～280	300～360	400～460	500～600
最大压桩力（kN）		1600～1800	2400～2800	3000～3600	4000～4600	5000～6000
适用桩径（mm）	最小	300	300	350	400	400
	最大	400	450	500	550	600
单桩极限承载力（kN）		1000～2000	1700～3000	2100～3800	2800～4600	3500～5500
桩端持力层		中密～密实砂层，硬塑～坚硬黏土层，残积土层	密实砂层，坚硬黏土层，全风化岩层	密实砂层，坚硬黏土层，全风化岩层	密实砂层，坚硬黏土层，全风化岩层、强风化岩层	密实砂层，坚硬黏土层，全风化岩层、强风化岩层
桩端持力层标贯值 N		20～25	20～35	30～40	30～50	30～35
穿透中密～密实砂层厚度（m）		约2	2～3	3～4	5～6	5～8

（3）压桩机的每件配重必须用量具核实，并将其重量标记在该件配重的外露表面；液压式压桩机的最大压桩力应取压桩机的机架重量和配重之和乘以 0.9。

（4）当边桩空位不能满足中置式压桩机施压条件时，宜利用压边桩机构或选用前置式液压压桩机进行压桩，但此时应估计量大压桩能力减少造成的影响。

（5）当设计要求或施工需要采用引孔法压桩时，应配备螺旋钻孔机，或在压桩机上配备专用的螺旋钻。当桩端需进入较坚硬的岩层时，应配备可入岩的钻孔桩或冲孔桩机。

（6）最大压桩力不宜小于设计的单桩竖向极限承载力标准值，必要时可由现场试验确定。

3. 桩的沉设

压桩施工工艺流程，见图5-4-4。

压桩程序一般情况下都采取分段压入、逐段接长的方法，其程序（图5-4-5）如下：

（1）测量定位：施工前放好轴线和每一个桩位，在桩位中心打1根短钢筋，并涂上油漆使标志明显。如在较软的场地施工，由于桩机的行走会挤走预定短钢筋，故当桩机大体就位之后要重新测定桩位。

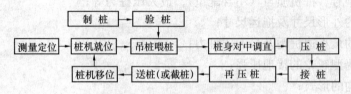

图 5-4-4 压桩施工工艺流程

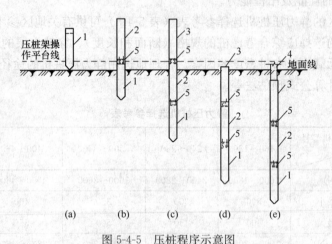

图 5-4-5 压桩程序示意图

(a) 准备压第一段桩；(b) 接第二段桩；(c) 接第三段桩；

(d) 整根桩压平至地面；(e) 采用送桩压桩完毕

1—第一段桩；2—第二段桩；3—第三段桩；4—送桩；5—接桩处

（2）桩尖就位、对中、调直：对于 YZY 型压桩机，通过启动纵向和横向行走油缸，将桩尖对准桩位；开动压桩油缸将桩压入土中 1m 左右后停止压桩，调整桩在两个方向的垂直度。第一节桩是否垂直，是保证桩身质量的关键。

（3）压桩：通过夹持油缸将桩夹紧，然后使压桩油缸伸程，将压力施加到桩上。压入力由压力表反映。在压桩过程中要认真记录桩入土深度和压力表读数的关系，以判断桩的质量及承载力。压桩顺序宜根据场地工程地质条件确定，并应符合下列规定：①对于场地地层中局部含砂、碎石、卵石时，宜先对该区域进行压桩；②当持力层埋深或桩的入土深度差别较大时，宜先施压长桩后施压短桩。压桩过程中应测量桩身的垂直度。当桩身垂直度偏差大于 1‰ 时，应找出原因并设法纠正；当桩尖进入较硬土层后，严禁用移动机架等方法强行纠偏；③同一单体建筑物一般要求先压场地中央的桩，后压周边的桩。

（4）接桩：桩的单节长度应根据设备条件和施工工艺确定。当桩贯穿的土层中夹有薄层砂土时，确定单节桩的长度时应避免桩端停在砂土层中进行接桩。

当下一节桩压到露出地面 0.8～1.0m 时，便可接上一节桩。

（5）送桩或截桩：如果桩顶接近地面，而压桩力尚未达到规定值，可以送桩。

（6）压桩结束：当压力表读数达到预先规定值时，便可停止压桩。

4. 桩身接头

（1）接头数量。软土地区静压桩的长度已达 60m 以上，桩身接头不宜超过 3 个的规定很难执行，目前已有大量桩身接头为 4 个的成功经验。

(2) 接头形式。静压法沉桩时，接头形式主要采用硫黄胶泥锚固接头；当桩很长时，也有在地面以下第一个接头采用焊接形式。

5. 终止压桩的控制原则

静压法沉桩时，终止压桩的控制原则与压桩机大小、桩型、桩长、桩周土灵敏性、桩端土特性、布桩密度、复压次数以及单桩竖向设计极限承载力等因素有关。

终止压桩的控制原则：①应根据现场试压桩的试验结果确定终压标准；②终压连续复压次数应根据桩长及地质条件等因素确定。对于入土深度大于或等于 8m 的桩，复压次数可为 2～3 次；对于入土深度小于 8m 的桩，复压次数可为 3～5 次；③稳压压桩力不得小于终压力，稳定压桩的时间宜为 5～10s。

各地的控制原则各异。广东地区的终压控制条件如下：

(1) 对于摩擦桩，按照设计桩长进行控制。但在正式施工前，应先按设计桩长试压几根桩，待停置 24h 后，用与桩的设计极限承载力相等的终压力进行复压，如果桩在复压时几乎不动，即可进行全面施工。

(2) 对于端承摩擦桩或摩擦端承桩，按终压力值进行控制：

1) 对于桩长大于 21m 的端承摩擦桩，终压力值一般取桩的设计极限承载力。当桩周土为黏性土且灵敏度较高时，终压力可按设计极限承载力的 0.8～0.9 倍取值；

2) 当桩长小于 21m 而大于 14m 时，终压力按设计极限承载力的 1.1～1.4 倍取值；或桩的设计极限承载力取终压力的 0.7～0.9 倍；

3) 当桩长小于 14m 时，终压力按设计极限承载力的 1.4～1.6 倍取值；或设计极限承载力取终压力值的 0.6～0.7 倍，其中对于小于 8m 的超短桩，按 0.6 倍取值。

(3) 超载施工时，一般不提倡满载连续复压法，但在必要时可以进行复压，复压的次数不宜超过 2 次，且每次稳压时间不宜超过 10s。

6. 暂停压桩作业

出现下列情况之一时，应暂停压桩作业，并分析原因，采取相应措施：

(1) 压力表读数显示情况与勘察报告中的土层性质明显不符；

(2) 桩难以穿越硬夹层；

(3) 实际桩长与设计桩长相差较大；

(4) 出现异常响声；压桩机械工作状态出现异常；

(5) 桩身出现纵向裂缝和桩头混凝土出现剥落等异常现象；

(6) 夹持机构打滑；

(7) 压桩机下陷。

7. 送桩

静压送桩的质量控制应符合下列规定：

(1) 测量桩的垂直度并检查桩头质量，合格后方可送桩，压桩、送桩作业应连续进行；

(2) 送桩应采用专制钢质送桩器，不得将工程桩用作送桩器；

(3) 当场地上多数桩的有效桩长小于或等于 15m 或桩端持力层为风化软质岩，需要复压时，送桩深度不宜超过 1.5m；

（4）除满足本条上述 3 款规定外，当桩的垂直度偏差小于 1%，且桩的有效桩长大于 15m 时，静压桩送桩深度不宜超过 8m；

（5）送桩的最大压桩力不宜超过桩身允许抱压压桩力的 1.1 倍。

8. 压桩施工注意事项

（1）压桩施工前应对现场的土层地质情况了解清楚，做到心中有数；同时应做好设备的检查工作，保证使用可靠，以免中途间断压桩。

（2）压桩过程中，应随时注意使桩保持轴心受压，若有偏移，要及时调整。

（3）接桩时应保证上、下节桩的轴线一致，并尽可能地缩短接桩时间。

（4）量测压力等仪表应注意保养、及时检修和定期标定，以减少量测误差。

（5）压桩机行驶道路的地基应有足够的承载力，必要时需作处理。

9. 压桩施工质量控制

静力压桩施工的质量控制应符合下列规定：

（1）第一节桩下压时垂直度偏差不应大于 0.5%；

（2）宜将每根桩一次性连续压到底，且最后一节有效桩长不宜小于 5m；

（3）抱压力不应大于桩身允许侧向压力的 1.1 倍；

（4）对于大面积桩群，应控制日压桩量。

5.5 钢管桩锤击法沉桩

5.5.1 概述

钢管桩基在我国沿海饱和软黏土地区的高层及超高层建筑中已有不少的应用。钢管桩的优点是：①耐打性好，穿透硬土层的性能好，因此可期待获得相当大的竖向承载力，适用于作为高重建（构）筑物的基础桩；②水平承载力大，适用于作为受地震力、波浪力和土压力等水平力的建（构）筑物的基础桩；③外径和壁厚的种类多，便于选用合适的桩的尺寸；④从施工角度看，按桩端持力层不等容易变更桩长，现场焊接的可靠性高，桩基础与上部结构连接容易，开口桩的场合打桩的挤土量少，因而对邻近的现有建筑物不会产生不良影响；⑤重量轻，刚性好，装卸运输方便，不易破损。

钢管桩的缺点是：①造价高；②用作较短的摩擦桩或不承受水平力的桩时不太经济；③打桩时噪声大，振动高；④当采用大直径开口桩时，闭塞效应不好。

如上海金茂大厦高 420m，88 层，支承在 429 根 d914.4mm、长 65m 的钢管桩上，加上送桩长度，钢管桩的入土深度达 82.5m。

5.5.2 钢管桩规格

1. 钢管的分类

此前，沿海大城市高层建筑钢管桩基础，较多地采用日本制造的钢管桩。目前国内已有多家厂家生产这类钢管桩。

钢管可分为无缝钢管和焊接钢管两大类。常用的钢管桩为电焊焊接钢管，其中螺旋钢管占大多数；高频电阻焊接钢管仅用于较小直径钢管桩（外径 609.6mm 以下，壁厚 16mm 以下）；U. O. E. 钢管和卷板钢管用于直径较大或壁厚大的钢管桩。各种钢管的尺寸和特点见表 5-5-1。

各种钢管的尺寸和特点　　　　　　表 5-5-1

种类		电阻焊接钢管	螺旋钢管	U.O.E. 钢管	卷板钢管
尺寸 （mm）	外径	318.5～609.6	400～2500	406.4～1422.4	350～10000
	壁厚	6.0～16.0	6.0～25.4	6.0～38.0	6.0～60.0
	最大长度	18000	31000	18000	6000
特点		能得到自由长度的钢管；因是高频电阻焊，焊接部性能一致	能得到自由长度的钢管；调节螺旋卷的角度，可制成不同直径的钢管；尺寸的精度、圆度、平直度均很高	因是冷加工扩径，故焊接部可靠性高，外径准确，圆度高	调整轧辊位置可得到不同的管径和壁厚

注：1. 本表适用于 SKK-41 桩标准 JISA5525 的 SKK41 钢管。

　　2. 日本 JISA5525 关于钢管桩化学成分和机械性能分别见表 5-5-2 和表 5-5-3。

钢管桩化学成分（JISA5525）　　　　　表 5-5-2

种类记号	化学成分（%）				
	C	Si	Mn	P	S
SKK41	<0.25	—	—	<0.04	<0.04
SKK50	<0.18	<0.55	<1.50	<0.04	<0.04

注：必要时可添加表记以外的合金元素。

钢管桩机械性能（JISA5525）　　　　　表 5-5-3

种类记号	抗拉试验			焊缝抗拉试验	扁平试验
	电弧焊、电阻焊			电弧焊	电阻焊
	强度极限 （N/mm^2）	屈服极限 （N/mm^2）	延伸率 （%）	强度极限 （N/mm^2）	平板间距
SKK41	>402	>235	>18	>402	$2d/3$
SKK50	>490	>314	>18	>492	$7d/8$

注：d 为钢管桩外径。

制成的钢管桩应有合格证，并经抽样检验。

采用进口钢管桩时，当进口的钢管桩到达港口后，买方应即按双方确定的技术条件和检验标准进行复查，若发现不合格品，买方应即向卖方索赔。

钢管桩的管材，一般用普通碳素钢（Q235、16Mn）或按设计要求选用。

2. 单节钢管的尺寸和质量及允许偏差

日本制造的单节钢管的外径、壁厚、截面积和单位质量等，见表 5-5-4。

日本单节钢管的尺寸和质量　　　　　表 5-5-4

外径 d （mm）	壁厚 t （mm）	截面积 A （cm^2）	单位质量 W （kg/m）	参　考			
				截面惯性矩 I（cm^4）	截面模量 Z（cm^3）	惯性半径 i（cm）	桩周面积 （m^2/m）
318.5	6.9	67.5	53.0	820×10	51.5×10	11.0	1.00
	10.3	99.7	78.3	118×10^2	74.4×10	10.9	1.00

续表

外径 d (mm)	壁厚 t (mm)	截面积 A (cm²)	单位质量 W (kg/m)	参 考			
				截面惯性矩 I (cm⁴)	截面模量 Z (cm³)	惯性半径 i (cm)	桩周面积 (m²/m)
355.6	6.4	70.2	55.1	$107×10^2$	$60.2×10$	12.4	1.12
	7.9	86.3	67.7	$130×10^2$	$73.4×10$	12.3	1.12
	11.1	120.1	94.3	$178×10^2$	$100.3×10$	12.2	1.12
400	9	110.6	86.8	$211×10^2$	$105.7×10$	13.8	1.26
	12	146.3	115	$276×10^2$	$137.8×10$	13.7	1.26
406.4	9	112.4	88.2	$222×10^2$	$109.2×10$	14.0	1.28
	12	148.7	117	$289×10^2$	$142.4×10$	14.0	1.28
500	9	138.8	109	$418×10^2$	$167×10$	17.4	1.57
	12	184.0	144	$548×10^2$	$219×10$	17.3	1.57
	14	213.8	168	$632×10^2$	$253×10$	17.2	1.57
508.0	9	141.1	111	$439×10^2$	$173×10$	17.6	1.59
	12	187.0	147	$575×10^2$	$226×10$	17.5	1.59
	14	217.3	171	$663×10^2$	$261×10$	17.5	1.59
600	9	167.1	131	$730×10^2$	$243×10$	20.9	1.88
	12	221.7	174	$958×10^2$	$319×10$	20.8	1.88
	14	257.7	202	$111×10^3$	$369×10$	20.7	1.88
	16	293.6	230	$125×10^3$	$417×10$	20.7	1.88
609.6	9	169.8	133	$766×10^3$	$251×10$	21.2	1.92
	12	225.3	177	$101×10^3$	$330×10$	21.1	1.92
	14	262.0	206	$116×10^3$	$381×10$	21.1	1.92
	16	298.4	234	$132×10^3$	$432×10$	21.0	1.92
700	9	195.4	153	$116×10^3$	$333×10$	24.4	2.20
	12	259.4	204	$154×10^3$	$439×10$	24.3	2.20
	14	301.7	237	$178×10^3$	$507×10$	24.3	2.20
	16	343.8	270	$201×10^3$	$574×10$	24.2	2.20
711.2	9	198.5	156	$122×10^3$	$345×10$	24.8	2.23
	12	263.6	207	$161×10^3$	$454×10$	24.7	2.23
	14	306.6	241	$186×10^3$	$524×10$	24.6	2.23
	16	349.4	274	$211×10^3$	$594×10$	24.6	2.23
800	9	223.6	176	$174×10^3$	$473×10$	28.0	2.51
	12	297.1	233	$230×10^3$	$576×10$	27.9	2.51
	14	345.7	271	$267×10^3$	$667×10$	27.8	2.51
	16	394.1	309	$302×10^3$	$757×10$	27.7	2.51

外径 d (mm)	壁厚 t (mm)	截面积 A (cm²)	单位质量 W (kg/m)	参 考			
				截面惯性矩 I (cm⁴)	截面模量 Z (cm³)	惯性半径 i (cm)	桩周面积 (m²/m)
812.8	9	227.3	178	184×10^3	452×10	28.4	2.55
	12	301.9	237	242×10^3	596×10	28.3	2.55
	14	351.3	276	280×10^3	690×10	28.2	2.55
	16	400.5	314	318×10^3	782×10	28.2	2.55
900	12	334.8	263	330×10^3	733×10	31.4	2.83
	14	389.7	306	382×10^3	849×10	31.3	2.83
	16	444.3	349	434×10^3	964×10	31.3	2.83
	19	525.9	413	510×10^3	113×10^2	31.2	2.83
914.4	12	340.2	267	346×10^3	758×10	31.9	2.87
	14	396.0	311	401×10^3	878×10	31.8	2.87
	16	451.6	354	456×10^3	997×10	31.8	2.87
	19	534.5	420	536×10^3	117×10^2	31.7	2.87
1000	12	372.5	292	454×10^3	909×10	34.9	3.14
	14	433.7	340	527×10^3	105×10^2	34.9	3.14
	16	494.6	388	598×10^3	119×10^2	34.8	3.14
	19	585.6	460	704×10^3	140×10^2	34.7	3.14
1016.0	12	378.5	297	477×10^3	939×10	35.5	3.19
	14	440.7	346	553×10^3	109×10^2	35.4	3.19
	16	502.7	395	628×10^3	124×10^2	35.4	3.19
	19	595.1	467	740×10^3	146×10^2	35.2	3.19
1100	12	410.2	322	606×10^3	110×10^2	38.5	3.46
	14	477.6	375	704×10^3	128×10^2	38.4	3.46
	16	544.9	428	800×10^3	145×10^2	38.3	3.46
	19	645.3	506	942×10^3	171×10^2	38.2	3.46
1117.6	12	416.8	327	637×10^3	114×10^2	39.1	3.51
	14	485.4	381	739×10^3	132×10^2	39.0	3.51
	16	553.7	435	840×10^3	150×10^2	39.0	3.51
	19	655.8	515	990×10^3	177×10^2	38.8	3.51
1200	14	521.6	409	917×10^3	152×10^2	41.9	3.77
	16	595.1	467	104×10^4	173×10^2	41.9	3.77
	19	704.9	553	122×10^4	204×10^2	41.8	3.77
	22	814.2	639	141×10^4	235×10^2	41.7	3.77
1219.2	14	530.1	416	963×10^3	158×10^2	42.6	3.83
	16	604.8	475	109×10^4	180×10^2	42.5	3.83
	19	716.4	562	129×10^4	211×10^2	42.4	3.83
	22	827.4	650	148×10^4	243×10^2	42.3	3.83

外径 d (mm)	壁厚 t (mm)	截面积 A (cm²)	单位质量 W (kg/m)	参　考			
				截面惯性矩 I (cm⁴)	截面模量 Z (cm³)	惯性半径 i (cm)	桩周面积 (m²/m)
1300	14	565.6	44	116×10^4	179×10^2	45.5	4.08
	16	645.4	507	133×10^4	204×10^2	45.4	4.08
	19	764.6	600	156×10^4	241×10^2	45.3	4.08
	22	883.3	693	180×10^4	277×10^2	45.2	4.08
1320.8	14	574.8	451	122×10^4	185×10^2	46.2	4.15
	16	655.9	515	139×10^4	211×10^2	46.1	4.15
	19	777.0	610	164×10^4	249×10^2	46.0	4.15
	22	897.7	705	189×10^4	286×10^2	45.9	4.15
1400	14	609.6	479	146×10^4	209×10^2	49.0	4.40
	16	695.7	546	166×10^4	237×10^2	48.9	4.40
	19	824.3	647	196×10^4	280×10^2	48.8	4.40
	22	952.4	748	226×10^4	323×10^2	48.7	4.40
1422.4	14	619.4	486	153×10^4	215×10^2	49.8	4.47
	16	706.9	555	174×10^4	245×10^2	49.7	4.47
	19	837.7	658	206×10^4	290×10^2	49.6	4.47
	22	967.9	760	237×10^4	333×10^2	49.5	4.47
1500	16	745.9	586	205×10^4	273×10^2	52.5	4.71
	19	884.0	694	242×10^4	323×10^2	52.4	4.71
	22	1021.5	802	278×10^4	371×10^2	52.3	4.71
	25	1158.5	909	315×10^4	420×10^2	52.2	4.71
1524.0	16	758.0	595	215×10^4	282×10^2	53.3	4.79
	19	898.3	705	254×10^4	333×10^2	53.2	4.79
	22	1038.1	815	292×10^4	384×10^2	53.1	4.79
	25	1177.3	924	330×10^4	434×10^2	53.0	4.79
1600	16	796.2	625	294×10^4	312×10^2	56.0	5.03
	19	943.7	741	294×10^4	368×10^2	55.9	5.03
	22	1090.6	856	339×10^4	424×10^2	55.8	5.03
	25	1237.0	971	383×10^4	479×10^2	55.7	5.03
1625.6	16	809.1	635	262×10^4	322×10^2	56.9	5.11
	19	959.0	753	309×10^4	381×10^2	56.8	5.11
	22	1108.3	870	356×10^4	438×10^2	56.7	5.11
	25	1257.1	987	403×10^4	495×10^2	56.6	5.11
1800	19	1063.1	834	421×10^4	468×10^2	62.9	5.66
	22	1228.9	965	485×10^4	539×10^2	62.9	5.66
	25	1391.1	1094	549×10^4	610×10^2	62.8	5.66

外径 d (mm)	壁厚 t (mm)	截面积 A (cm²)	单位质量 W (kg/m)	参 考			
				截面惯性矩 I (cm⁴)	截面模量 Z (cm³)	惯性半径 i (cm)	桩周面积 (m²/m)
2000	19	1182.5	928	580×10^4	580×10^2	70.0	6.28
	22	1367.1	1073	668×10^4	668×10^2	69.9	6.28
	25	1551.2	1218	756×10^4	756×10^2	69.8	6.28

注：钢的密度按 $7.85 g/cm^3$ 计，表中单位质量 $W = 0.02466t \ (d-t)$。

湖北荆州市沙市钢管厂制造的钢管桩规格见表 5-5-5，其力学性能与化学成分见表 5-5-6。

湖北沙市钢管桩规格   表 5-5-5

外径 d (mm)	壁厚 t (mm)	截面积 A (cm²)	单位质量 W (kg/m)	桩周面积 (m²/m)
610	9	170.5	133.89	1.915
	11	207.6	162.99	1.915
	13	244.4	191.90	1.915
711	16	199.1	156.31	2.232
		242.5	190.39	2.232
	18	285.7	224.28	2.232
813	9	229.2	179.95	2.552
	12	302.6	237.55	2.552
	14	325.0	276.36	2.552
914	12	340.3	267.21	2.869
	14	396.4	311.23	2.869
	16	452.0	354.84	2.869
1016	12	379.1	297.62	3.190
	14	441.3	346.45	3.190
	16	503.2	395.08	3.190
1220	12	456.0	357.99	3.830
	14	531.0	416.88	3.830
	16	605.8	475.57	3.830
1420	12	531.4	417.18	4.458
	14	619.0	485.94	4.458
	16	706.3	554.50	4.458

国产钢管桩力学性能与化学成分   表 5-5-6

钢种	力学性能		化学成分				
	屈服强度 (N/mm²)	抗拉强度 (N/mm²)	C	Si	Mn	P	S
Q235	216	≥372 ≤461	<0.22			≤0.045	≤0.05
16Mn	343	≤510	<0.20	≤0.60 ≥0.20	≤1.60 ≥1.20	≤0.045	≤0.05

单节钢管桩的长度应满足桩架的有效高度、运输和装卸能力，也应避免进入硬夹层后接桩，一般不宜大于 15m。单节钢管形状和尺寸的允许偏差，见表 5-5-7。

表 5-5-7

单管形状和尺寸的允许偏差

项　　　目			允许偏差
外径 d	管端部		$\pm0.5\%d$
	管身部		$\pm1.0\%d$
壁厚 t	$t\leqslant16\mathrm{mm}$	$d\leqslant500\mathrm{mm}$	＋无规定 －0.6mm
		$500<d\leqslant800\mathrm{mm}$	＋无规定 －0.7mm
		$800<d\leqslant1524\mathrm{mm}$	＋无规定 －0.8mm
	$t>16\mathrm{mm}$	$d\leqslant800\mathrm{mm}$	＋无规定 －0.8mm
		$800<d\leqslant1524\mathrm{mm}$	＋无规定 －1.0mm
长度 L			＋无规定 －0
挠度 f			$\leqslant L/1000$
现场圆周焊接部的管端平面度			$\leqslant2\mathrm{mm}$
现场圆周焊接部的管端直角度			$\leqslant5d/1000$，但最大为 4mm

注：外径超过 1524mm 的钢管，需由订货者与制造厂协议。

3. 钢管桩的标准附属品

钢管桩的标准附属品，见表 5-5-8。

表 5-5-8

钢管桩的标准附属品一览

附属品名	说　　明	图　　示
补强带	为了避免障碍物损伤桩端部，在桩端部的管外焊接长度为 200mm 或 300mm、厚度为 9mm 的弯曲钢板	
圆盖	为了将上部结构的荷载传递给桩，在桩顶设置圆形钢板，其厚度为 12mm、22mm、32mm	
十字肋	为加强圆盖，在工厂事先加工十字肋，到现场焊接，其长度 200～300mm，板厚 12mm、22mm、32mm	

附属品名	说　明	图　示
圆盖十字肋	其作用与圆盖相同，在工厂将圆盖和十字肋焊接后，再在现场将其与桩顶焊接，尺寸同上	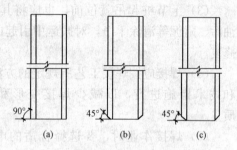

钢管桩的构造分开口（图 5-5-1）、闭口（图 5-5-2）和半闭口三种。

5.5.3　钢管桩的运输和堆放

（1）钢管的两端应设保护圈，运输时应防止管体撞击而造成管端、管体的损坏、弯曲和变形。

（2）涂漆的钢管桩，在运输中要防止损伤涂漆面。为避免运输车辆和绳索等与钢管桩直接接触，其间应隔置竹帘、竹席等保护物。

（3）堆放场地应平整、坚实和排水通畅。钢管桩应按规格、材质分类堆放。

（4）堆放高度：直径为 900mm、600mm 和 400mm 的钢管桩分别不宜超过三层、四层和五层。

图 5-5-1　钢管开口桩构造
(a) 下节桩；(b) 中节桩；(c) 上节桩

（5）钢管桩横截面两侧必须用木楔塞住，防止滑动；木楔下设置 10cm 左右见方的垫木，其间距约为 5m；相邻桩的间隔为 20～30cm，以便起吊时穿钢丝绳不损伤邻桩（图 5-5-3a、b）；当为两层时，也可采用图 5-5-3 (c) 的堆放方式。

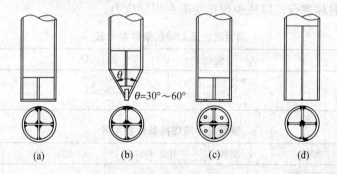

图 5-5-2　钢管闭口桩构造

（6）堆放时要防止附属品的丢失。

5.5.4　钢管桩的接桩

1. 焊接设备及材料

（1）焊机：常用 YM-505N 型半自动焊机。

（2）送丝机：又称焊丝传送控制装置。送丝机配备 YX-151D 型变压器，以控制电流。

（3）焊枪：焊枪的作用是将送丝机送出的焊丝送到焊接点，同时对焊丝通电，由焊工用手操作。

（4）焊丝：焊丝的选择应与钢管母材匹配。对于普通碳素钢的钢管桩，一般选用

SAN-53 自保护焊丝，焊丝直径为 2.4mm 和 3.2mm。

2. 焊接要求

（1）需接桩时，下节桩应在地面留出 0.6m 左右的接桩工作高度。

（2）下节桩顶部的浮锈、油污等脏物必须清除，潮湿处应烘干，其管径经锤打后如有变形，应整修合格，若变形过大无法整修时，则需将该部分割除。

（3）上节桩起吊就位前，也应将其下端部的浮锈、油污、附泥等清除干净，对搬运中引起的变形也应进行修复。

（4）焊接应按焊接工艺所规定的方法、程序、参数和技术措施进行，以减少焊接变形和内应力，保证质量。

（5）焊接作业时，要选择合适的电流、电压和速度，可参考表 5-5-9。

（6）焊接时应校正上下节桩的垂直度，对口的间隙应为 2～3mm。

（7）焊丝使用前应经 200～300℃烘干 2h，并存放在烘箱内，维持恒温 150℃。

（8）钢管桩应采用多层焊，每层焊缝的接头应错开，焊渣应清除，标准焊接条件参见表 5-5-10。

（9）焊接应对称进行，以减少焊接变形和焊接应力。

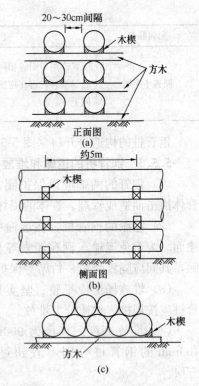

图 5-5-3　钢管桩的堆放方式

钢管桩合适的焊接条件参考表　　　　表 5-5-9

项　　目	单　　位	半自动焊	手工焊
焊接电流	A	350～480	150～180
焊接电压	V	26～31	26～31
焊接速度	cm/min	25～35	13～18

钢管桩标准焊接条件参考表　　　　表 5-5-10

钢管壁厚	形状	层数	电流（A）	电压（V）	速度（cm/min）
9mm＋ 9mm		1	380～460	26～30	23～28
		2	350～400	26～29	30～35
12mm＋ 12mm		1 2	380～460	26～30	23～28
		3	350～400	26～29	30～35

续表

钢管壁厚	形状	层数	电流（A）	电压（V）	速度（cm/min）
14mm+ 14mm		1 2 3	380~460	26~30	23~28
		4	350~400	26~29	30~35
16mm+ 16mm		1 2 3 4	380~460	26~30	23~28
		5	350~400	26~29	30~35
19mm+ 19mm		1 2 3 4 5 6	380~460	26~30	23~28
		7	350~400	26~29	30~35
22mm+ 22mm		1 2 3 4 5 6 7 8 9	380~460	26~30	23~28
		10	350~400	26~29	30~35

（10）焊接时应采取防晒、防雨、防风和防寒等措施，环境温度低于−10℃时，不宜进行焊接。当采取有效技术措施，确能防止冷裂缝产生时，可不受此限。

（11）每个接头焊接完毕，应冷却 1min 后，方可继续锤击。

3. 现场圆周焊接部及允许偏差

图 5-5-4（a）为上下两节桩壁厚相等时，现场圆周焊接部的形状；图 5-5-4（b）为上下两节桩壁厚不等时，现场圆周焊接部的形状。

现场圆周焊接部的允许偏差见表 5-5-11。

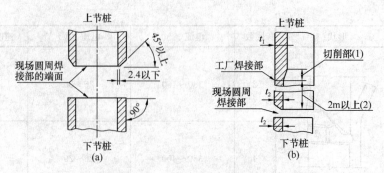

图 5-5-4 现场圆周焊接部的形状

（a）上下两节桩的壁厚相等时；（b）上下两节桩的壁厚不等时

注：钢管内侧切削部的长度宜大于 $4（t_1-t_2）$。

当 $t_1-t_2=2mm$；或工厂圆周焊接部为两面焊接的情况，

当 $t_1-t_2=3mm$ 时，壁厚 t_1 可以不必切削。

现场圆周焊接部的允许偏差值 表 5-5-11

外径 d	允许偏差	外径 d	允许偏差
$d \leqslant 700mm$	$\leqslant 2mm$	$1016 < d \leqslant 1524mm$	$\leqslant 4mm$
$700 < d \leqslant 1016mm$	$\leqslant 3mm$		

注：外径超过 1524mm 的钢管，需由订货者与制造厂协议。

4. 焊接质量要求

（1）对接焊缝应有一定的加强面，加强面高度和遮盖宽度应符合表 5-5-12 规定。

对接焊缝加强尺寸 （mm） 表 5-5-12

项目 　　　管壁厚度	<10	10~20	>20
高度 c	1.5~2.5	2~3	2~4
宽度 e	1~2	2~3	2~3
示意图	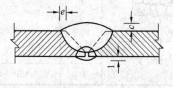		

当采用双面焊或单面焊双面成型工艺时，管内亦应有一定的加强高度，可取 1mm 左右。

当采用带有内衬板的 V 形剖面单面焊时，应保证衬板与母材熔合。

（2）角焊缝高度的允许偏差应为 +2mm，-0.0。

（3）采用对接双面焊时，反面焊接前应对正面焊缝根部进行清理，铲除焊根处的熔渣和未焊透等缺陷，清理后的焊接面应露出金属光泽，再行施焊。

（4）焊接工作完成后，所有拼装辅助装置、残留的焊瘤和熔渣等均应除去。

（5）对所有焊缝均应进行外观检查，其允许偏差见表 5-5-11。

（6）焊缝金属应紧密，焊道应均匀，焊缝金属与母材的过渡应平顺，不得有裂缝、未熔合、未焊透、焊瘤和烧穿等缺陷。

（7）焊接质量应符合国家现行标准《钢结构工程施工质量验收规范》GB 50205 和《建筑钢结构焊接技术规程》JGJ 81 的规定。

（8）对焊缝应进行无损探伤检查，应按接头总数的 5％进行超声或 2％进行 X 射线拍片检查，对于同一工程，探伤抽样检验不得少于 3 个接头。

（9）焊缝外观缺陷的允许范围和处理方法应按表 5-5-13 规定采用。

焊缝外观缺陷的允许范围和处理方法　　　　　表 5-5-13

缺陷名称	允许范围	超过允许的处理方法
咬边	深度不超过 0.5mm，累计总长度不超过焊缝长度的 10％	补焊
超高	2～3mm	进行修正
表面裂缝未熔合，未焊透	不允许	铲除缺陷后重新焊接
表面气孔、弧坑、夹渣	不允许	铲除缺陷后重新补焊

（10）对钢管桩的焊缝应进行焊接接头的机械性能试验，试验要求应符合表 5-5-14 规定。试件可在钢管上取样，也可采用试板进行。在钢管上取样时，试样应垂直于焊缝截取。采用试板时，试板的焊接材料和焊接工艺应与正式焊接时相同。

焊接接头的试验项目及要求　　　　　表 5-5-14

试验项目	试验要求	试件数量
抗拉强度	不低于母材的下限	不少于 2 个
冷弯角度 α，弯心直径 d	低碳钢 $\alpha \geqslant 120°$，$d=2\delta$	不少于 2 个
	低合金钢 $\alpha \geqslant 120°$，$d=3\delta$	
冲击韧性	不低于母材的下限	不少于 3 个

焊接接头机械性能试验取样及试验方法应按现行国家标准《焊接接头机械性能试验方法》GB 2649 等规范执行。

5.5.5 涂层施工

1. 涂层材料

钢管桩防护层所用涂料的品种和质量均应符合设计要求。

2. 涂刷施工

涂刷前应根据涂料的性质和涂层厚度确定合适的施工工艺。涂刷时应符合下列规定：

（1）涂底前应将钢管桩表面的铁锈、氧化层、油污、水气及杂物清理干净。钢管桩宜采用喷丸、喷砂和酸洗等工艺除锈，除锈应符合有关规范规定；

（2）钢管桩的涂底应在工厂进行。现场拼接的焊缝两侧各 100mm 范围内，在焊接前不涂底，待拼装焊接后再行补涂。桩顶埋入混凝土时，涂层的涂刷范围应符合设计要求；

（3）各层涂料的厚度或涂刷层数，应符合设计规定，必要时应采用测厚仪检查。各涂层应厚薄均匀，并有足够的固化时间。各层涂刷的间隔时间可按产品说明书的要求或通过试验确定；

（4）在运输和吊运过程中，涂层有破损时应及时修补。修补时采用的涂料应与原涂层材料相同。

3. 注意事项

施工场地应具有干燥和良好的通风条件，并避免直接受烈日暴晒。在低温和阴雨条件下施工，应采取必要的措施，确保施工质量。当桩身表面潮湿时，不得进行喷涂。

5.5.6　钢管桩的沉设

沉桩前的准备工作可参见本章"5.3.3预制混凝土桩的沉设"中有关内容。

1. 沉桩附属装置

（1）桩帽——钢管桩的桩帽主要有锅盖式（图5-5-5）和钟式（图5-5-6）两种。

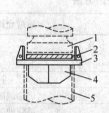

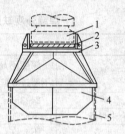

图 5-5-5　锅盖式桩帽

1—锤砧；2—锤垫；

3—桩帽镶板；

4—导板；5—钢管桩

图 5-5-6　钟式桩帽

1—锤砧；2—锤垫；

3—桩帽镶板；

4—导板；5—钢管桩

（2）锤垫——常用青冈栎、榉等硬木圆片，最近也有使用合成板作锤垫。

为使打击力有效地传达到桩顶以及不损伤桩锤，桩帽的镶板和锤垫的尺寸应与桩锤匹配。

（3）送桩筒——当桩顶标高离地面标高有一定差距时，需用送桩筒把桩打到设计标高。送桩筒应满足以下要求：打入阻力不太大；打击能量能有效地传给所打的桩；上拔容易；能连续耐久使用。图5-5-7为送桩筒的一例。

2. 桩的架设

（1）为确保钢管桩的架设精度，需采取以下措施：①桩架的导杆需铅直设立；②在沉桩过程中，随时用两台经纬仪在直角方向校正；③导杆的位置需较大修正时，则需修正桩架的设置位置；④最下面一节钢管桩的位置和垂直度的精度需特殊保证。

（2）为将桩正确地对准桩芯位置，可采取以下措施：①在桩中心和桩周位置的地面处撒上石灰粉（石灰粉要防止

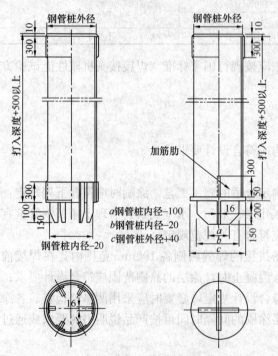

图 5-5-7　钢管桩用的送桩筒的一例

水解或被风吹散）；②用人工挖掘与桩形状和位置相同的孔；③采用木制、钢板制或预制钢筋混凝土板制的模板，其内径与钢管桩的外径相同，放在桩位地面上，作为钢管桩架设的基准（图 5-5-8）；④采用现浇的钢筋混凝土作为钢管桩的架设模板（图 5-5-9）；⑤用钻孔机钻一直径与钢管桩外径相同的浅孔，成孔后可架设下节钢管桩。

图 5-5-8　钢管桩架设模板

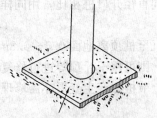

图 5-5-9　现浇的钢筋混凝土架设模板

3. 锤击法沉桩

（1）桩锤的选择

桩锤的选择见表 5-2-4 至表 5-2-7、表 5-2-22、表 5-3-16 和表 5-3-17。打桩宜采取"重锤低击"方式。

（2）桩架的选择

一般采用三点支撑式履带打桩架，桩架的型号参见表 5-2-31。

（3）打桩顺序

钢管桩的桩顶标高，根据设计常埋于自然地面以下，施工时可采取：①挖土至桩顶设计标高后再打桩；②桩顶打到自然地面，然后割管至桩顶设计标高，再挖土；③送桩至桩顶设计标高后再挖土；④挖土至某深度后打桩，再辅以一定量的送桩。

当土质较软弱，先挖土后打桩有困难；或桩比较长，采用送桩办法则需锤击能量大，有可能打不到预定深度；或工程地质复杂，持力层标高有起伏时，可采用第②种方法。对于较短的桩或打桩阻力较小时，可采用送桩至桩顶标高，送桩深度一般控制在 5～7m（第③种方法）。当有条件采用降水措施；并且桩顶设计标高处土质较好时，可采用第①种方法。

打桩顺序与钢筋混凝土预制桩一样。

（4）打桩步骤

基本与打入式钢筋混凝土预制桩相同。在打长桩时，需要在导杆上设置防止因桩锤升降而使桩产生横向偏移的装置，以提高打桩效率。

（5）中间层的贯穿

一般说来，开口钢管桩贯穿较硬的中间层的情况可归纳如下：

1）N 值 50 以上的砂砾层，当其层厚达 5m 时，常常不可能贯穿。

2）N 值 30 以上的黏性土层，当其层厚为 2～3m 时，多数情况不能贯穿；N 值小于 30、层厚为 5～6m 的中间层则可能贯穿。

3）对于砂土层，当粒径相同时容易贯穿，颗粒级配良好时贯穿困难。

4）中间层的下层较软弱时，即使中间层稍硬也容易贯穿。

5）中间层深度在 20m 上下时容易贯穿，当深度为 25～30m 时不能贯穿。

6）当不能贯穿时，可采用中掘工法或预钻孔工法，则贯穿变得容易。

7）以中间层作为桩端持力层时，则要考虑下部层的固结沉降。

上述情况，视桩径和锤的大小不同而多少有些差别。

闭口桩与同直径开口桩相比，用同样桩锤，其贯穿中间层的能力要降低 1/4～1/2。

（6）接桩

当下节桩沉至桩顶离地面 0.5～0.8m 处便暂停打击，检查下节桩的顶部是否产生变形，如有损伤，则可用千斤顶等进行修复，与此同时，清除上下节的油污和其他有害于焊接的附着物。上节桩如产生变形亦需修理后再架立。现场接头焊接需冷却 1min 后再进行打桩作业。

（7）送桩

用送桩筒沉桩时，送桩筒和桩顶间不应有不连续的面，否则在打入时会发生桩顶横向移动，打击冲击波的传递不平稳，往往使贯入不可能。

（8）打桩时的注意事项

1）根据打桩机的能力施打，不应超能力施打。

2）未达到桩端持力层时，可将管内土砂钻出，再钻到桩端持力层然后打入，管中可灌注混凝土。

3）大直径钢管桩，往往由于打击而使桩壁局部失稳，对此必须事先采取预防措施。

4）尽量避免送桩，因送桩筒与桩的面积不同会使桩承受较大的打击应力，从而引起桩的局部失稳；或因送桩筒与桩顶间存在不连续面而造成打击偏心或倾斜，降低打桩效率。

5）尽量多采用工厂焊接接头，少用现场焊接接头。

6）打桩中尽量避免长时间中断。

（9）桩停止锤击的控制原则

在邻桩打入时，也要对已打入土中的桩进行水准测量，以判断该桩是否有浮起或下沉现象。尤其对桩端闭塞型的桩群，施打时要注意桩有否上浮现象。

钢管桩的停止锤击的控制原则与打入式钢筋混凝土预制桩相同。

接近停锤的原则，可按一锤的贯入度小于 2mm 考虑。判断桩停止锤击的参考标准，可见表 5-5-15。

桩停止锤击的参考标准　　　　　　　　　　　　　　　　　　　表 5-5-15

桩端持力层种类	停止锤击的判断
停锤的持力层较薄时	对应于要求的承载力，打入到持力层厚的 1/3～1/2
停锤的持力层较厚时	以 1 锤平均 3～5mm 打入 2 倍桩径深度，并且最后 1 锤的贯入度约为 2mm 时
坚硬的持力层	进入桩径的 1～2 倍深度时
不太坚硬的持力层	进入桩径的 5～10 倍深度时

4. 桩端形式与打入的关系

一般说来，由于挤土作用，闭口桩的承载能力比开口桩大。

（1）开口钢管桩

开口钢管桩在打入时，土随着桩的下沉进入桩管内部而形成土柱。土柱与桩管内壁间的摩阻力若能与土柱底端的阻力相平衡，土即不再进入钢管桩内。此时，土柱形成对钢管桩的全堵塞状态，闭塞效果发挥 100%。

闭塞效果的发挥程度依①开口桩；②开口桩中设置横向隔板；③开口桩中设置纵向隔板；④半闭口桩和⑤全闭口桩的次序由小增大。

桩径在 500mm 以下的开口钢管桩，如果嵌入砂或砂砾层的深度达数倍桩径时，闭塞效果几乎可 100% 得到发挥。

（2）闭口钢管桩

图 5-5-2 中（a）型为桩端平面用十字肋补强；（b）型桩端为圆锥状用十字肋补强；（c）型为在（a）型的底板上开四个小孔，以利于贯穿土层；（d）型为无底板，用长的十字肋，以获得显著的闭塞效果。

闭口钢管桩的施工随桩端形状、土层条件和锤的大小而变化。其施工特点：①闭口桩施工需要大型桩锤；②在软弱层中进行闭口桩施工时，即便用重锤，其打击效果也同开口桩差不多；③某些地层因桩的打入产生很大的空隙水压力，如在桩端和桩侧开小孔，将对沉桩有利；④闭口桩的施工时间比开口桩多五成。

5. 锤击法钢管桩施工检查项目（表 5-5-16）

锤击法钢管桩施工管理检查表　　　　　表 5-5-16

检 查 要 点	检 查 要 点
1. 现场调查 （1）噪声是否在限制范围内？ （2）振动是否在限制范围内？ （3）油散是否在限制范围内？ （4）施工空间的情况如何？ （5）障碍物的情况如何？ 2. 资料准备 必要的文件是否准备妥当？ 3. 桩的安排 （1）桩的交付期是否合适？ （2）桩是否符合设计图的要求？ （3）桩的外观是否良好？ （4）桩的运送能否实现？ （5）桩的吊装准备如何？ （6）桩的保管是否良好？ 4. 暂设 （1）打桩机搬入道路如何？ （2）脚手架是否良好？ （3）栈桥的强度、大小是否充分？ （4）地下障碍物是否已拆除？ （5）空中障碍物是否已拆除？ 5. 机械设备 （1）桩锤的选定是否合适？ （2）打桩机的尺寸是否足够？ （3）桩帽、锤垫的准备是否充分？ （4）夹头是否合适？ （5）桩垫的形状、尺寸是否合适？ （6）供电、供水是否充分？ 6. 工程 （1）能否保证工期？ （2）打桩顺序是否合适？	7. 人员 （1）打桩机司机、焊工的资格是否确认？ （2）人员的配置是否合适？ 8. 安全、环境对策 （1）机械设备、电气设备是否按时检查？ （2）是否遵守施工顺序？ （3）施工人员的健康状态是否良好？ （4）防止高空作业坠落等对策是否合适？ （5）紧急联络地址、电话是否明确？ （6）作业范围是否明确？ （7）油散的对策是否充分？ 9. 工艺试桩 （1）试桩位置、根数是否合适？ （2）试桩的尺寸选择是否合适？ （3）贯入度、回弹量等测定项目的整理是否良好？ 10. 沉桩 （1）桩中心位置是否正确？ （2）沉桩时桩的垂直度是否符合要求？ （3）打桩机的导杆的垂直度是否符合要求？ （4）打桩时是否有偏心现象？ （5）打击力是否合适？ （6）打击次数是否合适？ （7）锤的落距是否合适？ （8）采用哪个打桩公式？ （9）打桩的精度是否符合要求？ 11. 现场焊接 （1）焊接工艺条件是否合适？ （2）焊把线的保管是否合适？ （3）防风对策如何？ （4）土、砂、锈斑、脏物等是否已除掉？ （5）焊缝质量检查方法是否良好？

5.6 挤土效应及防止

采用锤击法、振动法和静压法将桩沉入地基中必然会产生挤土效应，使地基土隆起和水平挤动，不同程度地对邻近建筑物和地下管线产生不良影响。为避免或减小沉桩的挤土效应，在施打大面积密集桩群时，可采取下列辅助措施：

（1）设置袋装砂井或塑料排水板，以消除部分超孔隙水压力。袋装砂井直径一般为 70~80mm，间距 1~1.5m；塑料排水板的深度、间距与袋装砂井相同。

（2）井点降水，在一定深度范围内，不致产生超孔隙水压力。

（3）预钻排水孔，疏排孔深范围的地下水，使孔隙水压力不致升高。

（4）设置隔离钢板桩、地下连续墙或桩排式旋喷桩，以限制沉桩的挤土影响。

（5）开挖一定深度（以边坡能自立为准）的防挤沟，可减少浅层土的水平挤压作用，保护浅基础和地下管线，沟宽 0.5~2.0m。

（6）采取埋入式桩（预先钻孔法、中掘工法与水冲法）施工法。

（7）控制沉桩速度，视邻近建筑物和地下管线的距离等情况，控制日沉桩数。

（8）优化施工流水，调整沉桩顺序或采用跳沉法施工，以增加同一地点沉桩的间歇时间。

（9）设置应力释放孔，一般孔径 400~700mm，孔深 25~30m，可降低孔隙水压力，又使释放孔隙近的土体有明确的挤压方向，起到引导土体挤压趋势的作用。

（10）加强施工监测，进行信息化施工，为此可对土体侧向位移、地面隆起、土体的超静孔隙水压力或邻近建筑物的变位、马路开裂进行监测，根据监测数据有效控制沉桩速度和土方开挖速度，减小对周围环境的影响程度和范围。

5.7 干作业螺旋钻孔灌注桩

5.7.1 适用范围

干作业螺旋钻孔灌注桩按成孔方法可分为长螺旋钻孔灌注桩和短螺旋钻孔灌注桩。

长螺旋钻成孔施工法是用长螺旋钻孔机的螺旋钻头，在桩位处就地切削土层，被切土块钻屑随钻头旋转，沿着带有长螺旋叶片的钻杆上升，输送到出土器后自动排出孔外，然后装卸到小型机动翻斗车（或手推车）中运走，其成孔工艺可实现全部机械化。

短螺旋钻成孔施工法是用短螺旋钻孔机的螺旋钻头，在桩位处就地切削土层，被切土块钻屑随钻头旋转，沿着带有数量不多的螺旋叶片的钻杆上升，积聚在短螺旋叶片上，形成"土桩"此后靠提钻、反转、甩土，将钻屑散落在孔周。一般，每钻进 0.5~1.0m 就要提钻甩土一次。

用以上两种螺旋钻孔机成孔后，在桩孔中放置钢筋笼或插筋，然后灌注混凝土，成桩。

1. 适用范围

干作业螺旋钻成孔适用于地下水位以上的填土层、黏性土层、粉土层、砂土层和粒径不大的砾砂层。但不宜用于地下水位以下的上述各类土层以及碎石土层、淤泥层、淤泥质土层。对非均质含碎砖、混凝土块、条块石的杂填土层及大卵砾石层，成孔困难大。

国产长螺旋钻孔机，桩孔直径为 300～1000mm，成孔深度在 30m 以下。国产短螺旋钻孔机，桩孔最大直径可达 1828mm，最大成孔深度可达 70m（此时桩孔直径为 1500mm）。

2. 优缺点

（1）优点

①振动小、噪声低、不扰民；②钻进速度快，在一般土层中，用长螺旋钻孔机钻一个深 12m、直径 400mm 的桩孔，作业时间只需 7～8min，其钻进效率远非其他成孔方法可比。加上移位、定位，正常情况下，长螺旋钻孔机一个台班可钻成深 12m、直径 400mm 的桩孔 20～25 个；③无泥浆污染；④造价低；⑤设备简单、施工方便；⑥混凝土灌注质量较好。因是干作业成孔。混凝土灌注质量隐患通常比水下灌注或振动套管灌注等要少得多。

（2）缺点

①桩端或多或少留有虚土；②单方承载力（即桩单位体积所提供的承载力）较打入式预制桩低；③适用范围限制较大。

5.7.2 施工机械及设备

1. 螺旋钻孔机分类

（1）按钻杆上螺旋叶片多少，可分为长螺旋钻孔机（又称全螺旋钻孔机，即整个钻杆上都装置螺旋叶片）和短螺旋钻孔机（其钻具只是临近钻头 2～3m 内装置带螺旋叶片的钻杆）。

（2）按装载方式，螺旋钻机底盘可分为履带式、步履式、轨道式和汽车式。

（3）按钻孔方式，螺旋钻机可分为单根螺旋钻孔的单轴式和多根螺旋钻孔的多轴式。在通常情况下，都采用单轴式螺旋钻机；多轴式螺旋钻机一般多用于地基加固和排列桩（SMW 工法桩）等施工。

（4）按驱动方式，螺旋钻机可分为风动、内燃机直接驱动、电动机传动和液压马达传动，后两种驱动方式用得最多。

2. 螺旋钻孔机的规格、型号及技术性能

（1）长螺旋钻孔机的规格、型号及技术性能

表 5-7-1 为国家建筑工业行业标准 JG/T 5108—1999《长螺旋钻孔机》规定的基本参数与尺寸。

表 5-7-2～表 5-7-5 为国产长螺旋钻孔机的规格、型号及技术性能。

国外的长螺旋钻孔机有：日本三和机工、三和机材系列（最大成孔直径 1500mm，最大成孔深度 32m）；意大利 SOILMEC 的 CM-45E 系列（最大成孔直径 1200mm，最大成孔深度 28m）、CM-45E 系列（最大成孔直径 700mm，最大成孔深度 18m）和 CM-45EB 系列（最大成孔直径 600mm，最大成孔深度 25m）；英国 BSP 公司的 TCA100、TTM80B 系列。

长螺旋钻孔机的基本参数与尺寸（JG/T 5108—1999）　　表 5-7-1

型　号	KL400	KL600	KL800	KL1000
最大成孔直径（主参数）（mm）	400	600	800	1000
钻具电动机功率（kW）	30～37	37～55	75～90	90～110
额定扭矩（kN·m）	2.90～5.15	4.00～15.30	9.10～29.20	12.50～35.70
钻杆转速（r/min）	≤100	≤90	≤80	≤70
导轨中心距（mm）	330	330/600	330/600	600
钻具总质量（kg）	≤4500	≤5500	≤7000	≤9000

国产步履式长螺旋钻孔机技术参数（一）　　表 5-7-2

生产厂家	新河新钻公司						郑州宇通重工					
型号	CFG13	CFG18	CFG21	CFG25	CFG28	CGF31	YTZ20		YTZ26		YTZ30	
钻孔直径（mm）	300～600	300～800	400～800	400～800	400～800	400～800	400, 600	800	400, 600	800	400, 600	800
钻孔深度（m）	13	18	21	25	28	31	20	16	26	22	30	25
动力头功率（kW）	2×22	2×37	2×45	2×55	2×55	2×55	2×37	2×37	2×55	2×55	2×55	2×55
许用拔钻力（kN）	180	240	240	400	400	400	240	240	300	300	480	480
主机转速（r/min）	21	21	21	21	16	12	24.2	24.2	21.7	21.7	21.7	21.7
输出扭矩（kN·m）	15.8	34.0	39.0	48.5	63.7	83.0	29.2	29.2	48.4	48.4	48.4	48.4
行走步距（mm）	1200	1200	1200	1500	1500	1800	1100	1100	1300	1300	2000	2000
回转角度（°）	±90	±90	±90	±90	±90	±90	360	360	360	360	360	360
桩机质量（kg）	23000	30000	33000	43000	52000	70000	30000	30000	45000	45000	68000	68000

注：新河新钻公司 CFG15、CFG20、CFG23、CFG26 和 CFG30 等型号未列入表中。

国产步履式长螺旋钻孔机技术参数（二）　　表 5-7-3

生产厂家	郑州三力机械				文登合力机械				
型号	CFG20	CFG26	CFG28	CFG30	JZB45	JZB50	JZB60	JZB90	JZB120
钻孔直径（mm）	400～800	400～800	400～800	400～1000	400～600	400～600	400～800	400～800	400～1000
钻孔深度（m）	20	26	28	30	17	21	25.5	31	33
动力头功率（kW）	2×45	2×45	2×55	2×55	2×30	2×37	2×45	2×55	2×75
许用拔钻力（kN）	240	300	300	400	300	300	400	640	800
主机转速（r/min）	23	23	23	23		21	16		14
输出扭矩（kN·m）	31.0	37.4	45.0	45.0		44.3	58.9		84.1
行走步距（mm）	1100	1100	1500	2000	1500	1500	2000	2000	2000
回转角度（°）	360	360	360	360	360	360	360	360	360
桩机质量（kg）	35000	46000	48000	55000	30000	35000	50000	60000	80000

国产步履式长螺旋钻孔机技术参数（三）　　表 5-7-4

生产厂家	郑州勘察机械						洛阳大地					
型号	ZKL600-1	GKL800	ZKL800BA	ZKL800BB		SZKL600B	KL-20		KL-23		KL-26	
钻孔直径（mm）	400,600	400~800	400,600	400,600	800	600	400,600	800	400,600	800	400,600	800
钻孔深度（m）	25	27.5	18	18	16	23	20	16	23	16	26	18
动力头功率（kW）	2×37	2×55	55,2×37	2×37	2×37	2×55	2×37		2×45		2×55	
许用拔钻力（kN）	450	450				300	180		180		300	
主机转速（r/min）	23,40	21.7				21.7	24		31		23	
输出扭矩（kN·m）	30.7	48.4	17.5 30.7	30.7	30.7	48.4	30.7		35.5		48.0	
行走步距（mm）			1100	1100	1100		1100		1100		1100	
回转角度（°）						360						
桩机质量（kg）		21000	18000	18000		41000	32000		35000		46500	

国产履带式长螺旋钻孔机技术参数　　表 5-7-5

生产厂家	文登合力机械					郑州勘察机械				
桩架形式	三点支撑式					履带吊　W1001				
型号	JZL45	JZL50	JZL60	JZL90	JZL120	ZKL400	ZKL400-1	ZKL600	ZKL600-1	ZKL800
钻孔直径（mm）	400~600	400~600	400~800	400~800	400~1000	400	400	600	600	800
钻孔深度（m）	17	21	25.5	31	33	12~16	30	12~16	25	12
动力头功率（kW）	2×30	2×37	2×45	2×55	2×75	30	55	55	90	90
许用拔钻力（kN）	300	300	400	640	800	157	157	157	490	245
主机转速（r/min）			21	16	14	70	27,47	27,47	38	38
输出扭矩（kN·m）			44.3	58.9	84.1	4.1	19.4	19.4	22.6	22.6
行走速度（km/h）	0.5	0.5	0.4	0.4	0.4					
回转角度（°）	360	360	360	360	360	360	360	360	360	360
桩机质量（kg）	35000	40000	55000	68000	90000					

（2）长螺旋钻孔机的配套打桩架

国内长螺旋钻孔机多与走管式、轨道式、步履式、履带三点式及履带悬挂式打桩架配套使用，国家《建筑工业行业标准》JG/T 5006.1—1995 关于这五类桩架的基本参数与尺寸，见表 5-7-6。

轨道式打桩架采用轨道行走底盘，多电机分别驱动，集中操纵控制。

液压步履式打桩架以步履方式移动桩位和回转，不需铺枕木和钢轨，机动灵活，移动桩位方便，打桩效率较高，是一种具有我国自己特点的打桩架。

悬臂式履带式打桩架以通用型履带起重机为主机，以起重机吊杆悬吊打桩架导杆、在起重机底盘与导杆之间用叉架连接。此类桩架可容易地利用已有的履带起重机改装而成，桩架构造简单，操纵方便，但垂直精度调节较差。

汽车式长螺旋钻孔机移动桩位方便，但钻孔直径和钻深均受到限制。

国产走管式、轨道式、履带式和步履式打桩架规格系列（JG/T 5006.1—1995） 表 5-7-6

	型号	桩锤冲击部分质量（kg）	立柱长度（m）	最大桩长（m）	最大桩质量（kg）	立柱可倾角度		行走速度（m/min）	平台回转角度（°）	负荷能力（kN）	桩架总质量（kg）
						前倾（°）	后倾（°）				
走管式	JZ12	1200	≥15	9	2800	5	12			≥60	≤18000
	JZ16	1600	≥18	12	3700	5	12			≥100	≤24000
	JZ25	2500	≥21	18	5600	5	12			≥160	≤28000
	JZ40	4000	≥24	21	8500	5	14			≥240	≤33000
轨道式	JG12	1200	≥15	9	2800	≥12		≤4.5	≥120	≥60	≤12000
	JG16	1600	≥18	12	3700	18.5		≤4.5	≥120	≥100	≤20000
	JG25	2500	≥24	18	5600	18.5		≤4.5	≥120	≥160	≤33000
	JG40	4000	≥27	21	8500	18.5		≤3.5	≥120	≥240	≤45000
	JG60	6000	≥33	23	12000	18.5		≤3.5	≥120	≥300	≤65000
	JG 100	10000	≥36	26	17000	5	—	≤3.5	≥120	≥500	≤100000
履带三点式	JU16	1600	≥21	12	3700	5	15	≤16.6	360	≥100	≤40000
	JU25	2500	≥24	18	5600	5	15	≤16.6	360	≥160	≤50000
	JU40	4000	≥27	21	8500	5	15	≤8.3	360	≥240	≤65000
	JU60	6000	≥30	23	12000	5	18.5	≤8.3	360	≥300	≤80000
	JU100	10000	≥33	26	17000	5	18.5	≤8.0	360	≥500	≤100000
履带悬挂式	JUG16	1600	≥21	12	3700	5	15	≤25.0	360	≥100	≤40000
	JUG25	2500	≥24	18	5600	5	15	≤25.0	360	≥160	≤50000
	JUG40	4000	≥27	21	8500	5	15	≤8.3	360	≥240	≤65000
	JUG60	6000	≥30	23	12000	5	8.5	≤8.3	360	≥300	≤80000
步履式	JB12	1200	≥18	9	2800	5	>5	≤4.8	>90	≥60	≤14000
	JB16	1600	≥21	12	3700	5	>5	≤4.8	>90	≥100	≤24000
	JB25	2500	≥24	18	5600	5	>5	≤4.2	>90	≥150	≤36000
	JB40	4000	≥27	21	8500	5	>5	≤4.2	>90	≥240	≤48000
	JB60	6000	≥30	23	12000	2	>2	≤4.2	>90	≥300	≤70000

注：1. 除走管式打桩架外，其余 4 种打桩架的平台回转速度为（0.3～0.4）r/min。

2. 表列的打桩架既适用于筒式柴油锤，也适用于长螺旋钻机。

国外的长螺旋钻孔机动力头多与三点支撑式履带式打桩架配套使用。三点支撑式履带式打桩架是以专用履带式机械为主机，配以钢管式导杆和两根后支撑组成，是国内外最先进的一种桩架。一般采用全液压传动，履带中心距可调，导杆可单导向也可双导向，还可自转90°。

三点支撑式履带式打桩架的特点：垂直精度调节灵活；整机稳定性好；同类主机可配备几种类型的导杆以悬挂各种类型的柴油锤、液压锤和钻孔机动力头；不需外部动力源；拆装方便，移动迅速。

国外三点支撑式履带式打桩架（主机和机架部分）种类较多，由于篇幅关系，本节只介绍国产 DJU-95AH 打桩架的技术性能。

操作方式：液压；传动方式：液压；爬坡能力：22°；回转速度：2.5rpm；行驶速度：0.6～1.2km/h；额定输出功率：118kW；主、副卷扬筒提升和下降速度：26～52m/

min；导杆卷扬筒提升和下降速度 48m/min；主机尺寸（长度×宽度×高度）：7.3×3.3×3.3m；主机质量（含配量）：37000kg。

DJU-95AH 打桩架机架部分技术性能见表 5-7-7。

国产 DJU-95AH 三点支撑式履带式打桩架技术性能 表 5-7-7

导杆	长螺旋钻孔机						桩机行驶时总质量（kg）	履带接地应力（MPa）
型号	长度（m）	钻进机构		螺旋钻杆		容许抗拔力（kN）		
		型号	质量（kg）	长度（m）	质量（kg）			
单导向	30.2	ZKL1000	9500	26.0	6400	400	95000	0.133
单导向	33.2	ZKL800	7000	29.0	7100	400	95000	0.133
双导向	24.2	ZKL800	7000	20.0	5000	400	95000	0.133
双导向	27.2	ZKL1000	9500	23.0	5700	400	95000	0.133

注：本打桩架还可悬挂 4.5t 级，6.0t 级和 7.2t 级桩锤。

（3）短螺旋钻孔机的规格、型号及技术性能

表 5-7-8 为国产短螺旋钻孔机的规格、型号及技术性能。

国产短螺旋钻孔机 表 5-7-8

性能指标	天津钻机厂			北京城建厂	新河新钻公司
	TEXOMA 330	TEXOMA 600	TEXOMA 700 II	ZKL1500	KQB1000
钻孔直径（mm）	1828	1828	1828	1500	1800
钻孔深度（m）	6.09	10.6	18.28	70（最大），40（标准）	30
钻杆转速（rpm）	30，61，108，188	30，61，108，188	39，65，111，233	0～195	40
钻杆扭矩（kN·m）	52.9，26.3，14.8，8.4	52.9，26.3，14.8，8.4	73.2，32.6，19.0，9.1	105	
方钻杆（mm）	76.2	76.2	139.7，101.6		
回转台回转角度（°）	240	240	240		140
主轴前后移动距离（mm）	91.4	91.4	91.4		
主轴左倾角、右倾角（°）	35	9	6		
主轴前倾角（°）	15	15	10		
主轴后倾角（°）	15	15	10		
动力形式	柴油机	柴油机	柴油机	柴油机	电动机
动力功率（kW）	80	100	100	83	22
底盘形式	车装式	车装式	车装式	履带式	步履式
总质量（kg）	17200	24000	27600		8000

注：ZKL1500 型最大扩孔直径为 3000mm。

表 5-7-9 为意大利 SOIL MEC 短螺旋钻孔机的规格、型号及技术性能。

意大利 SOIL MEC 短螺旋钻孔机　　　　　表 5-7-9

性能指标		CM-35	RTA/Ⅱ	RT3/S	RTC-S	RTS/C
钻孔直径（m）		1200	1200	2200	1500	500～2900
钻孔深度（m）		28	28	78（最大），42（标准）	78（最大），42（标准）	54～20
钻杆转速（rpm）	钻进时	9～36	9～36		0～195	52
	甩土时	160	160	130		150
钻杆扭矩（kN·m）		44.1	44.1	205.8	105	210
钻杆性能	单根长度（m）	7.45	7.45	12.87	12.87	
	伸缩节数	4，5	4，5	3，4	3，4	
	可钻深度（m）	22，28	22，28	32，42	32，42	
主轴前倾角（°）		5	5			
主轴后倾角（°）		35	13			
动力形式		柴油机	柴油机	柴油机	柴油机	柴油机
动力功率（kW）		66	66	118	83	129
底盘形式		履带式	车装式	起重机	履带式	履带式

注：RT3/S 型最大扩机直径为 48.50mm，RTC-S 型最大扩孔直径为 3000mm。

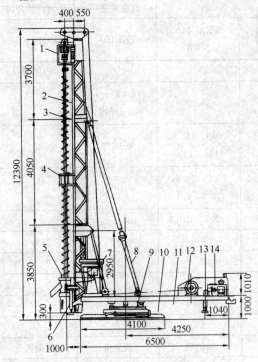

图 5-7-1　液压步履式长螺旋钻机

1—减速箱总成；2—臂架；3—钻杆；4—中间导
向套；5—出土装置；6—前支腿；7—操纵室；
8—斜撑；9—中盘；10—下盘；11—上盘；
12—卷扬机；13—后支腿；14—液压系统

国外的短螺旋钻孔机还有：英国 BSP 公司产品（钻孔直径 2130mm，钻孔深度 44m）；法国 GALINET-PARIS 公司产品（钻孔直径 1800mm，钻孔深度 30m）；日本日立建机株式会社产品（钻孔直径 1000mm，钻孔深度 50m）；德国 NORDMEYER 公司产品（钻孔直径 1200mm，钻孔深度 30m）。

多功能旋挖钻机（Rotary Drilling Rig）配备长螺旋钻杆与钻头，配备短螺旋钻头，分别可进行长螺旋和短螺旋钻进，见本章 5.13 节"旋挖钻斗钻成孔灌注桩"。

3. 长螺旋钻孔机的构造及工作原理

长螺旋钻孔机由动力头、钻杆、钻头、中间稳杆器和下部导向圈等组成。图 5-7-1 为液压步履式长螺旋钻孔机。图 5-7-2 为长螺旋钻孔和锤击沉桩两用的三点支撑式履带式打桩机。图 5-7-3 为长螺旋钻孔机的构造示意图。

（1）动力头

动力头是长螺旋钻孔机的主要驱动机构。目前国内多采用单动单轴式，电动机转速通过行星齿轮减速，传动平稳且效率较高。

（2）钻杆

钻杆的作用是在钻孔作业中传递动力扭矩，使钻头切削土层，同时将切削下来的土块钻屑通过钻杆输送到孔外。

钻杆的中心部分为无缝钢管，外面焊接一定螺距的螺旋片。为减少螺旋片与孔壁的摩阻力，钻杆直径比钻头直径小 20～30mm。螺旋片厚度及螺距根据钻杆强度、土层状况、机械寿命等因素确定。螺距为 0.5～0.7 倍钻具直径，直径大时取小值，直径小时取大值。螺旋面外倾角应小于或等于钻屑在螺旋面上的摩擦角。钻杆的分节长度一般为 2.5～5m。钻杆间连接可用阶梯法兰连接，也可用六角套筒并通过锥销连接。

（3）钻头

钻头直径与设计孔径是一致的。钻头一般都设计成双头螺纹型，以提高切削效率。钻头导向尖起定位作用，防止钻孔偏斜。

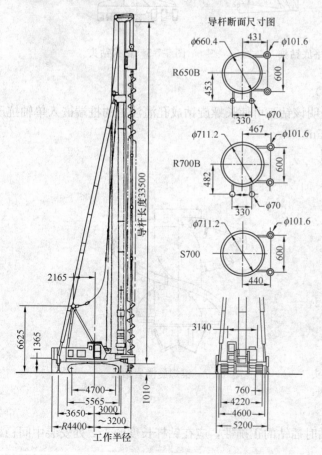

图 5-7-2　长螺旋钻孔和锤击沉桩两用的三点支撑式履带打桩机——IPD-95

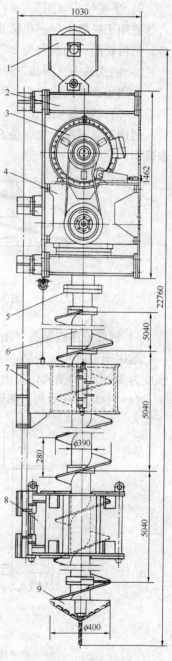

图 5-7-3　螺旋钻机

1—滑轮组；2—悬吊架；3—电动机；

4—减速器；5—阶梯形连接盘；

6—钻杆；7—中间稳杆器；

8—下部导向圈；9—钻头

不同类型的土层宜选用不同形式的钻头。

1）尖底钻头

适用于黏性土层，如在刃口上镶焊硬质合金刀头，可钻硬土及冻土。

2）平底钻头（图 5-7-4）

适用于松散土层。在钻头双螺旋切削刃带上焊有耙齿式切削片，耙齿上焊有硬质合金。耙齿切削刃的前角为 $20°\sim45°$，后角为 $8°\sim15°$。

3）耙式钻头（图 5-7-5）

适用土含有大量砖头、瓦块的杂填土层。

4）筒式钻头（图 5-7-6）

适用于钻混凝土块、条石等障碍物，每次钻取厚度应小于筒身高度，钻进时应适当加水冷却。

 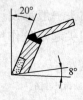 

图 5-7-4 平底钻头　　　　　图 5-7-5 耙式钻头

5）锥螺旋凿岩钻头（图 5-7-7）

适用于中风化硬岩层，实践表明该钻头可使长螺旋钻成孔灌注桩的桩端嵌入单轴抗压强度为 35MPa 的微风化安山岩 0.5m。

（4）中间稳杆器和下部导向圈

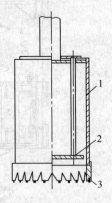 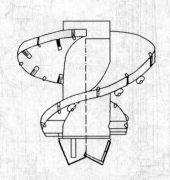

图 5-7-6 筒式钻头　　　　　图 5-7-7 锥螺旋凿岩钻头
1—筒体；2—推土盘；
3—八角硬质合金刀头

为使钻杆钻进时的稳定和初钻时插钻的正确性，应在钻杆长度的 1/2 处安装中间稳杆器，并在下部安装导向圈。

中间稳杆器用钢丝绳悬挂在钻机动力头上，并随钻杆动力头上下；导向圈则基本上固定或悬挂在导杆最低处。

4. 短螺旋钻孔机的构造及工作原理

(1) 动力装置

不同类型的短螺旋钻孔机在结构上差别甚大，见表5-7-10。

不同短螺旋钻孔机的结构特点 表 5-7-10

钻机型号	BSP625（英）BSP1250（英）80CA（英）B300（德）	RTC/C（意）RTO/3（意）RTS/C（意）	RTO/H（意）	RTA/C（意）MP-20（法）DSB-2V（德）BZ-1（中）	HF-25（法）	KH-100（日）	DS -120HRU（日）	KQB1000（中）
结构特点	悬臂式吊车上悬挂钻机，带有回转装置和其他机构，传动用单独发动机	液压挖掘机上悬挂钻机，带传动装置	以汽车为基础机械的专用钻机，带回转装置和其他机构，传动用单独发动机	悬臂吊车上悬挂钻机，带埋入式回转装置传动发动机	悬臂吊车上悬挂钻机，液压传动	悬臂吊车上悬挂钻机，电气传动	步履底盘上悬挂钻机，电气传动

(2) 钻杆

短螺旋钻孔机的钻杆通常是伸缩式的，以节省升降拆装拧卸钻杆的时间。钻杆有二节、三节、四节和五节，钻孔最大深度可达78m（表5-7-9）。单节钻杆是用高强度钢材制成的方形截面或管形截面杆件。为防止提升钢丝绳和电缆扭转，钻杆顶端需配备方向吊环。

(3) 钻头

不同类别的土层宜选用不同形式的钻头。一般情况下设计 2～3 个螺距，在黏土层中钻进时取小值，在砂层中钻进时取大值。大部分螺旋面的螺旋倾角小于钻屑与叶片的摩擦角。表5-7-11 为各类短螺旋钻头的结构特点和适应地层。

各类短螺旋钻头的结构特点及适应地层 表 5-7-11

钻头种类		结构特点	适应地层
锥形螺旋钻头	双头双螺	两个螺片按 180°对称以等螺距分布于整个螺旋钻头长度，螺片直径逐渐增大，钻齿（钻齿大多为截齿）按渐开线规律布置，螺距小，输送渣土通道小，但强度大	中风化及微风化基岩、粒径较小的卵石等
	单头单螺	一个螺片以等螺距分布于整个螺旋钻头长度，螺片直径逐渐增大，钻齿（钻齿大多为截齿）按渐开线规律布置，螺距大，输送渣土通道大，但强度小，钻齿按渐开线规律布置	强风化及中风化基岩、粒径较大的卵砾石、冻土、含水量小的土层
	双头单螺	两个螺片按 180°对称以等螺距从钻头底部布置，一片螺分布于整个螺旋钻头长度，另一片螺一般是在锥度结束时也终止，螺片直径逐渐增大，钻齿（钻齿大多为截齿）按渐开线规律布置，前半部螺距小，强度大，后半部螺距增加一倍，输送渣土通道变大，钻齿按渐开线规律布置	介于前两者之间的一类钻头，适用于各类基岩、中等颗粒的卵石等

钻头种类		结构特点	适应地层
斗齿式直螺旋钻头	双头双螺	两个螺片按180°对称以等螺距分布于整个螺旋钻头长度，螺片直径不变，钻齿采用斗齿，按一字等高度布置于钻头底部，螺距小，输送渣土通道小，但强度大	不含水的泥岩，含砂量大的土层、粒径较小的卵石等
	单头单螺	一个螺片以等螺距分布于整个螺旋钻头长度，螺片直径不变，钻齿采用斗齿，按一字等高度布置于钻头底部，螺距大，输送渣土通道大，但强度小	不含水的泥岩、冻土、中等粒径的卵石等
	双头单螺	两个螺片按180°对称以等螺距从钻头底部布置，一片螺分布于整个螺旋钻头长度，另一片螺布置半个螺距终止，螺片直径不变，钻齿采用斗齿，按一字等高度布置于钻头底部，前半部螺距小，强度大，后半部螺距增加一倍，输送渣土通道变大	介于前两者之间的一类钻头，适用于砂土、冻土、中等粒径的卵石等
截齿式直螺旋钻头	双头双螺	两个螺片按180°对称以等螺距分布于整个螺旋钻头长度，螺片直径不变，钻齿采用截齿，按弧形布置于钻头底部，螺距小，输送渣土通道小，但强度大	中风化到微风化基岩，粒径较小的卵石等
	单头单螺	一个螺片以等螺距分布于整个螺旋钻头长度，螺片直径不变，钻齿采用截齿，按弧形布置于钻头底部，螺距大，输送渣土通道大，但强度小	不含水的泥岩及土层、冻土、大直径的卵石等
	双（三）头单螺	两个螺片按180°对称或三个螺片按120°对称以等螺距从钻头底部布置，一片螺分布于整个螺旋钻头长度，另一（两）片螺布置半个螺距终止，螺片直径不变，钻齿采用截齿，按弧形布置于钻头底部，前半部螺距小，强度大，后半部螺距增加一倍，输送渣土通道变大	介于前两者之间的一类钻头，适用于中风化及微风化基岩，冻土、中等粒径的卵石等

图 5-7-8 为国产 KQB1000 型液压步履式短螺旋钻孔机工作状态示意图。

5.7.3 干作业螺旋钻孔灌注桩施工

1. 长螺旋钻孔灌注桩施工程序

（1）钻孔机就位。钻孔机就位后，调直桩架导杆，再用对位圈对桩位，读钻深标尺的零点。

（2）钻进。用电动机带动钻杆转动，使钻头螺旋叶片旋转削土，土块随螺旋叶片上升，经出土器排出孔外。

（3）停止钻进，读钻孔深度。钻进时要用钻孔机上的测深标尺或在钻孔机头下安装测绳，掌握钻孔深度。

（4）提起钻杆。

（5）测孔径、孔深和桩孔水平与垂直偏差。达到预定钻孔深度后，提起钻杆，用测绳（锤）在手提灯照明下测量孔深及虚土厚度，虚土厚度等于钻深与孔深的差值。

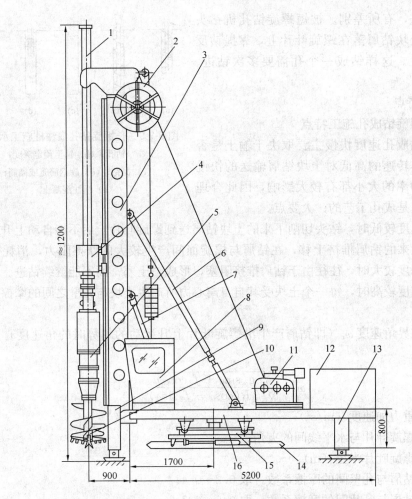

图 5-7-8　KQB1000 型液压步履式短螺旋钻孔机

1—钻杆；2—电缆卷筒；3—臂架；4—导向架；5—主机；6—斜撑；

7—起架油缸；8—操纵室；9—前支腿；10—钻头；11—卷扬机；

12—液压系统；13—后支腿；14—履靴；15—中盘；16—上盘

（6）成孔质量检查。把手提灯吊入孔内，观察孔壁有无塌陷、胀缩等情况。

（7）盖好孔口盖板。

（8）钻孔机移位。

（9）复测孔深和虚土厚度。

（10）放混凝土溜筒。

（11）放钢筋笼。

（12）灌注混凝土。

（13）测量桩身混凝土的顶面标高。

（14）拔出混凝土溜筒。

施工程序示意见图 5-7-9。

2. 短螺旋钻孔灌注桩施工程序

短螺旋钻孔灌注桩的施工程序，基本上与长螺旋钻孔灌注桩一样，只是第（2）项施工程序—钻进，有所差别。被短螺旋钻孔机钻头切削下来的土块钻屑落在螺旋叶片上，靠提钻反转甩落在地上。这样钻成一个孔需要多次钻进、提钻和甩土。

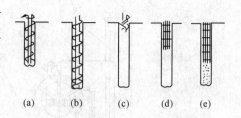

图 5-7-9　长螺旋钻孔灌注桩施工示意图
(a) 钻孔；(b) 钻至预定深度；
(c) 提钻；(d) 放钢筋笼或插筋；
(e) 灌注混凝土

3. 施工特点

(1) 长螺旋钻成孔施工特点

长螺旋钻成孔速度快慢主要取决于输土是否通畅，而钻具转速的高低对土块钻屑输送的快慢和输土消耗功率的大小都有较大影响，因此合理选择钻进转速是成孔工艺的一大要点。

当钻进速度较低时，钻头切削下来的土块钻屑送到螺旋叶片上后不能自动上升，只能被后面继续上来的钻屑推挤上移，在钻屑与螺旋面间产生较大的摩擦阻力，消耗功率较大。当钻孔深度较大时，往往由于钻屑推挤阻塞，形成"土塞"而不能继续钻进。

当钻进速度较高时，每一个土块受其自身离心力所产生土块与孔壁之间的摩擦力的作用而上升。

钻具的临界角速度 ω_r（即钻屑产生沿螺旋叶片上升运动的趋势时的角速度）可按下式计算：

$$\omega_r = \sqrt{\frac{g(\sin\alpha + f_2\cos\alpha)}{f_1 R(\cos\alpha - f_2\sin\alpha)}} \tag{5-7-1}$$

式中　　g——重力加速度（m/s²）；

α——螺旋叶片与水平线间的夹角；

R——螺旋叶片半径（m）；

f_1——钻屑与孔壁间的摩擦系数，取 $0.2\sim0.4$；

f_2——钻屑与叶片间的摩擦系数，取 $0.5\sim0.7$。

在实际工作中，应使钻具的实际转速为临界转速的 $1.2\sim1.3$ 倍，以保持顺畅输土，便于疏导，避免堵塞。

为保持顺畅输土，除了要有适当高的转速之外，还需根据土质等情况，选择相应的钻压和给进量。在正常工作时，给进量一般为每转 $10\sim30$mm，砂土中取高值，黏土中取低值。

总的说来，长螺旋钻成孔，宜采用中、高转速、低扭矩、少进刀的工艺，使得螺旋叶片之间保持较大的空间，就能收到自动输土、钻进阻力小、成孔效率高的效果。

(2) 短螺旋钻成孔施工特点

短螺旋钻机的钻具在临近钻头 $2\sim3$m 内装置带螺旋叶片的钻杆。成孔需多次钻进、提钻、甩土。一般为正转钻进，反转甩土，反转转速为正转转速的若干倍。因升降钻具等辅助作业时间长，其钻进效率不如长螺旋钻机高。为缩短辅助作业时间，多采用多层伸缩式钻杆。

短螺旋钻孔省去了长孔段输送土块钻屑的功率消耗，其回转阻力矩小。在大直径或深桩孔的情况下，采用短螺旋钻施工较合适。

4. 施工注意事项

（1）钻进时应遵守下列规定：

1）开钻前应纵横调平钻机，安装导向套（长螺旋钻孔机的情况）。

2）在开始钻进，或穿过软硬土层交界处时，为保持钻杆垂直，宜缓慢进尺。在含砖头、瓦块的杂填土层或含水量较大的软塑黏性土层中钻进时，应尽量减少钻杆晃动，以免扩大孔径。

3）钻进过程中如发现钻杆摇晃或难钻进时，可能遇到硬土、石块或硬物等，这时应立即提钻检查，待查明原因并妥善处理后再钻，否则较易导致桩孔严重倾斜、偏移，甚至使钻杆、钻具扭断或损坏。

4）钻进过程中应随时清除孔口积土和地面散落土。遇到孔内渗水、塌孔、缩颈等异常情况时，应将钻具从孔内提出，然后会同有关部门研究处理。

5）在砂土层中钻进如遇地下水，则钻深应不超过初见水位，以防塌孔。

6）在硬夹层中钻进时可采取以下方法：

① 对于均质的冻土层、硬土层可采用高转速，小给进量，均压钻进。

② 对于直径小于100mm的石块和碎砖，可用普通螺旋钻头钻进。

③ 对于直径大于成孔直径1/4的石块，宜用镶焊硬质合金的耙齿钻头慢速钻进，石块一部分可挤进孔壁，一部分沿螺旋钻杆输出钻孔。

④对于直径很大的块石、条石、砖堆，可用镶有硬质合金的筒式钻头钻进，钻透后硬石砖块挤入钻筒内提出。

7）钻孔完毕，应用盖板盖好孔口，并防止在盖板上行车。

8）采用短螺旋钻孔机钻进时，每次钻进深度应与螺旋长度大致相同。

（2）清理孔底虚土时应遵守下列规定：

钻到预定钻深后，必须在原深处进行空转清土，然后停止转动，提起钻杆。注意在空转清土时不得加深钻进；提钻时不得回转钻杆。孔底虚土厚度超过质量标准时，要分析和采取处理措施。

（3）灌注混凝土应遵守下列规定：

1）混凝土应随钻随灌，成孔后不要过夜。遇雨天，特别要防止成孔后灌水，冬季要防止混凝土受冻。

2）钢筋笼必须在浇灌混凝土前放入，放时要缓慢并保持竖直，注意防止放偏和刮土下落，放到预定深度时将钢筋笼上端妥善固定。

3）桩顶以下5m内的桩身混凝土必须随灌注随振捣。

4）灌注混凝土宜用机动小车或混凝土泵车。当用搅拌运输车灌注时，应防止压坏桩孔。

5）混凝土至接近桩顶时，应随时测量桩身混凝土顶面标高，避免超长灌注，同时保证在凿除浮浆层后，桩顶标高和质量能符合设计要求。

6）桩顶插筋，要保持竖直插进，保证足够的保护层厚度，防止插斜插偏。

7）质量检查人员应将混凝土灌入量及坍落度等情况列入打桩记录。

8）混凝土坍落度一般保持为80～100mm，强度等级不小于C13，为保证其和易性及坍落度，应注意调整砂率，掺减水剂和粉煤灰等掺合料。

5.8 全套管灌注桩

5.8.1 适用范围

贝诺特（Benoto）灌注桩施工法为全套管施工法的一种。该法利用摇动装置的摇动（或回转装置的回转）使钢套管与土层间的摩阻力大大减少，边摇动（或边回转）边压入，同时利用冲抓斗挖掘取土，直至套管下到桩端持力层为止。挖掘完毕后立即进行挖掘深度的测定，并确认桩端持力层，然后清除虚土。成孔后将钢筋笼放入，接着将导管竖立在钻孔中心，最后灌注混凝土成桩。贝诺特法实质上是冲抓斗跟管钻进法。

1. 适用范围

贝诺特灌注桩几乎任何土质和岩层均可适用。但在孤石、岩层成孔时，成孔效率将显著降低。当地下水位下有厚细砂层（厚度 5m 以上）时，由于摇动或回转作业使砂层产生排水固结现象，造成压进或拉拔套管困难，应避免在有厚砂层的土层中使用，如要施工，则需采取措施。

2. 优缺点

（1）优点

①振动小，噪声低；②用套管插入整个孔内，孔壁不会坍落；③配合各种抓斗，几乎各种土层、岩层均可施工；④可在各种杂填土中施工，适合旧城改造的基础工程；⑤无泥浆污染，环保效果好，施工现场整洁文明，很适合于在市区内施工；⑥可确切地搞清持力层土质，选定合适桩长；⑦因用套管，可靠近既有建筑物施工；⑧容易确保确实的桩断面形状；⑨可挖掘小于套管内径 1/3 的石块；⑩因含水比例小，较容易处理虚土，也便于余土外运；⑪可避免采用泥浆护壁法的钻、冲击成孔时产生的泥膜和沉渣时灌注桩承载力削弱的影响；⑫由于钢套管护壁的作用，可避免泥浆护壁钻（冲）孔灌注桩可能发生的缩颈、断桩及混凝土离析等质量问题；⑬由于应用全套管护壁，可避免泥浆护壁法成孔难以解决的流砂问题；⑭可作斜桩；⑮成孔和成桩质量高；⑯充盈系数小，节约混凝土。

（2）缺点

①因是大型机械，施工时要有较大场地；②地下水位下有厚细砂层（厚度 5m 以上）时，拉拔套管困难；③在软土及含有地下水的砂层中挖掘，因下套管时的摇动使周围地基松软；④桩径有限制；⑤无水挖掘时需注意防止缺氧、有害气体等发生；⑥容易发生涌砂、隆起现象；⑦会发生钢筋笼上升事故。⑧工地边界到桩中心的距离比较大。

5.8.2 施工机械及设备

贝诺特钻机又称全套管钻机，是由法国贝诺特公司于 20 世纪 50 年代初开发和研制而成。我国于 70 年代开始引进此类钻机。1994 年起昆明捷程桩工有限责任公司结合我国国情研制开发出中、小型捷程牌 MZ 系列摇动式全套管钻机（又称磨桩机或搓管机）30 余台套，与兄弟单位共同开发出捷程 MZ 全套管冲抓斗取土和全套管旋挖钻斗钻取土灌注桩及全套管软切割钻孔咬合灌注桩施工工法，并在全国数十项工程中得以应用。2001 年和 2004 年国土资源部勘探技术研究所和北京嘉友心诚工贸有限公司先后开发出冲抓型搓管机和旋挖型搓管机。

1. 全套管钻机分类

全套管钻机按结构可分为摇动式和回转式两大类。每一大类又可分为自行式（本机挖掘）和附着式（履带式起重机挖掘）两类。

全套管钻机按动力可分为发动机式和电动机式。

全套管钻机按其成孔直径可分为小型机（直径在1.2m以下）；中型机（直径在1.2～1.5m之间）和大型机（直径在1.5～2.0m之间或更大）。

回转式与摇动式相比具有以下优点：①可切割抗压强度为275N/mm^{2}的岩石；②挖掘深度可超过150m；③可在钻孔过程中保持1/500的垂直精度；④套管与套管之间的连接部受力情况更趋合理，寿命提高；⑤套管的360°连续全回转可以避免多次拆装夹紧油缸的液压油管，提高施工效率；⑥可配合反循环岩石钻头和岩石扩孔钻头钻进。

2. 摇动式全套管钻机的规格、型号及技术性能

国内外摇动式全套管钻机的规格、型号及技术性能见表5-8-1至表5-8-6。

摇动式—自行式全套管钻机　　　　　　　　　　　表5-8-1

性能指标	日本三菱重工				日本加藤					
	MT120	MT130	MT150	MT200	20TH	20THC	20THD	30THC	30THCS	50TH
钻孔直径（m）	1.0～1.2	1.0～1.3	1.0～1.5	1.0～2.0	0.6～1.2	0.6～1.2	0.6～1.3	1.0～1.5	1.0～1.5	1.0～2.0
钻孔深度（m）	30～50	35～60	40～60	35～60	27	35～40	35～40	35～40	35～45	35～40
质量（kg）	24000	30000	51000	54000	27000	23000	24000	37500	37900	50000
摇动扭矩（kN·m）	510	680	1480	1600	460	506	632	1350	1350	1810
最大压管力（kN）	150	200	300	350		150	150	260		
最大拔管力（kN）	440	600	1180	1180	420	420	520	920	920	920
上下动时千斤顶能力（kN）	640	800	1000	1000		560	700	1350		
摇动角度（°）	15	13	12	12	17	12	12	13	13	17
发动机额定功率（kW）	125	114	125	125	74	106	106	162	162	96×2
接地压力（MPa）	0.08	0.072	0.094	0.104		0.06	0.067	0.079		
爬坡能力（°）	19	16	15.3	13.3		12	12	17		
液压泵常用输出压力（MPa）	21	14	14	14						
作业时外形尺寸（mm）	长度	7580	8700	10570	11020	7815	7810	8060	9450	9710	10745
	宽度	3300	3100	3180	3490	3700	2820	2820	3200	3200	4574
	高度	11180	14965	16060	16060	15300	10460	11960	13300	13300	16774

摇动式—附着式全套管钻机　　　　　　　　　　　表5-8-2

性能指标	德国 LEFFER 公司				意大利 Casagrande 公司			
	900	1500	2000	2500	GC1000	GC1500	GC2000	GC2500
最大钻孔直径（mm）	900	1500	2000	2500	1000	1500	2000	2500
外形尺寸（mm）	长度	5000	6500	7700	8800	5580	6530	7950	8300
	宽度	1900	2850	3200	4000	2200	2490	3240	3950
	高度	1720	1850	1950	2580	2400	2480	3300	4000

性能指标	德国 LEFFER 公司				意大利 Casagrande 公司			
	900	1500	2000	2500	GC1000	GC1500	GC2000	GC2500
拔管力（kN）	1300	2350	3050	5150	1205	1884	2712	4350
拔管行程（mm）	500	600	600	650	600	600	700	920
夹管力（kN）	1030	1900	2490	3780	842	1120	1837	3670
压管行程（mm）	192	327	436	546				
摇动扭矩（kN·m）	1200	2920	4110	7070	1060	2100	3820	8000
摇动角度（°）	25	25	25	25	26	24	24	26
钻机液压工作压力（MPa）	31	31	31	31	20	20	20	20
钻机质量（kg）	8700	14000	22000	37000	8000	12500	18000	35000
发动机功率（kW）	59	107	149	188	48	72	164	186
液压泵流量（L/min）	2×100	2×170	2×190	2×235				
液压泵工作压力（MPa）	31	31	31	31	20	20	20	20

注：1. LEFFER 公司生产的 1200、1300 和 2200 产品未列入本表。

　　2. Casagrande 公司生产的 GC700、900、1300、1800 和 2200 产品未列入本表。

意大利 SOILMEC 摇动式—附着式全套管钻机　　　　表 5-8-3

图中代号	性能指标	钻机型号							
		MGT1000	MGT1500	MGT2000	MGT2500	MGB800	MGB1000	MGB1300	MGB1500
A	最大钻孔直径（mm）	1000	1500	2000	2500	800	1000	1300	1500
C	最大长度（mm）	5450	6790	8100	8000	3500	3800	3915	4100
B	最大宽度（mm）	2000	2500	3250	4000	1700	1920	2240	2500
D	最大高度（无倾斜装置时）（mm）	1872	1992	2420	2820	1400	1500	1545	1600
G	最大高度（有倾斜装置时）（mm）	2710	2910	3800	—	2300	2300	2300	2300
E	支架高度（mm）	1320	1290	1500	1600	900	950	965	965
F	夹箍高度（mm）	1090	1255	1600	2120	880	950	1015	1030
H	伸缩舵行程（mm）	1305	1500	1800	2100	750	900	1000	1250
I	最小桩径（mm）	600	1000	1500	1800	500	600	800	1000
K	夹箍中心至连接点距离（mm）	4500	5490	6650	5940	2600	2800	2960	3200
	摇动角度（°）	32	24	24	23	30	30	30	28
L	前倾角度（°）	10	10	10	—	5	5	5	5
M	后倾角度（°）	12	12	12	—	15	15	15	15
	最大压力（MPa）	32	32	32	32	32	32	32	32
	工作压力（MPa）	21	21	21	21	21	21	21	21
	拔管力（kN）	1450	2000	3140	4530	650	1130	1630	1820

图中代号	性能指标	钻机型号							
		MGT1000	MGT1500	MGT2000	MGT2500	MGB800	MGB1000	MGB1300	MGB1500
	拔管行程（mm）	600	600	700	700	450	450	500	500
	夹管力（kN）	930	1550	2000	3100	520	930	1000	1500
	摇动扭矩（kN·m）	1200	2200	4200	8000	500	1000	1630	2000
	钻机质量（含倾斜装置）（kg）	9500	15000	25000	36000	4500	7500	9500	10500

注：1. MGT700、1300、1800和2200产品未列入本表。

2. 表中英文字母代号见图5-8-2。

昆明捷程桩工公司 MZ 系列摇动式全套管钻机　　　　　　　表 5-8-4

性能指标		MZ-1	MZ-2	MZ-3
钻孔直径（mm）		800～1000	1000～1200	1200～1500
钻孔深度（m）		35～45	35～45	35～45
压管行程（mm）		550	650	600
摇动推力（kN）		1060	1255	1648
摇动扭矩（kN·m）		1255	1470	2650
提升力（kN）		1157	1353	1961
夹紧力（kN）		1765	1960	2255
定位力（kN）		294	353	490
摇动角度（°）		27	27	25
前后倾角（°）		8	8	8
外形尺寸（mm）	长度	4700	5500	6000
	宽度	2200	2500	2800
	高度	1500	1540	1600
质量（kg）	主机	14000	18000	28000
	液压工作站	2800	3200	3500
配合履带吊起重能力（kN）		≥147	≥196	≥343
锤式抓斗（kN）		20～25	25～35	35～50
十字冲锤（kN）		40～60	60～80	80～100

注：摇动推力、定位力分别为各自的两缸合力。

勘探技术研究所 CGJ 系列摇动式全套管钻机（冲抓型）　　　　表 5-8-5

性能指标	CGJ1200	CGJ1500	CGJ1800	CGJ2000
钻孔直径（mm）	800～1200	800～1500	1000～1800	1200～2000
钻孔深度（m）	40	40	40	40
摇动扭矩（kN·m）	1200	1900	2560	2860
提升力（kN）	1560	1880	2280	2280
夹紧力（kN）	1500	2100	2100	2250

性能指标	CGJ1200	CGJ1500	CGJ1800	CGJ2000
压管行程（mm）	500	500	500	500
外形尺寸：长×宽×高（mm）	6500×2400×1700	6550×2550×1850	7200×2900×1850	7600×3100×1750
质量（kg）	18000	22000	25000	26000

北京嘉友心诚公司 CZX 系列摇动式全套管钻机（冲抓型） 表 5-8-6

性能指标	CZX1200	CZX1500	CZX1800	CZX2000
钻孔直径（mm）	1200	1500	1800	2000
钻孔深度（m）	45	45	45	45
摇动扭矩（kN·m）	2620	3230	3930	4520
摇动角度（°）	25	25	25	25
提升力（kN）	3090	3090	4580	4580
夹紧力（kN）	2260	2260	3590	3590
压管行程（mm）	500	500	500	500
外形尺寸：长×宽×高（mm）	5865×2410×1765	6450×2950×1765	6980×3200×2190	7790×3350×2190
质量（kg）	20000	24500	27800	33200

3. 摇动式全套管钻机的构造及工作原理

摇动式全套管钻机是由钻机、锤式抓斗、动力装置和套管组成。

（1）钻机

钻机是整套机组中的工作机，由导向与纠偏机构、摇动装置、沉拔管液压缸、摇动臂和底架等组成。

图 5-8-1 和图 5-8-2 分别为日本三菱重工业株式会社和意大利 SOILMEC 公司的产品图例，图 5-8-3 为昆明捷程 MZ 钻机示意图。

导向与纠偏机构的作用是，在沉管前将套管（尤其是第一节套管）的垂直精度调整到允许的范围内。

摇动装置是由夹管液压缸、夹管装置和摇动臂等组成。摇动装置的作用是，当将套管放入夹管装置后，收缩夹管液压缸，夹管

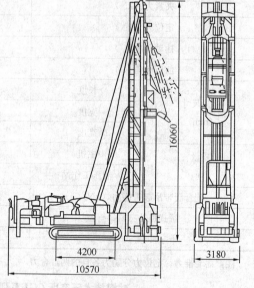

图 5-8-1 日本三菱重工 MT150 钻机示意

装置即将套管夹持住，然后通过两个摇动臂上的摆动液压缸来回顶缩，夹管装置和套管即在一定的角度内以顺时针和逆时针方向转动。这样套管剪切土体，因此套管与土体间的摩阻力大大减少，套管逐渐压入土中。

（2）锤式抓斗

锤式抓斗的工作过程如下：

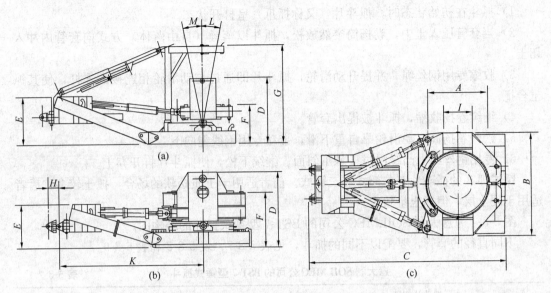

图 5-8-2 意大利 SOILMEC 公司 MGT 钻机示意

(a) 带倾斜装置的钻机；(b) 不带倾斜装置的钻机；(c) 俯视图

注：图中尺寸的英文字母代号意义见表 5-8-3。

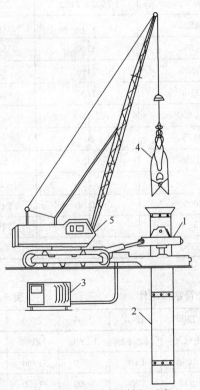

图 5-8-3 捷程 MZ 钻机示意

1—钻机；2—套管；3—液压工作站；

4—锤式抓斗；5—履带吊

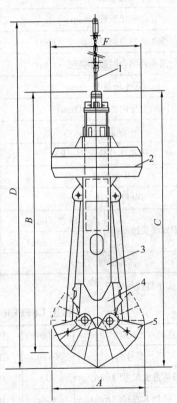

图 5-8-4 意大利 SOILMEC 公司的

BST-7 型锤式抓斗

1—专用钢丝绳；2—上导向器；3—连接圆杆；

4—矩形壳体；5—抓斗片

注：图中尺寸的英文字母代号意义见表 5-8-7。

1）抓斗在初始状态时，抓斗片（又称抓爪）呈打开状态。

2）当套管压入土中，卷扬筒突然放松，抓斗以落锤（自由落体）方式向套管内冲入切土。

3）收缩专用钢丝绳，并提升动滑轮，抓斗片即通过与动滑轮相连接的连杆，使其抓土合拢。

4）继续卷扬收缩，抓斗被提出套管。

5）松开卷扬筒，动滑轮靠自重下滑，带动专用钢线绳向下。

6）专用钢丝绳上凸缘滑过下棘爪斜面、继续下松，使抓斗片打开弃土。

锤式抓斗的抓斗片有二瓣式和三瓣式。前者适用于土质松软的场合，抓土较多；后者适用于硬土层，但抓土量较少。

图 5-8-4 为意大利 SOILMEC 公司的 BST-7 型锤式抓斗的结构图。

不同直径的套管，要配以不同的抓斗，见表 5-8-7、表 5-8-8 和表 5-8-9。

意大利 SOILMEC 公司的 BST-7 型锤式抓斗 表 5-8-7

A	抓斗片宽度（mm）	1700		1900	2200
	抓斗片进深（mm）	1400		1400	2200
	桩孔直径（mm）	2000		2200	2500
	挖槽断面（mm）	1700×1400		1900×1400	ϕ2200
B	抓斗片打开时抓斗高度（mm）	4885		4915	4880
C	抓斗片闭合时抓斗高度（mm）	4685		4790	5060
D	抓斗总高度（mm）	7385		7490	9260
F	上导向器直径（mm）	1700		1700	1700
	容量（m³）	0.900		1.200	2.000
	关闭抓斗片最大力（kN）	175		200	240
	抓斗片质量（kg）	1950		2300	2600
	钢丝绳直径（mm）	26		26	26
钢丝绳长度	双索（mm）	20000		20000	21500
	单索（mm）	15500		15500	17000
	抓斗质量（kg）	8300		8600	8950

注：表中英文字母代号见图 5-8-4。

德国 LEFFER 公司全套管钻机附件 表 5-8-8

	钻孔直径（mm）	900	1200	1300	1500	2000	2200	2500
	型号	L770	L1070	L1190	L1360	L1840	L2000	L2250
锤式抓斗	下部最大尺寸（mm）	750	1050	1050	1340	1820	1960	1960
	上部最大直径（mm）	630	930	930	1200	1600	1150	1150
	抓斗片容量（m³）	0.037	0.165	0.240	0.300	0.590	0.850	1.270
	中心部容量（m³）	0.095	0.165	0.165	0.240	0.520	0.920	0.920
	质量（kg）	2460	3850	3950	4900	6620	8300	8900

续表

钻孔直径（mm）			900	1200	1300	1500	2000	2200	2500
套管（不含固定销）	直径（mm）	外径	900	1200	1300	1500	2000	2200	2500
		内径	820	1120	1220	1420	1910	2100	2400
	质量（kg）	6m管	2927	4350	4710	5545	9415	10730	12190
		5m管	2473	3694	3956	4673	7891	9015	10240
		4m管	2019	2986	3228	3797	6368	7300	8290
		3m管	1550	2275	2432	2903	4840	5580	6340
		2m管	1100	1584	1714	2034	3337	3865	4390
		1m管	627	852	925	1133	1802	2150	2400

日本三菱重工会套管钻机附件 表 5-8-9

钻孔直径（mm）			1000	1100	1200	1300	1500	1800	2000
钻机型号	MT120								
	MT130								
	MT150								
	MT200								
锤式抓斗	型号		CS-13				GS-20		
	抓斗片直径（mm）		850	950	1050	1150	1340	1610	1800
	全长（mm）		2860	2910	2960	3010	3655	3755	3855
	容量（m³）		0.08	0.10	0.12	0.14	0.24	0.29	0.40
	质量（kg）		1500	1650	1750	1850	3350	3750	3950
套管（不含固定销）	直径（mm）	外径	980	1080	1180	1280	1480	1780	1980
		内径	890	990	1090	1190	1390	1690	1890
	质量（kg）	6m管	3060	3370	4100	4400	5160	7880	8810
		4m管	2090	2300	2800	3020	3510	5370	6000
		3m管	1580	1740	2100	2280	2650	4080	4550
		2m管	1130	1240	1480	1610	1870	2850	3190
		第一节（1.8m）管	1170	1290	1420	1540	1780	2590	2910

图 5-8-5 为日本三菱重工业株式会社生产的锤式抓斗的抓斗片、凿槽锥和十字凿锤。可根据不同的土层地质条件选用不同的抓斗片。

（3）动力装置

动力装置由发动机、轴向柱塞泵、皮带盘、液压油箱和柴油箱等组成，并全部安装在底盘上。

（4）套管

全套管钻机用的套管一般分为 1m、2m、3m、4m、5m 和 6m 等不同的长度，施工时可根据桩的长度进行配套使用。

因套管入土过程中受较大的扭矩，故套管一般均为双层结构。套管由上下接头和双层

	锤式抓斗的抓片				凿槽锥	十字凿锤
	硬质土用	万能型	黏土用	碟石用		
抓斗片外形	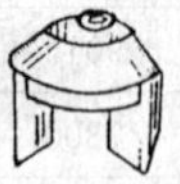				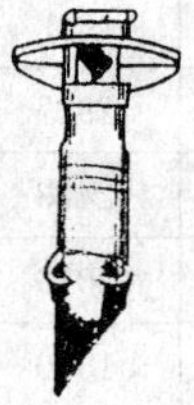	
特点	非水密性	水密性效率很高	非水密性抓瓣锐利，适用于黏土	适用于其他三种抓瓣难以挖掘的砂砾	凿槽锥和十字凿锤一起使用，破碎硬质土、漂石层和岩层等	
用途	硬土层硬黏土岩层混凝土	粉土普通土砂砂砾石软黏土	密实的硬黏土固结土	漂石，粗砂砾石密实砂砾	硬质土、漂石层、岩层	

图 5-8-5 三菱重工的抓斗片、凿槽锥和十字凿锤

卷管焊接而成。上下接头均为经过精确加工的雌雄接头，便于套管准确连接，并且有互换性。套管之间的连接借助于内六角螺栓，下接头孔眼为光孔，上接头孔眼为螺纹孔。

在第一节套管的端部连接一段带有刃口的短套管，这些刃口都用硬质合金组成齿状的端部，短套管的直径比标准套管大 20～40mm，在下沉过程中以减小上部标准套管与孔间的摩阻力。

图 5-8-6 为适应于不同土质的带有刃口的短套管。图 5-8-6（a）中Ⅰ型短套管适用于碎粒状土（砂、砾、破碎的石头、岩层和漂石等）；图 5-8-6（b）中Ⅱ型短套管适用于粘聚性土（黏土、石灰、粉质黏土和贫混凝土等）；图 5-8-6（c）中Ⅲ型短套管适用于砂岩、

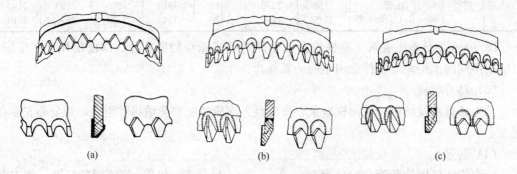

图 5-8-6 适应于不同土质的带刃口的短套管（德国 LEFFER 公司产品）

(a) Ⅰ型短套管；(b) Ⅱ型短套管；(c) Ⅲ型短套管

黏土岩和石灰岩等。

5.8.3　摇动式全套管冲抓取土灌注桩施工工艺

1. 施工程序

①埋设第一节套管；②用锤式抓斗挖掘、同时边摇动套管边把套管压入土中；③连接第二节套管，重复第②步程序；④依次连接、摇动和压入其他节套管，直至套管下到桩端持力层为止；⑤挖掘完毕后立即测定挖掘深度、确认桩端持力层，清除孔底虚土；⑥将钢筋笼放入孔中；⑦插入导管；⑧灌注混凝土；⑨边灌注混凝土，边拔导管，边拔套管。

施工流程示意见图 5-8-7。

施工程序示意见图 5-8-8。

2. 施工特点

（1）具有摇动套管装置、压入套管和挖掘同时进行。

用摇动臂及专有的夹紧千斤顶将套管夹住，利用摇动千斤顶使套管在圆周方向摇动，此外尚可向下压进或向上拔出套管。由于摇动，使套管与地层间的摩阻力大大减少，借助套管本身的自重就很容易使套管下沉。

（2）抓斗片张开、落下以及关闭、拉上用一根钢丝绳操作。

3. 施工要点

（1）钻机安装和开始挖掘需进行以下作业：

1）对于打设竖直桩的情况，在成孔前应将钻机用水准仪校正找平、成孔机具中心必须与桩中心一致。

2）埋设第一、二节套管必须竖直，这是决定桩孔垂直度的关键。

与第一节套管组合的第一组套管必须保持很高的精度，细心地压入。全套管桩的垂直精度几乎完全由第一组垂直精度决定。第一组套管安好后要用两台经纬仪或两组测锤从两个正交方向校正其垂直度，边校正、边摇动套管、边压入，不断校核垂直度，使套管超前 1m，然后开始用锤式抓斗掘凿。规范要求钻孔灌注桩的垂直度偏差不超过 1%。但如果钻进很深时，套管即使有些微误差，也会在孔底产生较大的桩心位移。

3）利用全套管钻机将套管逐节小角度往复摇动并压入地层的同时，利用

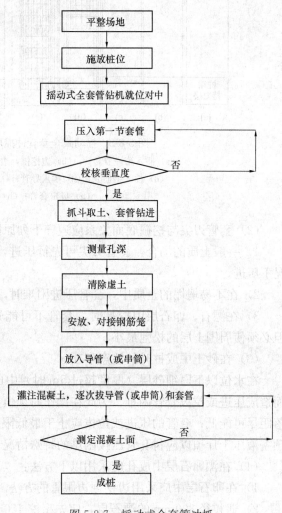

图 5-8-7　摇动式全套管冲抓取土灌注桩施工流程示意图

锤式抓斗和凿槽锥及十字凿锥等凿岩器具，将套管内的岩土冲凿抓取出地面，摇管和冲抓交替进行，直至套管下到桩端持力层为止。

4）若钻机安装场地土质松软，应铺设石子或垫方木等以防止机架和套管重心偏移。

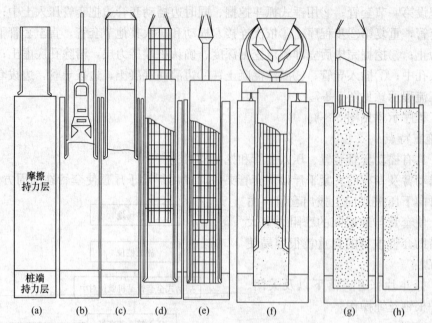

图 5-8-8　摇动式全套管冲抓取土灌注桩施工示意
（a）插入第一节套管；（b）边挖掘，边压入；（c）连接第二节套管；
（d）插入钢筋笼；（e）插入导管；（f）灌注混凝土，拉拔套管；
（g）拔出套管；（h）施工结束

（2）套管刃尖与挖掘底面关系应遵守下列原则：

1）一般土质的场合，套管刃尖可先行压进，也可与挖掘底面保持几乎同等深度的情况下压进。

2）在不易坍塌的土质中，套管压进困难时，往往不得已采取某种程度的超挖措施。

3）在漂石、卵石层中挖掘时，套管不可能先行压进，可采取某种程度的超挖措施，但必须使周围土层的松弛最小。

（3）在砂土中成桩时的注意事项：

在水位以下厚细砂层（厚度超过 5m 时）中成孔，摇动套管可能使砂密实而钳紧套管而造成压进或拉拔套管困难。为此在操作时须慎重，可事先制定好以下处理措施：抓斗的落距尽可能低；套管的压进或拉拔应止于最低限度；套管不应长期间放置在地基中作业；预备液压千斤顶以应付套管压拔困难的特殊情况；等等。

（4）在漂卵石层中成孔应采用以下方法：

1）在卵石层中应采用边挖掘边跟管的方法。

2）遇粒径 300mm 的漂石层，应先超挖 400mm 左右，把漂石抓出后，必须向孔内填入黏土或膨润土，填土部分应大于钻孔直径，再插入套管；如此反复操作突破该土层。

3）遇个别大漂石，用凿槽锥顺着套管小心冲击，把漂石拨到钻孔中间后抓出；也可用十字冲锤予以击碎或挤出孔外；当遇有大于2倍桩径的漂石时，可结合人工爆破予以清除。

(5) 在硬岩层中成孔时，要结合人工处理，如采用风镐破碎或爆破等措施。

(6) 当遇含水层时，应将套管先摇钻至相对隔水层，再予以冲抓，如果孔内水量较大，则要采用筒式取水器提取泥浆。

(7) 孔底处理方法如下：

1) 孔内无水，可下人入孔底清底。

2) 虚土不多且孔内无水或孔内水位很浅时，可轻轻地放下锤式抓斗，细心地掏底。

3) 孔内水位高且沉淀物多时，用锤式抓斗掏完底以后，立即将沉渣筒吊放到孔底，搁置15～30min（当孔深时，要事先测出泥渣沉淀完了所需时间，以决定沉渣筒搁置时间），待泥渣充分沉淀以后，再将沉渣筒提上来。

4) 当采取上述第3) 项办法，仍认为孔底处理不够充分时，可在灌注混凝土之前，采用普通导管的空气升液排渣法或空吸泵的反循环方式等将沉渣清除。

(8) 提高单桩承载力的措施：

由于套管摇动降低桩侧阻力，由于抓斗冲击挖掘降低桩端阻力，可采取以下措施来提高单桩承载力。

1) 提高桩侧阻力的措施

① 用振捣棒自下而上分段捣实混凝土，确保混凝土与土紧密接触。

② 桩侧压力注浆法：将压浆管（管径25mm，压浆孔径10mm，孔距300mm，用塑料薄膜保护孔口）附在钢筋笼上一起放入孔内，在桩身混凝土灌注结束后2h内注浆，使桩与土紧密接触。

③ 采用套管提升回降压密法，即边灌混凝土边提拔套管，每提升一段又下降少许，提升高度不得超过混凝土面的高度，使套管刃脚在下降时挤密下部混凝土，充填了桩与土之间的空隙。

2) 提高桩端阻力的措施

① 用旋喷法加固桩端持力层。

② 压浆补强法。

③ 重锤夯实加固。

④ 桩端压力注浆法。

(9) 钻机使用要点：

1) 与附着式钻机相匹配的起重机，应根据成桩时所需的高度和起重量进行选择。

2) 在套管内挖掘土层时，碰到坚硬土岩和风化岩硬层时严禁用锤式抓斗冲击硬层，应用十字凿锤将硬层有效地破碎后，才能继续挖掘。

3) 用锤式抓斗挖掘套管内土层时，必须在套管上加上喇叭口，以保护套管接头的完好，防止撞坏。

4) 套管在对接时，接头螺栓应按说明书要求的扭矩，对称扭紧。接头螺栓拆下时，应立即洗净并浸入油中。

5) 起吊套管时，严禁用卸甲直接吊在螺纹孔内，应使用专用工具吊装，以免损坏套管螺纹。

6）在施工中如出现其他故障使套管不能压入或拔出时，应定时将埋在土中的套管摇动。

7）每天施工完毕，应将锤式抓斗内外冲洗干净。

5.8.4 回转式全套管钻机冲抓取土灌注桩施工的施工程序

（1）将回转式全套管装置放在桩位上，对准桩上，固定好液压动力箱并通过液压油管将其与全套管装置相连接。

（2）将地锚配重固定好，从而获得反力，利用水平调整油缸将全套管装置的水平位置调整好。

（3）进行挖掘桩孔前的准备，用履带起重机吊起第一节套管放入全套管装置内，回转套管并将其压入。

（4）进行挖掘桩孔工作，用锤式抓斗取土，并接长套管，依次逐节进行，直到套管下到桩端持力层为止。

（5）测定深度，清除孔底虚土，放钢筋笼，插入导管，灌注混凝土，边拔出导管和套管，成桩。

5.9 人工挖（扩）孔灌注桩

5.9.1 适用范围及构造

人工挖（扩）孔灌注桩是指在桩位采用人工挖掘方法成孔（或桩端扩孔），然后安放钢筋笼，灌注混凝土成为支承上部结构的基桩。

1. 适用范围

人工挖（扩）孔桩适宜在地下水位以上或地下水较少的情况下施工，适用于人工填土层、黏土层、粉土层、砂土层、碎石土层和风化岩层，也可在黄土、膨胀土和冻土中使用，适应性较强。

采取严格而恰当的施工工艺及措施，也可在地下水位高的软土地区中应用。我国华东、华南及华中等高地下水位软土地区的高层建筑中均有成功地采用人工挖（扩）孔桩基础的大量例子。以广东惠州地区为例，其所用的桩，几乎 75% 为人工挖（扩）孔桩。

在覆盖层较深且具有起伏较大的基岩面的山区和丘陵地区建设中，采用不同深度的挖孔桩，将上部荷载通过桩身传给基岩，技术可靠，受力合理。

因地层或地下水的原因，以下情况挖掘困难或挖掘不能进行：如地下水的涌水量多且难以抽水的地层；有松砂层，尤其是在地下水位下有松砂层；有连续的极软弱土层；孔中氧气缺乏或有毒气发生的地层。

根据以上情况，当高层建筑采用大直径钢筋混凝土灌注桩时，人工挖孔往往比机械成孔具有更大的适应性。

在日本也采用人工挖（扩）孔桩，由于国情不同，日本建筑界认为人工挖孔比机械成孔施工速度慢、造价高。

2. 优缺点

（1）优点

1）环保效益显著：成孔机具简单，作业时无振动、无噪声，不扰民，环境污染小，当施工场地狭窄，邻近建筑物密集或桩数较少时尤为适用。

2）环境适应能力强：不受地层情况的限制，适应各类岩土层。

3）应用范围广：挖孔桩设计桩径和桩长的选择幅度大，因而单桩承载力变化范围大，既可用于多层建筑，也可用于高层建筑和超高层建筑；既可用于高耸构筑物，也可用于大吨位桥桩；既能承受较大的竖向荷载，也能承受较大的水平荷载；既能用作承重桩，也能用于坡地抗滑桩、堤岸支护桩和基坑围护桩；这样宽广的应用范围是其他桩型所没有的。

4）施工工期短：可按施工进度要求分组同时作业，若干根桩孔齐头并进。

5）在正常施工条件下质量有保证：由于人工挖掘，既便于检查孔壁和孔底，可以核实桩孔地层土质情况，也便于清底，孔底虚土能清除干净；大多数情况下，桩身混凝土在无水环境下干作业灌注，边灌注边振捣，施工质量可靠。

6）承载力大：桩端可以人工扩大，以获得较大的承载力，可满足一柱一桩的要求。

7）造价低：施工机具简单，投资省，加上我国劳动力便宜，施工费用低，挖孔桩与功能相近的钻孔桩相比，桩身混凝土坍落度小，水灰比小，桩顶超灌高度减小，均可节约水泥；挖孔桩不用泥浆，可免除开挖泥浆池、沉淀池和排浆沟以及沉浆处理和外运，节约费用；挖孔桩往往按一柱一桩进行设计，可以节省承台费用；挖孔桩单桩承载力往往由桩身强度控制，使桩身强度能充分发挥，因而单位承载力的造价较便宜。

（2）缺点

1）桩孔内空间狭小，工人劳动强度大，作业环境差，施工文明程度低。

2）人员在孔内上下作业，稍一疏忽，容易发生人身伤亡事故。故某些地区住建委发出逐步限制和淘汰人工挖孔灌注桩的通知。

3）在地下水位高的饱和粉细砂层中挖孔施工，容易发生流砂突然涌入桩孔而危及工人生命的严重事故。

4）在高地下水位场地，挖孔抽水易引起附近地面沉降、路面开裂、水管渗漏、房屋开裂或倾斜等危害。

5）在富含水地层中挖孔，如果没有可靠的技术和安全措施，往往造成挖孔失败。

6）在低层或小开间多层建筑及单柱荷载较小的工业建筑采用人工挖孔桩，其造价并不便宜。

3. 构造尺寸

人工挖（扩）孔桩的桩身直径一般为 $800 \sim 2000mm$，最大直径在国外已达 $8000mm$，在国内已达 $4200mm$。桩端可采取不扩底和扩底两种方法。视桩端土层情况，扩底直径一般为桩身直径的 $1.3 \sim 2.5$ 倍。

扩底变径尺寸一般按 $(D-d)/2 : h = 1 : 4$ 的要求进行控制，其中 D 和 d 分别为扩底部和桩身的直径，h 为扩底部的变径部高度。扩底部可分为平底和弧底两种，后者的矢高 $h_1 \geqslant (D-d)/4$。

挖孔桩的孔深一般不宜超过 $25m$。当桩长 $L \leqslant 8m$ 时，桩身直径（不含护壁，下同）不宜小于 $0.8m$；当 $8m < L \leqslant 15m$ 时，桩身直径不宜小于 $1.0m$；当 $15m < L \leqslant 20m$ 时，桩身直径不宜小于 $1.2m$；当桩长 $L > 20m$ 时，桩身直径应适当加大。

大连某挖孔桩工程，桩径 $2.4 \sim 4.2m$，桩长 $22 \sim 52m$，共 48 根；厦门某挖孔桩工程，桩径 $1.8m$，桩长 $73m$；西安黄土中挖孔桩长度亦有超过 $70m$ 的例子。

5.9.2　施工机具

常用的施工机具有：

（1）电动葫芦（或手摇辘轳）、定滑轮组、导向滑轮组和提土桶，用于材料和弃土的垂直运输以及供施工人员上下。

（2）护壁钢模板（国内常用）或波纹模板（日本用）。

（3）潜水泵，用于抽出桩孔中的积水。

（4）鼓风机和送风管，用于向桩孔中强制送入新鲜空气。

（5）镐、锹、土筐等挖土工具，若遇到硬土或岩石还需准备风镐。

（6）插捣工具，以插捣护壁混凝土。

（7）应急软爬梯。

（8）防水照明灯（低压 12V、100W）。

上述第（2）项模板主要应用于混凝土护壁施工，当采用其他护壁形式时，还有相应的施工机具。

5.9.3　施工工艺

为确保人工挖（扩）孔桩施工过程中的安全，必须考虑防止土体坍滑的支护措施。针对各种具体工况，支护的方法很多，例如：采用现浇混凝土护壁、喷射混凝土护壁、砖砌护壁、钢板护壁、波纹钢模板工具式护壁、双液高压注浆止水后现浇混凝土护壁、半模钢筋稻草混凝土护壁、双模护壁（砖砌外模加混凝土内模护壁）、钢护筒护壁、钢筋混凝土护筒护壁、高压喷射注浆隔水帷幕及自沉式护壁等。国内多采用现浇混凝土护壁。

1. 施工程序

（1）采用现浇混凝土分段护壁的人工挖孔桩的施工程序

1）放线定位：按设计图纸放线、定桩位。

2）设置操作平台、提土支架和防雨棚：在桩孔顶设置操作平台、平台可用角钢和钢板制成半圆形，两个合起来即为一个整圆，用来临时放置混凝土拌合料和灌注扶壁混凝土用。同时架设提土支架，以便安装手摇辘轳或电动葫芦和提土桶。视天气情况。也应搭设防雨或防雪棚。

3）开挖土方：采取分段开挖，每段高度决定于土壁保持直立状态的能力，一般以 0.8~1.0m 为一施工段。

挖土由人工从上到下逐段用稿、锹进行，遇坚硬土层用锤、钎破碎。同一段内挖土次序为先中间后周边。扩底部分采取先挖桩身圆柱体，再按扩底尺寸从上到下削土修成扩底形。挖至孔底应复验孔底持力层土（岩）性，并按要求清理虚土，测量孔深，计算虚土厚度，达到设计要求。

弃土装入活底吊桶或罗筐内。垂直运输则在孔口安支架、工字轨道、电葫芦或架三木搭，用 10~20kN 慢速卷扬机提升。桩孔较浅时，亦可用木吊架或木辘轳借粗麻绳提升。吊至地面上后用机动翻斗车或手推车运出。

在地下水以下施工应及时用吊桶将泥水吊出。如遇大量渗水，则在孔底一侧挖集水坑，用高扬程潜水泵排出桩孔外。

4）测量控制：桩位轴线采取在地面设十字控制网、基准点。安装提升设备时，使吊桶的钢丝绳中心与桩孔中心线一致，以作挖土时粗略控制中心线用。

5）支设护壁模板：模板高度取决于开挖土方施工段的高度，一般为 1m，由 4 块或 8 块活动钢模板组合而成。

护壁支模中心线控制，系将桩控制轴线、高程引到第一节混凝土护壁上，每节以十字线对中，吊大线坠控制中心点位置，用尺杆找圆周，然后由基准点测量孔深。

6）灌注护壁混凝土：护壁混凝土要注意捣实，因它起着护壁与防水双重作用，上下护壁间搭接 50～75mm。护壁分为外齿式和内齿式两种，见图 5-9-1。外齿式的优点：作为施工用的衬体，抗塌孔的作用更好；便于人工用钢纤等捣实混凝土；增大桩侧摩阻力。内齿式的优点：控土修整及支模简便。

护壁通常为素混凝土，但当桩径、桩长较大，或土质较差、有渗水时，应在护壁中配筋，上下护壁的主筋应搭接。

分段现浇混凝土护壁厚度，一般由地下最深段护壁所承受的土压力及地下水的侧压力（图 5-9-2）确定，地面上施工堆载产生侧压力的影响可不计。护壁厚度可按下式计算：

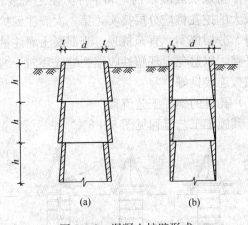

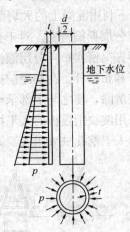

图 5-9-1 混凝土护壁形式
（a）外齿式；（b）内齿式

图 5-9-2 护壁受力简图

$$t \geqslant \frac{K \cdot N}{f_c} \qquad (5-9-1)$$

式中 t——护壁厚度；

     N——作用在护壁截面上的压力；

     f_c——混凝土的轴心抗压设计强度（N/mm²）；

     K——安全系数，取 1.65。

$$N = p \times \frac{d}{2} \quad (\text{N/mm}) \qquad (5-9-2)$$

式中 p——土及地下水对护壁的最大压力（N/mm²）；

     d——挖孔桩桩身直径（mm）。

护壁混凝土强度采用 C25 或 C30，厚度一般取 100～150mm，大直径人工挖孔桩的护壁厚度可达 200～300mm；加配的钢筋可采用 Φ 6～9mm。

第一节混凝土护壁宜高出地面 200mm，便于挡水和定位。

7）拆除模板继续下一段的施工：当护壁混凝土达到一定强度（按承受土的侧向压力计算）后便可拆除模板，一般在常温情况下约24h可以拆除模板，再开挖下一段土方，然后继续支模灌注护壁混凝土，如此循环，直到挖到设计要求的深度。

8）钢筋笼沉放：钢筋笼就位，对质量1000kg以内的小型钢筋笼，可用带有小卷扬机和活动三木搭的小型吊运机具，或汽车吊吊放入孔内就位。对直径、长度、重量大的钢筋笼，可用履带吊或大型汽车吊进行吊放。

9）排除孔底积水，灌注桩身混凝土：在灌注混凝土前，应先放置钢筋笼，并再次测量孔内虚土厚度，超过要求应进行清理。混凝土坍落度为70～100mm。

混凝土灌注可用吊车吊混凝土吊斗，或用翻斗车，或用手推车运输向桩孔内灌注。混凝土下料用串桶，深桩孔用混凝土导管。混凝土要垂直灌入桩孔内，避免混凝土斜向冲击孔壁，造成塌孔（对无混凝土护壁桩孔的情况）。

混凝土应连续分层灌注，每层灌注高度不得超过1.5m。对于直径较小的挖孔桩，距地面6m以下利用混凝土的大坍落度（掺粉煤灰或减水剂）和下冲力使之密度；6m以内的混凝土应分层振捣密实。对于直径较大的挖孔桩应分层捣实，第一次灌注到扩底部位的顶面，随即振捣密实；再分层灌注桩身、分层捣实，直至桩顶。当混凝土灌注量大，可用混凝土泵车和布料杆。在初凝前抹压平整，以避免出现塑性收缩裂缝或环向干缩裂缝。表面浮浆层应凿除，使之与上部承台或底板连接良好。

（2）采用波纹钢模板的人工挖（扩）孔桩的施工工艺流程

在日本人工挖孔桩采用波纹钢板，其施工工艺流程见图5-9-3。

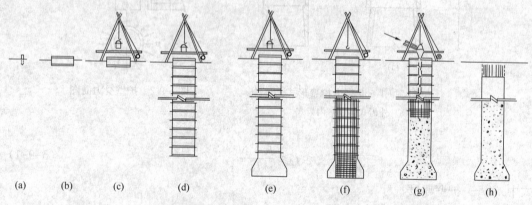

(a)　　(b)　　(c)　　(d)　　(e)　　(f)　　(g)　　(h)

图 5-9-3　采用波纹钢模板的人工挖（扩）孔桩施工工艺示意图

(a) 定桩位；(b) 设置最上段的环形支撑和波纹钢板；(c) 架设三角塔架；
(d) 挖掘、竖立波纹钢板，安装环形支撑；(e) 扩底部挖掘；(f) 钢筋笼组装；
(g) 拆除波纹钢板和环形支撑，组装分布筋，灌注混凝土　(h) 桩施工完毕

图 5-9-3 施工工艺流程说明如下：

1）测定基础桩中心（图 5-9-3a）。

2）在地表面开挖600mm左右深的土坑、以设置一段环形支撑（图 5-9-3b），再仔细地竖立波纹钢板，然后安装最上段的环形支撑，孔口安装完毕后，再在超挖空隙间回填密实将第一段挤紧固定。

3）架设三角塔架、平台，安装起吊土砂用的小型绞车、吊桶、三角塔架的绞车等

（图 5-93c）。

4）随着挖掘的进展，不断地竖立波纹钢板，安装环形支撑，同时用销栓互相连成框架，支挡土压力。然后再继续进行挖掘（图 5-9-4）。

纵向波纹钢板高度为 750～900mm，弧长为 750mm（图 5-9-5）。环形支撑（图 5-9-6a）框架的间距通常为 660～750mm，当挖掘中遇到软土层时，考虑到纵向波纹钢板可能出现变形，可适当减小环形支撑的间距。环形支撑和纵向波纹钢板是借助于打入土壁中的销栓连接的（图 5-9-6b）。

当孔壁土质疏松易坍塌时，可采用带加强肋的横向式波纹钢板（图 5-9-7），间距（即板高）为 500mm，板顶部和底部均设有加强肋，上下两板之间用螺栓连接，整个桩孔内设有箱形纵向加劲肋。采用横向波纹钢板，桩孔最大直径可达 6500mm，最大深度可达 30m 左右。

5）挖掘扩底部：挖扩底部时应设置专用的扩底加压环形支撑和分布钢筋。

6）在孔内组装钢筋笼。这样可以不用大型吊车沉放钢筋笼。

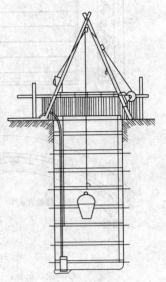

图 5-9-4　采用波纹钢模板的
人工挖掘示意图

7）灌注混凝土：先灌注扩底部的混凝土。然后从扩底部顶端开始逐段向桩顶，边拆除环形支撑和波纹钢板，边绑扎分布钢筋，边灌注混凝土。在拆除一段波纹钢板的同时，向孔内放入柔性滑槽后灌注混凝土。

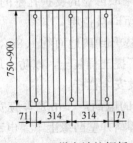

图 5-9-5　纵向波纹钢板

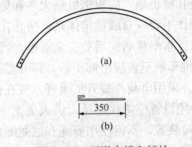

图 5-9-6　环形支撑和销栓
(a) 环形支撑；(b) 销栓

2. 施工注意事项

（1）施工安全措施

1）安全措施的重要性：人工挖孔桩因挖孔人员需要下到孔内操作，活动余地小，工作环境恶劣，孔深可达数十米，情况复杂，因此桩基施工中发生人身安全事故以人工挖孔桩为最多。多年来，人工挖孔桩施工作业因塌方、毒气、高处坠物、触电而造成的人员伤亡等重大安全事故时有发生。事故表明：人工挖孔桩是一种危险性高、作业环境恶劣且难以施工安全管理的成桩方法。从以人为本的观念出发，制定人工挖孔桩的严密、健全的安全措施是实施人工挖孔桩工程的首要条件。

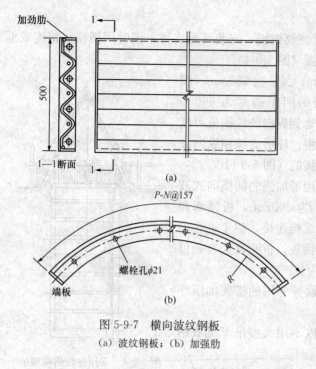

图 5-9-7 横向波纹钢板
(a) 波纹钢板；(b) 加强肋

2）安全事故类型：①地面或高空坠物；②人员失足坠落孔内；③窒息中毒；④触电伤亡；⑤孔壁坍塌；⑥孔内涌砂、涌泥、涌水；⑦起重机具失灵；⑧扩底塌方；⑨爆破伤人。

3）主要的安全措施：

① 从事挖孔桩作业的工人以健壮男性青年为宜，并须经健康检查和井下、高空、用电、吊装及简单机械操作等安全作业培训且考核合格后，方可进入现场施工。

② 在施工图会审和桩孔挖掘前，要认真研究钻探资料，分析地质情况，对可能出现流砂、管涌、涌水以及有害气体等情况应制定有针对性的安全防护措施。如对安全施工存在疑虑，应事前向有关单位提出。

③ 施工现场所有设备、设施、安全装置、工具、配件以及个人劳保用品等必须经常进行检查，确保完好的安全使用。

④ 为防止孔壁坍塌，应根据桩径大小和地质条件采取可靠的支护孔壁的施工方法。

⑤ 孔口操作平台应自成稳定体系，防止在护壁下沉时被拉垮。

⑥ 在孔口设水平移动式活动安全盖板，当提土桶提升到离地面约 1.8m，推活动盖板关闭孔口，手推车推至盖板上卸土后，再开盖板，放下提土桶装土，以防土块、操作人员掉入孔内伤人。采用电葫芦提升提土桶，桩孔四周应设安全栏杆。

⑦ 孔内必须设置应急软爬梯，供人员上下孔使用的电葫芦、吊笼等应安全可靠并配有自动卡紧保险装置，不得使用麻绳和尼龙绳吊扶或脚踏井壁凸缘上下。电葫芦宜用按钮式开关，使用前必须检验其安全吊线力。

⑧ 吊运土方用的绳索、滑轮和盛土容器应完好牢固，起吊时垂直下方严禁站人。

⑨ 施工场地内的一切电源、电路的安装和拆除必须由持证电工操作，电器必须严格接地、接零和使用漏电保护器。各孔用电必须分闸，严禁一闸多用。孔上电缆必须架空 2.0m 以上，严禁拖地和埋压土中，孔内电缆电线必须有防湿、防潮、防断等保护措施。照明应采用安全矿灯或 12V 以下的安全灯。

⑩ 护壁要高出地表面 200mm 左右，以防杂物滚入孔内。孔周围要设置安全防护栏杆。

⑪ 施工人员必须戴安全帽，穿绝缘胶鞋。孔内有人时，孔上必须有人监督防护，不得擅离岗位。

⑫ 当桩孔开挖深度超过 5m 时，每天开工前应进行有毒气体的检测；挖孔时要时刻

注意是否有有毒气体；特别是当孔深超过 10m 时要采取必要的通风措施，风量不宜小于 25L/s。

⑬ 挖出的土方应及时运走，机动车不得在桩孔附近通过。

⑭ 加强对孔壁土层涌水情况的观察、发现异常情况、及时采取处理措施。

⑮ 灌注桩身混凝土时，相邻 10m 范围内的挖孔作业应停止，并不得在孔底留人。

⑯ 暂停施工的桩孔，应加盖板封闭孔口，并加 0.8～1m 高的围栏围蔽。

⑰ 现场应设专职安全检查员，在施工前和施工中应进行认真检查；发现问题及时处理，待消除隐患后再行作业；对违章作业有权制止。

（2）挖孔注意事项

1）开挖前，应从桩中心位置向桩四周引出四个桩心控制点，用牢固的木桩标定。当一节桩孔挖好安装护壁模板时，必须用桩心点来校正模板位置，并应设专人严格校核中心位置及护壁厚度。

2）修筑第一节孔圈护壁（俗称开孔）应符合下列规定：

① 孔圈中心线应和桩的轴线重合，其与轴线的偏差不得大于 20mm；② 第一节孔圈护壁应比下面的护壁厚 100～150mm，并应高出现场地表面 200mm 左右。

3）修筑孔圈护壁应遵守下列规定：

① 护壁厚度、拉结钢筋或配筋、混凝土强度等级应符合设计要求；② 桩孔开挖后应尽快灌注护壁混凝土，且必须当天一次性灌注完毕；③ 上下护壁间的搭接长度不得少于 50mm；④ 灌注护壁混凝土时，可敲击模板或用竹竿木棒等反复插捣；⑤ 不得在桩孔水淹没模板的情况下灌注护壁混凝土；⑥ 护壁混凝土拌合料中宜掺入早强剂；⑦ 护壁模板的拆除，应根据气温等情况而定，一般可在 24h 后进行；⑧ 发现护壁有蜂窝、漏水现象应及时加以堵塞或导流，防止孔外水通过护壁流入桩孔内；⑨ 同一水平面上的孔圈两正交直径的极差不宜大于 50mm。

4）多桩孔同时成孔，应采取间隔挖孔方法，以避免相互影响和防止土体滑移。

5）对桩的垂直度和直径，应每段检查，发现偏差，随时纠正，保证位置正确。

6）遇到流动性淤泥或流砂时，可按下列方法进行处理：

① 减少每节护壁的高度（可取 0.3～0.5m），或采用钢护筒、预制混凝土沉井等作为护壁。待穿过松软层或流砂层后，再按一般方法边挖掘边灌注混凝土护壁，继续开挖桩孔。

② 当采用①方法后仍无法施工时，应迅速用砂回填桩孔到能控制坍孔为止，并会同有关单位共同处理。

③ 开挖流砂严重的桩孔时，应先将附近无流砂的桩孔挖深，使其起集水井作用。集水井应选在地下水流的上方。

7）遇塌孔时，一般可在塌方处用砖砌成外模，配适当钢筋（φ6～9mm，间距 150mm），再支钢内模灌注混凝土护壁。

8）当挖孔至桩端持力层岩（土）面时，应及时通知建设，设计单位和质检（监）部门对孔底岩（土）性进行鉴定。经鉴定符合设计要求后，才能按设计要求进行入岩挖掘或进行扩底端施工。不能简单地按设计图纸提供的桩长参考数据来终止挖掘。

9）扩底时，为防止扩底部塌方，可采取间隔挖土扩底措施，留一部分土方作为支撑，待灌注混凝土前挖除。

10）终孔时，应清除护壁污泥、孔底残渣、浮土、杂物和积水，并通知建设单位、设计单位及质检（监）部门，对孔底形状、尺寸、土质、岩性、入岩深度等进行检验。检验合格后，应迅速封底，安装钢筋笼、灌注混凝土。孔底岩样应妥善保存备查。

3. 施工管理检查表

人工挖（扩）孔桩施工管理检查表见表5-9-1。

人工挖（扩）孔桩施工管理检查表

表 5-9-1

检查要点	检查要点
1. 开工前的调查	（7）排水方法妥当否？
（1）周围状况如何？	（8）水泵正常否？
（2）砂土层涌水量程度如何？	（9）抽水对周围地层影响如何？
（3）有否卵石、漂石、岩层？	（10）模板合适否？
（4）氧气缺乏否？有害毒气发生否？	（11）土压力对策妥当否？
（5）地下水及地层状况如何？	（12）孔内送风良好否？
（6）排水处理如何进行？	（13）入孔者的升降安全否？
（7）施工条件如何？	8. 桩底面的确认
（8）有否地上和地下障碍物？	（1）桩端持力层的确认如何？
2. 施工计划	（2）桩端扩大合适否？
施工组织设计合适否？	9. 钢筋笼制作和安放
3. 机具器材运入	（1）钢筋笼制作合适否？
（1）机具器材是否齐备？	（2）钢筋笼安放妥当否？
（2）机具器材是否完整？	10. 混凝土灌注工序
4. 桩位的确认	混凝土灌注工序合适否？
桩中心位置正确否？	11. 混凝土灌注、模板拆除
5. 孔口挖掘和孔口模板支护	（1）混凝土灌注合适否？
（1）能否挖成圆形？	（2）模板拆除合适否？
（2）孔口模板合适否？	12. 桩顶修整
6. 辘轳或电动葫芦的架设	混凝土顶部标高合适否？
（1）辘轳或电葫芦位置合适否？稳定否？	13. 安全措施
（2）作业平台的高度，宽度合适否？	（1）安全卫生管理体制是否实施？
（3）盛土容器、滑轮、绳索等安装妥当否？	（2）施工人员是否取得作业资格？
7. 挖掘、排土和支模板	（3）缺氧和发生瓦斯的安全对策是否实施？
（1）挖掘方法合适否？	（4）人员坠落，器物掉入孔内的对策妥当否？
（2）有否涌砂，隆起现象？	（5）电气配置正常否？
（3）在卵石、漂石、岩层中施工合适否？	（6）孔下和孔上工作人员配合正常否？
（4）土、砂等集积合适否？	（7）涌水量在施工期间有无变化？
（5）大弧石和岩层破碎方法合适否？	（8）施工计划是否向上级单位提出？
（6）涌水量确认否？	（9）现场专职安全检查员是否设置？

注：第11项模板拆除指日本人工挖孔桩施工中用的波纹模板。

5.10　反循环钻成孔灌注桩

5.10.1　施工原理及适用范围

1. 施工原理

反循环钻成孔施工方法是，在桩顶处设置护筒（其直径比桩径大 15% 左右），护筒内的水位要高出自然地下水位 2m 以上，以确保孔壁的任何部分均保持 0.02MPa 以上的静水压力保护孔壁不坍塌，因而钻挖时不用套管。钻机工作时，旋转盘带动钻杆端部的钻头钻挖孔内土。在钻进过程中，冲洗液（又称循环液）从钻杆与孔壁间的环状间隙中流入孔底，并携带被钻挖下来的岩土钻渣，由钻杆内腔返回地面，与此同时，冲洗液又返回孔内形成循环，这种钻进方法称为反循环钻进。

反循环钻成孔施工按冲洗液（指水或泥浆）循环输送的方式、动力来源和工作原理可分为泵吸、气举和喷射等方法。

（1）泵吸反循环施工原理

由图 5-10-1 可以看出，方形传动杆 6 与其下有内腔的钻杆连接，在钻杆的端部装有特殊形状的中空的反循环钻头 2。钻杆放入注满冲洗液的钻孔内，通过旋转盘 3 的转动，带动方形传动杆和钻头进行钻挖。在真空泵 10 的抽吸作用下，砂石泵 7 及管路系统形成一定的真空度，钻杆内腔形成负压状态。孔内循环介质（被钻挖下来的岩土钻渣与冲洗液）在大气压作用下，通过钻杆流到地面上的泥浆沉淀地或贮水槽中，土、砂砾和岩屑等便沉淀下来，冲洗液则流回孔内。

砂石泵的启动方式有真空启动（图 5-10-1）和注水启动两种方式。

国产钻机大部分采用注水启动，即配备另一台离心泵作为副泵向主泵——砂石泵及其管线灌注清水或泥浆，充满后再启动砂石泵。这种启动方法比较简单可靠，对吸水管线密封要求稍低，而且便于变换循环方式，如果遇到易塌方的地层，可换用正循环护壁，防止塌方，当管线产生堵塞故障时，也可换用正循环予以排除。

（2）气举反循环施工原理

气举反循环钻进又称为压气反循环钻进。

由图 5-10-2 可以看出，在旋转接头 1 下接方形传动杆 2，再在方型传动杆下连接钻杆 3，最后在钻杆端部连接钻头 5。钻杆放入注满冲洗液的钻孔内，靠旋转盘 7 的转动，带动方形传动杆和钻头钻挖土、砂、砾和岩屑等。由钻杆下端的喷射嘴 4 中喷出压缩空气，与被切削

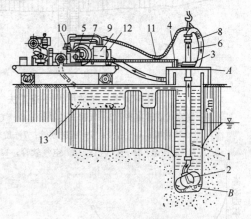

图 5-10-1　泵吸反循环施工法

1—钻杆；2—钻头；3—旋转台盘；4—液压马达；5—液压泵；6—方形传动杆；7—砂石泵；8—吸渣软管；9—真空柜；10—真空泵；11—真空软管；12—冷却水槽；13—泥浆沉淀池

下来的土砂等在钻杆内形成"视比重"比水还轻的泥砂水气混合物，由于压力差的作用，钻杆外侧的水柱压力将泥砂水气混合物与冲洗液一起压升，通过压送软管 6 排出至地面泥

浆沉淀池或贮水槽中，土、砂、砾和岩屑等在泥浆池内沉淀，冲洗液则再流入孔内。

（3）喷射反循环施工原理

喷射反循环钻进又称为射流反循环钻进。

水喷射反循环施工法是把高压水通过喷嘴射到钻杆内，利用其流速使水环流，把低位的泥砂水混合物与水一起吸上，通过钻杆流至地面处的泥浆池或贮水槽中、土、砂、砾和岩屑等便沉淀下来，水则流回孔内，见图5-10-3。

由于气举反循环是利用送入压缩空气使水循环，钻杆内水流上升速度与钻杆内外液柱的重度差有关。孔浅时供气压力不易建立，钻杆内水流上升速度低，排渣性能差，如果孔的深度小于7m，则吸升是无效的；孔深增大后，只要相应地增加供气量和供气压力，钻杆内水流就能获得理想的上升速度，孔深超过50m后，即能保持较高而稳定的钻进效率（见图5-10-4曲线a）。泵吸反循环是直接利用砂石泵的抽吸作用使钻杆内的水流上升而形成反循环的。喷射反循环是利用射流泵射出的高速水流产生负压使钻杆内的水流上升而形成反循环的。这两种方法，驱动水流上升的压力一般不大于一个大压气。因此，在浅孔时效率高，孔深大于80m时效率降低较大（见图5-10-4曲线b和c）。根据上述特点，为了提高钻进效率，充分利用各种反循环方式的最好工作孔段，有时可采用其中两种方式相结合的复合反循环方式。

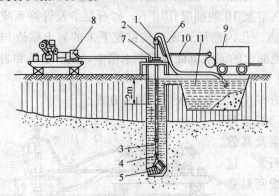

图5-10-2　气举反循环施工法

1—气密式旋转接头；2—气密式传动杆；3—气密式钻杆；
4—喷射嘴；5—钻头；6—压送软管；7—旋转台盘；
8—液压泵；9—压气机；10—空气软管；11—水槽

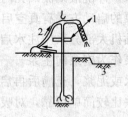

图5-10-3　喷射反循环施工法

1—旋转盘；2—射水；3—沉淀池

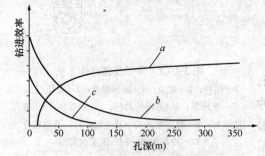

图5-10-4　三种反循环钻进效率曲线图

a—气举反循环；b—泵吸反循环；c—喷射反循环

2. 优缺点

（1）优点

①振动小、噪声低；②除个别特殊情况外，一般可不必使用稳定液（稳定液的含义见5.13节），只用天然泥浆即可保护孔壁；③因钻挖钻头不必每次上下排弃钻渣，只要接长钻杆，就可以进行深层钻挖。目前最大成孔直径为4.0m，最大成孔深度为150m；④采用特殊钻头可钻挖岩石；⑤反循环钻成

孔采用旋转切削方式，钻挖靠钻头平稳的旋转，同时将土砂和水吸升；钻孔内的泥浆压力抵消了孔隙水压力，从而避免涌砂等现象。因此，反循环钻成孔是对付砂土层最适宜的成孔方式，这样，可钻挖地下水位下厚细砂层（厚度5m以上）；⑥可进行水上施工；⑦钻挖速度较快。例如，对于普通土质、直径1m、深度30～40m的桩，每天可完成一根。

（2）缺点

① 很难钻挖比钻头的吸泥口径大的卵石（15cm以上）层；②土层中有较高压力的水或地下水流时，施工比较困难（针对这种情况，需加大泥浆压力方可钻进）；③如果水压头和泥水密度等管理不当，会引起坍孔；④废泥水处理量大；钻挖出来的土砂中水分多，弃土困难；⑤由于土质不同，钻挖时桩径扩大10％～20％，混凝土的数量将随之增大；⑥暂时架设的规模大。

3. 适用范围

反循环钻进成孔适用于填土、淤泥、黏土、粉土、砂土、砂砾等地层；当采用圆锥式钻头可进入软岩；当采用滚轮式（又称牙轮式）钻头可进入硬岩。

反循环钻进成孔不适用于自重湿陷性黄土层，也不宜用于无地下水的地层。

泵吸反循环经济，孔深一般不大于80m，以获得较好的钻孔效果，国内多数建筑物的钻孔灌注桩基的孔深多数在这范围内，所以建筑界用泵吸反循环钻成孔居多。温州世贸中心成功地应用120m超深泵吸反循环钻成孔灌注桩。

大型深水桥梁钻孔灌注桩长度超过100m的已十分普遍，一般均采用气举反循环钻成孔。

本节主要介绍泵吸反循环钻成孔灌注桩的施工工艺。

5.10.2 施工机械及设备

1. 反循环钻机分类

国内外常用的反循环钻机可分为：

（1）泵吸反循环钻机，如德国SW型、美国RD-600型和CSD-820型、日本的S-200型和MD150型，以及我国的QZ-200型和GPS-15型等。

（2）气举反循环钻机，如我国的BRM-4A型、日本的MD250型等。

（3）喷射反循环钻机，如日本的MD350型和MD450型等。

（4）泵吸、气举反循环钻机，如德国L第列、罗马尼亚EA系列、日本S系列等。

（5）正、反循环两用钻机，如我国生产的一些钻机，见表5-10-1。

（6）带抓斗的反循环钻机，如日本的RAE和RSAC型等。

（7）潜水式反循环钻机，如日本的RPC型，我国的KQ系列等，见5.12.2节。

（8）冲击反循环钻机，如意大利马赛伦蒂型、日本的KPC-1200型和我国的GJD-1500型等，见5.20.2节。

2. 反循环钻机的规格、型号及技术性能

我国和日本的部分反循环钻机的规格、型号及技术性能见表5-10-1和表5-10-2。

3. 反循环钻机的构造

反循环钻机是由动力机、砂石泵、真空泵（或注水泵）、钻杆、钻头、加压装置、回转装置、扬水装置、接续装置和升降装置等组成。

表5-10-3为各种钻头的特点和适用范围。

国产转盘式循环钻机

表 5-10-1

生产厂	钻机型号	钻孔方式	钻孔直径(mm)	钻孔深度(m)	转盘扭矩(kN·m)	转盘转速(rpm)	加压进给方式	驱动动力功率(kW)	质量(kg)	外形尺寸(m)		
										长度	宽度	高度
郑州勘机厂	KP3500	正、反循环	3500,6000	130	210	0~24		4×30	47000	5.9	4.8	9.0
郑州勘机厂	QJ250	正、反循环	2500	100	68.6	12.8,21,40	自重	95	13000	3.0	1.6	2.7
郑州勘机厂	QJ250-1	正、反循环	3000,6000	100	117.6	7.8,12.7,26	自重	95	17000			
郑州勘机厂	KP2000	正、反循环	2000,3000	100	43.8	10.30,43.63		45	11000			
郑州勘机厂	KP2000A	正、反循环	2000,3000	80	36.5	12.35,52.77	配重	45	10000			
郑州勘机厂	ZJ150-1	正、反循环	2000,3000	100	23.6	15.39,54.78		37	11000			
郑州勘机厂	KPQ3500	气举反循环	3500,8000	120	205.8	0~24						
郑州勘机厂	KT2000B	正、反循环	2000	80	16.0	9	配重	15	8000	6.4	3.2	6.6
天津探机厂	SPC-300H	正、反循环	500	200~300		52,78,123		118	15000	10.9	2.5	3.6
天津探机厂		冲击钻进	700	80								
天津探机厂	SPC-600	正循环	500~1900	400~600	1.5,2.4,3.9,6.4,11.5	25,45,74,120,191		75	23900	14.2	2.5	3.9
天津探机厂	GJC-40HF	正、反循环	1000~1500	40	14.0	20,30,47	配重	118	15000	10.9	2.5	3.6
天津探机厂	GJC-40H	正、反循环	1000~1500	300~40	98.0	正 40~123,反 32~40	配重	118	15000	10.9	2.5	3.6
天津探机厂		冲击钻进	700	80								
乾安机械厂	QZ-200	泵吸反循环	400~1500	200	17.7	20,40,60	配重	55	9500	6.5	3.0	10.8
双城钻机厂	SZ-50	正、反循环	600~1200	50	30	28	配重	17	13000	6.7	3.5	7.4
上海探机厂等	GPS-15	泵吸反循环	800~1500	50	30	13,23,42	配重	30	8000	4.7	2.2	8.3
上海探机厂等	GPS-20	正、反循环	2000	80	60	8,14,18,26,32,56	配重	37	10000	5.7	2.4	9.4
上海探机厂等	GPS-25	泵吸反循环	2500	100	120	6,11,20	配重	37	28800	6.7	4.0	9.5
上海探机厂等	GPS-20H	泵吸反循环	2000	80		8,15,21,28,37,70	配重	55	22000			
上海探机厂等	GPS-30C	泵吸、气举反循环	3000	130		6,10,15,22,28,49	配重	75				
天锡探机厂	G4	正、反循环	1000	50	20.0	10,40,80	配重	20	6000			
武汉桥机厂	BRM-08	正、反循环	1200	40~60	4.2~8.7	15~41	配重	22	9200			
武汉桥机厂	BRM-1	正、反循环	1250	40~60	3.3~12.1	9~52	配重	22	13000			
武汉桥机厂	BRM-2	正、反循环	1500	40~60	7.0~28.0	5~34	配重	28				
武汉桥机厂	BRM-4	正、反循环	3000	40~100	15.0~80.0	6~35	配重	75	32000			
武汉桥机厂	BRM-4A	气举反循环	1500~3000	40~80	15,20,30,40,55,80	6,9,13,17,25,35	配重	75	61877	7.9	4.5	13.3

续表

生产厂	钻机型号	钻孔方式	钻孔直径 (mm)	钻孔深度 (m)	转盘扭矩 (kN·m)	转盘转速 (rpm)	加压进给方式	驱动动力功率 (kW)	质量 (kg)	外形尺寸 (m) 长度	外形尺寸 (m) 宽度	外形尺寸 (m) 高度
武汉桥机厂	KTY3000	气举反循环	1500~6000	130	100,200	0~16,0~8	配重	2×110	128000	7.18	4.45	8.67
武汉桥机厂	KPG3000	气举反循环	1500~6000	130	80,100,200	0~14,0~7,0~3.5	配重	2×110	55000	7.60	4.45	13.89
武汉桥机厂	KPG3000A	气举反循环	3000,6300	130	100,200	0~14,0~7	配重	2×110	55000	9.70	4.45	13.89
张家口探机厂	GJD-1500	正,反循环	1500~2000	50	39.2	6.3,14.4,30.6	配重	63	20500	5.1	2.4	6.38
		冲击钻进	1500~2000	50								
中坚机械	ZJD2500/150	泵吸、气举反循环	2500	150	40~150	0~28	配重	165	25000	4.00	3.81	7.00
中坚机械	ZJD3000/210	泵吸、气举反循环	3000	150	80~210	0~21	配重	230	35000	4.12	3.98	7.30
中坚机械	ZJD3500/250	泵吸、气举反循环	3500	150	100~250	0~18	配重	255	37000	4.80	4.50	7.30
中坚机械	ZJD4000/350	泵吸、气举反循环	4000	150	150~350	0~15	配重	375	45000	7.40	6.60	8.80
金泰机械	GD25	泵吸、气举反循环	2500	150	60~160	4~20	配重	165	25000	4.00	3.80	7.00
金泰机械	GD30	泵吸、气举反循环	3000	150	100~200	4~20	配重	230	35000	4.10	4.00	7.30
金泰机械	GD35	泵吸、气举反循环	3500	150	120~250	4~20	配重	255	37000	4.80	4.50	7.30
金泰机械	GD40	泵吸、气举反循环	45000	150	150~300	4~16	配重	330	43000	5.40	5.10	7.30
黄海机械	GM-20	泵吸、气举反循环	2000	80	36	0~36	配重		13000	5.60	2.50	9.00
内河港机	KPY4000	气举反循环	4000	120	220			3×75	34000			

注:1. SPC-300H,GJC-40H 和 GJD-1500 冲击钻进的性能见表 5-20-1。

2. KTY3000 和 KPG3000 钻机的钻孔直径,在一般土层中可达 6000mm,在岩层($\sigma_c \leqslant 200\text{N/mm}^2$)中可达 3000mm;KPG3000A 钻机的钻孔直径,在一般土层中可达 6300mm,在岩层($\sigma_c \leqslant 200\text{N/mm}^2$)中可达 3000mm。

3. 郑州勘机厂钻机中钻孔直径一栏,前一数字为岩层钻进的最大直径,后一数字为一般土层钻进的最大直径。

4. 上海探机厂已改名为金泰机械公司。

5. 洛阳九久公司生产的 HTL3000 气举反循环钻机由于资料不全表未列入本表。

6. 表中有的钻机钻孔深度为 200~300m,400~600m 仅表明钻孔的可能性。

日本反循环钻机

表 5-10-2

性能指标	日立建机									加藤	
	PS-150	S-200	S-300	S320	S400H	S450	S480H	S500R	S600	RSAC150	RAE150
钻孔直径(m)及可钻进的土层	0.47~1.5 (一般土层)	0.47~1.5 (一般土层)	0.47~3.0 (一般土层)	0.6~3.2 (一般土层) 0.6~1.6 (硬土层) 0.6~1.5 (岩层)	0.6~4.0 (一般土层) 0.6~1.9 (硬土层) 0.6~1.8 (岩层)	1.0~4.5 (一般土层) 1.0~2.2 (硬土层) 1.0~2.0 (岩层)	1.0~4.8 (一般土层) 1.0~2.45 (硬土层) 1.0~2.2 (岩层)	1.2~5.0 (一般土层) 1.2~2.7 (硬土层) 1.2~2.3 (岩层)	1.5~6.0 (一般土层) 1.5~3.2 (硬土层) 1.5~2.7 (岩层)	0.6~1.5 (一般土层)	0.6~1.5 (一般土层)
钻孔深度(m)	200	200	200	70(泵吸) 200(气举)	70(泵吸) 200(气举)	100(泵吸) 250(气举)	100(泵吸) 250(气举)	100(泵吸) 250(气举)	100(泵吸) 300(气举)	200	200
钻杆内径(mm)	150	150	200	200	200	250	250	230	300	150	150
旋转盘扭矩(kN·m)	9.8	9.8	19	42	60	80	100	120	170	17	17
旋转盘最大转速(rpm)			19	23	22	18	15	22	12	17	17
起吊能力(kN)	50	200	400	400	400	600	600	1000	2000	100	70
发动机功率(kW)	41	47	40	75	110	75	75	138	110	44	48
排土方式	泵吸 气举	泵吸	泵吸 气举	泵吸 气举	泵吸 气举	泵吸 气举	泵吸 气举	泵吸 气举	泵吸 气举	气举 泵吸	气举
钻机质量(kg)	14000	5000	12000	10430	15260	23980	25410	39690	29870	35000	25000
保护孔壁方法	静水压	静水压	静水压	静水压	静水压	静水压	静水压	静水压	静水压	静水压	静水压
钻头形式	多瓣式 翼式 滚轮式	多瓣式 翼式 滚轮式	多瓣式 翼式 滚轮式	翼式 滚轮式	翼式 滚轮式	翼式 滚轮式	翼式 滚轮式	翼式 滚轮式	翼式 滚轮式		
技术协作	德国 赛路坎达								德国 赛路坎达		

续表

性能指标	石川岛播磨					三菱重工					矿研试锥	
	L-2	L-2特	L-4	L-10	L-10S	MD150	MD250	MD350	MD450	MC500	RBB75A	RBB100A
钻孔直径(m)及可钻挖土层	0.6~3.0(一般土层) 0.6~1.5(岩层)	0.6~3.0(一般土层) 0.6~2.0(岩层)	0.8~4.5(一般土层) 0.8~3.0(岩层)	7.5(一般土层) 4.0(岩层)	10.0(一般土层) 6.0(岩层)	5.0(一般土层) 3.0(岩层)	7.5(一般土层) 4.0(岩层)	10.0(一般土层) 5.0(岩层)	12.0(一般土层) 6.0(岩层)	1.0~1.5(一般土层) 1.0~3.5(硬土层) 1.0~3.0(岩层)	0.5~1.0(硬岩层)	0.5~1.8(硬岩层)
钻孔深度(m)	350(一般土层) 180(岩层)	350(一般土层) 180(岩层)	350(一般土层) (岩层)	600(一般土层) (岩层)	650(一般土层) (岩层)	200(一般土层) (岩层)	300(一般土层) (岩层)	300(一般土层) (岩层)	300(一般土层) (岩层)	70(泵吸) 50以上(气举)	100	150
钻杆内径(mm)	150	200	200	320	330	220	320	410	460	250	150	150
旋转盘扭矩(kN·m)	30	30	60	180	360	55	175	350	400	100	40	50
旋转盘最大转速(rpm)	40	40	19	9	18	21	18	10	9	12	48	40
起吊能力(kN)	240	600	600	1800	1800	900	1500	2700	3500	600	350	750
发动机功率(kW)	45	45	75	145	290	110	180	300	360	110	55	75
排土方式	气举加喷射 泵吸	气举加喷射 泵吸	气举加喷射 泵吸	气举加喷射 泵吸	气举加喷射 泵吸	泵吸	气举	喷射	喷射	泵吸 气举	泵吸 气举	泵吸 气举
钻机质量(kg)	3300	3300	6000	16000	22000	2200	6800	13000	15500	39500	9000	11000
保护孔壁方法	静水压	静水压	静水压	静水压	静水压	静水压	静水压	静水压	静水压	静水压	静水压	静水压
钻头型式	三翼式 滚轮式	三翼式 滚轮式	三翼式 滚轮式	三翼式 滚轮式	三翼式 滚轮式	滚轮式 耙式	滚轮式 耙式	滚轮式 耙式	滚轮式 耙式	并用式 三翼式	滚轮式	滚轮式
技术协作	德国维尔特	德国维尔特	德国维尔特	德国维尔特	德国维尔特							

注:MC500并用式钻头是指由滚轮式和耙式合成。

反循环钻机的钻头　　　　　　　　　表 5-10-3

钻头形式	适用范围	特点	图例
多瓣式钻头（蒜头式钻头）	一般土质（黏土、粉土、砂和砂砾层）；粒径比钻杆小 10mm 左右的卵石层	效率高；使用较多；在 N 值超过 40 以上的硬土层中钻挖时，钻头刃口会打滑，无法钻挖	图 5-10-5（a）
三翼式钻头	N 值小于 50 的一般土质（黏土、粉土、砂和砂砾层）	钻头为带有平齿状硬质合金的三叶片	图 5-10-5（b）
四翼式钻头	硬土层，特别是坚硬的砂砾层（无侧限抗压强度小于 1000kPa 的硬土）	钻头的刃尖钻挖部分为阶梯式圆筒形，钻挖时先钻一个小圆孔，然后成阶梯形扩大	图 5-10-5（c）
抓斗式钻头	用于粒径大于 150mm 的砾石层		图 5-10-5（d）
圆锥形钻头	无侧限抗压强度为 1000～3000kPa 的软岩（页岩、泥岩、砂岩）		
滚轮式钻头（牙轮式钻头）	特别硬的黏土和砂砾层及无侧限抗压强度大于 2000kPa 的硬岩	钻挖时需加压力 50～200kN，需用容许荷载为 400kN 的旋转连接器和扭矩为 30～80kN·m 的旋转盘。切削刃有齿轮形、圆盘形、钮式滚动切刀形等	图 5-10-5（e）
并用式钻头	土层和岩层混合存在的地层	此类钻头是在滚轮式钻头上安装耙形刀刃，无需烦琐地更换钻头，进行一贯的钻挖作业	
筒式捞石钻头	砂砾和卵石层	钻头呈筒形、底唇面齿刃呈锯齿状	
扩孔钻头	专用于一般土层或专用于砂砾层	形成扩底桩，以提高桩端阻力	

注：本表仅为部分钻头，由于篇幅关系其他数十种钻头未列入。

（a）　　　　　（b）　　　　　（c）　　　　　（d）　　　　　（e）

图 5-10-5　反循环钻机的钻头类型
（a）多瓣式；（b）三翼式；（c）四翼式；（d）抓斗式（橘皮式）；（e）滚轮式

5.10.3 施工工艺

1. 施工程序

设置护筒→安装反循环钻机→钻进→第一次处理孔底虚土（沉渣）移走反循环钻机→测定孔壁→将钢筋笼放入孔中→插入导管→第二次处理孔底虚土（沉渣）→水下灌注混凝土，拔出导管→拔出护筒，成桩。

施工程序示意见图 5-10-6。

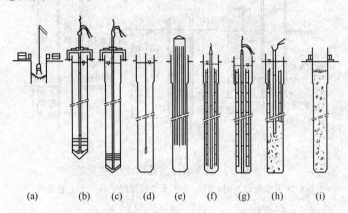

图 5-10-6　反循环钻孔成灌注桩施工示意图

（a）设置护筒；（b）安装钻机，钻进；（c）钻进终了，处理虚土；

（d）孔壁测定；（e）放入钢筋笼；（f）插入导管；（g）第二次处理虚土；

（h）灌注混凝土，拔出导管；（i）拔出护筒

2. 施工特点

（1）反循环施工法是在静水压力下进行钻进作业的，故护筒的埋设是反循环施工作业中的关键。

护筒的直径一般比桩径大 15% 左右。护筒端部应打入在黏土层或粉土层中，一般不应打入在填土层或砂层或砂砾层中，以保证护筒不漏水。如确实需要将护筒端部打入在填土层、砂层或砂砾层中时，应在护筒外侧回填黏土，分层夯实，以防漏水。

（2）要使反循环施工法在无套管情况下不坍孔，必须具备以下五个条件。

1）确保孔壁的任何部分的静水压力在 0.02MPa 以上，护筒内的水位要高出自然地下水位 2m 以上，见图 5-10-7。

2）泥浆造壁。

在钻进中，孔内泥浆一面循环，一面对孔壁形成一层泥浆膜。泥浆的作用如下：将钻孔内不同土层中的空隙渗填密实，使孔内漏水减少到最低限度；保持孔内有一定水压以稳定孔壁；延缓砂粒等悬浮状土颗粒的沉降，易于处理沉渣。

3）保持一定的泥浆相对密度。

在黏土和粉土层中钻进时泥浆相对密度可取 1.02～1.04。在砂和砂砾等容易坍孔的土层中钻进时，必须使泥浆相对密度保持在 1.05～1.08。

当泥浆相对密度超过 1.08 时，则钻进困难，效率降低，易使泥浆泵产生堵塞或使混凝土的置换产生困难，要用水适当稀释，以调整泥浆相对密度。

在不含黏土或粉土的纯砂层中钻进时，还须在贮水槽和贮水池中加入黏土，并搅拌成

适当相对密度的泥浆。造浆黏土应符合下列技术要求：胶体率不低于 95%；含砂率不大于 4%；造浆率不低于 0.006～0.008m³/kg。

成孔时，由于地下水稀释等使泥浆相对密度减少，可添加膨润土等以增大相对密度。膨润土溶液的浓度与相对密度的关系见表 5-10-4。

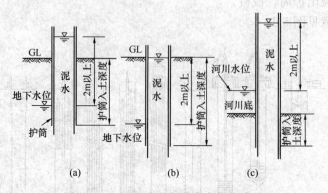

图 5-10-7　地下水位与孔内水位的关系

（a）地下水位较浅时；（b）地下水位较深时；（c）水上施工时

膨润土溶液的浓度与相对密度的关系　　　　　　　　　　　　表 5-10-4

浓度（%）	6	7	8	9	10	11	12	13	14
相对密度	1.035	1.040	1.045	1.050	1.055	1.060	1.065	1.070	1.075

注：膨润土相对密度按 2.3 计。

4）钻进时保持孔内的泥浆流速比较缓慢。

5）保持适当的钻进速度。

钻进速度同桩径、钻深、土质、钻头的种类与钻速以及泵的扬水能力有关。在砂层中钻进需考虑泥膜形成的所需时间；在黏性土中钻进则需考虑泥浆泵的能力并要防止泥浆浓度的增加而造成糊钻现象。表 5-10-5 为钻进速度与钻头转速关系的参考表。

反循环法钻进速度与钻头转速关系的参考表　　　　　　　　　表 5-10-5

土质	钻进速度（min/m）	钻头转速（次/min）
黏土	3～5	9～12
粉土	4～5	9～12
细砂	4～7	6～8
中砂	5～8	4～6
砾砂	6～10	3～5

注：本表摘自日本基础建设协会"灌注桩施工指针"。

（3）反循环钻机的主体可在与旋转盘离开 30m 处进行操作，这使得反循环法的应用范围更为广泛。例如，可在水上施工，也可在净空不足的地方施工。

（4）钻进的钻头不需每次上下排弃钻渣，只要在钻头上部逐节接长钻杆（每节长度一般为 3m），就可以进行深层钻进，与其他桩基施工法相比，越深越有利。

3. 施工注意事项

（1）规划布置施工现场时，应首先考虑冲洗液循环、排水、清渣系统的安设，以保证反循环作业时，冲洗液循环通畅、污水排放彻底，钻渣清除顺利。

1）循环池的容积应不小于桩孔实际容积的1.2倍，以便冲洗液正常循环。

2）沉淀池的容积一般为6～20m³，桩径小于800mm时，选用6m³；桩径小于1500mm时，选用12m³；桩径大于1500mm时，选用20m³。

3）现场应专设储浆池，其容积不小于桩孔实际容积的1.2倍，以免灌注混凝土时冲洗液外溢。

4）循环槽（或回灌管路）的断面积应是砂石泵出水管断面积的3～4倍。若用回灌泵回灌，其泵的排量应大于砂石泵的排量。

（2）冲洗液净化：

1）清水钻进时，钻渣在沉淀池内通过重力沉淀后予以清除。沉淀池应交替使用，并及时清除沉渣。

2）泥浆钻进时，宜使用多级振动筛和旋流除砂器或其他除渣装置进行机械除砂清渣。振动筛主要清除粒径较大的钻渣，筛板（网）规格可根据钻渣粒径的大小分级确定。旋流除砂器的有效容积，要适应砂石泵的排量，除砂器数量可根据清渣要求确定。

3）应及时清除循环池沉渣。

（3）钻头吸水断面应开敞、规整，减少流阻，以防砖块、砾石等堆挤堵塞；钻头体吸口端距钻头底端高度不宜大于250mm；钻头体吸水口直径宜略小于钻杆内径。

在填土层和卵砾层中钻挖时，碎砖、填石或卵砾石的尺寸不得大于钻杆内径的4/5，否则易堵塞钻头水口或管路，影响正常循环。

（4）泵吸反循环钻进操作要点：

1）启动砂石泵，待反循环正常后，才能开动钻机慢速回转下放钻头至孔底。开始钻进时，应先轻压慢转，待钻头正常工作后，逐渐加大转速，调整压力，并使钻头吸口不产生堵水。

2）钻进时应认真仔细观察进尺和砂石泵排水出渣的情况；排量减少或出水中含钻渣量较多时，应控制给进速度，防止因循环液相对密度太大而中断反循环。

3）钻进参数应根据地层、桩径、砂石泵的合理排量和钻机的经济钻速等加以选择和调整。钻进参数和钻速的选择见表5-10-6。

4）在砂砾、砂卵、卵砾石地层中钻进时，为防止钻渣过多、卵砾石堵塞管路，可采用间断钻进、间断回转的方法来控制钻进速度。

5）加接钻杆时，应先停止钻进，将钻具提离孔底80～100mm，维持冲洗液循环1～2min，以清洗孔底并将管道内的钻渣携出排净，然后停泵加接钻杆。

6）钻杆连接应拧紧上牢，防止螺栓、螺母、拧卸工具等掉入孔内。

7）钻进时如孔内出现坍孔、涌砂等异常情况，应立即将钻具提离孔底，控制泵量，保持冲洗液循环，吸除坍落物和涌砂；同时向孔内输送性能符合要求的泥浆，保持水头压力以抑制继续涌砂和坍孔，恢复钻进后，泵排量不宜过大，以防吸坍孔壁。

8）钻进达到要求孔深停钻时，仍要维持冲洗液正常循环，清洗吸除孔底沉渣直到返出冲洗液的钻渣含量小于 4％为止。起钻时应注意操作轻稳，防止钻头拖刮孔壁，并向孔内补入适量冲洗液，稳定孔内水头高度。

泵吸反循环钻进推荐参数和钻速表

表 5-10-6

钻进参数和钻速 地层	钻压（kN）	钻头转速（rpm）	砂石泵排量（m³/h）	钻进速度（m/h）
黏土层、硬土层	10～25	30～50	180	4～6
砂土层	5～15	20～40	160～180	6～10
砂层、砂砾层、砂卵石层	3～10	20～40	160～180	8～12
中硬以下基岩、风化基岩	20～40	10～30	140～160	0.5～1

注：1. 本表摘自江西地矿局"钻孔灌注桩施工规程"。

2. 本表钻进参数以 GPS-15 型钻机为例；砂石泵排量要考虑孔径大小和地层情况灵活选择调整，一般外环间隙冲洗液流速不宜大于 10m/min，钻杆内上返流速应大于 2.4m/s。

3. 桩孔直径较大时，钻压宜选用上限，钻头转速宜选用下限，获得下限钻进速度；桩孔直径较小时，钻压宜选用下限，钻头转速宜选用上限，获得上限钻进速度。

（5）气举反循环压缩空气的供气方式可分别选用并列的两个送风管或双层管柱钻杆方式。气水混合室应根据风压大小和孔深的关系确定，一般风压为 600kPa，混合室间距宜用 24m。钻杆内径和风量配用，一般用 120mm 钻杆配用风量为 4.5m³/min。

（6）清孔：

1）清孔要求

清孔过程中应观测孔底沉渣厚度和冲洗液含渣量，当冲洗液含渣量小于 4％，孔底沉渣厚度符合设计要求时即可停止清孔，并应保持孔内水头高度，防止发生坍孔事故。

2）第一次沉渣处理

在终孔时停止钻具回转，将钻头提离孔底 500～800mm，维持冲洗液的循环，并向孔中注入含砂量小于 4％的新泥浆或清水，令钻头在原地空转 20～40min，直至达到清孔要求为止。

3）第二次沉渣处理

在灌注混凝土之前进行第二次沉渣处理，通常采用普通导管的空气升液排渣法或空吸泵的反循环方式。

空气升液排渣法是将头部带有 1m 多长管子的气管插入到导管之内，管子的底部插入水下至少 10m，气管至导管底部的最小距离为 2m 左右。压缩空气从气管底部喷出，如使导管底部在桩孔底部不停地移动，就能全部排除沉渣。再急骤地抽取孔内的水，为不降低孔内水位，必须不断地向孔内补充清水。

对深度不足 10m 的桩孔，须用空吸泵清渣。

4. 反循环钻成孔灌注桩施工管理

表 5-10-7 列出了反循环钻成孔灌注桩施工全过程中所需的检查项目。

反循环钻成孔灌注桩施工管理检查表 表 5-10-7

检 查 要 点	检 查 要 点
1. 障碍物的清除	（2）沉渣处理方法是否合适？
（1）对地下障碍物的对策如何？	10. 钢筋笼制作
（2）与邻近结构物的关系如何？	（1）钢筋笼的加工组装是否正确、结实？
2. 沉淀池、贮水池的设置	（2）钢筋笼组装后各部分是否检查？
沉淀池、贮水池的位置、容量、结构是否合适？	11. 钢筋笼安放
3. 钻机的选择	（1）钢筋笼是否对准桩心安装？
（1）护筒的直径、数量、长度是否合适？	（2）钢筋笼垂直度如何？
（2）机型和钻头的选定是否合适？	（3）钢筋笼安放后有否弯曲？
4. 钻机的安装	（4）钢筋笼顶部位置是否合适？
（1）桩位的确认如何？	12. 混凝土灌注的准备工作
（2）护筒的安装是否与桩心一致？垂直度如何？	（1）导管内部是否圆滑？
（3）旋转盘安装是否合适？	（2）接头的透水性如何？
5. 循环水的供应	（3）采用什么样的柱塞？
循环水的管理是否合适？	（4）混凝土拌合料进场和灌注计划如何？
6. 钻进	13. 混凝土质量
（1）钻进速度是否合适？	（1）外观检查结果如何？
（2）钻头的动作是否正常？	（2）坍落度试验结果如何？
（3）循环水的相对密度是否合适？	（3）混凝土泵车出发时刻是否已检查？
（4）防止孔壁坍塌的对策是否合适？	14. 混凝土灌注
（5）护筒端部是否漏水？	（1）混凝土的灌注不要中断
（6）钻杆是否跳动？	（2）导管和灌注混凝土的顶部的搭接是否良好？
（7）桩孔的垂直度如何？	（3）传送带和泵车的安排是否妥当？
7. 桩端持力层	（4）孔内排水如何？
（1）桩端持力层确认的方法是否合适？	（5）桩孔顶部混凝土是否进行了检查？
（2）进入桩端持力层的深度如何？	（6）灌注终了后是否进行最终检查？
（3）钻进结束后是否进行原深度空钻？	15. 回填
8. 检尺	混凝土灌注后是否用土覆盖？
检尺的方法是否合适？	16. 施工精度
9. 孔底松弛的防止	桩头平面位置的偏差如何？
（1）是否对沉渣进行了调查？	

5.11 正循环钻成孔灌注桩

5.11.1 适用范围

正循环钻成孔施工法是由钻机回转装置带动钻杆和钻头回转切削破碎岩土，钻进时用泥浆护壁、排渣；泥浆由泥浆泵输进钻杆内腔后，经钻头的出浆口射出，带动钻渣沿钻杆与孔壁之间的环状空间上升到孔口溢进沉淀池后返回泥浆池中净化，再供使用。这样，泥浆在泥浆泵、钻杆、钻孔和泥浆池之间反复循环运行，如图 5-11-1 所示。

1. 适用范围

正循环钻进成孔适用于填土层、淤泥层、黏土层、粉土层、砂土层，也可在卵砾石含量不大于 15%、粒径小于 10mm 的部分砂卵砾石层和软质基岩、较硬基岩中使用。桩孔

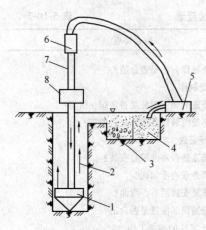

图 5-11-1　正循环钻成孔施工法
1—钻头；2—泥浆循环方向；
3—沉淀池及沉渣；4—泥浆池
及泥浆；5—泥浆泵；6—水龙头；
7—钻杆；8—钻机回转装置

直径一般不宜大于 1000mm，钻孔深度一般约以 40m 为限，个别情况下，钻孔深度可达 100m 以上。

在孔底沉渣清除方面反循环较之正循环有利，当使用普通泥浆从维护孔壁的稳定来看，正循环成孔较之反循环成孔有利，这是因为从孔壁维护原理来分析，正循环在成孔过程中孔内泥浆柱具有一定的压力（与泥浆相对密度和深度有关），而孔壁的地层又具有一定的渗透性，一般情况下泥浆柱的压力大于孔壁地层压力，在压力差的作用下泥浆中的自由水向孔壁渗透，而固体颗粒则粘附在孔壁上形成泥皮起到护壁作用，当二次清孔后虽然泥浆柱的压力减小，但由于孔壁泥皮的作用，不会引起地层压力大于泥浆柱压力而发生径缩现象。而反循环成孔，是向孔内灌入清水或稀泥浆为主，在孔壁周围很难形成泥皮，主要靠孔内的泥浆柱压力来平衡孔壁地层的压力。但是上海、宁波及绍兴等地区的地下水位很高，一般在地面下 1.0m 左右，仅靠这点静水压力，再提高 1m 水位很难维护孔壁的稳定，因而可能产生径缩现象。

因此，在类似上海、宁波及绍兴等地区一些特定的地层条件下，采用正循环成孔、反循环清渣还是比较合适的方法。

当采用优质泥浆，选择合理的钻进工艺与合适的钻具及加大冲洗液泵量等措施正循环钻成孔工艺也可完成百米以上的深孔施工，如黄河三角洲地区钻孔灌注桩，其桩径为 1.50m 和 2.00m，桩长为 110～120m，山东东营市利津黄河大桥钻孔灌注桩，其桩径为 1.50m，桩长为 115m。上海、宁波及绍兴地区正循环钻成孔灌注桩的桩长在 70～90m 的例子已不计其数了。

2. 优缺点

（1）优点

①钻机小，重量轻，狭窄工地也能使用；②设备简单，在不少场合，可直接或稍加改进地借用地质岩心钻探设备或水文水井钻探设备；③设备故障相对较少，工艺技术成熟，操作简单，易于掌握；④噪声低，振动小；⑤工程费用较低；⑥能有效地使用于托换基础工程；⑦有的正循环钻机（如日本利根 THS-70 钻机）可打倾角 10°的斜桩。

（2）缺点

由于桩孔直径大，正循环回转钻进时，其钻杆与孔壁之间的环状断面积大，泥浆上返速度低，挟带泥砂颗粒直径较小，排除钻渣能力差，岩土重复破碎现象严重。

从使用效果看，正循环钻进劣于反循环钻进。从 5.10 节可知，反循环钻进时，冲洗液是从钻杆与孔壁间的环状空间中流入孔底，并携带钻渣，经由钻杆内腔返回地面的。由于钻杆内腔断面积比钻杆与孔壁间的环状断面积小得多，故冲洗液在钻杆内腔能获得较大的上返速度。而正循环钻进时，泥浆运行方向是从泥浆泵输进钻杆内腔，再带动钻渣沿钻杆与孔壁间的环状空间上升到泥浆池的，故冲洗液的上返速度低。一般情况，反循环冲洗液的上返速度比正循环快 40 倍以上。

5.11.2 施工机械及设备

1. 正循环钻机分类

以往专门用于桩孔施工的正循环钻机很少，主要直接借用或稍加改进地使用水文水井钻机或地质岩芯钻机，常用的有 SPJ-300 型、红星-400 型和 SPC-300H 型等钻机（见表 5-10-1 和表 5-11-1）。

20 年来，为适应桩孔正循环回转钻进的需要，已正式生产了少量专用正循环钻机，如 GPS-10 型、XY-5G 型和 GQ-80 型等钻机。

除此以外，国内还生产正、反循环两用钻机和正、反循环与冲击钻进三用钻机。

2. 正循环钻机的规格、型号及技术性能

正循环钻机和正、反循环、冲击钻进多用钻机的规格、型号及技术性能分别见表 5-11-1 和表 5-10-1。

常用正循环回转钻机　　　　　　　　　　　　表 5-11-1

生产厂	钻机型号	钻孔直径 (mm)	钻孔深度 (m)	转盘扭矩 (kN·m)	提升能力（kN）		驱动动力功率（kW）	钻机质量 (kg)
					主卷扬机	副卷扬机		
上海探机厂等	GPS-10	400～1200	50	8.0	29.4	19.6	37	8400
上海探机厂等	SPJ-300	500	300	7.0	29.4	19.6	60	6500
上海探机厂等	SPC-500	500	500	13.0	49.0	9.8	75	26000
天津探机厂	SPC-600	500	600	11.5			75	23900
石家庄煤机厂	0.8～1.5m/50m	800～1500	50	14.7	60.0		100	
石家庄煤机厂	1～2.5m/60m	1000～2500	60	20.6	60.0			
重庆探机厂	GQ-80	600～800	40	5.5	30.0		22	2500
张家口探机厂	XY-5G	800～1200	40	25.0	40.0		45	8000

注：1. 上海探机厂已改名为金泰机械公司。

　　2. 红星-400 和 XF-3 为正、反循环两用钻机。

　　3. 表中有的钻机的钻孔深度为 300～600m 仅表明钻孔的可能性。

日本利根钻机株式会社的 BH 施工法利用正循环钻进，采用 THS-70 型钻机，该机的性能指标如下：钻孔直径为 500、800 和 1000mm，相应的最大钻孔深度为 60、50 和 40m；转盘转速为 50、100、200rpm。

3. 正循环钻机的构造

正循环钻机主要由动力机、泥浆泵、卷扬机、转盘、钻架、钻杆、水龙头和钻头等组成。

（1）钻机

现以 SPJ-300 型钻机为例。该机在狭窄场地施工时存在以下问题：钻机多用柴油机驱动，噪声大；散装钻机安装占地面积大，移位搬迁不便；钻塔过高，现场安装不便，且需设缆绳，增加了施工现场的障碍；钻机回转器不能移开让出孔口，致使大直径钻头的起下操作不便；所配泥浆泵排量小，满足不了钻进排渣的需求。

针对上述不足，对现有的 SPJ-300 型钻机进行改装：采用电动机驱动；采用装有行走滚轮的"井"字形钻机底架；把钻塔改装为"Π"形或四脚钻架，高度可控制在 8～10m

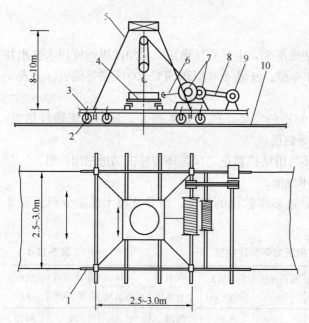

图 5-11-2　改装后的 SPJ-300 型钻机安装示意图

1—钻机底架；2—滚轮；3—滚轮升降机构；

4—转盘；5—钻架；6—万向轴；7—卷扬机；

8—三角皮带；9—电动机；10—轨道

（引自　李世京等，1990 年）

左右；将钻机回转器（如转盘）安装在底架前半部的中心处，保持其四周开阔，并能使回转器左右移开，让出孔口；换用大泵量离心式泥浆泵。

图 5-11-2 为改装后的 SPJ-300 型钻机安装示意图。

图中钻架有效高度约 8m；转盘安装在底架的滑道上，拆开方向轴接头，转盘即可移开让出孔口。

（2）钻杆

钻机上主动钻杆截面形状有四方形和六角形两种，长 5~6m；孔内钻杆一般均为圆截面，外径有 $\phi89$、$\phi114$ 和 $\phi127$mm 等规格。

（3）水龙头

水龙头的通孔直径一般与泥浆泵出水口直径相匹配，以保证大排量泥浆通过。水龙头要求密封和单动性能良好。

（4）钻头

正循环钻头按其破碎岩土的切削研磨材料不同，分为硬质合金钻头、钢粒钻头和滚轮钻头（又称牙轮钻头）。

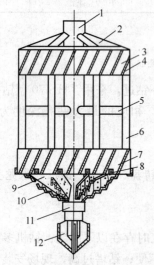

图 5-11-3　双腰带翼状钻头结构示意图

1—钻头中心管；2—斜撑杆；3—扶正环；4—合金块；

5—横撑杆；6—竖撑杆；7—导正环；8—肋骨块；9—翼

板；10—切削具；11—接头；12—导向钻头

（引自　李世京等，1990 年）

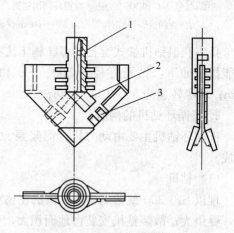

图 5-11-4　鱼尾钻头结构示意图

1—接头；2—出浆孔；3—刀刃

（引自　李世京等，1990 年）

表 5-11-2

正循环钻机的钻头

项目	合金全面钻进钻头		合金护孔钻头	筒状助骨合金取芯钻头	滚轮钻头	钢粒全面钻进钻头
	双腰带翼状钻头	鱼尾钻头				
钻头组成	上腰带为翼状钻头扶正环，下腰带为导向翼环、两腰带间的距离约为钻头直径的1～2倍。硬质合金刮刀式翼板焊接在钻头体中心钢管上。钻头下部带有起导向作用的小钻头	钻杆接头与厚钢板焊接，在钢板的两侧，钻杆接头下各焊一段角钢，形成两个泥浆口。硬质合金片镶边上镶焊合金。在鱼尾的两侧相反方向两个泥浆口。在鱼尾下部连接一个起导向作用的小钻头焊合金	钻头由钻头体、护板、翼片、合金和小钻头组成。钻头体上焊六片螺旋形翼片，其上镶有合金片，翼片起导向作用。钻头下部连接一个起导向作用的小钻头	钻头由钻杆接头、筒状钻头体、加强筋板、助骨块和硬质合金片组成	大直径滚轮钻头采用石油钻井的滚轮组装焊接而成，可根据不同的地层条件和钻进要求组焊成不同的形式。钻进软岩多采用平底式，钻进较硬岩层和卵砾石层多采用平底式锥底式	该钻头由筒状钻头体、钻杆接头、加强筋板、短钻杆（或钢管）和水口组成
钻进特点	在钻压和回转扭矩的作用下，合金钻头切削破碎岩土而获得进尺。切削下来的钻渣，由泥浆携出桩孔。对第四系地层的适应性好，回转阻力小，钻头具有良好的扶正导向性。有利于清除孔底沉渣	在钻压和回转扭矩的作用下，合金钻头切削破碎岩土而获得进尺。切削下来的钻渣，由泥浆携出桩孔。此种钻头制作简单，但钻头导向性差、钻头直径一般较小，不适宜施工较大的桩孔	冲洗液顺螺旋翼片之间的空隙上返，形成旋流，流速增大，有利于孔底排渣	主要适用于某些基岩（如比较完整的砂岩、灰岩等）地层钻进，以减少破碎岩石的体积，增大钻头比压，提高钻进效率	滚轮钻头在孔底既有公转，又有滚轮绕自身轴心的公转为钻头比压滚轮绕自身轴心的自转。钻头与孔底的接触既有滚动又有滑动，还有钻头回转。在钻头冲击振动的作用下，对孔底振动，剪切岩石不断冲击、刮削、剪切破碎岩石而获得进尺	钢粒钻钻利用钢粒作为碎岩磨料，达到破碎岩石进尺。泥浆是悬浮携带作用不仅是悬浮携带钻渣、冷却钻头，而且还要将磨碎、磨细失去作用的钢粒从钻头唇部冲击
适用范围	黏土层、砂土层、砾砂层、粒径小的卵石层和风化基岩	黏土层和砂土层	黏土层和砂土层	砂土层、卵石层和一般岩石地层	软岩、较硬的岩层和卵砾石层，也可用于一般砾石层或大孤石地层	主要适用于中硬以上的岩层，也可用于大漂砾或大孤石
钻压	（800～1200）N/每片刀具	（800～1200）N/每片刀具			（300～500）N/每厘米钻头直径	钻头唇面积压住钢粒的有效面积上压力的乘积
转速	$n=\dfrac{60V}{\pi D}$	$n=\dfrac{60V}{\pi D}$			（60～180）rpm	（50～120）rpm
图例	图 5-11-3	图 5-11-4	图 5-11-5	图 5-11-6		图 5-11-7

注：V—钻头线速度，取 0.8～2.5m/s；D—钻头直径；n—转速。

正循环钻头按钻进方法可分为全面钻进钻头、取芯钻头和分级扩孔钻进钻头。

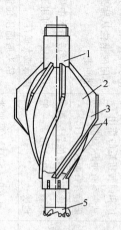

图 5-11-5　螺旋翼片式合金
扩孔钻头
1—钻头体；2—护板；3—翼片；
4—合金；5—小钻头
（引自　李世京等，1990 年）

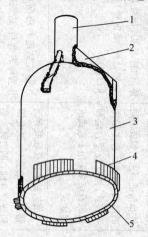

图 5-11-6　筒状肋骨合金取芯钻头
1—钻杆接头；2—加强筋板；
3—钻头体；4—肋骨块；
5—合金片
（引自　李世京等，1990 年）

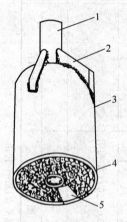

图 5-11-7　钢粒全面
钻进钻头
1—钻杆接头；2—加
强筋板；3—钻头体；
4—短钻杆（或钢管）；
5—水口
（引自　李世京等，1990 年）

全面钻进即全断面刻取钻进，一般用于第四系地层以及岩石强度较低、桩孔嵌入基岩深度不大的情况。取芯钻进主要用于某些基岩（如比较完整的砂岩、灰岩等）地层钻进。分级扩孔钻进即按设备能力条件和岩性，将钻孔分为多级口径钻进，一般多分为 2～3 级。

正循环钻机的钻头分类、组成、钻进特点以及适用范围等见表 5-11-2。

5.11.3　施工工艺

1. 施工程序

正循环钻成孔灌注桩施工程序如下：

设置护筒→安装正循环钻机→钻进→第一次处理孔底虚土（沉渣）→移走正循环钻机→测定孔壁→将钢筋笼放入孔中→插入导管→第二次处理孔底虚土（沉渣）→水下灌注混凝土，拔出导管→拔出护筒。

护筒内径较钻头外径大 100～200mm。如所下护筒太长，可分成几节，上下节在孔口用铆钉连接。护筒顶部应焊加强箍和吊耳，并开水口。护筒入土长度一般要大于不稳定地层的深度；如该层深度太大，可用两层护筒，两层护筒的直径相差 50～100mm。护筒可用 4～10mm 厚钢板卷制而成。护筒上部应高出地面 200mm 左右。

图 5-11-8 为 BH 施工法正循环钻进时的循环水系。BH 施工法为使用稳定液（稳定液的含义见 5.13 节）实行无套管的施工法。

2. 施工特点

与反循环钻进相比，正循环回转钻进时，泥浆上返速度低，排除钻渣能力差，为缓解上述问题，需特别重视，在正循环施工中，泥浆具有举足轻重的作用。

(1) 保持足够的冲洗液（指泥浆或水）量是提高正循环钻进效率的关键。

对于合金钻头和滚轮钻头，冲洗液量应根据上返速度按下式确定：

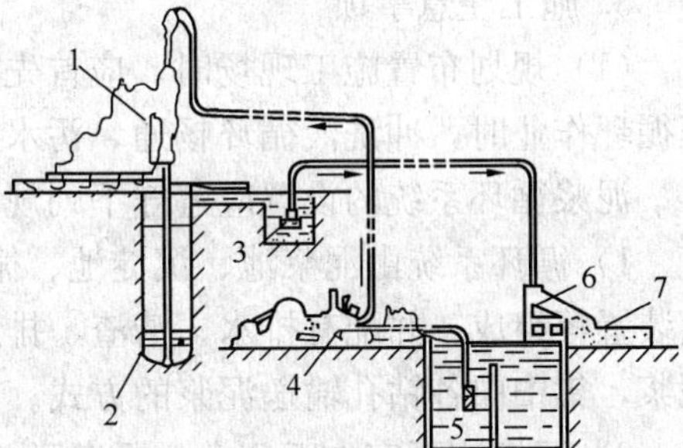

$$Q = 60 \times 10^3 Fv \qquad (5\text{-}11\text{-}1)$$

式中　　Q——冲洗液量（L/min）；

　　　　F——环空面积（m²）；

　　　　v——上返速度（m/s）。

图 5-11-8　BH 施工法正循环钻进时的循环水系
1—钻机主体；2—BH 钻头；3—抽砂泵；4—水泵；
5—泥水池；6—泥砂滤网；7—钻出的泥土
（引自　京牟礼和夫　1976 年）

冲洗液上返速度根据冲洗液种类及钻头类型来确定，见表 5-11-3。

冲洗液上返速度（m/s）　　　　　　　　表 5-11-3

钻头形式 ＼ 冲洗液类型	清水	泥浆
合金钻头	≥0.35	≥0.25
滚轮钻头	≥0.40	≥0.35

冲洗液量的选择对钢粒钻进有很大影响。如果冲洗液量过大，大部钢粒被冲起，孔底破碎岩石的钢粒数量不足；冲洗液量过小，则不能及时排除孔底岩渣和失效钢粒。

对于钢粒钻进，其冲洗液量的选择一般根据岩石性质、钻头过水断面、投砂量、钢粒质量、孔径和冲洗液性质等综合考虑，按下式确定：

$$Q = kD \qquad (5\text{-}11\text{-}2)$$

式中　　Q——冲洗液量（L/min）；

　　　　D——钻头直径（m）；

　　　　k——系数（L/min·m），$8 \times 10^2 \sim 9 \times 10^2$ L/min·m。

钢粒投砂量一般为 15～40kg/次，采用少投勤投方式以保持孔底有足够的钢粒。

(2) 制备泥浆是正循环钻成孔灌注桩施工的关键技术之一。

泥浆质量的好坏直接关系到桩的承载力。泥浆的作用是平衡压力，稳定孔内水位，保持孔壁稳定，防止坍塌，携带钻渣和清孔。正循环钻进对泥浆要求较为严格，泥浆的调配主要考虑：①护壁，防坍塌；②悬浮携带钻渣；清孔；③堵漏；④润滑和冷却钻头，提高钻进速度。

1) 造浆黏土应符合下列技术要求：①胶体率不低于 95%；②含砂率不大于 4%；③造浆率不低于 0.006～0.008m³/kg。

2) 泥浆性能指标应符合下列技术要求：①泥浆相对密度为 1.05～1.25；②漏斗黏度为 16～28s；③含砂率小于 4%；④胶体率大于 95%；⑤失水量小于 30mL/30min。

桩孔直径大时，可将泥浆相对密度加大到 1.25，黏度 28s 左右。

3. 施工注意事项

（1）规划布置施工现场时，应首先考虑冲洗液循环、排水、清渣系统的安设，以保证正循环作业时，冲洗液循环畅通，污水排放彻底，钻渣清除顺利。

泥浆循环系统的设置应遵守下列规定：

1）循环系统由泥浆池、沉淀池、循环槽、废浆池、泥浆泵、泥浆搅拌设备、钻渣分离装置等组成，并配有排水、清渣、排废浆设施和钻渣转运通道等。一般宜采用集中搅拌泥浆，集中向各钻孔输送泥浆的方式。

2）沉淀池不宜少于 2 个，可串联并用，每个沉淀池的容积不小于 $6m^3$。

泥浆池的容积为钻孔容积的 1.2～1.5 倍，一般不宜小于 8～10m³。

3）循环槽应设 1：200 的坡度，槽的断面积应能保证冲洗液正常循环而不外溢。

4）沉淀池、泥浆池、循环槽可用砖块和水泥砂浆砌筑，不得有渗漏或倒塌。泥浆池等不能建在新堆积的土层上，以免池体下陷开裂，泥浆漏失。

（2）应及时清除循环槽和沉淀池内沉淀的钻渣，必要时可配备机械钻渣分离装置在砂土或容易造浆的黏土中钻进，应根据冲洗液相对密度和黏度的变化，可采用添加絮凝剂加快钻渣的絮沉，适时补充低相对密度、低黏度稀浆，或加入适量清水等措施，调整泥浆性能。泥浆池、沉淀池和循环槽应定期进行清理。清出的钻渣应及时运出现场，防止钻渣废浆污染施工现场及周围环境。

（3）护筒设置应符合下列规定：

1）施工期间护筒内的泥浆面应高出地下水位 1.0m 以上，在受水位涨落影响时，泥浆面应高出最高水位 1.5m 以上。

2）护筒埋设应准确，稳定，护筒中心与桩位中心的偏差不得大于 50mm。

3）护筒的埋设深度在黏性土中不宜小于 1.0m，在砂土中不宜小于 1.5m。护筒下端应采用黏土填实。

（4）正循环钻进操作注意事项：

1）安装钻机时，转盘中心应与钻架上吊滑轮在同一垂直线上，钻杆位置偏差不应大于 20mm。使用带有变速器的钻机，应把变速器板上的电动机和变速器被动轴的轴心设置在同一水平标高上。

2）初钻时应低挡慢速钻进，使护筒刃脚处形成坚固的泥皮护壁，钻至护筒刃脚下 1m 后，可按土质情况以正常速度钻进。

3）钻具下入孔内，钻头应距孔底钻渣面 50～80mm，并开动泥浆泵，使冲洗液循环 2～3min。然后开动钻机，慢慢将钻头放到孔底，轻压慢转数分钟后，逐渐增加转速和增大钻压，并适当控制钻速。

4）正常钻进时，应合理调整和掌握钻进参数，不得随意提动孔内钻具。操作时应掌握升降机钢丝绳的松紧度，以减少钻杆、水龙头晃动。在钻进过程中，应根据不同地质条件，随时检查泥浆指标。

5）根据岩土情况，合理选择钻头和调配泥浆性能。钻进中应经常检查返出孔口处的泥浆相对密度和粒度，以保证适宜地层稳定的需要。

6）在黏土层中钻孔时，宜选用尖底钻头，中等转速，大泵量，稀泥浆的钻进方法。

7）在粉质黏土和粉土层中钻孔时，泥浆相对密度不得小于 1.1，也不得大于 1.3，以有利于进尺为准。上述地层稳定性较好，可钻性好，能发挥钻机快钻优点，产生土屑也较多，所以泥浆相对密度不宜过大，否则会产生糊钻、进尺缓慢等现象。

8）在砂土或软土等易塌孔地层中钻孔时，宜用平底钻头，控制进尺，轻压，低挡慢速，大泵量，稠泥浆（相对密度控制在 1.5 左右）的钻进方法。

9）在砂砾等坚硬土层中钻孔时，易引起钻具跳动、憋车、憋泵、钻孔偏斜等现象，操作时要特别注意，宜采用低挡慢速，控制进尺，优质泥浆，大泵量，分级钻进的方法。必要时，钻具应加导向，防止孔斜超差。

10）在起伏不平的岩面、第四系与基岩的接触带、溶洞底板钻进时，应轻压慢转，待穿过后再逐渐恢复正常的钻进参数，以防桩孔在这些层位发生偏斜。

11）在同一桩孔中采用多种方法钻进时，要注意使孔内条件与换用的工艺方法相适应。如基岩钻进由钢粒钻头改用牙轮钻头时，须将孔底钢粒冲起捞净，并注意孔形是否适合牙轮钻头入孔。牙轮钻头下入孔内后，须轻压慢转，慢慢扫至孔底，磨合 5～10min，然后逐步增大钻压和转速，防止钻头与孔形不合引起剧烈跳动而损坏牙轮。

12）在直径较大的桩孔中钻进时，在钻头前部可加一小钻头，起导向作用；在清孔时，孔内沉渣易聚集到小钻孔内，并可减少孔底沉渣。

13）加接钻杆时，应先将钻具稍提离孔底，待冲洗液循环 3～5min 后，再拧卸加接钻杆。

14）钻进过程中，应防止扳手、管钳、垫叉等金属工具掉落孔内，损坏钻头。

15）如护筒底土质松软出现漏浆时，可提起钻头，向孔中倒入黏土块、再放入钻头倒转，使胶泥挤入孔壁堵住漏浆空隙，稳住泥浆后继续钻进。

16）钻进过程中，应在孔口换水，使泥浆中的砂粒在沟中沉淀，并及时清理泥浆池和沟内的沉砂杂物。

（5）钻进参数的选择可参照下列规定：

1）冲洗液量，可按式（5-11-1）和式（5-11-2）计算。

2）转速：

①对于硬质合金钻进成孔，转速的选择除了满足破碎岩土的扭矩的需要，还要考虑钻头不同部位切削具的磨耗情况，按下式计算

$$n = \frac{60v}{\pi D} \tag{5-11-3}$$

式中　n——转速（rpm）；

　　D——钻头直径（m）；

　　v——钻头线速度 0.8～2.5m/s。

式中钻头线速度的取值如下：在松散的第四系地层和软岩中钻进，取大值；在硬岩中钻进，取小值；如果钻头直径大，取小值；钻头直径小，取大值。

一般砂土层中，转速取 40～80rpm，较硬或非均质地层转速可适当调变。

② 对于钢粒钻进成孔，转速一般取 50～120rpm，大桩孔取小值，小桩孔取大值。

③ 对于牙轮钻头钻进成孔，转速一般取 60～180rpm。

3）钻压：在松散地层中，确定给进压力应以冲洗液畅通和钻渣清除及时为前提，灵活加以掌握；在基岩中钻进可通过配置加重钻铤或重块来提高钻压。

① 对于硬质合金钻进成孔，钻压应根据地层条件、钻杆与桩孔的直径差、钻头形式、切削具数目、设备能力和钻具强度等因素综合考虑确定。一般按每片切削刀具的钻压为800～1200N 或每颗合金的钻压为 400～600N 确定钻头所需的钻压。

② 对于钢粒钻进成孔，钻压主要根据地层、钻头形式、钻头直径和设备能力来选择，由下式确定：

$$P = pF \tag{5-11-4}$$

式中　P——钻压（N）；

　　　p——单位有效面积上的压力（N/m²）；

　　　F——钻头唇面压住钢粒的面积（m²）。

③ 牙轮钻头钻进需要比较大的钻压才能使牙轮对岩石产生破碎作用。一般要求每厘米钻头直径上的钻压不少于 300～500N。

（6）清孔（第一次沉渣处理）：

1）清孔要求：清孔的目的是使孔底沉渣（虚土）厚度、循环液中含钻渣量和孔壁泥垢厚度符合质量要求或设计要求；为灌注水下混凝土创造良好条件，使测深准确，灌注顺利。

在清孔过程中，应不断置换泥浆，直至灌注水下混凝土；灌注混凝土前，孔底500mm 以内的泥浆相对密度应小于 1.25，含砂率不得大于 8%，黏度不得大于 28s。

2）清孔条件：在不具备灌注水下混凝土的条件时，孔内不可置换稀泥浆，否则容易造成桩孔坍塌。

在具备下列条件后方可置换稀泥浆：水下灌注的混凝土已准备进场；进料人员齐全；机械设备完好；泥浆储存量足够。

3）清孔控制：成孔后进行的第一次清孔，清孔时应采取边钻孔、边清孔、边观察的办法，以减少清孔时间。在清孔时逐渐对孔内泥浆进行置换，清孔结束时应基本保持孔内泥浆为性能较好的浆液（即满足本节清孔要求），这样可有效地保证浆液中的胶体量，使孔内钻屑及砂粒与胶体结合，呈悬浮状，防止钻屑沉入孔底，从而造成孔底沉渣超标。

当孔底标高在黏土或老黏土层时，达到设计标高前 2m 左右即可边钻孔、边清孔。钻机以一挡慢速钻进，并控制进尺，达到设计标高后，将钻杆提升 300mm 左右再继续清孔。当含砂率在 15% 左右时，换优质泥浆，按每小时降低 4% 的含砂率的幅度进行清孔。

当孔底标高完全在砂土层中时，换上优质泥浆，按每小时降低 2% 的含砂率的幅度清孔。

4）清孔方法：对于正循环回转钻进，终孔并经检查后，应立即进行清孔，清孔主要采用正循环清孔和压风机清孔两种方法。

① 正循环清孔：一般只适用于直径小于 800mm 的桩孔。其操作方法是，正循环钻进终孔后，将钻头提离孔底 80～100mm，采用大泵量向孔内输入相对密度为 1.05～1.08 的新泥浆，维持正循环 30min 以上，把桩孔内悬浮大量钻渣的泥浆替换出来，直到清除孔底沉渣和孔壁泥皮，且使得泥浆含砂量小于 4% 为止。

当孔底沉渣的粒径较大，正循环泥浆清孔难以将其携带上来时；或长时间清孔，孔底沉渣厚度仍超过规定要求时，应改换清孔方式。

正循环清孔时，孔内泥浆上返速度不应小于 0.25m/s。

② 压风机清孔：工作原理是：由空压机（风量 6～9m³/min，风压 0.7MPa）产生的

压缩空气，通过送风管（直径 20～25mm）经液气混合弯管（亦称混合器，用内径为 18～25mm 的水管弯成）送到清孔出水管（直径 100～150mm）内与孔内泥浆混合，使出水管内的泥浆形成气液混合体，其重度小于孔内泥浆重度。这样在出水管内外的泥浆重度差的作用下，管内的气液混合体沿出水管上升流动，孔内泥浆经出水管底口进入出水管，并顺管流出桩孔，将钻渣排出。同时不断向孔内补给相对密度小的新泥浆（或清水），形成孔内冲洗液的流动，从而达到清孔的效果，见图 5-11-9。

液气混合器距孔内液面的高度至少应为混合器距出水管最高处的高度的 0.6 倍。

清孔操作要点：

· 将设备机具安装好，并使出水管底距孔底沉渣面 300～400mm。

· 开始送风时，应先向孔内供水。送风量应从小到大，风压应稍大于孔底水头压力。待出水管开始返出泥浆时，及时向孔内补给足量的新泥浆或清水，并注意保证孔壁稳定。

· 正常出渣后，如孔径较大，应适当移动出水管位置以便将孔底边缘处的钻渣吸出。

· 当孔底沉渣较厚、块度较大，或沉淀板结时，可适当加大送风量，并摇动出水管，以利排渣。

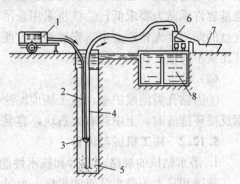

图 5-11-9 压风机清孔原理示意图
1—空气压缩机；2—送风管；3—液气混合器；
4—出水管；5—孔底沉渣；6—泥砂滤网；
7—挖出的泥土；8—泥浆池
（引自 京牟礼和夫 1976 年）

· 随着钻渣的排出，孔底沉渣减少，出水管应适时跟进以保持出水管底口与沉渣面的距离为 300～400mm。

· 当出水管排出的泥浆钻渣含量显著减少时，一般再清洗 3～5min，测定泥浆含砂量和孔底沉渣厚度，符合要求时即可逐渐提升出水管，并逐渐减少送风直至停止送风。清孔完毕后仍要保持孔内水位，防止坍孔。

5.12 潜水钻成孔灌注桩

5.12.1 适用范围

潜水钻成孔施工法是在桩位采用潜水钻机钻进成孔。钻孔作业时，钻机主轴连同钻头一起潜入水中，由孔底动力直接带动钻头钻进。从钻进工艺来说，潜水钻机属旋转钻进类型。其冲洗液排渣方式有正循环排渣和反循环排渣两种。

1. 适用范围

潜水钻成孔适用于填土、淤泥、黏土、粉土、砂土等地层，也可在强风化基岩中使用，但不宜用于碎石土层。潜水钻机尤其适于在地下水位较高的土层中成孔。这种钻机由于不能在地面变速，且动力输出全部采用刚性传动，对非均质的不良地层适应性较差，加之转速较高，不适合在基岩中钻进。

2. 优缺点

（1）优点

①潜水钻设备简单，体积小，重量轻，施工转移方便，适合于城市狭小场地施工；②整机潜入水中钻进时无噪声，又因采用钢丝绳悬吊式钻进，整机钻进时无振动，不扰民，适合于城市住宅区、商业区施工；③工作时动力装置潜在孔底，耗用动力小，钻孔时不需要提钻排渣，钻孔效率较高，成孔费用比正反循环钻机低；④电动机防水性能好，过载能力强，水中运转时温升较低；⑤钻杆不需要旋转，除了可减少钻杆的断面外，还可避免因钻杆折断而发生工程事故；⑥与全套管钻机相比，其自重轻，拔管反力小，因此，钻架对地基容许承载力要求低；⑦该机采用悬吊式钻进，只需钻头中心对准孔中心即可钻进，对底盘的倾斜度无特殊要求，安装调整方便；⑧可采用正、反两种循环方式排渣；⑨如果循环泥浆不间断，孔壁不易坍塌。

（2）缺点

①因钻孔需泥浆护壁，施工场地泥泞；②现场需挖掘沉淀池和处理排放的泥浆；③采用反循环排渣时，土中若有大石块，容易卡管；④桩径易扩大，使灌注混凝土超方。

5.12.2 施工机械与设备

1. 潜水钻机的规格、型号和技术性能

我国和日本的潜水钻机的规格、型号及技术性能见表 5-12-1 和表 5-12-2。

日本还生产带扩孔钻的潜水钻机，其规格、型号及技术性能见表 5-12-3。

2. 潜水钻机的构造

KQ 型潜水钻机主机由潜水电机、齿轮减速器、密封装置组成（图 5-12-1），加上配套设备，如钻孔台车、卷扬机、配电柜、钻杆、钻头等组成整机（图 5-12-2）。

（1）潜水钻主机

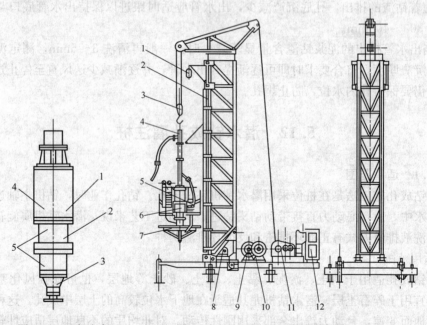

图 5-12-1　充油式
潜水电机

1—电动机；2—行星齿轮减
速器；3—密封装置；4—内
装变压器油；5—内装齿轮油

图 5-12-2　KQ2000 型潜水钻机整机外形

1—滑轮；2—钻孔台车；3—滑轮；4—钻杆；5—潜水砂泵；
6—主机；7—钻头；8—副卷扬机；9—电缆卷筒；10—调度
绞车；11—主卷扬机；12—配电箱

部分国产潜水钻机

表 5-12-1

性能指标	新钻机公司 KQ 系列钻机型号						GZQ 系列钻机型号					
	KQ-800	KQ-1250A	KQ-1500	KQ-2000	KQ-2500	KQ-3000	GZQ-800	GZQ-1250	GZQ-1250A	GZQ-1250B	GZQ-1500	GZQ-2000
钻孔直径 (mm)	450~800	450~1250	800~1500	800~2000	1500~2500	2000~3000	800	1250	1250	1250	1500	2000
钻孔深度 (m) 潜水钻法	80	80	80	80	80	80	50	50	50	50	50	50
钻孔深度 (m) 钻斗钻法	35	35	35	—	—	—						
主轴转速 (rpm)	200	45	38.5	21.3			200	60	45	38.5	40	20
最大扭矩 (kN·m)	1.90	4.60	6.87	13.72	36.00	72.00	1.05	3.50	4.67	5.46		
钻进速度 (m/min)	0.3~1.0	0.3~1.0	0.06~0.16	0.03~0.10			0.3~1.0	0.3~1.0	0.16~0.20	0.16~0.20	0.07~0.17	0.04~0.10
潜水电机功率 (kW)	22	22	37	44	74	111	22	22	22	22	22	44
潜水电机转速 (rpm)	960	960	960	960			960	960	960	960	960	
钻头钻速 (rpm)	86	45	42		16	12						
整机外形尺寸 (mm) 长度	4306	5600	6850	7500								
整机外形尺寸 (mm) 宽度	3260	3100	3200	4000								
整机外形尺寸 (mm) 高度	7020	8742	10500	11000								
主机质量 (kg)	550	700	1000	1900			550	700	700	700		
整机质量 (kg)	7280	10460	15430	20180			4600	4600	7500	7500	15000	20000

注：1. 钻斗钻法指挖掘旋挖钻斗钻成孔灌注桩工法。

2. 行走装置分为简易式、轨道式、步履式和车装式四种，可由用户选择。

3. 国内其他潜水钻机，如 DZ 型、ZKC 型、QZ 型、GJ15 型及 GPS900 型等钻机由于资料不全，未列入本表。

潜水电动机和行星减速箱均为一中空结构，其内有中心送水管。整个潜水钻主机在工作状态时完全潜入水中，钻机能否正常耐久地工作，主要取决于钻机的密封装置是否可靠。

图 5-12-3 为潜水钻主机构造示意图。

日本潜水钻机　　　　　　　　　　　　　　　　　表 5-12-2

性能指标	利　根			富士机械			
	RRC-15	RRC-20	RRC-30	LB	LK-425	LK-650	LK-AU
钻孔直径（mm）	1000，1200，1270，1400，1500	1500，1600，1800，2000	2300，2500，2800，3000	800～3000	550～650	600～1000	1500
钻孔深度（m）	50（标准）80（最大）	50（标准）80（最大）	50（标准）80（最大）	70	60	60	60
钻杆内径（mm）	150	150	200	150～200	100	150	150
电动机功率（台×kW）	2×11	2×14	2×22	40～75	18	40	40
排土方式	泵吸 气举	泵吸 气举	泵吸 气举	泵吸	泵吸	泵吸	泵吸
钻机质量（kg）	9000	12000	1800	5000～15000	1000	3200	5500
钻机高度（mm）	3675	3675	3900				
钻头转速（rpm）	32	22	17				
配备履带起重机的起重量（t）	22.5	35	50				
适用土层	一般土层	一般土层	一般土层	一般土层	一般土层	一般土层	一般土层

注：1. RRC 系列的钻头转速为钻机下部旋转部分公转与旋转钻头自转之和。

　　2. RRC 系列可钻挖单轴抗压强度小于 20MPa 的软岩。

日本利根带扩孔钻的潜水钻机　　　　　　　　　　　　表 5-12-3

性能指标			钻机型号				
			RRC10U	RRC15U	RRC20U	RRC30U	RRC40U
钻头转速	50Hz	自转（rpm）	33～15	33～10.5	27～7.5	17～4.5	10～3.0
		公转（rpm）	0～18	0～19.5	0～19.5	0～12.5	0～7.0
	60Hz	自转（rpm）	40～18	36～12.5	32～8.5	20～5.5	12～3.5
		公转（rpm）	0～22	0～23.5	0～23.5	0～14.5	0～8.5
电机功率（台数×kW）			2×7.5	2×15	2×18.5	2×30	2×45
扭矩（kN·m）			±4.3	±9.5	±13.0	±33.0	±85.0
吸管内径（mm）			150	150	150	200	250
钻机质量（kg）			～5500	～11000	～15000	～25000	～35000
钻机高度（mm）			4600	5800	5800	6000	6500
钻孔深度（标准）（m）			50	50	50	50	50
钻孔深度（超深型）（m）			150	150	150	150	150
一次钻成孔径（mm）			800～1200	1200～1600	1500～2000	2000～3000	3000～4500
A 型扩孔直径（mm）			950～1500	1520～2090	1900～2600	2550～4000	3800～6000
B 型扩孔直径（mm）			1350～1500	2000～2150	3000～3200	4000～4450	6000～6550

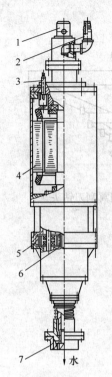

图 5-12-3 潜水钻主机
构造示意图

1—提升盖；2—进水管；
3—电缆；4—潜水钻机；
5—行星减速箱；
6—中间进水管；
7—钻头接箍

（2）方形钻杆

轻型钻杆采用 8 号槽钢对焊而成，每根长 5m，适用于 KQ-800 钻机；其他型号钻机应选用重型钻杆。

（3）钻头

在不同类别的土层中钻进应采用不同形式的钻头。

1）笼式钻头

在一般黏性土、淤泥和淤泥质土及砂土中钻进宜采用笼式钻头（图 5-12-4）。

2）镶焊硬质合金刀头的笼式钻头

此种钻头可用在不厚的砂夹卵石层或在强风化岩层中钻进。

3）三翼刮刀钻头（图 5-12-5）和阶梯式四翼刮刀钻头（图 5-12-6）

适用于一般黏性土及砂土中钻进。

4）筒式钻头

钻进遇孤石或旧基础时可用带硬质合金齿的筒式钻头钻穿。

5）两翼钻头

处理孤石可采用两翼钻头，即将孤石沉到设计深度以下。

5.12.3 施工工艺

1. 施工程序

设置护筒→安放潜水钻机→钻进→第一次处理孔底虚土（沉渣）→移走反循环钻机→测定孔壁→将钢筋笼放入孔中→插入导管→第二次处理孔底虚土→水下灌注混凝土，拔出导管→拔出护筒，成桩。

护筒内径较钻头外径大 100～200mm。如所下护筒太长，可分成几节，上下节在孔口用铆钉连接。护筒顶部应焊加强箍和吊耳，并开水口，护筒入土长度一般要大于不稳定地层的深度；如该层深度太大，可用两层护筒，两层护筒的直径相差 50～100mm。护筒可用 4～10mm 厚钢板卷制而成，护筒上部应高出地面 200mm 左右。护筒孔内水位要高出自然地下水位 2m 以上。

钻进时用第一节钻杆（每节长约 5m，按钻进深度用钢销连接）接好钻机，另一端接上钢丝绳，吊起潜水电钻对准护筒中心，徐徐放下至土面，先空转，然后缓慢钻入土中，至整个潜水电钻基本进入土内，待运行正常后才开始正式钻进。每钻进一节钻杆，即连接下一节继续钻进，直到设计要求深度为止。

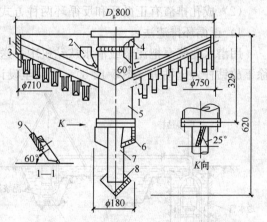

图 5-12-4 笼式钻头（孔径 800mm）

1—护圈；2—钩爪；3—腋爪；4—钻头接箍；
5、7—岩心管；6—小爪；8—钻尖；9—翼片

571

施工程序示意见图 5-12-7。

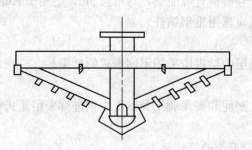

图 5-12-5　三翼刮刀钻头

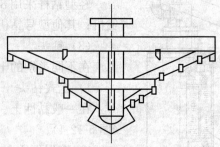

图 5-12-6　阶梯式四翼刮刀钻头

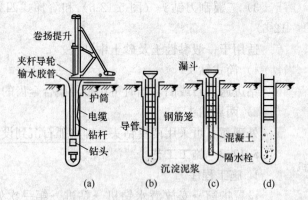

图 5-12-7　潜水钻成孔灌注桩施工示意

(a) 成孔；(b) 放入钢筋笼和导管；(c) 灌注混凝土；(d) 成桩

2. 施工特点

(1) 钻进时，动力装置（潜水钻主机）、减速机构（行星减速箱）和钻头，共同潜入水下工作。

(2) 成孔排渣有正循环和反循环两种方式。

1) 正循环排渣法

用潜水泥浆泵把泥浆或清水从钻机中心送水管或钻机侧面的分叉管射向钻头，然后徐徐下放钻杆入土钻进（图 5-12-8）。当钻至设计标高后，电机可以停止运转，但泥浆泵仍需继续工作，正循环排泥，直到孔内泥浆相对密度达到 1.1～1.15 左右（视地层情况及钻头转速而异）；方可停泵、提升钻机，然后迅速移位，进行下道工序。

除卵石层外，其余各类地层均可采用本法。

2) 反循环排渣法

实现反循环排渣作业的方法一般有三种：压缩空气反循环法（气举反循环法）；泵举反循环法和泵吸反循环法。

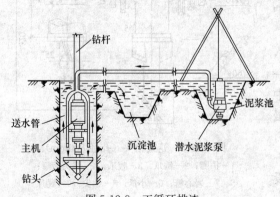

图 5-12-8　正循环排渣

① 气举反循环法

平整场地与正循环法一样，泥浆池水位应高于钻孔水位，方能使清水或经沉淀的泥浆流入孔内，实现循环作业。一般地面以下 6m 范围内仍采用正循环作业，当压风口浸到 6～7m 时才开始反循环作业。此时须卸开与泥浆泵连接的变径管，即可压风作业，注意风压不宜超过 0.5MPa，要求连续均匀出泥。当钻至设计标高后，钻机停止运转，但继续压风出浆直到泥浆相对密度至规定浓度为止。

实现本法需配备 9m³/min 空气压缩机一台和 φ38mm 的高压风管。

② 泵举反循环法

本法（图 5-12-9）为反循环排渣中较先进的方法。由图 5-12-9 可知，砂石泵随主机一起潜入孔内，可迅速将切削后泥渣排出孔外，不必借助钻头将切削下来的土块搅动切碎成浆状，故钻进效率高。开钻时采用正循环开孔，当钻深超过砂石泵叶轮位置以后，即可启动砂石泵电机，开始反循环作业。当钻至设计标高后，停止钻进，砂石泵继续排泥，至规定浓度为止。

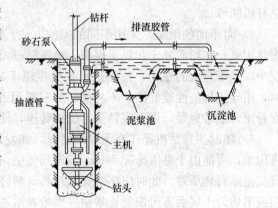

图 5-12-9　泵举反循环排渣

③ 泵吸反循环法

此法已逐步被泵举反循环法所替代。

3. 施工注意事项

（1）开钻前，应对钻机及其配套设备进行全面检查。潜水钻机应注满变压器油；行星减速器及机械密封部位应注以齿轮油；当气温低于 5℃ 时，宜采用冬季润滑油；电缆密封接头与电源电缆连接处要求绝缘良好；输水胶管连接要固紧卡牢，避免泄漏。

（2）安装钻机应符合以下要求：

1）潜水电钻、卷扬机和砂石泵的电缆均应接入配电箱，以便控制，应注意通入潜水电钻的电缆不得破损、漏电。

2）起钻、下钻及钻进时须指定专人负责收、放电缆和进浆胶管。

3）钻进时潜水电钻会产生较大的反扭矩，因此必须将钻杆卡固在导向滚轮内，以承受反扭矩，并使钻杆不旋转。

4）为防止潜水电钻因钻杆折断或其他原因掉落孔内，应在电钻上加焊吊环，并系上一根保险钢丝绳引出孔外吊住。

5）在电钻的电缆线和进浆胶管上用油漆标明尺度，便于和钻杆上所标尺度相校核。

（3）潜水钻成孔的现场布置和冲洗液循环系统设置以及冲洗液净化可参照 5.10.3 第 3 小节。

（4）钻进时应遵守以下操作规定：

1）将电钻吊入护筒内，应关好钻架底层的铁门，启动砂石泵，先让电钻空转，待泥浆输进钻孔后，开始钻进，钻进中应根据钻速、进尺情况及时放松电缆线及进浆胶管。要使电缆、胶管和钻杆同步下放。应勤放少放，以免造成电缆或胶管缠绕钻头而发生绞断事故。

2）钻进时应严密监视电流表指针数字，电流值不得超过规定数值。电钻必须安设过载保护装置，以便在钻进阻力较大或孔内出现异常情况时，自动切断电流，保护电钻。

3）钻进速度应根据土层类别、孔径大小、钻孔深度和供水量等确定；在淤泥和淤泥质土中的钻进速度不宜大于 1m/min；在其他土层中的钻进速度一般以不超过钻机负荷为准；在强风化岩或其他硬土层中的钻进速度以钻机不产生跳动为准。

钻进速度还要与制浆、排渣能力相适应，一般钻进速度要低于供泥浆和排渣速度，以避免造成埋钻。如果钻机转速高，泥浆相对密度大，钻进过快，则切削出的泥块过大，不易成浆，将对钻机产生较大阻力，有可能使电机超负荷而损坏，或使抽水齿轮磨损，或使钻杆折断等。

4）对不同的地层，采用不同的操作方法：在粉土和砂土层中，控制钻进速度，加强泥浆护壁；在粉质黏土和黏土层中，减压钻进，加快进钻频率，以提高钻进速度；在砂岩层中，采用较大的钻压，控制进尺，使主机不超负荷。在淤泥质黏土、粉质黏土中钻进时，用导流排渣性能好的、不易糊钻的三翼刮刀钻头，中等转速，低黏度、低浓度泥浆；在粉土、细砂地层，用平底钻头，低挡转速，使用高黏度，中等浓度泥浆。

5）随时注意钻机操作有无异常情况，如发现电流值异常升高，钻机摇晃、跳动或钻进困难，可能由于钻渣排除不畅，或遇到硬层，或遇到一边软一边硬的非均质土层，或遇到其他障碍物所致，此时应略微提起钻具，减轻钻压，放慢进尺，待情况正常，或穿过硬层或不均匀土层后方可恢复正常钻进参数和给进速度。

6）钻孔过程中应严格控制护筒内外水位差，必须使孔内水位高于地下水位，以防坍孔。

（5）潜水钻机施工对使用泥浆的要求：

1）在黏土、粉质黏土层中钻孔时，可注射清水，以原土造浆护壁、排渣，当穿过砂夹层钻孔时，为防止坍孔宜投入适量黏土以加大泥浆稠度。

2）如砂夹层较厚，或在砂土中钻孔，应采用制备泥浆。注入的泥浆浓度要适当，浓度过大影响钻进速度，浓度过小不利于护壁排渣。注入干净泥浆的相对密度应控制在 1.1 左右，排出的泥浆相对密度宜为 1.2~1.4；当穿过砂夹卵石等容易塌孔的地层时，泥浆的相对密度可增大至 1.3~1.5。

3）泥浆可就地选择塑性指数 $I_p \geqslant 10$ 的黏性土除去杂质后调制。

4）对于软土地层，因原土造浆能力不强，为增加泥浆黏结力，护壁泥浆以膨润土为主要原料，加纯碱，CMC 等外掺剂，用水混合拌制而成，泥浆的配合比及性能指标可参考表 5-12-4。

软土地层钻进时泥浆的配合比及性能指标 表 5-12-4

浆液配合比		泥浆性能指标	
泥浆材料	掺加浓度（%）	试验项目	指标范围
膨润土 CMC 纯碱（Na$_2$CO$_3$）	9~11 0.4~0.5 3.5~4.5	漏斗黏度（s） 相对密度 pH 值 胶体率（%） 泥皮厚度（mm）	22~24 1.05 8~9 $\geqslant$0.5 <1.5

5) 施工中应勤测泥浆相对密度, 并应定期测定黏度、含砂量和胶体率。

(6) 清孔时应遵守下列规定:

1) 对原土造浆的钻孔, 钻到设计深度时, 将钻头提高孔底 100~300mm 后, 可使钻机空转不进尺, 同时射水, 待孔底残余的泥块已磨成浆, 排出泥浆相对密度降到 1.1 左右 (或以手触泥浆无颗粒感觉) 即可认为清孔已合格。

2) 对注入制备泥浆的钻孔, 可采用换浆法清孔, 至换出泥浆相对密度小于 1.15~ 1.25 时为合格。

3) 孔底沉渣厚度应符合灌注桩施工允许偏差的规定。

4) 在换浆合格后应尽快进行钻机移位、终孔验收、钢筋笼和导管下设的工作, 力求在最短的时间内灌注混凝土, 避免孔内泥浆静置时间过长, 孔底产生过多的沉渣。

(7) 安全操作注意事项:

1) 钻机操作人员, 必须经过专业训练, 了解机械构造和技术性能, 熟悉安全操作规程后, 方可登机操作。

2) 每次钻进前, 应对钻机及其配套设备进行全面检查, 特别应注意卷扬机刹车是否可靠, 钢丝绳有否断丝, 扭断现象, 电器设备是否完好正常。各润滑部位应加油保养。各部检查完后, 方可开机。

3) 提升电缆时, 若无电缆卷筒, 应戴绝缘手套, 应注意检查所有电缆有无碰伤漏电现象, 现场工作人员应穿绝缘胶鞋和戴安全帽。

4) 拆装钻杆时, 应保证连接牢靠, 注意不要把工具及钻杆销轴、螺母等丢失到孔内。

5) 每班操作完毕, 应将钻具提出孔外。

4. 潜水钻成孔灌注桩施工管理

潜水钻成孔灌注桩施工全过程中所需的检查项目, 基本上与反循环钻成孔灌注桩相同, 但在钻进中尚需补充两条, 即钻进中是否有专人负责收、放电缆和进浆胶管; 钻进中相电流是否合适。

5.13 旋挖钻斗钻成孔灌注桩

5.13.1 适用范围及分类

1. 分类

旋挖钻斗钻成孔施工法是利用旋挖钻机的钻杆和钻斗的旋转及重力使土屑进入钻斗, 土屑装满钻斗后, 提升钻斗出土, 这样通过钻斗的旋转、削土、提升和出土, 多次反复而采用无循环作业方式成孔的施工方法。

旋挖钻机按其功能可分为单一方式旋挖钻斗钻机 (Earth Drill) 和多功能旋挖钻机 (Rotary Drilling Rig), 前者是利用短螺旋钻头或钻斗钻头进行干作业钻进或无循环稳定液钻进技术成孔制桩的设备, 后者则通过配备不同工作装置还可进行其他成孔作业, 例如配备抓斗可进行地下连续墙成槽作业, 配备双动力头可进行咬合桩作业, 配备长螺旋钻杆与钻头可进行 CFA 工法桩作业, 配备全套管设备可进行全套管钻进, 一机多用。可见钻斗钻成孔施工法仅是多功能旋挖钻机的一种功能。目前, 在我国钻斗钻成孔施工法是旋挖钻机的主要功能。

再则，反循环钻成孔法、正循环钻成孔法、潜孔钻成孔法及钻斗钻成孔法均属于旋挖成孔法，故简单地把旋挖钻斗钻成孔法称为旋挖钻成孔法是不恰当的，也是不科学的。

旋挖钻斗钻成孔法有全套管护壁钻进法和稳定液护壁的无套管钻进法 2 种，本节只论及无套管钻斗钻成孔法。

2. 优缺点

（1）优点：①振动小，噪声低；②最适宜于在黏性土中干作业钻成孔（此时不需要稳定液管理）；③钻机安装比较简单，桩位对中容易；④施工场地内移动方便；⑤钻进速度较快，为反循环钻进的3～5倍；⑥成孔质量高，由于采用稳定液护壁，孔壁泥膜薄，且形成的孔壁较为粗糙，有利于增加桩侧摩阻力；⑦因其干取土作业，加之所使用的稳定液由专用仓罐贮存，施工现场文明整洁，对环境造成的污染小；⑧工程造价较低；⑨工地边界到桩中心的距离较小。

（2）缺点：①当卵石粒径超过 100mm 时，钻进困难；②稳定液管理不适当时，会产生坍孔；③土层中有强承压水，此时若又不能用稳定液处理承压水的话，将造成钻孔施工困难；④废泥水处理困难；⑤沉渣处理较困难，需用清渣钻斗；⑥因土层情况不同，孔径比钻头直径大 7%～20%。

3. 适用范围

旋挖钻斗钻成孔法适用于填土层、黏土层、粉土层、淤泥层、砂土层以及短螺旋不易钻进的含有部分卵石、碎石的地层。采用特殊措施（低速大扭矩旋挖钻机及多种嵌岩钻斗等），还可嵌入岩层。

4. 旋挖钻斗钻成孔灌注桩应用情况

旋挖钻斗钻成孔灌注桩在我国高层建筑桩基础中的应用日趋增多。以北京某工地为例，1988 年 8 月至 12 月，共施工旋挖钻斗钻成孔灌注桩约 18000 根，桩径 0.8m、1.0m和 1.2m，孔深 12～15m，桩端进入砂砾石层 0.5m。在青藏铁路、"鸟巢" 工程（奥运会主会场工程）、首都机场三期工程、中央电视台新楼、北京电视台新楼、国贸三期及首都财富中心等均大量采用旋挖钻斗钻成孔施工法。

5.13.2　施工机械及设备

旋挖钻斗钻机由主机、钻杆和钻斗（钻头）3 个主要部分组成。

1. 主机

主机有履带式、步履式和车装式底盘，动力驱动方式有电动式和内燃式，短螺旋钻进的钻机均可用于旋挖钻斗钻成孔。

近 10 多年来，随着土木建筑规模快速增大，国内旋挖钻机的发展达到一个新平台，目前生产旋挖钻机的有以三一重机、徐工、山河智能、上海金泰、中联重科、南车北京时代、郑州宇通、福田雷沃、郑州富岛及鑫国重机等为代表的 40 余家制造商；旋挖钻机形成了 08、12、16/15、18/20、22/23、25/26、30/31、36、40、42 及 45 等大中小型系列产品，最大成孔直径可达 4000mm，最大钻孔深度已超过 130m；配置各类钻斗可在各种土层和风化岩中进行成孔作业。2011 年我国旋挖钻机产能约为 1900 台。

旋挖钻机按动力头输出扭矩、发动机功率及钻深能力可分为大型、中型、小型及微型钻机。微型钻机又称 BABY 钻机或 MIDI 钻机，动力头输出扭矩只有 30～40kN·m，整体质量约为 3000～4000kg。旋挖钻机按结构形式可分为以欧洲为代表的方形桅杆加平行四边形连杆机构的独立式钻机和以日本为代表的履带式起重机附着式钻机。旋挖钻机按钻进工艺可分为单工艺钻机和多功能（又称多工艺）钻机。

表 5-13-1 为根据国内近 40 家旋挖钻机制造商生产的旋挖钻机按其主要技术参数（扭矩、成孔直径和成孔深度）分为大、中、小 3 种类型的汇总表。

国产旋挖钻机类型汇总 表 5-13-1

参数	动力头输出扭矩（kN·m）	成孔直径（mm）	成孔深度（m）
大型	200~450	1500~3000	65~110
中型	120~220	1000~2200	50~65
小型	120 以下	600~1800	40~55

表 5-13-1 中成孔直径视主机底盘型号、钻进土层和岩层的物理力学性能及成孔时是否带套管有所不同；成孔深度视钻杆种类（摩阻式及自锁式等）及钻杆的节数有所不同。

表 5-13-2 为国产部分旋挖钻机技术特性参数表。

国产部分旋挖钻机技术特性参数表 表 5-13-2

	型号	动力头最大输出扭矩（kN·m）	最大成孔直径（mm）	最大成孔深度（m）	发动机功率（kW）	整机质量（kg）
大型旋挖钻机	三一 SR420	420	3000	110	380	145000
	徐工 XR280	280	2000/2500①	88(6 节)/74(5 节)	298	80000
	山河智能 SWDM28	280	1800/2500①	86(6 节)/69(5 节)②	250	78000
	金泰 SD28L	286	2000/2500	85	263	70000
	南车时代 TR500C	475	4000	130	412	192000
	宇通 YTR300	320	2500	92	277	90000
	罗特锐 R400	398	2500/3000①	100	400	110000
	泰格 TGR300	280	2500	102	325	95000
	三力 SLR300	320	2500	92	267	72000
中型旋挖钻机	三一 SR200C	200	1800	60	193.5	60000
	徐工 XR200	200	1500/2000①	60（5 节）/48（4 节）	246	68000
	山河智能 SWDM20	200	1300/1800①	60（5 节）/48（4 节）	194	58000
	金泰 SD20	200	1500/2000①	56	194	65000
	南车时代 TR220D	220	2000	65	213	65000
	中联重科 ZR220	220	2000	60/48③	250	68500
	宇通 YTRD200	203	1800	60	187	65000
	罗特锐 R200	210	1500/2000①	60	224	65000
	北方 NR1802DL	156	1500	55	240	54000
	泰格 TGR180	180	1800	60	153	58000
	福田 FR618	180	1800	60	179	60000
	奥盛特 OTR200D	200	1800	60	187	63000
	三力 SLR188D	200	2000	62	151	58000
	煤机 X220A	200	2000	60	216	73000
	东明 TRM180	182	1400/1600①	60	184	63000
	长龙 CLH200	220	2000	60	216	63000
	玉柴 YCR220	220	2000	65	216	67500
	山推 SER22	220	2000	65	335	70000
	道颐 R200D	200	2000	60	187	63000

续表

	型号	动力头最大输出扭矩（kN·m）	最大成孔直径（mm）	最大成孔深度（m）	发动机功率（kW）	整机质量（kg）
小型旋挖钻机	川岛 CD856A	80	1600	56	112	38000
	川岛 CD1255	120	1800	55	130	41000
	川岛 FD850A	80	1600	46	112	36000
	鑫国 XGR80	60	1200	40	108	35000
	鑫国 XGR120	120	1500	50	125	45000

① 斜杠左右端分别为带套管和不带套管的情况。

② 最大成孔深度与钻杆节数有关。

③ 斜杠左右端分别为摩阻式钻杆和自锁式钻杆情况。

旋挖钻机的结构从功能上分，分为底盘和工作装置两大部分。钻机的主要部件有：底盘（行走机构、底架、上车回转）、工作装置（变幅机构、桅杆总成、主卷扬、副卷扬、动力头、随动架、提引器等），如图 5-13-1 所示。

表 5-13-3 为三种典型的旋挖钻机主要结构性能对比表。

旋挖钻机主要结构性能对比表　　　　　　　　　表 5-13-3

对比项目	以土力公司为代表的 R 系列钻机	以宝峨公司为代表的 BG 系列钻机	以山河智能为代表的 SWDM 系列钻机	注
1. 变幅机构	平行四边形加三角形机构	大三角支撑结构	平行四边形加三角形机构	
2. 回转机构导向稳定性（开孔时）	动力头与上导向架双支点开孔导正	动力头单支点，导向简单	动力头与上导向架双支点导正	主、副卷扬放置于桅架下： ① 滚筒长度受桅架宽限制，缠绕层数增加使钢绳受挤压、磨损。提升速度愈来愈快，提升能力降低。
3. 卷扬放置位置	内藏式	桅架下端	内藏式	
4. 桅架起竖放倒式	变力点组合油缸起竖，后倾式放倒	绕固定支点转动卷扬起竖，前倾式放倒	变力点组合油缸起竖，后倾式放倒	② 使整机工作重心前移，导致稳定性较差。
5. 保持桅架垂直的条件下改变工作半径	变幅机构实现中轴线及方向的调整	移动主机来实现	变幅机构实现中轴线及方向的调整	
6. 孔口设备重量对钻孔孔壁影响	钻机重心后移，降低侧压	钻机重心不能后移	钻机重心可后移	
7. 卸渣方式	高速离心和钻斗自重卸渣	惯性断续旋转和上下冲击振动卸渣	高速离心和钻斗自重卸渣	
8. 转台回转复位控制	人工	人工	上车回转图形导引定位，快速自动找回	

旋挖钻机机型的合理选择应考虑下述因素：施工场地岩土的物理力学性能、桩身长度、桩孔直径、桩数、旋挖钻机的购进成本、施工成本及维修成本等。机型配置不当，往往会造成事倍功半的后果。因此，应尽量选择与工程相匹配的机型，充分发挥钻机的高效性。在多款机型均能满足工程使用要求时，应尽量选择输出扭矩低的机型。

2. 钻斗（钻头）

钻斗是旋挖钻机的一个关键部件。旋挖钻机成孔时选用合适的钻斗能减少钻斗本身的磨损，提高成孔的速度和质量，从而达到节约能源和提高整个桩基施工效率的效果。目前常见的旋挖钻机，其结构形式和功能大同小异，因此，施工是否顺利，很重要的因素就是钻斗的正确选择。

对钻斗的要求：作为旋挖钻机配套的工具钻斗，它不仅要具备良好的切削地层的能力，且要消耗较少的功率，获得较快的切削速度，而且还是容纳切削下来的钻渣的容器。不仅如此，一个好的钻斗还要在频繁的升、降过程中产生的阻力最小，特别要具备在提升的过程中产生尽量小的抽吸作用，下降过程中产生尽量小的激动压力。同时，还要具备在装满钻渣后可靠地锁紧底盖，而在卸渣时又能自动或借助重力方便地解锁卸渣。钻斗的切削刀齿在切削过程中会被磨损，设计钻斗的切削刀齿时要选择耐磨性好、抗弯强度高的材料，并且损坏后能快速修复或更换。

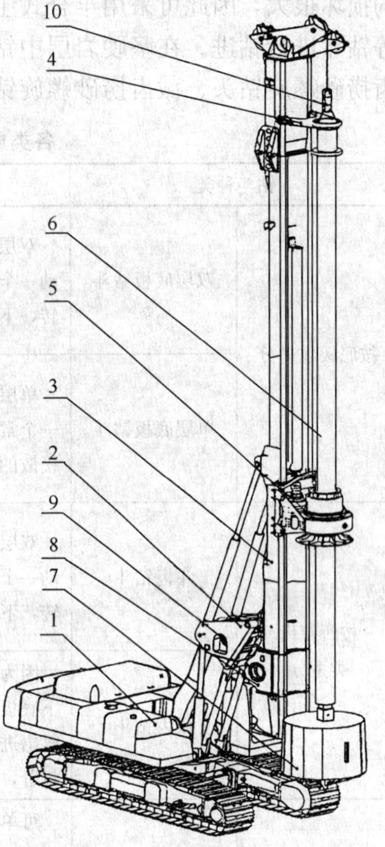

图 5-13-1 旋挖钻机机械结构图
1—底盘；2—变幅机构；3—桅杆总成；
4—随动架；5—动力头；6—钻杆；
7—钻具；8—主卷扬；9—副卷扬；
10—提引器

旋挖钻斗种类繁多，按所装底齿可分为截齿钻斗和斗齿钻斗；按底板数量可分为双层底钻斗和单层底钻斗；按开门数量可分为双开门钻斗和单开门钻斗；按钻斗桶身的锥度可分为锥桶钻斗和直桶钻斗；按底板形状可分为锅底钻斗和平底钻斗；按钻斗扩底方式可分为水平推出方式、滑降方式及下开和水平推出的并用方式。以上结构形式相互组合，再加上是否带通气孔及开门机构的变化，可以组合出数十种旋挖钻斗。旋挖钻斗钻成孔时在稳定液保护下钻进，稳定液为非循环液，所以终孔后沉渣的清除需用清底式钻斗。

表 5-13-4 为部分钻斗的结构特点与适应地层。

一般说来，双层底板钻斗适应地层范围较广，单层底板钻斗通常用于黏性较强的土层；双开门钻斗适应地层范围较宽，单开门钻斗通常用于大粒径卵石层和硬胶泥。对于相同地层使用同一钻进扭矩的钻机时，不同斗齿的钻进角度，钻进效率不同。在孔壁很不稳定的流塑状淤泥或流砂层中旋挖钻进时，可采取压力平衡护壁或套管护壁。在漂石或胶结较差的大卵石层中旋挖钻进时，可配合"套钻"、"冲"、"抓"等工艺。黏泥对旋挖钻进的影响主要是卸土困难，如果简单地采取正反钻突然制动的方法，对动力头、钻杆及钻斗的损坏很大，因此可采用半合式土斗、侧开口双开门土斗、两瓣式钻斗以及 S 形锥底钻斗等钻斗进行钻进。在坚硬岩层中钻进时，应根据硬岩的特性，采用多种组合钻斗（例如斗齿捞砂螺旋钻头、截齿捞砂螺旋钻头及筒式取芯钻斗等）。

各类旋挖钻斗的结构特点及适应地层   表 5-13-4

钻斗种类		结构特点	适应地层
按底板数量分	双层底板钻斗	双层底板，钻进时下底板与上底板相对转动一个角度后限位，露出进土口，钻满后反转，下底板把进土口封着，保证渣不会漏出	适应地层较广，用于淤泥、土层、粒径较小的卵石等
	单层底板钻斗	单层底板，钻进和钻满后提时钻头始终有一个常开的进土口，钻进时进土阻力小，但松散的渣土会漏下	黏性土、强度不高的泥岩等
按所装齿类型分	斗齿钻斗	双层底板，钻进时下底板与上底板相对转动一个角度后限位，露出进土口，钻满后反转，下底板把进土口封着，保证渣不会漏出	适应地层较广，用于淤泥、土层、粒径较小的卵石等
	截齿钻斗	因为是主钻硬岩一般为双层底板，钻进时下底板与上底板相对转动一个角度后限位，露出进土口，钻满后反转，下底板把进土口封着，保证渣不会漏出，钻齿为截齿	卵砾石层、强风化到中风化基岩等
按开门数量分	单开门钻斗	可单底可双底板，进土口为一个，一般会在对面布置一防抽孔。钻进时进土口面积大，对于大块砾石易进斗，但由于单边吃土易偏	泥岩（打滑地层特别有效）、土层、砂层（防止抽吸孔不易塌）、粒径较大的卵石等
	双开门钻斗	进口为两个	一般砂土层及小直径砾石层
筒式取芯钻斗	截齿筒式钻斗	直筒设计，装配截齿，钻进效率高	中硬基岩和卵砾石
	牙轮筒式钻斗	直筒设计，装配截齿，钻进效率高	坚硬基岩和卵砾石
	抓取式筒式钻斗	直筒设计，装配截齿牙轮皆可，钻进效率高，由于有抓取机构取心成功率高	基岩和大卵砾石
冲击钻头及冲抓锥钻头		旋挖钻机使用时往往可与其他钻斗配合使用，可以使用旋挖钻机的副卷扬来完成，如果副卷扬有自动放绳功能，效果更好	卵石、漂石及坚硬基岩

图 5-13-2～图 5-13-7 为 6 种常用钻斗结构示意图。

各类短螺旋钻头的结构特点及适应地层见本章 5.7 节表 5-7-11。

3. 钻杆

对于旋挖钻机整机而言，钻杆也是一个关键部件。钻杆为伸缩式的，是实现无循环液钻进工艺必不可少的专用钻具，是旋挖钻机的典型钻进机构，它将动力头输出的动力以扭矩和加压力的方式传递给其下端的钻具，其受力状态比较复杂（承受拉压、剪切、扭转及弯曲等复合应力），直接影响成孔的施工进度和质量。

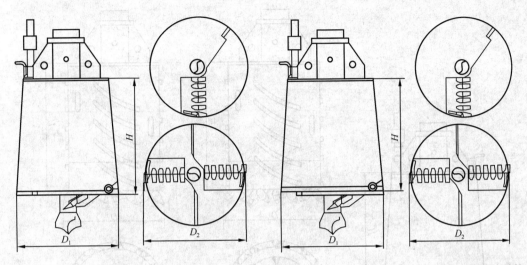

图 5-13-2 单层底板单开口、双开口旋挖钻斗结构　图 5-13-3 双层底板单开口、双开口旋挖钻斗结构

对钻杆要求：具有较高的抗扭和抗压强度及较高的刚度，足以抵抗钻孔时的进给力而保证钻孔垂直度等要求；能够抵御泥浆和水等对其酸碱性的腐蚀；重量尽可能轻，以提高钻机功效，降低使用成本。

钻杆按其截面形式可分为正方形、正多边形和圆管形。方形钻杆制造简单，但不能加压，并有应力集中点，使用寿命较短。正多边形钻杆，其强度有所提高，受力较为合理。随着成孔直径越来越大，成孔深度越来越深，扭矩越来越大，圆管形钻杆因其受力效果最好，得到普遍使用。

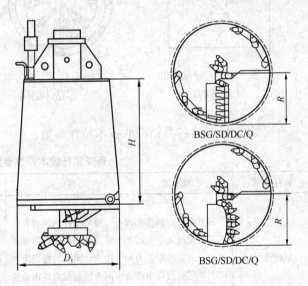

图 5-13-4 双层底板单开口镶齿钻斗结构

钻杆按钻进加压方式可分为摩阻式、机锁式、多锁式和组合式。

表 5-13-5 为钻深与配置摩阻式钻杆节数的关系表。

钻深与摩阻式钻杆配置关系　　　　　　　　　　　　　表 5-13-5

钻深（m）	摩阻式钻杆的节数
20～35	3
30～45	4
40～55	4
50～75	5
大于 75	6

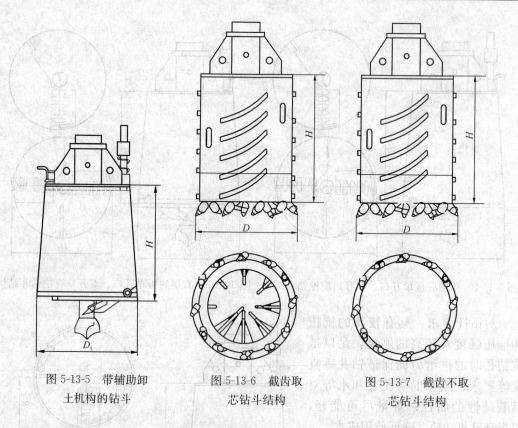

图 5-13-5　带辅助卸　　　图 5-13-6　截齿取　　　图 5-13-7　截齿不取
土机构的钻斗　　　　　　芯钻斗结构　　　　　　芯钻斗结构

表 5-13-6 为各类钻杆的技术特性参数。

各类钻杆技术特性参数　　　　　　　　　　　表 5-13-6

钻杆类型	摩阻式	机锁式	多锁式	组合式
钻杆特点	每节钻杆由钢管和焊在其表面的无台阶键条组成，向下的推进力和向上的起拔力均由键条之间的摩擦力传递	每节钻杆由钢管和焊在其表面的带台阶键条组成，向下的推进力和向上的起拔力均由台阶处的键条直接传递	每节钻杆由钢管和焊在其表面上的具有连续台阶的键条组成，形成自动内锁互扣式钻杆系统，使向下推进力和向上起拔力直接传递至钻具	由摩阻式和机锁式钻杆组成，一般采用5节钻杆，外边3节钻杆是机锁式，里边2节钻杆是摩阻式
适用地层	普通地层，如：地表覆盖土、淤泥、黏土、淤泥质粉质黏土、砂土、粉土、中小粒径卵砾石层	较硬地层，如：大粒径卵砾石层，胶结性较好的卵砾石层，永冻土，强、中风化基岩	普通地层，更适用于硬土层	适用于桩孔上部30m以内较硬地层而下部地层较软的情况
钻杆节数及钻孔深度	5节钻杆，最大深度60～65m	4节钻杆，最大深度50～55m	4～5节钻杆，最大深度60～62m	5节钻杆，最大深度60～65m

注：表中的钻杆节数及钻孔深度是以动力头输出扭矩为 200～220kN·m 左右的中型旋挖钻机的情况。

在旋挖钻机成孔施工时，要根据具体的地层土质情况选用不同的钻杆，以充分发挥摩阻式、机锁式、多锁式及组合式钻杆的各自优势，制定相应的施工工艺，配合选用相应的钻具，提高旋挖钻进的施工效率，确保钻进成孔的顺利进行。

4. 主卷扬

主卷扬是旋挖钻机的又一个关键部件。根据旋挖钻机的施工特点，在钻机每个工作循环（对孔—下钻—钻进—提钻—回转—卸土），主卷扬的结构和功能都非常重要，钻孔效率的高低、钻孔事故发生的概率、钢丝绳寿命的长短都与主卷扬有密切的关系。欧洲的旋挖钻机都有钻杆触地自停和动力头随动装置以防止乱绳和损坏钢丝绳。特别是意大利迈特公司的旋挖钻机，主卷扬的卷筒容量大，钢丝绳为单层缠绕排列，提升力恒定，钢丝绳不重叠碾压，从而减少钢丝绳之间的磨损，延长了钢丝绳的使用寿命。国外旋挖钻机主卷扬都采用柔性较好的非旋转钢丝绳，以提高其使用寿命。

5.13.3　施工工艺

1. 施工程序（图 5-13-8）

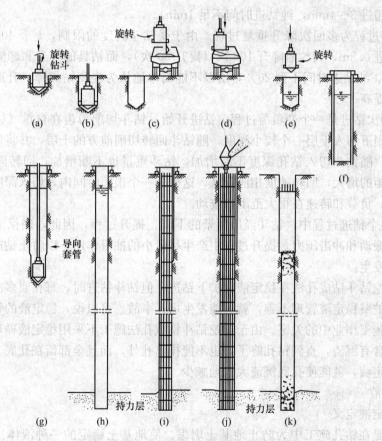

图 5-13-8　旋挖钻斗钻成孔灌注桩施工示意图

(a) 开孔；(b) 卷起钻斗，开始灌水；(c) 卸土；(d) 关闭钻斗；(e) 钻斗降下；
(f) 埋设导向护筒，灌入稳定液；(g) 钻进开始；(h) 钻进完成，第一次清渣，
测定深度和孔径；(i) 插入钢筋笼；(j) 插入导管，灌注混凝土；(k) 混凝土
灌注完成，拔出导管，拔出护筒，桩完成

① 安装旋挖钻机；②钻斗着地，旋转，开孔。以钻斗自重并加钻压作为钻进压力；③当钻斗内装满土、砂后，将之提升上来。一面注意地下水位变化情况，一面灌水；④旋转钻机，将钻斗中的土倾卸到翻斗车上；⑤关闭钻斗的活门。将钻斗转回钻进地点，并将旋转体的上部固定住；⑥降落钻斗；⑦埋置导向护筒，灌入稳定液。按现场土质的情况，借助于辅助钢丝绳，埋设一定长度的护筒。护筒直径应比桩径大100mm，以便钻斗在孔内上下升降。按土质情况，定出稳定液的配方。如果在桩长范围内的土层都是黏性土时，则不必灌水或注稳定液，可直接钻进；⑧将侧面铰刀安装在钻斗内侧，开始钻进；⑨钻孔完成后，进行孔底沉渣的第一次处理，并测定深度；⑩测定孔壁；⑪插入钢筋笼；⑫插入导管；⑬第二次处理孔底沉渣；⑭水下灌注混凝土。边灌边拔导管。混凝土全部灌注完毕后拔出导管；⑮拔出导向护筒，成桩。

2. 施工特点

（1）旋挖钻斗钻成孔工艺最大特点是：

1）钻进短回次，即回次进尺短（0.5～0.8m）及回次时间短（一般30～40m孔深的回次时间不超过3～4min，纯钻进时间不足1min）。

2）钻进过程为多回次降升重复过程。由于受钻斗高度的限制，1个40m深的钻孔，按每回次钻进0.8m，大约需降升100次（提升50次），而钻具的降升和卸渣占成孔时间的80%左右，纯钻进时间不到20%，所以不能简单地认为提高钻具降、升速度，钻进效率就会大大提高。

3）每回次钻进是一个变负荷过程。钻进开始，钻斗切削刃齿在自重（钻斗重＋部分钻杆重）作用下切入土层一个较小深度，随钻斗回转切削前方的土层，并将切削下的土块挤入钻斗内，随钻斗切入钻孔深度不断增加，钻斗重量也不断增加，回转阻力也随之增大，随阻力矩的增大，回转速度相应降低，这样在一个很短时间内，切入深度和回转阻力矩逐级增大，负载和转速在很大范围内波动。

4）在整个钻进过程中，钻斗经历频繁的下降、提升过程，因此，确保下降过程中产生尽量小的振动和冲击压力，提升过程中产生尽量小的抽吸作用，以防止钻进过程中孔壁坍塌现象的发生。

（2）旋挖钻斗钻成孔法在稳定液保护下钻进；但钻斗钻进时，每孔要多次上下往复作业，如果对护壁稳定液管理不善，就可能发生坍孔事故。可以说，稳定液的管理是旋挖钻斗钻成孔法施工作业中的关键。由于旋挖钻斗钻成孔法施工不采用稳定液循环法施工，一旦稳定液中含有沉渣，直到钻孔终了，也不能排出孔外，而且全部留在孔底。但是若能很好地使用稳定液，就能使孔底沉渣大大地减少。

3. 稳定液

（1）稳定液定义

稳定液是在钻孔施工中为防止地基土坍塌、使地基土稳定的一种液体。它以水为主体，内中溶解有以膨润土或CMC（羧甲基纤维素）为主要成分的各种原材料。

（2）稳定液作用

1）保护孔壁，以防止从开始钻进到混凝土灌注结束的整个过程中孔壁坍塌。

防止坍塌的三个必要条件：钻孔内充满稳定液；稳定液面标高比地下水位高，保持压力差；稳定液浸入孔壁形成水完全不能通过的薄而坚的泥膜。

2）能抑止地基土层中的地下水压力。

3）支撑土压力，对于有流动性的地基土层，用稳定液能抑止其流动。

4）使孔壁表面在钻完孔到开始灌注混凝土能保持较长时间的稳定。

5）稳定液渗入地基土层中，能增加地基土层的强度，可以防止地下水流入钻孔内。

6）在砂土中钻进时，稳定液可使其碎屑的沉降缓慢，清孔容易。

7）稳定液应具有与混凝土不相混合的基本特性，利用它的亲液胶体性质最后能被混凝土所代替而排出。

（3）泥浆与稳定液的区别

旋挖钻斗钻钻进所使用的稳定液与正反循环钻进所使用的泥浆有显著不同的特点，见表 5-13-7。

泥浆与稳定液的区别   表 5-13-7

钻进方式	回转钻进	旋挖钻斗钻钻进
钻进时维持孔壁稳定的浆液	泥浆或加膨润土的泥浆	把膨润土和 CMC 作为主要成分，并混合有其他原料，从使用目的是为了稳定地基的事实出发，称为稳定液，以避免与泥浆两字混淆
浆液在钻孔内的运动状态	反循环钻进中，孔内泥浆由旋转钻头将泥浆和土砂一起通过钻杆排出的，而后泥浆再返回孔内下降；正循环钻进中，泥浆从钻杆内腔下降后，经钻头的出浆口射出输入孔底，带动钻渣沿环状空间上升到孔口。回转钻进中的泥浆是循环运动的，故又称循环液或冲洗液	钻斗钻钻进使用的稳定液在孔内基本上是静态的。但局部在钻斗和钻杆的回转带动下形成环流，而当钻具在提升或下降过程中钻斗带动泥浆作局部上升或下降运动
浆液被钻渣污染的程度	钻渣的粒径与数量是以研磨方式进入泥浆的，因而钻渣对泥浆性能影响较大	钻斗钻钻进切削破土方式属于大体积切削，钻渣对稳定液性能影响较小
排渣方式	依赖泥浆的循环流动把钻渣运送到孔处，待沉淀处理后再返回孔内回收利用	排渣是通过切削机械切下的土块被挤入装载机构（圆柱形钻斗）被直接提至孔外卸渣
使用浆液的目的和用途	在钻孔过程中，孔内泥浆一面循环，一面对孔壁形成一层泥浆膜，这层泥膜将起到保护孔壁的作用	稳定液在成孔过程中的作用：支撑土压力；抑制地基土层中的地下水压力；在孔壁上造成泥膜，以抑制土层的崩坍；在砂土中成孔，可使碎屑的沉降缓慢。由于稳定液非全孔流动携带运送钻渣，因此在稳定液配制中对悬浮钻渣的能力要求很高，要求稳定液的静切力要高，结构黏度要适当
第一次清孔方法	反循环钻进方式第一次清孔仍采用反循环排渣；正循环钻进方式第一次清孔采用正循环清孔或压风机清孔	一般用沉渣处理钻斗（带挡板的钻斗）来排除沉渣；如果沉淀时间较长，则应采用水泵进行浊水循环

钻进方式	回转钻进	旋挖钻斗钻钻进
对浆液性能参数要求的重点	良好的制浆黏土的技术指标是：胶体率不低于 95%；含砂率不高于 4%；造浆能力不低于 $0.006\sim0.008\text{m}^3/\text{kg}$	钻斗钻进本身产生的钻渣较少，特点是研磨颗粒较少，只要将黏粒钻渣悬浮在稳定液中数小时不沉淀，因此对稳定液的黏度和静切力均有较高要求

注：回转钻进指正循环钻进、反循环钻进和潜水钻钻进。

(4) 配制稳定液的原材料

为了使稳定液的性能满足地层护壁和施工条件，在配制稳定液时，按稳定液的性能设计需在稳定液中加入相应的处理剂。目前用于处理和调整稳定液性能的处理剂，按其作用不同分为分散剂（又称稳定剂、降黏剂、稀释剂）、增黏（降失水）剂、降失水剂、防坍剂、加重剂、防漏剂、酸碱度调整剂及盐水泥浆处理剂。稳定液一般要用多种材料配制而成，稳定液的主要材料见表 5-13-8。

稳定液的主要材料表

表 5-13-8

材料名称	成分	主要使用目的
水	H_2O	稳定液的主体
膨润土	以蒙特土为主的黏土矿物	稳定液的主要材料
重晶石	硫酸钡	增加稳定液相对密度
CMC	羧甲基纤维素钠盐	增加黏性，防护壁剥落
腐殖酸族分解剂	硝基腐殖酸钠盐	控制稳定液变质及改善已变质的稳定液
木质素族分解剂	铬铁木质素磺胺酸钠盐（FCL）	
碱类	Na_2CO_3 及 $NaHCO_3$ 等	
渗水防止剂	废纸浆、棉子、锯末等	防止渗水

1) 膨润土

膨润土是指含蒙托石矿物为主的黏土，它是稳定液中最重要的原料，它使稳定液具有适当的黏性，能产生保护膜作用。原矿石经挖掘、加热干燥、粉碎石筛分成各种级配在市上出售。

膨润土分为钠基土、钙基土和锂基土 3 种。钠基土具有优良的分散性和膨胀性（黏性）高造浆率，低失水量及胶体性能和剪切稀释能力，但易受水泥及盐分的影响，稳定性较差；而钙基土则需要通过加入纯碱使之转化为钠基土方可使用；锂基土不用作造浆土，膨润土由其产地不同而性能不同，应以经济适用为主，易受阳离子感染时，宜选用钙土，但造浆率低。

使用膨润土时应注意以下几点：

① 即使用同一产地的膨润土也具有不同性质；不同产地的膨润土的性质相差更大。仅凭名称而不加鉴别地使用常常会导致失败。

② 在使用膨润土时，必须根据它的质量来定其浓度，否则就不能发挥其特点。

③ 必须保证稳定液中膨润土的含量在一定标准浓度以上。

膨润土溶液的浓度与相对密度的关系见表 5-13-9。

膨润土溶液的浓度与相对密度的关系

表 5-13-9

浓度（%）	4	6	7	8	9	10	11	12	13	14
相对密度	1.025	1.035	1.040	1.045	1.050	1.055	1.060	1.065	1.070	1.075

注：膨润土的相对密度按 2.3 计算。

一般用量为水的 3%～5%（黏土层）、4%～6%（粉土层）、7%～9%（细砂～粗砂层）。较差的膨润土用量大。优质膨润土造浆率在 0.01～0.015m^3/kg。

④ 虽然膨润土泥浆具有相对密度低、黏度低、含砂量少、失水量小、泥皮薄、稳定性强、固壁能力高、钻具回转阻力小、钻进效率高、造浆能力大等优点，但仍不能完全适应地层，要适量掺加外加剂。

2）CMC（羧甲基纤维素）

CMC 是把纸浆经过化学处理后制成粉末，再加水形成黏性很稠的液体。CMC 可加入到膨润土液中，也可单独作稳定液用。

多个黏土颗粒会同时吸附在 CMC 的一条分子链上，形成布满整个体系的混合网状结构，从而提高黏土颗粒的聚结稳定性，有利于保持稳定液中细颗粒的含量，形成致密的泥饼，阻止稳定液中的水向地层的漏失、降低滤失量。

CMC 具有降失水、改善造壁性泥浆胶体性质，特别是能提高悬浮钻渣的能力和泥浆滤液黏度。CMC 有高黏、中黏和低黏之分。低黏主要用于降失水（LV），高黏主要用于提黏。

CMC 为羧甲基（Carboxy Methyl）与纤维素（Cellulose）以及乙醚化合成的钠盐，是具有水溶性与电离性能的高分子物质，与水泥几乎不发生作用。

3）重晶石

重晶石的相对密度约等于 4，掺用后可使稳定液的相对密度增加，可提高地基的稳定性，加重剂除有重晶石外，还有铁砂、铜矿渣及方铅矿粉末等。

4）硝基腐殖酸钠盐

它是从褐炭中提炼出来的腐殖酸，用硝酸和氢氧化钠处理后而成的。它能改善与混凝土接触后变质的稳定液、混进了粉砂的稳定液和要重复使用的稳定液的性能。

5）木质素族分解剂

以 FCL 为代表，它能用来改善混杂有土、粉砂、混凝土以及盐分等而变质的稳定液的性能。铁铬盐 FCL 作稀释剂，在黏土颗粒的断键边缘上形成吸附水化层，从而削弱或拆散稳定液中黏土颗粒间的网状结构，致使稳定液的黏度和切力显著降低，可改善因混杂有土、砂粒、碎卵石及盐分等而变质的稳定液性能，使上述钻渣等颗粒聚集而加速沉淀，改善护壁稳定液的性能指标，既达到重复使用目的，又具有高质量性能。铁铬盐分子在孔壁黏土上吸附，有抑制其水化分散作用，有利于孔壁稳定。FCL 必须在 pH 值为 9～11 时使用才会发挥优势。

6）碱类

对稳定液进行无机处理用得最多的是电解质类火碱（又名烧碱、苛性纳、NaOH），纯碱（又名碳酸钠、苏打、Na_2CO_3），其为稳定液分散剂。

纯碱（碳酸钠）用于稳定液增黏，提高稳定液的胶体率和稳定性，减小失水量。碳酸钠除去膨润土和水中的部分钙离子，使钙质膨润土转化为钠质膨润土，从而提高土的水化分散能力，使黏土颗粒分散得更细，提高造浆率。可增加水化膜厚度，提高稳定液的胶体率和稳定性，降低失水量。有的黏土只加纯碱还不行，需要加少量烧碱。

7）渗水防止剂

常用渗水防止剂（防漏剂）有废纸浆、棉花籽残渣、碎核桃皮、珍珠岩、锯末、稻草、泥浆纤维及水泥等。

8）水

自来水是配制稳定液最好的一种水。若无自来水，只要钙离子浓度不超过 1000mg/L，钠离子浓度不超过 500mg/L，pH 值为中性的水都可用于搅拌稳定液，超过上述范围时，应在稳定液中加分散剂和使用盐的处理剂。

表 5-13-8 中的常用有机处理剂，其作用为降失水、稀释、絮凝、增稠、防坍、乳化、防卡、减卡等，主要作用为增黏、降失水。

表 5-13-8 中稳定液的主要材料视桩孔深度及地层土质情况还可有所变化或减项，在实际施工中灵活运用。

例如在北京地区施工大多数采用下面基本配合比（重量百分比计算）：

水∶膨润土粉∶纯碱∶CMC＝100∶6%～10%∶0.3%～0.5%∶0.1%～0.5%。

注：膨润土干粉用量为水重的百分数；纯碱及 CMC 加量都分别为泥浆体积的百分数（亦有按黏土量百分数确定）。

如前述的北京某工地的 18000 根旋挖钻斗钻成孔灌注桩，其稳定液由水、膨润土、CMC 和纯碱组成配合比为 100∶5.83∶0.83∶1.67。稳定液的相对密度：新鲜浆液为 1.02～1.05；回收后的浆液为 1.08～1.10。新浆制作后，经搁置 24h 待各项指标测试合格方可使用，废浆液收回入池内进行净化除砂处理。

在武汉金峰大厦工地用 R-6108 旋挖钻机进行旋挖钻斗钻成孔施工时，因上部约 12m 厚黏土层有较好的造浆能力，且自身护壁效果好，下部虽有粉砂层，但厚度仅为 4～5m，故采用边钻边加清水，自然造浆护壁，效果较好，完成近 80 根桩，未出现不良现象。因成孔速度快，泥浆补充采用泵送和自流灌入相结合的方式，较好地满足了要求。

（5）稳定液的基本测定项目（表 5-13-10）

稳定液的基本测定项目　　　　　　　　　　　　　　　　　　　表 5-13-10

测定项目	内　　容
黏度（黏性）	用漏斗黏度计测定黏度。在漏斗黏度计中放入 500cc 的稳定液试样，以稳定液全部流出的时间（s）（500/500cc）表示黏度
相对密度	测定稳定液的相对密度可使用泥浆比重计，或玻美液体相对密度计，或在容器中取出一定体积的稳定液试样，称重后按 m_s，$/V_s \rho_w$ 式求相对密度 G_s，其中 m_s、V_s 为稳定液的质量、容积，ρ_w 为水密度
过滤性	使用过滤装置求过滤水量及泥饼厚度
pH 值（氢离子浓度）	普通膨润土溶液 pH 值为中性至弱碱性（pH 值＝7～9），CMC 溶液则为中性（pH＝7）
物理稳定性	指经长时间静置，膨润土等固体成分不与水分离
化学稳定性	指稳定液与地下水中的阳离子引起化学反应而产生胶凝作用

（6）稳定液管理标准

日本基础建设协会建议的稳定液管理标准见表 5-13-11，可参考采用。

稳定液管理标准   表 5-13-11

项目	容许范围		测定结果	处理方法
	下限值	上限值		
漏斗黏度（s）	必要黏度	作液黏度的 130%	必要黏度以下	添加膨润土和 CMC 或补充新液
			上限值以上	pH 超过 12 则废弃；pH 值在 12 以下，加水或添加分散剂
相对密度	相准相对密度 ±0.005	1.2	标准相对密度以下	添加膨润土和 CMC 或补充新液
			上限值以上	如因砂混入而增加相对密度，需脱砂可添加膨润土和 CMC 或补充新液
砂率%	—	15.0	上限值以上	脱砂或废弃
过滤水量（mL）30min 0.3N/mm²	—	20.0（过滤时间 7.5min 时 10mL）	上限值以上	pH 值超过 12 则废弃
			pH 在 12 以下	添加膨润土和 CMC 补充新液
泥饼厚度（mm）	0.6	3.0（过滤时间 7.5min 时 2.4）	下限值以下	添加膨润土和 CMC 或补充新液
			上限值以上	pH 超过 12 则废弃
				pH 值在 12 以下	添加膨润土和 CMC 或补充新液
pH	8.0	10.0	下限值以下	黏度在容许范围内可以
			上限值以上	黏度在容许范围内可以

注：1. 标准相对密度指只有清水和膨润土时的相对密度，见表 15-13-9。

2. 必要黏度指被施工对象地层所必要的黏度。

3. 作液黏度指新配制的稳定液的黏度。

4. 原则上需要在稳定液中添加适量的分散剂。

5. 容许范围的值是指再使用时的测定值。

表 5-13-12 为旋挖钻斗钻成孔法为防止孔壁坍塌，所用稳定液的必要黏度参考值。

4. 施工要点

（1）护筒埋设要求

埋设护筒的挖坑一般比护筒直径大 0.6~1m，护筒四周应夯填黏土，密实度达 90% 以上，护筒底应置于稳固的黏土层中，否则应换填厚度 0.5m 的黏土分层夯实。护筒顶标高高出地下水位和施工最高水位 1.5~2.0m，地下水位很低的钻孔，护筒顶亦应高出地面

0.2～0.3m，护筒底应低于施工最低水位 0.1～0.3m。

旋挖钻斗钻成孔法稳定液必要黏度参考值　　　　　　表 5-13-12

土质	必要黏度（s） （500/500cc）	土质	必要黏度（s） （500/500cc）
砂质淤泥	20～23	砂（N≥20）	23～25
砂（N<10）	>45	混杂黏土的砂砾	25～35
砂（10≤N<20）	25～45	砂砾	>45

注：1. 以下情况，必要黏度的取值要大于表中值：（1）砂层连续存在时；（2）地层中地下水较多时；（3）桩的直径较大时（桩径在 1300mm 以上）。

2. 当砂中混杂有黏性土时，必要黏度的限值可小于表中值。

（2）稳定液

在旋挖钻斗钻成孔法施工中，几乎大部分均使用稳定液，故设计人员或发包者在工程设计文件中应对稳定液的有关规定予以说明，使施工人员能据以精心施工。

（3）旋挖钻机的管理

旋挖钻机是集机、电、液一体化的现代设备，若管理不善，轻则导致零部件过早磨损，重则不能正常运转造成重大经济损失。因此，加强设备管理极其重要，要处理好设备的使用、维修、保养三者的关系，使"保"与"修"制度化，保证设备的完好率。

（4）旋挖钻进工艺参数控制

1）钻压的确定：钻进时施加给钻头的轴向压力成为钻压，它与孔底工作面垂直。合理研究钻压，要根据岩土的工程力学性质、钻斗的直径和类型、刀具的种类和磨钝程度、钻具和钻机的负荷能力予以综合考虑，而且还要考虑与其他钻进参数的合理配合（如转数等）。

全断面钻斗钻进的钻压可按表 5-13-13 参考使用。

钻压选取参考表　　　　　　表 15-13-13

岩土类别	岩土单轴抗压 强度（MPa）	孔径（m）				
		0.6	0.8	1.0	1.2	1.5
		钻压（kN）				
砂层、砂土层	[N]=30～70	3～11	4～15	5～19	6～23	30～42
黏性土		11～26	15～35	19～43	23～52	
含砾黏土、强风化泥岩、泥灰页岩	[N]<5	26～33	35～44	43～55	52～65	59～72

2）钻进转数的确定：钻进转数用转/分钟（r/min）为单位，它主要受钻斗外缘线速度限度。在选择钻斗转数时，应根据地层情况、钻斗的钻进速度、刀具的磨损、钻进阻力大小、钻具和设备能力诸因素综合予以确定。钻斗转数可按表 5-13-14 参考使用。

3）钻进速度的预估：钻进速度是指钻斗在单位时间内钻进的深度，一般以 m/h 为单位。式（5-13-1）为日本土木研究所和日立建机公司的钻进速度估算式，可参考使用。

$$v = 1.44 \cdot \frac{P_d \cdot n}{\sigma_c} \cdot \eta \quad (\text{m/h}) \tag{5-13-1}$$

式中　v——钻进速度（m/h）;

$\quad P_d$——每厘米钻斗直径的钻压（kN/cm）;

$\quad n$——钻斗转数（r/min）;

$\quad \sigma_c$——岩土单轴抗压强度（MPa）;

$\quad \eta$——钻进效率系数，常取 0.4～0.7。

钻斗转数选取参考表　　　　　　表 5-13-14

岩土层	线速度 （m/s）	钻斗直径（m）					
		0.6	0.8	1.0	1.2	1.5	2.0
		钻斗转数（r/min）					
稳定性好的土层	1.5～3.5	48～11	36～84	29～67	24～56	19～45	14～33
稳定性较差的土层	0.7～1.5	22～48	17～36	13～29	11～24	9～19	7～14
极不稳定的 砂层、漂卵石层	0.5～0.7	16～22	12～17	10～13	8～11	6～9	5～7
软质岩 （σ_c＜30MPa）	1.7～2.0	54～64	41～48	32～38	27～32	22～25	6～19

（5-13-1）式表明，根据不同地质条件，合理调整钻进参数（钻压和钻斗转数），可获得合理的钻进速度。例如在孔壁比较稳定的地层如黏土层钻进时，可适当提高钻斗转数，以提高钻进速度，而在不稳定的砂土层和碎石土层中钻进时，则宜适当减慢钻斗转数，防止孔壁扩大。另外，钻进速度 v 与钻压和钻斗转数的乘积成正比。对中硬和软土层可以采取增大钻压、降低钻斗转数的方法来提高钻进速度，降低功率消耗；而对于硬土层若钻进困难，则不能盲目加压，此时宜适当提高钻压同时增加转速以获得一定的钻进速度。

4）回次进尺长度的确定：回次进尺指钻斗钻进一定深度后提升钻斗时的进尺，一个回次的长度主要取决于钻斗筒柱体的高度，其次是孔底沉渣量的多少。一般说，若钻斗高1m，则回次进尺最大不超过 0.8m。

5）钻具下降提升速度的控制：下放钻斗时，由于钻斗下行运动所产生的压力增加称为激动压力。稳定液在高速下降的钻斗挤压下，将钻具下降的动能传给孔底和孔壁，使它们承受很高的动压力，下钻速度愈快，所产生的激动压力就愈高。当钻斗下降速度过快时，稳定液被钻斗沿环状间隙高速挤出而冲刷孔壁，引起孔壁的破坏。

钻斗既是钻进切削土岩的钻头，又是容纳钻渣的容器，提升过程钻斗相当于活塞杆在活塞缸内的运动，即从孔内提升钻斗时，由于钻斗上行运动导致钻斗底部压力减少，产生抽吸压力。如果提升速度过快，钻斗与孔壁间隙小，下行的稳定液来不及补充钻斗下部的空腔而产生负压；速度愈快，负压愈高，抽吸作用愈强，对孔壁稳定性影响愈大，甚至导致孔壁坍塌。

综上所述，应按孔径的大小及土质情况来调整钻斗的升降速度，见表 5-13-15。

空钻斗升降时，因稳定液会流入钻斗内部，所以不会导致孔壁坍塌。空钻斗升降速度见表 5-13-16。

钻斗升降速度 表 5-13-15

桩径（mm）	升降速度（m/s）
700	0.973
1200	0.748
1300	0.628
1500	0.575

注：1. 本表适用于砂土和黏性土互层的情况。

  2. 在以砂土为主的土层中钻进时，其钻斗升降速度要比在以黏性土为主的土层中钻进时慢。

  3. 随深度增加，对钻斗的升降要慎重，但升降速度不必要变化太大。

空钻斗升降速度 表 5-13-16

桩径（mm）	升降速度（m/s）
700	1.210
1200	0.830
1300	0.830
1500	0.830

6）钻孔稳定液面高度的控制：回次结束将钻具提出稳定液面的瞬间，钻孔内稳定液面迅速下降。下降深度与钻斗高度大致相同（钻斗容器占有的空间）。此时，钻孔液柱的平衡改变了，若不能及时回灌补充稳定液，则可能导致不稳定地层垮孔。因此补充稳定液工序是钻进提升过程中不可忽视的工作。

（5）在桩端持力层中的钻进

在桩端持力层中钻进时，需考虑由于钻斗的吸引现象使桩端持力层松弛，因此上提钻斗时应缓慢。如果桩端持力层倾斜时，为防止钻斗倾斜，应稍加压钻进。

（6）稳定液的配合比

1）按地基土的状况、钻机和工程条件来定：一般 8kg 膨润土可掺以 100L 的水。对于黏性土层，膨润土含量可降低至 3％～5％。由于情况各异，对稳定液的性质不能一概而定，表 5-13-17 列出可供参考的指标。

工程上所用稳定液的性质 表 5-13-17

项目	膨润土的最低浓度	稳定液的最小黏度 （500/500mL）	过滤水的限度 （0.3N/mm²）每 30min	pH 指数最高限度
指标	8％	25s	20mL	11.0

注：1. 按膨润土的种类不同，有 8％、10％和 12％等。当使用 CMC 时，这个浓度可降低到 4％～0％。

  2. 稳定液最小黏度一般要求为 25s，若由于地质上或施工方法上的特殊情况（例如地下水很丰富时），可以用 35s 或 40s 等。

  3. 过滤水的限度工程要求高精度时用 20mL，普遍情况为 30mL 或以上。

  4. 在以膨润土作为主体的稳定液，pH 指数最高限度可用 11.0。如果使用适当的分解剂（例如硝基腐殖酸钠盐等）时，pH 值数最高限度可以用 11.5 左右。

2）稳定液性能参数选择：表 5-13-18 为稳定液性能参数选择参考表。

稳定液性能参数选择参考表 表 5-13-18

地层 \ 泥浆参数	密度 (g/cm³)	黏度 (s)	失水量 (mL/30min)	含砂量 (%)	胶体率 (%)	泥皮厚 (mm)	pH	注
非含水层黏土、粉质黏土	1.03～1.08	15～16	<3	<4	≮90～95			清水原土造浆
流砂层	1.1～1.25	18.5～27	5～7	≤2		0.5～0.8	8	
粉、细、中砂层	1.08～1.1	16～17	<20	4～8	≮90～95			
粗砂砾石层	1.1～1.2	17～18	<15	4～8	≮90～95			
卵石、漂石层	1.15～1.2	18～28	>15	<4	≮90～95			
承压水流含水层	1.3～1.7	>25	<15	<4	≮90～95			
遇水膨胀岩层	1.1～1.15	20～22	<10	<4				
坍塌掉块岩层	1.15～1.3	22～28	<15	<4	≮97		8～9	加重晶石粉

注：水的黏度为 15s。

3）稳定液处理剂配方：表 5-13-19 为稳定液处理剂配方表。

稳定液处理剂配方参考表 表 5-13-19

稳定液类型		处理剂类型与加量（ppm）				黏度 (s)	密度 (g/cm³)	失水量 (ml/30min)
		纤维素 (CMC)	聚丙烯酰胺 PHP	腐殖酸钾 KHM	氯化钾 KCl			
防漏稳定液	1	500～1000				>21	<1.05	<12
	2		100					
防坍稳定液	1		500～1000	200				<7
	2				200～300			
堵漏稳定液	每 1m³ 黏度为 50s 的泥浆加入 50kg 水泥，15kg 水玻璃和适当锯末，黏度大，凝固快，有一定固结强度							

注：1000ppm＝1kg/m³。

（7）钻进成孔工艺

钻进成孔工艺是需要考虑多种因素的复杂的系统工程，多种因素指地层土质、水文地质、合适的钻斗选用（表 5-13-5）、合适的钻杆类型选用（表 5-13-7）、稳定液主要材料的选用（表 5-13-9）、稳定液性能参数的选择（表 5-13-19）、钻进工艺参数（钻压、钻进转数、钻进速度、回次进尺长度及钻具下降与提升速度等）。

1）在老沉积土层和新近沉积土层中钻进要点：老沉积土指晚更新世 Q₃ 及其以前沉积的土，新近沉积土指第四纪全新世中近期沉积的土。在老、新沉积土层中可选用摩阻式钻杆和回转钻斗钻进。

① 粉质黏土、黏土层在干性状态下胶结性都比较好，在干孔钻进下可用单层底板土层钻斗钻进，也可以用双层底板捞砂钻斗和土层螺旋钻头钻进。若在湿孔钻进条件下，因土遇水的胶结性能变差，一般用双层底板捞砂钻斗钻进以便于捞取钻渣。

② 在淤泥质地层中钻进，需解决好吸钻、塌孔、超方和卸渣困难等问题，为此需从改善稳定液性能、改进钻斗结构以及优化操作方式三方面着手。具体而言，在淤泥层施工，对于中大直径的桩孔，宜选用双层底板捞砂钻斗；对于直径小的孔，可采用单开门双层底板捞砂钻斗；对于钻进具有一定黏性的淤泥质土也可选择体开式钻斗或者带有流水孔的直螺旋钻头。但是不论选择何种钻具在淤泥层施工，都应该尽量增加或加大钻斗（钻头）的流水孔，以防止钻进过程中由于钻斗（钻头）上、下液面不流通而导致钻底负压过大，形成吸钻。优化操作方式，遵循"三降"（降低钻斗下降速度、降低钻斗旋转速度、降低钻斗提升速度）和"三减"（减少单斗进尺、减少钻压、减少合斗门时的旋转速度和圈数）的原则。

③ 在含水厚细砂层中钻进，宜采取以下措施：

a. 宜选择锥形钻斗，适当减小斗底直径，略微增加外侧保径条的厚度，最大限度降低钻斗提升和下放过程对侧壁的扰动。钻斗流水口设置在靠近筒壁顶部位置，以尽量减小筒内砂土在提升钻具过程中的流失。

b. 单次钻进进尺要控制在斗内土在流水口以下的水平，以避免进入斗内的砂土自流水口进入稳定液中。钻进完成后，关闭斗门的尽量减少扰动孔底土，以减少孔底渣土悬浮量。提升过程中，在易塌方地层对应的高程要适当降低提升速率，以减少侧壁流水冲刷造成砂土进入稳定液中。

c. 初始配置稳定液时就应根据地层特点控制好稳定液的密度及黏度等指标，采用加重稳定液或增黏（稠）稳定液，此外采取一些综合措施，以避免孔壁坍塌和预防埋钻事故。增黏稳定液的性能指标如表 5-13-20 所示。

增黏稳定液的性能指标   表 5-13-20

黏度	相对密度	失水量	静切力	含砂率	胶体率	pH
25～30s	0.9～1.05	≤10mL/30min	10mg/cm^2	<4%	>97%	8～9

④ 在卵砾石地层中钻进的关键一是护壁，二是选用合适的钻斗。

常用的保护孔壁的方法：

护筒护壁。具体的操作方法是随着钻斗钻进同时，压入护筒，当护筒压入困难时，可以使用短螺旋钻头捞取护筒下脚的卵（碎）石块，清除障碍物后，再向下压入护筒。如此循环往复，使用护筒护壁直到穿过整个卵（碎）石层。

黏土（干水泥）＋泥浆护壁。当钻进卵（碎）石层时，可先向孔内抛入黏土，然后使用钻斗缓慢旋转，将黏土挤入卵（碎）石缝隙，形成稳定的孔壁并防止稳定液的漏失，再配合稳定液的运用，来保障卵（碎）石层钻进过程中孔壁的稳定和稳定液位的平衡。另一种相似的方法是使用干水泥配合黏土使用。当钻进卵（碎）石层时，把干水泥装成体积适当的小袋和黏土一起抛入孔底，再使用钻斗旋转，将黏土块和干水泥一起挤入卵（碎）石缝隙，静置一段时间后，可形成稳固的孔壁，干水泥的作用，是增强黏土的附着力。

高黏度稳定液护壁。稳定液主要性能参数为：黏度 30～50s；相对密度 1.2～1.3。在稳定液中加入水解聚丙烯酰胺（PHP）溶液，即具有高黏度护壁性能。

旋挖钻进较大粒径卵石或卵砾石层、配合机锁式钻杆选用筒式环形取芯钻斗或将钻斗切削齿的切削角加大到 60°~65°。使较大粒径卵石被挤入装载机构的筒体内，同时有利于钻进疏松胶结的砂砾。在卵砾石层钻进中，转速不能过大，轴向压力也不宜过大。

钻进中遇到卵（碎）石等地下障碍物，采用轻压慢转上下活动切削钻碎障碍物。若钻进无效，可以通过正反交替转动的方式，当正转遇到较大阻力时，立即反转，然后再次正转，如此循环反复。采用专有的钻具（如短螺旋钻头、嵌岩筒钻、双层嵌岩筒钻）处理后钻进。对于卵（碎）石含量大的地层可使用短钻筒，配置黏土加泥浆护壁，控制钻速；若卵（碎）石层胶结程度密实，为了易于钻进，可先用筒式钻斗成孔（筒体直径小于孔径 150~100mm），即分级钻进，然后再加大块扫孔达到设计孔径要求。若条件具备，也可直接用有加大压力快速的筒式钻斗一次成孔。若用筒式钻斗直接开孔，初钻时应轻压慢钻，防止孔斜。

在双层嵌岩筒钻的设计中，层间隙的大小应该与卵（碎）石的粒径相对应。一般情况下，间隙约等于 1.5 倍的卵（碎）石粒径。

⑤ 在高黏泥含量的黏土层中钻进，因该土层塑性大，造浆能力强，易出现糊钻、缩径，且进入钻斗内的钻渣由于黏滞力很强，卸渣非常困难，钻进效率往往受卸渣和糊钻影响极大。解决办法：a. 利用钻孔黏土自造浆的方法向孔内灌注清水。b. 在钻进工艺上，采用低扭矩高转速进行钻进且放慢给进速度和降低给进压力。c. 严格限制回次进尺长度不超过钻斗高度的 80%，以避免黏土在装载筒内挤压密实。d. 对钻斗结构进行适当的改进，对钻齿切削角调整不大于 45°，在钻筒外每隔 120°对母线夹角为 60°焊接 ϕ15 圆钢，反时针方向布置 4~6 根，钻筒内立焊 ϕ15 圆钢，每隔 90°焊 1 根，或在钻斗内装压盘卸渣。

⑥ 在钻孔漏失层钻进，漏失产生的原因是钻进所遇地层大多是冲积、洪积不含水砂层、卵砾及卵石层、由于胶结不良，填充架空疏松，渗透性强。根据漏失程度采取相应对策：

a. 漏失不严重时。选用低密度稳定液是预防漏失的有效方法。降低密度的方法有：采用优质膨润土；用水解度 30% 的聚丙烯酰胺进行选择性絮凝以清除稳定液中的劣质土及钻渣；加入某些低浓度处理剂如煤碱剂、钠羧甲基纤维素。b. 漏失严重时。遇卵砾石层钻进绝大部分事故发生在孔壁保护方面，具体堵漏方法有：黏泥护壁，即边钻进边造壁堵漏的方法保护孔壁，每回次钻进结束后向孔内投入黏土（或黄土）的回填高度不得低于回次钻进深度，此后经回转挤压，使黏土（或黄土）挤塞于卵砾石缝隙之中，一段一段形成人工孔壁，既护壁又堵漏；高黏度稳定液护壁，即采用高固相含量、高黏度、相对密度在 1.2 左右、黏度为 30~50s、失水量 8~10mL/30min 的稳定液。

⑦ 在遇水膨胀的泥土层钻进，钻进时常常出现缩径或黏土水化膨胀而出现坍塌。钻孔缩径造成钻具升降困难，严重时导致卡钻。处理原则：a. 向稳定液中加有机处理剂（降失水剂有纤维素、煤碱剂、铁铬盐、聚丙烯腈等），以降低稳定液失水量；b. 在钻斗圆筒外均匀分布 4 道螺纹钢筋，长 600mm，直径 ϕ15~ϕ18mm，与母线按顺时针方向呈 60°倾角焊牢，在钻斗回转过程中扩大缩径部分直径以防卡钻。

⑧ 遇钻孔涌水的地层钻进，涌水地层是指在有地下水通道的高压含水层中旋挖成孔时，承压水会大量涌向钻孔内，使原有稳定液性能被破坏（遇水稀释），使稳定液的护壁作用和静水压支撑作用降低，不能平衡地层侧压力，造成孔壁坍塌。对付这类地层的办法

是配制加重稳定液，边造孔边加入重晶石粉，使新液性能达到黏度大于 30s，相对密度大于 1.3，失水量小于 15mL/30min，pH＝8～9，胶体率不小于 97％，静切力 30～50mg/cm²。

⑨ 遇铁质胶结（或钙质胶结）硬板砂层钻进，"铁板砂"主要特征是细砂被胶结后，有一定抗压强度，在该地层中钻进可采取如下措施：a. 改变钻斗切削角，把钻斗刀座角度加大到 50°～60°在钻进时使钻齿有足够大的轴向压力来克服"铁板砂"的胶结强度，就能在较大的钻压下钻进"铁板砂"。b. 调整钻进工艺，采用较高的轴向压力、较低的回转速度，避免钻齿在高的线速度下与"铁板砂"磨削磨损，提高钻进效率。

2）在泥岩地层中钻进要点：泥岩是泥质岩类的一种，是由粒度小于 0.005mm 的陆源碎屑和岩土矿物组成的岩石，属软岩类。泥岩的成分很复杂，主要是高岭石、伊利石、蒙脱石、绿泥石和混层黏土矿物等。常见或主要的泥岩都呈较稳定的层状，常与砂岩、粉砂岩共生或互层。由于泥岩的特殊的物理力学性质，在旋挖钻机作业时，若要充分提高钻进效率，则往往需要解决钻进过程中出现的钻具打滑、吸钻、糊钻等不良工况。提高钻进效率的措施一般从三个方面着手：调整钻机的操作方式（采用压入回转、高速切削的操作方式来破碎钻进）；选用合适的钻具（机锁式钻杆和单开门截齿钻斗）；优化钻齿的布置（将齿角由 45°改大为 53°）。

(8) 清孔工艺

1）第一次孔底处理：旋挖钻斗钻工法采用无循环稳定液钻进，钻渣不能通过稳定液的循环携带到地面沉降下来（即所谓的连续排渣），而是通过钻斗提升到地面卸渣，称之为间断排渣。产生孔底沉渣的原因：钻斗斗齿是疏排列，齿间土渣漏失不可避免；土渣在斗齿与钻斗底盖之间残留；底盖关闭不严；钻斗回次进尺过大，装载过满，土渣从顶盖排水孔挤出；在泥砂、流塑性地层钻进时，进入钻斗内的钻渣在提升过程中流失严重，有时甚至全部流失于钻孔内；钻斗外缘边刃切削的土体残留于孔底外缘。

第一次孔底处理在钢筋笼插入孔内前进行。一般用沉渣处理钻斗（带挡板的钻斗）来排除沉渣；如果沉淀时间较长，则应采用水泵进行浊水循环。

2）第二次孔底处理：在混凝土灌注前进行，通常采用泵升法，即利用灌注导管，在其顶部接上专用接头，然后用抽水泵进行反循环排渣。

5. 施工注意事项

(1) 稳定液设计和使用重点

对厚黏土层、粉土层和砂层，稳定液设计和使用中要注意以下重点：

1）降失水护壁，抑制黏土层水化膨胀，防止缩径；抑制粉土、砂砾层孔壁剥落；

2）较低黏度，防絮凝，加速稳定液中漂浮的土颗粒、细砂沉淀；

3）选择合适稳定液密度，平衡孔隙水压力和构造压力，巩固孔壁，防止软弱层、松散层坍塌；

4）随进尺同步孔底补充稳定液，保持新挖孔壁及时形成低渗透率优质泥皮，及时净化改善孔底段稳定液；

5）灌注混凝土后，孔内排出稳定液调配再利用。

(2) 稳定液是静态浆液，对其性能参数主要侧重于密度、黏度、切力和失水量，而对其他参数不作严格要求。由于旋挖钻斗钻工法中采用静态稳定液悬浮钻渣至关重要，因此对静切力和黏度要求高,这是因为稳定液静置后悬浮钻渣的能力大小取决于静切力。但这两个参数值又不宜过大,因钻斗与孔壁环状间隙小,升降过程易造成起下钻的激动压力,产生抽吸作用,导致垮孔、涌水、漏失等孔内事故。

(3) 对于高分子有机处理剂如 CMC、PHP 等,这类材料难溶于水(特别是当分子量大、水温低时),在使用时要先将这类处理剂配成低浓度(1%~3%)的溶液后再加到稳定液中。若直接加入容易形成不溶泥团状物体,起不到调节稳定液性能的作用。

(4) 稳定液原浆最好使用前 24h 时配制,使膨润土充分钠化、水化溶胀,稳定液充分陈化。

(5) 稳定液性能调节应贯穿于旋挖施工全过程。在钻进开始时要调节;钻进过程中稳定液性能产生的变化如盐侵、钙侵、砂侵、黏土侵等,也需要对它进行调节;当遇到特殊情况如漏失、坍塌、涌水时,还需要调节稳定液性能或专门处理。稳定液性能调节内容包括降低失水量,控制稳定液稠化,增加或降低黏度、切力,提高或降低稳定液密度,增加或降低 pH。

(6) 勤检测孔底、中、顶部稳定液的 pH 值、密度、黏度、含砂率、漏失量,对比灌注混凝土前的指标要求,掌握稳定液降失水和净化作用程度,以决定增减外加剂用量,优化稳定液配方,或针对地质情况局部调整达到降失水和净化作用。

(7) 稳定液 pH 的调节。pH 可作为判断稳定液质量好坏、进行稳定液化学处理的重要依据。为使稳定液悬浮体更加稳定,一般稳定液 pH 控制在 8~10 之间(弱碱性范围内,因在碱性介质中带负电)。由于在钻进过程中各种外界污染,使 pH 发生变化(如盐侵时 pH 下降,水泥浸时 pH 上升),需要进行调节。

pH 调节方法:在稳定液中加入酸、碱、盐(纯碱)均可调节 pH,常用火碱、纯碱剂,或处理有机物的碱液来处理稳定液可以同时起到调节稳定液 pH 的作用。

(8) 为防止钻斗内的土砂掉落到孔内而使稳定液性质变坏或沉淀到孔底,斗底活门在钻进过程中应保持关闭状态。

(9) 为确保稳定液的质量,需用不纯物含量少的水,当不得已用非自来水时,需事先对水质进行检查。

(10) 稳定液回收。旋挖钻斗钻成孔用的稳定液为静态浆液,钻进时使用大切削刃切削且边切削土体边将其装载进钻斗的装载机构内,钻渣混入稳定液内的可能性相对其他施工方法要少,除了流砂层外,只要将钻孔孔口保护好,灌注混凝土后被混凝土置换出的稳定液 70%~80%可以回收经沉淀后利用。这种重复利用的稳定液采取重力沉降处理,为此需配置稳定液储存罐或储存池。为将从钻孔中排出的稳定液送到储存罐(池)中,需准备抽水泵。为处理用来洗净机械器具的废水,需设置边沟和沉淀池。废稳定液需用罐车送到中间处理场进行处理,不得在施工现场就地排放。

(11) 为防止孔壁坍塌,应确保孔内水位高出地下水位 2m 以上。

(12) 旋挖钻机是比较现代化的工程施工设备,它集机、电、液一体化,具有先进的电子控制系统、高可靠性的液压系统、高效的工作装置,所有这些,只要操作手能熟练掌握并按厂家规定操作,主机系统的机械事故是可以避免的。

6. 施工管理检查表

表 5-13-21 列出了旋挖钻斗钻成孔灌注桩施工全过程中所需的检查项目。

旋挖钻斗钻成孔灌注桩施工管理检查表　　　　　　表 5-13-21

检 查 要 点	检 查 要 点
1. 施工准备 （1）施工地层土质情况的把握 （2）地下障碍物排除的确认 （3）作业地层和作业性的确认 （4）与基准点的关系 （5）与设计书内容的一致 2. 钻机的选择 　机型和钻头的选择 3. 钻机的安装 （1）桩位的确认 （2）钻机水平位置和水平度的确认 （3）钻杆垂直度的确认 4. 桩孔表层部钻进 （1）钻杆垂直度再确认 （2）开始的钻进速度的确定 （3）桩孔位置的再确认 5. 稳定液 （1）稳定液设备的选定 （a）膨润土搅拌机 （b）稳定液储存罐 （2）液体状的确认 （a）所要求的性质 （b）配合比	（c）分散解胶剂 （d）腐殖酸类减水剂 （e）管理标准 （f）稳定液试验 （3）水头差的确保 6. 表层护筒的安设 （1）护筒尺寸的确认 （2）安设时护筒垂直度的确认 （3）护筒水平位置的确认 7. 钻进 （1）孔内水 （2）土质 （3）深度 （4）垂直度 （5）防止坍塌 8. 桩端持力层 （1）桩端持力层的土质和深度 （2）进入桩端持力层的深度 （3）桩端持力层的钻进 9. 孔底处理 （1）第 1 次孔底处理 （2）第 2 次孔底处理

注：10. 钢筋笼制作；11. 钢筋笼安放；12. 混凝土灌注的准备工作；13. 混凝土质量；14. 混凝土灌注；15. 回填；16. 施工精度等与反循环钻成孔灌注桩施工管理检查表（表 5-10-7）中内容相同，此处不再重复。

5.14　钻孔扩底灌注桩

5.14.1　分类

钻孔扩底灌注桩是先将等直径钻孔方法形成的桩孔钻进到预定的深度，然后换上扩孔钻头，撑开钻头的扩孔刀刃使之旋转切削地层扩大孔底，成孔后放入钢筋笼，灌注混凝土形成扩底桩。

20 世纪 70 年代末，北京市桩基研究小组在 6 个场地进行了 27 根普通直径钻扩桩与相应的 12 根直孔桩的静载试验。结果表明，钻扩桩是一种较好的桩型，与直孔桩相比，有显著的技术经济优势，其极限荷载为相应直孔桩的 1.7～7.0 倍，单方极限荷载为相应直孔桩的 1.4～3.0 倍，其单方极限荷载接近于打入式预制桩。

我国从 20 世纪 80 年代中期起先后研制开发出与干作业短螺旋成孔配套的 1000/2600 大直径扩孔钻头；泥浆护壁法的带可扩张切削工具的钻头、468-A 型扩底钻头；MRR、MRS、YKD 扩底钻头；AM 旋挖钻斗钻扩底钻头及伞形扩底钻头等 20 余种钻头。

1. 优缺点

(1) 优点

1) 振动小，噪声低；

2) 当桩身直径相同时，钻扩桩比直孔桩能大大提高单桩承载力，其单方承载力与打入式预制桩相当；

3) 在保证单桩承载力相同时，钻扩桩比直孔桩能减小桩径或缩短桩长，从而可减少钻孔工作量，避免穿过某些复杂地层，节省时间和材料；

4) 当基础总承载力一定时，采用钻扩桩可减少桩的数量，节省投资；在泥浆护壁的情况下，可减少排土量，减少污染；

5) 桩身直径缩小和桩数减少可缩小承台面积；

6) 大直径钻扩桩可适应高层建筑一柱一桩的要求。

(2) 缺点

1) 桩端有时留有虚土；

2) 水下作业钻扩孔法需处理废泥水。

2. 分类

按有无地下水，钻孔扩底法可分为干作业钻扩孔和水下作业钻扩孔。

按桩身成孔方法不同，钻孔扩底法可分为泵吸反循环钻孔扩底、气举反循环钻成孔扩底、正循环钻成孔扩底、潜水钻成孔扩底、旋挖钻斗钻成孔扩底、全套管成孔扩底和螺旋钻成孔扩底等。

钻扩桩有显著的技术经济效果，又因建筑基础建设业界的激烈竞争（尤其在国外）的结果，形成钻扩桩工法及机种的多样性。我国钻扩桩种类已有 20 种以上。

5.14.2　干作业钻孔扩底桩

1. 适用范围

干作业螺旋钻孔扩底桩适用于地下水位以上的填土层、黏性土层、粉土层、砂土层和粒径不大的砾砂层，其扩底部宜设置于较硬实的黏土层、粉土层、砂土层和砾砂层。

在选择此类钻扩桩的扩底部持力层时，需考虑以下四点：

(1) 在有效桩长范围内，没有地下水或上层滞水。

(2) 在钻深范围内的土层应不塌落、不缩颈，孔壁应当保持直立。

(3) 扩底部与桩根底部应置于中密以上的黏性土、粉土或砂土层上。

(4) 持力层应有一定的厚度，且水平方向分布均匀。

人工挖孔扩孔灌注桩的有关部分见 5.9 节。

2. 小直径扩孔机和扩孔器

QKJ-120 型汽车式扩孔机由北京市建筑工程研究院研制开发（图 5-14-1），其主要技术参数见表 5-14-1。

该机特点：采用 CA141 二类汽车底盘；采用自重小、操作灵活的蛙式支腿，可单独操作调整水平；工作平台前后左右均可调整，动力为液压油缸，可保证扩孔施工时就位准确迅速；钻杆部分采用先进的摩擦加压技术和伸缩式钻杆；采用超越式离合器，正转扩孔，反转清土。

钻孔		扩孔		钻杆					对桩孔范围		车速 (km/h) (最大)	重量 (kg)
孔径 (mm)	孔深 (m)	孔径 (mm)	孔深 (m)	转速（r/min）		扭矩 (kN·m)	加压力 (kN)	拔钻力 (kN)	前后 (mm)	左右 (°)		
				切削	甩土							
400	7.0	800～ 1200	70	18.7	64.0	3.26	60	40	480	±30	45	8560

QKJ-120 型汽车式扩孔机的主要技术参数 表 5-14-1

注：孔深视需要还可加深。

该机扩孔装置的构造示意见图 5-14-2，它由扩孔刀和贮土筒两部分组成。扩孔刀末端焊接刮土板，它的作用：一是将扩孔过程中切削下来的土块钻屑拨入贮土筒内（每次取土量约 0.1m³）；二是在扩孔结束时将扩大体空腔底部的虚土清除干净。

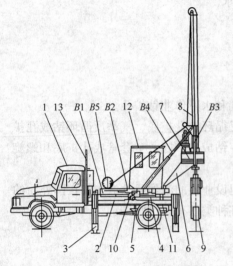

图 5-14-1　QKJ-120 型汽车式扩孔机

1—驾驶室；2—副车架；3—支腿；4—回转台；
5—水平台；6—支承臂；7—动力箱；8—钻架；
9—扩孔头；10—水平滑块；11—回转轮；
12—操作室；13—支架
B1—水平油缸；B2—回转油缸；
B3—加压油缸；B4—支撑油缸；
B5—卷扬机

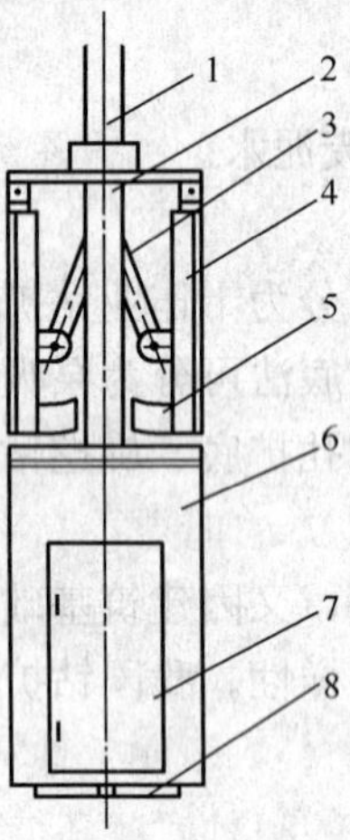

图 5-14-2　QKJ-120
扩孔装置

1—活动头；2—支架；
3—连杆；4—扩孔刀；
5—刮土板；6—贮土筒；
7—出土门；8—清土刀

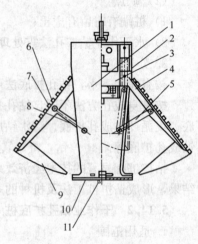

图 5-14-3　1000/2600 扩孔钻头

1—钻筒；2—上销轴；3—滑块；
4—刀杆；5—支撑架；6—中销轴；
7—刀齿；8—下销轴；9—推土板；
10—底门；11—清底刀片

3. 大直径扩孔器

（1）1000/2600 扩孔钻头

1988 年原北京城建道桥公司为引进的意大利 CM-35R 液压履带式短螺旋大直径钻孔机配套使用，设计出了 1000/2600 扩孔钻头，其结构示意见图 5-14-3。该扩孔钻头由扩孔刀杆、推土板、支撑架、钻筒滑块、对开斗门和斗门开关弹簧压杆机构组成，钻头外径 900mm，最大扩孔直径为 2600mm，每次取土量为 0.25～0.30m³，最大钻深为 28m。一个扩孔所需时间为 20～25min。

1）工作程序

① 将钻机钻杆与扩孔钻头滑块 3 用销轴连接。

② 提升钻杆，扩孔钻头滑块 3 上移到上止点，铰接刀杆 4 及支撑架 5 收入筒内。

③ 将扩孔钻头插到已钻成的桩孔底部，由于钻杆和刀杆 4 的自重以及钻杆加压机构的压力，迫使滑块 3 和刀杆 4 的铰接点下移，以支撑架 5 下端点为支撑点，支撑架上支点向外撑出刀杆。

④ 转动钻杆，刀杆 4 一面回转一面张开，刀杆 4 上的切削刀齿 7 切削孔壁土，将直孔底部扩成锥形孔，被切削下来的土由刀杆 4 下部的推土板 9 推入钻筒 1 内。

⑤ 钻筒 1 装满土后，提升钻杆，滑块 3 上移，刀杆 4 及支撑架 5 收入钻筒 1 内。

⑥ 钻头出孔后，回转一个角度，继续提升，钻头上部的弹簧压杆顶到钻杆回转箱底盘时，钻筒底门 10 张开排土。

⑦ 钻头下落时，由于弹簧作用，底门自动关闭，这样即完成了一个工作循环。

⑧ 上述过程反复进行，直到信号灯显示出已扩到设计尺寸时，即完成一个扩孔。

2）施工注意事项

① 桩身部分钻孔要求见本手册 5.13.3 节。

② 扩孔时应逐渐撑开扩刀，切土扩孔；应随时注意观察动力设备运转情况，随时调节扩孔刀片切削土量，防止出现超负荷现象。

③ 扩孔应分次进行，每次削土量不宜超过贮土筒体积；扩孔完毕后应清除孔底虚土，并应继续空转几圈，才能收拢扩刀；为控制扩底断面和形状，应在钻机上设专门标志线或专门仪器设备，进行检查。

④ 如遇漂石应停钻，待用其他方法把漂石取出后再继续操作。

⑤ 必须在扩刀完全收拢后，才能提升钻具；钻具提出孔口之前，应将孔口积土和孔底虚土清除干净。

⑥ 当孔底有水，为防止扩孔浸水坍塌或土体膨胀，扩完孔后应立即灌注混凝土；如孔内无水，扩成孔后至灌注混凝土的间歇时间不宜过长；若孔内有松土、泥浆或积水时，应清除后再灌注混凝土；

⑦ 当设计要求在扩底空腔内填充石块时，充填量不应超过空腔体积的 20%。

（2）ZQ-Ⅲ型钻扩机的性能

原东煤哈尔滨科研设计所开发的 ZQ-Ⅲ型钻扩机的性能参数如下：钻孔直径 400、600、700、800 和 1000mm；扩底直径 800、1000、1200 和 1500mm；最大孔深 22m；回转扭矩 15kN·m；回转转速 25、50 和 100rpm；电机功率 30kW；干作业和水下作业两用。

（3）国外的扩孔器

国外的扩孔器有下端铰接式（图 5-14-4a）和上端铰接式（图 5-14-4b）两种常用形式。

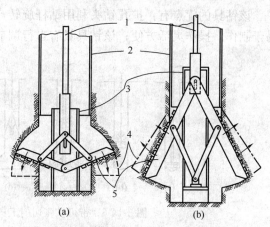

图 5-14-4　扩孔器的常用形式

(a) 下端铰接式；(b) 上端铰接式

1—传动杆；2—钻孔套管；3—外套；4—扩孔的全剖面；
5—铰接式切刀

5.14.3 水下作业钻孔扩底桩

适用于地下水位以下的填土层、黏性
土层、粉土层、砂土层和粒径不大的砾（卵）砂层，其扩底部宜设置于较密实的黏土层、粉土层、砂土层和砂卵（砾）石层，有的扩孔钻头可在基岩中钻进。

1. 正反循环钻成孔扩底桩

该类扩底桩可采用正循环钻成孔，也可采用反循环钻成孔。

（1）带可扩张切削工具的钻头

1988 的四川省南充地区水电工程公司研制出"带可扩张切削工具的钻头及验孔器"，其钻头示意图见图 5-14-5。

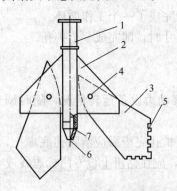

图 5-14-5　带可扩张切削
工具的钻头

1—钻杆；2—固定翼；3—活动翼；
4—短轴；5—切削齿；6—喷嘴；
7—辅助喷孔

在钻杆 1 上设置固定翼 2，固定翼的外缘直径等于桩径，在固定翼上装有可径向扩张的活动翼片 3，活动翼和固定翼通过销钉（短轴）4 铰接。在钻杆不旋转时，活动翼由于重力的作用呈下垂状态，使得钻具能够自由进出待扩的钻孔，当钻杆旋转时，活动翼片在离心力的作用下逐渐张开，在活动翼片的底端和侧端镶有硬质合金，以便切削孔壁。调节转速，可控制活动翼片的张开程度和对孔壁的侧压力，以便分级扩孔。由于活动翼片的最大张开度是固定的，到达孔底后，可像普通刮刀钻头一样向下钻进。钻杆的下端可按正反循环钻进的需要设置喷嘴 6。

该扩孔灌注桩的施工工艺和普通钻孔灌注桩大体相同。即采用回转钻进、清水原土造浆或制备泥浆护壁的施工工艺。其施工程序为：完成直孔，换用扩孔钻头→下扩孔钻具→扩孔和清孔→放入验孔器→验孔→将钢筋笼放入孔中，并插入导管→灌注水下混凝土→拔出导管→拔出护筒→成桩。见图 5-14-6。

该钻具的优点有：扩孔钻头利用钻杆旋转产生的离心力作为扩孔的动力，结构简单，易于制作，操作灵活方便；该钻具具有自行调节钻机负荷的功能。

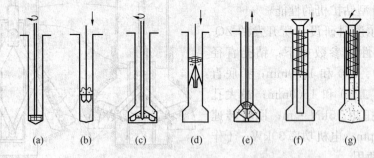

图 5-14-6　带可扩张切削工具的钻扩桩的施工示意图
（a）钻孔；（b）下扩孔钻具；（c）扩孔和清孔；（d）下验孔器；（e）验孔；
（f）下钢筋笼和灌注导管；（g）灌注水下混凝土

（2）468-A 型连杆铰链式扩底钻头

1987 年湖南省地矿局 468 队研制出 468-A 型扩底钻头，见图 5-14-7。该钻头由笼式钻头体和扩底机构组成。笼式钻头由上下导正圈、横衬、竖衬、翼片、牙板和小钻头等组成；扩底机构由内外心管、销轴、连杆、刀杆和扩底刀片等组成。刀杆和连杆成铰链形式用螺栓固定在内外心管上，内心管可在外心管内上下移动。

当桩孔钻进至预定深度（桩孔设计深度减 1.5m），提钻换扩底钻头。下钻时靠钻头自重作用，销轴被拉上上死点，刀片收拢在笼式钻头内。当小钻头 17 接触孔底后，钻杆回转，带动销轴，销轴带动连杆、外心管旋转，迫使笼式钻头（因其与外心管焊为一体）回转并带动刀杆、刀片回转，销轴在钻具自重作用下向下滑行，迫使刀片逐渐伸展，切削孔壁（还可切削六级以内各种岩石），当销轴滑行到下死点，刀杆与内外心管成 90°夹角，此时刀片所扩桩径为设计桩径，继续回转，即边扩底边钻进。

扩底结束，上提钻杆，销轴上行，拉起连杆，将刀片收拢，即可提钻。

桩身直径 600～1800mm，扩孔直径 1000～2400mm。

说明一点，在成孔施工中，配备 GPS-15 型回转钻机，水泵正循环用 3PN 泵，泵量 108m³/h；泵吸反循环用 6PN 砂石泵，泵量 108m³/h。

（3）YKD、MRR 和 MRS 扩底钻头

国土资源部勘探所研制开发出 YKD、MRR 和 MRS 三种系列不同规格的扩底钻头。

1）YKD 系列液压扩底钻头。该钻头主要由钻头体、回转接头、泵站和检测控制台等部分组成，钻头体为三翼下开式结构，刀头采用硬质合金，可用于钻进各种黏性土层、砂层、砂砾层以及粒径小于 50mm 的卵石层。

该系列液压扩底钻头的特点是：用液压控制其张开和收缩，操作简单可靠；钻孔和扩底用同一个钻头完成，扩底时不用更换钻头；可在地面直接控制扩底直径和控制扩底过程；钻头装有副翼，可调节桩身直径；可采用正反循环施工；采用活刀板连接，刀头磨损后可随时更换；可施工多节扩孔桩。

2）MRR 系列滚刀扩底钻头。该钻头的基本结构为下开式，采用对称双翼，中心管为四方结构，以便能可靠地将扭矩传递到扩孔翼上，扩孔翼本身为箱式结构。破岩刀具为 CG 型滚刀，它采用高强度、高硬度的合金为刀齿，以冲击、静压加剪切的方式破碎岩石，可以实现体积破碎，而所需的钻进压力和扭矩均相对较小。

该基岩扩底钻头，主要用于在各种岩石中进行扩底。如各种砂岩、石灰岩、花岗岩等扩底前，需采用滚刀钻头或组合牙轮钻头钻进，当钻头在预定基岩中成孔后，再将扩底钻头下入孔底。

在岩石中采用扩底桩，同普通土层中扩底桩相比具有以下特点：桩的稳定性好，可靠性高；经济效果更加明显；施工难度更大；钻头加工难度大。

3）MRS 系列扩底钻头。该系列扩底钻头主要用于黏性土层、砂层、砂砾层、残积土层及强风化岩层等地层中扩底，其基本结构为三翼或四翼下开式，刀齿为硬质合金。主要

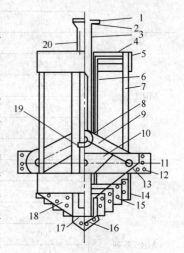

图 5-14-7 468-A 型扩底钻头

1—法兰盘；2—加强管；3—内心管；4—横衬；5—导正圈；6—外心管；7—竖衬；8—销轴；9—连杆；10—扩底刀杆；11—刀片；12—螺栓；13—销子；14—外牙板；15—牙板；16—小钻头牙板；17—小钻头；18—翼片；19—导向套；20—吸管

部件包括扩底翼、加压架、底盘、连杆等。该系列扩底钻头的主要特点是结构简单，操作容易，加工方便，成本低廉。

扩底钻头扩底前，需采用普通的刮刀钻头钻进成孔，然后下入扩底钻头。

以上三种系列扩底钻头的技术性能与规格见表5-14-2。

扩底钻头技术性能与规格　　　　　　　　表 5-14-2

规格	类别	钻头直径 （mm）	最大扩底直径 （mm）	扩底角 （°）	最大直径高度 （mm）
YKD 系列	600	600～800	1200	15	100
	800	800～1000	1600	15	150
	1000	1000～1200	2000	20	200
	1200	1200～1500	2400	20	250
	1500	1500～1800	3000	25	300
	1800	1800～2000	3600	25	350
	200	2000～2400	4000	25	350
MRR 系列	800	800～1000	1600	30	250
	1000	1000～1200	2000	30	300
	1200	1200～1500	2400	30	300
	1500	1500～1800	3000	30	350
	1800	1800～2000	3600	30	350
	2000	2000～2400	4000	30	350
MRS 系列	500	500～600	1000	20	100
	600	600～800	1200	20	150
	800	800～1000	1600	20	200
	1000	1000～1200	2000	20	200
	1200	1200～1500	2400	20	250
	1500	1500～1800	3000	25	350
	1800	1800～2000	3600	25	350
	2000	2000～2400	4000	25	350

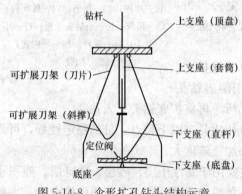

图 5-14-8　伞形扩孔钻头结构示意

（钻杆　上支座（顶盘）　上支座（套筒）　可扩展刀架（刀片）　可扩展刀架（斜撑）　定位阀　底座　下支座（直杆）　下支座（底盘））

2. 正循环钻成孔扩底桩

（1）机械式伞形扩孔钻头

1）工作原理

伞形扩孔钻头工作原理是在钻进过程中，在钻压作用下，钻具底部的支承盘支承在地基上产生反作用力，使钻刀逐渐展开扩底成孔。其扩展方式与机理与伞相似，称之为伞形扩底钻头，如图5-14-8所示。

伞形扩孔钻头与钻杆直接相连，由上支座、下支座、定位阀、可扩展刀架、底座等主要部件组成。上支座由顶盘和套筒组成，在立面上呈 T 形，下支座由底盘和直杆组成，在立面上成倒 T 形，直杆伸至上支座的套筒内。可扩展刀架由可扩展的刀片和斜撑组成。可扩展刀片的一头与上支座的顶盘铰接相连，斜撑的一头与下支座的底盘铰接相连，最后可扩展刀片的另一头与斜撑的另一头铰接相连在一起。定位阀则固定在下支座的直杆上，用于确定上支座向下的位移量，从而确定刀片的扩展角度。底座位于下支座下面，为整个伞形扩孔钻头提供支座反力。

伞形扩孔钻头的工作原理示意如图 5-14-9 所示。

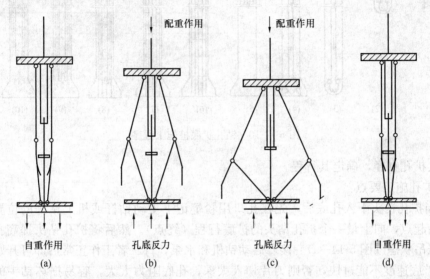

图 5-14-9 伞形扩孔钻头工作原理示意图

伞形扩孔钻头 4 个分解动作。①扩孔钻头收拢下放（图 5-14-9a）：当要进行桩端扩孔施工时，换上该钻头，在自重作用下，下支座向下垂，从而拉动斜撑，使整个可扩展刀呈竖直向收拢状态。②钻刀逐渐展开（图 5-14-9b）：当钻头放至孔底时，上支座在配重作用下向下移动，上支座与下支座之间的距离减小，由于刀架两头与上、下支座之间的铰接关系，使得刀片向两边扩展。③钻刀展开至扩底要求形状（图 5-14-9c）：刀片在扩展同时，也不断旋转切割周围的土体，达到扩孔的目的。当上支座下移至定位阀时，刀片便扩展到设计的角度，最终完成整个扩孔的施工。④扩孔钻头收拢提升（图 5-14-9d）：扩孔完成后，上支座上提，在下支座的自重作用下，整个钻头又收拢成图示的形状，沿桩孔提出。

2）施工程序

用伞形扩孔钻头正循环钻孔扩底灌注桩施工程序如图 5-14-10 所示。施工程序为：埋设护筒→钻孔及注入泥浆→成孔清孔循环→扩底清孔循环→吊放钢筋笼→钢筋笼就位→下放混凝土导管，第三次清孔→安放排水，并灌注第一斗混凝土→第一斗混凝土达到初灌量→边灌注混凝土边提拔导管→混凝土灌注完毕 1~2h 后排除护筒。

3）施工要点

① 先用普通钻头钻至桩端设计标高，提起钻杆，更换扩孔钻头重新下放钻杆，使扩孔钻头达到需扩孔位置。关于正循环钻孔的施工特点和施工要点可见本章 5.11.3 节。

② 扩孔钻头使用前的准备工作。检查扩孔钻头收缩与张开是否灵活。根据工程所需

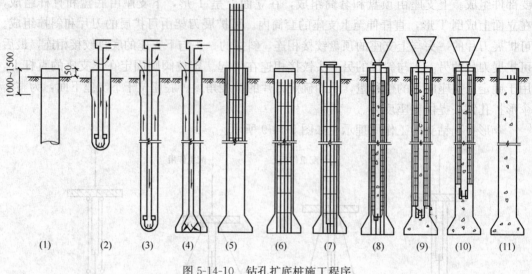

图 5-14-10　钻孔扩底桩施工程序

要的最大扩孔直径，确定其行程。

③ 扩孔施工要点：

a. 当扩孔钻头下入孔底后，先在孔口用粉笔记下主动钻杆或机上钻杆的位置，并以此位置为起点，向上量一个扩孔钻头的扩底行程（终点）。然后将扩孔钻头提高孔底，使其处于悬吊状态（图 5-14-9a）。接着启动钻机和水泵，待二者工作正常后即可开始扩底。

b. 扩底速度不能过快，否则刀片切入太深，孔底阻力太大，容易损坏钻头的刀片和底座等部件。通常，卷扬机的放绳速度应保证主动钻杆能以 10mm/min 的速度下移，以控制钻头的扩底速度，下放时要慢、匀、稳。

c. 当主动钻杆走完扩底行程后，说明扩孔钻头已扩至预定直径，此时在原地继续回转 2～3min 后即可迅速提钻。

④ 清孔要点：

a. 第一次清孔目的是清除形成直孔时产生的泥块和沉渣，具体做法是待直孔完成后，略提高钻杆，利用钻杆进行第一次正循环清孔，清孔时间不少于 30min。

b. 第二次清孔目的是清除扩底成孔时产生的泥块和沉渣，也是利用钻杆进行第二次正循环清孔。

c. 第三次清孔目的是清除在安放钢筋笼及混凝土导管时产生的沉渣，具体做法是通过混凝土导管压入清浆以泵吸反循环方式进行第三次清孔。

（2）机械式四翼扩孔钻头

四翼扩孔钻头张开示意图见图 5-14-11。该扩孔钻头靠切削刀臂张开来切削土体，合金切刀焊接在切削刀臂外侧，为保证张开角度（该工程为 15°9′），设置限位器（在钻杆表面焊接钢片即可）。扩孔钻头张开前与张开后的距离即为扩孔钻头的张开行程（该工程为 140mm），在该位置设置限位器。底盘呈圆盘状，底盘上口内侧留孔，保证泥浆通畅，运转自如。曾应用于广东某城地下通道及停车场工程。

施工要点如下：

① 钻孔到达桩底设计标高后，更换扩孔钻头下到孔底。先开泵冲孔，等泥浆循环正

常后，合上离合器，使扩孔钻头慢速回转，放松钢丝缆绳，靠钻杆自重加压力和孔底土体反力，在旋转的情况下，扩孔钻头的切削刀臂徐徐张开，切削土体形成扩大腔，直到切削刀臂完全张开，达到设计要求的扩孔直径。

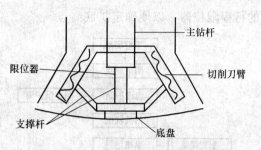

图 5-14-11 四翼扩孔钻头张开示意图

扩底钻进完成后，令扩孔钻头在原位慢速回转，大泵量冲孔 20min 后停钻，不时提动钻具，使切削刀臂不断收拢、张开，将切削下来的土块搅成泥浆排出孔外。

② 完成直孔后第一次清孔和完成扩孔后第二次清孔均采用正循环方式，下导管后第三次清孔采取气举反循环方式。

3. 泵吸反循环钻成孔扩底桩

（1）基本原理

泵吸反循环工艺（见 5.10.3 节）结合相应的扩底钻头（YKD 系列、MRR 系列及 MRS 系列等扩底钻头）便成为泵吸反循环钻孔扩底工艺。

泵吸反循环钻孔扩底桩除具有一般钻孔扩底桩的优点（见 5.14.1 节）外，还具有以下 2 个特点：①工艺技术可靠、施工效率高、工程质量好。泵吸反循环钻进工艺本身是一项成熟配套的技术，由于钻进过程中的泥浆上返速度快，携渣能力强。所以钻进效率高，孔底沉渣少，能确保工程质量。②对地层的适应性强。泵吸反循环钻孔扩底桩适应的地层更广泛，可适应在各类不良地质地层条件下施工。

（2）适用范围

1）地层：可适用各类地层，包括土层、砂层、砂砾层、卵砾层、风化基岩和强度小于 80MPa 的基岩，以及部分复杂地层，如岩溶地层等。

2）孔径：直径段一般孔径为 600～2500mm，扩底端一般孔径为 1000～4000mm。

3）孔深：最大孔深可达 100m。

（3）施工工艺流程

图 5-14-12 为反循环钻孔扩底桩施工工艺流程。

施工机械及成直孔钻头见 5.10.2 节。

（4）施工要点

成直孔的施工特点、施工要点，含护筒埋设、钻机就位与钻进及第一次清孔，见 5.10.3 节，本节主要阐述扩孔的施工要点。

1）扩底钻进

① 使用前检查扩底钻头收缩和张开是否灵活。将钻头用起重机或钻机的卷扬提起，然后缓缓放下，扩底钻头的扩底翼将随之收缩和张开，如此反复数次，使钻头动作灵活。

② 根据工程所需要的扩底直径，在地面确定其行程。

③ 扩底钻头入孔前，必须在地面进行整体强度检验，其主要内容为焊接部位是否牢固，销轴连接是否安全可靠，收张是否灵活。

④ 当扩底钻头下入孔底后，在主动钻杆上用粉笔画记号或在扩底钻头上固定好相应

的行程限位器，以便确定扩底终点。

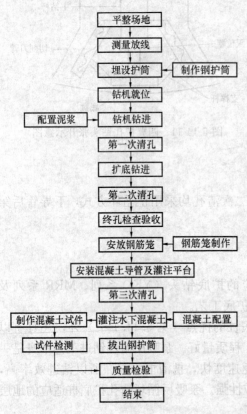

平整场地

测量放线

埋设护筒 ← 制作钢护筒

钻机就位

配置泥浆 → 钻机钻进

第一次清孔

扩底钻进

第二次清孔

终孔检查验收

安放钢筋笼 ← 钢筋笼制作

安装混凝土导管及灌注平台

第三次清孔

制作混凝土试件 ← 灌注水下混凝土 ← 混凝土配置

试件检测

拔出钢护筒

质量检验

结束

图 5-14-12　反循环钻孔扩底桩施工工艺流程

⑤ 将扩底钻头提离孔底，使其处于悬吊状态；启动钻机和水泵，待钻机和水泵工作正常后即可开始扩底；扩底采取低速回转技术，开始时不得随意加压；当运转平稳后，依据孔内的情况，适当调整压力。

⑥ 当钻进至机上钻杆所标出的行程时，逐步放松钻具钢丝绳，钻具钻进阻力减少，转动自如，证明扩底行程已达到扩底限位器。在扩底完成行程后，可在原位继续回转至清孔完毕后迅速提钻。

⑦ 提钻时应轻轻提动钻具，使之产生一定的向上收缩力；在径向和轴向双重力作用下，收拢钻头，慢慢将其提出孔外。如出现提钻受阻现象，不可急躁，不能强提、猛拉，应上下窜动钻具，并在钻头脱离孔底的情况下使钻头慢慢收拢。

2）第二次清孔换浆

扩底完成后，扩底钻头空转清孔换浆，及时调整泥浆性能，泥浆密度一般应小于 $1.2g/cm^3$，含砂率小于 6%，黏度 20～21s。本次清孔换浆是确保扩大头孔底沉渣厚度达到规范或设计要求的关键工序，一般清孔时间为 1.5～2.5h。

3）第三次清孔

灌注混凝土前利用灌注导管进行第三次清孔，这是确保沉渣厚度达到要求的关键工序。应及时调整泥浆性能，泥浆密度≤$1.15g/cm^3$，含砂率≤5%，黏度 20s，孔底沉渣≤50mm。

4）初灌量的确定及灌注混凝土

通过对扩底端容积准确计算初灌量，确保初灌后混凝土埋管深度在 0.8m 以上。

（5）施工注意事项

1）扩底孔的形状

扩底孔的形状是否达到设计要求是施工中最关键的问题，为此在施工过程中必须注意以下事项：

① 所选回转钻机扭矩必须满足扩底要求。选择钻机必须使钻塔一次安装定位，确保钻孔和扩底部分的同轴度。钻孔必须保证垂直度，防止扩底钻头下入时发生阻碍。

② 要根据地层情况选择扩底钻头的形式：在黏性土、砂土或较松软的风化岩层中宜选用刮刀扩底钻头；在密实的卵石和基岩岩层中宜选用滚刀扩底钻头。

③ 应在地面检查扩底钻头张合的灵活性，将扩底钻头吊起后，松开钢丝绳，观察扩翼是否能自行张开，只有扩翼能在重力作用下张开、支承盘转动灵活时，才允许将扩底钻

头下入孔内。

④ 须准确测量扩底钻头行程与扩底端之间的对应关系，做好记录，并在钻头上固定好相应的行程限位器。

⑤ 将扩底钻头吊起，缓慢下入孔内，防止扩底钻头碰撞孔口护筒或孔壁，引起塌孔。

⑥ 钻头下至孔底后，先开泵循环泥浆冲孔，观察实际机上余尺与计算出的机上余尺是否吻合，若吻合则继续冲孔或者窜动钻具或者空转一下，以确保其真正下到孔底。在主动钻杆上作扩底起始标记时，应考虑扩底系数，实际扩底行程要略小一些，这些工作完成后才可缓慢给压扩底。开泵使泥浆循环，然后缓慢给压，使扩翼张开，切削岩土。此时要密切注意动力设备的变化情况，及时调整钻压，以调节扩底钻头的切削岩土量，防止出现超负荷现象。

⑦ 测量机上余尺，根据钻具的行程计算扩底端的直径，当行程最大、扩底钻头扩翼完全张开、扩底直径达到设计要求时，停止给压。然后连续空转 $1 \sim 2$ min，以保证孔形，然后使钻头反转 $5 \sim 6$ 转，停止转动后，提动钻杆使扩翼闭合。

⑧ 测量孔深，如孔深在扩底前后没有变化，则说明扩底质量可靠。扩底时间可根据地层、设备能力、扩底直径等来确定。

⑨ 扩底工作完成后，应立即进行清孔换浆。清孔时，将扩底钻头提离孔底 10cm 左右，停止转动钻具，持续利用泵吸反循环抽渣清孔。

⑩ 扩底完成收拔钻头时，应轻轻提动钻具，切忌强提猛拉，以免受阻。

⑪ 钻机操作人员必须具备一定的扩底操作经验，能根据钻机扭矩的变化结合扩底行程来判定扩底是否完成。开始扩底时钻机所遇阻力骤然变大，这时要轻压慢转，一段时间后，钻机阻力会逐渐变小，当钻机回转趋于平稳，扩底行程也已完成，扩底时间亦相符时，才可判定扩底完成。

⑫ 提钻后，经对孔深检查合格后，立即利用孔形检测仪对孔形进行检测。

2）泥浆循环系统及"硬地法"施工

由于扩底桩施工必须三次清孔换浆，因此要求泥浆池有足够的容量和数量。1 台钻机配置 1 套泥浆循环系统，每套泥浆循环系统中，设 1 个储浆池，用于配制和储存优质泥浆及其清孔换浆，其容量不小于钻孔容积；设 1 个泥浆循环池，用于正常钻进（含扩底钻进），其容量一般不小于钻孔容积的 1.2 倍；设 1 个沉淀储渣池，主要是沉淀储存钻渣，再适时装车外运，储渣池一般不小于 $20m^3$；同时，还要设置相应的循环沟槽。为了保护施工环境，每个工地应采用"硬地法"施工，即施工场地采用 C15~C20 混凝土铺设地面，主要车辆通道地面厚 15~20cm。泥浆循环系统中池、沟、槽均要用砖砌而成。施工完毕的桩孔，其孔口及循环沟槽要用土回填夯实再铺设混凝土。

3）超大初灌量混凝土灌注方法

为保证扩底桩的混凝土灌注质量，不仅要求初灌量能保证初灌混凝土埋管高度，而且要求至少埋没整个扩大端高度的 1/3 以上。这就要求很大的初灌量，通常达到 $10m^3$ 以上，有时甚至达到 $15m^3$。为此需配置容量达 $10 \sim 13m^3$ 的混凝土初灌注大斗，置于孔口直接灌注。当要求的灌注量更大时，通常再设计 1 个容量 $2 \sim 5m^3$ 的灌注斗，实现二斗接力连续灌注，以满足初灌量要求。

4）孔壁稳定的措施

① 严格按优选的扩底端桩身结构要素，保持扩孔边锥角在相应的范围值内。

② 施工过程中，始终保持孔内静水压力在（1.5～2.0）×100kPa。

③ 采用优质泥浆钻进和换浆。

④ 精心操作，防止孔内水头压力激动以及人为扰动孔壁。

5）成孔控制

成孔质量关系到桩身质量及桩端沉渣厚度，要保证成孔质量，泥浆是关键。若泥浆质量差或者泥浆过稀，有可能受地下水的影响不能形成护壁泥膜而产生塌孔现象；若泥浆稠度太大，稠浆会裹在钢筋笼上沉积粘附，导致钢筋与混凝土握裹力低。泥浆密度过大，也会使混凝土水下灌注阻力增大，降低混凝土的流动，使混凝土的大部分骨料堆积在桩芯部位，影响成桩质量，而且泥浆密度大会增加桩底清渣难度。因此，施工过程中应根据不同的地质条件，通过现场观察配制相应的泥浆。

为减少清渣量和清孔时间，减少泥浆外运量，利于清孔干净，保证成孔质量，降低施工成本，应采用砂浆分离机进行砂浆（浆渣）分离，这样可为现场文明施工创造良好条件，在基坑内施工尤为适用。

4. 旋挖钻斗钻成孔扩底桩

AM 旋挖钻斗钻成孔扩底桩工法是由浙江鼎业基础公司引进日本的技术。

（1）工法特点

1）成孔直径 850～3000mm，扩底直径 1500～5200mm，最大入土深度 80m，最大扩底率（D^2/d^2）3.0。

2）适用地层：由于扩大端部，因此适用于浅层软而底部持力层较硬的地层，能在硬质黏土、砂层、砂砾层、卵石层、泥岩层及风化岩层（单轴抗压强度 5MPa 以内的软岩）施工。

3）过程电脑控制，直观显示，施工操作人员可一边看驾驶室内的电脑屏幕，一边进行旋挖切削扩底施工。

（2）施工程序（图 5-14-13）

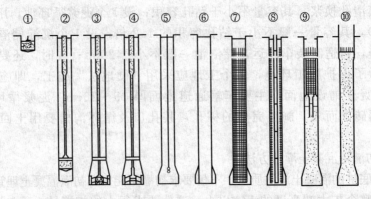

图 5-14-13　AM 旋挖钻斗钻扩底灌注桩施工程序

① 定桩位中心，埋设护筒及钻机就位；② 边成孔边注入稳定液直至设计标高；③ 更换扩底钻斗，下降至桩孔底端；④ 打开扩大翼进行扩大切削作业，完成扩底作业；⑤ 检测

孔底沉渣；⑥若沉渣厚度超过允许值则进行清孔；⑦安放钢筋笼；⑧安放导管，若沉渣厚度超过允许值则进行第二次清孔；⑨灌注混凝土；⑩边灌注混凝土，边拔出导管，最后将护筒拔出，混凝土灌注完毕，成桩。

（3）施工要点

1）采用全液压快换扩底钻斗进行扩底切削，扩底时桩底端保持水平扩大。切削施工时，采用计算机管理映象追踪监控系统进行控制。

2）钻机将等直径桩孔钻到设计深度后，即时更换扩底钻斗，下降至桩孔底端，打开扩大翼进行扩孔切削作业。桩孔底端深度、扩底部位形状与尺寸等数据和图像通过检测装置显示在操作室里的监控器上。此时操作人员只需按照预先输入计算机中设计要求的扩底数据和形状进行操作即可。

3）采用专用的扩底钻斗进行扩底作业时，钻斗在旋转中被平均分割成2份或4份进行水平扩底切削作业，此时产生的泥土砂砾等直接进入钻斗，钻斗闭合后提出孔外，将泥土砂砾等带到地面，反复作业最后将孔底切削成设计要求的桩端扩大形状。

4）通过钻进设备上的由计算机管理的施工映视装置系统，对桩孔深度和底部扩径进行检测。

5）在清除沉渣前，先插入校直用隔离管，再将钢筋笼放入桩孔中，然后用清渣泵进行清渣。

5.15 挤扩灌注桩

1978年初，北京市建筑工程研究所等在团结湖小区进行干作业成孔的小直径（桩身直径300mm、扩大头直径480mm）两节和三节扩孔短桩（桩长不足5m）施工工艺及静载试验研究。结果表明，两节和三节扩孔桩的单位桩体积提供的极限荷载分别为直孔桩的1.28～1.76倍。

1979年建设部北京建筑机械综合研究所和北京市机械施工公司在国内首先研制开发出挤扩、钻扩和清虚土的三联机，简称ZKY-100型扩孔器，1981年北京市桩基研究小组在劲松小区对用该机的挤扩装置制作成的四节挤扩分支桩（桩身直径400mm，挤扩分支直径560mm，每一节为6个分支，单支宽度200mm，高度200mm，桩长8.70m）和相应的直孔桩（桩径400mm，桩长8.85m）进行了竖向受压静载试验，结果表明，前者的极限荷载为后者的138%。

20世纪90年代，北京俊华地基基础工程技术集团研制开发出该公司的第一代锤击式挤扩装置（靠冲击锤锤出两支腔的简易设备）和第二代YZJ型液压挤扩支盘成型机（单向液压油缸两支腔挤扩机），依此实施挤扩多分支承力盘桩（又称挤扩支盘桩，或简称支盘桩）。后者在北京、天津、河南、安徽、湖北、河北及浙江等地的工程中得到应用，取得较显著的技术经济效益。支盘桩的单方承载力一般为相应直孔桩的2倍左右。

1998年中国北方光电工业总公司贺德新研制开发出新型的三岔双缸双向液压挤扩装置（简称DX挤扩装置），依此实施三岔双向挤扩灌注桩（简称DX桩），并在北京、山东、天津、湖北、河北、陕西及江苏等地的百余项工程成功地应用，也取得了较显著的技术经济效益。

5.15.1 挤扩灌注桩分类

挤扩灌注桩按挤扩设备的挤扩原理可分为两大类。属于第一类挤扩灌注桩的有挤扩多分支承力盘桩（简称挤扩支盘桩或支盘桩）、可变式扩底支盘桩、挤扩分支桩、力宝挤扩桩、单缸单向挤压三支桩和变径灌注桩；属于第二类挤扩灌注桩为 DX 挤扩灌注桩。第一类挤扩灌注桩的挤扩盘（支）空腔是采用单向液压缸单向往下挤压的挤扩装置完成的。DX 挤扩灌注桩的挤扩盘（岔）空腔是采用三岔双缸双向 DX 液压挤扩装置（简称 DX 液压挤扩装置）完成的。

5.15.2 挤钻扩孔灌注桩

在长螺旋钻成孔后，向孔内下入专用的挤扩、钻扩和清虚土的三联机（简称三联机）；通过地面液压站控制挤扩油缸及其相连的撑压板的扩张与收缩，在桩身不同部位挤压出扩大头空腔；然后利用加压油缸推出扩孔刀、旋转三联机，形成扩大头空腔，挤、钻扩孔后，放入钢筋笼，灌注混凝土成桩。

该桩是由桩身、挤压扩大头、钻孔扩大头和桩根共同承受桩顶竖向荷载（压力或拔力）及水平荷载的桩型。该桩型实质上是多节挤扩桩和钻孔扩底桩的组合式桩型。

1. 适用范围

基本上与干作业螺旋钻孔扩底桩的适用范围相同。

2. 三联机

三联机（又名 ZKY-100 型扩孔器）由滑轮组、挤扩机构、液压马达、回转接头、扩孔刀、液压油管、液压动力站和贮土钻斗组成，见图 5-15-1。

三联机的主要技术性能见表 5-15-1。

三联机主要技术性能　　　　　　　　　　　　　　　　　　　表 5-15-1

组件	基本参数	尺　寸
挤扩机构	最大挤扩直径（mm） 挤扩高度（mm） 油缸最大推力（kN） 挤扩片数（片）	600 200 600 6～12
钻扩机构	扩孔直径（mm） 扩孔刀片数（片） 扩孔刀片回转速度（rpm） 回转扭矩（kN·m）	600～1000 3 25～45 5.7
贮土钻斗	钻斗容量（m³） 钻斗回转速度（rpm） 钻斗进给行程（mm） 钻斗进给力（kN）	0.18 25～45 485 30.8
液压泵站	额定工作压力（N/mm²） 动力功率（kW）	21 22

贮土钻斗作用：利用钻斗底面刀刃清除虚土；贮存扩孔腔刮落的土屑。

3. 施工程序

（1）钻进成直孔。参见长螺旋钻成孔灌注桩施工程序。

（2）三联机就位。用吊车将三联机放入孔中。

（3）挤压出桩身部扩大头空腔。按照设计位置，自上而下依次挤压形成挤扩空腔。每一个挤扩空腔由挤扩油缸及与其相连的撑压板的扩张，一次挤压而成，然后收回挤扩油缸及撑压板，以备下一次挤压用。最后一个挤扩空腔形成后，挤扩油缸及撑压板暂不收回，以为第（4）和第（5）程序提供反扭矩。

（4）清除孔底虚土。用专用的加压油缸将钻斗尖端进入孔底原状土处，然后用液压马达旋转钻斗，使虚土从钻斗底面进入钻斗内暂时贮存。旋转钻斗的扭矩由撑入土中的挤扩机构承受。

（5）钻扩出底部扩大头空腔。用专用的加压油缸将三片扩孔刀片撑开，然后用液压马达旋转扩孔刀片切削土层，钻扩出扩大头空腔，切削空腔的土粒掉进钻斗中，旋转扩孔的扭矩由撑入土中的挤扩机构承受。

（6）收拢扩孔刀片，进一步收集渣土进钻斗。

（7）收拢挤扩机构。

（8）提出三联机，开启钻斗底板，将渣土倒出，成孔。

（9）测定扩大头孔的位置与尺寸，复测虚土厚度。

（10）放混凝土溜筒，将钢筋笼放入孔中。

（11）灌注混凝土。

（12）测量桩身混凝土的顶面标高。

（13）拔出混凝土溜筒，成桩。

5.15.3 挤扩多分支承力盘灌注桩

挤扩多分支承力盘灌注桩（以下简称支盘桩），是在钻（冲）孔后，向孔内下入专用的液压挤扩支盘成型机，通过地面液压站控制该机的弓压臂的扩张和收缩，按承载能力要求和地层土质条件，在桩身不同部位挤压出对称分布的扩大支腔或近似的圆锥盘状的扩大头腔后，放入钢筋笼，灌注混凝土，形成由桩身、分支、承力盘和桩根共同承载的桩型。

1. 适用范围

支盘桩可作为高层建筑、一般工业与民用建筑及高耸构筑物的桩基；可在黏性土、粉土、砂土层、强风化岩、残积土中挤扩成支盘，也可在卵砾石层的上层面挤扩成盘。对于黏性土、粉土或砂土交互分层的地基中选用支盘桩是较合适的。

支盘桩的桩身直径为 400～600mm（长螺旋钻机成直孔情况）及 400～1100mm（泥浆护壁成直孔情况），支盘直径与桩身直径之比为 1.8～2.5，桩长最大可达 26m（长螺旋钻成直孔时）及 60m（泥浆护壁成直孔时）。

在下列地层情况不能采用支盘桩：

（1）淤泥及淤泥质黏土层深厚，并在桩长范围内无适合挤扩支盘的土层。

（2）沿海浅岩地层，即地表下软土层较浅，且其以下紧接为岩层，或虽然两者之间夹有硬土层，但其厚度小，无法挤扩支盘时。

（3）由于承压水而无法成直孔时。

图 5-15-1 三联机构造示意图
1—滑轮组；
2—挤扩机构；
3—液压马达；
4—回转接头；
5—扩孔刀；
6—贮土斗；
7—液压油管

2. 支盘桩组成

图 5-15-2 为支盘桩组成示意图。

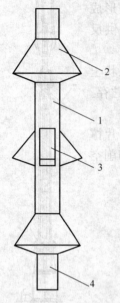

图 5-15-2　支盘桩组成
1—桩身；2—承力盘；
3—分支；4—桩根

（1）分支的定义

通过挤扩支盘成型机向桩身直孔外侧沿桩径辐射状地进行二维挤压而形成一定宽度的腔体，腔内灌注混凝土后形成桩受力结构的一部分，称为分支。支的宽度、高度和长度（即扩大直径部分）取决于挤扩支盘成型机的构造。通常，一个挤扩过程可挤扩出一对分支腔体。

（2）承力盘的定义

在同一桩身断面上，经过若干个挤扩过程，挤扩出 16 个以上单个分支腔体形成近似的圆锥盘状腔状，腔内灌注混凝土后形成桩受力结构的一部分，称为承力盘。形成承力盘腔的条件是相邻单支腔体需挤压重叠搭接。形成承力盘腔所需的单个分支腔体数取决于挤扩支盘成型机弓压臂的宽度。承力盘实质上即是通常表述的扩大头。

（3）桩根

桩根长度为 1.5d 左右。桩根过短，在泥浆护壁成孔工艺中，如果清孔不彻底，沉渣很容易将底盘分支空腔堵塞，致使混凝土无法灌入成盘。

3. 支盘桩施工机械与设备

（1）成孔机械

按不同成直孔工艺采用潜水钻机、正循环钻机、反循环钻机、旋挖钻机、冲击钻机及螺旋钻机。

（2）液压挤扩支盘成型机

挤扩支盘成型机有 YZJ 和 LZ 两种系列。图 5-15-3 和图 5-15-4 分别为 YZJ 挤扩支盘机主机结构示意图和 LZ 挤扩支盘机主机结构示意图。

YZJ 型系列和 LZ 型系列液压挤扩支盘成型机均由接长管、液压缸、主机、液压胶管和液压站五个部分组成，由液压站提供动力，由主机（图 5-15-3 或图 5-15-4）实施支盘空腔的成型。

由图 5-15-3 可知，当给定工作压力 p 时，液压缸活塞杆 2 向下伸出，带动压头 3 压迫上弓臂 4 和下弓臂 5 挤扩孔壁，直至达到设计要求的最大行程。当液压缸反向供油时，活塞杆 2 回缩，拖动上弓臂 4 和下弓臂 5 恢复到原位。这样，即完成一个分支的挤扩过程。通过旋转接长管将主机旋转相应的角度，多次重复上述挤扩过程，可在设定的位置上挤扩出分支或承力盘腔体。

5.15.4　三岔双向挤扩灌注桩

三岔双向挤扩灌注桩又称多节三岔挤扩灌注桩，简称 DX 挤扩灌注桩或 DX 桩。

三岔双向挤扩灌注桩是在预钻（冲）孔内，放入专用的三岔双缸双向液压挤扩装置，按承载力要求和地层土质条件在桩身适当部位，通过挤扩装置双向油缸的内外活塞杆作大小相等方向相反的竖向位移，带动三对等长挤扩臂对土体进行水平向挤压，挤扩出互成 120°夹角的 3 岔状或 3n 岔（n 为同一水平面上的转位挤扩次数）状的上下对称的扩大楔形腔或经多次挤扩形成近似双圆锥盘状的上下对称的扩大腔，成腔后提出三岔双缸双向挤扩装置，放入钢筋笼，灌注混凝土，制成由桩身、承力岔、承力盘和桩根共同承载的钢筋混凝土灌注桩。

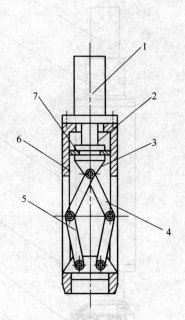

图 5-15-3 YZJ 挤扩支盘
机主机结构示意
1—液压缸；2—活塞杆；
3—压头；4—上弓臂；
5—下弓臂；6—机身
7—导向块

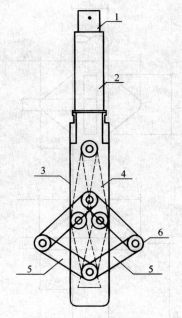

图 5-15-4 LZ 挤扩支盘
机主机结构示意
1—接长杆接头；2—油缸；
3—防缩径套；4—回收状态；
5—弓压臂（单支）；6—扩展状态

1. 承力岔

承力岔是用三岔双缸双向液压挤扩装置在桩孔外侧沿径向对称挤扩，形成一定宽度的上下对称的楔形腔，此后岔腔与桩孔同时灌注混凝土所形成的楔形体，称为承力岔。承力岔按同一水平面上的转位挤扩次数可分为 3 岔型（一次挤扩）和 3n 岔型（n 次挤扩）。承力岔可简称"岔"。

2. 承力盘

承力盘是在桩孔同一标高处，用三岔双缸双向液压挤扩装置在桩孔外侧沿径向对称挤扩，经过 7 次以上的转位挤扩，在桩孔周围土体中形成一近似双圆锥盘状的上下对称的扩大腔，此后盘腔与桩孔同时灌注混凝土形成的盘体，称为承力盘。承力盘可简称"盘"。

3. 构造

三岔双向挤扩灌注桩构造示意图如图 5-15-5 所示。

4. 三岔双缸双向液压挤扩装置

（1）DX 液压挤扩装置主机结构和主要技术参数

三岔双缸双向液压挤扩装置（简称 DX 液压挤扩装置）是在桩周土体中挤扩形成承力岔和承力盘腔体的 DX 液压挤扩专用设备。

DX 液压挤扩装置示意图如图 5-15-6 所示。

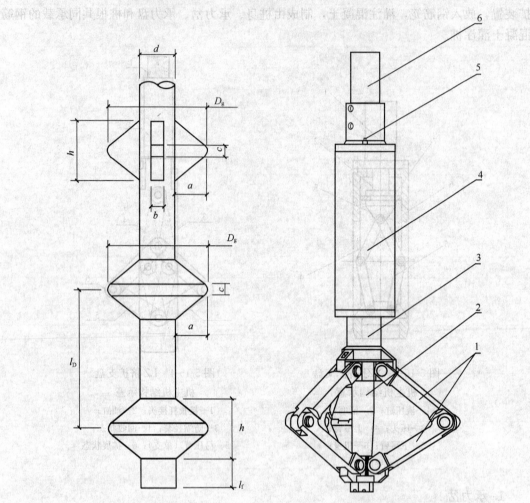

图 5-15-5　三岔双向挤扩灌
注桩的构造示意

a—承力盘（岔）宽度；b—承力岔厚度；

c—承力盘（岔）外沿高度；d—桩身设计直径；

h—承力盘（岔）高度；D_g—承力盘（岔）

公称直径；l_D—承力盘竖向间距；

l_f—桩根长度

图 5-15-6　三岔双缸双向液压挤扩装置示意
1—三岔挤扩臂；2—内活塞杆；3—外活塞杆；
4—缸筒；5—油管；6—接长杆

表 5-15-2 为 DX 液压挤扩装置主要技术参数表。

DX 液压挤扩装置主要技术参数　　　　　　　　　表 5-15-2

参数　　　　设备型号	DX-400	DX-500	DX-600	DX-800	DX-1000
桩身设计直径（mm）	450～550	500～650	600～800	800～1200	1200～1500
承力盘（岔）公称直径（mm）	1000	1200	1550	2050	2550
承力盘（岔）设计直径（mm）	900	1100	1400	1900	2400

续表

参数\设备型号	DX-400	DX-500	DX-600	DX-800	DX-1000
挤扩公称直径时两挤扩臂夹角（°）	70	70	70	70	70
挤扩臂收回时最小直径（mm）	380	450	580	750	950
液压系统额定工作压力（MPa）	25	25	25	25	25
油缸公称输出压力（kN）	1256	1256	2198	4270	4270
油泵流量（L/min）	25	25	63	63	63
电机功率（kW）	18.5	18.5	37	37	37

（2）DX 挤扩装置与 YZJ 型挤扩支盘机的性能比较

两者的性能对比见表 5-15-3。

DX 挤扩装置与 YZJ 型挤扩支盘机工作性能比较 表 5-15-3

比较项目	YZJ 型挤扩支盘机	DX 挤扩装置
1	单缸单向往下挤压，挤扩过程中挤扩臂上部产生"临空区"，对土体扰动大，沉渣多	双缸双向相对位移带动 3 对挤扩臂对土体进行水平挤压，挤扩臂始终与土体接触，腔体上下面土体均被挤压，土体扰动小，沉渣少
2	挤扩过程中，活塞杆单向外伸运动，活塞杆受压，两对挤扩臂对活塞杆不能稳固支撑，在横向力不平衡时作用力矩大，活塞杆易弯曲受损	挤扩时，内活塞杆受拉力作用，作用力矩小，三对挤扩臂对活塞杆稳固支撑，活塞杆不易弯曲受损
3	一次挤扩完成一字形两支扩大腔，在土体受力不均或孔壁偏斜时，挤扩机不易与桩身轴心准确对中	一次挤扩 3 对挤扩臂同时工作，三向支撑，三向同时受力，完成对称的 3 岔形扩大腔，挤扩装置能准确与桩身轴心对中
4	挤扩臂在套筒内连接，臂内表面呈平面形，易夹土，多次挤扩时挤扩臂往往不能顺利回位，造成挤扩装置出孔困难，甚至发生断臂情况	无套筒，挤扩臂为外连接，臂内表面呈三角形，不易夹土，挤扩臂能顺利回位
5	连接管与机身为刚性连接，挤扩中遇硬物或孔壁斜度偏大时，连接部易被顶断	连接管与挤扩装置为柔性连接，挤扩时，即使遇硬物或孔壁斜度偏大时，连接部也不易受损
6	挤扩臂外表面和挤扩腔顶壁呈多个平面形，腔壁易变形坍塌	挤扩臂外表呈圆弧面，数次挤扩后的形腔顶部呈多个"屋脊形"相连的伞形腔面，不易变形坍塌
7	无清除虚土的装置，尤其是干作业时，无法清除孔底虚土	设有旋挖斗清虚土装置，清孔效果良好，有效解决缩径和孔底虚土问题
8	挤扩后形成上、下不对称的支盘形腔，盘腔底面较平，易积回落土，不利于灌注混凝土	盘、岔腔形对称，盘腔底面倾斜，不易积回落土，有利灌注混凝土
9	挤扩时产生挤扩装置上浮现象，使支、盘腔顶壁产生"临空区"，以致该处土体容易塌落，不利于支、盘的抗拉性能	挤扩时，上下挤扩臂铰点只做水平运动，盘、岔的腔顶壁土体不易变形坍塌，盘、岔的抗拉性能好

图 5-15-7 为 YZJ 型挤扩支盘机和 DX 挤扩装置在挤扩过程中的运动轨迹。

图 5-15-7（a）是 YZJ 型挤扩支盘机在盘、支腔挤扩过程中上、下挤扩臂及挤扩臂铰

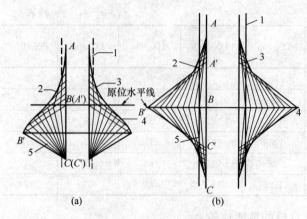

图 5-15-7 挤扩装置的运动轨迹

(a) YZJ 型挤扩支盘机；(b) DX 挤扩装置

1—桩孔壁；2—上挤扩臂；3—盘、支（岔）腔壁；

4—挤扩臂铰点轨迹；5—下挤扩臂

点的运动轨迹。由图 5-15-7 （a） 可知，上臂 AB 和下臂 BC 的 A、B、C 三点的运动轨迹如下：

$$A 点 \{x = 0, y = \downarrow\}$$
$$B 点 \{x = \rightarrow, y = \downarrow\}$$
$$C 点 \{x = 0, y = 0\}$$

当 B 点移到 B' 时，这个运动轨迹是一个包络线。$AB'B$ 所包围的面积，即是在挤扩过程中，形成的空洞现象。因 B 点有 y 方向的位移，对不太密实的土体或砂层进行挤扩时，由于该体积本身重量造成挤扩腔顶壁坍落并增加沉渣，这样就无法完整地完成侧面形腔。

图 5-15-7 （b） 是 DX 挤扩装置在盘、岔腔挤扩过程中上、下挤扩臂及挤扩臂铰点的运动轨迹。由图 5-15-7 （b） 可知，上臂 AB 和下臂 BC 的 A、B、C 三点的运动轨迹如下：

$$A 点 \{x = 0, y = \downarrow\}$$
$$B 点 \{x = \rightarrow, y = 0\}$$
$$C 点 \{x = 0, y = \uparrow\}$$

且 A 点 $|y\downarrow| = C$ 点 $|y\uparrow|$，所以 B 点只有水平方向运动，挤扩臂铰点轨迹即为原位水平线，且 AB' 和 CB' 所形成的包络线均匀连续、上下对称，受力总是平衡的，使挤扩过程中，挤扩腔顶壁不掉土或少掉土，容易获得高质量的空腔，从而提高空腔挤扩的稳定性和可靠性。

由表 5-15-3 和图 5-15-7 可知，DX 桩的成孔和成桩质量明显优于支盘桩，从而大大减少桩承载能力的离散度，使建筑物的沉降均匀。

5. DX 挤扩灌注桩优缺点、技术特点、适用范围

（1）优缺点

1）优点

① 单桩承载力高，可充分利用桩身上下各部位的硬土层。

② DX 桩按不同成孔工艺可结合采用潜水钻机、正循环钻机、反循环钻机、冲击钻机及旋挖钻机等进行泥浆护壁法成孔，也可结合采用长螺旋钻机、旋挖钻机及机动洛阳铲等进行干作业法成孔，还可结合采用贝诺特钻机进行全套管护壁法成孔。

③ 低噪声，低振动，泥浆排放量减少。

④ 挤扩盘、岔腔成形稳定而不坍塌。

⑤ 桩身稳定性好。抗拔力大。

⑥ 机控转角，定位准确，成桩差异性小，并可实施成孔与挤扩装置的车载一体化，挤扩效率高。

2）缺点

因是多节桩，用低应变法监测其完整性难度较大，但有的单位可检测三节桩完整性。另外挤扩力还需增大，以便在硬土层中挤扩。

（2）技术特点

1）DX挤扩灌注桩通过沿桩身不同部位设置的承力盘和承力岔，使等直径灌注桩成为变截面多支点的端承摩擦桩或摩擦端承桩，从而改变桩的受力机理，显著提高单桩承载力，既能提供较高的竖向抗压承载力，也能提供较高的竖向抗拔承载力。

2）钻孔扩底桩与人工挖孔桩是在不改变原地基土物理力学特性的情况下，将扩底部承压面积扩大。而DX桩的承力盘（岔）腔体是在挤密状态下形成的，此后灌入的混凝土与承力盘（岔）腔处的被挤密土体紧密地结合成一体，从而使承力盘（岔）端阻力较大幅度地提高。

3）双向挤扩形成的上下对称带坡度的承力盘在受力上有如下优点：

① 抗压性能明显优于传统的直孔桩。具有非常好的抗拔性能。

② 承力盘的斜面形状使该处的混凝土处于受压状态。承力盘的剪切通过桩身的主筋，使承力盘不会发生剪切破坏。

③ 在竖向受力时，承力盘下方的斜面可以增加承力盘施加给土体的附加应力的扩散范围，避免对土体造成剪切。

4）承力盘可以根据持力层的深度变化随时调整，确保同一工程中不同DX桩的承载力离散性小。

5）可在多种土层中成桩，不受地下水位限制，并可以根据承载力要求采取增设承力盘数量来提高单桩承载力。

（3）适用范围

DX桩不仅可作为高层建筑、多层建筑、一般工业建筑及高耸构筑物的桩基础，还可作为电厂、机场、港口、石油化工、公路与铁路桥涵等建（构）筑物的桩基础。

可塑-硬塑状态的黏性土、稍密-密实状态的粉土和砂土、中密-密实状态的卵砾石层和残积土层、全风化岩、强风化岩层宜作为抗压三岔双向挤扩灌注桩的承力盘和承力岔的持力土层。

工程实践表明，承力盘（岔）应设置在可塑-硬塑状态的黏性土层中或稍密-密实状态（$N<40$）的粉土和砂土层中；承力盘也可设置在密实状态（$N \geqslant 40$）的粉土和砂土层或中密-密实状态的卵砾石层的上层面上；底承力盘也可设置在残积土层、全风化岩或强风化岩层的上层面上。对于黏性土、粉土和砂土交互分层的地基中选用三岔双向挤扩灌注桩是很合适的。

宜选择较硬土层作为桩端持力土层。桩端全断面进入持力土层的深度，对于黏性土、粉土时不宜小于 $2.0d$（d 为桩身设计直径）砂土不宜小于 $1.5d$；碎石类土不宜小于 $1.0d$。当存在软弱下卧层时，桩端以下硬持力层厚度不宜小于 $3d$。

承力盘底进入持力土层的深度不宜小于 $0.5 \sim 1.0h$（h 为承力盘和承力岔的高度），承力岔底进入持力土层的深度不宜小于 $1.0h$。

淤泥及淤泥质土层、松散状态的砂土层、可液化土层、湿陷性黄土层、大气影响深度以内的膨胀土层、遇水丧失承载力的强风化岩层不得作为抗压三岔双向挤扩灌注桩的承力盘和承力岔的持力土层。

桩根长度不宜小于 2.0d。

抗拔三岔双向挤扩灌注桩的承力盘（岔）宜设置在持力土层的下部。

5.15.5 三岔双向挤扩灌注桩施工工艺

1. 一般规定

（1）DX 挤扩灌注桩的承力盘（岔）挤扩成形必须采用 DX 挤扩灌注桩专用三岔双缸双向 DX 挤扩装置。

（2）桩位的放样允许偏差应符合《建筑地基基础工程施工质量验收规范》GB 50202 第 5.1.1 条的规定。

（3）成直孔的控制深度必须保证设计桩长及桩端进入持力层的深度。

（4）承力盘（岔）应确保设置于设计要求的土层。

（5）当土层变化需要调整承力盘（岔）的位置，调整后应确保竖向承力盘（岔）间距的设计要求。

（6）桩的中心距小于 1.5D（承力盘设计直径或承力岔外接圆设计直径）时，施工时应采取间隔跳打。

（7）DX 挤扩灌注桩成孔的平面位置和垂直度允许偏差应满足《建筑地基基础工程施工质量验收规范》GB 50202 表 5.1.4 的要求。

（8）钢筋笼制作除符合设计要求外，尚应符合相关规范的规定。

（9）检查成孔、成腔质量合格后应尽快灌注混凝土。桩身混凝土试件数量应符合《建筑地基基础工程施工质量验收规范》GB 50202 的规定。

（10）为核对地质资料、检验设备、成孔和挤扩工艺以及技术要求是否适宜，桩在施工前，宜进行试成孔、试挤扩承力盘（岔）腔，了解各土层的挤扩压力变化，检验承力盘（岔）腔的成形情况，并应详细记录成孔、挤扩成腔和灌注混凝土的各项数据，作为施工控制的依据。

（11）施工现场所有设备、设施、安全装置、工具、配件及个人劳保用品必须经常检查，确保完好和使用安全。

2. 施工特点

（1）挤扩压力值可反映出地层的软硬程度，通过对 DX 挤扩装置深浅尺寸的控制，还可掌握各地层的厚薄软硬变化，来弥补勘察精度的不足，从而可有效地控制持力层位置及设计盘位尺寸，保证单桩承载力能充分满足设计要求。这种调控性能是 DX 桩成孔工艺的突出特点。

（2）挤扩成孔工艺适用范围广，可用于泥浆护壁、干作业、水泥浆护壁及重锤捣扩成直孔工艺。

（3）可对直孔部分的成孔质量（孔径、孔深及垂直度的偏差等）进行第二次定性检测。

（4）一次挤扩 3 对挤扩臂同时工作，三向支撑，三向同时受力，完成对称的 3 岔形扩大腔，挤扩装置轴心能准确与桩身轴心对齐。

（5）挤扩装置独特的双缸双向液压结构保证盘腔周围土体的稳定性。

（6）在成腔的施工过程中，沉渣能够顺着斜面落下，避免沉渣在空腔底面的堆积。

（7）盘腔斜面便于混凝土的灌注，混凝土靠自身的流动性就能充分灌满整个腔体，同时还不夹泥，利于控制混凝土的密实程度。

3. 泥浆护壁成孔工艺 DX 桩施工程序

（1）钻进成直孔。按采用不同钻机钻进成直孔的要求，分别参见潜水钻成孔灌注桩施工程序中 5.12.3、正循环钻成孔灌注桩施工程序中 5.11.3、反循环钻成孔灌注桩施工程序中 5.10.3、旋挖钻斗钻成孔灌注桩施工程序中 5.13.3、冲击钻成孔灌注桩施工程序中 5.20.3，成孔后进行第一次孔底沉渣处理。

（2）用吊车将 DX 挤扩装置放入孔中。

（3）按设计位置，自下而上依次挤扩形成承力盘和承力岔腔体。

（4）移走 DX 挤扩装置。

（5）检测承力盘（岔）腔直径。

（6）将钢筋笼放入孔中。

（7）插入导管，第二次处理孔底沉渣。

（8）水下灌注混凝土，拔出导管。

（9）拔出护筒，成桩。

如果挤扩承力盘（岔）腔后孔底沉渣较厚，在移走 DX 挤扩装置后应进行第二次沉渣处理；如果孔底沉渣不厚，可省略此工序。但对于这两种情况，均需在灌注混凝土前清理孔底沉渣。

图 5-15-8 为泥浆护壁成孔 DX 桩施工工艺示意图。

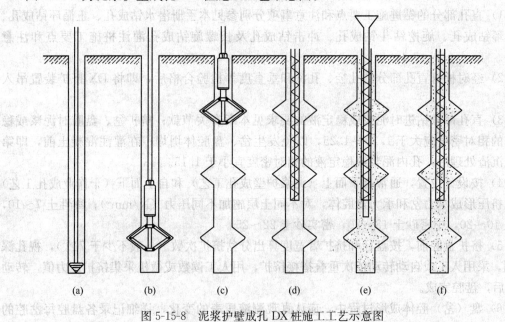

图 5-15-8　泥浆护壁成孔 DX 桩施工工艺示意图
(a) 成孔；(b) 成盘腔；(c) 成岔腔；(d) 下钢筋笼；(e) 灌注混凝土；(f) 成桩

4. 干作业成孔工艺 DX 桩施工程序

（1）钻进成直孔。参见长螺旋钻成孔灌注桩施工程序中 5.7.3；

（2）用吊车将 DX 挤扩装置放入孔中；

（3）按设计位置，自上而下依次挤压形成承力岔和承力盘腔体；

（4）移走 DX 挤扩装置；

（5）检测承力盘（岔）腔的位置和直径；

（6）放混凝土溜筒；

（7）将钢筋笼放入孔中；

（8）灌注混凝土；

（9）测量桩身混凝土的顶面标高；

（10）拔出混凝土溜筒，成桩。

5. 施工要点

（1）使用 DX 挤扩装置应遵守以下规定：

1）DX 挤扩装置入孔前，必须认真检查油管、接头、螺栓、液压装置及挤扩臂分合情况，一切正常后方可投入运行。

2）将 DX 挤扩装置在孔中找正对中，使其下放时尽量不碰击孔壁，处于自由落放状态。下放速度要适中，避免下放过程中紧急停机。

3）DX 挤扩装置放入孔中的深度、接长管的伸缩长度、挤扩过程中的转角的控制等，均应由专人负责指挥和操作，并做好详细的施工记录。

4）施工过程中，要特别注意液压站和液压胶管的检查与保护，避免杂质进入胶管和油箱，及时检查和更换系统液压油。

（2）挤扩承力岔和承力盘腔体时应遵守以下规定：

1）直孔部分的钻进施工要点和注意事项分别参见本手册潜水钻成孔、正循环钻成孔、反循环钻成孔、旋挖钻斗钻成孔、冲击钻成孔及长螺旋钻成孔灌注桩施工要点和注意事项。

2）经对桩身直孔部分的孔径、孔深和垂直度等检验合格后，即将 DX 挤扩装置吊入孔底。

3）直孔部分钻进时泥浆或稳定液的要求见本章有关节款；挤扩岔、盘腔时泥浆或稳定液的相对密度应大于 1.20～1.25，以免发生岔、盘腔体坍塌；在灌注混凝土前，即第二次沉渣处理后，孔内泥浆或稳定液的相对密度宜小于 1.15。

4）按设计位置，通常自下而上（泥浆护壁成孔工艺）和自上而下（干作业成孔工艺）依次挤压形成承力岔和承力盘腔体，对不同土层施加不同压力（N/mm²）；黏性土 7～10，粉土 10～20，中密砂土 13～20，密实砂土 22～25。

5）挤扩盘腔前，按盘径和挤扩臂宽度算出分岔挤扩次数（一般不少于 7 次），视孔深不同，采用人工或自动转动依次重叠搭接挤扩，用人工读数或微机采集挤扩压力值，转动 120°后，盘腔完成。

6）盘（岔）腔体成形过程中，应认真观测液压表的变化，详细记录各盘腔每岔腔的压力峰值，测量泥浆液面落差、液位计变化量、机体上浮量和每桩孔的承力岔腔和承力盘腔成形时间。

7）接长杆上除有刻度标志外，还应醒目地标出承力岔和承力盘的深度位置。

8）构成盘腔的首岔初压值（首扩压力值）若不能满足预估压力值时，可将盘位在上下 0.5～1.0m 高度范围内调整；若调整后因地层土质变化很大，仍不能满足设计要求时，应与设计及监理等部门洽商解决。

9）在盘腔成形过程中，应及时补充新鲜泥浆，以维持水头压力。

10）当桩距较密时，挤扩盘腔宜采用跳跃式施工流水顺序。

（3）对于泥浆护壁成孔工艺的DX桩，其灌注混凝土时应遵守以下规定：

1）盘（岔）腔成形后，应及时向孔中沉放钢筋笼，插入导管和进行第二次孔底沉渣处理，随后立即灌注混凝土。

2）灌注混凝土时导管离孔底 300～500mm，初灌量除应确保底承力盘空腔混凝土一次灌满外，还应保证初灌量埋深。一般说来，前一项要求满足后，第二项要求往往也自然满足。

6. 施工质量管理流程图举例

图 5-15-9 为正循环钻成孔 DX 挤扩灌注桩施工质量管理流程图。

7. 质量检查要点

三岔双向挤扩灌注桩的施工质量检查的要点包括对成孔、清孔、成腔、钢筋笼制作及混凝土灌注主要工序，以及对承力盘（岔）的数量和盘（岔）的位置的检查，并应符合表5-15-4 的规定。

三岔双向挤扩灌注桩施工质量检查标准　　　　　　　表 5-15-4

检查项目		允许偏差或允许值		检查方法
		单位	数值	
成孔	桩位	—	—	应按国家现行标准执行
	泥浆护壁成孔	mm	±50	用井径仪或超声波孔壁测定仪检测
	干作业成孔	mm	−20	用钢尺或井径仪检测
	孔深	mm	+300	1 用重锤测量；2 测钻杆钻具长度
	成孔垂直度	%	<1	1 以挤扩装置自然入孔检查；2 用测斜仪
清孔	虚土厚度（抗压桩）	mm	<100	用重锤测量
	虚土厚度（抗拔桩）	mm	<200	用重锤测量
成腔	盘径	%	−4	用承力盘腔直径检测器检测
	泥浆相对密度	—	<1.25	用比重计测量
钢筋笼制作	—	—	—	应按国家现行标准执行
混凝土灌注	混凝土坍落度（泥浆护壁）	mm	160～220	用坍落度仪测定
	混凝土坍落度（干作业）	mm	70～100	用坍落度仪测定
	混凝土强度	—	—	应符合设计要求
	混凝土充盈系数	—	>1	检查混凝土实际灌注量
	桩顶标高	mm	+30、−50	用水准仪测量

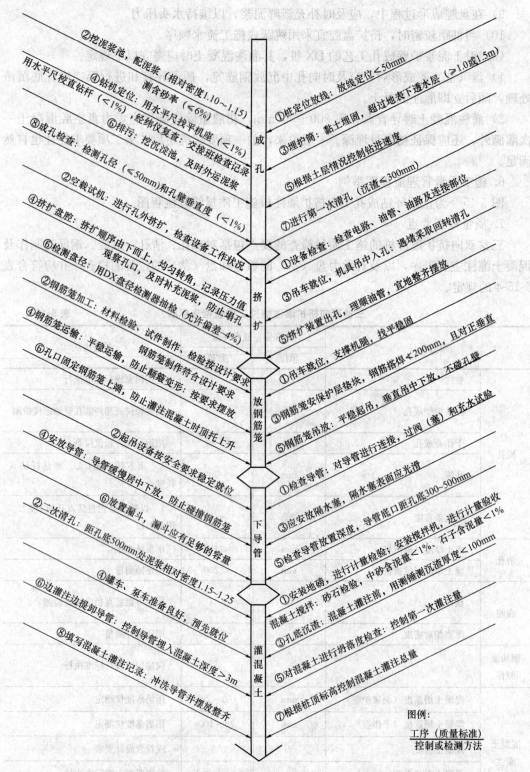

成孔
①桩定位放线：放线定位＜50mm
②挖泥浆池，配泥浆（相对密度1.10～1.15）测含砂率（≤6%）
③埋护筒：黏土埋固，超过地表下透水层（≥1.0或1.5m）
④钻机定位：用水平尺找平机座（＜1%），经纬仪复查（＜1%）
用水平尺校直钻杆（＜1%）
⑤根据土层情况控制钻进速度
⑥排污：挖沉淀池，及时外运泥浆
⑦进行第一次清孔（沉渣＜300mm）
⑧成孔检查：检测孔径（＜50mm）和孔壁垂直度（＜1%）

挤扩
①设备检查：检查电路、油管、油路及连接部位
②空载试机：进行孔外挤扩，检查设备工作状况
③吊车就位，机具吊中入孔：遇堵采取回转清孔
④挤扩盘腔：挤扩顺序由下而上，均匀转角，记录压力值观察孔口，及时补充泥浆，防止塌孔
⑤挤扩装置出孔，理顺油管，宜地整齐摆放
⑥检测盘径：用DX盘径检测器抽检（允许偏差－4%）

放钢筋笼
①吊车就位，支撑机腿，找平稳固
②钢筋笼加工：材料检验、试件制作、检验按设计要求钢筋笼制作符合设计要求
③钢筋笼运输：平稳运输，防止颤簸变形
④吊车就位，支撑机腿，钢筋搭焊＜200mm，且对正垂直
⑤钢筋笼安保护层垫块，垂直吊中下放，不碰孔壁
⑥孔口固定钢筋笼上端，防止灌注混凝土时顶托上升
⑦钢筋笼吊放：平稳起吊，垂直吊中下放，过阀（塞）和充水试验

下导管
①检查导管：对导管进行连接，过阀（塞）和充水试验
②起吊设备按安全要求稳定就位
③应安放隔水塞，隔水塞表面应光滑
④安放导管：导管缓慢居中下放，防止碰撞钢筋笼
⑤检查导管放置深度，导管底口距孔底300～500mm
⑥放置漏斗，漏斗应有足够的容量
⑦二次清孔：距孔底500mm处泥浆相对密度1.15～1.25

灌混凝土
①安装地磅：砂石检验，中砂含泥量＜1%、石子含泥量＜1%，进行计量验收
②混凝土搅拌：砂石检验，混凝土灌注前，安装搅拌机，进行计量检验
③孔底沉渣：混凝土灌注前，用测锤检测沉渣厚度＜100mm
④罐车、泵车准备良好，预先就位
⑤对混凝土进行坍落度检查：控制第一次灌注量
⑥边灌注边提卸导管：控制导管埋入混凝土深度＞3m
⑦根据桩顶标高控制混凝土灌注总量
⑧填写混凝土灌注记录：冲洗导管并摆放整齐

图例：
工序（质量标准）
控制或检测方法

图 5-15-9　正循环钻成孔 DX 挤扩灌注桩施工质量管理流程图

表 5-15-4 中承力盘腔直径检测器的构造示意见图 5-15-10。

承力盘腔直径检测器的检测方法应符合下列规定：

（1）检测前，应对承力盘腔直径检测器进行测量标定，建立测杆张开状态时的直径（即盘径）和主、副测绳零点间距的承力盘腔直径与落差关系表；

（2）将检测器放入到承力盘位置深度后，应放松副测绳，使测杆完全张开处于挤扩腔内，此时应提直副测绳；

（3）应在孔口处测量主测绳与副测绳零点之间落差；

（4）根据落差并由承力盘腔直径与落差关系表可查出相应的承力盘腔直径。

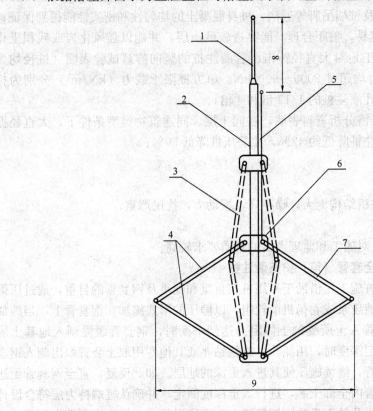

图 5-15-10　承力盘腔直径检测器构造示意
1—主测绳；2—主杆；3—收缩状态；4—测杆；
5—副测绳；6—配重；7—张开状态；8—落差；
9—承力盘腔直径

5.16　大直径沉管灌注桩

大直径沉管灌注桩是指桩身直径不小于 500mm 的沉管灌注桩。

传统的沉管灌注桩，常因施工不当发生一些质量问题以及单桩竖向承载力不够高而引起布桩困难等问题。近 10 多年来，大直径沉管灌注桩在沿海地区高层建筑中应用，取得了显著的经济效益。

5.16.1 分类及优缺点

1. 分类

大直径沉管灌注桩按其成孔方法不同可分为大直径振动沉管灌注桩、大直径锤击沉管灌注桩、大直径静压（振动）沉管扩底灌注桩、大直径静压全套管（筒）灌注桩及大直径静压沉管复合扩底灌注桩等。

2. 优缺点

（1）优点

1）桩身和桩端质量保证率高。可有效地克服普通沉管灌注桩的桩身混凝土易缩颈、断裂、空洞、夹泥和离析及桩端吊脚等通病，桩身混凝土的均匀性和密实性能得到保证；

2）承载力高，布桩容易，桩距合理。能穿透较硬土层，并能以强风化岩或残积土作为桩端持力层。厦门两个工地对大直径锤击沉管灌注桩的竖向静载试验表明（桩径均为700mm）：桩的极限承载力均超过 8000～9000kN。单方极限承载力（kN/m^3）分别为打入式钢筋混凝土方桩和钻孔灌注桩的 1.13 倍和 4 倍；

3）造价低。瑞安市经济分析资料表明，在同土层、同建筑物类型条件下，大直径振动沉管桩的造价比钻孔灌注桩降低约 42%，比静压桩降低 50%；

4）施工周期短。

（2）缺点

1）大直径锤击沉管桩机结构庞大，噪声高，振动大，扰民严重；

2）遇孤石沉管困难；

3）操作技术较复杂，对施工和监理人员的素质要求较高。

5.16.2 大直径静压全套管（筒）护壁灌注桩

静压全套管护壁灌注桩施工是借助于专用桩架自重和配重及钢套管的自重，通过压梁或压柱将上述荷重由电动液压泵或卷扬机滑轮组，以静压的形式施加在钢套管上，当施加给钢套管的作用力与钢套管入土所受的土体阻力达到平衡时，钢套管缓慢刺入地基土层中。当钢套管入土达到一定深度时，用抓斗、旋挖钻斗或其他专用取土装置取出刺入钢套管内的土体，然后接长套管，继续施压使其进入更深的地层。如此反复，直至钢套管到达设计持力层深度，取出套管内全部土芯，进行入土深度测定，并确认桩端持力层符合设计要求后，清除孔内虚土，成孔结束后放入钢筋笼，边灌注混凝土边拔出钢套管直至成桩。

1. 适用范围

配合各种专用取土装置不仅能穿过一般黏性土、粉土、淤泥质土、淤泥，而且在遇到密实，坚硬的砂层、砾石、碎卵石甚至大直径的漂石而无法刺入压进时，可以采用超挖的措施保证施工顺利进行。

2. 施工工艺

（1）施工程序

在设计桩位上挖除杂填土，并放置第一节钢套管静压钢套管，并用专用取土装置取出套管内土芯接长钢套管，继续压钢套管入土，边压边取土，直到进入设计持力层深度清除孔底虚土放置钢筋笼灌注混凝土，在灌注混凝土的同时振动上拔钢套管直至成桩。

（2）施工特点

1）静压钢套管护壁干作业成孔灌注桩施工的基本原理是在全套管贝诺特灌注桩施工

方法（见本章5.8节）的基础上提出并加以改进的，它们的施工工艺基本相同，其本质区别在于两者使用不同的机械设备及沉桩方式。全套管贝诺特灌注桩施工方法是采用贝诺特钻机，利用摇动装置的摇动（或回转装置的回转）使钢套管与土层间的摩阻力大大减小，边摇动（或边回转）边压入，同时利用冲抓斗（或旋挖钻斗）挖掘取土，直至钢套管下到桩端持力层为止。而静压全套管（筒）护壁干作业成孔灌注桩施工方法是利用其桩架自身重量和配重及钢套管的自重，以静压方式将反力施加于钢套管上驱使钢套管刺入地基土层中，同时用专用取土装置取出套管内的土芯，直至钢套管下到桩端持力层为止。

2）与钻、冲孔灌注桩相比较，静压全套筒（筒）护壁灌注桩具有以下技术特点：

① 在挖掘清除套管内土体过程中，钢套管充当护壁，既可防止孔壁坍落，又利于控制桩的断面尺寸形状；

② 在钢套管护壁条件下施工，钢套管起到了部分止水作用，沉管及取土过程中不必采用泥浆护壁，从而避免了因泥浆造成的环境污染问题，同时有效清除因水下灌注混凝土影响成桩质量的问题；

③ 能准确判别场地土层分布情况及桩端持力层，并能根据持力层的起伏变化进行合理的桩长选择，而钻、冲孔桩施工过程中，难以准确判别所进入的土层；

④ 能有效地、较彻底清除孔底浮土及沉积物，有利于提高单桩承载力。

3）与静压沉管灌注桩相比较，静压全套管（筒）护壁灌注桩具有以下技术特点：

① 该桩属于部分挤土灌注桩。静压时对周边土体挤压影响较小，不会造成邻近建筑物和地下结构物的破坏。而静压沉管灌注桩属于挤土灌注桩，如设计布桩不合理或施工方法选择不当，都将引起严重的挤土效应，诱发超孔隙水压，导致桩的缩颈、隔层、倾斜、断桩、夹泥及吊脚等质量问题；在饱和软土地层中采用沉管灌注桩，甚至会引发严重的工程事故；

② 该桩适用范围广泛。而静压沉管灌注桩在遇到大厚度、高含水量、高灵敏度的淤泥层时引发桩身质量及周围环境事故；遇有中等密实以上的砂层、砾石和坚硬的碎卵石、漂石时又往往难以施工；

③ 该桩可采用大直径长桩。而静压沉管灌注桩因挤土问题及大深度压进受到静压机械能力的制约而往往难于实现。

4）与人工挖孔桩相比较，静压全套管（筒）护壁灌注桩具有以下技术特点：

① 人工挖孔桩适宜于地下水位之上的场地施工，在遇有地下涌水量较大的地层，尤其是在地下水位以下的砂层、碎石土层以及松软土层（如淤泥、淤泥质土）施工时，常遇到成孔困难或不能挖掘成孔。而静压全套管护壁灌注桩适用范围更广泛，成孔的方法能部分止水，并能防止孔壁坍落，因此适用于地基条件较恶劣的情况下施工；

② 人工挖孔桩需采用护壁（如混凝土护壁或喷射混凝土护壁等），既增加了工序又提高了工程造价，而静压全套管护壁灌注桩施工方法是采用钢套管护壁，施工简捷，钢套管又能回收重复使用。

（3）施工关键技术

静压全套管护壁灌注桩，不同于静压沉管灌注桩，其端部开口，在静压沉入过程中一部分土体将刺入套管内形成"土塞"，进入套管内的"土塞"在沉管过程中因受到套管内壁摩阻力的作用产生一定的压缩，而套管边因受到"土塞"的反向摩阻力作用阻碍套管的下沉，形成"闭塞效应"现象。

当钢套管处于完全闭塞状态，钢套管刺入土体时端部地基土无法挤入套管内，而是被挤到钢套管以外，产生挤土效应，此时的静压情形就类似于静压沉管灌注桩。为避免静压钢套管时产生较大的挤土破坏作用，在土塞达到闭塞状态之前应利用取土装置及时清除套管内土塞，以确保施工顺利进行。

当钢套管入土较深或因遇到坚硬的土层，外侧摩阻力较大而使得钢套管在静压荷载作用下难于沉入土中，在土塞尚未达到完全闭塞状态，此时应采取措施及时降低套管阻力。具体措施有：

1) 及时清掏套管内土体，降低土塞高度，以减少土塞对套管的内侧阻力；

2) 当遇坚硬地基土层时，应采取超挖措施及时清除坚硬的土层，如砂石、碎卵石层。如遇大块孤石、漂石，可采取爆破的方式加以清除，以降低套管端部阻力；

3) 启动电动振动装置，借助振动使套管周边土体受到扰动，从而在一定程度上削弱套管与土体之间的摩阻力；

4) 增加机械设备配重或提高机械液压静载能力。

5.16.3 大直径静压沉管灌注桩

大直径抱压式静压沉管灌注桩施工法指采用静力压桩机以压桩机自重及桩架上的配重作反力，将直径为 600～800mm 的带钢制锥形桩靴的长度为 10～20m 的钢套管抱压沉入地基土中，当钢套管长度不足时可进行接管，直至进入持力层。当终压力和桩长度达到设计要求后，在钢套管内放入钢筋笼，然后边灌注混凝土边振动钢管并将钢管拔出至地面而形成钢筋混凝土灌注桩。

1. 适用范围

该桩型具有较强的场地适应能力，不仅能穿过一般黏性土、粉土、淤泥质土和淤泥，还能够贯穿标准贯入击数 N 为 30～60 击的中粗砂土层、残积土、全风化岩层及强风化岩层，在直径 300～800mm 孤石存在的场地可正常施工。工程实践表明该桩型能够适应地质条件复杂、城市环境质量要求高和近海场地地下水具有腐蚀性等不同条件的要求。

2. 优缺点

（1）优点

1) 符合环保要求。静压沉桩避免了采用柴油锤或液压锤锤击沉管产生的噪声，施工场地避免了钻、冲孔灌注桩的泥浆污染等情况，从而使得该工艺能符合环保要求；

2) 单桩承载力高。采用抱压钢套管沉桩，静压桩机能够采用更高的压桩力沉桩而不必担心出现如静压 PHC 管桩夹桩部位桩身破损的现象。更高的压桩力能够使钢套管贯穿或进入标准贯入击数 N 为 30～60 击的砂土层、残积土和强风化岩层，有效保证桩管到达设计持力层。同时施工对桩周土及桩端土产生明显的挤密作用，从而明显提高桩侧阻力和桩端阻力；

3) 承载力直观。压桩力是桩侧阻力和桩端阻力的综合反映，由于桩周土层的挤密效应，因而压桩力和静载试验结果存在着一定的相关性，可从终压力能够预估单桩竖向承载力；

4) 抗腐蚀。成桩后钢筋笼周围有混凝土保护层保护，减少或避免地下水对钢筋的腐蚀；

5）成桩质量可靠。孔底无沉渣，完成混凝土灌注后管内超灌一定高度的碎石以保证管内压力，并控制混凝土坍落度，拔管过程开启抱夹式振动机并反插等措施保证混凝土密度，从而保证成桩质量；

6）施工速度快。钢套管之间采用螺纹连接，现场操作方便，施工周期短。

（2）缺点

1）桩机体积大、结构复杂、造价较高；

2）由于桩机自重较大，在较软的地表面施工时容易发生陷机而挤偏邻桩，针对此种情况应采取硬化地面等措施；

3）该桩属挤土桩，设桩时对周边建筑物和地下管线产生挤土效应。

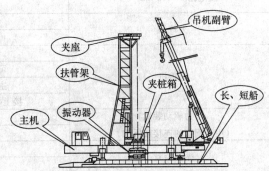

图 5-16-1 1000F 型静压沉管灌注桩机构造示意图

3. 施工机械与设备

大直径静压沉管灌注桩机是湖南山河智能装备股份有限公司与国内施工企业联合研制的一种新型沉管灌注桩施工设备，在大吨位静压桩机平台上，增加了扶管桁架、拔管反顶油缸、振动器等一系列部件，最大限度地结合了静力桩机与灌注桩的优势。同时，又避免了传统灌注桩和预制桩成桩工法中的不利因素。既可以施工预制桩，也可以施工灌注桩，一机两用，转换方便。

图 5-16-1 为 1000F 型静压沉管灌注桩机的构造示意图。

表 5-16-1 为 ZYJ1000 静压沉管灌注桩机技术参数。

ZYJ1000 静压沉管灌注桩机技术参数 表 5-16-1

项　目		参　数
最大压桩力（24.1MPa）		9000～10000kN
最大拔桩力（17.8MPa）（需要卸部分配重）		7500kN
最大压桩速度		4.3m/min
最小压桩速度		0.67m/min
正常压桩时的压桩行程（一次） （不装反顶横梁及反顶油缸）		1.8m
打沉管灌注桩时的压拔桩行程（一次）		1.25m
行走能力	纵向行程（一次）	≤3.6m
	横向行程（一次）	≤0.7m
	转角（一次）	≤8°
行走速度	前进	≤4.3m/min
	后退	≤7.2m/min
	左移	≤4.3m/min
	右移	≤6.2m/min
升降行程		1.1m

项 目		参 数
接地比压（6000kN）	长船	150kN/m²
	短船	188kN/m²
夹桩箱	型号	JZX8016ZB
	可施工的最大圆桩	φ800
起重机	型号	QY25
	可起吊的最大重量	25t
	主臂最大起吊高度	16m
	接上副臂后最大起吊高度	20m
动力驱动装置（用于钢管的连接或拆卸）	最大输出扭矩	100000N·m
	最小转速	10rpm
振动装置	功率	2×10kW
	频率	960rpm
外形尺寸（工作长×工作宽×运输高）（mm）		14500×9160×3300

4. 施工工艺

（1）施工程序

桩机就位→放置桩尖：将桩尖放到桩点位置，起吊钢管并从夹桩箱中穿过，钢管与桩尖对接，夹桩箱夹紧→沉管：操纵桩机实施压桩过程→接管：压完一节管后，吊入第二节管，使用动力驱动装置转动第二节管，完成两节之间螺纹连接的紧固。在一个工地内，只有施工第一根桩时需要接管工序→测量沉管深度，并按要求压至设计深度→制作并放置钢筋笼后灌注混凝土→充填卵石：当建筑物有地下车库等基础设施时，地面以下2～3m处不需要灌注混凝土，灌注卵石即可→成桩：振动拔管，桩身进入养护期。

（2）施工注意事项

1）桩施工之前，应做好详细的地勘调查工作，确保资料准确和施工的针对性，遇有较大孤石且残积土层较厚，钢管无法将其挤开时，可造成桩尖破坏和钢管变形以及机器损坏，不可强行施工，应及时采取移位补桩措施。

2）钢筋笼制作应尺寸准确，焊接质量可靠，以防止拔管时钢管笼上下跑位。

3）混凝土质量要求骨料粒径不超过25mm，坍落度不超过140mm为宜。

4）灌注混凝土应及时、连续，以防混凝土离析、结拱、堵管。

5）桩管提出地面后，管内应及时清洗。

6）每班应该对夹桩箱内落入的混凝土残渣及时清洗，加入润滑油。

7）确保桩机内部部件运动不受阻碍。

8）沉管到设计标高后，应及时灌注拔管，不可延误而造成拔管困难。

5.16.4 静压（振动）沉管扩底灌注桩

1. 适用范围

适用范围大体上与夯扩桩或锤击振动沉管扩底桩相同。

2. 施工机械与设备

静压沉管机在我国尚无标准设备，均是利用一般振动沉拔桩机加以改装而成。

静压沉管扩底灌注桩是借助于桩架自重和配重通过卷扬机和滑轮组加压于桩管顶部，而将桩管徐徐压入土中。

桩架行走方式可以是滚管式，但多数为轨道式，以减少移动摩擦力。

3. 施工程序

静压（振动）沉管扩底桩施工顺序如图 5-16-2 所示。

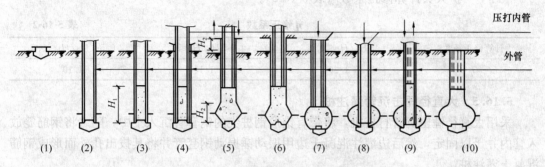

图 5-16-2 静压沉管扩底灌注桩施工顺序示意图

（1）预埋桩尖，要求桩尖埋设与地表相平，偏位应小于 20mm。

（2）沉管，压入外管前应控制其垂直度偏差小于 1‰，沉管压力应大于 1.5 倍单桩承载力特征值。

（3）灌入扩底混凝土，其高度为 H_1，一般 H_1 值视桩扩头截面而定，通常取 3m 左右。

（4）放进内管，然后锚固内管。

（5）根据设计要求，提升外管 H_2 高度（一般取 1.2m 左右）。

（6）将外管锚固，把内管往下加压。

（7）把内管压至与外管等平时，将外管放松。

（8）将外管与内管一起再往下压，至压不下去抬架为止，此时混凝土又外挤，扩底形成。

（9）抽出内管，灌注混凝土，安放钢筋笼，然后拔出外管。

（10）成桩。

4. 施工注意事项

（1）尽量采用长管打短桩，桩身混凝土应一次灌满为宜。

（2）为增加混凝土在管内下落速度，在混凝土中可适量掺加减水剂，以形成流态混凝土，减少管内混凝土对管壁的摩阻力，使桩身混凝土达到不振自密的效果。

（3）静压加适时适量的振动，有利于桩身混凝土的密实性和连续性，对于拔管加振动的情况，混凝土坍落度以 100～120mm 为宜。

（4）混凝土灌注前应查验外管内是否进泥进水。

5. 桩端扩大头直径的估算

桩端扩大头直径 D 与灌入外管内混凝土的体积有关，即与桩端扩大部分混凝土灌入高度有关，其扩大头直径 D 可按（5-16-1）式估算：

$$D = \sqrt{\frac{H_1 + H_2}{H_2} d_1 \eta}$$ (5-16-1)

式中 D——扩大头的最大直径（m）；

H_1——压扩大头时，投料在外管内的高度（m）；

H_2——外管、内管同步贯入深度（m）；

d_1——外管内径（m）；

η——扩大头计算修正系数（表 5-16-2）。

η 修正系数 表 5-16-2

计算修正系数	$H_2/H_1\leqslant0.4$	$0.4<H_2/H_1\leqslant0.5$	$0.5<H_2/H_1\leqslant0.6$
η	1.20	1.15	1.10

5.16.5 大直径锤击沉管灌注桩

采用大直径锤击沉管打桩机，将带有锥形钢桩尖的钢套管沉入土中，随之将钢筋笼放入管内并予以固定，然后边灌注混凝土边用振动锤振动钢套管并将其拔出孔外而形成钢筋混凝土灌注桩。

1. 施工机械与设备

大直径锤击沉管打桩机技术性能参数见表 5-16-3。

沉管时采用钢板焊接桩尖，见图 5-16-3。桩尖直径比桩管外径大 100mm，使拔管时桩周土层尚未完全回弹，以减小拔管阻力，保证顺利成桩。

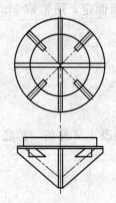

图 5-16-3 钢板焊接桩尖

2. 施工程序

（1）在桩位上放置钢板桩尖。

（2）桩机就位，将桩管设置在桩尖上。

（3）锤击沉管，沉管收锤后，要求用探灯检查管底，如发现管底有积泥积水，则用泵抽或下人入管清除；如发现钢板桩尖变形或损坏，则应先浇入 $0.2\sim0.3m^3$ 的混凝土（其强度等级比桩身混凝土高一级），随即振动拔出桩管，重新安放钢桩尖进行第二次沉管；通过采取以上措施，可避免出现吊脚桩事故。

（4）移走冲击锤，在管顶设置振动锤。

（5）放入钢筋笼，开始灌注混凝土。

（6）边拔管、边振动、边继续灌注混凝土（设置振动锤的目的在于拔管时产生强烈振动，以增大混凝土的密实度和向管口扩散能力）。

（7）在拔管至离桩顶 $6\sim8m$ 时，可向桩管内再灌入高度为 $0.8\sim1.2m$ 的 C10 混凝土，以增大桩管内压，促使混凝土顺利排出。

当桩身混凝土达到要求强度后，需将桩顶 C10 段混凝土凿掉。

3. 施工注意事项

（1）在有代表性的勘探孔附近进行试成孔、试成桩，以确定施工工艺和收锤标准。

（2）确保桩管和桩尖的强度、刚度和耐打性。桩管宜采用无缝钢管。

（3）穿越饱和土层时，桩身混凝土质量的保证措施为：①合理安排群桩的沉桩顺序；②桩距≤4.5d（d 为桩身直径）的群桩，宜采用跳打施工，跳打间隔时间不小于 24h；③拔管过程中应开动振动锤，同时严格控制拔管速度，在软硬土层交接处，应放慢拔管速度，使其不大于 1.5m/min。

表 5-16-3

锤击沉管打桩机技术性能参考表

桩机类型	桩径(mm)	桩锤 类型	桩锤 质量(kg)	锤击频率 沉管(rpm)	锤击频率 拔管(rpm)	动力类型	桩架高度(m)	底座尺寸 长度(m)	底座尺寸 宽度(m)	桩管规格 长度(m)	桩管规格 外径(mm)	桩管规格 内径(mm)	桩管规格 质量(kg)	行走滚筒 长度(m)	行走滚筒 外径(mm)	行走滚筒 质量(kg)	料斗容量(m³)	沉桩对现场最低要求 场地坡度(%)	沉桩对现场最低要求 桩中两侧最少空位(m)	沉桩对现场最低要求 桩中前面最少空位(m)	可打桩长(m)	总质量(包括设备)(kg)	落锤高度(m)
	560~650	筒式柴油锤或吊锤	注1	20t振动机频率	48	柴油爆炸机	30~40	9.3	3.0	20~30	560~610	510~570	10000	15	445	3000(2根)	1.0	≤1.0	3.0	2.5	30.0	100000	2.5
大型桩机	700~800	筒式柴油锤或吊锤	注2	20t振动机频率	48	柴油机	30~40	9.3	3.0	20~30	700	650	12500	15	445	3000(2根)	1.0	≤1.0	3.0	2.5	30.0	106000	2.5

注: 1. 筒式柴油锤的冲击部分质量为4500kg，吊锤质量为5000~7000kg。
　2. 筒式柴油锤的冲击部分质量为7200kg。
　3. 柴油吊锤指柴油机自动落锤打桩机。电动吊锤指电动落锤打桩机。

（4）严格执行桩底检查制度，杜绝吊脚桩的产生。

（5）确保桩顶混凝土质量，增加 C10 级混凝土的附加灌注量。

（6）严格监控收锤最后三阵（每阵 10 击）平均贯入度和桩长。必要时还应量取最后三阵总贯入度值来进一步校核收锤标准。

（7）桩管提出地面后应立即用水冲洗，把管壁内残留混凝土冲洗干净，以确保下次灌注的准确性。

5.16.6 大直径振动沉管灌注桩

采用大直径振动沉管桩机，视桩管直径大小（$d=500\sim700$mm），将带有钢筋混凝土预制桩尖或锥形钢桩尖的桩管沉入土中，随之将钢筋笼放入管内并予以固定，然后边灌注混凝土边用振动锤振动桩管并将其拔出孔外而形成钢筋混凝土灌注桩。

1. 施工机械与设备

（1）振动沉拔桩锤

通常采用 DZ60～DZ150 普通型，DZ60A～DZ120A 耐振电机型、DZ60KS～DZ110KS 中孔型，DZJ 中、大型可调偏心力矩型振动锤以及中、大型 DZPJ 系列变频变矩振动锤。

（2）桩架

国内多采用加大底盘的滚管式打桩架。如今正在开发自行、自动升降、扣接沉管和可泵送混凝土的新型桩架，以适应超长大直径振动沉管灌注桩施工的需要。

2. 施工程序

振动沉管打桩机就位→振动沉管→灌注混凝土→边拔管、边振动、边灌注混凝土→放钢筋笼。

3. 施工中注意事项

除参考大直径锤击沉管灌注桩施工注意事项中(1)、(2)、(3)和(7)外，尚需注意：

（1）因桩长度较长（多在 45m 左右），灌注混凝土要避免离析现象发生。为此，可掺入适量粉煤灰，以提高混凝土的和易性，或采取轻击密振慢拔管满灌的方法进行深部混凝土的灌注，或采用泵送混凝土法。

（2）实施挤土效应的防止或减小方法。

5.16.7 静压沉管复合扩底灌注桩

静压沉管复合扩底灌注桩是指用顶压式静力压桩机将内外套管同时压入到设计深度后，提出内管分批将填充料和干硬性混凝土或低坍落度混凝土投入外管内，再用内管分批将填充料和干硬性混凝土或低坍落度混凝土反复压实在桩端形成复合扩大头；再次拔出内管后往外管中放置钢筋笼，灌满桩身混凝土；再将内管压在桩身混凝土上继续加压，最后拔出外管和内管，成桩。

1. 优缺点

（1）优点

1）环保效果好，无噪声，无振动，可减少成桩过程对土体的扰动，无泥浆污染及排放，施工现场文明，比锤击式沉管灌注桩更适合于市区及医疗、学校、精密仪器厂房等需防振动防噪声地区的基础施工。

2）采用成熟的静力压桩技术，静压力可由设置在静力压桩机上的压力表显示，也可打印压力值实施全程监控，使各桩位压桩力控制一致，能较好地实施建筑物的整体沉降的均匀性。

3）采用配套的管端封水方法可保证成桩质量。

4）成孔施工过程中可实施配套的螺旋钻取土方法，防止或大大地减少挤土效应的危害。

5）为确保桩身质量和加快成桩进度，可采用预制钢筋混凝土桩身，即在桩端压实干硬性混凝土或低坍落度混凝土，并在其上注入适量的水泥砂浆后，再将钢筋混凝土预制桩节插入轻压，如果桩身长度较长时，也应在桩侧注满水泥浆液将预制桩节固定。采用预制混凝土桩身既可避免穿过结构灵敏的淤泥层造成缩颈断桩现象，也可减少现灌注混凝土桩身的凝固时间，加快施工进度。

6）由于实施复合扩底技术，与同等条件（同桩径、同桩长和同地层土质条件）的静压预制桩相比，可较大幅度地提高单桩承载力。

7）配套的静压桩机既可进行静压沉管复合扩底灌注桩的施工，也可进行静压沉管灌注桩的施工，更换压桩装置后还可进行静压预制桩施工。一机多用，既扩展静压桩机的应用范围，又降低用户的投资风险。

（2）缺点

1）桩机体积大、结构复杂、造价较高。

2）由于桩机自重较大，在较软的地表面施工时容易发生陷机而挤偏邻桩，针对此种情况应采取硬化地面等措施。

2. 适用范围

静压沉管复合扩底灌注桩可穿过人工填土、淤泥质土、淤泥、一般黏性土、粉土及松散至中密的砂土等土层，作为设置复合扩大头的被加固土层宜为粉土、砂土及可塑、硬塑状态的黏性土。桩身直径 $400\sim600mm$，桩长最大深度可达 25m。在厚度较大、含水量和灵敏度高的淤泥等软土层中施工时，必须制定防止缩颈和断桩等保证质量的措施。当地基中存在一般承压水层时，必须采取管端封水措施。

3. 施工机械与设备

（1）静压沉管复合扩底灌注桩机

YKD 型静压沉管复合扩底灌注桩机为顶压式静压桩机，其工作原理是指通过压桩头将压桩机自重和配重施加在内外套管顶部而后实施静压沉管复合扩底灌注桩施工，该机由平台（含卷扬机、混凝土料斗、料斗滑轨、溜槽、横滑移轨道及顶升油缸等）、龙门架（含压桩导轨及滑轮机构等）、行走装置（含长履、短履及转向履等）、压桩头、静压油缸、活塞杆及内外套管等组在。图 5-16-4 为

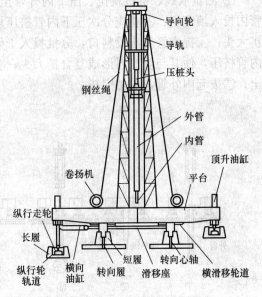

图 5-16-4 YKD 型静压沉管复合扩底灌注桩机结构示意

YKD型静压沉管复合扩底灌注桩机构造示意图。

（2）外内套管

外套管外径小于桩身直径 30～50mm，内管外径小于外套管内径 20～30mm。

表 5-16-4 为江苏吴江良工机械有限公司生产的 YKD 顶压式液力静压沉管扩底桩机的主要性能参数。

YKD顶压式液力静压沉管扩底桩机主要性能参数　　　　表 5-16-4

参数名称	型号 单位	YKD120	YKD150	YKD200	YKD250	YKD320	YKD400
最大压桩力	kN	1200	1500	2000	2500	3200	4000
最大压桩速度	m/min	4.3	4.3	4.7	4.3	4.7	4.3
主机功率	kW	37	45	55	55	2×37	2×45
扩底桩长度	m	10	10	12	12	12	12
外管提管力	kN	120	120	120	120	120	120
外管松动提管力	kN	200	250	300	350	400	500
长船行走缸行程	m	1.60	1.60	2.20	2.50	2.50	3.00
短船行走缸行程	m	0.45	0.45	0.65	0.65	0.65	0.65
整机质量（不含配重）	kg	40000	50000	60000	70000	85000	105000

4. 施工工艺

（1）施工程序

施工程序如图 5-16-5 所示。

① 测量放线、桩机就位、压下内外管至设计标高；②提内管露出投料口，分批向外管内投入填充料；③相应分次压下内管挤压填充料，直至终压达到设计要求，形成填充料扩大头；④提内管露出投料口，分批投入干硬性混凝土或低坍落度混凝土；相应分次压下内管挤压，使其与填充料形成复合扩大头；⑤放钢筋笼、灌注混凝土；⑥用内管顶住混凝土；⑦拔起内外管，成桩完毕。

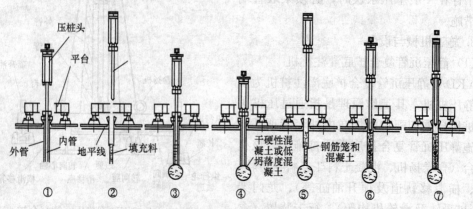

图 5-16-5　静压沉管复合扩底灌注桩施工程序示意图

（2）施工特点

1）合理地选择 YKD 型桩机型号是静压沉管复合扩底灌注桩施工的关键之一。根据拟建桩基工程的地层土质条件、单桩竖向承载力、桩径、桩长、复合扩大头的大小、布桩密度以及现场施工条件等因素选择 YKD 型桩机。

2）保证复合扩大头的大小及其被加固土层的层位是静压沉管复合扩底灌注桩施工的关键之二，为此需要在施工中确定合理的填充料和干硬性混凝土或低坍落度混凝土的数量及挤压工艺。

3）封水、封泥是静压沉管复合扩底灌注桩施工的关键之三。封水的目的是保证在外管内无水的情况下灌注桩身混凝土；封泥的目的是不使沉泥进入桩身混凝土与桩端干硬性混凝土的结合部。

（3）施工要点

1）保证填充料的质量和数量，填充料可以为碎砖、碎混凝土块、水泥拌合物、碎石、卵石和矿渣等，有机物含量不应超过 3％；填充料的数量多少取决于单桩承载力的大小和被加固土层的物理力学性能，应由试成桩和静载试验确定。

2）干硬性混凝土或低坍落度混凝土既作为复合扩大头的组成部分，也作为桩身和填充料扩大头之间的连接体，可采用与桩身混凝土相同的配合比，但可适当减少用水量。干硬性混凝土或低坍落度混凝土经压实并确认无夹泥后，在其上部注入厚度约 100mm 的水泥砂浆，用内管轻压，以确保与其后灌入的桩身混凝土结合良好。

3）确保终压力值满足设计要求，该压力值按静载试验确定。

4）桩身混凝土的粗骨料（碎石或卵石）的粒径为 20～40mm，混凝土坍落度宜为 60～100mm；为改善混凝土的和易性及早凝等性能，可添加外加剂；当桩不长时，桩身混凝土可一次灌满；当桩较长时，桩身混凝土宜分段灌注；混凝土灌注顶面应高出桩顶设计标高 300～500mm。

5）在承压含水层内进行静压沉管复合扩底灌注桩施工时，可采取如下的桩端封水措施：①在外管上端铰耳的上部设置隔水套；②在桩位处设置无底盛料桶；③通过溜槽向无底盛料桶投入足够的封水材料；④压下内管挤压封水材料形成封水扩大头；⑤拆除隔水套。再继续压内外管至设计标高、提内管投料等施工程序。

6）为确保桩身质量或加快成桩进度可采用预制钢筋混凝土桩身，具体施工工艺：当形成通过内管挤压填充料和干硬性混凝土或低坍落度混凝土组成的复合扩大头后，检查外管内有无进水，若无进水应尽快灌注高强度水泥砂浆或水泥浆，此后吊入钢筋混凝土预制桩节，再用内管轻压，使浆液溢出桩侧，将预制桩节固定。

7）为了减少挤土效应，可先用螺旋钻具钻成略小于外管外径的直孔，然后实施成孔、填料等施工程序。

8）群桩施工时应采用合理的静压顺序，以确保相邻桩的复合扩大头之间不造成相互影响。①一般采取横移退压的方式，自中间向两端进行或自一侧向另一侧进行；当一侧毗邻建筑物时，应由毗邻建筑物的一侧向另一侧施工。②根据持力层埋深情况，按先浅后深的顺序进行。③合理安排压桩顺序，例如采用隔排或隔桩跳压法，在实施跳压过程中，应注意避免在移机时对已压桩的碾压。

9）压桩机行驶道路的地基应有足够的承载力，必要时需做硬化处理或铺垫钢板等。

10）量测压力等仪表应注意保养，及时检修和定期标定，以减少量测误差。

5.17 夯扩灌注桩

5.17.1 适用范围

夯扩桩是沉管灌注桩与扩底桩结合的产物，它吸收了国外的夯击式沉管扩底桩的优点，并摒弃沉管灌注桩的一些缺点，是具有中国特色的一种桩型。

夯扩桩的沉桩机理是在锤击沉管灌注桩的机械设备与施工方法的基础上加以改进，增加1根内夯管，按照一定的施工工艺（无桩尖或钢筋混凝土预制桩尖沉管），采用夯扩的方式（一次、二次、多次夯扩与全复打夯扩等）将桩端现浇混凝土扩成大头形、桩身混凝土在桩锤和内夯管的自重作用下压密成型。

表 5-17-1 对夯扩桩和沉管扩底桩的基本原理进行对比分析。

夯扩桩与沉管扩底桩的基本原理一览表　　　　　　表 5-17-1

桩型		基本原理
夯扩桩		在锤击沉管灌注桩的机械设备与施工方法的基础上加以改进，增加1根内夯管，按照一定的施工工艺（无桩尖或钢筋混凝土预制桩尖沉管），采用夯扩的方式（一次、二次、多次夯扩与全复打夯扩等），将桩端现浇混凝土扩成大头形、桩身混凝土在桩锤和内夯管的自重作用下压密成型
沉管扩底桩	锤击振动沉管扩底桩	利用振动锤或振动锤与内击锤的共同作用沉管，在达到设计持力层后再用内击锤进行夯击处理，然后吊放钢筋笼，灌注混凝土，振拔桩管使之成桩
	静压（振动）沉管扩底桩	通过静压系统将套管（外管）沉至设计标高；其次用内夯管将管内混凝土击出管外，形成扩大头；然后灌入桩身混凝土，安放钢筋笼；最后拔出套管成桩
	静压沉管复合扩底桩	用顶压式静力压桩机将内外套管同时压入到设计深度后，提出内管分批将填充料和干硬性混凝土或低坍落度混凝土投入外管内，再用内管分批将填充料和干硬性混凝土或低坍落度混凝土反复压实在桩端形成复合扩大头；再次拔出内管后往外管中放置钢筋笼，灌满桩身混凝土；再将内管压在桩身混凝土上继续加压，最后拔出外管和内管，成桩

夯扩桩适用于单桩竖向极限承载力标准值不大于 4000kN 的工业与民用建筑。其中对单桩竖向极限承载力标准值大于 2000kN 的，属高承载力夯扩桩工程，在设计与施工时应采取相应措施。高层建筑夯扩桩基的直径可达 600mm。

夯扩桩成桩深度一般不宜大于 20m，若桩周土质较好，成桩深度可适当加深，但最大成桩深度不宜大于 25m。

夯扩桩的桩端持力层宜选择稍密～密实的砂土（含粉砂、细砂和中粗砂）与粉土、砂土、粉土与黏性土交互层及可塑～硬塑黏性土（福建部分地区已将花岗岩残积黏性土和稍密～中密砾卵石层作为夯扩桩的桩端持力层）。对高承载力夯扩桩宜选择较密实的砂土或粉土。桩端以下持力层的厚度不宜小于桩端扩大头设计直径的 3 倍；当存在有软弱下卧层时，桩端以下持力层厚度应通过强度与变形验算确定。

夯扩桩虽有一系列优点，但在淤泥层较厚的沿海、沿江地区，则应用较困难。针对 1995 年 10 月武汉某新建 18 层楼采用夯扩桩出现群桩整体失稳破坏的教训，武汉地区提出对有高灵敏度厚淤泥层地区，当设计为大片密集型布桩时，不宜采用夯扩桩。

1. 特点

（1）内管底部的干拌混凝土（无桩尖工艺）可有效起到止淤和短时止水作用，使后续混凝土灌注质量得到保证。

（2）桩身混凝土借助于桩锤和内夯管的下压作用成型，可避免或减少缩颈或断桩等弊病的产生。

（3）在夯扩过程中，锤击力经内夯管的传递，直接贯入桩端持力层，强制将现浇混凝土挤压成夯扩头的同时，也将桩端持力层压实挤密，使桩端持力层得以改善，桩端截面积增大，促使桩端阻力和桩承载力大幅度提高。

2. 优缺点

（1）优点

1）在桩端处夯出扩大头，单桩承载力较高。

2）借助内夯管和柴油锤的重量夯击灌入的混凝土，桩身质量高。

3）可按地层土质条件，调节施工参数、桩长和夯扩头直径以提高单桩承载力。

4）施工机械轻便，机动灵活，适应性强。

5）施工速度快，工期短，造价低。

6）无泥浆排放。

（2）缺点

1）遇中间硬夹层，桩管很难沉入。

2）遇承压水层，成桩困难。

3）振动较大，噪声较高。

4）属挤土桩，设桩时对周边建筑和地下管线产生挤土效应。

5）扩大头形状很难保证与确定。

5.17.2　施工机械与设备

我国只有少数厂家生产夯扩桩施工专用设备，多数施工情况是将沉管桩机改装后进行施工，故夯扩桩施工机械与设备呈现多样化及不同适用范围的特色。

1. 桩架和桩锤

桩架有榀杆式、井式和门式等。桩架行走方式一般为滚管式，少数为履带式和轨道式。

桩锤一般采用导杆式和筒式柴油锤，少数采用落锤，个别情况采用振动锤。

导杆式柴油锤为气缸冲击式。这种锤在软土中启动性能好，适用于打小型桩，近 20 多年来多用于夯扩桩和锤击沉管灌注桩。

导杆式柴油打桩锤构造示意见本章图 5-2-1，技术参数见本章表 5-2-2、表 5-2-3。

各地采用的桩架和桩锤大致有以下几种：

（1）采用 DDJ18 和 DDJ25 型桩架，加固后配置 DD18、DD25 和 DD40 导杆式柴油

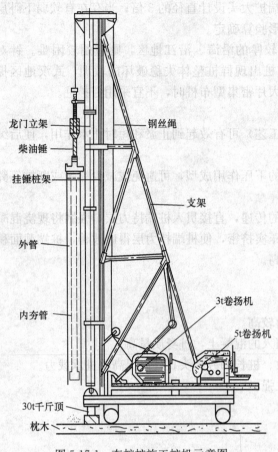

图 5-17-1 夯扩桩施工桩机示意图

（图中标注：龙门立架、柴油锤、挂锤桩架、外管、内夯管、3t卷扬机、5t卷扬机、30t千斤顶、枕木、钢丝绳、支架）

锤，用双管施工，桩径为 325、377、426mm，桩长一般在 12m 以内。

（2）采用井字式桩架，配置 DD25 和 DD40 导杆式柴油锤，用双管施工，桩径为 377、426mm，桩长可达 25m，适用于软土地区，而在桩端外应有较好的持力层。

（3）采用履带式挖掘机做动力，配门式桩架，配置 30kN 和 40kN 落锤或 D18 和 D25 筒式柴油锤，用双管施工，桩径为 377、426mm，桩长 18m。该设备移动方便，冲击拔管能量大，可进行全复打夯扩施工。

（4）采用滚管式或轨道式桩架，配置 DZ30 和 DZ40 振动锤以及钢筋混凝土预制桩尖，单管施工，用振动锤进行沉管与拔管作业，另外使用自重 20kN 的圆柱体钢锤在管内自由落锤式实施夯扩作业，桩径为 377、426mm，桩长可达 25m。

（5）采用滚管式或轨道式桩架，配置 DZ30 和 DZ40 振动锤进行沉管及拔管作业，用双管施工，在内夯管上配置 DD25 和 DD40 导杆式柴油锤实施夯扩作业，桩径为 377、426mm，桩长可达 25mm。

（6）采用 HDJ-40 型滚管式桩架（在 HDJ25 型桩架的基础上改装、加固而成），配置 DD40 导杆式柴油锤，用双管施工，桩径为 450、480、500、530mm，桩长 20m。

（7）采用东达工程机械有限公司生产的 JJ18A、JJ25C 系列滚管式夯扩桩架。图 5-17-1 为该公司生产的夯扩桩施工桩机示意图。

2. 桩管

夯扩桩外管一般采用直径 325、377、426、450、480、550、530、600mm 的钢管，相应的内夯管一般采用直径 219、247、273、297、325、377、426、450mm 的钢管配套使用。

内夯管底部需加焊 1 块直径比外管内径小 10～20mm、厚 20mm 左右的圆形钢板或夯锤头。为满足止淤封底的要求，内夯管长度比外管短 100～200mm，而不采用加颈圈。有的地区在外管上端增加 1 个与外管同径的加颈圈，加颈圈的高度需满足止淤封底要求，一般为 100～200mm。

内夯管在夯扩桩施工中起主导作用：①作为夯锤的一部分，在锤击力作用下将内外管同步沉入地基土中；②在夯扩时作为传力杆，将外管内混凝土夯出管外并在桩端形成夯扩头；③在桩身施工时，利用桩锤和内夯管本身的自重将桩身混凝土加压成型。

3. 桩尖

夯扩桩一般采用干硬性混凝土止淤封底的无桩尖沉管方式。其做法是在沉管前于桩位处预先放上高 100~200mm 与桩身混凝土同强度等级的干硬性混凝土，然后将内外管扣在干硬性混凝土上开始沉管。在沉管过程中干硬性混凝土不断吸收地基中的水分，形成一层致密的混凝土隔水层，起到止淤封底作用，也不影响管内后续混凝土的夯出。

当封底或沉管有困难时，则采用钢筋混凝土预制桩尖的沉管方式。

5.17.3 施工工艺

1. 施工程序

(1) 无桩尖一次夯扩桩施工程序

不设加颈圈的无桩尖一次夯扩桩施工程序：

①在桩位处按要求放置干硬性混凝土；②将内外管套叠对准桩位；③通过柴油锤将双管打入地基中至设计深度；④拔出内夯管，检查外管内是否有泥水，当有水时，投入干硬性混凝土，插入内夯管再锤击；⑤向外管内灌入高度为 H 的混凝土；⑥将内夯管放入外管内压在混凝土面上，并将外管拔起一定高度 h；⑦通过柴油锤与内夯管夯打外管内混凝土，把外管下部的混凝土夯出管外，同时不让外管跟下；⑧继续夯打管下混凝土直至外管底端深度略小于设计桩底深度处（其差值为 c），即外管和内夯管同步下沉到设计规定程度 $(h-c)$；⑨拔出内夯管；⑩在外管内灌入桩身所需的混凝土，并在上部放入钢筋笼；⑪将内夯管压在外管内混凝土面上，边压边缓缓起拔外管；⑫将双管同步拔出地表，则成桩过程完毕。

当采用加颈圈时，施工程序总体上相同，只是第 2)、4)、10) 步骤作如下改变：2) 对准桩位放置外管，同时把内夯管放在外管内，在其上放置直径与外管直径相同、高度为 100~200mm 的加颈圈；4) 把内夯管从外管内抽出，卸去外管上端的加颈圈；10) 将加颈圈放在外管上端，然后灌满桩身部分所需的混凝土。

图 5-17-2 为设加颈圈的无桩尖一次夯扩桩施工程序示意图。

(2) 无桩尖二次夯扩桩施工程序

设加颈圈的无桩尖二次夯扩桩施工程序（图 5-17-3）：

①在桩位处按要求放置干硬性混凝土；②将内外管套叠对准桩位，在其上放置直径与外管直径相同、高度为 100~200mm 的加颈圈；③通过柴油锤将双管打入地基中至设计深度；④拔出内夯管，检查外管内是否有泥水，当有水时，投入干硬性混凝土，插入内夯管再锤击；把内夯管从外管内抽出，卸去外管上端的加颈圈；⑤向外管内灌入高度为 H_1 的混凝土；⑥将内夯管放入外管内压在混凝土面上，并将外管拔起一定高度 h_1；⑦通过柴油锤与内夯管夯打外管内混凝土，把外管下部的混凝土夯出管外，同时不让外管跟下；⑧继续夯打管下混凝土直至外管底端深度略小于设计桩底深度处（其差值为 c_1），即外管和内夯管同步下沉到设计规定深度 (h_1-c_1)，形成夯扩头的雏形；⑨将内夯管从外管中抽出，悬于外管上空；⑩向外管内再灌入 H_2 高度的混凝土；⑪将内夯管放入外管内压在混凝土面上，并将外管再上拔设计规定高度 h_2；⑫将外管内混凝土夯出管外（不让外管跟下）后，继续锤击，使双管同步下沉 (h_2-c_2)，夯扩头形成；⑬将内夯管从外管中抽出，悬于外管上空；⑭在外管中放入钢筋笼；⑮在外管上端安放加颈圈，并向外管内灌入形成桩身所需混凝土量；⑯内夯管底压在外管内上端混凝土顶面上，边拔外管，内夯管自

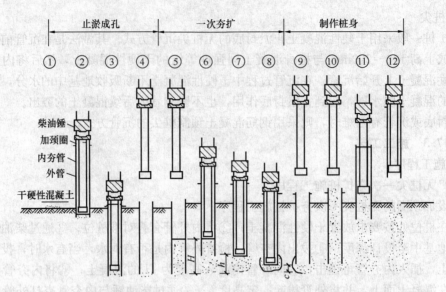

图 5-17-2 设加颈圈的无桩尖一次夯扩桩施工程序示意图

重边加压（注意内夯管应控制加压，内夯管底应高出钢筋笼上端 0.5m 以上），边压边缓缓起拔外管；⑰将双管同步拔出地表，则成桩过程完毕。

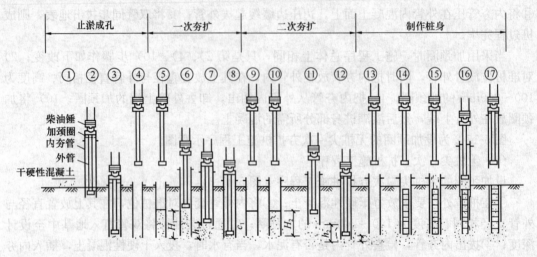

图 5-17-3 设加颈圈的无桩尖二次夯扩桩施工程序示意图

（3）全复打夯扩桩施工程序

全复打夯扩桩的施工程序近似于二次夯扩桩的施工程序，前者灌注二次桩身混凝土而后者只灌注一次桩身混凝土。

全复打夯扩桩施工程序（图 5-17-4）：

1）先进行一次夯扩程序，形成夯扩头（图 5-17-4 中①～④施工程序）；

2）提出内夯管，向外管中一次性灌入桩身所需的混凝土（图 5-17-4 中⑤施工程序）；

3）从桩顶面进行第二次沉管，边沉管，边将混凝土向地基侧向挤压扩大并沉至原深度（图 5-17-4 中⑥施工程序）；

4）实施第二次夯扩程序（图 5-17-4 中⑦施工程序），将原夯扩头进一步扩大；

5）第二次灌足桩身混凝土（图 5-17-4 中⑧施工程序）；

6）将双管同步拔出地表，则成桩过程完毕（图 5-17-4 中⑨施工程序）。

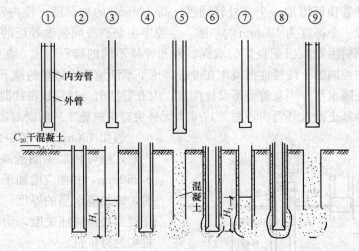

图 5-17-4 全复打夯扩桩施工程序示意图

（4）有预制桩尖夯扩桩施工程序

有预制桩尖夯扩桩施工程序（图 5-17-5）：

① 将带预制桩尖的外管打入设计深度；②向外管内灌入混凝土；③向外管内灌入形成夯扩头所需的混凝土（即在外管内的高度为 H）；④将内夯管放入外管内压在混凝土面上，将外管上拔高度 h，并将外管内混凝土夯出管外；⑤继续锤击双管同步沉入（$h-c$）深度形成夯扩头；⑥从外管中拔出内夯管；⑦在外管内灌入桩身所需的混凝土，并在上部放入钢筋笼；再将内夯管压在外管内混凝土面上，边压边缓缓起拔外管；⑧将双管同步拔出地表，则成桩过程完毕。

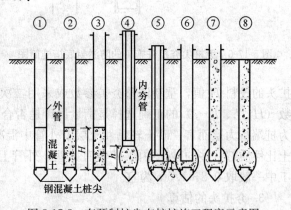

图 5-17-5 有预制桩尖夯扩桩施工程序示意图

在沉管时，为阻止地基中地下水和淤土挤入外管内，在预制桩尖的颈部与外管下端接触处应加三圈草绳，以堵塞缝隙。

采用无预制桩尖干硬性混凝土止淤封底，方法简单，成本低，施工工序连续性好，故目前大部分采用此种施工工艺。

2. 施工特点

（1）合理地选择桩锤是保证施工顺利进行的重要因素。桩锤应根据工程地质条件、桩径、桩长、单桩竖向承载力、布桩密度及现场施工条件等因素，通过试成桩合理选择使用。

（2）止淤封底措施成功与否是无桩尖夯扩桩施工成败的关键，即在外管和内夯管同步下沉到设计深度后，当抽出内夯管时如何有效地防止地下水和地基土淤入外管内的问题。因此，正式施工前必须进行试成孔试验，以确保止淤封底效果良好。通常取用外管与内夯管等长，并在外管顶部增加一个与外管同径、高130mm的加颈圈，使内、外管组合后，在外管下端形成一个高度为130mm的空腔。空腔中由与桩身同强度等级的干硬性混凝土所充填，这种填料由颗粒级配良好的水泥、砂和粒径不同的碎石组成，在锤击沉管过程中，下端开口空腔内的干硬性性混凝土在冲击高压下渐渐地吸入适量的地下水，而形成一层致密的混凝土隔水层。当双管沉至设计深度，内夯管抽出，这层致密的混凝土层有效地阻止地下水和地基土淤入外管内。图5-17-6为无桩尖夯扩桩施工的防淤封底措施简图。

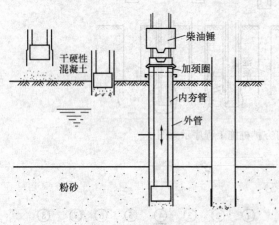

图5-17-6 无桩尖夯扩桩施工的防淤封底措施简图

假如130mm高度加颈圈止淤封底失效，则可将加颈圈的高度增加到200～250mm，并相应增加干拌混凝土的用量，增加隔水层的厚度。假如采取这一止淤封底措施还失败，则可采用带预制桩尖的夯扩桩。

（3）在夯扩顺序中的最后一道形成夯扩头的双管同步下沉（$h-c$）高度的控制是夯扩顺序的关键。成功的夯扩桩施工，双管同步下沉至（$h-c$）高时时，往往要锤击50次以上，而此时柴油锤跳得最高，锤击贯入度却最小；反之，则说明夯扩效果不理想，应增加夯扩头的投料 H 值，重新调整夯扩参数或采用二次夯扩顺序等。总之，夯扩桩施工工艺参数（H、h、$h-c$）的正确选择是衡量设计是否合理，施工是否切实可行的重要指标。作为桩端持力层而言，砂土较黏性土层中外管中混凝土高度 H 值宜大些，性质差一些的砂土比性质好一些的砂土中的 H 值宜大些。外管上拔高度 h 一般取（0.40～0.55）H，施工中一般取0.8～1.5m为宜。

3. 夯扩头的估算

夯扩桩是一种以桩端夯扩头支承为主的桩型，而夯扩头依靠现浇混凝土锤击夯扩挤压成型，却又隐藏在地层深处，桩端没有像预制桩那样固定的尺寸，因此设法估算夯扩头的最大直径，对估算桩的端阻力和承载力，具有实用价值。

工程桩实测夯扩头形状与模拟试验夯扩头结果表明：在压缩模量大的中密粉砂、硬塑粉质黏土持力层中，侧向阻力大较难夯扩，其形状呈扩大的圆柱体；在桩端为中密的粉土、可塑粉质黏土中，其夯扩头形状呈中间略大的腰鼓型；桩端在压缩模量较小的稍密粉土持力层中，侧压阻力较小，较易夯扩，夯扩头呈近似的灯泡形状；而桩端在高压缩性、压缩模量小的淤泥质土持力层中，侧向阻力小，自由挤压其夯扩头形状近似呈球体。

随着夯扩桩在有关地区试验、推广与应用，国内有关规范、规定及有关单位相继提出夯扩头直径的估算公式。这些估算公式的模式大致上均采用夯扩头投料量经过夯扩工序转变为假想的体积，然后考虑修正系数，估算出夯扩头直径。以下介绍《武汉市夯扩桩设计施工技术规定》（WBJ 8-97）的估算公式。

夯扩桩的桩端扩大头直径（图 5-17-7）按式（5-17-1）估算：

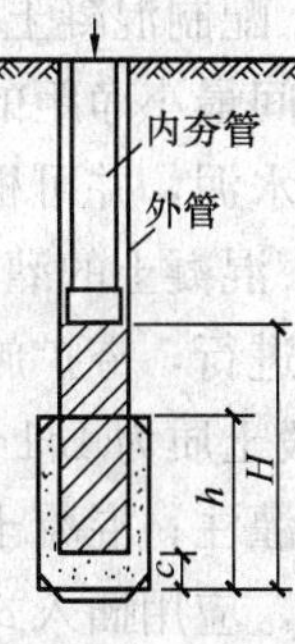

$$D_n = \alpha_n d_0 \sqrt{\dfrac{\sum\limits_{i=1}^{n} H_i + h_n - c_n}{h_n}} \qquad (5-17-1)$$

式中　D_n——夯扩 n 次的扩大头计算直径（m）；

　　　　α_n——扩大头直径计算修正系数，可按表 5-17-2 采用；

　　　　d_0——外管内径（m）；

　　　　H_n——夯扩 n 次时外管中灌注混凝土高度（m）；

　　　　h_n——夯扩 n 次时外管上拔高度（m）；

　　　　c_n——夯扩 n 次时外管下沉底端至设计桩底标高之间的距离，一般取 $c=0.2$m。

图5-17-7　夯扩头直径计算

夯扩施工设计参数　　　　　　　　　　　　　　　表 5-17-2

持力层土类	桩端土比贯入阻力 p_s（N/mm²）	每次夯扩投料高度（m）	一次夯扩大头直径计算修正系数 α
黏性土	<2.0	3.0~4.0	0.93
	2.0~3.0	2.5~3.5	0.90
	3.0~4.0	2.5~3.5	0.87
	>4.0	2.5~3.5	0.84
粉土	<2.0	3.5~4.0	0.98
	2.0~3.0	3.0~3.5	0.95
	3.0~4.0	2.5~3.5	0.93
	>4.0	2.5~3.5	0.90
砂土	<5.0	3.0~4.0	0.95
	5.0~7.0	3.0~3.5	0.92
	7.0~10.0	2.5~3.5	0.89
	>10.0	2.5~3.5	0.86

注：1. 每增加一次夯扩的计算修正系数可将表中 α 值乘以 0.9，即有：$\alpha_n = \alpha_1 \cdot (0.9)^{n-1}$。

　　2. 根据实际工程资料，一次、二次及三次夯扩计算所得的扩大头最大直径 D 一般不超过桩径的 1.5、1.9、2.3 倍。

4. 施工注意事项

（1）把握住两大关键工序

夯扩桩是带有复杂扩底工艺和夯扩施工参数的一种承载力较高的桩型，其施工程序比直柱型沉管灌注桩要复杂得多，其中两大关键工序为干硬性混凝土土塞效应的止淤封底措施和夯扩工序。

（2）止淤封底质量控制

当锤击双管沉管至设计深度后，抽出内夯管必须检查内夯管下端是否干燥，外管内有无水进入。如果止淤封底失效，则应采取有效措施。

（3）混凝土制作与灌注要求

1）混凝土的配合比应按设计要求的强度等级，通过试验确定；混凝土的坍落度应按扩大头和桩身部分分别制作，扩大头部分以 40~60mm 为宜，桩身部分以 100~140mm（$d \leqslant 426$mm）及 80~100mm（$d \geqslant 450$mm）为宜。

2）配制混凝土的粗骨料可选用碎石或卵石，其最大粒径不宜大于 40mm，且不得大于钢筋间最小净距的 1/3；细骨料应选用干净的中粗砂；水泥宜用矿渣硅酸盐水泥或普通硅酸盐水泥，并可根据需要掺入适量的外加剂。

3）混凝土的灌注分扩大头和桩身两部分；扩大头部分的灌注应严格按夯扩次数和夯扩参数进行，夯扩施工设计参数可参照表 5-17-2；桩身混凝土灌注应保证充盈系数不小于 1，一般土质为 1.1～1.2，软土为 1.2～1.3。当桩长较长或需配置钢筋笼时，桩身混凝土宜分段灌注；混凝土顶面应高出桩顶 0.3～0.5m；对上部为松散杂填土层，当内外管提出地面后，应用插入式振捣器对上部 2m 左右高度的桩身混凝土振捣密实。

（4）夯扩工序的要求

夯扩工序应按设计参数严格执行，要求施工均匀，夯扩参数 H、h、$h-c$ 的施工误差控制在 ±0.1m 以内。现场施工质量要有专人负责、检查和做详细记录。

夯扩工序中先灌注入形成夯扩头所需要的混凝土（即在外管内的高度为 H），而后将内夯管放入外管内压在混凝土面上，再将内夯管提出后外管上拔 h 高度，再放下锤和内夯管，通过内夯管底传递锤击力，将外管内混凝土夯出管外，此时桩端混凝土已与周围地基土全接触，再锤击双管同步沉入（$h-c$）深度，这正是夯扩头强制挤压扩大与形成的关键时刻。成功的夯扩工序，在桩端挤密持力层形成夯扩头的过程中，柴油锤应跳得最高，锤击贯入度最小，夯扩锤击次数较多（一般在 50 击以上）；如果在打试桩过程达不到上述夯扩效果，一般可采用增大夯扩头混凝土的投料高度 H 值或采用二次夯扩、三次夯扩工序来达到既增大夯扩头直径、又能挤密桩端地基土的双重作用。

（5）桩距与布桩平面系数

所谓布桩平面系数是指同一建筑物内，桩的横截面面积之和与边桩外缘线所包围的场地面积之比。关于桩距，除遵照规范、规程规定外，还应采取相应的措施，严守操作规程，方可避免或减少断桩、颈缩等质量事故。关于布桩系数，施工实践证明，当布桩系数大于 5% 时，施工中土体易隆起，桩易产生颈缩、断桩、偏位，故布桩系数一般不宜大于 5%，当布桩系数 6%～7% 以上时，在设计、施工中应采取相应措施，防患于未然。

（6）桩位控制

施工前必须复核桩位，其施工允许偏差按《建筑地基基础工程施工质量验收规范 GB 50202—2002》规定如下：

套管成孔灌注桩的平面位置和垂直度的允许偏差　　　表 5-17-3

成孔方法		桩径允许偏差（mm）	垂直度允许偏差（%）	桩位允许偏差（mm）	
				1～3 根、单排桩基垂直于中心线方向和群桩基础的边桩	条形桩基沿中心线方向和群桩基础的中间桩
套管成孔灌注桩	$D \leqslant 500mm$	−20	<1	70	150
	$D > 500mm$			100	150

在沉桩过程中遇偏位的，应及时补救，予以纠正；不能补救的，应做好记录，注明原因，提请设计单位，采取补强措施。

（7）打桩顺序

打桩顺序的安排应有利于保护已打入的桩不被压坏或不产生较大的桩位偏差。打桩顺序应符合下列规定：

1）可采用横移退打的方式自中间向两端对称进行或自一侧向单一方向进行；

2）根据基础设计标高，按先深后浅的顺序进行；

3）根据桩的规格，按先大后小、先长后短的顺序进行；

4）当持力层埋深起伏较大时，宜按深度分区进行施工。

当桩中心距大于 4 倍桩身直径时，按顺序作业，否则采用跳打法，以减少相互影响。

（8）合理确定贯入度

《武汉市夯扩桩设计施工技术规定》WBJ 1-10-G3 规定：桩管入土深度的控制一般以试成桩时相应的锤重与落距所确定的贯入度为主，以设计持力层标高相对照为辅。

《浙江省建筑软弱地基基础设计规范》DBJ 10-1-90 规定：夯扩桩的设计桩长与沉管最后贯入度双重控制沉管的深度，根据具体的桩端持力层的性质、锤击能量及设计要求，或通过试桩来决定，以最后两阵的平均贯入度作为控制标准。

由上述规范、规定可知试成桩确定的贯入度成为夯扩桩施工质量控制的关键技术指标。

（9）拔管时应遵守下列规定

1）在灌注混凝土之前不得将桩管上拔，以防管内渗水。

2）以含有承压水的砂层作为桩端持力层时，第一次拔管高度不宜过大。

3）拔外管时应将内夯管和桩锤压在超灌的混凝土面上，将外管缓慢均匀地上拔，同时将内夯管徐徐下压，直至同步终止于施工要求的桩顶标高处，然后将内外管提出地面。

4）拔管速度要均匀，对一般土层以 2～3m/min 为宜，在软弱土层中与软硬土层交界处以及扩大头与桩身连接处宜适当放慢，以 1～2m/min 为宜。

（10）减少挤土效应的措施

大片密集型夯扩桩基施工的挤土效应不容忽视，对此应制定相应减少挤土效应的措施。具体而言，有以下可供选择的措施：

1）设置袋装砂井或塑料排水板，以消降部分超孔隙水压力。袋装砂井直径一般为 70～80mm，间距 1～1.5m；塑料排水板的深度、间距与袋装砂井相同。

2）井点降水，在一定深度范围内，不致产生超孔隙水压力。

3）预钻排水孔，疏排孔深范围的地下水，使孔隙水压力不致升高。

4）设置隔离钢板桩或桩排式旋喷桩，以限制沉桩的挤土影响。

5）开挖一定深度（以边坡能自立为准）的防振沟，可消除部分地面振动，沟宽 0.5～1.5m。

6）采取先以螺旋钻机钻孔取土、后施打夯扩桩的双机顺序作业方式施工，以减弱地基变形。

7）控制沉桩速度，视邻近建筑物和地下管线的距离等情况，控制日沉桩数。

8）合理安排打桩施工顺序或采用跳打法施工，以增加同一地点沉桩的间歇时间。

9）设置应力释放孔，一般孔径 400～700mm，孔深 25～30m，可降低孔隙水压力，又使释放孔附近的土体有明确的挤压方向，起到引导土体挤压趋势的作用。

10）控制布桩平面系数。

11）打桩过程中，对场地孔隙水压力、地面隆起量、邻近建筑物的沉降量进行观察。

（11）在粉砂层中施工措施

1）在粉砂层尤其是表土亦为较松散粉砂土时，应采取边打边退措施；布桩密度较高时应先打中间桩后打外侧桩；桩机行走应远离已成形桩；以防止造成桩顶混凝土裂缝、缩颈及桩顶位移过大等现象。

2）在饱和粉砂土区施工，沉桩时应采用合适高度的加颈圈，以防止桩端土或地下水向管内上涌。

3）桩端为中密～密实粉砂土时，应合理掌握沉管沉入深度，以防止产生拔管困难甚至拔不出外管的情况。

（12）克服桩端土出现"弹簧"现象的措施

在含水率较高的黏土中施工，夯扩过程中桩端极易出现"弹簧"现象，表现为夯出管内混凝土时，出现内夯管弹跳，难以夯扩成型。为避免发生该现象，可采取下述措施：

1）采用少投勤夯、减小夯扩部分混凝土坍落度和适当增加锤重等方法。

2）采取拔出内夯管在一次夯扩前首先灌入高度为1m左右的干砂，拔出外管，再内外管同步沉入光复打干砂，造成"砂裹桩"，然后再进行正常混凝土夯扩工序。

（13）防止桩身缩颈的措施

在含水量高的淤泥质土中，桩沉管时强制挤密土体，在其内部产生超孔隙水压力，土体受到强烈振动原有结构被破坏，黏结力也降低。拔管时超孔隙水压力超过混凝土自重产生的侧向压力，土体挤向新灌注的桩长而导致缩颈。

防止桩身缩颈的措施：

1）严格控制拔管速度，采用慢拔密振的方法，将在淤泥质土层中的拔管速度控制在0.6～0.8m/min。

2）拔管时外管内混凝土高度保证在2m以上，且比地下水位高1～2m，以保证混凝土的侧向压力。

3）严格控制混凝土的配合比，粗骨料粒径不宜过大，适当增加水泥含量，减少混凝土坍落度，保证其和易性和浇捣质量。

4）在炎热季节，及时用清水冲刷桩管内壁上残留的灰浆，以减少施工时桩管内壁对混凝土下滑的阻力。

5.18 载 体 桩

5.18.1 适用范围及分类

载体桩是指采用桩锤夯击、反压护筒成孔或沉管设备成孔，达到设计标高后，分批向孔内填入碎砖及碎石等填充料，用柱锤反复夯实、挤密；当满足设计要求的三击贯入度要求后，再向孔内填入干硬性或低流态混凝土，用柱锤夯实挤密，在桩端形成复合载体；然后放置钢筋笼、灌注混凝土或直接放置预应力管节而形成的桩。简而言之，载体桩是由混凝土桩身和复合载体构成的桩，其中复合载体是指由混凝土、夯实填充料和挤密土体三部分构成的承载体，见图5-18-1。

1. 承载机理

通常，载体桩桩长都比较短。实测表明，复合载体施工完毕后，桩端下深 3～5m、宽度 2～3m 范围内的土体都得到有效挤密，承载力和压缩模量也有一定程度的提高。在受力时，桩侧阻力都比较小，大部分荷载通过桩身传递到桩端的载体，再通过载体传递到持力层土体上，而载体由三部分组成，从混凝土、填充料到挤密土体，材料的压缩模量逐级降低、承载力也逐级降低，下一层材料对于上一层材料，是软弱下卧层，应力在每一软弱下卧层顶都被扩散、降低，因此从桩身传递的附加应力经过三种材料逐级扩散，当传递到持力土层时，附加应力已大大降低，小于地基土的承载力，这是载体桩单桩承载力高的主要原因。

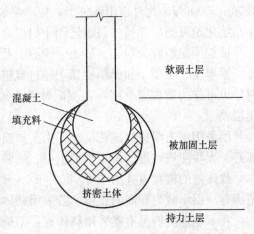

图 5-18-1　载体构造示意

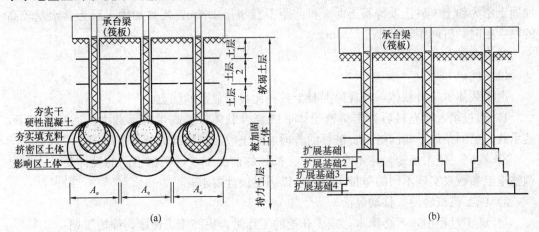

图 5-18-2　载体桩的受力传递示意
（a）载体桩构成；（b）等效扩展基础

从受力上分析载体桩受力类似扩展基础的受力。当上部荷载作用在桩顶时，通过桩身传到复合载体，并最终将荷载扩散到扩展基础底部的持力土层。桩身可以等效为传力的杆件，复合载体等效为传递荷载的扩展基础。当桩间距在 2.0～3.0m 之间，采用承台梁和载体桩的基础，其受力可以等效为条形基础的受力；若采用独立承台，载体桩基础的受力可以等效为独立柱基的受力；若采用满堂布置的载体桩，则其受力可以等效为筏板基础的受力，如图 5-18-2 所示。因此载体桩基础将地基处理的问题演变为结构设计中的基础设计问题。载体桩通过沉管深度来控制载体基础的埋深；通过三击贯入度对干硬性混凝土和填料的施工进行控制，实现载体扩展基础的面积。因此，选择合适的被加固土层和持力土层是发挥载体桩承载能力的关键因素之一。

2. 适用范围

载体桩一般适用于单桩竖向极限承载力不大于 4000kN 的工业与民用建筑；在地层土质条件（持力土层为中粗砂、砾砂及卵石等）合适的条件下，单桩竖向极限承载力也可达

4000～6000kN，此时选用该桩型，应严格进行桩身强度验算。此桩型主要用于多层建筑、小高层建筑及高层建筑（目前已用于引层高层建筑）。

被加固土层宜为粉土、砂土、碎石土及可塑、硬塑状态的黏性土。当软塑状态的黏性土、素填土、杂填土和湿陷性黄土经过成桩试验和载荷试验确定载体桩的承载力满足要求时，也可作为被加固土层。在湿陷性黄土地区采用载体桩时，载体桩必须穿透湿陷性黄土层。

因采用锤击跟护筒成孔工艺，由于护筒护壁，加之锤的质量较大，因此可穿越不富含孤石、大块建筑垃圾的人工杂填土层、软弱松散层、湿陷性黄土层及可液化土层等。

载体桩的桩径可选用 400、500 和 600mm。桩长一般不超过 24m。当桩顶以下 4～6m 范围有一层承载力较高的土层，若采用载体桩，技术经济效益更显著。

在下列地层情况不能采用载体桩：①地表下淤泥及淤泥质黏土层深厚；②湿陷性黄土层深度；③沿海浅岩地层，即地表下软土层较浅，且其以下紧接为岩层；④由于承压水而无法成直孔时。

载体桩桩间距不宜小于 3 倍桩径，且载体施工时不得影响到相邻桩的施工质量。当被加固土层为粉土、砂土或碎石土时，桩间距不宜小于 1.6m；当被加固土层为含水量较高的黏性土时，桩间距不宜小于 2.0m。

3. 优缺点

（1）优点

由于载体桩具有载体，与普通混凝土桩相比具有显著的优点：

1）通过填入填充料后夯击挤密土体形成复合载体，提高单桩承载力。通常情况下，其承载力是同条件下相同桩径、桩长的普通混凝土灌注桩承载力的 3 倍以上；

2）在同一施工场地，在不改变桩长、桩径的前提下，可根据不同的设计要求，通过调整施工参数来实现不同的单桩承载力，以满足设计要求；

3）施工机械轻便，移动灵活；

4）施工过程中，不必降水，减少开挖的工程量，提高施工速度，缩短工期；

5）施工过程中无泥浆产生，同时还消耗大量的建筑垃圾和工业废料，保护建筑环境；

6）由于施工过程中采用建筑垃圾等废料，减少建筑材料的消耗，同时采用该技术减少部分施工工艺，降低施工造价；

7）采用三击贯入度进行控制，有利于减少建筑物的沉降。

（2）缺点

1）该工艺对周围建筑物和地下管线产生挤土效应；

2）在填料夯击过程中有轻微振感；

3）当地下水位较高时，应注意封水、止水。

4. 分类

按桩身成型情况，载体桩可分为现场灌注桩身载体桩和预制桩身载体桩两大类。当采用载体桩作为复合地基中的增强体时，载体桩桩身可不配筋。

5.18.2 施工机械及设备

1. HKJ-4 型液压步履式载体桩机主要技术参数

载体桩成孔采用桩锤夯击、护筒跟进成孔，再对桩端土体进行填料和夯击工艺，整个施工工艺由 HKJ-4 型液压步履式载体桩机完成。

该机的主要技术参数见表 5-18-1，该机的构造示意见图 5-18-3。

HKJ-4 型液压步履式载体桩机主要技术参数 表 5-18-1

参数名称	单位	参数
落锤质量	kg	3500
桩架总高度	m	15.6
最大桩径	mm	460
桩深	m	12
每分钟打击次数	次/min	2.5
主卷扬机牵引力	kN	60
主卷扬机功率	kW	22
副卷扬机功率	kW	11.4
外形尺寸（长×宽）	mm	7610×2260
设备总质量	kg	18000
电源	三相 380V 50Hz	

HKJ-4 型液压步履式载体桩机的特点：采用液压传动和控制，施工移动灵活、就位方便；船型步履式行走装置，接地比压小，耐振性能好；产品功能多，装运方便；其回转、前进及后退功能操作简单，同时该设备对使用环境条件无特殊要求，电源采用普通三相交流：380V，50HZ 即可。

2. HKJ-4 型液压步履式载体桩机的结构组成

该设备由机架、底座部分、主卷扬机、副卷扬机、液压系统、控制台、落锤及护筒等组成，如图 6-18-3 所示。顶部滑轮和主卷扬机用于起吊落锤进行夯击作业，三轮滑车及副卷扬机用于压入和拔出护筒。底座部分及液压系统用于设备自身移动、调整对位以及保持设备的稳定性。

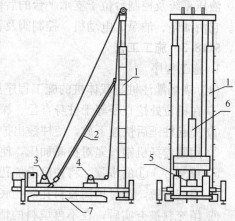

图 5-18-3 液压步履式载体桩机构造示意
1—桩架中空杆；2—支承杆；3—主卷扬机；
4—副卷扬机；5—护筒；6—细长锤；
7—液压步履系统

（1）机架部分

机架构成整个机器的骨架，安装在支承平台上，由立柱、护筒导向滑道、横梁、滑轮组、斜撑及连杆组成，两根立柱位于支承平台的前端，立柱的内侧有护筒导向滑道用于控制护筒；立柱的上部是上横梁，上横梁上装有滑轮组和三轮滑车，用来引导钢丝绳牵引柱锤和护筒。立柱的后面设有斜撑和连杆，用于增加立柱的稳定性，它们均可拆卸，便于运输。

（2）底座部分

底座部分用来支承平台，并保证平台灵活移动。底座部分由回转台、步履和支腿等组成。回转台与支承平台用回转支承连接，通过液压驱动可使支承平台在回转台上转动；步履为两个由槽钢焊接成，用以支撑整个设备；四个支腿内设有液压缸，支腿可自由伸缩。当支腿伸长时可使步履离开地面，通过液压驱动可使步履前后移动，实现设备的行走功能。

（3）其他部分

在支承平台上，装有主卷扬机、副卷扬机、控制部分和液压系统。

副卷扬机在支承平台的前面，它与三轮滑车及平台前端的反压滑轮配合，用以压入和提升护筒。副卷扬机由卷筒、行星齿轮传动装置、刹车装置、托架和电动机组成。电动机转动时，卷筒上的刹车刹住，大内齿轮上的刹车松开，这样卷筒不动，仅大内齿轮回转。交替操作两刹车手柄，即可使卷筒间转、间停，控制牵引钢丝绳的速度。如要利用绳端的重物放绳，可将电动机反转，下放速度可借刹车的半制动加以控制。

主卷扬机在支承平台的中部，它与上横梁上的天轮配合牵引落锤，进行锤击操作以形成桩孔，它是设备的主要部分。主卷扬机由卷筒、离合器、制动器、减速器、联轴器、电动机、操纵部分及电器等组成。工作时，电动机空载启动，联轴器、减速器开始工作；当离合器接合后带动卷筒运转，缠绕在卷筒上的钢丝绳牵引落锤上升；达到一定高度时使离合器松开，落锤靠重力下落，到位后拉紧制动器使卷筒惯性转动停止。

液压系统及控制台位于支承平台的后部，液压系统用以为设备各部分的液压缸提供动力。它由油箱、油泵、电动机、控制阀及管路等组成。

5.18.3 施工工艺

1. 施工程序

（1）现场灌注桩身载体桩的施工程序见图 5-18-4。

① 在桩位处挖直径等于桩身直径、深度约为 500mm 的桩位圆柱孔，移机就位；

② 提起柱锤后快速下放，使柱锤出护筒、入土一定深度；

③ 用副卷扬机钢丝绳对护筒加压，使护筒底面与锤底平齐；

④ 重复②、③的步骤，将护筒沿桩孔沉入到设计深度；

⑤ 提起柱锤，通过护筒投料孔向孔底分次投入填充料，并进行大能量夯击；

⑥ 填充料被夯实后，在不再填料的情况下连续夯击三次并测出三击贯入度，若三击贯入度不满足设计要求，重复 5）和 6）的步骤，直至三击贯入度满足设计要求为止；

⑦ 通过护筒投料孔再向孔底分次投入设计需要的干硬性或低流态混凝土，并进行夯击；

⑧ 放入钢筋笼；

⑨ 灌注桩身混凝土。

（2）预制桩身载体桩施工程序

为确保桩身质量，可采用预制钢筋混凝土桩身，该类型载体桩的施工程序 1）～7）与现场灌注桩身载体桩的施工程序相同，不同之处在于：

1）在夯实后的干硬性或低流态混凝土面上注入适量的水泥砂浆；

2）将预应力管桩或预应力空心方桩插入孔内并轻压；

3）在桩内填入碎石混凝土并在桩顶部分设置与承台的连接钢筋；

4）拔出护筒，用碎石或粗砂填充桩节周围的空隙后进行压力注浆，直至浆液从桩周

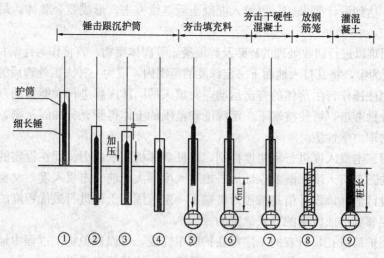

图 5-18-4　现场灌注桩身载体桩的施工程序

冒出地表；

5）取出注浆管后成桩。

图 5-18-5 为预制桩身载体桩构造示意图。

2. 施工技术核心

载体桩施工技术是在一定深度具有足够侧限约束下的特定土层中，通过柱锤冲击能量克服剪切力成孔，多次填以适当的填充料进行多次夯实挤密，使桩端土体实现最大的密实，达到设计要求三击贯入度，形成等效计算面积为 A_e 的多级扩展基础，实现应力的扩散。一定埋深是为了保证足够的侧向约束，它是土体密实的必要条件；柱锤夯击提供夯实土体的能量，是土体密实的外力条件；测量三击贯入度是为检测土体的密实度，是夯实土体的最终结果。故载体桩技术的核心为土体的密实，通过实现土体密实形成等效扩展基础。

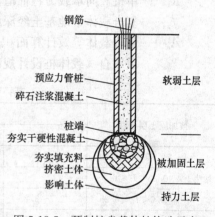

图 5-18-5　预制桩身载体桩构造示意

因此，载体桩技术主要研究桩端土体的密实，研究在一定埋深下的最优的施工间距、填充料和夯击能，以实现最佳密实度和最低的造价。

3. 技术特点

（1）受力形式的创新革命。从根本上改变了人们的常规思维，通常的桩基础，其承载力总是来源于桩侧阻力和桩端阻力。而载体桩通过在桩端与作为持力层的较好地基土层之间形成荷载扩散，这样由不同材料组成的"复合载体"连同其周围被挤密的土体，形成无筋扩展基础，从而充分调动桩端地基土体的承载力，达到提高桩的承载能力的目的。这正是载体桩基础与其他常用桩基础的最大区别。

（2）采用独创的锤击跟管工艺和反压及振动装置，施工时用柱锤夯击，护筒跟进冲切地基成孔，达到设计标高后，柱锤夯出护筒底一定深度，再分批向孔内投入填充料，用柱锤反复夯实，达到设计要求后，再填入混凝土后继续夯击，形成复合载体，最后施工混凝土桩身。

（3）利用难以进行回收处理的碎砖及碎混凝土等固体废物，直接作为建筑材料，通过柱锤夯实，变废为宝，将其打入地面下一定深度的范围内，成为一种人工处理后的复合载体。

（4）利用柱锤作自由落体的夯击运动，对填入的固体废物进行大能量的夯击挤密，通过对填充料分批夯击，可使桩端下一定深度和范围的土体得到充分加固挤密，显著地改善原状土层的物理力学性质。

（5）采用三击贯入度进行密实度控制，保证载体桩的承载力。即在设定的锤击能的作用下不填料的三击贯入度，既要保证后一击贯入度不大于前一击贯入度，又要保证三击总贯入度小于设计值，该设计值是按照对桩端下一定范围的土体进行最优程度的夯实，但是又不对其他相邻桩造成破坏的方式确定的。

（6）采用护筒成孔，所有的工序都在护筒中完成，可以避免施工过程中地下水对施工的影响，且在地下水位较高的地区施工时不需降水，降低施工成本。

（7）采用浅基础承载力的计算方法估算单桩竖向承载力特征值，并提出了复合载体的等效计算面积的概念，简化了计算：

$$R_a = f_a \cdot A_e \tag{5-18-1}$$

式中　R_a——单桩竖向承载力特征值；

　　　f_a——复合载体下地基土经深度修正后的地基特力层承载力特征值；

　　　A_e——复合载体等效计算面积，在没有当地经验值时其值可按表 5-18-2 选用（本表取自《载体桩设计规程》JGJ 135—2007）。

载体等效计算面积 A_e（m²）

表 5-18-2

被加固土层土性		三击贯入度（cm）				
		<10	10	20	30	>30
黏性土	$0.75 < I_L \leqslant 1.0$	—	2.0~2.3	1.6~1.9	1.4~1.7	<1.8
	$0.25 < I_L \leqslant 0.75$	—	2.3~2.6	1.9~2.2	1.7~2.0	<2.1
	$0.0 < I_L \leqslant 0.25$	2.7~3.2	2.6~2.9	2.2~2.6	2.0~2.3	<2.2
粉土	$e > 0.8$	2.4~2.7	2.2~2.5	1.9~2.2	1.6~1.9	<1.7
	$0.7 < e \leqslant 0.8$	2.7~3.0	2.5~2.8	2.2~2.5	1.9~2.2	<2.0
	$e \leqslant 0.7$	3.0~3.4	2.8~3.1	2.5~2.8	2.2~2.5	<2.3
粉砂 细砂	中密	2.7~3.1	2.4~2.8	2.1~2.5	1.8~2.2	<1.9
	稍密	3.1~3.5	2.8~3.2	2.5~2.9	2.2~2.6	<2.2
中砂 粗砂	中密	2.9~3.4	2.7~3.1	2.4~2.8	1.9~2.4	—
	稍密	3.4~3.8	3.1~3.5	2.8~3.2	2.4~2.8	—
碎石土	中密	3.2~3.8	2.9~3.4	2.6~3.0	—	—
	稍密	3.8~4.5	3.4~3.8	3.0~3.4	—	—
杂填土		2.4~2.9	2.1~2.5	1.8~2.2	1.5~1.9	<1.6

注：当桩长超过 10m 时，应计入桩侧阻的影响。

（8）采用即打即压方式，进行载体桩的填充料夯实效果竖向抗压静载试验。试验时用柱锤替代桩身作为传力杆，这样填充料经夯实挤密后可立即进行抗压静载试验，便可大致判断载体桩的竖向抗压承载力，以确定载体桩的主要参数及施工工艺。

4. 载体桩与普通夯扩灌注桩的区别

（1）方法不同

夯扩桩是在锤击沉管灌注桩机械设备与施工法的基础上加以改进，增加1根内夯管，按照一定的施工工艺，采用夯扩的方式将桩端混凝土形成扩大头，桩身混凝土在桩锤和内夯管的作用下密实成型的施工工艺。载体桩是通过柱锤，在桩端填料夯实形成载体，再灌注混凝土的施工工艺。

（2）构造不同

夯扩桩由混凝土桩身和混凝土扩大头构成，扩大头为单一的混凝土材料；而载体桩由混凝土桩身和复合载体构成，复合载体是由多种部分组成的复合体。

（3）研究重点不同

夯扩桩研究的重点为选择在什么样的土层中形成扩大头，以及采用什么样的工艺使桩端扩大头最大；而载体桩研究的重点为选择什么样的土体作为被加固土层和持力层，选择多少填充料实现土体的最大限度的密实，最大限度提高单桩承载力。

（4）侧阻所占比例和承载力的计算方法不同

载体桩的承载力主要来源于复合载体，载体的承载力源于应力扩散，桩侧阻力在整个单桩承载力中所占的比例较少，在设计中侧阻常常作为安全储备，载体桩承载力的计算方法参照浅基础承载力的计算方法计算；而夯扩桩的承载力一部分来源于扩大头外，还有相当一部分来于桩侧阻力，故设计中不能忽略侧阻，单桩承载力的计算按普通桩基础承载力的计算方法计算。

（5）控制指标不同

夯扩桩通过控制每次填入的混凝土体积、外管上拔高度实现设计的扩大头面积；而载体桩的控制指标为三击贯入度，通过控制三击贯入度实现设计要求的载体等效计算面积。

5. 施工要点

（1）当无类似地质条件下的成桩试验资料时，应在设计或施工前进行成孔、成桩试验以确定沉管深度、封堵措施、填料用量、三击贯入度和混凝土充盈系数等施工参数，并试验其承载力以确定设计参数是否经济合理。

（2）施工前应按设计要求进行建筑定位和桩位测放，并对测量基线、水准基点及桩位进行复核。测量基线及水准基点应设在桩基施工影响范围外，妥善保护，施工中应定期进行复测。

（3）护筒应根据设计桩径、桩长合理选用，载体桩施工所用的柱锤应与护筒相匹配。

（4）载体桩施工顺序应符合下列规定：

1）施工顺序的安排应有利于保护已施工桩不受新施工桩的影响；

2）一般采取横移退打的方式自中间向两端进行或自一侧向另一侧进行；当一侧毗邻建筑物时，应由毗邻建筑物向另一方向施工；

3）根据持力层埋深情况，按先浅后深的顺序进行；

4）合理安排打桩顺序，如采用隔排或隔桩跳打法，在实施跳打过程中，应注意避免在移机时对已打桩的碾压。

（5）施工夯扩体的投料量应符合下列规定：

1）在基桩施工时，应采取相应措施防止对相邻桩的不良影响，且应控制邻桩的竖向位移，当邻近桩混凝土已经达到终凝时，邻桩的竖向位移不得大于 20mm；若混凝土未达到终凝时，相邻桩的竖向位移不大于 50mm；

2）在满足以上情况下，以三击贯入度控制夯扩体的投料量。对于桩径为 300～500mm 的，其填料量不宜大于 1.8m³；当填料量大于 1.8m³ 时，应另选被加固土层或改变施工参数；对于桩径大于 500mm 的，其填料量可适当增加，具体填料量根据成桩试验数据确定。

3）对于压缩模量大、承载力高的碎石类土或粗砂砾砂等土，由于土颗粒间摩擦大，土体的挤密效果好，施工时可以成孔到设计标高后采用柱锤直接夯实，也能得到较好的施工效果。

（6）护筒入土深度的控制一般应以设计持力层标高控制为主，夯击时应随时判断持力层的土性，当发现土性与设计持力层土性不同时，应会同设计单位，适当调整桩长。

（7）当沉护筒到设计标高后，填料夯击，并测定三击贯入度。

（8）对于现场灌注桩身载体桩的情况，三击贯入度满足设计要求后，迅速填入干硬性混凝土进行夯实，夯填量以控制锤底出护筒 10～20mm，或齐平为准。检查护筒内有无进泥或进水，并尽快灌注少量水泥浆或流态混凝土，再放置钢筋笼。灌注桩身混凝土。若不能立即灌注混凝土，应锤压孔底，防止泥浆进入护筒。

（9）对于预制桩身载体桩的情况，三击贯入度满足设计要求后夯填干硬性混凝土，检查护筒内有无进水，并应尽快灌注高强度的水泥浆，吊入混凝土预制桩。若预制桩不能立即吊入，应用锤压孔底，防止泥浆进入护筒。提拔护筒时用柱锤压住预制桩桩顶，保证载体与桩身结合良好。

6. 施工注意事项

（1）施工前可根据需要进行试成桩，应注意观察地质土层软硬情况和地下水位情况与岩土工程资料是否一致，填料量及三击贯入度的控制情况、成孔对相邻桩的影响情况等，以核对检验设备及技术要求是否适宜。其位置宜选择在有代表性的部位。试成桩时应详细记录有关的施工参数及三击贯入度等数据，作为施工控制的依据。

（2）施工现场地面标高宜高出桩顶设计标高 0.4～0.8m，混凝土灌注顶面应高出桩顶设计标高 0.3～0.5m。

（3）桩机就位后，桩机保持平正、稳固，确保在施工中不发生倾斜和水平位移；利用水准仪或测绳控制护筒入土深度，可采取在护筒上设置控制深度的标记，以便施工中进行观测和记录。

（4）成桩过程中应结合地质情况、桩间距及桩长，本着尽量减少对邻桩影响的原则合理安排打桩顺序。

（5）在承压含水层内进行载体施工时，一旦封堵失效会造成施工困难，并且影响施工质量，故应采取有效措施，防止突涌，避免承压水进入护筒。随着施工技术的日趋成熟，施工控制措施也越来越多。由于载体影响深度为 3～5m，在透水层以上一定距离的不透水层内进行填料夯击，可有效地防止承压水进入护筒，同时又能取得良好的效果，此距离可依据承压水压力和土体的抗剪强度确定；当混凝土桩身进入透水层较深时，可在施工过程中向护筒内填料夯实形成砖塞，堵住承压水，边沉管边夯击最终将护筒沉至设计位置；也可以采用在施工现场适当的位置钻孔，消除承压水的水压力，减小承压水的影响等。

（6）载体桩工程施工可采取以下技术措施：

1）必要时可采取预钻孔施工，以减少挤土效应对成桩的影响；

2）对大片密集型载体桩工程宜进行地面水平和垂直位移等项监测工作；

3）受基坑开挖影响的载体桩工程，应认真做好基坑支护开挖施工，并考虑基坑开挖时边坡土体的侧移及坑底的稳定对工程桩的影响。

（7）载体填充料可以为碎砖、碎混凝土块、水泥拌合物、碎石、卵石和矿渣等，有机物含量不应大于 3%。

（8）施工载体的干硬性混凝土或低流态混凝土其作用是填充作用，采用与桩身混凝土相同的配合比，适当减少用水量即可。

（9）干硬性混凝土夯击要求：

1）干硬性混凝土和填充料的体积比宜控制为 3：10 左右，干硬性混凝土量一般在 0.3~1m³ 的范围内；

2）夯击后收锤时，细长锤必须伸出护筒 50mm 以上，以确保护筒内的干硬性混凝土全部被击出护筒外；

3）夯完干硬性混凝土，确认无夹泥后，最好向其上部注入厚度为 100mm 左右的水泥砂浆，用夯锤轻压，以确保与其后灌入的桩身混凝土结合良好。

（10）封水、封泥是夯扩工艺中的重要环节，封水目的在于保证在护筒内无水的情况下灌注桩身混凝土；封泥目的在于使泥不进入桩身混凝土与干硬性混凝土的结合部。如果在试孔工艺时，存在封水封泥问题不能解决的情况，可采用福兰克桩工艺，即先在护筒内填干硬性混凝土，锤击带护筒下沉，解决封水和封泥问题后再进行夯扩工艺。

（11）确保钢筋笼加工质量，笼径不足，影响抗压和抗水平力；笼径过大，不与护筒内径匹配，则容易在拔护筒过程中使钢筋笼上浮。

（12）桩身混凝土的粗骨料（碎石或卵石）的粒径为 20~40mm；搅拌均匀；混凝土坍落度宜为 60~100mm；为改善混凝土的和易性或缓凝、早凝等性能，可添加外加剂；当桩不长时，桩身混凝土可一次灌满后拔出护筒；当桩较长时，桩身混凝土宜分段灌注；混凝土顶面高出桩顶的余量，应按设计要求确定；上部桩身混凝土应该用振捣棒振捣，如果桩身较长，也可在护筒顶部设置振动器来振实混凝土。

（13）灌注完混凝土后，拔出护筒时速度要均匀，对含水率小的填土、粉土、黏性土，以 1~2m/min 为宜，对含水率较大的填土、粉土、淤泥质土、黏性土和砂土，以 1m/min 为宜，在软弱土层与较硬土层交界处宜控制在 0.3~0.8m/min。

（14）施工中应注意对成桩的养护及保护。

5.19　旋转挤压灌注桩

5.19.1　分类

近 20 多年来，国内外推出将通常长螺旋钻机只能进行干作业拓展到进行湿作业（即在地下水位以下成孔成桩作业）的施工新技术，如欧洲的 CFA 工法桩（Continuous

Flight Auger pile）、长螺旋挤压式灌注桩、长螺旋钻成孔全套管护壁法灌注桩及 VB 型桩等；国内的钻孔压浆灌注桩（本章 5.22 节）、长螺旋钻孔压灌混凝土桩、长螺旋钻孔压灌水泥浆护壁成桩法、长螺旋钻孔中心压灌泥浆护壁成桩法、长螺旋钻孔中心泵压混凝土植入钢筋笼灌注桩成桩法（本章 5.21 节）及部分挤土沉管灌注桩等。

该类桩型的优点①保留普通长螺旋钻成孔灌注桩的优点；②如果钻杆外径与螺旋叶片外径之比设计得当，使单位时间内的切削土量与挤出土量相等，则可使孔周土不致松动或塌落，其强度不至于折减，从而获得较普通长螺旋钻孔桩高的桩侧摩阻力；③桩端夯实形成扩大头，从而获得较高的桩端阻力；④无泥浆输送及排运问题。该桩缺点：①在提升钻杆时，如措施不当，会使钢筋笼上浮；②当场地土密实度较高时，会引起钻进困难。

我国按最终成型，旋转挤压灌注桩可分为 4 种类型：螺纹灌注桩，浅螺纹灌注桩、螺杆灌注桩和旋转挤压灌注桩。

5.19.2 螺纹灌注桩

螺纹灌注桩又称全螺旋灌注桩，该桩成桩工艺是用带有钻进自控装置和特制螺纹钻杆的螺纹桩钻机钻进、提升、灌注混凝土、沉入钢筋笼，从而在土体中形成带螺纹的桩体。

1. 适用范围

螺纹灌注桩适用于淤泥质黏土、黏土、粉质黏土、粉土、砂土层和粒径小于 30mm 的卵砾石层及强风化岩等地层，对非均质含碎砖、混凝土块的杂填土层及粒径大于 30mm 的卵砾石层成孔困难很大。成孔成桩不受地下水的限制。

2. 优缺点

（1）优点

1）环保效果好，无噪声，无振动，无泥浆污染与排放；

2）与普通钻孔灌注桩相比，不存在清底、护壁、塌孔等问题，也不易产生断桩和缩径等问题，桩身质量可靠；

3）与普通长螺旋钻孔灌注桩相比，桩侧阻力和桩端阻力均较高，故桩承载能力较高；

4）施工程序简化，降低工程造价，施工效率高，缩短工程施工工期；

5）适用范围广，不仅可用作于普通桩基工程的基桩，也可应用于 CFG 桩复合地基和 CM 长短桩复合地基，而且更适合用于复合地基。

（2）缺点

1）因属于挤土桩，故设计和施工时需考虑挤土效应的影响，并采取减小挤土效应的措施；

2）成孔成桩工艺特殊，受力机理比较复杂，有关的设计计算公式及理论分析等需要进一步积累和完善；

3）不易贯穿硬塑黏土、密实砂土及卵石层；

4）桩顶部分需加强，否则会造成桩顶破坏，而影响整个螺纹灌注桩承载力的发挥；

5）钢筋笼的外径受到钻杆直径的制约，影响水平承载力的发挥。

3. 桩型特点

（1）螺纹桩的整个桩身均形成螺纹段，因其存在使土体抗剪强度大幅提高，从而使桩侧阻力也有较大提高。另外螺纹桩在成孔过程中钻头对孔底有挤土作用，加之向钻杆空心管内泵压混凝土有较高的压力，从而使桩端阻力也有较大提高。因此，在相同条件下，螺纹桩与普通长螺旋钻孔灌注桩（直杆灌注桩）相比，单桩极限承载力有显著提高。

（2）螺纹桩属于挤土灌注桩，在成孔成桩时通过特制的螺纹钻杆对桩周土体螺旋状挤压，改善桩间土物理力学性能，从而有利于提高桩侧阻力和减小地基土沉降。当然，在实际施工中需将挤土效应控制在有利的状态下。

（3）通过螺纹桩处理的复合地基可以消除可液化土层，从而有效地降低地震力对上部结构的影响。

（4）螺纹桩施工工艺简便，在正确操作的前提下不存在清底、排土、泥浆护壁、塌孔、缩径和断桩等问题，桩身质量可靠、低噪声、低振动、无泥浆污染，属绿色环保桩型。

4. 施工机械与设备

（1）螺纹桩机

螺纹桩机与普通长螺旋钻机的主要区别在于：①动力头输出扭矩大，可达 320kN·m；②动力头和主卷扬机的电机均采用直流电机；③动力头采用低转速、大扭矩方式，其转速为 4r/min；④采用高精度的直流控制系统。

螺纹桩机包括立柱、动力头、钻杆、卷扬机、行走机构及钻杆旋转机构与钻杆上下牵引机构之间的联动机构等。

表 5-19-1 为山东省文登市合力机械有限公司生产的螺纹（螺杆）桩机的主要技术参数。

图 5-19-1 为螺纹（螺杆）桩机的结构示意图。

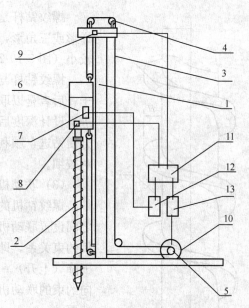

图 5-19-1　螺纹桩机结构示意图

1—机架；2—螺纹钻杆；3—钢丝绳；4—滑轮组；5—卷扬机；6—动力头；7—旋转驱动电机；8—钻杆旋转传感器；9—钻杆上下位移传感器；10—牵引电机；11—工业控制器；12—旋转机构用变频器；13—牵引机构用变频器

参数名称	步履式		履带式	
	JZB90 型	JZB120 型	JZL90 型	JZL120 型
钻孔直径（mm）	600、500、400	600、500、400	600、500、400	600、500、400
钻孔深度（m）	25	27	25	27
回转速度（r/min）	0.28	0.28	0.30	0.30
配置动力头（kW）	37×2	55×2	37×2	55×2
动力头转速（r/min）	4	4	4	4
动力头扭矩（kN·m）	240	320	240	320
总质量（kg）	$63×10^3$	$85×10^3$	$68×10^3$	$90×10^3$

螺杆螺纹桩机主要技术参数　　　　表 5-19-1

注：表中的桩机既能进行螺杆桩施工又能进行螺纹桩施工。

（2）螺纹钻杆

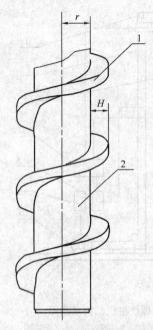

图 5-19-2 螺纹钻杆
1—螺牙；2—芯管

螺纹钻杆是以钻孔挤土形成螺纹桩孔为目的，螺牙截面为梯形或三角形，钻杆芯管的半径 r 相对较大，螺牙高度 H 相对较小（图 5-19-2）。

螺纹钻杆与普通长螺旋钻机的螺旋钻杆显著不同之处在于，后者是以取土为目的，即通过螺旋钻杆钻进过程取土，钻进至设计深度后拔出钻杆，在土层中形成不带螺纹的直孔，为方便钻进，顺利完成取土，其螺旋叶片薄而大，钻杆的芯管相对较细。

（3）联动机构

螺纹钻机的最大特点是钻杆旋转机构与钻杆上下牵引机构之间设置联动机构，使钻杆旋转与上下运动之间具有一定的比例约束关系，即当钻杆每正向（反向）旋转一圈，则钻杆同时下降（上升）一个高度，该高度值等于该钻杆的螺距。这种双向约束的联动机构可控制钻杆运动轨迹，以满足螺纹桩施工工艺要求。

由图 5-19-1 可知：①钻杆旋转机构与钻杆上下牵引机构分别由各自的动力源（旋转驱动电机和牵引电机）带动。②钻杆旋转机构与钻杆上下牵引机构之间设置有联动机构，③钻杆旋转机构由旋转驱动电机、旋转传感器和旋转机构用变频器组成；钻杆上下牵引机构由牵引电机、钻杆上下位移传感器和牵引机构用变频器组成。④旋转机构用变频器和牵引机构用变频器的信号输出端与工业控制器的信号输入端连接。联动机构采用电子控制方式。

5. 施工工艺

（1）施工程序

1）桩机就位。按测量放线位置将螺纹桩机就位。

2）对中调平。桩机调平并稳固，确保成孔垂直度。

3）钻孔至设计深度。下钻过程中桩机自控系统严格控制钻杆下降速度和旋转速度，使二者匹配，要求钻杆旋转一周，下降一个螺距，钻至设计深度，在土体中形成螺纹状段。

4）泵送混凝土。钻头钻至设计标高后，桩机反向旋转提升钻杆，提钻过程中自控系统严格控制钻杆提升速度和旋转速度，保持同步和匹配，要求钻杆提升旋转一周，上升一个螺距。与此同时将制备好的细石混凝土采用泵送方式迅速填满由钻杆旋转提升所产生的螺纹状空间。

5）停泵。提钻时钻头到达离桩顶设计标高处一定位置可停止泵送混凝土，由钻杆内的混凝土充填至桩顶标高，并考虑灌注余量。

6）提出钻头。待钻孔中心泵压混凝土形成桩体后，缓慢地提出钻头。

7）沉放钢筋笼。钻杆拔出孔口前，先将孔口浮土清理干净，然后将已吊起的钢筋笼竖直对准孔口，把钢筋笼下端插入混凝土桩体中，采用不完全卸载方式，使钢筋笼下沉至预定深度。

8）成桩，准备下一循环作业。

（2）施工特点

1）螺纹桩的施工方法与普通长螺旋钻成孔灌注桩的施工方法不同，它采用一次性挤压旋转成孔技术，在成孔的同时通过中空钻杆的钻头泵出混凝土，直接成桩。

2）螺纹桩的施工方法与 CFA 工法桩（钻孔压注桩）及长螺旋钻孔压灌后插笼灌注桩施工方法有共同点，即用成孔设备钻成孔达到预定设计深度后，再用混凝土泵通过钻杆中心将混凝土压入到已钻成的桩孔中形成桩体，不同之处在于螺纹桩通过挤压方式形成桩孔，而后两类桩则通过非挤土钻孔方式形成桩孔。

3）螺纹桩的施工方法与德国宝峨公司的 FOP 挤土桩（Full Displacement Pile）同属挤土灌注桩，但两者成孔方法和工艺不同。FOP 桩采用橄榄形即锥形挤土体挤压成等直径桩体，而螺纹桩则采用挤压旋转成孔技术形成螺纹形桩体。

4）螺纹桩在钻杆下降和提升过程中，通过自控系统严格控制钻杆下降速度与旋转速度及提升速度与旋转速度，分别使两者匹配，确保螺纹桩体的形成。

5）挤压成孔、中心压灌混凝土护壁和成桩合三为一，从根本上排除了余土外运、泥浆污染和泥浆处理的问题，做到了绿色施工。

6）由于钻机成孔后，用拖式泵将混凝土通过钻杆中心从钻头活门直接压入桩底，桩底无虚土；泵压混凝土具有一定动压力，桩端和桩侧与桩身周围土体结合紧密，无泥皮影响。这就从根本上改善了基础桩的承载和变形性状。特别对基础桩抗拔受力性能的改善起到了重要作用。

7）钢筋笼植入混凝土中有一定振捣密实作用，钢筋笼的钢筋与混凝土的握裹力能够充分保证，没有泥浆遗留减弱握裹力的可能。

8）节约大量水、水泥及泥浆处理费用；简化施工程序，提高施工效率。

（3）施工要点

螺纹灌注桩中某些工序的施工要点与长螺旋钻孔压灌后插笼灌注桩（本章 5.21.3 节）的施工要点相同或相近，本节只是提及，不作赘述。

1）成孔要点

成孔的核心技术是采用一次性挤压旋转成孔技术。在下钻过程中桩机自控系统严格控制钻杆下降速度和旋转速度，使二者匹配，要求钻杆旋转一周，下降一个螺距，钻至设计深度，在土体中形成螺纹状段。

其余成孔要点参见 5.21.3 节。

2）混凝土配合比要点

参见 5.21.3 节。

3）混凝土泵送要点

除满足施工程序"4. 泵送混凝土"要求外，其余混凝土泵送要点参见 5.21.3 节。

对于螺纹灌注桩的场合，当钻至设计标高后，应先泵入混凝土并停顿 10～20s 加压，再缓慢提升钻杆。通过自控系统，匀速控制提杆速度，桩径 400mm 的桩钻杆提升速度为 2.6m/min，桩径 500mm 的桩钻杆提升速度为 1.6m/min。

4）沉放钢筋笼要点

为确保钢筋笼顺利沉放，钢筋笼底部可做成圆台式或圆锥式。混凝土灌注结束后，若钢筋笼长度不长，且混凝土坍落度合适时应立即将钢筋笼沉入混凝土桩体中。若钢筋笼长度较长，应设置下拉式刚性传力杆作为沉放的工具杆用，并采用合适的平板振动器或振动锤将钢筋笼振动沉入混凝土桩体中。混凝土的和易性是钢筋笼植入到位（到设计深度）的充分条件，经验表明，桩孔内混凝土坍落度损失过快，是造成植笼失败和桩身质量缺陷的关键因素之一。

5）施工顺序要点

桩的施工顺序应根据桩间距和周围建筑物的情况，按流水法分区考虑。对于较密集的满堂布桩可采取成排推进，并从中间向四周进行。若一侧靠近既有建筑物，则应从毗邻建筑物的一侧由近及远进行。同时根据桩的规格，采用先长后短的方式进行施工。当桩距小于 1.2m 且地下有深厚淤泥层及松散砂层时，应采取跳跃式施工，或采用控制凝固时间间隔施工，以防桩孔间窜浆。

5.19.3 螺杆灌注桩

螺杆灌注桩的全称为半螺旋挤孔管内泵压混凝土灌注桩，也可简称为螺杆桩，又称半螺丝桩，是一种变截面异形灌注桩，由上、下两部分组成。桩的上部分为圆柱形，与普通的灌注桩相同，下部为带螺纹状的桩体，与螺纹灌注桩相同，其上下两桩段的长度可根据地基土质情况进行调节，没有固定的比例，下部螺纹桩体的外径与上部圆柱桩体直径相同。

图 5-19-3 为螺杆灌注桩示意图。

1. 适用范围

螺杆灌注桩适用于淤泥质黏土、黏土、粉质黏土、粉土、砂土、湿陷性黄土、松散～中密卵石、全风化～中风化岩等地层。成孔成桩不受地下水的限制。

2. 优缺点

（1）优点

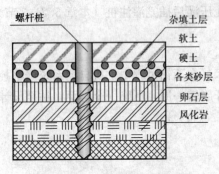

图 5-19-3　螺杆灌注桩示意图

除了包含 5.19.2 节螺纹灌注桩的 5 项优点外，螺杆灌注桩属于以侧阻力为主的桩，其"上大下小"的桩身构造符合桩身附加应力沿桩深度方向明显衰减的特点，两者匹配，不会造成桩顶破坏。

（2）缺点

1）属于挤土桩或部分挤土桩，设计和施工时需考虑挤土效应的影响，并采取减小挤土效应的措施。

2）成孔成桩工艺特殊，受力机理比较复杂，有关的设计计算公式及理论分析等需要进一步积累和完善。

3. 桩型特点

（1）螺杆灌注桩是一种"上部为圆柱形，下部为螺纹形"的组合式新桩型，一般说来，圆柱段设置在承载力小于 120kPa 的软弱土层中，螺纹段设置在承载力大于 120kPa 的硬土层中。螺纹段的存在使土体抗剪强度大幅提高，从而使桩侧阻力也有较大提高。另外在螺纹段形成过程中钻头对孔底有挤土作用，加之向钻杆空心管内泵压混凝土有较高的压力，从而使桩端阻力也有较大提高。因此，在相同的条件下，螺杆灌注桩与普通长螺旋钻孔灌注桩相比，单桩极限承载力有显著提高。

（2）螺杆灌注桩是上部为圆柱形、下部为螺纹形的组合式桩型，而螺纹灌注桩是桩身等强度异形桩，虽然两者均属于以侧阻力为主的桩型（即端承摩擦桩），但前者的桩身强度"上大下小"与附加应力分布规律匹配，桩体竖向几何断面更符合附加应力场由上而下逐渐减少的分布规律，满足竖向荷载在传递过程中对桩身刚度和强度的要求。后者因桩身等强度与附加应力分布规律不匹配。

（3）螺纹灌注桩采用桩与土体形成螺纹式咬合的办法提高桩侧阻力，但其桩身截面积远小于同直径的传统直杆灌注桩（两者外径相同），故其桩身结构承载力小于后者，在桩竖向静载试验往往发生桩顶破坏，这正是螺纹灌注桩承载力不高的瓶颈所在。螺杆灌注桩将桩的上部设置为截面积较大的直杆段，从荷载传递机理来看，桩顶所受荷载最大，桩体上段受荷也较大，螺杆桩这种构造特点正是用"大截面桩段"加大受力面积，承受"大荷载"，从而提高桩身结构承载力和刚度，形成桩身结构承载力略大于桩侧土对桩的最大支承力的合理关系。另外，在荷载传递过程中，直杆段对螺纹段功能的发挥起到承上启下的作用。一般说来，同径同长的螺杆桩的承载力可达到螺纹桩的 2 倍左右。

（4）螺杆桩的荷载传递与螺牙间距有关。当螺牙间距小于 2.5～3.0 倍螺牙直径时，各螺牙下的应力影响区延伸到下面的螺牙上，形成相互叠加的公共应力区，此时荷载沿着螺牙外包圆柱面和桩端部传递。当间距较大时，各螺牙则单独工作，荷载则由圆柱段桩身侧表面和各螺牙底面传递。

（5）螺杆桩的最佳间距为 1.25～1.50 倍螺牙直径。

（6）螺杆桩的桩段（直杆段和螺纹段）的比例可根据地层土质情况和承载能力（竖向和水平承载力）的需要进行调整，使桩型设计合理化。

（7）螺杆桩属于挤土桩或部分挤土桩，视土层情况直杆段采取非取土成孔或半挤土成孔，螺纹段施工时会产生挤土效应，需采取减小挤土效应的措施。

（8）成桩工法独特，环保性能好。施工工艺简便，在正确操作的前提下不存在清底、泥浆护壁、塌孔、缩径和断桩等问题是，桩身质量可靠，低噪声、低振动、无泥浆污染，属绿色环保桩型。直杆段部分会有少量排土现象。

4. 施工机械与设备

（1）螺杆桩机

除表 5-19-1 中合力机械有限公司生产的螺杆桩机外，近年来武昌造船重工集团和卓典集团联合制造推出新一代的 L 系列履带式螺杆桩机（L5026A、L5030A 和 L5035A），其主要技术参数见表 5-19-2。L503QA 螺杆桩机结构示意图见图 5-19-4。

1）L 系列螺杆桩机组成

L 系列履带式螺杆枢机主要由以下 5 大部分组成：行走机构、桩架总成、桅杆总成、动力头总成和钻杆总成。

2）L 系列螺杆桩机研究优势

① 集结了岩土工程、机械、自控、仿真计算等行业的精英。

② 武船重工集团制造优势、卓典集团技术优势。

③ 巨资引进英国史麦特软件进行齿轮参数设计和德国雅克浮动技术进行齿轮箱设计。

④ 精密加工和铸造，关键技术达到军工级别。

L 型系列履带式螺杆桩机主要技术参数　　　　　表 5-19-2

桩机型号	L5026A	L5030A	L5036A
钻孔直径（mm）	400、500、600	400、500、600	500、600、700
钻孔深度（m）	26	30	35
回转角度（°）	±180	±180	±180
动力头扭矩（kN·m）	280	340	340
许用拔桩力（kN）	660	660	900
许用压桩力（kN）	700	700	940
爬坡能力（°）	8	8	8
主卷扬提升速度（m/min）	9	9	9
主卷扬额定拉力（kN）	80	80	80
副卷扬提升速度（m/min）	12	12	12
副卷扬额定拉力（kN）	30	30	30
总质量（kg）	93×10^3	100×10^3	100×10^3

3）L 系列螺杆桩机技术特点及优势

① 采用大扭矩（280～340kN·m）动力头，过载扭矩可达 700kN·m 以上。

② 采用中空式双动力直流驱动减速器，应用史麦特（S. M. T）软件和雅克（J. K）浮动技术，可对齿轮和齿轮箱进行整体计算，躁点接触面积 98%。该新型减速器的优势在于：扭矩大；适应恶劣工作环境；结构形式有利于承受冲击荷载的工况；对钻杆没有散热集中现象；重量轻，密封好，有利于防尘。

③ 采用 ANSYS 有限元分析软件完成桩机设计过程的强度，刚度与稳定性的计算和验证工作。

④ 根据不同土层和承载力要求可在设计中调整圆柱段与螺纹段的长度比例。

⑤ 实现旋转动力和提升动力的同步与非同步双直流驱动控制技术。

⑥ 实现网络化成桩控制技术。

⑦ 实现双链条加压提升技术。

⑧ 实现一次性挤压（微取土或不取土挤土或半挤土）成孔成桩。

⑨ 成桩效率为 250～1000m/d。

⑩ 结构巧妙，可实现快速装配。

（2）螺纹钻杆

1）采用行程 8000mm 的 XK2420 定梁式数控龙门铣镗床，将整段钻杆的花键杆一次铣削成型，运用西门子 840D 数控系统保证整体的加工精度。

2）大扭矩钻杆采用八角快速接头。

5. 施工工艺

（1）施工程序

1）桩机就位。按测量放线位置将螺杆桩机就位。

2）对中调平。桩机就位后必须调平并稳固，确保成孔垂直度。

3）钻进。视上部土层情况采取不同的成孔方式。当上部土层地基承载力不大于

180kPa 时，采用正向同步技术（即螺旋钻杆旋转一周，螺旋钻杆下降一个螺距）钻进，使土体形成螺纹状直到设计深度。当上部土层地基承载力大于 180kPa 时，钻杆正向非同步钻进（即钻杆旋转 2～3 周，钻杆下降一个螺距）至螺杆桩直线段设计深度，在土体中形成圆柱状段；此后采用正向同步技术（即钻杆旋转一周，钻杆下降一个螺距）钻至螺杆桩螺纹段设计深度，在土体中形成螺纹状段。

4）泵送混凝土。钻头钻到设计深度后，桩机反向旋转提升钻杆，在螺纹段提钻过程中自控系统严格控制钻杆提升速度和旋转速度，与下降时一样，保持同步和匹配，与此同时将制备好的细石混凝土以钻杆作为通道采取泵送方式迅速填满由钻杆旋转提升所产生的带螺纹状空间；在圆柱段土体内采用非同步技术提钻的同时泵送细石混凝土形成圆柱状桩体。

5）提钻时钻头到达一定位置可停止泵压细石混凝土，由钻杆内的混凝土充填至桩顶设计标高，并考虑灌注余量。

6）待钻孔中心泵压混凝土形成桩体后，缓慢地提出钻头。

7）钻杆拔出孔口前，先将孔口浮土清理干净，然后将已吊起的钢筋笼竖直对准孔口，把钢筋笼下端插入混凝土桩体中，采用不完全卸载方法，使钢筋笼下沉到预定深度。

8）成桩，准备下一循环作业。

（2）施工特点

1）螺杆桩由圆柱段桩体和螺纹段桩体组成，两者成孔和成桩工艺不同，螺纹段成孔成桩分别采用正向同步技术挤压钻进和提钻并以钻杆为通道同步泵入混凝土；圆柱段成孔则视土层情况采用正向同步技术挤压钻进，半挤土钻进或正向非同步技术钻进，并以钻杆为通道采用非同步技术提钻泵入混凝土。由此可见螺杆桩的施工方法与普通长螺旋钻成孔灌注桩大不相同，也与螺纹灌注桩有很大差别。

2）螺杆桩的施工方法与 CFA 工法桩（Continuous Flight Auger Pile，可译为钻孔压注桩）及长螺旋钻孔压灌后插笼灌注桩（本章 5.21.3 节）施工方法有共同点，即用成孔

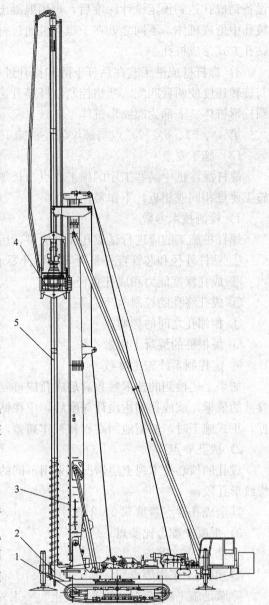

图 5-19-4　L5030A 螺杆桩机结构示意图
1—行走机构；2—桩架总成；3—桅杆总成；
4—动力头总成；5—钻杆总成

设备钻成孔达到预定设计深度后，再用混凝土泵车通过钻杆中心将混凝土压入到已钻成的桩孔中形成桩体，不同之处在于螺杆桩通过挤压方式形成桩孔，而后两类桩则通过非挤土钻孔方式形成桩孔。

3）螺杆桩成桩工艺在钻杆下降和提升过程中，通过自控系统严格控制钻杆下降速度与旋转速度使两者匹配，严格控制钻杆提升速度与旋转速度使两者匹配，确保形成上部为圆柱形桩体、下部为螺纹形桩体。

第4）、5）、6）、7）点与螺纹灌注桩施工特点第5）、6）、7）、8）点相同。

（3）施工要点

螺杆灌注桩中某些工序的施工要点与长螺旋钻孔压灌后插笼灌注桩（本章5.21.3节）施工要点相同或相近，不作赘述。

1）检测技术参数

螺杆桩施工前应进行试成孔和试成桩，用以检测以下技术参数：

① 钻杆外径和芯管直径是否满足设计要求；

② 成孔深度能力和成孔直径；

③ 成孔终孔的控制电流；

④ 相邻孔之间的影响；

⑤ 每根桩的混凝土用量；

⑥ 定控制系统施工参数。

如果上述检测的技术参数满足成孔成桩要求，则上述参数可作为正式施工时选择工艺参数的依据。试成孔到达设计深度后，应在钻机立柱上做醒目标记，作为桩施工桩长的依据，正式施工时，根据地面高程和工作高差，作相应调整。

2）成孔要点

成孔的核心技术视土层情况，采用不同的成孔方式，确保在土体中形成圆柱形孔段和螺纹形孔段。

其余成孔要点参见5.21.3节。

3）混凝土配合比要点

参见5.21.3节。

4）混凝土泵送要点

除满足施工工程序"4. 泵送混凝土"要求外，其余混凝土泵送要点参见5.21.3节。

对于螺杆灌注桩的场合，当钻至设计标高后，灌注首次混凝土时，应停顿10～20s加压，再缓慢提升钻杆。通过自控系统，严格控制匀速控制提杆速度，在螺纹段土体中钻杆旋转一圈，钻杆上升一个螺距，此时泵压的细石混凝土迅速填充由于钻杆提升所产生的螺纹空间。在圆柱段土体中采用非同步技术提钻的同时泵送细石混凝土形成圆柱状桩体。混凝土泵机采用60B泵或80泵，施工桩径400mm的桩钻杆提升速度为2.6m/min，施工桩径500mm的桩钻杆提升速度为1.6m/min。

5）沉放钢筋笼要点

参见5.19.2节螺纹灌注桩施工要点4）。

6）施工顺序要点

参见5.19.2节螺纹灌注桩施工要点5）。

（4）施工注意事项

1）螺杆桩施工中必须采用满足技术指标的成桩设备。

2）螺杆桩技术成桩设备及工艺的选择，应根据桩型、钻孔深度、土层情况、设计要求及基础类型综合确定。

3）桩的施工顺序应根据桩间距和地层的渗透情况，按编号顺序跳跃式进行，或采用凝固时间间隔进行，桩孔间应防止窜浆。

4）桩机就位后，应用桩机塔身的前后和左右的垂直标杆检查塔身导杆，校正位置，使钻杆垂直对准桩位中心，确保垂直度偏差小于 1.0%桩长。

5）桩机在钻进加压后如果后摆腿下沉，会抬起前摆腿，造成立柱后倾，使得钻杆垂直度出现偏差，此时应随机调整钻杆的垂直度，满足规范要求。

6）泵送混凝土时严禁先提钻后泵料，确保成桩质量。

7）在螺纹段泵送混凝土时，应严格控制钻杆提升速度和旋转速度，保持两者同步和匹配，严禁直提钻杆而形成不了螺纹段。

8）混凝土必须连续泵送，每根桩的灌注时间按初盘混凝土的初凝时间控制，对灌注过程中的一切故障均应记录备案。

9）若施工中因其他原因不能连续灌注，须根据勘察报告和掌握的地质情况，避开饱和砂性土、粉土层，不得在这些土层内停机。

10）控制最后一次灌注量，桩顶不得偏低，应凿除的泛浆高度，必须保证暴露的桩顶混凝土达到强度设计值。

11）钢筋笼采用后置式沉放，钢筋笼沉放要一次到位，避免因沉放不当而造成二次灌注混凝土。

12）钢筋笼安装到指定位置后，用9号铁丝捆绑在桩孔上的短架管上，保证钢筋笼不再下沉，捆绑时要控制好钢筋笼的中心度。

13）成桩后，应及时清除钻杆及泵管内残留的混凝土。长时间停置时，应将钻杆、泵管及混凝土泵清洗干净。单项工程完工后，应将施工现场所有设备彻底清洗干净。

14）所有螺杆桩达到一定强度后，用风镐凿除桩头浮渣，直到凿除到新鲜混凝土为止，严禁横向锤击。

5.19.4　旋转挤压灌注桩和浅螺纹灌注桩

旋转挤压灌注桩是采用专用成桩设备，通过钻具护壁并以微取土方式旋转挤压土体成孔，而后经钻杆芯管连续泵送混凝土形成桩体，最后采用后插笼工艺将钢筋笼沉入桩体中而形成的新型灌注桩。

浅螺纹灌注桩是指采用特定方法使直杆段（圆柱段）桩身形成等间距浅螺纹的螺杆灌注桩或旋转挤压灌注桩。

1. 旋转挤压灌注桩适用范围

（1）适用土层

适用于软塑～坚硬黏土、粉质黏土、粉土及砂土等土层，特别是在卵砾石、碎石土、全风化～中风化岩（花岗岩及玄武岩等除外）等，成桩效果优异。施工不受地下水影响。

（2）适用基础形式

① 独立承台；②条形基础、桩筏基础；③复合地基。

旋转挤压灌注桩适用范围比较广泛，但在深厚淤泥层、硬质岩层及孤石地层中使用时，应采取针对性技术措施。

2. 旋转挤压灌注桩优缺点

（1）优点

1）适用范围广泛，施工不受地下水影响；

2）承载力高、沉降小；

3）成桩效率高；

4）污染程度低；

5）机械化施工程度高；

6）高度智能化；

7）节能减排。

（2）缺点

1）属于挤土桩，设计和施工时需考虑挤土效应的影响，并采取减小挤土效应的措施；

2）成孔成桩工艺特殊，受力机理比较复杂，有关的设计计算公式及理论分析等需要进一步积累和完善。

3. 旋转挤压灌注桩的桩型特点

旋转挤压灌注桩是针对以重庆地区及宁波奉化地区为代表的地质状况的特点和难点（中密～密实卵石层及强风化～中风化岩层厚度大且地下水位高）开发出来的新桩型。在上述地区若采用泥浆护壁冲孔、钻孔灌注桩等取土类型桩则具有以下缺点：取土成孔，孔壁土体应力释放，产生松弛效应；泥浆护壁产生泥皮效应；孔底取土不尽，产生沉渣（虚土）效应。其直接后果是：卵石层、风化岩层等良好土层侧阻力发挥度小于1；桩端阻力发挥度也小于1；桩的沉降量加大；为了满足承载力和沉降要求被迫向更大桩径和更深桩长发展，造成严重的环境污染、桩基施工效率低下和大幅提高桩基造价。

旋转挤压灌注桩的特点：

（1）该桩型以钻具护壁，无需泥浆，通过合理挤密和成孔的同步技术与非同步技术及连续泵送混凝土，形成上部为圆柱形或等间距浅螺纹圆柱形，下部为微取土方式旋转挤压型桩体。

（2）该桩型成孔时无需泥浆、无泥皮和沉渣，可消除传统灌注桩三大负效应（桩身和桩端土体的松弛效应、泥皮效应和沉渣效应）。

（3）采用同步技术成孔，形成等间距浅螺纹圆柱体实现桩土间的咬合构造，显著提高该部分的桩侧阻力。

（4）在卵石层或岩层中，下部桩孔采用微取土方式旋转挤压成孔，连续泵送混凝土采用反向同步技术提钻，混凝土在泵送压力下被压入卵石孔裂或岩层裂隙中，桩身与卵石层或风化岩层形成胶合状的共同受力，提供很大的桩侧阻力。

（5）管内连续泵送混凝土，使桩端无沉渣，确保和提高桩端阻力。

4. 旋转挤压灌注桩的施工机械与设备

施工机械为表5-19-2和图5-19-4的L型系列履带式螺杆桩机，其组成、技术特点及优势见5.19.3节第5款。

5. 旋转挤压灌注桩的施工工艺

(1) 施工程序

1) 桩机就位。按测量放线位置将桩机就位。

2) 对中调平。桩机就位后必须调平并稳固，确保成孔垂直度。

3) 钻进。根据土层软硬程度选择同步或非同步技术成孔。对一般土层由自动控制系统精确控制旋转速度与钻进速度同步技术，即每钻进一螺距，刚好转一圈；在较硬土层中采用非同步技术成孔，即每钻进一螺距，旋转2～3圈。

4) 泵送混凝土。钻头钻到设计深度后，桩机反向旋转提升钻杆，同时连续泵送混凝土。在卵石层或岩层中，采用反向同步技术提钻，即每提钻一螺距，刚好转一圈，保持桩侧土的土性和挤密效果；在上部较软土层中，采用正向技术提钻，即每提钻一螺距，旋转2～3圈。

第5) ～8) 程序同螺杆桩施工技术（5.19.3节）第5) ～8) 程序。

(2) 施工特点

1) 挤密效应。钻具对桩周土体合理挤密。

2) 精密控制。旋转与钻进（或提升）速度精密匹配。

3) 钻具护壁。无需泥浆，无泥皮和沉渣。

4) 胶结效应。在卵石层或风化岩中，混凝土在泵送压力下被压入卵石孔隙或岩层裂隙中，桩身与卵石层或风化岩形成胶结状共同受力体。

5) 等间距浅螺纹。采用特定方法使桩身形成等间距浅螺纹，桩土间形成咬合构造，提高桩侧阻力，从而也提高桩承载力。

第6)、7)、8)、9) 点与螺纹灌注桩施工特点第5)、6)、7)、8) 点相同。

(3) 施工要点

旋转挤压灌注桩中某些工序的施工要点与长螺旋钻孔压灌后插笼灌注桩（本章第5.21.3节）施工要点相同或相近，本节只是提及，不作赘述。

1) 旋转挤压灌注桩施工前应进行试成孔和试成桩，具体做法可参见螺杆灌注桩施工要点1)。

2) 成孔要点。成孔的核心技术视土层软硬程度选择同步或非同步技术成孔。

其余成孔要点参见5.21.3节。

3) 混凝土配合比要点参见5.21.3节。

4) 混凝土泵送要点，除满足施工程序"4. 泵送混凝土"要求外，其余混凝土泵送要点参见5.21.3节。

5) 沉放钢筋笼要点，参见5.19.2节螺纹灌注桩施工要点4)。

6) 施工顺序要点，参见5.19.2节螺纹灌注桩施工要点5)。

(4) 施工注意事项

可参考5.19.3节螺杆灌注桩"施工注意事项"。

6. 旋转挤压灌注桩实例

浙江宁波-奉化-溪口实例：

(1) 工程简介

16层8栋、14层4栋高层建筑桩基础。由冲孔灌注桩改为旋转挤压灌注桩。

桩长范围内土层分布依次为粉质黏土、细砂、卵石、含黏性土圆砾、全风化砾岩、强风化砾岩和中风化砾岩。

设计桩径 600mm，设计桩长进入中风化砾岩 0.5m，设计要求单桩极限承载力为 4800kN，桩身混凝土强度等级为 C45。

（2）工程效果

1）钻杆护壁，无泥浆污染。成孔时仅少量返土，因此无需转运和堆放弃土。

2）根据桩机电流变化，并与地质资料对比表明，可顺利入中风化岩 0.5m 以上。满足穿透最厚 11mm 卵石层和 2m 强风化砾岩进入中风化岩的要求。

3）单桩静载试验表明，加载至 7500kN 时最大沉降量为 10.99mm。

5.20　冲击钻成孔灌注桩

5.20.1　适用范围及特点

冲击钻成孔法为历史悠久的钻孔方法。冲击钻成孔施工是采用冲击式钻机或卷扬机带动一定重量的冲击钻头，在一定的高度内使钻头提升，然后突放使钻头自由降落，利用冲击动能冲挤土层或破碎岩层形成桩孔，再用掏渣筒或泥浆循环方法将钻渣岩屑排出。每次冲击之后，冲击钻头在钢丝绳转向装置带动下转动一定的角度，从而使桩孔得到规则的圆形断面。

1. 适用范围

冲击钻成孔适用于填土层、黏土层、粉土层、淤泥层、砂土层和碎石土层；也适用于砾卵石层、岩溶发育岩层和裂隙发育的地层施工，而后者常常是回转钻进和其他钻进方法施工困难的地层。

桩孔直径通常为 600~1500mm，最大直径可达 2500mm；钻孔深度一般为 50m 左右，某些情况下可超过 100m。

2. 优缺点

（1）优点

1）用冲击方法破碎岩土尤其是破碎有裂隙的坚硬岩土和大的卵砾石所消耗的功率小，破碎效果好，同时，冲击土层时的冲挤作用形成的孔壁较为坚固，相对减少了破碎体积。

2）在含有较大卵砾石层、漂砾石层中施工成孔效率较高。

3）设备简单，操作方便，钻进参数容易掌握，设备移动方便，机械故障少。

4）钻进时孔内泥浆一般不是循环的，只起悬浮钻渣和保持孔壁稳定作用，泥浆用量少，消耗小。

5）钻进过程中，只有提升钻具时才需要动力，钻具自由下落冲击岩土是不消耗动力的，能耗小。和回转钻相比，当设备功率相同时，冲击钻能施工较大直径的桩孔。

6）在流砂层中亦能钻进。

（2）缺点

1）利用钢丝绳牵引冲击钻头进行冲击钻进时，大部分作业时间消耗在提放钻头和掏渣上，钻进效率较低。随桩孔加深，掏渣时间和孔底清渣时间均增加好多。

2）容易出现桩孔不圆的情况。

　　3）容易出现孔斜，卡钻和掉钻等事故。

　　4）由于冲击能量的限制，孔深和孔径均比反循环钻成孔施工法小。

5.20.2　施工机械及设备

1. 冲击钻机分类

　　冲击钻成孔法为历史悠久的钻孔方法。国内外常用的冲击钻机可分为钻杆冲击式和钢丝绳冲击式两种，后者应用广泛。钢丝绳冲击钻机又大致可分为两类：一类是专用用于冲击钻进的钢丝绳冲击钻机，一般均组装在汽车或拖车上，钻机安装、就位和转移均较方便；另一类是由带有离合器的双筒或单筒卷扬机组成的简易冲击钻机。施工中多采用压风机清孔。

　　除此以外，国内还生产正、反循环和冲击钻进三用钻机。

2. 冲击钻机的规格、型号及技术性能

　　国产的冲击钻机，国内常用的简易冲击钻机以及正反循环与冲击钻进三用钻机的规格、型号及技术性能分别见表 5-20-1 和表 5-20-2。

国产冲击钻机　　　　　　　　　　　　　　表 5-20-1

性能指标			天津探机厂		张家口探机厂	洛阳矿机厂			太原矿机厂		山西水工机械厂
			SPC-300H	GJC-40H	GJD-1500	YKC-31	CZ-22	CZ-28	CZ-30	KCL-100	C2-1200
钻孔最大直径(mm)			700	700	2000(土层) 1500(岩层)	1500	800	1000	1200	1000	1500
钻孔最大深度(m)			80	80	50	120	150	150	180	50	80
冲击行程(mm)			500,650	500,650	100~1000	600~1000	350~1000		500~1000	350~1000	1000~1100
冲击频率(次/min)			25,50,72	20~72	0~30	29,30,31	40,45,50	40,45,50	40,45,50	40,45,50	36,40
冲击钻质量(kg)					2940		1500		2500	1500	2300
卷筒提升力(kN)	冲击钻卷筒		30	30	39.2	55	20		30	20	35
	掏渣筒卷筒					25	13		20	13	20
	滑车卷筒		20	20					30		
驱动动力功率(kW)			118	118	63	60	22	33	40	30	37
桅杆负荷能力(kN)			150	150					250	120	300
桅杆工作时高度(m)			11	11					16	7.5	8.50,12,50
钻机外形尺寸(m)	拖动时	长度							10.00		
		宽度							2.66		
		高度							3.50		
	工作时	长度	10.85	10.85	5.04				6.00	2.8	
		宽度	2.47	2.47	2.36				2.66	2.3	
		高度	3.60	3.55	6.38				16.30	7.8	
钻机质量(kg)			15000	15000	20500		6850	7600	13670	6100	9500

注：SPC-300H、GJC-40H 和 GJD-1500 钻机的循环钻进性能见表 5-10-1。

国内常用的简易冲击钻机 表 5-20-2

性能指标	型　　号				
	YKC-30	YKC-20	飞跃-22	YKC-20-2	简易式
钻机卷筒提升力(kN)	30	15	20	12	35
冲击钻质量(kg)	2500	1000	1500	1000	2200
冲击行程(mm)	500～1000	450～1000	500～1000	300～760	2000～3000
冲击频率(次/min)	40,45,50	40,45,50	40,45,50	56～58	5～10
钻机质量(kg)	11500	6300	8000		5000
行走方式	轮胎式	轮胎式	轮胎式	履带自行	走管移动

　　日本神户制钢所生产的 KPC-1200 型重锤式基岩冲击钻机能施工直径 650～2000mm、钻深 100m 的桩孔，能适应一般土层、卵砾石层及风化基岩，采用冲击钻进，气举反循环排渣。意大利马塞伦蒂（MASSA RENTI）也生产冲击反循环钻机，能高效地钻进各种地层

　　3. 冲击钻机的构造

　　冲击钻机主要由钻机或桩加（包括卷扬机），冲击钻头、掏渣筒、转向装置和打捞装置等组成。

　　（1）钻机

　　冲孔设备除选用定型冲击钻机外（图 5-20-1 为 CZ-22 型冲击钻机示意图），也可用双滚筒卷扬机，配制桩架和钻头，制作简易冲击钻机（图 5-20-2），卷扬机提升为宜为钻头重量的 1.2～1.5 倍。

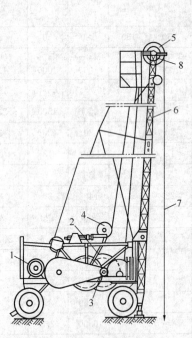

图 5-20-1　CZ-22 型冲击钻机示意图

1—电动机；2—冲击机构；3—主轴；
4—压轮；5—钻具天轮；6—桅杆；
7—钢丝绳；8—掏渣筒天轮

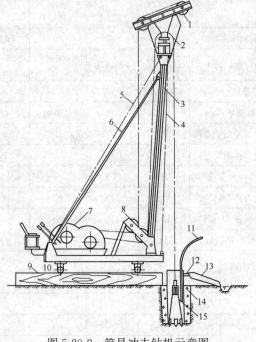

图 5-20-2　简易冲击钻机示意图

1—副滑轮；2—主滑轮；3—主杆；4—前拉索；
5—后拉索；6—斜撑；7—双滚筒卷扬机；8—导
向轮；9—垫木；10—钢管；11—供浆管；12—溢
流口；13—泥浆渡槽；14—护筒回填土；15—钻头

（2）冲击钻头

冲击钻头由上部接头、钻头体、导正环和底刃脚组成。钻头体提供钻头所必需的重量和冲击动能，并起导向作用。底刃脚为直接冲击破碎岩土的部件。上部接头与转向装置相连接。

设计或选择钻头的原则是充分发挥冲击力的作用和兼顾孔壁圆整。

冲击钻头形式有十字形、一字形、工字形、人字形、圆形和管式等。

1）十字形钻头（图 5-20-3）：十字形钻头应用最广，其线压力较大，冲击孔形较好，适用于各类土层和岩层。钻头自重与钻机匹配；刃脚直径 D 以设计孔径的大小为标准；钻头高度 H 约在 $1.5\sim2.5\mathrm{m}$ 范围，其值必须与钻头自重、刃脚直径相适应。良好的钻头，应具备下列技术性能：

① 钻头重量应略小于钻机最大容许吊重，以使单位长度底刃脚上的冲击压力最大。

② 有高强耐磨的刃脚，为此钻刃必须采用工具钢或弹簧钢，并用高锰焊条补焊。

③ 根据不同土质选用不同的钻头系数（表 5-20-3）。

不同土质选用的钻头系数   表 5-20-3

土 质	α (°)	β (°)	γ (°)	φ (°)
黏土、细砂	70	40	12	160
堆积层砂卵石	80	50	15	170
坚硬漂卵石	90	60	15	170

注：本表中 α、β、γ 和 φ 角的位置见图 5-20-3。

④ 钻头截面变化要平缓，使冲击应力不集中，不易开裂折断，水口大在，阻力小，冲击力大。

⑤ 钻头上应焊有便于打捞的装置。

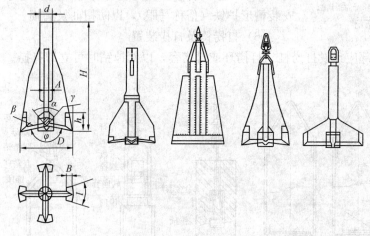

图 5-20-3 十字形钻头示意图

2）管式钻头（图 5-20-4）：管式钻头是用钢板焊成双层管壁的圆筒，壁厚约 70mm，内外壁的间隙用钢砂或铅填充，以增加钻头重量。当刃角把岩土冲碎的同时，活门随即被碎渣挤开，把钻渣装入筒内，可实现冲孔掏渣两道工序合一，以提高工效。

3）其他形式钻头：一字形钻头冲击线压力大，有利于破碎岩土，但孔形不圆整；圆

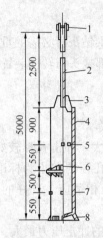

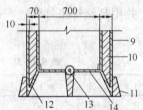

图 5-20-4　管式钻头

1—大绳吊环；2—钻杆；
3—连接环；4—钻筒；
5—泄水孔；6—扩孔器；
7—扩孔叶片；8—刃脚；
9—钢板；10—填充钢
砂或铅；11—外刃脚；
12—内刃脚；13—活门轴；
14—活门

形钻头线压力较小，但孔形圆整；人字形钻头和工字形钻头，除刃脚形式各异外，其钻头本身与十字形钻头大同小异。

空心钻头适用于二级成孔工艺。扩孔钻头适用于二级成孔或修孔。

（3）掏渣筒

掏渣筒的主要作用是捞取被冲击钻头破碎后的孔内钻渣，它主要由提梁、管体、阀门和管靴等组成。阀门可根据岩性和施工要求不同做成多种形式，常用的有碗形活门、单扇活门和双扇活门等形式，见图 5-20-5。

（4）转向装置

转向装置又称绳卡或钢丝绳接头。它的作用是连接钢丝绳与钻头，并使钻头在钢丝绳扭力作用下每冲击一次后能自动地回转一定的角度，以冲成规整的圆形桩孔。转向装置的结构形式主要有合金套式、转向套式、转向环式和绳帽套式等，见图 5-20-6。

（5）钢丝绳

钢丝绳是用来提升钻具的。在冲击钻进过程中，钢丝绳承受周期性变化的负荷。在选择钢丝绳时，若钻具有丝扣连接，则钢丝绳的啮合方向应与钻具丝扣方向相反。为了减小钢丝绳的磨损，卷筒或滑轮的最小直径与钢丝绳直径之比，不应小于 12～18。钢丝绳应选用优质、柔软、无断丝者，且其安全系数不得小于 12。连接吊环处的短绳和主绳（起吊钢丝绳）的卡扣不得少于 3 个，各卡扣受力应均匀。在钢丝绳与吊环弯曲处应安装槽形护铁（俗称马眼），以防扭曲及磨损。

（6）打捞钩及打捞装置

在钻头上部应预设打捞杠、打捞环或打捞套，以便掉钻时可立即打捞。

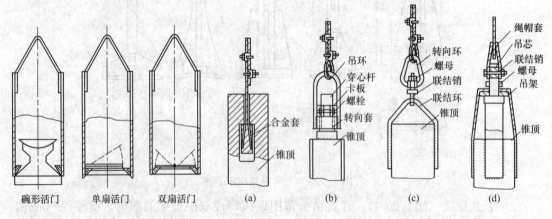

图 5-20-5　掏渣筒构造示意图

图 5-20-6　转向装置结构示意图

（a）合金套；（b）转向套；（c）转向环；（d）绳帽套

卡钻时可使用打捞钩助提。

打捞装置及打捞钩的示意见图 5-20-7。

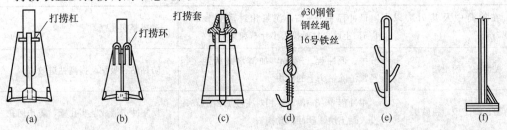

图 5-20-7 打捞装置及打捞钩

（a）打捞杠；（b）打捞环；（c）打捞套；（d）钢筋打捞钩；（e）多面打捞钩；（f）钢轨打捞平钩

5.20.3 施工工艺

1. 施工程序

（1）设置护筒。护筒内径应比冲击钻头直径大 200～400mm；直径大于 1m 的护筒如果刚度不够时，可在顶端焊加强圆环，在筒身外壁焊竖向加肋筋；埋设可用加压、振动、锤击等方法。

（2）安装冲击钻机。

（3）冲击钻进。

（4）第一次处理孔底沉渣（用掏渣筒或泥浆循环）。

（5）移走冲击钻机。

以后的施工程序基本上与反循环钻成孔灌注桩相同，见 5.10.3 节。

2. 施工特点

（1）在钢丝绳冲击钻进过程中，最重要的问题是如何保证冲击钻头在孔内以最大的加速度下落，以增大冲击功。

1）合理地确定冲击钻头的重量：冲击钻头的重量一般按其冲孔直径每 100mm 取 100～140kg 为宜。对于硬岩土层或刃脚较长的钻头取大值，反之取小值。

2）选择最优悬距：悬距是指冲击梁在上死点时钻头刃脚底刃面距孔底的高度。最优悬距是保证钻头最大切入深度而使钢丝绳没有剩余长度，一般正常悬距可取 0.5～0.8m 之间。悬距过大或过小，钢丝绳抖动剧烈；悬距正常，钻机运转平稳，钻进效率高。

3）冲击行程和冲击频率：冲击行程是指冲击梁在下死点钻头提至最高点时钻头底刃面距孔底的高度。冲击频率是指单位时间内钻头冲击孔底的次数。一般专用的钢丝绳冲击钻机选择冲击行程为 0.78～1.5m，冲击频率为 40～48 次/min 为宜。

（2）冲击钻进成孔施工总的原则是根据地层情况，合理选择钻进技术参数，少松绳（指长度）、勤松绳（指次数）、勤掏渣。

（3）控制合适的泥浆相对密度。施工时，要先在孔口埋设护筒，然后冲孔就位，使冲击锤中心对准护筒中心。开始应低锤密击，锤高 0.4～0.6m，并及时加片石、砂砾石和黏土泥浆护壁，使孔壁挤压密实，直至孔深达护筒底以下 3～4m 后，才可加快速度，将锤提高至 1.5～2.0m 以上转入正常冲击，并随时测定和控制泥浆相对密度。各类土（岩）层中的冲程和泥浆相对密度关系见表 5-20-4。

各类土（岩）层中的冲程和泥浆相对密度选用表　　　　表 5-20-4

适用土层	钻进方法	效 果
在护筒中及其刃脚以下 3m	低冲程 1m 左右，泥浆相对密度 1.2～1.5，土层松软时投入小片石和黏土块	造成坚实孔壁
黏性土、粉土层	中、低冲程 1～2m，加清水或稀泥浆，经常清除钻头上的泥块	防黏钻、吸钻，提高钻进效率
粉、细、中、粗砂层	中冲程 2～3m，泥浆相对密度 1.2～1.5，投入黏土块，勤冲，勤掏渣	反复冲击造成坚实孔壁，防止坍孔
砂卵石层	中、高冲程 2～4m，泥浆相对密度 1.3 左右，多投黏土，减少投石量，勤掏渣	加大冲击能量，提高钻进效率
基岩	高冲程 3～4m，加快冲击频率 8～12 次/min，泥浆相对密度 1.3 左右	加大冲击能量，提高钻进效率
软弱土层或塌孔回填重钻	低冲程反复冲击，加黏土块夹小片石，泥浆相对密度 1.3～1.5	造成坚实孔壁
淤泥层	低冲程 0.75～1.50m，增加碎石和黏土投量，边冲击边投入	碎石和黏土挤入孔壁，增加孔壁稳定性

遇岩层表面不平或倾斜，应抛入 200～300mm 厚块石，使孔底表面略平，然后低锤快击使成一紧密平台后，再进行正常冲击，同时泥浆相对密度可降到 1.2 左右，以减少黏锤阻力，但又不能过低，避免岩渣浮不上来，掏渣困难。

（4）在冲击钻进阶段应注意始终保持孔内水位高过护筒底口 0.5m 以上，以免水位升跌波动造成对护筒底口处的冲刷。同时孔内水位高度应大于地下水位 1m 以上。

3. 施工要点

（1）钻机底部支垫一定要牢固，同时，必须保证钻机吊绳，钻头的中心与桩基的中心重合，以免造成孔位偏差。

（2）开钻以前，一定要对照工程地质柱状图，将各孔的地质情况研究清楚。

（3）根据工程地质资料和土（溶）洞分布情况，合理地安排桩施工顺序，尽量避免各孔施工间的相互扰动，或相互之间"穿孔事故"的发生。宜采取跳打法，首先确保打桩间距大于 4 倍桩径以上，否则需保证相邻灌注桩混凝土灌注完 36h 后方能开孔施工。

（4）在钻头锥顶和提升钢丝绳之间应设置保证钻头自动转向的装置。

（5）要保证孔内泥浆的质量。泥浆制备应选用高塑性黏土或膨润土，相对密度视不同土（岩）层采取相应的数值（见表 5-20-4），黏度 25～28s 胶体率大于 95%，pH 值 8～10。

（6）施工期间护筒内的泥浆面应高出地下水位 1.0m 以上，在受水位涨落影响时，泥浆面应高出最高水位 15m 以上。

（7）每根桩在钻孔前，都要根据地质复杂程度，制定不同的控制方法，严格控制钻机的"冲程和进尺"。

（8）冲击钻进应遵守以下一般规定：

1）应控制钢丝绳放松量，勤放少放，防止钢丝绳放松过多减少冲程，放松过少则不能有效冲击，形成"打空锤"，损坏冲击机具。

2）用卷扬机施工时，应在钢丝绳上作记号控制冲程。冲击钻头到底后要及时收绳提起冲击钻头，防止钢丝绳缠卷冲击钻具或反缠卷筒。

3）必须保证泥浆补给，保持孔内浆面稳定；护筒埋设较浅或表土层土质较差者，护筒内泥浆压头不宜过大。

4）一般不宜多用高冲程，以免扰动孔壁而引起坍孔、扩孔或卡钻事故。

5）应经常检查钢丝绳磨损情况、卡扣松紧程度、转向装置是否灵活，以免突然掉钻。

6）每次掏渣后或因其他原因停钻后再次开钻时，应由低冲程逐渐加大到正常冲程，以免卡钻。

7）冲击钻头磨损较快，应经常检修补焊。

8）大直径桩孔可分级扩孔，第一级桩孔直径为设计直径的 0.6～0.8 倍。

（9）冲击成孔质量控制应符合下列规定：

1）开孔时，应低锤密击，当表土为淤泥、细砂等软弱土层时，可加黏土块夹小片石反复冲击造壁，采用小冲程进行开孔，待孔壁坚实、顺直以后，再逐步加大进尺。

2）在各种不同的土层、岩层中成孔时，可按照表 5-20-4 的操作要点进行。

3）进入基岩后，应采用大冲程、低频率冲击，当发现成孔偏移时，应回填片石至偏孔上方 300～500mm 处，然后重新冲孔；若岩面比较平，冲程可适当加大；若岩面倾斜或半边溶蚀、岩石半软半硬，则应将冲程控制在一定范围内，防止偏孔。

4）应采取有效的技术措施防止扰动孔壁、塌孔、扩孔、卡钻和掉钻及泥浆流失等事故

5）每钻进 4～5m 应验孔一次，在更换钻头前或容易缩孔处，均应验孔。

（10）在黏性土层中钻进要点：

1）可利用黏土自然造浆的特点，向孔内送入清水，通过钻头冲捣形成泥浆。

2）可选用十字小刃角形的中小钻头钻进。

3）控制回次进尺不大于 0.6～1.0m。

4）在黏性很大的黏土层中钻进时，可边冲边向孔内投入适量的碎石或粗砂。

5）当孔内泥浆黏度过大、相对密度过高时，在掏渣的同时，向孔内泵入清水。

（11）在砂砾石层中钻进要点：

1）使用黏度较高、相对密度适中的泥浆。

2）保持孔内有足够的水头高度。

3）视孔壁稳定情况边冲击边向孔内投入黏土，使黏土挤入孔壁，增加孔壁的胶结性。

4）用掏渣筒掏渣时，要控制每次掏渣时间和掏渣量。

（12）在卵石、漂石层中钻进要点：

1）宜选用带侧刃的大刃脚一字形冲击钻头，钻头重量要大，冲程要高。

2）冲击钻进时可适时向孔内投入黏土，增加孔壁的胶结性，减少漏失量。

3）保持孔内水头高度，不断向孔内补充泥浆，防止因漏水过量而坍孔。

4）在大漂石层钻进时，要注意控制冲程和钢丝绳的松紧，防止孔斜。

5）遇孤石时可抛填硬度相近的片石或卵石，用高冲程冲击，或高低冲程交替冲击，将大孤石击碎挤入孔壁；也可采用对孤石松动爆破后再冲击成孔。

(13) 入岩钻进要点：

1) 钻进刚入岩面，或钻进至岩面变化处，应严格控制冲程，待平稳着岩后，再加快钻进速度。

2) 冲击钻头操作要平稳，尽可能少碰撞孔壁。

3) 遇裂隙漏失时，可投入黏土，冲击数次后，再边投黏土边冲击，直至穿过裂隙。

4) 遇起伏不平的岩面和溶洞底板时，不可盲目采用大冲程穿过。需投入黏土石块，将孔底填平，用十字形钻头小冲程反复冲捣，慢慢穿过。待穿过该层后，逐渐增大冲程和冲击频率，形成了一定深度的桩孔后，再进行正常冲击。

5) 进入基岩后，非桩端持力层每钻进 300～500mm 和桩端持力层每钻进 100～300mm 时，应清孔取样一次，并应做记录。

(14) 遇溶洞钻进要点：

1) 根据地质钻探资料及管波探测资料分析确定桩位所在的岩层中是否有溶洞，以及溶洞的大小、填充情况，制定相应的现场处理措施。

2) 对于溶洞发育的桩基础，采用钢护筒做桩孔的孔壁，钢护筒振打至岩面。如果桩基施工中产生漏浆，钢护筒将起到支持孔壁不致坍塌的作用，所以钢护筒的振打至关重要。

3) 根据地质资料，对可能出现溶洞的桩孔要提前做好准备，在桩孔附近堆放足够的黄泥或黏土包和片石，泥浆池储存足够的泥浆，必要时在场地内砌筑一个蓄水池，用水管驳接到各桩孔，并配备回填用机械设备，如挖掘机、铲车等。

4) 在溶洞处施工时，填充溶洞后若发现孔位出现偏差，要及时抛片石进行修孔。同时，为了掌握好溶洞的具体位置和做好前期的准备工作，冲孔时施工人员要勤取样、勤观察、勤测量孔内进尺，如发现异常情况或与实际不符，应及时向上级反映。

(15) 掏渣应遵守以下规定：

1) 掏渣筒直径为桩孔直径的 50%～70%。

2) 开孔阶段，孔深不足 3～4m 时，不宜掏渣，应尽量使钻渣挤入孔壁。

3) 每钻进 0.5～1.0m 应掏渣一次，分次掏渣。4～6 筒为宜。当在卵石、漂石层进尺小于 50mm，在松散地层进尺小于 150mm 时，应及时掏渣，减少钻头的重复破碎现象。

4) 每次掏渣后，应及时向孔内补充泥浆或黏土，保持孔内水位高于地下水位 1.5～2.0m。

(16) 第一次泥浆循环处理孔底沉渣的要点：

当孔深达到设计标高后，并对孔深、孔径进行检查合格后，即可准备清孔。清孔的目的在于减少孔底沉渣厚度，使孔底标高符合设计要求；同时也为了在灌注混凝土时测深正确，保证混凝土质量。视不同孔深，不同地质情况，有以下几种清孔方法：

1) 不易塌孔的桩孔，可采用空气吸泥清孔。

2) 采用抽浆清孔法，即在孔口注入清水，使孔内泥浆密度降低，用离心吸泥泵从孔内向外排渣，直至泥浆密度符合要求的 1.15～1.20，孔底沉渣厚度符合设计要求。

3) 冲孔至设计标高时，经捞取岩石碎屑样品与超前钻及地质报告资料对比，确认可以终孔后，加大循环泥浆相对密度，同时辅以轻锤冲击，以使较粗碎石颗粒冲细，从而可以随泥浆带出孔外。当循环泥浆不再带渣时，说明第一次清孔已经完成。

4）采用气举反循环方法清除孔底沉渣和沉淤，即采用 $6m^3/min$ 的空压机将压缩空气送至孔底，带起固体颗粒以协助清孔。在清孔初期孔内岩渣较多，泥浆相对密度较大，可采用气举反循环法加强泥浆携渣能力，加快清孔速度，而在清孔后期孔内浆含砂率已明显降低，岩渣已接近清理完毕，泥浆相对密度也显著减小，这时可将压缩空气管道直接对准孔底冲洗来冲起沉渣。当由于不可预见的原因造成空孔时间超过 30min 时，必须对孔底进行清除沉淤操作，具体方法与清渣相同。

5）对较深的钻孔，岩渣较小不易被抽出，可往孔内加适量水泥粉，增加岩渣之间的黏结度使其颗粒变大而易被抽出。

6）对于超深桩（孔底大于 100m）采用气举反循环结合泥浆净化器清孔，其清孔原理是利用空压机的压缩空气，通过送风管将压缩空气送入气举管内，高压气迅速膨胀与泥浆混合，形成一种密度小于泥浆的浆气混合物，在内外压力差及压气动量联合作用下沿气举钢导管内腔上升，带动管内泥浆及岩屑向上流动，形成空气、泥浆及岩屑混合的三相流，因此不断往孔内补充压缩空气，从而形成了流速、流量极大的反循环，携带沉渣从孔底上升，再通过泥浆净化器净化泥浆，将含大量的沉渣的泥浆筛分，筛分后钻渣直接排除，而泥浆通过循环管回流补充至孔内，形成孔内泥浆循环平衡状态。

上述多种清孔过程中必须及时补给足够的泥浆，并保持孔内液面的稳定。清孔后孔底沉渣的允许厚度应符合设计及规范要求。

（17）钢筋笼沉放要点：

1）为检查钻孔桩的桩位，保证钢筋笼的顺利下沉，必须用检孔器检查孔位、孔径、孔深，合格后方可安排下钢筋笼。

2）为避免钢筋笼起吊时发生变形，采用两点吊将钢筋笼吊放入桩孔时，下落速度要均匀，钢筋笼要居中，切勿碰撞孔壁。

3）钢筋笼下放至设计标高后，将其校正至桩心位置并加以固定。

（18）第二次清孔要点：

1）气举反循环清孔：导管下置后，在导管内下置导管长度 2/3 的气管，做好孔口密封工作，在泥浆调制完毕后，用 $6m^3$ 空压机送风清孔。清孔过程中，在泥浆出入口、泥浆沉淀池中不停捞渣，以降低泥浆含砂率，改善泥浆性能，同时测量沉渣厚度，当沉渣厚度达到规范要求后，方可做水下混凝土灌注工作。

2）泵吸反循环清孔：采用导管、胶管和 6BS 砂石砂、3PN 泥浆泵组成的循环系统进行。此工艺的特点是必须确保管路密封，不能产生漏气；6BS 砂石泵使用前应检查叶轮、泵轴、密封组件的磨损情况，不合要求的要及时更换，使用过程中应及时往泵内补水，确保密封，泵吸正常。

在第二次清孔过程中，应不断置换泥浆，直至灌注水下混凝土；灌注混凝土前，孔底500mm 以内的泥浆相对密度应小于 1.25；含砂率不得大于 8%；黏度不得大于 28s；孔底沉渣厚度指标应符合《建筑桩基技术规范》JGJ 94—2008 第 6.3.9 条的规定。

（19）水下混凝土灌注，见 5.25 节。

4. 施工注意事项

（1）钻进过程需检查冲锤、钢丝绳、卡扣卡环等的完好情况，防止掉锤；控制泥浆的相对密度、含砂率等指标，以及中间因故障停顿时的返浆情况，防止塌孔；复测桩位的偏移情况，冲进钢丝绳的对中，防止斜孔。

1）防止掉锤的措施：①确保设备完好；②制定严格的检查制度（含检查的内容及标准），若检查时作业人员提升冲锤至孔口，冲水检查冲锤、锤牙的完整性，是否有裂纹，并检查冲锤的直径。若有开裂或磨损则加焊修补或更换处理、提升的过程检查钢丝绳有没有断丝、毛刺、表面磨损度等，卡扣卡环是否松动、有裂纹。现场技术员每隔4h对现场检查一次，并记录签名，不符合要求的即时要求作业工班更班。白夜班交接时有交接记录。

2）防止塌孔的措施：主要保证泥浆的性能指标，同检查冲锤制度一样，技术员每隔4h检测泥浆的相对密度及含砂率等指标，并在施工记录上填写，达不到要求的，责令工班及时调整。在因机械故障停冲或钢筋笼安装时，必须保证泥浆的循环不中断，施工现场备有一台200kW的发电机，备停电应急。

3）防止斜孔的措施：主要为：控制冲进钢丝绳的对中，在冲进前由测量班复测钢丝绳的对中，并在四周做好保护桩，拉线呈十字形校核钢丝绳，技术员每隔4h检查1次钢丝绳的对中，检查时拉好十字线，将钢丝绳缓慢提起，观察钢丝绳是否偏差。测量班每周对保护桩复测一次。另外，在更换钢丝绳、维修桩机等原因重新冲进时，必须由测量班重新复测钢丝绳的对中。

（2）钻进过程中经常检查成孔情况，用测锤检测孔深及转轴倾斜度，为保证孔形正直，钻进中应经常用检孔器进行检查，还应注意钻渣捞取判明钻进实际地质情况并做好记录，与地质剖面图核对，发现不符时应与业主和设计人员研究处理方案，以确保钻孔的正常顺利进行。

（3）根据钻进过程中的实际土层情况控制进尺快慢和泥浆性能指标，在黏土和软土中宜采用中等转速稀泥浆钻进或中冲程冲进；在粉砂土、粗砂、粉砂岩、泥岩、风化岩中采用低转慢速大泵量、稠泥浆钻进或大冲程冲进。

（4）振打钢护筒前首先应探明地下管线情况以免造成不良后果，护筒应定位准确，振打应保证横向水平、竖向垂直，以保证桩身竖直和利于下次接振护筒，振打完毕后，需慢慢放下桩锤并以小冲程冲刷护筒底部孔壁，防止因异物导致卡锤斜孔。如在振打钢护筒过程中碰到较厚砂层或其他因素，不能一次性振打到位时应停止振打，采用正常的冲孔方法先将上部冲到一定深度后，再采用边冲边打的方法将护筒振下，直到岩面。

（5）钻进过程发现桩位有偏差时，应采取回填石料、黏土等材料重新冲孔，直至将其偏差调整至质量验收规范偏差值允许范围内。

（6）在钻进过程中，应注意观察护筒内泥浆的水头变化，如发现孔内泥浆面急剧下降，或其他异常情况，应立即停止钻孔，将钻头提出护筒以上，待查明原因或采取相应措施后再重新施钻。

（7）在厚砂层中钻进时，为防止孔壁坍塌，应严格控制冲进速度和冲击冲程，每冲进约1m即停机约30min，同时抓紧捞渣；在泥浆内掺加膨润土和适量（<0.2%）的Na_2CO_3，以增强泥浆的黏度和附着力；调节泥浆相对密度至1.4左右，泥浆缓慢循环，在孔壁上形成一层泥膜后继续作小幅冲进，防止对上部孔壁形成太大扰动而造成坍孔或扩孔等事故。

（8）冲击钻进成孔困难主要是由钻头及其装置或泥浆黏度等原因所造成。要克服成孔困难，可采取以下的处理措施，经常检查转向装置的灵活性；及时修补冲击钻头；若孔径已变小，则应严格控制钻头直径并在孔径变小处反复冲刮孔壁以增大孔径；对脱落的冲锤用打捞套（钩）、冲板等捞取；调整泥浆黏度与相对密度；采用高低冲程交替冲击以加快孔形的修整等。

（9）为提高成孔质量，施工中必须配备足够的不同直径、重量的冲孔钻头，修孔钻头，冲岩钻头。在冲击钻头锥顶和提升钢丝绳之间，设置自行转向装置，以保证钻头自动转向，避免形成梅花孔，成孔的质量检测，均有明确的质量检测方法及检测器具，如冲孔深度用测绳测量，卷尺校核，垂直度检测采用检查钢丝绳垂直度及吊紧桩锤上下升降后钢丝绳的变化测定。孔径的检测则用专用钢筋探笼检测。

（10）冲孔灌注桩施工环节较多，容易出现桩位偏差过大、桩孔倾斜超标、孔底沉渣超厚、埋管、钢筋保护层不足、桩体混凝土离析、断桩及露筋等质量问题，这些质量问题往往使成桩难以满足设计要求，且补救困难，其施工质量关键在于施工各个环节的严格控制。

（11）对于嵌岩桩而言，其嵌岩深度和桩底持力层厚度是保证桩基质量的关键，因此首先要确定孔底是全岩面的位置，然后再冲入设计深度，才能保证桩嵌岩深度，某工程提出以下技术鉴别标准可供参考应用。

1）冲孔至岩面的标准：①泥浆中出现较大颗粒的瓜子片石渣；②钢丝绳出现明显反弹现象，有抖动，岩面较平时，反弹无偏离；岩面倾斜时，钢丝绳反弹有偏离。

2）冲孔至全岩面的鉴别：①与超前钻资料对照基本相符；②钢丝绳反弹明显，并且无偏离；③出渣含量增大，岩样颗粒小；④冲孔速度明显变慢，每小时 100mm 左右。

（12）对岩溶地区的钻孔要定期检查，发现偏位及时收正。对一般地层，每班至少检查 1 次；对半边溶蚀、岩面倾斜地层，至少每小时检查 1 次，确保桩位偏差不超过规范要求。

（13）入岩以后，平均每米要采集 1 组岩样，根据其颗粒大小和特征，判断岩石的软硬和进尺速度，并与工程地质资料进行比较，看实际岩面与地质图是否相符。一般来说，较硬的岩石采集出来的岩渣颗粒较小，且钻孔进尺较慢，为 $80\sim200mm/h$；相反，则岩样颗粒较大，进尺也快得多。

（14）特殊岩层应采用分层定量抛填块石和黏土（比例 2：1）用钻头"小冲程、反复打密"的方法，直至钻头全断面进入岩层为止。在这种岩层冲孔，因为岩面不平，很容易发生偏孔，必须随时观察孔位的偏差情况，一旦发现偏位，立即采取纠偏措施。

（15）钻至设计标高以后，应及时捞取岩样，根据岩样特征和钻进速度，判断该孔能否终孔。

一般情况下，微风化岩的岩样颗粒细小，呈"米粒"状，直径 3～5mm，进尺速度 100mm/h 左右。若发现基岩岩样颗粒太大，进尺太快，表明实际基岩与设计不符，应立即停下来，报设计院处理。

（16）当遇到岩石特别坚硬或孤石的情况，可采用松动爆破（微差爆破）的工艺以避免爆破对周围建（构）筑物的影响可能会导致建（构）筑物的破坏，其施工方法是在拟成孔的岩体内不同深度和不同平面位置上设置炸药包，按《爆破安全规程》GB 6722 中爆破地震安全距离的规定，通过微差技术控制炸药包的起爆时间和顺序，达到对拟成孔岩体松动爆破的目的。

（17）相邻比较近的2根冲孔桩，一根桩灌注混凝土时，另外一根桩的冲孔施工应停下来，以免造成邻桩孔壁破坏，影响混凝土灌注。

（18）溶洞处理时注意事项：

1）对封闭且体积较小的溶洞（$h<1m$），若洞内有填充物，且钻穿溶洞时水头变化不大，则可加入少量黏土以保持泥浆浓度；若洞内有水，则可抛投黏土块，保持泥浆浓度；若为空洞且孔内水头突然下降，则应及时补浆并加入溶洞体积 1.2～1.5 倍的黏土和小片石，用小冲程砸成泥石孔壁，在溶洞范围形成护壁后再继续施工。

2）对于中型溶洞（$h=1～3m$），施工前应准备足够的回填料，当钻头到达溶洞上方约 700mm 处时调整钻机转速或冲孔速度，以防发生钻头快速下沉的失控现象。回填时采用抛填片石和注入 C10 素混凝土，先用小冲程冲击片石挤压到溶洞边形成石壁，混凝土将片石空隙初步堵塞后停止冲击，再次冲孔施工一定要在 24h 后进行，即混凝土强度达 2.5MPa 后再继续进行冲击，由于溶洞大小的不可预见性，灌注混凝土时应保证足够供给量。

3）对于大型溶洞及多层溶洞（$h\geqslant3m$），如钻进无坍孔而能顺利成孔，为了防止灌注水下混凝土流失，可在溶洞上下各 1m 范围内用钢护筒防护。钢护筒采用壁厚 6mm 的钢板制成，外侧用间距 200mm 的 $\phi8$ 钢筋箍紧固定，将钢护筒焊接在钢筋笼的定位钢筋上，随钢筋笼放入而下沉就位。

若溶洞范围较大且漏水严重，钻进中无法使钻孔内保持一定的静水压力，钻孔时有可能出现严重的坍孔致使钻进困难时，采用壁厚 10mm 的钢板圆护筒进行施工，钻进过程中应边压入钢护筒边钻进，穿过溶洞后还需继续嵌岩。

在桩位用振动打桩机，将比桩径大 150～300mm 的钢护筒插打至溶洞顶板，以达到预防漏浆的目的。为了减少钢护筒的下沉阻力，一般都采用"先冲孔后下护筒"的方法，当然，对于一些比较浅的溶洞，也可以不预先冲孔，直接在孔位下沉钢护筒。在钢护筒下沉过程中，应严格控制其平面位置的偏差和垂直度的偏差。钢护筒的振动下沉不宜太快，应采用"小振幅、多振次"，否则，容易引起偏桩或斜孔。钻进前应根据地质资料显示的溶洞大小，准备好钢护筒以便需要时可加长，同时应准备好黄泥包、片石及泥浆，以便发现漏浆时能及时有效地处理。

（19）大直径桩孔的施工，对于一般土层采用回转钻进较适合，对于巨粒土（漂石、卵石）、混合巨粒土（混合土漂石、混合土卵石）及巨粒混合土（漂石混合土、卵石混合土）等土层采用回转钻进较为困难；而冲击钻进，对于上述土层及岩石钻进效率较高，但对于一般土层钻进效率较低，故在深大桩孔施工中往往采用回转钻进＋冲击钻进＋反循环清孔的施工方法，可有针对性地解决深大直径嵌岩灌注桩的施工难题。

5.21 长螺旋钻孔压灌后插笼灌注桩

5.21.1 种类及适用范围

干作业长螺旋钻成孔灌注桩具有振动小、噪声低、不扰民、钻进速度快、施工方便等优点，但主要缺点是桩端或多或少留有虚土，只适用于地下水位以上的土层中成孔。

近 20 多年来，国内外推出将通常长螺旋钻机只能进行干作业拓展到进行湿作业（即在地下水位以下成孔成桩作业）的施工新技术，如欧洲的 CFA 工法桩（Continuous Flight Auger Pile）如图 5-21-1 所示等；国内的钻孔压浆桩，长螺旋钻孔压灌混凝土桩、钻孔压灌超流态混凝土桩、长螺送钻孔压灌水泥浆护壁成桩法、长螺送钻孔中心压灌泥浆护壁成桩法、长螺旋钻孔中心泵压混凝土植入钢筋笼灌注桩成桩法及部分挤土沉管灌注桩等。

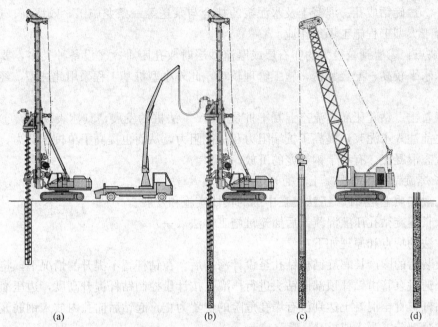

(a)　　　　　　　　　(b)　　　(c)　　　(d)

图 5-21-1　CFA 工法桩施工程序
(a) 连续钻进至设计深度；(b) 泵送混凝土；
(c) 将钢筋笼放入或振入至新鲜混凝土中；(d) 成桩

1. 钻孔压灌超流态混凝土桩

用改装后的长螺旋钻机钻至设计深度；在提钻的同时。通过设在钻杆内的芯管或直接由钻杆内腔经钻头上的喷嘴向孔底灌注一定数量的水泥浆；边提升钻杆边用混凝土泵压入超流态混凝土至略高于没有塌孔危险的位置；提出钻杆向孔内放入钢筋笼至桩顶设计标高；最后把超流态混凝土压灌至桩顶设计标高。

（1）施工程序

①钻孔机就应；②钻至设计深度后空钻清底；③注水泥浆，注入量为桩体积的 3%～10%；④边提升钻杆边用混凝土泵经由钻杆内腔向孔内压灌超流态混凝土；⑤提出钻杆，放入钢筋笼；⑥灌注超流态混凝土至桩顶设计标高。

（2）超流态混凝土特性及组成

超流态混凝土坍落度为 220～250mm，初凝时间控制为 8～18h，超流态混凝土中加入多种外加剂：萘系减水剂、UWB—Ⅰ 型缓凝型絮凝剂、聚丙烯酰酸、木质磺酸钙及粉煤灰等。

（3）优缺点

1) 优点：①适应性强，应用广泛，不受地下水位的限制；②不易产生断桩、缩颈、塌孔等质量问题，桩体质量好；③在施工过程中桩端土及虚土经水泥浆渗透、挤密、固结；桩周土经水泥浆填充、渗透、挤密及超流态混凝土的侧向挤压，提高了桩端阻力和桩侧阻力，从而大大提高单桩承载力；④经多种外加剂配制成的超流态混凝土具有摩擦系数低、流动性好、抗分散性好、细石能在混凝土中悬浮而不下沉、钢筋笼放入容易、施工方便；⑤低噪声、低振动、不扰民；⑥施工中不需泥浆护壁、不用排污、不需降水、施工现场文明；⑦螺旋钻成孔、混凝土及水泥浆的拌合与泵送等一条龙施工，效率高、速度快，尤其适合于大型工程施工场地作业。

2) 缺点：①遇到粒径大的卵石层或厚流砂层时成孔困难；②设备种类多，要求作业人员技术水平较高、配合紧密，施工管理较难，此外小型桩基工程采用此柱型，经济效益不高。

可以看出。钻孔压灌超流态混凝土桩是 CFA 工法桩的发展，具体表现在：①在压灌混凝土之前注入水泥浆，提高了桩端阻力和桩侧阻力，从而也提高了单桩承载力；②桩身采用超流态混凝土，有利于钢筋笼的沉放。

2. 长螺旋钻孔压灌混凝土后插笼桩

该工法实质上是 CFA 工法桩在中国的具体实施和发展。

(1) 长螺旋钻孔压灌混凝土后插笼桩施工方法（一）

该方法的特点和原理如下：

用改装后的国产长螺旋钻机钻孔至设计深度后，在钻杆暂不提升的情况下，将普通细石混凝土通过泵管由钻杆顶部向钻头进行压灌。按计量控制钻杆提升高度，边压灌混凝土边提升钻杆，直至混凝土达到没有塌孔危险的位置为止，起钻后向孔内放入钢筋笼，然后再灌入剩余部分混凝土成桩。

(2) 长螺旋钻孔压灌混凝土后插笼桩施工方法（二）

本节施工方法（二）与施工方法（一）的差别，主要在于使钢筋笼植入到位的核心技术上，即振动锤的选择及下拉式刚性传力杆的设置。

该方法是采用长螺旋钻成孔到达预定设计深度后，在边用混凝土泵通过钻杆中心将混凝土压入桩孔同时边提钻杆，直至灌满已成的桩孔为止，再在混凝土初凝前将钢筋笼沉入（亦称植入）素混凝土桩体中成桩。

它适用于水位较高、易坍孔、长螺旋钻孔机能够钻进的土层（填土、黏土、粉质黏土、黏质粉土、粉细砂、中粗砂及卵石层等）及岩层（采用特殊的锥螺旋凿岩钻头时）。完全或主要为砂性土及卵石的地层条件应慎用。

易成孔的地层或水位较深、坍孔位置较低的地层，能使用其他更经济可靠方法施工的，不建议首选此工艺。

成孔直径 $d400mm$、$d500mm$、$d600mm$、$d800mm$ 和 $d1000mm$，最大深度为 28m（主要受国产长螺旋钻孔机设备的限制）。

5.21.2 施工机械及设备

长螺旋钻孔压灌后插笼灌注桩的施工机械及设备由长螺旋钻孔机、混凝土泵及强制式混凝土搅拌机等组成。其中长螺旋钻孔机是该工艺设备的核心部分。

1. 长螺旋钻孔机

长螺旋钻孔机的规格、型号及技术性能见本章5.7.2节。

2. 长螺旋钻孔机的配套打桩架

长螺旋钻孔机多与走管式、轨道式、步履式、履带三点式及履带悬挂式打桩架配套使用，有关打桩架的规格系列见本章表5-7-6和5-7-7。

3. 钻头

钻头设计有单向阀门，成孔时钻头具有一般螺旋钻头的钻进功能，钻进过程中单向阀门封闭，水和土不能进入钻杆内，钻至预定标高提钻时，钻头阀门打开，钻杆内的混凝土能顺利通过钻头上的阀门流出。钻头的关键技术是：钻头的合理的叶片角度和设置靶齿，可增进钻头的吃土能力，提高钻进速度；钻头单向阀门的形式和密封性。

4. 弯头

弯头是连接钻杆与高强柔性管的重要部件，当泵送混凝土时，弯头的曲率半径和与钻杆的连接形式，对混凝土正常输送起着至关重要的作用。

5. 排气阀

在施工中，当混凝土从弯头进入钻杆内时，钻杆内的空气需要排出，否则混合料积存大量空气将造成桩身不完整。当混凝土充满钻杆芯管时，混凝土将排气阀的浮子顶起，浮子将排气孔封闭。此时泵的压力可在混凝土连续体内传至钻头处，提钻时混凝土在一定压力下形成桩体。

排气阀的主要功能是：钻杆进料时阀门处于常开状态，使钻杆内空气排出；当混凝土充满钻杆芯管时排气阀关闭，保证混凝土在一定压力下流出钻头。形成桩体。

图5-21-2为弯头及排气阀的构造示意图。

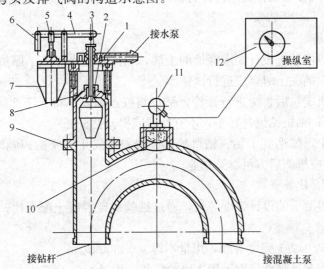

图5-21-2 弯头及排气阀的构造示意图

1—底座；2—浮子；3—弹簧；4—杠杆；5—顶杆；6—平衡重；7—电磁阀；
8—阀座；9—弯夹；10—膜片；11—远传压力表；12—压力显示器

6. 混凝土泵

较多采用活塞式混凝土泵，分配阀较多采用斜置式闸板阀和S形管阀，施工中需根据设计桩径和提拔速度合理地选择混凝土泵的泵送量。

7. 强制式搅拌机

当采用现场搅拌混凝土方式时，可采用双涡轴式强制搅拌机。

5.21.3 施工工艺

1. 施工程序

长螺旋钻机钻孔至设计标高→从钻杆中心泵送混凝土—打开长螺旋钻杆的钻头单向阀门→待混凝土出钻头单向阀门后，边提钻杆边不间断地泵送混凝土，泵压混凝土至桩顶→用振动方法插放钢筋笼→成桩。

2. 施工特点

（1）中心压灌混凝土护壁和成桩合二为一，具有桩体材料自行护壁的功能，无须附加其他护壁措施，免除泥浆污染、处理及外运等工作，对环境污染小。

（2）由于钻机成孔后，用拖式泵将混凝土拌合料，通过钻杆中心从钻头活门直接压入桩端，桩端沉渣少；泵压混凝土具有一定的动压力，使桩壁与其周围土体结合紧密，无泥皮。这就大大地改善了基础桩的抗压或抗拔的承载和变形性状，提高抗压及抗拔承载能力。

（3）钢筋笼植入混凝土中有一定振捣密实作用，钢筋与混凝土的握裹力能够充分保证，没有泥浆护壁灌注桩中泥浆遗留减低握裹力的可能性。

（4）施工关键技术是灌注混凝土后，再吊放钢筋笼，并沉入至设计深度。

混凝土的和易性是钢筋笼植入到位（到设计深度）的充分条件，经验表明，桩孔内混凝土坍落度损失过快，是造成植笼失败和桩身质量缺陷的关键因素之一。

（5）振动锤的选择及下拉式刚性传力杆的设置是钢筋笼植入到位的核心技术。

3. 施工要点

（1）成孔要点

1）长螺旋钻机能钻进设计要求穿透的土层，当需穿越老黏土、厚层砂土、碎石土以及塑性指数大于 25 的黏土时，应进行试钻。

2）长螺旋钻机定位后，应进行预检，钻头与桩点偏差不得大于 20mm，刚接触地面时，下钻速度应慢；钻机钻进过程中，不宜反转或提升钻杆。

3）钻进过程中，如遇到卡钻、钻机摇晃、偏斜或发生异常的声响时，应立即停钻，查明原因，采取相应措施后方可继续作业。

（2）混凝土配合比要点

1）根据桩身混凝土的设计强度等级，通过试验确定混凝土配合比；混凝土坍落度以180～220mm 为宜。

2）水泥宜用 P.O42.5 强度等级，用量不得少于 300kg/m³。

3）宜加粉煤灰和外加剂，宜采用 I 级粉煤灰，用量不少于 75kg/m³。

4）粗骨料可用卵石或碎石，最大粒径不宜大于 16mm（当桩径为 400～600mm 时），不宜大于 20mm（当桩径为 800、1000mm 时）。

（3）混凝土泵送要点

1）混凝土泵应根据桩径选型，安放位置应与钻机的施工顺序相配合，泵管布置尽量减少弯道，泵与钻机的距离不宜超过 60m。

2）首盘混凝土灌注前，应先用清水清洗管道，再泵送一定量水泥砂浆润滑管道。

3）混凝土的泵送宜连续进行，当钻机移位时，混凝土泵料斗内的混凝土应连续搅拌，泵送混凝土时，料斗内混凝土的高度不得低于400mm，以防吸进空气造成堵管。

4）混凝土输送泵管尽可能保持水平，长距离泵送时，泵管下面应垫实。

5）当气温高于30℃时，宜在输送泵管上覆盖隔热材料，每隔一段时间洒水湿润，以防管内混凝土失水离析，造成堵塞泵管。

6）钻至设计标高后，应先泵入混凝土并暂停10～20s加压，再缓慢提升钻杆。提钻速度应根据土层情况确定，且应与混凝土泵送量相匹配，保证管内有一定高度的混凝土。

7）钻进地下水以下的砂土层时，应有防止钻杆内进水的措施，压灌混凝土应连续进行。

8）压灌桩的充盈系数应为1.00～1.20。桩顶混凝土超灌高度不宜小于0.3～0.5m。

9）成桩后，应及时消除钻杆及软管内残留混凝土。长时间停置时，应采用清水将钻杆、泵管、混凝土泵清洗干净。

10）随时检查泵管密封情况，以防漏水造成局部坍落度损失。

（4）插入钢筋笼要点

混凝土灌注结束后，应立即用振动器将钢筋笼插入混凝土桩体中。

5.22 钻孔压浆灌注桩

5.22.1 适用范围及特点

钻孔压浆桩施工法是利用长螺旋钻孔机钻孔至设计深度，在提升钻杆的同时通过设在钻头上的喷嘴向孔内高压灌注制备好的以水泥浆为主剂的浆液，至浆液达到没有塌孔危险的位置或地下水位以上0.5～1.0m处；起钻后向孔内放入钢筋笼，并放入至少1根直通孔底的高压注浆管，然后投放料至孔口设计标高以上0.3m处；最后通过高压注浆管，在水泥浆终凝之前多次重复地向孔内补浆，直至孔口冒浆为止。

钻孔压浆桩施工方法可以看成是吸收埋入式桩的水泥浆工法和CIP工法桩原理的组合。

所谓埋入式桩的水泥浆工法的基本原理是用长螺旋钻孔机钻孔至设计深度，在钻孔同时通过钻头向孔内注入以膨润土为主剂的钻进液，然后注入以水泥浆为主剂的桩端固定液或桩周固定液取代钻进液的同时提升钻杆，最后将顶制桩插入孔内，并将其压入或轻打入至设计深度。

所谓CIP（Cast-in-Place Pile）工法的基本原理是用长螺旋钻孔机钻孔至预定深度（如孔有可能坍塌时要插入套管），提出钻杆，向桩孔中放入钢筋笼和注浆管（1～4根），投入粗骨料，最后边灌注砂浆边拔注浆管（及套管），成桩。

1. 技术特点

（1）钻孔压浆桩的成桩机理

1）第1次注浆压力（泵送终止压力）一般为4～8MPa，水泥浆在此压力作用下向孔壁土层中扩渗，将易于塌孔的松散颗粒胶结，而有效地防止塌孔，所以此技术能在地下水、流砂和易塌孔的地质条件下，不用套管跟进或泥浆护壁就能顺利成孔。

2）由于高压水泥浆代替了泥浆护壁，还有明显的扩渗膨胀作用，因此这种桩的桩周不但没有因泥浆介质而减少摩阻力，反而向外长出许多树根般的水泥浆脉和局部膨胀生成的"浆瘤"，可显著地提高桩周摩阻力；同时，由于该项技术孔底不但可有效地减少沉渣，而且高压水泥浆在桩底持力层的扩渗作用，形成"扩底桩"的效果，从而使桩端阻力大大地提高；施工工艺得当可有效地避免普通灌注桩易出现缩径、断桩的通病。

3）一般灌注桩的混凝土灌注都是由上而下自由落体，混凝土容易产生离析和桩身夹土现象；而该项技术的两次高压注浆（注浆及补浆：长管补浆、短管补浆和花管补浆）都是由下而上，靠高压浆液振荡，并顶升排出桩体内的空气，使桩身混凝土达到密实，因此桩身混凝土强度等级能达到 C25 及其以上。

4）钻孔压浆桩施工不受季节限制，尤其在严寒的东北等地区可以进行冬期施工，实践证明不但成桩质量有可靠保证，而且可操作性强，可以解决严寒地区建筑施工周期短的不足。

（2）钻孔压浆桩的承载机理

1）一般说来，钻孔压浆桩从荷载传递机理看属于端承摩擦桩，即在承载能力极限状态下，桩顶竖向荷载主要由桩侧阻力承受。

2）钻孔压浆桩由于水泥浆挤密和渗透扩散作用，桩周土和桩端土的强度有所增强。侧阻力达到极限状态所需的桩土相对位移较小（砂类土一般为 10～20mm），而且由于补浆作用，桩身下部的侧阻力能够充分发挥；侧阻力达到极限值后。端阻力随着桩端土体的压缩变形增大而逐渐发挥，由于桩端土已经过压密，因此充分发挥端阻力所需的压缩变形也较小。总之，一般表现为地基土的刺入破坏。

3）埋有滑动测微计的测试结果表明：①桩身中部出现很大的侧阻力区；②桩身相应土层的单位侧阻力比普通钻孔灌注桩地勘报告提供的指标高很多，单位端阻力与预制桩地勘报告提供的指标相当。

4）工程桩桩头部位混凝土强度较低的现象也是普遍存在的，桩头开挖后，部分密实度较差或缺少骨料的桩头需要凿除，并用高强度等级普通混凝土进行接桩处理。

（3）补浆作用机理的分析

补浆工艺对确保钻孔压浆桩的承载能力起到极为重要的作用，补浆可分为长管补浆、短管补浆和花管补浆 3 种。

桩孔中的水泥浆受地下水影响，在重力作用下沉淀析水，水泥颗粒向桩身下部聚集，对桩身强度的影响不大；桩身上部的水泥浆容易离析，需要通过多次补浆强度才能得到加强。因此，在桩身中部补浆要比桩底补浆的效果好；补浆不仅能使骨料与浆液均匀混合，消除空隙，而且使第一次注浆后，由于孔壁对浆液的吸收、消失和收缩而引起的空隙得以填充致密，从而大大地提高桩的实际强度和质量；上述两种因素正是桩身中部补浆的钻孔压浆桩承载能力得以提高的主要原因。

2. 适用范围

钻孔压浆桩适应性较广，几乎可用于各种地质土层条件施工，既能在水位以上干作业成孔成桩，也能在地下水位以下成孔成桩；既能在常温下施工，也能在 −35℃ 的低温条件下施工；采用特制钻头可在饱和单轴抗压强度标准值 $f_{rk} \leqslant 40MPa$ 的风化岩层、盐渍土层及砂卵石层中成孔；采用特殊措施可在厚流砂层中成孔；还能在紧邻持续振动源的困难环境下施工。

钻孔压浆桩的直径为一般为 300、400、500、600 和 800mm，常用桩径为 400、600mm，桩长最大可达 31m。

3. 优缺点

（1）优点

1）振动小，噪声低；

2）由于钻孔后的土柱和钻杆是被孔底的高压水泥浆置换后提出孔外的，所以能在流砂、淤泥、砂卵石、易塌孔和地下水的地质条件下，采用水泥浆护壁而顺利地成孔成桩；

3）由于高压注浆对周围的地层有明显的渗透、加固挤密作用，可解决断桩、缩颈、桩底虚土等问题，还有局部膨胀扩径现象，提高承载力；

4）因不用泥浆护壁，就没有因大量泥浆制备和处理而带来的污染环境、影响施工速度和质量等弊端；

5）速度快、工期短；

6）单方承载力较高；

7）可紧邻既有建筑物施工，也可在场地狭小的条件下施工。

（2）缺点

1）因为桩身用无砂混凝土，故水泥消耗量较普通钢筋混凝土灌注桩多；

2）桩身上部的混凝土密实度比桩身下部差，静载试验时有发生桩顶压裂现象；

3）注浆结束后，地面上水泥浆流失较多；

4）遇到厚流砂层，成桩较难。

5.22.2 施工机械及设备

1. 长螺旋钻孔机

国产长螺旋钻孔机（见表 5-7-2～表 5-7-5）经改装和改造后均能满足钻孔压浆桩的施工工艺要求。

2. 导流器

为实现钻到预定深度后不提出钻杆而能自下而上高压注浆，在钻机动力头上部或下部安装 1 个导流器，并通过高压胶管与高压泵出口相连，导流器的出口通过小钢管或高压胶管与钻头相连通，在钻头的叶片下有 2～4 个小出浆孔。在动力头输出轴下部安装导流器，不仅能传递较大扭矩，也能输送较高压力的浆液；如果动力头输出轴有通孔，则导流器可以安装在动力头上部，不起传递扭矩的作用，仅在钻杆旋转中输送高压浆液。

3. 钻杆

钻杆的接头也应通孔，并且要密封可靠，不能漏浆。如果利用钻杆内孔输送浆液，工作效率高，但注浆压力不大；如果利用钻杆内穿过的小钢管或高压胶管输送浆液，则注浆压力高，但每节管的连接一定要可靠，不能漏浆，否则小钢管和高压胶管很难从钻杆中取出。

4. 钻头

钻头的上部要有管接头与钻杆的压浆管相连，钻头叶片下有 2～4 个小出浆孔，保证浆液从孔底压入，其孔径要考虑浆液的流量和压力。在开钻前要将出浆孔堵住，以保证在钻进过程中出浆孔是关闭的；注浆时，出浆孔应及时打开，以保证注浆工序顺利进行。

钻头形式与其他螺旋钻孔机一样，视土层地质情况选用尖底钻头、平底钻头、耙式钻头或凿岩钻头等。

耙式钻头（图 5-22-1）适应性较强，在砂卵石层中也能钻进。

锥螺旋凿岩钻头（图 5-22-2）既能钻岩又能钻土，钻头外形似一倒锥形双头螺旋，回转时稳定性好；刀头的刃部采用硬质合金，其硬度、抗弯、剪、扭、折、冲击等强度均大于一般的中硬岩石，从而使钻进中硬岩石成为可能。多刀头的合理组合，在钻进中形成阶梯状、多环自由面的碎岩方式，即下方刀头所形成的切槽为上方刀头碎岩提供了自由面，控制新刀头的硬质合金底出刃 4～6mm、外出刃 3～4mm，能较好地解决刀头钻进时在复杂应力状态下的崩刃与出刃（工作高度）之间的矛盾；针对钻头中心部分线速度小、刃口磨损过快、严重影响进尺的情况，底部的刀头采用倾角为 75°～85°的正前角，刀头刃部的正投影偏离并超越钻头轴心，实践中效果显著。

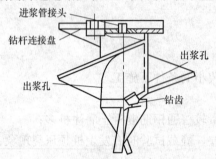

图 5-22-1　耙式钻头

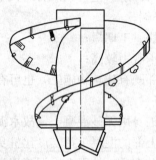

图 5-22-2　锥螺旋凿岩钻头原理图

5. 注浆泵及管路系统

注浆泵是钻孔压浆成桩法的关键设备，因其工作介质是以水泥浆为主的浆液，通常浆液重度大于 16kN/m³、漏斗黏度大于 35s，且采用高压注浆工况，因此对注浆泵的吸程、泵量、泵压及功率储备都有严格的要求。可选用 SNC-300 水泥注浆泵，当桩径和桩长较小时，也可用 WB-320 泥浆泵替代。SNC-300 水泥注浆泵性能见表 5-22-1 所示。该泵安装在黄河 JN-150 车（油田固井车）上。

SNC-300 水泥注浆泵性能表　　　　　　　　　　　表 5-22-1

发动机变速挡位	曲轴转速（r/min）	缸套直径 φ100mm		缸套直径 φ115mm	
		排量（L/min）	压力（MPa）	排量（L/min）	压力（MPa）
V	117	762	6.1	1040	4.47
Ⅱ	26	154	30	220	20.1

注：动力：6135 柴油机；额定功率：117.6kW；泵活塞行程：250mm；泵外形尺寸：mm：2380×945×1895；泵重量：2.775t。

高压注浆管是钻孔压浆桩施工中连接注浆泵与螺旋钻杆、实现浆液高速输送和高压注浆的重要工具。该工艺使用的高压注浆管与液压传动机械的高压胶管通用，管路系统应耐高压，并附有快递连接装置。表 5-22-2 为高压胶管规格性能表。

6. 注水器

注水器是连接注浆管与动力头的高压密封装置，是在实现钻杆旋转的同时进行高压注浆的关键装置。

7. 浆液制备装置

由电器控制柜、电动机、减速器、搅拌器、搅拌叶片及搅浆桶组成，搅浆桶容积 1.2～2.2m³，浆液制备装置配套数量和规格视单桩混凝土体积及施工效率而定。每个机组通常配 2 套以上。

高压胶管规格性能表　　　　　　　　　　　　　　　表 5-22-2

公称内径（mm）	型号	外径（mm）	工作压力（MPa）	最低爆破压力（MPa）	最小弯曲半径（mm）
19	B19×2S-180	31.5	18	72	265
	B19×4S-345	35	34.5	138	310
22	B22×2S-170	34.5	17	68	280
	B22×4S-300	39	30	120	330
25	B25×2S-160	37.5	16	64	310
	B25×4S-275	41	27.5	110	350
32	B32×4S-210	50	21	84	420
	B32×6S-260	53.8	26	104	490

5.22.3　施工工艺

1. 施工工艺流程见图 5-22-3。

2. 施工程序

施工程序（图 5-22-4）如下：

（1）钻机就位：在设计桩位上将钻机放平稳，使钻杆竖直，对准桩位钻进，随时注意并校正钻杆的垂直度；

（2）钻进：钻至设计深度后，停止进尺，回转钻具，空钻清底；

（3）第 1 次注浆：把高压胶管一端接在钻杆顶部的导流器预留管口，另一端接在注浆泵上，将配制好的水泥浆由下而上在提钻同时在高压作用下喷入孔内；

（4）提钻：对于有地下水的情况，注浆至无坍孔危险位置以上 0.5～1.0m 处，提出钻杆，形成水泥浆护壁孔；

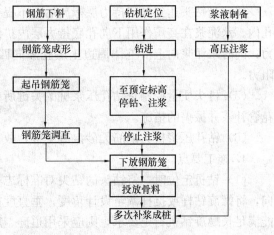

图 5-22-3　施工工艺流程图

（5）放钢筋笼和注浆管：将塑料注浆管或钢注浆管固定在制作好的钢筋笼上，使用钻机的吊装设备吊起钢筋笼对准孔位，并将其竖直地慢慢放入孔内，下到设计标高后，固定钢筋笼；

（6）放碎（卵）石：碎（卵）石通过孔口漏斗倒入孔内，用铁棍捣实；

（7）第 2 次注浆（补浆）：利用固定在钢筋笼上的塑料管或钢管进行第 2 次注浆，此工序与第 1 次注浆间隔不得超过 45min，第 2 次注浆通常要多次反复，最后一次补浆必须在水泥浆接近终凝前完成，注浆完成后立即拔管洗净备用。

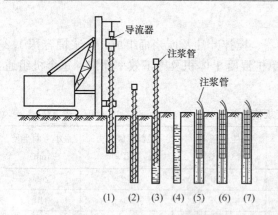

图 5-22-4　钻孔压浆桩施工程序

(1) 钻机就位；(2) 钻进；(3) 第1次注浆；
(4) 提出钻杆；(5) 放钢筋笼和注浆管；
(6) 放碎石；(7) 第2次补浆

3. 施工特点

(1) 钻孔压浆桩施工工艺有两次注浆，所需的水泥浆液，是由注浆泵压入的，该泵配有水泥浆的搅拌系统。注浆泵的工作压力应根据地质条件确定，第1次注浆压力一般为4～8MPa，第2次补浆压力一般为2～4MPa。以上注浆压力均指泵送终止压力。

在淤泥质土和流砂层中，注浆压力要高；在黏性土层中，注浆压力可以低些；对于地下水位以上的黏性土层，为防止缩颈和断桩，也要提高注浆压力。

(2) 成孔时边注浆边提钻，每次提钻在钻头下所形成的空间必须有足够的水泥浆填充，而且压进水泥浆的体积要略大于提钻所形成的空间，必须保证水泥浆要包裹在钻头以上1m，不得把钻杆提出水泥浆面。

(3) 两次高压注浆都是由下而上，靠高压浆液振荡，并顶升排出桩体内的空气，使桩身混凝土达到密实，因此桩身混凝土强度等级能达到C25及其以上。

(4) 当钻头达到预定持力层标高后，不提钻即注浆，桩端土体未扰动，没有沉渣掉入孔内。水泥浆在高压作用下向孔底持力层内扩渗，使桩端形成水泥土扩大头，提高桩端阻力；同时水泥浆向上沿桩体周边土层孔隙向四周扩散渗透，形成网状树根型，提高桩侧阻力。

(5) 桩头质量控制是钻孔压浆桩的关键所在，为解决桩头质量差的弊病，应采取桩头花管补浆并振捣的措施。

(6) 钻孔压浆桩为钢筋无砂混凝土桩，故其脆性比普通钢筋混凝土桩要大。

4. 施工要点

(1) 钻机定位时，将钻头的钻尖对准标志桩后，用吊线或经纬仪在互为90°的两个方向，将螺旋钻杆或挺杆调至设计角度，垂直度控制在桩长的1%以内。如果地基承载力不能满足长螺旋钻机行走要求，则应采用道砟、废砖块、钢板及路基箱等垫道。

(2) 钻机挺杆下方必须用硬方木垫实，以避免钻进时钻机晃动，影响桩的垂直度，损坏钻机。

(3) 制备浆液用的水泥宜采用强度等级不低于42.5的硅酸盐水泥或普通硅酸盐水泥，不宜使用矿渣水泥。当平均气温低于-20℃时，可采用早强型普通硅酸盐水泥。

(4) 水泥浆液可根据不同的使用要求掺加不同的外加剂（如减水剂、增强剂、速凝剂、缓凝剂或磨细粉煤灰等）。

(5) 浆液应通过14mm×14mm～18mm×18mm的筛子，以免掺入水泥袋屑或其他杂物。

(6) 水泥浆的水灰比宜为0.45～0.60。

(7) 为使第1次注浆和第2次注浆（补浆）两道工序能顺利进行，粒径10mm以下的骨料含量宜控制在 5% 以内。常用规格有 10～20mm 与 16.0～31.5mm 混合级配，20～40mm 与 31.5～63.0mm 混合级配，最常用为 20～40mm；桩径较粗、孔深较大又容易窜孔时，宜用较大粒径的碎石，反之则宜选用较细粒径。骨料最大粒径不应大于钢筋最小净距的 1/2。

（8）将投料斗放好，连续投入骨料至设计标高以上 250mm，骨料投入量不得少于桩的理论计算体积。

（9）为保证第 1 次注浆时有足够大的压力，钻杆内应设置小钢管或高压胶管输送浆液。

（10）钻进前将钻头的出浆孔用棉纱团堵塞严实，钻头轻放入土、合上电闸、钻头及螺旋钻杆缓慢钻入土中。

（11）安放补浆管时，其下端距孔底 1m，当桩长超过 13m 时，应安放一长一短 2 根补浆管，长管下端距孔底 1m，短管出口在 1/2 桩长处，补浆管组数视桩径而定。补浆管应与钢筋笼简易固定，上部超出笼顶长度应保证钢筋笼入桩孔后尚能露出施工地坪 0.5m 左右，补浆塑料管上端接上快速接头。

（12）钻至设计标高后，钻机空转（桩孔较浅或没有埋钻危险时可停止转动）等待注浆、钻杆不再下放，开始注浆，浆液到达孔底后，边注浆边提钻，提升钻杆过程应保证注浆量略大于提钻形成的钻孔空间、确保钻头始终浸没在浆面下 1.0m 左右。一般注浆压力 4～8MPa；钻杆提至没有埋钻危险的标高位置时停止转动，并延续原提钻和注浆速度。

（13）钻杆提升至不塌孔标高位置时，停止注浆。在孔口清理干净后，将钻杆提出孔外，立即安放孔口护筒，并加盖孔口盖板；上部孔段超径严重时，应将孔口护筒中心固定在原桩位中心。

（14）沉放钢筋笼的做法：长度为 12m 以内的钢筋笼可采用单吊点直接起吊。长度大于 12m 的钢筋笼可采用双吊点起吊。吊点宜设在 1/3 笼长和 2/3 笼长的位置。为减少起吊变形，可采用加焊甚至满焊螺旋箍筋焊点、增加架立箍筋直径的方法以增大钢筋笼整体刚度；也可采用在吊点处绑扎梢径 120～180mm、长 4～6m 的干燥杉木，以增大吊点处刚度的综合方法起吊。

（15）钢筋笼就位后立即在孔口安放漏斗并将装满骨料的铲车开至孔口，铲斗举高对准漏斗，均匀缓慢地往桩孔内倾倒骨料，至骨料高出桩顶标高 0.5～1.0m 投料完成，并作好纪录。

（16）补浆分三种情况：

1）长管补浆：投料完成以后约 15min，将注浆管接头与拟补浆桩孔的长补浆管的快速接头连接，开泵补浆（补浆压力 2～4MPa）后浆面上升，首次补浆应将泥水返净，每次补浆都应见纯净水泥浆液开始从桩孔流出方可终止，停泵后卸开注浆管送，通常长管补浆一次。

2）短管补浆：长管补浆后约 15min，将注浆管接头与拟补浆桩孔的短补浆管快速接头连接，开泵补浆后，浆面上升，见纯净水泥浆液开始从桩孔口流出终止补浆。由于水泥浆在桩孔内的析水原因，浆面反复下降，因此必需多次补浆直至浆面停止下降，方可结束全部补浆工序。

3）花管补浆：基础桩施工末次补浆前将花管插入桩头下约 4m。末次补浆应采用花管补浆并振捣。

（17）基础桩桩头采用插入式振捣器振捣，快插慢拔，且不得长时间在一处振捣，振捣深度应大于1.5m。振捣完毕的桩头注意防止车辆、钻机碾压。

（18）钻孔压浆桩冬期严寒气候下施工要点：

1）钻孔压浆桩的一个主要优势是能在冬季严寒气候条件下（可达到−35℃）顺利成孔成桩。

2）应选用特制的钻头，钻进冻土时应加大钻杆对土层的压力，并防止摆动和偏位。

3）钻进过程中，应及时清理孔口周围积土，避免气温严寒使暖土在钻机底护筒下冻结。

4）冬期施工钻孔与注浆两道工序必须密切配合，避免孔内土壁结冰，影响桩质量。

5）水泥浆制备设备放置于暖棚内，用热水搅拌水泥浆，输浆管路用防寒毡垫等包裹严实，设置专人对水温、浆温、混凝土入模温度进行监测，并做好冬季施工记录。

6）一般情况下冬季施工成桩时混凝土温度不应低于−15℃，桩头用塑料薄膜、岩棉被及干土覆盖严密，局部桩孔留有测温管。

7）施工期间气温低于−20℃时，应采取提高水温、增加补浆次数和测温频率、桩头蒸汽加温以及添加防冻剂等技术措施。

5. 施工注意事项

（1）水泥浆质量的好坏直接影响钻孔压浆桩的成孔和桩身混凝土质量，水泥浆的稠稀程度，即水泥浆的密度大小是影响水泥浆质量好坏的关键。因此在施工中应设专人对水泥浆进行管理，经常测水泥浆密度、黏性及pH值等，尽量减少由于钻孔操作不慎产生的沉渣，防止地下水及清洗注浆管时水流入其中，而使其密度减小。实践经验表明，水泥浆的密度宜控制在1.5~1.25左右，当穿过砂砾石层或容易坍孔的地层时，可增大至1.30~1.50。

（2）搅拌后的水泥浆超过2h后达到初凝不得使用。

（3）水泥浆的水灰比宜为0.45~0.60。若采用水灰比小的浓浆，由于浆液密度大，投料时骨料不易下沉，造成混凝土级配不好；若采用水灰比大的稀浆，混凝土强度则达不到。解决办法为注浆和补浆采用不同的水灰比，即补浆时用浓浆并多次补浆，另外可适当地掺加外加剂。

钻孔压浆桩为无砂混凝土灌注桩，其桩身混凝土强度主要取决于水灰比的大小。表5-22-3为混凝土强度等级与所采用的最大水灰比的关系。

混凝土强度等级与所采用的最大水灰比关系　　　　　　　　表5-22-3

桩身混凝土强度等级	碎石（或卵石）	
	水泥强度等级（MPa）	最大水灰比
C25	32.5	0.58
	0.62	4.25
C30	42.5	0.56

（4）处理好注浆泵排量与注浆压力的关系。注浆压力以能护住孔并能将孔中稀浆排出孔外为准，而注浆泵排量的大小影响成孔的速度。实际的注浆压力应是注浆管孔口的压

力，注浆泵的压力包含了浆液的输送阻力（管路阻力）。注浆泵的压力应综合考虑钻孔深度、地层情况、管路长短及浆液黏度等因素确定。

（5）处理好提钻速度与注浆量的关系。在提钻时必须保证水泥浆要包裹在钻头以上1m，不得把钻杆提出水泥浆面，为此要做好注浆量的计量及钻杆提速的均匀性。孔内注浆1min后方可提钻，提钻速度控制在 0.5～0.9m/min。

（6）钻杆拔出孔口前，先将孔口浮土清理掉，然后安放钢筋笼。

（7）慢慢投放骨料，以防投放过快使骨料堆积在桩孔半空，造成断桩。骨料高出桩顶标高 0.5～1.0m。

（8）钻孔压浆桩由于是无砂混凝土，桩身强度受限制，采用高强度等级混凝土一般较困难，而且桩身混凝土上部强度低，下部强度高，而上部混凝土所受压力又较大，因此桩顶配筋宜大一点，包括主筋和箍筋都应加大。

（9）加强混凝土质量的控制。根据钻孔压浆桩的成桩工艺，桩身混凝土质量主要与水泥浆的水灰比有关，其混凝土试块的制作过程与实际的成桩机理相差较大，不具代表性，因此在施工时一定要严格按照水灰比加水和水泥，并经常抽测水泥浆的密度。

（10）补浆过程中，要经常检查骨料顶面标高，及时补充骨料至设计和施工要求的标高。

（11）为了保证第 1 次注浆时有足够大的压力，应对长螺旋钻杆进行改造，即在钻杆顶部中间空管道打一孔，在空管道内放置一高压胶管，一直通到钻杆底部，在钻头内放一溢流阀，通过一钢管与高压胶管相连，在钻头钻尖两侧打对称 2 个孔；钻到设计标高时，把高压泥浆泵上两头带丝扣的高压胶管的另一头与钻杆内的高压胶管相连，开动泥浆泵，此时高压水泥浆便通过泵的吸浆管吸到泵内，再通过排浆管、高压胶管流到钻杆内的高压胶管，打开溢流阀，水泥浆便流到钻孔内，边提钻边注浆，直至水泥浆高出地下水 2m 以上，起到护壁作用。

（12）桩基越冬措施主要考虑以下两方面的冻害：混凝土能否被冻坏和桩能否被土层冻切力拔起或拔断，前者措施是在混凝土中加入足量防冻剂，后者措施是将桩顶以下的桩周土松动。

（13）成桩保护。钻孔压浆桩的施工顺序，应根据桩间距和土层渗透情况，按编号顺序跳跃式进行，或采用凝固时间间隔进行，桩孔间应防止窜浆，避免造成对已施工完毕的邻桩的损坏。桩施工完毕后 3d 内，应避免钻机或重型机械直接碾压桩头引起桩头破坏。桩头清理应在桩头混凝土凝固后进行，一般 3d 以后，清理桩头应采用人工清理，严禁挖掘机等机械强行清理。桩顶标高至少要比设计标高高出 0.5m。

5.23 大直径现浇混凝土薄壁筒桩

5.23.1 适用范围及分类

大直径现浇混凝土薄壁筒桩（Cast-in-Situ Concrete Large-Diameter Pile）简称筒桩（CTP桩），是在大量工程实践的基础上和充分吸收了钻孔灌注桩、沉管灌注桩和预应力管桩的优点研究发明的一项技术。于 1998 年申报国家专利（专利号 ZL 98 I 13070.4）。随着筒桩技术的不断推广应用，目前在国外的一些海洋工程中也采用中国筒桩技术。联体筒桩于 2004 年申请获得美国专利（专利号为 US 6，749，372 B2）。

1. 基本原理

筒桩为混凝土薄壁筒状结构，目前常用的外径在 1000mm 至 1500mm 之间，并正在向 2000mm 或更大的方向发展；壁厚在 120～250mm，也可根据工程需要另行设置。

成桩时利用内外两层钢管套装在预制好的钢筋混凝土环形桩靴上，通过上部特制的夹持器，在顶部中高频振动锤作用下，将钢管沉入地基土内并到达设计标高，套入内管的部分土芯可从外管的排土孔排出，移开夹持器放入钢筋笼，在外钢管的灌入口中灌入混凝土，边振动边拔管直至钢管全部拔出地面，这样便形成中心填充有地基土的筒形桩体。

2. 分类

根据筒桩有无设置钢筋笼分为钢筋混凝土筒桩或素混凝土筒桩，在承受较大水平力的情况下，应设置钢筋笼。当承受竖向力不大的情况下（如作为复合地基的增强体），则可采用素混凝土筒桩。钢筋的配置及混凝土强度等级应根据具体工程情况而定。

根据筒桩的布置可分为单体筒桩和联体筒桩。以单体分散布局的称单体筒桩，在两根单体筒桩之间以联体的方式，紧密咬合在一起形成连续墙的称联体筒桩。联体筒桩的直径通过为 1000～1500mm，咬合厚度 50～100mm，形成的空心连续墙，既可抗水平力又可用作防渗墙。这种联体筒桩目前在海洋工程中或深基坑支护中拥有广泛的应用前景。图 5-23-1 为由联体筒桩组成的地下连续墙示意图。

图 5-23-1　联体筒桩组成地下连续墙示意图

筒桩可根据受力要求自由地组合成各种形式，如单排联体结构（图 5-23-2a），单面插板双排框架结构（图 5-23-2b）及双面插板双排框架结构（图 5-23-2c）等。桩顶可用现浇钢筋混凝土压顶梁连接，两排桩之间用系梁连接；在水深较大的海域或软土较深地区，水平向荷载较大，多采用这种双排框架结构（若为挡土结构，可不用系梁，排桩间土体用土工织物或其他方法处理），其稳定性好，强度高，抗冲击能力强。

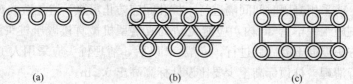

(a)　　　　　　　　(b)　　　　　　　　(c)

图 5-23-2　单排联体结构和双排框架结构的筒桩
(a) 单排联体结构；(b) 单面插板双排框架结构；(c) 双面插板双排框架结构

3. 技术特点

（1）从桩的形态来看，属于大直径薄壁筒形柱，突破了普通沉管桩和普通预制桩直径限于 600mm 以内的限制，使桩径大大增加，可充分发挥大直径桩稳定和强度的作用。

（2）从桩的排土性能来看，它是属于少量挤土桩。在成桩的过程中大量土石不是挤向周围土体而是被内管套入其中，对于土质较软的黏土，当内管土挤到一定程度时，便从上部泄口中溢出，桩周土受挤程度较轻，可克服沉管桩和预制桩的桩身受施工桩的挤土作用，从而可避免地基土的隆起和桩身向上位移。

（3）从成桩机理来看，筒桩有如下三大作用：

1）模板作用

在振动力的作用下环形腔体成孔器沉入土中后灌注混凝土，当振动模板提拔时，混凝土从成孔器下端进入环形槽孔内，空腹模板起到了护壁作用，因此不易出现缩壁和塌壁现象。从而成为成孔、护壁、灌注一次性直接形成筒桩的工艺。

2）振捣作用

成孔器振动提拔时，对混凝土有连续振捣作用，使柱体充分振动密实，由于混凝土向两侧挤压，而使筒桩壁厚度有保证，混凝土密实。

3）挤密作用

在施工过程中由于振动、挤压和排土等原因，可对桩间土起到少量的密实作用。

（4）从桩的承载能力来看，它具有较高的竖向极限承载力。在相同混凝土用量的情况下，圆筒形结构比圆柱形结构具有大得多的外表面积和惯性矩。作摩擦型桩使用时，承载力提高很多。软土地区现场试验显示，直径为 1000mm、壁厚为 120mm、桩长为 18m 的素混凝土筒桩。其极限承载力为 1400～1500kN。以壁厚 200mm、直径 1500mm 的筒桩与直径 1000mm 的钻孔灌注桩相比，两者混凝土用量大体相等，在相同桩长的情况下，前者的极限承载力是后者的 1.55 倍左右。筒桩作支护桩使用时，抗弯强度提高很多。

（5）从桩型结构特点来看，它是属于现场灌注薄壁圆形结构，且有较强的抗压抗弯性能。一般灌注桩竖向受力并不需要全断面，混凝土强度得不到充分发挥；从抗弯能力计算，断面中心部位混凝土所起的作用更可忽略不计，然而筒桩正是可避免灌注桩存在的混凝土和钢筋材料浪费问题，以最合理的材料获得最有效的结构效应。

（6）从施工角度来看，由于筒桩是连续灌注而成，而且是在中高频振动下起拔，因而整体性和混凝土质量较好，施工方便迅速；尤其在海上施工，插入土层的桩体，进入海水层以及上部的桩柱，数十米长度可一次性灌注完成，对混凝土质量能进行有效的控制。由于采用中高频振动，对地表振动影响小，对地基土体起振密作用，提高地基土的承载力；施工中没有泥浆排放，故对环境无污染。

4. 筒桩优缺点

（1）优点：1）承载力高；2）无泥浆污染；3）节省混凝土，工程造价低；4）施工速度快捷；5）挤土效应相对较少；6）工后沉降小；7）随地质条件变化适应性强。

（2）缺点：1）桩架设备比较笨重，浅表处 2～3m 深的土层受压后可能会使半成品筒桩开裂，因此对浅表层土加以保护；2）初期投入的成本较高；3）需用功率较大的变电器，以满足用电负荷的要求；4）土芯需用挖掘机等，设备进行清运。

5. 筒桩适用范围

筒桩适用于软弱土层及第四纪覆盖的松散地层，具体地说适用于软黏土、黏土、粉质黏土、砂土、砂砾土及严重风化成土状的岩层；软土层厚度一般为 6～35m；桩端持力层为较厚的强风化或全风化岩层、硬塑～坚硬黏性土层、中密～密实碎石土、砂土、粉土层。对于嵌岩桩暂时还无能为力，因为筒桩的桩端是一个混凝土预制的管靴，当基岩超过混凝土硬度时无法进入基岩，满足不了桩基嵌岩深度。对于一定要达到嵌岩深度的筒桩，

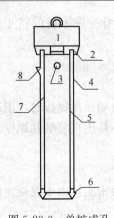

图 5-23-3　单桩成孔
器结构示意图
1—中高频振动器；
2—夹持器；3—出泥孔；
4—外管；5—环形空隙；
6—环形桩尖；7—内管；
8—混凝土受料槽

只能将钢管内土体挖除，用人工方法掘岩扩底，然后一并灌注成桩。筒桩不仅适用于陆地，更适用于海洋。

筒桩的工程应用，主要表现在以下几方面：（1）道路工程中的软基处理及桥涵的桩基工程；（2）海洋工程中的支护结构及软基处理；（3）工业和民用建筑中深基坑支护工程及多层建筑桩基础；（4）其他重要建筑物的地基加固，如机场跑道、停机坪、发射场软基加固等；（5）水文地质中利用筒桩的有利成孔条件，可大量开发地下水资源开辟新的途径；（6）可广泛应用于城市地下工程、沿海防咸工程及护岸工程等地下连续墙工程。

5.23.2　施工机械与设备

筒桩施工设备主要包括桩架和成孔器，成孔器的关键设备是中高频振动锤。

1. 桩架

（1）不论采用何种形式的桩架，必须满足桩长、桩径、振动锤的形态和装载重量及其稳定性的需要，接地压力应满足地基承载力的要求，并且要求移位机动性强，调整位置和角度方便，此外选择桩架时还要考虑地面坡度等因素。

（2）在水上施工时可把桩架设置在船体上或搭设的排架上。

2. 成孔器

（1）成孔器可分为单桩成孔器和联本筒桩成孔器、分别用于单体筒桩和联体筒桩的施工。

（2）单桩成孔器包括：中高频振动锤、夹持器、出泥孔、环形桩尖、内管、外管、混凝土受料槽、环形空隙等部件（图 5-23-3）。

（3）联体筒桩成孔器，由单桩成孔器通过相互联结形成（图 5-23-4）。

3. 振动锤

（1）振动锤型号的选择应满足下列要求：

1）选择合适的振动锤往往是工程顺利进行的关键，考虑的因素是多方面的，包括发动机的功率、偏心力矩、振幅、振频、吊重、拔桩力、振动力、土的性质和埋深等。其中振动力和最低可接受振幅是两个最关键的因素。

2）各种类型的土质对最小振幅要求有所不同，在砂质的土体中，振动造成的液化程度较高，要求振幅比较小，只需要 3mm。在黏土中，由于土体会跟随桩壁运动，振幅要求达到 6mm 才能摆脱土体。在理想情况下，如在水下的砂质土体中振幅只需要 2mm。

3）桩阻力在振动时因为土体液化作用比静止时大幅度

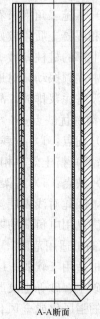

A-A断面

图 5-23-4　联体筒桩成孔
器结构示意图

减弱，减弱程度根据振频大小和土质决定。

振动锤激振力 F 和振幅 A，应按式（5-23-1）、式（5-23-2）计算：

$$F = E_m \left(\frac{2\pi f}{60} \right)^2 \tag{5-23-1}$$

$$A = 2000 \frac{E_m}{V_m} \tag{5-23-2}$$

式中　E_m——偏心力矩；

　　　f——频率；

　　　V_m——振动部分质量，$V_m = V_A + V_B + V_C$；

　　　V_A——桩的质量；

　　　V_B——夹持器的质量；

　　　V_C——振动锤振动部件质量。

（2）目前工程上应用的振动锤可参考表 5-23-1 和表 5-23-2。

部分桩锤选择参考表 表 5-23-1

项目		电动振动锤		液压振动锤				
		DZ120	DZ150	YZPJ150	YZPJ200	SV80	APE200	APE200T
动力机功率（kW）		120	150	300	418	214	630	630
静偏心力矩（N·m）		2290	2863	670	900	260	500	600
最大激振力（kN）		1128	1410	1470	1960	800	1797	2126
偏心轴转速（r/min）		1100	1100	1400	1400	1650	1650	1800
许用拔桩力（kN）		≥300	≥300	882	1176	400	1335	1335
空载振幅（mm）		≥8	≥8	7.6	9.1	17.5		
振动部分质量（kg）				9000	9946	3370	6577	6668
外形尺寸	宽（mm）					355		355
	长（mm）					2286		2560
	高（mm）					1750		2260

HFA 系列大吨位高频液压振动锤主要性能参数表 表 5-23-2

	项目	HFA160-80	HFA160T-80	HFA240-120	HFA240T-120
高频液压振动锤	静偏心力矩（N·m）	325	405	486	827
	工作频率（Hz）	35	35	35	30
	偏心轴转速（r/min）	2100	2100	2100	1800
	最大激振力（kN）	1600	2000	2400	3000
	最大空载振幅（mm）	24	28	24	36
	最大拔桩力（kN）	800	800	1200	1200
	发动机功率（kW）	448	522	550	670
	液压油最大流量（L/min）	525	756	756	900
	最高工作压力（MPa）	42	42	42	42

续表

项目		HFA160-80	HFA160T-80	HFA240-120	HFA240T-120
配套液压步履桩架	筒桩最大深度（m）	26	26	32	32
	筒桩最大有效直径（mm）	1500	1500	2000	2000
	桩架最大拉压力（kN）	800	800	1200	1200
	接地比压（MPa）	≤0.6	≤0.6	≤0.6	≤0.6
	外形尺寸（长×宽×高）（mm）	12000×10000×31000	12000×10000×31000	12800×10800×37000	12800×10800×37000
	总质量（不含配重）（kg）	95000	95000	115000	115000
	配电总功率（kW）	114	114	114	114

4. 环形桩尖

环形桩尖形状及质量是筒桩施工工艺技术的关键，桩尖刃口形状决定筒桩施工排土量大小及沉管阻力，施工中必须按照现场工程地质条件、设计要求、筒桩排土量的具体情况来设计桩尖的刃口形状；一般桩尖采用 C30 钢筋混凝土预制。为减少施工中的挤土效应，桩尖采用如图 5-23-5 所示结构。

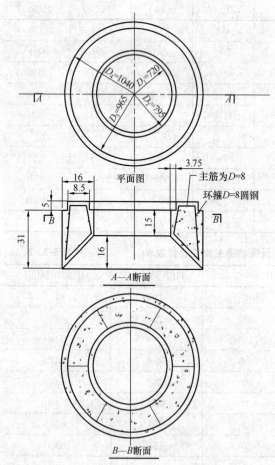

图 5-23-5 环形桩尖结构图

5.23.3 施工工艺

1. 单体筒桩施工流程

单体筒桩施工流程示意图见图 5-23-6。单体筒桩施工流程框图见图 5-23-7。

由图 5-23-6 单体筒桩施工流程可分解如下：

（1）钻机就位，埋好环形桩尖，使成孔器的内外钢管底端分别顶住桩尖的外台阶支承面，做好密封防水，并检测成孔的垂直度。

（2）双管在激振力的作用下逐渐下沉到预定的标高，内管中的土芯逐渐上升。

（3）沉管到预定标高后卸去振动锤和夹持器，并放置钢筋笼（无钢筋笼时省此步骤）。

（4）安装振动锤及夹持器，向外管上的受料斗送入混凝土，落入内外管间的环形空腔中，达到适量后启动振动锤稍加密实。

（5）无钢筋笼时，连续送混凝土至桩身混凝土理论方量，然后边振动边上拔夹持器，上拔至适当高度后，根据量测管内混凝土面决定需补混凝土量，使灌注混凝

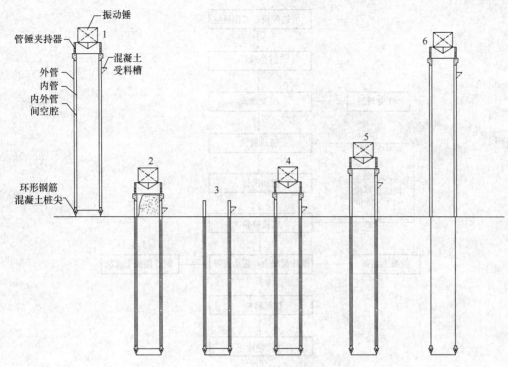

图 5-23-6　单体筒桩施工流程示意图

土的实际高度高于设计桩顶标高 500mm。

（6）混凝土灌注结束后，成孔器拔出地表，钻机移至下一孔位，重复上述工作。

2. 联体筒桩施工流程

（1）利用特制的 3~5 个带有公型和母型导接器的联体筒桩成孔器（图 6-23-4），先将第 1 个成孔器振入土中，然后将第 2 个成孔器在入土前插入前者的导接器中，再借助振动锤的激振力振入土层中，依此类推连续振入第 3 个和第 4 个成孔器。在向第 1 个成孔器灌注混凝土时至少连续沉入两个成孔器（具体数量依据地层土质情况而定）；

（2）连续振入几个成孔器后，再在每个成孔器中下入设计要求的钢筋笼；

（3）对已经下入钢筋笼的成孔器内灌注混凝土后，振动起拔；

（4）灌注混凝土后的所有筒桩连续成形，最终形成设计要求的咬合式联体筒桩结构的空心地下连续墙（图 5-23-8）；

（5）若用于简单的防渗结构，亦可用素混凝土方式。

如果在施工期间遇到必须停顿时，就要在已灌注混凝土的联体筒桩的后面留一个空成孔器，以便在以后灌注后续联体筒桩时做到很好的相联。但还必须注意停顿过程不能超过2 小时，否则成孔器由于混凝土凝结无法拔起。当联体筒桩施工中发生咬合故障时，可采取相隔的缝隙用高压喷浆方法进行修补，保证其联体的良好性能。

3. 施工特点

（1）与普通直径的振动沉管灌注桩相比，筒桩外径突破 600mm 的限制，常用为 800~1500mm，桩径大大增加，可充分发挥大直径桩的稳定和强度作用，但也增加了施工难度。筒桩施工采用中频（偏心轴转速 1000~2000r/min）和高频（偏心轴转速 2000~

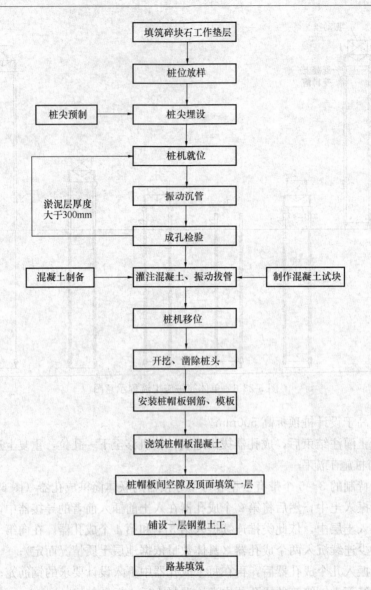

图 5-23-7 单体筒桩施工流程框图

图 5-23-8 现浇联体筒桩示意图

3000r/min）电动或液压振动锤，大大地提高沉桩效率，减少对周围环境的振动和噪声的影响。

（2）筒桩采用自动排土振动沉管灌注混凝土而成，属于少量挤土桩，在成孔成桩过程大量土砂不是挤向桩壁周围而是被内管套入其中，当内管土砂挤到一定程度时，可以从上部的出泥孔溢出，受挤的土砂只是较少部分，大大地减少类似普通直径沉管灌注桩和预制桩在沉桩过程中的挤土效应。

(3) 桩尖质量及形状是筒桩施工工艺技术的关键，桩尖刃口的形状决定筒桩施工排土量大小及沉桩阻力。根据工程地质条件和筒桩排土量，按照设计要求的桩尖刃口形状进行制作。

4. 施工要点

(1) 桩位放样：根据设计桩位布置及处理区域，填筑 500～800mm 厚的碎块石工作垫层，用全站仪或经纬仪测设处理网格控制桩位，并以控制点位为基准测设各单体筒桩桩位，并插上钢筋或木桩做明显标示。

(2) 桩尖预制及埋设：桩尖按图 5-23-5 所示的结构制作，桩尖的混凝土强度一般应比筒桩体强度高一个等级，桩尖可在现场预制，也可在场外预制，养护并达到强度后送至施工现场。

桩位放样后，先清除桩位上的 1.5m×1.5m 范围内的填渣，再埋设桩尖，以便成桩后立即浇筑盖板及垫层；桩尖定位采用拉十字线法检查，桩尖中心和桩位中心偏差不大于 20mm。

(3) 桩机就位：桩机底座架坐在钢管上，钢管下垫枕木，桩机依靠卷扬机拉动钢丝绳在枕木上滚动钢管而前移，横向底座在钢管上滑移而横向移动。位置初步对中后，下放成孔器，使成孔器的内外钢管底端接近桩尖顶面，再调整纵横相对位置，使桩尖顶面凸台嵌入成孔器内外管壁间的空腔内，实现完全对中；对中时必须确保不扰动桩尖，对中后校正桩机底座水平和桅杆垂直度，垫实底座。为了防止地下水和淤泥从桩尖与内外管下端接角面挤入内外之间的空腔中，对中后在桩尖的内外台阶上铺纸袋或纤维性布料等，作为密封材料。

(4) 振动沉管：将下端形成切削刃口的桩尖套入设在竖立的外护壁套管同内护壁套管之间的筒孔中，并使外护壁套管和内护壁套管的下端面分别同桩尖上端的外支承面和内支承面接触，要求桩尖的内支承面的内径略大于内护壁套管的外径。该外护壁套管和内护壁套管的上端同激振锤连接器相接，内护壁套管的上端形成穿出振动锤的同径出土孔。在振动锤的激振力作用下，作用力经内外护壁套管传递至桩尖，桩尖随外护壁套管和内护壁套管进入土层，被桩尖排挤的泥土则进入内护壁套管，并排挤先进入的土层，随着桩尖不断进入土层，内护壁管内的土逐渐向上顶移而从内管顶端排出。

(5) 成孔终止条件：

1) 桩端位于坚硬、硬塑的黏性土、卵砾石、中密以上的砂土或风化岩等土层时，以贯入度控制为主，桩端设计标高控制为辅。

2) 桩端标高未达到设计要求时，应连续激振 3 阵，每阵持续 1min，再根据其平均贯入度大小研究确定。

3) 桩端位于软土层时，以桩端设计标高控制为主。

4) 沉桩时如出现异常，应会同有关单位研究处理。

(6) 混凝土灌注及拔管：桩尖下沉至设计深度灌注混凝土前，必须进行成孔检查。如有钢筋笼，应先拆除振动锤和夹持器后再沉放钢筋笼，并再次用测绳检测孔底有无渗水和淤泥挤入，如淤泥厚度小于 300mm 时则不必处理；当淤泥层厚度大于 300mm 时，应拔出成孔器，重新下桩尖成孔。如渗水较多，宜用气举或微型潜水泵抽排，少量渗水采用投入水泥粉，再用空气吹混水泥成浆；工艺性试桩探明地质后，若遇桩端为渗透性较大非黏性土层，沉孔进入该地层前预灌 1m 高混凝土阻止渗水。

从设在外护壁套管的混凝土受料槽向筒孔中灌注混凝土，并根据套管埋入混凝土中深度不小于 1.0m 的要求，同时将外护壁套管和内护壁管向上逐渐拉出，此时，桩尖将离开内外管底端并同灌注形成的混凝土筒体连成一体埋设在地基中。拔管时应注意振动时间的控制，严禁混凝土长时间振动，否则容易导致混凝土离析，根据施工经验，当沉管内灌满混凝土，振动时限控制在 10min 内较为合适，严禁振动时限超过 20min。振拔灌注混凝土过程中为确保桩顶标高处混凝土的质量，按沉管桩质量控制要求，桩顶实际灌注面高出设计要求 500mm。

（7）桩顶处理：筒桩灌注完成后，桩机移位，继续下一根筒桩施工。筒桩混凝土终凝后开挖、凿除软弱桩头至设计标高，挖出筒内渣料，露出均匀密实的混凝土面。

5. 施工注意事项

（1）桩基的轴线应从基准线引出，在沉设筒桩的地区附近设置临时水准点，其位置应不受沉桩影响，数量不得少于 2 个；桩基轴线位置的允许偏差不得超过下列数值：群桩：250mm；单排桩：150mm；桩基轴线的控制桩，应设在不受沉桩影响的地点；施工过程中对桩基轴线应做系统检查，每 10d 不少于一次；控制桩应妥善保护；每根桩沉入前，应检查样桩位置是否符合设计要求。

（2）沉桩前应清除地表杂物，整平地面并碾压，鱼塘部位应抽水、清淤后回填；铺施工垫层碎石，根据地表土密实度，碎石厚度可适当变化，但最小厚度不小于 300mm，如碎石厚度超过 300mm 应分层填筑，每层填筑厚度小于 300mm。

（3）桩机就位时首先对中，然后下放，成孔器与预制桩尖应紧密结合，沉孔之前必须使桩尖与成孔器内、外管的空腔密封，使其在全部沉孔过程中不漏水。止水方法有以下几种，根据实际情况选取：1）在桩尖与成孔器接触处的内外侧均用胶泥或石膏水泥密封防水；2）在桩尖与成孔器接触处的内外侧均用编织袋、纸袋、布、棉布、麻布或纤维布等密封防水或用橡胶密封圈及其他止水胶布垫层止水。3）预先在壁腔内灌注约 1m³ 混凝土，防止地下水渗入壁腔内；4）沉孔以后，在壁腔内测试有无水体渗入，若发现有泥水或水时，应使用专用抽水机在壁腔内将水体排出。

（4）成孔器的安装是筒桩机在沉桩施工前的最后 1 道关键性技术，安装上端法兰时需控制底部套筒的环形空隙壁厚的均匀性（偏差小于 5mm），要求精确测试内外套管间的环隙达到精度要求后，才能固定上端法兰。

成孔器安装精度要求：

1）成孔器直径：外径以成孔器的外钢管的外壁尺寸为准，外钢管的圆度需达到 ±1%；内径以成孔器的内钢管的内壁尺寸为准，内钢管的圆度与外钢管圆度要求相同。外钢管的外径值减去内钢管的外径值的差值为筒桩的实际壁厚。成孔器的内腔间距即薄壁筒桩的壁厚，是保证薄壁筒桩质量的关键技术，如果疏忽内腔间距的严格要求，就会出现薄壁筒桩壁厚不对称，直接影响工程质量。

2）成孔器的长度计算 $L = l + H + h$。式中 L 为成孔器的长度；l 为筒桩的设计长度；h 为筒桩机底盘高度（包括垫木厚度在内）；H 为成孔器顶部连接振动锤的法兰高度。

（5）预制桩尖的制作和设计应满足对倾斜率、防水性能及耐打性的要求。

1）桩尖表面应平整、密实，掉角的深度不应超过 20mm，局部蜂窝和掉角的缺损总面积不得超过全部面积的 1%，并不得过分集中。

2）桩尖内外面圆度偏差不得大于桩尖直径的 1%，桩尖上端内外面的平整度不超过 10mm（最高与最低值之差）。

3）预制桩尖上应表明编号、制作日期，桩尖混凝土强度等级应比桩身混凝土提高一级。

桩尖中心应与成孔器中心线重合。在沉桩过程中如发现有地下障碍物，应及时拔出成孔器，清除后继续施工。

（6）沉孔前必须进行垂直度的测量，垂直度偏差按不大于 1% 控制。为防止成孔器倾斜，成孔器下沉速度放慢，激振力刚开始选择不宜过大。施工中应及时检查成孔器垂直度，防止出现严重倾斜。一旦出现倾斜，必须重新调整桩机底座水平，将已沉孔的沉管提起，重新调整沉孔器垂直度，再次沉管，减缓沉孔速度，激振力均匀加大。

（7）灌注混凝土的技术要求：

1）选择合适的坍落度

坍落度是混凝土灌注时的一个重要的控制指标，坍落度的大小直接影响到成桩后桩身的混凝土强度，而筒桩由于钢模空腔的厚度较小，且主要针对含水量较高的软弱地基，混凝土坍落度的控制就显得更加重要。筒桩施工不是水下混凝土，而是常规混凝土，其坍落度宜为 80~120mm。坍落度过大与过小都不利于桩的成形；坍落度过小（小于 50mm）时在成桩的过程中易造成卡管，从而出现断桩和缩颈，从局部开挖的桩头看出桩壁厚度存在一边厚一边薄的现象；混凝土的坍落度过大（大于 100mm），在运输的过程中及振动拔管过程易形成混凝土离析，从而会导致桩体在加料口一侧混凝土的石子多而另一侧混凝土砂子多的现象。

壁厚为 180mm 的筒桩，混凝土配合比中的骨料直径不宜过大，应为 5~30mm 之间；当有较多配筋时，应为 5~25mm，且不得大于钢筋间最小净距的 1/3。

2）成孔器提升速度

当制备的混凝土灌入成孔器壁腔内后，即时起拔套管，先启动振动锤，振动 5~10s，将套管振活动后，用卷扬机缓缓提升套管。提升速度：初速 0.5~0.8m/min，一般 1.2~1.5m/min，且不宜大于 2.0m/min。在软弱土层中，宜控制在 0.6~0.8m/min。在提升过程中必须是保持成孔器的钢管埋入混凝土约 1m 的深度，以防成孔器内、外侧的泥土挤入壁腔内造成断桩事故。为了不使成孔器振动时间过长而造成混凝土离析，不宜连续振动而不提升，造成混凝土离析。

3）成孔器的垂直度要求

在沉孔及提升成孔器时，必须保持成孔器的垂直度，垂直偏差不得超过 2°。

4）气温的要求

当气温低于 0℃ 以下灌注混凝土时应采取保温措施，灌注时混凝土的温度不得低于 5℃，在桩顶混凝土未达到设计强度 50% 不得受冻；当气温高于 30℃ 时，应根据实际情况对混凝土采取缓凝措施。

5）混凝土的灌注

混凝土应一次连续灌注完成。施工过程中加强混凝土坍落度控制，确保电力供应正常。一旦由于坍落度控制不力或突然出现断电引起混凝土卡孔现象，需将沉孔器连同混凝土一起拔出，空振或拆除内、外套管，然后安装桩尖重新成孔。混凝土的充盈系数不得小于1.1。

6）地层中的浮泥层

地层中浮泥层对一次性连续灌注不利，因其土质较软时，向上挤出的浮泥或稀软的淤泥在成孔器上拔时会下沉，影响筒壁混凝土厚度的均匀性，为避免其严重的下沉反压作用，灌注混凝土时必须加较长的外护筒。

（8）决定沉桩顺序时应尽量减少挤土效应及其对周围环境的影响。

1）临近有建筑物或构筑物时，沉设筒桩时应采取适当的隔振措施，如开挖隔振沟、打隔离板及砂井排水等，或采用预钻进取土，高频振动锤。

2）在软土地基上沉设较密集的群桩时，为减少桩的变位，可适当控制沉桩速度、全排土桩尖设计及合理沉桩顺序，以最大限度地减少挤土效应。

3）沉桩顺序规定：依据桩的密集程度，自中间向两个方向对称进行，同时自中间向四周进行，若一侧有建筑物，则由毗邻建筑物的一侧向另一侧沉桩；根据桩的设计标高，宜先深后浅；根据桩的规格，宜先大后小，先长后短。

4）成孔时应观测桩顶和地面有无隆起及水平位移，若发现及时调整，必要时应及时采取纠偏措施处理。

（9）分段制作的钢筋笼应符合现行国家标准。

（10）对筒桩结构海堤而言，施工在海上进行，应充分考虑波浪、潮差、流速、水深等条件对筒桩施工的影响。

6. 质量检验

（1）成孔检测

当成孔器按贯入度或设计标高达到下沉深度要求后，用测绳测出筒桩沉入深度和筒芯实心段深度，并做好记录，检查孔底有无淤泥和渗水。

（2）成桩检测

筒桩是一种新型技术，由于壁薄，易出现质量事故，所以对质量控制要求较为严格。除了严格执行筒桩的施工技术之外，成桩以后的检测也非常重要，成桩质量检测的主要手段有以下五种。

1）低应变反射波法

要求按照一定的比例进行抽检，主要目的是检测柱身的完整性和成桩混凝土的质量。由于筒桩桩型不同于实心桩，要求对桩顶至少要均匀地对称测试4个点，激发方式采用尼龙棒、铁棒两种，选择最佳击发点与接收距离采集数据。

2）高应变检测法

主要用于工程桩承载力的检测，由于筒桩承载力以摩阻力为主，锤击时，会产生较大的贯入度，因此，测试要求进行桩顶加固，挖除土内1.2m的土层，灌以1.2m的实心混凝土，方可进行高应变测试。

3）静压试验及要求

通常用来确定单桩承载力，对于重要地段或地质复杂路段，要求进行2～3根试桩载荷试验，试验方法采用慢速维持荷载法。最大载荷采用设计载荷的2倍。试验前应凿除桩顶有破损或强度不足处，挖空桩顶筒内土1.5m，灌以实心混凝土，将桩顶修补平整。

4）桩筒内壁直接观察法

现场开挖是检测筒桩质量最直观、最有效的方法。它不同于其他桩，因为其中心为原土，所以可人工开挖，自上而下地直接观察混凝土的桩身完整性。可选择低应变检测有缺陷或在施工过程中出现异常的桩进行开挖检查。

5）桩身强度检测

筒桩不同于实心桩，不能用钻机直接取芯获得抗压芯样。要在已开挖的筒桩内，用小型取芯钻机，钻薄壁取得芯样。要求芯样的直径不小于100mm。

（3）质量检验标准

表5-23-3的质量检验标准摘自于浙江省工程建设标准 DB 33/1044—2007《大直径现浇混凝土薄壁筒桩技术规程》附录A。

筒桩质量检验标准

表 5-23-3

项目	检查项目		允许偏差或允许值		检查方法
			单位	数值	
主控项目	桩长		不小于设计桩长		测桩管长度
	混凝土充盈系数		>1.1		每根桩的实际灌注量
	桩身质量检验		注1		低应变试验
	混凝土强度		设计要求		试块报告
	承载力		设计要求		静载荷试验
一般项目	桩位	单桩	mm	150	开挖后量桩中心（注2）
		群桩	mm	250	
	垂直度		<1%		测桩管垂直度
	桩径		mm	±20	开挖后实测桩头直径（注2）
	壁厚		mm	±10	开挖后用尺量筒壁厚度，每个桩头取三点计算平均值（注2）
	桩顶标高		mm	+30～50	需扣除桩顶浮浆层

注：1. 桩身完整性检测：采用低应变检测的桩数，不得少于总桩数的30%。

2. 在成桩14d后开挖暴露桩顶进行检测。

5.24 灌注桩后注浆技术

5.24.1 适用范围及分类

随着城市改造向高层、超高层建筑发展，各种类型的灌注桩的使用愈来愈多。但单一工艺的灌注桩往往满足不了上述发展的要求，以泥浆护壁法钻、冲孔灌注桩为例，由于成孔工艺的固有缺陷（桩端沉渣和桩侧泥膜的存在）导致桩端阻力和桩侧阻力显著降低。为了消除桩端沉渣和桩周泥膜等隐患，国内外把地基处理灌浆技术引用到桩基，采取对桩端（孔底）及桩侧（孔壁）实施压力注浆措施。近30年来这2项技术在我国得到广泛的应用与发展，已有数千幢公共民用与工业建筑的灌注桩基础采用后注浆技术。在公路、铁路及大型桥梁的灌注桩基础也大量地采用后注浆技术。我国将注浆技术用于桩基础始于20世纪 80 年代初。

后注浆桩按注浆部位可分为桩端压力注浆桩、桩侧压力注浆桩和桩端桩侧联合注浆桩三大类型。

1. 桩端压力注浆桩

桩端压力注浆桩是指在成桩后对桩端进行压力注浆的桩型，钻（冲、挖）孔灌注桩待桩身混凝土达到一定强度后，通过预埋在桩身的注浆管路，利用高压注浆泵的压力作用，经桩端的预留压力注浆装置向桩端土层均匀地注入能固化的浆液（如纯水泥浆、水泥砂浆、加外加剂及掺合料的水泥浆、超细水泥浆以及化学浆液等）；视浆液性状、土层特性和注浆参数等不同条件，压力浆液对桩端土层、中风化与强风化基岩、桩端虚土及桩端附近的桩周土层分别起到渗透、填充、置换、劈裂、压密及固结或多种形式的不同组合作用，改变其物理化学力学性能及桩与岩、土之间的边界条件，消除虚土隐患，从而提高桩的承载力以及减少桩基的沉降量。

（1）适用范围

桩端压力注浆桩适应性较强，几乎可适用于各种土层及强、中风化岩层；既能在水位以上干作业成孔成桩，也能在有地下水的情况下成孔成桩；螺旋钻成孔、贝诺特法成孔、正循环钻成孔、反循环钻成孔、潜水钻成孔、人工挖孔、旋挖钻斗钻成孔和冲击钻成孔灌注桩在成桩前，只要在桩端预留压力注浆装置，均可在成桩后进行桩端压力注浆。

（2）优缺点

1）优点：①保留了各种灌注桩的优点；②大幅度提高桩的承载力，技术经济效益显著；③采用桩端压力注浆工艺，可改变桩端虚土（包括孔底扰动土、孔底沉渣、孔口与孔壁回落土等）的组成结构，可解决普通灌注桩桩端虚土这一技术难题，对确保桩基工程质量具有重要意义；④压力注浆时可测定注浆量，注浆压力和桩顶上抬量等参数，既能进行注浆桩的质量管理，又能预估单桩承载力；⑤技术工艺简练，施工方法灵活，注浆设备简单，便于普及；⑥因为桩端压力注浆桩是成桩后进行压力注浆，故其技术经济效果明显高于成孔后（即成桩前）进行压力注浆的孔底压力注浆类桩。

2）缺点：①需精心施工，否则会造成注浆管被堵、注浆管被包裹、地面冒浆和地下窜浆等现象；②需注意相应的灌注桩的成孔与成桩工艺，确保施工质量，否则将影响压力注浆工艺的效果；③压力注浆必须在桩身混凝土强度达到一定值后方可进行，因此会增长施工工期，但当施工场地桩数较多时，可采取合适的施工流水作业，以缩短工期。

（3）桩端压力注浆分类

1）按桩端预留压力注浆装置的形式分类，可分为：①预留压力注浆室；②预留承压包；③预留注浆空腔；④预留注浆通道；⑤预留特殊注浆装置。

桩端压力注浆装置是整个桩端压力注浆施工工艺的核心部件。据笔者收集到的资料可知，至今国内外的桩端压力注浆装置接近 30 种，其中国内约有 20 种，但是各种装置的技术水平参差不齐，技术经济效果相差较大。

2）按注浆管埋设方法分类，可分为：

①桩身预埋管注浆法：此法是在沉放钢筋笼的同时，将固定在钢筋笼上的注浆管一起放入孔内；或在钢筋笼沉放入孔中后，将注浆管单独插入孔底；或在钢筋笼沉放于孔中后，将注浆管随特殊注浆装置沉放入孔底。此法按注浆管埋设在桩身断面中的位置可分为

桩身中心预埋管法和桩侧预埋管法。

桩身预埋注浆法按注浆循环方式又分为单向管注浆和U形管注浆。

a. 单向管注浆是指浆液由注浆泵单方向注入桩端土层中，呈单向性，不能控制注浆次数和注浆间隔，注浆管路不能重复使用，如图 5-24-1（a）所示。

b. U形管注浆又称循环注浆，是指每一个注浆系统由 1 根进口管、1 根出口管和 1 个注浆装置组成。注浆时，将出浆口封闭，浆液通过桩端注浆装置的单向阀注入土层中。一个循环注完规定的注浆量后，将注将口打开，通过进浆口以清水对管路进行冲

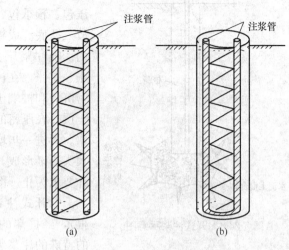

图 5-24-1　桩身预埋管注浆法
(a) 单向管注浆；(b) U形管注浆

洗，同时单向阀可防止浆液回流，保证管路的畅通，便于下一循环继续使用，从而实现注浆的可控性，如图 5-24-1（b）所示。

② 钻孔埋管注浆法：钻孔埋管注浆法又分为桩身中心钻孔埋管注浆法和桩外侧钻孔埋管注浆法。

a. 桩身中心钻孔埋管注浆法：一般是在处理桩的质量事故以满足设计承载力要求时采用。成桩后，在桩身中心钻孔，并深入到桩端持力层一定深度（一般为 1 倍桩径以上），然后放入注浆管，进行桩端压力注浆，如图 5-24-2（a）所示。

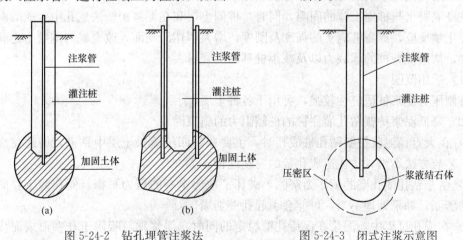

图 5-24-2　钻孔埋管注浆法
(a) 桩身中心钻孔埋管注浆法；
(b) 桩外侧钻孔埋管注浆法

图 5-24-3　闭式注浆示意图

b. 桩外侧钻孔埋管注浆法：一般是在桩身质量无问题，但需提高承载力，以满足设计要求时采用。成桩后，沿桩侧周围相距 0.2~0.5m 进行钻孔，成孔后放入注浆管，进行桩端压力注浆，如图 5-24-2（b）所示。

3）按注浆工艺分类，可分为：

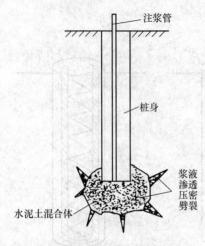

图 5-24-4 开式注浆示意图

①闭式注浆：将预制的弹性良好的腔体（又称承压包、预承包、注浆胶囊等）或压力注浆室随钢筋笼放入孔底。成桩后，在压力作用下，把浆液注入腔体内。随注浆压力和注浆量的增加，弹性腔体逐渐膨胀、扩张，在桩端土层中形成浆泡，浆泡逐渐扩大压密沉渣和桩端土体，并用浆体取代（置换）部分桩端土层。在压密的同时，桩端土体及沉渣排出部分孔隙水。再进一步增加注浆压力和注浆量，水泥浆土体扩大头逐渐形成，压密区范围也逐渐增大，直至达到设计要求为止。图 5-24-3 为闭式注浆示意图。

②开式注浆：把浆液通过注浆管（单、双或多根），经桩端的预留注浆空腔、预留注浆通道、预留的特殊的注浆装置等，直接注入桩端土、岩体中，浆液与桩端沉渣和周围土体呈混合状态，呈现出渗透、填充、置换、劈裂等效应，在桩端显示出复合地基的效果。图 5-24-4 为开式注浆示意图。

以上 2 种工艺对提高单桩承载力均有显著的效果，但闭式注浆的效果更好。从施工的难易程度而言，形式注浆工艺简单，闭式注浆工艺复杂。

2. 桩侧压力注浆桩

桩侧压力注浆桩是指在成桩后对桩侧某些部位进行压力注浆的桩型，钻（冲、挖）孔灌注桩待桩身混凝土达到一定强度后，通过预埋在桩身的注浆管路，利用高压注浆泵的压力作用，将能固化的浆液（如纯水泥浆，或水泥砂浆，或加外加剂及掺合料的水泥浆，或超细水泥浆，或化学浆液等）经桩身预埋注浆装置或钻孔预埋花管强行压入桩侧土层中，充填桩身混凝土与桩周土体的间隙，同时与桩侧土层和在泥浆护壁法成孔中生成的泥皮发生物理化学反应，提高桩侧土的强度及刚度，增大剪切滑动面，改变桩与侧壁土之间的边界条件，从而提高桩的承载力以及减小桩基的沉降量。

（1）适用范围

桩侧压力注浆桩适应性较强，可用于各种土层。

（2）降低泥浆护壁钻孔灌注桩的桩侧阻力的施工因素

1）在大直径泥浆护壁钻孔桩成孔时，主要在第四纪疏松土层中钻进，加之在成孔过程中工艺与方法不当，往往造成孔壁的完整性较差。

2）由于钻孔使孔壁的侧压力解除，破坏了地层本身的压力平衡，使孔壁土粒向孔中央方向膨胀，如果处理不当，可能会引起孔壁坍塌。

3）在成孔过程中，泥浆在保持孔壁稳定的同时，泥浆颗粒吸附于孔壁形成泥皮，其存在阻碍桩身混凝土与桩周土的粘结。

4）在成孔过程中，桩周土层受到泥浆中自由水的浸泡而松软。

5）泥浆护壁钻孔桩在桩身混凝土固结后，会发生体积收缩，使桩身混凝土与孔壁之间产生间隙。

上述因素的存在，导致泥浆护壁钻孔桩的桩侧阻力显著降低。

（3）桩侧压力注浆分类

1）按桩侧注浆管埋设方法可分为：①桩身预埋管注浆法。即在沉放钢筋笼的同时，将固定在钢筋笼外侧的桩侧注浆管一起放入桩孔内；②钻孔埋管注浆管。即成桩后，在桩身外侧钻孔，成孔后放入注浆管，进行桩侧压力注浆。

2）按桩侧压力注浆装置形式可分为：①沿钢筋笼纵向设置注浆花管方式，沿着直管在桩侧某些部位设置几个注浆点，形成多点源的双管桩侧壁注浆，装置如图 5-24-5（a）所示；②根据桩径大小在桩侧不同深度沿钢筋笼单管环向设置注浆花管方式进行桩侧壁注浆，装置如图 5-24-5（b）所示；③双管环形管注浆，在桩侧某些部位设置注浆环管，环管外侧均匀分布若干泄浆孔，形成环状的桩侧壁注浆，装置如图 5-24-5（c）所示；④沿钢筋笼纵向设置桩侧压力注浆器方式。

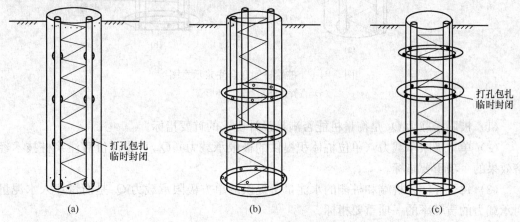

图 5-24-5　桩侧后注浆装置

（a）双管不同部位注浆装置；（b）不同深度单管环形注浆装置；（c）双管环形管注浆装置

3. 桩端桩侧联合注浆桩

桩端桩侧联合注浆桩是指在成桩后对桩端和桩侧某些部位进行压力注浆的桩型，钻（冲，挖）孔灌注桩待桩身混凝土达到一定强度后，通过预埋在桩身的注浆管路，利用高压注浆泵的压力作用，将能固化的浆液（如纯水泥浆，或水泥砂浆，或加外加剂及掺合料的水泥浆，或超细水泥浆，或化学浆液等）先后经桩侧预埋压力注浆装置和桩端预留压力注浆装置强行将浆液压入桩侧和桩端土层中，充填桩身与桩周及桩端土层的间隙，改变其物理化学力学性能，从而提高桩的承载力以及减少桩基的沉降量。

（1）注浆管埋设方法

可分为直管（图 5-24-6a）和直管加环形管（图 5-24-6b）两种情况。

（2）几点说明

1）桩端桩侧联合注浆桩包含着桩端和桩侧 2 种注浆工艺，所以影响注浆效果的因素更多更复杂，但与未注浆桩相比，其极限承载力提高幅度也更大，即其注浆效果明显优于一般桩端与桩侧分别注浆的桩。因此，为了获得更高的承载力，桩端桩侧联合注浆桩得到广泛应用。

2）对于桩端桩侧联合注浆桩的注浆顺序，宜先自上而下逐段进行桩侧注浆，最后进行桩端注浆。

4. 综合评价后注浆桩的指标

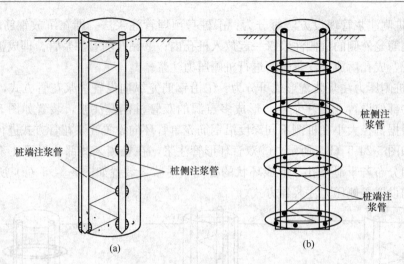

图 5-24-6　桩端桩侧联合注浆示意图
（a）直管；（b）直管加环形管

（1）极限承载力 Q_u 是衡量桩能否满足设计要求的首要指标。

（2）单方极限承载力（单位桩体积提供的极限承载力）Q_u/V 是评价后注浆桩技术经济效果的一项重要指标。

（3）每公斤注入桩端和桩侧的水泥量所提供的单方极限承载力 Q_{vc} 是衡量注入水泥量对承载力的贡献率的一项重要指标。

（4）单桩承载力特征值 R_a 时的桩顶沉降量 s_a 是与建筑物桩基础的允许沉降量密切相关的。

5. 选择后注浆桩的原则

（1）宜优先选用桩端压力注浆桩，如果其承载力能满足设计要求，则可简化压力注浆装置和注浆工艺。

（2）当采用桩端压力注浆桩不能满足设计承载力要求时，可采用桩端桩侧联合注浆桩。

（3）当设计承载力要求较高，桩长较大且桩侧有适宜于注浆的土层时，可采用桩端桩侧联合注浆桩。

（4）对于超长桩，采用桩端压力注浆可能对提高桩端阻力不明显，应在多处合适的桩侧土层中进行注浆，此时应选用以桩侧压力注浆为主的工艺。

6. 各类压力注浆桩与等直径灌注桩的承载力对比

表 5-24-1 为桩端压力注浆桩、桩侧压力注浆桩及桩端桩侧联合注浆桩与相应的等直径灌注桩（不注浆桩）的承载力对比举例。

各类压力注浆桩与相应的等直径灌注桩的承载力对比举例　　　表 5-24-1

桩号	桩型	桩身直径（m）	桩长（m）	桩端土层	极限荷载 Q_u（kN）	比较（%）
BS43	钻孔桩	0.4	10.67	中密中砂	441	100
BS41	端压桩	0.4	10.70	中密中砂	1618	367
BS42	端压桩	0.4	10.65	中密中砂	1177	267
XD2	钻孔桩	0.7	14.50	可塑黏土夹姜石	875	100
XD1	端压桩	0.7	14.50	可塑黏土夹姜石	1800	206

续表

桩号	桩型	桩身直径（m）	桩长（m）	桩端土层	极限荷载 Q_u（kN）	比较（%）
XD3	端压桩	0.7	14.50	可塑黏土夹姜石	1890	216
ZW1	钻孔桩	0.8	22.50	硬塑粉质黏土	1600	100
ZW2	端压桩	0.7	22.50	硬塑粉质黏土	2200	180
BZ5	钻孔桩	0.8	21.50	密实卵石	7200	100
BZ1	侧压桩	0.8	22.00	密实卵石	10000	139
BZ2	端压桩	0.8	22.30	密实卵石	12000	167
BZ6	双压桩	0.8	21.60	密实卵石	16400	228
SJ112	钻孔桩	0.8	70.00	中密细砂	8400	100
SJ116	端压桩	0.8	70.00	中密细砂	10000	119
SJ114	双压桩	0.8	70.00	中密细砂	12000	143
WT2	钻孔桩	1.0	68.00	密实卵石	9200	100
WT6	端压桩	1.0	66.10	密实卵石	16400	178
WT4	钻孔桩	0.75	49.60	可塑粉质黏土	4160	100
WT5	端压桩	0.75	49.80	可塑粉质黏土	7800	188
W42	钻孔桩	0.8	46.00	中密粉细砂	3375	100
W421	端压桩	0.8	46.00	中密粉细砂	8580	254
JN241	钻孔桩	0.9	30.00	砾卵石	6000	100
JN243	端压桩	0.9	30.00	砾卵石	9000	150
FL4	钻孔桩	0.8	66.00	含砾粉土	7000	100
FL4	端压桩	0.8	66.05	含砾粉土	13000	186

注：1. 端压桩、侧压桩、双压桩分别指桩端、桩侧、桩端和桩侧联合注浆桩。

2. ZW1 与 ZW2 号桩的比较一栏是指 Q_u/V 的比较，V 为桩体积。

3. 除 BS 桩为干作业长螺旋钻成孔外，其余均为泥浆护壁法桩。

4. W421 号桩是在 W42 号桩静载试验后，采用桩外侧钻孔埋管注浆法施工工艺。

5. XD3 号桩压注水泥砂浆，表中其余的压浆桩均压注水泥浆。

影响各类压力注浆桩的因素很多，此处不再赘述。

7. 后注浆桩技术经济效益

（1）提高单桩承载力，降低造价。大量试桩结果表明，桩端压力注浆桩的极限承载力与未注浆桩相比，增幅为 50%～260%（极端持力层为粗粒土时）及 14%～138%（桩端持力层为细粒土时）。

（2）减小桩径、缩短桩长。

（3）将嵌岩桩改变成非嵌岩后注浆桩。嵌岩桩的施工难度是相当大的，施工速度慢，效率低，浪费材料多，是施工企业最头痛的问题。应用泥浆护壁钻孔桩桩端及桩侧压力注浆技术，可使非嵌岩桩达到嵌岩桩的承载能力成为现实。

（4）有效地处理和消除泥浆护壁钻孔桩的沉渣和泥膜的两大症结，提高承载力，满足设计要求。

（5）当某些钻孔灌注桩身本身质量无问题但需要提高承载力以满足设计要求时，可采用桩外侧钻孔埋管注浆法使上述"废桩"再生利用。

5.24.2 泥浆护壁钻孔灌注桩桩端压力注浆工艺

1. 施工程序

（1）成孔：视地层土质和地下水位情况采用合适的成孔方法（干作业法、泥浆护壁法、套管护壁法及冲击钻成孔法）。

（2）放钢筋笼及桩端压力注浆装置：在多数桩端压力注浆工法中，压力注浆装置都附着在钢筋笼上，两者同步放入孔内；有的桩端压力注浆工法是在钢筋笼放入孔内后再将压力注浆装置放入至桩孔底部。

（3）灌注混凝土：按常规方法灌注混凝土。

（4）进行压力注浆：当桩身混凝土强度达到一定值（通常为75%）后，即通过注浆管经桩端压力注浆装置向桩端土、岩体部位注浆，注浆次数分1次、2次或多次，随不同的桩端压力注浆方法而异。

（5）成桩：卸下注浆接头，成桩。

2. 施工设备与机具

注浆施工设备和机具大体上可分为地面注浆装置和地下注浆装置2大部分。地面注浆装置由高压注浆泵、浆液搅拌机。储浆桶（箱）、地面管路系统及观测仪表等组成；地下注浆装置由注浆导管、桩端注浆装置及相应的连接和保护配件等组成。

（1）高压注浆泵及观测仪表

桩端压力注浆对泵的要求是排浆量要小，而压力要高、要稳。泵的额定压力应大于要求的最大注浆压力的1.5倍，通常选泵的额定压力为6~12MPa，泵的额定流量为30~100L/min。在注浆泵上必须配备有压力表和流量计，压力表的量程应为额定泵压的1.5~2.0倍。

（2）浆液搅拌机及储浆桶（箱）

浆液搅拌机及储浆桶（箱）可根据施工条件选配。浆液搅拌机容量应与额定注浆流量相匹配，一般为0.2~0.3m³，搅拌机浆液出口应设置滤网。

（3）地面管路系统

该系统主要由浆液地面输送系统组成，必须确保其密封性。输送管可采用能承受2倍以上最大注浆压力的高压胶管及无缝钢管等，其长度不宜超过50m。开式注浆输送管与内导管连接处设卸压阀，以便在结束注浆时减压卸除输送管。闭式注浆输送管与内导管连接处设止浆阀，其用途是在结束注浆时达到止浆的目的，以便阻止浆液在腔体弹力作用下回流。如果输送距离过长，还应在桩顶处设一套观测仪表。

（4）注浆导管

注浆导管是连接地面输送管和桩端注浆装置的过渡管段，其材质可为镀锌管、冷轧或热轧钢管及耐压PVC管，一般采用钢管，其连接方式有管箍连接和套管焊接2种。管箍连接简单，易操作，适用于钢筋笼运输和放置过程中挠度不大、注浆导管受力很小的情况；反之则必须采用套管焊接。注浆导管公称直径为25.4~50.8mm，视桩身直径大小取值；当注浆导管兼用于桩身超声波检测时，则其公称直径取大值。注浆导管公称直径为25.4mm（1″）时，壁厚为3.0mm左右。

（5）桩端压力注浆装置

桩端压力注浆装置是整个桩端压力注浆施工工艺的核心部件，由于桩端压力注浆装置种类众多，以下仅介绍其中几种。

1）YQ桩端预留特殊注浆装置和注浆工艺

YQ注浆系统是由应权和沈保汉于1997年研制开发的。

①YQ注浆系统组成

YQ注浆系统由桩顶上部的置换控制阀、桩身部分的注浆管、桩端中心调节器以及桩端适量填料等4部分组成，其中，上部置换控制阀和桩端中心调节器为主要部分，见图5-24-7。

桩端中心调节器即桩端压力注浆装置由金属骨架、网状隔膜、出浆管和核心填料组成。出浆管在桩端中心调节器高度范围内设有若干横向出浆孔，出浆管顶部与注浆管用套管接头相连接。出浆管底部设有竖向出浆孔的封头。

② YQ桩端中心压力注浆装置的特点和优势

a. YQ桩端中心压力注浆装置整个下部2、3、4部分是不依附于钢筋笼的相对独立体，与钢筋笼可分可离。

b. 目前常用的桩端压力注浆装置的注浆管固定在钢筋笼两侧，注浆后在注浆点附近形成哑铃状或椭圆形球体，甚至由于两根注浆管不同步注浆造成不规则形状的结石体，于受力不利。YQ桩端压力注浆装置的出浆管设置接近于桩孔中心，从而可基本形成桩端中心注浆，以充分发挥注浆效果，浆液在压力作用下对桩端粗粒土层实施渗透、部分挤密、填充及固结作用，形成接近于球状的结石体扩大头。

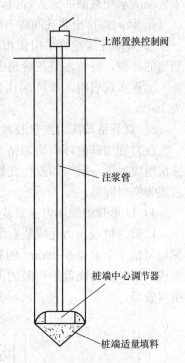

上部置换控制阀

注浆管

桩端中心调节器

桩端适量填料

图5-24-7　YQ注浆系统简图

c. 桩端中心调节器是由金属骨架、网状隔膜、出浆管和核心填料构成的圆环形组合体，可限制浆液无规则地横向流窜，使浆液在压力驱使下合理流动，这样可使桩端土体和桩端以上的部分桩侧土体注浆充分，达到以有限的注浆量来实现最大的注浆效能，从而大幅度提高桩端阻力和桩侧阻力。

d. 注浆装置不必依靠惯性下落到桩孔内，而是平稳地放入到桩孔端部处，然后向桩孔端部投入经计算确定的适量填料形成人工营造环境，以确保出浆管不受损害，又不会使其被随后灌入桩孔的混凝土所包裹而造成注浆通路的堵塞，从而获得百分之百的注浆成功率。

e. 该注浆装置的注浆通路流畅，不需用高压水冲刷，从而保证浆液的浓度。

f. 该注浆装置既适用于泥浆护壁法成孔工艺，也适用于干作业成孔工艺。

③ 当桩身混凝土强度达到75%后，先向桩端注入压力水置换出沉渣和沉淤，接着用稀浆液置换出桩端部及管路中的滞水，最后用优质浆液进行双管齐下同步注浆。

2）原武汉地质勘察基础工程总公司桩端压力注浆装置

该桩端压力注浆装置有以下特点：

① 注浆管底部设置锥头，可使注浆装置较顺利地插入孔底沉渣和桩端土层中。

② 桩端注浆管为花管，按注浆需要，沿正交直径方向设置 4 排出浆孔，每排间隔地设置若干个直径 8mm 的出浆孔，以保证水泥浆液从出浆孔顺利而均匀地注入孔底沉渣和桩端土层中。

③ 每个出浆孔处均设置 PVC 堵塞（又称塑料铆钉），其外侧设置密封胶套，构成可靠的单向阀座，既可防止管外泥砂的进入，又能使管内水泥浆液顺利排出，还能阻止已压入桩端的水泥浆液回流入管内，出浆孔与堵塞采用间隙配合。

④ 径向每排出浆孔间焊有阻泥环，对出浆孔的密封胶套有保护作用。

⑤ 桩端注浆花管采用丝扣连接方法接在注浆导管上，并对称地绑扎在最下面一节钢筋笼的外侧，桩端注浆花管超出钢筋笼底部 100～300mm。

工程实践表明，该桩端压力注浆装置的优点是构造合理，使用方便，注浆成功率为 100%。

3）直管桩端压力注浆装置

在直管端部沿环向均匀钻 4 个直径 6～8mm 的孔，共 4 排，间距 100mm。其构成由三层组成：第一层为能盖住孔眼的图钉；第二层为比钢管外径小 3～5mm 的橡胶带；第三层为密封胶带。

4）U 形管桩端压力注浆装置

U 形管桩端压力注浆装置由直径 25mm 的钢管弯制而成。在 U 形管两个直段部分的下侧均匀钻 4 个直径 6～8mm 的孔，每个钻孔单独制作形成一个单向阀。其构成也由三层组成：第一层为能盖住孔眼的图钉；第二层比钢管外径小 3～5mm 的橡胶带；第三层为密封胶带。

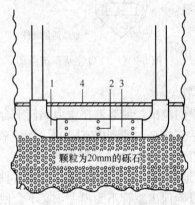

图 5-24-8 U 形管桩端注浆装置
1—直径 30mm 的钢管组成的 U 形管；
2—直径 8mm 的穿孔；3—橡胶管；
4—厚度 8mm 的薄钢板

图 5-24-8 为国外桩端 U 形注浆管装置的一个例子。U 形管采用直径约为 30mm 的钢管，由 3 段组成，即第一段为桩顶至桩端的进浆管；第二段为横穿桩端并用橡胶密封的穿孔管；第三段为由桩端回到桩顶的出浆管。视桩径大小采用 2～4 副 U 形注浆管，其中应留有备用 U 形管。在某些情况下，注浆管可兼做超声波检测管。

5）杭州湾跨海大桥 U 形管桩端压力注浆装置

桩底注浆管采用 3 根直径 25mm 镀锌钢管及 3 根直径 50mm 镀锌钢管组成，底部用弯头及短直管将注浆管连接形成 3 个注浆回路。每个注浆回路底部安装 2 个套筒部件，每个套筒内钢管上设置直径为 6mm、用橡胶套筒紧密包裹的出浆孔，孔口朝下。

3. 施工特点

泥浆护壁钻（冲）孔灌注桩桩端压力注浆施工工艺流程可分为 3 个体系。

（1）桩土体系：设置从桩顶通达桩端土（岩）的注浆管道，即采用桩身混凝土灌注前预设注浆管直达桩端土（岩）层面，且在端部设置相应的压力注浆装置。这是注浆前的准备工作，也是注浆能否成功的关键步骤。

（2）泵压体系：在注浆管形成且桩身混凝土达到一定强度后，连接注浆管和注浆泵，用清水把直管或 U 形管上的密封套冲破,观察压水参数以及系统反应,再拌制可凝固浆液,通过注浆泵把配置好的浆液注入桩端土层内或岩层界面上。

影响桩端压力注浆效果的因素较多,诸如注浆工艺(闭式与开式)、桩端土种类(细粒土与粗粒土)及密实度、桩径、桩长、注浆装置形式、注浆压力(通常指泵送终止压力)、注浆量、浆液种类、浆液配合比、注浆方式、注浆速度、注浆泵流量、注浆时间的选择、注浆设备、管路系统的密封和可靠程度、施工人员的素质以及质量管理水平等。

具体施工时,必须根据工程地质条件及单桩承载力的要求选择合适的注浆工艺参数。

(3)浆液体系:浆液是发挥注浆作用的主体,浆液一般由可固化材料配制而成,所用材料一般以水泥为主剂,另辅以各种外加剂,以达到改性的目的。

4. 施工要点

(1)材料及设备的准备

1)注浆前检查确认浆液搅拌机、注浆泵、压力表、浆液分配器、溢流安全阀、球形阀、储浆桶(箱)和水泵等设备工作状态良好。

2)注浆管路按编号顺序与浆液分配器连接牢固,并挂牌标明注浆回路序号。

3)水泥、膨润土、外加剂等须准备充足,注浆前运抵现场。

(2)场地布置

浆液搅拌机、注浆泵、储浆桶(箱)、水泵等设备的布置要便于操作。

(3)注浆导管(直管)设置

1)注浆导管数量:桩端注浆导管数量宜根据桩径大小设定,对于直径不大于1200mm 的桩,可沿钢筋笼圆周对称设置 2 根,对于直径大于 1200mm 的桩,可对称设置3 根。

2)注浆导管设置要点:①注浆导管直径与主筋接近时,宜置于加劲箍一侧;直径相差较大时,宜分置于加劲箍两侧;②注浆导管上端均设管箍及丝堵;桩端注浆导管下端以管箍或套管焊接与桩端注浆装置相连;③注浆导管与钢筋笼采用铅丝十字绑扎方法固定,绑扎应牢固,绑扎点应均匀;④注浆导管的上端应低于基桩施工作业地坪下 200mm 左右;注浆导管下端口(不包括桩端注浆装置)与钢筋笼底端的距离视桩端持力层土质而定,对于黏性土、砂土,可与纵向主筋端部相平,安放钢筋笼后,注浆可随之插入持力层和沉渣中;对于砂卵石、风化岩层,注浆装置外露长度应小于 50mm,否则外露过长易发生折断现象;⑤桩空孔段注浆导管管箍连接应牢靠。

(4)直管式压力注浆装置(简称注浆阀)的构造要求与设置

1)注浆阀的基本要求:①注浆阀应能承受 1MPa 以上静水压力,注浆阀外部保护层应能抵抗砂石等硬质物的刮撞而不致使注浆阀受损;②注浆阀应具备单向逆止功能。

2)注浆阀安装和钢筋笼入孔沉放:①注浆阀需待钢筋笼起吊至桩孔边垂直竖起后方可安装,与钢筋笼形成整体;②安装前应仔细检查注浆阀及连接管箍的质量,包括注浆阀内有无异物、保护层是否完好、管箍有无裂缝,发现质量问题及时处理解决;③钢筋笼起吊至孔口后,应以工具敲打注浆管,排除管内铁锈、异物等;④注浆阀在钢筋笼吊起入孔过程与注浆导管连接,连接应牢固可靠;⑤钢筋笼入孔沉放过程中不得反复向下冲撞和扭动,以免注浆阀受损失效。

(5)注浆装置与钢筋笼放置后的检测

可采用带铅锤的细钢丝探绳沉放至注浆导管底部进行检测。可能有以下结果：①如果导管内无水、泥浆和异物，属于理想状态；②如果导管底部有少量的清水，可能是由于焊接口或导管本身存在细小的砂眼所致，可不做处理；③若注浆管内有大量的泥浆，则应将钢筋笼提出孔外，待修理后再重新放入桩孔内。

检验合格后，用管箍和丝堵将注浆管上部封堵保护。混凝土灌注完毕孔口回填后，应插有明显的标识，加强保护，严禁车辆碾压。

（6）桩端注浆参数的确定

注浆参数包括浆液配比、终止注浆压力、流量以及注浆量等参数，注浆作业开始前，宜进行试注浆，优化并最终确定注浆参数。

（7）浆液性能要求

注浆浆液以稠浆、可注性好为宜，一般采用普通硅酸盐水泥掺入适量外加剂，水泥强度等级不低于 42.5 级，当有防腐蚀要求时采用抗腐蚀水泥，外加剂可为膨润土。浆液的水灰比应根据土的饱和度、渗透性确定：对于饱和土水灰比以 0.5～0.7 为宜，粗粒土水灰比取较小值，细粒土取较大值，密实度较大时取较大值；对于非饱和土水灰比可提高至 0.70～0.90，低水灰比浆液宜掺入减水剂；地下水处于流动状态时，应掺入速凝剂。

对于浆液性能，要求初凝时间 3～4h，稠度 17～18s，7d 强度 ≥10MPa。对于外加剂，U 形微膨胀剂≤5%，膨润土≤5%。

浆液配合比可由中心试验室通过试验确定，各施工单位统一采用；也可由各单位根据指标自己配制，满足上述要求即可。

（8）注浆工艺系数及控制

控制好注浆压力、注浆量及注浆速度是桩端压力注浆施工优劣或成败的关键。

1）对于闭式注浆工艺需控制好注浆压力、注浆量和桩顶上抬量，其中注浆压力为主要控制指标，注浆量和桩顶上抬量为重要指标。

2）对于开式注浆工艺需控制好注浆量、注浆压力及注浆速度。

① 当桩端为松散的卵、砾石层时，主要控制指标是注浆量，注浆压力不宜大，仅作为参考指标。

② 当桩端为密实、级配良好的卵、砾石层时，注浆压力应适当加大。

③ 当桩端为密实、级配良好的砂土层以及黏性土层时，注浆压力为主要控制指标，注浆量为重要指标。

④ 视桩端土层情况，可分别采取连续注浆、二次（多次）注浆及间歇性的循环注浆，以实施注浆工艺的优化。

3）为提高注浆均匀度和有效性，注浆泵流量控制宜小不宜大（注浆流量不宜超过 75L/min），注浆速度宜慢不宜快。

4）注浆宜以稳定压力作为终止压力，稳压时间的控制是使压力注浆达到设计要求的基本保证。桩端注浆终止工作压力应根据土层性质、注浆点深度确定。对于风化岩、非饱和黏性土和粉土，终止压力 5～10MPa 为宜；对于饱和土层终止压力 1.5～6.0MPa 为宜，软土取低值，密实黏性土取高值。

（9）后注浆的终止条件

关于后注浆的终止条件未统一，也不便统一，以下介绍 2 种终止条件。

1) 当满足下列条件之一终止注浆：①注浆量达到设计要求；②注浆总量已达到设计值的 80%，且注浆压力达到设计注浆压力的 150% 并维持 5min 以上；③注浆总量已达到设计值的 80%，且桩顶或地面出现明显的上抬。

2) 达到以下条件时可终止注浆：①注浆总量和注浆压力均达到设计要求；②水泥注入量达到设计值的 75%，泵送压力超过设定压力的 1 倍。

上述条件基于后注浆质量控制采用注浆量和注浆压力双控方法，以水泥注入量控制为主，泵送终止压力控制为辅。

(10) 注浆顺序

在大面积桩基施工时，注浆顺序往往决定于桩基施工顺序。考虑到其他因素，如注浆时浆液窜入其他区域，硬化后将对该区域内未施工桩的钻孔造成影响，因而往往将全部桩基根据集中程度划分为若干区块，每个区块内桩距相对集中，区块之间最小桩距大于区块内最小桩距 2 倍以上，从而将注浆影响区域限定于单个区块之内，各区块之间的施工顺序不受影响。在单个区块内，以最后一根桩成桩 5~7d 后开始该区块内所有桩的注浆。注浆顺序是针对同一区块内各桩而言的。

对于区块内的各桩，宜采用先周边后中心的顺序注浆。对周边桩应以对称、有间隙的原则依次注浆，直到中心。这样可以先在周边形成一个注浆隔离带并使注浆的挤密、充填、固结逐步施加于区块内其他桩。

(11) 注浆时间

1) 直管

一次注完全部设计水泥量。

2) U 形管

①注浆次序与注浆量分配：a. 注浆分 3 个循环；b. 每一循环的注浆管采用均匀间隔跳注；c. 注浆量分配：第一循环 50%，第二循环 30%，第三循环 20%；d. 若发生管路堵塞，则按每一循环应注比例重新分配注浆量。

②注浆时间及压力控制：a. 第一循环每根注浆管注完浆液后，用清水冲洗管路，间隔时间不少于 2.5h，不超过 3h 或水泥浆初凝时进行第二循环；b. 第二循环：每根注浆管注完浆液后，用清水冲洗管路，间隔不小于 3.5h，不超过 6h 进行第三循环；c. 第一循环与第二循环主要考虑注浆量；d. 第三循环以压力控制为主。若注浆压力达到控制压力，并持荷 5min，注浆量达到 80% 也满足要求。

5. 施工注意事项

(1) 桩端后注浆技术具有相当高的技术含量，只有工艺合理、措施得当、管理严格、施工精心，才能得到预期的效果，否则将会造成注浆管被堵、注浆装置被包裹、地面冒浆及地下窜浆等质量事故。

(2) 确保工程桩施工质量，为此必须满足规范或设计对沉渣、垂直度、泥浆密度、钢筋笼制作与沉放及水下混凝土灌注等要求。安装钢筋笼时，确保不损坏注浆管路；当采用焊接套管时，焊接必须连续密闭，焊缝饱满均匀，不得有孔隙、砂眼，每个焊点应敲掉焊渣检查焊接质量，符合要求后才能进行下一道工序；下放钢筋笼后，不得墩放、强行扭转和冲撞。

(3) 注浆管下放过程中，每下完一节钢筋笼后，必须在注浆管内注入清水检查其密封性，如发现注浆管渗漏，必须返工处理，直至达到密封要求。

（4）在混凝土灌注后 24～48h 内用高压水从注浆管压入，将橡胶皮撕裂。出浆管口出水后，关闭出浆阀，继续加压，使套筒包裹的注浆孔开裂，裂开压力为 1.5～2.2MPa。压水开塞时，若水压突然下降，表明单向阀门已打开，此时应停泵封闭阀门 10～20min，以消散压力。当管内存在压力时不能打开闸阀，以防止承压水回流。需要注意的是，压水工序是注浆成功与否的关键程序之一。

（5）对于直管情况，进浆口注浆时，打开回路的出浆口阀门，先排出注浆管内的清水，当出浆口流出的浆液浓度与进口深度基本相同时，关闭出浆口阀门，然后匀速加压注浆，压注完成后缓慢减压。对于 U 形管情况，每次注浆后用清水彻底冲洗回路，从进浆管压入清水，并将出浆管排出的浆液回收到储浆桶（箱），必须保持管路畅通，以便下次注浆顺利进行。在注浆每一循环过程中，必须保证注浆施工的连续性，注浆停顿时间超过 30min，应对管路进行清洗。每管 3 次循环注浆完毕后，阀门封闭不小于 40min，再卸阀门。U 形回路每一循环过程中，所有注浆管可同时注浆，但事先应检查各管路是否通畅。

（6）注浆工作一般在混凝土灌注完毕后 3～7d 进行。也可根据实际情况，待桩的超声波检测工作结束后进行。

（7）正式注浆作业之前，应进行试注浆，对浆液水灰比、注浆压力、注浆量等工艺参数进行调整，最终确定施工参数。注浆作业时，流量宜控制在 30～50L/min，并根据设计注浆量进行调整，注浆量较小时可取较小流量。注浆原则上先稀后稠。被注浆桩离正在成孔成桩作业的桩的距离不宜小于 10 倍桩径或不宜小于 8～10m。

（8）桩端注浆应对同一根桩的各注浆导管依次实施等量注浆，其目的是使浆液扩散分布趋于均匀，并保证注浆管均注满浆体以有效取代钢筋。

（9）单桩注浆量的设计主要应考虑桩径、桩长、桩端土层性质、单桩承载力增幅、是否复式注浆等因素确定。

（10）注浆前所有管路接头、压力表、阀门等连接牢固、密封。在一条回路中注浆时，其他回路的阀门关紧，保持管中压力，防止浆液从桩底注浆孔进入其他回路造成堵塞。

（11）在桩端注浆过程中，为监测桩的上浮情况，采用高精度的水准仪设置在稳定的地点进行观测。

（12）桩端后注浆施工过程中，应经常对后注浆的各项工艺参数进行检查，发现异常应采取相应处理措施。每次注浆结束后，应及时清洗搅拌机、高压注浆管和注浆泵等。

1）当有注浆管注浆量达不到设计要求而泵压值很高无法注浆时，其未注入的水泥量由其余管均匀分配注入。

2）注浆压力长时间低于正常值或地面出现冒浆或周围桩孔窜浆时，应改为间歇注浆，间歇时间宜为 30～60min，或调低水灰比。当间歇时间很长时，可向管内注入清水清洗导管和桩端注浆装置。

3）当上述措施仍不能满足设计要求，或因其他原因堵塞、碰坏注浆管无法进行注浆时，可采用在离桩侧壁 20～30cm 位置打 φ150mm 小孔作引孔，埋置内导管。如果有声测管，可钻通声测管作为注浆管，进行补注浆，直至注浆量满足设计要求，此时补注浆量应大于设计注浆量。

4）在非饱和土中注浆，出现桩顶上抬量超过，或地表出现隆起现象，此时应适当调高水灰比，或实施间歇注浆。

5）当注浆压力长时间偏高、注浆泵运转困难时，宜采用掺入减水剂、提高水泥强度等级（细度增大）等提高可注性措施。

（13）注浆量与注浆压力是注浆终止的控制标准，也是两个主要设计指标。

注浆量在一定范围内与承载力的提高幅度成正比，但当注浆量超过一定量后，增加注浆量，承载力将很难提高，即使继续提高注浆量其增量也极小。因此确定合理的注浆量，对于后注浆施工是相当重要的。注浆施工过程中的注浆量受诸多因素的影响，准确估算是比较困难的，应根据注浆者的经验和现场试注浆确定。

（14）桩端注浆适合用高压，其最大压力可由桩的抗拔能力及土性条件来决定。风化岩地层所需的注浆压力最高，软土地层所需的注浆压力最低。注浆压力应根据桩端和桩周土层情况、桩的直径和长度等具体条件经过估算和试注浆确定。每次试注浆和注浆过程中，连续监控注浆压力、注浆量、桩顶反力等数值，通过分析判断，确定适当的注浆压力。

（15）注浆液制配时，严格按配合比进行配料，不得随意更改。

（16）注浆施工现场设负责人，统一指挥注浆工作。专人负责记录注浆的起止时间；注入的浆量、压力；测定桩顶上抬量；最后一次注浆完毕，必须经监理工程师签字认可后，注浆管路用浆液填充；每根桩后注浆施工过程中，浆液必须按规定做试块。

（17）注浆防护。高压管道注浆必须严格遵守安全操作规程，制定详细的安全防护措施，专人负责，专人指挥。注浆前先进行管道试压，合格后方可使用，试压操作时，分级缓慢升压，试压压力宜采用注浆压力的 2 倍，停泵稳压后方可进行检查。

施工中注浆区分为安全区和作业区。非操作人员不得进入作业区，作业区四周设置防护栏杆和防护网，作业工人戴好防护眼镜及防护罩，以免浆液喷伤眼睛和防止管道发生意外对操作人员造成伤害。

（18）安全保证措施：

1）注浆机配备安全系数较大的安全阀。

2）注浆时设置隔离区，危险区设置醒目标志，严禁非工作人员进入，施工人员注意站位，确保人身安全。

3）操作人员持证上岗，专人负责。

4）加强现场安全管理及领导工作，确保注浆安全有序进行。

5）设专人指挥，统一协调，及时排除安全隐患。

6）注浆管路与机械接头连接牢固，严禁有松动或滑动现象。

5.24.3 干作业钻孔灌注桩桩端压力注浆工艺

1. 施工流程

图 5-24-9 为干作业钻孔灌注桩桩端压力注浆工艺流程图。

压力注浆工艺流程主要有四大过程：①注浆前的准备过程，包括材料与机具的准备，连接注浆管路，注浆泵试射水，水泥浆搅拌与输送，架设安置百分表支架；②第一次低压注浆，浆液经注浆管进入桩端空腔，待浆液注满空腔从回浆管溢出后暂停注浆，然后用堵头将回浆管封闭；③装好百分表，并记录初读数，然后开泵进行第二次加压注浆，观察并记录三项注浆设计控制指标（注浆压力、注浆量和桩顶上抬量），如果三项指标满足要求便停泵；④关闭转芯节门，卸下注浆管接头，注浆结束。

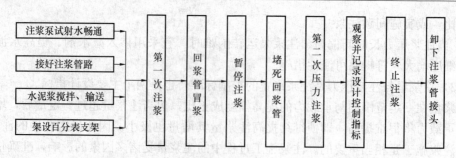

图 5-24-9　干作业钻孔灌注桩桩端压力注浆工艺流程

2. 施工程序

(1) 带固定钢板的预留注浆空腔方式的桩端压力注浆桩施工程序

1) 成孔。在地下水位较深的情况下，采用长螺旋干作业成孔方法。

2) 放钢筋笼及桩端压力注浆装置。在钢筋笼底部设置一块固定式的圆形钢板，在钢板上开小洞，插入 1 根注浆管和 1 根回浆管。固定式钢板、注浆管、回浆管随钢筋笼一起插入到桩孔中，同时在钢板底部与孔底之间留一空腔。也可用碎石填充空腔，使注入浆液有出路，作为注入浆液的粗骨料，便于形成扩大头。

3) 按常规方法灌注混凝土。

4) 进行压力注浆。当桩身混凝土强度达到一定值（50%～75%）后实施压力注浆，一般进行 2 次注浆。

第一次为常压注浆，浆液从注浆管进入桩底空腔后回升入回浆管，当回浆管口冒浆，暂停注浆，用木楔或堵头将回浆管堵死，并随即进行第二次注浆。

第二次为高压注浆，在注浆同时，测量注浆压力、注浆量和桩顶上抬量，当三项指标达到预定控制指标后，终止注浆，并作好记录。

5) 卸下注浆接头，成桩。

表 5-24-1 中 BS 41 号和 BS 42 号桩即为此种类型桩。

(2) 带活动钢板的预留注浆空腔方式的桩端压力注浆桩施工程序

1) 用长螺旋钻孔机成孔；

2) 将桩端活动钢板、注浆管和回浆管等固定于钢筋笼上；

3) 将桩端活动钢板竖立并随钢筋笼放入孔中；

4) 使桩端活动钢板置平；

5) 灌注混凝土；

6) 在桩身混凝土强度达到设计强度的 50%～70% 后，进行桩端压力注浆，注浆工艺流程按图 5.24.9 要求进行；

7) 割除露出桩顶的注浆管。

干作业钻孔灌注桩桩端压力注浆工艺的施工机械与机具、施工特点、施工要点及施工注意事项可参考 5.24.2 节的有关部分。

5.24.4 泥浆护壁钻孔灌注桩桩侧压力注浆工艺

1. 施工程序

(1) 成孔：视土层地质和地下水位情况采用合适的成孔方法（泥浆护壁钻成孔法、全套管护壁法、干作业钻成孔法及冲击钻成孔法）。成孔中对孔径要求严格，孔径的变化不应过大。

（2）放钢筋笼、注浆管及桩侧压力注浆装置：当桩侧注浆管沿钢筋笼纵向设置时，一般均为花管，绑在钢筋笼外侧，其孔眼用橡皮箍、胶带等绑紧，以防止灌注混凝土时水泥浆进入花管内而造成堵塞；当采用环向桩侧注浆花管时，则将其环绕在钢筋笼外侧，两端插接于竖向注浆管底端的短接管上，并用铁丝扎紧于钢筋笼上；当采用桩侧压力注浆装置时，则将其连接于竖向或环向注浆管上，并固定在钢筋笼上。

（3）灌注混凝土：按常规方法灌注混凝土。

（4）进行桩侧压力注浆：实施桩侧压力注浆的时间，国内施工单位采用桩身混凝土初凝后、成桩后 $1\sim2d$、成桩后 $7d$ 几种方式。桩身有若干桩侧注浆段时，实施桩侧压力注浆的顺序采用自上而下和自下而上 2 种不同形式。

（5）成桩：卸下注浆接头，成桩。

上述通用的施工程序，视不同的桩侧压力注浆工法，具体施工时还会有所变通。

2. 施工特点

（1）影响桩侧压力注浆效果的因素除参考桩端压力注浆桩施工特点（本章 5.24.2 节）外，尚有桩侧压力注浆管设置层位这一因素。

（2）与桩端压力注浆施工相同，桩侧压力注浆须控制好注浆压力和注浆量及注浆速度，也是桩侧压力注浆施工优劣或成败的关键。

（3）当桩身有若干桩侧注浆段时，实施桩侧压力注浆的顺序一般采用自上而下注浆，以防止下部浆液沿桩土界面上窜，即先注最上部桩段，待其有一定的初凝强度后，再依次注下部各桩段。

桩侧压力注浆桩的施工要点和施工注意事项可参考桩端压力注浆桩的施工（本章 5.24.2 节）。

3. 施工设备与机具

桩侧压力注浆施工设备和机具基本上与桩端压力注浆施工设备和机具相同。桩侧注浆导管公称直径为 20mm，壁厚 2.75mm；每道桩侧注浆阀均应设置 1 根桩侧注浆导管，桩侧注浆导管下端设三通与桩侧注浆阀相连。

4. 桩侧压力注浆装置

桩侧压力注浆装置是整个桩侧压力注浆施工工艺的核心部件，由于种类较多，本节仅举其中几种装置加以说明。

1）水利科学研究院研制开发的两种桩侧压力注浆法

①桩侧钻孔埋管注浆法：

a. 在桩侧土体中进行钻孔，根据桩径大小在其侧面布置 $3\sim4$ 个钻孔，孔离桩侧 1.0m 左右；

b. 在孔中埋设套阀式注浆花管；

c. 以一定压力将水泥浆液注入桩侧土体。注浆可采用分段注浆或复注方式。

②沿钢筋笼纵向设置注浆花管法

每根注浆管沿钢筋笼纵向设置，注浆管底部出浆处焊接长度为 300mm 左右的注浆花管，其管端出浆口及侧壁出浆孔用弹性胶皮封好，再用塑料布密封。

2) 中国建筑科学研究院地基基础研究所桩侧注浆装置

该桩侧注浆装置由预制钢筋笼、压浆钢导管和单向阀组成。压浆钢导管纵向设置在钢筋笼中；钢筋笼的外侧环向（花瓣形）或纵向（波形）设置 PVC 加筋弹性软管，软管凸出部位设置压浆单向阀。单向阀是由在排浆孔处设置倒置的图钉或钢珠，外包敷高压防水胶带和橡胶内车胎等组成。

3) 西南交通大学桩侧注浆装置

该桩侧注浆装置由注浆管、注浆花管、传力管和止浆塞等组成，绑在钢筋笼外侧，注浆花管的孔眼用橡皮箍绑紧，为防止下放花管时孔壁对橡皮箍的损坏，在橡皮箍的下端绑有铁丝防滑环。

4) 原武汉地质勘察基础工程总公司桩侧注浆装置

该桩侧注浆装置的结构是在桩侧竖向注浆导管底端接上三通、四通和短接，以便与 PVC 连接管和桩侧压力注浆器相连，PVC 管环绕在钢筋笼外侧，并用铁丝扎紧于钢筋笼上，其周长以比钢筋笼周长长 400 ～500mm 为宜。桩侧压力注浆装置与本节中桩端压力注浆装置相同。

5.25 水下混凝土灌注

5.25.1 分类

灌注水下混凝土的方法按施工中隔离环境水的不同手段可分为：导管法、混凝土泵压法、挠性软管法、预填骨料的灌浆混凝土法、箱底张开法灌注混凝土法、溜槽法、开底容器法和袋装混凝土叠置法。

在泥浆护壁钻孔灌注桩施工中采用导管法、混凝土泵压法、挠性软管法、导管与泵压联合法、挠性软管与泵压联合法灌注水下混凝土，而且多数情况下采用导管法。故本节重点介绍导管法灌注水下混凝土。

导管法是将密封连接的钢管（或强度较高的硬质非金属管）作为水下混凝土的灌注通道，其底部以适当的深度埋在灌入的混凝土拌合物内，在一定的落差压力作用下，形成连续密实的混凝土桩身。

1. 导管法分类

（1）按地面上导管露出长度可分为低位灌注法和高位灌注法，建筑工地中通常采用低位灌注法，即地上导管部分很短。

（2）按孔口漏斗的位置可分为漏斗固定式和漏斗活动式，后者为保证导管埋入混凝土深度的要求，在灌注过程中，不断地提高孔口漏斗的位置。

（3）按隔水装置（吊塞）及方法不同可分为刚性塞和柔性塞两大类。其中刚性塞又可分为钢制滑阀、钢制底盖、混凝土隔水塞、木制球塞等。柔性塞又分为隔水球（足球或排球内胆）、麻布或编织袋内装锯末、砂及干水泥等。

2. 优缺点

（1）优点

1) 能向水深处迅速地灌注大量混凝土；

2) 利用有利的地下条件对混凝土进行标准养护（即养护条件接近于标准养护）；

3）作业设备和器具简单，能适应各种施工条件；

4）不需降水。

（2）缺点

1）每立方米混凝土的水泥用量比一般混凝土要多；

2）在桩顶形成混凝土浮浆层；

3）稍有疏忽，就不易保证混凝土的质量；

4）灌注量大时，作业时间和劳动强度都比较大。

5.25.2 主要机具

1. 导管

（1）规格

一般采用壁厚为 4～6mm 的无缝钢管制作或钢板卷制焊成。导管直径应按桩径和每小时需要通过的混凝土数量决定。但最小直径一般不宜小于 200mm。导管的技术性能和适用范围见表 5-25-1。导管选用参考，见表 5-25-2。

导管规格和适用范围　　　　表 5-25-1

导管内径（mm）	适用桩径（mm）	通过混凝土能力（m³/h）	导管壁厚（mm）		连接方式	备注
			无缝钢管	钢板卷管		
200	600～1200	10	8～9	4～5	丝扣或法兰	导管的连接和卷制焊缝必须密封、不得漏水
230～255	800～1800	15～17	9～10	5	法兰或插接	
300	≥1500	25	10～11	6		

注：本表大多数参数摘自江西省地矿局"钻孔灌注桩施工规程"（1989 年 4 月）。

导管选定参考表　　　　表 5-25-2

桩径（mm）		＜700			800～900				1000～2000		＞2100	
导管内径（mm）		204		254		204		254		254	254	305
导管连接方法		F	S	F	S	F	S	F	S	F	S	F	F
钻孔深度（m）	＜25	×	○	×	△	○	○	○	○	○	○	△	○
	25～35	×	○	×	×	△	△	△	○	○	○	○	○
	＞35	×	△	×	×	×	△	△	○	○	○	○	○
用气举、泵吸法处理孔底		—	—	△	△	△	△	○	○	△	○	△	○

注：1. 本表摘自日本基础建设协会"灌注桩施工指针及解说"1983 年。

　　2. F—法兰接头，S—插接接头，反循环钻成孔法不用套筒接头。

　　3. ○—可行，△—注意，×—不可。

（2）导管设计应符合下列要求

1）导管应具有足够的强度和刚度，又便于搬运、安装和拆卸。

2）导管的分节长度应按工艺要求确定。长度一般为 2m；最下端一节导管长应为 4.5～6m，不得短于 4m；为了配合导管柱长度，上部导管长为 1m、0.5m 或 0.3m。

3）导管应具有良好的密封性。导管可采用法兰盘连接、穿绳接头、活接头式螺母连接以及快速插接连接；用橡胶"O"形密封圈或厚度为 4～5mm 的橡胶垫圈密封，严防漏水。

采用法兰盘连接时，法兰盘的外径宜比导管外径大 100mm 左右，法兰盘厚度宜为 12～16mm，在其周围对称设置的连接螺栓孔不宜少于 6 个，连接螺栓直径不宜小于 12mm。

法兰盘与导管采用焊接时，法兰盘面应与导管轴线垂直。在法兰盘与导管连接处宜对称设置与螺栓孔数量相等的加强筋。

4）最下端一节导管底部不设法兰盘，宜以钢板套圈在外围加固。

5）为避免提升导管时法兰挂住钢筋笼，可设置锥形护罩。

（3）导管加工制造应符合下列要求

每节导管应平直，其定长偏差不得超过管长的 0.5%；导管连接部位内径偏差不大于 2mm，内壁应光滑平整；将单节导管连接为导管柱时，其轴线偏差不得超过 ±20mm。

导管加工完后，应对其尺寸规格、接头构造和加工质量进行认真的检查，并应进行连接、过阀（塞）和充水试验，以保证密封性能可靠和在水下作业时导管不漏水。检验水压一般为 $0.6 \sim 1.0 \text{N/mm}^2$，不漏水为合格。

2. 漏斗和储料斗

（1）导管顶部应设置漏斗和储料斗。漏斗设置高度应适应操作的需要，并应在灌注到最后阶段，特别是灌注接近到桩顶部位时，能满足对导管内混凝土柱高度的需要，保证上部桩身的灌注质量。混凝土柱的高度，在桩顶低于桩孔中的水位时，一般应比该水位至少高出 2.0m；在桩顶高于桩孔中水位时，一般应比桩顶至少高出 2.0m。

（2）漏斗与储料斗应有足够的容量以储存混凝土（即初存量），以保证首批灌入的混凝土（即初灌量）能达到要求的埋管深度（表 5-25-3）。

（3）漏斗与储料斗可用 $4 \sim 6\text{mm}$ 钢板制作，要求不漏浆、不挂浆，漏泄顺畅彻底。

3. 隔水塞、隔水球、滑阀和底盖

（1）隔水塞

一般采用混凝土制作，宜制成圆柱形，其直径宜比导管内径小 $20 \sim 25\text{mm}$；采用 $3 \sim 5\text{mm}$ 厚的橡胶垫圈密封，其直径宜比导管内径大 $5 \sim 6\text{mm}$（图 5-25-1）。混凝土强度等级

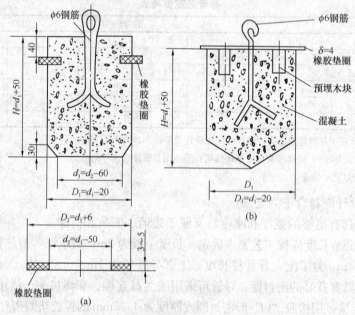

图 5-25-1　两种常用隔水塞

d_1—导管内径

宜为 C15～C20。

隔水塞也可用硬木制成球状塞，在球的直径处钉上橡胶垫圈，表面涂上润滑油脂。隔水塞还可用钢板塞、泡沫塑料和球胆等制成。隔水塞在灌注混凝土时均应能顺畅下落和排出。因此，隔水塞表面应光滑，形状规整。

（2）隔水球

隔水球可采用足球或排球的内胆，新旧均可。隔水球安装配套示意图见图 5-25-2。

（3）滑阀

滑阀采用钢制叶片，下部为密封橡胶垫圈，见图 5-25-3。

（4）底盖

底盖可用混凝土，也可用钢制成，其安设方法见图 5-25-4。

（5）球塞

球塞多用混凝土或木料制成，球直径可大

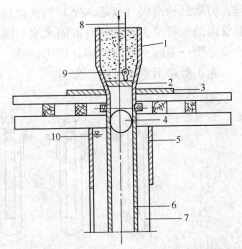

图 5-25-2　隔水球安装配套示意图

1—漏斗；2—开关隔板；3—导管夹板；4—隔水球；5—护筒；6—导管；7—桩孔；8—开关隔板提引铁丝；9—隔板提环；10—钻进液水位

于导管直径 10～15mm，灌注混凝土前将球置于漏斗顶口处，球下设一层塑料布或若干层水泥袋纸垫层，球塞用细钢丝绳引出，当达到混凝土初存量后，迅速将球向上拔出，混凝土压着塑料布垫层，处于与水隔离的状态，排走导管内的水而至孔底。本法每次只消耗一点塑料布或水泥袋纸，球塞可反复使用。本法必须有足够的初存量。

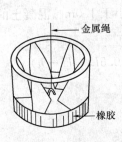

图 5-25-3　滑阀

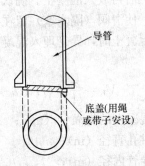

图 5-25-4　底盖的安设方法

（6）活门

漏斗与导管之间加一活门，关闭活门，漏斗中装满混凝土拌合物后再立即打开活门，混凝土拌合物快速下行，排出导管中的泥浆而达到孔底，并迅速将导管底口埋入一定深度。此法用于混凝土灌注泵的情况，漏斗的容积应大于或等于初存量。

5.25.3　导管法施工

1. 滑阀（隔水塞）式导管法施工

（1）滑阀（隔水塞）式导管法施工程序

沉放钢筋笼→安设导管，将导管缓慢沉到距孔底 300～500mm 的深度处→悬挂滑阀（隔水塞），将碗状滑阀（或隔水塞）放到导管内的水面之上→灌入首批混凝土→剪断铁丝。剪断悬挂滑阀（或隔水塞）的铁丝，使滑阀（或隔水塞）和混凝土拌合物顺管而下，将管内的水挤出去，滑阀（或隔水塞）便脱落，就留在孔底混凝土中→连续灌注混凝土，上提导管→混凝土灌注完毕，拔出护筒。

施工程序示意图见图 5-25-5。

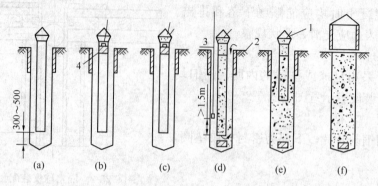

图 5-25-5　滑阀式（隔水塞）导管法施工

(a) 安设导管（导管底部与孔底之间预留出 300～500mm 空隙）；(b) 悬挂隔水塞（或滑阀），使其与导管水面紧贴；(c) 灌入混凝土；(d) 剪断铁丝，隔水塞（或滑阀）下落孔底；(e) 连续灌注混凝土，上提导管；(f) 混凝土灌注完毕，拔出护筒

1—漏斗；2—灌注混凝土过程中排水；3—测绳；4—隔水塞（或滑阀）

（2）滑阀（隔水塞）式导管法施工要点

1）灌注首批混凝土

在灌首批混凝土之前最好先配制 $0.1～0.3m^3$ 水泥砂浆放入滑阀（隔水塞）以上的导管和漏斗中，然后再放入混凝土。确认初灌量备足后，即可剪断铁丝，借助混凝土重量排除导管内的水，使滑阀（隔水塞）留在孔底，灌入首批混凝土。

灌注首批混凝土时，导管埋入混凝土内的深度不小于 1.0m。混凝土的初灌量宜按下式计算：

$$V_f = \frac{\pi}{4}d^2(H + h + 0.5t) + \frac{\pi}{4}d_1^2(0.5L - H - h)　(5-25-1)$$

式中　V_f——混凝土的初灌量（m^3）；

　　　d——桩孔直径（m）；

　　　d_1——导管内径（m）；

　　　L——钻孔深度（m）；

　　　H——导管埋入混凝土深度（m），一般取 $H = 1.0m$；

　　　h——导管下端距灌注前测得的孔底高度（m），一般取 $h = 0.3～0.5m$；

　　　t——灌柱前孔底沉渣厚度（m）。

2）连续灌注混凝土

首批混凝土灌注正常后，应连续不断灌注混凝土，严禁中途停工。在灌注过程中，应经常用测锤（图 5-25-6）探测混凝土面的上升高度，并适时提升、逐级拆卸导管，保持导管的合理埋深。探测次数一般不宜少于所使用的导管节数，并应在每次起升导管

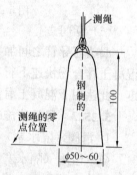

图 5-25-6　测定混凝土上升面的重锤

前，探测一次管内外混凝土面高度。遇特别情况（局部严重超径、缩颈、漏失层位和灌注量特别大的桩孔等）应增加探测次数，同时观察返水情况，以正确分析和判定孔内的情况。

3）导管埋深

导管埋入混凝土中的深度见表 5-25-3。在水下灌注混凝土时，应根据实际情况严格控制导管的最小埋深，以保证桩身混凝土的连续均匀，防止出现断桩现象。对导管的最大埋深不宜超过最下端一节导管的长度或 6m。

导管埋深值   表 5-25-3

导管内径（mm）	桩孔直径（mm）	初灌量埋深（m）	连续灌注埋深（m）		桩顶部灌注埋深（m）
			正常灌注	最小埋深	
200	600～1200	1.2～2.0	3.0～4.0	1.5～2.0	0.8～1.2
230～255	800～1800	1.0～1.5	2.5～3.5	1.5～2.0	1.0～1.2
300	>1500	0.8～1.2	2.0～3.0	1.2～1.5	1.0～1.2

灌注接近桩顶部位时，为确保桩顶混凝土质量，漏斗及导管的高度应严格按前述规定执行。

4）混凝土灌注时间

混凝土灌注的上升速度不得小于 2m/h。灌注时间必须控制在埋入导管中的混凝土不丧失流动性的时间内。必要时可掺入适量缓凝剂。表 5-25-4 为混凝土的适当灌注时间。

水下混凝土适当灌注时间   表 5-25-4

桩长（m）	≤30		30～50			50～70			70～100		
灌注量 V（m³）	≤40	40～80	≤40	40～80	80～120	≤50	50～100	100～160	≤60	60～120	120～200
适当灌注时间（h）	2～3	4～5	3～4	5～6	6～7	3～5	6～8	7～9	4～6	8～10	10～12

注：1. 灌注时间是从第一盘混凝土加水搅拌时起至灌注结束止；
　　2. 若混凝土初凝时间小于表列数值时，则首批混凝土必须掺入适量缓凝剂。

5）桩顶的灌注标高及桩顶处理

桩顶的灌注标高应比设计标高增加 0.5～0.8m，以便清除桩顶部的浮浆渣层。该高度对于贝诺特桩取低值，其他桩型取高值。桩顶灌注完毕后，应即探测桩顶面的实际标高。常用带有标尺的钢杆和装有可开闭的活门钢盒组成的取样器探测取样，判断桩顶的混凝土面。处理位于水中的桩顶，可在混凝土初凝前，用高压水冲射混杂层和桩顶超标高处的混凝土层，并在桩顶设计标高以上保留不小于 200～300mm 混凝土层，待桩顶混凝土强度达到设计强度的 70% 时，将其凿除。

6）剪绳位置

滑阀（或隔水塞）应紧贴导管水面，两者之间不得留有空隙，为防止滑阀等与导管间的缝隙进水，在滑阀等顶部盖上 2～3 层稍大于导管内径的水泥袋或塑料布，再撒铺一些水泥砂浆或干水泥，以免灌注时，混凝土中的骨料卡入滑阀，还可减少下滑阻力。

当滑阀以上导管及漏斗充满混凝土后，视孔深、孔径及孔底情况确定是否立即剪绳还是下滑至导管一定深度再剪绳。

多数施工情况是滑阀的初始位置即为剪绳位置；当孔深和孔径大时，为防止首批混凝土在导管中长距离自由移动时产生离析和增加初灌量，可将滑阀随着混凝土不断灌入，逐渐放松铁丝，直到滑入一定深度后才剪断铁丝。

对于孔底有沉渣的情况，剪绳应尽量早些，以利用导管内混凝土高速冲击管口的冲力，挤开孔底沉渣。

2. 底盖式导管法施工

（1）底盖式导管法施工程序

底盖式导管法施工要点是在导管的底部安设一底盖，然后将导管缓慢沉到孔底，再在无水的导管中灌入混凝土。逐步提起导管，底盖便脱落，就留在孔底混凝土中（图5-25-7）。

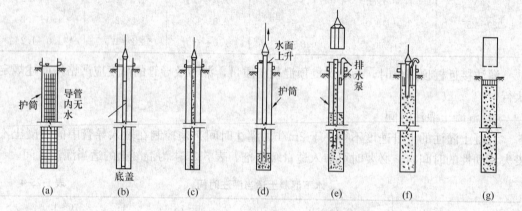

图 5-25-7　底盖式导管法施工

（a）放钢筋笼；（b）安设导管（底盖应确实落到孔底）；（c）灌注混凝土；（d）将导管稍稍上提（底盖留在孔底处）；（e）上提护筒套管，同时也上提导管；（f）混凝土灌注完毕；（g）拔出护筒

（2）底盖式导管法存在问题

底盖式导管法的问题在于：当桩孔内的水较深时，由于浮力作用，导管很难沉入桩孔中；此法通常只适用于孔内水深10m以内的情况；为了抵消浮力，可在导管上增设配重；由于底盖堵住管底，如需处理沉渣，就无法采用空气升液式或利用空吸泵的方法。

（3）底盖式导管法使用场合

采用贝诺特灌注桩水下施工时，通常用底盖式导管。另外底盖式大部只是用在当滑阀式出现某种形式事故的时候，例如，滑阀式导管法在灌注混凝土的过程中，万一有水进入导管内，当需要重新校正导管时，应根据当时的具体情况预先备好底盖。

3. 隔水球式导管法施工

隔水球式导管法施工要点（参见图5-25-2）：

（1）在使用前将球胆充气，使其直径比导管内径大3～5mm，然后将充气嘴绑死，并将球胆放入水中检验不漏气后，方可使用。

（2）球胆装入导管后，放入漏斗开关隔板2，使漏斗出口密封，隔板上部焊有提环9，用8号铁丝与副卷扬机相连。

（3）在漏斗中装满初灌量混凝土后，启动副卷扬机提升，拉出漏斗中的开关隔板，使漏斗中的混凝土压着隔水球而高速灌入，紧接着将备用储料斗或运输车中的混凝土连续不间断地灌注，将导管内的浆液与导管外的冲洗液压力平衡后，隔水球即会自动浮动孔口液面，回收、清洗后可供再次使用。

4. 导管法施工时注意事项

（1）根据桩径、桩长和灌注量，合理选择导管、搅拌机、起吊运输等机具设备的规格型号。

（2）导管吊放入孔时，应将橡胶圈或胶皮垫安放周整、严密，确保密封良好。导管在桩孔内的位置应保持居中，防止跑管，撞坏钢筋笼并损坏导管。导管底部距孔底（或孔底沉渣面）高度，以能放出隔水塞及首批混凝土为度，一般为 300～500mm。导管全部入孔后，计算导管柱总长和导管底部位置，并再次测定孔底沉渣厚度，若超过规定，应再次清孔。

（3）灌注混凝土必须连续进行，不得中断。否则先灌入的混凝土达到初凝，将阻止后灌入的混凝土从导管中流出，造成断桩。

（4）从开始搅拌混凝土后，在 1.5h 之内应尽量灌注完毕，特别是在夏季天气干燥时，必须在 1h 之内灌注完毕。对于商品混凝土，应根据运输、气温等条件，掺加缓凝剂。

（5）随孔内混凝土的上升，需逐节快速拆除导管，时间不宜超过 15min。拆下的导管应立即冲洗干净。

（6）在灌注过程中，当导管内混凝土不满含有空气时，后续的混凝土宜通过溜槽徐徐灌入漏斗和导管，不得将混凝土整斗从上面倾入管内，以免在导管内形成高压气囊，挤出管节间的橡胶垫而使导管漏水。

（7）当混凝土面升到钢筋笼下端时，为防止钢筋笼被混凝土顶托上升，应采取以下措施：

1）在孔口固定钢筋笼上端；

2）应尽量快速的灌注混凝土，以防止混凝土进入钢筋笼时，流动性过小；

3）当孔内混凝土接近钢筋笼时，应保持埋管较深，放慢灌注进度；

4）当孔内混凝土面进入钢筋笼 1～2m 后，应适当提升导管，减小导管埋置深度，增大钢筋笼在下层混凝土中的埋置深度；

5）在灌注将近结束时，由于导管内混凝土柱高度减小，超压力降低，而导管外的泥浆及所含渣土的稠度和相对密度增大。这时如出现混凝土上升困难时，可在孔内加水稀释泥浆，亦可掏出部分沉淀物，使灌注工作顺利进行。

5.25.4 水下混凝土配制要求

1. 原材料要求

（1）水泥

当地下水无侵蚀性时，一般选用硅酸盐水泥和普通硅酸盐水泥，水泥强度等级不宜低于 42.5。

（2）粗骨料

宜选用坚硬卵砾石或碎石。采用碎石时，其母岩抗压强度应不低于水下混凝土设计强度的 1.5 倍（边长 50mm 立方体饱和含水状态时的极限抗压强度）。

级配宜采用二级级配，即粒径 5～20mm 与 20～40mm，二者比例可取 3∶7～4∶6；

也可采用一级级配，即粒径 10～30mm 与 20～40mm。

（3）细骨料

应选用颗粒洁净的天然中、粗砂。含砂率一般为 45％左右，见表 5-25-5。

水下混凝土含砂率选择参考 表 5-25-5

粒径（mm）	卵 石			碎 石		
	10	20	40	10	20	40
含砂率（％）	45～48	43～46	42～45	48～50	46～49	45～47

注：1. 表中混凝土的水灰比为 0.5。

2. 水灰比每增大 0.05，含砂率相应增加 1％～1.5％。

（4）外加剂

掺入外加剂前，必须先经过试验，以确定外加剂的使用种类、掺入量和掺入程序。水下混凝土常用的外加剂有减水剂、缓凝剂、早强剂、膨胀剂和抗冻剂等。

（5）拌合水

一般饮用水、天然清洁水和 pH 不小于 4 的非酸性水，均可用作拌合水。

2. 配合比设计

配合比应通过试验确定。

（1）坍落度。一般控制在 180～220mm 为宜。

（2）水泥用量和水灰比。水泥用量不少于 360kg/m³。水灰比不应超过 0.6，通常以 0.5 为多。

5.26 埋 入 式 桩

5.26.1 分类

埋入式桩是将预制桩或钢管桩沉入到钻成的孔中后，采取某些手段增加桩承载力的总称。

1. 埋入式桩的分类

（1）按预制桩的插入方法可大致区分为三大类：预先钻孔法、中掘工法（也称桩中钻孔法）和旋转埋设法。

（2）按承载力的发挥方法可分为：最终打击法、最终压入法、桩端水泥浆加固法和桩端扩大头加固法。

（3）用于埋入式桩施工法的预制桩种类有：振动捣实钢筋混凝土预制桩（实心断面的钢筋混凝土桩和预应力钢筋混凝土桩）；离心振压钢筋混凝土预制桩（圆管形断面的钢筋混凝土桩、预应力钢筋混凝土桩和预应力高强度钢筋混凝土桩）；节桩；扩径（ST）桩；钢管桩和钢筋混凝土与钢管合成桩（SC 桩）；复合配筋先张法预应力混凝土管桩（简称复合配筋桩，代号 PRHC 桩）。

（4）按承载力大小可分为：原有型埋入式桩和高承载力型埋入式桩。

2. 埋入式桩的承载力机理

图 5-26-1 为打入式桩、钻孔灌注桩和埋入式桩的承载力机理的差别；表 5-26-1 为影

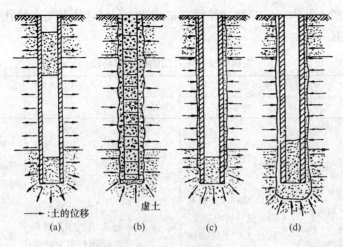

图 5-26-1　桩承载力机理的差别

(a) 打入式桩；(b) 钻孔灌注桩；(c) 埋入式桩（Ⅰ）（先钻孔后打入法）；

(d) 埋入式桩（Ⅱ）（桩端水泥浆加固法）

响承载力的因素。

施工方法和桩端形状不同引起承载力的差别　　　　　　表 5-26-1

		打入式桩	埋入式桩	钻孔灌注桩
(1) 使地基土	密实 ○ 松弛 ×	○	×	×
(2) 与桩周土密接程度	好 ○ 坏 ×	○	× ○	○
(3) 桩端有效断面积	等于 $\frac{\pi}{4}d^2$ ○ 小于 $\frac{\pi}{4}d^2$ ×	开口桩 × 闭口桩 ○	开口桩 × 闭口桩 ○	○

注：1. ○为承载力大的要素；×为承载力小的要素。

　　2. 埋入式桩与桩周土密接程度引起承载力的差别因埋入式桩的施工方法而异。

5.26.2　原有型预先钻孔法埋入式桩

原有型预先钻孔法的概要和特征，见表 5-26-2。原有型预先钻孔法有 40 多种方法，现举例介绍。

1. 长螺旋钻成孔、灌注水泥浆的最终打击施工法（水泥浆工法）

（1）施工程序（图 5-26-2）

①边用长螺旋钻成孔，边从钻头喷出水泥浆，直到钻进至预定桩端持力层为止；②用桩端加固液替换钻进液；③在进一步注入桩端加固液的同时，边回转钻杆边缓慢地上拔钻杆；④钻杆拔

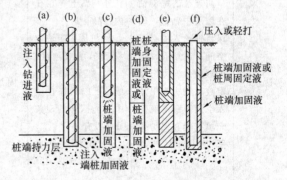

图 5-26-2　预先钻孔法之一——长螺旋钻成孔、灌注水泥浆的最终打击式施工法

(a) 用长螺旋钻成孔；(b) 注入桩端加固液；(c) 提起钻杆；(d) 再次注入水泥浆；(e) 把桩插入；(f) 压入或轻打

733

出孔外；⑤将桩插入孔内；⑥当桩端锚固在桩端持力层后，用装备在钻孔机上的装置把桩压入或用锤轻轻打入。

原有型预先钻孔法的概要和特征 表 5-26-2

原有型预先钻孔方法			承载力发挥方法		
方法名	内　容	特　征	方法名	内　容	特　征
（共同）	桩达预定设计深度前，预先钻成孔，然后用自沉、压入、轻打、回转等将桩埋入。钻孔直径比桩径大 100mm。孔壁形成后，为确保水平抗力，需充填固定液 成孔可采用螺旋钻机、杆式钻机及两者的组合	1. 使打入式桩难以穿越坚硬中间层、回弹大的土层和倾斜的桩端持力层中施工成为可能 2. 减少噪声、振动公害 3. 在坍塌性地层中使用稳定液 4. 用稳定液时，需排土处理	最终打击方式	与打入式桩严密地区别在于，两者均是用打击方式使承载力发挥，埋入式桩为桩端打击发挥，而打入式桩为桩顶打击发挥 采用打桩锤打击 一般情况用固定液充填桩周	1. 与打入桩相比，打击次数、时间大幅度减少，噪声、振动公害大为减少 2. 能实测最终打击贯入量，以实施停止锤击的管理 3. 在桩顶打击，产生整体失稳的可能性高，只能轻打 4. 通过中空部打击桩端，效率高，能把打击能量传到桩端，但如果水浸入桩端，将使桩端内部产生异常内压 5. 如有溢水等，需注意桩周固定液的沉降
长螺旋钻方式	用连续的螺旋钻在地层中钻进，确保将桩插入的必要空间。边钻孔、边把桩插入、边把稳定液从钻头喷出注入空间。稳定液起充填桩周和保护孔壁的作用	1. 孔内土砂排出孔外，黏土等在孔内残留很少 2. 桩周固定液容易沉降，故需注意 3. 螺旋叶片连续，所以钻杆在土中不能回转的现象几乎没有 4. 比杆式钻排土多	桩端加固方式	事先从钻头端部喷出水泥浆注入钻孔底部的桩端持力层，形成桩端加固层，在其中插入预制桩并锚固 桩端加固层的形成通过置换方式或搅拌方式	1. 把桩用自沉、压入、轻打、回转等方式锚固，所以几乎没有噪声和振动 2. 用桩端闭口桩，排出泥水多。另外锚固后有时因浮力而使桩上浮 3. 回转方式沉设，铅直性好，施工精度高。扭矩过大会使桩破损 4. 杆式送桩筒的情况，可用长送桩筒施工 5. 有承压水的持力层，桩端加固液往往流失 6. 要注意桩端持力层的起伏

续表

原有型预先钻孔方法			承载力发挥方法		
方法名	内　容	特　征	方法名	内　容	特　征
杆式钻方式	除钻头刀刃外，在杆上也装上不少突起部，即把孔内泥土化，将桩插入到预定深度 　　根据桩周固定强度和地层状况，常用桩周固定液。钻进中一般采用注水方式	1. 比螺旋钻方式排土少 　　2. 一般采用压入和回转结合将桩沉设 　　3. 因是用泥土化方式造成孔壁把桩插入。故孔壁造成比长螺旋钻方式容易 　　4. 与连续螺旋叶片相比，钻进能力差。在硬层中，有时会发生钻头掉落情况	扩大头加固方式	一面造成孔壁，一面钻进，接近桩端持力层时，将钻刃扩大，注入桩端加固液，同时将其与持力层的砂和砾搅拌，然后缩小钻刃，提上钻头，将桩插入锚固。主要用杆式钻施工	1. 形成桩端加固的扩大头，所以能得到较大的桩端承载力 　　2. 使用的桩几乎都是开口的，排出泥土较少 　　3. 与水泥浆桩端加固方式的优缺点几乎一样

注：共同指长螺旋钻方式和杆式钻方式的综合方式。

（2）适用范围

在 N 值为 5～10 的黏土层和 N 值为 15～40 的砂土层中施工，效率高；但在 N 值大于 30 的固结黏土层和 N 值大于 50 的砂砾层中施工，效率降低；如果中间层有直径在10cm 以上的砾石，钻进时螺旋叶片可能会弯曲；在松砂中钻进，孔壁容易坍塌；在承压水层、高透水性层和有流动性水层中，对钻进液和桩端加固液的管理十分重要；桩径300～600mm，桩长 10～30m（最大可达 50m）。

（3）施工机械和设备

三点支承式履带打桩架；钻机（功率 30～60kW）；钻头（直径应比桩径大，两者关系见表 5-26-3）；螺旋钻杆；注浆泵（1.5～3N/mm²）；砂浆搅拌机（600L×2～4）和其他机具设备。

预先钻孔法钻头直径与桩径关系 表 5-26-3

桩径(mm)	350	400	450	500	600
钻头直径(mm)	450	500	550	600	700

（4）稳定液

钻进液配合比举例见表 5-26-4。桩端加固液配合比举例见表 5-26-5。桩周固定液配合比举例见表 5-26-6。

钻进液配合比（重量%）举例 表 5-26-4

土　质	膨润土	分散剂	CMC
黏性土	4～6	0～0.2	
砂土	6～8	0～0.2	0～0.1

桩端加固液配合比（每立方米）举例 表 5-26-5

水泥(kg)	水(L)	W/C
697	692	70%

桩周固定液配合比（每立方米）举例 表 5-26-6

水泥(kg)	膨润土(kg)	水(L)	σ_{28}(N/mm^2)
300	50	881	0.49
500	75	805	0.52

2. 杆式钻成孔、灌注固定液、扩大头加固式施工法（RODEX 工法）

（1）施工程序（图 5-26-3）

①预先钻孔；②把钻孔的端部扩大；③向桩端持力层注入固定液；④拔出钻杆，同时向桩周注入固定液；⑤把预制桩沉入孔内；⑥将桩回转，同时将桩压入桩端持力层锚定。

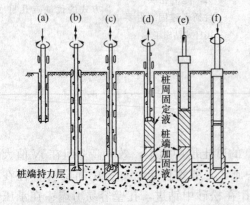

图 5-26-3　预先钻孔法之二——杆式钻成孔、灌注固定液、扩大头加固式施工法

(a) 钻孔；(b) 孔底扩大；(c) 向桩端持力层注入固定液；(d) 拔出钻杆同时向桩周注入固定液；(e) 沉桩；(f) 将桩回转锚定

（2）适用范围

当穿越有直径在 10cm 以上的砾石的中间层时需要注意；对有地下流动水的桩端持力层需要注意，桩径 300～800mm，桩长不大于 60m。

（3）施工机械和设备

三点支承式履带打桩架；钻机驱动装置（功率 30～90kW，1～2 台）；特殊钻杆；扩大钻头；特殊回转机头；砂浆搅拌池；注浆泵；排土处理机（0.3m^3）；发电机和给水设备（管径 38mm）。

（4）稳定液

钻进液——水或水泥浆；桩端加固液——水泥浆，水灰比 0.6。

3. 植桩法

北京地区采用的植桩法也是预先钻孔法的一种，即先用长螺旋钻成孔穿过硬夹层或可液化层，然后将预制桩放入孔内，最后锤击沉桩使桩端进入设计要求的持力层。该法适用于硬土和软土地区，但施工场地地下水位必须低，能干作业成孔。

（1）施工程序

①桩孔定位和钻孔机就位；②长螺旋钻孔机干作业成孔（钻机就位后，稳钻杆，经双向校正后便可钻进成孔）；③测孔深、虚土厚度，如有坍孔，则作好记录；④盖孔口板（若用双导向打桩机可钻 1 根打 1 根，无此工序）；⑤将钢筋混凝土预制桩放入孔内（可称为植桩）；⑥沉桩，桩入孔后，经双向校正便可锤击沉桩，一直沉至符合设计要求。

（2）适用范围

当土层中出现一层厚度为 1～3m 的硬夹层，而其下卧层又为软弱层，桩必须穿过硬夹层和软弱层，落到设计要求的桩端持力层（图 5-26-4）。

当土层中出现两层以上的硬夹层，而均不能作为桩端持力层时，桩必须穿过这些土层进入设计要求的桩端持力层（图5-26-5）。

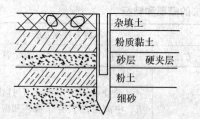
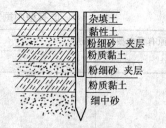

图5-26-4 有一层硬夹层的情况　　图5-26-5 有两层以上硬夹层的情况

设计要求穿过可液化的硬层（粉细砂层）而进入桩端持力层（图5-26-6）。

当桩端持力层上面有含水量很小的较厚硬塑黏性土或密实的粉土层时，为缩短沉桩时间，减少桩的损坏率，应使桩更快地沉入持力层中（图5-26-7）。

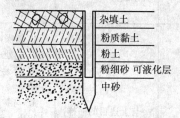
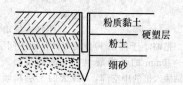

图5-26-6 有可液化硬层的情况　　图5-26-7 有含水量小的较厚的硬
塑黏性土或密实的粉土层的情况

当设计的桩端持力层上面有较厚的（4m以上）含饱和水的黏土（俗称橡皮土），打桩时回弹严重，为提高沉桩效率，应使桩更快沉入持力层中（图5-26-8）。

（3）施工机械和设备

双导向打桩机（也可用1台长螺旋钻孔机，1台打桩机）；螺旋钻杆；桩锤。

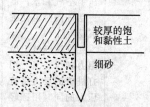

图5-26-8 有较厚的
饱和黏土

（4）质量要求

1）施工场地平坦坚实，100m² 范围内高差为±5cm。

2）钻孔垂直度控制为 0.5%～1%，以确保预制桩植入后的垂直度。

3）严格控制钻孔直径：方桩情况，孔径小于或等于桩宽；管桩情况，孔径等于桩管内径或 2/3 桩管外径。

4）预制桩混凝土强度应达到 100% 方可植桩。植桩成孔深度控制在设计桩尖高程以上 1m，使之有一定的击入深度。

5）为避免已钻成孔的孔壁坍塌，柱基群桩和筏基群桩要考虑打桩顺序，如可采用"从中向外"或"从中间向两侧"打桩顺序，条基桩可采用跳打法。

6）成孔后，为避免坍孔，可采取全部或局部回填黏性土的办法。

5.26.3　原有型中掘方法埋入式桩

原有型中掘方法的概要和特征，见表5-26-7。原有型中掘方法有40多种方法，现举例介绍。

原有型中掘方法的概要和特征

表 5-26-7

原有型中掘沉设方法			承载力发挥方法		
方法名	内　容	特　征	方法名	内　容	特　征
长螺旋钻中掘方式	把略小于桩径 30～40mm 的长螺旋钻插入桩的中空部，在钻头附近的地层连续钻进，使土沿中空部上升，从桩顶排土的同时将桩沉设 一般在桩端注入压缩空气和水，促进钻进同时也使桩沉设顺利 在桩端安装上摩阻力减少设备，用打桩机的反力将桩压入的同时用锤轻打，使桩沉设	1. 低噪声、低振动 2. 使打入桩难以穿越的坚硬中间层、较长的固结层、回弹大的土层和倾斜的地层中施工成为可能 3. 在易坍塌地层中，预先钻孔方法难以施工的地层中也容易沉设 4. 桩起护筒的作用，所以对周围结构物的影响小 5. 如遇地下障碍物和大漂石时，会使桩破损和沉设不可能，需加注意 6. 如果存在连续的黏性土层，会产生糊桩现象，从而使桩产生纵向裂缝	最终打击方式	从防止公害的对策、中间层的贯穿和防止对周围结构物的影响的目的出发，按中掘方法将桩沉设后，用落锤、柴油锤、液压锤等实行最终打击，发挥承载力	1. 打击以外的工序噪声和振动低 2. 按打击情况，能对每一根桩进行动承载力管理 3. 因闭塞效应内压上升，如果桩端部不补强，容易发生纵向裂纹 4. 能处理虚土
			桩端加固方式	与上述目的一样，当将桩沉设到预定深度后，从钻头端部注入水泥浆，在提起螺旋钻后，投入混凝土，硬化后，达到发挥承载力的目的	1. 低噪声、低振动 2. 能处理虚土 3. 容易使桩顶水平一致 4. 与扩大头加固方式相比，承载力较小 5. 如果桩端持力层中有流动的地下水，桩端不易形成加固层 6. 桩端持力层中如果有承压水，会发生涌砂，需要有防止对策 7. 投入混凝土拌合料的情况，需与钻孔桩一样进行沉渣处理 8. 需要注意桩端持力层的起伏情况
			扩大头加固方式	与上述目的一样，当将桩沉设到预定深度后，把钻刃扩大，在桩端注入加固液，同时将其与持力层的砂和砾搅拌混合。这样从桩端部用高压喷射造成扩大头 另外，沉设以后提起螺旋钻，把别的管子插入，在桩端附近高压喷射水泥浆造成扩大头	1. 形成桩端扩大头，桩端承载力大 2. 桩端加固的水泥浆，如果其喷出搅拌位置、喷出压力和喷出量不合适的话，将不能得到预定的扩大头和强度 3. 在卵石持力层造成扩大头往往困难 4. 其他则与桩端加固方式的优缺点一样

1. 中掘扩大头加固式施工方法（NAKS工法）

（1）施工程序（图 5-26-9）

① 在达到桩端持力层深度前，均用比桩径小的钻刃钻孔，在压缩空气从钻刃喷出的同时钻进使桩沉设；② 一达到桩端持力层后，先让螺旋钻杆反转，然后再正转操作，使扩大刀刃大于桩外径，将扩大翼固定；③ 让扩大翼与桩接触，扩大状态确认后，便在桩端持力层中扩大方式钻进，向桩端注入加固液，与此同时使加固液和桩端持力土层混合，形成扩大头；④ 关闭刃翼，将其从中空部提出后，把桩压入到扩大头中。

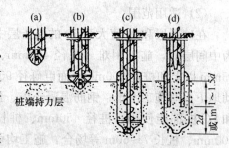

图 5-26-9　中掘扩大头加固式施工方法

(a) 桩沉设；(b) 用钻头扩大；

(c) 形成扩大头；(d) 桩压入

（2）适用范围

在 N 值为 5～10 的黏土层和 N 值为 15～40 的砂土层中施工，效率高；有 N 值大于10 的硬质黏性土层以及有砾径大于 10cm 的中间砾层的情况，适用困难；有 N 值大于 10的黏性土层以及 N 值大于 50 的砂土中间层的情况，沉桩困难；有直径为 10cm 以上的巨砾，施工不可能；有承压水、地下流动水，桩端加固效果不佳；可使用预应力钢筋混凝土桩；桩径 450～1200mm，桩长 65m 以内。

（3）施工机械和设备

三点支承式履带打桩架；钻杆驱动装置（功率 60kW 以上）；螺旋钻（桩公称内径300～500mm）；二段式钻头（沉设时翼径小于桩径，扩大时翼径等于 $d+120$ 或 $1.2d$，d—桩外径）；特制桩帽，防止在中掘时桩自沉。

桩沉设辅助装置有：U 形特制桩锤（质量 7000～10000kg）；压入装置；排土槽。

搅拌设备（600L 槽 2 个以上，功率 15kW）；注浆泵（压力 1.4N/mm²，容量 280L/min）；履带吊（吊桩用，起吊能力 300kN 以上）；发电机（功率 80～100kW）；空压机（压力 0.7N/mm²，排出空气量 5m³/min）和其他设备。

（4）稳定液

桩端加固液用水泥浆（水灰比 0.6%）。

2. 中掘、高压喷射、扩大头加固式施工方法（STJ工法）

（1）施工程序（图 5-26-10）

① 螺旋钻插入到桩的中空部后，将桩吊入到打桩机中，再把驱动部和螺旋钻的轴连接上，最后把桩帽套在桩上；② 回转螺旋钻，一面钻削排土一面贯入。如果地层较硬，用液压压入装置或锤轻打使桩贯入；③ 桩一达到桩端持力层，用高压泵从钻头喷出扩大头加固用水泥浆，与此同时上拔钻杆；④ 扩大头形成后，用液压压入装置或锤将桩贯入到扩大头中；⑤ 为压抑承压水，一面向桩中空部注水，一面上拔螺旋钻。

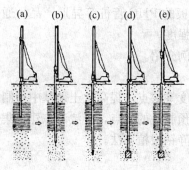

图 5-26-10　中掘高压喷射扩大头加固式施工方法

(a) 立起螺旋钻和桩；(b) 钻削贯入；(c) 高压喷射水泥浆；(d) 形成扩大头，把桩贯入到扩大头中；(e) 拔出螺旋钻

（2）适用范围

在砂砾层和 N 值大于 10 的黏土层中的施工性能不好；有巨砾层和密实的厚砂砾层作为中间层时，施工困难（桩径 450mm、而巨砾径 45mm 以上；桩径 500mm、而巨砾径 55mm 以上和桩径 600mm、而巨砾径 95mm 以上时施工困难）；桩端持力层有承压水，流动地下水时施工困难；钢筋混凝土桩、预应力钢筋混凝土桩、预应力高强度钢筋混凝土桩和 SC 桩都能使用；桩径 450mm、桩长 7～45m 及桩径 500mm、桩长 7～50m 和桩径 600mm、桩长 7～60m 等场合，施工均可能；直径为 700～1000mm 的桩施工也有可能。

（3）施工机械和设备

三点支承式履带打桩架（日车 D308SA～D408）；螺旋钻动力头（三和机材 D-60H～D-102H）；螺旋钻杆（ϕ250～340 特殊型）；注浆泵；发电机、辅助吊车、锤及小型推土机。

（4）稳定液

桩端加固液的标准配合比和使用量见表 5-26-8。

桩端加固液的标准配合比和使用量

表 5-26-8

桩径(mm)	水泥(kg)	水(L)	使用量(m^3)	桩径(mm)	水泥(kg)	水(L)	使用量(m^3)
450	1000	700	1.0	700	1480	1050	1.5
500	1200	850	1.2	800	1480	1050	1.5
600	1480	1050	1.5	1000	1480	1050	1.5

5.26.4 高承载力型预先钻孔法埋入式桩

所谓高承载力型预先钻孔法是指利用单轴钻机在钻进后扩大桩端部，注入桩端固化水泥浆并与端部土进行反复搅拌，形成比预制桩桩端直径更大的水泥土柱状体（桩端固化部），预制桩在此桩端固化部固定。扩底固化工法相对于原有型埋入式工法能够发挥更大承载力的桩型，因此，该工法也称为高承载力工法。

用于该工法的预制桩种类有：PHC 管桩、PRHC 管桩、扩径（ST）桩、节桩、桩端部设有钢制翼板的 PHC 管桩、SC 桩、纤维袋及钢管桩等。

端阻力发挥较高的原因主要包括：1）桩的扩底；2）为保证桩身与扩底成为一体共同承载，预制混凝土桩的下部使用节桩及桩端部设有钢制翼板的 PHC 管桩等异形产品，通过其凸起部分的承压效果来增强桩身与扩底固化部的黏结强度。

高承载力型预先钻孔法埋入式桩在我国有 2 种，现举例介绍。

1. 静钻根植工法

为解决现有预制桩施工中存在的挤土、穿透夹层有难度等缺点，提高软土地基中预制桩的抗压、抗拔、抗水平承载力，结合钻孔灌注桩施工与预制桩的优点，宁波浙东建材集团有限公司研究开发了一种新型的预制桩沉桩施工技术：静钻根植工法。

（1）施工程序

图 5-26-11 为静钻根植工法的施工程序。

1）钻机定位，钻头钻进（图 5-26-11a）；

2）钻头钻进，对孔体进行修整及护壁（图 5-26-11b）；

3）、4）钻孔至持力层后，打开扩大翼进行扩孔（图 5-26-11c、d）；

5）注入桩端固化水泥浆并进行搅拌（图 5-26-11e）；

6）提升钻杆，边注入桩身固化水泥浆（图5-26-11f）；

7）、8）利用自重将桩植入钻孔内，调整桩身垂直度，将桩植入桩端扩底部（图5-26-11g、h）。

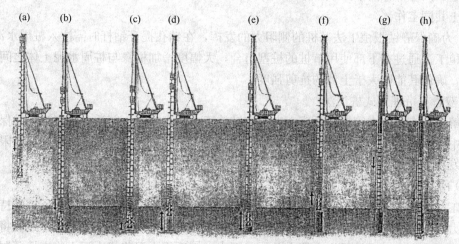

图 5-26-11 静钻根植工法施工程序

（2）优缺点

1）优点

① 与现有预制桩相比，采用复合配筋桩（PRHC管桩）的静钻根植桩，其桩身抗弯、抗拉性能得到大幅度提高。

② 使用节桩的静钻根植桩可以增加桩身与土体的侧阻力，特别是在软土地区，能够大幅度提高基桩的承载能力。

③ 静钻根植工法施工对预制桩桩身无任何损伤，桩身的完整性良好，按桩身混凝土强度计算桩的承载力时，工作条件系数可以取0.8。

④ 静钻根植工法由于扩底，桩身内外周水泥土以及施工对桩身无损伤，能够确保预制桩的抗压和抗拔承载能力得到充分发挥。而采用PRHC管桩的静钻根植桩能够进一步增加基桩的竖向抗拔承载能力。

⑤ 静钻根植工法施工使得桩身与桩身内外水泥土形成一体，增加桩体刚度，当芯桩采用PRHC桩时，其水平临界荷载比同直径PHC管桩高，确保基坑开挖时不会出现移位、桩身倾伏、破坏等现象。

2）缺点

为了使其充分发挥出高承载力，对每一个工序都必须周到考虑和严格管理。在施工管理中稍不注意、无知或出现偷工减料等，将得不到高承载力，因此必须建立完备的检查体制。

（3）承载特点

1）静钻根植工法基桩端部的扩底固化对发挥承载力是非常重要的，在施工过程中如何实现并确认设计所要求的扩大尺寸是确保承载力发挥的关键之一。

静钻根植工法的扩底直径可以达到所使用预制桩桩身直径的1.7～2.0倍，高度是钻孔直径的2.5倍以上。为确保桩的端阻力能够充分得到发挥，确保桩端扩底部分的强度大于其周围及下部持力层主体自身的强度，需根据持力层土体的强度选择注入一定强度的水泥浆。为使桩身与扩底固化端部成为一体共同承受由上部传递的荷载，下节预制桩使用节桩，通过其凸起部分的承压效果来增强桩身与桩端水泥土的黏结强度，以保证预制桩与桩端水泥土共同工作。

2）为确保静钻根植工法基桩的侧阻力的发挥，在钻孔提升钻杆时需注入桩周水泥浆。静钻根植工法通过在下部使用节桩的桩型组合，大幅度增加桩身与桩周水泥土体之间的抗剪强度，确保其能够大于土体的抗剪强度。

2. 双管振沉埋入式桩工法

为解决现有预应力管桩和预应力空心方桩施工中存在挤土、穿透夹层有难度及保证成桩过程中桩身无损伤并提高桩的抗压、抗拔和抗水平承载力，上海振中机械制造有限公司研究开发出双管振沉埋入式桩工法。

（1）基本原理

该工法为利用偏心力矩无级可调电驱动振动锤将内外管同时振入地层中至桩端持力层后，静力拔出内管，振动卸除挤入内管的土块和土粒，再将内管插入外管中，然后将预应力管桩或预应力空心方桩插入内管中并加以固定，而后将水泥浆或水泥土浆充填预制桩和内外管的缝隙，最后拔出内外管，补浆，成桩。

（2）施工程序

1）设定桩位中心点；

2）履带桩架就位；

3）将带有专用夹具的振动锤固定在桩架的顶部；

4）用专用夹具牢固地夹住内外钢管的顶部；

5）开启振动锤，将内外管同时振沉至桩端持力层；

6）静力拔出内管，外管仍留在桩孔中；

7）内管移位，用振动锤振动卸除挤入内管的土块和土粒；

8）将内管再次插入外管中，用专用夹具夹住；

9）将预应力管桩或预应力空心方桩插入内管中并加以固定；

10）从桩中心经桩端将水泥浆或水泥土浆充填预制桩和内外管的缝隙；

11）同时拔出内外管；

12）继续注浆，充填因拔出内外管造成的空隙，成桩；

13）桩架、内外管及振动锤等移位至下一个桩位。

（3）施工机械和设备

1）EP（DZJ）偏心力矩无级可调电驱振动锤

该振动锤是双管振沉埋入式桩工法的核心设备，表5-26-9为常用振动锤的技术参数。

EP（DZJ）系列偏心力矩无级可调电驱振动锤　　　　　　　　表5-26-9

技术参数	单位	EP200 （DZJ150）	EP240W （DZJ180）	EP320W （DZJ240W）		EP400W （DZJ300W）	
电机功率	kW	150	180	240		300	
静偏心力矩	N·m	0～770	0～1500	0～3000	0～2200	0～4000	0～3000

技术参数		单位	EP200 (DZJ150)	EP240W (DZJ180)	EP320W (DZJ240W)		EP400W (DZJ300W)	
振动频率		r/min	1100	860	690	810	660	760
激振力		kN	0~1040	0~1240	0~1610		0~1950	
空载振幅		mm	0~10.0	0~13.3	0~18.4	0~13.5	0~18.5	0~14.0
允许拔桩力		kN	400	600	900		900	
振动质量		kg	7660	11320	16280	15800	21600	21000
总质量		kg	9065	13640	21500	21100	28300	27700
最大空载加速度		g	13.5	11	10.0	10.2	9.0	9.2
外形尺寸	长(L)	mm	1930	2450	2490		2697	
	宽(W)	mm	1350	1630	1730		1880	
	高(H)	mm	3520	3850	3660		4710	

　　EP（DZJ）系列电驱振动锤的机构的最大特点是利用液压控制偏心变换装置，可实现"零"启动、"零"停机及在运行过程中从零至设计最大值间任意无级调节偏心力矩。它与传统振动锤相比较，显示出优越性，主要有：①实现在无偏心力矩条件下启动，解决了目前大量使用的振动锤带偏心力矩启动而需要大容量电源的问题；②实现"零"启动、"零"停机，克服了带偏心力矩启动和停机时产生的共振，防止了由共振产生的噪声和对其他设备零部件产生破坏现象的发生；③可以在机器运行过程中方便自如地调节偏心力矩，以适应不同的土层的沉拔桩要求，从而达到理想的沉拔桩速度和效率。

　　2）JU系列电液履带桩架

　　配合振动锤使用的JU系列电液履带桩架如表5-26-10所示。

JU系列电液履带桩架　　　　　　　　　　　　　　　表5-26-10

技术参数	单位	JU90	JU80
桩架高度	m	32.2	37
立柱长度	m	30	35
立柱直径	mm	$\phi630$	$\phi630$
导轨规格	mm	$\phi102×\phi600$	$\phi102×\phi600$
立柱前后倾	°	-3/10	-9/4
行驶速度	km/h	0.7	0.25
平台回转速度	r/min	1.7	0.4
平台回转角度	°	±180	±180
主卷扬机速度	m/min	25.7	20
副卷扬机速度	m/min	25.7	30
接地比压	MPa	12.5	0.07
最大拔桩力	kN	350	500
立柱总质量	t	70	57
最大装备行驶质量	t	90	80

JU90 履带桩架特点：①整机液压动力源为电动机驱动；②行走机构及上部回转机构采用液压传动。

JU80 履带桩架特点：①整机为电液混合驱动；②行走回转机构采用电动机驱动。

3）内外钢套管

内外钢套管间隙 20mm。

4）专用夹具

内外钢管顶部用专用夹具夹住。

5）桩端加强钢箍

加强钢箍内径等于内管的内径，其外径等于外管的外径，在黏性土中双管振沉不用设桩端加强钢箍，在砂卵石中双管振沉需设桩端加强钢箍。

（4）适用范围

桩端持力层可选为硬塑至坚硬黏土层、中密至密实砂层和卵石层、强风化岩层，配合潜孔锤可进入中风砂岩层。桩径或桩宽 400～1000mm，桩长不大于 35m。

用于该工法的预制桩种类有 PHC 管桩、PRHC 管桩、节桩、ST 桩、SC 桩及预应力空心方桩（PHS 桩）、复合配筋预应力空心方桩（PRHC 桩）。

（5）承载机理

该桩型属于少量挤土桩。

（6）双管振沉灌注桩（又称振动式全套管灌注桩）

双管振沉埋入式桩的基本原理可推广应用于灌注桩，称为双管振沉灌注桩，又称振动式全套管灌注桩，其施工程序如下：

1）设定桩位中心点；

2）履带桩架就位；

3）将带有专用夹具的振动锤固定在桩架顶部；

4）用专用夹具牢固地夹住内外钢管的顶部；

5）开启振动锤，将内外管同时振沉至桩端持力层；

6）静力拔出内管，外管仍留在桩孔中；

7）内管移位，用振动锤振动卸除挤入内管的土块和土粒；

8）向外管沉入钢筋笼或压力注浆管（压力注浆桩的情况）；

9）灌注混凝土（对于外管中无水的场合，即干法，用审筒；对于外管中有水的场合，即水下灌注法，用导管）；

10）拔出外管；

11）成桩，桩架及振动锤等移位；

12）当为压力注浆桩的场合，还需择时进行压力注浆。

5.27 桩的静载试验和动测试桩法

5.27.1 单桩竖向抗压静载试验

1. 试验目的

（1）为设计提供合理的单桩承载力，这属于检验性质的竖向抗压承载能力的试验。作为基础桩，其材料要达到规定的材质强度，其承载能力和变形特性要满足设计要求。为设计提供合理的单桩承载能力，需做到：

1）除满足强度、稳定条件外，还应满足变形条件；

2）需考虑群桩效应；

3）试桩有代表性；

4）有完整的 $Q\text{-}s$ 曲线，在该曲线上应有 4 个特征点：①比例极限 Q_p（又称第一拐点，为 $Q\text{-}s$ 曲线上起始的拟直线段终点所对应的荷载）；②屈服荷载 Q_y（为 $Q\text{-}s$ 曲线上曲率最大点所对应的荷载）；③极限荷载 Q_u（为 $Q\text{-}s$ 曲线呈现显著转折点所对应的荷载）；④破坏荷载 Q_f（为 $Q\text{-}s$ 曲线的切线平行于 s 轴时所对应的荷载）。

如果 $Q\text{-}s$ 曲线是完整的，再考虑上述其他 3 个要求，那么就能合理地确定单桩竖向抗压承载力特征值 R_a。

（2）为揭示或探讨有关单桩竖向抗压承载能力的某个理论问题，这属于研究性质的竖向抗压承载能力的试验。这种情况下的试验较第一种情况充分，往往在桩身与桩端埋设若干实测元件（例如钢筋应力计、应变片、应变杆、压力盒及扁千斤顶等）用来测定桩侧阻力和桩端阻力。

（3）为桩基新工法、新工艺和新桩型的推广使用提供有充分说服力的数据，这属于开发性质的竖向抗压承载能力的试验。

（4）为桩的动测法、原位测试法、打桩公式和经验公式法等提供对比的依据，这属于对比性质的竖向抗压承载能力的试验。

从目前的桩基知识水平看，如果选择一定数量有代表性的试验桩，并进行竖向抗压静载试验，那么就可以得到准确而可靠的单桩承载能力值；此外，任何确定竖向抗压承载能力的替代方法，目前还有成熟到可不以竖向抗压静载试验作为对比标准的程度。所以桩的现场静载试验，在国内外仍广泛采用。

2. 检验性质的竖向抗压承载能力试验

（1）检测目的

1）确定单桩竖向抗压极限承载力；

2）判定竖向抗压承载力是否满足设计要求；

3）通过桩身内力及变形测试，测定桩侧、桩端阻力；

4）验证高应变法的单桩竖向抗压承载力检测结果。

（2）调查、资料收集

1）收集被检测工程的岩土工程勘察资料、桩基设计图纸、施工记录；了解施工工艺和施工中出现的异常情况。

2）进一步明确委托方的具体要求。

3）检测项目现场实施的可行性。

（3）检测方案内容

1）应根据调查结果和确定的检测目的，选择检测方法，制定检测方案。检测方案宜包含以下内容：工程概况，检测方法及其依据的标准，抽样方案，所需的机械或人工配合，试验周期。

2）检测前应对仪器设备检查调试。

3）检测用计量器具必须在计量检定周期的有效期内。

（4）检测前的休止时间

受检桩的混凝土龄期达到 28d 或预留同条件养护试块强度达到设计强度。

受检桩入土后的休止时间不应少于表 5-27-1 的规定时间。

休止时间　　　　　　　　　　　　　　　表 5-27-1

土的类别		休止时间（d）
砂土		7
粉土		10
黏性土	非饱和	15
	饱和	25

注：对于泥浆护壁灌注桩，宜适当延长休止时间。

（5）检测数量

1）当设计有要求或满足下列条件之一时，施工前应采用静载试验确定单桩竖向抗压承载力特征值：

① 设计等级为甲级、乙级的桩基；

② 地质条件复杂、桩施工质量可靠性低；

③ 本地区采用的新桩型或新工艺。

检测数量在同一条件下不应少于 3 根，且不宜少于总桩数的 1%；当工程桩总数在 50 根以内时，不应少于 2 根。

2）受检桩选择宜符合下列规定：

① 施工质量有疑问的桩；

② 设计方认为重要的桩；

③ 局部地质条件出现异常的桩；

④ 施工工艺不同的桩；

⑤ 承载力验收检测时适量选择完整性检测中判定的Ⅲ类桩；

⑥ 除上述规定外，同类型桩宜均匀随机分布。

3）对单位工程内且在同一条件下的工程桩，当符合下列条件之一时，应采用单桩竖向抗压承载力静载试验进行验收检测：

① 设计等级为甲级的桩基；

② 地质条件复杂、桩施工质量可靠性低；

③ 本地区采用的新桩型或新工艺；

④ 挤土群桩施工产生挤土效应。

抽检数量不应少于总桩数的 1%，且不少于 3 根；当总桩数在 50 根以内时，不应少于 2 根。

对上述第 1～4 款规定条件外的工程桩，当采用竖向抗压静载试验进行验收承载力检测时，抽检数量宜按本条规定执行。

（6）试桩方法

1）慢速维持荷载法

此法是国内外已沿用很久的方法。具体做法是按一定要求将荷载分级加到试桩上，每级荷载维持不变直至桩顶沉降量增量达到某一规定的相对稳定标准，然后继续加下一级荷载；当达到规定的终止试验条件时，便停止加荷，再分级卸载直至零载。

《建筑基桩检测技术规范》JGJ 106 规定为设计提供依据的竖向抗压静载试验应采用慢速维持荷载法。

① 试验加卸载方式应符合下列规定：

a. 加载应分级进行，采用逐级等量加载；分级荷载宜为最大加载量或预估极限承载力的 1/10，其中第一级可取分级荷载的 2 倍。

b. 卸载应分级进行，每级卸载量取加载时分级荷载的 2 倍，逐级等量卸载。

c. 加、卸载时应使荷载传递均匀、连续、无冲击，每级荷载在维持过程中的变化幅度不得超过分级荷载的 ±10%。

② 慢速维持荷载法试验步骤应符合下列规定：

a. 每级荷载施加后按第 5、15、30、45、60min 测读桩顶沉降量，以后每隔 30min 测读一次。

b. 试桩沉降相对稳定标准：每一小时内的桩顶沉降量不超过 0.1mm，并连续出现两次（从分级荷载施加后第 30min 开始，按 1.5h 连续三次每 30min 的沉降观测值计算）。

c. 当桩顶沉降速率达到相对稳定标准时，再施加下一级荷载。

d. 卸载时，每级荷载维持 1h，按第 15、30、60min 测读桩顶沉降量后，即可卸下一级荷载。卸载至零后，应测读桩顶残余沉降量，维持时间为 3h，测读时间为第 15、30min，以后每隔 30min 测读一次。

③ 施工后的工程桩验收检测宜采用慢速维持荷载法。当有成熟的地区经验时，也可采用快速维持荷载法。

快速维持荷载法的每级荷载维持时间至少为 1h，是否延长维持荷载时间应根据桩顶沉降收敛情况确定。

④ 当出现下列情况之一时，可终止加载：

a. 某级荷载作用下，桩顶沉降量大于前一级荷载作用下沉降量的 5 倍。

注：当桩顶沉降能相对稳定且总沉降量小于 40mm 时，宜加载至桩顶总沉降量超过 40mm。

b. 某级荷载作用下，桩顶沉降量大于前一级荷载作用下沉降量的 2 倍，且经 24h 尚未达到相对稳定标准。

c. 已达到设计要求的最大加载量。

d. 当工程桩作锚桩时，锚桩上拔量已达到允许值。

e. 当荷载-沉降曲线呈缓变形时，可加载至桩顶总沉降量 60~80mm；在特殊情况下，可根据具体要求加载至桩顶累计沉降量超过 80mm。

2）快速维持荷载法

采用快速维持荷载法的理由是：①快速加载下得到的极限荷载乘以一定的修正系数，可转换成慢速加载时的极限荷载；②在设计荷载下慢速法和快速法的桩顶沉降量相差不大；③对于建筑物或构筑物的稳定沉降量而言，无论是快速法或者慢速法，都是属于快速加载；④慢速法的试验总持续时间长，且不易预估，而快速法的试验总持续时间短，且很易预估；⑤某些情况下（如港口、海上试桩时）采用慢速法很困难，甚至几乎不可能。

试验加载不要求观测下沉量的相对稳定，而以等时间间隔连续加载。表 5-27-2 中列出了 5 种快速维持荷载法。

快速维持荷载法比较表　　　　　　　　　　　　表 5-27-2

	中国港口工程桩基规范 JTJ 222—83	ISSMFE（国际土力学会）提案（1982）	美国轴向受压桩的标准试验方法 D11 43—74	日本土质工学会桩的竖向荷载试验标准（1971）	上海市地基基础设计规范 DBJ 08—11—89（1989）
加载分级及各级加载值	12 级以上	8 级，每级为设计荷载的 1/4	每级 50kN 或 100kN	8 级以上	最大试验荷载的 1/8~1/12
每级荷载的时间间隔	每级荷载维持 60min，测读下沉时间：0、5、10、15、30、60min	每级荷载维持 60min	$2\frac{1}{2}$min	每级荷载保持 15min 以上的一定时间，测读下沉时间：0、1、2、5、10、15min …	每级荷载维持 60min，测读下沉时间：0、5、15、30、45、60min
终止试验条件	出现可判断极限荷载的陡降段或桩顶产生不停滞下沉无法继续加载	出现破坏荷载；或桩顶下沉量二倍于由 90% 荷载所产生的桩顶下沉量时的荷载	维持荷载需要继续不断顶升千斤顶或加载设备已达最大容量，以先出现为准	在最大荷载时，判定承载力所必需的下沉量也已确定，所需的记录均已取得，如认为试验的目的已达到，试验便可终止	同慢速维持荷载法
卸载规定	卸载值为加载值的 2 倍	分 4 级卸完，每级 10min	全部荷载一次卸完	卸载值为加载值的 2 倍	卸载值为加载值的 2 倍，每级荷载 15min，零载 2h

注：表中日本土质工学会标准，为该标准中快速维持荷载法的 A 法。

3）循环加载卸载试验法

此法在国外用得较为广泛，还可细分为：①在慢速维持荷载法中以部分荷载进行加卸载循环（德国 DIN1054 法）；②以慢速维持荷载法为基础对每一级荷载进行重复加卸载循环（前苏联 ГOCT5686 法和日本土质工学会标准的 B 法）；③以快速维持荷载法为基础对每一级荷载进行重复加卸载循环（日本土质工学会标准的 A 法和印度 IS：2911 法）。

（7）荷载装置

1）堆重平台荷载装置，如图 5-27-1 所示。堆重可用压铁、混凝土块、钢筋混凝土构件、钢材以及水箱、砂袋等重物。堆重宜为最大试验荷载的 1.2~1.5 倍。压重宜在检测前一次加足，并均匀稳固地放置于平台上。

2）锚桩反力梁荷载装置，如图 5-27-2 所示。锚桩的数量由锚桩直径、长度、地层土质以及最大试验荷载等决定，一般采用 4 根，视地层等情况也有采用 2 根、6 根和 8 根的。锚桩布置的常用间距见图 5-27-3。锚桩提供的反力宜为最大试验荷载的 1.2~1.5 倍。

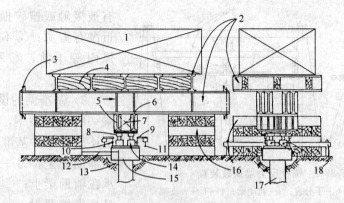

图 5-27-1 堆重平台荷载装置

1—压载铁；2—通用梁；3—角钢系条及连接螺杆；4—木垫块；5—加劲板；6—通
用梁；7—十字撑；8—测力环；9—支架；10—千分表；11—槽钢；12—最小 1.3m；
13—空隙；14—液压千斤顶；15—灌注在试验桩桩头上的桩帽；16—木垛；17—试
验桩；18—4 个千分表用的支架

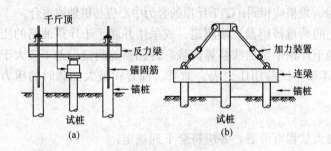

图 5-27-2 锚桩方式
(a) 用锚固筋情况；(b) 用拉杆情况

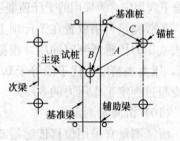

图 5-27-3 试桩、锚桩与
基准桩的布置尺寸

试桩、锚桩（压重平台支墩边）和基准桩之间的中心距离应符合表 5-27-3 规定。

试桩、锚桩（或压重平台支墩边）和基准桩之间的中心距离　　　　表 5-27-3

距离 反力装置	试桩中心与锚桩中心 （或压重平台支墩边）	试桩中心与 基准桩中心	基准桩中心与锚桩中心 （或压重平台支墩边）
锚桩横梁	≥4(3)D 且>2.0m	≥4(3)D 且>2.0m	≥4(3)D 且>2.0m
压重平台	≥4D 且>2.0m	≥4(3)D 且>2.0m	≥4D 且>2.0m
地锚装置	≥4D 且>2.0m	≥4(3)D 且>2.0m	≥4D 且>2.0m

注：1. D 为试桩、锚桩或地锚的设计直径或边宽，取其较大者。

2. 如试桩或锚桩为扩底桩或多支盘桩时，试桩与锚桩的中心距尚不应小于 2 倍扩大端直径。

3. 括号内数值可用于工程桩验收检测时多排桩设计桩中心距小于 4D 的情况。

4. 软土场地堆载重量较大时，宜增加支墩边与基准桩中心和试桩中心之间的距离，并在试验过程中观测基准
桩的竖向位移。

3）锚杆反力梁荷载装置，如图 5-27-4 所示。

（8）基准点和基准梁设置要点

1）基准点的设置要点：基准点的设置应满足下述条件：①基准点本身不变动；②没

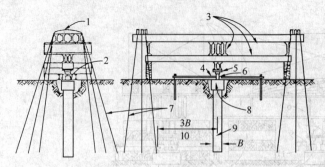

图 5-27-4 锚杆反力梁荷载装置

1—鞍座；2—4 个千分表；3—通用梁；4—千分表支架；

5—测力环；6—液压千斤顶；7—锚固的钢索；8—灌注在试验桩

桩头上的桩帽；9—试验桩；10—3B（不小于 2m）

有被接触或遭破损的危险；③附近没有振源；④不受直射阳光和风雨等干扰；⑤不受试桩下沉影响。

2）基准梁的设置要点：基准梁一般采用型钢，其设置应满足下述条件：①基准梁的一端固定在辅助梁上，另一端必须自由支承在辅助梁上；②防止基准梁受日光直接照射；③基准梁附近不设照明及取暖炉；④必要时基准梁可用聚苯乙烯等隔热材料包裹起来。

（9）试验加载仪器

试验加载宜采用油压千斤顶。当采用两台及两台以上千斤顶加载时应并联同步工作，且应符合下列规定：①采用的千斤顶型号、规格应相同；②千斤顶的合力中心应与桩轴线重合。

荷载测量可用放置在千斤顶上的荷重传感器直接测定；或采用并联于千斤顶油路的压力表或压力传感器测定油压，根据千斤顶率定曲线换算荷载。传感器的测量误差不应大于 1%，压力表精度应优于或等于 0.4 级。试验用压力表、油泵、油管在最大加载时的压力不应超过规定工作压力的 80%。

（10）沉降量测定

沉降测量宜采用位移传感器或大量程百分表，并应符合下列规定：

1）测量误差不大于 0.1%FS，分辨力优于或等于 0.01mm。

2）直径或边宽大于 500mm 的桩，应在其两个方向对称安置 4 个位移测试仪表，直径或边宽小于等于 500mm 的桩可对称安置 2 个位移测试仪表。

3）沉降测定平面宜在桩顶 200mm 以下位置，测点应牢固地固定于桩身。

4）基准梁应具有一定的刚度，梁的一端应固定在基准桩上，另一端应简支于基准桩上。

5）固定和支撑位移计（百分表）的夹具及基准梁应避免气温、振动及其他外界因素的影响。

（11）极限荷载的确定

1）确定端承摩擦桩和摩擦端承桩极限荷载的方法

① 规范和规程确定极限荷载的方法

极限荷载 P_u（或 Q_u）为 $P\text{-}s$（或 $Q\text{-}s$）曲线呈现显著转折点所对应的荷载。国内外各种规范和规程，从实用观点出发，有各自的判别极限荷载的标准，不同标准的"极限状态"的含义各不相同，实际上反映了桩在达到真正破坏以前的不同工作状态。

② $s\text{-}\log P$ 法

用 $s\text{-}\log P$ 法可确定所有试桩方法下不同直径的所有类型桩的极限荷载，既可确定慢速试桩、快速试桩和循环加卸载试桩时的单桩（包括各种灌注桩、多节扩孔桩、扩底桩、各种打入式桩、压入式桩和埋入式桩等）的极限荷载，也可确定双桩、三桩和群桩的极限荷载。取 $s\text{-}\log P$ 曲线末段直线段的起始点（图 5-27-5）。所对应的荷载为极限荷载。

③ $P_{0.1d}$ 或 $P_{0.07D}$ 法

对于等直径桩，取桩顶沉降量等于 10％桩径 d 时的荷载为极限荷载（图 5-27-6）；对于钻孔打底灌注桩，取桩顶沉降量等于 7％扩大头直径 D 时的荷载为极限荷载（图 5-27-7）。

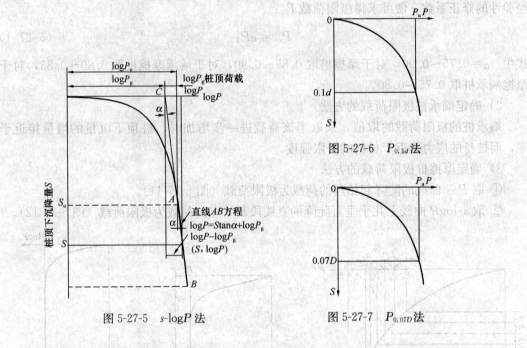

图 5-27-5　$s\text{-}\log P$ 法

图 5-27-6　$P_{0.1d}$ 法

图 5-27-7　$P_{0.07D}$ 法

④ 桩破坏荷载的确定

破坏荷载 P_f 为 $P\text{-}s$ 曲线的切线平行于 s 轴时所对应的荷载。

a. $s\text{-}\log\left(1-\dfrac{P}{P_f}\right)$ 法——此法又称为百分率法，其基本假设是 $P\text{-}s$ 曲线符合指数方程。在 $s\text{-}\log(P/P_f)$ 坐标系中破坏荷载 P_f 对应于 $s\text{-}\log(P/P_f)$ 曲线群中的一根直线（图 5-27-8）。

b. 逆斜率法——此法亦可称为斜率倒数法，假定 $P\text{-}s$ 曲线符合双曲线方程：$P = s/(a+bs)$，破坏荷载 P_f 对应于 $s\text{-}s/P$ 坐标系中直线的逆斜率，即等于 $1/b$（图 5-27-9）。

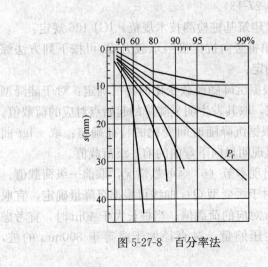

图 5-27-8　百分率法

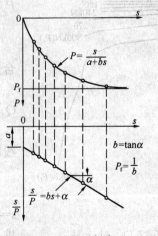

图 5-27-9　逆斜率法

c. 波兰法——波兰玛珠基维奇假定 P-s 曲线在破坏荷载 P_f 前呈抛物线形，用外插法求破坏荷载 P_f。具体做法如图 5-27-10 所示。图中 a_1，a_2，a_3……大致落在一条直线上，此直线与 P 轴的交点定为破坏荷载 P_f。

以上三种方法都是假定破坏荷载 P_f 在桩顶下沉量趋向无穷大时才能达到。将 P_f 乘以经验性的修正系数 α 便可求得极限荷载 P_u：

$$P_u = \alpha P_f \tag{5-27-1}$$

式中 $\alpha=0.75\sim0.90$，对于摩擦桩取 $0.85\sim0.90$，对于端承摩擦桩取 $0.80\sim0.85$，对于摩擦端承桩取 $0.75\sim0.80$。

2）确定端承桩极限荷载的方法

端承桩的极限荷载的取值，采取当该荷载进一步增加时，桩顶下沉量的增量接近于零，而桩身的应力接近于材料的极限强度。

3）确定摩擦桩极限荷载的方法

① 取 P-s 曲线的陡降起始点的荷载为极限荷载（图 5-27-11）。

② 取 s-$\log P$ 曲线上几乎垂直陡降的直线段起始点的荷载为极限荷载（图 5-27-12）。

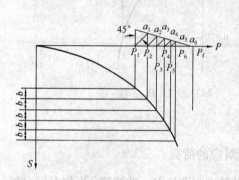

图 5-27-10 波兰法

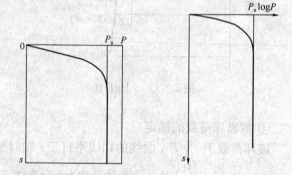

图 5-27-11 P-s 曲线陡降起始点法　图 5-27-12 s-$\log P$ 法

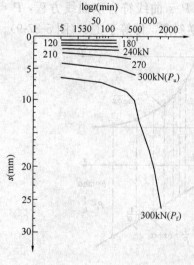

图 5-27-13 s-$\log t$ 法

③ 取 s-$\log t$ 曲线尾部出现明显转折对应荷载（该级荷载定为破坏荷载 P_f）的前一级荷载为极限荷载 P_u（图 5-27-13）。

4）《建筑基桩检测技术规范》JGJ 106 规定：

① 单桩竖向抗压极限承载力 Q_u 可按下列方法综合分析确定：

a. 根据沉降随荷载变化的特征确定：对于陡降型 Q-s 曲线，取其发生明显陡降的起始点对应的荷载值。

b. 根据沉降随时间变化的特征确定：取 s-$\lg t$ 曲线尾部出现明显向下弯曲的前一级荷载值。

c. 出现本节（6）④b 款情况，取前一级荷载值。

d. 对于缓变型 Q-s 曲线可根据沉降量确定，宜取 $s=40$mm 对应的荷载值；当桩长大于 40m 时，宜考虑桩身弹性压缩量；对直径大于或等于 800mm 的桩，

可取 $s=0.05D$（D 为桩端直径）对应的荷载值。

② 单桩竖向抗压极限承载力统计值的确定应符合下列规定：

a. 参加统计的试桩结果，当满足其极差不超过平均值的 30% 时，取其平均值为单桩竖向抗压极限承载力。

b. 当极差超过平均值的 30% 时，应分析极差过大的原因，结合工程具体情况综合确定，必要时可增加试桩数量。

c. 对桩数为 3 根或 3 根以下的柱下承台，或工程桩抽检数量少于 3 根时，应取低值。

5）《三岔双向挤扩灌注桩设计规程》JGJ 171—2009 关于单桩竖向抗压极限承载力 Q_u 可按下列方法综合分析确定：

① 根据沉降随荷载变化的特征确定：对于陡降型 $Q\text{-}s$ 曲线，取其发生明显陡降的起始点对应的荷载值；对于缓变型 $Q\text{-}s$ 曲线可根据沉降量确定，可取 $s=0.05D$（D 为承力盘设计直径）对应的荷载值。

② 根据沉降随荷载对数变化的特征确定：对于 $s\text{-}\lg Q$ 曲线，取其末段直线段的起始点对应的荷载值。

③ 根据沉降随时间变化的特征确定：取 $s\text{-}\lg t$ 曲线尾部出现明显向下弯曲的前一级荷载值。

④ 当出现"某级荷载作用下，桩顶沉降量大于前一级荷载作用下沉降量的 2 倍，且经 24h 尚未达到相对稳定标准"的情况时，可取前一级荷载值。

⑤ 按上述方法判断有困难时，可结合其他辅助分析方法（如百分率法、逆斜率法及波兰玛珠基维奇法等）综合判定。

⑥ 对桩基沉降有特殊要求时，应根据具体情况选取。

（12）单桩竖向抗压承载力特征值 R_a

单位工程同一条件下的单桩竖向抗压承载力特征值 R_a 应按单桩竖向抗压极限承载力统计值的一半取值。

（13）屈服荷载的确定

屈服荷载 P_y 为 $P\text{-}s$ 曲线上曲率最大点所对应的荷载。

1）确定屈服荷载的方法

屈服荷载 P_y 的确定可采用 $P-\Delta^2 K/\Delta P^2$ 法。此法具体做法如下：

① 用最小二乘法对一根桩的 P 和 s 的试验数据的最后三对数据按 $s=ae^{bp}$ 解析式进行曲线拟合计算，求得最后一对经拟合后的数据 P_{n+1}，s_{n+1}。

② 计算 $P\text{-}s$ 曲线上每段折线的一阶数值导数 K_i

$$K_i = \left(\frac{\Delta s}{\Delta p}\right)_i = \frac{s_i - s_{i-1}}{P_i - P_{i-1}} \tag{5-27-2}$$

这样可得到一条 $P\text{-}K$ 折点连接线图。

③ 计算每级荷载下 K 的一阶数值导数 $(\Delta K/\Delta P)_i$，

$$\left(\frac{\Delta K}{\Delta P}\right)_i = \frac{K_{i+1} - K_i}{P_{i+1} - P_i} \tag{5-27-3}$$

这样可得到一条 $P-(\Delta K/\Delta P)$ 折点连接线图。

④ 计算每级荷载下 K 的二阶数值导数 $(\Delta^2 K/\Delta P^2)_i$,

$$\left(\frac{\Delta^2 K}{\Delta P^2}\right)_i = \frac{\left(\frac{\Delta K}{\Delta P}\right)_i - \left(\frac{\Delta K}{\Delta P}\right)_{i-1}}{P_i - P_{i-1}} \qquad (5\text{-}27\text{-}4)$$

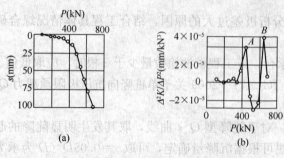

这样可得到一条 $P-(\Delta^2 K/\Delta P^2)$ 折点连接线图。

⑤ 根据 $P-(\Delta^2 K/\Delta P^2)$ 折线图确定屈服荷载。

资料完整的试桩的 $P-(\Delta^2 K/\Delta P^2)$ 折线图的大体特征如图 5-27-14 所示。峰值 B 的荷载值接近于 $s\text{-}\log P$ 法的极限荷载 P_u;峰值 A 的荷载值相应于 $P\text{-}s$ 曲线上的屈服荷载 P_y。

图 5-27-14 试桩举例——小直径钻孔扩底桩团 5 号桩
(a) $P\text{-}s$ 曲线;(b) $P-(\Delta^2 K/\Delta P^2)$ 折线

2)用 $P-(\Delta^2 K/\Delta P^2)$ 法确定试验不很完整桩的屈服荷载

以图 5-27-15 和图 5-27-16 的 2 根试桩为例,试验不很完整,$P-(\Delta^2 K/\Delta P^2)$ 折线图中只出现一个峰值点,各图中相应于 A 点的荷载即为屈服荷载 P_y。

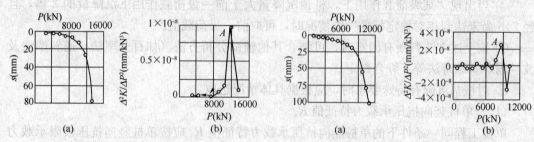

图 5-27-15 试桩举例——大直径钻孔桩
(a) $P\text{-}s$ 曲线;(b) $P-(\Delta^2 K/\Delta P^2)$ 折线

图 5-27-16 试桩举例——预应力钢筋混凝土管桩
(a) $P\text{-}s$ 曲线;(b) $P-(\Delta^2 K/\Delta P^2)$ 折线

原冶金部灌注桩基础技术规程(YSJ 212—92、YBJ 42—92)已将 $P-\Delta^2 K/\Delta P^2$ 法列入该规程附录十,作为确定单桩承载力设计值的方法。

3)安全系数取值

按 $P-\Delta^2 K/\Delta P^2$ 法确定的屈服荷载求单桩竖向抗压承载力特征值 R_a 时,安全系数可取 1.7。

(14) 桩侧摩阻力和桩端阻力的划分

1)$s\text{-}\log P$ 法

对于属于摩擦桩和端承摩擦桩的钻孔灌注桩,可用 $s\text{-}\log P$ 法来划分桩端摩阻力和桩端阻力。具体做法如下:

① 将 $s\text{-}\log P$ 曲线末段的直线段(该直线段的起始点为极限荷载)延长,与横坐标相交,相应于所得截距的荷载值为桩侧极限摩阻力 Q_{su},剩余部分为桩端极限阻力 Q_{pu}(图 5-27-17)。

② 在 $s\text{-}\log P$ 曲线上,过曲线的任意点(该点横坐标值为相应的桩顶荷载值)作平行

于曲线末段直线段的直线，此直线与横坐标相交，相应于所得截距的荷载值为该荷载时的桩侧摩阻力，剩余部分为桩端阻力（图 5-27-17）。

在用 $s\text{-}\log P$ 法划分桩侧摩阻力和桩端阻力时，最好采用图解与计算相结合。

2）$P/P_u - s/s_u$ 曲线法

按 $P/P_u - s/s_u$ 曲线划分桩侧极限摩阻力和桩端极限阻力的步骤如下：

① 按 $s\text{-}\log P$ 法求极限荷载 P_u 和相应的桩顶下沉量 s_u，采用图解法和计算法结合，以提高 P_u 图解值的精度；

② 绘制 $P/P_u - s/s_u$ 曲线（图 5-27-18）；

③ 求 $P/P_u - s/s_u$ 曲线上特征点 $A(P/P_u = 1, s/s_u = 1)$ 处切线与纵轴 s/s_u 的夹角 θ（称为荷载传递特征角）（图 5-27-18）；

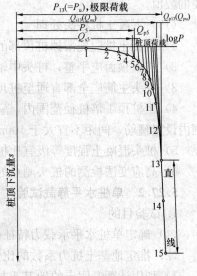

图 5-27-17　用 $s\text{-}\log P$ 法
划分 Q_s 和 Q_p

④ 将求得的 θ 值插入到已有的各种施工类型桩的 $Q_{su}/P_u - \theta$ 曲线（图 5-27-19）中，求得 Q_{su}/P_u 值，于是可得到桩侧极限摩阻力 Q_{su}。

⑤ 桩端极限阻力 Q_{pu} 则为极限荷载 P_u 与桩侧极限摩阻力 Q_{su} 之差值。如果试桩加荷未出现极限荷载而结束时，可按逆斜率法得出预估的破坏荷载值 P_f，取 $P_u = (0.75 \sim 0.9)P_f$ 作为上述第 1 步骤，然后进行上述的第 2 至第 5 步骤。

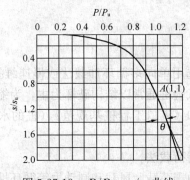
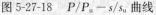

图 5-27-18　$P/P_u - s/s_u$ 曲线

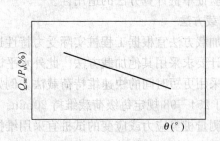

图 5-27-19　$Q_{su}P_u - \theta$ 曲线

通过对 13 种施工类型桩（普通直径钻孔灌注桩、大直径钻孔灌注桩、普通直径钻孔扩底桩、大直径桩、挖孔扩底桩、多节扩孔灌注桩、打入式钢筋混凝土预制桩、打入式钢管桩以及 6 种不同施工工艺的埋入式桩）的分析归纳得出 $Q_{su}/P_u - \theta$ 的直线方程可知：ⓐ各种施工类型桩的 Q_{su}/P_u 与 θ 均呈现出良好的线性关系；ⓑ桩的施工类型不同，拟合的直线方程的斜率也不同；ⓒ当 θ 值一定时，不同施工类型桩的 Q_{su}/P_u 大不相同。

这样，对于未埋设实测元件桩，只要能求得 θ 值，便可借助于该种类型桩的 $Q_{su}/P_u - \theta$ 曲线求得该桩的桩侧极限摩阻力和桩端极限阻力。

当需要求得某地区某种桩型的各主要土层的单位桩侧极限摩阻力时，只需要试桩数不少于所求单位桩侧极限摩阻力的土层数，借助于各试桩的 $P/P_u - s/s_u$ 曲线，便可得到所要的数值。

（15）混凝土桩桩头处理

1）混凝土桩应先凿掉桩顶部的破碎层和软弱混凝土。

2）桩头顶面应平整，桩头中轴线与桩身上部的中轴线应重合。

3）桩头主筋应全部直通至桩顶混凝土保护层之下，各主筋应在同一高度上。

4）距桩顶 1 倍桩径范围内，宜用厚度为 3～5mm 的钢板围裹或距桩顶 1.5 倍桩径范围内设置箍筋，间距不宜大于 100mm。桩顶应设置钢筋网片 2～3 层，间距 60～100mm。

5）桩头混凝土强度等级宜比桩身混凝土提高 1～2 级，且不得低于 C30。

6）高应变法检测的桩头测点处截面尺寸应与原桩身截面尺寸相同。

5.27.2 单桩水平静载试验

1. 试验目的

（1）确定单桩水平承载力特征值和相应的水平位移。

（2）推定地基土抗力系数的比例系数，有两种方法：

1）利用计算时假定的地基土抗力系数分布图式的无量纲系数值和实测的水平荷载、地面水平位移值，来推算地基土抗力系数的比例系数；

2）在桩内埋设量测元件，测定不同深度处桩轴线位移和土抗力，按此计算该深度处的地基土抗力系数，绘制地基土抗力系数沿深度的分布图，并确定设计用的地基土抗力系数的比例系数值。

（3）推算桩的截面弯矩。桩的截面弯矩是验算桩强度安全的唯一依据。试验时要尽可能测得不同深度的截面弯矩，确定最大弯矩值及其位置。试桩截面的破坏弯矩与设计弯矩的比值即为桩的强度安全系数。

（4）验证单桩计算方法的适用性。

2. 加载方法

（1）加载方法宜根据工程桩实际受力特性选用单向多循环加载法或慢速维持荷载法，也可按设计要求采用其他加载方法。此外水平试验桩通常以结构破坏为主，为缩短试验时间，也可采用更短时间的快速维持荷载法。例如《港口工程桩基规范》（桩的水平承载力设计）JTJ 254—98 规定每级荷载维持 20min。

需要测量桩身应力或应变的试桩宜采用维持荷载法。

（2）单向多循环加卸载法，主要用于模拟地震荷载、风载和制动力等循环性荷载。

（3）慢速维持荷载法，主要用于确定长期横向荷载下的承载力和地基土抗力系数。

我国的一些规范和规程关于水平荷载试验法的标准不尽相同，详见相关规范和规程。

3. 加载装置

水平推力加载装置宜采用油压千斤顶。

（1）桩顶自由单桩水平静荷载试验的情况

通常采用 1 台水平放置的千斤顶同时对两根桩顶自由的桩进行加载，两桩间的净距不少于 5 倍桩径（图 5-27-20）。

（2）桩顶固定单桩水平静荷载试验的情况

当需要考虑桩嵌固在承台中的实际情况时，也可进行如图 5-27-21 所示的桩顶固定条件下的水平静荷载试验。试桩顶部与两榀构架要做成刚性联结。

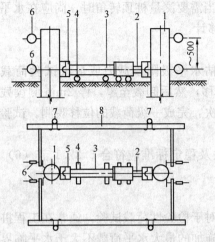

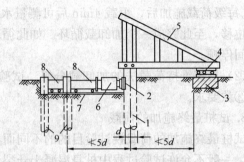

图 5-27-20 单桩水平静荷载试验
（桩顶自由）

1—试桩；2—千斤顶及测力计；3—传力杆；

4—滚轴；5—滚动支座；6—百分表；

7—基准桩；8—基准梁

图 5-27-21 单桩水平静荷载试验
（桩顶固定）

1—试桩；2—弧形木；3—支座；4—滚轴；

5—两榀直角构架；6—千斤顶及测力计；

7—垫板；8—传力杆；9—锚座

（3）有竖向荷载作用时单桩水平静荷载试验的情况

当有竖向荷载作用时，需采取水平荷载和竖向荷载同时施加的方案（图 5-27-22），竖向荷载在施加水平荷载前按规定值一次加足。

以上三种水平荷载试验的加载设备的承载能力应为预估最大荷载的 1.25～1.50 倍；反力设备的承载能力及其在作用力方向的刚度不应小于试桩。

4. 基准点和基准梁的设置

基准点（桩）应设置在受试桩及反力结构影响的范围外，其与试桩或反力结构的净距一般不小于 $5d$；当设置在与加荷轴线垂直方向上或试桩位移相反方向上时，间距可适当减小，但不应小于 2m。一般用打入地中的具有一定刚度的型钢作为基准点，也可用工程桩作基准点。

基准梁应两端固定安装在基准点上。要防止基准梁直接受阳光、大风、大雨和温度变化等影响。

5. 试验加载仪器

荷载测量及其仪器的技术要求应符合 5.27.1 节 2.（9）款要求。水平力作用点宜与实际工程的桩基承台底面标高一致；千斤顶和试验桩接触处应安置球形支座，千斤顶作用力应水平通过桩身轴线；千斤顶与试桩的接触处宜适当补强。

6. 水平位移测量仪器

水平位移测量及其仪器的技术要求应符合 5.27.1 节 2（10）款要求。在水平力作用

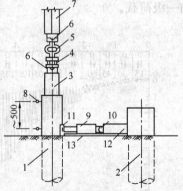

图 5-27-22 水平荷载和竖向荷载
同时作用的方案

1—试桩；2—锚桩；3—竖向千斤顶；4—水平滚轴；5—测力环；6—球座；7—竖向荷载反力梁；8—百分表；9—水平荷载千斤顶；10—荷载传感器；11—弧形压块；12—传力杆；13—垫板

平面的受检桩两侧应对称安装两个大量程位移计；当需要测量桩顶转角时，尚应在水平力作用平面以上 50cm 的受检桩两侧对称安装两个位移计。

7. 试验加卸载方式和水平位移测量

（1）单向多循环加载法的分级荷载应小于预估水平极限承载力或最大试验荷载的 1/10。每级荷载施加后，恒载 4min 后可测量水平位移，然后卸载至零，停 2min 测读残余水平位移，至此完成一个加卸载循环。如此循环 5 次，完成一级荷载的位移观测。试验不得中间停顿。

（2）慢速维持荷载法的加卸载分级、试验方法及稳定标准应符合 5.27.1 节（6）1）①和②款要求。

8. 试桩最终施加的荷载

试桩最终施加的荷载视试验目的的不同而异。对于检验性荷载试验，通常在工程桩中进行，一般不允许试验过程中桩身混凝土开裂，所施加的最大水平荷载不大于水平临界荷载，最大荷载通常为设计荷载的 1.5～2.0 倍，一般由甲方或设计单位给定。

对于破坏性荷载试验，所施加的最大水平荷载大于水平极限荷载。当出现下列情况之一时，可终止加载：1）桩身折断；2）水平位移超过 30～40mm（软土取 40mm）。

9. 水平临界荷载和水平极限承载力的确定

水产临界荷载 H_{cr} 是指桩身受拉区混凝土开裂退出工作前的荷载。

水平极限承载力 H_u 是指当水平荷载超过水平临界荷载后，在某级水平荷载作用下，桩的水平位移值急剧增大，变形速率加大，钢材强度达到流限或受压区混凝土被压碎时的前一级荷载。

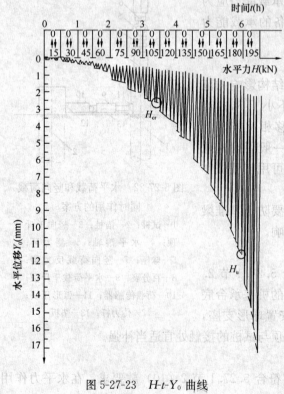

图 5-27-23 H-t-Y_0 曲线

（1）单桩的水平临界荷载可按下列方法综合确定：

1）取单向多循环加载法时的 H-t-Y_0 曲线（图 5-27-23）或慢速维持荷载法时的 H-Y_0 曲线（图 5-27-24）出现拐点的前一级水平荷载值。

2）取 H-$\Delta Y_0 / \Delta H$ 曲线（图 5-27-25）或 lg$H$-lgY_0 曲线（图 5-27-26）上第一拐点对应的水平荷载值。

3）取 H-σ_s 曲线（图 5-27-27，σ_s 为最大弯矩截面钢筋拉应力）第一拐点对应的水平荷载值。

某些上部构造对桩的水平位移有严格、明确的要求时，检验性试桩也可由预先确定的最大允许位移来控制。

（2）单桩的水平极限承载力可按下列方法综合确定：

1）取单向多循环加载法时的 H-t-Y_0 曲线产生明显陡降的前一级，或慢

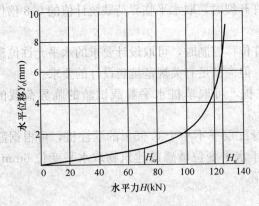

图 5-27-24　H-Y_0 曲线

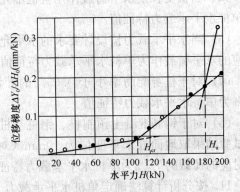

图 5-27-25　H-$\dfrac{\Delta Y_0}{\Delta H}$曲线

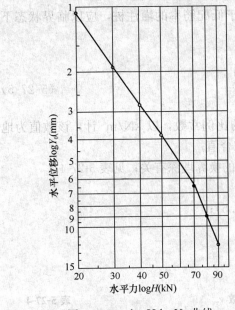

图 5-27-26　$\lg H$-$\lg Y_0$ 曲线

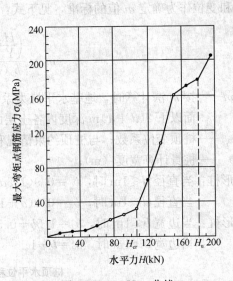

图 5-27-27　H-σ_s 曲线

速维持荷载法时的 H-Y_0 曲线发生明显陡降的起始点对应的水平荷载值（分别见图5-27-23
和图 5-27-24）。

2）取慢速维持荷载法时的 Y_0-$\lg t$ 曲线尾部出现明显弯曲的前一级水平荷载值。

3）取 H-$\Delta Y_0/\Delta H$ 曲线或 $\lg H$-$\lg Y_0$ 曲线上第二拐点对应的水平荷载值（分别见图5-
27-25 和图 5-27-26）。

4）取桩身折断或受拉钢筋屈服时的前一级水平荷载值。

（3）单桩水平极限承载力和水平临界荷载统计值的确定应符合 5.27.1 节 2.（11）4）
②的规定。

10. 单桩水平承载力特征值的确定应符合下列规定

（1）当水平承载力按桩身强度控制时，取水平临界荷载统计值为单桩水平承载力特
征值。

（2）当桩受长期水平荷载作用且桩不允许开裂时，取水平临界荷载统计值的 0.8 倍作为单桩水平承载力特征值。

（3）当水平承载力按设计要求的水平允许位移控制时，可取设计要求的水平允许位移对应的水平荷载作为单桩水平承载力特征值，但应满足有关规范抗裂设计的要求。

（4）对于桩身配筋率小于 0.65% 的灌注桩，可取单桩水平静载试验的临界荷载的 75% 为单桩水平承载力特征值。

（5）对于钢筋混凝土预制桩、钢桩及桩身配筋率不小于 0.65% 的灌注桩，可根据静载试验结果取地面处水平变位为 10mm（对于水平变位敏感的建筑物取水平变位 6mm）所对应的荷载的 75% 为单桩水平承载力特征值。

11. 按分析计算法确定单桩水平承载力

我国《建筑地基基础设计规范》GB 50007 及《建筑桩基技术规范》JGJ 94—2008 等均推荐线性弹性曲线法中的 m 法作为计算桩水平承载力的基本方法。

m 值一般宜通过桩的水平荷载试验确定。对于低配筋率的灌注桩，应以临界状态下的荷载和变位作为确定 m 值的标准，见下式：

$$m = \frac{\left(\dfrac{H_{cr}}{Y_{cr}} \nu_Y\right)^{5/3}}{b_0 (EI)^{2/3}}$$ （5-27-5）

式中 m——按 m 法计算时，地基水平抗力系数的比例常数，以 kN/m^4 计，该数值为地面以下 $2(d+1)m$ 深度内各土层的综合值；

ν_Y——桩顶变位系数；与桩顶约束情况和桩的换算埋深有关；见表 5-27-4；

b_0——桩身计算宽度（m）；

圆形桩：当直径 $d \leqslant 1m$ 时，$b_0 = 0.9(1.5d + 0.5)$；

当直径 $d > 1m$ 时，$b_0 = 0.9(d + 1)$；

方形桩：当边宽 $b \leqslant 1m$ 时，$b_0 = 1.5b + 0.5$；

当边宽 $b > 1m$ 时，$b_0 = b + 1$。

桩顶水平位移系数 ν_Y　　　　　　　　　　表 5-27-4

桩顶约束情况	铰接（自由）						圆　接					
桩的换算埋深(ah)	4.0	3.5	3.0	2.8	2.6	2.4	4.0	3.5	3.0	2.8	2.6	2.4
ν_Y	2.441	2.502	2.727	2.905	3.163	3.526	0.940	0.970	1.028	1.055	1.079	1.095

注：h——为桩入土深度。

表 5-27-4 中 α 为桩身变形系数，按下式计算：

$$\alpha = \sqrt[5]{\frac{mb_0}{EI}}$$ （5-27-6）

对于钢筋混凝土预制桩、钢管桩和高配筋率的钻孔灌注桩，一般取某一规定的水平变位（通常取 10mm）及其相应的水平荷载的实测值，代入理论公式来计算 m 值。

5.27.3 动测试桩法

1. 动测试桩法分类

动测试桩法，即桩的动力检测法。桩的动力试验是给桩作用动态力（动荷载），使桩产生显著的加速度和土的阻尼效应，加速度所引起的惯性力对桩的应力和变形有明显的影响。桩土对动态力作用的反映称为动力响应，采用不同功能的传感器可以在桩头量测到不同的动力响应信号，如位移、速度或加速度响应信号，动力响应不仅反映桩土特征，而且和动态力作用强度、频谱成分和持续时间密切相关，这也是动试和静试的根本区别。

根据作用在桩顶上动荷载的能量能否使桩土之间产生弹性位移或一定塑性位移，可以把动力试桩分为低应变法、高应变法和静动法三大类。

低应变法，作用在桩上的动荷载远小于桩的使用荷载，不足以把桩打动，它是通过应力波在桩身内的传播和反射原理，对桩进行结构完整性评价，而对承载力只能是一种估算的尝试，因为低应变法从原理上并不能直接得到承载力的推断，估算值并不是"实测值"，而是带有很大的地区经验和人为因素。

高应变法，是指所有能使桩土间产生残余变形（或较大动位移）的动测试桩法，该法要求给桩土系统施加较大能量的瞬时荷载，应力水平高，以保证桩土间产生一定的相对位移，这样动荷载使桩克服土阻力产生贯入度后，桩侧土阻力和桩端土强度才能得到一定的发挥，检测单桩承载力，作为工程桩的验收手段。

静动法（Statnamic 法，由 Static 与 Dynamic 两词复合而成），它是一种介于静载与动载试验之间状态的一种试桩方法。静动测试法是基于桩顶受到轴向反冲力作用下的力叠加原理。通过在汽缸中燃烧一种特殊燃料，从而利用桩顶上的压块的反冲作用在桩上产生高压，这种反冲力的作用，使桩被缓慢地推向地下。施加在桩顶的承载力用压力传感器来测量。

表 5-27-5 为三种动测试桩法的主要特性及其与静载试验的对比。

动测试桩法的主要特性及其与静载试验对比　　　　　　　表 5-27-5

检验方法 项　目	低应变法检验	高应变法检验	静动法检验	静载荷试验
锤质量(kg)	0.5～5	2000～10000	2000～5000	
桩峰值应变($\mu\varepsilon$)	2～10	500～1000	500～1000	1000
桩峰值速度(mm/s)	10～40	2000～4000	500	10^{-3}
峰值力(kN)	10～40	2000～10000	2000～10000	2000～40000
力作用时间(ms)	0.5～2	5～20	50～200	10^7
桩加速度(g)	50	500	0.1～1	10^{-14}
桩位移(mm)	0.01	2.5～10	50	>20～480
相对波长	0.1	1.0	10	10^8

注：低应变法中的球击法，其球的质量为桩身质量的 1/100～1/200，常用 192kg、235kg。

三种动测试桩法各有其特点及侧重点：低应变法主要是测桩的完整性；高应变法主要是检测桩的承载力；静动法是测桩的承载力。

2. 低应变动测试桩法

（1）低应变动测试桩法的种类，见表 5-27-6。

低应变动测试桩法一览表 表 5-27-6

类别	方法名称	激振方式	实测物理量	分析判断方法
时域分析法	动力参数法	手锤冲击桩顶使桩产生自由衰减振动	速度时域振动波形	求自振频率，计算动刚度及分析判断时域波形
	球击法	钢球自由下落冲击桩顶，使桩产生自由衰减振动	实测时域响应曲线	分析时域波形，获得自振频率、阻尼比、振幅（或速度）及回弹系数等计算动刚度
	火箭筒激振法	利用火箭筒爆炸的后坐力起振，使桩产生自由衰减振动	由示波器记录振动时域响应曲线	求自振频率和动刚度
	反射波法	手锤或落锤冲击桩顶使桩产生自由衰减振动	检波器测桩的加速度或速度及其时域响应曲线	依据速度时域响应曲线中的入射波和反射波的波形、相位、振幅、频率及波的到达时间等特征，推定单桩的完整性
频域分析法	机械阻抗法	强迫振动（激振器），或自由振动（手锤），或随机振动	机械导纳幅（相）频谱，相干函数谱	分析速度导纳曲线，获得计算桩长、导纳几何值、动刚度、频率差及波速等，进行综合分析
	共振法	强迫稳态振动（激振器扫频激振）使桩产生共振	共振频率，桩顶响应的幅（相）频曲线	根据测得的速度幅频率曲线判断桩身完整性；根据动刚度估算单桩容许承载力
时域和频域分析法	水电效应法	在水中瞬间释放大电流产生脉冲激励，对桩顶施加冲击荷载，使桩产生自由衰减振动	由水听器（压电式传感器）量测桩—土系统响应时域波形	依据时域波形曲线、频域振幅谱与功率谱及瞬态阻抗，判断桩身完整性；根据桩顶压强估算极限承载力
	瞬态动力法	力锤或力棒纵横向敲击桩顶	激振力及加速度时域波形	依据时域波形和频谱图综合分析判断桩身完整性
时域、频域和倒频域分析法	PTA 动测系统法	力锤冲击桩顶使桩产生自由衰减振动	加速度时域响应曲线	对采集的数据进行相干时间平均、数据平滑、窗函数、数字低通、数字带阻滤波等预处理，然后依据时域、频域、倒频域综合分析及希尔伯特变换等，综合判断桩身完整性
声波透射法		采用柱状径向振动换能器发生声脉冲	波形和声波传播时间	依据声时平均值和声时—深度曲线判定桩身完整性

（2）适用范围

20 世纪 80～90 年代，国内推出多种低应变测法推算或估算单桩承载力，但误差很大。当时国内多数单位也认为用低应变法推算承载力与其说是靠测试，不如说是凭经验

（而且是凭静载成果的经验），主观因素极大。多数省、市建委先后下达不能或不准用低应变法提供设计承载力。

低应变法的适用范围：①适用于检测混凝土桩的桩身完整性，判定桩身缺陷的程度及位置；②有效检测桩长范围应通过现场试验确定。

目前国内外普遍采用瞬态冲击方式，通过实测桩顶加速度或速度响应时域曲线，借一维波动理论分析来判定基桩的桩身完整性，这种方法称之为反射波法（或瞬态时域分析法）。采用稳态激振方式直接测得导纳曲线，则称之为稳态机械阻抗法。《建筑基桩检测技术规范》JGJ 106—2003 将上述两种方法合并编写并统称为低应变（动测）法。

（3）抽检数量

混凝土桩的桩身完整性检测的抽检数量应符合下列规定：

1）柱下三桩或三桩以下的承台抽检桩数不得少于 1 根。

2）设计等级为甲级，或地质条件复杂、成桩质量可靠性较低的灌注桩，抽检数量不应少于总桩数的 30%，且不得少于 20 根；其他桩基工程的抽检数量不应少于总桩数的 20%，且不得少于 10 根。

注：① 对端承型大直径灌注桩，应在上述两款规定的抽检桩数范围内，选用钻芯法或声波透射法对部分受检桩进行桩身完整性检测。抽检数量不应少于总桩数的 10%。

② 地下水位以上且终孔后桩端持力层已通过核验的人工挖孔桩，以及单节混凝土预制桩，抽检数量可适当减少，但不应少于总桩数的 10%，且不应少于 10 根。

3）当符合 5.27.1 节 2（5）2）①～④款规定的桩数较多，或为了全面了解整个工程基桩的桩身完整性情况时，应适当增加抽检数量。

（4）验证与扩大检测

对低应变法检测中不能明确完整性类别的桩或Ⅲ类桩，可根据实际情况采用静载法、钻芯法、高应变、开挖等适宜的方法验证检测。当采用低应变法抽检桩身完整性所发现的Ⅲ、Ⅳ类桩之和大于抽检桩数的 20% 时，宜在未检桩中继续扩大抽检。

在无可靠验证对比资料和经验时，低应变法对不同形式的接头质量判定尺度较难掌握。所以，当对预制桩的接头质量有怀疑时，宜采用低应变法与高应变法相结合的方式检测。

（5）桩身完整性分类

桩身完整性分类应符合表 5-27-7 的规定。

桩身完整性分类表 表 5-27-7

桩身完整性类别	分 类 原 则
Ⅰ类桩	桩身完整
Ⅱ类桩	桩身有轻微缺陷，不会影响桩身结构承载力的正常发挥
Ⅲ类桩	桩身有明显缺陷，对桩身结构承载力有影响
Ⅳ类桩	桩身存在严重缺陷

（6）桩身完整性判定（表 5-27-8）

桩身完整性判定 表 5-27-8

类别	时域信号特征	幅频信号特征
Ⅰ	$2L/c$ 时刻前无缺陷反射波，有桩底反射波	桩底谐振峰排列基本等间距，其相邻频差 $\Delta f \approx c/2L$

类别	时域信号特征	幅频信号特征
Ⅱ	$2L/c$ 时刻前出现轻微缺陷反射波，有桩底反射波	桩底谐振峰排列基本等间距，其相邻频差 $\Delta f \approx c/2L$，轻微缺陷产生的谐振峰与桩底谐振峰之间的频差 $\Delta f' > c/2L$
Ⅲ	有明显缺陷反射波，其他特征介于Ⅱ类和Ⅳ类之间	
Ⅳ	$2L/c$ 时刻前出现严重缺陷反射波或周期性反射波，无桩底反射波 或因桩身浅部严重缺陷使波形呈现低频大振幅衰减振动，无桩底反射波	缺陷谐振峰排列基本等间距，相邻频差 $\Delta f' > c/2L$，无桩底谐振峰； 或因桩身浅部严重缺陷只出现单一谐振峰，无桩底谐振峰

注：对同一场地、地质条件相近、桩型和成桩工艺相同的基桩，因桩端部分桩身阻抗与持力层阻抗相匹配导致实测信号无桩底反射波时，可按本场地同条件下有桩底反射波的其他桩实测信号判定桩身完整性类别。

（7）出现下列情况时的桩身完整性判定

出现下列情况之一，桩身完整性判定宜结合其他检测方法进行：

1）实测信号复杂，无规律，无法对其进行准确评价。

2）桩身截面渐变或多变，且变化幅度较大的混凝土灌注桩。

（8）桩身完整性检测时间

施工后，宜先进行工程桩的桩身完整性检测，后进行承载力检测。当基础埋深较大时，桩身完整性检测应的基坑开挖至基底标高后进行。

3. 高应变动测试桩法

（1）高应变动测试桩法的种类

高应变动测试桩法，广义地讲，是指采用重锤冲击桩顶，能使桩土间产生永久变形（或较大动位移）的动力检测桩基承载力的方法。高应变动测试桩法一览表见表 5-27-9。

高应变动测试桩法一览表　　　　　　　　　　　　　　　　表 5-27-9

方法名称	激振方式	实测物理量	分析判断方法
动力打桩公式	自由振动（锤击）	贯入度，弹性变形值，桩顶冲击能	根据刚体碰撞过程中的动量与能量守恒原理推导出数十种打桩公式；估算极限荷载
锤击贯入法	自由振动（落锤冲击）	桩顶锤击力和贯入度	按锤击力峰值与桩顶累计贯入度 $Q_d - \Sigma S_d$ 或 $\log Q_d \sim \Sigma S_d$ 曲线，以及波动方程法经验公式法推算极限荷载
Smith 波动方程法	自由振动（锤击）	贯入度或每单位贯入量所需锤击数	推一维波动理论提出打桩分析模型，考虑锤—锤垫—桩—土系统各个组成部分的性质，采用 GRLWEAP 程序，预估极限荷载、打桩时桩身应力和贯入可能性以及模拟复杂打桩情况
CASE 法（即波动方程半经验解析解法）	自由振动（锤击）	桩顶附近有代表性的桩身截面的轴向应变和桩身运动加速度的时程曲线	以波动方程行波理论为基础的动力量测和对波形进行实时分析的方法，采用 PDA 打桩分析仪，能在现场立即得到桩承载力、桩身质量、打桩应力、锤击能量以及垫层性能等参数

方法名称	激振方式	实测物理量	分析判断方法
CAPWAP 法（即波动方程拟合分析法）	自由振动（锤击）	桩顶附近有代表性的桩身截面的轴向应变和桩身运动加速度的时程曲线	以在桩顶测得的压力或质点速度作为边界条件，对桩周土和桩端土的物理力学参数作出假定，然后求解波动方程，将计算出的桩顶速度时程曲线（或压力时程曲线）与测得的曲线对比，两者若不重合，则修改土性参数，重复上面计算过程，再进行对比，直至两者基本重合为止，计算过程即是拟合过程

《建筑基桩检测技术规范》JGJ 106—2003 中的高应变动测试桩法仅涉及实测曲线拟合法（CAPWAP 法）和凯司法（CASE 法）。

应力波理论是第二代基桩动测技术的基础，近代的许多动测方法（诸如 CASE 法、CAPWAP 法、TNOWAVE 法和 TTI 法等）都是在此基础上发展起来的。

CASE 法为波动方程半经验解析解法，CAPWAP 法通常称为波动方程拟合分析法或实测曲线拟合法，它们的现场测试方法和测试系统完全相同。这两种方法是目前最常用的两种高应变动测试桩法。

这两种方法基本做法是，通过重锤冲击桩顶，产生沿桩身向下传播的应力波和一定的桩土位移，利用对称安装于桩顶下一定距离的桩身两侧的加速度计及特制工具式应变计，记录冲击波作用下的加速度和应变，并通过长线电缆传输给桩基动测仪，采用不同软件求得相应承载力和基桩质量完整性指数。

（2）适用范围

1）本方法适用于检测基桩的竖向抗压承载力和桩身完整性；监测预制桩打入时的桩身应力和锤击能量传递比，为沉桩工艺参数及桩长选择提供依据。

2）进行灌注桩的竖向抗压承载力检测时，应具有现场实测经验和本地区相近条件下的可靠对比验证资料。

3）对于大直径扩底桩和 $Q\text{-}s$ 曲线具有缓变型特征的大直径灌注桩，不宜采用本方法进行竖向抗压承载力检测。

（3）试打桩过程监测

打入式预制桩有下列条件要求之一时，应采用高应变法进行试打桩的打桩过程监测：①控制打桩过程中的桩身应力；②选择沉桩设备和确定工艺参数；③选择桩端持力层。

在相同施工工艺和相近地质条件下，试打桩数量不应少于 3 根。

（4）抽检数量

对 5.27.1 节 2.（5）3）款规定条件外的预制桩和满足高应变法适用检测范围的灌注桩，可采用高应变法进行单桩竖向抗压承载力验收检测。当有本地区相近条件的对比验证资料时，高应变法也可作为上述条款规定条件下单桩竖向抗压承载力验收检测的补充。抽检数量不宜少于总桩数的 5%，且不得少于 5 根。

（5）扩大检测

当采用高应变法抽检桩身完整性所发现的Ⅲ、Ⅳ类桩之和大于抽检桩数的 20% 时，宜在未检桩中继续扩大抽检。扩大检测数量宜根据地质条件、桩基设计等级、桩型、施工质量变异性等因素合理确定，并应经过有关各方确认。

（6）仪器设备

1）检测仪器的主要技术性能指标不应低于现行行业标准《基桩动测仪》JG/T 3055中表1规定的2级标准，且应具有保存、显示实测力与速度信号和信号处理与分析的功能。

2）锤击设备宜具有稳固的导向装置；打桩机械或类似的装置（导杆式柴油锤除外）都可作为锤击设备。

3）高应变检测用重锤应材质均匀、形状对称、锤底平整，高径（宽）比不得小于1，并采用铸铁或铸钢制作。当采取自由落锤安装加速度传感器的方式实测锤击力时，重锤应整体铸造，且高径（宽）比应在1.0～1.5范围内。

4）进行高应变承载力检测时，锤的重量应大于预估单桩极限承载力的1.0%～1.5%，混凝土桩的桩径大于600mm或桩长大于30m时取高值。

5）桩的贯入度可采用精密水准仪等仪器测定。

（7）测试要点

1）受检桩入土后的休止时间不应少于表5-27-1的规定时间。

2）桩顶面应平整，桩顶高度应满足锤击装置的要求，桩锤重心应与桩顶对中，锤击装置架立应竖直。

3）对不能承受锤击的桩头应加固处理，混凝土桩的桩头处理按5.27.1节2.（15）款执行。

4）桩头顶部应设置桩垫，桩垫可采用10～30mm厚的木板或胶合板等材料。桩垫作用：

① 起缓冲作用，使锤击力的峰值不致过高；② 使锤击力的持续时间适当；③ 有助于对中，使桩顶受力比较均匀。

5）采用自由落锤为锤击设备时，应重锤低击，最大锤击落距不宜大于2.5m。

6）检测时在桩顶以下同一桩身截面的两侧至少应对称安装冲击力和冲击响应（质点运动速度）测量传感器各两个。传感器安装尚应符合下列规定：

① 应变传感器与加速度传感器的中心应位于同一水平线上；同侧的应变传感器和加速度传感器间的水平距离不宜大于80mm。安装完毕后，传感器的中心轴应与桩中心轴保持平行。

② 各传感器的安装面材质应均匀、密实、平整，并与桩轴线平行，否则应采用磨光机将其磨平。

③ 安装螺栓的钻孔应与桩侧表面垂直；安装完毕后的传感器应紧贴桩身表面，锤击时传感器不得产生滑动。安装应变式传感器时应对其初始应变值进行监视，安装后的传感器初始应变值应能保证锤击时的可测轴向变形余量为：a. 混凝土桩应大于±1000$\mu\varepsilon$；b. 钢桩应大于±1500$\mu\varepsilon$。

7）检测前应认真检查确认整个测试系统处于正常状态，并按规定逐一核对各类参数设定值。直至确认无误时，方可开始检测。

8）检测时应及时检查采集数据的质量；每根受检桩记录的有效锤击信号应根据桩顶最大动位移、贯入度以及桩身最大拉、压应力和缺陷程度及其发展情况综合确定。

9）发现测试波形紊乱，应分析原因；桩身有明显缺陷或缺陷程度加剧，应停止检测。

10）承载力检测时宜实测桩的贯入度，单击贯入度宜在 2～6mm 之间。

11）当出现下列情况之一时，高应变锤击信号不得作为承载力分析计算的依据：

① 传感器安装处混凝土开裂或出现严重塑性变形使力曲线最终未归零；

② 严重锤击偏心，两侧力信号幅值相差超过 1 倍；

③ 触变效应的影响，预制桩在多次锤击下承载力下降；

④ 四通道测试数据不全。

（8）承载力分析计算

1）承载力分析计算前，应结合地质条件、设计参数，对实测波形特征进行定性检查：

① 实测曲线特征反映出的桩承载性状。

② 观察桩身缺陷程度和位置，连续锤击时缺陷的扩大或逐步闭合情况。

2）以下四种情况应采用静载法进一步验证：

① 桩身存在缺陷，无法判定桩的竖向承载力。

② 桩身缺陷对水平承载力有影响。

③ 单击贯入度大，桩底同向反射强烈且反射峰较宽，侧阻力波、端阻力波反射弱，即波形表现出竖向承载性状明显与勘察报告中的地质条件不符合。

④ 嵌岩桩桩底同向反射强烈，且在时间 $2L/c$ 后无明显端阻力反射；也可采用钻芯法核验。

3）采用凯司法或实测曲线拟合法判定桩承载力的做法见《建筑基桩检测技术规范》（JGJ 106—2003）。

5.28 桩基工程验收

1. 桩基工程验收，除应按设计要求和有关规范、规程的有关规定执行外，尚应符合下列规定：

（1）当桩顶设计标高与施工场地标高相同时，桩基工程的验收应待打桩完毕后进行。

（2）当桩顶设计标高低于施工场地标高，预制桩打至场地标高需送桩时，单根灌注桩施工完毕时，均应进行中间验收。待全部桩完成并开挖到设计标高后，应再做检验。

2. 桩基工程验收时，应具备下列资料：

（1）桩基施工任务书、技术要求；

（2）桩基岩土工程报告；

（3）桩基施工图，桩位测量放线图（包括工程桩位线复核签证单）；

（4）桩位竣工平面图（基坑开挖至设计标高的桩位图）；

（5）经审定的施工组织设计、施工方案及执行中的变更情况；

（6）图纸会审纪要、设计变更单及材料代用通知单、事故处理记录等；

（7）构件与材料（预制桩、钢管桩、钢筋、钢材、水泥、焊条等）质量保证书、出厂证和检验报告；

（8）灌注桩原材料（钢筋、钢材、水泥、混凝土、焊条、砂、石等）试验报告及混凝土配合比、坍落度等报告；

　(9) 桩的工艺试验（试打或试成孔）记录；

　(10) 桩的施工日志；

　(11) 桩与承台的施工记录以及质量检查表；

　(12) 隐蔽工程验收记录；

　(13) 桩的静载试验、动测试验和原位测试报告；

　(14) 施工监理记录；

　(15) 桩基施工承包合同书。

主 要 参 考 文 献

1　ラノッタス株式会社．くい基础工法の評価一覧表．1981 年

2　张蛮庆．钻孔灌注桩施工质量管理．西部探矿工程，1990 年 4 期

3　中国质量管理协会．全面质量管理基本知识(修订本)．北京：科学普及出版社，1987 年

4　籏瀬久知，芳贺孝成．埋込み杭工法．森北出版株式会社，1984 年

5　礒上一男，相澤林作．大口径 RCD 工法．森北出版株式会社．1983 年

6　日本土质工学会．桩基础の調査・設計がら施工まで．1983 年

7　H. F. 温特科恩，方晓阳主编．基础工程手册．钱鸿缙、叶书麟等译校．北京：中国建筑工业出版
　　社，1983 年．

8　A. H. 铁绨奥尔等．基础设计手册．北京：中国铁道出版社，1985 年

9　孙更生，郑大周．软土地基与地下工程．北京：中国建筑工业出版社，1984 年

10　基础工事施工管理のチユッタリスト．基础工，1991 年 5 月

11　日本土质工学会．土质力学ハンドゾッケ，1981 年

12　张学鑫．大直径预应力混凝土管桩的开发与应用简介．宝钢工程技术，1995 年 4 期

13　程志文．先张法预应力高强混凝土离心管桩的制作和应用特征．港工技术与管理，1995 年 4 期

14　中华人民共和国国家标准．先张法预应力混凝土管桩 GB 13476—2009

15　中华人民共和国建材行业标准，预应力离心混凝土空心方桩 JC/T 2029—2010

16　国家建筑标准设计图集．预应力混凝土管桩 10G409. 2010 年 9 月

17　国家建筑标准设计图集．预应力混凝土空心方桩 08SG360，2009 年 1 月

18　广东省标准．锤击式预应力混凝土管桩基础技术规程 DBJ/T 15-22—2008

19　广东省土木建筑学会．DBJ/T 15-22—2008 学习参考资料，2009 年 6 月

20　阮起楠．预应力混凝土管桩．北京：中国建材工业出版社，2000 年 2 月

21　港口工程预应力混凝土大直径管桩设计与施工规程(JTJ 261—97)，1997 年

22　王离．预应力管桩基础设计中应注意的问题，1994 年

23　王离．试论不宜应用预应力管桩的工程地质条件．广州建筑，1993 年 3 期

24　《建筑机械使用手册》编写组．建筑机械使用手册，第二版．北京：中国建筑工业出版社，1989 年

25　上海市地基基础设计规范(DBJ 08—11—89)条文说明及背景材料汇编，1990 年

26　浙江省建筑软弱地基基础设计规范(DBJ 10—1—90). 1990 年

27　日本钢管桩协会．钢管桩的设计与施工(改订 2 版). 1988 年

28　陈鸣．ICE 液压振动沉拔桩机结构特点及应用．建筑机械，1999 年 2 期

29　王进怀．高频液压振动沉拔桩锤(无共振施工法)．高层建筑桩基工程技术论文集．北京：中国建筑
　　工业出版社，1998 年

30　罗邦法．全液压静力压桩机及其在桩基础施工中的应用，高层建筑桩基工程技术论文集．北京：中
　　国建筑工业出版社，1998 年

31 叶长生.钢筋混凝土空心预制桩与静压施工要求,地基基础工程新进展.中国深基础工程协会,1994年10月

32 王离.浅谈我国预制桩的发展和应用.2011~2012年中国混凝土与水泥制品协会预制混凝土桩分会论文集,2012年11月

33 郑刚,顾晓鲁.软土地区静力压桩阻力及终压控制研究.施工技术,1996年9期

34 郑刚,顾晓鲁.软土地基上静力压桩若干问题的分析.建筑结构学报,1998年8期

35 潘金山.静力压桩的施工.浙江省第八届土力学及基础工程学术讨论会论文集,1999年1月

36 曾孟群.静力液压桩应用中的几个问题.施工技术,1997年1期

37 彭志明,陆栋.YZY系列全液压桩机及在软土地区的施工.建筑机械,1999年4期

38 钱振荣.温州桩基础设计的工程实践.浙江省第八届土力学及基础工程学术讨论会论文集,1999年1月

39 谢尊渊等.建筑施工(第二版)上册.北京:中国建筑工业出版社,1988年

40 建筑施工手册(第二版)上册.北京:中国建筑工业出版社,1988年

41 黄中策.地基与基础.北京:中国铁道出版社,1988年

42 北京建筑机械综合研究室.JJ 41—86打桩架,建筑机械标准汇编(三),1986年

43 张金斗.第四章桩工机械,建筑机械使用手册(第二版).北京:中国建筑工业出版社,1989年12月

44 张保义.桩工机械.中国建筑机械华四十年.北京:中国建筑工业出版社,1990年

45 胡中立.振动沉管灌注桩施工工艺.探矿技术资料汇编,1995年11月

46 董正凤.振动沉管灌注桩技术总结.探矿技术资料汇编,1995年11月

47 罗晓斌.振动沉管灌注桩质量通病及防治.探矿技术资料汇编,1995年11月

48 河南地矿局第二探矿工程队.沉管灌注桩常见问题的分析及处理.探矿技术资料汇编,1995年11月

49 吕贵龙等.提高振动沉管灌注桩单桩承载力的试验研究.探矿技术资料汇编,1995年11月

50 张弘.大直径锤击沉管混凝土灌注桩在滨南大厦的应用.施工技术,1997年1期

51 李达明等.大直径锤击沉管灌注桩在厦门地区高层建筑中的应用.桩基工程技术,北京:中国建材工业出版社,1996年8月

52 张天乐.超长大口径振动沉管灌注桩开发与应用的探讨.浙江省第八届土力学及基础工程学术讨论会论文集,1999年1月

53 郑文德.大吨位静压沉管扩底灌注桩在福州地区的首次应用.地基处理,1992年12月

54 谢建民.钢套管振压成孔混凝土灌注桩设计与施工.建筑结构,1998年5期

55 刘昭运.液化土层中沉管灌注桩防止缩径的措施.中国建筑学会地基基础学术委员会1993年年会论文集,沈阳:东北大学出版社,1993年

56 何开胜等.福州软土中静压沉管桩桩型及其成桩质量分析.中国建筑学会地基基础学术委员会1993年年会论文集,沈阳:东北大学出版社,1993年

57 郑建华.沉管灌注桩设计与施工质量控制的探讨.探矿技术资料汇编,1995年11月

58 河北省建筑科学研究所.干法振动加固地基技术,1989年4月

59 M.J.汤姆林森.桩的设计和施工.朱世杰译.北京:人民交通出版社,1984年

60 牛青山编译.旋转压入式灌注桩.建筑技术.1988年5期

61 建筑桩基技术规范(JGJ 94—2008),中国建筑工业出版社,2008年

62 建筑地基基础设计规范(GB 50007—2011),中国建筑工业出版社,2011年

63 建筑地基基础工程施工质量验收规范(GB 50202—2002),2002年

64 公路桥涵施工技术规范(JTJ 041—2000).人民交通出版社,2000年

65 港口工程桩基规范(JTJ 254—98).人民交通出版社,1998年

66 武汉市城乡建设管理委员会.武汉市夯扩桩设计施工技术规定(WBJ 8—97),1997年10月

67　刘祖德等．我国夯扩桩技术的发展与展望．第二届全国夯扩桩技术交流会论文集，1994 年 11 月

68　魏章和等．夯扩桩施打过程中地基的孔隙水压力性状．第二届全国夯扩桩技术交流会论文集，1994 年 11 月

69　周荷生．无桩靴夯扩桩的开发应用．第二届全国夯扩桩技术交流会论文集，1994 年 11 月

70　曹建春等．夯扩桩施工质量问题浅析．第二届全国夯扩桩技术交流会论文集，1994 年 11 月

71　汤志金．复打夯扩桩的应用．第二届全国夯扩桩技术交流会论文集，1994 年 11 月

72　杨家丽．夯扩桩技术的应用与发展．山东建筑，1997 年 2 月

73　周广泉．夯扩桩在山东地区的应用．山东建筑，1997 年 2 月

74　戚辉．夯扩桩常见缺陷的检测技术及实例分析．山东建筑，1997 年 2 月

75　高玉国等．武汉江龙大夏夯扩桩工程实例．山东建筑，1997 年 2 月

76　刘联强等．支于中等坚硬持力层上夯扩桩的承载能力与推广价值．山东建筑，1997 年 2 月

77　沈国勤．锤击振动扩底桩试验与施工．桩基工程技术，北京：中国建材工业出版社，1996 年 8 月

78　史佩栋等．静压沉管桩在福州软土中应用与测试．桩基础专辑．太原：山西高棱联合出版社，1992 年 5 月

79　刘俊辉．大直径锤击沉管混凝土灌注桩的特点与应用．1996

80　林道宏．静压沉管扩底灌注桩在福州软土地基工程中的实践．桩基工程设计与施工技术，北京：中国建材工业出版社，1994 年 11 月

81　左名麒等．桩基础工程（设计施工检测）．北京：中国铁道出版社，1995 年

82　段新胜，顾湘．桩基工程（第三版）．北京：中国地质大学出版社，1998 年

83　周广泉等．沉管灌注桩施工新工艺—非挤土沉管灌注桩．高层建筑桩基工程技术．北京：中国建筑工业出版社，1998 年 8 月

84　刘锡阳等．长螺旋钻孔压灌混凝土成桩工法．1998 年 9 月

85　国家建筑工程总局．工业与民用建筑灌注桩基础设计与施工规程 JGJ 4—80，中国建筑工业出版社，1980 年

86　北京建筑机械综合研究室．JJ 42—86 长螺旋钻孔机．建筑机械标准汇编（三），1986 年

87　北京建筑机械综合研究室．JJ 34—86 潜水钻孔机．建筑机械标准汇编（二），1986 年

88　江西省地矿局．钻孔灌注桩施工规程．1989 年 4 月

89　郑昭池等．长螺旋钻孔灌注桩工法．建筑技术开发，1989 年 4 期

90　黄志诚．提高钻孔灌注桩施工质量的有关技术探讨．西部探矿工程，1990 年 1 期

91　李世京等．钻孔灌注桩施工技术．北京：地质出版社，1990 年 11 月

92　周国钧等．灌注桩设计施工手册．北京：地震出版社，1991 年

93　京牟礼和夫．場所打ちぐいの施工管理．山海堂，1976 年

94　日本基礎建設协会．場所打ちコソタリート杭施工指針．同解説，1983 年

95　萩原欣也．リバース工法，基礎工．1991 年 No.5

96　尾身博明．ベノト工法．基礎工．1991 年 No.5

97　田中昌史．アースドリル工法．基礎工．1991 年 No.5

98　松木富蔵．深礎工法．基礎工，1991 年 No.5

99　青木功．拡底場所打ち杭工法の現状と課題．基礎工．1991 年 No.12

100　余田功等，最近の拡底場所打ち杭工法の施工機械．基礎工，1991 年 No.12

101　蒋天涛．郑州金博大城钻孔灌注桩试桩工程施工要点及质量管理方法．建筑科技情报，北京中建建筑科学技术研究院，1995 年 1 期

102　三和机材株式会社．螺旋钻施工法说明书

103　王瑜，方伟．大直径全套管钻孔机及施工工法．建筑机械，1999 年 5 期

104 丁同领等．潜水钻机在大孔径超深灌注桩施工中的应用．施工技术，1998 年 4 期

105 张端平等．浅谈人工挖孔混凝土桩的桩体混凝土离析．广东土木与建筑，1998 年 2 期

106 赵顺廷．超大直径人工挖孔扩底灌注桩的施工．建筑施工，1999 年 2 期

107 李芳著等．泉州市区人工挖孔桩基质量事故分析．建筑结构，1997 年 9 月

108 严兆坤等．超深大直径挖孔桩的施工．施工技术，1996 年 9 期

109 孟凡林．喷射混凝土护壁技术在人工挖孔扩底桩中的应用．桩基工程技术，北京：中国建材工业出版社，1996 年 8 月

110 王万林等．英海大厦人工挖孔桩工程实录．桩基工程技术，北京：中国建材工业出版社，1996 年 8 月

111 陈晨．大直径扩底灌注桩现状及其发展方向．探矿技术资料汇编(一)，1995 年 11 月

112 刘三意．扩底灌注桩的发展及分析．探矿技术资料汇编(一)，1995 年 11 月

113 周作明等．SKS-Ⅱ型土钻扩底钻斗的设计及其应用效果．探矿技术资料汇编(一)，1995 年 11 月

114 刘三意等．扩底钻头的研究与应用．1998 年

115 唐四联．桩基工程新技术介绍与桩基工程施工实践和探讨．1998 年

116 周安全．钻孔灌注桩水下混凝土配比及其灌注工艺．探矿技术资料汇编(四)，1995 年 11 月

117 白克军．大直径钻孔灌注桩的灌注和计算方法．探矿技术资料汇编(四)，1995 年 11 月

118 汤捷．钻孔灌注桩水下混凝土灌注参数的计算．探矿技术资料汇编(四)，1995 年 11 月

119 鲍忠厚．隔水球用于水下混凝土灌注．探矿技术资料汇编(四)，1995 年 11 月

120 北京市建筑工程研究所桩基组．钻孔扩底灌注短桩．建筑技术，1982 年 6 期

121 黑龙江省第四建筑工程公司等．ZK-3 型液压步履式钻扩机．1983 年 7 月

122 北京市建筑工程研究所等．DZ40/120 双导向钻扩机，1984 年 10 月

123 胡喜坤等．QKJ-120 型汽车式扩孔机．建筑技术开发，1988 年第 2 期

124 张步钦．大直径钻孔灌注桩扩孔钻头．建筑技术开发，1988 年第 2 期

125 北京市第五住宅建筑工程公司等．KKJ40/120 扩孔机，1986 年 10 月

126 刘云松．468-A 型连杆铰链式基桩扩底钻头的研制和应用．西部探矿工程，1992 年 2 期

127 淦克龙．钻孔灌注桩的断桩与接桩．西部探矿工程，1991 年 1 期

128 冨永晃司．建築にちける場所打ち杭の現状．基礎工，1998 年 7 期

129 海外における場所打ち杭の現状．基礎工，1998 年 7 期

130 荒川秀一等．施工機械の特徴ど施工實績．基礎工，1998 年 7 期

131 岸田英明．埋込み杭の歴史的変遷と將来展望．基礎工，1998 年 2 期

132 杉村羲広．建築に用いる埋込み杭の現状と課題．基礎工，1998 年 2 期

133 青木功．埋込み杭の各種施工法と施工機械．基礎工，1998 年 2 期

134 北京市地铁地基工程公司．螺旋钻孔压浆成桩法．中国建筑机械化四十年：中国建筑工业出版社，1990 年

135 京牟礼和夫．钻孔桩施工．曹雪琴等译．北京：中国铁道出版社，1981 年

136 日本岩盤削孔技術協会．大口径岩盤削孔工法．1995 年

137 日本建設機械化協会．大口径岩盤削孔工法の積算，1998 年

138 程振亚．北京地区采用植桩法施工的工艺及体会．建筑技术，1989 年 6 月

139 何庆林，钻孔压灌超流态混凝土承载桩，1995 年 5 月

140 北京地基工程新技术开发公司．钻孔压灌超流态混凝土成桩法安全技术规程，1993 年 6 月

141 挤扩支盘灌注桩技术规程(分支承办 92：2005)，中国建筑工业出版社，2005 年

142 俊华地基基础工程技术集团．YZJ 液压支盘成型机，1998 年 12 月

143 史鸿林等．新型挤压分支桩的计算与试验研究，建筑结构学报，1997 年 2 月

144 刘金砺．桩基础设计与计算．北京：中国建筑工业出版社，1990 年

145 F. LIZZI, Diercteur technique de La Societe Anonyme Fondedile, Pieu de foundation Fondedile a "cellule de precharge"，（Pieu F. C. P.），Construction. 1976. 译文，丰德迪勒预承桩．建筑技术科研情报，1983 年 1 期

146 法国专利 2331646 号，一种既抗压又抗拉的桩的施工方法

147 刘照运等．用压力注浆处理钻孔灌注桩孔底沉积土的试验研究．地基基础新技术专辑，中国建筑学会地基基础学术委员会论文集，1989 年

148 刘金砺等．泥浆护壁灌注桩后注浆技术及其应用．建筑科学，1996 年 2 期

149 程振亚等．钻孔灌注混凝土桩孔底虚土处理新方法——桩端压力注浆法．中国建筑学会建筑施工学术委员会第四届年会论文集，1987 年 10 月

150 Klaus Krubasik, Maßnahmen zur Tragkrafterhohung an Großbohrpfahlen, Baumaschine/Bautechnik，1985. 7/8

151 Bruck, D. A. Enchancing the performance of large diameter piles by grouting, Ground Engineering, 1986. May

152 徐攸在．刘兴满．桩的动测新技术．北京：中国建筑工业出版社，1989 年

153 建筑基桩检测技术规范（JGJ 106—2003），中国建筑工业出版社，2003 年

154 徐攸在．桩基检验手册．北京：中国水利水电出版社，1999 年 12 月

155 刘兴录．桩基工程与动测技术 200 问．中国建筑工业出版社，2000 年 5 月

156 罗骐先．桩基工程检测手册．北京：人民交通出版社，2003 年 1 月

157 牛冬生．PTA 桩基础动测系统检验完整性新一代软件——时间域、频率域、倒频率域综合分析法．北京市建筑工程研究所，1993 年 9 月

158 牛冬生．用希尔伯特变换方法检验桩身完整性．建筑技术开发，1993 年 2 期

159 吴庆增．小应变动力验桩纵横谈，基桩与场地检测技术．湖北科学技术出版社，1995 年 6 月

160 赵学勐．第四届应力波理论在桩基工程中应用国际会议综述，基桩与场地检测技术．湖北科学技术出版社，1995 年 6 月

161 李德庆等．桩基工程质量的诊断技术—方法、原理及应用实例．北京：中国建筑工业出版社，2009 年 8 月

162 王雪峰等．基桩动测技术．北京：科学出版社，2001 年 4 月

163 刘明贵等．桩基检测技术指南．北京：科学出版社，1995 年 10 月

164 曾利民．论用动刚度计算单桩承载力的不确定性．建筑结构学报，1998 年 4 期

165 卢世深，唐念慈．第三届"应力波理论在桩基工程中应用"国际会议情况简介，桩基动测译文集，交通部第三航务工程局科学研究所等，1991 年

166 唐念慈．有关"国际应力波"的几篇译文，桩基动测分析指南．武汉岩海工程技术开发公司，1995 年 4 月

167 F. Rausche 等．低应变和高应变锤击检测桩的完整性，桩基动测译文集．交通部第三航务工程局科学研究所等，1991 年

168 陈凡，动力试桩若干问题探讨，桩基工程检测技术．北京：中国建材工业出版社，1993 年 8 月

169 李德庆．试论高应变动力试桩法的应用局限性问题，桩基工程检测技术．北京：中国建材工业出版社，1993 年

170 韩英才．大应变动力测桩方法的发展与改进，桩基动测技术简明教程．中国振动工程学会土动力学专业委员会等，1996 年 9 月

171 陈龙珠．桩基动测技术在浙江的开发应用现状．浙江省第七届土力学及基础工程学术讨论会论文集，1996 年

172 王雪峰等．高应变动力试桩基本原理．深基础工程检测通讯第 13 期，中国深基础工程协会检测委

员会，1998 年 10 月

173 北京平岱公司．提高高应变动力检测可靠性的重大措施，1998 年 2 月

174 北京平岱公司．基桩高应变动力检测法的基本原理，1998 年 2 月

175 刘兴录．基桩应力波反射法检测技术．国家建筑工程质检中心，1999 年 8 月

176 北京市建筑工程研究院．PTA 桩基础动测系统使用说明，1995 年

177 北京市建筑工程研究院．PTA 桩基础动测系统应用实例，1995 年

178 陈凡等．基桩质量检测技术．北京：中国建筑工业出版社，2003 年 11 月

179 袁明德．静动法测定桩承载力的技术，桩基动测技术简明教程．中国振动工程学会土动力学专业委员会，1996 年 9 月

180 汤山川．编译．STATNAMIC 试桩法．港工技术与管理，1997 年 6 期

181 中国、日本、德国、意大利、英国、法国和美国等有关桩工机械、设备等产品样本、说明书

182 三岔双向挤扩灌注桩设计规程(JGJ 171—2009)，中国建筑工业出版社，2009 年

183 秦宗付．凹凸型钻孔灌注桩施工技术，建筑施工，1996 年 1 期

184 载体桩设计规程(JGJ 135—2007)．中国建筑工业出版社，2007 年

185 张日红．新型预制桩产品与工法．2011～2012 年中国混凝土与水泥制品协会预制混凝土桩分会论文集，2012 年 11 月

186 桑原文夫．建築分野における高支持力杭の現状と課題．基礎工，2008 年 12 月

187 盐井幸武．土木分野における高支持力杭．基礎工，2008 年 12 月

188 林隆浩．既製コンクリート杭による高支持力杭の種類と特徴．基礎工，2008 年 12 月

189 梅野岳．高支持力杭による基礎設計の現状と課題．基礎工，2008 年 12 月

190 浅井陽一等．MRXXⅠ法．基礎工，2008 年 12 月

191 小椋仁志等．Hyper MEGAⅠ法．基礎工，2008 年 12 月

192 千種信之．Hyper-NAKSⅠ法．基礎工，2008 年 12 月

193 林静雄．既製コンクリート杭の力学的性能．基礎工，2007 年 7 月

194 黎中银等．旋挖钻机与施工技术．北京：人民交通出版社，2010 年

195 何清华等．旋挖钻机设备、施工与管理．长沙：中南大学出版社，2012 年

196 于好善．旋挖钻头的选配与使用，建筑机械技术与管理，2005 年 3 期

197 国土资源部勘探技术研究所大口径钻头与钻具研究中心，大口径工程施工钻具及设备

198 谢庆道等．大直径现浇混凝土薄壁筒桩概论，地基处理，2008 年 3 期

199 浙江省工程建设标准．大直径现浇混凝土薄壁筒桩技术规程 DB 33/1044—2007．北京：中国计划出版社，2007 年

200 张忠苗等．灌注桩后注浆技术及工程应用．北京：中国建筑工业出版社，2009 年

201 中华人民共和国建筑工业行业标准．潜水钻孔机 JG/T 64—1999

202 中华人民共和国国家标准．振动桩锤 GB/T 8517—2004

203 中华人民共和国国家标准．振动沉拔桩机安全操作规程 GB 13750—2004

204 中华人民共和国建筑工业行业标准．筒式柴油打桩锤 JG/T 5053.1—5053.3—1995

205 中华人民共和国建筑工业行业标准．导杆式柴油打桩锤 JG/T 5109—1999

206 中华人民共和国国家标准．柴油打桩机安全操作规程 GB 13749—2003

207 中华人民共和国建筑工业行业标准．潜水钻孔机 JG/T 64—1999

208 中华人民共和国建筑工业行业标准．液压式压桩机 JG/T 5107—1999

209 P. H. Derbyshire, Recent developments in continuous flight auger piling, Piling and Deep Foundations, vol, 1, Proc. of the International Conference on Piling and Deep Foundations, London, May 1989

6 混凝土结构工程

6.1 模板工程

6.1.1 组合式模板

组合式模板是指可按设计要求组拼成梁、柱、墙、楼板模板的一种通用性很强的模板，用于现浇混凝土结构施工。

1. 全钢组合模板

目前采用较多的为肋高 55～70mm，板块宽度为 600mm 的模板。钢模板的部件，主要由钢模板、连接件和支承件三部分组成。

2. 钢框胶合板模板

目前仍在采用的有肋高 75mm 和 90mm、板宽 600mm 的模板。主要由模板块、连接件和支承件三部分组成。

3. 用于组合式模板支撑件的钢管脚手支架

主要用于层高较大的梁、板等水平构件模板的垂直支撑。

（1）扣件式钢管脚手支架

由钢管（外径 $\phi48$、壁厚 3.5mm 焊接钢管）、扣件（表 6-1-1）、底座（图 6-1-1）、调节杆（可调高度 150～350mm，容许荷载 20kN，图 6-1-2）组成。

钢管脚手架用扣件　　　　　　　　　　　　　　表 6-1-1

扣件品种	用途分类	简　图	容许荷载（N）	重量（kg）
玛钢扣件	直接扣件		6000	1.25
	回转扣件		5000	1.50
	对接扣件		2500	1.60

扣件品种	用途分类	简 图	容许荷载（N）	重量（kg）
钢板扣件	直角扣件		6000	0.69
	回转扣件		5000	0.70
	对接扣件		2500	1.00

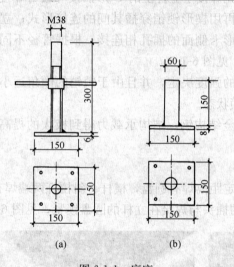

图 6-1-1 底座
（a）可调试底座；（b）固定式底座（外径 60mm，壁厚 3mm）

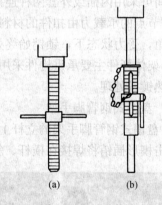

图 6-1-2 调节杆
（a）螺栓调节杆；（b）螺管调节杆

（2）碗扣式钢管脚手架

又称多功能碗扣型钢脚手架。它由上、下碗扣，横杆接头和上碗扣的限位销等组成（图 6-1-3）。碗扣接头是该脚手架系统的核心部件。

（3）门式支架

又称框组式脚手架，其主要部件有：门形框架、剪刀撑、水平梁架和可调底座等（图 6-1-4）。

门形框架有多种形式，标准型门架的宽度为 1219mm，高度为 1700mm。剪刀撑和

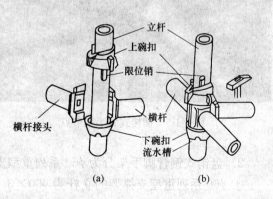

图 6-1-3 碗扣接头
（a）连接前；（b）连接后

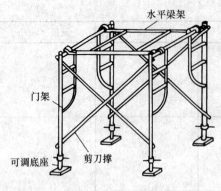

图 6-1-4　门式支架

水平梁架也有多种规格，可以根据门架间距来选择，一般多采用 1.8m。可调底座的可调高度为 200~550mm。

（4）插接式钢管脚手架

1）基本组件为：立杆、横杆、斜杆、底座等。

2）功能组件为：顶托、承重横杆、用于安装踏板的横杆、踏板横梁、中部横杆、水平杆上立杆。

3）连接配件为：锁销、销子、螺栓。

4）其特征是：沿立杆杆壁的圆周方向均匀分布有四个 U 形插接耳组，横杆端部焊接有横向的 C 形或 V 形卡，斜杆端部有销轴。

5）连接方式：立杆与横杆之间采用预先焊接于立杆上的 U 形插接耳组与焊接于横杆端部的 C 形或 V 形卡以适当的形式相扣，再用楔形锁销穿插其间的连接形式；立杆与斜杆之间采用斜杆端部的销轴与立杆上的 U 形卡侧面的插孔相连接；根据管径不同，上下立杆之间可采用内插或外套两种连接方式，见图 6-1-5。

6）节点的承载力由扣件的材料、焊缝的强度决定，并且由于锁销的倾角远小于锁销的摩擦角，受力状态下，锁销始终处于自锁状态。

7）架体杆件主要承重构件采用低碳合金结构钢，结构承载力得到极大的提高。该类产品均热镀锌处理。

（5）盘销式钢管脚手架

1）盘销式钢管脚手架的立杆上每隔一定距离焊有圆盘，横杆、斜拉杆两端焊有插头，通过敲击楔形插销将焊接在横杆、斜拉杆的插头与焊接在立杆的圆盘锁紧，见图 6-1-6。

图 6-1-5　插接式脚手架节点

图 6-1-6　盘销式脚手架节点

2）盘销式钢管脚手架分为 $\phi60$ 系列重型支撑架和 $\phi48$ 系列轻型脚手架两大类；

① $\phi60$ 系列重型支撑架的立杆为 $\phi60 \times 3.2mm$ 焊管制成（材质为 Q345、Q235）；立杆规格有：1m、2m、3m，每隔 0.5m 焊有一个圆盘；横杆及斜拉杆均采用 $\phi48 \times 3.5mm$ 焊管制成，两端焊有插头并配有楔形插销；搭设时每隔 1.5m 搭设一步横杆。

② φ48 系列轻型脚手架的立杆为 φ48×3.5mm 焊管制成（材质为 Q345）；立杆规格有：1m、2m、3m，每隔 1.0m 焊有一个圆盘；横杆及斜拉杆均为采用 φ48×3.5mm 焊管制成，两端焊有插头并配有楔形插销；搭设时每隔 2.0m 搭设一步横杆。

3）盘销式钢管脚手架一般与可调底座、可调托座以及连墙撑等多种辅助件配套使用。

4. 用于梁板模板早拆技术

早拆模板施工技术是指利用早拆支撑头（图 6-1-7、图 6-1-8）、钢支撑或钢支架、主次梁等组成的支撑系统，在底模拆除时的混凝土强度要求符合现行《混凝土结构工程施工规范》GB 50666 表 4.5.2 规定时，保留一部分狭窄底模板、早拆支撑头和养护支撑后拆，使拆除部分的构件跨度在规范允许范围内，实现大部分底模和支撑系统早拆的模板施工技术，见图 6-1-9。

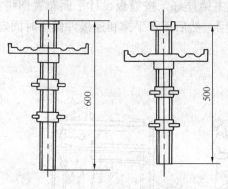

图 6-1-7 螺旋式早拆柱头

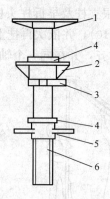

图 6-1-8 早拆托座

1—面板；2—托板；3—卡板；4—挡板；5—螺母；6—托杆

按照常规的支模方法，现浇楼板施工的模板配置量，一般均需 3～4 个层段的支柱、龙骨和模板，一次投入量大。采用早拆体系模板，就是根据现行《混凝土结构工程施工规范》GB 50666 对于≤2m 跨度的现浇楼盖，其混凝土拆模强度可比＞2m、≤8m 跨度的现浇楼盖拆模强度减少 25%，即达到设计强度的 50% 即可拆模。早拆体系模板就是通过合理的支设模板，将较大跨度的楼盖，通过增加支承点（支柱），缩小楼盖的跨度（≤2m），从而达到"早拆模板，后拆支柱"的目的。这样，可使龙骨和模板的周转加快，模板一次配置量可减少 1/3～1/2。

早拆体系模板的关键是在支柱上装置早拆柱头。

（1）早拆模板及支撑设计

1）早拆模板可以采用覆膜竹（木）胶合板模板、钢（铝）框胶合板模板、塑料模板和塑料（玻璃钢）模壳等。

2）支撑系统由早拆支撑头、钢支撑或钢支架、主次梁和可调底座等组成。

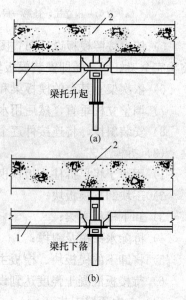

图 6-1-9 早期拆模原理

(a) 支模；(b) 拆模

1—模板主梁；2—现浇楼板

3）早拆柱头有螺杆式升降头、滑动式升降头和螺杆与滑动相结合的升降头三种形式，宜推广螺杆与滑动相结合的升降头。

4）主次梁可以选用木工字梁、工字形钢木组合梁、矩形钢木组合梁、几字形钢木组合梁、矩形钢管和冷弯型钢等。

5）支撑系统可以采用独立式钢支撑、插接式支架、盘销式支架、门式支架等。

（2）支模工艺

1）根据楼层标高初步调整好立柱的高度，并安装好早拆柱头板，将早拆柱头板托板升起，并用楔片楔紧；

2）根据模板设计平面布置图，立第一根立柱；

3）将第一榀模板主梁挂在第一根立柱上（图6-1-10）；

4）将第二根立柱及早拆柱头板与第一根模板主梁挂好，按模板设计平面布置图将立柱就位（图6-1-10），并依次再挂上第一根模板主梁，然后用水平撑和连接件做临时固定。上下层立柱应对齐，并在同一个轴线上；

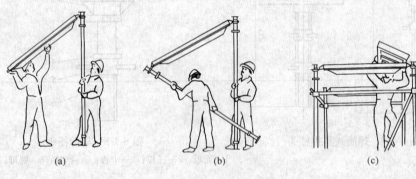

图 6-1-10　支模示意图

（a）立第一根立柱，挂第一根主梁；（b）立第二根立柱；（c）完成第一格构、随即铺模板块

5）依次按照模板设计布置图完成第一个格构的立柱和模板梁的支设工作，当第一个格构完全架好后，随即安装模板块（图6-1-10）；

6）依次架立其余的模板梁和立柱；

7）调整立柱垂直，然后用水平尺调整全部模板的水平度；

8）安装斜撑，将连接件逐个锁紧。

（3）拆模工艺

1）用锤子将早拆柱头板铁楔打下，落下托板，模板主梁随之落下；

2）逐块卸下模板块；

3）卸下模板主梁；

4）拆除水平撑及斜撑；

5）将卸下的模板块、模板主梁、悬挑梁、水平撑、斜撑等整理码放好备用；

6）待楼板混凝土强度达到设计要求后，再拆除全部支撑立柱（架）。

（4）二次顶撑工艺

二次顶撑工艺是指采用早拆工艺后仍保留的部分支撑立柱（架）进行二次顶撑。采用多功能早拆托座，可以在支撑系统原封不动的情况下实现二次顶撑技术。其工艺流程是：

调节（松动）早拆托座的螺母，使顶板离开楼板 10～20mm→停留一段时间（10～20min）→调节（拧紧）早拆托座的螺母，使顶板顶紧楼板→待楼板混凝土强度达到规范要求后再拆除支撑。

二次顶撑操作，一般应分小区段顺次进行，区段要适中不宜太大。操作时，要使用力矩扳手，确保螺母的拧紧程度一致。

（5）效果

1）早拆模板成套技术可以大量节省模板一次投入量，减少模板配置量的 1/3～1/2；

2）可以缩短施工工期 50% 左右，加快施工速度，提高工效 30% 以上；

3）可以延长模板使用寿命，节省施工费用 20% 以上。

5. 组合式钢模板工程安装质量检查及验收

（1）钢模板工程安装过程中，应进行下列质量、安全检查和验收：

1）钢模板的布局和施工顺序；

2）连接件、支承件的规格、质量和紧固情况；

3）支承着力点和模板结构整体稳定性；

4）模板轴线位置和标志；

5）竖向模板的垂直度和横向模板的侧向弯曲度；

6）模板的拼缝度和高低差；

7）预埋件和预留孔洞的规格数量及固定情况；

8）扣件规格与对拉螺栓、钢楞的配套和紧固情况；

9）支柱、斜撑的数量和着力点；

10）对拉螺栓、钢楞与支柱的间距；

11）各种预埋件和预留孔洞的固定情况；

12）模板结构的整体稳定；

13）有关安全措施。

（2）模板工程验收时，应提供下列文件：

1）模板工程的施工设计或有关模板排列图和支承系统布置图；

2）模板工程质量检查记录及验收记录；

3）模板工程支模的重大问题及处理记录。

（3）施工安全要求。模板安装时，应切实做好安全工作，应符合以下安全要求：

1）模板上架设的电线和使用的电动工具，应采用 36V 的低压电源或采取其他有效的安全措施；

2）登高作业时，各种配件应放在工具箱或工具袋中，严禁放在模板或脚手架上；各种工具应系挂在操作人员身上或放在工具袋内，不得掉落；

3）高耸建筑施工时，应有防雷击措施；

4）高空作业人员严禁攀登组合钢模板或脚手架等上下，也不得在高空的墙顶、独立梁及其模板等上面行走；

5）模板的预留孔洞、电梯井口等处，应加盖或设置防护栏，必要时应在洞口处设置安全网；

6）装拆模板时，上下应有人接应，随拆随运转，并应把活动部件固定牢靠，严禁堆放在脚手板上和抛掷；

7）装拆模板时，必须采用稳固的登高工具，高度超过 3.5m 时，必须搭设脚手架。装拆施工时，除操作人员外，下面不得站人。高处作业时，操作人员应挂上安全带；

8）安装墙、柱模板时，应随时支撑固定，防止倾覆；

9）预拼装模板的安装，应边就位、边校正、边安设连接件，并加设临时支撑稳固；

10）预拼装模板垂直吊运时，应采取两个以上的吊点；水平吊运应采取 4 个吊点。吊点应作受力计算，合理布置；

11）预拼装模板应整体拆除。拆除时，先挂好吊索，然后拆除支撑及拼接两片模板的配合，待模板离开结构表面后再起吊；

12）拆除承重模板，必要时应先设立临时支撑，防止突然整块坍落。

（4）模板拆除注意事项：

1）模板拆除的顺序和方法，应按照配板设计的规定进行，遵循先支后拆，先非承重部位，后承重部位以及自上而下的原则。拆模时，严禁用大锤和撬棍硬砸硬撬；

2）先拆除侧面模板（混凝土强度大于 $1N/mm^2$），再拆除承重模板；

3）组合大模板宜大块整体拆除；

4）支承件和连接件应逐件拆卸，模板应逐块拆卸传递，拆除时不得损伤模板和混凝土；

5）拆下的模板和配件均应分类堆放整齐，附件应放在工具箱内。

6.1.2 工具式模板

工具式模板，是指针对现浇混凝土结构的墙体、柱、楼板等构件的构造及规格尺寸，加工制成定型化模板，整支整拆，多次周转，实行工业化施工。

6.1.2.1 大模板

大模板，是大型模板或大块模板的简称。它的单块模板面积较大，通常是以一面现浇混凝土墙体为一块模板。大模板是采用定型化的设计和工业化加工制作而成的一种工具式模板，施工时配以相应的吊装和运输机械，用于现浇钢筋混凝土墙体。它具有安装和拆除简便、尺寸准确和板面平整等特点。

采用大模板进行建筑施工的工艺特点是：利用工业化建筑施工的原理，以建筑物的开间、进深、层高尺寸为基础，进行大模板的设计和制作。以大模板为主要施工手段，以现浇钢筋混凝土墙体为主导工序，组织有节奏的均衡施工。这种施工方法工艺简单，施工速度快，工程质量好，结构整体性和抗震性能好，混凝土表面平整光滑，并可以减少装修抹灰湿作业。由于它的工业化、机械化施工程度高，综合经济技术效益好，因而受到普遍欢迎。

采用大模板进行结构施工，主要用于剪力墙结构或框架-剪力墙结构中的剪力墙施工。

1. 大模板工程分类

（1）内浇外板工程

又称内浇外挂工程。这种工程的特点是：外墙为预制钢筋混凝土墙板，内墙为大模板现浇钢筋混凝土承重墙体，是预制与现浇相结合的一种剪力墙结构。预制外墙板的材料种类有：轻骨料混凝土外墙板及普通混凝土与轻质保温材料复合外墙板。内、外墙板的节点构造如图 6-1-11 所示。

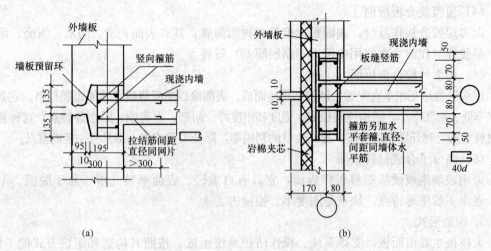

图 6-1-11 内浇外板内、外墙节点
(a) 单一材料外墙板；(b) 岩棉复合外墙板

预制外墙板的饰面，可以采用涂料或面砖等块材类饰面一次成型，也可采用装饰混凝土一次成型。

（2）内外墙全现浇工程

内墙与外墙全部以大模板为工具浇筑的钢筋混凝土墙体。这种工艺不受外墙板生产、运输和吊装能力的制约，因而减少了施工环节，加强了结构整体性，降低了工程成本。

内外墙全现浇工程，内墙与外墙可以采用普通混凝土一次浇筑成型，然后用高效保温材料做外墙内保温处理或外墙外保温处理，从而达到舒适和节能的目的。

内外墙全现浇工程中内墙采用普通混凝土，外墙也可以采用热工性能良好的轻骨料混凝土。这种做法宜先浇内墙，后浇外墙，并且在内外墙交接处做好连接处理。

（3）内浇外砌工程

外墙为砖砌体或其他材料砌体，内墙为大模板现浇钢筋混凝土墙体。这种体系一般用于多层建筑，有的也用于 10 层左右的住宅和宾馆。

2. 大模板的板面材料

大模板的板面是直接与混凝土接触部分，要求表面平整，有一定刚度，能多次重复使用。

（1）整块钢板面

通常采用 4～6mm 的钢板拼焊而成，具有良好的强度和刚度，能承受较大的混凝土侧压力及其他施工荷载。重复使用次数多，一般可周转使用 200 次以上，故比较经济。另外，由于钢板面平整光洁，容易清理，耐磨性能好，这些均有利于提高混凝土的表面质量。但也存在耗钢量大、重量大（40kg/m²）、易生锈、不保温和损坏后不易修复的缺点。

（2）组合钢模板组拼板面

这种面板虽具有一定的强度和刚度，自重较整块钢板面要轻（35kg/m²）等特点，但拼缝较多，整体性差，浇筑的混凝土表面不够光滑，周转使用次数也不如整块钢板面多。

（3）多层胶合板板面

采用多层胶合板，用机螺钉固定于板面结构上。胶合板货源广泛，价格便宜，板面平整，易于更换，同时还具有一定的保温性能。但周转使用次数少。

（4）覆膜胶合板板面

以多层胶合板作基材，表面敷以聚氰胺树脂薄膜，具有表面光滑、防水、耐磨、耐酸碱、易脱模（在前 8 次使用中可以不刷脱膜剂）等特点。

（5）覆面竹胶合板板面

以多层竹片互相垂直配置，经胶粘压接而成。表面涂以酚醛薄膜或其他覆膜材料。它具有吸水率低、膨胀率小、结构性能稳定、强度和刚度好、耐磨、耐腐蚀、阻燃等特点。这种板面原材料丰富，对开发农村经济，提高竹材的利用率，降低工程成本，都具有一定的意义。

（6）高分子合成材料板面

采用玻璃钢或硬质塑料板作板面，它具有自重轻、表面平整光滑、易于脱模、不锈蚀、遇水不膨胀等特点，缺点是刚度小、怕撞击。

3. 构造形式

大模板主要由面板、支撑系统、操作防护系统组成。按照其构造和组拼方式的不同，用于内横、纵墙的大模板可分为固定式大模板、组合式大模板、拼装式大模板、筒形模板，以及外墙大模板。

（1）固定式大模板

固定式大模板是我国最早采用的工业化模板。由板面、支撑桁架和操作平台组成，如图 6-1-12 所示。

板面由面板、横肋和竖肋组成。面板采用 4～5mm 厚钢板，横肋用 С8 槽钢，间距 300～330mm，竖肋用 С8 槽钢成组对焊接，与支撑桁架连为一体，间距 1000mm 左右。桁架上方铺设脚手板作为操作平台，下方设置可调节模板高度和垂直度的地脚螺栓。

固定式大模板通用性差。为了解决横墙和纵墙能同时浇筑混凝土，需要另配角模解决纵横墙间的接缝处理，如图 6-1-13 所示。适用于标准化设计的剪力墙施工，目前已很少采用。

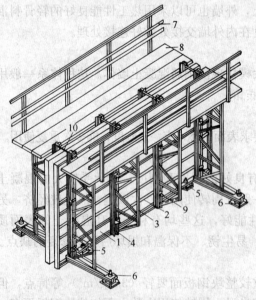

图 6-1-12　固定式大模板构造示意

1—面板；2—水平肋；3—支撑桁架；4—竖肋；
5—水平调整装置；6—垂直调整装置；7—栏杆；
8—脚手板；9—穿墙螺栓；10—固定卡具

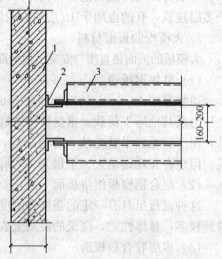

图 6-1-13　横、纵墙分两次支模

1—已完横墙；2—补缝角模；3—纵墙模板

（2）组合式大模板

组合式大模板是通过固定于大模板上的角模，能把纵、横墙模板组装在一起，用以同时浇筑纵、横墙的混凝土，并可利用模数条模板调整大模板的尺寸，以适应不同开间、进深尺寸的变化。

该模板由板面、支撑系统、操作平台及连接件等部分组成。如图 6-1-14 所示。

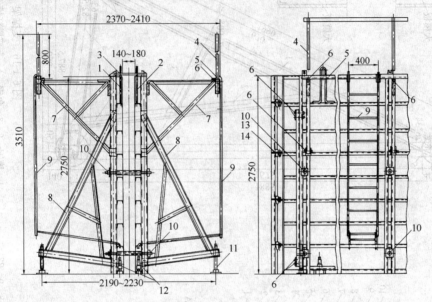

图 6-1-14　大模板构造

1—反向模板；2—正向模板；3—上口卡板；4—活动护身栏；5—爬梯横担；6—螺栓连接；
7—操作平台斜撑；8—支撑架；9—爬梯；10—穿墙螺栓；11—地脚螺栓；12—地脚；
13—反活动角模；14—正活动角模

1）板面结构：板面系统由面板、横肋和竖肋以及竖向（或横向）背楞（龙骨）所组成，如图 6-1-15 所示。

面板通常采用材质 Q235A，厚度 4～6mm 的钢板，也可选用胶合板等材料。由于板面是直接承受浇筑混凝土的侧压力，因此要求具有一定的刚度、强度，板面必须平整，拼缝必须严密，与横、竖肋焊接（或钉接）必须牢固。

横肋一般采用匚8 槽钢，间距 300～350mm。竖肋一般用 6mm 厚扁钢，间距 400～500mm，以使板面能双向受力。

背楞骨（竖肋）通常采用匚8 槽钢成对放置，两槽钢之间留有一定空隙，以便于穿墙螺栓通过，龙骨间距一般为 1000～1400mm。背楞背与横肋连接要求满焊，形成一个结构整体。

在模板的两端一般都焊接角钢边框（图 6-1-15），以使板面结构形成一个封闭骨架，加强整体性。从功能上也可解决横墙模板与纵墙横板之间的搭接，以及横墙模板与预制外墙组合柱模板的搭接问题。

2）支撑系统：支撑系统的功能在于支持板面结构，保持大模板的竖向稳定，以及调节板面的垂直度。支撑系统由三角支架和地脚螺栓组成。

三角支架用角钢和槽钢焊接而成，见图 6-1-16 所示。一块大模板最少设置两个三角支架，通过上、下两个螺栓与大模板的竖向龙骨连接。

图 6-1-15　组合大模板板面系统构造

1—面板；2—底横肋（横龙骨）；3、4、5—横肋（横龙骨）；6、7—竖肋（竖龙骨）；8、9、22、23—小肋（扁钢竖肋）；10、17—拼缝扁钢；11、15—角龙骨；12—吊环；13—上卡板；14—顶横龙骨；16—撑板钢管；18—螺母；19—垫圈；20—沉头螺钉；21—地脚螺栓

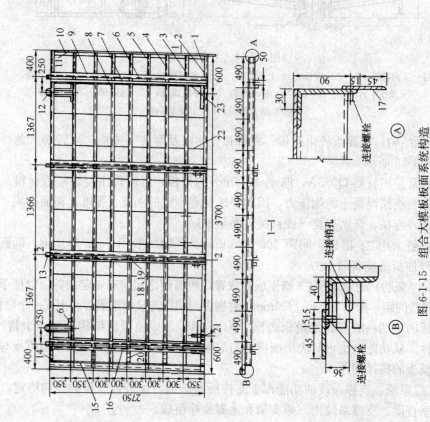

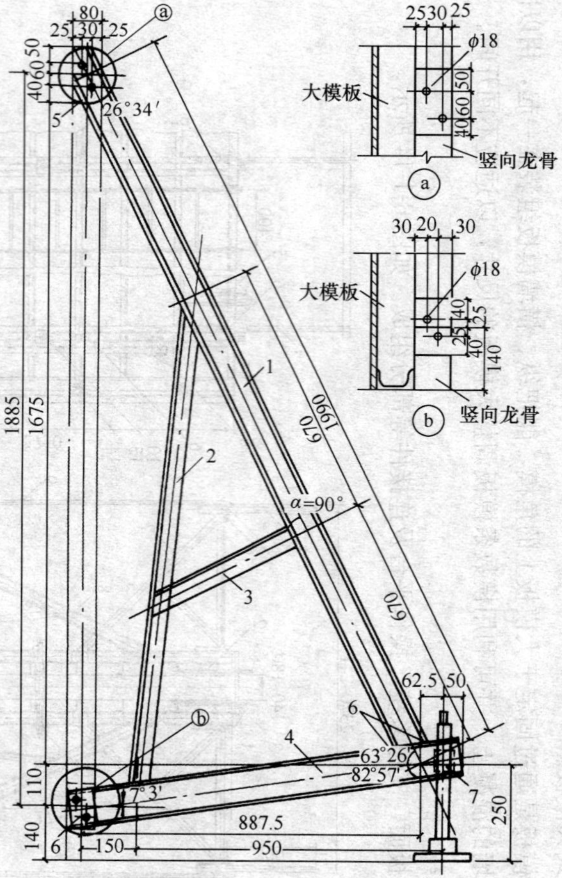

图 6-1-16　支撑架

1—槽钢；2、3—角钢；4—下部横杆槽钢；5—上加强板；6—下加强板；7—地脚螺栓

三角支架下端横向槽钢的端部设置一个地脚螺栓（图 6-1-17），用来调整模板的垂直度和保证模板的竖向稳定。

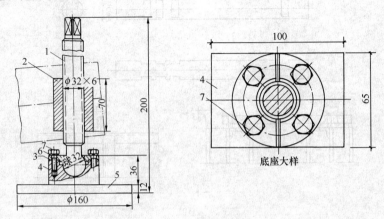

图 6-1-17　支撑架地脚螺栓
1—螺杆；2—螺母；3—盖板；4—底座；5—底盘；6—弹簧垫圈；7—螺钉

3）操作平台：操作平台系统由操作平台、护身栏、铁爬梯等部分组成。

4）模板连接件：

① 穿墙螺栓与塑料套管：穿墙螺栓是承受混凝土侧压力、加强板面结构的刚度、控制模板间距（即墙体厚度）的重要配件，它把墙体两侧大模板连接为一体。

为了防止墙体混凝土与穿墙螺栓粘结，在穿墙螺栓外部套 1 根硬质塑料管，其长度与墙厚相同，两端顶住墙模板，内径比穿墙螺栓直径大 3～4mm。这样在拆模时，既保证了穿墙螺栓的顺利脱出，又可在拆模后将套管抽出，以便于重复使用，如图 6-1-18 所示。

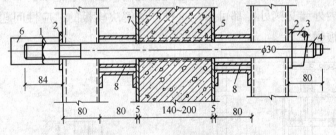

图 6-1-18　穿墙螺栓构造
1—螺母；2—垫板；3—板销；4—螺杆；5—塑料套管；
6—丝扣保护套；7—模板；8—加强管

穿墙螺栓用 Q235A 钢制作，一端为梯形螺纹，长约 120mm，以适应不同墙体厚度（140～200mm）的施工。另一端在螺杆上车上销孔，支模时，用板销打入销孔内，以防止模板外涨。板销厚 6～8mm，做成大小头，以方便拆卸。

穿墙螺栓一般设置在模板的中部与下部，其间距、数量根据计算确定。为防止塑料管将面板顶凸，在面板与龙骨之间宜设加强管。

② 上口卡子：上口卡子设置于模板顶端，与穿墙螺栓上下对直，其作用与穿墙螺栓相同。直径为 φ30，依据墙厚不同，在卡子的一端车上不同距离的凹槽，以便与卡子支座

相连接，如图 6-1-19（a）所示。

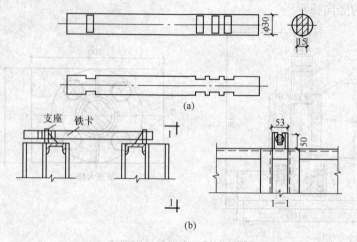

图 6-1-19　上口卡子
(a) 铁卡子大样；(b) 支座大样

卡子支座用槽钢或钢板焊接而成，焊于模板顶端，如图 6-1-19（b）所示，支完模板后将上口卡子放入支座内。

5）模数条及其连接方法：模数条模板基本尺寸为 30cm、60cm 两种，也可根据需要做成非模数的模板条。模数条的结构与大模板基本一致。在模数条与大模板的连接处的横向龙骨上钻好连接螺孔，然后用角钢或槽钢将两者连接为一体，如图 6-1-20（a）所示。

采用这种模数条，能使普通大模板的适应性提高，在内墙施工的"丁"字墙处及大模板全现浇工程的内外墙交接处，都可采用这种办法解决模板的适应性问题。图 6-1-20（b）为丁字墙处的模板做法。

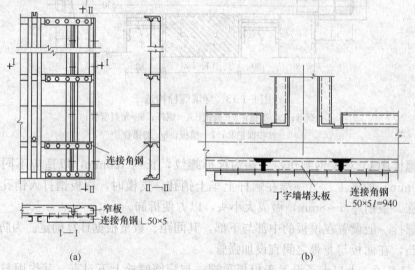

图 6-1-20　组合式大模板模数条的拼接
(a) 平面模板拼接；(b) 丁字墙节点模板拼接

（3）拼装式大模板

拼装式大模板是将面板、骨架、支撑系统全部采用螺栓或销钉连接固定组装成的大模板，这种大模板比组合式大模板拆改方便，也可减少因焊接而产生的模板变形问题。

1）全拆装大模板：全拆装式大模板（图6-1-21）由板面结构、支撑系统、操作平台等三部分组成。各部件之间的连接不是采用焊接，而是全部采用螺栓连接。

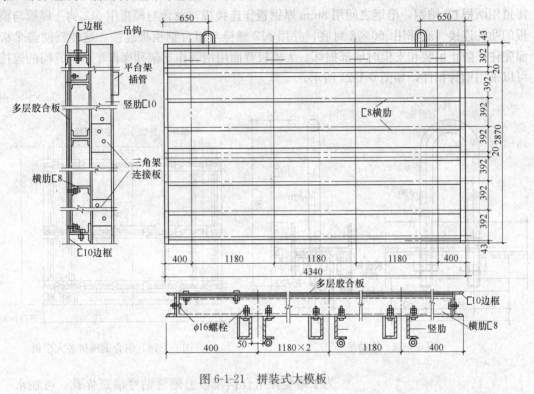

图 6-1-21 拼装式大模板

① 面板：采用钢板或胶合板等面板。面板与横肋用 M16 螺栓连接固定，其间距为 350mm。为了保证板面平整，在高度方向拼接时，面板的接缝处应放在横肋上；在长度方向拼接时，在接缝处的背面应增加一道木龙骨。

② 骨架：各道横肋及周边框架全部用 M16 螺栓连接成骨架，连接螺孔直径为 φ18。为了防止胶合板等木质面板四周损伤，四周的边框比中间的横肋要大一个面板的厚度。如采用 20mm 厚胶合板，中间横肋为 ⊏8 槽钢，则边框采用 ⊏10 槽钢；若采用钢板面板，其边框槽钢与中部横肋槽钢尺寸相同。边框的四角焊以 8mm 厚钢板，钻 φ18 螺孔，用以互相连接，形成整体。

③ 竖向龙骨：用两根 ⊏10 槽钢成对放置，用螺栓与横肋相连接。

④ 吊环：用螺栓与上部边框连接（图 6-1-22），材质为 Q235A，不准使用冷加工处理。

面板结构与支撑系统及操作平台的连接方法与组合式大模板相同。

这种全装拆式大模板，由于面板采用钢板或胶合板等木质面板，板块较大，中间接缝少，因此浇筑的混凝土墙面光滑平整。

2）用组合模板拼装大模板：这种模板是采用组合钢模板或者钢框胶合板模板作面板，

以管架或型钢作横肋和竖肋，用角钢（或槽钢）作上下封底，用螺栓和角部焊接作连接固定。它的特点是板面模板可以因地制宜，就地取材。大模板拆散后，板面模板仍可作为组合模板使用，有利于降低成本。

① 用组合钢模板拼装大模板（图 6-1-23）：竖肋采用 $\phi48$ 钢管，每组两根，成对放置，间距视钢模的长度而定，但最大间距不得超过 1.2m。横向龙骨设上、中、下三道，每道用两根 $\boldsymbol{C}8$ 槽钢，槽钢之间用 8mm 厚钢板作连接板，龙骨与模板用 $\phi12$ 钩头螺栓与模板的肋孔连接。底部用 $\boldsymbol{L}60\times6$ 封底，并用 $\phi12$ 螺栓与组合钢模板连接，这样就使整个板面兜住，防止吊装和支模时底部损坏。大模板背面用钢管作支架和操作平台，其间的连接可以采用钢管扣件，如图 6-1-24 所示。

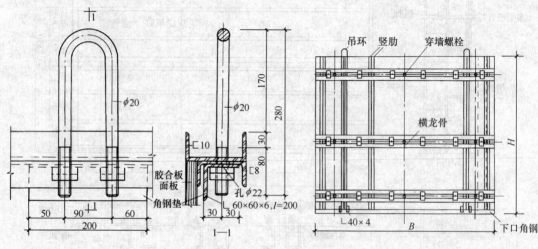

图 6-1-22 活动吊环　　　　　　　图 6-1-23 组合钢模拼装大模板

为了避免在组合钢模板上随意钻穿墙螺栓孔，可在水平龙骨位置处，用 $\boldsymbol{C}10$ 轻型槽钢或 10cm 宽的组合钢模板作水平向穿墙螺栓连接带，其缝隙用环氧树脂胶泥嵌缝，如图 6-1-25 所示。

纵横墙之间的模板连接，用 $\boldsymbol{L}160\times8$ 角钢作成角模，来解决纵横墙同时浇筑混凝土的问题，如图 6-1-26 所示。

以上做法，组合钢模板之间可能会出现拼缝不严的现象。为此，可在组合钢模板的长向每隔 450mm 间距及短向 125mm 间距，用 $\phi12$ 螺栓加以连接紧固形成整体。

用这种方法组装成的大模板，可以显著降低钢材用量和

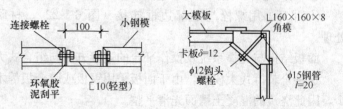

图 6-1-24 支架平台示意图　　　图 6-1-25 轻型 $\boldsymbol{C}10$ 补缝　　图 6-1-26 角模与大模板组合示意图

模板重量，并可节省加工周期和加工费用。与采用组合钢模板浇筑墙体混凝土相比，能大大提高工效。

② 用钢框胶合板模板拼装的大模板：由于钢框胶合板模板的钢框为热轧成型，并带有翼缘，刚度较好，组装大模板时可以省去竖向龙骨，直接将钢框胶合板和横向龙骨组装拼装。横向龙骨为两根⊏12槽钢，以一端采用螺栓，另一端为带孔的插板与板面相连，如图 6-1-27 所示。

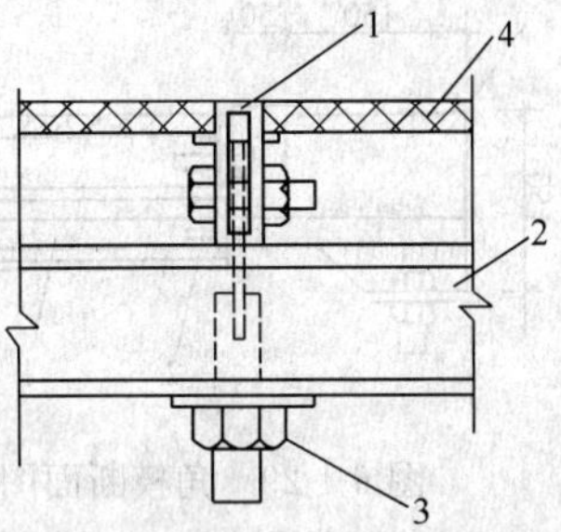

大模板的上下端采用∟65×4 和槽钢进行封顶和兜底，板面结构如图 6-1-28 所示。

为了不在钢框胶合板板面上钻孔，而又能解决穿墙螺栓安装问题，同样设置一条 10cm 宽的穿墙螺栓板带。该板带的四框与模板钢框的厚度相同，以使与模板能连为一体，板带的板面采用钢板。

角模用钢板制成，尺寸为 150mm×150mm，上下设数道加劲肋，与开间方向的大模板用螺栓连接固定在一起，另一侧与进深方向的大模板采用伸缩式搭接连接，见图 6-1-29。

图 6-1-27 模板与拉接横梁连接
1—横板钢框；2—拉接横梁；
3—插板螺栓；4—胶合板板面

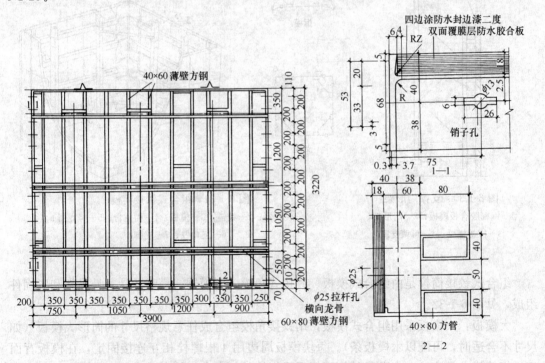

图 6-1-28 钢框胶合板模板拼装的大模板

模板的支撑采用门形架。门架的前立柱为槽钢，用钩头螺栓与横向龙骨连接。其余部分用 Φ48 钢管组成；后立柱下端设地脚螺栓，用以调整模板的垂直度。门形架上端铺设脚手板，形成操作平台。门形架上部可以接高，以适应不同墙体高度的施工。门形架构造见图 6-1-30 所示。

（4）筒形模板

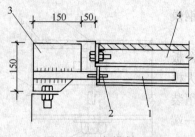

图 6-1-29 角模断面图

1—活动拉杆；2—销孔；

3—角模；4—钢框胶合板模板

筒形大模板是将一个房间或电梯中筒的两道、三道或四道墙体的大模板，通过固定架和铰链、脱模器等连接件，组成一组大模板群体。它的特点是将一个房间的模板整体吊装就位和拆除，因而减少了塔吊吊次，简化了工艺，并且模板的稳定性能好，不易倾覆。缺点是自重较大。设计角形模板时要做到定位准确，支拆方便，确保混凝土墙体的成型和质量。

现就用于电梯井的筒形模板介绍如下：

1）组合式铰接筒形模板

组合式铰接筒形模板，以铰链式角模作连接，各面墙体配以钢框胶合板大模板，如图 6-1-31 所示。

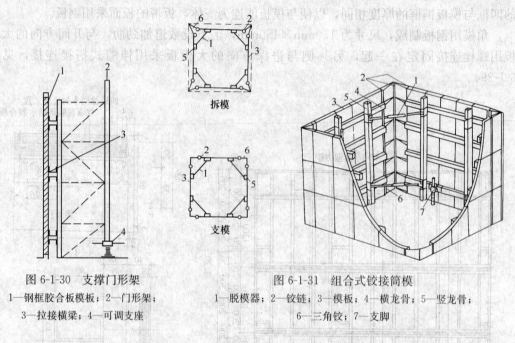

图 6-1-30 支撑门形架

1—钢框胶合板模板；2—门形架；

3—拉接横梁；4—可调支座

图 6-1-31 组合式铰接筒模

1—脱模器；2—铰链；3—模板；4—横龙骨；5—竖龙骨；

6—三角铰；7—支脚

组合式铰接筒模是由组合式模板、铰接式角模、脱模器、横竖龙骨、悬吊架和紧固件组成，见图 6-1-32。

大模板：大模板采用组合式模板，用铰接角模组合成任意规格尺寸的筒形大模板（如尺寸不合适时，可配以木模板条）。每块模板周边用 4 根螺栓相互连接固定，在模板背面用方钢管横龙骨连接，在龙骨外侧再用同样规格的竖向方钢管龙骨连接。模板两端与角模连接，形成整体筒模。

铰接角模：铰接式角模除作为筒形模的角部模板外，还具有进行支模和拆模的功能。支模时，角模张开，两翼呈 90°；拆模时，两翼收拢。角模有三个铰链轴，即 A、B_1、B_2，如图 6-1-33 所示。脱模时，脱模器牵动相邻的大模板，使大模板脱离墙面并带动内链板的 B_1、B_2 轴，使外链板移动，从而使 A 轴也脱离墙面，这样就完成了脱模工作。

角模按 0.3m 模数设计，每个高 0.9m 左右，通常由三个角模连接在一起，以满足

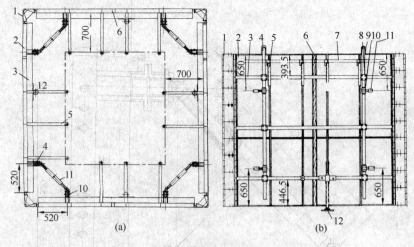

图 6-1-32　组合式铰接筒模构造

（a）平面图；（b）立面图

1—铰接角模；2—组合式模板；3—横龙骨（□50mm×100mm）；4—竖龙骨（□50mm×100mm）；
5—轻型悬吊撑架；6—拼条；7—操作平台脚手架；8—方钢管管卡；9—吊钩；10—固定支架；
11—脱模器；12—地脚螺栓支脚

2.7m 层高施工的需要，也可根据需要加工。

脱模器：脱模器由梯形螺纹正反扣螺杆和螺套组成，可沿轴向往复移动。脱模器每个角安设 2 个，与大模板通过连接支架固定，如图 6-1-34 所示。

脱模时，通过转动螺套，使其向内转动，使螺杆作轴向运动，正反扣螺杆变短，促使两侧大模板向内移动，并带动角模滑移，从而达到脱模的目的。

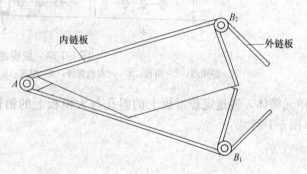

图 6-1-33　铰链角模

铰接式筒模的组装：按照施工栋号设计的开间、进深尺寸进行配模设计和组装。组装场地要平整坚实。

组装时先由角模开始按顺序连接，注意对角线找方。先安装下层模板，形成筒体，再依次安装上层模板，并及时安装横向龙骨和竖向龙骨。用底脚螺栓支脚进行调平。

安装脱模器时，必须注意四角和四面大模板的垂直度，可以通过变动脱模器（放松或旋紧）调整好模板位置，或用固定板先将复式角模位置固定下来。当四个角都调到垂直位置后，用四道方钢管围拢，再用方钢管卡固定，使铰接筒模成为一个刚性的整体。

安装筒模上部的悬吊撑架，铺脚手板，以供施工人员操作。

进行调试。调试时脱模器要收到最小限位，即角部移开 42.5mm，四面墙模可移进 141mm。待运行自如后再行安装。

2）滑板平台骨架筒模

滑板平台骨架筒模，是由装有连接定位滑板的型钢平台骨架，将井筒四周大模板组成

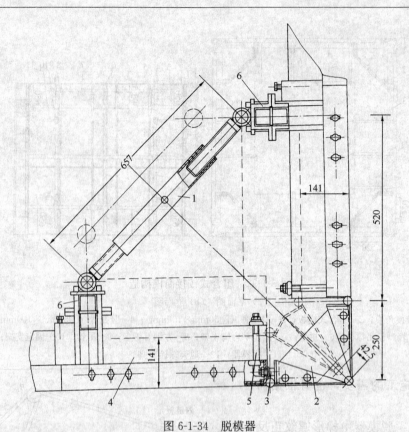

图 6-1-34 脱模器

1—脱模器；2—角模；3—内六角螺栓；4—模板；5—钩头螺栓；6—脱模器固定支架

单元筒体，通过定位滑板上的斜孔与大模板上的销钉相对滑动，来完成筒模的支拆工作
（图 6-1-35）。

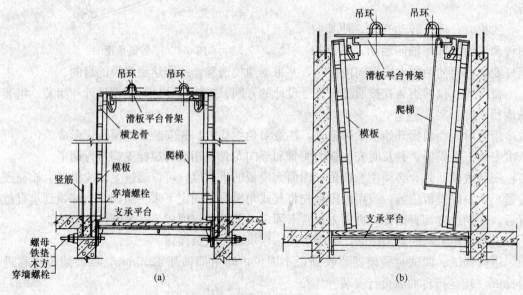

图 6-1-35 滑板平台骨架筒模安装示意

(a) 安装就位；(b) 拆模

滑板平台骨架筒模，由滑板平台骨架、大模板、角模和模板支承平台等组成。根据梯井墙体的具体情况，可设置三面大模板或四面大模板。

滑板平台骨架：滑板平台骨架是连接大模板的基本构架，也是施工操作平台，它设有自动脱模的滑动装置。平台骨架由匚12 槽钢焊接而成，上盖 1.2mm 厚钢板，出入人孔旁挂有爬梯，骨架四角焊有吊环，见图 6-1-36 所示。

连接定位滑板是筒模整体支拆的关键部件。

大模板：采用匚8 槽钢或口 50mm×100mm×2.5mm 薄壁型钢作骨架，焊接 5mm 厚钢板或用螺栓连接胶合板。

角模：按一般大模板的角模配置。

支承平台：支承平台是井筒中支承筒模的承重平台，用螺栓固定于井壁上。

3）电梯井自升筒模

这种模板的特点是将模板与提升机具及支架结合为一体，具有构造简单合理、操作简便和适用性强等特点。

自升筒模由模板、托架和立柱支架提升系统两大部分组成，如图 6-1-37 所示。

模板：模板采用组合式模板及铰链式角模，其尺寸根据电梯井结构大小决定。在组合式模板的中间，安装一个可转动的直角形铰接式角模，在装、拆模板时，使四侧模板可进行移动，以达到安装和拆除的目的。模板中间设有花篮螺栓退模器，供安装、拆除模板时使用。模板的支设及拆除情况如图 6-1-38 所示。

托架：筒模托架由型钢焊接而成，如图 6-1-39 所示。托架上面设置方木和脚手板。托架是支承筒模的受力部件，必须坚固耐用。托架与托架调节梁用 U 形螺栓组装在一起，并通过支腿支撑于墙体的预留孔中，形成一个模板的支承平台和施工操作平台。

立柱支架及提升系统：立柱支架用型钢焊接而成，如图 6-1-40 所示。其构造形式与上述筒模托架相似。它是由立柱、立柱支架、支架调节梁和支腿等部件组成。支架调节梁的调节范围必须与托架调节梁一致。立柱上端起吊梁上安装一个手拉捯链，起重量为 2～3t，用钢丝绳与筒模托架相连接，形成筒模的提升系统。

（5）外墙大模板

外墙大模板的构造与组合式大模板基本相同。由于对外墙面的垂直平整度要求更高，特别是需要做清水混凝土或装饰混凝土的外墙面，对外墙大模板的设计、制作也有其特殊的要求。主要解决以下几个方面的问题：

1）解决外墙墙面垂直平整和大角的垂直方正，以及楼层层面的平整过渡；

2）解决门窗洞口模板设计和门窗洞口的方正；

3）解决装饰混凝土的设计制作及脱模问题；

4）解决外墙大模板的安装支设问题。

现将外墙大模板有关的设计和技术处理方法介绍如下：

1）保证外墙面平整的措施

着重解决水平接缝和层间接缝的平整过渡问题，以及大角的垂直方正问题。

① 大模板的水平接缝处理：可以采用平接、企口接缝处理。即在相邻大模板的接缝处，拉开 2～3cm 距离，中间用梯形橡胶条、硬塑料条或 30×4 的角钢作堵缝，用螺栓与两侧大模板连接固定，见图6-1-41所示。这样既可以防止接缝处漏浆，又可使相邻开间

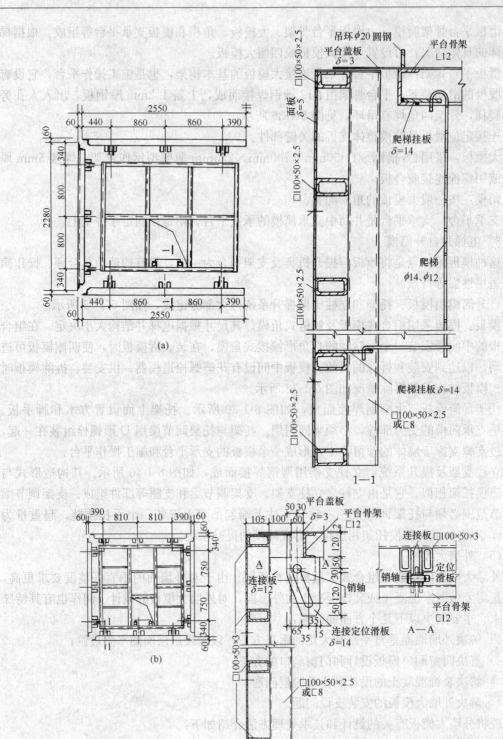

图 6-1-36 滑板平台骨架筒模构造

(a) 三面大模板；(b) 四面大模板

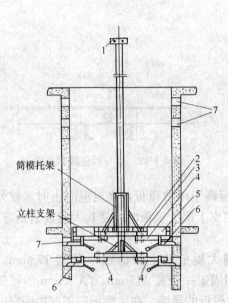

图 6-1-37 电梯井筒模自升机构

1—吊具；2—面板；3—方木；4—托架调节梁；

5—调节丝杠；6—支腿；7—支腿洞

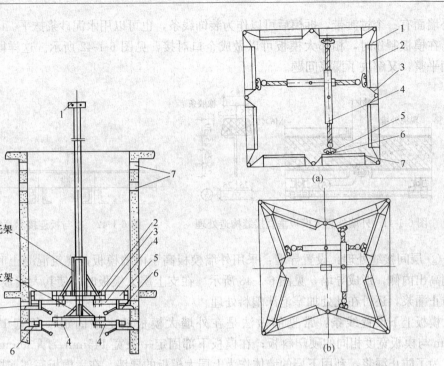

图 6-1-38 自升式筒模支拆示意图

(a) 支模；(b) 拆模

1—四角角模；2—模板；3—直角形铰接式角模；

4—退模器；5—3 形扣件；6—竖龙骨；7—横龙骨

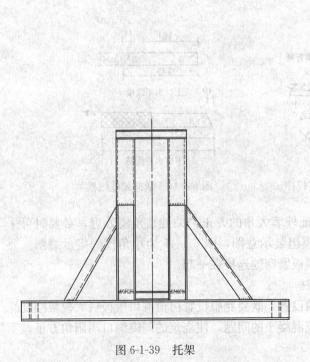

图 6-1-39 托架

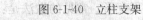

图 6-1-40 立柱支架

795

的外墙面有一个过渡带，拆模后可以作为装饰线条，也可以用水泥砂浆抹平。

在模板制作时，相邻大模板可以做成企口对接，见图 6-1-42 所示。这样既可以保证墙面平整，又解决了漏浆问题。

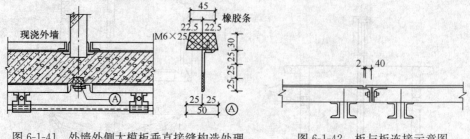

图 6-1-41　外墙外侧大模板垂直接缝构造处理　　　　图 6-1-42　板与板连接示意图

② 层间接缝处理：设置导墙：采用外墙模板高于内墙模板，浇筑混凝土时，使外墙外侧高出内侧，形成导墙，见图 6-1-43 所示。在支上层大模板时，使其大模板紧贴导墙。为防止漏浆，还可在此处加塞泡沫塑料处理。

模板上下设置线条：常见的做法是在外墙大模板的上端固定一条宽 175mm、厚 30mm 与模板宽度相同的硬塑料板；在模板下部固定一条宽 145mm、厚 30mm 的硬塑料板，为了防止漏浆，利用下层的墙体作为上层大模板的导墙。在大模板底部连接固定一根 ⊏12 槽钢，槽钢外侧固定一根宽 120mm、厚 32mm 的橡胶板，如图 6-1-44 和图 6-1-45 所示。连接塑料板和橡胶板的螺栓必须拧紧，固定牢固。这样浇筑混凝土后的墙面形成两道凹槽，既可做装饰线，也可抹平。

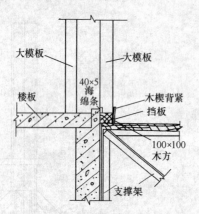

图 6-1-43　大模板底部导墙支模图

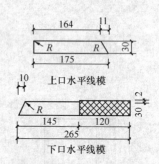

图 6-1-44　横向腰线线模

③ 大角方正问题的处理：为了保证外墙大角的方正，关键是角模处理，必要时可采用机加工刨光角模。图 6-1-46 为大角模组装示意图，图 6-1-47 为小角模固定示意图。要保证角模刚度好、不变形，与两侧大模板紧密地连接在一起。

2）外墙门窗口模板构造与设置方法

外墙大模板需解决门窗洞口模板的设置，既要克服设置门窗洞口模板后大模板刚度受到削弱的问题；还要解决支、拆和浇筑混凝土的问题，使浇筑的门窗洞口阴阳角方正，不位移、不变形。常见的做法是：

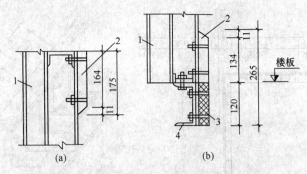

图 6-1-45　外墙外侧大模板腰线条设置示意

（a）上部做法；（b）下部做法

1—模板；2—硬塑料板；3—橡胶板；4—连接槽钢

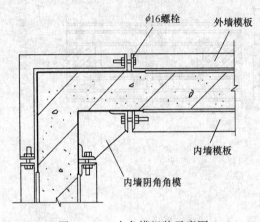

图 6-1-46　大角模组装示意图

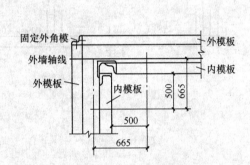

图 6-1-47　外墙外侧大模板大角部位的连接构造

① 将门窗洞口部位的模板骨架取掉，按门窗洞口的尺寸，在骨架上作一边框，与大模板焊接为一体（图 6-1-48）。门窗洞口宜在内侧大模板上开设，以便在振捣混凝土时便于进行观察。

② 保存原有的大模板骨架，将门窗洞口部位的钢板面取掉。同样做一个型钢边框，并采取以下三种方法支设门洞模板：

a. 散支散拆：按门窗洞口尺寸加工好洞口的侧模和角模，钻好连接销孔。在大模板的骨架上按门窗洞口尺寸焊接角钢边框，其连接销孔位置要和门窗洞口模板上的销孔一致（图 6-1-49）。支模时将各片模板和角模按门窗洞口尺寸组装好，并用连接销将门窗洞口模板与钢边框连接固定。拆模时先拆侧帮模板，上口模板应保留至规定的拆模强度时方能拆除，或在拆模后加设临时支撑。

b. 板角结合形式：把门窗洞口的各侧面模板用钢合页固定在大模板的骨架上，各个角部用等肢角钢做成专用角模，形成门窗洞口模板。支模时用支撑杆将各侧侧模支撑到位，然后安装角模，角模与侧模采用企口连接，如图 6-1-50 所示。拆模时先拆侧模，然后拆角模。

c. 独立式门窗洞口模板：将门窗洞口模板采用板角结合的形式一次加工成型。模板

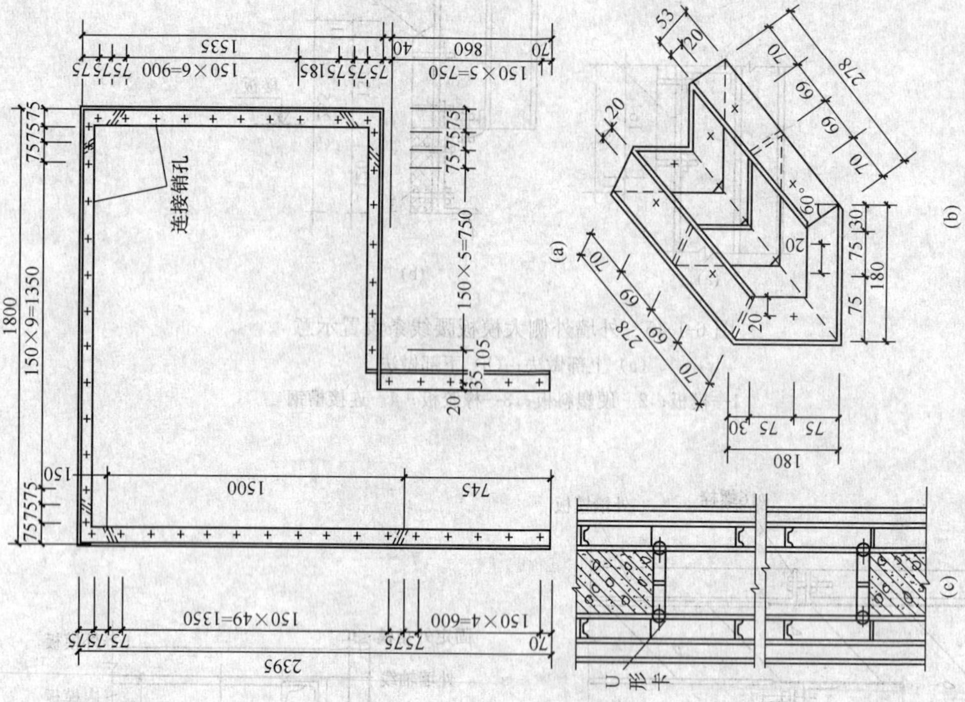

图 6-1-49 散装散拆门窗洞口模板示意

(a) 门、窗洞口模板组装图；(b) 角模；(c) 门、窗洞口模板安装后剖面

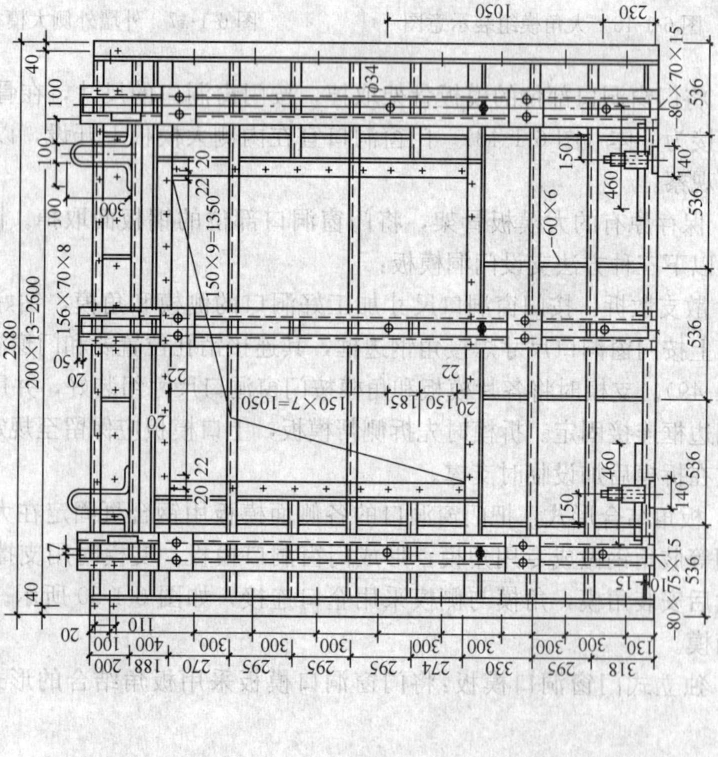

图 6-1-48 外墙大模板门窗洞口

框用5cm厚木板做成，为便于拆模，外侧用硬塑料板做贴面，角模用角钢制作，见图6-1-51所示。支模时将组装好的门窗洞口模板整体就位，用两侧大模板将其夹紧，并用螺栓固定。洞口上侧模板还可用木条做成滴水线槽模板，一次将滴水槽浇筑成型，以减少装修工作量。

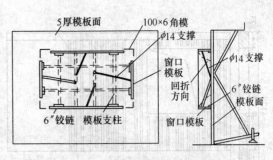

图 6-1-50　外墙窗洞口模板固定方法

3）装饰混凝土衬模设置

为了丰富现浇外墙的质感，可在外墙外侧大模板的表面设置带有不同花饰的聚氨酯、玻璃钢、型钢、塑料、橡胶等材料制成的衬模，塑造成混凝土表面的花饰图案，起到装饰效果。

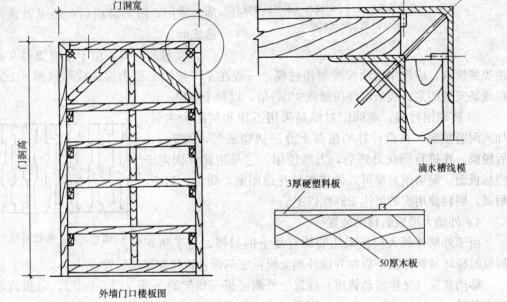

图 6-1-51　独立式门窗洞口模板

衬模材料要货源充裕、易于加工制作、安装简便；同时，要有良好的物理和机械性能，耐磨、耐油、耐碱，化学性能稳定、不变形，且周转使用多次。常用的衬模材料有：

① 铁木衬模：铁木衬模是用1mm厚薄钢板轧制成凹凸型图案，用机螺栓固定于大模板表面。为防止凸出部位受压变形，需在其内垫木条，如图 6-1-52 所示。

② 聚氨酯衬模：聚氨酯衬模有两种做法：一种是预制成型，按设计要求制成带有图案的片状预制块，然后粘贴在大模板上；另一种做法是在现场制作，将大模板平放，清除板面杂质和浮锈后，先涂刷聚氨

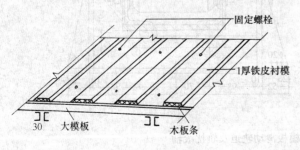

图 6-1-52　铁木衬模

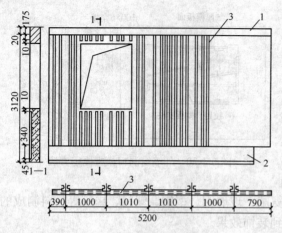

图 6-1-53　角钢衬模
1—上口腰线（水平装饰线）；2—下口腰线（水平装饰线）；
3—30×30 角钢竖线衬模

酯底漆，厚度 5～1.2mm，然后再按图案设计涂刷聚氨酯面漆，待固化后即可使用。这种作法多做成花纹图形。

③ 角钢衬模：用 30×30 角钢焊在外墙外侧大模板表面（图 6-1-53）。焊缝须磨光，角钢端部接头、角钢与模板的缝隙以及板面不平整处，均需用环氧砂浆嵌填、刮平、磨光，干后再涂刷两遍环氧清漆。

④ 铸铝衬模：用模具铸造成形，可以做成各种花饰图案的板块，将它用木螺钉固定于模板上。这种衬模可以多次周转使用，图案磨损后，还可以重新铸造成形。

⑤ 橡胶衬模：由于衬模要经常接触油类脱模剂，应选用耐油橡胶制作衬模。一般在工厂按图案要求辊轧成形（图 6-1-54），在现场安装固定。线条端部应做成 45°斜角，以利于脱模。

⑥ 玻璃钢衬模：玻璃钢衬模是采用不饱和树脂为主料，加入耐磨填料，在设计好的模具上分层裱糊成形，固定 24h 后脱模。在进行固化处理后，方能使用。它是用螺栓固定于模板板面。玻璃钢衬模可以做成各种花饰图案，耐油、耐磨、耐碱，周转使用次数可达 100 次以上。

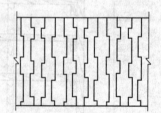

图 6-1-54　橡胶衬模

4）外墙大模板的移动装置

由于外墙外侧大模板采用装饰混凝土的衬模，为了防止拆模时碰坏装饰图案，应在外墙外侧大模板底部设置轨枕和移动装置。

移动装置（又称滑动轨道）设置于外侧模板三角架的下部（图 6-1-55），每根轨道上装有顶丝，大模板位置调整后，用顶丝将地脚盘顶住，防止前后移动。滑动轨道两端滚轴

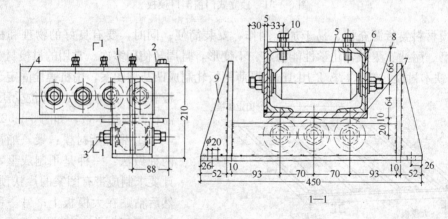

图 6-1-55　模板滑动轨道及轨枕滚轴
1—支架；2—端板；3、8—轴辊；4—活动装置骨架；5、7—轴滚；6—垫板；9—加强板；10—螺栓顶丝

位置的下部，各设一个轨枕，内装与轨道滚动轴承方向垂直的滚动轴承。轨道坐落在滚动轴承上，可左右移动。滑动轨道与模板地脚连接，通过模板后支架与模板同时安装或拆除。这样，在拆除大模板时，可以先将大模板作水平移动，既方便拆模，又可防止碰坏装饰混凝土。

5）外墙大模板的支设平台

解决外墙大模板的支设问题是全现浇混凝土结构工程的关键技术。主要有以下两种形式：

① 三角挂架支设平台：三角挂架支设平台由三角挂架、平台板、护身栏和安全立网组成，见图 6-1-56 所示。它是安放外墙外侧大模板，进行施工操作和安全防护的重要设施。

外墙外侧大模板在有阳台的部位时，可以支设在阳台板上。

三角挂架是承受大模板和施工荷载的部件，必须保证有足够的强度和刚度，安装拆除简便。各种杆件用 2 根 50×50 的角钢焊接而成。每个开间设置 2 个，用"L"形螺栓固定在下层的外墙上，如图 6-1-56 所示。

平台板用型钢做大梁，上面焊接钢板或满铺脚手板，宽度与三角挂架一致，以满足支模

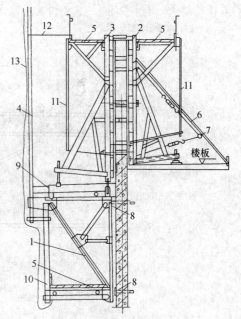

图 6-1-56　三角挂架支模平台

1—三角挂架；2—外墙内侧大模板；3—外墙外侧大模板；4—护身栏；5—操作平台；6—防侧移撑杆；7—防侧移位花篮螺栓；8—L形螺栓挂钩；9—模板支承滑道；10—下层吊笼吊杆；11—上人爬梯；12—临时拉结；13—安全网

和操作。在三角挂架外侧设可供两个楼层施工用的护身栏和安全网。为了施工方便，还可在三角挂架上做成上下二层平台，上层供结构施工用，下层供墙面修理用。

② 利用导轨式爬架支设大模板：导轨式爬架由爬升装置、桁架、扣件架体及安全防护设施组成。在建筑物的四周布置爬升机构，由安装在剪力墙上的附着装置外侧安装架体，它利用导轮组通过导轨进行安装，导轨上部安装提升捯链，架体依靠导轮沿轨道上下运动，从而实现导轨式爬架的升降。架体由水平承力桁架、竖向主框架和钢管脚手架搭设而成，宽 0.9m，距墙 0.4～0.7m，架体高度大于或等于 4.5 倍的标准层层高。架体上设控制室，内设配电柜，并用电缆线与每一个电动捯链连接。电动捯链动力为 500～750W，升降速度为 9cm/min。

这种爬架铺设三层脚手板，可供上下三个楼层施工用，每层施工允许荷载 $2kN/m^2$。脚手板距墙 20cm，最下一层的脚手板与墙体空隙用木板和合页做成翻板，防止施工人员及杂物坠落伤人。架体外侧满挂安全网，在每个施工层设置护身栏。图 6-1-57 为导轨式爬架安装立面。

导轨式爬架须与支模三角架配套使用。导轨爬架的最上层设置安放大模板的三角支架，并设有施工平台。支模三角架承受大模板的竖向荷载，如图 6-1-58 所示。

导轨式爬架当用于上升时供结构施工支设大模板，下降时又可作为外檐施工的脚手架。

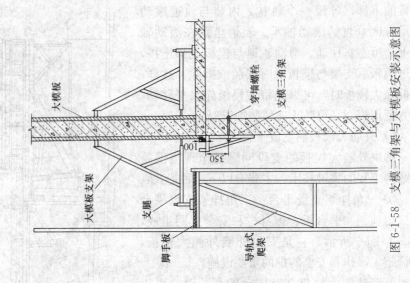

图 6-1-58 支模三角架与大模板安装示意图

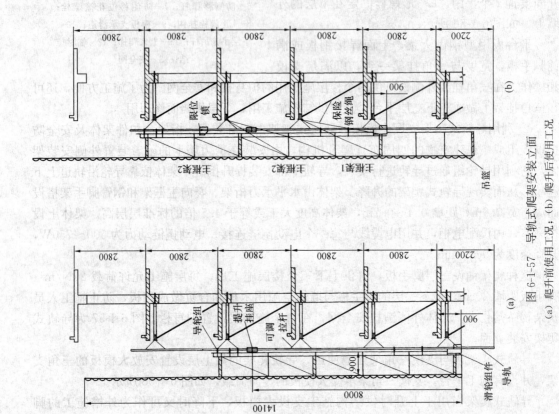

图 6-1-57 导轨式爬架安装立面

(a) 爬升前使用工况; (b) 爬升后使用工况

导轨式爬架的提升工艺流程为：墙体拆模→拆装导轨→转换提升挂座位置→挂好电动捯链→检查验收→同步提升挂除限位锁、保险钢丝绳→同步提升一个楼层的高度→固定支架、保险绳→施工人员上架施工。

爬架的提升时间以混凝土强度为依据，常温时一般在浇筑混凝土之后 2～3d。爬架下降时，要考虑爬架的安装周期，一般控制在 2d 以上为宜。

爬架在升降前要检查所有的扣件连接点是否紧固，约束是否解除，导轨是否垂直，防坠套环是否套住提升钢丝绳。在升降过程中，要保持各段桁架的同步，当行程高差大于50mm 时，应停止爬升，调平后再行升降。爬架升降到位后，将限位锁安装至合适位置，挂好保险钢丝绳。升降完毕投入使用前，应检查所有扣件是否紧固，限位锁和保险绳能否有效地传力，临边防护是否等位。

对配电柜要做好防雨防潮措施，对电源线路和接地情况也要经常进行检查。

4. 大模板的配制设计和维修

（1）大模板的配制设计

1）设计原则

① 通用性强，规格类型少

大模板的配制设计应根据工程类型和施工设备情况进行设计，做到通用性强，规格类型少，能满足不同平面组合的要求并兼顾后续工程的需要。

由于建筑物的构造和用途不同，其开间、进深、层高的尺寸也不相同，所以要求大模板的设计能有一定的通用性，并便于改装，以适用不同开间、进深和层高的要求，这样使大模板的周转使用次数增加，以降低模板摊销费用。

② 力求结构构造简单，制作、装拆灵活方便

模板的结构在满足施工要求的前提下，应力求结构简单，便于加工制作，便于安装、拆除，以利于提高施工效率。其每块大模板重量应满足现场起重能力的要求。

③ 模板组合方便

模板的组合，便于划分施工流水段，尽量做到纵横墙同时浇筑混凝土，以利于加强结构的整体性。做到接缝严密，不漏浆，阴阳角方正，棱角整齐。

④ 坚固耐用，经济合理

大模板的设计首先要满足刚度要求，确保大模板在堆放、组装、拆除时的自身稳定，以增加其周转使用次数。同时应采用合理的结构构造，恰当地选材，尽量做到减少一次投资量。虽然模板做到坚固耐用，会使钢材用量和投资增多，但由于周转次数的增加，摊销费用可以降低。如果模板质量不好，不仅周转次数少，经常维修费用增高，而且还要增加墙面修理的费用。所以在设计模板时，应把坚固耐用放到第一位。

2）设计方法

① 按建筑物的平面尺寸确定模板型号：根据建筑设计的轴线尺寸，确定模板的尺寸，凡外形尺寸和节点构造相同的模板均为同一种型号。当节点相同、外形尺寸变化不大时，可以用常用的开间、进深尺寸为基数作定型模板，另配模板条。如开间为 3.6m 和 3.3m 时，可以依 3.3m 为基数制作模板，用于 3.6m 轴线时，配以 30cm 的模板条，与之连接固定。

每道墙体由两片大模板组成，一般可采用正反号表示。同一侧墙面的模板为正号，另

一侧墙面用的模板则为反号，正反号模板数量相等，以便于安装时对号就位。

② 根据流水段大小确定模板数量：常温条件下，大模板施工一般每天完成一个流水段，所以在考虑模板数量时，必须以满足一个流水段的墙体施工来确定。

另外，在考虑模板数量时，还应考虑特殊部位的施工需要。如电梯间以及全现浇工程中山墙模板的型号和数量。

③ 根据开间、进深、层高确定模板的外形尺寸：

a. 内墙模板高度：与层高和模板厚度有关，一般可以通过下式确定：

$$H = h - h_1 - C_1 \tag{6-1-1}$$

式中　H——模板高度（mm）；

　　　h——楼层高度（mm）；

　　　h_1——楼板厚度（mm）；

　　　C_1——余量，考虑到模板找平层砂浆厚度及模板安装不平等因素而采用的一个常数，通常取 20～30mm。

b. 内横墙模板长度：横墙模板长度与进深轴线、墙体厚度以及模板的搭接方法有关，按下式计算：

$$L = L_1 - L_2 - L_3 - C_2 \tag{6-1-2}$$

式中　L——内横墙模板长度（mm）；

　　　L_1——进深轴线尺寸（mm）；

　　　L_2——外墙轴线至外墙内表面的尺寸（mm）；

　　　L_3——内墙轴线至墙面的尺寸（mm）；

　　　C_2——为拆模方便，外端设置一角模，其宽度通常取 50mm。

c. 内纵墙模板长度：纵墙模板长度与开间轴线尺寸、墙体厚度、横墙模板厚度有关，按下式确定：

$$B = b_1 - b_2 - b_3 - C_3 \tag{6-1-3}$$

式中　B——纵墙模板长度（mm）；

　　　b_1——开间轴线尺寸（mm）；

　　　b_2——内横墙厚度（mm）。端部纵横墙模板设计时，此尺寸为内横墙厚度的 1/2 加外轴线到内墙皮的尺寸；

　　　b_3——模墙模板厚度×2（mm）；

　　　C_3——模板搭接余量，为使模板能适应不同的墙体厚度，故取一个常数，通常取 20mm。

d. 外墙模板高度与楼梯间墙体模板高度：

$$H = h + h_0 \tag{6-1-4}$$

式中　H——模板高度（mm）；

　　　h——楼层高度（mm）；

　　　h_0——考虑到模板与导墙的搭接，取一常数，通常为 5cm。

e. 外墙模板长度：通常按轴线尺寸设计，如采用塑料条做接缝处理时，可比轴线尺寸小 2cm。

3）设计要求

大模板设计除绘制构造、节点、拼装和零配件图纸外，尚应绘制配板平面布置图和施工说明书。

（2）大模板制作质量要求

1）加工制作模板所用的各种材料与焊条，以及模板的几何尺寸必须符合设计要求。

2）各部位焊接牢固，焊缝尺寸符合设计要求，不得有漏焊、夹渣、咬肉、开焊等现象。

3）毛刺、焊渣要清理干净，防锈漆涂刷均匀。

4）质量允许偏差，应符合表 6-1-2 的规定。

大模板质量允许偏差　　　　　　表 6-1-2

序号	检查项目	允许偏差（mm）	检查方法
1	表面平整	2	2m 靠尺、楔尺检查
2	平面尺寸	长度-2，高度±3	尺检
3	对角线差	3	尺检
4	螺孔位置偏差	2	尺检

（3）大模板的维修保养

大模板的一次性耗资较大，用钢量较多，要求周转使用次数在 400 次以上。因此要加强管理，及时做好维护、维修保养工作。注意日常保养。

1）在使用过程中应尽量避免碰撞，拆模时不得任意撬砸，堆放时要防止倾覆。

2）每次拆模后，必须及时清除模板表面的残渣和水泥浆，涂刷脱模剂。

3）对模板零件要妥善保管，螺母螺杆经常擦油润滑，防止锈蚀。拆下来的零件要随手放在工具箱内，随大模一起吊走。

4）当一个工程使用完毕后，在转移到新的工程使用前，必须进行一次彻底清理，零件要入库保存，残缺丢件一次补齐。易损件要准备充足的备件。

（4）脱模剂的选用

脱模剂对于防止模板与混凝土粘结、保护模板、延长模板的使用寿命以及保持混凝土表面的洁净与光滑，都起着重要的作用。

对脱模剂的基本要求是：①容易脱模，不粘结和污染混凝土表面；②涂刷方便，易干燥和清理；③对模板无腐蚀作用；④材料来源方便，价格便宜。

新制作的大模板运进现场后，要用扁铲、砂纸进行清渣、除锈、擦去表面油污，板面拼缝处要用环氧树脂腻子嵌缝，然后涂刷脱模剂。

1）脱模剂的种类

① 水性脱模剂：主要有海藻酸钠脱模剂。其配制方法是：海藻酸钠：滑石粉：洗衣粉：水＝1：13.3：1：53.3（重量比）配合而成。先将海藻酸钠浸泡 2～3d，再加滑石粉、洗衣粉和水搅拌均匀即可使用，刷涂、喷涂均可。

② 甲基硅树脂脱模剂：为长效脱模剂，刷一次可用 6 次，如成膜好可用到 10 次。

甲基硅树脂用乙醇胺作固化剂，重量配合比为 1000：3～5。气温低或涂刷速度快时，可以多掺一些乙醇胺；反之，要少掺。甲基硅树脂成膜固化后，透明、坚硬、耐磨、耐热和耐水性能都很好。涂在钢模面上，不仅起隔离作用，也能起防锈、保护作用。该材料无毒，喷、刷均可。

配制时容器工具要干净，无锈蚀，不得混入杂质。工具用毕后，应用酒精洗刷干净晾干。由于加入了乙醇胺易固化，不宜多配。故应根据用量配制，用多少配多少。当出现变稠或结胶现象时，应停止使用。甲基硅树脂与光、热、空气等物质接触都会加速聚合，应贮存在避光、阴凉的地方，每次用过后，必须将盖子盖严，防止潮气进入，贮存期不宜超过三个月。

在首次涂刷甲基硅树脂脱模剂前，应将板面彻底擦洗干净，打磨出金属光泽，擦去浮锈，然后用棉纱沾酒精擦洗。板面处理越干净，则成模越牢固，周转使用次数越多。采用甲基硅树脂脱模剂，模板表面不准刷防锈漆。当钢模重刷脱模剂时，要趁拆模后板面潮湿，用扁铲、棕刷、棉丝将浮渣清理干净，否则，干固后清理就比较困难。

涂刷脱模剂可以采用喷涂或刷涂，操作要迅速。结膜后，不要回刷，以免起胶，起胶后就起不到脱模剂的作用。涂层要薄而均匀，太厚反而容易剥落。

2）涂刷脱模剂应注意的事项

① 在首次涂敷脱模剂前，必须对模板进行检查和清理。板面的缝隙应用环氧树脂腻子或其他材料进行补缝。要清除掉模板表面的污垢和锈蚀，然后涂刷脱模剂。

② 涂敷脱模剂要薄而均匀，所有与混凝土接触的板面都应涂刷，不可只涂大面而忽略小面及阴阳角。但在阴角处不得积存脱模剂。

③ 不管采用何种脱模剂，均不得涂刷在钢筋上，以免影响对钢筋的握裹力。

④ 现场配制脱模剂时要随用随配，以免影响脱模剂的效果和造成浪费。

⑤ 涂刷时要注意周围环境，防止散落在建筑物、机具和人身衣物上。

⑥ 脱模后应及时清理板面的浮渣，并用棉丝擦净，然后再涂敷脱模剂。

⑦ 涂敷脱模剂后的模板不能长时间放置，以防雨淋或落上灰尘，影响脱模效果。

5. 大模板工程施工

（1）流水段的划分与模板配备

1）流水段划分的方法

大模板工程施工的周期性很强，必须合理划分施工流水段，组织流水作业，实行有节奏的均衡施工，以提高效率，加快模板周转和施工进度。划分流水段要注意以下几点：

① 根据建筑物的平面、工程量、工期要求和机具设备等条件综合考虑，尽量使各流水段的工程量大致相等，模板的型号和数量基本一致，劳动力配备相对稳定，以利于组织均衡施工。

② 要使各流水段的吊装次数大致相等，以充分发挥垂直起重设备的能力。

③ 采用有效的技术组织措施，做到每天完成一个流水段的支、拆模板工序，使大模板得以充分利用。由于大模板的施工周期与结构施工的一些技术要求有关，如：墙体混凝土达到 $1N/mm^2$ 时方可拆模，达到 $4N/mm^2$ 时方可安装楼板。因此施工周期的长短，与每个流水段是否能在 24h 内完成有着密切关系。所以要采取一定的技术措施和周密的安排，实现每天完成一个流水段。

④ 内外墙全现浇工程，必须根据其结构工艺特点划分流水分段。因为现浇外墙混凝土强度必须达到 $7.5N/mm^2$ 以上时，才能挂三角挂架，达到这一强度常温下 C20 混凝土需要 3d 时间，加上本段施工及安装三角挂架和护身栏等工序，则共需 5d。施工流水段的划分和施工周期的安排，必须满足这一要求。所以全现浇工程的流水段数宜在 5 段或 5 段

以上。如果混凝土强度等级高，施工流水段数量也可减少。

2）模板配备

模板配备的数量应根据流水段的大小和结构类型来决定。另外，在山墙及变形缝墙体部位还需另外配备大模板。

在冬期施工中，由于施工周期相对延长，模板占用量也相对增大，此时，可以采取增加每个流水段的轴线，或多配备供两个流水段施工用的模板，以满足冬期施工混凝土强度增长的需要。

（2）施工前的准备工作

大模板工程的施工，除了按照常规要求，编制施工组织设计，做好施工准备总体部署外，还要针对大模板施工的特点，做好以下准备工作：

1）安排好大模板堆放场地

由于大模板体形大、比较重，故应堆放在塔式起重机工作半径范围之内，以便于直接吊运。在拟建工程的附近，留出一定面积的堆放区。每块组合式大模板平均占地约 $8m^2$，按五条轴线的流水段的外板内浇工程，模板占地约 $270m^2$；内外墙全现浇工程，模板占地 $430\sim480m^2$；筒形模占地面积应适当增加。

如为外板内浇工程，在平面布置中，还必须妥善安排预制外墙板的堆放区，也应堆放在塔式起重机起吊半径范围之内。

2）做好技术交底

针对大模板施工的特点和每栋建筑物的具体情况，做好班组的技术交底。交底必须有针对性、指导性和可操作性。

3）进行大模板的试组装

在正式安装大模板之前，应先根据模板的编号进行试验性安装，以检查模板的各部尺寸是否合适，操作平台架及后支架是否"打架"，模板的接缝是否严密，如发现问题应及时进行修理，待问题解决后方可正式安装。

如采用筒形模时，应事先进行全面组装，并调试运转自如后方能使用。

4）做好测量放线工作

① 轴线和标高的控制和引测方法

a. 轴线：每幢建筑物的各个大角和流水段分段处，均应设置标准轴线控制桩，据此用经纬仪引测各层控制轴线。然后拉通尺放出其他墙体轴线、墙体的边线、大模板安装位置线和门洞口位置线等。

由于受场地限制，用经纬仪外测控制轴线非常困难，可使用激光铅垂仪进行竖向轴线控制。它具有精度高、误差小等优点，是高层建筑施工中较简便易行的测量方法。具体作法是：

在制定施工组织设计或测量方案时，根据建筑物的轴线情况设计出激光测量用的洞口位置。该位置宜选在墙角处，每个流水段不少于 3 个，呈"L"形，分别控制纵、横墙的轴线，见图 6-1-59。在现浇楼板施工时，每层楼板上预留 $20cm\times20cm$ 的孔洞，垂直穿越各层楼板，作为激光的通视线。在首层地面上设垂直控制点，与相邻两外墙内皮 $50cm$ 控制线的交点处，即为铅垂控制点。控制点可以用预埋钢板或钢筋制作，用经纬仪量测出中心点，并刻划出十字线。以上各层测量时均以此点为准。如图 6-1-60 所示。

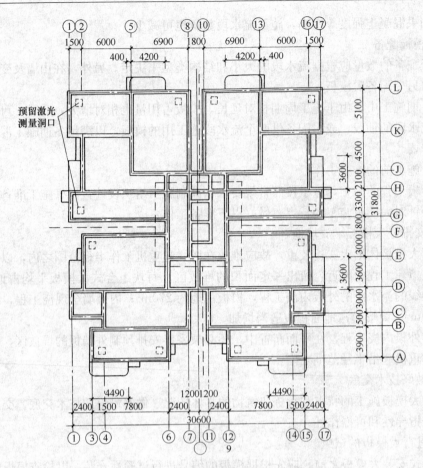

图 6-1-59 某工程铅垂控制点平面留洞图

　　测量时，在首层支放激光铅直仪，使其定位于控制点上，将水平气泡对中，使激光束垂直通过铅垂控制点。在要测设的楼层预留的洞口上，放置激光接收板，激光板为 250mm×250mm 的玻璃，上贴半透明靶心纸，如图 6-1-61 所示。打开激光仪，分别在 0°、90°、180°、270°四次投射激光，在激光接收板上确定相应的 4 个激光斑点的位置，然后移动靶心，使 4 个激光斑点分别重合在同一个圆上，其靶心即为该楼层的铅垂控制点。依上述方法将本流水段各控制点作完，然后在"L"形控制线的转角处架设经纬仪，测设本流水段的各条轴线和模板位置线。如图 6-1-62 所示。

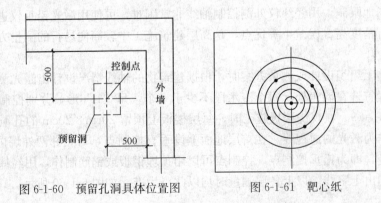

图 6-1-60　预留孔洞具体位置图　　　　　图 6-1-61　靶心纸

测设时，激光铅直仪要安放稳定，在其上方设立防护板，防止坠物伤害仪器。操作时，上下联系使用对讲机。操作后，预留的测量方孔要用盖板封严，防止坠物伤人。当结构封顶不再需要激光测量时，要将预留洞周边剔出钢筋，与加强筋焊接后浇筑混凝土进行封堵。

b. 水平标高：每幢建筑物设标准水平桩 1～2 个，并将水平标高引测到建筑物的首层墙上，作为水平控制线。各楼层的标高均以此线为基准，用钢尺逐层引测。每个楼层设两条水平线，一条离地面 50cm 高，供立口和装修工程用；另一条距楼板下皮 10cm，用以控制墙体找平层和楼板安装的高度。

另外，在墙体钢筋上应弹出水平线，据此抹出砂浆找平层，以控制墙板和大模板安装的水平度。

② 验线

轴线、模板位置线测设完成后，应由质量检查人员、施工员或监理进行验线。

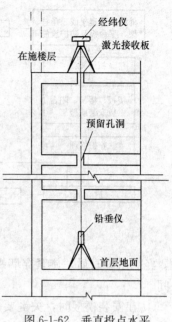

图 6-1-62　垂直投点水平布线示意图

(3) 大模板施工工艺流程

1) 内浇外板工艺流程（图 6-1-63）

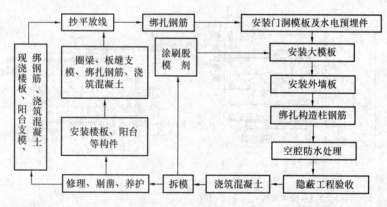

图 6-1-63　内浇外板工艺流程

2) 内外墙全现浇工艺流程（图 6-1-64）

内、外墙为同一品种混凝土时，应同时进行内、外墙施工，其工艺流程见图 6-1-64。

(4) 大模板的安装

1) 普通内墙大模板的安装

① 安装大模板之前，内墙钢筋必须绑扎完毕，水电预埋管件必须安装完毕。外砌内浇工程安装大模板之前，外墙砌砖及内墙钢筋和水电预埋管件等工序也必须完成。

② 大模板安装前，必须做好抄平放线工作，并在大模板下部抹好找平层砂浆，依据放线位置进行大模板的安装就位。

③ 安装大模板时，必须按施工组织设计中的安排，对号入座吊装就位。先从第二间开始，安装一侧横墙模板靠吊垂直，并放入穿墙螺栓和塑料套管后，再安装另一侧的模

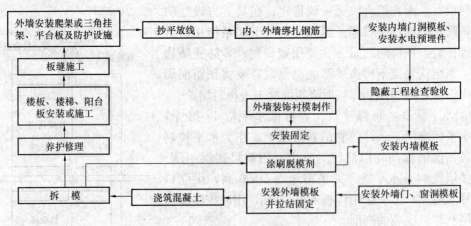

图 6-1-64　内外墙全现浇工艺流程

板，经靠吊垂直后，旋紧穿墙螺栓。横墙模板安装后，再安装纵墙模板。安装一间，固定一间。

④ 在安装模板时，关键要做好各个节点部位的处理。采用组织式大模板时，几个建筑节点部位的模板安装处理方法如下：

外（山）墙节点：外墙节点用活动角模，山墙节点用木方解决组合柱的支模问题，如图 6-1-65 所示。

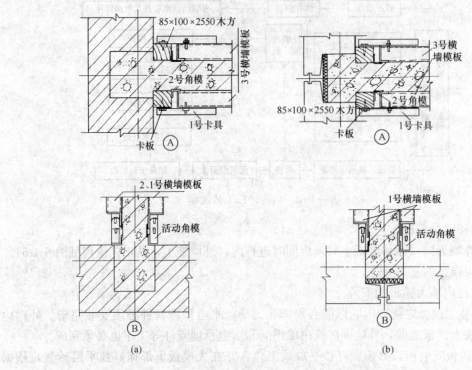

图 6-1-65　内外（山）墙节点模板安装图
(a) 外砖内浇结构；(b) 外板内浇结构；
Ⓐ山墙节点；Ⓑ外墙节点

十字形内墙节点：用纵、横墙大模板直接连为一体，如图 6-1-66 所示。

错墙处节点：支模比较复杂，既要使穿墙螺栓顺利固定，又要使模板连接处缝隙严实，如图 6-1-67 所示。

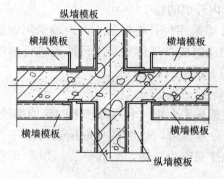

图 6-1-66　十字节点模板安装图

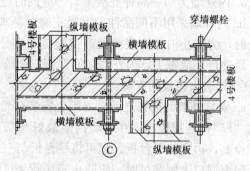

图 6-1-67　错墙处节点模板安装图

流水段分段处：前一流水段在纵墙外端采用木方作堵头模板，在后一流水段纵墙支模时用木方作补模，如图 6-1-68 所示。

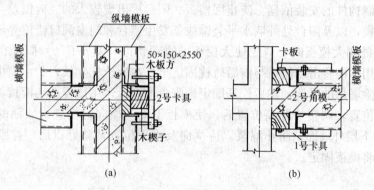

图 6-1-68　流水段分段处模板安装图
（a）前流水段；（b）后流水段

⑤ 拼装式大模板，在安装前要检查各个连接螺栓是否拧紧，保证模板的整体不变形。

⑥ 模板的安装必须保证位置准确，立面垂直。安装的模板可用双十字靠尺在模板背面靠吊垂直度（图 6-1-69）。发现不垂直时，通过支架下的地脚螺栓进行调整。模板的横向应水平一致，发现不平时，也可通过模板下部的地脚螺栓进行调整。

⑦ 模板安装后接缝部位必须严密，防止漏浆。底部若有空隙，应用聚氨酯泡沫条、纸袋或木条塞严，以防漏浆。但不可将纸袋、木条塞入墙体内，以免影响墙体的断面尺寸。

⑧ 每面墙体大模板就位后，要拉通线进行调直，然后进行连接固定。紧固对拉螺栓时要用力得当，不得使模板板面产生变形。

2）外墙大模板的安装

内外墙全现浇工程的施工，其内墙部分与内浇外板工程

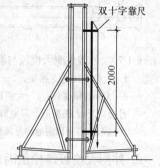

图 6-1-69　双十字靠尺

相同；现浇外墙部分，其工艺不同，特别当采用装饰混凝土时，必须保证外墙面光洁平整，图案、花纹清晰，线条棱角整齐。

① 施工工艺：外墙墙体混凝土的骨料不同，采用的施工工艺也不同。

a. 内外墙为同一品种混凝土时，应同时进行内外墙的施工。

b. 内外墙采用不同品种的混凝土时，例如外墙采用轻骨料混凝土，内墙采用普通混凝土时，为防止内外墙接槎处产生裂缝，宜分别浇筑内外墙体混凝土。即先进行内墙施工，后进行外墙施工，内外墙之间保持三个流水段的施工流水步距。

② 外墙大模板的安装：

a. 安装外墙大模板之前，必须先安装三角挂架和平台板。利用外墙上的穿墙螺栓孔，插入"L"形连接螺栓，在外墙内侧放好垫板，旋紧螺母，然后将三角挂架钩挂在"L"形螺栓上，再安装平台板。也可将平台板与三角挂架连为一体，整拆整装。"L"形螺栓如从门窗洞口上侧穿过时，应防止碰坏新浇筑的混凝土。

b. 要放好模板的位置线，保证大模板就位准确。应把下层竖向装饰线条的中线，引至外侧模板下口，作为安装该层竖向衬模的基准线，以保证该层竖向线条的顺直。在外侧大模板底面10cm处的外墙上，弹出楼层的水平线，作为内外墙模板安装以及楼梯、阳台、楼板等预制构件的安装依据。防止因楼板、阳台板出现较大的竖向偏差，造成内外侧大模板难以合模，以及阳台处外墙水平装饰线条发生错台和门窗洞口错位等现象。

c. 当安装外侧大模板时，应先使大模板的滑动轨道（图6-1-70）搁置在支撑挂架的轨枕上，要先用木楔将滑动轨道与前后轨枕固定牢，在后轨枕上放入防止模板向前倾覆的横栓，方可摘除塔吊的吊钩。然后松开固定地脚盘的螺栓，用撬棍拨动模板，使其沿滑动轨道滑至墙面位置，调整好标高位置后，使模板下端的横向衬模进入墙面的线槽内（图6-1-71）并紧贴下层外墙面，防止漏浆。待横向及水平位置调整好以后，拧紧滑动轨道上的固定螺钉，将模板固定。

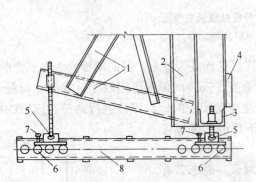 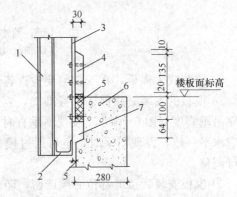

图 6-1-70　外墙外侧大模板与滑动轨道安装示意图
1—大模板三角支撑架；2—大模板竖龙骨；
3—大模板横龙骨；4—大模板下端横向腰线
衬模；5—大模板前、后地脚；6—滑动轨道
辊轴；7—固定地脚盘螺栓；8—轨道

图 6-1-71　大模板下端横向衬模安装示意图
1—大模板竖龙骨；2—大模板横龙骨；
3—大模板板面；4—硬塑料衬模；5—橡
胶板导向和密封衬模；6—已浇筑外墙；
7—已形成的外墙横向线槽

d. 外侧大模板经校正固定后，以外侧模板为准，安装内侧大模板。为了防止模板位移，必须与内墙模板进行拉结固定。其拉结点应设置在穿墙螺栓位置处，使作用力通过穿

墙螺栓传递到外侧大模板，防止拉结点位置不当而造成模板位移。

e. 当外墙采取后浇混凝土时，应在内墙外端留好连接钢筋，并用堵头模板将内墙端部封严。

f. 外墙大模板上的门窗洞口模板必须安装牢固，垂直方正。

g. 装饰混凝土衬模要安装牢固，在大模板安装前要认真进行检查，发现松动应及时进行修理，以免在施工中发生位移和变形，防止拆模时将衬模拔出。镶有装饰混凝土衬模的大模板，宜选用水乳性脱模剂，不宜用油性脱模剂，以免污染墙面。

③ 外墙装饰混凝土施工注意事项：外墙装饰混凝土施工，除应遵守一般规定外，尚应注意以下几点：

a. 装饰衬模安装固定后，与大模板之间的缝隙必须用环氧树脂腻子嵌严，防止浇筑混凝土时水泥浆进入缝内，造成脱模困难和装饰图案被拉坏或衬模松动脱落。

b. 外侧大模板安装校正后，应在所有衬模位置加设钢筋的保护层垫块，以防止装饰图案成型后出现露筋现象。

c. 外墙浇筑混凝土之前，应先浇筑与混凝土同强度等级的砂浆，以保证墙体接槎处混凝土密实均匀。

d. 浇筑墙体混凝土时要使用串筒下料，避免振捣器触碰衬模。为保证混凝土浇捣密实，减少墙面气泡，应采用分层振捣并进行二次振捣。

e. 宽度较大的门窗洞口，两侧应对称浇筑混凝土，并从窗台模板的预留孔处再进行补浇和振捣，防止窗台下部出现孔洞和露筋现象。

f. 外墙若采用轻骨料混凝土，应加强搅拌，采用保水性能好的运输车，防止离析，保证混凝土的和易性和坍落度。应选用大直径振捣棒振捣，振捣时间不宜过长，插点要密，提棒速度要慢，防止出现骨料、浆料的分层现象。

3）筒形大模板的安装

① 组合式提模的安装：模板涂刷脱模剂后，便可进行安装就位。校正好位置后，再校正垂直度，并用承办小车和千斤顶进行调整，将大模板底部顶至筒壁。再用可调卡具将大模板精调至垂直。连接好四角角模，将预留洞定位卡压紧，门洞处将内外模的钢管紧固，穿好穿墙螺栓，检查无误后，即可浇筑混凝土。

② 组合式铰接筒模的安装：先在平整坚实的场地上将筒模组装好。成型后要求垂直方正，每个角模两侧的板面保持一致，误差不超过 10mm。

筒模吊装就位之前，要将筒模通过脱模器收缩到最小位置，然后起吊入模，就位找正。

③ 自升筒模的安装：在电梯井墙绑扎钢筋后，即安装筒模。首先调整各连接部件，使其运转自如，并注意调整好水平标高和筒模的垂直度，接缝要严密。

当浇筑的混凝土强度达到 $1N/m^2$ 时，即可脱模。通过花篮螺杆脱模器使模板收缩，脱离混凝土，然后拉动捯链，使筒模及其托架慢慢升起，托架支腿自动收缩。当支腿升至上面的预留孔部位时，在配重的作用下会自动地伸入孔中。当支腿进入预留孔后，让支腿稍微上悬，停止拉动捯链。然后找正托架面板与四周墙壁的位置，使其周边间隙均保持在 30mm。通过拧动调节丝杠使托架面板调至水平，再将筒模调整就位。

当完成筒模提升就位后，再提升立柱支架，做法是：在筒模顶部安装专备的横梁，并注意放在承力部位，然后在横梁上悬挂捯链，通过钢丝绳和吊钩将立柱支架徐徐升起，其过程和提升筒模相似。最后将立柱及支架支撑于墙壁的下一排预留孔上，与筒模支架支腿预留孔上下错开一定距离，以免互相干扰，并将立柱支架找正找平。自升式筒模的提升过程，如图 6-1-72 所示。

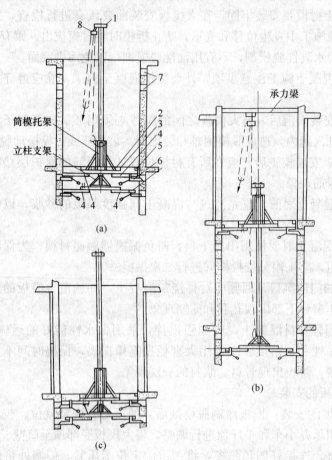

图 6-1-72　自升式筒模提升过程

(a) 悬挂捯链，提升筒模及托架、托平；(b) 提升立柱支架；(c) 立柱支架固定找平

1—起吊梁；2—面板；3—方木；4—托架调节梁；5—调节丝杠；6—支腿；7—支腿洞；8—捯链

其工艺流程如下：

筒模就位找正→绑扎钢筋→浇筑混凝土→提升平台→抽出筒模穿墙螺栓和预留孔模板→吊升筒模井架、脱模→吊升筒模及其平台至上一层→就位找正。

4）门窗洞口模板安装

墙体门窗洞口有两种做法：一种是先立口，即把门窗框在支模时预先留置在墙体的钢筋上，在浇筑混凝土时浇筑于墙内。做法是用方木或型钢做成带有斜度的（1~2cm）门框套模，夹住安装就位的门框，然后用大模板将套模夹紧，用螺栓固定牢固。门框的横向用水平横撑加固，防止浇捣混凝土时发生变形、位移。如果采用标准设计，门窗洞口位置不变时，可以设计成定型门窗框模板，固定在大模板上，这样既方便施工，也有利于保证门窗框安装位置的质量。

另一种是后立口，即用门窗洞口模板和大模板把门窗洞口预留好，然后再安装门窗框。随着钻孔机械和粘结材料的发展，现在采用后立口的做法较为普遍。

5）外墙组合柱模板安装

预制外墙板与现浇内墙相交处的组合柱模板，不需要单独支模，一般借助内墙大模板的角模，但必须将角模与外墙板之间的缝隙封严，防止出现漏浆。

山墙及大角部位的组合柱模板，需另配钢模或木模，并设立模板支架或操作平台，以利于浇筑混凝土。对这一部位的模板必须加强支撑，保证缝隙严密，不走形，不漏浆。

预制岩棉复合外墙板的组合柱模板，需另设计配置。可采用 2mm 厚钢板压制成型，中间加焊加劲肋，通过转轴与大模板连接固定。支模时模板要进入组合柱 0.5mm，以防拆模后剔凿。大角部位的组合柱模板，为防止振捣混凝土时模板变形、位移，可用角钢框与外墙板固定，并通过穿墙螺栓与组合柱模板拉结在一起。如图 6-1-73 所示。

外砖内模工程的组合柱支模时，为了防止在浇筑混凝土时将组合柱外侧砖墙挤坏，应在组合柱砖墙外侧加以支护。办法是沿组合柱外墙上下放置模板，并用螺栓与大模板拉结在一起，拆模时再一起拆除。如图 6-1-74 所示。

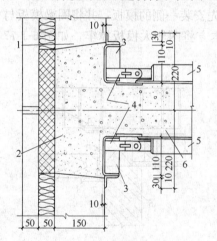

图 6-1-73　岩棉复合外墙板与内墙
交接组合柱模板

1—岩棉复合外墙板；2—现浇组合柱；
3—组合柱模板；4—连接板；
5—大模板；6—现浇内墙

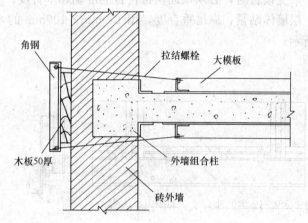

图 6-1-74　外砌内浇工程组合柱支护示意

6）楼梯间模板的安装

楼梯间内由于两个休息平台板之间的高差较大，所以支模比较困难；另外，由于楼梯间墙体未被楼板分割，上下层墙体如有不平或错台，极易暴露。这些，均要在支模时，采取措施妥善处理。其支模方法是：

① 利用支模平台安放大模板。将支模平台安设在休息平台板上，以保持大模板底面的水平一致，如有不平，可用木楔调平。

② 解决墙面错台和漏浆的措施：楼梯间墙体由于放线误差或模板位移，容易出现错台，影响结构质量，也给装修造成困难。另外，由于模板下部封闭不严，常常出现漏浆现象，所以，必须在支设模板时采取措施，解决这一质量通病。方法是：

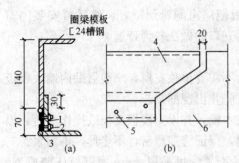

图 6-1-75　楼梯间圈梁模板作法之一

1—压胶条的扁钢，3mm×50mm;

2—Φ6 螺栓；3—b 字形橡胶条；

4—匚24 圈梁模板，长度按楼梯段定；

5—Φ6 螺孔，间距 150；6—楼梯平台板

a. 把墙体大模板与圈梁模板连接为一体，同时浇筑混凝土。具体做法是：针对圈梁的高度，把一根 24 号槽钢切割成 140mm 和 100mm 高的两根，长度可根据休息平台至外墙的净空尺寸决定，然后将切割后的槽钢搭接对焊在一起。在槽钢下侧打孔，用Φ6 螺栓和 3mm×50mm 的扁钢固定两道 b 字形的橡皮条（图 6-1-75a），作为圈梁模板。在圈梁模板与楼梯平台的相交处，根据平台板的形状做成企口，并留出 20mm 的空隙，以便于支拆模板（图 6-1-75b）。圈梁模板与大模板用螺栓连接固定在一起，其缝隙用环氧腻子嵌平。

b. 直接用匚16 或匚20 槽钢与大模板连接固定，槽钢外侧用扁钢固定 b 字形橡皮条，如图 6-1-76 所示。

支模板时，必须保证模板位置的准确和垂直度。先安装一侧的模板，并将圈梁模板与下层墙体贴紧，靠吊垂直度，用 100mm×100mm 的木方将两侧大模板撑牢，如图 6-1-77 所示。

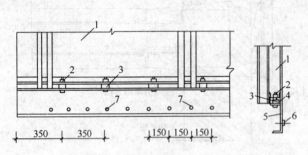

图 6-1-76　楼梯间圈梁模板作法之二

1—大模板；2—连接螺栓（φ18）；3—螺母垫；

4—模板角钢；5—圈梁模板；6—橡皮压板

（3mm×30mm）；7—橡皮条连接螺孔

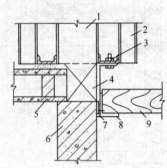

图 6-1-77　楼梯间支模示意图

1—上层拟浇筑墙体；2—大模板；

3—连接螺栓；4—圈梁；5—圆孔

楼板；6—下层墙体；7—橡皮条；

8—圈梁模板；9—木横撑

安装楼梯踏步段模板前，先进行放线定位。然后安装休息平台模板，再安装楼梯斜底模，最后安装楼梯外侧模板和踢脚挡板。施工时注意控制好楼梯上下平台标高和踏步尺寸。

③ 利用导墙支模：楼梯间墙的上部设置导墙（在模板设计一节中已介绍）。

楼梯间墙大模板的高度与外墙大模板相同，将大模板下端紧贴于导墙上，下部用螺旋钢支柱和木方支撑大模板。两面楼梯间墙用数道螺旋钢支柱做横撑，支顶两侧的大模板。大模板下部用泡沫条塞封，防止漏浆，如图 6-1-78 所示。

④ 楼梯踏步段支模：在全现浇大模板工程中，楼梯踏步段往往与墙体同时浇筑施工。

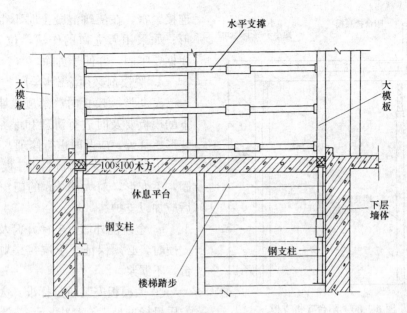

图 6-1-78 楼梯间导墙支模

楼梯模板支撑采用碗扣支架或螺旋钢支柱。底模用竹胶合板，侧模用匸16 槽钢，依照踏步尺寸，在槽钢上焊 12mm 厚三角形钢板，踢面挡板用 6mm 厚钢板做成，各踢脚挡板用 匸12 槽钢做斜支撑进行固定，如图 6-1-79 所示。

7）现浇阳台底板支模

大模板全现浇工程中的阳台板往往与结构同时施工，因此也必然涉及阳台的支模问题。

阳台板模板可做成定型的钢模板，一次吊装就位，也可采用散支散拆的办法。支撑系统采用螺旋钢支柱，下铺厚木板。钢支柱横向要用钢管及扣件连接，保持稳

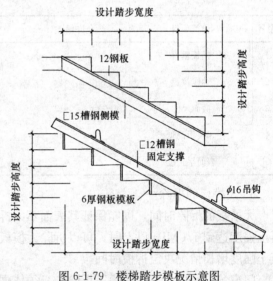

图 6-1-79 楼梯踏步模板示意图

定。散支散拆时，立柱上方放置 10cm×10cm 方木做龙骨，然后铺 5cm×10cm 小龙骨，面板和侧模可采用竹胶合板或木胶合板。阳台模的外端要比根部高 5mm。如图 6-1-80 所示。

在阳台模板外侧 3cm 处，可用小木条固定"U"形塑料条，以使浇筑成滴水线。

8）大模板安装质量要求

① 基本要求：

a. 模板安装必须垂直，角模方正，位置标高正确，两端水平标高一致。

b. 模板之间的拼缝及模板与结构之间的接缝必须严密，不得漏浆。

c. 门窗洞口必须垂直方正，位置准确。如采用先立口的作法，门窗框必须固定牢固，

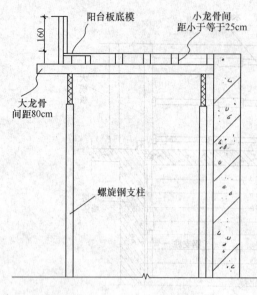

图 6-1-80 阳台底板支模

连接紧密，在浇筑混凝土时不得位移和变形；如采用后立口的作法，位置要准确，模框要牢固，并便于拆除。

d. 脱模剂必须涂刷均匀。

e. 拆除大模板时严禁碰撞墙体。对拆下的模板要及时进行清理和保养，如发现变形、开焊，应及时进行修理。

f. 装饰衬模及门窗洞口模板必须牢固，不变形，对大于1m的门窗洞口拆模后应加以支护。

g. 全现浇外墙、电梯井筒及楼梯间墙支模时，必须保证上下层接槎顺直，不错台，不漏浆。

② 大模板安装质量标准：大模板安装的质量标准见表 6-1-3 所示。

表 6-1-3

序号	检查项目	允许偏差（mm）	检查方法
1	模板垂直	$h\leqslant5m$, 3; $h>5m$, 5	2m靠尺
2	轴线位置	4	钢尺量测
3	截面尺寸	±2	钢尺量测
4	相邻模板高低差	2	水平仪测量、验线
5	表面平正度	<4	20m内上口拉直线尺检查，下口按模板定位线检查

6. 大模板的拆除

大模板的拆除时间，以能保证其表面不因拆模而受到损坏为原则。一般情况下，当混凝土强度达到 1.0MPa 以上时，可以拆除大模板。但在冬期施工时，应视其施工方法和混凝土强度增长情况决定拆模时间。

门窗洞口底模、阳台底模等拆除，必须依据同条件养护的试块强度和国家规范执行。模板拆除后混凝土强度尚未达到设计要求时，底部应加临时支撑支护。

拆完模板后，要注意控制施工荷载，不要集中堆放模板和材料，防止造成结构受损。

（1）内墙大模板的拆除

1）拆模顺序

拆模顺序是：先拆纵墙模板，后拆横墙模板和门洞模板及组合柱模板。

每块大模板的拆模顺序是：先将连接件，如花篮螺栓、上口卡子、穿墙螺栓等拆除，放入工具箱内，再松动地脚螺栓，使模板与墙面逐渐脱离。脱模困难时，可在模板底部用撬棍撬动，不得在上口撬动、晃动和用大锤砸模板。

2）角模的拆除

角模的两侧都是混凝土墙面，吸附力较大，加之施工中模板封闭不严，或者角模位移，被混凝土握裹，因此拆模比较困难。可先将模板外表的混凝土剔除，然后用撬棍从下部撬动，将角模脱出。千万不可因拆模困难用大锤砸角模，造成变形，为以后的支模、拆模造成更大困难。

3）门洞模板的拆除

固定于大模板上的门洞模板边框，一定要当边框离开墙面后，再行吊出。

后立口的门洞模板拆除时，要防止将门洞过梁部分的混凝土拉裂。

角模及门洞模板拆除后，凸出部分的混凝土应及时进行剔凿。凹进部位或掉角处应用同强度等级水泥砂浆及时进行修补。

跨度大于1m的门洞口，拆模后要加设支撑，或延期拆模。

（2）外墙大模板的拆除

1）拆除顺序：拆除内侧外墙大模板的连接固定装置如捯链、钢丝绳等→拆除穿墙螺栓及上口卡子→拆除相邻模板之间的连接件→拆除门窗洞口模板与大模板的连接件→松开外侧大模板滑动轨道的地脚螺栓紧固件→用撬棍向外侧拨动大模板，使其平稳脱离墙面→松动大模板地脚螺栓，使模板外倾→拆除内侧大模板→拆除门窗洞口模板→清理模板、刷脱模剂→拆除平台板及三角挂架。

2）拆除外墙装饰混凝土模板必须使模板先平行外移，待衬模离开墙面后，再松动地脚螺栓，将模板吊出。要注意防止衬模拉坏墙面，或衬模坠落。

3）拆除门窗洞口框模时，要先拆除窗台模并加设临时支撑后，再拆除洞口角模及两侧模板。上口底模要待混凝土达到规定强度后再行拆除。

4）脱模后要及时清理模板及衬模上的残渣，刷好脱模剂。脱模剂一定要涂刷均匀，衬模的阴角内不可积留有脱模剂，并防止脱模剂污染墙面。

5）脱模后，如发现装饰图案有破损，应及时用同一品种水泥所拌制的砂浆进行修补，修补的图案造型力求与原图案一致。

（3）筒形大模板的拆除

1）组合式提模的拆除

拆模时先拆除内外模各个连接件，然后将大模板底部的承力小车调松，再调松可调卡具，使大模板逐渐脱离混凝土墙面。当塔吊吊出大模板时，将可调卡具翻转再行落地。

大模板拆模后，便可提升门架和底盘平台，当提至预留洞口处，下脚自动伸入预留洞口，然后缓缓落下电梯井筒模。预留洞位置必须准确，以减少校正提模的时间。

由于预留洞口要承受提模的荷载，因此必须注意墙体混凝土的强度，一般应在 $1N/mm^2$ 以上。

提模的拆模与安装顺序，见图6-1-81。

2）铰接式筒形大模板的拆除

铰接式筒形大模板应先拆除连接件，再转动脱模器，使模板脱离墙面后吊出。

筒形大模板由于自重大，四周与墙体的距离较近，故在吊出吊进时，挂钩要挂牢，起吊要平稳，不准晃动，防止碰坏墙体。

7. 大模板施工安全技术措施

（1）基本要求

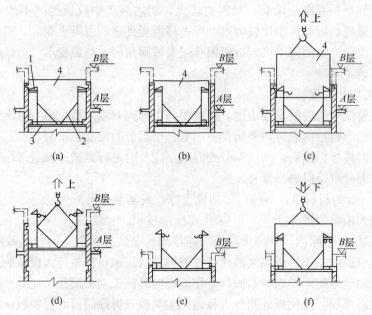

图 6-1-81　电梯井组合式提模施工程序

（a）混凝土浇筑完；（b）脱模；（c）吊离模板；（d）提升门架和底盘平台；

（e）门架和底盘平台就位；（f）模板吊装就位

1—支顶模板的可调三角架；2—门架；3—底盘平台；4—模板

1）在编制施工组织设计时，必须针对大模板施工的特点制定行之有效的安全措施，并层层进行安全技术交底，经常进行检查，加强安全施工的宣传教育工作。

2）大模板和预制构件的堆放场地，必须坚实平整。

3）吊装大模板和预制构件，必须采用自锁卡环，防止脱钩。

4）吊装作业要建立统一的指挥信号。吊装工要经过培训，当大模板等吊件就位或落地时，要防止摇晃碰人或碰坏墙体。

5）要按规定支搭好安全网，在建筑物的出入口，必须搭设安全防护棚。

6）电梯井内和楼板洞口要设置防护板，电梯井口及楼梯处要设置护身栏，电梯井内每层都要设立一道安全网。

（2）大模板的堆放、安装和拆除安全措施

1）大模板的存放应满足自稳角的要求，并进行面对面堆放，长期堆放时，应用杉篙通过吊环把各块大模板连在一起，没有支架或自稳角不足的大模板，要存放在专用的插放架上，不得靠在其他物体上，防止滑移倾倒。

2）在楼层上放置大模板时，必须采取可靠的防倾倒措施，防止碰撞造成坠落。遇有大风天气，应将大模板与建筑物固定。

3）在拼装式大模板进行组装时，场地要坚实平整，骨架要组装牢固，然后由下而上逐块组装。组装一块立即用连接螺栓固定一块，防止滑脱。整块模板组装以后，应转运至专用堆放场地放置。

4）大模板上必须有操作平台、上人梯道、护身栏杆等附属设施，如有损坏，应及时修补。

5）在大模板上固定衬模时，必须将模板卧放在支架上，下部留出可供操作用的空间。

6）起吊大模板前，应将吊装机械位置调整适当，稳起稳落，就位准确，严禁大幅度摆动。

7）外板内浇工程大模板安装就位后，应及时用穿墙螺栓将模板连成整体，并用花篮螺栓与外墙板固定，以防倾斜。

8）全现浇大模板工程安装外侧大模板时，必须确保三角挂架、平台板的安装牢固，及时绑好护身栏和安全网。大模板安装后，应立即拧紧穿墙螺栓。安装三角挂架和外侧大模板的操作人员必须系好安全带。

9）大模板安装就位后，要采取防止静电的保护措施，将大模板加以串联，并同避雷网接通，防止漏电伤人。

10）安装或拆除大模板时，操作人员和指挥必须站在安全可靠的地方，防止意外伤人。

11）拆模后起吊模板时，应检查所有穿墙螺栓和连接件是否全都拆除，在确认无遗漏、模板与墙体完全脱离后，方准起吊。待起吊高度超过障碍物后，方准转臂行车。

12）在楼层或地面临时堆放的大模板，都应面对面放置，中间留出 60cm 宽的人行道，以便清理和涂刷脱模剂。

13）筒形模可用拖车整车运输，也可拆成平模重叠放置用拖车运输；其他形式的模板，在运输前都应拆除支架，卧放于运输车上运送，卧放的垫木必须上下对齐，并封绑牢固。

14）在电梯间进行模板施工作业，必须逐层搭好安全防护平台，并检查平台支腿伸入墙内的尺寸是否符合安全规定。拆除平台时，先挂好吊钩，操作人员退到安全地带后，方可起吊。

15）采用自升式提模时，应经常检查捯链是否挂牢，立柱支架及筒模托架是否伸入墙内。拆模时要待支架及托架分别离开墙体后再行起吊提升。

6.1.2.2 爬升模板

爬升模板技术是指爬模装置通过承载体附着或支承在混凝土结构上，当新浇筑的混凝土脱模后，以电动葫芦、液压油缸或液压升降千斤顶为动力，以导轨或支承杆为爬升轨道，将爬模装置向上爬升一层，反复循环作业的施工工艺，简称爬模。目前国内应用较多的是以液压油缸为动力的爬模。《液压爬升模板工程技术规程》JGJ 195 已于 2010 年 2 月 10 日发布，于 2010 年 10 月 1 日实施。液压爬升模板技术列入《建筑业 10 项新技术（2010）》。

液压爬模架是高层、超高层建筑施工中应用最广泛的专用施工技术，也适用于高耸构筑物、筒仓、塔台、桥墩的结构施工，除了具有爬架的自动导向、自动爬升、自动定位功能，爬模架爬升时可带模板一起爬升，有效地节省了塔吊吊次和施工现场用地；架体爬升及模板作业采用自动化控制，只需 1~2 名操作人员便可完成一组架体爬升，减少操作人员的数量，降低劳动强度；爬模架施工速度快，工期短，节省脚手架施工用料、机具及设备租赁时间；架体强度高，通用性好，可多次重复使用，最大程度的节省成本。

液压爬模架具有以下技术特点：

① 架体与模板一体化爬升。架体既是模板爬升的动力系统，也是支撑体系。

② 爬升动力设备采用液压油缸或液压千斤顶；操作简单、顶升力大、爬升速度快、具有过载保护。

③ 采用专用的同步控制器，爬升同步性好，爬升平稳、安全。

④ 采用钢绞线锚夹具式防坠，最大制动距离不超过 50mm。

⑤ 模板随架体爬升，模板合模、分模、清理维护采用专用装置，省时省力。

⑥ 架体设计多层绑筋施工作业平台，满足不同层高绑筋要求，方便工人施工。

⑦ 架体结构合理，强度高，承载力大，高空抗风性好，安全性高。

⑧ 自动化程度高，施工速度快，工艺简单，劳动强度低，节省塔吊吊次和现场施工用地。

⑨ 架体一次性投入较大，但周转使用次数多，综合经济性好。

本手册介绍的这种爬升模板是由北京市建筑工程研究院最早研制的导轨倒座式液压爬升模板（国家级工法编号 YJGF 43—2002），从 2001 年 1 月开始已先后用于北京林业大学新生公寓工程、清华同方科技广场工程、首都机场新航站楼塔台工程、国家大剧院歌剧院工程、北京城建大厦工程、北京财富中心一期工程、北京尚都国际中心工程等共约 150 万 m^2 的混凝土剪力墙结构、框架结构以及钢筋混凝土结构工程施工，取得了良好效果。这种将大模板安放在爬架架体上随架体一起自动爬升的液压爬模，与现在已有的有架爬模及无架爬模相比，有较大的创新和发展。

1. 构造

(1) 液压爬模架的组成

液压爬模架一般由四大部分组成：附着机构、升降机构、架体系统、模板系统。

1) 附着机构：附着装置采用预埋件或穿墙套管式，主要由预埋套管、穿墙螺栓、固定座、附着套、导轨挂板等组成。导轨挂板可用于固定导轨，附着套上设有插槽，使用防倾插板将架体和附着装置固定在一起。附着装置直接承受传递全套设备自重及施工荷载和风荷载，具有附着、承力、导向、防倾功能。

2) 升降机构：升降机构由 H 型导轨、上下爬升箱和液压油缸等组成，具有自动爬升、自动导向、自动复位和自动锁定的功能。通过爬升机构的上下爬升箱、液压油缸、H 型导轨上的踏步承力块和导向板以及电控液压系统的相互动作，可以实现 H 型导轨沿着附着装置升降，架体沿着 H 型导轨升降的互爬功能。

3) 架体系统：架体系统一般竖跨 4 个半层高，由上支撑架、架体主框架、防坠装置、挂架、水平桁架、各作业平台、脚手板组成。上支撑架一般为 2 层高，提供 3～4 层绑筋作业平台，可以满足建筑结构不同层高绑筋需求。主框架是架体的主支撑和承力部分，主框架提供模板作业平台和爬升操作平台。防坠装置采用新型的钢绞线锚夹具式防坠，最大制动距离 50mm。挂架提供清理维护平台，主要用于拆除下一层已使用完毕的附着装置。水平桁架与脚手板主要起到安全防护目的。

4) 模板系统：模板系统由模板、模板调节支腿、模板移动滑车组成。模板爬升完全借助架体，不需要单独作业；模板的合模、分模采用水平移动滑车，带动模板沿架体主梁水平移动，模板到位后用楔铁进行定位锁紧。模板垂直度及位置调节通过模板支腿和高低调节器完成。

导轨倒座式液压爬模，主要由附着装置、H 型钢导轨、架体系统、模板系统、液压升降系统及控制系统、吊篮设备系统、安全防护系统与防坠落装置等组成。

图 2-3-82 是带模板自动爬升的 JFYM-50 型液压爬模,主要用于高层建筑工程和高耸工程结构的爬模施工;图 6-1-83 是带模板或不带模板自动爬升的 JFYM-50A 型液压爬升平台,主要用于电梯井或中筒结构内筒壁的爬模施工。

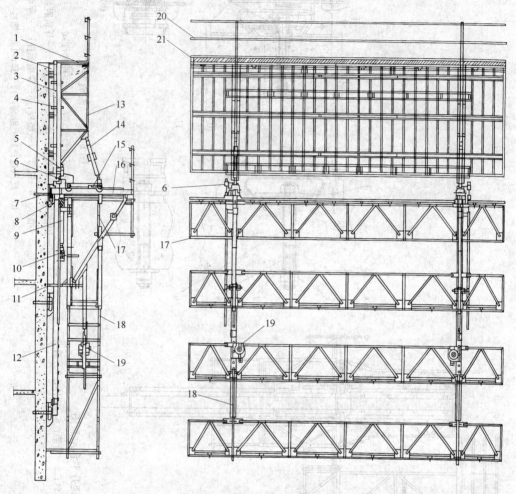

图 6-1-82 JFYM-50 型液压爬模

1—平台板;2—外模板;3—附加背楞;4—锁紧装置;5—模板高低调节装置;6—防坠装置;7—穿墙螺栓;8—附墙装置;9—液压缸;10—爬升箱;11—上架体支腿;12—导轨;13—模板支撑架体;14—调节支腿;15—模板平移装置;16—上架体;17—水平梁架;18—下架体;19—下架体提升机;20—栏杆;21—踢脚板

(2)主要部件

1)附着装置:附着装置既是爬模装备附着在建筑结构上的承力装置,又是爬模爬升过程中的导向装置和防止倾覆的装置。主要由导轨转杠挂座、导轨附着靴座与靴座固定套座(固定座)以及螺栓、内外螺母、垫板等组成,如图 6-1-83 所示。导轨转杠挂座通过销轴旋转放置在靴座的顶部,靴座钳挂在固定座上,而固定座通过螺栓螺母固定在建筑结构上。它是施工中唯一倒换用的部件。图 6-1-84 (a)是当附着的建筑结构厚度较小时使用的一种附着装置,用 M48 螺杆将其固定在建筑结构上。当建筑结构厚度较大时,在建筑结构内预埋专门制作的预埋套件将其固定在建筑结构上,如图 6-1-84 (b)所示。

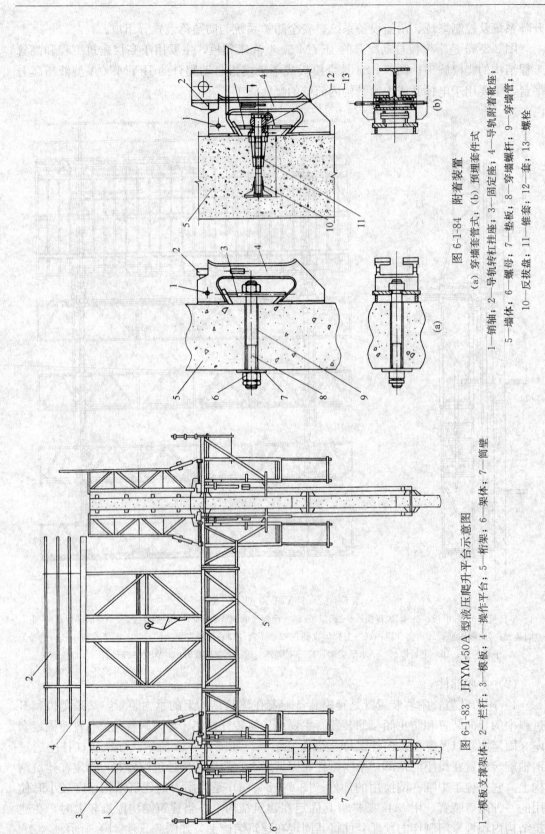

图 6-1-84　附着装置

(a) 穿墙套管式；(b) 预埋套件式

1—销轴；2—导轨转轨挂座；3—固定座；4—导轨附着靴座；
5—墙体；6—螺母；7—垫板；8—穿墙螺杆；9—穿墙管；
10—反拔盘；11—锥套；12—套；13—螺栓

图 6-1-83　JFYM-50A 型液压爬升平台示意图

1—模板支撑架体；2—栏杆；3—模板；4—操作平台；5—桁架；6—架体；7—筒壁

2）H 型钢导轨：导轨用 H 型钢制成，其长度一般大于 2 个楼层的高度，在 H 型钢顶部的内表面上组焊有导轨挂座（钩座）；在外表面上组焊有供爬升箱升降用的踏步块和导向板，相邻的踏步块之间的距离与相邻的导向板之间的距离相同，并与液压油缸的行程相一致。

3）竖向承力架体：竖向承力架体由上部承力架（主承力架）和悬挂其下的下部承力架（次承力架）两部分组成。

主承力架为三角方框组合形，模板操作平台宽度≥2.0m，内端带有与附着装置锁紧用的 U 形挂座和与上爬箱箱轴连接用的轴套座；外端带有栏杆固定座，呈长方形框架的宽度小于等于 1.0m，中下部位附着的支腿呈 U 形，长度可以调节，支腿内侧设有双向开口式夹板供导轨升降时通过。

次承力架为长方框形，通过销轴悬挂在主承力架 2 根立柱的下边。

主次承力架的两侧均设有供连接横向承力架用的座板（耳板）。

4）横向承力架：除了在模板上部设置作业平台外，相邻竖向承力架之间的作业平台，也均为桁架式水平梁架，由钢管扣件以及脚手板等组装而成。水平梁架的端头设有连接板以便与竖向承力架的耳板通过螺栓连为一体。

上下承力架与相应的横向承力架等组装而成的架体，分别称为上架体（主架体）和下架体，两者可以联体也可以分体。

5）模板系统：模板系统除了大模板外，主要由模板附加背楞、竖向支撑架、模板移动台车（水平移动装置）以及垂直调节装置、高度调节装置、模板锁紧机构等组成，如图 6-1-85 所示。

爬模用的模板应使外模与对应的内模一致。可以采用无背楞大模板，也可以采用全钢大模板或用组合式模板组装。

图 6-1-86 是无背楞大模板的构造示意图。无背楞大模板是指模板骨架的边框、主肋（横肋）、次肋（竖肋）均用同一截面高度的矩形钢管分别组焊在同一板面上，或者是模板主肋的截面高度与模板边框的截面高度相等并组焊在一个板面上，类似这种构造形式的模板，不再在模板骨架的外侧设计通常所指的背楞。其板面可以是钢面板，也可以是竹木胶合板模板或其他材质的面板。

6）液压升降系统：爬模的液压升降系统，主要由附着在导轨上的上下爬升箱及液压缸和液压油管、液压油泵等组成。上下爬升箱内均设有供自动升降用的承力块及其导向、复位、锁定装置等。

7）吊篮设备系统：悬挂在主架体下面使用时要先安装好可用的吊篮设备，主要有：提升机、滑轮、钢丝绳、安全锁等。

8）防坠装置：如图 6-1-87 所示，主要由预应力钢丝束的锚座、锁座以及钢丝束和护管等组成。锚座固定在 H 型钢导轨的顶部，锁座固定在竖向主承力架的 U 形挂座上。

9）控制系统：根据爬模施工工艺与使用要求，分别设置两种控制系统：一是由一般电器部件组成的手动控制系统；二是由行程传感器及可编程控制器等部件组成的自动控制系统。

10）安全防护系统：按照高空作业要求，设置了相应的护栏、护杆、护板和安全护网等防护设施。

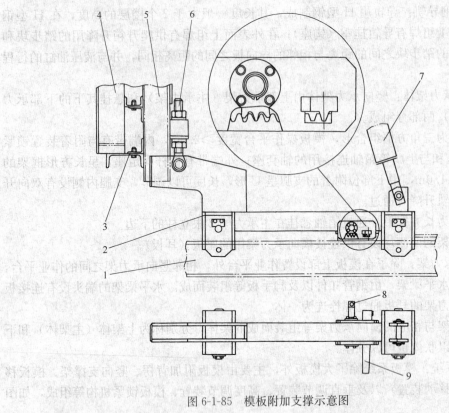

图 6-1-85　模板附加支撑示意图

1—承力架主梁；2—模板移动台车；3—模板附加背楞；4—大模板；
5—模板支承架；6—高度调节装置；7—垂直调节装置；8—齿轮轴；9—锁紧板

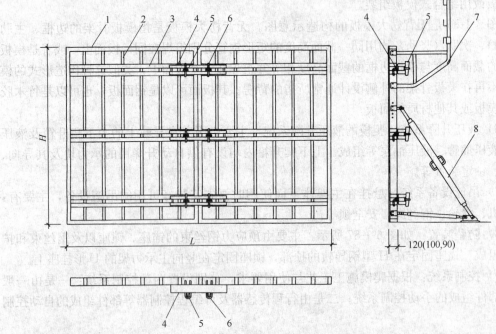

图 6-1-86　无背楞大模板构造示意图

1—边框；2—次肋；3—主肋；4—连接背楞；5—U形销钩；6—楔销；7—操作架；8—调节支撑

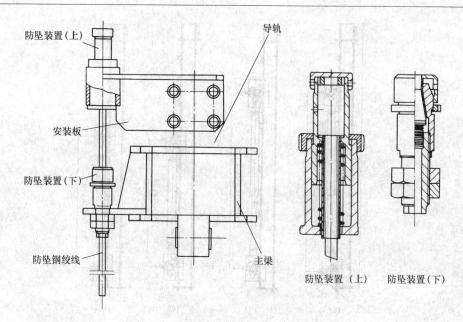

图 6-1-87　防坠装置构造示意图

2. 爬模主要特征与技术原理

(1) 主要特征

1) 联体爬升，分体下降：爬模的架体如图 6-1-88 所示，为联体爬升分体下降的组合式，具有多种功能，既能够用于结构施工，又能够进行外装饰施工。

在结构施工期间，架体的三部分（即竖向主承力架、竖向次承力架和模板支承系统）连为一体。由于外模板及其作业系统是坐落在主架体上，可随主架体一起爬升；又由于下架体是通过销栓挂在主架体的下面，也随主架体一起爬升，即联体爬升。当工程结构施工到一定高度而下部结构需提前进行外装饰施工时，可在架体上及时安装吊篮设备系统，使下架体作为吊篮架与主架体分开，即分体下降，以满足外装饰提前施工的要求。

当用于现浇混凝土框架结构施工时，只需进行适当的改造，即在相应的主架体上安装框架结构施工用的支撑及作业平台即可。架体仍可联体爬升和分体下降，也可以不安装下架体。

2) 导轨、架体相互自动爬升：采用 H 型钢制作的导轨，它的顶部设有钩座，外表面上有间距一样的踏步块和导向板，架体通过爬升箱和附着支腿附着在导轨的外侧翼缘上。导轨和架体之间相互为依托进行升降时，是通过爬升箱之间液压油缸的往复运动而实现升降过程中的自动导向、自动复位与自动锁定。所以，当启动液压系统，导轨架体之间的升降就有节奏地进行（图 6-1-88）。

3) 多功能附着装置：附着装置，通过 M48 螺栓螺母或采用预埋套件等方法将它牢固地固定在工程结构上。它既是爬模全套装备和施工荷载等的附着承力装置；又是导轨和架体升降时的附着导向装置和防倾装置。

4) 轻型大模板和灵活多用的模板支承装置：组装支承在主架体上的大模板为轻型大模板，自重为 70～90kg/m²，能抵抗 70～80kN/m² 的侧压力。

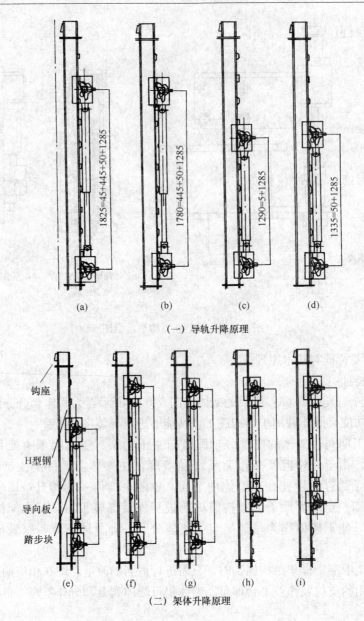

（一）导轨升降原理

（二）架体升降原理

图 6-1-88　导轨架体相互自动爬升原理示意图

（a）伸出缸体；（b）伸缸到位，带导轨上升；（c）凸轮复位；（d）、（e）准备缸体伸出；
（f）伸出缸体，带架体上升；（g）架体到位，准备缩缸；（h）收缩缸体；（i）准备伸缸

　　在大模板支承机构中，设有模板高度调节装置、垂直调节装置和水平移动调节装置，水平移动的最大距离为 0.75m，能满足支拆模和清理模板涂刷脱模剂等要求。同时，在大模板水平移动装置中设有模板锁紧机构，锁紧力达 5kN，有利于提高施工质量。

　　5）灵活的组架方式与简单适用的自动控制同步装置：爬模架的组架、爬升和控制是以爬架组为单元。爬架组可由 1 根导轨或多根导轨与相应的架体装备组成，其导轨数量的多少，主要是根据工程结构平面的外形尺寸以及施工区段的划分和施工要求等，进行方案比较后合理配置。

多个爬架组爬升时，可分组爬升，也可以整体爬升。由于是采用液压爬升，易于做到同步升降，通常采用由一般电器元件组成的控制系统，达到平稳爬升和同步升降的目的。另一种控制方法是在液压系统中设置行程传感器，采用由可编程控制器组成的闭环控制系统，能够达到高精度的同步自动控制（图 6-1-89）。

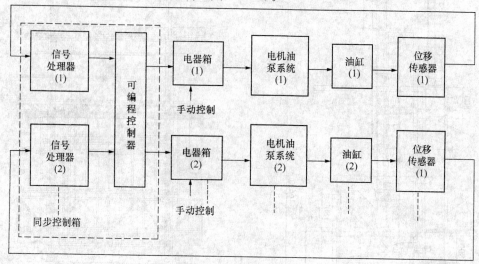

图 6-1-89　同步控制系统框架图

6）多道完备的安全装置：爬升装备中设置了多道安全装置。如：为了确保升降安全，在 H 型钢导轨上组焊有钩座、踏步块和导向板；在爬升箱内设有承力块及其自动导向、自动复位和自动锁定的控制装置；为了防止液压油缸、油管的破裂，在液压系统中设置了双向液压锁和过载保护；另外，还设置了防坠装置，以及安全防护栏杆、防护板及防护网等。

7）架体高度小，一般不影响塔吊附着：爬模的架体始终位于塔吊附着臂杆的上部空间作业，因此不会影响塔吊臂杆与结构的附着。

8）设有多层桁架式水平梁架作业平台：爬模架体设有 3～6 层作业平台，安装在竖向承力架之间，便于操作，如图 6-1-90 所示。

（2）技术原理

爬模的模板安放在附加背楞上，通过模板支撑坐落在主架体的上面，跟随架体一起逐层升高，其技术原理主要是指：导轨架体升降原理、附着导向防倾覆原理、同步升降原理以及防止坠落原理。

1）导轨、架体升降原理：导轨、架体的相互升降是由附着固定在导轨和架体上的上下爬升箱之间的升降机构完成的。爬升时，导轨、架体两者相互为依托，先爬升导轨，待导轨到位后再爬升架体。

爬升导轨时，架体仍然停留在静止不动的施工状态，爬升过程中，导轨以架体为依托逐级爬升，直至爬升到位。

爬升架体时，导轨已升至上一层的附着装置部位，并处于静止状态，此时，架体与附着装置固定用的锁紧板已经卸掉，调节支腿已不再顶靠建筑结构；架体以导轨为依托逐级爬升，直至爬升到位并固定好。

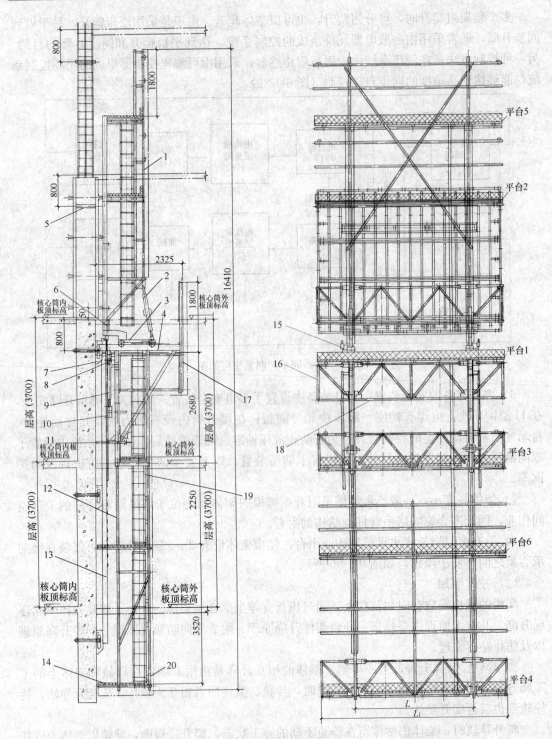

图 6-1-90　爬模架体

1—模板竖支撑；2—支腿；3—滑座；4—架体；5—预埋套管；6—模板高度调节装置；7—附墙装置；8—上爬升箱；
9—油缸；10—下爬升箱；11—架体支腿；12—下架体；13—导轨；14—防护板；15—防坠装置；16—悬挑架；
17—防护栏；18—水平梁架；19—竖梯；20—护网

导轨或架体升降时，启动泵站，通过液压油缸的伸缩，上下爬升箱内的承力块就会沿着 H 型钢导轨上的导向板和踏步块而变换方向，从而实现其自动导向、自动复位和自动锁定的功能，带动导轨或架体逐级爬升，直至完成导轨或架体的爬升。

2）附着、导向、防倾覆原理：由导轨靴座、靴座套座和导轨转杠支座等部件组成的附着装置如图 6-1-84 所示，通过 M48 螺栓螺母或预埋组合套件等方法牢固地固定在工程结构上。

施工作业期间，H 型钢导轨上端带斜面的座钩钩挂在附着装置的导轨挂座上面，架体主承力架上部的 U 形挂座通过楔形锁紧板与附着装置联系在一起，架体主承力架下部的支腿顶靠在工程结构上。与此同时，架体通过爬升箱内两侧的燕尾槽以及调节支腿的双向开口式夹板附着并支承在 H 型钢导轨上。

爬模架爬升时，先爬升导轨，当导轨爬升至上一个附着装置时，导轨上端的钩座就钩挂在附着装置的挂座上，当爬升架体时，先将锁紧架体的楔形锁紧板卸掉，使架体主承力架上部的 U 形挂座与附着装置脱开，此时直至架体爬升到位，架体全套设备包括随其爬升的模板等全部荷载是通过爬升箱的承力块和液压油缸附着支承在导轨的踏步块上，并通过主承力架下部调节支腿的双向开口式夹板而附着在导轨上。由于附着装置中附着靴座是根据导轨截面尺寸设计的，两者之间的间隙较小，爬升箱的燕尾槽与导轨之间的间隙也较小，同时又由于导轨及主承力架的刚度较大，所以架体在作业工况和爬升工况都具有安全可靠地附着、导向和防倾覆的功能。

3）液压油缸升降控制与同步升降原理：液压爬升的同步升降是由液压油缸的同步伸缩完成的。根据工程应用实践，设计有两种控制方式：一种是采用手动控制，一种是自动控制。

爬升用的液压油缸为便携式，设有液压锁，压力是按设计预先调定的，在一个大约 500mm 的行程内，升降误差较小，一般小于 5～10mm，当误差较大时可用电控手柄按键进行控制。在同步自动控制系统中，由于油缸内设有位移传感器，油缸的顶升距离由传感器自动测出，测量信号经自动处理后再递送到可编程控制器进行位移差处理，当某台油缸出现大于设定的升降差值时，就会暂时自动停止运行；一旦位移差值小于设定的升降差值时，将自动重新启动。所以，在整个顶升过程中，由于采用了可编程控制器闭环自动同步控制技术，既能使各油缸在荷载不均的情况下自动调节同步顶升，又能在升降过程中遇到障碍时会使油缸顶升力达到设定的最大值而暂时停机报警，确保安全。

4）防坠落原理：在液压爬升设计中，由于采用的爬升箱具有特殊的构造，在升降过程中爬升箱内的承力块能够自动转向、自动复位与自动锁定，并且在升降的全过程中，始终有一个爬升箱的承力块交替地支承在导轨的踏步块上，所以在升降过程中能够防止坠落而达到安全施工的目的。根据我国关于附着式升降脚手架必须设置防坠装置的规定与要求，专门设计了如图 6-1-87 所示采用楔块锁紧钢绞线防止架体坠落的防坠装置。其原理是：防坠装置的固定端安装在 H 型钢导轨的顶部，锁紧端安装在竖向主承力架的主梁上，预应力钢绞线一端锚固在固定端内；另一端从锁紧端内穿过。爬升导轨时，将紧固端的螺母旋紧，使紧固端内的夹片与钢绞线处于松弛状态，钢绞线跟随导轨的爬升而顺利通过紧固端；导轨爬升到位后再爬升架体时，先将紧固端的螺母旋松，使夹片与钢绞线处于锁紧的触发状态，架体在爬升过程中一旦发生下坠时，锁紧端内的弹簧会自动推动夹片将钢绞线锁紧，从而使架体立刻停止下坠，达到防止坠落的目的。

3. 爬模性能参数

（1）爬模架体系统性能参数

架体支承跨度：≤8.0m（轻型模板）

　　　　　　　　≤6.0m（重型模板）

架体悬挑长度：≤2.0m

架体高度：≥建筑结构2个标准层高＋1.8m

架体平台宽度：0.8～2.3m

架体步距（上下平台的距离）：1.9～3.6m

架体步数（平台层数）：4～6

（2）模板系统性能参数

模板平台挑出宽度：≤2.3m

平台护栏高度：≥1.8m

模板台车移动距离：≤0.75m

模板台车锁紧力：≥5.0kN

模板倾斜调节角度：90°～70°

模板高度调节尺寸：≤100mm

模板自重：≤1.0kN/m²（轻型模板）

　　　　　≤1.5kN/m²（重型模板）

（3）液压升降系统性能参数

油缸顶推力：50kN，75kN，100kN

额定压力：16MPa

油缸行程：500mm

升降速度：450～550mm/min

同步误差：≤12mm（手动控制）

　　　　　≤5mm（自动控制）

油缸自重：≤0.28kN

油泵自重：≤0.12kN（便携式）

控制操作：单缸、双缸、多缸手动操作

　　　　　单缸、双缸、多缸自动操作

（4）吊篮设备系统性能参数

提升力：5.0kN，8.0kN

电机功率：1.1kW

提升速度：6～7m/min

倾斜角度≤8°

安全锁型号：SAL800型，SAL500型

同步操作：可实现多机同步升降

（5）防坠落装置性能参数

制动载荷能力：≥130kN

下坠制动距离：≤50mm

预应力钢绞线直径：15.24mm

钢绞线长度：≥2个楼层高度+1.5m

4. 设计

（1）液压爬模架设计依据

结构设计遵循：《建筑结构荷载规范》GB 50009、《混凝土结构设计规范》GB 50010、《混凝土结构工程施工规范》GB 50666、《混凝土结构工程施工质量验收规范》GB 50204、《钢结构设计规范》GB 50017、《钢结构工程施工质量验收规范》GB 50205、《冷弯薄壁型钢结构技术规范》GB 50018、《滑动模板工程技术规范》GB 50113、《液压系统通用技术条件》GB/T 3766、《高层建筑混凝土结构技术规程》JGJ 3、《建筑机械使用安全技术规程》JGJ 33、《施工现场临时用电安全技术规范》JGJ 46、《建筑施工高处作业安全技术规范》JGJ 80、《钢框胶合板模板技术规程》JGJ 96、《建筑施工模板安全技术规范》JGJ 162、《建筑施工大模板技术规程》JGJ 74、《液压爬升模板工程技术规程》JGJ 195以及《建设工程安全生产管理条例》国务院第393号令、《危险性较大的分部分项工程安全管理办法》建质［2009］87号等标准、规范、规定等有关要求。

（2）液压爬模架施工设计流程

工程概况分析→工程施工流程及重点难点分析→爬模架平面、立面图设计→架体结构改造→爬模架施工流程及周期设计→架体安装工艺设计→架体爬升工艺设计→架体拆除工艺设计。

（3）主要技术内容

1）采用液压爬升模板施工的工程，必须编制爬模专项施工方案，进行爬模装置设计与工作荷载计算。

2）采用油缸和架体的爬模装置由模板系统、架体与操作平台系统、液压爬升系统、电气控制系统四部分组成。

3）根据工程具体情况，爬模技术可以实现墙体外爬、外爬内吊、内爬外吊、内爬内吊等爬升施工。

4）模板优先采用组拼式全钢大模板及成套模板配件。也可根据工程具体情况，采用钢框（铝框）胶合板模板、木工字梁槽钢背楞胶合板模板等；模板的高度为标准层层高，模板之间以对拉螺栓紧固。

5）模板采用水平油缸合模、脱模，也可采用吊杆滑轮合模、脱模，操作方便安全；所有模板上都应带有脱模器，确保模板顺利脱模。

（4）技术指标

1）液压油缸额定荷载50kN、100kN、150kN；油缸行程150~600mm。

2）油缸机位间距不宜超过5m，当机位间距内采用梁模板时，间距不宜超过6m。

3）油缸布置数量需根据爬模装置自重及施工荷载进行计算确定，根据《液压爬升模板工程技术规程》JGJ 195规定，油缸的工作荷载应小于额定荷载1/2。

4）爬模装置爬升时，承载体受力处的混凝土强度必须大于10MPa，并应满足爬模设计要求。

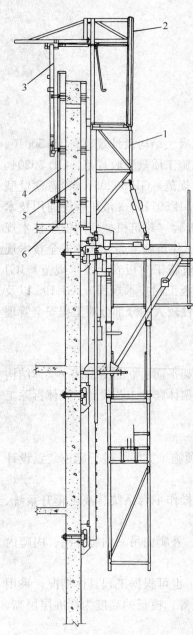

图 6-1-91　外墙内外模板
同时爬升构造示意图

1—模板支撑；2—内模悬挑架；

3—内模吊挂装置；

4—内模；5—外模；6—墙体

（5）适用范围

适用于高层建筑剪力墙结构、框架结构核心筒、桥墩、桥塔、高耸构筑物等现浇钢筋混凝土结构工程的液压爬升模板施工。

导轨入位后，爬升架体，完成液压爬模的变截面爬升作业。

（6）爬模的配置

1）模板的配置

① 应优先选用重量较轻、刚度较大、强度较高和板块尺寸较大的大模板。

② 当外墙外侧模板需要随架体一起爬升时，应优先考虑整层配置，并按照施工区段的要求分别组装在爬模用的附加背楞上。如果按分段流水作业配置，应考虑施工周期和吊装等因素，同时应考虑模板便于在附加背楞上进行组装与拼接。

③ 当外墙的内侧模板和外侧模板均随架体一起爬升施工时，则要配置齐全外墙施工的全套模板，配置的模板要便于安装与拆卸（图 6-1-91）。

④ 配置模板时，尚应考虑绑扎钢筋、浇灌混凝土等施工要求。

2）爬模施工作业层的作业平台层的设置，应以满足框架结构、剪力墙结构、筒体结构多种结构工艺体系的施工需求，进行合理、灵活的配置。

3）爬升机位的配置：

① 爬升机位或附着装置的位置，应根据工程的结构与外形尺寸、施工用模板的重量、爬模的构造形式和爬升用液压油缸的顶升力等因素，进行综合分析确定。

② 附着爬升机位的结构混凝土强度，要进行复核验算，在合格的基础上进行选择和确定。配置时，要选择有利附着位置，既要避开门窗洞口部位，又要避开暗柱、暗梁以及型钢等需要避让的部位，如果难以避让时应采取相应的补强措施。

③ 爬升机位附着位置之间的距离，主要应依据所用爬升设备液压油缸的顶升力与所要顶升的模板重量、爬模装备与架管的自重等，经计算确定。并应考虑爬升中不同步产生的抗力等因素，进行综合分析与比较后再行确定。见表 6-1-4 所示。当液压油缸的顶升力为 50kN 时，对于自重≤1.0kN/m² 的轻型模板，架体最大跨度宜＜8.0m；对于自重≤1.5kN/m² 的重型模板，架体最大跨度宜＜6.0m。

液压爬模爬升机位附着位置间距方案比较表　　　　　　表 6-1-4

爬模、装备、架体、模板参数		单　位	第 1 方案	第 2 方案	推　荐　方　案
爬模架组	架体跨度（爬升机位间距）	m	8.0	6.0	1. 采用轻型全钢大模板时，架体最大跨度宜＜8.0m； 2. 采用重型全钢大模板时，架体最大跨度宜＜6.0m
	架体两端悬挑长度	m	2.0	1.5	
	架体总长度	m	12.0	9.0	
	架体高度	m	13.8	13.8	
	作业平台层数	层	5	5	
	爬模装备架管自重	kN	40	35	
液压油缸	液压油缸顶升力	kN	50	50	
	液压油缸数量	支	2	2	
	液压油缸总顶升力	kN	100	100	
轻型模板	模板自重	kN/m²	≤1.0	≤1.0	
	模板高度	m	3.0	3.0	
	模板重量	t	≤3.6	≤2.7	
重型模板	模板自重	kN/m²	≤1.5	≤1.5	
	模板高度	m	3.0	3.0	
	模板重量	t	≤5.4	≤4.05	
说明	1. 爬模装备架管自重包括模板装备、架管扣件、脚手板、安全防护设施等全套爬模架的自重； 2. 模板重量是指安装在架体总长度上的模板重量之和				

④ 当工程采用分段流水施工时，爬升机位附着位置的设置，尤其是架体悬挑长度的确定，应满足分段流水对支模、拆模等的使用要求。

⑤ 爬升机位附着位置的设置，既要利于架体的安全围护，又要利于平稳爬升，满足爬模施工对质量和安全的要求。

5. 爬模施工要点

（1）爬模施工工艺

爬模施工工艺流程如下所示。图 6-1-92 是爬模施工工艺流程示意图。

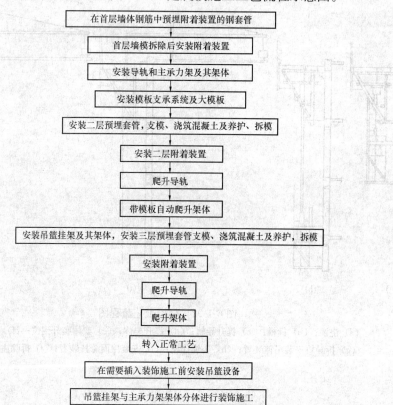

```
在首层墙体钢筋中预埋附着装置的钢套管
          ↓
首层墙模拆除后安装附着装置
          ↓
安装导轨和主承力架及其架体
          ↓
安装模板支承系统及大模板
          ↓
安装二层预埋套管，支模、浇筑混凝土及养护、拆模
          ↓
安装二层附着装置
          ↓
爬升导轨
          ↓
带模板自动爬升架体
          ↓
安装吊篮挂架及其架体，安装三层预埋套管支模、浇筑混凝土及养护，拆模
          ↓
安装附着装置
          ↓
爬升导轨
          ↓
爬升架体
          ↓
转入正常工艺
          ↓
在需要插入装饰施工前安装吊篮设备
          ↓
吊篮挂架与主承力架架体分体进行装饰施工
```

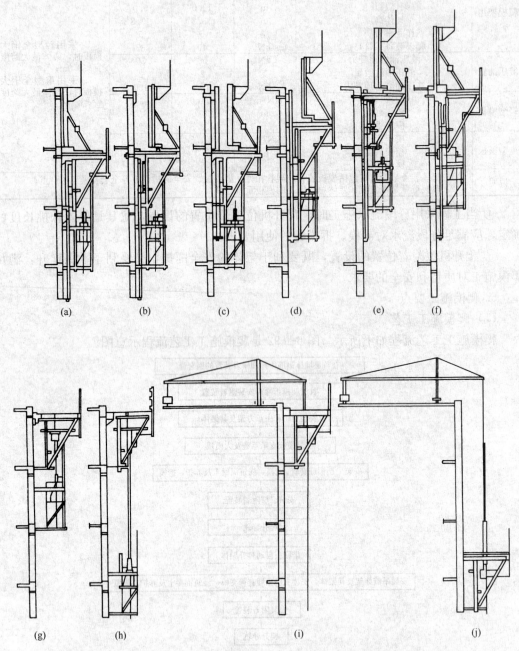

图 6-1-92 爬模工艺流程图

(a) 浇灌；(b) 拆模；(c) 提升导轨；(d) 提升架体；(e) 架体爬升到位；(f) 支模；
(g) 拆导轨安装吊篮装置；(h) 装饰作业；(i) 安装屋面悬挂装置；(j) 拆除主架体

（2）爬模施工工艺要点与注意事项

1）工艺要点

① 钢套管的埋放和附着装置的安装：按照设计方案，在设计位置埋放好穿墙螺栓用的钢套管，其长度比墙厚尺寸小 2～3mm，套管两端要用胶带密封好；钢套管的高度位置要准确，水平位置偏差控制在 25mm 以内。

当墙体厚度尺寸较大时，宜采用预埋组合件的方法固定附着装置。埋放时，可将预埋套件安装在外模板上，也可预先安装固定在钢筋网片上，并将外露的环状螺母密封好。

安装附着装置时，要将靴座套拧紧拧牢，并使导轨靴座的中心位置准确，其误差小于 ±5mm。

② 爬模的安装与验收：按照爬模的安装工艺，先在地面组装和低空安装，随施工随安装，随安装随使用，待全部安装到位后，要组织工程设计、施工、监理以及爬模设计与使用等有关方面人员参加验收，验收合格后，方可投入正常运行。

③ 爬模的爬升和安全操作：爬模在安装与使用前，要对有关人员进行技术交底和专门培训，爬模施工人员要持证上岗。每次爬升前和爬升后，要认真做好安全检查，及时拆除各部位的障碍物；当结构混凝土强度≥10MPa 时方可下达爬升通知书；爬升时，要统一指挥，各负其责，确保平稳爬升，并逐层做好安全操作记录。

④ 吊篮设备的安装与使用：爬模在结构施工期间，为了及早插入对下部的外装饰作业，应及时做好下架体吊篮架使用时所用设备的准备工作，并要掌握好安装的时期。通常当结构施工到 1/2～2/3 高度时，下部结构的外装饰作业方可开始。

⑤ 爬模架的拆除：当结构施工完毕后，使用塔吊先将模板系统的装备拆除，导轨可在塔吊拆除前进行。当用于装饰时，下架体要在装饰作业基本完成后降落在地面再行拆除；上架体应在装饰作业基本完工时，在屋面上临时安装屋面机构，由屋面机构吊挂上架体完成最后的装饰修补作业后，再降落到地面进行拆除。

如果不用爬模架进行装饰施工，可在结构施工完成后将下架体和上架体一起用塔吊进行拆除，也可以不安装下架体。

2）注意事项

① 在架体设计中，每层作业平台的桁架水平梁架，都是采用螺栓螺母连接固定在竖向承力架之间。为了减小不同步升降产生的水平力，在安装时螺栓不要拧得过紧。

② 架体上的荷载，不应超过规定的数值，即上下各作业平台上的载荷之和应≤6kN/m²；尤其是在爬升时，不应有较大的集中堆载与偏载，尚应使模板系统的重心尽量靠近墙体，以利于平稳爬升。此外，遇有 5 级以上大风时，不应爬升。

③ 架体在爬升前和爬升到位之后，应将爬架组相互间的连接以及与工程结构之间的联系等，按要求处置好。当采取分组爬升时，爬升前应拆除相互之间的连接和与工程结构的连接，待爬升到位后再恢复到原状。

④ 采用手动控制的爬升施工中，应密切注意各个油缸伸出的长度，避免出现较大的升降差，做到平稳升降。

⑤ 当下架体分体下降进行装饰施工时，应与上部结构施工密切配合好。当模板爬升时，下架体应停止作业，与主架体联体爬升；当分体下降进行施工时，尤其要把作业平台以及架体与墙体之间的空隙、缝隙密封好，防止混凝土等物料坠落伤人，确保安全施工。

⑥ 在安装与拆卸爬模装备时，应安全有序装拆，将各部件分类堆放整齐，不得乱扔乱放，避免碰撞弄伤部件。

6. 爬模拆除

（1）准备工作

1）人员组织：爬模爬架技术提供单位或专业承包单位配备现场工程、安全负责人1名、技术指导2名，专门负责爬模爬架拆除过程中的技术指导和安全培训工作，工程总承包方和专业承包单位共同成立爬模架拆除工作小组，负责爬模爬架的拆除工作。

拆除工作应配20名专业架子工分成2个作业班组，事先由设备所有方进行培训，合格后颁发上岗证，持证上岗。

2）机械设备：由现场已有塔吊配合爬模爬架的拆除作业。

3）爬模爬架拆除条件：当结构施工完毕，即可对爬模爬架进行拆除。

爬模爬架的拆除必须经项目生产经理、总工程师签字后方可。爬模爬架拆除前，工长要向拆架施工人员进行书面安全交底工作。交底由接受人签字。

① 拆除时，写书面通知，拆架前先清理架上杂物，如脚手板上的混凝土、砂浆块、U形卡、活动杆件及材料。爬模爬架拆除后，要及时将结构周圈搭设防护栏杆。

② 拆架前，先对爬模爬架进行检查验收，待检查合格后方可拆除。

③ 拆架前，先将进入楼的通道封闭，并做醒目标识，画出拆除警戒线，严禁人员进入警戒线内。

（2）拆除方法

1）拆除顺序：按机位编号，顺时针方向依次拆除。

2）拆除步骤：

① 清理架体杂物，拆除架体上的脚手板和踢脚板，将架体分割为2～4个机位的独立单元，将两独立单元间机位架体的连接解除。

② 用塔吊吊住支模体系，拔出调节支腿和高低调节螺栓上的销轴，将支模体系吊离主承力架至地面分解。

③ 用液压油缸将导轨提升出来，然后用塔吊吊离作业面。

④ 拆除上、下爬升箱，液压电控系统和爬模爬架下两层附墙座并吊离作业面。

⑤ 将主承力架及挂架体系整体吊至地面进行分解。

⑥ 以上拆除的爬模爬架各零部件要统一堆放，统一管理。

7. 质量、安全要求

（1）爬模施工质量要求

对爬模施工质量的要求，见表6-1-5。

爬模施工质量要求 表 6-1-5

项　目		质量标准（技术要求）	检　验　方　法
模板	外形尺寸	−3mm	钢尺检查
	对角线	±3mm	钢尺检查
	板面平整度	＜2mm	2m靠尺和塞尺检查
	侧边平直度	＜2mm	2m靠尺和塞尺检查
	螺栓孔位置	±2mm	钢尺检查

项　　目		质量标准（技术要求）	检　验　方　法
模板	螺栓孔直径	＋1mm	钢尺检查
	连接孔位置	±1mm	钢尺检查
	连接孔直径	＋1mm	钢尺检查
	板块拼接缝隙	＜2mm	塞尺检查
	板块拼接平整度	＜2mm	2m靠尺和塞尺检查
模板支撑系统	垂直调节支腿	调节角度为70°～90°	角度尺检查
	高度调节装置	调节高度≤100mm	钢尺检查
	模板台车移动距离	300～750mm	卷尺检查
	模板锁紧力	≥5kN	
	模板附加背楞	能放置多种形式的模板，便利模板拼接，不影响对拉螺栓的装拆	复核设计方案和查看
	模板连接组件	每块模板用4～6个≥φ14的连接钩组合件与附加背楞连接在一起，移动模板时不松动	安装操作中观察
	模板竖向支撑宽度	≥0.8m	卷尺检查
	模板竖向支撑高度	≥1～2个层高＋1.8m	卷尺检查
	竖向支撑承载力	≤3kN/m²	复核施工方案和查看
附着装置	转杠支座	转动灵活自如	操作查看
	导轨靴座	左右移动＞50mm	钢尺检查
	靴座套座	负荷肩宽≥200mm	钢尺检查
	穿墙螺栓	M48，两端头有螺纹	钢尺检查
	垫板	≥100mm×100mm×10mm	钢尺检查
	螺母	M48，内双，外单，拧紧力达60～80N·m,外露3扣以上，中心位置±20mm	扭动扳手检查和查看
	预埋套管		卷尺检查
导轨	截面尺寸	≥140mm×140mm×10mm	钢尺检查
	长度	相邻2个楼层高度＋0.5m	卷尺检查
	直线度	≤$\frac{5}{1000}$，且≤30mm	直线和钢尺
	爬升状态挠度	≤$\frac{5}{1000}$，且≤20mm	直线和钢尺
	踏步块中心距	±2mm	钢尺检查
	导向板中心距	±2mm	钢尺检查
	导轨座钩长度	＋5mm	钢尺检查
	导轨座钩宽度	＋5mm	钢尺检查
	焊缝高度	≥10mm	目测
爬升箱	承力块	转动灵活	示范
	定位装置	转动灵活	示范
	限位装置	转动灵活	示范
	导向装置	转动灵活	示范
	导轨滑槽宽度	≥14mm，通畅	目测和钢尺

续表

项　目		质量标准（技术要求）	检 验 方 法
竖向主承力架与主架体	三角形框架主梁长度	≥2000mm	卷尺检查
	主梁截面尺寸	≥140mm×140mm×10mm	钢尺和卡尺
	爬升状态主梁挠度	$\leqslant\dfrac{1}{500}$，且≤5mm	直线和钢尺
	长方形框架宽度	800～1000mm	卷尺检查
	长方形框架高度	≥2000mm	卷尺检查
	框架内立柱截面尺寸	≥80mm×80mm×4mm	钢尺和卡尺
	内立柱中心至墙面距离	400～600mm	卷尺检查
	爬升状态内立柱弯曲	≤3mm	直线和钢尺
	调节支腿	调节灵活	示范
	施工状态支腿弯曲	≤1mm	钢尺检查
	主架体直线跨度	≤8.0m	卷尺检查
	主架体折线跨度	≤5.4m	卷尺检查
	桁架式水平梁架高度	≥900mm	卷尺检查
液压与电气控制系统	液压油泵电压	380V±10V	电压表检测
	油泵电机功率	1泵双缸1.1kW，1泵1缸750W	功率表检测
	油泵工作情况	工作正常，不漏油	查看
	液压油缸伸出长度	≤550mm	钢尺检查
	油缸伸出长度误差	≤12mm	钢尺检查
	液压油缸工作情况	工作正常，不漏油	查看
	液压油管	不破裂，不漏油	查看
	电气控制工作电压	380V±10V	电压表检测
	电气控制工作电流	≤2A	电流表检测
	控制器电压	24V	电压表检测
	控制器电流	≤500mA	电流表检测

1）施工单位要结合工程实际情况，对爬模的安装、使用、拆除等制定切实可行的施工方案。

2）爬模施工，要组建专门的爬模施工队伍，培训上岗，把好爬模施工质量关。

3）爬模的板面应平整，符合清水混凝土施工要求。

4）爬模用的模板支撑系统，应能满足支模、拆模、清理模板以及绑扎钢筋、浇筑混凝土等施工的基本要求。清理模板的空间宽度应≥0.6m。

5）附着装置的安装应尽量准确，使其中心位置差（±5～10mm）降低到最小。

6）导轨及主架体的安装，要求 H 型钢导轨的垂直偏差≤5/1000 或 20～30mm，爬升状态下最大挠度≤5/1000 或 20mm；要求架体的最大跨度为 6.0m，折线时≤5.4m，主承力架主梁的最大挠度或 6～8mm。

7）在爬模施工中，要做到同步爬升，及时消除升降差，使不同步升降差≤12mm。

（2）爬模施工安全要求

1）按照爬模施工方案的要求，预先配备齐全可用的爬模装备（包括各个零部件）。并要符合设计要求，产品质量或加工制作的质量要达到合格品的要求。

2）爬模装备进场前，要对质量进行检查和确认，出具产品合格证和使用说明书，不允许不符合安全使用要求的产品进入施工现场。

3）在安装爬模装备之前，要进行技术交底，按照安装工艺与要求进行安装。安装过程中，要有专人进行逐项检查。安装完毕后，要组织联合检查与验收，合格后方可投入使用。

4）爬模的每一层作业平台，脚手板要满铺，铺平铺稳，护脚板要铺设到位，符合安全使用与安全防护等要求。

5）对于爬架组相互之间的间隙，相邻作业平台之间的空隙，架体与墙体之间的空隙，要用盖板、护板和护网等封闭。严防物料坠落伤人。

6）爬模施工完毕，要按照爬模拆卸工艺，进行安全有序的拆除。拆卸的部件要分类堆放整齐，并及时组织安全退场。

7）爬升之前，必须暂时拆除爬架组之间的联系，及时在作业平台两端的开口部位安装好防护栏杆，及时拆除架体与墙体之间妨碍爬升的防护设施或障碍物；经安全检查后方可下达爬升指令。

8）爬升到位后，要及时做好各个部位的固定或安装；相邻爬升架组之间，要做好相互联系以及架体与墙体之间的安全防护。待整个施工层都爬升到位并经检查后，要及时完成爬升作业的记录。

9）爬升时，作业平台上禁止堆放施工料具。

10）遇有 5 级以上大风时，不得爬升，以避免由于推移晃动而导致伤人。

11）支拆模所用工具，应放入专用箱内，不要乱扔乱放。

12）爬模施工中的垃圾，应及时清理入袋，集中处理，严禁抛扔。

13）冬、雪天施工时，应及时清扫作业平台上的积雪，防止滑倒伤人。

14）附着装置的安装必须准确牢靠，安装与拆卸必须及时。

15）液压油缸的拆装，要相互配合协作好，做到安全操作。

16）施工前，要制定专项安全管理与安全检查制度；在与厂家签订租赁合同时，要签订爬模施工安全协议，强化安全管理。

（3）爬模安全使用要求

1）架体使用应符合建筑施工附着升降脚手架有关管理规定。

2）架体支承跨度的布置，不能超过液压油缸的顶升能力。

3）在使用工况下，应有可靠措施保证物料平台荷载不传递给架体。

4）架体使用前应由相关人员进行全面检查，包括架体的安装、防坠装置是否灵敏有效，爬升动力系统超载保护及同步控制等是否符合要求。

5）爬升时架体上不得有任何活动零件。

6）严禁在夜间进行架体的安装和搭设、爬升、拆除等工作。

7）从事作业人员必须年满 18 岁，两眼视力均不低于 1.0，无色盲、无听觉障碍，无高血压、心脏病、癫痫、眩晕和突发性昏厥等疾病，无其他疾病和生理缺陷。

8）正确使用个人防护用品和采取安全防护措施。进入施工现场，必须戴好安全帽，作业时必须系好安全带，工具使用完要放在工具套内。

9）操作人员必须经过培训教育，考核、体检合格，持证上岗。任何人不得安排未经培训的无证人员上岗作业。现场施工人员，都要自觉遵守国家和施工现场制定的各种安全技术规程和制度。

10）施工作业时，必须严格按照设计图纸要求和施工操作规程进行。

11）模板的合模、拆模必须严格按照爬模架合模、拆模施工工艺进行。

12）严格保证安全用电。

13）认真做好班前班后的安全检查和交接工作。有权拒绝违章指挥违章作业的指令。非爬架专职操作人员不得随便搬动、拆卸、操作爬架上的各种零配件和电气、液压等装备。

14）结构施工时，与架体无关的其他东西均不应在脚手架上堆放，严格控制施工荷载，不允许超载。

15）架体附墙作业时，墙体混凝土强度应达到 10MPa（特殊要求的另行规定）以上。

16）5 级（含 5 级）以上大风应停止作业，大风前须检查架体悬臂端拉接状态是否符合要求，大风后要对架体做全面检查，符合要求后方可使用，冬天下雪后应清除积雪并经检查后方可使用。

8. 施工验算

为了适应液压爬模对不同类型和不同结构形式的使用要求，在编制爬模方案时应结合工程实际情况，对关键部件或关键项目进行必要的施工验算。验算的内容包括附着结构的强度、穿墙螺栓的抗冲剪能力、导轨的强度与刚度、导轨钩座与踏步块的焊缝强度和抗冲剪能力以及液压油缸的顶升能力等。鉴于导轨钩座、踏步块设计得比较坚实，穿墙螺栓直径较大等，故只需进行一般验算，但对于厚度≤200mm 的结构，使用重型模板时的油缸顶升力以及爬升施工层高度较大时的导轨刚度等，由于使用条件多变需要进行详细验算。验算详见下列例题。

【例】北京某工程位于高层建筑较多的区域内，为钢筋混凝土剪力墙结构，外围尺寸 38m×38m，地上 38 层，总高 148m，采用 JFYM-50 型液压爬模施工，模板重量为 0.15t/m² 全钢大模板。

（1）基本条件

1）该工程地下 4 层，地上 38 层，总高 148m，标准层高 3.9m，墙厚 0.5m，部分墙厚 0.2m，混凝土强度等级为 C30～C50。

2）爬模装备为 JFYM-50 型，液压油缸单缸顶升力为 50kN 或 75kN，型钢导轨长 8.0m，截面尺寸为 150mm×150mm×7mm×10mm；穿墙螺栓为 M48，垫板尺寸为 160mm×160mm×12mm；由 2 个爬升机位组成的爬模架，跨度最大为 6.0m，两端各悬挑 1.5m，架体长 9.0m，高 16.4m；设 6 层作业平台。

3）随架体一起爬升的全钢大模板重量为 0.15t/m²，高 4.0m。

4）爬升施工层高度为 3.9m。

（2）基本要求与验算内容

1）在上述条件下，一个爬升机位设 1 支液压油缸，需要将顶升力调定到多大方能满足要求？

2）处于最不利工况下，导轨跨中的变形是否符合设计与使用要求？

3）处于最不利工况下，穿墙螺栓的冲剪能力是否符合设计与使用要求？

4）当墙厚为 0.2m，混凝土强度达到 10MPa 时，混凝土结构的冲切承载力和局部受压承载力是否满足爬升要求？

（3）荷载计算

由 2 个爬升机位组成最大的爬模架，跨度为 6.0m，长度为 9.0m，高度为 16.4m，设有 6 层作业平台，平台累积宽度为 7.0m，木脚手板厚 50mm，如图 6-1-93 所示。

1 个爬升机位上的荷载为：

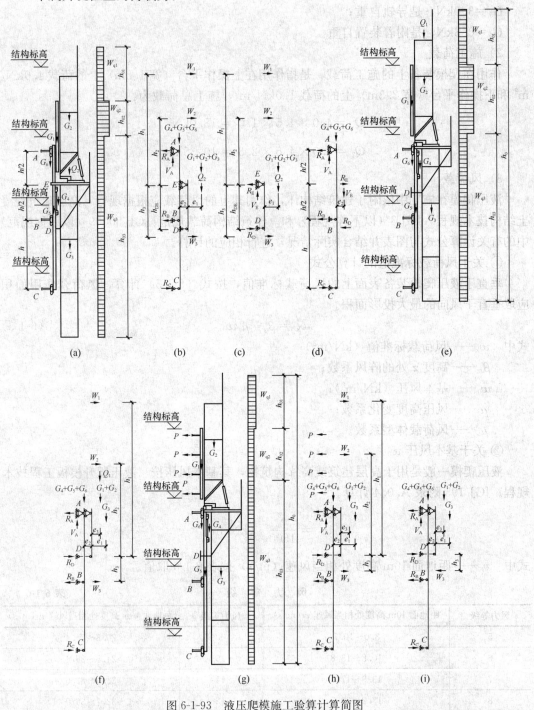

图 6-1-93　液压爬模施工验算计算简图

1) 自重荷载，由 6 部分组成，共计 49.60kN：

$G_1 = 27.0$kN，是模板自重；

$G_2 = 5.3$kN，是模板支撑自重；

$G_3 = 13.6$kN，是架体自重（包括油泵设备自重）；

$G_4 = 0.4$kN，是爬升箱和液压油缸自重；

$G_5 = 3.0$kN，是导轨自重；

$G_6 = 0.3$kN，是附着装置自重。

2) 施工荷载

作用在爬模装备上的施工荷载，是指作用在上操作平台（宽 1.0m）上的荷载 4.0kN/m^2 和下操作平台（宽 2.3m）上的荷载 1.0kN/m^2，施工总荷载为：

$$Q_1 = 4.0 \times 4.5 \times 1.0 = 18.0 \text{kN}$$

$$Q_2 = 1.0 \times 4.5 \times 2.3 = 10.35 \text{kN}$$

3) 风荷载

液压爬模在施工中依附于建筑结构体，作用其上的风荷载应根据现行《高层建筑混凝土结构技术规程》JGJ 3（以下称规程）和《建筑结构荷载规范》GB 50009（以下称规范）中的有关计算公式与图表并结合实际情况，进行相应的计算。

① 关于风荷载标准值的计算公式

垂直于液压爬模装备表面上的风荷载标准值，按式（6-1-5）计算，风荷载作用面积应取垂直于风向的最大投影面积。

$$w_k = \beta_{gz} \mu_s \mu_z w_0 \tag{6-1-5}$$

式中　w_k——风荷载标准值（kN/m^2）；

　　　β_{gz}——高度 z 处的阵风系数；

　　　w_0——基本风压（kN/m^2）；

　　　μ_z——风压高度变化系数；

　　　μ_s——风荷载体型系数。

② 关于基本风压 w_0。

液压爬模一般是用于高层建筑或高耸构筑物，其基本风压按《液压爬升模板工程技术规程》JGJ 195 附录 A.0.4 计算。

$$w_0 = \frac{v_0^2}{1600} \quad (\text{kN/}m^2)$$

式中　v_0——距地面 10m 高度处相当风速（m/s）按表 6-1-6 取值。

风 力 等 级　　　　　　　　　　　　　　　　　　　　表 6-1-6

风力等级	距地面 10m 高度处相当风速 v_0(m/s)	风力等级	距地面 10m 高度处相当风速 v_0(m/s)
5	8.0~10.7	9	20.8~24.4
6	10.8~13.8	10	24.5~28.4
7	13.9~17.1	11	28.5~32.6
8	17.2~20.7	12	32.7~36.9

由表 6-1-6 求得：

施工、爬升工况下 $w_{07} = \dfrac{v_{07}^2}{1600} = \dfrac{17.1^2}{1600} = 0.183 \text{kN/m}^2$，

停工工况下 $w_{09} = \dfrac{v_{09}^2}{1600} = \dfrac{24.4^2}{1600} = 0.372 \text{kN/m}^2$。

③ 关于风压高度变化系数 μ_z。

风压系数既随建筑高度的增加而增大，又与建筑所在位置的地面粗糙度有关。《建筑结构荷载规范》将地面粗糙度分为四类，见表 6-1-7，表 6-1-8 是相应的系数。

地面粗糙度分类　　　　　　　　　　　　　　　　　表 6-1-7

类别	粗 糙 度 的 描 述	类别	粗 糙 度 的 描 述
A	近海海面和海岛、海岸、湖岸及沙漠地区	C	有密集建筑群的城市市区
B	田野、乡村、丛林、丘陵以及房屋比较稀疏的乡镇	D	有密集建筑群且房屋较高的城市市区

风压高度变化系数 μ_z　　　　　　　　　　　　　表 6-1-8

离地面或海平面高度 (m)	地 面 粗 糙 度 类 别			
	A	B	C	D
5	1.09	1.00	0.65	0.51
10	1.28	1.00	0.65	0.51
15	1.42	1.13	0.65	0.51
20	1.52	1.23	0.74	0.51
30	1.67	1.39	0.88	0.51
40	1.79	1.52	1.00	0.60
50	1.89	1.62	1.10	0.69
60	1.97	1.71	1.20	0.77
70	2.05	1.79	1.28	0.84
80	2.12	1.87	1.36	0.91
90	2.18	1.93	1.43	0.98
100	2.23	2.00	1.50	1.04
150	2.46	2.25	1.79	1.33
200	2.64	2.46	2.03	1.58
250	2.78	2.63	2.24	1.81
300	2.91	2.77	2.43	2.02
350	2.91	2.91	2.60	2.22
400	2.91	2.91	2.76	2.40
450	2.91	2.91	2.91	2.58
500	2.91	2.91	2.91	2.74
≥550	2.91	2.91	2.91	2.91

④ 关于风荷载的体型系数 μ_s。

μ_s 参照《建筑施工扣件式钢管脚手架安全技术规范》JGJ 130—2011、《建筑施工工具式脚手架安全技术规范》JGJ 202—2010 中脚手架的风荷载体型系数采用，见表 6-1-9。

脚手架的风荷载体型系数 μ_s

表 6-1-9

背靠建筑物的状况		全封闭墙	敞开、框架和开洞墙
脚手架状况	全封闭、半封闭	1.0Φ	1.3Φ

Φ 为挡风系数，规范中要求密目式安全立网全封闭脚手架挡风系数 Φ 不宜小于 0.8。密目式安全立网的挡风系数试验结果为 0.5，规范规定是考虑施工中安全立网上积灰等因素确定的。本计算中密目式安全立网全封闭的爬模架部分挡风系数取 0.8；对于施工工况，在模板爬到位，尚未连接对侧模板的情况下，按照模板一侧承受正风压，挡风系数取 1.0；爬升工况中超出已浇筑混凝土墙体部分的模板高度内，按照模板一侧承受正风压，挡风系数取 1.0。

爬模装置风荷载体型系数 μ_s 分段计算表见表 6-1-10。架体分段范围见图 6-1-93。各工况 h_{01} 为大模板上方的操作架高度；施工工况 h_{02} 为大模板高度，爬升工况 h_{02} 为超出已浇筑混凝土墙体部分的模板高度；停工工况 h_{02} 和各工况 h_{02} 为已浇筑混凝土墙体部分的爬模架体高度。

爬模装置风荷载体型系数 μ_s 分段计算表

表 6-1-10

项目	工况		背靠建筑物状况	计算公式	挡风系数 Φ	μ_s
	爬升、施工	停工				
架体分段范围	h_{01}	h_{01}	敞开	$\mu_s=1.3\Phi$	0.8	1.04
	h_{02}	—	敞开	$\mu_s=1.3\Phi$	1.0	1.3
	h_{03}	h_{02}、h_{03}	全封闭墙	$\mu_s=1.0\Phi$	0.8	0.8

⑤ 关于风荷载的阵风系数 β_{gz}

β_{gz} 按照《建筑结构荷载规范》GB 50009—2012 取值，见表 6-1-11。

阵风系数 β_{gz}

表 6-1-11

离地面高度 (m)	地面粗糙度类别			
	A	B	C	D
5	1.65	1.70	2.05	2.40
10	1.60	1.70	2.05	2.40
15	1.57	1.66	2.05	2.40
20	1.55	1.63	1.99	2.40
30	1.53	1.59	1.90	2.40
40	1.51	1.57	1.85	2.29
50	1.49	1.55	1.81	2.20
60	1.48	1.54	1.78	2.14
70	1.48	1.52	1.75	2.09
80	1.47	1.51	1.73	2.04
90	1.46	1.50	1.71	2.01
100	1.46	1.50	1.69	1.98
150	1.43	1.47	1.63	1.87

离地面高度 (m)	地面粗糙度类别			
	A	B	C	D
200	1.42	1.45	1.59	1.79
250	1.41	1.43	1.57	1.74
300	1.40	1.42	1.54	1.70
350	1.40	1.41	1.53	1.67
400	1.40	1.41	1.51	1.64
450	1.40	1.41	1.50	1.62
500	1.40	1.41	1.50	1.60
550	1.40	1.41	1.50	1.59

⑥ 关于风荷载标准值 w_k 的计算

由表 6-1-8 求得地面粗糙度为 D 类、高度为 148m 时的风压高度变化系数 $\mu_z = 1.32$。

由表 6-1-10 可知风荷载体型系数 μ_s。

由表 6-1-11 求得地面粗糙度为 D 类、高度为 148m 时的阵风系数 $\beta_{gz} = 1.87$。

将上述相关系数代入式（6-1-11），求得 w_k，见表 6-1-12。

风荷载标准值计算表　　　　　　　　　　　表 6-1-12

工况	架体分段，i	h_{0i} (m)	w_0 (kN/m²)	β_{gz}	μ_z	μ_s	$w_k = \beta_{gz}\mu_z\mu_s w_0$ (kN/m²)	W_{qi} (kN/m)	W_i (kN)
爬升	1	3.05				1.04	0.47	2.11	6.45
	2	1.95				1.30	0.59	2.64	5.15
	3	11.40				0.80	0.36	1.63	18.54
施工	1	3.05	0.183			1.04	0.47	2.11	6.45
	2	3.90		1.87	1.32	1.30	0.59	2.64	10.31
	3	9.45				0.80	0.36	1.63	15.37
停工	1	3.05				1.04	0.95	4.30	13.11
	2	2.95	0.372			0.80	0.73	3.31	9.75
	3	10.40				0.80	0.73	3.31	34.38

w_k 为风荷载标准值，W_{qi} 为沿高度方向的折算线荷载，W_i 为折算集中荷载。

一个机位覆盖范围为 4.5m，风荷载折算为线荷载标准值 $W_{qi} = 4.5w_{ki}$ kN/m

风荷载折算为集中荷载 $W_i = W_{qi}h_{0i}$ kN

（4）内力计算

1）计算简图。

鉴于爬模架体是一种较为复杂的空间组合结构，为便于计算，简化为平面结构。图

6-1-93(a)、(e)、(g)分别是爬升、施工、停工三种工况时的示意图，图 6-1-93(b)~(d)、6-1-93(f)、6-1-93(h)~(i)分别是爬升、施工、停工三种工况相应的计算简图。

若标准施工层高 $h=3.9$m，相应的架体参数见表 6-1-13。

2）各工况和荷载构成。

爬升工况选择附着在导轨上的上爬升箱升至 1/2 层高位置，作用在导轨跨中的力达到最大值，处于不利的受力状态。导轨荷载主要有自重荷载 G_1、G_2、G_3，7 级风荷载 W_1、W_2、W_3 和下操作平台施工荷载 Q_2。

施工工况选择在模板爬升到位尚未连接对侧模板的情况下，上操作平台堆放适量的钢筋，并进行钢筋绑扎作业，模板一侧承受正风压、爬模装置下架体承受负风压的情况下，承载螺栓及与接触处的混凝土处于不利的受力状态。荷载主要有自重荷载 G_1、G_2、G_3、G_4、G_5、G_6，7 级风荷载 W_1、W_2、W_3 和上操作平台施工荷载 Q_1。

停工工况取恶劣气候下，爬模停止施工和爬升，并且爬模与对侧模板已绑扎钢筋进行可靠拉接措施情况下进行安全验算。荷载主要有自重荷载 G_1、G_2、G_3、G_4、G_5、G_6，9 级风荷载 W_1、W_2、W_3 和模板穿墙螺栓的拉力 P。

各工况下荷载取值及作用位置尺寸见表 6-1-13。

爬模装置架体参数及荷载取值表（kN）　　　　表 6-1-13

工况	计算简图	e_1 (mm)	e_2 (mm)	e_3 (mm)	h_0 (mm)	h_{01} (mm)	h_{02} (mm)	h_{03} (mm)	h_{DE} (mm)	h_1 (mm)	h_2 (mm)	h_3 (mm)
爬升	图 6-1-93 (a)~(d)			—			1950	11400	2300	6275	3775	2900
施工	图 6-1-93 (e)(f)	680	75	480	16400	3050	3900	9450	2300	8755	5280	1395
停工	图 6-1-93 (g)~(i)						3050	2950	1040	8755	5755	920

工况	计算简图	G_1 (kN)	G_2 (kN)	G_3 (kN)	G_4 (kN)	G_5 (kN)	G_6 (kN)	Q_1 (kN)	Q_2 (kN)	W_1 (kN)	W_2 (kN)	W_3 (kN)
爬升	图 6-1-93 (a)~(d)							—	10.35	6.45	5.15	18.54
施工	图 6-1-93 (e)(f)	27	5.3	13.6	0.4	3	0.3	18	—	6.45	10.31	15.37
停工	图 6-1-93 (g)~(i)									13.11	9.75	34.38

3）荷载组合

爬模装置荷载效应组合依据《液压爬升模板技术规程》JGJ 195—2010：强度计算采用基本组合，自重荷载分项系数 1.2，施工荷载、风荷载分项系数 1.4，施工荷载、风荷载组合系数取 0.9；刚度计算采用标准组合，荷载分项系数取 1.0，组合系数取 1.0。

4）计算支座反力

爬模施工验算项目包括爬升、施工、停工三种工况下承载螺栓承载力、混凝土冲切承载力、混凝土局部受压承载力、顶升力、导轨变形，其对应各工况下需要计算的反力项目见表 6-1-14。

爬模施工验算项目表 表 6-1-14

工况	荷载组合	施工验算项目				
		承载螺栓承载力	混凝土冲切承载力	混凝土局部受压承载力	顶升力	导轨变形
爬升	基本组合	R_A、V_A	R_A	R_A	V_E	—
	标准组合	—	—	—	—	R_E
施工	基本组合	R_A、V_A	R_A	R_A	—	—
停工	基本组合	R_A、V_A	R_A	R_A	—	—

① 爬升工况（荷载基本组合）

对于图 6-1-93（c）：

由 $\Sigma Y = 0$，即竖向力平衡，求得 V_E

$$V_E - \gamma_G S_{GK} - \psi \gamma_Q S_{QK} = 0$$

$$V_E = \gamma_G S_{GK} + \psi \gamma_Q S_{QK}$$

$$= \gamma_G (G_1 + G_2 + G_3) + \psi \gamma_Q Q_2$$

$$= 1.2 \times (27 + 5.3 + 13.6) + 0.9 \times 1.4 \times 10.35$$

$$= 68.12 \text{kN}$$

由 $\Sigma M_E = 0$，可求得 R_D

$$\gamma_G S_{GK} + \psi \gamma_Q (S_{QK} + S_{WK}) - R_D h_{DE} = 0$$

$$R_D = \frac{1}{h_{DE}} [\gamma_G S_{GK} + \psi \gamma_Q (S_{QK} + S_{WK})]$$

$$= \frac{1}{h_{DE}} [\gamma_G (G_1 + G_2 + G_3) e_1 + \psi \gamma_Q (Q_2 e_1 + W_1 h_1 + W_2 h_2 - W_3 h_3)]$$

$$= \frac{1}{2.3} \Big[1.2 \times (27 + 5.3 + 13.6) \times 0.68 + 0.9 \times 1.4 \times (10.35 \times 0.68$$

$$+ 6.45 \times 6.275 + 5.15 \times 3.775 - 18.54 \times 2.9) \Big]$$

$$= 23.51 \text{kN}$$

由 $\Sigma M_D = 0$，可求得 R_E。

$$\gamma_G S_{GK} + \psi \gamma_Q (S_{QK} + S_{WK}) - R_E h_{DE} = 0$$

$$R_E = \frac{1}{h_{DE}} [\gamma_G S_{GK} + \psi \gamma_Q (S_{QK} + S_{WK})]$$

$$= \frac{1}{h_{DE}} \{ \gamma_G (G_1 + G_2 + G_3) e_1 + \psi \gamma_Q [Q_2 e_1 + W_1 (h_1 + h_{DE}) + W_2 (h_2 + h_{DE})$$

$$- W_3 (h_3 - h_{DE})] \}$$

$$= \frac{1}{2.3} \Big\{ 1.2 \times (27 + 5.3 + 13.6) \times 0.68 + 0.9 \times 1.4 \times [10.35 \times 0.68 + 6.45 \times$$

$$(6.275 + 2.3) + 5.15 \times (3.775 + 2.3) - 18.54 \times (2.9 - 2.3)] \Big\}$$

$$= 61.49 \text{kN}$$

对于图 6-1-93 （d）：

由 $\Sigma Y = 0$，即竖向力平衡，求得 V_A

$$V_A - \gamma_G S_{GK} - V_E = 0$$

$$V_A = \gamma_G S_{GK} + V_E$$

$$= \gamma_G (G_4 + G_5 + G_6) + V_E$$

$$= 1.2(0.4 + 3 + 0.3) + 68.12$$

$$= 72.56 \text{kN}$$

由 $\Sigma M_B = 0$，可求得 R_A。鉴于传递到支座 C 的力较小，可以忽略不计。

$$R_E \frac{h}{2} + R_D \left(h_{DE} - \frac{h}{2} \right) + V_E e_2 - R_A h = 0$$

$$R_A = \frac{1}{h} \left[R_E \frac{h}{2} + R_D \left(h_{DE} - \frac{h}{2} \right) + V_E e_2 \right]$$

$$= \frac{1}{3.9} \left[61.49 \times \frac{3.9}{2} + 31.51 \times \left(2.3 - \frac{3.9}{2} \right) + 68.12 \times 0.75 \right]$$

$$= 34.88 \text{kN}$$

② 爬升工况（荷载标准组合）

对于图 6-1-93 （c）：

由 $\Sigma M_D = 0$，可求得 R_E。

$$S_{GK} + S_{QK} + S_{WK} - R_E h_{DE} = 0$$

$$R_E = \frac{1}{h_{DE}} [S_{GK} + S_{QK} + S_{WK}]$$

$$= \frac{1}{h_{DE}} [(G_1 + G_2 + G_3)e_1 + Q_2 e_1 + W_1(h_1 + h_{DE})$$

$$+ W_2(h_2 + h_{DE}) - W_3(h_3 - h_{DE})]$$

$$= \frac{1}{2.3} [(27 + 5.3 + 13.6) \times 0.68 + 10.35 \times 0.68$$

$$+ 6.45 \times (6.275 + 2.3) + 5.15 \times (3.775 + 2.3)$$

$$- 18.54 \times (2.9 - 2.3)]$$

$$= 49.44 \text{kN}$$

③ 施工工况（荷载基本组合）

对于图 6-1-93 （f）：

由 $\Sigma Y = 0$，即竖向力平衡，求得 V_A

$$V_A - \gamma_G S_{GK} - \psi \gamma_Q S_{QK} = 0$$

$$V_A = \gamma_G S_{GK} + \psi \gamma_Q S_{QK}$$

$$= \gamma_G (G_1 + G_2 + G_3 + G_4 + G_5 + G_6) + \psi \gamma_Q Q_1$$

$$= 1.2 \times (27 \times 5.3 + 13.6 + 0.4 + 3.0 + 0.3) + 0.9 \times 1.4 \times 18.0$$

$$= 82.2 \text{kN}$$

由 $\Sigma M_D = 0$，可求得 R_A

$$\gamma_G S_{GK} + \psi \gamma_Q (S_{QK} + S_{WK}) - R_A h_{DE} = 0$$

$$R_A = \frac{1}{h_{DE}} [\gamma_G S_{GK} + \psi \gamma_Q (S_{QK} + S_{WK})]$$

$$= \frac{1}{h_{DE}} \{\gamma_G [(G_1 + G_2)(e_2 + e_3) + G_3(e_1 + e_2)] + \psi \gamma_Q [Q(e_2 + e_3) + W_1 h_1$$

$$+ W_2 h_2 - W_3 h_3]\}$$

$$= \frac{1}{2.3} \{1.2 \times [(27 + 5.3)(0.075 + 0.48) + 13.6 \times (0.68 + 0.075)] + 0.9 \times 1.4 \times$$

$$[18.0 \times (0.075 + 0.48) + 6.45 \times 8.755 + 10.31 \times 5.28 - 15.37 \times 1.395]\}$$

$$= 66.85 \text{kN}$$

④ 停工工况（荷载基本组合）

停工工况下，爬模装置采取可靠拉接措施后上架体处于平衡稳定状态，故只近似取上架体自重、下架体自重和风荷载效应组合计算。考虑此时 W_3 为正压，承载螺栓和混凝土受力处于最不利状态。

对于图 6-1-93（i）：

由 $\sum Y = 0$，即竖向力平衡，求得 V_A。

$$V_A - \gamma_G S_{GK} = 0$$

$$V_A = \gamma_G S_{GK}$$

$$= \gamma_G (G_1 + G_2 + G_3 + G_4 + G_5 + G_6)$$

$$= 1.2 \times (27 + 5.3 + 13.6 + 0.4 + 3.0 + 0.3)$$

$$= 59.52 \text{kN}$$

由 $\sum M_D = 0$，可求得 R_A。

$$\gamma_G S_{GK} + \gamma_Q S_{WK} - R_A h_{DE} = 0$$

$$R_A = \frac{1}{h_{DE}} (\gamma_G S_{GK} + \gamma_Q S_{WK})$$

$$= \frac{1}{h_{DE}} [\gamma_G (G_1 + G_2)(e_2 + e_3) + G_3(e_1 + e_2) + \gamma_Q W_3 h_3]$$

$$= \frac{1}{2.3} \{1.2 \times [(27 + 5.3) \times (0.075 + 0.48) + 13.6 \times (0.68 + 0.075)$$

$$+ 1.4 \times 34.38 \times 0.92]\}$$

$$= 33.96 \text{kN}$$

爬模施工荷载效应汇总见表 6-1-15。

爬模施工荷载效应汇总表（kN）   表 6-1-15

| 工况 | 荷载组合 | 施工验算项目 | | | | |
		承载螺栓承载力	混凝土冲切承载力	混凝土局部受压承载力	顶升力	导轨变形
爬升	基本组合	$R_A = 33.57$ $V_A = 72.56$	$R_A = 33.57$	$R_A = 33.57$	$V_E = 68.12$	—
	标准组合	—	—	—	—	$R_E = 49.44$

续表

工况	荷载组合	施工验算项目				
		承载螺栓承载力	混凝土冲切承载力	混凝土局部受压承载力	顶升力	导轨变形
施工	基本组合	$R_A=66.85$ $V_A=82.20$	$R_A=66.85$	$R_A=66.85$	—	—
停工	基本组合	$R_A=33.96$ $V_A=59.52$	$R_A=33.96$	$R_A=33.96$	—	—

说明：验算时采用三种工况下荷载效应的最大值。

（5）施工验算

1）单支液压油缸顶升力的验算

由支座内力计算可知，在爬升工况下 $R_N=68.12kN>50kN$，须将液压油缸的顶升力调定为 75kN 方能满足安全爬升要求。

2）穿墙螺栓冲剪承载力的验算

1 个爬升机位在每一施工层的附着位置使用 1 个 M48 穿墙螺栓，同时承受剪力和拉力。由内力计算可知，承受的剪力为 82.20kN、拉力的 66.85kN，用式（6-1-6）进行验算：

$$\sqrt{\left(\frac{N_v}{N_v^b}\right)^2+\left(\frac{N_t}{N_t^b}\right)^2}\leqslant 1 \tag{6-1-6}$$

式中　N_v^b——螺栓受剪承载力设计值；

N_t^b——螺栓受拉承载力设计值；

N_v——螺栓承受剪力的最大值；

N_t——螺栓承受拉力的最大值。

对于 M48 螺栓，材质为 Q235，$N_v^b=185kN$，$N_t^b=242kN$；由表 6-1-15，$N_v=V_{Amax}=82.20kN$，$N_t=R_{Amax}=66.85kN$。代入式（6-1-6），得：

$$\sqrt{\left(\frac{82.20}{185}\right)^2+\left(\frac{66.85}{242}\right)^2}=\sqrt{0.20+0.08}$$

$$=\sqrt{0.28}=0.53<1.0$$

满足使用要求。

3）导轨跨中最大变形的验算

导轨是用 150×150 优质 H 型钢制造的，截面特性为：$I_X=166\times10^5\,mm^4$，$E=2.06\times10^5\,N/mm^2$。计算简图如图 6-1-93（d）所示，由图 6-1-93（c）求得的 $R_E=49.44kN$，即导轨跨中最大的集中力 $F=49.44kN$，跨中的最大变形为：

$$\Delta L=\frac{FL^3}{48EI}$$

$$=\frac{49440\times3900^3}{48\times2.06\times10^5\times166\times10^5}$$

$$=17.87mm$$

$$=\frac{4.6L}{1000}<\frac{5L}{1000}=19.5mm,$$

按照《液压爬升模板工程技术规程》JGJ 195—2010，导轨的刚度要求其跨中变形值 $\Delta L \leqslant 5\text{mm}$，该取值较为严格。

4）爬升时墙体混凝土冲切承载力和局部受压承载力的验算

由表 6-1-15 可知，支座 A 处最大拉力为 66.85kN。爬升时要求结构混凝土强度达到 10MPa 以上，分别验算承载螺栓与混凝土接触处混凝土冲切承载力和局部受压承载力，图6-1-94为计算简图。

① 混凝土冲切承载力验算

承载螺栓采用预埋套管设置。

承载螺栓垫板尺寸为 160mm×160mm×12mm，即 $a = 0.16\text{m}$；混凝土墙厚为 0.2m 时，$h_0 = 0.165\text{m}$；

混凝土强度达到 10MPa 时，混凝土抗拉强度设计值取 $f_t = 0.65\text{N/mm}^2 = 650\text{kN/m}^2$。

$$2.8(a + h_0)h_0 f_t = 2.8(0.16 + 0.165)$$
$$\times 0.165 \times 650$$
$$= 97.60\text{kN}$$
$$F = 66.85\text{kN} < 97.60\text{kN}$$

混凝土冲切承载力满足爬升要求。

② 混凝土局部受压承载力验算

混凝土强度达到 10MPa 时，混凝土抗压强度设计值取 $f_c = 5\text{N/mm}^2 = 5000\text{kN/m}^2$

$$2.0a^2 f_c = 2.0 \times 0.16^2 \times 5000$$
$$= 256\text{kN}$$
$$F = 66.85\text{kN} < 256\text{kN}$$

混凝土局部受压承载力满足爬升要求。

9. 工程实例

某新生公寓工程，建筑面积为 36557m²，

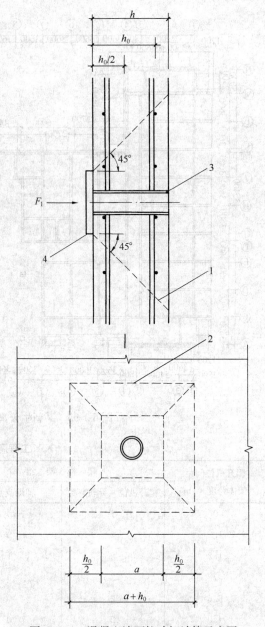

图 6-1-94　混凝土墙面抗冲切计算示意图

1—冲切破坏时的锥体斜截面；2—距承力面 $\frac{h_0}{2}$ 处的锥体截面边长；3—穿墙螺栓钢套管；4—穿墙螺栓方形垫板

现浇混凝土剪力墙结构，地下 2 层，地上 24 层，总高度 72.3m，标准层高 2.8m，楼板厚 0.1m，墙厚 0.2m，结构施工工期××年 1～6 月。图 6-1-95 为爬模施工平面图。

该工程共配置了由 48 根导轨、8 个辅助支点组成的 23 组爬架组。爬架组中多数是由 2 个爬升机位组成，也有仅由 1 个爬升机位组成的爬模平台，爬架组最大跨度为 6m，为了增加模板支撑架的刚度，在跨中设置 1 个不带导轨的辅助支撑，见表 6-1-16。

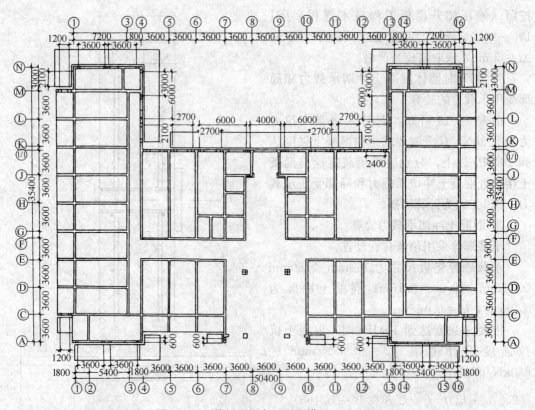

图 6-1-95　某新生公寓工程爬模施工平面图

××工程爬模配置表　　　　　　　　　　　　　　　　　　　　表 6-1-16

爬升机位间距（架体跨度）(m)	爬模架组		爬架组数	备 注
	爬升机位（导轨）数	辅助支点数		
0	1	0	2	
1.2	2	0	2	
1.2	2	1	2	小阴角部位
7	2	0	2	
3.6	2	0	6	
4.0	2	0	1	中轴线部位
6.0	2	0	4	
2.4+2.1	2+1	1	2	大阴角部位
3.6+0	2+1		2	阴角部位
合计	48	8	23	配置8个液压油缸和4套1泵带2缸的泵站

　　该工程使用的大模板有两种，多数是重量为 $120 \sim 130 \mathrm{kg/m^2}$ 的普通型全钢大模板，另一种是与爬模配套研究开发的 120 系列无背楞大模板，重量为 $90 \mathrm{kg/m^2}$。模板附加支撑系统均能够满足这两种大模板的使用要求，在结构施工到 12 层时开始安装爬模的吊篮设备并投入使用。结构施工质量荣获"北京市结构长城杯"奖。

6.1.2.3 柱模板

1. 钢柱模

(1) 一般圆柱钢模

一般圆柱模板可分两个半圆加工,现场拼装组合。

1) 构造

圆柱模板的面板采用 4mm 钢板卷曲成型,竖向边框弧形,边框及弧形加强肋均为 6mm 厚钢板,竖向加强肋为 -50×5 扁钢,边框四周设 17×21 椭圆孔作组合连接用 (图 6-1-96)。每块圆柱模均设节点板,用于斜撑及平台挑架的连接。

2) 常用规格

直径:500、600、700、800、900、1000、1200mm;

模板长度:2400、2100、1800、1500、1200、900mm;

模板厚度:84mm。

当柱子外径大、中间空心时,其外模做法同一般圆柱模,而内模应设收缩装置和调节缝板,以利拆除。为此,在竖向边框内侧焊支腿,两块模板之间用螺栓调节,形成空心圆柱模 (图 6-1-97)。

有梁柱接头的 1/2 圆柱钢模,见图 6-1-98。

(2) 大直径圆柱钢模

大直径圆柱钢模,采用 1/4 圆柱钢模组拼 (图 6-1-99)。圆柱钢模面板采用 $\delta=4mm$ 钢板,竖肋为 $\delta=5mm$ 钢板,横肋为 $\delta=6mm$ 钢板,竖龙骨采用 Ϲ10 槽钢;梁柱节点面板。竖肋和横肋均采用 $\delta=4mm$ 钢板。每根柱模均配有 4 个斜支撑,且沿柱高每 1.5m 增设 $\delta=6mm$ 加强肋。

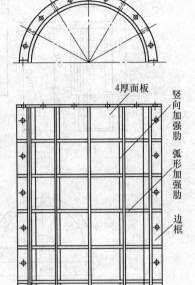

图 6-1-96 1/2 圆柱钢模

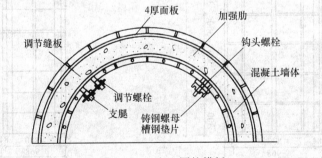

图 6-1-97 空心圆柱模板

(3) 无柱箍可变截面方形钢柱模

见图 6-1-100 所示

2. 玻璃钢圆柱模板

玻璃钢圆柱模板采用不饱和树脂作粘结材料,低碱玻璃布作增强材料,加入引发剂、促凝剂、耐磨材料,经过拌制,在胎具上铺贴涂刷而成。这种材料除可制作圆柱模板外,还可制作柱帽模板,以及密肋楼盖模壳等。

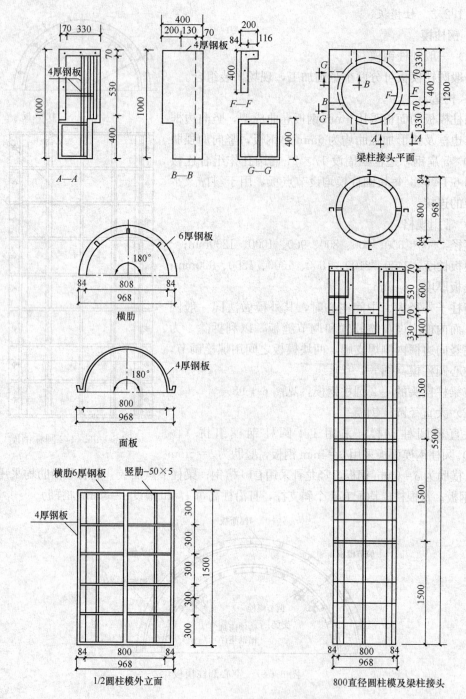

图 6-1-98　有梁柱接头的 1/2 圆柱钢模

（1）特点

1）制作工艺简单，可以作成不同直径的圆柱模板和形状尺寸各异的柱帽模板，比采用木材、钢材制作圆柱、柱帽模板省工、省料，并且易于成形。

2）重量轻、强度高、韧性好、耐磨性好，具有一定的耐碱、耐腐蚀能力，技术性能

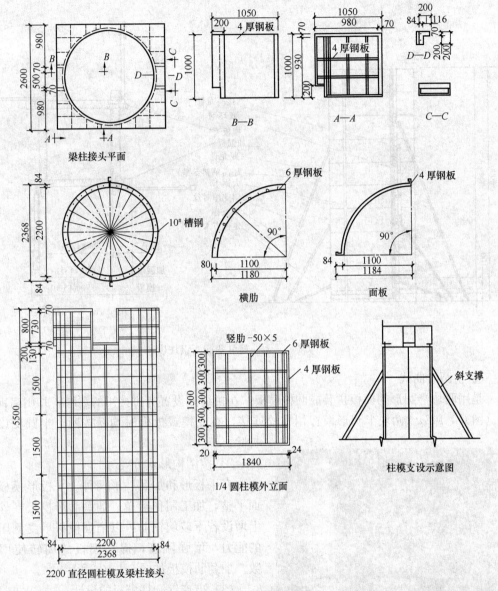

图 6-1-99　1/4 圆柱钢模

优良。

3）安装、拆除方便，可减轻劳动强度，减少机械吊装次数和劳动用工，提高施工效率。

4）成形后的混凝土，表面光滑平整，拼缝少，接缝严密，减少剔凿和装饰用工。

（2）类型

1）按模板的成形方式分类

① 整张卷曲式

即每只柱模板用一个整张的玻璃钢模板作成，板面可伸张，可卷曲。支模时整张卷曲成形进行支设。拆模时将板面展开，即可脱模（图 6-1-101）。

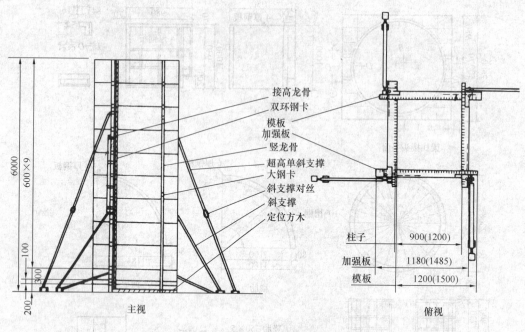

图 6-1-100　无柱箍可变截面钢柱模

② 半圆卷曲式

是用两块半圆形的模板拼装成圆柱模板，在拼缝处设置有拼接用的翼缘，并用扁钢加强（图 6-1-102）。两块半圆形模板用螺栓连接，在支模或拆模时均需按两个半圆支设或拆除。

2）按结构形式分类

有平板形和加劲肋形两种。平板形模板表面平整，加工制作简单。加劲肋形模板在外壁上增设若干玻璃钢肋，以增强模板承受侧压力的能力，增强刚度，提高模板的周转使用次数。加劲肋模板如图 6-1-103 所示。

（3）玻璃钢圆柱模板的设计

1）模板厚度

图 6-1-101　整张卷曲式模板

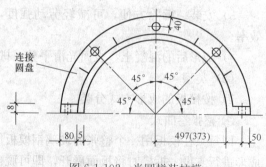

图 6-1-102　半圆拼装柱模

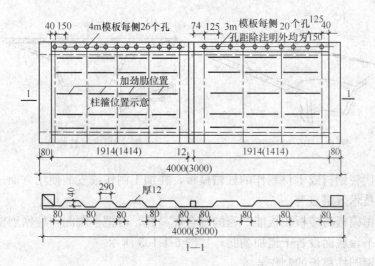

图 6-1-103　加劲肋玻璃钢柱模

玻璃钢模板的厚度，应根据混凝土侧压力的大小，经过计算确定。另外，还与柱箍间距的大小有关，当厚度偏小时，可以通过加密柱箍来解决。板面太厚，耗用材料多，增加成本，太薄则刚度差。一般厚度为 4～5mm。

2）模板高度

模板高度视混凝土柱高而定。柱高在 4m 以内时，可以做成一节同高度的模板。柱高在 4m 以上时，考虑到支模方便和模板的竖向刚度，可以做成 3～4m 高，分节浇筑混凝土，每次浇筑高度在 2.5～3.5m。

3）模板直径

玻璃钢模板在承受侧压力后，断面会膨胀变形，其膨胀率可按 0.6% 考虑，即 100cm 直径的圆柱模板应做成 $\phi99.4$。模板直径的加工误差应控制在 －3～＋2mm。实践证明，这一误差率是符合实际的，脱模后混凝土圆柱的直径误差率为 1%。

4）柱箍设计

为了增强模板的刚度，保证模板的圆度，在模板外侧必须设置柱箍，柱箍用角钢∟40mm×4mm 或扁钢－56mm×6mm 做成，如图 6-1-104 所示。最少应设置三道柱箍，分别设于柱模的上、中、下三个部位。柱箍的内径与圆柱模板的外径一致，接口处用螺栓连接。柱箍的另一个作用是供设置柱模的斜撑或缆绳用以调整模板的垂直度，保证模板的竖向稳定。中部柱箍设在模板的 2/3 高度，下部的柱箍还可用于固定柱模的位置。

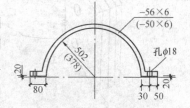

图 6-1-104　柱箍

5）柱帽模板

柱帽模板通常设计为两块半圆形的漏斗状，然后用螺栓拼装而成。圆漏斗的接缝部位要保证平直，接缝严密。周边及接缝处均用角钢加强。对于直径较大的柱帽，为了增强悬挑部分的刚度，防止下垂，还应增设型钢环梁或玻璃钢环梁，以承受浇筑混凝土时的荷载。柱帽及环梁形式如图 6-1-105 和图 6-1-106 所示。

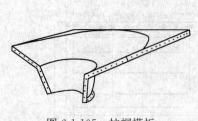
图 6-1-105　柱帽模板

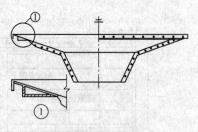
图 6-1-106　柱帽环梁

用玻璃钢代替钢材或木材制作的柱帽模板，在加工制作或安装使用方面。都更为简便适用，其经济技术效果显著。

为了使柱帽模板与楼板模板能严密的结合在一起，可把半圆漏斗柱帽展宽，做成玻璃钢平台，并在平台底面设若干道加劲肋，如图 6-1-105 所示。

（4）玻璃钢圆柱模板的制作要求

1）对材料性能的要求

① 应具有较好的耐磨性，以增加模板的使用次数，延长模板的寿命。

② 应有较好的韧性。尤其是整张卷曲式模板，在支、拆模板时接口处要反复开合，容易造成模板的纵向裂缝，所以必须要有较好的韧性。

③ 应具有较好的耐碱、耐腐蚀性，防止因模板与混凝土接触，造成腐蚀、碱化。

④ 要有一定的强度和较好的刚度，这样不仅能承受混凝土的侧压力，还能承受在安装、拆除和运输中的各种外力。

2）对拼接处加强处理的要求

在模板的拼接处，由于使用时应力比较集中，为防止模板破坏，应采用扁钢或角钢加强，为此玻璃钢模板也应设置凸沿，其凸沿的拐角必须与模板内侧的切线呈90°，两侧凸沿要保证顺直，以使拼接处严密。加强肋的扁钢或角钢与凸沿应贴紧，并采用不饱和聚酯树脂粘结，如图 6-1-107 所示。

3）质量要求

① 模板内侧必须光滑平整。模板表面不得有气泡、空鼓、皱纹、纤维外露、毛刺等现象。

② 模板的接缝必须严密。

③ 边肋及加强肋安装

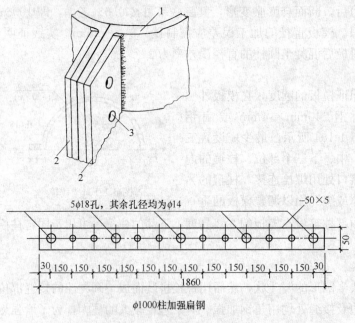
图 6-1-107　拼缝处加强处理
1—模板；2—加强肋扁钢；3—连接螺孔

牢固,与模板成一整体。

(5) 玻璃钢圆柱模板的施工

1) 圆柱模板的施工

① 施工准备

安装柱模前,要清除柱基的杂物,焊接或修整模板的定位预埋件,做好测量放线工作,抹好模板下面的找平层砂浆。

② 工艺流程

柱模就位安装→闭合柱模→固定连接件→安装柱箍→安装支撑或缆绳→校正并固定柱模→搭设脚手架→浇筑混凝土→拆除脚手架→拆除柱模→清理并涂刷脱模剂。

③ 施工要点

a. 安装整张卷曲式柱模时,需要两人将模板的接口由下而上逐渐扒开,套在柱钢筋的周围,下端与定位铁件贴紧,套好后将模板接口转向任一支撑的方向。

b. 安装半圆拼装式柱模时,可将两片柱模分别从柱钢筋两侧就位,然后将接口对准支撑的方向,再安装紧固件。

c. 设置柱箍与支撑。每个柱模最小设置 3 个柱箍,中间柱箍要设在 2/3 柱模高度处,为防止下滑,可用 $5cm \times 5cm$ 木方或角钢进行支顶。

整张卷曲式柱模一般设置 3 道缆绳或斜撑,按 $120°$ 夹角分布,与地面呈 $45° \sim 60°$ 夹角。半圆拼装式柱模要设置 4 道缆绳或斜撑,按 $90°$ 夹角分布。各道缆绳或斜撑的延长线要通过柱模的圆心,防止柱模扭转。缆绳上要设置花篮螺栓,以便于调整柱模的垂直度。

d. 当混凝土柱过高时,可以采用下列两种方法支模:

拼接法:采用两节柱模板上下进行拼接。拼接处设立连接法兰盘。拼接时要注意柱模对齐,上下同一圆心,防止竖向偏差。上下柱模要分别设置缆绳。

提模法:混凝土柱分节支模,分节浇筑混凝土。待柱下部混凝土脱模后,将模板拆除,向上提升,使模板下部与混凝土搭接 $40 \sim 50cm$,拧紧连接螺栓,并注意接缝严密,不漏浆。依次将模板提升至柱子的设计高度。

上述两种方法,都必须做好测量工作,保证上下垂直,并使缆绳安装牢固。

e. 待混凝土达到 1MPa 以上时,即可拆除柱模。首先拆除缆绳或斜撑,拆除中部柱箍的支柱,再拆除柱箍,然后卸掉连接螺栓,松动模板接口将模板卸下。

2) 柱帽模板的施工

① 施工准备

安装柱帽模板时必须先将柱模板拆除,并使混凝土养护 7d 以上。

② 工艺流程

安装柱帽模板支架→安装楼板模板→混凝土柱顶安装柱箍→柱帽模板分片安装→固定连接螺栓→调整柱帽模板标高→与楼板模板接缝处理→浇筑柱帽及楼板混凝土→养护→拆除柱帽模板支架→拆除连接螺栓及模板→清理模板,涂刷脱模剂。

③ 操作要点

a. 柱帽模板支架的安装必须牢固,支柱、横梁及斜撑必须形成结构整体。

b. 在柱顶安装柱帽模板,定位柱箍高度要准确,安装要牢固,以防止柱帽模板下滑,保证柱帽模板高度合适。

c. 柱帽模板分两片就位，要先对正接口，再安装连接螺栓。柱帽的下口坐落在定位柱箍上。

d. 柱帽模板的环形梁要安装在支架横梁上，以增加环梁和柱帽模板的承载能力。与横梁搭接要牢固，不平处可用木楔填实。

e. 校正好柱帽模板的标高，处理好与楼板模板的接缝，做到标高准确，接缝严密。

f. 待柱帽混凝土强度达到设计强度的 75％时方准拆模。先拆除柱帽模板的支架和柱顶的柱箍，再拆除连接螺栓。为了防止柱帽模板下落时摔坏，斜放两根 $\phi50$ 钢管或 10cm×10cm 木方，让模板沿着钢管或木方下滑，下边设专人接着，防止模板损坏。

④ 施工注意事项

a. 由于水泥的碱性较大，拆模后一定要及时清除模板表面的水泥残渣，防止腐蚀模板，并刷好脱模剂。

b. 圆柱模板要竖向放置，水平放置时只准单层码放，严禁叠层码放，以免受压变形。

c. 对于接口处的加强肋要倍加爱护，不得摔碰，否则容易出现裂缝。

d. 安装柱帽模板时，如楼板钢筋已绑扎，上面应铺放脚手板，防止踩坏钢筋。

6.1.3 永久性模板

永久性模板，也称一次性消耗模板，是在结构构件混凝土浇筑后模板不拆除，并构成构件受力或非受力的组成部分。这种模板，一般广泛应用于房屋建筑的现浇钢筋混凝土楼板工程，作为楼板的永久性模板。它具有施工工序简化、操作简便、改善劳动条件、不用或少用模板支撑、模板支拆量减少和加快施工进度等优点。

目前，我国用在现浇楼板工程中作永久性模板的材料，一般有压型钢板模板和钢筋混凝土薄板模板两种。永久性模板的采用，要结合工程任务情况、结构特点和施工条件合理选用。

6.1.3.1 压型钢板模板

压型钢板模板，是采用镀锌或经防腐处理的薄钢板，经成型机冷轧成具有梯波形截面的槽型钢板或开口式方盒状钢壳的一种工程模板材料。

1. 压型钢板模板的特点

压型钢板一般应用在现浇密肋楼板工程。压型钢板安装后，在肋底内面铺设受拉钢筋，在肋的顶面焊接横向钢筋或在其上部受压区铺设网状钢筋，楼板混凝土浇筑后，压型钢板不再拆除，并成为密肋楼板结构的组成部分。如无吊顶顶棚设置要求时，压型钢板下表面便可直接喷、刷装饰涂层，可获得具有较好装饰效果的密肋式顶棚。压型钢板组合楼板系统如图 6-1-108 所示。压型钢板可做成开敞式和封闭式截面（图 6-1-109、图6-1-110）。

封闭式压型钢板，是在

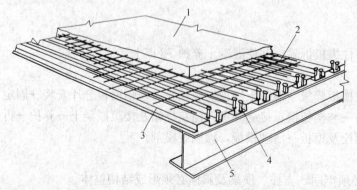

图 6-1-108 压型钢板组合楼板系统图

1—现浇混凝土层；2—楼板配筋；3—压型钢板；4—锚固栓钉；5—钢梁

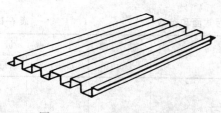

图 6-1-109　开敞式压型钢板

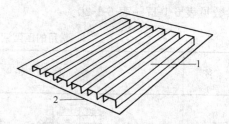

图 6-1-110　封闭式压型钢板
1—开敞式压型钢板；2—附加钢板

开敞式压型钢板下表面安放一层附加钢板。这样可提高模板的刚度，提供平整的顶棚面，空格内可用以布置电器设备线路。

压型钢板模板具有加工容易，重量轻，安装速度快，操作简便和取消支、拆模板的繁琐工序等优点。

2. 压型钢板模板的种类及适用范围

压型钢板模板，主要从其结构功能分为组合板的压型钢板和非组合板的压型钢板。

（1）组合板的压型钢板

既是模板又是用作现浇楼板底面受拉钢筋。这种压型钢板，在施工阶段承受施工荷载和现浇层钢筋与混凝土的自重，在楼板使用阶段还承受使用荷载，从而构成楼板结构受力的组成部分。主要用在钢结构房屋的现浇钢筋混凝土有梁式密肋楼板工程。

（2）非组合板的压型钢板

只作模板使用。即压型钢板在施工阶段，只承受施工荷载和现浇层的钢筋混凝土自重，而在楼板使用阶段不承受使用荷载，只构成楼板结构非受力的组成部分。此种模板，一般用在钢结构或钢筋混凝土结构房屋的有梁式或无梁式的现浇密肋楼板工程。

3. 压型钢板模板的材料与规格

（1）压型钢板材料

1）压型钢板一般采用 0.75～1.6mm 厚的 Q235 薄钢板冷轧制而成。用于组合板的压型钢板，其净厚度（不包括镀锌层或饰面层的厚度）不小于 0.75mm。

2）用于组合板和非组合板的压型钢板，均应采用镀锌钢板。用作组合板的压型钢板，其镀锌厚度尚应满足在使用期间不致锈蚀的要求。

3）压型钢板与钢梁采用栓钉连接的栓钉钢材，一般与其连接的钢梁材质相同。

（2）压型钢板规格

1）楼板底板压型钢板

① 单向受力压型钢板，其截面一般为梯波形，其规格一般为：板厚 0.75～1.6mm，最厚达 3.2mm；板宽 610～760mm，最宽达 1200mm；板肋高 35～120mm，最高达 160mm，肋宽 52～100mm；板的跨度从 1500～4000mm，最经济的跨度为 2000～3000mm，最大跨度达 12000mm。板的重量 9.6～38kg/m²。

② 用于组合板的压型钢板，浇筑混凝土的槽（肋）平均宽度不应小于 50mm。当在槽内设置栓钉时，压型钢板的总高度不应超过 80mm。

③ 压型钢板的截面和跨度尺寸，要根据楼板结构设计确定，目前常用的压型钢板截

面和参数见表 6-1-17～表 6-1-20。

常用的压型钢板截面和参数　　　　　　　　　表 6-1-17

型　号	截　面　简　图	板　厚 (mm)	重　量 (kg/m)	重　量 (kg/m²)
M 型 270×50		1.2 / 1.6	3.8 / 5.06	14.0 / 18.7
N 型 640×51		0.9 / 0.7	6.71 / 4.75	10.5 / 7.4
V 型 620×110		0.75 / 1	6.3 / 8.3	10.2 / 13.4
V 型 670×43		0.8	7.2	10.7
V 型 600×60		1.2 / 1.6	8.77 / 11.6	14.6 / 19.3
U 型 600×75		1.2 / 1.6	9.88 / 13.0	16.5 / 21.7
U 型 690×75		1.2 / 1.6	10.8 / 14.2	15.7 / 20.6
W 型 300×120		1.6 / 2.3 / 3.2	9.39 / 13.5 / 18.8	31.3 / 45.1 / 62.7

冶金部建筑研究总院生产的压型钢板重量及截面特性

表 6-1-18

型号	截面基本尺寸(mm)	有效宽度(mm)	有效利用系数(%)	展开宽度(mm)	板厚(mm)	板重(kg/m)	每平方米型板重(kg/m²)	惯性矩 J(cm⁴/m)	截面系数 W(cm³/m)	备注
W-550		550	60	914	0.6	4.58	8.33	213	30.3	
					0.8	6.02	10.95	285	40.5	
					1.0	7.45	13.55	356	50.6	
					1.2	8.96	16.29	428	60.7	均为理论计算值,仅供参考
W-600		660	60	1000	0.8	6.28	10.79	307.8	43.9	
					1.0	7.85	13.49	384.2	54.8	
					1.2	9.42	16.19	460.3	65.7	
					1.4	10.99	18.89	536.1	76.5	
					1.6	12.55	21.59	611.8	87.3	

UKA 型压型钢板

表 6-1-19

型号	截面基本尺寸	有效宽度(mm)	有效利用系数(%)	展开宽度(mm)	板厚(mm)	板重(kg/m)	每平方米型板重(kg/m²)	型板宽 1m 全断面		型板宽 1m 有效断面	
								惯性矩 J(cm⁴/m)	截面系数 W(cm³/m)	惯性矩 J(cm⁴/m)	截面系数 W(cm³/m)
UKA-7523		690	63	1100	0.8	7.29	10.6	117	29.3	82	18.8
					1.0	8.99	13.0	148	36.3	110	26.2
					1.2	10.70	15.5	173	43.2	140	34.5
					1.6	14.0	20.3	226	56.4	204	54.1
					2.3	19.80	28.7	316	79.1	316	79.1
UKA-N-7523		690	63	1100	1.0	8.96	13.0	146	36.5	110	26.2
					1.2	10.6	15.4	174	43.4	140	34.5
					1.6	14.0	20.3	228	57.0	204	54.1
					2.3	19.7	28.6	318	79.5	318	79.5

表 6-1-20

YB-W-5125、U-125 型压型钢板

型号	截面基本尺寸	有效宽度 (mm)	有效利用系数 (%)	展开宽度 (mm)	板厚 (mm)	每米型板重 (kg/m)	每平方米型板重 (kg/m²)	单跨简支板 惯性矩 J (cm⁴/m)	单跨简支板 截面系数 W (cm³/m)	连续板 惯性矩 J (cm⁴/m)	连续板 截面系数 W (cm³/m)
YB-W-5125		750	75	1000	0.6	4.71	6.28	27.035	7.962	24.687	8.631
					0.8	6.28	8.37	39.451	11.955	35.727	11.901
					1.0	7.85	10.47	52.392	16.201	47.171	15.185
					1.2	9.42	12.56	65.558	20.560	57.156	18.240
U-125		750	75	1000	0.5	3.93	5.24	11.9	6.3		
					0.6	4.71	6.28	14.2	7.6		
					0.8	6.28	8.37	19	10.2		

注：以上数值均为理论计算值，仅供参考。

2）楼板周边封沿钢板

封沿钢板为楼板边沿封边模板
（或称堵头模板），其选用的材质和厚
度一般与压型钢板相同，板的截面为
L 形（图 6-1-111）。

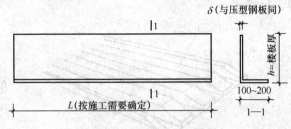

图 6-1-111　楼板周边封沿钢板

4. 压型钢板模板的构造

（1）组合板的压型钢板

为保证与楼板现浇层组合后能共
同承受使用荷载，一般做成以下三种抗剪连接构造：

1）压型钢板的截面做成具有楔形肋的纵向波槽（图 6-1-112）。

2）在压型钢板肋的两内侧和上、下表面，压成压痕、开小洞或冲成不闭合的孔眼
（图 6-1-113）。

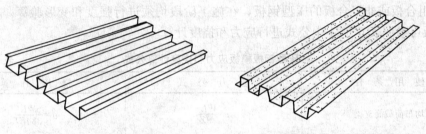

图 6-1-112　楔形肋压型钢板　　　　　图 6-1-113　带压痕压型钢板

3）在压型钢板肋的上表面，焊接与肋相垂直的横向钢筋（图 6-1-114）。

在以上任何构造情况下，板的端部均要设置端部栓钉锚固件（图 6-1-115）。栓钉的规
格和数量按设计确定。

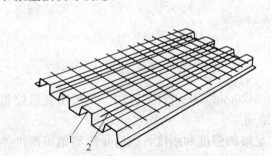
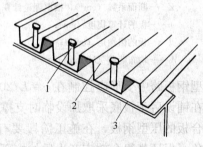

图 6-1-114　焊有横向钢筋压型钢板　　　图 6-1-115　压型钢板端部栓钉锚固
1—压型钢板；2—焊接在压型钢板上表面的钢筋　　1—锚固栓钉；2—压型钢板；3—钢梁

（2）非组合板的压型钢板

可不需要做成抗剪连接构造。

（3）压型钢板的封端

为防止楼板浇筑混凝土时，混凝土从压型钢板端部漏出，对压型钢板简支端的凸肋端
头，要做成封端（图 6-1-116、图 6-1-117）。封端可在工厂加工压型钢板时一并做好，也
可以在施工现场，采用与压型钢板凸肋的截面尺寸相同的薄钢板，将其凸肋端头用电焊点

焊、封好。

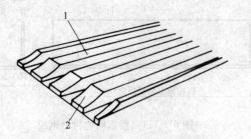

图 6-1-116 压型钢板坡形封端
1—压型钢板；2—端部坡形封端板

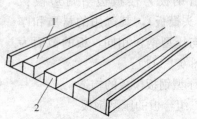

图 6-1-117 压型钢板直形封端
1—压型钢板；2—直形封端板

5. 压型钢板模板的应用

（1）压型钢板强度和变形验算

1）组合板或非组合板的压型钢板，在施工阶段均须进行强度和变形验算。单向受力压型钢板可参照表 6-1-21 中公式进行应力和挠度计算。

压型钢板模板应力和挠度计算公式   表 6-1-21

使 用 条 件	应 力 公 式	挠 度 计 算
均布荷载简支梁	$\sigma = \dfrac{WL^2}{8Z}$	$\upsilon = \dfrac{5WL^4}{384EI}$
均布荷载连续梁	$\sigma = \dfrac{WL^2}{8Z}$	$\upsilon = \dfrac{WL^4}{185EI}$

注：式中 σ——应力（N/mm²）；

    L——板计算跨度（cm）；

    E——板的弹性模量（N/mm²）；

    Z——断面系数（cm³），根据理论计算和试验确定；

    υ——板的计算挠度（cm）；

    I——板的惯性矩（cm⁴）；

    W——均布荷载（N/mm²）。

压型钢板跨中变形应控制在 $\upsilon = L/200 \leqslant 20mm$（$L$—板的跨度），如超出变形控制量时，应在铺设后于板底采取加设临时支撑措施。

组合板的压型钢板，在施工阶段要有足够的强度和刚度，以防止压型钢板产生"蓄聚"现象，保证其组合效应产生后的抗弯能力。

2）在进行压型钢板的强度和变形验算时，应考虑以下荷载：

① 永久荷载：包括压型钢板、楼板钢筋和混凝土自重；

② 可变荷载：包括施工荷载和附加荷载。施工荷载系指施工操作人员和施工机具设备，并考虑到施工时可能产生的冲击与振动。此外尚应以工地实际荷载为依据，若有过量冲击、混凝土堆放、管线、泵荷等，尚应增加附加荷载。

（2）压型钢板安装

1）安装准备工作

① 核对压型钢板型号、规格和数量是否符合要求，检查是否有变形、翘曲、压扁、

裂纹和锈蚀等缺陷。对存有影响使用缺陷的压型钢板，需经处理后方可使用。

② 对布置在与柱子交接处及预留较大孔洞处的异形钢板，通过放出实样提前把缺角和洞口切割好。

③ 用作钢筋混凝土结构楼板模板时，按普通支模方法和要求，安装好模板的支撑系统，直接支撑压型钢板的龙骨宜采用木龙骨。

④ 绘制出压型钢板平面布置图，按平面布置图在钢梁或支撑压型钢板的龙骨上，划出压型钢板安装位置线和标注出其型号。

⑤ 压型钢板应按安装房间使用的型号、规格、数量和吊装顺序进行配套，将其多块叠置成垛和码放好，以备吊装。

⑥ 对端头有封端要求的压型钢板，如在现场进行端头封端时，要提前做好端头封闭处理。

⑦ 用作组合板的压型钢板，安装前要编制压型钢板穿透焊施工工艺，按工艺要求选择和测定好焊接电流、焊接时间、栓钉熔化长度参数。

2）钢结构房屋的楼板压型钢板模板安装

① 安装工艺顺序

于钢梁上分划出钢板安装位置线→压型钢板成捆吊运并搁置在钢梁上→钢板拆捆、人工铺设→安装偏差调整和校正→板端与钢梁电焊（点焊）固定→钢板底面支撑加固❶→将钢板纵向搭接边点焊成整体→栓钉焊接锚固（如为组合楼板压型钢板时）→钢板表面清理。

② 安装工艺要点

a. 压型钢板应多块叠置成捆，采用扁担式专用吊具，由垂直运输机具吊运并搁置在待安装的钢梁上，然后由人工抬运、铺设。

b. 压型钢板宜采用"前推法"铺设。在等截面钢梁上铺设时，从一端开始向前铺设至另一端。在变截面梁上铺设时，由梁中部开始向两端方向铺设。

c. 铺设压型钢板时，相邻跨钢板端头的波梯形槽口要贯通对齐。

d. 压型钢板要随铺设、随调整和校正位置，随时将其端头与钢梁点焊固定，以防止在安装过程中钢板发生松动和滑落。

e. 在端支座处，钢板与钢梁搭接长度不少于50mm。板端头与钢梁采用点焊固定时，如无设计规定，焊点的直径一般为12mm，焊点间距一般为200～300mm（图6-1-118）。

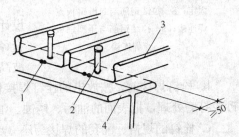

图 6-1-118　组合板压型钢板连接固定
1—压型钢板与钢梁点焊固定；2—锚固栓钉；
3—压型钢板；4—钢梁

f. 在中间支座处，板端的搭接长度不少于50mm。板的搭接端头先点焊成整体，然后与钢梁再进行栓钉锚固（图6-1-119）。如为非组合板的压型钢板时，先在板端的搭接范围内，将板钻出直径为8mm、间距为200～300mm的圆孔，然后通过圆孔将搭接叠置的钢板与钢梁满焊固定（图6-1-120）。

---

❶ 模板跨度过大，则应先加设支撑。

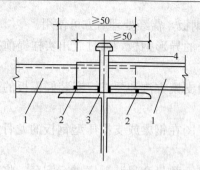

图 6-1-119　中间支座处组合板的
压型钢板连接固定
1—压型钢板；2—点焊固定；
3—钢梁；4—栓钉锚固

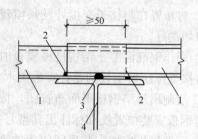

图 6-1-120　中间支座处非组合板的
压型钢板连接固定
1—压型钢板；2—板端点焊固定；3—压型钢
板钻孔后与钢梁焊接；4—钢梁

g. 对需加设板底支撑的压型钢板，直接支承钢板的龙骨要垂直于板跨方向布置。支撑系统的设置，按压型钢板在施工阶段变形控制量的要求及《混凝土结构工程施工规范》（GB 50666）中普通模板的设计和计算有关规定确定。压型钢板支撑，需待楼板混凝土达到施工要求的拆模强度后方可拆除。如各层间楼板连续施工时，还应考虑多层支撑连续设置的层数，以共同承受上层传来的施工荷载。

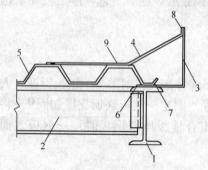

图 6-1-121　楼板周边封沿钢板拉结
1—主钢梁；2—次钢梁；3—封沿
钢板；4—φ6 拉结钢筋；5—压型
钢板；6—封沿钢板与钢梁点焊固
定；7—压型钢板与封沿钢板点焊
固定；8—拉结钢筋与封沿钢板点
焊连接；9—拉结钢筋与压型钢板
点焊连接

h. 楼板边沿的封沿钢板与钢梁的连接，可采用点焊连接，焊点直径一般为 10～12mm，焊点间距为 200～300mm。为增强封沿钢板的侧向刚度，可在其上口加焊直径 φ6、间距为 200～300mm 的拉筋（图6-1-121）。

③ 组合板的压型钢板与钢梁栓钉焊连接

a. 栓钉焊的栓钉，其规格、型号和焊接的位置按设计要求确定。但穿透压型钢板焊接于钢梁上的栓钉直径不宜大于 19mm，焊后栓钉高度应大于压型钢板波高加 30mm。

b. 栓钉焊接前，按放出的栓钉焊接位置线，将栓钉焊点处的压型钢板和钢梁表面用砂轮打磨处理，把表面的油污、锈蚀、油漆和镀锌面层打磨干净，以防止焊缝产生脆性。

c. 栓钉的规格、配套的焊接药座（也称焊接保护圈）、焊接参数可参照表 6-1-22、表 6-1-23 选用。

一般常用的栓钉规格　　　　　　　　表 6-1-22

型　号	栓钉直径 D(mm)	端头直径 d(mm)	头部厚度 δ(mm)	栓钉长度 L(mm)
13	13	22	9～10	80～100
16	16	29	10～12	75～100
19	19	32	10～12	75～150
22	22	35	10～12	100～175

栓钉、药座和焊接参数表 表 6-1-23

项 目			参 数			
栓钉直径(mm)			13～16		19～22	
焊接药座	标 准 型		YN-13FS	YN-16FS	YN-19FS	YN-22FS
	药座直径(mm)		23	28.5	34	38
	药座高度(mm)		10	12.5	14.5	16.5
焊接参数	标准条件 (向下焊接)	焊接电流(A)	900～1100	1030～1270	1350～1650	1470～1800
		弧光时间(s)	0.7	0.9	1.1	1.4
		熔化量(mm)	2.0	2.5	3.0	3.5
	电容量(kVA)		＞90	＞90	＞100	＞120

d. 栓钉焊应在构件置于水平位置状态施焊，其接入电源应与其他电源分开，其工作区应远离磁场或采取避免磁场对焊接影响的防护措施。

e. 栓钉要进行焊接试验。在正式施焊前，应先在试验钢板上按预定的焊接参数焊两个栓钉，待其冷却后进行弯曲、敲击试验检查。敲弯角度达 45°后，检查焊接部位是否出现损坏或裂缝。如施焊的两个栓钉中，有 1 个焊接部位出现损坏或裂缝，就需要在调整焊接工艺后，重新做焊接试验和焊后检查，直至检验合格后方可正式开始在结构构件上施焊。

f. 栓钉焊毕，应按下列要求进行质量检查：

目测检查栓钉焊接部位的外观，四周的熔化金属已形成均匀小圈而无缺陷者为合格。

焊接后，自钉头表面算起的栓钉高度 L 的公差为 ± 2mm，栓钉偏离垂直方向的倾斜角 $\theta \leqslant 5°$（图 6-1-122）者为合格。

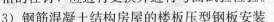

目测检查合格后，对栓钉按规定进行冲力弯曲试验，弯曲角度为 15°时，焊接面上不得有任何缺陷。

经冲力弯曲试验合格后的栓钉，可在弯曲状态下使用。不合格的栓钉，应进行更换并进行弯曲试验检验。

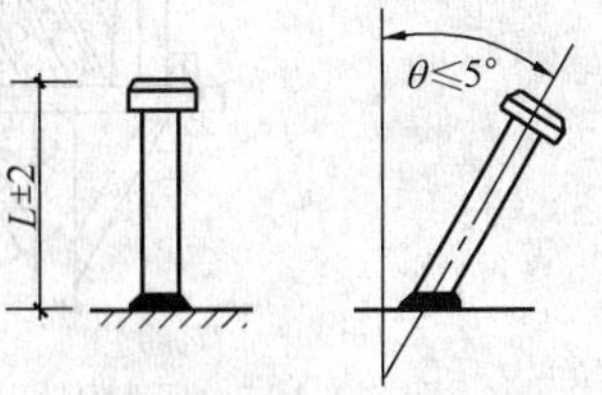

图 6-1-122 栓钉焊接允许偏差
L—栓钉长度；θ—偏斜角

3) 钢筋混凝土结构房屋的楼板压型钢板安装

① 安装顺序

在钢筋混凝土梁上或支承钢板的龙骨上放出钢板安装位置线→由吊车把成捆的压型钢板吊运和搁置在支承龙骨上→人工拆捆、抬运、铺放钢板→调整、校正钢板位置→将钢板与支承龙骨钉牢→将钢板的顺边搭接用电焊点焊连接→钢板清理。

② 安装工艺和技术要点

a. 压型钢板模板，可采用支柱式、门架或桁架式支撑系统支撑，直接支撑钢板的水平龙骨宜采用木龙骨。压型钢板支撑系统的设置，应按钢板在施工阶段的变形量控制要求和《混凝土结构工程施工规范》GB 50666 中模板设计与施工有关规定确定。

b. 直接支撑压型钢板的木龙骨，应垂直于钢板的跨度方向布置。钢板端部搭接处，要设置在龙骨位置上或采取增加附加龙骨措施，钢板端部不得有悬臂现象。

　　c. 压型钢板安装，可把叠置成捆的钢板用吊车吊运至作业地点，平稳搁置在支撑龙骨上，然后由人工拆捆、单块抬运和铺设。

　　d. 钢板随铺放就位、随调整校正、随用钉子将钢板与木龙骨钉牢，然后沿着板的相邻搭接边点焊牢固，把板连接成整体（图 6-1-123～图 6-1-128）。

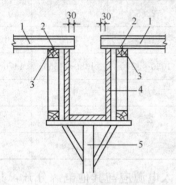

图 6-1-123　压型钢板与现浇梁连接构造

1—压型钢板；2—压型钢板与支承龙骨钉子固定；
3—支承压型钢板龙骨；4—现浇梁模；
5—模板支撑架

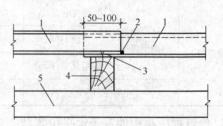

图 6-1-124　压型钢板长向搭接构造

1—压型钢板；2—压型钢板端头点焊连接；
3—压型钢板与木龙骨钉子固定；4—支承压型
钢板次龙骨；5—主龙骨

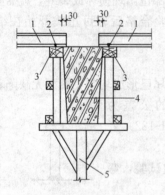

图 6-1-125　压型钢板与预制梁连接构造

1—压型钢板；2—压型钢板与支承木龙骨钉子固定；
3—支承压型钢板木龙骨；4—预制钢筋混凝土梁；
5—预制梁支撑架

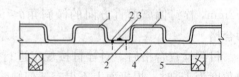

图 6-1-126　压型钢板短向连接构造

1—压型钢板；2—压型钢板与龙骨钉子固定；3—压
型钢板点焊连接；4—次龙骨；5—主龙骨

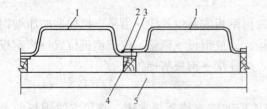

图 6-1-127　压型钢模壳纵向搭接构造

1—压型钢模壳；2—钢模壳点焊连接；3—钢模壳与
支承龙骨钉子固定；4—次龙骨；5—主龙骨

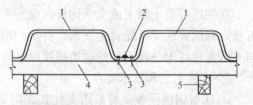

图 6-1-128　压型钢模壳横向搭接构造

1—压型钢模壳；2—钢模壳点焊连接；3—钢模壳与
龙骨钉子固定；4—次龙骨；5—主龙骨

6. 压型钢板模板安装安全技术要求

1）压型钢板安装后需要开设较大孔洞时，开洞前必须在板底采取相应的支撑加固措施，然后方可进行切割开洞。开洞后板面洞口四周应加设防护措施。

2）遇有降雨、下雪、大雾及 6 级以上大风等恶劣天气情况，应停止压型钢板高空作业。雨雪停后复工前，要及时清除作业场地和钢板上的冰雪和积水。

3）安装压型钢板用的施工照明、动力设备的电线应采用绝缘线，并用绝缘支撑物使电线与压型钢板分隔开。要经常检查线路的完好，防止绝缘损坏发生漏电。

4）施工用临时照明行灯的电压，一般不得超过 36V，在潮湿环境不得超过 12V。

5）多人协同铺设压型钢板时，要相互呼应，操作要协调一致。钢板应随铺设，随调整、校正，其两端要随时与钢梁焊牢固定或与支承木龙骨钉牢，以防止发生钢板滑落及人身坠落事故。

6）安装工作如遇中途停歇，对已拆捆未安装完的钢板，不得架空搁置，要与结构物或支撑系统临时绑牢。每个开间的钢板，必须待全部连接固定好并经检查后，方可进入下道工序。

7）在已支撑加固好的压型钢板上，堆放的材料、机具及操作人员等施工荷载，如无设计规定时，一般每平方米不得超过 2500N。施工中，要避免压型钢板承受冲击荷载。

8）压型钢板吊运，应多块叠置、绑扎成捆后，采用扁担式的专用平衡吊具，吊挂压型钢板的吊索与压型钢板应呈 90°夹角。

9）压型钢板楼板各层间连续施工时，上、下层钢板支撑加固的支柱，应安装在一条竖向直线上，或采取措施使上层支柱荷载传递到工程的竖向结构上。

6.1.3.2 钢筋桁架楼承板（Truss Deck）模板

钢筋桁架楼承板是由钢筋桁架与压型钢板底模通过电阻焊连接成一体的楼承板，由北京多维联合集团香河建材有限公司研发。该产品施工阶段可以承受全部施工荷载。

1. 型号

钢筋桁架楼承板按底模钢板板型（V 型和 W 型）分为 TDV 型（图 6-1-129）和 TDW型（图 6-1-130）两种

2. 钢筋桁架楼承板参数（表 6-1-24）

钢筋桁架楼承板参数　　　　　　　　　　　　　　表 6-1-24

名　称	规　　格	
上、下弦钢筋直径(mm)	HPB300、HRB335、HRB400、CRB550	6～12
腹杆钢筋直径(mm)	CRB550	4～7
支座水平钢筋直径(mm)	HPB235、HRB335、HRB400	8、10
支座竖向钢筋直径(mm)	HPB235	12(用于 $h \leqslant 150$)，14(用于 $h > 150$)
	HRB335、HRB400	10(用于 $h \leqslant 150$)，12(用于 $h > 150$)
底模厚度(mm)	0.4～0.8	
钢筋桁架高度 h(mm)	70～270	
混凝土保护层厚度 c(mm)	15～30	
钢筋桁架楼承板长度(m)	1.0～12.0	

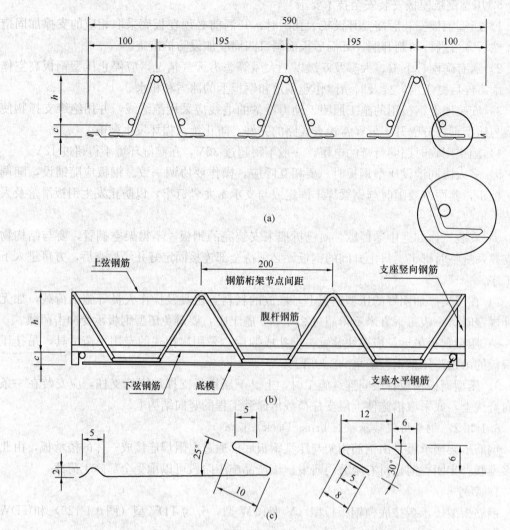

图 6-1-129　钢筋桁架楼承板（TDV 型）
(a) 断面；(b) 立面；(c) 底模搭接边及加劲肋大样
c—混凝土保护层厚度；h—钢筋桁架高度

3. 钢筋桁架楼承板力学性能

（1）焊点承载力，见表 6-1-25、表 6-1-26。

钢筋桁架节点焊接承载力 表 6-1-25

腹杆钢筋直径（mm）	4	4.5	5	5.5	6	6.5	7	7.5
焊点承载力（N）	4490	5680	7020	8490	10100	11850	13750	15780

钢筋桁架与底模焊点承载力 表 6-1-26

底模厚度（mm）	0.4	0.5	0.6	0.8
焊点承载力（N）	750	1000	1350	2100

（2）支座钢筋之间以及支座钢筋与下弦钢筋焊点承载力不低于 6000N，支座钢筋与上

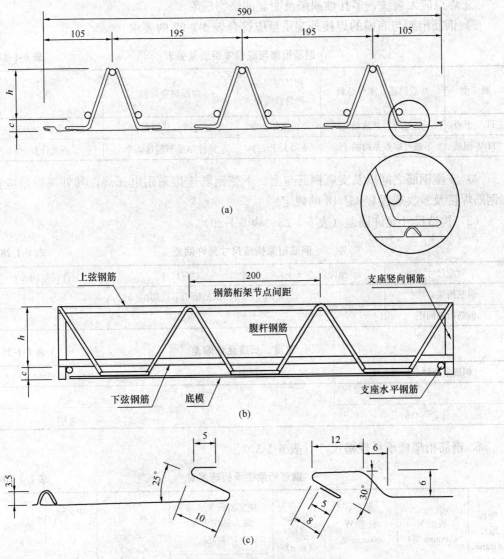

图 6-1-130　钢筋桁架楼承板（TDW 型）

（a）断面；（b）立面；（c）底模搭接边及加劲肋大样

c—混凝土保护层厚度；h—钢筋桁架高度

弦钢筋焊点承载力不低于 13000N。

4. 质量要求

（1）外观质量

1）底模。底模不允许有明显裂纹或其他表面缺陷存在，镀锌板底模不得有明显的镀层脱落。

2）钢筋桁架外观质量：

① 焊点处熔化金属应均匀；

② 每件制品的焊点脱落、漏焊数量不得超过焊点总数的 4%，且任意相邻两焊点不得有漏焊及脱落；

③ 焊点应无裂纹、多孔性缺陷及明显的烧伤现象。

3）钢筋桁架与底模的焊接外观质量应符合表 6-1-27 的要求。

钢筋桁架与底模焊接质量要求　　　　　表 6-1-27

板　型	焊点脱落、漏焊总数	相邻四焊点脱落或漏焊	焊点烧穿总数	空　洞
TDV 型板	不超过焊点总数的 2%	不得大于 1 个	不超过焊点总数的 20%	不得有大于 4mm² 的空洞
TDW 型板	不超过焊点总数的 1%	不得大于 1 个	每件制品不超过 3 个	不允许有空洞

4）支座钢筋之间以及支座钢筋与上、下弦钢筋连接采用电弧焊，其外观质量应符合《钢筋焊接及验收规程》JGJ 18 的规定。

（2）构造尺寸允许偏差（表 6-1-28、表 6-1-29）。

钢筋桁架构造尺寸允许偏差　　　　　表 6-1-28

对应尺寸	允许误差(mm)	对应尺寸	允许误差(mm)
钢筋桁架高度	±3	钢筋桁架节点间距	±3
钢筋桁架间距	±10		

宽度、长度允许偏差　　　　　表 6-1-29

钢筋桁架楼承板的长度	宽度允许偏差(mm)	长度允许偏差(mm)
≤5.0m	±4	±6
>5.0m		±10

5. 钢筋桁架楼承板规格尺寸（表 6-1-30）。

钢筋桁架楼承板选用表　　　　　表 6-1-30

楼板厚度(mm)	板型 V (590mm 宽)	板型 W (600mm 宽)	桁架高度(mm)	施工阶段无支撑最大适用跨度(m)		上弦、腹杆下弦直径(mm)	中和轴高度 Y_0 (mm)	惯性矩 I_0 (×10⁵ mm⁴)
				板简支	板连续			
100	TDV1-70	TDW1-70	70	1.8	1.8	8, 4.5, 6	47.65	1.059
110	TDV1-80	TDW1-80	80	1.9	1.8		52.35	1.421
120	TDV1-90	TDW1-90	90	2.0	2.0		57.06	1.837
130	TDV1-100	TDW1-100	100	2.1	2.0		61.77	2.305
140	TDV1-110	TDW1-110	110	2.1	2.2	8, 4.5, 6	66.47	2.826
150	TDV1-120	TDW1-120	120	2.1	2.2		71.18	3.401
100	TDV2-70	TDW2-70	70	1.8	2.4	8, 4.5, 8	39.67	1.294
110	TDV2-80	TDW2-80	80	1.9	2.6		43.00	1.743
120	TDV2-90	TDW2-90	90	2.0	2.6		46.33	2.259
130	TDV2-100	TDW2-100	100	2.0	2.8	8, 4.5, 8	49.67	2.842
140	TDV2-110	TDW2-110	110	2.1	2.8		53.00	3.492

楼板厚度 (mm)	板型 V (590mm 宽)	板型 W (600mm 宽)	桁架高度 (mm)	施工阶段无支撑最大适用跨度 (m)		上弦、腹杆下弦直径 (mm)	中和轴高度 Y_0 (mm)	惯性矩 I_0 ($\times 10^5 mm^4$)
				板简支	板连续			
150	TDV2-120	TDW2-120	120	2.1	3.0	8, 5, 8	56.33	4.210
160	TDV2-130	TDW2-130	130	2.2	3.0		59.67	4.994
170	TDV2-140	TDW2-140	140	2.2	3.0		63.00	5.845
180	TDV2-150	TDW2-150	150	2.2	3.0		66.33	6.763
190	TDV2-160	TDW2-160	160	2.3	3.0	8, 5.5, 8	59.67	7.748
200	TDV2-170	TDW2-170	170	2.3	3.0		73.00	8.800
100	TDV3-70	TDW3-70	70	2.5	3.0		45.75	1.650
110	TDV3-80	TDW3-80	80	2.7	3.0	10, 4.5, 8	50.14	2.232
120	TDV3-90	TDW3-90	90	2.9	3.2		54.53	2.902
130	TDV3-100	TDW3-100	100	3.0	3.2		58.91	3.660
140	TDV3-110	TDW3-110	110	3.2	3.4		63.30	4.507
150	TDV3-120	TDW3-120	120	3.4	3.6	10, 5, 8	67.68	5.442
160	TDV3-130	TDW3-130	130	3.5	3.6		72.07	6.465
170	TDV3-140	TDW3-140	140	3.6	3.6	10, 5.5, 8	76.46	7.600
180	TDV3-150	TDW3-150	150	3.7	3.8	10, 5.5, 8	80.84	8.775
190	TDV3-160	TDW3-160	160	3.7	3.8		85.23	10.062
200	TDV3-170	TDW3-170	170	3.8	3.8	10, 6, 8	89.61	11.438
100	TDV4-70	TDW4-70	70	2.6	3.2		40.00	1.900
110	TDV4-80	TDW4-80	80	2.8	3.4	10, 4.5, 10	43.33	2.580
120	TDV4-90	TDW4-90	90	3.1	3.4		46.47	3.366
130	TDV4-100	TDW4-100	100	3.3	3.6		50.00	4.256
140	TDV4-110	TDW4-110	110	3.4	3.6		53.33	5.251
150	TDV4-120	TDW4-120	120	3.5	3.8	10, 5, 10	56.67	6.350
160	TDV4-130	TDW4-130	130	3.6	3.8		60.00	7.555
170	TDV4-140	TDW4-140	140	3.6	4.0		63.33	8.864
180	TDV4-150	TDW4-150	150	3.7	4.0		66.67	10.277
190	TDV4-160	TDW4-160	160	3.7	4.0	10, 5.5, 10	70.00	11.796
200	TDV4-170(2)	TDW4-170(2)	170	3.8	3.6		73.33	13.419
210	TDV4-180 (2)	TDW4-180 (2)	180	3.8	3.2	10, 5.5, 10	76.67	15.144
200	TDV4-170	TDW4-170	170	3.8	4.2		73.33	13.419
210	TDV4-180	TDW4-180	180	3.8	4.2		76.67	15.144
220	TDV4-190	TDW4-190	190	3.8	4.0		80.00	16.971
230	TDV4-200	TDW4-200	200	3.9	3.6		83.33	18.907
240	TDV4-210	TDW4-210	210	3.8	3.4	10, 6, 10	86.67	20.948
250	TDV4-220	TDW4-220	220	3.6	3.0		90.00	23.094
260	TDV4-230	TDW4-230	230	3.2	2.8		93.33	25.344
100	TDV5-70	TDW5-70	70	2.6	2.8		50.77	1.930

续表

楼板厚度（mm）	板型 V（590mm 宽）	板型 W（600mm 宽）	桁架高度（mm）	施工阶段无支撑最大适用跨度（m）		上弦、腹杆下弦直径（mm）	中和轴高度 Y_0（mm）	惯性矩 I_0（$\times 10^5$ mm⁴）
				板简支	板连续			
110	TDV5-80	TDW5-80	80	2.8	3.2	12，4.5，8	56.06	2.622
120	TDV5-90	TDW5-90	90	3.0	3.2		61.35	3.420
130	TDV5-100	TDW5-100	100	3.2	3.2		66.65	4.325
140	TDV5-110	TDW5-110	110	3.4	3.4		71.94	5.336
150	TDV5-120	TDW5-120	120	3.6	3.6	12，5，8	77.24	6.454
160	TDV5-130	TDW5-130	130	3.7	3.6		82.53	7.678
170	TDV5-140	TDW5-140	140	3.8	4.0		87.82	9.009
180	TDV5-150	TDW5-150	150	4.0	3.8	12，5.5，8	93.12	10.446
190	TDV5-160（2）	TDW5-160（2）	160	4.0	4.0		98.41	11.989
200	TDV5-170（2）	TDW5-170（2）	170	4.0	3.6		103.71	13.639
210	TDV5-180（2）	TDW5-180（2）	180	3.7	3.2	12，5.5，8	109.00	15.388
190	TDV5-160	TDW5-160	160	4.0	4.0		98.41	11.989
200	TDV5-170	TDW5-170	170	4.0	3.8		103.71	13.639
210	TDV5-180	TDW5-180	180	4.2	3.8		109.00	15.388
220	TDV5-190	TDW5-190	190	4.2	4.0		114.29	17.249
230	TDV5-200	TDW5-200	200	4.2	3.6		119.59	19.218
240	TDV5-210	TDW5-210	210	3.8	3.4	12，6，8	124.88	21.292
250	TDV5-220	TDW5-220	220	3.6	3.0		130.17	23.473
260	TDV5-230	TDW5-230	230	3.2	2.8		135.47	25.761
100	TDV6-70	TDW6-70	70	2.8	3.6		44.70	2.309
110	TDV6-80	TDW6-80	80	3.0	3.6		48.88	3.151
120	TDV6-90	TDW6-90	90	3.3	4.2	12，4.5，10	53.07	4.124
130	TDV6-100	TDW6-100	100	3.5	4.2		57.26	5.228
140	TDV6-110	TDW6-110	110	3.6	4.4		61.44	6.465
150	TDV6-120	TDW6-120	100	3.8	4.6	12，5，10	65.63	7.832
160	TDV6-130	TDW6-130	130	3.9	4.6		69.81	9.331
170	TDV6-140	TDW6-140	140	4.0	4.8		74.00	10.962
180	TDV6-150（2）	TDW6-150（2）	150	4.2	4.4	12，5.5，10	78.19	12.724
190	TDV6-160（2）	TDW6-160（2）	160	4.2	4.0		82.37	14.618
200	TDV6-170（2）	TDW6-170（2）	170	4.2	3.6		86.56	16.643
210	TDV6-180（2）	TDW6-180（2）	180	3.8	3.2	12，5.5，10	90.74	18.791
180	TDV6-150	TDW6-150	150	4.2	4.8		78.19	12.724
190	TDV6-160	TDW6-160	160	4.2	5.0		82.37	14.618
200	TDV6-170	TDW6-170	170	4.4	5.0		86.56	16.643
210	TDV6-180	TDW6-180	180	4.4	4.6	12，6，10	90.74	18.791
220	TDV6-190	TDW6-190	190	4.5	4.2		94.93	21.078
230	TDV6-200	TDW6-200	200	4.4	3.8		99.12	23.496

楼板厚度 (mm)	板型 V （590mm 宽）	板型 W （600mm 宽）	桁架高度 (mm)	施工阶段无支撑最大适用跨度 (m)		上弦、腹杆下弦直径 (mm)	中和轴高度 Y_0 (mm)	惯性矩 I_0 （$\times 10^5$ mm^4）
				板简支	板连续			
240	TDV6-210	TDW6-210	210	4.0	3.4		103.30	26.046
250	TDV6-220	TDW6-220	220	3.6	3.0		107.49	28.728
260	TDV6-230	TDW6-230	230	3.4	2.8	12, 6, 10	111.67	31.540
100	TDV7-70	TDW7-70	70	2.9	3.8		40.33	2.567
110	TDV7-80	TDW7-80	80	3.2	3.8		43.67	3.517
120	TDV7-90	TDW7-90	90	3.4	4.2	12, 4.5, 12	47.00	4.618
130	TDV7-100	TDW7-100	100	3.6	4.4		50.33	5.869
140	TDV7-110	TDW7-110	110	3.8	4.4		53.67	7.272
150	TDV7-120	TDW7-120	120	3.9	4.6	12, 5, 12	57.00	8.825
160	TDV7-130	TDW7-130	130	4.0	4.6		60.33	10.529
170	TDV7-140	TDW7-140	140	4.2	4.6		63.67	12.384
180	TDV7-150（2）	TDW7-150（2）	150	4.3	4.6		67.00	14.389
190	TDV7-160（2）	TDW7-160（2）	160	4.4	4.0	12, 5.5, 12	70.33	16.546
200	TDV7-170（2）	TDW7-170（2）	170	4.4	3.6		73.67	18.853
210	TDV7-180（2）	TDW7-180（2）	180	3.8	3.2		77.00	12.300
220	TDV7-190（2）	TDW7-190（2）	190	3.6	3.0		80.33	23.908
180	TDV7-150	TDW7-150	150	4.3	4.8	12, 5.5, 12	67.00	14.389
190	TDV7-160	TDW7-160	160	4.4	5.0		70.33	16.546
200	TDV7-170	TDW7-170	170	4.5	5.0		73.67	18.853
210	TDV7-180	TDW7-180	180	4.6	4.6		77.00	21.300
220	TDV7-190	TDW7-190	190	4.6	4.2		80.33	23.908
230	TDV7-200	TDW7-200	200	4.4	3.8		83.67	26.666
240	TDV7-210	TDW7-210	210	4.0	3.4	12, 6, 12	87.00	29.575
250	TDV7-220	TDW7-220	220	3.6	3.0		90.33	32.634
260	TDV7-230	TDW7-230	230	3.4	2.8		93.67	35.845

6.1.3.3 钢筋混凝土薄板模板

钢筋混凝土薄板模板，一般是在构件预制工厂的台座上生产，通过配筋制作成的一种混凝土薄板构件（图 6-1-131）。这种薄板主要应用于现浇钢筋混凝土楼板工程，薄板本身既是现浇楼板的永久性模板；当与楼板的现浇混凝土叠合后，又是构成楼板的受力结构部分，与楼板组成组合板（图 6-1-132），或构成楼板的非受力结构部分，而只作永久性模板使用（图 6-1-133）。

作为组合板的薄板，其主筋就是叠合成现浇楼板后的主筋，使楼板具有与全现浇楼板

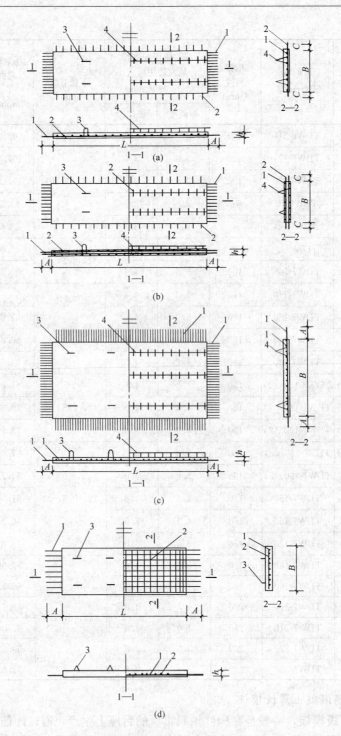

图 6-1-131　钢筋混凝土薄板

（a）有侧向伸出钢筋的单向单层钢筋混凝土薄板；（b）有侧向伸出钢筋的单向双层钢筋混凝土薄板；

（c）双向单层钢筋混凝土薄板；（d）无侧向伸出钢筋的单向单层钢筋混凝土薄板

1—钢筋；2—分布钢筋；3—吊环（φ8）；4—板面抗剪焊接骨架；A—钢筋伸出长度；当支座宽度为
160、180、200mm 时，≥300mm；当支座宽度为 250mm 时，≥350mm；当支座宽度为 300mm 时，
≥400mm；当支座宽度为 350mm 时，≥450mm

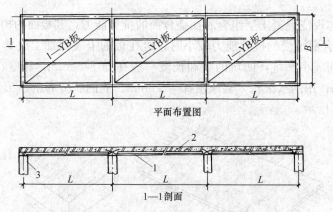

图 6-1-132　预应力混凝土组合板模板

1—钢筋混凝土薄板；2—现浇混凝土叠合层；3—墙体

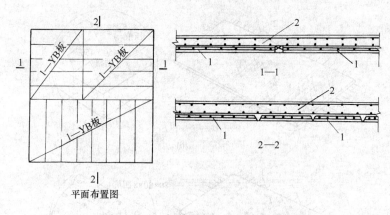

图 6-1-133　钢筋混凝土非组合板模板

1—钢筋混凝土薄板；2—现浇钢筋混凝土楼板

一样的刚度大、整体性强和抗裂性能好的特点。

1. 适用范围

适用于抗震设防烈度为 7、8、9 度地震区和非地震区，跨度在 8m 以内的多层和高层房屋建筑的现浇楼板或屋面板工程。尤其适合于不设置吊顶的顶棚为一般装修标准的工程，可以大量减少顶棚抹灰作业。用于房屋的小跨间时，可做成整间式的双向钢筋混凝土薄板。对大跨间平面的楼板，只能做成一定宽度的单向配筋薄板，与现浇混凝土层叠合后组成单向受力楼板。

作为组合板的薄板，不适用于承受动力荷载；当应用于结构表面温度高于 60℃ 或工作环境有酸、碱等侵蚀性介质时，应采取有效的可靠措施。

此外，也可以根据结构平面尺寸的特点，制作成小尺寸的薄板，应用于现浇钢筋混凝土无梁楼板工程。这种薄板与现浇混凝土层叠合后，不承受楼板的使用荷载，而只作为楼板的永久性模板使用（图 6-1-133）。

2. 组合板的钢筋混凝土薄板模板

（1）薄板构造

1）薄板板面构造

为保证薄板与现浇混凝土层组合后在叠合面的抗剪能力，其板面的构造如下：

① 当要求叠合面承受的抗剪能力较小时，可在板的上表面加工成具有粗糙、划毛的表面；用辊筒辊压成小凹坑，凹坑的宽和长度一般在 50～80mm，深度在 6～10mm，间距在150～300mm；用网状滚轮，辊压出深 4～6mm、成网状分布的压痕表面；各种表面处理如图 6-1-134 所示。

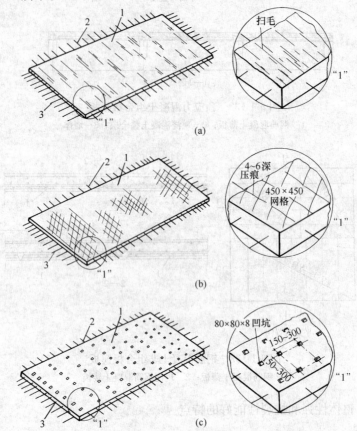

图 6-1-134　板面表面处理

(a) 板面划毛表面处理；(b) 板面网状压痕表面处理；(c) 板面压凹坑表面处理

1—钢筋混凝土薄板；2—横向分布筋；3—纵向筋

② 当要求叠合面承受的抗剪能力较大时（剪应力 $V/bh_0 > 0.4\text{N/mm}^2$），薄板表面除要求粗糙、划毛外，还要增设抗剪钢筋，其规格和间距由设计计算确定。抗剪钢筋可做成单片的波纹或折线形状，或用点焊的片网弯折成具有三角形断面的肋筋（图 6-1-135）。

③ 在薄板表面设有钢筋桁架，桁架除能提高叠合面上的抗剪能力外，还可用以加强薄板施工时的刚度，以减少薄板在安装时板底的临时支撑（图 6-1-136）。

2）薄板内钢筋的排列

① 主筋在薄板截面上配置的高度，一般根据跨度的大小，配置在板的截面 1/3～2/3 高度范围内。

② 板的厚度小于 60mm 时，在板内配置一层主筋，其间距一般为 50mm。

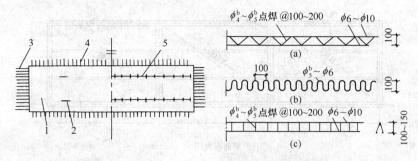

图 6-1-135　板面抗剪钢筋

(a) 折线形焊接片网；(b) 波纹形焊接片网；(c) 三角形断面焊接骨架

1—钢筋混凝土薄板；2—吊环；3—钢筋；4—分布筋；5—抗剪钢筋

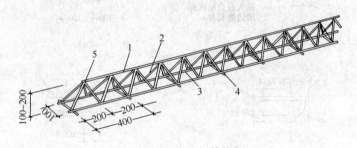

图 6-1-136　板面钢筋桁架

1—2ϕ10～ϕ16 上铁；2—ϕ6 肋筋；3—ϕ8 下铁；4—ϕ6 - 400 分布钢筋；5—焊接点

③ 当板的厚度大于 60mm 时，可在板内配置两层主筋，其层间的间距一般为 20～30mm，其上、下层主筋均布置在对正于同一位置上。

④ 薄板内分布钢筋一般采用Φ^b4、Φ^b5 冷拔低碳钢丝或 ϕ6 钢筋，其间距一般为 200～300mm。

3）薄板的连接构造

为了从构造上保证组合楼板在支座处受力的连续性和增强楼板横向的整体性，薄板之间一般采用以下几种连接构造：

① 板端在中间支座处构造（图 6-1-137a）。

② 板端（侧）在山墙支座处构造（图 6-1-137b）。

③ 板与板的侧面连接构造（图 6-1-137c）。

④ 板侧尽端处连接构造（图 6-1-137d）。

（2）薄板材料与规格

1）薄板材料

① 钢筋

a. 薄板主筋，通过设计确定。

b. 薄板的分布钢筋，一般采用Φ^b4、Φ^b5 冷拔低碳钢丝。

c. 薄板设置焊接骨架的架立钢筋，一般采用Φ^b4 或Φ^b5 冷拔钢丝，其主筋一般为 ϕ8 或 ϕ10HPB300 钢。

d. 薄板吊环，必须采用未经冷拉的 HPB300 热轧钢筋制作，不得以其他钢筋代换。

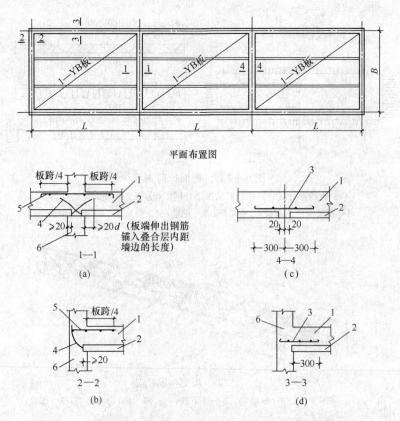

平面布置图

图 6-1-137　薄板的构造连接

（a）中间支座处构造连接；（b）端支座处构造连接；（c）板侧面构造连接；（d）板侧尽端处构造连接

1—现浇混凝土叠合层；2—钢筋混凝土薄板；3—构造连接钢筋Φ5·200mm（双向）；4—板端伸出钢筋；
5—支座处构造负钢筋；6—混凝土墙或梁（当为砖墙时，板伸入支座长≥40mm）

e. 采用的冷拔钢丝和 HPB300 钢，其机械性能应分别符合《钢筋混凝土用钢第 2 部分　热轧带肋钢筋》GB 1499.2 和《冷拔低碳钢丝应用技术规程》JGJ 19—2010 备案号 J992—2010 的规定。

② 混凝土

a. 薄板混凝土强度等级，一般为 C30～C40。

b. 配制混凝土所用的水泥，宜采用 42.5 级的硅酸盐水泥、普通硅酸盐水泥和矿渣硅酸盐水泥，其质量应分别符合现行规范中水泥标准和试验方法的规定。

c. 配制混凝土所用的石子宜采用碎石，其最大粒径不得大于薄板截面最小尺寸的 1/4，同时不得大于钢筋间最小净距的 3/4。其质量标准应符合有关标准的规定。

d. 配制混凝土所用的砂子，应使用粗砂或中砂，其质量标准应符合有关标准的规定。

e. 混凝土中掺用的外加剂，应符合有关标准，并经试验符合要求后方可使用。不得掺用对钢筋有锈蚀作用的外加剂。

2）薄板规格

① 薄板的厚度依据跨度由设计确定。一般为 60～80mm，其最小厚度为 50mm。

② 薄板的宽度由设计依据开间尺寸确定。一般单向板常用的标定宽度为 1200mm、

1500mm 两种。

③ 薄板的跨度。单向板的标定长度，一般以三模为基准分为：2700mm、3000mm、3300mm……7800mm 等标定长度，最长可达 9000mm。双向板最大的跨间尺寸可达 5400mm×5400mm。

（3）薄板生产

钢筋混凝土薄板，一般在构件预制工厂生产，其生产台面宜采用钢模或水磨石的固定式或整体滑动式台面，以使薄板获得平整和光滑的底面。

1）钢筋绑扎

① 铺设钢筋时，应在隔离剂干燥或铺设隔油条后进行，要防止因沾污钢筋而降低钢筋与混凝土的握裹力。

② 薄板的吊环要严格按照设计位置放置，并必须锚固在主筋下面。

③ 绑扎单向受力板钢筋，其外围两排交点应每点绑扎，而中间部分可成梅花式交错绑扎，绑扎双向受力板钢筋应每点绑扎。

2）混凝土浇筑

① 台座内每条生产作业线上的薄板，应一次连续将混凝土浇筑完。

② 混凝土振捣要密实，要注意加强板的端部振捣。

③ 混凝土配合比要准确，严格控制水灰比。混凝土在浇筑及表面处理等操作过程中，不得任意加水。混凝土表面处理好后，要及时进行养护。

3）薄板养护

薄板蒸汽养护应符合以下规定：

升温速度每小时不得超过 25℃，降温速度每小时不得超过 10℃，恒温加热阶段温度宜控制在 80～85℃，最高温度不得大于 95℃，并应保持 90%～100% 的相对湿度。出池后，薄板表面与外界温差不得大于 20℃，否则应采取覆盖措施。

（4）薄板存放与运输

1）薄板堆放的铺底垫木必须用通长垫木（板）。其存放场地要平整、夯实，要有良好的排水措施。

2）板的堆放高度一般不宜超过 8 块；整间板或超出 4m 长条板的堆放高度不超过 6 块。

3）薄板堆放时，应采用四支点支垫。整间板或超过 4m 长的条板，应在跨中增设支点。支垫薄板的垫木要靠近吊环位置，各层板的垫木要上、下竖直对齐，垫木厚度必须超出板的吊环及预留钢筋骨架的高度（图 6-1-138）。板在堆放过程中，若发现有过大的下挠现象，可于各层板中部的两侧分别增设支点。

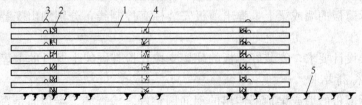

图 6-1-138　预应力薄板堆放

1—预应力薄板；2—垫木；3—吊环；4—整间板或超出 6m 长条板时增加的
中间垫木；5—夯实的堆放场地

4) 薄板必须达到其混凝土的设计强度后方可运输出厂。薄板平放运输时，其支垫的方法与堆放要求相同，捆绑的绳索应设在垫木处。整间式薄板要使用板架立放运输，板与板架要捆绑牢固，板的底部应有 5 点以上的支垫。

（5）质量要求

1) 薄板出池、起吊时的混凝土强度必须符合设计要求，如无设计规定时，不得低于设计强度标准值的 75%。薄板的混凝土试块，在标准养护条件下 28d 的强度必须符合施工规范的规定。

2) 外观要求。薄板不得有蜂窝、孔洞、掉皮、露筋、裂缝、缺棱和掉角现象，板底要平整、光滑，板上表面的扫毛、划痕、压坑要清晰。

3) 薄板制作的允许偏差见表 6-1-31 所示。

薄板制作的允许偏差　　　　　　　　　　　　　表 6-1-31

项次	项　目	允许偏差（mm）	检测方法
1	板长度	$+5$ -2	尺检：5m 或 10m 钢尺
2	板宽度	±5	尺检：2m 钢尺
3	板厚度	$+4$ -2	尺检：2m 钢尺
4	窜角	±10	尺检：5m 或 10m 钢尺
5	侧向弯曲	构件长/750 且$\not>$20	小线拉，钢板尺量
6	扭翘	构件宽/750	小线拉，钢板尺量
7	表面平整	±8	2m 靠尺靠，楔形尺量
8	板底平整度	±2	2m 靠尺靠，楔形尺量
9	主筋外伸长度	±10	尺量
10	主筋保护层	±5	钢板尺量
11	钢筋水平位置	±5	钢板尺量
12	钢筋竖向位置	（距板底）±2	钢板尺量
13	吊钩相对位移	$\not>50$	钢板尺量
14	预埋件位置	中心位移：10 平面高差：5	钢板尺量
15	钢筋下料长度相对差值	$\not>L/5000$ 且$\not>2$（L—下料长度）	钢板尺量

（6）薄板安装

1) 作业条件准备

① 单向板如出现纵向裂缝时，必须征得工程设计单位同意后方可使用。

钢筋向上弯成 45°角，板上表面的尘土、浮渣清除干净。

② 在支承薄板的墙或梁上，弹出薄板安装标高控制线，分别划出安装位置线和注明板号。

③ 按硬架设计要求，安装好薄板的硬架支撑，检查硬架上龙骨的上表面是否平直和符合板底设计标高要求。

④ 将支承薄板的墙或梁顶部伸出的钢筋调整好。检查墙、梁顶面是否符合安装标高要求（墙、梁顶面标高比板底设计标高低 20mm 为宜）。

2) 料具准备

① 薄板硬架支撑。其龙骨一般可采用 100mm × 100mm 方木，也可用 50mm ×

100mm×2.5mm 薄壁方钢管或其他轻钢龙骨、铝合金龙骨。其立柱宜采用可调节钢支柱，也可采用 100mm×100mm 木立柱。其拉杆可采用脚手架钢管或 50mm×100mm 方木。

② 板缝模板。一个单位工程宜采用同一种尺寸的板缝宽度，或做成与板缝宽度相适应的几种规格木模。要使板缝凹进缝内 5～10mm 深（有吊顶的房间除外）。

③ 配备好钢筋扳子、撬棍、吊具、卡具、8 号钢丝等工具。

3）安装工艺

① 安装顺序

在墙或梁上弹出薄板安装水平线并划出安装位置线→薄板硬架支撑安装→检查和调整硬架支撑龙骨上口水平标高→薄板吊运、就位→板底平整度检查及偏差纠正处理→整理板端伸出钢筋→板缝模板安装→薄板上表面清理→绑扎叠合层钢筋→叠合层混凝土浇筑并达到要求强度后拆除硬架支撑。

② 工艺技术要点

a. 硬架支撑安装。硬架支撑龙骨上表面应保持平直，要与板底标高一致。龙骨及立柱的间距，要满足薄板在承受施工荷载和叠合层钢筋混凝土自重时，不产生裂缝和超出允许挠度的要求。一般情况，立柱及龙骨的间距以 1200～1500mm 为宜。立柱下支点要垫通板（图 6-1-139）。

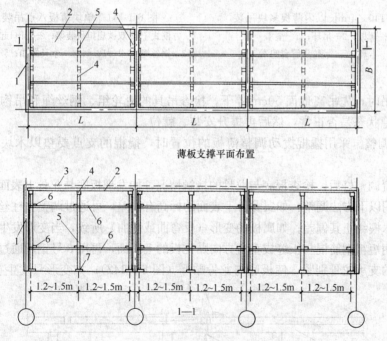

图 6-1-139　薄板硬架支撑系统

1—薄板支承墙体；2—薄板；3—现浇混凝土叠合层；4—薄板支承龙骨（100mm×100mm 木方或 50mm×100mm×2.5mm 薄壁方钢管）；5—支柱（100mm×100mm 木方或可调节的钢支柱，横距 0.9～1m）；6—纵、横向水平拉杆（50mm×100mm 木方或脚手架钢管）；7—支柱下端支垫（50 厚通板）

当硬架的支柱高度超过 3m 时，支柱之间必须加设水平拉杆拉固。如采用钢管立柱时，连接立柱的水平拉杆必须使用钢管和卡扣与立柱卡牢，不得采用钢丝绑扎。硬架的高度在 3m 以下时，应根据具体情况确定是否拉结水平拉杆。在任何情况下，都必须保证硬架支撑的整体稳定性。

b. 薄板吊装。吊装跨度在 4m 以内的条板时，可根据垂直运输机械起重能力及板重一次吊运多块。多块吊运时，应于紧靠板垛的垫木位置处，用钢丝绳兜住板垛的底面，将板垛吊运到楼层，先临时平稳停放在指定加固好的硬架或楼板位置上，然后挂吊环单块安装就位。

吊装跨度大于 4m 的条板或整间式的薄板，应采用 6～8 点吊挂的单块吊装方法。吊具可采用焊接式方钢框或双铁扁担式吊装架和游动式钢丝绳平衡索具（图 6-1-140 和图6-1-141）。

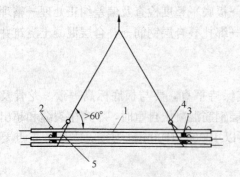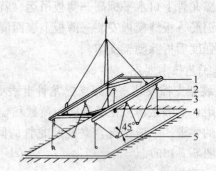

图 6-1-140　4m 长以内薄板多块吊装
1—薄板；2—吊环；3—垫木；
4—卡环；5—带胶皮管套兜索

图 6-1-141　单块薄板八点吊装
1—方框式 I 12 双铁扁担吊装架；2—开口起重滑子；
3—钢丝绳 6×19φ12.5；4—索具卸扣；5—薄板

薄板起吊时，先吊离地面 50cm 停下，检查吊具的滑轮组、钢丝绳和吊钩的工作状况及薄板的平稳状态是否正常，然后再提升安装、就位。

c. 薄板调整。采用撬棍拨动调整薄板的位置时，撬棍的支点要垫以木块，以避免损坏板的边角。

薄板位置调整好后，检查板底与龙骨的接触情况，如发现板底与龙骨上表面之间空隙较大时，可采用以下方法调整：如属龙骨上表面的标高有偏差，可通过调整立柱丝扣或木立柱下脚的对头木楔纠正其偏差；如属板的变形（反弯曲或翘曲）所致，当变形发生在板端或板中部时，可用短粗钢筋棍与板缝成垂直方向贴住板的上表面，再用 8 号钢丝通过板缝将粗钢筋棍与板底的支承龙骨别紧，使板底与龙骨贴严（图 6-1-142）；如变形只发生在板端部时，

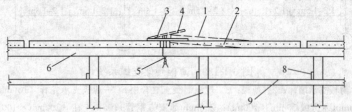

图 6-1-142　板端或板中变形的矫正
1—板矫正前的变形位置；2—板矫正后的位置；3—l＝400mm，φ25 以上钢筋
用 8 号钢丝拧紧后的位置；4—钢筋在 8 号钢丝拧紧前的位置；5—8 号钢丝；
6—薄板支承龙骨；7—立柱；8—纵向拉杆；9—横向拉杆

也可用撬棍将板压下，使板底贴至龙骨上表面，然后用粗短钢筋棍的一端压住板面，另一端与墙（或梁）上钢筋焊牢固定，撤除撬棍后，使板底与龙骨接触严（图6-1-143）。

d. 板端伸出钢筋的整理。薄板调整好后，将板端伸出钢筋调整到设计要求的角度，再理直伸入对头板的叠合层内（图6-1-137a）。不得将伸出钢筋弯曲成90°角或往回弯入板的自身叠合层内。

e. 板缝模板安装。薄板底如作不设置吊顶的普通装修顶棚时，板缝模宜做成具有凸沿或三角形截面并与板缝宽度相配套的条模，安装时可采用支撑式或吊挂式方法固定（图6-1-144）。

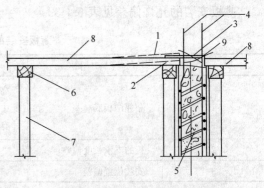

图 6-1-143　板端变形的矫正

1—板端矫正前的位置；2—板端矫正后的位置；
3—粗短钢筋头与墙体立筋焊牢压住板端；4—墙体立筋；5—墙体；6—薄板支承龙骨；7—立柱；
8—混凝土薄板；9—板端伸出钢筋

f. 薄板表面处理。在浇筑叠合层混凝土前，板面预留的剪力钢筋要修整好，板表面的浮浆、浮渣、起皮、尘土要处理干净，然后用水将板润透（冬施除外）。冬期施工薄板不能用水冲洗时应采取专门措施，保证叠合层混凝土与薄板结合成整体。

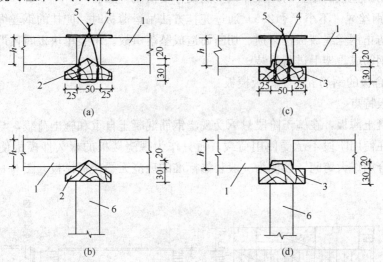

图 6-1-144　板缝模板安装

（a）吊挂式三角形截面板缝模；（b）支撑式三角形截面板缝模；（c）吊挂式带凸沿板缝模；

（d）支撑式带凸沿板缝模

1—混凝土薄板；2—三角形截面板缝模；3—带凸沿截面板缝模；4—$l=100\text{mm}$，$\phi6\sim\phi8$，
中-中 500mm 钢筋棍；5—14 号钢丝穿过板缝模 $\phi4$ 孔与钢筋别棍拧紧（中-中 500mm）；
6—板缝模支撑（50mm×50mm 方木，中-中 500mm）；h—板厚（mm）

g. 硬架支撑拆除。如无设计要求时，必须待叠合层混凝土强度达到设计强度标准值的 70% 后，方可拆除硬架支撑。

4）薄板安装质量要求

薄板安装的允许偏差见表 6-1-32。

薄板安装的允许偏差 表 6-1-32

项　次	项　目	允许偏差(mm)	检　验　方　法
1	相邻两板底高差	高级≤2 中级≤4 有吊顶或抹灰≤5	安装后在板底与硬架龙骨上表面处用塞子尺检查
2	板的支承长度偏差	5	用尺量
3	安装位置偏差	≤10	用尺量

5）薄板安装安全技术要求

① 支承薄板的硬架支撑设计，要符合《混凝土结构工程施工质量验收规范》GB 50204 中关于模板工程的有关规定。

② 当楼层层间连续施工时，其上、下层硬架的立柱要保持在一条竖线上，同时还必须考虑共同承受上层传来的荷载所需要连续设置硬架支柱的层数。

③ 硬架支撑，未经允许不得任意拆除其立柱和拉杆。

④ 薄板起吊和就位要平稳和缓慢，要避免板受冲击造成板面开裂或损坏。板就位后，采用撬棍拨动调整板的位置时，操作人员的动作要协调一致。

⑤ 采用钢丝绳（不小于 $\phi12.5$）通过兜挂方法吊运薄板时，兜挂的钢丝绳必须加设胶皮套管，以防止钢丝绳被板棱磨损、切断而造成坠落事故。吊装单块板时，严禁钩挂在板面上的剪力钢筋或骨架上进行吊装。

3. 非组合板的钢筋混凝土薄板模板

（1）薄板特点

此种混凝土薄板，在施工阶段只承受现浇钢筋混凝土自重和施工荷载，与现浇混凝土层结合后，在使用阶段不承受使用荷载，而只作为现浇楼板的永久性模板使用。这种薄板，比较适合用作大跨间、顶棚为一般装修标准的现浇无梁楼板模板（图 6-1-145）。

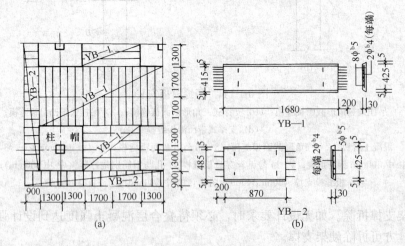

图 6-1-145　非组合板的钢筋混凝土薄板
(a) 薄板平面布置；(b) 薄板构造

（2）薄板材料与规格

1）材料。薄板的主筋按设计确定。薄板的分布钢筋，一般采用 $\phi^b 4$ 或 $\phi^b 5$ 冷拔钢丝。吊钩采用 HPB300 热轧钢筋。薄板混凝土强度等级一般为 C30～C40。

对制作薄板所用的钢筋、水泥、砂、石材料质量，与制作组合板的钢筋混凝土薄板所用的材料质量要求相同。

2）规格。薄板的规格及其配筋，要根据房屋楼板结构的平面特点、现浇混凝土层的厚度及施工荷载作用下薄板允许挠度的取值确定。

为了能与普通模板的支撑系统（支柱式、台架式和桁架式支撑系统）相适应，便于人工安装就位，薄板的长度不宜超过 1500mm，宽度不宜超过 500mm，最小厚度不小于 30mm。

（3）薄板构造

为了保证薄板与楼板现浇混凝土层的可靠锚固和结合成整体，薄板可同时采用以下构造方法：

1）制作薄板时，其板端钢筋的伸出长度不少于 $40d$（d 为主筋直径）。薄板安装后，将伸出钢筋向上弯起并伸入楼板现浇混凝土层内（图 6-1-146）。

2）绑扎现浇楼板的钢筋时，在纵横两个方向各用 1 根直径为 $\phi 8$ 的通长钢筋穿过薄板板面上预留的吊环内，将薄板锚挂在楼板底部的钢筋上，与现浇混凝土层浇筑在一起（图6-1-146）。

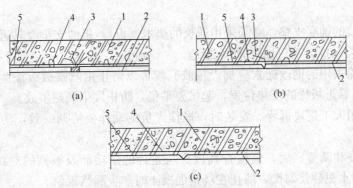

（a）　　　　　　　　　　（b）

（c）

图 6-1-146　非组合板薄板与叠合现浇层的连接构造
（a）板端的连接；（b）板端与板侧面连接；（c）板侧间的连接
1—现浇混凝土层；2—薄板；3—伸出钢筋；4—穿吊环锚固筋；5—钢筋

3）薄板制作时，将板的上表面加工成具有拉毛或压痕的表面，以增加其与现浇层的结合能力。

（4）薄板制作

薄板一般采用长线台座生产，对其制作的工艺技术和质量要求，与制作组合板薄板要求相同。但因此种板只作模板使用，其厚度一般较薄，故对制作薄板的台面平整度要求较高，生产时要严格控制板的厚度和钢筋的位置。

（5）薄板安装

1）安装准备工作

① 安装好薄板支撑系统，检查支承薄板的龙骨上表面是否平直和符合板底的设计标

高要求。在直接支承薄板的龙骨上，分别划出薄板安装位置线，标注出板的型号。

②检查薄板是否有裂缝、掉角、翘曲等缺陷，对有缺陷者需处理后方可使用。

③将板的四边飞刺去掉，板两端伸出钢筋向上弯起60°角，板表面尘土和浮渣清除干净。

④按板的规格、型号和吊装顺序将板分垛码放好。

2）安装顺序

薄板支撑系统安装→薄板的支承龙骨上表面的水平度及标高校核→在龙骨上划出薄板安装位置线，标注出板的型号→板垛吊运、搁置在安装地点→薄板人工抬运、铺放和就位→板缝勾缝处理→整理板端伸出钢筋→薄板吊环的锚固筋铺设和绑扎→绑叠合层钢筋→板面清理、浇水润透（冬施除外）→混凝土浇筑、养护至设计强度后拆除支撑系统。

3）安装技术要点

①薄板的支撑系统，可采用立柱式、桁架式或台架式的支撑系统。支撑系统的设计应按《混凝土结构工程施工规范》GB 50666中模板设计有关规定执行。

②薄板安装，可由起重机成垛吊运并搁置在支撑系统的龙骨上，或已安装好的薄板上，然后采用人工或机械从一端开始按顺序分块向前铺设。

③薄板一次吊运的块数，除考虑吊装机械的起重能力外，尚应考虑薄板采用人工码垛及拆垛、安装的方便。对板垛临时停放在支撑系统的龙骨上或已安装好的薄板上，要注意板垛停放处的支撑系统是否超载，防止该处的支承龙骨或薄板发生断裂，造成板垛坍落事故。

④薄板堆放的铺底支垫，必须采用通长的垫木（板），板的支垫要靠近吊环位置。其存放场地要平整、夯实，有良好的排水措施。

⑤吊运板垛采用的钢丝兜索应加设橡胶套管，以防止钢丝索被板棱磨损、切断。吊运板垛的兜索要靠近板垛的支垫位置，起吊要平稳，防止发生倾翻事故。

⑥薄板采用人工逐块拆垛、安装时，操作人员的动作要协调一致，防止板垛发生倾翻事故。

⑦薄板铺设和调整好后，应检查其板底与龙骨的搭接面及板侧的对接缝是否严密，如有缝隙，可用水泥砂浆勾严，防止在浇筑混凝土时产生漏浆现象。

⑧板端伸出的钢筋要按构造要求伸入现浇混凝土内。穿过薄板吊环内的纵、横锚固筋，必须置于现浇楼板底部钢筋之上。

⑨薄板安装质量允许偏差，与组合式的薄板安装允许偏差要求相同。

6.1.4　模板支设和拆除质量要求

6.1.4.1　模板安装

1. 主控项目

（1）模板及支架用材料的技术指标应符合国家现行有关标准的规定。进场时应抽样检验模板和支架材料的外观、规格和尺寸。

（2）现浇混凝土结构模板及支架的安装质量，应符合国家现行有关标准的规定和施工方案的要求。

（3）后浇带处的模板及支架应独立设置。

（4）支架竖杆或竖向模板安装在土层上时，应符合下列规定：

1）土层应坚实、平整，其承载力或密实度应符合施工方案的要求；

2）应有防水、排水措施；对冻胀性土，应有预防冻融措施；

3）支架竖杆下应有底座或垫板。

2．一般项目

（1）模板安装应符合下列规定：

1）模板的接缝应严密；

2）模板内不应有杂物、积水或冰雪等；

3）模板与混凝土的接触面应平整、清洁；

4）用作模板的地坪、胎膜等应平整、清洁，不应有影响构件质量的下沉、裂缝、起砂或起鼓；

5）对清水混凝土及装饰混凝土构件，应使用能达到设计效果的模板。

（2）隔离剂的品种和涂刷方法应符合施工方案的要求。隔离剂不得影响结构性能及装饰施工；不得沾污钢筋、预应力筋、预埋件和混凝土接槎处；不得对环境造成污染。

（3）模板的起拱应符合现行国家标准《混凝土结构工程施工规范》GB 50666 的规定，并应符合设计及施工方案的要求。

（4）现浇混凝土结构多层连续支模应符合施工方案的规定。上下层模板支架的竖杆宜对准。竖杆下垫板的设置应符合施工方案的要求。

（5）固定在模板上的预埋件和预留孔洞不得遗漏，且应安装牢固。有抗渗要求的混凝土结构中的预埋件，应按设计及施工方案的要求采取防渗措施。

预埋件和预留孔洞的位置应满足设计和施工方案的要求。当设计无具体要求时，其位置偏差应符合表 6-1-33 的规定。

预埋件和预留孔洞的安装允许偏差 表 6-1-33

项　　目		允许偏差（mm）
预埋板中心线位置		3
预埋管、预留孔中心线位置		3
插筋	中心线位置	5
	外露长度	＋10，0
预埋螺栓	中心线位置	2
	外露长度	＋10，0
预留洞	中心线位置	10
	尺寸	＋10，0

注：检查中心线位置时，沿纵、横两个方向量测，并取其中偏差的较大值。

（6）现浇结构模板安装的偏差及检验方法应符合表 6-1-34 的规定。

现浇结构模板安装的允许偏差及检验方法 表 6-1-34

项　　目		允许偏差（mm）	检验方法
轴线位置		5	尺量
底模上表面标高		±5	水准仪或拉线、尺量
模板内部尺寸	基础	±10	尺量
	柱、墙、梁	±5	尺量
	楼梯相邻踏步高差	5	尺量

续表

项　目		允许偏差（mm）	检验方法
柱、墙垂直度	层高≤6m	8	经纬仪或吊线、尺量
	层高＞6m	10	经纬仪或吊线、尺量
相邻模板表面高差		2	尺量
表面平整度		5	2m靠尺和塞尺量测

注：检查轴线位置，当有纵横两个方向时，沿纵、横两个方向量测，并取其中偏差的较大值。

6.1.4.2　模板拆除

1. 模板拆除时，可采取先支的后拆、后支的先拆，先拆非承重模板、后拆承重模板的顺序，并应从上而下进行拆除。

2. 底模及支架应在混凝土强度达到设计要求后再拆除；当设计无具体要求时，同条件养护的混凝土立方体试件抗压强度应符合表6-1-35的规定。

底模拆除时的混凝土强度要求　　　　　　　　　表6-1-35

构件类型	构件跨度（m）	达到设计混凝土强度等级值的百分率（%）
板	≤2	≥50
	＞2，≤8	≥75
	＞8	≥100
梁、拱、壳	≤8	≥75
	＞8	≥100
悬臂结构		≥100

3. 当混凝土强度能保证其表面及棱角不受损伤时，方可拆除侧模。

4. 多个楼层间连续支模的底层支架拆除时间，应根据连续支模的楼层间荷载分配和混凝土强度的增长情况确定。

5. 快拆支架体系的支架立杆间距不应大于2m。拆模时，应保留立杆并顶托支承楼板，拆模时的混凝土强度可按表6-1-35中构件跨度为2m的规定确定。

6. 后张预应力混凝土结构构件，侧模宜在预应力筋张拉前拆除；底模及支架不应在结构构件建立预应力前拆除。

7. 拆下的模板及支架杆件不得抛掷，应分散堆放在指定地点，并应及时清运。

8. 模板拆除后应将其表面清理干净，对变形和损伤部位应进行修复。

6.2　钢　筋　工　程

6.2.1　材料

6.2.1.1　基本规定

1. 混凝土结构工程用的普通钢筋如下：

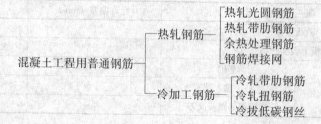

钢筋工程宜采用专业化生产的成型钢筋。

2. 钢筋的性能应符合国家现行有关标准的规定。常用钢筋的公称直径、公称截面面积、计算截面面积及理论重量，应符合有关标准的规定。

3. 对有抗震设防要求的结构，其纵向受力钢筋的性能应满足设计要求；当设计无具体要求时，对按一、二、三级抗震等级设计的框架和斜撑构件（含梯段）中的纵向受力普通钢筋应采用 HRB335E、HRB400E、HRB500E、HRBF335E、HRBF400E 或 HRBF500E 钢筋，其强度和最大力下总伸长率的实测值，应符合下列规定：

(1) 钢筋的抗拉强度实测值与屈服强度实测值的比值不应小于 1.25；

(2) 钢筋的屈服强度实测值与屈服强度标准值的比值不应大于 1.30；

(3) 钢筋的最大力下总伸长率不应小于 9%。

4. 钢筋在运输和存放时，不得损坏包装和标志，并应按牌号、规格、炉批分别堆放。钢筋加工后用于施工的过程中，要能够区分不同强度等级和牌号的钢筋，避免混用。

钢筋除防锈外，还应注意焊接、撞击等原因造成的钢筋损伤。后浇带等部位的外露钢筋在混凝土施工前也应避免锈蚀、损伤。

5. 施工中发现钢筋脆断、焊接性能不良或力学性能显著不正常等现象时，应停止使用该批钢筋，并应对该批钢筋进行化学成分检验或其他专项检验。

6.2.1.2 混凝土结构工程常用普通钢筋

1. 热轧钢筋

热轧钢筋分为热轧光圆钢筋和热轧带肋钢筋两种。热轧光圆钢筋应符合国家标准《钢筋混凝土用钢 第 1 部分：热轧光圆钢筋》GB 1499.1、《钢筋混凝土用钢 第 2 部分：热轧带肋钢筋》GB 1499.2、《钢筋混凝土用余热处理钢筋》GB 13014。

HRB（热轧带肋钢筋）、HRBF（细晶粒钢筋）、RRB（余热处理钢筋）是三种常用带肋钢筋品种的英文缩写，钢筋牌号为该缩写加上代表强度等级的数字。各种钢筋表面的轧制标志各不相同，HRB335、HRB400、HRB500 分别为 3、4、5，HRBF335、HRBF400、HRBF500 分别为 C3、C4、C5，RRB400 为 K4。对于牌号带 "E" 的热轧带肋钢筋，轧制标志上也带 "E"，如 HRB335E 为 3E、HRBF400E 为 C4E。

(1) 外形、规格和重量

热轧钢筋的直径、横截面面积、重量和外形尺寸，分别见图 6-2-1 和表 6-2-1。

热轧钢筋的直径、横截面面积、重量和外形尺寸　　表 6-2-1

公称直径 d (mm)	内径 d_1 (mm) 公称尺寸	横肋高 h (mm)	纵肋高 h_1 (不大于) (mm)	横肋宽 b (mm)	纵肋宽 a (mm)	间距 l (mm)	公称横截面面积 (mm²)	理论重量 (kg/m)
6	5.8	0.6	0.8	0.4	1.0	4.0	28.27	0.222
8	7.7	0.8	1.1	0.5	1.5	5.5	50.27	0.395
10	9.6	1.0	1.3	0.6	1.5	7.0	78.54	0.617
12	11.5	1.2	1.6	0.7	1.5	8.0	113.1	0.888
14	13.4	1.4	1.8	0.8	1.8	9.0	153.9	1.21
16	15.4	1.5	1.9	0.9	1.8	10.0	201.1	1.58

续表

公称直径 d（mm）	内径 d_1（mm）公称尺寸	横肋高 h（mm）	纵肋高 h_1（不大于）（mm）	横肋宽 b（mm）	纵肋宽 a（mm）	间距 l（mm）	公称横截面面积（mm^2）	理论重量（kg/m）
18	17.3	1.6	2.0	1.0	2.0	10.0	254.5	2.00
20	19.3	1.7	2.1	1.2	2.0	10.0	314.2	2.47
22	21.3	1.9	2.4	1.3	2.5	10.5	380.1	2.98
25	24.2	2.1	2.6	1.5	2.5	12.5	490.9	3.85
28	27.2	2.2	2.7	1.7	3.0	12.5	615.8	4.83
32	31.0	2.4	3.0	1.9	3.0	14.0	804.2	6.31
36	35.0	2.6	3.2	2.1	3.5	15.0	1018	7.99
40	38.7	2.9	3.5	2.2	3.5	15.0	1257	9.87
50	48.5	3.2	3.8	2.5	4.0	16.0	1964	15.42

注：理论重量按密度为 7.85g/cm^3 计算。

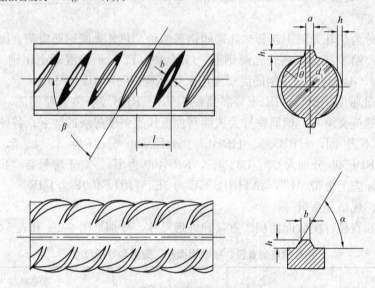

图 6-2-1　月牙肋钢筋表面及截面形状

d_1—钢筋内径；α—横肋斜角；h—横肋高度；β—横肋与轴线夹角；

h_1—纵肋高度；θ—纵肋斜角；a—纵肋顶宽；l—横肋间距；b—横肋顶宽

　　带肋钢筋的横肋与钢筋轴线夹角 β 不应小于 45°，当该夹角不大于 70°时，钢筋相对面上横肋的方向应相反。横肋的间距 l 不得大于钢筋公称直径的 0.7 倍。横肋侧面与钢筋表面的夹角 α 不得小于 45°。钢筋相邻两面上横肋末端之间的间隙（包括纵肋宽度）总和不应大于钢筋公称周长的 20%。

　　（2）化学成分

热轧带肋钢筋的化学成分见表 6-2-2。

热轧带肋钢筋化学成分

表 6-2-2

牌 号	化学成分（质量分数）（％）不大于					
	C	Si	Mn	P	S	Ceq
HRB335 HRBF335						0.52
HRB400 HRBF400	0.25	0.80	1.60	0.045	0.045	0.54
HRB500 HRBF500						0.55

注：HRB——热轧带肋钢筋的英文（Hot rolled Ribbed Bars）缩写；

  HRBF——细晶粒热轧钢筋，在热轧带肋钢筋的英文缩写后加"细"的英文（Fine）首位字母。

（3）力学性能特征值（表 6-2-3）。

力学性能特征值

表 6-2-3

牌 号	R_{eL}（MPa）	R_m（MPa）	A（％）	A_{gt}（％）
	不 小 于			
HRB335 HRBF335	335	455	17	
HRB400 HRBF400	400	540	16	7.5
HRB500 HRBF500	500	630	15	

注：1. 直径 28～40mm 各牌号钢筋的断后伸长率 A 可降低 1%；直径大于 40mm 各牌号钢筋的断后伸长率 A 可降低 2%；

  2. 有较高要求的抗震结构适用牌号为：在本表中已有牌号后加 E（例如：HRB400E、HRBF400E）的钢筋。该类钢筋除应满足以下（1）、（2）、（3）的要求外，其他要求与相对应的已有牌号钢筋相同；

  （1）钢筋实测抗拉强度与实测屈服强度之比 R^o_m/R^o_{eL} 不小于 1.25。（R^o_m 为钢筋实测抗拉强度；R^o_{eL} 为钢筋实测屈服强度）；

  （2）钢筋实测屈服强度与本表规定的屈服强度特征值之比 R^o_{eL}/R_{eL} 不大于 1.30；

  （3）钢筋的最大力总伸长率 A_{gt} 不小于 9%；

  3. 对于没有明显屈服强度的钢，屈服强度特征值 R_{eL} 应采用规定非比例延伸强度 $R_{p0.2}$；

  4. 根据供需双方协议，伸长率类型可从 A 或 A_{gt} 中选定。如伸长率类型未经协议确定，则伸长率采用 A，仲裁检验时采用 A_{gt}。

2. 冷轧带肋钢筋

冷轧带肋钢筋是热轧圆盘条经冷轧或冷拔减径后在其表面冷轧成三面或二面有肋的钢筋，冷轧带肋钢筋应符合国家标准《冷轧带肋钢筋》GB 13788 的规定。

（1）基本规定

冷轧带肋钢筋可用于楼板配筋、墙体分布钢筋、梁柱箍筋及圈梁、构造柱配筋，但不得用于有抗震设防要求的梁、柱纵向受力钢筋及板柱结构配筋。混凝土结构中的冷轧带肋钢筋应按下列规定选用：

1）CRB550、CRB600H 钢筋宜用作钢筋混凝土结构中的受力钢筋、钢筋焊接网、箍筋、构造钢筋以及预应力混凝土结构构件中的非预应力筋。CRB550 钢筋的技术指标应符合现行国家标准《冷轧带肋钢筋》GB 13788 的规定，CRB600H 钢筋的技术指标应符合表 6-2-4 的规定。

2）CRB650、CRB650H、CRB800、CRB800H 和 CRB970 钢筋宜用作预应力混凝土结构构件中的预应力筋。CRB650、CRB800 和 CRB970 钢筋的技术指标应符合现行国家标准《冷轧带肋钢筋》GB 13788 的规定，CRB650H、CRB800H 钢筋的技术指标应符合表 6-2-4 的规定。

高延性二面肋钢筋的力学性能和工艺性能　　　　　　　　　表 6-2-4

牌　号	公称直径（mm）	f_{yk}（MPa）	f_{ptk}（MPa）	δ_3（%）	δ_{100}（%）	δ_{kt}（%）	弯曲试验 180°	反复弯曲次数	应力松弛 初始应力相当于公称抗拉强度的 70%
		不　小　于							1000h 松弛率（%）不大于
CRB600H	5～12	520	600	14.0	—	5.0	$D=3d$	—	—
CRB650H	5～6	585	650	—	7.0	4.0		4	5
CRB800H	5～6	720	800	—	7.0	4.0		4	5

注：1 表中 D 为弯芯直径，d 为钢筋公称直径；反复弯曲试验的弯曲半径为 15mm；
　　2 表中 δ_5、δ_{100}、δ_{gt} 分别相当于相关冶金产品标准中的 $A_{5.65}$、A_{100}、A_{gt}。

3）直径 4mm 的钢筋不宜用作混凝土构件中的受力钢筋。

（2）外形、规格、重量

冷轧带肋钢筋的外形见图 6-2-2、图 6-2-3。横肋呈月牙形，沿钢筋横截面周圈上均匀分布，其中三面肋钢筋有一面肋的倾角必须与另两面反向，二面肋钢筋一面肋的倾角必须与另一面反向。横肋的中心线和钢筋纵轴线夹角 β 为 40°～60°。横肋两侧面和钢筋表面斜角 α 不得小于 45°，横肋与钢筋表面呈弧形相交。横肋间隙的总和应不大于公称周长的 20%。冷轧带肋钢筋的尺寸、重量及允许偏差见表 6-2-5。

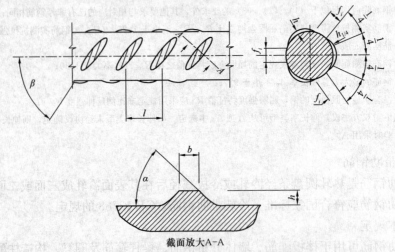

截面放大A—A

图 6-2-2　三面肋钢筋表面及截面形状

α—横肋斜角；β—横肋与钢筋轴线夹角；h—横肋中点高；
l—横肋间距；b—横肋顶宽；f_i—横肋间隙

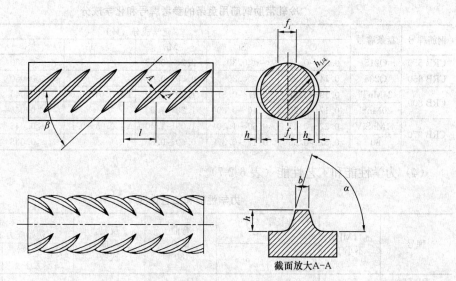

图 6-2-3 二面肋钢筋表面及截面形状

α—横肋斜角；β—横肋与钢筋轴线夹角；h—横肋中点高度；

l—横肋间距；b—横肋顶宽；f_i—横肋间隙

三面肋和二面肋钢筋的尺寸、重量及允许偏差　　　　　　　表 6-2-5

公称直径 d (mm)	公称横截面积 (mm²)	重 量		横肋中点高		横肋 1/4 处高 $h_{1/4}$ (mm)	横肋顶宽 b (mm)	横肋间距		相对肋面积 f_r 不小于
		理论重量 (kg/m)	允许偏差 (%)	h (mm)	允许偏差 (mm)			l (mm)	允许偏差 (%)	
4	12.6	0.099		0.30		0.24		4.0		0.036
4.5	15.9	0.125		0.32		0.26		4.0		0.039
5	19.6	0.154		0.32		0.26		4.0		0.039
5.5	23.7	0.186		0.40		0.32		5.0		0.039
6	28.3	0.222		0.40		0.32		5.0		0.039
6.5	33.2	0.261	±4	0.46	+0.10 −0.05	0.37	0.2d	5.0	±15	0.045
7	38.5	0.302		0.46		0.37		5.0		0.045
7.5	44.2	0.347		0.55		0.44		6.0		0.045
8	50.3	0.395		0.55		0.44		6.0		0.045
8.5	56.7	0.445		0.55		0.44		7.0		0.045
9	63.6	0.499		0.75		0.60		7.0		0.052
9.5	70.8	0.556		0.75	±0.10	0.60		7.0		0.052
10	78.5	0.617		0.75		0.60		7.0		0.052
10.5	86.5	0.679		0.75		0.60		7.4		0.052
11	95.0	0.746		0.85		0.68		7.4		0.056
11.5	103.8	0.815		0.95		0.76		8.4		0.056
12	113.1	0.888		0.95		0.76		8.4		0.056

注：1. 横肋 1/4 处高、横肋顶宽供孔型设计用；

2. 二面肋钢筋允许有高度不大于 0.5h 的纵肋。

（3）化学成分（表 6-2-6）。

冷轧带肋钢筋用盘条的参考牌号和化学成分　　　表 6-2-6

钢筋牌号	盘条牌号	化学成分（%）					
		C	Si	Mn	V、Ti	S	P
CRB 550	Q215	0.09~0.15	≤0.30	0.25~0.55	—	≤0.050	≤0.045
CRB 650	Q235	0.14~0.22	≤0.30	0.30~0.65	—	≤0.050	≤0.045
CRB 800	24MnTi	0.19~0.27	0.17~0.37	1.20~1.60	Ti：0.01~0.05	≤0.045	≤0.045
	20MnSi	0.17~0.25	0.40~0.80	1.20~1.60	—	≤0.045	≤0.045
CRB 970	41MnSiV	0.37~0.45	0.60~1.10	1.00~1.40	V：0.05~0.12	≤0.045	≤0.045
	60	0.57~0.65	0.17~0.37	0.50~0.80	—	≤0.035	≤0.035

（4）力学性能和工艺性能（表 6-2-7）。

力学性能和工艺性能　　　表 6-2-7

牌号	σ_b（MPa）不小于	伸长率（%）不小于		弯曲试验 180°	反复弯曲次数	松弛率 初始应力 $\sigma_{con}=0.7\sigma_b$	
		δ_{10}	δ_{100}			1000h（%）不大于	10h（%）不大于
CRB 550	550	8.0		$D=3d$	—	—	—
CRB 650	650	—	4.0		3	8	5
CRB 800	800	—	4.0		3	8	5
CRB 970	970	—	4.0		3	8	5

注：1. 抗拉强度按公称直径 d 计算；
　　2. 表中 D 为弯心直径，d 为钢筋公称直径；钢筋受弯曲部位表面不得产生裂纹；
　　3. 当钢筋的公称直径为 4mm、5mm、6mm 时，反复弯曲试验的弯曲半径分别为 10mm、15mm、15mm；
　　4. 对成盘供应的各级别钢筋，经调直后的抗拉强度仍应符合表中的规定。

钢筋的规定非比例伸长应力 $\sigma_{p0.2}$ 值应不小于公称抗拉强度 σ_b 的 80%，$\sigma_b/\sigma_{p0.2}$ 比值应不小于 1.05。当进行冷弯试验时，弯曲部位表面不得产生裂纹。

3. 冷轧扭钢筋

冷轧扭钢筋是用低碳钢热轧圆盘条经专用钢筋冷轧扭机调直、冷轧并冷扭（或冷滚）一次成型具有规定截面形式和相应节距的连续螺旋状钢筋（图 6-2-4）。冷轧扭钢筋应符合行业标准《冷轧扭钢筋》JG 190 的规定。

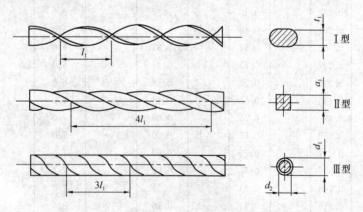

图 6-2-4　冷轧扭钢筋形状

l_1—节距；t_1—轧扁厚度；a_1—截面近似正方形时的边长；

d_1—带螺旋状纵肋Ⅲ型冷轧扭钢筋的外圆直径；

d_2—带螺旋状纵肋Ⅲ型冷轧扭钢筋纵向肋根底的内接圆直径

　　这种钢筋具有较高的强度，而且有足够的塑性，与混凝土粘结性能优异，代替 HPB235 级钢筋可节约钢材约 30%。一般用于预制钢筋混凝土圆孔板、叠合板中的预制薄板，以及现浇钢筋混凝土楼板等。

　　（1）规格及截面参数（表 6-2-8）

冷轧扭钢筋规格及截面参数　　　　　　　　　表 6-2-8

强度级别	型号	标志直径 d (mm)	公称截面面积 A_s (mm²)	等效直径 d_0 (mm)	截面周长 u (mm)	理论重量 G (kg/m)
CTB 550	Ⅰ	6.5	29.50	6.1	23.40	0.232
		8	45.30	7.6	30.00	0.356
		10	68.30	9.3	36.40	0.536
		12	96.14	11.1	43.40	0.755
	Ⅱ	6.5	29.20	6.1	21.60	0.229
		8	42.30	7.3	26.02	0.332
		10	66.10	9.2	32.52	0.519
		12	92.74	10.9	38.52	0.728
	Ⅲ	6.5	29.86	6.2	19.48	0.234
		8	45.24	7.6	23.88	0.355
		10	70.69	9.5	29.95	0.555
CTB 650	预应力Ⅲ	6.5	28.20	6.0	18.82	0.221
		8	42.73	7.4	23.17	0.335
		10	66.76	9.2	28.96	0.524

注：Ⅰ型为矩形截面，Ⅱ型为方形截面，Ⅲ型为圆形截面。

　　（2）外形尺寸（表 6-2-9）

冷轧扭钢筋外形尺寸　　　　　　　　　表 6-2-9

强度级别	型号	标志直径 d (mm)	截面控制尺寸不小于 (mm)				节距 l_1 不大于 (mm)
			轧扁厚度 t_1	方形边长 a_1	外圆直径 d_1	内圆直径 d_2	
CTB 550	Ⅰ	6.5	3.7	—	—	—	75
		8	4.2	—	—	—	95
		10	5.3	—	—	—	110
		12	6.2	—	—	—	150
	Ⅱ	6.5	—	5.4	—	—	30
		8	—	6.5	—	—	40
		10	—	8.1	—	—	50
		12	—	9.6	—	—	80
	Ⅲ	6.5	—	—	6.17	5.67	40
		8	—	—	7.59	7.09	60
		10	—	—	9.49	8.89	70
CTB 650	预应力Ⅲ	6.5	—	—	6.00	5.50	30
		8	—	—	7.38	6.88	50
		10	—	—	9.22	8.67	70

（3）力学性能（表 6-2-10）

冷轧扭钢筋强度标准值、抗拉（压）强度设计值和弹性模量（MPa）　　表 6-2-10

强度 级别	型号	符号	标志直径 d (mm)	强度标准 值 f_{yk} 或 f_{ptx}	抗拉（压） 强度设计 值 f_y（f'_y） 或 f_{py}（f'_{py}）	弹性模量 E_s
CTB 550	I	ϕ^T	6.5、8、10、12	550	360	$1.9×10^5$
	II		6.5、8、10、12	550	360	$1.9×10^5$
	III		6.5、8、10	550	360	$1.9×10^5$
CTB 650	III		6.5、8、10	650	430	$1.9×10^5$

4. 钢筋焊接网

钢筋焊接网是由纵向钢筋和横向钢筋分别以一定间距排列且互成直角、全部交叉点均用电阻点焊方法焊接在一起的网件。

国家标准《钢筋混凝土用钢　第 3 部分：钢筋焊接网》GB/T 1499.3 和建设部行业标准《钢筋焊接网混凝土结构技术规程》JGJ 114 已颁布实施。钢筋焊接网已列入我国建筑业重点推广项目，具有较大的发展前景。

（1）钢筋焊接网宜采用 CRB550、CRB600H、HRB400、HRB500 或 HRBF500 钢筋制作，作为构造钢筋也可采用 CPB550 钢筋制作。

（2）钢筋焊接网可分为定型焊接网和非定型焊接网两种。

1）定型焊接网在同一方向上应采用相同牌号和直径的钢筋，并应具有相同的间距和长度。定型钢筋焊接网的型号可按表 6-2-11 采用。

定型钢筋焊接网型号　　表 6-2-11

焊接网 代号	纵向钢筋			横向钢筋			重量 （kg/m²）
	公称直径 （mm）	间距 （mm）	每延米面积 （mm²/m）	公称直径 （mm）	间距 （mm）	每延米面积 （mm²/m）	
A18	18		1273	12		566	14.43
A16	16		1006	12		566	12.34
A14	14		770	12		566	10.49
A12	12		566	12		566	8.88
A11	11		475	11		475	7.46
A10	10	200	393	10	200	393	6.16
A9	9		318	9		318	4.99
A8	8		252	8		252	3.95
A7	7		193	7		193	3.02
A6	6		142	6		142	2.22
A5	5		98	5		98	1.54

焊接网代号	纵向钢筋			横向钢筋			重量（kg/m²）
	公称直径（mm）	间距（mm）	每延米面积（mm²/m）	公称直径（mm）	间距（mm）	每延米面积（mm²/m）	
B18	18		2545	12		393	23.07
B16	16		2011	10		393	18.89
B14	14		1539	10		393	15.19
B12	12		1131	8		252	10.90
B11	11		950	8		252	9.43
B10	10	100	785	8	200	252	8.14
B9	9		635	8		252	6.97
B8	8		503	8		252	5.93
B7	7		385	7		193	4.53
B6	6		283	7		193	3.73
B5	5		196	7		193	3.05
C18	18		1697	12		566	17.77
C16	16		1341	12		566	14.98
C14	14		1027	12		566	12.51
C12	12		754	12		566	10.36
C11	11		634	11		475	8.70
C10	10	150	523	10	200	393	7.19
C9	9		423	9		318	5.82
C8	8		335	8		252	4.61
C7	7		257	7		193	3.53
C6	6		189	6		142	2.60
C5	5		131	5		98	1.80
D18	18		2545	12		1131	28.86
D16	16		2011	12		1131	24.68
D14	14		1539	12		1131	20.98
D12	12		1131	12		1131	17.75
D11	11		950	11		950	14.92
D10	10	100	785	10	100	785	12.33
D9	9		635	9		635	9.98
D8	8		503	8		503	7.90
D7	7		385	7		385	6.04
D6	6		283	6		283	4.44
D5	5		196	5		196	3.08

焊接网代号	纵向钢筋			横向钢筋			重量（kg/m²）
	公称直径（mm）	间距（mm）	每延米面积（mm²/m）	公称直径（mm）	间距（mm）	每延米面积（mm²/m）	
E18	18		1697	12		1131	19.25
E16	16		1341	12		754	16.46
E14	14		1027	12		754	13.99
E12	12		754	12		754	11.84
E11	11		634	11		634	9.95
E10	10	150	523	10	150	523	8.22
E9	9		423	9		423	6.66
E8	8		335	8		335	5.26
E7	7		257	7		257	4.03
E6	6		189	6		189	2.96
E5	5		131	5		131	2.05
F18	18		2545	12		754	25.90
F16	16		2011	12		754	21.70
F14	14		1539	12		754	18.00
F12	12		1131	12		754	14.80
F11	11		950	11		634	12.43
F10	10	100	785	10	150	523	10.28
F9	9		635	9		423	8.32
F8	8		503	8		335	6.58
F7	7		385	7		257	5.03
F6	6		283	6		189	3.70
F5	5		196	5		131	2.57

注：1. 表中焊接网的重量（kg/m²），是根据纵、横向钢筋按表中的间距均匀布置时，计算的理论重量，未考虑焊接网端部钢筋伸出长度的影响；
 2. 公称直径 14mm、16mm 和 18mm 的钢筋仅为热轧带肋钢筋。

2）非定型焊接网的形状、尺寸应根据设计和施工要求，由供需双方协商确定。

（3）钢筋焊接网的规格应符合下列规定：

1）各类钢筋的直径应按表 6-2-12 选用。冷轧带肋钢筋及高延性冷轧带肋钢筋的直径可采用 0.5mm 进级。

焊接网钢筋强度标准值（N/mm²）　　　　　　　　　　　　　表 6-2-12

钢筋牌号	符号	钢筋公称直径（mm）	f_{yk}
CRB550	ϕ^R	5～12	500
CRB600H	ϕ^{RH}	5～12	520

续表

钢筋牌号	符号	钢筋公称直径（mm）	f_{yk}
HRB400	Φ		400
HRBF400	Φ^F	6～18	400
HRB500	Φ		500
HRBF500	Φ^F		500
CPB550	Φ^{CP}	5～12	500

2）焊接网制作方向的钢筋间距宜为 100mm、150mm、200mm，也可采用 125mm 或 175mm；与制作方向垂直的钢筋间距宜为 100～400mm，且宜为 10mm 的整倍数。当双向板底网或面网采用双层配筋时，非受力钢筋的间距不宜大于 1000mm。

近些年，随着我国焊接网行业发展和工程应用经验积累，在上述定型焊接网基础上，借鉴欧洲一些国家应用标准焊接网的经验，经过优化筛选，结合我国实际情况，初步推荐了包括 5 种钢筋直径、10 种型号的建筑用标准钢筋焊接网（表 6-2-13），供参考。搭接形式可根据工程具体情况而定。搭接长度应按《钢筋焊接网混凝土结构技术规程》JGJ 114—2014 中第 5.1.7 条规定，混凝土的强度等级按 C30 考虑。

建筑用标准钢筋焊接网　　　　　　　　　　表 6-2-13

序号	网片编号	网片型号		网片尺寸		伸出长度				单片焊接网		
		直径	间距	纵向	横向	纵向钢筋		横向钢筋		纵向钢筋根数	横向钢筋根数	重量
						u_1	u_2	u_3	u_4			
		(mm)	(mm)	(mm)	(mm)	(mm)	(mm)	(mm)	(mm)	(根)	(根)	(kg)
1	JW-1a	6	150	6000	2300	75	75	25	25	16	40	41.74
2	JW-1b	6	150	5950	2350	25	375	25	375	14	38	38.32
3	JW-2a	7	150	6000	2300	75	75	25	25	16	40	56.78
4	JW-2b	7	150	5950	2350	25	375	25	375	14	38	52.13
5	JW-3a	8	150	6000	2300	75	75	25	25	16	40	74.26
6	JW-3b	8	150	5950	2350	25	525	25	525	13	37	64.90
7	JW-4a	9	150	6000	2300	75	75	25	25	16	40	93.81
8	JW-4b	9	150	5950	2350	25	525	25	525	13	37	81.99
9	JW-5a	10	150	6000	2300	75	75	25	25	16	40	116.00
10	JW-5b	10	150	5950	2350	25	525	25	525	13	37	101.37

非定型焊接网一般根据具体工程情况，其网片形状、网格尺寸、钢筋直径等，应考虑加工方便、尽量减少型号、提高生产效率等因素，由焊网厂的布网设计人员确定。

6.2.1.3　钢筋质量检验与保管

1. 钢筋质量检验

（1）钢筋进场检查应符合下列规定：

1）应检查钢筋的质量证明文件，包括产品合格证和出厂检验报告等；

2）应按国家现行有关标准的规定抽样检验屈服强度、抗拉强度、伸长率、弯曲性能及单位长度重量偏差；

3）经产品认证符合要求的钢筋，其检验批量可扩大一倍。在同一工程中，同一厂家、同一牌号、同一规格的钢筋连续三次进场检验均一次检验合格时，其后的检验批量可扩大一倍；

4）钢筋的外观质量；

5）当无法准确判断钢筋品种、牌号时（包括当发现钢筋脆断、焊接性能不良或力学性能显著不正常等现象时），应增加化学成分、晶粒度等检验项目。

（2）成型钢筋进场时，应检查成型钢筋的质量证明文件（专业加工企业提供的产品合格证、出厂检验报告）、成型钢筋所用材料质量证明文件及检验报告，并应抽样检验成型钢筋的屈服强度、抗拉强度、伸长率和重量偏差。检验批量可由合同约定，同一工程、同一原材料来源、同一组生产设备生产的成型钢筋，检验批量不宜大于 30t。

2. 钢筋保管

（1）钢筋在运输和储存时，不得损坏标志。在施工现场必须按批分不同等级、牌号、直径、长度分别挂牌堆放整齐，并注明数量，不得混淆。

（2）钢筋应尽量堆放在仓库或料棚内，在条件不具备时，应选择地势较高、较平坦坚实的露天场地堆放。在场地或仓库周围要设排水沟，以防积水。堆放时，钢筋下面要放垫木，离地不宜少于 200mm，也可用钢筋堆放架堆放，以免钢筋锈蚀和污染。

（3）钢筋应避免与酸、盐、油等类物品存放在一起，同时堆放地点要远离产生有害气体的车间，以免钢筋被油污和受到腐蚀。

（4）已加工的成型钢筋，要分工程名称和构件名称，按号码顺序堆放，同一项工程与同一构件的钢筋要放在一起，按号牌排列，牌上注明构件名称、部位、钢筋形式、尺寸、牌号、直径、根数，不得将几项工程的钢筋叠放在一起。

6.2.2 钢筋代换

1. 钢筋代换变更文件

当需要进行钢筋代换时，应办理设计变更文件。

（1）钢筋代换应按国家现行相关标准的有关规定，考虑构件承载力、正常使用（裂缝宽度、挠度控制）及配筋构造等方面的要求，需要时可采用并筋的代换形式。不宜用光圆钢筋代换带肋钢筋。

（2）钢筋代换后应经设计单位确认，并按规定办理相关审查手续。

2. 代换原则

钢筋的代换可参照如下原则：

（1）等强度代换：当构件受强度控制时，钢筋可按强度相等原则进行代换。

（2）等面积代换：当构件按最小配筋率配筋时，钢筋可按面积相等原则进行代换。

（3）当构件受裂缝宽度或挠度控制时，代换后应进行裂缝宽度或挠度验算。

3. 等强度代换计算

当构件受强度控制时钢筋按强度相等的原则代换。

建立代换公式的依据为：代换后的钢筋强度≥代换前的钢筋强度，表达式为

$$A_{s2}f_{y2}n_2 \geq A_{s1}f_{y1}n_1 \tag{6-2-1}$$

$$n_2 \geqslant \frac{A_{s1}f_{y1}n_1}{A_{s2}f_{y2}} \qquad (6\text{-}2\text{-}2)$$

即

$$n_2 \geqslant \frac{d_1^2 f_{y1}n_1}{d_2^2 f_{y2}} \qquad (6\text{-}2\text{-}3)$$

式中　A_{s2}——代换钢筋的计算面积;

　　　A_{s1}——原设计钢筋的计算面积;

　　　n_2——代换钢筋根数;

　　　n_1——原设计钢筋根数;

　　　d_2——代换钢筋直径;

　　　d_1——原设计钢筋直径;

　　　f_{y2}——代换钢筋抗拉强度设计值;

　　　f_{y1}——原设计钢筋抗拉强度设计值。

（1）当代换前后钢筋牌号相同，即 $f_{y1}=f_{y2}$，而直径不同时，上式简化为

$$n_2 \geqslant \frac{d_1^2}{d_2^2}n_1 \qquad (6\text{-}2\text{-}4)$$

（2）当代换前后钢筋直径相同，即 $d_1=d_2$，而牌号不同时，上式简化为

$$n_2 \geqslant \frac{f_{y1}}{f_{y2}}n_1 \qquad (6\text{-}2\text{-}5)$$

【例 1】设计某梁下部纵向受力筋为 2 根，直径为 18mm 的 HRB400 钢筋，而施工现场无此种钢筋，现用 HRB335 钢筋来代换。

【解】已知 HRB400 钢筋和 HRB335 钢筋的抗拉强度设计值分别为 360MPa 和 300MPa。用直径相同的钢筋代换，将已知数据代入公式（6-2-5）

$$n_2 \geqslant n_1 f_{y1}/f_{y2} = 2 \times 360/300 = 2.4(根) \text{ 取 3 根}$$

所以可用 3 根直径为 18mm 的 HRB335 钢筋代替 2 根直径为 18mm 的 HRB400 钢筋。

4. 等面积代换计算

对于按构造配置的钢筋，应满足最小配筋率，可按面积相等的原则代换。用公式表达为

$$A_{s2} \geqslant A_{s1} \qquad (6\text{-}2\text{-}6)$$

式中　A_{s2}——代换钢筋的计算面积;

　　　A_{s1}——原设计钢筋的计算面积。

【例 2】某地下连续墙设计每米 5 根Φ 14mm 钢筋，现场无此钢筋，须用Φ 12mm 进行代换，问代换后每米需几根钢筋？

【解】按等面积原则代换 $A_{s2} \geqslant A_{s1}$ 得

$$n_2 \geqslant \frac{n_1 d_1^2}{d_2^2} = \frac{5 \times 14^2}{12^2} = 6.8 \qquad (6\text{-}2\text{-}7)$$

故每米选 7 根钢筋进行代换。

5. 裂缝宽度和挠度验算

当构件受裂缝宽度或挠度控制时，代换后应进行裂缝宽度或挠度验算。

钢筋代换后，有时由于受力钢筋直径加大或钢筋根数增多，而需要增加排数，则构件

的有效高度 h_0 减小，使截面强度降低，此时需对截面强度进行复核。对矩形截面的受弯构件，可根据弯矩相等，按式（6-2-8）复核截面强度。

$$N_2\left(h_{02}-\frac{N_2}{2bf_c}\right)\geqslant N_1\left(h_{01}-\frac{N_1}{2bf_c}\right) \tag{6-2-8}$$

式中　N_1——原设计钢筋的拉力，即 $N_1=A_{s1}f_{y1}$；

　　　　N_2——代换钢筋的拉力，即 $N_2=A_{s2}f_{y2}$；

h_{01}、h_{02}——代换前后构件有效高度，即钢筋的合力点至截面受压边缘的距离；

　　　　f_c——混凝土抗压强度设计值；

　　　　b——构件截面宽度。

6. 钢筋代换注意事项

（1）钢筋代换时，必须充分了解设计意图和代换材料性能，并严格遵守现行混凝土结构设计规范的各项规定。

（2）不同种类钢筋的代换应按钢筋受拉承载力设计值相等的原则进行。

（3）对某些重要构件，如吊车梁、薄腹梁、桁架下弦等，不宜用 HPB300 级光圆钢筋代替 HRB335 和 HRB400 级带肋钢筋。

（4）钢筋代换后，应满足配筋构造规定，如钢筋的最小直径、间距、根数、锚固长度等。

（5）同一截面内，可同时配有不同种类和直径的代换钢筋，但每根钢筋的拉力差不应过大（如同品种钢筋的直径差值一般不大于 5mm），以免构件受力不匀。

（6）梁的纵向受力钢筋与弯起钢筋应分别代换，以保证正截面与斜截面强度。

（7）偏心受压构件（如框架柱、有吊车厂房柱、桁架上弦等）或偏心受拉构件进行钢筋代换时，不取整个截面配筋量计算，应按受力面（受压或受拉）分别代换。

（8）当构件受裂缝宽度控制时，如以小直径钢筋代换大直径钢筋，强度低的钢筋代替强度高的钢筋，则可不做裂缝宽度验算。

（9）对有抗震要求的框架，不宜以强度较高的钢筋代替原设计中的钢筋；当必须代换时，其代换的钢筋检验所得的实际强度应符合设计的要求。

（10）预制构件的吊环，必须用未经冷拉的 HPB300 级热轧钢筋制作，严禁以其他钢筋代换。

6.2.3　钢筋连接

6.2.3.1　基本要求

1. 钢筋焊接连接

（1）凡施焊的各种钢筋、钢板均应有质量证明书；焊条、焊剂应有产品合格证。

（2）从事钢筋焊接施工的焊工必须持有焊工考试合格证，才能上岗操作。

（3）在工程开工正式焊接之前，参与该项施焊的焊工应进行现场条件下的焊接工艺试验，并经试验合格后，方可正式生产。试验结果应符合质量检验与验收时的要求。

2. 钢筋机械连接

在施工现场加工连接钢筋接头时，应符合下列规定：

（1）加工连接钢筋接头的操作工人应经专业培训合格后才能上岗，人员应相对稳定。

（2）钢筋接头的加工应经工艺检验合格后方可进行。

6.2.3.2 钢筋焊接技术

1. 材料

（1）焊接钢筋的化学成分和力学性能应符合国家现行有关标准的规定。

（2）预埋件钢筋焊接接头、熔槽帮条焊接头和坡口焊接头中的钢板和型钢，可采用低碳钢或低合金钢，其力学性能和化学成分应符合现行国家标准《碳素结构钢》GB/T 700或《低合金高强度结构钢》GB/T 1591中的规定。

（3）钢筋焊条电弧焊所采用的焊条，应符合现行国家标准《非合金钢及晶粒钢焊条》GB/T 5117或《热强钢焊条》GB/T 5118的规定。钢筋二氧化碳气体保护电弧焊所采用的焊丝，应符合现行国家标准《气体保护电弧焊用碳钢、低合金钢焊丝》GB/T 8110的规定。其焊条型号和焊丝型号应根据设计确定；若设计无规定时，可按表6-2-14选用。

钢筋电弧焊所采用焊条、焊丝推荐表　　　　　　　　　表 6-2-14

钢筋牌号	电弧焊接头形式			
	帮条焊 搭接焊	坡口焊 熔槽帮条焊 预埋件穿孔塞焊	窄间隙焊	钢筋与钢板搭接焊 预埋件 T 形角焊
HPB300	E4303 ER50-X	E4303 ER50-X	E4316 E4315 ER50-X	E4303 ER50-X
HRB335 HRBF335	E5003 E4303 E5016 E5615 ER50-X	E5003 E5016 E5015 ER50-X	E5016 E5015 ER50-X	E5003 E4303 E5016 E5015 ER50-X
HRB400 HRBF400	E5003 E5516 E5515 ER50-X	E5503 E5516 E5515 ER55-X	E5516 E5515 ER55-X	E5003 E5516 E5515 ER50-X
HRB500 HRBF500	E5503 E6003 E6016 E6015 ER55-X	E6003 E6016 E6015	E6016 E6015	E5503 E6003 E6016 E6015 ER55-X
RRB400W	E5003 E5516 E5515 ER50-X	E5503 E5516 E5515 ER55-X	E5516 E5515 ER55-X	E5003 E5516 E5515 ER50-X

（4）焊接用气体质量应符合下列规定：

1）氧气的质量应符合现行国家标准《工业氧》GB/T 3863的规定，其纯度应大于或等于99.5%；

2）乙炔的质量应符合现行国家标准《溶解乙炔》GB 6819的规定，其纯度应大于或等于98.0%；

3）液化石油气应符合现行国家标准《液化石油气》GB 11174的各项规定；

4）二氧化碳气体应符合现行化工行业标准《焊接用二氧化碳》HG/T 2537 中优等品的规定。

（5）在电渣压力焊、预埋件钢筋埋弧压力焊和预埋件钢筋埋弧螺柱焊中，可采用熔炼型 HJ 431 焊剂；在埋弧螺柱焊中，也可采用氟碱型烧结焊剂 SJ101。

（6）施焊的各种钢筋、钢板均应有质量证明书；焊条、焊丝、氧气、熔解乙炔、液化石油气、二氧化碳气体、焊剂应有产品合格证。

钢筋进场时，应按国家现行相关标准的规定抽取试件并作力学性能和重量偏差检验，检验结果必须符合国家现行有关标准的规定。

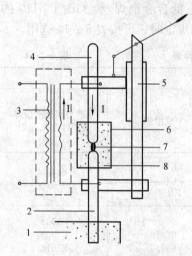

图 6-2-5 钢筋电渣压力焊焊接
原理示意图

1—混凝土；2—下钢筋；3—焊接
电源；4—上钢筋；5—焊接夹具；
6—焊剂盒；7—铁丝球；8—焊剂

（7）各种焊接材料应分类存放、妥善处理；应采取防止锈蚀、受潮变质等措施。

2. 基本规定

详见《钢筋焊接及验收规程》JGJ 18—2012。

3. 钢筋电渣压力焊

电渣压力焊是将钢筋的待焊端部置于焊剂的包围之中，通过引燃电弧加热，最后在断电的同时，迅速将钢筋进行顶压，使上、下钢筋焊接成一体的一种焊接方法（图 6-2-5）。

电渣压力焊属于熔化压力焊范畴，适用于直径 14～40mm 的 HPB300、HRB335、HRB400 级竖向钢筋的连接，但直径 28mm 以上钢筋的焊接技术难度较大。最近试制成功的全自动电渣压力焊机，可排除人为因素干扰，使钢筋的焊接质量更有保障。电渣压力焊不适用于水平钢筋或倾斜钢筋（斜度大于4：1）的连接，也不适用于可焊性差的钢筋。对焊工水平低、供电条件差（电压不稳等）、雨季或防火要求高的场合应慎用。

（1）机具设备

电渣压力焊焊接设备主要由焊接电源、焊接机头与控制箱等部分组成。

1）焊接电源

交流、直流电源均可，容量应根据所焊钢筋的直径选定。一般可选用 BX-500～1000 电焊机，也可选用 JSD-600 型或 JSD-1000 型专用电源，其性能见表 6-2-15。

电渣压力焊电源性能表   表 6-2-15

项　　目	单　　位	JSD-600	JSD-1000
电源电压	V	380	380
相　　数	相	1	1
输入容量	kV·A	45	76
空载电压	V	80	78
负载持续率	%	60/35	60/35
初级电流	A	116	196
次级电流	A	600/750	1000/1200
次级电压	V	22～45	22～45
焊接钢筋直径	mm	14～32	22～40

当焊接钢筋直径大于 32mm 时，应采用 BX-1000 型电焊机或 JSD-1000 型专用电源。1 台焊接电源可供几个焊接机头交替用电。空载电压应≥75V，以利于引弧。

2）焊接机头与控制箱

焊接机头是钢筋电渣压力焊接的关键部件，因此，应满足小巧、轻便，对密集钢筋或高空作业有较强的适应性；监控手段齐全，易于掌握，以减少失误；对中迅速准确，能保证焊接质量的稳定性。

焊接机头与控制箱因焊接设备不同而有所区别，现分别介绍如下：

① 手动电渣压力焊接设备

手动电渣压力焊接设备（包括半自动电渣压力焊接设备），其焊接过程均由操作工人手动来完成（半自动电渣压力焊接设备与手动焊接设备的主要区别只是增置了一些监控仪表等）。

杠杆式单柱焊接机头由上夹头（活动夹头）、下夹头（固定夹头）、单导柱、焊剂盒、手柄等组成（图 6-2-6）。操作时，将上夹头固定在下钢筋上，利用手动杠杆使上夹头沿单导柱上、下滑动，以控制上钢筋的位置与间隙。机头的夹紧装置具有微调机构，可保证钢筋的同心度。此外，在半自动焊接机头上装置有监控仪表，可按仪表显示的资料对焊接过程进行监控。

LDZ 型半自动竖向电渣压力焊机即属于这种类型。

丝杠传动式双柱焊接机头由上夹头、下夹头、双导柱、升降丝杠、夹紧装置、手柄、伞齿轮箱、操作盒及熔剂盒等组成（图 6-2-7）。

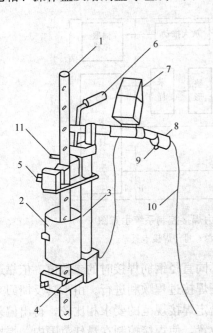

图 6-2-6 杠杆式单柱焊接机头示意图
1—钢筋；2—焊剂盒；3—单导柱；
4—下夹头；5—上夹头；6—手柄；
7—监控仪表；8—操作把手；9—开关；
10—控制电缆；11—插座

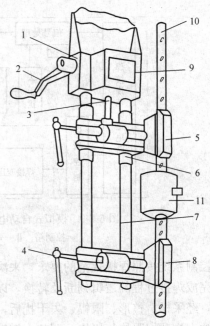

图 6-2-7 丝杠传动式双柱焊接机头示意图
1—伞形齿轮箱；2—手柄；3—升降丝杠；
4—夹紧装置；5—上夹头；6—导管；
7—双导柱；8—下夹头；9—操作盒；
10—钢筋；11—熔剂盒

操作时，由手柄、伞形齿轮及升降丝杠控制上夹头沿双导柱滑动升降。由于该机构利用丝杠螺母的自锁特性，传动比为1：80，因此，上钢筋不仅定位精度高，卡装钢筋后无需调整对中度，而且操作比较省力。MH-36型竖向钢筋电渣压力焊机即属于这种类型，机头重8kg，竖向钢筋的最小间距为60mm。

手动电渣压力焊的焊接过程均由操作工人来完成，因而，操作工人的技术熟练程度、身体状况、情绪高低、责任心等，都可能影响工艺过程的稳定，而最终影响焊接质量。因此，手动焊接的设备性能、工人的技术水平和责任心是保证焊接质量的三大要素。

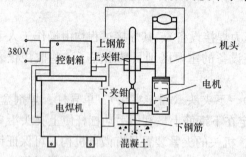

图 6-2-8　自动电渣压力焊接设备

② 自动电渣压力焊接设备

针对手动电渣压力焊接设备易受操作人员的技术水平、责任心以及操作环境等方面的影响，存在工艺稳定性差等弱点。一些单位先后开发研制了模拟式自动钢筋电渣压力焊控制系统、数字式自动钢筋电渣压力焊控制系统以及智能化自动钢筋电渣压力焊控制系统等自动电渣压力焊接设备。见图 6-2-8。

a. 模拟式自动钢筋电渣压力焊控制系统

该系统电路完全采用模拟控制手段，在控制箱的面板上设有电源开关、指示灯和调整焊接参数的电位器旋钮等。操作时，根据不同的钢筋直径，将旋钮调整到需要的位置，装卡钢筋后，启动开关按钮，焊接过程即可自动完成。该系统的工作原理图见图 6-2-9。

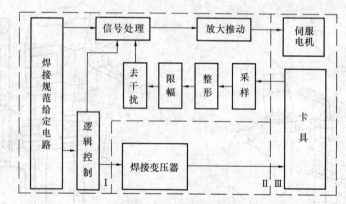

图 6-2-9　模拟式自动电渣压力焊接控制系统示意图
Ⅰ—控制箱；Ⅱ—焊接电源；Ⅲ—焊接卡具

该控制系统按照焊接规范的要求，来决定不同直径钢筋焊接时的参数值。依靠逻辑控制电路完成焊接过程的逻辑判断及转换，以保证焊接过程顺利进行。由卡具反馈回来的焊接信号，经采样、整形、限幅、去干扰后，与给定焊接规范的要求相比较，得出偏差信号后，经放大推动伺服执行机构，调整上钢筋的位置，使焊接控制在最佳范围内。焊接卡具的构造见图 6-2-10。

图中，除上卡头、支柱和滑套外，7 为推力轴承，上、下各设一个，可实现丝杠的上、下定位；8 为伺服电机，经过一级蜗杆减速后，通过十字轴节与丝杠啮合。下卡头可做径向调整，以解决钢筋的对中和变径问题。

经实际考核，该自控系统工作可靠，焊接稳定性比手动设备有较大幅度的提高，在保证焊接质量方面也取得较满意的效果。但该项自控系统仍属初级自动化技术范围，尚存在控制精度不高、控制功能简单、卡具设计尚需改进等不足。

b. 数字式自动钢筋电渣压力焊控制系统

数字式自动控制系统是在模拟控制系统基础上改进而成，并克服了模拟控制系统存在的一些不足。其系统示意图见图 6-2-11。

该控制系统除具有模拟控制系统的主要功能外，还增设了电机工作状态检测电路，在焊接过程中，可随时检测电机的工作状态，使控制过程更加稳定。另外，在控制箱面板上采用拨码开关替代了电位器，使钢筋直径变化参数更容易调整。

在卡具设计上，采用行星减速器代替蜗轮蜗杆减速器，使输出轴与电机同轴，不仅可使电机内置，而且更便于调整钢筋对中（图 6-2-12）。

与模拟式自动控制系统相比，数字式自动控制系统具有以下优点：

ⓐ 控制精度高，调整工作简单、准确、直观；

ⓑ 电机工作状态好，既可减轻电机的磨损；又可提高焊接工艺的稳定性；

ⓒ 卡具设计合理，装卡钢筋更方便；

ⓓ 可实现异径钢筋的同轴焊接。

该设备在国家重点工程北京西客站施工中被列为 8 项重点实施新技术之一，取得了较好的经济和社会效益。

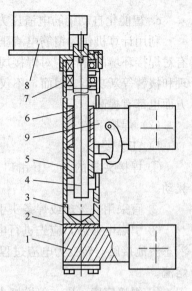

图 6-2-10　自动焊接卡具
构造示意图

1—下卡头；2—绝缘层；3—支柱；
4—丝杠；5—传动螺母；6—滑套；
7—推力轴承；8—伺服电机；
9—上卡头

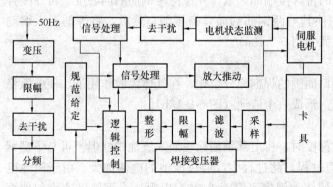

图 6-2-11　数字式自动电渣压力焊控制系统示意图

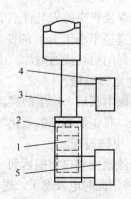

图 6-2-12　数字式自动
控制系统卡具示意图

1—专用电机；2—下支筒；3—上支筒；
4—上卡头；5—下卡头

c. 智能化自动钢筋电渣压力焊控制系统

利用计算机作为钢筋电渣压力焊的智能化控制系统，除具有全自动化等特点外，还具有对焊接环境的补偿、对焊接规范参数的记忆和修正，以及对意外情况的监控、记录、处理和报警等新功能。因而，不仅使焊接操作更为简便和可靠；而且，在控制精度和速度等方面也都有提高。

（2）焊接工艺

1）工艺要点

① 焊接夹具的上、下钳口应夹紧于上、下待焊接的钢筋上，钢筋一经夹紧，不得晃动。

② 宜采用铁丝球或焊条头引弧法，也可采用直接引弧法。

③ 引燃电弧后，应先进行电弧过程，然后，加快上钢筋的下送速度，使钢筋端面与液态渣池接触，转变为电渣过程，最后，在断电的同时，迅速下压钢筋，挤出熔化金属和熔渣。

④ 焊接完毕，应在停歇断电后，方可回收焊剂和卸下焊接夹具，并敲去渣壳。焊缝四周的焊包应均匀，凸出钢筋表面的高度应大于或等于 4mm。

2）工艺过程

焊接工艺一般分为引弧、电弧、电渣和顶压等四个过程（图 6-2-13）。

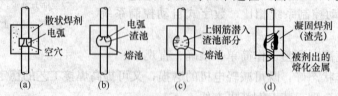

图 6-2-13　竖向钢筋电渣压力焊工艺过程示意图
（a）引弧过程；（b）电弧过程；（c）电渣过程；（d）顶压过程

① 引弧过程

用焊接机头的夹具将上下钢筋的待焊接端部夹紧，并保持两钢筋的同心度，再在接合处放置直径不小于 1cm 的铁丝圈，使其与两钢筋端面紧密接触，然后，将焊剂灌入熔剂盒内，封闭后，接通电源，引燃电弧（图 6-2-13a）。

② 电弧过程

引燃电弧后，产生的高温将接口周围的焊剂充分熔化，在气体弧腔作用下，使电弧稳定燃烧，将钢筋端部的氧化物烧掉，形成一个渣池（图 6-2-13b）。

③ 电渣过程

当渣池在接口周围达到一定的深度时，将上部钢筋徐缓插入渣池中（但不可与下部钢筋短路）。此时电弧熄灭，进入电渣过程。此过程中，通过渣池的电流加大，由于渣池电阻很大，因而产生较高的电阻热，使渣池温度可升至 2000℃ 以上，将钢筋迅速均匀地熔化（图 6-2-13c）。

④ 顶压过程

当钢筋端头均匀熔化达到一定量时，立即进行顶压，将熔化的金属和熔渣从接合面挤出，同时切断电源（图 6-2-13d）。顶压力一般为 200～300N 即可。

3）焊接参数

① 电渣压力焊焊接参数应包括焊接电流、焊接电压和通电时间，采用 HJ431 焊剂时，宜符合表 6-2-16 的规定。采用专用焊剂或自动电源压力焊机时，应根据焊剂或焊机使用说明书中推荐数据，通过试验确定。

不同直径钢筋焊接时，上下两钢筋轴线应在同一直线上。

电渣压力焊焊接参数　　表 6-2-16

钢筋直径 (mm)	焊接电流 (A)	焊接电压（V）		焊接通电时间（s）	
		电弧过程 $U_{2.1}$	电渣过程 $U_{2.2}$	电弧过程 t_1	电渣过程 t_2
14	200～220			12	3
16	200～250			14	4
18	250～300			15	5
20	300～350	35～45	18～22	17	5
22	350～400			18	6
25	400～450			21	6
28	500～550			24	6
32	600～650			27	7

② 在焊接生产中焊工应进行自检，当发现偏心、弯折、烧伤等焊接缺陷时，应查找原因和采取措施，及时消除。

电渣压力焊焊接缺陷及消除措施见表 6-2-17。

电渣压力焊焊接缺陷及消除措施　　表 6-2-17

焊接缺陷	措　施	焊接缺陷	措　施
轴线偏移	1. 矫直钢筋端部； 2. 正确安装夹具和钢筋； 3. 避免过大的顶压力； 4. 及时修理或更换夹具	未焊合	1. 增大焊接电流； 2. 避免焊接时间过短； 3. 检修夹具，确保上钢筋下送自如
弯折	1. 矫直钢筋端部； 2. 注意安装和扶持上钢筋； 3. 避免焊后过快卸夹具； 4. 修理或更换夹具	焊包不匀	1. 钢筋端面力求平整； 2. 填装焊剂尽量均匀； 3. 延长电渣过程时间，适当增加熔化量
咬边	1. 减小焊接电流； 2. 缩短焊接时间； 3. 注意上钳口的起点和止点，确保上钢筋顶压到位	烧伤	1. 钢筋导电部位除净铁锈； 2. 尽量夹紧钢筋
		焊包下淌	1. 彻底封堵焊剂筒的漏孔； 2. 避免焊后过快回收焊剂

4）质量检验

钢筋电渣压力焊接头应分批进行外观检查和力学性能检验，并应符合相关规定。

6.2.3.3　粗直径钢筋机械连接

1. 基本规定

（1）接头的设计原则和性能等级

915

1）接头应满足强度及变形性能方面的要求并以此划分性能等级。

2）设计接头的连接件时，应留有余量，其屈服承载力标准值（套筒横截面面积乘套筒材料的屈服强度标准值）及受拉承载力标准值（套筒横截面面积乘套筒材料的抗拉强度标准值）均应不小于被连接钢筋相应值的 1.10 倍，以确保接头可靠的传力性能。

3）接头应根据其性能等级和应用场合，对单向拉伸性能、高应力反复拉压、大变形反复拉压、抗疲劳等各项性能确定相应的检验项目。

接头单向拉伸时的强度和变形是接头的基本性能。高应力反复拉压性能反映接头在风荷载及小地震情况下承受高应力反复拉压的能力。大变形反复拉压性能则反映结构在强烈地震情况下钢筋进入塑性变形阶段接头的受力性能。

上述三项性能是进行接头型式检验时必须进行的检验项目。而抗疲劳性能则是根据接头应用场合有选择性的试验项目。

4）接头应根据抗拉强度、残余变形以及高应力和大变形条件下反复拉压性能的差异，分为下列三个性能等级：

Ⅰ级　接头抗拉强度等于被连接钢筋的实际拉断强度或不小于 1.10 倍钢筋抗拉强度标准值，残余变形小并具有高延性及反复拉压性能。

Ⅱ级　接头抗拉强度不小于被连接钢筋抗拉强度标准值，残余变形较小并具有高延性及反复拉压性能。

Ⅲ级　接头抗拉强度不小于被连接钢筋屈服强度标准值的 1.25 倍，残余变形较小并具有一定的延性及反复拉压性能。

5）Ⅰ级、Ⅱ级、Ⅲ级接头的抗拉强度必须符合表 6-2-18 的规定。

接头的抗拉强度　　　　　　　　　　　　表 6-2-18

接头等级	Ⅰ级		Ⅱ级	Ⅲ级
抗拉强度	$f_{mst}^0 \geq f_{stk}$ 或 $f_{mst}^0 \geq 1.10 f_{stk}$	断于钢筋 断于接头	$f_{mst}^0 \geq f_{stk}$	$f_{mst}^0 \geq 1.25 f_{yk}$

注：1. 表中Ⅰ级是指当接头试件拉断于钢筋且试件抗拉强度不小于钢筋抗拉强度标准值时，试件合格；当接头试件拉断于接头（定义的"机械接头长度"范围内）时，试件的实测抗拉强度应满足 $f_{mst}^0 \geq 1.10 f_{stk}$。

2. 表中 f_{stk} 为钢筋抗拉强度标准值《钢筋混凝土用钢 第 2 部分热轧钢筋》GB 1499.2 中的钢筋抗拉强度 R_m 值相当；f_{yk} 为钢筋屈服强度标准值；f_{mst}^0 为接头试件实测抗拉强度。

6）Ⅰ级、Ⅱ级、Ⅲ级接头应能经受规定的高应力和大变形反复拉压循环，且在经历拉压循环后，其抗拉强度仍应符合表 6-2-18 的规定。

7）Ⅰ级、Ⅱ级、Ⅲ级接头的变形性能应符合表 6-2-19 的规定。

接头的变形性能　　　　　　　　　　　　表 6-2-19

接头等级		Ⅰ级	Ⅱ级	Ⅲ级
单向拉伸	残余变形 （mm）	$u_0 \leq 0.10$ ($d \leq 32$) $u_0 \leq 0.14$ ($d > 32$)	$u_0 \leq 0.14$ ($d \leq 32$) $u_0 \leq 0.16$ ($d > 32$)	$u_0 \leq 0.14$ ($d \leq 32$) $u_0 \leq 0.16$ ($d > 32$)
	最大力 总伸长率（%）	$A_{sgt} \geq 6.0$	$A_{sgt} \geq 6.0$	$A_{sgt} \geq 3.0$
高应力 反复拉压	残余变形 （mm）	$u_{20} \leq 0.3$	$u_{20} \leq 0.3$	$u_{20} \leq 0.3$

接头等级		Ⅰ级	Ⅱ级	Ⅲ级
大变形反复拉压	残余变形（mm）	$u_4 \leqslant 0.3$ 且 $u_8 \leqslant 0.6$	$u_4 \leqslant 0.3$ 且 $u_8 \leqslant 0.6$	$u_4 \leqslant 0.6$

注：1. 当频遇荷载组合下，构件中钢筋应力明显高于 $0.6f_{yk}$ 时，设计部门可对单向拉伸残余变形 u_0 的加载峰值提出调整要求；

2. 表中 u_0 为接头试件加载至 $0.6f_{yk}$ 并卸载后在规定标距内的残余变形；u_{20} 为接头试件《钢筋机械连接技术规程》JGJ 107—2010 中附录 A 加载制度经高应力反复拉压 20 次后的残余变形；u_4 和 u_8 分别为接头试件按前述规程附录 A 加载制度经大变形反复拉压 4 次和 8 次后的残余变形。

8）对直接承受动力荷载的结构构件，设计应根据钢筋应力变化幅度提出接头的抗疲劳性能要求。当设计无专门要求时，接头的疲劳应力幅限值不应小于国家标准《混凝土结构设计规范》GB 50010—2010 中表 4.2.6-1 普通钢筋疲劳应力幅限值的 80%。

（2）接头的应用

1）结构设计图纸中应列出设计选用的钢筋接头等级和应用部位。接头等级的选定应符合下列规定：

① 混凝土结构中要求充分发挥钢筋强度或对延性要求高的部位应优先选用Ⅱ级接头。当在同一连接区段内必须实施 100% 钢筋接头的连接时，应采用Ⅰ级接头。

② 混凝土结构中钢筋应力较高但对延性要求不高的部位可采用Ⅲ级接头。

2）钢筋连接件的混凝土保护层厚度宜符合现行国家标准《混凝土结构设计规范》GB 50010 中受力钢筋的混凝土保护层最小厚度的规定，且不得小于 15mm。连接件之间的横向净距不宜小于 25mm。

3）结构构件中纵向受力钢筋的接头宜相互错开。钢筋机械连接的连接区段长度应按 35d 计算。在同一连接区段内有接头的受力钢筋截面面积占受力钢筋总截面面积的百分率（以下简称接头百分率），应符合下列规定：

① 接头宜设置在结构构件受拉钢筋应力较小部位，当需要在高应力部位设置接头时，在同一连接区段内Ⅲ级接头的接头百分率不应大于 25%；Ⅱ级接头的接头百分率不应大于 50%；Ⅰ级接头的接头百分率除第②款所列情况外可不受限制。

② 接头宜避开有抗震设防要求的框架的梁端、柱端箍筋加密区；当无法避开时，应采用Ⅱ级接头或Ⅰ级接头，且接头百分率不应大于 50%。

③ 受拉钢筋应力较小部位或纵向受压钢筋，接头百分率可不受限制。

④ 对直接承受动力荷载的结构构件，接头百分率不应大于 50%。

4）当对具有钢筋接头的构件进行试验并取得可靠数据时，接头的应用范围可根据工程实际情况进行调整。

（3）接头的型式检验

1）在下列情况应进行型式检验：

① 确定接头性能等级时；

② 材料、工艺、规格进行改动时；

③ 型式检验报告超过 4 年时。

2）用于型式检验的钢筋应符合有关钢筋标准的规定。

3）对每种型式、级别、规格、材料、工艺的钢筋机械连接接头，型式检验试件不应少于 9 个；单向拉伸试件不应少于 3 个，高应力反复拉压试件不应少于 3 个，大变形反复拉压试件不应少于 3 个。同时应另取 3 根钢筋试件作抗拉强度试验。全部试件均应在同一根钢筋上截取。

4) 用于型式检验的直螺纹接头试件应散件送达检验单位，由型式检验单位或在其监督下由接头技术提供单位按表 6-2-20 规定的拧紧扭矩进行装配，拧紧扭矩值应记录在检验报告中，型式检验试件必须采用未经过预拉的试件。

5) 型式检验当试验结果符合下列规定时评为合格：

① 强度检验：每个接头试件的强度实测值均应符合 6-2-18 中相应接头等级的强度要求；

② 变形检验：对残余变形和最大力总伸长率，3 个试件实测值的平均值应符合表 6-2-19 的规定。

6) 型式检验应由国家、省部级主管部门认可的检测机构进行。

（4）施工现场接头的加工与安装

1) 接头的加工

① 在施工现场加工钢筋接头时，应符合下列规定：

a. 加工钢筋接头的操作工人应经专业技术人员培训合格后才能上岗，人员应相对稳定；

b. 钢筋接头的加工应经工艺检验合格后方可进行。

② 直螺纹接头的现场加工应符合下列规定：

a. 钢筋端部应切平或镦平后加工螺纹；

b. 镦粗头不得有与钢筋轴线相垂直的横向裂纹；

c. 钢筋丝头长度应满足企业标准中产品设计要求，公差应为 $0 \sim 2.0p$（p 为螺距）；

d. 钢筋丝头宜满足 $6f$ 级精度要求，应用专用直螺纹量规检验，通规能顺利旋入并达到要求的拧入长度，止规旋入不得超过 $3p$。抽检数量 10%，检验合格率不应小于 95%。

2) 接头的安装

① 直螺纹钢筋接头的安装质量应符合下列要求：

a. 安装接头时可用管钳扳手拧紧，应使钢筋丝头在套筒中央位置相互顶紧。标准型接头安装后的外露螺纹不宜超过 $2p$。

b. 安装后应用扭力扳手校核拧紧扭矩，拧紧扭矩值应符合表 6-2-20 的规定。

直螺纹接头安装时的最小拧紧扭矩值　　　　　　　　　　　表 6-2-20

钢筋直径（mm）	≤16	18～20	22～25	28～32	36～40
拧紧扭矩（N·m）	100	200	260	320	360

c. 校核用扭力扳手的准确度级别可选用 10 级。

② 套筒挤压钢筋接头的安装质量应符合下列要求：

a. 钢筋端部不得有局部弯曲，不得有严重锈蚀和附着物；

b. 钢筋端部应有检查插入套筒深度的明显标记，钢筋端头离套筒长度中点不宜超过 10mm；

c. 挤压应从套筒中央开始，依次向两端挤压，压痕直径的波动范围应控制在供应商认定的允许波动范围内，并提供专用量规进行检验；

d. 挤压后的套筒不得有肉眼可见裂纹。

（5）施工现场接头的检验与验收

1）工程中应用钢筋机械接头时，应由该技术提供单位提交有效的型式检验报告。

2）钢筋连接工程开始前，应对不同钢筋生产厂的进场钢筋进行接头工艺检验，施工过程中，更换钢筋生产厂时，应补充进行工艺检验。工艺检验应符合下列要求：

① 每种规格钢筋的接头试件不应少于 3 根；

② 每根试件的抗拉强度和 3 根接头试件的残余变形的平均值均应符合表 6-2-18 和表 6-2-19 的规定；

③ 接头试件在测量残余变形后可再进行抗拉强度试验，并宜按《钢筋机械连接技术规程》JGJ 107—2010 附录 A 表 A.1.3 中的单向拉伸加载制度进行试验；

④ 第一次工艺检验中 1 根试件抗拉强度或 3 根试件的残余变形平均值不合格时，允许再抽 3 根试件进行复检，复检仍不合格时判为工艺检验不合格。

3）接头安装前应检查连接件产品合格证及套筒表面生产批号标识；产品合格证应包括适用钢筋直径和接头性能等级、套筒类型、生产单位、生产日期以及可追溯产品原材料力学性能和加工质量的生产批号。

4）现场检验应进行接头的抗拉强度试验，加工和安装质量检验；对接头有特殊要求的结构，应在设计图纸中另行注明相应的检验项目。

5）接头的现场检验应按验收批进行。同一施工条件下采用同一批材料的同等级、同型式、同规格接头，应以 500 个为一个验收批进行检验与验收，不足 500 个也应作为一个验收批。

6）螺纹接头安装后应按第 5）条的验收批，抽取其中 10% 的接头进行拧紧扭矩校核，拧紧扭矩值不合格数超过被校核接头数的 5% 时，应重新拧紧全部接头，直到合格为止。

7）对接头的每一验收批，必须在工程结构中随机截取 3 个接头试件作抗拉强度试验，按设计要求的接头等级进行评定。当 3 个接头试件的抗拉强度均符合表 6-2-18 中相应等级的强度要求时，该验收批应评为合格。如有 1 个试件的抗拉强度不符合要求，应再取 6 个试件进行复检。复检中如仍有 1 个试件的抗拉强度不符合要求，则该验收批应评为不合格。

8）现场检验连续 10 个验收批抽样试件抗拉强度试验一次合格率为 100% 时，验收批接头数量可扩大 1 倍。

9）现场截取抽样试件后，原接头位置的钢筋可采用同等规格的钢筋进行搭接连接，或采用焊接及机械连接方法补接。

10）对抽检不合格的接头验收批，应由建设方会同设计等有关方面研究后提出处理方案。

2. 钢筋机械连接技术

（1）钢筋套筒挤压连接技术

套筒挤压钢筋接头按挤压方式不同，分为径向挤压和轴向挤压两种。

1）套筒径向挤压钢筋连接技术

钢筋径向挤压连接，是将两根待接钢筋的端部插入钢套筒内，然后用便携式钢筋挤压机沿径向挤压钢套筒，使之产生塑性变形后，咬住钢筋的横肋，将两根钢筋和钢套筒连接成一体的机械连接方式，其接头纵剖面见图 6-2-14。

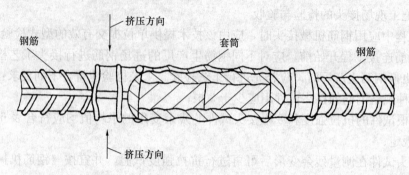

图 6-2-14　钢筋径向挤压接头纵剖面示意图

① 挤压设备

钢筋径向挤压设备由高压泵站、高压油管和钢筋挤压钳等组成（图 6-2-15）。

钢筋挤压钳采用双作用油路和双作用油缸，主要由缸体、活塞、上压模、下压模、压模挡铁、油路接头和机架等组成（图 6-2-16）。

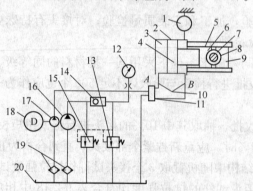

图 6-2-15　钢筋径向挤压设备示意图

1—悬挂器；2—缸体；3—油腔；4—活塞；5—机架；
6—上压模；7—套筒；8—钢筋；9—下压模；10—油管；
11—换向阀；12—压力表；13—溢流阀；14—单向阀；
15—限压阀；16—低压泵；17—高压泵；18—电机；
19—滤油器；20—油箱

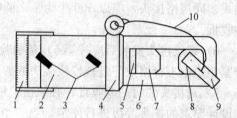

图 6-2-16　钢筋挤压钳示意图

1—提把；2—缸体；3—进油接头；4—吊环；
5—活塞；6—机架；7—上压模；8—下压模；
9—压模挡铁；10—链绳

钢筋径向挤压机主要有 YJH-25、YJH-32 和 YJH-40 等型号，其主要技术参数见表 6-2-21。

钢筋径向挤压连接设备主要参数表　　　　表 6-2-21

设备组成	主要技术参数				数量
	设备型号	YJH-25	YJH-32	YJH-40	
压接钳	额定压力	80MPa	80MPa	80MPa	1台/套
	额定挤压力	760kN	760kN	900kN	
	外形尺寸	$\phi150\times433$(mm)	$\phi150\times480$(mm)	$\phi170\times530$(mm)	
	重量	23kg(不带压模)	27kg(不带压模)	34kg(不带压模)	

设备组成	主要技术参数				数量
	设备型号	YJH-25	YJH-32	YJH-40	
压模	可配压模型号	M18,M20 M22,M25	M20,M22 M25,M28,M32	M32,M36,M40	1副/套
	可连接钢筋 的直径(mm)	18,20,22,25	20,22,25,28,32	32,36,40	
	重量	5.6kg/副	6kg/副	7kg/副	
超高压 泵站	电机 高压泵 低压泵 外形尺寸 重量	输入电压:380V 50Hz(220V 60Hz)功率:1.5kW 额定压力:80MPa 高压流量:0.8L/min 额定压力:2.0MPa 低压流量:4.0～6.0L/min 790×540×785(mm)(长×宽×高) 96kg 油箱容积 20L			1台/套
超高压 软管	额定压力 内径 长度	100MPa 6.0mm 3.0m(5.0m)			2根/套

注：电机项目中括号内的数据为出口型用。

② 径向挤压机的工作程序

钢筋径向挤压机在工作时，将换向阀扳至压接工位，高压油液经高压油管进入挤压钳的 A 口（后油腔），前油腔的油液经 B 口压回油箱。此时，进入后油腔的高压油液推动活塞和上压模向前运动，并挤压钢套筒进行压接工作。当压力表达到预定值后，将换向阀扳至回程位置，高压泵站输出的高压油液，经换向阀和高压油管进入挤压钳 B 口（前油腔），推动活塞回程。后油腔的油液经 A 口压回油箱。至此完成一个工作循环（图 6-2-15）。

③ 挤压连接的适用范围

钢筋径向挤压连接技术适用于连接 HRB335、HRB400 等直径 20～40mm 的变形钢筋，也适用于连接其性能与之相似的各种进口变形钢筋。在连接不同牌号钢筋时，要选择与之相匹配的钢套筒。

④ 套筒技术条件

a. 钢套筒型号、规格尺寸见表 6-2-22。

钢套筒型号、规格尺寸表　　　　　　　　表 6-2-22

钢套筒型号	钢套筒尺寸（mm）			压接标志道数	单个钢套筒理论重量（kg）
	外径	壁厚	长度		
G40	70	12	260	8×2	4.46
G36	63.5	11	230	7×2	3.28
G32	57	10	210	6×2	2.43
G28	50	8	200	5×2	1.66
G25	45	7.5	180	4×2	1.25
G22	40	6.5	150	3×2	0.81
G20	36	6	140	3×2	0.62

b. 钢套筒的尺寸偏差宜符合表 6-2-23 的要求。

钢套筒尺寸允许偏差表（mm）　　　　　　　　表 6-2-23

套筒外径 D	外径允许偏差	壁厚（t）允许偏差	长度允许偏差
≤50	±0.5	$+0.12t$ $-0.10t$	±2
>50	±0.01D	$+0.12t$ $-0.10t$	±2

c. 对 HRB335、HRB400 带肋钢筋挤压接头所用套筒材料，应选用适于压延加工的钢材，其实测力学性能应符合表6-2-24的要求。

钢套筒材料力学性能表　　　　　　　　　　　表 6-2-24

项　　目	力学性能指标	项　　目	力学性能指标
屈服强度（MPa）	225～350	硬度（HRB）	60～80
抗拉强度（MPa）	375～500	或（HB）	102～133
延伸率δ_s（%）	≥20		

设计钢套筒时，其承载力应符合下列要求：

$$f_{slyk}A_{sl} \geqslant 1.10 f_{yk}A_s \tag{6-2-9}$$

$$f_{sltk}A_{sl} \geqslant 1.10 f_{stk}A_s \tag{6-2-10}$$

式中　f_{slyk}——套筒屈服强度标准值；

f_{sltk}——套筒抗拉强度标准值；

f_{yk}——钢筋屈服强度标准值；

f_{stk}——钢筋抗拉强度标准值；

A_{sl}——套筒的横截面面积；

A_s——钢筋的横截面面积。

⑤ 挤压工序和工艺参数

a. 挤压工序

钢筋挤压连接分为两道工序：第一道工序是，先将 1 根钢筋的待接端插入钢套筒一半后，用挤压钳按要求将钢套筒与钢筋挤压连接；第二道工序是，将另 1 根钢筋的待接端，插入到已完成半个接头挤压的钢套筒另一半，然后，用挤压钳按要求将钢套筒与钢筋挤压连接。挤压过程顺序：由钢套筒的中部按标记依次向端部进行挤压连接。

b. 工艺参数

钢筋径向挤压连接的工艺参数见表 6-2-25 和表 6-2-26。

同直径钢筋挤压连接工艺参数表　　　　　　　表 6-2-25

连接钢筋直径（mm）	钢套筒型号	压模型号	压痕最小直径允许范围（mm）	挤压道数
40～40	G40	M40	61～64	8×2
36～36	G36	M36	55～58	7×2
32～32	G32	M32	49～52	6×2

连接钢筋直径 （mm）	钢套筒型号	压模型号	压痕最小直径 允许范围（mm）	挤压道数
28～28	G28	M28	42～44.5	5×2
25～25	G25	M25	37.5～40	4×2
22～22	G22	M22	33～35	3×2
20～20	G20	M20	30～32	3×2

异径钢筋挤压连接工艺参数表　　　　　　　　　　　　表 6-2-26

连接钢筋直径 （mm）	钢套筒型号	压模型号	压痕最小直径 允许范围（mm）	挤压道数
40～36	G40	Φ40 端 M40	61～64	8
		Φ36 端 M36	58～60.5	8
36～32	G36	Φ36 端 M36	55～58	7
		Φ32 端 M32	52～54.5	7
32～28	G32	Φ32 端 M32	49～52	6
		Φ28 端 M28	46.5～48.5	6
28～25	G28	Φ28 端 M28	42～44.5	5
		Φ25 端 M25	39.5～41.5	5
25～22	G25	Φ25 端 M25	37.5～40	4
		Φ22 端 M22	36～37.5	4
25～20	G25	Φ25 端 M25	37.5～40	4
		Φ20 端 M20	33.5～35	4
22～20	G22	Φ22 端 M22	33～35	3
		Φ20 端 M20	31.5～33	3

⑥ 质量检查和验收

a. 型式检验。按 1. 基本规定第（3）条执行。

b. 工艺检验。按 1. 基本规定第（5）条执行。

c. 现场单向拉伸试验：

钢筋径向挤压接头的现场检验按验收批进行。同一施工条件下采用同一批材料的同等级、同型式和同规格接头，以 500 个为一个验收批进行检查和验收，不足 500 个也作为一个验收批。

对每一验收批，均应按设计的接头性能等级要求，在工程中随机抽取 3 个试件做单向拉伸试验。

当 3 个试件检验结果均符合表 6-2-18 的强度要求时，该验收批为合格。

当有 1 个试件的抗拉强度不符合要求时，应再取 6 个试件进行复检，复检中如仍有 1

个试件检验结果不符合要求，则该验收批单向拉伸检验为不合格。

在现场连续检验 10 个验收批，全部单向拉伸试验一次抽样均合格时，验收批接头数量可扩大一倍。

d. 现场外观检查：

钢筋径向挤压接头的外观质量检查应符合下列要求：

外形尺寸：挤压后的套筒长度，应为原套筒长度的 1.10～1.15 倍。或压痕处套筒的外径波动范围为原套筒外径的 0.8～0.9 倍。

挤压接头的压痕道数，应符合型式检验确定的道数。

接头处弯折不得大于 4°。

挤压后的套筒不得有肉眼可见裂缝。

每一验收批中，应随机抽取 10% 的挤压接头做外观质量检验，如外观质量不合格数少于抽检数的 10%，则该批挤压接头外观质量评为合格。当不合格数超过抽检数的 10% 时，应对该批挤压接头逐个进行复检。对外观不合格的挤压接头采取补救措施，不能补救的挤压接头应做标记。在外观不合格的接头中，抽取 6 个试件做抗拉强度试验，如有 1 个试件的抗拉强度低于规定值，则该批外观不合格的挤压接头，应会同设计单位商定处理，并记录存档。

2）套筒轴向挤压钢筋连接技术

套筒轴向挤压钢筋连接技术，是采用专用挤压机和压模对钢套筒连同插入套筒内的两根对接的钢筋，沿其轴向方向进行挤压，使套筒被挤压变形后，与钢筋紧密咬合成一体（图 6-2-17）。

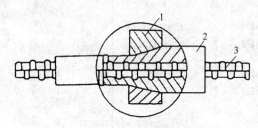

图 6-2-17　钢筋轴向挤压示意图
1—压模；2—钢套筒；3—钢筋

套筒轴向挤压连接接头适用于 16～40mm 的同直径或相差一个直径的 HRB335、HRB400 等钢筋的连接，与钢筋径向挤压连接相同。不同直径钢筋的最小间距见表 6-2-27。

不同直径钢筋最小间距表　　　　　　　　　　表 6-2-27

钢筋直径（mm）	$\phi25$	$\phi28$	$\phi32$
钢筋轴线最小距离（mm）	94×74	109×83	128×90

① 材料与设备

a. 钢筋：与钢筋径向挤压相同。

b. 钢套筒：材质应符合 GB 5310 优质碳素结构钢的标准，其机械性能应符合表 6-2-28 的要求，其规格尺寸见表 6-2-29。

钢套筒机械性能表　　　　　　　　　　表 6-2-28

项　　目	机械性能	项　　目	机械性能
屈服强度（f_y）	≥250MPa	伸长率 δ_s（%）	≥24
抗拉强度（f_t）	≥420～560MPa	HRB	≤75

钢套筒规格尺寸表　　　　　　　　　　　　　　　表 6-2-29

套筒尺寸（mm）\钢筋直径（mm）		$\phi25$	$\phi28$	$\phi32$
外径		$\phi45^{+0.1}_{0}$	$\phi49^{+0.1}_{0}$	$\phi55.5^{+0.1}_{0}$
内径		$\phi33^{0}_{-0.1}$	$\phi35^{0}_{-0.1}$	$\phi39^{0}_{-0.1}$
长度	钢筋端面紧贴连接时	$190^{+0.3}_{0}$	$200^{+0.3}_{0}$	$210^{+0.3}_{0}$
	钢筋端面间隙≤30 连接时	$200^{+0.3}_{0}$	$230^{+0.3}_{0}$	$240^{+0.3}_{0}$

c. 设备：包括挤压机、半挤压机和高压泵站等。

ⓐ 挤压机：型号 GZJ32。该挤压机可用于全套筒和少量半套筒钢筋接头的压接（图 6-2-18）。其主要技术参数见表 6-2-30。

ⓑ 半挤压机：型号 GZJ32。该挤压机适用于半套筒钢筋接头的压接（图 6-2-19）。其主要技术参数见表 6-2-30。

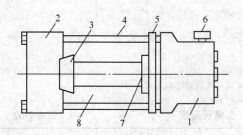

图 6-2-18　钢筋轴向挤压机示意图
1—油缸；2—压模座；3—压模；4—导向杆；5—撑
力架；6—油管；7—垫块座；8—套筒

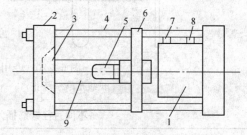

图 6-2-19　钢筋半挤压机示意图
1—油缸；2—压模座；3—压模；4—导向杆；
5—限位器；6—撑力架；7、8—油管接头；9—套管

GZJ32 型挤压机和半挤压机主要技术参数表　　　　　　表 6-2-30

项 次	项 目	单 位	技术性能	
			挤压机	半挤压机
1	额定工作压力	MPa	70	70
2	额定工作推力	kN	400	470
3	油缸最大行程	mm	104	110
4	外形尺寸	mm	755×158×215	180×180×780
5	自 重	kg	65	70

ⓒ 高压泵站：该泵站由电动机驱动的高、低压油泵各 1 台和双油路组成。当换向阀接通高压油泵时，油缸大腔进油，当达到高压额定油压时，高压继电器断电；当换向阀接通低压油泵时，油缸小腔进油，当达到低压额定油压时，低压继电器断电。其主要技术参数见表 6-2-31。

高压泵站主要技术性能表　　　　表 6-2-31

项次	项　目	单　位	技术性能	
			超高压油泵	低压泵
1	额定工作压力	MPa	70	7
2	额定流量	L/min	2.5	7
3	继电器额定压力	MPa	65	36
4	电机（J100L$_2$-4-B$_5$） 电压 功率 频率	 V kW Hz	 380 3 50	

② 施工准备工作

a. 标尺与标志

为了控制钢筋插入套筒的准确长度，在钢筋端部接口处应采用专用标尺画出油漆标志线（图 6-2-20），不同直径钢筋插入套筒的长度见表 6-2-32。

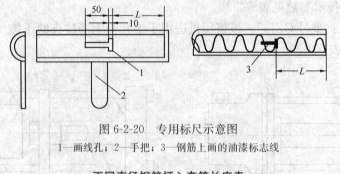

图 6-2-20　专用标尺示意图
1—画线孔；2—手把；3—钢筋上画的油漆标志线

不同直径钢筋插入套筒长度表　　　　表 6-2-32

钢筋直径（mm）	ϕ25	ϕ28	ϕ32
钢筋插入套筒长度 L（mm）	105	110	115

b. 套筒与配套压模

套筒与压模配套表见表 6-2-33。

套筒与压模配套表　　　　表 6-2-33

钢筋直径（mm）	套筒直径（mm）		压模直径（mm）	
	内径	外径	同径钢筋及异径钢筋粗径用	异径钢筋接头细径用
ϕ25 ϕ28 ϕ32	ϕ33 ϕ35 ϕ39	ϕ45 ϕ49.1 ϕ55.5	38.4±0.02 42.3±0.02 48.3±0.02	40±0.02 45±0.02

c. 施工前试验

按施工使用的钢筋、套筒、挤压机和压模等，先挤压 3 根 650～700mm 套筒接头和切取 3 根同样长度的钢筋母材，分别进行抗拉试验，合格后方可施工。否则需加倍进行试验，直到满足要求为止。

d. 其他施工准备工作

其他施工准备工作与钢筋径向挤压连接相同。

③ 工艺要点

a. 接好高压泵站电源和挤压机（或半挤压机）的油管。

b. 启动高压泵站和空载运转挤压机（或半挤压机），往返动作油缸几次，检查泵站和挤压机是否正常。

c. 一般可采取在加工厂先预压接半个钢筋接头后，再运至工地进行另半个钢筋接头的整根压接。半根钢筋挤压作业步骤见表 6-2-34。整根钢筋挤压作业步骤见表 6-2-35。

半根钢筋挤压作业步骤表　　　　　　　　　　　　表 6-2-34

项次	图　　示	说　　明
1	压模座　限位器 压模　套管　油缸	装好高压油管和钢筋配用的限位器、套管、压模，并在压模内孔涂羊油
2		按手控"上"按钮，使套管对正压模内孔，再按手控"停止"按钮
3		插入钢筋，顶在限位器立柱上，扶正
4		按手控"上"按钮，进行挤压
5		当听到溢流"吱吱"声，再按手控"下"按钮，退回柱塞，取下压模
6		取出半套管接头，挤压作业结束

整根钢筋挤压作业步骤表　　　　　　　　　　　　表 6-2-35

项次	图　　示	说　　明
1		将半套管接头，插入结构钢筋，挤压机就位
2	压模　垫块 B	放置与钢筋配用的垫块 B 和压模

续表

项次	图　示	说　明
3		按手控"上"按钮，进行挤压，听到"吱吱"溢流声
4		按手控"下"按钮，退回柱塞及导向板，装上垫块 C
5		按手控"上"按钮，进行挤压
6		按手控"下"按钮，退回柱塞，再加垫块 D
7		按手控"上"按钮，进行挤压；再按手控"下"按钮，退回柱塞
8		取下垫块、模具、挤压机，接头挤压连接完毕

d. 接头压接后，其套筒握裹钢筋的长度应达到标记线要求。如套筒接头达不到要求时，可采用绑扎补强钢筋或切去重新压接。

e. 压接后的接头，应用卡规进行检测，不同直径的钢筋接头采用不同规格的卡规。其接头通过尺寸见表 6-2-36。

不同直径钢筋接头卡规通过尺寸表　　　　　　　　　表 6-2-36

卡 规 简 图	通过尺寸 A（mm）		
	φ25	φ28	φ32
	39.1	43	49.2

④ 注意事项

a. 钢筋下料应采用砂轮锯切割，切口与钢筋轴线垂直。不得使用气割或切断机。

b. 钢套筒必须擦净，以免砂粒等损坏压模。

c. 接头套筒不得有肉眼可见的裂纹。

d. 压接合格的接头，应擦去套筒表面的油脂。

⑤ 质量检查与验收

钢筋轴向挤压连接的质量检查与验收和钢筋径向挤压连接相同，可按径向挤压连接的有关规定执行。

（2）镦粗直螺纹钢筋连接技术

镦粗直螺纹钢筋接头是通过冷镦粗设备，先将钢筋连接端头冷镦粗，再在镦粗端加工成直螺纹丝头，然后，将两根已镦粗套丝的钢筋连接端穿入配套加工的连接套筒，旋紧后，即成为一个完整的接头。

该接头的钢筋端部经冷镦后不仅直径增大，使加工后的丝头螺纹底部最小直径不小于钢筋母材的直径；而且钢材冷镦后，还可提高接头部位的强度。因此，该接头可与钢筋母材等强，其性能相当于表 6-2-18、表 6-2-19 中Ⅰ级、Ⅱ级。

1）特点

① 接头强度高

镦粗直螺纹接头不削弱钢筋母材截面积，冷镦后还可提高钢材强度。能充分发挥 HRB335、HRB400 级钢筋的强度和延性。

② 连接速度快

套筒短、螺纹丝扣少、施工方便、连接速度快。

③ 应用范围广

除适用于水平、垂直钢筋连接外，还适用于弯曲钢筋及钢筋笼等不能转动钢筋的连接。

④ 生产效率高

镦粗、切削一个丝头仅需 30～50s，每套设备每班可加工 400～600 个丝头。

⑤ 适应性强

现场施工时，风、雨、停电、水下、超高等环境均适用。

⑥ 节能、经济

钢材比套筒挤压接头约节省 70%；成本与套筒挤压接头相近，粗直径钢筋约节省钢材 20% 左右。

2）产品分类

① 接头按使用场合分类（表 6-2-37 及图 6-2-21）。

接头按使用场合分类 表 6-2-37

序号	形式	使用场合
1	标准型	正常情况下连接钢筋
2	扩口型	用于钢筋较难对中且钢筋不易转动的场合
3	异径型	用于连接不同直径的钢筋
4	正反丝头型	用于两端钢筋均不能转动而要求调节轴向长度的场合
5	加长丝头型	用于转动钢筋较困难的场合，通过转动套筒连接钢筋
6	加锁母型	钢筋完全不能转动，通过转动套筒连接钢筋，用锁母锁定套筒

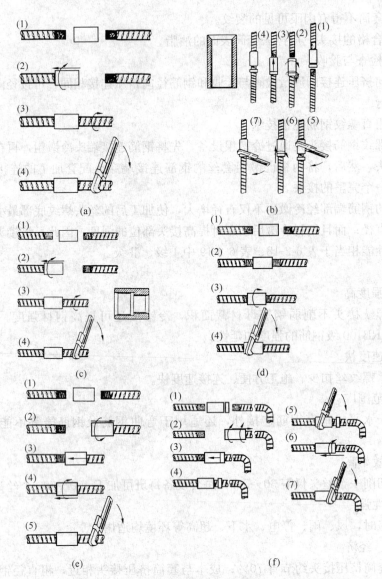

图 6-2-21　按使用场合钢筋接头分类示意图

（a）标准型接头；（b）扩口型接头；（c）异径型接头；（d）正反丝

头型接头；（e）加长丝头型接头；（f）加锁母型接头

注：图中（1）～（7）为接头连接时的操作顺序。

② 套筒按使用场合分类及其特性代号见表 6-2-38。

<table>
<tr><td colspan="5">套筒分类和特性代号　　　　　　　　　　　　　　　表 6-2-38</td></tr>
<tr><td>序号</td><td>形　式</td><td>使　用　场　合</td><td>特性代号</td></tr>
<tr><td>1</td><td>标准型</td><td>用于标准型、加长丝头型或加锁母型接头</td><td>省略</td></tr>
<tr><td>2</td><td>扩口型</td><td>用于扩口型、加长丝头型或加锁母型接头</td><td>K</td></tr>
<tr><td>3</td><td>异径型</td><td>用于异径型接头</td><td>Y</td></tr>
<tr><td>4</td><td>正反丝头型</td><td>用于正反丝头型接头</td><td>ZF</td></tr>
</table>

③ 直螺纹连接套筒分类图（图 6-2-22）

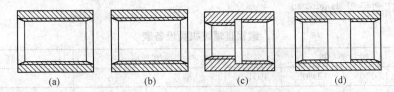

图 6-2-22　连接套筒分类图

(a) 标准型；(b) 扩口型；(c) 异径型；(d) 正反丝头型

a. 标准型套筒。带右旋等直径内螺纹，端部 2 个螺距带有锥度（图 6-2-22a）；

b. 扩口型套筒。带右旋等直径内螺纹，一端带有 45°或 60°的扩口，以便于对中入扣（图 6-2-22b）；

c. 异径型套筒。带右旋两端具有不同直径的内直螺纹，用于连接不同直径的钢筋（图 6-2-22c）；

d. 正反丝头型套筒。套筒两端各带左、右旋等直径内螺纹，用于钢筋不能转动的场合（图 6-2-22d）。

3）适用范围

适用于钢筋混凝土结构中直径 16~40mm 的 HRB335、HRB400 等钢筋的连接。

4）材料要求

① 钢筋。应符合现行国家标准《钢筋混凝土用钢　第 1 部分：热轧光圆钢筋》GB 1499《钢筋混凝土用钢　第 2 部分：热轧带肋钢筋》GB 1499.2 的要求。

② 连接套筒与锁母。宜使用优质碳素结构钢或低合金高强度结构钢。并应有供货单位的质量检验合格证书。

5）技术性能

① 镦粗直螺纹钢筋接头的技术性能应满足强度和变形等方面的要求，其性能指标参见表 6-2-18、表 6-2-19 中Ⅰ、Ⅱ两个性能等级。

② 镦粗直螺纹钢筋接头用于直接承受动力荷载的结构工程时，尚应满足设计要求的抗疲劳性能。

6）使用要求

① 丝头。不同工况下，丝头应满足下列使用要求：

a. 适用于标准型接头的丝头，其长度应为 1/2 套筒长度，公差为 $+1p$（p 为螺距），以保证套筒在接头的居中位置。

b. 适用于加长丝头型、扩口型和加锁母型接头的丝头，其丝头长度应保证套筒，或套筒与锁母全部旋入，满足转动套筒即可进行钢筋连接的要求。

② 连接套筒。套筒的应用场合和使用要求：

a. 标准型套筒可适用于连接标准型接头、加长丝头型接头和加锁母型接头；

b. 异径型套筒应满足设计要求的不同直径钢筋的连接要求；

c. 扩口型套筒应满足钢筋较难对中和不易转动的情况下，便于钢筋丝头入扣连接；

d. 正反丝口型套筒应满足正反丝头型接头的钢筋连接要求。

7）机具设备

① 直螺纹镦粗、套丝设备。镦粗直螺纹使用的机具设备主要有镦头机、套丝机和高压油泵等，其型号见表6-2-39。

镦粗直螺纹机具设备表 表6-2-39

镦 头 机			套丝机		高压油泵	
型号	LD700	LD800	LD1800	型号	TS40	型号	
镦压力 （kN）	700	1000	2000	功率 （kW）	4.0	电机功率 （kW）	3.0
行程 （mm）	40	50	65	转速 （r/min）	40	最高额定 压力 （MPa）	63
适用钢 筋直径 （mm）	16~25	16~32	28~40	适用钢 筋直径 （mm）	16~40	流量 （L/min）	6
重量 （kg）	200	385	550	重量（kg）	400	重量（kg）	60
外形尺寸 （mm）	575×250 ×250	690×400 ×370	830×425 ×425	外形尺寸 （mm）	1200×1050 ×550	外形尺寸 （mm）	645×525 ×335

注：本表机具设备为北京建硕钢筋连接工程有限公司产品。

上述设备机具应配套使用，每套设备平均40s生产1个丝头，每台班可生产400~600个丝头。

② 检验工具：

a. 环规：丝头质量检验工具。每种丝头直螺纹的检验工具分为通端螺纹环规和止端螺纹环规两种（图6-2-23）。

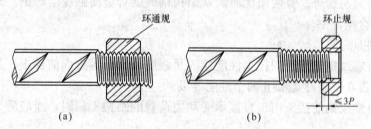

图 6-2-23 丝头质量检验示意图
(a) 通端螺纹环规；(b) 止端螺纹环规

b. 塞规：套筒质量检验工具。每种套筒直螺纹的检验工具分为通端螺纹塞规和止端螺纹塞规两种（图6-2-24）。

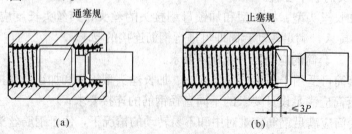

图 6-2-24 套筒质量检验示意图
(a) 通端螺纹塞规；(b) 止端螺纹塞规

c. 卡尺等。

8）工艺要点

① 工艺原理

镦粗直螺纹接头工艺是先利用冷镦机将钢筋端部镦粗，再用套丝机在钢筋端部的镦粗段上加工直螺纹，然后用连接套筒将两根钢筋对接。由于钢筋端部冷镦后，不仅截面加大，而且强度也有提高。加之，钢筋端部加工直螺纹后，其螺纹底部的最小直径，应不小于钢筋母材的直径。因此，该接头可与钢筋母材等强。其工艺简图见图 6-2-25。

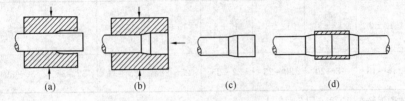

图 6-2-25 镦粗直螺纹工艺简图

(a) 夹紧钢筋；(b) 冷镦扩粗；(c) 加工丝头；(d) 对接钢筋

② 工艺流程

镦粗直螺纹的工艺流程见图 6-2-26。

③ 制造工艺要求

a. 镦粗头

钢筋下料前应先进行调直，下料时，切口端面应与钢筋轴线垂直，不得有马蹄形或挠曲，端部不直应调直后下料。

镦粗头的基圆直径 d_1 应大于丝头螺纹外径，长度 L_0 应大于 1/2 套筒长度，冷镦粗过渡段坡度应≤1：5。镦粗头的外形尺寸见图 6-2-27，镦粗量参考资料见表 6-2-40、表 6-2-41。

表中镦粗压力和镦粗缩短尺寸仅为参考值。在每批钢筋进场加工前应先做镦头试验，以镦粗量合格为标准来调整最佳镦粗压力和镦粗缩短尺寸。

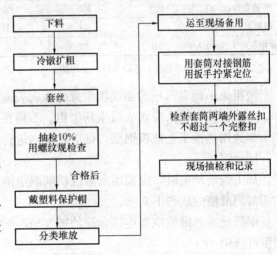

图 6-2-26 镦粗直螺纹工艺流程图

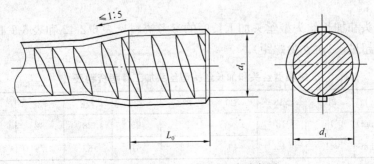

图 6-2-27 镦粗头外形尺寸示意图

镦粗量参考资料表（1）   表 6-2-40

钢筋直径（mm）	$\phi16$	$\phi18$	$\phi20$	$\phi22$	$\phi25$	$\phi28$	$\phi32$	$\phi36$	$\phi40$
镦粗压力（MPa）	12～14	15～17	17～19	21～23	22～24	24～26	29～31	26～28	28～30
镦粗基圆直径 d_1（mm）	19.5～20.5	21.5～22.5	23.5～24.5	24.5～25.5	28.5～29.5	31.5～32.5	35.5～36.5	39.5～40.5	44.5～45.5
镦粗缩短尺寸（mm）	12±3	12±3	12±3	15±3	15±3	15±3	18±3	18±3	18±3
镦粗长度 L_0（mm）	16～18	18～20	20～23	22～25	25～28	28～31	32～35	36～39	40～43

注：摘自建硕钢筋连接工程有限公司工法。

镦粗量参考资料表（2）   表 6-2-41

钢筋直径(mm)	$\phi22$	$\phi25$	$\phi28$	$\phi32$	$\phi36$	$\phi40$
镦粗直径 d_1(mm)	26	29	32	36	40	44
镦粗长度 L_0(mm)	30	33	35	40	44	50

注：摘自北京市北新施工技术研究所产品图册。

镦粗头不得有与钢筋轴线相垂直的横向表面裂纹。

不合格的镦粗头应切去后重新镦粗，不得在原镦粗段进行二次镦粗。

如选用热镦工艺镦粗钢筋，则应在室内进行镦头加工。

b. 丝头

加工钢筋丝头时，应采用水溶性切削润滑液，当气温低于 0℃时应有防冻措施，不得在不加润滑液的状态下套丝。

钢筋丝头的螺纹应与连接套筒的螺纹相匹配，公差带应符合 GB/T 197 的规定，螺纹精度可选用 6f。

完整螺纹部分牙形饱满，牙顶宽度超过 $0.25p$ 的秃牙部分，其累计长度不宜超过一个螺纹周长。

外形尺寸，包括螺纹中径及丝头长度应满足产品设计要求。

钢筋丝头检验合格后应尽快套上连接套筒或塑料保护帽保护，并应按规格分类堆放整齐。

标准型丝头和加长丝头型丝头加工长度的参考资料见表 6-2-42 和表 6-2-43。丝头长度偏差一般不宜超过 $+1p$（p 为螺距）。

标准型丝头和加长丝头型丝头加工参考资料表   表 6-2-42

钢筋直径(mm)	$\phi16$	$\phi18$	$\phi20$	$\phi22$	$\phi25$	$\phi28$	$\phi32$	$\phi36$	$\phi40$
标准型丝头长度(mm)	16	18	20	22	25	28	32	36	40
加长型丝头长度(mm)	41	45	49	53	61	67	75	85	93

注：摘自建硕钢筋连接工程有限公司工法。

标准型丝头加工参考资料表 表 6-2-43

钢筋直径(mm)	$\phi 20$	$\phi 22$	$\phi 25$	$\phi 28$	$\phi 32$	$\phi 36$	$\phi 40$
标准型丝头规格	M24×2.5	M26×2.5	M29×2.5	M32×3	M36×3	M40×3	M44×3
标准型丝头长度(mm)	28	30	33	35	40	44	48

注：摘自北京市北新施工技术研究所产品图册。

c. 套筒

套筒内螺纹的公差带应符合 GB/T 197 的要求，螺纹精度可选用 6H。

套筒材料、尺寸、螺纹规格及精度等级应符合产品设计图纸的要求。

套筒表面无裂纹和其他缺陷，并应进行防锈处理。

套筒端部应加塑料保护塞。

连接套筒的加工参考资料如下：其中标准型套筒见表 6-2-44、正反丝头型套筒见表 6-2-45、异径型套筒见表 6-2-46。

标准型套筒加工参考资料表 表 6-2-44

简　图	型号与标记	$Md \times t$	D(mm)	L(mm)
	A20S-G	24×2.5	36	50
	A22S-G	26×2.5	40	55
	A25S-G	29×2.5	43	60
	A28S-G	32×3	46	65
	A32S-G	36×3	52	72
	A36S-G	40×3	58	80
	A40S-G	44×3	65	90

正反丝头型套筒加工参考资料表 表 6-2-45

简　图	型号与标记	右 $Md \times t$	左 $Md \times t$	D(mm)	L(mm)	l(mm)	b(mm)
	A20SLR-G	24×2.5	24×2.5	38	56	24	8
	A22SLR-G	26×2.5	26×2.5	42	60	26	8
	A25SLR-G	29×2.5	29×2.5	45	66	29	8
	A28SLR-G	32×3	32×3	48	72	31	10
	A32SLR-G	36×3	36×3	54	80	35	10
	A36SLR-G	40×3	40×3	60	86	38	10
	A40SLR-G	44×3	44×3	67	96	43	10

异径型套筒加工参考资料表　　　　　　　表 6-2-46

简　图	型号与标记	Md_1 ×t	Md_2 ×t	b (mm)	D (mm)	l (mm)	L (mm)
	AS20-22	M26×2.5	M24×2.5	5	$\phi42$	26	57
	AS22-25	M29×2.5	M26×2.5	5	$\phi45$	29	63
	AS25-28	M32×3	M29×2.5	5	$\phi48$	31	67
	AS28-32	M36×3	M32×3	6	$\phi54$	35	76
	AS32-36	M40×3	M36×3	6	$\phi60$	38	82
	AS36-40	M44×3	M40×3	6	$\phi67$	43	92

④ 外观质量要求

a. 丝头

牙形饱满，牙顶宽超过 0.6mm，秃牙部分累计长度不应超过一个螺纹周长。

外形尺寸（包括螺纹直径及丝头长度等）应满足产品设计要求。

检验合格的丝头应加塑料保护帽。

b. 套筒

表面无裂纹及其他缺陷。

外形尺寸（包括套筒内螺纹直径及套筒长度等）应满足产品设计要求。

检验合格的套筒两端应加塑料保护塞。

c. 接头

接头拼接时，应使两个丝头在套筒中央位置且相互顶紧。

拼接完成后，套筒每端不得有一扣以上的完整丝扣外露，以检查进入套筒的丝头长度。加长型接头的外露丝扣数不受限制，但应另有明显标记。

9）接头组装质量要求

① 接头拼接时用管钳扳手拧紧，宜使两个丝头在套筒中央位置相互顶紧。

② 各种直径钢筋连接组装后应用扭力扳手校核，扭紧力矩值应符合表 6-2-20 的规定。

③ 组装完成后，套筒每端不宜有一扣以上的完整丝扣外露，加长丝头型接头、扩口型及加锁母型接头的外露丝扣数不受限制，但应另有明显标记，以便检查进入套筒的丝头长度是否满足要求。

10）质量检验

① 型式检验见 1. 基本规定第（3）条。

② 接头的施工现场检验见 1. 基本规定第（5）条。

③ 丝头加工现场检验：

a. 检验项目：丝头加工的现场检验项目、检验方法及检验要求见表 6-2-47 和图 6-2-28。

丝头质量检验要求　　　　　　　　　　表 6-2-47

序号	检验项目	量具名称	检　验　要　求
1	外观质量	目　测	牙形饱满、牙顶宽度超过 0.25P 的秃牙部分，其累计长度不宜超过一个螺纹周长

序号	检验项目	量具名称	检 验 要 求
2	丝头长度	专用量具	丝头长度应满足设计要求，标准型接头的丝头长度公差为+1P
3	螺纹中径	通端螺纹环境	能顺利旋入螺纹并达到旋合长度
		止端螺纹环规	允许环规与端部螺纹部分旋合，旋入量不应超过3P（P为螺距）

b. 组批、抽样方法及结果判定：加工人员应逐个目测检查丝头的加工质量，每加工10个丝头作为一批，用环规抽检一个丝头，当抽检不合格时，应用环规逐个检查该批全部10个丝头，剔除其中不合格丝头，并调整设备至加工的丝头合格为止。

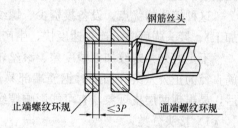

图 6-2-28　钢筋丝头质量检验示意图

自检合格的丝头，应由质检员随机抽样进行检验，以一个工作班内生产的钢筋丝头为一个验收批，随机抽检10%，按表6-2-47的方法进行钢筋丝头质量检验，其检验合格率不应小于95%，否则应加倍抽检；复检中合格率仍小于95%时，应对全部钢筋丝头逐个进行检验，合格者方可使用，不合格者应切去丝头，重新镦粗和加工螺纹，重新检验。

④ 套筒出厂检验

a. 检验项目：检验项目、检验方法与要求见表6-2-48和图6-2-29。

套筒出厂检验项目表　　　　　　　　　　　　　　　　　　表 6-2-48

序号	检验项目	量具名称	检 验 要 求
1	外观质量	目　测	无裂纹或其他肉眼可见缺陷
2	外形尺寸	游标卡尺或专用量具	长度及外径尺寸符合设计要求
3	螺纹小径	光面塞规	通端量规应能通过螺纹的小径，而止端量规则不应通过螺纹小径
4	螺纹中径	通端螺纹塞规	能顺利旋入连接套筒两端并达到旋合长度
		止端螺纹塞规	塞规不能通过套筒内螺纹，但允许从套筒两端部分旋合，旋入量不应超过3P（P为螺距）

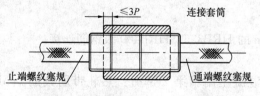

图 6-2-29　套筒质量检验示意图

b. 组批、抽样方法及结果判定：以500个套筒为一个验收批，每批按10%抽检。

当检验结果符合表6-2-48要求时，应判为合格。否则判为不合格。

抽检合格率不应小于95%；当抽检合格率小于95%时，应另取双倍数量套筒重做检验。当双倍抽检后的合格率不小于95%时，应判该批套筒为合格。若仍小于95%时，则该批套筒应逐个检验，合格者方可使用。

（3）直接滚轧（压）直螺纹钢筋连接技术

直接滚轧（又称为滚压）直螺纹钢筋连接接头是将钢筋连接端头采用专用滚轧设备和工艺，通过滚丝轮直接将钢筋端头滚轧成直螺纹，并用相应的连接套筒将两根待接钢筋连接成一体的钢筋接头。

在钢筋待接端头直接滚轧加工过程中，由于滚丝轮的滚轧作用，使钢筋端部产生塑性变形，根据冷作硬化的原理，滚轧变形后的钢筋端头可比钢筋母材抗拉面积增加 2.5%，抗拉强度可提高 6%～8%，从而可使滚轧直螺纹钢筋接头部位的强度大于钢筋母材的实测极限强度。

这种接头的优点：设备投资少、螺纹加工简单（一次装卡即可直接完成滚轧直螺纹的加工）、接头强度高、连接速度快、生产效率高、现场施工方便、适应性强等。

不足之处：螺纹加工精度差、滚丝轮磨损快寿命短、对钢筋直径公差适应能力差、钢筋直径为正公差滚轧加工时钢筋端部易产生扭转变形。另外，钢筋母材的纵横肋经滚轧后，易出现两层皮现象，有可能影响螺纹的强度与寿命。

1）接头分类

① 按钢筋强度分类，见表 6-2-49。

接头按钢筋强度分类表　　　表 6-2-49

序号	接头钢筋强度级别	代号
1	HRB 335	Φ
2	HRB 400	Φ
	RRB 400	ΦR

② 按连接套筒使用条件分类，见表 6-2-50 及图 6-2-21。

接头按套筒的基本使用条件分类表　　　表 6-2-50

序号	使 用 要 求	套筒形式	代号
1	正常情况下钢筋连接	标准型	省略
2	用于两端钢筋均不能转动的场合	正反丝扣型	F
3	用于不同直径的钢筋连接	异径型	Y
4	用于较难对中的钢筋连接	扩口型	K
5	钢筋完全不能转动，通过转动连接套筒连接钢筋，用锁母锁紧套筒	加锁母型	S

2）适用范围

适用于钢筋混凝土结构中直径 16～40mm 的 HRB335、HRB400 级钢筋连接。

3）材料要求

① 钢筋。应符合现行国家标准《钢筋混凝土用钢第 2 部分：热轧带肋钢筋》GB 1499.2—2007 的规定。

② 套筒与锁母。应选用优质碳素钢或低合金结构钢，供货单位应提供质量保证书。同时，应符合国家标准《优质碳素结构钢》GB 699、《低合金高强度结构钢》GB 1591 及国家行业标准《钢筋机械连接技术规程》JGJ 107 的相应规定。

4）技术性能

① 直接滚轧直螺纹钢筋接头的技术性能应满足JGJ 107性能等级标准，并具有高延性及反复拉压性能。其接头的抗拉强度和变形性能指标见表 6-2-18 和表 6-2-19。

② 直接滚轧直螺纹钢筋接头用于直接承受动力荷载的结构时，尚应满足设计要求的抗疲劳性能。

5）使用要求

① 丝头

a. 标准型接头的丝头，其长度应为1/2套筒长度，公差为1p（p 为螺距），以保证套筒在接头居中位置。

b. 加长型接头的丝头，其长度应大于套筒长度，以满足只需转动套筒即可进行钢筋连接的要求。

② 套筒

a. 标准型套筒应便于正常情况下的钢筋连接。

b. 变径型套筒应满足不同直径钢筋的连接。

c. 扩口型套筒应满足较难对中工况下的钢筋连接。

6）机具

① 直螺纹滚轧机。采用专用滚轧机床对钢筋端部进行滚压，一次装卡即可完成滚轧直螺纹的加工。直螺纹滚轧机性能见表 6-2-51。

直接滚轧直螺纹机性能表 表 6-2-51

型　　号	BX-1	CJGS I	CABR GHG
钢筋直径(mm)	16～40	16～40	16～40
效率(个/班)	300	500	300～400
功率（kW）	3	4	3

注：1. BX-1 和 CJGS 1 滚丝机资料由北京市北新施工技术研究所提供；

　　2. CABR GHG 滚丝机资料由建硕钢筋连接工程有限公司提供。

② 检验工具：

a. 环规：丝头质量检验工具。分为止端螺纹环规和通端螺纹环规两种（图 6-2-23）。

b. 塞规：套筒质量检验工具。分为止端螺纹塞规和通端螺纹塞规两种（图 6-2-24）。

c. 卡尺等。

7）工艺要点

① 工艺流程

② 制造工艺要求

a. 钢筋丝头加工

钢筋端部不得有弯曲，出现弯曲时应调直后再进行加工。

钢筋下料时宜用砂轮锯等机具，不得用电焊、气割等切断。钢筋端面宜平整并与钢筋轴线垂直，不得有马蹄形或扭曲。

钢筋规格应与滚丝器调整一致，螺纹滚轧的长度应满足设计要求。

钢筋直螺纹滚轧加工时，应使用水溶性切削润滑液，不得使用油性润滑切削液，也不得在没有切削润滑液的情况下进行加工。

丝头中径、牙型角及丝头有效螺纹长度应符合设计规定。丝头螺纹尺寸宜按《普通螺纹　基本尺寸》GB/T 196 标准确定；有效螺纹中径尺寸公差应满足《普通螺纹　公差》GB/T 197 标准中 $6f$ 级精度规定的要求。

丝头有效螺纹中径的圆柱度（每个螺纹的中径）误差不得超过 0.20mm。

标准型接头丝头有效螺纹长度应不小于 1/2 连接套筒长度，其他连接形式应符合产品设计要求。

钢筋丝头加工自检完毕后，应立即套上保护帽或拧上连接套筒，防止损坏丝头。

b. 套筒加工

套筒应按照产品设计图纸要求在工厂加工制造，其材质、螺纹规格及加工精度应满足设计要求并按规定进行生产检验。

套筒的内螺纹尺寸宜按《普通螺纹　基本尺寸》GB/T 196 标准确定，螺纹中径公差应满足《普通螺纹　公差》GB/T 197 标准中 6H 级精度要求。

套筒加工完成后，应立即用防护盖将两端封严，防止套筒内进入杂物。其表面必须标注规格、生产车间和日期代号、批号。

套筒严禁有裂纹，并应做防锈处理，装箱前应盖好防护塞。

套筒出厂时应有产品合格证。

c. 钢筋丝头加工参考资料

钢筋同径连接丝头加工参考资料见表 6-2-52。

钢筋同径正反扣直螺纹丝头加工参考资料见表 6-2-53。

直接滚轧直螺纹加工参考数据见表 6-2-54。

d. 套筒加工参考资料

同径直螺纹套筒加工参考数据见表 6-2-55。

同径正反扣直螺纹套筒加工参考数据见表 6-2-56。

同径丝头加工参考资料表　　　　　　　　　　　表 6-2-52

简　　图		A20R-J	A22R-J	A25R-J	A28R-J	A32R-J	A36R-J	A40R-J
	ϕ (mm)	20	22	25	28	32	36	40
	$M×t$ (mm)	19.6×3	21.6×3	24.6×3	27.6×3	31.6×3	35.6×3	39.6×3
	L (mm)	30	32	35	38	42	46	50

正反扣丝头加工参考资料表   表 6-2-53

简　　图	代　号	ϕ (mm)	$M \times t$ (左) (mm)	$M \times t$ (右) (mm)	L (mm)
	A20RLR-G	20	19.6×3	19.6×3	34
	A22RLR-G	22	21.6×3	21.6×3	36
	A25RLR-G	25	24.6×3	24.6×3	39
	A28RLR-G	28	27.6×3	27.6×3	42
	A32RLR-G	32	31.6×3	31.6×3	46
	A36RLR-G	36	35.6×3	35.6×3	50
	A40RLR-G	40	39.6×3	39.6×3	54

直接滚轧直螺纹加工参考数据表（mm）   表 6-2-54

简　　图		$\phi20$	$\phi22$	$\phi25$	$\phi28$	$\phi32$	$\phi36$	$\phi40$
	大径	19.6	21.6	24.6	27.6	31.6	35.6	39.6
	中径	18.623	20.623	23.623	26.623	30.623	34.623	38.623
	小径	17.2	19.2	22.2	25.2	29.2	33.2	37.2

同径直螺纹套筒加工参考数据表   表 6-2-55

简　　图		A20R-G	A22R-G	A25R-G	A28R-G	A32R-G	A36R-G	A40R-G
	D (mm)	30±0.5	32±0.5	38±0.5	42±0.5	48±0.5	51±0.5	59±0.5
	$M \times t$ (mm)	19.6×3	21.6×3	21.6×3	27.6×3	31.6×3	35.6×3	39.6×3
	L (mm)	11	48	54	60	68	76	81

同径正反扣直螺纹套筒加工参考数据表   表 6-2-56

简 图	代 号	D (mm)	d (mm)	$M \times t$ (左、右) (mm)	L_1 (mm)	L_2 (mm)	L_3 (mm)
	A20RLR-G	32	21	19.6×3	49	20	9
	A22RLR-G	35	23	21.6×3	53	22	9
	A25RLR-G	41	26	24.6×3	59	25	9
	A28RLR-G	45	29	27.6×3	65	28	9
	A32RLR-G	51	33	31.6×3	73	32	9
	A36RLR-G	57	37	35.6×3	81	36	9
	A40RLR-G	62	41	35.6×3	89	40	9

注：摘自北京市北新施工技术研究所产品图册。

e. 钢筋连接施工

进行钢筋连接时，钢筋丝头规格应与套筒规格一致，且丝扣完好无损、无污物。

钢筋连接时，必须采用长度不小于 400mm 的管钳扳手拧紧，使两钢筋丝头在套筒中央位置相互顶紧，当采用加锁母型套筒时应用锁母锁紧，并用油漆加以标记。

标准型接头连接后，套筒两端外露完整丝扣不得超过 2 扣，加长型丝头的外露丝扣不受限制。

钢筋接头拧紧后应用力矩扳手按不小于表 6-2-20 中的拧紧力矩值检查，并加以标记。

③ 质量要求

a. 钢筋丝头

钢筋丝头的长度、中径、牙型角和有效丝扣数量等必须符合设计要求。

丝头的大径低于螺纹中径的不完整丝扣的累计长度，不得超过两个螺纹周长。

丝头有效螺纹中径的圆柱度不得超过 0.2mm。

钢筋丝头表面不得有严重的锈蚀及破损。

b. 连接套筒

套筒的长度、直径和内螺纹等必须符合设计要求。

套筒的外观不得有裂纹，内螺纹及外表面不得有严重的锈蚀及破损。

c. 钢筋连接接头

钢筋连接完毕后，标准型接头连接套筒外应有外露有效螺纹，且连接套筒单边外露有效螺纹不得超过 $2p$，其他连接形式应符合产品设计要求。钢筋连接完毕后，拧紧力矩值应符合表 6-2-20 的要求。

8）质量检验

① 型式检验见 1. 基本规定第（3）条。

② 接头的施工现场检验见 1. 基本规定第（5）条。

③ 套筒的出厂检验：

a. 检验项目：

ⓐ 外观质量检验：套筒的外径、长度及相关尺寸应符合设计要求，套筒表面应无裂纹和其他肉眼可见的缺陷。

ⓑ 螺纹检验：用专用的螺纹塞规进行检验：通规应能顺利旋入；止规允许旋入长度不得超过 $3p$（图 6-2-24）。

b. 检验方法及结果评定：

ⓐ 对套筒的外观质量检验应逐个进行；

ⓑ 内螺纹尺寸的检验按连续生产的同规格套筒每 500 个为一个检验批，每批按 10% 随机抽检，不足 500 个时也按 10% 随机抽检；

ⓒ 检验方法采用螺纹塞规的通规和止规（图 6-2-24），满足要求者为合格品，否则为不合格品；

ⓓ 抽检合格率应不小于 95%。当抽检合格率小于 95% 时，应另取同样数量的产品重新检验。当两次检验的总合格率不小于 95% 时，应判该验收批合格。若合格率仍小于 95% 时，则应对该检验批套筒进行逐个检验，合格者方可使用。

④ 丝头的施工现场检验

a. 检验项目：

ⓐ 外观检验：不完整齿（螺纹齿顶宽度超过 $0.3p$）的累计长度不超过 2 个螺纹周长。

ⓑ 螺纹检验：用专用的螺纹环规进行检验：通规应能顺利旋入，并能达到钢筋丝头的有效长度；止规旋入长度不得超过 $3p$（图 3-4-46）。

b. 检验结果评定：

ⓐ 丝头应逐个进行自检，出现不合格丝头时，应切去重新加工；

ⓑ 自检合格的丝头，应由质检员随机抽样进行检验。以一个工作班加工的丝头为一个验收批，随机抽检 10%，且不得少于 10 个。当合格率小于 95% 时，应另抽取同样数量的丝头重新检验。当两次检验的总合格率仍小于 95% 时，应对全部丝头逐个进行检验，合格者方可使用。

⑤ 钢筋连接接头外观质量及拧紧力矩试验

a. 钢筋连接接头的外观质量及拧紧力矩应符合"7）工艺要点"及表 6-2-20 的要求。

b. 钢筋连接接头的外观质量在施工时应逐个自检，不符合要求的钢筋连接接头应及时调整或采取其他有效的连接措施。

c. 外观质量自检合格的钢筋连接接头，应由现场质检员随机抽样进行检验。同一施工条件下采用同一材料的同等级同形式同规格接头，以连续生产的 500 个为一个检验批进行检验和验收，不足 500 个的也按一个检验批计算。

d. 对每一检验批的钢筋连接接头，于正在施工的工程结构中随机抽取 15%。且不少于 75 个接头。检验其外观质量及拧紧力矩。

e. 现场钢筋连接接头的抽检合格率不应小于 95%。当抽检合格率小于 95% 时，应另抽取同样数量的接头重新检验。当两次检验的总合格率不小于 95% 时，该批接头合格。

若合格率仍小于 95％时，则应对全部接头进行逐个检验。在检验出的不合格接头中，抽取 3 根接头进行抗拉强度检验，3 根接头抗拉强度试验的结果全部符合《钢筋机械连接通用技术规程》JGJ 107 的有关规定时，该批接头外观质量可以验收。

⑥ 钢筋连接接头力学性能检验

a. 型式检验，按 1. 基本规定第（3）条执行，检验提供单位应向使用单位提交有效的型式检验报告。

b. 接头的施工现场检验，按 1. 基本规定第（5）条执行。

（4）挤压肋滚轧（压）直螺纹钢筋连接技术

挤压肋滚轧（又称滚压）直螺纹钢筋连接技术，是先利用专用挤压设备，将钢筋端头待连接部位的纵肋和横肋挤压成圆柱状，然后，再利用滚丝机将圆柱状的钢筋端头滚轧成直螺纹。在钢筋端部挤压肋和滚丝加工过程中，由于局部塑性变形冷作硬化的原理，使钢筋端部强度得到提高。因此，可使钢筋接头的强度等于或大于钢筋母材的强度。其接头性能可达到《钢筋机械连接通用技术规程》JGJ 107 规定的标准，且具有优良的抗疲劳性能及抗低温性能。

这种连接技术的优点是：除具有直接滚轧直螺纹钢筋连接技术的各项优点外，其螺纹精度比直接滚轧也有提高，滚丝轮的寿命也可延长。不足之处是：加工螺纹时，需要两种设备和两道工序才能完成。另外，钢筋端部的纵、横肋被挤压成圆柱形的过程中，有可能形成两层皮现象。

1）接头分类

① 按钢筋强度级别分类，见表 6-2-49。

② 按连接套筒使用条件分类，见表 6-2-50 及图 6-2-21。

2）适用范围

适用于钢筋混凝土结构中直径 16～40mm 的 HRB335、HRB400 钢筋的连接。

3）材料要求

① 钢筋。应符合《钢筋混凝土用钢 第 2 部分：热轧带肋钢筋》GB 1499.2—2007 现行国家标准，具有产品合格证，并经抽检合格。

② 套筒。采用 45 号钢，应符合《优质碳素结构钢》GB 699 现行国家标准，并应有供货单位的质量检验合格证书。

4）技术性能

① 挤压肋滚轧直螺纹钢筋接头的技术性能应满足JGJ 107性能等级中的标准，即：接头抗拉强度达到或超过钢筋母材抗拉强度标准值。

② 挤压肋滚轧直螺纹钢筋接头用于直接承受动力荷载结构时，尚应满足设计要求的抗疲劳性能。

5）使用要求

① 丝头

a. 标准型接头的丝头，其长度应为 1/2 套筒长度，公差为 $1P$（P 为螺距），以保证套筒在接头居中位置。

b. 左、右旋接头的丝头，应便于双向螺纹套筒的安装。

② 套筒

a. 标准型套筒应便于正常情况下的钢筋连接。

b. 异径型套筒应满足不同直径钢筋的连接。

6）机具设备

① 挤压圆机。由液压泵、供油软管、回油软管、导线钳、压模等组成。

② 滚丝机。由回转驱动器、滚丝轮、尾座及夹紧卡盘、送料机构和底座导轨等组成。其型号有 GST-1 型（功率 1.5kW）和 GST-2 型（功率 3kW）等。

③ 其他机具设备。砂轮切割机、直螺纹环规和塞规、外径卡规及管钳扳手等。

7）工艺要点

① 工艺流程

钢筋断料切头→端头压圆→外径卡规检查直径→端头压圆部分滚丝→螺纹环规检验→合格后套防护帽

套筒加工→螺纹塞规检验→合格后加防护塞→现场接头连接

接头检查验收

完成

② 工艺要求

a. 钢筋端部平头压圆：检查钢筋是否符合要求后，将钢筋用砂轮切割机切头约 5mm 左右，达到端部平整。再按钢筋直径选择相适配规格的压模，调整压合高度和定位尺寸，然后，将钢筋端头放入挤压圆机的压模腔中，调整油泵压力进行压圆操作。经压圆操作后，钢筋端头成为圆柱体。

b. 滚轧直螺纹：将已压成圆柱形的钢筋端头插入滚丝机卡盘孔，夹紧钢筋。开机后，卡盘的引导部分可使钢筋沿轴向自动进给，在滚丝轮的作用下，即可完成直螺纹的滚轧加工。挤压肋滚压钢筋直螺纹见图 6-2-30。钢筋端头直螺纹参考资料见表6-2-57。

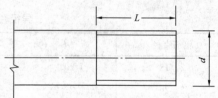

图 6-2-30　钢筋端头直螺纹示意图

钢筋挤压肋滚轧直螺纹参考资料表　　　　　　表 6-2-57

钢筋直径(mm)	18	20	22	25	28	32	36	40
d(mm)	18.2	20.2	22.2	25.2	28.2	32.2	36.2	40.2
L(mm)	29	31	33	35	37	41	45	49

注：摘自中建七局三公司、闽侯县建机厂 YJGF 25—98 工法。

c. 套筒：套筒采用 45 号钢，并符合《优质碳素结构钢》GB 699 中的规定。套筒加工的主要参数如：热处理状态、螺距、牙型高度、牙型角和公称直径等均应符合设计要求和有关规定，且必须有出厂合格证。标准套筒外形见图 6-2-31（a），参考尺寸见表6-2-58；异径套筒外形见图 6-2-31（b），参考尺寸见表6-2-59。

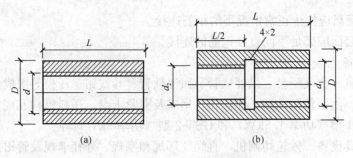

图 6-2-31 套筒外形示意图

(a) 标准套筒；(b) 异径套筒

标准套筒参考尺寸表（mm）　　　　　　　　　　　　　　表 6-2-58

钢筋直径	d	D≥	L≥
18	18.2	28	50
20	20.2	32	54
22	22.2	36	58
25	25.2	40	62
28	28.2	44	66
32	32.2	50	74
36	36.2	56	82
40	40.2	62	90

注：摘自中建七局三公司、闽侯县建机厂 YJGF 25—98 工法。

异径套筒参考尺寸表（mm）　　　　　　　　　　　　　　表 6-2-59

钢筋直径	d_1	d_2≥	D≥	L≥
20/18	20.2	18.2	32	54
22/20	22.2	20.2	36	58
25/22	25.2	22.2	40	62
28/25	28.2	25.2	44	66
32/28	32.2	28.2	50	74
36/32	36.2	32.2	56	82
40/36	40.2	36.2	62	90

注：同表 6-2-58。

d. 现场安装方法：

ⓐ 旋转钢筋法：按钢筋规格取相应的套筒套住钢筋端部直螺纹，用管钳扳手旋转套筒拧紧到位后，将另 1 根钢筋端部直螺纹对准套筒，再用管钳扳手旋转后 1 根钢筋，直到拧紧为止。

ⓑ 旋转套筒法：此方法适用于弯曲钢筋或不能旋转部位钢筋的连接。采用此方法时，应将两根待接钢筋的端头，先分别加工成右旋和左旋直螺纹。与之配套的连接套筒也应加

工成一半右旋和一半左旋的内直螺纹。安装时，先将套筒右旋内螺纹一端对准钢筋右旋外螺纹一端，并旋进1～2牙，然后，再将另1根钢筋左旋外螺纹一端对准套筒左旋内螺纹一端，再用管钳扳手转动套筒，两端钢筋就会拧紧（图6-2-32）。

8）质量检验

① 质量要求

a. 套筒应有出厂合格证，且不得有裂纹、锈蚀和内螺纹缺牙等缺陷。

b. 由于钢筋原材料的直径允许有一定的正负公差，因此，钢筋端头压圆后的直径可按负公差进行控制。

c. 钢筋端头直螺纹的基本尺寸应符合设计要求和有关规定。

d. 钢筋端头直螺纹的完好率应≥95％。如未达到此标准，应及时更换滚丝轮。

e. 按钢筋的直径选配不同规格的防护帽，其长度应比直螺纹长10～20mm，一端应封闭。螺纹加工完应立即套好防护帽。

f. 安装时，钢筋端头直螺纹旋入套筒后，允许外露1～1.5牙。

② 接头的型式检验和接头的现场检验

同镦粗直螺纹钢筋连接技术。

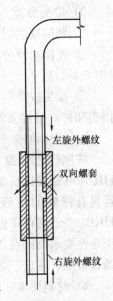

图 6-2-32　旋转套筒法示意图

（5）剥肋滚轧（压）直螺纹钢筋连接技术

剥肋滚轧（又称滚压）直螺纹钢筋连接技术，是利用专用剥肋滚轧直螺纹加工设备，先将钢筋端头待接部位的纵、横肋剥成同一直径的圆柱体，再利用同一台设备继续滚压成直螺纹。其加工过程为：将钢筋端部夹紧在专用设备的夹钳上，扳动进给装置，对钢筋端部先进行剥肋，然后，继续滚轧成直螺纹，滚轧到位后，自动停机回车，一次装卡即可完成剥肋和滚轧直螺纹两道工序的加工。

滚轧直螺纹加工过程中，在滚丝轮的作用下，使钢筋端部产生塑性变形，不仅直螺纹的外径比钢筋母材略有增大；而且根据冷作硬化原理，塑性变形后的钢筋端头，其强度比母材也有提高。因此，可使接头性能达到《钢筋机械连接通用技术规程》JGJ 107 的标准。

1）特点

该项技术与其他滚轧直螺纹连接技术相比具有以下特点：

① 螺纹牙型好、精度高、牙齿表面光滑。

② 螺纹直径大小一致，连接质量稳定。

③ 滚丝轮寿命长，接头附加成本低。一组滚丝轮约可加工 5000～8000 个丝头，比直接滚轧工艺寿命约可提高 8～10 倍。

④ 设备投资少，操作简单。

⑤ 接头通过 200 万次疲劳试验无破坏，具有优良的抗疲劳性能。

⑥ 抗低温性能好，在零下 40℃低温下试验，接头仍能达到与母材等强度连接。

该项技术由中国建筑科学研究院建筑机械化分院研制开发，于1999年12月通过建设部组织的鉴定。2000年被建设部列为科技成果推广项目。

2）接头分类

① 套筒按适用的钢筋级别分类。

② 连接套筒分为：标准型套筒、正反丝头型套筒、异径型套筒和扩口套筒等类型（图 6-2-22）。

③ 接头按使用要求、形式及连接方法分为：标准型接头、正反丝扣型接头、异径型接头和扩口型接头等类型（图 6-2-21）。

3）适用范围

按照行业标准《钢筋机械连接通用技术规程》JGJ 107 的要求，对 HRB335 和 HRB400 钢筋进行型式检验及抗疲劳试验，接头性能完全达到剥肋标准 A 级的性能要求，且具有较好的抗疲劳性能。因此，该连接技术适用于直径 16～50mm 的 HRB335、HRB400 钢筋在任意方向的同、异径的连接。不仅可应用于要求充分发挥钢筋强度或对接头延性要求高的混凝土结构；而且，还可应用于对疲劳性能要求高的混凝土结构，如机场、桥梁、隧道、电视塔、核电站和水电站等。

4）材料要求

① 用于剥肋滚轧直螺纹钢筋接头的钢筋，应符合 GB 1499.2 及 JGJ 107 等国家现行标准的有关规定。

② 钢筋接头所用的连接套筒，应采用优质碳素结构钢或其他经型式检验确定符合要求的钢材。设计连接套筒时，套筒的承载力应符合式（6-2-9）、式（6-2-10）的要求。

5）技术性能

剥肋滚轧直螺纹接头是一种能充分发挥钢筋母材性能的等强度接头。将待接钢筋端部经剥肋滚轧成直螺纹后，其螺纹部位的表面因受滚压而使强度得到增强，因而可使接头强度高于钢筋的母材强度，其接头性能指标应达到《钢筋机械连接通用技术规程》JGJ 107 的标准。该接头通过 200 万次疲劳试验，抗疲劳性能较好。滚轧直螺纹接头可用于不同直径钢筋的连接。

6）机具设备

① 剥肋滚轧直螺纹机

钢筋剥肋滚轧直螺纹机主要由台钳、剥肋机构、滚丝头、减速机、冷却系统、电器系统、机座和限位挡铁等组成。该设备集钢筋剥肋和滚轧直螺纹于一体，钢筋一次装卡，即可连续完成剥肋和滚轧直螺纹两道工序。该设备由中国建筑科学研究院建筑机械化研究分院和廊坊凯博新技术开发公司研制开发，1999 年 12 月通过建设部部级鉴定并获国家专利证书，2000 年被建设部列为新技术推广项目。钢筋剥肋滚轧直螺纹机的技术参数见表 6-2-60。

钢筋剥肋滚轧直螺纹机技术参数表 表 6-2-60

设备型号	CHG 50 型	CHG 40 型
滚丝头型号	50 型	40 型
可加工钢筋范围(mm)	直径 25～50	直径 16～40
整机重量(kg)	600	550
设备功率(kW)	4	3

注：摘自中国建筑科学研究院建筑机械化研究分院工法。

中国建筑科学研究院建筑结构研究所和建硕钢筋连接工程有限公司另外研制开发了QGL-40 型钢筋剥肋滚轧直螺纹机床，该机床主要由床身、钢筋夹持钳、工作头、动力传动机构、电气控制系统等部件组成。工作头中有一个可更换的滚轮盒，是该机床滚轧螺纹的专门部件，只要事先换好相应规格的滚轧盒，即可滚轧出所要求的螺纹，操作者不需现场调节。每台机床配备滚轧螺距 3mm 和 2.5mm 的两个滚轮盒，每个滚轮盒各配备 3 副不同直径的滚轮。更换滚轧盒和盒中的滚轮，即可滚轧出连接直径 18～32mm 钢筋的M18.5×2.5～M32.5×3 等 6 种直螺纹。制作连接直径 36mm、40mm 钢筋的直螺纹时，需另配加大机头。

QGL-40 型钢筋剥肋滚轧直螺纹机床主要技术参数：

加工钢筋直径	18～40mm
加工的直螺纹	M18.5×2.5～M40.5×3.5
加工的最大螺纹长度	90mm
主电机功率	4kW
机床自重	500kg

② 辅助工具

砂轮切割机（用于钢筋端面平头）。

③ 检验工具

a. 螺纹环规（用于检验钢筋丝头），包括通端螺纹环规和止端螺纹环规（图 3-4-46）。

b. 力矩扳手（性能为 100～350N·m）。

c. 卡尺。

d. 螺纹塞规（用于检验套筒），包括通端螺纹塞规和止端螺纹塞规（图 3-4-47）。

7）工艺要点

① 工艺流程

a. 钢筋丝头加工（在现场）

钢筋端面平头→剥肋滚轧螺纹→丝头质量检验→防护帽保护→丝头质量抽检→存放待用。

b. 连接套筒加工（在工厂）

套筒加工→螺纹质量检验→加防护塞→装箱待用。

c. 钢筋连接（在现场）

钢筋和套筒就位→去掉丝头和套筒的防护帽（塞）→将套筒与丝头配套连接→用力矩扳手拧紧接头→做标记→施工现场检验→完成。

② 制造工艺要求

a. 钢筋丝头

钢筋端面平头：宜采用砂轮切割机或其他专用设备切割钢筋端头，严禁气割。要求钢筋端头切割面与母材轴线垂直。

剥肋滚压直螺纹：利用剥肋滚压直螺纹机，将端面平头后的待接钢筋端头剥肋滚压成直螺纹。

丝头质量自检：在加工丝头的过程中，操作者对加工的每一个丝头都必须先进行质量自检，质量合格者方可作为成品，否则需切掉重新加工。

防护帽保护：对加工合格的丝头成品，应采用专用防护帽套好丝头进行保护，以防丝头被磕碰或被污染。

丝头质量抽验：对自检合格的丝头成品，按规定应再进行抽样检验。抽验合格的丝头成品，方可出厂和在工程中应用。

存放待用：检验合格的丝头成品，应按规格型号进行分类存放备用。

钢筋丝头剥肋滚轧加工参考尺寸见表 6-2-61、表 6-2-62。

钢筋丝头剥肋滚轧加工参考尺寸表 表 6-2-61

钢筋规格 （mm）	剥肋直径 （mm）	螺纹规格 （mm）	丝头长度 （mm）	完整丝扣数
16	15.1±0.2	M16.5×2	20～22.5	≥8
18	16.9±0.2	M19×2.5	25～27.5	≥7
20	18.8±0.2	M21×2.5	27～30	≥8
22	20.8±0.2	M23×2.5	29.5～32.5	≥9
25	23.7±0.2	M26×3	32～35	≥9
28	26.6±0.2	M29×3	37～40	≥10
32	30.5±0.2	M33×3	42～45	≥11
36	34.5±0.2	M37×3.5	46～49	≥9
40	38.1±0.2	M41×3.5	49～52.5	≥10

注：摘自中国建筑科学研究院企业标准 Q/JY 16—1999。

钢筋丝头剥肋滚轧加工参考尺寸表 表 6-2-62

钢筋直径（mm）	剥肋直径（mm）	螺纹规格（mm）	剥肋长度（mm）
16	15.0	M16.5×2	18
18	16.9	M18.5×2.5	21
20	18.8	M20.5×2.5	22
22	20.8	M22.5×2.5	24
25	23.5	M25.5×3	28
28	26.6	M28.5×3	31
32	30.4	M32.5×3	35
36	34.4	M36.5×3.5	40
40	38.0	M40.5×3.5	43

注：摘自中国建筑科学研究院结构研究所和建硕钢筋连接工程有限公司企业标准Q/JS 02—2001。

b. 连接套筒

套筒的几何参考尺寸应符合表 6-2-63、表 6-2-64 的规定。

标准型套筒几何参考尺寸表 表 6-2-63

钢筋直径（mm）	螺纹规格（mm）	套筒外径（mm）	套筒长度（mm）
16	M16.5×2	25	43
18	M19×2.5	29	55

钢筋直径（mm）	螺纹规格（mm）	套筒外径（mm）	套筒长度（mm）
20	M21×2.5	31	60
22	M23×2.5	33	65
25	M26×3	39	70
28	M29×3	44	80
32	M33×3	49	90
36	M37×3.5	54	98
40	M41×3.5	59	105

异径型套筒几何参考尺寸表   表 6-2-64

套筒规格 （mm）	外径 （mm）	小端螺纹 （mm）	大端螺纹 （mm）	套筒总长 （mm）
16~18	29	M16.5×2	M19×2.5	50
16~20	31	M16.5×2	M21×2.5	53
18~20	31	M19×2.5	M21×2.5	58
18~22	33	M19×2.5	M23×2.5	60
20~22	33	M21×2.5	M23×2.5	63
20~25	39	M21×2.5	M26×3	65
22~25	39	M23×2.5	M26×3	68
22~28	44	M23×2.5	M29×3	73
25~28	44	M26×3	M29×3	75
25~32	49	M26×3	M33×3	80
28~32	49	M29×3	M33×3	85
28~36	54	M29×3	M37×35	89
32~36	54	M33×3	M37×3.5	94
32~40	59	M33×3	M41×3.5	98
36~40	59	M37×3.5	M41×3.5	102

套筒尺寸的偏差应符合表 6-2-65 的规定。

套筒尺寸允许偏差表   表 6-2-65

套筒外径 D（mm）	外径允许偏差（mm）	长度允许偏差（mm）
≤50	±0.5	±2
>50	±0.01D	±2

c. 钢筋连接

钢筋就位：将丝头检验合格的钢筋搬运至待连接位置，检查钢筋与套筒的规格型号是否一致、丝扣是否完好无损。

接头拧紧：使用力矩扳手等工具将连接接头拧紧，力矩扳手的精度为±5。接头拧紧力矩应符合表6-2-20的规定。

作标记：对已经拧紧的接头应做出标记，单边外露丝扣的长度不应超过$2p$。

施工检验：对已经施工完的接头，应按1. 基本规定第（5）条进行质量检验。

8）质量检验

① 接头的型式检验及型式检验报告应按1. 基本规定执行。

② 丝头加工现场检验项目与要求

丝头加工的现场检验项目和要求见表6-2-47，并填写丝头检验记录报告。

③ 套筒出厂质量检验项目和要求

套筒的出厂质量检验项目和要求见表6-2-48。

④ 接头的现场检验：

a. 钢筋连接作业开始前及施工过程中，应对每批进场钢筋进行接头连接工艺检验，工艺检验应符合要求：

钢筋的接头试件不应少于3根；

钢筋母材应进行抗拉强度试验；

3根接头试件的抗拉强度均不应小于该牌号钢筋抗拉强度的标准值，同时尚应不小于0.9倍钢筋母材的实际抗拉强度。计算钢筋实际抗拉强度时，应采用钢筋的实际横截面面积。

b. 现场检验应进行拧紧力矩检验和单向拉伸强度试验。对接头有特殊要求的结构，应在设计图纸中另行注明相应的检验项目。

c. 用力矩扳手按表6-2-20规定的拧紧力矩值抽检接头的施工质量。抽检数量为：梁、柱构件按接头数的15%，且每个构件的接头抽检数不得少于1个接头；基础、墙、板构件，每100个接头作为一个验收批，不足100个也作为一个验收批，每批抽检3个接头。抽检的接头应全部合格，如有1个接头不合格，则该验收批应逐个检查，对查出的不合格接头应进行补强，并填写接头连接质量检查记录。

d. 剥肋滚轧直螺纹接头的单向拉伸强度试验按验收批进行。同一施工条件下采用同一批材料的同等级、同形式、同规格接头，以500个为一个验收批进行检验和验收，不足500个也作为一个验收批。

e. 对每一验收批均应按表6-2-18和表6-2-19接头的性能指标进行检验与验收，在工程结构中随机抽取3个试件做单向拉伸试验。当3个试件抗拉强度均不小于该牌号钢筋抗拉强度的标准值时，该验收批判定为合格。如有1个试件的抗拉强度不符合要求，应再取6个试件进行复检。复检中仍有1个试件不符合要求，则该验收批判定为不合格。

6.2.3.4　钢筋锚固板连接技术

1. 分类

锚固板的组装件见图6-2-33。锚固板按材料、形状、厚度、连接方式和受力性能分类见表6-2-66。

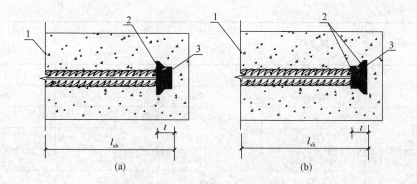

图 6-2-33　钢筋锚固板示意图

（a）锚固板正放；（b）锚固板反放

1—锚固区钢筋应力最大处截面；2—锚固板承压面；3—锚固板端面

锚固板分类　　　　　　　　　　　　　　　　表 6-2-66

分类方法	类　　别
按材料分	球墨铸铁锚固板、钢板锚固板、锻钢锚固板、铸钢锚固板
按形状分	圆形、方形、长方形
按厚度分	等厚、不等厚
按连接方式分	螺纹连接锚固板、焊接连接锚固板
按受力性能分	部分锚固板、全锚固板

注：1. 全锚固板：全部依靠锚固板承压面的承压作用承担钢筋规定锚固力的锚固板。

2. 部分锚固板：依靠锚固长度范围内钢筋与混凝土的粘结作用和锚固板承压面的承压作用共同承担钢筋规定锚固力的锚固板。

2. 基本要求

（1）锚固板应符合以下规定：

1）全锚固板承压面积不应小于锚固钢筋公称面积的 9 倍；

2）部分锚固板承压面积不应小于锚固钢筋公称面积的 4.5 倍；

3）锚固板厚度不应小于锚固钢筋公称直径；

4）当采用不等厚或长方形锚固板时，除应满足上述面积和厚度要求外，尚应通过省部级的产品鉴定；

5）采用部分锚固板锚固的钢筋公称直径不宜大于 40mm；当公称直径大于 40mm 的钢筋采用部分锚固板锚固时，应通过试验验证确定其设计参数。

（2）锚固板原材料宜选用表 6-2-67 中的牌号，且应满足表 6-2-67 的力学性能要求；当锚固板与钢筋采用焊接连接时，锚固板原材料尚应符合现行行业标准《钢筋焊接及验收规程》JGJ 18 对连接件材料的可焊性要求。

锚固板原材料力学性能要求　　　　　　　　　　表 6-2-67

锚固板原材料	牌　号	抗拉强度 σ_s （N/mm²）	屈服强度 σ_b （N/mm²）	伸长率 δ （%）
球墨铸铁	QT450-10	≥450	≥310	≥10

续表

锚固板原材料	牌　号	抗拉强度 σ_s （N/mm²）	屈服强度 σ_b （N/mm²）	伸长率 δ （%）
钢板	45	≥600	≥355	≥16
	Q345	450~630	≥325	≥19
锻钢	45	≥600	≥355	≥16
	Q235	370~500	≥225	≥22
铸钢	ZG230-450	≥450	≥230	≥22
	ZG270-500	≥500	≥270	≥18

（3）采用锚固板的钢筋应符合现行国家标准《钢筋混凝土用钢　第2部分：热轧带肋钢筋》GB 1499.2及《钢筋混凝土用余热处理钢筋》GB 13014的规定；采用部分锚固板的钢筋不应采用光圆钢筋。采用全锚固板的钢筋可选用光圆钢筋。光圆钢筋应符合现行国家标准《钢筋混凝土用钢　第1部分：热轧光圆钢筋》GB 1499.1的规定。

（4）钢筋锚固板试件的极限拉力不应小于钢筋达到极限强度标准值时的拉力 $f_{stk}A_s$。

（5）钢筋锚固板在混凝土中的锚固极限拉力不应小于钢筋达到极限强度标准值时的拉力 $f_{stk}A_s$。

（6）锚固板与钢筋的连接宜选用直螺纹连接，连接螺纹的公差带应符合《普通螺纹公差》GB/T 197中6H、6f级精度规定。采用焊接连接时，宜选用穿孔塞焊，其技术要求应符合现行行业标准《钢筋焊接及验收规程》JGJ 18的规定。

（7）钢筋锚固板的设计，应符合现行《钢筋锚固板应用技术规程》JGJ 256、备案号J1230的规定。

3. 钢筋丝头加工和锚固板安装

（1）螺纹连接钢筋丝头加工

1）钢筋丝头的加工应在钢筋锚固板工艺检验合格后方可进行；

2）钢筋端面应平整，端部不得弯曲；

3）钢筋丝头公差带宜满足6f级精度要求，应用专用螺纹量规检验，通规能顺利旋入并达到要求的拧入长度，止规旋入不得超过3p（p为螺距）；抽检数量10%，检验合格率不应小于95%；

4）丝头加工应使用水性润滑液，不得使用油性润滑液。

（2）螺纹连接钢筋锚固板的安装

1）应选择检验合格的钢筋丝头与锚固板进行连接。

2）锚固板安装时，可用管钳扳手拧紧。

3）安装后应用扭力扳手进行抽检，校核拧紧扭矩。拧紧扭矩值不应小于表6-2-68中的规定。

锚固板安装时的最小拧紧扭矩值　　　　　　　　　　表 6-2-68

钢筋直径（mm）	≤16	18~20	22~25	28~32	36~40
拧紧扭矩（N·m）	100	200	260	320	360

4）安装完成后的钢筋端面应伸出锚固板端面，钢筋丝头外露长度不宜小于$1.0p$。

4. 焊接钢筋锚固板施工技术

1）焊缝应饱满，钢筋咬边深度不得超过0.5mm，钢筋相对锚固板的直角偏差不应大于3°；

2）其他参见"6.2.3.2 钢筋焊接技术"。

5. 钢筋锚固板的现场检验与验收

（1）锚固板产品提供单位应提交经技术监督局备案的企业产品标准。对于不等厚或长方形锚固板，尚应提交省部级的产品鉴定证书。

（2）锚固板产品进场时，应检查其锚固板产品的合格证。产品合格证应包括适用钢筋直径、锚固板尺寸、锚固板材料、锚固板类型、生产单位、生产日期以及可追溯原材料性能和加工质量的生产批号。产品尺寸及公差应符合企业产品标准的要求。用于焊接锚固板的钢板、钢筋、焊条应有质量证明书和产品合格证。

（3）钢筋锚固板的现场检验应包括工艺检验、抗拉强度检验、螺纹连接锚固板的钢筋丝头加工质量检验和拧紧扭矩检验、焊接锚固板的焊缝检验。拧紧扭矩检验应在工程实体中进行，工艺检验、抗拉强度检验的试件应在钢筋丝头加工现场抽取。工艺检验、抗拉强度检验和拧紧扭矩检验规定为主控项目，外观质量检验规定为一般项目。钢筋锚固板试件的抗拉强度试验方法应符合《钢筋锚固板应用技术规程》JGJ 256—2011中附录A的有关规定。

（4）钢筋锚固板加工与安装工程开始前，应对不同钢筋生产厂的进场钢筋进行钢筋锚固板工艺检验；施工过程中，更换钢筋生产厂商、变更钢筋锚固板参数、形式及变更产品供应商时，应补充进行工艺检验。

（5）钢筋锚固板的现场检验应按验收批进行。

（6）螺纹连接钢筋锚固板安装后应按验收批，抽取其中10%的钢筋锚固板按表6-2-68要求进行拧紧扭矩校核，拧紧扭矩值不合格数超过被校核数的5%时，应重新拧紧全部钢筋锚固板，直到合格为止。焊接连接钢筋锚固板应按现行行业标准《钢筋焊接及验收规程》JGJ 18有关条款的规定执行。

（7）对螺纹连接钢筋锚固板的每一验收批，应在加工现场随机抽取3个试件作抗拉强度试验，并应按"2. 基本规定"第（4）条的抗拉强度要求进行评定。3个试件的抗拉强度均应符合强度要求，该验收批评为合格。如有1个试件的抗拉强度不符合要求，应再取6个试件进行复检。复检中如仍有1个试件的抗拉强度不符合要求，则该验收批应评为不合格。

（8）对焊接连接钢筋锚固板的每一验收批，应随机抽取3个试件，并按"2. 基本规定"第（4）条的抗拉强度要求进行评定。3个试件的抗拉强度均应符合强度要求，该验收批评为合格。如有1个试件的抗拉强度不符合要求，应再取6个试件进行复检。复检中如仍有1个试件的抗拉强度不符合要求，则该验收批应评为不合格。

（9）螺纹连接钢筋锚固板的现场检验，在连续10个验收批抽样试件抗拉强度一次检验通过的合格率为100%条件下，验收批试件数量可扩大1倍。当螺纹连接钢筋锚固板的验收批数量少于200个，焊接连接钢筋锚固板的验收批数量少于120个时，允许按上述同样方法，随机抽取2个钢筋锚固板试件作抗拉强度试验，当2个试件的抗拉强度均满足"2. 基本规定"第（4）条的抗拉强度要求时，该验收批应评为合格。如有1个试件的抗拉强度不满足要求，应再取 4 个试件进行复检。复检中如仍有 1 个试件的抗拉强度不满足要求，则该验收批应评为不合格。

6.2.4 钢筋安装

6.2.4.1 基本规定

1. 钢筋接头宜设置在受力较小处；有抗震设防要求的结构中，梁端、柱端箍筋加密区范围内不宜设置钢筋接头，且不应进行钢筋搭接。同一纵向受力钢筋不宜设置两个或两个以上接头。接头末端至钢筋弯起点的距离，不应小于钢筋直径的 10 倍。

当直径不同的钢筋连接时，按相互连接 2 根钢筋中较小直径计算连接区段内的接头面积百分率和搭接连接的搭接长度；当同一构件内按不同连接钢筋计算的连接区段长度不同时取大值。

2. 钢筋机械连接施工应符合下列规定：

（1）机械连接接头的混凝土保护层厚度宜符合现行国家标准《混凝土结构设计规范》GB 50010 中受力钢筋的混凝土保护层最小厚度规定，且不得小于 15mm。接头之间的横向净间距不宜小于 25mm。

（2）螺纹接头安装后应使用专用扭力扳手校核拧紧扭力矩。挤压接头压痕直径的波动范围应控制在允许波动范围内，并使用专用量规进行检验。

（3）机械连接接头的适用范围、工艺要求、套筒材料及质量要求等应符合现行行业标准《钢筋机械连接技术规程》JGJ 107 的有关规定。

3. 钢筋焊接施工应符合下列规定：

（1）在钢筋工程焊接施工前，参与该项工程施焊的焊工应进行现场条件下的焊接工艺试验，经试验合格后，方可进行焊接。焊接过程中，如果钢筋牌号、直径发生变更，应再次进行焊接工艺试验。工艺试验使用的材料、设备、辅料及作业条件均应与实际施工一致。

（2）细晶粒热轧钢筋及直径大于 28mm 的普通热轧钢筋，其焊接参数应经试验确定；余热处理钢筋不宜焊接。

（3）电渣压力焊只应使用于柱、墙等构件中竖向受力钢筋的连接。

（4）钢筋焊接接头的适用范围、工艺要求、焊条及焊剂选择、焊接操作及质量要求等应符合现行行业标准《钢筋焊接及验收规程》JGJ 18 的有关规定。

4. 钢筋绑扎应符合下列规定：

（1）钢筋的绑扎搭接接头应在接头中心和两端用铁丝扎牢；

（2）墙、柱、梁钢筋骨架中各竖向面钢筋网交叉点应全数绑扎；板上部钢筋网的交叉点应全数绑扎，底部钢筋网除边缘部分外可间隔交错绑扎；

（3）梁、柱的箍筋弯钩及焊接封闭箍筋的焊点应沿纵向受力钢筋方向错开设置；

（4）构造柱纵向钢筋宜与承重结构同步绑扎；

（5）梁及柱中箍筋、墙中水平分布钢筋、板中钢筋距构件边缘的起始距离宜为 50mm。

5. 钢筋安装应采取防止钢筋受模板模具内表面的脱模剂污染的措施。

6.2.4.2 钢筋焊接接头或机械连接接头布置

当纵向受力钢筋采用机械连接接头或焊接接头时，接头的设置应符合下列规定：

1. 同一构件内的接头宜分批错开。

2. 接头连接区段的长度为 $35d$，且不应小于 $500\mathrm{mm}$，凡接头中点位于该连接区段长度内的接头均应属于同一连接区段；其中 d 为相互连接两根钢筋中较小直径。

3. 同一连接区段内，纵向受力钢筋接头面积百分率为该区段内有接头的纵向受力钢筋截面面积与全部纵向受力钢筋截面面积的比值；纵向受力钢筋的接头面积百分率应符合下列规定：

(1) 受拉接头，不宜大于 50%；受压接头，可不受限制；

(2) 板、墙、柱中受拉机械连接接头，可根据实际情况放宽；装配式混凝土结构构件连接处受拉接头，可根据实际情况放宽；

(3) 直接承受动力荷载的结构构件中，不宜采用焊接；当采用机械连接时，不应超过 50%。

6.2.4.3 钢筋绑扎搭接接头布置

1. 接头位置布置及箍筋设置

(1) 当纵向受力钢筋采用绑扎搭接接头时，接头的设置应符合下列规定：

1) 同一构件内的接头宜分批错开。各接头的横向净间距 s 不应小于钢筋直径，且不应小于 $25\mathrm{mm}$。

2) 接头连接区段的长度为 1.3 倍搭接长度，凡接头中点位于该连接区段长度内的接头均应属于同一连接区段；搭接长度可取相互连接两根钢筋中较小直径计算。纵向受力钢筋的最小搭接长度应符合附录《混凝土结构工程施工规范》GB 50666—2011 中附录 C 的规定。

3) 同一连接区段内，纵向受力钢筋接头面积百分率为该区段内有接头的纵向受力钢筋截面面积与全部纵向受力钢筋截面面积的比值（图6-2-34）；纵向受压钢筋的接头面积百分率可不受限制；纵向受拉钢筋的接头面积百分率应符合下列规定：

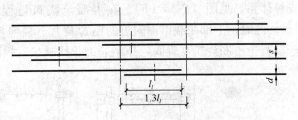

图 6-2-34　钢筋绑扎搭接接头连接区段及接头面积百分率

注：图中所示搭接接头同一连接区段内的搭接钢筋为两根，当各钢筋直径相同时，接头面积百分率为 50%。

① 梁类、板类及墙类构件，不宜超过 25%；基础筏板，不宜超过 50%。

② 柱类构件，不宜超过 50%。

③ 当工程中确有必要增大接头面积百分率时，对梁类构件，不应大于 50%；对其他构件，可根据实际情况适当放宽。

(2) 在梁、柱类构件的纵向受力钢筋搭接长度范围内应按设计要求配置箍筋，并应符合下列规定：

1) 箍筋直径不应小于搭接钢筋较大直径的 25%；

2) 受拉搭接区段的箍筋间距不应大于搭接钢筋较小直径的 5 倍，且不应大于 $100\mathrm{mm}$；

3) 受压搭接区段的箍筋间距不应大于搭接钢筋较小直径的 10 倍，且不应大于 $200\mathrm{mm}$；

4) 当柱中纵向受力钢筋直径大于 $25\mathrm{mm}$ 时，应在搭接接头两个端面外 $100\mathrm{mm}$ 范围内各设置两个箍筋，其间距宜为50mm。

2. 钢筋绑扎工艺要点

（1）基础工程钢筋绑扎

1）钢筋网的绑扎。四周两行钢筋交叉点应每点扎牢，中间部分交叉点可相隔交错扎牢，但必须保证受力钢筋不位移。双向主筋的钢筋网，则须将全部钢筋交叉点扎牢。绑扎时应注意相邻绑扎点的铁丝扣要扎成八字形，以免网片歪斜变形。

2）基础底板采用双层钢筋网时，在上层钢筋网下面，应设置钢筋撑脚或混凝土撑脚，以保证钢筋位置正确。

钢筋撑脚每隔1m放置一个。其直径选用：当板厚 $h \leqslant 30cm$ 时为 $8 \sim 10mm$；当板厚 $h = 30 \sim 50cm$ 时为 $12 \sim 14mm$；当板厚 $h > 50cm$ 时为 $16 \sim 18mm$。

大型基础底板或设备基础，应用 $\phi 16 \sim 25mm$ 钢筋或型钢焊成的支架来支持上层钢筋网，支架间距为 $0.8 \sim 1.5m$。

3）钢筋的弯钩应朝上，不要倒向一边；但双层钢筋网的上层钢筋弯钩应朝下。

4）独立柱基础为双向弯曲，其底面短边的钢筋应放在长边钢筋的上面。

5）现浇柱与基础连接用的插筋，其箍筋应比柱的箍筋缩小一个柱筋直径，以便连接。插筋位置一定要固定牢靠，以免造成柱轴线偏移。

6）对厚筏板基础上部钢筋网片，可采用钢管临时支撑体系（图6-2-35）。图6-2-35（a）示出绑扎上部钢筋网片用的钢管支撑。在上部钢筋网片绑扎完毕后，需置换出水平钢管；为此另取一些垂直钢管通过直角扣件与上部钢筋网片的下层钢筋连接起来，替换了原支撑体系，见图6-2-35（b）。在混凝土浇筑过程中，逐步抽出垂直钢管，见图6-2-35（c）。此时，上部荷载可由附近的钢管及上下端均与钢筋网焊接的多个拉结筋来承受。由于混凝土不断浇筑与凝固，拉结筋细长比减少，提高了承载力。

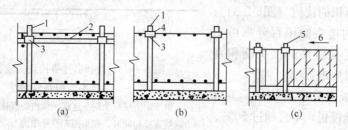

图 6-2-35 厚筏板上部钢筋网片的钢管临时支撑

（a）绑扎上部钢筋网片时；（b）浇筑混凝土前；（c）浇筑混凝土时

1—垂直钢管；2—水平钢管；3—直角扣件；4—下层水平钢筋；

5—待拔钢管；6—混凝土浇筑方向

（2）柱子钢筋绑扎

1）绑扎柱钢筋骨架，应先立起竖向受力钢筋，与基础插筋绑牢，沿竖向钢筋按箍筋间距画线，把所用箍筋套入竖向钢筋中，从上到下逐个将箍筋画线与竖向钢筋扎牢。

2）柱钢筋的绑扎，应在模板安装前进行。

3）柱中竖向钢筋宜采用机械连接接头。

4）箍筋的接头应交错布置在四角纵向钢筋上；箍筋转角与纵向钢筋交叉点均应扎牢，绑扎箍筋时绑扎扣相互应成八字形。

5）下层柱的钢筋露出楼面部分，宜用工具式柱箍将其收进一个柱箍直径，以利上层柱的钢筋搭接。当柱截面有变化时，其下层柱钢筋的露出部分，必须在绑扎梁的钢筋之前，先行收缩准确。

6）框架梁、牛腿及柱帽等钢筋，应放在柱的纵向钢筋内侧。

（3）墙体钢筋绑扎

1）绑扎墙体钢筋网，宜先支设一侧模板，在模板上画出竖向钢筋位置线，依线立起竖向钢筋，再按横向钢筋间距，把横向钢筋绑牢于竖向钢筋上，可先绑两端的扎点，再依次绑中间扎点，靠近外围两行钢筋的交叉点应全部扎牢，中间部分交叉点可间隔扎牢，相邻绑扎点的绑扎方向应"八"字交错。

2）墙体的钢筋，可在基础钢筋绑扎之后浇筑混凝土前插入基础内。

3）墙体的垂直钢筋每段长度不宜超过 4m（钢筋直径≤12mm）或 6m（钢筋直径＞12mm），水平钢筋每段长度不宜超过 8m，以利绑扎。

4）墙体钢筋网之间应绑扎 $\phi6\sim10$mm 钢筋制成的撑钩，间距约为 1m，相互错开排列，以保持双排钢筋间距正确（图6-2-36）。

（4）梁、板工程钢筋绑扎

1）绑扎单向板钢筋网，应先在模板上画出受力钢筋位置线，依线摆放好受力钢筋，再按分布钢筋间距，在受力钢筋上面摆放好分布钢筋，受力钢筋与分布钢筋交叉点，除靠近外围两行钢筋的交叉点全部扎牢外，中间部分交叉点可间隔扎牢，相邻绑扎点的绑扎方向应"八"字交错。

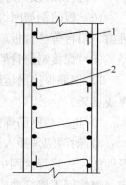

图 6-2-36 墙体钢筋
的撑铁
1—钢筋网；2—撑铁

绑扎双向板钢筋网，应先在模板上画出短向钢筋位置线，依线摆放好短向钢筋，再按长向钢筋间距，在短向钢筋上面摆放好长向钢筋，长向钢筋与短向钢筋的交叉点必须全部扎牢，相邻绑扎点的绑扎方向应"八"字交错。

2）板、次梁与主梁交叉处，板的钢筋在上，次梁的钢筋居中，主梁的钢筋在下（图6-2-37）；当有圈梁或垫梁时，主梁的钢筋应放在圈梁上（图 6-2-38）。主筋两端的搁置长度应保持均匀一致。框架梁、牛腿及柱帽等钢筋，应放在柱的纵向钢筋内侧，同时要注意梁顶面主筋间的净距要有 30mm，以利浇筑混凝土。

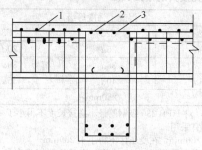

图 6-2-37　板、次梁与主梁
交叉处钢筋
1—板的钢筋；2—次梁钢筋；3—主梁钢筋

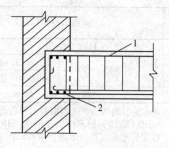

图 6-2-38　主梁与垫梁交叉
处钢筋
1—主梁钢筋；2—垫梁钢筋

3）梁与板纵向受力钢筋采用双层排列时，两排钢筋之间应垫以直径 25mm 或 25mm 以上的短钢筋，以保持其设计距离正确。

4）柱、梁、箍筋应与主筋垂直，箍筋的接头应交错布置在四角纵向钢筋上，箍筋转角与纵向钢筋的交叉点均应扎牢。箍筋平直部分与纵向交叉点可间隔扎牢，以防骨架歪斜。

5）梁钢筋的绑扎与模板安装之间的配合关系：

① 梁的高度较小时，梁的钢筋架空在梁顶上绑扎，然后再落位；

② 梁的高度较大(≥1.0m)时，梁的钢筋宜在梁底模上绑扎，其侧模或一侧模后装。

6）梁板钢筋绑扎时应防止水电管线将钢筋抬起或压下。

7）混凝土保护层的间隔件，见 6.2.4.5 间隔件的应用。

8）钢筋网弯钩方向。板钢筋的弯钩，钢筋在板下部时弯钩向上；钢筋在板上部时弯钩向下。对柱、墙钢筋弯钩应向柱、墙里侧；柱角钢筋弯钩应为 45°角。

9）箍筋的接头应交错布置在两根架立钢筋上，其余同柱。

10）板的钢筋网绑扎与基础同，但应注意板上的负荷，要防止被踩下；特别是雨篷、挑檐、阳台等悬臂板，要严格控制负筋位置，以免拆模后断裂。

（5）焊接钢筋骨架和钢筋网的绑扎

1）钢筋焊接网运输时应捆扎整齐、牢固，每捆重量不应超过 2t，必要时应加刚性支撑或支架。

2）进场的钢筋焊接网宜按施工要求堆放，并应有明确的标志。

3）对两端须插入梁内锚固的焊接网，当网片纵向钢筋较细时，可利用网片的弯曲变形性能，先将焊接网中部向上弯曲，使两端能先后插入梁内，然后铺平网片；当钢筋较粗，焊接网不能弯曲时，可将焊接网的一端少焊 1～2 根横向钢筋，先插入该端，然后退插另一端，必要时可采用绑扎方法补回所减少的横向钢筋。

4）两张网片搭接时，在搭接区中心及两端应采用铁丝绑扎牢固。在附加钢筋与焊接网连接的每个节点处应采用铁丝绑扎。

5）焊接网与焊接骨架沿受力钢筋方向的搭接接头宜位于受力小的部位，如承受均布荷载的简支受弯构件，接头宜放在跨度两端各 1/4 跨长范围内，其搭接长度应符合表 6-2-69规定。

焊接网和受拉焊接骨架绑扎接头的搭接长度　　　　　　　　　　　　　表 6-2-69

项次	钢筋类型		混凝土强度等级		
			C20	C25	≥C30
1	HPB 235 级		30d	25d	20d
2	月牙肋	HRB 335 级	40d	35d	30d
		HRB 400 级	45d	40d	35d
3	冷拔低碳钢丝		250mm		

注：1. d 为受力钢筋直径。当混凝土强度等级低于 C20 时，对 HPB 235 级钢筋最小搭接长度不得小于 40d；表中 HRB 335 级钢筋不得小于 50d；HRB 400 级钢筋不宜采用。
2. 搭接长度除应符合本表要求外，在受拉区不得小于 250mm，在受压区不得小于 200mm。
3. 当月牙肋钢筋直径 $d>25$mm 时，其搭接长度应按表中数值增加 5d 采用；当月牙肋钢筋直径 $d≤25$mm 时，其搭接长度应按表中数值减小 5d 采用。
4. 轻骨料混凝土的焊接骨架和焊接网绑扎接头的搭接长度，应按普通混凝土搭接长度增加 5d，对冷拔低碳钢丝，增加 50mm。
5. 当混凝土在凝固过程中受力钢筋易受扰动时，其搭接长度宜适当增加。
6. 当有抗震要求时，对一、二级抗震等级搭接长度应增加 5d。

6）在梁中焊接骨架的搭接长度内应配置箍筋或短的槽形焊接网。箍筋或网中的横向钢筋间距不得大于 $5d$。轴心受压或偏心受压构件中的搭接长度内，箍筋或横向钢筋的间距不得大于 $10d$。

7）在构件宽度内有若干焊接网或焊接骨架时，其接头位置应错开，在同一截面内搭接的受力钢筋的总截面面积不得大于构件截面中受力钢筋全部截面面积的 50%；在轴心受拉及小偏心受拉构件（板和墙除外）中，不得采用搭接接头。

8）焊接网在非受力方向的搭接长度宜为 100mm。当受力钢筋直径≥16mm 时，焊接网沿分布钢筋方向的接头宜铺以附加钢筋网，其每边的搭接长度为 $15d$。

9）钢筋焊接网安装时，下部网片应设置与保护层厚度相当的水泥砂浆垫块或塑料卡；板的上部网片应在短向钢筋两端，沿长向钢筋方向每隔 600～900mm 设一钢筋支墩。

6.2.4.4 纵筋和箍筋位置的设置

1. 纵筋位置

构件交接处的钢筋位置应符合设计要求。当设计无具体要求时，应保证主要受力构件和构件中主要受力方向的钢筋位置。框架节点处梁纵向受力钢筋宜放在柱纵向钢筋内侧；当主次梁底部标高相同时，次梁下部钢筋应放在主梁下部钢筋之上；剪力墙中水平分布钢筋宜放在外侧，并宜在墙端弯折锚固，此时的水平分布钢筋进入边缘构件后应与边缘构件箍筋布置在一个平面内。

2. 箍筋位置

采用复合箍筋时，箍筋外围应为封闭箍筋。梁类构件复合箍筋内部，宜选用封闭箍筋，奇数肢也可采用单肢箍筋；柱类构件复合箍筋内部可部分采用单肢箍筋。箍筋焊点应沿纵向受力钢筋方向错开设置。

6.2.4.5 钢筋间隔件的应用

1. 基本规定

为了有效地控制混凝土保护层，钢筋安装应采用间隔件固定钢筋的位置，并宜采用专用间隔件。间隔件应具有足够的承载力、刚度、稳定性和耐久性。间隔件的数量、间距和固定方式，应能保证钢筋的位置偏差符合国家现行有关标准的规定。混凝土框架梁、柱保护层内，不宜采用金属间隔件。

（1）混凝土结构及构件施工前均应编制钢筋间隔件的施工方案，施工方案应包括钢筋间隔件的选型、规格、间距及固定方式等内容。

（2）钢筋安装应设置固定钢筋位置的间隔件，并宜采用专用间隔件，不得用石子、砖块、木块等作为间隔件。

（3）钢筋间隔件应具有足够的承载力、刚度。在有抗渗、抗冻、防腐等耐久性要求的混凝土结构中，钢筋间隔件应符合混凝土结构的耐久性要求。

（4）钢筋间隔件所用原材料应有产品合格证，使用制作前应复验，合格后方可使用。

（5）工厂生产的成品间隔件进场时应提供产品合格证和说明书。有承载力要求的间隔件应提供承载力试验报告，承载力试验方法应符合《混凝土结构用钢筋间隔件应用技术规程》JGJ/T 219—2010 中附录 A 的规定；有抗渗要求的塑料类钢筋间隔件应提供抗渗性能试验报告，抗渗性能试验方法应符合前述规程中附录 B 的规定。

（6）在混凝土结构施工中，应根据不同结构类型、环境类别及使用部位、保护层厚度或间隔尺寸等选择钢筋间隔件。混凝土结构用钢筋间隔件可按表 6-2-70 选用。

混凝土结构用钢筋间隔件选用表 表 6-2-70

序号	混凝土结构的环境类别	使用部位	钢筋间隔件 类型			
			水泥基类		塑料类	金属类
			砂浆	混凝土		
1	一	表层	○	○	○	○
		内部	×	△	△	○
2	二	表层	○	○	△	×
		内部	×	△	△	○
3	三	表层	○	○	△	×
		内部	×	△	△	○
4	四	表层	○	○	×	×
		内部	△	△	△	○
5	五	表层	○	○	×	×
		内部	×	△	△	○

注：1. 混凝土结构的环境类别的划分应符合现行国家标准《混凝土结构设计规范》GB 50010 的有关规定；
　　2. 表中○表示宜选用；△表示可以选用；×表示不应选用。

（7）钢筋间隔件的形状、尺寸应符合保护层厚度或钢筋间距的要求，应有利于混凝土浇筑密实，并不致在混凝土内形成孔洞。

（8）钢筋间隔件上与被间隔钢筋连接的连接件或卡扣、槽口应与其相适配并可牢固定位。

（9）电焊机、混凝土泵、管架等设备荷载不得直接作用在钢筋间隔件上。

（10）清水混凝土的表层间隔件应根据功能要求进行专项设计。与模板的接触面积对水泥基类钢筋间隔件不宜大于 $300mm^2$；对塑料类钢筋间隔件和金属类钢筋间隔件不宜大于 $100mm^2$。

2. 钢筋间隔件的制作和检验要求

（1）水泥基类钢筋间隔件

1）水泥基类钢筋间隔件主要由水泥和混凝土制成，其制作质量应符合国家现行有关规范的要求。

2）水泥基类钢筋间隔件的规格应符合下列规定：

① 可根据混凝土构件和被间隔钢筋的特点选择立方体或圆柱体等实心的钢筋间隔件（图 6-2-39）。

图 6-2-39　水泥基类钢筋间隔件

② 普通混凝土中的间隔件与钢筋接触面的宽度不应小于 20mm，且不宜小于被间隔钢筋的直径。

③ 应设置与被间隔钢筋定位的绑扎铁丝、卡扣或槽口，绑扎铁丝、卡扣应与砂浆或混凝土基体可靠固定。

④ 水泥砂浆间隔件的厚度不宜大于 40mm。

3）水泥基类钢筋间隔件的材料和配合比应符合下列规定：

① 水泥砂浆间隔件不得采用水泥混合砂浆制作，水泥砂浆强度不应低于 20MPa。

② 混凝土间隔件的混凝土强度应比构件的混凝土强度等级提高一级，且不应低于 C30。

③ 水泥基类钢筋间隔件中绑扎钢筋的铁丝宜采用退火铁丝。

4）不应使用已断裂或破碎的水泥基类钢筋间隔件，发生断裂和破碎应予以更换。

5）水泥基类钢筋间隔件应采用模具成型。

6）水泥基类钢筋间隔件的养护时间不应小于 7d。

（2）塑料类钢筋间隔件

1）塑料类钢筋间隔件必须采用工厂生产的产品，其原材料不得采用聚氯乙烯类塑料，且不得使用二级以下的再生塑料。

2）塑料类钢筋间隔件可作为表层间隔件，但环形的塑料类钢筋间隔件不宜用于梁、板的底部。作为内部间隔件时不得影响混凝土结构的抗渗性能和受力性能。因为，塑料类钢筋间隔件与混凝土的粘结力比水泥基类钢筋间隔件和金属类钢筋间隔件小很多，它们两者的界面易发生渗水现象，因此，当用塑料类钢筋间隔件作为内部间隔件时，特别是作为贯穿型内部间隔件时，应考虑它对混凝土结构的影响，必要时可选用其他材料的钢筋间隔件。

3）塑料类钢筋间隔件的类型有很多（图 6-2-40），选用时可按钢筋的种类、直径、间隔尺寸和方式等选用。塑料类钢筋间隔件的钢筋卡扣应预先设计、注塑成型。塑料类钢筋间隔件可做成不同的颜色，宜按保护层厚度设置颜色标识，以防止错用、便于检查。

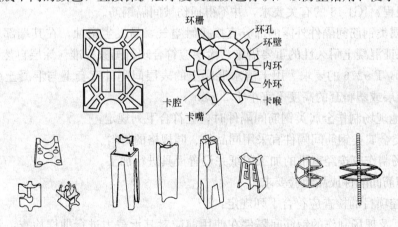

图 6-2-40 塑料类钢筋间隔件

4）不得使用老化断裂或缺损的塑料类钢筋间隔件，发生断裂或破碎应予以更换。

5）塑料类钢筋间隔件的抗渗性能应按《混凝土结构用钢筋间隔件应用技术规程》JGJ/T 219—2010 中附录 B 进行试验。

（3）金属类钢筋间隔件

1）金属类钢筋间隔件宜采用工厂生产的产品，金属类钢筋间隔件可用作内部间隔件，除一类环境外，不应用作表层间隔件。

2）金属类钢筋间隔件的规格应符合下列规定：

① 可根据混凝土构件和被间隔钢筋的特点选择弓形、鼎形、立柱形、门形等钢筋间隔件（图 6-2-41）。

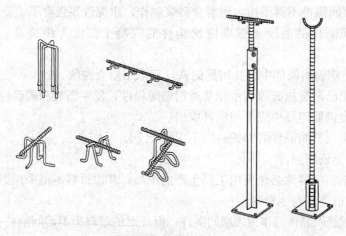

图 6-2-41　金属类钢筋间隔件

② 与钢筋采用非焊接或非绑扎固定的金属类钢筋间隔件应设置与被间隔钢筋定位的卡扣或槽口。

3）金属类钢筋间隔件所用的钢材宜采用 HPB235 热轧光圆钢筋及 Q235 级钢。

4）金属类钢筋间隔件不得有裂纹或断裂，钢材不得有片状老锈。

5）金属类钢筋间隔件与被间隔钢筋采用焊接定位时，应满足现行行业标准《钢筋焊接及验收规程》JGJ 18 的有关要求，并不得损伤被间隔钢筋。

6）金属类钢筋间隔件外露的部分直接接触空气，易发生腐蚀，在其端部应作防腐处理，这是保证混凝土耐久性的重要措施。涂层应符合现行国家标准《涂层自然气候暴露试验方法》GB/T 9276 的要求。用于清水混凝土的表层间隔件宜套上与混凝土颜色接近的塑料套。涂层或塑料套的高度不宜小于 20mm。

7）工地现场制作金属类钢筋间隔件时，应符合下列规定：

① 同类金属类钢筋间隔件宜采用同品种、同规格的材料。

② 现场制作应按经审批的加工图纸并设置模具进行加工。

（4）钢筋间隔件成品检验要求

1）主控项目的检查应符合下列规定：

① 工厂及现场制作的钢筋间隔件在使用前应对其承载力进行抽样检查，钢筋间隔件承载力应符合要求。

② 水泥基类钢筋间隔件应按现行国家标准《砌体结构工程施工质量验收规范》GB 50203 及《混凝土结构工程施工质量验收规范》GB 50204 检查砂浆或混凝土试块强度。每一工作班的同一配合比的砂浆或混凝土取样不应少于一次。

2) 一般项目的检查应符合下列规定:

① 工厂及现场制作的钢筋间隔件在使用前均应对其外观、形状、尺寸进行检查。

② 水泥基类钢筋间隔件的外观、形状、尺寸应符合设计要求,其允许偏差应符合表6-2-71 的规定。

水泥基类钢筋间隔件的允许偏差 表 6-2-71

序号	项 目	允许偏差			检查数量	检查方法
1	外观	不应有断裂或大于边长 1/4 的破碎			全数检查	目测、用尺量测
		不应有直径大于 8mm 或深度大于 5mm 的孔洞				
		不应有大于 20% 的蜂窝				
2	连接铁丝或卡铁	无缺损、完好、无松动				目 测
3	外形(mm)	间隔尺寸	工厂生产	基础	+4, −3	同一类型的间隔件,工厂生产的每批检查数量宜为 0.1%,且不应少于 5 件;现场制作的每批检查数量宜为 0.2%,且不应少于 10 件	用卡尺量测
				梁、柱	+3, −2		
				板、墙、壳	+2, −1		
			现场制作	基础	+5, −4		
				梁、柱	+4, −3		
				板、墙、壳	+3, −2		
		其他尺寸	工厂生产		±5		
			现场制作		±10		

③ 塑料类钢筋间隔件外观、形状、尺寸及标识等应符合设计要求,其允许偏差应符合表 6-2-72 的规定。

塑料类钢筋间隔件的允许偏差 表 6-2-72

序号	检查项目		允许偏差	检查数量	检查方法
1	外 观		不得有裂纹	全数检查	目测
2	颜色标识		齐全、与所标识规格一致		
3	外形尺寸(mm)	间隔尺寸	±1	同一类型的间隔件,每批检查数量宜为 0.1%,且不少于 5 件	用卡尺量测
		其他尺寸	±1		

④ 金属类钢筋间隔件的外观、形状、尺寸应符合设计要求,其允许偏差应符合表 6-2-73 的规定。

金属类钢筋间隔件的允许偏差 表 6-2-73

序号	检查项目	允许偏差	检查数量	检查方法
1	外观	焊缝完整;不得有片状老锈、油污、裂纹及过大的变形	全数检查	目测、用尺量测

序号	检查项目				允许偏差	检查数量	检查方法
2	外形尺寸 (mm)	间隔尺寸	工厂生产	基础	+2，−1	同一类型的间隔件，工厂生产的每批检查数量宜为0.1%，且不少于5件；现场制作的每批检查数量宜为0.2%，且不少于10件	用卡尺量测
				梁、柱	+1，−1		
				板、墙、壳	+1，−1		
			现场制作	基础	+4，−2		
				梁、柱	+3，−2		
				板、墙、壳	+2，−1		
		其他尺寸	工厂生产		±2		
			现场制作		±5		

⑤ 钢筋间隔件质量检查程序和组织应符合现行国家标准《建筑工程施工质量验收统一标准》GB 50300 的规定。

3. 钢筋间隔件的安放

（1）基本要求

1）表层间隔件宜直接安放在被间隔的受力钢筋处，当安放在箍筋或非受力钢筋时，其间隔尺寸应按受力钢筋位置作相应的调整。

2）竖向间隔件的安放间距应根据间隔件的承载力和刚度确定，并应符合被间隔钢筋的变形要求。

3）钢筋间隔件安放后应进行保护，不应使之受损或错位。作业时应避免物件对钢筋间隔件的撞击。

（2）表层间隔件的安放

1）板类构件（包括板、壳、T形梁翼缘、箱形梁顶板和底板等）表层间隔件的安放应满足钢筋不发生塑性变形，并保证钢筋间隔件不破损。

2）混凝土板类的表层间隔件宜按阵列式放置在纵横钢筋的交叉点的位置，两个方向的间距均不宜大于表 6-2-74 的规定。

板类的表层钢筋间隔件安放间距（m）　　　　　表 6-2-74

钢筋间距（mm）		受力钢筋直径（mm）		
		6～10	12～18	>20
单向板配筋	<50	1.0	1.5	2.0
	60～100	0.8	1.5	2.0
	110～150	0.6	1.0	2.0
	160～200	0.5	1.0	2.0
	>200	0.5	0.8	2.0
双向板配筋	<50	1.2	2.0	2.5
	60～100	1.0	2.0	2.5
	110～150	0.8	1.5	2.5
	160～200	0.8	1.5	2.5
	>200	0.6	1.0	2.5

注：1. 双向板以短边方向钢筋确定；
　　2. 直径大于 32mm 钢筋的间距应保证被间隔钢筋竖向变形，基础不大于 10mm，板不大于 3mm。
　　3. 板类钢筋间隔件有阵列式放置和梅花式放置，按阵列式放置对减小被间隔钢筋的变形更为有利，故建议用此放置方法。

3）梁类构件（包括梁、方桩、屋架弦杆等）表层间隔件的安放分为竖向和水平向。由于钢筋一般形成骨架，受力后变形小，因此竖向间距可大一些；梁的水平表层间隔件只受浇筑混凝土冲击，承受的力比竖向要小，所以间距可适当放大。

① 混凝土梁类的竖向表层间隔件应放置在最下层受力钢筋下面，当安放在箍筋下面时，其间隔尺寸应作相应的调整。安放间距不应大于表 6-2-75 的规定。纵横梁钢筋相交处应增设钢筋间隔件。

梁类的竖向表层间隔件的安放间距（m）　　　　　　　表 6-2-75

跨中上层钢筋直径（mm）	≤10	12～18	20～25	≥25
安放间距	0.6	1.0	1.5	2.0

② 梁类构件的水平表层间隔件应放置在受力钢筋侧面，当安放在箍筋侧面时，其间隔尺寸应作相应的调整。对侧面配有腰筋的梁，在腰筋部位应放置同样数量的水平间隔件。安放间距不应大于表 6-2-76 的规定。

梁类的水平表层间隔件的安放间距（m）　　　　　　　表 6-2-76

钢筋直径（mm）	≤10	12～18	20～25	≥25
安放间距	0.8	1.2	1.8	2.2

4）混凝土墙类的表层间隔件应采用阵列式放置在最外层受力钢筋处。水平与竖向安放间距不应大于表 6-2-77 的规定。

混凝土墙类的表层间隔件的安放间距（m）　　　　　　　表 6-2-77

外层受力钢筋直径（mm）	≤8	10～16	18～22	≥25
安放间距	0.5	0.8	1.0	1.2

5）混凝土柱类的表层间隔件应放置在纵向钢筋的外侧面，其水平间距不应大于 0.4m；竖向间距不宜大于 0.8m；水平与竖向表层间隔件每侧均不应少于 2 个，并对称放置。

6）灌注桩的表层间隔件，当采用混凝土圆柱状钢筋间隔件时，应安放在同一环向箍筋上；当采用金属弓形钢筋间隔件时（图 6-2-42），应与纵向钢筋焊接。安放间距应符合表 6-2-78 的规定，且每节钢筋笼不应少于 2 组，长度大于 12m 的中间应增设 1 组。

钢板弓形钢筋间隔件焊接固定时应防止钢筋受焊弧损伤。

7）斜向构件钢筋间隔件的安放应符合下列规定：

① 与水平面的夹角不大于 45°的斜向构件，基表层间隔件安放的斜向间距可根据构件类型按板类、梁类处理。

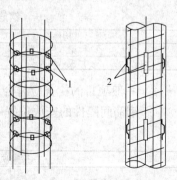

图 6-2-42　灌注桩表层间隔件

1—混凝土环；2—钢板弓形钢筋间隔件

灌注桩的表层间隔件的安放间距（m）　　　　　表 6-2-78

纵向钢筋直径（mm）		≤8	10~16	18~22	≥25
竖向间距		3.0	4.0	5.0	6.0
水平间距（弧长）	桩径≤800（mm）	0.8，且不少于 3 个			
	桩径>800（mm）	1.0			

② 与水平面夹角大于 45°的斜向构件，其表层间隔件安放的斜向间距可根据构件类型按墙类、柱类处理。

（3）内部间隔件的安放

1）竖向内部间隔件的安放应符合下列规定：

① 厚（高）度大于或等于 1000mm 混凝土板、梁及其他大型构件的竖向内部间隔件及其间距应根据计算确定。计算内容包括钢筋间隔件的承载力、刚度、稳定性以及被间隔钢筋的变形。

② 梁类竖向内部间隔件可采用独立式或组合式。竖向内部间隔件应直接支承于模板或垫层。安放间距不应大于表 6-2-75 的规定。

在钢筋上下分别放置钢筋间隔件，如梁底部钢筋下放置表层间隔件，在其上面又放置了内部间隔件，这两个钢筋间隔件应在同一垂线上，以防止钢筋受到附加弯矩。

③ 预应力曲线型布筋时，竖向内部间隔件可安放在底模或定位于已安装好的非预应力筋。钢筋间隔件间距应专门设计，其安放曲率应符合设计要求。

2）水平内部间隔件的安放应符合下列规定：

① 墙类水平内部间隔件宜采用阵列式布置，间距应符合表 3-5-10 的规定。兼作墙体双排分布钢筋网连系拉筋的水平间隔件还应符合现行国家标准《混凝土结构设计规范》GB 50010 的规定。

② 梁类水平内部间隔件应安放在已固定好的外侧钢筋上，其安放间距应符合表6-2-76的规定。

（4）钢筋间隔件安放质量要求

1）主控项目的检查应符合下列规定：

① 混凝土浇筑前应对钢筋间隔件的安放质量进行检查，其形式、规格、数量及固定方式应符合施工方案的要求。

② 钢筋间隔件安放的保护层厚度允许偏差应符合表 6-2-79 的规定。

钢筋间隔件安放的保护层厚度允许偏差　　　　　表 6-2-79

构件类型	允许偏差（mm）
梁（柱）类	+8，−5
板（墙）类	+5，−3

2）一般项目的检查应符合下列规定：

① 钢筋间隔件的安放位置应符合施工方案，其允许偏差应符合表 6-2-80 的规定。

钢筋间隔件的安放位置允许偏差　　　　　表 6-2-80

检查项目		允许偏差
位置	平行于钢筋方向	50mm
	垂直于钢筋方向	0.5d

注：表中 d 为被间隔钢筋直径。

② 钢筋间隔件的安放方向应与被间隔钢筋的排放方式一致。

4. 钢筋间隔件运输、储存要求

（1）水泥基类钢筋间隔件宜码齐装运，运输中应避免振动和颠簸，防止发生断裂和破碎，不得与腐蚀性化学物品混运、混储。

（2）塑料类钢筋间隔件不得与腐蚀性化学物品混运、混储。运输宜采用包装箱运输方式，并宜整箱保管、随用随拆箱。开箱后应放置的阴凉处，不宜露天存放，不应暴露在紫外线或阳光直射环境中。散放的塑料类钢筋间隔件上方不得重压。对承载力有怀疑或室外存放期超过 6 个月的产品应进行承载力复验。

（3）金属类钢筋间隔件不得与腐蚀性化学物品混运、混储，并有防潮措施。工厂生产的金属类钢筋间隔件运输宜采用包装箱运输方式，并宜整箱保管。散装散放的金属类钢筋间隔件上方不应重压。

6.2.4.6 钢筋安装质量要求

1. 主控项目

（1）钢筋安装时，受力钢筋的牌号、规格和数量必须符合设计要求。

（2）钢筋应安装牢固。受力钢筋的安装位置、锚固方式应符合设计要求。

2. 一般项目

钢筋安装偏差及检验方法应符合表 6-2-81 的规定，受力钢筋保护层厚度的合格点率应达到 90% 及以上，且不得有超过表中数值 1.5 倍的尺寸偏差。

表 6-2-81

钢筋安装允许偏差和检验方法

项　　　目		允许偏差 （mm）	检 验 方 法
绑扎钢筋网	长、宽	±10	尺量
	网眼尺寸	±20	尺量连续三档，取最大偏差值
绑扎钢筋骨架	长	±10	尺量
	宽、高	±5	尺量
纵向受力钢筋	锚固长度	−20	尺量
	间距	±10	尺量两端、中间各一点，取最大偏差值
	排距	±5	
纵向受力钢筋、箍筋的 混凝土保护层厚度	基础	±10	尺量
	柱、梁	±5	尺量
	板、墙、壳	±3	尺量
绑扎箍筋、横向钢筋间距		±20	尺量连续三档，取最大偏差值
钢筋弯起点位置		20	尺量
预埋件	中心线位置	5	尺量
	水平高差	+3, 0	塞尺量测

注：检查中心线位置时，沿纵、横两个方向量测，并取其偏差的较大值。

6.2.5 钢筋焊接网应用技术

6.2.5.1 钢筋焊接网的特点

1. 钢筋工程的现场工作量大部分转到专业化工厂进行，有利于提高建筑工业化水平。

2. 用于大面积混凝土工程，焊接网比手工绑扎网质量提高很多，不仅钢筋间距正确，而且网片刚度大，混凝土保护层厚度均匀，易于控制，明显提高钢筋工程质量。

3. 焊接网的受力筋和分布筋可采用较小直径，有利于防止混凝土表面裂缝。国外经验，路面配置焊接网可减少龟裂 75% 左右。

4. 大量降低钢筋安装工，比绑扎网少用人工 50%～70%，大大提高施工速度。

总之，钢筋焊接网这种新型配筋形式，具有提高工程质量、节省钢材、简化施工、缩短工期等特点，特别适用于大面积混凝土工程，有利于提高建筑工业化水平。焊接网的应用不仅仅是工艺上的转变，而是钢筋工程施工方式的转变，即由手工化向工厂化、商品化的转变。

6.2.5.2 钢筋焊接网混凝土结构应用

1. 构造规定

(1) 保护层

设计使用年限为 50 年的钢筋焊接网配筋的混凝土板、墙构件，最外层钢筋的保护层厚度不应小于钢筋的公称直径，且应符合表 6-2-82 的规定；设计使用年限为 100 年的构件，不应小于表 6-2-82 数值的 1.4 倍。

混凝土保护层的最小厚度 c（mm）　　　　　　　　　　表 6-2-82

环 境 类 别	混 凝 土 强 度 等 级	
	C20	≥C25
一	20	15
二 a	—	20
二 b	—	25
三 a	—	30
三 b	—	40

注：钢筋混凝土基础宜设置混凝土垫层，基础中钢筋的混凝土保护层厚度应从垫层顶面算起，且不应小于40mm。

(2) 锚固

1) 除悬臂板外的钢筋焊接网混凝土板类受弯构件的纵向受拉钢筋最小配筋百分率应取 0.15 和 $0.45f_t/f_y$ 两者中的较大值。悬臂板及其他构件纵向受拉钢筋最小配筋百分率应符合现行国家标准《混凝土结构设计规范》GB 50010 的有关规定。

2) 带肋钢筋焊接网纵向受拉钢筋的锚固长度 l_a 应符合表 6-2-16 的规定，并应符合下列规定：

① 当锚固长度内有横向钢筋时，锚固长度范围内的横向钢筋不应少于一根，且此横向钢筋至计算截面的距离不应小于50mm（图 6-2-43）；

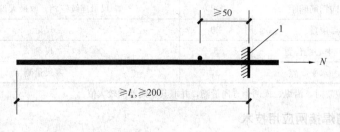

图 6-2-43　带肋钢筋焊接网纵向受拉钢筋的锚固
1— 计算截面；N— 拉力

② 当焊接网中的纵向钢筋为并筋时，锚固长度应按单根等效钢筋进行计算，等效钢筋的直径按截面面积相等的原则换算确定，两根等直径并筋的锚固长度应按表6-2-83中数值乘以系数1.4后取用；

带肋钢筋焊接网纵向受拉钢筋的锚固长度 l_a（mm）

表 6-2-83

钢筋焊接网类型		混凝土强度等级				
		C20	C25	C30	C35	≥C40
CRB550、CRB600H、HRB400、HRBF400 钢筋焊接网	锚固长度内无横筋	$45d$	$40d$	$35d$	$32d$	$30d$
	锚固长度内有横筋	$32d$	$28d$	$25d$	$22d$	$21d$
HRB500、HRBF500 钢筋焊接网	锚固长度内无横筋	$55d$	$48d$	$43d$	$39d$	$36d$
	锚固长度内有横筋	$39d$	$34d$	$30d$	$27d$	$25d$

注：d 为纵向受力钢筋直径（mm）。

③ 当锚固区内无横筋，焊接网中的纵向钢筋净距不小于 $5d$ 且纵向钢筋保护层厚度不小于 $3d$ 时，表6-2-16中钢筋的锚固长度可乘以0.8的修正系数，但不应小于200mm；

④ 在任何情况下的锚固长度不应小于200mm。

3）作为构造钢筋用的冷拔光面钢筋焊接网，在锚固长度范围内应有不少于两根横向钢筋且较近一根横向钢筋至计算截面的距离不应小于50mm，钢筋的锚固长度不应小于150mm（图6-2-44），锚固长度应取焊接网最外侧横向钢筋到计算截面的距离。

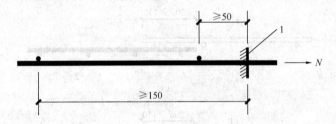

图 6-2-44 受拉光面钢筋焊接网的锚固
1—计算截面；N—拉力

4）钢筋焊接网的受拉钢筋，当采用附加绑扎带肋钢筋锚固时，其锚固长度应符合（2）锚固第2）条中关于锚固长度内无横筋的有关规定。

（3）搭接

1）钢筋焊接网的搭接接头宜设置在结构受力较小处。

2）带肋钢筋焊接网在受拉方向的搭接应符合下列规定：

① 采用叠搭法或扣搭法时，两张焊接网钢筋的搭接长度不应小于（2）锚固第2）条中关于锚固区内有横筋时规定的锚固长度 l_a 的1.3倍，且不应小于200mm（图6-2-45）；在搭接区内每张焊接网的横向钢筋不得少于一根，且两张焊接网最外一根横向钢筋之间的距离不应小于50mm；

② 采用平搭法时，两张焊接网钢筋的搭接长度不应小于（2）锚固中第2）条中关于锚固区内无横筋时规定的锚固长度 l_a 的1.3倍，且不应小

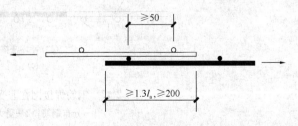

图 6-2-45 带肋钢筋焊接网搭接接头

于 300mm；

③ 当搭接区内纵向受力钢筋的直径 d 不小于 12mm 时，其搭接长度应按本条①、②款的计算值增加 5d 采用。

3）作为构造用的冷拔光面钢筋焊接网在受拉方向的搭接可采用叠搭法或扣搭法，并应符合下列规定：

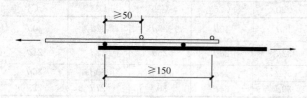

图 6-2-46　冷拔光面钢筋焊接网搭接接头

① 在搭接长度范围内每张焊接网的横向钢筋不应少于 2 根，两张焊接网的搭接长度不应小于 150mm，且不应小于一个网格加 50mm（图 6-2-46），搭接长度应取两张焊接网最外侧横向钢筋间的距离；

② 冷拔光面钢筋焊接网的受力钢筋，当搭接区内一张焊接网无横向钢筋且无附加钢筋、焊接网或附加锚固构造措施时，不得采用搭接。

4）钢筋焊接网在受压方向的搭接长度，应取受拉钢筋搭接长度的 0.7 倍，且不应小于 150mm。

5）带肋钢筋焊接网在非受力方向的分布钢筋的搭接，当采用叠搭法（图 6-2-47a）或

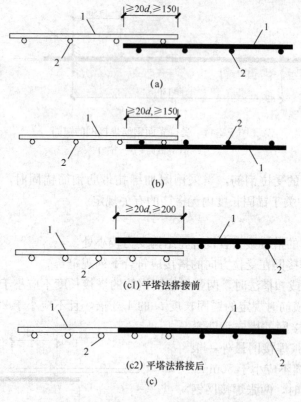

(a)

(b)

(c1) 平搭法搭接前

(c2) 平搭法搭接后

(c)

图 6-2-47　钢筋焊接网在非受力方向的搭接

1—分布钢筋；2—受力钢筋

（a）叠搭法；（b）扣搭法；（c）平搭法

扣搭法（图 6-2-47b）时，在搭接范围内每张焊接网至少应有一根受力主筋，搭接长度不应小于 $20d$，d 为分布钢筋直径，且不应小于 150mm；当采用平搭法（图 6-2-47c）一张焊接网在搭接区内无受力主筋时，其搭接长度不应小于 $20d$，且不应小于 200mm。

当搭接区内分布钢筋的直径 d 大于 8mm 时，其搭接长度应按本条的规定值增加 $5d$ 取用。

6）带肋钢筋焊接网双向配筋的面网的搭接应符合（3）搭接中第 2）条的规定。

7）钢筋焊接网局部范围的受力钢筋也可采用附加钢筋在现场绑扎搭接，搭接钢筋的截面面积可按等强度设计原则换算求得。其搭接长度及构造要求应符合（3）搭接第 2）条和第 4）条的有关规定。

8）有抗震设防要求的带肋钢筋焊接网混凝土结构构件，其纵向受力钢筋的锚固长度和搭接长度除应符合（2）锚固第 2）条、第 4）条和（3）搭接第 1）条和第 2）条的有关规定外，尚应符合下列规定：

a. 纵向受拉钢筋的抗震锚固长度 l_{aE} 应按下列公式计算：

一、二级抗震等级

$$l_{aE} = 1.15 l_a \tag{6-2-11a}$$

三级抗震等级

$$l_{aE} = 1.05 l_a \tag{6-2-11b}$$

四级抗震等级

$$l_{aE} = l_a \tag{6-2-11c}$$

式中 l_a ——纵向受拉钢筋的锚固长度，按（2）锚固中之 2）条确定。

b. 当采用搭接接头时，纵向受拉钢筋的抗震搭接长度 l_{lE} 应取 1.3 倍 l_{aE}。当搭接区内纵向受力钢筋的直径 d 不小于 12mm 时，其搭接长度应按本条的规定值增加 $5d$ 采用。

2. 板

（1）板中受力钢筋的直径不宜小于 5mm，受力钢筋的间距应符合下列规定：

1）当板厚 h 不大于 150mm 时，不宜大于 200mm；

2）当板厚 h 大于 150mm 时，不宜大于 $1.5h$，且不宜大于 250mm。

（2）板的钢筋焊接网宜按板的梁系区格布置，单向板底网的受力主筋不宜搭接连接。

（3）板伸入支座的下部纵向受力钢筋，其间距不应大于 400mm，截面面积不应小于跨中受力钢筋截面面积的 1/2，伸入支座的长度不应小于 10 倍纵向受力钢筋直径，且不宜小于 100mm。焊接网最外侧钢筋距梁边的距离不应大于该方向钢筋间距的 1/2，且不宜大于 100mm。

（4）现浇楼盖周边与混凝土梁或混凝土墙整体浇筑的单向板或双向板，应沿周边在板上部布置构造钢筋焊接网，其直径不宜小于 7mm，间距不宜大于 200mm，且截面面积不宜小于板跨中相应方向纵向钢筋截面面积的 1/3；该钢筋自梁边或墙边伸入板内的长度，不宜小于短跨方向板计算跨度的 1/4。上部构造钢筋应按受拉钢筋锚固。

（5）对嵌固在承重砌体墙内的现浇板，其上部焊接网的钢筋伸入支座的构造长度不宜小于 110mm，并在网端应有一根横向钢筋（图 6-2-48a）或将上部纵向构造钢筋弯折（图 6-2-48b）。

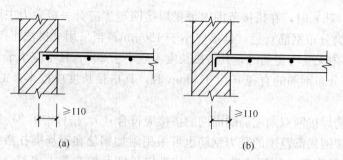

图 6-2-48 板上部受力钢筋焊接网的锚固

(a) 直网锚固；(b) 弯网锚固

（6）嵌固在砌体墙内的现浇板沿嵌固边在板上部配置的构造钢筋焊接网，应符合下列规定：

1）焊接网带肋钢筋直径不宜小于 5mm，间距不宜大于 200mm，该钢筋垂直伸入板内的长度从墙边算起不宜小于 $l_0/7$，l_0 为单向板的跨度或双向板的短边跨度；

2）对两边均嵌固在墙内的板角部分，构造钢筋焊接网伸入板内的长度从墙边算起不宜小于 $l_0/4$，l_0 为板的短边跨度；

3）沿板的受力方向配置的板边上部构造钢筋，其截面面积不宜小于该方向跨中受力钢筋截面面积的 1/3。

（7）当按单向板设计时，单位宽度上分布钢筋的面积不宜小于单位宽度上受力钢筋面积的 15%，且配筋率不宜小于 0.10%；分布钢筋的间距不宜大于 250mm。对于集中荷载较大的情况，分布钢筋的截面面积应适当增加，其间距不宜大于 200mm。

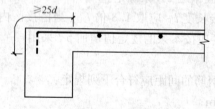

图 6-2-49 板上部钢筋焊接网与边跨
混凝土梁的连接

（8）当端跨板与混凝土梁连接处按构造要求设置上部钢筋焊接网时，其钢筋伸入梁内的长度不应小于 $25d$，当梁宽小于 $25d$ 时，应将上部钢筋伸至梁的箍筋内再弯折（图6-2-49）。

（9）现浇双向板底网的搭接及锚固宜符合下列规定：

1）底网短跨方向的受力钢筋不宜在跨中搭接，在端部宜直接伸入支座锚固，也可采用与伸入支座的附加焊接网或绑扎钢筋搭接 ［图 6-2-50 (a)、(b)、(c)］；

2）底网长跨方向的钢筋宜伸入支座锚固，也可采用与伸入支座的附加焊接网或绑扎钢筋搭接 ［图 6-2-50 (a)、(d)］；

3）附加焊接网或绑扎钢筋伸入支座的钢筋截面面积分别不应小于短跨、长跨方向跨中受力钢筋的截面面积；

4）附加焊接网或绑扎钢筋伸入支座的锚固长度应符合 1 构造规定之（2）锚固第 2）条的规定。搭接长度应符合"1. 构造规定"之（3）搭接第 2）条的规定；

5）双向板底网的搭接位置与面网的搭接位置不宜在同一断面。

（10）现浇双向板的底网及满铺面网可采用单向焊接网的布网方式。当双向板的纵向钢筋和横向钢筋分别与构造钢筋焊成单向纵向网和单向横向网时，应按受力钢筋的位置和

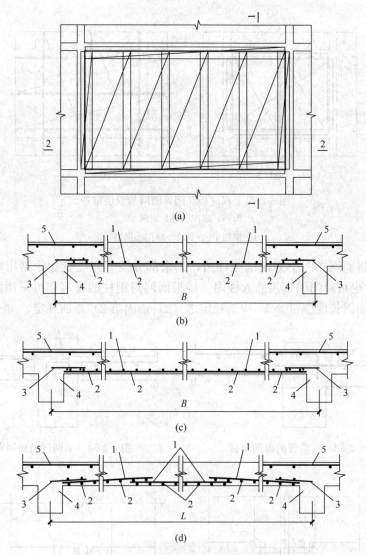

图 6-2-50　双向板底部钢筋焊接网的搭接

(a) 双向板底网布置示意；(b) 叠搭法搭接 (1-1)；

(c) 扣搭法搭接 (1-1)；(d) 叠搭法搭接 (2-2)

1—长跨方向钢筋；2—短跨方向钢筋；3—伸入支座的附加钢筋；

4—支承梁；5—支座上部钢筋

方向分层设置，底网应分别伸入相应的梁中（图 6-2-51a）；面网应按受力钢筋的位置和方向分层布置（图 6-2-51b）。

　　(11) 有高差板的面网，当高差大于 30mm 时，面网宜在有高差处断开，分别锚入梁中（图 6-2-52），钢筋伸入梁的锚固长度应符合 1. 构造规定之（2）锚固第 2）条的规定。

　　(12) 当梁两侧板的面网配筋不同时，宜按较大配筋布置设计面网；也可采用梁两侧的面网分别布置（图 6-2-52），其锚固长度应符合 1. 构造规定之（2）锚固第 2）条的规定。

　　(13) 楼板面网与柱的连接可采用整张焊接网套在柱上（图 6-2-54a），再与其他焊接

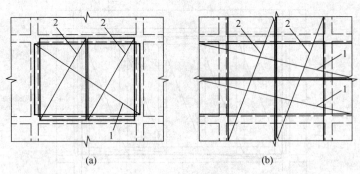

图 6-2-51 双向板底网、面网的双层布置

(a) 底网；(b) 面网

1—横向单向网；2—纵向单向网

网搭接；也可将面网在两个方向铺至柱边，其余部分按等强度设计原则用附加钢筋补足（图 6-2-54b）；也可单向网直接插入柱内。楼板面网与钢柱的连接亦可采用附加钢筋连接方式，钢筋的锚固长度应符合 1. 构造规定之（2）锚固第 2）条的规定。

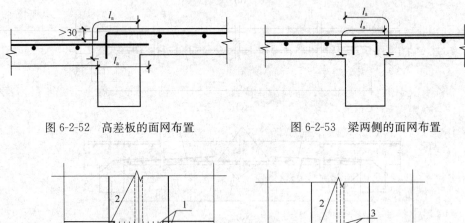

图 6-2-52 高差板的面网布置   图 6-2-53 梁两侧的面网布置

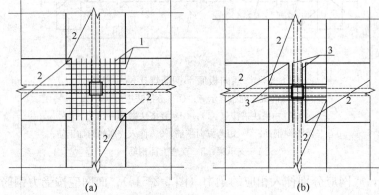

图 6-2-54 楼板焊接网与柱的连接

(a) 焊接网套柱连接；(b) 附加筋连接

1—套柱网片；2—焊接网的面网；3—附加钢筋

（14）楼板底网与柱的连接应符合 1. 构造规定之（3）搭接第 4）条的有关规定。

（15）当楼板开洞时，洞内被截断的钢筋应按等强度设计原则增设附加绑扎短钢筋加强，其构造应符合普通绑扎钢筋相应的规定。

3. 墙

（1）当焊接网用作钢筋混凝土房屋结构的剪力墙的分布筋时，其适用范围及设计要求应符合下列规定：

1）应根据设防烈度、结构类型和房屋高度，按现行国家标准《混凝土结构设计规范》GB 50010 的规定采用不同的抗震等级，并应符合相应的计算要求和抗震构造措施；

2）热轧带肋钢筋焊接网可用作钢筋混凝土房屋中非抗震设防及抗震等级为一、二、三、四级墙体的分布钢筋；

3）CRB550、CRB600H 焊接网不应用于抗震等级为一级的结构中，可用作抗震等级为二、三、四级的剪力墙底部加强部位以上的墙体分布钢筋。

（2）钢筋焊接网混凝土剪力墙的竖向和水平分布钢筋的配置，应符合下列规定：

1）一、二、三级抗震等级的剪力墙的水平和竖向分布钢筋配筋率均不应小于 0.25%；四级抗震等级剪力墙配筋率不应小于 0.20%；

2）部分框支剪力墙结构的剪力墙底部加强部位，水平和竖向分布钢筋的配筋率不应小于 0.30%；

3）对高度小于 24m 且剪压比很小的四级抗震等级剪力墙，其竖向分布钢筋最小配筋率可按 0.15% 采用。

（3）钢筋焊接网剪力墙水平和竖向分布钢筋的间距应符合下列规定：

1）当分布钢筋直径为 6mm 时，分布钢筋间距不应大于 150mm；

2）当分布钢筋直径为 8mm 及以上时，其间距不应大于 300mm。

（4）墙体中钢筋焊接网在水平方向的搭接，对外层焊接网宜采用平搭法，对内层网可采用叠搭法或扣搭法。

（5）剪力墙中带肋钢筋焊接网的布置应符合下列规定：

1）作为分布钢筋的焊接网可按一楼层为一个竖向单元，其竖向搭接可设置在楼层面之上，且不应小于 400mm 与 40d 的较大值，d 为竖向分布钢筋直径；

2）在搭接范围内，下层的焊接网不应设水平分布钢筋，搭接时应将下层网的竖向钢筋与上层网的钢筋绑扎牢固（图 6-2-55）。

（6）带肋钢筋焊接网在墙体中的构造应符合下列规定：

1）当墙体端部有暗柱时，墙中焊接网应布置至暗柱边，再用通过暗柱的 U 形筋与两侧焊接网搭接（图 6-2-56a），搭接长度应符合 1. 构造规定之（3）搭接第 2）条或第 8）条的要求；或将焊接网设在暗柱外侧，并将水平钢筋弯成直钩伸入暗柱内，直钩的长度宜为 5d～10d，且不应小于 50mm（图 6-2-56b）；当墙体端部为转角暗柱时，墙中两侧焊接网应布置至暗柱边，再用通过暗柱的 U 形筋与两侧焊接网搭接，搭接长度为 l_l 或 l_{lE}（图 6-2-56c）。

2）当墙体端部 T 形连接处为暗柱或边缘结构柱时，焊接网应布置至混凝土边，用 U 形筋连接内墙两侧焊接

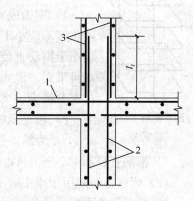

图 6-2-55 墙体钢筋焊接网的
竖向搭接
1—楼板；2—下层焊接网；
3—上层焊接网

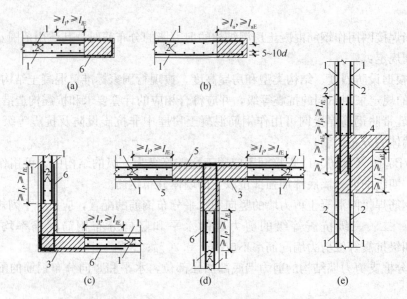

图 6-2-56　钢筋焊接网在墙体端部及交叉处的构造

（a）墙端有暗柱①；（b）墙端有暗柱②；（c）转角暗柱；（d）"T"形暗柱；（e）墙竖向钢筋锚入梁内

1—焊接网水平钢筋；2—焊接网竖向钢筋；3—暗柱；4—暗梁；5—连接钢筋；6—U 形筋

网，用同种钢筋连接垂直于内墙的外墙两侧焊接网的水平钢筋，其搭接长度均应为 l_l 或 l_{lE}（图 6-2-56d）；

3）当墙体底部和顶部有梁或暗梁时，竖向分布钢筋应插入梁或暗梁中，其长度应为 l_a 或 l_{aE}（图 6-2-56e）。带肋钢筋焊接网在暗梁中的锚固长度，应符合 1. 构造规定之（2）锚固第 2）条或（3）搭接第 8）条的规定。

（7）墙体内双排钢筋焊接网之间应设置拉筋连接，其直径不应小于 6mm，间距不应大于 600mm。

4. 焊接箍筋笼

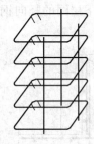

（1）焊接箍筋笼用于柱中时（图 6-2-57）应符合下列规定：

1）应做成封闭式并在箍筋末端应做成 135°的弯钩，弯钩末端平直段长度不应小于 5 倍箍筋直径；当有抗震要求时，弯折后平直段长度不应小于箍筋直径的 10 倍和 75mm 两者中的较大值；箍筋笼长度根据柱高可采用一段或分成多段。CRB550、CRB600H、CPB500 钢筋不应用于抗震等级为一级柱的箍筋笼。

图 6-2-57　柱用箍筋笼

2）箍筋笼的箍筋间距不应大于构件截面的短边尺寸，且不应大于 15d，d 为纵向受力钢筋的最小直径。

3）箍筋直径不应小于 $d/4$，且不应小于 6mm，d 为纵向受力钢筋的最大直径。

（2）焊接箍筋笼用于梁中时（图 6-2-58）应符合下列规定：

1）箍筋笼长度根据梁长可采用一段或分成几段（图 6-2-58a）。

2）可采用封闭式或开口式的箍筋笼。当为受扭所需箍筋或考虑抗震要求时，应采用封闭式，箍筋的末端应做成 135°弯钩，弯折后平直段长度不应小于箍筋直径的 10 倍和 75mm 两者中的较大值（图 6-2-58b）；对非抗震的梁平直段长度不应小于 5 倍箍筋直径，

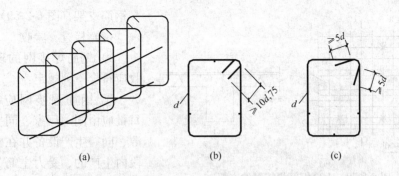

图 6-2-58　梁用箍筋笼

(a) 封闭式箍筋；(b) 135°弯钩；(c) 稍大于 90°弯钩

并应在角部弯成稍大于 90°的弯钩（图 6-2-58c）。当梁与板整体浇筑不考虑抗震要求且不需计算要求的受压钢筋亦不需进行受扭计算时，可采用 U 形开口箍筋笼。

3）梁中箍筋的间距应符合现行国家标准《混凝土结构设计规范》GB 50010 的有关规定。

4）当梁高大于 800mm 时，箍筋直径不宜小于 8mm；当梁高不超过 800mm 时，箍筋直径不宜小于 6mm；当梁中配有计算需要的纵向受压钢筋时，箍筋直径尚不应小于 $d/4$，d 为纵向受压钢筋的最大直径。

5）梁箍筋笼的技术要求可按《钢筋焊接网混凝土结构技术规程》JGJ 114—2014 附录 B 有关规定执行。

（3）梁、柱焊接箍筋笼的设计尚应符合现行国家标准《混凝土结构设计规范》GB 50010 中关于梁、柱箍筋构造的有关规定。

5. 施工及验收

（1）一般规定

1）钢筋焊接网应采用专门的焊接网设备、全部交叉点均用电阻点焊生产。

2）当钢筋焊接网的牌号或规格需作变更时，应办理设计变更文件。

3）钢筋焊接网的施工及验收除应符合《钢筋焊接网混凝土结构技术规程》JGJ 114—2014 的规定外，尚应符合国家现行标准《混凝土结构工程施工质量验收规范》GB 50204、《混凝土结构工程施工规范》GB 50666 等的有关规定。

4）进场的钢筋焊接网宜按施工要求堆放，并应有明显的标志。

（2）安装

1）对两端需插入梁内锚固的焊接网，当钢筋直径较细时，可先后将两端插入梁内锚固；当焊接网不能自然弯曲时，可将焊接网的一端少焊（1～2）根横向钢筋，插入后可采用绑扎方法补足所减少的横向钢筋。

2）钢筋焊接网的搭接、构造，应符合 1. 构造规定及 2. 板、3 墙.4 焊接箍筋笼的有关规定。两张焊接网搭接时，应绑扎固定，且绑扎点的间距不应超过 600mm。在梁顶搭接或锚固的面网钢筋宜绑扎于梁的纵向钢筋上。当双向板底网或面网采用 2. 板中第（10）条规定的双层配筋时，两层网间宜绑扎定位，每 2m² 不宜少于 1 个绑扎点。

3）钢筋焊接网安装时，下部焊接网应设置与保护层厚度相当的定位件；板的上部焊接网在端头可不设弯钩，应在接近短向钢筋两端，沿长向钢筋方向每隔 600～900mm 设

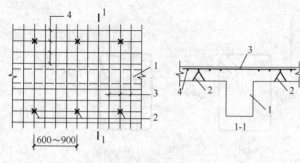

图 6-2-59　上部钢筋焊接网的支架

1—梁；2—支架；3—短向钢筋；4—长向钢筋

一钢筋支架（图 6-2-59）。

（3）检查、验收

1）钢筋焊接网的现场检查验收应符合下列规定：

① 钢筋焊接网应按批验收，每批应由同一厂家、同一原材料来源、同一生产设备并在同一连续时段内生产的、受力主筋为同一直径的焊接网组成，重量不应大于 30t；同时应检查焊接网所用材料的产品合格证及检验报告；

② 每批焊接网应抽取 5%，且不应少于 3 张，并应按《钢筋焊接网混凝土结构技术规程》JGJ 114—2014 附录 D 的规定进行外观质量和几何尺寸的检验；

③ 对钢筋焊接网应从每批中随机抽取一张，进行重量偏差检验，冷拔光面钢筋焊接网尚应按前述规程附录 D 的要求进行钢筋直径偏差检验；

④ 钢筋焊接网的屈服强度、抗拉强度、伸长率、弯曲及抗剪试验应符合《钢筋焊接网混凝土结构技术规程》JGJ 114—2014 附录 E 的规定。

2）钢筋焊接网宜按实际重量交货。当焊接网质量确有保证时，也可按理论重量交货。钢筋焊接网的实际重量与理论重量的允许偏差为 ±4%。

3）钢筋焊接网的技术性能要求应符合上述规程附录 E 的有关规定。

4）钢筋焊接网搭接长度的允许偏差为 +30mm。对墙和板，应按有代表性的自然间抽查 10%，且不应少于 3 间。

6.2.6　混凝土结构成型钢筋制品加工要求

6.2.6.1　定义和产品标记

1. 定义

成型钢筋是指按规定尺寸、形状加工成型的非预应力钢筋制品；

组合成型钢筋是指将成型钢筋连接成平面体或空间体的钢筋制品。

2. 产品标记

（1）成型钢筋标记

1）成型钢筋标记由形状代码、端头特性、钢筋牌号、公称直径、下料长度、总件数或根数组成。

2）成型钢筋形状代码应符合表 6-2-84 的规定。

3）成型钢筋应按下列内容次序标记：

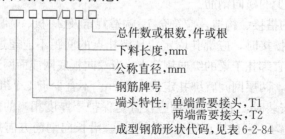

成型钢筋形状及代码

表 6-2-84

形状代码	形状示意图	形状代码	形状示意图
000		1000	
1011		1033	
1022			
2010		2011	
2020		2021	
2030		2031	
2040		2041	
2050		2051	

形状代码	形状示意图	形状代码	形状示意图
2060		2061	
3010		3011	
30212		3013	
3020		3021	
3022			
3070		3071	
4010		4011	
4012		4013	

形状代码	形状示意图	形状代码	形状示意图
4020		4021	
4030		4031	
5010		5011	
5012		5013	
5020		5021	
5022		5023	
5024		5025	

形状代码	形状示意图	形状代码	形状示意图
5026			
5070		5071	
5072		5073	
6010		6011	
6012		6013	
6020		6021	
6022		6023	

形状代码	形状示意图	形状代码	形状示意图
7010		7011	
7012			
7020		7021	
8010			
8020		8021	
8030		8031	

注：1. 本表形状代码第一位数字 0～7 代表成型钢筋的弯折次数（不包含端头弯钩），8 代表圆弧状或螺旋状，9 代表所有非标准形状。

2. 本表形状代码第二位数字 0～2 代表成型钢筋端头弯钩特征：0—没有弯钩，1——端有弯钩；2—两端有弯钩。

3. 本表形状代码第三、四位数字 00.90 代表成型钢筋形状。

两次弯折形状 2010 型、两端需要螺纹接头 12，成型钢筋采用的钢筋原材牌号 HRB335、钢筋直径 20mm，下料长度 2000mm，总件数 23 件的混凝土结构用成型钢筋，标记示例如下：

成型钢筋 2010 T2 HRB355/20 2000 23

（2）钢筋焊接网标记

钢筋焊接网标记应符合 GB/T 1499.3—2010 中第 4 章的规定。

定型钢筋焊接网按下列内容次序标记：

焊接网型号-长度方向钢筋牌号×宽度方向钢筋牌号-网片长度（mm）×网片宽度（mm）

例如：A10-CRB550×CRB550-4800mm×2400mm

6.2.6.2 制品加工要求

1. 材料

（1）成型钢筋应采用 GB/T 701、GB 1499.1、GB 13014、GB 13788 规定牌号的钢筋原材。

（2）成型钢筋采用的钢筋原材应按相应标准要求规定抽取试件做力学性能检验，其质量应符合相应现行国家标准的规定。

（3）成型钢筋及采用的钢筋原材应无损伤表面不得有裂纹、结疤、油污、颗粒状或片状铁锈。

（4）成型钢筋采用钢筋原材的几何尺寸、实际重量与理论重量允许偏差应符合相应现行国家标准的规定。

（5）成型钢筋采用钢筋原材的品种、级别或规格需作变更时，应办理设计变更文件。

（6）钢筋原材有脆断、焊接性能不良或力学性能不正常等现象时，应对该批钢筋原材进行化学成分检验或其他专项检验。

（7）有抗震设防要求的结构，其纵向受力钢筋的强度应符合国家现行标准的要求。

2. 加工要求

（1）成型钢筋加工前应对钢筋的规格、牌号、下料长度、数量等进行核对。

（2）成型钢筋加工前，应编制钢筋配料单。其内容包括：

1）成型钢筋应用工程名称及混凝土结构部位；

2）成型钢筋品种、级别、规格、每件下料长度；

3）成型钢筋形状代码、形状简图及尺寸；

4）成型钢筋单件根数、单件总根数、该工程使用总根数、总长度、总重量。

（3）成型钢筋调直宜采用机械方法。当采用冷拉方法调直钢筋时，应严格按照钢筋的级别、品种控制冷拉率。冷拉率应符合表 6-2-85 的规定。

冷拉率的允许值   表 6-2-85

项　　目	允许冷拉率（%）
HPB300 级钢筋	≤4
HRB335、HRB400 和 RRB400 级钢筋	≤1

（4）成型钢筋的切断、弯折应选用机械方式。用于机械连接的钢筋端面应平直并与钢筋轴线垂直，端头不应有弯曲、马蹄、椭圆等任何变形。

（5）箍筋应选用机械加工完成。除焊接封闭环式箍筋外，箍筋的末端应按设计和现行规范要求制作弯钩。

（6）钢筋焊接网的制造要求应符合《钢筋混凝土用钢　第 3 部分：钢筋焊接网》GB/T 1499.3—2010 中的规定。

（7）组合成型钢筋的制作可采用机械连接、焊接或绑扎搭接。机械连接接头和焊接接头的类型及质量除应符合 JGJ 18、JGJ 107 的有关规定外，尚应符合下列规定：

1）纵向受力钢筋不宜采用绑扎搭接接头；

2）组合成型钢筋连接必须牢固，吊点焊接应牢固，并保证起吊刚度；

3）箍筋位置、间距应准确，弯钩应沿受力方向错开设置；

4）接头宜设置在受力较小处，同一纵向受力钢筋不宜设置两个或两个以上接头；

5）接头末端至钢筋弯起点的距离不应小于钢筋直径的 10 倍。

（8）成型钢筋采用闪光对焊连接时，除应符合 JGJ 18 的有关规定外，尚应符合下列规定：

1）接头处不得有裂纹、表面不得有明显烧伤；

2）接头处弯折角不得大于 3°；

3）接头处的轴线偏移不得大于钢筋直径的 0.1 倍，且不得大于 2mm。

（9）组合成型钢筋分节制造完成后应试拼装，其主筋连接应符合相应的设计要求。

（10）钢筋原材下料长度应根据混凝土保护层厚度、钢筋弯曲、弯钩长度及图样中尺寸等规定计算，其下料长度应符合下列规定：

1）直钢筋下料长度按公式（6-2-12）计算：

$$L_Z = L_1 + L_2 + \Delta_G \tag{6-2-12}$$

式中　L_Z——直钢筋下料长度（mm）；

L_1——构件长度（mm）；

L_2——保护层厚度（mm）；

Δ_G——弯钩增加长度，按表 6-2-86 确定。

弯钩增加长度（Δ_G） 表 6-2-86

弯钩角度(°)	HPB300 级钢筋(mm)						HRB335 级、HRB400 级和 RRB400 级钢筋(mm)					
	弯弧内直径 $D=3d$		弯弧内直径 $D=5d$		弯弧内直径 $D=10d$		弯弧内直径 $D=3d$		弯弧内直径 $D=5d$		弯弧内直径 $D=10d$	
	单钩	双钩	单钩	双钩	单钩	双钩	单钩	双钩	单钩	双钩	单钩	双钩
90	4.21d	8.42d	6.21d	12.42d	11.21d	22.42d	4.21d	8.42d	6.21d	12.42d	11.21d	22.42d
135	4.87d	9.74d	6.87d	13.74d	11.87d	23.74d	5.89d	11.78d	7.89d	15.78d	12.89d	25.78d
180	6.25d	12.50d	8.25d	16.50d	13.25d	26.50d	—	—	—	—	—	—

注：d——钢筋原材公称直径；D——弯弧内直径；

2）弯起钢筋下料长度按公式（6-2-13）计算：

$$L_W = L_a + L_b - \Delta_W + \Delta_G \tag{6-2-13}$$

式中　L_W——弯起钢筋下料长度（mm）；

L_a——直段长度（mm）；

L_b——斜段长度（mm）；

Δ_W——弯曲调整值总和，按表 6-2-87 确定。

单次弯曲调整值　　　　表 6-2-87

成型钢筋用途	弯弧内直径	弯折角度(°)					
		38	45	60	90	135	180
HPB300 级箍筋	$D=5d$	0.306d	0.543d	0.9d	2.288d	2.831d	4.576d
HPB300 级主筋	$D=2.5d$	0.29d	0.49d	0.765d	1.751d	2.24d	3.502d
HRB335 级主筋	$D=4d$	0.299d	0.522d	0.846d	2.673d	2.595d	4.146d
HRB400 级主筋	$D=5d$	0.305d	0.543d	0.9d	2.288d	2.831d	4.576d
平法框架主筋	$D=8d$	0.323d	0.608d	1.061d	2.931d	3.539d	—
	$D=12d$	0.348d	0.694d	1.276d	3.79d	4.484d	—
	$D=16d$	0.373d	0.78d	1.491d	4.648d	5.428d	—
轻骨料 HRB335 级主筋	$D=3.5d$	0.306d	0.511d	0.819d	1.966d	2.477d	3.932d

3)箍筋下料长度按公式(6-2-14)计算

$$L_G = L - \Delta_G - \Delta_W \qquad (6-2-14)$$

式中　L_G——箍筋下料长度，mm；

　　　L——箍筋直段长度总和，mm；

　　　Δ_G——弯钩增加长度，按表 6-2-86 确定；

　　　Δ_W——弯曲调整值总和，按表 6-2-87 确定。

4)其他类型(环形、螺旋、抛物线钢筋)下料长度按公式(6-2-15)计算：

$$L_Q = L_J + \Delta_G \qquad (6-2-15)$$

式中　L_Q——其他类型下料长度，mm；

　　　L_J——钢筋长度计算值，mm；

　　　Δ_G——弯钩增加长度，按表 6-2-86 确定。

3. 形状和尺寸允许偏差

(1)成型钢筋形状、尺寸的允许偏差应符合表 6-2-88 的规定。

成型钢筋加工的允许偏差　　　　表 6-2-88

项　　目		允许偏差(mm)
调直后每米弯曲度		≤4
受力成型钢筋顺长度方向全长的净尺寸		±10
成型钢筋弯折位置		±20
箍筋内净尺寸		±5
钢筋焊接网		应符合 GB/T 1499.3—2010 中 6.3、6.4 的规定
钢筋笼和钢筋骨架	主筋间距	±10
	箍筋间距	±10
	高度、宽度、直径	±10
	总长度	±10

(2) 受力成型钢筋的弯钩和弯折除应符合设计要求外，弯弧内直径尚应符合表 6-2-89

的规定；弯钩和弯折角度、弯后平直部分长度还应符合下列规定：

1）HPB300 级钢筋原材末端应做成 180°弯钩，弯钩的弯后平直部分长度不应小于钢筋原材直径的 3 倍；

2）当设计要求成型钢筋末端需做成 135°弯钩时，HRB335 级、HRB400 级钢筋原材弯后平直部分长度应符合设计要求；

3）箍筋弯钩的弯弧内直径除应符合上述的规定外，且不应小于受力钢筋原材直径。

弯曲和弯折的弯弧内直径 表 6-2-89

成型钢筋用途	弯弧内直径 D/mm
HPB300 级箍筋、拉筋	$D=5d$，且不小于主筋直径
HPB300 级主筋	$D \geqslant 2.5d$，且小于纵向受力成型钢筋直径
HRB335 级主筋	$D \geqslant 4d$
HRB400 级和 RRB400 级主筋	$D \geqslant 5d$
平法框架主筋直径≤25mm	$D=8d$
平法框架主筋直径＞25mm	$D=12d$
平法框架顶层边节点主筋直径≤25mm	$D=12d$
平法框架主筋直径＞25mm	$D=16d$
轻骨料混凝土结构构件 HPB235 级主筋	$D=7d$

（3）箍筋末端的弯钩形式应符合设计要求。当无具体要求时，应符合下列规定：

1）一般结构的弯钩角度不应小于 90°，有抗震要求的结构应为 135°；

2）一般结构箍筋弯后平直部分长度不应小于箍筋直径的 5 倍，有抗震要求的结构不应小于箍筋直径的 10 倍且不小于 75mm。

6.2.6.3 制品试验、检验要求

1. 试验方法

（1）成型钢筋应进行出厂检验，其试验项目、取样方法、试验方法应符合表 6-2-90 的规定。

成型钢筋的试验项目、取样方法及试验方法 表 6-2-90

试验项目	试验数量	取样方法	试验方法
钢筋原材力学性能	按相应标准规定执行	按相应标准规定执行	GB/T 228
成型钢筋尺寸	1%；不少于 3 件	从同一批生产的同规格、同形状、重量不大于 20t 的一批成型钢筋中随机抽取	用钢直尺、游标卡尺、角度尺测量
成型钢筋表面质量	全部		6.2.6.2 制品加工要求 1. 材料中第（3）、（6）条观察
钢筋焊接网尺寸、抗剪力	按相应标准规定执行	按相应标准规定取样	GB/T 1499.3
成型钢筋连接外观、力学性能	按相应标准规定执行	按相应标准规定取样	GB/T 228、JGJ 107

试验项目	试验数量	取样方法	试验方法
组合成型钢筋	全部		6.2.6.2 制品加工要求 2. 加工要求中第（7）、（8）条用钢直尺、角度尺测量，观察

（2）测量钢筋尺寸的，原材直径应精确到 0.1mm，钢筋原材及成型钢筋加工尺寸应精确到 1mm。

2. 检验要求

（1）一般规定

1）当判断成型钢筋质量是否符合要求时，应以交货检验结果为依据，钢筋原材的化学成分、力学性能应以供方提供的资料为依据，其他检验项目应按合同规定执行。

2）成型钢筋质量的检验分为出厂检验和交货检验。出厂检验工作应由供方承担，交货检验工作应由需方承担。

（2）组批

1）成型钢筋应按批进行检查验收，每批应由同一工程、同一材料来源、同一组生产设备并在同一连续时段内制造的成型钢筋组成，重量不应大于 20t。

2）钢筋焊接网、成型钢筋接头按批进行检查验收时，应符合《钢筋混凝土用钢　第 3 部分：钢筋焊接网》GB/T 1499.3《钢筋焊接及验收规程》JGJ 18 与《钢筋机械连接技术规程》JGJ 107 的规定。

（3）复验与判定

成型钢筋的形状、尺寸检验结果符合 6.2.6.2 制品加工要求第 3 条的规定为合格；当不符合要求时，则应从该批成型钢筋中再取双倍试样进行不合格项目的检验，复验结果全部合格时，该批成型钢筋判定为合格。

6.2.6.4　制品贮运要求

1. 每捆成型钢筋应捆扎均匀、整齐、牢固，捆扎数不应少于 3 道，必要时应加刚性支撑或支架，防止运输吊装过程中成型钢筋发生变形。

2. 成型钢筋应在明显处挂有不少于一个标签，标志内容应与配料单相对应。包括工程名称、成型钢筋型号、数量、示意图及主要尺寸、生产厂名、生产日期、使用部位、检验印记等内容。

3. 成型钢筋宜堆放在仓库式料棚内。露天存放应选择地势较高、土质坚实、较为平坦的场地，下面要加垫木、离地不少于 200mm，宜覆盖防止锈蚀、碾孔、污染。

4. 钢筋机械连接头检验合格后应加保护帽，并按规格分类码放整齐。

5. 同一项工程与同一构件的成型钢筋宜按施工先后顺序分类码放。

6.3　混凝土工程

6.3.1　材料

6.3.1.1　水泥

混凝土结构工程使用的水泥，通常选用通用硅酸盐水泥，作为特殊用途时，也可选用其他品种水泥，但应不会对混凝土结构工程的功能和性能产生影响。

1. 常用水泥的性能及选用原则，见表 6-3-1。

常用水泥的性能及选用原则 表 6-3-1

品种	代号	特　性	选用原则
硅酸盐水泥	P·Ⅰ	早期强度及后期强度都较高，在低温下强度增长比其他种类的水泥快，抗冻、耐磨性能好，但水化热较高，抗腐蚀性较差	施工优先选用。特别是有抗冻、抗渗要求的混凝土宜选用
	P·Ⅱ		
普通硅酸盐水泥	P·O	除早期强度比硅酸盐水泥稍低，其他性能接近硅酸盐水泥	
矿渣硅酸盐水泥	P·S·A	早期强度较低，在低温环境中强度增长较慢，但后期强度增长较快，凝结时间较长，保水性较差，水化热较低，抗冻性较差，耐侵蚀性好，耐热性较好，但干缩变形较大，析水性较大，耐磨性较差	有抗渗要求的混凝土不宜选用
	P·S·B		
火山灰质硅酸盐水泥	P·P	需水量大，保水性好，早期强度较低，在低温环境中强度增长较慢，在高温潮湿环境中（如蒸汽养护）强度增长较快，水化热较低，耐侵蚀性好，但干缩变形较大，析水性较大，耐磨性较差	特别适宜用于地下工程、大体积混凝土、长期潮湿的环境和地下有腐蚀性的环境
粉煤灰硅酸盐水泥	P·F	需水量小，和易性好，泌水少，水化热比火山灰水泥还低，和易性好，耐腐蚀性好，早期强度较低，抗冻耐磨性较差	特别适用于大体积混凝土，还适用于地下工程和有腐蚀介质的工程，不适用于低温下施工的工程
复合硅酸盐水泥	P·C	介于普通水泥与火山灰水泥、矿渣水泥及粉煤灰水泥性能之间，当复掺混合材料较少时，它的性能与普通水泥相似，随着混合材料复掺量的增加，性能也趋向大掺量混合材料的水泥	

2. 通用硅酸盐水泥化学指标，见表 6-3-2。

通用硅酸盐水泥化学指标（％） 表 6-3-2

品种	代号	不溶物（质量分数）	烧失量（质量分数）	三氧化硫（质量分数）	氧化镁（质量分数）	氯离子（质量分数）
硅酸盐水泥	P·Ⅰ	≤0.75	≤3.0	≤3.5	≤5.0	≤0.06
	P·Ⅱ	≤1.50	≤3.5			
普通硅酸盐水泥	P·O	—	≤5.0			
矿渣硅酸盐水泥	P·S·A	—	—	≤4.0	≤6.0	
	P·S·B	—	—		—	
火山灰质硅酸盐水泥	P·P	—	—	≤3.5	≤6.0	
粉煤灰硅酸盐水泥	P·F	—	—			
复合硅酸盐水泥	P·C	—	—			

注：1. 硅酸盐水泥压蒸试验合格时，其氧化镁的含量（质量分数）可放宽至 6.0％；

　　2. A 型矿渣硅酸盐水泥（P·S·A）、火山灰质硅酸盐水泥、粉煤灰硅酸盐水泥、复合硅酸盐水泥中氧化镁的含量（质量分数）大于 6％时，应进行水泥压蒸安定性试验并合格；

　　3. 氯离子含量有更低要求时，该指标由供需双方协商确定。

6.3.1.2　砂和石子

普通混凝土施工用砂，一般采用天然砂、人工砂或混合砂，且要求粒径小于 5mm。

1. 砂

（1）配置混凝土时宜优先选用Ⅱ区中砂。当采用Ⅰ区砂时，应提高砂率，并保持足够的水泥用量，满足混凝土的和易性；当采用Ⅲ区砂时，宜降低砂率；当采用特细砂时，应符合相应的规定。

（2）配置泵送混凝土，宜选用中砂，通过 $315\mu m$ 筛孔的颗粒不应少于 15%。

（3）混凝土用天然砂中含泥量和泥块含量，见表 6-3-3。

天然砂中含泥量和泥块含量限值　　　　　　　　表 6-3-3

混凝土强度等级	≥C60	C55～C30	≤25
含泥量（按质量计，%）	≤2.0	≤3.0	≤5.0
泥块含量（按质量计，%）	≤0.5	≤1.0	≤2.0

（4）混凝土用人工砂混合砂中石粉含量限值，见表 6-3-4。

人工砂或混合砂中石粉含量限值　　　　　　　　表 6-3-4

混凝土强度等级		≥C60	C55～C30	≤C25
石粉含量（%）	MB<1.4（合格）	≤5.0	≤7.0	≤10.0
	MB≥1.4（不合格）	≤2.0	≤3.0	≤5.0

（5）砂中的有害物质含量限值，见表 6-3-5。

砂中的有害物质含量限值　　　　　　　　表 6-3-5

项　　目	质量指标
云母含量（按质量计，%）	≤2.0
轻物质含量（按质量计，%）	≤1.0
硫化物及硫酸盐含量（折算成 SO_3 按质量计，%）	≤1.0
氯离子含量（按干砂的质量百分率计，%）	钢筋混凝土≤0.06；预应力混凝土≤0.02
有机物含量（用比色法试验）	颜色不应深于标准色，当颜色深于标准色时，应按水泥胶砂强度试验方法进行强度对比试验，抗压强度比不应低于0.95

注：1. 对于有抗冻、抗渗或其他特殊要求的混凝土用砂，其云母含量不应大于 1.0%。

2. 当砂中含有颗粒状的硫酸盐或硫化物杂质时，应进行专门检验，确认能满足混凝土耐久性要求后，方可使用。

2. 石子

普通混凝土所用石子可分为碎石和卵石。

（1）混凝土用石采用连续粒级，单粒级用于组合成满足要求的连续粒级，也可与连续粒级混合使用，以改善级配或配成较大粒度的连续粒级。不宜用单一的粒级配置混凝土。如必须单独使用，则应做技术经济分析，并通过试验证明不会发生离析或影响混凝土的质量。

（2）普通混凝土用石子最大公称粒径不得大于构件截面最小尺寸的 1/4，且不得大于钢筋最小净间距的 3/4；对混凝土实心板，骨料的最大公称粒径不宜大于板厚的 1/2，且不得超过 50mm。

(3) 碎石或卵石中含泥量限值，见表 6-3-6。

碎石或卵石中含泥量限值　　　　表 6-3-6

混凝土强度等级	≥C60	C55～C30	≤C25
含泥量（按质量计，%）	≤0.5	≤1.0	≤2.0

(4) 碎石或卵石中泥块含量限值，见表 6-3-7。

碎石或卵石中泥块含量限值　　　　表 6-3-7

混凝土强度等级	≥C60	C55～C30	≤C25
泥块含量（按质量计，%）	≤0.2	≤0.5	≤0.7

(5) 碎石或卵石中针、片状颗粒含量限值，见表 6-3-8。

碎石或卵石中针、片状颗粒含量限值　　　　表 6-3-8

混凝土强度等级	≥C60	C55～C30	≤C25
针、片状颗粒含量（按质量计，%）	≤8	≤15	≤25

(6) 碎石或卵石的有害物质含量限值，见表 6-3-9。

碎石或卵石的有害物质含量限值　　　　表 6-3-9

项　目	质量要求
硫化物及硫酸盐含量（折算成 SO_3，按质量计，%）	≤1.0
卵石中有机物含量（用比色法试验）	颜色应不深于标准色。当颜色深于标准色时，应配制成混凝土进行强度对比试验，抗压强度比不应低于 0.95

注：当碎石或卵石中含有颗粒状硫酸盐或硫化物杂质时，应进行专门检验，确认能满足混凝土耐久性要求后，方可采用。

6.3.1.3　水

1. 混凝土拌合及养护用水，应符合现行行业标准《混凝土用水标准》JGJ 63—2006 的有关规定。

2. 未经处理的海水严禁用于钢筋混凝土结构和预应力混凝土结构中混凝土的拌制和养护。

3. 混凝土拌合用水水质要求，见表 6-3-10。

混凝土拌合用水的水质要求　　　　表 6-3-10

项　目	预应力混凝土	钢筋混凝土	素混凝土
pH 值	≥5	≥4.5	≥4.5
不溶物(mg/L)	≤2000	≤2000	≤5000
可溶物(mg/L)	≤2000	≤5000	≤10000
氯化物（以 Cl^- 计）(mg/L)	≤500	≤1000	≤3500
硫酸盐（以 SO_4^{2-} 计）(mg/L)	≤600	≤2000	≤2700
碱含量(mg/L)	≤1500	≤1500	≤1500

注：碱含量按 $Na_2O+0.658K_2O$ 计算值来表示。采用非碱活性骨料时，可不检验。

6.3.1.4　外加剂

1. 减水剂

减水剂按其减水效果可分为：普通减水剂、高效减水剂和高性能减水剂三类。

普通减水剂的减水率和增强效果较低，国家标准《混凝土外加剂》GB 8076—2008 规定其减水率应大于 8%。常用的主要是木质素系减水剂。

高效减水剂是一种能保持混凝土坍落度一致的条件下，大幅度减少拌合用水量的外加剂。《混凝土外加剂》GB 8076—2008 规定其减水率应大于 14%，高效减水剂减水率可达 20% 以上。目前主要的产品有萘系、三聚氰胺系和氨基磺酸盐系等，其中以萘系为主。

高性能减水剂是比高效减水剂具有更高减水率、更好坍落度保持性能、较小干燥收缩且具有一定引气性能的一类减水剂。

以上三类减水剂，高效减水剂和高性能减水剂均比较适合用于泵送混凝土。常用减水剂品种、掺量及特性，见表 6-3-11。

常用减水剂品种、掺量及特性　　　　表 6-3-11

种　类	主要成分	掺量（占胶凝材料的总量）	特　性
木质素系减水剂	木质素磺酸盐（包括：木钙、木钠、木镁等）	0.2%～0.3%	减水率不高（10%左右），且缓凝、引气。掺量过大会造成强度下降，甚至长时间不凝结。因此使用时要控制适宜的掺量
萘系高效减水剂	萘磺酸盐甲醛缩合物	0.5%～1.0%	一般减水率在 15% 以上，早强显著，混凝土 28d 增强 20% 以上。生产工艺成熟，原料供应稳定，应用较广
三聚氰胺系高效减水剂	三聚氰胺磺酸盐甲醛缩合物	0.2%～1.0%	非引气型、不缓凝。减水等性能优于萘系减水剂，掺量及价格也高于萘系减水剂
脂肪族高效减水剂	磺化丙酮甲醛缩聚物	0.5%～1.0%	为引气型高效减水剂，减水率大于 15%，具有低温不结晶的特点，混凝土工作性良好。生产工艺成熟
聚羧酸系高效减水剂	聚羧酸聚合物	0.1%～0.2%	具有强度高、耐热性、耐久性、耐候性好等优异性能。掺量小、减水率高，具有良好的流动性，坍落度损失小，对环境无污染

2. 早强剂

早强剂可分为无机物和有机物两大类。无机早强剂主要指一些盐类，而有机早强剂主要指三乙醇胺等，见表 6-3-12。

常用早强剂种类　　　　表 6-3-12

分类		常用种类
无机早强剂	氯盐早强剂	氯化钠、氯化钙、氯化钾、氯化锂、氯化铁
	硫酸盐早强剂	硫酸钠、硫酸钾、硫酸钙
	金属氢氧化物早强剂	氢氧化钠、氢氧化钾
	其他无机早强剂	盐酸、氟化钠、硅酸钠、水泥晶坯
有机早强剂		三乙醇胺、三异丙醇胺、甲酸钙、乙酸盐

有些无机早强剂有使混凝土后期强度降低的缺点，而一些有机早强剂虽然能够增加混凝土后期强度，但是单独使用早强作用不明显。因此，复合早强剂的使用不但可以显著提

高早强效果，还可以使应用范围扩大。目前常采用复合早强剂，其组分和剂量见表6-3-13。

常用复合早强剂的组成和剂量 表 6-3-13

类型	外加剂组分	常用剂量(以水泥重量%计)	施工难易程度	特点及适用范围
复合早强剂	氯化钙＋亚硝酸钠	(1~2)+1	易溶于水，施工方便	对钢筋锈蚀有严格要求的钢筋混凝土结构
	硫酸钠＋氯化钠	(0.5~2)+0.5	易溶于水，施工方便	一般钢筋混凝土结构和制品
	硫酸钠＋亚硝酸钠＋二水石膏	(0.5~2)+1+2	石膏难溶水，施工不便	适用于预应力混凝土结构及预制构件
	硫酸钠＋二水石膏＋三乙醇胺	(0.5~2)+2+(0.02~0.05)	石膏难溶水，施工不便	收缩较大，适用于不允许加氯盐的钢筋混凝土构件
	三乙醇胺＋氯化钠	(0.02~0.05)+0.05	易溶于水，施工方便	适用于一般钢筋混凝土结构及制品
	三乙醇胺＋二水石膏＋亚硝酸钠	(0.02~0.05)+2+1	石膏难溶于水，施工不方便	适用于严禁使用氯盐的钢筋混凝土工程
	三乙醇胺＋氯化钠＋亚硝酸钠	0.05+0.5+(0.5~1)	均易溶于水，改善和易性	适用于钢筋混凝土和对钢筋锈蚀有严格要求的混凝土

3. 引气剂

引气剂主要品种有松香树脂类、烷基和烷基芳烃磺酸盐类、脂肪醇磺酸盐类及皂甙类等，混凝土工程中可采用由引气剂与减水剂复合而成的引气减水剂。常用引气剂的掺量见表6-3-14。

常用引气剂的种类和掺量 表 6-3-14

种 类	掺量(占水泥重量的%)	说 明
松香树脂类	0.005~0.015	掺量用量低，引气效果好，多与高效减水剂复配
烷基苯磺酸盐	0.001~0.008	引气效果强，稳泡时间长
非离子型表面活性剂类	0.06	主要成分为烷基酚环氧乙烷聚合物
脂肪醇类	0.01~0.03	主要有脂肪醇硫酸钠、高级脂肪醇衍生物

4. 缓凝剂

缓凝剂是一种能延迟水泥与水的反应，从而延缓混凝土凝结的物质。常见缓凝剂的分类以及掺量见表6-3-15。

缓凝剂及缓凝减水剂常用掺量 表 6-3-15

类 别	常见种类	掺量(占水泥重量%)	效果(初凝延长，h)
木质素磺酸盐类	木质素磺酸钙	0.3~0.5	3~5
羟基羧酸类	柠檬酸	0.03~0.1	2~4
	酒石酸	0.03~0.1	2~4
	葡萄糖酸	0.03~0.1	1~2

类　　别	常见种类	掺量(占水泥重量%)	效果(初凝延长，h)
糖类及碳水化合物	糖蜜	0.1～0.3	2～4
	淀粉	0.1～0.3	1.5～3
无机盐	锌盐、硼酸盐、磷酸盐	0.1～0.2	1～1.5

5. 防冻剂

（1）强电解质无机盐类防冻剂，有氯盐类、氯盐阻锈类、无氯盐类。这些防冻组分掺量见表 6-3-16。

防冻组分掺量　　　　　　　　　　表 6-3-16

防冻剂类别	防冻剂组分掺量
氯盐类	氯盐掺量不得大于拌合水重量的 7%
氯盐阻锈类	总量不得大于拌合水重量的 15%； 当氯盐掺量为水泥重量的 0.5%～1.5% 时，亚硝酸钠与氯盐之比应大于 1； 当氯盐掺量为水泥重量的 1.5%～3% 时，亚硝酸钠与氯盐之比应大于 1.3
无氯盐类	总量不得大于拌合水重量的 20%，其中亚硝酸钠、亚硝酸钙、硝酸钠、硝酸钙均不得大于水泥重量的 8%，尿素不得大于水泥重量的 4%，碳酸钾不得大于水泥重量的 10%

（2）水溶性有机化合物类防冻剂，是以某些醇类等有机化合物为防冻组分的外加剂。

（3）有机化合物与无机盐复合类防冻剂。

（4）复合型防冻剂，是以防冻组分复合早强、引气、减水等组分的外加剂。

6. 膨胀剂

膨胀剂的主要品种有：硫铝酸钙类、硫铝酸钙-氧化钙类、氧化钙类。其掺量，见表 6-3-17。

每立方米混凝土膨胀剂用量　　　　　　表 6-3-17

用　　途	混凝土膨胀剂用量(kg/m³)
用于补偿混凝土收缩	30～50
用于后浇带、膨胀加强带和工程接缝填充	40～60

要特别注意膨胀剂的正确使用。膨胀剂只有与水泥均匀混合，通过充分水化才能实现要求达到的膨胀率。膨胀剂在水泥水化过程中需要较多的水分，实践证明，仅靠拌合水是不能满足水化要求的，因此加强浇筑后的浇水养护十分重要。如果养护不充分，既不能使膨胀剂发挥应有的作用，同时还会对混凝土产生不利影响。

7. 速凝剂

速凝剂可以迅速使混凝土材料凝结硬化，是喷射混凝土用于锚喷支护工程中不可缺少的一种外加剂。速凝剂按照其成分可以分为以下几种：

（1）铝氧熟料-碳酸盐系

主要成分是铝氧熟料、碳酸钠以及生石灰。其中，铝氧熟料中，铝酸钠的含量在 60%～80%。我国的红星 1 型、711、782 型均属于此类。

（2）铝氧熟料-明矾石系

主要成分是铝矾土、芒硝，经过煅烧成为硫铝酸盐熟料后，再与生石灰、氧化锌共同研磨而成。这类速凝剂由于引入了氧化锌提高了后期强度，但是早期强度发展却比较慢。

（3）水玻璃系

以水玻璃为主要成分，为降低黏度需要加入重铬酸钾，或者加入亚硝酸钠、三乙醇胺等。此类速凝剂硬化快，早期强度高，抗渗性能好。缺点是，收缩大。

8. 掺用各种外加剂的混凝土性能

掺用各种外加剂的混凝土性能见表 6-3-18。

常用外加剂性能指标　　　　　　　　　表 6-3-18

项目		外加剂品种												
		高性能减水剂			高效减水剂		普通减水剂			引气减水剂	泵送剂	早强剂	缓凝剂	引气剂
		早强型	标准型	缓凝型	标准型	缓凝型	早强型	标准型	缓凝型					
减水率(%)		≥25	≥25	≥25	≥14	≥14	≥8	≥8	≥8	≥10	≥12	—	—	≥6%
泌水率(%)		≤50	≤60	≤70	≤90	≤100	≤95	≤100	≤100	≤70	≤70	≤100	≤100	≤70
含气量(%)		≤6.0	≤6.0	≤6.0	≤3.0	≤4.5	≤4.0	≤4.0	≤5.5	≥3.0	≤5.5	—	—	≥3.0
凝结时间之差(min)	初凝	−90~+90	−90~+120	>+90	−90~+120	>+90	−90~+120	−90~+120	>+90	−90~+120		−90~+90	>+90	−90~+120
	终凝													
1h经时变化量	坍落度(mm)	—	≤80	≤60						—	≤80			—
	含气量(%)									−1.5~+1.5				−1.5~+1.5
抗压强度比(%)	1d	≥180	≥170	—	≥140	—	≥135	—	—	—	—	≥135	—	—
	3d	≥170	≥160	—	≥130	—	≥130	≥115	—	≥115	—	≥130	—	≥95
	7d	≥145	≥150	≥140	≥125	≥125	≥110	≥115	≥110	≥110	≥115	≥100	≥100	≥95
	28d	≥130	≥140	≥130	≥120	≥120	≥100	≥110	≥110	≥100	≥110	≥100	≥100	≥90
收缩率比(%)	28d	110	110	110	135	135	135	135	135	135	135	135	135	135
相对耐久性(200次)(%)		—	—	—	—	—	—	—	—	≥80	—	—	—	≥80

注：1. 除含气量和相对耐久性外，表中所列数据为掺外加剂混凝土与基准混凝土的差值或比值。

2. 性能指标凝结时间之差中的"−"号表示提前，"+"号表示延缓。

3. 相对耐久性（200 次）性能指标中的"≥80"表示将 28d 龄期的受检混凝土试件快速冻融循环 200 次后，动弹性模量保留值≥80%。

4. 1h 含气量经时变化量指标中的"−"号表示含气量增加，"+"号表示含气量减少。

5. 其他品种的外加剂是否需要测定相对耐久性指标，由供、需双方协商确定。

6. 当用户对泵送剂等产品有特殊要求时，需要进行的补充试验项目、试验方法及指标，由供需双方协商决定。

6.3.1.5　掺合料

1. 粉煤灰

粉煤灰按其品质分为Ⅰ、Ⅱ、Ⅲ三个等级。粉煤灰的品质指标，详见表 6-3-19。

粉煤灰品质指标和分类表 表6-3-19

序号	指 标		技术要求		
			Ⅰ级	Ⅱ级	Ⅲ级
1	细度(45μm方孔筛筛余)不大于	F类粉煤灰	12.0	25.0	45.0
		C类粉煤灰			
2	烧失量(%)不大于	F类粉煤灰	5.0	8.0	15.0
		C类粉煤灰			
3	需水量比(%)不大于	F类粉煤灰	95	105	115
		C类粉煤灰			
4	三氧化硫(%)不大于	F类粉煤灰	3		
		C类粉煤灰			
5	含水量(%)不大于	F类粉煤灰	1		
		C类粉煤灰			
6	游离氧化钙(%)不大于	F类粉煤灰	1.0		
		C类粉煤灰	4.0		
7	安定性(雷氏夹沸煮后增加距离)(mm)不大于	C类粉煤灰	5		

2. 沸石粉

沸石粉的主要成分为 SiO_2(60%~61%)和 Al_2O_3(12%~14%),其技术要求见表6-3-20。

沸石粉技术要求 表6-3-20

试验项目	质量等级 Ⅰ级	Ⅱ级	Ⅲ级
吸铵值(meq/100g)	≥130	≥100	≥90
细度(80μm方孔水筛筛余)(%)	≤4.0	≤10	≤15
沸石粉水泥胶砂需水量比(%)	≤125	≤120	≤120
28d抗压强度比(%)	≥75	≥70	≥62

3. 硅灰

硅粉的主要成分为无定型 SiO_2,其品质应满足表6-3-21要求。

硅灰的技术要求 表6-3-21

比表面积 (m²/kg)	SiO_2含量 (%)	烧失量 (%)	Cl⁻含量	需水量比 (%)	含水率	活性指数 (28d)(%)
≥15000	≥85	≤6.0	≤0.02%	≤125	≤3.0%	≥85

4. 磨细矿渣

把水淬粒状高炉矿渣单独磨细到比表面积 $4000cm^2/g$ 以上,称为磨细矿渣。粒化高炉磨细矿渣粉技术指标应满足表6-3-22要求。

磨细矿渣技术要求　　　　　　表 6-3-22

试验项目	质量等级	S105 级	S95 级	S75 级
密度（g/cm³）		≥2.8		
比表面积（m²/kg）		≥500	≥400	≥300
活性指数（%）	7d	≥95	≥75	55
	28d	≥105	≥95	75
流动度比（%）		≥95		
含水量（%）		≤1.0		
烧失量（%）		≤3.0		
三氧化硫		≤4.0%		
氯离子		≤0.06%		

注：1. 当掺加石膏或其他助磨剂应在报告中注明其种类及掺量。

2. S值为掺合料的活性指标，按照《用于水泥混合材料的工业废渣活性试验方法》GB/T 12957 规定的活性评定方法进行。

6.3.2　混凝土配合比设计

6.3.2.1　混凝土配合比设计原则

1. 混凝土配合比设计，应经试验确定，其基本原则是在满足混凝土强度、耐久性和工作性要求的前提下，减少水泥和水的用量。

2. 混凝土的工作性指标应根据结构形式、运输方式和距离、泵送高度、浇筑和振捣方式，以及工程所处环境条件等确定。

3. 当有抗冻、抗渗、抗氯离子侵蚀和化学腐蚀等耐久性要求时，尚应符合现行国家标准《混凝土结构耐久性设计规范》GB/T 50476 的有关规定，并应进行相关耐久性试验验证。

6.3.2.2　普通混凝土配合比设计

1. 普通混凝土各种原材料的掺量限值

（1）最大水胶比：应符合《混凝土结构设计规范》GB 50010 的规定。

（2）混凝土的最小胶凝材料用量：应符合表 6-3-23 的规定，配制 C15 及其以下强度等级的混凝土，可不受表 6-3-23 的限制。

混凝土的最小胶凝材料用量　　　　　　表 6-3-23

最大水胶比	最小胶凝材料用量（kg/m³）		
	素混凝土	钢筋混凝土	预应力混凝土
0.60	250	280	300
0.55	280	300	300
0.50		320	
≤0.45		330	

（3）矿物掺合料：在混凝土中的掺量应通过试验确定，钢筋混凝土中矿物掺合料最大

掺量宜符合表 6-3-24 的规定；预应力混凝土中矿物掺合料最大掺量宜符合表 6-3-25 的规定。

钢筋混凝土中矿物掺合料最大掺量　　　　　　　　表 6-3-24

矿物掺合料种类	水胶比	最大掺量（%）	
		硅酸盐水泥	普通硅酸盐水泥
粉煤灰	≤0.4	45	35
	>0.40	40	30
粒化高炉矿渣粉	≤0.40	65	55
	>0.40	55	45
钢渣粉	—	30	20
磷渣粉	—	30	20
硅灰	—	10	10
复合掺合料	≤0.40	65	55
	>0.40	55	45

注：1. 采用硅酸盐水泥和普通硅酸盐水泥之外的通用硅酸盐水泥时，宜将水泥混合材掺量 20% 以上的混合材量计入矿物掺合料；

　　2. 对基础大体积混凝土，粉煤灰、粒化高炉矿渣粉和复合掺合料的最大掺量可增加 5%；

　　3. 复合掺合料中各组分的掺量不宜超过任一组分单掺时的最大掺量。

预应力混凝土中矿物掺合料最大掺量　　　　　　　　表 6-3-25

矿物掺合料种类	水胶比	最大掺量（%）	
		硅酸盐水泥	普通硅酸盐水泥
粉煤灰	≤0.40	35	30
	>0.40	25	20
粒化高炉矿渣粉	≤0.40	55	45
	>0.40	45	35
钢渣粉	—	20	10
磷渣粉	—	20	10
硅灰	—	10	10
复合掺合料	≤0.40	55	45
	>0.40	45	35

注：1. 采用硅酸盐水泥和普通硅酸盐水泥之外的通用硅酸盐水泥时，宜将水泥混合材掺量 20% 以上的混合材量计入矿物掺合料；

　　2. 在复合掺合料中，各组分的掺量不宜超过单掺时的最大掺量。

（4）氯离子含量：混凝土拌合物中水溶性氯离子最大含量应符合表 6-3-26 的规定。混凝土拌合物中水溶性氯离子含量应按照现行行业标准《水运工程混凝土试验规程》JTJ 270 中混凝土拌合物中氯离子含量的快速测定方法进行测定。

混凝土拌合物中水溶性氯离子最大含量　　　　　　　表 6-3-26

环境条件	水溶性氯离子最大含量（%，水泥用量的重量百分比）		
	钢筋混凝土	预应力混凝土	素混凝土
干燥环境	0.3		
潮湿但不含氯离子的环境	0.2	0.06	1.00
潮湿且含有氯离子的环境、盐渍土环境	0.1		
除冰盐等侵蚀性物质的腐蚀环境	0.06		

（5）含气量：长期处于潮湿或水位变动的寒冷和严寒环境以及盐冻环境的混凝土应掺用引气剂。引气剂掺量应根据混凝土含气量要求经试验确定；掺用引气剂的混凝土最小含气量应符合表 6-3-27 的规定，最大不宜超过 7.0%。

掺用引气剂的混凝土最小含气量　　　　　　　表 6-3-27

粗骨料最大公称粒径（mm）	混凝土最小含气量（%）	
	潮湿或水位变动的寒冷和严寒环境	盐冻环境
40.0	4.5	5.0
25.0	5.0	5.5
20.0	5.5	6.0

注：含气量为气体占混凝土体积的百分比。

（6）碱含量：对于有预防混凝土碱骨料反应设计要求的工程，混凝土中最大碱含量不应大于 3.0kg/m^3，并宜掺用适量粉煤灰等矿物掺合料；对于矿物掺合料碱含量，粉煤灰碱含量可取实测值的 $1/6$，粒化高炉矿渣粉碱含量可取实测值的 $1/2$。

2. 普通混凝土的配制强度计算

（1）计算混凝土的配制强度

采用工程实际使用的原材料和计算配合比进行试配。每盘混凝土试配方量不小于 20L。

1）当混凝土的设计强度等级小于 C60 时，配制强度应按照公式（6-3-1）计算：

$$f_{cu,0} > f_{cu,k} + 1.645\sigma \tag{6-3-1}$$

式中　$f_{cu,0}$ ——混凝土的配制强度（MPa）；

　　　$f_{cu,k}$ ——混凝土立方体抗压强度标准值（MPa）；

　　　σ ——混凝土的强度标准差（MPa）。

2）当设计强度等级不小于 C60 时，配制强度应按照公式（6-3-2）计算：

$$f_{cu,0} \geqslant 1.15 f_{cu,k} \tag{6-3-2}$$

3）关于 σ 的取值

① 当具有近期（前 1 个月或者 3 个月）的同一品种混凝土的强度资料时，其混凝土强度标准差 σ 应按照公式（6-3-3）计算：

$$\sigma = \sqrt{\frac{\sum\limits_{i=1}^{n} f_{cu,i}^2 - n m_{fcu}^2}{n-1}} \tag{6-3-3}$$

式中　$f_{cu,i}$ ——第 i 组的试件强度（MPa）；

　　　m_{fcu} ——n 组试件的强度平均值（MPa）；

n——试件组数，n 值不应小于 30。

对于强度等级不大于 C30 的混凝土，计算得到的 σ 不小于 3.0MPa 时，按照计算结果取值；计算得到的 σ 小于 3.0MPa 时，σ 取 3.0MPa；对于强度等级大于 C30 且小于 C60 的混凝土，计算得到的 σ 不小于 4.0MPa 时，按照计算结果取值；计算得到的 σ 小于 4.0MPa 时，σ 取 4.0MPa。

② 当没有近期的同一品种、同一强度等级混凝土强度资料时，其混凝土强度标准差 σ 可按表 6-3-28 取用。

标准差 σ 值（MPa） 表 6-3-28

混凝土强度标准值	≤C20	C25～C45	C50～C55
σ	4.0	5.0	6.0

（2）计算水胶比（混凝土强度等级小于 C60 等级）

水胶比，按公式（6-3-4）计算。

$$W/B = \frac{\alpha_a \cdot f_b}{f_{cu,0} + \alpha_a \cdot \alpha_b \cdot f_b} \tag{6-3-4}$$

式中　W/B——混凝土水胶比；

　　α_a、α_b——回归系数，按表 6-3-29 取值；

　　f_b——胶凝材料（水泥与矿物掺合料按使用比例混合）28d 胶砂抗压强度值（MPa），可实测，且试验方法应按现行国家标准《水泥胶砂强度检验方法（ISO 法）》GB/T 17671 执行；当无实测值时，可按公式（6-3-5）计算：

$$f_b = \gamma_f \cdot \gamma_s \cdot f_{ce} \tag{6-3-5}$$

式中　γ_f、γ_s——粉煤灰影响系数和粒化高炉矿渣粉影响系数，可按表 6-3-30 选用；

　　f_{ce}——水泥 28d 胶砂抗压强度（MPa），可实测，当无实测值时，可按公式（6-3-6）计算：

$$f_{ce} = \gamma_c \cdot f_{ce,g} \tag{6-3-6}$$

式中　γ_c——水泥强度等级值的富裕系数，可按实际统计资料确定；当缺乏实际统计资料时，可按表 6-3-31 选用；

　　$f_{ce,g}$——水泥强度等级值（MPa）。

回归系数 α_a、α_b 选用表 表 6-3-29

系数 ＼ 粗骨料品种	碎石	卵石
α_a	0.53	0.49
α_b	0.20	0.13

粉煤灰影响系数 γ_f 和粒化高炉矿渣粉影响系数 γ_s 表 6-3-30

掺量（%） ＼ 品种	粉煤灰影响系数 γ_f	粒化高炉矿渣粉影响系数 γ_s
0	1.00	1.00

续表

掺量（%）	品　种	粉煤灰影响系数 γ_f	粒化高炉矿渣粉影响系数 γ_s
10		0.85～0.95	1.00
20		0.75～0.85	0.95～1.00
30		0.65～0.75	0.90～1.00
40		0.55～0.65	0.80～0.90
50			0.70～0.85

注：1. 采用Ⅰ级或Ⅱ级粉煤灰宜取上限值。

　2. 采用 S75 级粒化高炉矿渣粉宜取下限值，采用 S95 级粒化高炉矿渣粉宜取上限值，采用 S105 级粒化高炉矿渣粉可取上限值加 0.05。

　3. 当超出表中的掺量时，粉煤灰和粒化高炉矿渣粉影响系数应经试验确定。

水泥强度等级值的富裕系数 γ_c　　　　　　表 6-3-31

水泥强度等级值	32.5	42.5	52.5
富裕系数	1.12	1.16	1.10

（3）用水量和外加剂用量

1）每立方米干硬性或塑性混凝土的用水量（m_{wo}）应符合下列规定：

① 混凝土水胶比在 0.40～0.80 范围时，可按表 6-3-32 和表 6-3-33 选取；

② 混凝土水胶比小于 0.40 时，可通过试验确定。

干硬性混凝土的用水量（kg/m³）　　　　　　表 6-3-32

拌合物稠度		卵石最大粒径（mm）			碎石最大粒径（mm）		
项目	指标	10.0	20.0	40.0	16.0	20.0	40.0
维勃稠度（s）	16～20	175	160	145	180	170	155
	11～15	180	165	150	185	175	160
	5～10	185	170	155	190	180	165

塑性混凝土的用水量（kg/m³）　　　　　　表 6-3-33

拌合物稠度		卵石最大粒径（mm）				碎石最大粒径（mm）			
项目	指标	10.0	20.0	31.5	40.0	16.0	20.0	31.5	40.0
坍落度（mm）	10～30	190	170	160	150	200	185	175	165
	35～50	200	180	170	160	210	195	185	175
	55～70	210	190	180	170	220	205	195	185
	75～90	215	195	185	175	230	215	205	195

注：1. 本表用水量系采用中砂时的取值。采用细砂时，每立方米混凝土用水量可增加 5～10kg；采用粗砂时，可减少 5～10kg；

　2. 掺用矿物掺合料和外加剂时，用水量应相应调整。

2）掺外加剂时，每立方米流动性或大流动性混凝土的用水量（m_{wo}）可按公式（6-3-7）计算：

$$m_{wo} = m'_{wo}(1-\beta) \tag{6-3-7}$$

式中　m'_{wo}——未掺外加剂时推定的满足实际坍落度要求的每立方米混凝土用水量（kg/m³），以表 6-3-33 中 90mm 坍落度的用水量为基础，按每增大 20mm 坍落度相应增加 5kg 用水量来计算，当坍落度增大到 180mm 以上时，随坍落度相应增加的用水量可减少；

　　β——外加剂的减水率（%），应经混凝土试验确定。

3）每立方米混凝土中外加剂用量（m_{a0}）应按公式（6-3-8）计算：

$$m_{a0} = m_{b0}\beta_a \tag{6-3-8}$$

式中　m_{a0}——每立方米混凝土中外加剂用量（kg/m³）；

　　m_{b0}——每立方米混凝土中胶凝材料用量（kg/m³）；

　　β_a——外加剂掺量（%），应经混凝土试验确定。

（4）胶凝材料、矿物掺合料和水泥用量

1）每立方米混凝土的胶凝材料用量（m_{b0}）应按公式（6-3-9）计算：

$$m_{b0} = \frac{m_{w0}}{W/B} \tag{6-3-9}$$

式中　m_{b0}——每立方米混凝土中外加剂用量（kg/m³）；

　　m_{w0}——每立方米混凝土中的用水量（kg/m³）；

　　W/B——混凝土水胶比。

2）每立方米混凝土的矿物掺合料用量（m_{fo}）应按公式（6-3-10）计算：

$$m_{fo} = m_{b0}\beta_f \tag{6-3-10}$$

式中　m_{fo}——每立方米混凝土中矿物掺合料用量（kg/m³）；

　　β_f——计算水胶比过程中确定的矿物掺合料掺量（%）；可结合表 6-3-24、表 6-3-25 确定。

3）每立方米混凝土的水泥用量（m_{co}）应按公式（6-3-11）计算：

$$m_{co} = m_{b0} - m_{fo} \tag{6-3-11}$$

式中　m_{co}——每立方米混凝土中水泥用量（kg/m³）。

（5）砂率

砂率应根据骨料的技术指标、混凝土拌合物性能和施工要求，参考既有历史资料确定。

当无历史资料可参考时，混凝土砂率的确定应符合下列规定：

1）坍落度小于 10mm 的混凝土，其砂率应经试验确定。

2）坍落度为 10~60mm 的混凝土砂率，可根据粗骨料品种、最大公称粒径及水胶比按表 6-3-34 选取。

3）坍落度大于 60mm 的混凝土砂率，可经试验确定，也可在表 6-3-34 的基础上，按坍落度每增大 20mm、砂率增大 1% 的幅度予以调整。

混凝土的砂率（%） 表 6-3-34

水胶比（W/B）	卵石最大公称粒径（mm）			碎石最大粒径（mm）		
	10.0	20.0	40.0	16.0	20.0	40.0
0.40	26～32	25～31	24～30	30～35	29～34	27～32
0.50	30～35	29～34	28～33	33～38	32～37	30～35
0.60	33～38	32～37	31～36	36～41	35～40	33～38
0.70	36～41	35～40	34～39	39～44	38～43	36～41

注：1. 本表数值系中砂的选用砂率，对细砂或粗砂，可相应地减少或增大砂率；

　　2. 采用人工砂配制混凝土时，砂率可适当增大；

　　3. 只用一个单粒级粗骨料配制混凝土时，砂率应适当增大；

　　4. 对薄壁构件，砂率宜取偏大值。

（6）粗、细骨料用量

1）采用质量法计算混凝土配合比时，粗、细骨料用量应按公式（6-3-12）计算，砂率应按式（6-3-13）计算：

$$m_{f0} + m_{c0} + m_{g0} + m_{s0} + m_{w0} = m_{cp} \tag{6-3-12}$$

$$\beta_s = \frac{m_{s0}}{m_{g0} + m_{s0}} \times 100\% \tag{6-3-13}$$

式中　m_{g0}——每立方米混凝土的粗骨料用量（kg/m³）；

　　　m_{s0}——每立方米混凝土的细骨料用量（kg/m³）；

　　　m_{w0}——每立方米混凝土的用水量（kg/m³）；

　　　β_s——砂率（%）；

　　　m_{cp}——每立方米混凝土拌合物的假定质量（kg/m³），可取 2350～2450kg/m³。

2）采用体积法计算混凝土配合比时，砂率应按公式（6-3-13）计算，粗、细骨料用量应按公式（6-3-14）计算：

$$\frac{m_{c0}}{\rho_c} + \frac{m_{f0}}{\rho_f} + \frac{m_{g0}}{\rho_g} + \frac{m_{s0}}{\rho_s} + \frac{m_{w0}}{\rho_w} + 0.01\alpha = 1 \tag{6-3-14}$$

式中　ρ_c——水泥密度（kg/m³），应按《水泥密度测定方法》GB/T 208 测定，也可取 2900～3100kg/m³；

　　　ρ_f——矿物掺合料密度（kg/m³），可按《水泥密度测定方法》GB/T 208 测定；

　　　ρ_g——粗骨料的表观密度（kg/m³），应按现行标准《普通混凝土用砂、石质量及检验方法标准》GJG 52 测定；

　　　ρ_s——细骨料的表观密度（kg/m³），应按现行标准《普通混凝土用砂、石质量及检验方法标准》GJG 52 测定；

　　　ρ_w——水的密度（kg/m³），可取 1000kg/m³；

　　　α——混凝土的含气量百分数，在不使用引气型外加剂时，α 可取为 1。

3. 混凝土试配、调整和确定

（1）采用工程实际使用的原材料和计算配合比进行试配。每盘混凝土试配方量不小于 20L。

（2）按照计算配合比，调整计算配合比的砂率和外加剂掺量等，以使拌合物性能满足所需要的工作性，提出试拌配合比。

（3）在试拌配合比的基础上，选择比试拌配合比的胶凝材料用量高和低的量，按照不少于 3 个配合比进行试配。每个配合比的工作性应满足施工要求，耐久性参数应满足相关标准要求。试配时另外两个配合比的水胶比宜较试拌配合比分别增加和减少 0.05，用水量应与试拌配合比相同，砂率可分别增加和减少 1%。并应测量每个配合比混凝土的表观密度，同时制作试件并进行养护。

（4）试件养护到规定龄期进行试压和耐久性试验。选定强度不低于所要求的配制强度、耐久性指标满足设计或者标准要求的配合比，作为设计配合比。

（5）结合搅拌站或者现场条件进行试生产，对设计配合比进行生产适应性调整，当运输时间较长时，试配时应控制混凝土坍落度经时损失值，以最终确定施工配合比。

（6）对于应用条件特殊的工程，可在混凝土搅拌站或施工现场，对确定的施工配合比进行足尺寸试验，检验施工配合比是否满足工程要求。

（7）当混凝土性能指标有变化或者有其他特殊要求，水泥、外加剂或矿物掺合料品种、质量改变，或同一配合比的混凝土生产间断三个月以上时，应重新进行配合比设计。

4. 普通混凝土配合比计算实例——C30 普通混凝土配合比计算（双掺法）（按《普通混凝土配合比设计规程》JGJ 55—2011）。

原材料计算参数，见表 6-3-35。

原材料计算参数 表 6-3-35

强度等级	C30		抗折强度		/		抗渗等级		/		坍落度		200 ± 20mm
原材料	水泥	金隅（玻璃河）P.O42.5		强度		$f_{ce}=\gamma_c \cdot f_{ce,g}=52.5$MPa						$\gamma_c=1.24$	
	粉煤灰	大唐同舟Ⅰ级		细度	5.3%	需水比	92%		$\beta_f=20\%$			$f_b=0.85$		
	矿渣粉	三河天龙		S95级		比表面积		427m²/kg		28d 活性指数		101%		$\beta_f=18\%$
	中砂	河北涞水Ⅱ区中砂		细度模数		2.5		含泥量		1.6%		泥块含量		0.4%
	碎卵石	河北涞水	5~25mm	含泥量		0.2%	泥块含量		0.1%	压碎指标		5.0%	针片状含量	6%
	外加剂	建研院 AN4000 减水剂		掺量 $\beta_a=1.20\%$			减水率 $\beta=26\%$				含固量 $\gamma=20\%$			

计算步骤：

（1）混凝土配制强度（$f_{cu,0}$）的确定（标准差 σ 取 5.0MPa）

$$f_{cu,0}=f_{cu,k}+1.645\sigma=30+1.645\times5.0=38.2\text{MPa}$$

（2）计算水胶比（$\alpha_a=0.53$，$\alpha_b=0.20$）

$$f_b=f_{ce}\cdot\gamma_f=52.5\times0.85=44.6\text{MPa}$$

$$W/B=\alpha_a\cdot f_b/(f_{cu,0}+\alpha_a\cdot\alpha_b\cdot f_b)=0.53\times44.6\div(32.23+0.53\times0.2\times44.6)=0.55$$

（根据规范或经验取 $W/B=0.46$）

（3）确定每立方混凝土的用水量（m_{w0}）

1）查表 6-3-33 和公式（6-3-7），按照卵石最大粒径 25mm，用内插法取坍落度为 90mm 时，用水量为 191kg/m³，经修正选取 $m'_{w0}=224$kg/m³

$$m'_{w0}=191+(220-90)\div20\times5=224\text{kg/m}^3$$

2）确定掺减水剂的调整用水量：$m_{w0}=m'_{w0}(1-\beta)=224\times(1-26\%)=166\text{kg/m}^3$

（4）计算胶凝材料用量（m_{b0}）、粉煤灰用量（m_{f0}）、水泥用量（m_{c0}）和外加剂用量

(m_{a0})

1）胶凝材料用量（m_{b0}）：$m_{b0}=m_{w0}/(W/B)=166\div0.46=361\text{kg/m}^3$

2）粉煤灰用量（m_{f0}）：$m_{f0}=m_{b0}\cdot\beta_f=361\times20\%=72\text{kg/m}^3$

3）矿粉用量（m_{f0}）：$m_{f0}=m_{b0}\cdot\beta_f=361\times18\%=65\text{kg/m}^3$

4）水泥用量（m_{c0}）：$m_{c0}=m_{b0}-m_{f0}=361-72-65=224\text{kg/m}^3$

5）外加剂用量（m_{a0}）：$m_{a0}=m_{b0}\cdot\beta_a=361\times1.20\%=4.33\text{kg/m}^3$

6）扣除减水剂含水量后，实际用水量（m_{wa}）：$m_{wa}=m_{w0}-m_{a0}\cdot(1-\gamma)=166-4.33\times(1-20\%)=162\text{kg/m}^3$

（5）砂率（β_s）的确定

由表 6-3-34 或根据以往实践经验，选取 $\beta_s=44\%$。

（6）按重量法计算砂、石的用量

1）$m_{c0}+m_{f0}+m_{wa}+m_{s0}+m_{g0}+m_{a0}=m_{cp}$（每立方米混凝土的假定重量），此处 $m_{cp}=2380\text{kg/m}^3$，$\beta_s=m_{s0}/(m_{g0}+m_{s0})\times100\%$

2）$m_{s0}+m_{g0}=m_{cp}-m_{c0}-m_{f0}-m_{wa}-m_{a0}=2380-224-65-72-162-4.33=1853\text{kg/m}^3$

3）$m_{s0}=(m_{s0}+m_{g0})\cdot\beta_s=1853\times0.44=815\text{kg/m}^3$

4）$m_{g0}=(m_{s0}+m_{g0})-m_{s0}=1853-815=1038\text{kg/m}^3$

（7）计算的配合比如下：

$m_{c0}:m_{f0}:m_{s0}:m_{g0}:m_{wa}:m_{a0}=224:72:815:1038:162:4.33=1:0.32:3.64:4.63:0.72:0.019$

（8）试配、调整与确定

按照计算配合比试拌，并调整，步骤见 6.3.2.2 第 3 条的相关内容，最终确定基准配合比。

6.3.2.3 抗渗混凝土配合比设计

1. 原材料质量要求

（1）水泥宜采用普通硅酸盐水泥；

（2）粗骨料宜采用连续级配，其最大公称粒径不宜大于 40.0mm，含泥量不得大于 1.0%，泥块含量不得大于 0.5%；

（3）细骨料宜采用中砂、含泥量不得大于 3.0%，泥块含量不得大于 1.0%；

（4）抗渗混凝土宜掺用外加剂和矿物掺合料；粉煤灰不应低于Ⅱ级。

2. 配合比设计要求

（1）最大水胶比应符合表 6-3-36 的规定；

抗渗混凝土最大水胶比   表 6-3-36

设计抗渗等级	最大水胶比	
	C20～C30	C30 以上混凝土
P6	0.60	0.55
P8～P12	0.55	0.50
>P12	0.50	0.45

（2）每立方米混凝土中的胶凝材料用量不宜小于 320kg；

（3）砂率宜为 35%～45%；

（4）配制抗渗混凝土要求的抗渗水压值应比设计值提高 0.2MPa；

（5）抗渗试验结果应满足公式（6-3-15）要求：

$$P_t \geq \frac{P}{10} + 0.2 \tag{6-3-15}$$

式中　P_t——6 个试件中不少于 4 个未出现渗水时的最大水压值（MPa）；

　　　P——设计要求的抗渗等级值。

（6）掺用引气剂的抗渗混凝土，应进行含气量试验，含气量宜控制在 3.0%～5.0%。

6.3.2.4　抗冻混凝土配合比设计

1. 原材料质量要求

（1）水泥宜选用硅酸盐水泥和普通硅酸盐水泥。

（2）宜选用连续级配的粗骨料，其含泥量不得大于 1.0%，泥块含量不得大于 0.5%。

（3）细骨料含泥量不得大于 3.0%，泥块含量不得大于 1.0%。

（4）拌制混凝土所用骨料应清洁，不得含有冰、雪、冻块及其他易冻裂物质。掺用含有钾、钠离子的防冻剂混凝土，不得采用活性骨料或在骨料中混有这类物质的材料。

（5）粗骨料和细骨料均应进行坚固性试验，并应符合现行行业标准《普通混凝土用砂、石质量及检验方法标准》JGJ 52 的规定。

（6）抗冻混凝土宜采用减水剂，对抗冻等级 F100 及以上的混凝土应掺引气剂，掺用后混凝土的含气量应符合表 6-3-27 的规定。

2. 配合比设计要点

（1）抗冻混凝土应按照不同的负温进行配合比设计；

（2）最大水胶比和最小胶凝材料用量应符合表 6-3-37 的规定；

抗冻混凝土的最大水胶比和最小胶凝材料用量表　　　　　　　表 6-3-37

设计抗冻等级	最大水胶比		最小胶凝材料用量（kg/m³）
	无引气剂时	掺引气剂时	
F50	0.55	0.60	300
F100	0.50	0.55	320
不低于 F150	/	0.50	350

（3）复合矿物掺合料掺量应符合表 6-3-38 的规定；其他矿物掺合料掺量应符合表 6-3-24 的规定；

抗冻混凝土中复合矿物掺合料掺量限值　　　　　　　表 6-3-38

矿物掺合料种类	水胶比	对应不同水泥品种的矿物掺合料最大掺量	
		硅酸盐水泥（%）	普通硅酸盐水泥（%）
复合矿物掺合料	≤0.40	60	50
	>0.40	50	40

注：1. 采用其他通用硅酸盐水泥时，可将水泥混合材掺量 20% 以上的混合材量计入矿物掺合料；

　　2. 复合矿物掺合料中各矿物掺合料组分的掺量不宜超过表 6-3-24 中单掺时的限量。

6.3.2.5 高强混凝土配合比设计（强度等级不低于C60）

1. 原材料要求

（1）应选用质量稳定的硅酸盐水泥或普通硅酸盐水泥。

（2）粗骨料的最大粒径不宜大于25mm；针片状颗粒含量不宜大于5.0%，含泥量不应大于0.5%，泥块含量不应大于0.2%。

（3）细骨料的细度模数宜为2.6～3.0，含泥量不应大于2.0%，泥块含量不应大于0.5%。

（4）配制高强混凝土时应掺用高性能减水剂或缓凝高效减水剂，减水率不小于25%；宜复合掺用粒化高炉矿渣粉、粉煤灰和硅灰等矿物掺合料；粉煤灰不应低于Ⅱ级；强度等级不低于C80的高强混凝土宜掺用硅灰。

2. 配合比设计要点

（1）高强混凝土配合比的计算方法和步骤除应按普通混凝土有关规定进行外，尚应符合下列规定：

1）水胶比、胶凝材料用量和砂率可按表6-3-39选取，并应经试配确定；

高强混凝土水胶比、胶凝材料用量和砂率　　　　　表6-3-39

强度等级	水胶比	胶凝材料用量（kg/m³）	砂率（%）
≥C60，<C80	0.28～0.33	480～560	
≥C80，<C100	0.26～0.28	520～580	35～42
C100	0.24～0.26	550～600	

2）外加剂和矿物掺合料的品种、掺量，应通过试配确定；矿物掺合料掺量宜为25%～40%；硅灰掺量不宜大于10%；

3）水泥用量不宜大于500kg/m³。

（2）高强混凝土配合比的试配与确定的步骤除应按普通混凝土配合比设计规定进行外，当采用3个不同的配合比进行混凝土强度试验时，其中1个应为基准配合比，另外两个配合比的水胶比宜较基准配合比分别增加、减少0.02。

（3）高强混凝土设计配合比确定后，尚应用该配合比进行不少于三盘混凝土的重复试验，每盘混凝土应至少成型一组试件，每组混凝土的抗压强度不应低于试配强度。

6.3.2.6 泵送混凝土配合比设计

1. 原材料质量要求

（1）泵送混凝土用水泥应选用硅酸盐水泥、普通硅酸盐水泥、矿渣硅酸盐水泥和粉煤灰硅酸盐水泥，不宜采用火山灰质硅酸盐水泥。

（2）粗骨料宜采用连续级配，针片状颗粒含量不宜大于10%。粗骨料最大粒径与输送管径之比宜符合表6-3-40的规定。

粗骨料最大粒径与输送管径之比　　　　　表6-3-40

粗骨料品种	泵送高度（m）	粗骨料最大公称粒径与输送管径之比
碎石	<50	≤1:3.0
	50～100	≤1:4.0
	>100	≤1:5.0

续表

粗骨料品种	泵送高度（m）	粗骨料最大公称粒径与输送管径之比
卵石	<50	≤1：2.5
	50～100	≤1：3.0
	>100	≤1：4.0

（3）细骨料宜采用中砂，其通过 $315\mu m$ 筛孔的颗粒不宜少于 15%。

（4）泵送混凝土应掺用泵送剂或凝水剂，并宜掺入矿物掺合料。

2. 配合比设计要点

（1）泵送混凝土配合比，除必须满足混凝土设计强度和耐久性的要求外，尚应使混凝土满足可泵性要求。

（2）泵送混凝土配合比设计，应根据混凝土原材料、混凝土运输距离、混凝土泵与混凝土输送管径、泵送距离、气温等具体施工条件试配。必要时，应通过试泵送确定泵送混凝土配合比。

（3）泵送混凝土的水胶比（W/B）不宜大于 0.6。

（4）泵送混凝土的砂率宜为 $35\%\sim45\%$。

（5）泵送混凝土的胶凝材料总量不宜小于 $300kg/m^3$。

（6）泵送混凝土应掺适量外加剂，外加剂的品种和掺量宜由试验确定，不得随意使用。

（7）掺用引气剂型外加剂的泵送混凝土的含气量不宜大于 4%。

（8）掺粉煤灰的泵送混凝土配合比设计，必须经过试配确定，并应符合现行有关标准的规定。

（9）泵送混凝土的可泵性，可按国家现行标准《普通混凝土拌合物性能试验方法标准》GB/T 50080 有关压力泌水试验的方法进行检测，一般 10s 时的相对压力泌水率 S_{10} 不宜超过 40%。对于添加减水剂的混凝土，宜由试验确定其可泵性。

（10）泵送混凝土的入泵坍落度不宜小于 10cm，对于不同泵送高度，入泵时混凝土的坍落度，可按表 6-3-41 选用。

不同泵送高度入泵时混凝土的坍落度选用值　　　　　　　表 6-3-41

最大泵送高度（m）	50	100	200	400	400 以上
入泵坍落度（mm）	100～140	150～180	192～220	230～260	—
入泵扩展度（mm）	—	—	—	450～590	600～740

（11）泵送混凝土试配时应考虑坍落度经时损失；泵送混凝土试配时要求的坍落度应按公式（6-3-16）计算：

$$T_t = T_p + \Delta T \qquad (6-3-16)$$

式中　T_t——试配时要求的坍落度值（cm）；

T_p——入泵时要求的坍落度值（cm）；

ΔT——试验测得在预计时间内的坍落度经时损失值（cm）。

6.3.2.7 大体积混凝土配合比设计

1. 原材料质量要求

（1）水泥宜采用中、低热硅酸盐水泥或矿渣硅酸盐水泥，水泥的 3d 和 7d 水化热应符合现行国家标准《中热硅酸盐水泥　低热硅酸盐水泥　低热矿渣硅酸盐水泥》GB 200 规定。当采用硅酸盐水泥或普通硅酸盐水泥时，应掺加矿物掺合料，胶凝材料的 3d 和 7d 水化热分别不宜大于 240kJ/kg 和 270kJ/kg。水化热试验方法应按现行国家标准《水泥水化热测定方法》GB/T 12959 执行。

（2）粗骨料宜为连续级配，最大公称粒径不宜小于 31.5mm，含泥量不应大于 1.0%。

（3）细骨料宜采用中砂，含泥量不应大于 3.0%。

（4）宜掺用矿物掺合料和缓凝型减水剂。

2. 配合比设计要点

（1）当采用混凝土 60d 或 90d 龄期的设计强度时，宜采用标准尺寸试件进行抗压强度试验。

（2）水胶比不宜大于 0.55，用水量不宜大于 175kg/m³。

（3）在保证混凝土性能要求的前提下，宜提高每立方米混凝土中的粗骨料用量；砂率宜为 38%～42%。

（4）在保证混凝土性能要求的前提下，应减少胶凝材料中的水泥用量，提高矿物掺合料掺量，矿物掺合料掺量应符合表 6-3-24、表 6-3-25 的规定。

（5）在配合比试配和调整时，控制混凝土绝热温升不宜大于 50℃。

（6）大体积混凝土配合比应满足施工对混凝土凝结时间的要求。

6.3.3 混凝土搅拌、运输

6.3.3.1 混凝土搅拌

现浇混凝土施工一般应采用预拌混凝土。当需要在现场搅拌混凝土时，应采用具有自动计量装置的现场集中搅拌方式。

1. 混凝土配合比计量要求

（1）严格掌握混凝土材料配合比。各种原材料的计量应按重量计，水和外加剂溶液可按体积计，其允许偏差，见表 6-3-42。

混凝土原材料计量允许偏差（%）　　　　　　　　　　　表 6-3-42

原材料品种	水泥	砂	碎石	水	掺合料	外加剂
每盘计量允许偏差	±2	±3	±3	±2	±2	±1
累计计量允许偏差	±1	±2	±2	±1	±1	±1

注：1. 现场搅拌时原材料计量允许偏差应满足每盘计量允许偏差要求；
　　2. 累计计量允许偏差是指每一运输车中各盘混凝土的每种材料计量称的偏差。该项指标仅适用于采用微机控制计量的搅拌站。

（2）各种衡器应定时校验，并经常保持准确，骨料含水率应经常测定。雨天施工时，应增加测定次数。

2. 混凝土搅拌与质量要求

（1）结合搅拌设备及原材料进行试验，确定搅拌时分次投料的顺序、数量及分段搅拌的时间等工艺参数，并严格按确定的工艺参数和操作规程进行生产，以保证获得符合设计要求的混凝土拌合物。

（2）工艺主要包括先拌水泥净浆法、先拌砂浆法、水泥裹砂法或水泥裹砂石法等等。

（3）矿物掺合料宜与水泥同步投料；液体外加剂宜滞后于水和水泥投料；粉状外加剂宜溶解后再投料。

（4）混凝土应搅拌均匀，宜采用强制式搅拌机搅拌。混凝土搅拌的最短时间，应符合表 6-3-43 规定，对于双卧轴强制式搅拌机，可在保证搅拌均匀的情况下适当缩短搅拌时间。搅拌强度等级 C60 及以上的混凝土时，搅拌时间应适当延长。

混凝土搅拌的最短时间（s）   表 6-3-43

混凝土坍落度（mm）	搅拌机机型	搅拌机出料量（L）		
		<250	250～500	>500
≤40	强制式	60	90	120
>40 且<100	强制式	60	60	90
≥100	强制式	60		

注：1. 混凝土搅拌的最短时间系指全部材料装入搅拌筒中起，到开始卸料止的时间；

2. 当掺有外加剂与矿物掺合料时，搅拌时间应适当延长；

3. 当采用其他形式的搅拌设备时，搅拌的最短时间应按设备说明书的规定或经试验确定；

4. 采用自落式搅拌机时，搅拌时间宜延长 30s。

（5）首次使用的配合比应进行开盘鉴定，开盘鉴定应包括下列内容：

1）混凝土的原材料与配合比设计所采用原材料的一致性；

2）出机混凝土工作性与配合比设计要求的一致性；

3）混凝土强度；

4）混凝土凝结时间；

5）工程有要求时，尚应包括混凝土耐久性等。

6.3.3.2 混凝土运输

1. 混凝土运输应采用混凝土运输车，并应采取措施保证连续供应。应根据混凝土浇筑量大小、运输距离和道路状况，配备足够的混凝土搅拌运输车，确保混凝土连续供应并满足现场施工进度要求。

2. 当采用泵送混凝土连续作业时，每台混凝土泵所需配备的混凝土搅拌运输车台数，可按公式（6-3-17）计算：

$$N_1 = \frac{Q_1}{60V_1\eta_v}\left(\frac{60L_1}{S_0} + T_1\right) \qquad (6\text{-}3\text{-}17)$$

式中 N_1——混凝土搅拌运输车台数，其结果取整数，小数部分向上修约（台）；

V_1——每台混凝土搅拌运输车容量（m³）；

S_0——混凝土搅拌运输车平均行车速度（km/h）；

L_1——混凝土搅拌运输车往返距离（km）；

T_1——每台混凝土搅拌运输车总计停歇时间（min）；

η_v——搅拌运输车容量折减系数，可取 0.9～0.95；

Q_1——每台混凝土泵的实际平均输出量（m³/h）。

Q_1 可根据混凝土泵的最大输出量、配管情况和作业效率，按公式（6-3-18）计算；

$$Q_1 = Q_{max} \cdot \alpha_1 \cdot \eta \qquad (6\text{-}3\text{-}18)$$

式中　Q_{max}——每台混凝土泵的最大输出量（m^3/h）；

　　　α_1——配管条件系数，可取 0.8～0.9；

　　　η——作业效率。根据混凝土搅拌运输车向混凝土泵供料的间断时间、拆装混凝土输送管和布料停歇等情况，可取 0.5～0.7。

3. 混凝土搅拌运输车接料前应排净积水；运输途中或等候卸料期间，罐体应保持 3～6r/min 的慢速转动；临卸料前先进行快速旋转 20s 以上，使混凝土拌合物更加均匀。

4. 现场行驶道路宜设置循环行车道，并应满足重车行驶要求；车辆出入口处，应设置交通安全指挥人员；危险区域，应设警戒标志；夜间施工时，在交通出入口或运输道路上，应有良好的照明。

5. 采用搅拌运输车运输混凝土，当混凝土坍落度损失较大不能满足施工要求时，可在罐内加入适量的与原配合比相同成分的减水剂以改善其工作性。减水剂加入量应事先由试验确定，加入的时间、数量、次数等应作出记录。加入减水剂后，混凝土罐车应快速旋转搅拌均匀，达到要求的工作性能后方可泵送或浇筑。

6. 采用吊车配合斗容器输送混凝土时，应根据不同结构类型以及混凝土浇筑方式选择不同的斗容器；不宜采用多台斗容器相互转载的方式输送混凝土；斗容器宜在浇筑点直接卸料；不宜先集中卸料后再用小车输送。

7. 当采用机动翻斗车运输混凝土时，道路应通畅，路面应平整、坚实，临时坡道或支架应牢固，铺板接头应平顺。

8. 混凝土运至浇筑地点，其质量应符合下列规定：

(1) 混凝土运至浇筑地点时，应检测其稠度，所测稠度值应符合设计和施工要求。其允许偏差值应符合有关标准的规定。

(2) 应在商定的交货地点进行坍落度检查，实测的混凝土坍落度应符合要求，其允许偏差应符合表 6-3-44 的规定。

预拌混凝土坍落度允许偏差（mm）　　　　　　　　　表 6-3-44

坍落度（mm）	坍落度允许偏差（mm）
100～160	±20
>160	±30

(3) 混凝土拌合物运至浇筑地点时的温度，最高不宜超过 30℃；最低不宜低于 5℃。

6.3.3.3　混凝土泵送

1. 混凝土泵的选型

(1) 混凝土泵的选型应根据工程特点、输送高度和距离、混凝土工作性确定。

(2) 输送泵的数量应根据混凝土浇筑量和施工条件确定，必要时应设置备用泵。

(3) 混凝土泵选型的主要技术参数为：泵的最大理论排量（m^3/h）、泵的最大混凝土压力（MPa）、混凝土的最大水平运距、最大垂直运距。

(4) 一般情况下，高层建筑混凝土输送可采用固定式高压混凝土泵输送混凝土。常用的有三一重工和中联重科生产的 HBT60\80\90\100\120 拖式混凝土泵等。

其中三一重工生产的 HBT80C—1818D 拖式混凝土泵的主要技术参数，参见表 6-3-45。

HBT80C—1818D 主要技术参数 表 6-3-45

技术参数	地泵型号		HBT80C—1818D	
混凝土输送理论压力 （MPa）	高压小排量		18	
	低压大排量		10	
混凝土输送理论排量 （m³/h）	高压小排量		48	
	低压大排量		86	
柴油机主动力（kW）	额定功率		161	
主油泵	额定工作压力（MPa）		32	
	额定工作流量（L/min）		405	
理论最大输送距离 （m）	输送管径	Φ125mm	水平	垂直
			1000	320
最大骨料尺寸（mm）	输送管径	Φ125mm	40	
		Φ150mm	50	
输送缸缸径×最大行程（mm）			Φ200×1800	
料斗容积×上料高度（m³/mm）			0.7×1320	
液压油箱容积（L）			670	
液压油型号及工作温度（壳牌 AW68 号）			45～60℃	
轮距（mm）			1844	
外形尺寸：长×宽×高（mm）			7070×2099×1635	
总重量（kg）			7500	

2. 泵送能力验算

（1）泵的额定工作压力应大于按公式（6-3-19）计算的混凝土最大泵送阻力。

$$P_{max} = \frac{\Delta P_H L}{10^6} + P_f \qquad (6\text{-}3\text{-}19)$$

式中　P_{max} ——混凝土最大泵送阻力（MPa）；

　　　L ——各类布置状态下混凝土输送管路系统的累积水平换算距离，可按表 6-3-46 换算累加确定；

　　　ΔP_H ——混凝土在水平输送管内流动每米产生的压力损失（Pa/m）；可按公式（6-3-21）计算（Pa/m）；

　　　P_f ——混凝土泵送系统附件及泵体内部压力损失，当缺乏详细资料时，可按表 6-3-47 取值累加计算（MPa）。

混凝土输送管水平换算长度 表 6-3-46

管类别或布置状态	换算单位	管规格		水平换算长度（m）
向上垂直管	每米	管径（mm）	100	3
			125	4
			150	5

续表

管类别或布置状态	换算单位	管规格		水平换算长度（m）
倾斜向上管 （输送管倾斜角为 α）	每米	管径（mm）	100	$\cos\alpha+3\sin\alpha$
			125	$\cos\alpha+4\sin\alpha$
			150	$\cos\alpha+5\sin\alpha$
垂直向下及倾斜向下管	每米	—		1
锥形管	每根	锥径变化 （mm）	175→150	4
			150→125	8
			125→100	16
弯管（弯头张角为 β，$\beta \leqslant 90°$）	每只	弯曲半径 （mm）	500	$12\beta/90$
			1000	$9\beta/90$
胶管	每根	长 3～5m		20

混凝土泵送系统附件的估算压力损失　　　　表 6-3-47

附件名称		换算单位	换算压力损失（MPa）
管路截止阀		每个	0.1
泵体附属结构	分配阀	每个	0.2
	启动内耗	每台泵	1.0

（2）混凝土泵的最大水平输送距离，按下列方法之一确定：

1）由试验确定；

2）根据混凝土泵的最大出口压力、配管情况、混凝土性能指标和输出量，按以下公式计算。

$$L_{\max} = \frac{P_e - P_f}{\Delta P_H} \times 10^6 \tag{6-3-20}$$

其中：

$$\Delta P_H = \frac{2}{r}\left[K_1 + K_2\left(1 + \frac{t_2}{t_1}\right)V_2\right]a_2 \tag{6-3-21}$$

$$K_1 = 300 - S_1 \tag{6-3-22}$$

$$K_2 = 400 - S_1 \tag{6-3-23}$$

式中　$L_{\max}$——混凝土泵的最大水平输送距离（m）；

P_e——混凝土泵额定工作压力（Pa）；

P_f——混凝土泵送系统附件及泵体内部压力损失（Pa/m）；

ΔP_H——混凝土在水平输送管内流动每米产生的压力损失（Pa/m）；

K_1——粘着系数（Pa）；

K_2——速度系数（Pa·s/m）；

S_1——混凝土坍落度（mm）；

$\dfrac{t_2}{t_1}$——混凝土泵分配阀切换时间与活塞推压混凝土时间之比，当设备性能未知时，可取 0.3；

V_2——混凝土拌合物在输送管内的平均流速（m/s）；

α_2——径向压力与轴向压力之比，对普通混凝土取 0.9。

3）参照产品的性能表（曲线）确定。

3. 泵的数量计算

混凝土泵的台数，可根据混凝土浇筑体积量、单机的实际平均输出量和施工作业时间，按公式（6-3-24）计算：

$$N_2 = Q/(Q_1 \cdot T_0) \tag{6-3-24}$$

式中 N_2——混凝土泵数量（台）；

Q——混凝土浇筑体积量（m³）；

Q_1——每台混凝土泵的实际平均输出量（m³/h），见公式（6-3-18）；

T_0——混凝土泵送施工作业时间（h）。

4. 混凝土泵的布置要求

（1）混凝土泵应安装于场地平整坚实、周围道路畅通、接近排水设施和供水供电供料方便、距离浇筑地点近、便于配管之处。在混凝土泵的作业范围内，不得有高压电线等危险物。

（2）混凝土输送不宜采用接力输送的方式，当必需采用接力泵泵送混凝土时，接力泵的设置位置应使上、下泵的输送能力匹配。当在建筑楼面上设置接力泵时，应验算楼面结构承载能力，必要时应采取加固措施。

（3）混凝土泵转移运输时的安全要求，应符合产品说明及有关标准的规定。

5. 混凝土输送管的配管设计与敷设要求

（1）混凝土输送管的种类

混凝土输送管包括直管、弯管、锥形管、软管、管接头和截止阀。对输送管道的要求是阻力小、耐磨损、自重轻、易装拆。

1）直管：常用的管径有 100mm、125mm 和 150mm 三种。管段长度有 0.5m、1.0m、2.0m、5.0m 和 4.0m 五种，壁厚一般为 1.6～2.0mm，由焊接钢管和无缝钢管制成。常用直管的重量见表 6-3-48。

常用直管重量　　　　　　表 6-3-48

管子内径 （mm）	管子长度 （m）	管子自身重量 （kg）	充满混凝土后重量 （kg）
	4.0	22.3	102.3
	3.0	17.0	77.0
100	2.0	11.7	51.7
	1.0	6.4	26.4
	0.5	3.7	13.5
	3.0	21.0	113.4
125	2.0	14.6	76.2
	1.0	8.1	33.9
	0.5	4.7	20.1

2）弯管：弯管的弯曲角度有 15°、30°、45°、60°和 90°，其曲率半径有 1.0m、0.5m 和 0.3m 三种，以及与直管相应的口径。常用弯管的重量见表 6-3-49。

常用弯管重量 表 6-3-49

管子内径（mm）	弯曲角度（°）	管子自身重量（kg）	充满混凝土后重量（kg）
100	90	20.3	52.4
	60	13.9	35.0
	45	10.6	26.4
	30	7.1	17.6
	15	3.7	9.0
125	90	27.5	76.1
	60	18.5	50.9
	45	14.0	38.3
	30	9.5	25.7
	15	5.0	13.1

3）锥形管：主要是用于不同管径的变换处，常用的有 Φ175～Φ150、Φ150～Φ125、Φ125～Φ100。常用的长度为 1m。

4）软管：软管的作用主要是装在输送管末端直接布料，其长度有 5～8m，对它的要求是柔软、轻便和耐用，便于人工搬动。常用软管的重量见表 6-3-50。

常用软管重量 表 6-3-50

管径（mm）	软管长度（m）	软管自身重量（kg）	充满混凝土后重量（kg）
100	3.0	14.0	68.0
	5.0	23.3	113.3
	8.0	37.3	181.3
125	3.0	20.5	107.5
	5.0	34.1	179.1
	8.0	54.6	286.6

5）管接头：主要是用于管子之间的连接，以便快速装拆和及时处理堵管部位。

6）截止阀：常用的截止阀有针形阀和制动阀。在垂直向上泵送混凝土过程中，如混凝土泵送暂时中断，垂直管道内的混凝土因自重会对混凝土泵产生逆向压力，截止阀可防止这种逆向压力对泵的破坏，使混凝土泵得到保护并启动方便。通常泵送高度超过 100m 时，应设截止阀。

（2）混凝土输送管设计原则

1）应根据工程和施工场地特点、混凝土浇筑方案，对混凝土输送管配管进行合理设计。管路布置宜横平竖直，尽量缩短管路长度，并保证安全施工，便于管道清洗、排除故障和拆装维修。

2）管路布置中尽可能减少弯管使用数量，除终端出口处采用软管外，其余部位均不宜采用软管。除泵机出料口处，同一管路中，应采用相同管径的输送管，不宜使用锥管；当新旧管配合使用时，应将新管布置在泵送压力大的一侧。

3）混凝土输送管规格应根据粗骨料最大粒径、混凝土输出量和输送距离以及拌合物性能等进行选择，混凝土输送管最小内径宜符合表 6-3-51 的规定。

<table>
<tr><th colspan="2">混凝土输送管管径与粗骨料最大粒径的关系</th><th>表 6-3-51</th></tr>
</table>

粗骨料最大粒径（mm）	输送管最小内径（mm）
25	125
40	150

4）混凝土输送管强度应满足泵送要求，不得有龟裂、孔洞、凹凸损伤和弯折等缺陷。根据最大泵送压力计算出最小壁厚值。管接头应具有足够强度，并能快速装拆，其密封结构应严密可靠。

5）泵送施工地下结构物时，地上水平管轴线应与泵机出料口轴线垂直。

6）混凝土输送管应采用支架固定，支架应与结构牢固连接，输送泵管转向处支架应加密；支架应通过计算确定，同时要对设置支架处的结构进行验算，必要时应采取加固措施。

7）向上输送混凝土时，地面水平输送泵管的直管和弯管总的折算长度不宜小于竖向输送高度的 20%，且不宜小于 15m。

8）高泵程混凝土施工，为防止泵管高度过大造成混凝土拌合物反流，每隔 20 层应设置一段水平管，从楼板的另一侧向上垂直接泵管。水平管长度不宜小于垂直管长度的 25%，且不宜小于 15m；同时在混凝土泵出料口 3～6m 处的输送管根部应设置截止阀，防止混凝土拌合物反流。

9）倾斜向下配管时，应在斜管上端设排气阀；当高差大于 20m 时，应在斜管或垂直管下端设水平管。如条件限制，可增加弯管或环形管，满足 1.5 倍高差长度要求。

10）施工过程中应定期检查管道特别是弯管等部位的磨损情况，以防爆管；在泵机出口或有人员通过之处的管段，应增设安全防护结构；炎热季节或冬期施工时，混凝土输送管宜采取适当防护措施，以保证泵送混凝土入模时合理温度。

（3）混凝土输送管敷设方法

常见敷设方法，见图 6-3-1。

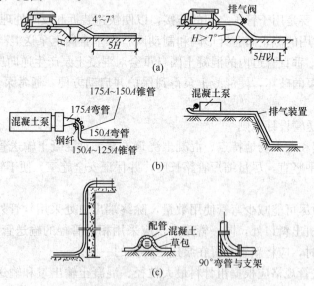

图 6-3-1　泵送管道敷设示意图

6. 混凝土布料杆的选择

(1) 布料杆种类及性能

混凝土布料杆是完成混凝土输送、布料、推铺、浇筑入模的理想机具。混凝土布料杆按移动方式分为汽车式布料杆和独立式布料杆两种；独立式布料杆又分为移置式布料杆（图 6-3-2）和管柱式布料杆（图 6-3-3）。混凝土布料杆的性能见表 6-3-52。

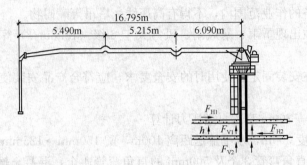

图 6-3-2　移置式布料杆

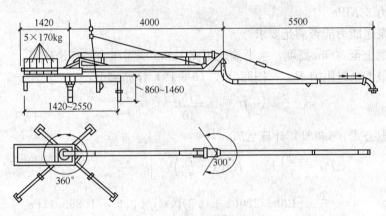

图 6-3-3　管柱式布料杆示意图

混凝土布料杆技术性能　　　　　　　　　　　　　　表 **6-3-52**

类别与型号	移置式布料杆 RVM10-125 型	管柱式机动布料杆 M17-125 型
泵送管直径（mm）	125	125
布料臂架节数（节）	2	3
最大幅度（m）	9.5	16.8
回转角度（°）	第一节 360	360
作业力矩（kN·m）	第一节 300	270
自身重量（kg）	1409	10000
工作重量（kg）	1750	
平衡重量（kg）	805	
电动机与功率（kW）		7.5

（2）选用原则及安装要求

1）应根据浇筑混凝土结构平面尺寸、配管情况、布料要求以及布料杆长度合理选择和布置布料设备。

2）布料设备应安装牢固和稳定，安装基础应进行结构强度校核，满足布料设备的重量和抗倾覆要求。

3）在布料设备的作业范围内，不得有高压线、塔吊等障碍物。

4）布料设备在出现雷雨、暴风雨、风力大于 6 级（13.8m/s）等恶劣天气时，不得作业。

5）布料设备在安装固定、使用时的安全要求，应符合产品安装使用说明书及相关标准的规定。

7. 计算实例——300m 高程泵送压力计算

某工程泵送高度 300m，水平输送距离 100m，配 150mm→125mm 的锥形管 1 个，弯曲半径 1000mm 的直角弯管 3 个及 500mm 的直角弯管 4 个，混凝土输送管直径 125mm。拟采用三一重工 HBT90CH—2135D 超高压混凝土输送泵，泵送最大理论排量 100m³/h，最大输送压力 35MPa。

验算：泵送能力能否满足要求。

泵送混凝土至 300m 高度，水平输送距离 100m 所需压力的理论计算：

混凝土最大泵送阻力 $P_{\max}$，按照公式（6-3-19）计算如下：

$$P_{\max} = \frac{\Delta P_H L}{10^6} + P_f$$

（1）根据公式（6-3-21）计算 ΔP_H

$$\Delta P_H = \frac{2}{r}\left[K_1 + K_2\left(1 + \frac{t_2}{t_1}\right)V_2\right]\alpha_2$$

$$= \frac{2}{0.0625}[120 + 220(1 + 0.3)0.9] \times 0.9 = 10869.12\text{Pa}$$

式中　K_1——粘着系数，按照公式（6-3-22），计算 $K_1 = 300 - S_1 = 300 - 180 = 120$Pa，其中 S_1 为坍落度，取 $S_1 = 180$mm；

　　　K_2——速度系数，按照公式（6-3-23），计算 $K_2 = 400 - S_1 = 400 - 180 = 220$Pa·s/m，$S_1$ 为坍落度，取 $S_1 = 180$mm；

　　　r——混凝土输送管半径，$r = 125/2 = 62.5$（mm）；

　t_2/t_1——混凝土泵分配阀切换时间与活塞推压混凝土时间之比，取值 0.3；

　　　V_2——混凝土拌合物在管道内的平均流速，当排量为 40m³/h 时，流速约为 0.9m/s；

　　　α_2——径向压力与轴向压力之比，对普通混凝土取 0.9。

（2）查表 6-3-46，换算 L

其中：水平距离 L 为 100m；垂直向上距离 L 为 300m；150mm→125mm 的锥形管 1 个；弯曲半径 1000mm 的直角弯管 3 个；500mm 的直角弯管 4 个。

$$L = 300 \times 4 + 100 + 9 \times 3 + 12 \times 4 = 1383\text{m}$$

（3）查表 6-3-47，换算 P_f。（设管路截止阀、分配阀各 1 个计算）

$$P_f = 0.1 + 0.2 = 0.3\text{MPa}$$

（4）计算 P_{max}

$$P_{max} = \frac{\Delta P_H L}{10^6} + P_f = \frac{10869.12 \times 1383}{10^6} + 0.3 = 15.33\text{MPa}$$

计算结果：泵送高度 300m，水平输送距离 100m，所需总压力为 15.33MPa。

结论：泵送能力满足要求。

6.3.4 混凝土浇筑及养护

6.3.4.1 混凝土浇筑

1. 基本规定

（1）一般要求

混凝土浇筑多采用泵送入模，连续施工。混凝土从搅拌完成到浇筑完毕的延续时间不宜超过表 6-3-53 的规定。混凝土运输、输送、浇筑及间歇的全部时间不应超过表 6-3-54 的规定。当不满足表 6-3-54 的规定时，应临时设置施工缝，继续浇筑混凝土时应按施工缝要求进行处理。

混凝土运输到输送入模的延续时间（min） 表 6-3-53

条 件	气 温	
	≤25℃	>25℃
不掺外加剂	90	60
掺外加剂	150	120

混凝土运输、输送入模及间歇的全部时间（min） 表 6-3-54

条 件	气 温	
	≤25℃	>25℃
不掺外加剂	180	150
掺外加剂	240	210

注：有特殊要求的混凝土，应根据设计及施工要求，通过试验确定允许时间。

（2）混凝土浇筑

1）混凝土浇筑可采用一次连续浇筑，也可留设施工缝或后浇带分块连续浇筑。混凝土浇筑时间有间歇时，次层混凝土应在前层混凝土初凝之前浇筑完毕；

2）根据结构平立面形状及尺寸、混凝土供应、混凝土浇筑设备、场地内外条件等划分每台泵浇筑区域及浇筑顺序；

3）采用硬管输送混凝土时，宜由远而近浇筑；多根输送管同时浇筑时，其浇筑速度宜保持一致；

4）采用先浇筑竖向结构构件，后浇筑水平结构构件的顺序进行浇筑；

5）浇筑区域结构平面有高差时，宜先浇筑低区部分，再浇筑高区部分。

（3）混凝土振捣

应合理控制振捣节奏、振捣深度、移动半径及时间，避免漏振和过振等。特别要注意防止过振的问题。过振会造成离析现象，使混凝土出现强度不足、密实度差及裂缝等问题，进而影响混凝土强度、耐久性及其他性能。因此施工时要特别注意。

（4）混凝土泵送工艺要点

1）泵送混凝土前，先把储料斗内清水从管道泵出，达到湿润和清洁管道的目的，然后向料斗内加入与混凝土内除粗骨料外的其他成分相同配合比的水泥砂浆（或1∶2水泥砂浆或水泥浆），润滑用的水泥浆或水泥砂浆应分散布料，不得集中浇筑在同一处。润滑管道后即可开始泵送混凝土。在混凝土泵送过程中，若需加接3m以上（含3m）的输送管时，也应预先对管道内壁进行湿润和润滑。

2）混凝土泵送速度应先慢后快，逐步加速。采用多泵同时进行大体积混凝土浇筑施工时，应每台泵依顺序逐一启动，待泵送顺利后，启动下一台泵，以防意外。

3）混凝土泵送过程中，泵车集料斗应设置网罩，并应有足够的混凝土余量，避免吸入空气产生堵泵。

4）混凝土泵送应连续作业。泵送、浇筑及间歇的全部时间不应超过混凝土的初凝时间。当混凝土供应不及时，应采取间歇式放慢泵送速度，维持泵送连续性。如必须中断时，其中断时间不得超过混凝土从搅拌至浇筑完毕所允许的延续时间。

5）混凝土浇筑的布料点宜接近浇筑位置，以防止混凝土冲击钢筋，造成混凝土分离。柱、墙模板内混凝土浇筑应使混凝土缓慢下落，避免混凝土产生离析。

6）泵送先远后近，在浇筑中逐渐拆管。

7）泵送完毕，应立即清洗混凝土泵和输送管，管道拆卸后按不同规格分类堆放。

8）当多台混凝土泵同时泵送或与其他输送方法组合输送混凝土时，应预先规定各自的输送能力、浇筑区域和浇筑顺序。并应分工明确、互相配合、统一指挥。

（5）泵送故障处理

1）当输送管被堵塞时，宜采取下列方法排除：①重复进行反泵和正泵，逐步吸出混凝土至料斗中，重新搅拌后泵送；②用木槌敲击等方法，查明堵塞部位，将混凝土振松后，重复进行反泵和正泵，排除堵塞；当上述两种方法无效时，应在混凝土卸压后，拆除堵塞部位的输送管，排出混凝土堵塞物后，方可接管，新接管道也应提前润湿。

2）当混凝土泵送出现非堵塞性中断浇筑时，宜进行慢速间歇泵送，每隔4~5min进行两个行程反泵，再进行两个行程正泵。

3）排除堵塞后重新泵送或清洗混凝土泵时，布料设备的出口应朝安全方向，以防堵塞物或废浆高速飞出伤人。

4）当混凝土泵出现压力升高且不稳定、油温升高、输送管明显振动等现象而泵送困难时，不得强行泵送，并应立即查明原因，采取措施排除故障。

2.墙、柱混凝土浇筑

（1）墙、柱模板内的混凝土浇筑不得发生离析，倾落高度应符合表6-3-55；当超过倾落高度限值时，应加设串筒、溜管或溜槽等装置。

墙、柱模板内的混凝土浇筑倾落高度限值（m）　　　　　　表6-3-55

条　件	浇筑倾落高度限值
粗骨料粒径大于25mm	≤3
粗骨料粒径小于等于25mm	≤6

（2）墙、柱浇筑混凝土前，在底部接槎处宜先浇筑30~50mm厚与墙、柱混凝土配

合比相同的去石子砂浆。

（3）混凝土应采用分层浇筑、振捣，分层浇筑高度应为振捣棒有效作用部分长度的
1.25 倍。每层浇筑厚度在 400~500mm，浇筑墙体应连续进行，间隔时间不得超过混凝
土初凝时间。见图 6-3-40。

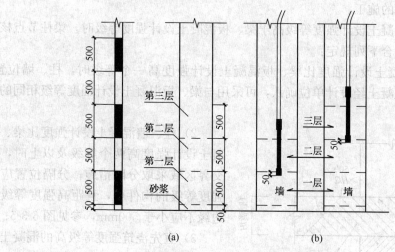

图 6-3-4　混凝土分层浇筑、振捣
（a）混凝土浇筑厚度控制杆；（b）墙、柱混凝土浇筑振捣

（4）墙体、柱浇筑高度及上口找平。混凝土浇筑振捣完毕，将上口甩出的钢筋加以整
理，用木抹子按预定标高线，将表面找平。墙体混凝土浇筑高度控制在高出楼板下皮上
5mm＋软弱层高度 5~10mm；柱子的浇筑高度控制在梁底向上 15~30mm（含 10~25mm
的软弱层），待剔除软弱层后，施工缝处于梁底向上 5mm 处。结构混凝土施工完后，及
时剔凿软弱层。

（5）柱与梁板整体浇筑时，为避免裂缝，注意在墙柱浇筑完毕后，必须停歇 1~
1.5h，使柱子混凝土沉实达到稳定后再浇筑梁板混凝土。

（6）浇筑完后，应随时将伸出的搭接钢筋整理到位。

3. 梁、板结构混凝土浇筑

（1）梁、板应同时浇筑，浇筑方法应由一端开始，先浇筑梁，根据梁高分层浇筑成阶
梯形，当达到板底位置时再与板的混凝土一起浇筑，随着阶梯形不断延伸，梁板混凝土浇
筑连续向前进行。

（2）与板连成整体高度大于 1m 的梁，允许单独浇筑，其施工缝应留在板底以上 15~
30mm 处。

（3）梁柱节点钢筋较密时，浇筑此处混凝土时宜用小直径振捣棒振捣，采用小直径振
捣棒应另计分层厚度。还可采用免振或高抛混凝土。

（4）浇筑楼板混凝土的虚铺厚度应略大于板厚，用振捣器顺浇筑方向及时振捣，不允
许用振捣棒铺摊混凝土。在钢筋上挂控制线，保证混凝土浇筑标高一致。顶板混凝土浇筑
完毕后，在混凝土初凝前，用 3m 长杠刮平，再用木抹子抹平，压实刮平遍数不少于两
遍，初凝时加强二次压面，保证大面平整、减少收缩裂缝。浇筑大面积楼板混凝土时，提

倡使用激光铅直、扫平仪控制板面标高和平整。

(5) 施工缝位置：宜沿次梁方向浇筑楼板，施工缝应留置在次梁跨度的中间 1/3 范围内。施工缝表面应与梁轴线或板面垂直，不得留斜槎。复杂结构施工缝留置位置应征得设计人员同意。施工缝宜用齿形模板挡牢或采用钢板网挡支牢固。也可采用快易收口网，直接进行下段混凝土的施工。

(6) 柱、墙混凝土设计强度等级高于梁、板混凝土设计强度等级时，梁柱节点核心区处混凝土浇筑应符合下列规定：

1) 柱、墙混凝土设计强度比梁、板混凝土设计强度高一个等级时，柱、墙位置梁、板高度范围内的混凝土经设计单位确认，可采用与梁、板混凝土设计强度等级相同的混凝土进行浇筑；

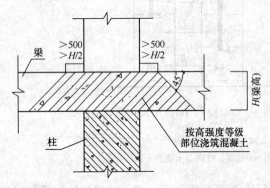

图 6-3-5　梁柱节点核心区混凝土留槎

2) 柱、墙混凝土设计强度比梁、板混凝土设计强度高两个等级及以上时，应在交界区域采取分隔措施；分隔位置应在低强度等级的构件中，且距高强度等级构件边缘不应小于 500mm，参见图 6-3-5；

3) 宜先浇筑强度等级高的混凝土，后浇筑强度等级低的混凝土。

4. 超长结构混凝土浇筑

(1) 超长结构是指按规范要求需要设缝或因种种原因无法设缝的结构构件。超长结构可留设施工缝分仓浇筑，分仓浇筑间隔时间不应少于 7d；

(2) 当留设后浇带时，后浇带封闭时间不得少于 7d；

(3) 超长整体基础中调节沉降的后浇带，混凝土封闭时间应通过监测确定，应在差异沉降稳定后封闭后浇带；

(4) 后浇带的封闭时间尚应经设计单位确认。

5. 施工缝或后浇带混凝土浇筑

(1) 施工缝处应待已浇筑混凝土的抗压强度不小于 1.2MPa 时，才允许继续浇筑。

(2) 水平施工缝应剔除软弱层，露出石子，竖向施工缝应剔除松散石子和杂物，露出密实混凝土。

(3) 在继续浇筑混凝土前，施工缝混凝土表面应凿毛，剔除浮动石子，并用水冲洗干净。水平施工缝可先浇筑一层与混凝土同配比减石子砂浆，注意接浆层厚度不应大于 30mm，然后继续浇筑混凝土。

(4) 后浇带混凝土浇筑时间应符合图纸设计要求。图纸设计无要求时，高层建筑的后浇带封闭时间宜滞后 2 个月以上。

(5) 后浇带混凝土强度等级比两侧混凝土提高一级，并宜采用减少收缩的技术措施，低温入模，覆盖养护；后浇带的养护时间不得少于 28d。

6. 混凝土施工缝与后浇带的留置

(1) 基本要求

1）施工缝和后浇带的留置位置应在混凝土浇筑前确定。施工缝和后浇带宜留设在结构受剪力较小且便于施工的位置。受力复杂的结构构件或有防水抗渗要求的结构构件，施工缝留设位置应经设计单位确认。

2）施工缝、后浇带留设界面，应垂直于结构构件和纵向受力钢筋。结构构件厚度或高度较大时，施工缝或后浇带界面宜采用专用材料封挡。

3）混凝土浇筑过程中，因特殊原因需临时设置施工缝时，施工缝留设应规整，并宜垂直于构件表面，必要时可采取增加插筋、事后修凿等技术措施。

4）施工缝和后浇带应采取钢筋防锈或阻锈等保护措施。

（2）水平施工缝的留设

1）柱、墙施工缝可留设在基础、楼层结构顶面，柱施工缝与结构上表面的距离宜为0～100mm；墙施工缝与结构上表面的距离宜为0～300mm；

2）柱、墙施工缝也可留设在楼层结构底面；施工缝与结构下表面的距离宜为0～50mm；当板下有梁托时，可留设在梁托下0～20mm；

3）高度较大的柱、墙、梁以及厚度较大的基础，可根据施工需要在其中部留设水平施工缝；当因施工缝留设改变受力状态而需要调整构件配筋时，应经设计单位确认；

4）特殊结构部位留设水平施工缝应经设计单位确认。

（3）竖向施工缝和后浇带的留设

1）有主次梁的楼板施工缝应留设在次梁跨度中间1/3范围内；

2）单向板施工缝应留设在与跨度方向平行的任何位置；

3）楼梯梯段施工缝宜设置在梯段跨度端部1/3范围内；

4）墙的施工缝宜设置在门洞口过梁跨中1/3范围内，也可留设在纵横墙交接处；

5）后浇带留设位置应符合设计要求；

6）特殊部位留设竖向施工缝应经设计单位确认。

（4）设备基础施工缝的留设

1）水平施工缝应低于地脚螺栓底端，与地脚螺栓底端的距离应大于150mm；当地脚螺栓直径小于30mm时，水平施工缝可留设在深度不小于地脚螺栓埋入混凝土部分总长度的3/4处。

2）竖向施工缝与地脚螺栓中心线的距离不应小于250mm，且不应小于螺栓直径的5倍。

3）承受动力作用的设备基础，施工缝留设位置，应符合以下规定：

① 标高不同的两个水平施工缝，其高低结合处应留设成台阶形，台阶的高宽比不应大于1.0；

② 竖向施工缝或台阶施工缝的断面处应加插钢筋，插筋数量和规格应由设计单位确定；

③ 施工缝的留设应经设计单位确认。

6.3.4.2 混凝土养护

1. 养护方式选择

（1）混凝土养护可采用浇水、覆盖、喷涂养护剂等方式。选择养护方式应考虑现场条件、环境温湿度、构件特点、技术要求、施工操作等因素。覆盖养护主要指使用塑料薄膜、麻袋、草帘等进行覆盖。

（2）对养护环境温度没有特殊要求的结构构件，可采用浇水养护方式，浇水养护可采用直接浇水、覆盖麻袋或草帘浇水等方法，并应根据温度、湿度、风力情况、阳光直射条件等，通过观察混凝土表面，确定浇水次数，确保混凝土处于湿润状态。混凝土养护用水可选用中水。当日平均温度低于5℃时，不得浇水。

（3）对养护环境温度没有特殊要求或浇水养护有困难的结构构件，可采用喷涂养护剂养护方式；养护剂的使用应符合使用说明书的要求，应均匀喷涂在结构构件表面，不得漏喷，确保混凝土处于保湿状态。

2. 混凝土养护时间

（1）采用硅酸盐水泥、普通硅酸盐水泥或矿渣硅酸盐水泥配制的混凝土不得少于7d；采用其他品种水泥时，养护应根据水泥技术性能确定；

（2）采用缓凝型外加剂、大掺量矿物掺合料配制的混凝土不得少于14d；

（3）抗渗混凝土、强度等级C60及以上混凝土、高性能混凝土不得少于14d；

（4）地下室底层墙、柱和上部结构首层墙、柱宜适当增加养护时间，增加时间应根据技术方案确定。

3. 混凝土养护工艺要点

（1）楼板结构表面应在混凝土初凝前抹压，混凝土终凝前用抹子再次搓压表面，然后进行直接浇水、覆盖麻袋或草帘浇水养护或喷涂养护剂养护，必要时可采用覆盖自身养护或采用覆盖喷水湿润养护。

对于平面结构，一般面积较大，易于失水，塑性收缩增大，易于产生裂缝，应通过及时覆盖和充分的保湿养护来降低风、太阳直射和温度等的影响。

（2）地下室底层和上部结构首层柱、墙混凝土宜采用带模养护方法，带模养护时间不宜少于3d；带模养护结束后应继续采用直接浇水、覆盖麻袋或草帘浇水养护等方法，必要时可采用喷涂养护剂养护方法；其他部位柱、墙混凝土宜采用直接浇水、覆盖麻袋或草帘浇水养护等方法，必要时可采用喷涂养护剂养护方法。

（3）带模养护和浇水养护时间不得少于14d。

6.3.5 混凝土季节性施工

6.3.5.1 混凝土冬期施工

当室外日平均气温连续5d稳定低于5℃时，即进入冬期施工，要采取冬期施工措施；当室外日平均气温连续5d稳定高于5℃时，可退出冬期施工。而当气温骤降至0℃以下或防冻剂规定温度时，也应采取冬期施工措施进行施工和防护。

1. 冬期浇筑的混凝土的受冻临界强度

（1）采用蓄热法、暖棚法、加热法施工的普通混凝土，采用硅酸盐水泥、普通硅酸盐水泥配制时，其受冻临界强度不得小于混凝土设计强度等级值的30%；采用矿渣硅酸盐水泥、粉煤灰硅酸盐水泥、火山灰质硅酸盐水泥、复合硅酸盐水泥时，不应小于设计混凝土强度等级值的40%；

（2）当室外最低气温不低于−15℃时，采用综合蓄热、负温养护法施工的混凝土受冻临界强度，不得小于4.0MPa；当室外最低温度不低于−30℃时，采用负温养护法施工的混凝土受冻临界强度，不得小于5.0MPa；

（3）对强度等级等于或高于 C50 的混凝土，不宜小于设计混凝土强度等级值的 30%；

（4）对有抗渗要求的混凝土，不宜小于设计混凝土强度等级值的 70%；

（5）对有抗冻耐久性要求的混凝土，不宜小于设计混凝土强度等级值的 70%；

（6）当采用暖棚法施工的混凝土中掺入早强剂时，可按综合蓄热法受冻临界强度取值；

（7）当施工需要提高混凝土强度等级时，应按提高后的强度等级确定受冻临界强度。

2. 混凝土冬期施工要点

（1）原材料及配合比

见 6.3.1 节、6.3.2 节的相关内容。

（2）混凝土搅拌

1）混凝土搅拌前应对搅拌机械进行保温或采用蒸汽进行加温；

2）液体防冻剂使用前应搅拌均匀，由防冻剂溶液带入的水分应从混凝土拌合水中扣除；

3）蒸汽法加热骨料时，应加大对骨料含水率测试频率，并应将由骨料带入的水分从混凝土拌合水中扣除；

4）混凝土搅拌时应先投入骨料与拌合水，预拌后再投入胶凝材料与外加剂。胶凝材料、引气剂或含引气组分外加剂不得与 60℃ 以上的热水直接接触；

5）搅拌时间应比常温搅拌时间延长 30～60s；

6）混凝土拌合物的出机温度不宜低于 10℃，入模温度不得低于 5℃。对预拌混凝土或需远距离输送的混凝土，混凝土拌合物的出机温度可根据运输和输送距离经热工计算确定，但不宜低于 15℃。大体积混凝土的入模温度根据计算确定。

（3）混凝土运输

1）混凝土运输与输送机具应进行保温。运输距离应尽量缩短，装卸次数尽量少，在运输过程中的温度损失最好不超过 5～6℃。在运输、浇筑的过程中，应符合热工计算的数值。如不符合时，可采取提高原材料加热温度、减少装卸次数、缩短运输时间等措施来调整。

2）泵送混凝土在浇筑前应对泵管进行保温。并用与施工混凝土同配比砂浆进行预热。

（4）混凝土浇筑

1）钢制大模板在支设前，背面应进行保温；采用小钢模板或其他材料模板安装后，应在背面张挂阻燃草帘进行保温；支撑不得支在冻土上，如支撑下是素土，为防止冻胀应采取保温防冻胀措施。

2）混凝土浇筑前，应清除地基、模板和钢筋上的冰雪和污垢，并进行覆盖保温。应尽量加快浇筑速度，防止热量散失过多。

混凝土分层浇筑时，分层厚度不应小于 400mm。已浇筑层的混凝土温度在被上一层混凝土覆盖前，温度不得低于 2℃。同时，应加快浇筑速度，防止下层混凝土在被覆盖前受冻。混凝土在初期养护期间应防风防失水。

（5）混凝土养护

1）当室外最低气温不低于 −15℃ 时，对地面以下的工程或表面系数不大于 $5m^{-1}$ 的结构，宜采用蓄热法养护，并应对结构易受冻部位加强保温措施。

2）当采用蓄热法不能满足要求时，对表面系数为 5～15m⁻¹ 的结构，可采用综合蓄热法养护。采用综合蓄热法养护时，围护层散热系数宜控制在 $50～200kJ/(m^3 \cdot h \cdot K)$ 之间。

3）对表面系数大于 15m⁻¹ 或不易保温养护，且对强度增长无特殊要求的一般高层混凝土结构工程，可采用掺防冻剂的负温养护法进行施工。对于重要结构工程或部位，尽量采用综合蓄热法养护。

4）当采用蓄热法、综合蓄热法或负温养护法不能满足施工要求时，可采用暖棚法、蒸汽加热法、电加热法等方法进行养护，但应采取降低能耗的措施。

5）混凝土浇筑后，应对裸露表面采用防水保湿材料覆盖并进行保温，对边、棱角及易受冻部位的保温层厚度应提高 2 倍至 3 倍。

6）在混凝土养护期间，应采取防风、防失水措施，并不得直接向负温混凝土表面浇水养护。

7）混凝土在达到规定强度并冷却到 5℃ 后方可拆除模板。墙体采用组合钢模板时，宜采用整装整拆方案，混凝土强度达 1MPa 后，可先拧松螺栓，使侧模板轻轻脱离混凝土后，再合上利用模板进行保温养护到拆模。当混凝土与环境温度差大于 20℃ 时，拆模后的混凝土表面应立即进行保温覆盖，保证缓慢冷却。

8）混凝土拆模后，在强度未达到受冻临界强度和设计要求时，应继续进行养护。

9）工程越冬期间，应进行保温维护，采取防风、防失水措施。

（6）混凝土测温

1）混凝土冬期施工测温项目与次数，见表 6-3-56。

混凝土冬期施工测温项目和次数 表 6-3-56

测温项目	测温次数
室外气温	测量最高、最低气温
环境温度	每昼夜不少于 4 次
搅拌机棚温度	每一工作班不少于 4 次
水、水泥、矿物掺合料、砂、石及外加剂溶液温度	每一工作班不少于 4 次
混凝土出罐、浇筑、入模温度	每一工作班不少于 4 次

注：室外最高最低气温测量起、止日期为当地天气预报出现 5℃ 时初冬期起始至连续 5d 现场测温平均 5℃ 以上时止。

2）采用蓄热法或综合蓄热法时，在达到受冻临界强度之前每隔 4～6h 测量一次；采用负温养护法时，在达到受冻临界强度之前每隔 2h 测量一次；采用加热法时，在升温、降温期间每 1h 测定一次，在恒温期间每 2h 测定一次。混凝土在达到受冻临界强度之后，可停止测温。

3）混凝土养护温度的测定方法如下：

① 应提前绘制测温孔平面布置图，全部测温孔均应编号，并在结构实体对应位置做出明显标识。

② 测温孔宜设在迎风面、易于散热的部位，孔深 50～10mm。对结构构件的梁、板、柱、墙等，布设的测温点应不少于该批次浇筑典型构件的 25%；大体积结构应在表面及

内部分别设置。

3. 混凝土热工计算

(1) 混凝土拌合物温度可按式 (6-3-25) 计算：

$$T_0 = 0.92(m_{ce}T_{ce} + m_sT_s + m_{sa}T_{sa} + m_gT_g) + 4.2T_w(m_w - w_{sa}m_{sa} - w_gm_g)$$
$$+ c_w(w_{sa}m_{sa}T_{sa} + w_gm_gT_g) - c_i(w_{sa}m_{sa} + w_gm_g)$$
$$/4.2m_w + 0.92(m_{ce} + m_s + m_{sa} + m_g) \tag{6-3-25}$$

式中　T_0——混凝土拌合物温度（℃）；

　　　T_s——掺合料的温度（℃）；

　　　T_{ce}——水泥的温度（℃）；

　　　T_{sa}——砂子的温度（℃）；

　　　T_g——石子的温度（℃）；

　　　T_w——水的温度（℃）；

　　　m_w——拌合水用量（kg）；

　　　m_{ce}——水泥用量（kg）；

　　　m_s——掺合料用量（kg）；

　　　m_{sa}——砂子用量（kg）；

　　　m_g——石子用量（kg）；

　　　w_{sa}——砂子的含水率（%）；

　　　w_g——石子的含水率（%）；

　　　c_w——水的比热容[kJ/(kg·K)]；

　　　c_i——冰的溶解热（kJ/kg）；当骨料温度大于 0℃ 时：$c_w=4.2$，$c_i=0$；当骨料温度小于或等于 0℃ 时：$c_w=2.1$，$c_i=335$。

(2) 混凝土拌合物出机温度可按式 (6-3-26) 计算：

$$T_1 = T_0 - 0.16(T_0 - T_P) \tag{6-3-26}$$

式中　T_1——混凝土拌合物出机温度（℃）；

　　　T_P——搅拌机棚内温度（℃）。

(3) 采用商品混凝土泵送施工时，混凝土拌合物运输与输送至浇筑地点时的温度可按式 (6-3-27) 计算：

$$T_2 = T_1 - \Delta T_y - \Delta T_b \tag{6-3-27}$$

其中，ΔT_y、ΔT_b 分别为采用装卸式运输工具运输混凝土时的温度降低和采用泵管输送混凝土时的温度降低，可按式 (6-3-28)、(6-3-29) 计算：

$$\Delta T_y = (\alpha t_1 + 0.032n) \times (T_1 - T_a) \tag{6-3-28}$$

$$\Delta T_b = 4\omega \times \frac{3.6}{0.4 + \dfrac{d_b}{\lambda_b}} \times \Delta T_1 \times t_2 \times \frac{D_w}{c_c \cdot \rho_c \cdot D_l^2} \tag{6-3-29}$$

式中　T_2——混凝土拌合物运输与输送到浇筑地点时温度（℃）；

　　　ΔT_y——采用装卸式运输工具运输混凝土时的温度降低（℃）；

　　　ΔT_b——采用泵管输送混凝土时的温度降低（℃）；

　　　ΔT_1——泵管内混凝土的温度与环境气温差（℃），$\Delta T_1 = T_1 - T_y - T_a$；

T_a——室外环境温度（℃）；

t_1——混凝土拌合物运输的时间（h）；

t_2——混凝土在泵管内输送时间（h）；

n——混凝土拌合物运转次数；

c_c——混凝土的比热容 [kJ/(kg·K)]；

ρ_c——混凝土的质量密度（kg/m^3）；

λ_b——泵管外保温材料导热系数 [W/(m·K)]；

d_b——泵管外保温层厚度（m）；

D_l——混凝土泵管内径（m）；

D_w——混凝土泵管外围直径（包括外围保温材料）（m）；

ω——透风系数，可按表 6-3-58 取值。

α——温度损失系数（h^{-1}），采用混凝土搅拌车时，$\alpha=0.25$。

（4）考虑模板和钢筋的吸热影响，混凝土浇筑完成时的温度，可按式（6-3-30）计算：

$$T_3 = \frac{c_c m_c T_2 + c_f m_f T_f + c_s m_s T_s}{c_c m_c + c_f m_f + c_s m_s} \qquad (6-3-30)$$

式中 T_3——混凝土浇筑完成时的温度（℃）；

c_f——模板的比热容 [kJ/(kg·K)]；

c_s——钢筋的比热容 [kJ/(kg·K)]；

m_c——每立方米混凝土的重量（kg）；

m_f——每立方米混凝土相接触的模板重量（kg）；

m_s——每立方米混凝土相接触的钢筋重量（kg）；

T_f——模板的温度（℃），未预热时可采用当时的环境温度；

T_s——钢筋的温度（℃），未预热时可采用当时的环境温度。

（5）蓄热养护过程中的温度计算

1）混凝土蓄热养护开始到某一时刻的温度、平均温度可按以下公式计算：

$$T_4 = \eta e^{-\theta V_{ce} \cdot t_3} - \varphi e^{-V_{ce} \cdot t_3} + T_{m,a} \qquad (6-3-31)$$

$$T_m = \frac{1}{V_{ce} t_3} \left(\varphi e^{-V_{ce} \cdot t_3} - \frac{\eta}{\theta} e^{-\theta V_{ce} \cdot t_3} + \frac{\eta}{\theta} - \varphi \right) + T_{m,a} \qquad (6-3-32)$$

其中：θ、φ、η 为综合参数，可按以下公式计算。

$$\theta = \frac{\omega \cdot K \cdot M_s}{V_{ce} \cdot c_c \cdot \rho_c} \qquad (6-3-33)$$

$$\varphi = \frac{V_{ce} \cdot Q_{ce} \cdot m_{ce,1}}{V_{ce} \cdot c_c \cdot \rho_c - \omega \cdot K \cdot M_s} \qquad (6-3-34)$$

$$\eta = T_3 - T_{m,a} + \varphi \qquad (6-3-35)$$

$$K = \frac{3.6}{0.04 + \sum_{i=1}^{n} \frac{d_i}{\lambda_i}} \qquad (6-3-36)$$

式中 T_4——混凝土蓄热养护开始到某一时刻的温度（℃）；

T_m——混凝土蓄热养护开始到某一时刻的平均温度（℃）；

t_3——混凝土蓄热养护开始到某一时刻的时间（h）；

$T_{m,a}$——混凝土蓄热养护开始到某一时刻的平均气温（℃），可采用蓄热养护开始至 t_3 时气象预报的平均气温，亦可按每时或每日平均气温计算；

M_s——结构表面系数（m^{-1}）；

K——结构围护层的总传热系数 $[kJ/(m^2 \cdot h \cdot K)]$；

Q_{ce}——水泥水化累积最终放热量（kJ/kg）；

V_{ce}——水泥水化速度系数（h^{-1}）；

$m_{ce,1}$——每立方米混凝土水泥用量（kg/m^3）；

d_i——第 i 层围护层厚度（m）；

λ_i——第 i 层围护层的导热系数 $[W/(m \cdot K)]$。

2）水泥水化累积最终放热量 Q_{ce}、水泥水化速度系数 V_{ce} 及透风系数 ω 取值，可按表 6-3-57、表 6-3-58 选用。

水泥水化累积最终放热量 Q_{ce} 和水泥水化速度系数 V_{ce}　　表 6-3-57

水泥品种及强度等级	Q_{ce} (kJ/kg)	V_{ce} (h^{-1})
硅酸盐、普通硅酸盐水泥 52.5	400	0.018
硅酸盐、普通硅酸盐水泥 42.5	350	0.015
矿渣、火山灰质、粉煤灰、复合硅酸盐水泥 42.5	310	0.013
矿渣、火山灰质、粉煤灰、复合硅酸盐水泥 32.5	260	0.011

透风系数 ω　　表 6-3-58

围护层种类	透风系数 ω		
	$V_w<3m/s$	$3m/s \leqslant V_w \leqslant 5m/s$	$V_w>5m/s$
围护层有易透风材料组成	2.0	2.5	3.0
易透风保温材料外包不易透风材料	1.5	1.8	2.0
围护层由不易透风材料组成	1.3	1.45	1.6

注：V_w——风速。

3）当需要计算混凝土蓄热冷却至 0℃ 的时间时，可根据公式（6-3-31）、（6-3-32）采用逐次逼近的方法进行计算。当蓄热养护条件满足 $\dfrac{\varphi}{T_{m,a}} \geqslant 1.5$，且 $KM_s \geqslant 50$ 时，也可按式（6-3-37）直接计算。

$$t_0 = \frac{1}{V_{ce}} \ln \frac{\varphi}{T_{m,a}} \qquad (6-3-37)$$

式中　t_0——混凝土蓄热养护冷却至 0℃ 的时间（h）。

混凝土冷却至 0℃ 的时间内，其平均温度可根据公式（6-3-32），取 $t_3 = t_0$ 进行计算。

（6）用成熟度法计算混凝土早期强度

1）成熟度法的适用范围及条件应符合下列规定：

① 不掺外加剂在 50℃ 以下正温养护和掺外加剂在 30℃ 以下养护的混凝土，也可用于掺防冻剂负温养护法施工的混凝土；

② 预估混凝土强度标准值 60% 以内的强度值；

③ 采用工程实际使用的混凝土原材料和配合比，制作不少于 5 组混凝土立方体标准试件在标准条件下养护，测试 1d、2d、3d、7d、28d 的强度值；

④ 取得现场养护混凝土的连续温度实测资料。

2）用计算法确定混凝土强度应按下列步骤进行：

① 用标准养护试件的各龄期强度数据，应经回归分析拟合成下列曲线方程：

$$f = a \cdot e^{-b/D} \qquad (6\text{-}3\text{-}38)$$

式中 f——混凝土立方体抗压强度（MPa）；

D——混凝土养护龄期（d）；

a、b——参数。

② 根据现场的实测混凝土养护温度资料，按式（6-3-39）计算混凝土已达到的等效龄期：

$$D_e = \Sigma(\alpha_T \times \Delta t) \qquad (6\text{-}3\text{-}39)$$

式中 D_e——等效龄期（h）；

α_T——等效系数，按表 6-3-59 采用；

Δt——某温度下的持续时间（h）。

等效系数 α_T 表 6-3-59

温度 （℃）	等效系数 α_T	温度 （℃）	等效系数 α_T	温度 （℃）	等效系数 α_T	温度 （℃）	等效系数 α_T
50	2.95	33	1.72	16	0.81	−1	0.26
49	2.87	32	1.66	15	0.77	−2	0.24
48	2.78	31	1.59	14	0.74	−3	0.22
47	2.71	30	1.53	13	0.70	−4	0.20
46	2.63	29	1.47	12	0.66	−5	0.18
45	2.55	28	1.41	11	0.62	−6	0.17
44	2.48	27	1.36	10	0.58	−7	0.15
43	2.40	26	1.30	9	0.55	−8	0.13
42	2.32	25	1.25	8	0.51	−9	0.12
41	2.25	24	1.20	7	0.48	−10	0.11
40	2.19	23	1.15	6	0.45	−11	0.10
39	2.12	22	1.10	5	0.42	−12	0.08
38	2.04	21	1.05	4	0.39	−13	0.08
37	1.98	20	1.00	3	0.35	−14	0.07
36	1.92	19	0.95	2	0.33	−15	0.06
35	1.84	18	0.90	1	0.31		
34	1.77	17	0.86	0	0.28		

③ 以等效龄期 D_e 作为 D 代入公式（6-3-38），计算混凝土强度。

3）用图解法确定混凝土强度宜按下列步骤进行：

① 根据标准养护试件各龄期强度数据，在坐标纸上画出龄期-强度曲线；

② 根据现场实测的混凝土养护温度资料，计算混凝土达到的等效龄期；

③ 根据等效龄期数值，在龄期-强度曲线上查出相应强度值，即为所求值。

4）当采用蓄热法和综合蓄热法养护时，也可按如下步骤确定混凝土强度：

① 用标准养护试件各龄期的成熟度与强度数据，经回归分析拟合成下列成熟度-强度曲线方程：

$$f = a \cdot e^{-b/M} \qquad (6\text{-}3\text{-}40)$$

式中　M——混凝土养护的成熟度（℃·h）。

② 根据现场混凝土测温结果，按式（6-3-41）计算混凝土成熟度：

$$M = \Sigma(T + 15) \times \Delta t \qquad (6\text{-}3\text{-}41)$$

式中　T——在时间 ΔT 内混凝土平均温度（℃）。

③ 将成熟度 M 代入式（7-3-40），可计算出现场混凝土强度 f。

④ 将混凝土强度 f 乘以综合蓄热法调整系数 0.8，即为混凝土实际强度。

4. 计算实例

楼板厚度 $h=150$mm，出罐温度 $T_1'=15$℃，大气均温 $T_a=-5$℃，风速 $V_w=2$m/s，每立方米水泥用量 $m_{ce,1}=280.00$kg/m³，水泥水化速度系数 $V_{ce}=0.015$h^{-1}，水泥水化最终放热量 $Q_{ce}=350$kJ/kg，泵管内径为 0.1m，泵管厚度为 0.005m，泵送时间为 0.1h，泵管保温材料选用 0.02m 厚草帘，导热系数 $\lambda_b=0.08$。透风系数 $\omega=2$。

构件保温材料选用 30mm 草帘加一层塑料薄膜，透风系数 $w=1.35$，保温材料密度 $\rho_i=150$kg/m³，保温材料比热容 $c_i=1.47$kJ/(kg·K)，导热系数 $=0.08$W/(m·K)；塑料薄膜厚度取 1mm，导热系数 $=0.03$W/(m·K)。楼板下层围挡保温至 -1℃，木模板比热容 $c_f=2.51$kJ/(kg·K)，钢筋比热容 $c_s=0.48$kJ/(kg·K)。

混凝土比热容 $c_c=0.92$kJ/(kg·K)，混凝土密度 $\rho_c=2500$kg/m³，每立方米钢筋重量 $m_s=18.055$kg，每立方米混凝土重量 $m_c=2500$kg，模板厚度取 18mm，模板重量，$m_f=105$kg，模板导热系数 $=0.17$W/(m·K)。

检验此保温方案是否合格。考虑实际情况温降，按最不利计算。保证初始养护温度 >5℃。

（1）计算泵管温降

已知：泵管内径 $D_1=0.1$m，泵管厚度 $D_w'=0.005$m，泵送时间 $t_2=0.1$h，泵管保温材料厚度 $d_b=0.02$m，导热系数 $\lambda_b=0.08$。泵管毛外径 $D_w=D_1+2\times(D_w'+d_b)=0.15$m，泵内混凝土与环境温差 $\Delta T_1=T_1'-T_a=20$℃。

泵管温降 ΔT_b 按公式（6-3-29）计算：

$$\Delta T_b = 4\omega \times \frac{3.6}{0.04 + \dfrac{d_b}{\lambda_b}} \times \Delta T_1 \times t_2 \times \frac{D_W}{c_c \cdot \rho_c \cdot D_l^2}$$

$$= 4 \times 2 \times \frac{3.6}{0.4 + \dfrac{0.02}{0.08}} \times 20 \times 0.1 \times \frac{0.15}{0.92 \times 2500 \times 0.1^2}$$

$$= 1.30\text{℃}$$

出管温度 $T_2 = T_1 - \Delta T_b = 15 - 1.30 = 13.70$℃

（2）计算吸热温降

钢筋和模板不加热，其温度 T_s 和 T_f 按气温取为 -5℃；

吸热后温度 T_3 按公式（6-3-30）计算：

$$T_3 = \frac{c_c m_c T_2 + c_f m_f T_f + c_s m_s T_s}{c_c m_c + c_f m_f + c_s m_s}$$

$$= \frac{0.92 \times 2500 \times 13.70 + 2.51 \times 105 \times (-5) + 0.48 \times 18.055 \times (-5)}{0.92 \times 2500 + 2.51 \times 105 + 0.48 \times 18.055}$$

$$= 11.73℃$$

（3）计算养护温度

保温材料和模板的总传热系数 K 按公式（6-3-36）计算：

上层保温总传热系数 K_1：

$$K_1 = \frac{3.6}{0.04 + \sum_{i=1}^{n} \frac{d_i}{\lambda_i}} = \frac{3.6}{0.04 + \frac{0.03}{0.08} + \frac{0.001}{0.03}} = 8.04 \text{kJ/(m}^2 \cdot \text{h} \cdot \text{K)}$$

下层模板总传热系数 K_2：

$$K_2 = \frac{3.6}{0.04 + \sum_{i=1}^{n} \frac{d_i}{\lambda_i}} = \frac{3.6}{0.04 + \frac{0.018}{0.17}} = 24.68 \text{kJ/(m}^2 \cdot \text{h} \cdot \text{K)}$$

$$K = (K_1 + K_2)/2 = 16.36 \text{kJ/(m}^2 \cdot \text{h} \cdot \text{K)}$$

按公式（6-3-33）计算综合参数 θ：

$$\theta = \frac{\omega \cdot K \cdot M_s}{V_{ce} \cdot c_c \cdot \rho_c} = \frac{1.35 \times 16.36 \times 2/0.15}{0.015 \times 0.92 \times 2500} = 8.6$$

按公式（6-3-34）计算综合参数 φ：

$$\varphi = \frac{V_{ce} \cdot Q_{ce} \cdot m_{e,1}}{V_{ce} \cdot c_c \cdot \rho_c - \omega \cdot K \cdot M_s} = \frac{0.015 \times 350 \times 280}{0.015 \times 0.92 \times 2500 - 1.35 \times 16.36 \times 13.33} = -5.61$$

养护均温取大气均温 -5℃和楼板下层围挡保温 -1℃的平均值，$T_{m,a} = -3.00$℃；

综合参数 $\eta = T_3 - T_{m,a} + \varphi = 11.73 - (-3) + (-5.61) = 9.12$；

按公式（6-3-31）计算 T_4：

$$T_4 = \eta e^{-\theta V_{ce} \cdot t_3} - \varphi e^{-V_{ce} \cdot t_3} + T_{m,a} = 9.12 e^{-8.6 \times 0.015 t_3} + 5.61 e^{-0.015 t_3} - 3$$

采用逐次逼近方法计算，见表 6-3-60。

逐次逼近法   表 6-3-60

时间 t_3（h）	40	42	43
温度 T_4（℃）	0.12	0.39	-0.021

当 $T_4 = 0$ 时，取 $t_3 = 42.00$h；

混凝土养护平均温度 T_m 按公式（6-3-32）计算：

$$T_m = \frac{1}{V_{ce} t_3} \left(\varphi e^{-V_{ce} \cdot t_3} - \frac{\eta}{\theta} e^{-\theta V_{ce} \cdot t_3} + \frac{\eta}{\theta} - \varphi \right)$$

$$= \frac{1}{0.015 \times 42} \left[-5.61 \times e^{-0.015 \times 42} - \frac{9.12}{8.6} e^{-8.6 \times 0.015 \times 42} + \frac{9.12}{8.6} - (-5.61) \right]$$

$$= 5.83℃$$

按照公式（6-3-41），计算混凝土成熟度 M：
$$M = (T_m + 15) \times t_3 = (5.83 + 15) \times 42 = 874.9℃ \cdot h$$

由搅拌站提供参数 $a = 36$，$b = 1700$；

按照公式（6-3-40）计算混凝土强度 f：
$$f = a \cdot e^{-b/M} = 36 \times e^{-1700/874.9} = 5.16MPa$$

f 乘以蓄热调整系数 0.8，得出混凝土实际强度为 4.13＞4MPa

（4）结论

保温方案合格。

6.3.5.2　混凝土雨期施工

1. 雨期施工时，应对水泥和掺合料采取防水和防潮措施，并应对粗、细骨料含水率实时监测，当雨雪天气等外界影响导致混凝土骨料含水率变化时，及时调整混凝土配合比。

2. 模板脱模剂应具有防雨水冲刷性能。

3. 现场拌制混凝土时，砂石场排水畅通，无积水，随时测定雨后砂石的含水率；搅拌机棚（现场搅拌）等有机电设备的工作间都要有安全牢固的防雨、防风、防砸的支搭顶棚，并做好电源的防触电工作。

4. 施工机械、机电设备提前做好防护，现场供电系统做到线路、箱、柜完好可靠，绝缘良好，防漏电装置灵敏有效。机电设备设防雨棚并有接零保护。

5. 采用水泥砂浆及木板做好结构作业层以下各楼层水平孔洞围堰、封堵工作，防止雨水从楼层进入地下室。

6. 地下工程，除做好工程的降水、排水外，还应做好基坑边坡变形监测、防护、防塌、防泡等工作，要防止雨水倒灌，影响正常生产，危害建筑物安全。地下车库坡道出入口需搭设防雨棚、围挡水堰防倒灌。

7. 底板后浇带中的钢筋如长期遭水浸泡会生锈，为防止雨水及泥浆从各处流到地下室和底板后浇带中，地下室顶板后浇带、各层洞口周围可用胶合板及水泥砂浆围挡进行封闭。底板后浇带具体保护做法见图 6-3-6，并在大雨过后或不定期将后浇带内积水排出。而楼梯间处可用临时挡雨棚罩或在底板上临时留集水坑以便抽水。

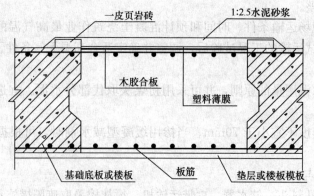

图 6-3-6　底板后浇带的保护

8. 外墙后浇带用预制钢筋混凝土板、钢板、胶合板或≮240mm 厚砖模进行封闭，见

图 6-3-7。

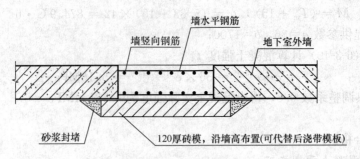

图 6-3-7 外墙后浇带的保护

9. 大面积、大体积混凝土连续浇筑及采用原浆压面一次成活工艺施工时，应预先了解天气情况，并应避开雨天施工。浇筑前应做好防雨应急措施准备，遇雨时合理留置施工缝。

10. 除采用防护措施外，小到中雨天气不宜进行混凝土露天浇筑，并不应开始大面积作业面的混凝土露天浇筑；大到暴雨天气严禁进行混凝土露天浇筑。

11. 混凝土浇筑过程中，对因雨水冲刷致使水泥浆流失严重的部位，可采用补充水泥砂浆、铲除表层混凝土、插短钢筋等补救措施。

12. 混凝土浇筑完毕后，应及时覆盖塑料薄膜等，避免被雨水冲刷。

6.3.5.3 混凝土高温施工

当室外大气温度达到35℃及以上时，应按高温施工要求采取措施。

1. 原材料要求

（1）高温施工时，应对水泥、砂、石的贮存仓、料堆等采取遮阳防晒措施，或在水泥贮存仓、砂、石料堆上喷水降温。

（2）根据环境温度、湿度、风力和采取温控措施实际情况，对混凝土配合比进行调整。调整时要考虑以下因素：

1）应考虑原材料温度、大气温度、混凝土运输方式与时间对混凝土初凝时间、坍落度损失等性能指标的影响，根据环境温度、湿度、风力和采取温控措施的实际情况，对混凝土配合比进行调整。

2）宜在近似现场运输条件、时间和预计混凝土浇筑作业最高气温的天气条件下，通过混凝土试拌合与试运输的工况试验后，调整并确定适合高温天气条件下施工的混凝土配合比。

3）宜采用低水泥用量的原则，并可采用粉煤灰取代部分水泥。宜选用水化热较低的水泥。

4）混凝土坍落度不宜小于 70mm。当掺用缓凝型减水剂时，可根据气温适当增加坍落度。

2. 混凝土搅拌与运输

（1）应对搅拌站料斗、储水器、皮带运输机、搅拌楼采取遮阳措施；

（2）对原材料进行直接降温时，宜采用对水、粗骨料进行降温的方法；可采用冷却装置冷却拌合用水，并对水管及水箱加设遮阳和隔热设施，也可在水中加碎冰作为拌合用水的一部分。混凝土拌合时掺加的固体冰应确保在搅拌结束前融化，且其重量并应在拌合用水中扣除。

(3) 原材料进入搅拌机的最高温度不宜超过表 6-3-61 的规定。

原材料最高入机温度（℃）　　　　　　　　　　　表 6-3-61

原材料	最高温度	原材料	最高温度
水泥	60	水	25
骨料	30	粉煤灰等矿物掺合料	60

(4) 混凝土拌合物出机温度不宜大于 30℃。出机温度可按式（6-3-42）。

$$T_0 = \frac{0.22(T_gW_g + T_sW_s + T_cW_c + T_mW_m) + T_wW_w + T_gW_{wg} + T_sW_{ws} + 0.5T_{ice}W_{ice} - 79.6W_{ice}}{0.22(W_g + W_s + W_c + W_m) + W_w + W_{wg} + W_{ws} + W_{ice}}$$

(6-3-42)

式中　　　T_0——混凝土出机温度（℃）；

T_g、T_s——石子、砂子入机温度（℃）；

T_c、T_m——水泥、掺合料（粉煤灰、矿粉等）的入机温度（℃）；

T_w、T_{ice}——正常搅拌水、冰的入机温度（℃）；冰的入机温度低于 0℃时，T_{ice} 应取负值；

W_g、W_s——石子、砂子干重量（kg）；

W_c、W_m——水泥、掺合料（粉煤灰、矿粉等）重量（kg）；

W_w、W_{ice}——搅拌水、冰重量（kg）；当混凝土不加冰搅拌时，$W_{ice} = 0$；

W_{wg}、W_{ws}——石子、砂子中所含水重量（kg）。

(5) 必要时，可采取喷液态氮和干冰措施，降低混凝土出机温度。

(6) 宜采用混凝土运输搅拌车运输混凝土，且混凝土运输搅拌车宜采用白色涂装；混凝土输送管应进行遮阳覆盖，并洒水降温。

3. 混凝土浇筑及养护

(1) 混凝土浇筑入模温度不应大于 35℃。

(2) 混凝土浇筑宜在早间或晚间进行，且宜连续浇筑。当混凝土水分蒸发较快时，应在施工作业面采取挡风、遮阳、喷雾等措施。

(3) 混凝土浇筑前，施工作业面应遮阳，并应对模板、钢筋和施工机具采用洒水等降温措施，但在浇筑时模板内不得有积水。

(4) 混凝土浇筑完成后，应及时进行保湿养护，防止水分蒸发过快产生裂缝和降低混凝土强度。侧模拆除前宜采用带模湿润养护。

6.3.6　混凝土施工质量控制与检验

6.3.6.1　混凝土施工质量检查

混凝土施工质量检查可分为过程中控制检查和拆模后的实体质量检查。

1. 施工过程中控制检查

混凝土施工过程检查，包括混凝土拌合物坍落度、入模温度及大体积混凝土的温度测控；混凝土输送、浇筑、振捣；混凝土浇筑时模板的变形、漏浆；混凝土浇筑时钢筋和预埋件位置；混凝土试件制作及混凝土养护等环节的质量。

2. 实体质量检查

混凝土拆模后质量检查，包括混凝土构件的轴线位置、标高、截面尺寸、表面平整度、垂直度；预埋件的数量、位置；混凝土构件的外观缺陷；构件的连接及构造做法；结构的轴线位置、标高、全高垂直度等。

6.3.6.2 混凝土缺陷修整

1. 现浇结构的外观质量缺陷，应由监理（建设）单位、施工单位等各方根据其对结构性能和使用功能影响的严重程度，按表 6-3-62 确定。

现浇结构外观质量缺陷 表 6-3-62

名　称	现象	严重缺陷	一般缺陷
露筋	构件内钢筋未被混凝土包裹而外露	纵向受力钢筋有露筋	其他钢筋有少量露筋
蜂窝	混凝土表面缺少水泥砂浆而形成石子外露	构件主要受力部位有蜂窝	其他部位有少量蜂窝
孔洞	混凝土中孔穴深度和长度均超过保护层厚度	构件主要受力部位有孔洞	其他部位有少量孔洞
夹渣	混凝土中夹有杂物且深度超过保护层厚度	构件主要受力部位有夹渣	其他部位有少量夹渣
疏松	混凝土中局部不密实	构件主要受力部位有疏松	其他部位有少量疏松
裂缝	缝隙从混凝土表面延伸至混凝土内部	构件主要受力部位有影响结构性能或使用功能的裂缝	其他部位有少量不影响结构性能或使用功能的裂缝
连接部位缺陷	构件连接处混凝土缺陷及连接钢筋、连接件松动	连接部位有影响结构传力性能的缺陷	连接部位有基本不影响结构传力性能的缺陷
外形缺陷	缺棱掉角、棱角不直、翘曲不平、飞边凸肋等	清水混凝土构件有影响使用功能或装饰效果的外形缺陷	其他混凝土构件有不影响使用功能的外形缺陷
外表缺陷	构件表面麻面、掉皮、起砂、沾污等	具有重要装饰效果的清水混凝土构件有外表缺陷	其他混凝土构件有不影响使用功能的外表缺陷

2. 一般缺陷修整

（1）对于露筋、蜂窝、孔洞、疏松、外表缺陷，应凿除胶结不牢固部分的混凝土，用钢丝刷清理，浇水湿润后用 1∶2～1∶2.5 水泥砂浆抹平。

（2）裂缝应进行封闭。

（3）连接部位缺陷、外形缺陷可与面层装饰施工一并处理。

（4）混凝土结构尺寸偏差一般缺陷，可采用装饰修整方法修整。

3. 严重缺陷修整

（1）应制定专门处理方案，方案经论证审批后方可实施。对可能影响结构性能的混凝土结构外观严重缺陷，其修整方案应经原设计单位同意。

（2）露筋、蜂窝、孔洞、疏松、外表质量严重缺陷，应凿除胶结不牢固部分的混凝土至密实部位，用钢丝刷清理，支设模板，浇水湿润并用混凝土界面剂套浆后，采用比原混凝土强度等级高一级的细石混凝土浇筑并振捣密实，且养护不少于 7d。

（3）开裂严重缺陷，对于民用建筑及无腐蚀介质工业建筑的地下室、屋面、卫生间等接触水介质的构件，以及有腐蚀介质工业建筑的所有构件，均应注浆封闭处理，注浆材料可采用环氧、聚氨酯、氰凝、丙凝等；对于民用建筑及无腐蚀介质工业建筑不接触水介质的构件，可采用注浆封闭、聚合物砂浆粉刷或其他表面封闭材料进行封闭。

（4）清水混凝土及装饰混凝土的外形和外表严重缺陷，宜在水泥砂浆或细石混凝土修补后用磨尖机械磨平。

（5）钢管混凝土不密实部位，应采用钻孔压浆法进行补强，然后将钻孔补焊封固。

（6）混凝土结构尺寸偏差严重缺陷，修整方案应制定专项修复矫正方案，由原设计单位制定。

（7）混凝土结构缺陷修整后，修补或填充的混凝土应与本体混凝土表面紧密结合，在填充、养护和干燥后，所有填充物应坚固、无收缩开裂或产生鼓形区，表面平整且与相邻表面平齐，达到修整方案的目标要求。

6.3.7 大体积混凝土施工

大体积混凝土是混凝土结构物实体最小尺寸不小于 1m 的大体量混凝土，或预计会因混凝土中胶凝材料水化引起的温度变化和收缩而导致有害裂缝产生的混凝土。

由于大体积混凝土硬化期间水泥水化过程释放的水化热所产生的温度变化和混凝土收缩，以及外界约束条件的共同作用，而产生的温度应力和收缩应力，是导致大体积混凝土结构出现裂缝的主要因素。因此大体积混凝土施工的关键是防止产生温度裂缝。

6.3.7.1 控制大体积混凝土裂缝的技术措施

1. 构造措施

（1）采取分段浇筑。超长大体积混凝土施工，可采取分段浇筑，留置必要的施工缝或后浇带。

（2）合理配置钢筋。为提高混凝土结构的抗裂性，采取增加配置构造钢筋的方法，可使构造筋起到温度筋的作用，提高混凝土的抗裂性能。

（3）设置滑动层。在遇到约束强的岩石类地基、较厚的混凝土垫层时，可在接触面上设置滑动层。滑动层的做法，涂刷两道热沥青加铺一层沥青油毡；铺设 10～20mm 厚的沥青砂；铺设 50mm 厚的砂或石屑层等。

（4）避免应力集中。在结构的孔洞周围、变截面转角部位、转角处会因为应力集中而导致混凝土裂缝。为此，可在孔洞四周增配斜向钢筋、钢筋网片；在变截面处避免截面突变，可作局部处理使截面逐步过渡，同时增配一定量的抗裂钢筋；这对防止裂缝的产生有很大的作用。

（5）设置缓冲层。在高、低底板交接处，底板地梁处等，用 30～50mm 厚的聚苯乙烯泡沫塑料作垂直隔离，以缓冲基础收缩时的侧向压力。

（6）设置应力缓和沟。在混凝土结构的表面，每隔一定距离（结构厚度的 1/5）设置一条沟。设置应力缓和沟后，可将结构表面的拉应力减少 20%～50%，能有效地防止表面裂缝的发生。

2. 原材料和配合比要求

（1）大体积混凝土宜采用后期强度作为配合比设计、强度评定及验收的依据。基础混凝土，确定混凝土强度时的龄期取为 60d(56d) 或 90d；柱、墙混凝土强度等级不低于 C80 时，确定混凝土强度时的龄期取为 60d(56d)。确定混凝土强度时采用大于 28d 的龄期时，龄期应经设计单位确认。

（2）在保证混凝土强度及工作性要求的前提下，应控制水泥用量，宜选用中、低水化热水泥，掺加粉煤灰、矿渣粉，并采用高性能减水剂。

（3）温度控制要求较高的大体积混凝土，其胶凝材料用量、品种等宜通过水化热和绝热温升试验确定。

3. 混凝土浇筑技术措施

（1）超长大体积混凝土施工，可采取分段浇筑，留置必要的施工缝或后浇带。施工时采取"跳仓法"施工，跳仓的最大分块尺寸不宜大于 40m，跳仓间隔施工的时间不宜小于 7d。

（2）大体积混凝土浇筑根据整体连续浇筑的要求，结合结构物的大小、钢筋疏密、混凝土供应条件（垂直与水平运输能力）等具体情况，选择以下方式，见图 6-3-8：

1）全面分层。适用于结构平面尺寸≯14m、厚度 1m 以上，分层厚度 300～500mm 且不大于振动棒长 1.25 倍。

2）分段分层。适用于厚度不太大，面积或长度较大的结构物。分段分层多采取踏步式分层推进，按从远至近布灰（原则上不反复拆装泵管），一般踏步宽为 1.5～2.5m。分层浇灌每层厚 300～350mm，坡度一般取 1∶6～1∶7。

3）斜面分层。适用于结构的长度超过宽度的 3 倍的结构物。振捣工作应从浇筑层的下端开始，逐渐上移。此时向前推进的浇筑混凝土摊铺坡度应小于 1∶3，以保证分层混凝土之间的施工质量。

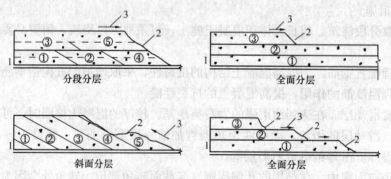

图 6-3-8　大体积混凝土浇筑方式
1—分层线；2—新浇筑的混凝土；3—浇筑方向
①、②、③、④、⑤—浇筑顺序

4）大体积混凝土基础由于其体形大，混凝土量大，而且流动性强，特别是上口浇筑点，当插入式振捣器振捣后，混凝土无法形成踏步式分段分层的浇筑方案，针对这种情况，可采取"分段定点、一个坡度、薄层浇筑、循序渐进、一次到顶"的方法，如图 6-3-9。只有当基础厚度小于 1.5m 以内，方可考虑采取分段分层踏步式推进的浇筑方法。

5）局部厚度较大时先浇深部混凝土，然后再根据混凝土的初凝时间确定上层混凝土浇筑的时间间隔。

（3）大体积混凝土浇筑，宜采用二次振捣工艺。在混凝土浇筑后即将初凝前，在适当的时间和位置进行再次振捣，其中振捣时机选择以将运转的振捣棒以其自身重力逐渐插入混凝土进行振捣，混凝土在慢慢拔出时能自行闭合为宜。

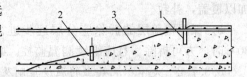

图 6-3-9　混凝土浇筑和振捣示意图
1—卸料点混凝土振捣；2—坡脚处混凝土振捣；
3—混凝土振捣后形成的坡度

4. 混凝土的表面处理措施

（1）基础底板大体积混凝土浇筑时，当混凝土大坡面的坡角接近顶端模板时，改变浇灌方向，从顶端往回浇筑，与原斜坡相交成一个集水坑，并有意识地加强两侧模板处的混凝土浇筑速度，使泌水逐步在中间缩小成水潭，并使其汇集在上表面，派专人用泵随时将积水抽出。

（2）当混凝土浇筑体的钢筋保护层厚度超过 40mm 时，可采用在浇筑体表面加细钢丝网的构造措施，以防止混凝土表面裂缝产生。

（3）大体积混凝土浇筑施工中，其表面水泥浆较厚，为提高混凝土表面的抗裂性，在混凝土浇筑到底板顶标高后要认真处理，用大杠刮平混凝土表面，待混凝土收水后，再用木抹子搓平两次（墙、柱四周 150mm 范围内用铁抹子压光），初凝前用木抹子再搓平一遍，以闭合收缩裂缝，然后覆盖塑料薄膜进行养护。

5. 混凝土的养护措施

（1）基础大体积混凝土养护

1）基础大体积混凝土裸露表面，高温季节优先采用蓄水法（水深 50～100mm）养护，后用薄膜覆盖。

2）冬期施工的大体积混凝土养护先采用不透水、气的塑料薄膜将混凝土表面敞露部分全部严密地覆盖起来，塑料薄膜上面须覆盖一至两层防火草帘（或阻燃保温被）进行保温。

3）塑料薄膜、防火草帘、阻燃保温被应叠缝、骑马铺放，以减少水分的散发，保持塑料薄膜内有凝结水、混凝土在不失水的情况下得到充分养护。

4）对边缘、棱角部位的保温层厚度增加到 2 倍，加强保温养护。

5）基础大体积混凝土内部温度与环境温度的差值小于 25℃，可以结束蓄热养护。蓄热养护结束后宜采用浇水养护方式继续养护，蓄热养护利浇水养护时间不得少于 14d，炎热天气还宜适当延长。

（2）柱、墙大体积混凝土养护

1）地下室底层和上部结构首层柱、墙混凝土宜采用带模养护方法，带模养护时间不宜少于 7d；带模养护结束后应继续采用直接浇水、覆盖麻袋或草帘浇水养护等方法，必要时可采用喷涂养护剂养护方法；

2）其他部位柱、墙混凝土宜采用直接浇水、覆盖麻袋或草帘浇水养护等方法，必要时可采用喷涂养护剂养护方法；

3）带模养护和浇水养护时间或浇水养护时间不得少于 14d，炎热天气还宜适当延长。

（3）养护注意事项

1）日平均气温低于 5℃时，不得浇水养护。

2）在养护过程中，如发现遮盖不好，表面泛白或出现干缩细小裂缝时，要立即仔细加以覆盖，补救。

3）保温覆盖层的拆除应分层逐步进行，当混凝土的表面内部温度与环境温差小于30℃时，方可拆除。且应继续测温监控。必要时适当恢复保温。

6.3.7.2 大体积混凝土的温度控制及测温

1. 温度控制要求

（1）入模温度应尽可能低，不宜大于30℃，但不宜低于5℃；混凝土最大绝热温升不宜大于50℃；

（2）在覆盖养护或带模养护阶段，混凝土浇筑体表面以内40～100mm位置处的温度与混凝土表面温度差值不应大于25℃，结束覆盖养护或拆模后，混凝土浇筑体表面以内40～100mm位置处的温度与环境温度差值不应大于25℃；

（3）混凝土浇筑体内部相邻两测温点的温度差值不应大于25℃；

（4）混凝土降温速率不宜大于2℃/d，当有可靠经验时，可适当放宽。

2. 测温要求

（1）测温基本要求

1）宜根据每个测点被混凝土初次覆盖时的温度确定各测点部位混凝土的入模温度；

2）结构内部测温点应与混凝土浇筑、养护过程同步进行；

3）结构表面测温点的布置应与养护层的覆盖同步进行，测温应与混凝土养护过程同步进行。

（2）基础大体积混凝土测温点布置应符合的规定

1）宜选择具有代表性的两个竖向剖面进行测温，竖向剖面应从中部区域开始延伸至边缘，竖向剖面的四周边缘及内部应进行测温；

2）竖向测温点和横向测温点应从中部区域开始布置，竖向测温点布置不应少于3点，间距不应小于0.4m，且不宜大于1.0m；横向测温点布置不应少于4点，间距不应小于0.4m，且不应大于1.0m；

3）位于竖向剖面上、下、外边缘的测温点应布置在距离基础表面内40～100mm位置；

4）基础厚度变化的位置测温点布置应根据结构特点进行调整；

5）蓄热养护层底部的基础表面测温点宜布置在有代表性剖面的位置，每个剖面测温点布置不应少于3点；环境温度测温点布置应距基础边一定位置，且不应少于2点；

6）对基础厚度不大工1.6m，裂缝控制技术措施完善，并具有成熟经验的工程可不进行测温。

（3）柱、墙大体积混混凝土测温点的布置

柱、墙断面中部区域至边缘最小尺寸在于1m时，且采用C80强度等级的柱、墙大体积混凝土，测温点布置宜符合下列规定：

1）第一次浇筑宜进行测温，测温点宜布置在高度方向1/3处的两个横向剖面中；

2）每个横向剖面的测温点应从中部区域开始布置，横向测温点布置不应少于3点，间距不宜大于0.5m；

3）位于横向剖面边缘的测温点应布置在距离结构表面内40～100mm位置；

4）环境温度测温点布置应距结构边一定位置，不应少于1点；

5）应根据第一次测温结果，完善技术措施，确认温度在可控范围，后续工程可不进行测温；

6）混凝土浇筑体表面以内 40～100mm 位置的温度与环境温度差值小于 20℃时，可停止测温。

（4）测温方法

1）使用普通玻璃温度计测温：测温管端应用软木塞封堵，只允许在放置或取出温度计时打开。温度计应系线绳垂吊到管底，停留不少于 3min 后取出并迅速查看记录温度值。

2）使用建筑电子测温仪测温：附着于钢筋上的半导体传感器应与钢筋隔离，保护测温探头的导线接口不受污染，不受水浸，接入测温仪前应擦拭干净，保持干燥以防短路。也可事先埋管，管内插入可周转使用的传感器测温。

（5）测温频率

第一天至第四天，每 4h 不应少于一次；第五天至第七天，每 8h 不应少于一次；第七天至测温结束，每 12h 不应少于一次。

6.3.7.3 大体积混凝土裂缝控制的计算

大体积混凝土施工一般要对水化热及保温层厚度进行计算。

1. 水化热温度估算

（1）混凝土的出机温度，可按式（6-3-43）计算：

$$T_0 = \frac{\sum c_i W_i T_i}{\sum c_i W_i} \tag{6-3-43}$$

式中　T_0——混凝土的出机温度（℃）；

W_i——分别为每立方米混凝土中水泥、各种矿物外加剂、砂、石、水的实际干重量（kg/m³）；对砂、石应按含水量扣除水进行计算，并将其中所含的水按水的热容进行计算；

T_i——分别为水泥、各种矿物外加剂、砂、石、水的入罐温度（℃）；

c_i——分别为水泥、各种矿物外加剂、砂、石、水的比热[kJ/(kg·K)]；对水泥、各种矿物外加剂、砂、石一般可取 0.9kJ/(kg·K)，水的比热可取 4.2kJ/(kg·K)。

（2）混凝土的浇筑温度，可按式（6-3-44）估算：

$$T_j = T_0 + T_0' \tag{6-3-44}$$

式中　T_j——混凝土的浇筑温度（℃）；

T_0'——混凝土运输、泵送、浇筑时段的温度补偿值（℃）；当运输、泵送、浇筑所用全部时间在 1h 以内时，日平均气温低于 15℃，取 $T_0' = 0$，在 15～25℃之间，取 $T_0' = 1$℃，高于 25℃，取 $T_0' = 2$℃。

（3）混凝土最大绝热升值，可按式（6-3-45）计算：

$$T_r = \frac{WQ}{c\rho}(1 - e^{-mt}) \tag{6-3-45}$$

式中　T_r——混凝土最大绝热温升值（℃）；

W——每 m³ 混凝土中的水泥用量（kg/m³）；

Q——胶凝材料水化热总量（kJ/kg），在水泥、掺合料、外加剂用量确定后根据实际配合比通过试验得出。当无试验数据时，可按式（6-3-49）计算；

c——混凝土的比热[kJ/(kg·K)]，一般为 $0.92\sim1.0$ kJ/(kg·K)；

ρ——混凝土的质量密度，可取 $(2400\sim2500)$ kg/m³；

m——与水泥品种、浇筑温度等有关的系数，可取 $(0.3\sim0.5)$ d⁻¹；

t——龄期。

（4）水泥水化热可按下列公式计算：

$$Q_t = \frac{1}{n+t}Q_0 t \tag{6-3-46}$$

$$\frac{t}{Q_t} = \frac{n}{Q_0} + \frac{t}{Q_0} \tag{6-3-47}$$

$$Q_0 = \frac{4}{7/Q_7 - 3/Q_3} \tag{6-3-48}$$

式中 Q_t——龄期 t 时的累积水化热（kJ/kg）；

Q_0——水泥水化热总量（kJ/kg）；

t——龄期（d）；

n——常数，随水泥品种、比表面积等因素不同而异。

（5）胶凝材料水化热总量，可按式（6-3-46）计算：

$$Q = kQ_0 \tag{6-3-49}$$

式中 Q——胶凝材料水化热总量（kJ/kg）；

k——不同掺量掺合料水化热调整系数。当现场采用粉煤灰与矿渣粉双掺时，不同掺量掺合料水化热调整系数可按式（6-3-50）计算：

$$k = k_1 + k_2 - 1 \tag{6-3-50}$$

式中 k_1——粉煤灰掺量对应的水化热调整系数，可按表 6-3-63 取值；

k_2——矿渣粉掺量对应的水化热调整系数，可按表 6-3-63 取值。

不同掺量掺合料水化热调整系数 表 6-3-63

掺量	0	10%	20%	30%	40%
粉煤灰（k_1）	1	0.96	0.95	0.93	0.82
矿渣粉（k_2）	1	1	0.93	0.92	0.84

注：表中掺量为掺合料占总胶凝材料用量的百分比。

（6）混凝土内部最高温度，可按式（6-3-51）估算：

$$T_{max} = T_j + \zeta \cdot T_r \tag{6-3-51}$$

式中 T_{max}——混凝土内部最高温度（℃）；

ζ——与水化热龄期、结构厚度、浇筑温度等有关的系数；混凝土内部温度达到最高值时，一般可取 $\zeta = 0.60\sim0.72$，结构厚度较小、浇筑温度较低时取小值，反之取大值。

2. 保温层厚度计算

混凝土浇筑体表面保温层厚度，可按式（6-3-52）估算：

$$\delta = 0.5h\lambda_i \cdot (T_b - T_q)K_b/\lambda_0(T_{max} - T_b) \tag{6-3-52}$$

式中　　δ——混凝土表面的保温材料厚度（m）；

　　　　λ_0——混凝土的导热系数[W/(m·K)]；

　　　　λ_i——第 i 层保温材料的导热系数[W/(m·K)]，见表 6-3-64；

　　　　T_b——混凝土浇筑体表面温度（℃）；

　　　　T_q——混凝土达到最高温度时（浇筑后 3～5d）的大气平均温度（℃）；

　　　　T_{max}——混凝土浇筑体内的最高温度（℃）；

　　　　h——混凝土结构的实际厚度（m）；

$T_b - T_q$——可取（15～20）℃；

$T_{max} - T_b$——可取（20～25）℃；

　　　　K_b——传热系数修正值，取 1.3～2.3，见表 6-3-65。

常用保温材料的导热系数 λ[W/(m·K)]　　　　　　表 6-3-64

材料名称	λ	材料名称	λ
木模	0.23	草袋	0.14
钢模	58.2	麻袋	0.07
砖砌体	0.81	泡沫塑料板	0.03～0.05
黏土	1.38～1.47	泡沫混凝土	0.10
干砂	0.33	棉织毯	0.06
湿砂	1.13～1.31	水	0.60
空气	0.03		

传热系数修正值　　　　　　表 6-3-65

序号	保温层的种类	K_1	K_2
1	由易透风的材料组成，但在混凝土面层上再铺一层不透风的材料	2.00	2.30
2	在易透风的保温材料上铺一层不易透风的材料	1.60	1.90
3	在易透风的保温材料上、下各铺一层不易透风的材料	1.30	1.50
4	由不易透风的材料组成	1.30	1.50

注：1. K_1 为风速不大于 4m/s（相当于 3 级及以下）时；

　　2. K_2 为风速大于 4m/s 时。

6.3.7.4　工程实例——大体积混凝土施工裂缝控制

北京电视中心工程地下部分为钢骨架钢筋混凝土结构和钢筋混凝土框架剪力墙结构，采用钢筋混凝土钻孔灌注桩基础，共有桩 249 根。其筏片基础底板厚 2m，局部厚达 6.5m，东西向长 88.2m，南北向长 77.45m。混凝土设计强度等级 C35，抗渗等级 P10，浇筑量为 15000m³。浇筑时间为北京的冬季 12 月份。

由于工期的要求，同时出于结构整体性的考虑，基础底板混凝土施工采用不留置后浇带、施工缝，一次连续浇筑成型的施工方案。由于基础底板超长且面积大，88.2m×77.45m，厚度 2m，局部厚度达 6.5m，且有密集的 249 根基础桩的约束，底板的裂缝控制难度很大。

1. 裂缝控制的主要技术措施

（1）设计方面的措施

选用中低强度等级的 C35 混凝土，采用混凝土 f_{60} 来评定混凝土的强度。

底板钢筋上铁、下铁采用 $\phi32$ 钢筋，局部配有 $\phi25$ 的上层下铁钢筋，中层铁采用 $\phi12$ 钢筋，双向间距均为 150mm，配筋率为 0.774%。

（2）混凝土原材料

水泥 32.5 普通硅酸盐水泥；砂 B 类低碱活性天然中、粗砂，石子选用 5~25mm 的低碱活性的自然连续级配的机碎石或卵石，空隙率较小。

粉煤灰选用 I 级粉煤灰，矿粉为 S75 磨细矿粉，外加剂选用 WDN-7 高效减水剂。不掺加有膨胀性质的外加剂。

（3）配合比设计

在混凝土配合比设计上，抗渗等级比设计要求提高一级（0.2MPa）；水灰比控制在 0.40~0.50；砂率在 40%~45% 范围内；胶凝材料的总量在 420kg/m³ 以下；混凝土初凝时间在 12h 以上；采用"双掺法"，加入 I 级粉煤灰；混凝土的碱含量不大于 3kg/m³。混凝土配合比见表 6-3-66。

混凝土配合比　　　　　表 6-3-66

材料	P.O32.5 水泥	水	II 区中砂	石子	I 级粉煤灰	S75 磨细矿粉	WDN-7 高效减水剂
单位 kg/m³	248	170	778	1035	100	60	9

注：水胶比 0.42、水灰比 0.43、砂率 0.43%

2. 施工方面的技术措施

（1）采用泵送混凝土施工技术

在基坑周边同时布置 9 台混凝土 HBT80 型拖式柴油泵，并准备 2 台备用泵。见图6-3-10。

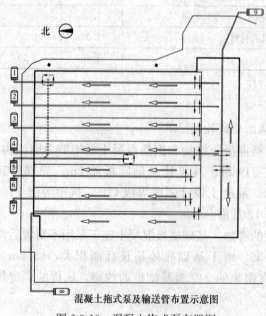

北

混凝土拖式泵及输送管布置示意图

图 6-3-10　混凝土拖式泵布置图

（2）采用斜面分层的浇筑方法

2m 厚基础底板按 500mm 厚分四步浇筑到顶，斜面每层浇筑厚度不超过 500mm。并要保证上层混凝土覆盖已浇混凝土的时间不得超过混凝土初凝时间，混凝土以同一坡度（1:6~1:10），薄层浇筑，循序推进，一次到顶。

（3）混凝土表面的抗裂处理

混凝土浇筑后上表面的水泥浆较厚，为提高混凝土表面的抗裂性能，在初步按标高用铝合金大杠刮平混凝土表面后，将预先准备好的钢丝网压入混凝土内，钢丝网标高控制在基础底板顶标高下 20mm 处，随混凝土浇筑的进行随时铺放，并用 $\phi8$ 的弯钩钢筋间距 2m 将钢丝网固定，及时用木抹子将混凝土表面抹平，待混凝土收水后，用木抹子搓平两次，闭合混凝土面层的收缩裂缝。

3. 混凝土的保湿控温养护

混凝土养护采用一层不透水、气的塑料薄膜和两层保温被进行保湿和控温养护，养护时间进行 30d，养护期间严格做到了控制其内外温差小于 25℃，混凝土降温速率小于 1.5℃/d 及表面温度与大气温度之差小于 25℃，从而有效避免出现有害裂缝。

4. 温度监测情况

（1）监测设备

采用上海市建筑科学研究院网络化温度监测系统，系统采用测量精度为 0.2℃ 的数字温度传感器。现场布设了 11 个监测点（见图 6-3-11、表 6-3-67），监测周期自基础底板混凝土浇筑开始，24h 连续监测 30d，将监测数据及其变化趋势以图、表两种方式实时显示。测温报警温差设置为 25℃，随时提醒现场采取有效措施，控制温差及降温速率，为施工过程中及时准确采取温控对策提供依据。

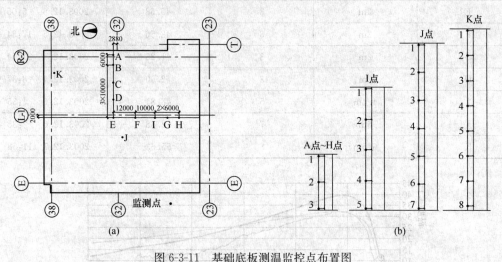

图 6-3-11 基础底板测温监控点布置图

（a）平面布置图；（b）剖面图

监测点及测温点编号 表 6-3-67

监测点编号	测温点编号			监测点编号	测温点编号		
	上部	中部	下部		上部	中部	下部
A	A-0 A-1	A-2	A-3	G	G-1	G-2	G-3
B	B-1	B-2	B-3	H	H-0 H-1	H-2	H-3
C	C-1	C-2	C-3	I	I-1 I-2	I-3	I-4 I-5
D	D-1	D-2	D-3	J	J-0 J-1 J-2	J-3 J-4 J-5	J-6 J-7
E	E-1	E-2	E-3	K	K-0 K-1 K-2	K-3 K-4 K-5 K-6	K-7 K-8
F	F-1	F-2	F-3				

（2）测温结果及分析

基础底板于 2003 年 11 月 29 日 14:00 开始浇筑，2003 年 12 月 2 日 14:10 浇筑完毕。H-2 测量点自 2003 年 12 月 4 日 2:39 首先进入温度峰值值域，2003 年 12 月 4 日 8:00，37

号测温点达到温度峰值 42.00℃；K-4 测温点自 2003 年 12 月 8 日 2：03 进入温度峰值值域，2003 年 12 月 8 日 9：00，32 号测温点达到温度峰值 55.56℃；至此 44 个测温点均达到各自的温度峰值。

监测点最高温度峰值统计，见表 6-3-68，监测点 A 的测温曲线见图 6-3-12，监测点 E 的测温曲线见图 6-3-13。

监测点最高温度峰值统计表　　　　　　　　　　　　　　　　表 6-3-68

监测点编号	底板厚度	测温点数	最高温度峰值（℃）	达到最高温度峰值时间
A	2m	3	39.5	2003.12.4　17：54
B	2m	3	44.88	2003.12.5　16：33
C	2m	3	45.56	2003.12.5　3：54
D	2m	3	45.31	2003.12.6　3：35
E	2m	3	45.63	2003.12.6　5：05
F	2m	3	42.56	2003.12.5　17：34
G	2m	3	41.25	2003.12.4　22：54
H	2m	3	42.00	2003.12.4　8：37
I	4.4m	5	48.81	2003.12.6　1：35
J	6m	7	52.38	2003.12.6　2：35
K	6.5m	8	55.63	2003.12.7　11：58

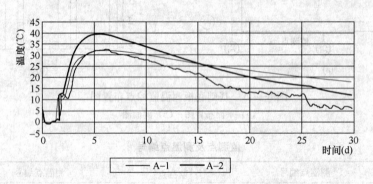

图 6-3-12　监测点 A 温度—时间曲线

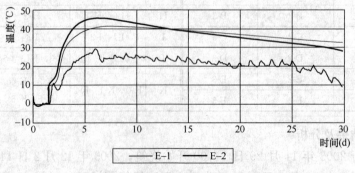

图 6-3-13　监测点 E 温度—时间曲线

水化热升温时，各监测点测试立面的中心测点的温度峰值为该测试立面的温度峰值最高点，符合中心温度高，边缘温度低的原则。各测试立面中心测点温度在第 5、6 天达到温度峰值，然后各测温点开始进入降温过程。在降温过程中，上层测温点降温较快，中部测温点次之，下层测温点降温较慢，基础底板中部与上部区域的温差大于中部与下部区域的温差，最大温差为 2003 年 12 月 6 日 8：00，5 号测温点 E-1 与 E-2 之间温差为 23.44℃，但小于监测报警温差 25℃。

从整个温度监测结果可以看出，基础底板 44 个测温点大约在混凝土浇筑后 5～6 天温度升至温度峰值。监测点 A～H 的 24 个测温点中最高温度峰值为 45.63℃；监测点 I 的 5 个测温点中最高温度峰值为 48.81℃；监测点 J 的 7 个测温点中最高温度峰值为 52.38℃；监测点 K 的 8 个测温点中最高温度峰值为 55.63℃；从各测点的降温曲线分析，降温过程平稳，降温速率平均下降控制在 1.5℃/d 内，各测试位置的相邻测温点温差均未超过监测报警温差 25℃，均在温控要求数值内，没有产生较大的温度梯度。

由此可见，采取一层塑料薄膜、两层保温被严密覆盖的混凝土养护措施能够有效控制大体积混凝土浇筑块体的内外温差，满足降温速率要求，使大体积混凝土浇筑块体始终处于良好的养护状态，最终达到较好养护效果。同时，由于使用了温度监测系统，使测温数据能够及时准确的反馈给现场，可以结合养护措施，使温控达到预期的目的。

6.3.8 自密实混凝土及施工

自密实混凝土具有高流动度、不离析、均匀性和稳定性，浇筑时不加振捣施工也能依靠其自重均匀地填充到模板各处的性能。

6.3.8.1 自密实混凝土原材料要求

1. 胶凝材料

配置自密实混凝土宜采用硅酸盐水泥或普通硅酸盐水泥，并应符合《通用硅酸盐水泥》GB 175 的规定。当采用其他品种水泥时，其性能指标应符合国家现行相关标准的规定。

配制自密实混凝土可采用粉煤灰、粒化高炉矿渣粉、硅灰等矿物掺合料。矿物掺合料应符合国家相关标准的规定，并具有低需水量，高活性，往往可利用不同细掺合料的复合效应。例如：矿渣比粉煤灰活性高，而需水性大，抗离析性差；粉煤灰比矿渣抗碳化性能差，但需水性小，收缩少。按适当比例同时掺用粉煤灰和矿渣，则可取长补短。

2. 骨料

（1）细骨料宜选用第Ⅱ级配区的中砂，砂的含泥量、泥块含量宜符合表 6-3-69 的要求。

砂的含泥量、泥块含量指标 表 6-3-69

项目	含泥量	泥块含量
指标	≤3.0%	≤1.0%

（2）粗骨料宜采用连续级配或 2 个单粒径级配的石子，最大粒径不宜大于 20mm；石子的含泥量、泥块含量及针片状颗粒含量宜符合表 6-3-70 的要求；石子空隙率宜小于 40%。

石子的含泥量、泥块含量及针片状颗粒含量指标

表 6-3-70

项目	含泥量	泥块含量	针片状颗粒含量
指标	≤1.0%	≤0.5%	≤8%

3. 外加剂

要求使用高效减水剂，宜选用聚羧酸系高性能减水剂。当需要提高混凝土拌合物的黏聚性时，可掺入增黏剂。

6.3.8.2 自密实混凝土性能等级的确定

1. 自密实混凝土的自密实性能包括填充性、间隙通过性和抗离析性，其性能指标及要求见表 6-3-71。

自密实混凝土拌合物的自密实性能及要求

表 6-3-71

自密实性能	性能指标	性能等级	技术要求
填充性	坍落扩展度（mm）	SF1	550～655
		SF2	660～755
		SF3	760～850
	扩展时间 T_{500}（s）	VS1	≥2
		VS2	<2
间隙通过性	坍落扩展度与 J 环扩展度差值（mm）	PA1	25<PA1≤50
		PA2	0≤PA2≤25
抗离析性	离析率（%）	SR1	≤20
		SR2	≤15
	粗骨料振动离析率（%）	f_{m}	≤10

注：当抗离析性试验结果有争议时，以离析率筛析法试验结果为准。

2. 自密实混凝土性能等级的选用确定应根据结构物的结构形状、尺寸、配筋状态、浇筑方法等确定，见表 6-3-72。

不同性能等级自密实混凝土的应用范围

表 6-3-72

自密实性能	性能等级	应用范围	重要性
填充性	SF1	1. 从顶部浇筑的无配筋或配筋较少的混凝土结构物； 2. 泵送浇筑施工的工程； 3. 截面较小，无需水平长距离流动的竖向结构物	控制指标
	SF2	适合一般的普通钢筋混凝土结构	
	SF3	适用于结构紧密的竖向构件、形状复杂的结构等（粗骨料最大公称粒径宜小于 16mm）	
	VS1	适用于一般的普通钢筋混凝土结构	
	VS2	适用于配筋较多的结构或有较高混凝土外观性能要求的结构，应严格控制	
间隙通过性	PA1	适用于钢筋净距 80～100mm	可选指标
	PA2	适用于钢筋净距 60～80mm	

自密实性能	性能等级	应用范围	重要性
抗离析性	SR1	适用于流动距离小于 5m、钢筋净距大于 80mm 的薄板结构和竖向结构	可选指标
	SR2	适用于流动距离超过 5m、钢筋净距大于 80mm 的竖向结构。也适用于流动距离小于 5m、钢筋净距小于 80mm 的竖向结构，当流动距离超过 5m，SR 值宜小于 10%	

注：1. 钢筋净距小于 60mm 时，宜进行浇筑模拟试验；对于钢筋净距大于 80mm 的薄板结构或钢筋净距大于 100mm 的其他结构可不作间隙通过性指标要求。

2. 高填充性（坍落扩展度指标为 SF2 或 SF3）的自密实混凝土，应有抗离析性要求。

6.3.8.3 自密实混凝土配合比设计原则

1. 自密实混凝土配合比应根据结构物的结构条件、施工条件以及环境条件所要求的自密实性能进行设计，在综合强度、耐久性和其他必要性能要求的基础上，提出试验配合比。

2. 在进行自密实混凝土的配合比设计调整时，应考虑水胶比对自密实混凝土设计强度的影响和水粉比对自密实性能的影响。

3. 配合比设计宜采用绝对体积法。自密实混凝土水胶比宜小于 0.45，胶凝材料用量宜控制在 $400\sim550\text{kg/m}^3$。

4. 自密实混凝土宜采用通过增加粉体材料的方法适当增加浆体体积，也可通过添加外加剂的方法来改善浆体的黏聚性和流动性。

5. 钢管自密实混凝土配合比设计时，应采取减少收缩的措施。

6.3.8.4 自密实混凝土浇筑

1. 高温施工时，自密实混凝土入模温度不宜超过 35℃；冬期施工时，自密实混凝土入模温度不宜低于 5℃。在降雨、降雪期间，不宜在露天浇筑混凝土。

2. 大体积自密实混凝土入模温度宜控制在 30℃ 以下；混凝土在入模温度基础上的绝热温升值不宜大于 50℃，混凝土的降温速率不宜大于 2.0℃/d。

3. 浇筑自密实混凝土时，应根据浇筑部位的结构特点及混凝土自密实性能选择机具与浇筑方法。

4. 浇筑自密实混凝土时，现场应有专人进行监控，当混凝土自密实性能不能满足要求时，可加入适量的与原配合比相同成分的外加剂，外加剂掺入后搅拌运输车滚筒应快速旋转，外加剂掺量和旋转搅拌时间应通过试验验证。

5. 自密实混凝土泵送施工应符合现行行业标准《混凝土泵送施工技术规程》JGJ/T 10 的规定。

6. 自密实混凝土泵送和浇筑过程应保持连续性。

7. 大体积自密实混凝土采用整体分层连续浇筑或推移式连续浇筑时，应缩短间歇时间，并应在前层混凝土初凝之前浇筑次层混凝土，同时应减少分层浇筑的次数。

8. 自密实混凝土浇筑最大水平流动距离应根据施工部位具体要求确定，且不宜超过 7m。布料点应根据混凝土自密实性能确定，并通过试验确定混凝土布料点的间距。

9. 柱、墙模板内的混凝土浇筑要控制混凝土自由下落高度，防止自密实混凝土在垂直浇筑中因高度过大产生离析现象，或被钢筋打散，使混凝土不连续。浇筑时倾落高度不宜大于 5m，当不能满足规定时，应加设串筒、溜管、溜槽等装置。

10. 浇筑结构复杂、配筋密集的混凝土构件时，可在模板外侧进行辅助敲击。

11. 型钢混凝土结构应均匀对称浇筑。

12. 钢管自密实混凝土结构浇筑应符合下列规定：

（1）应按设计要求在钢管适当位置设置排气孔，排气孔孔径宜为 20mm。

（2）混凝土最大倾落高度不宜大于 9m，倾落高度大于 9m 时，应采用串筒、溜槽、溜管等辅助装置进行浇筑。

（3）混凝土从管底顶升浇筑时，应在管底设置进料管，进料管应设止流阀门，止流阀门可在顶升浇筑的混凝土达到终凝后拆除；应合理选择顶升设备，控制混凝土顶升速度，钢管直径不宜小于泵管直径的 2 倍；浇筑完毕 30min 后，应观察管顶混凝土的回落下沉情况，出现下沉时，应人工补浇管顶混凝土。

（4）自密实混凝土宜避开高温时段浇筑。当水分蒸发速率过快时，应在施工作业面采取挡风、遮阳等措施。

6.3.8.5 自密实混凝土养护

1. 制定养护方案时，应综合考虑自密实混凝土性能、现场条件、环境温湿度、构件特点、技术要求、施工操作等因素。

2. 自密实混凝土浇筑完毕，应及时采用覆盖、蓄水、薄膜保湿、喷涂或涂刷养护剂等养护措施，养护时间不得少于 14d。

3. 大体积自密实混凝土养护措施应符合设计要求，当设计无具体要求时，应符合现行国家标准《大体积混凝土施工规范》GB 50496 的有关规定。对裂缝有严格要求的部位应适当延长养护时间。

4. 对于平面结构构件，混凝土初凝后，应及时采用塑料薄膜覆盖，并应保持塑料薄膜内有凝结水。混凝土强度达到 1.2N/mm^2 后，应覆盖保湿养护，条件许可时宜蓄水养护。

5. 垂直结构构件拆模后，表面宜覆盖保湿养护，也可涂刷养护剂。

6. 冬期施工时，不得向裸露部位的自密实混凝土直接浇水养护，应用保温材料和塑料薄膜进行保温、保湿养护，保温材料的厚度应经热工计算确定。

6.3.9 清水混凝土及施工

6.3.9.1 清水混凝土分类

清水混凝土是指直接利用混凝土成型后的自然质感作为饰面效果的混凝土，可分为普通清水混凝土、饰面清水混凝土和装饰清水混凝土，见表 6-3-73。

清水混凝土的主要分类   表 6-3-73

分　类	特　点
普通清水混凝土	表面颜色无明显色差，对饰面效果无特殊要求
饰面清水混凝土	表面颜色基本一致，由有规律排列的对拉螺栓孔眼、明缝、蝉缝、假眼等组合形成，以自然质感为饰面效果
装饰清水混凝土	表面形成装饰图案、镶嵌装饰片或色彩。其质量要求由设计确定

6.3.9.2 清水混凝土模板设计

为满足清水混凝土装饰效果，模板设计除参照本章"模板工程"相关内容外，还应满足以下要求：

1. 模板分块设计应满足清水混凝土饰面效果的设计要求。当设计无具体要求时，应符合下列要求：

（1）外墙模板分块宜以轴线或门窗口中线为对称中心线，内墙模板分块宜以墙中线为对称中心线；

（2）外墙模板上下接缝位置宜设于明缝处，明缝宜设置在楼层标高、窗台标高、窗过梁梁底标高、框架梁梁底标高、窗间墙边线或其他分格线位置；

（3）阴角模与大模板之间不宜留调节余量；当确需留置时，宜采用明缝方式处理。

2. 单块模板的面板分割设计应与蝉缝、明缝等清水混凝土饰面效果一致。当设计无具体要求时，应符合下列要求：

（1）墙模板的分割应依据墙面的长度、高度、门窗洞口的尺寸、梁的位置和模板的配置高度、位置等确定，所形成的蝉缝、明缝水平方向应交圈，竖向应顺直有规律。

（2）当模板接高时，拼缝不宜错缝排列，横缝应在同一标高位置。

（3）群柱竖缝方向宜一致。当矩形柱较大时，其竖缝宜设置在柱中心。柱模板横缝宜从楼面标高开始向上作均匀布置，余数宜放在柱顶。

（4）水平模板排列设计应均匀对称、横平竖直；对于弧形平面宜沿径向辐射布置。

（5）装饰清水混凝土的内衬模板的面板分割应保证装饰图案的连续性及施工的可操作性。

3. 饰面清水混凝土模板应符合下列要求：

（1）阴角部位应配置阴角模，角模面板之间宜斜口连接；

（2）阳角部位宜两面模板直接搭接；

（3）模板面板接缝宜设置在肋处，无肋接缝处应有防止漏浆措施；

（4）模板面板的钉眼、焊缝等部位的处理不应影响混凝土饰面效果；

（5）假眼宜采用同直径的堵头或锥形接头固定在模板面板上；

（6）门窗洞口模板宜采用木模板，支撑应稳固，周边应贴密封条，下口应设置排气孔，滴水线模板宜采用易于拆除的材料，门窗洞口的企口、斜坡宜一次成型；

（7）宜利用下层构件的对拉螺栓孔支撑上层模板；

（8）宜将墙体端部模板面板内嵌固定；

（9）对拉螺栓应根据清水混凝土的饰面效果，且应按整齐、匀称的原则进行专项设计。

6.3.9.3 清水混凝土的配制、浇筑与养护

清水混凝土的配制、浇筑与养护除满足本章 6.3.1～6.3.7 的相关要求外，尚应满足以下要求：

1. 原材料质量控制要求

（1）用于清水混凝土的原材料应有足够的存储量，颜色和技术参数应一致。

（2）对所有用于清水混凝土的水泥、掺合料，样品经验收后进行封样。对首批进场的原材料经取样复试合格后，应立即进行封样，以后进场的每批来料均与封样进行对比，发现有明显色差的不得使用。

（3）涂料应选用对混凝土表面具有保护作用的透明涂料，且应有防污染性、憎水性、防水性。

2. 配合比设计要求

（1）按照设计要求进行试配，确定混凝土表面颜色；

（2）按照混凝土原材料试验结果确定外加剂型号和用量；

（3）考虑工程所处环境，根据抗碳化、抗冻害、抗硫酸盐、抗盐害和抑制碱-骨料反应等对混凝土耐久性产生影响的因素进行配合比设计。

（4）配制清水混凝土时，应采用矿物掺合料。

3. 浇筑

（1）根据结构特点进行构件分区，同一构件分区应采用同批混凝土，并应连续浇筑；

（2）同层或同区内混凝土构件所用材料牌号、品种、规格应一致，并应保证结构外观色泽符合要求。

4. 养护及饰面处理

（1）清水混凝土拆模后应立即养护，对同一视觉范围内的清水混凝土应采用相同的养护措施。

（2）清水混凝土养护时，不得采用对混凝土表面有污染的养护材料利养护剂。

（3）普通清水混凝土表面宜涂刷保护涂料；饰面清水混凝土表面应涂刷透明保护涂料。同一视觉范围内的涂料及施工工艺应一致。

6.3.9.4 清水混凝土表面孔眼和缺陷修复

1. 对拉螺栓孔眼修复

（1）螺栓孔眼处理

堵孔前对孔眼变形和漏浆严重的对拉螺栓孔眼进行修复。首先清理孔表面浮渣及松动的混凝土；将堵头放回孔中，用界面剂的稀释液（约50%）调同配合比砂浆（砂浆稠度为10~30mm），用刮刀取砂浆补平尼龙堵头周边混凝土面，并刮平，待砂浆终凝后擦拭表面砂浆，轻轻取出堵头。

（2）螺栓孔的封堵

采用三节式螺栓时，中间一节螺栓留在混凝土内，两端的锥形接头拆除后用补偿收缩防水水泥砂浆封堵，并用专用封孔模具修饰，使修补的孔眼直径、孔眼深度与其他孔眼一致，并喷水养护。采用通丝型对拉螺栓时，螺栓孔用补偿收缩水泥砂浆和专用模具封堵，取出堵头后，喷水养护。

2. 表面缺陷修复

（1）气泡处理

对于不严重影响清水混凝土观感的气泡，原则上不修复；需修复时，首先清除混凝土表面的浮浆和松动砂子，用与原混凝土同配比减砂石水泥浆，首先在样板墙上试验，保证水泥浆硬化后颜色与清水混凝土颜色一致。修复缺陷的部位，待水泥浆体硬化后，用细砂纸将整个构件表面均匀地打磨光洁，并用水冲洗洁净，确保表面无色差。

（2）漏浆部位处理

清理混凝土表面浮灰，轻轻刮去松动砂子，用界面剂的稀释液（约50%）调制成颜色与混凝土表面颜色基本相同的水泥腻子，用刮刀取水泥腻子抹于需处理部位。待腻子终凝后用砂纸磨平，再刮至表面平整，阳角顺直，喷水养护。

（3）明缝处胀模、错台处理

用铲刀铲平，打磨后用水泥浆修复平整。明缝处拉通线，切割超出部分，对明缝上下阳角损坏部位先清理浮渣和松动混凝土，再用界面剂的稀释液（约50%）调制同配比减石子砂浆，将明缝条平直嵌入明缝内，将砂浆填补到处理部位，用刮刀压实刮平，上下部分分次处理；待砂浆终凝后，取出明缝条，及时清理被污染混凝土表面，喷水养护。

（4）修复后应达到的要求

混凝土墙面修复完成后，要求达到墙面平整，颜色均一，无明显的修复痕迹；距离墙面5m处观察，肉眼看不到缺陷。

6.3.9.5　工程实例

某工程，建筑面积2万m^2，地下1层、地上3层。外檐及大部分内墙、柱均采用清水混凝土，外墙为C35P6抗渗混凝土，内墙柱为C35混凝土。

混凝土施工时，重点研究与控制的内容如下：

1. 蝉缝

蝉缝的布置、构图在设计阶段进行，配模设计时根据设计的意图考虑设缝的合理性、均匀对称性、长宽比例协调的原则，确定模板分块、面板分割尺寸。

2. 明缝

明缝是凹入混凝土表面的分格线，清水混凝土除设置明缝和蝉缝，不得出现其他的施工缝，因此层间水平施工缝必须与明缝有机的结合。

本工程的明缝宽20mm，深15mm，将明缝条镶嵌在模板上经过混凝土浇筑脱模而自然形成。根据设计高度将明缝条固定模板上口，采用4个ϕ40mm的木螺钉固定，木螺丝间距为@1000mm，见图6-3-14。

3. 对拉螺栓

利用模板对拉螺栓（受力构杆）的孔眼，作为混凝土表面装饰。为便于螺栓的安装和拆除，将螺栓穿入塑料套管内，在模板拆除后，当混凝土达到一定强度后，将塑料套管剔除形成了螺栓孔，见图6-3-15。

图6-3-14　木螺钉固定　　　　　　图6-3-15　剔除塑料套管

4. 堵头

堵头是用于固定模板和套管，设置在穿墙套管的端头对拉螺杆两边的配件，拆模后形成统一的孔洞作为混凝土重要的装饰效果之一。见图6-3-16。

5. 假眼

框架柱和梁体无法设置穿墙螺栓，为了统一对拉螺栓孔的设计效果，在模板工程中无法设置对拉螺杆的位置设置堵头，其外观尺寸要求与对拉螺栓孔相同。拆模后成为与对拉螺栓位置一致的孔眼，见图 6-3-17。

 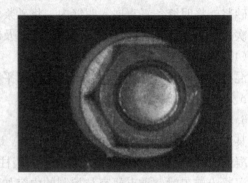

图 6-3-16 堵头   图 6-3-17 假眼

6. 混凝土配比设计与施工（略）

7. 螺栓孔封堵

清水墙体的对拉螺栓孔眼封堵，可使用橡胶止水条和高于原强度等级的膨胀豆石混凝土。封堵方法分步进行：（1）在墙中间位置放入 5cm 橡胶止水条；（2）墙内外两人同时往孔里填料，边填边用圆木棒顶实（不可一次填满，以免出现空隙）；（3）用专用模具做出装饰孔造型。

6.3.10 型钢混凝土施工

型钢混凝土组合结构是混凝土内配置型钢和钢筋的结构，它具有钢结构和混凝土结构的双重优点，目前已被广泛采用。型钢混凝土施工因其内有钢骨，外又有梁、柱、墙钢筋与其相交。因此，与普通混凝土相比，其施工具有一定难度和特殊性。提高混凝土的工作性、优化浇筑和振捣工艺、加强养护十分重要。

6.3.10.1 型钢混凝土原材料要求

用于型钢混凝土的原材料基本要求，见本章 6.3.1 节、6.3.2 节的相关内容。针对型钢混凝土的原材料还应满足以下要求：

1. 混凝土强度等级不宜小于 C30，宜采用预拌混凝土。

2. 混凝土最大骨料粒径应小于型钢外侧混凝土保护层厚度的 1/3，且不宜大于25mm。石子含泥量不得大于 1%。

3. 砂：宜用粗砂或中砂，含泥量不大于 3%。

4. 振捣上若有困难或普通混凝土无法满足施工要求时，应与设计单位协商使用自密实混凝土，其原材料及配合比等要求，见本章 6.3.8 节的相关内容。

5. 当采用普通混凝土浇筑时，应根据浇筑方式合理控制好坍落度。当采用自密实混凝土时，应根据实际情况对混凝土的坍落度和扩展度进行控制。对于水平结构，坍落度一般情况下在 240mm±20mm，扩展度宜大于 700mm；对于竖向结构，坍落度一般情况下在 220mm±20mm，扩展度大于 600mm。

6.3.10.2 型钢混凝土浇筑与养护

型钢混凝土浇筑与养护，除满足本章 6.3.3 节、6.3.4 节的相关内容（采用自密实混凝土时，尚应满足 6.3.8 节要求）外，型钢混凝土浇筑及养护尚需注意以下环节。

1. 型钢柱浇筑

（1）由于柱、梁中型钢柱影响，当模板无法采用对拉螺栓时，模板外侧应采用柱箍、梁箍，间距经计算确定，柱身四周下部加斜向顶撑，防止柱身胀模及侧移。柱子根部留置清扫口，混凝土浇筑前清除残余垃圾。

（2）柱混凝土应分层振捣。除上表面振捣外，下面要有人随时敲打模板。若型钢结构尺寸比较大，柱根部的混凝土与原混凝土接触面较小时，也可事先将柱根浸湿，柱子高度超过 6m 时，应分段浇筑或模板中间预开洞口（门子板）下料，防止混凝土自由倾落高度过高。

（3）柱、墙与梁、板宜分次浇筑，浇筑高度大于 2m 时，建议采用串筒、溜管下料，出料管口至浇筑层的倾落自由高度不应大于 1.5m。柱与梁、板同时施工时，柱高在 3m 之内，可在柱顶直接下灰浇筑，超过 3m 时，应采取措施（用串桶）或在模板侧面开门子洞安装斜溜槽分段浇筑。每段高度不得超过 2m，每段混凝土浇筑后将门子洞模板封闭严实，与柱箍箍牢。并在柱和墙浇筑完毕后停歇 1～1.5h，使竖向结构混凝土充分沉实后，再继续浇筑梁与板。

（4）柱子混凝土宜一次浇筑完毕，若型钢组合结构安装工艺要求施工缝隙留置在非正常部位，应征得设计单位同意。

（5）采用自密实混凝土浇筑时，应采用小直径振捣棒进行短时间的振捣，时间应控制在普通振捣时的 1/5～1/3。

（6）浇筑完后，应随时将溅在型钢结构上的混凝土清理干净。

2. 型钢梁混凝土浇筑

（1）在梁柱节点部位由于梁纵筋需穿越型钢柱，施工中宜采用钢筋机械连接技术，便于操作。

（2）梁浇筑时，应先浇筑型钢梁底部，再浇筑型钢梁、柱交接部位，然后再浇筑型钢梁的内部。

（3）梁浇筑普通混凝土时，应从一侧开始浇筑，用振捣棒从该侧进行赶浆，在另一侧设置一振捣棒，同时进行振捣，同时观察型钢梁底是否灌满。若有条件时，应将振捣棒斜插到型钢梁底部进行振捣。

（4）梁柱节点钢筋较密时，浇筑此处混凝土时宜用小粒径石子同强度等级的混凝土浇筑，并用小直径振捣棒振捣。

（5）在梁柱接头处和梁型钢翼缘下部等混凝土不易充分填满处，要仔细浇捣，可采取门子板、适当加大保护层厚度等措施。

（6）若型钢梁底部空间较小、钢筋密度过大及型钢梁、柱接头连接复杂，普通混凝土无法满足要求时候，可采用自密实混凝土进行浇筑。浇筑自密实混凝土梁时应采用小振捣棒进行微振，切忌过振。

3. 型钢组合剪力墙混凝土浇筑

（1）剪力墙浇筑混凝土前，先在底部均匀浇筑 50mm 厚与墙体混凝土成分相同的水泥砂浆，并用铁锹入模，不应用料斗直接灌入模内。

（2）浇筑墙体混凝土应连续进行，间隔时间不应超过 2h，每层浇筑厚度控制在 600mm 左右，因此必须预先安排好混凝土下料点位置和振捣器操作人员数量。

（3）振捣棒移动间距应小于 500mm，每一振点的延续时间以表面呈现浮浆为度，为使上下层混凝土结合成整体，振捣器应插入下层混凝土 50mm。振捣时注意钢筋密集及洞口部位，为防止出现漏振，须在洞口两侧同时振捣，下灰高度也要大体一致。大洞口的洞底模板应开口，并在此处浇筑振捣。

（4）混凝土墙体浇筑完毕之后，将上口甩出的钢筋加以整理，用木抹子按标高线将墙上表面混凝土找平。

4. 养护

（1）型钢结构采用的混凝土强度等级较高或混凝土流动性大，容易产生混凝土裂缝，因此应高度重视混凝土养护工作。

（2）做好混凝土的早期养护，防止出现混凝土失水，影响其强度增长。混凝土浇筑完毕后，应在 12h 以内加以覆盖和浇水，浇水次数应能保持混凝土有足够的润湿状态，养护期一般不少于 7 昼夜。

6.3.11　钢管混凝土施工

钢管混凝土采用的钢管有圆形和方形，管内混凝土可采用泵送顶升浇筑法、导管浇筑法、手工逐段浇筑法及高位抛落面振捣法。

6.3.11.1　钢管混凝土原材料要求

用于钢管内灌注的混凝土，除符合本章 7.3.1 节、7.3.2 节的相关要求外，应满足下列要求。

1. 应采用预拌混凝土。混凝土强度等级不应低于 C30，并随着钢管钢材级别的提高，而提高强度等级。通常 Q235 钢管宜配用 C30、C40 级混凝土；Q345 钢管宜配 C40、C50 级混凝土；Q390、Q420 钢管宜配 C60 级以上混凝土。

2. 由于钢管、混凝土共同作用，管内混凝土宜采用无收缩混凝土。

3. 钢管内混凝土配合比设计时，要使混凝土拌合物具有良好的自身密实性能，获得最佳的流动性能；浆骨比例适当，既要不影响混凝土流动性，又要尽量减少自身收缩。

4. 混凝土配合比应根据混凝土设计等级计算，并通过试验确定，除满足强度指标外，混凝土坍落度和可泵性能应与管内混凝土的浇筑方法相一致。其中，对于泵送顶升浇筑法和高抛浇筑法，粗骨料粒径可采用 5～30mm，水灰比不大于 0.45，坍落不小于 160mm，并应注意可泵性；对于手工逐段浇筑法，粗骨料粒径可采用 10～40mm，水灰比不大于 0.4；当有穿心部件时，粗骨料粒径宜减小为 5～20mm，坍落度不小于 160mm。

6.3.11.2　管内混凝土浇筑方法

1. 泵送顶升浇筑法

（1）采用顶升法时钢管截面（直径）不小于泵管直径的 2 倍。

（2）在钢管接近地面的适当位置安装一个带闸门的进料管，直接与泵车的输送管相连，由泵车将混凝土连续不断地自下而上灌入钢管，无需振捣。钢管顶部需留置排气孔。

（3）顶升前应计算混凝土泵的出口压力（钢管的入口压力），出口压力应考虑局部压力损失、管壁的沿程压力损失等，以确定采用何种混凝土泵。对于矩形钢管柱还应验算板的局部稳定，板的局部变形不应大于 2mm。混凝土顶升应将浮浆顶出，柱头混凝土应以高强度无收缩混凝土补灌以补充混凝土顶部的沉陷收缩。

2. 导管浇筑法

钢管柱插入装有混凝土漏斗的钢制导管，浇筑前，导管下口离钢管底部距离不小于300mm，导管与管壁（及管内隔板）侧向间隙不小于50mm，以利于振动棒振捣，直径小于（或边长）400mm的钢管柱，宜采用外侧附着式振动器振捣。

3. 手工逐段浇筑法

混凝土自钢管上口灌入，用振捣器振实。管径大于350mm时，采用内部振捣器。每次振捣时间不少于30s，一次浇筑高度不宜大于1.5m。钢管最小边长小于350mm时，可采用附着在钢管外部的振捣器振捣，外部振捣器的位置应随混凝土浇筑的进展加以调整。外部振捣器的工作范围，以钢管横向振幅不小于0.3mm为有效。振捣时间不少于1min。一次浇筑的高度不应大于振捣器的有效工作范围和2~3m柱长。

4. 高位抛落面振捣法

利用混凝土下落时产生的动能达到振实混凝土的目的。适用于管径大于350mm、高度不小于4m的情况。对于抛落高度不足4m的区段，应用内部振捣器振实，钢管顶部清除浮浆。一次抛落的混凝土量宜在0.7m³左右，用料斗装填，料斗的下口尺寸应比钢管内径小100~200mm，以便混凝土下落时，管内空气能够排出。

5. 养护

(1) 管内混凝土浇筑后，应及时采取养护措施，可能遇到低温情况时，应制定冬施措施，严防管内混凝土受冻害。

(2) 管内混凝土养护期间注意防止撞击该钢管混凝土，以免造成"空鼓"。

(3) 钢管内的混凝土的水分不易散失，但要将管口及顶升口等进行保湿封闭。由于混凝土的水分不易散失，混凝土受冻后体积膨胀会使钢管在胀力的作用下开裂，从而造成严重的质量事故，国内已有此类问题发生。因此，钢管混凝土宜避免冬期施工，如无法避免时，混凝土浇筑时应有严格的冬期施工措施。

6.3.11.3 工程实例

天津津塔工程，总建筑面积约为34.2万 m²，由办公楼、公寓楼两部分组成。其中办公楼高336.9m，地上75层，建筑面积约20.4万 m²，建筑外立面为帆形。

办公楼结构设计采用钢框架结构体系，柱采用钢管混凝土组合柱，其中核心筒柱23根，外框筒柱32根，钢管柱直径1700mm至600mm，壁厚65mm至20mm。部分核心筒柱内还设置了纵、横向隔板，增加了内灌混凝土的难度。

经试验研究对比，确定钢管柱内混凝土浇筑采用顶升法浇筑工艺。

1. 顶升法施工的相关试验研究工作

顶升法与高抛法两种浇筑方法的对比分析，见表6-3-74。

两种浇筑方法的对比分析 表6-3-74

浇筑方法	优　　点	缺　　点
顶升法	1. 对于内部有较多横竖隔板的钢管；混凝土质量有保证，横隔板下方不易形成空腔 2. 混凝土浇筑不是钢结构安装的紧后工作，可以与钢结构安装同时进行	1. 对混凝土性能要求高，经时和泵送坍落度损失小 2. 每根钢柱浇筑混凝土时都需要泵管与管柱有可靠的连接，接泵管的时间较长

浇筑方法	优　点	缺　点
高抛法	1. 操作方便 2. 适合外侧加钢柱的肋，混凝土振捣 3. 混凝土浇筑速度较快	1. 混凝土质量不容易保证 2. 存在交叉作业，影响钢结构安装进度

2. 顶升法浇筑混凝土的施工

（1）施工配合比（表 6-3-75）。

配合比　　　　　　　　　　　　　　　　　　　表 6-3-75

项目	PO. 42.5	中砂	碎石 5～20	自来水	外加剂	矿粉	CSA
配合比	1	2.42	2.73	0.5	0.0279	0.64	0.11
每立方混凝土用量 （kg）	330	798	900	165	9.2	210	35

注：外加剂采用聚羧酸型减水剂，CSA 为北极熊膨胀剂，中砂细度模数为 2.8。

配合比性能为：混凝土试块 28d 标养的强度达到 60MPa 以上；混凝土坍落度达到 270mm，扩展度大于 700mm；坍落度经时损失 3h 不大于 10mm，400m 的泵送损失不大于 10mm；扩展度经时损失 4h 不大于 100mm。

（2）泵管的布置

该工程混凝土浇筑总高度为 324m。低区（B4 层～F30 层）采用普通地泵及泵管，高区（F31 层～F70 层）采用中联重科生产的 HBT110-26-390RS 地泵，该泵的最大理论出口泵压为 26MPa，泵管采用 Φ125×8（壁厚），内表面经高频淬火处理，直管分节有 3000mm、2000mm、1000mm，弯管有 45°、90°，局部采用异形管，泵管接口采用平口法兰连接。

混凝土施工至高区换泵配管时，F1 层水平管及 F30 层以下立管应使用特制泵管，F30 层以上立管及楼层内水平泵管可使用 5mm 厚普通规格泵管。在 F29 层设置了缓冲弯管，并接 60m 左右的水平管，以解决垂直高度过大所引起的逆压。

（3）混凝土顶升浇筑

在泵送顶升过程中，应保证混凝土泵的连续工作，受料斗内应有足够的混凝土，泵送间歇时间不宜超过 15min。在混凝土泵送顶升过程中，需要两个有经验的混凝土工长，分别在混凝土下料口处和钢管柱顶升口，对混凝土的出料进行观察，当出现异常情况时，立即停止泵送。顶升过程中，如出现堵管情况，立即停止泵送，将钢管柱的阀门关闭，如确认是泵管被堵塞，查出堵塞位置并清除之；如检查是钢管柱内部被堵塞，则通过钢管柱留设的观察孔找出被堵管的位置，然后在其上部重新钻孔，重新开始泵送。

（4）主要经验的有关数据

1）该工程内外筒钢管柱共 55 根（分成 27 节，平均每节 3 层），施工时一般实际泵送压力为 18MPa。

2）单次钢管柱（3 层，长 12.6m）混凝土顶升只用 2h，每次钢管柱顶升混凝土（一节柱共 55 根，12.6m 高）约需连续浇筑 5 昼夜，总体施工质量情况良好。

主 要 参 考 文 献

[1] 杨嗣信等. 混凝土工程现场施工实用手册. 北京：人民交通出版社，2006

[2] 林寿，杨嗣信等. 建筑工程新技术丛书. 北京：中国建筑工业出版社，2009

[3] 艾永祥等. 建筑分项工程施工工艺标准(第三版). 北京：中国建筑工业出版社，2008

[4] 杨嗣信，刘文航，张婷. 天津津塔超高层钢管内采用顶升法浇灌混凝土工艺的研究和施工. 2009

[5] 王鑫，艾永祥，郭剑飞等. 北京电视中心工程综合业务楼基础底板大体积混凝土裂缝控制技术. 2004

[6] 曹勤，王京生，徐伟等. 景观造型清水混凝土施工工法. 2008

[7] 中华人民共和国国家标准 GB 50204—2015，混凝土结构工程施工质量验收规范. 北京：中国建筑工业出版社，2015

[8] 中华人民共和国国家标准 GB 50666—2011，混凝土结构工程施工规范. 北京：中国建筑工业出版社，2012

[9] 中华人民共和国国家标准 GB 50496—2009，大体积混凝土施工规范. 北京：中国计划出版社，2009

[10] 中华人民共和国行业标准 JGJ/T 10—2011，混凝土泵送施工技术规程. 北京：中国建筑工业出版社，2012

[11] 中华人民共和国行业标准 JGJ 169—2009，清水混凝土应用技术规程. 北京：中国建筑工业出版社，2009

[12] 中华人民共和国国家标准 GB/T 50467—2008，混凝土结构耐久性设计规范. 北京：中国建筑工业出版社，2008

[13] 中华人民共和国行业标准 JGJ/T 193—2009，混凝土耐久性检验评定标准. 北京：中国建筑工业出版社，2009

[14] 中华人民共和国行业标准 JGJ/T 178—2009，补偿收缩混凝土应用技术规程. 北京：中国建筑工业出版社，2009

[15] 中华人民共和国行业标准 JGJ 3—2010，高层建筑混凝土结构技术规程. 北京：中国建筑工业出版社，2011

[16] 中华人民共和国行业标准 JGJ/T 104—2011，建筑工程冬期施工规程. 北京：中国建筑工业出版社，2011

[17] 中华人民共和国行业标准 JGJ 55—2011，普通混凝土配合比设计规程. 北京：中国建筑工业出版社，2011

[18] 中华人民共和国国家标准 GB 50107—2010，混凝土强度检验评定标准. 北京：中国建筑工业出版社，2010

[19] 中华人民共和国国家标准 GB 50119—2003，混凝土外加剂应用技术规程. 北京：中国建筑工业出版社，2005

[20] 中华人民共和国国家标准 GB 175—2007，通用硅酸盐水泥

[21] 中华人民共和国行业标准 JGJ 52—2006，普通混凝土用砂、石质量及检验方法标准. 北京：中国建筑工业出版社，2006

[22] 中华人民共和国行业标准 JGJ 63—2006，混凝土用水标准. 北京：中国建筑工业出版社，2006

[23] 杨嗣信，余志成，侯君伟主编. 建筑工程模板施工手册(第二版). 北京：中国建筑工业出版社，2004

[24] 《建筑施工手册》(第四版)编写组. 建筑施工手册(第四版). 北京：中国建筑工业出版社，2003

7 预应力工程

7.1 一般规定

本章适用于工业与民用建筑及构筑物中的现浇后张预应力混凝土及预制的后张法预应力混凝土构件,同时适用于渡槽、筒仓、高耸构筑物等工程。另外,还适用于预应力钢结构、预应力结构的加固及体外预应力工程。本章不适用于核电站安全壳预应力混凝土工程。

预应力施工应遵循以下的规定:

1. 预应力施工必须由具有预应力专项施工资质的专业施工单位进行。

2. 预应力专业施工单位或预制构件的生产商所进行的深化设计应经原设计单位认可。

3. 在施工前,预应力专业施工单位或预制构件的生产商应根据设计文件,编制专项施工方案。预应力专项施工方案应包括以下内容:

(1) 工程概况、施工顺序、工艺流程;

(2) 预应力施工方法,包括预应力筋制作、孔道预留、预应力筋安装、预应力筋放张、孔道灌浆和封锚等;

(3) 材料采购和检验、机械配备和张拉设备标定;

(4) 施工进度和劳动力安排、材料供应计划;

(5) 有关工序(模板、钢筋、混凝土等)的配合要求;

(6) 施工质量要求和质量保证措施;

(7) 施工安全要求和安全保证措施;

(8) 施工现场管理机构。

4. 预应力混凝土工程应依照设计要求的施工顺序施工,并应考虑各施工阶段偏差对结构安全度的影响。必要时应进行施工监测,并采取相应调整措施。

7.2 预应力材料与设备

7.2.1 预应力筋品种与规格

预应力筋按材料类型可分为金属预应力筋和非金属预应力筋。非金属预应力筋,主要有碳纤维增强塑料(CFRP)、玻璃纤维增强塑料(GFRP)等,目前国内外在部分工程中有少量应用。在建筑结构中使用的是预应力高强钢筋。

预应力高强钢筋是一种特殊的钢筋品种,使用的都是高强度钢材。主要有钢丝、钢绞线、钢筋(钢棒)等。高强度、低松弛预应力筋已成为我国预应力筋的主导产品。

目前工程中常用的预应力钢材品种有:

1. 预应力钢绞线,常用直径Φ12.7mm,Φ15.2mm,标准抗拉强度1860MPa,作为主导预应力筋品种用于各类预应力结构。

　　预应力钢绞线按捻制结构不同可分为：1×2 钢绞线、1×3 钢绞线、1×7 钢绞和 1×19 钢绞线等，外形示意见图 7-2-1。其中 1×7 钢绞线用途最为广泛，既适用于先张法，又适用于后张法预应力混凝土结构。它是由 6 根外层钢丝围绕着 1 根中心钢丝顺一个方向扭结而成。1×2 钢绞线和 1×3 钢绞线仅用于先张法预应力混凝土构件。

　　钢绞线根据加工要求不同又可分为：标准型钢绞线、刻痕钢绞线和模拔钢绞线。

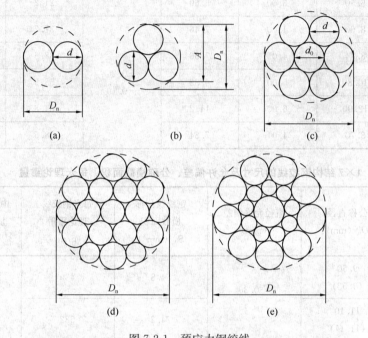

图 7-2-1　预应力钢绞线

(a) 1×2 结构钢绞线；(b) 1×3 结构钢绞线；(c) 1×7 结构钢绞线；
(d) 1×19 结构西鲁式钢绞线；(e) 1×19 结构瓦林吞式钢绞线
d—外层钢丝直径；d_0—中心钢丝直径；
D_n—钢绞线公称直径；A—1×3 钢绞线测量尺寸

　　钢绞线的规格和力学性能应符合国家标准《预应力混凝土用钢绞线》GB/T 5224—2014 的规定，见表 7-2-1～表 7-2-8。

1×2 结构钢绞线的尺寸及允许偏差、公称横截面积、每米理论重量　　表 7-2-1

钢绞线结构	公称直径		钢绞线直径允许偏差（mm）	钢绞线公称横截面积 S_n（mm²）	每米钢绞线理论重量（g/m）
	钢绞线直径 D_n（mm）	钢丝直径 d（mm）			
1×2	5.00	2.50	+0.15 −0.05	9.82	77.1
	5.80	2.90		13.2	104
	8.00	4.00	+0.25 −0.10	25.1	197
	10.00	5.00		39.3	309
	12.00	6.00		56.5	444

1×3 结构钢绞线的尺寸及允许偏差、公称横截面积、每米理论重量　　表 7-2-2

钢绞线结构	公称直径		钢绞线测量尺寸 A (mm)	测量尺寸允许偏差 (mm)	钢绞线公称横截面积 S_n (mm²)	每米钢绞线理论重量 (g/m)
	钢绞线直径 D_n (mm)	钢丝直径 d (mm)				
1×3	6.20	2.90	5.41	+0.15 −0.05	19.8	155
	6.50	3.00	5.60		21.2	166
	8.60	4.00	7.46	+0.20 −0.10	37.7	296
	8.74	4.05	7.56		38.6	303
	10.80	5.00	9.33		58.9	462
	12.90	6.00	11.2		84.8	666
1×3I	8.70	4.04	7.54		38.5	302

1×7 结构钢绞线的尺寸及允许偏差、公称横截面积、每米理论重量　　表 7-2-3

钢绞线结构	公称直径 D_n (mm)	直径允许偏差 (mm)	钢绞线公称横截面积 S_n (mm²)	每米钢绞线理论重量 (g/m)	中心钢丝直径 d_0 加大范围（%）≥
1×7	9.50 (9.53)	+0.30 −0.15	54.8	430	
	11.10 (11.11)		74.2	582	
	12.70		98.7	775	
	15.20 (15.24)		140	1101	
	15.70	+0.40 −0.15	150	1178	
	17.80 (17.78)		191 (189.7)	1500	2.5
	18.9		220	1727	
	21.6		285	2337	
1×7I	12.70	+0.40 −0.15	98.7	775	
	15.20 (15.24)		140	1101	
(1×7)C	12.70	+0.40 −0.15	112	890	
	15.20 (15.24)		165	1295	
	18.00		223	1750	

注：可按括号内规格供货。

1×19 结构钢绞线的尺寸及允许偏差、公称横截面积、每米理论重量　　表 7-2-4

钢绞线结构	公称直径 D_n（mm）	直径允许偏差 （mm）	钢绞线公称 横截面积 S_n（mm²）	每米钢绞线 理论重量 （g/m）
1×19S （1+9+9）	17.8	+0.40 -0.15	208	1652
	19.3		244	1931
	20.3		271	2149
	21.8		313	2482
	28.6		532	4229
1×19W （1+9+6/6）	28.6		532	4229

注：1×19 钢绞线的公称直径为钢绞线的外接圆的直径。

1×2 结构钢绞线力学性能　　表 7-2-5

钢绞线 结构	钢绞线 公称直径 D_n(mm)	公称抗 拉强度 R_m(MPa)	整根钢绞 线最大力 F_m (kN) ≥	整根钢绞线 的最大力 的最大值 $F_{m,max}$(kN) ≤	0.2% 屈服力 $F_{p0.2}$(kN) ≥	最大力总 伸长率 ($L_0 \geqslant 400$mm) A_{gt}(%) ≥	应力松弛性能	
							初始负荷相当 于实际最大力 的百分数 （%）	1000h 应力松弛率 r(%) ≤
1×2	8.00	1470	36.9	41.9	32.5	对所有规格	对所有规格	对所有规格
	10.00		57.8	65.6	50.9			
	12.00		83.1	94.4	73.1			
	5.00	1570	15.4	17.4	13.6			
	5.80		20.7	23.4	18.2			
	8.00		39.4	44.4	34.7			
	10.00		61.7	69.6	54.3			
	12.00		88.7	100	78.1			
	5.00	1720	16.9	18.9	14.9			
	5.80		22.7	25.3	20.0			
	8.00		43.2	48.2	38.0		70	2.5
	10.00		67.6	75.5	59.5	3.5		
	12.00		97.2	108	85.5			
	5.00	1860	18.3	20.2	16.1		80	4.5
	5.80		24.6	27.2	21.6			
	8.00		46.7	51.7	41.1			
	10.00		73.1	81.0	64.3			
	12.00		105	116	92.5			
	5.00	1960	19.2	21.2	16.9			
	5.80		25.9	28.5	22.8			
	8.00		49.2	54.2	43.3			
	10.00		77.0	84.9	67.8			

1×3 结构钢绞线力学性能

表 7-2-6

钢绞线结构	钢绞线公称直径 D_n(mm)	公称抗拉强度 R_m(MPa)	整根钢绞线最大力 F_m(kN) ≥	整根钢绞线的最大力的最大值 $F_{m.max}$(kN) ≤	0.2%屈服力 $F_{p0.2}$(kN) ≥	最大力总伸长率 (L_0≥400mm) A_{gt}(%) ≥	应力松弛性能	
							初始负荷相当于实际最大力的百分数(%)	1000h应力松弛率 r(%) ≤
1×3	8.6	1470	55.4	63.0	48.8	对所有规格	对所有规格	对所有规格
	10.80		86.6	98.4	76.2			
	12.90		125	142	110			
	6.20	1570	31.1	35.0	27.4			
	6.50		33.3	37.5	29.3			
	8.60		59.2	66.7	52.1			
	8.74		60.6	68.3	53.3			
	10.80		92.5	104	81.4			
	12.90		133	150	117			
	8.74	1670	64.5	72.2	56.8			
	6.20	1720	34.1	38.0	30.0	3.5	70	2.5
	6.50		36.5	40.7	32.1			
	8.60		64.8	72.4	57.0			
	10.80		101	113	88.9			
	12.90		146	163	128		80	4.5
	6.20	1860	36.8	40.8	32.4			
	6.50		39.4	43.7	34.7			
	8.60		70.1	77.7	61.7			
	8.74		71.8	79.5	63.2			
	10.80		110	121	96.9			
	12.90		158	175	139			
	6.20	1960	38.8	42.8	34.14			
	6.50		41.6	45.8	36.6			
	8.60		73.9	81.4	65.0			
	10.80		115	127	101			
	12.90		166	183	146			
1×3I	8.70	1570	60.4	68.1	53.2			
		1720	66.2	73.9	58.3			
		1860	71.6	79.3	63.0			

1×7 结构钢绞线力学性能

表 7-2-7

钢绞线结构	钢绞线公称直径 D_n(mm)	公称抗拉强度 R_m(MPa)	整根钢绞线最大力 F_m(kN) ≥	整根钢绞线的最大力的最大值 $F_{m,max}$(kN) ≤	0.2%屈服力 $F_{p0.2}$(kN) ≥	最大力总伸长率 (L_0≥500mm) A_{gt}(%) ≥	应力松弛性能 初始负荷相当于实际最大力的百分数(%)	1000h应力松弛率 r(%) ≤
1×7	15.20 (15.24)	1470	206	234	181	对所有规格	对所有规格	对所有规格
		1570	220	248	194			
		1670	234	262	206			
	9.50 (9.53)	1720	94.3	105	83.0			
	11.10 (11.11)		128	142	113			
	12.70		170	190	150			
	15.20 (15.24)		241	269	212			
	17.80 (17.78)		327	365	288			
	18.90	1820	400	444	352			
	15.70	1770	266	296	234			
	21.60		504	561	444			
	9.50 (9.53)	1860	102	113	89.8			
	11.10 (11.11)		138	153	121			
	12.70		184	203	162	3.5	70	2.5
	15.20 (15.24)		260	288	229			
	15.70		279	309	246			
	17.80 (17.78)		355	391	311		80	4.5
	18.90		409	453	360			
	21.60		530	587	466			
	9.50 (9.53)	1960	107	118	94.2			
	11.10 (11.11)		145	160	128			
	12.70		193	213	170			
	15.20 (15.24)		274	302	241			

续表

钢绞线结构	钢绞线公称直径 D_n(mm)	公称抗拉强度 R_m(MPa)	整根钢绞线最大力 F_m(kN) ≥	整根钢绞线的最大力的最大值 $F_{m,max}$(kN) ≤	0.2%屈服力 $F_{p0.2}$(kN) ≥	最大力总伸长率 ($L_0 \geqslant 500mm$) A_{gt}(%) ≥	应力松弛性能 初始负荷相当于实际最大力的百分数(%)	1000h应力松弛率 r(%) ≤
1×7I	12.70	1860	184	203	162			
	15.20 (15.24)		260	288	229			
(1× 7)C	12.70	1860	208	231	183			
	15.20 (15.24)	1820	300	333	264			
	18.00	1720	384	428	338			

1×19 结构钢绞线力学性能　　　　　　　表 7-2-8

钢绞线结构	钢绞线公称直径 D_n(mm)	公称抗拉强度 R_m(MPa)	整根钢绞线最大力 F_m(kN) ≥	整根钢绞线的最大力的最大值 $F_{m,max}$(kN) ≤	0.2%屈服力 $F_{p0.2}$(kN) ≥	最大力总伸长率 ($L_0 \geqslant 500mm$) A_{gt}(%) ≥	应力松弛性能 初始负荷相当于实际最大力的百分数(%)	1000h应力松弛率 r(%) ≤
1×19S (1+9 +9)	28.6	1720	915	1021	805	对所有规格	对所有规格	对所有规格
	17.8	1770	368	410	334			
	19.3		431	481	379			
	20.3		480	534	422			
	21.8		554	617	488			
	28.6		942	1048	829	3.5	70	2.5
	20.3	1810	491	545	432			
	21.8		567	629	499		80	4.5
	17.8	1860	387	428	341			
	19.3		454	503	400			
	20.3		504	558	444			
	21.8		583	645	513			
1×19W (1+9 +6/6)	28.6	1720	915	1021	805			
		1770	942	1048	829			
		1860	990	1096	854			

2. 预应力钢丝，常用直径Φ4～Φ8mm，标准抗拉强度1570～1860MPa，一般用于后张预应力结构或先张预应力构件。

3. 预应力螺纹钢筋及钢拉杆等，预应力螺纹钢筋抗拉强度为980～1230MPa，主要用于桥梁、过坡支护等，用量较少。预应力钢拉杆直径一般在Φ20～Φ210mm，抗拉强度为

375～850MPa，目前预应力钢拉杆主要用于大跨度空间钢结构、船坞、码头及坑道等领域。

4. 不锈钢绞线等。

常用预应力钢材弹性模量见表 7-2-9。

预应力钢材弹性模量（$\times 10^5$ N/mm）　　　　　表 7-2-9

种　类	E_s
消除应力钢丝（光面钢丝、螺旋钢丝、刻痕钢丝）、中强度预应力钢丝	2.05
钢绞线	1.95

注：必要时钢绞线可采用实测的弹性模量。

　　预应力筋应根据结构受力特点、工程结构环境条件、施工工艺及防腐蚀要求等选用，其规格和力学性能应符合相应的国家或行业产品标准的规定。

　　预应力钢丝的规格与力学性能应符合国家标准《预应力混凝土用钢丝》GB/T 5223—2014 的规定；钢绞线的规格和力学性能应符合国家标准《预应力混凝土用钢绞线》GB/T 5224—2014 的规定；螺纹钢筋的规格和力学性能应符合国家标准《预应力混凝土用螺纹钢筋》GB/T 20065—2006 的规定；预应力钢拉杆的力学性能应符合国家标准《钢拉杆》GB/T 20934—2007 的规定；不锈钢绞线的结构与性能应符合建筑工业行业标准《建筑用不锈钢绞线》JG/T 200—2007 的规定。镀锌钢丝应符合国家标准《桥梁缆索用热镀锌钢丝》GB/T 17101—2008 的规定；镀锌钢绞线应符合行业标准《高强度低松弛预应力热镀锌钢绞线》YB/T 152—1999 的规定。环氧涂层钢绞线应符合国家标准《环氧涂层七丝预应力钢绞线》GB/T 21073—2007 的规定；填充型环氧涂层钢绞线应符合行业标准《填充型环氧涂层钢绞线》JT/T 737—2009 的规定。

　　无粘结钢绞线（图 7-2-2）应符合行业标准《无粘结预应力钢绞线》JG 161—2004 的规定。无粘结筋组成材料质量要求，其钢绞线的力学性能应符合国家标准《预应力混凝土用钢绞线》GB/T 5224—2014 的规定。防腐油脂质量应符合行业标准《无粘结预应力筋专用防腐润滑脂》JG 3007—1993 的要求。护套材料应采用高密度聚乙烯树脂，其质量应符合国家标准《高密度聚乙烯树脂》GB 11118—1989 的规定。

　　缓粘结钢绞线（图 7-2-3）应符合《缓粘结预应力钢绞线》JG/T 369—2012 的规定。缓粘结钢绞线是用缓慢凝固的特种树脂涂料涂敷在钢绞线表面上，并外包压波的塑料护套制成，这种缓粘结钢绞线既有无粘结预应力筋施工工艺简单、不用预埋管和灌浆作业、施工方便、节省工期的优点；同时在性能上又具有有粘结预应力抗震性能好、极限状态预应力钢筋强度发挥充分、节省钢材的优势，具有很好的结构性能和推广应用前景。

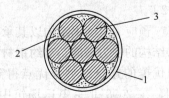

图 7-7-2　无粘结钢绞线
1—塑料护套；2—油脂；3—钢绞线

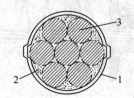

图 7-2-3　缓粘结钢绞线
1—塑料护套；2—缓粘结涂料；3—钢绞线

这种缓粘结钢绞线的涂料经过一定时间固化后，伴随着固化剂的化学作用，特种涂料不仅有较好的内聚力，而且和被粘结物表面产生很强的粘结力，由于塑料护套表面压波，又与混凝土产生了较好的粘结力，最终形成有粘结预应力筋的安全性高，并具有较强的防腐蚀性能等优点。国内外均有成功应用的工程，如北京市新少年宫工程、沈阳文化艺术中心等。

缓粘结型涂料采用特种树脂与固化剂配制而成。根据不同工程要求，可选用固化时间3～6个月或更长时间的涂料。

预应力筋进场时，每一合同批应附有质量证明书，在每捆（盘）上都应挂有标牌。在质量证明书中应注明供方、预应力筋品种、强度级别、规格、重量和件数、执行标准号、盘号和检验结果、检验日期、技术监督部门印章等。在标牌上应注明供方、预应力筋品种、强度级别、规格、盘号、净重、执行标准号等。

各类预应力工程预应力筋的进场质量检验，应首先依照《混凝土结构工程施工质量验收规范》GB 50204—2015 及产品的应用技术规程规定进行，若无产品应用技术规程时，应分别依照相应的产品标准中出厂检验规则进行。

7.2.2 预应力锚固体系

锚固体系是保证预应力混凝土结构的预加应力有效建立的关键装置。锚固系统通常是指锚具、夹具、连接器及锚下支撑系统等。锚具用以永久性保持预应力筋的拉力并将其传递给混凝土，主要用于后张法结构或构件中；夹具是先张法构件施工时为了保持预应力筋拉力，并将其固定在张拉台座（或钢模）上用的临时性锚固装置，后张法夹具是将千斤顶（或其他张拉设备）的张拉力传递到预应力筋的临时性锚固装置，因此夹具属于工具类的临时锚固装置，也称工具锚；连接器是预应力筋的连接装置，用于连续结构中，可将多段预应力筋连接成一条完整的长束，是先张法或后张法施工中将预应力从一根预应力筋传递到另一根预应力筋的装置；锚下支撑系统包括锚垫板、喇叭管、螺旋筋或网片等。

预应力筋用锚具、夹具和连接器按锚固方式不同，可分为夹片式（单孔与多孔夹片锚具）、支承式（镦头锚具、螺母锚具）、铸锚式（冷铸锚具、热铸锚具）、锥塞式（钢质锥形锚具）和握裹式（挤压锚具、压接锚具、压花锚具）等。支承式锚具锚固过程中预应力筋的内缩量小，即锚具变形与预应力筋回缩引起的损失小，适用于短束筋，但对预应力筋下料长度的准确性要求严格；夹片式锚具对预应力筋的下料长度精度要求较低，成束方便，但锚固过程中内缩量大，预应力筋在锚固端损失较大，适用于长束筋，当用于锚固短束时应采取专门的措施。

单孔夹片锚固体系见图 7-2-4。多孔夹片锚固体系见图 7-2-5。压花锚具见图 7-2-6。

预应力空间钢结构以其承载力高、改善结构的受力性能、节约钢材、可以表现出优美的建筑造型等优点得到大量的应用，在 2008 北京奥运场馆中广泛采用，取得了极好的效果。随着我国大跨度公共建筑发展的需要，预应力拉索在钢结构、

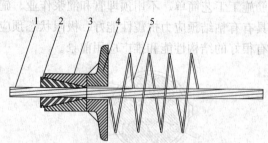

图 7-2-4 单孔夹片锚固体系示意图

1—预应力筋；2—夹片；3—锚环；4—承压板；
5—螺旋筋

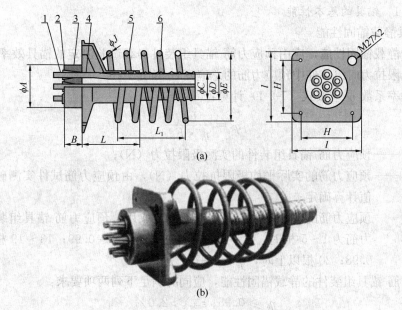

图 7-2-5　多孔夹片锚固体系示意图

（a）尺寸示意图；（b）外观图片

1—钢绞线；2—夹片；3—锚环；4—锚垫板（喇叭口）；

5—螺旋筋；6—波纹管

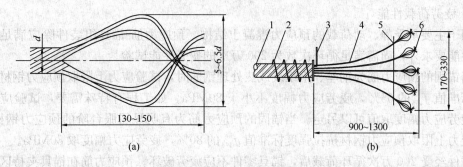

图 7-2-6　压花锚具示意图

（a）单根钢绞线压花锚具；（b）多根钢绞线压花锚具

1—波纹管；2—螺旋筋；3—排气孔；4—钢绞线；5—构造筋；6—压花锚具

混凝土结构工程中应用日益增多。其锚固体系是基于钢绞线夹片锚具、钢丝束镦头锚具与钢棒钢拉杆锚具等基础上发展起来的，主要包括：钢绞线压接锚具、冷（热）铸镦头锚具和钢绞线拉索锚具及钢拉杆等。

　　工程设计单位应根据结构要求、产品技术性能、适用性和张拉施工方法等选用匹配的锚固体系。

　　锚具、夹具和连接器应具有可靠的锚固性能、足够的承载能力和良好的适用性，以保证充分发挥预应力筋的强度，并安全地实现预应力张拉作业。锚具、夹具和连接器的性能应符合国家标准《预应力筋用锚具、夹具和连接器》GB/T 14370—2007 和行业标准《预应力筋用锚具、夹具和连接器应用技术规程》JGJ 85—2010 的规定。

7.2.2.1 锚具的基本性能

1. 锚具静载锚固性能

锚具的静载锚固性能，应由预应力筋-锚具组装件静载试验测定的锚具效率系数 η_a 和达到实测极限拉力时组装件中预应力筋的总应变 ε_{apu} 确定。

锚具效率系数 η_a 应按式（7-2-1）计算：

$$\eta_a = \frac{F_{apu}}{\eta_p \cdot F_{pm}} \tag{7-2-1}$$

式中　F_{apu} ——预应力筋-锚具组装件的实测极限拉力（N）；

F_{pm} ——预应力筋的实际平均极限抗拉力（N），由预应力筋试件实测破断力平均值计算确定；

η_p ——预应力筋的效率系数，应按下列规定取用：预应力筋-锚具组装件中预应力筋为 1～5 根时，$\eta_p = 1$；6～12 根时，$\eta_p = 0.99$；13～19 根时，$\eta_p = 0.98$；20 根以上时，$\eta_p = 0.97$。

预应力筋-锚具组装件的静载锚固性能，应同时满足下列两项要求：

$$\eta_a \geqslant 0.95; \quad \varepsilon_{apu} \geqslant 2.0\%$$

当预应力筋-锚具组装件达到实测极限拉力时，应当是由预应力筋的断裂，而不应由锚具的破坏所导致；试验后锚具部件会有残余变形，但应能确认锚具的可靠性。夹片式锚具的夹片在预应力筋拉应力未超过 $0.8 f_{ptk}$ 时不允许出现裂纹。

预应力筋-锚具组装件破坏时，夹片式锚具的夹片可出现微裂或一条纵向断裂裂缝。

2. 疲劳荷载性能

用于主要承受静、动荷载的预应力混凝土结构，预应力筋-锚具组装件除应满足静载锚固性能要求外，尚需满足循环次数为 200 万次的疲劳性能试验。

当锚固的预应力筋为钢丝、钢绞线或热处理钢筋时，试验应力上限取预应力钢材抗拉强度标准值 f_{ptk} 的 65%，疲劳应力幅度不小于 80MPa。如工程有特殊需要，试验应力上限及疲劳应力幅度取值可以另定。当锚固的预应力筋为有明显屈服台阶的预应力钢材时，试验应力上限取预应力钢材抗拉强度标准值 f_{ptk} 的 80%，疲劳应力幅度取 80MPa。

试件经受 200 万次循环荷载后，锚具零件不应疲劳破坏。预应力筋在锚具夹持区域发生疲劳破坏的截面面积不应大于总截面面积的 5%。

3. 周期荷载性能

用于有抗震要求结构中的锚具，预应力筋-锚具组装件还应满足循环次数为 50 次的周期荷载试验。当锚固的预应力筋为钢丝、钢绞线或热处理钢筋时，试验应力上限取预应力钢材抗拉强度标准值 f_{ptk} 的 80%，下限取预应力钢材抗拉强度标准值 f_{ptk} 的 40%；当锚固的预应力筋为有明显屈服台阶的预应力钢材时，试验应力上限取预应力钢材抗拉强度标准值 f_{ptk} 的 90%，下限取预应力钢材抗拉强度标准值 f_{ptk} 的 40%。

试件经 50 次循环荷载后预应力筋在锚具夹持区域不应发生破断。

4. 工艺性能

（1）锚具应满足分级张拉、补张拉和放松拉力等张拉工艺要求。锚固多根预应力筋用的锚具，除应具有整束张拉的性能外，尚应具有单根张拉的可能性。

（2）承受低应力或动荷载的夹片式锚具应具有防止松脱的性能。

（3）当锚具使用环境温度低于−50℃时，锚具尚应符合低温锚固性能要求。

（4）夹片式锚具的锚板应具有足够的刚度和承载力，锚板性能由锚板的加载试验确定，加载至 $0.95F_{ptk}$ 后卸载，测得的锚板中心残余挠度不应大于相应锚垫板上口直径的 1/600；加载至 $1.2F_{ptk}$ 时，锚板不应出现裂纹或破坏。

（5）与后张预应力筋用锚具（或连接器）配套的锚垫板、锚固区域局部加强钢筋，在规定的混凝土强度和局部承压端块尺寸下，应满足荷载传递性能要求。

7.2.2.2 夹具的基本性能

预应力筋-夹具组装件的静载锚固性能，应由预应力筋-夹具组装件静载试验测定的夹具效率系数 η_g 确定。夹具的效率系数应按式（7-2-2）计算：

$$\eta_g = \frac{F_{gpu}}{F_{pm}} \tag{7-2-2}$$

式中　F_{gpu}——预应力筋-夹具组装件的实测极限拉力（N）。

预应力筋-夹具组装件的静载锚固性能试验结果应满足：$\eta_g \geqslant 0.92$。

当预应力筋-夹具组装件达到实测极限拉力时，应当是由预应力筋的断裂，而不应由夹具的破坏所导致。

夹具应具有良好的自锚性能、松锚性能和安全的重复使用性能。主要锚固零件应具有良好的防锈性能。夹具的可重复使用次数不宜少于 300 次。

7.2.2.3 锚具、夹具和连接器的检验

在张拉预应力后永久留在混凝土结构或构件中的预应力筋连接器，都必须符合锚具的性能要求；如在张拉后还须放张和拆除的连接器，则必须符合夹具的性能要求。

锚具、夹具和连接器的进场验收，同一种材料和同一生产工艺条件下生产的产品，同批进场时可视为同一检验批。每个检验批的锚具不宜超过 2000 套。连接器的每个检验批不宜超过 500 套。夹具的检验批不宜超过 500 套。获得第三方独立认证的产品，其检验批的批量可扩大 1 倍。验收合格的产品，存放期超过 1 年，重新使用时应进行外观检查。

1. 锚具检验项目

（1）外观检查

从每批产品中抽取 2% 且不少于 10 套锚具，检查外形尺寸、表面裂纹及锈蚀情况。其外形尺寸应符合产品质保书所示的尺寸范围，且表面不得有机械损伤、裂纹及锈蚀；当有下列情况之一时，本批产品应逐套检查，合格者方可进入后续检验。

1）当有 1 个零件不符合产品质保书所示的外形尺寸，应另取双倍数量的零件重做检查，仍有 1 件不合格；

2）当有 1 个零件表面有裂纹或夹片、锚孔锥面有锈蚀。

对配套使用的锚垫板和螺旋筋可按以上方法进行外观检查，但允许表面有轻度锈蚀。

（2）硬度检验

对硬度有严格要求的锚具零件，应进行硬度检验。从每批产品中抽取 3% 且不少于 5 套样品（多孔夹片式锚具的夹片，每套抽取 6 片）进行检验，硬度值应符合产品质保书的要求。如有 1 个零件硬度不合格时，应另取双倍数量的零件重做检验，如仍有 1 件不合格，则应对本批产品逐个检验，合格者方可进入后续检验。

（3）静载锚固性能试验

在外观检查和硬度检验都合格的锚具中抽取样品，与相应规格和强度等级的预应力筋组装成 3 个预应力筋-锚具组装件，进行静载锚固性能试验。每束组装件试件试验结果都必须符合要求。当有一个试件不符合要求，应取双倍数量的锚具重做试验，如仍有一个试件不符合要求，则该批锚具判为不合格品。

国家标准《混凝土结构工程施工质量验收规范》GB 50204—2015 第 6.2.3 条：锚具、夹具和连接器用量不足检验批规定数量的 50%，且供货方提供有效的试验报告时，可不作静载锚固性能检验。

2. 夹具检验项目

夹具进场验收时，应进行外观检查、硬度检验和静载锚固性能试验。检验和试验方法与锚具相同。

3. 连接器的检验

永久留在混凝土结构或构件中的预应力筋连接器，应符合锚具的性能要求；在施工中临时使用并需要拆除的连接器，应符合夹具的性能要求。

另外，用于主要承受动荷载、有抗震要求的重要预应力混凝土结构，当设计提出要求时，应按现行国家标准《预应力筋用锚具、夹具和连接器》GB/T 14370—2007 的规定进行疲劳性能、周期荷载性能试验；锚具应用于环境温度低于 −50℃ 的工程时，尚应进行低温锚固性能试验。

7.2.3 其他材料

7.2.3.1 制孔用管材

后张预应力结构及构件中预制孔用管材有金属波纹管（螺旋管）、薄壁钢管和塑料波纹管等。按照相邻咬口之间的凸出部（即波纹）的数量分为单波纹和双波纹；按照截面形状分为圆形和扁形；按照径向刚度分为标准型和增强型；按照表面处理情况分为镀锌金属波纹管和不镀锌金属波纹管。

梁类构件宜采用圆形金属波纹管，板类构件宜采用扁形金属波纹管，施工周期较长或有腐蚀性介质环境的情况应选用镀锌金属波纹管。塑料波纹管宜用于曲率半径小及抗疲劳要求高的孔道。钢管宜用于竖向分段施工的孔道或钢筋过于密集，波纹管容易被挤扁或损坏的区域。

孔道成型用管道应具有足够的刚度和密封性，在搬运、安装及混凝土浇筑过程中应不易出现变形，其咬口、接头应严密，且不应漏浆。

孔道成型用管道应根据结构特点、施工工艺、施工周期及使用部位等合理选用，其规格和性能应符合现行国家或行业产品标准的规定。孔道成型用圆形管道的内径应至少比预应力筋或连接器的轮廓直径大 6mm，其内截面积应不小于预应力筋截面积的 2.5 倍。钢管的壁厚不应小于其内径的 1/50，且不宜小于 2mm。

1. 金属波纹管

金属波纹管是后张有粘结预应力施工中最常用的预留孔道材料，见图 7-2-7。金属波纹管具有自重轻、刚度好、弯折方便、连接简单、与混凝土粘结性好等优点，广泛应用于各类直线与曲线孔道。工程中一般常采用镀锌双波金属波纹管。

金属波纹管的长度，由于运输的关系，每根长 4～6m，在施工现场采用接头连接使用。

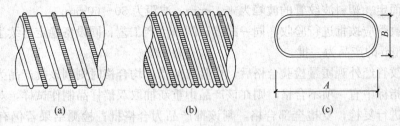

图 7-2-7　波纹管示意图

(a) 圆形单波纹管；(b) 圆形双波纹管；(c) 扁形波纹管

由于波纹管重量轻，体积大，长途运输不经济。当工程用量大或没有波纹管供应的边远地区，可以在施工现场生产波纹管。生产厂可将卷管机和钢带运到施工现场加工，这时波纹管的生产长度可根据实际工程需要确定，不仅施工方便，而且减少了接头数量。

金属波纹管应具两项基本要求是：在外荷载的作用下具有足够的抵抗变形的能力（径向刚度），在浇筑混凝土过程中水泥浆不渗入管内。

金属波纹管应按批进行检验。每批应由同一个钢带生产厂生产的同一批钢带所制造的金属波纹管组成。每半年或累计 50000m 生产量为一批，取产量最多的规格。

全部金属波纹管经外观检查合格后，从每批中取产量最多的规格、长度不小于 $5d$ 且不小于 300mm 的试件 2 组（每组 3 根），先检查波纹管尺寸后，分别进行集中荷载下径向刚度试验和承受集中荷载下后抗渗漏试验。另外从每批中取产量最多的规格、长度按表 7-2-10 和表 7-2-11 规定的试件 3 根，进行弯曲抗渗漏试验。当检验结果有不合格项目时，应取双倍数量的试件对该不合格项目进行复检，复检仍不合格时，该批产品为不合格品，或逐根检验取合格品。

圆管试件长度与内径关系对应表（mm）　　　　　　表 7-2-10

内径	<70	70～100	>100
试件长度	2000	2500	3000

扁管试件长度与规格对应表（mm）　　　　　　表 7-2-11

扁管规格	短轴 h	20	20	20	22	22	22
	长轴 b	52	65	78	60	76	90
试件长度		2000			2500		

2. 塑料波纹管

塑料波纹管的优点：其耐腐蚀性能优于金属，能有效地保护预应力筋不受外界的腐蚀，使得预应力筋具有更好的耐久性；同等条件下，塑料波管的摩擦系数小于金属波纹管的摩擦系数，减小了张拉过程中预应力的摩擦损失；塑料波纹管的柔韧性强，易弯曲且不开裂，特别适用于曲率半径较小的预应力筋形；密封性能和抗渗漏性能优于金属波纹管，更适用于真空灌浆；塑料波纹管具有较好的抗疲劳性能，能提高预应力构件的抗疲劳能力。

塑料波纹管按截面形状可分为圆形和扁形两大类。圆形塑料波纹管的长度规格一般为 6，8，10m，偏差 0～+10mm。扁形塑料波纹管可成盘供货，每盘长度可根据工程需要和运输情况而定。塑料波纹管的波峰为 4～5mm，波距为 30～60mm。

塑料波纹管应按批进行验收。同一配方、同一生产工艺、同设备稳定连续生产的数量不超过 10000m 的产品为一批。

塑料波纹管经外观质量检验合格后，检验其他指标均合格时则判该批产品为合格品。

若其他指标中有一项不合格，则在该产品中重新抽取双倍样品制作试样，对指标中的不合格项目进行复检，复检全部合格，判该批产品为合格批；检测结果若仍有一项不合格，则判该批产品为不合格。

3. 薄壁钢管

薄壁钢管由于自身的刚度大，主要应用于竖向布置的预应力管道和钢筋过于密集、波纹管容易挤扁或易破损的区域。薄壁钢管用于竖向布置的预应力孔道时应注意，当薄壁钢管内有预应力筋时，薄壁钢管的连接最好采用套扣连接，避免使用焊接连接。

4. 波纹管进场验收

预应力混凝土用波纹管的性能与质量应符合行业标准《预应力混凝土用金属波纹管》JG 225—2007 和《预应力混凝土桥梁用塑料波纹管》JT/T 529—2004 的规定。

波纹管进场时或在使用前应采用目测方法全数进行外观检查，金属波纹管外观应清洁，内外表面无油污、锈蚀、孔洞和不规则的折皱，咬口无开裂、无脱扣。塑料波纹管的外观应光泽、色泽均匀，有一定的柔韧性，内外壁不允许有隔体破裂、气泡、裂口、硬块和影响使用的划伤。

波纹管的内径、波高和壁厚等尺寸偏差不应超出允许值。

波纹管进场时每一合同批应附有质量证明书，并做进场复验。当使用单位能提供近期采用的相同品牌和型号波纹管的检验报告或有可靠的工程经验时，金属波纹管可不做径向刚度、抗渗漏性能的检测，塑料波纹管可不做环刚度、局部横向荷载和柔韧性的检测。

波纹管应分类、分规格存放。金属波纹管应垫枕木并用防水毡布覆盖，并应避免变形和损伤。塑料波纹管储存时应远离热源和化学品的污染，并应避免暴晒。

金属波纹管吊装时，不得在其中部单点起吊；搬运时，不得抛摔或拖拉。

7.2.3.2 灌浆材料

对于后张有粘结预应力体系，预应力筋张拉后，孔道应尽快灌浆，可以避免预应力筋锈蚀和减少应力松弛损失。同时利用水泥浆的强度将预应力筋和结构构件混凝土粘结形成整体共同工作，以控制超载时裂缝的间距与宽度并改善梁端锚具的应力集中状况。

配置水泥浆用水泥、水及外加剂除应符合国家现行有关标准的规定外，尚应符合下列规定：

1）宜采用普通硅酸盐水泥或硅酸盐水泥；

2）拌合用水和掺加的外加剂中不应含有对预应力筋或水泥有害的成分；

3）外加剂应与水泥作配合比试验并确定掺量。

7.2.3.3 防护材料

后张预应力混凝土外露金属锚具，应采取可靠的防腐及防火措施，并应符合下列规定：

1. 无粘结预应力筋外露锚具应采用注有足量防腐油脂的塑料帽封闭锚具端头，并应采用无收缩砂浆或细石混凝土封闭；

2. 对处于二 b、三 a、三 b 类环境条件下的无粘结预应力锚固系统，应采用全封闭的防腐蚀体系，其封锚端及各连接部位应能承受 10kPa 的静水压力而不得透水；

3. 采用混凝土封闭时，其强度等级宜与构件混凝土强度等级一致，且不应低于 C30。封锚混凝土与构件混凝土应可靠粘结，如锚具在封闭前应将周围混凝土界面凿毛并冲洗干净，且宜配置 1～2 片钢筋网，钢筋网应与构件混凝土拉结；

4. 采用无收缩砂浆或混凝土封闭保护时，其锚具及预应力筋端部的保护层厚度不应小于：一类环境时 20mm，二 a、二 b 类环境时 50mm，三 a、三 b 类环境时 80mm。

7.2.4 张拉设备及标定

预应力施工常用的设备和配套机具包括：液压张拉设备及配套油泵，施工组装、穿束和灌浆机具及其他机具等。

7.2.4.1 液压张拉设备

液压张拉设备是由液压张拉千斤顶、电动油泵和张拉油管等组成。张拉设备应装有测力仪表，以准确建立预应力值。张拉设备应由经专业操作培训且合格的人员使用和维护，并按规定进行有效标定。

液压张拉千斤顶按结构形式不同可分为穿心式、实心式。穿心式千斤顶可分为前卡式、后卡式和穿心拉杆；实心式千斤顶可分为顶推式、机械自锁式和实心拉杆式。

大孔径穿心式千斤顶，又称群锚千斤顶，是一种具有一个大口径穿心孔，利用单液缸张拉预应力筋的单作用千斤顶。这种千斤顶广泛用于张拉大吨位钢绞线束；配上撑脚与拉杆后也可作为拉杆式穿心千斤顶。根据千斤顶构造上的差异与生产厂不同，可分为三大系列产品：YCD 型、YCQ 型、YCW 型千斤顶；每一系列产品又有多种规格。

这几种千斤顶见图 7-2-8～图 7-2-11。

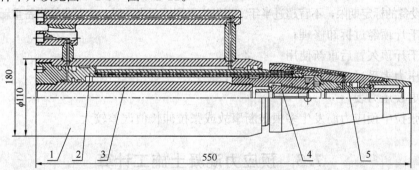

图 7-2-8 YCN25 型前卡式千斤顶构造简图
1—外缸；2—活塞；3—内缸；4—工具锚；5—顶压头

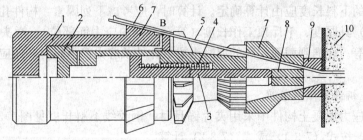

图 7-2-9 YZ 锥锚式千斤顶构造简图
1—张拉油缸；2—顶压油缸（张拉活塞）；3—顶压活塞；4—弹簧；5—预应力筋；
6—楔块；7—对中套；8—锚塞；9—锚环；10—混凝土构件

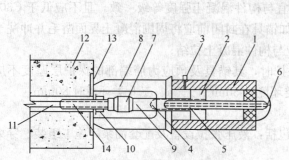

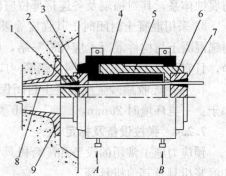

图 7-2-10 拉杆式千斤顶张拉示意图

1—主油缸；2—主缸活塞；3—进油孔；4—回油缸；
5—回油活塞；6—回油孔；7—连接器；8—传力架；
9—拉杆；10—螺母；11—预应力筋；12—混凝土
构件；13—承压板；14—螺丝端杆

图 7-2-11 YCQ 型千斤顶的构造简图

1—工作锚板；2—夹片；3—限位板；
4—缸体；5—活塞；6—工具锚板；
7—工具夹片；8—钢绞线；9—铸铁
整体承压板

A—张拉时进油嘴；B—回缩时进油嘴

7.2.4.2 张拉设备标定

施加预应力用的机具设备及仪表，应由专人使用和管理，并应定期维护和标定。

张拉设备应配套标定，以确定张拉力与压力表读数的关系曲线。标定张拉设备用的压力检测装置精度等级不应低于 0.4 级，量程应为该项试验最大压力的 120%～200%。标定时，千斤顶活塞的运行方向，应与实际张拉工作状态一致。

张拉设备的标定期限，不宜超过半年。当发生下列情况之一时，应对张拉设备重新标定。

（1）千斤顶经过拆卸修理；

（2）千斤顶久置后重新使用；

（3）压力表受过碰撞或出现失灵现象；

（4）更换压力表；

（5）张拉中预应力筋发生多根破断事故或张拉伸长值误差较大。

7.3 预应力混凝土施工计算

7.3.1 预应力筋下料长度

预应力筋的下料长度应由计算确定。计算时，应考虑下列因素：构件孔道长度或台座长度、锚（夹）具厚度、千斤顶工作长度（算至夹挂预应力筋部位）、镦头预留量、预应力筋外露长度等。在遇到截面较高的混凝土梁或体外预应力筋下料时，还应考虑曲线或折线长度。

7.3.1.1 钢绞线下料长度

后张法预应力混凝土构件中采用夹片锚具时，钢绞线下料长度见图 7-3-1。钢绞线束的下料长度 L，按式（7-3-1）或式（7-3-2）计算。

1. 两端张拉

$$L = l + 2(l_1 + l_2 + 100)$$

(7-3-1)

2. 一端张拉

$$L = l + 2(l_1 + 100) + l_2 \tag{7-3-2}$$

式中　l——构件的孔道长度，对抛物线形孔道长度 L_p，可按 $L_p = \left(1 + \dfrac{8h^2}{3l^2}\right)l$ 计算；

l_1——夹片式工作锚厚度；

l_2——张拉用千斤顶长度（含工具锚），当采用前卡式千斤顶时，仅计算至千斤顶体内工具锚处；

h——预应力筋抛物线的矢高。

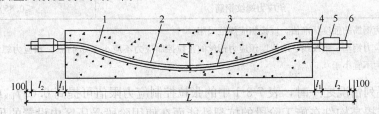

图 7-3-1　钢绞线下料长度计算简图

1—混凝土构件；2—孔道；3—钢绞线；4—夹片式工作锚；

5—穿心式千斤顶；6—夹片式工具锚

7.3.1.2　钢丝束下料长度

后张法混凝土构件中采用钢丝束镦头锚具时，钢丝的下料长度 L 可按钢丝束张拉后螺母位于锚杯中部计算（图 7-3-2），见式（7-3-3）。

$$L = l + 2(h + s) - K(H - H_1) - \Delta L - C \tag{7-3-3}$$

式中　l——构件的孔道长度，按实际丈量；

h——锚杯底部厚度或锚板厚度；

s——钢丝镦头留量，对 $\Phi^P 5$ 取 10mm；

K——系数，一端张拉时取 0.5，两端张拉时取 1.0；

H——锚杯高度；

H_1——螺母高度；

ΔL——钢丝束张拉伸长值；

C——张拉时构件混凝土的弹性压缩值。

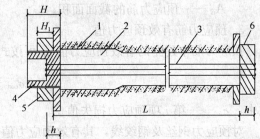

图 7-3-2　采用镦头锚具时钢丝下料长度计算简图

1—混凝土构件；2—孔道；3—钢丝束；

4—锚杯；5—螺母；6—锚板

7.3.2　预应力筋张拉力

预应力筋的张拉力大小，直接影响预应力效果。一般而言，张拉力超高，建立的预应力值越大，构件的抗裂性能和刚度都可以提高。但是如果取值太高，则易产生脆性破坏，即开裂荷载与破坏荷载接近；构件反拱过大不易恢复；由于钢材不均匀性而使预应力筋拉断等不利后果，对后张法构件还可能在预拉区出现裂缝或产生局压破坏，因此规范规定了张拉控制应力的上限值。

另外，设计人员还要在图纸上标明张拉控制应力的取值，同时尽可能注明所考虑的预应力损失项目与取值。这样，在施工中如遇到实际情况所产生的预应力损失与设计取值不一致，为调整张拉力提供可靠依据，以准确建立预应力值。

1. 张拉控制应力

预应力筋的张拉控制应力 σ_{con} 应符合表 7-3-1 的规定。

张拉控制应力限值 表 7-3-1

项次	预应力筋	张拉控制应力
1	消除应力钢丝、钢绞线	$\leqslant 0.75 f_{ptk}$
2	中强度预应力钢丝	$\leqslant 0.70 f_{ptk}$
3	预应力螺纹钢筋	$\leqslant 0.85 f_{pyk}$

注：1. 预应力钢筋的强度标准值，应按相应规范采用；

2. 消除应力钢丝、钢绞线、中强度预应力钢丝的张拉控制应力不应小于 $0.4 f_{pyk}$，预应力螺纹钢筋的张拉控制应力不宜小于 $0.5 f_{pyk}$。

当符合下列情况之一时，表 7-3-1 中的张拉控制应力限值可提高 $0.05 f_{ptk}$ 或 $0.05 f_{pyk}$：

（1）要求提高构件在施工阶段的抗裂性能而在使用阶段受压区内设置的预应力筋；

（2）要求部分抵消由于应力松弛、摩擦、钢筋分批张拉以及预应力筋与张拉台座之间的温差等因素产生的预应力损失。

2. 预应力筋张拉力

预应力筋的张拉力 P_j；按式（7-3-4）计算：

$$P_j = \sigma_{con} \times A_p \tag{7-3-4}$$

式中　σ_{con}——预应力筋的张拉控制应力；

　　　A_p——预应力筋的截面面积。

3. 预应力筋有效预应力值

预应力筋中建立的有效预应力值 σ_{pe} 可按式（7-3-5）计算：

$$\sigma_{pe} = \sigma_{con} - \sum_{i=1}^{n} \sigma_{li} \tag{7-3-5}$$

式中　σ_{li}——第 i 项预应力损失值。

对预应力钢丝及钢绞线，其有效预应力值 σ_{pe} 不宜大于 $0.6 f_{ptk}$，也不宜小于 $0.4 f_{ptk}$。

7.3.3 预应力筋张拉伸长值

1. 一端张拉时，预应力筋张拉伸长值可按下列公式计算：

对一段曲线或直线预应力筋：

$$\Delta L_p = \frac{\sigma_{pt}\left[1 + e^{-(\mu\theta + \kappa l)}\right]l}{2E_p} \tag{7-3-6}$$

式中　ΔL_p——预应力筋张拉伸长计算值（mm）；

　　　σ_{pt}——张拉控制应力扣除锚口摩擦损失后的应力值（MPa）；

　　　l——预应力筋张拉端至固定端的长度，可近似取预应力筋在纵轴上的投影长度（m）；

　　　θ——预应力筋曲线两端切线的夹角（rad）；

　　　μ——预应力筋与孔道壁之间的摩擦系数；

　　　κ——孔道每米长度局部偏差产生的摩擦系数；

　　　E_p——预应力筋弹性模量（MPa）。

对多曲线段或直线段与曲线段组成的预应力筋，可根据扣除摩擦损失后的预应力筋有效应力分布，采取分段叠加法计算其张拉伸长值。

2. 预应力筋的张拉伸长值确定：

实测张拉伸长值可采用量测千斤顶油缸行程的方法确定，也可采用量测外露预应力筋长度的方法确定；当采用量测千斤顶油缸行程的方法时，实测张拉伸长值应扣除千斤顶体内的预应力筋张拉伸长值、张拉过程中工具锚和固定端工作锚楔紧引起的预应力筋内缩值。

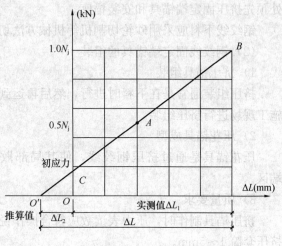

实际伸长值 ΔL_p 可按下列公式计算：

$$\Delta L_p = \Delta L_1 + \Delta L_2 \quad (7\text{-}3\text{-}7)$$

$$\Delta L_2 = \frac{N_0}{N_{con} - N_0} \Delta L_1 \quad (7\text{-}3\text{-}8)$$

式中　ΔL_1——从初拉力至最大张拉力之间的实测伸长值；

　　　ΔL_2——初拉力以下的推算伸长值，可用图解法（图 7-3-3）或计算法确定；

　　　N_0——初拉力（kN）；

　　　N_{con}——张拉控制力（kN）。

图 7-3-3　初拉力下推算伸长值计算示意

7.4　预应力混凝土后张法施工

后张法是指结构或构件成型之后，待混凝土达到要求的强度后，在结构或构件中进行预应力筋的张拉，并建立预压应力的方法。

由于后张法预应力施工不需要台座，比先张法预应力施工灵活便利，目前现浇预应力混凝土结构和大型预制构件均采用后张法施工。后张法预应力施工按粘结方式可以分为有粘结预应力、无粘结预应力和缓粘结预应力三种形式。

后张法施工所用的成孔材料，通常是金属波纹管和塑料波纹管等。

后张法施工所用的预应力筋主要是预应力钢绞线、预应力钢丝及精轧螺纹钢，也有在高腐蚀环境中采用非金属材料制成的预应力筋等。

7.4.1　有粘结预应力施工

7.4.1.1　特点

后张有粘结预应力是应用最普遍的一种预应力形式，有粘结预应力施工既可以用于现浇混凝土构件中，也可以用于预制构件中，两者施工顺序基本相同。有粘结预应力施工最主要的特点是在预应力筋张拉后要进行孔道灌浆，使预应力筋包裹在水泥浆中，灌注的水泥浆即起到保护预应力筋的作用，又起到传递预应力的效果。

7.4.1.2　施工工艺

后张法有粘结预应力施工通常包括铺设预应力筋管道、预应力筋穿束、预应力筋张拉锚固、孔道灌浆、防腐处理和封堵等主要施工程序。

7.4.1.3 施工要点

1. 预应力筋制作

（1）钢绞线下料

钢绞线的下料，是指在预应力筋铺设施工前，将整盘的钢绞线，根据实际铺设长度并考虑曲线影响和张拉端长度，切成不同的长度。如果是一端张拉的钢绞线，还要在固定端处预先挤压固定端锚具和安装锚座。

钢绞线下料应采用砂轮切割机等机械方法切割，下料时应避免电气焊损伤。

（2）钢绞线固定端锚具的组装

1）挤压锚具组装

挤压组装通常是在下料时进行，然后再运到施工现场铺放，也可以将挤压机运至铺放施工现场进行挤压组装。

2）压花锚具成型

压花锚具是通过挤压钢绞线，使其局部散开，形成梨状与混凝土握裹而形成锚固端区。

3）质量要求

挤压锚具制作时，压力表读数应符合操作说明书的规定，挤压后预应力筋外端应露出挤压套筒 1～5mm。

钢绞线压花锚成形时，表面应清洁、无油污，梨形头尺寸和直线段长度应符合设计要求。

2. 预留孔道

预应力预留孔道的形状和位置通常要根据结构设计图纸的要求而定。最常见的有直线形、曲线形、折线形和 U 形等形状。

预留孔道的直径，应根据孔道内预应力筋的数量、曲线孔道形状和长度、穿筋难易程度等因素确定。对于孔道曲率较大或孔道长度较长的预应力构件，应适当选择孔径较大的波纹管，否则在同一孔道中，先穿入的预应力筋比较容易而后穿入的预应力筋会非常困难。孔道面积宜为预应力筋净面积的 4 倍左右。表 7-4-1 列出了常用钢绞线数量与波纹管直径的关系参考值。

常用 15.2mm 钢绞线数量与波纹管直径的关系（参考值） 　　　　表 7-4-1

锚具型号	钢绞线（根数）	波纹管外径（mm）	接头管外径（mm）	孔道、绞线面积比
15-3	3	50	55	4.7
15-4	4	55	60	4.2
15-5	5	60	65	4.0
15-6/7	6/7	70	75	3.9
15-8/9	8/9	80	85	4.0
15-12	12	95	100	4.2
15-15	15	100	105	3.7
15-19	19	115	120	3.9

续表

锚具型号	钢绞线（根数）	波纹管外径（mm）	接头管外径（mm）	孔道、绞线面积比
15-22	22	130	140	4.3
15-27	27	140	150	4.1
15-31	31	150	160	4.1

注：表中代表可锚固直径15.2mm，3根钢绞线。

（1）后张法预应力孔道的间距与保护层

间距与保护层应符合下列规定：

1）对预制构件，孔道的水平净间距不宜小于 50mm，且不应小于粗骨料直径的 1.25 倍；孔道至构件边缘的净间距不宜小于 30mm，且不宜小于孔道半径。

2）对现浇构件，预留孔道在竖直方向的净间距不应小于孔道外径，水平方向净间距不宜小于孔道外径的 1.5 倍，且不应小于粗骨料最大粒径的 1.25 倍。从孔道外壁到构件边缘的净距，梁底不宜小于 50mm，梁侧不宜小于 40mm，裂缝控制等级为三级的梁，从孔道外壁到构件边缘的净距，梁底不宜小于 60mm，梁侧不宜小于 50mm。

3）当有可靠工程经验并能保证混凝土浇筑质量时，预应力孔道可以紧贴并排，但每一并列束中的孔道数量不超过 2 个。

（2）预留孔道方法

预留孔道通常有预埋管法和抽芯法两种。预埋管法是在结构或构件绑扎骨架钢筋时先放入金属波纹管、塑料波纹管或钢管，形成预应力筋的孔道。埋在混凝土中的孔道材料一次性永久的留在结构或构件中；抽芯法是在绑扎骨架钢筋时先放入橡胶管或钢管，混凝土浇筑后，当混凝土强度达到一定要求时抽出橡胶管或钢管，形成预应力孔道，橡胶管或钢管可以重复使用。

（3）常用的后张预埋管材料

常用材料主要有金属波纹管、塑料波纹管、普通薄壁钢管（厚度通常为 2mm）等材料。

（4）预留孔道铺设施工

1）金属波纹管的连接

金属波纹管的连接，通常采用对接的方法，用大一号同型波纹管做接头管，旋转波纹管连接。接头管的长度宜为管径的 3～4 倍，两端旋入长度应大致相等。普通波纹管通常为 200～400mm，其两端采用密封胶带缠绕包裹，见图 7-4-1。

2）塑料波纹管的连接

塑料波纹管的波纹分直肋和螺旋肋两种，螺旋肋塑料波纹管的连接方式与金属波纹管相同，即采用直径大一号的塑料接头管套在塑料波纹管上，旋转到波纹管对接处，用塑料封口胶带缠裹严密；对于直肋塑料波纹管，一般有专用接头管，通常也是直径大一号

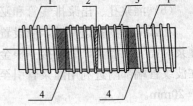

图 7-4-1　波纹管连接构造图
1—波纹管；2—接口处；
3—接头管；4—封口胶带

的塑料波纹管，分成两半，在接口处对接并用细铁丝绑扎后再用塑料防水胶带缠裹严密。对大口径的塑料波纹管也可采用专用的塑料焊接机热熔焊接。塑料接头套管的长度不小于 300mm。

3) 波纹管的铺设安装

金属波纹管或塑料波纹铺设管安装前，应按设计要求在箍筋上标出预应力筋的曲线坐标位置，点焊或绑扎钢筋马凳。对圆形金属波纹管，马凳钢筋间距不宜大于 1.2m，对扁波纹管和塑料波纹管宜在预应力筋曲率变化较大的位置将马凳钢筋间距适当缩小。波纹管安装后，应与一字形或井字形钢筋马凳用铁丝绑扎固定。

钢筋马凳应与钢筋骨架中的箍筋电焊或牢固绑扎。为防止钢筋马凳在穿预应力筋过程中受压变形，钢筋马凳材料应考虑波纹管和钢绞线的重量，宜选择直径 10mm 以上的钢筋制成。

波纹管安装就位过程中，应避免大曲率弯管和反复弯曲，以防波纹管管壁开裂。同时还应防止电气焊施工烧破管壁或钢筋施工中扎破波纹管。浇筑混凝土时，在有波纹管的部位也应严禁用钢筋捣混凝土，防止损坏波纹管。

在合梁的侧模板前，应对波纹管的密封情况进行检查，如发现有破裂的地方，要用防水胶带缠裹好，在确定没有破洞或裂缝后，方可合梁的侧模板。

竖向预应力结构采用薄壁钢管成孔时应采用定位支架固定，每段钢管的长度应根据施工分层浇筑的高度确定。钢管接头处宜高于混凝土浇筑面 500～800mm，并用堵头临时封口，防止杂物或灰浆进入孔道内。薄壁钢管连接宜采用带丝扣套管连接。也可采用焊接连接，接口处应对齐，焊口应均匀连续。

(5) 波纹管的铺设绑扎质量要求

1) 预留孔道及端部埋件的规格、数量、位置和形状应符合设计要求；

2) 预留孔道的定位应准确，绑扎牢固，浇筑混凝土时不应出现位移和变形；

3) 孔道应平顺，不能有死弯，弯曲处不能开裂，端部的预埋喇叭管或锚垫板应垂直于孔道的中心线；

4) 接口处，波纹管口要相接，接头管长度应满足要求，绑扎要密封牢固；

5) 波纹管控制点的设计偏差应符合表 7-4-2 的规定。

预应力筋束型（孔道）控制点设计位置允许偏差（mm）　　　　表 7-4-2

构件截面高（厚）度	$h \leqslant 300$	$300 < h \leqslant 1500$	$h > 1500$
偏差限值	±5	±10	±15

(6) 灌浆孔、出浆排气管和泌水管

在预应力筋孔道两端，应设置灌浆孔和出浆孔。灌浆孔通常位于张拉端的喇叭管处，灌浆时需要在灌浆口处外接一根金属灌浆管；如果在没有喇叭管处（如锚固端），可设置在波纹管端部附近利用灌浆管引至构件外。为保证浆液畅通，灌浆孔的内孔径一般不宜小于 20mm。

曲线预应力筋孔道的波峰和波谷处，可间隔设置排气管，排气管实际上起到排气、出浆和泌水的作用，在特殊情况下还可作为灌浆孔用。波峰处的排气管伸出梁面的高度不宜小于 500mm，波底处的排气管应从波纹管侧面开口接出伸至梁上或伸到模板外侧。对于多跨连续梁，由于波纹管较长，如果从最初的灌浆孔到最后的出浆孔距离很长，则排气管也可兼用作灌浆孔用于连续接力式灌浆。其间距对于预埋波纹管孔道不宜大于30m。为防止排气管被混凝土挤扁，排气管通常由增强硬塑料管制成，管的壁厚应大于2mm。

金属波纹管留灌浆孔（排气孔、泌水孔）的做法是在波纹管上开孔，直径在20～30mm，用带嘴的塑料弧形盖板与海绵垫覆盖，并用铁丝扎牢，塑料盖板的嘴口与塑料管用专业卡子卡紧。如图7-4-2。

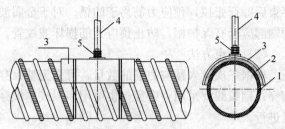

图 7-4-2　灌浆孔的设置示意图
1—波纹管；2—海绵垫；3—塑料盖板；
4—塑料管；5—固定卡子

钢绞线在波峰与波谷位置及排气管的安装见图7-4-3及图7-4-4。

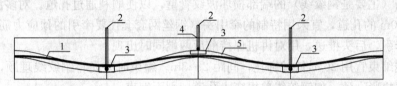

图 7-4-3　预应力筋在波纹管中位置图
1—预应力筋；2—排气孔；3—塑料弧形盖板；4—塑料管；5—波纹管孔道

在波谷处设置泌水管，应使塑料管朝两侧放置，然后从梁上伸出来。不能朝上放置，否则张拉预应力筋后可能造成预应力筋堵住排气孔的现象出现。

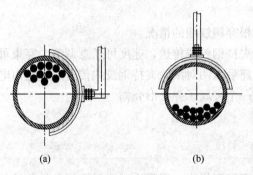

图 7-4-4　钢绞线在波峰与波谷位置及排气管的安装位置图
(a) 波谷；(b) 波峰

3. 张拉端、锚固端铺设

（1）张拉端的布置

张拉端的布置，应考虑构件尺寸、局部承压、锚固体系合理布置等，同时满足张拉施工设备空间要求。通常承压板的间隔设置在20～50mm 为宜。

（2）固定端的布置

有粘结预应力钢绞线的固定端通常采用挤压锚具，在梁柱节点处，锚固端的挤压锚具应均匀散开放在混凝土支座内，波纹管应伸入混凝土支座内。

4. 预应力筋穿束

（1）穿束方法分类

根据穿束时间，可分为先穿束法和后穿束法两种。

1）先穿束法

在浇筑混凝土之前穿束。先穿束法省时省力，能够保证预应力筋顺利放入孔道内；但穿束时如果波纹管绑扎不牢固，预应力筋的自重会引起的波纹管变位，会影响到矢高的控制，如果穿入的钢绞线不能及时张拉和灌浆，钢绞线易生锈。

2）后穿束法

后穿束法即在浇筑混凝土之后穿束。此法可在混凝土养护期内进行，穿束不占工期。穿束后即行张拉，预应力筋易于防锈。对于金属波纹管孔道，在穿预应力筋时，预应力筋的端部应套有保护帽，防止预应力筋损坏波纹管。

（2）穿束方法

根据一次穿入预应力筋的数量，可分为整束穿束、多根穿束和单根穿束。钢丝束应整束穿；钢绞线宜采用整束穿，也可用多根或单根穿。穿束工作可采用人工、卷扬机或穿束机进行。

1）人工穿束

对曲率不是很大，且长度不大于 30m 的曲线束，适宜人工穿束。

人工穿束可利用起重设备将预应力筋吊放到脚手架上，工人站在脚手架上逐步穿入孔内。预应力筋的前端应安装保护帽或用塑料胶带将端头缠绕牢固形成一个厚厚的圆头，防止预应力筋（主要是钢绞线）的端部损坏波纹管壁，以便顺利通过孔道。对多波曲线束且长度超过 80m 的孔道，宜采用特制的牵引头（钢丝网套套住要牵引的预应力筋端部），工人在前头牵引，后头推送，用对讲机保持前后两端同时出现。

钢绞线编束宜用 20 号铁丝绑扎，间距 2～3m。编束时应先将钢绞线理顺，并尽量使各根钢绞线松紧一致。如钢绞线单根穿入孔道，则不编束。

2）用卷扬机穿束

对多波曲率较大，孔道直径偏小且束长大于 80m 的预应力筋，也可采用卷扬机穿束。钢绞线与钢丝绳间用特制的牵引头连接。每次牵引一组 2～3 根钢绞线，穿束速度快。

卷扬机宜采用慢速，每分钟约 10m，电动机功率为 1.5～2.0kW。

3）用穿束机穿束

用穿束机穿束适用于大型桥梁与构筑物单根穿钢绞线的情况。

穿束机有两种类型：一是由油泵驱动链板夹持钢绞线传送，速度可任意调节，穿束可进可退，使用方便。二是由电动机经减速箱减速后由两对滚轮夹持钢绞线传送，进退由电动机正反转控制。穿束时，钢绞线前头应套上一个金属子弹头形壳帽。

5. 预应力筋张拉锚固

（1）准备工作

1）混凝土强度

预应力筋张拉前，应提供构件混凝土的强度试压报告。混凝土试块采用同条件养护与标准养护。当混凝土的立方体强度满足设计要求后，方可施加预应力。

施加预应力时构件的混凝土强度等级应在设计图纸上标明；如设计无要求时，对于 C40 混凝土不应低于设计强度的 75%。对于 C30 或 C35 混凝土则不应低于设计强度的 100%。

现浇混凝土施加预应力时，混凝土的龄期：对后张楼板不宜小于 5d，对于后张预应力大梁不宜小于 7d。

对于有通过后浇带的预应力构件，应使后浇带的混凝土强度也达到上述要求后再进行张拉。

后张法构件为了搬运等需要，可提前施加一部分预应力，以承受自重等荷载。张拉时混凝土的立方体强度不应低于设计强度等级的 60％。必要时进行张拉端的局部承压计算，防止混凝土因强度不足而产生裂缝。

2）构件张拉端部位清理

锚具安装前，应清理锚垫板端面的混凝土残渣和喇叭管口内的封堵物与杂物。应检查喇叭管或锚垫板后面的混凝土是否密实，如发现有空洞，应剔凿补实后，再开始张拉。

应仔细清理喇叭口外露的钢绞线上的混凝土残渣和水泥浆，如果锚具安装处的钢绞线上留有混凝土残渣或水泥浆，将严重影响夹片锚具的锚固性能，张拉后可能发生钢绞线回缩的现象。

3）张拉操作平台搭设

高空张拉预应力筋时，应搭设安全可靠的操作平台。张拉操作台应能承受操作人员与张拉设备的重量，并装有防护栏杆。一般情况下平台可站 3～5 人，操作面积为 3～5m²，为了减轻操作平台的负荷，张拉设备应尽量移至靠近的楼板上，无关人员不得停留在操作平台上。

4）锚具与张拉设备准备

① 锚具

锚具应有产品合格报告，进场后应经过检验合格，方可使用。锚具外观应干净整洁，允许锚具带有少量的浮锈，但不能锈蚀严重。

钢绞线束夹片锚固体系：安装锚具时应注意工作锚环或锚板对中，夹片必须安装橡胶圈或钢丝圈，均匀打紧并外露一致。

② 张拉设备准备

预应力筋张拉应采用相应吨位的千斤顶整束张拉。对直线形或平行排放的预应力钢绞线束，在各根钢绞线互不叠压时，也可采用小型千斤顶逐根张拉。

张拉设备进场前应进行配套标定，配套使用。标定过的张拉设备在使用 6 个月后要再次进行标定才能继续使用。在使用中张拉设备出现不正常现象或千斤顶检修后，应重新标定。

预应力筋张拉设备和仪表应根据预应力筋的种类、锚具类型和张拉力合理选用。张拉设备的正常使用范围为 25％～90％额定张拉力。

张拉用压力表的精度不低于 1.5 级。标定张拉设备的试验机或测力精度不应低于 ±2％。

安装张拉设备时，对直线预应力筋，应使张拉力的作用线与预应力筋的中心线重合；对曲线预应力筋，应使张拉力的作用线与预应力筋中心线末端的切线重合。

安装多孔群锚千斤顶时，千斤顶上的工具锚孔位与构件端部工作锚的孔位排列要一致，以防钢绞线在千斤顶穿心孔内错位或交叉。

③ 资料准备

预应力筋张拉前，应提供设备标定证书并计算所需张拉力、压力读数表、张拉伸长值，并说明张拉顺序和方法，填写张拉申请单。

（2）预应力筋张拉

1）预应力筋张拉顺序

预应力构件的张拉顺序，应根据结构受力特点、施工方便、操作安全等因素确定。

对现浇预应力混凝土框架结构，宜先张拉楼板、次梁，后张拉主梁。

对预制屋架等平卧叠浇构件，应从上而下逐榀张拉。预应力构件中预应力筋的张拉顺序，应遵循对称张拉原则，应使混凝土不产生超应力、构件不扭转与侧弯、结构不变位等；因此，对称张拉是一项重要原则。同时还应考虑到尽量减少张拉设备的移动次数。

后张法预应力混凝土屋架等构件，一般在施工现场平卧重叠制作。重叠层数为 3～4 层。其张拉顺序宜先上后下逐层进行。为了减少上下层之间因摩擦引起的预应力损失，可逐层加大张拉力。

2）预应力筋张拉方式

预应力筋的张拉方法，应根据设计和施工计算要求采取一端张拉或两端张拉。

① 一端张拉方式：预应力筋只在一端张拉，而另一端作为固定端不进行张拉。由于受摩擦的影响，一端张拉会使预应力筋的两端应力值不同，当预应力筋的长度超过一定值（曲线配筋约为 30m）时，锚固端与张拉端的应力值的差别将明显加大，因此采用一端张拉的预应力筋，不宜超过 30m。如设计人员根据计算或实际条件认为可以放宽以上限制的话，也可采用一端张拉。

② 两端张拉方式：对预应力筋的两端进行张拉和锚固，通常一端先张拉，另一端补张拉。

两端张拉通常是在一端张拉到设计值后，再移至另一端张拉，补足张拉力后锚固。如果预应力筋较长，先张拉一端的预应力筋伸长值较长，通常要张拉两个缸程以上，才能到设计值，而另一端则伸长值很小。

③ 分批张拉方式：对配有多束预应力筋的同一构件或结构，分批进行预应力筋的张拉。由于后批预应力筋张拉所产生的混凝土弹性压缩变形会对先批张拉的预应力筋造成预应力损失；所以先批张拉的预应力筋张拉力应加上该弹性压缩损失值或将弹性压缩损失平均值统一增加到每根预应力筋的张拉力内。

现浇混凝土结构或构件自身的刚度较大时，一般情况下后批张拉对先批张拉造成的损失并不大，通常不计算后批张拉对先批张拉造成的预应力损失，并调整张拉力，而是在张拉时，将张拉力提高 1.03 倍，来消除这种损失。这样做也使得预应力筋的张拉变得简单快捷。

④ 分段张拉方式：在多跨连续梁板分段施工时，通长的预应力筋需要逐段进行张拉的方式。对大跨度多跨连续梁，在第一段混凝土浇筑与预应力筋张拉锚固后，第二段预应力筋利用锚头连接器接长，以形成通长的预应力筋。

当预应力结构中设置后浇带时，为减少梁下支撑体系的占用时间，可先张拉后浇带两侧预应力筋，用搭接的预应力筋将两侧预应力连接起来。

⑤ 分阶段张拉方式：在后张预应力转换梁等结构中，因为荷载是分阶段逐步加到梁上的，预应力筋通常不允许一次张拉完成。为了平衡各阶段的荷载，需要采取分阶段逐步施加预应力。分阶段施加预应力有两种方法，一种是对全部的预应力筋分阶段进行，如 30%、70%、100% 的多次张拉方式进行。另一种是分阶段对如 30%、70%、100% 的预应力筋进行张拉的方式进行。第一种张拉方式需要对锚具进行多次张拉。

分阶段所加荷载不仅是外载（如楼层重量），也包括由内部体积变化（如弹性缩短、收缩与徐变）产生的荷载。梁的跨中处下部与上部纤维应力应控制在容许范围内。这种张拉方式具有应力、挠度与反拱容易控制、材料省等优点。

⑥ 补偿张拉方式：在早期预应力损失基本完成后，再进行张拉的方式。采用这种补偿张拉，可克服弹性压缩损失，减少钢材应力松弛损失、混凝土收缩徐变损失等，以达到预期的预应力效果。

3）张拉操作顺序

预应力筋的张拉操作顺序，主要根据构件类型、张拉锚固体系、松弛损失等因素确定。

① 采用低松弛钢丝和钢绞线时，张拉操作程序为 $0 \rightarrow \sigma_{con}$（锚固）

② 采用普通松弛预应力筋时，按下列超张拉程序进行操作：

对镦头锚具等可卸载锚具 $0 \rightarrow 1.05\sigma_{con}$ —— 持荷 2min $\rightarrow \sigma_{con}$（锚固）

对夹片锚具等不可卸载夹片式锚具 $0 \rightarrow 1:03\sigma_{con}$（锚固）

以上各种张拉操作程序，均可分级加载，对曲线预应力束，一般以 $0.2 \sim 0.25\sigma_{con}$ 为量伸长起点，分 3 级加载 $0.2\sigma_{con}$（0.6 及 $1.0\sigma_{con}$）或 4 级加载（$0.25\sigma_{con}$、$0.50\sigma_{con}$、$0.75\sigma_{con}$ 及 $1.0\sigma_{con}$），每级加载均应量测张拉伸长值。

当预应力筋长度较大，千斤顶张拉行程不够时，应采取分级张拉、分级锚固。第二级初始油压为第一级最终油压。

预应力筋张拉到规定力值后，持荷复验伸长值，合格后进行锚固。

4）张拉伸长值校核

采用应力控制方法张拉时，应校核最大张拉力下预应力筋伸长值。实测伸长值与计算伸长值的偏差应控制在 ±6％之内，否则应查明原因并采取措施后再张拉，必要时，宜进行现场孔道摩擦系数测定，并可根据实测结果调整张拉控制力。

此外，在锚固时应检查张拉端预应力筋的内缩值，以免由于锚固引起的预应力损失超过设计值。如实测的预应力筋内缩量大于规定值，则应改善操作工艺，更换限位板或采取超张拉等方法弥补。

5）张拉安全要求与注意事项

① 在预应力作业中，必须特别注意安全。因为预应力持有很大的能量，如果预应力筋被拉断或锚具与张拉千斤顶失效，巨大能量急剧释放，有可能造成很大危害。因此，在任何情况下作业人员不得站在预应力筋的两端，同时在张拉千斤顶的后面应设立防护装置。

② 操作千斤顶和测量伸长值的人员，应站在千斤顶侧面操作，严格遵守操作规程。油泵开动过程中，不得擅自离开岗位。如需离开，必须把油阀门全部松开或切断电路。

③ 工具锚夹片，应注意保持清洁和良好的润滑状态。工具锚夹片第一次使用前，应在夹片背面涂上润滑脂。以后每使用 5～10 次，应将工具锚上的夹片卸下，向工具锚板的锥形孔中重新涂上一层润滑剂，以防夹片在退锚时卡住。润滑剂可采用石墨、二硫化铝、石蜡或专用退锚润滑剂等。

④ 多根钢绞线束夹片锚固体系如遇到个别钢绞线滑移，可更换夹片，用小型千斤顶单根张拉。

6）张拉质量要求

在预应力张拉通知单中，应写明张拉结构与构件名称、张拉力、张拉伸长值、张拉千斤顶与压力表编号、各级张拉力的压力表读数，以及张拉顺序与方法等说明，以保证张拉质量。

① 施加预应力时混凝土强度应满足设计要求，且不低于现浇结构混凝土最小龄期；对后张楼板不宜小于 5d，对后张大梁不宜小于 7d。另外，预应力筋张拉时的环境温度不宜低于 -15℃；

② 张拉顺序应符合设计要求，当设计无具体要求时，应遵循均匀、对称的张拉原则，并应使构件或结构的受力均匀；

③ 预应力筋张拉伸长实测值与计算值的偏差应不大于 ±6%，预应力筋张拉锚固后实际建立的预应力值与工程设计规定检验值的相对允许偏差为 ±5%；

④ 预应力筋张拉时，发生断裂或滑脱的数量严禁超过同一截面预应力筋总根数的 3%，且每束钢丝不得超过 1 根；对多跨双向连续板和密肋板，其同一截面应按每跨计算；

⑤ 锚固时张拉端预应力筋的内缩量，应符合设计要求；如设计无要求，应符合相关规范的规定；

⑥ 预应力锚固时夹片缝隙均匀，外露一致（一般为 2~3mm），且不应大于 4mm；

⑦ 预应力筋张拉后，应检查构件有无开裂现象。如出现有害裂缝，应会同设计单位处理。

6. 孔道灌浆

预应力张拉后利用灌浆泵将水泥浆压灌到预应力孔道中去，其作用：一是保护预应力筋以免锈蚀；二是使预应力筋与构件混凝土有效粘结，以控制超载时裂缝的间距与宽度并减轻梁端锚具的负荷。

预应力筋张拉完成并经检验合格后，应尽早进行孔道灌浆。

（1）灌浆前准备工作

灌浆前应全面检查预应力筋孔道、灌浆孔、排气孔、泌水管等是否通畅。对抽芯成孔的混凝土孔道宜用水冲洗后灌浆；对预埋管成型的孔道不得用水冲洗孔道，必要时可采用压缩空气清孔。

灌浆设备的配备必须确保连续工作的条件，根据灌浆高度、长度、束形等条件选用合适的灌浆泵。灌浆泵应配备计量校验合格的压力表。灌浆前应检查配备设备、灌浆管和阀门的可靠性。在锚垫板上灌浆孔处宜安装单向阀门。注入泵体的水泥浆应经筛滤，滤网孔径不宜大于 2mm。与灌浆管连接的出浆孔孔径不宜小于 10mm。

灌浆前，对可能漏浆处采用高强度等级水泥浆或结构胶等封堵，待封堵材料达到一定强度后方可灌浆。

（2）灌浆材料

孔道灌浆采用普通硅酸盐水泥和水拌制。水泥的质量应符合国家标准《通用硅酸盐水泥》GB 175—2007 的规定。

孔道灌浆用水泥的质量是确保孔道灌浆质量的关键。根据国家标准《混凝土结构工程施工规范》GB 50666—2011 有关灌浆用水泥标准养护 28d 抗压强度不应小于 30N/mm² 的规定，选用品质优良的 42.5MPa 的普通硅酸盐水泥配置的水泥浆，可满足抗压强度要求。

孔道灌注水泥浆体应满足下列要求：

1）采用普通灌浆工艺时，稠度宜控制在 12~20s，采用真空灌浆工艺时，稠度宜控制在 18~25s；

2）水灰比不应大于 0.45；

3）水泥浆中宜掺入高性能外加剂。严禁掺入各种含氯盐或对预应力筋有腐蚀作用的外加剂。掺入外加剂后，水泥浆的水灰比可降为 0.35~0.38；

4）所采购的外加剂应与水泥做适应性试验并确定掺量后，方可使用。所购买的合成灌浆料应有产品使用说明书，产品合格证书，并在规定的期限内使用；

5）水泥浆体 3h 自由泌水率宜为 0，且不应大于 1%，泌水应在 24h 内全部被水泥浆吸收；

6）水泥浆体 24h 自由膨胀率，采用普通灌浆工艺时不应大于 6%；采用真空灌浆工艺时不应大于 3%；

7）水泥浆体中氯离子含量不应超过水泥重量的 0.06%；

8）稠度、泌水率及自由膨胀率的试验方法应符合现行国家标准《预应力孔道灌浆剂》GB/T 25182 的规定。

注：1. 一组水泥浆试块由 6 个试块组成；

2. 抗压强度为一组试块的平均值，当一组试块中抗压强度最大值或最小值与平均值相差超过 20% 时，应取中间 4 个试块强度的平均值。

水泥浆应采用机械搅拌，应确保灌浆材料搅拌均匀。灌浆过程中应不断搅拌，以防泌水沉淀。水泥浆停留时间过长发生沉淀离析时，应进行二次灌浆。

（3）灌浆设备

灌浆设备包括：搅拌机、灌浆泵、贮浆桶、过滤网、橡胶管和灌浆嘴等。目前常用的电动灌浆泵有：柱塞式、挤压式和螺旋式。柱塞式又分为带隔膜和不带隔膜两种形状。螺旋泵压力稳定。带隔膜的柱塞泵的活塞不易磨损，比较耐用。灌浆泵应根据液浆高度、长度、束形等选用，并配备计量校验合格的压力表。

灌浆泵使用注意事项：

1）使用前应检查球阀是否损坏或存有干水泥浆等；

2）启动时应进行清水试车，检查各管道接头和泵体盘根是否漏水；

3）使用时应先开动灌浆泵，然后再放入水泥浆；

4）使用时应随时搅拌浆斗内水泥浆，防止沉淀；

5）用完后，泵和管道必须清理干净，不得留有余浆。

灌浆嘴必须接上阀门，以保安全和节省水泥浆。橡胶管宜用带 5~7 层帆布夹层的厚胶管。

（4）灌浆工艺

灌浆前应全面检查构件孔道及灌浆孔、泌水孔、排气孔是否畅通。对抽拔管成孔，可采用压力水冲洗孔道。对预埋管成孔，必要时可采用压缩空气清孔。

灌浆顺序宜先灌下层孔道，后浇上层孔道。灌浆工作应缓慢均匀地进行，不得中断，并应排气通顺。在灌满孔道封闭排气孔后，应再继续加压至 0.5~0.7MPa，稳压 1~2min 后封闭灌浆孔。

当发生孔道阻塞、串孔或中断灌浆时，应及时冲洗孔道或采取其他措施重新灌浆。

当孔道直径较大，采用不掺微膨胀减水剂的水泥浆灌浆时，可采用下列措施：

1）二次压浆法：二次压浆的时间间隔为 30～45min。

2）重力补浆法：在孔道最高点处 400mm 以上，连续不断补浆，直至浆体不下沉为止。

3）采用连接器连接的多跨连续预应力筋的孔道灌浆，应在连接器分段的预应力筋张拉后随即进行，不得在各分段全部张拉完毕后一次连续灌浆。

4）竖向孔道灌浆应自下而上进行，并应设置阀门，阻止水泥浆回流。为确保其灌浆的密实性，除掺微膨胀剂外，并应采用重力补浆。

5）对超长、超高的预应力筋孔道，宜采用多台灌浆泵接力灌浆，从前置灌浆孔灌浆至后置灌浆孔冒浆，后置灌浆孔方可继续灌浆。

6）灌浆孔内的水泥浆凝固后，可将泌水管切割至构件表面；如管内有空隙，局部应仔细补浆。

7）当室外温度低于 5℃时，孔道灌浆应采取抗冻保温措施。当室外温度高于 35℃时，宜在夜间进行灌浆。水泥浆灌入前的浆体温度不应超过 35℃。

8）孔道灌浆应填写施工记录，表明灌浆日期、水泥品种、强度等级、配合比、灌浆压力和灌浆情况。

（5）真空辅助灌浆

真空辅助压浆是在预应力筋孔道的一端采用真空泵抽吸孔道中的空气，使孔道内形成负压 0.1MPa 的真空度，然后在孔道的另一端采用灌浆泵进行灌浆。真空辅助灌浆的优点是：

1）在真空状态下，孔道内的空气、水分以及混在水泥浆中的气泡大部分可排除，增强了浆体的密实度；

2）孔道在真空状态下，减小了由于孔道高低弯曲而使浆体自身形成的压头差，便于浆体充盈整个孔道，尤其是一些异形关键部位；

3）真空辅助灌浆的过程是一个连续且迅速的过程，缩短了灌浆时间。

真空辅助灌浆尤其对超长孔道、大曲率孔道、扁管孔道、腐蚀环境的孔道等有明显效果。真空辅助灌浆用真空泵，可选择气泵型真空泵或水循环型真空泵。为保证孔道有良好的密封性，宜采用塑料波纹管留孔。采用真空辅助灌浆工艺时，应重视水泥浆的配合比，可掺入专门研制的孔道灌浆外加剂，能显著提高浆体的密实度。根据不同的水泥浆强度等级要求，其水灰比可为 0.30～0.35。高速搅拌浆机有助于水泥颗粒分散，增加浆体的流动度。为达到封锚闭气的要求，可采用专用灌浆罩封闭，增加封锚细石混凝土厚度等闭气措施。孔道内适当的真空度有助于增加浆体的密实性。锚头灌浆罩内应设置排气阀，可排除少量余气，并可观察锚头浆体的密实性。

预应力筋孔道灌浆前，应切除外露的多余钢绞线并进行封锚。

孔道灌浆时，在灌浆端先将灌浆阀、排气阀全部关闭。在排浆端启动真空泵，使孔道真空度达到－0.08～－0.1MPa 并保持稳定，然后启动灌浆泵开始灌浆。在灌浆过程中，真空泵应保持连续工作，待抽真空端有浆体经过时，关闭通向真空泵的阀门，同时打开位于排浆端上方的排浆阀门，排出少许浆体后关闭。灌浆工作继续按常规方法完成。

1）真空灌浆施工设备

除了传统的压浆施工设备外，还需要配备真空泵、空气滤清器及配件等，见图 7-4-5。抽气速率为 $2m^3/min$，极限真空为 4000Pa，功率为 4kW，重量为 80kg。

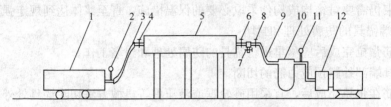

图 7-4-5　真空辅助压浆设备布置情况

1—灌浆泵；2—压力表；3—高压橡胶管；4、6、7、8—阀门；5—预应力构件；
9—透明管；10—空气滤清器；11—真空表；12—真空泵

2）真空灌浆施工工艺

① 在预应力筋孔道灌浆之前，应切除外露的钢绞线，进行封锚。封锚方式有两种：用保护罩封锚或用无收缩水泥砂浆封锚。前者应严格做到密封要求，排气口朝正上方，在灌浆后 3h 内拆除，周转使用；后者覆盖层厚度应大于 15mm，封锚后 24～36h，方可灌浆。

② 将灌浆阀、排气阀全部关闭，启动真空泵真空，使真空负压达到 0.08～0.1MPa 并保持稳定。

③ 启动灌浆泵，当灌浆泵输出的浆体达到要求稠度时，将泵上的输送管接到锚垫板上的引出管上，开始灌浆。

④ 灌浆过程中，真空泵保持连续工作。

⑤ 待抽真空端的空气滤清器有浆体经过时，关闭空气滤清器前端的阀门，稍后打开排气阀，当水泥浆从排气阀顺畅流出，且稠度与灌入的浆体相当时，关闭构件端阀门。

⑥ 灌浆泵继续工作，压力达到 0.5～0.7MPa 左右，持压 1～2min，关闭灌浆泵及灌浆端阀门，完成灌浆。

（6）灌浆质量要求

1）灌浆用水泥浆的配合比应通过试验确定，施工中不得随意变更。每次灌浆作业至少测试 2 次水泥浆的流动度，并应在规定的范围内。

2）灌浆试块采用边长 70.7mm 的立方体试件，其标养 28d 的抗压强度不应低于 30N/mm^2。移动构件或拆除底模时，水泥浆试块强度不应低于 15N/mm^2。

3）孔道灌浆后，应检查孔道上凸部位灌浆密实性，如有空隙，应采取人工补浆措施。

4）对孔道阻塞或孔道灌浆密实情况有怀疑时，可局部凿开或钻孔检查，但以不损坏结构为前提。

5）灌浆后的孔道泌水孔、灌浆孔、排气孔等均应切平，并用砂浆填实补平。

6）锚具封闭后与周边混凝土之间不得有裂纹。

（7）冬季灌浆

在北方地区冬季进行有粘结预应力施工时，由于不能满足平均气温高于＋5℃的基本要求，因此在北方地区冬季进行预应力的灌浆施工，需要对预应力混凝土构件采取升温保温措施，必须保证预应力构件的温度达到＋5℃以上时才可以灌浆。

冬季灌浆时，应在温度较高的中午时间进行灌浆作业，灌浆用水可以采用电加热的方

法，将水温加热到摄氏50℃以上，趁热搅拌，连续灌浆，防止在灌浆过程中出现浆体温度低于+5℃。应保证灌浆作业不停顿一次顺利完成。

灌浆结束仍需要对结构或构件采取必要的保温措施，直至浆体达到规定强度。

7. 张拉端锚具的防腐处理和封堵

预应力筋张拉完成后应尽早进行锚具的防腐处理和封堵工作。

（1）锚具端部外露预应力筋的切断

预应力筋在张拉完成后，宜采用砂轮锯或液压剪等机械方法切除锚具处外露的预应力筋头。

（2）锚具表面的防腐蚀处理

为防止锚具的锈蚀，宜先刷一遍防锈漆或涂一层环氧树脂保护。

（3）锚具的封堵

预应力筋张拉端可采用凸出式和凹入式做法。采取凸出式做法时，锚具位于梁端面或柱表面，张拉后用细石混凝土将锚具封堵严密。采取凹入式做法时，锚具位于梁（柱）凹槽内，张拉后用细石混凝土填平。封堵混凝土强度等级和保护层厚度应满足7.2.3.3小节中的要求。

在锚具封堵部位应预埋钢筋，锚具封闭前应将周围混凝土清理干净、凿毛或封堵前涂刷界面剂，对凸出式锚具应配置钢筋网片，使封堵混凝土与原混凝土结合牢固。

7.4.1.4 质量验收

后张有粘结预应力施工质量，应按现行国家标准《混凝土结构工程施工质量验收规范》GB 50204—2015等有关规范及标准的规定进行验收。

1. 原材料

（1）主控项目

1）预应力筋进场时，应按国家现行相关标准的规定抽取试件作抗拉强度、伸长率检验，其检验结果应符合相应标准的规定。

2）预应力筋用锚具应和锚垫板、局部加强钢筋配套使用，锚具、夹具和连接器进场时，应按现行行业标准《预应力筋用锚具、夹具和连接器应用技术规程》JGJ 85的相关规定对其性能进行检验，检验结果应符合该标准的规定。

3）孔道灌浆用水泥应采用硅酸盐水泥或普通硅酸盐水泥，水泥、外加剂的质量应符合《混凝土结构工程施工质量验收规范》GB 50204—2015中第7.2.1条、第7.2.2条的规定；成品灌浆材料的质量应符合现行国家标准《水泥基灌浆材料应用技术规程》GB/T 50448的规定。

（2）一般项目

1）预应力筋进场时，应进行外观检查，其外观质量应符合下列规定：有粘结预应力筋的表面不应有裂纹、小刺、机械损伤、氧化铁皮和油污等，展开后应平顺，不应有弯折。

2）预应力筋用锚具、夹具和连接器进场时，应进行外观检查，其表面应无污物、锈蚀、机械损伤和裂纹。

3）预应力成孔管道进场时，应进行管道外观检查、径向刚度和抗渗漏性能检验，其结果应符合下列规定：

① 金属管道外观应清洁，内外表面应无锈蚀、油污、附着物、孔洞；金属波纹管不应有不规则褶皱，咬口应无开裂、脱扣；钢管焊缝应连续；

② 塑料波纹管的外观应光滑、色泽均匀，内外壁不应有气泡、裂口、硬块、油污、附着物、孔洞及影响使用的划伤；

③ 径向刚度和抗渗漏性能应符合现行行业标准《预应力混凝土桥梁用塑料波纹管》JT/T 529 或《预应力混凝土用金属波纹管》JG 225 的规定。

2. 制作与安装

(1) 主控项目

1) 预应力筋安装时，其品种、级别、规格、数量必须符合设计要求。

2) 预应力筋的安装位置应符合设计要求。

(2) 一般项目

1) 预应力筋端部锚具的制作质量应符合下列规定：

① 钢绞线挤压锚具挤压完成后，预应力筋外端露出挤压套筒的长度不应小于 1mm；

② 钢绞线压花锚的梨形头尺寸和直线锚固段长度不应小于设计值；

③ 钢丝镦头不应出现横向裂纹，镦头的强度不得低于钢丝强度标准值的 98%。

2) 预应力筋或成孔管道的安装质量应符合下列规定：

① 成孔管道的连接应密封；

② 预应力筋或成孔管道应平顺，并应与定位支撑钢筋绑扎牢固；

③ 当后张有粘结预应力筋曲线孔道波峰和波谷的高度差大于 300mm，且采用普通灌浆工艺时，应在孔道波峰设置排气孔；

④ 锚垫板的承压面应与预应力筋或孔道曲线末端垂直，预应力筋或孔道曲线末端直线段长度应符合表 7-4-3 的规定。

预应力筋曲线起始点与张拉锚固点之间直线段最小长度 表 7-4-3

预应力筋张拉控制力 N（kN）	$N \leqslant 1500$	$1500 < N \leqslant 6000$	$N > 6000$
直线段最小长度（mm）	400	500	600

3) 预应力筋或成孔管道定位控制点的竖向位置偏差应符合表 7-4-4 的规定，其合格点率应达到 90% 以上，且不得有超过表中数值 1.5 倍的尺寸偏差。

预应力筋或成孔管道定位控制点的竖向位置允许偏差 表 7-4-4

构件截面高（厚）度（mm）	$h \leqslant 300$	$300 < h \leqslant 1500$	$H > 1500$
允许偏差（mm）	±5	±10	±15

3. 张拉

(1) 主控项目

1) 预应力筋张拉前，应对构件混凝土强度进行检验。同条件养护的混凝土立方体试件抗压强度应符合设计要求。当设计无要求时应达到配套锚固产品技术要求的混凝土最低强度且不应低于设计混凝土强度等级的 75%。

2）对后张法预应力结构构件，钢绞线出现断裂或滑脱的数量不应超过同一截面钢绞线总根数的 3%，且每根断裂的钢绞线断丝不得超过一丝；对多跨双向连续板，其同一截面应按每跨计算。

（2）一般项目

1）预应力筋张拉质量应符合下列规定：

① 采用应力控制张拉方法时，张拉力下预应力筋的实测伸长值与计算伸长值的相对允许偏差为 ±6%；

② 最大张拉力应符合现行国家标准《混凝土结构工程施工规范》GB 50666 的规定。

2）锚固阶段张拉端预应力筋的内缩量应符合设计要求；当设计无具体要求时，应符合表 7-4-5 的规定。

张拉端预应力筋的内缩量限值   表 7-4-5

锚 具 类 别		内缩量限值（mm）
支承式锚具（螺母锚具、镦头锚具等）	螺母缝隙	1
	每块后加垫板的缝隙	1
锥塞式锚具		5
夹片式锚具	有顶压	5
	无顶压	6~8

4. 灌浆及封锚

（1）主控项目

1）预留孔道灌浆后，孔道内水泥浆应饱满、密实。

2）灌浆用水泥浆的性能应符合下列规定：

① 3h 自由泌水率宜为 0，且不应大于 1%，泌水应在 24h 内全部被水泥浆吸收；

② 水泥浆中氯离子含量不应超过水泥重量的 0.06%；

③ 当采用普通灌浆工艺时，24h 自由膨胀率不应大于 6%；当采用真空灌浆工艺时，24h 自由膨胀率不应大于 3%。

3）现场留置的灌浆用水泥浆试件的抗压强度不应低于 30MPa。试件抗压强度检验应符合在列规定：

① 每组应留取 6 个边长为 70.7mm 的立方体试件，并应标准养护 28d；

② 试件抗压强度应取 6 个试件的平均值；当一组试件中抗压强度最大值或最小值与平均值相差超过 20% 时，应取中间 4 个试件的平均值。

4）锚具的封闭保护措施应符合设计要求；当设计无具体要求时，外露锚具和预应力筋的混凝土保护层厚度不应小于：一类环境时 20mm，二 a、二 b 环境时 50mm，三 a、三 b 类环境时 80mm。

（2）一般项目

1）后张法预应力筋锚固后，锚具外预应力筋的外露长度不应小于其直径的 1.5 倍，且不小于 30mm。

2）灌浆用水泥浆的水灰比不应大于 0.45，搅拌后 3h 泌水率宜为 0，且不应大于 1%。泌水应能在 24h 内全部重新被水泥浆吸收。

3）灌浆用水泥浆的抗压强度不应小于 30N/mm²。

7.4.2 后张无粘结预应力施工

7.4.2.1 特点及施工工艺

1. 特点

（1）无粘结预应力施工工艺简便

1）无粘结预应力筋可以直接铺放在混凝土构件中，不需要铺设波纹管和灌浆施工，施工工艺比有粘结预应力施工要简便。

2）无粘结预应力筋都是单很筋锚固，它的张拉端做法比有粘结预应力张拉端（带喇叭管）的做法所占用的空间要小很多，在梁柱节点钢筋密集区域容易通过，组装张拉端比较容易。

3）无粘结预应力筋的张拉都是逐根进行的，单根预应力筋的张拉力比群锚的张拉力要小，因此张拉设备要轻便。

（2）无粘结预应力筋耐腐蚀性优良

无粘结预应力筋由于有较厚的高密度聚乙烯包裹层和里面的防腐润滑油脂保护，因此它的抗腐蚀能力优良。

（3）无粘结预应力适合楼盖体系

通常单根无粘结预应力筋直径较小，在板、扁梁结构构件中容易形成二次抛物线形状，能够更好地发挥预应力矢高的作用。

2. 施工工艺

无粘结预应力主要施工工艺包括：无粘结预应力筋铺放、混凝土浇筑养护、预应力筋张拉、张拉端的切筋和封堵处理等。

7.4.2.2 施工要点

1. 无粘结预应力筋的下料与搬运

无粘结预应力筋下料应依据施工图纸同时考虑预应力筋的曲线长度、张拉设备操作时张拉端的预留长度等。

楼板中的预应力筋下料时，通常不需要考虑预应力筋的曲线长度影响。当梁的高度大于 1000mm 或多跨连续梁下料时，则需要考虑预应力曲线对下料长度的影响。

无粘结筋下料切断应用砂轮锯切割，严禁使用电气焊切割。

无粘结预应力筋按整盘包装吊装搬运，搬运过程要防止无粘结预应力筋外皮出现破损。为防止在吊装过程中将预应力筋勒出死弯，吊装搬运过程中严禁采用钢丝绳或其他坚硬吊具直接钩吊无粘结预应力筋，宜采用吊装带或尼龙绳钩吊预应力筋。

无粘结预应力筋、锚具及配件运到工地，应妥善保存放在干燥平整的地方，夏季施工时应尽量避免夏日阳光的暴晒。预应力筋堆放时下边要放垫木，防止泥水污染预应力筋，并避免外皮破损和锚具锈蚀。

2. 无粘结预应力筋矢高控制

为保证无粘结预应力筋的矢高准确、曲线顺滑，要求结构中支承间隔不宜超过 1.2m，板中无粘结预应力筋的定位间距可以在此基础上适当加大。支承件要与下铁绑扎牢固，防止浇筑和振捣混凝土时，位置发生偏移。

梁中预应力筋矢高控制，通常是采用直径大于 10mm 螺纹钢筋，按照规定的高度要求点焊或绑扎在梁的箍筋位置，当孔道规格较大时定位钢筋直径应适当加大。

3. 无粘结预应力端模和支撑体系

张拉端处的端模需要穿过无粘结筋、安装穴模，因此张拉端处的端模通常要采用木模板或竹塑板，以便于开孔。

根据预应力筋的平、剖面位置在端模板上放线开孔，对于采用直径 15.2mm 钢绞线的无粘结预应力筋，开孔的孔径在 25～30mm 范围。

为加快楼板模板的周转，支撑体系采用早拆模板体系。

4. 无粘结预应力张拉端和固定端节点构造

（1）张拉端节点构造，见图 7-4-6 和图 7-4-7。

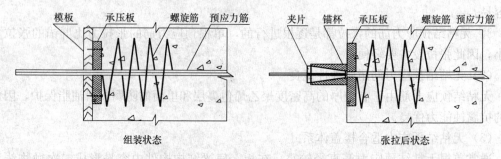

组装状态　　　　　　　　　张拉后状态

图 7-4-6　外露式无粘结张拉端锚具组装图

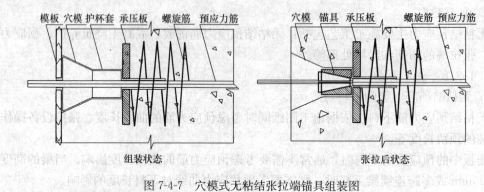

组装状态　　　　　　　　　张拉后状态

图 7-4-7　穴模式无粘结张拉端锚具组装图

（2）固定端节点构造，见图 7-4-8。

（3）出板面张拉端布置，见图 7-4-9。

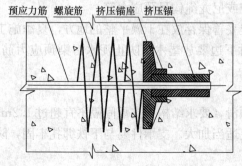

图 7-4-8　无粘结锚固端锚具组装图

5. 节点安装要求

1）要求无粘结预应力筋伸出承压板长度不小于 300mm。

2）张拉端承压板应可靠固定在端模上。

3）螺旋筋应紧靠承压板或锚杯，并固定可靠。

4）无粘结预应力筋必须与承压板面垂直，并在承压板后保证有不小于 400mm 的直线段。

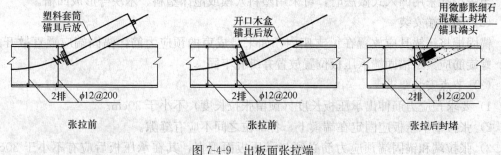

图 7-4-9 出板面张拉端

6. 无粘结预应力筋的铺放

(1) 板中无粘结预应力筋的铺放

1) 单向板

单向预应力楼板的矢高控制是施工时的关键点。一般每跨板中预应力筋矢高控制点设置 5 处，最高点 (2 处)、最低点 (1 处)、反弯点 (2 处)。预应力筋在板中最高点的支座处通常与上层 (上铁) 钢筋绑扎在一起，在跨中最低点处与底层 (底铁) 钢筋绑扎在一起。其他部位由支承件控制。

施工时当电管、设备管线和消防管线与预应力筋位置发生冲突时，应首先保证预应力筋的位置与曲线正确。

2) 双向板

双向无粘结筋铺放需要相互穿插，必须先编出无粘结筋的铺设顺序。其方法是在施工放样图上将双向无粘结筋各交叉点的两个标高标出，对交叉点处的两个标高进行比较，标高低的预应力筋应从交叉点下面穿过。按此规律找出无粘结筋的铺设顺序。

(2) 梁无粘结预应力筋铺放

1) 设置架立筋

为保证预应力钢筋的矢高准确、曲线顺滑，按照施工图要求位置，将架立筋就位并固定。架立筋的设置间距应不大于 1.2m。

2) 铺放预应力筋

梁中的无粘结预应力筋成束设计，无粘结预应力筋在铺设过程中应防止绞扭在一起，保持预应力筋的顺直。无粘结预应力筋应绑扎固定，防止在浇筑混凝土过程中预应力筋移位。

3) 梁柱节点张拉端设置

无粘结预应力筋通过梁柱节点处，张拉端设置在柱子上。根据柱子配筋情况可采用凹入式或凸出式节点构造。

7. 张拉端与固定端节点安装

(1) 张拉端组装固定

应按施工图中规定的无粘结预应力筋的位置在张拉端模板上钻孔。张拉端的承压板可采用钉子固定在端模板上或用点焊固定在钢筋上。

无粘结预应力曲线筋或折线筋末端的切线应与承压板相垂直，曲线段的起始点至张拉锚固点应有不小于 300mm 的直线段。

当张拉端采用凹入式做法时，可采用塑料穴模或泡沫塑料、木块等形成凹槽。

（2）固定端安装

锚固端挤压锚具应放置在梁支座内。如果是成束的预应力筋，锚固端应顺直散开放置。螺旋筋应紧贴锚固端承压板位置放置并绑扎牢固。

（3）节点安装要求

1）要求预应力筋伸出承压板长度（预留张拉长度）不小于 30cm。

2）张拉端承压板应固定在端模上，各部位之间不应有缝隙。

3）张拉端和锚固端预应力筋必须与承压板面垂直，其在承压板后应有不小于 30cm 的直线段。

8. 混凝土的浇筑及振捣

预应力筋铺放完成后，应由施工单位、质量检查部门、监理进行隐检验收，确认合格后，方可浇筑混凝土。

浇筑混凝土时应认真振捣，保证混凝土的密实。尤其是承压板、锚板周围的混凝土严禁漏振，不得有蜂窝或孔洞，保证密实。

应制作同条件养护的混凝土试块 2～3 组，作为张拉前的混凝土强度依据。

在混凝土初凝之后（浇筑后 2～3d 内），可以开始拆除张拉端部模板，清理张拉端，为张拉做准备。

9. 无粘结预应力筋张拉

同条件养护的混凝土试块达到设计要求强度后（如无设计要求，不应低于设计强度的 75%），方可进行预应力筋的张拉。

（1）张拉设备及机具

单根无粘结预应力筋通常采用 200～250kN 前卡液压式千斤顶和油泵。千斤顶应带有顶压装置。

（2）张拉前准备

1）在张拉端要准备操作平台，张拉操作平台可以利用原有的脚手架，如果没有则要单独搭设。操作平台要有可靠安全防护措施。

2）应清理锚垫板表面，并检查锚垫板后面的混凝土质量，如有空鼓现象，应在无粘结预应力筋张拉前修补。张拉端清理干净后，将无粘结筋外露部分的塑料皮沿承压板根部割掉，测量并记录预应力筋初始外露长度。

3）与承压板面不垂直的预应力筋，可在端部进行垫片处理，保证承压板面与锚具和张拉作用力线垂直。

4）根据设计要求确定单束预应力筋控制张拉力值，计算出其理论伸长值。

5）张拉用千斤顶和油泵应由专业检测单位标定，并配套使用。

6）如果张拉部位距离电源较远，应事先准备 380V、15A～20A 带有漏电保护器的电源箱连接至张拉位置。

（3）张拉过程

无粘结预应力筋的张拉顺序应符合设计要求，如设计无要求时，可采用分批、分阶段对称张拉或依次张拉。无粘结预应力混凝土楼盖结构的张拉顺序，宜先张拉楼板，后张拉楼面梁。板中的无粘结筋，可依次顺序张拉。梁中的无粘结筋宜对称张拉。

当施工需要超张拉时，无粘结预应力筋的张拉程序宜为：从应力为零开始张拉至 1.03 倍预应力筋的张拉控制应力 σ_{con} 锚固。此时，最大张拉应力不应大于钢绞线抗拉强度标准值的 80%。

（4）张拉注意事项

1）当采用应力控制方法张拉时，应校核无粘结预应力筋的伸长值，当实际伸长值与设计计算伸长值相对偏差超过 ±6% 时，应暂停张拉，查明原因并采取措施予以调整后，方可继续张拉。

2）预应力筋张拉前严禁拆除梁板下的支撑，待该梁板预应力筋全部张拉后方可拆除（如果在超长结构中，无粘结预应力筋是为降低温度应力而设置的，设计时未考虑承担竖向荷载的作用，则下部支撑的拆除与预应力筋张拉与否无关）。

3）对于两端张拉的预应力筋，两个张拉端应分别按程序张拉。

4）无粘结曲线预应力筋的长度超过 40m 时，宜采取两端张拉。当筋长超过 60m 时，宜采取分段张拉。如遇到摩擦损失较大，宜先预张拉一次再张拉。

5）在梁板顶面或墙壁侧面的斜槽内张拉无粘结预应力筋时，宜采用变角张拉装置。

10. 无粘结锚固区防腐处理

无粘结预应力筋的锚固区，必须有严格的密封防护措施。

无粘结预应力筋锚固后的外露长度不小于 30mm，多余部分用砂轮锯或液压剪等机械切割，但不得采用电弧切割。

在外露锚具与锚垫板表面涂以防锈漆或环氧涂料。为了使无粘结筋端头全封闭，可在锚具端头涂防腐润滑油脂后，罩上封端塑料盖帽。对凹入式锚固区，锚具表面经上述处理后，再用微膨胀混凝土或低收缩防水砂浆密封。对凸出式锚固区，可采用外包钢筋混凝土圈梁封闭。对留有后浇带的锚固区，可采取二次浇筑混凝土的方法封锚，见图 7-4-10。

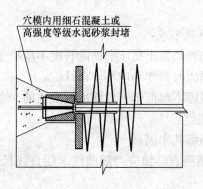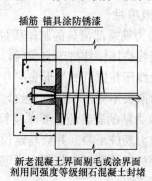

图 7-4-10　锚具封堵示意图

7.4.2.3　质量验收

无粘结预应力施工质量，应按现行国家标准《混凝土结构工程施工质量验收规范》GB 50204—2015 和行业标准《无粘结预应力混凝土结构技术规程》JGJ 92—2004 等有关规范及标准的规定进行验收。

1. 原材料

（1）主控项目

1）预应力筋进场时，应按国家现行标准的规定抽取试件作抗拉强度、伸长率检验，其检验结果应符合相应标准的规定。

2）无粘结预应力钢绞线进场时，应进行防腐润滑脂量和护套厚度的检验，检验结果应符合现行行业标准《无粘结预应力钢绞线》JG 16 的规定。

经观察认为质量有保证时，无粘结预应力筋可不作油脂量和护套厚度的抽样检验。

3）预应力筋用锚具应和锚垫板、局部加强钢筋配套使用，锚具、夹具和连接器进场时，应按现行行业标准《预应力筋用锚具、夹具和连接器应用技术规程》JGJ 85 的相关规定对其性能进行检验，检验结果应符合该标准的规定。

锚具、夹具和连接器用量不足检验批规定数量的 50%，且供货方提供有效的检验报告时，可不作静载锚固性能检验。

4）处于三 a、三 b 类环境条件下的无粘结预应力筋用锚具系统，应按现行行业标准《无粘结预应力混凝土结构技术规程》JGJ 92 的相关规定检验其防水性能，检验结果应符合该标准的规定。

（2）一般项目

1）预应力筋使用前应进行外观检查，其外观质量应符合下列要求：无粘结预应力钢绞线护套应光滑、无裂缝，无明显褶皱；轻微破损处应外包防水塑料胶带修补，严重破损者不得使用。

2）预应力筋用锚具、夹具和连接器进场时，应进行外观检查，其表面应无污物、锈蚀、机械损伤和裂纹。

2. 制作与安装

（1）主控项目

1）预应力筋安装时，其品种、规格、级别和数量必须符合设计要求。

2）预应力筋的安装位置应符合设计要求。

（2）一般项目

1）预应力筋端部锚具的制作质量应符合下列要求：

① 钢绞线挤压锚具挤压完成后，预应力筋外端露出挤压套筒的长度不应小于 1mm；

② 钢绞线压花锚具的梨形头尺寸和直线锚固段长度不应小于设计值；

③ 钢丝镦头不应出现横向裂纹，镦头的强度不得低于钢丝强度标准值的 98%。

2）预应力筋的安装质量要求应符合下列规定：

① 预应力筋应平顺，并应与定位支撑钢筋绑扎牢固；

② 锚垫板的承压面应与预应力筋曲线末端垂直，预应力筋曲线末端直线长度应符合表 7-4-3 的规定；

③ 预应力筋定位控制点的竖向位置偏差应符合表 7-4-4 的规定，其合格率应达到 90% 以上，且不得有超过表中数值 1.5 倍的尺寸偏差。

3. 张拉和放张

（1）主控项目

1）预应力筋张拉或放张前，应对构件混凝土强度进行检验。同条件养护的混凝土立方体试件抗压强度应符合设计要求。当设计无要求时，应达到配套锚固产品技术要求的混凝土最低强度且不应低于设计混凝土强度等级的 75%。

2）对后张法预应力结构构件，钢绞线出现断裂或滑脱的数量不应超过同一截面钢绞线总根数的 3%，且每根断裂的钢绞线断丝不得超过一丝；对多跨双向连续板，其同一截面应按每跨计算。

（2）一般项目

1）预应力筋张拉质量应符合下列规定：

① 采用应力控制张拉方法时，张拉力下预应力筋的实测伸长值与计算伸长值的相对允许偏差为±6%；

② 最大张拉力应符合现行国家标准《混凝土结构工程施工规范》GB 50666 的规定。

2）锚固阶段张拉端预应力筋的内缩量应符合设计要求；当设计无具体要求时，应符合表 7-4-5 的规定。

4. 封锚

（1）主控项目

锚具的封闭保护应符合设计要求。当设计无具体要求时，外露锚具和预应力筋的保护层厚度不应小于：一类环境时 20mm，二 a、二 b 环境时 50mm，三 a、三 b 类环境时 80mm。

（2）一般项目

后张法预应力筋锚固后，锚具外预应力筋的外露长度不应小于其直径的 1.5 倍，且不小于 30mm。

7.4.3 后张缓粘结预应力施工

7.4.3.1 特点

缓粘结钢绞线是用缓慢凝固的特种树脂涂料涂敷在钢绞线表面上，外包压波的塑料护套制成。这种缓粘结钢绞线的涂料经过一定时间固化后，伴随着固化剂的化学作用，特种涂料不仅有较好的内聚力，而且和被粘结物表面产生很强的粘结力，由于塑料护套表面压波，又与混凝土产生了较好的粘结力，最终形成有粘结预应力筋的安全性高，并具有较强的防腐蚀性能。

缓粘结型涂料采用特种树脂与固化剂配制而成。根据不同工程要求，可选用固化时间 3～6 个月或更长的涂料。

缓粘结钢绞线与无粘结预应力筋一样施工工艺简单，克服了有粘结预应力技术施工工艺复杂、节点使用条件受限的弊端，不用预埋管和灌浆作业，施工方便，节省工期；在性能上又具有有粘结预应力抗震性能好、极限状态预应力钢筋强度发挥充分、节省钢材的优势。同时又消除了有粘结预应力孔道灌浆有可能不密实而造成的安全隐患和耐久性问题，并具有较强的防腐蚀性能等优点。具有很好的结构性能和推广应用前景。

7.4.3.2 缓粘结钢绞线材料

缓粘结钢绞线以及缓粘结钢绞线所用的缓粘结胶合材料应满足《缓粘结预应力钢绞线》JG/T 369—2012 以及《缓粘结预应力钢绞线专用粘合剂》JG/T 370—2012 的规定。

1. 钢绞线

制作缓粘结预应力钢绞线用的钢绞线，其公称直径、整根钢绞线最大拉力、规定非比例延伸力、最大力总伸长率和伸直性等应符合《预应力混凝土用钢绞线》GB/T 5224—2014 的规定，并应附有钢绞线生产厂提供的产品质量证明文件及检测报告。缓凝粘合剂涂敷前，预应力钢绞线表面不得生锈及沾染杂质。

对缓粘结钢绞线的一般要求为：

1）预应力钢绞线、缓凝粘合剂和护套材料应验收合格后方可使用。

2）缓凝粘合剂的涂敷、护套的挤出成型及表面横肋的压制应一次连续完成，缓凝粘合剂应沿预应力钢绞线全长连续填充且均匀饱满。

3）缓粘结预应力钢绞线应连续生产，每盘由一根钢绞线组成，不得有接头及死弯，并且盘放内径不宜小于 1500mm。

4）缓粘结预应力钢绞线的外保护套应薄厚均匀，带肋缓粘结预应力钢绞线表面横肋分明，尺寸应满足表 7-4-6 的要求，并且无气孔以及无明显的裂纹和损伤。轻微损伤处可以用外包裹聚乙烯胶带或热熔胶棒修补。

5）缓粘结预应力钢绞线端部应包裹严实，防止缓粘结粘合剂渗漏。

缓粘结预应力钢绞线的主要规格和性能 表 7-4-6

钢绞线			缓粘结预应力钢绞线							
公称直径 (mm)	公称强度 (MPa)	公称截面积 (mm²)	类别	护套厚度 (mm)	肋宽 a (mm)	肋高 h (mm)	肋间距 l (mm)	缓凝粘合剂质量 W_3 (g/m)	摩擦系数	
									μ	κ
15.20	1570	140	带肋	$1.0^{+0.4}_{0}$	4.0～6.0	≥1.2	8.0～12.0	≥200	0.06～0.14	0.004～0.012
	1670									
	1720									
	1860		无肋	$1.0^{+0.4}_{0.2}$	/	/	/	≥190	0.06～0.14	0.004～0.012
	1960									

注：根据供需双方协商，也生产和供应其他强度和直径的缓粘结预应力钢绞线。

2. 缓凝粘合剂

用于生产缓粘结预应力钢绞线的缓凝粘合剂固化后的拉伸剪切强度、弯曲强度、抗压强度等应符合《缓粘结预应力钢绞线专用粘合剂》JG/T—370 的规定，并应附有缓凝粘合剂生产厂提供的产品质量证明文件及检测报告，每米的质量见表 7-4-6。

3. 护套

缓粘结预应力钢绞线护套宜采用挤塑型高密度聚乙烯树脂，其拉伸强度、弯曲屈服强度、断裂延伸率等应符合《高密度聚乙烯树脂》GB/T 11116 的规定，并应附有原料生产商提供的产品质量证明文件及检测报告，护套厚度参考值见表 7-4-6。

护套颜色可根据需方要求确定，但添加的色母粒不能降低护套的性能。

4. 构造、规格和性能

缓粘结预应力钢绞线构造见图 7-4-11，其主要规格和性能应符合

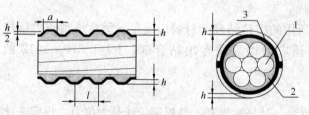

图 7-4-11 缓粘结预应力钢绞线构造
1—钢绞线；2—缓粘结粘合剂；3—护套；
h—肋高；l—肋间距；a—肋宽

表 7-4-6 要求。

7.4.3.3 出厂检验

出厂检验应符合表 7-4-7 的规定，其中标注"—"的为型式检验要求。

出厂检验项目   表 7-4-7

检验内容		出厂检验	
		带肋	无肋
钢绞线	直径	√	√
	整根钢绞线最大拉力	√	√
	规定非比例延伸力	√	√
	最大力总伸长率	√	√
	伸直性	√	√
缓凝粘合剂	拉伸剪切强度	—	—
	弯曲强度	—	—
	抗压强度	—	—
	每延米缓凝剂的用量	√	√
护套	厚度	√	√
	肋高	√	—
	肋间距	√	—
	拉伸强度	—	—
	弯曲屈服强度	—	—
	断裂伸长率	—	—
缓粘结预应力钢绞线	外观	√	√
	摩擦系数 κ、μ	—	—
	粘结锚固	—	—

7.4.3.4 检验组批规则

1. 组批

缓粘结预应力钢绞线应按批验收，每批由同一规格、同一生产工艺生产的缓粘结预应力钢绞线组成，每批质量不大于 60t。

2. 抽样

每批样本数为 3。

缓粘结预应力钢绞线的外观按供货数量 100％检验。

3. 检验判定规则和复验

当全部出厂检验项目合格时，则判定该批为合格；当检验结果有 1 项或 1 项以上不合格项目时，对不合格项目重新加倍取样进行复验，若复验合格，则判定该批为合格，否则判定为不合格。

7.4.3.5 施工工艺及施工要点

1. 施工工艺

缓粘结钢绞线与无粘结钢绞线相比，只是其中的涂料层不同，因此其施工工艺及顺序与无粘结钢绞线基本相同，其具体施工工艺流程见 7.4.2 "后张无粘结预应力施工"。

2. 施工要点

缓粘结钢绞线的施工要点可参考无粘结钢绞线的施工要点，此外施工中需要注意张拉时间与缓粘结固化期的关系。缓粘结预应力钢绞线的张拉应不超过其张拉适用期。张拉适用期是指缓凝粘合剂从配制到适合于缓粘结预应力钢绞线张拉的时间。室温（25℃）下的张拉适用期称为标准张拉适用期。

缓凝粘合剂从配制到完全固化、达到规定强度的时间为固化时间，室温（25℃）下的固化时间称为标准固化时间。

7.4.3.6 质量验收

缓粘结钢绞线的施工质量验收，可按照设计要求并参考相关标准进行质量验收。

7.4.4 体外预应力

7.4.4.1 概述

体外预应力是后张预应力体系的重要组成部分和分支之一，是与传统的布置于混凝土结构构件体内的有粘结或无粘结预应力相对应的预应力类型。体外预应力可以定义为：由布置于承载结构主体截面之外的后张预应力束产生的预应力，预应力束仅在锚固区及转向块处与构件相连接。

体外预应力束的锚固体系必须与束体的类型和组成相匹配，可采用常规后张锚固体系或体外预应力束专用锚固体系。对于有整体调束要求的钢绞线夹片锚固体系，可采用锚具外螺母支撑承力方式。对低应力状态下的体外预应力束，其锚具夹片应装配防松装置。

体外预应力锚具应满足分级张拉及调索补张拉预应力筋的要求；对于有更换要求的体外预应力束，体外束、锚固体系及转向器均应考虑便于更换束的可行性要求。

对于有灌浆要求的体外预应力体系，体外预应力锚具或其附件上宜设置灌浆孔或排气孔。灌浆孔的孔位及孔径应符合灌浆工艺要求，且应有与灌浆管连接的构造。

体外预应力锚具应有完善的防腐蚀构造措施，且能满足结构工程的耐久性要求。

7.4.4.2 一般要求

体外预应力束仅在锚固区及转向块处与钢筋混凝土梁相连接，应满足以下要求：

1. 体外束锚固区和转向块的设置应根据体外束的设计线型确定，对多折线体外束，转向块宜布置在距梁端 1/4～1/3 跨度的范围内，必要时可增设中间定位用转向块；对多跨连续梁采用多折线体外束时，可在中间支座或其他部位增设锚固块。

2. 体外束的锚固区与转向块之间或两个转向块之间的自由段长度不宜大于 8m，超过该长度应设置防振动装置。

3. 体外束在每个转向块处的弯折角度不应大于 15°，其与转向块的接触长度由设计计算确定，用于制作体外束的钢绞线，应按偏斜拉伸试验方法确定其力学性能。

4. 体外预应力束与转向块之间的摩擦系数 μ，可按表 7-4-8 取值。

转向块处摩擦系数 μ 表 7-4-8

体外束的类型/套管材料	μ 值	体外束的类型/套管材料	μ 值
光面钢绞线/镀锌钢管	0.20～0.25	热挤聚乙烯成品束/钢套管	0.10～0.15
光面钢绞线/HDPE 塑料管	0.12～0.20	无粘结平行带状束/钢套管	0.04～0.06
无粘结预应力筋/钢套管	0.08～0.12		

5. 体外束的锚固区除进行局部受压承载力计算，尚应对牛腿、钢托件等进行抗剪设计与验算。

6. 转向块应根据体外束产生的垂直分力和水平分力进行设计，并应考虑转向块处的集中力对结构整体及局部受力的影响，以保证将预应力可靠地传递至梁体。

7. 体外束的锚固区宜设置在梁端混凝土端块、牛腿处或钢托件处，应保证传力可靠且变形符合设计要求。

在混凝土矩形、工字形或箱形截面梁中，转向块可设在结构体外或箱形梁的箱体内。转向块处的钢套管鞍座应预先弯曲成型，埋入混凝土中。体外束的弯折也可采用隔梁、肋梁等形式。

8. 对可更换的体外束，在锚固端和转向块处，与结构相连接的鞍座套管应与体外束的外套管分离，以方便更换体外束。

7.4.4.3 施工工艺

新建体外预应力结构工程中，体外束的锚固区和转向块应与主体结构同步施工。预埋锚固件、锚下构造、转向导管及转向器的定位坐标、方向和安装精度应符合设计要求，节点区域混凝土必须精心振捣，保证密实。

体外束的制作应保证满足束体在所使用环境的耐久性防护等级要求，并能抵抗施工和使用中的各种外力作用。当有防火要求时，应涂刷防火涂料或采取其他可靠的防火措施。

体外束外套管的安装应保证连接平滑和完全密闭。体外束体线形和安装误差应符合设计和施工限值要求。在穿束过程中应防止束体护套受机械损伤。

体外束的张拉应保证构件对称均匀受力，必要时可采取分级循环张拉方式；对于超长体外预应力束，对可更换或需在使用过程中调整束力的体外束，应保留必要的预应力筋外露长度。

体外束在使用过程中完全暴露于空气中，应保证其耐久性。对刚性外套管，应具有可靠的防腐蚀性能；在使用一定时期后应能重新涂刷防腐蚀涂层；对高密度聚乙烯等塑料外套管，应保证长期使用的耐老化性能，必要时应可更换。体外束的防护完成后，按要求安装固定减振装置。

体外束的锚具应设置全密封防护罩，对不更换的体外束，可在防护罩内灌注水泥浆体或其他防腐蚀材料；对可更换的束在防护罩内灌注油脂或其他可清洗的防腐蚀材料。

7.4.4.4 施工要点

1. 体外预应力施工要点

(1) 施工准备

施工准备包括体外预应力束的制作、验收、运输、现场临时存放；锚固体系和转向器、减振器的验收与存放；体外预应力束安装设备的准备；张拉设备标定与准备；灌浆材料与设备准备等。

(2) 体外预应力束锚固与转向节点施工

新建体外预应力结构锚固区的锚下构造和转向块的固定套管均需与建筑或桥梁的主体结构同步施工。锚下构造和转向块部件必须保证定位准确，安装与固定牢固可靠，此施工工艺过程是束形建立的关键性工艺环节。

(3) 体外预应力束的安装与定位

对于有双层套筒的体外预应力体系，需在固定套管内先安装锚固区内层套管、转向器内层套管或转向器的分体式分丝器等，并根据设计或体系的要求，将双层间的间隙封闭并灌浆。随后进行体外束下料并安装体外预应力束主体，成品束可一次完成穿束；使用分丝器的单根独立体系，需逐根穿入单根钢绞线或无粘结钢绞线。安装锚固体系之前，实测并精确计算张拉端需剥除外层 HDPE 护套长度，如采用水泥基浆体防护，则需用适当方法清除表面油脂。

(4) 张拉与束力调整

体外预应力束穿束过程中，可同时安装体外束锚固体系，对于双层套筒体系需先安装内层密封套筒，同时安装和连接锚固区锚下套筒与体外束主体的密封连接装置，以保证锚固系统与体外束的整体密闭性。锚固体系（包括锚板和夹片）安装就位后，即可单根预紧或整体预张。确认预紧后的体外束主体、转向器及锚固系统定位正确无误之后，按张拉程序进行张拉作业，张拉采取以张拉力控制为主，张拉伸长值校核的双控法。

体外预应力束的张拉力需要调整的情形：1) 设计与施工工艺要求分级张拉或单根张拉之后进行整体调束；2) 结构工程在经过一定使用期之后补偿预应力损失；3) 其他需调整束张拉力的情况。

(5) 体外预应力束锚固系统防护与减振器安装施工

张拉施工完成并检测与验收合格后，对锚固系统和转向器内部各空隙部分进行防腐蚀防护工艺处理，根据不同的体外预应力系统，防护主要可选择工艺包括：1) 灌注高性能水泥基浆体或聚合物砂浆浆体；2) 灌注专用防腐油脂或石蜡等；3) 其他种类防腐处理方法。灌注防护材料之前，按设计规定，锚固体系导管及转向器导管等之间的间隙内要求填入橡胶板条或其他弹性材料，对各连接部位进行密封，锚具采用防护罩封闭。

体外预应力束体防护完成后，按工程设计要求的预定位置安装体外束主体减振器，安装固定减振器的支架并与主体结构之间进行固定，以保证减振器发挥作用。

2. 无粘结钢绞线逐根穿束体外索施工

在斜拉桥施工中广泛采用钢绞线拉索，其主要优势在于施工简便，索材料的运输和安装所需要投入的大型设备少，索的更换方便，大型和超长拉索造价相对降低，索的受力性能优越等。施工可参照《无粘结钢绞线斜拉索技术条件》JT/T 771—2009 执行。

(1) 体外束的安装与定位

1) 设置牵引系统

牵引系统由卷扬机和循环钢丝绳、牵引绳（ϕ5 高强钢丝）和连接器、放束钢支架、工作平台等组成。

2) 安装梁端锚具

钢绞线锚具为夹片式群锚，为体外预应力束专用锚具，利用定位孔固定于锚垫板上。

3) 安装外套管

体外束的外套管可采用 HDPE 套管或钢管等。HDPE 套管的优点是重量轻、防腐性能好、成本低、现场施工与安装简便。

4) 钢绞线的安装

采用卷扬机等牵引设备将无粘结钢绞线逐根牵引入 HDPE 外套管内并穿过锚具后锚固就位，使用单根张拉千斤顶按设计要求张拉预紧至规定初始应力。

注意当钢绞线拉出锚环面后，调整钢绞线两端长度，检查单根钢绞线外层聚乙烯塑料防护套剥除长度是否准确，然后在张拉端和固定端对应的钢绞线锚孔内安装夹片。

（2）体外束的张拉

钢绞线体外束的张拉，可以安装就位后整体张拉；或采用两阶段张拉法，即先化整为零，逐根安装、逐根张拉，再进行整体调束张拉到位。

1）整体张拉

钢绞线体外索安装预紧就位后，使用大吨位千斤顶对体外索进行整体张拉。张拉完成后，对所有锚固夹片进行顶压锚固，以保证工作夹片锚固的平整度，之后安装夹片防松装置。

2）两阶段张拉法

当转向器采用分体式分丝器时，需按编号对应顺序逐根将钢绞线穿过分丝器，穿束完成后即形成各根钢绞线平行的体外预应力整体束。单根钢绞线张拉可采用小型千斤顶逐根张拉的方式。逐根张拉采用"等值张拉法"的原理，即每根钢绞线的张拉力均相等，以满足每根钢绞线索均匀受力的要求。在单根钢绞线张拉完毕后，还需对体外索进行整体张拉，以检验并达到设计要求的张拉力。在全部钢绞线张拉完成后，对所有锚固夹片进行顶压锚固，以保证工作夹片锚固的平整度。顶压完成后，用手持式砂轮切割机切除多余的钢绞线，但要注意保留以后换束时所需的工作长度。安装锚环后的橡胶垫、夹片防松限位板，以便防止夹片松脱。

（3）体外束的防护

无粘结钢绞线多层防护束可选择如下防护工艺与材料：①高性能水泥基浆体或聚合物砂浆浆体；②专用防腐油脂或石蜡；③采用无粘结涂环氧树脂钢绞线，束主体亦可不灌浆。锚具采用防护罩封闭，防护罩内灌入专用防腐材料。

7.4.4.5 质量验收

体外预应力结构质量验收除应符合现行有关规范与标准要求，尚应考虑其特殊性要求。根据工程设计与使用需求，可以安排施工期间和结构使用期内的各种检测项目，如体外预应力束的应力精确测试和长期监测、转向器摩擦系数测试及转向器处预应力筋横向挤压试验及各种工艺试验等。

7.4.5 预应力混凝土高耸结构

7.4.5.1 技术特点

电视塔、水塔、烟囱等属于高耸结构，一般在塔壁中布置竖向预应力筋。竖向预应力筋的长度随塔式结构的高度不同而不同，最长可达 300m。国内目前建成的竖向超长预应力塔式结构中，一般采用大吨位钢绞线束夹片锚固体系，后张有粘结预应力法施工。

塔式结构一般由一个或多个筒体结构组合而成，如中央电视塔是单圆筒形高耸结构，塔高 405m，塔身的竖向预应力筋束布置见图 7-4-12，第一组从 -14.3m 至 $+112.0$m，共 20 束 7Φ^s15.2 钢绞线；第二组从 -14.3m 至 $+257.5$m，共 64 束 7Φ^s15.2 钢绞线，第三组和第四组预应力筋布置在桅杆中，分别为 24 束和 16 束 7Φ^s15.2 钢绞线，所有预应力筋采用 7 孔群锚锚固。南京电视塔为肢腿式高耸结构，塔高 302m；上海东方明珠电视塔是一座带三个球形仓的柱肢式高耸结构，塔高 450m。

由于塔式结构在受力特点上类似于悬臂结构，其内力呈下大上小的分布特点。因此，

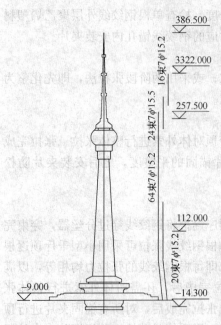

386.500

16束7φ15.2   3322.000

257.500

24束7φ15.5

64束7φ15.2   112.000

20束7φ15.2

−9.000   −14.300

图7-4-12　中央电视塔竖向预应力筋布置

塔身的竖向预应力筋布置通常也按下大上小的原则布置，预应力筋的束数随高度减小，一般可根据高度分为几个阶梯。

7.4.5.2　施工要点

1. 竖向预应力孔道铺设

超高预应力竖向孔道铺设，主要考虑施工期较长，孔道铺设受塔身混凝土施工的其他工序影响，易发生堵塞和过大的垂直偏差，一般采用镀锌钢管以提高可靠性。

镀锌钢管应考虑塔身模板体系施工的工艺分段连接，上下节钢管可采用螺纹套管加电焊的方法连接。每根孔道上口均加盖，以防异物掉入堵塞孔道。此外，随塔体的逐步升高，应采取定期检查并通孔的措施，严格检查钢管连接部位及灌浆孔与孔道的连接部位，保证无漏浆。孔道铺设应采用定位支架，每隔2.5m设一道，必须固定牢靠，以保证其准确位置。竖管每段的垂直度应控制在5％以内。灌浆孔的间距应根据灌浆方式与灌浆泵压力确定，一般介于20～60m之间。

2. 竖向预应力筋束

竖向预应力筋穿入孔道包括"自下而上"和"自上而下"两种工艺。每种工艺中又有单根穿入和整束穿入两种方法，应根据工程的实际情况采用。

（1）自下而上的穿束方式

自下而上穿束工艺的主要设备包括提升系统、放线系统、牵引钢丝绳与预应力筋束的连接器以及临时卡具等。提升系统以及连接器的设计必须考虑预应力筋束的自重以及提升过程中的摩阻力。由于穿束的摩阻力较大，可达预应力筋自重的2～3倍，应采用穿束专用连接头，以保证穿束过程中不会滑脱。

（2）自上而下的穿束方式

自上而下的穿束需要在地面上将钢绞线编束后盘入专用的放线盘，吊上高空施工平台，同时使放线盘与动力及控制装置连接，然后将整束慢慢放出，送入孔道。预应力筋开盘后要求完全伸直，否则易卡在孔道内，因此，放线盘的体积相对较大，控制系统也相对复杂。

无论采用自下而上，还是采用自上而下的穿束方式，均应特别注意安全，防止预应力筋滑脱伤人。

中央电视塔和天津电视塔采用了自下而上的穿束方式，加拿大多伦多电视塔、上海东方明珠电视塔以及南京电视塔采用了自上而下的穿束方法。

3. 竖向预应力筋张拉

竖向预应力筋一般采取一端张拉。其张拉端根据工程的实际情况可设置在下端或上端，必要时在另一端补张拉。

张拉时，为保证整体塔身受力的均匀性，一般应分组沿塔身截面对称张拉。为了便于大吨位穿心式千斤顶安装就位，宜采用机械装置升降千斤顶，机械装置设计时应考虑其主体支架可调整垂直偏转角，并具有手摇提升机构等。

在超长竖向预应力筋张拉过程中，由于张拉伸长值很大，需要多次倒换张拉行程，因此，锚具的夹片应能满足多次重复张拉的要求。

中央电视塔在施工过程中测定了竖向孔道的摩擦损失。其第一段竖向预应力筋的长度为 126.3m，两端曲线段总转角为 0.544rad，实测孔道摩擦损失为 15.3%～18.5%，参照环向预应力实测值 $\mu=0.2$，推算 κ 值为 0.0004～0.0006。

4. 竖向孔道灌浆

（1）灌浆材料

灌浆采用水泥浆，竖向孔道灌浆对浆体有一定的特殊要求，如要求浆体具有良好的可泵性、合适的凝结时间、收缩和泌水量少等。一般应掺入适量减水剂和膨胀剂以保证浆体的流动性和密实性。

（2）灌浆设备与工艺

灌浆可采用挤压式、活塞式灰浆泵等。采用垂直运输机械将搅拌机和灌浆泵运至各个灌浆孔部位的平台处，现场搅拌灌浆，灌浆时所有水平伸出的灌浆孔外均应加截门，以防止灌浆后浆液外流。

竖向孔道内的浆体，由于泌水和垂直压力的作用，水分汇集于顶端而产生孔隙，特别是在顶端锚具之下的部位，该孔隙易导致预应力筋的锈蚀，因此，顶端锚具之下和底端锚具之上的孔隙，必须采取可靠的填充措施，如采用手压泵在顶部灌浆孔局部二次压浆或采用重力补浆的方法，保证浆体填充密实。

7.4.5.3 质量验收

高耸结构竖向有粘结预应力工程的质量验收除了应符合现行有关规范与标准要求，尚应考虑其特殊性要求。

根据材料类别，划分为预应力筋、镀锌钢管、灌浆水泥等检验批和锚具检验批。原材料的批量划分、质量标准和检验方法应符合国家现行有关产品标准的规定。

根据施工工艺流程，划分为制作、安装、张拉、灌浆及封锚等检验批。各检验批的范围可按塔式结构的施工段划分。

7.4.6 预应力结构的开洞及加固

1. 板底支撑系统的搭设

在开洞剔凿混凝土板前，需在开洞处及相关板（同一束预应力筋所延伸的板）板底搭设支撑系统。开洞洞口所在处的板底及周边相关板底可采用满堂红支搭方案，也可采用十字双排架木支搭方法。

2. 预应力混凝土板开洞混凝土的剔除

（1）剔除顺序

剔除要严格按既定的顺序进行，待先开洞部位一侧预应力筋切断、放张和重新张拉后，再将其余部位混凝土剔除，然后再将另一侧的预应力筋切断、放张和重新张拉。

（2）技术要求

混凝土的剔除采用人工剔凿和机械钻孔两种方法。先开洞时，由于预应力筋的位置不确定，因此必须采用人工剔凿，剔凿方向由离轴线较近一侧向较远一侧进行，待先开洞部位一侧预应力筋切断、放张和重新张拉后，其他部位混凝土可用机械法整块破碎剔除。

（3）注意事项

混凝土剔除过程中，注意千万不要损伤预应力筋；普通钢筋上铁也要尽量保留，下铁需全部保留，待预应力张拉端加固角板和端部封堵后，浇外包混凝土小圈梁，然后再切除。另外，混凝土剔除后应确保预应力张拉端处余留混凝土板断面表面平整，必要时可用高强度等级水泥砂浆抹平以保证预应力筋切割、放张和重新张拉的顺利进行。

3. 预应力筋的切断

（1）准备工作

剔除露出的预应力筋的塑料外包皮，安装工具式开口垫板及开口式双缸千斤顶，为防止放张时预应力筋回缩造成千斤顶难以拆卸回缸，双缸千斤顶的活塞出缸尺寸不得大于180mm，且放张时千斤顶处于出缸状态。另外在预应力筋切断位置左右各 100mm 处，用铁丝缠绕并绑牢以避免断筋时由于回缩造成钢绞线各丝松散开。

（2）技术要求

切断预应力筋时，用气焊熔断预应力筋。切断位置应考虑预应力筋放张后回缩尺寸，保证预应力筋重新张拉时外露长度。

（3）注意事项

预应力筋的切断顺序应与混凝土的剔凿顺序相同；切断前，应先检查该筋原张拉端、锚固端混凝土是否开裂和其他质量问题，并注意端部封挡熔断预应力筋时，严禁在该筋对面及原张拉端、锚固端处站人。

4. 放张

预应力筋切断后，油泵回油并拆除双缸千斤顶及工具式开口垫板。

5. 重新张拉

（1）预应力筋张拉端端面处理

张拉端端面要保持平整，由于预应力筋张拉端出板端面时位置不能保证，为了避免张拉时因保护层不够而使板较薄一侧混凝土被压碎，有必要对张拉端面进行加固，加固可以用结构胶粘角形钢板或角形钢板与余留普通钢筋焊牢。

（2）张拉预应力筋

补张预应力筋同原设计要求一致。张拉完毕并按设计加固后，方可拆梁板底的支撑。

（3）浇筑外包混凝土圈梁

预应力筋张拉完成后，锚具外余留 300mm，并将筋头拆散以埋在外包圈梁里，浇筑外包圈梁即可。

7.5 预应力钢结构施工

7.5.1 预应力钢结构分类

预应力钢结构是指索结构或以索为主要手段与其他钢结构体系组合的平面或空间杂交结构。即在静定结构中，通过对索施加预应力，增加高强度索体赘余预应力，使其结构变为超静定结构体系，有效建立杂交结构的刚度，显著改善结构受力状态、减小结构挠度、对结构受力性能实行有效控制。此结构体系既充分发挥了高强度预应力索体的作用，又提高了普通钢结构构件的利用，可取得节约钢材的显著经济效益，达到跨越大跨度的目的。

预应力钢结构的组成元素为：高强拉索，主要为高强度金属或非金属拉索，目前国内普遍采用的是强度超过 1450MPa 的不锈钢拉索和强度超过 1670MPa 的镀锌拉索；钢结构，包括各种类别的钢结构形式，如钢网架、钢网壳、平面钢桁架、空间钢桁架、钢拱架等。

预应力钢结构的主要技术内容包括：拉索材料及制作技术；设计技术；拉索节点、锚固技术；拉索安装、张拉；拉索端头防护；施工监测、维护及观测等。

预应力钢结构主要特点是：充分利用材料的弹性强度潜力以提高承载能力；改善结构的受力状态以节约钢材；提高结构的刚度和稳定性，调整其动力性能；创新结构承载体系，达到超大跨度的目的和保证建筑造型。

高强度索体和普通强度刚性材料均能充分在结构中发挥作用，特别是索体在结构中性能的充分发挥，大大降低了用钢量，降低了施工成本和结构自重，具有显著的经济性。预应力钢结构同非预应力钢结构相比要节约材料，降低钢耗，但节约程度要看采用的预应力技术是现代创新结构体系（如索穹顶和索膜结构等），还是传统结构体系（如网架、网壳等）。对前者而言，由于大量采用预应力拉索而排除了受弯杆件，加之采用了轻质高强的维护结构（如压型钢板及人工合成膜材等），其承重结构体系变得十分轻巧，与传统非预应力结构相比，其结构自重成倍或几倍地降低，例如汉城奥运会主赛馆直径约 120m 的索穹顶结构，自重仅有 14.6kg/m^2，因此其比用传统结构体系更节约材料。

预应力钢结构一般分为如下几类：

1. 张弦梁结构

张弦梁结构是由弦、撑杆和梁组合而成的新型自平衡体系，如图 7-5-1、图 7-5-2 所示。结构是由刚度较大的压弯构件，又称刚性构件，刚性构件通常为梁、拱、桁架、网壳等多种形式。弦是柔性的引入预应力的索或拉杆。撑杆是连接上部刚性梁构件与下部柔性索的传力载体，一般采用钢管构件。

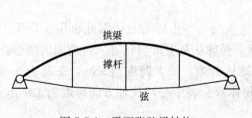

图 7-5-1 平面张弦梁结构

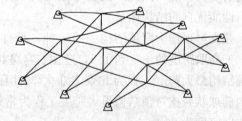

图 7-5-2 空间张弦梁结构

张弦梁结构总体上可分为平面和空间两种结构。平面张弦梁结构是指其结构构件位于同一平面内，且以平面内受力为主的张弦梁结构。平面张弦梁结构根据上弦构件的形状可分为三种基本形状：直线形张弦梁、拱形张弦梁、人字形张弦梁。空间张弦梁结构是以平面张弦梁结构为基本组成单元，通过不同形式的空间布置索形成的以空间受力为主的张弦梁结构。

2. 弦支穹顶结构

弦支穹顶结构体系是由一个单层网壳和下端的撑杆、索组成的体系（图 7-5-3、图 7-

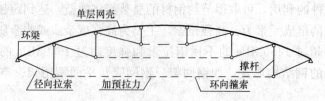

图 7-5-3　弦支穹顶结构体系简图

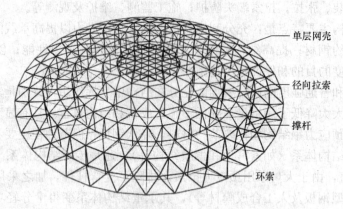

图 7-5-4　弦支穹顶结构

5-4)。其中各层撑杆的上端与单层网壳相对应的各层节点径向铰接，下端由径向拉索与单层网壳的下一层节点连接，同一层的撑杆下端由环向箍索连接在一起，使整个结构形成一个完整的结构体系。

从结构体系上看，弦支穹顶作为刚、柔结合的新型杂交结构，与单层网壳结构及索穹顶等柔性结构相比：由于钢索的作用，使单层网壳具有较好的刚度，施工方法比索穹顶更加简单；下部预应力体系可以增加结构的刚度，提高结构的稳定性，降低环梁内力，改善结构的受力性能，因此，弦支穹顶结构很好的综合了两者的结构特性，构成了一种全新的、性能优良的结构体系。

弦支穹顶作为穹顶结构中的一种，具有穹顶的一些重要特点，因此也用于穹顶工程中，矢高取跨度的 1/3 到 1/5，造型有穹窿状、椭球状及坡形层顶等。目前国内圆形弦支穹顶结构最大跨度工程为北京工业大学羽毛球体育馆，最大跨度达 93m，矢高为 9.3m。国内椭球状弦支穹顶结构最大跨度工程为常州体育会展中心，长轴方向跨度为 120m，短轴方向跨度为 80m。

3. 索穹顶结构

索穹顶结构在 1988 年韩国汉城现为首尔奥运会体操馆（直径 120m，用钢重量仅为 14.6kg/m²）和击剑馆（直径 90m）工程中应用。它由中心内拉环、外压环梁、脊索、谷索、斜拉索、环向拉索、竖向压杆和扇形膜材所组成，见图 7-5-5。

索穹顶是一种结构效率极高的全张体系，同时具有受力合理、自重轻、跨度大和结构形式美观新颖的特点，是一种有广阔应用前景的大跨度结构形式。

索穹顶结构的主要构件系钢索，该结构大量采用预应力拉索及短小的压杆群，能充分利用钢材的抗拉强度，并使用薄膜材料作屋面，所以结构自重很轻，且结构单位面积的平

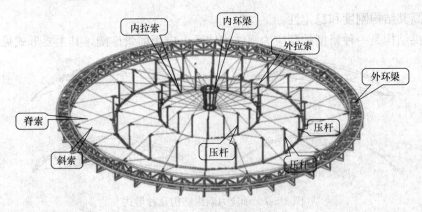

图 7-5-5 索穹顶结构布置图

均重量和平均造价不会随结构跨度的增加而明显增大，因此该结构形式非常适合超大跨度建筑的屋盖设计。

4. 吊挂结构

吊挂结构由支撑结构、屋盖结构及吊索三部分组成。支撑结构主要形式有立柱、钢架、拱架或悬索。吊索分斜向与直向两类，索段内不直接承受荷载，故呈直线或折线状。吊索一端挂于支撑结构上，另一端与屋盖结构相连，形成弹性支点，减小其跨度及挠度。被吊挂的屋盖结构有网架、网壳、立体桁架、折板结构及索网等，形式多样。

预应力吊挂结构体系主要有以下两种类型：平面吊挂结构和空间吊挂结构。按吊索的几何形状可分为斜向吊挂结构（图 7-5-6a）和竖向吊挂结构（图 7-5-6b）两种。吊索的形式可分为放射式（图 7-5-6c）、竖琴式（图 7-5-6d）、扇式（图 7-5-6e）和星式（图 7-5-6f）。

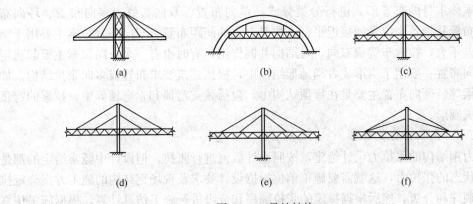

图 7-5-6 吊挂结构

吊挂结构利用室外拉索代替室内立柱，这样可以获得更大的室内空间，适用于大跨度空间的体育场馆、会展中心等要求大空间的结构，上部高耸于屋面之上的结构与拉索可以组合出挺拔的造型。

5. 拉索拱结构

拱脚相连，结构形式为钢索与钢拱架组合，称为"预应力拉索拱结构"。其特点如下：预应力拉索拱结构由钢索与钢拱架组合而成，这种结构形式可调整拱架内力，减小侧推力，提高其结构刚度和稳定性。

拉索拱结构是一种新型的预应力钢结构体系，应用前景广阔，其主要形式见图 7-5-7。

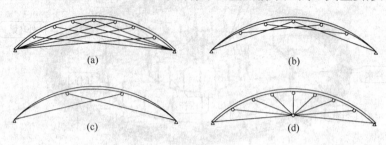

图 7-5-7　预应力索拱结构几种形式

6. 悬索结构

悬索结构以一系列受拉的索作为主要承重构件，这些索按一定规律组成各种不同形式的体系，并悬挂在相应的支撑结构上。悬索屋盖结构通常由悬索系统、屋面系统和支撑系统三部分构成。

7.5.2　预应力索布置与张拉力仿真计算

7.5.2.1　预应力索的布置形式

预应力拉索在钢结构中的布置形式主要有两类，一类是体内布索，一类是钢结构体外布索。体内索主要是考虑建筑空间限制，为了改善钢结构的受力性能，在钢结构内部进行布索，布索形式可以选择在下弦直线布置，也可以选择在钢结构内部折线布置。体外布索主要是指钢结构与拉索相互独立，钢索位于钢结构外部。钢索位于钢结构下方，通过施加预应力改善结构受力性能，减小拱结构的拱脚推力，增加结构的稳定性能。钢索位于钢结构上方主要通过桅杆对下部钢结构起到吊挂的作用。

按照索体本身的布置形式进行分类分成：单向布置、双向布置、多向布置、环向布置。单向布置是指各个拉索间接近平行，按照一定的间距布置。双向布置拉索主要用于结构长宽相差不大，拉索布置成双向，对结构共同作用，有时也有一个方向拉索主要起稳定作用。多向布置一般用于圆形或者椭圆形结构中，根据建筑要求布置成多向张拉结构，如多向张弦梁等。环向布置主要是在穹顶结构中，包括弦支穹顶和索穹顶等中，拉索的穹顶下方布置成圆形。

7.5.2.2　张拉力仿真计算

预应力钢结构的张拉力设计给定，按照设计数值进行张拉。但设计中经常给定的都是施工完成状态的张拉力，这就需要施工单位根据设计要求及现场钢结构的施工方案确定拉索的张拉顺序和分级。然后根据拟定的张拉顺序和分级进行施工仿真计算，根据施工仿真计算结果来判断确定的张拉顺序和分级是否满足结构设计要求以及施工过程中结构的安全性，是否会出现部分杆件变形和应力较大，造成结构安全性有问题。如果经过施工仿真计算，选定的张拉顺序和分级合理，则根据施工仿真计算结果给出每一步的张拉力，并报设计和监理审批，作为最终的施工张拉力。

7.5.3　预应力钢结构计算要求

1. 在预应力钢结构的计算中，对于布置有悬索或折线形索时必须考虑悬索的几何非线性影响。对于斜拉索，当索长较长时应考虑由于索自重影响而引起斜拉索刚度的折减，通过公式反映对于弹性模量的折减。斜拉索一般希望其作用点与水平夹角大于 30°，当接近或小于 30°时，必须考虑斜拉索的几何非线性影响。

2. 对于预应力网架等以配置悬索组合的预应力钢结构在计算时，应注意索与其他结构的位移协调问题，即索在预应力张拉时荷载作用下，其索力是沿索长连续的，在这种情况下应对索建立独立的位移参数，并在竖向与其他结构协调。

3. 预应力结构设计时必须认真考虑结构的预应力索的各项要求，在预应力态应达到积极平衡自重、调整结构位移、实现结构主动控制的目的。

4. 由于预应力钢结构跨度大，因此必须考虑地震作用的影响，如何使索不发生应力松弛而致结构失效是关键，其地震作用分为竖向作用（对跨中受力杆件影响大）与水平作用（对下部结构与支座杆件有影响），进行抗震分析可采用振型分解反应谱法与时程分析法。结构构件的地震作用效应和其他荷载效应的基本组合应按现行国家标准《建筑抗震设计规范》GB 50011 有关规定执行。

5. 由于大跨度屋盖自重较轻，特别当用于体育场挑篷结构时，其风荷载作用影响较大，应对各风向角下最大正风压、负风压进行分析，并需认真考虑其屋盖的体型系数与风振系数。

6. 温度影响也应在设计计算中详细考虑。对于温度影响，当结构条件许可时可考虑放的方式，即允许屋盖结构可实现一定程度的温度变形，这要求支座处理或下部结构允许有一定的变形。当屋盖结构与下部结构均需整体考虑时，应验算温度应力。

7. 预应力索的设计控制应力。预应力索的设计强度一般取索标准强度的 0.4 倍，即 $f = 0.4 f_{ptk}$，索的最小控制应力不宜小于 $f = 0.2 f_{ptk}$。索是预应力钢结构中最关键的因素，必须要有比普通钢结构更大的安全储备，最小控制应力要求除保证索材在弹性设计状态下受力外，在各种工况下皆需保证索力大于零，同时也应确保索的线形与端部锚具的有效作用。此外，预应力锚固损失、松弛损失和摩擦损失应在实际张拉中予以补偿。

8. 预应力索的用材宜选用高强材料，如高强钢绞线或高强钢丝或高强钢棒。采用高强材料可有效减轻结构耗钢量并减小预应力索或预应力拉杆在锚固与连接节点的尺寸。对于预应力索（拉杆）可选用成品索（拉杆），这些成品索（拉杆）已在工程里完成整索的制作（包括索的外防护与两端锚固节点）。也可采用带防护的单根钢绞线的集合索。对于内力不大的预应力索（拉杆）可采用耳板式节点（这时索应严格控制长度公差），对于内力较大的拉杆不宜采用带正反螺纹的可调式拉杆，对于大内力的拉索与悬索的成品宜采用铸锚节点。

9. 预应力索锚固节点，特别是对于大吨位预应力斜拉索或悬索锚固节点，应进行周密的空间三维有限元分析，同时也必须要仔细考虑锚头的布置空间与施工张拉要求。

10. 设计和计算应满足现行规范《钢结构设计规范》GB 50017—2003、《预应力钢结构技术规程》CECS212：2006 的要求。

7.5.4 钢结构预应力施工

7.5.4.1 工艺流程

钢结构预应力施工工艺流程如图 7-5-8 所示：

7.5.4.2 施工要点

1. 施工准备（深化设计与施工仿真计算）

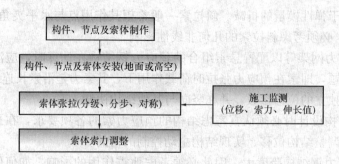

图 7-5-8 钢结构预应力施工工艺流程

根据设计及预应力施工工艺要求，计算出索体的下料长度、索体各节点的安装位置及加工图。针对具体工程建立结构整体模型，进行施工仿真计算，对结构各阶段预应力施工中的各工况进行复核，并模拟预应力张拉施工全过程。对复杂空间结构须计算施工张拉时，各索相互影响，找出最合理的张拉顺序和张拉力的大小，并提供索体张拉时每级张拉力的大小、结构的变形、应力分布情况，作为施工监测依据，并且作为选择合理的、确保质量要求的工装和张拉设备的依据。

预应力钢结构施工仿真计算一般采用有限元方法计算，施工过程中应严格按结构要求施工操作，确保结构施工及结构使用期内的安全。

拉索的下料长度应是无应力长度。首先应计算每根拉索的长度基数，再对这一长度基数进行若干项修正，即可得出下料长度。修正内容为：

(1) 初拉力作用下拉索弹性伸长值；

(2) 初拉力作用下拉索的垂度修正；

(3) 张拉端锚具位置修正；

(4) 固定端锚具位置修正；

(5) 下料的温度与设计中采用的温度不一致时，应考虑温度修正；

(6) 为应力下料时，应考虑应力下料的修正；

(7) 采用冷铸锚时，应计入钢丝镦头所需的长度，一般取 $1.5d$，采用张拉式锚具时，应计入张拉千斤顶工作所需的长度。

2. 索体制作

(1) 钢丝拉索的钢丝通常为镀锌钢丝，其强度级别为 1570MPa、1670MPa 等。钢丝拉索的外层分为单层与双层。双层 PE 套的内层为黑色耐老化的 PE 层，厚度为 3～4mm；外层为根据业主需要确定的彩色 PE 层，厚度为 2～3mm。锚头分为冷铸锚和热铸锚两种，冷铸锚为锚头内灌入环氧钢砂，其加热固化温度低于 180℃，不影响索头的抗疲劳性能。热铸锚为锚头内灌入锌铜合金，浇铸温度小于 480℃，试验表明也不影响其抗疲劳性能。对用于室内有一定防火要求的小规格拉索，建议采用热铸锚。

钢绞线拉索的钢绞线可采用镀锌或环氧涂层钢绞线，其强度等级为 1670MPa、1770MPa。由于索结构规范规定索力不超过 $0.5f_{ptk}$，与普通预应力张拉相比处于低应力状态，为防止滑索，故采用带有压板的夹片锚具。

在大型空间钢结构中作剪刀撑或施加大吨位预应力的钢棒拉索，通常采用延性达 16%～19%的优质碳素合金钢制作。

（2）拉索制作方式可分为工厂预制和现场制造。扭绞形平行钢丝拉索应采用工厂预制，其制作应符合相关产品技术标准的要求。钢绞线拉索和钢棒拉索可以预制也可在现场组装制作，其索体材料和锚具应符合相关标准的规定。

（3）拉索进场前应进行验收，验收内容包括外观质量检查和力学性能检验，检验指标按相应的钢索和锚具标准执行。对用于承受疲劳荷载的拉索，应提供抗疲劳性能检测结果。

（4）工厂预制拉索的供货长度为无应力长度。计算无应力长度时，应扣除张拉工况下索体的弹性伸长值。对索膜结构、空间钢结构的拉索，应将拉索与周边承力结构做整体计算，既考虑边缘承力结构的变形又考虑拉索的张拉伸长后确定拉索供货长度。拉索在工厂制作后，一般卷盘出厂，卷盘的盘径与运输方式有关。

采用钢丝拉索时，成品拉索在出厂前应按规定做预张拉等检查，钢绞线拉索主要检查预应力钢材本身的性能以及外包层的质量。

（5）现场制索时，应根据上部结构的几何尺寸及索头形式确定拉索的初始长度。现场组装拉索，应采取相应的措施，保证拉索内各股预应力筋平行分布。现场组装拉索，特别注意各索股防护涂层的保护，并采取必要的技术措施，保证各索股受力均匀。

（6）钢索制作下料长度应满足深化设计在自重作用下的计算长度进行下料，制作完成后，应进行预张拉，预张拉力为设计索力的 1.2～1.4 倍，并在预张拉力等于规定的索力情况下，在索体上标记出每个连接点的安装位置。为方便施工，索体宜单独成盘出厂。

（7）拉索在整个制造和安装过程中，应预防腐蚀、受热、磨损和避免其他有害的影响。

（8）拉索安装前，对拉索或其他组装件的所有损伤都应鉴定和补救。损坏的钢绞线、钢棒或钢丝均应更换。受损的非承载部件应加以修补。

3. 索体安装

预应力钢结构刚性件的安装方法有高空散装、分块（榀）安装、高空滑移（上滑移—单榀、逐榀和累积滑移、下移法—地面分块（榀）拼装滑移后空中整体拼装）、整体提升法（地面整体拼装后，整体吊装、柱顶提升、顶升）等。其索体安装时，可根据钢结构构件的安装选择合理的安装方法，与其平行作业，充分利用安装设备及脚手架，达到缩短工期、节约设备投资的目的。

索体的安装方法还应根据拉索的构造特点、空间受力状态和施工技术条件，在满足工程质量要求的前提下综合确定，常用的安装方法有三种，是与索体张拉方法（整体张拉法、部分张拉法、分散张拉法）相对应的，施工要点如下：

（1）施工脚手架搭设：拉索安装前，应根据定位轴线的标高基准点复核预埋件和连接点的空间位置和相关配合尺寸。根据拉索受力特点、空间状态以及施工技术条件，在满足工程质量的前提下综合确定拉索的安装方法。安装方法确定后，施工单位应会同设计单位和其他相关单位，依据施工方案对拉索张拉时支撑结构的内力和位移进行验算，必要时采取加固措施。张拉施工脚手架搭设时，应避让索体节点安装位置或提供可临时拆除的条件。

（2）索体安装平台搭设：为确保拼装精度和满足质量要求，安装台架必须具有足够的支承刚度。特别是，当预应力钢结构张拉后，结构支座反力可能有变化，支座处的胎架在设计、制作和吊装时应采取有针对性的措施。安装胎架搭设应确保索体各连接节点标高位置和安装、张拉操作空间的设计要求。

(3) 室外存放拉索：应置于遮篷中防潮、防雨。成圈的产品应水平堆放；重叠堆放时应逐层加垫木，以避免锚具压损拉索的护层。应特别注意保护拉索的护层和锚具的连接部位，防止雨水浸入。当除拉索外其他金属材料需要焊接和切削时，其施工点与拉索应保持移动距离或采取保护措施。

(4) 放索：为了便于索体的提升、安装，应在索体安装前，在地面利用放线盘、牵引及转向等装置将索体放开，并提升就位。索体在移动过程中，应采取防止与地面接触造成索头和索体损伤的有效措施。

(5) 索体安装时结构防护：拉索安装过程中应注意保护已经做好的防锈、防火涂层的构件，避免涂层损坏。若构件涂层和拉索护层被损坏，必须及时修补或采取措施保护。

(6) 索体安装：索体安装应根据设计图纸及整体结构施工安装方案要求，安装各向索体，同时要严格按索体上的标记位置、张拉方式和张拉伸长值进行索具节点安装。

(7) PE护套、索头的保护：为保证拉索吊装时不使PE护套损伤，可随运输车附带纤维软带。在雨季进行拉索安装时，应注意不损伤索头的密封，以免索头进水。

(8) 传力索夹的安装：要考虑拉索张拉后直径变小对索夹夹持力的影响。索夹间固定螺栓一般分为初拧、中拧和终拧三个过程，也可根据具体使用条件将后两个过程合为一个过程。在拉索张拉前可对索夹螺栓进行初拧，拉索张拉后应对索夹进行中拧，结构承受全部恒载后可对索夹做进一步拧紧检查并终拧。拧紧程度可用扭力扳手控制。

4. 索体张拉及监测

(1) 张拉设备标定

张拉用设备和仪器应按有关规定进行计量标定。施加索力和其他预应力必须采用专用设备。施工中，应根据设备标定有效期内数据进行张拉，确保预应力施加的准确性。

(2) 张拉控制原则

根据设计和施工仿真计算确定优化的张拉顺序和程序，以及其他张拉控制技术参数（张拉控制应力和伸长值）。在张拉操作中，应建立以索力控制为主或结构变形控制为主的规定，并提供每根索体规定索力的偏差。

(3) 张拉方法

施加预应力的方法有三种：整体张拉法、分部张拉法和分散张拉法。

1) 整体张拉法

整体张拉法是有效的拉索张拉方式之一。张拉机具可采用计算机控制的液压千斤顶集群，同时同步张拉，同步控制张拉伸长值，以便最大限度地符合设计的要求。

2) 分部张拉法

采用分部张拉法时应对空间结构进行整体受力分析，建立模型并建立合理的计算方法，充分考虑多根索张拉的相互影响。根据分析结果，可采用分级张拉、桁架位移监控与千斤顶拉力双控的张拉工艺。施工过程的应力应变控制值可由计算机模拟有限元计算得到。

3) 分散张拉法

分散张拉法即各根索单独张拉，适用各种索的力值建立相互影响较少的结构。

（4）张拉监测及索力调整

1）预应力索的张拉顺序必须严格按照设计要求进行。当设计无规定时，应考虑结构受力特点、施工方便、操作安全等因素，且以对称张拉为原则，由施工单位编制张拉方案，经设计单位同意后执行。

2）张拉前，应设置支承结构，将索就位并调整到规定的初始位置。安装锚具并初步固定，然后按设计规定的顺序进行预应力张拉。宜设置预应力调节装置。张拉预应力宜采用油压千斤顶。张拉过程中应监测索体的位置变化，并对索力、结构关键节点的位移进行监控。

3）对直线索可采取一端张拉，对折线索宜采取两端张拉。几个千斤顶同时工作时，应同步加载。索体张拉后应保持顺直状态。

4）拉索应按相关技术文件和规定分级张拉，且在张拉过程中复核张拉力。

5）拉索可根据布置在结构中的不同形式、不同作用和不同位置采取不同的方式进行张拉。对拉索施加预应力可采用液压千斤顶直接张拉方法，也可采用结构局部下沉或抬高、支座位移等方式对拉索施加预应力，还可沿与索正交的横向牵拉或顶推对拉索施加预应力。

6）预应力索拱结构的拉索张拉应验算张拉过程中结构平面外的稳定性，平面索拱结构宜在单元结构安装到位和单元间联系杆件安装形成具有一定空间刚度的整体结构后，将拉索张拉至设计索力。倒三角形拱截面等空间索拱结构的拉索可在制作拼装台座上直接对索拱结构单元进行张拉。张拉中应监控索拱结构的变形。

7）预应力索桁和索网结构的拉索张拉，应综合考虑边缘支承构件、索力和索结构刚度间的相互影响和相互作用，对承重索和稳定索宜分阶段、分批、分级，对称均匀循环施加张拉力。必要时选择对称区间，在索头处安装拉压传感器，监控循环张拉索的相互影响，并作为调整索力的依据。

8）空间钢网架和网壳结构的拉索张拉，应考虑多索分批张拉相互间的影响。单层网壳和厚度较小的双层网壳拉索张拉时，应注意防止整体或局部网壳失稳。

9）吊挂结构的拉索张拉，应考虑塔、柱、刚架和拱架等支撑结构与被吊挂结构的变形协调和结构变形对索力的影响。必要时应做整体结构分析，决定索的张拉顺序和程序，每根索应施加不同张拉力，并计算结构关键点的变形量，以此作为主要监控对象。

10）其他新结构的拉索张拉，应考虑预应力拉索与新结构共同作用的整体结构有限元分析计算模型，采用模拟索张拉的虚拟拉索张拉技术，进行各种施工阶段和施工荷载条件下的组合工况分析，确定优化的拉索张拉顺序和程序，以及其他张拉控制的技术参数。

11）拉索张拉时应计算各次张拉作业的拉力和伸长值。在张拉中，应建立以索力控制为主或结构变形控制为主的规定。对拉索的张拉，应规定索力和伸长值的允许偏差或结构变形的允许偏差。

12）拉索张拉时可直接用千斤顶与配套校验的压力表监控拉索的张拉力。必要时，另用安装在索头处的拉压传感器或其他测力装置同步监控拉索的张拉力。结构变形测试位置通常设置在对结构变形较敏感的部位，如结构跨中、支撑端部等，测试仪器根据精度和要求而定，通常采用百分表、全站仪等。通过施工分析，确定在施工中变形较大的节点，作为张拉控制中结构变形控制的监测点。

13）每根拉索张拉时都应做好详细的记录。记录应包括：测量记录；日期、时间和环境温度；索力和结构变形的测量值。

14）索力调整、位移标高或结构变形的调整应采用整索调整方法。

15）索力、位移调整后，对钢绞线拉索夹片锚具应采取防止松脱措施，使夹片在低应力动载下不松动。对钢丝拉索索端的铸锚连接螺纹、钢棒拉索索端的锚固螺纹，应检查螺纹咬合丝扣数量和螺母外侧丝扣长度是否满足设计要求，并应在螺纹上加防止松脱装置。

7.5.4.3 安全措施

1. 索体现场制作下料时，应防止索体弹出伤人，尤其原包装放线时宜用放线架约束，近距离内不得有其他人员。

2. 施工脚手架、索体安装平台及通道应搭设可靠，其周边应设置护栏、安全网，施工人员应佩戴安全带，严防高空坠落。

3. 索体安装时，应采取放索约束措施，防止拉索甩出或滑脱伤人。

4. 预应力施工作业处的竖向上、下位置严禁其他人员同时作业，必要时应设置安全护栏和安全警示标志。

5. 张拉设备使用前，应清洗工具锚夹片，检查有无损坏，保证足够的夹持力。

6. 索体张拉时，两端正前方严禁站人或穿越，操作人员应位于千斤顶侧面，张拉操作过程中严禁手摸千斤顶缸体，并不得擅自离开岗位。

7.5.5 质量验收及监测

7.5.5.1 质量验收

1. 索体材料、生产制作

索体材料、生产制作等应符合现行国家产品标准和设计要求。

2. 索体制作

索体制作偏差检查数量和检验方法见表 7-5-1。

索体制作允许偏差

表 7-5-1

项次	检查项目	规定值或允许偏差（mm）	检查方法	检查数量
1	索体下料长度（m）	索长＜100m 偏差≯20 索长＞100m 偏差≯1/5000	标定过钢卷尺	全数
2	PE 防护层厚度（mm）	$+1.0$ -0.5	卡尺测量	10%且≮3
3	锚板孔眼直径 D（mm）	$d \leqslant D \leqslant 1.1d$	量规	全数
4	镦头尺寸（mm）	镦头直径≥$1.4d$ 镦头高度≥d	游标卡尺	每种规格10%且≮3 每批产品3/1000
5	冷铸填料强度 （环氧铁砂）	≥147MPa	试件边长 31.62mm	3件/批
6	锚具附近密封处理	符合设计要求	目测	全数
7	锚具回缩量	≯6	卧式张拉设备	全数

3. 索体拼装

索体安装中，其拼装偏差、检查方法和数量见表 7-5-2。

索体拼装允许偏差（mm） 表 7-5-2

	项次	检查项目	规定值或允许偏差 （mm）	检查方法	检查数量
索体	1	跨度最外两端安装孔或两端支承面最外侧距离	＋5 －10	钢卷尺	按拼装单元全数检查
撑杆	1	跨中高度	±10	钢卷尺	10%且≮3
	2	长度	±4	钢卷尺	10%且≮3
	3	两端最外侧安装孔距离	±3	钢卷尺	10%且≮3
	4	弯曲矢高	L/1000且≯10	用拉线和钢尺	10%且≮3
	5	撑杆垂直度	L/100	用拉线和钢尺	设计要求
构件平面总体拼装	1	任意两对角线差	≤H/2000且≯8	钢卷尺	按拼装单元全数检查
	2	相邻构件对角线差	≤H/2000且≯5	钢卷尺	按拼装单元全数检查
	3	构件跨度	±4	钢卷尺	按拼装单元全数检查

4. 索体张拉施工

索体张拉允许偏差、检查方法及检查数量见表 7-5-3。

索体张拉允许偏差 表 7-5-3

	项次	检查项目	规定值或允许偏差 （mm）	检查方法	检查数量
索体	1	实际张拉力	±5%	标定传感器	全数
撑杆	1	垂直度	L/100	用拉线和钢尺	设计要求
钢结构	1	应力值	设计要求	传感器	设计要求
	2	起拱值	设计要求起拱±L/5000 设计未要求起拱±L/2000	全站仪	设计要求
	3	支座水平位移值	＋5	位移计	设计要求

5. 质量保证措施

（1）由于预应力钢索的可调节量不大，因此施工中要严格控制钢结构的安装精度在相关规范要求范围以内。钢结构安装过程中必须进行钢结构尺寸的检查与复核，根据复核后的实际尺寸对计算机施工仿真模拟的计算模型进行调整、重新计算，用计算出的新数据指导预应力张拉施工，并作为张拉施工监测的理论依据。

（2）钢撑杆的上节点安装要严格按全站仪打点确定的位置进行，下节点安装要严格按钢索在工厂预张拉时做好标记的位置进行，以保证钢撑杆的安装位置符合设计要求。若钢撑杆上节点的安装位置由于钢结构拼装的精度有所调整，则钢撑杆下节点在纵、横向索上的位置要重新调整确定。

（3）拉索应置于防潮防雨的遮篷中存放，成圈产品应水平堆放，重叠堆放时逐层间应加垫木，避免锚具压伤拉索护层；拉索安装过程中应注意保护护层，避免护层损坏。如出现损坏，必须及时修补或采取措施。

（4）为了消除索的非弹性变形，保证在使用时的弹性工作，应在工厂内进行预张拉，一般选取钢丝极限强度的 50%～55% 为预张力，持荷时间为 0.5～2.0h。

（5）拉力检测采用油压传感器及振弦应变计或锚索计测试，油压传感器安装于液压千斤顶油泵上，通过专用传感器显示仪器可随时监测到预应力钢索的拉力，以保证预应力钢索施工完成后的应力与设计单位要求的应力吻合。同时在每个分区具有代表性的预应力钢索上安装振弦式应变或锚索计监测实际的索力，以保证预应力钢索施工完成后的应力与设计单位要求的应力吻合。张拉力按标定的数值进行，用变形值和压力传感器数值进行校核。

（6）张拉严格按照操作规程进行，张拉设备形心应与预应力钢索在同一轴线上；张拉时应控制给油速度，给油时间不应少于 0.5min；当压力达到钢索设计拉力时，超张拉 5% 左右，然后停止加压，完成预应力钢索张拉；实测变形值与计算变形值相差超过允许误差时，应停止张拉，报告工程师进行处理。

（7）钢结构的位移和应力与预应力钢索的张拉力是紧密相关的，即可以通过钢结构的变形计算出预应力钢索的应力。在预应力钢索张拉的过程中，结合施工仿真计算结果，对钢结构采用水准仪及百分表或静力水准测量设备进行结构变形监测；安装振弦式应变计监测实际的钢结构内力；安装锚索计监测实际的索力。

7.5.5.2 预应力钢结构监测

预应力钢结构监测主要有预应力索索力、钢结构变形及钢结构应力等。

1. 预应力索索力监测

拉索索力的监测主要有两部分内容：一是在每根拉索张拉时实时监测张拉索的索力；二是由于很多钢结构并非单向结构，索力在分批张拉时后张拉的拉索对前期张拉的拉索索力会产生影响，在实际施工时要对这些影响进行监测。第一种索力监测主要采用位于液压张拉设备上的高精度油压表（图 7-5-9a）或者油压传感器（图 7-5-9b）随着张拉进行监测。第二种索力监测方法，除了采用第一种监测方法，用张拉工装加液压设备一同进行测量外，为了提高工作效率，通常采用如下方法进行测试：（1）动力测试方法，如图 7-5-9（c）所示为索力动测设备，主要依靠测试索的自振频率计算索力；（2）压力传感器测试方法，如图 7-5-9（d）中为锚索计，主要依靠锚索计上的压力计算索力；（3）磁通量传感器测试方法（图 7-5-9e）；（4）弓式测力仪测量，测量仪器如图 7-5-9(f) 所示。

2. 钢结构变形监测

钢结构变形监测主要是在施工过程中，尤其是在张拉时，由于预应力钢结构为柔性结构，张拉过程中结构位形随时在改变，尤其是在张拉力平衡完成钢结构自重后，很小的索力就会引起很大的结构变形，因此要实时监测整个钢结构的变形，包括跨中起拱和支座位移，以确保钢结构施工安全和与设计状态相符。

3. 钢结构应力监测

钢结构在张拉过程中经历着不同的受力状态，每根钢结构杆件的应力也随张拉力变化而发生改变，同时钢结构在张拉过程中的受力状态与设计状态不同，由于张拉起拱的不同步，存在结构受力不均匀的特点。因此有必要对施工仿真计算中应力变化较大、绝对数值较大的危险钢结构杆件的应力进行监测。由于现场环境的复杂性，一般现场监测不能采用

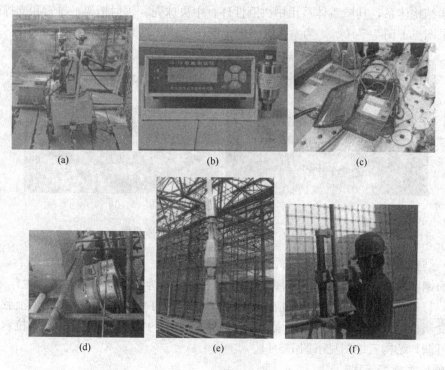

图 7-5-9　拉索索力监测设备
（a）高精度油压表；（b）油压传感器；（c）索力动测仪；
（d）压力传感器；（e）磁通量传感器；（f）弓式测力仪

应变片进行监测，通常采用振弦应变计或者光纤光栅应变计进行监测。

7.5.5.3　结构健康监测

应定期测量预应力钢结构中拉索的内力，并做记录。与初始值对比，如发现异常应及时报告。当量测内力与设计值相差大于±10％时，应及时调整或补偿索力。

应定期监测钢丝索是否有断丝、磨损、腐蚀情况，及时更换索体。

应定期检查索体是否有渗水等异常情况，防护涂层是否完好；对出现损伤的索和防护涂层损坏应及时修复。

应定期对预应力施加装置、可调节头、螺栓螺母等进行检查，发现问题应及时处理。

应定期监测结构体系中的预应力索状态，包括索的力值、变化情况。

在大风、暴雨、大雪等恶劣天气过程中及过程后，使用单位应及时检查预应力钢结构体系有无异常，并采取必要的措施。

7.5.6　工程实例

7.5.6.1　北京大学体育馆

1. 工程概况

（1）工程简介

第 29 届奥运会乒乓球馆位于北京大学校园内，紧邻中国硅谷中关村。总建筑面积约 2 万 m²。整个工程项目是北京大学为迎接 2008 年奥运会比赛而建造的比赛场馆，奥运会乒乓球比赛将在这里进行，赛后将改造为北京大学综合体育馆。本结构屋盖为新型复杂空间张弦梁结构体系，其屋盖体系由中央刚性环、中央球壳、辐射桁架、拉索和支撑体系组成。效果图见下图 7-5-10(a) 为室内效果图，图 7-5-10(b) 为室外效果图。

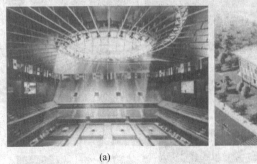

(a)　　　　　　　　　　　　(b)

图 7-5-10　北京大学体育馆室内外效果图

（2）结构形式

屋面钢结构用张弦梁结构，本屋盖钢结构平面尺寸为 92.4m×71.2m，共有 32 榀辐射桁架，每榀辐射桁架下设置有预应力拉索。本结构为自平衡体系。辐射桁架上弦为圆钢管，为受压构件；下弦为预应力拉索，型号为 Φ5×151 的钢索，直径 79mm，拉索一端固定一端可调。结构三维图见下图 7-5-11。

2. 预应力施工流程

（1）结构施工流程

屋面钢结构预应力施工总体安装顺序为：先安装球壳、中央刚性环、辐射桁架等钢结构构件，后安装钢索，再进行张拉。具体施工流程见图 7-5-12。

（2）预应力张拉过程

1）张拉方式的制定

本结构为复杂预应力钢结构体系，32 榀辐射桁架成 180°反对称布置。张拉前必须对结构进行有限元仿真计算。根据其特殊的结构形式，采用反 180°的对称进行预应力张拉。同时施工前用仿真模拟张拉工况，以此作为指导张拉的依据，分 3 个阶段对称张拉，分别为 20%设计张拉力、100%设计张拉力、逐根进行索力调整。根据设计要求的张拉力大小及分布情况，采用均匀进行 8 根拉索同时进行张拉，同时通过仿真计算按每个阶段分四步进行张拉。

2）张拉设备的选择

根据设计要求本钢结构预应力索的张拉力为 308kN、350kN、385kN。每根预应力索配两台 60t 的千斤顶。

3）控制原则

张拉时采取双控原则：索力控制为主，变形值控制为辅。

3. 施工检测

为保证钢结构的安装精度以及结构在施工期间的安全，并使钢索张拉的预应力状态与设计要求相符，必须在张拉过程中对钢结构的应力与变形进行施工监测。本工程主要有索力、应力监测和起拱值监测两部分。

（1）监测点布置

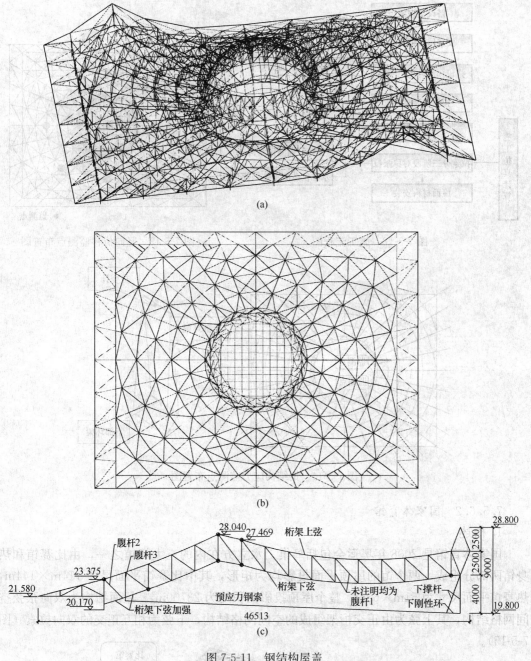

图 7-5-11　钢结构屋盖
(a) 三维图；(b) 平面图；(c) 一榀桁架图

1) 竖向位移监测点布置：通过水准仪监测在钢结构屋面张拉过程中结构竖向位移变化。竖向位移监测点位置见图 7-5-13。

2) 水平位移监测点布置：通过百分表监测在钢结构屋面张拉过程中结构滑动支座的水平位移变化。

3) 钢结构应力监测点布置：在应力较大位置布置振弦应变计，监测张拉过程中钢结构应力变化，主要对中央刚性环的环梁进行监测，具体监测点位置见图 7-5-14。

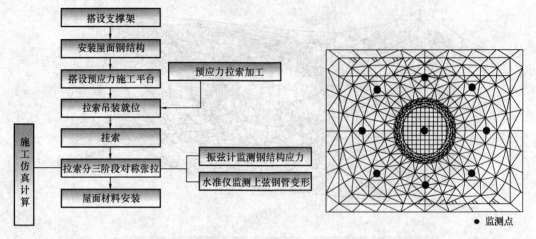

图 7-5-12 施工流程图　　　　　　图 7-5-13 竖向位移监测点布置图

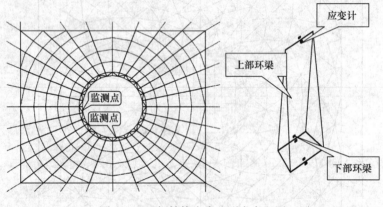

图 7-5-14 钢结构应力监测点布置图

7.5.6.2 国家体育馆

1. 概述

国家体育馆是 2008 年奥运会包括鸟巢、水立方在内的三大场馆之一，由比赛馆和热身馆两部分组成。两个馆的屋顶平面投影均为矩形，其中比赛馆平面尺寸 114m×144m，热身馆平面尺寸为 51m×63m，整个屋顶投影面积约为 23700m²。屋面结构为双向张弦空间网格结构，其上弦为由正交桁架组成的空间网格结构，下弦为相互正交的双向拉索（图 7-5-15）。

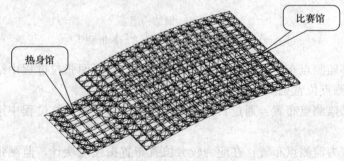

图 7-5-15 屋面钢结构轴测图

下弦拉索的平面布置图如图 7-5-16 所示，横向拉索从 9 轴到 22 轴，共 14 榀，纵向拉索从 E 轴到 M 轴，共 8 榀。结构的横向为主受力方向，因而横向索采用双索，纵向索采用单索，网格平面尺寸 8.5m。

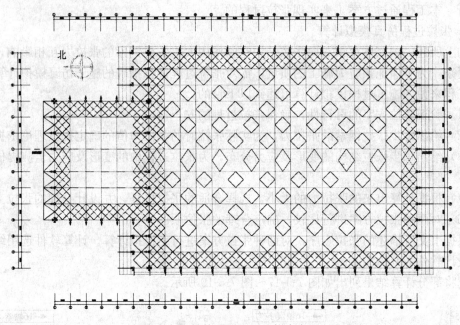

图 7-5-16　结构平面和下弦拉索布置图

国家体育馆所采用的双向张弦结构是一种新型的结构形式，其受力性能与单向张弦结构有很大不同，空间作用明显。在预应力施工过程中，钢索之间的张拉力会互相影响，因而预应力施工的复杂性和难度均比以前的单向张弦结构有所提高。

2. 张拉方案的确定

预应力施工的目的是利用特定的张拉设备，按照一定的施工顺序，通过张拉钢索对结构施加预应力，使结构在承受外荷载之前达到设计要求的预应力状态。在施工过程中，可以同时张拉所有钢索对结构施加预应力，也可以按照一定的顺序分批张拉钢索对结构施加预应力。

对于单向张弦结构来说，由于各榀拉索之间互相作用比较小，所以同时张拉或者分批张拉对最终的预应力状态影响是比较小的。但是对于双向张弦结构来说，由于各榀拉索之间空间作用明显，后批张拉的钢索会对先前张拉的钢索的内力产生影响，所以最好所有钢索同步进行张拉。但是在实际施工中，由于受到张拉设备及其他施工条件的限制，对所有钢索同时进行张拉不太容易实现，一般采用分批张拉的方式。这样为了保证张拉完成后的预应力状态与设计要求的预应力状态一致，需对每一步的张拉力进行精确的模拟计算，并在施工过程中进行严格的控制。

国家体育馆采用对钢索分批进行张拉的方式。预应力施加分 2 级，第一级张拉到控制应力的 80%，第二级张拉到控制应力的 100%，达到设计要求的预应力状态。

张拉过程考虑了 2 种方案，方案 1：第 1 级张拉千斤顶由两边往中间移动，对称张拉，前四步每次同步张拉 4 根索（2 根横向索，2 根纵向索），在第 4 步张拉完成后，纵向索张拉完毕，5、6、7步分别张拉两根横向索；第一级张拉完成后，此时千斤顶移到结构中部，然后进行第2级张拉，第2级张拉千斤顶由中间往两边移动；方案2与方案1相反，第1级张拉千斤顶由中间往两边移动，第2级张拉千斤顶由两边往中间移动。通过比较分析，本工程通过方案1来实现张拉过程的。

3. 张拉过程仿真模拟计算

如上所述，国家体育馆双向张弦结构空间作用大，各榀钢索的张拉力互相影响，施工过程复杂。为了保证预应力施工的质量，需对张拉过程进行精确的施工仿真模拟计算。对于本工程来说，施工过程模拟计算可达到以下目的：

（1）验证张拉方案的可行性，确保张拉过程的安全；

（2）给出每步张拉钢索的张拉力，为实际张拉时的张拉力值的确定提供理论依据；

（3）给出每步张拉结构的变形及应力分布，为张拉过程中的变形及应力监测提供理论依据；

（4）根据计算出来的张拉力的大小，选择合适的张拉机具，并设计合理的张拉工装；

（5）对两种张拉方案进行比较，确定合理的张拉顺序。

根据上文所描述的张拉顺序，对两种张拉方案进行了模拟计算。计算软件选用结构分析与设计软件 MIDAS/gen。

现将部分计算结果列出如图 7-5-17～图 7-5-19 所示。

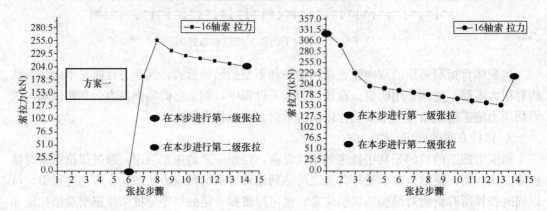

图 7-5-17 16 轴拉索张拉力

4. 张拉监测

（1）施工监测目的

通常预应力钢结构，是从确定的一个初始状态开始的，习惯上是根据建筑要求和经验使结构曲面具备一定的初始刚度。但是仅此而获得的结构刚度是不够的，这就必须对柔性的预应力钢索施加预应力，使结构进一步获得刚度，以便在荷载状态对各种不同的荷载条件下结构任何段索的任一单元均满足强度要求及稳定条件。

本工程为含有索单元的双向张弦结构，也存在一个这样的问题。在未施加预应力之前，结构还不具有稳定的刚度。为达到结构受力均匀的目的，并且满足设计要求，必须在张拉过程中进行施工监测。对预应力张拉过程中进行监测的目的有以下几点：

1）由于在未施加预应力之前，结构刚度还是比较小的，因此在张拉过程中一定要进行施工监测，防止某根杆件出现破坏，甚至出现整体结构受到很大的影响的后果，以保证

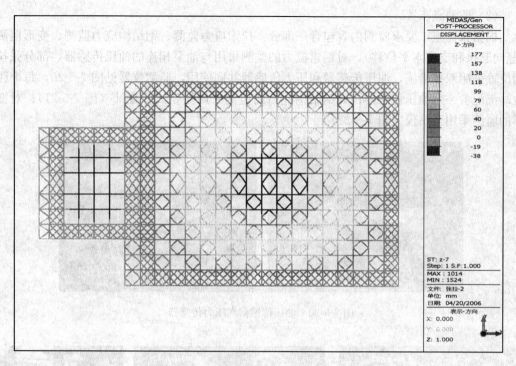

图 7-5-18 张拉完成后位移等值线图

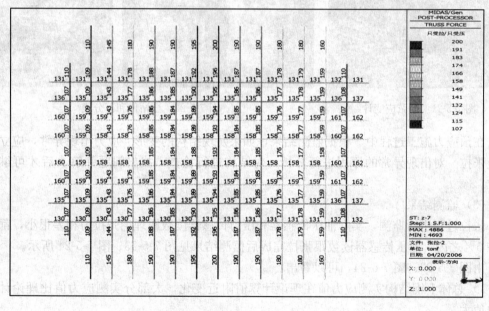

图 7-5-19 张拉完成后索力分布图

张拉过程的安全进行；

2）为保证桁架杆件应力能够在设计允许的范围内，并且满足整体结构的起拱要求，不至于出现个别杆件应力过大或者整体结构变形过大的情况，必须对构件应力比较大，起拱值比较大的部位进行应力监测和变形监测。

（2）监测点布置

根据张拉施工要求监测内容包含三部分：拉索应力监测、钢结构应力监测、变形监测（竖向起拱和支座水平位移）。对钢索拉力的监测采用与油泵相连的油压传感器，部分张拉端位置采用双控措施，油压传感器和压力传感器共同使用，监测仪器见图 7-5-20，每个张拉端都配备一个油压传感器；对钢结构应力的监测采用振弦式应变计（图 7-5-21）；对变形的监测采用全站仪（图 7-5-22）。

图 7-5-20　油压传感器和压力传感器

图 7-5-21　振弦应变计　　　　　　　　　　图 7-5-22　全站仪和百分表

在预应力施工过程中，根据监测结果，如果发现结构的变形、应力出现异常，应立即停止张拉。对出现异常的原因进行分析，对结构进行检查，找出问题并解决后才可继续张拉。

（3）监测结果

张拉过程进行监测，实际油压传感器和压力传感器读数跟理论张拉力相差很小，都控制在 5% 之内，油压传感器读数跟张拉完成后监测结果见图 7-5-23、图 7-5-24 所示。

由图 7-5-23、图 7-5-24，可以看出：

1）总体上钢结构实测应力值在理论计算值附近变化，大部分实测应力值比理论计算应力值大。

2）结构竖向位移和水平位移实测值在理论计算值附近变化，实测值跟理论计算值变化都在 15% 以内，满足规范和设计要求。

5. 张拉过程的同步性控制

根据以上所描述的张拉顺序，每次同时张拉 4 榀拉索（2 榀横向索，2 榀纵向索，共 6 根拉索），共有 12 个千斤顶同时工作，如果千斤顶的工作不同步，可能会造成预应力施

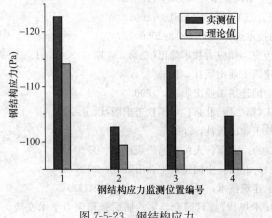

图 7-5-23　钢结构应力　　　　　　　图 7-5-24　结构竖向位移

工完成后撑杆不垂直地面或者结构受力不均匀。因此张拉过程的同步控制是保证预应力施工质量的重要措施。控制张拉过程同步可采取以下措施：

　　首先，在张拉前调整索体锚杯露出螺母的长度，使露出的长度相同，即初始张拉位置相同。

　　其次，在张拉过程中，将第一级张拉再细分为 10 小级，第二级张拉再细分为 4 小级，在每小级中尽量使千斤顶给油速度同步。在张拉完成每小级后，所有千斤顶停止给油，测量索体的伸长值。如果同一索体两侧的伸长值不同，则在下一级张拉的时候，伸长值小的一侧首先张拉出这个差值，然后另一端再给油。如此通过每一个小级停顿调整的方法来达到整体同步的效果。

主 要 参 考 文 献

[1]　中华人民共和国国家标准，《混凝土结构设计规范》GB 50010—2010

[2]　中华人民共和国国家标准，《混凝土结构工程施工质量验收规范》GB 50204—2015

[3]　中华人民共和国国家标准，《混凝土结构工程施工规范》GB 50666—2011

[4]　中华人民共和国国家标准，《预应力混凝土用钢丝》GB/T 5223—2002

[5]　中华人民共和国国家标准，《预应力混凝土用钢绞线》GB/T 5224—2014

[6]　中华人民共和国国家标准，《预应力筋用锚具、夹具和连接器》GB/T 14370—2007

[7]　中华人民共和国国家标准，《钢拉杆》GB/T 20934—2007

[8]　中华人民共和国国家标准，《混凝土外加剂》GB 8067—2008

[9]　中华人民共和国国家标准，《混凝土结构加固设计规范》GB 50367—2013

[10]　中华人民共和国国家标准，《混凝土外加剂应用技术规范》GB 50119—2003

[11]　中华人民共和国国家标准，《钢结构设计规范》GB 50017—2003

[12]　中华人民共和国国家标准，《钢结构工程施工质量验收规范》GB 50205—2011

[13]　中华人民共和国国家标准，《钢结构工程施工规范》GB 50755—2012

[14]　中华人民共和国行业标准，《无粘结预应力钢绞线》JG 161—2004

[15]　中华人民共和国行业标准，《预应力混凝土用金属波纹管》JG 225—2007

[16]　中华人民共和国行业标准，《预应力混凝土桥梁用塑料波纹管》JT/T 529—2004

[17]　中华人民共和国行业标准，《无粘结钢绞线斜拉索技术条件》JT/T 529—2009

[18]　中华人民共和国行业标准，《预应力筋用锚具、夹具和连接器应用技术规程》JGJ 85—2010

[19] 中华人民共和国行业标准，《无粘结预应力混凝土结构技术规程》JGJ 92—2004

[20] 中国工程建设标准化协会标准，《建筑工程预应力施工规程》CECS180:2005

[21] 中国工程建设标准化协会标准，《预应力钢结构技术规程》CECS212:2006

[22] 杜拱辰. 预应力混凝土理论、应用和推广简要历史. 预应力技术简讯(总第 234 期)，2007.01

[23] 杜拱辰. 现代预应力混凝土结构. 北京：中国建筑工业出版社，1988

[24] 陶学康. 后张预应力混凝土设计手册. 北京：中国建筑工业出版社，1996

[25] BEN C. GERWICK, JR. 预应力混凝土结构施工(第二版)北京：中国铁道出版社，1999

[26] 薛伟辰. 现代预应力结构设计. 北京：中国建筑工业出版社，2003

[27] 朱新实，刘效尧. 预应力技术及材料设备(第二版). 北京：人民交通出版社，2005

[28] 杨宗放，李金根. 现代预应力工程施工(第二版). 北京：中国建筑工业出版社，2008

[29] 杨宗放.《建筑工程预应力施工规程》内容简介. 建筑技术，Vol.35，No.12，2004(12)

[30] 陶学康，林远征.《无粘结预应力混凝土结构技术规程》修订简介，第八届后张预应力学术交流会. 温州：2004(8)

[31] 李晨光，刘航，段建华，黄芳玮(编著). 体外预应力结构技术与工程应用. 北京：中国建筑工业出版社，2008

[32] 熊学玉，黄鼎业. 预应力工程设计施工手册. 北京：中国建筑工业出版社，2003

[33] 李国平. 预应力混凝土结构设计原理. 北京：人民交通出版社，2000

[34] 陆赐麟，尹思明，刘锡良. 现代预应力钢结构. 北京：人民交通出版社，2003

[35] 林寿，杨嗣信等. 建筑工程新技术丛书③预应力技术. 北京：中国建筑工业出版社，2009

[36] 朱彦鹏，特种结构. 武汉：武汉理工大学出版社，2004

[37] 付乐，佟慧超，郑宇等. 简明特种结构设计施工资料集成. 北京：中国电力出版社，2005

[38] 熊学玉，顾炜，雷丽英. 体外预应力混凝土结构的预应力损失估算. 工业建筑，2004.07

[39] 孔保林. 体外预应力加固体系的预应力损失估算. 河北建筑科技学院学报，2002.03

[40] 胡志坚，胡钊芳. 实用体外预应力结构预应力损失估算方法. 桥梁建设，2006.01

[41] 徐瑞龙，秦杰，张然. 国家体育馆双向张弦结构预应力施工技术. 北京：施工技术，2007，11

[42] 王泽强，秦杰，徐瑞龙. 2008 年奥运会羽毛球馆弦支穹顶结构预应力施工技术. 北京：施工技术，2007，11

[43] 吕李青，仝为民，周黎光. 2008 年奥运会乒乓球馆预应力施工技术. 北京：施工技术，2007，11

8 钢 结 构 工 程

8.1 高层钢结构建筑的结构体系和节点构造

自20世纪80年代以来，随着国家改革开放后经济的高速发展、国力增强，城市建筑的规模、速度和水平均获得了空前的发展，其中标志城市经济发展实力和形象的高层、超高层建筑的兴起尤为迅猛，全国各地目前已建成的152m高度以上的建筑有500余栋，正在建造中的有300余栋，其中不乏高度400～600m的建筑。钢结构由于结构重量轻（较钢筋混凝土结构自重减轻1/3左右）、抗震性能好、构件截面小、柱网尺寸大、结构平面布置灵活（较钢筋混凝土结构增加建筑面积2%～4%）、工厂化加工程度高、现场施工文明化程度高、钢材可回收再利用（更加绿色低碳环保）、施工速度快等一系列优点，在高层建筑中获得广泛使用，在200m以上的高层建筑中更是不可或缺。钢结构的缺点是结构的耐火性能差，需要采取可靠的防火措施。经过30余年的快速发展，我国在高层钢结构建筑的设计理念、计算分析手段、适用钢材、加工技术、施工设备及技术方面均获得了长足发展，形成了比较完善的技术规范、标准体系和较成熟的配套施工技术。表8-1-1是1994年～2013年国内典型高层建筑钢结构工程一览表。

8.1.1 高层钢结构建筑的结构体系

在高层建筑中，随着建筑高度的增加，地震及风荷载等水平荷载成为设计控制荷载，因此高层建筑的结构体系必需包括两个抗力系统，即抗重力系统和抗水平侧力系统。不同的结构体系适应不同的建筑高度，同时满足建筑安全度、舒适度与技术经济指标的平衡。

高层钢结构建筑结构体系分以下十一种类型：

1. 纯框架体系

梁-柱节点全部为刚性连接，不设支撑，不设剪力墙系统，框架可采用全钢结构，也可采用钢-钢筋混凝土结构。由于整体侧向刚度小，只在30层以下的建筑中采用，见图8-1-1(a)。

2. 框架-抗剪桁架体系

梁-柱节点用铰接或半刚性连接，水平荷载由抗剪桁架或剪力墙承担。建筑物的高度在40层以下时采用，见图8-1-1(b)。

3. 有条带桁架的框架抗剪桁架体系

在框架-抗剪桁架体系中每隔一定层数加设一水平带条桁架，增加建筑物抵抗水平荷载的能力。建筑物高度在60层以下时采用这种体系，见图8-1-1(c)。

4. 错层桁架体系

每隔一层设一桁架，桁架的高度等于层高，楼面设置在桁架的上弦和下弦。由于桁架错层布置，可以大大增加建筑物的侧向刚度，减少侧向变形。30层以下的建筑可采用这种

国内典型高层建筑钢结构工程一览表（1994～2013）　　表 8-1-1

工程名称	上海中心大厦	天津中国117大厦	广州周大福中心（东塔）	台北101大厦	上海环球金融中心	香港环球贸易广场	南京绿地广场紫峰大厦	深圳京基金融中心广场
建筑总面积（m²）	55.8806万	单体83万，其中主楼37万	50.7681万	28.95万	38.16万	35.6838万	16万	22万
主楼高度（m）	632	597	530	508	492	484	450	441.8
层数（层）	126层（地下5层，地上121层）	121层（含设备层）（地下4层，地上117层）	117（地下5层，地上112层）	106（地下5层，地上101层）	104（地下3层，地上101层）	118（地下4层，地上114层）	92（地下3层，地上89层）	98（地下4层，地上98层）
标准层层高（m）	4～6	钢梁典型间距为3m		4.2	4.2	2.85～3.15	4.2、3.8	4.2、3.15
标准层面积（m²）	4200	4200～2100	4200～2100	2645～4300	3300	35000平方呎	2200～2500	～2200
电梯数量（台）	106部	50部双层电梯		35部双层电梯	120多部	83部	46部	69部
建筑体系	钢筋混凝土核心筒和钢框架结构混合体系	钢筋混凝土核心筒＋巨型钢框架结构体系	钢框架＋钢筋混凝土核心筒	钢筋混凝土核心筒加外框架结构	外周巨型框架筒与内部钢筋混凝土筒中筒结构	钢筋混凝土核心筒＋混凝土柱和钢框架结构	带加强层的框架-核心筒混合结构体系	框架核心筒加伸臂桁架混合结构体系
基础做法	桩基，筏板6m厚	桩基最长100m，筏板6.5m厚	巨柱独立基础，核心筒箱形基础	钢管桩加底板			人工挖孔扩底灌注桩和最大厚度3.4m的基础底板	
楼板	压型钢板组合楼板	组合楼板体系楼板厚度120mm	压型钢板组合楼板	组合楼板采用3W压型钢板＋混凝土，厚度156mm或200mm	压型钢板组合楼板	压型钢板组合楼板	压型钢板组合楼板155mm	压型钢板组合楼板
外墙	玻璃幕墙	玻璃幕墙	陶土板玻璃幕墙	双层热玻璃幕墙	玻璃幕墙	玻璃幕墙	玻璃幕墙、石材幕墙（2～7层）	玻璃幕墙
施工日期	2008年～预计2014年	2012年8月～2015年底	2009年09月～2015年11月	1999年7月～2003年10月	2003年2月～2008年8月	2002年～2010年	2005年～2010年9月竣工	2007年11月～2011年4月
混凝土输送方式	超高压泵送	超高压泵送	泵送	泵送	高强度、高流态、高耐久、高泵送混凝土技术	超高层泵送	泵送	泵送
塔式起重机台数	4台	4台	3台	3台	3台	2台内爬式塔吊		2台内爬
总用钢量（t）	100000	153000	100000	100000	52300	32000	12000	60000
用钢量（kg/m²）	178.95	184.34	196.97	345.42	137.05	89.68		272.73

续表

工程名称	广州国际金融中心	沈阳国际金融中心	上海金茂大厦	香港国际金融中心	广州中信广场	沈阳恒隆市府广场(东塔)	大连裕景中心	高雄东帝士85国际广场
建筑总面积 (m²)	448.736	53万	290000	200000	290000	190745	175000	305274
主楼高度 (m)	438	427	420.5	415.8	391.1	384.2	383	378
层数 (层)	106	89	91	94	82	80	84	90
标准层数 (层)	地下3层,地上103层		地下3层,地上88层	地下6层,地上88层	地下2层,地上80层	地下4层,地上76层	地下4层,地上80层	地下5层,地上85层
标准层层高 (m)	4.5		4	3.3				
标准层面积 (m²)	2800~3400							
电梯数量 (台)	72部		130部	62部	34部	24部		56部
建筑体系	巨型钢管混凝土柱斜交网格外筒的钢筋混凝土筒中筒体系	框筒体系	钢筋混凝土核心筒与钢结构外框架相结合的混合体系	结构柱和悬臂梁结构组成的框架结构体系	框筒结构	型钢混凝土框架-核心筒结构体系	钢骨及钢筋混凝土混合结构	
基础做法	桩基础		人工地基-钢管桩	筏板/桩复合基础	扩展基础	桩基+厚筏基础	筏板基础	
楼板	压型钢板+现浇层		压型钢板+现浇层				压型钢板+现浇层	
外墙	玻璃幕墙	玻璃幕墙	玻璃幕墙	玻璃幕墙	玻璃幕墙	玻璃幕墙	单元式玻璃幕墙	玻璃幕墙
施工日期	2005~2010	2008~2012	1994~1997.8月	2000~2003完工	1994.3~1996.8	2007.4~2012.9		1997年完工
混凝土输送方式	泵送	泵送	泵送	泵送	泵送	泵送	泵送	泵送
塔式起重机台数	3台M900D内爬	2台外附	1台挑爬;23台内爬	2台内爬		1台内爬,1台外爬	1台内爬,1台外爬	
总用钢量 (t)	40000		18000	28000		55000	34500	
用钢量 (kg/m²)	89.14		62.07	140.00		288.34	197.14	

体系，见图 8-1-1(d)。

5. 框架-核心筒结构体系

利用电梯井等竖向结构作为核心，外围采用钢框架结构，核心为钢筋混凝土结构或钢结构。60 层以下的建筑可采用这种体系，见图 8-1-1(e)。

6. 半筒体系

建筑物平面的两个端头设抗剪体系，以桁架或密肋形柱形成槽形，中部抗剪桁架布置为封闭矩形或工字形。70 层以下的建筑可采用这种体系，见图 8-1-1(f)。

7. 外框架筒体系

由密排柱形成周边外框架筒，抵抗水平荷载，中间柱承受重力荷载，是刚性很大的空间体系，90 层以上的建筑可采用这种体系，见图 8-1-1(g)。

8. 筒中筒体系

核心结构为钢筋混凝土或钢结构内筒，周围由密排的钢柱、钢梁形成外筒。筒中筒体系一般用于 90 层高层建筑，见图 8-1-1(h)。

9. 束筒体系

由多个筒体相连，形成侧向刚度很大的体系。束筒体系可用于 100 层以内的建筑，见图 8-1-1(i)。

10. 外围交叉桁架筒体系

外围形成很宽的竖向桁架。这种体系由于有大量的交叉节点，构造较复杂，但空间刚度很大。这种体系可用于 100 层左右的高层建筑，见图 8-1-1(j)。

11. 桁架筒

见图 8-1-1(k)。

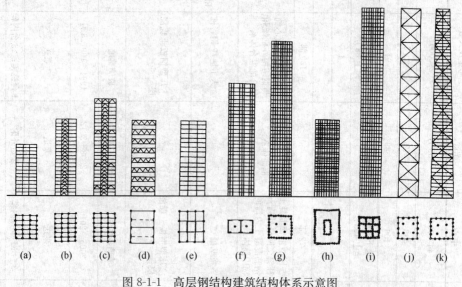

图 8-1-1 高层钢结构建筑结构体系示意图

除上述较常见的结构体系外，还有许多由此衍生的结构体系形式。随着建筑高度的增加，在 350m 高度以上的建筑中更多采用了由巨型柱、桁架及巨型支撑构成的巨型框架+核心筒体系（见附图 8-1-1c～g）。

　　高层建筑钢结构工程的高宽比一般为 5：1，但由于建筑物占地面积和功能的限制，基底尺寸通常不会过大，一般为 60～80m，因此对于超过 400m 以上的高层建筑，其高宽比为 1：7～1：9，甚至达 1：9 以上，当高宽比超过 1：8 时，通常外筒设计为巨型框架或巨型支撑框架以有效提高结构的抗侧刚度。

　　图 8-1-2～图 8-1-8 为高层钢结构工程示意图。

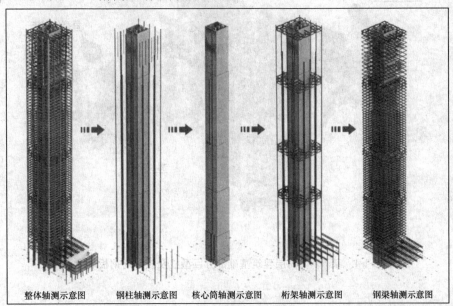

| 整体轴测示意图 | 钢柱轴测示意图 | 核心筒轴测示意图 | 桁架轴测示意图 | 钢梁轴测示意图 |

图 8-1-2　某高层钢结构工程结构体系组成示意

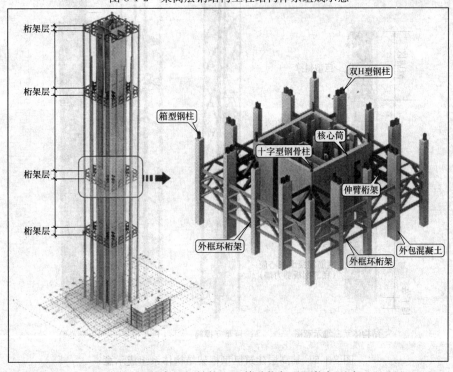

图 8-1-3　某高层钢结构工程伸臂桁架及腰桁架示意

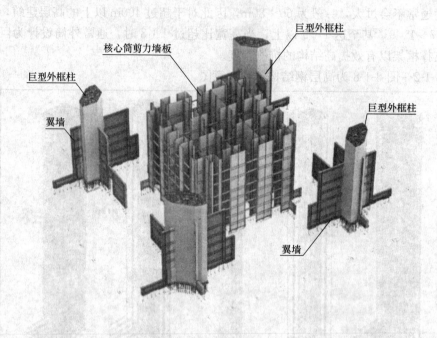

图 8-1-4　某 500m 高层建筑基础部分巨型柱及核心筒钢板墙示意

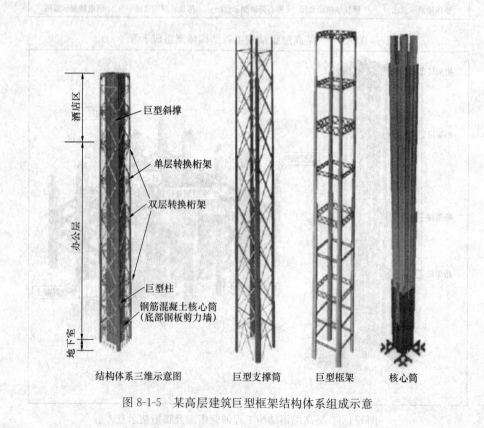

结构体系三维示意图　　巨型支撑筒　　巨型框架　　核心筒

图 8-1-5　某高层建筑巨型框架结构体系组成示意

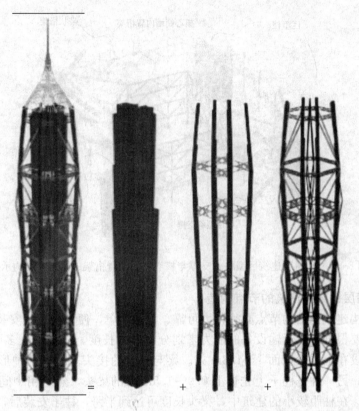

图 8-1-6　某高层建筑巨型框架结构体系组成示意

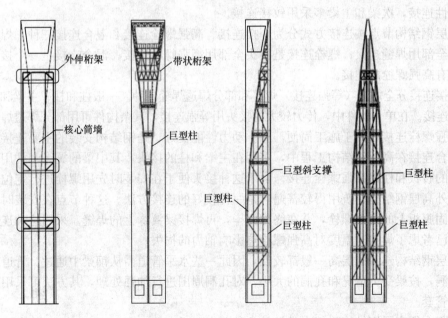

图 8-1-7　某高层建筑异形巨型柱框架结构体系示意

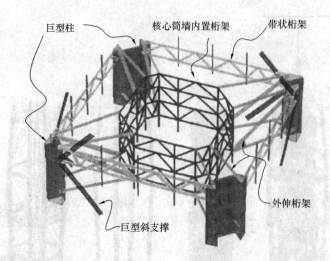

巨型柱　　核心筒墙内置桁架　　带状桁架

外伸桁架

巨型斜支撑

图 8-1-8　某高层建筑巨型柱、支撑与核心筒、伸臂桁架、腰桁架结构示意

8.1.2　高层钢结构建筑的节点构造

高层钢结构建筑的结构节点必须传力可靠、构造简单，便于加工和安装。高层钢结构节点的设置还要根据起重运输设备的能力来划分构件的长度。如柱子最多可达四层 1 根，柱子接头一般设在上层梁顶面 1～1.3m 处。梁与柱子的接头基本有两种形式，一种是梁直接和柱连接；另一种是柱子上先焊上 0.9～1.5m 长的梁头，然后用中间一段梁与柱子上的梁头连接。在柱距较小的建筑中，梁头长度可达到半跨，柱子安装后，两个梁头用螺栓或焊缝连接，省去了梁的安装工序。

高层钢结构的节点，按受力方式分为刚性连接和铰接连接二种。柱和柱、柱和主梁多采用刚性连接，次梁和主梁多采用铰接连接。

高层钢结构节点按连接方式分为焊接连接、高强螺栓连接和混合连接三种。焊接连接是接头全部用焊缝连接；螺栓连接是接头全部用高强螺栓连接；混合连接是一个接头既有焊缝又有高强螺栓的连接。

焊接连接分全焊透（等强连接）焊缝和部分焊透焊缝二种。一般柱和柱、主梁和柱接头用等强连接。在单个构件中，传力较大的接头用等强连接，其余构件可用部分焊透焊缝。

高强螺栓连接，由于施工简便，静、动力性能良好，是钢结构安装的主要连接方式。

混合连接在高层钢结构工程中，多用在主梁和柱的接头，其中梁的翼缘和柱用焊缝连接，梁的腹板和柱用高强螺栓连接。由于这种接头便于在安装时先用螺栓进行定位，所以在国内外高层钢结构建筑用得较普遍，是一种较好的连接方法。这种节点在安装时，一般是先紧固腹板上的高强螺栓，并在终拧完毕，再焊接梁翼缘上的焊缝。采用这种连接，在设计中已考虑了焊接时温度对高强螺栓热影响轴力的损失。

高层钢结构建筑的层高一般都较低，因此一些水平管道需从钢梁中通过。管道穿过钢梁的孔洞，按梁受力情况和孔洞的大小，对孔洞周围进行加强处理，其方法可采用钢板圈或短钢管套。

下面介绍高层钢结构建筑中常见的几种节点。

8.1.2.1　柱脚节点构造

（1）单根螺栓分别埋设。见图 8-1-9(a)。

（2）在钢板上钻孔，螺栓套入孔内，并用角钢做成支架后进行埋设，见图 8-1-9(b)。

（3）用角钢做成水平框，与地脚螺栓构成框架再埋设，见图 8-1-9(c)。

（4）做成牢固支架，把螺栓固定在支架上再埋设。这种节点在地脚螺栓较多的情况下采用，见图 8-1-9(d)、(e)。

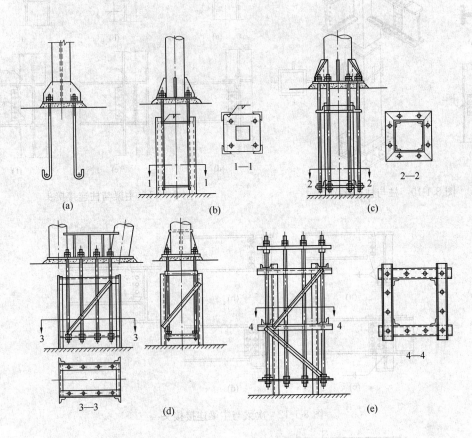

图 8-1-9　柱脚节点构造

8.1.2.2　柱与柱的连接接头

（1）H 型钢螺栓连接接头，见图 8-1-10(a)。

（2）H 型钢混合连接接头，见图 8-1-10(b)。

（3）封闭箱形柱接头，见图 8-1-10(c)。

8.1.2.3　主梁与柱的连接接头

（1）焊接连接接头，见图 8-1-11(a)、(b)。

（2）螺栓连接接头，见图 8-1-11(c)、(d)。

（3）混合连接接头，见图 8-1-11(e)、(f)。

8.1.2.4　次梁与主梁的连接接头

次梁与主梁的连接接头，分别见图 8-1-12(a)、(b)、(c)、(d)、(e)。

8.1.2.5　支撑接头

（1）支撑与梁、柱的连接接头，分别见图 8-1-13(a)、(b)、(c)、(d)。

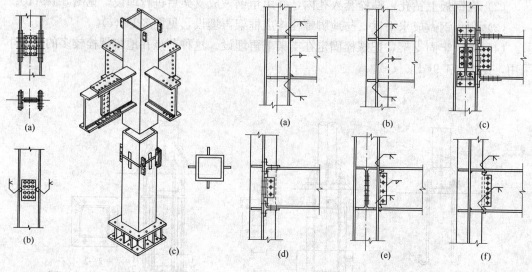

图 8-1-10 柱与柱连接节点

图 8-1-11 主梁与柱连接接头

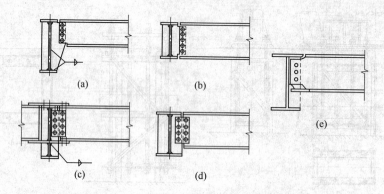

图 8-1-12 次梁与主梁连接接头

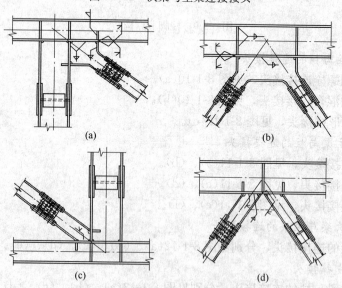

图 8-1-13 支撑与梁、柱的连接接头

（2）支撑中间的接头，分别见图 8-1-14(a)、(b)。

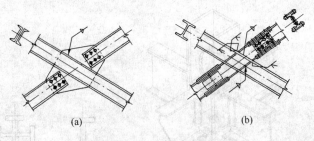

(a)　　　　　　　(b)

图 8-1-14　支撑中间的接头

8.1.2.6　梁的孔洞

（1）圆形孔洞，见图 8-1-15。

（2）方形孔洞，见图 8-1-16。

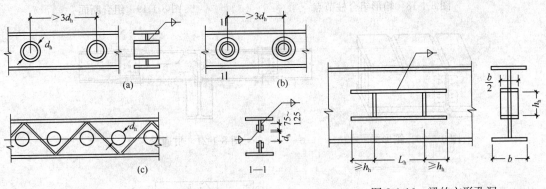

图 8-1-15　梁的圆形孔洞　　　　　　图 8-1-16　梁的方形孔洞

8.1.2.7　梁柱节点

1. 随着大型热轧 H 型钢、焊接组合构件的发展及高强螺栓的广泛应用，增加了柱带梁、梁带梁的贯通形式，现场柱-梁连接改为梁-梁连接，以便抗剪体系和带状桁架的安装。

图 8-1-17 为圆形柱十字交叉处采用外隔板连接形式。

图 8-1-18 为箱形截面柱内隔板。

2. 随着高层建筑高度的增加、荷载加大，对梁、柱断面也要求加大。为了节约钢材，提高断面的利用系数，逐渐发展成具有较大惯性矩的焊接经济断面（图 8-1-19）。

图 8-1-20 为箱形梁；图 8-1-21 为贯通梁-梁焊接节点；图 8-1-22 为钢支撑高强螺栓连接节点。

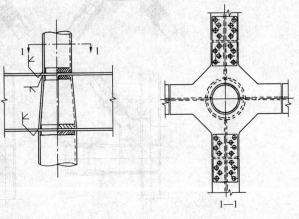

图 8-1-17　圆形柱

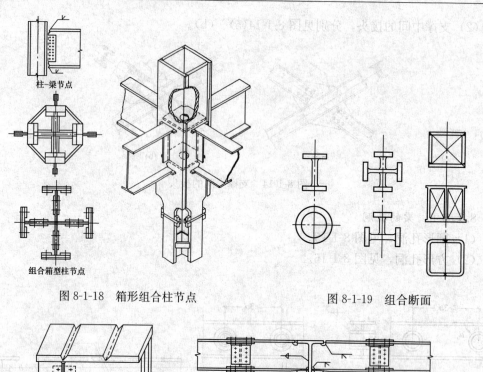

柱-梁节点

组合箱型柱节点

图 8-1-18　箱形组合柱节点

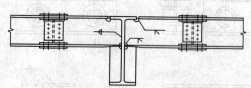

图 8-1-19　组合断面

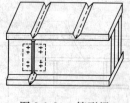

图 8-1-20　箱形梁

图 8-1-21　贯通梁

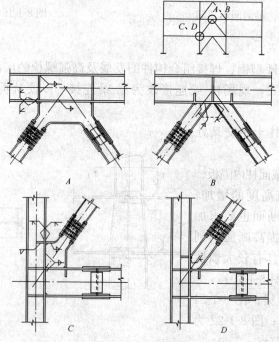

图 8-1-22　钢支撑节点

8.2 建筑钢结构材料

8.2.1 分类和性能

8.2.1.1 钢和钢材的分类

1. 钢的分类

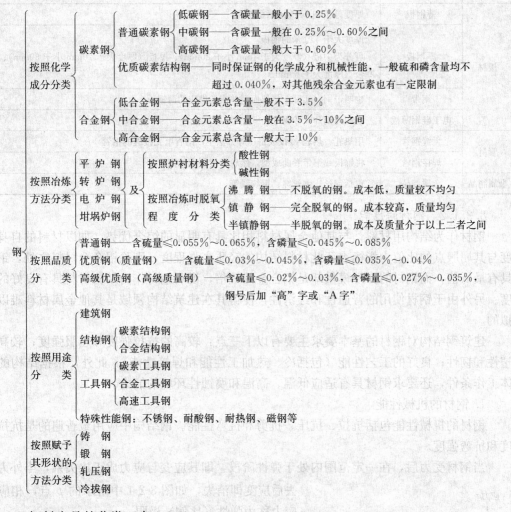

2. 钢材产品的分类（表 8-2-1）

钢材产品分类　　　　　　　　　　　　　　　　　　　　　　表 8-2-1

类别	品种	说　明
型材	重轨	每米重量大于 30kg 的钢轨（包括起重机轨）
	轻轨	每米重量小于或等于 30kg 的钢轨
	大型型钢	普通钢圆钢、方钢、扁钢、六角钢、工字钢、槽钢、等边和不等边角钢、H 型钢、T 型钢及螺纹钢等。按尺寸大小分为大、中、小型
	中型型钢	
	小型型钢	

续表

类别	品种	说　明
型材	线材	直径 5～10mm 的圆钢和盘条
	冷弯型钢	将钢材或钢带冷弯成型制成的型钢
	优质型材	优质钢圆钢、方钢、扁钢、六角钢等
	其他钢材	包括重轨配件、车轴坯、轮箍等
板材	薄钢板	厚度等于和小于 4mm 的钢板
	厚钢板	厚度大于 4 毫米的钢板。 可分为中板（厚度大于 4mm 小于 20mm）、厚板（厚度大于 20mm 小于 60mm）、特厚板（厚度大于 60mm）
	钢带	也叫带钢，实际上是长而窄并成卷供应的薄钢板
	电工硅钢薄板	也叫硅钢片或矽钢片
管材	无缝钢管	用热轧、热轧-冷拔或挤压等方法生产的管壁无接缝的钢管
	焊接钢管	将钢板或钢带卷曲成型，然后焊接制成的钢管
金属制品	金属制品	包括钢丝、钢丝绳、钢绞线等

8.2.1.2 钢材的性能

钢材作为结构用材料，与其他金属材料相比具有明显的综合优势。如以材料的自身密度与其屈服点的比值为指标表征此材料结构的轻质高强程度，则除铝合金材料之处，钢材具有最低值，而钢材的弹性模量却是铝合金的三倍，说明钢材作为结构材料具有良好的刚度。另外由于钢材使用的普遍性和经济性，使得其在建筑结构领域是其他金属材料难以比拟的。

建筑钢结构对钢材的基本要求主要有以下三点：较高的抗拉强度和屈服强度；较高的塑性和韧性；良好的工艺性能（包括冷、热加工性能和焊接性能）。此外，根据结构的具体工作条件，还要求钢材具有适应低温、高温和腐蚀性环境的能力。

1. 钢材的机械性能

钢材的机械性能包括抗拉、抗压、抗剪和抗弯性能。钢结构中应用最普遍的是抗拉强度和抗弯强度。

当钢材受力后，在一定范围内处于弹性阶段，即其应变与应力成正比关系，当外力除去后应变即消失，如图 8-2-1 中所示的 p 点，相应的应力称为弹性（比例）极限。

当荷载超过 p 点后，应力-应变曲线逐渐弯曲，应力与应变不成正比关系，到达 s 点时，变形增加很快，甚至出现荷载不增加而变形仍在继续发展的现象。此时，钢材除弹性变形外，还出现了塑性变形，卸荷后钢材不能完全恢复原来的长度。s 点的应力即钢材的屈服点（或称屈服强度）。屈服点是钢材很重要的力学性能指标，是结构设计计算的依据。

屈服阶段以后，此时钢材的弹性并未完全恢复，

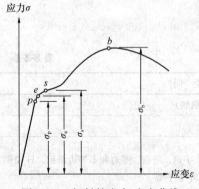

图 8-2-1　钢材的应力-应变曲线

塑性特征非常明显，应力-应变曲线略有上升，到达顶点 b，b 点的荷载是钢材所能承受的最大荷载，相应的应力称为抗拉强度或极限强度。

钢材的塑性是指在外力作用下产生永久塑性变形而不发生破断的能力。钢材的塑性常用伸长率或断面收缩率来表示。

钢材的延伸率按下式计算：

$$\delta = \frac{L - L_0}{L_0} \times 100\% \qquad (8\text{-}2\text{-}1)$$

式中　L_0——试样原标距长度；

　　　L——试样拉断后的标距长度。

由于试样在断裂前都形成缩颈，所以塑性变形在试样标距长度上的分布是不均匀的，在断裂试样上所测得的延伸率（伸长率）是由分布在整个试样长度上的均匀延伸和缩颈处的集中变形所组成的。试样的标距长度与其直径之比越小，则在缩颈处的集中变形在延伸率中所占的比例就越大。钢材的拉伸试样有长试样和短试样两种：长试样 $L_0 = 10d$（d——试样直径），所测得的延伸用 δ_{10} 表示；短试样 $L_0 = 5d$，延伸率用 δ_5 表示。由于上述原因，对同一种钢材 δ_5 大于 δ_{10}，现在一般用 δ_5 表示钢材的延伸率。尽管建筑结构是在弹性范围内使用，但是延伸率高表示钢材的塑性好，结构的可靠性较大。这是因为塑性变形可使应力集中处的应力重新分布，使之平缓，以免引起建筑结构的局部破坏及其所导致的整个结构垮塌。

钢材的断面收缩率按下式计算：

$$\psi = \frac{F_0 - F}{F_0} \times 100\% \qquad (8\text{-}2\text{-}2)$$

式中　F_0——试样原始截面积（mm^2）；

$$F_0 = \frac{1}{4}\pi d^2$$

　　　F——试样断裂后的最小横截面积（mm^2）；

$$F = \frac{1}{4}\pi \left(\frac{d_1 + d_2}{2}\right)^2$$

d_1、d_2——两个互相垂直的直径的测量值；如果断面呈椭圆形，则 d_1 和 d_2 表示椭圆的两个极轴。

面积收缩率能更真实地反映缩颈处的塑性变形特征，所以比延伸率更好地表示钢材的塑性变形能力。但在实际测定时较为困难，误差较大，所以一般仍用延伸率（伸长率）来表示钢材的塑性。

2. 钢材的冲击韧性

韧性是钢材抵抗冲击荷载的能力，同时在工程实践中亦常用来代表钢材抗脆断的断裂韧性。钢材的韧性即荷载作用下钢材吸收机械能（冲击吸收功 A_k）和抵抗断裂的能力，反映钢材在动力荷载下的性能。冲击试验中击断试件所耗的功愈大，冲击韧性愈高，材料韧性愈好，越不易脆断。钢材的冲击韧性值（a_k）受温度影响很大，如图 8-2-2 所示，存在一个由可能塑性破坏到可能脆性破坏的转变温度区（$T_1 \sim T_2$）。T_1 称为临界温度，T_0

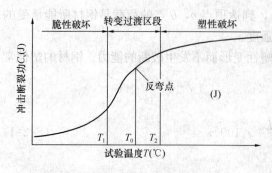

图 8-2-2　冲击韧性与温度的关系曲线

称为转变温度。在 T_0 以上，只有当缺口根部产生一定数量的塑性变形后才会产生脆性裂纹；在 T_0 以下，即使塑性变形很不明显，甚至没有塑性变形也会产生脆性裂纹。脆性裂纹一旦形成，只需很少能量就可使之迅速扩展，至钢材完全断裂。为了避免钢结构的低温脆断，结构使用温度须高于钢材的转变温度。各种钢材的转变温度都不同，应由试验确定。在提供有不同负温下的冲击韧性时，通过选材以避免脆断的风险。故寒冷地区的重要结构尤其是受动载作用的结构，不仅要求保证常温（20℃±5℃）的冲击韧性，还要保证负温（-20℃或-40℃）的冲击韧性。

3. 钢材的疲劳性能

钢材在连续反复荷载作用下，虽然应力低于极限强度，甚至还低于屈服点，也会发生破坏，这种现象称为钢材的疲劳现象或疲劳破坏。钢材的疲劳破坏表现为突然发生的脆性破坏。

钢材在循环荷载作用下发生疲劳破坏时，构件断口上面一部分呈现半椭圆形光滑区，其余部分则为粗糙区（见图 8-2-3）。应力循环特性用应力比值来表示并以拉应力为正值。连续重复荷载之下应力往复变化一周称为一个循环，$\Delta\sigma$ 为应力幅（表示应力变化的幅度，为正值），常用公式为 $\rho = \sigma_{min}/\sigma_{max}$、$\Delta\sigma = \sigma_{max} - \sigma_{min}$。根据试验数据可以画出构件或连接件的应力幅 $\Delta\sigma$ 与相应的致损循环次数 n 的关系曲线（见图 8-2-4），此曲线是疲劳验算的基础，致损循环次数也被称为疲劳寿命。

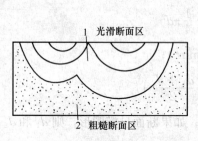

图 8-2-3　钢材疲劳破坏时的构件断口示意

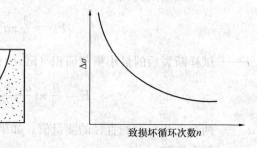

图 8-2-4　$\Delta\sigma \sim n$ 曲线

钢材在某一连续反复荷载作用下，经过若干次循环后出现疲劳破坏，相应的最大应力称为疲劳强度。疲劳强度的大小与应力循环次数、应力循环形式、应力集中程度和钢材材质的好坏等诸因素有关。其他因素为给定且应力循环次数为无限大时的最大应力称为某种条件下的疲劳强度极限（即耐劳性）。在该条件下，当应力低于此值时将不会发生疲劳破坏。实际上，在通过 10×10^6 次加载循环后，钢材的疲劳强度已接近其极限值，故亦可将连续加载一千万次后钢材的疲劳强度作为该钢材的疲劳强度极限。而在加载 2×10^6 次循环后的疲劳强度与极限值的差别已很小，所以，在实用上钢材的耐疲劳性试验一般在 2×10^6 次加载循环的基础上进行。

4. 钢材的硬度

抵抗其他更硬物体压入钢材表面的能力叫钢材的硬度。

钢材的硬度一般用布氏硬度（HB）、洛氏硬度（HRA、HRB、HRC）和维氏硬度（HV）表示（建筑钢结构中对于高强度螺栓连接副的质量检查需进行硬度检验）。

5. 钢材的工艺性能

（1）冷弯性能

钢材的冷弯性能用以检验钢材的弯曲变形能力或塑性性能。在常温情况下，钢材承受弯曲而不发生破坏的程度越大，其冷弯性能就越好。钢材的冷弯性能一般用弯曲角度和弯心直径与钢材厚度的比值来表示。钢材出现裂纹前，弯曲角度越大，弯心直径与钢材厚度的比值越小，则表示钢材的冷弯性能越好。

冷弯是以通过弯曲处钢材的塑性变形来实现的，因此钢材的塑性越好，冷弯性能也就越好。

冷弯可以检验钢材弯曲成形性能，同时又是检验钢材内部有无夹渣、夹层缺陷的一种重要方法。用于钢结构建筑的结构钢材必须冷弯性能合格。

（2）焊接性能

钢材的焊接性是指采用一般焊接工艺就可完成合格（无裂纹）的焊缝的性能，钢材的焊接性受碳含量和合金元素含量的影响，碳含量在 0.12%～0.20% 范围内的碳素钢焊接性最好（碳含量再高则易使焊缝和热影响区变脆）。

施工上的可焊性是指在一定的焊接工艺条件下焊缝金属和热影响区产生裂纹的敏感性。施工中可焊性好，即施焊时焊缝金属和热影响区均不出现热裂纹或冷裂纹（温度在铁碳合金状态图的 GS 线（即上临界线）以上时所形成的裂纹，称为热裂纹；在此温度以下所发生的裂纹，称为冷裂纹）。

使用性能上的可焊性，是指焊接接头和焊缝金属的冲击韧性和热影响区的塑性，要求施焊后的力学性能不低于母材的力学性能。若焊缝金属的冲击值下降较多或热影响区的脆化倾向较大，则其在使用性能上的可焊性就较差。

8.2.2 钢材的组成及其性能影响因素

8.2.2.1 钢材的组成

钢是铁、碳合金，除铁、碳外尚有大量的其他元素，如硅、锰、硫、磷、氮等，合金钢就是为了改变钢的性能而有意加入了一些元素的。钢材牌号中化学元素符号见表 8-2-2。

表 8-2-2

名 称	符 号	名 称	符 号	名 称	符 号	名 称	符 号
铬	Cr	钨	W	硼	B	碳	C
镍	Ni	钼	Mo	钴	Co	铈	Ce
硅	Si	钒	V	氮	N	铯	Cs
锰	Mn	钛	Ti	铌	Nb	锆	Zr
铝	Al	铜	Cu	钽	Ta	镧	La
磷	P	钡	Ba	钙	Ca	稀土元素	Re
硫	S	铁	Fe	锕	Ac		

　　钢和铁中由铁素体、奥氏体、渗碳体、珠光体、莱氏体五种显微组织组成。在铁碳合金中，这五种组织是由含碳量和温度条件来决定的，其状态见图 8-2-5，各组织的机械性见表 8-2-3。

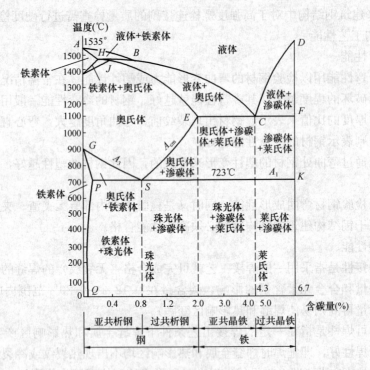

图 8-2-5　铁碳合金状态图

钢中各种组织的机械性能　　　　　　　　表 8-2-3

组织名称	$\sigma_{0.2}$ (N/mm²)	σ_b (N/mm²)	δ (%)	ψ (%)	a_k (N·m/cm²)	HB
铁素体	120～200	250～350	30～50	60～85	200～300	80～100
奥氏体	～400	～1000	～50	—	～300	200～250
渗碳体	—	3.0～3.5	～0	～0	～0	750～820
片状珠光体	500～650	850～900	9～12	10～20	20～30	180～220
细片状珠光体	200	1300	15	40	—	380

　　8.2.2.2　钢材冶炼和脱氧工艺对性能的影响

　　1. 不同冶炼工艺的钢材性能比较

　　钢按冶炼工艺通常分为平炉钢、转炉钢和电炉钢，由于后两种工艺的能效更高，目前钢铁生产以转炉和电炉为主。不同冶炼工艺钢材性能比较见表 8-2-4。

　　2. 不同脱氧工艺的钢材性能比较

　　不同脱氧工艺的钢材机械性能的影响见表 8-2-5。

　　不同脱氧工艺对钢锭中缺陷程度和分布的影响见图 8-2-6 和图 8-2-7 示意。

不同冶炼工艺钢的质量性能特点　　　　　　　　　　表 8-2-4

比较项目		转炉钢			碱性平炉钢	碱性电炉钢
比较项目	钢　种	底吹酸性	侧吹碱性	氧气顶吹	碱性平炉钢	碱性电炉钢
有害气体（%）	氮	0.011～0.025	0.003～0.008	0.001～0.003	0.002～0.006	0.008～0.010
	氧	0.04～0.10	0.033～0.067	0.02～0.04	0.02～0.04	0.01～0.02
	氢	0.0004～0.0007	0.00018～0.00054	0.0001～0.0003	0.0002～0.0006	0.0002～0.0006
夹杂物		较多	次多	较少	较少	最少
焊接性能		最差	较差	好	好	最好
钢的质量		差	较差	好	好	最好
疲劳性能		最低	低	高	较高	最高
钢的用途		不受动力载荷的非焊接结构	一般结构	重要结构	重要结构	特殊用途
钢的成本		低	较低	较低	较高	最高

脱氧工艺对钢的性能影响（Q235）　　　　　　　　　　表 8-2-5

比较项目		钢　种	沸腾钢	半镇静钢	镇静钢
化学成分（%）		碳	0.14～0.22	0.14～0.22	0.14～0.22
		磷	≤0.045	≤0.045	≤0.045
		硫	≤0.055	≤0.055	≤0.055
		硅	≤0.07	≤0.17	0.12～0.30
		锰	0.30～0.60	0.40～0.65	0.40～0.65
		铝	无	较少	较多
机械性能	屈服点（N/mm²）	第一组	240	240	240
		第二组	220	230	230
		第三组	210	220	220
	冲击值（N·mm/mm²）	20℃冲击值	一般不保证	70～100	70～100
		-20℃冲击值	不保证	30	30
		时效冲击值	不保证	较差	较好

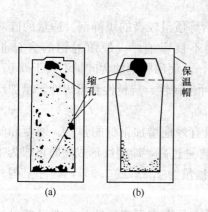

图 8-2-6　钢锭中缩孔缺陷示意
（a）沸腾钢；（b）镇静钢

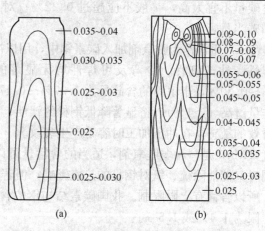

图 8-2-7　钢锭中硫的偏析示意（数字为硫含量）
（a）镇静钢锭；（b）沸腾钢锭

8.2.2.3 钢材的化学成分对材质的影响

建筑结构用钢材，不论是碳素结构钢或低合金钢，都是含碳量小于 0.25% 的铁碳合金。其中铁是最基本的元素，约占化学成分的 98%，但影响钢材材质的却是含量仅占百分之几的其他元素，包括有碳、各种合金元素和杂质元素。它们对钢材材质的影响有正负两方面作用，既有增加强度的功能，同时往往对钢材的塑性、韧性有不利影响。只有少量的合金元素，其负面效应甚微。钢中主要化学元素对建筑钢材性能的影响见表 8-2-6。

钢中主要化学元素对建筑钢材性能的影响　　　　　表 8-2-6

性能 ＼ 化学元素	碳 C	硅 Si	锰 Mn	磷 P	硫 S	镍 Ni	铬 Cr	铜 Cu	钒 V	钼 Mo	钛 Ti	铝 Al
强度极限	++	+	+	++	−	+	+	+	+	+	+	0
屈服极限	+	+	+	+		+	+	+	+	+	+	0
延伸率	−−		0		0	0	0	0	0	0	0	0
硬度	++	+	+			+	+	+	+	+	+	0
冲击韧性	−					+			0	0	0	0
疲劳强度	0		0		0	0	0	0	++	0	0	0
可焊性	−									0	+	+
腐蚀稳定性												
冷脆性	+			++						+	+	
热脆性	+	0	0	0	++	0	0	0	0	0	0	0

注：其中：+ 表示提高，++ 表示提高幅度较大；− 表示降低，−− 表示降低幅度较大；0 表示影响不显著。

对碳素结构钢，常规的化学成分分析针对的是碳、硅、锰、硫、磷（C、Si、Mn、S、P）五元素。其中碳是形成钢材强度的主要元素，并直接影响钢材的可焊性。随着含碳量的增加，钢材的硬度和耐磨性、屈服点和抗拉强度都将提高，但塑性和韧性，尤其是负温冲击韧性下降很多，冷弯性能明显下降，可焊性恶化。因此钢结构选用钢材的含碳量不宜太高，一般不应超过 0.22%；对于焊接结构的钢材，更须严格控制含碳量和碳当量。

硅（Si）通常作为脱氧剂加入碳素钢中，用以冶炼质量较高的镇静钢。适量的硅对钢材的塑性、冲击韧性、冷弯及可焊性均无显著的不良影响。一般镇静钢的含硅量为 0.12%～0.30%，半镇静的含硅量为 0.07%～0.17%，而沸腾钢的含硅量不大于 0.07%。若含硅量过高（>1%），将显著降低钢材的塑性、冲击韧性、抗锈性和可焊性，增加冷脆性和时效的敏感，在冲压加工时容易产生裂纹。

锰（Mn）是一种弱脱氧剂，适当的含锰量可以有效地增加钢材的强度、硬度和耐磨性，同时又能消除硫、氧对钢材的热脆影响；但若含量过高，冷裂纹形成倾向将成为主要问题，所以含锰有上限限制。我国碳素结构钢的含锰量为 1.2% 或 1.3%，国际上国外标准的上限为 1.4% 或 1.5%。

硫（S）和磷（P）在碳素结构钢中都属于杂质，是有害元素。硫的存在可能导致钢材的热脆现象，同时硫又是钢中偏析最严重的杂质之一。片状硫化物夹渣的存在，常常是钢板产生层状撕裂的原因，因此，质量愈好的钢材对含硫量控制愈严格。一般情况，含硫量应小于0.05％，要求最严格的可低于0.005％。磷的存在虽可提高钢材的强度和抗腐蚀性能，但会严重降低钢材的塑性、冲击韧性、冷弯性能和可焊性；特别在低温时，使钢材变得很脆（冷脆性）。磷亦是一个易于偏析的元素，比硫的偏析还严重，因此磷的含量也必须严格限制，不应超过0.045％。但是，当铜、磷两元素在钢中共存时，其弊端相互抵消；再适当降低含碳量（C<0.12％）后，其强度、韧性、可焊性等均有较好的表现。铜磷钢是在国内外都已得到公认的耐候钢系列之一，其含磷量可高达0.07％～0.15％。

低合金结构钢中的合金元素以锰（Mn）、钒（V）、铌（Nb）、钛（Ti）和铬（Cr）、镍（Ni）等为主。钒、铌、钛等元素全属添加元素，都能明显提高钢材强度，细化晶粒改善可焊性。镍和铬属于残余元素，是来自废钢中的合金元素，都是不锈钢的主要元素，能提高强度、淬硬性、耐磨性和低温韧性等综合性能，但对可焊性不利。为改善低合金结构钢的性能，尚允许加入少量钼（Mo）和稀土（RE）元素，可改善其综合性能。

铝是钢中的强脱氧剂，其脱氧能力比锰高90倍，比硅高17倍。但由于用铝脱氧成本较高，只有要求较高的钢材用铝作补充脱氧，进一步减少钢中的有害杂质，使钢具有更高的冲击韧性和更小的冷脆、时效倾向，焊接时可减少热影响和冷裂纹的形成，改善钢的焊接性能。国家标准中要求，特殊镇静钢用铝元素作为细化晶粒元素时，钢的化学成分中酸溶铝含量不小于0.015％或全铝含量不小于0.20％。

氧是在炼钢过程中进入钢液，并在钢凝固时未逸出液面的气体。氧在钢中大部分以氧化物的形式存在。它与硫化铁形成低熔点（约940℃）的共晶体，会增加钢的热脆性，降低钢材强度、塑性、冲击韧性。镇静钢的含氧量较沸腾钢少，所以镇静钢的质量优于沸腾钢。

氮是在炼钢过程中由空气带入钢液并残留在钢中。随着含氮量的增加，钢材的强度和硬度却显著提高，而塑性和冲击性能急速下降，增加钢的冷脆倾向和热脆影响，使焊接性能变坏。

氢也是冶炼时由空气带入钢液而残留在钢液中的，即所谓白点。氢使钢变脆，降低钢的机械性能。所以有氢白点的钢材不能用于建筑物的重要部位。

8.2.2.4 钢材轧制过程对其材质的影响

钢锭的热轧过程不仅改变了钢的外形及尺寸，也改变了钢的内部组织及其性能。热轧过程始于1200～1300℃高温，终止于900～1000℃。在压力作用下，钢锭中的小气泡、裂纹等缺陷会焊合起来，促使金属组织更致密。轧制过程能破坏钢锭的铸造组织，细化晶粒并消除显微组织缺陷。显然，轧制钢材比铸钢具有更好的力学性能。轧制型材规格愈小，一般来说强度愈高，而且塑性及冲击韧性也比较好。这是因为小型材的轧制压缩比大的缘故。如轧制时压缩比过小，成品厚度较大，停轧温度过高，则在随后的冷却过程中会形成降低强度和塑性的金相组织；如停轧温度过低，将增加钢的冷脆倾向，并由于形成带状组织而破坏钢的各向同性的性质。

为了保证钢材的质量，必要时，在轧制过程中应控制温度、压下量和冷却速度，提供在"控轧"状态下的供货状况，可以采用热处理后供货以改善其质量（"热机械轧制"-TMCP工艺即为一种控轧工艺）。但对于普通建筑结构钢，很少需要此工艺。

钢材在轧制过程中发生杂质偏析及晶粒细化效应的示意见图8-2-8和图8-2-9。

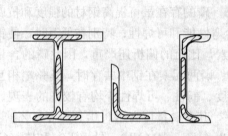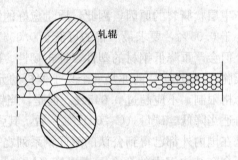

图 8-2-8　轧制型钢中硫的偏析　　图 8-2-9　轧制过程使钢的内部晶粒细化示意

8.2.2.5　钢材热处理对材质的影响

建筑结构钢材大部分是在热轧状态下交货使用的，但有些钢材品种需要经过热处理后才能使用。

钢的热处理就是将钢在固态范围内施以不同的加热、保温和冷却，借以改变其性能的一种工艺。根据加热和冷却的方法不同，热处理可分为很多种类。与建筑钢结构（包括其所用钢材）有关的热处理有如下几种：

1. 退火处理

退火处理大体上可分为重结晶退火和低温退火两类。重结晶退火是将钢加热到相变临界点以上 30～35℃，保温一段时间，然后缓慢冷却（随炉冷却、坑冷、灰冷）到 500℃ 以下后，在空气中冷却。退火是一种时间漫长的热处理工艺，其目的是细化晶粒、降低硬度、提高塑性、消除组织缺陷和改善力学性能等。低温退火是将钢加热到相变临界点以下（500～650℃），保温一段时间后缓冷到 300～200℃ 以下出炉。钢在这个过程中无组织变化。消除内应力的处理即属低温退火。

2. 正火处理

正火处理是指将钢加热到临界点（AC_3）以上 30～50℃，保温一段时间，进行完全奥氏体化，然后在空气中冷却。正火与退火的加热条件相同，只是冷却条件不同。正火在空气中的冷却速度要快于回火，故正火钢有较高的强度和硬度，甚至有较大的塑性和韧性。正火的目的是细化晶粒、消除缺陷、改善性能。故对于碳素结构钢、低合金结构钢均可以正火处理状态交货。

3. 淬火处理

将钢材加热到相变临界点以上（一般为 900℃ 以上），保温一段时间，然后在水或油等冷却介质中快速冷却，使奥氏体组织转变为马氏体，得到高硬度、高强度，但需要随后的回火处理，以获得良好的综合力学性能。

4. 回火

将淬火后的钢材再加热到低于 630℃ 以下的某一温度，保温一定时间，然后以一定方式进行冷却。回火的目的是降低或消除淬火时所造成的内应力，以降低钢材的脆性，提高冲击韧性，获得良好的机械性能。淬火后再回火的热处理通常称为调质处理。

对于高强度钢材，如现行国家标准《低合金高强度结构钢》GB/T 1591 中的 Q420、Q460 的 C、D、E 级钢，其交货状态中包括有淬火加回火的状态。《焊接结构用耐候钢》标准中的 Q460NH 也可以淬火加回火状态交货。《高强度结构钢热处理和控轧钢板、钢带》GB/T 16270 中的 Q420、Q460、Q500、Q550、Q620、Q690 均可采用淬火加回火状态交货。

8.2.2.6 钢材材质的其他影响因素

1. 钢材的硬化

钢材的硬化主要包括冷作硬化、时效硬化、应变时效等。当对钢材加载到超过材料比例极限后卸载，就会出现残余变形，若再次加载，则会出现屈服强度提高而塑性及韧性降低的现象，这种现象称为冷作硬化（也称应变硬化）。钢材随时间的增长，其中的碳和氮的化合物会从晶体中析出从而使材料发生硬化，这种现象被称为时效硬化。钢材产生塑性变形时，碳、氮化合物更易析出（即钢材在冷作硬化的同时还可以加速时效硬化），这种现象称为应变时效（也称人工时效）。

2. 温度影响

钢材的性能会随温度的变动而变化，总的趋势是温度升高，钢材强度降低，应变增大（反之，温度降低则钢材强度会略有增加，而塑性和韧性却会降低），见图 8-2-10。温度升高时，在 200℃ 以内钢材性能没有很大变化。430～540℃ 之间强度急剧下降，600℃ 时强度很低不能承担荷载。在 250℃ 左右钢材的强度反而略有提高，同时塑性和韧性均下降，材料有变脆的倾向，

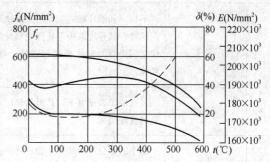

图 8-2-10　温度对钢材力学性能的影响

钢材表面氧化膜呈现蓝色，称为蓝脆现象。钢材应避免在蓝脆温度范围内进行热加工。当温度在 260～320℃ 之间时，钢材在应力持续不变的情况下会以很缓慢的速度继续变形，此种现象称为徐变现象。当温度从常温开始下降，特别是在负温度范围内时，钢材强度虽有些提高，但其塑性和韧性会降低，材料逐渐变脆，这种性质称为低温冷脆。图 8-2-2 所示是钢材冲击韧性与温度的关系曲线，由图 8-2-2 可见，随着温度的降低，C_v 值迅速下降，材料将由塑性破坏转变为脆性破坏，同时可见这一转变是在一个温度区间（$T_1 \sim T_2$）内完成的，此温度区（$T_1 \sim T_2$）称为钢材的脆性转变温度区，在此区间内曲线的反弯点（最陡点）所对应的温度 T_0 称为脆性转变温度。实际工程中，只要把低于 T_0 完全脆性破坏的最高温度 T_1 作为钢材的脆断设计温度，即可保证钢结构低温工作的安全。

8.2.3 钢材的质量缺陷

钢材在冶炼加工、轧制过程中的诸多因素影响着最终的钢材产品质量，当衡量钢材质量的指标超出产品质量标准的规定范围，且对钢材性能产生不利影响时，称为钢材的质量缺陷。钢材的质量缺陷包括表面质量缺陷、内部缺陷、化学成分偏析及力学性能不合格等几方面。

8.2.3.1 表面质量缺陷

轧制钢板常见的表面缺陷有：氧化铁皮压入、压痕、轧痕、划伤、冶炼折叠-重皮、气泡、纵裂纹、麻点、带状裂纹、结疤、横向裂纹-拉裂等。

钢材在轧制后存在的表面质量缺陷称为"表面不连续"GB/T 14977—2008《热轧钢板表面质量的一般要求》。这种表面不连续可归结为 9 种表面质量缺陷，见表 8-2-7。

热轧钢板表面不连续（质量缺陷）分类及原因　　　　　　　　表 8-2-7

序号	表面不连续名称	现象（定义）	产生原因
1	压入氧化铁皮、凹坑	以各种形状、厚度和频率出现在轧制表面上	压入氧化铁皮通常由热轧前、热轧或处理过程中氧化铁皮清除不充分造成
2	压痕、轧痕	压痕（凹陷）和热轧痕（凸起）以固定的距离间隔或无规则地分布在轧件的整个长度和宽度上	通常被认为是由于轧辊或传送辊自然磨损所引起
3	划伤（划痕）、凹槽	表面的机械擦伤，大多平行或垂直于轧制方向。可能有轻微的翻卷且很少包含氧化铁皮	由于轧件与设备之间相对运动时摩擦所造成
4	重皮	不规则和鳞片状的细小的表面缺陷，分层沿轧制方向延伸，其程度取决于轧件变形量的大小。在某些部位它们仍然与基体金属相连接，表现为细小的结疤颗粒	
5	气泡	气泡位于表皮以下，其形状和尺寸不同，而且是热轧时显现出来	
6	麻点	细小的非金属内部夹杂物，延伸于轧制方向且有明显的颜色	
7	裂纹	表面断裂的细线	
8	结疤和疤痕	与基体材料的部分重叠材料	在重皮中有较多的非金属夹杂和（或）氧化铁皮
9	拉裂		半成品中的缺陷在轧制过程中被拉长或延伸引起

注：1. 表中 1～6 项，深度和（或）面积不大于规定界限值的表面不连续称为"缺欠"；
　　　2. 表中 1～9 项，深度和（或）面积大于规定界限值的表面不连续称为"缺陷"。

　　钢材的表面缺陷对构件的截面尺寸会产生影响，裂纹等深入钢材内部的缺陷更会对结构的安全承载造成隐患，因此对钢材的表面质量也应给以足够重视。《热轧钢板表面质量的一般要求》GB/T 14977—2008 将钢板表面质量要求分为 A 类和 B 类两级，B 类质量要求高于 A 类。两类钢板按照产品表面不连续的深度、影响面积、缺陷深度对钢材剩余厚度的影响和接受程度区分，参见表 8-2-8 和表 8-2-9。

　　钢材表面大于规范标准的表面不连续需要进行修整，修整分为修磨及修磨并焊补。

　　焊补时要求焊补堆高超出轧制表面 1.5mm 以上，然后再铲平或磨平去除堆高。A、B 类钢材按照焊补要求的不同又各分为 3 级，3 级不允许焊补，质量要求最高。参见表 8-2-10。

　　钢材表面不连续的影响面积和深度测定方法和要求，按照 GB/T 14977—2008《热轧钢板表面质量的一般要求》5.2 条执行；钢材的焊补操作要求按照 GB/T 14977—2008 标准 5.4.2 条执行。

钢板表面不连续及修磨深度的界限值（单位：mm）　　　　表 8-2-8

钢板产品公称厚度 t (mm)	表面不连续最大允许深度 1（可不进行修整的界限值）	表面不连续最大允许深度 2（需要进行修整的界限值）	小于钢板最小厚度的修磨深度 1（A 类表面质量，修磨面积 ≯检查面积的 15%）	小于钢板最小厚度的修磨深度 2（A 类表面质量，单面修磨面积总和 ≯检查面积的 2%，且 ≯0.25m²）
3≤t<8	0.2	0.4	0.3	0.4
8≤t<15	0.3	0.5	0.4	0.5
15≤t<25	0.3	0.5	0.5	0.7
25≤t<40	0.4	0.6	0.6	0.9
40≤t<60	0.5	0.8	0.7	1.1
60≤t<80	0.5	0.8	0.8	1.3
80≤t<150	0.7	0.9	1.0	1.6
150≤t<250	0.7	1.2	1.2	1.9
250≤t<400	1.3	1.5	1.4	2.2

注：小于钢板最小厚度的修磨深度 2 要求也可适用于钢板表面相对位置有两个修磨面的修磨深度总和。

A、B 类钢板表面质量分级及相应处理要求　　　　表 8-2-9

表面不连续种类	与表面不连续最大允许深度 1 比较	与表面不连续最大允许深度 2 比较	剩余厚度与钢板最小厚度比较	影响面积与检查面积比较	对表面不连续的处理
缺欠（除裂纹、结疤和拉裂以外的表面不连续--1～6）	≯	—	≮	无论数量多少都允许存在	
	* ≯	* —	* ≮	≯15%	
	>	≯	≮	≯5%	可不进行修整
	* >	* ≯	* ≮	* ≯2%	
缺陷	* ≯	* —	<	≯15%	
	>	≯	≮	≯5%	应进行修整
	* >	* ≯	* ≮	≯2%	
	无论数量多少均应进行修整				
裂纹、结疤拉裂	通常都有一定深度和锐度，因此会影响产品使用，不考虑深度与数量				均应进行修整

注：B 类表面质量要求的钢板具表面不连续和修整区域及修磨后的剩余厚度均不得小于钢板最小厚度（公称厚度减去负工差），表内"*"号栏目只适用于 A 类钢板。

钢板表面质量的分类及其要求　　　　表 8-2-10

类别			铲削/修磨修整后焊补	按协议要求焊补	不允许焊补
A 类	a. 修磨深度符合"小于钢板最小厚度的修磨深度 1"时，小于钢板最小厚度的修磨面积 ≯检查面积的 15%；	1 级	●		
	b. 修磨深度符合"小于钢板最小厚度的修磨深度 1"时，小于钢板最小厚度的修磨面积总和 ≯检查面积的 2%；且 ≯0.25m²	2 级		●	
		3 级			●

续表

类　别		铲削/修磨修整后焊补	按协议要求焊补	不允许焊补
B类 钢板修磨后的剩余厚度不应小于钢板的最小厚度	1级	●		
	2级		●	
	3级			●

8.2.3.2　表面锈蚀

钢材经存放后表面会产生锈蚀、麻点或划痕等缺陷。对于钢结构工程使用的材料，该类缺陷的深度不得大于该钢材厚度负偏差值的 1/2。对于钢材表面锈蚀程度的判别，遵循现行国家标准《涂装前钢材表面锈蚀等级和除锈等级》的规定，锈蚀程度达到最严重的 D 级的钢材不能用于结构构件。

8.2.3.3　内部缺陷

钢材内部缺陷最应予以关注的是夹层和裂纹。产生夹层的原因是非金属夹杂物的存在或钢锭缩孔未完全清除。钢材产品标准中规定钢材不得有分层。实际工程中为保证重要构件的用材质量，使用超声波检验法检查，避免使用有夹层缺陷的钢材。对要求厚度方向有良好抗层状撕裂性能的钢板，应逐张进行钢板内部缺陷检验。

8.2.3.4　化学成分偏析

钢材的化学成分偏析过大会给钢结构加工制作带来困难，并造成焊接性能下降，焊接质量恶化，给钢结构工程带来隐患。钢材的化学成分偏差应符合 GB/T 222—2006《钢的成品化学成分允许公差》的相应规定，见表 8-2-11。

非合金钢和低合金钢成品化学成分允许偏差　（单位为质量分数）　表 8-2-11

元素	规定化学成分上限值	允许偏差	
		上偏差	下偏差
C	≤0.25	0.02	0.02
	>0.25~0.55	0.03	0.03
	>0.55	0.04	0.04
Mn	≤0.80	0.03	0.03
	>0.80~1.70	0.06	0.06
Si	≤0.37	0.03	0.03
	>0.37	0.05	0.05
S	≤0.050	0.005	—
	>0.05~0.35	0.01	0.01
P	≤0.060	0.005	—
	>0.05~0.15	0.01	0.01
V	≤0.20	0.02	0.01
Ti	≤0.20	0.02	0.01
Nb	0.015~0.060	0.005	0.005

元素	规定化学成分上限值	允许偏差	
		上偏差	下偏差
Cu	≤0.55	0.05	0.05
Cr	≤1.50	0.05	0.05
Ni	≤1.00	0.05	0.05
Pb	0.15～0.35	0.03	0.03
Al	≥0.015	0.003	0.003
N	0.010～0.020	0.005	0.005
Ca	0.002～0.005	0.002	0.0005

8.2.3.5 力学性能不合格

钢材产品在其不同部位取样时，其力学性能会有差异，进行钢材的力学性能试验、复验时应按照国家标准 GB/T 2975《钢及钢产品力学性能试验取样位置及试样制备》附录 A 规定位置取样，并依标准规定进行试样加工并试验取得力学性能结果。

钢材的力学性能也会有个别指标不合格的现象出现，而且通常是使用单位复验结果与原质量证明书不符合。设计要求承重结构的钢材应同时保证抗拉强度、伸长率、屈服点和硫、磷、碳含量的合格，需要时还应有冷弯试验的合格保证。当钢材的力学性能多项不合格时，钢材只能报废；若仅有个别项达不到要求，或距要求相差微小，则可结合实际应用条件进行具体分析后降级使用。

8.2.4 建筑钢结构用钢

随着国内近年来钢结构建筑的高速发展，适用于钢结构建筑的钢材生产技术和质量水平也取得了长足进展，建筑用钢材的标准升级并与国际标准逐渐接轨，强度等级提高，并开发了更加适用于高层建筑结构的建筑结构用钢板（高层建筑结构用钢板）等新产品。高层钢结构建筑所需绝大部分钢材均可采用国产钢材解决。

8.2.4.1 碳素结构钢

碳素结构钢是目前国内使用最为普遍的建筑钢材，其含碳量在 0.12%～0.2% 之间，属于低碳钢。焊接性能好。现行标准为 GB/T 700—2006，适用于以交货状态使用，通常用于焊接、铆接、栓接工程结构用热轧钢板、钢带、型钢和钢棒。

其牌号表示方法为以代表屈服强度的拼音首字母 Q、屈服强度值、质量等级、脱氧方法符号四个部分按顺序组成。

钢材的质量等级符号依次为：A、B、C、D 级；脱氧方法符号：沸腾钢—F，镇静钢—Z，特殊镇静钢—TZ，在牌号组成表示方法中，"Z" 与 "TZ" 符号可以省略。

碳素结构钢的化学成分、力学性能和冷弯试验标准见表 8-2-12～表 8-2-14。

碳素结构钢牌号及化学成分（熔炼分析）　　　　　　　　表 8-2-12

牌号	统一数字代号®	等级	厚度（或直径）(mm)	脱氧方法	化学成分（质量分数）（%）不大于				
					C	Si	Mn	P	S
Q195	U11952	—	—	F、Z	0.12	0.30	0.50	0.035	0.040

续表

牌号	统一数字代号[a]	等级	厚度（或直径）(mm)	脱氧方法	化学成分（质量分数）(%) 不大于 C	Si	Mn	P	S
Q215	U12152	A	—	F、Z	0.15	0.35	1.20	0.045	0.050
	U12155	B		F、Z	0.15	0.35	1.20	0.045	0.045
Q235	U12352	A	—	F、Z	0.22	0.35	1.40	0.045	0.050
	U12355	B		F、Z	0.20[b]			0.045	0.045
	U12358	C		Z	0.17			0.040	0.040
	U12359	D		TZ				0.035	0.035
Q275	U12752	A	—	F、Z	0.24	0.35	1.50	0.045	0.050
	U12755	B	≤40	Z	0.21			0.045	0.045
			>40		0.22				
	U12758	C	—	Z	0.20			0.040	0.040
	U12759	D		TZ				0.035	0.035

[a] 表中为镇静钢、特殊镇静钢牌号的统一数字，沸腾钢牌号的统一数字代号如下：
Q195F——U11950；
Q215AF——U12150，Q215BF——U12153；
Q235AF——U12350，Q235BF——U12353；
Q275AF——U12750。

[b] 经需方同意，Q235B的碳含量可不大于0.22%。

碳素结构钢牌号及其拉伸和冲击试验标准　　　　表 8-2-13

牌号	等级	屈服强度[a] R_{eH}(N/mm²)，不小于 厚度（或直径）(mm) ≤16	>16~40	>40~60	>60~100	>100~150	>150~200	抗拉强度[b] R_m (N/mm²)	断后伸长率 A (%) 不小于 厚度（或直径）(mm) ≤40	>40~60	>60~100	>100~150	>150~200	冲击试验（V型缺口）温度(℃)	冲击吸收功(纵向)(J)不小于
Q195	—	195	185	—	—	—	—	315~430	33						
Q215	A	215	205	195	185	175	165	335~450	31	30	29	27	26	—	
	B													+20	27
Q235	A	235	225	215	215	195	185	370~500	26	25	24	22	21	—	
	B													+20	27[c]
	C													0	
	D													−20	
Q275	A	275	265	255	245	225	215	410~540	22	21	20	18	17	—	
	B													+20	27
	C													0	
	D													−20	

[a] Q195 的屈服强度值仅供参考，不作交货条件。

[b] 厚度不大 100mm 的钢材、抗拉强度下限允许降低 20N/mm²。宽带钢（包括剪切钢板）抗拉强度上限不作交货条件。

[c] 厚度小于 25mm 的 Q235B 级钢材，如供方能保证冲击吸收功值合格，经需方同意，可不作检验。

碳素结构钢牌号及其弯曲试验标准　　　　　　　　　表 8-2-14

牌　号	试样方向	冷弯试验 180° $B=2a$ [a]	
		钢材厚度（或直径）[b]（mm）	
		≤60	>60~100
		弯心直径 d	
Q195	纵	0	—
	横	0.5a	
Q215	纵	0.5a	1.5a
	横	a	2a
Q235	纵	a	2a
	横	1.5a	2.5a
Q275	纵	1.5a	2.5a
	横	2a	3a

[a] B 为试样宽度，a 为试样厚度（或直径）。

[b] 钢材厚度（或直径）大于 100mm 时，弯曲试验由双方协商确定。

8.2.4.2 优质碳素结构钢

优质碳素结构钢是以满足不同加工要求而赋予相应性能的碳素钢。《优质碳素结构钢》GB/T 699—1999 所列牌号中，适合于建筑钢结构使用的有 4 个牌号，见表 8-2-15，其力学性能见表 8-2-16；优质碳素结构钢不同质量等级硫磷含量见表 8-2-17。

优质碳素结构钢化学成分（熔炼分析）　　　　　　　　表 8-2-15

序号	统一数字代号	牌　号	化学成分（%）					
			C	Si	Mn	Cr	Ni	Cu
						不大于		
1	U20152	15	0.12~0.18	0.17~0.37	0.35~0.65	0.25	0.30	0.25
2	U20202	20	0.17~0.23	0.17~0.37	0.35~0.65	0.25	0.30	0.25
3	U21152	15Mn	0.12~0.18	0.17~0.37	0.70~1.00	0.25	0.30	0.25
4	U21202	20Mn	0.17~0.23	0.17~0.37	0.70~1.00	0.25	0.30	0.25

注：表中所列牌号为优质钢。如果是高级优质钢，在牌号后面加"A"（统一数字代号最后一位数字改为"3"）；如果是特级优质钢，在牌号后面加"E"（统一数字优号最后一位数字改为"6"）；对于沸腾钢，牌号后面为"F"（统一数字代号最后一位数字为"0"）；对于半镇静钢，牌号后面为"b"（统一数字代号最后一位数字为"1"）

优质碳素结构钢力学性能 表 8-2-16

序号	牌号	试样毛坯尺寸(mm)	推荐热处理(℃)			力学性能					钢材交货状态硬度 HBS10/3000 不大于	
			正火	淬火	回火	σ_b (MPa)	σ_s (MPa)	δ_5 (%)	ψ (%)	A_{KU2} (J)	未热处理钢	退火钢
						不小于						
1	15	25	920			375	225	27	55		143	
2	20	25	910			410	245	25	55		156	
3	15Mn	25	920			410	245	26	55		163	
4	20Mn	25	910			450	275	24	50		197	

注：1. 对于直径或厚度小于25mm的钢材，热处理是在与成品截面尺寸相同的试样毛坯上进行。

2. 表中所列正火推荐保温时间不少于30min，空冷；淬火推荐保温时间不少于30min，70、80和85钢油冷，其余钢水冷；回火推荐保温时间不少于1h。

优质碳素结构钢不同质量等级硫磷含量 表 8-2-17

组 别	P	S
	不大于(%)	
优质钢	0.035	0.035
高级优质钢	0.030	0.030
特级优质钢	0.025	0.020

8.2.4.3 低合金高强度结构钢

低合金高强度结构钢是指在钢的冶炼过程中增添总量不超过 2.5% 的合金元素的工程结构钢材。由于合金元素的加入，使得钢材强度明显提高，从而使钢结构构件的强度、刚度和稳定三个主要设计控制指标都能充分发挥，尤其在大跨度、重负荷结构中优点更为突出，采用低合金高强度结构钢的钢结构建筑一般可比采用碳素结构钢节约 20% 左右的钢材用量。

低合金高强度结构钢的牌号表示方法与碳素结构钢相同。

低合金高强度结构钢的牌号及化学成分规定见表 8-2-18，低合金高强度结构钢各牌号的力学（拉伸）性能规定见表 8-2-19，各牌号钢的冲击试验温度及冲击吸收能量规定见表 8-2-20，各牌号钢的弯曲试验要求见表 8-2-21。

低合金高强度钢各牌号除 A 级钢以外的钢材，当以热轧、控轧状态交货时，或以正火、正火轧制、正火加回火状态交货时，或以热机械轧制（TMCP）或热机械轧制加回火状态交货时，其最大碳当量规定见《低合金高强度结构钢》GB/T 1591—2008 标准上的规定。

表8-2-18

低合金高强度钢牌号及化学成分（熔炼分析）

化学成分①①（质量分数）（%）

牌号	质量等级	C	Si	Mn	P	S	Nb	V	Ti	Cr	Ni	Cu	N	Mo	B	Als
					不大于											不小于
Q345	A	≤0.20			0.035	0.035										—
	B				0.035	0.035										
	C		≤0.50	≤1.70	0.030	0.030	0.07	0.15	0.20	0.30	0.50	0.30	0.012	0.10	—	
	D	≤0.18			0.030	0.025										0.015
	E				0.025	0.020										
Q390	A	≤0.20			0.035	0.035										
	B				0.035	0.035										
	C		≤0.50	≤1.70	0.030	0.030	0.07	0.20	0.20	0.30	0.50	0.30	0.015	0.10	—	—
	D				0.030	0.025										
	E				0.025	0.020										
Q420	A	≤0.20			0.035	0.035										
	B				0.035	0.035										
	C		≤0.50	≤1.70	0.030	0.030	0.07	0.20	0.20	0.30	0.80	0.30	0.015	0.20	—	0.015
	D				0.030	0.025										
	E				0.025	0.020										
Q460	C	≤0.20	≤0.60	≤1.80	0.030	0.030	0.11	0.20	0.20	0.30	0.80	0.55	0.015	0.20	0.004	0.015
	D				0.030	0.025										
	E				0.025	0.020										

续表

化学成分[a],[b]（质量分数）（%）

牌号	质量等级	C	Si	Mn	P	S	Nb	V	Ti	Cr	Ni	Cu	N	Mo	B	Als
										不大于						不小于
Q500	C	≤0.18	≤0.60	≤1.80	0.030	0.030	0.11	0.12	0.20	0.60	0.80	0.55	0.015	0.20	0.004	0.015
	D				0.030	0.025										
	E				0.025	0.020										
Q550	C	≤0.18	≤0.60	≤2.00	0.030	0.030	0.11	0.12	0.20	0.80	0.80	0.80	0.015	0.30	0.004	0.015
	D				0.030	0.025										
	E				0.025	0.020										
Q620	C	≤0.18	≤0.60	≤2.00	0.030	0.030	0.11	0.12	0.20	1.00	0.80	0.80	0.015	0.30	0.004	0.015
	D				0.030	0.025										
	E				0.025	0.020										
Q690	C	≤0.18	≤0.60	≤2.00	0.030	0.030	0.11	0.12	0.20	1.00	0.80	0.80	0.015	0.30	0.004	0.015
	D				0.030	0.025										
	E				0.025	0.020										

[a] 型材及棒材P、S含量可提高0.005%，其中A级钢上限可为0.045%。

[b] 当细化晶粒元素组合加入时，20(Nb+V+Ti)≤0.22%，20(Mo+Cr)≤0.30%。

表 8-2-19

低合金高强度结构钢各牌号的力学(拉伸)性能

拉伸试验①、④、⑤

牌号	质量等级	下屈服强度 R_eL (MPa) 以下公称厚度(直径、边长)									抗拉强度 R_m (MPa) 以下公称厚度(直径、边长)							断后伸长率 (A) (%) 公称厚度(直径、边长)					
		≤16mm	>16mm~40mm	>40mm~63mm	>63mm~80mm	>80mm~100mm	>100mm~150mm	>150mm~200mm	>200mm~250mm	>250mm~400mm	≤40mm	>40mm~63mm	>63mm~80mm	>80mm~100mm	>100mm~150mm	>150mm~250mm	>250mm~400mm	≤40mm	>40mm~63mm	>63mm~100mm	>100mm~150mm	>150mm~250mm	>250mm~400mm
Q345	A	≥345	≥335	≥325	≥315	≥305	≥285	≥275	≥265	—	470~630	470~630	470~630	470~600	450~600	450~600	—	≥20	≥19	≥19	≥18	≥17	—
	B																						
	C									≥265							450~600	≥21	≥20	≥20	≥19	≥18	≥17
	D																						
	E																						
Q390	A	≥390	≥370	≥350	≥330	≥330	≥310	—			490~650	490~650	490~650	490~650	470~620	—		≥20	≥19	≥19	≥18	—	
	B																						
	C																						
	D																						
	E																						
Q420	A	≥420	≥400	≥380	≥360	≥360	≥340	—			520~680	520~680	520~680	520~680	500~650	—		≥19	≥18	≥18	≥18	—	
	B																						
	C																						
	D																						
	E																						

续表

牌号	质量等级	拉伸试验 [a,b,c] 以下公称厚度（直径、边长）下屈服强度 R_{eL}（MPa）									以下公称厚度（直径、边长）抗拉强度 R_m（MPa）								断后伸长率（A）（%）公称厚度（直径、边长）					
		≤16mm	>16~40mm	>40~63mm	>63~80mm	>80~100mm	>100~150mm	>150~200mm	>200~250mm	>250~400mm	≤40mm	>40~63mm	>63~80mm	>80~100mm	>100~150mm	>150~200mm	>200~250mm	>250~400mm	≤40mm	>40~63mm	>63~100mm	>100~150mm	>150~250mm	>250~400mm
Q460	C																							
	D	≥460	≥440	≥420	≥400	≥380	—	—	—	—	550~720	550~720	550~720	530~700	—	—	—	—	≥17	≥16	≥16	—	—	—
	E																							
Q500	C																							
	D	≥500	≥480	≥470	≥450	≥440	—	—	—	—	610~770	600~760	590~750	540~730	—	—	—	—	≥17	≥17	≥17	—	—	—
	E																							
Q550	C																							
	D	≥550	≥530	≥520	≥500	≥490	—	—	—	—	670~830	620~810	600~790	590~780	—	—	—	—	≥16	≥16	≥16	—	—	—
	E																							
Q620	C																							
	D	≥620	≥600	≥590	≥570	—	—	—	—	—	710~880	690~880	670~860	—	—	—	—	—	≥15	≥15	≥15	—	—	—
	E																							
Q690	C																							
	D	≥690	≥670	≥660	≥640	—	—	—	—	—	770~940	750~920	730~900	—	—	—	—	—	≥14	≥14	≥14	—	—	—
	E																							

ⓐ 当屈服不明显时，可测量 $R_{p0.2}$ 代替下屈服强度。

ⓑ 宽度不小于 600mm 的扁平材，拉伸试验取横向试样；宽度小于 600mm 的扁平材、型材及棒材取纵向试样，断后伸长率最小值相应提高 1%（绝对值）。

ⓒ 厚度>250mm~400mm 的数值适用于扁平材。

各牌号钢的冲击试验温度及冲击吸收能量　　　　　表 8-2-20

牌　号	质量等级	试验温度/℃	冲击吸收能量 KV_2（J）		
			公称厚度（直径、边长）		
			12～150mm	>150～250mm	>250～400mm
Q345	B	20	≥34	≥27	
	C	0			
	D	−20			27
	E	−40			
Q390	B	20	≥34	—	—
	C	0			
	D	−20			
	E	−40			
Q420	B	20	≥34	—	—
	C	0			
	D	−20			
	E	−40			
Q460	C	0	≥34	—	—
	D	−20			
	E	−40			
Q500、Q550、Q620、Q690	C	0	≥55	—	—
	D	−20	≥47		
	E	−40	≥31		

注：冲击试验取纵向试样。

低合金高强度钢弯曲试验要求　　　　　表 8-2-21

牌　号	试　样　方　向	180°弯曲试验 [d=弯心直径，a=试样厚度（直径）]	
		钢材厚度（直径，边长）	
		≤16mm	>16～100mm
Q345 Q390 Q420 Q460	宽度不小于600mm扁平材，拉伸试验取横向试样，宽度小于600mm的扁平材、型材及棒材取纵向试样	2a	3a

注：当供方保证弯曲合格时，可不做弯曲试验。

8.2.4.4　建筑结构用钢板

《建筑结构用钢板》GB/T 19875—2005 是为了满足国内钢结构特别是高层建筑钢结构、抗震及大跨度钢结构的发展需求，参考日本工业标准 JIS G 3136:1994《建筑结构用轧制钢材》编制，并且替代行业标准 YB 4104—2000《高层建筑结构用钢板》。

《建筑结构用钢板》GB/T 19875—2005 标准适用于制造高层建筑结构、大跨度结构及其他重要建筑结构用厚度为 6~100mm 的钢板（钢带亦可参照执行）。

建筑结构用钢板的牌号表示方法：

Q＋屈服强度数值＋GJ＋质量等级符号（＋厚度方向性能等级）

屈服强度数值分 235MPa、345MPa、390MPa、420MPa 和 460MPa 五种；GJ：表示高性能建筑结构用钢；质量等级符号以 B、C、D、E 表示四个等级；厚度方向性能分为 Z15、Z25、Z35 三个等级。

建筑结构用钢板的尺寸、外形、重量及允许偏差执行 GB/T 709 规定，厚度负偏差限定为不大于−0.3mm。对于厚度方向性能为 Z25 和 Z35 的钢板要求逐张（原轧制钢板）检验厚度方向的断面收缩率。对于 Z15 级钢板可按用户需求逐张或按批检验厚度方向断面收缩率，按批检验时每批应不大于 25t。建筑结构用钢板化学成分见表 8-2-22，建筑结构用钢板厚度方向性能含硫量标准见表 8-2-23，力学性能见表 8-2-24。

建筑结构用钢板化学成分 表 8-2-22

牌号	质量等级	厚度 (mm)	化学成分（质量分数）（%）											
			C	Si	Mn	P	S	V	Nb	Ti	Als	Cr	Cu	Ni
Q235GJ	B	6~100	≤0.20	≤0.35	0.60~1.20	≤0.025	≤0.015	—	—	—	≥0.015	≤0.30	≤0.30	≤0.30
	C													
	D		≤0.18			≤0.020								
	E													
Q345GJ	B	6~100	≤0.20	≤0.55	≤1.60	≤0.025	≤0.015	0.020~0.150	0.015~0.060	0.010~0.030	≥0.015	≤0.30	≤0.30	≤0.30
	C													
	D		≤0.18			≤0.020								
	E													
Q390GJ	C	6~100	≤0.20	≤0.55	≤1.60	≤0.025	≤0.015	0.020~0.200	0.015~0.060	0.010~0.030	≥0.015	≤0.30	≤0.30	≤0.70
	D													
	E		≤0.18			≤0.020								
Q420GJ	C	6~100	≤0.20	≤0.55	≤1.60	≤0.025	≤0.015	0.020~0.200	0.015~0.060	0.010~0.030	≥0.015	≤0.40	≤0.30	≤0.70
	D													
	E		≤0.18			≤0.020								
Q460GJ	C	6~100	≤0.20	≤0.55	≤1.60	≤0.025	≤0.015	0.020~0.200	0.015~0.060	0.010~0.030	≥0.015	≤0.70	≤0.30	≤0.70
	D													
	E		≤0.18			≤0.020								

建筑结构用钢板厚度方向性能含硫量标准 表 8-2-23

厚度方向性能级别	硫含量（质量分数）（%）
Z15	≤0.010
Z25	≤0.007
Z35	≤0.005

建筑结构用钢板力学性能标准 表 8-2-24

牌号	质量等级	屈服强度 R_{eH}(N/mm²)				抗拉强度 R_m (N/mm²)	伸长率 A (%)	冲击功(纵向) A_{kV} (J)		180°弯曲试验 d=弯心直径 a=试样厚度		屈强比, 不大于
		钢板厚度（mm）						温度(℃)	不小于	钢板厚度（mm）		
		6~16	>16~35	>35~50	>50~100					≤16	>16	
Q235GJ	B	≥235	235~355	225~345	215~335	400~510	≥23	20	34	$d=2a$	$d=3a$	0.80
	C							0				
	D							−20				
	E							−40				
Q345GJ	B	≥345	345~465	335~455	325~445	490~610	≥22	20	34	$d=2a$	$d=3a$	0.83
	C							0				
	D							−20				
	E							−40				
Q390GJ	C	≥390	390~510	380~500	370~490	490~650	≥20	0	34	$d=2a$	$d=3a$	0.85
	D							−20				
	E							−40				
Q420GJ	C	≥420	420~550	410~540	400~530	520~680	≥19	0	34	$d=2a$	$d=3a$	0.85
	D							−20				
	E							−40				
Q460GJ	C	≥460	460~600	450~590	440~580	550~720	≥17	0	34	$d=2a$	$d=3a$	0.85
	D							−20				
	E							−40				

注：1. 1N/mm² ＝1MPa。

2. 拉伸试样采用系数为 5.65 的比例试样。

3. 伸长率按有关标准进行换算时，表中伸长率 A＝17% 与 A50mm＝20% 相当。

建筑结构用钢板碳当量及 P_{cm} 值标准 表 8-2-25

牌　号	交货状态	规定厚度下的碳当量 CE（%）		规定厚度下的焊接裂纹敏感性指数 P_{cm}（%）	
		≤50mm	>50~100mm	≤50mm	>50~100mm
Q235GJ	AR、N、NR	≤0.36	≤0.36	≤0.26	≤0.25
Q345GJ	AR、N、NR、N+T	≤0.42	≤0.44	≤0.20	≤0.29
	TMCP	≤0.38	≤0.40	≤0.24	≤0.26
Q390GJ	AR、N、NR、N+T	≤0.45	≤0.47	≤0.29	≤0.30
	TMCP	≤0.40	≤0.43	≤0.26	≤0.27
Q420GJ	AR、N、NR、N+T	≤0.48	≤0.50	≤0.31	≤0.33
	TMCP	≤0.43	供需双方协商	≤0.29	供需双方协商
Q460GJ	AR、N、NR、N+T、 Q+T、TMCP	供需双方协商			

注：AR：热轧；N：正火；NR：正火轧制；T：回火；Q：淬火；TMCP：温度—形变控轧控冷。

各牌号所有质量等级钢板的碳当量或焊接裂纹敏感性指数应符合表 8-2-25 的规定。应采用熔炼分析值根据公式计算碳当量及焊接裂纹敏感性指数，一般以碳当量指标交货。经供需双方协商并在合同中注明，钢板的碳当量可用焊接裂纹敏感性指数替代。

8.2.4.5 耐候结构钢

通过添加少量的合金元素如 Cu、P、Cr、Ni 等，使其在金属基体表面上形成保护层，以提高耐大气腐蚀性能的钢称为耐候钢。耐候钢的抗腐蚀能力较碳素结构钢高 4～8 倍，可以裸露使用或简化涂装。耐候钢产品主要是热轧和冷轧的钢板、钢带和型钢，适用于车辆、桥梁、集装箱、建筑、塔架等结构。

耐候结构钢的牌号：

Q＋钢的屈服强度(下限值)＋GNH(或 NH)＋钢的质量等级

GNH：高耐候的汉语拼音首字母；

NH：耐候的汉语拼音首字母；

耐候结构钢的质量等级：共分五级，自低至高为 A、B、C、D、E。

耐候结构钢各牌号的分类及用途见表 8-2-26。

耐候结构钢分类及用途 表 8-2-26

类别	牌 号	生产方式	用 途
高耐候钢	Q295GNH、Q355GNH	热轧	车辆、集装箱、建筑、塔架或其他结构件等结构用，与焊接耐候钢相比，具有较好的耐大气腐蚀性能
	Q265GNH、Q310GNH	冷轧	
焊接耐候钢	Q235NH、Q295NH、Q355NH、Q415NH、Q460NH、Q500NH、Q550NH	热轧	车辆、桥梁、集装箱、建筑或其他结构件等结构用，与高耐候钢相比，具有较好的焊接性能

耐候结构钢化学成分要求见表 8-2-27；耐候结构钢各质量级别冲击性能要求见表 8-2-28；耐候结构钢力学及工艺性能见表 8-2-29。

除化学成分、力学和工艺性能、冲击性能要求外，按照需方要求，经供需双方协商可增加耐候结构钢的"晶粒度"和"非金属夹杂物"指标要求。钢材的晶粒度不应小于 7 级，晶粒度不均匀性应在三个相邻级别范围内；钢材的非金属夹杂物应按 GB/T 10561 的 A 法检验，结果应符合表 8-2-30 的规定。

耐候结构钢化学成分的规定 表 8-2-27

牌号	化学成分（质量分数）（%）								
	C	Si	Mn	P	S	Cu	Cr	Ni	其他元素
Q265GNH	≤0.12	0.10～0.40	0.20～0.50	0.07～0.12	≤0.020	0.20～0.45	0.30～0.65	0.25～0.50ⓒ	ⓐ、ⓑ
Q295GNH						0.25～0.45			
Q310GNH		0.25～0.75	0.20～0.50	0.07～0.12	≤0.020	0.20～0.50	0.30～1.25	≤0.65	
Q355GNH		0.20～0.75	≤1.00	0.07～0.15		0.25～0.55			
Q235NH	≤0.13①	0.10～0.40	0.20～0.60	≤0.030	≤0.030	0.25～0.55	0.40～0.80	≤0.65	ⓐ、ⓑ
Q295NH	≤0.15	0.10～0.50	0.30～1.00						
Q355NH	≤0.16	≤0.50	0.50～1.50						

牌号	化学成分（质量分数）（%）								
	C	Si	Mn	P	S	Cu	Cr	Ni	其他元素
Q415NH			≤1.10						
Q460NH	≤0.12		≤1.50	≤0.025	≤0.030ⓓ	0.20～0.55	0.30～1.25	0.12～0.65ⓔ	ⓐ、ⓑ、ⓒ
Q500NH		≤0.65							
Q550NH	≤0.16		≤2.0						

ⓐ 为了改善钢的性能，可以添加一种或一种以上的微量合金元素：Nb0.015%～0.060%，V0.02%～0.12%，Ti0.02%～0.10%，Alt≥0.020%。若上述元素组合使用时，应至少保证其中一种元素含量达到上述化学成分的下限规定。

ⓑ 可以添加下列合金元素：Mo≤0.30%，Zr≤0.15%。

ⓒ Nb、V、Ti 等三种合金元素的添加总量不应超过0.22%。

ⓓ 供需双方协商，S的含量可以不大于0.008%。

ⓔ 供需双方协商，Ni 含量的下限可不做要求。

ⓕ 供需双方协商，C 的含量可以不大于0.15%。

耐候结构钢各质量级别冲击性能要求　　　　表 8-2-28

质量等级	V 形缺口冲击试验ⓐ		
	试样方向	温度（℃）	冲击吸收能量（KV₂/J）
A		—	—
B		+20	≥47
C	纵向	0	≥34
D		−20	≥34
E		−40	≥27ⓑ

ⓐ 冲击试样尺寸为 10mm×10mm×55m。

经供需双方协商，平均冲击功值可以≥60J。

耐候结构钢力学及工艺性能　　　　表 8-2-29

牌号	拉伸试验ⓐ									(不同厚度) 180°弯曲试验 弯心直径（mm）		
	(不同厚度分组) 下屈服强度 R_{eL}（N/mm²）不小于				抗拉强度 R_m（N/mm²）	(不同厚度分组) 断后伸长率 A（%）不小于						
	≤16	>16～40	>40～60	>60		≤16	>16～40	>40～60	>60	≤16	>6～16	>16
Q235NH	235	225	215	215	360～510	25	25	24	23		a	2a
Q295NH	295	285	275	255	430～560	24	24	23	22			
Q295GNH			—	—				—	—			
Q355NH	355	345	335	325	490～630	22	22	21	20			
Q355GNH			—	—				—	—		2a	3a
Q415NH	415	405	395		520～680	22	22	20		a		
Q460NH	460	450	440		570～730	20	20	19				
Q500NH	500	490	480		600～760	18	16	15	—			
Q550NH	550	540	530		620～780	16						
Q265GNH	265	—	—		≥410	27						
Q310GNH	310	—	—		≥450	26						

注：a 为钢材厚度（mm）；

　ⓐ 当屈服现象不明显时，可以采用 $R_{p}0.2$。

钢材的非金属夹杂物检验结果规定（按 GB/T 10561 A 法检验）　　表 8-2-30

A	B	C	D	DS
≤2.5	≤2.0	≤2.5	≤2.0	≤2.0

8.2.4.6　高强度结构用调质钢板

高强度结构用调质钢板是以淬火加高温回火方式的调质状态交货的低、中合金高强度结构用钢板。其强度、塑性和韧性的良好配合，具有良好的综合力学性能。其使用状态的显微组织多为由再结晶后的细晶铁素体基体和分布其内的弥散粒状碳化物组成的回火索氏体。常用于制造各种机械产品和工程结构中要求良好综合力学性能的各类重要部、构件。

钢的牌号表示：Q＋规定最小屈服强度数值（MPa）＋质量等级符号。

高强度结构用调质钢板化学成分见表 8-2-31，力学性能见表 8-2-32。

高强度结构用调质钢板化学成分及碳当量规定　　表 8-2-31

牌号	化学成分[a]·[b]（质量分数）（%）不大于													CEV[c]		
														产品厚度（mm）		
	C	Si	Mn	P	S	Cu	Cr	Ni	Mo	B	V	Nb	Ti	≤50	>50~100	>100~150
Q460C Q460D				0.025	0.015											
	0.20	0.80	1.70			0.50	1.50	2.00	0.70	0.0050	0.12	0.06	0.05	0.47	0.48	0.50
Q460E Q460F				0.020	0.010											
Q500C Q500D				0.025	0.015											
	0.20	0.80	1.70			0.50	1.50	2.00	0.70	0.0050	0.12	0.06	0.05	0.47	0.70	0.70
Q500E Q500F				0.020	0.010											
Q550C Q550D				0.025	0.015											
	0.20	0.80	1.70			0.50	1.50	2.00	0.70	0.0050	0.12	0.06	0.05	0.65	0.77	0.83
Q550E Q550F				0.020	0.010											
Q620C Q620D				0.025	0.015											
	0.20	0.80	1.70			0.50	1.50	2.00	0.70	0.0050	0.12	0.06	0.05	0.65	0.77	0.83
Q620E Q620F				0.020	0.010											
Q690C Q690D				0.025	0.015											
	0.20	0.80	1.80			0.50	1.50	2.00	0.70	0.0050	0.12	0.06	0.05	0.65	0.77	0.83
Q690E Q690F				0.020	0.010											

续表

牌号	化学成分[a]·[b]（质量分数）（%）不大于													CEV[c]		
														产品厚度（mm）		
	C	Si	Mn	P	S	Cu	Cr	Ni	Mo	B	V	Nb	Ti	≤50	>50~100	>100~150
Q800C				0.025	0.015											
Q800D	0.20	0.80	2.00			0.50	1.50	2.00	0.70	0.0050	0.12	0.06	0.05	0.72	0.82	—
Q800E				0.020	0.010											
Q800F																
Q890C				0.025	0.015											
Q890D	0.20	0.80	2.00			0.50	1.50	2.00	0.70	0.0050	0.12	0.06	0.05	0.72	0.82	—
Q890E				0.020	0.010											
Q890F																
Q960C				0.025	0.015											
Q960D	0.20	0.80	2.00			0.50	1.50	2.00	0.70	0.0050	0.12	0.06	0.05	0.82	—	—
Q960E				0.020	0.010											
Q960F																

[a] 根据需要生产厂可添加其中一种或几种合金元素，最大值应符合表中规定，其含量应在质量证明书中报告。

[b] 钢中至少应添加 Nb、Ti、V、Al 中的一种细化晶粒元素，其中至少一种元素的最小量为 0.015%（对于 Al 为 Als）。也可用 Alt 替代 Als，此时最小量为 0.018%。

[c] $CEV = C + Mn/6 + (Cr + Mo + V)/5 + (Ni + Cu)/15$。

高强度结构用调质钢板力学性能　　　　　　　　　　　　表 8-2-32

牌号	拉伸试验[a]						断后伸长率 A（%）	冲击试验[a]			
	屈服强度[b] R_{eH}（MPa）不小于			抗拉强度 R_m（MPa）				冲击吸收能量（纵向）（KV_2/J）			
	厚度（mm）			厚度（mm）				试验温度（℃）			
	≤50	>50~100	>100~150	≤50	>50~100	>100~150		0	−20	−40	−60
Q460C								47			
Q460D	460	440	400	550~720	500~670	17			47		
Q460E										34	
Q460F											34
Q500C								47			
Q500D	500	480	440	590~770	540~720	17			47		
Q500E										34	
Q500F											34
Q550C								47			
Q550D	550	530	490	640~820	590~770	16			47		
Q550E										34	
Q550F											34

续表

牌号	拉伸试验[a]							冲击试验[a]			
	屈服强度[b] R_{eH}（MPa）不小于			抗拉强度 R_m（MPa）			断后伸长率 A（%）	冲击吸收能量（纵向）（KV_2/J）			
	厚度（mm）			厚度（mm）				试验温度（℃）			
	≤50	>50~100	>100~150	≤50	>50~100	>100~150		0	-20	-40	-60
Q620C	620	580	560	700~890	650~830		15	47			
Q620D									47		
Q620E										34	
Q620F											34
Q690C	690	650	630	770~940	760~930	710~900	14	47			
Q690D									47		
Q690E										34	
Q690F											34
Q800C	800	740	—	840~1000	800~1000	—	13	34			
Q800D									34		
Q800E										27	
Q800F											27
Q890C	890	830	—	940~1100	880~1100	—	11	34			
Q890D									34		
Q890E										27	
Q890F											27
Q960C	960	—	—	980~1150	—	—	10	34			
Q960D									34		
Q960E										27	
Q960F											27

ⓐ 拉伸试验适用于横向试样，冲击试验适用于纵向试样。

ⓑ 当屈服现象不明显时，采用 $R_{p0.2}$。

8.2.4.7 厚度方向性能钢板

厚度方向性能钢板不是一个单独的钢材品种标准，而是一个对建筑结构用钢材提出附加要求的标准。按照 GB/T 5313《厚度方向性能钢板》标准的要求，控制建筑钢材（碳素结构钢、低合金高强度结构钢、桥梁结构用钢等）中 S 的含量，规定钢材厚度方向性能级别相应的最小断面收缩率，并按标准约定的方法和检验规则，可以得到不同厚度方向性能等级的钢材产品。由于对建筑钢材提出厚度方向性能的附加要求后，钢材的生产成本加大，价格自然增加，因此在工程中不应随意加大厚度方向性能钢板的使用范围。

现行标准中对 Z15 级别钢板按批进行厚度方向性能检验时，批量放大了一倍：每批钢板由同一牌号、同一炉号、同一厚度、同一交货状态的钢板组成，每批重量不大于 50t。

厚度方向性能钢板的牌号表示：钢材产品原牌号＋厚度方向性能等级。

如 Q345DZ15、Q345GJDZ25 等。

8.2.4.8 铸钢

1. 一般工程用铸造碳钢件和焊接结构用铸钢件

钢结构中的特殊复杂节点和要求大承载力的支座；球铰支座，单、双向滑动支座等需要采用铸钢件加工。现行铸钢件采用标准为 GB/T 11352—2009《一般工程用铸造碳钢件》和 GB/T 7659—2010《焊接结构用铸钢件》。前者更适合非焊接连接结构，后者适合焊接结构采用。其化学成分、力学性能等见表 8-2-33～表 8-2-37。

一般工程用铸造碳钢件钢号及其化学成分   表 8-2-33

牌号	C	Si	Mn	S	P	残余元素					残余元素总量
						Ni	Cr	Cu	Mo	V	
ZG200-400	0.20		0.80								
ZG230-450	0.30										
ZG270-500	0.40	0.60		0.035	0.035	0.40	0.35	0.40	0.20	0.05	1.00
ZG310-570	0.50		0.90								
ZG340-640	0.60										

注：1. 对上限减少 0.01% 的碳，允许增加 0.04% 的锰，对 ZG200-400 的锰最高至 1.00%，其余四个牌号锰最高至 1.20%。

2. 除另有规定外，残余元素不作为验收依据。

一般工程用铸造碳钢件力学性能   表 8-2-34

牌　号	屈服强度 R_{eH} ($R_{p0.2}$) （MPa）	抗拉强度 R_m （MPa）	伸长率 A_s （%）	根据合同选择		
				断面收缩率 Z（%）	冲击吸收功 A_{KV}（J）	冲击吸收功 A_{KU}（J）
ZG200-400	200	400	25	40	30	47
ZG230-450	230	450	22	32	25	35
ZG270-500	270	500	18	25	22	27
ZG310-570	310	570	15	21	15	24
ZG340-640	340	640	10	18	10	16

注：1. 表中所列的各牌号性能，适应于厚度为 100mm 以下的铸件。当铸件厚度超过 100mm 时，表中规定的 R_{eH}（$R_{p0.2}$）屈服强度仅供设计使用。

2. 表中冲击吸收功 A_{KU} 的试样缺口为 2mm。

焊接结构用铸钢件化学成分   表 8-2-35

牌号	主要元素					残余元素					
	C	Si	Mn	P	S	Ni	Cr	Cu	Mo	V	总和
ZG200-400H	≤0.20	≤0.60	≤0.80	≤0.025	≤0.025						
ZG230-450H	≤0.20	≤0.60	≤1.20	≤0.025	≤0.025						
ZG270-480H	0.17～0.25	≤0.60	0.80～1.20	≤0.025	≤0.025	≤0.40	≤0.35	≤0.40	≤0.15	≤0.05	≤1.0
ZG300-500H	0.17～0.25	≤0.60	1.00～1.60	≤0.025	≤0.025						
ZG340-550H	0.17～0.25	≤0.80	1.00～1.60	≤0.025	≤0.025						

注：1. 实际碳含量比表中碳上限每减少 0.01%，允许实际锰含量超出表中锰上限 0.04%，但总超出量不得大于 0.2%。

2. 残余元素一般不做分析，如需方有要求时，可做残余元素的分析。

焊接结构用铸钢件力学性能　　　　　　表 8-2-36

牌　号	拉伸性能			根据合同选择	
	上屈服强度 R_{eH}（MPa）（min）	抗拉强度 R_m（MPa）（min）	断后伸长率 A（%）（min）	断面收缩率 Z（%）≥（min）	冲击吸收功 A_{KV2}（J）（min）
ZG200-400H	200	400	25	40	45
ZG230-450H	230	450	22	35	45
ZG270-480H	270	480	20	35	40
ZG300-500H	300	500	20	21	40
ZG340-550H	340	550	15	21	35

注：当无明显屈服时，测定规定非比例延伸强度 $R_{p0.2}$。

焊接结构用各牌号铸钢的碳当量　　　　　　表 8-2-37

牌　号	CEV（%）（不大于）	牌　号	CEV（%）（不大于）
ZG200-400H	0.38	ZG300-500H	0.46
ZG320-450H	0.42	ZG340-550H	0.48
ZG270-480H	0.46		

碳当量计算：

$$CEV(\%) = C + \frac{Mn}{6} + \frac{Cr + Mo + V}{5} + \frac{Ni + Cu}{15} \qquad (8-2-3)$$

式中：C、Mn、Cr、Mo、Ni、V、Cu 分别为各元素的质量分数（%）。

铸钢牌号的表示方法执行 GB/T 5613—1995《铸钢牌号表示方法》。

（1）以强度表示的铸钢牌号：

"ZG"+"屈服强度最低值－抗拉强度最低值"（+"H"——焊接结构用铸钢）

如：一般工程用铸造碳钢　　　ZG310-570

　　焊接结构用铸钢　　　　　ZG270-480H

建筑钢结构中采用的铸钢通常以强度表示其牌号。

（2）以化学成分表示的铸钢牌号：

铸钢牌号的化学成分表示法示例：

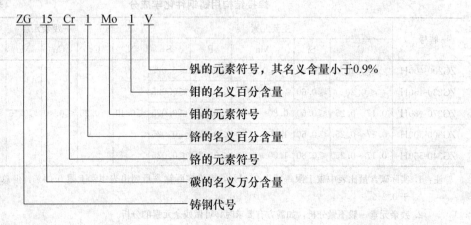

2. 铸钢（节点）在建筑工程中的应用

由于国内适用于建筑工程的铸钢材料标准较少，为更好地满足工程需要，中国工程建设标准化协会组织编制并发布了中国工程建设协会标准——CECS 235—2008《铸钢节点应用技术规程》。该规程中结合近年来国内外工程经验，对焊接结构铸钢节点所用的铸钢提出了按中国与德国标准生产的 5 种牌号铸钢材料，其强度和材性可与钢结构用钢材 Q235 和 Q345 相匹配，其中 ZG275-485H 和 G20Mn5 铸钢在国内钢结构工程已有应用，尤其以正火状态交货的铸钢 G20Mn5，综合性能较为优良，已用于国内多项重要工程，但其价格较高，故在工程中应区别使用条件合理选材。表 8-2-38 和表 8-2-39 为 CECS 235—2008 收录的德标焊接结构用铸钢化学成分、力学性能，供参考。

CECS 235—2008 收录的德标焊接结构用铸钢化学成分（%）　　　　表 8-2-38

铸钢钢种		C	Si≤	Mn	P≤	S≤	Ni≤
牌号	材料号						
G17Mn5	1.1131	0.15～0.20	0.60	1.00～1.60	0.020	0.020	—
G20Mn5	1.6220	0.17～0.23					0.8

注：1. 铸件厚度 $t<28mm$ 时，可允许 S 含量不大于 0.03%；

　　2. 非经订货方同意，不得随意添加本表中未规定的化学元素。

CECS 235—2008 收录德标焊接结构用铸钢力学性能　　　　表 8-2-39

铸钢钢种		热处理条件			铸件壁厚 (mm)	室温下			冲击功值	
牌号	材料号	状态与代号	正火或奥氏体化 (℃)	回火 (℃)		屈服强度 $R_{p0.2}$ (MPa)	抗拉强度 R_m (MPa)	伸长率 A (%)	温度 (℃)	冲击功 (J) ≥
G17Mn5	1.1131	调质 QT	920～980①②	600～700	$t≤50$	240	450～600	≥24	室温	70
									−40℃	27
G20Mn5	1.6220	正火 N	900～980①	—	$t≤30$	300	480～620	≥20	室温	50
									−30℃	27
G20Mn5	1.6220	调质 QT	900～980②	610～660	$t≤100$	300	500～650	≥22	室温	60
									−40℃	27

注：1. 热处理条件栏内的温度值仅为资料性数据；

　　2. 本表对冲击功列出了室温与负温两种值，由买方按使用要求选用其中的一种，当无约定时，按保证室温冲击功指标供货；

　　3. N 为正火处理的代号，QT 表示淬火（空冷或水冷）加回火；

　　4. ①为空冷；

　　5. ②为水冷。

采用的德国标准为：DIN EN10293：2005—06 一般工程用铸钢

　　　　　　　　　　DIN17182 带改良焊接适用性和韧性的用于一般用途的铸钢供货技术条件

表 8-2-40～表 8-2-44 为 CECS 235—2008 标准中推荐铸钢化学成分、碳当量、力学性能、强度设计值，供参考。

CECS 235—2008 推荐焊接结构用铸钢钢号及化学成分　　表 8-2-40

铸钢牌号	C≤	Si≤	Mn≤	S≤	P≤	残余元素					
						Ni	Cr	Cu	Mo	V	总和
ZG200-400H	0.20	0.50	0.80	0.04	0.04	0.30	0.30	0.30	0.15	0.05	0.08
ZG230-450H	0.20	0.50	1.20	0.04	0.04	0.30	0.30	0.30	0.15	0.05	0.80
ZG275-485H	0.25	0.50	1.20	0.04	0.04	0.30	0.30	0.30	0.15	0.05	0.80

注：C 的质量分数每降低 0.01%，允许 Mn 质量分数上限增加 0.04%，但 Mn 总质量分数增加不得超过 0.20%。

CECS 235—2008 推荐焊接结构用铸钢钢号及碳当量　　表 8-2-41

铸钢牌号	碳当量≤
ZG200-400H	0.38
ZG230-450H	0.42
ZG275-485H	0.46

CECS 235—2008 推荐焊接结构用铸钢钢号及力学性能（室温）　　表 8-2-42

铸钢牌号	拉伸性能				冲击性能	
	σ_s 或 $\sigma_{0.2}$	σ_b	δ_5	ψ	A_{KV}（J）	α_{KU}
	MPa		%			（J/cm²）
	≥				≥	
ZG200-400H	200	400	25	40	30	59
ZG230-450H	230	450	22	35	25	44
ZG275-485H	275	485	20	35	22	34

注：1. 表中各力学性能指标适用于厚度不超过 100mm 的铸件；当铸件壁厚超过 100mm 时，表中规定的 $\sigma_{0.2}$ 屈服强度仅供设计使用；

2. 当需从经过热处理的铸件或从代表铸件的大型试块上取样时，其性能指标由供需双方商定。

CECS 235—2008 推荐可焊铸钢的强度设计值（N/mm²）　　表 8-2-43

铸钢件牌号	抗拉、抗压和抗弯	抗剪	端面承压（刨平顶紧）
	f	f_v	f_{cc}
ZG230-450H	180	105	290
ZG275-485H	215	125	315
G17Mn5QT	185	105	290
G20Mn5N	235	135	310
G20Mn5QT	235	135	325

注：1. 各牌号铸钢的强度设计值按本表取值时，必须保证其材质的力学性能指标符合表 8-2-42 和表 8-2-44 中的相应规定；

2. 表中抗拉（压）、抗剪和端面承压等强度设计值均为与表 8-2-42 和表 8-2-44 中各牌号铸钢所规定厚度的相应屈服强度的对应值。铸件壁厚很厚时，经供货厂方提出，可考虑强度设计值因壁厚过大的折减，具体取值可按双方商定的铸件交货屈服强度计算确定。

CECS 235—2008 推荐焊接结构用（经热处理的）铸钢钢号及力学性能　　表 8-2-44

铸钢钢种		热处理条件			铸件壁厚 (mm)	室温下			冲击功值	
牌号	材料号	状态与代号	正火或奥氏体化（℃）	回火（℃）		屈服强度 $R_{p0.2}$ (MPa)	抗拉强度 R_m (MPa)	伸长率 A (%)	温度（℃）	冲击功 (J) ≥
G17Mn5	1.1131	调质 QT	920~980①②	600~700	$t \leqslant 50$	240	450~600	≥24	室温 -40℃	70 27
G20Mn5	1.6220	正火 N	900~980①	—	$t \leqslant 30$	300	480~620	≥20	室温 -30℃	50 27
		调质 QT	900~980②	610~660	$t \leqslant 100$	300	500~650	≥22	室温 -40℃	60 27

注：1. 热处理条件栏内的温度值仅为资料性数据；
　　2. 本表对冲击功列出了室温与负温两种值，由买方按使用要求选用其中的一种，当无约定时，按保证室温冲击功指标供货；
　　3. N 为正火处理的代号，QT 表示淬火（空冷或水冷）加回火；
　　4. ①为空冷，②为水冷。

可焊铸钢件材性选用可参考表 8-2-45。

可焊铸钢件材性选用要求　　表 8-2-45

序号	荷载特征	节点类型与受力状态	工作环境温度	要求性能项目	适用铸钢牌号
1	承受静力荷载或间接动力荷载	单管节点，单、双向受力状态	高于-20℃	屈服强度、抗拉强度、伸长率、断面收缩率、碳当量、常温冲击功 $A_{KV} \geqslant 27J$	ZG230-450H ZG275-485H G20Mn5N
2			低于或等于-20℃	同第 1 项但 0℃ 冲击功 $A_{KV} \geqslant 27J$	ZG275-485H G20Mn5N
3		多管节点，三向受力复杂受力状态	高于-20℃	同第 1 项	
4			低于或等于-20℃	同第 2 项	G20Mn5N
5	承受直接动力荷载或 7~9 度设防的地震作用	单管节点，单、双向受力状态	高于-20℃	同第 2 项	同第 2、3 项
6			低于或等于-20℃	同第 1 项但-20℃ 冲击功 $A_{KV} \geqslant 27J$	ZG275-485H G17Mn5QT G20Mn5N
7		多管节点，三向受力等复杂受力状态	高于-20℃	同第 2 项	G17Mn5QT G20Mn5N G20Mn5QT
8			低于或等于-20℃	同第 6 项，但 9 度地震设防时-40℃ 冲击功 $A_{KV} \geqslant 27J$	

注：1. 铸件材料的力学性能原则上应与构件母材相匹配，但其屈服强度、伸长率在满足计算强度安全的条件下，允许有一定的调整；
　　2. 当设计要求-20℃ 或-40℃ 冲击功或碳当量限值等保证，而铸钢材料标准中无此相应指标时，应在订货时作为附加保证条件提出要求；
　　3. 表中直接动力荷载不包括需要计算疲劳的动力荷载；
　　4. 选用 ZG 牌号铸钢时，宜要求其含碳量不大于 0.22%，磷、硫含量均不大于 0.03%。

8.2.5 建筑结构钢材的选择与验收

8.2.5.1 选用原则

1. 高层建筑钢结构用钢材宜选用 Q235、Q345，对于有抗震设防要求（抗震设防烈度6度在以上）的高层、超高层建筑采用 Q390、Q420 的钢材时，应考虑其伸长率小于 20% 的影响。以上牌号钢材的质量等级均应不低于 B 级，质量应分别符合现行国家标准《碳素结构钢》GB/T 700 和《低合金高强度结构钢》GB/T 1591 的规定。当有可靠依据时，可采用其他牌号的钢材，并应符合相应有关标准的规定和要求；

2. 对于高层建筑钢结构，其对钢板的强度和综合性能要求较高，宜优先选用符合现行国家标准《建筑结构用钢板》GB/T 19879 的 Q235GJ 和 Q345GJ 钢，其质量等级不低于 B 级，以及 Q390GJ 钢，其质量等级不低于 C 级；

3. 高层建筑钢结构中外露的钢构件，可采用符合现行国家标准《焊接结构用耐候钢》GB/T 4172 的 Q235NH 和 Q355NH 钢，其质量标准不低于 C 级；

4. 承重结构的钢材应根据结构和构件的重要性、荷载特征、连接方式、钢材厚度、工作环境和延性要求等因素，综合考虑选用合适的钢材牌号和材质。钢材应当具有抗拉强度、伸长率、屈服强度、冷弯试验、冲击韧性试验和碳、硫、磷含量的合格保证。对于高强度低合金结构钢，必要时还应具有碳当量或焊接裂纹敏感性指数的合格保证。高层钢结构建筑中的承重结构钢材，其拉伸性能应有明显的屈服台阶，实际供货钢材的屈强比不应大于 0.85，伸长率应大于 20%；

5. 厚度大于 40mm 的钢板，在厚度方向受有焊接约束拉应力或在厚度方向受拉时，其性能应符合现行国家标准《厚度方向性能钢板》GB/T 5313 的要求；

6. 高层钢结构所用连接材料、铸钢件等亦应符合相关现行国家或行业标准的要求。

8.2.5.2 建筑结构钢材的验收

1. 对建筑结构钢材进行验收，是保证钢结构工程质量的重要环节，其主要内容包括：

（1）钢材的数量、品种是否满足设计需求且与订货计划相符。

（2）钢材的性能指标应符合国家现行产品标准和设计要求，进口钢材产品的质量应符合相应质量标准及合同规定的标准要求。对于钢材质量的验收应执行《钢结构工程施工质量验收规范》GB 50205 的相关规定，当质量合格文件为复印件、有涂改、质量合格证明文件不全、内容少于设计和标准要求时，应按要求对材料进行抽样复检。

（3）核对钢材的规格尺寸有无超差及超出允许范围的表面缺陷。

2. 各类钢材的外形尺寸允许公差见表 8-2-46～表 8-2-58。

（1）钢板和钢带的厚度允许偏差，执行国家标准：《热轧钢板和钢带的尺寸、外形、重量及允许偏差》GB/T 709—2006，其允许偏差见表 8-2-46～表 8-2-50。

钢板厚度偏差种类：N 类偏差：正偏差和负偏差相等；

             A 类偏差：按公称厚度规定负偏差；

             B 类偏差：固定负偏差为 0.3mm；

             C 类偏差：固定负偏差为零，按公称厚度规定正偏差。

钢带的厚度精度：普通厚度精度   PT. A

                较高厚度精度   PT. B

单轧钢板的厚度允许偏差（N类） 表 8-2-46

公称厚度 (mm)	下列公称宽度的厚度允许偏差（mm）			
	≤1500	>1500~2500	>2500~4000	>4000~4800
3.00~5.00	±0.45	±0.55	±0.65	—
>5.00~8.00	±0.50	±0.60	±0.75	—
>8.00~15.0	±0.55	±0.65	±0.80	±0.90
>15.0~25.0	±0.65	±0.75	±0.90	±1.10
>25.0~40.0	±0.70	±0.80	±1.00	±1.20
>40.0~60.0	±0.80	±0.90	±1.10	±1.30
>60.0~100	±0.90	±1.10	±1.30	±1.50
>100~150	±1.20	±1.40	±1.60	±1.80
>150~200	±1.40	±1.60	±1.80	±1.90
>200~250	±1.60	±1.80	±2.00	±2.20
>250~300	±1.80	±2.00	±2.20	±2.40
>300~400	±2.00	±2.20	±2.40	±2.60

单轧钢板的厚度允许偏差（A类） 表 8-2-47

公称厚度 (mm)	下列公称宽度的厚度允许偏差（mm）			
	≤1500	>1500~2500	>2500~4000	>4000~4800
3.00~5.00	+0.55 / −0.35	+0.70 / −0.40	+0.85 / −0.45	—
>5.00~8.00	+0.65 / −0.35	+0.75 / −0.45	+0.95 / −0.55	—
>8.00~15.0	+0.70 / −0.40	+0.85 / −0.45	+1.05 / −0.55	+1.20 / −0.60
>15.0~25.0	+0.85 / −0.45	+1.00 / −0.50	+1.15 / −0.65	+1.50 / −0.70
>25.0~40.0	+0.90 / −0.50	+1.05 / −0.55	+1.30 / −0.70	+1.60 / −0.80
>40.0~60.0	+1.05 / −0.55	+1.20 / −0.60	+1.45 / −0.75	+1.70 / −0.90
>60.0~100	+1.20 / −0.60	+1.50 / −0.70	+1.75 / −0.85	+2.00 / −1.00
>100~150	+1.60 / −0.80	+1.90 / −0.90	+2.15 / −1.05	+2.40 / −1.20
>150~200	+1.90 / −0.90	+2.20 / −1.00	+2.45 / −1.15	+2.50 / −1.30
>200~250	+2.20 / −1.00	+2.40 / −1.20	+2.70 / −1.30	+3.00 / −1.40

续表

公称厚度	下列公称宽度的厚度允许偏差（mm）			
（mm）	≤1500	>1500～2500	>2500～4000	>4000～4800
>250～300	+2.40 −1.20	+2.70 −1.30	+2.95 −1.45	+3.20 −1.60
>300～400	+2.70 −1.30	+3.00 −1.40	+3.25 −1.55	+3.50 −1.70

单轧钢板的厚度允许偏差（B类） 表 8-2-48

公称厚度	下列公称宽度的厚度允许偏差（mm）			
（mm）	≤1500	>1500～2500	>2500～4000	>4000～4800
3.00～5.00	+0.60	+0.80	+1.00	—
>5.00～8.00	+0.70	+0.90	+1.20	—
>8.00～15.0	+0.80	+1.00	+1.30	+1.50
>15.0～25.0	+1.00	+1.20	+1.50	+1.90
>25.0～40.0	+1.10	+1.30	+1.70	+2.10
>40.0～60.0	+1.30	+1.50	+1.90	+2.30
>60.0～100	+1.50	+1.80	+2.30	+2.70
>100～150	+2.10	+2.50	+2.90	+3.30
>150～200	+2.50	+2.90	+3.30	+3.50
>200～250	+2.90	+3.30	+3.70	+4.10
>250～300	+3.30	+3.70	+4.10	+4.50
>300～400	+3.70	+4.10	+4.50	+4.90

（≤1500、>1500～2500、>2500～4000 列下偏差均为 −0.30）

单轧钢板的厚度允许偏差（C类） 表 8-2-49

公称厚度	下列公称宽度的厚度允许偏差（mm）			
（mm）	≤1500	>1500～2500	>2500～4000	>4000～4800
3.00～5.00	+0.90	+1.10	+1.30	—
>5.00～8.00	+1.00	+1.20	+1.50	—
>8.00～15.0	+1.10	+1.30	+1.60	+1.80
>15.0～25.0	+1.30	+1.50	+1.80	+2.20
>25.0～40.0	+1.40	+1.60	+2.00	+2.40
>40.0～60.0	+1.60	+1.80	+2.20	+2.60
>60.0～100	+1.80	+2.20	+2.60	+3.00
>100～150	+2.40	+2.80	+3.20	+3.60
>150～200	+2.80	+3.20	+3.60	+3.80
>200～250	+3.20	+3.60	+4.00	+4.40
>250～300	+3.60	+4.00	+4.40	+4.80
>300～400	+4.00	+4.40	+4.80	+5.20

（各列下偏差均为 0）

钢带（包括连轧钢板）的厚度允许偏差　　　　　　表 8-2-50

公称厚度 （mm）	钢带厚度允许偏差[a]（mm）							
	普通精度　PT. A				较高精度　PT. B			
	公称宽度				公称宽度			
	600～1200	>1200～ 1500	>1500～ 1800	>1800	600～1200	>1200～ 1500	>1500～ 1800	>1800
0.8～1.5	±0.15	±0.17	—	—	±0.10	±0.12	—	—
>1.5～2.0	±0.17	±0.19	±0.21	—	±0.13	±0.14	±0.14	—
>2.0～2.5	±0.18	±0.21	±0.23	±0.25	±0.14	±0.15	±0.17	±0.20
>2.5～3.0	±0.20	±0.22	±0.24	±0.26	±0.15	±0.17	±0.19	±0.21
>3.0～4.0	±0.22	±0.24	±0.26	±0.27	±0.17	±0.18	±0.21	±0.22
>4.0～5.0	±0.24	±0.26	±0.28	±0.29	±0.19	±0.21	±0.22	±0.23
>5.0～6.0	±0.26	±0.28	±0.29	±0.31	±0.21	±0.22	±0.23	±0.25
>6.0～8.0	±0.29	±0.30	±0.31	±0.35	±0.23	±0.24	±0.25	±0.28
>8.0～10.0	±0.32	±0.33	±0.34	±0.40	±0.26	±0.26	±0.27	±0.32
>10.0～12.5	±0.35	±0.36	±0.37	±0.43	±0.28	±0.29	±0.30	±0.36
>12.5～15.0	±0.37	±0.38	±0.40	±0.46	±0.30	±0.31	±0.33	±0.39
>15.0～25.4	±0.40	±0.42	±0.45	±0.50	±0.32	±0.34	±0.37	±0.42

a　规定最小屈服强度 R_e≥345MPa 的钢带，厚度偏差应增加 10%。

（2）热轧型钢外形尺寸允许偏差，执行国家标准《热轧型钢》GB/T 706—2008，其尺寸允许偏差见表 8-2-51～表 8-2-54。

工字钢、槽钢尺寸、外形允许偏差表（mm）　　　　　表 8-2-51

	高度	允许偏差	图　示
高度 （h）	<100	±1.5	
	100～<200	±2.0	
	200～<400	±3.0	
	≥400	±4.0	
腿宽度 （b）	<100	±1.5	
	100～<150	±2.0	
	150～<200	±2.5	
	200～<300	±3.0	
	300～<400	±3.5	
	≥400	±4.0	
腰厚度 （d）	<100	±0.4	
	100～<200	±0.5	
	200～<300	±0.7	
	300～<400	±0.8	
	≥400	±0.9	

续表

外缘斜度 （T）		$T\leqslant1.5\%b$ $2T\leqslant2.5\%b$	
弯腰挠度 （W）		$W\leqslant0.15d$	
弯曲度	工字钢	每米弯曲度≤2mm 总弯曲度≤总长度的0.20%	适用于上下、左右大弯曲
	槽钢	每米弯曲度≤3mm 总弯曲度≤总长度的0.30%	

角钢尺寸、外形允许偏差（mm）　　　　表 8-2-52

项 目		允许偏差		图 示
		等边角钢	不等边角钢	
边宽度 （B，b）	边宽度®≤56	±0.8	±0.8	
	>56~90	±1.2	±1.5	
	>90~140	±1.8	±2.0	
	>140~200	±2.5	±2.5	
	>200	±3.5	±3.5	
边厚度 （d）	边宽度®≤56	±0.4		
	>56~90	±0.6		
	>90~140	±0.7		
	>140~200	±1.0		
	>200	±1.4		
顶端直角		$\alpha\leqslant50'$		
弯曲度		每米弯曲度≤3mm 总弯曲度≤总长度的0.30%		适用于上下、左右大弯曲

　ⓐ　不等边角钢按长边宽度 B。

L型钢尺寸、外形允许偏差（mm）　　　　　　　　　表 8-2-53

项　目			允 许 偏 差	图　示
边宽度 （B，b）			±4.0	
边 厚 度	长边厚度（D）		+1.6 −0.4	
	短边 厚度 （d）	≤20	+2.0 −0.4	
		>20～30	+2.0 −0.5	
		>30～35	+2.5 −0.6	
垂直度 （T）			$T \leqslant 2.5\%b$	
长边平直度 （W）			$W \leqslant 0.15D$	
弯曲度			每米弯曲度≤3mm 总弯曲度≤总长度的 0.30%	适用于上下、左右大弯曲

型钢的长度允许偏差　　　　　　　　　　　　　表 8-2-54

长度（mm）	允许偏差（mm）
≤8000	+50 0
>8000	+80 0

（3）轧制 H 型钢和 T 型钢外形尺寸允许偏差，执行国家标准《热轧 H 型钢和剖分 T 型钢》GB/T 11263—2010，其允许偏差见表 8-2-55～表 8-2-57。

H 型钢尺寸、外形允许偏差（mm）　　　表 8-2-55

项　目		允许偏差	图　示
高度 H（按型号）	＜400	±2.0	
	≥400～＜600	±3.0	
	≥600	±4.0	
宽度 B（按型号）	＜100	±2.0	
	≥100～＜200	±2.5	
	≥200	±3.0	
厚度	t_1 ＜5	±0.5	
	≥5～＜16	±0.7	
	≥16～＜25	±1.0	
	≥25～＜40	±1.5	
	≥40	±2.0	
	t_2 ＜5	±0.7	
	≥5～＜16	±1.0	
	≥16～＜25	±1.5	
	≥25～＜40	±1.7	
	≥40	±2.0	
长度	≤7000	+60 / 0	
	＞7000	长度每增加 1m 或不足 1m 时，正偏差在上述基础上加5mm	
翼缘斜度 T	高度（型号）≤300	T≤1.0%B。但允许偏差的最小值为1.5mm	
	高度（型号）＞300	T≤1.2%B。但允许偏差的最小值为1.5mm	
弯曲度（适用于上下、左右大弯曲）	高度（型号）≤300	≤长度的 0.15%	
	高度（型号）＞300	≤长度的 0.10%	

项 目		允 许 偏 差	图 示
中心偏差 S	高度(型号)≤300 且 宽度(型号)≤200	±2.5	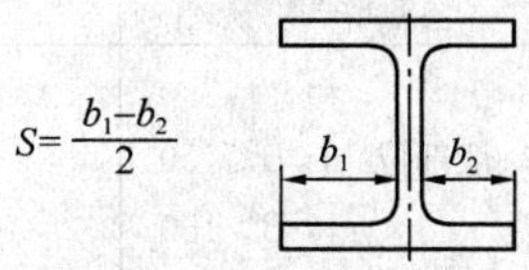 $S=\dfrac{b_1-b_2}{2}$
	高度(型号)>300 或 宽度(型号)>200	±3.5	
腹板弯曲 W	高度(型号)<400	≤2.0	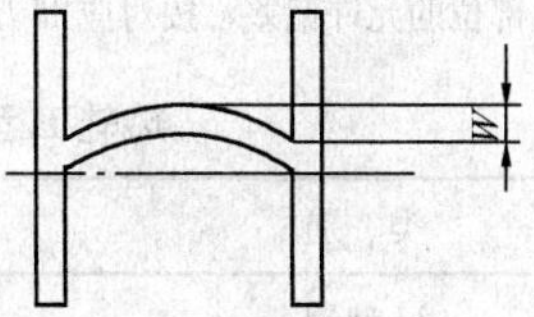
	≥400~<600	≤2.5	
	≥600	≤3.0	
翼缘弯曲 F	宽度 B≤400	≤1.5%b。但是,允许偏差值的最大值为1.5mm	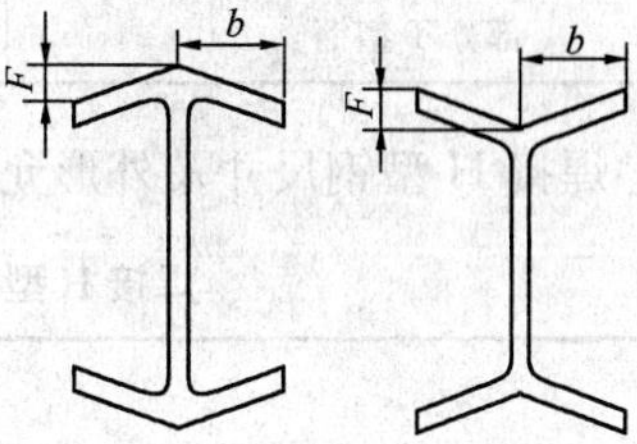
端面斜度 E		E≤1.6%(H 或 B),但允许偏差的最小值为3.0mm	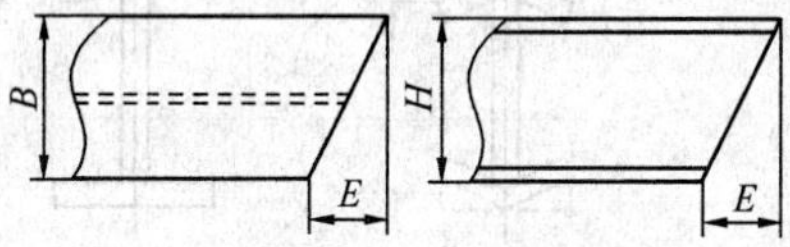
翼缘腿端外缘钝化		不得使直径等于 $0.18t_2$ 的圆棒通过	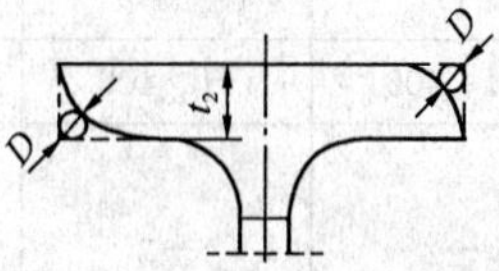

注:1. 尺寸和形状的测量部位见图示。

2. 弯曲度沿翼缘端部测量。

部分 T 型钢尺寸、外形允许偏差　　　　　表 8-2-56

项 目		允 许 偏 差	图 示
高度 h (按型号)	<200	+4.0 −6.0	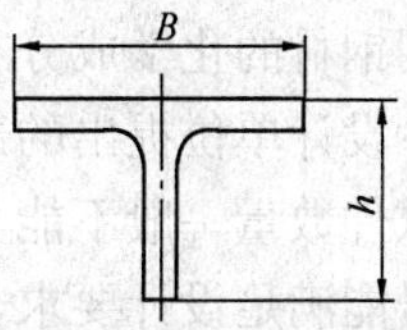
	≥200~<300	+5.0 −7.0	
	≥300	+6.0 −8.0	

续表

项 目		允 许 偏 差	图 示
翼缘弯曲 F'	连接部位	$F' \leqslant B/200$ 且 $F' \leqslant 1.5$	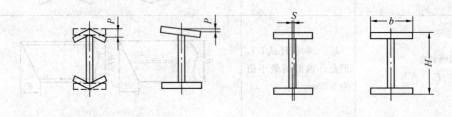
	一般部位 $B \leqslant 150$	$F' \leqslant 2.0$	
	$B > 150$	$F' \leqslant \dfrac{B}{150}$	

注：其他部位的允许偏差，按对应 H 型钢规格的部位允许偏差。

热轧 H 型钢和剖分 T 型钢交货重量允许偏差　　　　表 8-2-57

类 别	重量允许偏差
H 型钢	每根重量偏差±6%，每批交货重量偏差±4%
部分 T 型钢	每根重量偏差±7%，每批交货重量偏差±5%

（4）焊接 H 型钢尺寸及外形允许偏差见表 8-2-58。

焊接 H 型钢尺寸及外形允许偏差表（mm）　　　　表 8-2-58

b	H		S	P				长度 L
	$H \leqslant 400$	$H > 400$		$b \leqslant 200$	$b > 200$	$b \leqslant 200$	$b > 200$	
±3	±2	±3		$\pm \dfrac{b}{100}$	±2	$\pm \dfrac{b}{100}$	±2	±3
						轨道接触范围不超过±1		

注：全长的上、下挠曲及旁弯的矢高≤0.1‰L，最大不超过 20mm。

8.2.5.3　建筑结构钢材代用的注意事项

一般情况下，建筑结构钢材一定要符合设计要求才能使用，只有在供方无法满足设计要求，又没有其他货源的情况下，经原设计单位同意时方可代换。

确定钢材必须代换时，应注意下列各点：

（1）代用钢材的化学成分和机械性能与原设计应一致。当钢号能满足设计要求，但材质保证中缺少设计单位提出的部分性能要求时，则要做补充试验，合格后方能使用。每种型号规格，试件数量一般不能少于 3 件。

（2）钢号能满足设计要求，但钢材质量优于设计要求时，要注意节约，如用量较大，要重新进行杆件和节点的设计。

（3）钢号能满足设计要求，但钢材材质低于设计要求时，一般不能代用。

（4）钢号和材质都与设计要求不符时，应重新改变设计。

（5）当采用代用钢材而引起构件的强度、稳定性和刚度变化较大，并产生较大的偏心影响时，要重新进行设计。

以国标钢材替代国外标准钢材（如欧、美、日标）所需考虑内容：

（1）代换目的：缩短采购周期、工期，降低工程造价；

（2）材料的替换原则及具体替换方案：材料替换原则通常为等强替换原则，不得降低构件强度；

（3）根据构件受力情况、中外材料标准差别制定具体的代换方案，注意材料屈服强度的厚度效应、伸长率等因素及材料性能的对比，提出替换方案可行的证明性资料；

（4）进行材料代换对于结构安全以及外观影响的评估；

（5）针对材料替换制定更为周密的试验、检验计划，保证工程质量。

8.2.6 连接材料

8.2.6.1 焊接材料

1. 焊条

建筑钢结构焊接所用焊条主要涉及碳素结构钢和低合金结构钢，其相应标准为 GB/T 5117 和 GB/T 5118。

（1）非合金钢及细晶粒钢焊条（GB/T 5117）

2012 年 11 月发布，2013 年 3 月实施的 GB/T 5117—2012《非合金钢及细晶粒钢焊条》替代了原 GB/T 5117—1995《碳钢焊条》。

（2）热强钢焊条（GB/T 5118）

2012 年 11 月发布，2013 年 3 月实施的 GB/T 5118—2012《热强钢焊条》替代了原 GB/T 5118—1995《低合金钢焊条》。

（3）焊条型号编制方法

焊条型号编制方法参见表 8-2-59。

非合金钢及细晶粒钢焊条型号示例：

示例 1：

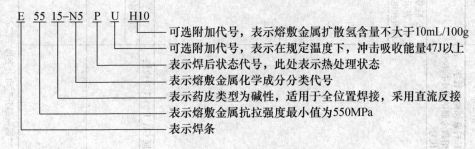

示例 2：

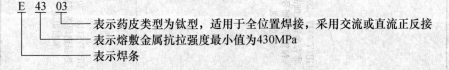

非合金钢及细晶粒钢和热强钢焊条型号编制方法

表 8-2-59

标准	第二部分	第三部分	第四部分	第五部分	第六部分	第七部分
GB/T 5117—2012 非合金钢及细晶粒钢焊条型号编制组成	E 后紧邻两位数字，表示熔敷金属的最小抗拉强度代号	E 后第三、四两位数字，表示药皮类型、焊接位置和电流类型	熔敷金属的化学成分分类代号，可无标记或数字或其组合，"-" 后跟字母、数字或其组合	焊后状态代号，"无标记"表示焊态，"P"表示热处理状态，"AP"表示前述两种状态均可	★字母 "U"，表示焊缝金属在规定温度下，冲击吸收能量可达 47J 以上	★扩散氢代号 "HX"，其中 X 代表 15、10 或 5，分别表示每 100g 熔敷金属中扩散氢含量的最大值 (mL)
GB/T 5118—2012 热强钢焊条型号编制组成	同 GB/T 5517 对应栏	同 GB/T 5517 对应栏	"-" 后跟字母、数字或其组合，表示熔敷金属的化学成分分类代号	★扩散氢代号 "HX"，其中 X 代表 15、10 或 5，分别表示每 100g 熔敷金属中扩散氢含量的最大值 (mL)		

说明：1. 焊条型号 "第一部分" 均为字母 "E"；

2. 非合金钢及细晶粒钢焊条型号由五部分分类代号组成，热强钢焊条型号由四部分分类代号组成；

3. 表内有 "★" 标记的栏目为根据供需双方协商需另加的附加代号。

热强钢焊条型号示例：

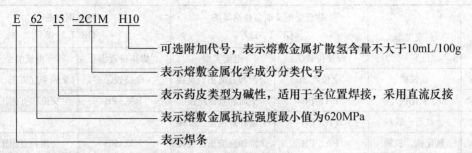

$$E \quad 62 \quad 15 \quad -2C1M \quad H10$$

可选附加代号，表示熔敷金属扩散氢含量不大于10mL/100g

表示熔敷金属化学成分分类代号

表示药皮类型为碱性，适用于全位置焊接，采用直流反接

表示熔敷金属抗拉强度最小值为620MPa

表示焊条

焊条型号中强制分类代号：焊条熔敷金属抗拉强度代号见表 8-2-60；焊条药皮类型代号见表 8-2-61；非合金钢及细晶粒钢焊条熔敷金属化学成分分类代号见表 8-2-62 和热强钢焊条熔敷金属化学成分分类代号见表 8-2-63。

为方便查询，表 8-2-64 和表 8-2-65 给出了新、旧标准及相关国外和国际标准的焊条型号对照表。

非合金钢及细晶粒钢焊条与热强钢焊条熔敷金属抗拉强度代号表　　　表 8-2-60

焊条类型及其标准代号	熔敷金属抗拉强度代号	熔敷金属最小抗拉强度 （MPa）
非合金钢及细晶粒钢焊条 GB/T 5117—2012	43	430
	50	490
	55	550
	57	570
热强钢焊条 GB/T 5118—2012	50	490
	52	520
	55	550
	62	620

非合金钢及细晶粒钢焊条与热强钢焊条药皮类型代号表　　　表 8-2-61

代号	药皮类型	非合金钢及细晶粒钢焊条 GB/T 5117		热强钢焊条 GB/T 5118	
		焊接位置①	电流类型	焊接位置①	电流类型
03	钛型	全位置③	交流和直流正、反接	全位置③	交流和直流正、反接
10②	纤维素	全位置	直流反接	全位置	直流反接
11②	纤维素	全位置	交流和直流反接	全位置	交流和直流反接
12	金红石	全位置③	交流和直流正接	×	
13	金红石	全位置③	交流和直流正、反接	全位置③	交流和直流正、反接
14	金红石+铁粉	全位置③	交流和直流正、反接	×	
15	碱性	全位置③	直流反接	全位置③	直流反接
16	碱性	全位置③	交流和直流反接	全位置③	交流和直流反接
18	碱性+铁粉	全位置③	交流和直流反接	全位置（PG除外）	交流和直流反接

续表

代号	药皮类型	非合金钢及细晶粒钢焊条 GB/T 5117		热强钢焊条 GB/T 5118	
		焊接位置①	电流类型	焊接位置①	电流类型
19②	钛铁矿	全位置③	交流和直流正、反接	全位置③	交流和直流正、反接
20②	氧化铁	PA、PB	交流和直流正接	PA、PB	交流和直流正接
24	金红石＋铁粉	PA、PB	交流和直流正、反接	×	
27②	氧化铁＋铁粉	PA、PB	交流和直流正、反接	PA、PB	交流和直流正接
28	碱性＋铁粉	PA、PB、PC	交流和直流反接	×	
40	不做规定	由制造商确定		由制造商确定	
45	碱性	全位置	直流反接	×	
48	碱性	全位置	交流和直流反接		

表内标注说明：

① 焊接位置代号见 GB/T 16672，其中 PA＝平焊、PB＝平角焊、PC＝横焊、PG＝向下立焊。

② 针对 GB/T 5118，仅限于熔敷金属化学成分代号 1M3。

③ 此处"全位置"并不一定包含向下立焊，由制造商确定。

"×"：无此类型号。

非合金钢及细晶粒钢焊条熔敷金属化学成分分类代号　　　　表 8-2-62

分类代号	主要化学成分的名义含量（质量分数） (%)				
	Mn	Ni	Cr	Mo	Cu
无标记、−1、−P1、−P2	1.0	—		—	—
−1M3	—			0.5	—
−3M2	1.5	—		0.4	—
−3M3	1.5	—		0.5	—
−N1	—	0.5			—
−N2	—	1.0			—
−N3	—	1.5			—
−3N3	1.5	1.5			—
−N5	—	2.5			—
−N7	—	3.5			—
−N13	—	6.5			—
−N2M3	—	1.0		0.5	—
−NC	—	0.5			0.4
−CC	—		0.5		0.4
−NCC	—	0.2	0.6		0.5
−NCC1	—	0.6	0.6		0.5
−NCC2	—	0.3	0.2		0.5
−G	其他成分				

热强钢焊条熔敷金属化学成分分类代号　　表 8-2-63

分类代号	主要化学成分的名义含量
—1M3	此类焊条中含有 Mo，Mo 是在非合金钢焊条基础上的唯一添加合金元素。数字 1 约等于名义上 Mn 含量两倍的整数，字母"M"表示 Mo，数字 3 表示 Mo 的名义含量，大约 0.5%
—×C×M×	对于含铬-钼的热强钢，标识"C"前的整数表示 Cr 的名义含量，"M"前的整数表示 Mo 的名义含量。对于 Cr 或者 Mo，如果名义含量少于 1%，则字母前不标记数字。如果在 Cr 和 Mo 之外还加入了 W、V、B、Nb 等合金成分，则按照此顺序，加于铬和钼标记之后。标识末尾的"L"表示含碳量较低。最后一个字母后的数字表示成分有所改变
—G	其他成分

非合金钢及细晶粒钢焊条型号对照表　　表 8-2-64

GB/T 5117—2012	GB/T 5117—1995	GB/T 5118—1995	ISO 2560:2009	AWS A5.1M:2004	AWS A5.5M:2006
碳钢					
E4303	E4303	—	E4303	—	
E4310	E4310	—	E4310	E4310	—
E4311	E4311	—	E4311	E4311	
E4312	E4312	—	E4312	E4312	
E4313	E4313	—	E4313	E4313	
E4315	E4315	—	—	—	
E4316	E4316	—	E4316	—	
E4318	—	—	E4318	E4318	
E4319	E4301	—	E4319	E4319	
E4320	E4320	—	E4320	E4320	
E4324	E4324	—	E4324	—	
E4327	E4327	—	E4327	E4327	
E4328	E4328	—	—	—	
E4340	E4300	—	E4340	—	
E5003	E5003	—	E4903	—	
E5010	E5010	—	E4910	—	
E5011	E5011	—	E4911	—	
E5012	—	—	E4912	—	
E5013	—	—	E4913	—	
E5014	E5014	—	E4914	E4914	
E5015	E5015	—	E4915	E4915	
E5016	E5016	—	E4916	E4916	
E5016-1	—	—	E4916-1		
E5018	E5018	—	E4918	E4918	
E5018-1	—	—	E4918-1		
E5019	E5001	—	E4919		
E5024	E5024	—	E4924	E4924	
E5024-1	—	—	E4924-1		
E5027	E5027	—	E4927	E4927	—

GB/T 5117—2012	GB/T 5117—1995	GB/T 5118—1995	ISO 2560:2009	AWS A5.1M:2004	AWS A5.5M:2006
碳钢					
E5028	E5028	—	E4928	E4928	—
E5048	E5048	—	E4948	E4948	—
E5716	—	—	E5716	—	—
E5728	—	—	E5728	—	—
耐候钢					
E5003-NC	—	—	E4903-NC	—	—
E5016-NC	—	—	E4916-NC	—	—
E5028-NC	—	—	E4928-NC	—	—
E5716-NC	—	—	E5716-NC	—	—
E5728-NC	—	—	E5728-NC	—	—
E5003-CC	—	—	E4903-CC	—	—
E5016-CC	—	—	E4916-CC	—	—
E5028-CC	—	—	E4928-CC	—	—
E5716-CC	—	—	E5716-CC	—	—
E5728-CC	—	—	E5728-CC	—	—
E5003-NCC	—	—	E4903-NCC	—	—
E5016-NCC	—	—	E4916-NCC	—	—
E5028-NCC	—	—	E4928-NCC	—	—
E5716-NCC	—	—	E5716-NCC	—	—
E5728-NCC	—	—	E5728-NCC	—	—
E5003-NCC1	—	—	E4903-NCC1	—	—
E5016-NCC1	—	—	E4916-NCC1	—	—
E5028-NCC1	—	—	E4928-NCC1	—	—
E5516-NCC1	—	—	E5516-NCC1	—	—
E5518-NCC1	—	E5518-W-	E5518-NCC1	—	E5518-W2
E5716-NCC1	—	—	E5716-NCC1	—	—
E5728-NCC1	—	—	E5728-NCC1	—	—
E5016-NCC2	—	—	E4916-NCC2	—	—
E5018-NCC2	—	E5018-W-	E4916-NCC2	—	E4918-W1

注：1. 本表摘自 GB/T 5117—2012 附录 B，表 B-1，该表中"管线钢"、"碳钼钢"、"锰钼钢"、"镍钢"和"镍钼钢"用焊条部分未摘录；

2. ISO 2560:2009 为国际标准化组织标准《焊接材料，非合金钢和细晶粒钢的手工金属电弧焊用涂敷焊条分类》；

3. AWS A5.1M:2004 为美国焊接协会标准《手工电弧焊用碳钢焊条标准》；

4. AWS A5.5M:2006 为美国焊接协会标准《手工电弧焊用低合金钢焊条标准》；

5. 使用中应注意查阅上述国内、国外标准新版标准的变化。

热强钢焊条型号对照表　　　　　　　　　　表 8-2-65

GB/T 5118—2012	GB/T 5118—1995	ISO 3580:2010	AWS A5.5M:2006
E50XX-IM3	E50XX-A1	E49XX-IM3	
E50YY-IM3	E50YY-A1	E49YY-IM3	
E5515-CM	E5515-B1	E5515-CM	
E5516-CM	E5516-B1	E5516-CM	E5516-B1
E5518-CM	E5518-B1	E5518-CM	E5518-B1
E5540-CM	E5500-B1	—	
E5503-CM	E5503-B1	—	
E5515-1CM	E5515-B2	E5515-1CM	
E5516-1CM	E5516-B2	E5516-1CM	E5516-B2
E5518-1CM	E5518-B2	E5518-1CM	E5518-B2
E5513-1CM	—	E5513-1CM	
E5215-1CML	E5515-B2L	E5215-1CML	E4915-B2L
E5216-1CML	—	E5216-1CML	E4916-B2L
E5218-1CML	E5518-B2L	E5218-1CML	E4918-B2L
E5540-1CMV	E5500-B2-V	—	
E5515-1CMV	E5515-B2-V	—	
E5515-1CMVNb	E5515-B2-VNb	—	
E5515-1CMWV	E5515-B2-VW	—	
E6215-2C1M	E6015-B3	E6215-2C1M	E6215-B3
E6216-2C1M	E6016-B3	E6216-2C1M	E6216-B3
E6218-2C1M	E6018-B3	E6218-2C1M	E6218-B3
E6213-2C1M	—	E6213-2C1M	
E6240-2C1M	E6000-B3		
E5515-2C1ML	E6015-B3L	E5515-2C1ML	E5515-B3L
E5516-2C1ML	—	E5516-2C1ML	
E5518-2C1ML	E6018-B3L	E5518-2C1ML	E5518-B3L
E5515-2CML	E5515-B4L	E5515-2CML	AWS5515-B4L
E5516-2CML	—	E5516-2CML	
E5518-2CML	—	E5518-2CML	
E5540-2CMWVB	E5500-B3-VWB	—	
E5515-2CMWVB	E5515-B3-VWB	—	
E5515-2CMVNb	E5515-B3-VNb	—	
E62XX-2C1MV	—	E62XX-2C1MV	
E62XX-3C1MV	—	E62XX-3C1MV	
E5515-C1M	—	E5515-C1M	
E5516-C1M	E5516-B5	E5516-C1M	E5516-B5

续表

GB/T 5118—2012	GB/T 5118—1995	ISO 3580:2010	AWS A5.5M:2006
E5518-C1M		E5518-C1M	
E5515-5CM		E5515-5CM	E5515-B6
E5516-5CM		E5516-5CM	E5516-B6
E5518-5CM		E5518-5CM	E5518-B6
E5515-5CML		E5515-5CML	E5515-B6L
E5516-5CML		E5516-5CML	E5516-B6L
E5518-5CML		E5518-5CML	E5518-B6L
E5515-5CMV			
E5516-5CMV			
E5518-5CMV		—	
E5515-7CM		—	E5515-B7
E5516-7CM		—	E5516-B7
E5518-7CM		—	E5518-B7
E5515-7CML		—	E5515-B7L
E5516-7CML		—	E5516-B7L
E5518-7CML		—	E5518-B7L
E6215-9C1M		E6215-9C1M	E5515-B8
E6216-9C1M		E6216-9C1M	E5516-B8
E6218-9C1M		E6218-9C1M	E5518-B8
E6215-9C1ML	—	E6215-9C1ML	E5515-B8L
E6216-9C1ML		E6216-9C1ML	E5516-B8L
E6218-9C1ML		E6218-9C1ML	E5518-B8L
E6215-9C1MV		E6215-9C1MV	E6215-B9
E6216-9C1MV		E6216-9C1MV	E6216-B9
E6218-9C1MV		E6218-9C1MV	E6218-B9
E62XX-9C1MV1		E62XX-9C1MV1	

2. 焊剂

用于埋弧自动焊、半自动焊和电渣焊的焊剂表示方法如下：

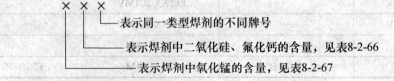

表示同一类型焊剂的不同牌号

表示焊剂中二氧化硅、氟化钙的含量，见表8-2-66

表示焊剂中氧化锰的含量，见表8-2-67

焊剂中二氧化硅、氟化钙含量　　　　　　　　表 8-2-66

统一牌号	焊剂类型	统一牌号	焊剂类型
焊剂×1×	低硅高氟	焊剂×5×	中硅中氟
焊剂×2×	中硅低氟	焊剂×6×	高硅中氟
焊剂×3×	高硅低氟	焊剂×7×	低硅高氟
焊剂×4×	低硅中氟	焊剂×8×	中硅高氟

焊剂中氧化锰含量　　　　　　　　表 8-2-67

统一牌号	焊剂类型	统一牌号	焊剂类型
焊剂1××	无锰	焊剂4××	高锰
焊剂2××	低锰	焊剂5××	陶质型
焊剂3××	中锰	焊剂6××	烧结型

焊剂、电焊机的适用范围见表 8-2-68。

焊剂、电焊机及适用范围　　　　　　　　表 8-2-68

焊　剂	电焊机	适　用　范　围
焊剂 130	交直流	用于低碳钢、普低钢（如 Q345）焊接
焊剂 140	直流	用于电渣焊焊接低碳和普低钢结构，可改善焊缝机械性能
焊剂 230	交直流	焊接低碳钢（用焊丝 H08MnA）和普低钢（用焊丝 H10Mn2）
焊剂 253	直流	焊接低合金钢薄板结构
焊剂 330	交直流	焊接重要的低碳钢和普低钢，如锅炉、压力容器等
焊剂 360	交直流	用于电渣焊焊接大型低碳钢结构和部分低合金结构
焊剂 430	交直流	焊接重要的低碳钢结构和低合金钢结构
焊剂 431	交直流	焊接重要的低碳钢结构和低合金钢结构
焊剂 432	交直流	焊接重要的低碳钢和低合金钢薄板结构
焊剂 433	交直流	焊接低碳钢结构，适用于管道、容器的环缝、纵缝快速焊接

8.2.6.2　螺栓连接材料

1. 普通粗制大六角头螺栓（表 8-2-69）

粗制大六角头螺栓重量（kg/千个）　　　　　　　　表 8-2-69

螺栓杆长度	螺栓直径（mm）										
（mm）	10	12	14	16	18	20	22	24	27	30	36
40	35.50	60.15	74.65	108.7	157.8	182.3	—	—	—	—	—
45	38.59	64.59	80.66	116.6	167.8	192.8	—	—	—	—	—
50	41.67	69.03	86.70	124.5	177.8	205.1	270.2	—	—	—	—
55	44.76	73.47	92.74	132.4	187.7	217.4	285.1	307.8	—	—	—
60	47.84	77.91	98.78	140.2	197.7	229.7	300.1	325.5	442.7	—	—
65	50.93	82.35	104.8	148.1	207.7	242.1	315.0	343.3	465.1	602.2	—
70	54.01	86.79	110.9	156.0	217.7	254.4	329.9	361.0	487.6	629.9	—
75	57.10	91.23	116.9	163.9	227.7	266.7	344.8	378.3	510.1	657.6	—
80	60.18	95.67	122.9	171.8	237.7	279.1	359.7	396.5	529.4	685.4	1052.0

螺栓杆长度	螺栓直径（mm）										
（mm）	10	12	14	16	18	20	22	24	27	30	36
90	65.78	103.8	134.0	186.4	256.0	301.8	387.5	429.3	574.4	736.9	1132.0
100	71.95	112.6	146.0	202.1	275.9	326.5	417.3	464.8	619.3	792.3	1212.0
110	78.12	121.5	158.1	217.9	295.9	351.2	447.1	500.3	664.3	847.3	1292.0
120	84.29	130.4	170.2	233.7	315.9	375.8	477.0	535.8	709.2	903.3	1372.0
130	90.46	139.3	182.2	249.5	335.9	400.5	506.8	571.3	754.2	958.8	1452.0
140	96.63	148.2	194.4	265.3	355.9	425.1	536.7	606.8	799.1	1014.0	1531.0
150	102.8	157.0	206.4	281.0	375.9	449.8	566.5	642.3	844.1	1070.0	1611.0
160	109.0	165.9	218.6	296.8	395.8	474.5	596.3	677.8	889.0	1125.0	1691.0
180	120.7	182.1	240.5	327.2	434.1	521.9	653.9	746.1	975.8	1228.0	1840.0
200	133.1	199.8	264.7	358.7	474.0	571.2	713.6	817.1	1066.0	1339.0	2000.0
1000 个螺帽重量	11.57	25.42	22.75	43.14	72.02	76.79	110.8	114.5	162.8	228.2	377.7

2. 精制大六角螺栓（表8-2-70）

精制大六角螺栓重量（kg/千个）　　　　　　　表 8-2-70

螺栓杆长度	螺栓直径（mm）										
（mm）	10	12	14	16	18	20	22	24	27	30	36
40	35.84	60.47	74.62	109.4	157.8	182.3	—	—	—	—	—
45	38.93	64.91	80.66	117.3	167.8	194.7	257.4	275.0	—	—	—
50	42.01	69.35	86.70	125.2	177.8	206.0	272.3	292.8	—	—	—
55	45.10	73.79	92.74	133.1	187.8	219.3	287.3	310.5	423.3	—	—
60	48.18	78.23	98.78	141.0	197.7	231.6	302.3	328.3	445.8	—	—
65	51.27	82.67	104.7	148.9	207.7	244.0	317.1	346.0	468.2	602.2	—
70	54.35	87.11	110.9	156.8	217.7	256.3	332.0	363.8	490.7	629.9	983.2
75	57.44	91.55	116.9	164.6	227.7	268.6	346.9	381.5	513.2	657.7	1023.0
80	60.52	95.99	122.9	172.5	237.7	281.0	361.9	399.3	535.7	685.4	1063.0
85	63.61	100.4	129.0	180.4	247.7	293.3	376.8	417.0	558.1	712.2	1103.0
90	66.69	104.9	135.0	188.3	257.7	305.6	391.7	434.8	580.6	740.9	1143.0
95	69.78	109.3	141.0	196.2	267.7	318.0	406.6	452.5	603.1	768.7	1183.0
100	72.86	113.7	147.1	204.1	277.7	330.3	421.5	470.3	625.6	796.4	1223.0
105	75.95	118.2	153.1	212.0	287.7	342.6	436.5	488.1	648.0	—	—
110	78.35	122.0	158.1	218.4	296.0	353.0	449.2	503.1	667.4	851.9	1303.0
115	81.43	126.4	164.1	226.3	305.9	365.3	464.2	520.8	689.9	—	—
120	84.52	130.8	170.2	234.2	315.9	377.7	479.1	538.6	712.3	907.4	1383.0
125	—	135.3	176.2	242.1	325.9	390.0	494.0	556.3	734.8	—	—
130	—	139.7	182.3	250.0	335.9	402.3	508.9	574.1	757.3	962.9	1463.0
140	—	148.6	194.3	265.7	355.9	427.0	536.8	609.6	802.3	1018.0	1543.0
150	—	157.5	206.4	281.5	375.9	451.7	568.7	645.1	847.2	1074.0	1622.0
160	—	166.4	218.5	297.3	395.9	476.3	598.5	680.6	892.2	1129.0	1702.0
170	—	175.3	230.6	313.1	415.8	501.0	628.3	716.1	937.1	1185.0	1782.0
180	—	184.1	242.7	328.9	435.8	525.6	658.1	751.6	982.1	1240.0	1862.0
1000 个螺帽重量	11.57	25.42	22.75	43.14	72.02	76.79	110.8	114.5	162.8	228.2	377.7

3. 高强螺栓

（1）高强度大六角头螺栓连接副的规格、尺寸及重量（表 8-2-71～表 8-2-75）

钢结构用高强度大六角头螺栓的规格、尺寸（一）　　　　表 8-2-71

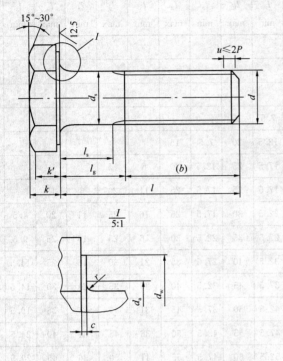

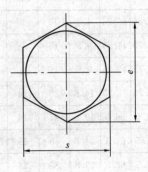

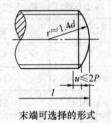

末端可选择的形式

表 1　　　　　　　　　　　　　　　　　　　　　　　　单位：mm

螺纹规格 d		M12	M16	M20	（M22）	M24	（M27）	M30
P		1.75	2	2.5	2.5	3	3	3.5
c	max	0.8	0.8	0.8	0.8	0.8	0.8	0.8
	min	0.4	0.4	0.4	0.4	0.4	0.4	0.4
d_a	max	15.23	19.23	24.32	26.32	28.32	32.84	35.84
d_s	max	12.43	16.43	20.52	22.52	24.52	27.84	30.84
	min	11.57	15.57	19.48	21.48	23.48	26.16	29.16
d_w	min	19.2	24.9	31.4	33.3	38.0	42.8	46.5
e	min	22.78	29.56	37.29	39.55	45.20	50.85	55.37
k	公称	7.5	10	12.5	14	15	17	18.7
	max	7.95	10.75	13.40	14.90	15.90	17.90	19.75
	min	7.05	9.25	11.60	13.10	14.10	16.10	17.65
k'	min	4.9	6.5	8.1	9.2	9.9	11.3	12.4
r_w	min	1.0	1.0	1.5	1.5	1.5	2.0	2.0
s	max	21	27	34	36	41	46	50
	min	20.16	26.16	33	35	40	45	49

注：括号内的规格为第二选择系列。

钢结构用高强度大六角头螺栓的规格、尺寸（二）（mm） 表 8-2-72

螺纹规格 d			M12		M16		M20		(M22)		M24		(M27)		M30	
l			无螺纹杆部长度 l_s 和夹紧长度 l_g													
公称	min	max	l_s min	l_g max	l_s min	l_g max	l_s min	l_g max	l_s min	l_g max	l_s min	l_g max	l_s min	l_g max	l_s min	l_g max
35	33.75	36.25	4.8	10												
40	38.75	41.25	9.8	15												
45	43.75	46.25	9.8	15	9	15										
50	48.75	51.25	14.8	20	14	20	7.5	15								
55	53.5	56.5	19.8	25	14	20	12.5	20	7.5	15						
60	58.5	61.5	24.8	30	19	25	17.5	25	12.5	20	6	15				
65	63.5	66.5	29.8	35	24	30	17.5	25	17.5	25	11	20	6	15		
70	68.5	71.5	34.8	40	29	35	22.5	30	17.5	25	16	25	11	20	4.5	15
75	73.5	76.5	39.8	45	34	40	27.5	35	22.5	30	16	25	16	25	9.5	20
80	78.5	81.5			39	45	32.5	40	27.5	35	21	30	16	25	14.5	25
85	83.25	86.75			44	50	37.5	45	32.5	40	26	35	21	30	14.5	25
90	88.25	91.75			49	55	42.5	50	37.5	45	31	40	26	35	19.5	30
95	93.25	96.75			54	60	47.5	55	42.5	50	36	45	31	40	24.5	35
100	98.25	101.75			59	65	52.5	60	47.5	55	41	50	36	45	29.5	40
110	108.25	111.75			69	75	62.5	70	57.5	65	51	60	46	55	39.5	50
120	118.25	121.75			79	85	72.5	80	67.5	75	61	70	56	65	49.5	60
130	128	132			89	95	82.5	90	77.5	85	71	80	66	75	59.5	70
140	138	142					92.5	100	87.5	95	81	90	76	85	69.5	80
150	148	152					102.5	110	97.5	105	91	100	86	95	79.5	90
160	156	164					112.5	120	107.5	115	101	110	96	105	89.5	100
170	166	174							117.5	125	111	120	106	115	99.5	110
180	176	184							127.5	135	121	130	116	125	109.5	120
190	185.4	194.6							137.5	145	131	140	126	135	119.5	130
200	195.4	204.6							147.5	155	141	150	136	145	129.5	140
220	215.4	224.6							167.5	175	161	170	156	165	149.5	160
240	235.4	244.6									181	190	179	185	169.5	180
260	254.8	265.2											196	205	189.5	200

注：1. 括号内的规格为第二选择系列。

2. $l_{gmax} = l_{公称} - b_{参考}$；

$l_{smin} = l_{gmax} - 3P$。

钢结构用高强度大六角头螺栓的规格、尺寸及重量（mm） 表 8-2-73

螺纹规格 d	M12	M16	M20	(M22)	M24	(M27)	M30	M12	M16	M20	(M22)	M24	(M27)	M30
l 公称尺寸	(b)							每1000个钢螺栓的理论重量/(kg)						
35								49.4						
40	25							54.2						
45		30						57.8	113.0					
50								62.5	121.3	207.3				
55			35					67.3	127.9	220.3	269.3			
60	30			40				72.1	136.2	233.3	284.9	357.2		
65					45			76.8	144.5	243.6	300.5	375.7	503.2	
70						50		81.6	152.8	256.5	313.2	394.2	527.1	658.2
75							55	86.3	161.2	269.5	328.9	409.1	551.0	687.5
80									169.5	282.5	344.5	428.6	570.2	716.8
85		35							177.8	295.5	360.1	446.1	594.1	740.3
90									186.4	308.5	375.8	464.7	617.9	769.6
95									194.4	321.4	391.4	483.2	641.8	799.0
100			40						202.8	334.4	407.0	501.7	665.7	828.3
110									219.4	360.4	438.3	538.8	713.5	886.9
120				45					236.1	386.3	469.6	575.9	761.3	945.6
130			45						252.7	412.3	500.8	612.9	809.1	1004.2
140					50					438.3	532.1	650.0	856.9	1062.8
150						55	60			464.2	563.4	687.1	904.7	1121.5
160										490.2	594.6	724.2	952.4	1180.1
170											625.9	761.2	1000.2	1238.7
180											657.2	798.3	1048.0	1297.4
190											688.4	835.4	1095.8	1356.0
200											719.7	872.4	1143.6	1414.7
220											782.2	946.6	1239.2	1531.9
240												1020.7	1334.7	1649.2
260													1430.3	1766.5

注：括号内的规格为第二选择系列。

钢结构用高强度大六角头螺母的规格、尺寸及重量　　　　表 8-2-74

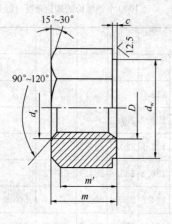 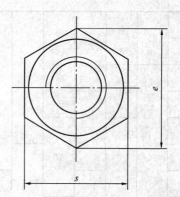

单位：mm

螺纹规格 D		M12	M16	M20	(M22)	M24	(M27)	M30
P		1.75	2	2.5	2.5	3	3	3.5
d_a	max	13	17.3	21.6	23.8	25.9	29.1	32.4
	min	12	16	20	22	24	27	30
d_w	min	19.2	24.9	31.4	33.3	38.0	42.8	46.5
e	min	22.78	29.56	37.29	39.55	45.20	50.85	55.37
m	max	12.3	17.1	20.7	23.6	24.2	27.6	30.7
	min	11.87	16.4	19.4	22.3	22.9	26.3	29.1
m'	min	8.3	11.5	13.6	15.6	16.0	18.4	20.4
c	max	0.8	0.8	0.8	0.8	0.8	0.8	0.8
	min	0.4	0.4	0.4	0.4	0.4	0.4	0.4
s	max	21	27	34	36	41	46	50
	min	20.16	26.16	33	35	40	45	49
支承面对螺纹轴线的垂直度公差		0.29	0.38	0.47	0.50	0.57	0.64	0.70
每 1000 个钢螺母的理论重量（kg）		27.68	61.51	118.77	146.59	202.67	288.51	374.01

注：括号内的规格为第二选择系列。

钢结构用高强度垫圈的规格、尺寸及重量（mm） 表 8-2-75

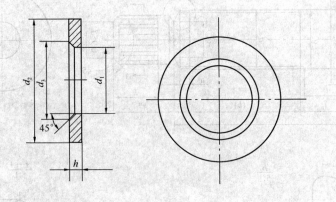

规格（螺纹大径）		12	16	20	(22)	24	(27)	30
d_1	min	13	17	21	23	25	28	31
	max	13.43	17.43	21.52	23.52	25.52	28.52	31.62
d_2	min	23.7	31.4	38.4	40.4	45.4	50.1	54.1
	max	25	33	40	42	47	52	56
h	公称	3.0	4.0	4.0	5.0	5.0	5.0	5.0
	min	2.5	3.5	3.5	4.5	4.5	4.5	4.5
	max	3.8	4.8	4.8	5.8	5.8	5.8	5.8
d_3	min	15.23	19.23	24.32	26.32	28.32	32.84	35.84
	max	16.03	20.03	25.12	27.12	29.12	33.64	36.64
每1000个钢垫圈的理论重量（kg）		10.47	23.40	33.55	43.34	55.76	66.52	75.42

注：括号内的规格为第二选择系列。

（2）扭剪型高强度螺栓、螺母、垫圈的规格、尺寸及重量（表 8-2-76～表 8-2-80）

钢结构用扭剪型高强度螺栓的规格、尺寸表 (一) (mm)　　　表 8-2-76

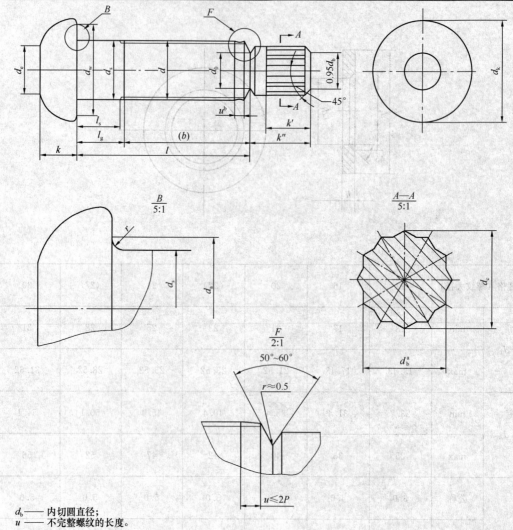

d_b —— 内切圆直径；
u —— 不完整螺纹的长度。

螺纹规格 d		M16	M20	(M22)[a]	M24	(M27)[a]	M30
P[b]		2	2.5	2.5	3	3	3.5
d_s	max	18.83	24.4	26.4	28.4	32.84	35.84
d_s	max	16.43	20.52	22.52	24.52	27.84	30.84
	min	15.57	19.48	21.48	23.48	26.16	29.16
d_w	min	27.9	34.5	38.5	41.5	42.8	46.5
d_k	max	30	37	41	44	50	55
k	公称	10	13	14	15	17	19
	max	10.75	13.90	14.90	15.90	17.90	20.05
	min	9.25	12.10	13.10	14.10	16.10	17.95
k'	min	12	14	15	16	17	18
k''	max	17	19	21	23	24	25

续表

r	min	1.2	1.2	1.2	1.6	2.0	2.0
d_0	≈	10.9	13.6	15.1	16.4	18.6	20.6
d_b	公称	11.1	13.9	15.4	16.7	19.0	21.1
	max	11.3	14.1	15.6	16.9	19.3	21.4
	min	11.0	13.8	15.3	16.6	18.7	20.8
d_c	≈	12.8	16.1	17.8	19.3	21.9	24.4
d_e	≈	13	17	18	20	22	24

ⓐ 括号内的规格为第二选择系列，应优先选用第一系列（不带括号）的规格。

ⓑ P——螺距。

钢结构用扭剪型高强度螺栓的规格、尺寸表（二）（mm）　　表 8-2-77

螺纹规格 d			M16		M20		(M22)[a]		M24		(M27)[a]		M30	
l			无螺纹杆部长度 l_s 和夹紧长度 l_g											
			l_s	l_g	l_s	l_g	l_s	l_g	l_s	l_g	l_s	l_g	l_s	l_g
公称	min	max	min	max	min	max	min	max	min	max	min	max	min	max
40	38.75	41.25	4	10										
45	43.75	46.25	9	15	2.5	10								
50	48.75	51.25	14	20	7.5	15	2.5	10						
55	53.5	56.5	14	20	12.5	20	7.5	15	1	10				
60	58.5	61.5	19	25	17.5	25	12.5	20	6	15				
65	63.5	66.5	24	30	17.5	25	17.5	25	11	20	6	15		
70	68.5	71.5	29	35	22.5	30	17.5	25	16	25	11	20	4.5	15
75	73.5	76.5	34	40	27.5	35	22.5	30	16	25	16	25	9.5	20
80	78.5	81.5	39	45	32.5	40	27.5	35	21	30	16	25	14.5	25
85	83.25	86.75	44	50	37.5	45	32.5	40	26	35	21	30	14.5	25
90	88.25	91.75	49	55	42.5	50	37.5	45	31	40	26	35	19.5	30
95	93.25	96.75	54	60	47.5	55	42.5	50	36	45	31	40	24.5	35
100	98.25	101.75	59	65	52.5	60	47.5	55	41	50	36	45	29.5	40
110	108.25	111.75	69	75	62.5	70	57.5	65	51	60	46	55	39.5	50
120	118.25	121.75	79	85	72.5	80	67.5	75	61	70	56	65	49.5	60
130	128	132	89	95	82.5	90	77.5	85	71	80	66	75	59.5	70
140	138	142			92.5	100	87.5	95	81	90	76	85	69.5	80
150	148	152			102.5	110	97.5	105	91	100	86	95	79.5	90
160	156	164			112.5	120	107.5	115	101	110	96	105	89.5	100
170	166	174					117.5	125	111	120	106	115	99.5	110
180	176	184					127.5	135	121	130	116	125	109.5	120
190	185.4	194.6					137.5	145	131	140	126	135	119.5	130
200	195.4	204.6					147.5	155	141	150	136	145	129.5	140
220	215.4	224.6					167.5	175	161	170	156	165	149.5	160

ⓐ 括号内的规格为第二选择系列，应优先选用第一系列（不带括号）的规格。

钢结构用扭剪型高强度螺栓的规格、尺寸表（三）（mm）　　表 8-2-78

螺纹规格 d	M16	M20	(M22)[a]	M24	(M27)[a]	M30	M16	M20	(M22)[a]	M24	(M27)[a]	M30
l 公称尺寸	(b)						每 1000 件钢螺栓的质量($\rho=7.85\mathrm{kg/dm^3}$)/≈kg					
40							106.59					
45	30						114.07	194.59				
50		35					121.54	206.28	261.90			
55			40				128.12	217.99	276.12	332.89		
60				45			135.60	229.68	290.34	349.89		
65							143.08	239.98	304.57	366.88	490.64	
70					50		150.54	251.67	317.23	383.88	511.74	651.05
75						55	158.02	263.37	331.45	398.72	532.83	677.26
80							165.49	275.07	345.68	415.72	552.01	703.47
85	35						172.97	286.77	359.90	432.71	573.11	726.96
90							180.44	298.46	374.12	449.71	594.21	753.17
95		40					187.91	310.17	388.34	466.71	615.30	779.38
100							195.39	321.86	402.57	483.70	636.39	805.59
110			45				210.33	345.25	431.02	517.69	678.59	858.02
120				50			225.28	368.65	459.46	551.68	720.78	910.44
130					55		240.22	392.04	487.91	585.67	762.97	962.87
140						60		415.44	516.35	619.66	805.16	1015.29
150								438.83	544.80	653.65	847.35	1067.71
160								462.23	573.24	687.63	889.54	1120.14
170									601.69	721.62	931.73	1172.56
180									630.13	755.61	973.92	1224.98
190									658.58	789.61	1016.12	1277.40
200									687.03	823.59	1058.31	1329.83
220									743.91	891.57	1142.69	1434.67

[a]　括号内的规格为第二选择系列，应优先选用第一系列（不带括号）的规格。

| 钢结构用扭剪型高强度螺栓用螺母的规格、尺寸（mm） | | 表 8-2-79 |

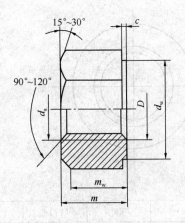
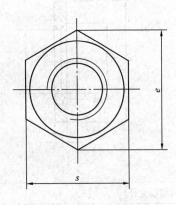

螺纹规格 D		M16	M20	(M22)[a]	M24	(M27)[a]	M30
P		2	2.5	2.5	3	3	3.5
d_a	max	17.3	21.6	23.8	25.9	29.1	32.4
	min	16	20	22	24	27	30
d_w	min	24.9	31.4	33.3	38.0	42.8	46.5
e	min	29.56	37.29	39.55	45.20	50.85	55.37
m	max	17.1	20.7	23.6	24.2	27.6	30.7
	min	16.4	19.4	22.3	22.9	26.3	29.1
m_w	min	11.5	13.6	15.6	16.0	18.4	20.4
c	max	0.8	0.8	0.8	0.8	0.8	0.8
	min	0.4	0.4	0.4	0.4	0.4	0.4
s	max	27	34	36	41	46	50
	min	20.16	33	35	40	45	49
支承面对螺纹轴线 的全跳动公差		0.38	0.47	0.50	0.57	0.64	0.70
每 1000 件钢螺母的质量 （$\rho=7.85\text{kg/dm}^3$）/$\approx$kg		61.51	118.77	146.59	202.67	288.51	374.01

[a] 括号内的规格为第二选择系列，应优先选用第一系列（不带括号）的规格。

钢结构用扭剪型高强度螺栓用垫圈的规格、尺寸（mm） 表 8-2-80

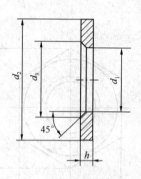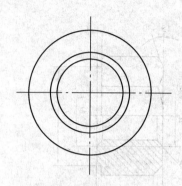

规格（螺纹大径）		16	20	(22)[a]	24	(27)[a]	30
d_1	min	17	21	23	25	28	31
	max	17.43	21.52	23.52	25.52	28.52	31.62
d_2	min	31.4	38.4	40.4	45.4	50.1	54.1
	max	33	40	42	47	52	56
h	公称	4.0	4.0	5.0	5.0	5.0	5.0
	min	3.5	3.5	4.5	4.5	4.5	4.5
	max	4.8	4.8	5.8	5.8	5.8	5.8
d_3	min	19.23	24.32	26.32	28.32	32.84	35.84
	max	20.03	25.12	27.12	29.12	33.64	36.64
每1000件钢垫圈的质量 ($\rho=7.85\mathrm{kg/dm^3}$)/$\approx$kg		23.40	33.55	43.34	55.76	66.52	75.42

[a] 括号内的规格为第二选择系列，应优先选用第一系列（不带括号）的规格。

　　扭剪型高强度螺栓连接副（螺栓、螺母、垫圈）的性能等级和推荐材料按表 8-2-81 选用。经供需双方协议，也可使用其他材料，但应在订货合同中注明，并在螺栓或螺母产品上增加标志 T（紧跟 S 或 H）。

扭剪型高强度螺栓连接副的性能等级和推荐材料选用表 表 8-2-81

类别	性能等级	推荐材料	标准编号	适用规格
螺栓	10.9S	20MnTiB	GB/T 3077	≤M24
		ML20MnTiB	GB/T 6478	
		35VB	（附录 A[①]）	M27、M30
		35CrMo	GB/T 3077	
螺母	10H	45、35	GB/T 699	≤M30
		ML35	GB/T 6478	
垫圈	—	45、35	GB/T 699	

① 见《钢结构用扭剪型高强度螺栓连接副》GB/T 3632—2008 中附录 A。

8.3 建筑钢结构的连接

钢结构的连接是指用一定的方法把组成结构的各个构件、零件按照图纸要求连接成整体。同一构件或零件分段或部分的连接部位称为接头，不同构件间的连接部位称为节点。连接必须满足设计要求的强度和刚度，并且传力明确，安全可靠，构造简单，施工方便。高层建筑钢结构所采用的连接方法见图 8-3-1。

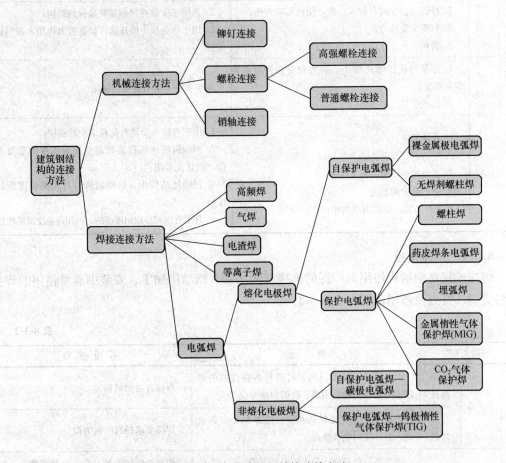

图 8-3-1 高层建筑钢结构连接方法

高层钢结构建筑制造和安装所涉及的连接主要是构件的工厂加工和现场安装的连接。在工厂加工过程中，将钢板或型钢组合截面构件的个零件组合连接通常采用焊接连接，形成梁、柱及支撑或桁架等构件及其连接节点；各类构件在安装现场的连接通常采用焊接、高强螺栓连接或焊接与高强螺栓组合连接。铆钉连接虽然是一种韧性和塑性较好且传力可靠的机械连接方式，但由于其构造复杂、施工操作难度大，现在已基本由高强螺栓连接或焊接所取代。机械连接方法中的销轴连接通常用于不传递弯矩的铰接节点处。焊接连接方法中最为普遍使用的是电弧焊中的各类熔化极电弧焊。

各种钢结构连接方法的优缺点及适用范围见表 8-3-1。

各种钢结构连接方法的优缺点及适用范围

表 8-3-1

连接方法		优缺点	适用范围
焊接		1. 构造简单，加工方便，易于自动化操作； 2. 不削弱杆件截面，可节约钢材； 3. 对疲劳较敏感	除少数直接承受动力荷载的结构连接，如繁重工作制吊车梁与有关构件的连接在目前情况下不宜用焊接外，其他可广泛用于工业及民用建筑钢结构中
铆接		1. 韧性和塑性较好，传力可靠，质量易于检查； 2. 构造复杂，用钢量多，施工麻烦	1. 用于直接承受动力荷载的结构连接； 2. 按荷载、计算温度及钢号宜选用铆接的结构
普通螺栓	C 级	1. 杆径与孔间有较大空隙，结构拆装方便； 2. 只能承受拉力； 3. 费料	1. 适用于安装连接和需要装拆的结构； 2. 用于承受拉力的连接，如有剪力作用，需另设支托
	A 级、B 级	1. 杆径与孔径间孔隙小，制造和安装较复杂、费料费工； 2. 能承受拉力和剪力	用于有较大剪力的安装连接
高强螺栓		1. 连接紧密； 2. 受力好，耐疲劳； 3. 安装简单迅速，施工方便； 4. 便于养护和加固 在工业与民用建筑钢结构中已广泛应用	1. 用于直接承受动力荷载结构的连接； 2. 钢结构的现场拼装和高空安装连接的重要部位，应优先采用； 3. 在铆接结构中，松动的铆钉可用高强度螺栓代换； 4. 凡不宜用焊接而用铆接的，可用高强度螺栓代替

8.3.1　焊接连接

焊接连接是钢结构使用最广泛的连接方法之一。钢结构加工、安装中通常使用的焊接方法类别、特点及适用范围见表 8-3-2。

表 8-3-2

焊接类别			特　点	适　用　范　围
电弧焊	手工焊	交流焊机	设备简单，操作灵活，可进行各种位置的焊接。是建筑工地应用最广泛的焊接方法	焊接普通钢结构
		直流焊机	焊接技术与交流焊机相同。成本比交流焊机高，但焊接时电弧稳定	焊接要求较高的钢结构
	埋弧自动焊		效率高，质量好，操作技术要求低，劳动条件好，宜于工厂中使用	焊接长度较大的对接，贴角焊缝，一般是有规律的直焊缝
	半自动焊		与埋弧自动焊基本相同，操作较灵活，但使用不够方便	焊接较短的或弯曲的对接、贴角焊缝
	CO_2 气体保护焊		用 CO_2 或惰性气体保护的光焊条焊接，可全位置焊接，质量较好，焊时应避风	薄钢板和其他金属焊接
	电渣焊		利用电流通过液态熔渣所产生的电阻热焊接，能焊大厚度焊缝	大厚度钢板、粗直径圆钢和铸钢等焊接
	气焊		利用乙炔、氧气混合燃烧的火焰熔融金属进行焊接。焊有色金属、不锈钢时需气焊粉保护	薄钢板、铸铁件、连接件和堆焊

焊接类别	特　　点	适　用　范　围
接触焊	利用电流通过焊件时产生的电阻热焊接，建筑施工中多用于对焊、点焊	钢筋对焊，钢筋网点焊，预埋件焊接
高频焊	利用高频电阻产生的热量进行焊接	薄壁钢管的纵向焊缝，高频焊接 H 型钢

8.3.1.1　常用焊接方法概述

1. 气焊

利用气体火焰的温度使母材和焊丝熔化，进而使两个母材连接起来的连接方法叫做气焊法。按照可燃气体的种类，可分为氧乙炔焊、氧氢焊和其他气体焊。其中氧乙炔焊所产生的温度最高，所以用得最广泛。气焊一般用于较薄的母材，多用于局部焊接。高层钢结构工程中，气焊连接用的比较少。

2. 电弧焊

电弧焊是利用电极产生的电弧所发出的高温将母材和焊接材料熔化而进行的焊接。电弧焊分为手工焊、半自动焊、自动焊等。高层建筑钢结构工程施工中，构件的制造多采用半自动焊、自动焊；施工现场多采用手工焊。在焊缝厚度较大、较集中的地方，如柱子接头、柱梁接头，可以采用半自动气体保护焊。

（1）手工电弧焊

手工电弧焊设备简单，使用方便。以涂药的金属棒材为焊接材料，焊接时，焊药产生高温熔化变成熔渣，覆盖在熔池表面。药皮熔化分解出来的气体阻止空气中的氧、氮和氢气进入熔池，获得良好的焊接接头，焊药使电弧稳定集中，还可起添加合金元素的作用。图 8-3-2 为焊接区的状态。

（2）半自动焊

半自动焊是利用二氧化碳气体送至焊丝端部，用传送电机自动地将盘状焊丝送至焊钳，焊丝和母材之间产生电弧，达到母材和焊丝熔合的方法，见图 8-3-3。

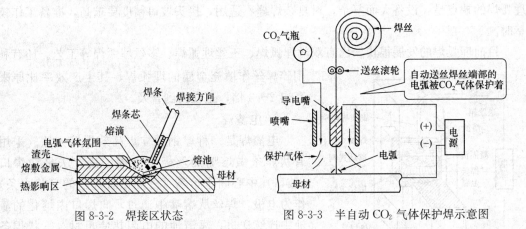

图 8-3-2　焊接区状态　　　图 8-3-3　半自动 CO_2 气体保护焊示意图

半自动焊的优点是：焊接速度快（电流密度大）、熔深大（电弧热量集中）、熔敷效率高（造渣剂少）、机械性能好（扩散氢含量低）；缺点是：抗风能力弱（风速达到 2m/s 以上时要采取防风措施）、容易产生梨形焊缝（焊缝中心容易裂缝）、焊接设备复杂、活动范围窄。

半自动焊还可使用混合气体，最常用的混合气体是氩 Ar 与二氧化碳 CO_2，其优点是：飞溅少，可获得外观漂亮的焊缝；焊缝金属韧性好，容易进行薄板对接等。

（3）自动埋弧焊

埋弧焊又叫潜弧焊。是把粉状或小颗粒状的焊剂撒在焊接线上，使其堆起，再把焊丝插入焊缝底部，通过自动埋弧焊机接通电流，使焊丝和母材之间产生电弧。埋弧焊机根据预先调节好的焊接速度自动连续供丝，行走小车自动前进，焊接在焊剂下进行。焊丝熔化速度与送丝速度相协调，使电弧保持一定长度。一般埋弧焊机上装有自动调节装置，当电弧拉长，电压增高，送丝马达旋转速度加快，反之旋转速度减慢，使电弧保持等长。埋弧焊时，不能直接看到电弧燃烧的情况。其装置及焊接状态，见图 8-3-4。

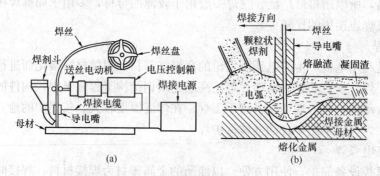

图 8-3-4　自动埋弧焊的装置及焊接区状态
（a）焊接装置；（b）焊接区的状态

埋弧焊可以用直流电或交流电。埋弧焊的优点是：可以使用大电流，熔化速度快，熔深大，较厚的钢板可以采用单层焊；可以减少熔敷金属量，焊丝消耗少，焊丝的熔敷率几乎达 100%；焊接条件确定后，不会受焊工技术的影响；由于熔深大，可用浅的坡口，保证钢材对接等强焊缝；由于热量均匀，焊接变形小；可得到均匀的焊缝，焊缝外观漂亮。埋弧焊的缺点是：设备大而复杂，对复杂焊缝不适用，接头坡口精度要求高，准备工作较费时。

目前埋弧焊的发展很快，已有双丝埋弧焊、三丝埋弧焊、多丝埋弧焊等工艺。还有利用碎焊丝作填充金属的埋弧焊，其生产效率比原来高出 2~3 倍，正在得到普及。

3. 电渣焊

电渣焊是一种厚钢板立焊高效焊接方法。采用管状焊条做熔嘴的丝极电渣焊，其方法是在焊口（坡口）中心固定熔嘴（外面涂有焊药的管状焊条）作为电极，焊丝从熔嘴中通过，向焊口内熔化的渣池中连续送进，靠渣池的电阻热使母材、管状焊条和焊丝熔化而进行立焊。常用于高层钢结构厚钢板立焊工作。见图 8-3-5。

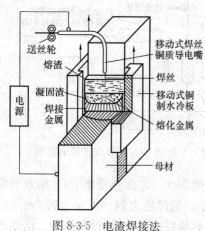

图 8-3-5　电渣焊接法

电渣焊的优点是：用于焊接厚板效率高，成本低；坡口加工可直接采用气体火焰切割，焊前准备工作简单；焊接装置结构简单，使用和搬运方便；熔嘴外涂有焊药，可防止焊丝与母材、水冷板短路，使焊接过程稳定；造渣剂的补充，完全靠熔嘴外面的焊药供给，不需另加；能进行窄坡口的焊接，产生的角变形小。

4. 气电立焊（英文简称 EGW）

气电立焊是由普通熔化极气体保护焊和电渣焊发展而形成的一种熔化极气体保护电弧焊方法。该项技术系 20 世纪 80 年代由国外引进，经过国内消化发展，在石油天然气行业的大型储罐建设和造船工业中应用逐渐推广。近年来在国内大型钢结构建筑工程中也开始尝试应用。其优点是：生产率高，成本低。与窄间隙焊的主要区别在于焊缝一次成形，而不是多道多层焊。

气电立焊（图 8-3-6）的能量密度比电渣焊高且更加集中，焊接技术却基本相同。它利用类似于电渣焊所采用的水冷滑块挡住熔融的金属，使之强迫成形，以实现立向位置的焊接。通常采用外加单一气体（如 CO_2）或混合气体（如 $Ar+O_2$）作保护气体。

在焊接电弧和熔滴过渡方面，气电立焊类似于普通熔化极气体保护焊（如 CO_2 焊，MAG 焊），而在焊缝成形和机械系统

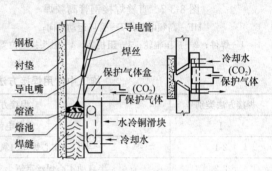

图 8-3-6 气电立焊原理示意图

方面又类似于电渣焊。气电立焊与电渣焊的主要区别在于熔化金属的热量是电弧热而不是熔渣的电阻热。

气电立焊通常用于较厚的低碳钢和中碳钢等材料的焊接，也可用于奥氏体不锈钢和其他金属合金的焊接。板材厚度在 $12\sim80mm$ 最适宜。如大于 80mm 时，难获得充分良好的保护效果，导致焊缝中产生气孔，熔深不均匀和未焊透。焊接接头长度一般无限制，单层焊是最常用的焊接方法，但也可采用多层焊。

5. 高频焊接

高频焊（high-frequency welding）是以固体电阻热为能源。焊接时利用高频电流在工件内产生的电阻热使工件焊接区表层加热到熔化或接近的塑性状态，随即施加（或不施加）顶锻力而实现金属的结合。因此它是一种固相电阻焊方法。根据高频电流在工件中产生热的方式可分为接触高频焊和感应高频焊。接触高频焊时，高频电流通过与工件机械接触而传入工件。感应高频焊时，高频电流通过工件外部感应圈的耦合作用而在工件内产生感应电流。高频焊是专业化较强的焊接方法，要根据产品配备专用设备。生产率高，焊接速度可达 30m/min。主要用于制造管子（图 8-3-7）时纵缝或螺旋缝的焊接以及 10mm 以下薄壁 H 型钢（图 8-3-8）的焊接。

6. 钢结构常用焊接方法的代号

金属焊接的工艺方法很多，适合钢结构加工及安装常用焊接方法主要有九大类，具体焊接方法分类名称及其代号见表 8-3-3。焊接方法代号是焊接方法的通用表示法，主要用于焊接工艺技术文件（如焊接工艺评定报告等）中对焊接方法的表示。

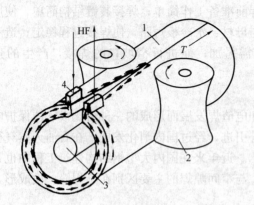

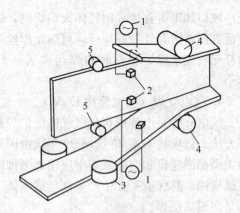

图 8-3-7　直缝焊接钢管高频焊

HF—高频电源；T—管坯运动方向；

1—焊件；2—挤压辊轮；3—阻抗器；4—触头接触位置

图 8-3-8　H 型钢高频焊

1—高频电源；2—电极；3—翼缘导向辊；

4—挤压辊；5—镦粗

施工中常用焊接方法的代号表示方法　　　　　　　　　　表 8-3-3

焊接方法类别号	焊接方法	代　号
1	焊条电弧焊	SMAW
2-1	半自动实心焊丝二氧化碳气体保护焊	GMAW-CO_2
2-2	半自动实心焊丝富氩＋二氧化碳气体保护焊	GMAW-Ar
2-3	半自动药芯焊丝二氧化碳气体保护焊	FCAW-G
3	半自动药芯焊丝自保护焊	FCAW-SS
4	非熔化极气体保护焊	GTAW
5-1	单丝自动埋弧焊	SAW-S
5-2	多丝自动埋弧焊	SAW-M
6-1	熔嘴电渣焊	ESW-N
6-2	丝极电渣焊	ESW-W
6-3	板极电渣焊	ESW-P
7-1	单丝气电立焊	EGW-S
7-2	多丝气电立焊	EGW-M
8-1	自动实心焊丝二氧化碳气体保护焊	GMAW-CO_2A
8-2	自动实心焊丝富氩＋二氧化碳气体保护焊	GMAW-ArA
8-3	自动药芯焊丝二氧化碳气体保护焊	FCAW-GA
8-4	自动药芯焊丝自保护焊	FCAW-SA
9-1	非穿透栓钉焊	SW
9-2	穿透栓钉焊	SW-P

注：摘自《钢结构焊接规范》GB 50661—2011 表 6.1.7-1。

8.3.1.2　焊缝形式和符号表示

在钢结构工程图纸或技术文件的图样中需要表示焊缝或接头时，采用焊缝符号对焊缝的形式、截面形状、位置和尺寸等进行表示。完整的焊缝符号包括基本符号、指引线、补充符号、尺寸符号及数据等。为了简化图示，在图纸上标注焊缝时通常只采用基本符号和指引线，其他内容一般在设计说明或有关技术要求文件中明确。

1. 焊缝符号

基本符号：表示焊缝的横截面基本形式或特征（表 8-3-4）；

钢结构常用焊缝基本符号　　　　　　　　　表 8-3-4

序号	名　　称	示　意　图	符　　号
1	卷边焊缝（卷边完全熔化）		 八
2	I 形焊缝		‖
3	V 形焊缝		V
4	单边 V 形焊缝		Ⅴ
5	带钝边 V 形焊缝		Y
6	带钝边单边 V 形焊缝		Ⴌ
7	带钝边 U 形焊缝		Y
8	带钝边 J 形焊缝		Ρ
9	封底焊缝		⌣
10	角焊缝		◺
11	塞焊缝或槽焊缝		⊓
12	缝焊缝	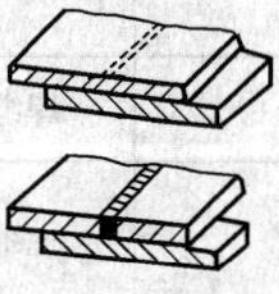	 ⊖

序号	名　称	示　意　图	符　号
13	陡边 V 形焊缝		⋁
14	陡边单 V 形焊缝		⋁
15	端焊缝		⫴
16	堆焊缝		⌣⌣

基本符号组合：标注双面焊缝或接头时，基本符号可组合使用（表 8-3-5）；

补充符号：用来补充说明有关焊缝或接头的某些特征，如：表面形状、衬垫、焊缝分布及施焊地点等（表 8-3-6）。

焊缝基本符号的组合　　　　　　　　　　　表 8-3-5

序号	名　称	示　意　图	符　号
1	双面 V 形焊缝（X 焊缝）		X
2	双面单 V 形焊缝（K 焊缝）		K
3	等钝边的双面 V 形焊缝		X
4	等钝边的双面单 V 形焊缝		K
5	双面 U 形焊缝		⫩

焊缝补充符号　　　　　　　　　　　表 8-3-6

序号	名　称	符　号	说　明
1	平面	——	焊缝表面通常经过加工后平整
2	凹面	⌣	焊缝表面凹陷

续表

序号	名 称	符 号	说 明
3	凸面	⌒	焊缝表面凸起
4	圆滑过渡		焊趾处过双圆滑
5	永久衬垫	M	衬垫永久保留
6	临时衬垫	MR	衬垫在焊接完成后拆除
7	三面焊缝	⊏	三面带有焊缝
8	周围焊缝	○	沿着工件周边施焊的焊缝 标注位置为基准线与箭头线的交点处
9	现场焊缝		在现场焊接的焊缝
10	尾部	<	可以表示所需的信息

2. 指引线及焊缝尺寸标注

指引线由箭头线和基准线相成，见图 8-3-9。

指引线有单边箭头、斜线、基准线（横线），必要时在基准线末端加尾线。斜线可位于基准线的左端或右端，需要时允许双折。基准线通常为水平方向（沿图纸底边平行方向），基准线上、下方标注焊缝尺寸和焊缝基本符号。标注在基准线以上时，表示焊缝在箭头一侧；标

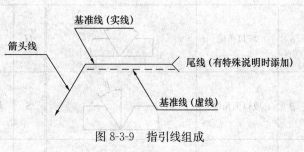

图 8-3-9 指引线组成

注在基准线以下时，表示焊缝在箭头所指钢板的反面一侧；基准线上下都标注时表示双面焊缝。相焊接的两个焊件中，只有一个焊件开坡口时（如单面 V 形或 J 形坡口焊缝），箭头指向带坡口的焊件一侧，双面坡口不对称时，箭头指向坡口角度较大一侧。见图 8-3-10、图 8-3-11。

焊缝尺寸符号，见表 8-3-7。

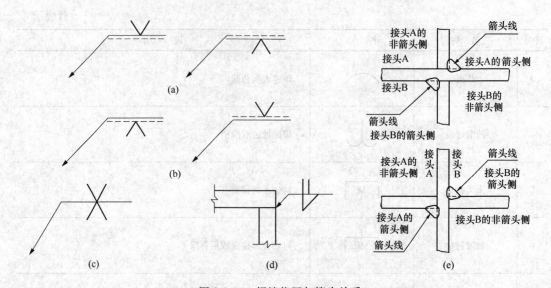

图 8-3-10　焊缝位置与箭头关系

（a）焊缝在接头的箭头侧；（b）焊缝在接头的非箭头侧；（c）对称焊缝；

（d）双面焊缝；（e）接头的"箭头侧"及"非箭头侧"示例

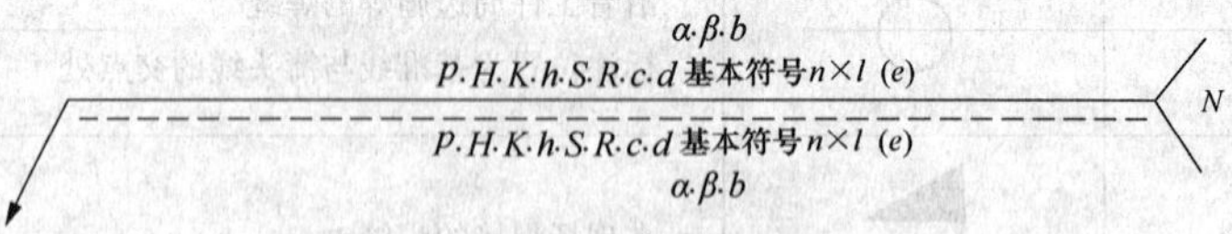

$$\alpha.\beta.b$$
$$P.H.K.h.S.R.c.d \text{ 基本符号} n\times l\ (e)$$
$$P.H.K.h.S.R.c.d \text{ 基本符号} n\times l\ (e)$$
$$\alpha.\beta.b$$

图 8-3-11　焊缝尺寸标注

焊缝尺寸符号　　　　　　　　　　　　　　　　　表 8-3-7

符号	名　称	示　意　图	符号	名　称	示　意　图
δ	工件厚度	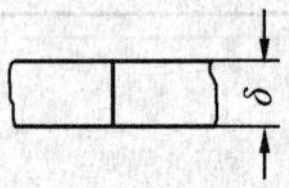	R	根部半径	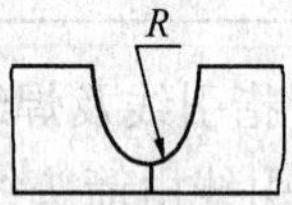
α	坡口角度	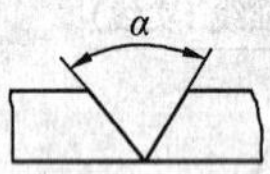	H	坡口深度	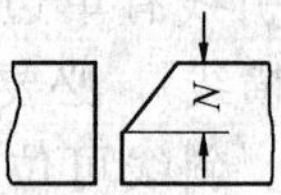
β	坡口面角度	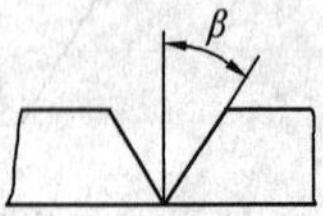	S	焊缝有效厚度	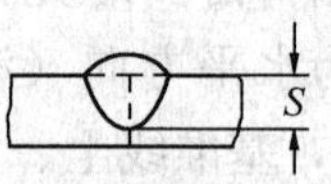
b	根部间隙	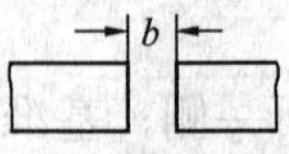	c	焊缝宽度	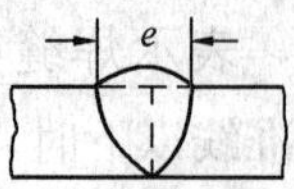
p	钝边	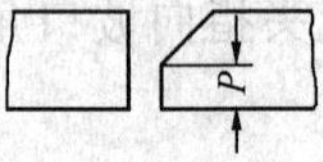	K	焊脚尺寸	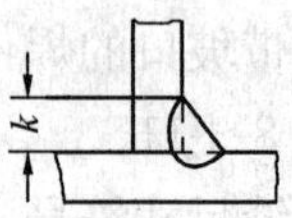

续表

符号	名　称	示　意　图	符号	名　称	示　意　图
d	点焊：熔核直径 塞焊：孔径		e	焊缝间距	
n	焊缝段数		N	相同焊缝数量	
l	焊缝长度		h	余高	

3. 焊缝的角点标注（表 8-3-8）

焊缝的施焊地点、焊缝布置等可在焊缝指引线的折角处标示。

焊缝符号的角点标注　　　　　　　　　　　　　表 8-3-8

	现场安装焊缝		相同焊缝
	围焊焊缝		

4. 焊缝符号标识示例（表 8-3-9～表 8-3-11）

对接焊缝根部间隙及坡口的符号标注示例　　　　表 8-3-9

焊缝形式	图形符号	焊缝形式	图形符号

常见角焊缝的焊缝标注示例 表 8-3-10

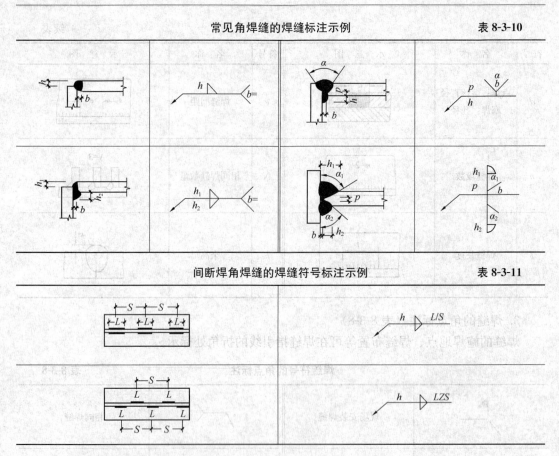

间断焊角焊缝的焊缝符号标注示例 表 8-3-11

5. 高层钢结构构件加工及安装焊缝形式及构造要求

为保证钢结构的连接焊缝传力可靠，满足设计的强度要求，避免和减少应力集中的不利影响，焊缝的布置、坡口形式、接头位置等构造措施应符合相应钢结构设计和焊接规范要求。

（1）型钢（槽、角钢杆件）类桁架及支撑节点，节点焊缝形式见图 8-3-12。当杆件承受拉力时，焊缝应在搭接杆件节点板的外边缘处提前终止，焊缝端部与节点板边缘距离不应小于焊脚尺寸（h_f）。

型钢与钢板搭接时，搭接位置应符合图 8-3-13 所示要求。

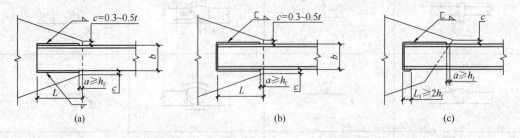

图 8-3-12　桁架和支撑杆件与节点板连接焊缝

(a) 两面侧焊；(b) 三面围焊；(c) L 形围焊

（2）搭接接头上的角焊缝应避免在同一搭接面上围合相交。见图 8-3-14。

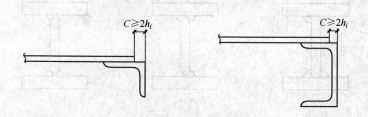

图 8-3-13　型钢与钢板搭接节点

h_f—焊脚尺寸

（3）要求焊缝与母材等强和承受动荷载的对接接头（如大截面尺寸的构件翼缘板、腹板的钢板拼接），其纵横两方向的对接焊缝，宜采用 T 形交叉（图 8-3-15）。如有特殊要求应在施工图中注明焊缝位置。

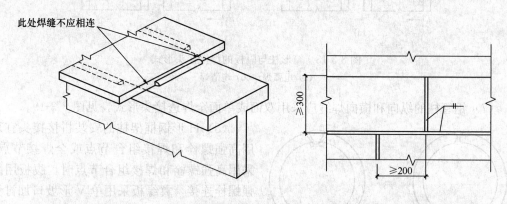

图 8-3-14　搭接接触面上角焊缝避免相交　　　　图 8-3-15　钢板对接接头 T 形交叉

（4）角焊缝作纵向连接的部件，如在局部荷载作用区采用对接与角接组合焊缝传递荷载，则在该区域以外坡口深度应逐步过渡至零，且过渡长度不应小于坡口深度的 4 倍（如焊接组合 H 形钢柱腹板与翼缘板的焊缝，在节点区要求腹板与翼缘板采用开坡口熔透焊的角接与对接组合焊缝，而节点区以外则过渡为角接焊缝）。

（5）焊接箱形组合梁、柱的纵向焊缝，采用全焊透或部分焊透的对接焊缝（图 8-3-16）；承受静载荷的焊接组合 H 形梁、柱的腹板与翼缘板纵向连接焊缝形式可采用角接、部分焊透的角接与对接组合或全焊透焊缝（图 8-3-17），当腹板厚度大于 25mm 时，宜采用部分焊透的角接与对接组合或全焊透焊缝。

（6）箱形柱与隔板的焊接应采用全焊透焊缝，对无法进行电弧焊焊接的焊缝

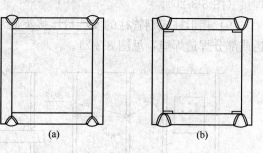

图 8-3-16　箱形组合柱的纵向组装焊缝

（a）部分焊透焊缝；（b）全焊透焊缝

（柱断面小，焊工无法进入内部施焊），需采用电渣焊焊接，且电渣焊焊缝应对称布置，见图 8-3-18。

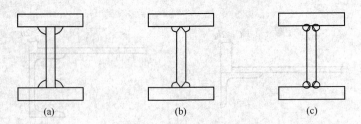

图 8-3-17　焊接 H 形钢柱、梁的翼缘与腹板纵向组合焊缝

（a）角焊缝；（b）全焊透对接与角接组合焊缝；（c）部分焊透对接与角接组合焊缝

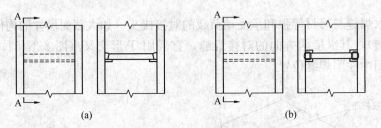

图 8-3-18　箱形柱与隔板的焊接接头形式

（a）电弧焊；（b）电渣焊

（7）钢管柱的纵向和横向焊缝应采用双面或单面全焊透接头形式，见图 8-3-19。

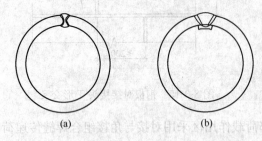

图 8-3-19　钢管柱纵向焊缝焊接接头形式

（a）全焊透双面焊；（b）全焊透单面焊

（8）H 形钢框架柱的安装拼接接头宜采用高强螺栓和焊接组合节点或全焊接节点。采用高强螺栓和焊接组合节点时，腹板用高强螺栓连接，翼缘板采用单 V 形坡口加衬垫全焊透焊缝连接。采用全焊接连接节点时，腹板宜采用 K 形坡口双面部分焊透焊缝（反面不清根）；如设计要求腹板全焊透时，腹板采用单 V 形坡口加衬垫焊接。当腹板厚度大于 20mm 时，腹板开 K 形坡口反面清根后焊接（图 8-3-20）。

（9）箱形柱或钢管柱的安装拼接接头通常采用全焊接接头，并根据设计要求采用全焊透或部分焊透焊缝，见图 8-3-21。

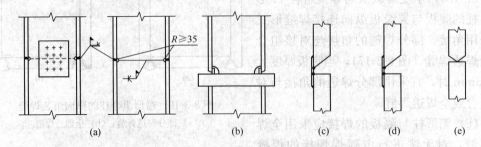

图 8-3-20　H 形钢柱安装拼接节点及坡口形式

（a）栓焊组合节点；（b）全焊接节点形式；（c）翼板焊接坡口；

（d）腹板单 V 形焊接坡口；（e）腹板 K 形焊接坡口

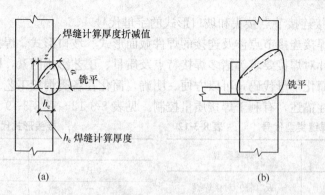

图 8-3-21　箱形及钢管柱安装拼接接头坡口形式

(a) 部分焊透焊缝；(b) 全焊透焊缝

（10）H形、T形及箱形截面钢梁或桁架杆件的全焊接安装拼接节点，在其连接端部腹板（箱形截面的竖向面板）与翼缘板纵向焊缝可留一段长度现场焊接，可方便现场安装，同时减小横向焊缝的焊接拘束度。工地安装纵向焊缝焊接质量要求与工厂焊缝相同（图 8-3-22）。

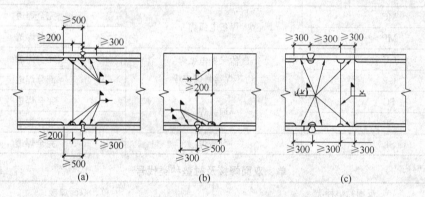

图 8-3-22　桁架或框架梁安装节点形式

(a) H形梁；(b) T形梁；(c) 箱形梁

（11）框架柱与梁的刚性连接常用节点形式，见图 8-3-23。

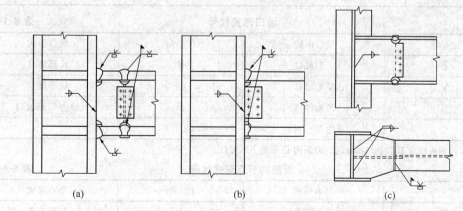

图 8-3-23　框架柱与梁刚性连接节点形式

(a) 梁翼缘板与悬臂梁翼缘板的连接；(b) 梁翼缘板与柱身的连接；(c) 梁翼缘板与柱横隔板的连接

6. 钢结构焊接连接节点接头和坡口形式的字母代号

建筑钢结构焊接连接节点涉及连接的焊件截面形式、坡口形式、焊接操作位置、接头角度和形式、设计对焊接要求等诸多焊接特点及质量、工艺影响因素，因此设立针对上述各种情况的同一简化字母代码，可以方便、明确，简化在各类焊接工艺及质量控制文件中对焊缝的工艺特性描述，有利于焊接质量控制。见表 8-3-12～表 8-3-19 和图 8-3-24。

焊缝类型代号　表 8-3-12

代　号	焊缝类型
B（G）	板（管）对接焊缝
C	角接焊缝
Bc	对接与角接组合焊缝

接头形式代号　表 8-3-13

代　号	接头形式
B	对接接头
T	T 形接头
X	十字接头
C	角接接头
F	搭接接头

焊接方法及焊透种类代号　表 8-3-14

代　号	焊接方法	焊透种类
MC	焊条电弧焊	完全焊透
MP		部分焊透
GC	气体保护电弧焊 药芯焊丝自保护焊	完全焊透
GP		部分焊透
SC	埋弧焊	完全焊透
SP		部分焊透
SL	电渣焊	完全焊透

单、双面焊接及衬垫种类代号　表 8-3-15

反面衬垫种类		单、双面焊接	
代　号	使用材料	代　号	单、双焊接面规定
BS	钢衬垫	1	单面焊接
BF	其他材料的衬垫	2	双面焊接

坡口形式代号　表 8-3-16

代　号	坡口形式	代　号	坡口形式
I	I 形坡口	K	K 形坡口
V	V 形坡口	U[a]	U 形坡口
X	X 形坡口	J[a]	单边 U 形坡口
L	单边 V 形坡口		

注：a 当钢板厚度不小于 50mm 时，可采用 U 形或 J 形坡口。

管结构节点形式代号　表 8-3-17

代　号	节点形式	代　号	节点形式
T	T 形节点	Y	Y 形节点
K	K 形节点		

坡口各部分的尺寸代号　　　　　　　　　　　表 8-3-18

代　号	代表的坡口各部分尺寸	代　号	代表的坡口各部分尺寸
t	接缝部位的板厚（mm）	p	坡口钝边（mm）
b	坡口根部间隙或部件间隙（mm）	α	坡口角度（°）
h	坡口深度（mm）		

焊接位置代号　　　　　　　　　　　表 8-3-19

代　号	焊接位置	代　号	焊接位置
F	平焊	V	立焊
H	横焊	O	仰焊

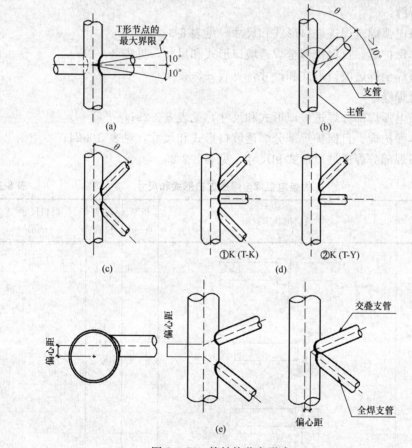

图 8-3-24　管结构节点形式

（a）T(X) 形节点；（b）Y 形节点；（c）K 形节点；（d）K 形复合节点；（e）偏离中心的连接

焊接接头的完整代号表示法：

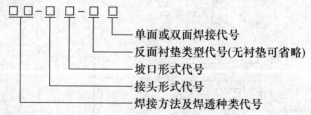

单面或双面焊接代号
反面衬垫类型代号(无衬垫可省略)
坡口形式代号
接头形式代号
焊接方法及焊透种类代号

标记示例：焊条电弧焊、完全焊透、对接、Ⅰ型坡口、北面加钢衬垫的单面焊接接头表示为 MC-BI-B₁。

8.3.1.3 焊接接头的形式

1. 钢结构不同焊接方法的焊缝坡口形式和尺寸

高层钢结构工程中最常用的三种焊接方法是手工焊条电弧焊、气体保护焊（CO_2 气体保护自动和半自动焊）与自保护焊（药芯焊丝自保护自动和半自动焊）、埋弧焊。由于各种焊接方法采用的设备不同和焊接工艺特点不同，因此焊缝的坡口形式和尺寸要求也不同，以适应各焊接方法的工艺要求，保证接头的焊缝焊接质量满足设计要求。针对不同焊接方法和焊接要求的焊缝坡口形式和尺寸分类如下：

全焊透焊缝：

（1）焊条电弧焊全焊透坡口形式和尺寸，见表 8-3-20；

（2）气体保护焊、自保护焊全焊透坡口形式和尺寸，见表 8-3-21；

（3）埋弧焊全焊透坡口形式和尺寸，见表 8-3-22。

部分焊透焊缝：

（1）焊条电弧焊部分焊透坡口形式和尺寸，见表 8-3-23；

（2）气体保护焊、自保护焊部分焊透坡口形式和尺寸，见表 8-3-24；

（3）埋弧焊部分焊透坡口形式和尺寸，见表 8-3-25。

焊条电弧焊全焊透坡口形式和尺寸 表 8-3-20

序号	标记	坡口形状示意图	板厚 (mm)	焊接位置	坡口尺寸 (mm)	备注
1	MC-BI-2 MC-TI-2 MC-CI-2		3～6	F H V O	$b=\dfrac{t}{2}$	清根
2	MC-BI-B1 MC-CI-B1		3～6	F H V O	$b=t$	

序号	标记	坡口形状示意图	板厚 (mm)	焊接位置	坡口尺寸 (mm)		备注
3	MC-BV-2		≥6	F H V O	$b=0\sim3$ $p=0\sim3$ $\alpha_1=60°$		清根
	MC-CV-2						
4	MC-BV-B1		≥6	F，H V，O	b	α_1	
					6	45°	
				F，V O	10	30°	
					13	20°	
					$p=0\sim2$		
	MC-CV-B1		≥12	F，H V，O	b	α_1	
					6	45°	
				F，V O	10	30°	
					13	20°	
					$p=0\sim2$		
5	MC-BL-2		≥6	F H V O	$b=0\sim3$ $p=0\sim3$ $\alpha_1=45°$		清根
	MC-TL-2						
	MC-CL-2						
6	MC-BL-B1		≥6	F H V O	b	α_1	
				F，H V，O	6	45°	
					(10)	(30°)	
	MC-TL-B1			（F，V，O）			
	MC-CL-B1			F，H V，O （F，V，O）	$p=0\sim2$		

1229

续表

序号	标记	坡口形状示意图	板厚 (mm)	焊接位置	坡口尺寸 (mm)	备注
7	MC-BX-2		≥16	F H V O	$b=0\sim3$ $H_1=\frac{2}{3}(t-p)$ $p=0\sim3$ $H_2=\frac{1}{3}(t-p)$ $\alpha_1=45°$ $\alpha_2=60°$	清根
8	MC-BK-2 MC-TK-2 MC-CK-2		≥16	F H V O	$b=0\sim3$ $H_1=\frac{2}{3}(t-p)$ $p=0\sim3$ $H_2=\frac{1}{3}(t-p)$ $\alpha_1=45°$ $\alpha_2=60°$	清根

气体保护焊、自保护焊全焊透坡口形式和尺寸 表 8-3-21

序号	标记	坡口形状示意图	板厚 (mm)	焊接位置	坡口尺寸 (mm)	备注
1	GC-BI-2 GC-TI-2 GC-CI-2		3~8	F H V O	$b=0\sim3$	清根
2	GC-BI-B1 GC-CI-B1		6~10	F H V O	$b=t$	

序号	标记	坡口形状示意图	板厚（mm）	焊接位置	坡口尺寸（mm）		备注
3	GC-BV-2 GC-CV-2		≥6	F H V O	$b=0\sim3$ $p=0\sim3$ $\alpha_1=60°$		清根
4	GC-BV-B1 GC-CV-B1		≥6 ≥12	F V O	b	α_1	
					6	45°	
					10	30°	
					$p=0\sim2$		
5	GC-BL-2 GC-TL-2 GC-CL-2		≥6	F H V O	$b=0\sim3$ $p=0\sim3$ $\alpha_1=45°$		清根
6	GC-BL-B1 GC-TL-B1 GC-CL-B1		≥6	F，H V，O	b	α_1	
					6	45°	
					（F）（10）	（30°）	
					$p=0\sim2$		

序号	标记	坡口形状示意图	板厚（mm）	焊接位置	坡口尺寸（mm）	备注
7	GC-BX-2		≥16	F H V O	$b=0\sim3$ $H_1=\dfrac{2}{3}(t-p)$ $p=0\sim3$ $H_2=\dfrac{1}{3}(t-p)$ $\alpha_1=45°$ $\alpha_2=60°$	清根
8	GC-BK-2 GC-TK-2 GC-CK-2		≥16	F H V O	$b=0\sim3$ $H_1=\dfrac{2}{3}(t-p)$ $p=0\sim3$ $H_2=\dfrac{1}{3}(t-p)$ $\alpha_1=45°$ $\alpha_2=60°$	清根

埋弧焊全焊透坡口形式和尺寸　　　　　　表 8-3-22

序号	标记	坡口形状示意图	板厚（mm）	焊接位置	坡口尺寸（mm）	备注
1	SC-BI-2		6~12	F	$b=0$	清根
	SC-TI-2 SC-CI-2		6~10	F		
2	SC-BI-B1 SC-CI-B1		6~10	F	$b=t$	

序号	标记	坡口形状示意图	板厚 (mm)	焊接位置	坡口尺寸 (mm)	备注
3	SC-BV-2		$\geqslant 12$	F	$b = 0$ $H_1 = t - p$ $p = 6$ $\alpha_1 = 60°$	清根
	SC-CV-2		$\geqslant 10$	F	$b = 0$ $p = 6$ $\alpha_1 = 60°$	清根
4	SC-BV-B1		$\geqslant 10$	F	$b = 8$ $H_1 = t - p$ $p = 2$ $\alpha_1 = 30°$	
	SC-CV-B1					
5	SC-BL-2		$\geqslant 12$	F	$b = 0$ $H_1 = t - p$ $p = 6$ $\alpha_1 = 55°$	清根
			$\geqslant 10$	H		
	SC-TL-2		$\geqslant 8$	F	$b = 0$ $H_1 = t - p$ $p = 6$ $\alpha_1 = 60°$	清根
	SC-CL-2		$\geqslant 8$	F	$b = 0$ $H_1 = t - p$ $p = 6$ $\alpha_1 = 55°$	
6	SC-BL-B1		$\geqslant 10$	F		
	SC-TL-B1				b / α_1 6 / $45°$ 10 / $30°$ $p = 2$	
	SC-CL-B1					

续表

序号	标记	坡口形状示意图	板厚 (mm)	焊接 位置	坡口尺寸 (mm)	备注
7	SC-BX-2		≥20	F	$b = 0$ $H_1 = \dfrac{2}{3}(t-p)$ $p = 6$ $H_2 = \dfrac{1}{3}(t-p)$ $\alpha_1 = 45°$ $\alpha_2 = 60°$	清根
	SC-BK-2		≥20	F	$b = 0$ $H_1 = \dfrac{2}{3}(t-p)$ $p = 5$ $H_2 = \dfrac{1}{3}(t-p)$ $\alpha_1 = 45°$ $\alpha_2 = 60°$	清根
			≥12	H		
8	SC-TK-2		≥20	F	$b = 0$ $H_1 = \dfrac{2}{3}(t-p)$ $p = 5$ $H_2 = \dfrac{1}{3}(t-p)$ $\alpha_1 = 45°$ $\alpha_2 = 60°$	清根
	SC-CK-2		≥20	F	$b = 0$ $H_1 = \dfrac{2}{3}(t-p)$ $p = 5$ $H_2 = \dfrac{1}{3}(t-p)$ $\alpha_1 = 45°$ $\alpha_2 = 60°$	清根

焊条电弧焊部分焊透坡口形式和尺寸　　　表 8-3-23

序号	标记	坡口形状示意图	板厚 (mm)	焊接 位置	坡口尺寸 (mm)	备注
1	MP-BI-1		3~6	F H V O	$b=0$	
	MP-CI-1					
2	MP-BI-2		3~6	F H V O	$b=0$	
	MP-CI-2		6~10	F H V O	$b=0$	
3	MP-BV-1		≥6	F H V O	$b=0$ $H_1 \geqslant 2\sqrt{t}$ $p=t-H_1$ $\alpha_1=60°$	
	MP-BV-2					
	MP-CV-1					
	MP-CV-2					
4	MP-BL-1		≥6	F H V O	$b=0$ $H_1 \geqslant 2\sqrt{t}$ $p=t-H_1$ $\alpha_1=45°$	
	MP-BL-2					
	MP-CL-1					
	MP-CL-2					

续表

序号	标记	坡口形状示意图	板厚 (mm)	焊接 位置	坡口尺寸 (mm)	备注
5	MP-TL-1 MP-TL-2		≥10	F H V O	$b=0$ $H_1 \geqslant 2\sqrt{t}$ $p=t-H_1$ $\alpha_1=45°$	
6	MP-BX-2		≥25	F H V O	$b=0$ $H_1 \geqslant 2\sqrt{t}$ $p=t-H_1-H_2$ $H_2 \geqslant 2\sqrt{t}$ $\alpha_1=60°$ $\alpha_2=60°$	
7	MP-BK-2 MP-TK-2 MP-CK-2		≥25	F H V O	$b=0$ $H_1 \geqslant 2\sqrt{t}$ $p=t-H_1-H_2$ $H_2 \geqslant 2\sqrt{t}$ $\alpha_1=45°$ $\alpha_2=45°$	

气体保护焊、自保护焊部分焊透坡口形式和尺寸　　　　　　表 8-3-24

序号	标记	坡口形状示意图	板厚 (mm)	焊接 位置	坡口尺寸 (mm)	备注
1	GP-BI-1 GP-CI-1		3~10	F H V O	$b=0$	
2	GP-BI-2 GP-CI-2		3~10 10~12	F H V O	$b=0$	

续表

序号	标记	坡口形状示意图	板厚 (mm)	焊接位置	坡口尺寸 (mm)	备注
3	GP-BV-1		≥6	F H V O	$b=0$ $H_1 \geqslant 2\sqrt{t}$ $p=t-H_1$ $\alpha_1 = 60°$	
	GP-BV-2					
	GP-CV-1					
	GP-CV-2					
4	GP-BL-1		≥6	F H V O	$b=0$ $H_1 \geqslant 2\sqrt{t}$ $p=t-H_1$ $\alpha_1 = 45°$	
	GP-BL-2					
	GP-CL-1		6~24			
	GP-CL-2					
5	GP-TL-1		≥10	F H V O	$b=0$ $H_1 \geqslant 2\sqrt{t}$ $p=t-H_1$ $\alpha_1 = 45°$	
	GP-TL-2					

序号	标记	坡口形状示意图	板厚 (mm)	焊接位置	坡口尺寸 (mm)	备注
6	GP-BX-2		≥25	F H V O	$b=0$ $H_1 \geqslant 2\sqrt{t}$ $p = t - H_1 - H_2$ $H_2 \geqslant 2\sqrt{t}$ $\alpha_1 = 60°$ $\alpha_2 = 60°$	
7	GP-BK-2 GP-TK-2 GP-CK-2		≥25	F H V O	$b=0$ $H_1 \geqslant 2\sqrt{t}$ $p = t - H_1 - H_2$ $H_2 \geqslant 2\sqrt{t}$ $\alpha_1 = 45°$ $\alpha_2 = 45°$	

埋弧焊部分焊透坡口形式和尺寸　　　　　　　　表 8-3-25

序号	标记	坡口形状示意图	板厚 (mm)	焊接位置	坡口尺寸 (mm)	备注
1	SP-BI-1 SP-CI-1		6～12	F	$b=0$	
2	SP-BI-2 SP-CI-2		6～20	F	$b=0$	

续表

序号	标记	坡口形状示意图	板厚 (mm)	焊接位置	坡口尺寸 (mm)	备注
3	SP-BV-1		≥14	F	$b = 0$ $H_1 \geqslant 2\sqrt{t}$ $p = t - H_1$ $\alpha_1 = 60°$	
	SP-BV-2					
	SP-CV-1					
	SP-CV-2					
4	SP-BL-1		≥14	F H	$b = 0$ $H_1 \geqslant 2\sqrt{t}$ $p = t - H_1$ $\alpha_1 = 60°$	
	SP-BL-2					
	SP-CL-1					
	SP-CL-2					
5	SP-TL-1		≥14	F H	$b = 0$ $H_1 \geqslant 2\sqrt{t}$ $p = t - H_1$ $\alpha_1 = 60°$	
	SP-TL-2					

续表

序号	标记	坡口形状示意图	板厚 (mm)	焊接位置	坡口尺寸 (mm)	备注
6	SP-BX-2		≥25	F	$b=0$ $H_1 \geqslant 2\sqrt{t}$ $p=t-H_1-H_2$ $H_2 \geqslant 2\sqrt{t}$ $\alpha_1=60°$ $\alpha_2=60°$	
7	SP-BK-2		≥25	F H	$b=0$ $H_1 \geqslant 2\sqrt{t}$ $p=t-H_1-H_2$ $H_2 \geqslant 2\sqrt{t}$ $\alpha_1=60°$ $\alpha_2=60°$	
	SP-TK-2					
	SP-CK-2					

2. 型钢的对接接头

钢结构中使用的热轧工字钢、热轧槽钢和热轧等肢、不等肢角钢等型钢的标准对接接头见表 8-3-26～表 8-3-29。

工字钢标准接头 　　　　　　　　　　　　　　表 8-3-26

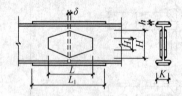

截面型号	水平盖板(mm)				垂直盖板(mm)				
	盖板厚 h	宽度 K	长度 L_1	焊缝高 h_f	厚度	宽度 H	宽度 H_1	长度 L	焊缝高 h_f
10	10	55	260	5	6	60	40	120	5
12，6(12)	12	60	310	5	6	80	40	150	5
14	14	60	320	8	8	90	50	160	6
16	14	65	350	6	8	100	50	190	6
18	14	75	400	8	8	120	60	220	6
20a	16	80	470	8	8	140	60	260	6
22a	16	90	520	6	8	160	70	290	6
25a(24a)	16	95	470	8	10	180	80	290	8

截面型号	水平盖板(mm)				垂直盖板(mm)				
	盖板厚 h	宽度 K	长度 L_1	焊缝高 h_f	厚　度	宽度 H	宽度 H_1	长度 L	焊缝高 h_f
28a(27a)	18	100	480	8	10	200	90	300	8
32a	18	110	570	8	10	250	110	410	8
36a	20	110	500	10	12	270	120	360	10
40a	22	110	540	10	12	300	130	440	10
45a	24	120	600	10	12	350	150	540	10
50a	30	125	620	12	14	380	170	480	12
56a	30	125	630	12	14	480	180	590	12
63a	30	135	710	12	14	480	200	660	12

槽钢标准接头　　　　　　　　　　　　　　　　　　　　　表 8-3-27

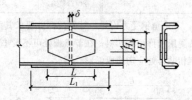

截面型号	水平盖板(mm)				垂直盖板(mm)				
	盖板厚	宽　度	长度 L_1	焊缝高 h_f	厚　度	宽度 H	宽度 H_1	长度 L	焊缝高 h_f
5									
6，3(6)									
8									
10	12	35	180	6	6	60	40	130	5
12，6(12)	12	40	210	6	6	80	40	160	5
14a	12	45	230	6	6	90	50	160	6
16a	14	50	270	6	8	100	50	200	6
18a	14	55	230	8	8	120	60	230	6
20a	14	60	250	8	8	140	60	250	6
22a	14	65	260	8	8	160	70	280	6
25a(24)	16	65	280	8	8	180	80	300	6
28a(27)	16	70	340	8	8	200	90	300	6
32a(30)	18	70	360	8	10	250	110	350	8
36a	20	75	360	10	10	270	120	410	8
40a	24	80	420	10	12	300	130	430	10

等肢角钢的标准接头 表 8-3-28

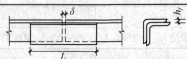

角钢型号	连接角钢长度 L (mm)	间隙 δ (mm)	焊缝高 h_f (mm)	角钢型号	连接角钢长度 L (mm)	间隙 δ (mm)	焊缝高 h_f (mm)
20×4	130	5	3.5	75×7	400	10	6
25×4	155	5	3.5	80×8	410	10	7
30×4	180	5	3.5	90×8	460	12	7
36×4	205	5	3.5	100×10	490	12	9
40×4	225	5	3.5	110×10	540	12	9
45×4	240	5	3.5	125×12	640	14	10
50×5	250	8	4.5	140×14	690	14	12
56×5	300	10	4.5	160×14	790	14	12
63×6	350	10	5	180×16	860	14	14
70×7	370	10	6	200×20	840	20	18

注：1. 当角钢肢宽大于125mm时，考虑角钢受力均匀，对受拉杆件要求其两肢按下图方式切斜，两角钢间加设垫板，以减少截面的削弱。受压构件可不切斜。在节点板处可不设垫板。

2. 连接角钢的背与被连接角钢相贴合处应切削成弧形。

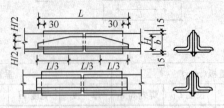

不等肢角钢的标准接头 表 8-3-29

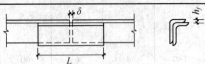

角钢型号	连接角钢长度 L (mm)	间隙 δ (mm)	焊缝高 h_f (mm)	角钢型号	连接角钢长度 L (mm)	间隙 δ (mm)	焊缝高 h_f (mm)
25×6×4	140	5	3.5	90×56×6	440	10	5
32×20×4	170	5	3.5	100×63×8	450	10	7
40×25×4	205	5	3.5	100×80×8	460	12	7
45×28×4	235	5	3.5	100×70×8	460	12	7
50×32×4	250	5	3.5	125×80×10	540	12	9
56×36×4	275	5	3.5	140×90×12	590	12	11
63×40×5	300	8	4.5	160×100×14	700	12	12
70×45×5	340	10	4.5	180×100×14	780	14	12
75×50×5	370	10	4.5	200×125×16	850	14	14
80×50×6	390	10	5				

注：肢宽大于125mm的角钢，受拉杆件应于肢部切斜，方法见等肢角钢。

8.3.1.4 焊接连接质量保证的基本规定

钢结构的焊接连接使钢板和型钢零件组成钢构件、使构件连接组成结构，因而焊接连接的质量对于工程使用安全至关重要。焊接过程是一种在被焊件间的冶金过程，焊缝的质量受焊件与焊材金属材质、焊接温度、焊剂、保护气体、电弧弧长及电流电压等诸多因素的影响；建筑钢结构的焊接不同于其他行业中的焊接，焊接作业条件复杂，环境影响因素多，焊接作业操作者的技术水平要求也更高，要求焊工有在户外、高空环境下进行全位置焊接作业的能力。为了切实保证焊接工程的质量，钢结构焊接工程对设计和施工单位、焊接作业人员、材料和焊接工艺管理作出基本规定。

1. 钢结构工程的焊接难度与钢材的板厚、钢材的适焊性及焊缝的设计受力状态有关。钢材的适焊性由钢材的碳当量评价。

钢材的碳当量：钢的碳当量就是把钢中包括碳在内的对淬硬、冷裂纹及脆化等有影响的合金元素含量换算成碳的相当含量。通过对钢的碳当量和冷裂敏感指数的估算，可以初步衡量低合金高强度钢冷裂敏感性的高低，这对焊接工艺条件如预热、焊后热处理、线能量等的确定具有重要的指导作用。

钢材碳当量（CEV）应采用公式（8-2-5）计算。

钢结构工程焊接难度等级见表 8-3-30。

钢结构工程焊接难度等级 表 8-3-30

影响因素[a]　　焊接难度等级	板厚 t （mm）	钢材分类[b]	受力状态	钢材碳当量 $CEV(\%)$
A（易）	$t \leqslant 30$	I	一般静载拉、压	$CEV \leqslant 0.38$
B（一般）	$30 < t \leqslant 60$	II	静载且板厚方向受拉或间接动载	$0.38 < CEV \leqslant 0.45$
C（较难）	$60 < t \leqslant 100$	III	直接动载、抗震设防烈度等于 7 度	$0.45 < CEV \leqslant 0.50$
D（难）	$t > 100$	IV	直接动载、抗震设防烈度大于等于 8 度	$CEV > 0.50$

注：[a] 根据表中影响因素所处最难等级确定整体焊接难度；

　　[b] 钢材分类应符合表 8-3-31 的规定。

2. 钢结构焊接工程设计、施工单位应具备与工程结构类型相应的资质。

3. 承担钢结构焊接工程的施工单位应具有相应的焊接质量管理体系和技术标准，具有相应资格的焊接专业人员（如焊接技术人员、焊接检验人员、无损检测人员、焊工、焊接热处理人员等），具有相应的焊接设备和检验试验设备；对于承担焊接难度等级为 C 级和 D 级焊接工程的加工厂或施工单位，应具有焊接工艺实验室。

4. 钢结构焊接工程的相关技术人员和焊接技术负责人应接受过专门的焊接技术培训，且有一定焊接生产或施工实践经验，具有相应技术职称。

5. 焊接检验人员应接受过专门的焊接技术培训，有一定焊接实践经验和技术水平，具有检验人员上岗资格证。无损检验人员按考核合格项目及权限从事无损检测和审核工作。

6. 焊工应按所从事焊接钢结构钢材的种类、焊接接头形式、焊接方法和焊接位置等要求进行技术资格考试并取得相应资格证书，其施焊范围不得超越资格证书的规定。

常用国内钢材分类等级 表8-3-31

类别号	标称屈服强度	钢材牌号举例	对应标准号
I	≤295MPa	Q159、Q215、Q235、Q275	GB/T 700
		20、25、15Mn、20Mn、25Mn	GB/T 699
		Q235q	GB/T 714
		Q235GJ	GB/T 19879
		Q235NH、Q265GNH、Q295NH、Q295GNH	GB/T 4171
		ZG200-400H、ZG230-450H、ZG275-485H	GB/T 7659
		G17Mn5QT、G20Mn5N、G20Mn5QT	CECS235
II	>295MPa 且 ≤370MPa	Q345	GB/T 1591
		Q345q、Q370q	GB/T 714
		Q345GJ	GB/T 19879
		Q310GNH、Q355NH、Q355GNH	GB/T 4171
III	>370MPa 且 ≤420MPa	Q390、Q420	GB/T 1591
		Q390GJ、Q420GJ	GB/T 19879
		Q420q	GB/T 714
		Q415NH	GB/T 4171
IV	>420MPa	Q460、Q500、Q550、Q620、Q690	GB/T 1591
		Q460GJ	GB/T 19879
		Q460NH、Q500NH、Q550NH	GB/T 4171

注：国内新钢材和国外钢材按其屈服强度级别归入相应类别。常用国外钢材大致对应于国内钢材分类见《钢结构焊接规范》GB 50661—2011中条文说明第4.0.5条。

7. 钢结构焊接工程实施前应进行必要的焊接工艺评定，编制焊接工艺方案及技术措施和焊接作业指导书或焊接工艺卡。工程实施中焊工应按照焊接工艺文件的要求施焊。

8. 钢结构焊接工程用钢材及焊接材料应符合设计文件的要求，并应具有钢厂和焊接材料厂出具的产品质量证明书或检验报告，其化学成分、力学性能和其他质量要求应符合国家现行有关标准的规定。

9. T 形、十字形、角接接头，当翼缘板厚不小于 40mm 时宜采用厚度方向性能钢板。有厚度方向性能要求时，其钢材的磷、硫含量、断面收缩率值见表 8-3-32。

钢板厚度方向性能级别及其磷、硫含量、断面收缩率值　　　　表 8-3-32

级别	磷含量（质量分数），≤（%）	硫含量（质量分数），≤（%）	断面收缩率（Ψ_Z,%）	
			三个试样平均值，≥	单个试样值，≥
Z15		0.010	15	10
Z25	≤0.020	0.007	25	15
Z35		0.005	35	25

8.3.1.5　焊接工程的技术准备工作

1. 焊接施工工艺方案编制内容

钢结构工程加工、安装前应根据工程特点及设计要求，依据企业设备和资源状况、合格的焊接工艺评定试验及施焊现场实际条件等因素编制焊接工艺方案。焊接工艺方案的主要内容应包括：

(1) 合同技术条件及工程设计文件对结构焊接提出的质量要求，如母材材质和规格及适用标准、各节点或连接的焊缝形式（等强全熔透或部分焊透等）、焊缝的质量等级、焊后处理要求及焊接工作量统计等。

(2) 焊接工艺技术要求：

1) 拟采用的焊接方法或焊接方法的组合；

2) 拟采用的焊接材料的规格、类别和型号；

3) 焊接接头形式、坡口形式、尺寸及其允许偏差；

4) 焊接位置；

5) 焊接电源的种类和电流极性；

6) 清根处理要求和方法；

7) 焊接工艺参数，包括焊接电流、电压、焊接速度、焊层和焊道分布等；

8) 预热要求、温度及道间温度范围；

9) 焊后消除应力处理工艺。

(3) 焊接操作和检验人员配备计划、焊工培训和考试要求。

(4) 焊接机械设备设施配置计划，如焊机、烘箱、预热后热设备、保温措施、封闭环境焊接通风设备、防风措施、工装胎具和操作脚手架、检验仪器仪表等。

(5) 焊材的使用量及检验批量和计划。

(6) 焊接用电量计划及安全用电措施。

(7) 焊接工艺技术措施：如组拼安装焊接顺序、坡口清理和点焊定位要求、反变形措施等。

(8) 焊缝质量检验：如不同部位焊缝的检查项目、方法及记录要求。

(9) 焊缝质量缺陷的处理：包括发现缺陷后的原因判定程序，必要的工艺条件调整和批准程序，处理方法等。

2. 焊接工艺评定

（1）焊接工艺评定一般规定

焊接连接作为钢结构连接的可靠和高效连接方式在钢结构工程中使用广泛，但由于焊接连接过程中影响焊接质量的因素众多，对焊接工艺参数制定和执行要求更加严格，因此在《建筑钢结构焊接技术规程》JGJ 81 和《钢结构焊接规范》GB 50661 中均对焊接工艺评定作为强制性条文规定如下："除符合规范规定的免于评定条件外，施工单位首次采用的钢材、焊接材料、焊接方法、接头形式、焊接位置、焊后热处理制度以及焊接工艺参数、预热和后热措施等各种参数的组合条件，应在钢结构构件制作及安装施工前进行焊接工艺评定"。

焊接工艺评定的有效期：对于焊接难度等级为 A、B、C 级的钢结构焊接工程，其焊接工艺评定有效期应为 5 年；对于焊接难度等级为 D 级的钢结构焊接工程应按工程项目进行焊接工艺评定。

焊接工艺评定的替代规则：焊接施工涉及的钢材品种、焊接方法、焊接位置、焊缝接头形式等各类影响焊接效果和质量的因素组合众多，在保证焊接工艺正确、保证焊接施工质量的前提下进行焊接工艺评定的合理替代，合理减少焊接工艺评定的工作量是必要的。

1）评定合格的试件厚度在工程中适用的厚度范围应符合表 8-3-33 的规定。

评定合格的试件厚度与工程适用厚度范围 表 8-3-33

焊接方法类别号	评定合格试件厚度 (t)（mm）	工程适用厚度范围	
		板厚最小值	板厚最大值
1、2、3、4、5、8	≤25	3mm	$2t$
	25<t≤70	$0.75t$	$2t$
	>70	$0.75t$	不限
6	≥18	$0.75t$ 最小 18mm	$1.1t$
7	≥10	$0.75t$ 最小 10mm	$1.1t$
9	$1/3\phi$≤t<12	t	$2t$，且不大于 16mm
	12≤t<25	$0.75t$	$2t$
	t≥25	$0.75t$	$1.5t$

注：1. ϕ 为栓钉直径。

2. 摘自 GB 50661—2011 表 6.2.4。

2）焊接工艺评定结果在不同焊接工艺条件下的替代规则见表 8-3-34。

焊接工艺评定的替代规则 表 8-3-34

序号	焊接工艺条件		替代许可情况及条件	备注
1	焊接方法	● 不同焊接方法	不许可	GB 50661 第 6.2.1 条
		□ 不同焊接方法组合焊接	用相应板厚的单种焊接方法评定结果替代	
			不同焊接方法组合焊接评定时，其弯曲及冲击试样切取应包含不同焊接方法部位	

序号		焊接工艺条件	替代许可情况及条件	备注
2	焊接母材	□ 同种牌号不同质量等级	质量等级高钢材的焊接工艺评定可替代质量等级低钢材的焊接工艺评定	GB 50661 第6.2.1条
		● 不同类别钢材	不许可	GB 50661 第6.2.2条
		□ Ⅰ、Ⅱ类钢材	Ⅰ、Ⅱ类同类别钢材在相同供货状态下,当强度和质量等级发生变化时,高级别钢材可替代低级别钢材	
		● Ⅲ、Ⅳ类钢材	Ⅲ、Ⅳ类同类别钢材中的焊接工艺评定结果不可互相替代。不同类别钢材组合焊接不可用单类钢材的评定结果替代	
		● 同类别不同成型工艺	不许可　如轧制钢材与铸钢	
		● 同类别不同种类	不许可　如耐候钢与非耐候钢	
		● 同类别不同交货状态	不许可　如控轧控冷钢、调质钢与其他供货状态	
		● 国产与进口钢材	不许可	
3	焊接接头形式	● 接头形式变化	不许可	GB 50661 第6.2.3条
		○ T形接头	可由十字形接头评定结果替代	
		□ 角焊缝	可由全焊透或部分焊透的T形或十字形接头对接与角组合焊缝评定结果替代	
		□ 管材接头	焊评结果以管材外径600mm为界,外径分界以上和以下之间不可互相替代	6.2.5条
			板材对接与外径不小于600mm的相应位置管材对接的焊接工艺评定可互相替代	6.2.6条
4	焊接位置	○ 平焊位置	可由横焊位置评定结果替代	GB 50661 第6.2.7条
		● 横焊位置	不可由平焊位置评定结果替代	
		● 立、仰焊接位置	立、仰焊接位置与其他焊接位置之间不可互相替换	
5	对接焊缝	● 衬垫情况	有、无衬垫或其材质不同情况之间不可互相替代	6.2.8条
		○ 有衬垫单面焊全焊透	可与反面清根的双面焊全焊透接头互相替代	
6	栓钉焊接	○ Ⅲ、Ⅳ类钢材栓钉焊	可替代Ⅰ、Ⅱ类钢材栓焊工艺评定	GB 50661 第6.2.9条
		○ Ⅰ、Ⅱ类钢材栓钉焊	焊接工艺评定结果可互相替代	
		● Ⅲ、Ⅳ类钢材栓钉焊	焊接工艺评定结果不可互相替代	

注：1. 本表根据 GB 50661—2011 第 6.2 节整理,详见规范。

2. 表内符号分别代表：●—不可替代；□—有条件替代；○—可以替代。

3）焊接工艺评定中焊接位置表示,见表 8-3-35 和图 8-3-25～图 8-3-27。

焊接位置分类代号表示　　　　　　　　　　　　　　表 8-3-35

焊接位置		代号	焊接位置	代号
板材	平	F	水平转动平焊	1G
	横	H	竖立固定横焊	2G
	立	V	水平固定全位置焊	5G
	仰	O	倾斜固定全位置焊	6G
			倾斜固定加挡板全位置焊	6GR

（管材栏位于右侧对应五行）

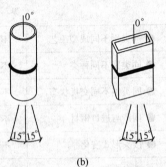

(a)　　　　　　　　　　　　　　(b)

管平放(±15°)焊接时转动,在顶部及附近平焊　　　管竖立(±15°)焊接时不转动,焊缝横焊

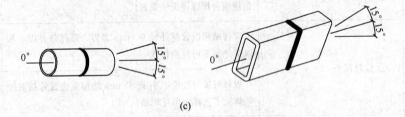

(c)

管平放并固定(±15°)施焊时不转动,焊缝平、立、仰焊

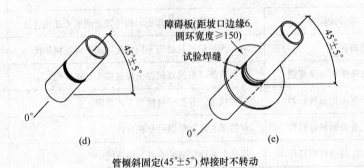

障碍板(距坡口边缘6,
圆环宽度≥150)

试验焊缝

(d)　　　　　　　　　　　(e)

管倾斜固定(45°±5°)焊接时不转动

图 8-3-25　管材对接试件焊接位置
(a) 焊接位置 1G（转动）；(b) 焊接位置 2G；(c) 焊接位置 5G；
(d) 焊接位置 6G；(e) 焊接位置 6GR（T、K 或 Y 形连接）

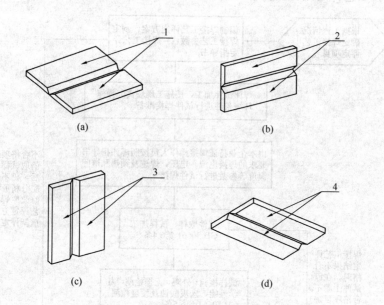

图 8-3-26　板材对接试件焊接位置

（a）平焊位置 F；（b）横焊位置 H；（c）立焊位置 V；（d）仰焊位置 O

1—板平放，焊缝轴水平；2—板横立，焊缝轴水平；

3—板 90°放置，焊缝轴垂直；4—板平放，焊缝轴水平

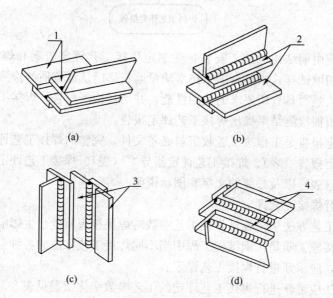

图 8-3-27　板材角接试件焊接位置

（a）平焊位置 F；（b）横焊位置 H；（c）立焊位置 V；（d）仰焊位置 O

1—板 45°放置，焊缝轴水平；2—板平放，焊缝轴水平；

3—板竖立，焊缝轴垂直；4—板平放，焊缝轴水平

（2）焊接工艺评定流程及要求

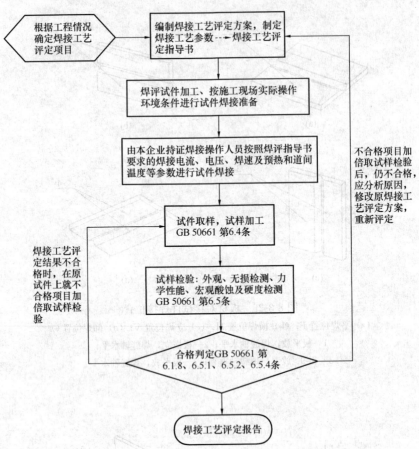

焊接工艺评定由钢结构制造、安装企业制定焊接工艺评定方案和焊接工艺评定指导书，施焊试件并切取试样；由具有国家技术质量监督部门认证资质的检测单位进行检测试验，测定焊接接头是否具有所要求的使用性能，并出具检测报告；焊接工艺评定试验完成后，由评定单位根据检测结果提出焊接工艺评定报告。

焊接工艺评定报告是工程竣工验收资料必备文件，完整的焊接工艺评定报告应包括目录、焊接工艺评定报告（表）、焊接工艺评定指导书（表）、焊接工艺评定记录表、焊接工艺评定检验结果（表）以及必要的文字和图示说明。

（3）重新进行焊接工艺评定

不同的焊接工艺方法中，各种焊接工艺参数对焊接接头质量产生影响的程度不同，为了保证钢结构焊接施工质量，钢结构工程中当不同焊接工艺方法的各种参数变化范围超过允许变化范围时，应重新进行焊接工艺评定。

不同焊接方法应重新进行焊接工艺评定的工艺参数变化情况见表 8-3-36。

（4）免予焊接工艺评定的规定

对于一些特定的焊接方法和参数、钢材、接头形式和焊接材料种类的组合，其焊接工艺已经长期使用，且经实践证明，按照这些焊接工艺进行焊接所得到的焊接接头性能良好，能够满足钢结构焊接质量要求，可免予焊接工艺评定。

表 8-3-36

不同焊接方法重新进行焊接工艺评定条件

通用焊接工艺条件	焊接方法						
	焊条电弧焊	熔化极气体保护焊	非熔化极气体保护焊	埋弧焊	电渣焊	气电立焊	栓钉焊
焊接材料	①熔敷金属抗拉强度级别变化;②低氢型改非低氢型;③直径规格改变	①实芯焊丝与药芯焊丝变换;②焊丝型号改变;③焊丝直径改变	①焊丝类型、强度级别型号改变;②添加与不添加焊丝;③冷态与热态送丝的改变	①焊丝规格改变;②焊丝与焊剂型号改变;③添加与不添加冷丝;④多丝与单丝的改变	①单丝与多丝,有无熔嘴,单熔嘴与多熔嘴,板极与丝极;②焊丝直径与焊剂改变;③熔嘴截面积变化大于30%或熔嘴型号改变	焊丝型号和直径改变	①栓钉材质改变;②栓钉标称直径改变;③瓷环材料改变;④采用手弧焊时焊条改变
保护气体、措施	—	①单一气体种类的变化、混合气体混合比例的变化;②保护气体流量增加25%或减少10%以上	①保护气体种类改变;②保护气体流量增加25%或减少10%以上	—	—	①保护气体种类或混合比例改变;②保护气体流量增加25%或减少10%以上	—
焊接电源	直流焊条电流极性改变	焊接电流种类和极性改变	焊接电流极性改变	焊接电流种类和极性的改变	焊接电流种类和极性的改变	焊接电极电流极性改变	—
焊道	多焊道和单焊道的改变	多焊道和单焊道的改变	—	—	—	—	—

续表

通用焊接工艺条件	焊接方法						
	焊条电弧焊	熔化极气体保护焊	非熔化极气体保护焊	埋弧焊	电渣焊	气电立焊	栓钉焊
焊根处理	清焊根改为不清焊根	清焊根改为不清焊根	—	清焊根改为不清焊根	—	—	—
焊接方向、焊炬摆动	立焊方向改变	焊炬摆动幅度超过评定合格值的±20%	焊炬摆动幅度超过评定合格值的±20%	—	偏离垂直位置超过10°	偏离垂直位置超过10°	平、横、仰焊变换25°以上或偏离平焊
焊接电流 I、电压 V、速度 S	电流、电压值变化超出焊条产品说明书推荐范围	实际焊接 I、V、S 变化分别超过评定合格值的 10%、7%、10%	实际焊接 I、S 变化分别超过评定合格值的 25%、50%	实际焊接 I、V、S 变化分别超过评定合格值的 10%、7%、15%	实际焊接 I、V、S（送丝）、S（垂直提升）变化分别超过评定合格值的 20%、10%、40%和20%	实际焊接 I、V、S（送丝）变化分别超过评定合格值的 15%、10%、30%	焊接采用不提升高度、伸出长度、焊接时间、电流、电压值变化超过评定合格值±5%
专有焊接工艺条件		实心焊丝熔滴颗粒过渡与断路过渡变化			①单侧与双侧坡口改变；②焊接伏安特性为恒压与恒流改变；③成形水冷滑块与挡板变换；④焊剂量变化超过30%	成形水冷滑块与挡板变换	①非穿透与穿透焊变换；②穿透焊板厚、镀层改变；③栓钉焊接方法改变；④预热温度比评定合格温度降20℃或升50℃以上

免予焊接工艺评定的焊接工艺文件必须由钢结构加工或施工企业的技术负责人签发书面文件。

1）免予评定的焊接方法及施焊位置应符合表 8-3-37 的规定。

免予评定的焊接方法及施焊位置　　　　　　　　　　　　表 8-3-37

焊接方法类别号	焊接方法	代　号	施焊位置
1	焊条电弧焊	SMAW	平、横、立
2-1	半自动实心焊丝二氧化碳气体保护焊（短路过渡除外）	GMAW-CO_2	平、横、立
2-2	半自动实心焊丝富氩＋二氧化碳气体保护焊	GMAW-Ar	平、横、立
2-3	半自动药芯焊丝二氧化碳气体保护焊	FCAW-G	平、横、立
5-1	单丝自动埋弧焊	SAW（单丝）	平、平角
9-2	非穿透栓钉焊	SW	平

2）免予评定的母材和匹配的焊缝金属组合应符合表 8-3-38 的规定，钢材厚度不应大于 40mm，质量等级应为 A、B 级。

3）免予评定的钢材焊接最低预热、道间温度应符合表 8-3-39 的规定。

4）焊缝尺寸应符合设计要求，最小焊脚尺寸应符合表 8-3-40 的规定，最大单焊道焊缝尺寸应符合表 8-3-41 的规定。

5）免予评定的焊接工艺参数应符合以下规定：

① 免予评定的焊接工艺参数应符合表 8-3-42 规定；

② 要求完全焊透的焊缝，单面焊时应加衬垫，双面焊时应清根；

③ 焊条电弧焊焊接时焊道最大宽度不应超过焊条标称直径的 4 倍；实心焊丝气体保护焊、药芯焊丝气体保护焊焊接时焊道最大宽度不应超过 20mm；

④ 导电嘴与工件距离：埋弧自动焊时 40±100mm；气体保护焊时 20±7mm；

⑤ 保护气体种类：二氧化碳；富氩气体，混合比例为：氩气 80％＋二氧化碳 20％；

⑥ 焊接时保护气体流量：20～50L/min。

免予评定的母材和匹配的焊缝金属组合要求　　　　　　　表 8-3-38

母　材			焊条（丝）和焊剂-焊丝组合分类等级			
钢材类别	母材最小标称屈服强度	钢材牌号	焊条电弧焊 SMAW	实心焊丝气体保护焊 GMAW	药芯焊丝气体保护焊 FCAW-G	埋弧焊 SAW（单丝）
I	＜235MPa	Q195 Q215	GB/T 5117：E43XX	GB/T 8110：ER49-X	GB/T 10045：E43XT-X	GB/T 5293：F4AX-H08A
I	≥235MPa 且 ＜300MPa	Q235 Q275 Q235GJ	GB/T 5117：E43XX E50XX	GB/T 8110：ER49-X ER50-X	GB/T 10045：E43XT-X E50XT-X	GB/T 5293：F4AX-H08A GB/T 12470：F48AX-H08MnA
II	≥300MPa 且 ≤355MPa	Q345 Q345GJ	GB/T 5117：E50XX GB/T 5118：E5015 E5016-X	GB/T 8110：ER50-X	GB/T 17493：E50XT-X	GB/T 5293：F5AX-H08MnA GB/T 12470：F48AX-H08MnA F48AX-H10Mn2 F48AX-H10Mn2A

免予评定的最低预热、道间温度要求   表 8-3-39

钢材类别	钢材牌号	设计对焊接材料要求	接头最厚部件的板厚 t（mm）	
			$t \leqslant 20$	$20 < t \leqslant 40$
I	Q195、Q215、Q235、Q235GJ、Q275、20	非低氢型	5℃	20℃
		低氢型		5℃
II	Q345、Q345GJ	非低氢型		40℃
		低氢型		20℃

注：1. 接头形式为坡口对接，一般拘束度；

    2. SMAW、GMAW、FCAW-G 热输入约为 15～25kJ/cm；SAW-S 热输入约为 15～45kJ/cm；

    3. 采用低氢型焊材时，熔敷金属扩散氢（甘油法）含量应符合下列规定：

      焊条 E4315、E4316 不应大于 8mL/100g；

      焊条 E5015、E5016 不应大于 6mL/100g；

      药芯焊丝不应大于 6mL/100g。

    4. 焊接接头板厚不同时，应按最大板厚确定预热温度；焊接接头材质不同时，应按高强度、高碳当量的钢材确定预热温度；

    5. 环境温度不应低于 0℃。

角焊缝最小焊脚尺寸   表 8-3-40

母材厚度 $t^{①}$	角焊缝最小焊脚尺寸 $h_f^{②}$	母材厚度 $t^{①}$	角焊缝最小焊脚尺寸 $h_f^{②}$
$t \leqslant 6$	$3^{③}$	$12 < t \leqslant 20$	6
$6 < t \leqslant 12$	5	$t > 20$	8

① 采用不预热的非低氢焊接方法进行焊接时，t 等于焊接接头中较厚件厚度，宜采用单道焊缝；采用预热的非低氢焊接方法或低氢焊接方法进行焊接时，t 等于焊接接头中较薄件厚度；

② 焊缝尺寸不要求超过焊接接头中较薄件厚度的情况除外；

③ 承受动荷载的角焊缝最小焊脚尺寸为 5mm。

单道焊最大焊缝尺寸   表 8-3-41

焊道类型	焊接位置	焊缝类型	焊 接 方 法		
			焊条电弧焊	气体保护焊和药芯焊丝自保护焊	单丝埋弧焊
根部焊道最大厚度	平焊	全部	10mm	10mm	—
	横焊		8mm	8mm	
	立焊		12mm	12mm	
	仰焊		8mm	8mm	
填充焊道最大厚度	全部	全部	5mm	6mm	6mm
单道角焊缝最大焊脚尺寸	平焊	角焊缝	10mm	12mm	12mm
	横焊		8mm	10mm	8mm
	立焊		12mm	12mm	—
	仰焊		8mm	8mm	

6) 免予评定的各类焊接节点构造形式、焊接坡口的形式和尺寸必须符合规范（GB 50661 第 5 章）要求，并应符合以下规定：

① 斜角角焊缝两面角 $\psi > 30°$；

② 管材相贯接头局部两面角 $\psi > 30°$。

7) 免予评定的结构荷载特性应为静载。

8) 焊丝直径不符合表 8-3-42 规定时，不得免予评定。

9) 当焊接工艺参数按表 8-3-42 和表 8-3-43 的规定值变化范围超过表 8-3-36 相应项目规定时，不得免予评定。

各种焊接方法免予评定的焊接工艺参数范围　　　　　　　表 8-3-42

焊接方法代号	焊条或焊丝型号	焊条或焊丝直径（mm）	电流（A）	电流极性	电压（V）	焊接速度（cm/min）
SMAW	EXX15 EXX16 EXX03	3.2	80～140	EXX15：直流反接 EXX16：交、直流 EXX03：交流	18～26	8～18
		4.0	110～210		20～27	10～20
		5.0	160～230		20～27	10～20
GMAW	ER-XX	1.2	打底 180～260 填充 220～320 盖面 220～280	直流反接	25～38	25～45
FCAW	EXX1T1	1.2	打底 160～260 填充 220～320 盖面 220～280	直流反接	25～38	30～55
SAW	HXXX	3.2	400～600	直流反接或交流	24～40	25～65
		4.0	450～700		24～40	
		5.0	500～800		34～40	

注：表中参数为平、横焊位置。立焊电流应比平、横焊减小 10%～15%。

拉弧式栓钉焊免予评定的焊接工艺参数范围　　　　　　　表 8-3-43

焊接方法代号	栓钉直径（mm）	电流（A）	电流极性	焊接时间（s）	提升高度（mm）	伸出长度（mm）
SW	13	900～1000	直流正接	0.7	1～3	3～4
	16	1200～1300		0.8		4～5

免予焊接工艺评定的钢结构焊接连接施焊作业时，其钢材表面及坡口处理、焊接材料的贮存及焊前烘干、引弧板及引出板、焊后处理、焊接环境、焊工资格等工艺要求仍应符合钢结构焊接及施工规范的相关要求。

8.3.1.6　焊接工艺

1. 焊接工艺通用规定（表 8-3-44）

焊接工艺通用规定

表 8-3-44

序号	焊接作业相关工作	焊接工艺通用要求	工艺规定
1	待焊表面处理	(1) 母材待焊表面和两侧不得有氧化皮、锈蚀、油污和水，也不得有裂纹、毛刺等缺陷；	坡口及两侧30mm范围内
		(2) 坡口加工或缺陷清除可采用机加工、热切割、碳弧气刨或打磨；热切割加工的坡口表面质量应符合现行行业标准《热切割 割质量和尺寸偏差》JB/T 10045.3 相关规定；	$\delta \leq 100$，割纹深度≥0.2; $\delta > 100$，割纹深度≥0.3; （δ：板厚，单位均为：mm）
		(3) 割纹深度超过规定值，以及坡口表面上的缺陷应采用机加工或打磨方法清除；	
		(4) 母材坡口表面切割缺陷需要进行焊接修补时，应制定修补焊接工艺并应记录存档；对于调制钢和承受动荷载需经疲劳验算的结构，上述修补工作应经监理工程师批准后方可实施。	可见夹层缺陷长度>25mm，缺陷深度≤6mm
		(5) 钢材轧制缺陷（图8-3-28）的检测和修复：	
		1) 坡口边缘有较长可见夹层缺陷，采用超声波检测其深度，深度较浅时用机械方法清除；	深度>6mm，但≤25mm；
		2) 当缺陷深度较深，但在一定范围内时（右列数值），机械方法清除后焊接修补填满；	深度>25mm
		3) 当缺陷面积或缺陷聚集面积较大时，应采用超声探伤方法测定其面积尺寸。当单个缺陷面积或缺陷聚集面积与切割钢材总面积的比值不超过限值，清除缺陷后焊接修补填满。当单个缺陷面积或缺陷聚集面积与切割钢材总面积的比值超过限值时则该钢板件不应使用。	$[(a \times d)/(B \times L)]100\% < 4\%$ 修补 $[(a \times d)/(B \times L)]100\% \geq 4\%$ 不可修补使用
		4) 钢板内部的夹层缺陷，符合规定①的情况下不应焊接修补；当缺陷情况符合②时，且边缘距离坡口较近时不需修补；	$b \geq 25$mm
		5) 钢板缺陷为裂纹时，则该钢板件不应使用	①$a > 50$mm，$d > 50$mm; ②$d > 50$mm 或总长>$B \times 20\%$
2	焊接材料的选用、贮存和烘干	(1) 焊接材料熔敷金属的力学性能不应低于相母材相应性能的下限值或母材标准的下限值或满足设计文件要求；	常用焊材配套见表8-3-46
		(2) 焊接材料的贮存所应干燥、通风良好；应由专人保管、烘干、发放和回收，并有详细记录；	
		(3) 焊条的保存和烘干要求：	
		1) 受潮的焊条其使用前按右列要求烘焙、烘干； ① 焊条使用前应按其使用说明或右列要求烘焙。烘焙温度不应超过规定温度的一半，烘焙时间以烘箱达到规定温度后开始计算。	温度100~150℃，时间1~2h
		2) 低氢型焊条 ② 烘干后的焊条应置于保温筒中存放使用。使用时置于保温筒中随用随取。	烘焙300~430℃，烘焙时间1~2h; 保温箱温度不低于120
		③ 烘干后的焊条不可在大气中久置。重新烘干次数不超过2次。用于Ⅲ、Ⅳ类钢材时在大气中不超过1次。	不超过4h; 用于Ⅲ、Ⅳ类钢材时，应<2h

续表

序号	焊接作业相关工作	焊接工艺通用要求	工艺规定
2	焊接材料的选用、贮存和烘干	(4) 焊剂烘干: 1) 使用前按生产厂家推荐参数烘焙。已受潮或结块的焊剂禁止使用; 2) 用于Ⅲ、Ⅳ类钢材焊接的焊剂烘干后,需限制在大气中放置时间;	不应超过4h
		(5) 焊丝和电渣焊的熔化或非熔化导管表面以及栓钉接端面应无油污、锈蚀;	
		(6) 栓钉焊瓷环保存时应有防潮措施,受潮的焊瓷环使用前应先行烘烤	温度120~150℃;时间1~2h
3	焊接接头的装配要求	(1) 组装后焊接坡口尺寸允许偏差	参见表8-3-45
		(2) 焊接头间隙,坡口中严禁填充焊条、焊条头、钢板条块、钢筋等代焊缝;	间隙<较薄板2倍且≥20mm
		(3) 坡口组装间隙超过允许偏差在右列数值范围内时,可在坡口单侧或两侧先行堆焊减小间隙;	
		(4) 对接焊缝边错边量不应超过表8-3-79的规定。超过右列数值时较厚部件应行平缓过渡	错边>3mm按>1:2.5坡度过渡
		(5) 角焊缝及部分焊透连接接头的丁形接头,两部件应密贴。根部间隙应≥5mm,否则应堆焊并修磨使间隙符合要求。无需堆焊时,角焊缝的焊脚尺寸可应按根部间隙尺寸予以调整、增加;	1.5mm<根部间隙<5mm
		(6) 搭接接头及塞焊、槽焊接头、槽焊以及焊材垫与母材间的连接接头。接触面之间间隙不可过大	接触面之间间隙>1.5mm
4	定位焊	(1) 定位焊与正式焊缝具有相同的焊接工艺、质量要求。由持正式焊工用正式焊缝所用焊材施焊;	
		(2) 定位焊缝最大焊缝厚度尺寸不宜超过设计焊缝厚度的2/3。定位焊缝最小尺寸见右列要求,应完全清除;	厚度<3mm,长度>40mm,间距宜为300~600mm
		(3) 采用钢衬垫的接头全坡口根部焊透,定位焊应在坡口内根部焊透;度;	预热温度高20~50℃
		(4) 对于要求疲劳验算的动力荷载结构,应根据结构特点和规范规定制定定位焊的预热温度高于正式焊施焊预热温度	
5	焊接环境	(1) 三种情况下严禁焊接:①焊接作业区的相对湿度大于90%;②焊件表面潮湿或暴露于雨、冰、雪中;③焊接作业条件不符合《焊接与切割安全》GB 9448的有关规定;	
		(2) 焊条电弧焊与自保护药芯焊丝电弧焊,其焊接作业区最大风速不宜超过8m/s,气体保护焊不宜超过2m/s	焊条及药芯8m/s,气保2m/s

续表

序号	焊接作业相关工作	焊接工艺通用要求	工艺规定
5	焊接环境	（3）低温环境施焊应有加热、防护措施，周围的母材温度不低于20℃或规定最低预热温度二者中较高值，且在焊接过程中不应低于此温度	焊接环境温度<0℃、<-10℃
		（4）极低环境温度下，必须进行相应焊接工艺评定合格后再进行焊接，并应在评定规程中进行焊接作业	焊接环境温度<-10℃
		（1）预热和道间温度应根据钢材的化学成分、接头的拘束状态、热输入大小、熔敷金属含氢水平及所采用的焊接方法等综合确定；	
		（2）常用钢材采用中等热输入焊接时，最低预热温度应符合含表8-3-46的要求；	
		（3）电渣焊和气电立焊在焊接环境温度为0℃以上时施焊不低于预热温度。板材较大时对引弧区域的母材不进行预热；	
6	预热和道间温度控制	（4）焊接过程中，最低道间温度不应低于预热温度。静载结构焊接与需进行疲劳验算的动载结构和调质钢焊接时的最大道间温度不同，见下侧；	板厚>60mm，预热温度<50℃　静载最大道间温度>250℃　动载和调质钢>230℃
		（5）预热及道间温度测量： 1）焊前预热及道间温度的保持，宜采用电加热和火焰加热，采用专用测温仪器测量； 2）预热的加热区域应在焊接坡口两侧各有一定宽度范围。预热温度在焊件受热面的背面测量，测量点应在火焰经过前的焊接点处，正面测温应在火焰离开加热区后进行；	宽度<1.5倍焊接板厚<100
		（6）Ⅲ、Ⅳ类钢材及调质钢的预热温度、道间温度应确定，应符合钢厂提供的指导性参数要求	
7	焊后消氢热处理	（1）消氢热处理在加热到要求温度后，按板厚每25mm<0.5h计算保温时长，达到保温时长后缓冷至常温；	250~350℃，总保温不少于1h
		（2）消氢热处理的加热和测温方法同本表序号6项第（5）条	
8	焊后消应力处理	（1）下列情况下宜采用电加热器局部退火和加热炉整体退火等方法进行消除应力。如仪为稳定结构尺寸，可采用振动法消除应力。工地安装焊缝宜采用锤击法消除应力	①设计或合同文件要求时； ②需经疲劳验算的动载结构中承受拉应力的对接接头； ③焊缝密集的节点或构件

续表

序号	焊接作业相关工作	焊接工艺通用要求	工艺规定
8	焊后消应力处理	（2）热处理标准和要求 1）焊后热处理应符合现行行业标准《碳钢、低合金钢焊接构件焊后热处理方法》规定	JB/T 6046
		2）采用电加热器进行局部消除应力热处理时尚应符合： ①使用有温度自动控制仪的加热设备，其加热和测温、控温性能符合使用要求； ②构件每侧面加热板（带）宽度应至少为钢板厚度的3倍，且不应小于200mm； ③加热板（带）以外构件两侧宜用保温材料覆盖	
		（3）用锤击法消除中间焊层应力时，应使用圆头小锤或小型振动工具；	根部焊缝、盖面焊缝或焊缝坡口边缘母材处不得锤击
		（4）振动法消应力时应符合现行行业标准《焊接构件振动时效工艺参数选择及技术要求》的规定	JB/T 10375
9	引弧板、引出板和衬垫	（1）引弧板及钢衬垫应使用合格钢材，强度不应大于被焊钢材强度，且应具有与被焊钢材相近的焊接性	
		（2）焊接接头端部应设置焊缝引弧板、引出板，使焊缝在其提供的延长段上引弧和终止。其长度应满足：焊条手工焊、气保焊>25mm 埋弧焊>80mm	
		（3）引出板的焊后不得用锤击落，宜采用火焰切割、碳弧气刨或机械方法，去除后将割口修磨至与焊缝端部平齐；	切割时不得伤及母材 严禁使用锤击去除
		（4）衬垫材质可采用金属、焊剂、纤维及陶瓷等	
		（5）钢衬垫使用要求 1）钢衬垫应与母材金属贴合紧密；	间隙≤1.5mm
		2）钢衬垫在整个焊缝长度内应保持连续；	焊条手工焊、气保焊≤4mm 埋弧焊≤6mm 电渣焊≤25mm
		3）钢衬垫应有足够厚度以防止烧穿；	
		4）应保证钢衬垫与焊缝金属熔合良好	

续表

序号	焊接作业相关工作	焊接工艺通用要求	工艺规定
		(1) 钢结构焊接时，采用的焊接工艺和焊接顺序应能使构件的变形和收缩量最小；	
		(2) 合理焊接顺序	
		1) 对接、T形和十字接头，在工作放置条件允许或易于翻转的情况下，宜双面对称焊接；有对称截面的构件，宜对称于中性轴焊接；有对称于节点件的节点，宜对称于节点轴线同时焊接；	尽可能对称焊接
		2) 非对称双面坡口焊缝，先在深坡口面完成部分焊层焊接，然后完成浅坡口面焊接。对特厚板宜增加轮流对称焊接的循环焊接次数。最后完成深坡口面填满焊接；	循环对称焊接
		3) 对长焊缝宜采用分段退焊法或多人对称焊接法；	分段退焊
		4) 宜采用跳焊法，避免工件局部热量集中。	跳焊
10	焊接变形控制	(3) 构件装配焊接时，先焊收缩量较大的接头，后焊收缩量小的接头；	
		(4) 对有较大收缩或角变形的接头，正式焊接前应采用预留焊接收缩量或反变形方法控制收缩和变形；	
		(5) 多组件构成的组合构件应采用分部组装焊接，矫正变形后再进行总装焊接；	
		(6) 对于焊缝分布相对于构件中性轴明显不对称的异形截面构件，在满足设计要求的条件下，可采用调整填充焊缝熔敷量或补偿加热的方法减小焊接变形影响；	
		(7) 对于一般构件可用定位焊固定同时限制变形；对大型、厚板构件宜用刚性固定法增加结构焊接时的刚性限制并减小变形。	
11	熔化焊缝缺陷返修	(1) 焊缝表面缺陷超过质量验收标准时，对气孔、夹渣、焊瘤、余高过大等缺陷应用砂轮打磨、钻、铣等机械方法去除，必要时进行焊补；对焊缝尺寸不足、咬边、弧坑等缺陷应进行焊补；	
		(2) 经无损检测确定的内部缺陷应进行返修、返修应符合以下规定：	
		1) 返修作业前应由施工企业编制完成返修方案；	
		2) 根据无损检测确定的缺陷位置和深度，用砂轮打磨或碳弧气刨清除缺陷。当缺陷为裂纹时，碳弧气刨清理前应在裂纹两端钻止裂孔，并清除裂纹及其母材；	裂纹两端先钻止裂孔，再清除裂纹及其两端各50mm
		3) 清除缺陷时刨槽四侧边应呈斜角，不大于10°的坡口，并应修整表面。必要时用渗透或磁粉探伤检查以确定裂纹是否彻底清除；	气刨后必须清除渗碳层

续表

序号	焊接作业相关工作	焊接工艺通用要求	工艺规定
11	熔化焊缝缺陷返修	4) 焊补时在坡口内引弧，熄弧应填满弧坑。多层焊的焊层之间接头应错开。焊缝长度应不小于100mm，长度超过500mm时应采用分段退焊法；	返修焊缝应连续焊接完成，不宜中断
		（2）经无损检测确定在超标焊缝内部存在超标缺陷时应进行返修，返修应符合以下规定 5) 返修焊缝应连续焊成，如中断焊接时，应采取后热和保温措施防止产生裂纹，再次焊接时宜用渗透或磁粉探伤方法检查，确认无裂纹发生后，方可继续补焊；	
		6) 焊接补修的预热温度应比相同条件下正常焊接的预热温度高，并应根据节点的实际情况确定是否采用超低氢型焊条焊接，焊后宜进行消氢处理（厚板宜消氢处理；	较正常焊接预热温度应提高30~50℃
		7) 焊缝返正，反面作为一个部位，同一部位返修不宜超过两次；	
		8) 同一部位返修两次仍不合格时，查明原因重新制定返修方案，经技术负责人审批并报监理工程师认可后方可实施；	
		9) 返修焊接应填施工返修报告记录及返修前后的无损检测报告，作为工程验收资料存档；	
	3) 碳弧气刨操作要求	1) 碳弧气刨工必须经过培训合格后方可上岗操作；	
		2) 发现"夹碳"时，应在夹碳边缘5~10mm处重新起刨。气刨深度应比夹碳处深2~3mm；发生"粘渣"时，用砂轮打磨；有无"夹碳"或"粘渣"，均应用砂轮打磨刨槽表面、去除淬硬层，可进行焊接	Ⅲ、Ⅳ类钢材及调质钢碳弧气刨后必须先去除淬硬层后方可进行焊接
12	焊件变形矫正	（1）焊接变形超标的构件应采用机械方法或局部加热的方法进行矫正；	
		（2）采用热矫正时，调质钢的矫正温度严禁超过其最高回火温度，其他供货状态的钢材的矫正温度不应超过800℃或钢厂推荐温度中的较低值；	
		（3）构件加热矫正后宜采用自然冷却；低合金钢在矫正温度高于650℃时严禁急冷	
13	焊缝清根	全焊透焊缝应从反面清根，清根后凹槽应形成不小于10℃的U形坡口	碳弧气刨清根应符合本表11（3）的规定

续表

序号	焊接作业相关工作	焊接工艺通用要求	工艺规定
14	临时焊缝	（1）临时焊缝的焊接工艺和质量要求应与正式焊缝相同。对其清除时不应损伤及母材，清除后应将焊缝修磨平整； （2）需经疲劳验算的动载结构中受拉部件或受拉区域严禁设置临时焊缝； （3）对于Ⅲ、Ⅳ类钢材、板厚大于60mm的Ⅰ、Ⅱ类钢材以及需经疲劳验算的动载结构，临时焊缝清除后，应采用磁粉或渗透探伤方法对母材表面检测，不允许存在裂纹等缺陷	
15	引弧和熄弧	（1）不应在焊缝区域外的母材上引弧和熄弧； （2）母材的电弧擦伤应打磨光滑、承受动载构件或Ⅲ、Ⅳ类钢材的擦伤处应采用磁粉或渗透探伤方法检测，不允许存在裂纹等缺陷	
16	电渣焊和气电立焊	（1）电渣焊和气电立焊的冷却水或垫块以及导管应满足焊接质量要求； （2）采用熔嘴电渣焊时，受潮的熔嘴应经过120℃约1.5h的烘焙后方可使用。药皮脱落、锈蚀和带有油污的熔嘴不得使用； （3）电渣焊和气电立焊在引弧和熄弧时可使用钢制或铜制引熄弧块。电渣焊使用的铜质引熄弧块。引弧块不应小于100mm，引弧槽的深度不应小于50mm。引弧槽的截面积应与正式电渣焊接头的截面积一致，可在引弧块的底部加人适当的碎焊丝（φ1mm×1mm）便于起弧； （4）电渣焊的焊丝应控制S、P含量，同时具有较高的脱氧元素含量； （5）电渣焊采用I形坡口时（图8-3-29），坡口间隙b与板厚t的关系应符合表8-3-47的规定； （6）电渣焊焊接过程中，可采用增加焊接电压的方法，调整渣池深度和宽度； （7）焊接过程中出现电弧中断或焊缝中存在缺陷，可钻孔清除已焊焊缝，重新进行焊接。必要时应刨开面板采用其他焊接方法进行局部焊补，返修后应采用按检测要求进行无损检测	

注：以上表列内容引自 GB 50661—2011《钢结构焊接规范》第7章及 JGJ 81—2002《建筑钢结构焊接技术规程》第6章相关内容。

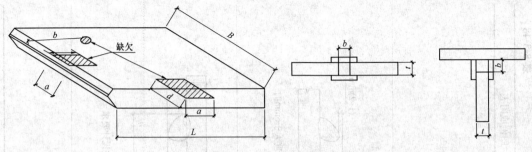

图 8-3-28　钢材轧制缺陷（夹层）　　　　　图 8-3-29　电渣焊 I 形坡口

坡口尺寸组装允许偏差　　　　　　　　　表 8-3-45

序号	项　目	背面不清根	背面清根
1	接头钝边	±2mm	—
2	无衬垫接头根部间隙	±2mm	+2mm −3mm
3	带衬垫接头根部间隙	+6mm −2mm	—
4	接头坡口角度	+10° −5°	+10° −5°
5	U 形和 J 形坡口 根部半径	+3mm −0mm	—

常用钢材最低预热温度要求（℃）　　　　　表 8-3-46

钢材类别	接头最厚部件的板厚 t（mm）				
	$t\leqslant20$	$20<t\leqslant40$	$40<t\leqslant60$	$60<t\leqslant80$	$t>80$
I [a]	—	—	40	50	80
II	—	20	60	80	100
III	20	60	80	100	120
IV [b]	20	80	100	120	150

注：1. 焊接热输入约为 15～25kJ/cm，当热输入每增大 5kJ/cm 时，预热温度可比表中温度降低 20℃；
　　2. 当采用非低氢焊接材料或焊接方法焊接时，预热温度应比表中规定的温度提高 20℃；
　　3. 当母材施焊处温度低于 0℃时，应根据焊接作业环境、钢材牌号及板厚的具体情况将表中预热温度适当增加，且应在焊接过程中保持这一最低道间温度；
　　4. 焊接接头板厚不同时，应按接头中较厚板的板厚选择最低预热温度和道间温度；
　　5. 焊接接头材质不同时，应按接头中较高强度、较高碳当量的钢材选择最低预热温度；
　　6. 本表不适用于供货状态为调质处理的钢材；控轧控冷（TMCP）钢最低预热温度可由试验确定；
　　7. "—"表示焊接环境在 0℃以上时，可不采取预热措施；
　　a. 铸钢除外，I 类钢材中的铸钢预热温度宜参照 II 类钢材的要求确定；
　　b. 仅限于 IV 类钢材中的 Q460、Q460GJ 钢。

电渣焊 I 形坡口间隙与板厚关系　　　　　表 8-3-47

母材厚度 t（mm）	坡口间隙 b（mm）
$t\leqslant32$	25
$32<t\leqslant45$	28
$t>45$	30～32

2. 保证接头性能、避免焊接缺陷的焊接工艺和构造要求及措施（表 8-3-48）

表 8-3-48

保证接头性能、避免焊接缺陷的焊接工艺和构造要求及措施

序号	项 目	措施及规定	图例或附表
1	避免焊接热输入过小引起热影响区金属硬、脆	角焊缝的最小计算长度应为其焊脚尺寸的 8 倍且不小于 40mm，最小焊脚尺寸按表 8-3-40。尺寸可 $t-1$mm；埋弧焊时最小焊脚尺寸≥25mm，宜采用局部开坡口的角焊缝透焊。附续角焊缝最小长度≮角焊缝最小计算长度	角焊缝最小焊脚尺寸表 8-3-40
2	避免焊接热输入过大引起热影响区过热脆化	角焊缝的焊脚尺寸不宜大于较薄焊件板厚的 1.2 倍；搭接角焊缝沿板边的最大焊脚尺寸应比边缘熔塌，当板厚≥6mm时为该板厚减 1~2mm	单道焊最大焊缝尺寸表 8-3-41 (a) 母材厚度小于6mm时　(b) 母材厚度大于6mm时 $(1～2)$mm
3	搭接接头角焊缝	(1) 传递轴向力的部件，其搭接接头最小搭接长度应为较薄部件厚度的 5 倍，且不应小于 25mm，并应施焊纵向或横向双角焊缝 (2) 型钢杆件搭接接头采用围焊时，在转角处应连续施焊。杆件端部搭接角焊缝做绕角焊时，绕焊长度不应小于焊脚尺寸的 2 倍，并应连续施焊	搭接接头双角焊缝；h_f—焊脚尺寸，按设计要求 $t-t_1$和t_2中较小者；≥5t且≥25mm

续表

序号	项 目	措施及规定	图例或附表
3	搭接接头角焊缝	(3) 只采用纵向角焊缝连接型钢杆件端部时，型钢杆件的宽度 W 不应大于 200mm，当 W 大于 200mm 时，应增加横向角焊缝或中间塞焊；型钢杆件每一侧的纵向角焊缝的长度 L 不应小于 W	纵向角焊缝的最小长度（受力方向，L，W）
		(4) 对于承受动载不需进行验算的构件，其端部搭接接头的纵向角焊缝长度不应小于两侧焊缝间的垂直间距 a，且在无塞焊、槽焊等其他措施时，a 不应大于较薄件厚度 t 的 16 倍，角焊缝的焊脚尺寸不得（严禁）小于 5mm	$L \geq a$ 承受动载不需进行疲劳验算时 构件端部纵向角焊缝长度及间距要求 a—不应大于 16t(中间有塞焊角焊缝或槽焊缝焊接时除外)
		(5) 用搭接焊缝传递荷载的套管接头可只焊一条角焊缝，其管材搭接长度 L 不应小于 5(t_1+t_2)且不应小于 25mm，搭接焊缝焊脚尺寸应符合设计要求	管材套管连接的搭接焊缝最小长度

续表

序号	项目	措施及规定	图例或附表
4	角焊缝尺寸的其他规定	(1) 角焊缝的最小计算长度应为其焊脚尺寸（h_f）的8倍，且不小于40mm。焊缝计算长度应为扣除引、收弧长度后的长度 (2) 角焊缝的有效面积应为焊缝计算长度与计算厚度（h_e）的乘积。对任何方向的荷载，角焊缝上的应力应视为作用在这一有效面积上 (3) 断续角焊缝焊端的最小计算长度不应小于25mm，宜采用开局部坡口的角焊缝 (4) 被焊构件中较薄板厚度不小于25mm时，宜采用 (5) 采用角焊焊接接头，不宜将厚板焊接到较薄板上	
5	塞焊与槽焊	(1) 塞焊和槽焊的有效面积应为贴合面上圆孔或槽孔的标称面积 (2) 塞焊焊缝的最小中心间距应为孔径的4倍，槽焊焊缝的纵向最小间距应为槽孔长度的2倍，垂直于槽孔长度方向的两排槽孔的最小间距应为槽孔宽度的4倍 (3) 塞焊孔的最小直径不得小于板厚加8mm，最大直径应为最小直径值加3mm和开孔板厚度的2.25倍两值中较大者。槽孔长度不应超过开孔板厚度的10倍，最小及最大槽宽规定与塞焊孔最小及最大直径规定相同 (4) 塞焊与槽焊的焊缝高度：当母材厚度不大于16mm时，与母材等厚；当母材厚度大于16mm时，不应小于母材厚度的一半和16mm两值中的较大者 (5) 塞焊与槽焊焊缝尺寸应根据贴合面上所受剪力计算确定	

续表

序号	项目	措施及规定	图例或附表
6	不同厚、宽度材料对接	(1) 不同厚度的板材或管材对接接头受拉时，其不作处理的厚度允许偏差应符合右侧表规定，当 (t_1-t_2) 超过表内规定时，应将对接板端加工成缓坡状过渡或焊接成斜坡状过渡，其坡度最大允许值为：1∶2.5 ①板材厚度不同时板端倒角缓坡 ②板材厚度不同时焊缝缓坡成形过渡 ③管材壁厚不同的焊缝过渡	不同厚度钢材对接的允许厚度差（mm） （图例见附图）

不同厚度钢材对接的允许厚度差（mm）

较薄钢材厚度 t_2	$5\leqslant t_2\leqslant 9$	$9<t_2\leqslant 12$	$t_2>12$
允许厚度差 t_1-t_2	2	3	4

焊前倒角 板材中心线对齐（特别适用于腹板） 板材偏心对齐（特别适用于翼缘板） 板材厚度不同加工成斜坡状

板材中心线对齐 板材偏心对齐 板材厚度不同焊成斜坡状

管材内径相同壁厚不同 管材外径相同壁厚不同

续表

序号	项 目	措施及规定	图例或附表
6	不同厚、宽度材料对接	(2) 不同宽度的板材对接时，应根据施工条件采用热切割、机械加工或砂轮打磨的方法使之平缓过渡，其连接处最大允许坡度值为 1：2.5	焊接位置焊缝 对接接头 板材宽度不同 $\frac{2.5}{1}$ $\frac{1}{2.5}$ 焊接位置焊缝
7	防止板材产生层状撕裂的节点构造，选用材和工艺措施	(1) 在丁形、十字形及角接头中，当翼缘板厚度不小于 20mm 时，应避免或减少使母材板厚方向受较大的焊接收缩应力，宜采取以下节点构造措施	①～⑦
		①在满足焊透深度要求和焊缝致密性条件下，宜采用较小的焊缝坡口角度及根部间隙	①
		②在角接接头中，宜采用对称坡口或偏向于侧板的坡口形式；	$(0.3{\sim}0.5)t$ ②

续表

序号	项　目	措施及规定	图例或附表
7	防止板材产生层状撕裂的节点构造、选材和工艺措施	③宜采用双面坡口对称焊接代替单面坡口非对称焊接；	
		④在T形或角接接头中，板厚方向承受焊接拉应力的板材端头宜伸出接头焊缝区；	
		⑤在T形、十字形接头中，宜采用铸钢或锻钢过渡段，以对接接头取代T形、十字形接头；	

续表

序号	项　目	措施及规定	图例或附表
7	防止板材产生层状撕裂的节点构造、选材和工艺措施	⑥宜改变厚板接头受力方向，以降低板厚方向的应力；	改善厚度方向焊接应力大小的措施
		⑦承受静荷载的节点，在满足接头强度计算要求的条件下，宜用部分焊透与角接组合焊缝代替全焊透坡口焊缝	采用部分焊透对接与角接组合焊缝代替全焊透坡口焊缝
		(2) 焊接结构中母材材料厚度方向上需承受较大焊接收缩应力时，应选用具有良好抗厚度方向性能的钢材	
		(3) T形、十字形、角接接头宜采用的焊接工艺和措施：①在满足接头强度要求的条件下，宜选用具有较好塑性、低强度匹配的焊材；②宜采用低氢或超低氢焊接材料和焊接方法焊接；③可采用塑性能较好的焊接材料，避免使用熔敷金属强度过高的焊材；③应采用合理的焊接顺序，减少焊接变形和焊接约束；十字接头、T形接头上先行焊接板表面上垫板材料在坡口内熔敷，减少收缩应力；十字接头的腹板厚度不同时，应先焊具有较大熔敷量和收缩量的接头；⑤在不产生附加应力的前提下，宜提高接头的焊前预热温度	

续表

序号	项目	措施及规定	图例或附表
8	承受动载的焊接构造	（1）承受动载需经疲劳验算时，严禁使用塞焊、槽焊、电渣焊和气电立焊接头。 （2）承受动载时，塞焊、槽焊、角焊、对接接头应符合以下规定： ①承受动载不需进行疲劳验算的构件，采用塞焊、槽焊时，孔或槽的边缘到构件边缘在垂直于应力方向上的间距不应小于此构件板厚的5倍，且不应小于孔或槽宽度的2倍； ②严禁采用断续坡口焊缝和断续角焊缝； ③对接与角接组合焊缝和T形接头的全焊透坡口焊缝应采用角焊缝加强，加强焊脚尺寸不应小于接头较薄件厚度的1/2，但最大值不得超过10mm； ④承受动载需经疲劳验算的接头，当拉力与焊缝轴线垂直时，严禁采用部分焊透对接焊缝、背面不清根的无衬垫焊缝； ⑤除横焊位置外，不宜采用L形和J形坡口； ⑥不同板厚的对接接头承受动载时，应按本表序号6规定做成平缓过渡 （3）承受动载构件的组焊节点形式： ①有对称横截面的部件组合节点，应以构件轴线对称布置焊缝，当应力分布不对称时应作相应调整； ②用多个部件组叠成构件时，应沿构件纵向采用连续焊缝连接； ③承受动荷载需经疲劳验算的桁架，其弦杆和腹杆应采用围焊，杆件焊缝与节点板的搭接焊缝同距不应小于50mm	$L>b$；$c \geqslant 2h_t$ $R \geqslant 60$ $\geqslant 30°$ $\geqslant 50$　$\geqslant 20$ 焊后磨成圆弧过渡 桁架竖杆、腹杆与节点板连接形式

续表

序号	项　目	措施及规定	图例或附表
8	承受动载的焊接构造	①实腹吊车梁横向加劲板与翼缘板之间的焊缝应避免与吊车梁纵向主焊缝交叉	实腹吊车梁横向加劲肋连接构造 $b_1 \approx \dfrac{b_3}{3}$ 且≤40mm； $b_2 \approx \dfrac{b_3}{2}$ 且≤60mm （a）支座加劲肋　（b）中间加劲肋
9	抗震结构框架梁柱与梁的刚性连接节点焊接	（1）梁的翼缘板与柱之间的对接与角接组合焊缝的加强焊脚尺寸应不小于翼缘板厚度的1/4，但≥10mm （2）梁的下翼缘板与柱之间宜采用L形或J形坡口无衬垫单面全焊透焊缝，并应在反面清根后底封焊成平缓过渡形状；采用L形坡口加衬垫单面全焊透焊缝时，焊接完成后应去除全部长度的衬垫及引弧板、引出板，打磨清除未熔合或夹渣等缺陷后，再封底焊成平缓过渡形状	

续表

序号	项目	措施及规定	图例或附表
9	抗震结构框架梁与柱的刚性连接节点焊接	（3）柱身及其与梁连接焊缝的引弧板、引出板、衬垫板： ①引弧板、引出板、衬垫板均应去除； ②去除梁翼缘板的引弧板、引出板时应将焊缝突出柱身焊缝边缘部分沿柱梁交接拐角处切割成圆弧过渡，且切割表面不得有大于1mm的缺棱； ③引弧板、引出板、衬垫板与构件的固定焊缝应焊在接头焊接坡口内和衬垫板上，不应在焊缝以外的母材上焊接定位焊缝 （4）梁柱连接处改梁腹板过焊孔。 ①腹板上过焊孔宜在腹板-翼缘板组合焊缝焊接完成后切除引弧板、引出板时一起加工，且应保证过焊孔圆滑过渡； ②下翼缘处腹板过焊孔高度应为腹板厚度且≮20mm，过焊孔边缘与下翼缘板相交处与柱-梁翼缘板焊缝搭合处间距应大于10mm，腹板翼缘板组合纵焊缝不应绕过过焊孔处的腹板厚度围焊； ③腹板厚度大于40mm时，过焊孔热切割表面应预热65℃以上，必要时可将切割削表面磨光后进行磁粉或渗透探伤，避免存在裂纹； ④不应采用堆焊方法封堵过焊孔。	不得在此定位焊 引弧板、引出板和垫板的固定焊缝位置示意

注：直接承受动力荷载重复作用的钢结构构件及其连接，当应力变化的循环次数 n 等于或大于 $5×10^4$ 次时，应进行疲劳计算。

3. 常用焊接方法工艺参数

(1) 手工焊条电弧焊 (SMAW)

1) 焊条使用前的烘烤要求 (表 8-3-49)

焊条的烘烤要求 表 8-3-49

焊条种类	焊条的烘烤要求
酸性焊条	1. 包装好、未受潮、储存时间短者, 可不烘烤; 2. 视受潮情况, 一般在 70～150℃烘箱中焙烘 1h
低氢碱性焊条	1. 使用前必须焙烘, 在 250～350℃温度下焙烘 1～2h, 然后放入低温烘箱保持恒温; 2. 对含氢量有特殊要求时, 在 400℃下烘烤 1～2h, 然后放入 80～100℃低温烘箱中, 随用随取; 3. 露天操作过夜的焊条, 按上述规定重新烘烤

注: 钛型焊条烘烤温度为 100～150℃, 烘烤时间按说明书规定。在 80℃条件下保温使用。

2) 焊条直径选择 (表 8-3-50)

焊条直径主要根据焊件厚度选择。多层焊的第一层以及非水平位置焊接时, 焊条直径宜选较小值。

焊条直径规格与焊接板厚匹配 表 8-3-50

母材厚度 (mm)	2	3	4～5	6～12	13～40	≥40
焊条直径 (mm)	2	3.2	3.2～4	4～5	4～6	4～8

3) 焊接电流选择

焊接电流主要根据焊条直径选择。方法有两种:

方法一: 查表选择 (表 8-3-51)

焊条焊接电流选择 表 8-3-51

焊条直径 (mm)	1.6	2.0	2.5	3.2	4.0	5.0	5.8
焊接电流 (A)	25～40	40～60	50～80	100～130	160～210	200～270	260～300

注: 立、仰、横焊电流应比平焊电流小 10% 左右。

方法二: 根据经验公式估算:

$$I = (30 \sim 55)\varphi$$

式中 φ——焊条直径 (mm);

I——焊接电流 (A)。

焊角焊缝时, 电流要稍大些。

打底焊时, 特别是焊接单面焊双面成形焊道时, 使用的焊接电流要小; 填充焊时, 通常用较大的焊接电流; 盖面焊时, 为防止咬边和获得较美观的焊缝, 使用的电流要稍小些。

碱性焊条选用的焊接电流比酸性焊条小 10% 左右。不锈钢焊条比碳钢焊条选用的电流小 20% 左右。

焊接电流初步选定后, 要通过试焊调整。

4) 焊接电弧电压

电弧电压主要取决于弧长，电弧长则电压高，反之则低。在焊接过程中一般要求弧长保持一致，并尽量使用短弧焊接。短弧是指弧长为焊条直径的 0.5~1 倍。

5）焊接工艺参数的选取

应在保证焊接质量的前提条件下，采用大直径焊条和大电流焊接，以提高焊接施工效率。

6）手工焊条电弧焊焊接工艺参数示例（表 8-3-52）

常用焊条电弧焊焊接工艺参数　　　　　　　　　　表 8-3-52

焊缝空间位置	焊缝断面图例	焊件厚度或焊脚尺寸 (mm)	第一层焊缝		以后各层焊缝		封底焊缝	
			焊条直径 (mm)	焊接电流 (A)	焊条直径 (mm)	焊接电流 (A)	焊条直径 (mm)	焊接电流 (A)
平对接焊缝		2	2	55~60			2	55~60
		2.5~3.5	3.2	90~120			3.2	90~120
		4.0~5.0	3.2	100~130			3.2	100~130
			4	160~200			4	160~210
			5	200~260			5	220~250
		5.6~6.0	4	160~210			3.2	100~130
			5	200~260			4	180~210
		>6.0	4	160~210	4	160~210	4	180~210
					5	220~280	5	220~260
		>12	4	160~210	4	160~210		
					5	220~280		
立对接焊缝		2	2	50~55			2	50~55
		2.5~4.0	3.2	80~110			3.2	80~110
		5.0~6.0	3.2	90~120			3.2	90~120
		7.0~10	3.2	90~120	4	120~160	3.2	90~120
			4	120~160				
		≥11	3.2	90~120	4	120~160	3.2	90~120
			4	120~160	5	160~200		
		12~18	3.2	90~120	4	120~160		
			4	120~160				
		≥19	3.2	90~120	4	120~160		
			4	120~160	5	160~200		

续表

焊缝空间位置	焊缝断面图例	焊件厚度或焊脚尺寸（mm）	第一层焊缝		以后各层焊缝		封底焊缝	
			焊条直径（mm）	焊接电流（A）	焊条直径（mm）	焊接电流（A）	焊条直径（mm）	焊接电流（A）
横对接焊缝		2	2	50~55			2	50~55
		2.5	3.2	80~110			3.2	80~110
		3.0~4.0	3.2	90~120			3.2	90~120
			4	120~160			4	120~160
		5.0~8.0	3.2	90~120	3.2	90~120	3.2	90~120
					4	140~160	4	120~160
		>9.0	3.2	90~120	3.2	90~120	3.2	90~120
			4	140~160	4	140~160	4	120~160
		14~18	3.2	90~120	4	140~160		
			4	140~160				
		>19	4	140~160	4	140~160		
仰对接焊缝		2					2	50~65
		2.5					3.2	80~110
		3.0~5.0					3.2	90~110
							4	120~160
		5.0~8.0	3.2	90~120	3.2	90~120		
					4	140~160		
		>9.0	3.2	90~120	4	140~160		
			4	140~160				
		12~18	3.2	90~120	4	140~160		
			4	140~160				
		>19	4	140~160	4	140~160		

续表

焊缝空间位置	焊缝断面图例	焊件厚度或焊脚尺寸(mm)	第一层焊缝 焊条直径(mm)	第一层焊缝 焊接电流(A)	以后各层焊缝 焊条直径(mm)	以后各层焊缝 焊接电流(A)	封底焊缝 焊条直径(mm)	封底焊缝 焊接电流(A)
平角接焊接		2	2	55~65				
		3	3.2	100~120				
		4	3.2	100~120				
		4	4	160~200				
		5.0~6.0	4	160~200				
		5.0~6.0	5	220~280				
		>7.0	4	160~200	5	220~280		
		>7.0	5	220~280				
		4	4	160~200	4	160~200	4	160~200
					5	220~280		
立角接焊接		2	2	50~60				
		3.0~4.0	3.2	90~120				
		5.0~8.0	3.2	90~120				
		5.0~8.0	4	120~160				
		9.0~12	3.2	90~120	4	120~160		
		9.0~12	4	120~160				
			3.2	90~120	4	120~160	3.2	90~120
			4	120~160				
仰角接焊接		2	2	50~60				
		3.0~4.0	3.2	90~120				
		5.0~6.0	4	120~160				
		>7.0	4	120~160	4	140~160		
			3.2	90~120	4	140~160	3.2	90~120
			4	140~160			4	140~160

（2）二氧化碳气体保护半自动焊常用焊接工艺参数（GMAW-CO$_2$）

1）焊丝直径根据待焊接板厚选择。为减少杂质含量应尽量选择直径较大的焊丝，见表 8-3-53。

二氧化碳气体保护焊焊丝直径选择（单位：mm）　　表 8-3-53

母材厚度	≤4	>4
焊丝直径	0.5～1.2	1.0～2.5

2）焊接电流和电弧电压的选择，见表 8-3-54。

CO_2 气保焊常用焊接电流和电弧电压范围　　表 8-3-54

焊丝直径（mm）	短路过渡		细颗粒过渡	
	电流（A）	电压（V）	电流（A）	电压（V）
0.5	30～60	16～18		
0.6	30～70	17～19		
0.8	50～100	18～21		
1.0	70～120	18～22		
1.2	90～150	19～23	160～400	25～38
1.6	140～200	20～24	200～500	26～40
2.0			200～500	27～40
2.5			300～700	28～42
3.0			500～800	32～44

注：最佳电弧电压有时具有 1～2V 之差，要仔细调整。

3）典型短路过渡焊接工艺参数，见表 8-3-55。

CO_2 气保焊不同直径焊丝典型短路过渡焊接工艺参数　　表 8-3-55

焊丝直径（mm）	0.8	1.2	1.6
焊接电流（A）	100～110	120～135	140～180
电弧电压（V）	18	19	20

4）细颗粒过渡的电流下限值及电弧电压，见表 8-3-56。

CO_2 气保焊不同直径焊丝细颗粒过渡焊接电流下限值及电弧电压范围　　表 8-3-56

焊丝直径（mm）	1.2	1.6	2.0	3.0	4.0
焊接电流（A）	300	400	500	650	750
电弧电压（V）			34～45		

5）直径 1.6mm 焊丝二氧化碳半自动焊常用工艺参数，见表 8-3-57。

直径 1.6mm 焊丝 CO_2 气保半自动焊常用工艺参数　　表 8-3-57

熔滴过渡形式	焊接电流（A）	电弧电压（V）	气体流量（L/min）	适用范围
短路过渡	160	22	15～20	全位置焊
细颗粒过渡	400	39	20	平焊

6）半自动焊时，焊速不超过 0.5m/min。

7）二氧化碳气体保护焊电源必须采用直流反接。

8）二氧化碳气体保护焊焊接工艺参数示例：

① 二氧化碳气体保护焊全熔透对接接头的常用焊接工艺参数，见表8-3-58。

CO₂气体保护焊全熔透对接接头常用焊接工艺参数　　表 8-3-58

板厚 (mm)	焊丝直径 (mm)	接头形式	装配间隙 (mm)	层数	焊接电流 (A)	电弧电压 (V)	焊接速度 (m/min)	焊丝外伸长 (mm)	气体流量 (L/min)	备注
6	1.2		1.0~1.5	1	270	27	0.55	12~14	10~15	d 为焊丝直径
	1.6		1	1	400~430	36~38	0.80~0.83	16~22	15~20	
	1.2		0~1	2	190 / 210	19 / 30	0.25	15	15	
	2.0		1.6~2.2	1~2	280~300	28~30	0.30~0.37	10d 但不大于40	16~18	
8	1.2	40° 1~1.5	1~1.5 / 1	2 / 2	120~130 130~140 / 350~380 400~430	26~27 28~30 / 35~37 36~38	0.3~0.5 0.4~0.5 / 0.7	12~40 / 16~22	20 / 20~25	
	1.6									用铜垫板，单面焊双面成型 采用陡降外特性
	1.6	100° 3	1.9~2.2	2	450	41	0.48	10d 但不大于40	16~18	
	2.0		1.9~2.2	2	350~360	34~36	0.40	10d 但不大于40	16	
8	2.0		1.9~2.2	3	400~420	34~36	0.45~0.5	10d 但不大于40	16~18	采用陡降外特性
	2.0	100° 3	1.9~2.2	1	450~460	35~36	0.40~0.47	10d 但不大于40	16~18	用铜垫板，单面焊双面成型
	2.5	100° 3	1.9~2.2	1	600~650	41~43	0.40	10d 但不大于40	20	用铜垫板，单面焊双面成型
9	1.6		1.0	1	420 / 340	38 / 33.5	0.50	16~22	20	
	1.6		0~1.5	2	360	34	0.45	15	20	

板厚(mm)	焊丝直径(mm)	接头形式	装配间隙(mm)	层数	焊接电流(A)	电弧电压(V)	焊接速度(m/min)	焊丝外伸长(mm)	气体流量(L/min)	备注
10	1.2		1~1.5	2	130~140 280~300 300~320	20~30 30~33 37~39	0.3~0.5 0.25~0.30 0.70~0.82	15	20	V形坡口
	1.2			2	300~320	37~39	0.70~0.82	15	20	X形坡口
	2.0				600~650	37~38	0.60	10d但不大于40	20	采用陡降外特性
12	1.2			2	310 330	32 33	0.5	15	20	
	1.6		0~1.5	2	400~430	36~38	0.70	16~22	20~26.7	自动或半自动焊均可
	2.0		1.8~2.2	2	280~300	20~30	0.27~0.33	10d但不大于40	18~20	
16	1.2			3	120~140 300~340 300~340	25~27 33~35 35~37	0.40~0.50 0.30~0.40 0.20~0.30	15	20	V形坡口
	1.6			2	410 430	34.5 36	0.27 0.45	20	20	X形坡口
	1.2			4	140~160 260~280 270~290 270~290	24~26 31~33 34~36 34~36	0.20~0.30 0.33~0.40 0.50~0.60 0.40~0.50	15	20	无钝边
	1.6			4	400~430 400~430	36~38 36~38	0.50~0.60 0.50~0.60	16~22	25	

板厚(mm)	焊丝直径(mm)	接头形式	装配间隙(mm)	层数	焊接参数					备注
					焊接电流(A)	电弧电压(V)	焊接速度(m/min)	焊丝外伸长(mm)	气体流量(L/min)	
20	1.2	50° (4,3,2,1)		4	120~140 300~340 300~340 300~340	25~27 33~35 33~35 33~37	0.40~0.50 0.30~0.40 0.30~0.40 0.12~0.15	15	25	
20	1.2	40° (2,1,3,4) 40°		4	140~160 260~280 300~320 300~320	24~26 31~33 35~37 35~37	0.25~0.30 0.45 0.40~0.50 0.40	15	20	
20	1.6	45° (2,1,3,4) 45°	0~2.1	4	400~430	36~38	0.35~0.45	16~22	26.7	
	2 2.5	60° 60°	0~2.1	2	440~460	30~32	0.27~0.35	20~30	21.7	
22	2.0	70°~80° 70°~80°			360~400	38~40	0.40	10d但不大于40	16~18	双面面层堆焊
25	1.6	60° 60°		2	480 500	38 39	0.3	20	25	
	2 2.5	60° 60°	0~2.0	4	420~440	30~32	0.27~0.35	20~30	21.7	
32	2.5	70°~80° 70°~80°			600~650	41~43	0.40	10d但不大于40	20	双面面层堆焊,材质16Mn
40以上	2 2.5	16° 16°	0~2.0	10层以上	440~500	30~32	0.27~0.35	20~30	21.8 21.7	U形坡口

② 二氧化碳气体保护焊 T 形及搭接接头角焊缝常用焊接工艺参数，见表 8-3-59。

CO_2 气体保护焊 T 形及搭接接头贴角焊常用焊接工艺参数 表 8-3-59

接头形式	板厚 (mm)	焊丝直径 (mm)	焊接参数				焊脚尺寸 (mm)	焊丝对中位置	备注
			焊接电流 (A)	电弧电压 (V)	焊接速度 (m/min)	气体流量 (L/min)			
	1.6	0.8~1.0	90	19	0.50	10~15	3.0		
	2.3	1.0~1.2	120	20	0.50	10~15	3.0		
	3.2	1.0~1.2	140	20.5	0.50	10~15	3.5		
	4.5	1.0~1.2	160	21	0.45	10~15	4.0		
	≥5	1.6	260~280	27~29	0.33~0.43	16~18	5~6		焊1层
	≥5	2.0	280~300	28~30	0.43~0.47	16~18	5~6		焊1层
水平角焊	6	1.2	230	23	0.55	10~15	6.0		
	6	1.6	300~320	37.5		20	5.0		
	6	1.6	340	34		20	5.0		
	6	1.6	360	39~40	0.58	20	5.0		
	6	2.0	340~350	35		20	5.0		
	8	1.6	390~400	41		20~25	6.0		
	12.0	1.2	290	28	0.50	10~15	7.0		
	12.0	1.6	360	36	0.45	20	8.0		
	1.2	0.8~1.2	90	19	0.5	10~15		1	
	1.6	1.0~1.2	120	19	0.5	10~15		1	
	2.3	1.0~1.2	130	20	0.5	10~15		1	
	3.2	1.0~1.2	160	21	0.5	10~15		2	
搭接角焊	4.5	1.2	210	22	0.5	10~15		2	
	6.0	1.2	270	26	0.5	10~15		2	
	8.0	1.2	320	32	0.5	10~15		2	

（3）陶瓷衬垫二氧化碳气体保护焊

使用陶瓷衬垫替代钢衬垫板不仅节约钢材，且焊接后去除方便，节省人工提高效率，不会发生因切割去除作业引起的伤及母材现象，是应当予以推广的绿色环保焊接施工技术一。见图 8-3-30 和表 8-3-60。

CO_2 陶瓷衬垫单面焊打底层焊接规范 表 8-3-60

焊缝位置	焊丝直径 (mm)	焊接电流 (A)	焊接电压 (V)	焊接速度 (mm/min)	CO_2 气体流量 (L/min)
平焊	1.2	200~250	20~24	8~12	15~20
	1.6	300~350	25~30	15~20	20~25

续表

焊缝位置	焊丝直径 (mm)	焊接电流 (A)	焊接电压 (V)	焊接速度 (mm/min)	CO_2 气体流量 (L/min)
立焊	1.2	120~150	18~20	6~8	15~20
	1.4	150~180	20~22	10~12	20~25
横焊	1.2	170~200	25~28	13~15	15~20
	1.4	180~220	26~30	16~18	20~25

注: 1. 表中焊丝直径 1.4mm, 为药芯焊丝。

2. 表中是打底焊规范, 以后各层与一般 CO_2 焊相似。

3. 操作关键是第一层打底焊, 要防止反面下垂过多, 存有夹渣和未焊透, 最佳成形如下图所示。

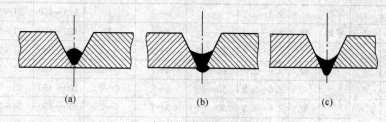

打底焊的不同形状

(a) 上凸过高; (b) 最佳成形; (c) 下垂过多

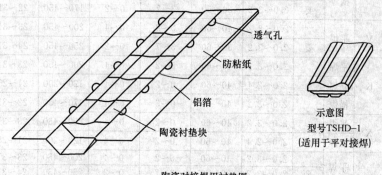

陶瓷对接焊用衬垫图

示意图
型号TSHD-1
(适用于平对接焊)

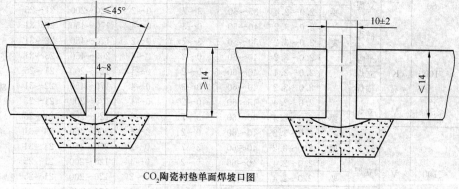

CO_2陶瓷衬垫单面焊坡口图

图 8-3-30 陶瓷衬垫及使用陶瓷衬垫对接坡口示意图

（4）药芯焊丝自保护焊焊接工艺参数（FCAW-SS）

气体保护焊抗风能力差，二氧化碳气体保护焊在风速达到 2m/s（二级风）以上时就必须采取可靠的防风措施，而药芯焊丝自保护焊无需使用保护气体，可在风速达 8~11m/s（四~五级风）的环境条件下施焊，因而更适应施工现场条件，同时由于无需 CO_2 气管，焊炬更轻便。药芯焊丝自保护焊不易出现咬边缺陷，熔敷效率高于手工电弧焊。见表8-3-61、表8-3-62。

药芯焊丝自保护焊焊接标准参数　　　　　　　　表 8-3-61

接头形式	板厚 (mm)	坡口形状	焊接姿势	衬板	焊丝直径 (mm)	角度 α (°)	间隙 C (mm)	留根 P (mm)	焊接电流 (A)	电弧电压 (V)	干伸长 (mm)
对接接头	3.2~12	1	平焊		2.3~3.2	—	0~3	1	120~450	21~31	
	<9	1	平焊	要	2.0~3.2	—	0~3	1	120~450	21~31	
	<50	V	立焊		2.0~2.4	45~60	0~2	0~4	120~200	21~25	
				要	2.0~2.4	40~60	3~7	0~2	120~200	21~25	
	<60	V	平焊		2.0~3.2	40~60	0~2	0~4	200~450	23~31	
				要	2.0~3.2	30~60	3~7	0~2	250~450	24~31	
		V	立焊		2.0~2.4	40~60	0~2	0~4	120~200	21~25	
				要	2.0~2.4	35~60	3~7	0~2	120~200	21~25	
		V	横焊		2.0~3.2	40~50	0~3	0~4	170~450	22~31	30~50
				要	2.0~3.2	30~50	3~7	0~2	170~450	22~31	
		V	平焊		2.0~2.4	40~60	0~2	0~4	200~450	23~31	
				要	2.0~3.2	30~60	3~7	0~2	250~450	24~31	
	<100	K	平焊		2.0~3.2	40~60	0~3	0~4	200~450	23~31	
			立焊		2.0~2.4	40~60	0~3	0~4	120~200	21~25	
			横焊		2.0~3.2	40~60	0~3	0~4	170~450	22~31	
		X	平焊		2.0~3.2	40~60	0~2	0~4	200~450	23~31	
			立焊		2.0~2.4	40~60	0~2	0~4	120~200	21~25	
T 形接头	<60	V	平焊		2.0~3.2	40~60	0~2	0~4	200~450	23~31	
				要	2.0~3.2	30~60	3~7	0~2	250~450	24~31	
		V	立焊		2.0~2.4	40~60	0~2	0~4	120~200	21~25	
				要	2.0~2.4	35~60	3~7	0~2	120~200	21~25	
		V	横焊		2.0~3.2	40~60	0~3	0~4	170~450	22~31	
				要	2.0~3.2	30~50	3~7	0~2	170~450	22~31	
	<100	K	平焊		2.0~3.2	40~60	0~3	0~4	200~450	23~31	30~50
			立焊		2.0~2.4	40~60	0~3	0~4	120~200	21~25	
			横焊		2.0~3.2	40~60	0~3	0~4	170~450	22~31	
角接接头	<50	V	立焊		2.0~2.4	45~60	0~2	0~4	120~200	21~25	
				要	2.0~2.4	40~60	3~7	0~2	120~200	21~25	
	<100	V	平焊		2.0~3.2	40~60	0~2	0~4	200~450	23~31	
				要	2.0~3.2	40~60	3~7	0~2	250~450	24~31	
		V	立焊		2.0~2.4	40~60	0~2	0~4	120~200	21~25	
				要	2.0~2.4	40~60	3~7	0~2	120~200	21~25	
		V	横焊		2.0~3.2	40~50	0~3	0~4	170~450	22~31	
				要	2.0~3.2	30~50	3~7	0~2	170~450	22~31	

注：此表摘自日本《建筑铁骨工事施工指针》自保护焊接标准参数，供参考。

药芯焊丝自保护焊焊接工艺参数　　　　　表 8-3-62

焊接位置	焊脚高（mm）	焊丝直径（mm）	焊接电流（A）	电弧电压（V）	焊接速度（mm/min）	干伸长（mm）
水平角焊	6	2.4	270	29	30	30～50
		3.2	350	26	35	30～50
	7	2.4	300	30	27	30～50
		3.2	380	28	30	30～50
	8	3.2	430	29	28	30～50
向下角焊	6	2.4	270	29	33	30～50
		3.2	350	27	35	30～50
	7	2.4	300	30	27	30～50
		3.2	380	29	30	30～50
	8	3.2	430	30	30	30～50
	9	3.2	450	31	30	30～50
	10	3.2	450	31	20	30～50

注：此表摘自日本《建筑铁骨工事施工指标》自保护焊焊接规范，供参考。

（5）埋弧自动焊焊接工艺参数（SAW）

1）埋弧自动焊工艺参数选择：

① 焊丝直径选择，见表 8-3-63。

埋弧自动焊不同直径焊丝适用的焊接电流范围　　　　　表 8-3-63

焊丝直径（mm）	2	3	4	5	6
电流密度（A/mm²）	63～125	50～85	40～63	35～50	28～42
焊接电流（A）	200～400	350～600	500～800	700～1000	820～1200

② 电弧电压确定，见表 8-3-64。

埋弧自动焊电弧电压与焊接电流的配合　　　　　表 8-3-64

焊接电流（A）	600～700	700～850	850～1000	1000～1200
电弧电压（V）	36～38	38～40	40～42	42～44

注：焊丝直径 5mm，交流。

2）埋弧自动焊常用焊接工艺参数示例，见表 8-3-65～表 8-3-70。

Ⅰ形坡口（不开坡口留间隙）双面埋弧自动焊工艺参数　　　　　表 8-3-65

焊件厚度（mm）	装配空隙（mm）	焊接电流（A）	焊接电压（V）		焊接速度（m/h）
			交流	直流反接	
10～12	2～3	750～800	34～36	32～34	32
14～16	3～4	775～825	34～36	32～34	30
18～20	4～5	800～850	36～40	34～36	25
22～24	4～5	850～900	38～42	36～38	23
26～28	5～6	900～950	38～42	36～38	20
30～32	6～7	950～1000	40～44	38～40	16

注：1. 焊剂 431，焊丝直径 5mm。

　　2. 两面采用同一工艺参数，第一次在焊剂垫上施焊。

对接接头埋弧自动焊焊接工艺　　　　　　　　　　表 8-3-66

板厚(mm)	焊丝直径(mm)	接头形式	焊接顺序	焊接参数 焊接电源(A)	电弧电压(V)	焊接速度(m/min)
8	4		正	440～480	30	0.50
			反	480～530	31	
10	4		正	530～570	31	0.63
			反	590～640	33	
12	4		正	620～660	35	0.42
			反	680～720		0.41
14	5		正	830～850	36～38	0.42
			反	600～620	35～38	0.75
16	4		正	530～570	31	0.63
			反	590～640	33	
	5		正	620～660	35	0.42
			反	680～720		0.41
18	5		正	850	36～38	0.42
			反	800		0.50
20	4 5		正 反 正 反	780～820 700～750	29～32 36～38	0.33 0.46
20	6		正	925	36	0.45
			反	850	38	
22	6		正	1000	38～40	0.40
			反	900～950	37～39	0.62

续表

板厚 (mm)	焊丝直径 (mm)	接头形式	焊接顺序	焊接参数		
				焊接电源 (A)	电弧电压 (V)	焊接速度 (m/min)
24	4		正 反	700～720 700～750	36～38	0.33
	5		正 反	800 900	34 38	0.3 0.27
28	4		正 反	825	30～32	0.27
30	4		正 反	750～800 800～850	36～38	0.30
	6		正 反	800 850～900	36	0.25

厚壁多层对接埋弧焊工艺参数　　　　表 8-3-67

接头形式	焊丝直径 (mm)	焊接电流 (A)	电弧电压（V）		焊接速度 (m/min)
			交流	直流	
	4	600～710	36～38	34～36	0.4～0.5
	5	700～800	38～42	36～40	0.45～0.55

搭接接头埋弧自动焊工艺参数　　　　　　　　　　　　表 8-3-68

板厚（mm）	焊脚（mm）	焊丝直径（mm）	焊接参数			a（mm）	α（°）	简　图
			焊接电流（A）	电弧电压（V）	焊接速度（m/min）			
6		4	530	32～34	0.75	0	55～60	
8	7	4	650	32～34	0.75	1.5～2.0	55～60	
10	7	4	600	32～34	0.75	1.5～2.0	55～60	
12	6	5	780	32～35	1	1.5～2.0	55～60	

T 形接头单道埋弧自动焊工艺参数　　　　　　　　　　表 8-3-69

焊脚（mm）	焊丝直径（mm）	焊接电流（A）	电弧电压（V）	焊接速度（m/min）	送丝速度（m/min）	a（mm）	b（mm）	α（°）	简　图
6	4～5	600～650	30～32	0.7	0.67～0.77	2～2.5	≤1.0	60	
8	4～5	650～770	30～32	0.42	0.67～0.83	2.0～3.0	1.5～2.0	60	

船形位置 T 形接头单道埋弧自动焊工艺参数　　　　　　表 8-3-70

焊脚（mm）	焊丝直径（mm）	焊接电流（A）	电弧电压（V）	焊接速度（m/min）	送丝速度（m/min）
6	5	600～700	34～36		0.77～0.83
8	4	675～700	34～36	0.33	1.83
	5	700～750	34～36	0.42	0.83～0.92
10	4	725～750	33～35	0.27	2.0
	5	750～800	34～36	0.3	0.9～1

（6）熔嘴电渣焊焊接工艺参数（ESW-N）

1）作业前准备

① 熔嘴电渣焊不允许露天作业，当环境温度低于 0℃，相对湿度大于或等于 90％，不得施焊；

② 焊接区应保持干燥，不得有油污、锈及其他污物；构件的组装装配最大间隙应小于 1mm，间隙过大时应进行修整，合格后方可施焊；

③ 焊剂不得受潮结块。焊剂使用前按产品说明书规定的烘焙时间和温度进行烘焙，烘干温度一般为 250℃，时间 2h；熔嘴孔内受潮、生锈或沾有污物时不得使用。熔嘴不应有明显锈蚀和弯曲，使用前在 250℃下烘干 1h，在 80℃左右存放待用；焊丝应盘绕紧密，无硬碎弯、锈蚀和油污。焊丝盘上的焊丝量不得少于焊接一条焊缝所需焊丝量；

④ 保证电源的供应和稳定性，避免焊接中途断电和电压波动过大。

2）工艺参数选择及工艺要点

① 平均焊接电流可按以下经验公式计算选择：$I = K \cdot F$　式中 F 为管状熔嘴截面积

（mm^2），K 为比例系数，一般取 $5\sim7$，I 为焊接电流（A）；

② 焊接速度可在 $1.5\sim3m/h$ 范围内选取。常用送丝速度为 $200\sim300m/h$，造渣过程中取 $200m/h$ 为宜。渣池深度通常为 $35\sim55mm$；见表 8-3-71、表 8-3-72；

对接接头熔化嘴电渣焊工艺参数 表 8-3-71

板厚 l (mm)	坡口形状	焊丝直径 (mm)	熔化嘴外径 (mm)	G (mm)	焊接电流 (A)	焊接电压 (V)	焊接速度 (cm/min)	焊接顺序	备 注
20		2.4，3.2	10	20~25	400~450	32~42	2.0~3.1	—	
25		2.4，3.2	10，12	20~25	420~460	36~44	1.8~2.8	—	
30		2.4，3.2	10，12	20~25	430~490	38~46	1.6~2.4	—	
40		2.4，3.2	10，12	25~28	430~520	36~46	1.3~1.65	—	
50		2.4，3.2	10，12	25~28	430~550	38~46	1.0~1.44	—	
60		2.4，3.2	10，12	25~28	480~550	38~46	1.0~1.21	—	
80		2.4，3.2	10，12	25~28	430~520	38~46	1.2~1.7	—	为日本标准焊接规范，供参考选择
100		2.4，3.2	10，12	25~30	450~550	38~46	0.95~1.5	—	
100		2.4，3.2	10，12	25~35	450~550	42~48	1.1~1.4	1层	
		2.4，3.2	10，12	25~35	420~550	45~52	1.0~1.4	2层	

③ 焊接过程中应随时检查焊件的温度，一般在 800℃（樱红色）以上时熔合良好，当不足 800℃ 时，应调整焊接工艺参数，适当增加渣池内总热量；

④ 当焊件板厚小于 16mm 时，应在焊件外部安装铜散热板或循环水散热器；

⑤ 对于箱形构件内同一隔板两端的电渣焊应同时施焊。

T 形接头熔化嘴电渣焊工艺参数 表 8-3-72

板厚 l (mm)	坡口形状	焊丝直径 (mm)	熔化嘴外径 (mm)	衬板 t	衬板 W (mm)	坡口间隙 G (mm)	焊接电流 (A)	焊接电压 (V)	焊接速度 (cm/min)	焊接顺序	备 注
20		2.4，3.2	10	19	45	20~25	350~420	32~40	1.5~2.7	—	为日本标准焊接规范，供参考选择
25		2.4，3.2	10，12	19	45	20~25	380~460	32~40	1.5~2.1	—	
30		2.4，3.2	10，12	22	45	20~25	400~480	32~42	1.4~1.9	—	
40		2.4，3.2	10，12	22	50	25~28	420~500	36~44	1.2~1.5	—	
50		2.4，3.2	10，12	25	50	25~28	450~550	40~46	1.1~1.4	—	
60		2.4，3.2	10，12	25	50	25~28	480~600	40~46	1.0~1.4	—	

续表

板厚 l (mm)	坡口形状	焊丝直径 (mm)	熔化嘴外径 (mm)	衬板 t (mm)	衬板 W (mm)	坡口间隙 G (mm)	焊接电流 (A)	焊接电压 (V)	焊接速度 (cm/min)	焊接顺序	备注
80		2.4, 3.2	10, 12	28	50	25~28	420~500	38~42	1.2~1.6	—	为日本标准焊接规范，供参考选择
100		2.4, 3.2	10, 12	32	50	25~30	450~550	40~46	1.2~1.6	—	
120		2.4, 3.2	10, 12	28	50	25~30	450~550	42~48	1.1~1.4	—	
		2.4, 3.2	10, 12	—	—	25~30	450~500	45~52	1.0~1.4	—	

（7）栓钉焊接工艺参数，见表 8-3-73。

栓焊工艺参数参考 表 8-3-73

焊接形式	焊接电流 (A)	栓焊时间 (s)	栓钉伸出长度 (mm)	栓钉直径 (mm)	栓钉提升高度 (mm)	阻尼调整位置	压型钢板厚度 (mm)	压型钢板间隙 (mm)	压型钢板层次
普通焊	950	0.7	4	φ13	2.0	适中	—	—	—
	1250	0.8	5	φ16	2.5	适中	—	—	—
	1500	1.0	5	φ19	2.5	适中	—	—	—
	1800	1.2	6	φ22	3.0	适中	—	—	—
穿透焊	150	1.0	7~8	φ16	3.0	适中	1.0	<1.0	1~2
	1800	1.2	7~9	φ19	3.0	适中	1.0	<1.0	1

注：焊接时应保持焊枪与工作垂直，直至焊接金属凝固。

4. 常见焊接缺陷及其成因和处理方法

焊缝发生缺陷时，必须进行修补或返修。修补焊缝时必须把焊缝缺陷清除掉，并用正式焊缝的工艺要求进行焊接，用同样的方法对修补后的焊缝进行质量检查。如检查仍有缺陷，允许第二次修补。一条焊缝修补不得超过两次，否则应更换母材。

焊缝缺陷修补前应查明缺陷产生原因，排除产生焊接缺陷的不利因素后进行修补焊接，尤其对于通过一次修补后仍有超标缺陷的情况，更应仔细找出产生缺陷的真正关键原因，制定修补工艺方案，调整焊接工艺参数进行修补作业。修补工艺方案、焊接工艺参数、检查记录等均需留档，归入工程验收资料。

8.3.1.7 焊接质量检验

钢结构焊接质量检验是钢结构工程的重要质量管理工作，是保证工程质量满足设计和使用要求、符合规范规定且品质优良的重要手段。焊接质量检验工作是贯穿焊接施工作业全过程的，通过对焊接施工作业从工艺参数选择确定到实施各环节、工序的工作和实物质量检查与验收，必要时及时调整工艺参数，消除不利影响因素，使焊接作业始终处于受控状态，最终获得良好的验收成果。

1. 焊接质量检验的一般规定

（1）焊接质量检验工作分为两类，分别是由施工单位具有相应资质的专门检测人员或施工单位委托的专业检测机构进行的自检，由业主（建设单位）或其代表委托具有相应检验资质的独立第三方检测机构进行的监检；

（2）焊接施工各阶段的检验工作项目及实施分工见表 8-3-74；

焊接施工各阶段的检验工作项目及实施分工　　　　表 8-3-74

施工阶段	检验项目	检验实施单位		
		施工单位	监理	监检单位
焊接作业前	① 按设计文件和相关标准的要求对工程中所用的钢材、焊接材料的规格、型号（牌号）、材质、外观及质量证明文件进行确认	●	●	
	② 拟上岗焊工合格证、有效期及认可范围确认	●	●	○
	③ 焊接工艺技术文件及操作规程审查	●	●	
	④ 坡口形式、尺寸及表面质量检查	●	○	
	⑤ 组对后构件的形状、位置、错边量、角变形、间隙等检查	●	○	
	⑥ 焊接环境、焊接设备等条件确认	●	○	
	⑦ 定位焊缝的尺寸及质量认可	●	○	
	⑧ 焊接材料的烘干、保存及领用情况检查	●	○	
	⑨ 引弧板、引出板和衬垫板的装配质量检查	●	○	
焊接作业中	① 实际采用的焊接电流、焊接电压、焊接速度、预热温度、层间（道间）温度及后热温度和时间等焊接工艺参数与焊接工艺文件的符号性检查	●	○	○
	② 多层多道焊焊道缺欠的处理情况确认	●	○	
	③采用双面焊清根的焊缝，应在清根后进行外观检查及规定的无损检测	●	○	
	④ 多层多道焊中焊层、焊道的布置及焊接顺序等检查	●	○	
焊接作业后	① 焊缝的外观质量与外形尺寸检查	●	○	○
	② 焊缝的无损检测	●	○	●
	③ 焊接工艺规程记录及检验报告审查	●	●	○

注：表中●符号表示全面检查和审查，对于监测单位——具有相关资质的第三方检测单位，则为按规范及监检合同约定的比例进行实际检测；○符号表示监理方或监检方的监督抽查；按照目前国内施工实际情况，通常监检单位只进行焊缝无损检测的按比例抽检并出具检测报告；对于焊接难度为 C、D 级的工程，监检单位的检测检查工作范围应扩大至焊接施工的全过程。

（3）焊接检验方案——检验试验计划。焊接检验前应由施工单位根据结构所承受的荷载特性、施工详图及技术文件规定的焊缝质量等级要求编制检验和试验计划，由技术负责人批准并报监理工程师备案。检验方案内容应包括检验批划分、抽样检验的抽样方法、检验项目、检验方法、检验时机及相应的验收标准等内容。

2. 焊缝检验的抽样规定及检验批合格判定

焊缝检验的抽样规定见表 8-3-75。

焊缝检验的抽样规定　　　　表 8-3-75

项目	钢结构工厂加工	钢结构现场安装
焊缝处数计数方法	工厂制作焊缝长度≥1000mm 时，每条焊缝记为一处；长度>1000mm 时，以 1000mm 为基准，每增加 300mm 焊缝数量应计增一处（≥1300，为 2 处，≥1600 为 3 处）	现场安装每条焊缝应为一处
检验批确定	同一工区（车间）按 300～600 处的焊缝数量组成检验批；多、高层框架结构可以每节柱的所有构件焊缝组成检验批	安装以施工区段组成检验批；多、高层框架结构以每层（节）的所有焊缝组成检验批
抽样检验的范围覆盖	抽样检验除设计指定焊缝外，应采用随机取样方式取样，且取样中应覆盖到该批焊缝中所包含的所有钢材类别、焊接位置和焊接方法	

焊缝检验批的抽样检验及验收合格判定流程见图 8-3-31。

3. 焊接质量检验中各种检验方法的依据标准、适用条件

钢结构焊缝的质量检验主要有外观（目测）检测、表面裂纹检查和超声波无损检测、射线无损检测。各类检测方法针对不同焊缝条件、结构设计特点及钢结构材料性能等级的适应情况及检测时机、方法、范围和适用标准见表 8-3-76。

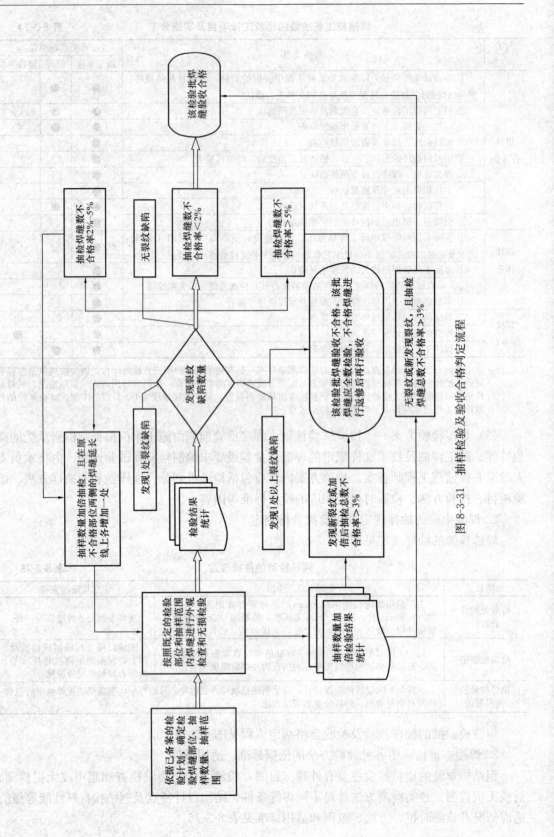

图 8-3-31 抽样检验及验收合格判定流程

表 8-3-76

钢结构焊接质量检验中各种检验方法的依据标准、适用条件

焊缝检测类别	焊缝外观检查	焊缝无损检测		焊缝（外观）检查 表面检查	
检验方法 依据标准	目测检查 GB 50661	超声波探伤 GB/T 11345 JG/T 203**	射线探伤 GB/T 3323	磁粉检测 JB/T 6061	渗透检测 JB/T 6062
承受静载焊缝 所有焊缝	自然冷却至环境温度			在焊缝外观检查后，符合下列情况之一时进行：① 设计文件有要求；② 外观检测时对全部该批同类焊缝检测；③ 外观检测怀疑有裂纹相的部位；④ 检测人员认为有必要时	其他条件同磁粉检测，但不能使用磁粉检测的情况下使用（如非铁磁性材料）
Ⅲ、Ⅳ类钢材，t > 60mm 或 CEV > 0.45时	焊接完成24h后	一级焊缝100%，合格为不低于B级的Ⅱ级要求；二级焊缝抽检<20%，合格为不低于B级的Ⅲ级要求；三级焊缝可不进行超声波检测	对超声波检测结果有疑义时采用射线检测验证		
钢材标称屈服强度>690MPa 或为调质钢	焊接完成48h后	同上栏要求			
承受动载焊缝* Ⅰ、Ⅱ类钢材，t ≤ 60mm	焊接完成24h后	所有一、二级横向、纵向及角接组合焊缝均100%检测，合格标准见表8-3-85。板厚大于30mm时增加抽检的10%且不少于一个焊接接头，按检验等级为C级，检验时应磨平焊缝余高，使用的探头折射角各应为一个为45°，探伤范围大于1500mm时中部应加倍检验500mm，焊缝长度大于500mm。发现超标缺欠时应加探500mm	板厚不大于30mm的对接焊缝，抽检接头数量的10%且不少于一个接头。（射线照相相的质量等级不应低于B级。一级焊缝等级评定合格不应低于Ⅱ级的要求，二级焊缝评定合格不应低于Ⅲ级的要求）		
Ⅲ、Ⅳ类钢材，t > 60mm 或 CEV > 0.45时	焊接完成48h后	同上栏要求			
检验条件 其他基本要求	裂纹检查应辅以5倍放大镜并在合适的光照条件下进行	无损检测报告签发人员必须持有现行有效国家标准《无损检测人员资格鉴定与认证》GB/T 9445规定的2级或2级以上资格证书；以探伤及探伤方法及质量要求检测同一种焊缝，必须达到各自方法要求该焊缝方可判定合格			

注：1. 检验执行的相关标准和规范：GB 50661《钢结构焊接规范》；JB/T 6061《无损检测 焊缝磁粉检测》；JB/T 6062《无损检测 焊缝渗透检测》；GB/T 3323《金属熔化焊焊接接头射线照相》；GB 50661《钢结构超声波探伤分级》；JG/T 203《钢结构超声波探伤及质量分级》；GB/T 11345《钢结构超声波检测的技术参数按JG/T 203标准执行。

2. **：焊缝手工超声波探伤和探伤方法的焊缝，需疲劳验算焊缝；其他焊缝超声波检测的技术参数按JG/T 203标准执行。

3. *：当焊缝超声波检测板厚在3.5～8mm范围时，其超声波检测的技术参数按JG/T 203标准执行。

针对钢结构工程的焊缝超声波检测质量等级分类及其检测方法见表 8-3-77。

对接及角接焊缝超声波检测质量等级分类、检测方法及适用条件　　　表 8-3-77

超声波检测质量等级	A 级	B 级		C 级
检验完善程度	最低	一般		最高
探伤检查方法	采用单一角度探头，在焊缝的单面、单侧进行扫查检测；只对能扫查到的焊缝截面进行探测	通常情况	单一角度探头，单面、双侧扫查	通常情况	至少两种角度探头，单面、双侧扫查，同时作两个扫查方向和两种探头角度的横向缺欠检验
		操作空间受限时	两种角度探头（差值＞15°），单面、单侧扫查		
		$\delta>100mm$ 通常情况	单一角度探头，双面、双侧扫查	母材厚度 $\delta>100mm$ 时	双面、双侧扫查，同时探头在将余高磨平的对接焊缝上作平行扫查。焊缝两侧斜探头扫查经过母材部分用直探头作检查
		$\delta>100mm$ 且操作空间受限时	两种角度探头（差值＞15°），双面、单侧扫查		
		检验应覆盖整个焊缝截面		$\delta\nleqslant100mm$ 或窄间隙焊 $\delta\nleqslant40mm$	应增加串列式扫查
横向缺欠检验	一般不要求作横向缺欠检测	条件允许时应作横向缺欠检测		作两个扫查方向和两种探头角度的横向缺欠检验
适用母材厚度（mm）	$\nleqslant50$			
附图：超声波检测位置				

附图标注：探头　位置1　侧　焊缝余高　位置2　面　位置3　母材　焊缝　位置4　面

4. 钢结构焊接质量检验合格标准及允许偏差（缺欠）

（1）承受静荷载结构焊接质量的检验

1）焊缝外观质量要求应满足表 8-3-78 的规定。

焊缝外观质量要求 表 8-3-78

检验项目 \ 焊缝质量等级	一级	二级	三级
裂纹		不允许	
未焊满		不允许	$\leqslant 0.2mm+0.02t$ 且 $\leqslant 1mm$，每 100mm 长度焊缝内未焊满累积长度 $\leqslant 25mm$
根部收缩		不允许	$\leqslant 0.2mm+0.02t$ 且 $\leqslant 1mm$，长度不限
咬边	不允许	深度 $\leqslant 0.05t$ 且 $\leqslant 0.3mm$，连续长度 $\leqslant 100mm$，且焊缝两侧咬边总长 $\leqslant 10\%$ 焊缝全长	深度 $\leqslant 0.1t$ 且 $\leqslant 0.5mm$，长度不限
电弧擦伤		不允许	允许存在个别电弧擦伤
接头不良		不允许	缺口深度 $\leqslant 0.05t$ 且 $\leqslant 0.5mm$，每 1000mm 长度焊缝内不得超过 1 处
表面气孔		不允许	直径小于 1.0mm，每米不多于 3 个，间距不小于 20mm
表面夹渣		不允许	深 $\leqslant 0.2t$，长 $\leqslant 0.5t$ 且 $\leqslant 20mm$

注：1. t 为母材厚度；

    2. 桥面板与弦杆角焊缝、桥面板侧的桥面板与 U 形肋角焊缝、腹板侧受拉区竖向加劲肋角焊缝的咬边缺陷应满足一级焊缝的质量要求。

2）焊缝外观尺寸应符合以下规定：

对接与角接组合焊缝（图 8-3-32），加强角焊缝尺寸 h_k 不应小于 $t/4$ 且不应大于 10mm，其允许偏差应为 $h_{k0}^{+0.4}$。对于加强焊脚尺寸 h_k 大于 8mm 的角焊缝，其局部焊脚尺寸允许低于设计要求值 1mm，但总长度不得超过焊缝长度的 10%；焊接 H 形梁腹板与翼缘的焊缝两端在其两倍翼缘板宽度范围内，焊缝的焊脚尺寸不得低于设计要求值；对接焊

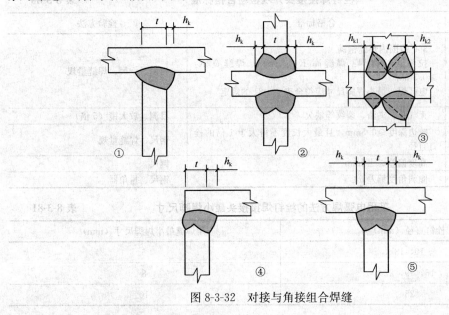

图 8-3-32 对接与角接组合焊缝

缝与角焊缝余高和错边允许偏差应符合表 8-3-79 的要求。

焊缝余高和错边允许偏差（mm）

表 8-3-79

序号	项目	示意图	允许偏差	
			一、二级	三级
1	对接焊缝余高 （C）		$B<20$ 时， C 为 $0\sim3$； $B\geqslant20$ 时， C 为 $0\sim4$	$B<20$ 时， C 为 $0\sim3.5$； $B\geqslant20$ 时， C 为 $0\sim5$
2	对接焊缝错边 （Δ）		$\Delta<0.1t$ 且 $\leqslant2.0$	$\Delta<0.15t$ 且 $\leqslant3.0$
3	角焊缝余高 （C）		$h_\mathrm{f}\leqslant6$ 时 C 为 $0\sim1.5$； $h_\mathrm{f}>6$ 时 C 为 $0\sim3.0$	

注：t 为对接接头较薄件母材厚度。

3）栓钉焊接接头的焊缝外观质量要求：

栓钉焊接接头外观检验标准见表 8-3-80，采用电弧焊方法的栓钉焊接接头最小焊脚尺寸见表 8-3-81。

栓钉焊接接头外观检验合格标准

表 8-3-80

外观检验项目	合格标准	检验方法
焊缝外形尺寸	360°范围内焊缝饱满 拉弧式栓钉焊：焊缝高 $K_1\geqslant1$mm；焊缝宽 K_2 $\geqslant0.5$mm 电弧焊：最小焊脚尺寸应符合表 8-3-81 的规定	目测、钢尺、焊缝量规
焊缝缺欠	无气孔、夹渣、裂纹等缺欠	目测、放大镜（5 倍）
焊缝咬边	咬边深度$\leqslant0.5$mm，且最大长度不得大于 1 倍的栓钉直径	钢尺、焊缝量规
栓钉焊后高度	高度偏差$\leqslant\pm2$mm	钢尺
栓钉焊后倾斜角度	倾斜角度偏差 $\theta\leqslant5°$	钢尺、量角器

采用电弧焊方法的栓钉焊接接头最小焊脚尺寸

表 8-3-81

栓钉直径（mm）	角焊缝最小焊脚尺寸（mm）
10，13	6
16，19，22	8
25	10

栓钉焊接在外观质量检验合格后进行打弯抽样检验：当栓钉弯曲至 30°时，焊缝和热影响区不得有肉眼可见裂纹。检查数量不应小于该批栓钉总数的 1%且不少于 10 个。

4）焊缝的超声波检测应符合以下规定：

检验灵敏度应符合表 8-3-82 的规定，缺欠等级评定应符合表 8-3-83 的规定。

表 8-3-82

距离-波幅曲线

厚度（mm）	判废线（dB）	定量线（dB）	评定线（dB）
3.5～150	$\phi 3 \times 40$	$\phi 3 \times 40\text{-}6$	$\phi 3 \times 40\text{-}14$

表 8-3-83

超声波检测缺欠等级评定

评定等级	检验等级		
	A	B	C
	板厚 t（mm）		
	3.5～50	3.5～150	3.5～150
I	$2t/3$；最小 8mm	$t/3$；最小 6mm 最大 40 mm	$t/3$；最小 6mm 最大 40mm
II	$3t/4$；最小 8mm	$2t/3$；最小 8mm 最大 70mm	$2t/3$；最小 8mm 最大 50mm
III	$<t$；最小 16mm	$3t/4$；最小 12mm 最大 90mm	$3t/4$；最小 12mm 最大 75mm
IV	超过 III 级者		

存在下列情况之一时宜在焊前用超声波检测 T 形、十字形、角接接头坡口处的翼缘板，或在焊后进行翼缘板的层状撕裂检测：

① 发现钢板有夹层缺欠；

② 翼缘板、腹板厚度不小于 20mm 的非厚度方向性能钢板；

③ 腹板厚度大于翼缘板厚度且垂直于该翼缘板厚度方向的工作应力较大。

5）电渣焊、气电立焊。电渣焊、气电立焊接头的焊缝外观成形应光滑，不得有未熔合、裂纹等缺陷；当板厚小于 30mm 时，压痕、咬边深度不应大于 0.5mm；板厚不小于 30mm 时，压痕、咬边深度不应大于 1mm。

箱形构件隔板电渣焊焊缝除应按要求进行无损检测外，还应进行焊缝焊透宽度、焊缝偏移检测。检测方法按 GB 50661 附录 C 规定执行。

（2）需疲劳验算结构的焊缝质量检验

1）需疲劳验算结构的焊缝外观质量及尺寸允许偏差应符合表 8-3-78 和表 8-3-84 的要求。

表 8-3-84

焊缝外观尺寸要求（mm）

项目	焊缝种类	允许偏差
焊脚尺寸	主要角焊缝®（包括对接 与角接组合焊缝）	$h_f{}^{+2.0}_{0}$
	其他角焊缝	$h_f{}^{+2.0①}_{-1.0}$

续表

项 目		焊缝种类	允许偏差
焊缝高低差		角焊缝	任意 25mm 范围高低差≤2.0mm
余高		对接焊缝	焊缝宽度 b≤20mm 时≤2.0mm 焊缝宽度 b>20mm 时≤3.0mm
余高铲磨后	表面高度	横向对接焊缝	高于母材表面不大于 0.5mm 低于母材表面不大于 0.3mm
	表面粗糙度		不大于 50μm

ⓐ 主要角焊缝是指主要杆件的盖板与腹板的连接焊缝；

ⓑ 手工焊角焊缝全长的 10% 允许 $h_f{}^{+3.0}_{-1.0}$。

2）需疲劳验算结构的焊缝超声波检测时，超声波检测设备和工艺要求应符合现行国家标准《钢焊缝手工超声波探伤方法和探伤结果分级》GB/T 11345 的相关规定。超声波检测范围和检验等级应符合表 8-3-85 的规定。距离-波幅曲线及缺欠等级评定应符合表 8-3-86 和表 8-3-87 的规定。

焊缝超声波检测范围和检验等级　　　　　　　表 8-3-85

焊缝质量级别	探伤部位	探伤比例	板厚 t（mm）	检验等级
一、二级横向对接焊缝	全长	100%	10≤t≤46	B
	—		46<t≤80	B（双面双侧）
二级纵向对接焊缝	焊缝两端各 1000mm	100%	10≤t≤46	B
	—		46<t≤80	B（双面双侧）
二级角焊缝	两端螺栓孔部位并延长 500mm，板梁主梁及纵、横梁跨中加探 1000mm	100%	10≤t≤46	B（双面单侧）
	—		46<t≤80	B（双面单侧）

超声波检测距离-波幅曲线灵敏度　　　　　　　表 8-3-86

焊缝质量等级		板厚（mm）	判废线	定量线	评定线
对接焊缝 一、二级		10≤t≤46	$\phi3\times40-6dB$	$\phi3\times40-14dB$	$\phi3\times40-20dB$
		46<t≤80	$\phi3\times40-2dB$	$\phi3\times40-10dB$	$\phi3\times40-16dB$
角焊缝 二级	全焊透对接与角接组合焊缝一级	10≤t≤80	$\phi3\times40-4dB$	$\phi3\times40-10dB$	$\phi3\times40-16dB$
			$\phi6$	$\phi3$	$\phi2$
	部分焊透对接与角接组合焊缝	10≤t≤80	$\phi3\times40-4dB$	$\phi3\times40-10dB$	$\phi3\times40-16dB$
	贴角焊缝	10≤t≤25	$\phi1\times2$	$\phi1\times2-6dB$	$\phi1\times2-12dB$
		25<t≤80	$\phi1\times2+4dB$	$\phi1\times2-4dB$	$\phi1\times2-10dB$

注：1. 角焊缝超声波检测采用铁路钢桥制造专用柱孔标准试块或与其校准过的其他孔形试块；

　　2. $\phi6$、$\phi3$、$\phi2$ 表示纵波探伤的平底孔参考反射体尺寸。

超声波检测缺欠等级评定　　　　表 8-3-87

焊缝质量等级	板厚 t（mm）	单个缺欠指示长度	多个缺欠的累计指示长度
对接焊缝一级	$10 \leqslant t \leqslant 80$	$t/4$，最小可为 8mm	在任意 $9t$，焊缝长度范围不超过 t
对接焊缝二级	$10 \leqslant t \leqslant 80$	$t/2$，最小可为 10mm	在任意 $4.5t$，焊缝长度范围不超过 t
全焊透对接与角接组合焊缝一级	$10 \leqslant t \leqslant 80$	$t/3$，最小可为 10mm	—
角焊缝二级	$10 \leqslant t \leqslant 80$	$t/2$，最小可为 10mm	—

注：1. 母材板厚不同时，按较薄板评定；

　　2. 缺欠指示长度小于 8mm 时，按 5mm 计。

　　所有按上述标准检验出的不合格焊缝及焊缝超标缺欠均应予以返修至检查合格。

8.3.1.8 焊接常用计算及参考资料

1. 常用结构钢材焊接的焊材匹配（表 8-3-88～表 8-3-90）

常用结构钢材手工电弧焊焊接材料选配　　　　表 8-3-88

牌号	等级	钢材 抗拉强度③ σ_b（MPa）	屈服强度③ σ_s（MPa） $\delta \leqslant 16$（mm）	$\delta > 50 \sim 100$（mm）	冲击功③ T（℃）	AKV（J）	手工电弧焊焊条 型号示例	熔敷金属性能③ 抗拉强度 σ_b（MPa）	屈服强度 σ_s（MPa）	延伸率 δ_5（%）	冲击功≥27J 时试验温度（℃）
Q235	A	375～460	235	205④	—	—	E4303①	420	330	22	0
	B				20	27	E4303①、E4328、E4315、E4316				0
	C				0	27					-20
	D				-20	27					-30
Q295	A	390～570	295	235	—	—	E4303①	420	330	22	-30
	B				20	34	E4315、E4316、E4328				-20
Q345	A	470～630	345	275			E5003①	490	390	22	0
	B				20	34	E5003①、E5015、E5016、E5018				-30
	C				0	34	E5015、E5016、E5018				
	D				-20	34					
	E				-40	27	②				②

钢　材								手工电弧焊焊条				
牌号	等级	抗拉强度③ σ_b (MPa)	屈服强度③ σ_s (MPa)		冲击功③		型号示例	熔敷金属性能③				
			$\delta \leqslant 16$ (mm)	$\delta > 50 \sim 100$ (mm)	T (℃)	AKV (J)		抗拉强度 σ_b (MPa)	屈服强度 σ_s (MPa)	延伸率 δ_5 (%)	冲击功≥27J 时试验温度度 (℃)
Q390	A	490~650	390	330	—	—	E5015、 E5016、 E5515-D3、 -G、 E5516-D3、 -G	490	390	22	−30
	B				20	34					
	C				0	34		540	440	17	
	D				−20	34					
	E				−40	27	②				②
Q420	A	520~680	420	360	—	—	E5515-D3、 -G、 E5516-D3、 -G	540	440	17	−30
	B				20	34					
	C				0	34					
	D				−20	34					
	E				−40	27	②				②
Q460	C	550~720	460	400	0	34	E6015-D1、 -G、 E5516-D1、 -G	590	490	15	−30
	D				−20	34					
	E				−40	27	②				②

① 用于一般结构。
② 由供需双方协议。
③ 表中钢材及焊材熔敷金属力学性能的单值均为最小值。
④ 为板厚 $\delta > 60 \sim 100$mm 时的 σ_s 值。

常用结构钢材 CO_2 气体保护焊实芯焊丝选配　　　　　　　表 8-3-89

钢材			熔敷金属性能①				
牌号	等级	焊丝型号示例	抗拉强度 σ_b (MPa)	屈服强度 σ_s (MPa)	延伸率 δ_5 (%)	冲击功	
						T (℃)	A_{kv} (J)
Q235	A	ER49-1②	490	372	20	常温	47
	B						
	C	ER50-6	500	420	22	−29	27
	D					−18	
Q295	A	ER49-1② ER49-6	490	372	20	常温	47
	B	ER50-3 EB50-6	500	420	22	−18	27

钢材		焊丝型号示例	熔敷金属性能④				
			抗拉强度	屈服强度	延伸率	冲击功	
牌号	等级		σ_b（MPa）	σ_s（MPa）	δ_5（%）	T（℃）	A_{kv}（J）
Q345	A	ER49-1②	490	372	20	常温	47
	B	ER50-3	500	420	22	−20	27
	C	ER50-2	500	420	22	−29	27
	D						
	E	③	③			③	
Q390	A	ER50-3	500	420	22	−18	27
	B						
	C	ER50-2	500	420	22	−29	27
	D						
	E	③	③			③	
Q420	A	ER55-D2	550	470	17	−29	27
	B						
	C						
	D						
	E	③	③			③	
Q460	C	ER55-D2	550	470	17	−29	27
	D						
	E	③	③			③	

① 含 Ar-CO₂ 混合气体保护焊。

② 用于一般结构，其他用于重大结构。

③ 按供需协议。

④ 表中焊材熔敷金属力学性能的数值均为最小值。

常用结构钢材埋弧焊焊接材料的选配　　表 8-3-90

钢材		焊剂型号-焊丝牌号示例
牌号	等级	
Q235	A、B、C	F4A0-H08A
	D	F4A2-H08A
Q295	A	F5004-H08A①、F5004-H08MnA②
	B	F5014-H08A①、F5014-H08MnA②
Q345	A	F5004-H08A①、F5004-H08MnA②、F5004-H10Mn2②
	B	F5014-H08A①、F5014-H08MnA②、F5014-H10Mn2②　F5011-H08A①、F5011-H08MnA②、F5011-H10Mn2②
	C	F5024-H08A①、F5024-H08MnA②、F5024-H10Mn2②　F5021-H08A①、F5021-H08MnA②、F5021-H10Mn2②

续表

钢材		焊剂型号-焊丝牌号示例
牌号	等级	
Q345	D	F5034-H08A①、F5034-H08MnA②、F5034-H10Mn2② F5031-H08A①、F5031-H08MnA②、F5031-H10Mn2②
	E	F5041③
Q390	A、B	F5011-H08MnA①、F5011-H10Mn2②、F5011-H08MnMoA②
	C	F5021-H08MnA①、F5021-H10Mn2②、F5021-H08MnMoA②
	D	F5031-H08MnA①、F5031-H10Mn2②、F5031-H08MnMoA②
	E	F5041③
Q420	A、B	F6011-H10Mn2②、F6011-H08MnMoA②
	C	F6021-H10Mn2②、F6021-H08MnMoA②
	D	F6031-H10Mn2②、F6031-H08MnMoA②
	E	F6041③
Q460	C	F6021-H08MnMoA②
	D	F6031-H08MnMoA②
	E	F6041③

① 薄板Ⅰ形坡口对接。
② 中、厚板坡口对接。
③ 供需双方协议。

2. 焊接基本概念及相关计算

负载持续率（暂载率）FS 是用来表示焊机连续工作状态的参数，通常规定为 35%、60%、100% 三种，当焊机在负载持续率 FS 下持续运行时，允许的焊接电流 I_2 与额定焊接电流 I_e 的关系式为：

$$I_2 = \sqrt{\frac{FS_e}{FS}} \times I_e \tag{8-3-1}$$

式中　FS_e——额定负载持续率；

　　　FS——实际运行负载持续率；

　　　I_e——额定焊接电流。

例如，AX1-500 焊机额定负载持续率为 65%，允许焊接电流 500A。当用于埋弧焊时，焊接过程连续，负载持续率接近 100%，此时允许焊接电流按（8-3-1）式计算：

$$I_2 = \sqrt{\left(\frac{65}{100}\right)} \times I_e = 0.806 \times 500 = 403A$$

AX1-500 焊机用于埋弧焊时，电流只能用 400A。

焊接基本概念的相关计算公式及举例见表 8-3-91。

焊接基本概念的相关计算公式及举例　　　　　　表 8-3-91

名称	公式	符号说明
熔敷系数	$\sigma_H = \dfrac{m}{It}$ [g/（A·h）]	m——熔敷焊缝金属质量（g）； I——焊接电流（A）； t——焊接时间（h）

名称	公　式	符号说明
熔化系数	$$\sigma_p = \frac{m_0 - m_1}{It} \ [\text{g/ (A · h)}]$$	m_0——焊芯原质量（g）； m_1——焊后焊芯质量（g）； t——焊接时间（h）； I——焊接电流（A）
熔化速度	$$v_p = \frac{l_0 - l}{t} \ (\text{mm/min})$$ 【例】　某焊条长 320mm，经 5min 焊接剩下 40mm，求 v_p $$v_p = \frac{320 - 40 \ (\text{mm})}{5\text{min}} = 56\text{mm/min}$$	l_0——焊条原长（mm）； l——余下焊条头长度（mm）； t——焊接时间（min）
熔敷速度	$$v_p = \frac{m - m_0}{t} \ (\text{kg/h})$$	m_0——焊前焊件质量（kg）； m——焊后焊件质量（kg）； t——焊接时间（h）
热输入，通常称作焊接线能量	$$q = \eta UI/v \ (\text{J/mm})$$ 【例1】　用焊条电弧焊 Q390 钢，为防止和减少热影响区过热区的脆化倾向，要求焊接时，热输入不超过 30kJ/cm，若选择 $I=180$A，电弧电压$=28$V，试计算焊接速度 v 应为多少？ 已知：$I=180$A，$q=30$kJ/cm，$U=28$V 则 $$v = \frac{\eta UI}{q} = \frac{0.7 \times 28 \times 180}{30000} = 0.118\text{cm/s}$$ 【例 2】　某钢材采用焊条电弧焊，电弧电压 26V，焊接电流 $I=200$A，焊接速度 $v=0.2$cm/s，$\eta=0.8$，试求其焊接热输入。 $$q = \frac{\eta UI}{v} = \frac{0.8 \times 26 \times 200}{0.2} = 20.8\text{kJ/cm}$$ 【例 3】　某钢材在焊接过程中最佳热输入为 24kJ/cm，若采用焊条电弧焊，选用电弧电压 24V，焊接速度 0.2cm/s，其焊接电流应选用多少？ 从式 $q = \eta UI/v$ 得 $$I = \frac{qv}{\eta U} = \frac{24 \times 0.2 \times 10^3}{0.8 \times 24} = 250\text{A} \quad 焊接电流 250A$$ 【例 4】　某钢材用焊条电弧焊焊接，已知：$I=240$A，$v=0.2$cm/s，$q=24$kJ/cm，$\eta=0.8$，试求电弧电压。 从式 $q = \eta UI/v$ 得 $$U = \frac{qv}{\eta I} = \frac{24 \times 0.2}{0.8 \times 240} = 25\text{V}$$ 电弧电压为 25V	U——电弧电压（V）； I——焊接电流（A）； v——焊接速度（mm/s）； η——热效率，焊条电弧焊 $\eta=0.7\sim0.8$；埋弧焊 $\eta=0.8\sim0.96$，TIG 焊，$\eta=0.5$
熔合比	$$\theta = \frac{A_A}{A_0 + A_A} \ (\%)$$	A_A——焊条（填充焊丝）所占面积； A_0——母材所占面积

名称	公 式	符号说明

碳当量（计算碳当量，目的是判别钢材的可焊性）碳当量 $<0.4\%$，可焊性良好

$$c_{eq}=w_C+\frac{1}{6}w_{Mn}+\frac{1}{5}w_{Cr}+\frac{1}{5}w_{Mo}+\frac{1}{5}w_V+\frac{1}{15}w_{Ni}+\frac{1}{15}w_{Cu}$$

上式为国际焊接学会推荐公式

【例】 已知 30CrMnSiA 钢的化学成分如下，求其碳当量

w_C	w_{Mn}	w_{Si}	w_{Cr}	w_{Ni}
0.28～0.35	0.8～1.1	0.9～1.2	0.8～1.1	≤0.3

$$c_{eq}=w_C+\frac{1}{6}w_{Mn}+\frac{1}{5}w_{Cr}+\frac{1}{5}w_{Mo}+\frac{1}{5}w_V+\frac{1}{15}w_{Ni}+\frac{1}{15}w_{Cu}$$

$$=0.35\%+\frac{1.1\%}{6}+\frac{1.1\%+0+0}{5}+\frac{0.3\%+0}{15}=0.77\%$$

3. 焊接材料消耗和用电消耗计算

（1）焊条或焊丝消耗量

熔敷焊缝金属质量 m，一般可按下式计算：

$$m=\frac{Al\rho}{1-K_s}(\text{kg}) \tag{8-3-2}$$

式中 A——焊缝横截面积（cm^2）；

l——焊缝长度（cm）；

ρ——熔敷金属密度（g/cm^3）；

K_s——焊条损耗系数，见表 8-3-92。

常用焊条损耗系数 表 8-3-92

焊条型号	E4303	E4320	E5014	E5015
焊条牌号	J422	J424	J502Fe	J507
K_s	0.465	0.470	0.410	0.440

常见对接及贴脚焊缝熔敷金属截面积计算公式见表 8-3-93。

常见对接及贴脚焊缝熔敷金属截面积计算公式 表 8-3-93

坡口形式	焊缝截面	计算公式
		$A=\delta b+\dfrac{2}{3}BC$
		$A=\delta b+(\delta-p)^2\tan\dfrac{\alpha}{2}+\dfrac{2}{3}BC$

坡口形式	焊缝截面	计算公式
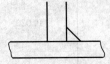		$A=\delta b+\dfrac{(\delta-b)^2\tan\dfrac{\alpha}{2}}{2}+\dfrac{4}{3}BC$

余高C

$A=K^2/2+\dfrac{2}{3}CK\sqrt{2}$

焊条或焊丝消耗量除可用上述公式方法计算外，还可查表估算。焊条电弧焊的焊条消耗参见表 8-3-94，埋弧自动焊可参见表 8-3-95。

手工电弧焊焊条用量估算 表 8-3-94

焊缝断面形状	正式电焊焊条		拼搭焊缝焊条	
	5kg 焊条所焊焊缝长度（m）	1m 长焊缝所需焊条（kg）	5kg 焊条所搭焊焊缝长度（m）	搭焊 1m 长焊缝所需焊条（kg）
6	11.521	0.434	313	0.025
8	6.863	0.727	313	0.025
10	4.562	1.096	313	0.025
12	3.255	1.536	313	0.025
14	2.445	2.045	263	0.025

焊缝断面形状	正式电焊焊条		拼搭焊缝焊条	
	5kg 焊条所焊焊缝长度（m）	1m 长焊缝所需焊条（kg）	5kg 焊条所搭焊焊缝长度（m）	搭焊 1m 长焊缝所需焊条（kg）
	1.902	2.629	208	0.025
	7.874	0.635	313	0.020
	5.023	0.961	313	0.020
	3.671	1.302	313	0.020
	2.703	1.850	313	0.020
	2.076	2.409	313	0.020
	3.918	1.276	313	0.020
	1.660	3.012	263	0.025
	3.100	1.610	263	0.025
	2.070	2.415	208	0.025

续表

焊缝断面形状	正式电焊焊条		拼搭焊缝焊条	
	5kg 焊条所焊焊缝长度 (m)	1m 长焊缝所需焊条 (kg)	5kg 焊条所搭焊焊缝长度 (m)	搭焊 1m 长焊缝所需焊条 (kg)
22	1.745	2.866	208	0.025
24	1.481	3.377	208	0.025
25	1.372	3.644	156	0.04
30	0.976	5.122	156	0.04
40	0.563	8.887	156	0.04

埋弧自动焊焊接材料消耗参考　　　　表 8-3-95

焊件厚度 (mm)	角接焊		对接焊	
	焊丝消耗量 (kg/m)	焊剂消耗量 (kg/m)	焊丝消耗量 (kg/m)	焊剂消耗量 (kg/m)
2.0	0.06	0.06	0.06	0.06
4.0	0.10	0.09	0.10	0.10
6.0	0.20	0.15	0.20	0.18
8.0	0.30	0.30	0.30	0.22
10.0	0.50	0.35	0.35	0.25
14.0	1.00	0.60	0.50	0.30
16.0	1.30	0.80	0.60	0.35
20.0	—	—	0.90	0.50

注：焊丝密度 $\rho = 7.85 \text{g/cm}^3$，焊丝烧损量 $3\% \sim 5\%$。

（2）保护气体消耗定额计算

计算公式：

$$V = q_V(1+\eta)tn \quad \text{(L)} \qquad\qquad (8\text{-}3\text{-}3)$$

式中　q_V——保护气体体积流量（L/min）；

　　　t——单件焊接基本时间（min）；

　　　n——焊接件数；

　　　η——气体损耗系数，$\eta=0.03\sim0.05$。

【例】CO_2 气体保护焊，对接焊缝，每件焊接时间为 6min，共计 16 件，气体流量为 $q_V=8$L/min，$\eta=0.045$ 时完成该批工件所需 CO_2 气体体积为：$V=q_V(1+\eta)\,t\times n=8\times(1+0.045)\times6\times16=802.5$L。

说明：标准容量 40L 钢瓶，可灌入 25kg 液态 CO_2，在 0℃和 101.325kPa（一个大气压）下，1kg CO_2 可气化为 509L 气体 CO_2，扣除瓶中不能用于保护焊接的残留 CO_2 气体，在标准状态下，每瓶 25kg 液态 CO_2 可提供使用的 CO_2 气为 12320L 左右。

（3）焊接用电消耗计算

采用交流焊接电源焊接时的电能消耗

$$W=\frac{UIt}{1000\eta}\quad(\text{kW}\cdot\text{h})\tag{8-3-4}$$

式中　W——电能消耗（kW·h）；

　　　U——空载电压（V）；

　　　I——焊接电流（A）；

　　　t——电弧燃烧时间（h）；

　　　η——弧焊电源有效率（查电焊机技术参数）。

【例】某钢板坡口对接焊，焊接参数为 $U=22\sim26$V，$I=110\sim120$A，焊接电弧燃烧时间 $t=35$min，焊机效率 $\eta=0.83$，则该道焊缝焊接用电为

$$W=\frac{UIt}{1000\eta}=\frac{24\times110\times35}{1000\times0.83}=111.33\quad\text{kW}\cdot\text{h}$$

（4）焊条电弧焊焊接效率相关经验数据（表 8-3-96）。

焊条焊接效率相关数据　　　　　　　　　　　　　　　　表 8-3-96

焊条直径 （mm）	每千克根数	每根熔化时间 （s）	1kg 熔化时间 （min）	一人每天消耗量 （kg）	备　注
3.2	34	90	51	7～9	1. 已适当考虑辅助时间；
4.0	17	90	30	8～12	2. φ5.0 焊条，每天焊 10kg，焊工比较轻松
5.0	11	90	17	10～15	

4. 焊接变形及矫正相关参考数据

（1）焊接变形计算经验公式

1）焊件纵向收缩量的估算

$$\Delta L=0.006\times\frac{l}{\delta}\tag{8-3-5}$$

式中　l——焊缝长度（mm）；

ΔL——焊件的长度变形量（mm）；

δ——板厚（mm）。

【例】两 10mm 厚钢板对接焊连接，焊缝长 10m，焊后纵向收缩估算：

$$\Delta L = 0.006 \times \frac{l}{\delta} = 0.006 \times \frac{10 \times 1000}{10} = 6mm \quad （见图 8-3-33a）$$

2）角焊缝纵向收缩量的估算

$$\Delta L = 0.05 \times \frac{A_w \times l}{A} \tag{8-3-6}$$

式中　l——焊缝长度（mm）；

ΔL——焊件的长度变形量（mm）；

A——焊件截面积（mm^2）；

A_w——焊缝截面积（mm^2）。

【例】某 T 形钢板厚 10mm，翼板宽 120mm，腹板高 140mm，长度 7500mm，双面贴脚焊缝，焊脚尺寸 6mm。$A = 10 \times 120 + 10 \times 140 = 2600mm^2$，$A_w = 6 \times 6 = 36mm^2$。

角焊缝纵向收缩量　$\Delta L = 0.05 \times \frac{A_w \times l}{A} = 0.05 \times \frac{36 \times 7500}{2600} \approx 5.2mm$

3）焊缝横向收缩量估算

$$\Delta B = 0.18 \times \frac{A_w}{\delta} + 0.05b$$

式中　b——对接焊缝根部间隙（mm）；

ΔB——焊缝横向收缩量（mm）；

δ——板厚（mm^2）；

A_w——焊缝截面积（mm^2）。

注：该估算公式使用于较薄钢板、V 形坡口、反面清根的全焊透对接焊缝。

【例】板厚 14mm，焊缝截面积 142mm^2，焊缝根部间隙 1.5mm。

焊缝横向收缩量　$\Delta B = 0.18 \times \frac{A_w}{\delta} + 0.05b = 0.18 \times \frac{142}{14} + 0.05 \times 1.5 \approx 1.9mm$（见图 8-3-33b)

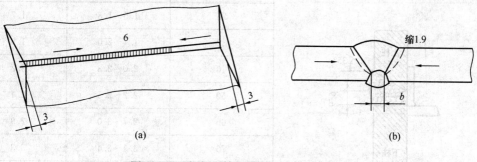

图 8-3-33　钢板对接焊缝的纵、横向变形

4）厚钢板单 V 形坡口（L 形坡口）焊缝的横向收缩值估算公式

$$\Delta B = k \times \frac{A_w}{t} \tag{8-3-7}$$

式中 ΔB——焊缝横向收缩量（mm）；

A_w——焊缝截面积（mm²）；

t——焊缝厚度（含熔深）（mm）；

k——系数，通常取 0.1。

厚钢板单 V 形坡口（L 形坡口）焊缝的横向收缩值也可参考表 8-3-98 取值。

5）焊件角变形估算（图 8-3-34）

$$\Delta b = 0.2 \times \frac{BK^{1.3}}{\delta^2} \quad (\text{mm}) \qquad (8\text{-}3\text{-}8)$$

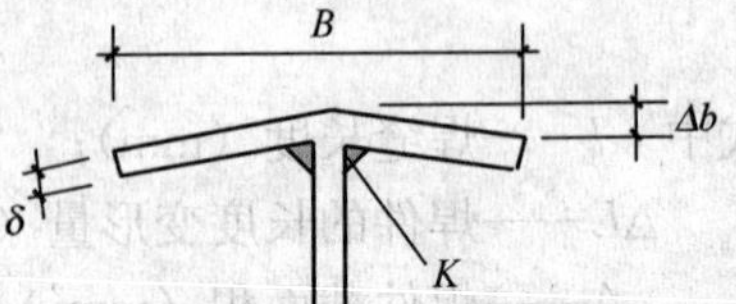

式中 B——翼板宽度（mm）；

K——焊脚尺寸（mm）；

$K^{1.3}$——系数，见表 8-3-97；

δ——翼板厚度（mm）。

图 8-3-34 角变形

角变形估算系数 $K^{1.3}$ 表 8-3-97

焊脚尺寸 K（mm）	系数 $K^{1.3}$	焊脚尺寸 K（mm）	系数 $K^{1.3}$	焊脚尺寸 K（mm）	系数 $K^{1.3}$
4	6.06	9	17.4	18	42.9
5	8.1	10	20	20	49.1
6	10.3	12	25.3	22	56
7	12.6	14	30.9	24	62.3
8	14.9	16	36.8	26	69.1

（2）焊接变形的经验参考值（表 8-3-98～表 8-3-100）

厚钢板单 V 形坡口（L 形坡口）焊缝的横向收缩值   表 8-3-98

焊缝坡口形式	钢材厚度（mm）	焊缝收缩量（mm）	构件制作增加长度（mm）
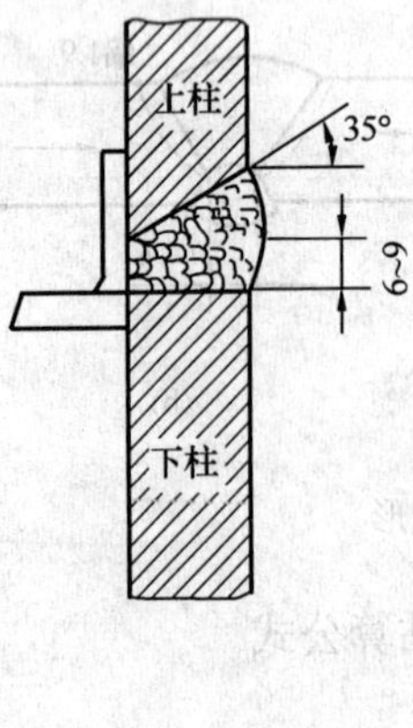	19	1.3～1.6	1.5
	25	1.5～1.8	1.7
	32	1.7～2.0	1.9
	40	2.0～2.3	2.2
	50	2.2～2.5	2.4
	60	2.7～3.0	2.9
	70	3.1～3.4	3.3
	80	3.4～3.7	3.5
	90	3.8～4.1	4.0
	100	4.1～4.4	4.3

焊缝坡口形式	钢材厚度 （mm）	焊缝收缩量 （mm）	构件制作增加长度 （mm）
	12	1.0～1.3	1.2
	16	1.1～1.4	1.3
	19	1.2～1.5	1.4
	22	1.3～1.6	1.5
	25	1.4～1.7	1.6
	28	1.5～1.8	1.7
	32	1.7～2.0	1.8

各类焊接收缩量参考值　　　　　　　　　表 8-3-99

结构类型	焊件特征和板厚	焊缝收缩量（mm）
钢板对接	各种板厚	长度方向每米焊缝收缩 0.7； 宽度方向每个接口收缩 1.0
实腹结构及 焊接 H 型钢	断面高小于等于 1000mm 且板厚小于 25mm	4 条纵焊缝每米共收缩 0.6，焊透梁高收缩 1.0； 每对加劲焊缝，梁的长度收缩 0.3
	断面高小于等于 1000mm 且板厚大于 25mm	4 条纵焊缝每米共收缩 1.4，焊透梁高收缩 1.0； 每对加劲焊缝，梁的长度收缩 0.7
	断面高大于 1000mm 的各种板厚	4 条纵焊缝每米共收缩 0.2，焊透梁高收缩 1.0； 每对加劲焊缝，梁的长度收缩 0.5
格构式结构	屋架、托架、支架等轻型桁架	接头焊缝每个接口收缩 1.0； 搭接贴角焊缝每米收缩 0.5
	实腹柱及重型桁架	搭接贴角焊缝每米收缩 0.25
圆筒形结构	板厚小于等于 16mm	直焊缝每个接口周长收缩 1.0； 环焊缝每个接口周长收缩 1.0
	板厚大于 16mm	直焊缝每个接口周长收缩 2.0； 环焊缝每个接口周长收缩 2.0

构件焊接变形参考　　　　　　　　　表 8-3-100

简　图	焊接收缩余量
 适用板厚 $\delta=16\sim40$mm	长度方向收缩量为 （1），（2），（3）项的总和 （1） $L_m×0.3$mm/m （2）取决于主体焊接的加强板数量，取左、右加强板数多的数量 A 个 $A×0.2$mm/个 （3）消除应力热处理的收缩量：$L_m×0.1$mm/m

简　图	焊接收缩余量
 适用板厚:δ=16~30mm	长度方向的收缩量为（1），（2），（3）项的总和 （1）$L_m \times 0.3$mm/m （2）与主体焊接的间隔板数 B 个 $B \times 0.2$mm/个 （3）消除应力热处理的收缩量：$L_m \times 0.1$mm/m
 适用直径φ300~500mm筒体	圆周长的收缩量为（1），（2）项总和 （1）$D_m \pi \times 0.4$mm/m （2）消除应力热处理收缩量：$D_m \pi \times 0.3$mm/m

	简图	焊接收缩余量	
对接接头 角变形		手工电弧焊两层	角变形 1°
		单面手工焊 3 层	角变形 1.4°
		单面手工焊 5 层	角变形 3.5°
		正面手工焊 5 层，背面清根焊 3 层	角变形 0°
		手工电弧焊 8 层	角变形 7°
		两面同时垂直气焊	角变形 0°

（3）钢构件焊接反变形及火焰加外力矫正参考

焊接 H 型钢翼缘与腹板焊接翼缘反变形参考数值见表 8-3-101。钢构件变形火焰加外力矫正的适用温度及目测判定见表 8-3-102。

焊接反变形参考数值　　　　　　　　　　　　　表 8-3-101

板厚 t (mm)	$(\alpha+2)/2$ 反变形角度（平均值）	f (mm) B (mm)											
		150	200	250	300	350	400	450	500	550	600	650	700
12	1°30′40″	2	2.5	3	4	4.5	5						
14	1°22′40″	2	2.5	3	3.5	4	5	5.5					
16	1°4′	1.5	2	2.5	3	3.5	4	4	4.5	5	5		
20	1°	1	2	2	2.5	3	3.5	4	4.5	4.5	5	5	
25	55′		1	1.5	2	2	2.5	3	3	3.5	4	4.5	5
28	34′20″	1	1	1	1.5	2	2	2	2.5	2.5	3	3.5	3.5
30	27′20″	0.5	1	1	1	1.5	1.5	2	2	2.5	2.5	3	
36	17′20″	0.5	0.5	0.5	1	1	1	1	1.5	1.5	1.5	1.5	2
40	11′20″	0.5	0.5	0.5	0.5	0.5	0.5	1	1	1	1	1	

钢构件变形火焰加外力矫正的适用温度及目测判定　　　　　　表 8-3-102

颜色	温度（℃）	矫正	颜色	温度（℃）	矫正
黑色	470 以下	×	樱红色	780～800	√
暗褐色	520～580	×	亮樱红色	800～830	√
赤褐色	580～650	×	亮红色	830～880	×
暗樱红色	650～750	√	黄赤色	880～1050	×
深樱红色	750～780	√	暗黄色	1050～1150	×

注：1. 火焰加热矫正温度一般不得超过 800℃，同一部位加热矫正不应超过两次；

2. 火焰加外力矫正的温度范围不得超出上述表列温度范围，且当构件加热处温度冷却至 200～250℃时，需将全部外力撤出，使其自然冷却收缩。

焊接作业过程中焊缝的坡口形式、坡口组装偏差、熔敷金属数量（焊缝截面积）、焊接速度（焊接线能量输入）、焊道及层数、环境温度等均为影响并导致焊接变形的因素，因此以上所列估算公式和经验数据表格，仅供制定焊接和加工以及安装施工工艺时参考之用，如需更准确的焊接变形数据，还应根据具体工程的焊接工艺条件实际情况试验测定，并校准修订上述参考数据。

5. 焊缝表面缺陷及其图示（图 8-3-35）

6. 焊缝检查量规

焊缝检查量规又称焊缝检查尺，可用于焊缝的外观尺寸测量和检查。其构造组成见图 8-3-36。

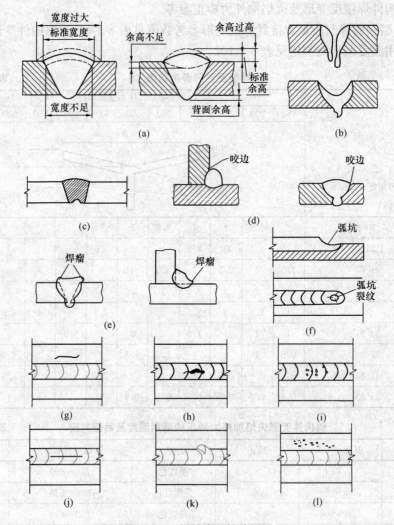

图 8-3-35　焊缝表面缺陷图示

(a) 焊缝尺寸偏差；(b) 烧穿和塌陷；(c) 根部收缩；

(d) 咬边（咬肉）；(e) 焊瘤；(f) 弧坑和弧坑裂纹；(g) 电弧擦伤；(h) 表面夹渣；

(i) 表面气孔；(j) 表面裂纹；(k) 接头不良；(l) 飞溅

用焊缝检查量规检测焊缝的焊脚尺寸、焊缝厚度、余高、焊缝宽度和焊接工件组拼情况的使用方法参见图 8-3-37。

图 8-3-37 中所示焊缝检查量规使用方法说明：

① 以主尺做直尺量测长度；

② 以测角尺尖端塞尺测量对口间隙尺寸（测量范围：0～5mm）；

③ 以活动尺端部检测对称坡口角度（60°、75°，游标尺两端分别为 90°和 30°）；

④ 以主尺与活动尺配合测量角焊缝高度（图中"B"）；

⑤ 以主尺与活动尺配合测量角焊缝厚度（图中"B"）；

⑥ 以主尺与活动尺配合测量对接焊缝余高（图中"C"）；

⑦ 以主尺与测角尺配合测量对接焊缝宽度（测角尺夹角短端中部刻度线在主尺上指

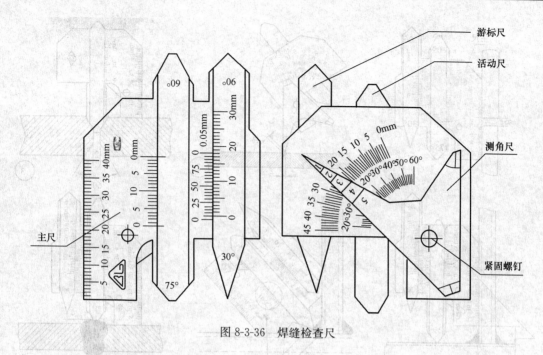

图 8-3-36　焊缝检查尺

示出宽度值，测量范围 0～40mm）；

⑧ 以主尺与测角尺配合测量坡口角度（测角尺尖塞尺另一端刻度线指示角度）；

⑨ 以主尺与活动尺配合测量拼接口两侧错边量；

⑩ 以主尺与测角尺配合测量拼接口两侧错边量；

⑪ 以主尺与游标尺配合测量焊缝咬边（咬肉）深度。

8.3.2　高强度螺栓连接

高强螺栓连接是目前建筑钢结构工程中使用最多的可靠连接方法之一。其特点是施工方便，便于拆换，传力均匀，没有铆钉传力的应力集中，接头刚性好，承载能力大，抗疲劳强度高，螺母不易松动，结构安全可靠。相对于焊接连接、铆钉连接方法，施工现场安装劳动强度低、施工效率高；相对于焊接连接方法连接节点的用钢量大，构件加工精度要求高。高强螺栓连接在现代建筑钢结构中已经基本取代了铆钉连接方法。

8.3.2.1　连接方式

高强螺栓连接按其传力方式分为摩擦型连接、承压型连接和张拉型连接三种方式（图8-3-38）。建筑钢结构中也常有采用混合与并用连接的情况。

1. 摩擦型连接

摩擦型高强螺栓的传力特点是拧紧螺母后，螺栓杆产生强大拉力，把接头处各层钢板压得很紧，以巨大的抗滑移力来传递内力。摩擦力的大小是根据钢板表面的粗糙程度和螺栓杆对钢板施加压力的大小来决定的。钢板表面的粗糙程度又与摩擦面处理的方法有关。螺栓杆的直径和螺栓孔径的尺寸，可以比一般普通螺栓的杆径和孔径尺寸稍放宽一些。高强螺栓拧紧后，产生抗滑移力的接触面积是很小的，经过多次试验，其抗滑移力受力区在螺栓孔周围 8～12mm 范围内，受力区与钢板的厚度成正比，钢板越薄，其受力区越小；钢板越厚，受力区越大。

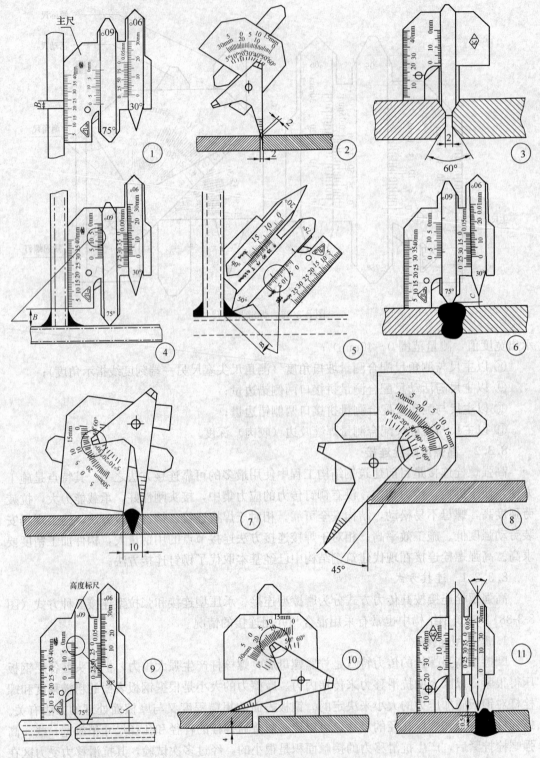

图 8-3-37　焊缝检查量规使用方法示意

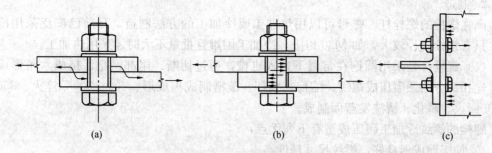

图 8-3-38　高强螺栓的连接方法
(a) 摩擦型连接；(b) 承压型连接；(c) 张拉型连接

2. 承压型连接

高强螺栓的承压型连接，是在螺栓拧紧后所产生的抗滑移力及螺栓杆在螺孔内和连接钢板间产生的承压力来传递应力的一种连接方法。在一般荷载作用下，其受力机理和摩擦型高强螺栓相同。当产生特殊荷载（如地震荷载）作用时，摩擦承载力和螺栓杆与钢板的承压力共同作用，从而提高了接头的承载能力。这种接头要求螺栓直径和螺栓孔直径间的尺寸要尽量接近一些，如精制螺栓那样，甚至把螺栓杆做成凹凸不平的打入式异形螺栓。

3. 张拉型连接

高强螺栓接头受外力作用时，螺栓杆只承受轴向拉力，犹如钢管的法兰接头、钢梁及支撑端头的法兰连接等。张拉型连接的接头，在螺栓拧紧后，钢板间产生的压力使板层处于密贴状态，螺栓在轴向拉力作用下，板层间的压力减少，外力完全由螺栓承担。当外力作用超过螺栓的预拉力时，板层间就互相离开，发生离间时的荷载叫做离间荷载。高强螺栓的张拉连接，其外力应小于离间荷载，使接头不产生缝隙，保证接头有一定的刚度。

4. 混用连接和并用连接

在高强螺栓的接头中，同时有几种方法承受外力，这些连接中有高强螺栓的摩擦型连接和承压型连接并用；有高强螺栓连接和焊接混用；有高强螺栓和铆钉并用等。混用连接时，一个接头中几种外力由各自的连接分别承受；并用连接时，一个接头中几种连接承受一种外力。

在高层建筑钢结构施工中，梁和柱的接头，梁的翼缘板和柱子用电焊连接来承受弯矩；梁的腹板和柱子用高强螺栓连接来承受剪力和轴向力。

在钢结构的扩建改建工程中，作为加固补强时，常用并用连接。

8.3.2.2　材料和制造

1. 材料

高强螺栓的螺栓杆、螺母、垫圈是用高强度低合金钢制成的。螺栓加工后要经过淬火、回火等热处理，因此材料应具备以下条件：

(1) 能满足规定的机械性能，具有良好的淬火、回火特性。

(2) 冷加工容易成型。

(3) 具有耐延迟断裂的性能。

(4) 材质不受环境条件的影响。

(5) 具有耐冲击的性能。

2. 制造

高强螺栓的螺栓杆、螺母可以用热加工或冷加工的方法制造。目前已广泛采用冷加工，只有螺栓直径较大，如 M30 以上，冷加工困难且批量不大时才采用热加工。

（1）螺栓杆是采用圆钢在常温下送入机械，通过切断、尾部镦粗、挤成六角形或圆形、丝扣部分缩颈碾压成螺纹、缩梅花头杆、滚槽制成梅成形、800～900℃淬火、350～365℃回火、磷化、清洗发蓝而制成。

螺栓的螺纹冷加工碾压成型有下列优点：

1）加工面成形良好，螺纹尺寸精度高。

2）生产效率高，成本低。

3）螺纹强度，特别是疲劳强度高。

（2）高强螺栓的螺母用六角钢切制或热镦成形，螺母的螺纹一般在热处理以后加工，保证丝扣的加工精度。螺母加工工序是指成形后进行热处理、酸洗、攻丝、磷化、发蓝、清洗上油。

（3）高强螺栓的垫圈用扁钢或卷材连续冲制，垫圈表面必须平整，垫圈的平整度必须符合规定，它直接影响螺栓的扭矩系数。垫圈的淬火温度 800～900℃，回火温度 390～450℃。

8.3.2.3 高强度螺栓连接副的形式和检验方法

1. 形式

（1）扭矩形高强螺栓

扭矩形高强螺栓即大六角头高强螺栓，这种螺栓的外形和加工精度与普通大六角头粗制螺栓是一个等级，只有螺母的尺寸比普通大六角头粗制螺栓大一些，螺母高度和螺栓公称直径相等。

扭矩形大六角头高强螺栓连接副由一个螺栓杆、一个螺母和二个垫圈组成。用定扭矩扳子进行初拧和终拧。

（2）扭剪型高强螺栓

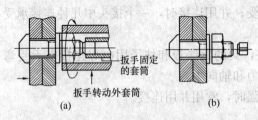

扭剪型高强螺栓的螺栓头是圆形的，丝扣端头设置一个控制紧固扭矩的梅花卡头，拧紧螺栓时，扳手用大小二个套管，大套管卡住螺母，小套管卡住梅花头，接通电源后，两个套管按反向旋转，螺母逐渐拧紧，梅花头切口受剪力逐渐加大，螺母达到所需要的扭矩时，梅花头切口剪断，梅花头掉下，这时螺栓达到要求的轴力。

图 8-3-39 扭剪型高强螺栓终拧示意图
(a) 拧紧中；(b) 拧紧完成

扭剪型高强螺栓拧紧过程是采用螺母和梅花头相对运动的作用，所以不会发生大六角头高强螺栓拧紧时螺杆产生连轴转现象，因此螺栓根部不需要六角头，只做成大一点的圆头。扭剪型高强螺栓连接副由一个螺栓杆、一个螺母和一个垫圈组成。用定扭矩扳子初拧，用扭剪型高强螺栓扳子终拧。图 8-3-39 是高强螺栓拧紧的示意图。

2. 检验方法

高强螺栓、螺母、垫圈的外形尺寸，可用游标卡尺、千分尺等工具直接测定，表面光洁度可观测检查，应无麻面毛刺、缺棱、螺纹损伤等缺陷，可用浸透探伤或磁粉探伤等方法检查裂纹和伤痕。由于螺栓每批供应数量较大，一般抽查率为5‰，或由供需双方商定。

测定高强螺栓连接副的扭矩系数可用轴力计，也可用试件进行。扭矩系数直接受螺栓、螺母、垫圈之间摩擦力的影响。在轴力计上测定时，按规定的操作程序，认真细致进行夹住、加载、缓慢给螺母施加扭矩。用扭矩表测定扭矩，轴力计测定螺栓的轴力。

由施加的扭矩和轴力计测出的螺栓轴力，可以计算出高强螺栓的扭矩系数。

$$K = \frac{M}{D \cdot P} \tag{8-3-9}$$

式中　K——扭矩系数；
　　　M——扭矩（N·m）；
　　　D——螺栓公称直径（mm）；
　　　P——螺栓轴力（N）。

8.3.2.4　高强度螺栓接头摩擦面的处理和检验方法

1. 处理方法

高强螺栓接头摩擦面的处理方法很多，其抗滑移系数也不同，常用的处理方法有下列各种：

（1）喷砂（喷丸）法

用0.3～0.4N/mm²的压缩空气，通过砂罐、喷枪，把直径0.2～2.5mm的天然石英砂、金刚砂或铁丸均匀喷到钢材表面，使钢材呈浅灰色的毛糙面。砂子要烘干，其摩擦系数可达0.6～0.8。

喷砂是摩擦面处理质量最好的一种方法。但要注意风压和砂子的硬度，如风压不够，砂子硬度较差，虽然也能除去钢材表面的铁锈污垢，但达不到要求的毛糙面。

（2）砂轮打磨法

用金刚砂轮按构件受力方向的垂直方向打磨，使构件呈银灰色的毛糙面，其摩擦系数可以达到0.6～0.8。砂轮打磨处理摩擦面，劳动强度大，卫生条件差，生产效率低，而且有时因砂轮时间过长，使摩擦形成的毛刺经高温退火，进而影响摩擦系数。一般地，只在构件数量不多，局部处理时用。

砂轮打磨处理摩擦面切忌使用树脂砂轮，树脂砂轮打磨，可以除去钢材表面的铁锈及污垢，但达不到要求的摩擦系数。

（3）火焰处理法

用氧炔焰或喷灯烘烤钢材表面，除去铁锈油污，这种方法实际上是使用钢材轧制的自然表面直接作为抗滑移面，火焰能去掉钢材表面的浮锈污垢，其抗滑移系数可达到0.25～0.35。重要结构和受力大的接头，一般不采用。

（4）酸洗法

把需要处理的构件放到酸液槽中，通过酸液的化学作用，把钢材表面的铁锈污垢去掉，并达到要求的毛糙程度。然后放到中和池，用清水把钢材表面的残酸洗净。这种处理方法其抗滑移系数可以达到0.5～0.7。

由于担心酸洗后构件表面，特别是组合构件夹缝中的残酸不易去净，致使构件产生严重的锈蚀，因此钢结构设计规范中已排除了酸洗处理摩擦面的方法。

（5）喷砂、酸洗、砂轮打磨后生锈处理法

用喷砂、砂轮打磨、酸洗方法处理后的摩擦面，让其生锈成赤锈面，安装时用软棉麻织物拭去表面浮锈，其抗滑移系数可达到 0.6～0.8。

（6）喷砂后涂无机富锌漆方法

先在钢材表面用喷砂方法处理后，在摩擦面上涂刷无机富锌漆。其抗滑移系数可达 0.4～0.5。

这种工艺一般在露天结构如桥梁工程中应用较多。目前国内高层建筑钢结构中很少应用。

上述各种高强螺栓连接摩擦面处理方法所能达到的抗滑移系数还与摩擦面的钢材品种有关，在国家行业标准 JGJ 82—2011《钢结构高强度螺栓连接技术规程》中给出了各种不同工艺即材料情况下可以可靠达到的摩擦面抗滑移系数供设计取值之用，见表 8-3-103 和表 8-3-104。

钢材摩擦面的抗滑移系数 μ   表 8-3-103

连接处构件接触面的处理方法		构件的钢号			
		Q235	Q345	Q390	Q420
普通钢结构	喷砂（丸）	0.45	0.50		0.50
	喷砂（丸）后生赤锈	0.45	0.50		0.50
	钢丝刷清除浮锈或未经处理的干净轧制表面	0.30	0.35		0.40
冷弯薄壁型钢结构	喷砂（丸）	0.40	0.45	—	—
	热轧钢材轧制表面清除浮锈	0.30	0.35	—	—
	冷轧钢材轧制表面清除浮锈	0.25	—	—	—

注：1. 钢丝刷除锈方向应与受力方向垂直；

    2. 当连接构件采用不同钢号时，μ 应按相应的较低值取值；

    3. 采用其他方法处理时，其处理工艺及抗滑移系数值均应经试验确定。

涂层摩擦面的抗滑移系数 μ   表 8-3-104

涂层类型	钢材表面处理要求	涂层厚度（μm）	抗滑移系数
无机富锌漆	Sa2 $\frac{1}{2}$	60～80	0.40*
锌加底漆（ZINGA）			0.45
防滑防锈硅酸锌漆		80～120	0.45
聚氨酯富锌底漆或醇酸铁红底漆	Sa2 及以上	60～80	0.15

注：1. 当设计要求使用其他涂层（热喷铝、镀锌等）时，其钢材表面处理要求、涂层厚度以及抗滑移系数均应经试验确定；

    2. *当连接板材为 Q235 钢时，对于无机富锌漆涂层抗滑移系数 μ 值取 0.35；

    3. 防滑防锈硅酸锌漆、锌加底漆（ZINGA）不应采用手工涂刷的施工方法。

2. 检验方法

（1）试件

高强螺栓接头摩擦面抗滑移系数检验的试件由两块芯板和两块盖板组成，按照 JGJ

82—2011《钢结构高强度螺栓连接技术规程》推荐形式加工，见图 8-3-40。

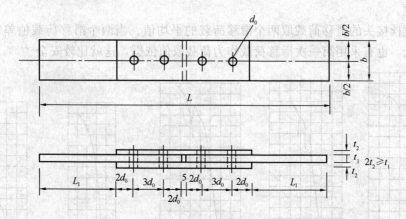

图 8-3-40　高强螺栓接头摩擦面抗滑移系数试验试件

注：图中 d_0 为螺栓孔直径，$b \leqslant 4d_0$，$L_1 = 140mm$（或视试验机要求）。

抗滑移系数检验用试件由钢结构制作工厂加工，试件与所代表的构件为同一材质、同一摩擦面处理工艺、同时制作，使用同一性能等级的高强螺栓连接副，并在相同条件下同批发运。

抗滑移系数试件的设计应考虑摩擦面在滑移之前，试件钢板的净截面仍处于弹性状态。

（2）试验的方法及合格判定

抗滑移系数试验应以钢结构制作检验批为单位，由钢结构加工厂和安装现场分别进行。每一检验批三组试件。单项工程中构件的摩擦面选用两种或两种以上表面处理工艺时，每种表面处理工艺均应进行试验检验。

抗滑移系数 μ 应按下式计算，其计算结果应精确到小数点后两位。

$$\mu = \frac{N}{n_f \cdot \Sigma P_t} \qquad (8\text{-}3\text{-}10)$$

式中　N——滑移荷载；

　　　n_f——传力摩擦面数目，$n_f = 2$；

　　　P_t——高强度螺栓预拉力实测值（误差小于或等于 2%），试验时控制在 $0.95P \sim$
　　　　　 $1.05P$ 范围内；

　　　ΣP_t——与试件滑动荷载一侧对应的高强度螺栓预拉力之和。

抗滑移系数检验的最小值必须大于或等于设计规定值。当不符合上述规定时，构件的摩擦面应重新处理，处理后的构件摩擦面应重新检验。

（3）抗滑移系数试验过程

当试件放到拉力机上张拉试验时，第一阶段处于弹性变形范围；继续加载时，试件的一边先达到滑移荷载极限值，芯板和盖板产生滑移。试验机是用油压加载的，当滑移产生时，应力急剧下降，当螺栓和孔壁钢板接触时，滑移停止，应力继续增加；到接头另一边达到滑移荷载极限值时，产生第二次滑移。两次滑移均发出很大响声。第二次滑移后，另一边钢板和螺栓接触，继续加载时，螺栓压着的钢板产生塑性变形，螺孔拉成椭圆形，这时的受力已超出高强螺栓连接的范围，试验结束。图 8-3-41 是高强螺栓试件试验时的应力应变曲线。

高强螺栓接头的滑移荷载取两个滑移荷载的平均值。当两个滑移荷载值差数较大时，安全度降低。也有采用第一次滑移荷载作为荷载取值依据，这就比较安全。

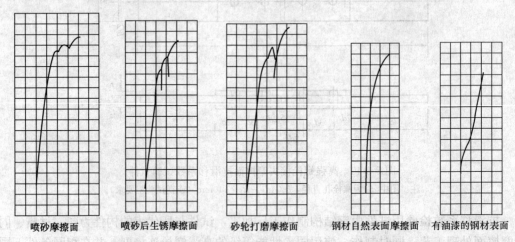

喷砂摩擦面　　　　　喷砂后生锈摩擦面　　　　砂轮打磨摩擦面　　　　钢材自然表面摩擦面　　　有油漆的钢材表面

图 8-3-41　　高强螺栓接头试件拉伸试验应力应变曲线

上图曲线较清楚的表现出摩擦面的传力作用，图中右侧两种摩擦系数低的情况下，荷载始终由螺栓抗剪承担。

8.3.2.5　高强度螺栓的延迟断裂和防止措施

高强螺栓连接的钢结构建筑物，在承载初期没有任何异常现象。经过一段时间（数月、数年）后，在外观不见有任何变形的情况下，高强螺栓会突然产生脆性断裂，使整个建筑物遭到毁坏。

高强螺栓的延迟断裂也叫滞后破坏，在常温、静载下产生，一般发生在材料抗拉强度大于 $1200 \sim 1300 N/mm^2$ 的高强度钢材制成的高强螺栓。调查资料发现，高强螺栓使用的钢材强度越高，发生延迟断裂的可能性就越大。

高强度螺栓发生延迟断裂的原因较为复杂。国内外相关研究认为，高强螺栓突然发生脆性破坏，实际是钢材表面细微裂纹逐渐展开所导致的突然断裂。它是受钢材强度、材料质量、环境介质等多种因素的综合影响造成的，是氢脆裂纹和应力腐蚀裂纹发展的结果。

1. 氢脆裂纹

钢在冶炼过程中，甚至在使用过程中，氢都会侵入钢中。氢在钢中不与铁产生化合物，而是以气体状态或分子状态存在于钢的晶格介面、钢中夹杂物、极细微内裂纹的不连续处，或以氢离子状态存在于钢的晶格间。这种氢会使钢产生裂纹或使裂纹扩大，氢脆性裂纹在钢中呈现白点，特别是焊接高强度钢时，钢中易产生焊接裂纹。钢中含氢量大时，即使无外力作用，也往往会产生内裂纹。氢腐蚀产生的高强螺栓延迟断裂和钢的氢腐蚀脆性破坏，两者的切口是极为相似的。

钢材低温回火处理 200℃ 长时间均匀加热，氢会从钢中溢出，时间越长，延迟断裂的敏感性就越低。

2. 应力腐蚀裂纹

钢材的表面缺陷,在晶界偏析、夹杂物等不连续处,会形成极微小电池。局部形成阳极,在阴极则产生氢,钢被慢慢熔解产生凹痕,即使在钢中没有应力时,也会产生这种凹痕。当外部荷载作用下,就会在这些凹痕处产生应力集中,成为产生裂纹的初始点。经长时间的作用,就会诱发氢脆裂纹。如果高强螺栓处在较湿的环境中且有腐蚀性气体时,应力腐蚀造成延迟断裂的可能就增大。

影响延迟断裂的其他因素有温度的影响。环境温度越高,越能产生延迟断裂。应力分布不均匀,应力集中越大,就越可能产生延迟断裂。制作高强螺栓的钢中,碳、磷、铅等化学元素含量越高及钢中非金属夹杂物越多,越能引发延迟断裂。

检验延迟断裂最可靠的方法是通过试验。但在建筑结构上直接试验是不可行的,因为试验需要很长时间,一般要 3~4 年,长的达 7~8 年。采用的快速试验法,也要 2~3 年。

3. 防止延迟断裂的措施

进行热处理,以低温150~200℃、24h 回火处理,可以改善高强螺栓抗延迟断裂的性能。

高强螺栓材料的抗拉强度在 $1000 \sim 1200 \text{N/mm}^2$ 以下时,产生延迟断裂的可能性极小。因此国内外都把高强螺栓的材料级别控制在 1100N/mm^2 以下。

8.3.2.6 高强螺栓连接设计和节点构造要求

1. 设计计算一般规定

(1) 高强螺栓设计采用的极限状态和正常使用极限状态准则,承载能力极限状态和正常使用极限状态应符合下列规定:

1) 抗剪摩擦型连接的连接件之间产生相对滑移;

2) 抗剪承压型连接的螺栓或连接件达到剪切强度或承压强度(正常使用极限状态下连接件之间应产生相对滑移);

3) 沿螺杆轴线方向受拉连接的螺栓或连接件达到极限承载力(正常使用极限状态下连接件之间应产生相对分离);

4) 需要抗震验算的连接,其螺栓或连接件达到极限承载力。

(2) 高强螺栓连接设计,宜符合连接强度不低于构件的原则。

2. 与高强螺栓连接工作环境有关的设计计算规定

(1) 当高强螺栓连接的环境温度为100℃~150℃时,其承载力应降低 10%。高强螺栓连接长期受辐射热(环境温度)达 150℃以上或短时间受火焰作用时,应采取隔热降温措施予以保护。当构件采用防火涂料进行防火保护时,其高强螺栓连接处的涂料厚度不应小于相邻构件的涂料厚度。

(2) 直接承受动力荷载重复作用的高强螺栓连接,当应力变化的循环次数等于或大于 5×10^4 次时,应按现行国家标准《钢结构设计规范》GB 50017 中的有关规定进行疲劳验算,疲劳验算应符合下列原则:

1) 抗剪摩擦型连接可不进行疲劳验算,但其连接处开孔主体金属应进行疲劳验算;

2) 沿螺杆轴向抗拉为主的高强螺栓连接在动力荷载重复作用下,当荷载和杠杆力引起螺栓轴向拉力超过螺栓受拉承载力 30%时,应对螺栓拉应力进行疲劳验算;

3) 对进行疲劳验算的受拉连接,应考虑杠杆力作用的影响;宜采取加大连接板厚度等加强连接刚度的措施，使计算所得撬力不超过荷载外拉力值的 30％；

4）栓焊并用连接应按全部剪力由焊缝承担的原则，对焊缝进行疲劳验算。

（3）当结构有抗震设防要求时，高强螺栓连接应按现行国家标准《建筑抗震设计规范》GB 50011 等相关标准进行极限承载力验算和抗震构造设计。

3. 高强螺栓连接设计的禁忌

（1）承压型高强螺栓连接不得用于直接承受动力荷载重复作用且需要进行疲劳计算的构件连接，也不得用于连接变形对结构承载力和刚度等影响敏感的构件连接；承压型高强螺栓连接不宜用于冷弯薄壁型钢构件连接；

（2）在同一连接接头中，高强螺栓连接不应与普通螺栓连接混用。承压型高强螺栓连接不应与焊接连接并用。

4. 高强螺栓连接设计的构造要求

（1）每一构件在高强螺栓连接节点及拼接接头的一端，其连接的高强螺栓数量不应少于两个；

（2）高强螺栓直径与制孔、盖板的构造要求：

1）高强螺栓与孔径的匹配见表 8-3-105。承压型连接螺栓孔径不应大于螺栓公称直径 2mm。不得在同一个连接摩擦面的盖板和芯板同时采用扩大孔型（大圆孔、槽孔）。

高强度螺栓连接的孔型匹配（mm）   表 8-3-105

螺栓公称直径			M12	M16	M20	M22	M24	M27	M30
孔型	标准圆孔	直径	13.5	17.5	22	24	26	30	33
	大圆孔	直径	16	20	24	28	30	35	38
	槽孔	长度 短向	13.5	17.5	22	24	26	30	33
		长度 长向	22	30	37	40	45	50	55

2）当盖板（夹板）按大圆孔、槽孔制孔时，应增大垫圈厚度或采用孔径与标准垫圈相同的连续垫板。垫圈或连续垫板厚度应符合下列规定：

M24 及以下规格的高强螺栓连接副，垫圈或连续垫板厚度不宜小于 8mm；

M24 及以上规格的高强螺栓连接副，垫圈或连续垫板厚度不宜小于 10mm；

冷弯薄壁型钢结构的垫圈或连续垫板厚度不宜小于连接板（芯板）厚度。

3）高强螺栓孔距和边距的规定见表 8-3-106。

高强螺栓孔距和边距最小值规定   表 8-3-106

名称	位置和方向			最大容许间距（两者较小值）	最小容许间距
中心间距	外排（垂直内力方向或顺内力方向）			$8d_0$ 或 $12t$	$3d_0$
	中间排	垂直内力方向		$16d_0$ 或 $24t$	
		顺内力方向	构件受压力	$12d_0$ 或 $18t$	
			构件受拉力	$16d_0$ 或 $24t$	
	沿对角线方向			—	
中心至构件边缘距离	顺力方向			$4d_0$ 或 $8t$	$2d_0$
	切割边或自动手工气割边				$1.5d_0$
	轧制边、自动气割或锯割边				

注：1. d_0 为高强度螺栓连接板的孔径，对槽孔为短向尺寸；t 为外层较薄钢件的厚度；

    2. 钢板边缘与刚性构件（如角钢、槽钢等）相连的高强度螺栓的最大间距，可按中间排的数值采用。

4）设计布置螺栓时，应考虑工地专用施工工具的可操作空间要求。常用扳手可操作空间尺寸宜符合表 8-3-107 的要求。

施工扳手可操作空间尺寸 表 8-3-107

扳手种类		参考尺寸（mm）		示 意 图
		a	b	
手动定扭矩扳手		$1.5d_0$ 且不小于 45	$140+c$	
扭剪型电动扳手		65	$530+c$	
大大六角电动扳手	M24 及以下	50	$450+c$	
	M24 以上	60	$500+c$	

5. 高强螺栓连接的材料与设计指标值

高强度大六角头螺栓（性能等级 8.8S 和 10.9S）连接副的材质、性能等应符合下列现行国家标准《钢结构用高强度大六角头螺栓》GB/T 1228、《钢结构用高强度大六角螺母》GB/T 1229、《钢结构用高强度垫圈》GB/T 1230、《钢结构用高强度大六角头螺栓、大六角螺母、垫圈技术条件》GB/T 1231 的规定。

扭剪型高强度螺栓（性能等级 10.9S）连接副的材质、性能等应符合现行国家标准《钢结构用扭剪型高强度螺栓连接副》GB/T 3632 的规定。

承压型高强度螺栓连接的强度设计值见表 8-3-108。

承压型高强度螺栓连接的强度设计值（N/mm²） 表 8-3-108

螺栓的性能等级、构件钢材的牌号和连接类型			抗拉强度 f_t^b	抗剪强度 f_v^b	承压强度 f_c^b
承压型连接	高强度螺栓连接副	8.8s	400	250	—
		10.9s	500	310	—
	连接处构件	Q235	—	—	470
		Q345	—	—	590
		Q390	—	—	615
		Q420	—	—	655

每一个高强度螺栓的预拉力设计取值见表 8-3-109。

一个高强度螺栓的预拉力 P（kN） 表 8-3-109

螺栓的性能等级	螺栓规格						
	M12	M16	M20	M22	M24	M27	M30
8.8s	45	80	125	150	175	230	280
10.9s	55	100	155	190	225	290	355

高强螺栓连接的极限承载力取值应符合现行国家标准《建筑抗震设计规范》GB

50011 的有关规定。

8.3.2.7 高强螺栓连接相关质量允许偏差

高强度螺栓连接相关质量允许偏差见表 8-3-110～表 8-3-113。

高强螺栓连接构件制孔允许偏差（mm）　　　　　　　　　表 8-3-110

公称直径			M12	M16	M20	M22	M24	M27	M30
孔型	标准圆孔	直径	13.5	17.5	22.0	24.0	26.0	30.0	33.0
		允许偏差	+0.43 0	+0.43 0	+0.52 0	+0.52 0	+0.52 0	+0.84 0	+0.84 0
		圆度	1.00				1.50		
	大圆孔	直径	16.0	20.0	24.0	28.0	30.0	35.0	38.0
		允许偏差	+0.43 0	+0.43 0	+0.52 0	+0.52 0	+0.52 0	+0.84 0	+0.84 0
		圆度	1.00				1.50		
	槽孔	长度　短向	13.5	17.5	22.0	24.0	26.0	30.0	33.0
		长向	22.0	30.0	37.0	40.0	45.0	50.0	55.0
		允许偏差　短向	+0.43 0	+0.43 0	+0.52 0	+0.52 0	+0.52 0	+0.84 0	+0.84 0
		长向	+0.84 0	+0.84 0	+1.00	+1.00	+1.00	+1.00	+1.00
中心线倾斜度			应为板厚的3%，且单层板应为2.0mm，多层板叠组合应为3.0mm						

高强螺栓连接构件孔距允许偏差（mm）　　　　　　　　　表 8-3-111

孔距范围	<500	501～1200	1201～3000	>3000
同一组内任意两孔间	±1.0	±1.5	—	—
相邻两组的端孔间	±1.5	±2.0	±2.5	±3.0

注：孔的分组规定：
　　1. 在节点中连接板与一根杆件相连的所有螺栓孔为一组；
　　2. 对接接头在拼接板一侧的螺栓孔为一组；
　　3. 在两相邻节点或接头间的螺栓孔为一组，但不包括上述1、2两款所规定的孔；
　　4. 受弯构件翼缘上的孔，每米长度范围内的螺栓孔为一组。

高强度大六角头螺栓连接副扭矩系数平均值及标准偏差值　　　　表 8-3-112

连接副表面状态	扭矩系数平均值	扭矩系数标准偏差
符合现行国家标准《钢结构用高强度大六角头螺栓、大六角螺母、垫圈技术条件》GB/T 1231 的要求	0.110～0.150	≤0.0100

注：每套连接副只做一次试验，不得重复使用。试验时，垫圈发生转动，试验无效。

扭剪型高强度螺栓连接副紧固轴力平均值及标准偏差值　　　　表 8-3-113

螺栓公称直径		M16	M20	M22	M24	M27	M30
紧固轴力值 （kN）	最小值	100	155	190	225	290	355
	最大值	121	187	231	270	351	430
标准偏差（kN）		≤10.0	≤15.4	≤19.0	≤22.5	≤29.0	≤35.4

注：每套连接副只做一次试验，不得重复使用。试验时，垫圈发生转动，试验无效。

8.3.2.8 高强度螺栓连接的安装施工

该部分内容详见"8.6.9 高强度螺栓施工工艺"。

8.3.3 普通螺栓连接

普通螺栓连接是用普通粗制螺栓和螺母把两个构件机械地连接在一起的方法。由于螺栓和螺栓孔有间隙，承载后结合部之间会滑动，引起结构的较大变形。为此，一般受力较大的工程和动荷载工程，采用了精制螺栓，规定螺栓孔和螺栓杆的直径差不得大于 0.2～0.5mm。或者使螺栓孔和螺栓杆直径相等，用打入法安装螺栓。但由于精制螺栓加工费用高，施工难度大，因此目前应用得很少。一般普通螺栓在建筑结构中多用来作临时螺栓使用。如焊接结构安装时，接头先用普通螺栓定位，在构件位置校正后，焊好焊缝，普通螺栓不再取下。在高强螺栓连接中，普通螺栓作为定位用的临时螺栓，当构件位置校正并穿入部分高强螺栓后，再换下普通螺栓。

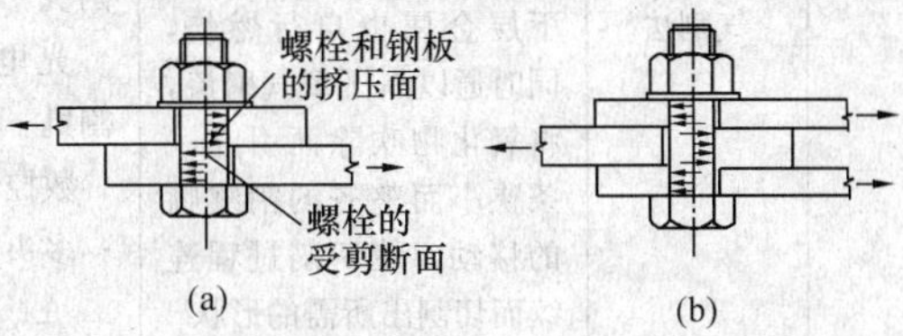

普通螺栓连接的强度计算，只计算螺栓杆的剪应力。

普通螺栓的受力状态，见图 8-3-42。

图 8-3-42 普通螺栓的受力状态
(a) 单剪；(b) 双剪

由于粗制螺栓的丝扣长度要求不太严格，为了适应各种厚度板层的连接，螺栓杆往往制成丝扣，这样螺栓在受力时，丝扣棱角先达到屈服，加之螺栓杆在螺栓孔内的间隙，使结构变形加大。因此在重要钢结构和荷载较大的钢结构工程中一般不使用。

8.4 钢结构制造、安装的机具设备

8.4.1 加工设备

钢结构加工设备主要包括以下几个工艺过程所需设备有：钢材的分离——切割；钢材（钢构件）的变形及矫正；钢材的边缘加工（坡口、端面加工及制孔）；钢构件零件的组合连接——焊接；钢构件的表面处理——摩擦面加工及防腐涂装。

8.4.1.1 切割设备

见表 8-4-1。

钢结构加工常用切割方法及设备和特点 表 8-4-1

序号	切割方法	切割的原理	切割机械	特点
1	机械切割法	1. 利用上下两剪刀的相对运动来切断钢材	剪板机联合冲剪机型钢冲剪机	剪切速度快，效率高，能剪切厚度<30mm 的钢材；缺点是切口略粗糙，下端有毛刺，切口有冷作硬化区
		2. 利用锯片的切削运动把钢材分离	弓锯床	可以切割角钢、圆钢和各类型钢
			带锯床	用于切割角钢、圆钢和各类型钢，切割速度较快且精度也较好
			圆盘锯床	切割速度较慢，但切割精度高，主要用于柱、梁等型钢的切割，设备的费用也较高
		3. 利用锯片与工件间的摩擦发热使金属熔化而被切断	摩擦锯床	切割速度快，应用广，但切口不光洁，噪声大
			砂轮切割机	砂轮锯能切割不锈钢及各种合金钢等

序号	切割方法	切割的原理	切割机械	特点
2	气割法	利用氧气与可燃气体混合产生的预热火焰加热金属表面到燃烧温度，并使金属发生剧烈的氧化，放出大量热量促使下层金属也自行燃烧，同时通以高压氧气射流，将氧化物吹除而引起一条狭小而整齐的割缝的移动，使切割过程连续而切割出所需的形状	手工割炬割切；半自动气割机、特型气割机 光电跟踪气割机 数控气割机 多头气割机	能够切割各种厚度的钢材，设备灵活，费用经济，切割精度也高，是目前使用最广泛的切割方法
3	等离子切割法	利用高温高速的等离子焰流将切口处金属及其氧化物熔化并吹掉来完成切割	手工割炬 自动切割机	切割速度、切割精度比气割高，切缝更窄。可切割不锈钢、铸铁、碳钢、合金钢及铜、铝等有色金属。切割产生的热变形小

　　金属可进行气割分离的条件：①金属在氧气中的燃点低于熔点；②金属氧化物的熔点低于金属本身的熔点；③金属在燃烧时能释放出较多热量；④金属的导热性不能过高。基于以上条件，铁和低碳钢可顺利进行气割，高碳钢则气割困难。铸铁、不锈钢及铜铝等有色金属不能气割分离。

　　1. 手工气割枪（割炬）

　　手工割炬分射吸式（JB/T 6970，图 8-4-1、表 8-4-2 和表 8-4-3）和等压式（JB/T 7947、图 8-4-2、表 8-4-4 和表 8-4-5）两种。两种割炬均可根据作业需要更换割嘴，射吸式割炬适用于底、中压乙炔，等压式适用于中压乙炔。等压式割嘴不易发生回火，且可用于半自动和自动切割机。

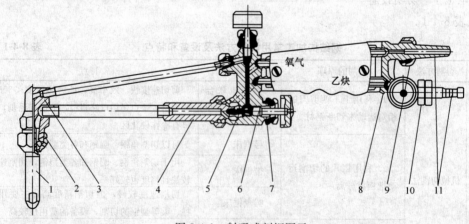

图 8-4-1　射吸式割炬图示

1—割嘴；2—割嘴螺母；3—割嘴接头；4—射吸管；5—喷嘴；6—氧气阀针；7—中部主体；
8—后部接体；9—氧气螺母；10—乙炔螺母；11—氧气软管、乙炔软管

射吸式手工割枪性能表 表 8-4-2

规格型号	切割厚度 （mm）	氧气消耗量 （m³/h）	乙炔消耗量 （L/h）	氧气工作 压力（MPa）	乙炔工作 压力（MPa）	可换割 嘴数	割嘴孔径 （mm）	总长 （mm）
G01-30	2～30	1～2.6	520～650	0.20～0.30	0.001～0.1	3	0.7～1.1	500
G01-100	30～100	2.40～7.40	600～900	0.30～0.50	0.001～0.1	3	1.0～1.6	550
G01-300	100～300	10.5～25	1050～2000	0.50～1.00	0.001～0.1	4	1.8～3.0	650

射吸式割嘴型号规格 表 8-4-3

型 号	GOl-30			GOl-100			GOl-300			
割嘴号	1	2	3	1	2	3	1	2	3	4
切割氧气孔径（mm）	0.7	0.9	1.1	1.0	1.3	1.6	1.8	2.2	2.6	3.0
氧气工作压力（MPa）	0.20	0.25	0.30	0.30	0.40	0.50	0.50	0.65	0.80	1.0
乙炔工作压力（MPa）	0.001～0.1									
切割厚度（mm）	2～10；19～20；20～30			10～25；25～50；50～100			100～200；150～200； 200～250；250～300			
重量（kg）	0.55			0.66			0.80			

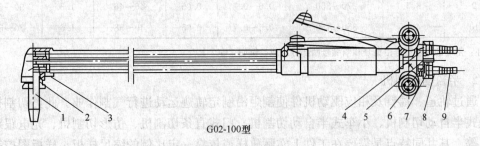

G02-100型

图 8-4-2 等压式割炬图示

1—割嘴；2—割嘴螺母；3—割嘴接头；4—氧气接头螺纹；5—氧气接头螺母；
6—氧气软管接头；7—乙炔接头螺纹；8—乙炔接头螺母；9—乙炔软管接头

等压式割炬型号及主要技术参数 表 8-4-4

型号	结构 形式	割嘴 号码	切割氧 孔径 （mm）	切割低碳钢 最大厚度 （mm）	气体压力（MPa）		可见切割氧流长度 （不小于） （mm）	割炬总 长度 （mm）
					氧气	乙炔		
G02-100 等压式割炬		1	0.7	3～100	0.2	0.04	60	550
		2	0.9		0.25	0.04	70	
		3	1.1		0.3	0.05	80	
		4	1.3		0.4	0.05	90	
		5	1.6		0.5	0.06	100	
G02-300 等压式割炬	等压式	1	0.7	3～300	0.2	0.04	60	650
		2	0.9		0.25	0.04	70	
		3	1.1		0.3	0.05	80	
		4	1.3		0.4	0.05	90	
		5	1.6		0.5	0.06	100	
		6	1.8		0.5	0.06	110	
		7	2.2		0.65	0.07	130	
		8	2.6		0.8	0.08	150	
		9	3.0		1.0	0.09	170	

等压式割嘴技术参数

表 8-4-5

割嘴号	切割氧孔径 (mm)	切割钢板厚度 (mm)	工作压力		气体消耗量		气割速度 (mm/min)
			氧气	乙炔	氧气	乙炔	
			(MPa)		(m³/h)		
00	0.8	5～10	0.2～0.3	0.03	0.9～1.3	0.34	600～450
0	1.0	10～20	0.2～0.3	0.03	1.3～1.8	0.34	480～380
1	1.2	20～30	0.25～0.35	0.03	2.5～3.0	0.47	400～320
2	1.4	30～50	0.25～0.35	0.03	3.0～4.0	0.47	350～280
3	1.6	50～70	0.3～0.4	0.04	4.5～6.0	0.62	300～240
4	1.8	70～90	0.3～0.4	0.04	5.5～7.0	0.62	260～200
5	2.0	90～120	0.4～0.5	0.04	8.5～10.5	0.62	210～170
6	2.4	120～160	0.4～0.5	0.05	12～15	0.78	180～140
7	3.0	160～200	0.5～0.6	0.05	21～24.5	1.0	150～110
8	3.2	200～270	0.5～0.6	0.05	26.5～32	1.0	120～90
9	3.5	270～350	0.6～0.7	0.05	40～46	1.3	90～60
10	4.0	350～450	0.6～0.7	0.05	49～58	1.6	70～50

注：割嘴的完整型号由型号和割嘴号两部分组成。例如，G02-3。

2. 半自动切割机

通过轨道、摇臂及相应驱动机件使割炬沿制定轨迹运动进行气割作业。此类切割机有手扶式半自动切割机、小车式半自动切割机、门式直条切割机、仿形切割机、光电跟踪切割机等。其共同特点是需要在工件上实际放样或依靠一定比例的缩尺样板、样板图控制切割轨迹。

（1）手扶式半自动切割机

手扶式半自动切割机重量轻、切割面质量好、价格低。主要用于切割厚度 50mm 以内的各种零件及坡口加工。工作时切割机由电机驱动，由操作者扶住手柄按切割线导向操纵，配备导轨时可自动切割直线，配以半径杆可切割圆形零件。见表 8-4-6。

手扶式半自动切割机主要技术参数

表 8-4-6

型 号	GCD2-150	CG-7	QG-30
电源电压（V）	220（AC）	220（AC）或 12（DC，0.6A）	220（AC）
氧气压力（kPa）	—	300～500	—
乙炔压力（kPa）	—	≥30	—
切割板厚（mm）	5～150	5～50	5～50
割圆直径（mm）	50～1200	65～1200	100～1000
切割速度（mm/min）	5～1000	75～850	0～760
外形尺寸（mm）	430×120×210	480×105×145	410×250×160
切割机重量（kg）	9	4.3	6.5
说 明	配有长 1m 导轨	配有长 0.6m 导轨	

（2）小车式半自动切割机（图 8-4-3）

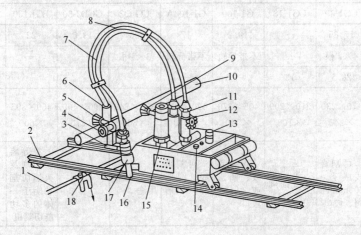

图 8-4-3　CG1-30 小车式半自动切割机

1—半径杆；2—导轨；3—夹持器；4—割炬升降手轮；5—割炬横移
手轮；6—升降杆；7—氧气软管；8—乙炔软管；9—齿条横移手轮；
10—带齿条横移杆；11—乙炔接头；12—氧气接头；13—电源插座；
14—调速旋钮；15—压力开关；16—割嘴；17—割炬；18—定位架

　　小车式半自动切割机是一种通用机械切割设备。主要用于切割直线和加工坡口，可安装两个割嘴用于条板切割，因板条两侧同时切割加热可避免侧弯变形。加半径杆也可切割圆弧。见表 8-4-7。

小车式半自动切割机主要技术参数　　　　表 8-4-7

型　号		CG1-30	CG1-18	G1-100	G1-100A	CG-Q2	GCD2-30	BGJ-150	GD1-3050
切割厚度 （mm）		5～100	5～150	10～100	10～100	6～150	5～100	5～150	氧-乙炔切割 8～100 等离子切割 6～20
割圆直径 （mm）		200～2000	500～2000	540～2700	50～1500	30～1500	—	>150	200～2000
切割速度范围 （mm/min）		50～750	50～1200	190～550	50～650	0～1000	50～750	0～1200	50～2800
配用割嘴号		1～3	1～5	1～3	1～3	—	0～3	1～5	1～3
割炬调节 范围 （mm）	垂直	—	—	55	150		140		
	水平	—	—	150	200	400	250	—	
电源电压 （AC）（V）		220	220	220	220	220	220	220	220
电动机	型号	S261	Z15/60- 220	S261	S261	S261	—	—	S261
	电压 （V）	110	—	110	110	110	24（DC）	—	110
	功率 （W）	24	15	24	24	24	20		24

续表

型　号		CG1-30	CG1-18	G1-100	G1-100A	CG-Q2	GCD2-30	BGJ-150	GD1-3050
重量 （kg）	机器	17.85	—	19.2	17	20	13.5	22	20
	导轨	4×2根	—	不带导轨	不带导轨	3×1根	—	—	5～8
	总重量	28.5	13	—	—	—	—	—	28.5
外形尺寸 长×宽×高 （mm）		470×230 ×240	310×200 ×100	405×370 ×540	420×440 ×310	320×240 ×300	300×400 ×270	450×395 ×600	470×230 ×240
说明		可割直线或φ＞200mm圆周、坡口	可割直线或圆周以及坡口	可割直线、圆形或＜10°坡口	可割直线和圆形及V形坡口	平面多用途		集等离子切割及火焰切割功能于一体的多功能切割机	

（3）仿形气割机（图8-4-4）

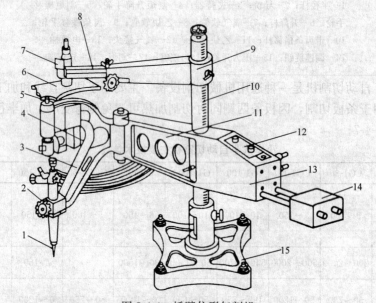

图 8-4-4　摇臂仿形气割机

1—割嘴；2—割嘴调节架；3—主臂；4—驱动电机；5—磁性滚轮；6—样板；7—连接器；
8—固定样板调节杆；9—横移架；10—竖柱；11—基臂；12—控制盘；
13—速度控制箱；14—平衡锤；15—底板

也称靠模切割机，利用驱动电磁滚轮沿着靠模（铜质样板）边沿滚动并带动割炬进行仿形切割。适合具有一定批量的同形中、小尺寸零件切割加工。见表8-4-8。

仿形气割机主要技术参数　　　　　表8-4-8

型　号		CG2-150	G2-1000	G2-900	G2-3000	1K-54D	CG2-100	G5-100
切割 范围 （mm）	板厚	5～100	5～60	10～100	10～100	3～100	5～45	5～100
	最大直线长度	1200	1200	—	—	1200	—	—
	最大正方 形边长	500	1060	900	1000	1200	—	—

续表

型　号		CG2-150	G2-1000	G2-900	G2-3000	1K-54D	CG2-100	G5-100
切割范围 (mm)	最大长 方形	400×900 450×750	750×460 900×410 1200×260	—	3200×350	500×1200	500 宽， 任意长 (B 型)	—
	最大直径	600	620，1500	930	1400	700	—	—
切割速度 调节范围 (mm/min)		50～750	50～750	100～660	108～722	100～1000	—	100～900
切割精度 (mm)		±0.4 椭圆≤1.5	≤±1.75	±0.4	±0.4	±0.5		
配用割嘴号		1～3	1～3	1～3	1～3	102（乙炔） 106（丙烷）	1～3	1～3
电源电压 (AC)（V）		220	220	220	220	220	220	220
电动机	型号	S261	S261	S261	S261	15W5000 PM	55SZ01	40ZYW5
	电压（V）	110	110	110	110	—	—	—
	功率（W）	24	24	24	24	15	20	20
机器重量 (kg)	平衡锤 重量	9	2.5	—	—	—		5.1，3.9， 2.6
	总重量	40	38.5	400	200	33	10.6 （机身）	10.5 （机身）
外形尺寸 (mm)		1190× 335×800	1325× 325×800	1350× 1500× 1800	2200× 1000× 1500	1260× 685×550	261× 424×346	261×423 ×341
说　明				摇臂式	摇臂式	携带式	携带式	携带式

注：1K-54D 便携式仿形气割机由日本小池酸素工业株式会社生产。

（4）光电跟踪切割机（图 8-4-5）

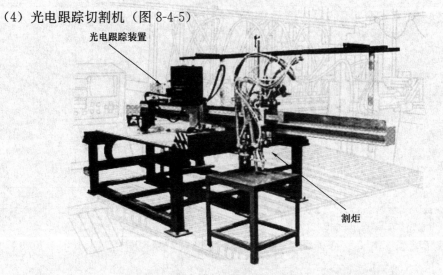

图 8-4-5　光电跟踪切割机

光电跟踪切割机是以图样和光电跟踪装置代替靠模的仿形切割机。以光电跟踪装置依零件的1∶10或1∶5缩尺比例图样驱动割炬进行零件切割。割炬安装在单个或双悬臂梁上。可切割零件尺寸较大，适用于多品种同形零件的切割加工。见表8-4-9。

光电跟踪切割机主要技术参数 表 8-4-9

型 号		UXC/NCE280-12.5	UXC/NCE280-15	UXC/NCE280-15/20	CM95
切割宽度（mm）	单割炬切割	1250	1500	1500	3000
	双割炬切割	2×625	2×750	2×1000	可8个割炬切割
直线切割宽度（mm）	最大	1250（1500）	1500（1750）	2000	3000
	最小	95	95	95	95
切割圆弧直径（mm）	最大	1000	1000	1000	
	最小	150	150	150	
切割厚度（mm）	单割炬切割	3～200	3～200	3～200	160
	3割炬切割	3～125	3～125	3～125	
切割速度范围（mm/min）		100～3000	100～3000	100～3000	0～1000
跟踪台面宽度（mm）		1250	1500	1500	
轨长		标准有3m、4m，可按每2m一段加长			
切割机外形尺寸（长×宽×高）（mm）		750×3200×2100	750×3700×2100	750×4200×2100	
应用燃气切割		乙炔、丙烷、天然气			氧-乙炔或丙烷
应用等离子弧切割		配用 MAX100 等离子弧切割机			
		输入电源：AC，380V，三相			
		输出：DC，120V，100A			

注：CM95 切割精度，纵、横向均不大于1mm。

（5）门式多头直条气割机（图 8-4-6）

图 8-4-6 门式多头直条气割机

门式气割机的门架上装有成组割炬，门架在轨道上行走带动割炬对门架跨中的钢板进行切割。门架两面均装有割炬，可分别进行板边坡口加工和切割。门架跨度 3～20m，大型门式气割机最多可配有 50 个割炬。门式气割机切割精度高，可替代机械刨边，功效高，板条下料变形小，应用广泛。见表 8-4-10。

HGM 型系列门式气割机主要技术参数 表 8-4-10

型 号	HGM3000	HGM4000	HGM5000
驱动方式	单侧驱动	单侧驱动	双侧驱动
轨距（m）	3	4	5
有效切割宽度（m）	2.5	3.5	4.5
轨长（m）	10	12	14
有效切割长度（m）	7.5	9.5	11.5

3. 数控切割机——自动切割机（图 8-4-7）

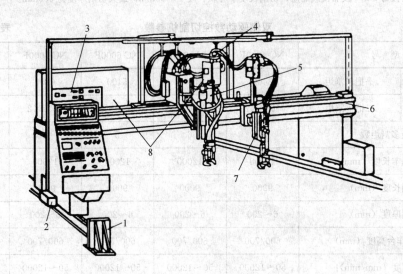

图 8-4-7 数控切割机

1—导轨和挡板；2—纵向导轨及驱动组件；3—气体及空气集流器；4—管道；5—横向台车及驱动组件；
6—横梁及挡板；7—割炬组件及垂直拖板；8—电气箱

数控切割机是由切割机上电脑控制驱动割炬纵、横向移动完成工件的切割。切割机的控制电脑可以读取设计的电子图纸文件，从而实现了 CAM。数控切割机省去了工件划线、制作靠模或加工图样的工序，实现了自动切割，完成各种复杂形状零件的切割。还可以实施套料、割缝补偿和号料等多种功能，并能在显示器上实时显示切割进程，对切割长度和时间进行统计。常见的数控切割机外形上接近龙门式气割机，由于割炬可在 X、Y 两方向运动。割炬数量少于门式切割机。见表 8-4-11、表 8-4-12。

单侧驱动数控切割机参数（NCS 切割机） 表 8-4-11

型 号		NCS-2100F	NCS-2600F	NCS-3100F	NCS-3600F	NCS-4000F
切割宽度（mm）	一把单割炬	1500	2000	2500	3000	3400
	二把单割炬	700×2	950×2	1200×2	1450×2	1650×2

续表

型　号	NCS-2100F	NCS-2600F	NCS-3100F	NCS-3600F	NCS-4000F
最多割炬数	4	4	4	4	4
导轨基本长度（mm）	12000	12000	12000	12000	12000
切割长度（mm）	9000	9000	9000	9000	9000
切割厚度（mm）	6～200	6～200	6～200	6～200	6～200
切割工作台高度（mm）	600/700	600/700	600/700	600/700	600/700
运行速度（mm/min）	50～12000	50～12000	50～12000	50～12000	50～6000
自动点火装置	有	有	有	有	有
驱动方式	单边驱动	单边驱动	单边驱动	单边驱动	单边驱动
燃气种类（可选）	乙炔/丙烷	乙炔/丙烷	乙炔/丙烷	乙炔/丙烷	乙炔/丙烷

注：导轨可按每2m一段加长或缩短；切割长度＝导轨长度－3000mm；最大切割厚度为300mm。

双侧驱动数控切割机参数　　　　　　　　　表 8-4-12

型　号		NC-4000F	NC-5000F	NC-6000F	NC-7000F	NC-8000F
切割宽度（mm）	一把单割炬	3400	4400	5400	6200	7200
	二把单割炬	1650×2	2150×2	2650×2	3050×2	3550×2
最多割炬数		6	6	6	6	6
导轨基本长度（mm）		12000	12000	12000	12000	12000
切割长度（mm）		9000	9000	9000	9000	9000
切割厚度（mm）		6～200	6～200	6～200	6～200	6～200
切割工作台高度（mm）		600/700	600/700	600/700	600/700	600/700
运行速度（mm/min）		50～12000	50～12000	50～12000	50～12000	50～6000
自动点火装置		有	有	有	有	有
驱动方式		双边驱动	双边驱动	双边驱动	双边驱动	双边驱动
燃气种类（可选）		乙炔/丙烷	乙炔/丙烷	乙炔/丙烷	乙炔/丙烷	乙炔/丙烷

注：导轨可按每2m一段加长或缩短；切割长度＝导轨长度－3000mm；最大切割厚度为300mm。

4. 钢材的锯切

钢材的锯切是由高速运动的高强合金钢锯片对固定的钢材（工件）进行切削完成的。钢材在切削过程中不发生融化因此称为"冷锯"（砂轮锯等摩擦锯为"热锯"）。常见锯床有圆盘锯床和带锯床。加装数控及其执行机构后即为数控锯床，可实现加工件的自动进给和定尺、定位夹紧，斜角切割。

（1）圆盘锯床

主要用于型材切断，切割精度高，可切割型材断面尺寸受限于锯片半径尺寸。见表8-4-13。

圆盘锯床技术参数　　　　　　　　　　表 8-4-13

项目		单位	型　号			
			G607	G608	G6010	G6014
锯盘直径		mm	710	800	1010	1430
最大切削能力	圆钢	mm	240	280	350	500
	方钢	mm	220	250	300	350
	槽钢	mm	40♯	40♯	60♯	60♯
	工字钢	mm	40♯	40♯	60♯	60♯
转速		r.p.m	4.75 6.75 9.5 13.5	4.75 6.75 9.5 13.5	2 3.15 5 8.1 12.4 20	1.46 2.37 4.04 5.78 9.31 15.88
进给速度（液压无极调速）		mm/min	25～400	15～400	12～400	12～400
电机总功率		kW	7.125	9.65	14.15	18.15
机床外形尺寸（长×宽×高）		cm	235×130×180	268×210×122	298×160×210	368×194×236
机床净重		kg	3600	5000	6200	10000

（2）卧式带锯床

利用高强度金属环状带锯条进行连续切割，切削效率可达 $80cm^2/min$。断面质量及精度远好于气割。适合于各类型材切割。见表 8-4-14。

卧式带锯床技术参数　　　　　　　　　表 8-4-14

机床型号		G42100A	G4280	G42100×130A	G42130×160	单位
最大锯削能力	棒料	$\phi1000$	$\phi800$	$\phi1000$	$\phi1300$	mm
	型材	1000×1000	800×800	1300×1000	1300×1600	mm
带锯条规格		54×1.6×11400	65×1.6×8400	67×1.6×12000	67×1.6×12400	mm
带锯条速度		10～60			10～60	m/min
主电机功率		11	11	11	15	kW
工作台面高度		680	540	680	680	mm
机床外形尺寸（L×W×H）		7000×5250×3035	5600×3925×2806	7000×5800×3035	7000×6100×3820	mm
净重		20000	10000	25000	32000	kg

5. 钢材的剪切

剪切是通过两剪刃相对运动，剪切剪刃间的钢板，钢板在剪切力的作用下发生塑性变形，在两刃口部位产生应力集中而出现裂纹，当两刃口处裂纹发展连通时钢板被剪断分离。上、下剪刃间必须有合理间隙，间隙过小会加大剪切力使机械受损且板料的断裂部位挤压破坏；间隙过大则使板料在剪切处产生变形形成较大毛刺。间隙的尺寸取决于材料的强度和厚度，对于低碳钢约取材料厚度的 2%～7%。剪切刃口两端的间隙大于刃口中部的间隙。剪板机种类很多，按传动方式分为机械和液压两种，按其工作性质又可分为直线和曲线两类。建筑钢结构加工中常用剪板机为直线剪板机。剪板机生产效率高，切口光洁，适用于薄板、中板切割。

（1）龙门剪板机

龙门剪板机可剪切较宽钢板，切口较平直。以液压动力驱动上切架运动，并以数控装置自动调节控制剪切尺寸挡板位置，则称为数控液压龙门剪板机。见表8-4-15。

龙门剪板机型号及性能参数　　　　表 8-4-15

型　　号	技术参数						电机功率（kW）	产量（t）	外形尺寸（长×宽×高）（mm）
	剪板尺寸（mm）	剪切角度	空行程次数（次/min）	切口深度（mm）	后挡料架调节范围（mm）	材料强度（MPa）			
Q11-6×2500	6×2500	2°30′	33		460	≤500	7.5	6.5	3600×2250×2110
Q11-8×2000	8×2000	2°	40		20～500	500	10	5.5	3270×1765×1530
Q11-10×2500	10×2500	2°30′	16		0～400	500	15	8	3420×1720×2030
Q11-12×2000	12×2000	2°	40	230	5～800	≤500	17	8.5	2100×3140×2358
Q11-13×2500	13×2500	3°	28	250	700	450	13	13.3	3720×2565×2450
Q11-20×2000	20×2000	4°15′	18		80～750	470	30	20	4180×2930×3240
Q11-25×3800	25×3800	4°7′	6	16	50		70	85	6700×4920×5110

注：Q11-20×2000、Q11-25×3800 为液压剪板机。

（2）数控液压剪板机

剪切角和刃口间隙均可数控，精密无极调节，获得的工件切口平整、光洁无毛刺。见表8-4-16。

数控液压剪板机型号及性能参数　　　　表 8-4-16

技术参数	型　　号			
	QC11K	QC11K	QC11K	QC12K
	6×2500	8×5000	12×8000	4×2500
可剪最大板厚（mm）	6	8	12	4
被剪板料强度（MPa）	≤450	≤450	≤450	≤450
可剪最大板宽（mm）	2500	5000	8000	2500
剪切角	0.5°～2.5°	50′～1°50′	1°～2°	1.5°
后挡料最大行程（mm）	600	800	800	600
主电机功率（kW）	7.5	18.5	45	5.5
外形尺寸（长×宽×高）（mm）	3700×1850×1850	5790×2420×2450	8800×3200×3200	3100×1450×1550
机器重量（10³kg）	5.5	17	70	4

（3）联合冲剪机（图8-4-8）

联合冲剪机是一种综合了金属剪切、冲孔、剪板、折弯等多种功能的机床设备，具有操作简便、能耗少、维护成本低等优点。联合冲剪机目前有双联动联合冲剪机和普通型联合冲剪机两种。

双联动联合冲剪机：多工位同时工作、智能温控冷却系统、自动压料剪切。

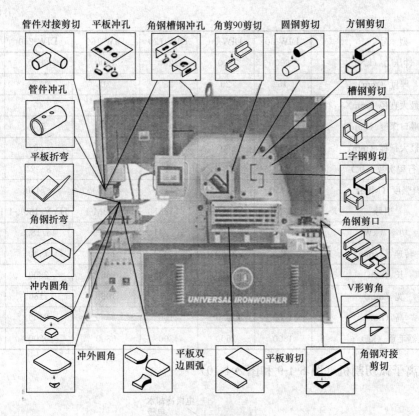

图 8-4-8　联合冲剪机

普通型联合冲剪机：单工位工作、无冷却系统、手动压料剪切，见表 8-4-17。

联合冲剪机型号参数　　　　　　　　　　　　　表 8-4-17

	型　号	DIW-60	DIW-90	DIW-120	DIW-160	DIW-200	DIW-250
板材剪切	剪切压力（kN）	600	900	1200	1600	2500	3000
	一次行程可剪扁钢厚×宽（mm）	16×250	20×330	25×330	30×350	35×380	40×400
	可剪最大规格（mm）	8×400	10×480	16×600	20×600	25×700	30×750
	刀片长度（mm）	410	485	620	610	710	760
	刀片角度（mm）	7	8	8	8	8	8
型材剪切	方钢边长（mm）	40	45	50	55	60	65
	圆钢直径（mm）	45	50	60	65	75	80
	槽钢（mm）	120	160	200	280	300	320
	工字钢（mm）	120	160	200	280	280	320
	等边角钢90°剪切（mm）	100×10	140×12	160×14	180×16	200×16	200×20
模剪	厚度（mm）	8	10	12	16	16	18
	宽度（mm）	57	80	80	60	100	120
	深度（mm）	100	100	100	100	105	120

续表

型　号		DIW-60	DIW-90	DIW-120	DIW-160	DIW-200	DIW-250
冲孔	冲压力（kN）	600	900	1200	1600	2000	2500
	厚度（mm）	16	20	25	30	35	35
	最大直径（mm）	25	30	35	35	40	45
	喉口深度（mm）	300	355	400	600	550	550
	最大行程（mm）	80	80	80	80	80	100
	行程次数（次）	8	8	8	8	8～24	8～24
	材料强度（MPa）	≤450	≤450	≤450	≤450	≤450	≤450
电动机	型号	Y112M2-4	Y132M2	Y132M4	Y160M-4	HYY2160L-4	HYY2160L-4
	功率（kW）	4/5.5	5.5/7.5	7.5/11	11/15	15/18.5	18.5/22
	转速（r/min）	1440	1440	1440	1460	1440	1460
外形尺寸	长（mm）	1650	1950	2350	2680	2800	3000
	宽（mm）	800	900	980	1060	1160	1440
	高（mm）	1780	1930	2100	2380	2400	2450
	机器毛重（kg）	1800	2600	4800	6800	9200	12800

6. 等离子弧切割机（图 8-4-9 和图 8-4-10）

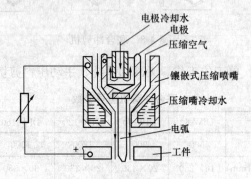

图 8-4-9　等离子弧割嘴示意图

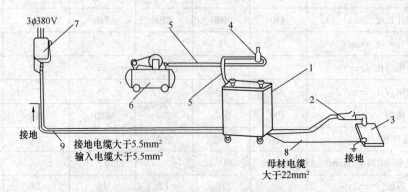

图 8-4-10　等离子切割机组成示意图

1—电源；2—割嘴；3—工作；4—空气稳压过滤器；

5—空气管；6—空气压缩机；7—接电盒；8—母材电缆；9—电源接地线

等离子切割是利用能产生 $15000\sim30000℃$ 高温的等离子弧为热源使工件熔化，同时由电弧周围的气流作用形成高压射流将熔渣吹除，形成狭窄割缝将材料分离。等离子弧切割能量密度大，弧柱温度高，弧流流速大，穿透能力强，热影响区小，切割速度快，成本低，安全、稳定可靠。除可切割钢材外，尚可切割不锈钢、铜铝等有色金属与非金属（如陶瓷）。切割速度比气割高，割缝窄。综合使用成本低。见表 8-4-18。

国产非氧化性等离子切割机主要技术参数　　　　　　　表 8-4-18

型　号		LG-400-1	LG3-400	LG3-400-1	LG-500	LG-250
额定切割电流（A）		400	400	400	500	250
引弧电流（A）		30～50	40	—	50～70	—
工作电压（V）		100～150	60～150	75～150	—	150
额定负载持续率（%）		60	60	60	60	60
钨极直径（mm）		5.5	5.5	5.5	6	5
切割厚度（mm）	碳素钢	80	—		150	10～40
	不锈钢	80～100	40	60	150	10～40
	铝	80～100	60		150	—
	纯铜	50	40		100	—
电源	型号	ZXG2-400	AX8-500	—		
	台数	1	2～4	—		
	输入电压（三相）（V）	380	380	380	380	380
	空载电压（V）	330	120～300	125～300	100～250	250
	工作电流范围（A）	100～500	125～600	140～400	100～500	80～320
	控制箱电压（V）	220（AC）	220（AC）	—		
工作气体及流量（L/min）	氮气纯度（%）	99.9 以上	—	99.99	99.7	
	引弧	6.7	12～17		6.3	
	主电弧	50	17～58	67	67	
冷却水流量（L/min）		3 以上	1.5	4	3	

7. 碳弧气割（图 8-4-11）

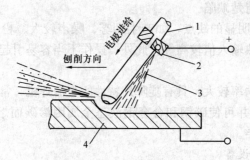

图 8-4-11　碳弧气刨工作原理
1—电极；2—刨钳；3—压缩空气气流；4—刨件

碳弧气刨是利用在碳棒与工件之间产生的电弧热将金属熔化，同时用压缩空气将这些熔化金属吹掉，从而在金属上刨削出沟槽的一种热加工（切割）工艺。

（1）工艺特点（表8-4-19、表8-4-20）

标准碳弧气刨炬技术参数　　　　表 8-4-19

型号	使用电流（A）	加持力（N）	外形尺寸（mm）	重量（kg）
JG 86-01	≤600	30	275×40×106	0.7
TH-10	≤500	30	—	—
JG-2	≤700	30	235×32×90	0.6
78-1	≤600	机械紧固	278×45×80	0.5

注：1. 上述气刨炬适用范围：圆碳棒 $\phi4\sim\phi10$（mm）；矩形碳棒：$4×12\sim5×20$（mm）；

2. 78-1 型配备碳棒夹头，供选用：碳棒夹头直径为 4、5、6、7、8、10（mm），矩形夹头为 $4×12\sim5×20$（mm）。

圆碳棒工作参数　　　　表 8-4-20

工件厚度（mm）	4～6	7～9		10～16		＞16
碳棒直径（mm）	$\phi4$	$\phi5$	$\phi6$	$\phi8$	$\phi10$	$\phi12$
电流（A）	120～150	150～250	180～300	250～400	450～600	550～700
槽宽（mm）	5～6	6～7	7～9	10～12	12～14	15～16
槽深（mm）	～3	～5	～6	～7	～8	～8
压缩空气压力			0.4～0.6（MPa）			

1）与用风铲或砂轮相比，效率高，噪声小，并可减轻劳动强度。

2）与等离子弧气刨相比，设备简单，压缩空气容易获得且成本低。

3）由于碳弧气刨是利用高温而不是利用氧化作用刨削金属的，因而不但适用于黑色金属，而且还适用于不锈钢、铝、铜等有色金属及其合金。

4）由于碳弧气刨是利用压缩空气把熔化金属吹去，因而可进行全位置操作；手工碳弧气刨的灵活性和可操作性较好，因而在狭窄工位或可达性差的部位，碳弧气刨仍可使用。

5）在清除焊缝或铸件缺陷时，被刨削面光洁铮亮，在电弧下可清楚地观察到缺陷的形状和深度，故有利于清楚缺陷。

6）碳弧气刨也具有明显的缺点，如产生烟雾、噪声较大、粉尘污染、弧光辐射、对操作者的技术要求高、热输入值较高等。此外，操作不当容易引起槽道增碳。

（2）电源要求

碳弧气刨一般采用功率较大，具有陡降外特性的直流焊机，常选用直流反接（工作接负极），这样电弧稳定，并可使碳钢和合金钢液态金属因渗碳而熔点降低，流动性增加，刨槽宽窄均匀，表面光洁。

8.4.1.2　调直整平设备

1.（卧式）油压矫正弯曲机

工作原理：矫正弯曲机上液压缸输出的推力施加在工件上，再通过工件另一侧间隔可调整的滑块传递到矫正弯曲机工作台（矫直梁）上，由此在工件上产生弯矩。调整液压缸的推力和滑块间距，即可调整工件上的弯矩，当工件上由弯矩产生的应力超过材料的弹性极限时，工件被调直或产生所需的弯曲变形。适用于焊接构件焊后弯曲变形的矫正及型钢的小曲率弯曲加工。其性能见表 8-4-21。

油压矫正弯曲机（200T，315T）性能参数		表 8-4-21
型　号	200T	315T
公称压力（kN）	2000	3150
液压最大工作压力（kN/m²）	25000	32000
滑块最大行程（mm）	450	550

滑块速度（mm/min）	工作	300	270
	控程	1250	6600
	回程	5300	7200

冲头与支撑垫间的调整距离（mm）	75～525	100～650
矫直梁工作范围（m）	1.5	1.5
电机功率（kW）	0.8	
外形尺寸（长×宽×高）（mm）	3600×2440×1480	4645×3455×2120
重量（kg）	9675	16195

2. 单臂（单柱）液压机（图 8-4-12）

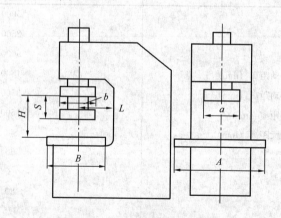

图 8-4-12　单臂液压机示意图

单臂液压机是广泛使用的通用机械，用来做型钢的矫直或型钢及钢板的弯曲成型时就是"立式液压矫正弯曲机"。见表 8-4-22。

单臂液压机规格和技术参数					表 8-4-22
技术参数	规　格				
	1600	3150	5000	8000	12500
垂直缸公称力（kN）	1600	3150	5000	8000	12500
回程缸公称力（kN）	20	40	63	100	160
垂直缸工作行程 S（mm）	600	800	1000	1200	1400
压头下平面至工作台面最大距离 H（mm）	1100	1500	1900	2300	2600

技术参数	规　格				
	1600	3150	5000	8000	12500
压头中心至机壁距离 L（mm）	1000	1300	1600	1800	2000
压头尺寸 $a×b$（mm）	850×600	1200×1000	1500×1200	1600×1800	2000×2200
工作台面尺寸 $A×B$（mm）	1200×1200	1800×1800	2300×2500	2600×3000	3200×3600
最大工作速度（mm/s）	10	10	10	10	10
空程下降速度（mm/s）	100	100	100	100	100
回程速度（mm/s）	80	80	80	80	80
工作液体压力（MPa）	20	20	20	25	25
水平缸公称力（kN）		630	1000	1600	2500
水平缸工作行程（mm）		700	800	900	1000
主电机功率（kW）	18.5	45	75	2×55	2×90

3. 龙门式移动液压机

工程压力为 5000kN。用于型板、厚板、焊接构件整形矫平矫直。见表 8-4-23。

龙门式移动液压机技术参数　　　　　　　　　　表 8-4-23

项　　目	参　　数
公称压力（kN）	5000
工作台有效宽度（mm）	2500
工作台有效长度（mm）	5000
压头在工作台宽度方向移动距离（mm）	1800
压头在工作台长度方向移动距离（mm）	3500
上模座下平面到工作台面距离（mm）	1500
压头垂直方向向下移动最大距离（mm）	800
下行最大速度（mm/s）	60
压头慢速下行速度（mm/s）	3
压头返程速度（mm/s）	80
活动横梁移动速度（mm/s）	175
小车移动速度（mm/s）	120
主电动机功率（kW）	18.5
副液压系统电动机功率（kW）	5.5
活动横梁移动电动机功率（kW）	0.75×2
小车移动电动机功率（kW）	0.75
工作台顶出缸最大顶起高度（mm）	100
工作台顶出缸最大顶起公称压力（kN）	8×30
外形尺寸（长×宽×高）（mm）	6450×7230×6580（含扶梯）
机器总重（kg）	7280
电源电压（V）	380±10％
产地	天水锻压机床有限公司

4. 辊式板材矫平机

工作原理：加工件在辊式矫直机上通过多个交错排列的辊子，经受多次反复弯曲而得到矫直。见图 8-4-13。

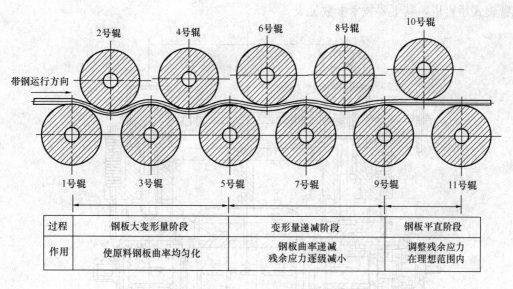

过程	钢板大变形量阶段	变形量递减阶段	钢板平直阶段
作用	使原料钢板曲率均匀化	钢板曲率递减 残余应力逐级减小	调整残余应力 在理想范围内

图 8-4-13 辊式矫平机原理示意图

辊式矫直机的特点：矫直矫平质量好，生产效率高。不仅可以矫直工件的单向弯曲，对于钢板的翘曲也可矫平；各类板材、管材、型材工件均可使用相应类别的辊式矫直机矫正。见表 8-4-24。

国产某型系列辊式板材矫平机技术参数   表 8-4-24

产品规格	最大矫平板宽 (mm)	最大矫平板厚 (mm)	最小矫平板厚 (mm)	板材屈服极限 (MPa)	辊距 (mm)	辊径 (mm)	工作辊辊数 (个)	矫平速度 (m/min)	主电机功率 (kW)	矫平精度 (mm/m²)
12×2600	2600	12	3	360	175	160	13	9	2×37	1
20×1200	1200	20	5	245	200	180	11	8.5	2×15	1
20×2000	2000	20	5	245	250	220	9	10	2×26	1
20×2500	2500	20	5	245	250	220	9	10	2×26	1
32×1300	1300	32	6	360	400	350	7	9	2×15	1
30×3000	3000	30	6	345	320	300	7	6	2×26	1
40×2500	2500	40	10	345	400	340	7	6	2×26	1
40×3000	3000	40	10	345	400	340	7	6	2×26	1
50×3000	3000	50	12	345	500	420	7	6	2×52	1
60×2500	2500	60	12	345	500	420	7	6	2×52	1

5. 型材辊式矫直机（图 8-4-14、图 8-4-15）

型材辊式矫直机在结构上分闭式和开式（悬臂式）两种。闭式矫直机可承受负荷大，但换辊操作不方便。开式结构的矫直辊在机器一侧悬臂布置，换辊方便。目前较常用的是悬臂辊式矫直机，其主要技术参数见表 8-4-25。

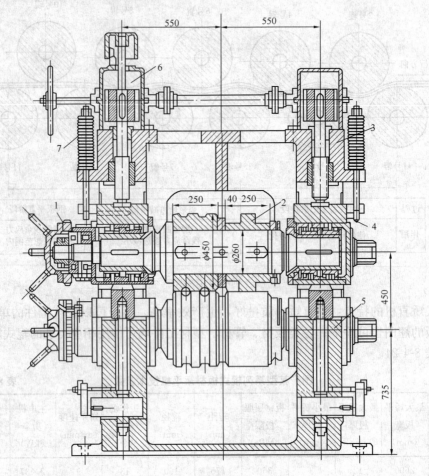

图 8-4-14　闭式结构辊式矫直机构造图示

1—轴向调整螺母；2—辊套；3—上机架；4—轴承座；5—下机架；6—压下装置；7—弹簧平衡装置

悬臂式型钢矫直机主要技术参数　　　　　　　　表 8-4-25

型号	辊距 （mm）	轴数 （个）	调节距离		最大塑距 弯曲力矩 （kN·m）	可矫直型钢最大尺寸或规格						最大矫 直速度 （m/s）	传动 功率 （kW）	轴向 调整 方式
			垂直	水平		圆钢	方钢	钢轨	角钢	槽钢	工字钢			
			（mm）			mm	mm	kg	#	#	#			
YJ-800	800	7+1	250	50	106	130	115	38	22	36	36	1.5	—	电动
YJ-800	800	9+1	250	50	106	130	115	38	22	36	36	1.5	—	电动

6. H 型钢液压矫正机

H 型钢液压矫正机是对 H 型钢翼缘焊后变形的矫平矫正，其技术参数见表 8-4-26。

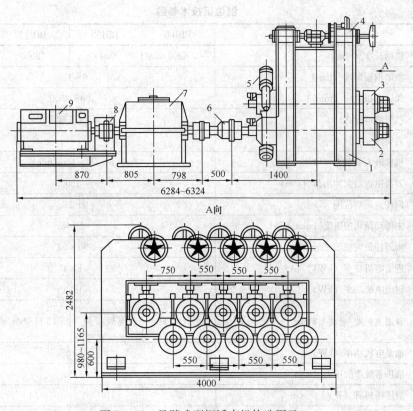

图 8-4-15 悬臂式型钢矫直机构造图示

1—机架；2—下矫直辊；3—上矫直辊；4—压下装置；5—轴向调整装置；
6—联轴器；7—减速机；8—齿形联轴器；9—主电机

YJ-60H 型钢液压矫正机的主要技术参数表　　　　　表 8-4-26

机床总功率	31.9kW	主电机功率	22kW
主压轮压力	1600kN	液压系统压力	21MPa
矫正机主压轮最大行程	115mm	减速机最大扭矩	25kN·m
适合工作尺寸	翼板宽度	250～800mm	
	腹板高度	350～1500mm	
	翼板厚度	15～60mm（Q235）	
	腹板厚度	6～35mm	

8.4.1.3 边缘加工设备

边缘加工设备用于加工构件组焊前钢板端部的各类坡口，去除毛刺以及有顶紧要求的构件端面加工（如钢柱柱底与柱脚板接触面、箱型柱柱端等）。

1. 刨边机和铣边机

刨边机以刨刀沿加工工件边沿直线往复运动完成边缘加工，切削力大，为防止工件移位，刨边机上均有压梁用于固定工件；铣边机是以旋转的铣刀盘沿工件边沿运动完成加工，因而切削加工效率更高，且上压梁施加较小的压力即可固定工件完成切削作业。无压梁铣边机采用电磁铁固定工件。技术参数见表 8-4-27 及表 8-4-28。

刨边机技术参数　　　　　　　　　　　　　　　　表 8-4-27

型　号		BBJ06	BBJ09	BBJ12	BBJ16
加工 参数	刨削长度（mm）	6000	9000	12000	16000
	加工钢板厚度（mm）	6～120			
	加工钢板宽度（mm）	300～2500			
刨削 参数	刨削坡口形式	V、U（任意形式）			
	刀架数	2			
	机床最大牵引力（kN）	60（V=10m/min）			
	刀架拖板最大伸出量（mm）	150			
	回转角调整范围（°）	±25°			
	主传动箱切削速度（mm/min）	2～15			
	刨刀杆最大截面（mm²）	50×50			
	进给电机功率（kW）	1×4			
	刨削电机功率（kW）	18.5			
上料 形式	普通上料架/电动上料架	7只/4只	10只/5只	13只/7只	17只/9只
压脚	油泵电机功率（kW）	5.5			
	液压系统单缸压力（kN）	≥35			
	液压压料脚（只）	7	10	14	17
	机械压脚（只）	8	11	15	18

铣边机技术参数　　　　　　　　　　　　　　　　表 8-4-28

参数　　　　型号	型　号						
	XBJ04	XBJ06	XBJ09	XBJ12	XBJ14	XBJ16	XBJ18
铣削长度（mm）	4000	6000	9000	12000	14000	16000	18000
加工钢板厚度（mm）	5～100						
铣削角度（°）	0°～60°						
铣削水平最大行程（mm）	≥150						
铣削垂直最大行程（mm）	≥150						
行走变频调速（m/min）	0.1～0.5						
快速进退（m/min）	3000						
主轴转速（rpm）	80～650						
液压压脚（只）	5	7	10	13	15	17	19
机械压脚（只）	6	8	11	14	16	18	20
单缸压力（kN）	35						
加工表面粗糙度	Ra3.2～12.5						
支撑平台距地面高度（mm）	900						

2. 端面铣床

钢结构构件端部（如柱底）要求与连接接触面铣平顶紧或构件端部截面加工精度较高时，需使用端面铣床（又称端面镗铣床）加工。由于建筑钢结构构件尺度较大，不易使用机加工行业常用的动台式端面铣床，而是将待加工构件置于固定的工作台上，使用"立柱移动落地式端面镗铣床"进行端面铣平加工，也可使用"落地式端面镗铣床"加工。端面铣床见图 8-4-16（a）和图 8-4-16（b）。表 8-4-29 为国内某企业出产的"立柱移动落地式

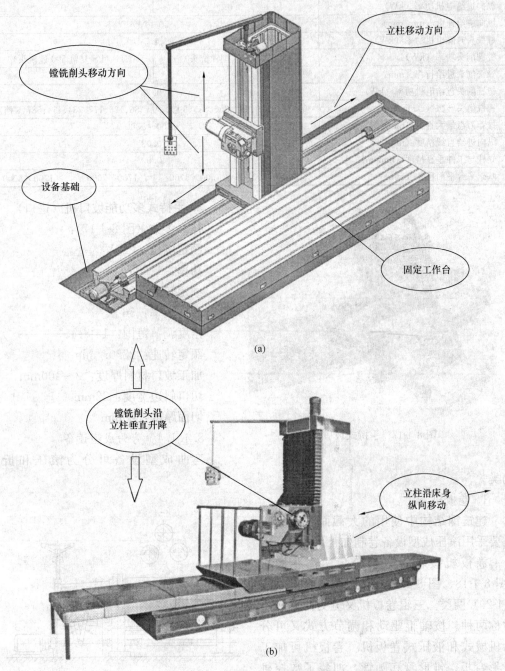

图 8-4-16　立柱移动式端面镗铣床

端面镗铣床"技术参数。

立柱移动落地式端面镗铣床技术参数 表 8-4-29

型 号	XD-DX1530	XD-DX1540	XD-DX1850	XD-DX1860
床身尺寸（mm）	4700×930×400	5700×930×400	6850×1080×450	7850×1080×450
立柱尺寸（mm）	880×1100×2500	880×1100×2500	1030×1250×3000	1030×1250×3000
立柱纵向行程（mm）	3000	4000	5000	6000
镗铣头垂直行程（mm）	1500		1800	
纵向进给电机功率（kW）	3.0		4.0	
纵向进给速度（mm/min）	50～700			
镗铣头升降电机功率（kW）	1.5			
镗铣削头功率（kW）	5.5（BS-V5 型镗铣头）		11（BS-复轨 500 镗铣头）	
镗铣削头进给行程（mm）	400		500	
镗铣削头进给电机功率（kW）	0.75			
镗铣削头转数（r/min）	93、141、189、283、356、535（6 档）		86、125、177、284、414、587（6 档）	
推荐刀盘最大直径（mm）	φ200～φ300			
纵向进给直线精度（mm/m）	0.03			
立柱与工件垂直精度（mm/m）	0.03			
基础平台平面尺寸（mm）	1500×4700	1500×5700	1700×7000	1700×8000

图 8-4-17 手持式坡口机

3. 手持式多功能坡口机（进口）

技术参数（图 8-4-17）：

额定电压：220V

功率：1120W

额定转速：2850r/min

冲击频率：56 次/s

角度调节范围：15°～45°

额定转速：2850r/min

加工坡口材料厚度：3～100mm

切口斜边宽度：32mm

切面厚度：20mm

8.4.1.4 弯曲成型设备

弯曲成型设备可分为滚压和折弯两类。

1. 卷板机

建筑钢结构中使用的大截面圆钢管柱需要采用滚压成型设备卷制加工。

卷板机按轴辊数量分：三辊卷板机（图 8-4-18、图 8-4-19）和四辊卷板机（图 8-4-20）两类。三辊卷板机又分为对称和不对称两种。按轴辊驱动和调节方式又可分为机械式和液压式卷板机。卷板机可加工 U 形弯板、锥形管和圆管。加装了数控机

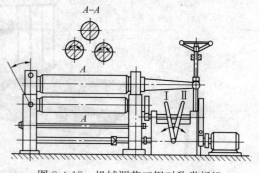

图 8-4-18 机械调节三辊对称卷板机

构的数控卷板机不仅加工效率和精度大大提高，还可加工椭圆管、多中心圆弧管等。见表8-4-30、表8-4-31。

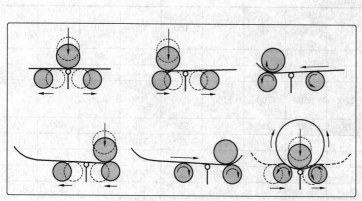

图 8-4-19　水平下调式三辊卷板机工作原理　　　　图 8-4-20　四辊卷板机工作原理

各类卷板机主要特点概览　　　　　　　　　　　　　　表 8-4-30

形式	简　图	主要特点	适用范围与条件
对称三辊		结构简单紧凑，重量轻，易于制造、维修，两侧辊可以很近。成形较准确，但剩余直边大。一般对称三辊卷板机减小剩余直边比较麻烦	配预弯设备或不要求弯边的各种卷板工作，用一般对称式；要求弯边的工作，可用带弯边垫板的对称式
不对称三辊		剩余直边小、结构较简单，但板料需调头弯边，操作不方便，辊筒受力较大，弯卷能力较小	卷制薄而短的轻型筒节（一般在 32×3000mm 以下）
四辊		板料对中方便，工艺通用性广，可以矫正扭斜、错边等缺陷，可以即位装配点焊；但辊筒多，重量和体积大，结构复杂；上下辊夹持力使工件受氧化皮压伤严重；两侧辊相距较远，对称卷圆曲率不大准确，操作技术不易掌握，容易造成超负荷率操作	重型工件的卷制以及要求自动化水平和技术水平较高的场合，如自控或仿形卷板等

常用卷板机型号和技术参数　　　　　　　　　　　　　表 8-4-31

技术参数	三　辊					四辊 W12NC		上辊数控万能卷板机 W11STNC	
	W11（机械式）			W11NC（液压）					
	1.5×1250	6×1500	20×2000B	32×3200	100×4000	25×2000	90×4000	20×8000	75×3200
最大卷板宽度（mm）	1250	1500	2000	3200	4000	2000	4000	8000	3200

续表

技术参数	三 辊					四辊 W12NC		上辊数控万能卷板机 W11STNC	
	W11（机械式）			W11NC（液压）					
	1.5×1250	6×1500	20×2000B	32×3200	100×4000	25×2000	90×4000	20×8000	75×3200
最大卷板厚度（mm）	1.5	6	20	32	100	25	90	16	65(ϕ1600)
最大预弯厚度（mm）						20	80		
板材屈服点（MPa）	245	245	245	245	245	245	245	245	
最大板宽时最小卷筒直径（mm）最大板厚	200	350	700	1100	2500	800	3000		
工作辊直径（上辊）（mm）	75	170	280	440	950	380	900	650	960
工作辊直径（下辊）（mm）	75	150	220	360	750	340	880	270	440
侧辊直径（mm）						280	700		
两下辊中心距（mm）		210	360	580	1200			460	820
卷板速度（m/min）	8.5	5.5	5.5	4.2	3	4.5	3	3.5	3.5
液压系统工作压力（MPa）				16	16	20	16	960	
电机功率（kW）	0.75	5.5	30	45	120	30	180		110
外形尺寸（长×宽×高）（m）	1.68×0.51×0.98	3.55×1×1.4	4.5×1.56×1.8	8.23×1.7×1.79	15.3×4.1×4.3	5.56×2×2.2	15×3.8×4.2		

2. 型材弯曲机

型材弯曲机主要用于较小截面的型钢冷弯，其性能参数见表 8-4-32。

型钢弯曲机性能参数   表 8-4-32

技术参数		型号 W24/W24S/W24NC					
		6	16	30	45	100	180
型材最大抗弯截面模数（cm³）		6	16	30	45	100	180
卷弯速度（m/min）		6	5	5	5	5	4
型材屈服点（N/mm²）		≤245					
角钢内弯	最大截面（mm）	40×40×5	70×70×8	90×90×10	100×100×16	125×125×14	150×150×16
	最小弯曲直径（mm）	800	1000	1200	1500	2000	2600
	最小截面（mm）	20×20×3	30×30×3	35×35×3	36×36×5	40×40×4	50×50×6
	最小弯曲直径（mm）	400	500	560	600	800	1200
角钢外弯	最大截面（mm）	50×50×5	75×75×10	90×90×10	100×100×16	125×125×14	150×150×16
	最小弯曲直径（mm）	800	1000	1000	1300	2000	2600
	最小截面（mm）	20×20×3	30×30×3	35×35×3	36×36×3	40×40×4	50×50×6
	最小弯曲直径（mm）	400	400	500	600	800	1000

续表

技术参数			型号 W24/W24S/W24NC					
			6	16	30	45	100	180
槽钢外弯		槽钢型号（cm）	8	12	18	20	28	32
		最小弯曲直径（mm）	600	800	900	1000	1200	1500
槽钢内弯		槽钢型号（cm）	8	14	18	20	28	30
		最小弯曲直径（mm）	700	900	1000	1150	1700	1800
扁钢平弯		最大截面（mm）	100×18	150×25	180×25	200×30	250×40	320×50
		最小弯曲直径（mm）	600	700	800	900	1200	1400
扁钢立弯		最大截面（mm）	50×12	75×16	90×25	100×30	120×40	180×40
		最小弯曲半径（mm）	500	760	900	1000	1200	2000
外形尺寸（长×宽×高）（m）			1.21×0.95 ×1	2.08×1.35 ×1.2	2.06×1.19 ×1.3	1.6×1.26 ×1.53	2.94×1.9 ×1.77	2.3×2.55 ×2.42

3. 板料折弯机

折弯机主要用于钢板折边、钢桥箱梁内 U 形肋、卷板前板端预弯以及 H 形或箱形断面构件折线（整体）节点的翼缘板弯折加工。被加工钢板在压力下于模具内弯折成型。按动力形式分机械式和液压式两类。板料折弯机技术参数见表 8-4-33。

板料折弯机参数

表 8-4-33

技术参数	WS67K			W$_X^E$67K		
	63/3200	160/4000	250/5000	25/1600	40/2500	250/5000
公称力（kN）	630	1600	2500	250	400	2500
工作台长度（mm）	3200	4000	5000	1600	2500	5000
立柱间距离（mm）	2780	3420	4000	1200	1950	4000
喉口深度（mm）	250	320	400	200	200	400
滑块行程（mm）	100	185	250	100	100	250
最大开启高度（mm）	320	450	560	350	300	560
主电机功率（kW）	5.5	11	18.5	3	3	18.5
机器重量（10^3kg）	6.5	12.8	22	2.2	3.2	24
外形尺寸（长×宽×高）（m）	3.25×1.35 ×2.2	4.01×2.03 ×2.71	5.25×2.05 ×4.64	1.65×1.25 ×1.8	2.5×1.27 ×1.8	5.05×2.55 ×4.15

钢结构圆管柱采用厚壁直缝管（纵缝——焊缝与柱身轴线平行）时，也采用大型数控折弯机折制加工成型。

8.4.1.5 制孔设备

钢结构构件的高强螺栓孔、轴销孔需由制孔设备加工。制孔设备主要是各类钻床，对于较薄壁厚的节点连接板亦可采用冲床冲孔加工。

1. 摇臂钻床

加工厂中最常用设备。对于同型号批量零件加工使用钻模控制加工精度，以叠钻提高加工效率。其型号、技术参数见表 8-4-34。

摇臂钻床型号及技术参数　　　　　　　　　　　表 8-4-34

钻床型号		Z3040×12/1	Z3040×16/1	Z3050×16/1	Z3063×20/1	Z3080×25	Z30100×31	Z30125×40
最大钻孔直径	mm	40	40	50	63	80	100	125
主轴中心线至立柱母线距离								
最大	mm	1250	1600	1600	2000	2500	3150	4000
最小	mm	350	350	350	450	500	570	600
主轴端面至底座工作面距离								
最大	mm	1250	1250	1220	1600	2000	2500	2500
最小	mm	350	350	320	400	550	750	750
主轴行程	mm	315	315	315	400	450	500	560
主轴锥度（莫氏）		4 号	4 号	5 号	5 号	6 号	6 号	Metric80
主轴转速范围	r/min	25～2000	25～2000	25～2000	25～1600	16～1250	8～1000	6.3～800
主轴转速级数		16	16	16	16	16	22	22
主轴进给量范围	mm/r	0.04～3.20	0.04～3.20	0.04～3.20	0.04～3.20	0.04～3.20	0.06～3.2	0.06～3.2
主轴进给量级数		16	16	16	16	16	16	16
工作台尺寸	mm	500×630	500×630	500×630	630×800	800×1000	800×1250	800×1250
主轴箱水平移动距离	mm	900	1250	1250	1550	2000	2580	3400
主电机功率	kW	3	3	4	5.5	7.5	15	18.5
机床重量	kg	3000	3500	3500	7000	11000	20000	28500
机床外型尺寸（长×宽×高）	mm	2150×1070×2840	2500×1070×2840	2500×1070×2840	3080×1250×3291	3730×1400×4025	4780×1630×4600	5910×2000×5120

注：莫氏锥度是一个锥度的国际标准，用于静配合以精确定位。由于锥度很小，利用摩擦力的原理，可以传递一定的扭矩，又因为是锥度配合，所以可以方便地拆卸。在同一锥度的一定范围内，工件可以自由的拆装，同时在工作时又不会影响到使用效果，比如钻孔的锥柄钻，如果使用中需要拆卸钻头磨削，拆卸后重新装上不会影响钻头的中心位置。

莫氏锥度有 0，1，2，3，4，5，6 七个号，见表 8-4-35。超出 6 号尺寸范围的使用公制锥度，以大端直径标注（标记为："Metric" ＋ "大端直径（mm）"），主要用于较大直径钻具。

莫氏锥度　　　　　　　　　　　　　　　　　　　　表 8-4-35

编号	大端名义尺寸（mm）	锥　　度	锥角 α
0	9.045	1：19.212＝0.05205	2°58′54″
1	12.065	1：20.047＝0.04988	2°51′26″
2	17.780	1：20.020＝0.04995	2°51′41″
3	23.825	1：19.922＝0.05020	2°52′32″
4	31.267	1：19.254＝0.05194	2°58′31″
5	44.399	1：19.002＝0.05263	2°00′53″
6	63.348	1：19.180＝0.05214	2°59′12″

2. 数控平板钻床

用于钢结构大型节点板制孔。制孔刀具由数控机构驱动变位，生产效率高，加工精度好。无需使用钻模。其基本参数见表 8-4-36。

数控平板钻床基本参数　　　　　　　　　　　　　　表 8-4-36

型　　号		PD2010/PD2010A	PD2012/PD2012A
最大工件尺寸 长×宽（mm）	1件	2000×1000	2000×1200
	2件	1000×1000	1000×1200
	4件	1000×500	1000×600
最大工件厚度（mm）		最大 80（可选 100），较薄钢板可以重叠加工	
夹紧缸个数		12	
最大钻孔直径（mm）		φ50	
主轴转速范围（r/min）		130～560，变频器无级调速	
机床总功率（kW）		11/12	11/12
机床外形 长×宽×高（mm）		4000×1950×2790	4000×2150×2790
机床重量（kg）		5000	5500

3. 数控型钢三维钻床

数控型钢三维钻床制孔刀具由数控机构驱动变位，构件端部各面螺栓孔可一次定位同时加工，加工精度高，生产效率也极大提高。其基本参数见表 8-4-37。

数控型钢三维钻床基本参数　　　　　　　　　　　　表 8-4-37

型　　号		SMZ750	SMZ1000	SMZ1250
加工 H 型钢截面尺寸 腹高×翼宽（mm）	最大	700×400	1000×500	1250×600
	最小	200×75	200×75	200×75
钻孔直径 （mm）	垂直钻削	φ12～φ33.5	φ12～φ33.5	φ12～φ40
	水平钻削	φ12～φ31.5	φ12～φ31.5	
钻削主轴数量		上单元、固定侧、移动侧各1个，共3个		
每个主轴钻速范围（r/min）		180～650 变频调速		
进给行程 （mm）	上单元主轴	240	240	240
	左右单元主轴	150	150	180
机床总功率（kW）		20	25	28
机床外形（长×宽×高）（mm）		4430×2080×3030	4730×2080×3130	4930×2080×3230
整机重量（kg）		5800	6000	7000

4. 磁座钻（磁力钻）

对于构件上因位置特殊无法在钻床上制孔（如牛腿）或由于保证精度要求需在构件组拼焊接且校正完成后再打孔的情况，采用磁座钻打孔。磁座钻以底座上的磁铁固定在工件上，操作固定方便。工地螺栓孔修正也应采用磁座钻。其外形见图 8-4-21；其技术参数见表 8-4-38～表 8-4-40。

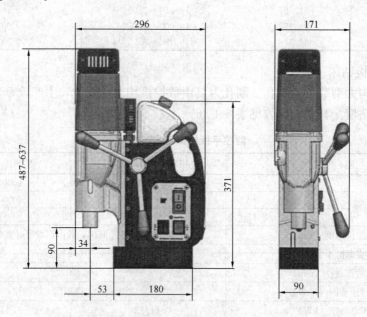

图 8-4-21　磁座钻外形

磁座钻参数（JB-T 9609—1999）　　　　　　　　表 8-4-38

型号	规格 (mm)	额定 电压 (V)	电钻主轴		磁座钻架		导板架 最大行 程 (mm) ≥	断电保护器		电磁铁 的吸力 (kN)	用　途
			输出 功率 (W) ≥	额定 转矩 (N·m) ≥	回转 角度 (°) ≥	水平 位移 (mm) ≥		保护 时间 (min) ≥	保护 吸力 (kN) ≥		
J1C-13	13	220	320	6	300	20	140	10	7	8.5	借助直流电磁铁吸附于钢铁等磁性材料工件上，运用电钻进行切削加工。它与一般电钻相比，可减轻劳动强度，提高钻孔精度，尤其适用于大型工件和高空钻孔
J1C-19 J3C-19	19	220 380	400 400	12	300	20	180	8	8	10	
J1C-23 J3C-23	23	220 380	400 500	16	60	20	180	8	8	11	
J1C-32 J3C-32	32	220 380	1000 1250	25	60	20	200	6	9	13.5	

注：1. 表中电磁铁吸力值系在厚度为 20mm 的 Q235 钢、表面粗糙度为 Ra0.8μm 的标准样块上测得；
　　2. 不带断电保护器的磁座钻，应配长度 2.5～3m 的安全带。

美国获劲磁座钻参数　　　　　　表 8-4-39

型号	取芯钻孔 （mm）	孔深 （mm）	沉头钻孔 （mm）	功率 （W）	转速 （r/min）	接柄 类型 （mm）	磁座吸 附力 （N）	磁座尺寸 （mm）	外形尺寸 （mm）	重量 （kg）
HMD908	12～38	50	10～40	920	450	19	7748	79×167	417×183×210	12.5
HMD501	12～60	75	10～60	1680	250/450	19	11419	102×203	508×121×273	20.3
HMD151	12～35	25	—	920	450	快速	9630	102×178	198×165×297	10.2

德国欧霸磁座钻参数　　　　　　表 8-4-40

型号	取芯 钻孔 （mm）	麻花 钻孔 （mm）	沉头 钻孔 （mm）	钻孔 深度 （mm）	攻丝	功率 （W）	转速 （r/min）	接柄类型	行程 （mm）	磁座 吸附力 （N）	磁座 尺寸 （mm）	重量 （kg）
32RQ 强力型	12～ 32	1～ 13	10～ 40	35	—	900	450	19mm （快速接口）	160	11000	70×180	10.5
40RQ 强力型	12～ 40	1～ 13	10～ 40	50	—	1200	两挡 250/450	19mm （快速接口）	160～260 （行程可调）	16000	80×230	16.0
60 强力型	12～ 60	3～ 32	10～ 60	50～ 100	M2～ M24	1800	四挡 110/175/ 245/385	19mm （MT3）	190～286 （行程可调）	20000	80×230	22.0
100 强力型	12～ 100	3～ 32	10～ 100	50～ 100	M30	1800	四挡 110/175/ 245/385	19mm （MT3）	245～400 （行程可调）	25000	80×230	28.0
备注：冷却系统：自动内冷；电压：230V											
32/50 实用型	12～ 32	1～ 13	10～ 40	50		1050	400	19mm （快速接口） （两点定位）	100～200 （行程可调）	8000	70×160	10.6
36/50 实用型	12～ 36	1～ 13	10～ 40	50	—	1050	400	19mm （快速接口） （两点定位）	115～295 （行程可调）	12000	95×200	15.2

8.4.1.6　钢结构表面处理设备

钢结构进行表面处理的目的：

1. 涂装前为彻底清除表面污物、氧化皮和锈蚀，增加构件表面的粗糙度，提高涂层与钢构件表面的粘接力；

2. 铸钢构件在进行表面缺陷检查和超声波探伤前需彻底清理铸件表面；

3. 高强螺栓连接节点的摩擦面达到设计要求的摩擦系数都需要对钢结构表面进行处理。

钢结构表面处理设备有抛丸机、喷砂（丸）机和角向磨光机。

1. 抛丸机

抛丸机，不以压缩空气为动力，而是以电动机械抛丸器为动力，利用抛丸器抛出的高速弹丸清理或强化金属工件表面的设备。抛丸机可清理金属工件表面的各种残留物，可对铸件进行落砂，除芯和清理等。抛丸工作示意见图 8-4-22；其技术参数见表 8-4-41。

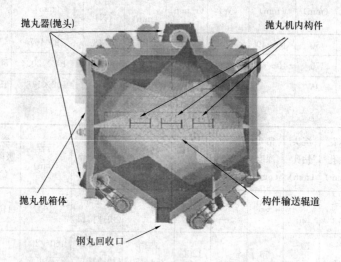

图 8-4-22　通过式抛丸机抛丸工作示意图

国产钢结构通过式抛丸机参数　　表 8-4-41

序号	型　号		QH698	QH6910	QH6912	QH6918	QH6922
1	清理工作的尺寸	mm	800×160	1000×1800	1200×2000	1500×2000	2200×2500
2	工件长度	m	10～12	10～12	10～12	10～12	10～12
3	抛丸量	kg/min	8×120	8×120	8×120	12×120	12×180
4	提升机提升量	kg/h	60000	60000	60000	13000	13000
5	分离量	kg/h	60000	60000	60000	13000	13000
6	通风量	m³/h	19000	19000	19000	30000	30000
7	辊道输送速度	m/min	0.5～3	0.5～3	0.5～3	0.5～3	0.5～3
8	功率	kW	120	120	120	150	150

注：清理工作的尺寸：抛丸机可处理的最大构件横断面外廓尺寸；

抛丸量：抛丸器（抛头）数量×抛丸器抛丸量；

提升机提升量和分离量：抛丸机钢丸输送以及抛丸作业后钢丸与氧化铁尘屑的分离能力；

通风量：抛丸机除尘通风能力；

辊道输送速度：抛丸处理速度。

2. 喷砂机

喷砂是采用压缩空气为动力，以形成高速喷射束将磨料高速喷射到需处理工件表面，磨料对工件表面的冲击和切削作用，使工件的表面获得一定的清洁度和不同的粗糙度，增加了它和涂层之间的附着力，延长了涂膜的耐久性（图 8-4-23）。喷砂机型号参数见表 8-4-42。

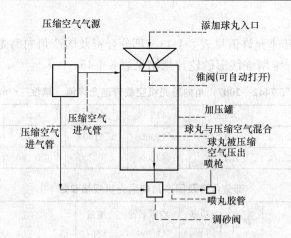

图 8-4-23 压入式干喷砂机、喷丸机工作示意图

国产喷砂机型号参数 表 8-4-42

型号	气源压力 N/cm²	耗气量 (m³/min)	容积 (m³)	工作效率 (m²/h)	清理等级	适用磨料 (mm)	重量 (kg)	外形尺寸 (W×H) (mm)
JZK-400	30~70	2~3	0.1	4~8	Sa2.5-3	0.1~2.0	70	φ400×1180
JZK-600	40~82	3~6	0.3	13~18	Sa2.5-3	0.1~2.5	220	φ600×1500
JZK-700	40~80	3~6	0.37	13~21	Sa2.5-3	0.1~3.0	260	φ700×1800
JZK-800	40~80	3~6	0.43	16~21	Sa2.5-3	0.1~3.0	280	φ800×1750

3. 角向磨光机

角向磨光机属小型电动工具，使用纤维增强钹形砂轮片或杯形钢丝轮打磨清理钢结构构件表面（图 8-4-24）。主要用于螺栓孔周围毛刺、焊缝周围飞溅以及构件安装节点工地

图 8-4-24 角向磨光机用纤维增强钹形砂轮片和杯形钢丝轮

补漆作业前的除锈施工。

角向磨光机空载转速允许值见表8-4-43。部分合资及国产角向磨光机规格参数见表8-4-44。角向磨光机用纤维增强钹形砂轮片规格见表8-4-45。

(GB/T 7442—2007) 角向磨光机空载转速允许值 单位：r/min   表 8-4-43

规格（mm）		100	115	125	150	180	230
砂轮工作线速度	72m/s	≤13500	≤11900	≤11000	≤9260	≤7600	≤5950
	80m/s	≤15000	1≤3200	≤12200	≤10000	≤8480	≤6600

部分合资及国产角向磨光机规格参数   表 8-4-44

品　牌	规格	功率（W）	空载转速（r/min）	重量（kg）	备　注
日立 G10SF3	100	560	12000	1.4	
日立 G13SS	125	580	10000	1.4	
日立 G15SA2	150	1200	8500	2.7	
日立 G18SE3	180	2300	8500	5	
日立 G23SC3	230	2400	6600	5.4	
博世 GWS5-100	100	580	11000	1.8	
博世 GWS8-125CE	125	850	11000	1.5	
博世 GWS14-150C1	150	1400	9300	2.3	
博世 GWS24-180B	180	2400	8500	5.1	
博世 GWS20-230	230	2000	6500	4.2	
G1010 S1M-NG-100A	100	710	11000	1.9	国产角磨机型号
G1251 S1M-NG-115A	115	850	11000	2.1	S——砂磨大类
G1252 S1M-NG02-125	125	1200	9200	2.7	1——单项电源
G1501 S1M-NG-150	150	1200	9200	3.4	M——角向磨光机
G1808 S1M-NG-180	180	2400	8500	5.3	—XX——公司代码
G2301 S1M-NG-230	230	2400	6500	6.6	—XXX——规格

角向磨光机用纤维增强钹形砂轮片规格参数   表 8-4-45

外径×厚度×孔径		最高使用转速			外包装
英制	公制 mm	3800m/min	4300m/min	4800m/min	重量/片数/每箱
4×1/8×5/8	100×3×16				24kg/400PCS/1CTN
4×5/32×5/8	100×4×16				23kg/300PCS/1CTN
4×3/16×5/8	100×5×16	12100R.P.M	13700R.P.M	15200R.P.M	26kg/300PCS/1CTN
4×1/4×5/8	100×6×16				22kg/200PCS/1CTN
4.5×1/8×7/8	115×3×22.2	10500R.P.M	11900R.P.M	13300R.P.M	13kg/200PCS/1CTN
4.5×1/4×7/8	115×6×22.2				23kg/200PCS/1CTN
5×1/8×7/8	125×3×22.2	9700R.P.M	11000R.P.M	12200R.P.M	18kg/200PCS/1CTN
5×1/4×7/8	125×6×22.2				25kg/150PCS/1CTN

外径×厚度×孔径		最高使用转速			外包装
英制	公制 mm	3800m/min	4300m/min	4800m/min	重量/片数/每箱
6×1/8×7/8	150×3×22.2	8100R.P.M	9100R.P.M	10200R.P.M	26kg/200PCS/1CTN
6×1/4×7/8	150×6×22.2				24kg/100PCS/1CTN
7×1/8×7/8	180×3×22.2	6700R.P.M	7600R.P.M	8500R.P.M	20kg/100PCS/1CTN
7×1/4×7/8	180×6×22.2				18kg/50PCS/1CTN
9×1/8×7/8	230×3×22.2	5260R.P.M	5950R.P.M	6640R.P.M	30kg/100PCS/1CTN
9×1/4×7/8	230×6×22.2				29kg/50PCS/1CTN

注：铗形砂轮采用了多层增强玻璃纤维材料，具有较高的抗拉、抗冲击和抗弯强度，使用线速可达 70m/s。

4. 抛丸及喷砂（丸）的特点

抛丸机使用专用钢丸在机箱内对钢构件进行清理除锈，工人操作环境好于喷砂，清理作业效率高、能耗低，可以进行钢板的加工前预处理。主要用于构件的工厂加工。缺点是构件形状较复杂时，清理作业有死角。

喷砂作业主要采用手动喷砂枪进行，粉尘污染大，虽然可采用在有除尘通风装置的喷砂房内作业，可以降低对环境的污染，但操作工人作业条件差。喷砂作业效率低、能耗大，但清理作业无死角，且对构件表面处理后的粗糙度可控，尤其是设计对表面摩擦系数要求较高的情况下质量易于保证。在施工现场可进行小量的开放式喷砂清理作业，但必须采取污染控制措施。

8.4.2 焊接设备

焊接技术是现代制造业发展的重要基础，在钢结构工程中也是不可或缺的。焊接设备（又称电焊机）一般由包括焊接电源、实现机械化焊接的机械装置（焊接材料、保护气体及焊剂供给和工件或焊枪移动变位等装置）、焊接电源输出特性及机械装置控制系统几部分组成。

1. 电焊机产品分类及型号

建筑钢结构行业最常用的焊接设备主要有：电弧焊机、电渣焊设备和螺柱焊机（栓钉焊机）三种，九个大类。

GB/T 10249—2010 附录 A 列举了大部分电焊机型号的符号代码，通过符号代码，可以获知电焊机的基本信息，如电焊机型号为 BXL1，具体信息如下：

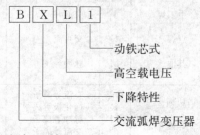

除了电焊机的型号编制原则，国标 GB/T 10249—2010 还规定了电焊机基本型号的规格标示，如电弧焊机、电渣焊接设备、螺柱焊机的基本规格均为额定焊接电流，基本规格单位是安培（A）。

钢结构工程常用焊接设备符号代码见表 8-4-46。

钢结构工程常用焊接设备符号代码表（摘自 GB/T 10249—2010 附录 A 表 A. 1） 表 8-4-46

产品名称	第一字母		第二字母		第三字母		第四字母	
	代表字母	大类名称	代表字母	小类名称	代表字母	附注特征	数字序号	系列序号
	B	交流弧焊机（弧焊变压器）	X P	下降特性 平特性	L	高空载电压	省略 1 2 3 4 5 6	磁放大器或饱和电抗器式 动铁芯式 串联电抗器式 动圈式 晶闸管式 变换抽头式
	A	机械驱动的弧焊机（弧焊发电机）	X P D	下滑特性 平特性 多特性	省略 D Q C D H	电动机驱动 单纯弧焊发电机 汽油机驱动 柴油机驱动 拖拉机驱动 汽车驱动	省略 1 2	直流 交流发电机整流 交流
	Z	直流弧焊机（弧焊整流器）	X P D	下降特性 平特性 多特性	省略 M L E	一般电源 脉冲电源 高空载电压 交直流两用电源	省略 1 2 3 4 5 6 7	磁放大器或饱和电抗器式 动铁芯式 动圈式 晶体管式 晶闸管式 变换抽头式 逆变式
电弧焊机	M	埋弧焊机	Z B U D	自动焊 半自动焊 堆焊 多用	省略 J E M	直流 交流 交直流 脉冲	省略 1 2 3 9	焊车式 横臂式 机床式 焊头悬挂式
	N	MIG/MAG 焊机（熔化极惰性气体保护弧焊机/活性气体保护弧焊机）	Z B D U G	自动焊 半自动焊 点焊 堆焊 切割	省略 M C	直流 脉冲 二氧化碳保护焊	省略 1 2 3 4 5 6 7	焊车式 全位置焊车式 横臂式 机床式 旋转机头式 台式 焊接机器人 变位式
	W	TIG 焊机	Z S D Q	自动焊 手工焊 点焊 其他	省略 J E M	直流 交流 交直流 脉冲	省略 1 2 3 4 5 6 7 8	焊车式 全位置焊车式 横臂式 机床式 旋转机头式 台式 焊接机器人 变位式 真空充气式
	L	等离子弧焊机/等离子弧切割机	G H U D	切割 焊接 堆焊 多用	省略 R M J S F E K	直流等离子 熔化极等离子 脉冲等离子 交流等离子 水下等离子 粉末等离子 热丝等离子 空气等离子	省略 1 2 3 4 5 8	焊车式 全位置焊车式 横臂式 机床式 旋转机头式 台式 手工等离子

产品名称	第一字母		第二字母		第三字母		第四字母	
	代表字母	大类名称	代表字母	小类名称	代表字母	附注特征	数字序号	系列序号
电渣焊接设备	H	电渣焊机	S B D R	丝极 板极 多用极 熔嘴				
		钢筋电渣压力焊机	Y		S Z F 省略	手动式 自动式 分体式 一体式		
螺柱焊机	R	螺柱焊机	Z S	自动 手工	M N R	埋弧 明弧 电容储能		

2. 钢结构焊接常用电焊机类型

现行钢结构焊接规范 GB 50661—2010 中规定了钢结构焊接适用的焊接方法，包括焊条电弧焊、气体保护电弧焊、药芯焊丝自保护焊、埋弧焊、电渣焊和栓钉焊等。

（1）适用于焊条电弧焊的电焊机

目前，焊条电弧焊用电焊机是我国生产最大、应用最广的一类焊接设备，其特点是额定电流在 600A 以下，具有下降的外特性。该类电焊机分为交流电焊机、直流电焊机。

交流电焊机型号 BX 中"B"表示变压器，"X"代表下降特性。常见型号有 BX1（动铁芯式）、BX3（动线圈式）、BX6（抽头式）。目前，使用最广的是 BX1、BX3 型，BX6型，其结构简单、价格低，但由于焊接电流调节的局限，一般只用于小规模的制造和维修的场合。

直流电焊机型号 ZX 中"Z"表示整流，"X"表示下降特性。常见型号有 ZXE1（交直流两用，动铁芯式）、ZXG（磁放大式）、ZX5（可控硅式）、ZX6（变换抽头式）、ZX7（逆变式）以及 AX（旋转直流发电机）。目前，最为广泛使用的是 ZXG、ZX5、ZX7 型，AX 型由于耗电、噪声大、用材多，属于国家建议淘汰的产品。

适用于焊条的电弧焊电源类型特点见表 8-4-47。

适用于焊条的电弧焊电源类型特点　　　　　　　　　　　　表 8-4-47

电源类型	弧焊变压器（交流焊机-B）	弧焊整流器（直流焊机-Z）	直流弧焊发电机-A
特点	1. 结构简单，制造成本低，易于维修 2. 大多数为下降外特性，过载能力较强 3. 电弧稳定性差 4. 磁偏吹影响小 5. 无极性	1. 结构较复杂，制造成本较高，维修较难 2. 可制成各种外特性电源，过载能力较好 3. 电弧稳定性好 4. 磁偏吹影响大 5. 极性可选择	1. 结构复杂，制造成本高，维修困难 2. 电弧稳定性好 3. 过载能力强 4. 内燃机驱动式不受电网电压波动影响，电机驱动式受电网电压波动影响小、工艺参数稳定
供电特点	1. 大多数为单向，功率因数低 2. 空载损失小，效率高 3. 空载电压较高	1. 大多数为三向，功率因数高 2. 空载损失较小，效率较高 3. 空载电压低	5. 功率因数高 6. 空载损耗大 自 1993 年起国家已禁止生产电机驱动式弧焊发电机

续表

电源类型	弧焊变压器（交流焊机-B）	弧焊整流器（直流焊机-Z）	直流弧焊发电机-A
适用范围	1. 用于手工交流电弧焊，一般结构的焊接 2. 常用于低碳钢焊接、（铝合金等）TIG 焊、埋弧焊、电弧切割、重力焊电源 3. 动铁式、抽头式应用较广泛	1. 用于较重要的手工电弧焊 2. 除手工焊外，适用于各种埋弧焊、气体保护焊及碳弧气刨电源 3. 在直流手工电弧焊机中基本取代直流弧焊发电机	无电网供电场合使用
产品系列	BX1 系列　动铁芯式 BX2 系列　串联电抗器（动铁同体）式 BX3 系列　动圈式 BX6 系列　抽头式	ZXE1　系列　动铁芯式交直流两用 ZX3　系列　动圈式 ZX5　系列　晶闸管式 ZX7　系列　逆变式（近年发展起来的逆变式焊机具有电流预置及多种保护功能，焊机可靠性高；引弧性能好，焊接电弧稳定的特性。同时体积小、重量轻、效率高、能耗低，具有很好的推广前景）	AXC　柴油机驱动式 AXT　拖拉机驱动式 AXH　汽车驱动式

1）交流弧焊机（弧焊变压器）

其型号、技术性能见表 8-4-48～表 8-4-50。

BX1 系列动铁芯式交流手工弧焊机　　表 8-4-48

产品型号	BX1-250F-3	BX1-300F-3	BX1-315F-3	BX1-400F-3	BX1-500F-3	BX1-630F-3A
输入电压（V）/频率（Hz）			380/50			
额定输入容量（kVA）	17.2	22.5	23.4	30.5	41	47.9
输出空载电压（V）	62	74	74	74	78	72
电流调节范围（A）	55～250	60～300	60～315	80～400	100～495	120～630
焊接电流　负载持续率35%（A）	250	300	315	400	495	630
负载持续率60%（A）	191	229	240	305	382	481
负载持续率100%（A）	148	177	186	236	296	372
重量（kg）	67	96	96	114	140	115
外形尺寸：长×宽×高（cm）	54×41×77	57×42×84		62×45×87	65×48×90	68×48×80
适合焊接材质			低碳钢、低合金钢			
适合焊接材料		酸性焊条			酸性焊条及低氢钾型焊条	
适合焊条直径（mm）	2.0～3.2	2.5～4.0		3.2～5.0	3.2～5.8	3.2～5.8

注：上海沪工集团产品。

BX3 系列动圈式交流手工弧焊机 表 8-4-49

型号	BX3-315	BX3-400	BX3-500	BX3-630
输入电压（V）/频率（Hz）	380/50			
额定输入容量（kVA）	22.8	29.64	36.1	47.9
额定负载持续率（%）	60			
空载电压（V）	60～78	60～77	65～79	63～76
额定焊接电流（A）	315	400	500	630
额定负载电压（V）	32.6	36	40	44
电流调节范围（A）	45～135/125～315	55～150/140～400	65～225/185～500	90～265/245～630
适合焊条直径（mm）	2～7	2.5～7	2.5～8	
主机重量（kg）	145	147	170	195
外形尺寸（mm）	670×512×851			

BX6 系列抽头式交流手工弧焊机 表 8-4-50

型 号	EX6-160	EX6-200	EX6-250	EX6-300
额定焊接电流（A）	160	200	250	300
输入（初级）电压（V）	380		220/380	
次级空载电压（V）	65	48～70	70～55	接法1 60 接法2 50
额定工作电压（V）	22～28	22～28	22～30	22～35
额定初级电流（A）	32	40	36	60.5
焊接电流调节范围（A）	55～195	66～220	接法1：50～100 接法2：120～150	接法1：40～150 接法2：150～380
额定负载持续率（%）	60	20	35	60
额定输入容量（kVA）	12	15	15	23
使用焊条直径（mm）	2.0～4.0	2.0～4.0	2.0～5.0	2.5～6.0
耐热等级	F			
重量（kg）	40	40	80	140
外形尺寸（cm）	42×29×57	48×28×40	50×35×42	65×45×81

注：耐热等级 F 指焊机线圈绕组耐热 155℃。

2）直流式弧焊机（弧焊整流器）

其型号、技术性能见表 8-4-51～表 8-4-54。

ZX1 系列磁放大器或饱和电抗器式直流手工弧焊机　表 8-4-51

型　号	ZX1-315	ZX1-400	ZX1-500	ZX1-800
电源电压（V）频率（Hz）		380/50		
相数		3		
额定输入容量（kVA）	24.57	30.4	38.1	64.68
额定输入电流（A）	25.4	31.43	39.5	83.5
电流调节范围（A）	70～315	105～400	115～500	260～800
空载电压（V）	75	71	71	73
工作电压（V）	32.6	36	40	44
负载持续率		35%		
适用焊条直径（mm）	2.5～6	3.2～7	3.2～8	8～16
重量（kg）	124	142	153	257
外形尺寸（mm）	700×490×807	700×490×807	700×490×807	740×550×1045

ZXE1 系列（动铁芯式）交直流两用型手工弧焊机及机组　表 8-4-52

数　据	ZXE1-315	ZXE1-400	ZXE1-500	ZXE1-500/400×3	ZXE1-500/400×6
额定输入电压（V）	380	380	380	380	380
输出空载电压（V）	65～76	65～76	65～76	65～76	65～76
额定焊接电流（A）	315	400	500	500/400	500/400
交流电流调节范围（A）	60～335	70～415	80～530	80～500	80～500
直流电流调节范围（A）	50～300	60～380	70～450	70～450	70～450
额定负载持续率（%）	60	60	60	60	60
额定输入容量（kVA）	26	32	40	120	240
适合焊接材质		中低碳钢、低合金钢、不锈钢			
适合焊接材料		碱性低氢型焊条及普通酸性焊条			
绝缘等级		H			
重量（kg）	140	160	190	750	1400
外形尺寸长×宽×高（mm）	720×460×880	740×520×970	740×520×970	1600×1000×1450	1600×1000×2050

注：1. 绝缘等级（耐热等级）H 指焊机线圈绕组耐热 180℃。

　　2. ZXE1-500/400×3 和 ZXE1-500/400×6 为多头组合焊机，可供 3～6 人同时以不同焊接规范施焊作业。

ZX5 系列晶闸管式（可控硅）弧焊整流器 表 8-4-53

型 号	ZX5-400	ZX5-500	ZX5-630	ZX5-800	ZX5-1000	ZX5-1250	ZX5-1000	ZX5-1000R
额定输入电压	3-380V/50Hz							
额定输入容量（kVA）	23	30	47	55	67	83	67	89
空载电压（V）	63	72	72	72	72	72	72	80/90
负载持续率（%）	100	60	100	60	100	60	100	100
额定输出电流（A）	400	500	630	800	1000	1250	1000	1000
电流调节范围（A）	40～400	50～500	60～630	80～800	150～1000	250～1250	150～1000	150～1000
重量（kg）	160	200	300	380	520	580	520	820
外形尺寸（cm）	76×45×80		94×57×100		106×62×117		100×58×79	106×62×117

ZX7 系列逆变式直流焊机 表 8-4-54

型 号	ZX7-160	ZX7-315-1	ZX7-400-1	ZX7-500-1	ZX7-630-1
额定输入电压	220V/50Hz	3-380V/50Hz			
额定输入电流（A）	24	20	28	40	52
额定输入容量（kVA）	5.2	12	16.5	24.3	33.2
空载电压（V）	56V	65～75			
电流调节范围	20A/20.8V	30A/21.2V	40A/21.6V	50A/22V	63A/22.5V
	160A/26.4V	315A/32.6V	400A/36V	500A/40V	630A/44V
负载持续率（%）	60				
效率	$\eta \geqslant 0.85$				
外壳防护等级	IP21				
冷却方式	风冷				
重量（kg）	12	41	45	48	52
外形尺寸（mm）	355×155×255	590×310×540		650×310×540	

（2）适用于气体保护电弧焊电焊机

气体保护电弧焊机分类见图 8-4-25，其组成见图 8-4-26，其原理见图 8-4-27、图 8-4-28。

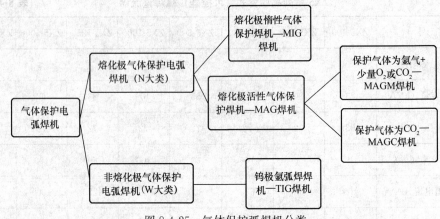

图 8-4-25　气体保护弧焊机分类

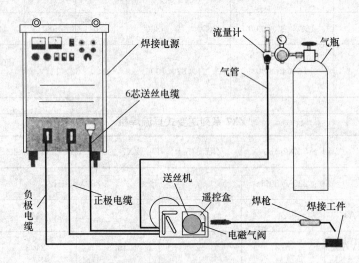

图 8-4-26　气体保护电弧焊机组成示意图

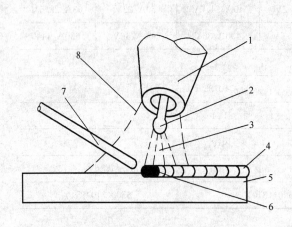

图 8-4-27　非熔化极气体保护焊原理示意
1—喷嘴；2—钨极；3—电弧；4—焊缝；5—焊件；
6—熔池；7—填充焊丝；8—氩气

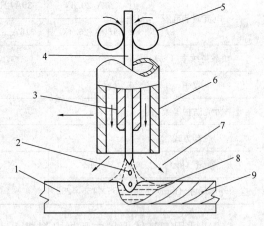

图 8-4-28　熔化极气体保护焊原理示意
1—母材；2—电弧；3—导电嘴；4—焊丝；5—送丝轮；
6—喷嘴；7—保护气体；8—熔池；9—焊缝金属

　　气体保护电弧焊主要采用焊丝作为焊接材料，自动化程度高、焊接效率高。由于采用的保护气体不同，焊接的工艺特性、效果效率、成本及适用场合也不同。在钢结构加工和施工中使用最为广泛的主要是 MAG 和 CO_2 两种。国标 GB/T 10249—2010 把 MIG、MAG 焊用电焊机归为同一大类（CO_2 亦属于 MAG 类），电焊机型号的第一字位均用"N"表示。气体保护电弧焊类型特点及主要使用场合见表 8-4-55。

气体保护电弧焊类型特点及主要使用场合　　　　　　　　　表 8-4-55

气体保护电弧焊	TIG	MIG	MAG（MAGM）	CO_2（MAGC）
保护气体	氩气 Ar、氦气 He 或 Ar+He 混合气体	氩气 Ar、氦气 He 或 Ar+He 混合气体	氩气 Ar+少量氧化性气体 Ar+O_2（2%～5%） Ar + CO_2（5%～20%）	二氧化碳 CO_2
焊接电源特性	直流、直流脉冲 交流、交流脉冲	具有平特性、陡降特性和缓降特性的直流电源		具有平特性、平缓下降特性的直流电源
焊炬工作方式	手工 自动	半自动 自动		
适焊材料	几乎可焊接所有金属及合金	各种钢板及有色金属	黑色金属：碳钢、合金钢、不锈钢	碳钢、合金钢
焊接效率	较低	较高		高
焊接成本	高	较高	较低	低
特点 优点	1. 保护效果好 2. 焊接过程稳定 3. 无飞溅 4. 适宜于各种位置施焊 5. 容易实现自动化	1. 保护效果好 2. 焊接过程稳定 3. 飞溅少 4. 适宜于各种位置施焊 5. 使用与母材同等成分的焊丝即可焊接	1. 加入氧化性气体，改善电弧稳定性，焊缝成形，降低电弧辐射强度，减少焊接缺陷 2. 降低焊接成本 3. 低碳钢、低合金钢的焊接时，电弧稳定性、飞溅情况、焊缝均匀性较 CO_2 焊好	1. 电弧穿透力强、焊接电流密度大、焊丝熔化率高；生产率比焊条电弧焊高约 1～3 倍 2. 抗锈能力强，焊缝含氢量低，焊接低合金高强钢时冷裂纹的倾向小 3. CO_2 气体价格便宜，焊前焊件清理可以从简，焊接成本只有埋弧焊和焊条电弧焊的 40%～50%
特点 缺点	1. 需要特殊的引弧措施 2. 对工件清理要求高 3. 明弧焊接辐射强 4. 抗风能力差	1. 对焊接材料和焊接区的清理要求严格 2. 厚板焊接中的封底焊焊缝成形不如 TIG 质量好 3. 明弧焊接辐射强 4. 抗风能力差	1. 焊丝材料中须有脱氧成分 2. 飞溅较大 3. 明弧焊接辐射较强 4. 抗风能力差	1. 焊丝材料中须有脱氧成分 2. 飞溅和烟尘大 3. 不能焊接易氧化的金属材料 4. 焊缝成形不够美观 5. 明弧焊接辐射较强，抗风能力差

续表

气体保护 电弧焊	TIG	MIG	MAG（MAGM）	CO_2（MAGC）
主要应用 场合	各类有色金属焊接。 航空工业、机械制造 业、重要压力容器	各类有色金属焊接。 航空工业、机械制造 业、锅炉压力容器 行业	机械制造业、锅炉 压力容器行业、钢结 构行业	钢结构行业大量应用

CO_2 气体保护焊由于焊接效率高、焊接生产成本低加上焊接设备技术的不断进步，在钢结构工程中的应用日益广泛，在许多场合已经取代了手工焊条电弧焊。国内生产 CO_2 气体保护焊机的厂家众多，形成了比较完备的产品体系。其分类情况参见图 8-4-29。

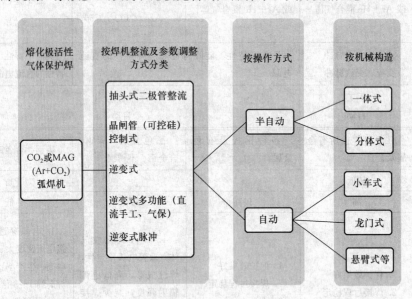

图 8-4-29　CO_2 或 MAG（Ar+CO_2）弧焊机分类示意

国产典型 CO_2 焊机规格性能见表 8-4-56～表 8-4-59；国产全自动逆变式气体保护焊机技术参数见表 8-4-60。

国产典型 CO_2 焊机规格性能表（A）　　　　　　　　　　表 8-4-56

型号	NBC-160	NBC-250	NBC-315	NBC-350	NBC-400	NBC-450
电源电压（V）	380					
相数	3					
频率（Hz）	50	50	50	50/60	50	50
整流方式	三相桥全波	三相桥全波	三相桥全波	三相全波整流	三相桥全波	三相桥全波
额定电流（A）	160	250	315	350	400	450
电流调节范围（A）	40～160	60～250	60～315	40～350	80～400	50～450

续表

型号	NBC-160	NBC-250	NBC-315	NBC-350	NBC-400	NBC-450
空载电压（V）	18～29	19～37	18～45		20～50	48
电压调节范围（V）	16～22	17～27	17～32	15～36	18～34	14～38
负载持续率（%）	60	60	60	50	60	100
效率（%）	85	84			84	
功率（kW）	4.5	9.2	12.5	18	18.8	17.1
电源外特性	平	平	平	L	平	L
调节方式	抽头	抽头	抽头	晶体管逆变式	抽头	可控硅
送丝方式	拉比	推丝	推丝	推丝	推丝	推丝
送丝速度（m/min）	2～9	2～12	2～12	1～16	2～12	2.5～18.4
焊丝直径（mm）	0.6～1.0	0.8～1.2	0.8～1.2	0.8～1.2	1.0～1.6	1.0～1.6
重量（kg）	98	148	120	63	166	210

注：表内数据摘自厂家产品说明样本仅供参考，详细技术参数应以相应产品使用手册为准。

国产典型 CO_2 焊机规格性能表（B） 表 8-4-57

型号	NBC-200	NBC-350	NBM-350	NBC-500
电源电压（V）		380		
相数		3		
频率（Hz）	50/60	50/60	50/60	50/60
整流方式	双反星形带平衡电抗器	双反星形带平衡电抗器	三相桥全波	双反星形带平衡电抗器
额定电流（A）	200	350	350	500
电流调节范围（A）	50～200	60～350	60～350	100～500
空载电压（V）	33	45～55		55～70
电压调节范围（V）	14～25	16～36	15～36	16～45
负载持续率（%）	60	50～60	50	60
效率（%）				
功率（kW）	7.5	18	18.5	32
电源外特性	L	L	L	L
调节方式	可控硅	可控硅	晶体管	可控硅
送丝方式	推丝	推丝	推丝	推丝
送丝速度（m/min）	1～16	1～16	1～16	1～16
焊丝直径（mm）	0.6～1.0	0.8～1.2	0.8～1.2	1.0～1.6
重量（kg）	125	140	145	175

注：表内数据摘自厂家产品说明样本仅供参考，详细技术参数应以相应产品使用手册为准。

国产典型 CO_2 焊机规格性能表 (C)　　　　表 8-4-58

整流及参数调整方式	抽头式二极管整流					可控硅（晶闸管）控制		逆变式	多功能
结构及操作方式	一体式半自动	分体式半自动				分体式半自动	控制	半自动	半自动/手工
型号	NBC-250	NBC-315	NBC-250$_{\text{A}}$	NBC-315$_{\text{A}}$	NBC-500$_{\text{A}}$	NB-350$_{\text{KR}}$	NB-500$_{\text{KR}}$	NB-350$_{\text{T}}$	NB-500$_{\text{T}}$
电源电压 (V)	3~380±10%								
频率 (Hz)	50/60		50		50/60			50	
额定输入容量 (kVA)	9.2	17	9	13.6	27	18.8	32.5	16	27
空载电压 (V)	35.5	42	34	40	51	52	65	54	65
工作电压调节范围 (V)	16.5~26.5	17.5~29.8	17~26.5	18~29.8	20~39	17~31.5	17~39	17~31.5/21.6~34	17~39/21.6~40
电流调节范围 (A)	50~250	70~315	50~250	55~315	105~500	60~350	60~500	60~350/40~350	60~500/40~500
额定负载持续率 (%)	40	40	40	40	50	50	60	60	60
适用焊丝直径 (mm)	0.8~1.2	0.8~1.2	0.8~1.0	0.8~1.2	1.0~1.6	0.8~1.2	1.2~1.6	0.8~1.2/2~5	1.0~1.6/2~6
外形尺寸 (cm)	74×36×72	74×36×72	64×40×68	64×40×68	68×42×78	68×38×75	68×44×76		
主机重量 (kg)	80	88	74	82	145	116	156	39	42

注：表内数据摘自厂家产品说明样本仅供参考，详细技术参数应以相应产品使用手册为准。型号中角标字符为厂家产品编号。

国产典型 CO_2 焊机规格性能表 (D)　　　　表 8-4-59

整流及参数调整方式	逆变式 IGBT			逆变式（数字化）IGBT		逆变式脉冲 IGBT		
结构及操作方式	分体式半自动			分体式半自动		分体式半自动		
型号	NB-350	NB-500	NB-630	NB-350$_{\text{D}}$	NB-500$_{\text{D}}$	NBM-350$_{\text{PMD-350}}$	NBM-400$_{\text{PMD-400}}$	NBM-500$_{\text{PMD-500}}$
电源电压 (V)	3~380±10%			380		380		
频率 (Hz)	50/60			50		50		
额定输入容量 (kVA)	13.8	24.3	34.6	16.8	25.2	12.9	17.1	25
空载电压 (V)		66		66	66	66		
工作电压调节范围 (V)	17~31.5	17~39	17~44					
电流调节范围 (A)	60~350	60~500	60~630	40~350	50~500	20~350	20~400	20~500
额定负载持续率 (%)	60	60	60	60	60	60	60	60
适用焊丝直径 (mm)	0.8~1.2	1.0~1.6	1.0~2.0	0.8~1.2	0.8~1.2	0.8~1.2	1.0~1.6	1.0~1.6
外形尺寸 (cm)	58×31×57	64×33×59	69×33×59	65×32×71	65×32×59	66×27×43	66×32×53	66×32×53
主机重量 (kg)	40	50	58	28	30		60	50

注：表内数据摘自厂家产品说明样本，仅供参考，详细技术参数应以相应产品使用手册为准。型号中角标字符为厂家产品编号。

焊机型号	NB-350（IGBT）	NB-500（IGBT）	NB-630（IGBT）
电源	3 相 380V±10% 50Hz		
额定输入容量（kVA）	14	25	37
额定负载持续率（%）	60	60	60
输出电流（A）	60～350	80～500	80～630
输出电压（V）	17～36	17～44	18～44
冷却方式	风冷	风冷	风冷
CO_2 气体流量（L/min）	25	35	40
适用焊丝直径（mm）	1.0、1.2、1.4	1.2、1.4、1.6	1.2、1.6、2.0
送丝速度（m/min）	1.5～15	1.5～15	1.5～15
焊接速度（m/min）	0.2～2.2	0.2～2.2	0.2～2.2
外形尺寸（长×宽×高）(mm)	650×320×560	690×320×560	690×320×560
主机重量（kg）	40	50	58
小车重量（kg）	32	32	32

国产全自动逆变式气体保护焊机技术参数　　　　　表 8-4-60

注：表内数据摘自厂家产品说明样本，仅供参考，详细技术参数应以相应产品使用手册为准。

（3）适用于药芯焊丝自保护焊电焊机

药芯焊丝自保护焊是通过在焊丝药芯中添加造渣剂、造气剂、焊接时电弧高温作用下产生的气、渣对熔滴和熔池进行保护，从而不需外加气体保护的焊接方法。由于不需在焊接作业中使用惰性气体或 CO_2 保护，所以解决了气体保护焊抗风性差的问题并简化了焊接设备。该方法可广泛用于管线建设、海洋工程、户外大型钢结构制造、高层钢结构建筑、表面堆焊等场合。药芯焊丝自保护用电焊机可以根据焊丝的直径、电流类型、极性的要求选用相应的埋弧焊机（不需焊剂装置）或气体保护焊机（不需送气装置），即能满足使用要求。药芯焊丝类别及截面形式见图 8-4-30，其焊接方法见图 8-4-31。

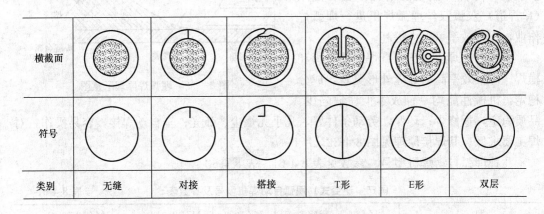

横截面						
符号						
类别	无缝	对接	搭接	T形	E形	双层

图 8-4-30　药芯焊丝类别及截面形式

（4）埋弧自动焊电焊机

埋弧自动焊使用直径较大（4mm 及以上）的实心焊丝作为焊接材料，而焊接过程的

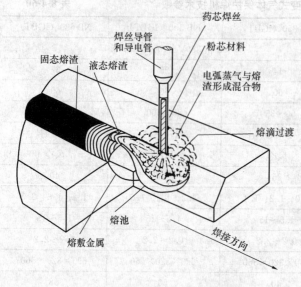

图 8-4-31 药芯焊丝自保护焊接示意

保护采用颗粒状焊剂。

原理简述：预先把颗粒状焊剂散布在焊接部位，焊丝通过送丝装置，自动连续地向焊剂中送进，在焊丝前端与母材间引燃电弧，电弧热使母材、焊丝和焊剂熔化，以致部分焊剂蒸发，熔化的金属和焊剂蒸发的气体形成了气泡，电弧在气泡中燃烧。气泡上部被一层熔化的焊剂-熔渣所覆盖，隔绝了空气与电弧和熔池的接触，还具有稳弧和冶金作用，而且隔绝了电弧弧光辐射。

埋弧自动焊电焊机焊接电流大（可以达到 2000A），一般选用容量较大的弧焊变压器。如果产品质量要求较高，应采用弧焊整流器或矩形波交流弧焊电源。这些弧焊电源一般应具有下降外特性。在等速送丝的场合，宜选用较平缓的下降特性，在变速送丝的场合，则选用陡降特性。

埋弧自动焊按照焊炬——熔化丝极的驱动方式不同，分为小车式、悬臂式和龙门式自动埋弧焊机。

为了进一步提高埋弧焊的焊接效率和焊接速度、改善焊接热循环过程、提高焊接质量、降低焊接电能消耗，还可使用（单焊道）双弧双丝埋弧焊机进行埋弧焊作业，焊接效率可大大提高。

埋弧自动焊适合于长直焊缝的平焊和横焊。焊接效率高；焊缝外形美观，成分稳定，机械性能均一；成本低、缺陷少，品质稳定，返修少；环保，劳动条件好，几乎无烟尘、弧光；全自动焊接，容易操作，对焊工要求低。其焊接原理见图 8-4-32。

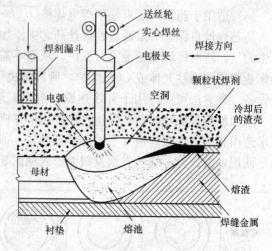

图 8-4-32 埋弧焊原理示意图

几种埋弧自动焊机型号、参数见表 8-4-61～表 8-4-63。

国产（逆变式）埋弧自动焊机型号及参数表　　　　表 8-4-61

型　号	MZ-630	MZ-800	MZ-1000	MZ-1250	MZ-1250ᴿ
输入电压	3 相　380V±（15%～20%）　　50～60Hz				3～380V±10%　50Hz
额定输入电流（A）	50	64	80	100	120
额定输入功率（kW）	33	42	52	65	

续表

型　号	MZ-630	MZ-800	MZ-1000	MZ-1250	MZ-1250ᵣ
电压调节范围（V）	20～50	20～50	20～50	20～50	
电流调节范围（A）	120～630	150～800	150～1000	150～1250	60～1250
额定负载持续率（%）	100			60	100
小车行走速度（m/h）	6～72	6～72	6～72	6～72	
送丝速度（m/min）	1～6.5	0.5～2.5	0.5～2.5	0.5～2.5	
适用焊丝规格	$\phi1.6～\phi2.4$	$\phi3.2～\phi5.0$	$\phi3.2～\phi5.0$	$\phi3.2～\phi5.0$	$\phi3.2～\phi6.0$
绝缘等级	F				F
外壳防护等级	IP23				IP23s
冷却方式	风冷				风冷
电源外形尺寸（mm）	810×345×1022				815×390×910
电源重量（kg）	90	90	98	98	100
小车外形尺寸（mm）	1038×480×628				
小车重量（kg）	51				
型号特点	具有恒流/恒压两种电源特性 数显预设焊接电流、焊接电压及小车行走速度 具有手工弧焊功能及碳弧气刨功能 引弧/收弧均采用自动"回抽"控制 小车可"手动/自动"行走 小车机械调节方便，行走稳定，适应多种工况条件 可选配两种小车 可焊板厚：≥5mm				具有手工弧焊功能及碳弧气刨功能，输出空载电压；埋弧 110V/手工 75V 数显预设焊接电流、焊接电压等焊接参数 高负载持续率

国产埋弧自动焊机型号及参数表

表 8-4-62

	焊接参数	焊机型号				
		MZ-630	MZ-1000	MZ-1250	MZ-1600	MZE-1250
电源	焊机类型	可控硅整流式				交直流两用方波
	输入电源	3～380V±10% 50/60Hz				
	额定输入容量（kVA）	51	69	83	106	125
	额定输入电流（A）	77.6	105	126	161	190
	额定空载电压（V）	75				AC80/DC85
	额定焊接电流（A）	630	1000	1250	1600	1250
	额定焊接电压（V）	44				44
	电流调节范围（A）	120～630	100～1000	100～1250	200～1600	250～1250
	额定负载持续率（40℃）（%）	60	100	60	60	AC100/DC60
	频率调节范围（Hz）	—				10
	占宽比调节范围（%）	—				36、50、64
	绝缘等级	F				
	防护等级	IP21S				
	外形尺寸（mm）	905×510×700	950×650×810			
	电源净重（kg）	290	370	370	390	370

焊接参数		焊机型号				
		MZ-630	MZ-1000	MZ-1250	MZ-1600	MZE-1250
小车	适用焊丝直径（mm）	2φ2.5 φ3	φ3 φ4 φ5	φ3 φ4 φ5 φ6		
	送丝速度（cm/min）	135~675	40~200			8~170
	焊接速度（cm/min）		43~250			43~250
	机头垂直调节距离（mm）		93			95
	立柱升降调节距离（mm）		140			120
	机头左右调节距离（mm）		±30			
	小车轮距（mm）		300			
	小车轴距（mm）		350			
	焊剂容量（L）		10			
	外形尺寸（mm）		1030×510×930			
	小车净重（kg）		52			60

MZS-1 小车式双弧双丝自动埋弧焊机参数　　　　　　　表 8-4-63

埋弧焊电源配置		前弧：ZD5-1000、1250or1600 选一 （MZ-1000、1250、1600 电源）	后弧：ZDE-1250 （MZE-1250 电源）
小车（送丝机构）技术参数	适用焊丝直径（mm）	φ3 φ4 φ5 φ6	
	送丝速度（cm/min）	8~170	
	送丝方式	等速或变速	
	焊接速度（cm/min）	0~310	
	机头垂直调节距离（mm）	95	
	立柱升降调节距离（mm）	120	
	机头左右调节距离（mm）	±30	
	双电弧间距（mm）	30~70	
	双电弧夹角（°）	0°~15°	
	小车行走速度（cm/min）	15~215	
	小车轮距（mm）	300	
	小车轴距（mm）	350	
	焊剂容量（L）	10	
	外形尺寸（mm）	1100×660×970	
	小车净重（kg）	90	

（5）电渣焊机

电渣焊是利用电流通过熔渣所产生的电阻热作为热源，将填充金属和母材熔化，凝固后形成金属原子间牢固连接。在开始焊接时，使焊丝与起焊槽短路起弧，不断加入少量固体焊剂，利用电弧的热量使之熔化，形成液态熔渣，待熔渣达到一定深度时，增加焊丝的送进速度，并降低电压，使焊丝插入渣池，电弧熄灭，从而转入电渣焊焊接过程。

电渣焊机一般使用大功率的平特性弧焊变压器（交流焊机），电渣焊作业中一条焊缝必须一次完成，因此要求焊机在额定电流下具有 100% 的负载持续率。

电渣焊主要有熔嘴电渣焊、丝极电渣焊、板极电渣焊。建筑钢结构工程中主要使用熔嘴电渣焊和丝极电渣焊。熔嘴电渣焊焊接时要用到 2.5mm 的焊丝、熔嘴和焊剂，熔嘴起导电的作用，将焊丝引入到焊接部位，同时也和焊丝一起熔化填充焊缝，熔嘴的表面是药皮，起绝缘作用，熔化时也起到冶金作用，比如细化晶体，防止焊缝产生裂纹。丝极电渣焊焊接时只用到1.6mm的焊丝和焊剂，通过非熔化的水冷电渣焊枪将焊丝送至焊接部位，电渣焊枪可重复使用，较熔嘴电渣焊成本低，但焊机须有焊丝摆动功能，较前者复杂。

电渣焊焊接效率高，其焊缝除环缝焊接外均为立焊状态，适合厚板对接。丝极电渣焊最大可焊板厚达400mm，板极电渣焊可焊厚度更大。电渣焊机主要用于钢结构垂直焊缝的高效焊接，尤其对于箱型柱和箱型梁隔板的全熔透焊接是其他焊接方法所不能替代的。

电渣焊的缺点：由于焊缝金属和焊件的近缝区在高温状态下的时间长，已造成结晶粗大，产生过热组织，降低焊接接头的冲击韧性，因此对于重要焊缝和某些特定钢种需在焊后进行正火或回火热处理。见图8-4-33～图8-4-35。国产丝极电渣焊机、熔嘴电渣焊机性能参数见表8-4-64、表8-4-65。

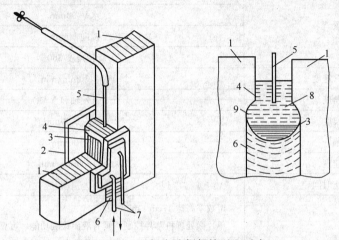

图 8-4-33　丝极电渣焊焊接过程示意
1—焊件；2—冷却滑块；3—金属熔池；4—渣池；
5—电极；6—焊缝；7—冷却水管；8—熔滴；9—焊件熔化金属

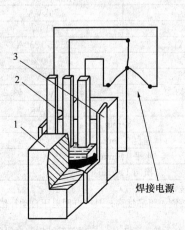

图 8-4-34　板极电渣焊焊接过程示意
1—工件；2—板极；3—强迫成型装置

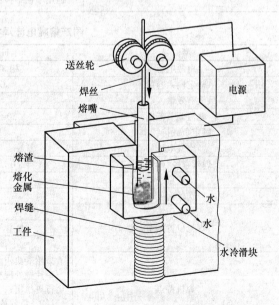

图 8-4-35　熔嘴电渣焊焊接过程示意

国产丝极电渣焊机性能参数

表 8-4-64

型 号	HS-630	HS-1000	HS-1250
电源电压	三相 380V，50Hz	三相 380V，50Hz	三相 380V，50Hz
额定输入容量	46kVA	63kVA	79kVA
最大有效输入电源	70A	96A	119A
电流调节范围	120～630A	200～1000A	250～1250A
额定负载持续率	100%	100%	100%
空载电压	62V	62V	62V
送丝速度	1.5～15m/min		
焊枪位置调节	垂直 160mm		
	水平 90mm		
	横向 50mm		
	旋转角度 360°		
焊枪提升速度	0～130mm/min		
焊枪倾斜角度调节	±3°（X 轴和 Y 轴）		
焊枪长度	600～1600mm		
摆幅	0～100mm		
摆动速度	0～1600mm/min		
摆动停止时间	0～12s		
焊机特点	熔数率高达 47cm³/min； 单片微处理机芯片控制，具有液面检测功能，可靠性极高； 100%负载持续率，全天候连续工作；具有电网电压自动补偿功能，运行更稳定； 适用于钢结构箱型梁的隔板焊接与厚板拼接		

国产熔嘴电渣焊机性能参数

表 8-4-65

型 号	HR-1000	HR-1250
电源电压	三相 380V，50Hz	三相 380V，50Hz
额定输入容量	63kVA	79kVA
最大有效输入电源	96A	119A
电流调节范围	200～1000A	252～1250A
额定负载持续率	100%	100%
空载电压	58V	58V
焊丝直径（mm）	φ2.0 φ2.4 φ3.2	φ2.0 φ2.4 φ3.2
重量	480kg	510kg
送丝速度	0～8/min	
焊枪位置调节	垂直 140mm	
	水平 140mm	
	横向 140mm	
焊机特点	采用瑞典伊萨公司技术； 单片微处理机芯片控制，可靠性高；具有电网电压自动补偿功能，运行更稳定； 100%负载持续率，全天候连续工作；应用于钢结构箱型梁的隔板焊接	

（6）等离子弧（焊接）切割机

等离子弧焊是利用高度集中的等离子弧（等离子束）作为热源的焊接方法。气体由电弧加热产生离解，在高速通过水冷喷嘴时受到压缩，增大能量密度和离解度，形成等离子弧。它的稳定性、发热量和温度都高于一般电弧，因而具有较大的熔透力和焊接速度。形成等离子弧的气体和它周围的保护气体一般用氩、氦或氩氦、氩氢等混合气体。

下降或垂直下降特性的整流电源或弧焊发电机均可作为等离子弧焊接电源。

离子弧焊接可看作是钨极氩弧焊（TIG）的技术升级，但其弧柱温度更高，能量密度大，加热集中，熔透能力强，焊接速度可达手工 TIG 焊的 4～5 倍，焊缝质量高且可使用窄间隙焊，焊缝成形好，同时等离子弧工作稳定，工艺参数调节范围宽，可焊接极薄的金属。可用于铜及铜合金、钛及钛合金、合金钢、不锈钢、钼等金属的焊接。其缺点是电源及电气控制线路较复杂，设备费用约为钨极氩弧焊的 2～5 倍，工艺参数的调节匹配较复杂，喷嘴的使用寿命短，因此目前在钢结构工程中采用等离子弧焊接很少，主要使用等离子切割进行工件的数控精密切割和楼承板的切割作业。

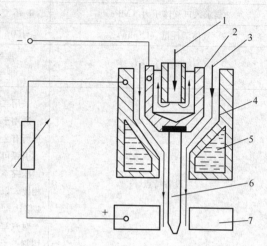

图 8-4-36　空气等离子切割原理示意

1—电极冷却水；2—电极；3—压缩空气；
4—镶嵌式压缩喷嘴；5—压缩喷嘴冷却水；
6—电弧；7—焊件

利用压缩空气作为工作气体和排除熔化金属气流的等离子切割称空气等离子切割，其切割原理见图 8-4-36，其性能参数见表 8-4-66。

国产空气等离子切割机性能参数

表 8-4-66

产品型号		LGK8-40	LGK8-60	LGK8-100	LGK8-120	LGK8-160	LGK8-200
输入电压（V）		380	380	380	380	380	380
额定输入容量（kVA）		9.2	15.8	26.4	34.2	47.4	64.5
输出空载电压（V）		255	280	300/240	295/260	325/277	330/280
额定输出电流（A）		40	60	100/70	120/80	160/100	200/120
切割电流	负载持续率60%（A）	40	60	100/70	120/80	160/100	200/120
最大切断厚度（mm）	铝	10	16	22	30	45	55
	碳钢、不锈钢	12	22	32	42	55	65
	黄铜、紫铜	6	12	16	20	25	32
重量（kg）		80	106	134	200	235	246
外形包装尺寸：长×宽×高（mm）		640×420×740	745×480×810	745×480×810	910×610×895	910×610×895	910×610×895
适合切割材质		碳钢、不锈钢、合金钢、铜、铝、钛、镍等					

续表

产品型号	LGK8-40	LGK8-60	LGK8-100	LGK8-120	LGK8-160	LGK8-200
碳钢、不锈钢切断厚度（mm）	12	22	32	42	55	65
铝及合金切断厚度（mm）	10	16	22	30	45	55
铜及合金切断厚度（mm）	6	12	16	20	25	32
要求入口气体压力（MPa）	0.45	0.45	0.45	0.55	0.55	0.55
气体消耗量（L/min）	≥150	≥160	≥170	≥180	≥190	≥200
推荐空压机规格	排气压力≥0.8MPa 排气量≥0.2m³/min			排气压力≥0.8MPa 排气量≥0.25m³/min		
设备特点	采用二极管整流技术； 适用于碳钢、不锈钢、铝、铜、钛、镍、复合金属、铸铁等几乎所有金属板料的切割； 引弧可靠迅速，切割速度快，工件变形小； 压缩空气作为切割气源，不污染环境，经济实用，与火焰切割相比，以切割 12mm 厚碳钢板为例，切割速度为火焰切割的 4 倍； 对汽车钣金、建筑物金属板 1～12mm 的薄板可以进行快速切割； LGK8-120 以上标配 WR-7 冷却水箱					

（7）螺柱焊机

螺柱焊（栓钉焊）的原理是利用栓钉焊机在栓钉端和工件之间产生瞬间大电流，形成电弧，使两者迅速熔化，随后形成接头。栓钉焊广泛使用在高层钢结构叠合楼板的剪力连接件的连接上。

螺柱焊焊接电源一般为晶闸管控制的或逆变式的弧焊整流器。逆变式的拉弧焊整流器体积小、质量轻、动特性好，是焊机的首选。用于电弧螺柱焊机的焊接电源应具有高空载电压（70～100V）、高输出电压（≥44V）、陡升的焊接电流前沿、较小的内阻抗等特点。螺柱焊工作过程见图 8-4-37。

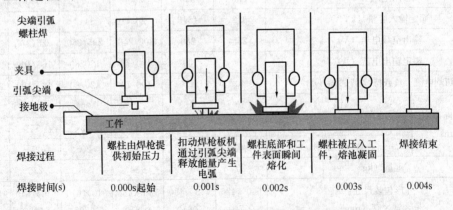

图 8-4-37　螺柱焊（栓钉焊）工作过程示意

YD 4353—2013《栓钉焊机技术规程》提出了栓钉焊机的参数要求，RST 栓钉焊机参数表 8-4-67。

RST 栓钉焊机参数 表 8-4-67

额定焊接电流（A）	I_{2max}	1600	2000	2500	3150
	I_{2min}	≤800	≤1000	≤1250	≤1575
额定负载持续率（%）		≥10			
可焊栓钉直径的最小范围（mm）	d	10～16	13～19	16～22	19～25
焊接时间调节范围（ms）	t	50～1000	100～1600	150～2000	200～2500
额定焊接速率（n/min）		≥8	≥7	≥6	≥5

注：焊接速率是指在平焊位置，非穿透焊时，焊接最大栓钉直径的速率。

可控硅式 RST 栓钉焊机型号及参数见表 8-4-68，逆变式电弧螺柱焊机型号及参数见表 8-4-69，栓钉焊机用焊枪型号及参数见表 8-4-70。

国产可控硅式 RST 栓钉焊机型号及参数 表 8-4-68

型 号		RST-1600-3	RST-2500-3	RST-3150-3
焊接栓钉范围（mm）		$\phi8～19$	$\phi10～25$	$\phi13～32$
最大焊接电流（A）		1600	2500	3150
螺柱焊电流范围（A）		200～1600	400～2500	600～3150
手工焊电流范围（A）		80～630	100～800	150～1000
焊接时间调节范围（ms）		100～2800		
最大焊接速度颗（规格）/min	栓钉焊接	18（$\phi16$）	18（$\phi19$）	18（$\phi22$）
	螺柱焊接	24（$\phi8$）	24（$\phi10$）	24（$\phi13$）
主电路		可控硅全桥整流		
控制电路		微处理器控制		
防止重复焊接		自动保护		
供电电源		380V/50Hz		
允许电压波动范围		±10%		
三相四线供电电缆规格（mm²）		1×10+3×16	1×10+3×25	1×10+3×35
焊接电缆最大加长量（m）		50		
接地电缆最大加长量（m）		10		
冷却方式		风冷		
外形尺寸（mm）		920×470×650	1000×570×680	
主机重量（kg）		245	340	370
标准/可选焊枪（栓钉或螺柱）		SNQ9/SNQ6		
可进行焊接工艺形式		栓钉焊、螺柱焊、手工电弧焊		

国产逆变式电弧螺柱焊机型号及参数 表 8-4-69

型　号	STL-1250A	STL-1600A	STL-2000A	STL-2500A	STL-3150A
电源电压（V）	三相 380V				
频率（Hz）	50Hz				
空载电压（V）	100	100	100	100	100
引弧电压（V）	50	50	50	50	50
焊接时间（s）	0.1～5	0.1～5	0.1～5	0.1～5	0.1～5
可焊直径（mm）	3～13	5～16	8～22	13～25	6～28
生产率（n/min）	3（ϕ13）	3（ϕ16）	3（ϕ22）	3（ϕ25）	3（ϕ28）
	4（ϕ10）	4（ϕ13）	4（ϕ19）	4（ϕ22）	4（ϕ25）
	6（ϕ8）	6（ϕ10）	6（ϕ13）	6（ϕ16）	5（ϕ19）
额定电流（A）	1250	1600	2000	2500	3150
可调范围（A）	100～1250	160～1600	180～2000	180～2500	180～3150
负载持续率（%）	20%	20%	20%	20%	20%
绝缘等级	B 级	B 级	B 级	B 级	B 级
容量（kVA）	50	70	70	100	140
输入电缆（mm²）	16	16	25	25	35
熔断器容量（A）	100	150	200	200	250
外形尺寸（mm）	630×415×680	855×415×720	725×415×920	725×415×920	855×415×920
重量（kg）	65	80	110	120	140

栓钉焊机用焊枪型号及参数 表 8-4-70

型　号	SNQ9	SNQ6	SMQ6
焊接方式	阻尼式	拉弧式	埋弧式
焊接螺柱规格范围	ϕ3～ϕ28		ϕ8～ϕ36
提升补偿装置	有	无	
补偿范围	8mm		
支撑杆数量	2		3
螺柱提升高度（mm）	1～10	1～18	
输入电压（V）	60～90		
焊接及控制电缆长度（m）	2		
枪身材质	铸铝		
含夹头长度（mm）	400		
厚度（mm）	55		
包括手柄高度（mm）	230	220	
重量（含电缆）（kg）	2.8	2.5	2.6

（8）焊接辅助设备

1）焊接电缆（表 8-4-71）

电缆截面与电流、电缆长度的关系　　　　　　　　　　表 8-4-71

额定电流 I（A）	截面积 S（mm²）								
	长度 $l=20\text{m}$	长度 $l=30\text{m}$	长度 $l=40\text{m}$	长度 $l=50\text{m}$	长度 $l=60\text{m}$	长度 $l=70\text{m}$	长度 $l=80\text{m}$	长度 $l=90\text{m}$	长度 $l=100\text{m}$
100	25	25	25	25	25	25	25	28	35
150	35	35	35	35	50	50	60	70	70
200	35	35	35	50	60	70	70	70	70
300	35	50	60	60	70	70	70	85	85
400	35	50	60	70	85	85	85	95	95
500	50	60	70	85	95	95	95	120	120
600	60	70	85	85	95	95	95	120	120

2）焊剂烘干机

焊剂烘干机是埋弧自动焊专用设备，远红外吸入式焊剂烘干机技术参数见表 8-4-72。

远红外吸入式焊剂烘干机主要技术参数　　　　　　　　表 8-4-72

型　号	NZHG-100	NZHG-200	NZHG-500
可烘焊剂容量（kg）	100	200	500
工作电源	三相四线	三相四线	三相四线
电热功率（kW）	4	4	6
风机功率（kW）	1.1	1.1	2.2
上料速度（kg/min）	3	3	4
设备特点	远红外吸入式焊剂烘干，配有吸料装置，可将焊剂自动吸入箱内，可去除、收集其中的粉尘，不锈钢远红外电热元件均分布于烘室内，确保了焊剂受热均匀。设有自动控温装置，经烘干的焊剂含水量低于 0.1％。最高工作温度 500℃（同时增加记录仪功能，能把烘干温度曲线打印下来，以便存档，配备进口温控表，能按升降温速率自由设定控温）		

3）焊条烘箱（表 8-4-73）

红外线焊条烘箱型号参数　　　　　　　　表 8-4-73

型　号	额定电压（V）	额定功率（kW）	工作温度（℃）	装载量（kg）
YCH-30	220	2	500	30
YCH-60	220	4	500	60
YCH-100	220	5	500	100
YCH-150	220	8	500	150
YCH-200	220	9	500	200
YCH-400	380	16	500	400

采用红外线履带式陶瓷加热器或管状加热器作发热元件，立式结构，配有高、低温自动切换控制器，是较理想的烘干设备。

4) 电焊条保温筒

保温筒是在施工现场供焊工携带的可贮存少量电焊条的一种保温容器,与电焊机的二次电压端相连,使其保持一定的温度。重要焊接结构用低氢碱性焊条焊接时,焊前将焊条放入电焊条烘干箱内,在 350~450℃ 下烘焙几小时。烘焙好的焊条应放入电焊条保温筒内,继续在 100~200℃ 下保温,在焊接时,随用随取。电焊条保温筒的型号及主要技术参数详见表 8-4-74。

焊条保温筒型号及参数 表 8-4-74

技术参数	型 号					
	PR-1	PR-2	PR-3	PR-4	D-10B	DHT-10
电压范围（V）	25~90				AC/DC60~110	AC220
加热功率（W）	400	100			150~380	1000
加热温度（℃）	300	200			50~200	30~400
绝缘性能（MΩ）	>3					
焊条容量（kg）	5	2.5	5		10	10
焊条长度规格（mm）	450				450	450
重量（kg）	3.5	2.8	3	3.5	6	6
外形尺寸（$\phi \times H$）mm	145×550	110×570	155×690	195×700	270×580	
设备特点					温度可调节	

5) LCD 型履带式陶瓷电加热器

随着大型超高层钢结构建筑技术的发展,钢结构构件的尺度和节点、断面的复杂程度不断增加,钢材的强度等级也在提高,因此对焊接技术和焊接质量以及施工效率提出越来越高的要求。以往冬季施工或特殊节点或高强钢施工中采用氧乙炔焰进行构件焊前预热、后热,以保温棉进行保温的工艺难以完全满足技术进步的需要;近年来在国内一些重大项目中引入了 LCD 型履带式陶瓷电加热器预热保温技术,取得了较好的效果。

LCD 型履带式陶瓷电加热预热保温系统由包覆在钢构件表面的 LCD 型履带式陶瓷电加热器对构件焊缝部位进行预热和保温,由专用温控电源向其供电并精准控温。

加热器由氧化铝陶瓷元件(以下简称陶瓷元件)、镍铬丝缆及接插件组成。可根据被加热体的形状和加热面积大小及不同热处理的温度要求,组成相应的电加热器。

电加热器基本参数及型号见表 8-4-75,温控电源型号参数见表 8-4-76。

电加热器基本参数及型号 表 8-4-75

序号	型 号	额定电压（V）	额定功率（kW）	最高工作温度（℃）	发热面尺寸 长×宽（mm²）
1	LCD-220-25	220	10	1050	660×330
2	LCD-220-50	220	10	1050	1320×165
3	LCD-220-110	220	10	1050	2640×82.5
4	LCD-220-13	220	10	1050	345×640
5	LCD-220-16	220	10	1050	430×520
6	LCD-220-32	220	10	1050	860×260
7	LCD-110-64	110	5	1050	1720×130

序号	型 号	额定电压 (V)	额定功率 (kW)	最高工作温度 (℃)	发热面尺寸 长×宽（mm²）
8	LCD-110-24	110	5	1050	630×165
9	LCD-110-48	110	5	1050	1260×82.5
10	LCD-110-12	110	5	1050	315×330
11	LCD-110-16	110	5	1050	430×250
12	LCD-55-20	55	2.5	1050	530×82.5
13	LCD-55-10	55	2.5	1050	265×165

温控电源型号参数 表 8-4-76

型 号	额定输出功率（kW）	控温点	记录点
ZWK-30-0101	30	1	1
ZWK-60-0306	60	3	6
ZWK-90-0306	90	3	6
ZWK-120-0612	120	6	12
ZWK-180-0612	180	6	12
ZWK-240-0612	240	6	12
ZWK-360-1212	360	12	12

注：以上设备由吴江诚恒热处理科技有限公司制造。

8.4.3 高强螺栓扳手

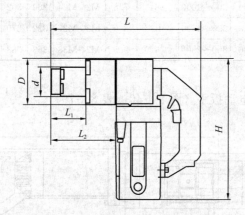

图 8-4-38 扭剪型电动扳手外形尺寸

1. 扭剪型高强螺栓电动扳手（图 8-4-38、表 8-4-77）

国产扭剪型电动扳手型号参数 表 8-4-77

型号	额定电压 (V)	最大电流 (A)	最大功率 (W)	最大扭矩 (N·m)	转速 (r/min)	重量 (kg)	适合螺栓	外形尺寸（mm）					
								L	H	L_1	L_2	D	d
P1B-DY-22J	220	6.5	1300	1000	16	6.9	M16-M22	290	270	70	120	90	57
P1B-DY-24J	220	6.5	1300	1500	12	8.5	M16-M24	350	270	120	180	90	60
P1B-DY-27J	220	7	1400	1700	7	9	M22-M27	400	280	140	220	105	73
P1B-DY-30J	220	7	1400	2500	5	9.5	M24-M30	405	280	145	230	105	74

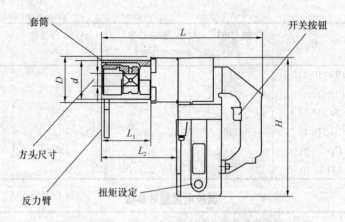

图 8-4-39 内置定扭矩电动扳手外形尺寸

2. 定扭矩电动扳手（图 8-4-39、表 8-4-78）

国产定扭矩电动扳手型号参数   表 8-4-78

型号	额定电压（V）	最大电流（A）	最大功率（W）	扭矩范围（N·m）	转速（r/min）	重量（kg）	适合螺栓	外形尺寸（mm）						
								L	H	L_1	L_2	D	d	方头尺寸
P1D-600	220	4	800	200～600	10	7.5	M16-M20	256	298	88	122	90	75	19×19
P1D-1000	220	4	1300	300～1000	8	7.8	M20-M24	260	302	90	128	90	78	25×25
P1D-1500J	220	4	1300	300～1500	10	8.0	M20-M27	322	270	98	154	90	80	25×25
P1D-2500J	220	4	1400	800～2500	6	9.5	M24-M33	363	288	109	195	109	88	32×32

注：扭矩控制精度±5%。

3. 非转角式定扭矩电动扳手（图 8-4-40、表 8-4-79）

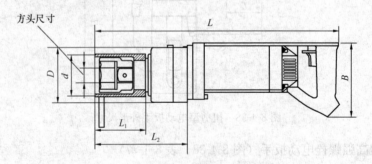

图 8-4-40 非转角式定扭矩电动扳手手外形尺寸

扳手电机与扳手套筒轴线平行。

国产非转角式定扭矩电动扳手型号参数   表 8-4-79

型号	P1D-ZW-28T	P1D-1500	P1D-2000	P1D-3500
额定电压（V）	220	220	220	220
最大电流（A）	3	4	4	4
最大功率（W）	450	1400	1400	1500

续表

型号	P1D-ZW-28T	P1D-1500	P1D-2000	P1D-3500
扭矩范围（N·m）	50～280	500～1500	600～2000	1500～3500
转速（r/min）	50	8	6	3
重量（kg）	3.1	9.3	10.8	19
适合螺栓	M10-M18	M20-M27	M22-M30	M30 以上
外形尺寸 L	336	515	520	640
B	182	150	150	150
L_1	78.5	108	110	172
L_2	170	198	200	292
D	69	106	115	125
d	41	78	88	123
方头尺寸	19×19	25×25	32×32	38×38

4. 角向型电动扳手（图 8-4-41、表 8-4-80）

角向型电动扳手特别适合于复杂节点外、螺栓安装操作空间小的场合使用，可保证高强螺栓特别是扭剪型高强螺栓的拧紧施工质量。

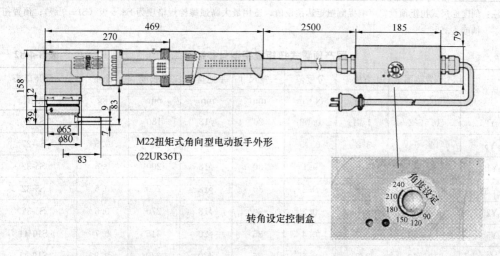

M22扭矩式角向型电动扳手外形
(22UR36T)

转角设定控制盒

图 8-4-41　（日本前田）角向型电动扳手外形尺寸示意

MC222EZ 角向型电动扳手参数　　　　　表 8-4-80

型号	电压	电流	频率	最大功率	最大扭矩	转速	重量
MC222EZ	220V	6.5A	50/60Hz	1100W	735N·m	17rpm	5.3kg
性能特点	MC222EZ扭剪型电动扳手专门终紧夹角部位的 M16、M20、M22 等扭剪型高强螺栓							
操作方法	扭剪型电动扳手工作时将扳手头对准螺栓头，扣动开关即可开始工作，几秒后，螺栓梅花头将被扭断，抽出扳手扣动扳机将梅花头弹出，即结束工作							

5. 手动扭矩扳手（表 8-4-81、表 8-4-82）

手动扭矩扳手种类较多，但工地操作环境下通常使用刻度式扭矩预设，声响提醒扭矩达标的扭矩扳手。而数显式和表盘式多用于实际作业使用扳手的校准。

国产预置式扭矩扳手型号参数（一）

表 8-4-81

产品型号	预置范围 N·m	方榫尺寸 英制尺寸/国标系列	分度值 N·m	头宽尺寸 mm	手把直径 mm	总长度 mm	净重 kg	适用最大高强螺栓规格
Y300	60～300	1/2″/12.5	2	48	$\phi24$	615	1.8	M16（M16）
Y350	70～350		2	48	$\phi24$	635	1.8	
Y400	100～400		4	55	$\phi28$	680	2.5	
Y500	100～500	3/4″/20	2.5	55	$\phi28$	785	3	
Y600	100～600		5	55	$\phi28$	790	3	M22（M20）
Y750	150～750		5	58	$\phi34$	900	4.6	M24（M22）
Y800	160～800		4	58	$\phi34$	900	4.6	
Y1000	200～1000		10	72	$\phi34$	1080	5.5	M27（M24）
Y1200	400～1200		10	72	$\phi34$	1080	5.5	
Y1500	500～1500	1″/25	10	72	$\phi40$	1200	8	M30（M27）
Y2000	800～2000		10	72	$\phi40$	1200	8	M30（M30）
Y2400	800～2400		10	72	$\phi40$	1200	8	

注：刻度标尺式扭矩预设，声响提醒扭矩达预设值；适用最大高强螺栓规格项为 S8.8 级（S10.9 级）；预置扭矩精度±3%。

国产预置式扭矩扳手型号参数（二）

表 8-4-82

产品型号	预置范围 N·m	方榫尺寸	分度值 N·m	头宽尺寸 mm	手把直径 mm	总长度 mm	净重 kg	配开口头范围
Y2	0.5～2	1/4″	0.02	26	$\phi18$	180	0.5	S4-27
Y5	1～5	3/8″	0.05	26	$\phi18$	200	0.5	S4-27
Y10	2～10	3/8″	0.1	30	$\phi18$	200	0.5	S5-32
Y20	4～20	3/8″	0.2	30	$\phi18$	260	0.6	S5-32
Y25	5～25	3/8″	0.2	30	$\phi18$	270	0.6	S5-32
Y50	10～50	3/8″	0.4	36	$\phi20$	315	0.7	S10-41
Y60	10～60	3/8″	0.5	36	$\phi20$	370	0.8	S10-41
Y100	20～100	1/2″	0.5	40	$\phi22$	410	1	S10-50
Y150	30～150	1/2″	1	48	$\phi22$	515	1.2	S10-60
Y200	40～200	1/2″	1	48	$\phi24$	515	1.5	S10-60
Y250	50～250	1/2″	2	48	$\phi24$	615	1.8	S10-60
Y300	60～300	1/2″	2	48	$\phi24$	615	1.8	S10-60
Y350	70～350	3/4″	2	48	$\phi24$	635	1.8	S15-60
Y400	100～400	3/4″	4	55	$\phi28$	680	2.5	S15-60
Y500	100～500	3/4″	2.5	55	$\phi28$	785	3	S15-60
Y600	100～600	3/4″	5	55	$\phi28$	790	3	S15-65

产品型号	预置范围	方榫	分度值	头宽尺寸	手把直径	总长度	净重	配开口头
	N·m	尺寸	N·m	mm	mm	mm	kg	范围
Y750	150~750	3/4″	5	58	ϕ34	900	4.6	S24-75
Y800	160~800	3/4″	4	58	ϕ34	900	4.6	S24-75
Y1000	200~1000	1″	10	72	ϕ34	1080	5.5	S24-75
Y1200	400~1200	1″	10	72	ϕ34	1080	5.5	S24-75
Y1500	500~1500	1″	10	72	ϕ40	1200	8	S24-75
Y2000	800~2000	1″	10	72	ϕ40	1200	8	S36-85
Y2400	800~2400	1″	10	72	ϕ40	1200	8	S36-85
Y3000	1000~3000	1″	25	78	ϕ50	1400	13	S41-100
Y4000	1500~4000	11/2″	25	90	ϕ50	1400	15	S46-100
Y5000	2000~5000	11/2″	25	98	ϕ60	1530	24	S46-100
Y6000	3000~6000	11/2″	50		ϕ60	1535	25	S50-120
Y8000	4000~8000	11/2″	50	108	ϕ60	1635	27	S50-120
Y10000	5000~10000	21/2″	50	108	ϕ70	1735	45	S70-150

注：刻度标尺式扭矩预设，声响提醒扭矩达预设值。

8.4.4 起重机械与设备

8.4.4.1 塔式起重机

详见本手册"8.6.4.1 塔式起重机"。

8.4.4.2 索具设备

1. 白棕绳

一般用于起吊轻型构件和作缆风绳、溜绳等。分浸油和不浸油两种，常用不浸油白棕绳。其规格、性能，见表 8-4-83。

表 8-4-83

直径（mm）		6	8	10	12	14	16	18	20	22	24	26	28	30	32
重量（kg/m）		0.03	0.06	0.08	0.11	0.14	0.18	0.23	0.28	0.34	0.40	0.48	0.55	0.63	0.72
最小破断力（N）	Ⅰ	4050	6660	9200	11660	16300	19600	24600	31200	37600	43800	49700	57100	66200	74400
	Ⅱ	2680	4400	6100	7750	10900	13400	16600	21000	25400	29600	33800	38900	44500	50100
	Ⅲ	1760	2900	4000	5090	7220	8710	11000	13900	16800	19600	22300	25600	29900	33700
直径（mm）		34	36	40	44	48	52	56	60	64	68	72	80	88	
重量（kg/m）		0.81	0.91	1.12	1.36	1.61	1.90	2.20	2.52	2.87	3.24	3.63	4.48	5.42	
最小破断力（N）	Ⅰ	82400	90000	109700	120100	140000	162000	181500	207500	230000	255000	282000	333200	393000	
	Ⅱ	55600	60900	74400	81600	95600	110300	112400	142500	158900	176900	195300	231500	273900	
	Ⅲ	37400	41000	50100	54900	64300	74100	83700	95900	109700	119000	131300	156300	185000	

白棕绳允许拉力，按下列公式计算：

$$[F_z] = \frac{F_z}{K} \tag{8-4-1}$$

式中　$[F_z]$——白棕绳允许拉力（kN）；

F_z——白棕绳的破断拉力（kN），旧绳按新绳 $40\%\sim50\%$ 取用；

K——安全系数，当作缆风绳、穿滑车组和吊索（无弯曲）时，$K=5$；当作捆绑吊索时，$K=8\sim10$。

2. 钢丝绳

常用钢丝绳技术性能，见表 8-4-84～表 8-4-86。

6×19 钢丝绳

表 8-4-84

直 径		钢丝总截面积（mm²）	参考重量（kg/100m）	钢丝绳公称抗拉强度（N/mm²）				
钢丝绳	钢丝			1400	1550	1700	1850	2000
				钢丝破断拉力总和				
(mm)				kN（不小于）				
6.2	0.4	14.32	13.53	20.00	22.10	24.30	26.40	28.60
7.7	0.5	22.37	21.14	31.30	34.60	38.00	41.30	44.70
9.3	0.6	32.22	30.45	45.10	49.90	54.70	59.60	64.40
11.0	0.7	43.85	41.44	61.30	67.90	74.50	81.10	87.70
12.5	0.8	57.27	54.12	80.10	88.70	97.30	105.50	114.50
14.0	0.9	72.49	68.50	101.00	112.00	123.00	134.00	144.50
15.5	1.0	89.49	84.57	125.00	138.50	152.00	165.50	178.50
17.0	1.1	108.28	102.3	151.50	167.50	184.00	200.00	216.50
18.5	1.2	128.87	121.8	180.00	199.50	219.00	238.00	257.50
20.0	1.3	151.24	142.9	211.50	234.00	257.00	279.50	302.00
21.5	1.4	175.40	165.8	245.50	271.50	298.00	324.00	350.50
23.0	1.5	201.35	190.2	281.50	312.00	342.00	372.00	402.50
24.5	1.6	229.09	216.5	320.50	355.00	389.00	423.50	458.00
26.0	1.7	258.63	244.4	362.00	400.50	439.50	478.00	517.00
28.0	1.8	289.95	274.0	405.50	449.00	492.50	536.00	579.50
31.0	2.0	357.96	338.2	501.00	554.50	608.50	662.00	715.50
34.0	2.2	433.13	409.3	606.00	671.00	736.00	801.00	
37.0	2.4	515.46	487.1	721.50	798.50	876.00	953.50	
40.0	2.6	604.95	571.7	846.50	937.50	1025.00	1115.00	
43.0	2.8	701.60	663.0	982.00	1085.00	1190.00	1295.00	
46.0	3.0	805.41	761.1	1125.00	1245.00	1365.00	1490.00	

注：表中粗线左侧只供应光面钢丝绳。

6×37 钢丝绳　　表 8-4-85

直　径		钢丝总截面积（mm²）	参考重量（kg/100m）	钢丝绳公称抗拉强度（N/mm²）				
				1400	1550	1700	1850	2000
钢丝绳	钢丝			钢丝破断拉力总和				
（mm）				kN（不小于）				
8.7	0.4	27.88	26.21	39.00	43.20	47.30	51.50	55.70
11.0	0.5	43.57	40.96	60.90	67.50	74.00	80.60	87.10
13.0	0.6	62.74	58.98	87.80	97.20	106.50	116.00	125.00
15.0	0.7	85.39	80.57	119.50	132.00	145.00	157.50	170.50
17.5	0.8	111.53	104.8	156.00	172.50	189.50	206.00	223.00
19.5	0.9	141.16	132.7	197.50	213.50	239.50	261.00	282.00
21.5	1.0	174.27	163.3	243.50	270.00	296.00	322.00	348.50
24.0	1.1	210.87	198.2	295.00	326.50	358.00	390.00	421.50
26.0	1.2	250.95	235.9	351.00	388.50	426.50	464.00	501.50
28.0	1.3	294.52	276.8	412.00	456.50	500.50	544.50	589.00
30.0	1.4	341.57	321.1	478.00	529.00	580.50	631.50	683.00
32.5	1.5	392.11	368.6	548.50	607.50	666.50	725.00	784.00
34.5	1.6	446.13	419.4	624.50	691.50	758.00	825.00	892.00
36.5	1.7	503.64	473.4	705.00	780.50	856.00	931.50	1005.00
39.0	1.8	564.63	580.8	790.00	875.00	959.50	1040.00	1125.00
43.0	2.0	697.08	655.3	975.50	1080.00	1185.00	1285.00	1390.00
47.5	2.2	843.47	792.9	1180.00	1305.00	1430.00	1560.00	
52.0	2.4	1003.80	943.6	1405.00	1555.00	1705.00	1855.00	
56.0	2.6	1178.07	1107.4	1645.00	1825.00	2000.00	2175.00	
60.5	2.8	1366.28	1234.3	1910.00	2115.00	2320.00	2525.00	
65.0	3.0	1568.43	1474.3	2195.00	2430.00	2665.00	2900.00	

注：同表 8-4-84。

6×61 钢丝绳　　表 8-4-86

直　径		钢丝总截面积（mm²）	参考重量（kg/100m）	钢丝绳公称抗拉强度（N/mm²）				
				1400	1550	1700	1850	2000
钢丝绳	钢丝			钢丝破断拉力总和				
（mm）				kN（不小于）				
11.0	0.4	45.90	43.21	64.30	71.20	78.10	85.00	91.90
14.0	0.5	71.83	67.52	100.50	111.00	122.00	132.00	143.50
16.5	0.6	103.43	97.22	144.50	160.00	175.50	191.00	206.50
19.5	0.7	140.78	132.3	197.00	218.00	239.00	260.00	281.50
22.0	0.8	183.88	172.3	257.00	285.00	312.50	340.00	367.50

续表

直径		钢丝总截面积 (mm²)	参考重量 (kg/100m)	钢丝绳公称抗拉强度（N/mm²）				
钢丝绳	钢丝			1400	1550	1700	1850	2000
(mm)				钢丝破断拉力总和				
				kN（不小于）				
25.0	0.9	232.72	218.3	325.50	360.50	395.50	430.50	465.00
27.5	1.0	287.31	270.1	402.00	445.00	488.00	531.50	574.50
30.5	1.1	347.65	326.8	486.50	538.50	591.00	643.00	695.00
33.0	1.2	413.73	388.9	579.00	641.00	703.00	765.00	827.00
36.0	1.3	485.55	456.4	679.50	752.50	825.00	898.00	971.00
38.5	1.4	563.13	529.3	788.00	872.50	957.00	1040.00	1125.00
41.5	1.5	640.45	607.7	905.00	1000.00	1095.00	1195.00	1290.00
44.0	1.6	735.51	691.4	1025.00	1140.00	1250.00	1360.00	1470.00
47.0	1.7	830.33	780.5	1160.00	1285.00	1410.00	1535.00	1660.00
50.0	1.8	930.88	875.0	1300.00	1440.00	1580.00	1720.00	1860.00
55.5	2.0	1149.24	1080.3	1605.00	1780.00	1950.00	2125.00	2295.00
61.0	2.2	1390.58	1307.1	1945.00	2155.00	2360.00	2570.00	
66.5	2.4	1654.91	1555.6	2315.00	2565.00	2810.00	3060.00	
72.0	2.6	1942.22	1825.7	2715.00	3010.00	3300.00	3590.00	
77.5	2.8	2252.51	2117.4	3150.00	3490.00	3825.00	4165.00	
83.0	3.0	2585.79	2430.6	3620.00	4005.00	4395.00	4780.00	

注：同表 8-4-84。

钢丝绳的允许拉力，按下列公式计算：

$$[F_g] = \frac{\alpha F_g}{K} \qquad (8-4-2)$$

式中 　$[F_g]$——钢丝绳的允许拉力（kN）；

　　　F_g——钢丝绳的钢丝破断拉力总和（kN）；

　　　α——换算系数，按表 8-4-87 取用；

钢丝绳破断拉力换算系数　　　　表 8-4-87

钢丝绳结构	换算系数	钢丝绳结构	换算系数
6×19	0.85	6×61	0.80
6×37	0.82		

K——钢丝绳的安全系数，按表 8-4-88 取用。

钢丝绳的安全系数　　　　表 8-4-88

用途	安全系数	用途	安全系数
作缆风	3.5	作吊索，无弯曲时	6~7
用于手动起重设备	4.5	作捆绑吊索	8~10
用于机动起重设备	5~6	用于载人的升降机	14

钢丝绳报废标准见表 8-4-89，钢丝绳与滑轮直径配合关系见表 8-4-90。

钢丝绳报废标准（一个节距内的断丝数） 表 8-4-89

采用的安全系数	钢丝绳种类					
	6×19＝114		6×37＝222		6×61＝366	
	交互捻	同向捻	交互捻	同向捻	交互捻	同向捻
5 以下	2	6	22	11	36	18
6～7	14	7	26	13	38	19
7 以上	16	8	30	15	40	20

钢丝绳与滑轮直径配合关系表 表 8-4-90

滑轮直径（mm）	钢丝绳直径（mm）		滑轮直径（mm）	钢丝绳直径（mm）	
	适用	最大		适用	最大
70	5.7	7.7	210	20	23.5
85	7.7	11	245	23.5	25
115	11	14	280	26.5	28
135	12.5	15.5	320	30.5	32.5
165	15.5	18.5	360	32.5	35
185	17	20	—	—	—

3. 钢丝绳卡子（绳夹）

（1）骑马式卡子，见表 8-4-91。

骑马式卡子（mm） 表 8-4-91

图 示	型号	常用钢丝绳直径	A	B	c	d	H	填木直径	绳夹数量（只）	间距
	Y1-6	6.5	14	28	21	M6	35	40	2	70
	Y2-8	8.8	18	36	27	M8	44	50	2	80
	Y3-10	11	22	43	33	M10	55	60	3	100
	Y4-12	13	28	53	40	M12	69	70	3	100
	Y5-15	15，17.5	33	61	48	M14	83	70～80	3	100～120
	Y6-20	20	39	71	55.5	M16	96	80	4	120
	Y7-22	21.5，23.5	44	80	63	M18	108	90～100	4～5	140～150
	Y8-25	26	49	87	70.5	M20	122	110	5	170
	Y9-28	28.5，31	55	97	78.5	M22	137	110～130	5～6	180～200
	Y10-32	32.5，34.5	60	105	85.5	M24	149	130～140	6～7	210～230
	Y11-40	37，39.5	67	112	94	M24	164	160～170	8	250～270
	Y12-45	43.5，47.5	78	128	107	M27	188	180～200	9～10	290～310
	Y13-50	52	88	143	119	M30	210	210	11	330

（2）夹板式卡子，见表 8-4-92。

夹板式卡子（mm） 表 8-4-92

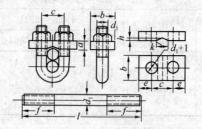

钢绳直径	尺 寸									绳夹间距	填木直径	绳夹数量	单重
d	a	b	c	d_1	e	f	k	l	h	L	D	（只）	（kg）
12.5	12	34	24	10	15	25	8	54	2	100	60	3	0.260
15.5	14	40	31	12	17.5	30	10	66	2	100	70	3	0.463
17.5	16	45	35	16	20	38	10	75	3	120	80	3	0.763
19.5	16	52	37	16	21.5	38	10	80	3	120	80	4	0.880
21.5	16	52	40	16	22	38	12	84	3	140	90	4	0.916
24	20	60	46	20	24	42	12	94	4	150	100	5	1.516
28	22	60	49	20	25.5	44	15	100	5	180	110	5	1.726
30	24	64	54	20	26	46	18	106	6	200	130	6	2.007
34.5	24	70	58	22	26	46	20	110	6	230	140	7	2.391
37	24	80	63	24	28.5	50	23	120	8	250	160	8	3.029
43	26	90	78	30	32	56	27	142	8	290	180	9	4.903
50	26	100	90	36	36	60	30	162	8	330	200	11	7.136

（3）拳握式卡子，见表 8-4-93。

拳握式卡子（mm） 表 8-4-93

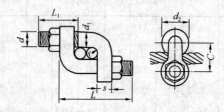

钢丝绳直径	尺 寸								总长
	d	d_1	d_2	C	L	L_1	s	r	
8.7～9.2	12	14	26	23	65	35	12	5	125
11～12.5	12	14	26	27	75	35	12	6.5	135
13～15.5	14	16	32	32	80	40	14	8	155
17～18.5	20	22	45	42	110	55	20	10	220
19.5～22	20	22	45	45	110	55	20	12	220
23～26	22	24	50	51	130	55	22	14	250
28～31	24	26	55	58	150	65	24	16	820
31.5～33.5	28	30	70	65	170	80	28	18	362

4. 滑轮

单轮开口滑轮，见表 8-4-94；单轮闭口滑轮，见表 8-4-95；双轮闭口滑轮，见表 8-4-96；双轮吊环滑轮，见表 8-4-97；三轮闭口滑轮，见表 8-4-98；三轮吊环滑轮，见表 8-4-99。

单轮开口滑轮（mm） 表 8-4-94

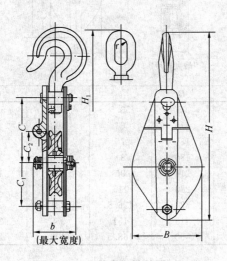

（最大宽度）

型 号	H	B	b	C	C_1	C_2	r	H_1
H0.5×1K$_B$G（L）	234.5	95	61.5	76.5	55.5	42.5	11	220.5
H1×1K$_B$G（L）	299	118	70.5	103	69	54	14	288
H2×1K$_B$G（L）	394	155	87.5	136	90	72	19	377.5
H3×1K$_B$G（L）	473	180	99.5	160	106	85	21	446
H5×1K$_B$G（L）	576	216	108.5	194	129	103	26	545
H8×1K$_B$G（L）	720	280	136.5	248	164	132	33	687
H10×1K$_B$G（L）	811	321	148	281	186	152.5	38	780
H16×1K$_B$G（L）	1008	416	180.5	359	242	186	49	980
H20×1K$_B$G（L）	1123	460	197.5	400	270	207	53	1089

单轮闭口滑轮（mm）　　　　　　　　　　　　　　　　　　表 8-4-95

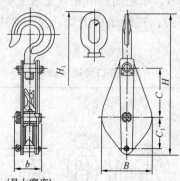

（最大宽度）

型　号	H	B	b	C	C_1	r	H_1
H0.5×1G（L）	234.5	95	53.5	76.5	55.5	11	220.5
H1×1G（L）	299	118	64	103	69	14	288
H2×1G（L）	394	155	76	136	90	19	377.5
H3×1G（L）	473	180	84	160	106	21	446
H5×1G（L）	576	216	96	194	129	26	545
H8×1G（L）	720	280	115	248	164	33	687
H10×1G（L）	811	321	126.5	281	186	38	780
H16×1G（L）	1008	416	151	359	242	49	980
H20×1G（L）	1123	460	168.5	400	270	53	1089

双轮闭口滑轮（mm）　　　　　　　　　　　　　　　　　　表 8-4-96

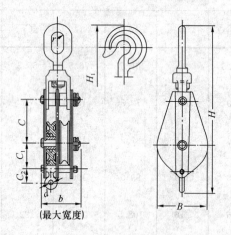

（最大宽度）

型　号	H	B	b	C	C_1	C_2	d	r	H_1
H1×2L（G）	311.5	95	78	75	55.5	21	12	14	320.5
H2×2L（G）	397	118	94.5	95	69	28	17	19	409
H3×2L（G）	499	155	112	126	90	40	23	21	517
H5×2L（G）	602	180	135	150	106	50	26	26	627
H8×2L（G）	740.5	216	157.5	177	129	60	31	33	764.5
H10×2L（G）	828	244	169.5	200	142	64	34	38	846
H16×2L（G）	1038	321	202	258.5	186	82	45	49	1054
H20×2L（G）	1156	364	227	290	212	89	50	53	1174

双轮吊环滑轮（mm）　　　　　　　　　　　　　表 8-4-97

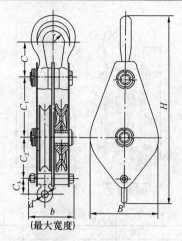

（最大宽度）

型　号	H	B	b	C	C_1	C_2	C_3	d	r
H1×2D	238.5	95	77	45	72	55.5	21	12	15
H2×2D	319	118	93.5	65	97	69	28	17	18
H3×2D	406	155	113.5	75	124	90	40	23	22
H5×2D	506	180	130.5	100	153	106	50	26	28
H8×2D	593.5	216	155.5	120	175	129	60	31	32
H10×2D	681	244	165.5	146	200	142	64	34	40
H16×2D	826.5	321	198.5	156	254	186	82	45	45
H20×2D	948	364	212	190	294	211	89	50	48
H32×2D	1176.5	460	260	220	377	270	115	63	50

三轮闭口滑轮（mm）　　　　　　　　　　　　　表 8-4-98

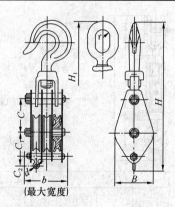

（最大宽度）

型　号	H	B	b	C	C_1	C_2	d	r	H_1
H3×3G（L）	452	118	124	97	69	28	17	21	435
H5×3G（L）	578	155	151	130	90	40	23	26	552
H8×3G（L）	701	180	175	153	106	50	26	33	677
H10×3G（L）	810.5	216	204	185	129	60	31	38	792.5
H16×3G（L）	928	240	220.5	208	140	64	34	49	914
H20×3G（L）	1050	280	237	236	165	75	40	53	1032

三轮吊环滑轮（mm）　　　　　　　　　　　　　　表 8-4-99

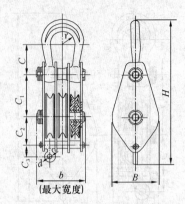

（最大宽度）

型　号	H	B	b	C	C_1	C_2	C_3	d	r
H3×3D	332	118	128	63.5	97	69	28	17	23.5
H5×3D	441	155	155	92	124	90	40	23	27.5
H8×3D	527.5	180	180.5	110	153	106	50	26	32.5
H10×3D	617	216	214	125	175	129	60	31	39.5
H16×3D	689	244	228.5	140	200	142	64	34	42
H20×3D	771	280	248.5	147	224	164	75	40	45
H32×3D	951.5	364	293.5	177	294	211	89	50	51.5
H50×3D	1253.5	460	359.5	240	377	270	115	63	65

5. 花篮螺栓（螺旋扣）

（1）许用荷载 9.8kN 开口花篮螺栓，见表 8-4-100。

9.8kN 开口花篮螺丝（mm）　　　　　　　　　　　表 8-4-100

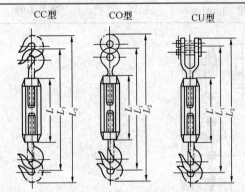

CC型　　CO型　　CU型

标记示例

许用负荷 9.8kN、CC 螺杆、螺杆直径为 M20 的开式索具螺旋扣；

开式螺旋扣 CC0.9-M20

螺旋扣号码	许用负荷（N）	最大钢索直径（mm）	左右螺纹外径 d	L	CC 型			CO 型			CU 型		
					L_1	L_2	理论重量（kg）	L_1	L_2	理论重量（kg）	L_1	L_2	理论重量（kg）
0.07	700	2.2	M6	100	180	258	0.111	175	250	0.113	182	260	0.132
0.1	1700（1000）	3.3	M8	125	225	317	0.238	210	304	0.245	227	319	0.276
0.2	2300（2500）	4.5	M10	150	270	380	0.395	260	370	0.386	265	337	0.423
0.3	3200	5.5	M12	200	334	480	0.795	320	468	0.766	332	478	0.839
0.6	6300	8.5	M16	250	446	638	1.605	420	610	1.489	434	626	1.653
0.9	9800	9.5	M20	300	520	740	2.701	500	720	7.520	525	745	2.805

注：表中括号里的数字，只适用于 CC 型螺旋扣。

（2）许用荷载 13kN 开口式花篮螺栓，见表 8-4-101。

13kN 开式花篮螺丝（mm）

表 8-4-101

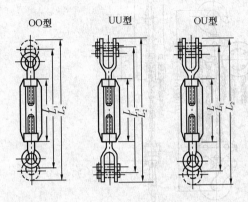

OO型　　UU型　　OU型

标记示例
　　许用负荷 13kN、UU 螺杆、螺杆直径为 M20 的开式索具螺旋扣；
　　开式螺旋扣 UU1.3-M20

螺旋扣号码	许用负荷（N）	最大钢索直径（mm）	左右螺纹外径 d	L	OO 型			UU 型			OU 型		
					L_1	L_2	理论重量（kg）	L_1	L_2	理论重量（kg）	L_1	L_2	理论重量（kg）
0.1	1000	6.5	M6	100	164	242	0.115	184	262	0.153	174	252	0.134
0.2	2000	8	M8	125	199	291	0.242	229	321	0.304	214	306	0.273
0.3	3000	9.5	M10	150	250	318	0.377	260	368	0.451	255	363	0.414
0.4	4300	11.5	M12	200	310	416	0.737	330	476	0.883	320	466	0.810
0.8	8000	15	M16	250	390	582	1.373	422	614	1.701	406	598	1.537
1.3	13000	19	M20	300	470	690	2.330	530	750	3.080	500	720	2.705
1.7	17000	21.5	M22	350	540	806	3.420	600	866	4.196	570	836	3.808
1.9	19000	22.5	M24	400	610	923	4.760	700	1012	5.710	655	967	5.235
2.4	24000	23	M27	450	680	1035	7.230	760	1110	8.582	720	1070	7.906
3.0	30000	31	M30	450	700	1055	8.096	790	1140	9.840	745	1095	8.968
3.8	38000	34	M33	500	770	1158	11.110	880	1268	13.710	830	1218	12.410
4.5	45000	37	M36	550	840	1270	14.670	960	1410	18.390	910	1340	16.530

6. 手拉葫芦（捯链）

（1）WA 型手拉葫芦，见表 8-4-102。

WA 型手动起重链 表 8-4-102

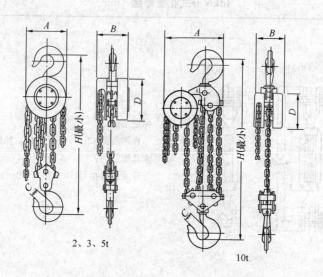

2、3、5t

10t

型 号	WA $\frac{1}{2}$	WA1	WA1 $\frac{1}{2}$	WA2	WA2 $\frac{1}{2}$	WA3	WA5	WA7-5	WA10	WA15	WA20	WA30
起重量（t）	0.5	1	1.5	2	2.5	3	5	7.5	10	15	20	30
起升高度（m）	2.5	2.5	2.5	2.5	2.5	3	3	3	3	3	3	3
两钩间最小距离 H(mm)	235	270	335	380	370	470	600	650	700	830	1000	1150
手拉力（N）	19.5	310	350	320	380	350	380	390	390	41.5	390	41.5
起重链直径（mm）	5	6	8	6	10	8	10	10	10	10	10	10
起重链行数	1	1	1	2	1	2	2	3	4	6	8	12
主要尺寸 (mm) A	120	142	178	142	210	178	210	336	358	488	580	635
B	103	120	137	120	160	137	160	160	160	160	186	186
C	24	28	32	34	36	38	48	57	64	75	82	98
D	120	142	178	142	210	178	210	210	210	210	210	210

（2）SH 型手拉葫芦，见表 8-4-103。

SH 型手动起重链 表 8-4-103

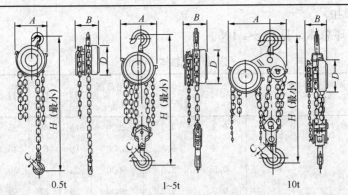

0.5t　　　　1~5t　　　　10t

型　号	SH $\frac{1}{2}$	SH1	SH2	SH3	SH5	SH10
起重量（t）	0.5	1	2	3	5	10
起升高度（m）	2.5	2.5	3	3	3	5
两钩间最小距离 H（mm）	250	430	550	610	840	1000
手拉力（N）	195~220	210	325~360	345~360	375	385
起重链圆钢直径（mm）	7	7	9	11	14	14
起重链行数	2	2	2	2	2	4
主要尺寸（mm）	A	180	180	198~234	267	326	675
	B	126	126	152	167	167	497
	C	18~22	25	33	40	50	64
	D	155	155	200	235	295	295
重量（kg）	11.5~16	16	31~32	45~46	73	170

（3）SBL 型手动起重链，见表 8-4-104。

SBL 型手动起重链 表 8-4-104

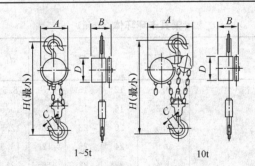

1~5t　　　　10t

型　号	SBL $\frac{1}{2}$	612	651	SBL3	SBL5	SBL10
起重量（t）	0.5	1	2	3	5	10
起升高度（m）	2.5	2.5	3	3	3	3
两钩间最小距离 H（mm）	195	500	500	500	590	700
手拉力（N）	180	220	260	260	330	430
起重链条行数	1	2	2	2	2	3
起重链条直径（mm）	5	8	8	8.5	10	12
主要尺寸（mm）	A	105	208	172	186	208	381
	B	110	168	150	150	172	173
	C	24	27	32	36	48	63
	D	105	137	170	170	195	214
重量（kg）	7.5	23.5	27	27.5	40	73

8.4.4.3 吊装工具

1. 卡环（卸扣）

（1）索具卡环总体，见表8-4-105。

索具卡环总体（mm）   表 8-4-105

图 示	卸扣号码	钢索直径（最大的）	许用负荷（N）	D	H_1	H	L	理论重量（kg）
	0.2	4.7	2000	15	49	35	35	0.039
	0.3	6.5	3300	19	63	45	44	0.089
	0.5	8.5	5000	23	72	50	55	0.162
	0.9	9.5	9300	29	87	60	65	0.304
	1.4	13	14500	38	115	80	86	0.661
	2.1	15	21000	46	133	90	101	1.145
	2.7	17.5	27000	48	146	100	111	1.560
	3.3	19.5	33000	58	163	110	123	2.210
	4.1	22	41000	66	180	120	137	3.115
	4.9	26	49000	72	196	130	153	4.050
	6.8	28	68000	77	225	150	176	6.270
	9.0	31	90000	87	256	170	197	9.280
	10.7	34	107000	97	284	190	218	12.400
	16.0	43.5	160000	117	346	235	262	20.900

1—卸扣本体；2—横销

（2）索具卡环环体，见表8-4-106。

索具卡环环体（mm）   表 8-4-106

图 示	卸扣号码	b	D	d	d_1	d_2	H	理论重量（kg）
	0.2	12	15	6	8.5	M8	35	0.024
	0.3	16	19	8	10.5	M10	45	0.062
	0.5	20	23	10	12.5	M12	50	0.114
	0.9	24	29	12	16.5	M16	60	0.204
	1.4	32	38	16	21	M20	80	0.471
	2.1	36	46	20	26	M24	90	0.805
	2.7	40	48	22	29	M27	100	1.080
	3.3	45	58	24	33	M30	110	1.530
	4.1	50	66	27	37	M33	120	2.180
	4.9	58	72	30	40	M36	130	2.820
	6.8	64	77	36	46	M42	150	4.400
	9.0	70	87	42	51	M48	170	6.650
	10.7	80	97	45	56	M52	190	8.800
	16.0	100	117	52	66	M64	235	14.300

标记处

注：材料为 Q235。

（3）索具卡环销轴尺寸，见表 8-4-107。

索具卡环销轴尺寸（mm）　　　　　　　　　　　表 8-4-107

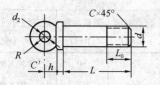

卸扣号码	b	C′	D	d	d_2	h	L	L_0	C	理论质量（kg）
0.2	3	4	12	M8	4	3	25	8	1.2	0.015
0.3	4	4	14	M10	4	3	33	10	1.5	0.027
0.5	6	4	18	M12	5	3	42	12	1.8	0.048
0.9	6	4	22	M16	5	4	50	15	2.5	0.1
1.4	8	6	28	M20	8	4	66	19	2.5	0.19
2.1	8	6	34	M24	10	5	78	23	3.5	0.34
2.7	10	6	38	M27	10	5	86	25	3.5	0.48
3.3	10	8	42	M30	12	5	95	28	4.5	0.680
4.1	13	8	45	M33	13	8	109	32	4.5	0.935
4.9	13	8	50	M36	16	10	120	35	4.5	1.230
6.8	16	10	56	M42	19	10	138	40	5	1.870
9.0	16	10	62	M48	19	13	156	47	5	2.630
10.7	20	10	70	M52	22	13	173	52	6	3.600
16.0	20	10	90	M64	22	16	207	60	6	6.600

2. 千斤顶

（1）丝杠（螺旋）千斤顶，见表 8-4-108。

丝杠（螺旋）千斤顶　　　　　　　　　　　表 8-4-108

起重量（t）	最小高度（mm）	有效顶程（mm）	底座面积（cm²）	手压力（N）	手压杠杆长度（m）	底座单位压力（N/cm²）	操作人数（个）	自重（kg）
5	270	130	118	160	0.6	422	1	7.5
10	330	160	147	260	1.0	690	1	11
15	363	180	147	420	1.0	1000	1	15
20	408	186	270	530	1.2	740	2	27
25	408	186	270	660	1.2	930	2	20
30	498	230	570	430	1.2	525	3	109
50	498	230	570	730	1.2	875	3	184

（2）立式手动油压千斤顶，见表8-4-109。

立式手动油压千斤顶   表 8-4-109

| 型号 | 起重量 (t) | 试验负荷 (kN) | 工作压力 (N/cm²) | 机体尺寸 | | | | 手柄长度 (mm) | 操作力 (N) | 重量 (kg) |
				机高 (mm)	起重高度 (mm)	调整高度 (mm)	底座尺寸（mm）长×宽（或直径）			
YQ-3	3	45	4430	200	130	80	130×80	620	200	3.8
YQ-5AD	5	75	5200	235	160	100	140×90	620	200	5.5
YQ-5A	5	75	5200	235	160	100	130×90	620	200	5.5
YQ-8	8	120	5780	240	160	100	140×110		350	7
YQ-12.5	12.5	187.5	6370	245	160	100	160×130		295	9.1
YQ-16	16	240	6740	250	160	100	170×140		260	13.8
YQ-20	20	260	7070	285	180	70	172×129	620	350	20
YQ-30	30	390	7800	245	130			1000	600	26
YQ-32	32	416	7240	290	180		200×160		310	29
YQ-50	50	750	7860	305	180		231×200		310	43
YQ-100	100	1500	6500	360	200		φ222		420×2	123
YQ-200	200	3000	7060	400	200		φ314		420×2	227

3. 小吊钩（表 8-4-110）

小吊钩（mm）   表 8-4-110

起重量 (t)	A	B	C	D	E	F	适用钢丝绳直径 (mm)	每只自重 (kg)
0.5	7	114	73	19	19	19	6	0.34
0.75	9	133	86	22	25	25	6	0.45
1	10	146	98	25	29	27	8	0.79
1.5	12	171	109	32	32	35	10	1.25
2	13	191	121	35	35	37	11	1.54
2.5	15	216	140	38	38	41	13	2.04
3	16	232	152	41	41	48	14	2.90
3.75	18	257	171	44	48	51	16	3.86
4.5	19	282	193	51	51	54	18	5.00
6	22	330	206	57	54	64	19	7.40
7.5	24	356	227	64	57	70	22	9.76
10	37	394	255	70	64	79	25	12.30
12	33	419	279	76	72	89	29	15.20
14	34	456	308	83	83	95	32	19.10

4. 撬棍（表 8-4-111）

撬　棍（mm）　　　　　　　　　　　　　　　**表 8-4-111**

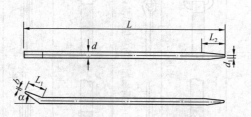

编号	α	L	L_1	L_2	d	d_1	b
1	45°	1500	65	170	30	10	2
2	45°	1200	60	150	25	8	2
3	45°	1000	50	150	22	8	2
4	40°	800	45	100	20	6	1.5
5	35°	600	40	100	16	6	1.5

5. 吊装带

合成纤维吊装带简称吊装带（吊带），是采用高强度聚酯工业长丝（100％PES）为原料加工而成，其安全系数一般采用 6。吊装带按成型方式和截面形状分为 W 型扁平吊带和 R 型圆形吊带，其两端可带环装扣。扁平吊带的截面形状为扁平型；圆形吊带是由无极环绕平行排列的多股集束强力纱组成的闭合环状承载芯和保护套组成，多股集束强力纱起承载作用，其外部用织成的保护套包覆，此保护套只起保护作用，不起承载作用，可使吊装带使用寿命延长。吊装带执行国家标准：JB/T 8521.1—2007 和 B/T 8521.2—2007。

吊装带的特点是：①能很好地保护被吊物品，使其被绑扎部位不被损坏；②使用过程中减振、不导电，不会在摩擦下产生火花，在易燃易爆环境中使用安全；③同等承载能力下其重量仅有金属吊具（钢丝绳索具等）的 20％，便于携带和使用；④弹性伸长率较小，可减少反弹伤人的危险。

在使用中应特别注意避免尖锐物体对吊装带的损伤；吊装带由工厂按极限工作荷载和长度系列生产提供；由于吊装带的弹性伸长率与金属吊索不同，因此禁止与金属吊索配对使用。

吊装带的极限工作荷载由吊装带的颜色标志区分：紫色 10kN、绿色 20kN、黄色 30kN、红色 50kN、蓝色 80kN，100kN 以上为橘黄色。吊装带的额定载荷按吊装重物时的提升绑扎方式不同而不同：吊装带或组合多肢吊装带的极限工作载荷（额定载荷）等于吊装带部件的极限工作载荷与方式系数 M 的乘积。吊装带索具名称、类型及其极限工作载荷和相应颜色代号参见表 8-4-112～表 8-4-114。

扁平吊装带名称和主要类型　　表 8-4-112

类型	A 类 环形吊装带	B 类 带有加强软环眼的单肢吊装带	C 类 带有端配件的单肢吊装带	Cr 类 带有可再连接端配件的单肢吊装带
吊装带端 配件			 C	 Cr
单层承载	 长度：L_1 带有加强环眼的单层吊装带		 长度：L_1 带有金属端配件的单层吊装带	 长度：L_1 带有金属端连接端配件的单层吊装带
双层承载	 长度：L_1 环形扁平单层吊装带	 长度：L_1 带有加强环眼的双层吊装带	 长度：L_1 带有金属端配件的双层吊装带	 长度：L_1 带有金属端连接端配件的双层吊装带
四层承载	 长度：L_1 环形扁平双层吊装带			

注：表列吊装带类型并不代表所有类型。

扁平吊装带极限工作载荷及颜色代号　　表 8-4-113

吊装带垂直提升时的极限工作载荷（kN）	缝制织带部件颜色	极限工作载荷（kN）								
		垂直提升	扼圈式提升	吊篮式提升			两肢吊索		三肢和四肢吊索	
				平行	$\beta=0°\sim45°$	$\beta=45°\sim60°$	$\beta=0°\sim45°$	$\beta=45°\sim60°$	$\beta=0°\sim45°$	$\beta=45°\sim60°$
		$M=1$	$M=0.8$	$M=2$	$M=1.4$	$M=1$	$M=1.4$	$M=1$	$M=2.1$	$M=1.5$
10	紫色	10	8	20	14	10	14	10	21	15
20	绿色	20	16	40	28	20	28	20	42	30
30	黄色	30	24	60	42	30	42	30	63	45
40	灰色	40	32	80	56	40	56	40	84	60
50	红色	50	40	100	70	50	70	50	105	75
60	棕色	60	48	120	84	60	84	60	126	90
80	蓝色	80	64	160	112	80	112	80	168	12
100	橙色	100	80	200	140	100	140	100	210	15
>100	橙色									

注：$M=$ 对称承载的方式系数，吊装带或吊装带零件的安装公差：垂直方向为 6°。

圆形吊装带极限工作载荷及颜色代号　　表 8-4-114

吊装带垂直提升时的极限工作载荷（kN）	吊装带部件颜色	极限工作载荷（kN）								
		垂直提升	扼圈式提升	吊篮式提升			两肢吊索		三肢和四肢吊索	
				平行	$\beta=$ $0°\sim45°$	$\beta=$ $45°\sim60°$	$\beta=$ $0°\sim45°$	$\beta=$ $45°\sim60°$	$\beta=$ $0°\sim45°$	$\beta=$ $45°\sim60°$
		$M=1$	$M=0.8$	$M=2$	$M=1.4$	$M=1$	$M=1.4$	$M=1$	$M=2.1$	$M=1.5$
10	紫色	10	8	20	14	10	14	10	21	15
20	绿色	20	16	40	28	20	28	20	42	30
30	黄色	30	24	60	42	30	42	30	63	45
40	灰色	40	32	80	56	40	56	40	84	60
50	红色	50	40	100	70	50	70	50	105	75
60	棕色	60	48	120	84	60	84	60	126	90
80	蓝色	80	64	160	112	80	112	80	168	120
100	橙色	100	80	200	140	100	140	100	210	150
120	橙色	120	96	240	168	120	168	120	252	180
150	橙色	150	120	300	210	150	210	150	315	225
200	橙色	200	160	400	280	200	280	200	300	300
250	橙色	250	200	500	350	250	350	250	525	375
300	橙色	300	240	600	420	300	420	300	630	450
400	橙色	400	320	800	560	400	560	400	840	600
500	橙色	500	400	1000	700	500	700	501	1050	750
600	橙色	600	480	1200	840	600	840	600	1260	900
800	橙色	800	640	1600	1120	800	1120	800	1680	1200
1000	橙色	1000	800	2000	1400	1000	1400	1000	2100	1500

注：$M=$ 对称承载的方式系数，吊装带或吊装带零件的安装公差：垂直方向为 6°。

8.5 钢结构构件的加工制作和验收

8.5.1 钢结构构件的加工制作

钢结构工程应根据其规模、技术复杂程度、质量要求以及工期和资金条件等因素综合考虑，选择具备资质和能力的专业厂家进行钢结构的加工制作。钢结构加工生产流程见图8-5-1。

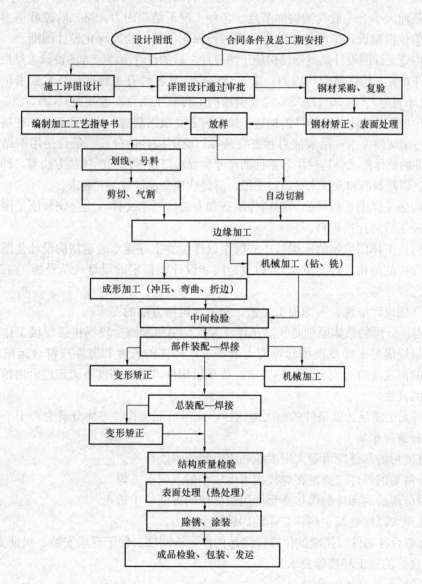

图 8-5-1　钢结构加工生产流程

8.5.1.1　加工制作前的准备工作

1. 合同条件交底及施工图审查

钢结构加工厂通过投标获得钢结构工程加工任务，在组织加工生产前应首先对财务、生产、采购、深化设计、工艺技术及质量检验等相关部门进行合同条件交底，明确工程的技术质量要点和重要工期节点，以便针对该项合同的履约在深化设计进度、材料采购计划及资金安排、质量目标及工艺保证措施、生产及发运等各方面作出相应方案和计划。

对于合同文件中提供的施工图进行会审，发现问题后，及时与业主和设计单位沟通解决，以利生产安排，同时对于会引起加工工期延长或发生费用变更的修改作好签证工作。

2. 钢结构深化设计（加工详图设计）及加工工艺方案编制

钢结构工程设计一般分为两个阶段，第一阶段是由建筑工程设计单位进行结构设计，给出构件截面大小、一般典型构件节点、各种工况下结构内力。第二阶段就是由施工和钢结构制作单位根据设计单位提供的设计图进行深化设计，绘制深化设计图纸。

钢结构施工详图设计是继钢结构施工图设计之后的设计阶段。详图设计人员根据施工图提供的构件布置、构件截面与内力、主要节点构造及各种有关数据和技术要求，严格遵守《钢结构设计规范》GB 50017—2003、《钢结构工程施工质量验收规范》GB 50205—2001 及相关图纸和规范的规定，对构件的构造予以完善。并根据制造厂的生产条件和现场施工条件的原则，考虑运输要求、吊装能力和安装条件，确定构件的分段。最后运用钢结构制图软件，将构件的整体形式、构件中各零件的尺寸和要求以及零件间的连接方法等，详细的表现在图纸上，以便制造和安装人员通过图纸，清楚地领会设计意图和要求。

钢结构施工详图是指导钢结构构件制造和安装的技术文件，也是编制施工图预算的依据和工程竣工后的存档资料。

钢结构施工详图编制的依据是正式的由设计院签字并盖章的钢结构设计蓝图（包括工程实施过程中的结构设计变更单），以及合同和设计图指定的设计规范及施工工艺的可行性焊接工艺评定等。

施工详图设计应综合考虑加工工艺、安装和运输方面的要求：

（1）构件分段的总体原则是：满足设计要求，尽可能减少现场拼接焊接工作量；构件的单体重量应满足车间及现场起重能力的要求；构件的长度和宽度应符合运输车辆的要求；构件的高度应符合安全运输的要求，装车后构件离地总高度不能超过沿途桥涵、高架和高压线的高度。

（2）对无法满足运输条件的超大型构件，应尽可能将构件整体分解为若干个结构单一的部件，分解原则如下：

1）分解后的部件应可最大限度地利用组装流水线作业。

2）分解后的部件应满足在焊接拘束度较小的工况下施焊。

3）对分解后的部件的焊接变形能用最简捷的方法给予矫正。

4）能最大限度地减少构件整体的焊接残余应力。

5）分解后各部件间接缝的位置应满足构件运输刚度、便于现场安装、保证安装精度，同时具有良好的施工环境等要求。

（3）现场吊装耳板的设置。

（4）现场焊接应采用操作最简单方便的形式，尽可能避免难度较高的立焊和仰焊。

（5）节点设计时，焊接连接应确保现场施焊空间；螺栓连接应确保高强螺栓的施工空间。

用于钢结构施工详图设计的主要软件有：AutoCAD、Xsteel、Takla Structures、

StruCad、PKPM（STXT）、ProSteel 3D 及 3D3S，其中 AutoCAD、Xsteel 和 Takla Structures 软件是目前应用最为广泛的钢结构施工详图设计软件。

加工工艺方案的主要内容：

1）总则：说明本工艺方案适用的钢结构工程项目，其设计、制造、检验所采用的标准；对于合同执行中可能的变更、补充协议等问题的处理原则。

2）工程概况：简要描述工程项目的特征，工作内容和范围，钢结构的特点等。

3）主要材料材质、规格，对材料试验与检验说明。

4）工艺装备制作、生产场地布置安排、拼装方案。

5）工艺评定、焊工考试要求、制作及检验人员技能及资质要求。

6）焊接工艺程序、防止变形措施、焊接质量标准及焊缝检验方法。

7）节点摩擦面摩擦系数要求。

8）涂装：除锈等级、方法、涂层厚度、涂料品种配套。

9）构件交付时应提供的检测项目及表格。

10）包装和运输。

11）突出节点工期要求的生产进度计划表。特殊结构构件还需编制专项工艺措施，内容应包括：①加工作业流程，专用工装、工具，各工序加工要点。②零件组对、焊接顺序，矫正及检验方法。③检验标准及专用检测项目表。

3. 备料

根据设计图、加工工艺图算出各种材质、规格的材料净用量，并根据构件的不同类型和供货条件，增加一定的损耗率，一般为实际所需量的 10%，亦可参考表 8-5-1。

钢板、角钢、工字钢、槽钢损耗率　　　　　　表 8-5-1

编号	材料名称	规格（mm）	损耗率（%）
1	钢板	1~5	2.00
2		6~12	4.50
3		13~25	6.50
4		26~60	11.00
			平均：6.00
5	角钢	75×75 以下	2.20
6		80×80~100×100	3.50
7		120×120~150×150	4.30
8		180×180~200×200	4.80
			平均：3.70
9	工字钢	14a 以下	3.20
10		24a 以下	4.50
11		36a 以下	5.30
12		60a 以下	6.00
			平均：4.75
13	槽钢	14a 以下	3.00
14		24a 以下	4.20
15		36a 以下	4.80
16		40a 以下	5.20
			平均：4.30

注：不等边角钢按长边计，其损耗率与等边角钢同。

8.5.1.2 零件加工

1. 放样

根据加工工艺图，以1：1的要求，放出各种接头节点的实际尺寸，对图纸的尺寸进行核对。平面复杂的结构，如圆弧结构等，要在平整的地面放出整个结构的大样，制作出样板和样杆，作为下料、铣边、剪制、制孔等加工的依据。样板和样杆上应注明图号、零件号、数量和加工边线、坡口尺寸、孔的直径以及弯折、滚圆半径等。样板和样杆是构件加工的标准，应使用质轻、坚固、不易变形的材料（如铁皮、扁铁、塑料板等）制成并精心使用，妥善保管。样板的精度要求，见表8-5-2。

放样和样板（样杆）的允许偏差 表8-5-2

项目	样板长度	样板宽度	平行线距离和分段尺寸	样杆长度	样板对角线差	样板的角度
允许偏差（mm）	±0.5	±0.5	±0.5	±1.0	1.0	±20′

在制作样板和样杆时，要增加零件加工时的加工余量，焊接构件要按工艺需要增加焊接收缩量。高层钢结构按设计标高安装时，柱子的长度还必须增加荷载压缩的变形量。

2. 画线号料

根据放样提供的构件零件的材料、尺寸、数量，在钢材上画出切割、铣、刨边、弯曲、钻孔等加工位置，并标出零件的工艺编号。

画线号料时，要根据工艺图的要求，利用标准接头节点，使材料得到充分的利用，损耗率降到最低数量。

号料的允许偏差，见表8-5-3。

号料的允许偏差 表8-5-3

序号	项目	允许偏差（mm）	序号	项目	允许偏差（mm）
1	零件外形尺寸	±1.0	4	二排孔心距	±0.5
2	两端孔心距	±0.5	5	冲点与孔心距	±0.5
3	相临孔心距	±0.5	6	孔距	±0.5

画线号料时，还要根据材料厚度和切割方法，适当增加切割余量，见表8-5-4。

切割余量 表8-5-4

序号	切割方式	材料厚度（mm）	割缝宽度留量（mm）
1	剪、冲下料		不留
2	气割下料	≤10	1～2
		10～20	2.5
		20～40	3.0
		40以上	4.0

3. 切割下料

钢材切割下料方法有气割、机械剪切和锯切等，其下料公差见表8-5-5。

下料的允许偏差　　　　　　　　　　表 8-5-5

序号	偏差名称		偏差值（mm）
1	实际切割线与号料线（或冲点）之间的偏差	手工切割	±2.0
		自动、半自动切割	±1.5
		精密切割	±1.0
2	切割截面与钢材表面不垂直度		≤5%厚度且≤2.0
3	毛刺、渣滓、溅斑、熔瘤、缺棱、裂纹		清除干净、段口上不得有裂纹和大于 1.0 的缺棱
4	割纹深度		0.2

（1）氧气切割

是以氧气和燃料燃烧时产生的高温燃化钢材，并以氧气压力进行吹扫，造成割缝，使金属按要求的尺寸和形状切割成零件。氧气切割可以对各种钢材进行切割下料。

氧气切割用的氧气纯度，对气体消耗量、切割的速度、切割质量有很大关系。工业氧气指标，见表 8-5-6。氧气纯度与切割速度、氧气压力和消耗量的关系，见表 8-5-7。

气焊和气割用的氧气指标　　　　　　　　　　表 8-5-6

指标名称	指标	
	一级品	二级品
氧气（O_2）含量（%）	≥99.2	≥98.5
水分（H_2O）含量（mL/瓶）	≤10	≤10

氧气纯度与切割速度、氧气压力和消耗量的关系　　　　　　　　　　表 8-5-7

氧气纯度（%）	切割速度（%）	切割时的氧气压力（%）	氧气消耗量（%）
99.5	100	100	100
99.0	95	110～115	110～115
98.5	91	122～125	122～125
98.0	87	138～140	138～140
97.5	83	158～160	158～160

气割时氧气、乙炔气、液化气的消耗量，见表 8-5-8、表 8-5-9。

各种厚度钢板每切割 10cm 长度的氧气、乙炔气、液化气消耗用量　　　　表 8-5-8

项目		氧气（m³）	乙炔气（m³）	液化气（m³）
12mm	手工自动	1.51	0.49	0.56
16mm	手工自动	1.76	0.56	0.64
20mm	手工自动	3.0	0.97	1.11
		3.21	1.43	1.63
25mm	手工自动	4.0	1.30	1.49
		4.28	1.39	1.59
30mm	手工自动	5.33	1.73	1.98
		5.7	1.85	2.11

项目		氧气（m³）	乙炔气（m³）	液化气（m³）
36mm	手工自动	6.62 7.0	2.15 2.3	2.46 2.63
40mm	手工自动	7.5 8.03	2.44 2.61	2.78 2.98
50mm	手工自动	9.5 10.7	3.09 3.31	3.53 3.78
60mm	手工自动	12.5 13.38	4.07 4.35	4.65 4.97

各种型钢板每切割10个切口氧气、乙炔气、液化气的消耗用量　　表 8-5-9

型钢号		氧气（m³）	乙炔气（m³）	液化气（m³）
槽钢	10～12	0.46	0.15	0.17
	14～16	0.62	0.20	0.23
	18a	0.72	0.23	0.26
	20a	0.83	0.27	0.31
	22a	0.95	0.308	0.35
	24a	1.09	0.36	0.41
	27a	1.2	0.36	0.39
	30a	1.33	0.43	0.49
	36a	1.7	0.55	0.63
	40a	2.0	0.65	0.74
角钢	130	0.5	0.16	0.18
	150	0.8	0.26	0.30
	200	1.11	0.36	0.41
工字钢	10～12a₁	0.67	0.22	0.25
	14～16a	0.92	0.30	0.34
	18a	1.0	0.33	0.38
	20a	1.2	0.39	0.46
	22a	1.33	0.43	0.49
	24a	1.5	0.49	0.56
	27a	1.62	0.53	0.61
	30a	1.82	0.59	0.67
	36a	2.14	0.70	0.80
	40a	2.4	0.78	0.89
	45a	2.73	0.89	1.02
	55a	3.4	1.11	1.23
	60a	3.8	1.24	1.42

氧和气体燃料燃烧时的火焰温度，见表 8-5-10。

氧和气体燃料燃烧时的火焰温度　　　　　　　　表 8-5-10

气体燃料名称	火焰温度（℃）	气体燃料名称	火焰温度（℃）
乙炔气	3100～3200	丙烷气	2200～2850
甲烷气	2200～2300	液化石油气	2600～2800

气体切割是钢材切割工艺中最简单、最方便的一种。近年来，提高切割火焰喷射速度，使切割效率和切割质量大为提高。火焰喷射速度达到了音速，使切割厚钢板的表面光洁度已达到 12.5，不需要再进行刨边等工序。

气体切割对有些钢材会产生淬硬性，如 Q345 钢材，淬硬深度可达 0.5～1mm，会增加边缘加工的困难。

为了提高气割下料的效率和精度，现在多头切割和电磁仿形、光电跟踪等自动切割已经广泛使用。

（2）机械切割

1）带锯、圆盘锯切割。带锯切割适用于型钢、扁钢、圆钢、方钢，具有效率高、切割断面质量好等优点。近年来较发达国家普遍采用带齿圆盘锯冷锯机切割钢材，这种冷锯机用高压空气冷却，锯时不加润滑液，锯切速度较快，钢材切口不发热、不变质，是一种先进的切割方法。

2）砂轮锯切割。砂轮锯适用于薄壁型钢，即方钢管，圆钢管，匚形、口形断面的钢材切割。砂轮锯切割的切口光滑、毛刺较薄、容易清除。当材料厚度较薄（1～3mm）时剪切效率很高。

3）无齿锯切割。无齿锯锯片在高速旋转中与钢材接触，产生高温把钢材熔化形成切口，其生产效率高，切割边缘整齐且毛刺易清除。切割时有很大噪声。由于靠摩擦产生高温切断钢材，因此在切断的断口区会产生淬硬倾向，深度约 1.5～2mm。

4）冲剪切割下料。用剪切机和冲切机切割钢材是最方便的切割方法，可以对钢板、型钢切割下料。当钢板较厚时，冲剪困难，切割钢材不容易保证平直，故应改用气割下料。

钢材经剪切后，在离剪切边缘 2～3mm 范围内，会产生严重的冷作硬化，这部分钢材脆性增大，因此用于钢材厚度较大的重要结构，硬化部分应刨削除掉。

（3）边缘加工

边缘加工分刨边、铣边和铲边三种。有些构件如支座支承面、焊缝坡口和尺寸要求严格的加劲板、隔板、腹板、有孔眼的节点板等，需要进行边缘加工。

刨边用刨床比较费工，生产效率低，成本高，应尽量避免使用。有些零部件可用铣边代替刨边，光洁度要比刨边加工的差一些。边缘加工的允许偏差，见表 8-5-11。

边缘加工的允许偏差　　　　　　　　表 8-5-11

项　目	允许偏差	项　目	允许偏差
零件宽度、长度	±1.0mm	加工面垂直度	$0.025t$ 且不大于 0.5mm
加工边直线度	$l/3000$ 且不大于 2.0mm	加工面表面粗糙度	$R_a \leqslant 50\mu m$
相邻两边夹角	$\pm 6'$		

端部铣平的允许偏差，见表 8-5-12。

项　目	允许偏差（mm）	项　目	允许偏差（mm）
两端铣平时构件长度	±2.0	铣平面的平面度	0.3
两端铣平时零件长度	±0.5	铣平面对轴线的垂直度	$l/1500$

铲边用风镐进行，设备简单，操作方便。但生产效率低，噪声大，劳动强度大，加工质量不高。工作量不大时可以采用。

（4）矫正平直

钢材切割下料后，在组拼前除要进行边缘加工外，还要进行矫正和平直工作。矫正平直可以用热矫，也可以用冷矫。

1）冷矫。冷矫工作一般用辊式型钢矫正机、机械顶直矫正机。矫正后的质量要求，见表 8-5-13、表 8-5-14。

项目	允许偏差	图　例
钢板的局部平面度	$t \leqslant 14$ ： 1.5 $t > 1.4$ ： 1.0	
型钢弯曲矢高	$l/1000$，且不应大于 5.0	
角钢肢的垂直度	$\dfrac{b}{100}$ 且双肢栓接角钢的角度不得大于 90°	
槽钢翼缘对腹板的垂直度	$\dfrac{b}{80}$	
工字钢、H 型钢翼缘对腹板的垂直度	$\dfrac{b}{100}$ 且不大于 2.0	

2）热矫。当钢材型号超过矫正机负荷能力时，采用热矫正。热矫正采用局部火焰加热方法。其原理是钢材加热时，以 $1.2 \times 10^{-5}/℃$ 的线膨胀率向各个方向伸长。当冷却到

原来温度时，除收缩到加热前的尺寸，还要按照 $1.48 \times 10^{-6}/℃$ 的收缩率进一步收缩。因此收缩后的尺寸，比加热前的尺寸要短。利用这种特性，就可以达到对钢材或钢构件进行外形矫正的目的。

冷矫正与冷弯曲的最小曲率半径和最大弯曲矢高允许值　　　　表 8-5-14

钢材类别	图　例	对应轴	矫　正		弯　曲	
			r	f	r	f
钢板扁钢		$x-x$	$50t$	$\dfrac{l^2}{400t}$	$25t$	$\dfrac{l^2}{200t}$
		$y-y$（仅对扁钢轴线）	$100b$	$\dfrac{l^2}{800b}$	$50b$	$\dfrac{l^2}{400b}$
角钢		$x-x$	$90b$	$\dfrac{l^2}{720b}$	$45b$	$\dfrac{l^2}{360b}$
槽钢		$x-x$	$50h$	$\dfrac{l^2}{400h}$	$25h$	$\dfrac{l^2}{200h}$
		$y-y$	$90b$	$\dfrac{l^2}{720b}$	$45b$	$\dfrac{l^2}{360b}$
工字钢		$x-x$	$50h$	$\dfrac{l^2}{400h}$	$25h$	$\dfrac{l^2}{200h}$
		$y-y$	$50b$	$\dfrac{l^2}{400b}$	$25b$	$\dfrac{l^2}{200b}$

注：r 为曲率半径；f 为弯曲矢高；l 为弯曲弦长；t 为钢板厚度。

收缩应力的计算方法如下：

设加热温度为 T（℃），冷却后产生的应变为 $T \times 1.48 \times 10^{-6}$，钢材的弹性模量 $E = 2.1 \times 10^5$（N/mm²），则收缩应力

$$\sigma_{缩} = T \times 2.1 \times 10^5 \times 1.48 \times 10^{-6} = 0.31TN/mm^2$$

高层钢结构中的焊接封闭箱形柱、焊接工字断面柱、焊接 H 型钢梁的弹性变形部分的计算，都可以采用这种方法。

如果构件产生塑性变形，不宜采用此法。

利用热矫正方法时，钢材温度不得超过 700℃，以测温计测量较为准确。超过 700℃后钢材内部会产生超过屈服点的收缩应力，低碳钢会因变形而产生应力重分配，中碳钢会因此产生裂纹。

（5）滚圆

用滚圆机把钢板或型钢变成设计要求的曲线形状或卷成螺旋管。滚圆的精度标准和弯曲成型零件自由尺寸的允许偏差，见表8-5-15、表8-5-16。

滚圆的精度标准（与样板间的间隙） 表8-5-15

钢板厚度 (mm)	样板长度 (mm)			
	≤500	500～1000	1000～1500	1500～2000
≤8	3	4	5	5
9～12	2	3	4	4
13～20	2	2	3	3
20～30	2	2	2	2

弯曲成型零件自由尺寸的允许偏差（mm） 表8-5-16

弧长 l	样板长	不接触间隙	弧长 l	样板长	不接触间隙
≤500	全长	1	≤2000	0.61	2.5
<1000	全长	2	>2000	0.61	3

（6）撖弯

撖弯是钢材热加工的方式之一。把钢材加热到1000～1100℃（暗黄色），立即进行撖弯，在500～550℃（暗褐色）前结束。当钢材加热超过1100℃时，钢材会过热，晶粒粗大，晶格发生裂隙，材料变脆，质量急剧降低，不能使用。温度低于500℃时钢材产生蓝脆，不能保证撖弯的质量。因此采用热撖时一定要掌握好钢材的加热温度。表8-5-17中钢材的温度和颜色的变化可供参考，最好用比色高温测温计测量，数据较为准确。

钢材温度和颜色的辨别 表8-5-17

颜色	温度（℃）	颜色	温度（℃）
黑色	470℃以下	亮樱红色	800～830
暗褐色	520～580	亮红色	830～880
赤褐色	580～650	黄赤色	880～1050
暗樱红色	650～750	暗黄色	1050～1150
深樱红色	750～780	亮黄色	1150～1250
樱红色	780～800	黄白色	1250～1300

（7）零件的制孔

构件的零件在装配前的制孔称为零件的制孔。制孔方法有冲孔、钻孔两种。冲孔在冲床上进行，冲孔只能冲较薄的钢板，孔径的大小一般大于钢材的厚度，冲孔的周围会产生冷作硬化。冲孔生产效率较高，但质量较差，只有在不重要的部位才能使用。

C级螺栓孔的允许偏差，见表8-5-18；螺栓孔孔距的允许偏差，见表8-5-19。

C级螺栓孔的允许偏差 表8-5-18

项 目	允许偏差（mm）	项 目	允许偏差（mm）
直径	±1.0	圆度	2.0
	0	垂直度	0.03t 且不大于2.0

螺栓孔孔距的允许偏差　　　　　　　　　　　　表 8-5-19

项　目	允许偏差（mm）			
	≤500	501～1200	1201～3000	>3000
同一组内任意两孔间距离	±1.0	±1.5	—	—
相临两组的端孔间距	±1.5	±2.0	±2.5	±3.0

钻孔是在钻床上进行，可以钻任何厚度的钢材，孔的质量较好。对于重要结构的节点，先预钻小一级孔眼的尺寸，在装配完成调整好尺寸后，扩成设计孔径，铆钉孔、精制螺栓孔多采用这种方法。一次钻成设计孔径时，为了使孔眼位置有较高的精度，一般均先制成钻模，钻模贴在工件上调好位置，在钻模内钻孔。为提高钻孔效率，可以把零件叠起一次钻几块钢板，或用多头钻进行钻孔。

8.5.1.3　工厂组拼

1. 一般要求

组拼是把加工好的零件按照施工图的要求拼装成单个构件。构件的大小应根据运输道路、现场条件、运输和安装单位的机械设备能力与结构受力的允许条件等来确定。只要条件允许，构件应划分得大一些，以减少现场安装工作量，提高钢结构工程的施工质量。有些复杂的构件，虽受运输、安装设备能力的限制，也应在加工厂先行组拼，调整好尺寸后进行编号，再拆开运往现场，并按编号的顺序对号入座进行安装。

（1）构件组拼要在平台上进行，平台应测平。用于组拼的胎模要牢固的固定在平台上。组拼工作开始前要编制组拼顺序表，组拼时严格按照顺序表所规定的顺序进行组拼。构件较大、形状较复杂的构件，应先分成几个部分组拼成简单组件，再逐渐拼成整个构件，并注意先组拼内部组件，再拼装外部组件。

（2）组拼时，要根据零件加工编号，严格检验核对其材质、外形尺寸，毛刺飞边要清除干净，对称零件要注意方向，避免错装。

（3）组拼好的构件或结构单元，要按图纸的规定用油漆对构件进行编号。构件编号位置要在明显易查处，大构件要在三个面上都编号，并标注构件的重量和重心位置。

2. 焊接连接的构件组拼

（1）要根据图纸尺寸，在平台上放好构件的位置线，焊上组拼架及胎模夹具。组拼架离平台面不小于 50cm，并用卡兰、左右螺旋丝杠或梯形螺纹，作为夹紧调整零件的工具。每个构件的主要零件位置调整好并检查合格后，再把全部零件拼上，进行点焊，使构件定形。在零件定位前，要留出焊缝收缩量及变形量。高层钢结构的柱子，两端除增加焊接收缩量的长度之外，还必须增加构件安装后荷载压缩变形量，并留好构件端头和支承点铣平的加工余量。

焊接构件各类焊缝的预留收缩值，见表 8-5-20。

焊接收缩余量　　　　　　　　　　　　表 8-5-20

结构类型	焊件特征和板厚	焊缝收缩量（mm）
钢板对接	各种板厚	长度方向每米焊缝 0.7 宽度方向每个接口 1.0

结构类型	焊件特征和板厚	焊缝收缩量（mm）
实腹结构及焊接 H 型钢	断面高小于等于 1000mm 且板厚小于等于 25mm	四条纵焊缝每米共缩 0.6，焊透梁高收缩 1.0 每对加劲焊缝，梁的长度收缩 0.3
	断面高小于等于 1000mm 且板厚大于 25mm	四条纵焊缝每米共缩 1.4，焊透梁高收缩 1.0 每对加劲焊缝，梁的长度收缩 0.7
	断面高大于 1000mm 的各种板厚	四条纵焊缝每米共缩 0.2，焊透梁高收缩 1.0 每对加劲焊缝，梁的长度收缩 0.5
格构式结构	屋架、托架、支架等轻型桁架	接头焊缝每个接口为 1.0 搭接贴角焊缝每米 0.5
	实腹柱及重型桁架	搭接贴角焊缝每米 0.25
圆筒型结构	板厚小于等于 16mm	直焊缝每个接口周长收缩 1.0 环焊缝每个接口周长收缩 1.0
	板厚大于 16mm	直焊缝每个接口周长收缩 2.0 环焊缝每个接口周长收缩 2.0

（2）为了减少焊接变形，应该选择合理的焊接顺序，如对称法、分段逆向焊接法，跳焊法等。在保证焊缝质量的前提下，采用适量的电流，快速施焊，以减小热影响区和温度差，减小焊接变形和焊接应力。

焊接结构拼装的允许偏差，见图 8-5-2 和表 8-5-21。

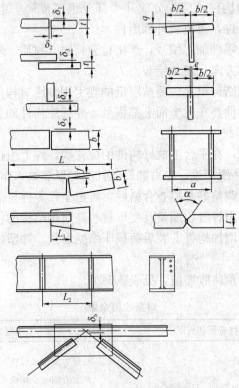

图 8-5-2　拼装偏差示意图

焊接连接组装的允许偏差（mm） 表 8-5-21

项　目		允许偏差	图　例
对口错边（Δ）		$t/10$ 且不大于 3.0	
间隙（a）		±1.0	
搭接长度（a）		±5.0	
缝隙（Δ）		1.5	
高度（h）		±2.0	
垂直度（Δ）		$b/100$ 且不大于 2.0	
中心偏移（e）		±2.0	
型钢错位	连接处	1.0	
	其他处	2.0	
箱形截面高度（h）		±2.0	
宽度（b）		±2.0	
垂直度（Δ）		$b/200$ 且不大于 3.0	

3. 实腹工字形截面构件的组拼

高层钢结构中受力大的部位或变断面构件，当轧制 H 型钢不能满足要求时，都采用焊接 H 型钢。

（1）根据构件长、宽、高尺寸的要求，设置焊接架。

（2）腹板按照图纸要求，先进行刨边或加工好坡口，宽板进行反变形加工。

（3）检查工字形构件翼板、腹板的零件加工质量并清除干净。

（4）构件零件放到焊接架上时，在梁的截面方向预留焊缝收缩量，使翼缘板和腹板双面进行点焊定位，并加撑杆。点焊间距 200mm，点焊高度为焊缝高度的 2/3。

（5）梁两端应加引弧板，板的长度和宽度一般为 70～100mm。

（6）可以采用手工焊、CO_2 半自动焊和 CO_2 自动焊进行焊接工作。上下翼缘的通长角焊缝可以在平焊位置或 45°船形位置采用自动埋弧焊。

（7）焊后先进行矫正。

（8）构件长度方向应在焊接成形检验合格后再进行端头加工，焊接连接梁的端头开坡口时，应预留安装焊缝的预留收缩量。

4. 封闭箱形截面构件的组拼

高层钢结构的柱子和受力大的部位的梁均采用封闭箱形断面。应先利用构件内部的定位隔板，把箱形截面和受力隔板的挡板焊好，并把受力隔板和柱内两相对面的非受力隔板焊缝焊好，再封第四块板，点焊成型后进行矫正。在柱子两端焊上引弧板，按要求把柱四棱焊缝焊好，检查合格后，再用熔化嘴电渣焊，焊接受力隔板另两侧的焊缝。

箱形结构封闭后，受力隔板的两相对焊缝处用电钻把柱板打一通孔，相对的两条焊缝用两台电渣焊机对称施焊。

箱形柱的各部焊缝焊完后，矫正外形尺寸，焊上连接板，加工好下部坡口，最后用端面铣加工柱子长度。组拼时要注意留出焊缝收缩量和柱的荷载压缩变形值。

5. 十字形构件拼接

高层钢结构下部的柱，多采用十字形构件，并外包钢筋混凝土，即劲性钢筋混凝土。组拼时，先把十字形截面做成二个 T 形和一个工字形，然后再组合成十字形。

由于十字形断面拘束度小，焊接时容易变形，除严格控制焊接顺序外，整个焊接工作必须在模架上进行，利用丝杠、夹具把零件固定在模架上，通过不同的焊接顺序，使焊接变形平衡。如果利用模架还达不到控制变形的目的，则可以加设临时支撑，焊完构件冷却后再行拆除。

构件的长度在最后一道工序加工。

6. 桁架组拼

在拼装台上，按图纸要求的尺寸（包括拱度）进行放线，焊上模架，放上弦杆，再放腹杆，校正外形尺寸无误后，进行点焊定形。点焊的数量必须满足脱胎时保证桁架不变形。桁架组拼杆件两面的接头都要点焊。

桁架上弦节点板与上弦杆件要进行槽焊。为了保证质量，节点板厚度和槽焊深度应保证设计尺寸。也可参考表 8-5-22 施焊。

表 8-5-22

节点板厚度（mm）	6	8	10	12	14	16
槽焊深度（mm）	5	6	8	10	12	14

8.5.1.4　构件成品的防腐涂装

1. 钢结构的腐蚀（锈蚀）与防护方法

钢结构在大气或水浸及土的掩埋环境中会发生腐蚀，造成截面损失、承载力下降进而发生破坏，严重影响到结构的使用寿命和使用安全。为防止和减缓钢结构使用过程中的腐蚀破坏，保证钢结构在设计使用寿命内的结构安全，降低其使用寿命周期内的维护费用，必须针对钢结构的使用环境、造成腐蚀的主要因素、结构的重要性、使用中进行维护的难易程度并综合考虑防腐措施的投资成本，选择采用合理可靠的防腐措施。

钢结构的防腐措施主要有以下三类：

（1）涂覆隔离：利用非金属（油漆）或耐腐蚀金属（锌或铝等）涂、镀层覆盖钢结构表面，使其与腐蚀介质隔绝以减缓腐蚀，是目前应用最为普遍的防腐措施；

（2）阴极保护：利用电化原理，以减缓腐蚀。主要用于化工工程、埋地管线、港口及海洋工程等；

（3）采用耐候钢、不锈钢等耐腐蚀材料。在重要工程或部位且使用过程中无法进行维护的场合使用。

建筑钢结构通常采用上述第一种以油漆作为覆盖隔离层的防腐措施。在沿海区域可采用镀锌或喷锌、喷铝等防腐措施。

2. 高层钢结构建筑的防腐设计及技术标准

2011 年 7 月住房城乡建设部发布了中华人民共和国行业标准 JGJ/T 251—2011《建筑钢结构防腐蚀技术规程》，对大气环境中的新建建筑钢结构的防腐蚀设计、施工、验收和维护提出了规范。

高层钢结构建筑在正常使用期间其钢构件通常由建筑装饰构造层所隐蔽，因而在设计使用寿命周期内的防腐维护难度大。为保证防腐工程的质量并满足所采用防腐措施技术先进、安全可靠且经济合理的要求，建筑钢结构应根据其所处环境、使用的材料和结构形式、使用要求、施工条件和维护管理条件等因素进行防腐设计。建筑钢结构的防腐设计主要内容包括：钢结构构件的防腐构造措施、钢结构的表面处理技术要求和防腐涂层（镀层）配套等，同时应考虑防腐措施的工艺适应性、环保影响以及经济因素。

大气环境中钢结构的表面腐蚀与环境湿度及大气中腐蚀性物质的浓度相关。进行建筑钢结构防腐蚀设计时，可按建筑钢结构所处位置的大气环境和年平均环境相对湿度确定大气环境腐蚀性等级。当大气环境不易划分时，大气环境腐蚀性等级由设计进行认定。大气环境对建筑钢结构长期作用下的腐蚀性等级见表 8-5-23。

大气环境对建筑钢结构长期作用下的腐蚀性等级

表 8-5-23

腐蚀类型		腐蚀速率（mm/a）	腐蚀环境		
腐蚀性等级	名称		大气环境气体类型	年平均环境相对湿度（%）	大气环境
Ⅰ	无腐蚀	<0.001	A	<60	乡村大气

腐蚀类型		腐蚀速率 (mm/a)	腐蚀环境		
腐蚀性等级	名称		大气环境气体类型	年平均环境相对湿度 (%)	大气环境
Ⅱ	弱腐蚀	0.001~0.025	A	60~75	乡村大气
			B	<60	城市大气
Ⅲ	轻腐蚀	0.025~0.05	A	>75	乡村大气
			B	60~75	城市大气
			C	<60	工业大气
Ⅳ	中腐蚀	0.05~0.2	B	>75	城市大气
			C	60~75	工业大气
			D	<60	海洋大气
Ⅴ	轻强腐蚀	0.2~1.0	C	>75	工业大气
			D	60~75	海洋大气
Ⅵ	强腐蚀	1.0~5.0	D	>75	海洋大气

注：1. 在特殊场合与额外腐蚀负荷作用下，应将腐蚀类型提高等级；

2. 处于潮湿状态或不可避免结露的部位，环境相对湿度应取大于75%；

3. 腐蚀速率单位 mm/a；毫米/年（碳素钢、单面）；

4. 大气环境气体类型按表 8-5-24 划分。

大气环境气体类型　　　　　　　　　　表 8-5-24

大气环境气体类型	腐蚀性物质名称	腐蚀性物质含量（kg/m³）
A	二氧化碳	$<2\times10^{-3}$
	二氧化硫	$<5\times10^{-7}$
	氟化氢	$<5\times10^{-8}$
	硫化氢	$<1\times10^{-8}$
	氮的氧化物	$<1\times10^{-7}$
	氯	$<1\times10^{-7}$
	氯化氢	$<5\times10^{-8}$
B	二氧化碳	$>2\times10^{-3}$
	二氧化硫	$5\times10^{-7}\sim1\times10^{-5}$
	氟化氢	$5\times10^{-8}\sim5\times10^{-6}$
	硫化氢	$1\times10^{-8}\sim5\times10^{-6}$
	氮的氧化物	$1\times10^{-7}\sim5\times10^{-6}$
	氯	$1\times10^{-7}\sim1\times10^{-6}$
	氯化氢	$5\times10^{-8}\sim5\times10^{-6}$

大气环境气体类型	腐蚀性物质名称	腐蚀性物质含量（kg/m³）
C	二氧化硫	$1\times10^{-5}\sim2\times10^{-4}$
	氟化氢	$5\times10^{-6}\sim1\times10^{-5}$
	硫化氢	$5\times10^{-6}\sim1\times10^{-4}$
	氮的氧化物	$5\times10^{-6}\sim2.5\times10^{-5}$
	氯	$1\times10^{-6}\sim5\times10^{-6}$
	氯化氢	$5\times10^{-6}\sim1\times10^{-5}$
D	二氧化硫	$2\times10^{-4}\sim1\times10^{-3}$
	氟化氢	$1\times10^{-5}\sim1\times10^{-4}$
	硫化氢	$>1\times10^{-4}$
	氮的氧化物	$2.5\times10^{-5}\sim1\times10^{-4}$
	氯	$5\times10^{-6}\sim1\times10^{-5}$
	氯化氢	$1\times10^{-5}\sim1\times10^{-4}$

注：当大气中同时含有多种腐蚀性气体时，腐蚀级别应取最高的一种或几种为基准。

3. 影响钢结构防腐涂装质量的主要因素

影响防腐涂装质量的主要因素依次为：钢结构表面处理（除锈）、涂层厚度和涂层种类参见表 8-5-25。

表面处理的目的是清除钢结构表面的锈蚀、氧化皮及污物、油污，保证防腐蚀涂层在钢结构表面的附着牢固，而采用喷射或抛射除锈时，由于钢结构表面的粗糙度增大，使得涂层与钢结构表面的接触面积显著增大，进而可以使得防腐蚀涂层与钢结构表面的附着力大大增加。钢结构表面粗糙度过大也会带来不利影响，当涂料厚度不足时，钢结构表面凸起处常会成为腐蚀的起点，因此一般规定钢结构的表面粗糙度值不宜超过涂层总干膜厚度的 1/3。无论采用何种表面处理方法，涂层与钢结构表面的附着力不宜小于 5MPa。

防腐蚀涂料的种类繁多，其各自的防腐蚀特性、工艺性能不同，但无论何种涂料均无法保证 100％隔绝腐蚀介质对钢结构表面的侵蚀，因而规定合理的最小涂层厚度是保证钢结构防腐蚀效果和使用寿命的重要因素之一。

合理选择防腐蚀涂料的种类及涂层配套是保证钢结构防腐蚀效果和使用寿命的另一重要因素。在选择涂料种类和涂层设计时，应考虑满足工程所处腐蚀环境、工况条件和防腐蚀年限要求，综合考虑底涂层与基材的适应性、涂料各层之间的相容性、涂料品种与施工方法的适应性等因素。为保证防腐蚀涂装统一配套中底漆、中间漆（封闭漆）和面漆之间的良好相容性，宜选用同一生产厂家的产品。不同涂料对基层表面最低除锈等级要求见表 8-5-26。钢结构防腐蚀保护层最小厚度见表 8-5-27。

防腐涂层寿命的主要影响因素及影响程度　　　　　　　　　　表 8-5-25

因　素	影响程度（％）	因　素	影响程度（％）
表面处理质量	49.5	涂料种类	4.9
涂膜厚度	19.1	其他因素	26.5

不同涂料对基层表面最低除锈等级要求 表 8-5-26

项 目	最低除锈等级
富锌底涂料	Sa2 $\frac{1}{2}$
乙烯磷化底涂料	
环氧或乙烯基酯玻璃鳞片底涂料	Sa2
氯化橡胶、聚氨酯、环氧、聚氧乙烯萤丹、高氯化聚乙烯、氯磺化聚乙烯、醇酸、丙烯酸环氧、丙烯酸聚氨酯等底涂料	Sa2 或 St3
环氧沥青、聚氨酯沥青底涂料	St2
喷铝及其合金	Sa3
喷锌及其合金	Sa2 $\frac{1}{2}$

注：1. 新建工程重要构件的除锈等级不应低于 Sa2 $\frac{1}{2}$；

2. 喷射或抛射除锈后的表面粗糙度宜为 $40\sim75\mu m$，且不应大于涂层厚度的 1/3。

钢结构防腐蚀保护层最小厚度 表 8-5-27

防腐蚀保护层设计使用年限 (a)	钢结构防腐蚀保护层最小厚度 (μm)				
	腐蚀性等级 II级	腐蚀性等级 III级	腐蚀性等级 IV级	腐蚀性等级 V级	腐蚀性等级 VI级
$2\leqslant t_l<5$	120	140	160	180	200
$5\leqslant t_l<10$	160	180	200	220	240
$10\leqslant t_l\leqslant15$	200	220	240	260	280

注：1. 防腐蚀保护层厚度包括涂料层的厚度或金属层与涂料层复合的厚度；

2. 室外工程的涂层厚度宜增加 $20\sim40\mu m$。

4. 目前国内常用的钢构件除锈方法

(1) 手工除锈。有人工用刮刀、钢丝刷、砂布或电动砂轮（角向磨光机配钢丝轮）把钢材表面的铁锈除掉。此方法操作简单，但功效低、劳动条件差、除锈不彻底、除锈质量不易保证。一般只用于构件安装节点补漆作业前的除锈。

(2) 喷砂除锈。用喷砂机以压缩空气将铁砂或石英砂喷射到钢构件表面，把铁锈、氧化皮油污等脏物清除干净，露出钢材本色。此种方法除锈彻底，工效高，油漆与构件表面的接触面粗糙、结合牢固。但由于作业时粉尘污染大，应在专用喷砂房内作业，操作工人应配备有效防护用具。

(3) 抛丸除锈。用抛丸机以离心力将钢丸或短钢丝等磨料高速抛射到钢构件表面，把铁锈、氧化皮油污等脏物清除干净，露出钢材本色，且有消除构件表面应力和硬化钢材表面的效果。此种方法除锈彻底，工效较喷砂除锈更高，油漆与构件表面的接触面粗糙、结合牢固。对周围环境的污染小，操作工人工作条件较好，无需特殊防护措施。

采用喷射或抛射除锈时的工时消耗：以 Sa2 级为 100％，则 Sa2.5 级为 130％，Sa3 级为 200％。

除上述三种除锈方法外，酸洗除锈虽然除锈效果好、效率高，但由于对环境的污染严重，现在已很少采用。对于要求采用镀锌防腐的钢结构构件仍需采用酸洗除锈并作为镀锌的前道工序，由专业镀锌厂家加工处理。除锈方法和除锈等级见表 8-5-28。

除锈方法和除锈等级表 表 8-5-28

除锈等级 GB 8923	处理方法		处理手段和达到的要求
Sa1	喷射或抛射	喷或抛棱角砂、钢丸、钢丝段及其混合磨料	轻度除锈	表面应无可见的油脂和污垢，并且没有附着不牢的氧化皮、锈蚀、油漆涂层等附着物或污染物
Sa2			彻底除锈	表面应无可见的油脂和污垢，并且至少 2/3 面积没有氧化皮、锈蚀、油漆涂层等附着物或污染物。任何残留物应当是牢固附着的
Sa2½			非常彻底除锈	表面应无可见的油脂和污垢，并且至少 95％ 面积没有氧化皮、锈蚀、油漆涂层等附着物或污染物。任何残留的痕迹应仅是点状或条纹状的轻微色斑
Sa3			除锈到出白	表面应无可见的油脂和污垢，并且没有任何的氧化皮、锈蚀、油漆涂层等附着物或污染物。表面应具有均匀的金属色泽
St2	手工和动力工具	铲刀、钢丝刷、砂轮机、磨盘等	彻底的手工和动力工具除锈	表面应无可见油脂和污垢，无附着不牢的氧化皮、铁锈和油漆涂层等附着物或污染物
St3			非常彻底的手工和动力工具除锈	表面应无可见油脂和污垢，无附着不牢的氧化皮、铁锈和油漆涂层等附着物或污染物。除锈等级应比 St2 更彻底，底材显露部分的表面应具有金属光泽
F1	火焰	火焰加热作业后用动力钢丝刷清除加热后附着在钢材表面的产物	火焰除锈	无氧化皮、铁锈、油漆涂层等附着物或污染物。且任何残留的痕迹应仅为表面变色（不同颜色的暗影）

5. 防腐蚀涂层的施工及注意事项

防腐蚀涂层的施工可依据所选用的涂料特性，零件、构件形状及尺度合理选择喷涂和刷涂的方法施工。喷涂施工效率高适合于快干、涂料挥发性强和大面积涂装场合。喷涂施工涂料损耗量较大。刷涂更适合于构件形状复杂且涂装面积小的场合。

涂装作业应有作业指导书，明确说明所采用防腐蚀涂层的配套设计，内容应包括各涂层所使用的油漆（涂料）品种、各涂层厚度、涂装遍数、各层涂料的干燥或固化时间（表干、实干）及涂装间隔时间要求、多组分涂料的配比、质量要求和质量检查项目等内容，用以指导施工。

当所用涂料使用说明书无明确要求时，施工环境温度宜为 5～38℃，相对湿度不宜大于 85%，钢材表面温度应高于露点温度 3℃以上；

大风、雨、雪、雾天及强烈阳光照射下不宜在室外进行涂装施工。

底漆涂装前应检查确认钢结构表面处理质量达到设计要求，且钢结构表面处理后与底漆涂装作业的时间间隔不宜超过 4h，车间作业或环境相对湿度较低的晴天不应超过 12h。

涂装后的干燥、养护时间应符合涂料产品说明书的要求，产品说明书无具体说明时，4h 内不应雨淋。

构件工地焊缝两侧 50～100mm 范围不应涂漆，高强螺栓连接节点摩擦面不涂漆并采取可靠地防护措施。

修补用的底漆材料宜采用表面处理要求较低的涂料，其他涂料应与原涂层系统一致。无机富锌底漆不宜用作修补底漆，宜采用环氧富锌底漆或低表面处理环氧树脂漆替代，但用于 120℃以上高温条件的钢结构涂装除外。

喷涂设备使用前和使用后都要用清洗剂彻底清洗。在喷涂不同种类的油漆时，也要将喷涂设备清洗干净。清洗剂的选用应按照产品使用说明书的规定。

6. 常用防腐蚀涂层配套（表8-5-29）

常用防腐蚀保护层配套　　　　　　表 8-5-29

除锈等级	涂层构造									涂层总厚度（μm）	使用年限（a）		
	底层			中间层			面层				较强腐蚀、强腐蚀	中腐蚀	轻腐蚀、弱腐蚀
	涂料名称	遍数	厚度（μm）	涂料名称	遍数	厚度（μm）	涂料名称	遍数	厚度（μm）				
Sa2 或 St3	醇酸底涂料	2	60	—	—	—	醇酸面涂料	2	60	120	—	—	2～5
								3	100	160	—	2～5	5～10
	与面层同品种的底涂料	2	60	—	—	—	氯化橡胶、高氯化聚乙烯、氯磺化聚乙烯等面涂料	2	60	120	—	—	2～5
		2	60	—	—	—		3	100	160	—	2～5	5～10
		3	100	—	—	—		3	100	200	2～5	5～10	10～15
		2	60	环氧云铁中间涂料	1	70		2	70	200	2～5	5～10	10～15
	环氧铁红底涂料	2	60		1	80		3	100	240	5～10	10～11	>15

续表

除锈等级	底层涂料名称	遍数	厚度(μm)	中间层涂料名称	遍数	厚度(μm)	面层涂料名称	遍数	厚度(μm)	涂层总厚度(μm)	较强腐蚀、强腐蚀	中腐蚀	轻腐蚀、弱腐蚀
Sa2或St3	环氧铁红底涂料	2	60	环氧云铁中间涂料	1	70	环氧、聚氨酯、丙烯酸环氧、丙烯酸聚氨酯等面涂料	2	70	200	2~5	5~10	10~15
		2	60		1	80		3	100	240	5~10	10~11	>15
		2	60		2	120		3	100	280	10~15	>15	>15
Sa2½		2	60		1	70	环氧、聚氨酯、丙烯酸环氧、丙烯酸聚氨酯等厚膜型面涂料	2	150	280	10~15	>15	>15
		2	60	—	—	—	环氧、聚氨酯等玻璃鳞片面涂料	3	260	320	>15	>15	>15
							乙烯基酯玻璃鳞片面涂料	2					
Sa2或St3	聚氯乙烯萤丹底涂料	3	100	—	—	—	聚氯乙烯萤丹面涂料	2	60	160	5~10	10~11	>15
		3	100					3	100	200	10~11	>15	>15
Sa2½		2	80				聚氯乙烯含氟萤丹面涂料	2	60	140	5~10	10~15	>15
		3	110					2	60	170	10~11	>15	>15
		3	100					3	100	200	>15	>15	>15
Sa2½	富锌底涂料	见表注	70	环氧云铁中间涂料	1	60	环氧、聚氨酯、丙烯酸环氧、丙烯酸聚氨酯等面涂料	2	70	200	5~10	10~15	>15
			70		1	70		3	100	240	10~11	>15	>15
			70		2	110		3	100	280	>15	>15	>15
			70		1	60	环氧、聚氨酯丙烯酸环氧、丙烯酸聚氨酯等厚膜型面涂料	2	150	280	>15	>15	>15
Sa3(用于铝层)、Sa2½(用于锌层)	喷涂锌、铝及其合金的金属覆盖层120μm，其上再涂环氧密封底涂料20μm			环氧云铁中间涂料	1	40	环氧、聚氨酯、丙烯酸环氧、丙烯酸聚氨酯等面涂料	2	60	240	10~15	>15	>15
							环氧、聚氨酯、丙烯酸环氧、丙烯酸聚氨酯等厚膜型面涂料	1	100	280	>15	>15	>15

注：1. 涂层厚度系指干膜的厚度；

2. 富锌底涂料的遍数与品种有关，当采用正硅酸乙酯富锌底涂料、硅酸锂富锌底涂料、硅酸钾富锌底涂料时，宜为1遍；当采用环氧富锌底涂料、聚氨酯富锌底涂料、硅酸钠富锌底涂料和冷涂锌底涂料时，宜为2遍。

7. 钢结构防腐涂装质量控制及验收

（1）施工过程的质量检查控制要点

1）环境条件检查要点：相对湿度、露点、被涂表面温度、风速等。表面处理前和涂漆前均应进行环境条件检查。

2）结构性处理检查要点：飞溅、叠片、咬边、粗糙焊缝、锐边、焊烟、油污、包扎物等。

3）表面处理检查要点：清洁度（包括锈蚀、氧化皮、油污等）、粗糙度、灰尘清洁度等。

4）涂装施工检查要点：设备与工具、通风、包扎物、混合、稀释、搅拌、涂料储置、预涂或补涂、湿膜厚度等。

（2）完工质量检查控制要点

1）涂料种类、质量参数、涂装遍数、涂层厚度均应符合设计要求。设计没有具体要求时，应符合现行的钢结构防腐设计规范。

2）外观：色泽均匀，无明显的流挂、漆雾、污染等。

3）漆膜缺陷：无针孔、气泡、漏喷、流挂、起皮、起皱等漆膜弊病。

4）干膜厚度：干膜厚度检查应在每一道涂层施工完并硬干后进行，除有特殊要求外，干膜厚度检查可遵循"两个80%"原则，即80%的测量点要达到规定的设计厚度，余下20%的测量点要达到设计厚度的80%。检查的数量按构件数抽取至少10%，且同类构件不少于3件。每个构件上检测5处，每处在50mm范围内测量3次取平均值。除非进行仲裁分析或纠纷调解，否则不应使用破坏性检测方法检查涂层的干膜厚度。

5）附着力测试：附着力的测试方法主要有划格法（GB 9286）和拉开法（GB 5210），应根据漆膜厚度和现场的实际情况选择合适的方式进行测试。涂层的附着力和层间结合力的测试是一种破坏性测试方法，通常只是发生投诉或质量认可时用于指定或参照区域，不应作为常规检查项目。合格判定的准则应按照设计要求。

6）钢结构防腐涂装完成后，构件的标志、标记和编号应清晰完整。

（3）钢结构防腐蚀工程验收应提交的资料

1）设计文件及设计变更通知书；

2）磨料、涂料等材料的产地与材质证明书（产品合格证）；

3）基层检查交接记录；

4）隐蔽工程记录；

5）施工检查、检测记录；

6）修补或返工记录；

7）交工验收记录。

8.5.2　高层钢结构构件的验收

1. 钢构件制作完成后，应进行构件的成品验收。验收的依据如下：

（1）合同文件及作为合同执行范围依据的设计图纸；

（2）合同技术条件中约定的技术质量要求和指标，约定执行的相关版本的国家和行业标准、规范和规程；

（3）经由建设方、设计方和监理及施工方共同确认和批准的施工详图；

（4）加工过程中发生的技术变更和洽商文件；

（5）如系特殊工程新工艺、新材料，当前有关国家和行业技术标准、规范和规程内容不能覆盖时，应执行由施工前施工方编制且经建设方、设计方和监理方批准并在工程所在地建设管理部门报备的专项技术标准；

（6）合同未做特别指定项目执行相关国家和行业标准、规范和规程现行版本的相关条目要求。

2. 构件出厂时制造单位应提交产品质量证明书（构件合格证）和下列技术文件：

（1）钢结构施工图，设计更改文件，并在施工图中注明修改部位。

（2）钢构件制作过程中的技术协商文件。

（3）钢材和连接材料的质量证明书和试验报告。

（4）高强螺栓接头处的摩擦系数及试件试验报告。

（5）焊缝质量、检验报告。

（6）组合构件的质量检查报告。

（7）构件发运清单。

3. 构件外形几何尺寸的允许偏差

见表 8-5-30～表 8-5-36。

钢平台、钢梯和防护钢栏杆外形尺寸的允许偏差（mm）　　　表 8-5-30

项　　　目	允许偏差	检验方法	图　　例
平台长度和宽度	±5.0	用钢尺检查	
平台两对角线差 $\mid l_1-l_2 \mid$	6.0		
平台支柱高度	±3.0		
平台支柱弯曲矢高	5.0	用拉线和钢尺检查	
平台表面平面度（1m 范围内）	6.0	用 1m 直尺和塞尺检查	
梯梁长度 l	±5.0	用钢尺检查	
钢梯宽度 b	±5.0		
钢梯安装孔距离 a	±3.0	用拉线和钢尺检查	
钢梯纵向挠曲矢高	$l/1000$		
踏步（棍）间距	±5.0	用钢尺检查	
栏杆高度	±5.0		
栏杆立柱间距	±10.0		

单层钢柱外形尺寸的允许偏差（mm）　　　　表 8-5-31

项　目		允许偏差	检验方法	图　例
柱底面到柱端与桁架连接的最上一个安装孔距离 l		$\pm l_1/1500$ ±15.0	用钢尺检查	
柱底面到牛腿支撑面距离 l_1		$\pm l_1/2000$ ±8.0		
牛腿面的翘曲 $\triangle$		2.0		
柱身弯曲矢高		$H/1200$，且不应大于 12.0	用拉线、直角尺和钢尺检查	
受力支托表面到第一个安装孔距离		±1.0		
柱身扭曲	牛腿处	3.0	用拉线、吊线和钢尺检查	
	其他处	8.0		
柱截面几何尺寸	连接处	±3.0	用钢尺检查	
	非连接处	±4.0		
翼缘对腹板的垂直度	连接处	1.5	用直角尺和钢尺检查	
	其他处	$b/100$，且不应大于 5.0		
柱脚底板平面度		5.0	用1m直尺和塞尺检查	
柱脚螺栓孔中心对柱轴线的距离		3.0	用钢尺检查	

多节钢柱外形尺寸的允许偏差（mm）　　　　表 8-5-32

项　目		允许偏差	检验方法	图　例
一节柱高度 H		±3.0	用钢尺检查	
两端最外侧安装孔距离 l_3		±2.0		
铣平面到第一个安装孔距离 a		±1.0		
柱身弯曲矢高 f		$H/1500$，且不应大于 5.0	用拉线和钢尺检查	
一节柱的柱身扭曲		$h/250$，且不应大于 5.0	用拉线、吊线和钢尺检查	
牛腿端孔到柱轴线距离 l_2		±3.0	用钢尺检查	
牛腿的翘曲或扭曲 $\triangle$	$l_2 \leqslant 1000$	2.0	用拉线、直角尺和钢尺检查	
	$l_2 > 1000$	3.0		
柱截面尺寸	连接处	±3.0	用钢尺检查	
	非连接处	±4.0		
柱脚底板平面度		5.0	用直尺和塞尺检查	

项　目		允许偏差	检验方法	图　例
翼缘板对腹板的垂直度	连接处	1.5	用直角尺和钢尺检查	
	其他处	b/100，且不应大于 5.0		
柱脚螺栓孔对柱轴线的距离 a		3.0	用钢尺检查	
箱形截面连接处对角线差		3.0		
箱形柱身板垂直度		h（b）/150，且不应大于 5.0	用直角尺和钢尺检查	

焊接 H 型钢外形尺寸允许偏差（mm）　　　　　表 8-5-33

项　目		允许偏差	图　例
截面高度 h	$h < 500$	±2.0	
	$500 \leqslant h \leqslant 1000$	±3.0	
	$h > 1000$	±4.0	
截面宽度 b		±3.0	
型钢长度	$L \leqslant 6m$	+3.0	
	$L > 6m$	+5.0	
腹板中心偏移		2.0	

项　目		允许偏差	图　例
翼缘板垂直度（△）		$b/100$ 且不应大于 3.0	
弯曲矢高（受压构件除外）		$1/1000$， 且不应大于 10.0	
扭　曲		$h/250$，且不应大于 5.0	
腹板局部 平面度 f	$t<14$	3.0	
	$t\geqslant14$	2.0	
断面垂直度		±2.0	

钢桁架外形尺寸允许偏差（mm）　　　　　　　　　　　　　　表 8-5-34

项　目		允许偏差	图　例
桁架最外端两个 孔或两端支撑面 最外侧距离	≤24m	$+3.0$ -7.0	
	>24m	$+5.0$ -10.0	
桁架跨中高度		±10.0	
桁架跨中拱度	设计要求起拱	$\pm l/5000$	
	设计未要求 起拱	10.0 -5.0	
相邻节间弦杆弯曲 （受压除外）		$l/1000$	
檩条连接支座间距		±5.0	

项　目		允许偏差	图　例
支承面到第一个 安装孔距离 a		±1.0	
对角线差	边长≤2.5m	不大于 3.0	
	2.5m<边长≤5m	不大于 5.0	
	边长>5m	不大于 7.0	

焊接实腹钢梁外形尺寸允许偏差（mm）　　　　　　表 8-5-35

项　目		允许偏差	图　例
梁长度 l	端部有凸缘支座板	0 −5.0	
	其他形式	±$l/2500$ ±10.0	
端部高度 h	$h≤2000$	±2.0	
	$h>2000$	±3.0	
拱度	设计要求起拱	±$l/5000$	
	设计未要求起拱	10.0 −5.0	
侧弯矢高		$l/2000$，且 不应大于 10.0	
扭曲		$h/250$，且 不应大于 10.0	
腹板局部 平面度	$t≤14$	5.0	
	$t>14$	4.0	

项　目	允许偏差	图　例
翼缘板对腹板的垂直度	$b/100$，且不应大于 3.0	
吊车梁上翼缘与轨道接触面平面度	1.0	
箱形截面对角线差	5.0	
箱形截面两腹板至翼缘板中心线距离 a	连接处	1.0	
	其他处	1.5	
梁端板的平面度（只允许凹进）	$h/500$，且不应大于 2.0	
梁端板与腹板的垂直度	$h/500$，且不应大于 2.0	
钢梁筋板位置偏差	±2.0	
钢梁上托架高度 h 的偏差	±2.0	
钢梁上托架平面垂直度 δ_1，δ_2	2	

钢管构件外形尺寸的允许偏差（mm） 表 8-5-36

项　　目	允许偏差	图　　例
直径 d	$\pm d/500$ ± 5.0	
构件长度 l	± 3.0	
管口圆度	$d/500$，且不应大于 5.0	
管面对管轴的垂直度	$d/500$，且不应大于 3.0	
弯曲矢高	$l/1500$，且不应大于 5.0	
对口错边	$t/10$，且不应大于 3.0	

注：对方矩形管，d 为长边尺寸。

4. 预拼装

设计或合同中规定的必须进行预拼装的构件，应在出厂前进行预拼装。

8.6 高层钢结构安装

8.6.1 基本要求

在高层钢结构建筑施工中，钢结构安装是一项很重要的分部工程，由于它规模大、结构复杂、工期长、专业性强，因此要做好以下几项基本工作：

1. 高层钢结构的安装应执行国家现行《钢结构设计规范》GB 50017、《建筑结构荷载规范》GB 50009、《钢结构施工质量验收规范》GB 50205、《钢结构工程施工规范》GB 50755、《钢结构焊接规范》GB 50661、《建筑工程测量规范》GB 50026、《低合金高强度结构钢》GB/T 1591、《碳素结构钢》GB/T 700、《建筑结构用钢板》GB/T 19879、《钢结构用扭剪性高强度螺栓连接副》GB/T 3632、《钢结构用高强度大六角头螺栓》GB/T 1228、《钢结构用高强度大六角螺母》GB/T 1229、《钢结构用高强度垫圈》GB/T 1230、《钢结构用高强度大六角头螺栓、大六角螺母、垫片技术条件》GB/T 1231、《气体保护电弧焊用碳钢、低合金焊丝》GB/T 8110、《钢焊缝手工超声波探伤方法和质量分级》GB/T 11345、《钢熔化焊接对接接头射线照相和质量分级》GB 3323、《建筑防腐蚀工程施工及验收规范》GB 50224、《高层民用建筑钢结构技术规程》JGJ 99、《钢结构高强度螺栓连接技术规程》JGJ 82、《建筑机械使用安全技术规程》JGJ 33、《铸钢节点应用技术规程》CECS235、《钢管结构技术规程》CECS280、《预应力钢结构技术规程》CECS212 等。

2. 在钢结构详图深化设计阶段，即应与设计单位和钢结构生产制造厂相结合，根据运输设备、吊装机械设备、现场条件以及城市交通管理要求，确定钢构件出厂前的组拼单元规格尺寸，尽量减少钢结构构件在现场或高空的组拼，以提高钢结构的安装施工速度。

3. 高层建筑钢结构安装，应在具有高层钢结构安装、焊接资格的责任工程师指导下进行。从事手工电弧焊、半自动气体保护焊或自动保护焊的焊工，必须精通焊接方法。因此，在施工前，应根据施工单位的技术条件，组织进行专业技术培训工作，使参加安装的工程技术人员和工人确实掌握有关高层钢结构安装、焊接专业知识和技术，并对焊工经考试取得合格证。

4. 高层钢结构安装施工前，应按施工图纸和有关技术文件的要求，结合工期要求、现场条件等，认真编制施工组织设计，作为指导施工的技术文件。在贯彻实施中，应根据客观条件变化的情况，及时进行调整补充。

在确定钢结构安装方法时，必须与土建和水电暖卫、通风、电梯、幕墙等施工单位结合，做好统筹安排、综合平衡工作。

5. 高层钢结构安装用的连接材料，如焊条、焊丝、焊剂、高强度螺栓、普通螺栓、栓钉和涂料等，应具有产品质量证明书，并符合设计图纸和有关规范的规定。

6. 高层钢结构安装用的专用机具和检测仪器，如塔式起重机、气体保护焊机、手工电弧焊机、气割设备、碳弧气刨、栓钉焊机、电动和手动高强度螺栓扳手、超声波探伤仪、全站仪、经纬仪、激光铅直仪、测厚仪、水平仪、风速仪等，应满足施工要求，并应定期进行检验。

7. 高层钢结构工程中土建施工、构件制作和结构安装三个作业过程所用钢尺，必须用同一标准进行检查鉴定，应具有相同的精度。

8. 高层钢结构安装时的主要和关键工序要编制专项方案（或有针对性的技术交底、作业指导书），如柱脚预埋螺栓安装、楼承板、钢管混凝土浇筑混凝土、复杂钢柱、梁、跨楼层支撑搭设、钢板剪力墙安装焊接、转换和伸臂桁架安装焊接、塔冠安装、铸钢节点、阻尼器、桅杆天线等特殊构件安装、测量、厚板及铸件焊接（常温、低温焊接工艺评定），栓钉焊接，高强度螺栓安装和紧固，安全消防、防雷、应急预案等。对高强度螺栓及其摩擦面抗滑移系数、焊接工艺评定等均需在试验结论的基础上确定工艺参数，编制专项操作工艺。

9. 高层钢结构安装前，必须对构件进行详细检查，构件的外形尺寸、螺孔位置及直径、连接件位置及角度、焊缝、栓钉、高强度螺栓节点摩擦面加工质量等，必须进行全面检查，符合图纸及规范规定后，才能进行安装施工。

10. 高层钢结构的安装施工，应遵守国家现行的劳动保护和安全技术等方面的有关规定。

11. 超高层钢结构安装一般的难点与对策见表 8-6-1。

超高层钢结构施工难点与对策表　　　　　　表 8-6-1

序号	施工难点	分　析	施工对策
1	钢结构深化设计	1. 超高层钢结构节点复杂，钢板较厚。为保证现场焊接质量，必须在进行节点深化设计时，充分考虑构件现场焊接方法、形式及焊接顺序，节点的安装工艺孔设置，坡口形式等； 2. 钢-混凝土结构中，浇筑措施将影响钢结构中构件的布置、节点的设计等	1. 在深化设计前，确定每个节点及构件的焊接顺序、焊接坡口的大小及方向、安装工艺孔的设置位置及尺寸等，并在深化设计时完全反映到三维模型及图纸上； 2. 确定混凝土的浇筑方案，钢筋穿孔及混凝土管道铺设位置、大小、高度等，在钢结构深化图纸中反映出钢筋穿孔、连接器、各管道孔的位置及尺寸，防止钢结构在施工现场开孔及焊接

序号	施工难点	分　析	施工对策
2	塔楼钢结构平面布置	一般主塔楼距离基坑边距离远，塔楼钢结构运输道路及堆场布置受到制约	1. 地下室施工阶段可考虑搭设钢栈桥作为构件运输及吊装平台； 2. 地上施工阶段可通过加固地下一层顶板作为运输通道及堆场
3	大型钢构件现场组装焊接	1. 巨型柱、钢板剪力墙等构件尺寸大，均需分单元现场组装； 2. 巨型钢柱钢板厚度大，焊缝长，焊接后节点残余应力消减及焊接变形控制难度大	1. 巨型柱、剪力墙的分解充分考虑结构受力、焊接操作、运输限制、起重能力，合理进行钢构件的分段分节； 2. 巨型柱各单元焊接通过制定合理的焊接顺序，并且采用电加热保温方法消减残余应力，控制焊接变形
4	超高层测量	测量精度要求高，钢结构空间定位复杂，且存在沉降、压缩、日照等变形影响和自振摆幅影响，测量控制难度大	1. 布置双控制网，互相校核，提高精度； 2. 选用先进的测量仪器； 3. 进行虚拟仿真验算各种变形模拟数据，进行现场变形长期监测，结合上述数据，指导现场测量工作； 4. 选用科学的测量方法，控制测量误差
5	安全管理	超高建筑带来的安全风险大，工作面多，文明施工管理难度大	根据设计及方案，定期评估项目安全、环境风险因素，并对重大危险源制订专项控制措施
6	消防与防雷	超高建筑须考虑施工过程防雷措施，建筑高度高，消防救援难度大	在施工过程中，对于超高钢结构应设置避雷系统，与建筑防雷接地系统可靠连接； 设置水平与竖向的救援通道，并保持畅通

8.6.2　安装前的准备工作

8.6.2.1　技术准备

1. 深化设计

（1）深化设计目的

深化设计是在了解设计意图的基础上，结合安装单位与现场实际情况确定构件的运输单元的划分、安装误差、安装顺序和安装方法等内容，深化设计一般有设计审核、项目部审核和加工厂复核三道程序。

（2）深化设计内容

1）施工全过程仿真分析

包括模拟施工各状态的结构稳定性，特殊施工荷载作用下的结构安全性，整体吊装模拟验算，大跨结构的预起拱验算，大跨结构的卸载方案仿真研究，焊接结构施工合拢状态仿真，超高层结构的压缩预调分析等。

2）节点深化

主要有柱脚、支座、梁柱连接、梁梁连接、空间相贯节点等形式，深化主要内容包括图纸未指定的节点焊缝强度验算、螺栓群验算、现场拼接节点连接计算以及节点设计的施工可行性复核和复杂节点空间放样等。

3）安装图

用于指导现场安装定位和连接，包括构件平面布置图、立面图、剖面图、节点大样图、各层构件节点编号图等内容。

4）构件大样图

构件大样图是表达工厂内的零件组装和拼装要求，包括拼接尺寸、工厂内节点连接要求、附属构件定位、制孔要求、剖口形式等内容。通常还包括表面处理、防腐甚至包装等要求。构件大样图还代表构件的出厂状态，即在加工厂加工完毕运输至现场的成品状态，便于现场核对检查。

5）零件图

零件图图纸表达的是在加工厂不可拆分的构件最小单元，如板件、型钢、管材、节点铸件和机加工件等内容。

6）材料表

材料表包含构件、零件、螺栓等等的数量、尺寸、重量和材质信息。

（3）深化设计重点

1）钢柱的接头高度和分节数；

2）各种构件的重量和规格尺寸划分是否符合设备条件（包括运输、吊装设备）、现场条件和城市交通管理的要求；

3）第一节柱采用预埋螺栓时，其位置、标高的要求；

4）钢柱、梁上各种预留孔洞的位置（如贯通梁的加强套管、开口部位尺寸、预留孔位置等），是否能保证施工安装精度和安全要求；

5）设计焊接节点是否合理，如钢板焊接中十字组合箱形柱腹板的焊接，柱面板与各种角度贯通梁翼缘、隔板、腹板间全熔透焊接的相互影响等；

6）钢支撑、带状桁架连接部位，采用电动高强度螺栓扳手的最小操作尺寸间隙问题；

7）劲性钢筋混凝土钢筋搭接长度与柱间焊接操作位置的矛盾处理；组合箱形柱节点的处理；

8）钢构件的防腐，根据设计要求确定。焊部位刷可焊漆；

9）钢结构施工中对采取的各种配件（如连接板、填充板、临时固定节点板、焊接衬板、引收弧板、挡弧板以及各种螺栓、校正垫板等）的要求；

10）其他构件，如钢筋混凝土墙体、楼板（包括各种叠合楼板及楼承板）、分室板及外墙板（幕墙）等的安装节点与安装顺序的矛盾处理。包柱板、包梁板的预留孔位置等。

2. 了解现场情况，掌握气候条件

钢结构的安装一般均作为分包项目进行，因此，对现场施工场地可堆放构件的条件、大型机械运输设备进出场条件、水电源供应和消防设施条件、暂设用房条件等，需要进行全面了解，统一规划；另外，对自然气候条件，如温差、风力、湿度及各个季节的气候变化等进行了解，以便于采取相应技术措施，编制好钢结构安装施工组织设计。

3. 编制施工组织设计

编制高层建筑钢结构安装的施工组织设计，应在了解和掌握承包施工单位编制的施工组织总设计中对地下结构与地上结构施工、主体结构与裙房施工、结构与装修、设备施工等安排的基础上，重点要选定钢结构安装的施工方法和施工机具。对于需要采用的新材料、新技术，应组织力量进行试制、试验工作（如厚板焊接等）。

8.6.2.2 施工组织与管理准备

1. 明确承包项目范围，签订分包合同。
2. 确定合理的劳动组合，进行专业人员技术培训工作。
3. 进行施工部署安排，对工期进度、施工方法、质量和安全要求等进行全面交底。

8.6.2.3 物资准备

1. 加强与钢构件加工单位的联系，明确由工厂预组拼的部位和范围及供应日期。
2. 钢结构安装中所需各种附件的加工订货工作和材料、设备采购等工作。
3. 各种机具、仪器的准备。
4. 按施工平面布置图要求，组织钢构件及大型机械进场，并对机械进行安装及试运行。

8.6.3 高层钢结构安装施工流水段的划分

1. 流水段划分原则

高层钢结构的安装，必须按照建筑物的平面形状、结构形式、安装机械的数量和位置等，合理划分安装施工流水段。一般核心筒超出标准外框架6层以上，同时应考虑钢结构在安装过程中的对称性和整体稳定性。

2. 安装顺序

外框柱、梁、支撑的安装与焊接一般由中央向四周扩展，以利于安装与焊接误差的减少和消除。

3. 立面流水

一节钢柱（各节所含层数不一）为单元。单个单元以主梁或钢支撑、带状桁架安装成框架为原则；其次是次梁、楼板及非结构构件的安装。塔式起重机的提升、顶升、锚固，均应满足成框架的需要。

4. 一般超高层的结构构成

超高层建筑一般由混凝土核心筒与钢结构外框架组成，图8-6-1、图8-6-2为超高层建筑结构构成图。

8.6.4 高层钢结构安装大型起重机的选择

8.6.4.1 塔式起重机

高层钢结构安装采用的主要机械为塔式起重机。应根据结构平面几何形状和尺寸、构件重量等进行选用。

1. 塔式起重机

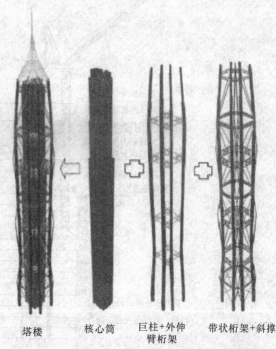

塔楼　核心筒　巨柱+外伸　带状桁架+斜撑
　　　　　　　臂桁架

图8-6-1 深圳平安大厦

一般情况下，尽可能采用外附式起重机、拆装方便。

当选择外附着式塔吊时，塔基可选在地下层或另设塔基；当选择内爬塔时，塔吊一般设在电梯井处。采用外爬塔一般设在钢框架外侧或核心筒外侧。采用外爬或内爬塔吊时，一般选择动臂式塔吊。核心筒外挂塔吊施工见图 8-6-3。

2. 塔式起重机的位置和性能的选择

塔式起重机的位置和性能应满足以下要求：

（1）要使臂杆长度具有足够的覆盖（建筑物）面积；

（2）要有足够的起重能力，满足不同位置构件起吊重量的要求；

（3）塔式起重机的钢丝绳容量，要满足起吊高度和起重能力的要求；起吊速度要有足够的档次，满足安装需要；

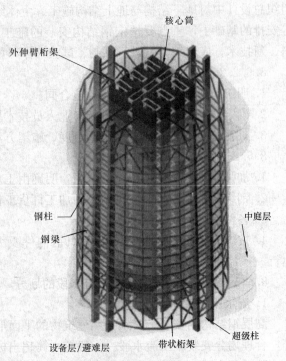

图 8-6-2　上海中心

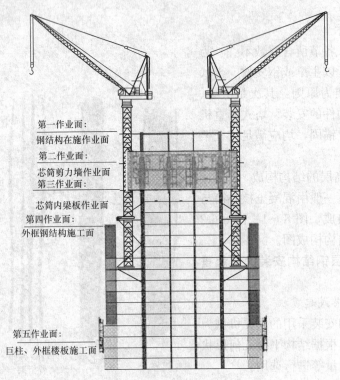

图 8-6-3　核心筒外挂塔吊施工示意图

（4）多机作业时，应考虑：

1）当塔吊为水平臂杆时，臂杆要有足够的高差，能够安全运转不碰撞；

2）各塔吊之间应有足够的安全距离，确保臂杆、后平衡臂与塔身互不相碰。

3. 塔吊的顶升、锚固或爬升

塔吊的顶升、锚固或爬升应考虑以下问题：

（1）外附着式塔吊

1）吊钩高度应满足安装高度和各塔吊之间的高差要求，并根据塔吊塔身允许的自由高度来确定锚固次数。

2）塔吊的锚固点应选择有利于钢结构加固，并能够先形成框架整体结构以及有利于幕墙安装的部位。对锚固点应进行计算。

（2）内、外爬塔吊

1）塔吊爬升的位置应该满足塔身自由高度和钢结构每节柱单元安装高度的要求。

2）内外爬塔吊的基座与钢结构梁-柱的连接方法，应进行计算确定。

3）内外爬塔吊所在位置的钢结构，应在爬升前焊接完毕，形成整体。

内爬塔吊的爬升程序见图 8-6-4；外爬塔吊见图 8-6-5。

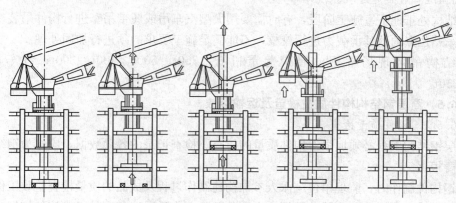

图 8-6-4　内塔吊爬升程序

图 8-6-5　某工程外爬塔吊爬升

4. 立、拆塔吊注意事项

（1）选用塔吊时要考虑施工现场立、拆塔吊的条件。

（2）立塔。外附着式塔吊在深基坑边坡立塔时，塔基可根据具体情况选用固定式或行走式基础，但要考虑基坑边坡的稳定，即要考虑最大轮压值及相应的安全措施。内爬塔可采用在建筑物内部设钢平台进行立塔。

（3）拆塔。采用外附着式塔吊时，主要应考虑高层建筑群房施工对拆塔的影响。内爬塔的拆除要依靠屋面吊车（图8-6-6）进行解体，因此要考虑屋面吊最大轮压值和轨道的埋设不得大于钢结构的承载能力。

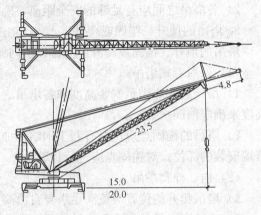

图 8-6-6　屋面吊车（单位：m）

（4）凡因立、拆塔吊引起对基坑、钢结构的附加荷载，均应事先进行结构验算。

8.6.4.2　履带起重机、汽车吊

在结构处于地下室施工阶段，有时需要用大型汽车吊或履带吊车进行构件吊装，此时应对吊车站位点的地基承载力进行校核，不能满足施工要求的须进行加固处理。

钢结构吊装现场常用的履带起重机有：750t、500t、400t、300t；汽车吊有：500t、250t。

8.6.5　高层钢结构构件质量检查及运输存放

8.6.5.1　构件质量检查

高层钢结构工程必须加强对构件质量的检查。检查记录的各项数据，应作为钢结构安装的重要根据。

在钢构件制作时，监理单位应派人参加构建制作过程及成品的质量检查验收工作。

构件成品出厂时，各项检验数据应交安装单位，作为采取相应技术措施的依据。提交内容包括：产品合格证；施工图和设计变更文件；制作中对技术问题处理的协议文件；钢材、连接材料和涂装材料的质量证明书或试验报告；焊接工艺评定报告；高强度螺栓摩擦面抗滑移系数试验报告、焊缝无损检测报告及图层检测资料；主要构件验收记录等技术文件。

高层钢结构的柱、主梁和支撑等主要构件，在中转库进行质量复验。柱与主梁编号，标定方位，凡是超标的缺陷，明显影响安装质量时，要在地面修理合格后安装，防止吊后返工。其复检主要内容是：

1. 构件尺寸与外观检查。根据施工图，测量构件长度、宽度、高度、层高、坡口位置与角度、节点位置，高强螺栓或铆钉的开孔位置、间距、孔数等，应以轴线为基数一次检查符合验收标准。外形检查内容为：构件弯曲、变形、扭曲和碰伤等。

2. 构件加工精度的检查。切割面的位置、角度及粗糙度、毛刺、变形及缺陷；弯曲构件的长度及高强螺栓的摩擦面等。

3. 焊缝的外观检查和无损探伤检查，都应符合图纸及规范的规定。其中：

（1）焊缝外观检查

1）当焊缝有未熔透、漏焊和超标准的夹渣、气孔者，必须将缺陷清除后重焊。

2）对焊缝尺寸不足、间断、弧坑、咬边等缺陷应补焊，补焊焊条直径一般不宜大于4mm。修补后的焊缝应用砂轮进行修磨，并按要求重新检验。

3）焊缝中出现裂缝时，应进行原因分析，在定出返修措施后进行返修。但裂纹界限清晰时，应从两端打 $\phi6mm$ 的孔再各延长50mm全部清除后再焊接。清除后用碳弧气刨和气割进行。

4）低合金钢焊缝的返修，在同一处不得超过两次。

（2）无损探伤检查

1）全部熔透焊缝的超声波探伤，抽检30%。发现不合格时，再加倍检查；仍不合格时，全数检查。

2）超声波探伤焊缝质量及检验方法，根据设计规定标准进行。

3）焊缝外观检查合格并对超声波探伤部位修磨后，才能进行超声波探伤。

根据合同要求进行试组装的节点或结构，应做好试装记录。非标准连接板，应按位置、方向、编号，标定在技术书上，连接板应按上述要求标定后，用粗制螺栓固定在相应的节点上。

油漆的道数、漆膜的强度、厚度及坡口的防锈焊剂，应符合图纸及规范要求。

8.6.5.2 构件的运输和存放

1. 钢构件加工后，应按"钢构件完工标签位置规定"的要求，进行标识、标定构件号、重量、中心位置和定位标记。

2. 钢构件的包装，应满足构件不失散、不变形和装运稳定牢固的要求。

（1）钢构件的加工面、轴孔和螺纹，应涂以润滑油脂和封上油脂或金属涂膜。

（2）柱、梁构件可打捆装运，用型钢在其外侧用长螺钉夹紧，空隙处填以木条。异形构件加设支架，以保持稳定。

（3）连接板等零件，可以用角钢穿孔固定。

（4）小零件应装箱。

（5）每包（箱）应编号，应注明所含构件编号、规格、数量、单重、总重、包装外形尺寸，并列清单。

3. 钢构件的运输，可采用公路、铁路或海路运输。火车运输应遵守国家火车装车限界（图8-6-7影线范围）；轮船运输，不能超过船体尺寸；公路运输应考虑沿线桥涵、隧道的净空尺寸。另外，钢构件每件的重量，应考虑装卸设备的能力。

4. 钢构件的堆放，应注意以下几点：

（1）现场构件堆放场地根据总平面布置图塔吊起重能力、运输循环道路，如果不能满足构建对方要求，要重新设计钢栈桥解决。

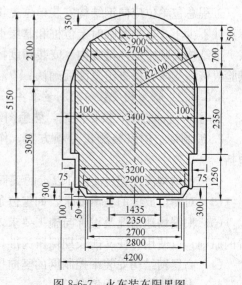

图8-6-7 火车装车限界图

（2）钢构件的中转堆放场地，要根据构件生产与安装周期、安装进度、堆放方法、预检构件场地、构件吞吐量确定。

（3）钢构件的中转堆放场，应根据构件尺寸、外形、重量、运输与装卸机械、场地条件，绘制平面布置图。

（4）构件堆放场地应平整、坚实、排水良好。

（5）构件应分类，分单元及分型号堆放，使之易于清点和预检，减少倒剁。

（6）构件堆放应确保不变形、不损坏，并有足够的稳定性。

1）单层平放构件，一般为带有双向（垂直方向）以上贯通梁的钢柱和带状桁架的多向构件等。

2）多层叠放构件，为一般柱、梁等。叠放层数为1～6块，不宜过高。叠放时其支点应在同一垂直线上。

5. 发运构件应根据施工进度和安装顺序配套，分单元进行，应与订货单位有严格的交接手续。

8.6.6　高层钢结构测量技术

8.6.6.1　特点和基本要求

高层钢结构安装施工的测量工作，是各阶段诸工序的先行工序，又是主要工序的控制手段，是保证工程质量的中心环节。其特点是：

1. 高层钢结构的竖向投点高度已超过普通光学经纬仪可测试范围。因此，只能采用激光经纬仪（或激光铅直仪），采用接力法投递。接力高度根据激光铅直仪的精度一般为80～100m为宜。

2. 高层钢结构安装精度要求高，其中钢构件制作、结构防线、轴线闭合、垂直度控制、水平标高等的允许偏差值，都高于一般工程标准。

3. 建筑平面多样化，测量难度大而且复杂。钢结构施工中的测量、安装和焊接必须三位一体，以测量为控制中心，密切合作互相制约。应设置联合质量检查机构，由监理、总包、安装单位组成，参加验线工作，并严格按照设计图纸、技术规范和施工标准进行。

工程总包单位应向钢结构安装单位提供基准桩、基础定位轴线（不少于4条）、水准标点（不少于3点）及临时定位桩和基层钢柱预埋螺栓的位置，并由联合检查组复测后确认。钢结构安装中的测量方向、安装精度控制及变形观测内容，均由安装单位负责，并提供验收资料交联合检查组复测后确认。

8.6.6.2　钢结构安装前的测量准备工作

1. 了解设计意图，校核图纸，熟悉图纸，掌握工艺。

2. 编制钢结构安装测量专项方案，作为全面指导测量放线的依据。其主要内容应包括：

（1）钢结构高度超过400m以上的工程，对角柱垂直偏差宜用GPS复核。

（2）对测量放线的基本要求，如定位条件、测量精度等。

（3）根据场地情况及设计与施工要求，合理布置钢结构平面控制网与标高控制网。布置的原则，以使用方便又能长期保留为准。

（4）高层钢结构安装中控制网的竖向投点与标高传递。

（5）钢结构安装精度控制。

（6）竣工测量与变形观测的内容与方法。

（7）配备与安装精度要求相适应的测量仪器，培训测工。

3. 检定钢尺，检校仪器。

4. 校验建筑物定位桩及基础轴线网、水准标高点。定位轴线长度和平面封闭角精度必须满足 1/15000 的要求，或者封闭角度差应满足 ±10″ 的要求。水准点高点不少于 3 点。

5. 高层钢结构地脚螺栓的埋设和校验工作。地脚螺栓（图 8-6-8）埋设的精度，是保证钢结构安装质量的关键之一，可采用地脚螺栓一次或二次埋设方法。螺栓丝扣长度及标高、位移值必须符合图纸和规范要求。埋设后，土建与钢结构单位应进行交验。地脚螺栓丝扣在安装前应抹黄油防锈并妥善保护，防止碰弯及损伤螺纹。在螺栓上设置调整标高螺母，以精确控制柱底面钢板的标高。柱底板与基础面间预留的空隙应用无收缩砂浆，以捻浆法垫实。地脚螺栓的紧固力由设计文件规定，紧固方法和使用的扭矩必须满足紧固力要求。螺母止退可采用双螺母紧固或用电焊将螺母与螺杆焊牢。

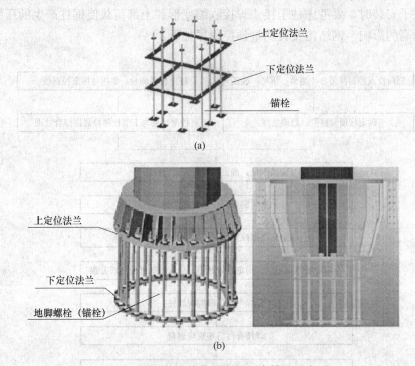

图 8-6-8　钢柱地脚螺栓预埋固定措施示意图

（a）箱形柱地脚螺栓预埋固定措施；（b）圆管形柱地脚螺栓预埋固定措施

对于超大型地脚螺栓组群，必须时采取预埋支撑架配合地脚螺栓组群的埋设（图8-6-9）。

8.6.6.3　平面控制网的布网

1. 钢结构安装控制网应选择在结构复杂、拘束度大的轴线上，施工中应首先控制其标准点的控制精度，并考虑对称的原则及高层投递，便于施测。控制线间距以 30m 至 50m 为宜，点间应通视易量。网形应尽量组成与建筑物平行的闭合图，以便闭合校核。

2. 当地下层与地上层平面尺寸及形状差异较大时，可选用两套控制网，但应尽量选用纵向轴线各有一条共用边，以保证足够准确度。

图 8-6-9 大型螺栓组群安装

3. 量距的精度应高于 1/20000，测角和延长直线的精度应高于±5″。

4. 高层钢结构标高的控制网应不少于 3 条直线，以便校核。层高可用相对标高或设计标高的要求进行控制。标高点应设在各层楼梯间，用钢尺测量。

（1）按相对标高安装时，建筑物高度的累计偏差不得大于各节柱制作允许偏差的总和。

（2）按设计标高安装时，应以每节柱为单位进行柱标高的调整工作，将每节柱接头焊接的收缩变形和荷载下的压缩变形值，加到柱的制作长度中。

（3）柱子安装时，要考虑柱子接头焊接收缩变形和上部荷载使钢柱产生的压缩变形对于建筑物标高的影响。钢结构安装测量预控程序如下：

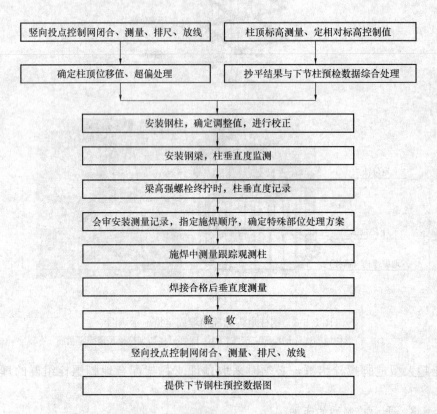

（4）第一节柱子的标高，可采用加设螺栓调整螺母的方法，精确控制柱子的标高（图 8-6-10）。

（5）同一层柱顶的标高差控制在规范允许范围内，尽量达到零件。它直接影响梁安装的水平度。

（6）根据预埋螺栓位移情况可将柱脚底板的螺栓孔适当加大，以确保钢柱底部纵横轴线位移均达到零值。

（7）对框筒结构而言，核心筒与钢框架柱压缩值及沉降差值不同，由设计院确定调整数值进行施工。

8.6.6.4 放线

1. 钢构件在工厂制作时应标定安装用轴线及标高线，在中转仓库预检时，应用白漆标出白三角，以便观测。

2. 钢构件安装放线及钢筋混凝土构件放线，均用记号笔标注，标高线及主轴线均用白漆标注。

3. 现场地面组拼的钢构件，必须校正其尺寸，保证其精度。

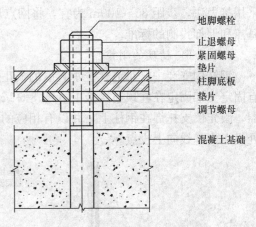

图 8-6-10 螺母调整标高示意图

8.6.6.5 竖向投点

1. 高层钢结构安装的竖向投递点，宜采用内控法（图 8-6-11）。利用激光经纬仪投点时采用天顶法，合理布点，各层楼应留引测孔，投递网经闭合检验后，排尺放线。

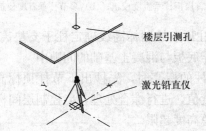

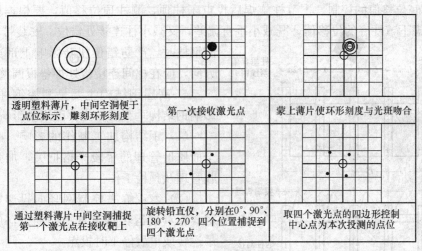

图 8-6-11 天顶法竖向投点示意图

2. 高层钢结构安装中每节柱的竖向控制的竖向投递，必须从底层地面控制线引测到高层，不应从下节柱的轴线引测，避免产生积累误差。

3. 超高层钢结构控制网的投测在 100m 以上时，因激光光斑发散影响到投测精度，需采用接力法，步距 80～100m 为宜，将网点反至固定层间，经闭合校验合格后，作为新的基点和上部投测的标准。

8.6.6.6 精度的测控

钢结构安装中，每节柱子垂直度的校正应选用 2 台经纬仪，在互相垂直位置投点，设有固定支架固定在柱顶连接板上（图 8-6-12）。水平仪可放在柱顶测设，并设有光学对点器，激光仪支托焊在钢柱上，并设有相应的激光靶与柱顶固定。竖向投递网点以±0.000 处设点为基线向上投点。

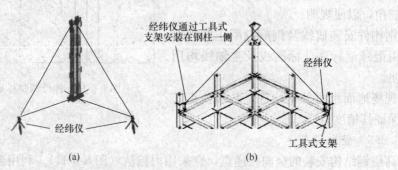

图 8-6-12 经纬仪控制钢柱安装垂直度示意图
（a）首层钢柱垂直度校正；（b）多节柱垂直度校正

1. 第一节柱子标高，由柱顶下控制标高线确定柱子支垫高度，以保证上部结构的精度。将柱脚变形差值留在柱子底板与混凝土基础的间隙中。

2. 采用相对标高法测定柱的标高时，先抄出下节柱顶标高，并统计出相对标高值，根据此值与相应的预检柱长度值，进行综合处理，以控制层间标高符合规范要求。同时要防止标高差的累计使建筑物总高度超限。

3. 柱底位移值的控制。下节柱施焊后投点于柱顶，测柱顶位移值，要根据柱子垂直度综合考虑下节柱底的位移值，既减小垂直偏差，又减小柱连接处错位。安装带有贯通梁的钢柱时，严防错位扭转影响上部梁的安装方向，应在柱间连接板处加垫板调整。

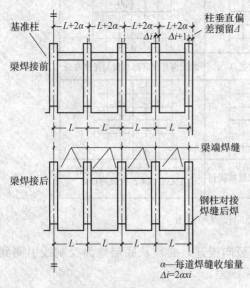

图 8-6-13 钢柱预留预控值

4. 高层钢结构主要是测控钢柱垂直度。影响钢结构垂直度的主要因素及影响措施是：

（1）钢结构加工制作的影响。必须运用全面质量管理的手段严格把关，加强构件验收管理及预检工作。

（2）着重解决控制网竖向投递精度。如塔式起重机运转时建筑物摆动大，应停止塔吊运转或早晨停工时投点。

（3）钢梁施焊后，焊缝横向收缩变形对钢柱垂直度直接影响最大。因此要采用合理的施焊顺序，摸索和掌握收缩规律，坚持预留预控值（图 8-6-13），综合处理。

（4）不考虑温差、日照因素对测量柱垂直度的影响。采取相应的调整措施是无论在什么时候，都以当时经纬仪的垂直平面进行测量校正，这样温度变化将是柱子顶部产生一个位移值。这样偏差在安装柱与柱之间的主梁时用外力强制复制，使柱顶回到设计位置，再紧固柱子和梁接头腹板上高强度螺栓，使结构的几何图形固定下来。这时柱子的断面内可产生 $300\sim400N/cm^2$ 的温度应力。试验证实，它比由于构件加工偏差与安装累计偏差进行强制校正时的内应力小得多。

（5）高空风振影响。风大停测或设挡风措施。

（6）严格控制电梯井柱与边柱的垂直度。安装主梁时对相邻柱垂直度监测。

（7）主体结构整体垂直度的允许偏差为 $H/2500+10mm$（H 为高度），但不应大于 $50.0mm$；整体平面弯曲偏差为 $L/1500$（L 为宽度），且不应大于 $25.0mm$。高度在 400m 以上的建筑钢结构，整体垂直度宜采用 GPS 或相应方法进行测量复核。

5. 其他监控方法是：

（1）安装次梁时，次梁面的标高应调整与主梁一致。

（2）压型钢板安装及栓钉焊接应放线。

（3）特殊结构的放线，要根据设计图纸的不同而异，应在技术交底书中标明控制方法，如幕墙结构的放线与安装等。

8.6.6.7 GRS 测控技术

1. GPS 测控技术概述

目前，建筑工程中施工测量工作一般是将平面和高程分开进行的。在超高层建筑施工中，平面基准传递的常用方法有：吊锤法、经纬仪交会法、激光铅直仪投点法和精密天顶基准法等；高程基准传递的主要方法有：几何水准测量、钢尺垂直量距、三角高程测量、全站仪垂直测高等。这些方法在实际应用对环境条件也有特定要求，并且随着建筑总高度的升高，误差累积会加大，高精度垂直度控制的难度越来越大。GPS 作为一种全新的测量手段，在工程控制测量中已得到普遍应用，GPS 定位技术的优点主要体现在精度高、速度快、全天候、无需通视和点位不受限制，并可同时提供平面和高程的三维位置信息等。

2. GPS 测控技术

全球定位系统 GPS（Global Positioning System），是一种可以授时和测距的空间交会定点的导航系统，可向全球用户提供连续、实时、高精度的三维位置，三维速度和时间信息。

3. GPS 特点

（1）全球全天候定位

GPS 卫星的数目较多，且分布均匀，保证了地球上任何地方任何时间至少可以同时观测到 4 颗 GPS 卫星，确保实现全球全天候连续的导航定位服务（除打雷闪电不宜观测外）。

（2）定位精度高

应用实践已经证明，GPS 相对定位精度在 50km 以内可达 $10\sim6m$，$100\sim500km$ 可达 $10\sim7m$，1000km 可达 $10\sim9m$。在 $300\sim1500m$ 工程精密定位中，1h 以上观测时解其平面位置误差小于 1mm，与 ME-5000 电磁波测距仪测定的边长比较，其边长较差最大为 0.5mm，校差中误差为 0.3mm。

实时单点定位（用于导航）：P 码 $1\sim2m$；C/A 码 $5\sim10m$。

静态相对定位：50km 之内误差为几 mm＋（1～2ppm ＊ D）；50km 以上可达 0.1～0.01ppm。

实时伪距差分（RTD）：精度达分米级。

实时相位差分（RTK）：精度达 1～2cm。

（3）观测时间短

随着 GPS 系统的不断完善，软件的不断更新，目前，20km 以内相对静态定位，仅需 15～20min；快速静态相对定位测量时，当每个流动站与基准站相距在 15km 以内时，流动站观测时间只需 1～2min；采取实时动态定位模式时，每站观测仅需几秒钟。因而使用 GPS 技术建立控制网，可以大大提高作业效率。

（4）测站间无需通视

GPS 测量只要求测站上空开阔，不要求测站之间互相通视，因而不再需要建造觇标。这一优点既可大大减少测量工作的经费和时间（一般造标费用约占总经费的 30%～50%），同时也使选点工作变得非常灵活，也可省去经典测量中的传算点、过渡点的测量工作。

（5）仪器操作简便

随着 GPS 接收机的不断改进，GPS 测量的自动化程度越来越高，有的已趋于"傻瓜化"。在观测中测量员只需安置仪器，连接电缆线，量取天线高，监视仪器的工作状态，而其他观测工作，如卫星的捕获、跟踪观测和记录等均由仪器自动完成。结束测量时，仅需关闭电源，收好接收机，便完成了野外数据采集任务。如果在一个测站上需作长时间的连续观测，还可以通过数据通信方式，将所采集的数据传送到数据处理中心，实现全自动化的数据采集与处理。

8.6.7 高层钢结构的安装和校正

8.6.7.1 安装顺序

1. 钢结构的安装顺序，简体结构的安装顺序为先内筒后外筒；对称结构采用全方位对称安装方案。

2. 凡有钢筋混凝土内筒体外框架的结构，应先浇筑简体（一般高于外钢框架 6 层以上，视塔吊布置而定）。一般钢结构标准单元施工顺序如下：

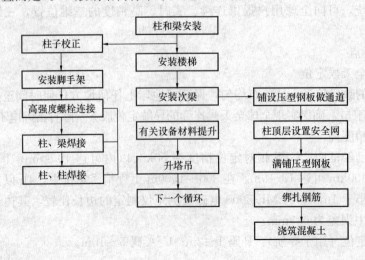

8.6.7.2 一般要求

1. 安装前，应对建筑物的定位轴线、平面封闭角、底层柱安装轴线位置、基础标高和基础混凝土强度进行检查，合格后才能安装。

2. 安装顺序应根据事先编制的安装顺序表。

3. 凡在地面组拼的构件，需设置拼装架组拼（立拼），易受变形的构件应先进行加固。组拼后的尺寸经校验无误后，方可安装。

4. 构件安装前应进行清理，除去构件上沾染的杂物。

5. 高强度螺栓连接的摩擦面应作好保护。

6. 在构件就位时所需要的定位标记，在吊装前应在构件上标示。

7. 构件吊装的配套措施，如缆风绳、安全绳、溜绳、临时爬梯等在吊装前应安装就位。

8. 构件进场应通过现场验收合格后方可进行吊装作业。

9. 现场吊装方案必须通过审批后方可作业。

10. 现场采用的吊索具、构件上装焊的吊耳、用作吊耳的接头板必须经过安全验算后方可使用。

11. 当天安装的构件，应形成稳定空间体系，确保安装质量和结构安全。

12. 一节柱的各层梁安装校正后，立即安装本节各层楼梯，铺好各层楼面的压型钢板。

13. 预制外墙板应根据建筑物的平面形状对称安装，使建筑物各侧面均匀加载。

14. 安装时，楼面上的施工荷载不得超过梁和压型钢板的承载力。

15. 叠合楼板的施工，要随着钢结构的安装进度进行，两个工作面相距不宜超过 5 个楼层。

16. 每个流水段一节柱的全部钢构件安装完毕并验收合格后，方能进行下一流水段钢结构安装。

17. 高层钢结构安装时要注意日照、焊接等温度引起的影响，致使构件产生伸长、缩短、弯曲而引起的偏差，施工中应有调整偏差的措施。

8.6.7.3 构件安装方法

1. 钢柱安装

（1）钢柱平运采用 2 点吊装，安装 1 点立吊。

（2）立吊时，需要柱子根部垫以枕木，以回转法起吊，严禁根部拖地（图 8-6-14）。

（3）钢柱吊装时，不论 H 型钢柱还是箱型柱，都可利用其接头耳板作为吊耳，配用相应的吊索、吊架及卡环（图 8-6-15）。

2. 钢梁安装

钢梁安装采用吊耳或捆扎吊装，也可用特制吊卡 2 点平吊或串吊（图 8-6-16）。

3. 钢构件的组合件安装

因组合件形状、尺寸不同，可计算重心确定吊点，采用 2 点吊、3 点吊及 4 点吊。凡不易计算者，可加设捯链协助找重心，构件平衡后起吊。

4. 转换桁架安装

由于跨越多层，桁架支撑多、截面大，为保证转换桁架的安装精度，除了加工厂对桁架全部进行预拼装外，现场构件起吊前，将构件与图纸仔细核对，同时制定行之有效的专项方案，并通过专家论证。转化桁架安装以中心轴线对称向两侧安装，安装全过程进行测量跟踪，为保证结构几何尺寸的准确，在最后一个构件就位后，再次进行复测，按现场实际尺寸进行现场测量，以确保转换桁架的安装精度。

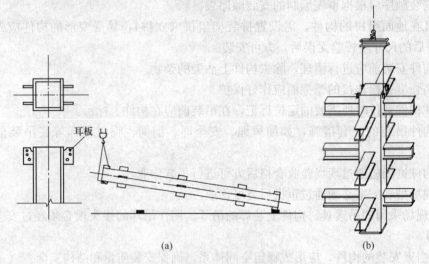

图 8-6-14　钢柱采用耳板起吊方法
（a）钢柱起吊；（b）钢柱用自动卡环吊装

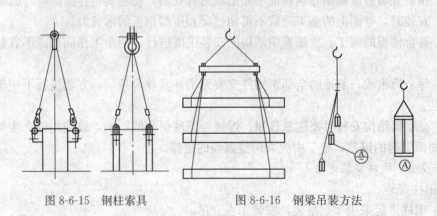

图 8-6-15　钢柱索具　　　　　图 8-6-16　钢梁吊装方法

5. 伸臂桁架安装

伸臂桁架整体重量大，现场塔吊无法进行整体吊装，同时伸臂桁架直接受内外筒不均匀沉降影响，要明确设计对节点构造处理的设计意图，必要时，需要延迟构件处理。因此，要求现场安装精度高，为保证伸臂桁架安装精度，现场构件起吊前，在地面上由专人对构件进行详细的检查，与图纸进行仔细核对，同时为使伸臂桁架受内外筒不均匀沉降的影响降至最低，要制定行之有效的专项方案，还要在安装过程中进行测量检测，分阶段复测其变化值。

6. 钢板剪力墙安装

（1）钢板剪力墙有单层和双层，连接方式有高强度螺栓连接和焊接连接，其特点本身柔性较大，对制作、运输、堆放、安装质量有直接影响。必要时要采取加固措施。制作时，钢板墙与顶部钢梁连接在一起进行安装。

（2）钢板剪力墙焊接：

焊接顺序原则：自下向上逐层焊接。

各层核心筒钢板墙焊接原则：自中心向四周发展。

每片钢板剪力墙焊接顺序：每片钢板剪力墙在现场需要进行两条侧面和一条底面焊缝的焊接，通过现场分析与对比试验、应力检测、试验表明，采用先焊底部、后焊两侧的焊接顺序，焊接应力稳定且应力值小，两侧焊缝采取自上而下分段倒退焊接，底部焊缝属于超长焊缝，须按 400mm 长进行分段倒退跳跃焊接。

（3）钢板剪力墙高强度螺栓连接。由于钢板墙的两侧钢柱安装累计偏差，容易造成高强度螺栓孔错位，无法安装，一般处理方法是，现场量体裁衣对连接板现场实测进行制孔解决。

7. 巨型"V"形支撑

V 形支撑为跨楼层的斜向构件，安装完成后为悬挑状态，且处于外框架边缘，安装及校正困难。主要对策：综合考虑外框架的结构形式后，考虑 V 形支撑与钢梁在地面拼装成单元后进行吊装，在局部加设支撑，位移校正采用框架校正，标高用支架上平板托调整，也可以采用在钢梁上设牛腿待上下钢梁安装后，将中部斜支撑安装就位。

8. 屈曲约束支撑安装

提高结构抗振能力有两种方法：一种是提高承载构件的延性和抗振能力，另一种是附加耗能减振设备。屈曲约束支撑是一种承载构件和耗能减振构件合二为一的高效、经济、新技术型的结构构件，人民日报社高层钢结构、天津 117 超高层钢结构等工程均采用屈曲约束支撑，该项技术已被广泛使用。上海环球金融中心顶层是采用耗能减振设备（阻尼器）。

（1）屈曲约束机构

主要有钢管、钢筋混凝土或钢管混凝土，如果有恰当的设计和合理的构造，约束单元不会承受任何轴力。屈曲约束支撑的约束单元常用截面如图 8-6-17 所示。

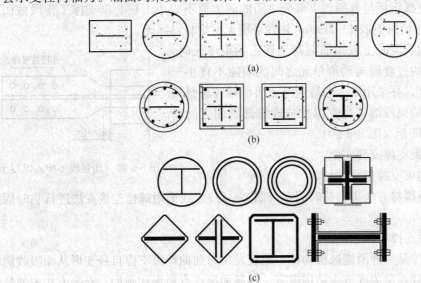

图 8-6-17 屈曲约束支撑常用截面形式

（a）约束单元为钢管混凝土时截面；（b）约束单元为钢筋混凝土时截面；（c）纯钢屈曲约束支撑截面

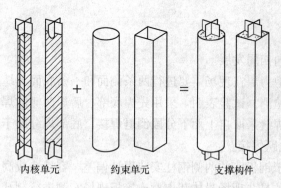

图 8-6-18　屈曲约束支撑的典型构成

内核单元　　约束单元　　支撑构件

（2）屈曲约束支撑组成

一般由核心钢支撑、约束单元和两者之间的无粘结构造层三部分组成，见图 8-6-18 所示。核心钢支撑由工作段、过渡段和连接段组成，见图 8-6-19。约束单元可采用钢、钢管混凝土或钢筋混凝土材料。

（3）材料要求

1）核心钢支撑的钢材宜优先采用低屈服点钢材，强屈比不应小于 1.2，伸长率不应小于 25%，且在 3% 应变下无弱化，应具有 0℃下 27J 冲击功韧性合格保证，不允许有对接接头，具有良好的可焊性。

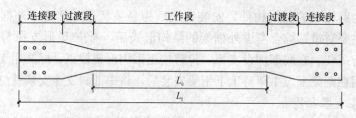

连接段　过渡段　　　　工作段　　　　过渡段　连接段

L_c

L_t

图 8-6-19　核心钢支撑

2）核心钢支撑钢板的宽厚比或径厚比（外径与壁厚的比值）的限值：截面可设计成"一"字形、"工"字形、"十"字形和环形等，对一字形板截面宽厚比取 10～20；对十字形截面宽厚比取 5～10；对环形截面径厚比不宜超过 22；对其他截面形式，按现行国家标准《建筑抗震设计规范》GB 50011 内同中心支撑的板件宽厚比的限值；钢板厚度宜为 10～30mm。

3）核心钢支撑钢板与外围约束部分之间的间隙值不应小于核心钢支撑工作段截面边长的 1/250，一般情况下取 1～2mm，并宜采用无粘结材料隔离。

4）当采用钢管混凝土或钢筋混凝土作为约束单元时，伸入混凝土部分的过渡段与约束单元之间的间隙不宜小于 5% 的工作段长度，并采用聚苯乙烯泡沫或海绵橡胶材料填充间隙。在外包约束段端部与支撑加强段端部斜面之间留不小于 10mm 的间距（图 8-6-20）。

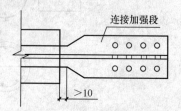

连接加强段

＞10

图 8-6-20　加强段不伸入混凝土

（4）屈曲约束支撑安装实例

1）将屈曲约束支撑吊装就位；

2）采用夹板焊接方法进行临时固定（图 8-6-21）。或采用螺栓连接方法进行临时固定（图 8-6-22）。

3）屈曲约束支撑销轴连接。

屈曲约束支撑是一种消能减振构件，地震发生时屈曲约束支撑自身变形从而吸收消耗部分水平地震荷载，避免或减少结构震害。其截面形式有矩形和圆形，安装方式主要是销轴连接（图 8-6-23）。

9. 倾斜钢柱安装

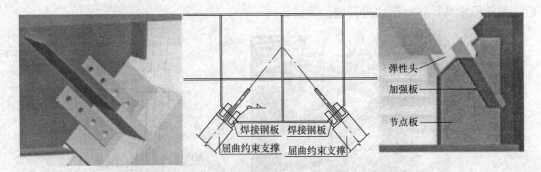

图 8-6-21 夹板焊接进行屈曲约束支撑临时固定

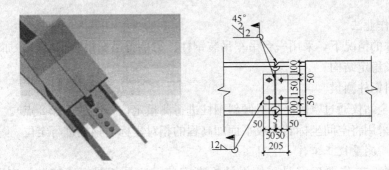

图 8-6-22 螺栓连接进行屈曲约束支撑临时固定

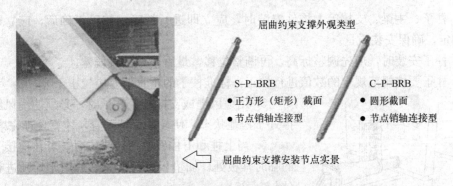

图 8-6-23 屈曲约束支撑销轴连接

（1）首先通过工况模拟计算，以确定倾斜钢柱在不增设工装状态下的稳定性，如满足，可采用一般垂直钢柱安装工艺进行临时固定与调整。

（2）当倾斜钢柱自身稳定不能满足时，可以采用以下措施：

1）柱-梁一体安装

在地面将钢柱与连接钢梁初步组装成一体，在空中同时就位（此时钢梁另一端的固定点应是结构刚性单元，一般为核心筒体），形成柱梁稳定体系后，可通过缆风绳、千斤顶进行调整定位。

2）采用刚性或柔性工装

通过可调节的刚性拉-撑杆（双向布置，图 8-6-24）或柔性缆风绳（双向布置）与倾斜钢柱形成相对稳定的空间结构体系。在钢柱就位时，工装措施同时就位，做好临时固定后，解除吊索具，并对钢柱进行定位调整。

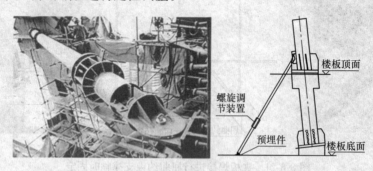

图 8-6-24 刚性支撑

3）双机作业法

在有条件的情况下，采用一台吊车吊装钢柱、另一台吊车吊装钢梁，并加侧向刚性或柔性拉撑形成稳定结构。

（3）倾斜钢柱测量

1）可用全站仪通过空间坐标对倾斜钢柱进行测量定位（至少选择2点）。

2）可以采用将空间坐标转化成平面加高程的相对坐标对钢柱进行定位。

8.6.7.4 测量校正工作

1. 安装前，首先要确定是采用设计标高安装，还是相对标高安装。应采取其中的一种。

2. 柱子、主梁、支撑等大构件安装时，应立即进行校正，校正正确后，应立即进行永久固定，确保安装质量。

3. 柱子安装时，应先调整标高，再调整位移，最后调整垂直偏差。

4. 柱子要按规范规定的数值进行校正，标准柱子的垂直偏差应校正±0。

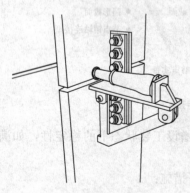

图 8-6-25 钢柱千斤顶调节

5. 用缆风绳或支撑校正柱子时，必须使缆风绳或支撑处于松弛状态，使柱子保持垂直，才算校正完毕。

6. 当上柱和下柱发生扭转错位时，可在连接上下柱的临时耳板处，加垫板进行调整，或用千斤顶进行调节（图 8-6-25）。

7. 安装主梁时，要根据焊缝收缩量预留焊缝变形量。对柱子垂直度的检测，除监测两端柱子的垂直度变化外，还要监测相邻用梁连接的各根柱子的变化情况，保证柱子除预留焊缝收缩量外，各项偏差均符合规范规定。

8. 安装楼层压型钢板时，应先在梁上画出压型钢板的位置线。铺放时，要对正相邻两排压型钢板的端头波形槽口，使现浇合层的钢筋能顺利通过。

9. 栓钉施工前，应放出栓钉施工位置线，栓钉应按位置线顺序焊接。

10. 每一节柱子的全部构件安装、焊接、栓接完成并验收合格后，才能从地面引测上一节柱子定位轴线。

11. 高层钢结构各部分构件（柱、主梁、支撑、楼梯、压型钢板等）的安装质量检查记录，必须是安装完成后验收前的最后一次实测记录，中间检查记录不得作为竣工验收记录。

8.6.8 高层钢结构安装焊接工艺

8.6.8.1 材料

1. 焊接材料

（1）钢结构焊接工程用焊条焊剂见"8.2.6.1 焊接材料"。

（2）钢结构焊接工程中常用国内钢材按其标称屈服强度分类应符合表 8-3-31 的规定。

（3）焊接材料熔敷金属的力学性能不应低于相应母材标准的下限值或满足设计文件要求。

（4）焊接材料储存场所应干燥、通风良好，应由专人保管、烘干、发放和回收，并应有详记录。

（5）焊条的保存、烘干应符合下列要求：

1）酸性焊条保存时应有防潮措施，受潮的焊条使用前应在 110～150℃ 范围内烘焙 1～2h；

2）低氢型焊条应符合下列要求：

① 焊条使用前应在 300～430℃ 范围内烘焙 1～2h，或按厂家提供的焊条使用说明书进行烘干。焊条放入时烘箱的温度不应超过规定最高烘焙温度的一半，烘焙时间以烘箱达到规定最高烘焙温度后开始计算；

② 烘干后的低氢焊条应放置于温度不低于 120℃ 的保温箱中存放、待用；使用时应置于保温筒中，随用随取；

③ 焊条烘干后在大气中放置时间不应超过 4h，用于焊接Ⅲ、Ⅳ类钢材的焊条，烘干后在大气中放置时间不应超过 2h。重新烘干次数不应超过 1 次。

（6）焊丝和电渣焊的熔化或非熔化导管表面以及栓钉焊接端面应无油污、锈蚀。

2. 焊条直径的选择

焊条直径的大小与焊件厚度接头形式、焊缝位置及焊接层次有关。在高层钢结构中，柱与柱相接采用横焊，梁厚板焊接采用气体保护焊。当坡口间隙为 6～9mm，焊丝达不到焊位时，采用 $\phi3.2$ 的超低氢型焊条打底（CO_2 气体保护焊丝可伸出 20mm，自保护粉芯焊丝可伸出长度 40mm）。手工弧焊中打底焊缝采用 $\phi4$ 超低氢型焊条打底，填充焊缝采用 $\phi5$ 或 $\phi6$ 焊条焊接，以提高施焊效率。当间隙或钝边少于 6mm 时，宜采用 $\phi3.2$ 超低氢焊条打底焊接。

3. 焊剂

焊剂应符合下列要求：

（1）使用前应按制造厂家推荐的温度进行烘焙，已受潮或结块的焊剂严禁使用；

（2）用于焊接Ⅲ、Ⅳ类钢材的焊剂，烘干后在大气中放置时间不应超过 4h；

（3）栓钉焊瓷环保存时应有防潮措施，受潮的焊接瓷环使用前应在 120～150℃ 范围内烘焙 1～2h。

4. 焊材与钢材匹配

常用钢材的焊接材料可按表 8-6-2 的规定选用，屈服强度在 460MPa 以上的钢材，其选用的焊接材料熔敷金属的力学性能不应低于相应母材标准的下限值或满足设计文件要求。

常用钢材的焊接材料推荐表 表 8-6-2

母 材					焊接材料			
GB/T 700 和 GB/T 1591 标准钢材	GB/T 19879 标准钢材	GB/T 714 标准钢材	GB/T 4171 标准钢材	GB/T 7659 标准钢材	焊条电弧焊 SMAW	实心焊丝气体保护焊 GMAW	药芯焊丝气体保护焊 FCAW	埋弧焊 SAW
Q215	—	—	—	ZG200-400H ZG230-450H	GB/T 5117: E43XX	GB/T 8110: ER49-X	GB/T 10045: E43XTX-X GB/T 17493: E43XTX-X	GB/T 5293: F4XX-H08A
Q235 Q275	Q235GJ	Q235q	Q235NH Q265GNH Q295NH Q295GNH	ZG275-485H	GB/T 5117: E43XX E50XX GB/T 5118: E50XX-X	GB/T 8110: ER49-X ER50-X	GB/T 10045: E43XTX-X E50XTX-X GB/T 17493: E43XTX-X E49XTX-X	GB/T 5293: F4XX-H08A GB/T 12470: F48XX-H08MnA
Q345 Q390	Q345GJ Q390GJ	Q345q Q370q	Q310GNH Q355NH Q355GNH	—	GB/T 5117: E50XX GB/T 5118: E5015、16-X E5515、16-X[a]	GB/T 8110: ER50-X ER55-X	GB/T 10045: E50XTX-X GB/T 17493: E50XTX-X	GB/T 5293: F5XX-H08MnA F5XX-H10Mn2 GB/T 12470: F48XX-H08MnA F48XX-H10Mn2 F48XX-H10Mn2A
Q420	Q420GJ	Q420q	Q415NH	—	GB/T 5118: E5515、16-X E6015、16-X[b]	GB/T 8110 ER55-X ER62-X[b]	GB/T 17493: E55XTX-X	GB/T 12470: F55XX-H10Mn2A F55XX-H08MnMoA
Q460	Q460GJ	—	Q460NH	—	GB/T 5118: E5515、16-X E6015、16-X	GB/T 8110: ER55-X	GB/T 17493: E55XTX-X E60XTX-X	GB/T 12470: F55XX-H08MnMoA F55XX-H08Mn2MoVA

5. 其他焊接、气割材料的选择

（1）氧气（O_2）

（2）二氧化碳（CO_2）。应符合 HG/T 2537 有关规定。液态瓶装，CO_2 含量 ≥ 99.9%，$H_2O ≤ 0.05\%$。当瓶中压力为 $1N/mm^2$ 时，应停止使用，防止水分流出。使用前采用倒置、放水及保温等措施，以保证 CO_2 纯度。

（3）乙炔（C_2H_2）。气中含磷化氢（PH_3）体积≤0.08%，气中含硫化氢（H_2S）体积≤0.15%，主要用于进行切割、预热和后热。乙炔与氧气用量之比为 1：2 或 1：2.5。

（4）氩气（Ar），应符合 GB/T 4842 相关规定。如采用 CO_2 气纯度不够，影响焊缝中扩散氢的含量，采用富氩混合气 Ar+CO_2（20%）保护，其扩散氢含量可减小。

（5）焊前预热及后热，除氧、乙炔为热源外，还可采用丙烷、液化石油气、煤气等。

（6）栓钉焊瓷环保存时应有防潮措施，受潮的焊接瓷环使用前应在 120～150℃ 范围内烘焙 1～2h。

8.6.8.2 工艺要点

1. 焊前准备

（1）高层钢结构在安装前，必须对主要的焊接连接（柱与柱、梁与柱）的焊缝进行焊接工艺试验（焊接工艺考核），制定出切实可行的方案，即针对所用钢材材质，选用相应的焊条、焊丝、焊剂的规格和型号；需要烘烤的条件；需用的焊接电流；厚钢板焊前预热温度；焊接顺序；引弧板的设置；层间温度的控制；可以停焊的部位；焊后热处理（后热）和保温等，确定各项参数及相应的技术措施。施工期间如出现负温度，应以当地最低温度值进行负温焊接工艺试验。

（2）低碳钢和低合金钢厚钢板，应选用和木材同一强度等级的焊条或焊丝，同时考虑钢材的焊接性能、焊接结构形状、受力状况、设备状况等条件。焊接用的引弧板的材质，应与母材一致。

（3）焊接工作前，焊缝处的水分、赃物、铁锈、油垢、涂料等，应清除干净，垫板应紧密无间隙。接头间隙严禁填充电焊条头、铁块、钢筋等杂物。

2. 焊接环境要求

（1）采用焊条电弧焊和自保护药芯焊丝电弧焊，其焊接作业区最大风速不宜超过 8m/s，气体保护电弧焊不宜超过 2m/s，如果超出上述范围，应采取有效措施以保障焊接电弧区域不受影响。

（2）焊接环境温度低于 0℃ 但不低于 -10℃ 时，应采取加热或防护措施，应确保接头焊接处各方向不小于 2 倍板厚且不小于 100mm 范围内的母材温度，不低于 20℃ 或规定的最低预热温度二者的较高值，且在焊接过程中不应低于这一温度。

（3）焊接环境温度低于 -10℃ 时，必须进行相应焊接环境下的工艺评定试验，并应在评定合格后再进行焊接，如果不符合上述规定，严禁焊接。

（4）当焊接作业处于下列情况之一时严禁焊接：

1）焊接作业区的相对湿度大于 90%；

2）焊件表面潮湿或暴露于雨、冰、雪中；

3）焊接作业条件不符合现行国家标准《焊接与切割安全》GB 9448 的有关规定。

（5）钢结构正式焊接前应进行预热。

1）预热条件和预热温度参见表 8-3-46。

2）电渣焊和气电立焊在环境温度为 0℃ 以上施焊时可不进行预热；但板厚大于 60mm 时，宜对引弧区域的母材预热且预热温度不应低于 50℃。

3）焊接过程中，最低道间温度不应低于预热温度；静载结构焊接时，最大道间温度不宜超过 250℃；需进行疲劳验算的动荷载结构和调质钢焊接时，最大道间温度不宜超过 230℃。

4）预热及道间温度控制应符合下列规定：

① 焊前预热及道间温度的保持宜采用电加热法、火焰加热法，并应采用专用的测温仪器测量；

② 预热的加热区域应在焊缝坡口两侧，宽度应大于焊件施焊处板厚的 1.5 倍，且不应小于 100mm；预热温度宜在焊件受热面的背面测量，测量点应在离电弧经过前的焊接点各方向不小于 75mm 处；当采用火焰加热器预热时正面测温应在火焰离开后进行。

③ Ⅲ、Ⅳ类钢材及调质钢的预热温度、道间温度的确定，应符合钢厂提供的指导性参数要求。

3. 焊后消氢处理

当要求进行焊后消氢热处理时，应符合下列规定：

消氢热处理的加热温度应为 250～350℃，保温时间应根据工件板厚按每 25mm 板厚不小于 0.5h，且总保温时间不得小于 1h 确定。达到保温时间后应缓冷至常温；如果在焊后立即进行消应力热处理，则可不必进行消氢热处理。

4. 消除应力措施

设计或合同文件对焊后消除应力有要求时，需经疲劳验算的动荷载结构中承受拉应力的对接接头或焊缝密集的节点或构件，宜采用电加热器局部退火和加热炉整体退火等方法进行消除应力处理；如仅为稳定结构尺寸，可采用振动法消除应力。

焊后热处理应符合现行行业标准《碳钢、低合金钢焊接构件焊后热处理方法》JB/T 6046 的有关规定。当采用电加热器对焊接构件进行局部消除应力热处理时，尚应符合下列要求：

（1）使用配有温度自动控制仪的加热设备，其加热、测温、控温性能应符合使用要求；

（2）构件焊缝每侧面加热板（带）的宽度应至少为钢板厚度的 3 倍，且不应小于 200mm；

（3）加热板（带）以外构件两侧宜用保温材料适当覆盖。

用锤击法消除中间焊层应力时，应使用圆头手锤或小型振动工具进行，不应对根部焊缝、盖面焊缝或焊缝坡口边缘的母材进行锤击。用振动法消除应力时，应符合现行行业标准《焊接构件振动时效工艺参数选择及技术要求》JB/T 10375 的有关规定。

5. 焊接变形控制

（1）影响焊接变形的主要原因见表 8-6-3。

影响焊接变形的主要原因 表 8-6-3

材料	各种材料的线膨胀系数 α 不同，如一般碳钢、16 锰钢和不锈钢的 α 分别为 0.000011、0.000012 和 0.000015，α 愈大焊接变形也愈大
结构刚度	1. 构件的纵向变形，如工字截面和桁架的纵向变形，主要取决于横截面积和弦杆截面的尺寸； 2. 构件的弯曲变形，如工字型、丁字型或其他形状截面的弯曲变形，主要取决于截面的抗弯刚度

续表

装配质量	1. 装配得不直，或强制装配易引起焊后变形； 2. 对接焊缝高、缝大，收缩变形亦大； 3. 装配点焊少，易引起变形。薄板易引起波浪变形
焊缝位置和数量	1. 焊缝通过截面重心，主要产生纵向变形； 2. 总焊缝量不等，或焊缝不通过重心，主要产生弯曲变形
焊接工艺和 焊接次序	1. 焊接电流大、焊条直径粗、焊接速度慢，焊接变形也大； 2. 自动焊的变形较小，但焊接厚钢板时比手工焊的焊接变形稍大； 3. 气焊的焊接变形比手弧焊的大； 4. 多层焊时，第一层焊缝收缩量最大，第二、三层焊缝的收缩量则分别为第一层的20%和5%～10%，层数越多，焊接变形也越大； 5. 断续焊缝比连接焊缝的收缩量小； 6. 对接焊缝的横向收缩比纵向收缩大2～4倍； 7. 焊接次序不当，或未先焊好分部构件然后总拼焊接，都易产生较大的焊接变形

（2）减少焊接应力和变形的一般方法见表8-6-4。

减少焊接应力和变形的方法　　　　　　　　　表 8-6-4

设计和构造	1. 在保证结构安全的前提下，不使焊缝尺寸过大； 2. 对称设置焊缝，减少交叉焊缝和密集焊缝； 3. 受力不大或不受力结构中，可考虑用间断焊缝
放样和下料	1. 放足电焊后的收缩余量； 2. 梁、桁架等受弯构件，放样下料时，考虑起拱
装配顺序	1. 小型结构可一次装配，用定位焊固定后用合适的焊接顺序一次完成； 2. 大型结构如大型桁架和吊车梁等，尽可能先用小件组焊，再总装配和焊接
焊接规范和焊接顺序	1. 选用恰当的焊接工艺； 2. 先焊焊接变形较大的焊缝。遇有交叉焊缝，要设法消除起弧点缺陷； 3. 手工焊长焊缝时，宜用反向逆焊法或分层反向逆焊法； 4. 尽量采用对称施焊，对大型结构更宜多焊工同时对称施焊，自动焊可不分段焊成； 5. 构件经常翻动，使焊接弯曲变形相互抵消
反变形法	对角变形可用反变形法。如钢板对接焊时可将焊缝处垫高 $1°5'\sim2°5'$，以抵消角变形
刚性固定法	焊接时在台座上或在重叠的构件上设置夹具，强制焊缝不使变形。此法宜用于低碳钢焊接，且夹具卸除后还会产生一些变形。它不宜用于中碳钢和可焊性更差的钢材，因焊接应力常使焊件产生裂纹

（3）钢结构焊接时，采用的焊接工艺和焊接顺序应能使最终构件的变形和收缩最小。

（4）根据构件上焊缝的布置，可按下列要求采用合理的焊接顺序控制变形：

1）对接接头、T形接头和十字接头，在工件放置条件允许或易于翻转的情况下，宜双面对称焊接；有对称截面的构件，宜对称于构件中性轴焊接；有对称连接杆件的节点，宜对称于节点轴线同时对称焊接；

2）非对称双面坡口焊缝，宜先在焊深坡口面完成部分焊缝焊接，然后完成浅坡口面焊缝焊接，最后完成深坡口面焊缝焊接。特厚板宜增加轮流对称焊接的循环次数；

3）对长焊缝宜采用分段退焊法或多人对称焊接法；

4）宜采用跳焊法，避免工件局部热量集中。

（5）构件装配焊接时，应先焊收缩量较大的接头，后焊收缩量较小的接头，接头应在小的拘束状态下焊接。

（6）对于有较大收缩或角变形的接头，正式焊接前应采用预留焊接收缩裕量或反变形方法控制收缩和变形。

（7）多组件构成的组合构件应采取分部组装焊接，矫正变形后再进行总装焊接。

（8）对于焊缝分布相对于构件的中性轴明显不对称的异形截面的构件，在满足设计要求的条件下，可采用调整填充焊缝熔敷量或补偿加热的方法。

6. 防止板材产生层状撕裂的节点、选材和工艺措施

（1）在T形、十字形及角接头设计中，当翼缘板厚度大于20mm时，应避免或减少使母材板厚方向承受较大的焊接收缩应力。

（2）焊接结构中母材厚度方向需承受较大的焊接收缩应力时，应选用具有较好厚度方向性能的钢材。

（3）T形接头、十字接头和角接头宜采用下列焊接工艺和措施：

1）在满足接头强度要求的条件下，宜选用具有较好熔敷金属性能的焊接材料，应避免使用熔敷金属强度过高的焊接材料。

2）宜采用低氢或超低氢焊接材料和焊接方法进行焊接。

3）应采用合理的焊接顺序，减少接头的焊接约束应力，十字接头的腹板厚度不同时，应先焊具有较大熔敷量和收缩量的接头。

4）在不产生附加应力的前提下，提高接头的预热温度。

7. 焊接工艺评定

除符合《钢结构焊接规范》GB 50661第6.6节规定的关于评定条件外，施工单位首次选用的钢材、焊接材料、焊接方法、接头形式、焊接位置、焊后热处理以及焊接工艺参数、预热和后热措施等各种参数的组合条件，应在钢结构制作及安装施工之前进行焊接工艺评定。

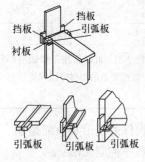

图 8-6-26　引弧板
安装示意图

8. 其他措施

（1）定位电焊时，严禁在母材上引弧及收弧，应设引弧板（图8-6-26）。

（2）凡在雨、雪天气中施焊，必须采取防护措施，否则应停止作业。正在施焊未冷却的部位遇雨、雪后，应用碳刨铲除后重焊。冬期施工时，应根据有关规定采取缓冷（CO_2 加热、防冻、焊后包裹石棉布等）措施。

（3）采用手工电弧焊，风力大于5m/s（三级风）时；采用气体保护焊，风力大于2m/s（二级风）时，均要采取防风措施。

（4）高层钢结构焊接顺序，应从建筑平面中心向四周扩展，采取结构对称、节点对称和全方位对称焊接。

1) 一节柱（三层）的竖向焊接顺序是：

① 上层主梁→压型钢板支托→压型钢板点焊；

② 下层主梁→压型钢板支托→压型钢板点焊；

③ 中层主梁→压型钢板支托→压型钢板点焊；

④ 上柱与下柱焊接。

2) 柱与柱的焊接，应由两名焊工在相对两面等温、等速对称施焊。加引弧板进行柱与柱接头焊接时的施焊方法如下：

第一个两对面施焊（焊层不宜超过4层）→切除引弧板→清理焊缝表面→第二个对面施焊（焊层可达8层）→再换焊第一个两对面→如此循环直到焊满整个焊缝。

不加引弧板焊接柱接头时，一个焊工可焊两面，也可以两个焊工从左向右逆时针方向转圈焊接。起焊在离柱棱50mm处，焊完一层后，以后施焊各层均在前一层起焊点相距30～50mm处起焊。每焊一遍后都要认真清渣。焊到柱棱角处要放慢施焊速度，使柱棱成为方角。

焊缝最后一层为盖面焊缝，可以用直径较小的焊条和电流施焊。

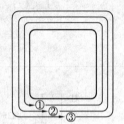

图 8-6-27　箱形柱焊接顺序
① 第一遍离柱边50～100mm；② 第二遍离第一遍起50～100m；③拐角放慢焊条移动速度，焊成方角

3) 梁和柱接头的焊缝，必须在焊缝的两头加引弧板。引弧板长度应为焊缝厚度的3倍，引弧板的厚度必须与焊缝厚度相对应，焊完后割去引弧板时，应留5～10mm。

4) 梁和柱结构的焊缝，一般先焊工字钢的下翼缘板，再焊工字钢的上翼缘板。1根梁的两个端头先焊一个端头，等其冷却至常温后，再焊另一端头。

（注：对梁和柱结构的焊接顺序的另一种方法是：先焊上翼，下翼两端先焊一端板厚的二分之一，待另一端焊满后，再焊完余下部分）。

5) 箱型柱施焊顺序，见图8-6-27。

（5）柱与柱、梁与柱接头焊接试验完毕，应将焊接工艺全过程记录下来，测量出焊缝的收缩值，反馈到钢结构制作厂，作为柱和梁加工时增加长度的依据。

厚钢板焊缝的横向收缩值，可按下列公式计算确定，也可按表8-6-5选用。

$$S = k \cdot \frac{A}{t} \tag{8-6-1}$$

式中　S——焊缝的横向收缩值（mm）；

A——焊缝横截面面积（mm²）；

t——焊缝厚度，包括熔深（mm）；

k——常数，一般可取0.1。

（6）为了减少焊缝中扩散氢含量，防止冷裂和热影响区延迟裂纹的发生，在坡口的尖部均采用超低氢型焊条打底2～4层，然后用低氢型焊条或气体保护焊丝作填充。

（7）由于构件制作和安装均存在允许偏差，因此，当柱和主梁安装校正预留偏差后，构件焊缝的间隙不符合要求时，必须进行处理。

厚钢板焊缝收缩量参考值　　　　　　　　　　　　　　　　表 8-6-5

柱坡口形式	钢板厚度（mm）	焊缝收缩量（mm）	构件制作加长（mm）
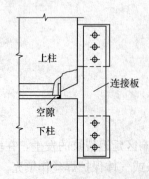	19	1.3～1.6	1.5
	25	1.5～1.8	1.7
	32	1.7～2.0	1.9
	40	2.0～2.3	2.2
	50	2.2～2.5	2.4
	60	2.7～3.0	2.9
	70	3.1～3.4	3.3
	80	3.4～3.7	3.6
	90	3.8～4.1	4.0
	100	4.1～4.4	4.3
	12	1.0～1.3	1.2
	16	1.1～1.4	1.3
	19	1.2～1.5	1.4
	22	1.3～1.6	1.5
	25	1.4～1.7	1.6
	28	1.5～1.8	1.7
	32	1.7～2.0	1.8

注：现场焊缝收缩值受四周已安柱、梁影响，其拘束度各异，仅供参考。

1）柱子间的焊缝间隙处理。图 8-6-28 所示是柱子安装校正后，用连接板固定上、下柱时产生了较大的间隙。调整处理方法是：先用 $\phi4$ 焊条把间隙焊满，并进行处理，再按焊接工艺把焊缝焊好。

上柱和下柱连接板，要在焊肉达到母材厚度 1/3 时才允许割除。连接板的切割应距母材表面 10～15mm，并要求均匀平整。

2）主梁与柱子的间隙处理。图 8-6-29 是主梁与柱子间隙过小，这时应先用气割垂直切一条 5mm 间隙，再在柱面上附上一块薄钢板保护柱面，然后用气割切出斜面，最后用角向砂轮把坡口磨平。

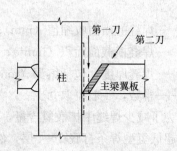

图 8-6-28　上柱和下柱接头有缝隙
　　　　　时焊缝的处理示意图

图 8-6-29　梁柱接头焊接间隙过小
　　　　　时的处理示意图

（8）焊工作业细则如下：

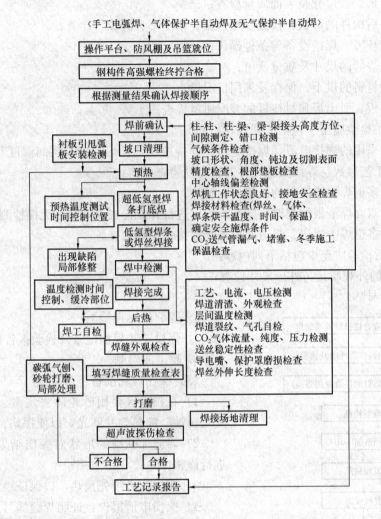

〈手工电弧焊、气体保护半自动焊及无气保护半自动焊〉

8.6.8.3 质量检测

1. 焊接检验分类

焊接检验应按下列要求分为两类：

（1）自检，是施工单位在制造、安装过程中，由本单位具有相应资质的检测人员或委托具有相应检验资质的检测机构进行的检验；

（2）监检，是业主或其代表委托具有相应检验资质的独立第三方检测机构进行的检验。

2. 焊接检验内容

焊接检验的一般程序包括焊前检验、焊中检验和焊后检验：

（1）焊前检验应至少包括下列内容：

1）按设计文件和相关标准的要求对工程中所用钢材、焊接材料的规格、型号（牌号）、材质、外观及质量证明文件进行确认；

2）焊工合格证及认可范围确认；

3) 焊接工艺技术文件及操作规程审查；

4) 坡口形式、尺寸及表面质量检查；

5) 组对后构件的形状、位置、错边量、角变形、间隙等检查；

6) 焊接环境、焊接设备等条件确认；

7) 定位焊缝的尺寸及质量认可；

8) 焊接材料的烘干、保存及领用情况检查；

9) 引弧板、引出板和衬垫板的装配质量检查。

（2）焊中检验应至少包括下列内容：

1) 实际采用的焊接电流、焊接电压、焊接速度、预热温度、层间温度及后热温度和时间等焊接工艺参数与焊接工艺文件的符合性检查；

2) 多层多道焊焊道缺欠的处理情况确认；

3) 采用双面焊清根的焊缝，应在清根后进行外观检查及规定的无损检测；

4) 多层多道焊中焊层、焊道的布置及焊接顺序等检查。

（3）焊后检验应至少包括下列内容：

① 焊缝的外观质量与外形尺寸检查；

注：t 为母材厚度。

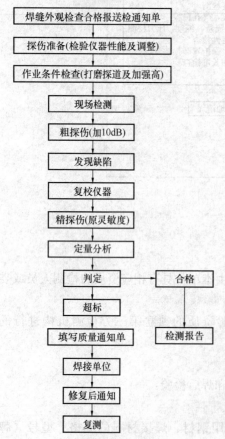

图 8-6-30 超声波探伤工艺流程

② 焊缝的无损检测；

③ 焊接工艺规程记录及检验报告审查。

3. 超声波检测

（1）探伤现场准备：

1) 在扫查区要用砂轮除去飞溅、剥离的氧化皮及锈蚀、涂料等并磨光，以便探伤。

2) 焊缝加强高的形状对探伤结果有影响，要进行修整。

3) 探伤仪必须先预热，以保证稳定的电流。

4) 探伤申请报告：证明焊缝编号、坡口尺寸、角度、安装后情况和日期。

5) 探伤在焊接结束 24h 进行。

（2）超声波探伤工艺流程图（图 8-6-30）。

（3）超声波检测应符合下列规定：

1) 对接及角接接头的检验等级应根据质量要求分为 A、B、C 三级，检验的完善程度 A 级最低，B 级一般，C 级最高，应根据结构的材质、焊接方法、使用条件及承受载荷的不同，合理选用检验级别；

2) 对接及角接接头检验范围见图 8-6-31，其确定应符合下列规定：

① A 级检验采用一种角度的探头在焊缝的单面单侧进行检验，只对能扫查到的焊缝截面进行探

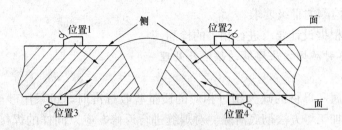

图 8-6-31 超声波检测位置

测，一般不要求作横向缺欠的检验。母材厚度大于 50mm 时，不得采用 A 级检验。

② B 级检验采用一种角度探头在焊缝的单面双侧进行检验，受几何条件限制时，应在焊缝单面、单侧应采用两种角度探头（两角度之差大于 15°）进行检验。母材厚度大于 100mm 时，应采用双面双侧检验，受几何条件限制时，应在焊缝双面单侧，采用两种角度探头（两角度之差大于 15°）进行检验，检验应覆盖整个焊缝截面。条件允许时应作横向缺欠检验。

③ C 级检验至少应采用两种角度探头在焊缝的单面双侧进行检验。同时应作两个扫查方向和两种探头角度的横向缺欠检验。母材厚度大于 100mm 时，应采用双面双侧检验。检查前应将对接焊缝余高磨平，以便探头在焊缝上作平行扫查。焊缝两侧斜探头扫查经过母材部分应采用直探头作检查。当焊缝母材厚度不小于 100mm，或窄间隙焊缝母材厚度不小于 40mm 时，应增加串列式扫查。

④ 抽样检验应按以下规定进行结果判定：

抽样检验的焊缝数不合格率小于 2% 时，该批验收合格；

抽样检验的焊缝数不合格率大于 5% 时，该批验收不合格；

抽样检验的焊缝数不合格率为 2%～5% 时，应加倍抽检，且必须在原不合格部位两侧的焊缝延长线各增加一处，在所有抽检焊缝中不合格率不大于 3% 时，该批验收合格，大于 3% 时，该批验收不合格；

批量验收不合格时，应对该批余下的全部焊缝进行检验；

检验发现 1 处裂纹缺陷时，应加倍抽查，在加倍抽检焊缝中未再检查出裂纹缺陷时，该批验收合格；检验发现多处裂纹缺陷或加倍抽查又发现裂纹缺陷时，该批验收不合格，应对该批余下焊缝的全数进行检查。

⑤ 无损检测的基本要求应符合下列规定：

无损检测应在外观检测合格后进行，焊缝外观质量要求见表 8-3-78。

Ⅲ、Ⅳ类钢材及焊接难度等级为 C、D 级时，应以焊接完成 24h 后无损检测结果作为验收依据；钢材标称屈服强度不小于 690MPa 或供货状态为调质状态时，应以焊接完成 48h 后无损检测结果作为验收依据。

现行《钢结构焊接规范》GB 50661 中规定：

"设计要求全焊透的焊缝，其内部缺欠的检测应符合下列规定：

a. 一级焊缝应进行 100% 的检测，其合格等级不应低于本规范第 8.2.4 条中 B 级检验的 Ⅱ 级要求；

b. 二级焊缝应进行抽样，抽检比例不应小于 20%，其合格等级不应低于本规范第

8.2.4 条中 B 级检测的Ⅲ级要求。

三级焊缝应根据设计要求进行相关的检测。"

8.6.8.4 各种施焊方法焊缝的缺陷及处理

1. 焊缝返修

（1）焊缝金属和母材的缺欠超过相应的质量验收标准时，可采用砂轮打磨、碳弧气刨、铲凿或机械加工等方法彻底清除。对焊缝进行返修，应以同样的焊接工艺进行补焊，用同样的方法进行检查。同一焊缝的修理一般不得超过 2 次。

（2）焊缝或母材的裂纹应采用磁粉、渗透或其他无损检测方法确定裂纹的范围及深度，用砂轮打磨或碳弧气刨清除裂纹及其两端各 50mm 长的完好焊缝或母材，修整表面或磨除气刨渗碳层后，并应采用渗透或磁粉探伤方法确定裂纹是否彻底清除，再重新进行焊补。对于拘束度较大的焊接接头的裂纹用碳弧气刨清除前，宜在裂纹两端钻止裂孔。

2. 引起焊缝缺陷的主要原因及对策

手工电弧焊焊缝常见缺陷、原因及处理见表 8-6-6。埋弧焊常见缺陷产生原因及防除方法见表 8-6-7。非气体保护半自动焊（自保护焊）常见缺陷产生原因及防除方法见表 8-6-8。气体保护焊（CO_2 气体保护焊）常见缺陷产生原因及防除方法见表 8-6-9。

手工电弧焊焊缝常见缺陷、原因及处理　　　　表 8-6-6

焊缝缺陷	图形	原因	防止措施	处理方法
尺寸不正		1. 坡口角度不当；间隙不均匀； 2. 焊条角度不当； 3. 操作不熟练； 4. 焊条吸潮	1. 调整坡口角度及间隙； 2. 调整焊条角度； 3. 进行焊工培训； 4. 把焊条烘干	补焊
咬边		1. 电流偏大； 2 运条速度不均匀； 3. 电弧过长； 4. 焊条吸潮； 5. 母材有油漆	1. 调整电流； 2. 调整运条速度； 3. 调短电弧； 4. 烘干焊条； 5. 消除油漆	补焊
弧坑		1. 焊接电流过大； 2. 熄弧时间太短； 3. 焊钳接触不良； 4. 焊条烘烤温度过高，时间不够； 5. 坡口表面有油或水； 6. 埋弧自动焊未先停运车再停运丝	1. 调整电流强度； 2. 延长熄弧时间，待填满熔池再熄弧； 3. 调整焊钳夹紧力； 4. 适当地烘干焊条； 5. 清理坡口油水及漆膜； 6. 焊缝两端加引弧板、熄弧板	补焊
严重飞溅		1. 电流偏高； 2. 焊条吸潮； 3. 焊条倾角不当； 4. 碱性焊条用直流焊机时错用正反极； 5. 接地电缆接法不当	1. 将电流调节适当； 2. 将焊条烘干； 3. 调整焊条倾角； 4. 用反接极； 5. 改正地线电缆接法	焊接开始发现飞溅。立即查出原因。并改正之

续表

焊缝缺陷	图　形	原　　因	防　止　措　施	处理方法
气孔		1. 焊条受潮，药皮变质，钢芯锈蚀； 2. 焊条烘烤过度，药皮裂缝变质； 3. 焊丝不清洁； 4. 母材表面有水、油渣等脏物； 5. 焊接速度太快，空气温度高； 6. 电流偏大，电弧太长	1. 焊条应按规定烘烤，不用变质焊条； 2. 焊丝应清洁； 3. 注意母材焊口清洁； 4. 降低焊接速度； 5. 调整电流和弧长	缺陷超过规范标准时，要铲除重焊
焊瘤		1. 电流过大； 2. 点焊缝过高； 3. 运条速度不当； 4. 电弧过长	1. 电流要适当； 2. 修补点焊缝； 3. 运条速度要均匀； 4. 电弧要适中	铲除重焊
夹渣		1. 焊工技术不熟练； 2. 运条方法不对； 3. 多层焊，前层焊渣未清除干净； 4. 焊接电流过小； 5. 坡口角度太小； 6. 焊条药皮性能不好	1. 提高焊工技术； 2. 改正运条方法； 3. 多层焊，清除好前一层焊渣及脏物； 4. 正确选用电流； 5. 调整坡口角度； 6. 选用优质药皮焊条	铲除夹渣重焊
未焊透	 根部未焊透 层间未焊透 边缘未焊透	1. 焊条和电流不匹配，电流过小； 2. 运条速度太快，热量不足； 3. 间隙过小； 4. 焊条没有到达根部就施焊； 5. 起焊温度过低	1. 选用适当直径焊条，选用相匹配的电流； 2. 运条速度要适中； 3. 调整合理间隙； 4. 双面焊时要清根； 5. 采用引弧板，改进焊接工艺	铲除重焊

续表

焊缝缺陷	图 形	原 因	防 止 措 施	处理方法
裂缝		1. 母材含磷、含硫量过高，且分布不均匀； 2. 焊条质量不好； 3. 定位点焊强度不够； 4. 单条焊缝焊接顺序不合理； 5. 厚钢板坡口处没有预热； 6. 低温下焊接没有采取保护措施； 7. 厚钢板焊后未采用后热措施； 8. 结构焊缝焊接顺序不合理，造成应力集中	1. 根据磷、硫含量要选可焊性好的钢材； 2. 选用优质焊条； 3. 定位点焊要计算，保证强度要求； 4. 选择正确的焊接顺序； 5. 按规定对母材坡口进行预热； 6. 采取低温焊措施； 7. 厚钢板焊后要进行后热处理； 8. 注意整体结构焊缝的焊接顺序，使不产生应力集中	铲除重焊

埋弧焊常见缺陷产生原因及防除方法　　　　表 8-6-7

缺陷名称		产生原因		防除方法
焊成缝形表不面良	宽度不均匀	1. 焊接速度不均匀 2. 焊丝给送速度不均匀 3. 焊丝导电不良	防止	1. 调节焊速 2. 调节焊丝给送速度 3. 更换导电嘴衬套（导电块）
			消除	酌情用手工焊补焊修整并磨光
焊缝表面成形不良	堆积高度过大	1. 电流过大而电压过低 2. 上坡焊时倾角过大 3. 环缝焊接位置不当（相对于焊件的直径和焊接速度）	防止	1. 调节规范 2. 调整上坡焊倾角 3. 相对于一定的焊件直径和焊接速度，确定适当的焊接位置
			消除	去除表面多余部分，并打磨圆滑
	焊缝金属满溢	1. 焊接速度过慢 2. 电压过大 3. 下坡焊时倾角不当 4. 环缝焊接位置不当 5. 焊接时前部焊剂过少 6. 焊丝向前弯曲	防止	1. 调节焊速 2. 调节电压 3. 调整下坡焊倾角 4. 相对于一定的焊件直径和焊接速度，确定适当的焊接位置 5. 调整焊剂覆盖状况 6. 调节焊丝，矫直弯曲部分
			消除	去除后适当刨槽并重新覆盖
	中间凸起而两边凹陷	药粉圈过低并有粘渣，焊接时熔渣被粘渣拖压	防止	提高药粉圈，使焊剂覆盖高度达 30～40mm
			消除	1. 提高药粉圈，去除粘渣 2. 适当补焊或去除重焊

缺陷名称	产生原因	防除方法	
咬　边	1. 焊丝位置或角度不正确 2. 焊接规范选择不当	防止	1. 调整焊丝 2. 调节规范，去除夹渣补焊
		消除	去除缺陷部分后补焊
未熔合	1. 焊丝未对准 2. 焊缝局部弯曲过甚	防止	1. 调整焊丝 2. 精心操作
		消除	去除缺陷部分后补焊
未焊透	1. 焊接规范选择不当（如电流过小，电压过高） 2. 坡口不合适 3. 焊丝未对准	防止	1. 调整规范 2. 修整坡口 3. 调整焊丝
		消除	去除缺陷部分后补焊，严重的需整条返修
内部夹渣	1. 多层焊时，层间清渣不干净 2. 多层分道焊时，焊丝位置不当	防止	1. 层间清渣彻底 2. 每层焊后发现咬边夹渣必须清除修复
		消除	去除缺陷部分后补焊
气　孔	1. 接头未清理干净 2. 焊剂潮湿 3. 焊剂（尤其是焊剂垫）中混有垃圾 4. 焊剂覆盖层厚度不当或焊剂斗阻塞 5. 焊丝表面清理不够 6. 电压过高	防止	1. 接头必须清理干净 2. 焊剂按规定烘干 3. 焊剂必须过滤、吹灰、烘干 4. 调节焊剂覆盖层高度，疏通焊剂斗 5. 焊丝必须清理，清理后应尽快使用 6. 调节电压
		消除	去除缺陷部分后补焊
裂　纹	1. 焊件、焊丝、焊剂等材料配合不当 2. 焊丝中含碳，硫量较高 3. 焊接区冷却速度过快而致热影响区硬化 4. 多层焊的第一道焊缝截面过小 5. 焊缝形状系数太小 6. 角焊缝熔深太大 7. 焊接顺序不合理 8. 焊件刚度大	防止	1. 合理选配焊接材料 2. 选用合格焊丝 3. 适当降低焊速及焊前预热和焊后缓冷 4. 焊前适当预热或减小电流，降低焊速（双面焊适用） 5. 调整焊接规范和改进坡口 6. 调整规范和改变极性（直流） 7. 合理安排焊接顺序 8. 焊前预热和焊后缓冷
		消除	去除缺陷部分后补焊
焊　穿	焊接规范选择及其他工艺因素配合不当	防止	选择适当规范
		消除	缺陷处修整后补焊

非气体保护半自动焊（自保护焊）

常见缺陷产生原因及防除方法 表 8-6-8

缺陷	原因	防除措施
气孔	1. 电压过高； 2. 焊丝突出长度过短； 3. 钢板表面有锈蚀、油漆、水分； 4. 焊枪拖曳角倾斜太多； 5. 移行速度太快，尤其是横焊	1. 降低电压； 2. 依各种焊丝说明使用； 3. 认真做好焊前清除； 4. 减少拖曳角至约 0～20°； 5. 适当调整焊接速度
咬边	参见表 8-6-9	
夹渣	1. 电弧电压过低； 2. 焊丝摆弧不当； 3. 焊丝伸出过长； 4. 电流过低，焊接速度过慢； 5. 第一道焊渣未充分清除； 6. 第一道结合不良； 7. 坡口太狭窄； 8. 焊缝向下倾斜	1. 调整适当； 2. 注意采用正确的焊接手法； 3. 依各种焊丝使用说明； 4. 调整焊接参数； 5. 完全清除； 6. 使用适当电压，注意摆弧； 7. 改正适当坡口角度及间隙； 8. 可能时调整工件放平焊缝，或移行速度加快
未焊透	1. 电流太低； 2. 焊接速度太慢； 3. 电压太高； 4. 摆弧不当； 5. 坡口角度不当	1. 提高电流； 2. 提高焊接速度； 3. 降低电压； 4. 注意采用正确的焊接手法； 5. 调整加大坡口角度
裂纹	参见表 8-6-9	
变形过大	参见表 8-6-9	

气体保护焊（CO_2 气体保护焊）

常见缺陷产生原因及防除方法 表 8-6-9

缺陷	原因	防除措施
气孔	1. 焊缝处母材不洁； 2. 焊丝有锈或焊药潮湿； 3. 点焊不良，焊丝选择不当； 4. 干伸长度太长，CO_2 气体保护不周密； 5. 风速较大，无挡风装置； 6. 焊接速度太快，冷却快速； 7. 火花飞溅粘在喷嘴，造成气体乱流； 8. 气体纯度不良，含杂物多（含水量大）	1. 焊接前注意清洁被焊部位； 2. 正确选用焊丝并注意保持干燥； 3. 点焊焊道不得有缺陷，同时要清洁干净，且使用焊丝尺寸要适当； 4. 减小干伸长度，调整适当气体流量； 5. 加装挡风设备； 6. 降低速度使内部气体逸出； 7. 注意清除喷嘴处焊渣，并涂以飞溅附着防止剂，以延长喷嘴寿命； 8. CO_2 纯度为 99.98% 以上，水分为 0.005% 以下

缺陷	原　　因	防除措施
咬边	1. 电弧边长，焊接速度太快； 2. 角焊时，焊条对准部位不正确； 3. 立焊摆动或操作不良，使焊道两边填补不足产生咬边	1. 降低电弧长度及速度； 2. 在水平角焊时，焊丝位置应离交点 1~2mm； 3. 改正操作方法
夹渣	1. 母材倾斜（下坡）使焊渣超前； 2. 前一道焊接后，焊渣未清洁干净； 3. 电流过小，速度慢，焊着量多； 4. 用前进法焊接，开槽内焊渣超前甚多	1. 尽可能将焊件放置水平位置； 2. 注意每道焊接之清洁； 3. 增加电流和焊速，使焊渣容易浮起； 4. 提高焊接速度
未焊透	1. 电弧过小，焊接速度过低； 2. 电弧过长； 3. 坡口设计不合理	1. 增加焊接电流和速度； 2. 降低电弧长度； 3. 增大坡口角度，适当加大根部间隙
裂纹	1. 坡口角度过小，在大电流焊接时，产生梨形和焊道裂纹； 2. 母材含碳量和其他合金量过高（焊道及热影区）； 3. 多层焊接时，第一层焊道过小； 4. 焊接顺序不当，产生拘束力过强； 5. 焊丝潮湿，氢气侵入焊道； 6. 衬垫板密接不良，形成高低不平、应力集中； 7. 因第一层焊接量过多，冷却缓慢	1. 注意适当坡口角度与电流的配合，必要时要加大坡口角度； 2. 采用含碳量低的焊条； 3. 第一道焊着金属须充分能抵抗收缩应力； 4. 改良结构设计，注意焊接顺序，焊后进行热处理； 5. 注意焊丝保存； 6. 注意焊件组合精度； 7. 注意正确的电流及焊接速度
变形过大	1. 焊接层数太多； 2. 焊接顺序不当； 3. 施工准备不足； 4. 母材冷却过速； 5. 母材过热； 6. 焊缝设计不当； 7. 焊着金属过多； 8. 拘束方式不正确	1. 使用直径较大焊丝及较高电流； 2. 改正焊接顺序； 3. 焊接前，使用夹具将焊件固定以免发生翘曲； 4. 避免冷却过速或预热母材； 5. 选用穿透力低之焊材； 6. 减少焊缝间隙，减少开槽度数； 7. 注意焊接尺寸，不使焊道过大； 8. 采取恰当有效地防止变形的拘束固定措施

3. 不合格母材的处理

由于焊接原因，发现母材裂纹或层状撕裂时，原则上应更换母材，如得到设计部门和质量检验部门同意，亦可局部处理。

4. 对隔板偏心的处理

在现场施焊中，柱梁节点隔板的偏心量超过允许极限时，要补焊。偏心梁允许极限的参考值及修补办法，见图 8-6-32 和图 8-6-33。

即与梁的上、下翼缘对应的隔板错位时，应分别在梁的永久垫板贴角焊肉上或翼缘对接焊缝加强高上补焊到图 8-6-33 所示的高度。

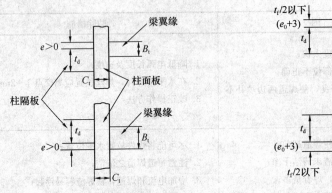
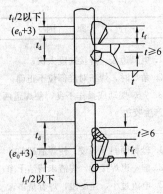

图 8-6-32　柱-梁节点隔板偏差允许参考值

在 $B_t \geqslant C_t$ 的情况下：$B_t \leqslant 20mm$ 时，

$e \leqslant 0.2B$，$B_t > 20mm$ 时，$e \leqslant 4mm$

图 8-6-33　柱-梁节点隔板偏差的修补方法

8.6.8.5　栓钉焊接

1. 工作原理与流程

电弧栓钉是将特制的栓钉在极短的时间内（0.2～1.2s）通过大电流（200～2000A），直接将栓钉的全面积焊到工件上，其焊接接头效率高、质量可靠、应力分布合理，是一种体质、高效和低耗的对接弧焊工艺。栓钉焊接工艺流程如下：

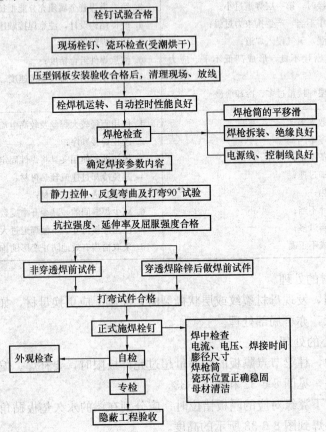

2. 材料

（1）焊钉

1）焊钉材料的机械性能应符合表 8-6-10 规定。

焊钉材料及机械相性能 表 8-6-10

d（mm）	10	13	16	19	22	25
拉力载荷（N）	32 970	55 860	84 420	119 280	159 600	206 220

2）焊钉的形状尺寸应符合图 8-6-34 及表 8-6-11 的规定。

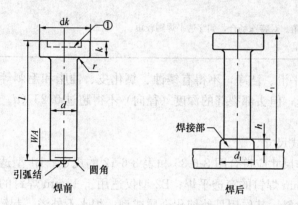

图 8-6-34 焊钉的形状尺寸（注：图中①表示由制造者选择可制成凹穴形式）

焊钉的形状尺寸和重量（mm，kg/1000 件） 表 8-6-11

	公称直径	10	13	16	19	22	25
$d^{①}$	min	9.64	12.57	12.57	18.48	21.48	24.48
	max	10	13	16	19	22	25
d_k	min	17.65	21.58	28.58	31.5	34.5	39.5
	max	18.35	22.42	29.42	32.5	35.5	40.5
$d_1^{②}$		13	17	21	23	29	31
$h^{②}$		2.5	3	4.5	6	6	7
k	min	6.55	7.55	7.55	9.55	9.55	11.45
	max	7.45	8.45	8.45	10.45	10.45	12.55
r	min	2	2	2	2	3	3
	$WA^{③}$	4	5	5	6	6	6
$l_1^{④}$（mm）		每 1000 件（密度：7.85g/cm³）的重量⑤（kg）					
40		37	62				
50		43	73	116			
60		49	83	131	188		
80		61	104	163	232	302	414
100		74	125	195	277	362	481
120		86	146	226	321	422	558
150		105	177	274	388	511	673

续表

180	123	208	321	455	601	789
200		229	352	499	660	866
220			384	544	720	943
250			431	611	810	1059
300				722	959	1251

① 测量位置：距栓钉末端 $2d$ 处。

② 指导值。在特殊场合，如穿透平焊，该尺寸可能不同。

③ WA 为熔化长度。

④ I_1 是焊后长度设计值。对特殊场合，如穿透平焊则较短。

⑤ 焊前栓钉的理论重量。

3）焊钉表面应平滑、洁净，不得有锈蚀、氧化皮、油脂和毛刺等；其杆部表面不允许有影响使用的裂缝，但头部裂缝的深度（径向）不得超过 $0.25(d_k - d)$ mm。

（2）瓷环

1）焊接瓷环形式尺寸

焊接瓷环形式和尺寸应符合图 8-6-35 和表 8-6-12 的规定。B1 型适用于普通平焊，也适用于 13mm 和 16mm 焊钉的穿透平焊；B2 型仅适用于 19mm 焊钉的穿透平焊。瓷环是栓钉焊一次性辅助材料，其作用是使熔化金属成型，焊水不外溢，起铸膜作用；熔化金属与空气隔绝，防止氧化；集中电弧热量并使焊肉缓冷；释放焊接中的有害气体，屏蔽电弧光与飞溅物；充当临时支架。

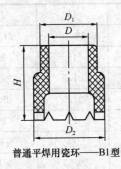

普通平焊用瓷环——B1型

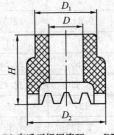

B2 穿透平焊用瓷环——B2型

图 8-6-35 焊接瓷环形式和尺寸

焊接瓷环尺寸（mm）　　　　　　　　　　表 8-6-12

焊钉公称直径 d	D		D_1	D_2	H
	Min	Max			
10	10.3	10.8	14	18	11
13	13.4	13.9	18	23	12
16	16.5	17	23.5	27	17
19	19.5	20	27	31.5	18
22	23	23.5	30	36.5	18.5
25	26	26.5	38	41.5	22

2）表面质量

焊接瓷环不得有露水和雨水痕迹。

3. 施工要点

（1）焊接前应检查栓钉质量。栓钉应无皱纹、毛刺、发裂、扭歪、弯曲等缺陷。但栓钉头部径向裂纹和开裂不超过周边至钉体距离的一半，则可以使用。

（2）施焊前应防止栓钉锈蚀和油污，母材应进行清理后方可焊接。

（3）栓钉焊分两种：栓钉直接焊在工作上的为普通栓钉焊；栓钉在引弧后先熔穿具有一定厚度的薄钢板，然后再与工件熔成一体的为穿透栓钉焊（简称穿透焊，见图 8-6-36）。穿透焊对瓷环强度及热冲击性能要求较高。禁止使用受潮瓷环，当受潮后要在 250℃ 温度下培烘 1h，中间放潮气后使用。对瓷环尺寸有许多要求，其中关键有两项：一是支撑焊枪平台的高度；二是瓷环中心钉孔的直径与椭圆度。而瓷环产品的质量好坏，是直接影响栓焊的质量。

（4）栓钉在施焊前必须经过严格的工艺参数试验，对不同厂家、批号、不同材质及焊接设备的栓焊工艺，均应分别进行试验后确定工艺。试件见图 8-6-37。

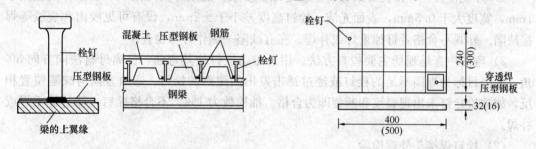

图 8-6-36　栓钉穿透焊　　　　　　　图 8-6-37　栓钉焊工艺参数试件

栓钉工艺参数包括：焊接形式、焊接电压、电流、栓钉伸出长度、栓钉回弹高度、阻尼调整位置。在穿透焊中还包括压型钢板的厚度、间隙及层次。根据经验其参考值见表8-6-13。

栓焊工艺参数表　　　　　　　　　　　　表 8-6-13

栓钉规格（mm）	电流（A）		时间（s）		伸出长度（mm）		回弹高度（mm）	
	普通焊	穿透焊	普通焊	穿透焊	普通焊	穿透焊	普通焊	穿透焊
φ10	495～605		0.4					
φ13	950		0.7		4		2	
φ16	1250	1500	0.8	1.0	5	7～8	2.5	3.0
φ19	1500	1800	1.0	1.2	5	7～9	2.5	3.0
φ22	1800		1.2		6		3	
φ25	1980～2420		1.3					

栓焊工艺试件经过静拉伸、反复弯曲及打弯试验合格后，现场操作时还需要根据电缆线的长度、施工季节、风力等因素进行调整。当压型钢板采用镀锌钢板时，应采取相应的除锌措施后（氧、乙炔焰）焊接。

（5）栓钉的机械性能和焊接质量鉴定均由厂家负责或由厂家委托的专门试验机构承担。

4. 质量检查

施焊中随时检查焊接质量，其内容见表 8-6-14。

栓钉中需检查的项目　　　　　　　　　　　　表 8-6-14

项　次	检查要求	检查时间
1	电压、电流、焊接时间	每次更换位置时
2	膨径尺寸	同上，焊层不正常时
3	焊枪筒的移动要平滑	随时
4	磁环与焊枪筒要同心	随时
5	焊枪夹头要稳固	随时
6	磁环的位置正确、稳固	随时
7	焊接区的清理，除油、除污水	焊接前

（1）栓焊质量检查方法

1）外观检查：焊接良好的栓钉应满足以下要求：成型焊肉周围 360°，根部高度大于 1mm，宽度大于 0.5mm，表面光洁，栓钉高度差小于 ±2mm，没有可见咬肉和裂纹等焊接缺陷。外观不合格者打掉重焊或补焊。在有缺陷一侧作打弯检查。

2）弯曲检查是现场主要检查方法。用锤敲击栓钉使其弯曲，偏离母材法向方向 30° 角，敲击目标为焊肉不足的栓钉或经过锤击发出间隙声的栓钉。弯曲方向与缺陷位置相反，如被检栓钉未出现裂纹和断裂即为合格。抽检数为 1%。不合格栓钉一律打掉重焊或补焊。

（2）栓钉焊接头外观检验

应符合表 8-6-15 的要求。当采用电弧焊方法进行栓钉焊接时，其焊缝最小焊脚尺寸还应符合表 8-6-16 的要求。

栓钉焊接接头外观检验合格标准　　　　　　　　表 8-6-15

外观检验项目	合格标准	检验方法
焊缝外形尺寸	360°范围内焊缝饱满 拉弧式栓钉焊：焊缝高 $K_1 \geqslant 1mm$；焊缝宽 $K_2 \geqslant 0.5mm$ 电弧焊：最小焊脚尺寸应符合表 8-6-26 的规定	目测、钢尺、焊缝量规
焊缝缺欠	无气孔、夹渣、裂纹等缺欠	目测、放大镜（5 倍）
焊缝咬边	咬边深度 ≤0.5mm，且最大长度不得大于 1 倍的栓钉直径	钢尺、焊缝量规
栓钉焊后高度	高度偏差小于等于 ±2mm	钢尺
栓钉焊后倾斜角度	倾斜角度偏差 $\theta \leqslant 5°$	钢尺、量角器

采用电弧焊方法的栓钉焊接接头最小焊脚尺寸　　　　　　表 8-6-16

栓钉直径（mm）	角焊缝最小焊脚尺寸（mm）
10，13	6
16，19，22	8
25	10

5. 缺陷处理

（1）未熔合：栓钉与压型钢板金属部分未熔合，应加大电流增加焊接时间。

（2）咬边：栓焊后压型钢板甚至钢梁被电弧烧成缩颈。原因是电流大、时间长，要调整焊接电流及时间。

磁偏吹：由于使用直流焊机电流过大造成。应将地线对称接在工件上，或在电弧偏向的反方向放一块铁板，改变磁力线的分布。

气孔：焊接时熔池中气体未排出而形成的。原因是板与梁有间隙、瓷环排气不当、焊件上有杂质在高温下分解成气体等。应减小上述间隙，做好焊前清理。

裂纹：在焊接的热影响区产生裂纹及焊肉中裂纹。原因是焊件的质量问题，压型钢板除锌不彻底或因低温焊接等原因造成。解决的方法是，彻底除锌、焊前作栓钉的材质检验。温度低于−10℃要预热焊接；抵于−18℃停止焊接；下雨、雪时停止焊接。当温度低于0℃时，要求在每100枚中打弯两根试验的基础上，再加一根，不合格者停焊。

为了保证栓钉焊接质量，栓焊工必须经过专门技术培训和试件考核，试焊件经拉伸、打弯等试验合格后，经有关部门批准方可上岗。

8.6.8.6 低温焊接

1. 低温焊接概念

低温焊接施工的温度界线是指实际焊接操作时间及工位处的环境温度，并非指本市气象报告的温度，更不是指某一时段的平均温度，具体说，就是焊接操作时焊接工位周围0.5m范围内的小环境温度。当该小环境温度低于规范规定的最低焊接施工温度时，即定义为低温。在低温环境下进行的焊接操作，即称为低温焊接。

为保证焊接施工质量，各国施工规范均规定了低温焊接的最低施工温度。《建筑工程冬期施工规程》JGJ 104 中规定，低温焊接的最低施工温度是−30℃（低碳钢）和−26℃（低合金钢）。《钢结构焊接规范》GB 50661 规定，在 0℃～10℃时应采取加热或防护措施，确保焊接接头和焊接表面各方向大于或等于 2 倍钢板厚度且不小于 100mm 范围内的母材温度不低于 20℃，且在焊接过程中均不应低于这一温度。当焊接环境温度低于−10℃时，必须进行相应焊接环境下的工艺评定试验，评定合格后方可进行焊接，否则严禁焊接。

钢结构低温焊接对焊缝金属危害的直接表征为焊缝裂纹和工作状态下的脆断，究其原因，主要是冷却过程中 800～500℃区间内的冷却速度引起晶体组织的变化带来的结晶裂纹及游离氢析出引起的延迟裂纹。具体原因如下。

（1）冷却过程中，焊缝熔敷金属在 800～500℃区间内的冷却速度如果太快，将使焊缝和热影响区产生马氏体脆性组织；冷却速度太慢，将使热影响区过热而产生粗大脆性的侧板条铁素体组织，在较大焊接应力的作用下易在焊后立即或延迟产生裂纹。

（2）在结构拘束度很大的前提下，焊缝熔敷金属冷却速度过快，极易造成焊缝金属偏析，在较强的拉应力场作用下，在焊缝的偏析处即焊缝中心部分发生结晶裂纹，是热裂纹的一种形式。

（3）焊缝金属在冷却过程中，游离氢的溶解度降低，冷却的速度变快，氢透出的时间变短，因此残留在金属内的比例增大，使冷裂纹的效应增加，延迟效应同残留在金属中的氢含量成正比。

（4）当构件的工作温度低于材料的脆性转变温度时，在拉应力和焊接残余应力共同作用下，结构的静载强度大幅度降低，极大可能在远低于材料的 σ_s 点的外力作用下发生脆断。

2. 对策

根据低温焊接缺陷产生的原因，保证低温焊接质量的对策主要是：控制焊缝熔敷金属在 800～500℃区间内的冷却速度，避免焊缝金属产生马氏体脆性组织或侧板条铁素体脆性组织；同时，通过预热及后热制度，保证焊缝熔敷金属中游离氢充分扩散溢出。具体措施如下。

（1）结构钢材的性能等级宜符合 C 级钢，即具有 0℃冲击韧性的要求，至少应符合 B 级钢，即具有常温冲击韧性的要求，同时焊材的选配应达到相应要求。

（2）焊材选配时，应以满足焊缝金属强韧性要求为指标，通过调整焊缝金属的微合金化的程度，同焊接规范相配合，使焊缝金属产生针状铁素体而获得理想的焊缝强韧性。

（3）根据结构特点，编排合理的焊接顺序，减少焊接残余应力。

（4）制定合理的预热温度，应综合考虑施焊环境温度、钢材材质等级、焊件厚度和坡口形式等因素，并结合焊接工艺评定结果确定。

焊前预热时，应扩大加热范围至 2 倍板厚（常温时为 1.5 倍板厚）；加热方式宜优先选用电加热方式，以保证预热区域受热均匀，避免母材局部过热等现象。

（5）选择合理的焊接工艺参数，控制热输入能量，在保证合理线能量输入的前提下，采用大电流、薄焊道、多层多道的焊接技术，以提高焊缝热量，防止淬硬组织的产生。

（6）制定合理的后热制度，对于板厚 $t<40mm$，采取焊后紧急保温缓冷措施，对于 $t\geqslant40mm$，采取焊后紧急后热及保温缓冷措施，后热温度 200～300℃。该措施可以减缓焊缝的冷却速度，并有助于扩散氢的逸出。

（7）进行低温焊接试验，加强焊工防护并进行适应性训练。

3. 关键技术

（1）焊工防护及适应性训练

在正式焊接前应对焊工进行焊接适应性训练，并做好防寒用品、安全生产等准备工作。具体要求如下。

1）焊工在进行低温焊接前，需进行低温焊接技术理论教育和低温焊接适应性训练。低温焊接适应性训练用 $t\geqslant25\ mm$ 钢板，进行横、立、仰位置的施焊，以 UT 检测及外观检验合格为标准。

2）焊工在正式焊接前，必须具备个人防寒用品，包括棉鞋、帽子、护膝、手套等，能较长时间抵抗严寒并可防滑。

3）低温焊接对焊工的个人体力消耗较大，倒班时间适当缩短。

4）低温焊接操作时，应设有专门监护人，对焊工工作状态进行监控及判断，必要时应采取相应措施，保证焊接工作的顺利进行和焊工人身安全。

（2）焊接设备防护

为保证焊接时焊接设备能够正常工作，应按下述要求进行防护。

1）焊机尽量摆放在可移动的焊机防护棚内，防护棚内应设置加热设备，使焊机在正温状态下工作。

2) 使用前，气瓶应尽可能集中存放，气瓶存放棚应设有加热装置，确保气体随用随有；气瓶在使用时，应放置在焊机棚内，实现正温管理，单机使用时，气瓶必须采取加热保温措施，采用电热毯加热外包岩棉或其他保温材料进行保温，保证液态气正常气化，使保护气体稳定通畅。

3) 冬期施工采用接触式测温仪控制预热、后热及层间温度，环境温度使用普通温度计监控。

（3）焊接材料管理

为避免氢致裂纹的产生，焊接过程中应严格焊材管理制度，具体要求如下。

1) 气体保护焊采用的二氧化碳，气体纯度不宜低于 99.9％（体积比），含水量不得超过 0.005％（重量比），以保证焊接接头的抗裂性能。

2) 严格焊材库的管理，焊条必须按标准进行烘干，烘干次数不得超过 2 次，在空气中的暴露时间不得超过 2h。

3) 焊接材料贮存场所应干燥、通风良好，应由专人保管、烘干、发放和回收，并应有详细记录。

4) 药芯焊丝使用过程中应采取防潮措施，焊机上的焊丝防护罩必须保持完好，未用完的焊丝应及时送回焊材库，防止受潮。

（4）坡口设计

为了降低焊接热输入量，减少变形，同时也方便现场操作，降低焊接工作量，在设计坡口形式的时候，一般将 H 型钢梁、柱的翼缘板对接的焊缝坡口定为单边 V 形坡口；腹板对接坡口采用双边不等边 K 形坡口，坡口角度根据板厚确定。

（5）焊前预热

1) 焊前预热方式宜采用电加热和火焰加热法，两者各有优缺点，可根据现场施工条件，采用最为合适的方式进行预热处理。

2) 预热的加热区域应在焊缝坡口两侧，宽度应大于焊件施焊处板厚度 1.5 倍，且不应小于 100mm。

3) 预热温度的选择应根据施焊环境温度、构件类型、板件厚度和坡口形式等因素综合而定。由于环境温度影响，低温环境下的预热温度一般比正常情况的要高出 15～30℃，不同板厚测温点应设置在预热区的外边缘，同时要保证板件的正反面均达到预定温度。对于箱形构件，预热时在正面加热，测温点设置在坡口底部垫板中心。预热温度要求见表 8-6-17。

预热温度表 表 8-6-17

钢材牌号	接头最厚部件的厚度 t（mm）				
	$t \leqslant 25$	$25 < t \leqslant 40$	$40 < t \leqslant 60$	$60 < t \leqslant 80$	$t > 80$
Q235	36	36	80	100	120
Q345（GJ）	20～40	60～80	80～100	100～120	150
Q460E	—	—	—	—	>150

4) 异种钢焊接，预热温度应执行强度级别高的钢种的预热温度；不同板厚对接，预热温度应执行板厚较厚的钢板预热温度。

5) 火焰预热时焰枪的摆幅和速度要保持一致，要保证预热区的温度均匀，切不可局部加热过高而产生热应力。

（6）层间温度

1）焊接工程中层间温度应不低于焊前预热温度，最大层间温度不宜超过250℃。

2）在多层焊的同时应严格控制层间温度，层间温度控制可通过调节焊道长度和每层的焊接次序来进行控制。

严格控制焊缝层间温度，层间温度要求见表8-6-18。

焊缝层间温度 表 8-6-18

钢材牌号	接头最厚部件的板厚 t（mm）		
	$40<t\leq60$	$60<t\leq80$	$t>80$
Q345	100	100～200	140～200
Q460	—	—	150～200

（7）焊接操作

1）焊接过程应严格执行多层多道焊，由于后层焊道对前层焊道有消氢和改善热影响区组织的作用，能避免焊缝金属晶粒粗大和母材的淬硬。

2）焊接时应采用窄焊道、薄焊层的焊接方法，对于焊条电弧焊、气体保护焊，每一道焊缝的深宽比应不大于1.1，焊缝最大厚度应超过10mm。

3）多层多道焊时，焊接的第一层焊缝开裂倾向最大，所以每段焊缝尽量连续焊完，避免中断。

4）在平横立仰焊位时，严禁焊接电弧摆动，立焊时严格控制焊枪摆动幅度，气保焊的焊枪摆幅不应超过20mm，焊条电弧焊的摆幅不过3倍焊条直径。

5）熄弧时弧坑要填满，防止由于拘束应力的存在引起弧坑裂纹。

6）不在坡口以外的母材上引弧，避免由于冷速过快，在母材上产生淬硬组织引起开裂。

7）整个焊接过程应尽量连续一次焊完，中间可以采取轮流换人进行焊接。

（8）焊后保温缓冷

为防止由于氢和应力共同作用在焊缝根部产生延迟裂纹，需进行及时的保温处理，以减缓焊缝冷却速度，特别是延长焊缝100℃的停留时间，加盖保温是对钢材最有效的保温方法，当构件板厚小于40mm时，可以用岩棉毯包裹焊接接头，然后自然冷却即可；当板厚大于40mm时，应当进行焊后热处理，后热温度为250～350℃，后热时间按25mm板厚不小于0.5h，且不小于1h确定。

焊前预热及焊后后热时，加热范围为焊缝两侧，加热宽度为焊件待焊处厚度两倍范围且不小于100mm；返修焊缝时预热区域应适当加宽，防止发生焊接裂纹。

（9）测温方法

测温采用红外测温仪和接触式测温仪两种，测温点设置在焊缝原始边缘两侧各75mm处。使用红外测温仪时，应注意测温仪需垂直于测温表面，距离不得大于200mm。层间温度测温点应在焊道起点，距离焊道熄弧端300mm以上。后热温度测温点应设在焊道表面。

（10）作业环境

高空焊接作业时，防风棚底部应密实，防止沿焊道形成穿堂风。雪天及雪后进行作业时，焊缝两端 1m 处应设置密封装置，防止雪水进入焊接区域。防风措施应根据焊接部位的实际情况灵活处理，可采用脚手架、三防布等搭设防风保暖棚，也可以采用薄铁皮等在焊缝两侧搭设简单的防风棚。

另外，对于 CO_2 气体保护焊通过加大保护气体流量也可以很好地增强抗风能力，具体的风速与保护气体流量对应关系如表 8-6-19 所示。其中，风速测定位置为距施焊处 1m 以内焊缝坡口端部，风向为焊接前进方向。

<table>
<tr><td colspan="4" align="center">风速与保护气体流量对应</td><td>表 8-6-19</td></tr>
<tr><td>风速/（m/s）</td><td>焊枪型号</td><td>保护气体气压（MPa）</td><td colspan="2">保护气体流量/（L/min）</td></tr>
<tr><td>≤2</td><td>500A 或 350A</td><td>0.4</td><td colspan="2">25～50</td></tr>
<tr><td>2.0～5.0</td><td>500A 或 350A</td><td>0.5</td><td colspan="2">平、横焊 50～70
立焊 60～70</td></tr>
<tr><td>5.0～6.0</td><td>500A 或 350A</td><td>0.5</td><td colspan="2">平、横焊 70～90</td></tr>
<tr><td>6.0～8</td><td>防风枪</td><td>0.5</td><td colspan="2">90～100</td></tr>
</table>

8.6.8.7 铸钢节点焊接

目前，铸钢件在建筑工程中被广泛使用，尤其是一些复杂节点，由于一般铸钢件对强度要求较高，整体刚性很强，因此其焊接过程中的质量控制就显得极为重要，其中的重点就是防止焊接裂纹。

1. 焊接材料

（1）结构用铸钢节点与构件母材焊接时，在碳当量与构件母材基本相同的条件下，可按与构件母材相同技术要求选用相应的焊条、焊丝，必要时应进行焊接工艺评定认可。

（2）焊材选用及焊接工艺的确定等应保证焊接接头达到设计要求。

（3）焊条、焊丝应储存在干燥、通风良好的地方，并由专人保管。

（4）焊条、焊丝在使用前，必须按产品说明书和有关工艺文件进行烘干。

（5）焊丝及导丝管应无油污、锈蚀，镀铜层应完好无损。

（6）采用 CO_2 气体保护焊，CO_2 气体纯度不应小于 99.9%。

2. 操作人员

焊工必须经考试合格并取得主管部门颁发的焊工考试合格证，持证焊工的施焊范围不得超越资格证书的规定。

3. 工艺试验

凡符合下列情况之一的，应参照《钢结构焊接规范》GB 50661 中相关要求进行焊接工艺评定：

（1）首次采用的铸钢材料，包括材料牌号与标准相当，但微合金强化元素的类别不同，供货状态不同或国外钢号国内生产；

（2）首次应用于铸钢节点的焊接材料；

（3）设计规定的铸钢类别、焊接材料、焊接方法、接头形式、焊接位置、焊后热处理制度，以及施工单位采用的焊接工艺参数，预、后热措施，焊后热处理等各种参数的组合条件为施工单位首次应用；

（4）超过评定厚度覆盖范围的铸钢节点的焊补。

4. 焊接工艺

（1）焊接之前应认真检查（外观检查、无损探伤）铸钢件是否存在砂眼、裂纹、缩孔、气孔或夹渣等缺陷。若存在缺陷，应作适当的处理后再行焊接。

（2）铸钢节点焊接宜选用低热输入焊接方法（含手工电弧焊、非熔化极气体保护焊接、熔化极气体保护焊接、等离子弧焊）。

（3）铸钢节点的焊接应在不至于引起冷裂纹的情况下进行，必要时辅以预热措施，预热温度应根据焊接工艺评定确定。

一般点焊和正式焊接预热温度为 100～150℃；加热范围：焊缝坡口及其附近一侧至少 100mm 区域内用火焰加热，开始加热时注意摆动，以使铸钢件受热均匀。

（4）焊接中应尽量采用小电流、分散焊接。

（5）层间温度按工艺评定温度控制。一般控制在 100～250℃。

（6）焊后应立即用石棉布将焊接部位包起来，以保温缓冷。

8.6.8.8　工程焊接案例

1. 某工程复杂截面钢柱焊接

（1）复杂异形截面柱焊接

1）钢柱焊接坡口的合理位置

对于复杂异形截面柱，钢柱的板厚 80mm，为了防止单面坡口焊接造成钢柱焊接收缩不均匀，现场除了钢柱最外侧翼缘板以外，其余位置均设置了双面坡口。

2）多人同时焊接

多人同时焊接既能提高焊接效率，又能控制焊接变形，核心筒异形截面柱焊接最多采用了 14 名焊工同时对称的焊接方法，并规定的每名焊工的焊接方向，具体焊接顺序如图 8-6-38 所示。

3）焊后结果测量

在焊接过程中，分别对柱身板厚 80mm 的钢柱翼缘板焊接收缩进行了测量，测量数据如图 8-6-39 所示。

（2）超长钢板墙焊接

本工程为增加结构稳定性在 F16 层以下，核心筒内柱的柱之间设置了大量钢板墙连接，钢板墙分为单钢板墙和双钢板墙，单钢板墙采用高强度螺栓连接；双钢板墙采用焊接连接；在宽度方向运输条件允许的情况下，双钢板墙的高度随钢柱分为三层一段，钢板墙最高的一段为 15m，钢板墙厚度为 40mm。对钢板墙超长焊缝的焊接变形控制是本工程的焊接重点，针对该位置的焊接特点，现场采用多人对称分段倒退的焊接方法，提高了焊接速度，有效地控制了焊接变形。

现场采用多人分段倒退焊接（图 8-6-40），即将双钢板墙焊缝沿长度方向分为每 1.5m 一段，每段由 1 名焊工焊接，各段焊缝同时进行焊接，在每段焊缝内采取自高向低分段倒退的焊接方法，该方法能有效地减小双钢板墙焊缝内焊接应力，同时提高焊接效率。

（3）厚板斜向位置焊接

在本工程外框筒钢柱及核心筒柱的柱之间斜撑中，存在大量的斜向焊接，其中外框筒

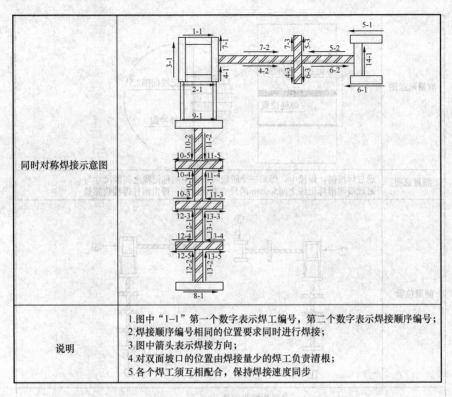

同时对称焊接示意图	
说明	1.图中"1-1"第一个数字表示焊工编号，第二个数字表示焊接顺序编号； 2.焊接顺序编号相同的位置要求同时进行焊接； 3.图中箭头表示焊接方向； 4.对双面坡口的位置由焊接量少的焊工负责清根； 5.各个焊工须互相配合，保持焊接速度同步

图 8-6-38　焊接顺序图

腰桁架位置钢柱最大侧向倾斜钢柱达 400mm，厚度板厚为 75mm。

1）焊工培训及考试准备

对焊工进行 CO_2 斜立斜仰及厚板斜横焊接的培训，并进行附加考试，选择技能优秀水平稳定的焊工从事现场的斜向位置焊接。

2）改进焊接工艺

① 调整焊工焊枪角度

在焊工焊接过程中，要求焊工焊枪角度与钢柱表面水平方向及垂直方向均成 85°～90°，并保持焊接速度中速，该方法能使焊接熔池与前一道焊道充分熔合，焊枪保持中速焊接也能提高焊接熔池在焊道内的附着能力，从而防止熔池沿钢柱倾斜方向和向下方向流动，进而减少焊缝内部未熔合的缺陷。

② 严格控制焊接层间温度

在倾斜钢柱焊接过程中，如果层间温度过低会使得熔池焊渣不能充分的浮出熔池表面，从而形成焊道内夹渣。如果层间温度过高，会使得焊接熔池不易在焊道内附着，容易沿着钢柱倾斜方向及重力方向流动，从而形成未熔合的缺陷。通过试验及其余焊工焊接斜横焊经验总结，现场层间温度在常温下控制在 150～160℃，而在冬季焊接控制在 200～210℃，最大可能地降低了未熔合及焊道内夹渣的出现。

2. 某工程多腔体巨柱与钢板墙现场焊接

（1）多腔体巨柱焊接

1）多腔体巨柱横焊缝焊接顺序（图 8-6-41）。

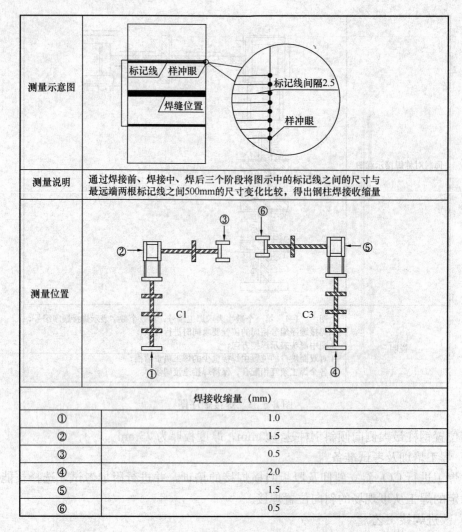

测量示意图	
测量说明	通过焊接前、焊接中、焊后三个阶段将图示中的标记线之间的尺寸与 最远端两根标记线之间500mm的尺寸变化比较，得出钢柱焊接收缩量
测量位置	

焊接收缩量（mm）	
①	1.0
②	1.5
③	0.5
④	2.0
⑤	1.5
⑥	0.5

图 8-6-39　焊接收缩量

　　焊接巨柱拼接横焊缝时，编号相同的焊缝同时对称施焊。图（c）中每个序号位置代表一条焊缝，箭头所指方向为焊接方向。编号1两条焊缝最先同时施焊，焊完后再进行后续焊缝焊接。除编号1外，剩余焊缝可安排多名焊工同时焊接，焊接过程相同编号须遵循等速对称原则。

　　2）多腔体巨柱现场竖向焊接顺序（图8-6-42）

　　巨柱竖焊缝每1500mm划分为1层次，每个层次由1名焊工分三段焊接，每段500mm。图中前一数字表示焊工编号，后一数字表示该焊工焊接序号，箭头方向为焊接方向。例如：1-2表示第1个焊工第2步焊接。

　　3）巨型斜撑焊接顺序

　　巨型斜撑箱形截面焊接，当上节构件安装形成整体框架结构，经过校正完成后，采用2名焊工同时对称等速、多层多道施焊。焊接第1步为水平焊缝焊接，焊接第2步为斜焊缝焊接，施焊时由下向上，保持熔池水平状态，确保焊缝成形美观。参见图8-6-43。

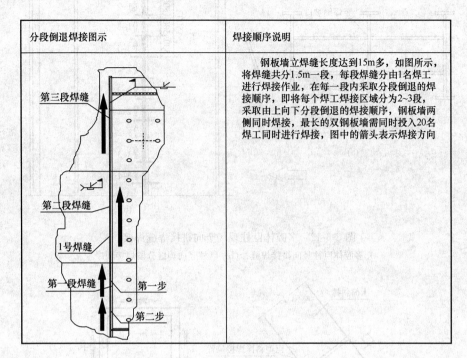

分段倒退焊接图示	焊接顺序说明
	钢板墙焊缝长度达到15m多，如图所示，将焊缝共分1.5m一段，每段焊缝由1名焊工进行焊接作业，在每一段内采取分段倒退的焊接顺序，即将每个焊工焊接区域分为2~3段，采取由上向下分段倒退的焊接顺序，钢板墙两侧同时焊接，最长的双钢板墙需同时投入20名焊工同时进行焊接，图中的箭头表示焊接方向

图 8-6-40　钢板剪力墙焊接示意图

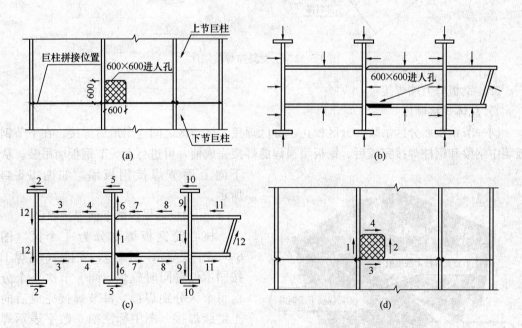

图 8-6-41　多腔体巨柱现场拼接横焊缝焊接

(a) 多腔体巨柱现场拼接示意；(b) 巨柱接口坡口朝向示意；

(c) 多腔体巨柱拼接横焊缝焊接顺序；(d) 柱身进人孔封闭焊接顺序

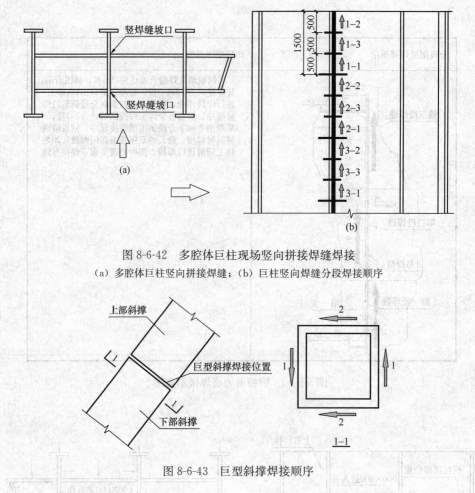

图 8-6-42　多腔体巨柱现场竖向拼接焊缝焊接
(a) 多腔体巨柱竖向拼接焊缝；(b) 巨柱竖向焊缝分段焊接顺序

图 8-6-43　巨型斜撑焊接顺序

（2）钢板剪力墙焊接

1）总体焊接顺序

同一节钢板墙分区吊装、分区校正、分区焊接，区与区之间连梁最后焊接。在下节钢板墙中钢梁和钢柱焊接完成后、钢板墙横焊缝焊接完成前，可进行上一节钢板墙吊装。从下向上逐节焊接钢板墙。如图 8-6-44 所示。

2）钢板墙横焊缝平面焊接顺序

核心筒钢板墙划分为 4 个区（图 8-6-45 中仅显示一个区），安排 16 名焊工按图示位置同时施焊，同一节次 4 个分区每个区分别焊接，每节焊接完成后向上继续焊接（图中标注前一数字表示焊工编号，后一数字表示该焊工焊接顺序号；箭头方向指表示施焊方向）。

3）钢板墙立焊缝平面焊接顺序

钢板墙立面上三条拼接焊缝采用跳

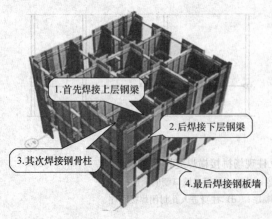

1.首先焊接上层钢梁
2.后焊接下层钢梁
3.其次焊接钢骨柱
4.最后焊接钢板墙

图 8-6-44　钢板墙焊接顺序图

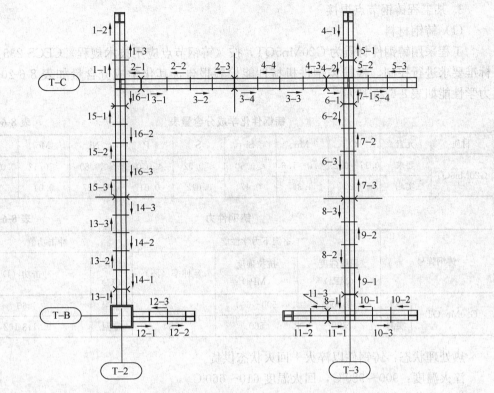

图 8-6-45 钢板墙平面焊接顺序图

跃焊接。先焊两边焊缝，后焊中间焊缝，相邻两焊缝不允许同时施焊（图 8-6-46）所示柱注，前一数字表示整体焊接顺序号，后一数字表示局部焊接顺序号）。

4）立焊缝焊接顺序

每条拼接立焊缝划分 3 个层次，每层分为 3 段，自上而下分段倒退焊接，见图 8-6-47（标注前一数字表示焊工编号，后一数字表示该焊工焊接顺序号，箭头方向为焊接方向）。

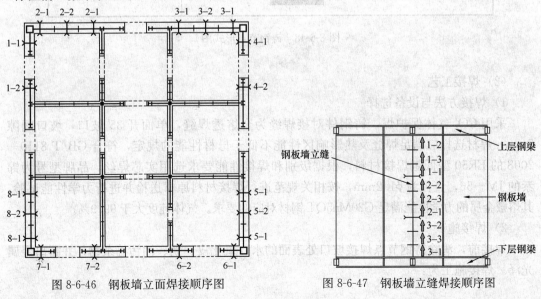

图 8-6-46 钢板墙立面焊接顺序图　　　　图 8-6-47 钢板墙立缝焊接顺序图

3. 某工程铸钢节点焊接

（1）铸钢材料

工程采用铸钢件材质为 G20Mn5QT，按《铸钢节点应用技术规程》CECS 235：2008 标准要求进行控制，根据铸钢件机械性能检验报告，其化学成分含量如表 8-6-20 所示，力学性能如表 8-6-21 所示。

铸钢件化学成分含量表   表 8-6-20

材质	元素	C	Mn	Si	S	P	Ni	Mo	Ti
G20Mn5QT	要求	0.17~0.23	1.0~1.6	≤0.60	≤0.02	≤0.02	≤0.80	≤0.12	0.03~0.05
	实测	0.20	1.36	0.47	0.012	0.017	0.027	0.01	0.042

铸钢件力   表 8-6-21

铸钢牌号		室温下力学性能			冲击功值	
		屈服强度（MPa）	抗拉强度（MPa）	延伸率（%）	温度（℃）	冲击功（J）
G20Mn5QT	要求	≥300	500~600	≥22	室温	≥60
	实测	390	560	28	室温	95 118 102

热处理状态：铸钢件以淬火＋回火状态供货。

淬火温度：900~980℃，回火温度 610~660℃。

铸钢件截面形式见图 8-6-48。

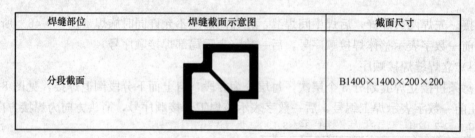

焊缝部位	焊缝截面示意图	截面尺寸
分段截面		B1400×1400×200×200

图 8-6-48 铸钢节点形式图

（2）焊接工艺

1）焊接方法与设备选择

采用 CO_2 气体保护焊，铸钢件对接焊缝为全熔透焊缝，单面开 35°坡口，坡口间隙 7mm；焊材选择应满足焊缝及热影响区性能不低于母材性能的规定，符合 GB/T 8110—2008 的 ER50 型低氢焊接材料，根据级别和焊接性能要求选用实芯焊丝，品牌型号为锦泰的 JM—56，直径为 $\phi1.2mm$，按相关规范进行焊接材料原材送检并进行力学性能试验，其熔敷金属的力学性能满足 G20Mn5QT 钢材对应的要求。气体纯度大于 99.9%。

2）焊接施工

焊接前，清除铸钢节点焊接坡口处表面的水、氧化皮、锈、油污等杂物，并露出金属光泽。焊接施工为：

① 全焊段尽可能保持连续施焊，避免多次熄弧、起弧。

② 同一层、道焊缝出现一次或数次停顿需再续焊时，始焊接头需在原熄弧处后至少5mm处起弧，接头必须错开50mm以上，盖面层每道焊缝宜一次焊完全段后再焊下一道，盖面层避免分段盖面，避免因接头处重叠产生应力集中导致产生裂纹。禁止在原熄弧处直接起弧。

③ 多层焊接时焊缝连续焊接完成，不得中途停顿，每一焊道焊接完成后应及时清理焊渣及表面飞溅物，发现影响焊接质量的缺陷时，应清除后方可再焊，保证焊接质量。

④ 每层焊完后应快速清渣、除粉尘焊瘤，焊缝两边不应的凹槽。

⑤ 焊接时注意每道焊道保持在宽 5～8mm、厚 3～4mm 之间，焊缝的层间温度控制在 80～150℃ 之间，施焊过程中出现修理缺陷、清洁焊道所需的中断焊接的情况，应采用适当的保温措施，温度下降后，应进行加热直到达到规定预热值后再进行焊接。在接近盖面时应注意均匀留出 1.5～2mm 的深度，便于盖面时能够清楚观察两侧熔合情况。

⑥ 选用合适的电流和电压并注意在坡口两边熔合时间稍长，水平固定口时不采用多道面缝，垂直与斜固定口须采用多层多道焊，严格执行多道焊接的原则，焊缝严禁超宽（应控制在坡口以外 2～3mm），余高保持 0.5～3.0mm。

⑦ 在面层焊接时为防止焊道太厚而造成焊缝余高过大，应选用适当偏大的焊接电压进行焊接。

⑧ 为控制焊缝内金属的含碳量增加，在焊道清理时尽量减少使用碳弧气刨，以免刨后焊道表面附着的高碳晶粒无法清除致使焊缝含碳量增加出现裂纹。

⑨ 为控制输入热量，应严格执行多层多道的焊接原则，特别是面层焊接，焊道应控制其宽度在 5～8mm 之间，焊接参数应严格规定热输入值。

3）焊前预热及焊后保温措施

① 焊前预热

铸钢件焊接的钢板厚度大，为保证焊接质量，现场焊接预热采用氧气乙炔中性焰加热方法。预热时加热区为焊缝两侧，加热区宽度不小于焊接位置板厚的 1.5 倍，并不小于200mm，焊前预热温度为 80℃。停止烘烤加热后，用红外线测温仪进行测温，测温点应在焊缝两侧 75～100mm 处。焊接过程中需严格参照焊接技术规程操作。

② 焊后保温措施

焊接完成后立即进行保温处理，将防风棚密闭盖严，让焊缝缓慢冷却至环境温度后再拆除防风棚。

（3）焊接参数

见表 8-6-22。

铸钢件对接焊接参数表　　　　　　　　　　表 8-6-22

道次	焊接方法	焊材直径（mm）	保护气体流量（L/min）	电流（A）	电流（V）	焊接速度（cm/min）
打底	GMAW	1.2	CO_2/30-40	240～270	38～40	38～42
填充	GMAW	1.2	CO_2/30-40	250～280	40～42	40～45
盖面	GMAW	1.2	CO_2/30-40	250～270	38～42	40～45

8.6.9 高强度螺栓施工工艺

8.6.9.1 材料选用及施工工具

1. 材料选用及保管使用要点

（1）高强螺栓应保存在干燥、通风的室内、避免生锈、损伤丝扣和沾上污物。

（2）使用前应进行外观检查，螺栓直径、长度、表面油膜正常，方能使用。

（3）使用过程中不得雨淋，不得接触泥土、油污等赃物。

2. 施工工具

（1）电动扭矩扳子。由机体、扭矩控制盒、套筒、反力承管器、漏电保护器组成。

（2）扭剪型高强度螺栓扳子。由机体、扭矩控制盒、内套筒和外套筒组成。

（3）手动扳子。

（4）轴力计。手动10000QLE扳子轴力计，用于测定高强螺栓扭矩值，其性能见表8-6-23。

			轴力计性能					**8-6-23**
可调范围 （N·m）	主视表精度 （N·m）	副视表精度 （N·m）	负荷方向	螺栓公称直径 （mm）	最大扭力 （kN）	有效长度 （m）	重量 （kg）	头角尺寸 （mm）
100～1000	5	0.5	↓	至 M24	714	1.4	7.0	25.4

本仪器为精密测定工具，不允许加加力杆。

8.6.9.2 安装要点

1. 高强螺栓安装工艺流程（图8-6-49、图8-6-50）

2. 高强度螺栓连接副

（1）大六角头高强螺栓为：1个螺栓、2个垫圈、1个螺母；

（2）扭剪型高强螺栓为：1个螺栓、1个垫圈、1个螺母（图8-6-49）。

其长度计算：

$$L = A + B + C + D \quad (8-6-2)$$

式中　L——螺栓需要总长度（mm）；

　　　A——节点各层钢板厚度总和（mm）；

　　　B——垫圈厚度（mm）；

　　　C——螺母厚度（mm）；

　　　D——拧紧后露出2~4扣的长度。

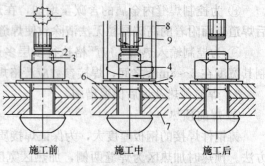

图8-6-49　扭剪型高强度螺栓施工示意

1—12角卡夹；2—破断沟槽；3—螺栓；4—螺母；5—垫圈；6—钢板1；7—钢板2；8—扳子外套筒；9—扳子内套筒

施工前　　施工中　　施工后

3. 相关试验

（1）高强度大六角头螺栓连接副

高强度大六角头螺栓连接副应按《钢结构工程施工质量验收规范》GB 50205 相关要求进行复验，其检验方法和接货应符合现行国家标准《钢结构用高强度大六角头螺栓、大六角螺母、垫圈技术条件》GB/T1321 规定。高强度大六角头螺栓连接副扭矩系数的平均值及标准偏差应符合表8-6-24 的要求。

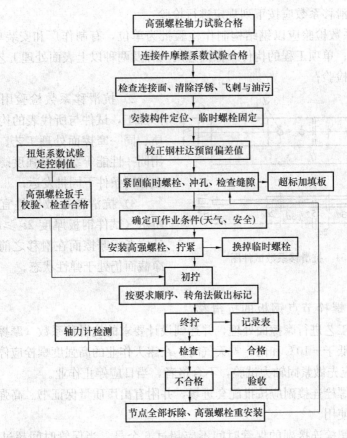

图 8-6-50　高强度螺栓施工流程图

连接副表面状态	扭矩系数平均值	扭矩系数标准偏差
符合现行国家标准《钢结构用高强度大六角头螺栓、大六角螺母、垫圈技术条件》GB/T 1321 的规定	0.110～0.150	≤0.0100

高强度大六角头螺栓连接副扭矩系数平均值及标准偏差值　　8-6-24

（2）扭剪型高强度螺栓连接副

扭剪型高强度螺栓连接副应按《钢结构工程施工质量验收规范》GB 50205 相关要求进行复验，检验方法和结果应符合现行国家标准《钢结构用扭剪型高强度螺栓连接副》GB/T 3632 规定，扭剪型高强度螺栓连接副的紧固轴力平均值及标准偏差应符合表 8-6-25 的要求。

扭剪型高强度螺栓连接副的紧固轴力平均值及标准偏差　　表 8-6-25

螺栓公称直径		M16	M20	M22	M24	M27	M30
紧固轴力值（kN）	最小值	100	155	190	225	290	355
	最大值	121	187	231	270	351	430
标准偏差（kN）		≤10.0	≤15.4	≤19.0	≤22.5	≤29.0	≤35.4

注：每套连接副只做一次试验，不得重复使用。试验时，垫圈发生转动，试验无效。

（3）摩擦面的抗滑移系数

摩擦面的抗滑移系数应按下列规定进行检验：

1）抗滑移系数检验应以钢结构制作检验批为单位，有制作厂和安装单位分别进行，每一检验批三组；单项工程的构件摩擦面选用两种及两种以上表面处理工艺时，则每种表面处理工艺均需检验；

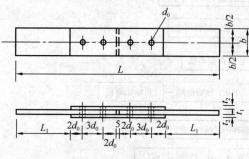

图 8-6-51　抗滑移系数试件图

2）抗滑移系数检验用的试件由制作厂加工，试件与所代表的构件应为同一材质、同一摩擦面处理工艺、同批制作，使用同一性能等级的高强度螺栓连接副，并在相同条件下同批发运；

3）抗滑移系数试件宜采用图 8-6-51 所示（试件钢板厚度 $2t_2 \geqslant t_1$）；试件的设计应考虑摩擦面在滑移之前，试件钢板的净截面仍处于弹性状态。

4. 安装要点

（1）高强度螺栓节点钢板的抗滑移面，应按规定的工艺进行摩擦面处理，并达到设计要求的抗滑移系数（摩擦系数）。

（2）当气温低于 -10℃ 和雨、雪天气时，在露天作业的高强度螺栓应停止作业。当气温低于 0℃ 时，应先做紧固轴力试验，不合格者，当日应停止作业。

（3）高强度螺栓连接副应按批配套进场，并附有出厂质量保证书。高强度螺栓连接副应在同批内配套使用。

（4）高强度螺栓连接副的保管时间不应超过 6 个月。当保管时间超过 6 个月后使用时，必须按要求重新进行扭矩系数或紧固轴力试验，检验合格后，方可使用。

（5）高强度螺栓连接处的钢板表面处理方法及除锈等级应符合设计要求。连接处钢板表面应平整，无焊接飞溅、无毛刺、无油污。经处理后的摩擦型高强度螺栓连接的摩擦面抗滑移系数应符合设计要求。

（6）高强度螺栓长度 l 应保证在终拧后，螺栓外露丝扣为 2～3 扣。其长度应按下列公式计算：

$$l = l' + \Delta l \tag{8-6-3}$$

式中　l'——连接板层总厚度（mm）；

　　　Δl——附加长度（mm），$\Delta l = m + n_w s + 3p$；

　　　m——高强度螺母公称厚度（mm）；

　　　n_w——垫圈个数；扭剪型高强度螺栓为 1，大六角头高强度螺栓为 2；

　　　s——高强度垫圈公称厚度（mm）；

　　　p——螺纹的螺距（mm）。

当高强度螺栓公称直径确定之后，Δl 可按表 8-6-26 取值。但采用大圆孔或槽孔时，高强度垫圈公称厚度（s）应按实际厚度取值。根据公式（8-6-3）计算出的螺栓长度按修约间隔 5mm 进行修约，修约后的长度为螺栓公称长度。

| 高强度螺栓附加长度 Δl（mm） | | | | | | | 8-6-26 |

螺栓公称直径	M12	M16	M20	M22	M24	M27	M30
高强度螺母公称厚度	12.0	16.0	20.0	22.0	24.0	27.0	30.0
高强度垫圈公称厚度	3.00	4.00	4.00	5.00	5.00	5.00	5.00
螺纹的螺距	1.75	2.00	2.50	2.50	3.00	3.00	3.50
大六角头高强度螺栓附加长度	23.0	30.0	35.5	39.5	43.0	46.0	50.5
扭剪型高强度螺栓附加长度	—	26.0	31.5	34.5	38.0	41.0	45.5

（7）对因板厚公差、制造偏差或安装偏差等产生的接触面间隙，应按表 8-6-27 规定处理

| | 安装偏差处理表 | | 表 8-6-27 |

项目	示　意　图	处理方法
1		$\Delta < 1.0$mm 时不予处理
2	磨斜面	$\Delta = (1.0 \sim 3.0)$ mm 时将厚板一侧磨成 1：10 缓坡，使间隙小于 1.0mm
3		$\Delta > 3.0$mm 时加垫板，垫板厚度不小于 3mm，最多不超过 3 层，垫板材质和摩擦面处理方法应与构件相同

（8）高强度螺栓连接安装时，在每个节点上应穿入的临时螺栓和冲钉数量，由安装时可能承担和荷载计算确定，并应符合下列规定：

1）不得少于节点螺栓总数的 1/3；

2）不得少于 2 个临时螺栓；

3）冲钉穿入数量不宜多于临时螺栓数量的 30%。

（9）在安装过程中，不得使用螺纹损伤及沾染赃物的高强度螺栓连接副，不得用高强螺栓兼做临时螺栓。

（10）按标准孔型设计的孔，修整后孔的最大直径超过 1.2 倍螺栓直径或修孔数量超过该节点螺栓数量的 25% 时，应经设计单位同意，扩孔后的孔型尺寸应做记录，从提交设计单位，按大圆孔、槽孔等扩大孔型进行折减后复核计算。

（11）大六角头高强度螺栓的施工终拧扭矩可由下式计算确定

$$T_c = kP_c d \tag{8-6-4}$$

式中　d——高强度螺栓公称直径（mm）；

　　　k——高强度螺栓连接副的扭矩系数平均值，该值由试验测得；

　　　P_c——高强度螺栓施工预拉力（kN），按表 8-6-28 取值；

　　　T_c——施工终拧扭矩（N·m）。

高强度大六角头螺栓施工预拉力（kN） 8-6-28

螺栓性能等级	螺栓公称直径						
	M12	M16	M20	M22	M24	M27	M30
8.8s	50	90	140	165	195	255	310
10.9s	60	110	170	210	250	320	390

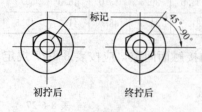

图 8-6-52 高强螺栓初拧终拧

（12）高强度大六角头螺栓连接副的拧紧应分初拧、终拧。对于大型节点应分为初拧、复拧、终拧。初拧扭矩和复拧扭矩为终拧扭矩的 50% 左右。初拧或复拧后的高强度螺栓应用颜色在螺母上标记。终拧后的高强度螺栓应用另一种颜色在螺母上标记（图 8-6-52）。高强度大六角头螺栓连接副的初拧、复拧、终拧宜在一天内完成。

（13）扭剪性高强度螺栓连接副的拧紧应分为初拧、终拧。对于大型节点应分为初拧、复拧、终拧。初拧扭矩和复拧扭矩值为 $0.065 \times P_c \times d$，或按表 8-6-29 表选用。初拧或复拧后的高强度螺栓应用颜色在螺母上标记，用专用扳手进行终拧，直至拧掉螺栓尾部梅花头，对于个别不能用专用扳手进行终拧的扭剪型高强度螺栓，应按（13）条规定的方法进行终拧（扭矩系数可足额 0.13）。扭剪型高强度螺栓连接副的初拧、复拧、终拧宜在一天内完成。

扭剪型高强度螺栓初拧（复拧）扭矩值（N·m） 表 8-6-29

螺栓公称直径	M16	M20	M22	M24	M27	M30
初拧扭矩	115	220	300	390	560	760

（14）高强度螺栓在初拧、复拧和终拧时，连接处的螺栓按一定顺序施拧，确定施拧顺序的原则为螺栓群中央顺序向外拧紧，和从接头刚度大的部位先约束小的方向拧紧。

几种常见接头螺栓施拧顺序应符合下列规定：

1）一般接头应从中心顺序向两端进行（图 8-6-53）

2）箱形接头应按 A、B、C、D 的顺序进行（图 8-6-53）

3）工字梁接头螺栓群应按①～⑥顺序进行（图 8-6-53）

4）工字形柱对接螺栓紧固顺序为先翼缘后腹板；

5）两个或多个接头栓群的拧紧顺序应先主要构件接头，后次要构件接头。

（15）大六角头高强度螺栓用扭矩法连接施工紧固质量检查方法应符合下列规定：

1）用小锤（约 0.3kg）敲击螺母对高强度螺栓进行普查，不得漏拧。

2）终拧扭矩应按节点数抽查 10%，且不应少于 10 个节点；对每个被抽查节点应按螺栓数抽查 10%，且不应少于 2 个螺栓。

3）检查时先在螺杆断面和螺母上画一直线，然后将螺母拧松约 60°；再用扭矩扳手重新拧紧，使两线重合，测得此时的扭矩应在 $0.9 \sim 1.1 T_{ch}$ 范围内。T_{ch} 应按下式计算：

$$T_{ch} = kPd$$

式中　P——高强度螺栓预拉力设计值（kN），按表 8-6-28 取值；

　　　T_{ch}——检查扭矩（N·m）。

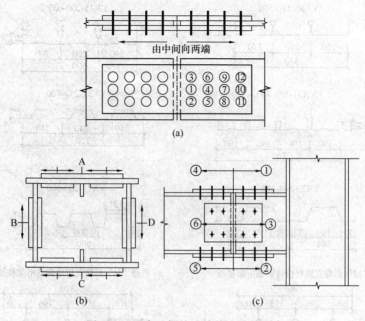

图 8-6-53 常见螺栓连接接头施拧顺序
(a) 一般接头；(b) 箱形接头；(c) 工字梁接头

4) 如果发现有不符合规定的，应再扩大 1 倍检查，如仍有不合格者，则整个切点的高强度螺栓应重新施拧。

5) 扭矩检查宜在螺栓终拧 1h 以后、24h 之前完成；检查用的扭矩扳手，其相对误差应为±3%。

(16) 扭剪型高强度螺栓终拧检查，以目测尾部梅花头拧断为合格。对于不能用专用扳手拧紧的扭剪型高强度螺栓，应按（16）条的规定进行终拧紧固质量检查。

8.6.10 楼板安装

8.6.10.1 材料与工具

1. 楼板及配件

(1) 楼板分类（图 8-6-54）

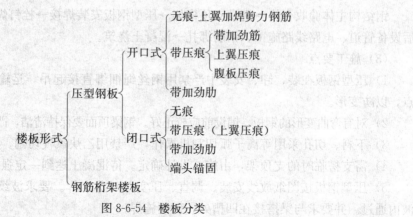

图 8-6-54 楼板分类

(2) 压型钢板楼板主要形式（图 8-6-55）

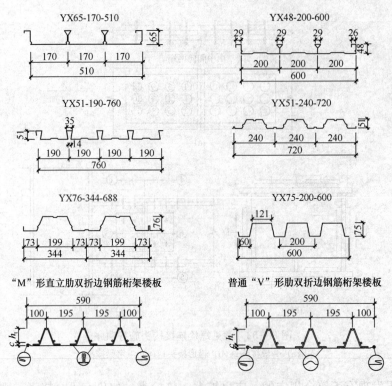

图 8-6-55 压型钢板形式图

（3）配件及辅助材料

1）抗剪连接件，包括栓钉、槽钢和弯筋。

2）配件、包括堵头板、封边板。

3）焊接瓷环。

8.6.10.2 压型钢板楼板施工工艺

1. 压型钢板安装

（1）压型钢板安装工艺流程（图 8-6-56）

（2）工序间流程

钢结构主体验收合格→搭设支顶桁架→压型钢板安装焊接→栓钉焊→封板焊接→交验后设备管道、电路线路施工、钢筋绑扎→混凝土浇筑。

（3）施工要点

1）压型钢板在装、卸、安装中严禁用钢丝绳捆绑直接起吊，运输及堆放应有足够支点，以防变形。

2）对有弯曲变形的钢板，铺设前应校正好。钢梁顶面要保持清洁，严防潮湿及涂刷油漆。

3）下料、切孔采用等离子弧切割机操作，严禁用乙炔氧气切割。大孔洞四周应补强。

4）需支搭临时的支顶架，由施工设计确定。待混凝土达到一定强度后方可拆除。

5）压型钢板按图纸放线安装、调直、压实并对称点焊。要求波纹对直，以便钢筋在波内通过。并要求与梁搭接在凹槽处，以便施焊。

8.6.10.3 钢筋桁架楼板安装工艺

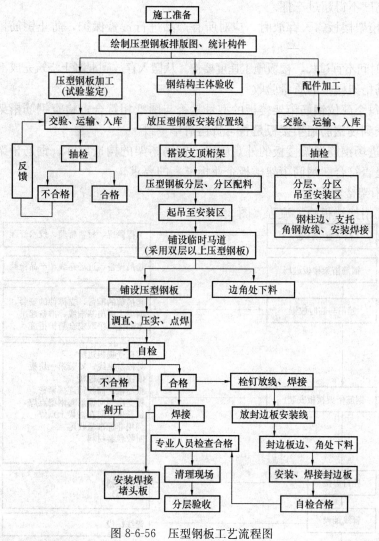

图 8-6-56 压型钢板工艺流程图

1. 钢筋桁架楼板储放

（1）钢筋桁架楼板搬入现场

1）钢筋桁架楼板进场前需拟定详细的进场计划，包括起重设备、起场路线、质量检验以及露天存放。

2）钢筋桁架楼板吊运时，必须采用配套软吊带兜底吊运，多次使用后应及时进行全面检查，有破损则需报废换新；应轻起轻放，不得碰撞，防止钢筋桁架楼板板边变形；不得使用钢索直接兜吊，避免板边在吊运过程中受到钢索挤压变形，影响施工。

3）钢筋桁架楼板堆放在起吊位置时，应按照布置图及包装标识堆放。

（2）钢筋桁架楼板的存放

1）现场露天存放时，应略微倾斜放置（角度不宜超过 10°），以保证水分尽快从板的缝隙中流出。

2）成捆钢筋桁架楼板与地面接触时应设垫木；捆与捆叠加堆放时，两捆板之间应设垫木，叠放高度不得超过三捆。

3）钢筋桁架楼板露天存放时，应对所有产品进行覆盖保护，防止钢筋桁架楼板被混凝土污染。

4）存放时间不宜过长，楼板施工速度要快，从搬入存放到混凝土浇筑完成不宜超过2周。

（3）钢筋桁架楼板的质量验收

1）检查每个部位钢筋桁架楼板的型号是否与图纸相符合；检查钢筋桁架楼板的出厂合格证；检查到场钢筋桁架楼板是否与货运清单一致。

2）检查进场钢筋桁架楼板的外观质量、钢筋桁架的构造尺寸、钢筋桁架与底模的焊接外观质量是否符合《钢筋桁架楼板企业标准》的要求。

2. 钢筋桁架楼板施工

（1）钢筋桁架楼板施工流程（图8-6-57）

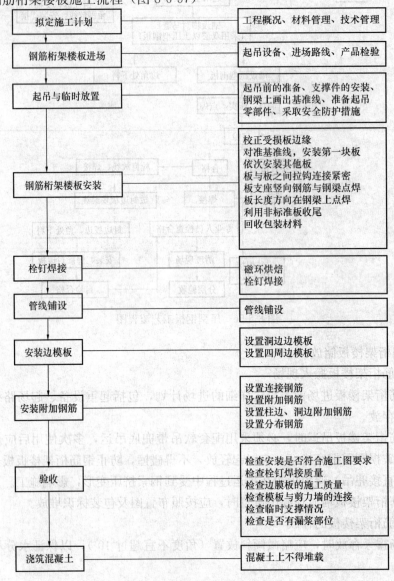

图8-6-57 压型钢板施工流程图

（2）钢筋桁架楼板施工前的准备工作

1）铺设施工用临时通道，保证施工方便及安全。

2）在梁上放设钢筋桁架楼板铺板时的基准线。

3）在柱边等异形处设置支承件，确定剪力墙支模及钢筋工程完成。

4）准备好简易的操作工具，如吊装用软吊索及零部件、操作工人劳动保护用品等。

5）对操作人工进行技术及安全交底，发给作业指导书。

（3）钢筋桁架楼板吊装前检查

1）钢结构构件安装完成并验收合格。

2）钢梁表面吊耳清除。

3）剪力墙、柱边支撑角钢安装完成。

4）起吊前对照图纸检查钢筋桁架楼板型号是否正确。

5）检查钢筋桁架楼板的拉钩是否变形。若变形影响拉钩之间的连接，必须用专用矫正器械进行修理，保证板与板之间的搭钩连接牢固。

（4）钢筋桁架楼板的铺设

1）钢筋桁架楼板施工前，将各捆板吊运到各安装区域，明确起始点及板的扣边方向。

2）在柱边处设置支撑件，角钢支撑上表面与钢梁上表面平（图8-6-58）。

3）钢筋桁架楼板在与剪力墙连接时，需在剪力墙混凝土浇筑时预先设置预埋件，安装时将支撑角钢与预埋件焊接，角钢作为支撑件（图8-6-59）。

图8-6-58 柱边角钢支撑件设置图

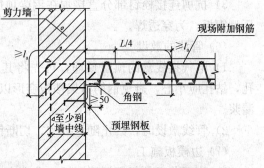

图8-6-59 剪力墙边支撑件设置

4）钢筋桁架楼板铺设前，应按图纸所示的起始位置放设铺板时的基准线。对准基准线，安装第一块板，并依次安装其他板，采用非标准板收尾（图8-6-60）。

5）钢筋桁架楼板铺设时应随铺设随点焊，将钢筋桁架楼板支座竖筋与钢梁点焊固定。

6）钢筋桁架楼板安装时板与板之间扣合应紧密，防止混凝土浇筑时漏浆。

7）钢筋桁架楼板在钢梁上的搭接，桁架长度方向搭接长度不宜小于 $5d$（d 为钢筋桁架下弦钢筋直

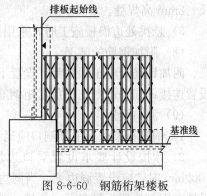

图8-6-60 钢筋桁架楼板
铺设起始线设置

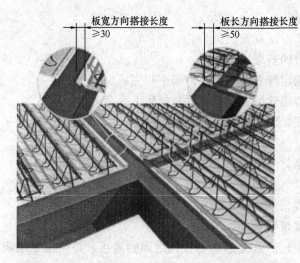

板宽方向搭接长度
≥30

板长方向搭接长度
≥50

图 8-6-61　搭接长度示意图

径）及 50mm 中的较大值；板宽度方向底模与钢梁的搭接长度不宜小于 30mm，确保在浇筑混凝土时不漏浆（图 8-6-61）。

8）钢筋桁架楼板与钢梁搭接时，支座竖筋必须全部与钢梁焊接，宽度方向需沿板边每隔 300mm 与钢梁点焊固定。

9）严格按照图纸及相应规范的要求来调整钢筋桁架楼板的位置，板的直线度误差为 10mm，板的错口误差要求＜5mm。

10）平面形状变化处，可将钢筋桁架楼板切割，切割前应对要切割的尺寸进行检查，复核后，在楼板上放线；可采用机械或气割进行，端部的支座钢筋还原就位后方可进行安装，并与钢梁点焊固定。

（5）栓钉的焊接

1）在钢筋桁架楼板铺设完毕以后，可以根据设计图纸进行栓钉的焊接。

2）焊接前需对完成的钢筋桁架楼板面灰尘、油污进行清理，以保证栓钉的焊接质量。

3）抗剪连接栓钉部分直接焊在钢梁顶面上，为非穿透焊；部分钢梁与栓钉中间夹有压型钢板，为穿透焊。

（6）管线的敷设

1）电气接线盒的预留预埋，可先将其在镀锌板上固定，允许钻 $\phi30mm$ 及以下的小孔，钻孔应小心，避免钢筋桁架楼板变形以及桁架与镀锌钢板底模脱焊，影响外观或导致漏浆。

2）管线敷设时，禁止随意扳动、切断钢筋桁架任何钢筋。

（7）边模板施工

1）施工前必须仔细阅读图纸，选准边模板型号，确定边模板搭接长度。

2）安装时，将边模板紧贴钢梁面，边模板与钢梁表面每隔 300mm 间距点焊 25mm 长、2mm 高焊缝。

3）悬挑处边模板施工时，采用图纸相对应型号的边模板与钢筋桁架上下弦焊接固定。

（8）附加钢筋的施工

附加钢筋的施工顺序为：设置下部附加钢筋→设置洞边附加筋→设置上部附加钢筋→设置连接钢筋→设置支座负弯矩钢筋。

（9）洞口设置

1）钢筋桁架楼板上开洞口应通过设计认可，现场进行放线定位；

2）须按设计要求设置洞口边加强筋，当孔洞边有较大集中荷载或洞边长度大于 1000mm 时，应设置洞边梁。当洞边长小于 1000mm 时，应按设计要求设洞口边加强筋，设置在钢筋桁架面筋之下，待楼板混凝土达到设计强度 75% 时，方可切断钢筋桁架楼板的钢筋及钢板。（图 8-6-62a、b）；

3）切割时宜从下往上切割，防止底模边缘与浇筑好的混凝土脱离，切割时宜采用等离子切割底模镀锌钢板，不得采用火焰切割。

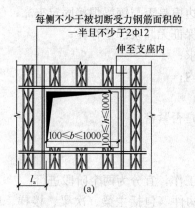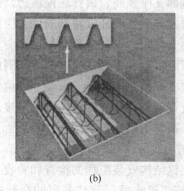

图 8-6-62　设置洞口边加强筋

（a）洞口加强钢筋示意；（b）洞口处钢筋桁架处理

（10）混凝土施工

1）混凝土浇筑前，钢筋桁架楼板安装及其他工程应完成并验收合格；必须清除楼板上的杂物（包括栓钉上的瓷环）及灰尘、油脂等。

2）当设计要求施工阶段设置临时支撑时，应按设计要求在相应位置设置临时支撑。临时支撑不得采用弧立的点支撑，应设置木材和钢板等带状水平支撑，带状水平支撑与楼板接触面宽度不应小于 100mm（图 8-6-63）。

3）当设置临时支撑时，跨度小于 8m 的楼板，楼板的混凝土强度未达到设计强度 75% 前，不得拆除临时支撑；跨度大于 8m 的楼板，待混凝土强度达到设计强度 100% 后方可拆除支撑；对于悬挑部

图 8-6-63　临时支撑示意图

位，临时支撑应在混凝土达到设计强度 100% 后方可拆除。

4）浇筑混凝土时，不得对钢筋桁架楼板进行冲击。倾倒混凝土时，宜在正对钢梁或临时支撑的部位倾倒，倾倒范围或倾倒混凝土造成的临时堆积不得超过钢梁或临时支撑左右各 1/6 板跨范围的钢筋桁架楼板上，并应迅速向四周摊开，避免堆积过高；严禁在钢筋桁架楼板跨中倾倒混凝土。泵送混凝土管道支架应支撑在钢梁上。

5）混凝土强度未达到设计强度 75% 前，不得在楼面上附加任何其他荷载。

3. 钢筋桁架楼板施工的质量控制要点

施工过程中严格按顺序进行，逐步进行质量检查，安装结束后，进行隐蔽、交接验收。检验主要内容如下：

（1）钢筋桁架楼板的外形尺寸是否满足要求；

（2）各施工区域钢筋桁架楼板的型号是否与图纸相符；

（3）钢筋桁架楼板在铺设起点和断开处沿板长度方向、宽度方向在梁上的搭接长度是否满足要求：

（4）板端部支座竖筋、镀锌底模板边及边模是否与钢梁焊接固定牢靠；

（5）板边及异形处或经过切割的位置应保证无漏浆部位存在；

（6）柱边支撑角钢设置是否满足设计要求；

（7）预留洞口位置是否在允许偏差范围内；

（8）临时支撑是否按设计要求设置到位；

（9）检查钢筋桁架楼板侧边拉接钩连接是否紧密。

8.6.11 高层钢结构安装工程验收

1. 检查与验收方法

（1）高层钢结构安装工程的检查和验收工作，宜分为两个阶段进行。

1）一个施工流水段一节柱各层的全部构件（包括主梁、次梁、楼梯、压型钢板等）安装、校正、焊接、栓接完毕，在自检合格后，应进行隐蔽工程验收；

2）全部钢结构安装、校正、焊接、栓接工作完成后，经隐蔽工程验收合格，应作高层建筑钢结构安装工程的竣工验收。

（2）隐蔽工程验收时，要检查安装单位和质量检查部门在安装过程中所作的质量检查（最后一次）记录，并要进行少量项目抽查。

（3）隐蔽工程验收时，应提交下列文件：

1）钢结构施工图和设计变更文件，加工单位材料代用文件，并在施工图中注明修改部位及内容；

2）钢结构安装过程中，建设单位、设计单位、监理单位、钢构件加工制作单位、钢结构安装单位。协商达成的有关技术文件；

3）钢构件制造合格证；

4）安装所用连接材料（包括焊条、螺栓、栓钉等）的质量证明文件；

5）钢结构安装测量记录、焊缝质量检查记录、高强螺栓安装检查记录、栓钉焊质量检查记录等资料；

6）钢结构工程的各种试验报告资料。

（4）竣工验收时，除需提交上述各项资料文件外，尚应提交分段隐蔽工程验收记录资料。

2. 高层钢结构安装允许偏差

高层钢结构安装工程的安装允许偏差应符合表 8-6-30 的规定。对于整体垂直度，可采用激光经纬仪、全站仪测量，也可根据各节柱的垂直度允许偏差累计（代数和）计算。对于整体平面弯曲，可按产生的允许偏差累计（代数和）计算。

整体垂直度和整体平面弯曲的允许偏差（mm）　　　　　　表 8-6-30

项　　目	允许偏差	图　例
主体结构的整体垂直度	($H/2500+10.0$)，且不应大于 50.0	

项　目	允许偏差	图　例
主体结构的整体平面弯曲	$L/1500$，且不应大于 25.0	

8.6.12　钢结构涂装工程

8.6.12.1　防腐涂装

1. 一般要求

（1）本章适用于钢结构的油漆类防腐涂装、金属热喷涂防腐、热浸镀锌防腐涂装等工程的施工。

（2）钢结构防腐涂装施工宜在钢构件组装和预拼装工程检验批的施工质量验收合格后进行。涂装完毕后，宜在构件上标注构件编号；大型构件应标明重量、重心位置和定位标记。

（3）防腐涂装施工前，钢材应按《钢结构工程施工规范》GB 50755—2012 和设计文件要求进行表面处理。当设计文件未提出要求时，可根据涂料产品对钢材表面的要求，采用适当的处理方法。

（4）金属热喷涂防腐和热浸镀锌防腐工程，可按现行国家标准《金属和其他无机覆盖层热喷涂锌、铝及其合金》GB/T 9793 和《热喷涂金属件表面预处理通则》GB/T 11373 等有关规定进行质量验收。

（5）构件表面的涂装系统应相互兼容。

（6）涂装施工时，应采取相应的环境保护和劳动保护措施。

2. 表面处理

构件的表面粗糙度可根据不同底涂层和除锈等级按表 8-6-31 进行选择，并应按现行国家标准《涂装前钢材表面粗糙度等级的评定（比较样块法）》GB/T 13288 的有关规定执行。

构件的表面粗糙度 表 8-6-31

钢材底涂层	除锈等级	表面粗糙度 Ra（μm）
热喷锌/铝	Sa3 级	60～100
无机富锌	Sa2½～Sa3 级	50～80
环氧富锌	Sa2½级	30～75
不便喷砂的部位	St3 级	

3. 油漆防腐涂装

（1）钢结构涂装时的环境温度和相对湿度，除应符合涂料产品说明书的要求外，还应符合下列规定：

1）产品说明书对涂装环境温度和相对湿度未作规定时，环境温度宜为 5～38℃，相对湿度不应大于 85%，钢材表面温度应高于露点温度 3℃，且钢材表面温度不应超过 40℃；

2）被施工物体表面不得有凝露；

3）遇雨、雾、雪、强风天气时应停止露天涂装，应避免在强烈阳光照射下施工；

4）涂装后 4h 内应采取保护措施，避免淋雨和沙尘侵袭；

5）风力超过 5 级时，室外不宜喷涂作业。

（2）工地焊接部位的焊缝两侧宜留出暂不涂装的区域，应符合表 8-6-32 的规定：焊缝及焊缝两侧也可涂装不影响焊接质量的防腐涂料。

焊缝暂不涂装的区域（mm）   表 8-6-32

图　　示	钢板厚度 t	暂不涂装的区域宽度 b
	$t < 50$	50
	$50 \leqslant t \leqslant 90$	70
	$t > 90$	100

（3）构件油漆补涂应符合下列规定：

1）表面涂有工厂底漆的构件，因焊接、火焰校正、曝晒和擦伤等造成重新锈蚀或附有白锌盐时，应经表面处理后再按原涂装规定予以补漆；

2）运输、安装过程的涂层碰损、焊接烧伤等，应根据原涂装规定进行补涂。

4．金属热喷涂

（1）金属热喷涂施工应符合下列规定：

1）采用的压缩空气应干燥、洁净；

2）喷枪与表面宜成直角，喷枪的移动速度应均匀，各喷涂层之间的喷枪方向应相互垂直，交叉覆盖；

3）一次喷涂厚度宜为 $25 \sim 80 \mu m$，同一层内各喷涂带间应有 1/3 的重叠宽度；

4）当大气温度低于 5℃ 或钢结构表面温度低于露点 3℃ 时，应停止热喷涂操作。

5．热浸镀锌防腐

钢构件热浸镀锌应符合现行国家标准《金属覆盖层　钢铁制件热浸镀锌技术条件及试验方法》GB/T 13912 的有关规定，并应采取防止热变形的措施。

热浸镀锌造成构件的弯曲或扭曲变形，应采取延压、滚轧或千斤顶等机械方式进行矫正。矫正时，宜采取垫木方等措施，不得采取加热矫正。

8.6.12.2　防火涂装

1．一般要求

（1）当钢结构安装就位，与其相连的吊杆、马道、管架及其他相关联的构件安装完毕，并经验收合格后，方可进行防火涂装施工。

（2）构件基层表面应无油污、灰尘和泥沙等污垢，且防锈层应完整、底漆无漏刷。构件连接处的缝隙应采用防火涂料或其他防火材料填平。

（3）防火涂料必须有国家检测机构的耐火极限检测报告和理化性能检测报告，必须有防火监督部门核发的生产许可证和生产厂方的产品合格证。

（4）在同一工程中，每使用 100t 薄涂型钢结构防火涂料应抽样检测一次粘结强度；

每使用500t厚涂型钢结构防火涂料应抽样检测一次粘结强度和抗压强度。

（5）双组分装的涂料，应按说明书规定在现场调配；单组分装的涂料也应充分搅拌。喷涂后，不应发生流淌和下坠。

2. 厚涂型防火涂料施工

（1）厚涂型防火涂料，属于下列情况之一时，宜在涂层内设置与构件相连的钢丝网或其他相应的措施：

1）承受冲击、振动荷载的钢梁；

2）涂层厚度大于或等于40mm的钢梁和桁架；

3）涂料粘结强度小于或等于0.05MPa的构件；

4）钢板墙和腹板高度超过1.5m的钢梁。

（2）喷涂施工应分遍完成，每遍喷涂厚度宜为5~10mm，必须在前一遍基本干燥或固化后，再喷涂后一遍。喷涂保护方式、喷涂遍数与涂层厚度应根据施工设计要求确定。

（3）施工过程中，操作者应采用测厚针检测涂层厚度，直到符合设计规定的厚度，方可停止喷涂。

（4）厚涂型防火涂料有下列情况之一时，应重新喷涂或补涂：

1）涂层干燥固化不良，粘结不牢或粉化、脱落；

2）钢结构接头和转角处的涂层有明显凹陷；

3）涂层厚度小于设计规定厚度的85%；

4）涂层厚度未达到设计规定厚度，且涂层连续长度超过1m。

3. 薄涂型防火涂料施工

（1）薄涂型钢结构防火涂料的底涂层（或主涂层）宜采用重力式喷枪喷涂，其压力约为0.4MPa。局部修补和小面积施工，可用手工抹涂。面层装饰涂料可抹涂、喷涂或滚涂。

（2）底层一般喷2~3遍，每遍喷涂厚度不应超过2.5mm，必须在前一遍干燥后，再喷涂后一遍。

（3）薄涂型防火涂料面层涂装施工应符合下列规定：

1）面层应在底层涂装干燥后开始涂装；

2）面层涂装应颜色均匀、一致，接槎应平整。

8.7 钢管混凝土结构与型钢混凝土结构施工

8.7.1 钢管混凝土结构施工

钢管混凝土是将普通混凝土筑入薄壁圆形钢管内而形成的一种组合结构，它是介于钢结构和钢筋混凝土结构的一种复合结构（图8-7-1）。钢管和混凝土这两种结构材料在受力过程中相互制约，即借助钢管对核心混凝土的紧箍约束作用，使核心混凝土处于三向受压状态；另外，内填充的混凝土可增强钢管壁的抗屈曲稳定性，从而使核心混凝土具有更高的抗压强度和抗变形能力。

钢管混凝土结构在高层建筑结构中采用较广泛。

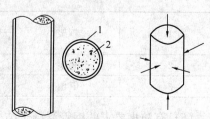

图 8-7-1 钢管混凝土
1—钢管；2—混凝土

20 世纪 90 年代以来，我国高层建筑结构开始采用钢管混凝土柱。例如 23 层的厦门金源大厦，地下 1 层至地上 19 层的全部 28 根柱以及 20～23 层的 4 根角柱，全部采用钢管混凝土；北京四川大厦（高 100m，32 层），地下共 3 层柱，全部采用直径为 70cm 钢管混凝土；深圳地王大厦（地下 3 层，地上 81 层），外围框架全部采用钢管混凝土。

8.7.1.1 特点

1. 钢管混凝土本质上属于套箍混凝土，它具有强度高、重量轻、塑性好、耐疲劳、耐冲击等优点；

2. 钢管本身即为耐侧压的模板，浇筑混凝土时可省去支模和拆模的工作；

3. 钢管兼有纵向钢筋（受拉受压）和箍筋的作用，制作钢管比制作钢管骨架省工，便于浇筑混凝土；

4. 钢管即劲性承重骨架，可省去支撑，能缩短工期；

5. 钢管混凝土与钢结构相比，在自重相近和承载能力相同的条件下，可节省钢材约 50%，且焊接工作量大幅度减少；与普通钢筋混凝土结构相比，在保持钢材用量相近和承载能力相同的条件下，构件的截面面积可减小约一半，材料用量和构件自重相应减少约 50%。

因此，钢管混凝土最适合于大跨、高层、重载和抗震抗暴结构的受压构件。

8.7.1.2 设计构造

1. 钢管混凝土设计基本要求

（1）钢管可采用直缝焊接管、螺旋形焊接管和无缝管。焊接必须采用对接焊缝，并达到与母材等强的要求。

（2）钢管直径不得小于 100mm。根据焊接的需要，管壁厚度不宜下于 4mm。钢管外径与壁厚之比值 d/t（d 为钢管外径，t 为钢管壁厚），宜限制在 $85\sqrt{235/f_y}$ 到 20 之间（此处 f_y 为钢材屈服强度）。

对于一般承重柱，为使其用钢量与一般钢筋混凝土柱相近，可取 $d/t=70$ 左右；对于桁架结构，为使其自重与钢结构相近，可取 $d/t=25$ 左右。

（3）钢材的选用，应符合现行《钢结构设计规范》（GB 50017）的有关规定。混凝土采用普通混凝。从减小变形和经济方面考虑，混凝土强度等级不宜低于 C30。

（4）钢管混凝土的套箍指标：$\theta=A_aF_a/A_cF_c$ 宜限制在 0.3～3 之间，杆件长细比不宜超过表 8-7-1 规定。

钢管混凝土构件的容许长细比   表 8-7-1

项 次	构件名称		容许长细比	
			L/d	λ
1	框架	单肢柱	20	——
		格构柱	——	80
2		桁架	30	——
3		其他	35	140

（5）有防火要求的钢管混凝土结构，可在钢管外表面涂刷防火涂料，或涂抹厚度不小于 50mm 的钢丝网水泥石灰砂浆（1：2：8）。沿柱长每隔 1.5～2.0mm，在钢管上开设 4

个 $\phi 20mm$ 的蒸汽泄压孔。

2. 节点构造

钢管混凝土结构各部件之间的相互连接以及钢管混凝土结构与其他结构（钢结构、钢筋混凝土等）构件之间的相互连接构造应做到构造简单、整体性好、传力明确、安全可靠、节约材料和施工方便。其核心问题是如何保证可靠地传递能力。

（1）一般规定

1）焊接管必须采用坡口焊，并满足二级质量检验标准，达到焊缝与母材等强度的要求。

2）钢管接长时，如管径不变，宜采用等强度破口焊缝（图 8-7-2a）；如管径改变，可采用法兰盘和螺栓连接（图 8-7-2b），同样应满足等强度要求。法兰盘用一带孔板，使管内混凝土保持连续。

3）钢管现场接长时，尚应加焊必要的定位零件，确保几何尺寸符合设计要求。

（2）框架节点

1）根据构造和运输要求，框架柱长度宜按 12m 或 3 个楼层分段。分段接头位置宜接近反弯点位置，且不宜出楼面 1m 以上，以利现场施焊。

2）为增强钢管与核心混凝土共同受力，每段柱子的接头处，在下段柱宜设置一块环形封顶板（图 8-7-3）。封顶板厚度：当钢管厚度 $t < 30mm$，取 12mm；当 $t > 30mm$，取 16mm。

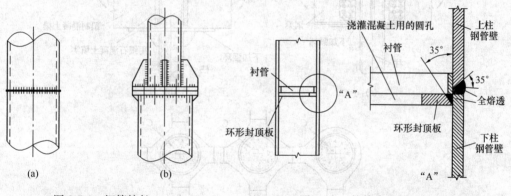

图 8-7-2　钢管接长　　　　　图 8-7-3　柱接头的封顶板

3）框架柱和梁的连接点，除节点内力特别大，对结构整体刚度要求很高的情况外，不宜有零部件穿过钢管，以免影响管内混凝土的浇筑。

4）梁柱连接处的梁端剪力可采用下列方法传递：

① 对于混凝土梁，可采用焊接于柱钢管上的钢牛腿来实现（图 8-7-4a）；牛腿的腹板不宜穿过管心，以免妨碍混凝土浇筑，如必须穿过管心时，可先在钢管壁上开槽，将腹板插入后，以双面贴条焊缝封固。

② 对于钢梁，可按钢结构的做法，用焊接于柱钢梁上的连接腹板来实现（图 8-7-4b）。

5）梁柱连接处的梁内弯矩可用下列方法传递：

① 对于钢梁和预制混凝土梁，均可采用钢加强环与钢梁上下翼缘板或与混凝土梁纵筋焊接的构造形式来实现（图 8-7-5）。混凝土梁端与钢管之间的空隙用高一级的细石

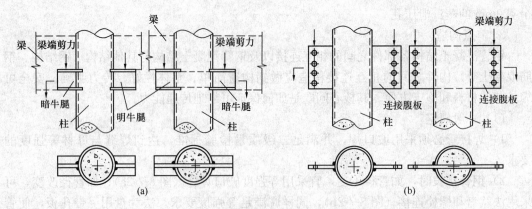

图 8-7-4　传递剪力的梁柱连接
(a) 混凝土梁；(b) 钢梁

混凝土填实。加强环的板厚及连接宽度 B，根据与钢梁翼板或混凝土梁的纵筋等强的原则确定，环带的最小宽度 C 不小于 $0.7B$（图 8-7-5c）。对于有抗地震要求的框架结构，在梁的上下沿均需设置加强环，且加强环与梁件焊接位置，应离开柱边至少 1 倍梁高的距离。

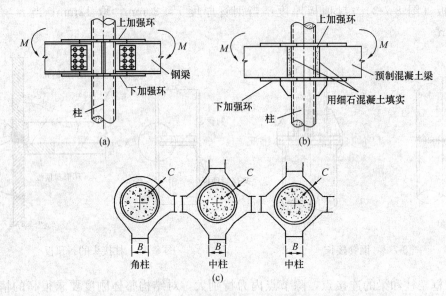

图 8-7-5　传递弯矩的梁柱连接（钢梁及预制混凝土梁）
(a) 混凝土梁；(b) 钢梁；(c) 加强环

　　在梁柱连接中加强环有重要作用，因为加强环会限制钢管混凝土柱子受力后向外膨胀而形成"葫芦节"（图 8-7-6），使作用在钢管上的剪力可借助"葫芦节"的直接支承力传递给核心混凝土。因此最好在梁柱连接的上、下翼缘均设置加强环。

　　② 对于现浇混凝土梁，可根据具体情况，或采用连续双梁，或将梁端局部加宽，使纵向钢筋连续绕过钢管的构造形式来实现（图 8-7-7）。梁端加宽的斜度不大于 1/6。在开始加宽处须增设附加箍筋，将纵向钢筋包住。

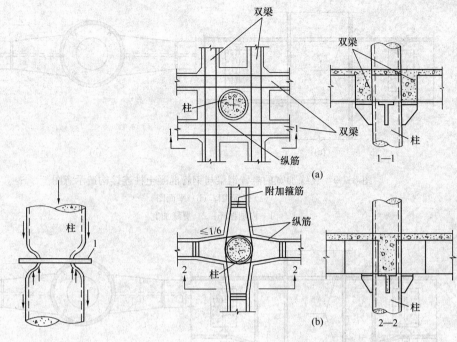

图 8-7-6 加强
环形成的"葫芦节"
1—加强环

图 8-7-7 传递弯矩的梁柱连接
（a）双梁；（b）变宽度梁

③ 钢管混凝土柱的直径较大时，钢梁与钢管混凝土柱之间可采用内加强环连接。内加强环的钢板壁厚不应小于钢梁翼缘的厚度，预留排气孔的直径不宜小于 50mm，预留灌浆孔的直径不宜小于 150mm。内加强环与钢管内壁应采用全熔透坡口焊缝连接。梁与柱可采用现场直接连接，也可与带有悬臂梁段（俗称"牛腿"）的柱在现场与梁拼接。采用等截面悬臂梁段的连接构造如图 8-7-8 所示。当建筑的抗震等级为一级和二级时，宜采用端部扩大形连接（图 8-7-9 和图 8-7-10），或梁端加盖板或骨形连接（适用于梁与柱采用现场直接连接）的方式，采用此种连接方式可以有效转移塑性铰，地震发生时避免梁端与钢管的连接先行破坏。

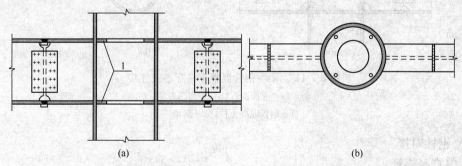

图 8-7-8 等截面悬臂钢梁与钢管混凝土柱采用内加强环连接构造示意图
（a）立面图；（b）平面图
1—内加强环

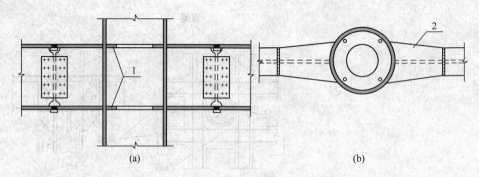

图 8-7-9 翼缘加宽的悬臂钢梁与钢管混凝土柱连接构造示意图

(a) 立面图；(b) 平面图

1—内加强环；2—翼缘加宽

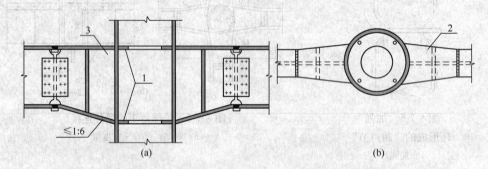

图 8-7-10 翼缘加宽、腹板加腋的悬臂钢梁与钢管混凝土柱连接构造示意图

(a) 立面图；(b) 平面图

1—内加强环；2—翼缘加宽；3—梁腹板加腋

④ 钢梁与钢管混凝土柱可采用钢梁穿过钢管混凝土柱的穿心式连接，钢管壁与钢梁翼缘应采用全熔透坡口焊，钢管壁与钢梁腹板可采用角焊缝（图 8-7-11）

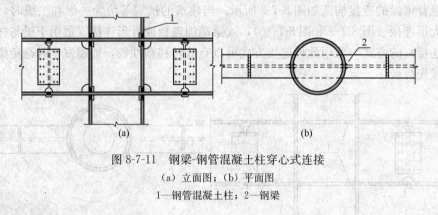

图 8-7-11 钢梁-钢管混凝土柱穿心式连接

(a) 立面图；(b) 平面图

1—钢管混凝土柱；2—钢梁

6）钢柱对接

①等直径钢管

等直径钢管对接时宜设置环形隔板和内衬钢管段，内衬钢管段也可兼作抗剪连接件，上下钢管之间应采用全熔透坡口焊缝（图 8-7-12）。直焊缝钢管对接处应错开钢管焊缝。

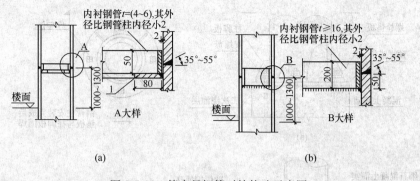

图 8-7-12　等直径钢管对接构造示意图

（a）仅作为衬管用时；（b）同时作为抗剪连接件时

1—环形隔板

② 不同直径钢管

不同直径钢管对接时，宜采用一段变径钢管连接（图 8-7-13）。变径钢管的上下两端均宜设置环形隔板，变径钢管的壁厚不应小于所连接的钢管壁厚，变径段的斜度不宜大于 1：4，变径段宜设置在楼层盖结构高度范围内。

（3）柱脚

钢管混凝土柱的柱脚可采用端承式或埋入式，单层厂房可采用杯口埋入式柱脚。柱脚类型见图 8-7-14。埋入式柱脚的埋入深度，对于单层厂房不应小于 $1.5D$，对于房屋建筑不应小于 $2D$（D 为钢管混凝土柱直径）。也可根据具体情况采用其他有效、可靠的柱脚形式。

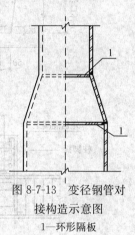

图 8-7-13　变径钢管对接构造示意图

1—环形隔板

8.7.1.3　施工及质量要求

1. 钢管制作

（1）按设计施工图要求由工厂提供的钢管应有出厂合格证。由施工单位自行卷制的钢管，其钢板必须平直，不得使用表面锈蚀或受过冲击的钢板，并应有出厂证明书或试验报告单。

（2）采用卷制焊接钢管，焊接时长直焊缝与螺旋焊缝均可。

卷管方向应与钢板压延方向一致。卷管内径 Q235 钢不应小于钢板厚度的 35 倍；对 Q345 钢不应小于钢板厚度的 40 倍。卷制钢管前，应根据要求将板端开好坡口。坡口端应与管轴严格垂直。不同板厚焊接坡口的具体要求见表 8-7-2。采用螺旋焊接接管时，也按表 8-7-2 的要求预先开好坡口。

（3）当用滚床卷管和手工焊接时，宜采用直流电焊机进行反接焊接施工，以得到稳定的焊弧，并能获得含氢量较低的焊缝。

（4）焊接钢管使用的焊条型号，应与主体金属强度相适应。

（5）钢管混凝土结构中的钢管对核心混凝土起套箍作用，焊缝应达到与母材等强。焊缝质量应满足现行《钢结构工程施工质量验收规范》GB 50205 中二级焊缝的要求。

（6）钢管内壁不得有油渍等秽物。

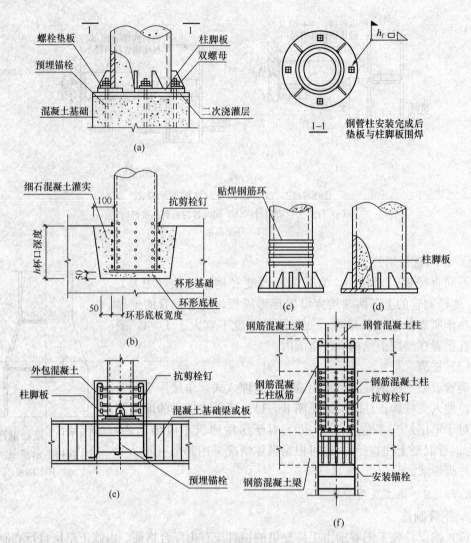

图 8-7-14 钢管混凝土柱柱脚类型及构造示意图

(a) 端承式柱脚节点示意；(b) 杯口埋入式柱脚节点示意；(c) 带抗剪钢筋环的埋入式柱脚；
(d) 端承（埋入）式柱脚；(e) 外包混凝土的端承式柱脚节点；(f) 埋入下层框架柱中的埋入式柱脚示意

焊缝坡口允许偏差 表 8-7-2

坡口名称	焊接方法	厚度 δ (mm)	钝边 a (mm)	垫板厚度 b (mm)	内侧间隙 c (mm)	外侧间隙 d (mm)	坡口高度 e (mm)	坡口半径 R (mm)	坡口角度 α (°)	坡口形式	附注
齐边I形	自动焊	≤14			0+2						
V形坡口	手工焊	6~8	1±1		1±1				70°±5°		
		10~26	2±1		2±1				60°±5°		
	自动焊	16~22	7±1		0±1				60°±5°		

续表

坡口名称	焊接方法	厚度 δ (mm)	钝边 a (mm)	垫板厚度 b (mm)	内侧间隙 c (mm)	外侧间隙 d (mm)	坡口高度 e (mm)	坡口半径 R (mm)	坡口角度 α (°)	坡口形式	附注
U形坡口	自动焊	<30	2±1	6	2±1	7±1		3.5±1			
		>30	2±1	6	4.8±1	13±1		6.5±1			
		≥25	2±1		0+1	13±1	3±1	6.5±1	90°±5°		大管径

注：1. 垫板材质与钢管材质可不相同，宜采用 Q235 钢或 20 号钢；

2. 焊工可进入大管径的钢管内壁进行施焊。

2. 钢管柱的拼接组装

（1）钢管或钢管格构柱的长度，可根据运输条件和吊装条件确定，一般以不长于 12m 为宜，也可根据吊装条件，在现场拼接加长。

（2）钢管对接时应严格保持焊后管肢的平直，焊接时，除控制几何尺寸外，还应注意焊接变形对肢管的影响，焊接宜采用分段反向顺序，分段施焊应保持对称。肢管对接间隙宜放大 0.5～2.0mm，以抵消收缩变形，具体数据可根据试焊结果确定。

（3）焊接时，对小直径钢管可采用点焊定位；对大直径钢管可另用附加钢筋焊于钢管外壁作临时固定，固定点的间距可取 300mm 左右，且不得少于 3 点。钢管对接焊接过程中如发现点焊定位出的焊缝出现微裂缝，则该微裂缝部位须全部铲除重焊。

（4）为确保连接处的焊接质量，可在管内接缝处设置附加衬管，其宽度为 20mm，厚度为 3mm，与管内壁保持 0.5mm 的膨胀间隙，以确保焊缝根部质量。

（5）格构柱的肢管和腹杆的组装，应遵照施工工艺设计的程序进行。肢管与腹杆连接的尺寸和角度必须准确。腹杆和肢管连接处的间隙应按板全展开图进行放样。肢管与腹杆的焊接次序应考虑焊接变形的影响。

（6）钢管构件必须在所有焊缝检查合格后方能按设计要求进行防腐处理。吊点位置应有明显标记。

格构柱组装后，应按吊装平面布置图就位，在节点处用垫木支平。吊点位置应有明显标记。

钢管构件组装的质量应符合表 8-7-3 的规定。

钢管构件组装允许偏差		表 8-7-3
偏差名称	示意图	允许值
纵向弯曲		$f \leqslant l/1000$ $f \leqslant 10\text{mm}$
椭圆度		$\dfrac{f}{d} \leqslant \dfrac{3}{1000}$
管端不平度		$\dfrac{f}{d} = \dfrac{1}{1500}$ $f \leqslant 0.3\text{mm}$
管肢组合误差		$\dfrac{\delta_1}{b} \leqslant \dfrac{1}{1000}$ $\dfrac{\delta_2}{h} \leqslant \dfrac{1}{1000}$
缀件组合误差		$\dfrac{\delta_1}{l_1} \leqslant \dfrac{1}{1000}$ $\dfrac{\delta_2}{l_2} \leqslant \dfrac{1}{1000}$

3. 钢管柱的吊装

(1) 钢管柱组装后，在吊装时应该注意减少吊装荷载作用下的变形，吊点的位置应根据钢管本身的承载力和稳定性经验算后确定。必要时，应采取临时加固措施。

(2) 吊装钢管柱时，应将其上下口包封，防止异物落入管内。

当采用预制钢管混凝土构件时，应待管内混凝土强度达到设计值的 50% 以后，方可进行吊装。

(3) 钢管柱吊装就位后，应立即进行校正，并采取临时固定措施，以保证构件的稳定性。

(4) 钢（管）柱吊装的质量应符合表 8-7-4 的要求。

钢柱吊装允许偏差 表 8-7-4

序 号	检查项目	允许偏差
1	立柱中心线和基础中心线	±5mm
2	立柱顶面标高和设计标高	+0mm，−20mm
3	立柱顶面不平度	±5mm
4	各立柱不垂直度	长度的 $\frac{1}{1000}$，最大不大于 15mm
5	各柱之间的距离	间距的 $\frac{1}{1000}$
6	各立柱上下两平面相应对角线差	长度的 $\frac{1}{1000}$，但不大于 20mm

4. 钢管内混凝土的浇筑

钢管内混凝土的特点之一是它的钢管就是模板，具有很好的整体性和密闭性，不漏浆、耐侧压。在一般情况下，钢管内部无钢筋骨架和穿心部件，断面又为圆形，因此，在钢管内进行立式浇筑混凝土就比一般钢筋混凝土容易。但是，对管内混凝土的浇筑质量，无法进行直观检查，其浇筑质量必须依靠严密的施工组织、明确的岗位责任制和操作人员的责任心来保证。

（1）根据国内已建钢管混凝土结构的施工经验，浇筑混凝土有三种方法：

1）泵送升顶浇筑法：在钢管接近地面的适当位置安装一个带阀门的进料支管，直接与泵的输送管相连，由泵车将混凝土连续不断的自下而上灌入钢管。根据泵的压力大小，一次压入高度可达 80～100mm。钢管直径宜大于或等于泵径的两倍。

2）立式手工浇筑法：混凝土自钢管上口灌入，用振捣器捣实，管径大于 350mm 时，采用内部振捣器（振捣棒或锅底形振捣器等）。每次振捣时间不少于 30s，一次浇筑高度不宜大于 2m，当管径小于 350mm 时，可采用附着在钢管上的外部振捣器进行振捣。外部振捣器的位置应随混凝土浇筑的进展加以调整。外部振捣器的工作范围，以钢管横向振幅不小于 0.3mm 为有效，振幅可用百分表实测。振捣时间不小于 1min，一次浇筑高度不应大于振捣器的有效工作范围 2～3m 柱长。

3）立式高位抛落无振捣法：利用混凝土下落时产生的动能，达到振实混凝土的目的，它适用于管径大于 350m，高度不小于 4m 的情况，对于抛落高度不足 4m 的区段，应用内部振捣器振实，一次抛落的混凝土量宜在 0.7m³ 左右，用料斗装填，料斗的下口尺寸应比钢管内径小 100～200mm，以便混凝土下落时，管内空气能够排出。

（2）混凝土的配合比至关重要，除需满足强度指标外，尚应注意混凝土坍落度的选择，混凝土配合比应根据混凝土设计强度等级计算，并通过试验后确定。

对于泵送升顶浇筑和立式高位抛落无振捣法，粗骨料粒径采用 5～30mm，水灰比不大于 0.45，坍落度不小于 15cm。

对于立式手工浇筑法，粗骨料粒径可采用 10～40mm，水灰比不大于 0.4，坍落度 2～4cm，当有穿心部件时，粗骨料粒径宜减小为 5～20mm，坍落度宜不小于 15cm。

为满足上述坍落度的要求，应掺适量减水剂，为减少混凝土的收缩量，也可掺入适量的混凝土微膨胀剂。

（3）钢管内的混凝土宜连续浇筑，必须间歇时，间歇时间不应超过混凝土的终凝时间，需留施工缝时，应将关口封闭，防止水、油和异物等落入。

（4）每次浇筑混凝土前（包括施工缝），应先浇筑一层厚度为 $10\sim20cm$ 的与混凝土配合比相同的去石子水泥砂浆，以免自由下落的混凝土骨料产生弹跳现象。

（5）当混凝土浇筑到钢管顶端时，可以使混凝土稍微溢出后，再将留有排气孔的层间横隔板或封顶板紧压在管端，随即进行点焊，待混凝土达到设计值的50%后，再将横隔板或封顶板按设计要求进行补焊。

有时也可将混凝土浇筑到稍低于钢管的位置，待混凝土强度达到设计值的50%后，再用相同等级的水泥砂浆填补至关口，并按上述方法将横隔板或封顶板一次封焊到位。

（6）管内混凝土的浇筑质量，可用敲击钢管的方法进行初步检查，如有异常，则应用超声波检测，对不密实的部位，应采用钻孔压浆法进行补强，然后将钻孔补焊封固。

【例】天津津塔钢柱混凝土顶升法施工介绍

天津津塔工程主楼共75层，总高 $336.9m$，设计采用了钢管混凝土柱框架＋钢板剪力墙核心筒＋伸臂桁架抗侧力体系（图 8-7-15）。塔楼外框部分由钢管混凝土柱和宽翼缘钢梁组成，周边典型柱距为 $6.5m$，外框主梁节点刚接；钢板剪力墙核心筒由钢管混凝土内柱和宽翼缘钢梁构成核心筒框架，并在钢管混凝土柱和钢梁框架中内嵌结构钢板形成核心筒；钢板剪力墙位于结构核心筒区域内的电梯、楼梯间及设备间周围；在15、30、45和60层设置伸臂桁架加强层—在钢板剪力墙核心筒与外框之间设置高度为一层和两层（45

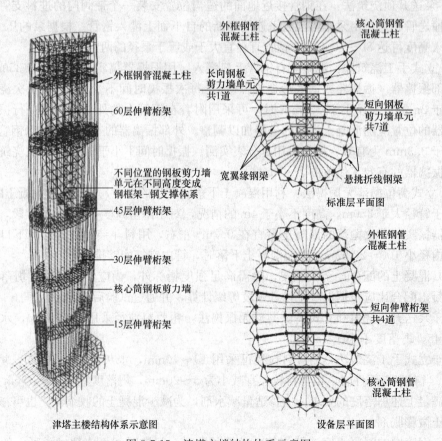

图 8-7-15　津塔主楼结构体系示意图

和 60 层）高的钢桁架，伸臂钢桁架端部外框架平面内设置腰桁架。

钢管混凝土柱内浇筑混凝土，强度等级为 C60。钢管柱截面从楼底到楼顶逐渐减小，最大直径 1700mm，最小直径 600mm。与钢板墙和伸臂桁架相连的核心筒柱内存在许多纵横向隔板（见图 8-7-16），因此钢管柱内混凝土浇筑施工难度大。施工中采用从下而上的顶升浇筑工艺。通过理论分析和借鉴国内外顶升施工的经验，以及大量试配试验，研制出了能够满足超高泵送顶升要求的 C60 混凝土配比。其主要的性能指标为：

（1）混凝土强度达到 60MPa 以上；

（2）混凝土坍落度达到 270mm，扩展度大于 700mm；

（3）坍落度经时损失 3h 不大于 10mm，400m 的泵送损失不大于 10mm；

（4）扩展度经时损失 3h 不大于 100mm。

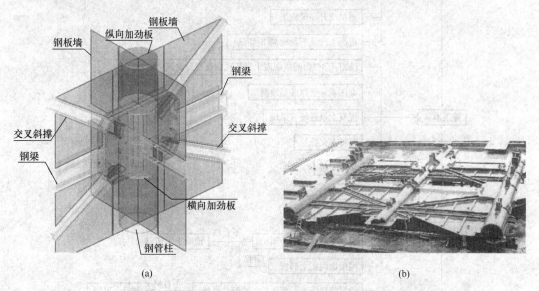

(a)　　　　　　　　　　　　　(b)

图 8-7-16　钢板墙、梁柱交叉节点处钢管内隔板示意图

(a) 梁柱、支撑、钢板墙交叉节点柱内隔板示意；(b) 地面拼装中的钢板墙＋柱梁＋支撑吊装单元，交叉节点处内隔板示意

（1）施工工艺流程。（图 8-7-17）

（2）施工工艺

1）混凝土配合比试验

技术准备阶段是决定顶升浇筑能否实现的重要一环，在这个阶段最重要的是提前进行混凝土配合比试验，保证混凝土能够在超高、超长距离泵送后的流动性和黏聚性能够满足顶升的要求。首先，需要根据当地的混凝土原材料进行优选，包括控制粗骨料粒径不大于 15mm，砂石级配良好；其次，选择性能优异的聚羧酸类外加剂；最后，进行大量的配合比试验，挑选既能够满足设计强度要求又能够满足施工工作性要求的配合比。

2）顶升接口设计

由于现场混凝土顶升施工中，每次都需要顶升几十个钢柱，因此，需要针对钢柱的特点，设计出拆卸方便、操作简单、可重复利用的泵管与钢柱的接口。

该顶升接口包括三部分：钢管柱连接段、中间标准段和泵管连接段。其中钢管柱连接

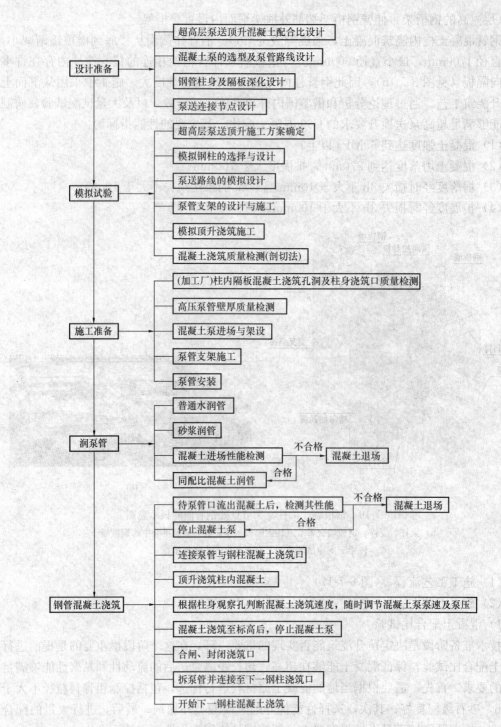

图 8-7-17　钢管混凝土顶升浇筑工艺流程

段由连接钢管和连接板组成，连接钢管与钢管柱焊接连接，连接板通过螺栓与中间标准段可拆卸连接；中间标准段由一节一节的标准节首尾通过螺栓连接而成，标准节由弯钢管和固定连接在弯钢管两端的标准节连接板组成；泵管连接段由连接钢管和连接板组成，连接钢管一端有箍槽，通过泵管箍与泵管连接，另一端连接板通过螺栓与中间标准段的标准节连接板可拆卸连接。中间标准段与钢管柱连接段的连接板之间设有一块带过浆孔的钢板止回阀，用于防止钢管柱内混凝土的倒流（图 8-7-18）。

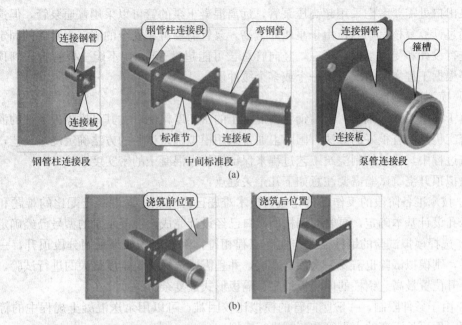

图 8-7-18　泵管与钢管柱的接口（连接）
（a）顶升接口连接；（b）中间标准段与钢管连接段之间的止回阀

3）钢管柱内预留孔设计

对钢管内隔板尤其是复杂节点进行隔板开孔设计，使其既能够保证隔板的传力性能不受影响，并且浇筑过程中混凝土能够注满每一个空腔。首先，柱内纵横向隔板上需要开设一些直径或边长大于 150mm 的过浆孔；其次，柱身和柱身内横隔板上还需要开设一定量的排气孔，使混凝土在进入空腔时，里面的空气能够通过排气孔顺利排出，柱身的排气孔不能过大，防止顶升过程中过多的浆体被压出，一般直径为 10～20mm，同时，柱身排气孔的设置位置要便于观察，也作为混凝土浇筑情况的观察孔（图 8-7-19）。

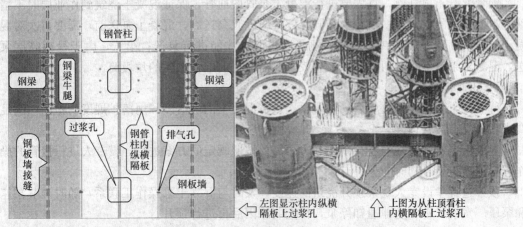

图 8-7-19　柱内灌浆孔与柱身排气孔

4）混凝土泵管布置

超高层钢管混凝土顶升时，横竖向泵管的长度会超过 500～600m 甚至更长，同时混凝土的泵压特别高，在这种高泵压下的泵管布置方案，需要注意如下几点：第一，接近混凝土泵出口处需要考虑采用超高压泵管，远离混凝土泵的管可以采用普通泵管，但这些都需要通过计算复核；第二，由于泵压非常高，泵管需要可靠安全的固定，具体的固定方法需要进行设计和受力复核；第三，竖向管总长可能超过 300m，不能一根管直通到顶，中间需要根据工程实际情况设置一个或多个缓冲层。

5）模拟试验阶段

由于技术条件的限制，目前钢管内混凝土的密实度检测，尤其是横隔板下部的混凝土是否密实仍然没有很好的方法，国际上通常采用模拟浇筑试验的方法确定浇筑工艺，在实际浇筑过程中，通过控制浇筑工艺过程来保证钢管内混凝土的密实度。

模拟顶升浇筑试验需要注意如下几个关键点：

① 技术准备阶段的工作已将完成，技术难题已经克服，即混凝土配比的难题和钢管柱的开孔设计基本确定，泵管与钢柱的接口已经设计完成，混凝土泵的型号已经确定。

② 选择模拟试验的钢柱需要与实际工程相符，例如现场如果采用分段顶升，一次顶升 3 层，则模拟试验也需要一次顶升 3 层，并且需要选择浇筑难度最大的进行试验，例如钢柱顶升位置最高、钢柱的内隔板最多、隔板形式最复杂。

③ 由于条件限制，一般竖向管的模拟比较困难，可以用泵送混凝土规程中的等压代换原理，用更长距离的水平管和弯管进行模拟。

④ 钢管柱内部混凝土检测方案需要提前确定。模拟试验后，要检查钢管内的混凝土的密实性和强度，需要对钢柱进行横向和纵向的剖切，要根据有代表性的原则提前确定剖切位置，并且剖切成本非常高，需要根据实际工程，确定剖切设备和剖切数量。

项目共选择了具有代表性的内筒和外框两根钢柱进行试验（图 8-7-20）。

钢管柱内混凝土浇筑 28d 后，对钢柱进行了切割和柱内混凝土的钻心取样，结果表明：钢柱内的混凝土非常密实，没有气泡，混凝土与管壁间无肉眼可见的缝隙，混凝土钻芯强度也能达到设计要求。

6）通管

钢管混凝土顶升前，首先要进行混凝土泵管的通管，保证混凝土浇筑到作业层时不堵管。需要注意的是，第一，在水和同强度等级砂浆泵送后，混凝土泵送前，需要再次对混凝土的坍落度和坍落扩展度进行检测，满足要求才能进行泵送；第二，由于是超高层泵送，混凝土泵管里泵送用水和砂浆量较多，需要提前准备倒运的垃圾筒。

7）钢管混凝土顶升

待混凝土泵送至作业层后，需要再次进行混凝土的坍落度和坍落扩展度的检测，满足要求后再进行接管顶升。

混凝土泵管和钢柱的连接顺序和方法需要按照既定的方案进行，设专人进行接管的操作，尽量缩短接管的时间。

顶升过程中设专人观察顶升浇筑的速度，及时与混凝土泵操作工联系，随时调节泵速和泵压。发现异常，立即通知停泵，待查明原因后再进行顶升。

如发现泵管内堵管，则立即停泵，关闭接口处的止回阀后，再拆除泵管，待疏通后继

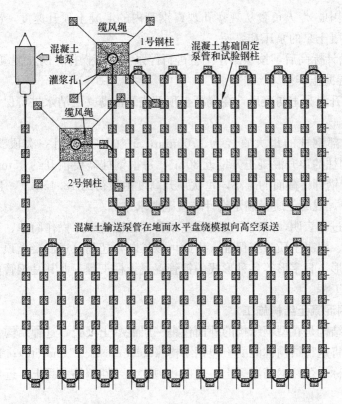

图 8-7-20 混凝土泵送顶升试验泵管及试验钢管柱布置示意图

续顶升。

如发现钢柱内堵管，则立即停泵，关闭接口处的止回阀，待在混凝土浇筑面的上部的钢柱上重新开孔后再进行浇筑。

顶升到预定标高后，立即停泵，避免超灌。确定关上止回阀后才能拆除泵管，在进行下一根钢柱顶升前必须再次检测混凝土的性能是否满足顶升要求。

（3）质量保证措施

1）混凝土性能

① 施工前对搅拌站的混凝土原材料进行检查，确保所有砂石料的产地、粒径和级配、水泥和外加剂品牌与配合比试验的要求相同，检查混凝土的实际配合比和出厂前的施工性能指标。不达到施工标准不准出厂。

② 混凝土运输到现场后，再次进行混凝土的施工性能检测，不达到标准不准使用。

③ 混凝土泵送到施工操作面开始顶升前，再一次检测混凝土的施工性能，不达标准不准接管顶升。

2）钢管柱开孔

① 对钢管柱内隔板和柱身上的开孔图纸进行检查校对，确保混凝土能够流入每个空腔，空腔内的空气能够从排气孔排出。

② 核对每一根钢柱的加工质量，确保加工过程中钢柱和隔板按照深化图纸进行开孔。

3）浇筑质量

① 严格执行混凝土泵管与钢柱的连接操作工艺，尽量缩短接管时间。

② 顶升过程中，专人负责从观察孔观察钢管内的混凝土顶升速度，严格按照顶升工艺的要求控制混凝土泵的泵压和泵速。

③ 顶升到设计标高后，按照操作工艺进行停泵和拆管操作，防止混凝土倒流。

4）钢柱内混凝土养护

钢柱内的顶升混凝土初凝后，在混凝土顶部浇筑薄薄一层清水进行保水养护。

（4）小结

由于塔楼底部钢柱的最大直径为 1700mm，最初顶升采用一次顶 3 层，每次顶升 12.45m，每根钢柱的顶升混凝土方量近 30m³，每根钢柱需要顶升约 45min。施工至地上 30 层以后，随着钢管柱截面的减小，每次顶升高度由最初的 12.45m（一次顶 3 层）改为 25m（一次 6 层）。混凝土质量满足设计与规范要求。

本工程施工过程表明，超高泵送混凝土顶升灌注法施工，操作简单、节省人工、节省工期、操作安全、混凝土质量有保证。由此可以推断，超高泵送混凝土顶升灌注法适用于截面为方形、圆形、日字形等各种形式的钢管混凝土柱工程，尤其是钢管内隔板复杂的超高层钢管混凝土工程。

8.7.2 型钢混凝土结构施工

型钢混凝土结构是在型钢结构的外面包裹一层混凝土处壳。这种结构各国有不同的名称，英、美等国将这种结构称混凝土包钢结构（steel encased concrete）；日本称为钢骨钢筋混凝土；俄国称为劲性钢筋混凝土；过去我国称为劲性钢筋混凝土，近年来也有人称为组合结构。

型钢混凝土结构现已广泛应用于高层建筑。日本应用最广泛，1981～1985 年间建造的 10～15 层高层建筑中，型钢混凝土结构的建筑物幢数占总幢数的 90%；在 16 层的高层建筑中占 50%。

我国在 20 世纪 50 年代从苏联引进了劲性钢筋混凝土结构，包头电厂、郑州铝厂等就采用了型钢混凝土结构。20 世纪 80 年代以后，随着改革开放，型钢混凝土结构又一次在我国兴起，广泛用于高层和超高层建筑，如北京的国际贸易中心、京广大厦的底部几层都是型钢混凝土结构，北京香格里拉饭店亦为型钢混凝土结构；上海的瑞金大厦、东方明珠电视塔底的 3 根斜撑亦为型钢混凝土结构；江苏太仓的弇山饭店亦采用了空腹式型钢混凝土柱和预制钢筋混凝土梁组成的框架结构。还有上海金茂大厦，地下 3 层，地上 88 层，总高 421m，结构平面尺寸为 54m×54m。其核心筒为钢筋混凝土结构，周围框架由 8 根巨型型钢混凝土柱、8 根箱形钢柱和钢梁组成（图 8-7-21），柱距为 9～13m。

型钢混凝土柱截面为 1.5m×5m（上部缩小为 1m×3.5m）。柱内埋设双肢钢柱，

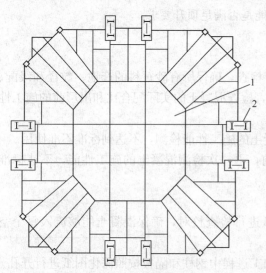

图 8-7-21 上海金茂大厦标准层结构平面
1—核心筒；2—巨型型钢混凝土柱

由两根 H 型钢及横撑和交叉支撑组成（图 8-7-22）型钢混凝土巨柱和核心筒的尺寸与混凝土强度，见图 8-7-23。

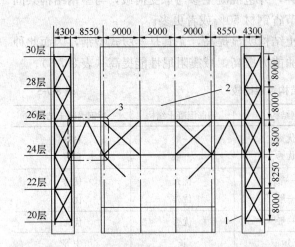

图 8-7-22 上海金茂大厦双肢型钢柱和水平桁架
1—型钢混凝土巨柱；2—核心筒；3—夹持板

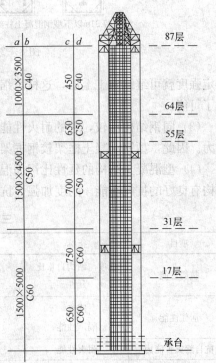

图 8-7-23 上海金茂大厦型钢混凝土巨柱和核心筒壁的尺寸及混凝土强度等级
a—巨柱尺寸；b—巨柱混凝土强度等级；
c—核心筒外壁尺寸；d—筒壁混凝土强度等级

北京西客站北站房中区（Ⅰ段）结构（图 8-7-24）在 52.31m 标高处高有 4 榀预应力钢桁架，形成 45m 宽的大门洞。为了承受上部结构的全部荷载，在其两侧采用了劲性钢筋混凝土筒体结构。筒体结构各设两排共 8 根截面为 1.2m×1.2m 的型钢混凝土柱（图 8-7-25），每对柱上部设有四道型钢混凝土拉固梁，成为北站房的核心结构。深圳平安大厦、上海中心、天津 117 大厦、北京中国尊、广州新电视塔等也是这种结构。

8.7.2.1 特点

（1）型钢混凝土构件的承载能力可以高于同样外形的钢筋混凝土构件承载能力的一倍以上，因而可以减小构件截面。对于高层建筑，构件截面减小，可以增加使用面积和层高，其经济效益显著。

（2）型钢在浇筑混凝土之前已形成钢结构，具有较大的承载能力，能承受构件自重和施工荷载，因此，可将模板悬挂在型钢上，不需设置支撑，这样可简化支模，加快施工速度；另外，浇筑的型钢混凝土不必等待混凝土达到

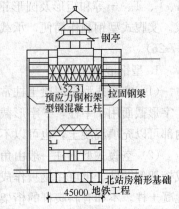

图 8-7-24 北京西客站北站房中区结构剖面

47.31m以下型钢混凝土柱剖面　　　　47.31m以上型钢混凝土柱剖面

图 8-7-25　型钢混凝土柱截面

一定强度就可继续施工上层，这样可缩短工期。由于无需临时立柱，也为进行设备安装提供了可能。

（3）同钢结构比较，它的耐火性能优异，外包混凝土参与承受荷载，与型钢结构共同受力。因此，型钢混凝土框架较钢框架可节省钢材 50％或者更多。

（4）型混凝土结构的延性比钢筋混凝土结构明显提高，尤其是实腹式型钢，因而此种结构有良好的抗震性能。刚度加强，抗屈曲能力提高，减震阻尼性能提高（表 8-7-5）。

三种结构性能比较　　　　　　　　　　　　表 8-7-5

项目	指标	钢结构	钢筋混凝土结构	型钢混凝土结构
抗震性能	强度与结构自重比	优秀	一般	良好
	延性	优秀	一般	良好
居住性能	刚度	一般	优秀	优秀
	隔声性能	一般	优秀	优秀
抗自然灾害能力	耐火性能	一般	优秀	优秀
施工	工期	短	长	中等
设计	细部设计	较复杂	简单	很复杂

8.7.2.2　设计构造

型钢混凝土中的型钢，除采用轧制型钢外，还广泛采用焊接型钢，配合使用钢筋和钢箍。型钢混凝土能组成各种结构，可代替钢结构和钢筋混凝土结构。型钢混凝土梁和柱是基本构件。

型钢分为实腹式和空腹式两类。实腹式型钢可由型钢或钢板焊成。常用截面形式为H、[、T、十等和矩形及圆形钢管。空腹式构件的型钢由缀板或缀条连接角钢或槽钢组成。实腹式型钢制作简便，承载能力大，空腹式型钢较节省材料，但其制作费用较贵（图8-7-26）。

1. 型钢混凝土柱

（1）实腹式型钢混凝土柱常见的形式如图 8-7-26（a）所示。型钢多用钢板焊接而成。十字形截面用于中柱，T 字形截面用于边柱，L 形截面适用于角柱，圆钢管与方钢管截面内部可以充填混凝土，也可以不充填混凝土。

（2）空腹式型钢柱一般由角钢或 T 形钢作为纵向受力杆件，以圆钢或角钢作腹杆形成桁架型钢柱，也可用钢板作成缀板型钢柱。缀板型型钢混凝土柱的抗震性能类似于钢筋混凝土柱，不如有斜腹杆的桁架型钢柱的抗震性能好。

空腹式型钢柱，对其长细比有一定的限制，由于有钢筋混凝土包在型钢外侧，对型钢有约束作用，因此其长细比的限制比纯钢结构柱增加 50％。

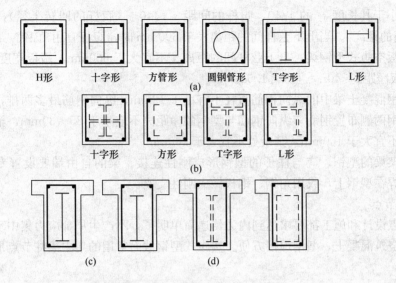

图 8-7-26 型钢混凝土柱、梁截面
(a) 实腹式型钢混凝土柱截面；(b) 空腹式型钢混凝土柱截面；
(c) 实腹式型钢混凝土梁截面；(d) 空腹式型钢混凝土梁截面

（3）型钢混凝土柱中的纵向钢筋的直径不宜小于 12mm，一般设于柱角，每个角上不宜多于 3 根，纵向钢筋的配筋率不应超过 3%。柱子的纵向钢筋及型钢的总配筋率不应超过 15%，但核心配筋柱的配筋率允许到 25%。箍筋直径不宜小于 8mm，采用封闭式，末端弯钩用 135°，在节点附近箍筋间距不宜大于 100mm。柱的中间部位箍筋间距可达 200mm。型钢混凝土柱的长细比不宜小于 30。

2. 型钢混凝土梁

型钢混凝土梁的实腹式型钢一般为工字形，可用轧制工字钢和 H 型钢，但多采用钢板焊制，焊成的截面可根据需要设计，上下翼缘不必相等，沿梁全长也不必强求一律，以充分发挥材料的效能，节约钢材。

（1）钢板焊成的实腹式型钢截面，应遵守下列规定：

δ_w（腹板厚度）$\geqslant 6mm$，且 $\delta_w \geqslant h_w$（腹板高度）$/100$；

δ_f（翼缘板厚度）$\geqslant 6mm$，且 $\delta_f \geqslant b_f$（翼缘板宽度）$/40$。

（2）实腹式钢梁上穿孔时，孔洞应呈圆形，位于腹板中部。截面高度 $h \geqslant 250mm$ 的梁才允许开孔，且孔洞直径 $D_h \leqslant h/3$ 和 $D_h \leqslant h_w/2$。开孔处要验算型钢混凝土梁的抗剪强度，强度如不足需补强。

（3）空腹式型钢截面一般由角钢焊成桁架（图 8-7-27），腹杆可用小角钢或圆钢，圆

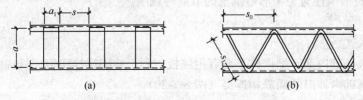

图 8-7-27 空腹式型钢截面
(a) 缀板式；(b) 桁架式

钢直径不宜小于其长度 s_1 的 1/40，腹杆的间距 $s_0 \leqslant 40i_1$（腹杆的回转半径），且 $s_0 \leqslant 2a$（上下弦杆间的距离）。当上下弦杆间的距离大于 600mm 时，腹杆宜用角钢。

（4）缀板空腹式型钢梁，上下弦杆间的距离 a 不宜大于 600mm，缀板宽度 a_1 不宜小于 $a/3$，缀板净距 $s \leqslant 40i_1$，且 $s \leqslant 1.5a$。

（5）型钢混凝土梁中的纵向钢筋直径不宜小于 12mm，纵向钢筋最多两排，其上面一排只能在型钢两侧布置钢筋。纵向钢筋与型钢的净距离不应小于 25~30mm，箍筋之间距在节点附近不宜大于 100mm，其余处不宜大于 200mm。

（6）框架梁的型钢，应与柱子的型钢形成刚性连接。梁的自由端要设置专门的锚固件，将钢筋焊在型钢上，或用角钢、钢板做成刚性支座。

3. 梁柱节点

梁柱节点设计和施工都要求达到内力传递简单明了，不产生局部应力集中现象，主筋布置不妨碍浇筑混凝土，型钢焊接方便。实腹式型钢截面常用的集中梁柱节点形式，见图 8-7-28。

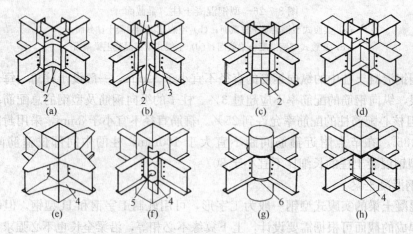

图 8-7-28　实腹式型钢梁柱节点

（a）水平加劲板式；（b）水平三角加劲板式；（c）垂直加劲板式；（d）梁翼缘

贯通式；（e）外隔板式；（f）内隔板式（g）加劲环式；（h）贯通隔板式

1—主筋贯通孔；2—加劲板；3—箍筋贯通孔；4—隔板；5—留孔；6—加劲环

在梁柱节点处柱的主筋一般在柱脚上，这样可以避免穿过型钢梁的翼缘。但柱的箍筋要穿过型钢梁的腹杆，也可以将柱的箍筋焊在型钢梁上。

梁的主筋一般要穿过型钢柱的腹板，如果穿孔削弱了型钢柱的强度，应采取补强措施。梁主筋的锚固长度，按现行《混凝土结构设计规范》GB 50010 的规定执行。图 8-7-29 为十字形实腹型钢柱与工字形型钢梁的节点透视图。

4. 柱脚

（1）非埋入式

型钢不埋入基础内部，型钢柱下部有钢底板，利用地脚螺栓将钢底板锚固，柱内的纵向钢筋仍与由基础内伸出的插筋相连接（图 8-7-30）。

（2）埋入式

埋入式柱脚如图 8-7-31 所示。型钢伸入基础内部，只要型钢埋入的深度足够，地脚螺栓及底板均无需计算。

5. 保护层

混凝土保护层厚度，取决于耐火度、钢筋锈蚀、型钢压曲及钢筋与混凝土的粘结力等因素。从耐火度方面看，梁和柱中的型钢要求 2h 的耐火度时，保护层应为 5cm；要求 3h 的耐火度时，保护层厚度应为 6cm；墙壁中的型钢要求 2h 耐火度时，保护层厚度应为 3cm。梁和柱中的钢筋，要求 2h 耐火度时，保护层厚度应为 3cm；要求 3h 耐火度时，保护层厚度为 4cm。

型钢的保护层厚度不得小于 5cm，但确定保护层厚度时，还要考虑施工的可能性及便于浇筑混凝土。

6. 剪力连接件

型钢与混凝土之间的粘结应力只有圆钢与混凝土粘结应力的二分之一，因此为了保证混凝土与型钢共同工作，有时要设置剪力连接件，常用的为圆柱头栓钉。一般只是在型钢截面有重大变化处才需要设置剪力连接件。

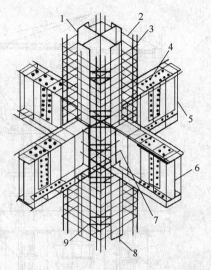

图 8-7-29　型钢混凝土梁柱节点

1—柱型钢；2—柱箍筋；3—柱主筋；
4—梁主筋；5—梁箍筋；6—梁型钢；
7—箍筋穿孔；8—构造筋；9—加劲板

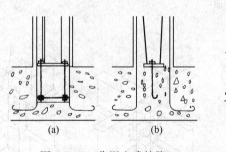

图 8-7-30　非埋入式柱脚

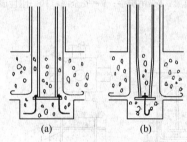

图 8-7-31　埋入式柱脚

8.7.2.3　施工工艺

重庆民族饭店的升梁提模工艺（图 8-7-32）、江苏太仓弇山饭店的现浇柱预制梁工艺和北京香格里拉饭店的积层工艺，都是利用型钢骨架的承重能力为施工创造有利的条件。

1. 型钢和钢筋施工

(1) 型钢骨架施工应遵循钢结构的有关规范和规程。

(2) 为使梁柱接头处的交叉钢筋贯通且互不干扰，加工柱的型钢骨架时，在型钢腹板上要预留穿钢筋的孔洞，而且要相互错开（图 8-7-33）。预留孔洞的孔径，既要便于穿钢筋，又不要过多削弱型钢腹板，一般预留孔洞的孔径较钢筋直径大 4～6mm 为宜。

(3) 在梁柱接头处和梁的型钢翼缘下部，由于浇筑混凝土时，有部分空气不易排出，或因梁的型钢翼缘过宽妨碍浇筑混凝土（图 8-7-34），为此要在一些部位预留排除空气的孔洞和混凝土浇筑孔（图 8-7-35）。

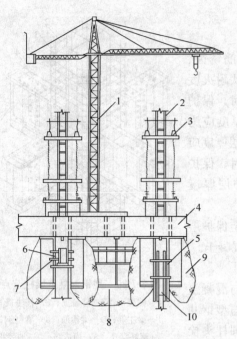

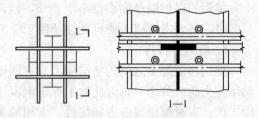

图 8-7-32 升梁提模工艺装置示意图

1—随升塔吊；2—型钢柱；3—升板机；

4—双梁施工平台；5—模板；6—梁模板；

7—托架梁；8—吊脚手；9—安全网；10—刚性墙

图 8-7-33 梁柱接头处穿钢筋预留孔的设置

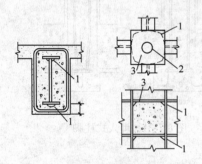

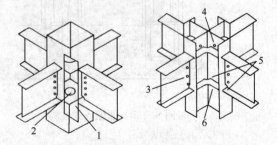

图 8-7-34 混凝土不易充分填满的部位

1—混凝土不易充分填满部位；

2—混凝土浇筑孔；3—柱内加劲肋板

图 8-7-35 梁柱接头处预留孔洞位置

1—柱内加劲肋板；2—混凝土浇筑孔；

3—箍筋通过孔；4—梁主筋通过孔；

5—排气孔；6—柱腹板加劲肋

(4) 型钢混凝土结构的钢筋绑扎，与钢筋混凝土结构中的钢筋绑扎基本相同。由于柱的纵向钢筋不能穿过梁的翼缘，因此柱的纵向钢筋只能设在柱截面的四角或无梁的部位。

(5) 在梁柱节点部位，柱的箍筋要在型钢梁腹板上已留好的孔中穿过，由于整根箍筋无法穿过，只好将箍筋分段，再用电弧焊焊接。不宜将箍筋焊在梁的腹板上，因为节点处受力较复杂。

(6) 如腹板上开孔的大小和位置不合适时，征得设计者的同意后，再用电钻补孔或用绞刀扩孔，不得用气割开孔。

2. 模板与混凝土浇筑

（1）型钢混凝土结构与普通钢筋混凝土结构的区别，在于型钢混凝土结构中有型钢骨架，在混凝土未硬化之前，型钢骨架可作为钢结构来承受荷载，施工中可利用型钢骨架来承受混凝土的重量和施工荷载。

（2）梁底模可用螺栓固定在型钢梁或角钢桁架的下弦上，这样可完全省去梁下的支撑。

（3）型钢混凝土结构的混凝土浇筑，应遵循现行《混凝土结构工程施工规范》GB 50666 的规定，在梁柱接头处和梁型钢翼缘下部等混凝土不易充分填满处，要仔细进行浇筑和捣实。型钢混凝土结构外包的混凝土外壳，要满足受力和耐火的双重要求，浇筑时要保证其密实度和防止开裂。

3. 梁柱接头穿钢筋的难点与对策

型钢外包混凝土结构中，型钢钢骨与混凝土钢筋的配合始终是该结构形式的一个难题，尤其是在梁柱节点位置，因此在施工中应尽早和设计协商做好节点施工设计。目前解决的方法基本有以下几种，而在实际施工中往往采用多种方法相结合的形式。

（1）钢筋绕开钢柱

在允许的情况下，梁钢筋绕开钢柱，这是最简单的方法。

（2）钢柱或钢梁上开孔

在钢柱或钢梁上根据钢筋的分布，预先在钢筋的位置钻好穿筋孔。工厂预制好的穿筋孔在构件制作完成涂装前应做好穿孔试验，对于直径较大的孔应设置补强板（图 8-7-36）。

图 8-7-36　钢柱穿筋孔及补强板图

（3）焊接过渡板或牛腿

在钢柱上根据梁钢筋位置，焊接过渡板或牛腿，施工时，将梁钢筋焊接在过渡板或牛腿上（图 8-7-37）。

图 8-7-37　钢柱上焊接钢筋过渡牛腿图

（4）预设钢筋连接器

根据钢筋布置情况，将钢筋连接器事先焊接在钢柱或钢梁上（图 8-7-38）。

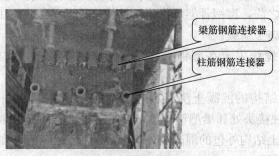

梁筋钢筋连接器

柱筋钢筋连接器

图 8-7-38　钢筋连接器图

8.8　施工安全和环境保护

8.8.1　一般规定

1. 钢结构施工前，应编制施工安全、环境保护专项方案和安全应急预案。

2. 作业人员应进行安全生产教育和培训。

3. 新上岗的作业人员应经过三级安全教育。变换工种时，作业人员应先进行操作技能及安全操作知识的培训，未经安全生产教育和培训合格的作业人员不得上岗作业。

4. 施工时，应为作业人员提供符合国家现行有关标准规定的合格劳动保护用品，并应培训和监督作业人员正确使用。

5. 对易发生职业病的作业，应对作业人员采取专项保护措施。

6. 当高空作业的各项安全措施经检查不合格时，严禁高空作业。

7. 在超高层钢结构安装最高处，应与建筑结构的防雷接地系统做好可靠的防雷连接。

8.8.2　登高作业

1. 搭设登高脚手架应符合现行行业标准《建筑施工扣件式钢管脚手架安全技术规范》JGJ 130 和《建筑施工碗扣式钢管脚手架安全技术规范》JGJ 166 的有关规定；当采用其他登高措施时，应进行结构安全计算。

2. 多层及高层钢结构施工应采用人货两用电梯登高，对电梯尚未到达的楼层应搭设合理的安全登高设施。

3. 钢柱吊装松钩时，施工人员宜通过钢挂梯登高，并应采用防坠器进行人身保护。钢挂梯应预先与钢柱可靠连接，并应随柱起吊。

8.8.3　安全通道

1. 钢结构安装所需的平面安全通道应分层平面连续搭设。

2. 钢结构施工的平面安全通道宽度不宜小于 600mm，且两侧应设置安全护栏或防护钢丝绳。

3. 在钢梁或钢桁架上行走的作业人员应佩戴双钩安全带。其一侧的临时护栏横杆改用扶手绳时，绳的自由下垂度应大于 L/20，并应控制在 100mm 以内。

8.8.4　洞口和临边防护

1. 边长或直径为 20～40cm 的洞口应采用刚性盖板固定防护；边长或直径为 40～

150cm 的洞口应架设钢管脚手架、满铺脚手板等；边长或直径在 150cm 以上的洞口应张设密目安全网防护并加护栏。

2. 建筑物楼层钢梁吊装完毕后，应及时分区铺设安全网。

3. 楼层周边钢梁吊装完成后，应在每层临边设置防护栏，且防护栏高度不应低于 1.2m。

4. 搭设临边脚手架、操作平台、安全挑网等应可靠固定在结构上。

8.8.5 施工机械和设备

1. 钢结构施工使用的各类施工机械，应符合现行行业标准《建筑机械使用安全技术规程》JGJ 33 的有关规定。

2. 起重吊装机械应安装限位装置，并应定期检查。

3. 安装和拆除塔式起重机时，应有专项技术方案。

4. 群塔作业应采取防止塔吊相互碰撞措施。

5. 塔吊应有良好的接地装置。

6. 采用非定型产品的吊装机械时，必须进行设计计算，并应进行安全验算。

7. 汽车吊、履带吊吊车应进行防倾覆计算，并有防倾覆措施。

8.8.6 吊装区安全

1. 吊装区域应设置安全警戒线，非作业人员严禁入内。

2. 吊装物吊离地面 200～300mm 时，应进行全面检查，并应确认无误后再正式起吊。

3. 当风速达到 10m/s 时，宜停止吊装作业；当风速达到 15m/s 时，不得吊装作业。

4. 高空作业使用的小型手持工具和小型零部件应采取防止坠落措施。

5. 施工用电应符合现行行业标准《施工现场临时用电安全技术规范》JGJ 46 的有关规定。

6. 施工现场应有专业人员负责安装、维护和管理用电设备和电线路。

7. 每天吊至楼层或屋面上的构件未安装完时，应采取牢靠的临时固定措施。

8. 压型钢板表面有水、冰、霜或雪时，应及时清除。并应采取相应的防滑保护措施。

8.8.7 消防安全措施

1. 钢结构施工前，应有相应的消防安全管理制度。

2. 现场施工作业用火应经相关部门批准。

3. 施工现场应设置安全消防设施及安全疏散设施，并应定期进行防火巡查。

4. 气体切割和高空焊接作业时，应清除作业区危险易燃物，并应采取防火措施。

5. 现场油漆涂装和防火涂料施工时，应按产品说明书的要求进行产品存放和防火保护。

6. 在高空用气割或电焊切割时，应用接渣桶接渣，防止割下的金属渣或火花落下伤人。

8.8.8 环境保护措施

1. 施工期间应控制噪声，应合理安排施工时间，并应减少对周边环境的影响。

2. 施工区域应保持清洁。

3. 夜间施工灯光应向场内照射；焊接电弧应采取防护措施。

4. 夜间施工应做好申报手续，应按政府相关部门批准的要求施工。

5. 现场油漆涂装和防火涂料施工时，应采取防污染措施。

6. 钢结构安装现场剩下的废料和余料应妥善分类收集，并应统一处理和回收利用，不得随意搁置、堆放。

8.8.9　钢结构安全施工关键技术

1. 材料

（1）钢结构主体材料

钢结构所用材料主要包括钢材和连接材料两大类。钢材常用种类为 Q235、Q345、Q390、Q420、Q460、铸钢件，连接材料有高强度螺栓和焊接材料。材料本身性能直接影响到钢结构的可靠性。如材料存在缺陷，当严重到一定程度时将会导致钢结构发生事故。

钢结构主体材料事故的发生原因如下：

钢材或铸钢件质量不合格以次充好、螺栓（含普通螺栓和高强度螺栓）质量不合格、焊接材料质量不合格、设计时选材不合理、制作时工艺参数不合理、钢材与焊接材料不匹配、材料混用或随意替代。

（2）钢结构施工用材料

在钢结构施工中采用施工材料，如起重吊索、吊耳、支撑材料（型钢、脚手架）、临时固定材料（缆风绳、固定螺栓、限位板）、临时轨道、防护用品（安全网、安全带），如出现严重问题，会直接导致事故的发生。

钢结构施工材料事故的发生原因如下：

起重吊索断裂、结构上吊耳脱落；结构临时支撑材料使用不合理或计算不符合规定、与实际工况（尤其是脚手架）不符；结构临时固定缆风绳布置不合理或断裂；临时固定螺栓剪断等；使用劣质防护用品在出现险情时起不到应有的防护作用。

（3）在材料方面的安全防范技术

钢结构选用材料出现的问题主要是在物资与技术管理上存在漏洞，导致问题的出现。因此在结构选材时须严格遵循国家规范，对新材料的使用必须经过严格的试验及多方论证。在施工中避免单纯依靠经验处理问题，对于材料的选择一方面核对其质量证明文件，同时须进行抽样检验试验。对于焊接材料须进行匹配试验、工艺评定等。对施工中采用的支撑、固定措施须经过安全验算，必要时对关键部位须进行全载及超载模拟试验。安全防护用品在投入使用前也须进行冲击试验。

2. 钢结构施工的安全计算

随着施工技术的发展，钢结构施工全过程的计算机仿真计算已经运用到生产中，并日益成熟。从结构与临时措施材料的选择、构件的吊点位置设计、吊索承载选择、施工过程构件稳定及温度影响、施工过程中构件应力变化、支撑体系的设计与卸载等，均能通过仿真计算得到施工的理论指导依据，安全计算主要内容如下：

（1）起重吊索用具的选择、临时吊耳材料选择与设计、临时支撑材料选择与设计、构件的吊点选择、卸载的施工顺序以及应力水平等。

（2）通过仿真计算可避免单纯的经验性施工，有效的保证结构构件（尤其是大跨度结构）在施工中的安全与支撑体系的稳定。

需要着重注意的是，在采用脚手架作为结构临时支撑体系时，由于建筑市场材料的因素影响，扣件式脚手架的钢管与扣件往往达不到规范的要求，在对其进行抽样检查的同时，在计算时对其材料的特性取值要降低，如钢管不能以 Φ48×3.5mm 计取，其壁厚宜取 2.8～3.0mm。

3. 安全网的设置

安全网是防止高空坠落的主要安全措施。用于水平防护的安全网在超高层结构中分建筑外侧挑网与内部水平兜网，一般采用（90mm×90mm）大眼安全网，它虽然对大的物体及人员坠落能起到有效的保护作用，但是不能兜住坠落的螺栓等小物体，在大眼网的基础上增加一层 30mm×30mm 小眼网，对相对较小坠落物体起到更有效的防护作用。

在建筑物的周边，按相关规定设置外挑网，外挑网宽度为 6m。外挑网也可以采用一层 90mm×90mm 的大眼网和一层 30mm×30mm 的小眼网双层设置。为铺设方便可在钢梁上预设安全网挂钩。无论是挑网还是兜网在使用前必须进行沙袋自由下落的冲击安全试验。

4. 安全绳

安全绳是钢结构安装作业中临边防护的重要措施。一般采用钢丝绳或镀锌钢丝绳，不宜采用尼龙或棕绳（受气候和摩擦影响大，降低其承载能力），用卡环或专用绳扣绑缚在钢柱或临时耳板上，固定前使其基本绷直但不可施加过大的外力。人员临时在钢梁上行走时可将安全带附着在上边，起到防止人员坠落的作用。安全绳设置的高度一般在梁上 1m 位置，其直径必须经过计算选型，使用前必须经过实际的沙包坠落试验。

5. 临时爬梯与防坠器

当钢柱就位并作好临时固定后，人员需要由临时垂直通道进入作业面并解除吊索摘钩，此时一般使用临时的施工爬梯。临时爬梯一般采用圆钢或角钢制作，或直接将踏步焊接在结构柱身上。当结构钢柱在地面时即将爬梯通过耳板挂在或焊接在柱身上，同时在钢柱顶部挂好防坠器，随钢柱一起起升。

防坠器是高空作业的特殊用具，其功能类似与汽车用的安全带，在受到瞬间外力时可以自动锁定，防止人员坠落。在使用时将固定挂钩固定在钢柱顶部，可伸缩端拉出挂在柱根部。当钢柱就位固定后，人员在攀爬临时爬梯时将伸缩挂钩与安全带挂接，在攀爬过程中可防止人员坠落。

在钢结构现场施工中始终存在楼层落差大的工况，除了钢柱柱身爬梯外，在楼层间可以采用临时刚性楼梯或带护身爬梯，保证人员在楼层间垂直通行的安全。

6. 挂篮与柱临时平台

钢结构的吊装作业的柱-柱连接、柱-梁连接一般为点作业，此时一般采用挂篮与柱临时平台作为操作的平台。挂篮用于柱-梁对接的焊接与高强螺栓作业，可用铝合金型材或圆钢等焊接而成。铝合金型材的挂篮可以折叠，重量轻，携带方便，应用比较多。一般在吊装钢梁时，在地面就将挂篮固定在钢梁的两端，同钢梁一起吊装就位，减少人员在空中的搬运，挂篮由挂钩与站人平台两部分组成，挂篮通过挂钩固定在钢梁上，其承载能力须经安全计算与试验。

钢柱临时平台可采用铝合金制作，也可用其他轻型材料制作，或用钢管脚手架在梁上搭设。一般在地面就将其固定在钢柱上同钢柱同时起升就位，减少空中作业；也可以在钢柱就位后，将其用吊车组装或用脚手架搭设。攀登的用具在结构构造上，必须牢固可靠，严禁用铁丝直接绑扎。

7. 防坠落挂钩

为防止人员在高空作业时不慎将工具坠落，在工具上应设置防坠落挂钩，在工具不使用时一端固定在工具上，另一端挂在工具带上；使用时一端固定在工具上，另一端固定在构件或安全绳上，保证工具不论在任何情况下均不会发生坠落。同时零散的配件应装入可收口的工具袋中。安全挂钩可以由多种途径实现，采用尼龙绳、金属链等各种方法均可达到目的。

附录 国外建筑钢结构用钢材标准

近年来随着我国经济的快速发展，建筑钢结构行业的规模和技术质量水平已跻身世界先进行列。参与国际工程承包需要了解国外钢结构用钢标准情况，同时国内大型钢结构工程中也有部分有特殊要求的钢材国内生产尚不能完全解决，需要采用国外进口钢材。

20 世纪 80 年代国际标准化组织（ISO）制订并公布"结构钢技术标准"前，世界各国的钢材标准自成体系。差别较大。在 ISO 标准发布后，绝大多数国家，如中国，日本以及欧共体各国，均先后对各自原有的钢材标准进行了修订，向国标标准靠拢，便于国际间标准的交流及钢材贸易。这些修订后的标准有以下共同点：

1) 钢材的牌号（或名称）除字首不同外，均以强度等级（单位为 N/mm²）划分，并以后缀字母表示钢材的附加特性；

2) 统一采用国际计量标准（SI）；

3) 所有钢材都不按厚度专门分组，但钢材的力学性能与厚度有关；

4) 对钢材产品的检验内容、方法和标准大致相同。

附录 1 国际标准化组织（ISO）主要建筑用钢材标准

ISO 是国际标准化组织的缩写和标准代号。1986 年以后颁布 ISO 钢铁标准，其中 ISO 630 和 ISO 4950、ISO 4951 为适用于建筑结构的钢材标准。ISO 630 结构用钢（非合金钢）与我国碳素结构钢相似。ISO 630 结构用钢（非合金钢）化学成分见附表 1-1，力学性能见附表 1-2，化学成分允许偏差见附表 1-3。

ISO 630 结构用钢（非合金钢）化学成分（熔炼分析）　　　　附表 1-1

钢种（牌号）	质量等级	钢材厚度（mm）	脱氧方法①	C（%）最大值	P（%）最大值	S（%）最大值	Mn（%）最大值	Si（%）最大值
E185（Fe310）	O							
E235（Fe360）	A		—	0.22	0.050	0.050	—	—
	B	≤16	—	0.17	0.045	0.045	1.40	0.40
		16<～≤25	—	0.20	0.045	0.045	1.40	0.40
		≤40	NE	0.17	0.045	0.045	1.40	0.40
E235（Fe360）		>40	NE	0.20	0.045	0.045	1.40	0.40
	C		NE	0.17	0.040	0.040	1.40	0.40
	D		GF	0.17	0.035	0.035	1.40	0.40
E275（Fe430）	A			0.24	0.050	0.050	—	—
	B	≤40	NE	0.21	0.045	0.045	1.50	0.40
		>40	NE	0.22	0.045	0.045	1.50	0.40
	C		NE	0.20	0.040	0.040	1.50	0.40
	D		GF	0.20	0.035	0.035	1.50	0.40
E355（Fe510）	C	≤30	NE	0.20	0.040	0.040	1.60	0.55
		>30	NE	0.22	0.040	0.040	1.60	0.55
	D	≤30	GF	0.20	0.035	0.035	1.60	0.55
	D	>30	GF	0.22	0.035	0.035	1.60	0.55

① 脱氧方法中：NE-非沸腾钢；GF-有足以生成细晶粒组织的元素含量，如含铝（Al）总量≥0.02%。

附表 1-2

ISO 630 结构用钢（非合金钢）牌号及其力学性能

牌号	质量等级	上屈服点 (N/mm²) 最小值 钢材厚度 (mm)							抗拉强度① (N/mm²)	伸长率 ($L_0=5.65\sqrt{S_0}$) (%) 钢材厚度 (mm)					冲击试验 (V-notch)	
		≤16	16>~≤40	40<~≤63	63<~≤80	80<~≤100	100<~≤150	150<~≤200		≤40②	40<~≤63②	63<~≤100②	100<~≤150②	150<~≤200②	试验温度 (℃)	冲击功③ (最小值) (J)
E185④ (Fe310)		185	175	—	—	—	—	—	300~540	18	—	—	—	—	—	—
E235 (Fe360)	A	235	225	—	—	215	195	185	340~470	26	25	24	22	21	—	—
	B④	235	225	215	215	215	195	185	340~470	26	25	24	22	21	—	—
	BNF	235	225	215	215	215	195	185	340~470	26	25	24	22	21	+20	27
	C	235	225	215	215	215	195	185	340~470	26	25	24	22	21	0	27
	D	235	225	215	215	215	195	185	340~470②	26	25	24	22	21	−20	27
E275 (Fe430)	A	275	265	255	245	235	225	215	410~540	22	21	20	18	17	—	—
	B	275	265	255	245	235	225	215	410~540	22	21	20	18	17	+20	27
	C	275	265	255	245	235	225	215	410~540	22	21	20	18	17	0	27
	D	275	265	255	245	235	225	215	410~540⑤	22	21	20	18	17	−20	27
E355 (Fe510)	C	355	345	335	325	315	295	285	490~640	22	21	20	18	17	0	27
	D	355	345	335	325	315	295	285	490~610⑤	22	21	20	18	17	−20	27

① 对宽钢带（成卷）只适用于下限值。

② 横向试件（厚板和宽度大于600mm的宽扁钢）伸长率减小2%。

③ 3个试样的平均值。单个结果不应小于平均值的70%。

④ 本项只供厚度小于25mm的产品。

⑤ 厚度大于100mm允许较低值有20N/mm²偏差。

ISO 630 非合金钢牌号表示方法：非合金钢这里是指结构用非合金钢和工程用非合金钢。结构用非合金钢牌号首部为 S，如 S235；工程用非合金钢牌号首部为 E，如 E235。数字表示屈服强度值≥235MPa，相当于我国的 Q235 钢。过去，此类钢牌号最前面为化学元素符号 Fe，并附有抗拉强度值，如 Fe360（相当于 E235），360 是指抗拉强度（MPa）最低值，后来有的改为屈服强度值，但其牌号仍为 FeXXX，选用时应注意。牌号尾部字母为 A、B、C、D、E 是表示以上两类钢不同的质量等级，并表示不同温度下冲击吸收功（Akv）最低保证值。

ISO 630 结构用钢化学成分允许偏差（成品分析）　　　　附表 1-3

元素	限定值（%）	允许偏差（%）
C	≤0.24	＋0.03
P	≤0.050	＋0.010
S	≤0.050	＋0.010
Mn	≤1.60	＋0.10
Si	≤0.55	＋0.05

ISO 标准中 ISO 4950 和 ISO 4951 为高屈服强度钢的扁平钢和棒、型材，所谓高屈服强度钢，与我国的低合金高强度钢对应。ISO 4950 共分三部分；第一部分（ISO 4950-1）规定生产方法、验收规定及产品标记；第二部分（ISO 4950-2）适用于正火或控轧状态下供应的扁平钢材（钢板、带钢），规定其化学成分和力学性能；第三部分（ISO 4950-3）适用于热处理（淬火加回火）状态下供应的扁平钢材。

ISO 4950-2 适用于厚度 3～150mm 的钢板，宽度大于或等于 600mm 的宽带钢，最小屈服强度为 355～460N/mm² （厚度≤16mm）。脱氧过程要求加有细化晶粒元素，交货状态除非合同中注明，有正火、正火加回火或控轧之分、

高屈服强度钢的化学成分规定见附表 1-4；化学成分成品分析（相对于熔炼分析）允许偏差见附表 1-5；高屈服强度钢力学性能见附表 1-6；高屈服强度钢（厚度 10～150mm）不同温度下的冲击功要求见附表 1-7。

低合金高强度（高屈服强度）钢牌号表示方法与工程用非合金钢相同，在 ISO 4950 和 ISO 4951 两个标准中，屈服强度范围值为 355～690MPa，牌号为 E355—E690。

ISO 4950-2 高屈服强度钢（熔炼分析）化学成分（ISO 4950-2-1995）　　　　附表 1-4

钢号	质量等级	C max	Mn②	Si max	P max	S max	Nb③	V③	Al（全量）③ min	Ti③	Cr max	Ni max	Mo max	Cu④ max
E355	DD⑤	0.18	0.9~1.6	0.50	0.030	0.030	0.015~0.06	0.02~0.01	0.020	0.020~0.20	0.25	0.30	0.10	0.35
	E	0.18	0.9~1.6	0.50	0.025	0.025	0.015~0.060							

钢号	质量等级	化学成分（%）[1]												
		C max	Mn[2]	Si max	P max	S max	Nb[3]	V[3]	Al（全量）[3] min	Ti[3]	Cr max	Ni max	Mo max	Cu[4] max
E460	CC	0.20	1.0～1.7	0.50	0.040	0.040	0.015～0.060	0.02～0.10	0.02	0.02～0.20	0.07	1.0	0.40	0.70
	DD[5]				0.030	0.030								
	E				0.025	0.025								

① 因化学成分影响焊接性能，在需方要求时，供方在合同中注明钢种及合金元素最大含量或范围。

② 产品厚度等于和大于 6mm 时，锰含量可降低 0.2%（按质量计）。

③ 钢应至少含其中一种的细化晶粒元素，含量按表中规定范围。如这些元素同时使用，至少应有一种元素含量不小于规定的最小值。

④ 双方协议最大含铜量可为 0.30%（按质量计）

⑤ 质量等级 DD 为非沸腾钢，E 作为镇静钢供货。

ISO 4950-2 高屈服强度钢（成品分析）化学成分允许偏差（ISO 4950-2-1995）　　附表 1-5

元素	规定范围（%）	允许偏差（%）
C	≤0.20	+0.02
Mn	≤1.70	±0.10
Si	≤0.50	+0.05
P 和 S	≤0.040	+0.005
Nb	≤0.60	±0.005
V	≤0.20	+0.02 −0.01
Ti	≤0.20	+0.02 −0.01
Cr	≤0.70	+0.05
Ni	≤1.0	+0.05
Mo	≤0.40	+0.05
Cu	≤0.35	+0.05
	>0.35	+0.07

ISO 4950-2 高屈服强度钢力学性能（ISO 4950-2-1995）

附表 1-6

钢号	质量等级	屈服强度[1]（min）（N/mm²）厚度（mm）							抗拉强度[3]（N/mm²）厚度（mm）			伸长率[2]（%）（min）	冲击功（min）（V形缺口）[4][5]（J）					
		≤16	>16~35	>35~50	>50~70	>70~100	>100~125	>125~150	≤70	>70~100	>100~125	>125~150		0℃		−20℃		−50℃	
														L	T	L	T	L	T
E355	DD	355	345	335	325	305	295	285	470~630	450~610	440~600	430~590	22			39	21		
	E																	27	16
E460	CC								550~720				17	39	—				
	DD	460	450	440	420	400	390	380		530	520	510				39	21		
	E					400	390	380		700	690	680						27	16

① 上屈服点。

② 原始长度 $L_0 = 5.65 \sqrt{S_0}$（S_0-原始截面积）试样断裂时的伸长率。

③ 宽钢带只适用抗拉强度最小值。

④ 冲击功规定有纵向（L）和横向（T），除非合同注明，一般只做纵向检验。

⑤ 三个试样的平均值，单个值不得小于规定最小值的 70%。

ISO 4950-2 高屈服强度钢冲击功要求（ISO 4950-2-1995）

附表 1-7

钢材质量等级	试件方向	不同温度下最小冲击功（J）							
		−50℃	−40℃	−30℃	−20℃	−10℃	0℃	+10℃	+20℃
DD	纵向	—	—	—	39	43	47	51	55
	横向	—	—	—	21	24	31	31	31
E	纵向	27	31	39	47	51	55	59	63
	横向	16	20	24	27	31	31	35	39

ISO 4950-3 适用于经淬火和回火处理的、厚度在 3～70mm、屈服强度为 460N/mm² 的热轧钢板和宽度在 600mm 以上的扁平钢材；厚度小于或等于 50mm、屈服强度为 690N/mm² 的，以及厚度在 50 ～70mm、屈服强度在 440～670N/mm² 的同类钢材。所有该类钢材全部为镇静浇注并加有细化晶粒元素。产品在热处理状态下交货（按合同要求，供方要说明热处理工艺）。规定的钢号及相应的化学成分及允许偏差及力学性能见附表1-8～附表 1-10。

经淬火和回火处理的高屈服强度钢（熔炼分析）化学成分（ISO 4950-3-1995）　　附表 1-8

钢号	质量 等级	C max	Mn	Si	P max	S max	其他元素
E465	DD	0.20	0.7～1.7	≤0.55	0.035	0.035	生产厂根据冶炼条件和钢材 厚度，可在下列限值范围内 增添一种或几种元素（％）： Ni≤2，　Ti≤0.20① N≤0.020，Cr≤2 Nb①≤0.060 B（全量）≤0.005 Cu≤1.5，V≤0.10①② Mo≤1，Zr≤0.15①
E465	E	0.20	0.7～1.7	≤0.55	0.030	0.030	
E550	DD	0.20	≤1.7	0.10～0.08	0.035	0.035	
E550	E	0.20	≤1.7	0.10～0.08	0.030	0.030	
E690	DD	0.20	≤1.7	0.10～0.08	0.035	0.035	
E690	E	0.20	≤1.7	0.10～0.08	0.030	0.030	

① 钢中至少应有其中一种细化晶粒的元素或增添铝，此时最小全铝含量（Alt）应是 0.020％。

② 没有应力消除处理时，允许最大含量 0.02％。

经淬火和回火处理的高屈服强度钢（成品分析）
化学成分允许偏差（ISO 4950-3-1995）　　附表 1-9

元素	C	Mn	Si	P	S	Cr	Ni	Mo	Cu	Nb	V	Ti	Zr	B	N	Al
规定 范围	≤ 0.20	≤ 1.70	≤ 0.80	≤ 0.035	≤ 0.035	≤2	≤2	≤1	> 0.50	≤ 0.50	≤ 0.060	≤ 0.20	≤ 0.20	≤ 0.15	≤ 0.005	≤ 0.020	≤ 0.020
允许 偏差	+0.20	±0.10	+0.05 −0.02	+0.005	+0.005	+0.05	+0.05	+0.05	+0.05	+0.07	+0.005	+0.02	+0.02	+0.02	+0.0005	+0.002	−0.005

经淬火和回火处理的高屈服强度钢力学性能（ISO 4950-3-1995）　　附表 1-10

钢号	质量等级	屈服强度① （N/mm²） （min） 钢材厚度		抗拉强度 （N/mm²）	伸长率② （％） （min）	V 形缺口冲击功③ （J） （min）	
		≤50	>50～70			−20℃	−50℃
E460	DD	460	440	570～720	17	39	
E460	E	460	440	570～720	17		27
E550	DD	550	530	650～830	16	39	
E550	E	550	530	650～830	16		27
E690	DD	690	670	770～940	14	39	
E690	E	690	670	770～940	14		27

① 上屈服点或 0.2％ 残余伸长率的应力。

② 试样原始长度 $L_0 = 5.65 \sqrt{S_0}$（S_0-原始截面积），允许采用长 200mm 试样，断裂后测量长度 50mm 的伸长率，但应用比例试样。

③ 三个试样平均值，单个值不得小于最小平均值的 70％。

ISO 4951 适用于高屈服强度的棒材、型材和空腔截面（管材）。型材厚度≤70mm，管材壁厚和工字梁（H 型钢）翼缘厚度≤40mm，屈服强度 355～420N/mm²（适用于钢材厚度≤16mm），可用于栓接、铆接或焊接结构（与软钢相比，这些钢材焊接需用特殊处理）。该类钢材的化学成分和力学性能见附表 1-11 和附表 1-12。标准中关于试样的取样等规定与 ISO 630 相近。

高屈服强度钢型材化学成分（ISO 4951-1979）　　　　　　　　　　附表 1-11

钢号	质量等级	C max	Mn	Si max	P max	S max	Nb	V	Al	Ti	Cr max	Ni max	Mo max	Cu max
E355	CC DD	0.20	0.9～1.6	0.50	0.040 0.035	0.040 0.035	0.005 ～ 0.060	0.02 ～ 0.20	0.15	0.02 ～ 0.20	0.25	0.30	0.10	0.35
E390	CC DD	0.20	1.0 ～ 1.6	0.50	0.040 0.035	0.040 0.035	0.005 0.060	0.02 0.20	0.015	0.02 0.20	0.30	0.70	0.30	0.50
E420	CC DD	0.20	1.0～1.7	0.50	0.049 0.035	0.040 0.035	0.005 ～ 0.060	0.02 ～ 0.20	0.015	0.02 ～ 0.20	0.40	0.70	0.40	0.60
成品分析允许偏差		+0.03	±0.10	+0.05	+0.005		+0.005 −0.002	+0.02 −0.01	—	+0.02 −0.01	+0.05			

高屈服强度钢（型材）力学性能（ISO 4951-1979）　　　　　　　　　附表 1-12

钢号	质量等级	屈服强度（N/mm²）钢材厚度（mm）				抗拉强度（N/mm²）	伸长率（%）	冲击功（J）	
		≤16	>16～35	>35～50	>50～70			0℃	−20℃
E355	CC	355	355	345	325	470～630	22	40	
	DD								40
E390	CC	390	380	370	350	490～650	20	40	
	DD								40
E420	CC	420	410	400	380	520～680	19	40	
	DD								40

附录 2　欧盟标准（EN10025）主要建筑用钢材

欧洲标准由欧洲标准委员会（法文缩写为 CEN）制定。与国际标准 ISO 相比，欧洲标准的可执行型更强，目前欧洲标准有英文、法文和德文三个版本。

EN10025 是适用于热轧结构钢产品的技术标准，内容包括钢的分类、牌号、技术要求、检查及试验、产品标志乃至索赔要求等。

　　EN10025 标准分为六个部分，其中 EN10025-1 为热轧结构钢产品一般交货技术条件，EN10025-2～6 五个部分为不同产品类别交货技术条件，参见附表 2-1。（表中 BS EN10025、NF EN10025 和 DIN EN10025 分别为 EN 10025 的英、法和德文版标准号）。

欧洲标准（EN10025-2004）热轧结构钢产品标准及钢号一览表　　　附表 2-1

标准编号	EN 10025-1 BS EN10025-1 NF EN10025-1 DIN EN10025-1	EN 10025-2 BS EN10025-2 NF EN10025-2 DIN EN10025-2	EN 10025-3 BS EN10025-3 NF EN10025-3 DIN EN10025-3	EN 10025-4 BS EN10025-4 NF EN10025-4 DIN EN10025-4	EN 10025-5 BS EN10025-5 NF EN10025-5 DIN EN10025-5	EN 10025-6 BS EN10025-6 NF EN10025-6 DIN EN10025-6
标准名称	《结构钢热轧产品一般交货技术条件》	《非合金结构钢的交货技术条件》	《正火/正火轧制焊接用细晶粒结构钢交货技术条件》	《热机械轧制焊接用细晶粒结构钢交货技术条件》	《改进型耐大气腐蚀结构钢交货技术条件》	《调质高屈服强度结构钢扁平材产品交货技术条件》
EN10025-2 ～-6 各标准所规定钢种以最小产品厚度的屈服强度最小值命名的钢号（按 EN10027-1 标准命名的钢号）		S185				
		S235JR S235J0 S235J2			S235J0W S235J2W	
		S275JR S275J0 S275J2	S275N S275NL	S275M S275ML		
		E295				
		E335				
		S355JR S355J0 S355J2	S355N S355NL	S355M S355ML	S355J0W S355J0WP S355J2W S355J2WP S355K2W	
		E360				
			S420N S420NL	S420M S420ML		
		S450J0				
			S460N S460NL	S460M S460ML		S460Q S460QL S460QL1

续表

标准编号	EN10025-1 BS EN10025-1 NF EN10025-1 DIN EN10025-1	EN10025-2 BS EN10025-2 NF EN10025-2 DIN EN10025-2	EN10025-3 BS EN10025-3 NF EN10025-3 DIN EN10025-3	EN10025-4 BS EN10025-4 NF EN10025-4 DIN EN10025-4	EN10025-5 BS EN10025-5 NF EN10025-5 DIN EN10025-5	EN10025-6 BS EN10025-6 NF EN10025-6 DIN EN10025-6
标准名称	《结构钢热轧产品一般交货技术条件》	《非合金结构钢的交货技术条件》	《正火/正火轧制焊接用细晶粒结构钢交货技术条件》	《热机械轧制焊接用细晶粒结构钢交货技术条件》	《改进型耐大气腐蚀结构钢交货技术条件》	《调质高屈服强度结构钢扁平材产品交货技术条件》
EN10025-2～－6各标准所规定钢种以最小产品厚度的屈服强度最小值命名的钢号（按 EN10027-1 标准命名的钢号）						S500Q S500QL S500QL1
						S550Q S500QL S500QL1
						S620Q S620QL S620QL1
						S690Q S690QL S690QL1
						S890Q S890QL S890QL1
						S960Q S960QL
备注	EN10025-1 规定标准 2～6 部分钢产品的通用技术条件	S：结构钢 E：工程钢 JR、J0、J2 为不同温度条件下的冲击功	N：正火货状态 L：具有低温－50℃下的最低冲击能值保证	M：热机械轧制交货状态（其他同左栏）	J0、J2、K2 为不同温度条件下的冲击功 W：耐大气腐蚀 P：含 P 高	Q：淬火和回火交货状态 L、（L1）：具有低温－40（－60）℃下的最低冲击能值保证

1. 欧洲标准中钢的牌号命名

欧洲标准中钢的牌号命名执行 EN10027 钢的牌号体系，该标准分为两部分。第一部分 EN10027-1 为：钢的名称和基本符号，以字母和钢的机械性能辅以表示钢其他特性的附加字母符号命名钢产品，与国内钢号命名习惯接近。见附表 2-2。

EN10027-1 中钢的牌号命名及符号含义　　　附表 2-2

钢的名称（牌号）组成：

主符号	附加符号（钢）	附加符号（钢产品）

主符号与附加符号（钢）字母数字符号无间隙连接，附加符号（钢产品）的字母数字符号前加"＋"

主符号		附加符号			
		钢			
字母代号	机械性能	分组 1（质量等级：冲击功、细化晶粒组织）			分组 2（产品用途、特性等）	钢产品

字母代号	机械性能	冲击功（J）			试验温度	分组 2（产品用途、特性等）	钢产品
G：铸钢 S：结构钢	nnn＝最小厚度范围的最小屈服强度规定值（R_{eH}）单位：MPa	27	40	60	℃	C：特殊冷成形； D：热镀； E：搪瓷用； F：锻造用； H：空心截面； L：低温用； M：热机械轧制； N：正火或控轧； P：钢板桩用； Q：淬火＋回火； S：造船用； T：制管用； W：耐大气腐蚀；	三类附加符号： ① 表明特殊要求的符号（如厚度方向性能"＋Z25"） ② 表明涂、镀层要求的符号（如热浸镀锌："＋Z"） ③ 表明处理状态的符号（如正火加回火："＋NT"）
		JR	KR	LR	20		
		J0	K0	L0	0		
		J2	K2	L2	−20		
		J3	K3	L3	−30		
		J4	K4	L4	−40		
		J5	K5	L5	−50		
		J6	K6	L6	−60		
		A：时效硬化； M：热机械轧制； N：正火或控轧； Q：淬火＋回火； G：其他特性，必要时后跟一位或二位数字。				an：规定加入元素的化学符号如 Cu。同时如有必要用一个个位数字代表 10x 该元素规定含量范围的平均含量值（修约至 0.1%）	

第二部分 EN10027-2 为：钢的编号，以数字代码命名钢产品，其钢产品名称组成形式如下：

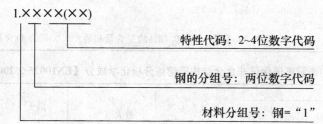

上述数字代码详见 EN10027-2 及其所引用的技术标准文件。针对同一钢材有两种不同的命名表示方式。

2. 欧洲标准热轧结构钢产品（EN10025-2～EN10025-6）的理化性能指标

（1）EN10025-2 2004《非合金结构钢的交货技术条件》

本标准规定了 S185、S235、S275、S355 和 S450J0 五种非合金结构钢以及 E295、E335 和 E360 三种工程钢扁平产品和长产品的交货技术条件。其中 S185 和三种工程钢无冲击强度值保证；S450J0 的长产品适用厚度为≥3mm 和≤150mm，对其他钢号适用于厚度≤250mm；对于质量等级为 J2 和 K2 的扁平产品适用厚度为≤250mm。附表 2-3～附表 2-16 为其理化、焊接及工艺性能指标。

有冲击强度值保证非合金结构钢熔炼分析化学成分【EN10025-2 2004】 附表 2-3

钢号		脱氧方法	不同产品公称厚度 (mm) 时的含 C 限值（%）			Si 最大（%）	Mn 最大（%）	P 最大（%）②	S 最大（%）②③	N 最大（%）④	Cu 最大（%）⑤	其他 最大（%）⑥
按 EN10027-1 和 CR10260 命名	按 EN10027-2 命名		≤16	>16 ≤40	>40 ①							
S235JR	1.0038	FN	0.17	0.17	0.20	—	1.40	0.035	0.035	0.012	0.55	—
S235J0	1.0114	FN			0.17			0.030	0.030			
S235J2	1.0117	FF						0.025	0.025	—		
S275JR	1.0044	FN	0.21	0.21	0.22	—	1.50	0.035	0.035	0.012	0.55	—
S275J0	1.0143	FN	0.18	0.18	0.18⑦			0.030	0.030			
S275J2	1.0145	FF						0.025	0.025	—		
S355JR	1.0045	FN	0.24	0.24	0.24	0.55	1.60	0.035	0.035	0.012	0.55	—
S355J0	1.0553	FN						0.030	0.030			
S355J2	1.0577	FF	0.20⑧	0.20⑨	0.22			0.025	0.025			
S355K2	1.0596	FF										
S450J0⑩	1.0590	FF	0.20	0.20⑨	0.22	0.55	1.70	0.030	0.030	0.025	0.55	⑪

说明：① 对于公称厚度＞100mm 的型钢，C 含量可协议确定；
② 对于长产品，P 和 S 含量可高出 0.005%；
③ 对于长产品，如果为改进硫结构对钢进行处理并且化学成分显示最小 0.0020%Ca 时，为了改进机械加工性能，通过协议 S 最大含量可增加 0.015%；
④ 如果化学成分中最小全铝含量 0.020%或最小酸溶铝 0.015%，或者存在其他充分的 N 结合元素，则 N 的最大值不适用，在此情况下检验文件中应说明 N 结合元素；
⑤ 在热成形期间大于 0.40%的 Cu 含量可引起热脆性；
⑥ 如添加其他元素，应在检验文件中说明；
⑦ 对于公称厚度＞150mm，C 最大为 0.20%；
⑧ 对于适合于冷轧成型的钢种，C 最大为 0.22%；
⑨ 对于公称厚度＞30mm，C 最大为 0.22%；
⑩ 只适用于长产品；
⑪ 钢种可显示最大 0.05%的 Nb 含量、最大 0.13%的 V 含量和最大 0.05%的 Ti 含量。

无冲击强度值保证非合金结构钢熔炼分析化学成分【EN10025-2 2004】 附表 2-4

钢 号		脱氧方法	P 最大（%）	S 最大（%）②	N 最大（%）③
按 EN10027-1 和 CR10260 命名	按 EN10027-2 命名				
S185	1.0035	opt①	—	—	—
E295	1.0050	FN	0.045	0.045	0.012
E335	1.0060				
E360	1.0070				

说明：① opt：制造商自行决定的方法。FN：不允许沸腾钢；
② 对于长产品，如果为改进硫结构对钢进行处理并且化学成分显示最小 0.0020%Ca 时，为了改进机械加工性能，通过协议 S 最大含量可增加 0.010%；
③ 如果化学成分中最小全铝含量 0.020%或者存在其他充分的 N 结合元素，则 N 的最大值不适用，在此情况下检验文件中应说明 N 结合元素。

有冲击强度值保证非合金结构钢产品分析化学成分【EN10025-2 2004】　　附表 2-5

钢号		脱氧方法	不同产品公称厚度(mm) 时的含 C 限值（%）			Si 最大（%）	Mn 最大（%）	P 最大（%）	S 最大（%）	N 最大（%）	Cu 最大（%）	其他 最大（%）
按 EN10027-1 和 CR10260 命名	按 EN10027-2 命名		≤16	>16 ≤40	>40 ①			②	②③	④	⑤	⑥
S235JR	1.0038	FN			0.23	—	1.50	0.045	0.045	0.014	0.60	—
S235J0	1.0114	FN	0.19	0.19	0.19			0.040	0.040			
S235J2	1.0117	FF						0.035	0.035	—		
S275JR	1.0044	FN	0.24	0.24	0.25		1.60	0.045	0.045	0.014	0.60	
S275J0	1.0143	FN	0.21	0.21	0.21⑦			0.040	0.040			
S275J2	1.0145	FF						0.035	0.035	—		
S355JR	1.0045	FN	0.27	0.27	0.27	0.60	1.70	0.045	0.045	0.014	0.60	
S355J0	1.0553	FN						0.040	0.040			
S355J2	1.0577	FF	0.23⑧	0.23⑨	0.24			0.035	0.035	—		
S355K2	1.0596	FF										
S450J0⑩	1.0590	FF	0.23	0.23⑨	0.24	0.60	1.80	0.040	0.040	0.027	0.60	⑪

说明：脱氧方法 FF—完全镇静钢；FN—不允许沸腾钢；
　　　① 对于公称厚度＞100mm 的型钢，C 含量可协议确定；
　　　② 对于长产品，P 和 S 含量可高出 0.005%；
　　　③ 对于长产品，如果为改进硫结构对钢进行处理并且化学成分显示最小 0.0020%Ca 时，为了改进机械加工性能，通过协议 S 最大含量可增加 0.015%；
　　　④ 如果化学成分中最小全铝含量 0.015% 或最小酸溶铝 0.013%，或者存在其他充分的 N 结合元素，则 N 的最大值不适用，在此情况下检验文件中应说明 N 结合元素；
　　　⑤ 在热成形期间大于 0.45% 的 Cu 含量可引起热脆性；
　　　⑥ 如添加其他元素，应在检验文件中说明；
　　　⑦ 对于公称厚度＞150mm，C 最大为 0.22%；
　　　⑧ 对于适合于冷轧成型的钢种，C 最大为 0.24%；
　　　⑨ 对于公称厚度＞30mm，C 最大为 0.24%；
　　　⑩ 只适用于长产品；
　　　⑪ 钢种可显示最大 0.06% 的 Nb 含量、最大 0.15% 的 V 含量和最大 0.06% 的 Ti 含量。

无冲击强度值保证非合金结构钢产品分析化学成分【EN10025-2 2004】　　附表 2-6

钢号		脱氧方法	P 最大（%）	S 最大（%）②	N 最大（%）③
按 EN10027-1 和 CR10260 命名	按 EN10027-2 命名				
S185	1.0035	opt①	—	—	—
E295	1.0050	FN			
E335	1.0060		0.055	0.055	0.014
E360	1.0070				

说明：① opt：制造商自行决定的方法。FN：不允许沸腾钢；
　　　② 对于长产品，如果为改进硫结构对钢进行处理并且化学成分显示最小 0.0020%Ca 时，为了改进机械加工性能，通过协议 S 最大含量可增加 0.010%；
　　　③ 如果化学成分中最小全铝含量 0.015% 或者存在其他充分的 N 结合元素，则 N 的最大值不适用，在此情况下检验文件中应说明 N 结合元素。

有冲击强度值保证非合金结构钢熔炼分析的最大 CEV【EN10025-2 2004】　　附表 2-7

钢　号		脱氧方法	不同产品公称厚度（mm）时的最大碳当量 CEV				
按 EN10027-1 和 CR10260 命名	按 EN10027-2 命名		≤30	>30 ≤40	>40 ≤150	>150 ≤250	>250 ≤400
S235JR	1.0038	FN	0.35	0.35	0.38	0.40	—
S235J0	1.0114						
S235J2	1.0117	FF					0.40
S275JR	1.0044	FN	0.40	0.40	0.42	0.44	—
S275J0	1.0143						
S275J2	1.0145	FF					0.44
S355JR	1.0045	FN	0.45	0.47	0.47	0.49①	—
S355J0	1.0553						
S355J2	1.0577	FF					0.49
S355K2	1.0596						
S450J0②	1.0590	FF	0.47	0.49	0.49	—	

说明：

① 对于长材产品，适用最大 CEV 为 0.54。

② 只适用于长材产品。

注：1. 对于所有的 S235、S275 和 S355 钢种，在订货时可商定如下附加化学成分要求：Cu：熔炼分析 0.25%～0.40%、成分分析 0.20%～0.45%，此时表内 CEV 增加 0.02%。

2. 当钢种 S275 和 S355 产品控制 Si 含量供货时（如热镀锌涂层，可能需要增加其他元素含量，如：C 和 Mn 从而达到所规定的拉伸性能），最大碳当量数值应增加如下：

Si≤0.030%，增加 CEV0.02%；

Si≤0.025%，增加 CEV0.01%。

3. 无冲击强度值保证非合金结构钢不提供熔炼分析的最大 CEV 值。

具有冲击强度值保证的非合金结构钢种的扁平和长产品的 KV 纵向冲击功【EN10025-2 2004】

附表 2-8

钢　号		温度 （℃）	下列公称厚度（mm）时的最小冲击功（J）		
按 EN10027-1 和 CR10260 命名	按 EN10027-2 命名		≤150 ①②	>150 ≤250 ②	>250 ≤400 ③
S235JR	1.0038	20	27		—
S235J0	1.0114	0			27
S235J2	1.0117	−20			
S275JR	1.0044	20	27		—
S275J0	1.0143	0			
S275J2	1.0145	−20			27
S355JR	1.0045	20	27		—
S355J0	1.0553	0			
S355J2	1.0577	−20			27
S355K2	1.0596	−20	40④	33	33
S450J0⑤	1.0590	0	27	—	—

说明：① 对于公称厚度小于 12mm 的产品，当采用宽度小于 10mm 的试样时最小值应直接按试样横截面的比例减小，公称厚度小于 6mm 的不需要冲击试验；

② 公称厚度＞100mm 的型钢，数值可协商；

③ 数值仅适用于扁平产品；

④ 对应−30℃时，该值为 27J；

⑤ 只适用于长产品。

具有冲击强度值保证的非合金结构钢种的扁平和长产品的工艺性能【EN10025-2 2004】

钢 号		冷加工工艺适用性		
按 EN10027-1 和 CR10260 命名	按 EN10027-2 命名	冷折边	冷轧制成形	冷拔
S235JRC	1.0122			
S235J0C	1.0115	×	×	×
S235J2C	1.0119			
S275JRC	1.0128			
S275J0C	1.0140	×	×	×
S275J2C	1.0142			
S355JRC	1.0551	—	—	
S355J0C	1.0554			×
S355J2C	1.0579	×	×	
S355K2C	1.0594			

说明：×：适用；—：不适用。钢号中字母 C 表示冷加工。

不具有冲击强度值保证的非合金结构钢种的扁平和长产品的工艺性能【EN10025-2 2004】

钢 号		冷拔加工适应性
按 EN10027-1 和 CR10260 命名	按 EN10027-2 命名	
E295GC	1.0533	×
E335GC	1.0543	×
E360GC	1.0633	×

说明：×：适用；—：不适用。钢号中字母 G、C 表示"其他特性"和"冷成形加工"。

扁平产品的冷轧成形推荐最小弯曲内半径【EN10025-2 2004】　　

钢 号		下列公称厚度（t）时推荐的轧制最小弯曲内半径		
按 EN10027-1 和 CR10260 命名	按 EN10027-2 命名	$t \leqslant 4$ (mm)	$4 < t \leqslant 6$ (mm)	$6 < t \leqslant 8$ (mm)
S235JRC	1.0122			
S235J0C	1.0115	$1.0t$	$1.0t$	$1.5t$
S235J2C	1.0119			
S275JRC	1.0128			
S275J0C	1.0140	$1.0t$	$1.0t$	$1.5t$
S275J2C	1.0142			
S355J0C	1.0554			
S355J2C	1.0579	$1.0t$	$1.5t$	$1.5t$
S355K2C	1.0594			

说明：表列最小弯曲内半径只适用于弯曲角度≤90°。

有冲击强度值保证的非合金结构钢种的扁平和长产品室温力学性能表【EN10025-2 2004】(1)

附表 2-12

钢号		下列公称厚度（mm）时上届服强度 R_{eH} 最小值（MPa）①									下列公称厚度（mm）时抗拉强度 R_m（MPa）①					
按 EN10027-1 和 CR10260 命名	按 EN10027-2 命名	≤16	>16 ≤40	>40 ≤63	>63 ≤80	>80 ≤100	>100 ≤150	>150 ≤200	>200 ≤250	>250 ≤400 ②	<3	≥3 ≤100	>100 ≤150	>150 ≤250	>250 ≤400 ②
S235JR	1.0038	235	225	215	215	195	185	175	165	—	360~ 510	360~ 510	350~ 500	340~ 490	330~ 480
S235J0	1.0114														
S235J2	1.0117														
S275JR	1.0044	275	265	255	245	235	225	215	205	195	430~ 580	410~ 560	400~ 540	380~ 540	380~ 540
S275J0	1.0143														
S275J2	1.0145														
S355JR	1.0045	355	345	335	325	315	295	285	275	265	510~ 680	470~ 630	450~ 600	450~ 600	450~ 600
S355J0	1.0553														
S355J2	1.0577														
S355K2	1.0596														
S450J0③	1.0590	450	430	410	390	380	—	—	—	—	—	550~ 720	530~ 700	—	—

说明：
① 对于钢板、钢带和宽度≥600mm 的宽扁钢，为横向轧制方向的试验值；对于其他所有产品，数值为平行于轧制方向的试验值。
② 数值适用于扁平产品。
③ 只适用于长产品。

附表2-13

有冲击强度值保证的非合金结构钢种的扁平和长产品室温力学性能表【EN10025-2 2004】

说明中符号及表头单位：L₀=80mm 与 L₀=5.65$\sqrt{S_0}$

钢号（按EN10027-1 和CR10260命名）	钢号（按EN10027-2命名）	试样位置①	≤1	>1 ≤1.5	>1.5 ≤2	>2 ≤2.5	>2.5 ≤3	≥3 ≤40	>40 ≤63	>63 ≤100	>100 ≤150	>150 ≤250	>250 ≤400②
			L₀=80mm 钢材公称厚度（mm）					L₀=5.65$\sqrt{S_0}$ 钢材公称厚度（mm）					（只用于 J2 和 K2）
S235JR	1.0038	l	17	18	19	20	21	26	25	24	22	21	—
S235J0	1.0114	t	15	16	17	18	19	24	23	22	20	19	—
S235J2	1.0117	l	17	18	19	20	21	26	25	24	22	21	21（l 和 t）
S275JR	1.0044	l	15	16	17	18	19	23	22	21	19	18	—
S275J0	1.0143	t	13	14	15	16	17	21	20	19	17	16	—
S275J2	1.0145	l	15	16	17	18	19	23	22	21	19	18	18（l 和 t）
S355JR	1.0045	l	14	15	16	17	18	22	21	20	18	17	—
S355J0	1.0553	t	12	13	14	15	16	20	19	18	16	15	—
S355J2	1.0577	l	14	15	16	17	18	22	21	20	18	17	17（l 和 t）
S355K2	1.0596	l	14	15	16	17	18	22	21	20	18	17	17（l 和 t）
S450J0③	1.0590	l	—	—	—	—	—	17	17	17	17	—	—

说明：①对于钢板、钢带和宽度≥600mm 的宽扁钢，为横向于轧制方向的试验值；对于其他所有产品，数值为平行于轧制方向的试验值。
l—平行于轧制方向；
t—横向（垂直于轧制方向的）试样。
②只适用于扁平产品。
③只适用于长产品

不具有冲击强度值保证的非合金结构钢种的扁平和长产品室温力学性能表【EN10025-2 2004】(1)

附表 2-14

钢号 按 EN10027-1 和 CR10260 命名	按 EN10027-2 命名	上屈服强度 R_{eH} 最小值 (MPa)① 下列公称厚度 (mm)								抗拉强度 R_m (MPa)① 下列公称厚度 (mm)			
		≤16	>16 ≤40	>40 ≤63	>63 ≤80	>80 ≤100	>100 ≤150	>150 ≤200	>200 ≤250	<3	≥3 ≤100	>100 ≤150	>150 ≤250
S185	1.0035	185	175				165	155	145	310~540	290~510	280~500	270~490
E295②	1.0050	295	285	275	265	255	245	235	225	490~660	470~610	450~610	440~610
E355②	1.0060	355	325	315	305	295	275	265	255	590~700	570~710	550~710	540~710
E360②	1.0070	360	355	345	335	325	305	295	285	690~900	670~830	650~830	640~830

说明：①对于钢板、钢带和宽度≥600mm 的宽扁钢、钢带和宽度≥600mm 的宽扁钢，为横向于轧制方向的试验值；对于其他所有产品，数值为平行于轧制方向的试验值；②这些钢种通常不用于槽、角等型钢。

不具有冲击强度值保证的非合金结构钢种的扁平和长产品室温力学性能表【EN10025-2 2004】(2)

附表 2-15

钢号 按 EN10027-1 和 CR10260 命名	按 EN10027-2 命名	试样位置①	断裂后的最小延伸率 (%)									
			$L_0=80\text{mm}$ 钢材公称厚度 (mm)					$L_0=5.65\sqrt{S_0}$ 钢材公称厚度 (mm)				
			≤1	>1 ≤1.5	>1.5 ≤2	>2 ≤2.5	>2.5 ≤3	≥3 ≤40	>40 ≤63	>63 ≤100	>100 ≤150	>150 ≤250
S185	1.0035	l	10	11	12	13	14	18	17	16	15	15
		t	8	9	10	11	12	16	15	14	13	13
E295	1.0050	l	12	13	14	15	16	20	19	18	16	15
		t	10	11	12	13	14	18	17	16	15	14
E355	1.0060	l	8	9	10	11	12	16	15	14	12	11
		t	6	7	8	9	10	14	13	12	11	10
E360	1.0070	l	4	5	6	7	8	11	10	9	8	7
		t	3	4	5	6	7	10	9	8	7	6

说明：① l—平行于轧制方向的试样；t—横向（垂直于轧制方向的）试样。其他同上表。

附表 2-16

扁平产品冷折边推荐的弯曲内半径最小值【EN10025-2 2004】

钢号 按 EN10027-1 和 CR10260 命名	按 EN10027-2 命名	弯曲方向①	\>1 ≤1.5	\>1.5 ≤2.5	\>2.5 ≤3	\>3 ≤4	\>4 ≤5	\>5 ≤6	\>6 ≤7	\>7 ≤8	\>8 ≤10	\>10 ≤12	\>12 ≤14	\>14 ≤16	\>16 ≤18	\>18 ≤20	\>20 ≤25	\>25 ≤30
			下列公称厚度 (mm) 时推荐的最小弯曲内半径②															
S235JRC	1.0122	l	1.6	2.5	3	5	6	8	10	12	16	20	25	28	36	40	50	60
S235J0C	1.0115	t	1.6	2.5	3	6	8	10	12	16	20	25	28	32	40	45	55	70
S235J2C	1.0119	l	1.6	2.5	3	5	6	8	10	12	16	20	25	28	36	40	50	60
S275JRC	1.0128	t	2	3	4	6	10	12	16	20	25	32	36	40	45	50	60	75
S275J0C	1.0140	l	2	3	4	5	8	10	12	16	20	25	28	32	40	45	55	70
S275J2C	1.0142	t	2	3	4	6	10	12	16	20	25	32	36	40	45	50	60	75
S355J0C	1.0554	l	2.5	4	5	6	8	10	12	16	20	25	32	36	45	50	65	80
S355J2C	1.0579	t	2.5	4	5	8	10	12	16	20	25	32	36	40	50	63	75	90
S355K2C	1.0594	t	2.5	4	5	8	10	12	16	20	25	32	36	40	50	63	75	90

说明：① l—平行于轧制方向弯曲；t—横向弯曲（垂直于轧制方向）；
② 表列最小弯曲内半径只适用于弯曲角度≤90°。

（2）EN10025-3：2004《正火/正火轧制焊接用细晶粒结构钢交货技术条件》

本标准规定了 S275、S355、S420 和 S460 四个细晶粒钢号，按照欧洲标准 EN10020，S275 和 S355 为碳素钢，S420 和 S460 为合金特钢。S275、S355 和 S420 的适用厚度为≤250mm，S460 适用于厚度≤200mm。本标准规定的钢材特别适用于焊接结构的重载部件，诸如桥梁、泄洪闸门等。适合于低温使用环境。附表 2-17～附表 2-21 为其理化、焊接性能指标。

焊接用细晶粒结构钢熔炼分析最大碳当量【EN10025-3 2004】 附表 2-17

钢 号		下列公称厚度 t（mm）时的最大 CEV（%）		
按 EN10027-1 和 CR10260 命名	按 EN10027-2 命名	$t \leqslant 63$	$63 < t \leqslant 100$	$100 < t \leqslant 250$
S275N	1.0490	0.40	0.40	0.42
S275NL	1.0491			
S355N	1.0545	0.43	0.45	0.45
S355NL	1.0546			
S420N	1.8902	0.48	0.50	0.52
S420NL	1.8912			
S460N	1.8901	0.53	0.54	0.55
S460NL	1.8903			

说明：对于热镀锌适应等级为 1 级产品，最大 CEV 值增加 0.02；对于热镀锌适应等级为 3 级产品，最大 CEV 值增加 0.01。（此时 Si 和 P 元素含量亦有调整）

焊接用细晶粒结构钢 V 切口抗冲击试验的最低冲击能值【EN10025-3 2004】 附表 2-18

钢 号		下列测试温度下的最低 V 形切口冲击功（纵向/横向）单位：J						
按 EN10027-1 和 CR10260 命名	按 EN10027-2 命名	20℃	0℃	−10℃	−20℃	−30℃	−40℃	−50℃
S275N	1.0490	55	47	43	40①	—	—	—
S355N	1.0545							
S420N	1.8902	31	27	24	20			
S460N	1.8901							
S275NL	1.0491	63	55	51	47	40	31	27
S355NL	1.0546							
S420NL	1.8912	40	34	30	27	23	20	16
S460NL	1.8903							

说明：①该数值对应于 −30℃ 条件下的冲击功为 27J。

附表 2-19

焊接用细晶粒结构钢熔炼分析化学成分 【EN10025-3 2004】

钢号		元素含量（%）													
按EN10027-1和CR10260命名	按EN10027-2命名	C(max)	Si(max)	Mn	P(max)①	S(max)①②	Nb(max)	V(max)	Alt③(min)	Ti(max)	Cr(max)	Ni(max)	Mo(max)	Cu(max)④	N(max)
S275N	1.0490	0.18	0.40	0.50~1.50	0.030	0.025	0.05	0.05	0.02	0.05	0.30	0.30	0.10	0.55	0.015
S275NL	1.0491	0.16			0.025	0.020									
S355N	1.0545	0.20	0.50	0.90~1.65	0.030	0.025	0.05	0.12	0.02	0.05	0.30	0.50	0.10	0.55	0.015
S355NL	1.0546	0.18			0.025	0.020									
S420N	1.8902	0.20	0.60	1.00~1.70	0.030	0.025	0.05	0.20	0.02	0.05	0.30	0.80	0.10	0.55	0.025
S420NL	1.8912	0.20			0.025	0.020									
S460N⑤	1.8901⑤	0.20	0.60	1.00~1.70	0.030	0.025	0.05	0.20	0.02	0.05	0.30	0.80	0.10	0.55	0.025
S460NL⑤	1.8903⑤	0.20			0.025	0.020									

说明：①对于长产品，P和S的含量可以增大0.005%。②对于铁路应用场合最大S含量0.010%可依协议确定。③如果存在足够的其他氮结合元素则最低全铝含量不适用。④Cu含量超过0.40%会导致热成形过程中的热收缩问题。⑤V+Nb+Ti≤0.22%且Mo+Cr≤0.30%。

注：Alt（Altotal）表示全铝，就是铝的总含量。

附表 2-20

焊接用细晶粒结构钢产品分析化学成分 【EN10025-3 2004】

钢号		元素含量（%）													
按EN10027-1和CR10260命名	按EN10027-2命名	C(max)	Si(max)	Mn	P(max)①	S(max)①②	Nb(max)	V(max)	Alt③(min)	Ti(max)	Cr(max)	Ni(max)	Mo(max)	Cu(max)④	N(max)
S275N	1.0490	0.20	0.45	0.45~1.60	0.035	0.030	0.060	0.07	0.015	0.06	0.35	0.35	0.13	0.60	0.017
S275NL	1.0491	0.18			0.030	0.025									
S355N	1.0545	0.22	0.55	0.85~1.75	0.035	0.030	0.060	0.14	0.015	0.06	0.35	0.55	0.13	0.60	0.017
S355NL	1.0546	0.20			0.030	0.025									
S420N	1.8902	0.22	0.65	0.95~1.80	0.035	0.030	0.060	0.22	0.015	0.06	0.35	0.85	0.13	0.60	0.027
S420NL	1.8912	0.22			0.030	0.025									
S460N⑤	1.8901⑤	0.22	0.65	0.95~1.80	0.035	0.030	0.060	0.22	0.015	0.06	0.35	0.85	0.13	0.60	0.027
S460NL⑤	1.8903⑤	0.22			0.030	0.025									

说明：①、③见附表2-19。②对于铁路应用场合最大S含量0.012%可依协议确定。③如果存在足够的其他氮结合元素则最低全铝含量不适用。④Cu含量超过0.45%会导致热成形过程中的热收缩问题。⑤V+Nb+Ti≤0.26%且Mo+Cr≤0.38%。

焊接用细晶结构钢环境温度下的机械性能 【EN10025-3 2004】　　　　附表 2-21

钢号		下列公称厚度 (mm) 时上屈服强度 R_{eH} 最小值 (MPa)								下列公称厚度 (mm) 时抗拉强度 R_m (MPa)			断裂后的最小延伸率 (%) $L_o=5.65\sqrt{S_0}$					
按 EN10027-1 和 CR10260 命名	按 EN10027-2 命名	≤16	>16 ≤40	>40 ≤63	>63 ≤80	>80 ≤100	>100 ≤150	>150 ≤200	>200 ≤250	≤100	>100 ≤200	>200 ≤250	≤16	>16 ≤40	>40 ≤63	>63 ≤80	>80 ≤200	>200 ≤250
S275N	1.0490	275	265	255	245	235	225	215	205	370~510	350~480				24		23	
S275NL	1.0491	275	265	255	245	235	225	215	205	370~510	350~480				24		23	
S355N	1.0545	355	345	335	325	315	295	285	275	470~630	450~600				22		21	
S355NL	1.0546	355	345	335	325	315	295	285	275	470~630	450~600				22		21	
S420N	1.8902	420	400	390	370	360	340	330	320	520~680	500~650				19		18	
S420NL	1.8912	420	400	390	370	360	340	330	320	520~680	500~650				19		18	
S460N	1.8901	460	440	430	410	400	380	370	—	540~720	530~710				17			
S460NL	1.8903	460	440	430	410	400	380	370	—	540~720	530~710				17			

说明：对于宽度≥600mm 的钢板、钢带和宽扁材，数值适用于与轧制方向垂直的方向。对于所有其他产品，数值适用于与轧制方向平行的方向。

(3) EN10025-4：2004《热机械轧制焊接用细晶粒结构钢交货技术条件》

本标准规定了以热机械轧制状态供货的 S275、S355、S420 和 S460 四种钢号。附表 2-22～附表 2-26 为其理化、焊接性能指标。

热机械轧制焊接用细晶粒结构钢熔炼分析化学成分 【EN10025-4 2004】　　　　附表 2-22

钢号		元素含量 (%)													
按 EN10027-1 和 CR10260 命名	按 EN10027-2 命名	C (max)	Si (max)	Mn (max)	P (max)①	S (max)①、②	Nb (max)	V (max)	Alt③ (min)	Ti (max)	Cr (max)	Ni (max)	Mo (max)	Cu (max)④	N (max)
S275M	1.8818	0.13⑤	0.50	1.50	0.030	0.025	0.05	0.08	0.02	0.05	0.30	0.30	0.10	0.55	0.015
S275ML	1.8819	0.13⑤	0.50	1.50	0.025	0.020	0.05	0.08	0.02	0.05	0.30	0.30	0.10	0.55	0.015
S355M	1.8823	0.14⑤	0.50	1.60	0.030	0.025	0.05	0.10	0.02	0.05	0.30	0.50	0.10	0.55	0.015
S355ML	1.8834	0.14⑤	0.50	1.60	0.025	0.020	0.05	0.10	0.02	0.05	0.30	0.50	0.10	0.55	0.015
S420M	1.8825	0.16⑥	0.50	1.70	0.030	0.025	0.05	0.12	0.02	0.05	0.30	0.80	0.20	0.55	0.025
S420ML	1.8836	0.16⑥	0.50	1.70	0.025	0.020	0.05	0.12	0.02	0.05	0.30	0.80	0.20	0.55	0.025
S460M	1.8827	0.16⑥	0.60	1.70	0.030	0.025	0.05	0.12	0.02	0.05	0.30	0.80	0.20	0.55	0.025
S460ML	1.8838	0.16⑥	0.60	1.70	0.025	0.020	0.05	0.12	0.02	0.05	0.30	0.80	0.20	0.55	0.025

说明：①对于长产品，P 和 S 的含量可以增大 0.005%；②对于铁路应用场合最大 S 含量为 0.015%；③如果存在足够的其他氢结合元素，则最低全铝含量不适用；④Cu 含量超过 0.40% 会导致热成形过程中的热收缩问题；⑤对于长产品 S420 和 S460 级别的适用最大含碳量为 0.15%。S355 级别的适用最大含碳量为 0.16%。⑥对于长产品是适用最大含碳量为 0.18%。

热机械轧制焊接用细晶粒结构钢产品分析化学成分 【EN10025-4 2004】 　　附表 2-23

| 钢号 | | 元素含量（%） | | | | | | | | | | | | | |
按 EN10027-1 和 CR10260 命名	按 EN10027-2 命名	C (max)	Si (max)	Mn (max)	P (max)①②	S (max)①②	Nb (max)	V (max)	Alt③ (min)	Ti (max)	Cr (max)	Ni (max)	Mo (max)	Cu (max)④	N (max)
S275M	1.8818	0.15⑤	0.55	1.60	0.035	0.030	0.06	0.10	0.015	0.06	0.35	0.35	0.13	0.60	0.017
S275ML	1.8819				0.030	0.025									
S355M	1.8823	0.16⑤	0.55	1.70	0.035	0.030	0.06	0.12	0.015	0.06	0.35	0.55	0.13	0.60	0.017
S355ML	1.8834				0.030	0.025									
S420M	1.8825	0.18⑥	0.55	1.80	0.035	0.030	0.06	0.14	0.015	0.06	0.35	0.85	0.23	0.60	0.027
S420ML	1.8836				0.030	0.025									
S460M	1.8827	0.18⑥	0.65	1.80	0.035	0.030	0.06	0.14	0.015	0.06	0.35	0.85	0.23	0.60	0.027
S460ML	1.8838				0.030	0.025									

说明：①、③见附表 2-22。②对于铁路应用场合最大 S 含量 0.012% 可依协议确定。④Cu 含量超过 0.45% 会导致热成形过程中的热收缩问题。⑤对于长产品，S275 级别的适用最大含碳量为 0.17%；S355 级别的适用最大含碳量为 0.18%。⑥对于长产品 S420 和 S460 级别的适用最大含碳量为 0.20%

热机械轧制焊接用细晶粒结构钢的常温力学性能 【EN10025-4 2004】 　　附表 2-24

| 钢号 | | 下列公称厚度（mm）时上屈服强度 R_{eH} 最小值（MPa） | | | | | | 下列公称厚度（mm）时抗拉强度 R_m（MPa） | | | | | 断裂后的最小延伸率（%） $L_0 = 5.65\sqrt{S_0}$① |
按 EN10027-1 和 CR10260 命名	按 EN10027-2 命名	≤16	>16 ≤40	>40 ≤63	>63 ≤80	>80 ≤100	>100 ≤120②	≤40	>40 ≤63	>63 ≤80	>80 ≤100	>100 ≤120②	
S275M	1.8818	275	265	255	245	245	240	370~530	360~520	350~510	350~510	350~510	24
S275ML	1.8819												
S355M	1.8823	355	345	335	325	325	320	470~630	450~610	440~600	440~600	430~590	22
S355ML	1.8834												
S420M	1.8825	420	400	390	380	370	365	520~680	500~660	480~660	470~630	460~620	19
S420ML	1.8836												
S460M	1.8827	460	440	430	410	400	385	540~720	530~710	510~690	500~680	490~660	17
S460ML	1.8838												

说明：对于宽度≥600mm 的钢板、钢带和宽扁材，数值适用于与轧制方向垂直的方向；对于所有其他产品，数值适用于与轧制方向平行的方向；①对于厚度<3mm 的产品，试样标距长度 L_0≤150mm 的长产品；②适用于厚度≤80mm，其值在订货时协议商定。

热机械轧制焊接用细晶粒结构钢熔炼分析最大碳当量【EN10025-4 2004】　附表 2-25

钢　号		下列公称厚度 t（mm）时的最大 CEV（%）①				
按 EN10027-1 和 CR10260 命名	按 EN10027-2 命名	≤16	>16 ≤40	>40 ≤63	>63 ≤120	>120 ≤150②
S275M	1.8818	0.34		0.35	0.38	
S275ML	1.8819					
S355M	1.8823	0.39		0.40	0.45	
S355ML	1.8834					
S420M	1.8825	0.43	0.45	0.46	0.47	
S420ML	1.8836					
S460M	1.8827	0.45	0.46	0.47	0.48	
S460ML	1.8838					

说明：① 对于热镀锌适应等级为 1 级产品，最大 CEV 值增加 0.02；对于热镀锌适应等级为 3 级产品，最大 CEV 值增加 0.01（此时 Si 和 P 元素含量亦有调整）；

② 数值仅适用于长产品

热机械轧制焊接用细晶粒结构钢 V 切口抗冲击试验的最低冲击能值【EN10025-4 2004】

附表 2-26

钢　号		下列测试温度下的最低 V 形切口冲击功（纵向/横向）单位：J						
按 EN10027-1 和 CR10260 命名	按 EN10027-2 命名	20℃	0℃	−10℃	−20℃	−30℃	−40℃	−50℃
S275N	1.8818	55	47	43	40①	—	—	—
S275ML	1.8819							
S355M	1.8823							
S355ML	1.8834	31	27	24	20			
S420M	1.8825	63	55	51	47	40	31	27
S420ML	1.8836							
S460M	1.8827							
S460ML	1.8838	40	34	30	27	23	20	16

说明：①该数值对应于−30℃条件下的冲击功为 27J

热机械轧制：最终变形在一定温度范围内完成的轧制工艺，国内标准中称为 TMCP（热机械控制轧制）。此种钢材在后续加工中的热处理温度达到 580℃以上时，强度值会降低。

（4）EN10025-5 2004《改进型耐大气腐蚀结构钢交货技术条件》

本标准规定了 S235、S355 二种强度等级的耐候钢。适用于焊接、栓接和铆接，增强了耐大气腐蚀能力。本标准中规定的钢种未经过其他热处理。由于钢材的含 P 量高，在焊接应用时应采取可保证焊接质量的焊接工艺。焊缝和栓、铆钉也应具备相应的耐大气腐蚀性能。附表 2-27～附表 2-31 为其理化、焊接性能指标。

附表 2-27

改进型耐大气腐蚀结构钢的产品及规格 【EN10025-5 2004】

钢号		扁平产品 公称厚度 (mm)		长产品 公称厚度或直径 (mm)		
按 EN10027-1 和 CR10260 命名	按 EN10027-2 命名	≤12	≤150	型钢 ≤40	棒材 ≤150	线材 ≤60
S235J0W	1.8958		×	×	×	×
S235J2W	1.8961		×	×	×	×
S355J0WP	1.8945	×				
S355J2WP	1.8946	×				
S355J0W	1.8959		×	×	×	×
S355J2W	1.8965		×	×	×	×
S355K2W	1.8967		×	×	×	×

附表 2-28

改进型耐大气腐蚀结构钢熔炼分析化学成分 【EN10025-5 2004】

钢号		脱氧方法	化学元素含量 (%)									
按 EN10027-1 和 CR10260 命名	按 EN10027-2 命名		C (max)	Si (max)	Mn	P ①	S (max) ①	N (max) ③④	固氮元素 ②	Cr	Cu	其他
S235J0W	1.8958	FN	0.13	0.40	0.20~0.60	(max)0.035	0.035	0.009③④	—	0.40~0.80	0.25~0.55	Ni：≤0.65（%）
S235J2W	1.8961	FF					0.030	—	含			
S355J0WP	1.8945	FN	0.12	0.75	(max)1.0	0.06~0.15	0.035	0.009④	—	0.30~1.25	0.25~0.55	Ni：≤0.65（%）
S355J2WP	1.8946	FF					0.030	—	含			

续表

钢　号 按EN10027-1 和CR10260命名	按EN10027-2 命名	脱氧 方法	化学元素含量(%) C (max)	Si (max)	Mn	P ①	S (max)①	N (max)	固氮 元素②	Cr	Cu	其他
S355J0W	1.8959	FN	0.16	0.50	0.50~1.50	(max)0.035	0.035	0.009③④	—	0.40~0.80	0.25~0.55	Ni：≤0.65(%)
S355J2W	1.8965	FF				(max)0.030	0.030	—	含			Mo：≤0.30(%)
S355K2W	1.8967	FF				(max)0.030	0.030	—	含			Zr(锆)：≤0.15(%)

说明：①对于长产品P和S含量可以高于0.005。

②钢种应含有以下至少一种元素：Alt(全铝)≥0.020%，Nb：0.015%~0.060%，V：0.02%~0.12%，Ti：0.02%~0.10%。如果这些元素用于合成，至少应注明其中一种元素的最小含量。

③每增加0.001%的N，P的最大值将减少0.005%，N允许超过规定值但最多不超过0.012%。

④如果化学成分显示的最小全铝含量为0.020%或有充分的其他固氮元素存在，则N的最大值不适用，固氮元素在检验文件中应注明。

改进型大气腐蚀结构钢产品分析化学成分【EN10025-5 2004】

附表2-29

钢　号 按EN10027-1 和CR10260命名	按EN10027-2 命名	脱氧 方法	化学元素含量(%) C (max)	Si (max)	Mn	P ①	S (max)①	N (max)	固氮 元素②	Cr	Cu	其他
S235J0W	1.8958	FN	0.16	0.45	0.15~0.70	(max)0.040	0.040	0.010③④	—	0.35~0.85	0.20~0.60	Ni：≤0.70(%)
S235J2W	1.8961	FF				—	0.035	—	含			
S355J0WP	1.8945	FN	0.15	0.80	(max)1.1	0.05~0.16	0.040	0.010④	—	0.25~1.35	0.20~0.60	Ni：≤0.70(%)
S355J2WP	1.8946	FF					0.035	—	含			
S355J0W	1.8959	FN	0.19	0.55	0.45~1.60	(max)0.040	0.040	0.010③④	—	0.35~0.85	0.20~0.60	Ni：≤0.70(%)
S355J2W	1.8965	FF				(max)0.035	0.035	—	含			Mo：≤0.35(%)
S355K2W	1.8967	FF				(max)0.035	0.035	—	含			Zr(锆)：≤0.17(%)

说明：①、④见附表2-28熔炼分析。②钢种应含有以下至少一种元素：Alt(全铝)≥0.020%，Nb：0.010%~0.065%，V：0.10%~0.14%，Ti：0.01%~0.12%。如果这些元素用于合成，至少应注明其中一种元素的最小含量。③每增加0.001%的N，P的最大值将减少0.005%，N允许超过规定值但最多不超过0.013%。

附表 2-30

改进型大气腐蚀结构钢扁平和长产品常温机械性能【EN10025-5 2004】

钢号 按EN10027-1和CR10260命名	钢号 按EN10027-2命名	上屈服强度 R_{eH} 最小值(MPa) 公称厚度(mm)						抗拉强度 R_m(MPa) 公称厚度(mm)			试件位置	下列公称厚度(mm)时的最小延伸率(%) $L_0=5.65\sqrt{S_0}$							扁平和长产品的 kV 纵向冲击功②	
		≤16	>16 ≤40	>40 ≤63	>63 ≤80	>80 ≤100	>100 ≤150	<3	≥3 ≤100	>100 ≤150		$L_0=80$mm >1.5 ≤2	>2 ≤2.5	>2.5 ≤3	>3 ≤40	>40 ≤63	>63 ≤100	>100 ≤150	试验温度(℃)	冲击功(J)
S235J0W	1.8958	235	225	215	215	195	195	360~510	360~510	350~500	l	19	20	21	26	25	24	22	0	27
											t	17	18	19	24	23	22	22		
S235J2W	1.8961	235	225	215	215	195	195	360~510	360~510	350~500	l	19	20	21	26	25	24	22	−20	27
											t	17	18	19	24	23	22	22		
S355J0WP	1.8945③	355	345①	—				510~680	470~630①	—	l	16	17	18	22①	—	—	—	0	27
											t	14	15	16	20	—	—	—		
S355J2WP	1.8946③	355	345①	—				510~680	470~630①	—	l	16	17	18	22①	—	—	—	−20	27
											t	14	15	16	20	—	—	—		
S355J0W	1.8959	355	345	335	325	315	295	510~680	470~630	450~600	l	16	17	18	22	21	20	18	0	27
											t	14	15	16	20	19	18	18		
S355J2W	1.8965	355	345	335	325	315	295	510~680	470~630	450~600	l	16	17	18	22	21	20	18	−20	27
											t	14	15	16	20	19	18	18		
S355K2W	1.8967	355	345	335	325	315	295	510~680	470~630	450~600	l	16	17	18	22	21	20	18	−20	40④
											t	14	15	16	20	19	18	18		

说明:对于板坯、带钢和宽度≥600mm的扁平材,带钢产品厚度可达12mm,长产品厚度可达40mm。①对于扁平产品厚度可达40mm,数值适用于与轧制方向平行的方向;对于所有其他产品,数值适用于与轧制方向垂直的方向。②对于公称厚度小于12mm的产品,数值适用于与轧制方向平行的方向,当采用宽度小于10mm的试样时,最小值应直接按试样横截面的比例减小,公称厚度小于6mm的不需要冲击试验。③如果订货时有规定,则冲击功应进行检验。④−30℃时的冲击功值为27J。

附表 2-31

改进型大气腐蚀结构钢扁平产品的冷轧弯曲半径最小推荐值【EN10025-5 2004】

钢号 按EN10027-1 和 CR10260命名	钢号 按EN10027-2命名	弯曲方向	下列公称厚度时的最小内弯曲半径推荐值(单位:mm)												
			>1.5 ≤2.5	>2.5 ≤3	>3 ≤4	>4 ≤5	>5 ≤6	>6 ≤7	>7 ≤8	>8 ≤10	>10 ≤12	>12 ≤14	>14 ≤16	>16 ≤18	>18 ≤20
S235J0W	1.8958	l	2.5	3	5	6	8	10	12	16	20	25	28	36	40
S235J2W	1.8961	t	2.5	3	6	8	10	12	16	20	25	28	32	40	45
S355J0WP	1.8945	l	4	5	8	8	10	12	16	16	20				
S355J2WP	1.8946	t	4	5	8	10	12	16	20	20	25				
S355J0W	1.8959	l	4	5	6	8	10	12	16	20	25	32	36	45	50
S355J2W	1.8965	t	4	5	8	10	12	16	20	25	32	36	40	50	63
S355K2W	1.8967														

说明:"l"表示平行于轧制方向;"t"表示垂直于轧制方向;表列数值适用于弯曲角度≤90°。

（5）EN10025-6 2004《调质高屈服强度结构钢扁平材产品交货技术条件》

本标准规定了 S460～S960 七种强度等级的调质高屈服强度结构钢扁平钢产品技术要求。具体钢号、质量等级以及其理化性能、焊接相关性能指标见附表 2-32～附表 3-36。

本标准中 S460、S500、S550、S620 和 S690 强度等级的产品，其供货最低标称厚度为 3mm，最大标称厚度≤150mm，S890 钢的产品最大标称厚度≤100mm；S960 钢的产品最大标称厚度为≤50mm。

钢号标识中 Q 表示通过淬火和回火处理工艺（调质）交货；质量等级标识中，无符号表示：在温度不低于－20℃状态下具有特定的最低冲击能值保证。L 表示：在温度不低于－40℃状态下具有特定的最低冲击能值保证。L_1 则表示在温度不低于－60℃状态下具有特定的最低冲击能值保证。

本标准规定的钢材可适用于焊接连接。

附表 2-32

调质高屈服强度结构钢（扁平产品）【EN10025-6 2004】

化学元素最大含量（%）

钢号	质量等级		C碳	Si硅	Mn锰	P磷	S硫	N氮	B①硼	Cr铬	Cu铜	Mo钼	Nb①铌	Ni镍	Ti①钛	V①钒	Zr①锆
所有钢号	熔炼分析	无符号				0.025	0.015										
		L	0.20	0.80	1.70	0.020	0.10	0.015	0.0050	1.50	0.50	0.70	0.06	2.0	0.05	0.12	0.15
		L1				0.020	0.10										

说明：根据产品的厚度和制造条件，制造商可以根据订单给出的最大数值向钢内添加一种或多种合金元素以达到指定的性能要求。①产品当中至少含有 0.015%的晶粒细化元素，而铝也是这些元素之一。对于溶解铝，最低含量要求达到 0.015%；如果全铝（Alt）含量要求达到 0.018%，即认为全铝（Alt）含量已达到了该数值指标要求。如有争议，溶解铝含量可以另行确定。

钢号	产品分析		C碳	Si硅	Mn锰	P磷	S硫	N氮	B①硼	Cr铬	Cu铜	Mo钼	Nb①铌	Ni镍	Ti①钛	V①钒	Zr①锆
所有钢号	产品分析	无符号				0.030	0.017										
		L	0.22	0.86	1.80	0.025	0.012	0.016	0.0060	1.60	0.55	0.74	0.07	2.1	0.07	0.14	0.17
		L1				0.025	0.012										

说明：根据产品的厚度和制造条件，制造商可以根据订单给出的最大数值向钢内添加一种或多种合金元素以达到指定的性能要求。①产品当中至少含有 0.010%的晶粒细化元素，而铝也是这些元素之一。对于溶解铝，最低含量要求达到 0.010%；如果全铝（Alt）含量要求达到 0.013%，即认为全铝（Alt）含量已达到了该数值指标要求。如有争议，溶解铝含量可以另行确定。

调质高屈服强度结构钢熔炼分析最大碳当量【EN10025-6 2004】　　附表 2-33

钢　号		下列公称厚度 t（mm）时的最大 CEV（%）①		
按 EN10027-1 和 CR10260 命名	按 EN10027-2 命名	≤50	>50 ≤100	>100 ≤150
S460Q	1.8908			
S460QL	1.8906	0.47	0.48	0.50
S460QL1	1.8916			
S500Q	1.8924			
S500QL	1.8909	0.47	0.70	0.70
S500QL1	1.8984			
S550Q	1.8904			
S550QL	1.8926	0.65	0.77	0.83
S550QL1	1.8986			
S620Q	1.8914			
S620QL	1.8927	0.65	0.77	0.83
S620QL1	1.8987			
S690Q	1.8931			
S690QL	1.8928	0.65	0.77	0.83
S690QL1	1.8988			
S890Q	1.8940			
S890QL	1.8983	0.72	0.82	—
S890QL1	1.8925			
S960Q	1.8941	0.82	—	
S960QL	1.8933			

说明：① 对于热镀锌适应等级为 1 级产品，最大 CEV 值增加 0.02；对于热镀锌适应等级为 3 级产品，最大 CEV 值增加 0.01（此时 Si 和 P 元素含量亦有调整）

调质高屈服强度结构钢环境温度下的机械性能【EN10025-6 2004】　　附表 2-34

钢　号		上屈服强度 R_{eH} 最小值 （MPa）			抗拉强度 R_m （MPa）			最小延伸率 （%） $L_0 = 5.65 \sqrt{S_0}$
按 EN10027-1 和 CR10260 命名	按 EN10027-2 命名	≥3 ≤50	>50 ≤100	>100 ≤150	≥3 ≤50	>50 ≤100	>100 ≤150	
S460Q	1.8908							
S460QL	1.8906	460	440	400	55～720	500～670		17
S460QL1	1.8916							
S500Q	1.8924							
S500QL	1.8909	500	480	440	590～770	540～720		17
S500QL1	1.8984							

续表

钢　号		上屈服强度 R_{eH} 最小值（MPa）			抗拉强度 R_m（MPa）			最小延伸率（%）
按 EN10027-1 和 CR10260 命名	按 EN10027-2 命名	$\geqslant 3$ $\leqslant 50$	>50 $\leqslant 100$	>100 $\leqslant 150$	$\geqslant 3$ $\leqslant 50$	>50 $\leqslant 100$	>100 $\leqslant 150$	$L_0 = 5.65 \sqrt{S_0}$
S550Q	1.8904	550	530	490	640～820		590～770	16
S550QL	1.8926							
S550QL1	1.8986							
S620Q	1.8914	620	580	560	700～890		650～830	15
S620QL	1.8927							
S620QL1	1.8987							
S690Q	1.8931	690	650	630	770～940	760～930	710～900	14
S690QL	1.8928							
S690QL1	1.8988							
S890Q	1.8940	890	830	—	940～1100	880～1100	—	11
S890QL	1.8983							
S890QL1	1.8925							
S960Q	1.8941	960	—	—	980～1150	—	—	10
S960QL	1.8933							

调质高屈服强度结构钢 V 切口抗冲击试验的最低冲击能值【EN10025-6 2004】　　附表 2-35

钢　号		测试温度下的最低 V 形切口冲击功（纵向/横向）单位：J			
按 EN10027-1 和 CR10260 命名	按 EN10027-2 命名	0℃	−20℃	−40℃	−60℃
S460Q	1.8908	40	30		
S500Q	1.8924				
S550Q	1.8904				
S620Q	1.8914				
S690Q	1.8931				
S890Q	1.8940				
S960Q	1.8941	30	27		

钢 号		测试温度下的最低 V 形切口冲击功（纵向/横向）单位：J			
按 EN10027-1 和 CR10260 命名	按 EN10027-2 命名	0℃	−20℃	−40℃	−60℃
S460QL	1.8906	50	40	30	
S500QL	1.8909				
S550QL	1.8926				
S620QL	1.8927				—
S690QL	1.8928				
S890QL	1.8983				
S960QL	1.8933	35	30	27	
S460QL1	1.8916	60	50	40	30
S500QL1	1.8984				
S550QL1	1.8986				
S620QL1	1.8987				
S690QL1	1.8988				
S890QL1	1.8925	40	35	30	27

调质高屈服强度结构钢冷弯折边推荐最低内弯曲半径【EN10025-6 2004】　　　附表 2-36

钢 号		公称厚度 $3 \leqslant t \leqslant 16mm$ 的最低内弯曲半径	
按 EN10027-1 和 CR10260 命名	按 EN10027-2 命名	弯曲边轴线沿轧制横向	弯曲边轴线平行轧制方向
S460Q	1.8908		
S460QL	1.8906	$3.0t$	$4.0t$
S460QL1	1.8916		
S500Q	1.8924		
S500QL	1.8909	$3.0t$	$4.0t$
S500QL1	1.8984		
S550Q	1.8904		
S550QL	1.8926	$3.0t$	$4.0t$
S550QL1	1.8986		
S620Q	1.8914		
S620QL	1.8927	$3.0t$	$4.0t$
S620QL1	1.8987		

钢　　号		公称厚度 3≤t≤16mm 的最低内弯曲半径	
按 EN10027-1 和 CR10260 命名	按 EN10027-2 命名	弯曲边轴线沿轧制横向	弯曲边轴线平行轧制方向
S690Q	1.8931		
S690QL	1.8928	3.0t	4.0t
S690QL1	1.8988		
S890Q	1.8940		
S890QL	1.8983	3.0t	4.0t
S890QL1	1.8925		
S960Q	1.8941	4.0t	5.0t
S960QL	1.8933		

说明：适用于弯曲角度≤90°

（6）钢产品有热浸镀锌需求时的化学成分要求

由于钢中 Si 和 P 元素的存在对镀锌过程及镀层质量有影响，因此在欧洲标准 EN10025 所规定的四个热轧结构钢品种，在钢产品有热浸镀锌需求时，应对钢的 Si 和 P 含量进行控制。这四个热轧结构钢品种是："EN10025-2 非合金结构钢"、"EN10025-3 正火/正火轧制焊接用细晶粒结构钢"、"EN10025-4 热机械轧制焊接用细晶粒结构钢"和 "EN10025-6 调质高屈服强度结构钢"。EN10025-5 耐候钢通常不考虑涂镀防腐。

当上述钢产品有热浸镀锌需求（镀层技术要求执行 EN ISO 1461 和 EN ISO 14713）时，其相应化学成分（熔炼分析值）应满足附表 2-37 的要求。此时针对热浸镀锌适合等级为 1 级的，其相应钢种的最大碳当量值（熔炼分析）相应增加 0.02；对于热浸镀锌适合等级为 3 级的，其相应钢种的最大碳当量值（熔炼分析）相应增加 0.01。

基于熔炼分析确定的热浸镀锌适合性等级　　　　　　　　　　　　　　附表 2-37

热浸镀锌适合等级	元素的质量百分比（%）		
	Si	Si+2.5P	P
1 级	≤0.030	≤0.090	—
2 级	≤0.35	—	—
3 级	0.14≤Si≤0.25	—	≤0.035

说明：2 级只适合于特定的锌合金

附录 3　日本工业标准 JIS 主要建筑用钢

1. 日本建筑钢结构用钢标准体系

（1）日本建筑钢结构用钢常用标准的分类（附表 3-1）

日本建筑钢结构用钢标准通常可按一般结构用钢、建筑结构专用钢和特殊性能建筑结构用钢分为三类。日本工业标准是公开发行的技术标准，各个钢厂自有的产品技术标准较JIS标准严格，订货时以执行企业标准为主。

日本建筑钢结构用钢常用标准的分类　　　　附表 3-1

建筑钢结构用钢标准分类	标准编号、名称
一般结构用钢标准	JIS G3101《一般结构用轧制钢材》
	JIS G3106《焊接结构用轧制钢材》
	JIS G3466《一般结构用方形碳钢管》
建筑结构专用钢材标准	JIS G3136《建筑结构用轧制钢》
	JIS G3475《建筑结构用碳素钢管》
	JIS G3138《建筑结构用轧制棒材》
特殊性能建筑结构用钢标准	JIS G3114《焊接结构用耐候热轧钢材》
	JIS G3199《厚度性能钢板》

（2）日本一般结构用钢标准下的常用钢材概况（附表 3-2）

一般结构用钢标准下的常用钢材　　　　附表 3-2

标准号	强度等级代号	适用范围	适用的品种	尺寸范围（mm）
JIS G3101	SS330(205)	适用于一般结构用轧制钢材。例如：桥梁钢、造船钢和其他结构用钢	厚板、薄板、钢带、扁钢和钢棒	
	SS400(245)		厚板、薄板、钢带、型钢、扁钢和钢棒	
	SS490(285)			
	SS540(400)		厚板、薄板、钢带、型钢、扁钢和钢棒（厚度、直径边长小于 40mm）	
JIS G3106	SM400A(245)	适用于具有优良焊接性能的桥梁钢、造船钢、轧制钢坯、石油储罐及容器以及其他结构用钢	厚板、钢带、型钢、扁钢和钢棒	≤200
	SM400B			
	SM400C		厚板、钢带、型钢	≤100
	SM490A(325)		厚板、钢带、型钢和扁钢	≤200
	SM490B			
	SM490C		厚板、钢带、型钢	≤100
	SM490YA		厚板、钢带、型钢和扁钢	≤100
	SM490YB			
	SM520B(365)			
	SM520C		厚板、钢带、型钢	≤100
	SM570(460)			
JIS G3466	STKR400(245)	适用于民房、建筑以及其他建筑	方管	≤12
	STKR490(325)			

（3）日本建筑结构用钢标准下的常用钢材概况（附表 3-3）

建筑结构用钢标准下的常用钢材 附表 3-3

标准号	强度等级代号	适用范围	适用的品种	尺寸范围（mm）
JIS G3136	SN400A（≥235）	不要求抗震性能	厚板、钢带、型钢与扁钢	6～100
	SN400B（235～400）	满足抗震要求		6～100
	SN400C（235～400）			16～100
	SN490B（325～355）			6～100
	SN490C（325～355）			16～100
JIS G3475	STKN400W	不要求抗震性能	无缝管，电阻焊、对焊或电弧焊（直缝焊）钢管	
	STKN400B	满足抗震要求		
	STKN490B			
JIS G3138	SNR400A	不要求抗震性能	圆棒、方棒与成卷交货的棒材	6～100
	SNR400B	满足抗震要求		6～100
	SNR490B			6～100

2. 日本建筑钢结构用钢理化性能指标

（1）JIS G3101—2004《一般结构用轧制钢材》

本标准规定的钢材有四个牌号：SS330、SS400、SS490 和 SS540，牌号中数字为该钢号抗拉强度最小值。除 SS540 要求 C、Mn 含量限值外，其余牌号只要求 P、S 含量限值。本标准规定的钢材一般只用于非主要构件。其理化性能指标见附表 3-4、附表 3-5。

一般结构用轧制钢材化学成分【JIS G3101—2004】 附表 3-4

牌　号	C	Mn	P	S
SS330				
SS400	…	…	≤0.050	≤0.050
SS490				
SS540	≤0.30	≤1.60	≤0.040	≤0.040

备注：可根据需方加入表中以外的合金元素。

附表 3-5

一般结构用轧制钢材力学性能【JIS G3101—2010】

牌号	屈服点或屈服强度 (N/mm²) 钢材的厚度 (mm)			抗拉强度 (N/mm²)	钢材的厚度 (mm)	拉伸试样	伸长率 (%)	弯曲试验 弯曲角度	内侧半径	试样
	≤16	>16~ ≤40	>40~ ≤100	>100						
SS330	≥205	≥195	≥175	≥165	330~430	钢板、钢带、扁钢厚度≤5	5号	≥26	180°	厚度的 0.5 倍	1 号
						钢板、钢带、扁钢厚度>5~≤16	1A号	≥21			
						钢板、钢带、扁钢厚度>16~≤50	1A号	≥26			
						钢板、扁钢厚度>40	4号	≥28⑤		直径、边长或对边距离的 0.5 倍	2 号
						棒钢的直径、边长或对边距离≤25	2号	≥25			
						棒钢的直径、边长或对边距离>25	14A号	≥28			
SS400	≥245	≥235	≥215	≥205	400~510	钢板、钢带、扁钢、型钢厚度≤5	5号	≥21	180°	厚度的 1.5 倍	1 号
						钢板、钢带、扁钢、型钢厚度>5~≤16	1A号	≥17			
						钢板、钢带、扁钢、型钢厚度>16~≤50	1A号	≥21			
						钢板、扁钢、型钢厚度>40	4号	≥23⑤		直径、边长或对边距离的 1.5 倍	2 号
						棒钢的直径、边长或对边距离≤25	2号	≥20			
						棒钢的直径、边长或对边距离>25	14A号	≥22			
SS490	≥285	≥275	≥255	≥245	490~610	钢板、钢带、扁钢、型钢厚度≤5	5号	≥19	180°	厚度的 2.0 倍	1 号
						钢板、钢带、扁钢、型钢厚度>5~≤16	1A号	≥15			
						钢板、钢带、扁钢、型钢厚度>16~≤50	1A号	≥19			
						钢板、扁钢、型钢厚度>40	4号	≥21⑤		直径、边长或对边距离的 2.0 倍	2 号
						棒钢的直径、边长或对边距离≤25	2号	≥18			
						棒钢的直径、边长或对边距离>25	14A号	≥20			
SS540	≥400	≥390	—	—	≥540	钢板、钢带、扁钢、型钢厚度≤5	5号	≥16	180°	厚度的 2.0 倍	1 号
						钢板、钢带、扁钢、型钢厚度>5~≤16	1A号	≥13			
						钢板、钢带、扁钢、型钢厚度>16~≤40	1A号	≥17			
						棒钢的直径、边长或对边距离≤25	2号	≥13		直径、边长或对边距离的 2.0 倍	2 号
						棒钢的直径、边长或对边距离>25~≤40	14A号	≥16			

① 厚度指试样选取部位厚度。对于棒材：圆棒料为其直径，方棒料为其边长，六角棒料为其对边距离。
② 厚度超过 90mm 的钢材，其 4 号试样的伸长率（延伸率）按照每增加 25mm 厚度从表中给出的伸长率减少 1%，但以减少 3% 为极限。
③ 对于厚度尺寸≤5mm 的钢材，其弯曲试验可以使用 3 号试样。

（2）JIS G3106—2008《焊接结构用轧制钢材》

本标准规定的钢材有四个牌号：SM400、SM490、SM520 和 SM570，牌号中数字为该钢号抗拉强度最小值。本标准适用于船舶、桥梁、车辆、石油储罐、容器及其他结构的焊接构件，对焊接性能进行了规定。其理化及焊接性能指标见附表 3-6～附表 3-15。

<table>
<tr><td colspan="3">焊接结构用轧制钢材种类及试用规格【JIS G 3106—2008】</td><td>附表 3-6</td></tr>
<tr><td>种类的记号</td><td colspan="2">钢　材</td><td>适用厚度（mm）</td></tr>
<tr><td>SM400A</td><td colspan="2" rowspan="2">钢板、钢带、型钢及扁钢</td><td rowspan="2">200 以下</td></tr>
<tr><td>SM400B</td></tr>
<tr><td rowspan="2">SM400C</td><td colspan="2">钢板、钢带及型钢</td><td>100 以下</td></tr>
<tr><td colspan="2">扁钢</td><td>50 以下</td></tr>
<tr><td>SM490A</td><td colspan="2" rowspan="2">钢板、钢带、型钢及扁钢</td><td rowspan="2">200 以下</td></tr>
<tr><td>SM490B</td></tr>
<tr><td rowspan="2">SM490C</td><td colspan="2">钢板、钢带及型钢</td><td>100 以下</td></tr>
<tr><td colspan="2">扁钢</td><td>50 以下</td></tr>
<tr><td>SM490YA</td><td colspan="2" rowspan="2">钢板、钢带、型钢及扁钢</td><td rowspan="2">100 以下</td></tr>
<tr><td>SM490YB</td></tr>
<tr><td>SM520B</td><td colspan="2">钢板、钢带及型钢及扁钢</td><td>100 以下</td></tr>
<tr><td rowspan="2">SM520C</td><td colspan="2">钢板、钢带及型钢</td><td>100 以下</td></tr>
<tr><td colspan="2">扁钢</td><td>40 以下</td></tr>
<tr><td rowspan="2">SM570</td><td colspan="2">钢板、钢带及型钢</td><td>100 以下</td></tr>
<tr><td colspan="2">扁钢</td><td>40 以下</td></tr>
</table>

注：1. 根据供需双方协议，可以生产达到以下厚度的钢板，SM400A 厚度可达到 450mm，SM490A 厚度可达 300mm，SM400B、SM400C、SM490B 及 SM490C 厚度可达 250mm 以及 SM490YA、SM490YB、SM520B、SM520C 及 SM570 厚度可达 150mm。

2. 根据供需双方协议，可以生产达到以下厚度的扁钢，SM400C 及 SM490C 厚度可达 75mm，SM520C 厚度可达 50mm。

<table>
<tr><td colspan="6">焊接结构用轧制钢化学成分®【JIS G 3106—2008】</td><td>附表 3-7</td></tr>
<tr><td>牌号</td><td>钢材厚度范围</td><td>C</td><td>Si</td><td>Mn</td><td>P</td><td>S</td></tr>
<tr><td rowspan="2">SM400A</td><td>厚度≤50mm</td><td>≤0.23</td><td rowspan="2">—</td><td rowspan="2">≥2.5×C^①</td><td rowspan="2">≤0.035</td><td rowspan="2">≤0.035</td></tr>
<tr><td>50＜厚度≤200mm</td><td>≤0.25</td></tr>
<tr><td rowspan="2">SM400B</td><td>厚度≤50mm</td><td>≤0.20</td><td rowspan="2">≤0.35</td><td rowspan="2">0.60～1.50</td><td rowspan="2">≤0.035</td><td rowspan="2">≤0.035</td></tr>
<tr><td>50＜厚度≤200mm</td><td>≤0.22</td></tr>
<tr><td>SM400C</td><td>厚度≤100mm</td><td>≤0.18</td><td>≤0.35</td><td>0.60～1.50</td><td>≤0.035</td><td>≤0.035</td></tr>
<tr><td rowspan="2">SM490A</td><td>厚度≤50mm</td><td>≤0.20</td><td rowspan="2">≤0.55</td><td rowspan="2">≤1.65</td><td rowspan="2">≤0.035</td><td rowspan="2">≤0.035</td></tr>
<tr><td>50＜厚度≤200mm</td><td>≤0.22</td></tr>
<tr><td rowspan="2">SM490B</td><td>厚度≤50mm</td><td>≤0.18</td><td rowspan="2">≤0.55</td><td rowspan="2">≤1.65</td><td rowspan="2">≤0.035</td><td rowspan="2">≤0.035</td></tr>
<tr><td>50＜厚度≤200mm</td><td>≤0.20</td></tr>
<tr><td>SM490C</td><td>厚度≤100mm</td><td>≤0.18</td><td>≤0.55</td><td>≤1.65</td><td>≤0.035</td><td>≤0.035</td></tr>
</table>

牌号	钢材厚度范围	C	Si	Mn	P	S
SM490YA SM490YB	厚度≤100mm	≤0.20	≤0.55	≤1.65	≤0.035	≤0.035
SM520B SM520C	厚度≤100mm	≤0.20	≤0.55	≤1.65	≤0.035	≤0.035
SM570	厚度≤100mm	≤0.18	≤0.55	≤1.70	≤0.035	≤0.035

ⓐ 如有需要，可以添加上表以外的合金元素。

ⓑ C 的值适用于实际的熔炼分析值。

焊接结构用轧制钢热处理及热处理代号：

如有要求，钢材可以进行正火、淬火回火或回火热处理，也可经供需双方协议进行控轧控冷等热处理以改变钢材的相关特性。这些热处理需在钢材牌号的末尾以字母代号标识。相关字母含义如下：

N：根据供需双方协议对钢材进行正火；

T：根据供需双方协议对钢材进行回火；

Q：对钢材进行淬火回火（调质）；

TMC：对钢材进行控轧控冷（亦称热机械轧制）；

其他：按协议规定。

钢材的焊接适应性以碳当量 C_{eq} 或焊接裂纹敏感性成分当量 P_{cm} 体现，其计算公式如下：

碳当量 $$C_{eq}（\%）=C+\frac{Mn}{6}+\frac{Si}{24}+\frac{Ni}{40}+\frac{Cr}{5}+\frac{Mo}{4}+\frac{V}{14} \qquad 附（3-1）$$

焊接裂纹敏感性成分当量

$$P_{cm}(\%)=C+\frac{Si}{30}+\frac{Mn}{20}+\frac{Cu}{20}+\frac{Ni}{60}+\frac{Cr}{20}+\frac{Mo}{15}+\frac{V}{10}+5B \qquad 附（3-2）$$

进行 C_{eq} 或 P_{cm} 计算应根据钢的化学成分熔炼分析值（附表 3-7）进行。

对于本标准规定的 SM570Q 钢—应用淬火回火热处理工艺的钢材，其碳当量根据公式附（3-1）计算，应符合附表 3-8 规定。

SM570Q 最大碳当量【JIS G 3106—2008】 附表 3-8

钢材的厚度（mm）	厚度≤50	50<厚度≤100	>100
碳当量（%）	≤0.44	≤0.47	根据供需双方协议

或根据供需双方协议，用焊接裂纹敏感性成分当量 P_{cm} 代替碳当量，且符合附表 3-9 规定。

SM570Q 最大焊接裂纹敏感性成分当量【JIS G 3106—2008】 附表 3-9

钢材的厚度（mm）	≤50	50<厚度≤100	>100
焊接裂纹敏感性成分当量（%）	≤0.28	≤0.30	根据供需双方协议

对于本标准规定钢种进行控轧控冷热处理工艺的钢材，其碳当量（根据协议可以焊接

裂纹敏感性成分当量替代碳当量）和焊接裂纹敏感性成分当量，分别根据公式附（3-1）和附（3-2））计算，结果应符合附表 3-10 和附表 3-11 的要求。

控轧控冷热处理焊接结构用轧制钢的碳当量【JIS G 3106—2008】　　附表 3-10

牌　　号		SM490A　SM490YA SM470B　SM490YB　SM490C	SM520B　SM520C
适用厚度	厚度≤50mm	≤0.38	≤0.40
	50＜厚度≤100	≤0.40	≤0.42

注：厚度大于 100mm 的钢板的碳当量，应根据供需双方协议。

控轧控冷热处理焊接结构用轧制钢的焊接裂纹敏感性成分当量【JIS G 3106—2008】

附表 3-11

牌　　号		SM490A，SM490B，SM490C SM490YA　SM490YB	SM520B，SM520C
适用厚度	厚度≤50mm	≤0.24	≤0.26
	50＜厚度≤100	≤0.26	≤0.27

注：厚度大于 100mm 的钢板的焊接裂纹敏感性成分当量，应根据供需双方协议。

（又注：控轧控冷热处理亦称"热机械轧制"）

对于按供需双方协议生产的超厚板，其熔炼分析化学成分应符合附表 3-12 规定。焊接结构用轧制钢力学性能见附表 3-13。

焊接结构用轧制钢（厚板）熔炼分析化学成分[a]【JIS G 3106—2008】　　附表 3-12

牌号	厚　　度	C	Si	Mn[b]	P	S
SM400A	200mm＜厚度≤450mm	≤0.25	—	≥2.5×C[c]	≤0.035	≤0.035
SM400B	200mm＜厚度≤250mm	≤0.22	≤0.35	≥0.60	≤0.035	≤0.035
SM400C	100mm＜厚度≤250mm	≤0.18	≤0.35	—	≤0.035	≤0.035
SM490A	200mm＜厚度≤300mm	≤0.22	≤0.55	—	≤0.035	≤0.035
SM490B	200mm＜厚度≤250mm	≤0.20	≤0.5	—	≤0.035	≤0.035
SM490C	200mm＜厚度≤250mm	≤0.18	≤0.55	—	≤0.035	≤0.035
SM490YA	100mm＜厚度≤150mm	≤0.20	≤0.55	—	≤0.35	≤0.035
SM490YB						
SM520B	100mm＜厚度≤150mm	≤0.20	≤0.55	—	≤0.035	≤0.035
SM520C						
SM570	100mm＜厚度≤150mm	≤0.1	≤0.55	—	≤0.035	≤0.035

ⓐ 根据需要，可以添加此表以外的合金元素。

ⓑ Mn 的上限值由供需双方协商。

ⓒ C 值为熔炼成分值。

附表 3-13

焊接结构用轧制钢力学性能【JIS G 3106—2008】

| 种类的牌号 | 屈服点或屈服强度（N/mm²）钢材的厚度（mm） | | | | | | 抗拉强度（N/mm²）钢材的厚度（mm） | | 伸长率 | | |
	≤16	16<厚度≤40	40<厚度≤75	75<厚度≤100	100<厚度≤160	160<厚度≤200	≤100	100<厚度≤200	钢材的厚度（mm）	试样	%
SM400A	≥245	≥235	≥215	≥215	≥205	≥195	400～510	400～510	<5	5 号	≥28
SM400B									5<厚度≤16	1A 号	≥18
									16<厚度≤50	1A 号	≥22
SM400C									>40	4 号	≥24
SM490A	≥325	≥315	≥295	≥295	≥285	≥275	490～610	490～610	<5	5 号	≥22
SM490B									5<厚度≤16	1A 号	≥17
									16<厚度≤50	1A 号	≥21
SM490C									>40	4 号	≥23
SM490YA	≥365	≥355	≥335	≥325	—	—	490～610	—	<5	5 号	≥19
SM490YB									5<厚度≤16	1A 号	≥15
									16<厚度≤50	1A 号	≥19
									>40	4 号	≥21
SM520B	≥365	≥355	≥335	≥325	—	—	520～640	—	<5	5 号	≥19
SM520C									5<厚度≤16	1A 号	≥15
									16<厚度≤50	1A 号	≥19
									>40	4 号	≥21
SM570	≥460	≥450	≥430	≥420	—	—	570～720	—	≤16	5 号	≥19
									>16	5 号	≥26
									>20	4 号	≥20

注：1. 对于型钢，钢材的厚度指试样取样部位的厚度。
2. 厚度大于 100mm，钢材使用 4 号试样的伸长率。厚度每增加 25mm 或不足 25mm，表中伸长伸长率的数值减少 1％，但减少率最大为 3％。

根据附表3-6注1：根据供需双方协议商定生产的厚钢板，其力学性能应符合附表3-14的要求，此时拉伸试样采取4号试样（试样编号含义详见JIS相关标准）。焊接结构用轧制钢夏比冲击吸收功见附表3-15。

焊接结构用轧制钢（厚板）力学性能【JIS G 3106—2008】 附表 3-14

牌　号	厚度 （mm）	屈服点或屈服强度 （N/mm²）	拉伸强度 （N/mm²）	延伸率 （%）
SM400A	200＜厚度≤450	≥195	400～510	≥21
SM400B	200＜厚度≤250			
SM400C	100＜厚度≤160	≥205		≥24@
	160＜厚度≤250	≥195		
SM490A	200＜厚度≤300	≥275	490～610	≥20
SM490B	200＜厚度≤250			
SM490C	100＜厚度≤160	≥285		≥23@
	160＜厚度≤250	≥275		
SM490YA	100＜厚度≤150	≥315	490～610	≥21@
SM490YB	100＜厚度≤150			
SM520B	100＜厚度≤150	≥315	452～640	≥21@
SM520C	100＜厚度≤150			
SM570	100＜厚度≤150	≥410	570～720	≥20@

说明：@ 厚度超过100mm的钢板的延伸率，厚度每增加25mm或不足25mm，此表的伸长率中减去1%，但是，最多不能减去3%。

焊接结构用轧制钢夏比冲击吸收功【JIS G 3106—2008】 附表 3-15

牌　号	试验温度（℃）	夏比冲击吸收功（J）	试样及取样方向
MS400B	0	≥27	
SM400C	0	≥47	
SM490B	0	≥27	
SM490C	0	≥47	
SM490YB	0	≥27	沿轧制方向的V形缺口试样
SM520B	0	≥27	
SM520C	0	≥47	
SM570	−5	≥47	

（3）JIS G 3136—2005《建筑结构用轧制钢》

本标准规定了"建筑结构用"热轧钢产品，共有两个强度等级、不同质量等级的五种钢号。其钢种符号、产品形式及适用厚度详见附表3-16。该标准规定

钢种的化学成分详见附表3-17。

其各钢种（牌号）的碳当量和焊接敏感性成分当量的计算公式以及计算和替代规定参见本节中："2. JIS G 3106—2008《焊接结构用轧制钢材》"中相关部分内容。各钢种的碳当量和焊接敏感性成分当量规定限值见附表3-18～附表3-21（质量等级为A级产品不提

供该保证）。

本标准各钢种的力学性能指标见附表 3-22 和附表 3-23，质量等级为 A 级的钢种不提供冲击韧性保证；对于质量等级为 C 级的钢种提供"厚度方向性能"保证要求，详见附表 3-24。另外本标准规定的质量等级为 C 级的钢板和扁钢产品，在出厂前均应进行超声波检测，检查产品的内部质量缺陷；对于厚度大于等于 13mm，质量等级为 B 级的钢板和扁钢产品，可根据供需双方协商进行超声波检测，检查产品的内部质量缺陷，该检测的质量合格标准见附表 3-25。轧制钢钢板和卷材的厚度偏差要求见附表 3-26。

建筑结构用轧制钢产品形式及适用厚度【JIS G 3136—2005】　　　附表 3-16

钢种符号	产品形状	适用厚度（mm）
SN400A	钢板、卷材、型钢和扁钢	6～100
SN400B		6～100
SN400C		16～100
SN490B		6～100
SN490C		16～100

注：当供需双方同意对钢板和扁钢进行超声波检验时，在上表中钢种符号的后面应加上"—UT"。

例如：SN400B—UT

SN490B—UT

建筑结构用轧制钢化学成分【JIS G 3136—2005】　　　附表 3-17

钢种符号	厚度（mm）	C	Si	Mn	P	S
SN400A	6～100	最大 0.24	—	—	最大 0.050	最大 0.050
SN400B	6～50	最大 0.20	最大 0.35	0.60 至 1.40	最大 0.030	最大 0.015
	＞50～100	最大 0.22				
SN400C	16～50	最大 0.20	最大 0.35	0.60 至 1.40	最大 0.020	最大 0.008
	＞50～100	最大 0.22				
SN490B	6～50	最大 0.18	最大 0.55	最大 1.60	最大 0.030	最大 0.015
	＞50～100	最大 0.20				
SN490C	16～50	最大 0.18	最大 0.55	最大 1.60	最大 0.020	最大 0.008
	＞50～100	最大 0.20				

注：1. 根据需要，可以添加上表中未列出的合金元素；

2. 钢产品的化学成分以熔炼分析确定，分析及分析用样品的取样方法应符合 JIS G 0404 相关规定。

建筑结构用轧制钢的碳当量【JIS G 3136—2005】　　　附表 3-18

钢种符号	厚度（mm）	
	≤40	＞40～100
SN400B	最大 0.36	最大 0.36
SN400C		
SN490B	最大 0.44	最大 0.46
SN490C		

建筑结构用轧制钢的焊接裂纹敏感性成分当量【JIS G3136—2005】　附表 3-19

钢种符号	焊接裂纹敏感性组分
SN400B	最大 0.26
SN400C	
SN490B	最大 0.29
SN490C	

（应用热机械轧制工艺的）建筑结构用轧制钢的碳当量【JIS G 3136—2005】　附表 3-20

钢种符号	厚度（mm）	
	≤50	>50～100
SN490B	最大 0.38	最大 0.40
SN490C		

（应用热机械轧制工艺的）建筑结构用轧制钢的焊接裂纹敏感性成分当量【JIS G 3136—2005】　附表 3-21

钢种符号	厚度（mm）	
	≤50	>50～100
SN490B	最大 0.24	最大 0.26
SN490C		

建筑结构用轧制钢的力学性能【JIS G 3136—2005】　附表 3-22

钢种符号	屈服点或屈服强度（N/mm²）					抗拉强度（N/mm²）	屈强比（%）					伸长率（%）		
												No. 1A 试样	No. 1A 试样	No. 4 试样
	钢产品厚度（mm）						钢产品厚度（mm）					钢产品厚度（mm）		
	6～<12	12～<16	16	>16～40	>40～100		6～<12	12～<16	16	>16～40	>40～100	6～16	>16～50	>40～100
SN400A	≥235	≥235	≥235	≥235	≥215		—	—	—	—	—	≥17	≥21	≥23
SN400B	≥235	235—355	235—355	235—355	215—335	400—510	—	≤80	≤80	≤80	≤80	≥18	≥22	≥24
SN400C	不适用	不适用	235—355	235—355	215—335		不适用	不适用	≤80	≤80	≤80			
SN490B	≥325	325—445	325—445	325—445	295—415	490—610	—	≤80	≤80	≤80	≤80	≥17	≥21	≥23
SN490C	不适用	不适用	325—445	325—445	295—415		不适用	不适用	≤80	≤80	≤80			

建筑结构用轧制钢的力学性能（夏比吸收能）【JIS G 3136—2005】　　附表 3-23

钢种符号	试验温度（℃）	夏比吸收能（J）	试　　样
SN400B			
SN400C	0	≥27	V 形缺口，沿轧制方向
SN490B			
SN490C			

注：夏比吸收能＝冲击功。

建筑结构用轧制钢的"厚度方向性能"保证要求【JIS G 3136—2005】　　附表 3-24

钢种符号	钢产品厚度（mm）	收缩率（%）	
		三个试验值的平均值	单个试验值
SN400C	16～100	≥25	≥15
SN490C			

建筑结构用轧制钢的超声波检测要求及验收标准【JIS G3136—2005】　　附表 3-25

钢种符号	钢板和扁钢厚度（mm）	验收标准
SN400B	13～100	
SN400C	16～100	根据在 JIS G0901 中规定的验收标准，Y 级
SN490B	13～100	
SN490C	16～100	

建筑结构用轧制钢钢板和卷材的厚度偏差要求【JIS G3136—2005】　　附表 3-26

厚度（mm）	宽度（mm）					
	<1600	1600～<2000	2000～<2500	2500～<3150	3150～<4000	4000～<5000
6～<6.30	+0.70	+0.90	+0.90	+1.20	+1.20	—
6.30～<10.0	+0.80	+1.00	+1.00	+1.30	+1.30	+1.50
10.0～<16.0	+0.80	+1.00	+1.00	+1.30	+1.30	+1.70
16.0～<25.0	+1.00	+1.20	+1.20	+1.60	+1.60	+1.90
25.0～<40.0	+1.10	+1.30	+1.30	+1.70	+1.70	+2.10
40.0～<63.0	+1.30	+1.60	+1.60	+1.90	+1.90	+2.30
63.0～<100	+1.50	+1.90	+1.90	+2.30	+2.30	+2.70
100	+2.30	+2.70	+2.70	+3.10	+3.10	+3.50

注：1. 厚度负偏差应为—0.3mm。

　　2. 对于轧制边钢卷和由其切割的切割件，应距一侧边缘不小于 25mm 的任何一点测其厚度，而对于切边的钢卷和由其切割的切割件，从距一侧边缘不小于 15mm 的任何一点测其厚度。而且，对于轧制状态的钢板（未切边），应在预定宽度切割线内任何一点测量其厚度，而对于切边钢板，从距一侧边缘不小于 15mm 的任何一点测量其厚度。

（4）JIS G3114—2008《热轧耐大气腐蚀焊接结构钢》

该标准规定的热轧耐大气腐蚀焊接结构用钢材焊接性能良好，且具有较好的耐大气腐蚀性能，通常用于桥梁、建筑及其他结构件中。该标准钢材有最小抗拉强度等级为 400、

490 和 570MPa，质量等级为 A、B 和 C 级以及需覆盖涂层和不需覆盖涂层共计十四种钢号，其产品形式及适用厚度范围见附表 3-27；热轧耐大气腐蚀焊接结构钢的化学成分要求见附表 3-28。

对于最小抗拉强度等级为 570MPa 的耐大气腐蚀焊接结构钢产品，其碳当量（P_{cm}）和焊拉裂纹敏感性成分当量（P_{cm}）要求见附表 3-29 和附表 3-30；应用热机械轧制工艺的最小抗拉强度等级为 490MPa 的耐大气腐蚀焊接结构钢产品，其碳当量（P_{cm}）和焊接裂纹敏感性成分当量（P_{cm}）要求见附表 3-31 和附表 3-32。

热轧耐大气腐蚀焊接结构钢的力学性能要求见附表 3-33 和附表 3-34。

根据需要本标准规定的钢材可进行热处理交货。经过热处理的产品需要标记其热处理的相关信息。热处理工艺的字母代号与本节前述"2. JIS G 3106—2008《焊接结构用轧制钢材》"中相关内容相同。

热轧耐大气腐蚀焊接结构钢产品形式及适用厚度范围【JIS G3114—2008】　　　　附表 3-27

牌　号	适用厚度（mm）	
SMA400AW SMA400AP	耐大气腐蚀的钢板，成卷钢带，型钢，扁钢	≤200
SMA400BW SMA400BP	耐大气腐蚀的钢板，成卷钢带，型钢，扁钢	≤200
SMA400CW SMA400CP	耐大气腐蚀的钢板，成卷钢带，型钢	≤100
SMA490AW SMA490AP	耐大气腐蚀的钢板，成卷钢带，型钢，扁钢	≤200
SMA490BW SMA490BP	耐大气腐蚀的钢板，成卷钢带，型钢，扁钢	≤200
SMA490CW SMA490CP	耐大气腐蚀的钢板，成卷钢带，型钢	≤100
SMA570W SMA570P	耐大气腐蚀的钢板，成卷钢带，型钢	≤100

注：字母"W"表示这些钢板与型钢在交货状态或经过化学防锈处理的状态下使用，字母"P"表示这些钢板或型钢还要经过覆盖涂层处理。

热轧耐大气腐蚀焊接结构钢熔炼分析化学成分【JIS G3114—2008】　　　　附表 3-28

等级牌号	C	Si	Mn	P	S	Cu	Cr	Ni
SMA400AW SMA400BW SMA400CW	≤0.18	0.15～0.65	≤1.25	≤0.035	≤0.035	0.30～0.50	0.45～0.75	0.05～0.30
SMA400AP SMA400BP SMA400CP	≤0.18	≤0.55	≤1.25	≤0.035	≤0.035	0.20～0.35	0.30～0.55	—

续表

等级牌号	C	Si	Mn	P	S	Cu	Cr	Ni
SMA490AW SMA490BW SMA490CW	≤0.18	0.15~0.65	≤1.40	≤0.035	≤0.035	0.30~0.50	0.45~0.75	0.05~0.30
SMA490AP SMA490BP SMA490CP	≤0.18	≤0.55	≤1.40	≤0.035	≤0.035	0.20~0.35	0.30~0.55	—
SMA570W	≤0.18	0.15~0.65	≤1.40	≤0.035	≤0.035	0.30~0.50	0.45~0.75	0.05~0.30
SMA570P	≤0.18	≤0.55	≤1.40	≤0.035	≤0.035	0.20~0.35	0.30~0.55	—

注：起到耐大气腐蚀作用的元素如 Mo、Nb、Ti、V、Zr，可按照钢板和型钢的级别添加。这些元素的总量不超过 0.15%。

热轧耐大气腐蚀焊接结构钢 SM570W 和 SM570P 碳当量【JIS G3114—2008】 附表 3-29

钢板或型钢的厚度 S（mm）	S≤50	50<S≤100
碳当量（%）	≤0.44	≤0.47

SM570W 和 SM570P 焊接裂纹敏感性成分当量【JIS G3114—2008】 附表 3-30

钢板或型钢的厚度 S（mm）	S≤50	50<S≤100
焊接裂纹敏感性组分（%）	≤0.28	≤0.30

应用热机械轧制工艺的热轧耐大气腐蚀焊接结构钢碳当量【JIS G3114—2008】 附表 3-31

级别代号		SMA490AW SMA490BW SMA490CW	SMA490AP SMA490BP SMA490CP
适用厚度 S （mm）	≤50	≤0.41%	≤0.40%
	50<S≤100	≤0.43%	≤0.42%

注：厚度超过 100mm 的钢板的碳当量要求，由供需双方协商确定。

应用热机械轧制工艺的热轧耐大气腐蚀焊接结构钢焊接裂纹敏感性成分当量【JIS G3114—2008】
附表 3-32

级别代号		SMA490AW SMA490BW SMA490CW	SMA490AP SMA490BP SMA490CP
适用厚度 S （mm）	≤50	≤0.24%	≤0.24%
	50<S≤100	≤0.26%	≤0.26%

注：厚度超过 100mm 的钢板的焊接裂纹敏感性组分要求，由供需双方协商确定。

热轧耐大气腐蚀焊接结构钢的力学性能要求【JIS G3114—2008】　　　附表 3-33

级别代号	屈服点或弹性极限应力（N/mm²）						抗拉强度（N/mm²）	伸长率		
	钢板或型钢的厚度 $S^{①}$（mm）							试样的使用		
	$S{\leq}16$	$16{<}S$ ${\leq}40$	$40{<}S$ ${\leq}75$	$75{<}S$ ${\leq}100$	$100{<}S$ ${\leq}160$	$160{<}S$ ${\leq}200$		厚度（mm）	试样	伸长率
SMA400AW SMA400AP SMA400BW SMA400BP	≥245	≥235	≥215	≥215	≥205	≥195	400～540	≤5	5 号	≥22
								≤16	1A 号	≥17
SMA400CW SMA400CP	≥245	≥235	≥215	≥215				>16	1A 号	≥21
								>40	4 号	≥23
SMA490AW SMA490AP SMA490BW SMA490BP	≥365	≥355	≥335	≥325	≥305	≥295	490～610	≤5	5 号	≥19
								≤16	1A 号	≥15
SMA490CW SMA490CP	≥365	≥355	≥335	≥325				>16	1A 号	≥19
								>40	4 号	≥21
SMA570W SMA570P	≥460	≥450	≥430	≥420			570～720	≤16	5 号	≥19
								>16	5 号	≥26
								>20	4 号	≥20

说明：①对于型钢，其厚度为规定试样截取部位的厚度。

注：表列抗拉强度上限值只适用于钢板。对于型钢该值由供需双方另行协商。

厚度超过 12mm 的钢板和型钢，应进行夏比冲击试验，冲击功值要求见附表 3-34。冲击功值按三个试样的平均值计算。

热轧耐大气腐蚀焊接结构钢的夏比冲击功要求【JIS G3114—2008】　　　附表 3-34

级别代号	试验温度（℃）	夏比冲击吸收功（J）	试　样
SMA400BW SMA400BP	0	≥27	
SMA400CW SMA400CP	0	≥47	
SMA490BW SMA490BP	0	≥27	V 形缺口，沿在轧制方向
SMA490CW SMA490CP	0	≥47	
SMA570W SMA570P	−5	≥47	

附录 4　美国 ASTM 标准主要建筑钢结构用钢

美国钢材产品标准较多，如：美国国家标准 ANSI、美国钢铁协会标准 AISI 等，常见标准及代号见附表 4-1。

美国常见钢材产品标准及代号　　　　　　　　　　　　　　附表 4-1

标准代号	标准名称
ANSI	美国国家标准
AISI	美国钢铁学会标准
ASTM	美国材料与试验协会标准
ASME	美国机械工程师协会标准
AMS	美国宇宙航空材料规范
APl	美国石油学会标准
AWS	美国焊接协会标准
MIL	美国军用标准
SAE	美国机动车工程师协会标准

其中建筑行业较常用且国内较为熟悉的标准是 ASTM——美国材料与试验协会标准。《热轧结构钢板、型钢、板桩和棒钢一般要求》ASTM A6/A6M 中，规定了碳素结构钢、低合金高强度钢、经热处理的合金结构钢等一系列钢种钢材的一般技术要求，高层建筑中常用且与国内钢号接近的钢种如下：

1. ASTM A36/A36M-08——碳素结构钢

美国一般钢结构用的主要钢材，用于建筑结构和桥梁。"36"表示其最低屈服强度为 36ksi（1ksi＝1000 磅/平方英寸）约 250MPa，高于我国的 Q235，抗拉强度最大值也高于 Q235。其含碳量较高，已超出低碳钢（C≤0.20％）范围。其含硫、磷与 Q235 相近，具有较好可焊性。由于可根据 ASTM 规定在必要时增加 0.20％含 Cu 要求，可大大提高其抗腐蚀性能。

附表 4-2 和附表 4-3 为 A36 化学成分和力学性能要求。

厚度大于 0.5in(12.5mm)的钢板和棒钢，边缘厚度 1in(25mm)以上的型钢，应为半镇静钢或镇静钢。

ASTM A36/A36M-08 化学成分（熔炼分析）要求　　　　　附表 4-2

产品形式	厚度 单位：in[mm]	C(%) ≤	Mn (%)	P(%) ≤	S(%) ≤	Si (%)	Cu(%) ≥
钢板	≤0.75[20]	0.25	…	0.04	0.05	≤0.40	0.20
	>0.75～≤1.5[20～≤40]	0.25	0.80～1.20				
	>1.5～≤2.5[40～≤65]	0.26				0.15～0.40	
	>2.5～≤4[65～≤100]	0.27	0.85～1.20				
	>4[100]	0.29					

续表

产品形式	厚度 单位：in[mm]	C(%) ≤	Mn (%)	P(%) ≤	S(%) ≤	Si (%)	Cu(%) ≥
棒钢	≤0.75[20]	0.26	...	0.04	0.05	≤0.40	0.20
	>0.75~≤1.5[20~≤40]	0.27					
	>1.5~≤4[40~≤100]	0.28	0.60~0.90				
	>4[100]	0.29					
型钢	全部	0.26	...	0.04	0.05	≤0.40	0.20

说明：1. 对于翼缘厚度大于 3in(75mm) 的型钢，要求锰含量为 0.85%~1.35%，硅含量为 0.15%~0.40%；

2. 在规定的最大碳含量以下每降低 0.01%，则允许规定的最大锰含量可增加 0.06%，但最大不得超出 1.35%；

3. 当协议规定含铜时，执行表中 Cu 值

ASTM A36/A36M-08 拉伸性能要求 附表 4-3

产品形式	抗拉强度 ksi[MPa]	屈服强度 ksi[MPa]	延伸率(%)	
			标距 8in(200mm)	标距 2in(50mm)
钢板	58~80 [400~550]	36 [250]	20	23
棒钢				
型钢			20	21

说明：1. 拉伸试样要求执行 ASTM A6/A6M 相关要求；

2. 对于翼缘厚度大于 3in(75mm) 的宽翼缘型钢，最大抗拉强度 80ksi[550MPa] 不适用，只需标距为 2in(50mm) 的延伸率最小值为 19%；

3. 对于厚度大于 8in(200mm) 的钢板，屈服强度为 32ksi[220MPa]；

4. 对于宽度大于 24in(600mm) 的钢板，延伸率的要求降低 2%

2. ASTM A242/242M-04 高强度低合金结构钢

A242 含 0.20% 的 Cu，其抗腐蚀性能高出低碳钢一倍，是具有较高抗腐蚀性能的高强度低合金钢。

本标准适用于焊接、铆接和螺栓连接结构用的高强度低合金结构钢型材、钢板和棒材。这些钢材主要用作要求减轻重量或延长使用寿命的构件。该类钢在环境下的耐大气腐蚀性能明显优于含铜或不含铜的碳素结构钢。当完全暴露于大气中时，这种钢可以在裸露（未加涂层）状态下用于许多场合。本标准仅适用于厚度≤4in[100mm] 的材料。

该标准钢材有三个屈服强度等级，随材料的厚度不同而不同。材料的强度等级低于国标 Q345，与 Q235 相当。采用合适的焊接方法时，具有良好的可焊性。

本标准规定钢材为半镇静钢或镇静钢。

钢材的拉伸性能及化学成分要求见附表 4-4 和附表 4-5。

ASTM A242/242M-04 拉伸性能要求　　　　　　　　　　　　附表 4-4

产品形式	钢板和棒钢[A]			型　钢		
厚度(凸缘厚度)in [mm]	≤3/4 [20]	>3/4～≤1.5 [>20～≤40]	>1.5～4 [>40～100]	≤1.5 [≤40]	>1.5～≤2 [>40～≤50]	>2 [>50]
抗拉强度, min, ksi[MPa]	70 [480]	67 [460]	63 [435]	70 [485]	67 [460]	63 [435]
屈服强度, min, ksi[MPa]	50 [345]	46 [315]	42 [290]	50 [345]	46 [315]	42 [290]
8in. [200mm]标距 伸长率, min(%)	18[B][C]	18[B][C]	18[B][C]	18[C]	18	18
2in. [50mm]标距 伸长率, min(%)	21[C]	21[C]	21[C]	21	21	21[D]

说明:

[A] 试样取向见 ASTM A6/A6M 拉伸试样部分。

[B] 对铺路板不要求测试伸长率。

[C] 对宽度大于 24in.[600mm]的钢板,伸长率可降低 2%。

[D] 对>426lb/ft[634kg/m]宽缘型钢,用 2in.[50mm]标距的最小伸长率为 18%

ASTM A242/242M-04 化学成分(熔炼分析)要求　　　　　附表 4-5

元　素	含量(%)
	类型 1
C, max	0.15
Mn, max	1.00
P, max	0.15
S, max	0.05
Cu, min	0.20

3. ASTM A572/572M-07 高强度低合金铌-钒结构钢

本标准规定了五种强度等级的高强度低合金结构型钢、钢板、钢板桩和钢棒。42ksi(290MPa)、50ksi(345MPa)和 55ksi(380MPa)级别钢适用于螺栓、铆接或焊接构件。60ksi(415MPa)级和 65ksi(450MPa)级钢适用于桥梁铆接及螺栓连接构件或其他用途的螺栓、铆接或焊接构件。

对于缺口韧性要求,由需方与生产厂协商确定。经供需双方协商,A572/A572M 可由 A588/A588M 标准代替。

Nb、V、Ti、N 合金元素的组合类型由供方确定。

附表 4-6～附表 4-10 给出了本标准规定各级别钢种的最大厚度范围、化学成分相关要求和拉伸性能。

ASTM A572/572M-07 最大产品厚度规格　　　附表 4-6

钢 级	屈服点，最小		最大厚度或尺寸				板桩	Z 型钢和轧制 T 型钢
	ksi	(MPa)	钢板和钢棒		结构型钢凸缘或腿柱厚度			
			in.	(mm)	in.	(mm)		
42(290)Ⓐ	42	(290)	6	(150)	全部	全部	全部	全部
50(345)Ⓐ	50	(345)	4Ⓑ	(100)Ⓑ	全部	全部	全部	全部
55(380)	55	(380)	2	(50)	全部	全部	全部	全部
60(415)Ⓐ	60	(415)	1.25Ⓒ	(32)Ⓒ	2	(50)	全部	全部
65(450)	65	(450)	1.25	(32)	2	(50)	不适用	全部

Ⓐ 表中，42、50 和 60(290、345 和 415)级的屈服点最接近于钢的最低屈服点为 36ksi(250MPa)(A36/A36M 标准)和钢的最低屈服强度为 100ksi(690MPa)(A514/A514M 标准)之间的几何级数曲线。

Ⓑ 允许圆钢棒最大直径为 11in.(275mm)。

Ⓒ 允许圆钢棒最大直径为 3.5in.(90mm)。

ASTM A572/572M-07 化学成分(熔炼分析)Ⓐ　　　附表 4-7

直径、厚度或平行表面之间的距离 in.(mm) 钢板和钢棒	结构型钢凸缘或腿柱厚度 in.(mm)	级别	C 最大 (%)	Mn，Ⓑ 最大 (%)	P 最大 (%)	S 最大 (%)	Si	
							厚度 ≤ 1.5in.(40mm)钢板、凸缘或腿柱厚度≤3in.(75mm)钢板桩、钢棒、Z 型钢和轧制 T 型钢Ⓒ	厚度 > 1.5in.(40mm)钢板、凸缘或腿柱厚度 > 3in.(75mm)型钢
							最大(%)	范围(%)
6(150)	全部	42(290)	0.21	1.35Ⓓ	0.04	0.05	0.40	0.15～0.40
4(100)Ⓔ	全部	50(345)	0.23	1.35Ⓓ	0.04	0.05	0.40	0.15～0.40
2(50)Ⓕ	全部	55(380)	0.25	1.35Ⓓ	0.04	0.05	0.40	0.15～0.40
1.25(32)Ⓕ	≤2(50)	60(415)	0.26	1.35Ⓓ	0.04	0.05	0.40	Ⓖ
＞0.5～1.25 (13～32)	＞1～2 (25～50)	65(450)	0.23	1.65	0.04	0.05	0.40	Ⓖ
≤0.5(13)Ⓗ	≤1Ⓗ	65(450)	0.26	1.35	0.04	0.05	0.40	Ⓖ

Ⓐ 当有规定时，熔炼分析铜含量最低为 0.20%(成品分析为 0.18%)。

Ⓑ 对于厚度＞3/8in.(10mm)的所有钢板，熔炼分析最小锰含量应为 0.80%(成品分析应为 0.75%)；对厚度≤3/8in(10mm)的钢板和所有其他产品，熔炼分析时的最小锰含量应为 0.50%(成品分析应为 0.45%)。锰与碳之比不应小于 2：1。

Ⓒ 直径、厚度或两平行表面之间的距离大于 1.5in.(40mm)的钢棒应采用镇静钢工艺制造。

Ⓓ 在规定最大碳含量下每降低 0.01%，允许规定最大锰含量提高 0.06%，最大为 1.60%。

Ⓔ 允许圆钢棒最大直径为 11in.(275mm)。

Ⓕ 允许圆钢棒最大直径为 3.5in.(90mm)。

Ⓖ 本标准未规定级别和尺寸。

Ⓗ 允许替换最大碳含量为 0.21%和最大锰含量为 1.65%。

加入铌元素的使用厚度规格　　　　　　　　　　　附表 4-8

级　　别	钢板、钢棒、板桩、Z 型钢和轧制 T 型钢，最大厚度，in.（mm）	结构型钢凸缘或腿柱最大厚度，in.（mm）
42、50、55（290、345、380）	3/4（20）	1.5（40）
60、65（415、450）	1/2（13）	1（25）

Nb、V、Ti、N 合金元素的组合类型及含量　　　　附表 4-9

类　　型[A]	元　　素	熔炼分析（%）
1	铌[B]	0.005～0.05[C]
2	钒	0.01～0.15
3	铌[B]	0.005～0.05[C]
	钒	0.01～0.15
	铌＋钒	0.02～0.15[D]
5	钛	0.006～0.04
	氮	0.003～0.015
	钒	0.06 最大

[A] 合金含量应与 1，2，3 或 5 类一致，且适用元素含量应在试验报告中报告。

[B] 加铌应限制在下列厚度和尺寸，除非供应镇静钢。镇静钢应由试验报告上的陈述或足够量的强脱氧元素的存在来证实。如 Si≥0.10% 或 Al≥0.015%。

[C] 成品分析范围＝0.004%～0.06%。

[D] 成品分析范围＝0.01%～0.16%。

ASTM A572/572M-07 拉伸性能要求[A]　　　　　　附表 4-10

级别	屈服点，最小		抗拉强度，最小		最小延伸率（%）[B][C][D]	
	ksi	（MPa）	ksi	（MPa）	8in.（200mm）	2in.（50mm）
42（290）	42	（290）	60	（415）	20	24
50（345）	50	（345）	65	（450）	18	21
55（380）	55	（380）	70	（485）	17	20
60（415）	60	（415）	75	（520）	16	18
65（450）	65	（450）	80	（550）	15	17

[A] 见 A6/A6M 标准中拉伸试验一节试样的取向。

[B] 对地面板不要求测定伸长率。

[C] 对于重量大于 426lb/tf（634kg/m）的宽缘型钢，2in（50mm）标距的最小伸长率应为 19%。

[D] 宽度大于 24in，（600mm）的钢板，42、50 和 55（290、345 和 380）级钢板的伸长率要求应减少 2%，而 60 和 65（415 和 450）级钢板应减少 3%。见标准 A6/A6M 中拉伸试验一节"伸长率要求的调整"。

　　A572 的最低屈服强度不随板厚变化，可焊性良好，是高层钢结构中应用最多的钢材。目前 A572 替代 A441，在 ASTM A6/A6M 中已不再列入 A441。

　　4. 其他常用 ASTM 标准建筑用钢

　　A588 是一种高强度低合金钢，有多种强度等级。该钢种含有不同的合金元素及其组合，各钢厂亦有自己的专有技术。其最低屈服强度为 290MPa（42ksi）、315MPa（46ksi）和

345MPa(50ksi)，与板厚有关。其耐大气腐蚀性能优异，是知名耐候钢，抗蚀性比含铜碳钢高一倍。

A514 是一种强度很高的低合金钢，主要靠钢厂的专有技术生产，是一种淬火和退火钢，最低屈服强度为 620MPa(90ksi) 和 690MPa(100ksi)。该钢种通常不用于建筑结构，而用于焊接桥梁，利用其高强度特性，减小大跨度构件的重量、挠度和振动。焊接时为防止破坏特殊热处理产生的力学性能，要严格执行专门的焊接工艺规范。

A709 是桥梁结构用钢标准，包括碳素钢、高强度低合金钢、淬火和退火钢，共有六个抗拉强度等级：400MPa、450MPa、485MPa、585MPa、690MPa 和 760MPa，四种屈服强度等级 36ksi(250MPa)、50ksi(345MPa)、70ksi(485MPa)和 100ksi(690MPa)。该标准主要用于桥梁所需钢板和型钢，最大厚度为 100mm。其所规定的钢种基本上是 A36、A572、A588 和 A514，但具有规定的冲击韧性值。

附录5　高层钢结构中中外用钢标准

中外高层钢结构用钢标准　　　　　　　　　　　　　　　　　附表 5-1

类　型	标准代号	标准名称	备注
可焊接高强度结构钢	GB/T 1591—2008	低合金高强度结构钢	中国
	JIS G 3106：2008	焊接结构用轧制钢材	日本
	ASTM A572/A572M-07	结构高强度低合金铌钒钢	美国
	EN10025：2004	热轧结构钢产品	欧洲
建筑结构抗震用钢材	GB/T 19879—2005	建筑结构用钢板	中国
	JIS G 3136：2005	建筑结构用轧制钢材	日本
	ISO 24314：2006	结构钢-提高建筑物抗震性结构钢	ISO

9 建筑防水工程

高层建筑的防水比一般建筑工程防水的要求更严格，它是建筑产品的一项重要使用功能，既关系到人们居住和使用的环境、卫生条件，也直接影响着建筑物的使用寿命。

建筑物的防水工程，按其工程部位可分为：地下室、屋面、外墙面、室内厨房和卫生间及楼层游泳池、屋顶花园等防水；按其防水材料性能及构造做法可分为：刚性防水、柔性防水以及刚柔结合防水等。

建筑防水工程质量的好坏，与选材、设计、施工和管理维护均有着密切的关系。

首先，防水工程应由设计单位根据工程的类型、气候环境、使用功能等情况提出合理的设计，防水设计不周，构造做法欠妥，是影响防水工程的重要因素；防水工程质量，在很大程度上取决于防水材料的技术性能，因此防水材料必须具有一定的耐候性、抗渗透性、抗腐蚀性以及对温度变化和外力作用的适应性与整体性；施工队伍的管理水平、施工操作人员的技术水平、施工中每道工序的质量特别是各种细部构造(如水落口、出入口、卷材收头做法等)的处理及对防水层的保护措施等，这些均对防水工程的质量有着极为重要的影响。这就是我们强调"设计是前提，材料是基础，施工是关键，维护是保证"的道理。

我国的建筑工程防水技术，近 20 多年来，全国各地的科研、生产、设计、施工等单位，为了解决建筑工程防水问题，积极引进和开发应用了大批新材料、新工艺、新技术、新设备，结合各种高层建筑工程防水的特点和要求，选用拉伸强度较高、延伸率较大、耐老化性能较好、对基层伸缩或开裂变形适应性较强的弹性或弹塑性的新型防水材料，采用防排结合、刚柔并用、复合防水、整体密封以及应用冷粘法、热熔法、焊接法、冷热结合法进行满粘、条粘、点粘、空铺或机械固定处理等综合防治的技术措施，取得了明显的效果。根据高层建筑工程的特点，只要进行合理的防水设计，认真选材，积极推广应用行之有效的新材料、新技术、新工艺、新设备，精心施工，精心维护，防水工程质量是有保证的。

9.1 地下室工程防水

在高层建筑或超高层建筑工程中，由于深基础的设置或建筑功能的需要，一般均设有一层或多层地下室，其防水功能十分重要。地下工程的防水等级分为四级，高层建筑地下室防水等级不宜低于 Ⅱ 级，主体结构应采用防水混凝土，并根据工程构造特点、所处环境、使用功能和防水等级要求，采取卷材、涂料或刚性材料等防水措施。下面介绍目前采用较多的几种做法。

9.1.1 防水混凝土结构

防水混凝土结构，是以工程结构本身的密实性和抗裂性实现防水功能的一种防水做法，使结构承重和防水合为一体。它具有材料来源丰富、造价低廉、工序简单、施工方便等特点，只要严格按照标准规范和设计要求精心施工，是可以作为地下室多道防水设防中的一道重要防线的。防水混凝土的设计抗渗等级应符合表 9-1-1 的规定。

防水混凝土设计抗渗等级   表 9-1-1

工程埋置深度 $H(m)$	设计抗渗等级	工程埋置深度 $H(m)$	设计抗渗等级
$H<10$	P6	$20 \leqslant H<30$	P10
$10 \leqslant H<20$	P8	$H \geqslant 30$	P12

防水混凝土可通过调整配合比，或掺加外加剂、掺合料等措施配制而成，其抗渗等级不得小于 P6，并应满足抗压、抗冻和抗侵蚀等耐久性要求。防水混凝土的施工配合比应通过试验确定，试配混凝土的抗渗等级应比设计要求提高 0.2MPa。防水混凝土结构厚度不应小于 250mm，迎水面钢筋保护层厚度不应小于 50mm。用于防水混凝土的水泥宜采用硅酸盐水泥、普通硅酸盐水泥。用于防水混凝土的砂、石料和根据工程需要掺入的减水剂、膨胀剂、防水剂、密实剂、引气剂、复合型外加剂及水泥基渗透结晶型材料等，其质量应符合国家现行有关标准的要求。

9.1.1.1 种类与适用范围

1. 种类

防水混凝土一般分为普通防水混凝土、外加剂防水混凝土和补偿收缩（掺膨胀剂）防水混凝土。我国防水混凝土技术的发展过程见表 9-1-2。

我国防水混凝土技术的发展过程   表 9-1-2

年代	自防水混凝土技术	技 术 特 征	目前应用情况
1950~1960	集料连续级配防水混凝土	采用集料级配，获得最小孔隙率	基本不应用
1960~1970	富砂浆普通防水混凝土	提高水泥用量和砂率，降低孔隙率	很少应用
1970~1980	外加剂防水混凝土	掺入各种外加剂，减少孔隙率	尚在应用
1980~现在	补偿收缩防水混凝土	掺入水泥膨胀剂，获得抗裂防渗效果	尚在应用

注：该表主要摘自游宝坤等著《结构防水理论与实践》。

2. 适用范围

不同类型的防水混凝土具有不同的特点，应根据工程特征及使用要求进行选择。各种防水混凝土的适用范围，见表 9-1-3。

防水混凝土的适用范围   表 9-1-3

种 类		最高抗渗压力（MPa）	特 点	适用范围
普通防水混凝土		>2.0	施工简单，材料来源广泛	适用于一般工业、民用建筑及公共建筑的地下防水工程
外加剂防水混凝土	减水剂防水混凝土	>2.2	拌合物流动性好	适用于钢筋密集或捣固困难的薄壁型防水构筑物，也适用于对混凝土凝结时间（促凝或缓凝）和流动性有特殊要求的防水工程（如泵送混凝土）
	三乙醇胺防水混凝土	>3.8	早期强度高，抗渗等级高	适用于工期紧迫，要求早强和抗渗较高的防水工程及一般防水工程
补偿收缩防水混凝土		3.6	密实性好，抗裂性好	适用于地下工程结构自防水，具有抗裂防渗双功能

防水混凝土结构，不适用于下列情况：

(1) 裂缝开展宽度大于现行《混凝土结构设计规范》规定的结构。

(2) 遭受剧烈振动或冲击的结构。

(3) 防水混凝土不能单独用于耐侵蚀系数小于0.8的受侵蚀防水工程。当在耐蚀系数小于0.8和地下混有酸、碱等腐蚀性介质的条件下应用时，应采取可靠的防腐蚀措施。

(4) 用于受热部位时，其表面温度不应大于80℃，否则应采取相应的隔热防烤措施。

随着防水混凝土技术的发展，高层建筑地下室目前广泛应用外加剂防水混凝土。

9.1.1.2 外加剂防水混凝土

外加剂防水混凝土是依靠掺入少量的有机或无机物外加剂来改善混凝土的和易性，提高密实性和抗渗性，以适应工程需要的防水混凝土。按所掺外加剂种类的不同，可分为减水剂防水混凝土、三乙醇胺防水混凝土、补偿收缩防水混凝土以及掺入各种掺合剂（如"赛柏斯"掺合剂和FS101、FS102密实剂等）配制的防水混凝土等。

1. 减水剂防水混凝土

减水剂对水泥具有强烈的分散作用，它借助于极性吸附作用，大大降低了水泥颗粒间的吸引力，有效地阻碍和破坏了颗粒间的凝聚作用，并释放出凝聚体中的水，从而提高了混凝土的和易性。在满足施工和易性的条件下就可大大降低拌合用水量，使硬化后孔结构的分布情况得以改变，孔径及总孔隙率均显著减小，毛细孔更加细小、分散和均匀，混凝土的密实性、抗渗性从而得到提高，其抗渗性能见表9-1-4。

减水剂防水混凝土抗渗性　　　　　　　　　　　　　　　　　表 9-1-4

减水剂		胶凝材料		水胶比	坍落度 (mm)	抗渗性	
品种	掺量 (%)	品种	用量 (kg/m³)			等级	渗透高度 (cm)
—	0	42.5 矿渣 水泥	380	0.54	52	P6	
木钙	0.25		380	0.48	56	P30	
—	0	42.5 矿渣 水泥	350	0.57	35	P8	
MF	0.5		350	0.49	80	P16	
木钙	0.25		350	0.51	35	>P20	10.5
MF	0.5	42.5 普通硅 酸盐水泥	390	0.42	100～120	P30	4.2
MF	0.5		410	0.42	100～120	P30	2.2
—	0	32.5 矿渣 水泥	300	0.626	10	P8	
JN	0.5		300	0.55	13	>P20	3.2
—	0	42.5 水泥+活 性掺加料	300	0.54	50	P8	
AN	0.5～1.5		300	0.42	100～160	P20	

在大体积防水混凝土中，减水剂可使水泥水化热峰推迟出现。这就减少或避免了在混凝土取得一定强度前因温度应力而开裂，从而提高了混凝土的防水效果。

(1) 减水剂种类

近年采国内研制和生产的减水剂有数十种，表9-1-5是已在防水混凝土中成功应用的几种减水剂。

用于防水混凝土的几种减水剂　　　　表 9-1-5

种　类		优　点	缺　点	适用范围
木质素磺酸钙（简称木钙）		1. 有增塑及引气作用，提高抗渗性能最为显著； 2. 有缓凝作用，可推迟水化热峰出现； 3. 可减水 10%～15%或增强 10%～20%； 4. 价格低廉、货源充足	1. 分散作用不及 NNO、MF、JN 等高效减水剂； 2. 温度较低时，强度发展缓慢，须与早强剂复合使用	一般防水工程均可使用
多环芳香族磺酸钠	NNO	1. 均为高效减水剂，减水 12%～20%，增强 15%～20%； 2. 可显著改善和易性，提高抗渗性； 3. MF、FN 有引气作用，抗冻性、抗渗性较 NNO 好； 4. JN 减水剂在同类减水剂中价格最低，仅为 NNO 的 40%左右	货源少，价较贵	防水混凝土工程均可使用，冬期气温低时，使用更为适宜
	MF		生成气泡较大，需用高频振动器排除气泡，以保证混凝土质量	
	KN FDN UNF			
糖　蜜		1. 分散作用及其他性能均同木质素磺酸钙； 2. 掺量少，经济效果显著； 3. 有缓凝作用	由于可以从中提取酒精、丙酮等副产品，因而货源日趋减少	宜于就地取材，配制防水混凝土
聚羧酸系	AN4000	1. 为高效减水剂，减水 25%～30%； 2. 显著提高强度和抗渗性能； 3. 无毒、无腐蚀性	货源充足，但价格较高	各种水泥防水混凝土工程均可使用

（2）配制要点

减水剂防水混凝土的配制除应遵循普通防水混凝土的一般规定外，还应注意以下技术要求：

1）应根据工程要求、施工工艺和温度及混凝土原材料组成、特性等，正确选用减水剂品种。对所选用的减水剂，必须经过试验，求得减水剂适宜掺量。其适宜掺量参见表 9-1-6。

不同品种减水剂的适宜掺量参考表　　　　表 9-1-6

种　类	适宜掺量（占总胶凝材料重量%）	备　注
木钙、糖蜜	0.2～0.3	掺量≮0.3%，否则将使混凝土强度降低及过分缓凝外加 0.5%三乙醇胺，抗渗性能好
NNO、MF、	0.5～1	
JN	0.5	
UNF-5	0.5	
AN4000	0.5～1.5	

注：干粉状减水剂，应先倒入 60℃左右热水中搅拌，制成 20%浓度的溶液（以相对密度控制）再使用。严禁将干粉直接与混凝土拌合。

2）根据工程需要调节水胶比。当工程需要混凝土坍落度为 120～160mm 时，可不减少或稍减少拌合用水量。当要求坍落度为 30～50mm 时，可大大减少拌合用水量。

3）由于减水剂能增大混凝土的流动性，故掺有减水剂的预拌防水混凝土，其最大施工坍落度可不受 50mm 的限制，其坍落度以 120～160mm 为宜。

4）混凝土拌合物泌水率大小对硬化后混凝土的抗渗性有很大影响。由于加入不同品种减水剂后，均能获得降低泌水率的良好效果，一般有引气作用的减水剂（如 MF、木钙）效果更为显著。故可采用矿渣水泥配制防水混凝土。

5）聚羧酸系减水剂是近 10 年来研发的新型高效减水剂，已在高铁、地铁和重要工程等大量混凝土工程中应用，效果良好。

2. 三乙醇胺防水混凝土

三乙醇胺防水混凝土，是在混凝土拌合物中随拌合水掺入适量的三乙醇胺而配制成的混凝土。

依靠三乙醇胺的催化作用，在早期生成较多的水化产物，部分游离水结合为结晶水，相应地减少了毛细管通路和孔隙，从而提高了混凝土的抗渗性，且具有早强作用。当三乙醇胺和氯化钠、亚硝酸钠等无机盐复合时，三乙醇胺不仅能促进水泥本身的水化，还能促进氯化钠、亚硝酸钠等无机盐与水泥的反应，所生成的氯铝酸盐等络合物，体积膨胀，能堵塞混凝土内部的孔隙，切断毛细管通路，增大混凝土的密实性。

（1）三乙醇胺防水剂的配制

三乙醇胺一为橙黄色透明黏稠状的吸水性液体，无臭、不燃、呈碱性，相对密度为 1.12～1.13，pH 值 8～9，工业晶纯度为 70%～80%。

氯化钠、亚硝酸钠均为工业品。

配制方法：三乙醇胺早强防水剂配合比见表 9-1-7。

三乙醇胺早强防水剂配料表　　　　　　　表 9-1-7

1号配方		2号配方			3号配方			
三乙醇胺 0.05%		三乙醇胺 0.05%＋氯化钠 0.5%			三乙醇胺 0.05＋氯化钠 0.5%＋亚硝酸钠 1%			
水	三乙醇胺	水	三乙醇胺	氯化钠	水	三乙醇胺	氯化钠	亚硝酸钠
98.75 98.33	1.25 1.67	86.25 85.83	1.25 1.67	12.5 12.5	61.25 60.83	1.25 1.67	12.5 12.5	25 25

注：1. 表中百分数为水泥重量的百分数。
　　2. 1号配方适用于常温和夏季施工；2、3号配方适用于冬期施工。
　　3. 表中数据分子为采用 100% 纯度三乙醇胺的用量；分母为采用 75% 工业品三乙醇胺的用量。

按表 9-1-7 的数据，先将水放入容器中，再将其他材料放入水中，搅拌直至完全溶解，即成防水剂溶液。

（2）三乙醇胺防水混凝土的配制

1）当设计抗渗压力为 0.8～1.2N/mm² 时，水泥用量以 300kg/m³ 为宜。

2）砂率必须随水泥用量降低而相应提高，使混凝土有足够的砂浆量，以确保其抗渗性。当水泥用量为 280～300kg/m³ 时，砂率以 40% 左右为宜。掺三乙醇胺早强防水剂后，灰砂比可以小于普通防水混凝土 1：2.5 的限值。

3）对石子级配无特殊要求，只要在一定水泥用量范围内并保证有足够的砂率，无论采用哪种级配的石子，都可以使混凝土有良好的密实度和抗渗性。

4）三乙醇胺早强防水剂对不同品种水泥的适应性较强，特别是能改善矿渣水泥的泌水性和黏滞性，明显地提高其抗渗性。因此，对要求低水化热的防水工程，以使用矿渣水泥为好。

5）三乙醇胺防水剂溶液随拌合水一起加入，约50kg水泥加2kg溶液。

6）3号配方加入了亚硝酸钠阻锈剂，可抑制钢筋锈蚀，因此对于比较重要的防水工程，以采用1号、3号配方的早强防水剂较为适宜。靠近高压电源和大型直流电源的防水工程，宜采用1号配方早强防水剂，不得使用2号及3号配方。

7）防水剂应与拌合用水掺合均匀后再投入搅拌机，拌制混凝土。

3. 补偿收缩防水混凝土

在水泥中掺入膨胀剂，使混凝土产生适度膨胀，以补偿混凝土的收缩，故称为补偿收缩混凝土。

（1）主要特性

1）具有较高的抗渗功能

补偿收缩混凝土是依靠水泥膨胀剂在化学反应过程中形成钙矾石（$C_3A \cdot 3CaSO \cdot 32H_2O$）为膨胀源，这种结晶是稳定的水化物，填充于毛细孔隙中，使大孔变小孔，总孔隙率大大降低，从而增加了混凝土的密实性，提高了补偿收缩混凝土的抗渗能力，其抗渗等级可达到P35以上，比同强度等级的普通混凝土提高2～3倍。

2）能抑制混凝土裂缝的出现

补偿收缩混凝土在硬化初期产生体积膨胀，在约束条件下，它通过水泥石与钢筋的粘结，使钢筋张拉，被张拉的钢筋对混凝土本身产生压应力（称为化学预应力或自应力），当混凝土中产生0.2～0.7N/mm²自应力值，即可抵消由于混凝土干缩和徐变时产生的拉应力。也就是说补偿收缩混凝土的拉应变接近于零或小于0.1～0.2mm/m，从而达到补偿收缩和具有抗裂防渗的效果。具有抗裂和防渗双重功能的补偿收缩混凝土是结构自防水技术的新发展。

3）补偿收缩混凝土的力学性能

补偿收缩混凝土的抗压、抗拉、抗压弹性模量、极限拉伸变形和钢筋粘结力，见表9-1-8。

补偿收缩混凝土力学性能　　　　　　　表 9-1-8

水泥品种	强度（N/mm²）		抗压弹性模量（×10N/mm²）	与钢筋粘结力（28d）（N/mm²）	极限拉伸变形值（mm/m）
	抗压	抗拉			
明矾石膨胀水泥	31.0～37.0		3.5～3.65	3.2～2.7	0.14～0.154
CSA水泥	27.0	2.2～2.8	3.75～3.85	2.4～2.5	—
UEA膨胀水泥	36.0	2.2	3.50～4.10	4.0～5.5	—
普通水泥	—	3.5	2.67～3.20	2.5～3.0	0.08～0.10

注：本表数值是在自由膨胀下测定的，如在约束条件下膨胀，其数值会相应提高。

4）后期强度能稳定上升

由于补偿收缩混凝土的膨胀作用主要发生在混凝土硬化的早期，所以补偿收缩混凝土的后期强度能稳定上升。

（2）原材料与配合比

1）原材料

① 水泥及外掺剂

主要品种有明矾石膨胀水泥、石膏矾土水泥及 UEA 微膨胀剂等。

② 骨料

补偿收缩混凝土用的砂、石质量要求，见表 9-1-9。粗骨料最大粒径不大于 40mm；采用中砂或细砂，为自然级配。

补偿收缩混凝土砂、石质量要求 表 9-1-9

项目名称	砂					石		
筛孔尺寸（mm）	0.16	0.315	0.63	1.25	2.50	5.0	5.0~40	$\frac{1}{2}D_{max}$
累计筛余	100	70~95	45~75	20~55	10~35	0~5	95~100	30~65
含泥量	≯2%，泥土不得呈块状或包裹砂子表面					≯1%，且不得呈块状或包裹石子表面		
质量要求	1. 宜选用洁净的中砂，内含一定的粉细料； 2. 颗粒坚实的天然砂或由坚硬的岩石粉碎制成的人工砂					1. 坚硬的卵石、碎石（包括矿渣碎石）均可； 2. 石子粒径宜为 5~40mm		

③ 水

采用符合国家行业标准《混凝土用水标准》JGJ 63 要求的水。

2）配合比

补偿收缩混凝土配合比的原则要求见表 9-1-10。实例参考配合比见表 9-1-11。

补偿收缩混凝土配合比要求 表 9-1-10

项　目	技　术　要　求
凝胶材料总用量（kg/m³）	320~390
水胶比	0.50~0.52/0.42~0.50（加减水剂后）
砂率	35%~38%
砂子	宜用中砂
坍落度	40~120mm
膨胀率	<0.1%
自应力值	0.2~0.7N/mm²
负应变（mm）	注意施工与养护，尽量不产生负应变，最多不大于 0.2%

某工地补偿收缩混凝土实际施工配合比 表 9-1-11

设计混凝土强度及抗渗等级	水泥强度等级	混凝土材料用量（kg/m³）						28d混凝土实测强度与抗渗等级	混凝土配合比
		水泥	UEA	砂子	石子	水	M-17减水剂		
C30P8	矿 32.5（原 425 号）	343	47	656	1160	199	3.12	C38P18	(0.88+0.12)：1.69：3.00：0.51：0.8%
C35P8	矿 32.5（原 425 号）	396	54	635	1143	198	3.60	C39P18	(0.88+0.12)：1.41：2.54：0.44：0.8%

3）施工注意事项

① 补偿收缩混凝土具有膨胀可逆性和良好的自密作用，必须特别注意加强早期潮湿养护。因为养护时间太晚，则可能因强度增长较快抑制了膨胀。在一般常温条件下，补偿收缩混凝土浇筑后 8～12h，即应开始浇水养护，待模板拆除后则应大量浇水。养护时间不应少于 14d。

② 补偿收缩混凝土对温度比较敏感，不宜在低于 5℃和高于 35℃的条件下进行施工。

4. "赛柏斯"掺合剂防水混凝土

"赛柏斯"掺合剂是由硅酸盐水泥和多种活性化学催化剂组成，掺入混凝土中，在活性催化剂的作用下，可促进混凝土中未完全水化的水泥发生再水化反应，并在混凝土的孔隙和毛细管道中生成不溶于水的枝蔓状结晶体，从而提高了混凝土的密实度及其防水抗渗功能。

施工时，只要将占胶凝材料（水泥和活性掺合料的总称）总用量 2% 的"赛柏斯"掺合剂加入到骨料（砂和细石）中，在搅拌机内干拌 2～3min，再加入按设计要求和通过试验确定的胶凝材料和用水量，继续搅拌不少于 6min，以确保"赛柏斯"掺合剂与整个混凝土均匀混合，即可按常规工艺浇筑混凝土。

9.1.1.3 防水混凝土施工

防水混凝土工程质量的好坏不仅取决于混凝土材料质量本身及其配合比，施工过程中的搅拌、运输、浇筑、振捣及养护等工序都将对混凝土的质量有着很大的影响。因此施工时，必须对上述各个环节严格控制，严格按照有关规范、规程进行施工。

1. 施工要点

（1）防水混凝土工程，应尽可能做到不留施工缝，一次连续浇筑完成。对于大体积的防水混凝土工程，可采取分区浇筑、使用水化热低的水泥或掺外加剂（如粉煤灰）等相应措施，以防止温度裂缝的发生。

（2）施工期间，应做好基坑的降、排水工作，使地下水面低于施工底面 300mm 以下，严防地下水或地表水流入基坑造成积水，影响混凝土的施工和正常硬化，导致防水混凝土强度及抗渗性能降低。在主体混凝土结构施工前，必须做好基础垫层混凝土，使其起到辅助防线的作用。

（3）模板固定一般不宜采用螺栓拉杆或铁丝对穿，以免在混凝土内部造成引水通路。如固定模板必须采用螺栓穿过防水混凝土结构时，可采用工具式螺栓或螺栓加堵头，拆模后应将留下的凹槽用密封材料封堵，并用聚合物水泥砂浆抹平，详见图 9-1-1。

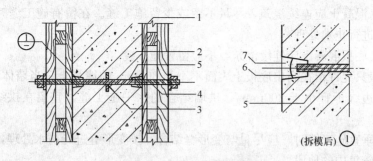

图 9-1-1　固定模板用螺栓的防水构造

1—模板；2—结构混凝土；3—止水环；4—工具式螺栓；
5—固定模板用螺栓；6—密封材料；7—聚合物水泥砂浆

（4）钢筋不得用铁丝或铁钉固定在模板上，必须采用与防水混凝土同强度等级的细石混凝土或砂浆块作垫块，并确保迎水面钢筋保护层的厚度不小于 50mm，绝不允许出现负误差。如结构内部设置的钢筋确须用铁丝绑扎时，均不得接触模板。

（5）模板应表面平整，拼缝严密，吸水性小，结构坚固。浇筑混凝土前，应将模板内部清理干净。

（6）防水混凝土的配合比应通过试验选定。选定配合比时，应按设计要求的抗渗等级提高 $0.2N/mm^2$。防水混凝土配料必须按配合比准确称量，不得用体积法计量。称量允许偏差应符合表 9-1-12 的规定。

防水混凝土配料允许偏差　　　　　　　　　　　　　　　表 9-1-12

混凝土组成材料	每盘计量（%）	累计计量（%）
水泥、掺合料	±2	±1
粗、细骨料	±3	±2
水、外加剂	±2	±1

注：累计量仅适用于微机控制计量的搅拌站。

（7）使用减水剂时，应预先溶解成一定浓度的水溶液，并可用比重法控制溶液的浓度。

（8）防水混凝土必须采用机械搅拌，搅拌时间不应小于 2min，掺外加剂时应根据外加剂的技术要求，确定搅拌时间。

（9）混凝土运输过程中，要防止产生离析和坍落度、含气量的损失，以及漏浆现象。运输距离较远或气温较高时，可掺入适量的缓凝剂或采用运输搅拌车运送。其他应按《混凝土结构工程施工规范》GB 50666—2011 进行施工作业。

（10）浇筑混凝土的入模自由倾落高度若超过 1.5m 时，须用串筒、溜管等辅助工具将混凝土送入，以免造成石子滚落堆积现象。模板窄高、钢筋较密不易浇筑时，可以从侧模预留口处浇筑。混凝土分层浇筑的厚度，应符合《混凝土结构工程施工规范》GB 50666—2011 的要求。

（11）防水混凝土必须采用机械振岛密实，振捣时间宜为 10~20s，以混凝土开始泛浆和不冒气泡为止，并应避免漏振、欠振和超振。掺加气型减水剂时应采用高频插入式振动器振捣。

（12）防水混凝土应连续浇筑，尽量不留或少留施工缝。在留有施工缝时，必须选用遇水膨胀橡胶进行止水处理。

1）顶板、底板混凝土应连续浇筑，不应留置施工缝。

2）墙一般只允许留在高出底板上表面不小于 300mm 的墙身上。当墙体设有孔洞时，施工缝距孔洞边缘不宜小于 300mm.，拱墙结合的水平施工缝，宜留在拱线以下 150～300mm 处。

如必须留垂直施工缝时，应尽量与变形缝结合，按变形缝进行防水处理，并应避开地下水和裂隙水较集中的地段。

在施工缝中推广应用缓胀型遇水膨胀橡胶止水条或止水胶代替传统的凸缝、阶梯缝或金属止水片进行止水处理，其止水效果更佳。

膨胀橡胶止水条（胶）是采用亲水性聚氨酯和橡胶以特殊的加工工艺制成，其结构内部存在大量的由环氧乙烷开环而得的—CH_2—CH_2—O—链节，这种链节极性

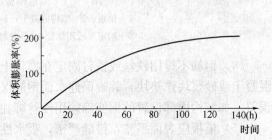

图 9-1-2　821BF 型遇水膨胀橡胶在水中的膨胀率

大，容易旋转，使结构有较好的回弹性。当这种橡胶浸泡在水中时，该链节和水生成氢键，使橡胶体积发生膨胀。其体积膨胀率与浸水时间长短的关系见图 9-1-2。

821BF 型遇水膨胀橡胶的有关物理力学性能见表 9-1-13、表 9-1-14、表 9-1-15。

821BF 型遇水膨胀橡胶物理力学性能　　　　　　表 9-1-13

项目	邵氏硬度（HS）	伸长率（%）	拉伸强度（N/mm²）	变形（%）	抗渗强度等级（N/mm²）	静水中膨胀率（%）	备　注
指标	38±5	≥650	≥4	≤13	0.8	≥150	邵氏硬度、静水中膨胀率均可在一定范围内调节

821BF 型遇水膨胀橡胶反复六次膨胀收缩后性能　　　　　　表 9-1-14

项　目	邵氏硬度（HS）	拉伸强度（N/mm²）	扯断伸长率（%）
浸水前	40	4.3	650
反复六次膨胀收缩后	40	4.3	620

821BF 型遇水膨胀橡胶在不同介质中浸泡时，其物理力学性能变化　　　　　　表 9-1-15

介质pH值	性能　测试时间	原始值	浸泡四个月
5	拉伸强度（N/mm²）	4.3	3.9
	扯断伸长率（%）	750	700
7	拉伸强度（N/mm²）	4.3	4.1
	扯断伸长率（%）	750	735
9	拉伸强度（N/mm²）	4.3	4.0
	扯断伸长率（%）	750	730

施工时，将缓胀型遇水膨胀橡胶止水条用202型氯丁胶粘剂直接粘贴在平整和清扫干净的施工缝处，压紧粘牢，必要时每隔1m左右加钉一个水泥钢钉固定，并及时浇筑上部的防水混凝土。

（13）防水混凝土的养护对其抗渗性能影响极大，因此，当混凝土进入终凝（约浇筑后4～12h）即应开始浇水养护，养护时间不少于14d。防水混凝土不宜采用蒸汽养护，冬期施工时可采用保温措施。

（14）防水混凝土不宜过早拆模，拆模时混凝土表面温度与周围气温之差不得超过15～20℃，以防止混凝土表面出现裂缝。

（15）防水混凝土工程的地下室外墙结构部分，拆模后应及时回填土，以利于混凝土后期强度的增长并获得预期的抗渗性能。回填土前，可根据设计要求在结构混凝土外侧铺贴一道柔性防水附加层或铺抹一道刚性防水砂浆附加防水层。当为柔性防水附加层时，防水层的外侧应粘贴一层5～6mm厚的聚乙烯泡沫塑料片材（花粘固定即可）作软保护层，然后分步回填三七或二八灰土，分步夯实。同时做好基坑周围的散水坡，以避免地面水浸入，一般散水坡宽度大于800mm，横向坡度大于5%。

2. 细部做法

防水混凝土结构内的预埋穿墙管道以及结构的后浇带部位，均为防水的薄弱环节，应采取有效措施，仔细施工。

（1）预埋穿墙管的防水做法

用加焊钢板止水环的方法或加套遇水膨胀橡胶止水圈的方法，既简便又可获得一定的防水效果（图9-1-3、图9-1-4）。施工时，注意将铁件及止水钢板或遇水膨胀橡胶止水环周围的混凝土浇捣密实，保证质量。

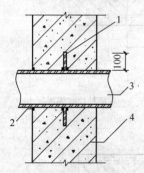 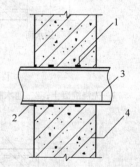

图9-1-3　固定式穿墙管防水构造（一）　　　图9-1-4　固定式穿墙管防水构造（二）
1—止水环；2—密封材料；3—主管；4—混凝土结构　　1—遇水膨胀止水圈；2—密封材料；3—主管；
　　　　　　　　　　　　　　　　　　　　　　　　　　　　　　4—混凝土结构

（2）预埋穿墙套管的防水处理

在管道穿过防水混凝土结构时，预埋套管上应加套遇水膨胀橡胶止水圈或加焊钢板止水环。如为钢板止水环则满焊严密。安装穿墙管时，先将管道穿过预埋套管，并找准位置临时固定，然后将一端用封口钢板将套管焊牢，再将另一端套管与穿墙管间的缝隙用密封材料嵌填严密，再用封口钢板封堵严密（图9-1-5）。

（3）后浇带

后浇缝主要用于大面积混凝土结构，是一种混凝土刚性接缝，适用于不允许设置柔性

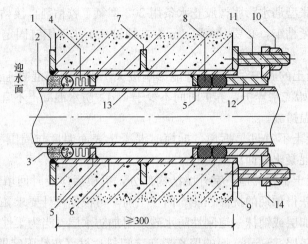

图 9-1-5 套管式穿墙管防水构造

1—翼环；2—密封材料；3—背衬材料；4—充填材料；5—挡圈；6—套管；7—止水环；8—橡胶圈；

9—翼盘；10—螺母；11—双头螺栓；12—短管；13—主管；14—法兰盘

变形缝的工程及后期变形已趋于稳定的结构，施工时应注意以下几点：

1）后浇带留设的位置及宽度应符合设计要求，缝内的结构钢筋不能断开。

2）后浇带可留成平直缝、企口缝或阶梯缝（图 9-1-6、图 9-1-7、图 9-1-8、图 9-1-9）。

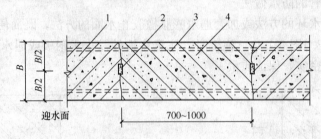

图 9-1-6 后浇带防水构造（一）

1—先浇混凝土；2—遇水膨胀止水条（胶）；3—结构主筋；4—后浇补偿收缩混凝土

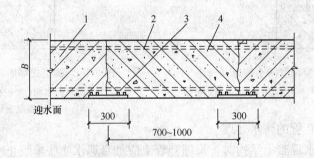

图 9-1-7 后浇带防水构造（二）

1—先浇混凝土；2—结构主筋；3—外贴式止水带；4—后浇补偿收缩混凝土

3）后浇带混凝土应在其两侧混凝土浇筑完毕，待主体结构达到标高或间隔六个星期后，再用补偿收缩混凝土进行浇筑。

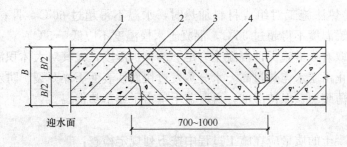

迎水面　　　　700~1000

图 9-1-8　后浇带防水构造（三）

1—先浇混凝土；2—遇水膨胀止水条（胶）；3—结构主筋；4—后浇补偿收缩混凝土

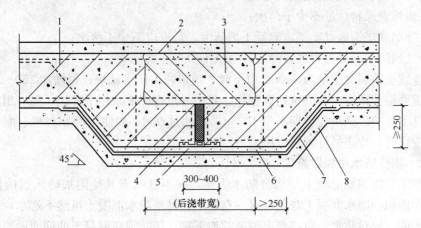

45°　　　4　5　　300~400　　　6　7　8

（后浇带宽）　　>250

图 9-1-9　后浇带超前止水构造

1—混凝土结构；2—钢丝网片；3—后浇带；4—填缝材料；5—外贴式止水带；

6—细石混凝土保护层；7—卷材防水层；8—垫层混凝土

4）后浇带用补偿收缩混凝土的强度等级应与两侧混凝土相同，见表 9-1-16。

补偿收缩混凝土参考配合比　　　　　表 9-1-16

混凝土 强度等级	配合比 （水泥：砂：石子）	水灰比	砂率 （%）	坍落度 （cm）	材料用量（kg/m³）				MF 外加剂掺量 （%）
					水泥	砂	石子	水	
C30	1：1.47：2.64	0.44	36	10~12	450	662	1188	198	0.5

注：水泥为掺有明矾石膨胀剂或 UEA 水泥膨胀剂的专用水泥。明矾石膨胀剂是以天然明矾石和二水石膏按一定
　　比例掺合，磨细而成。它的自由膨胀率为 0.05%~0.1%，自应力值为 0.2~0.7N/mm²，能提高混凝土抗压
　　强度 10%~30%，提高抗渗能力 2~3 倍，并对钢筋无锈蚀作用；UFA 水泥膨胀剂是特制硫铝酸盐熟料粉磨
　　而成的混凝土外加剂，它的膨胀率为 0.02%~0.04%，自应力值为 0.3~0.8N/mm²，可获得良好的补偿收
　　缩作用。

5）浇筑补偿收缩混凝土前，应将接缝处的表面凿毛，清洗干净，保持湿润，并在中心位置（见图 9-1-8）粘贴遇水膨胀橡胶止水条。

6）后浇带的补偿收缩混凝土浇筑后，其湿润养护时间不应少于四个星期。

3.冬期施工

（1）不能采用电热养护，宜采用蓄热法或暖棚法，采用暖棚法时，暖棚温度应保持在

5℃以上；采用蓄热法施工对组成材料加热时，水温不得超过 60℃，骨料温度不得超过 40℃，混凝土出罐温度不得超过 35℃，混凝土入模温度不应低于 5℃。

（2）必须采取有效措施保证混凝土有足够的养护湿度，尤其对大体积混凝土采用蓄热法施工时，要防止由于水化热过高、水分蒸发过快而使表面干燥开裂。防水混凝土表面应用湿草袋或塑料薄膜覆盖保持湿度，再覆盖干草帘子或草垫保温。

4. 质量检查

（1）防水混凝土的质量应在施工过程中按下列规定检查：

1）必须对原材料进行检验，不合格的材料严禁在工程中应用。当原材料有变化时，应取样复验，并及时调整混凝土配合比；

2）每班检查原料称量不少于两次；

3）在拌制和浇筑地点，测定混凝土坍落度，每班应不少于两次；

4）加气剂防水混凝土含气量测定，每班不少于一次。

（2）连续浇筑混凝土量为 500m³ 以下时，应留两组抗渗试块；每增加 250～500m³ 混凝土应增留两组。试块应在浇筑地点制作，其中一组在标准条件下养护，另一组应在与现场相同条件下养护。试块养护期不少于 28d，不超过 90d。如使用的原材料、配合比或施工方法有变化时，均应另行留置试块。

9.1.2　刚性防水附加层施工

地下室工程以钢筋混凝土结构自防水为主，并不意味着其他附加防水层的做法不重要，因为大面积的防水混凝土难免没有一点缺陷。另外防水混凝土虽然不透水，但透湿量还是相当大的，故对防水、防湿要求较高的地下室，还必须在混凝土的迎面做刚性或柔性附加防水层。

在钢筋混凝土表面抹压防水砂浆的做法称为刚性防水附加层。这种水泥砂浆防水主要依靠特定的施工工艺要求或在水泥砂浆中掺入某种防水剂，来提高它的密实性或改善它的抗裂功能，从而达到防水抗渗的目的。各种防水砂浆均可在潮湿基面进行施工，操作简便，造价适中，且容易修补。但由于其韧性较差、拉伸强度较低，对基层伸缩或开裂变形的适应性差，容易随基层开裂而开裂。为了克服这一缺陷，利用高分子聚合物乳液或可分散聚合物粉末拌制成聚合物改性水泥砂浆，以提高其抗渗性和抗裂性能。目前使用较多的聚合物品种主要有阳离子氯丁胶乳、聚丙烯酸乳液、丁苯胶乳以及有机硅水溶液等，它们应用在地下工程防渗、防潮及某些有特殊气密性要求的工程中，效果较好。

9.1.2.1　分类及适用范围

1. 分类

水泥砂浆防水层分为刚性多层抹面防水层与掺外加剂的水泥砂浆防水层两大类。掺外加剂水泥砂浆防水层有掺"赛柏斯"（水泥基渗透结晶型防水材料）掺合剂的水泥砂浆和掺聚合物的防水砂浆两种。

（1）刚性多层抹面的水泥砂浆防水层。利用不同配合比的水泥浆和水泥砂浆分层施工，相互交替抹压密实，充分切断各层次毛细孔网的渗水通道，使其构成一个多层防线的整体防水层。

（2）掺入"赛柏斯"掺合剂的水泥砂浆防水层。在水泥砂浆中掺入占水泥重量 3%～

5％的"赛柏斯"掺合剂，可以提高水泥砂浆的抗渗性能，其抗渗压力一般在 0.4N/mm² 以下，故只适用于水压较小的工程或作为其他防水层的辅助措施。

（3）聚合物水泥砂浆防水层。掺入各种橡胶或树脂乳液及其可分散的聚合物粉末等组成的水泥砂浆防水层，其抗渗性能优异，是一种刚柔结合的新型防水材料，可单独用于防水工程，并能获得较好的防水效果。

防水砂浆主要性能要求见表 9-1-17。

防水砂浆主要性能要求 表 9-1-17

防水砂浆 种类	粘结强度 （MPa）	抗渗性 （MPa）	抗折强度 （MPa）	干缩率 （％）	吸水率 （％）	冻融循环 （次）	耐碱性	耐水性 （％）
掺外加剂掺合料 的防水砂浆	＞0.6	≥0.8	同普通 砂浆	同普通 砂浆	≤3	＞50	10％NaOH 溶液浸泡 14d 无变化	—
聚合物水泥防水 砂浆	＞1.2	≥1.5	≥8.0	≤0.15	≤4	＞50	—	≥80

2. 适用范围

（1）水泥砂浆防水，适用于埋置深度不大，使用时不会因结构沉降、温度和湿度变化以及受振动等产生有害裂缝的地下防水工程。

（2）除聚合物水泥砂浆外，其他均不宜用在长期受冲击荷载和较大振动作用下的防水工程，也不适用于受腐蚀、高温（80℃以上）以及遭受反复冻融的砌体工程。

由于聚合物水泥砂浆防水层的抗渗性能优异，与混凝土基层粘结牢固，抗冻融性能以及抗裂性能好。因此，在地下防水工程中的应用前景广阔。

9.1.2.2 聚合物水泥砂浆防水层

聚合物水泥防水砂浆是由水泥、砂和一定量的橡胶乳液或树脂乳液以及稳定剂、消泡剂等化学助剂，经搅拌混合均匀配制而成。它具有良好的防水抗渗性、粘结性、抗裂性、抗冲击性和耐磨性。由于在水泥砂浆中掺入了各种合成高分子乳液，能有效地封闭水泥砂浆中的毛细孔隙，从而提高了水泥砂浆的抗渗透性能。

与水泥砂浆掺合使用的聚合物品种繁多，主要有天然和合成橡胶乳液、热塑性及热固性树脂乳液等，其中常用的聚合物有阳离子氯丁胶乳（简称 CR 胶乳等）和聚丙烯酸乳液等。

聚合物水泥砂浆的各项性能在很大程度上取决于聚合物本身的特性及其在水泥砂浆中的掺入量。掺入量低，砂浆的抗渗性、粘结性、抗裂性达不到使用要求；掺入量过多，不仅造价高，而且抗压强度有降低的趋势。因此，应从实用、价格适中、防水抗渗效果好的角度出发，使聚合物水泥砂浆的性能符合相关标准的要求。

阳离子氯丁胶乳水泥防水砂浆是聚合物水泥砂浆的佼佼者，它是用一定比例的水泥、砂子，并掺入水泥重量 30％～40％的阳离子氯丁胶乳（其固体含量不少于 40％），经搅拌混合均匀配制而成的一种具有优良防水抗渗性能的防水砂浆。阳离子氯丁胶乳防水砂浆的技术性能见表 9-1-18。

阳离子氯丁胶乳水泥砂浆的主要技术性能 表 9-1-18

试验项目		标准规定指标		实测指标
		一等品	合格品	
安定性		合格	合格	合格
凝结时间	初凝（min）不早于	45	45	7：36
	终凝（h）不迟于	10	10	9：06
抗压强度比 （%）不小于	7d	100	95	135
	28d	90	85	122
	90d	85	80	119
透水压力比（%）不小于		300	200	367
48h 吸水量比（%）不大于		65	75	22
90d 收缩率比（%）不大于		110	120	100

注：实测指标达到并超过建材行业标准 JC 474—92 规定的一等品指标。

阳离子氯丁胶乳水泥砂浆可用于地下建筑物和构筑物作防水层，用于屋面、墙面作防水、防潮层和修补建筑物裂缝等。

1. 原材料及要求

（1）水泥：硅酸盐水泥、普通硅酸盐水泥或特种水泥，不得使用过期或结块水泥。

（2）砂子：洁净中砂，料径 3mm 以下并过筛。

（3）阳离子氯丁胶乳混合液：由阳离子氯丁胶乳和稳定剂、消泡剂等按一定比例配合而成，其质量应符合表 9-1-19 的要求。

阳离子氯丁胶乳的质量要求 表 9-1-19

项目名称	性能指标	项目名称	性能指标
外观	白色或微黄色乳状液	硫化胶抗张强度	≥15MPa
pH 值	3~5	硫化胶延伸率	≥750%
固体含量	≥40%	旋转黏度	0.0124Pa・s
相对密度	≥1.085	薄球黏度	0.00648Pa・s
含氯量	≥35%		

（4）复合助剂：主要由稳定剂和消泡剂组成。稳定剂用于减少或避免胶乳在与水泥或砂浆搅拌过程中产生析出及凝聚现象；消泡剂可减少或消除由于胶乳中的稳定剂和乳化剂的表面活化影响产生的大量气泡。

（5）水：采用饮用水。

2. 参考配方及配制工艺

（1）阳离子氯丁胶乳防水水泥砂浆的参考配合比见表 9-1-20。

阳离子氯丁胶乳水泥砂浆参考配方　　　　　　表 9-1-20

材料名称	砂浆配方（重量比）[①]	砂浆配方（重量比）[②]	净浆配方（重量比）[③]
普通硅酸盐水泥	100	100	100
中砂（料径 3mm 以下）	200～300	200～250	—
阳离子氯丁胶乳混合液	30～50	20～50	35～45
水	适量	适量	适量

①、③ 配方系北京市建筑工程研究院提供。

② 配方系青岛化工厂提供。

（2）阳离子氯丁胶乳防水砂浆的配制工艺如下：

根据配方，先将阳离子氯丁胶乳混合液和一定量的水混合搅拌均匀。另外，按配方将水泥和砂子干拌均匀后，再将上述混合乳液加入，用人工或砂浆搅拌机搅拌均匀，即可进行防水层的施工。

胶乳水泥砂浆人工拌合时，必须在灰槽或铁板上进行，不宜在水泥砂浆地面上进行，以免胶乳失水、成膜过快而失去稳定性。

3. 施工要点及要求

（1）基层处理

1）基层混凝土或砂浆必须坚固并具有一定强度，一般不应低于设计强度的 80%。

2）基层表面洁净，无灰尘、无油污，施工前最好用水冲刷一遍。

3）基层表面的孔洞、裂缝或穿墙管的周边应凿成 V 形或环形沟槽，并用阳离子氯丁胶乳水泥砂浆填塞抹平。

4）有渗漏水的情况，应先采用压力灌注化学浆液或用快速堵漏材料进行堵漏处理后，再抹胶乳水泥砂浆防水层。

5）氯丁胶乳防水砂浆的早期收缩虽然较小，但大面积施工时仍难避免因收缩而产生的裂纹，因此在抹胶乳砂浆防水层时应进行适当分格，分格缝的纵横间距一般为 20～30m，分格缝宽度宜为 15～20mm，缝内应嵌填弹塑性的密封材料封闭。

（2）氯丁胶乳砂浆的配制

1）严格按照材料配方和工艺进行配制。

2）胶乳凝聚较快，因此配制好的胶乳水泥砂浆应在 1h 内用完。最好随用随配制，宜用多少配制多少。

3）胶乳砂浆在配制过程中，容易出现越拌越干结的现象，此时不得任意加水，以免破坏胶乳的稳定性而影响防水功能。必要时可适当补加混合胶乳，经搅拌均匀后再进行铺抹施工。

（3）胶乳水泥砂浆的施工

1）在处理好的基层表面上，由上而下均匀涂刮或喷涂胶乳水泥浆一遍，其厚度 1mm 左右为宜。它的作用是封堵细小孔洞和裂缝，并增强胶乳水泥砂浆防水层与基层表面的粘结力。

2）在涂刮或喷涂胶乳水泥浆 15～30min 左右后，即可将混合好的胶乳水泥砂浆铺抹在基层上，并要求顺着一个方向边压实边抹平，一般垂直面每次抹胶乳砂浆的厚度为 5～8mm，水平面为 10～15mm，施工顺序原则上为先立墙后地面，阴阳角处的防水层必须抹成圆弧或八字坡。因胶乳容易成膜，故在抹压胶乳砂浆时必须一次成活，切勿反复搓揉。

3）胶乳砂浆施工完后，须进行检查，如发现砂浆表面有细小孔洞或裂缝时，应用胶乳水泥浆涂刮一遍，以提高胶乳水泥砂浆表面的密实度。

4）在胶乳水泥砂浆防水层表面还需抹普通水泥砂浆做保护层，一般宜在胶乳砂浆初凝（7h）后终凝前（9h）进行。

（4）养护条件

胶乳水泥砂浆防水层施工完成后，前 3d 应保持潮湿养护，有保护层的养护时间为 7d。在潮湿的地下室施工时，则不需要再采用其他的养护措施，在自然状态下养护即可。在整个养护过程中，应避免振动和冲击，并防止风干和雨水冲刷。

（5）施工注意事项

1）冬期施工温度在 5℃以上为宜，夏季施工在 30℃以下为宜，施工时应避免在太阳下暴晒。

2）在抹完胶乳水泥砂浆未达到硬化状态时，切勿直接浇水养护或被雨水冲刷，否则会冲掉部分未固化的胶面影响其防水效果。

3）在通风较差的地下室施工时，特别是夏季胶乳中的低分子物质挥发较快，容易影响正常的施工作业，为此必须采取机械通风的措施。

4）应设专人负责胶乳水泥砂浆的配制工作，配料人员应带防护手套。

其他聚合物乳液（如丙烯酸酯多元共聚乳液）防水砂浆的配制和施工方法与氯丁胶乳水泥砂浆基本相同，可根据供应商提供的产品说明书并参考上述工艺进行施工。

9.1.3 地下室工程卷材防水施工

经常处在地下水环境，且受侵蚀性介质作用或受振动作用的高层地下室工程宜采用卷材防水层。

9.1.3.1 卷材品种

适用于高层地下室工程防水卷材品种有两大类：高聚物改性沥青类防水卷材和合成高分子类防水卷材。卷材防水层的品种见表 9-1-21。

卷材防水层的品种　　　　　　　　　　　　　　　　表 9-1-21

类别	品种名称	主要生产厂家
高聚物改性沥青类防水卷材	弹性体改性沥青防水卷材	北京东方雨虹防水技术股份公司等
	改性沥青聚乙烯胎防水卷材	盘锦禹王防水建材集团有限公司等
	自粘聚合物改性沥青防水卷材	深圳卓宝科技股份公司等
合成高分子类防水卷材	三元乙丙橡胶防水卷材	常熟三恒建材有限公司等
	聚氯乙烯防水卷材	西卡渗耐防水系统（上海）有限公司等
	聚乙烯丙纶复合防水卷材	北京圣洁防水材料公司等
	高分子自粘胶膜防水卷材	格雷斯中国有限公司等
	TPO 高分子复合防水卷材	唐山德生防水材料公司等

9.1.3.2 不同品种卷材防水层的厚度

防水卷材的品种规格和层数，根据高层建筑地下室防水等级、地下水位高低及水压力作用状况、结构构造形式和施工工艺等因素，确定不同品种防水卷材在地下室工程的厚度选用应符合表 9-1-22 的规定。

不同品种防水卷材厚度选用表　　　　　　　　　　　　　表 9-1-22

卷材品种	高聚物改性沥青类防水卷材			合成高分子类防水卷材			
	弹性体改性沥青防水卷材、改性沥青聚乙烯胎防水卷材	自粘聚合物改性沥青防水卷材		三元乙丙橡胶防水卷材	聚氯乙烯防水卷材	聚乙烯丙纶复合防水卷材	高分子自粘胶膜防水卷材
		聚酯毡胎体	无胎体				
单层厚度（mm）	≥4	≥3	≥1.5	≥1.5	≥1.5	卷材≥0.9 粘结料≥1.3 芯材厚度≥0.6	≥1.2
双层总厚度（mm）	≥(4+3)	≥(3+3)	≥(1.5+1.5)	≥(1.2+1.2)	≥(1.2+1.2)	卷材≥(0.7+0.7) 粘结料≥(1.3+1.3) 芯材厚度≥0.5	—

9.1.3.3 防水构造

地下工程的卷材防水层应设在迎水面。地下防水工程分为外防外贴与外防内贴两种做法：

1. 外防外贴做法构造（图 9-1-10）

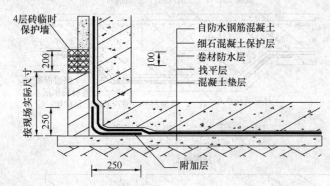

图 9-1-10　外防外贴法

2. 外防内贴做法构造（图 9-1-11）

3. 卷材防水层甩槎、接槎做法（图 9-1-12）

4. 细部防水构造

（1）底板后浇带防水构造见图 9-1-13、图 9-1-14。

（2）底板变形缝防水构造见图 9-1-15。

（3）穿墙管防水构造见图 9-1-16。

9.1.3.4 合成高分子卷材防水施工

合成高分子防水卷材是以合成橡胶、合成树脂或它们两者的共混体为基料，加入适量

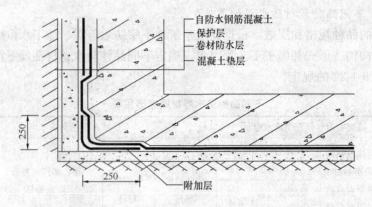

图 9-1-11 外防内贴法

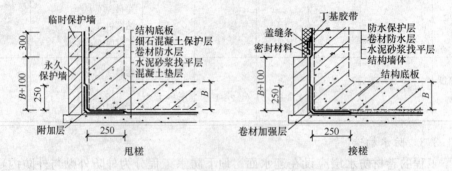

图 9-1-12 卷材防水层甩槎、接槎做法

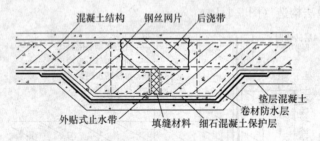

图 9-1-13 底板后浇带防水构造（一）

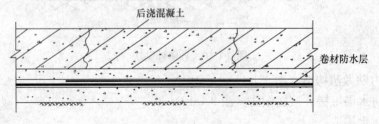

图 9-1-14 底板后浇带防水构造（二）

的化学助剂和填充剂等，采用橡胶或塑料加工工艺制成可卷曲的片状防水材料。主要包括三元乙丙橡胶防水卷材、聚氯乙烯防水卷材、聚乙烯丙纶复合防水卷材和高分子自粘胶膜防水卷材等品种。这些合成高分子防水卷材具有重量轻、温度适应范围广、耐老化性能优良、抗撕裂性能好、拉伸强度高、延伸率大、对基层伸缩或开裂变形的适应性较强等特

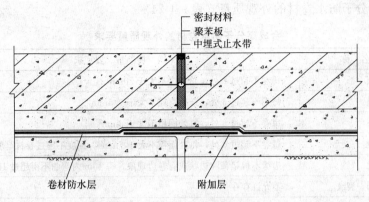

图 9-1-15　底板变形缝防水构造

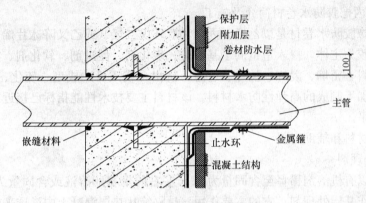

图 9-1-16　固定式穿墙管防水构造

点，而且是冷作业，单层施工，工序简单，操作方便。

　　在高层建筑的地下室及人防工程中，采用合成高分子卷材作全外包防水的做法，能较好地适应钢筋混凝土结构沉降、开裂、变形的要求，并具有抵抗地下水化学侵蚀的效果。北京的国际大厦、贵宾楼饭店、天伦皇朝饭店、国际会议中心、长安俱乐部、公安部新办公楼以及秦山核电站等地下室工程，均采用了这种卷材防水，都获得了较理想的防水效果。

　　1. 合成高分子防水卷材主要技术性能指标（表 9-1-23）

合成高分子防水卷材主要技术性能指标　　　　表 9-1-23

项　目	性　能　要　求			
	三元乙丙橡胶防水卷材	聚氯乙烯防水卷材	聚乙烯丙纶复合防水卷材	高分子自粘胶膜防水卷材
断裂拉伸强度	≥7.5MPa	≥12MPa	≥60N/10mm	≥100N/10mm
断裂伸长率	≥450%	≥250%	≥300%	≥400%
低温弯折性	−40℃，无裂纹	−20℃，无裂纹	−20℃，无裂纹	−20℃，无裂纹
不透水性	压力 0.3MPa，保持时间 120min，不透水			
撕裂强度	≥25kN/m	≥40kN/m	≥20N/10mm	≥120N/10mm
复合强度（表层与芯层）			≥1.2N/mm	

2. 合成高分子防水卷材的外观质量（表 9-1-24）

合成高分子防水卷材的外观质量要求　　　　　　　　　　　表 9-1-24

缺　陷　名　称	质　量　要　求
折痕	每卷不超过 2 处，总长度不大于 20mm
杂质	每卷不超过 3 处，杂质直径不大于 0.5mm
胶块	每卷不超过 6 处，每处面积不大于 4mm²
缺胶	每卷不超过 6 处，每处面积不大于 7mm²，深度不超过卷材厚度的 30%
弯曲	边缘不得呈荷叶边状或有卷边现象，每 10m 内弯曲不得超过 15mm
气泡、孔洞、裂纹	不允许存在
接头	每卷不超过 1 处，短段不得少于 3.0m，并加长 150mm 备做搭接

3. 三元乙丙橡胶防水卷材简介及施工

三元乙丙橡胶防水卷材是以乙烯、丙烯和双环戊二烯（或乙叉降冰片烯）等三种单体共聚合成的橡胶为主体，掺入适量的丁基橡胶、硫化剂、促进剂、软化剂、补强剂、填充剂等，经过配料、密炼、混炼、拉片、过滤、挤出（或压延）成型、硫化、检验、分卷、包装等工序，加工制成的高弹性防水材料。该材料主要技术性能指标已接近或达到了国外同类产品的水平。

（1）配套材料和辅助材料

1）基层处理剂

一般选用以有机溶剂稀释至含固量为 30% 左右的聚氨酯溶液或含固量为 40% 左右的氯丁橡胶乳液作基层处理剂。它的主要作用，是隔绝从垫层混凝土中渗透来的水分，并能提高卷材与基层之间的粘附能力，相当于传统石油沥青纸胎油毡施工用的冷底子油。因此，又称为底胶，其用量为 0.2～0.3kg/m²。

2）基层胶粘剂

主要用于卷材与基层表面之间的粘结，一般可选用以氯丁橡胶和丁基酚醛树脂为主要原料，加入适量的化学助剂和有机溶剂制成的胶粘剂（如 401 胶等）或以氯丁橡胶乳液制成的胶粘剂，其粘结剥离强度应不小于 15N/cm。其用量为 0.35～0.6kg/m²。

3）卷材接缝胶粘剂

这是卷材与卷材接缝粘结的一种专用胶粘剂。当粘结三元乙丙橡胶防水卷材接缝时，应选用以丁基橡胶、氯化丁基橡胶、氯化乙丙橡胶等为主要原料，加入适量的硫化剂、促进剂、填充剂和溶剂等配制成的单组分或双组分的常温硫化型胶粘剂。其他卷材的接缝粘结，亦应选用与卷材的材性相容的专用胶粘剂，但其粘结剥离强度均不应小于 15N/cm，且浸水 168h 后的粘结剥离强度保持率亦不应小于 70%。该胶粘剂的用量为 0.5～0.6kg/m²。

4）卷材接缝及收头密封剂

一般可选用与卷材材性相容的氯磺化聚乙烯密封胶、聚氨酯密封胶、丁基橡胶密封胶以及自粘性丁基密封胶带等，作为卷材接缝处和卷材末端收头处的密封处理，其用量为 0.10～0.15kg/m²。

5）防水层保护材料

在平面部位一般选用干铺 350 号石油沥青纸胎油毡或 0.3mm 厚聚乙烯膜做保护隔离层，然后浇筑 50mm 厚细石混凝土作刚性保护层；立墙外侧可粘贴 5～6mm 厚的聚乙烯泡沫塑料片材，作为卷材防水层的软保护层。

6）醋酸乙酯或溶剂汽油等

这些有机溶剂是基层处理剂、胶粘剂的稀释剂和施工机具的清洗剂，其总用量为 0.2～0.3kg/m²。

（2）施工机具

三元乙丙橡胶卷材防水施工所需的机具规格及数量，可参照表 9-1-25 准备，并可根据工程施工的实际情况增减。

三元乙丙卷材防水施工机具

表 9-1-25

名　称	规　格	数　量	用　途
小平铲	小型	3 把	清理基层用
扫帚		8 把	清理基层用
钢丝刷		3 把	清理基层用
高压吹风机	200W	1 台	清理基层用
铁抹子		2 把	修补基层及末端收头用
皮卷尺	50m	1 把	度量尺寸用
钢卷尺	2m	5 只	度量尺寸用
小线绳		50m	弹线用
彩色粉		0.5kg	弹线用
粉笔		1 盒	打标记用
电动搅拌器	200W	2 个	搅拌材料用
开罐刀		2 把	开料桶用
剪子		5 把	剪裁卷材用
铁桶	10L	2 个	胶粘剂容器
小油漆桶	3L	5 个	胶粘剂容器
油漆刷	5～10cm	各 5 把	涂刷胶粘剂用
滚刷	$\phi 60mm \times 250mm$	10 把/1000m²	涂刷胶粘剂用
橡皮刮板		3 把	涂刷胶粘剂用
铁管	$\phi 30mm \times 1500mm$	2 根	展铺卷材用
铁压辊	$\phi 200mm \times 300mm$	2 个	压实卷材用
手持压辊	$\phi 40mm \times 50mm$	10 个	压实卷材用
手持压辊	$\phi 40mm \times 5mm$	5 个	压实阴角卷材用
嵌缝挤压枪		2 个	嵌填密封材料用
自动热风焊机	4000W	1 台	焊接热熔卷材接缝用
安全带		5 条	劳保用品
工具箱		2 个	保存工具用

（3）施工工艺

1）施工前准备

① 在地下室混凝土垫层表面应抹水泥砂浆找平层，厚 15～20mm，表面要求抹平压光，不应有起砂、掉灰、空鼓等缺陷。

② 找平层应基本干燥，检查干燥程度的简易方法是在基层表面上铺设 1m×1m 的橡胶卷材，静置 3h 左右，掀开后如基层表面及卷材表面均无水印，即可铺设卷材。

③ 找平层与突起物相连接的阴、阳角，应抹成均匀光滑的直角。

④ 下雨或将要下雨以及雨后尚未干燥时，不宜进行合成高分子防水卷材的施工。

2）工艺要点

高层建筑采用箱形基础时，地下室一般多采用整体全外包防水做法，其工艺分"外防外贴法"和"外防内贴法"两种。外防外贴法与外防内贴法的优缺点比较见表 9-1-26。

外防外贴法与外防内贴法的优缺点比较

表 9-1-26

施工方法	优　点	缺　点
外贴施工法	1. 由于卷材防水层直接粘贴在钢筋混凝土的外表面，防水层能与混凝土结构同步，较少受结构沉降变形影响； 2. 施工时不易损坏防水层，也便于检查混凝土结构及卷材防水层的质量，发现问题，容易修补	1. 防水层要分几次施工，工序较多，工期较长，且需要较大的工作面； 2. 土方工作量大，模板用量大； 3. 卷材接头不容易保护好
内贴施工法	1. 可一次完成防水层的施工，工序简单，工期较短。可节省施工占地，土方工作量较小。可节约外墙外侧的模板； 2. 卷材防水层无须临时固定留槎，可连续铺贴，质量容易保证	1. 立墙防水层难与混凝土结构同步，易受结构沉降变形影响； 2. 卷材防水层及结构混凝土的抗渗质量不易检查。如发生渗漏，修补卷材防水层十分困难

① 外防外贴法

外防外贴法（图 9-1-17）是将立面卷材防水层直接粘贴在需要做防水的钢筋混凝土结构外表面上，其施工程序如下：

清扫找平层表面 → 涂布基层处理剂 → 复杂部位附加增强处理 → 涂布胶粘剂 → 铺贴卷材 → 卷材接缝粘结 → 卷材接缝部位附加增强处理 → 铺设油毡保护隔离层 → 浇筑细石混凝土保护层 → 地下室钢筋混凝土结构施工 → 地下室外墙防水层施工 → 地下室外墙防水层保护层 → 基坑回填

a. 在铺贴合成高分子防水卷材以前，必须将基层表面的突起物、砂浆疙瘩等异物铲除，并把尘土杂物彻底清扫干净。

b. 涂布基层处理剂。一般是将聚氨酯涂膜防水材料的甲料、乙料（参见本册"9.1.4.1 聚氨酯涂膜防水施工"）和有机溶液按 1∶1.5∶3 的比例配合搅拌均匀，再用长把滚刷蘸取均匀涂布在基层表面上，干燥 4h 以上，才能进行下一道工序的施工；也可以采用喷浆机喷涂含固量为 40%、pH 值为 4、黏度为 $10×10^{-3}Pa·s$（10cP）的阳离子氯丁胶乳处理基层，喷涂时要求厚薄均匀一致，并干燥 12h 左右，才能进行下一道工序的施工。

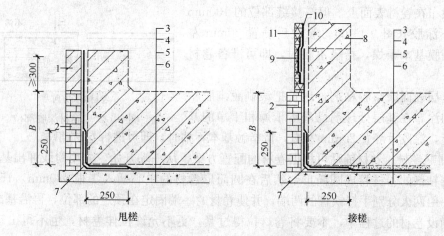

图 9-1-17 卷材防水层外防外贴构造

1—临时保护墙；2—永久保护墙；3—细石混凝土保护层；4—卷材防水层；5—水泥砂浆找平层；

6—混凝土垫层；7—卷材加强层；8—结构墙体；9—卷材加强层；10—卷材防水层；11—卷材保护层

c. 复杂部位的附加增强处理。地下室的阴、阳角和穿墙管等易渗漏的薄弱部位，在铺贴卷材前，应采用聚氨酯涂膜防水材料或常温自硫化自粘性丁基橡胶密封胶带进行附加处理。

采用聚氨酯涂膜防水材料处理时，应将聚氨酯甲料和乙料按 1：1.5 的比例配合搅拌均匀后，涂刷在阴、阳角和穿墙管的根部，涂刷的宽度距中心 200mm 以上，一般涂刷 2～3 遍，涂膜总厚度 1.5mm 以上，待涂膜固化后，才能进行铺贴卷材的施工。

采用常温自硫化型自粘性丁基橡胶密封胶带处理的方法，是将该胶带按图 9-1-18 和图 9-1-19 的尺寸剪裁好，并按图标要求粘贴在涂刷过胶粘剂的阴、阳角和穿墙管根部，粘贴时，先将被粘面的隔离纸撕去即可粘贴。粘贴就位后，要立即用手持压辊滚压（表面隔离纸不能撕掉），使其粘结牢固，封闭严密。

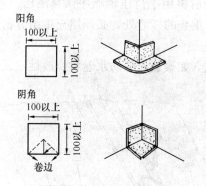

图 9-1-18 阴、阳角用密封胶带
作附加增强层

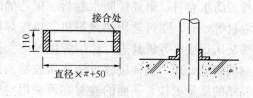

图 9-1-19 穿墙管根部用密封
胶带作附加增强处理

d. 涂布基层胶粘剂。先将盛氯丁系胶粘剂（如 404 胶等）或其他专用胶粘剂的铁桶打开，用电动搅拌器搅拌均匀，即可进行涂布施工。

在卷材表面涂布胶粘剂：将卷材展开摊铺在平整干净的基层上，用长把滚刷蘸满胶粘剂均匀涂布在卷材表面上。但搭接缝部位的 100mm 范围内不涂胶（图 9-1-20）。涂胶后静置 20min 左右，待胶膜基本干燥，指触不粘时，即可准备卷材铺贴。

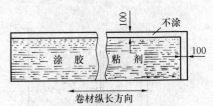

图 9-1-20　卷材涂胶部位

在基层表面涂布胶粘剂：用长把滚刷蘸满胶粘剂，均匀涂布在基层处理剂已基本干燥和干净的基层表面上，涂胶后静置 20min 左右，待指触基本不粘时，即可进行卷材铺贴。

e. 铺贴卷材。卷材铺贴可根据卷材的配置方案，从一端开始。先用粉线弹出基准线，将已涂胶粘剂的卷材卷成圆筒形，然后在圆筒形卷材的中心插入 1 根 $\phi 30mm \times 1500mm$ 的铁管，由两人分别手持铁管的两端，并使卷材的一端固定在预定的部位，再沿基准线铺展。在铺设卷材的过程中，不要将卷材拉得过紧，更不允许拉伸卷材，也不得出现皱折现象。

平面与立面相连的卷材，应先铺贴平面然后向立面铺贴，并使卷材紧贴阴、阳角。铺贴时，不得出现空鼓现象。接缝部位必须距离阴、阳角 250mm 以上。

每当铺完一张卷材后，应立即用干净松软的长把滚刷从卷材一端开始朝横方向顺序用力滚压一遍（图 9-1-21），以彻底排除卷材与基层之间的空气。排除空气后，平面部位可用外包橡胶的长 30cm、重 30～40kg 的铁辊滚压一遍，使其粘结牢固。垂直部位可用手持压辊滚压粘牢。

图 9-1-21　排除空气的滚压方向

f. 卷材接缝的粘结。卷材接缝的搭接宽度一般为 100mm，在接缝部位每隔 1m 左右处，涂刷少许胶粘剂，待其基本干燥后，将搭接部位的卷材翻开，先作临时粘结固定（图 9-1-22）。然后将粘结卷材接缝用的双组分或单组分的专用胶粘剂（如为双组分胶粘剂，应按规定比例配合搅拌均匀），用油漆刷均匀涂刷在翻开的卷材接缝的两个粘结面上，涂胶量一般以 $0.55kg/m^2$ 左右为宜，涂胶 20min 左右，以指触基本不粘手后，用手一边压合，一边驱除空气。粘合后再用手持压辊顺序认真滚压一遍。接缝处不允许存在气泡和皱折现象。凡遇到三层卷材重叠的接缝处，必须填充单组分密封胶封闭。

如采用的合成高分子防水卷材为热塑性材料制成（如聚氯乙烯防水卷材、改性三元乙丙橡胶防水卷材、聚烯烃防水卷材、聚乙烯防水卷材等）时，则可选用热风焊机、热楔焊接机或挤压焊接机等机具进行热熔焊接的方法作卷材的接缝处理，这种接缝方法比用胶粘剂进行粘结的质量更佳。平面的卷材亦可采用空铺法、点粘法或条粘法施工，但卷材的接缝部位必须满粘，且要求粘结牢固，封闭严密。

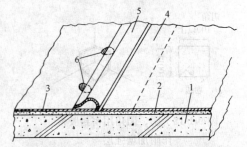

图 9-1-22　搭接缝部位卷材的临时粘结固定
1—混凝土垫层；2—水泥砂浆找平层；3—卷材防水层；4—卷材搭接缝部位；5—接头部位翻开的卷材；6—胶粘剂临时粘结固定点

g. 卷材接缝部位的附加增强处理。卷材搭接缝是地下工程容易发生渗漏水的薄弱部位，必须在接缝边缘嵌填密封胶后，骑缝粘贴一条宽 120mm 的卷材胶条（粘贴方法同前），进行

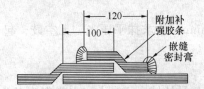

图 9-1-23 卷材接缝部位的
附加补强处理

附加处理。在用手持压辊滚压粘结牢固后，还要在附加补强胶条的两侧边缘部位，用单组分或双组分密封胶进行封闭处理（图 9-1-23）。

h. 铺设油毡保护隔离层。当卷材防水层铺设完毕，经过认真和全面检查验收合格后，可在平面部位的卷材防水层上，虚铺一层石油沥青纸胎油毡等作保护隔离层，铺设时可用少许胶粘剂（如 404 胶等）花粘固定，以防止在浇筑细石混凝土刚性保护层时发生位移。

i. 浇筑细石混凝土刚性保护层。在完成油毡保护隔离层的铺设后，平面部位可浇筑 50mm 厚的细石混凝土保护层。浇筑混凝土时，切勿损坏油毡和卷材防水层，如有损坏，必须及时用接缝专用胶粘剂粘补一块卷材进行修复，然后继续浇筑细石混凝土，以免留下隐患，造成渗漏水质量事故。

在细石混凝土刚性保护层养护后，即可按照设计要求进行地下室钢筋混凝土底板与墙体工程的施工。

关于结构混凝土施工缝处理，可参见本手册"9.1.1 防水混凝土结构"。

j. 外墙防水层及保护层的施工，可在钢筋混凝土外墙拆模后进行。凡外墙表面出现蜂窝、麻面、凹凸不平处，应先用水泥砂浆进行修补，然后将卷材直接粘贴在平整干燥的钢筋混凝土结构外墙的外侧。防水施工方法与平面做法基本相同。外墙防水层经检查验收合格后，可直接在卷材防水层的外侧，粘贴 5～6mm 厚的聚乙烯泡沫塑料片材，粘贴方法是采用氯丁橡胶系胶粘剂或其他胶粘剂花粘固定。也可以用 4mm 厚聚苯乙烯泡沫塑料板代替聚乙烯泡沫塑料，但胶粘剂应采用聚醋酸乙烯乳液代替氯丁橡胶系胶粘剂。

在完成聚乙烯泡沫塑料软保护层的施工后，即可根据设计要求在基坑内分步回填、分步夯实，并做好散水。

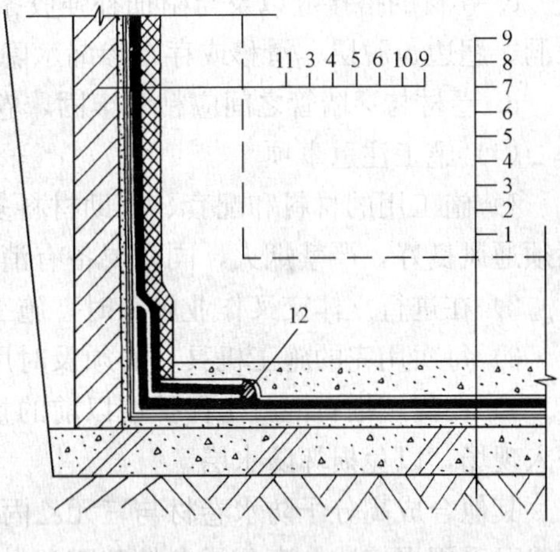

② 外防内贴法

外防内贴法（图 9-1-24）是在施工条件受到限制，外防外贴法施工难以实施时，不得不采用的一种防水施工法。因为它的防水效果不如外防外贴施工法。外防内贴法施工是在垫层混凝土边沿上砌筑永久性保护墙，并在平、立面上同时抹砂浆找平层后，完成卷材防水层粘贴，最后进行底板和钢筋混凝土结构的施工。其施工顺序如下：

图 9-1-24 地下室工程内贴法卷材防水构造
1—素土夯实；2—素混凝土垫层；3—水泥砂浆找平层；4—基层处理剂；5—基层胶粘剂；6—合成高分子卷材防水层；7—油毡保护隔离层；8—细石混凝土保护层；9—钢筋混凝土结构；10—5mm 厚聚乙烯泡沫塑料保护层；11—永久性保护墙；12—填嵌密封膏

混凝土垫层四周砌筑永久性保护墙 → 平、立面抹水泥砂浆找平层 → 涂刷基层处理剂 → 涂刷胶粘剂 → 铺贴卷材 → 平面铺设防水层隔离层 → 立面粘贴聚乙烯泡沫塑料片材保护层 → 平面浇筑细石混凝土保护层 → 地下室钢筋混凝土结构施工 → 基坑回填

a. 在已浇筑的混凝土垫层四周砌筑永久性保护墙。

b. 平、立面抹 1：2.5 水泥砂浆找平层，厚 15～20mm，要求抹平压光，无空鼓、起砂、掉皮现象。

c. 待找平层干燥后，涂刷基层处理剂。

d. 按照先立面后平面的铺贴顺序，铺贴防水卷材。其具体铺贴方法与"外防外贴法"相同。

e. 卷材防水层铺贴完毕，经检查验收合格后，在墙体防水层的内侧可按外贴法粘贴 5～6mm 厚聚乙烯泡沫塑料片材作保护层；平面可虚铺油毡保护隔离层后，浇筑 50mm 厚的细石混凝土保护层。

f. 按照设计要求进行地下室钢筋混凝土主体结构施工。

g. 基坑分步回填、分步夯实，并做好散水。

③ 质量要求

a. 所选用的合成高分子防水卷材的各项技术性能指标，应符合相关标准规定或设计要求，并应附有现场取样进行复核验证的质量检测报告或其他有关材料质量的证明文件。

b. 卷材的搭接宽度和附加补强胶条的宽度，均应符合设计要求。一般搭接缝宽度不宜小于 100mm，卷材搭接缝的有效焊接宽度不应小于 25mm，附加补强胶条的宽度不宜小于 120mm。

c. 卷材的搭接缝以及与附加补强胶条的粘结，必须牢固、封闭严密。不允许有皱折、孔洞、翘边、脱层、滑移或存在渗漏水隐患的其他外观缺陷。

d. 卷材与穿墙管之间应粘结牢固，卷材的末端收头部位，必须封闭严密。

（4）施工注意事项

1）施工用的材料和配套、辅助材料多属易燃物质，故存放材料的仓库以及施工现场，必须通风良好，严禁烟火，同时要备有消防器材。

2）在进行立体交叉作业施工时，施工人员必须戴安全帽。

3）每次用完的施工机具，必须及时用有机溶剂清洗干净，以便于重复使用。

4）在浇筑细石混凝土保护层以前的整个施工过程中，穿鞋底带有钉子的人员不允许进入现场，以免损坏防水层。

其他合成高分子防水卷材与三元乙丙橡胶卷材的施工方法基本相同，但热塑性卷材的接缝可采用焊接法；高分子自粘胶膜卷材可采用预铺反粘法；聚乙烯丙纶卷材可与专用的聚合物水泥粘结料或非固化橡胶沥青涂层粘结料满粘施工，形成涂膜与卷材复合并具有扬长避短、优势互补和避免窜水作用的防水层。具体施工方法可按专项工法进行。

9.1.3.5 高聚物改性沥青卷材防水施工

高聚物改性沥青防水卷材是以合成高分子聚合物（简称高聚物）改性沥青为涂盖层、纤维织物、纤维毡、塑料膜或金属箔为胎体，粉状、粒状、片状或薄膜材料为覆面材料，制成可卷曲的片状防水材料。主要包括聚酯毡胎和玻纤毡胎的 SBS 改性沥青防水卷材、APP 改性沥青防水卷材以及聚乙烯胎改性沥青防水卷材、自粘聚合物改性沥青防水卷材等品种。这些改性沥青防水卷材均克服了传统石油沥青纸胎油毡所存在的不足，使其具有高温不易流淌、低温不易脆裂、拉伸强度较高、抗穿刺性能较好、延伸率较大、对基层伸缩或开裂变形的适应性较强以及使用寿命较长等特点。因此，它已成为我国当前重点发展的新型防水材料之一。

1. 几种常用高聚物改性沥青防水卷材的外观质量、规格及主要技术性能要求

(1) 外观质量要求

1) 成卷卷材应卷紧、卷齐，端面里进外出之差不得超过 10mm。卷材与覆面材料应相互紧密粘结。

2) 卷材表面应平整，不允许有孔洞、裂纹、疙瘩等缺陷存在。

3) 成卷卷材在环境温度为柔度规定的温度以上时应易于展开，不应有距卷芯 1000mm 外、长度在 10mm。以上的裂纹和破坏表面 10mm 以上的粘结。

4) 所有的纤维毡胎体必须浸透，不应有未被浸渍的浅色斑点。卷材表面撒布材料的颜色和粒度应均匀一致并粘结牢固。

5) 每卷卷材接头不应超过一处，其中较短的一段不得少于 2500mm。接头处应剪切整齐，并加长 150mm 备作搭接。

(2) 技术性能

高聚物改性沥青防水卷材的主要技术性能应符合表 9-1-27 要求。

高聚物改性沥青防水卷材的主要物理性能　　　　　　　　表 9-1-27

项 目 名 称		性 能 指 标				
		弹性体改性沥青防水卷材			自粘聚合物改性沥青防水卷材	
		聚酯毡胎体	玻纤毡胎体	聚乙烯胎体	聚酯毡胎体	无胎体
可溶物含量（g/m²）		3mm 厚≥2100		4mm 厚≥2900	3mm 厚≥2100	—
拉伸性能	拉力 (N/50mm)	≥800 （纵横向）	≥500 （纵横向）	≥140（纵向） ≥120（横向）	≥450 （纵横向）	≥180 （纵横向）
	延伸率（%）	最大拉力时 ≥40（纵横向）	—	断裂时 ≥250（纵横向）	最大拉力时 ≥30（纵横向）	断裂时 ≥200（纵横向）
低温柔度（℃）		−25，无裂纹				
耐老化后低温柔度 （℃）		−20，无裂缝			−22，无裂纹	
不透水性		压力 0.3MPa，保持时间 120min，不透水				

2. 配套材料及辅助材料

(1) 配套材料主要包括基层处理剂和胶粘剂。基层处理剂（相当于传统施工用的冷底子油）和高聚物改性沥青胶粘剂（以下简称胶粘剂），主要用于对防水基层表面的密封和卷材与基层的粘结，亦可用于水落口、管子根、阴阳角等容易渗漏水的薄弱部位进行附加补强处理或卷材接缝的粘结，以及卷材采端收头的密封处理等。一般宜选用高聚物改性沥青的汽油溶液作基层处理剂和胶粘剂。其粘结剥离强度应大于 8N/cm。

(2) 辅助材料主要包括工业汽油和液化石油气。工业汽油主要作基层处理剂和胶粘剂的稀释剂以及施工机具的清洗剂，并可用作汽化油火焰加热器或喷灯的燃料；液化石油气主要用作火焰加热器的燃料。

3. 施工机具

高聚物改性沥青防水卷材的施工机具，主要包括火焰加热器、热风熔接机、滚动刷

等，详见表 9-1-28。

主要施工机具　　　　表 9-1-28

机 具 名 称	规　格	数　量	用　途
火焰加热器		4～5 套	热熔法施工防水层
热风熔接机	3～4kW	1～2 套	热风焊接热塑性卷材接缝
高压吹风机	200W	1 个	清理基层
电动搅拌器	200W	1 台	搅拌胶粘剂等
滚动刷	ϕ60mm×250mm	4～5 把	涂布胶粘剂等
剪刀		2～3 把	剪裁卷材
钢卷尺	2m	2～3 把	度量尺寸

4. 施工要点

高聚物改性沥青防水卷材在地下室工程的防水构造见图 9-1-25。其外防外贴法的施工步骤一般是先做平面，后做立面。

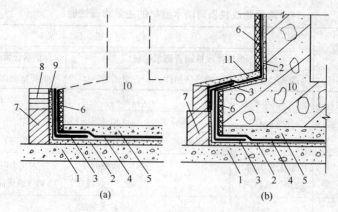

图 9-1-25　地下室用改性沥青卷材的防水构造

（a）先做地下室平面防水；（b）再做地下室立面防水

1—混凝土垫层；2—水泥砂浆找平层；3—改性沥青卷材附加补强层；4—改性沥青卷材防水层；
5—细石混凝土保护层；6—5mm 厚聚乙烯泡沫塑料保护层；7—永久性保护墙；8—临时保护墙；
9—石灰砂浆找平层；10—钢筋混凝土结构；11—水泥砂浆保护层

施工时应先在混凝土垫层的四周，按设计要求砌筑永久性保护墙，并在其上砌筑临时保护墙（用石灰砂浆砌筑），然后在混凝土垫层和永久性保护墙上抹 1∶3 的水泥砂浆找平层，在临时性保护墙上抹 1∶3 的石灰砂浆找平层，厚度为 15～20mm，要求抹平压光，待找平层干燥后，再涂刷基层处理剂，并顺序铺设卷材防水层。其工艺流程如下：

砌筑永久性和临时性保护墙　→　平、立面抹水泥砂浆和石灰砂浆找平层　→　涂布基层处理剂　→　涂布胶粘剂　→　铺贴卷材防水层　→　立墙内保护层施工　→　地下室钢筋混凝土结构施工　→　立墙外保护层施工　→　基坑回填

（1）找平层应抹平压光，不应有空鼓、起砂、掉灰和凹凸不平等缺陷，表面应洁净、干燥。

（2）铺卷材前，先将基层表面的砂浆疙瘩、尘土、杂物等彻底清扫干净。然后将胶粘剂和工业汽油按 1∶0.5（重量比）的比例稀释，搅拌均匀后，用长把滚刷均匀涂布在干净和干燥的基面上，干燥 4h 以上，方可铺设卷材防水层。

（3）采用满粘法铺设高聚物改性沥青卷材防水层有以下两种方法：

1）冷热结合施工法。可按卷材的配置方案，在基层处理剂已干燥的基层表面上，边涂布胶粘剂边滚铺卷材，并用压辊滚压驱除卷材与基层之间的空气，使其粘结牢固。对卷材搭接缝部位，可采用热风焊接机或火焰加热器进行热熔焊接的方法，使其粘结牢固，封闭严密（图 9-1-26）。

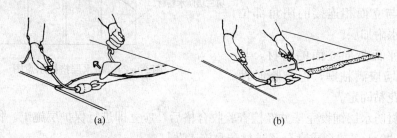

图 9-1-26　搭接缝熔焊粘结示意图
（a）用火炬熔焊粘结；（b）接缝粘结后再用火炬及抹子在接缝边缘热熔抹压一遍

2）热熔焊接施工法。将卷材（厚度应在 3mm 以上）展铺在基层处理剂已干燥的预定部位，确定铺设的位置后，用火焰加热器（热熔法铺贴高聚物改性沥青防水卷材的专用机具）加热熔融卷材末端的涂盖层，使其粘结在基层表面，接着再把卷材的其余部分重新卷起，并用火焰加热器对准卷材与基层表面的夹角（图 9-1-27 和图 9-1-28），火炬与卷材表面的距离为 300mm 左右，幅宽内加热应均匀，以卷材表面开始熔融至光亮黑色时，即可边加热边向前滚铺卷材，并以卷材两侧的边缘或搭接缝的边缘溢出小量热熔的改性沥青为度，使卷材与基层、卷材与卷材的搭接缝粘结牢固，封闭严密。

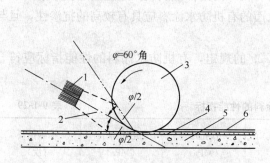

图 9-1-27　熔焊火炬与成卷卷材和基层表面的相对位置
1—喷嘴；2—火炬；3—成卷的卷材；4—水泥砂浆找平层；
5—混凝土垫层；6—卷材防水层

图 9-1-28　卷材热熔施工示意图

如为双层或多层卷材防水时，可在铺设上一层卷材过程中，使其搭接缝与下一层卷材的接缝错开 1/2～1/3 幅宽（图 9-1-29）。

地下室混凝土垫层表面的卷材防水层除采用满粘法施工以外，也可以采用空铺法、点粘法或条粘法铺设卷材，但立面的卷材防水层以及卷材与卷材的搭接缝部位必须满粘，且要求粘结牢固，封闭严密，形成连续整体的防水层。

（4）铺设卷材时宜先铺平面后铺立面，平面与立面相连接的阴角部位均应铺设防水附加层。

（5）自平面折向立面的卷材，与永久性保护墙应满粘贴，但与临时性保护墙可作花粘固定。

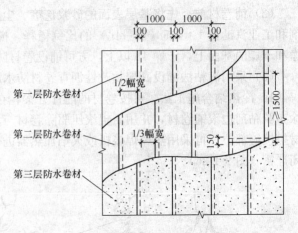

图 9-1-29　防水层搭接示意图

（6）卷材防水层铺设完毕并经检查验收合格后，应立即进行保护层施工。保护层施工详见本手册"9.1.3.4 合成高分子卷材防水施工"。

9.1.4　地下室工程涂膜防水施工

地下防水工程应用的防水涂料包括无机防水涂料和有机防水涂料。有机类涂料是以合成橡胶、合成树脂乳液及高聚物改性沥青类材料为主要原料，加入适量的化学助剂和填充剂等加工制成的在常温下呈无定型液态的防水材料，经涂布在基层表面后，能形成一层连续、弹性、无缝、整体的涂膜防水层。高层建筑地下防水工程施工中常用的有机防水涂料可选用反应型、水乳型、聚合物水泥等涂料，如聚氨酯防水涂料、硅橡胶防水涂料、喷涂速凝橡胶沥青防水涂料等。

无机类涂料主要是水泥类无机活性涂料。无机防水涂料可选用掺外加剂、掺合料的水泥基防水涂料，水泥基渗透结晶型防水涂料等。

高层建筑地下工程选用的无机防水涂料应具有良好的湿干粘结性和耐磨性，宜用于结构主体的背水面，选用的有机防水涂料应具有较好的延伸性及较大适应基层变形能力，宜用于地下工程主体结构的迎水面，用于背水面的有机防水涂料应具有较高的抗渗性，且与基层有较好的粘结性。

无机防水涂料的性能指标应符合表 9-1-29 的规定，有机防水涂料的性能指标应符合表 9-1-30 的规定。

无机防水涂料的性能指标　　　　　　　　　　　　　　　　表 9-1-29

涂料种类	抗折强度 （MPa）	粘结强度 （MPa）	一次抗渗性 （MPa）	二次抗渗性 （MPa）	冻融循环 （次）
掺外加剂、掺合料的水泥基防水涂料	≥4	≥1.0	≥0.8	—	＞50
水泥基渗透结晶型防水涂料	≥4	≥1.0	≥1.0	≥0.8	＞50

有机防水涂料的性能指标 表 9-1-30

| 涂料种类 | 可操作时间（min） | 潮湿基面粘结强度（MPa） | 抗渗性（MPa） | | | 浸水 168h 后拉伸强度（MPa） | 浸水 168h 后断裂伸长率（%） | 耐水性（%） | 表干（h） | 实干（h） |
			涂膜（120min）	砂浆迎水面	砂浆背水面					
反应型	≥20	≥0.5	≥0.3	≥0.8	≥0.3	≥1.7	≥400	≥80	≤12	≤24
水乳型	≥50	≥0.2	≥0.3	≥0.8	≥0.3	≥0.5	≥350	≥80	≤4	≤12
聚合物水泥	≥30	≥1.0	≥0.3	≥0.8	≥0.6	≥1.5	≥80	≥80	≤4	≤12

9.1.4.1 聚氨酯涂膜防水施工

聚氨酯涂膜防水材料有单组分与双组分两种类型。双组分聚氨酯材料是化学反应固化型的高弹性防水涂料，其中甲组分是以聚醚树脂和二异氰酸酯等原料，经过氢转移加成聚合反应制成的含有端异氰酸酯基（—NCO）的聚氨基甲酸酯预聚物；乙组分是由交联剂（或称硫化剂）、促进剂（或称催化剂）、抗水剂（石油沥青等）、增韧剂、稀释剂等材料，经过脱水、混合、研磨、包装等工序加工制成。

采用聚氨酯涂膜防水材料的优缺点见表 9-1-31。

聚氨酯涂膜防水材料的优缺点 表 9-1-31

优　点	缺　点
1. 固化前为无定形黏稠状液态物质，在任何形状复杂、管道纵横或变截面的基层表面均易于施工； 2. 端部收头容易粘结牢固，封闭严密，防水工程质量易于保证； 3. 涂料的固体含量高，由化学反应固化成膜，体积收缩小，容易形成连续、弹性、无缝、整体的涂膜防水层； 4. 涂膜的拉伸强度较高、延伸率较大，对基层伸缩或开裂变形的适应性较强	1. 原料为化工产品，故成本较高，售价较贵； 2. 施工时为人工涂刷，涂膜厚度很难做到均匀一致。为此，施工中必须加强技术管理，坚持"薄涂多遍，交叉涂刷"的操作工艺； 3. 涂料中有少量有机溶剂，具有易燃性和对环境的污染性； 4. 双组分聚氨酯材料须在现场按配比准确计量，经混合搅拌均匀后，方可施工，不如单组分涂料施工方便

我国从 1974 年开始进行聚氨酯涂膜防水材料的研究开发工作，目前已在全国防水工程中广泛应用，均获得了良好的防水效果。下面介绍双组分聚氨酯防水材料的施工方法步骤。

1. 材料

（1）聚氨酯涂膜防水材料甲组分

由甲苯二异氰酸酯（TDI）、二苯基甲烷二异氰酸酯（MDI）与聚丙二醇醚（N220）和聚丙三醇醚（N330）等原料在加热搅拌的条件下，经过氢转移的加成聚合反应制成，其异氰酸酯基（—NCO）的含量应控制在 3.5% 左右为宜，其用量为 $1kg/m^2$ 左右。

（2）聚氨酯涂膜防水材料乙组分

主要由氨基固化剂或羟基固化剂、石油沥青以及促进剂、防霉剂、填充剂等，加热脱水和搅拌均匀，再经过研磨等工序加工制成的一种混合物。其用量为 $1.5\sim2.0kg/m^2$。

聚氨酯的甲、乙组分可按 1∶1.5～2.0 的比例配合搅拌均匀，摊铺成厚度为 1.5～

2.0mm 的防水涂膜，经反应固化后，其主要技术性能应符合表 9-1-32 的要求。

聚氨酯防水涂膜的技术性能 表 9-1-32

项　目	指　标
拉伸强度（MPa）不小于	2.45
断裂伸长率（%）不小于	450
加热伸缩率（%）	+1，−4
低温柔性（℃）	−35
不透水性 0.3MPa×30min	不透水
固体含量（%）不小于	94
涂膜表干时间（h）不大于	4　不粘手
涂膜实干时间（h）不大于	12　无黏着

（3）聚乙烯泡沫塑料片材

厚度为 5～6mm，宽度为 900～1000mm，表观密度为 30～40kg/m³，主要用作地下室外墙防水涂膜的软保护层。

（4）辅助材料

主要包括乙酸乙酯、二月桂酸二丁基锡和苯磺酰氯等，其质量要求及用途见表 9-1-33。

辅助材料的质量要求及用途 表 9-1-33

材料名称	质量要求	用　途
苯磺酰氯或磷酸	工业纯	涂膜凝固过快时，作缓凝剂用
二月桂酸二丁基锡	工业纯	涂膜凝固过慢时，作促凝剂用
乙酸乙酯	工业纯	稀释涂料及清洗施工机具用

2. 施工机具

主要施工机具可参照表 9-1-34 准备，施工时可根据实际情况，适当增减。

聚氨酯涂膜防水施工机具 表 9-1-34

名　称	规格	数量	用　途
电动搅拌器	200W	2	搅拌混合甲、乙料
拌料桶	φ450mm×500mm	2	搅拌混合甲、乙料
小型油漆桶	φ250mm×250mm	2	盛混合材料
橡胶刮板		4	涂刮混合材料
小号铁皮刮板		2	复杂部位涂刮混合材料
50kg 磅秤		1	配料计量
油漆刷	20、40mm	各3	涂刷基层处理剂及混合材料
滚动刷	φ60mm×250mm	5	涂刷基层处理剂及混合材料
小抹子		2	修补基层
小平铲		2	清理基层
笤帚		2	清理基层
高压吹风机		1	清理基层

3. 施工要点

（1）施工前的准备工作

1）为了防止地下水或地表滞水的渗透，确保基层的含水率能满足施工要求，在基坑的混凝土垫层表面上，应抹 20mm 左右厚度的防水砂浆找平层，要求抹平压光，不应有空鼓、起砂、掉灰等缺陷。立墙外表面的混凝土如有水泡、气孔、蜂窝、麻面等现象，应采用加入水泥量 15％的高分子聚合物乳液调制成的水泥腻子填充刮平。阴、阳角部位应抹成小圆弧。

2）遇有穿墙套管部位，套管两端应带法兰盘，并要安装牢固，收头圆滑。

3）涂膜防水的基层表面应干净、干燥。

（2）工艺要点

聚氨酯涂膜防水的施工顺序如下：

$$\boxed{\text{清理基层}} \rightarrow \boxed{\text{平面涂布底胶}} \rightarrow \boxed{\text{平面防水层涂布施工}} \rightarrow \boxed{\text{平面部位铺贴油毡隔离层}} \rightarrow$$

$$\boxed{\text{平面部位浇筑细石混凝土保护层}} \rightarrow \boxed{\text{钢筋混凝土地下结构施工}} \rightarrow \boxed{\text{修补混凝土立墙外表面}} \rightarrow$$

$$\boxed{\text{立墙外侧涂布底胶和防水层施工}} \rightarrow \boxed{\text{立墙防水层外粘贴聚乙烯泡沫塑料保护层}} \rightarrow \boxed{\text{基坑回填}}$$

1）清理基层。施工前，先将垫层表面的突起物、砂浆疙瘩等异物铲除，并进行彻底清扫。如发现有油污、铁锈等，要用钢丝刷、砂纸和有机溶剂等彻底清洗干净。

2）涂布底胶。将聚氨酯甲、乙组分和有机溶剂按 1：1.5：2 的比例（重量比）配合搅拌均匀，再用长把滚刷蘸满底胶均匀涂布在基层表面上，涂布量一般以 0.3kg/m² 左右为宜。涂布底胶后应干燥固化 4h 以上，才能进行下一道工序的施工。

3）配制聚氨酯涂膜防水涂料。配制方法是：将聚氨酯甲、乙组分和有机溶剂按 1：1.5：0.3 的比例配合，用电动搅拌器强力搅拌均匀备用。聚氨酯涂膜防水材料应随用随配，配制好的混合料最好在 2h 内用完。

4）涂膜防水层施工。用长把滚刷蘸满已配制好的聚氨酯涂膜防水混合材料，均匀涂布在底胶已干固的基层表面上。涂布时要求厚薄均匀一致，对平面基层以涂刷 3～4 度为宜，每度涂布量为 0.6～0.8kg/m²；对立面基层以涂刷 4～5 度为宜，每度涂布量为 0.5～0.6kg/m²。防水涂膜的总厚度以不小于 1.5mm 为合格。

涂完第一度涂膜后，一般需固化 5h 以上，在基本不粘手时，再按上述方法涂布第二、三、四、五度涂膜。但在平面的涂布方向，应使后一度与前一度的涂布方向相垂直。凡遇到底板与立墙连接的阴、阳角，均宜铺设聚酯纤维无纺布进行附加增强处理，具体做法是在涂布第二度涂膜后，立即铺贴聚酯纤维无纺布，铺贴时使无纺布均匀平坦地粘结在涂膜上，并滚压密实，不应有空鼓和皱折现象。经过 5h 以上固化后，方可涂布第三度涂膜。

5）平面部位铺贴油毡保护隔离层。当平面部位最后一度聚氨酯涂膜完全固化，经过检查验收合格后，即可虚铺一层石油沥青纸胎油毡保护隔离层，铺设时可用少许聚氨酯混合料或氯丁橡胶系胶粘剂（如 404 胶等）花粘固定，以防止在浇筑细石混凝土保护层时发生位移。

6）浇筑细石混凝土保护层。在铺设石油沥青纸胎油毡保护隔离层后，即可浇筑 50mm 厚的细石混凝土作刚性保护层，施工时必须防止施工机具（如手推车或铁锹等）损坏油毡保护隔离层和涂膜防水层。如发现有损坏现象，必须立即用聚氨酯混合材料修复后，方可继续浇筑细石混凝土，以免留下渗漏水的隐患。

7）地下室钢筋混凝土结构施工。在完成细石混凝土保护层的施工和养护后，即可根据设计要求进行地下室钢筋混凝土结构施工。

8）立面粘贴聚乙烯泡沫塑料保护层。在完成地下室钢筋混凝土结构施工并在立墙外侧涂布防水层后，可在涂膜防水层外侧直接粘贴 5～6mm 厚的聚乙烯泡沫塑料片材作软保护层。其具体做法是：当第四度聚氨酯防水涂膜完全固化并经过检查验收合格后，再均匀涂布第五度涂膜，在该度涂膜未固化前，即粘贴聚乙烯泡沫塑料片材作保护层；也可以在第五度涂膜完全固化后，用氯丁橡胶系胶粘剂（如 404 胶等）把聚乙烯泡沫塑料片材花粘固定，形成防水涂膜的保护层。粘贴时要求泡沫塑料片材拼缝严密。

（3）施工注意事项

1）当甲、乙料混合后固化过快并影响施工时，可加入少许磷酸或苯磺酰氯作缓凝剂，但加入量不得大于甲料的 0.2%。

2）当涂膜固化太慢影响下道工序时，可加入少许二月桂酸二丁基锡作促凝剂，但加入量不得大于甲料的 0.3%。

3）若刮涂第一度涂层 5h 以上仍有发黏现象时，可在第二度涂层施工前，先涂上一些滑石粉，再上人施工，可避免粘脚。这种做法对防水工程质量并无影响。

4）如涂料粘结在金属工具上固化，清洗困难时，可到指定的安全区点火焚烧，将其清除。

5）如发现乙料有沉淀现象，应搅拌均匀后再使用，不会影响质量。

6）涂层施工完毕，尚未完全固化时，不允许上人踩踏，否则将损坏防水层，影响防水工程质量。

（4）质量要求

1）聚氨酯涂膜防水材料的技术性能应符合设计要求或标准规定，并应附有质量证明文件和现场取样进行复验的试验报告以及其他有关质量的证明文件。

2）聚氨酯涂膜防水层的厚度应均匀一致；其总厚度不应小于 1.5mm，必要时可选点割开进行实际测量（割开部位可用聚氨酯混合材料修复）。

3）防水涂膜应形成一个连续、弹性、无缝、整体的防水层，不允许有开裂、翘边、滑移、脱落和末端收头封闭不严等缺陷。

4）聚氨酯涂膜防水层必须均匀固化，不应有明显的凹坑、气泡和渗漏水的现象。

（5）成品保护和安全注意事项

1）涂膜防水层应严格保护，在做保护层以前，不允许非本工序的施工人员进入施工现场，以防止损坏防水层。

2）施工用的材料必须用铁桶包装，并要封闭严密，决不允许敞口贮存。

3）施工用材料有一定的毒性，存放材料的仓库和施工现场，必须通风良好，无通风条件的地方必须安装机械通风设备，否则不允许进行聚氨酯涂膜防水层的施工。

4）施工材料多属易燃物质，存料、配料以及施工现场必须严禁烟火，并要配备足够的消防器材。

5）每次施工用过的机具，必须及时用有机溶剂认真清洗干净，以便于重复应用。

单组分聚氨酯防水涂料施工方法步骤基本同双组分聚氨酯涂料的施工方法步骤，只是没有现场配料的工序。

9.1.4.2 喷涂速凝橡胶沥青防水涂料施工

1. 材料

（1）主材

喷涂速凝橡胶沥青防水涂料是吸收国外先进技术研发的一种新型防水涂料，该涂料在国外已大量应用，近年来也开始在国内工程中应用。

喷涂速凝橡胶沥青防水涂料，是采用阴离子橡胶乳液对特制的乳化沥青微乳液进行改性制成的一种防水涂料（A 组分），与促凝剂（B 组分）共同组成双组分材料，A、B 组分物料分别通过专用喷涂机的两个喷嘴，成扇形高速喷出，雾化、碰撞、混合，直接喷涂在防水基面上，即可瞬间破乳析水凝聚成膜；涂膜实干后，即可形成以橡胶为连续相的无缝、致密、整体、高弹性的涂膜防水层。该材料防水性能优异，弹性高，对基层伸缩或开裂变形的适应性强；可在潮湿基层施工，操作简便，工效高；涂料中不含有机溶剂，符合安全环保要求。

用于细部加强处理或不易喷涂施工部位的防水处理，应采用刷涂或辊涂的方法施工。施工时应采用与喷涂速凝橡胶沥青防水涂料配套的单组分厚浆型高弹性的橡胶沥青防水涂料。

喷涂速凝橡胶沥青防水涂料及配套材料的性能指标应符合表 9-1-35 的要求。

喷涂速凝橡胶沥青防水涂料及配套材料的性能指标　　　　表 9-1-35

项　　目		喷涂类		涂刷类（厚浆型）
		TLS-100	TLS-300S	TLS-HB
固体含量（%）≥		55		
耐热度（℃）		140±2 无流淌、滑动、滴落		
不透水性（MPa）30min 无渗水		0.5		0.3
粘结强度（MPa）≥		0.6		0.5
表干时间（h）		—		4
实干时间（h）		—		12
低[①]温柔度（℃）	标准条件	−25		−20
	碱处理	−20		
	热处理			
	紫外线处理			
断裂伸长率（%）	标准条件	1000		800
	碱处理	800		650
	热处理	800		650
	紫外线处理	800		650

① 供需双方可以商定温度更低的低温柔度指标。

喷涂速凝橡胶沥青防水涂料的环保性能指标应符合表 9-1-36 的要求。

喷涂速凝橡胶沥青防水涂料的环保性能指标　　　表 9-1-36

项　　目	质量要求
挥发性有机化合物（VOC）（g/L）≤	120
游离甲醛（mg/kg）≤	200
苯、甲苯、乙苯和二甲苯总量（mg/kg）≤	300
氨（mg/kg）≤	1000

（2）辅助材料

辅助材料主要为胎体增强材料。防水层空铺时，胎体增强材料宜用耐水性、耐腐蚀性强的 $40\sim50 g/m^2$ 化纤无纺布、聚酯无纺布；防水层实铺时，宜用网眼为 $8mm\times8mm$ 的玻纤网格布。

2. 防水构造

（1）喷涂速凝橡胶沥青防水涂膜，单道设防时厚度应不小于 2.0mm，复合设防时厚度应不小于 1.0mm，可以根据工程的要求适当增加设计厚度。

（2）喷涂速凝橡胶沥青防水涂膜与其他材料复合使用时，应符合下列规定：

1）相邻材料之间宜具有相容性；相容性不好的材料间搭接时，中间应设置过渡层；

2）喷涂速凝橡胶沥青涂膜防水层的上部不得直接采用热熔法和溶剂型胶粘剂铺设防水卷材；

3）卷材与喷涂速凝橡胶沥青防水涂膜复合使用时，涂膜宜放在下面。

（3）防水层的阴阳角、管道根部、变形缝等细部应设置附加层。附加层由厚浆型橡胶沥青防水涂料和胎体增强材料组成。附加层的宽度应不小于 500mm。

（4）底板防水构造应符合表 9-1-37、表 9-1-38 的规定。

底板单道设防防水构造　　　表 9-1-37

编号	构造层次	构造做法
1	混凝土结构自防水底板	按工程设计
2	保护层	按工程设计
3	喷涂速凝橡胶沥青涂膜防水层	防水层厚度不应小于 2.0mm，细部增设夹铺胎体增强材料的附加层
4	找平层	按工程设计
5	混凝土垫层	按工程设计

底板复合防水构造　　　表 9-1-38

编号	构造层次	构造做法
1	混凝土结构自防水底板	按工程设计
2	保护层	按工程设计
3	卷材防水层	自粘改性沥青防水卷材或聚乙烯丙纶复合防水卷材（聚乙烯丙纶复合防水卷材用厚浆型橡胶沥青涂膜粘贴时，应待涂膜基本干燥后再铺贴卷材）
4	喷涂速凝橡胶沥青涂膜防水层	防水层厚度不应小于 1.5mm，细部应增设夹铺胎体增强材料的附加层
5	找平层	按工程设计
6	混凝土垫层	按工程设计

（5）侧墙防水构造应符合表 9-1-39 的规定。

侧墙设防防水构造　　　　　　　　　　　　　　表 **9-1-39**

编号	构造层次	构造做法
1	混凝土结构自防水墙体	按工程设计
2	找平层	按工程设计
3	喷涂速凝橡胶沥青涂膜防水层	防水层厚度不应小于 2.0mm，细部应增设夹铺胎体增强材料的附加层
4	保护层	按工程设计

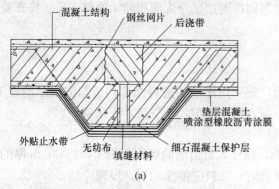

(a)

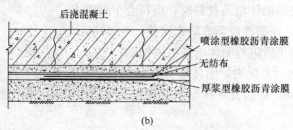

(b)

图 9-1-30　底板后浇带防水构造

（6）细部防水构造：

1）底板后浇带防水构造见图 9-1-30。

2）底板变形缝防水构造如图 9-1-31。

3）穿墙管防水构造见图 9-1-32。

3. 施工准备

（1）防水施工前应对图纸进行会审，掌握工程施工图中防水细部构造及技术要求。防水专业队应按设计要求及工程具体情况，编制施工方案。施工方案报施工总包单位及监理（建设）单位审核后方可实施。施工前应对操作人员进行专业培训和安全与技术交底。

（2）对防水基层进行检查验收，基层验收合格后才能进行喷涂施工。

防水基层应符合下列要求：

1）采用水泥砂浆找平层时，水泥砂浆抹平收水后应进行二次压光和充分养护，找平层不得有酥松、起砂、起皮现象；

2）穿透防水层的管道、预埋件、设备基础、预留洞口等均应在防水层施工前埋设和

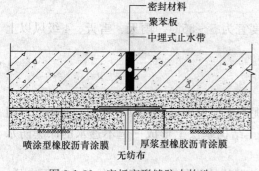

图 9-1-31　底板变形缝防水构造

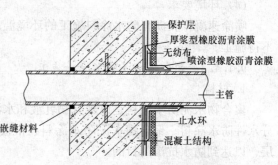

图 9-1-32　固定式穿墙管防水构造

安装牢固；

3）突出基层的转角部位应抹成圆弧，圆弧半径宜为 50mm；

4）基层应干净，无浮灰、油渍、杂物；

5）基层可潮湿，但不得有明水。

（3）工具准备。按施工人员和工程需要配备施工机具，包括：专用双组分喷涂机、储料桶、刷子、压辊、开刀、刮板、遮挡布、胶带、温湿度测量仪、厚度测试仪等。

检查、调试喷涂机，准确计量并进行试喷，确保喷涂机正常工作。

4. 施工工艺与要求

（1）工艺流程

基层验收→清理基层→遮挡保护→细部构造附加层→大面积喷涂涂料→质量检查验收→保护层施工。

（2）施工要点

1）附加层施工

大面积喷涂速凝橡胶沥青防水涂料前，先采用涂刷法进行细部构造与附加层的施工，分遍涂刷，胎体增强材料应夹铺在涂层中间，铺实粘牢，不空鼓，不张口。

2）大面积喷涂速凝橡胶沥青防水涂料

① 喷枪距离喷涂面宜为 600～800mm，操作人员由前向后倒退施工，2～3mm 厚的涂层可一次连续喷涂完成。喷涂速凝橡胶沥青防水涂料应喷涂均匀，厚薄一致。

② 喷涂速凝橡胶沥青防水涂层中夹铺胎体增强材料时，应符合下列要求：

a. 底层先喷涂厚度不宜小于 1.0mm 速凝橡胶沥青防水涂膜；

b. 在底层喷涂速凝橡胶沥青涂膜固化后进行胎体增强材料铺贴；

c. 胎体增强材料铺贴应顺直、平整，无折皱，胎体增强材料的长边搭接宽度不得小于 50mm，短边搭接宽度不得小于 70mm。搭接缝涂抹厚浆型橡胶沥青防水涂料，滚压粘牢、密封。

d. 在胎体增强材料上喷涂速凝橡胶沥青防水涂料，厚度不宜小于 1.0mm，不得有空鼓、张口等缺陷。

（3）质量检查

速凝橡胶沥青防水涂料施工完成后，应进行质量检查。检查细部构造、喷涂质量、涂层厚度、表观质量等，发现缺陷应及时修补。大面积修补宜采用喷涂法，细部构造及小面积修补宜采用厚浆型橡胶沥青防水涂料涂刷。

（4）环境要求

喷涂速凝橡胶沥青防水涂料施工的环境温度宜为 5～35℃。雨天、雪天、4 级风以上不得施工。

9.1.4.3 聚合物水泥防水涂料施工

1. 材料

聚合物水泥防水涂料是以聚合物乳液和水泥为主要原料，加入其他外加剂制得的双组分水性防水涂料。聚合物水泥防水涂料在混凝土结构基层上形成一道不透水的涂膜防水层，以达到防水抗渗的目的。

聚合物水泥防水涂料的液料应为无杂质、无凝胶的均匀乳液组分，粉料应为无杂质、无结块的粉末。聚合物水泥防水涂料的物理力学性能应符合表 9-1-40 的要求。

聚合物水泥防水涂料的物理力学性能　　　　表 9-1-40

序号	试验项目		性能要求	
			Ⅱ型	Ⅲ型
1	固体含量（%）		≥70	
2	干燥时间	表干时间（h）	≤4	
		实干时间（h）	≤8	
3	拉伸强度	无处理（MPa）	≥1.8	
4	断裂伸长率	无处理（%）	≥80	≥30
5	低温柔性 φ10mm 棒		10℃无裂纹	
6	不透水性，0.3MPa，30min		不透水	
7	潮湿基面粘结强度（MPa）		0.7	1.0
8	抗渗性（背水面）（MPa）		0.6	≥0.8

2. 防水构造

（1）Ⅱ、Ⅲ型聚合物水泥防水涂料宜用于结构迎水面或背水面。

（2）地下工程采用聚合物水泥防水涂料时，宜选用Ⅱ型或Ⅲ型的防水涂料。

（3）防水涂膜的厚度，单道设防时，厚度不应小于 2.0mm；复合使用时，厚度不应小于 1.5mm。

（4）底板、侧墙和细部节点的防水构造详见本手册 9.1.4.2 "喷涂速凝橡胶沥青防水涂料施工"。

3. 施工准备

（1）基层清理、修补

基层表面的麻面、气孔、凹凸不平、缝隙等缺陷，应进行修补处理，对基层的其他要求详见本手册 9.1.4.2 "喷涂速凝橡胶沥青防水涂料施工"。

（2）工具准备

1）清理、修补工具：笤帚、高压吹风机、铲刀、小抹子、毛刷；

2）施工用具：电动搅拌器、拌料桶、小桶、刮板、滚筒、毛刷；

3）计量工具：磅秤；

4）检测工具：卡尺、小刀、测厚仪。

（3）材料准备

1）聚合物水泥防水涂料根据工程量、工期进度和施工人员的数量，有计划地进料。材料运输途中及进入现场后，要防止雨淋、暴晒和 0℃ 以下存放。

2）胎体增强材料宜选用聚酯网格布或耐碱玻纤网格布。

（4）人员准备

选配专业操作人员，并进行安全与技术交底。

4. 施工要点

防水涂膜施工应符合下列要求：

（1）涂料施工前应先对细部构造进行密封或增强处理。

（2）涂料的配制和搅拌应符合下列要求：

1）双组分涂料配制前，应将液料搅拌均匀。配料应按生产厂家要求进行，不得任意改变配合比。

2）粉料与液料按比例配合后应用电动搅拌器搅拌均匀，配制好的涂料应色泽一致，无粉团和沉淀现象。

3）涂料涂布前，应先涂刷基层处理剂。

4）涂料应多遍涂刷，且应在前一遍涂层干燥成膜后，再涂刷后一遍涂料。

5）每遍涂刷应交替改变涂层的涂刷方向，同一涂层涂刷时，先后接槎宽度宜为30～50mm。

6）涂膜防水层的甩槎应避免污染和损坏，接涂前应将甩槎表面清理干净，接槎宽度不应小于100mm。

7）胎体增强材料应铺贴平整、排除气泡，不得有褶皱和胎体外露，胎体层应充分浸透防水涂料；胎体的搭接宽度不应小于50mm。胎体的底层和面层涂膜厚度均不应小于1.0mm。

8）涂膜防水层完工并经验收合格后，应及时做好保护层。

9.1.4.4 水泥基渗透结晶型防水材料施工

1. 材料

水泥基渗透结晶型防水材料是一种以水泥、石英砂等为基材，掺入各种活性化学物质配成的一种新型刚性防水材料。它既可以作为防水剂直接加入混凝土中，也可以作为防水涂料涂刷在混凝土基面上。该材料中的活性物质以水为载体不断向混凝土内部渗透，并与混凝土中的氢氧化钙等作用形成不溶于水的结晶体充填毛细孔道，大大提高混凝土的密实性和抗渗性。

水泥基渗透结晶型防水材料应为无杂质、无结块的粉末，其物理力学性能应符合表9-1-41的要求。

水泥基渗透结晶型防水材料的物理力学性能 表 9-1-41

序号	试验项目		性能指标	
			I	II
1	安定性		合格	
2	凝结时间	初凝时间（min）	≥20	
		终凝时间（h）	≤24	
3	抗折强度（MPa）	7d	≥2.80	
		28d	≥3.50	
4	抗压强度（MPa）	7d	≥12.0	
		28d	≥18.0	
5	湿基面粘结强度（MPa）		≥1.0	
6	抗渗性	第一次抗渗压强（28d）（MPa）	≥0.8	≥1.2
		第二次抗渗压强（56d）（MPa）	≥0.6	≥0.8
		渗透压强（28d）（%）	≥200	≥300

2. 防水构造

（1）水泥基渗透结晶型防水材料可作为外加剂掺入混凝土中，配制成防水混凝土。

（2）水泥基渗透结晶型防水材料按一定的比例加水搅拌均匀后，可涂刷在混凝土结构迎水面，也可涂刷在混凝土结构的背水面。水泥基渗透结晶型防水材料的用量不应小于 $1.5kg/m^2$，且厚度不应小于 1.0mm。

（3）干撒水泥基渗透结晶型防水材料分先撒和后撒两种做法。当先干撒水泥基渗透结晶型防水材料，应在混凝土浇筑前 30min 以内进行，如先浇筑混凝土后撒水泥基渗透结晶型防水材料，应在混凝土初凝前干撒完毕。材料用量不应小于 $2kg/m^2$。

（4）水泥基渗透结晶型防水材料涂层可单独作为一道防水层，也可与卷材或其他涂膜防水层复合使用。

3. 施工准备

（1）基层准备

1）基层表面的蜂窝、孔洞、缝隙等缺陷应进行修补，凸块应剔除，施工前应清除浮灰、浮浆、油污和污渍。

2）混凝土表面的脱模剂应清理干净。

3）光滑的混凝土表面应进行打毛处理，并用高压水枪冲洗干净。

4）混凝土基层应充分湿润，但不得有明水。

（2）技术准备

根据设计要求、相关标准规范和本工程特点，编制施工方案，对施工人员进行技术交底。

（3）工具准备

1）清理、修补工具：笤帚、高压吹风机、高压水枪、铲刀、小抹子、毛刷。

2）施工用具：电动搅拌器、拌料桶、小桶、刮板、滚筒、毛刷、喷雾器；如采用机械喷涂方法施工，还应准备喷涂机械。

3）计量工具：磅秤。

4）检测工具：卡尺、小刀、测厚仪。

（4）材料准备

1）根据工程量、工期进度将水泥基渗透结晶型防水材料有计划进入现场。

2）水泥基渗透结晶型防水材料进入现场后应见证取样复试，复试合格后方可用于工程。

3）材料运输途中及进场后不得雨淋、受潮，应干燥存放。

4. 施工要点

（1）按产品说明书提供的配合比进行配料，控制用水量，采用电动搅拌器搅拌。配制好的材料应均匀，色泽一致，无粉团、无结块。

（2）配制好的混合料，宜在 20min 内用完，在施工过程中应不停地进行搅拌以防止沉淀，且不得任意加水。

（3）涂料应多遍涂刷，每遍应交替改变涂刷方向。后一遍涂刷应在前一遍涂层指触不粘或按产品说明书要求的间隔时间进行。

（4）采用喷涂法施工时，喷枪的喷嘴应垂直于基面，合理调整压力、喷嘴与基面距离。

（5）涂层终凝后应及时进行喷雾状水保湿养护，养护时间不得小于72h。

（6）养护完毕，经验收合格后，在进行下一道工序施工前，应将表面的析出物清理干净。

（7）干撒施工要保证每平方米材料的用量和施工时间的控制。当水泥基渗透结晶型防水材料干撒在垫层上时，应在浇筑混凝土前30min内完成，当在混凝土浇筑后干撒在混凝土表面时，应在混凝土终凝前进行，要采取有效措施保证材料分布均匀、厚薄一致。

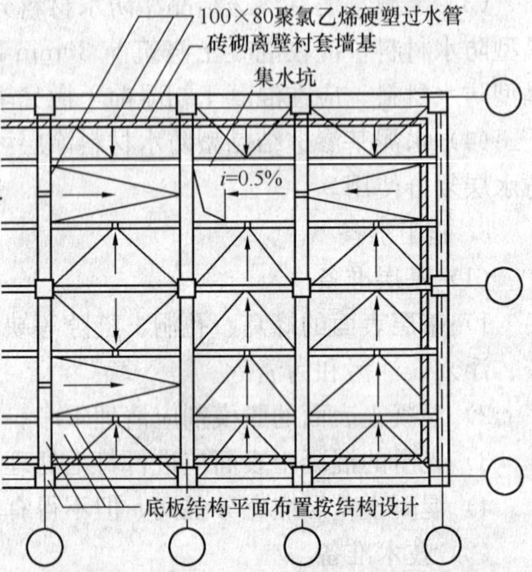

9.1.5 架空地板及离壁衬套墙内排水施工

在高层建筑中，如地下室的标高低于最高地下水位或使用上的需要（如车库冲洗车辆的污水、设备运转冷却水排入地面以下）以及对地下室干燥程度要求十分严格时，可以在外包防水做法的前提下，利用基础底板反梁或在底板上砌筑砖地垄墙，在反梁或地垄墙上铺设架空的钢筋混凝土预制板，并可在钢筋混凝土结构外墙的内侧砌筑离壁衬套墙的做法，以达到排水的目的。

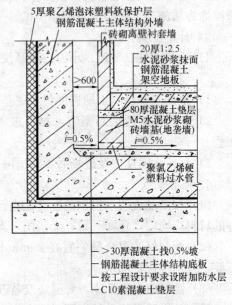

图 9-1-33 结构底板平面找坡示意图

具体做法是：在底板的表面浇筑 C20 混凝土并形成 0.5% 的坡度（图 9-1-33），在适当部位设置深度大于 500mm 的集水坑，使外部渗入地下室内部的水顺坡度流入集水坑中，再用自动水泵将集水坑中的积水排出建筑物的外部，从而保证架空板以上的地下室处于干燥状态，以能满足地下室使用功能的要求。架空地板及砖砌离壁衬套墙内排水的具体做法构造如图9-1-34 和图 9-1-35。

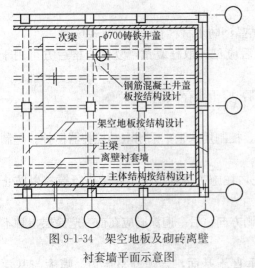

图 9-1-34 架空地板及砌砖离壁
衬套墙平面示意图

图 9-1-35 架空地板及砌砖离壁衬套墙内
排水结构剖面构造图

9.2 屋面工程防水施工

屋面防水是高层建筑工程的重要组成部分，其设计与施工应符合现行《屋面工程技术规范》关于防水等级为Ⅰ级进行防水设防的规定。屋面防水工程质量的好坏，不仅关系到建筑物的使用寿命，而且直接影响到生产活动和人们的生活。在建筑物的屋面防水工程中，采用各种拉伸强度较高、抗撕裂强度较好、延伸率较大、耐高低温性能优良、使用寿命长的弹性或弹塑性的新型防水材料做屋面的防水层，是提高高层建筑防水工程质量和延长防水层使用年限、节省维修费用的重要措施。

9.2.1 屋面工程防水构造

屋面工程的类型比较多，从外观形状上可分为：平屋面，坡屋面，球形屋面，拱形屋面，折叠屋面；从构造上可分为：正置式屋面，倒置式屋面，种植屋面，架空隔热屋面，蓄水屋面；从使用功能上可分为：上人屋面，不上人屋面，采光屋面，花园屋面；从材料构成上还可分为：混凝土屋面，瓦屋面，金属屋面等。不同的屋面构造需采用不同的防水做法，从使用的防水材料上又可分为涂料防水屋面，卷材防水屋面等。具体施工有哪些层次，应根据设计要求决定。根据《屋面工程技术规范》的规定，高层建筑屋面工程防水等级为Ⅰ级，防水耐用年限不低于 20 年。所以应根据建筑物的性质、重要程度、使用功能以及防水耐用年限等，宜选用合成高分子防水卷材、高聚物改性沥青防水卷材和合成高分子防水涂料等进行单道或多道防水设防。施工时应根据屋面结构特点和设计要求选用不同的防水材料或不同的施工方法，以获得较为理想的防水效果。

常见的高层建筑屋面工程防水的构造层次中，上人屋面的防水构造见表 9-2-1，不上人屋面防水构造见表 9-2-2，倒置式屋面防水构造见表 9-2-3，蓄水隔热屋面防水构造见表 9-2-4，种植屋面防水构造见表 9-2-5。

上人屋面防水构造　　　　　　　　　　　　　　　　　　表 9-2-1

序号	构造层次	构造做法
1	保护层	混凝土或块体材料等
2	隔离层	干铺塑料膜、土工布或卷材等
3	防水层	防水涂料、防水卷材或复合防水层
4	找平层	按工程设计
5	保温层	按工程设计
6	找坡层	按工程设计
7	屋面结构板	按工程设计

不上人屋面防水构造　　　　　　　　　　　　　　　　　　表 9-2-2

序号	构造层次	构造做法
1	保护层	耐紫外线的浅色涂料或彩砂等
2	防水层	防水涂料、防水卷材或复合防水层
3	找平层	按工程设计
4	保温层	按工程设计
5	找坡层	按工程设计
6	屋面结构板	按工程设计

倒置式屋面防水构造 表 9-2-3

编号	构造层次	构造做法
1	压置层	按工程设计
2	保温层	按工程设计
3	隔离层	干铺塑料膜、土工布或卷材等
4	防水层	防水涂料、防水卷材或复合防水层
5	找平层	按工程设计
6	找坡层	按工程设计
7	屋面结构板	按工程设计

蓄水隔热屋面防水构造 表 9-2-4

序号	构造层次	构造做法
1	保护层	按工程设计
2	防水层	涂膜防水层＋20mm 厚防水砂浆层
3	蓄水池池体	防水混凝土按工程设计
4	隔离层	干铺塑料膜、土工布或卷材等
5	防水层	防水涂料、防水卷材或复合防水层
6	找平层	按工程设计
7	保温层	按工程设计
8	找坡层	按工程设计
9	屋面结构板	防水混凝土按工程设计

种植屋面防水构造 表 9-2-5

序号	构造层次	构造做法
1	草坪或绿色植被	按工程设计
2	种植土层	按工程设计
3	过滤层	按工程设计
4	排（蓄）水层	按工程设计
5	耐根穿刺防水层	按工程设计
6	防水层	防水涂料、防水卷材或复合防水层
7	找平层	按工程设计
8	保温层	按工程设计
9	找坡层	按工程设计
10	结构层	按工程设计

9.2.2 屋面防水基层的要求及处理

1. 找平层应用水泥砂浆抹平压光，并要与基层粘结牢固，无松动现象，也不宜有空鼓、凹坑、起砂、掉灰等现象存在。

2. 找平层表面应平整光滑，均匀一致，其平整度为：用 2m 长的直尺检查，基层表面与直尺间的最大空隙不应超过 5mm，空隙仅允许平缓变化。

3. 基层与突出屋面的结构（如女儿墙、天窗、变形缝、烟囱、管道、旗杆等）相连接的阴角，应抹成均匀一致和平整光滑的小圆角；基层与檐口、天沟、水落口、沟脊等连接的转角，应抹成光滑的圆弧形，其半径一般在 50～100mm 之间，女儿墙与水落口中心距离应在 200mm 以上。

4. 平屋面的坡度以 2‰～3‰ 为宜。当屋面坡度为 2‰ 时，宜采用材料找坡；屋面坡度为 3‰ 时，宜采用结构找坡，天沟檐沟的纵向坡度不宜小于 1‰，天沟内水落口周围应做成略低的洼坑。水落口周围直径 500mm 范围内的排水坡度不应小于 5‰。自由排水的檐口在 200～500mm 范围内，其坡度不宜小于 15‰。

5. 采用满粘法铺设卷材的基层应干燥。

6. 基层应采用水泥砂浆或细石混凝土做找平层，找平层的厚度和技术要求应符合表 9-2-6 的规定。

<table>
<tr><td colspan="4" align="right">找平层厚度和技术要求　　　　　　　　　　　表 9-2-6</td></tr>
<tr><td align="center">类　别</td><td align="center">基层种类</td><td align="center">厚度（mm）</td><td align="center">技术要求</td></tr>
<tr><td rowspan="2" align="center">水泥砂浆找平层</td><td align="center">整体现浇混凝土</td><td align="center">15～20</td><td rowspan="2" align="center">1∶2.5 水泥砂浆</td></tr>
<tr><td align="center">整体现喷保温层</td><td align="center">20～25</td></tr>
<tr><td align="center">细石混凝土找平层</td><td align="center">板状材料保温层、装配式混凝土板</td><td align="center">30～40</td><td align="center">C20 混凝土</td></tr>
<tr><td align="center">混凝土随浇随抹</td><td align="center">整体现浇混凝土</td><td align="center">—</td><td align="center">原浆表面抹平、压光</td></tr>
</table>

7. 在进行防水层施工前，必须将基层表面的突起物、水泥砂浆疙瘩等异物铲除，并将尘土杂物彻底清扫干净。实践证明只清扫一次是不够的，往往需要清扫多次，最后一次最好用高压吹风机或吸尘器进行清理。对阴角、管道根、水落口等部位更应认真清扫干净，如发现油污、铁锈等，必须用砂纸、钢丝刷或有机溶剂清除掉。

9.2.3 合成高分子卷材防水施工

三元乙丙橡胶防水卷材、聚氯乙烯防水卷材、聚乙烯丙纶复合防水卷材、改性三元乙丙（TPV）防水卷材和 TPO 防水卷材等合成高分子防水卷材，已在屋面防水工程中大量应用，均收到了很好的防水效果。

9.2.3.1 防水构造

1. 正置式屋面合成高分子防水卷材防水构造见图 9-2-1。

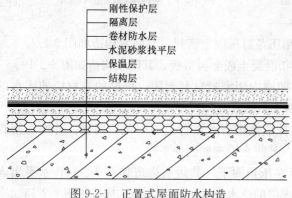

图 9-2-1　正置式屋面防水构造

2. 倒置式屋面应采用吸水率低、导热系数小、表观密度小并有一定强度的材料作保温层，其构造做法见图 9-2-2。

9.2.3.2 细部构造

1. 天沟、檐沟应增设附加层，天沟、檐沟与屋面交接处的附加层宜空铺，卷材收头应固定密封，其防水构造见图 9-2-3、图 9-2-4。

2. 高低跨屋面变形缝防水层，

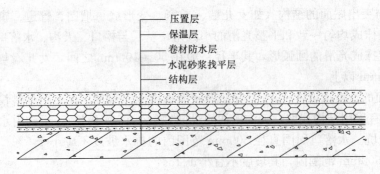

图 9-2-2　倒置式屋面防水构造

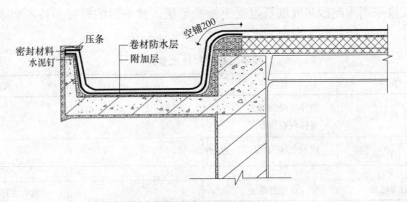

图 9-2-3　檐沟防水做法

应采取能适应变形要求的固定密封处理，其防水构造见图 9-2-5。

3. 无组织排水檐口 800mm 范围的卷材应采用满粘法，卷材的收头应固定密封，其防水构造见图 9-2-6。

4. 泛水的防水构造应符合下列规定：

(1) 墙体为砖墙时，卷材收头可直接铺至女儿墙压顶下固定密封，压顶应做防水处理，其防水构造如图 9-2-7；卷材收头也可压入凹槽内固定密封，其防水构造如图 9-2-8。

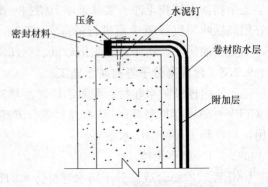

图 9-2-4　檐沟墙压顶卷材收头

(2) 墙体为混凝土时，卷材收头应用压条钉压固定密封，其防水构造如图 9-2-9。

5. 变形缝应用卷材封盖，顶部应加扣混凝土或金属盖板，其防水构造如图 9-2-10。

6. 水落口与基层接触处应留凹槽，凹槽内用密封材料封闭，铺贴的卷材应伸入水落口内 50mm，其防水构造如图 9-2-11、图 9-2-12。

7. 伸出屋面管道周围应用水泥砂浆抹成圆锥台，在管道周圈预留凹槽，并嵌填密封材料，卷材收头处应用金属箍固定密封，其防水构造如图 9-2-13。

8. 屋面垂直出入口防水层收头应压在压顶圈下，其防水构造如图 9-2-14；水平出入口防水层收头应压在混凝土踏步下，防水层的泛水应设护墙，其防水构造如图 9-2-15。

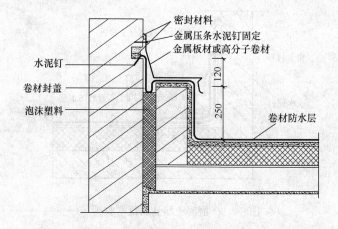

图 9-2-5 高低跨变形缝防水构造

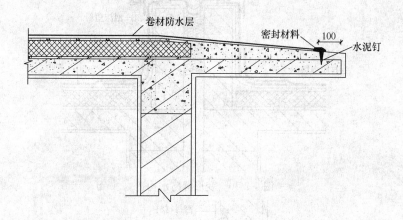

图 9-2-6 无组织排水檐口防水构造

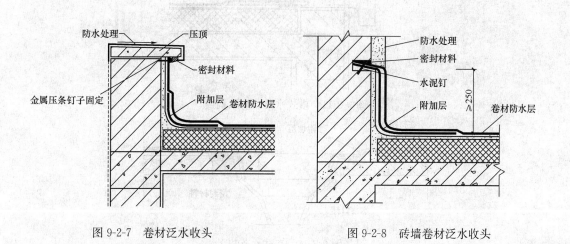

图 9-2-7 卷材泛水收头   图 9-2-8 砖墙卷材泛水收头

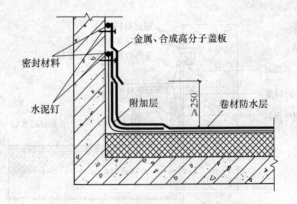

图 9-2-9 混凝土墙卷材泛水收头

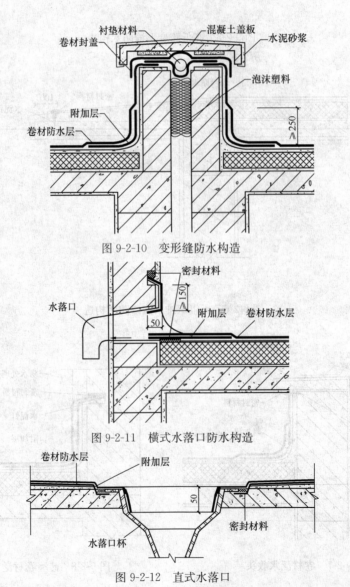

图 9-2-10 变形缝防水构造

图 9-2-11 横式水落口防水构造

图 9-2-12 直式水落口

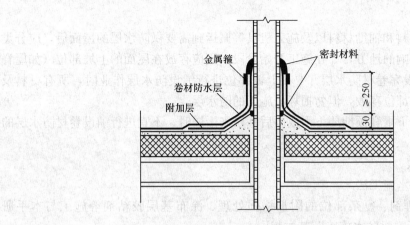

图 9-2-13　伸出屋面管道防水构造

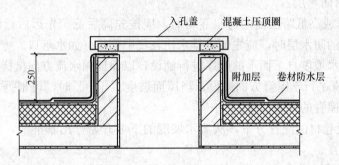

图 9-2-14　垂直出入口防水构造

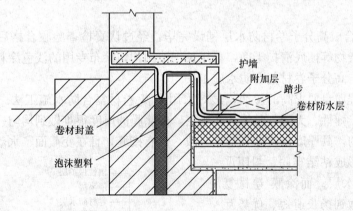

图 9-2-15　水平出入口防水构造

9.2.3.3　防水施工基本做法及要求

1. 材料及施工机具

各种合成高分子防水卷材、辅助材料和施工机具的种类以及其技术性能指标等，请参照本手册"9.1.3 地下室工程卷材防水施工"中"9.1.3.4 合成高分子卷材防水施工"。

2. 施工条件准备

（1）各种合成高分子防水卷材以及辅助材料运进施工现场后，应存放在远离火源和干燥的室内。因为基层处理剂、胶黏剂和着色剂等均属易燃物质，存放这些材料的仓库和施工现场都必须严禁烟火。

（2）各种防水材料和辅助材料以及施工机具等搬运到需要做防水层的屋面后，应分类存放在对施工暂无影响的地方，如在施工开始阶段，则应存放在屋面的上坡部位（如屋脊等），当下坡部位铺设完卷材防水层并要在上坡部位进行铺设防水层作业时，所有材料及机具均应转移到下坡部位存放，但勿损坏已施工的防水层。

（3）施工环境：下雨和预期要下雨或雨后基层未干燥时，不宜进行铺设卷材防水层的施工。

3. 施工操作步骤

（1）单层外露防水施工法

1）涂布基层处理剂、复杂部位的附加增强处理、涂布基层胶粘剂等施工与本手册"9.1.3.4 合成高分子卷材防水施工"基本相同。

2）铺设卷材防水层：

① 铺设多跨或高低跨层面的防水卷材时，应按先高后低、先远后近的顺序进行；在铺设同一跨屋面的防水层时，应先铺设排水比较集中部位（如水落口、檐口、天沟等）的卷材，然后按排水坡度自下而上的顺序进行铺设，以保证顺水流方向接槎。当屋面坡度小于3%时，卷材宜平行于屋脊方向铺设；当屋面坡度大于3%时，可根据具体情况，使卷材平行或垂直于屋脊的方向铺设。

② 根据铺设卷材的配置方案，从流水坡度的下坡开始弹出基准线，使卷材的长方向与流水坡度成垂直。

③ 卷材的铺设工艺与本手册"9.1.3.4 合成高分子卷材防水施工"的相应部分相同。

④ 卷材的搭接缝边缘以及末端收头部位，必须采用金属压条钉压，再用密封材料进行密封处理。

⑤ 在深色合成高分子卷材防水层铺设完毕，经过认真检查验收合格后，将卷材防水层表面的尘土杂物等彻底清扫干净，再用长把滚刷均匀涂布专用的浅色涂料作保护层。

（2）涂膜与高分子卷材复合防水施工法

对防水工程质量要求高的屋面，最好采用涂膜-卷材复合防水施工法。这是因为涂膜容易形成连续、弹性、无缝、整体的防水层，但涂膜的厚度很难做到均匀一致；卷材是由工厂加工制成的，其厚度容易做到基本一致，但有接缝，且在变截面、水落口、管子根等处施工，较难形成粘结牢固、封闭严密和整体的防水层。而涂膜-卷材复合施工，则可做到扬长避短、优势互补，共同组成质量更为可靠的复合防水层。

1）涂膜与合成高分子卷材复合防水层的构造见图9-2-16。

2）涂膜防水层的施工方法与本手册"9.1.4.1 聚氨酯涂膜防水施工"相同。

3）铺设合成高分子卷材防水层

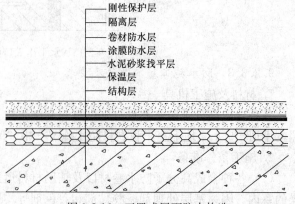

图9-2-16 正置式屋面防水构造

刚性保护层
隔离层
卷材防水层
涂膜防水层
水泥砂浆找平层
保温层
结构层

的施工方法与本手册"9.1.3.4 合成高分子卷材防水施工"相同。

（3）有刚性保护层的防水施工法

1）防水构造。有刚性保护层的合成高分子卷材防水屋面的构造见图9-2-1。

2）铺设合成高分子卷材防水层的施工方法与本手册"9.1.3.4 合成高分子卷材防水施工"相同。

对有重物覆盖的卷材防水层，应优先选用空铺法、点粘法或条粘法进行防水层的施工，它与单层外露满粘结施工法的主要区别是：铺贴卷材时，卷材与基层不粘结、点状粘结或条状粘结的施工方法，但卷材的接缝部位以及卷材与屋面周边 800mm 范围内必须满粘结；卷材接缝的边缘和卷材末端收头部位必须粘结牢固，并用密封材料封闭，使其形成一个整体的卷材防水层。

3）在卷材防水层铺设完毕并经检查验收合格后，即可选用纸筋灰、麻刀灰、低强度等级的石灰砂浆或干铺卷材等作隔离层，使刚性保护层与卷材防水层之间起到完全隔离的作用。

4）刚性保护层施工。在隔离层上可以按设计要求抹水泥砂浆、浇筑细石混凝土或铺砌块体材料作刚性保护层。用水泥砂浆作保护层时，表面应抹平压光，并应设置表面分格缝，其分格面积宜为 $1m^2$；用细石混凝土作保护层时，混凝土应振捣密实，表面抹平压光，并留置分格缝，分格缝的纵横间距不宜大于 6m。同时要求刚性保护层与女儿墙之间必须预留宽度为 30mm 的间隙，并嵌填密封材料封闭严密。

4. 高分子卷材屋面防水工程质量的检查及验收

（1）高分子卷材屋面防水工程竣工检查验收时，必须提供卷材和各种胶粘剂主要技术性能的测试报告或其他有关质量的证明文件。

（2）屋面不应有积水或渗漏水的现象存在，检查积水或渗漏水一般可在雨后进行，也可以选点用浇水或蓄水的方法进行。

（3）卷材与卷材的搭接缝和水落口周围以及突出屋面结构的卷材末端收头部位，必须粘结固定牢固，封闭严密。不允许有皱折、翘边、脱层或滑移等缺陷存在。

（4）着色饰面保护涂料与卷材之间应粘结牢固，覆盖严密，颜色要均匀一致，不得有漏底和龟裂、脱皮等现象。

（5）有刚性保护层的上人屋面，保护层与卷材防水层之间必须设置隔离层。

5. 成品保护

（1）施工人员要认真保护好已做好的卷材防水层，严防施工机具和建筑材料损坏防水层。

（2）施工中，必须严格避免基层处理剂、各种胶粘剂和着色剂等材料污染已做好饰面的墙壁、檐口和门窗等部位。

6. 施工注意事项

（1）施工现场和存放材料的仓库，必须严禁烟火，并要配备干粉灭火器等消防器材。

（2）在大坡度的屋面以及挑檐等危险部位进行防水施工作业时，操作人员必须佩戴安全带。

（3）施工过程中以及完成施工的非上人屋面，不允许穿钉子鞋的人员踩踏卷材防水层。

（4）每次用完的施工机具，必须及时用有机溶剂清洗干净，以便重复应用。

9.2.3.4 几种新型高分子防水卷材施工

1. 宽幅三元乙丙橡胶防水卷材（凡士通 RubberGard）施工

（1）宽幅三元乙丙橡胶防水卷材的特点

1）安装简单快捷

宽幅三元乙丙卷材幅宽可达 15m，幅长可达 61m，可有效减少现场搭接，从而缩短了施工时间。

2）耐候性和耐久性优异

宽幅三元乙丙卷材完全硫化，主要成分是三元乙丙聚合物和炭黑。具有优越的抗臭氧、抗紫外线辐射以及抗老化性。同时，因为不含增塑剂和阻燃添加剂，其物理性能可长时间保持稳定。

3）弹性和延伸率高

即使是在 −45℃，三元乙丙卷材依然能够保持相当高的弹性，延伸率能够超过 300%，可以适应建筑结构的位移和温度的变化。

4）生命周期成本低

宽幅三元乙丙卷材基本不需要维护，具有很低的生命周期成本。

（2）宽幅三元乙丙橡胶防水卷材施工

宽幅三元乙丙卷材防水施工方法主要有满粘法、空铺法和机械固定法。满粘法、空铺法施工前面已有介绍，这里主要介绍金属屋面宽幅三元乙丙卷材机械固定施工方法。

1）主材

宽幅三元乙丙橡胶防水卷材，主要规格为：厚 1.14mm，宽 3.05m，长 30.5m。

2）主要配套材料

① 搭接带（76mm）：是由三元乙丙/丁基橡胶混合制成的自粘胶带，它在施工完成后可自然硫化，在接缝部位形成均匀的粘结厚度。

② 搭接底涂：是一种高固含量底涂，用于清洗和处理三元乙丙橡胶卷材的搭接部位。

③ 自硫化泛水（229mm）：用于对阴角、阳角以及屋面穿孔部位进行泛水处理。

④ 基层胶粘剂：是一种氯丁橡胶基的压合式胶粘剂，用于三元乙丙橡胶和自硫化泛水片材与混凝土、金属、砖石等基面的粘结。

⑤ 外密封膏：是一种以三元乙丙橡胶为基料制成的密封膏，主要用于暴露接缝的边缘以及细部构造部位的密封处理。

⑥ 止水密封膏：是一种以丁基橡胶为基料制成的密封膏，主要用于压缩部位的闭水密封，例如在屋顶排水管的下面，或者是收头部位的后面。

3）金属附件

① 紧固件：用于把板条、接缝板和保温板固定到基面上。

② 收头压条，金属泛水及螺钉：用于固定和密封女儿墙或者立面上的泛水收头。

4）施工工艺

① 天沟。用三元乙丙卷材与屋面进行满粘，卷材两端通过搭接带分别与天沟内壁粘结及屋面金属板粘结，波峰端头用自硫化泛水进行处理（图 9-2-17）。

② 天窗。在靠近天窗的屋面上先铺设搭接带，之后从搭接带位置向天窗处满粘一层

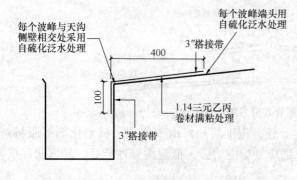

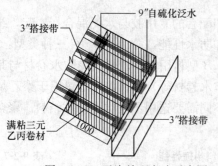

图 9-2-17 天沟处理方法示意图

三元乙丙橡胶卷材，在天窗立墙上的窗框位置处收头，收头采用收头压条及内、外密封膏处理（图 9-2-18）。

③ 风机座。用三元乙丙卷材满粘于基座四周，在基座拐角和卷材与基面边缘处用搭接带收头，在波峰处用自硫化泛水进行处理（图 9-2-19）。

④ 屋脊节点处理。三元乙丙橡胶卷材在屋脊上满粘铺设，与屋面两边各搭接 150mm，波峰处用自硫化泛水处理。屋面接头处用搭接带处理（图 9-2-20）。

2. 聚乙烯丙纶复合防水卷材施工

聚乙烯丙纶卷材与聚合物水泥粘结料复合构成防水体系，目前在高层建筑防水工程中也经常采用。

（1）聚乙烯丙纶卷材结构

聚乙烯丙纶防水卷材采用线性低密度聚乙烯（LLDPE）、高强丙纶无纺布、黑色母、抗氧剂等原料经物理和化学作用，由自动化生产线一次性复合加工制成。结构组成：中间层是防水层和防老化层，上下两面是丙纶长丝无纺布增强粘结层。

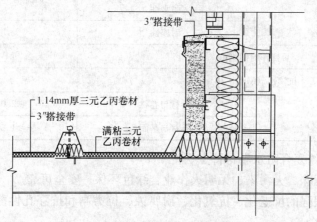

图 9-2-18 天窗处理方法示意图

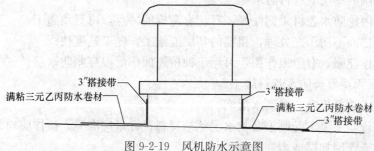

图 9-2-19 风机防水示意图

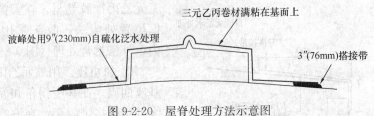

图 9-2-20 屋脊处理方法示意图

其特点是：抗拉强度高、防水抗渗性能好、施工简便。由于使用了抗老化剂等原料，产品具有很好的抗老化、耐腐蚀等特点，适应变形能力强，低温柔韧性能好，易弯曲和抗穿孔性能好。

（2）聚合物水泥防水粘结材料

聚合物水泥粘结材料，是与聚乙燃丙纶卷材相配套的专用胶与水泥混合在一起，组成的聚合物水泥防水粘结材料，具有良好的粘结性能和防水性能，分 A、B、C 三种类型：

A 型料用于聚乙烯丙纶防水卷材与基底粘结，B 型料用于聚乙烯丙纶防水卷材与其他类卷材（三元乙丙橡胶防水卷材、SBS 改性沥青防水卷材等）粘结，C 型料用于聚乙烯丙纶防水卷材与塑料管及铁件等粘结。施工中根据不同需要选用不同类型的粘结料。聚合物水泥防水粘结材料物理性能见表 9-2-7。

聚合物水泥防水粘结材料物理性能 表 9-2-7

项 目		性能要求
与水泥基面粘结拉伸强度（MPa）	常温 7d	≥0.6
	耐水性	≥0.4
	耐冻性	≥0.4
可操作时间（h）		≥2
抗渗性（MPa，7d）		≥1.0
剪切状态下的粘合性（N/mm，常温）	卷材与卷材	≥2.0 或卷材断裂
	卷材与基面	≥1.8 或卷材断裂

（3）聚乙烯丙纶复合防水卷材特点

1）产品无毒无味、无污染、无明火作业、绿色环保、安全可靠。

2）产品具有很强的抗老化、抗氧化、耐腐蚀、拉力高和抗穿孔性能好的特点，在防水工程中的使用寿命长。

3）可在潮湿的基层上进行防水施工。

4）聚乙烯丙纶防水卷材柔韧性好，有随意弯折的特点，可直角施工。

5）防水基层面不用压光处理，粗糙的基层能施工，施工速度快。

6）抗穿刺性能强，有阻根作用，可用于种植屋面作耐根穿刺防水层。

（4）聚乙烯丙纶复合防水卷材施工

1）基层检查清理干净，并洒水湿润。

2）按产品说明书要求配制聚合物水泥粘结材料，计量应准确，搅拌应均匀。

3）细部构造作附加层或增强处理。

4）大面积施工时，先将聚合物水泥粘结料涂刮在基层上，粘结料应涂刮均匀，不露底、不堆积，厚度不小于 1.3mm。

5）卷材与基层采用满粘法粘贴，粘结应牢固，粘结面积不应小于 90%。

6）卷材的搭接缝应粘结牢固，封闭严密，并增铺一层 100mm 宽的聚乙烯丙纶复合防水卷材条进行封口处理。

3. 改性三元乙丙（TPV）防水卷材施工

改性三元乙丙（TPV）防水卷材是以三元乙丙橡胶（EPDM）和聚丙燃树脂（PP）为主要原料，采用动态全硫化的生产技术制造而成的热塑性交联型高弹性体，以其为基料经挤出压延等工序加工制成的可冷粘、可焊接的防水材料。

（1）TPV 防水卷材的主要特性

1）环保性。不含有毒物质，从分子结构组成看出只有烯烃类聚合物，不含苯环、杂环和增塑剂以及其他有害物质。

2）可回收、再利用性。该材料为热塑性弹性体，在加工和使用过程中所产生的边角料和废料均可回收、再生产循环利用，不产生建筑垃圾。

3）焊接性好。属于热塑性材料，具有热熔焊接性，故卷材的接缝不必使用胶粘剂，可直接进行焊接处理，使接缝焊接牢固，封闭严密，保证接缝的可靠性。

4）耐老化性能好。暴露在紫外线及臭氧状态下，其物理力学性能保持稳定，耐久性和抗老化性能强，使用寿命长。

5）使用范围广。该材料具有良好的耐热性以及耐寒性，可在 −60～135℃ 的环境下长期使用，所以在我国所有地区都可以使用。

6）拉伸强度高，扯断伸长率大，对基层伸缩或开裂变形的适应性强。

7）密度小（0.98g/cm³），重量轻，柔韧性好，施工简便。

8）尺寸稳定性好，加热伸缩量很小，变形性小。

9）优良的耐磨性、抗疲劳性及耐穿刺性，因此可用于地下或屋顶作防水层，也可用作种植屋面的耐根穿刺防水层。

10）耐油性、耐溶剂性及耐化学药品性能优良。

（2）TPV 防水卷材的主要物理性能见表 9-2-8。

TPV 防水卷材的主要物理性能 表 9-2-8

项　目	性　能　指　标
拉伸强度（MPa）	常温≥8
	60℃≥3
扯断伸长率（%）	常温≥500
	−20℃≥300
撕裂强度（kN/m）	≥60
加热伸缩量（mm）	延伸<1.5
	收缩<3
低温弯折	≤−40℃无裂纹
不透水性	0.3MPa，30min，无渗漏

（3）TPV 防水卷材规格见表 9-2-9。

TPV 防水卷材规格　　　　　　　　　　　　　　表 9-2-9

厚度（mm）	1.2，1.5，2.0
宽度（mm）	1500，2000，3000
长度（mm）	20（可根据用户需要确定）

（4）TPV 防水卷材施工

1）施工工艺流程

基层清理→涂刷基层处理剂（空铺时可不涂基层处理剂）→弹基准线→涂刷胶粘剂（空铺时可不涂刷胶粘剂）→铺贴附加层→铺贴卷材→搭接缝焊接→收头处理→质量检验。

2）基层清理

基层应干净、干燥。

3）卷材铺贴

① 平面卷材铺设时，应处于自然状态，不得拉得太紧，也不能太松。

② 立面铺设卷材时，防水高度在 300mm 以下时，立面与平面形成一体铺设，立面防水高度在 300mm 以上时，将立面与平面分开铺设。

4）卷材搭接

卷材搭接缝应用单缝焊接机或双缝焊接机焊接，大面积施工宜用双缝焊接；细部做法宜用单缝焊接机。单缝焊的有效焊接宽度不应小于 25mm，双缝焊的有效焊接宽度为 10mm×2＋空腔宽度。搭接缝应平整，顺直，不得扭曲、皱折，不得有漏焊、跳焊，焊焦和焊接不牢现象，不得损害非焊接部位的卷材。

5）密封处理

TPV 卷材的收头部位应用压条钉压固定，并用密封材料闭封严密。

6）质量检测

TPV 卷材焊接接缝质量检测，检测方法为：

① 压缩空气检测法。将 TPV 卷材的双焊缝空腔的两端封闭，用带有压力表的注射器往空腔内注入 0.1MPa 的压缩空气。5～10min 后，压力不变为质量合格。

② 真空检测法。在 TPV 卷材的焊接缝处涂抹检测液，实施真空检查，不产生气泡为合格。

③ 在焊缝部位切取试样进行拉伸试验，其拉伸强度以大于卷材本体强度或在焊缝外断裂为合格。

4. TPO 自粘耐根穿刺防水卷材施工

（1）TPO 自粘耐根穿刺防水卷材的性能

TPO 是指热塑性聚烯烃，强度高、韧性大，具有优异的抗老化和耐根穿刺性能，植物的根不能穿透 TPO 卷材层。TPO 自粘耐根穿刺防水卷材，是在丁基橡胶改性沥青制成的自粘胶料中加入一种生物阻根剂，使自粘胶具有耐根穿刺功能，将该自粘胶与 TPO 卷材复合制成 TPO 自粘耐根穿刺防水卷材。该卷材有单、双面两种类型，见图 9-2-21、图 9-2-22 所示。

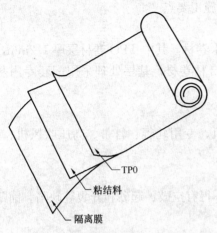

图 9-2-21 单面 TPO 自粘耐根穿刺卷材

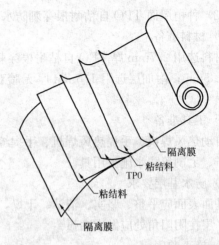

图 9-2-22 双面 TPO 自粘耐根穿刺卷材

当植物的根须在生长中接触到耐根穿刺的自粘料时，植物的根须就会改变生长的方向，向着没有耐根穿刺的自粘胶料的方向生长，从而保证了耐根穿刺防水层不受植物根须的侵害，而植物本身的生长也不受任何影响。

TPO 自粘耐根穿刺防水卷材物理力学性能见表 9-2-10。

TPO 自粘耐根穿刺防水卷材物理力学性能 　　　　　表 9-2-10

序号	项　目			指　标
1	耐根穿刺性能			通过
2	拉力（N/5cm）≥			800
3	断裂延伸率（%）≥			600
4	低温柔性 （℃）	自粘层		−30℃，无裂纹
		TPO 层		−50℃，无裂纹
5	不透水性			0.5MPa，120min　不透水
6	自粘面剥离强度　卷材与铝板≥（N/10mm）			1.5
7	撕裂强度≥（N/cm）			70
8	自粘面耐热性			70℃　2h，无流淌
9	热老化 168h	拉伸强度变化率（%）		±20
		伸长率变化率（%）		±20
		低温柔性	自粘层	−25℃，无裂纹
			TPO 层	−40℃，无裂纹
10	耐化学性 NaCl， 10% H_2SO_4，5%饱 和 Ca(OH)$_2$ 28d	外观		颜色、表层无变化
		拉伸强度保持率		80%
		伸长保持率		80%
		低温柔性	自粘层	−25℃，无裂纹
			TPO 层	−40℃，无裂纹
11	耐霉菌腐蚀性	防霉等级		0 级或 1 级
		拉力保持率（%）≥		80
12	尺寸变化率（%）≤			1.0

（2）种植屋面 TPO 自粘耐根穿刺防水卷材施工要点

1）材料准备

材料选用 2.7mm 厚 TPO 自粘耐根穿刺防水卷材，其中 TPO 卷材层厚 1.2mm，自粘层厚 1.5mm；附加层选用 1.5mm 厚无胎双面自粘卷材；基层处理采用配套专用基层处理剂。

2）工具准备

自动热风焊机、手提热风焊机、手提缝纫机、专用轧辊、笤帚、高压吹风机、铲刀、小抹子、毛刷等防水施工用具。

3）防水基层要求

基面表面应平整、坚实、清洁、干燥，并不得有空鼓、起砂和开裂等缺陷。铺贴卷材的找平层在阴阳角处应做成圆弧。

4）施工顺序

种植屋面 TPO 自粘耐根穿刺卷材防水施工顺序见表 9-2-11。

种植屋面防水施工顺序

表 9-2-11

工 序	材 料	要 求
清理基层	—	平整、坚实、干净、干燥，坡度符合要求
涂刮基层处理剂	基层处理剂	均匀、完整
细部构造处理	双面 TPO 自粘耐根穿刺防水卷材（TPO 厚 1.2mm，粘结料厚 1.5mm）	满粘施工，粘贴牢固、密实
铺设耐根穿刺防水层	TPO 自粘耐根穿刺防水卷材（TPO 厚 1.2mm，粘结料厚 1.5mm）	从低处做起，卷材自粘层搭接 80mm，自粘法冷施工。TPO 高分子层搭接宽度 80mm，用热风焊机焊接宽度 25mm，使整个 TPO 防水层连成一个整体
铺抹保护层	1:3 水泥砂浆	结实、平整，厚度 25mm
铺设排（蓄）水层	排（蓄）水塑料板	搭接 80mm
铺设过滤层	250g/m² 土工布	搭接宽度 100mm，手提缝纫机缝合
铺土	种植土	土质松软、经济环保、适合植物生长，厚度 500mm

5）施工方法

① 涂刷基层处理剂：将基层处理剂搅匀，均匀地涂刷在基面上，当基面上的基层处理剂不粘手时即可铺贴卷材。

② 弹线定位：根据施工位置确定卷材的铺贴方向，在基面上用弹出的基准线控制卷材的铺贴，大面卷材应自然平整地沿基准线铺贴在基层上。

③ 卷材铺贴：卷材的自粘面朝下与基面粘贴，上面 TPO 层采用热风焊接（图 9-2-23）。

图 9-2-23 热风焊机施工

把对准基准线的卷材卷起，然后用裁纸刀将隔离膜轻轻划开，卷材展开的同时撕开下表面隔离膜，而压辊由卷材中间向两边滚压，排尽卷材下面的空气，使卷材与基层粘结牢固。

④ 控制搭接宽度：TPO 自粘卷材的搭接宽度长短边均为 80mm，热风焊接宽度为25mm，操作中按搭接宽度摆正卷材，进行铺贴，接缝用压辊用力压实，以确保防水卷材之间粘结牢固。

TPO 自粘卷材的接缝处理见图 9-2-24、图 9-2-25。

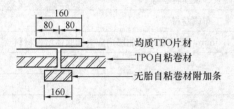
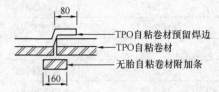

图 9-2-24　TPO 自粘卷材短边接缝处理　　图 9-2-25　TPO 自粘卷材长边接缝处理

9.2.4　高聚物改性沥青卷材防水施工

1. 材料及施工机具

各种高聚物改性沥青防水卷材、辅助材料以及施工机具等与本手册"9.1.3.5 高聚物改性沥青卷材防水施工"相同。

2. 对基层的要求及处理

对基层的要求及处理与本手册"9.2.2 屋面防水基层的要求及处理"相同。

3. 施工操作步骤

（1）防水构造

高聚物改性沥青卷材屋面防水层的构造同本手册 9.2.1 相关要求。

（2）施工操作步骤

施工操作步骤与本手册"9.1.3.5 高聚物改性沥青卷材防水施工"相对应部分相同。

（3）保护层的施工

为了反射能量和延长改性沥青卷材防水层的使用寿命，在防水层铺设完比，经清扫干净和质检部门检查验收合格后，即可在防水层的表面采用边涂刷改性沥青胶粘剂，边撒铺膨胀蛭石粉或云母粉作保护层，也可以涂刷银色或绿色的专用涂料或铺设水泥方砖等块体材料作保护层。卷材本身有铝箔覆面或粘结板岩片覆面的防水层，不必另做保护层。

4. 防水层的验收、成品保护和施工注意事项

高聚物改性沥青卷材防水层的验收、成品保护和施工注意事项与本手册"9.2.3 合成高分子卷材防水施工"的对应部分相同。

9.2.5　涂膜防水施工

有的建筑工程的屋面构造复杂，如北京的中国银行大厦、亚运村的五洲大酒店屋面、欧洲广场屋面等，设备基座密布，基层转角部位多，而且都是设有刚性保护层的上人屋面，如果继续沿用各种卷材防水做法，不但施工困难，而且接缝和卷材的末端收头密封处理十分不便，防水工程质量也不易保证。由于涂膜防水材料在施工固化前是一种不定型的黏稠状的液态物质，它对于任何形状复杂、管道纵横的基层以及阴阳角、水落口、管子根等部位都容易施工，便于进行防水层的收头密封处理，并能形成一个没有接缝和具有弹性

的整体防水涂层，防水工程质量可靠，可在同类型的屋面防水工程中施工应用。

　　9.2.5.1　屋面涂膜防水构造

　　屋面涂膜防水构造应符合表 9-2-12、表 9-2-13、表 9-2-14、表 9-2-15 的要求。

屋面单道设防防水构造（1） 　　　　　　　　　　　　表 9-2-12

编号	构造层次	构造做法
1	保护层	混凝土或水泥砂浆、块体材料等
2	隔离层	干铺塑料膜、土工布或卷材等
3	涂膜防水层	厚度不应小于 1.5mm，细部增设附加层内应夹铺胎体增强材料
4	找平层	按工程设计
5	保温层	按工程设计
6	找坡层	按工程设计
7	屋面结构板	按工程设计

屋面单道设防防水构造（2） 　　　　　　　　　　　　表 9-2-13

编号	构造层次	构造做法
1	保护层	耐紫外线的浅色涂料
2	涂膜防水层	厚度不应小于 1.5mm，细部增设附加层内应夹铺胎体增强材料
3	找平层	按工程设计
4	保温层	按工程设计
5	找坡层	按工程设计
6	屋面结构板	按工程设计

屋面复合设防防水构造 　　　　　　　　　　　　　　表 9-2-14

编号	构造层次	构造做法
1	保护层	混凝土或水泥砂浆、块体材料等
2	隔离层	干铺塑料膜、土工布或卷材等
3	卷材防水层	与涂膜防水材料材性相容的防水卷材
4	涂膜防水层	厚度不应小于 1.0mm，细部增设附加层内应夹铺胎体增强材料
5	找平层	按工程设计
6	保温层	按工程设计
7	找坡层	按工程设计
8	屋面结构板	按工程设计

倒置式屋面防水构造 　　　　　　　　　　　　　　　表 9-2-15

编号	构造层次	构造做法
1	压置层	按工程设计
2	保温层	按工程设计
3	隔离层	干铺塑料膜、土工布或卷材等
4	涂膜防水层	厚度不应小于 1.5mm，细部增设附加层内应夹铺胎体增强材料
5	找平层	按工程设计
6	找坡层	按工程设计
7	屋面结构板	按工程设计

9.2.5.2 细部构造

1. 天沟、檐沟应增设夹铺胎体增强材料的附加层，天沟、檐沟与屋面交接处的附加层宜空铺，其防水构造见图9-2-26。

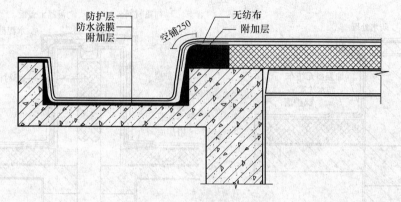

图 9-2-26 檐沟防水做法

2. 高低跨屋面防水层与立墙交接处的变形缝，应增设夹铺胎体增强材料的附加层，缝中嵌填密封材料，并采取能适应变形的覆盖处理。其防水构造见图9-2-27。

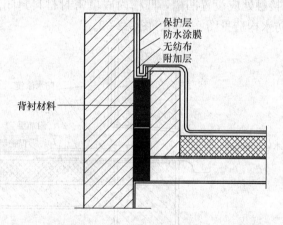

图 9-2-27 高低跨变形缝防水构造

3. 无组织排水檐口防水涂膜应涂刷至檐口的滴水线。其防水构造见图9-2-28。

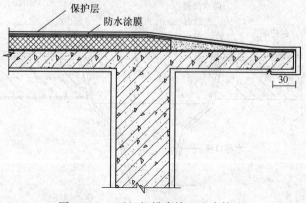

图 9-2-28 无组织排水檐口防水构造

4. 女儿墙的涂膜防水层应做至压顶，其防水构造见图9-2-29。

5. 变形缝应增设夹铺胎体增强材料的附加层，缝中嵌填密封材料，顶部应加扣混凝土或金属盖板，其防水构造见图9-2-30。

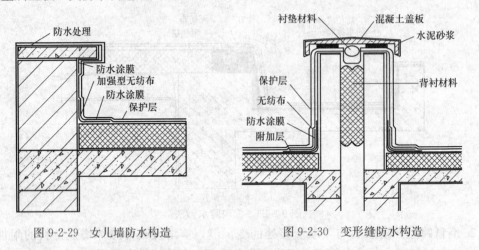

图 9-2-29　女儿墙防水构造　　　　　图 9-2-30　变形缝防水构造

6. 水落口与基层接触处应设置凹槽，凹槽内嵌填密封材料封闭。涂膜防水层应伸入水落口内50mm，其防水构造见图9-2-31、图9-2-32。

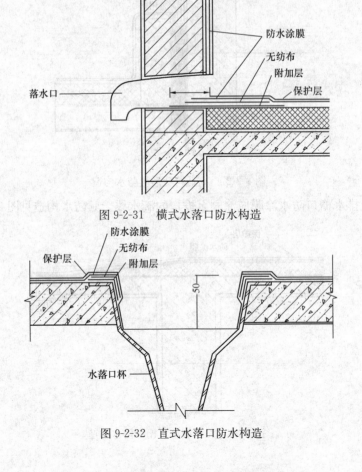

图 9-2-31　横式水落口防水构造

图 9-2-32　直式水落口防水构造

7. 伸出屋面管道根部的周边应抹成圆锥台，涂膜防水层上返高度不应小于 250mm，其防水构造见图 9-2-33。

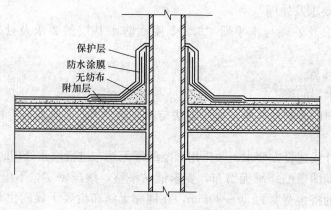

图 9-2-33　伸出屋面管道防水构造

8. 屋面出入口防水构造，见图 9-2-34、图 9-2-35。

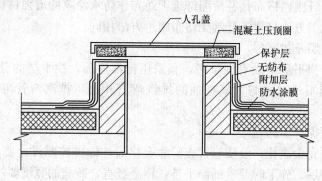

图 9-2-34　垂直出入口防水构造

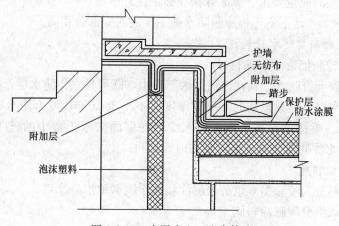

图 9-2-35　水平出入口防水构造

9.2.5.3　基本做法与要求

1. 材料及施工机具

涂膜防水材料的技术性能及其施工与本手册"9.1.4 地下室工程涂膜防水施工"相对应部分相同。

2. 对基屋的要求及处理

对基层的要求及处理与本手册"9.2.2 屋面防水基层的要求及处理"相对应部分相同。

3. 施工操作步骤

（1）涂膜防水层的施工

涂膜防水材料的配制及其施工操作方法与本手册"9.1.4 地下室工程涂膜防水施工"相同。

如果按照设计或建设方要求，须采用聚酯纤维无纺布进行增强处理时，应在涂布第二遍涂料后，及时满铺聚酯纤维无纺布，要求铺贴平整，滚压密实，不应有空鼓和皱折现象，无纺布之间的搭接宽度为 50～80mm，在铺完无纺布后要干燥固化 4h 以上，才能在无纺布表面上涂布第三遍、第四遍涂料。每遍涂布量为 0.6～0.7kg/m²，涂膜防水层的厚度以不小于 2.0mm 为宜。

也可以用玻璃纤维网格布代替聚酯纤维无纺布作防水涂膜的增强材料，但其技术性能不如前者。它的施工方法与聚酯纤维无纺布施工方法相同。

（2）屋面保温层及找平层

屋面保温层及找平层干燥有困难时，宜采用排汽屋面，找平层的分格缝可兼作排汽道，排汽道应纵横贯通，并与大气连通的排汽弯管相通，排汽弯管可设在排汽道的交叉处。

（3）刚性饰面保护层的施工

在涂膜防水层完全固化，经质量检查验收合格后，即可按照设计要求铺设隔离层后，铺砌块体材料保护层。施工时要求铺砌平整，横平竖直，砖缝的宽度要均匀一致，粘结牢固，无空鼓现象。

4. 涂膜防水层的质量要求、成品保护和施工注意事项

与本手册"9.1.4 地下室工程涂膜防水施工"的对应部分相同。

9.2.5.4　几种新型防水涂料施工

1. 喷涂速凝橡胶沥青防水涂料

喷涂速凝橡胶沥青防水涂料在屋面防水工程中，既可独立作防水层，也可以用作多道设防中的一道防水层。单独设防时，涂膜厚度应不小于 2mm，复合防水时，涂膜的厚度应不小于 1.5mm。喷涂速凝橡胶沥青防水涂料在屋面防水工程中的施工做法与本手册"9.1.4.3 聚合物水泥防水涂料施工"相关内容相同。

2. 聚脲防水涂料施工

聚脲防水涂料分为喷涂型双组分聚脲涂料和涂刷型单组分涂料。

（1）喷涂型双组分聚脲涂料施工

1）产品特点

本品为 A、B 组分，A 组分为异氰酸酯组合物，B 组分为氨基类化合物的混合物。两个组分经专用设备加热、高压对撞混合喷出，很快形成一层弹性厚质涂膜。

2）聚脲防水涂料主要性能指标（表 9-2-16）。

SJK909 聚脲防水涂料主要性能 表 9-2-16

项 目		性能指标
配比（A∶B）		1∶1
凝胶时间（s）		10～30
表干时间（min）		0.5～2
固体含量（%）		＞99
拉伸强度（MPa）		18～25
断裂伸长率（%）		480
撕裂强度（N/mm）		58
邵氏硬度（邵氏 A）		83
吸水率（%）		＜3
粘接强度（MPa）	钢板/带底涂剂	6
	砂浆/带底涂剂	3.1
	潮湿混凝土/带专用底涂剂	2.9
抗稀酸、碱、盐		良好
长期耐水浸泡		良好
耐热性（120℃）		良好
主要用途		防水

3）使用机具

① 专用双组分喷涂机和配套压缩干燥空气源。

② 刮刀、剪刀、毛刷、滚筒、保护胶带和保护膜。

4）基层质量要求

① 基层表面应坚实，不得有疏松、起砂、起壳、蜂窝、麻面、孔洞等缺陷。

② 表面应平整，略显粗糙，不得有凹凸不平缺陷。

③ 基面清洁，不得有浮尘、油污。

④ 阴角为钝角，阳角为圆弧，半径不小于 5mm。

⑤ 基层应干燥。

5）涂刷底涂剂

基层处理验收合格后，进行涂刷底涂剂施工。将底涂剂充分搅拌均匀，采用喷涂或辊涂方式，涂覆在基层表面，其覆盖率为 100%。

6）成品保护

喷涂聚脲前，将需要保护部位遮盖严密。

7）喷涂聚脲防水涂料施工

底涂作业完成，基面干燥后即可进行喷涂聚脲防水层施工。喷涂分 3～4 遍完成，第一遍喷涂后，对基面孔、洞、缝隙采用聚氨酯或环氧腻子修补、找平，打磨光滑后分别喷涂第二遍、第三遍、第四遍聚脲涂料，直至厚度达到设计要求。

对于细部构造如搭接区域、边缘、泛水、管根、天沟、阴角、阳角等异型区域，可使用单组分聚脲涂料手工涂刷。

8）质量要求

① 聚脲涂料喷涂应均匀连续、无漏涂、开裂、剥落、划伤等缺陷。

② 厚度应达到设计要求。

9）注意事项

① 基层无底涂剂的情况下不得施工。

② 环境湿度高于 90％以上、基层温度低于露点温度 3℃以下、4 级风或雨天、雪天条件下不得施工。

③ 施工现场严禁烟火。

④ 施工时应戴手套、眼罩、过滤性口罩、防护服和面具，避免接触眼睛和皮肤。接触皮肤后应用干净的布擦去，并用丁酮擦洗，然后用清水清洗。如接触眼睛应立即用干净的布擦去，再用大量清水冲洗，并去医院处置。不得将涂料弃置于下水道，要置于儿童不能接触的地方。

（2）涂刷型单组分聚脲防水涂料施工

1）产品说明

单组分聚脲防水涂料是一种黏稠状液体材料，应密封贮存，一旦遇到空气则发生化学交联而固化。固化后形成一种具有高强度、高粘结性、高柔性的聚脲弹性橡胶膜，可直接暴露于空气中使用，无须保护层。

2）单组分聚脲防水涂料的主要性能指标（表 9-2-17）。

SJK580 单组分聚脲防水涂料的性能　　　　　表 9-2-17

项　目	性能指标	项　目	性能指标
黏度（cp·s）	3000～10000	低温柔性（℃）	−40℃
表干时间（h）	1.0～3.0	不透水性（0.3MPa，30min）	不透水
密度（g/cm³）	1.0±0.1	抗紫外线	良好
实干时间（h）	6～24	耐酸、碱、盐	良好
拉伸强度（MPa）	＞8	固化后使用温度	−40～+100℃
断裂伸长率（％）	＞500		

3）单组分聚脲防水涂料施工

① 基层处理

基层处理是非常重要的。对于混凝土基层，先检查其含水率、表面坚固程度、平整度、排水坡度。疏松的部分，应用砂磨机或摩擦材料去掉。对于有孔洞或表面十分粗糙部位，应用环氧树脂加固化剂并与细砂调拌成浆，将孔洞或粗糙部分填补找平，使表面保持平整、坚实，并符合排水坡度要求。

金属表面作除锈处理后，再涂布防锈漆或底涂剂，塑料表面有油脂、脱模剂，应用丁酮等溶剂去除表面油脂和脱模剂；对于表面有石蜡的工程塑料，应用机械方法磨去表面层石蜡。

② 施工工具

硬质毛刷、刮板、滚筒 SJK0020、消泡滚筒 SJK0010。

工具用完时，应用丁酮或环己烷或 120 号溶剂油清洗。不可用乙醇（酒精）清洗。

③ 涂刷底涂剂

混凝土表面经基层处理后，选用合适的底涂剂涂布，将底涂剂充分搅拌均匀，采用喷涂或辊涂方式，涂覆在基层表面，覆盖率为 100%。

④ 细部处理。

a. 对于女儿墙阴角，应用无纺布蘸取单组分聚脲液体粘贴，再在无纺布上涂布聚脲涂料。

b. 对于管根应用无纺布作加强处理，并用聚脲涂料粘贴。

c. 对于落水口，先用无纺布一半剪成条状，然后将无纺布粘贴于落水口内，条状无纺布沿周边粘贴，并用无纺布在落水口周边进行加强处理。

⑤ 聚脲涂料涂布

a. 水平面施工

底涂剂干燥后，应直接在其上涂布单组分聚脲涂料。对于水平面（或小于 5% 坡度的坡面），可直接将聚脲涂料倒于地面。倒于地面前，应计算面积所需聚脲涂料的用量，最好按每桶涂布多少面积划出将要涂布区域，然后将数量与面积相对应。将单组分聚脲涂料倒于地面时，应倒成弧线状，然后将涂料用带定位高度（如 1mm，1.5mm，2mm）的齿形刮板刮平、刮匀。横向和纵向都要刮到，聚脲涂料将会自动流平，也可使用硬质毛刷涂布或专用滚筒在液面上反复来回滚动，纵向和横向交叉两遍，以使空气泡排尽。施工人员站立于未施工区。在未固化前（约 12h 前），人员不可在单组分聚脲涂料不踩踏，但确需进入聚脲涂料液体状的区域，则应穿上配套专用钉鞋进入未固化区域。因单组分聚脲涂料未固化，液体可自动流平愈合鞋钉孔眼。即将固化，或刚刚半固化，禁止穿钉鞋踩踏，应穿平底鞋、塑料鞋或者在鞋底套上 PE 防粘鞋套。

b. 垂直面施工

垂直面施工时，应选用非下垂型（即触变型）单组分聚脲涂料。用特制滚筒、硬质毛刷或刮板将单组分聚脲涂料涂布到立面墙上（坡度大于 5% 的坡面）。一次涂布厚度不应大 1mm，涂布两遍，即可达到设计厚度。

⑥ 注意事项

a. 下雨天、下雪天、风力超过 5 级天气、气温低于 +5℃ 或超过 40℃ 环境下不得施工。

b. 正在涂布过程中突然下雨，如表面出现麻点，待天晴后应用涂料修补、覆盖，如表面出现凹凸不平，应重新涂布。已经表干后下雨，雨水不会影响其质量。

c. 施工现场应严禁烟火。

d. 施工时应戴手套，避免涂料接触眼睛和皮肤。不得将涂料弃置于下水道，要置于儿童不能接触的地方。

9.3　厕浴间工程防水施工

厕浴间，一般都具有穿过楼地面或墙体的管道较多、形状较复杂、面积较小和变截面等特点。在这种条件下，如果用卷材类材料进行防水，则因防水卷材在施工时的剪口和接缝多，很难粘结牢固和封闭严密，难以形成一个弹性与整体的防水层，比较容易发生渗漏水等工程质量事故，影响了厕浴间装饰质量及其使用功能。

为了确保高层建筑中厕浴间的防水工程质量，通过大量的试验和厕浴间防水工程的施工实践，证明以涂膜防水或铺抹聚合物水泥砂浆防水，可以使厕浴间的地面和墙面形成一个连续、无缝、封闭的整体防水层，从而保证了厕浴间的防水工程质量。

9.3.1 聚氨酯涂膜防水施工

1. 材料及施工机具

材料及施工机具与本手册"9.1.4.1 聚氨酯涂膜防水施工"的对应部分相同。

2. 对基层的要求及处理

（1）厕浴间的防水基层应用 1:2.5 的水泥砂浆抹找平层，要求抹平压光无空鼓，表面要坚实，不应有起砂、掉灰现象。在抹找平层时，凡遇到管子根的周围，要使其略高于地平面，而在地漏的周围，则应做成略低于地平面的洼坑。

（2）厕浴间地面找平层的坡度以 2‰ 为宜，凡遇到阴阳角处，要抹成半径 10mm 左右的小圆弧。

（3）穿过楼地面或墙壁的管件（如套管、地漏等）以及卫生洁具等，必须安装牢固，收头圆滑，下水管转角墙的坡度及其与立墙之间的距离应按图 9-3-1 施工。

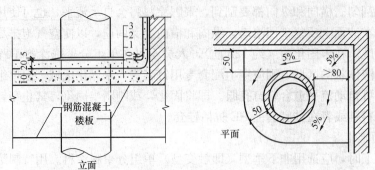

钢筋混凝土楼板

立面

平面

图 9-3-1　厕浴间下水管转角墙立面及平面图
1—水泥砂浆找平层；2—涂膜防水层；3—水泥砂浆抹面

（4）基层应基本干燥，一般在基层表面均匀泛白无明显水印时，才能进行涂膜防水层的施工。施工前要把基层表面的尘土、杂物彻底清扫干净。

3. 施工操作步骤

涂膜防水材料的配制及其施工操作方法与本手册"9.1.4.1 聚氨酯涂膜防水施工"的对应部分基本相同。

所不同的是，因为防水层施工的面积较小，一般可采用油漆刷或小型滚刷进行涂布施工。由于涂膜固化后的拉伸强度较高，延伸率较大，故在阴角部位不必铺贴聚酯纤维无纺布进行增强处理。但在涂布涂膜防水层时，对管子根、地漏，平面与立面转角处以及下水管转角墙部位，必须认真涂布好，并要求涂层比大面的厚度增加 0.5mm 左右，以便确保防水工程质量。在涂布最后一度涂膜后，在该度涂膜固化前，应及时稀稀地撒上少许干净的粒径为 2～3mm 的砂子，使其与涂膜防水层粘结牢固，作为与水泥砂浆粘结的过渡层。

4. 饰面保护层的施工

当涂膜防水层完全固化和通过蓄水试验、检查验收合格后，即可铺设一层厚度为15～20mm的水泥砂浆保护层，然后可根据设计要求，铺设陶瓷面砖、马赛克、石材等饰面层。

厕浴间工程防水构造见图9-3-2和图9-3-3。

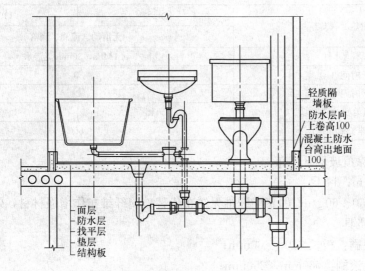

图 9-3-2　厕浴间防水构造剖面图

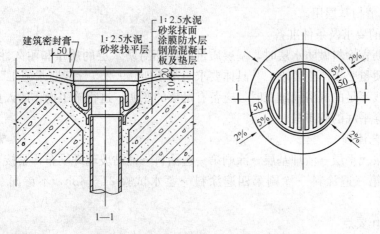

图 9-3-3　厕浴间地漏防水平面及剖面构造图

9.3.2　水乳型沥青涂膜防水施工

水乳型沥青防水涂料是以水为介质，采用化学乳化剂加工制成的改性沥青涂料，它兼具有橡胶和石油沥青材料双重的优点。该涂料基本无毒、不易燃、不污染环境，适宜于冷施工，成膜性好，涂膜的抗裂性较强。

1. 材料及施工机具

（1）水乳型沥青防水涂料

水乳型沥青防水涂料分为 H 型和 L 型两个品种，其主要技术性能指标应符合表 9-3-1 的要求。

水乳型沥青防水涂料主要技术性能 表 9-3-1

项　目	性能指标	
	L 型	H 型
固体含量（%）≥	45	
耐热度（℃）	80±2	110±2
	无滑动、流淌、滴落	
不透水性	0.1MPa，30min 无渗水	
表干时间（h）≤	8	
实干时间（h）≤	24	
低温柔度（℃）≤	−15	0
断裂伸长率（%）≥	600	

（2）中碱涂覆玻璃纤维布

幅宽：96cm；14 目。

如果采用 $50\sim60g/m^2$ 的聚酯纤维无纺布代替玻璃纤维布作增强材料，效果更佳。

（3）施工机具

1）大棕毛刷：板长 240～400mm；

2）人造毛滚刷：$\phi60mm\times250mm$；

3）小油漆刷：50～100mm；

4）扫帚：清扫基层用。

2. 对基层的要求及条件准备

用水乳型沥青涂料做防水层时，基层质量的好坏对防水层的质量和耐久性影响很大，因此，对基层质量必须严格要求，其具体要求与本手册"9.2.5 涂膜防水施工"相同。

在自然光线不足的厕浴间施工时，应备有足够的照明；进行施工操作的人员要穿工作服、戴手套和穿平底的胶布鞋。

3. 施工工艺流程

抹水泥砂浆找平层→清理基层→涂刷第一遍涂料→铺贴玻璃纤维布，紧接着涂刷第二遍涂料→涂刷第三遍涂料→涂刷第四遍涂料→蓄水试验 24～48h，不渗漏→做刚性保护层。

4. 施工操作要点

（1）将桶装水乳型沥青防水涂料的铁桶盖拧紧后，放倒在地，滚动数次，使涂料搅拌均匀再立起，打开桶盖，把涂料倒入小铁桶中，施工时应随用随倒，随时将桶盖盖严，以免涂料表面干燥结膜影响使用。

（2）阴角、管子根或地漏等，是容易发生渗漏水的部位，必须先铺一布二油进行附加补强处理。方法是将涂料用毛刷均匀涂刷在上述需要进行附加补强处理的部位，再按形状要求把剪裁好的玻璃纤维布或聚酯纤维无纺布粘贴好，然后涂刷涂料，待实干后，再按正常要求施工一布四油。

（3）在干净的基层上均匀涂刷第二遍涂料，施工时可边铺边涂刷涂料，玻纤布或聚酯纤维无纺布的搭接宽度不应小于 70mm，铺布过程中要用毛刷将布刷平整，以彻底排除气泡，并使涂料浸透布纹，不得有白茬、折皱。垂直面应贴高 250mm 以上，收头处必须粘贴牢固，封闭严密。

（4）第二遍涂料实干 24h 以上，再均匀涂刷第三遍涂料，表干 4h 以上再涂刷第四遍涂料。

（5）第四遍涂料实干 24h 以上，可进行蓄水试验，蓄水高度一般为 50～100mm，蓄水时间不小于 24h，无渗漏水现象，方可进行刚性保护层施工。

5. 质量标准及验收

（1）水泥砂浆找平层完工后，应对其平整度、强度、坡度等进行预检验收。

（2）防水涂料应有质量证明书或现场取样的检测报告。

（3）施工完成的沥青涂膜防水层，不得有起鼓、裂纹、孔洞等缺陷。末端收头部位应粘贴牢固，封闭严密，成为一个整体的防水层。

（4）做完防水层的厕浴间，经 24h 以上的蓄水检验，无渗漏水现象方为合格。

（5）要提供检查验收记录，连同材料质量证明文件等技术资料一并归档备查。

6. 施工注意事项

（1）该涂料为水乳型液体，在 5℃ 以下的环境中不能进行防水层的施工。该材料应在 0℃ 以上的条件下贮存，以免受冻影响质量。

（2）在施工过程中要严禁上人踩踏未完全干燥的涂膜防水层；也不允许穿钉子鞋的人员进入施工现场，以免损坏涂膜防水层。

（3）凡要做附加补强层的部位，应先做补强层，然后进行大面防水层的施工。

（4）涂膜防水层做完实干后，一定要经蓄水试验无渗漏现象，方可进行刚性保护层的施工，施工时切勿损坏防水层，以免留下渗漏水的隐患。

厕浴间除采用聚氨酯涂膜和水乳型沥青涂料做防水层以外，尚可选用聚合物水泥防水涂料等进行涂膜防水处理，其施工方法与聚氨酯涂膜或水乳型沥青涂膜的做法基本相同。同时，也可以采用铺抹聚合物水泥砂浆做防水层，其施工方法与本手册"9.1.2.2 聚合物水泥砂浆防水层"的相应部分相同。

9.4 外 墙 防 水

近年来外墙防水受到越来越多的重视，外墙防水的国家行业标准即将颁布实行。年降水量在 200mm 以上地区的高层建筑，外墙均应采取防水设防措施。在合理使用和正常维护的条件下，高层建筑外墙防水工程应根据建筑物类别和环境条件，应符合表 9-4-1 确定的防水设防等级和合理使用年限。

外墙防水设防等级及合理使用年限 表 9-4-1

防水设防等级	外墙防水设防等级	
	Ⅰ级	Ⅱ级
防水合理使用年限	≥25 年	≥15 年
建筑物类别和环境条件	年降水量≥800mm、基本风压≥0.5kPa 地区的建筑外墙	Ⅰ级设防等级以外且年降水量≥200mm 地区的建筑外墙
	年降水量≥800mm 地区、有外保温的建筑外墙	
	对防水有较高要求的建筑外墙	

建筑外墙的防水层应设置在迎水面。

9.4.1 材料选用

高层建筑外墙防水所使用的防水材料主要有普通防水砂浆、聚合物水泥防水砂浆、丙烯酸防水涂料、聚氨酯防水涂料、防水透汽膜及硅酮建筑密封胶、聚氨酯建筑密封胶、聚硫建筑密封胶、丙烯酸酯建筑密封胶等相关材料。材料的性能指标应分别符合相关标准的要求。

1. 普通防水砂浆性能指标应符合表 9-4-2 要求。

普通防水砂浆主要性能指标　　　　　　　　　　表 9-4-2

项　　目		指　　标
凝结时间	初凝（min）	≥45
	终凝（h）	≤24
抗渗压力（MPa）	7d	≥0.6
粘结强度（MPa）	7d	≥0.5
收缩率（%）	28d	≤0.5

2. 聚合物水泥防水砂浆性能指标应符合表 9-4-3 要求。

聚合物水泥防水砂浆主要性能指标　　　　　　表 9-4-3

项　　目		指　　标
凝结时间	初凝（min）	≥45
	终凝（h）	≤24
抗渗压力（MPa）	7d	≥1.0
粘结强度（MPa）	7d	≥1.0
收缩率（%）	28d	≤0.15

3. 聚合物水泥防水涂料性能指标应符合表 9-4-4 要求。

聚合物水泥防水涂料主要性能指标　　　　　　表 9-4-4

项　　目	指　　标		
	Ⅰ 型	Ⅱ 型	Ⅲ 型
固体含量（%）≥	70	70	70
拉伸强度（无处理）（MPa）≥	1.2	1.8	1.8
断裂延伸率（无处理）（%）≥	200	80	30
低温柔性（Φ10mm 棒）	−10℃ 无裂纹	—	—
粘结强度（无处理）（MPa）≥	0.5	0.7	1.0
不透水性	不透水	不透水	不透水
抗渗性（砂浆背水面）（MPa）≥	—	0.6	0.8

4. 聚合物乳液防水涂料性能指标应符合表 9-4-5 要求。

聚合物乳液防水涂料主要性能指标 表 9-4-5

项　目		指　　标	
		Ⅰ类	Ⅱ类
拉伸强度（MPa）≥		1.0	1.5
断裂延伸率（%）≥		300	
低温柔性（Φ10mm棒，棒弯180°）		−10℃，无裂纹	−20℃，无裂纹
不透水性 0.3MPa，30min		不透水	
固体含量（%）≥		65	
干燥时间（h）	表干≤	4	
	实干≤	8	

5. 聚氨酯防水涂料性能指标应符合表 9-4-6 要求。

聚氨酯防水涂料主要性能指标 表 9-4-6

项　目		指　　标	
		Ⅰ类	Ⅱ类
拉伸强度（MPa）≥		1.90	2.45
断裂延伸率（%）≥		550（单组分）；450（双组分）	450
低温弯折性（℃）		−40℃（单组分）；−35℃（双组分）	
不透水性（0.3MPa，30min）		不透水	
固体含量（%）≥		80（单组分）；92（双组分）	
干燥时间（h）	表干≤	12（单组分）；8（双组分）	
	实干≤	24	

6. 防水透汽膜性能指标应符合表 9-4-7 要求。

防水透汽膜主要性能指标 表 9-4-7

类型 项目	标准型	检测方法
透水蒸汽性（g/m² · 24h）≥	220	GB/T 1037—1988
不透水性（mm，2h）≥	1000	GB/T 328.10—2007
拉伸强度（N/50mm）≥	260	GB/T 328.9—2007
断裂伸长率（%）≥	12	
撕裂强度（N）≥	38	GB/T 328.18—2007

7. 硅酮建筑密封胶性能指标应符合表 9-4-8 要求。

硅酮建筑密封胶主要性能指标 表 9-4-8

项　目		指　　标			
		25HM	20HM	25LM	20LM
拉伸模量（MPa）	23℃	>0.4 或>0.6		≤0.4 和≤0.6	
	−20℃				

续表

项　目	指　标			
	25HM	20HM	25LM	20LM
定伸粘结性	无破坏			
挤出性（mL/min）	≥80			
下垂度（mm） 垂直	≤3			
下垂度（mm） 水平	无破坏			
表干时间（h）	≤3			

8. 聚氨酯建筑密封胶性能指标应符合表 9-4-9 要求。

聚氨酯建筑密封胶主要性能指标　　　　　表 9-4-9

项　目		指　标	
拉伸模量（MPa）	23℃	HM>0.4	LM≤0.4
拉伸模量（MPa）	−20℃	或>0.6	和≤0.6
定伸粘结性		无破坏	
挤出性（单组分）（mL/min）		≥80	
适用期（多组分）（h）		≥1	
流动性	下垂度（mm）	≤3	
流动性	流平性	光滑平整	
表干时间（h）		≤24	

9. 聚硫建筑密封胶性能指标应符合表 9-4-10 要求。

聚硫建筑密封胶主要性能指标　　　　　表 9-4-10

项　目		指　标		
		20HM	25LM	20LM
定伸粘结性		无破坏		
弹性恢复率（%）		≥70		
适用期（多组分）（h）		≥1		
流动性	下垂度（N 型）（mm）	≤3		
流动性	流平性（I 型）	光滑平整		
表干时间（h）		≤24		

10. 丙烯酸酯建筑密封胶性能指标应符合表 9-4-11 要求。

丙烯酸酯建筑密封胶主要性能指标　　　　　表 9-4-11

项　目	指　标		
	12.5E	12.5P	7.5P
下垂度（mm）	≤3		
表干时间（h）	≤1		

项　目	指　标		
	12.5E	12.5P	7.5P
挤出性（mL/min）	≥100		
弹性恢复率（%）	≥40	报告实测值	
定伸粘结性（%）	无破坏	—	
断裂伸长率（%）	—	≥100	
低温柔性（℃）	—20	—5	

9.4.2　高层建筑外墙防水构造

高层建筑外墙防水按照保温情况可分为外保温、内保温和无保温三类；按照防水材料类型可分为刚性防水材料、柔性防水涂料、防水透气膜三类；按照防水层保护情况可分为外露型（防水层兼保护层）、块材保护层、水泥砂浆保护层、涂料保护层四类。高层建筑外墙防水构造应按照建筑的类型、使用功能、环境条件、防水设防等级要求进行合理的设计。

1. 无保温层的防水构造

（1）采用面砖饰面时，防水层宜采用防水砂浆。防水设防等级为Ⅰ级时，宜采用聚合物水泥防水砂浆，厚度应不小于5mm；防水设防等级为Ⅱ级时，聚合物水泥防水砂浆厚度应不小于3mm；采用普通防水砂浆时，厚度应不小于8mm。

（2）采用防水涂料饰面时，防水设防等级为Ⅰ级的涂层厚度应不小于1.5mm，防水设防等级为Ⅱ级的涂层厚度应不小于1.2mm。

（3）采用干挂幕墙饰面时，防水层宜采用防水砂浆、聚合物水泥防水涂料、丙烯酸防水涂料、聚氨酯防水涂料或防水透汽膜。防水砂浆品种及厚度应符合本条第一款的规定；防水涂料厚度应不小于1.0mm。

高层建筑外墙无保温层的防水构造见图9-4-1、图9-4-2、图9-4-3、图9-4-4。

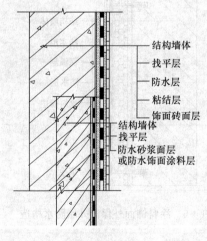

图 9-4-1　砖饰面外墙防水构造

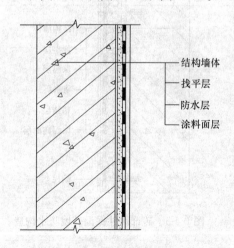

图 9-4-2　涂料饰面外墙防水构造

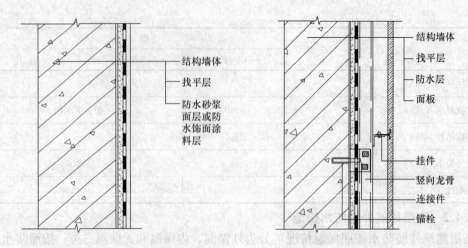

图 9-4-3　防水砂浆饰面外墙防水构造　　　图 9-4-4　挂幕墙饰面外墙防水构造

2. 有外保温层的防水构造

（1）采用面砖饰面时，防水层宜采用聚合物水泥防水砂浆，防水等级为Ⅰ级的防水砂浆厚度不宜小于 8mm；防水等级为Ⅱ级的砂浆厚度不宜小于 5mm。

（2）聚合物水泥砂浆防水层中应增设耐碱玻纤网格布，并用锚栓固定于结构墙体中。

（3）采用干挂幕墙饰面时，防水层宜采用聚合物水泥防水砂浆、聚合物水泥防水涂料、丙烯酸防水涂料、聚氨酯防水涂料或防水透汽膜。防水砂浆厚度应符合 9.4.2 中第一款的规定；防水涂料厚度应不小于 1.0mm。防水等级为Ⅰ级时，防水透气膜厚度应不小于 0.25mm；防水等级为Ⅱ级时，防水透气膜厚度应不小于 0.15mm。

（4）保温系统的抗裂砂浆层兼做防水层时，其材料性能和技术要求应符合聚合物水泥防水砂浆的相关规定。

高层建筑外墙有外保温层的防水层构造见图 9-4-5、图 9-4-6、图 9-4-7。

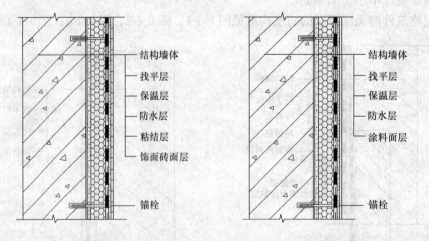

图 9-4-5　砖饰面外保温外墙防水构造　　　图 9-4-6　涂料饰面外保温外墙防水构造

防水透汽膜用作外保温外墙防水层时，其构造见图 9-4-8。

3. 内保温外墙防水构造

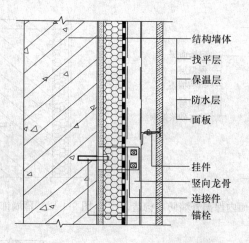

图 9-4-7 幕墙饰面外保温外墙防水构造

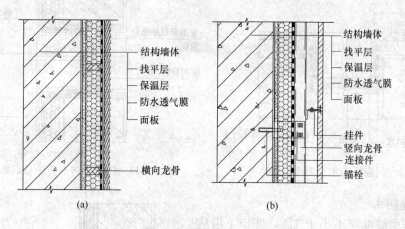

(a)　　　　　　　　　　　　　　　(b)

图 9-4-8 防水透气膜外保温外墙防水构造

内保温外墙的防水防护构造见图 9-4-9、图 9-4-10、图 9-4-11、图 9-4-12。

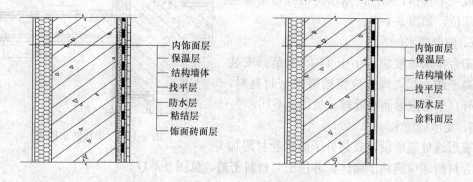

图 9-4-9 砖饰面内保温外墙防水构造　　　图 9-4-10 涂料饰面内保温外墙防水构造

4. 门窗框与墙体间的缝隙

门窗框与墙体间的缝隙宜采用发泡聚氨酯填充；外墙防水层应延伸至门窗框，防水层与门窗框间预留凹槽，凹槽内应嵌填密封材料；门窗上楣的外口应做滴水处理；外窗台的排水坡度不应小于5%，见图 9-4-13、图 9-4-14。

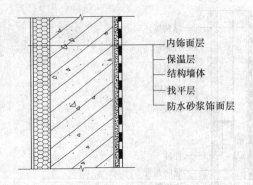

图 9-4-11 防水砂浆饰面内保温外墙防水构造

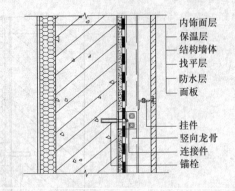

图 9-4-12 幕墙饰面内保温外墙防水构造

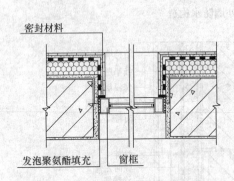

图 9-4-13 门窗框防水平剖面构造

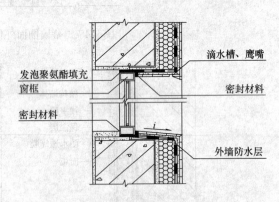

图 9-4-14 门窗框防水防护立剖面构造

5. 雨篷防水

雨篷排水坡度应不小于1%，外口下沿应做滴水处理；雨篷防水层与外墙的防水层应连接形成一个整体，雨篷防水层应沿外口下翻至滴水部位，如图9-4-15。

6. 阳台防水

阳台排水坡度应不小于1%，水落口安装不得高于防水层，周边应留槽嵌填密封材料，阳台外口下沿应做滴水处理，见图9-4-16。

7. 变形缝防水

变形缝处应增设合成高分子防水卷材附加层，卷材两端应满粘于墙体，并用密封材料密封，见图9-4-17。

8. 穿过外墙的管道防水

穿过外墙的管道宜采用套管，墙管洞应内高外低，坡度应不小于5%，套管周边应作防水密封处理，见图9-4-18。

9. 女儿墙防水

女儿墙压顶宜采用现浇钢筋混凝土或金属压顶，压顶应向内找坡，坡度应不小于5%。女儿墙采用混凝土压顶时，外防水层宜上翻至压顶内侧的滴水部位，如图9-4-19。

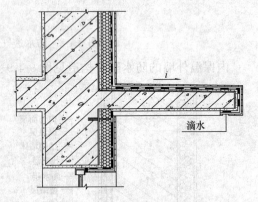

图 9-4-15 雨篷防水构造

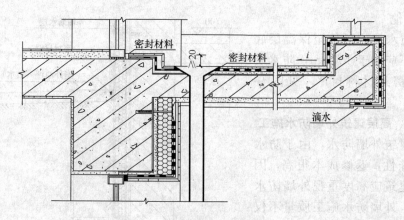

图 9-4-16　阳台防水构造

女儿墙采用金属压顶时，防水层应做到压顶的顶部，金属压顶应采用专用金属配件固定，见图 9-4-20。

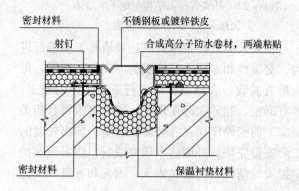

图 9-4-17　变形缝防水防护构造

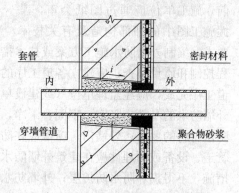

图 9-4-18　穿墙管道防水防护构造

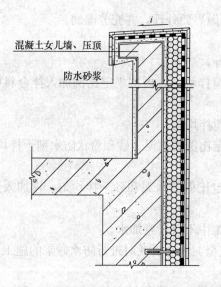

图 9-4-19　混凝土压顶女儿墙防水构造

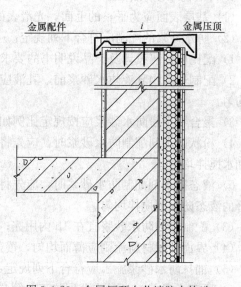

图 9-4-20　金属压顶女儿墙防水构造

10. 其他

外墙防水层应延伸至保温层底部以下并不应小于150mm，防水层收头应用密封材料封严。见图9-4-21。

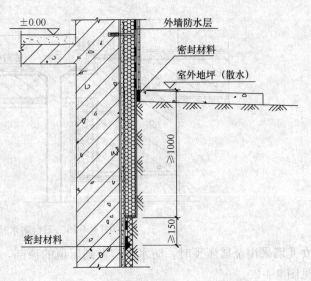

图 9-4-21　外墙外保温结构与地下室墙体交接部位的防水防护构造

9.4.3　高层建筑外墙防水施工

高层建筑外墙防水，由于防水部位的特殊性，返修成本很高，因此，高层建筑应高度重视外墙防水施工质量。外墙防水施工质量不仅需要专业施工队伍严格按照施工工艺施工，同时还涉及前后工序的质量与成品保护措施。外墙防水施工前，施工单位应通过图纸会审，掌握施工图中的细部构造及有关技术要求，编制外墙防水施工方案或技术措施，对相关人员进行技术交底；外墙施工应进行过程控制和质量检查；应建立各道工序的自检、交接检和专职人员检查的"三检"制度，每道工序完成，应经监理单位（或建设单位）检查验收，合格后方可进行下道工序的施工；外墙防水的基面应坚实、牢固、干净，不得有酥松、起砂、起皮现象，平整度应符合相关防水材料的要求；外墙门、窗框应在防水层施工前安设牢固，并经验收合格；伸出外墙的管道、设备或预埋件应在建筑外墙防水施工前安设完华；外墙防水层完成后，应采取保护措施，不得损坏防水防护层；外墙防水应掌握天气情况，严禁在雨天、雪天和五级风及其以上时施工，施工的环境气温宜为5～35℃。

1. 外墙防水砂浆施工

（1）基层表面应为平整的毛面，光滑表面应做界面处理，并充分湿润。

（2）防水砂浆的配制应符合下列规定：

1）配比应按照设计及产品说明书的要求进行。

2）配制聚合物乳液防水砂浆前，乳液应先搅拌均匀，再按规定比例加入拌合料中搅拌均匀。

3）聚合物干粉防水砂浆应按规定比例如水搅拌均匀。

4）粉状防水剂配制防水砂浆时，应先将规定比例的水泥、砂和粉状防水剂干拌均匀，再加水搅拌均匀。

5）液态防水剂配制防水砂浆时，应先将规定比例的水泥和砂干拌均匀，再加入用水稀释的液态防水剂搅拌均匀。

（3）配制好的防水砂浆宜在1h内用完；施工中不得任意加水。

（4）界面处理材料涂刷应薄而均匀，覆盖完全。收水后及时进行防水砂浆的施工。

（5）铺抹防水砂浆施工应符合下列规定：

1）厚度大于10mm时应分层施工，第二层应待前一层指触不粘时进行，各层应粘结牢固。

2）每层宜连续施工，如必须留槎时，应采用阶梯坡形槎，接槎部位离阴阳角不得小于200mm；上下层接槎应错开300mm以上。接槎应依层次顺序操作，层层搭接紧密。

3）喷涂施工时，喷枪的喷嘴应垂直于基面，合理调整压力以及喷嘴与基面距离。

4）铺抹时应压实、抹平；如遇气泡应挑破，保证铺抹密实。

5）抹平、压实应在初凝前完成。

6）抗裂砂浆层的中间宜设置耐碱玻纤网格布或金属网片。金属网片宜与墙体结构固定牢固。玻纤网格布铺贴应平整无皱折，两幅间的搭接宽度不应小于50mm。

（6）窗台、窗楣和凸出墙面的腰线等，应将其上表面做成向外不小于5％的排水坡，外口下沿应做滴水处理。

（7）砂浆防水层宜留分格缝，分格缝宜设置在墙体结构不同材料交接处，水平缝宜与窗口上沿或下沿平齐；垂直缝间距不宜大于6m，且宜与门、窗框两边垂直线重合。缝宽宜为8～10mm，缝深同防水层厚度，防水砂浆达到设计强度的80％后，将分格缝清理干净，用密封材料封严。

（8）砂浆防水层转角宜抹成圆弧形，圆弧半径不应小于5mm，分层抹压顺直。

（9）门框、窗框、管道、预埋件等与防水层相接处应留8～10mm宽的凹槽，深度同防水层厚度，防水砂浆达到设计强度的80％后，用密封材料嵌填密实。

（10）砂浆防水层未达到硬化状态时，不得浇水养护或直接受雨水冲刷。聚合物水泥防水砂浆硬化后，应采用干湿交替的养护方法；其他砂浆防水层应在终凝后进行保湿养护。养护时间不宜少于14d。养护期间不得受冻。

（11）施工结束后，应及时将施工机具清洗干净。

2. 外墙防水涂料施工

（1）涂料施工前应先对细部构造进行密封或增强处理。

（2）涂料的配制和搅拌应符合下列规定：

1）双组分涂料配制前，应将液体组分搅拌均匀。配料应按照规定进行，不得任意改变配合比。

2）应采用机械搅拌，配制好的涂料应色泽均匀，无粉团、沉淀。

（3）涂料涂布前，应先涂刷基层处理剂。

（4）涂膜宜多遍完成，后遍涂布应在前遍涂层干燥成膜后进行。挥发性涂料的每遍用量不宜大于0.6kg/m²。

（5）每遍涂布应交替改变涂层的涂布方向，同一涂层涂布时，先后接槎宽度宜为30～50mm。

（6）涂膜防水层的甩槎应注意保护，接槎宽度应不小于100mm，接涂前应将甩槎表面清理干净。

（7）胎体增强材料应铺贴平整、排除气泡，不得有褶皱和胎体外露，胎体层应充分浸透防水涂料；胎体的搭接宽度不应小于50mm。胎体的底层和面层涂膜厚度均不应小于0.5mm。

（8）涂膜防水层完工并经验收合格后，应及时做好饰面层。饰面层施工时应有成品保护措施。

3. 防水透汽膜施工

（1）基层表面应平整、干净、干燥、牢固，无尖锐凸起物。

（2）铺设宜从外墙底部一侧开始，将防水透汽膜沿外墙横向展开，铺于基面上，沿建筑立面自下而上横向铺设，按顺水方向上下搭接，当无法满足自下而上铺设顺序时，应确保沿顺流水方向上下搭接。

（3）防水透汽膜横向搭接宽度不得小于100mm，纵向搭接宽度不得小于150mm。搭接缝应采用配套胶粘带粘结。相邻两幅膜的纵向搭接缝应相互错开，间距不宜小于500mm。

（4）防水透汽膜搭接缝应采用配套胶粘带覆盖密封。

（5）防水透汽膜应随铺随固定，固定部位应预先粘贴小块丁基胶带，用带塑料垫片的塑料锚栓将防水透汽膜固定在基层墙体上，固定点不得少于3处/m²。

（6）铺设在窗洞或其他洞口处的防水透汽膜，以"I"字形裁开，用配套胶粘带固定在洞口内侧。与门、窗框连接处应使用配套胶粘带满粘密封，四角用密封材料封严。

（7）幕墙体系中穿透防水透汽膜的连接件周围应用配套胶粘带封严。

9.5 高层建筑防水质量检查与验收

1. 高层建筑防水质量应符合下列规定：

（1）防水层不得有渗漏现象。

（2）使用的材料应符合设计要求和产品质量标准的规定。

（3）找平层应平整、坚固，不得有空鼓、酥松、起砂、起皮现象。

（4）防水构造应符合设计要求。

（5）砂浆防水层应坚固、平整，不得有空鼓、开裂、酥松、起砂、起皮现象。防水层平均厚度不应小于设计厚度，最薄处不应小于设计厚度的80%。

（6）涂膜防水层应无裂纹、皱折、流淌、鼓泡、翘边和露胎体现象。平均厚度不应小于设计厚度，最薄处不应小于设计厚度的80%。

（7）卷材防水层应铺设平整、固定牢固，不得有皱折、翘边等现象。搭接宽度符合设计要求，搭接缝应粘结牢固，封闭严密。

2. 高层建筑防水使用的材料应有产品合格证和出厂检验报告，材料的品种、规格、性能等应符合国家现行标准和设计要求。对进场的防水材料应按规定抽样复验，并提出试验报告，不合格的材料不得在工程中使用。

3. 高层建筑防水工程验收的文件应符合表9-5-1的要求。

高层建筑防水工程验收的文件　　　　　　　　　　　表 9-5-1

序号	项　目	文件和记录
1	防水设计	设计图纸及会审记录，设计变更通知单
2	施工方案	施工方法、技术措施、质量保证措施
3	技术交底记录	施工操作要求及注意事项
4	材料质量证明文件	出厂合格证、质量检验报告和试验报告
5	中间检查记录	分项工程质量验收记录、隐蔽工程验收记录、施工检验记录、雨后或淋水检验记录

序号	项　目	文件和记录
6	施工日志	逐日施工情况
7	工程检验记录	抽样质量检验、现场检查
8	施工单位资质证明及施工人员上岗证件	资质证书及上岗证复印件
9	其他技术资料	事故处理报告、技术总结等

4. 高层建筑防水工程隐蔽验收记录应包括以下主要内容：

（1）防水层的基层；

（2）复合防水层或多道设防中的隐蔽防水层；

（3）密封防水处理部位；

（4）细部构造做法。

5. 高层建筑防水工程验收后，应填写分项工程质量验收记录，连同防水工程的其他资料一起交建设单位和施工单位存档。

主 要 参 考 文 献

[1] GB 50108—2008，地下工程防水技术规范[S]

[2] GB 50208—2011，地下工程防水工程质量验收规范[S]

[3] GB 50345—2012，屋面工程技术规范

[4] GB 50207—2012，屋面工程质量验收规范

[5] JGJ 230—2010，倒置式屋面工程技术规程[S]

[6] JGJ/T 235—2011，建筑外墙防水工程技术规程[S]

[7] 项桦太主编. 防水工程概论[M]. 北京：中国建筑工业出版社，2010

[8] 张道真主编. 防水工程设计[M]. 北京：中国建筑工业出版社，2010

[9] 吴明主编. 防水工程材料[M]. 北京：中国建筑工业出版社，2010

[10] 杨杨主编. 防水工程施工[M]. 北京：中国建筑工业出版社，2010

[11] 中国工程建设标准化协会建筑防水专业委员会. 工程建设防水技术[M]. 北京：中国建筑工业出版社，2009

[12] 史美东等著. 补偿收缩混凝土[M]. 北京：中国建筑工业出版社，2006

[13] 叶林标等. 喷涂速凝橡胶沥青防水涂料的开发与应用[J]. 湖北工业大学学报，2011（增刊）：53～55

[14] 朱国梁等. 深圳会展中心地下防水工程施工技术[J]. 中国建筑防水，2009（11）：20～26

[15] 王志革等. 宽幅三元乙丙卷材及其配套辅材在金属屋面渗漏维修工程中的应用[J]。中国建筑防水，2009（10）

[16] 弭明新等. 唐山河茵北里住宅小区车库种植顶板防水工程[J]. 中国建筑防水，2009（9）

[17] 叶林标. 新《地下工程防水技术规范》解读[J]. 工程质量，2009（4）：1～5

10 建筑节能工程施工技术

10.1 建筑节能技术发展概况

10.1.1 高层建筑节能工程特点

在建筑节能中，外围护结构保温隔热施工是重要的环节，其核心问题是保温隔热系统的选用及施工技术的保证。建筑物的能耗主要是由构成建筑物的围护结构和建筑物内的用能设备影响，由于高层建筑的特点，在这两方面，高层建筑施工技术都发生了深刻变化。在外围护结构中：外墙体应为保温隔热墙体，屋面应为保温隔热屋面，外门窗和幕墙不仅有保温隔热要求，而且部分还增加了遮阳系统，部分楼地面增加了保温或采暖制冷系统。因此，相应的施工技术也发生了很大变化。本篇仅涉及新建高层建筑外围护结构的节能技术，未涉及设备系统的节能技术，也未涉及高层既有建筑的节能改造，后者在节能施工技术上有许多特殊性和不确定性，应侧重于个体设计与施工。高层建筑节能工程相比多层建筑节能有如下特点：

1. 我国的城市住宅不同于欧美，中高层居多，高层建筑比中、低层建筑使用的环境条件不同，尤其是高层建筑外墙外保温要做到"在正确使用和正常维护条件下，使用年限不少于25年"，并有利于维护，影响因素很多，高层建筑更应考虑大气环境、风压、地震力、水和水蒸气、火以及外来的冲击力等的外界破坏力量的影响，同时外围护结构它作为建筑物外装修的一部分，还有一个与环境协调的问题。因此，从某种意义上讲，我国的高层建筑节能技术仍处在一个起步、成长阶段。本章中为探讨高层建筑节能施工技术，增加了高层建筑外保温防火要求和防水技术要求的内容。

2. 高层建筑比中低层建筑一般体型系数小，而且墙体多为重质墙体，对建筑保温隔热是有利的，但是也有不少高层建筑采用幕墙围护，对建筑节能应有特定的要求，尤其是透明幕墙，要满足建筑节能要求，又形成了不少专项技术，对建筑施工提出新的技术要求。

3. 高层建筑比多层建筑的防火等级要求更高。建筑的保温隔热层应具有更好的抗火灾功能，并应具有在火灾情况下防止火灾蔓延和防止及减少释放烟尘或有毒气体的特性，材料强度和体积也不能损失降低过多，面层无爆裂、无塌落，否则，就会给住户或救护人员造成伤害，对施救工作造成巨大的困难。因此，很有必要在建筑保温技术中开发出一批保温性能好、防火等级高、施工速度快、抗风压能力强的新型外墙保温产品、系统及其应用技术，相应的施工技术也会发生变化。

10.1.2 建筑围护结构节能基本要求

10.1.2.1 墙体节能

外墙的节能技术措施包括：使用绿色、节能型建筑墙体材料和保温隔热技术，有效减少通过围护结构的传热量,从而减少各主要能耗设备的容量;夏季隔离太阳辐射热,采用遮阳设施和浅色墙面、反射幕墙、植物覆盖绿化等。高层建筑墙体保温常用的技术有:外墙外保温技术、外墙内保温技术、墙体自保温技术和复合保温墙体技术等。

1. 外墙内保温技术

外墙内保温是将保温材料置于外墙体的内侧,对于高层建筑外墙来说,可以是轻质保温块材、板材或保温浆料。外墙内保温技术优点在于:①它对饰面和保温材料的防水、耐候性等技术指标的要求不很高,纸面石膏板、粉刷石膏抹面砂浆等均可满足使用要求,取材方便;②内保温材料被楼板所分隔,仅在一个层高范围内施工,不需搭设脚手架。但是,外墙内保温也显露出一些缺陷,如:①有的内保温做法,由于内外墙热应力的差异,饰面层易出现开裂;②不便于用户二次装修和吊挂饰物;③占用室内使用空间;④由于圈梁、楼板、构造柱等会引起热桥,热损失较大等。

2. 外墙外保温技术

外墙外保温技术优点有:①适用范围广,适用于不同气候区的建筑保温;②保温隔热效果明显,建筑物外围护结构的"热桥"小;③能保护主体结构,大大减少了自然界温度、湿度、紫外线等对主体结构的影响;④有利于改善室内环境。但是也存在一些缺点:①在寒冷、严寒及夏热冬冷地区,此类墙体与传统墙体相比保温层偏厚,与内侧墙之间需有牢固连接,构造较传统墙体复杂;②外围护结构的保温较多采用有机保温材料,对系统的防火要求高;③外墙体保温层一旦出现裂缝等质量问题,维护比较困难等。

3. 墙体自保温技术

墙体自保温技术在高层建筑中主要用于框架填充保温墙以及预制保温墙板。该技术优点有:①适用范围广,适用于不同气候区的建筑保温;②系统具有夹芯保温的优点,应用得当,使用寿命长。但是也存在一些缺点:①在寒冷、严寒地区,墙体偏厚,墙外侧面耐久性要求高;②框架以及节点部分仍易产生热桥;如多孔轻质保温材料构成的轻型墙体(如彩色钢板聚苯或聚氨酯泡沫夹芯墙体),其传热系数 K 值可能较小,或其传热阻 R_0 值可能较大,保温性能可能较好,但因其是轻质墙体,热稳定性往往较差等。

4. 复合保温墙体技术

复合保温墙体技术,也称夹芯保温技术,是将保温材料置于同一外墙的内、外墙片之间,高层建筑框架结构可以在砌筑内、外填充墙间填充保温材料或采用预制复合保温砌体。复合保温墙体技术优点有:①内、外填充墙的防水、耐候等性能均良好,对保温材料形成有效的保护,各种有机、无机保温材料均可使用;②对施工季节和施工条件的要求不十分高,不影响在冬期施工。缺点是:①在非严寒地区,此类墙体与传统墙体相比偏厚;②内、外叶墙片之间需有连接件连接,构造较传统墙体复杂;③建筑中圈梁和构造柱的设置,使"热桥"更多;④内外墙体温差应力大,形成较大的温度应力,易出现变形裂缝;⑤夹芯保温外墙的透气往往较差,一旦墙体出现裂缝,可能破坏湿平衡,影响保温性能等。

上述四种外墙保温技术,各有其优缺点和适应范围。

10.1.2.2 屋面节能

高层建筑屋面与墙面比,所占比例不大,但节能功能仍十分重要。屋面不仅对顶层的热环境影响较大,而且不少高层建筑屋顶面积大,有的有采光要求,因此,屋面的节能技术既要考虑保温，又要考虑隔热、防水以及与环境协调等功能。建筑屋面节能技术主要有：保温技术，隔离太阳辐射热节能技术，"冷屋顶"节能技术以及屋面绿化技术等。

10.1.2.3　外门窗、幕墙节能

1. 门窗的节能技术

（1）减少门窗的面积，在保证日照、采光、通风、观景条件下，尽量减少外门窗洞口的面积。合理控制窗墙比，在保证室内采光通风的前提下合理控制窗墙比是很重要的，一般北向不大于 25%，南向不大于 35%，东西向不大于 30%；

（2）设置遮阳设施，减少阳光直接辐射屋顶、墙、窗及透过窗户进入室内，可采用外廊、阳台、挑檐、遮阳板、热反射窗帘等遮阳措施。门窗的遮阳设施可选用特种玻璃、双层玻璃、窗帘或遮阳板等；

（3）提高门窗的气密性，应采用密闭性良好的门窗。通过改进门窗产品结构（如加装密封条），提高门窗气密性，防止空气对流传热。加设密闭条是提高门窗气密性的重要手段之一；

（4）使用新型节能门窗，采用热阻大、能耗低的节能材料制造的新型保温节能门窗可大大提高热工性能。同时还要特别注意玻璃的选材。窗玻璃尽量选特性玻璃，如吸热玻璃、反射玻璃、中空玻璃、隔热遮光薄膜等。

2. 幕墙的节能技术

幕墙的不同形式，对保温层的保护形式有所不同，如开放幕墙，则在保温层外应设防水膜，在南方地区则设防水反射膜（如铝箔）。对易于吸水吸潮的矿棉类产品，应根据不同气候条件放置防水透气膜，在寒冷和严寒地区设置在内侧，其他地区设置在外侧。带保温层的幕墙建筑其防火性能也应引起足够重视，应采用不燃或难燃材料，并应有防火封堵。玻璃幕墙的可视部分属于透明幕墙。对于透明幕墙，应有遮阳系数、传热系数、可见光透射比、气密性能等相关性能要求。为了保证幕墙的正常使用功能，在热工方面对玻璃幕墙还有抗结露要求、通风换气要求等。

10.1.2.4　楼、地面节能

1. 楼板的节能技术

保温层可直接设置在楼板上表面（正置法）或楼板底面（反置法），也可采取铺设木搁栅（空铺）或无木搁栅的实铺木地板；楼板的节能也可与地暖系统相结合；底面接触室外空气的架空或外挑楼板宜采用反置法的外保温系统；铺设木搁栅的空铺木地板，宜在木搁栅间嵌填板状保温材料，使楼板层的保温和隔声性能更好。

2. 底层地面的节能技术

严寒、寒冷地区采暖建筑的地面应以保温为主，在持力层以上土层的热阻已符合地面热阻规定值的条件下，最好在地面面层下铺设适当厚度的板状保温材料，进一步提高地面的保温和防潮性能；夏热冬冷地区应兼顾冬天采暖时的保温和夏天制冷时的防热、防潮，也宜在地面面层下铺设适当厚度的板状保温材料，提高地面的保温及防热、防潮性能；夏热冬暖地区应以防潮为主，宜在地面面层下铺设适当厚度保温层或设置架空通风道，以提高地面的防热、防潮性能。

10.1.3　建筑节能工程常用保温材料

保温材料种类繁多，一般可按材质、使用温度、形态和结构来分类。按材质可分为有

机保温材料、无机保温材料和金属保温材料三类。按形态又可分为多孔状保温隔热材料、纤维状保温材料、粉末状保温隔热材料、层状保温材料和真空保温材料。多孔状保温材料又叫泡沫保温材料，具有质量轻、保温性能好、弹性好、尺寸稳定、耐稳性差等特点，主要有泡沫塑料、泡沫水泥、泡沫玻璃、泡沫橡胶等。纤维状保温材料可按材质分为有机纤维、无机纤维、金属纤维和复合纤维等。常用建筑材料热物理性能计算参数见表10-1-1。

常用建筑材料热物理性能计算参数　　　　　　　　　　　表 10-1-1

材料名称	干密度 ρ_0 (kg/m³)	标准值		修正系数 α	计算值		燃烧性能	常用建筑部位
		导热系数 λ [W/(m·K)]	蓄热系数 S [W/(m²·K)]		导热系数 λ_c [W/(m·K)]	蓄热系数 S_c [W/(m²·K)]		
钢筋混凝土	2500	1.74	17.20	1.00	1.74	17.20	A	墙体及屋面
碎石、卵石混凝土	2300	1.51	15.36	1.00	1.51	15.36	A	墙体
水泥焦渣	1100	0.42	6.13	1.50	0.63	9.20	A	屋面找坡层
加气混凝土	400	0.13	2.06	1.25	0.16	2.58	A	填充墙体及屋面
加气混凝土	500	0.16	2.61	1.25	0.20	3.26	A	墙体及屋面
加气混凝土	500	0.16	2.61	1.50	0.24	4.22	A	屋面,吸湿
加气混凝土	600	0.19	3.01	1.25	0.24	3.76	A	墙体及屋面
加气混凝土	600	0.19	3.01	1.50	0.29	4.26	A	屋面保温层
泡沫水泥	180	0.058	—	1.30	0.75	—	A	墙体、屋面
水泥砂浆	1800	0.93	11.37	1.00	0.93	11.37	A	抹灰层、找平层
石灰水泥砂浆	1700	0.87	10.75	1.00	0.87	10.75	A	抹灰层
石灰砂浆	1600	0.81	10.07	1.00	0.81	10.07	A	抹灰层
黏土实心砖墙	1600	0.81	10.63	1.00	0.81	10.63	A	墙体
黏土空心砖墙（26~36孔）	1400	0.58	7.92	1.00	0.58	7.92	A	墙体
灰砂砖墙	1900	1.10	12.72	1.00	1.10	12.72	A	墙体
硅酸盐砖墙	1800	0.87	11.11	1.00	0.87	11.11	A	墙体
炉渣砖墙	1700	0.81	10.63	1.00	0.81	10.63	A	墙体
混凝土多孔砖	1450	0.738	7.25	1.00	0.738	7.25	A	墙体
单排孔混凝土空心砌块	900	0.86	7.48	1.00	0.86	7.48	A	墙体
双排孔混凝土空心砌块	1100	0.792	8.42	1.00	0.792	8.42	A	墙体
三排孔混凝土空心砌块	1300	0.75	7.92	1.00	0.75	7.92	A	墙体
轻集料混凝土空心砌块	1100	0.75	6.01	1.00	0.75	6.01	A	墙体
泡沫玻璃	160	0.058	—	1.20	0.070	—	A	墙体、屋面

材料名称	干密度 ρ_0 (kg/m³)	标准值		修正系数 α	计算值		燃烧性能	常用建筑部位
		导热系数 λ [W/(m·K)]	蓄热系数 S [W/(m²·K)]		导热系数 λ_c [W/(m·K)]	蓄热系数 S_c [W/(m²·K)]		
发泡陶瓷	170	0.065	—	1.20	0.078	—	A	墙体、屋面
岩棉	140	0.043	0.75	1.20	0.050	0.90	A	墙体保温
竖丝岩棉	140	0.048	—	1.20	0.057	—		墙体保温
玻璃棉板	80~200	0.035	0.75	1.50	0.053	1.125	A	墙体、屋面保温
膨胀聚苯板	18~22	0.039	0.36	1.10	0.043	0.43	B_1 或 B_2	墙体保温
石墨聚苯板	20~25	0.033	0.36	1.10	0.036	0.43	B_1 或 B_2	墙体、屋面保温
挤塑聚苯板	22~35	0.032	0.32	1.20	0.036	0.352	B_1 或 B_2	墙体保温
挤塑聚苯板	22~35	0.032	0.32	1.30	0.039	0.416	B_1 或 B_2	屋面保温
硬泡聚氨酯	≥35	0.024	0.36	1.10	0.026	0.468	B_1 或 B_2	墙体屋面保温
酚醛树脂	45~60	0.026	—	1.10	0.029	—	B_1	墙体屋面保温
胶粉聚苯颗粒保温浆料	250	0.059	0.95	1.20	0.071	1.14	B_1 或 A_2	墙体屋面保温
膨胀玻化微珠	—	0.065	—	1.20	0.078	—	A	墙体屋面保温

注：修正系数 α 因块体尺寸及地区气候的差异会有所变化。

10.2 外墙自保温施工技术

高层建筑墙体保温对于框架结构、框架剪力墙结构以及钢结构等，均可以采用外墙自保温技术，利用预制保温板或保温砌体填充等做法，实现外围护结构与保温一体化施工，在高层建筑中应用应解决热桥及防水等问题。以下仅介绍几种外墙自保温施工技术。

10.2.1 加气混凝土砌块框架填充墙

10.2.1.1 技术简介

蒸压加气混凝土砌块用于保温墙体，主要选择密度等级小于 B07 级的砌块，其他等级的砌块保温效果差。

蒸压加气混凝土砌块的技术指标应符合《蒸压加气混凝土砌块》GB 11968 要求，蒸压加气混凝土砌块导热系数和蓄热系数计算值见表 10-2-1。

蒸压加气混凝土砌块导热系数和蓄热系数计算值　　　　　　　　表 10-2-1

项　目	干密度级别	B04	B05	B06	B07
干密度 ρ_0（kg/m³）		400	500	600	700
理论计算值 体积含水率 3%	导热系数 λ[W/(m·K)]	0.13	0.16	0.19	0.22
	蓄热系数 S_{24}[W/(m²·K)]	2.06	2.61	3.01	3.49
灰缝影响系数		1.25	1.25	1.25	1.25
设计计算值	导热系数 λ[W/(m·K)]	0.16	0.20	0.24	0.28
	蓄热系数 S_{24}[W/(m²·K)]	2.58	3.26	3.76	4.36

如：B04 级加气混凝土砌块 200mm 厚的主断面传热系数为 0.6W/（m²·K），B05 级加气混凝土砌块 250mm 厚的主断面传热系数为 0.57W/（m²·K）。在加气混凝土砌块墙体内外侧，加抹一定厚度的轻骨料保温砂浆，既可增强饰面层的牢固、抗裂，又可增加保温效果。

10.2.1.2　施工技术

1. 材料

蒸压加气混凝土砌块：产品质量应符合现行国家标准《蒸压加气混凝土砌块》GB 11968 的要求。施工时所用的砌块的产品龄期不应小于 28d。

保温用蒸压加气混凝土砌块砌筑砂浆及抹灰砂浆宜采用厂家配套的专用砂浆，以保证其抗裂性和保温性能。

2. 施工方法

（1）按照设计要求预先在结构墙柱上预留拉结钢筋。

（2）加气混凝土砌块应在砌筑前 1～2d 浇水湿润。

（3）拌制砂浆：

1）砌筑砂浆宜采用干混砂浆，现场拌制时，各组分材料应采用重量计量，计量应准确，计量精度水泥控制在±2％以内，砂和掺合料等控制在±5％以内。

2）砌筑砂浆宜采用机械搅拌，其拌合时间不得少于 2min，且拌合均匀，颜色一致。

3）砂浆应随拌随用，常温下拌好的砂浆应在拌合后 3～4h 内用完，当气温超过 30℃时，应在拌成后 2～3h 内使用完毕。对掺有缓凝剂的砌筑砂浆，其使用时间应视其具体情况适当延长。

4）凡在砂浆中掺入有机塑化剂、早强剂、缓凝剂、防冻剂等，应经检验和试配符合要求后，方可使用。有机塑化剂应有砌体强度的型式检验报告。

（4）砌筑墙体：

1）砌筑加气混凝土砌块单层墙，应将加气混凝土砌块立砌，墙厚为砌块的宽度；砌双层墙，是将加气混凝土砌块立砌，两层，中间可加保温材料层，内外砌块间应有拉结，砌块间每隔一定高应设置水平系梁。

2）砌筑加气混凝土砌块应采用满铺满挤法砌筑，上下皮砌块的竖向灰缝应相互错开，长度不宜小于砌块长度的 1/3 并不小于 150mm。

3）加气混凝土砌块墙体拉结和与梁、柱（墙）的连接应按设计要求施工。

4）加气混凝土砌块墙每天砌筑高度不宜超过 1.6m。

5）加气混凝土砌块墙上不得留脚手眼，搭拆脚手架时不得碰撞已砌好的墙体和门窗边角。

10.2.2　保温砌块框架填充墙

10.2.2.1　技术简介

保温砌块是指用于框架填充的非承重砌块，主要是指轻集料混凝土保温砌块，采用高炉水渣、炉渣、浮石、石屑等材料加水泥搅拌压制、养护而成的空心砌块，并在轻集料砌块孔内填充聚苯板等高效保温材料（保温砌块外形示意图见图 10-2-1），也可以采用其他具备自保温功能的小型或中型砌块。产品应具有重量轻、力学性能好、保温隔热等特点。

保温砌块本身传热系数值不能满足节能标准要求时，可采取在墙外面（或内面）抹保温浆料（胶粉聚苯颗粒等）等增加保温性能的措施。外露混凝土柱、梁、板均应外贴高效保温材料，阻断"热桥"。保温材料与砌块交界处应加贴玻纤网格布，每边搭接长度不宜少于 100mm，以防止抹面层开裂。芯柱、构造柱、过梁、系梁等部位也应设置保温材料，阻断"热桥"。

主块

洞边块

过梁块

图 10-2-1　轻集料混凝土保温砌块示意

10.2.2.2　施工技术

1. 施工准备

（1）施工条件应满足的要求

1）与轻集料保温砌块施工相关的主体结构应通过质量验收。

2）施工前应按建筑设计图，砌体特点，块型尺寸，楼层标高，连系梁、构造柱和柱数量，梁、柱及门、窗位置等绘制砌块排列图。

3）施工前应搭设脚手架，不得在轻集料砌块墙体上固定脚手架孔。

4）应编制具体的施工方案，并经监理（建设）单位审核后施工。

5）施工前应对施工操作人员进行技术、安全交底。

6）应在墙体阴阳角处设立皮数杆，皮数杆间距不宜超过 5m。

7）轻集料砌块在砌筑前不宜浇水。砌筑时应反砌，即小孔面朝上。

（2）材料应符合的要求

1）轻集料砌块质量应符合《轻集料混凝土小型空心砌块》GB/T 15229 的要求。进场后应按品种、规格分别码放整齐，堆置高度不宜超过 1.8m，并做好标识。

2）保温砌块保温材料质量应符合《绝热用模塑聚苯乙烯泡沫塑料》GB/T 10801.1 和《绝热用挤塑聚苯乙烯泡沫塑料》GB/T 10801.2 的规定或相应的保温材料标准。

3）砌筑砂浆宜为干混砂浆，其技术要求应符合设计要求。

4）水泥应采用普通硅酸盐水泥或矿渣硅酸盐水泥，并应按有关规定进行复验。

5）砌筑砂浆和混凝土的拌合用水应符合《混凝土拌合用水标准》JGJ 63 的规定。

6）砂宜采用中砂，过 2.5mm 孔径的筛子，砂的含泥量不应超过 5%，并不含草根等杂物。

7）芯柱混凝土宜用专用混凝土，粗骨料粒径宜为 5～15mm，构造柱混凝土粗骨料粒径宜为 10～30mm，并均应符合《普通混凝土用砂、石质量及检验方法标准》JGJ 52 的有关规定。

8）掺入砌筑砂浆中的有机塑化剂或早强、缓凝、防冻等外加剂，应经检验和试配，符合要求后，方可使用。有机塑化剂产品，应具有法定检测机构出具的砌体强度型式检验报告。

9）钢筋的品种、规格、数量应符合设计要求，并应有质量合格证书及按要求取样复验，复验合格方可使用。

10）其他原材料经试验应符合相应标准规定的要求后，方可使用。

（3）机具设备

砂浆搅拌器、砂浆铺灰器、提升架、切割机、磅秤、翻斗车、小型振捣器等。

2. 施工工艺

清理基层→定位放线→立皮数杆→砌筑保温砌块墙→门窗边柱、芯柱、构造柱浇筑→水平系梁浇筑→墙顶及留缝处理→墙面装饰。

（1）墙体施工要点

1）轻集料保温砌块应按设计图从门窗口或柱方向开始砌筑，尽量采用（390～395）mm 长主砌块，用（190～195）mm 半长辅砌块错缝，不足主、半砌块尺寸时可切割；门窗侧洞口应用洞口块，砌块上下孔应基本对齐，便于灌芯柱，芯柱下部应留清扫口。

2）轻集料保温砌块砌筑应上下错缝，孔及保温层位置应符合设计要求。门窗上口不做过梁时，砌筑应采用模板支托。

3）墙体日砌筑高度不宜超过 1.6m（根据施工季节决定）。砌筑好后需要移动或被撞动时，应重新铺浆砌筑。在砌筑每层楼后应校核墙体的轴线尺寸和标高。

4）轻集料保温砌块施工灰缝应符合以下要求：

① 灰缝应做到横平竖直，水平灰缝的胶浆饱满度不得低于 90%，竖缝两侧的砌块均应两边挂灰，砂浆饱满度不得低于 80%，不得出现瞎缝、透缝；

② 轻集料砌块的水平及垂直灰缝宽度宜控制在 4～6mm；

③ 轻集料砌块墙体应以胶浆随砌随勾缝，深度不大于 3mm，并要求平整密实。

5）当墙砌至顶面最后一皮，与上部结构的接触处应符合《轻集料混凝土小型空心砌块》GB/T 15229 的规定，宜采用实心轻集料砌块斜砌的方法砌筑。

6）水平系梁、构造柱、芯柱部分应按设计要求加贴保温层，保温层与砌体接缝处应有抗裂砂浆网格布增强。

7）预留预埋、管线敷设与设备固定：

① 门窗洞口采用预灌后埋式安装时，两侧砌块应采用洞口砌块；暖气片、管线固定卡、开关插座、吊柜、挂镜线等需固定的位置应采用芯孔浇筑密实砌块。

② 各管道、孔、竖槽、预埋件等应在砌块砌筑时预留，如砌完墙后开凿，应采用机械切割，不得用手工剔凿，不得开凿水平槽。槽、洞补平后在此范围应增贴一层玻纤网格布，防止开裂。

③ 电气管线竖向管敷设在相应的砌块芯孔内。开关插座及箱盒位置采用开口砌块。

8）轻集料砌块墙与框架柱（或剪力墙）相接处应采用柔性连接，缝宽宜不小于20mm，缝中填聚苯板，最外面应采用聚合物砂浆勾缝。

9）轻集料砌块外墙增加外保温时，保温层外侧应有保护并有防裂、防水的措施。

（2）水平系梁施工要点

1）砌体水平系梁应按设计要求设置，砌筑砂浆强度大于1MPa后方可浇灌系梁混凝土。

2）水平系梁内钢筋配置应按设计要求，水平系梁浇筑混凝土前应与结构锚固筋锚固。门洞口两侧水平系梁应根据设计要求设置加强筋。系梁与芯柱交接处，可预留施工缝。

3）水平系梁混凝土的施工尚应符合《混凝土结构工程施工质量验收规范》GB 50204的要求。

（3）芯柱和构造柱施工要点

1）芯柱部位宜采用不封底的通孔小砌块，当采用半封底小砌块时，砌筑前必须打掉孔洞毛边。

2）在楼（地）面砌筑第一皮砌块时，在芯柱部位，应用开口砌块（宜机械切割）或U形砌块砌成操作孔，清扫芯柱底部杂物，用水冲洗干净；钢筋如果有绑扎接头，接头位置应甩开。

3）芯柱和构造柱钢筋应植入结构或与结构中的预埋钢筋连接，钢筋可焊接或者搭接，搭接长度应符合相应规范要求。

4）砌完一个施工段高度后，应连续浇灌芯柱和构造柱混凝土。分层浇筑高度宜为400～500mm，或边浇筑边捣实，严禁灌满一个楼层后再捣实。浇混凝土前，先注入同配比减石混凝土。宜采用机械捣实，混凝土坍落度不应小于50mm。

5）芯柱和构造柱与系梁交接部位应整体现浇，如采用U形砌块作系梁模壳时，其底部必须留出芯柱或构造柱通过的孔洞，孔洞宜采用机具切割。

6）砌筑砂浆必须达到1MPa强度后，方可浇筑芯柱或构造柱混凝土。

7）芯柱和构造柱混凝土的拌制、运输、浇筑、养护、质量检查等方面的要求，应符合《混凝土结构工程施工质量验收规范》GB 50204的要求。芯柱和构造柱混凝土浇筑时，应设专人检查，严格核实混凝土灌入量，认可后，方可继续施工。

（4）其他注意事项

1）当室外日平均气温连续5d稳定低于5℃时，砌体工程应采取冬期施工措施。

2）轻集料砌块砌体不得采用冻结法施工。砌体不应采用掺氯盐砂浆法施工。

3）雨期施工应符合下列规定：

① 雨期施工，堆放在室外的砌块应有覆盖设施。

② 雨量为小雨及以上时，应停止砌筑。对已砌筑的墙体宜覆盖。继续施工时，应复核墙体的垂直度。

③ 砌筑砂浆稠度应视实际情况适当减小，每日砌筑高度不宜超过1.2m。

4）轻集料砌块墙体施工的安全技术必须遵守现行建筑工程安全技术标准的规定。

5）垂直运输使用托盘吊装时，应使用尼龙网或安全罩围护砌块。

6）在楼面或脚手架上堆放砌块或其他物料时，严禁倾卸和抛掷，不得撞击楼板和脚手架。

7）堆放在楼面和屋面上的各种施工荷载不得超过楼板（屋面板）的设计允许承载力。

8）砌筑砌块或进行其他施工时，施工人员严禁站在墙上进行操作。

9）施工中，如需在砌体中设置临时施工洞口，其洞边离交接处的墙面距离不得小于600mm，并应沿洞口两侧每400mm处设置 $\phi5$ 点焊网片及洞顶钢筋混凝土过梁。

10.2.2.3 质量验收

1．一般规定

（1）砌体的尺寸和位置偏差应符合《砌体工程施工质量验收规范》GB 50203 的要求。

（2）轻集料砌块应错缝搭砌，搭砌长度不宜小于砌块长度的1/3。

（3）水平系梁、构造柱、芯柱部分以及砌体与主体结构连接部分应做隐蔽工程验收并记录。

2．主控项目

（1）轻集料砌块和砂浆的强度等级必须符合设计要求。

（2）轻集料保温砌块的热工性能必须符合设计要求。

3．一般项目

（1）轻集料砌块墙体一般尺寸的允许偏差及检验方法见表 10-2-2。

轻集料保温砌块墙体一般尺寸的允许偏差及检验方法　　　　表 10-2-2

项　　目		允许偏差（mm）	检验方法
轴线位置		10	用尺量检查
墙面平整度		6	用2m靠尺和楔形塞尺检查
垂直度	≤3m	5	用2m托线板或吊线尺量检查
	>3m	10	
门窗洞口高、宽（后塞口）		±5	用尺量检查
外墙上、下窗口偏移		20	以底层为基准用经纬仪或吊线检查

（2）轻集料砌块不应与其他块材混砌。

（3）轻集料砌块砌体的砂浆水平灰缝的胶浆饱满度不得低于90%，竖缝砂浆饱满度不得低于80%。

（4）拉结筋（或系梁拉结带）：留设间距、位置、长度及配筋的规格、根数应符合设计要求，留置位置应与块体皮数相符合。拉结筋应置于灰缝中，埋置长度应符合设计要求，竖向位置偏差不得超过一皮砌块高度。

10.2.3 预制复合保温板

预制复合保温板，一般包括：外墙保温复合板和预制混凝土夹芯保温墙板，其技术特点是围护结构保护层与保温层在工厂预制完成，与其他墙体保温系统相比，工业化生产水平高，与建筑物采用粘结和机械连接，产品质量可得到控制；减少了现场的湿作业，缩短了施工工期，避免了施工过程中的环境污染以及噪声污染，符合绿色文明施工要求。预制复合保温板通常是在工厂加工预制好带有涂料或面砖饰面的保温隔热板材，在施工现场只需粘接和锚固安装上墙即可，其施工速度具有明显的优势。但由于该项技术应用时间较短，尤其是在高层建筑中应用相对较少，结构构造及施工工艺还有待完善。

10.2.3.1 外墙保温复合板

1. 外墙保温复合板

工厂预制成型的板状制品，由面层、粘结层、防火构造层（需要时）、保温层、底衬和连接构造等构成。面层可使用多种装饰板或在装饰板表面涂料饰面；按保温复合板的面板材料，保温复合板分为：无石棉纤维增强水泥板；无石棉纤维增强硅酸钙板；超薄石板；建筑陶瓷薄板；彩涂热镀铝锌钢板（或彩涂热镀锌钢板）；不锈钢板；涂层铝板；普通纸面石膏板；耐水纸面石膏板；工厂化抹灰面板。由个体工程设计选用，保温材料可以是无机或有机保温材料。

2. 施工技术

（1）外墙保温复合板面板应符合下列规定：

1）保温材料的技术性能应符合相应材料标准的规定。保温复合板各组成材料应具有物理、化学稳定性，并彼此相容。

2）外墙保温复合板应设不燃材料底衬，外墙保温复合板组成的外保温系统应通过按《外墙外保温系统耐候性试验方法》JG/T 429 规定的系统耐候性试验。

3）外墙保温复合板面板用无石棉纤维增强水泥板和无石棉纤维增强硅酸钙板宜选用涂装板，其物理性能、力学性能及涂装板涂层的质量要求应符合《外墙用非承重纤维增强水泥板》JG/T 396 的规定，且厚度不应小于 5mm。

4）外墙保温复合板面板用超薄石板应符合《天然花岗石建筑板材》GB/T 18601 或《天然大理石建筑板材》GB/T 19766 或《天然砂岩建筑板材》GB/T 23452 或《天然石灰石建筑板材》GB/T 23453 的相关规定，且厚度不应小于 5mm。

5）外墙保温复合板面板用建筑陶瓷薄板应符合《陶瓷板》GB/T 23266 的相关规定，且厚度不应小于 5mm。

6）外墙保温复合板面板用彩涂热镀铝锌钢板（或彩涂热镀锌钢板）的镀层重量、涂层质量和厚度的选择，应符合《冷轧高强度建筑结构用薄钢板》JG/T 378 的规定。钢板厚度不宜小于 0.5mm。

7）外墙保温复合板面板用不锈钢面板应符合《不锈钢建筑型材》JG/T 73 的规定，厚度不宜小于 0.5mm。不锈钢牌号内保温复合板面板不得低于 304（不锈钢牌号为0Cr18Ni9，使用代号为 304），外墙保温复合板面板不得低于 316（不锈钢牌号为00Cr17Ni12Mo2，使用代号为 316）。

8）外墙保温复合板面板用涂层铝板基板的化学成分应符合《变形铝及铝合金化学成分》GB/T 3190 的规定，力学性能应符合《一般工业用铝及铝合金板、带材　第 2 部分：力学性能》GB/T 3880.2 的规定，厚度偏差应符合《一般工业用铝及铝合金板、带材第 3 部分：尺寸偏差》GB/T 3880.3 的规定。涂层性能应符合《建筑幕墙用铝塑复合板》GB/T 17748 的规定。铝板厚度不宜小于 1.0mm。

9）A 级不燃材料面板与有机保温材料复合时，若面板厚度不能满足《建筑设计防火规范》GB 50016 对防护层厚度要求，应增设防火构造层，满足防火要求。

10）外墙保温复合板面板工厂化抹灰抹面层形成时，其抹面胶浆及玻纤网布的性能应符合《外墙外保温工程技术规程》JGJ 144 的规定。有涂层时，其涂层质量应符合《外墙用非承重纤维增强水泥板》JG/T 396 的规定。面板厚度不应小于 5mm，并应符合《建筑设计防火规范》GB 50016 的要求。

11）外墙保温复合板面板采用其他不燃板材时，耐久性和物理力学性能应符合相关标准的规定。刚性外墙保温复合板面板抗折强度不应小于 7MPa，且厚度不应小于 5mm；刚性内保温复合板面板抗折强度不应小于 4MPa，且厚度不应小于 5mm。

（2）外墙保温复合板性能应符合表 10-2-3 的规定。

外墙保温复合板性能要求 表 10-2-3

项　　目		指　　标	
		Ⅰ 型	Ⅱ 型
单位面积重量（kg/m²）		＜20	20～30
拉伸粘结强度（MPa）	原强度	≥0.10，破坏发生在保温材料中	≥0.15，破坏发生在保温材料中
	耐水强度	≥0.10	≥0.15
	耐冻融强度	≥0.10	≥0.15
抗冲击性（J）		用于建筑物首层 10J 冲击合格，其他层 3J 冲击合格	
湿度变形（%）		除金属面板外，其他无机板面层≤0.07	
吸水量（g/m²）		≤500	
不透水性		防护层内侧未渗透	
热阻（m²·K/W）		给出热阻值	
防护层水蒸气透过性能 [g/(m²·h)]	有机保温材料	≥0.85	
	岩棉带	≥1.67	
	其他保温材料	＞保温层水蒸气透过量	

注：1. 当外墙保温复合板背面有隔汽层时，不检验水蒸气透过性能。

2. 当复合板面板为金属面板时，不检验吸水量、不透水性和水蒸气通过性能，但复合板背面应设置隔汽层。

（3）外墙保温复合板施工要点：

1）弹、挂控制线应符合下列规定：

① 根据建筑立面设计和保温工程的技术要求，在墙面或架空楼板弹出控制线，测量相关尺寸并确定排版方案；

② 在建筑物外墙阴阳角及其他必要处挂出垂直基准控制线，每个楼层适当位置挂水平线，以控制外墙保温复合板粘贴的垂直度和平整度。

2）粘接砂浆、抹面砂浆的配制应符合下列规定：

① 应按材料供应商产品说明书提供的配合比配制；

② 搅拌时间自投料完毕后不小于 5min，一次配制用量以 4h 内用完为宜，夏季施工时间宜控制在 2h 内或按产品说明书中规定的时间用完。

3）外墙保温复合板的粘贴应符合下列规定：

① 复合板粘贴可采用条粘法和点框法，宜优先采用条粘法；每块板涂抹胶粘剂的

面积与板面积之比应满足设计要求；

② 复合板应按预先的排版、编号进行，粘贴从勒脚部位开始，自下而上，沿水平方向铺设粘贴，在最下面一排复合板的底边，应用通长托板条固定；

③ 复合板粘贴的平整度、垂直度应符合要求，每贴完一块，应及时清理挤出的砂浆。板与板之间的缝隙要均匀一致达到设计要求。

4）外墙保温复合板的锚固应符合下列规定：

① 复合板粘贴完毕后即可进行锚固件安装，锚固件的安装数量、固定位置应符合设计要求；

② 将锚固件固定于墙体上，并稍拧紧金属螺钉，确保锚固件与基层充分锚固。胶粘剂未干前，锚栓预拧不应过紧，宜在胶粘剂干燥 24h 后拧紧；

③ 当安装外门窗洞口和防火隔离带等异形部位复合板时，应按设计要求预制特殊尺寸的保温装饰复合板进行锚固安装，门窗上沿和下沿线应分别做出向外和向内斜度的滴水坡度。

5）外墙保温复合板的板缝处理及成品保护应符合下列规定：

① 缝宽应根据产品特点确定，且不应超过 20mm，并应使用弹性保温材料进行填充，采用硅酮密封胶嵌缝；

② 板材拼缝处理应确保密封质量，宜根据实际情况设置连通板材与基墙间隙和外部的透气构造；

③ 复合板施工完成后，应注意对成品进行保护。

10.2.3.2 预制混凝土夹芯保温板系统

1. 技术简介

我国从 20 世纪 70～80 年代就开始研制预制混凝土夹芯保温板，由于当时建筑节能要求较低，普遍采用带混凝土肋和金属连接件做法，预制外墙的综合节能保温的技术经济性优势没有能够充分体现，加之当时的设计、制作及施工质量限制，预制混凝土装配建筑很快盛极而衰，关键在于复合外墙的性能和应用技术缺乏持续研究和发展。

预制混凝土外墙采用夹芯保温技术是其最大的优势所在，因其在外墙板制作过程中可以将保温材料放在中间形成复合夹心保温三明治板，该技术不但可以提高外墙的施工速度，还可以满足外墙的维护、保温及装饰效果等性能一体化，是世界各国致力研究的重点；如果将外墙板的结构性能充分发挥做成承重混凝土板，其效率和技术经济性会更好。

预制混凝土夹芯保温外墙研发的技术路线是根据节能保温要求及外墙设计、施工、材料技术的不断进步，在带肋保温复合板基础上探索研究开发的新一代断桥夹芯保温板，即将保温材料复合在里外两层钢筋混凝土板中，制成带外饰面的混凝土复合保温外墙板。关键是要研究连接里外两层钢筋混凝土板的连接构造及其对保温性能的影响，混凝土内层面是否设隔气层，隔气层的材料及做法等。该项技术目前仍处于个体设计阶段，构造各异，本篇仅介绍主要应用技术及施工。

（1）采用金属连接件技术的夹芯保温方案

借鉴欧美预制夹芯保温板的断桥构造方式，采用金属连接件连接内外层混凝土板，完全取消板周边及窗洞口周边的混凝土肋，适当加大保温材料厚度来满足外墙的保温要求。为此试验了两种 60mm 厚聚苯乙烯泡沫板夹芯混凝土复合墙板的保温性能。试验结果表明：由于钢连接件存在的热桥，部分热量通过钢连接件传递，造成夹芯板的保温性能显著降低，按试验分析连接钢筋可降低10％～20％的保温性能。由于钢的导热系数是保温材料的1500倍左右，在计算夹芯板的热阻值R时应充分考虑这种热损失。

为了提高夹芯板的保温性能，对于我国北方严寒或寒冷地区的预制外墙必须采用取消板周边和窗周边的混凝土肋的设计方案，通过尽量减少贯通保温材料的抗剪钢筋面积或增加保温材料的厚度来实现。经过计算和试验分析，北京地区可采用50mm厚外层混凝土板和90mm厚内层混凝土板复合一定厚度的有机保温板实现保温要求。

（2）采用非金属连接件技术的夹芯保温方案

采用非金属连接件连接内外层混凝土板，试验表明如连接件改用非金属材料，会明显降低连接件的热桥效应。目前北京榆树庄构件厂与澳大利亚 Composite Systems Pty Ltd 公司合作开发非金属材料制成的剪力钉来连接两层混凝土板的 Thermomass 系统，Thermomass 建筑绝热系统是一种新型预制混凝土墙体保温系统，由复合增强纤维连接件和挤塑板保温材料构成。连接件两端为鸽尾状锚固端，中间为聚苯乙烯模套，使用时将两端插入混凝土中锚固。由国家建筑工程质量监督检验中心检测表明，该系统的物理力学性能达到并超过了纤维增强复合连接器在混凝土中锚固的相关标准。连接件形状及施工应用详见图10-2-2、图10-2-3。

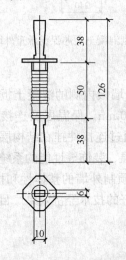

图10-2-2　连接件构造　　　　　图10-2-3　非金属连接件施工图

由于非金属材料的导热系数非常小，可大幅降低两层混凝土板之间连接的热传导，两层板之间的保温材料厚度可减小到70mm（XPS），就可以达到北京地区75％保温节能的要求。

采用 Thermomass 建筑绝热系统可以消除采用金属连接件80％以上的热损失，表明该系统具有优越的保温性能，有效解决了金属连接件热桥问题，并且具备较好的耐火耐高温性能。该技术是我国未来复合保温墙板的发展方向。

目前，Thermomass 建筑绝热系统已在天津东丽湖工业化住宅工程中应用，该工程为三栋11层工业化住宅，建筑总高为33.25m，采用框架结构外挂板体系建造，总面积为1.8万 m²，外墙采用清水混凝土复合保温板，标准墙板的尺寸为2875mm（高）×

3250mm（宽），复合板总厚度210mm，由三层组成：内层钢筋混凝土板厚度为110mm，保温层采用50mm厚挤塑聚苯板，外饰面层的钢筋混凝土板厚度为50mm，内层混凝土板通过使用 Thermomass MS 系列玻璃纤维复合材料连接器承担着饰面层的荷载，该外墙板的结构构造方案见图10-2-4、图10-2-5。

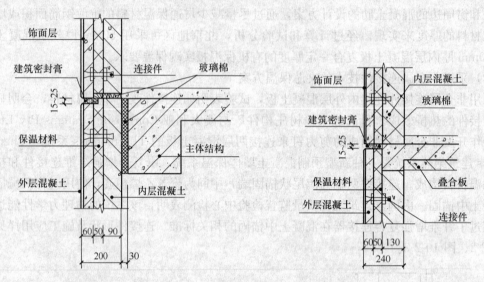

图 10-2-4　预制混凝土夹芯保温外墙挂板方案　　图 10-2-5　预制混凝土夹芯保温承重外墙板方案

（3）采用预制混凝土夹芯保温承重外墙板

采用预制混凝土夹芯保温承重外墙板（如图10-2-5），墙板内侧的混凝土板作为承重结构层，厚度可根据结构设计要求确定，一般为160～200mm，保温层及连接件可采用 Thermomass 建筑绝热系统，外层混凝土板为装饰面层，通过连接件挂在结构层上，该方案可以最大限度地实现预制混凝土外墙的承重、围护、保温、装饰等性能的系统集成，在外墙板四周根据要求合理设置连接构造节点，可有效解决预制外墙的整体性和抗震要求。该体系在北欧及日本的集合住宅中得到广泛应用，取得很好的技术经济效果。目前该体系研究已被列入北京市工业化住宅体系研究开发项目。

2. 施工技术

以内墙现浇，外墙干挂为例，说明施工步骤：

（1）施工准备

1）熟悉设计图纸，掌握预制混凝土保温墙板型号、尺寸、位置、标高及安装构造做法。

2）检查核对预制混凝土复合保温板的型号、外观质量、几何尺寸，饰面是否符合图纸设计要求，埋件尺寸及数量是否符合要求，位置是否准确。

3）检查预制混凝土复合保温板预埋连接件是否完好。

4）准备预制保温板用聚苯乙烯板带、高压聚乙烯棒等。

5）备齐安装用工具，撬棍、活动扳手、花篮螺栓、捯链、靠尺板、水平尺、线坠、垫木等。

6）准备不同厚度垫铁。

7）各种与模板连接的卡件、压杠、板缝压板、穿墙螺栓等。

（2）模板配备

根据现浇混凝土特点和与预制混凝土复合保温板配套的要求，其模板与普通大模板基本相同，模板设计必须考虑本身刚度，又要考虑与预制板连接并保证预制板作外墙模板的刚度要求。模板设计要求结合预制板设计，尽量考虑少做非标准尺寸模板，并满足施工流水的要求，以减少大模板的投入量。

（3）机具配备

1）塔式起重机按照模板和构件的单件重量、建筑物高度、建筑平面及现有型号选型。数量决定于每层吊次、周期和作业班次。

2）墙体模板除按流水段的标准段配备外，还要考虑非标准的特殊模板。使用钢板或竹胶合板做板面，骨架和普通模板基本一样。楼板模板宜采用早拆模板体系或无框竹胶合板等，做到板底平整不抹灰。

3）其他机具根据工程实际需要适当配备运输、装卸、混凝土、钢筋、电焊机、测量等机械、仪器工具。

（4）操作工艺

1）预制混凝土复合保温板预埋件的准备

埋件的标高、位置必须根据翻样图纸保证准确，锚筋与顶板钢筋焊牢，埋件位置根据轴线排准，标高根据50线拉通线找平，墙筋与埋件位置发生矛盾时，要调整钢筋位置，确保埋件与带饰面预制混凝土复合保温板埋件对齐。

2）放线

将墙体钢筋调整好，重新复核钢筋以上50线，并放好平面轴线网，在预制保温板板内侧面弹一道50线，以控制预制板的高度。

3）墙体钢筋绑扎

墙体钢筋根据墙体控制线绑扎，留够保护层厚度，绑扎过程中要吊垂直线，保证钢筋垂直度，留洞口尺寸根据图纸留准确。

4）预制混凝土复合保温板安装

预制板用塔吊安装就位，吊装前在找平层间铺放高压聚乙烯棒，并用砂浆稳固，板吊装就位时，根据平面轴线和50线控制就位，板上口用捯链或花篮螺栓与楼板锚筋拉牢，并用钢支撑顶住预制混凝土复合保温板上口，保证板稳定后摘钩。然后进一步找平，安装找正时用撬棍在板内侧撬动，不能在有装饰层一侧撬，以免损坏外饰面，标高不合适时加垫铁。板的位置除根据轴线和水平线控制外，还应根据横竖板缝均匀一致，横平竖直，板缝十字接点处不能出现错口。找平后将预制混凝土复合保温板的穿锁钢筋环用钢筋与钢筋网片绑扎连接，下口用角形焊件与预制混凝土复合保温板下口埋件焊牢在楼板预埋件上。板缝用高压聚乙烯棒塞好，便于外墙清理后嵌缝。

5）支内侧模板

按模板配置方案的板号支内侧模板和窗口模板，安装上口卡件、窗口压杠、板缝压板、穿墙螺栓，用捯链和花篮螺栓将模板上口与楼板锚环拉结牢固。

6）浇筑混凝土

带饰面预制混凝土复合保温板作外墙模板，为了防止混凝土侧压力过大产生变形，浇筑混凝土时要分步分层浇筑、分层振捣，每层浇筑厚度控制在 60mm 左右，混凝土下料口要分散布置，窗口处要在两侧均匀下料，同时振捣，窗口模板下侧留门子板，作补充下料和振捣之用。

7）拆模

混凝土初凝后要及时将板缝和预埋螺母处的穿墙螺栓松动，常温下等混凝土强度达到 $100N/cm^2$ 后方可拆除模板。

（5）质量要求

1）预制混凝土复合保温板必须符合图纸设计要求，板面平整度＜2mm，四角方正，面砖（饰面板）排列缝隙均匀顺直，外形尺寸正确。

2）安装后检查墙板尺寸偏差，见表 10-2-4。

墙板尺寸偏差 表 10-2-4

项 目	允许偏差（mm）	检查方法
横向顺直度	≤5mm/5m 或≤3mm/2m	5m 拉线检查 2m 靠尺
阴阳角方正	≤4	用直角尺检查
墙面平整度	≤3	2m 靠尺检查
相邻两块板高低差	≤1.5	2m 靠尺检查
膨胀缝（装饰缝）平直度	≤3	用 5m 线，不足 5m 用钢直尺检查

（6）成品保护

1）预制板运输过程中，在饰面与其他接触面上垫放软质胶皮，以免损伤饰面。

2）现场码放要在插放架上用胶皮、木方垫好。

3）预制板的起吊就位，必须有专人负责，板面不能与架子、钢筋砸撞。

4）插放架、外架子、模板上口卡件及与外墙饰面接触的卡件，均要在接触面处粘贴胶皮，以保证饰面完好。

5）浇筑混凝土时，要对外墙饰面进行保护，防止损坏和严重污染。

6）上层钢筋焊接时，要用围挡防止火花溅落烧坏外饰面。

（7）安全措施

预制混凝土复合保温板的施工必须符合建筑安装工程安全技术要求。预制板吊装就位后，必须点焊并拉接好方可摘钩，以防倾倒。

10.3 外墙内保温工程施工技术

高层建筑外墙内保温在我国南方地区以及部分无法实现外保温的外墙、不采暖楼梯间、分户墙以及与非采暖间分割的内墙等仍有较多应用，新建高层建筑因为外保温防火问题，也在不断发展燃烧性能不低于 B1 级的内保温做法。外墙内保温的种类很多，本手册仅列出了复合板内保温系统，有机、无机保温板内保温系统和保温砂浆内保温系统等。

10.3.1 复合板内保温系统

10.3.1.1 基本构造

复合板内保温系统的基本构造应符合表10-3-1的规定。

复合板内保温系统基本构造 表 10-3-1

| 基层墙体① | 系统基本构造 | | | | 构造示意 |
| | 粘结层② | 复合板③ | | 饰面层④ | |
		保温层	面板		
混凝土墙体砌体墙体	胶粘剂或粘结石膏+锚栓	模塑聚苯乙烯泡沫塑料（EPS）挤塑聚苯乙烯泡沫塑料（XPS）硬泡聚氨酯板（PU）酚醛树脂板（PF）纸蜂窝填充憎水型膨胀珍珠岩保温板	纸面石膏板无石棉纤维水泥平板无石棉硅酸钙板	腻子层+涂料或墙纸（布）或面砖	

注：1. 当面板带饰面时，小再做饰面层。

　　2. 面砖饰面不做腻子层。

10.3.1.2 施工技术要点

1. 复合板的规格尺寸应符合下列规定：

（1）复合板公称宽度宜为 600mm、900mm、1200mm、1220mm、1250mm。

（2）石膏板面板公称厚度不得小于 9.5mm，无石棉纤维增强硅酸钙板面板和无石棉纤维水泥平板面板公称厚度不得小于 6.0mm。

2. 施工时，宜先在基层墙体上做水泥砂浆找平层，涂刷界面砂浆，采用以粘为主、粘锚结合方式将复合板固定于垂直墙面，并应采用嵌缝材料封填板缝。

3. 复合板与基层墙体之间的粘贴，应符合下列规定：

（1）涂料饰面时，粘贴面积不应小于复合板面积的 30%；面砖饰面时，粘贴面积不应小于复合板面积的 40%；

（2）在门窗洞口四周、外墙转角和复合板上下两端距顶面和楼地面100mm 处，均应采用通长粘结，且宽度不应小于 50mm；

（3）复合板之间的接缝不得位于门窗洞口四角处，且距洞口四角不得小于 200mm。

4. 复合板内保温系统采用的锚栓应是金属钉锚栓。金属钉应采用不锈钢或经过表面防腐处理的碳素钢钉。锚栓进入基层墙体的有效锚固深度不应小于 25mm，基层墙体为蒸压加气混凝土制品时，锚栓的有效锚固深度不应小于 50mm。有空腔结构的基层墙体，应采用打结式锚栓。

5. 模塑聚苯乙烯泡沫塑料（EPS）、挤塑聚苯乙烯泡沫塑料（XPS）、硬泡聚氨酯（PU）或酚醛树脂（PF）复合板重量不宜超过 $15kg/m^2$，且每块复合板顶部离边缘80mm 处，应采用不少于2个金属钉锚栓固定在基层墙体上，锚栓的钉头不得凸出板面。

6. 对保温层为纸蜂窝填充憎水型膨胀珍珠岩保温板的复合板，锚栓间距不应大于

400mm，且距板边距离不应小于 20mm。在施工现场切割或打洞时，应采用灌装阻燃型发泡聚氨酯填充、密封。

7. 当保温层为挤塑聚苯乙烯泡沫塑料（XPS）、硬泡聚氨酯（PU）或酚醛树脂板（PF）时，保温板应做界面处理。

8. 位于基层墙体阴角和阳角处的保温板，应做切边处理。

9. 复合板内保温系统接缝处理应符合下列规定：

（1）板间接缝和阴角宜复合接缝带，采用嵌缝石膏（或柔性勾缝腻子）粘贴牢固；

（2）阳角宜增加护角，采用嵌缝石膏（或柔性勾缝腻子）粘贴牢固。

10.3.2 有机保温板内保温系统

10.3.2.1 基本构造

有机保温板内保温系统的基本构造应符合表 10-3-2 的规定。

有机保温板内保温系统的基本构造 表 10-3-2

基层墙体①	系统基本构造				构造示意
	粘结层②	保温层③	防护层		
			抹面层④	饰面层⑤	
混凝土墙体砌体墙体	胶粘剂或粘结石膏	EPS XPS PU PF（燃烧性能不低于 B1）	做法一：6mm 抹面胶浆复合涂塑中碱玻璃纤维网布 做法二：用底层粉刷石膏8～10mm 厚横向压入 A 型中碱玻璃纤维网布；涂刷 2mm 厚专用胶粘剂压入 B 型中碱玻璃纤维网布	腻子层＋涂料或墙纸（布）或面砖	

注：1. 做法二不适用面砖饰面和厨房、卫生间等潮湿环境。

2. 面砖饰面不做腻子层。

10.3.2.2 施工技术要点

1. 有机保温板宽度不宜大于 1200mm，高度不宜大于 600mm。

2. 施工时，基层应清洁、无油污，找平层应与墙体粘结牢固。采用粘结方式将有机保温板固定于垂直墙面。

3. XPS 板在粘贴以及抹面层施工前，板面应涂刷表面处理剂。表面处理剂的 pH 值应为 6～9，聚合物含量不应小于 3.5%；硬泡聚氨酯板用界面层或界面处理剂应采用水泥基材料，界面厚度不宜大于 1mm。

4. 有机保温板与基层墙体的粘贴，应符合下列规定：

（1）涂料饰面时，粘贴面积不得小于有机保温板面积的 30%；面砖饰面时，不得小于有机保温板面积的 40%；

（2）保温板在门窗洞口四周、阴阳角处和保温板上下两端距顶面和地面 100mm 处，均应采用通长粘结，且宽度不应小于 50mm。

5. 在墙面粘贴有机保温板时，应错缝排列，门窗洞口四角处不得有接缝，且任何接缝距洞口四角不得小于 200mm。阴角和阳角处的有机保温板，应做切边处理。

6. 有机保温板的终端部，应用玻璃纤维网布翻包。

7. 抹面层施工应在保温板粘贴完毕 24h 后方可进行。

8. 采用抹面胶浆作抹面层时，施工应按下列步骤进行：

（1）先在保温层表面抹底层抹面胶浆，厚度 4～5mm；

（2）将玻璃纤维网布满铺并压入抹面胶浆表面；

（3）在底层抹面胶浆凝结前抹面层抹面胶浆，厚度 1～2mm。抹面层总厚度不小于 6mm。

9. 采用粉刷石膏作抹面层时，施工应按下列步骤进行：

（1）先用粉刷石膏砂浆在有机保温板面上做出标准灰饼，灰饼厚度应为 8～10mm，待灰饼硬化后抹灰。对于 XPS 板，应提前 4h 在 XPS 板上涂刷界面剂；

（2）根据灰饼厚度用杠尺将粉刷石膏砂浆刮平，用抹子搓毛后，在抹灰初凝前横向绷紧中碱玻璃纤维网布，用抹子压入到抹灰层内，搓平、压光。玻璃纤维网布应靠近抹灰层的外表面；

（3）待粉刷石膏砂浆抹灰层基本干燥后，在抹灰层表面刷专用胶粘剂并压入、绷紧中碱玻璃纤维网布。玻璃纤维网布接槎处搭接长度和玻璃纤维网布拐过相邻墙体的长度，均不应小于 150mm。

10.3.3 无机保温板内保温系统

10.3.3.1 基本构造

无机保温板一般包括岩棉板、玻璃棉板、泡沫水泥板、泡沫玻璃板和泡沫陶瓷板等。无机保温板内保温系统的基本构造应符合表 10-3-3 的规定。

无机保温板内保温基本构造 　　　　　表 10-3-3

基层墙体 ①	系统基本构造				构 造 示 意
	粘结层 ②	保温层 ③	防护层		
			抹面层 ④	饰面层 ⑤	
混凝土墙体，砌体墙体	胶粘剂	无机保温板	抹面胶浆＋玻璃纤维网格布	腻子层＋涂料或墙纸（布）或面砖	① ② ③ ④ ⑤

注：面砖饰面不做腻子层。

10.3.3.2 施工技术要点

1. 无机保温板的规格尺寸宜为 300mm×300mm、300mm×450mm、300mm×600mm、450mm×450mm、450mm×600mm，厚度不宜大于 50mm。

2. 无机保温板粘贴前，应清除板表面的碎屑浮尘。

3. 无机保温板的粘贴应符合下列规定：

（1）在外墙阳角、阴角以及门窗洞口周边应采用满粘法，其余部位可采用条粘法或点粘法，总的粘贴面积不应小于保温板面积的 40%。

（2）上下排之间保温板的粘贴，应错缝 1/2 板长，板的侧边不应涂抹胶粘剂。

（3）阳角上下排保温板应交错互锁。

（4）门窗洞四角保温板应采用整板截割，且板的接缝距洞口四角不得小于 150mm。

（5）保温板四周应靠紧且板缝不得大于 2mm。

（6）保温板的终端部应采用玻璃纤维网布翻包。

4. 无机保温板内保温系统的抹面胶浆施工应符合下列规定：

（1）无机保温板大面积粘贴后，应在室内环境温度条件下静置 1～2d 后，再进行抹面胶浆施工。

（2）施工前，应采用 2m 靠尺检查无机保温板板面的平整度，对凸出部位应刮平并应清理碎屑后，再进行抹面施工。

10.3.4 保温砂浆内保温系统

10.3.4.1 基本构造

保温砂浆主要包括聚苯颗粒保温砂浆、膨胀玻珠保温砂浆等，保温砂浆内保温系统基本构造应符合表 10-3-4 的规定。

保温砂浆内保温系统基本构造   表 10-3-4

墙体 ①	系统基本构造				构造示意图
	界面层 ②	保温层 ③	防护层		
			抹面层 ④	饰面层 ⑤	
混凝土墙体砌体墙体	界面砂浆	保温砂浆	抹面胶浆＋玻璃纤维网格布	腻子层＋涂料或墙纸（布）或面砖	

注：面砖饰面不做腻子层。

10.3.4.2 施工技术要点

1. 界面砂浆应均匀涂刷于基层墙体。

2. 保温砂浆应采用专用机械搅拌，搅拌时间不宜少于 3min，且不宜大于 6min。搅拌后的砂浆应在 2h 内用完。

3. 保温砂浆应分层施工，每层厚度不宜大于 20mm。后一层保温砂浆施工，应在前一层保温砂浆终凝后进行（一般为 24h）。

4. 保温砂浆施工时，应先用保温砂浆做标准饼，然后冲筋，其厚度应以墙面最高处抹灰厚度不小于设计厚度为准，并应进行垂直度检查，门窗口处及墙体阳角部分宜做护角。

5. 抹面胶浆施工时，应预先将抹面胶浆均匀涂抹在保温层上，再将玻璃纤维网布埋入抹面胶浆层中，不得先将玻璃纤维网布直接铺在保温层面上，再用砂浆涂布粘结。

玻璃纤维网格布搭接宽度不应小于 100mm，两层搭接玻璃纤维网格布之间必须满布抹面胶浆，严禁干槎搭接。抹面胶浆层厚度：涂料饰面时不应小于 3mm，面砖饰面时不应小于 5mm。

6. 对需要加强的部位，应在抹面胶浆中铺贴双层玻璃纤维网布，第一层应采用对接法搭接，第二层应采用压槎法搭接。

7. 保温砂浆内保温系统的各构造层之间的粘结应牢固，不应脱层、空鼓和开裂。

8. 保温砂浆内保温系统采用涂料饰面时，宜采用弹性腻子和弹性涂料。

10.3.5 玻璃棉、岩棉、喷涂硬泡聚氨酯龙骨固定内保温系统

10.3.5.1 基本构造

玻璃棉、岩棉、喷涂硬泡聚氨酯龙骨固定内保温系统的基本构造应符合表 10-3-5 的规定。

玻璃棉、岩棉、喷涂硬泡聚氨酯龙骨固定内保温系统基本构造　　表 10-3-5

基层墙体①	系统基本构造						构造示意图
	保温层②	隔汽层③	龙骨④	龙骨固定件⑤	防护层		
					面板⑥	饰面层⑦	
混凝土墙体砌体墙体	玻璃棉板(或条)或岩棉板(或条)或喷涂硬泡聚氨酯	PVC、聚丙烯薄膜、铝箔等	建筑用轻钢龙骨或复合龙骨	敲击式或旋入式螺栓	纸面石膏板或无石棉硅酸钙板或无石棉纤维水泥平板＋自攻螺钉	腻子层＋涂料或墙纸(布)或面砖	做法1： 做法2：

注：1　玻璃棉、岩棉应设隔汽层，喷涂硬泡聚氨酯可不设隔汽层；
　　2　面砖饰面不做腻子层。

10.3.5.2 施工技术要点

1. 对玻璃棉、岩棉、喷涂硬泡聚氨酯加龙骨及饰面板做法的龙骨固定内保温系统，龙骨应采用专用固定件与基层墙体连接，面板与龙骨应采用螺钉连接。当保温材料为玻璃

棉板（条）、岩棉板（条）时，宜采用塑料钉将保温材料固定在基层墙体上。

2. 复合龙骨应由压缩强度为 $250\sim500$ kPa、燃烧性能不低于 B1 级的挤塑聚苯乙烯泡沫塑料板条和双面镀锌量不应小于 100 g/m² 的建筑用轻钢龙骨复合而成。复合龙骨的尺寸允许偏差应符合表 10-3-6 的规定。

表 10-3-6

复合龙骨的尺寸允许偏差（mm）

项　　目		指　标	构　造
断面尺寸	A	±2.0	
	B	±1.0	
	C	±0.3	
轻钢龙骨厚度		公差应符合相应材料的国家标准要求	

注：1　建筑用轻钢龙骨基本规格可为 2700mm×50（A）mm×10（C）mm。
　　2　挤塑板条规格可为 2700mm×50（A）mm×30（B）mm。

3. 对固定龙骨的锚栓实心基层墙体可采用敲击式固定锚栓或旋入式固定锚栓。空心砌块的基层墙体应采用旋入式固定锚栓。锚栓进入基层墙体的有效锚固深度应符合相关标准的规定。

4. 当保温材料为岩棉板（条）、玻璃棉板时，应在靠近室内的一侧，连续铺设隔汽层，且隔汽层应完整、严密，锚栓穿透隔汽层处应采取密封措施。

5. 龙骨安装应符合下列规定：

（1）应按弹好的控制线把龙骨靠在基层墙体上，用冲击钻穿过龙骨上预留的孔在基层墙体上钻孔；

（2）钻孔完成后，应先将固定套管安装到位，然后用手枪钻将膨胀钉旋转安装到位；

（3）龙骨两端的孔应固定，中间应按间距 400mm 进行固定；

（4）当单根龙骨长度不足需拼接龙骨时，每根龙骨两端的孔也应固定，且上下龙骨的对接应平整和垂直。

6. 纸面石膏板最小公称厚度不得小于 12mm；无石棉硅酸钙板及无石棉纤维水泥平板最小公称厚度，高密度板不得小于 6.0mm，中密度板不得小于 7.5mm，低密度板不得小于 8.0mm。对易受撞击场所面板厚度应适当增加。竖向龙骨间距不宜大于 610mm。

7. 面板应采用自攻螺钉固定在轻钢龙骨上。固定时应从板中部开始，且自攻螺钉间距在面板中间部位宜为 300mm，在面板的周边宜为 200mm。自攻螺钉至面板边距离不应小于 10mm。

8. 相邻两块面板安装时，接缝应位于龙骨上，面板安装至阴角时，面板和侧面墙体之间应留 3~5mm 的间隙。

10.3.6　质量验收

10.3.6.1　一般规定

1. 内保温工程应按现行国家标准《建筑工程施工质量验收统一标准》GB 50300 和《建筑节能工程施工质量验收规范》GB 50411 有关规定进行施工质量验收。

2. 内保温工程主要组成材料进场时，应提供产品品种、规格、性能等有效的型式检验报告，并应按表 10-3-7 规定进行现场抽样复验，抽样数量应符合现行国家标准《建筑节能工程施工质量验收规范》GB 50411 的规定。

内保温系统主要组成材料复验项目　　　　　　　　　表 10-3-7

组成材料	复验项目
复合板	拉伸粘结强度，抗冲击性
有机保温板	密度，导热系数，垂直于板面方向的抗拉强度
喷涂硬泡聚氨酯	密度，导热系数，拉伸粘结强度
纸蜂窝填充憎水型膨胀珍珠岩保温板	导热系数，抗拉强度
岩棉板（条）	标称密度，导热系数
玻璃棉板（条）	标称密度，导热系数
无机保温板	干密度，导热系数，垂直于板面方向的抗拉强度
保温砂浆	干密度，导热系数，抗拉强度
界面砂浆	拉伸粘结强度
胶粘剂	与保温板或复合板拉伸粘结强度的原强度
粘结石膏	凝结时间，与有机保温板拉伸粘结强度
粉刷石膏	凝结时间，拉伸粘结强度
抹面胶浆	拉伸粘结强度
玻璃纤维网布	单位面积质量，拉伸断裂强度
锚栓	单个锚栓抗拉承载力标准值
腻子	施工性，初期干燥抗裂性

注：界面砂浆、胶粘剂、抹面胶浆制样后养护 7d 进行拉伸粘结强度检验。发生争议时，以养护 28d 为准。

3. 内保温分项工程需进行验收的主要施工工序应符合表 10-3-8 的规定。

内保温分项工程需进行验收的主要施工工序　　　　　　表 10-3-8

分项工程	施工工序
复合板内保温系统	基层处理，保温板安装，板缝处理，饰面层施工
有机保温板内保温系统	基层处理，保温板粘贴，抹面层施工，饰面层施工
无机保温板内保温系统	基层处理，保温板粘贴，抹面层施工，饰面层施工
保温砂浆内保温系统	基层处理，涂抹保温砂浆，抹面层施工，饰面层施工
玻璃棉、岩棉、喷涂硬泡聚氨酯龙骨内保温系统	基层处理，保温板安装，面板安装，饰面层施工

4. 内保温工程应按现行国家标准《建筑节能工程施工质量验收规范》GB 50411 规定进行隐蔽工程验收。对隐蔽工程应随施工进度及时验收，并应做好下列内容的文字记录和图像资料：

（1）保温层附着的基层及其表面处理；

（2）保温板粘结或固定，空气层的厚度；

（3）锚栓安装；

（4）增强网铺设；

（5）墙体热桥部位处理；

(6) 复合板的板缝处理；

(7) 喷涂硬泡聚氨酯、保温砂浆或被封闭的保温材料厚度；

(8) 隔汽层铺设；

(9) 龙骨固定。

5. 内保温分项工程宜以每 1000m² 划分为一个检验批，不足 1000m² 也宜划分为一个检验批；每个检验批每 100m² 应至少抽查一处，每处不得小于 10m²。

6. 内保温工程竣工验收应提交下列文件：

(1) 内保温系统的设计文件、图纸会审、设计变更和洽商记录；

(2) 施工方案和施工工艺；

(3) 内保温系统的型式检验报告及其主要组成材料的产品合格证、出厂检验报告、进场复检报告和现场检验记录；

(4) 施工技术交底；

(5) 施工工艺记录及施工质量检验记录。

10.3.6.2 主控项目

1. 内保温工程及主要组成材料性能应符合相关标准的规定。

2. 保温层厚度应符合设计要求。

3. 复合板内保温系统、有机保温板内保温系统和无机保温板内保温系统保温板粘贴面积应符合相关标准规定。

4. 复合板内保温系统、有机保温板内保温系统和无机保温板内保温系统，保温板与基层墙体拉伸粘结强度不得小于 0.10MPa，并且应为保温板破坏。

5. 保温砂浆内保温系统，保温砂浆与基层墙体拉伸粘结强度不得小于 0.1MPa，且应为保温层破坏。

6. 保温砂浆内保温系统，应在施工中制作同条件养护试件，检测其导热系数、干密度和抗压强度。保温砂浆的同条件养护试件应见证取样送检。

保温砂浆干密度应符合设计要求，且不应大于 350kg/m³。

7. 喷涂硬泡聚氨酯内保温系统，保温层与基层墙体的拉伸粘结强度不得小于 0.10MPa，抹面层与保温层的拉伸粘结强度不得小于 0.10MPa，且破坏部位不得位于各层界面。

8. 当设计要求在墙体内设置隔汽层时，隔汽层的位置、使用的材料及构造做法应符合设计要求和有关标准的规定。隔汽层应完整、严密，穿透隔汽层处应采取密封措施。

9. 热桥部位的处理应符合设计和相关标准的要求。

10.3.6.3 一般项目

1. 内保温工程的饰面层施工质量应符合现行国家标准《建筑装饰装修工程质量验收规范》GB 50210 的有关规定。

2. 抹面层厚度应符合相关标准要求。

3. 内保温系统抗冲击性应符合相关标准规定。

4. 当采用增强网作为防止开裂的措施时，增强网的铺贴和搭接应符合设计和施工方案的要求。抹面胶浆抹压应密实，不得空鼓，增强网不得皱褶、外露。

5. 复合板之间及龙骨固定系统面板之间的接缝方法应符合施工方案要求，复合板接缝应平整严密。

6. 墙体上易碰撞的阳角、门窗洞口及不同材料基体的交接处等特殊部位，抹面层的加强措施和增强网做法，应符合设计和施工方案的要求。

10.4　外墙外保温工程施工技术

我国高层的外墙保温技术已经得到广泛的应用，取得了许多可喜的成果。与此同时，外墙保温系统的质量越来越受到关注，特别是防火以及防负风压脱落等问题。外墙外保温系统应优先选用燃烧性能 A 级保温材料或不具有火焰蔓延性能的保温系统，高层建筑采用有机保温材料应采用燃烧性能 B1 级以上的保温材料并应复合防火隔离带等构造措施，居住建筑高度 100m 以上和公共建筑 50m 以上应采用燃烧性能 A 级保温材料，详见"10.4.7 真空绝热板外墙外保温系统"。外墙外保温施工方案中必须含有完善的消防技术措施。

10.4.1　现浇混凝土复合保温板外墙外保温系统

现浇混凝土复合保温板外墙外保温系统，在高层建筑，特别是现浇剪力墙结构中应用较多。它是由保温板（包括：EPS、XPS、PU 等）与现浇混凝土外墙复合而成。保温板内表面应开槽，槽形可以是矩形槽或燕尾槽等；保温板内外表面均应满涂界面砂浆。在施工时将保温板置于外模板内侧，并安装辅助固定件，辅助固定件可以是锚栓或塑料卡钉。保温板外表面可以抹保温砂浆，砂浆进行找平。抹面防护层中应满铺增强网。涂料饰面层宜刮涂柔性耐水腻子后涂刷饰面涂料；面砖饰面应有专门设计和施工。

10.4.1.1　技术简介

1. 基本构造

系统的基本构造如表 10-4-1、表 10-4-2、表 10-4-3。

（1）现浇混凝土复合保温板外墙外保温系统（简称：无网板系统）基本构造见表 10-4-1。

现浇混凝土复合保温板外墙外保温系统基本构造　　　　　表 10-4-1

基层 ①	系统的基本构造			构造示意图
	保温层 ②	抹面层 ③	饰面层 ④	
混凝土墙体	保温板 （界面处理） ＋ 轻质防火保温砂浆 （厚度≥20mm）	抹面胶浆复合玻纤网格布（必要时先找平）	柔性饰面	①②③ 锚栓④

（2）现浇混凝土复合钢丝网架保温板外墙外保温系统（简称：有网板系统）基本构造见表 10-4-2。

现浇混凝土复合钢丝网架保温板外墙外保温系统基本构造 表 10-4-2

基层 ①	系统的基本构造			构造示意图
	保温层 ②	抹面层 ③	饰面层 ④	
混凝土墙体	钢丝网架保温板（界面处理）＋轻质防火保温砂浆（厚度≥20mm）	抗裂砂浆复合玻纤网＋弹性底涂	柔性饰面	

（3）现浇混凝土复合钢丝网架保温板面砖饰面系统基本构造见表 10-4-3。

现浇混凝土复合钢丝网架保温板面砖饰面系统基本构造 表 10-4-3

基层墙体 ①	系统的基本构造				构造示意图
	保温层 ②	防火透气过渡层 ③	抗裂防护层 ④	饰面层 ⑤	
现浇混凝土墙体	双面经界面砂浆处理的钢丝网架保温板	轻质防火保温砂浆（厚度≥20mm）	第一遍抗裂砂浆＋热镀锌金属网塑料锚栓与基层墙体锚固第二遍抗裂砂浆（总厚度8～10mm）	面砖粘结砂浆＋面砖＋勾缝料	

2. 系统性能要求

现浇混凝土复合保温板和复合钢丝网架保温板外墙外保温系统性能指标见表 10-4-4。

现浇混凝土复合保温板和复合钢丝网架保温板外墙外保温系统性能指标 表 10-4-4

项　目		单位	性能指标	
			涂装饰面	面砖饰面
耐候性	外观	—	无可见裂缝，无粉化、空鼓、剥落现象	
	系统拉伸粘结强度	MPa	≥0.1	—
	面砖与抗裂层拉伸粘结强度	MPa	—	≥0.4
	吸水量	g/m²	≤1000	

续表

项　目		单位	性能指标	
			涂装饰面	面砖饰面
抗冲击性	二层及以上	—	3J 级	—
	首层	—	10J 级	
水蒸气透过湿流密度		g/(m²·h)	≥0.85	
耐冻融	外观	—	无可见裂缝，无粉化、空鼓、剥落现象	
	抗裂层至保温层拉伸粘强度	MPa	≥0.1	—
	面砖与抗裂层拉伸粘结强度	MPa	—	≥0.4
不透水性			抗裂层内侧无水渗透	

3. 材料及机械

（1）材料

1）保温板允许尺寸偏差应符合表 10-4-5 的规定。

外保温系统用保温板允许尺寸偏差　　　　　　　　　　表 10-4-5

项　目		模塑聚苯板允许偏差 （mm）	挤塑聚苯板允许偏差 （mm）	硬泡聚氨酯保温板允许偏差 （mm）
厚度 （mm）	≤50	+1.5	+1.5	+1.5
	>50	+2.0	+2.0	2.0
长度		±2.0	±2.0	±2.0
宽度		±1.0	±1.5	±1.5
对角线差		≤3.0	≤3.0	≤3.0

注：本表中的允许尺寸偏差以 1200mm 长、600mm 宽的保温板为基准。

2）保温板的技术要求应符合表 10-4-6 的规定。

保温板的技术要求　　　　　　　　　　表 10-4-6

项　目	指　标		
	模塑聚苯板	挤塑聚苯板	硬泡聚氨酯保温板
表观密度（kg/m³）	≥18	≤35	≥32
导热系数[W/(m·K)]（平均温度 25℃）	≤0.039	≤0.030	≤0.024
水蒸气渗透系数[ng/(m·h·Pa)]	≤4.5	≤3.5	—
尺寸稳定性（%）	≤0.5	≤1.5	≤1.0①
表面抗拉强度（kPa）	≥100	≥200	—
拉伸粘接强度（kPa）	—	—	≥100②
抗拉强度（kPa）	—	—	≥150
断裂延伸率（%）	—	—	≥5
吸水率（%）	—	—	≤3
燃烧性能	不低于 B₂ 级		

① 指粘贴所用的硬泡聚氨酯材料与其表面的面层材料之间的拉伸粘结强度。

② 硬泡聚氨酯的尺寸稳定性是指在 80℃ 及 −30℃ 条件下测得。

3）钢丝网架模塑聚苯板的质量要求应符合表10-4-7规定。

钢丝网架模塑聚苯板的质量要求　　　　　　　　　表 10-4-7

项　目		单　位	质　量　要　求
外观		—	聚苯板界面砂浆涂覆均匀，不应有漏涂或漏喷，与钢丝和聚苯板附着牢固，干擦不掉粉；板面平整，不应有明显翘曲、变形；聚苯板不应掉角、破损、开裂；焊点区以外的钢丝不允许有锈点
厚度		mm	网架板厚度 50、60、70、80、90、100、110、120、130、140、150 允许偏差±3
聚苯板对接		—	板长 3000mm 范围内聚苯板对接不应多于两处，且对接处需用胶粘剂粘牢
钢丝网片纬向钢丝外缘距聚苯板凸面的距离		mm	10±2
腹丝穿透聚苯板露出的长度		mm	40±3
板边钢丝挑头		mm	≤6
腹丝挑头		mm	≤5
同方向腹丝中心距		mm	100±5
同方向腹丝不平行度		度	≤3
电焊钢丝网孔尺寸	经向网孔长度	mm	50.0±2.5
	纬向网孔长度	mm	50.0±1.0
镀锌钢丝	钢丝直径	mm	2.00±0.05
	镀锌层质量	g/m²	＞122
网片焊点抗拉力		N	≥330
网片焊点漏焊率		%	≤0.8
腹丝与网片漏焊率		%	≤3，且板周边 200mm 内应无漏焊、脱焊

4）轻质防火保温浆料性能指标应符合表10-4-8的要求。

轻质防火保温浆料性能　　　　　　　　　表 10-4-8

项　目			单　位	性　能　指　标	
干表观密度			kg/m³	250～350	
抗压强度			MPa	≥0.30	
软化系数			—	≥0.6	
导热系数			W/(m·K)	≤0.075	
线性收缩率			%	≤0.3	
抗拉强度			MPa	≥0.10	
拉伸粘结强度	与水泥砂浆	标准状态	MPa	≥0.10	破坏部位不应位于界面
		浸水处理		≥0.08	
	与EPS板	标准状态		≥0.10	
		浸水处理		≥0.08	
燃烧性能等级			—	A 级	

5）抗裂砂浆性能应符合表 10-4-9 的要求。

抗裂砂浆性能 表 10-4-9

项　　目		单　位	性 能 指 标
拉伸粘结强度 （与水泥砂浆）	标准状态	MPa	≥0.7
	浸水处理	MPa	≥0.5
	冻融循环处理	MPa	≥0.5
拉伸粘结强度 （与轻质防火保温浆料）	标准状态	MPa	≥0.10
	浸水处理	MPa	≥0.08
可操作时间		h	≥1.5
压折比		—	≤3.0

6）面砖胶粘剂技术要求见表 10-4-10。

面砖胶粘剂技术要求 表 10-4-10

项　　目		指　标	试验方法
拉伸粘结强度	原强度（kPa）	≥500	按《陶瓷墙地砖胶粘剂》 （JC/T 547）的规定进行
	热老化强度（kPa）		
	浸水强度（kPa）		
	耐冻融强度（kPa）		
横向变形（mm）		≥2.0	

7）面砖填缝剂技术要求见表 10-4-11。

面砖填缝剂技术要求 表 10-4-11

项　　目		指　标	试 验 方 法
拉伸粘结强度	常温下强度（kPa）	≥400	按《陶瓷墙地砖填缝剂》 （JC/T 1004）的规定进行
	耐水强度（kPa）		
压折比		≤3	
收缩值（mm/m）		<3.0	
吸水量（g/30min）		≤2	
抗泛碱性		无泛碱，不掉粉	

8）增强材料可使用玻纤网格布和热镀锌钢丝网进行增强，两种材料的技术要求见表 10-4-12 和表 10-4-13。

玻纤网格布技术要求 表 10-4-12

项　　目		指　标	试 验 方 法
耐碱拉伸断裂强力 （N/50mm）	经向	≥750	按《玻璃纤维网布》（JC/T 841） 的规定进行
	纬向		
耐碱拉伸断裂强力保留率 （%）	经向	≥50	
	纬向		
单位面积质量（g/m²）		≥130	

热镀锌钢丝网技术要求 　　　　　　　　　　　　　　　表 10-4-13

项　目	指　标	试　验　方　法
生产工艺	后热镀锌	按《镀锌电焊网》（QB/T 3897）的规定进行
丝径（mm）	0.9±0.2	
网孔大小（mm）	12～20	
焊点抗拉力（N）	>65	
镀锌层质量（g/m²）	≥122	
镀锌均匀程度（碱酸铜试验）	镀锌层均匀	
单位面积断丝、脱焊点数量（个/m²）	<6	

9）其他材料。保温板现浇系统中所采用的附件，包括胶粘剂、密封膏、密封条、金属护角、盖口条等应分别符合相应国家现行产品标准的要求。

（2）机具

强制性砂浆搅拌机、垂直运输机械、小推车、手提式搅拌器、电动吊篮或专用保温施工脚手架、电动冲击钻、手提式电动打磨机、电烙铁等。

10.4.1.2　施工技术要点

1. 施工工艺流程（图 10-4-1）

2. 施工要点

（1）现浇混凝土复合钢丝网架保温板（有网板系统）安装

1）按照设计所要求的墙体厚度在地板面上弹墙厚线，以确定外墙厚度尺寸。绑扎按混凝土保护层厚度要求制作好的水泥砂浆垫块，垫块应固定于聚苯板凹槽底，垫块数量每平方米不少于 4 个。

图 10-4-1　施工工艺流程

2）拼装保温板：安装保温板就位后，将塑料锚栓穿过保温板，深入墙内长度不得小于 50mm，并将螺钉拧入套管，让其尾部全部张开。其尾部与墙体钢筋用火烧丝绑扎作临时固定。

3）保温板和钢丝网宜按楼层层高断开，中间放入泡沫塑料棒，外表用嵌缝膏嵌缝。

4）板缝处钢丝网用火烧丝绑扎，间隔 150mm，或用钢丝网片搭接，搭接宽度 50mm。

（2）现浇混凝土复合保温板（无网板系统）安装

1）绑扎墙体钢筋时，靠保温板一侧的横向分布筋宜弯成 L 形。绑扎完墙体钢筋后，在外墙钢筋外侧绑扎水泥砂浆垫块（不得使用塑料卡）。然后在墙体钢筋外侧安装保温板。

2）安装顺序：先安装阴阳角专用保温构件，再安装角板之间保温板，遇门窗洞口按尺寸留出洞口（冬施时保温板上也可先不开洞口，待全部保温板安装完毕后再锯出洞口）。

3）安装前先在保温板高低槽口处均匀涂刷保温板胶粘剂，将竖缝两侧的保温板相互粘结在一起。

4）在安装好的保温板面上弹线，标出锚栓的位置。用电烙铁或其他工具在锚栓定位处穿孔，然后在孔内塞入胀管或塑料卡钉，其尾部与墙体钢筋绑扎作临时固定。

5）当门、窗口模板宽度未考虑保温层厚度时，应对门窗洞口两边齿槽形保温板缝隙进行封堵。

（3）模板安装

1）按保温板厚度确定角模、平模板配制尺寸、数量，宜采用大模板施工。

2）模板安装时，应在下一层墙体混凝土强度达到7.5MPa时，开始安装上一层模板。

3）在安装外墙外侧模板前，须在保温板外侧根部采取可靠的定位措施，以防模板压靠保温板。将放在三角平台架上的模板就位，模板固定螺栓应从内向外穿，并紧固较正，连接必须严密、牢固，以防止出现错台和漏浆现象。严禁在墙体钢筋底部布置定位筋。宜采用模板上部定位。

（4）混凝土浇筑

1）现浇混凝土的坍落度宜控制在（180±20）mm。

2）在浇筑混凝土前，应在保温板槽口处连同外模板扣上金属"Π"形保护"帽"。混凝土应分层浇筑，两次浇筑混凝土接槎处应均匀浇筑30～50mm同强度等级的减石混凝土，当采用插入式振捣器捣实混凝土时，高度控制在振捣器作用部分长度的1.25倍。混凝土应连续浇筑，间隔时间不超过混凝土的初凝时间。

3）振捣棒移动水平间距宜为400mm，严禁将振捣棒紧靠保温板进行振捣。

（5）模板拆除

1）在常温条件下，墙体混凝土强度应能保证其表面及棱角不受损伤，冬季施工墙体混凝土强度不低于4.0MPa及达到混凝土设计强度标准值的30%时，才可以拆除模板，拆模时应以同条件养护试块抗压强度为准。

2）先拆外墙外侧模板，再拆外墙内侧模板，并及时清除墙面混凝土边角和板面余浆。

3）穿墙套管拆除后，混凝土墙部分孔洞应用干硬性砂浆捻塞，并在外侧留出余量（≥50mm），随后用保温材料堵塞。

（6）混凝土养护

常温施工时，模板拆除后12h内喷水或用养护剂养护，不少于7昼夜，次数以保持混凝土具有湿润状态为准。冬期施工时，拆模后的混凝土表面应覆盖保温垫，并定点、定时测定混凝土养护温度，做好记录。

（7）抹轻质防火保温砂浆

1）凡保温板有余浆与板面结合不好，有酥松空鼓现象者，均应清除干净，做到无灰尘、油渍和污垢。

2）板面及钢丝上界面砂浆如有缺损，应予修补，要求均匀一致，不得露底。

3）抹灰层之间及抹灰层与保温板之间必须粘结牢固，无脱层、空鼓现象。凹槽内砂浆饱满，并全面包裹住横向钢丝，抹灰层表面应接槎平整。

（8）系统防护层抹灰

1）如面层采用涂料型饰面层做法，常温下抹灰完成24h后表面平整无裂纹，即可在面层抹5mm厚聚合物水泥砂浆防护层，然后刮柔性腻子和做装饰涂料，腻子、涂料型饰面层和聚合物水泥砂浆防护层三者的材性应具有相容性。

2）抹聚合物水泥砂浆，并按层高、窗台高和过梁高将玻璃纤维网格布在施工前裁好备用，待抹完第一层聚合物砂浆后，立即铺设玻璃纤维网格布，并用木抹子将其压入聚合物砂浆内。网格布之间搭接长度宜≥80mm，紧接再抹面层聚合物砂浆，以网格布均被砂浆覆盖为宜。在首层和窗台四角部位则要压入两层网格布，工序同上。面层聚合物水泥砂浆，以盖住网格布为宜，距网格布表面厚度不得大于2mm。

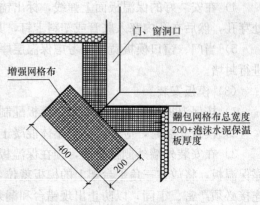

图 10-4-2 门窗四角加强网做法

3）在薄弱部位应用玻纤网格布加强，如门窗四角（四角网片尺寸为 400mm×200mm 与窗角呈 45°），做法见图 10-4-2，首层阳角处应加设一根角形 50mm×50mm 宽、2m 高冲孔镀锌铁皮护角。在抹完第一道抗裂聚合物砂浆后，将冲孔金属护角调直压入砂浆内（以护角条孔内挤出砂浆为宜），然后同大面一起压入玻璃纤维网格布包裹金属护角，做法见图 10-4-3。

4）门、窗框外侧墙面应做保温处理，保温材料距窗框边应留出 5～10mm 缝隙以备打胶。做法见图 10-4-4。

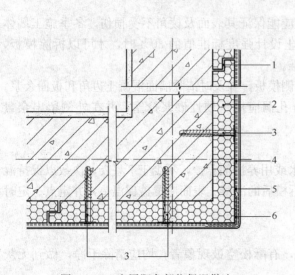

图 10-4-3 底层阳角部位保温做法
1—高低缝用保温板胶粘剂粘接；2—聚苯板；
3—塑料锚栓；4—玻纤网格布（双层）；
5—聚合物水泥砂浆；6—带孔金属护角

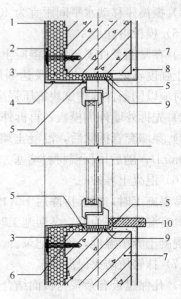

图 10-4-4 窗口部位保温做法
1—涂料饰面和柔性面砖；2—聚合物砂浆玻纤网布；3—聚苯板；4—塑料滴水条；5—嵌缝油膏；6—塑料锚栓；7—现浇混凝土；8—内粉刷及涂料；9—发泡聚氨酯；10—窗台板

（9）外装饰面层

1）有网板系统

外墙如贴面砖可在抹灰找平层上直接粘贴面砖，并应按《外墙饰面砖工程施工及验收规程》JGJ 126 进行施工。

如面层采用涂料型饰面层做法，抹找平层后，常温下 24h 后表面平整无裂纹，即可在找平层上抹聚合物水泥砂浆防护层，最后在表面做涂料型饰面层。

2）无网板系统

无网体系适宜做涂料型饰面层。在外墙做完防护层后，在外表做柔性腻子和面层涂料，防护层、腻子和涂料型饰面层相互之间的材性应相容。

（10）保温材料和成品的保护

1）消防安全管理规定

对包括保温材料在内的易燃材料在工地现场存放时，应符合建设工程施工现场消防安全管理规定。

2）保温层的保护

在施工过程中避免碰撞保温板。首层阳角在脱模后，及时用竹胶板或其他方法加以保护，以免棱角遭到破坏。外挂架下端与墙体接触面必须用板垫实，以免外挂架挤压保温层。模板拆除后，应及时抹灰。

3）防护层的保护

做完防护层或找平层的墙面不得随意开凿孔洞，如确有开洞需要，如安装物件等，应在砂浆达到设计强度后方可进行，待安装物体完毕后修补洞口。

严禁重物、锐器冲击墙面。翻拆架子时应防止撞击已装修好的墙面，门窗洞口、边、角、垛处应采取保护措施。其他作业也不得污染墙面，严禁踩踏窗台。

3. 验收

（1）系统材料质量

1）现浇混凝土模板复合保温板做法（有网板系统、无网板系统）的所有材料质量和技术性能，应满足国家、行业相关标准规定的各项要求。

2）材料及制品性能应按照国家、行业相关标准规定的方法，由具有资质的检测部门进行检验，并出具报告。

（2）施工质量

1）有网体系和无网体系的节能保温施工质量验收应按照国家建筑节能工程施工质量验收标准执行。

2）有网体系、无网体系施工质量的检验与验收应满足《混凝土结构工程施工质量验收规范》GB 50204、《建筑装饰装修工程质量验收规范》GB 50210 的规定。

3）粘贴面砖应按照《建筑工程饰面砖粘接强度检验标准》JGJ 110、《外墙饰面砖工程施工及验收规程》JGJ 126 进行施工及检验。

10.4.2 粘贴保温板薄抹灰外墙外保温系统

高层建筑外墙外保温系统在构造合理的情况下，可选用粘贴保温板薄抹灰外墙外保温系统，保温材料可选用 EPS、XPS、硬泡聚氨酯板和酚醛树脂板等，采用该系统应由供应商提供相应的胶粘剂、抹面砂浆及配套使用的界面砂浆。系统施工应按设计要求采取防火措施，并应符合《建筑防火设计规范》GB 50016 相关规定。

10.4.2.1　技术简介

1. 基本构造

粘贴保温板外墙外保温系统基本构造见表10-4-14。

粘贴保温板薄抹灰外墙外保温系统基本构造　　　　表 10-4-14

基层墙体①	基本构造							构造示意
	粘结层②	保温层③	抹面层				饰面层⑧	
			底层④	增强材料⑤	辅助联结件⑥	面层⑦		
混凝土墙，各种砌体墙	胶粘剂	模塑板、挤塑板、硬泡聚氨酯板以及必要时设置的隔离带	抹面胶浆	玻纤网	锚栓	抹面胶浆	涂料、饰面砂浆等	

2. 系统技术要求

粘贴保温板薄抹灰外墙外保温系统技术要求见表10-4-15。

粘贴保温板薄抹灰外墙外保温系统技术要求　　　　表 10-4-15

项　目			技术要求	试验方法
耐候性	外观质量		无可渗水裂缝，无粉化、空鼓、剥落现象	GB/T 29906
	系统拉伸粘结强度	模塑板	≥0.10MPa	
		挤塑板		
		硬泡聚氨酯板		
		隔离带①	≥80kPa	
抗冲击强度（J）		首层	10J 级	JGJ 144
		二层及以上	3J 级	
水蒸气湿流密度［g/(m²·h)］			≥0.85	GB/T 17146
24h 吸水量（g/m²）			≤500	GB/T 29906
耐冻融（30 次）		外观质量	无可渗水裂缝，无粉化、空鼓、剥落现象	JGJ 144
		拉伸粘结强度（MPa）	≥0.10	

① 拉伸粘结强度试件尺寸为 200mm×200mm。

3. 材料及机械

（1）材料

1）保温板胶粘剂

保温板胶粘剂的技术要求应符合表10-4-16的规定。

保温板胶粘剂的技术要求 表 10-4-16

项 目		技术要求					试验方法
		与模塑板	与挤塑板	与硬泡聚氨酯板	与隔离带	与水泥砂浆	
拉伸粘结强度（MPa）	常温常态	≥0.10	≥0.20	≥0.10	≥80kPa	≥0.6	JGJ 144
	浸水 48h，干燥 2h	≥0.06	≥0.10	≥0.06	—	≥0.3	
	浸水 48h，干燥 7d	≥0.10	≥0.20	≥0.10	≥80kPa	≥0.6	
可操作时间（h）		1.5～4.0					

注：拉伸粘结强度测试应使用系统配套的保温材料，若使用的保温材料需用配套界面剂时，试验前应在保温材料上涂刷界面剂。

2）保温板允许尺寸偏差应符合表 10-4-17 的规定。

外保温系统用保温板允许尺寸偏差（mm） 表 10-4-17

项 目		模塑保温板允许偏差	挤塑保温板允许偏差	硬泡聚氨酯保温板允许偏差
厚度	≤50	+1.5	+1.5	+1.5
	>50	+2.0	+2.0	+2.0
长度		±2.0	±2.0	±2.0
宽度		±1.0	±1.5	±1.5
对角线差		≤3.0	≤3.0	≤3.0

注：本表中的允许尺寸偏差以 1200mm 长、600mm 宽的保温板为基准。

3）保温板的技术要求应符合表 10-4-6 的规定。

4）抹面胶浆技术要求应符合表 10-4-18 的规定。

抹面胶浆技术要求 表 10-4-18

项 目		技术要求				试验方法
		与模塑板	与挤塑板	与硬泡聚氨酯板	与隔离带	
拉伸粘结强度（MPa）	常温常态	≥0.10	≥0.20	≥0.10	≥80kPa	JGJ 144
	浸水 48h，干燥 2h	≥0.06	≥0.10	≥0.06	—	
	浸水 48h，干燥 7d	≥0.10	≥0.20	≥0.10	≥80kPa	
	耐冻融	≥0.10	≥0.20	≥0.10	≥80kPa	
压折比		≤3.0				JG 149
吸水量（g/m²）		≤500				附录 C
可操作时间（h）		1.5～4.0				JGJ 144
不透水性		试样抹面层内侧无水渗透				JGJ 144—2004 中 A.10
抗冲击性		3J 级				JC/T 993

注：拉伸粘结强度测试应使用系统配套的保温材料，若使用的保温材料需用配套界面剂时，试验前应在保温材料上涂刷界面剂。

5) 增强材料：玻璃纤维网格布性能指标应符合表 10-4-19 的要求。

玻璃纤维网格布性能指标   表 10-4-19

项　目	指　标
单位面积质量（g/m²）	≥130
断裂应变（%）	≤5
耐碱断裂强力保留率（经纬向）（%）	≥50
耐碱断裂强力（经纬向）（N/50mm）	≥750

6) 镀锌钢丝网：性能指标应符合表 10-4-20 的要求。

镀锌钢丝网性能指标   表 10-4-20

项　目	后热镀锌电焊网	镀锌丝编织网
生产工艺	电焊钢丝网，后热镀锌	热浸镀钢丝，机械编织
钢丝直径（mm）	0.8~1.0	0.8~1.0
网孔中心距（mm）	12.7~25.4	六角形对边距 25.4±2
镀锌层质量（g/m²）	≥122	≥50
焊点抗拉力（N）	≥65	—
断丝（处/m）	≤1	—
脱焊（点/m）	≤1	—

7) 机械锚固件：金属机械锚固件应经耐腐蚀处理；塑料套管和圆盘应用聚酰胺（PA6 或 PA6.6）、聚乙烯（PE）或聚丙烯（PP）等材料制成，不得使用回收料。锚固件性能应符合《外墙保温用锚栓》JG/T 366 的规定，根据基层墙体材料和设计要求并参照生产厂使用说明确定螺钉长度和有效锚固深度。

8) 饰面材料：柔性腻子性能指标应符合表 10-4-21 的要求。

柔性腻子性能指标   表 10-4-21

试验项目		技术指标
施工性		刮涂无障碍
初期抗裂性		无裂纹
粘结强度（MPa）	标准状态	≥0.6
	冻融循环后	≥0.4
耐水性（96h）		无异常
耐碱性（48h）		无异常
柔韧性		直径 50mm，无裂纹
吸水量（g/10min）		≤2

9) 建筑涂料：应符合《建筑外墙弹性涂料应用技术规程》DBJ/T 01—57、《合成树脂乳液外墙涂料》GB/T 9755、《复层建筑涂料》GB 9779、《建筑涂料》GB 9153—88、《合成树脂乳液砂壁状建筑涂料》JC/T 24 的要求。还应与外保温系统相容。其性能指标应符合表 10-4-22 的要求。

建筑涂料性能指标　　　　　　表 10-4-22

项　目	指　标	项　目	指　标
拉伸粘结强度（MPa）	≥0.10	耐人工老化性（浅色）	400h 不起泡、不脱落
抗拉强度（MPa）	≥1.0	耐洗刷性（次）	≥2000
断裂伸长率（%） 标准状态	≥200	施工性	施工无障碍
断裂伸长率（%） −10℃	≥40	耐水性	96h 无异常
断裂伸长率（%） 热处理后	≥100	耐碱性	48h 无异常

10）饰面砂浆：其性能指标应符合表 10-4-23 的要求。

饰面砂浆性能指标　　　　　　表 10-4-23

项　目		指　标
初期干燥抗裂性		无裂纹
粘结强度（MPa）	标准状态	≥0.50
粘结强度（MPa）	老化循环后	≥0.50
压折比		≤3
吸水量（g）	30min	≤2.0
吸水量（g）	240min	≤5.0
抗泛碱性		无可见泛碱
饰面颜料应为无机材料		

11）饰面砖：其性能指标应符合表 10-4-24 的要求。

饰面砖性能指标　　　　　　表 10-4-24

试　验　项　目	技　术　指　标
吸水率[①]（%）	0.5～6.0
单块面积（mm²）	≤15000
厚度（mm）	≤10
单位面积质量（kg/m²）	≤20
抗冻性	经冻融试验后无裂缝或破坏
背面状况	有燕尾形背槽

① 耐候性试验拉拔强度符合《建筑工程饰面砖粘结强度检验标准》（JGJ 110）的陶质砖，吸水率可适当放宽。

12）饰面砖胶粘剂（瓷砖胶）：应采用水泥基粘结材料，其性能指标应符合表 10-4-25 的要求。

饰面砖胶粘剂性能指标　　　　　　表 10-4-25

试　验　项　目		技术指标
与饰面砖拉伸粘结强度（MPa）	原强度	≥0.5
与饰面砖拉伸粘结强度（MPa）	浸水后	≥0.5
与饰面砖拉伸粘结强度（MPa）	热老化后	≥0.5
与饰面砖拉伸粘结强度（MPa）	冻融循环后	≥0.5
20min 晾置时间（MPa）		≥0.5
滑移（mm）		≤0.5
横向变形（mm）		≥1.5

13）填缝剂：其性能指标应符合表 10-4-26 的要求。

填缝剂性能指标   表 10-4-26

项　　目		指　　标
与饰面砖拉伸粘结强度 （MPa）	原强度	≥0.1
	浸水后	≥0.1
	热老化后	≥0.1
	冻融循环后	≥0.1
横向变形（mm）		≥2.0
吸水量 （g）	30min	<2
	240min	<5
28d 的线性收缩值（mm/m）		<3.0
抗泛碱性		无可见泛碱
透气性要求		

14）其他材料：

① 发泡聚乙烯圆棒或条用于填塞伸缩缝，作密封膏的背衬材料，直径（宽度）为缝宽的 1.3 倍。

② 建筑密封膏：应采用聚氨酯、硅酮、丙烯酸酯型建筑密封膏，其技术性能除应符合《聚氨酯建筑密封膏》JC 482、《建筑用硅酮结构密封胶》GB 16776、《丙烯酸酯建筑密封膏》JC/T 484 的有关要求外，还应与外保温系统相容。

（2）施工机具

外接电源设备、电动搅拌器、开槽器、角磨机、电锤、称量衡器、密齿手锯、壁纸刀、剪刀、螺丝刀、钢丝刷、腻子刀、抹子、阴阳角抿子、托线板、2m 靠尺、墨斗等。

10.4.2.2　施工技术要点

1. 施工准备

（1）基层墙体

基层墙体经过工程验收达到质量标准，墙面的残渣和脱模剂清理干净，墙面平整度超差部分已剔凿或修补，伸出墙面的（设备、管道）连接件已安装完毕。

外保温施工的墙体基面的尺寸偏差应符合表 10-4-27 的规定。

墙体基面的允许尺寸偏差   表 10-4-27

工程做法	项　　目			允许偏差 ≤（mm）	检验方法
砌体工程	墙面 垂直度	每层		5	2m 托线板检查
		全高	≤10m	10	经纬仪或吊线、钢尺检查
			>10m	20	
	表面平整度			5	2m 靠尺和塞尺检查
混凝土工程	墙面 垂直度	层高	≤5m	8	经纬仪或吊线、钢尺检查
			>5m	10	
		全高		$H/1000$ 且≤30	经纬仪、钢尺检查
	表面平整度			8	2m 靠尺和塞尺检查

在轻质墙体上施工，需对外保温墙体表面进行检查，通过计算验证，确认其与所用保温板胶粘剂达到应有的粘结强度。即

$$F = B \cdot S \geqslant 0.10\text{N/mm}^2 \qquad (10\text{-}4\text{-}1)$$

式中　F——应有的粘结强度（N/mm²）；

　　　B——基层墙体与所用聚苯板胶粘剂的实测粘结强度（N/mm²）；

　　　S——粘结面积率。

对于未达到应有的粘结强度的墙面应进行加固找平，经处理后的墙体如仍不能满足要求，应根据实测数据设计特定的连接方案。

（2）门窗口

门窗洞口经过验收，洞口尺寸位置达到设计要求和质量验收标准；门窗框或附框安装完毕。

（3）气候条件

操作环境和基底温度不低于5℃，风力不大于5级，雨天不得施工。

夏季施工，施工面应避免阳光直射，必要时可在脚手架上搭设防晒布，遮挡墙面。如施工中突遇降雨，应采取有效措施，防止雨水冲刷墙面。

2. 施工工艺流程

施工流程见图10-4-5。

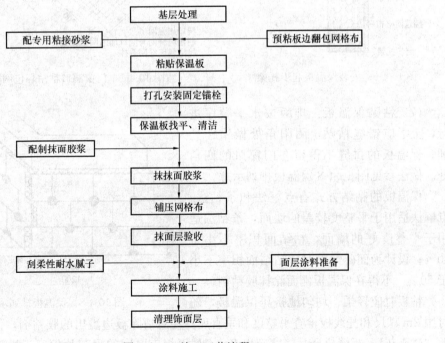

图10-4-5　施工工艺流程

3. 施工要点

（1）放线：根据建筑立面设计和外保温技术要求，在墙面弹出外门窗水平、垂直控制线及伸缩缝线、装饰线条、装饰缝线等。

（2）拉基准线：在建筑外墙大角（阳角、阴角）及其他必要处挂垂直基准钢线，每个

楼层适当位置挂水平线，以控制保温板的垂直度和平整度。

（3）板面涂界面剂：在保温板粘结面上涂刷界面剂，晾置备用。

（4）配保温板胶粘剂：一次配制量应少于可操作时间内的用量。拌好的料注意防晒避风，超过可操作时间后不准使用。

（5）安装托架：如设计要求在保温板的起始位置安装托架，应按图 10-4-6 要求安装。

（6）粘贴翻包网格布：凡粘贴的保温板侧边外露处（如伸缩缝、建筑沉降缝、温度缝等缝线两侧、门窗口处），都应做网格布翻包处理。翻包网格布翻过来后要及时地粘到保温板上。

为避免门、窗、洞口加强网布处形成三层，应在翻包网格布翻贴时将其与加强网布重叠的部分裁掉（沿 45°方向）。洞口做法参见图 10-4-7。

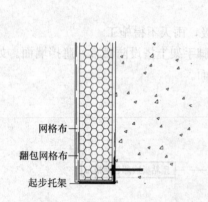

图 10-4-6 安装保温板起步托架

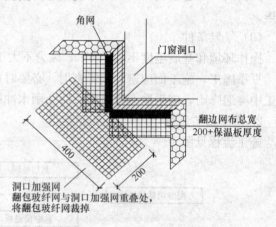

图 10-4-7 门窗洞口粘贴翻包网格布

（7）粘贴保温板：排版按水平顺序进行，上下应错缝粘贴，阴阳角处做错槎处理；保温板的拼缝不得留在门窗口的四角处。做法参见图 10-4-8 保温板排列示意。

保温板的粘结方式有点框法和条粘法。点框法适用于平整度较差的墙面，条粘法适用于平整度好的墙面，粘结面积率不小于40%；设计为面砖饰面时，粘结面积率不小于50%。不得在保温板侧面涂抹胶粘剂。

粘板时应轻柔、均匀地挤压保温板，随

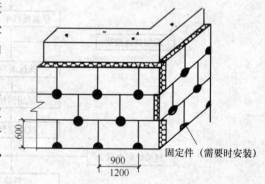

图 10-4-8 保温板排列示意

时用 2m 靠尺和托线板检查平整度和垂直度。注意清除板边溢出的胶粘剂，使板与板之间无"碰头灰"。板缝拼严，缝宽超出 2mm 时用相应厚度的聚苯片填塞。拼缝高差不大于1.5mm，EPS、XPS 板可以用砂纸或专用打磨机具打磨平整，打磨后清除表面漂浮颗粒和灰尘。

局部不规则处粘贴保温板可现场裁切，但必须注意切口与板面垂直。整块墙面的边角处应用最小尺寸超过 300mm 宽的保温板。

（8）隔离带应根据安装方式分别按下列操作工艺进行：

1) 当采用粘贴方式安装隔离带时，宜与粘贴保温板同步，自下而上顺序进行。隔离带应与基层满粘，并应增加锚固措施。隔离带之间、隔离带与保温板之间应拼接严密，宽度超过 2mm 的缝隙应用适当的保温材料填充。隔离带接缝应与上、下部位保温板接缝错开，错开距离应不小于 200mm。每段隔离带长度不宜小于 400mm。

2) 当采用填充方式安装浆料类隔离带时，宜在保温板粘贴完成后，在预留隔离带位置填充浆料。

（9）锚栓安装应符合下列要求：

1) 锚栓安装应至少在保温板粘贴 24h 后进行。钻孔深度应不小于 25mm。锚栓压盘应紧压保温板。

2) 隔离带应使用金属钉锚栓，锚栓应位于隔离带中间高度，距端部应不大于100mm，锚栓间距应不大于 600mm，每段隔离带上的锚栓数量不应少于 2 个。

3) 设计为面砖饰面时，按设计对锚固件布置图的位置打孔，塞入胀塞套管。

（10）抹抹面胶浆应按以下操作工艺进行：

1) 抹面胶浆应按照比例配制，应做到计量准确、机械搅拌、搅拌均匀。一次的配制量宜在 60min 内用完，超过可操作时间后不得再度加水（胶）使用。

2) 保温板安装完毕 24h 且经检查验收后抹底层抹面砂浆，厚度 2~3mm。门窗口四角和阴阳角部位所用的增强网格布随即压入砂浆中，具体做法参见图 10-4-9 和图 10-4-10。

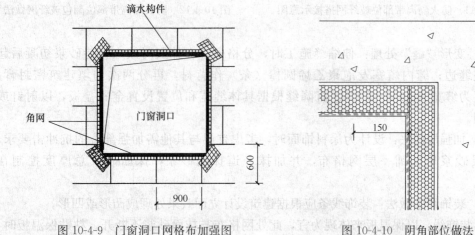

图 10-4-9　门窗洞口网格布加强图　　　　图 10-4-10　阴角部位做法

底层抹面砂浆施工应在保温板安装完毕后的 20 日之内进行。若保温板安装完毕而长期未能抹灰施工，抹灰施工前应根据保温板的表面质量情况制定相应的界面处理措施。

设计为面砖饰面时，对套管孔进行保护处理后再抹底层抹面砂浆。

3) 铺设网格布：在抹面砂浆可操作时间内，将网格布绷紧后贴于底层抹面砂浆上，用抹子由中间向四周把网格布压入砂浆中，要平整压实，严禁网格布褶皱。铺贴遇有搭接时，搭接长度必须满足横向不少于 100mm、纵向不少于 80mm 的要求。

设计为面砖饰面时，网格布铺设后，将锚固钉（附垫片）压住网格布拧入或敲入胀塞套管。如采用双层玻纤网格布做法，在固定好的网格布上抹砂浆，厚度 2mm 左右，然后按以上要求再铺设一层网格布。

4）在隔离带位置应加铺增强玻纤网，增强玻纤网应先于大面玻纤网铺设，上下超出隔离带宽度应不小于 100mm，左右可对接，对接位置离隔离带拼缝位置应不小于 100mm。大面玻纤网的上下如有搭接，搭接位置距离隔离带应不小于 200mm（见图 10-4-11）。

隔离带位于窗口顶部时，粘贴前应做翻包处理（图 10-4-12）。翻包网可左右对接，对接位置距隔离带拼缝处应不小于 100mm。

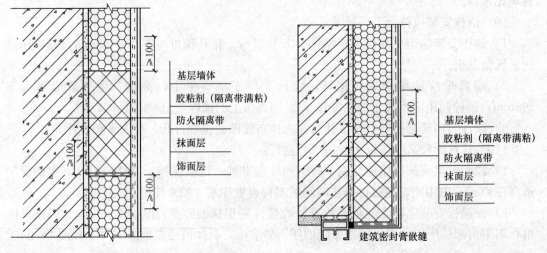

图 10-4-11　防火隔离带部位玻纤网搭接示意图　　图 10-4-12　防火隔离带部位翻包玻纤网做法

（11）变形"缝"处理：伸缩缝施工时，分格条应在抹灰时放入，待砂浆初凝后起出，修整缝边；缝内填塞发泡聚乙烯圆棒（条）作背衬，再分两次勾填建筑密封膏，勾填厚度为缝宽的 50%～70%。沉降缝根据具体缝宽和位置设置金属盖板，以射钉或螺钉紧固。

（12）加强层做法：设计为涂料饰面时，考虑首层与其他需加强部位的抗冲击要求，在抹面层砂浆后加铺一层网格布，并加抹一道抹面砂浆，抹面砂浆总厚度控制在 5～7mm。

（13）装饰线条做法：装饰线条应根据建筑设计立面效果处理成凸形或凹形。

凸形装饰线，以保温板来体现为宜，此处网格布与抹面砂浆不断开。粘贴保温板时，先弹线标明装饰线条位置，将加工好的保温板线条粘于相应位置。线条突出墙面超过 100mm 时，需加设机械固定件。线条表面按外保温抹灰做法处理。凹形装饰缝，用专用工具在保温板上刨出凹槽再抹抹面砂浆。

（14）外饰面作业：待抹面砂浆基面达到饰面施工要求时，可进行外饰面作业。外饰面可选择涂料、装饰砂浆、面砖等形式。选择面砖饰面时，应在样板墙测试合格、抹面砂浆施工 7d 后，按《外墙饰面砖工程施工及验收规程》JGJ 126 的要求进行。

10.4.3　保温砂浆外墙外保温系统

主要应用的保温砂浆有胶粉聚苯颗粒保温砂浆和膨胀玻化微珠保温砂浆，除作为主墙面保温外，还多用于保温墙体的补充保温和形状复杂的局部保温的处理。面层饰面宜采用柔性饰面，也可以采用面砖饰面。

10.4.3.1 技术简介

1. 基本构造

保温砂浆外墙外保温系统的基本构造见表 10-4-28。

表 10-4-28

保温砂浆外墙外保温系统基本构造

基层①	系统的基本构造				构造示意图
	界面层②	保温层③	抹面层④	饰面层⑤	
混凝土墙体、各种砌体	界面处理剂	保温砂浆	抹面胶浆复合玻纤网格布或镀锌钢丝网	涂料、柔性饰面或面砖饰面	

2. 系统技术要求

系统技术要求应符合表 10-4-29 的规定。

表 10-4-29

系统技术要求

项目	保温砂浆外墙外保温系统
耐候性能	试验后抹面层与保温层拉伸粘结强度不小于 50kPa
	试验后系统不得出现起泡或剥落、抹面层及饰面层空鼓或脱落等破坏，不得产生目测可见裂缝
耐冻融性能	10 次冻融循环试验后抹面层与保温层拉伸粘结强度要求不小于 50kPa
	试验后系统不得出现起泡或剥落、抹面层及饰面层空鼓或脱落等破坏，不得产生渗水裂缝
抗冲击性	普通型 3J 级，适用于建筑物二层及以上墙面等不易受碰撞部位
	加强型 10J 级，适用于建筑物首层墙面以及门窗口等易受碰撞部位
吸水量	水中浸泡 1h，系统的吸水量小于 $1.0kg/m^2$
热阻	实测值
抹面层不透水性	2h 不透水
水蒸气湿流密度	$\geqslant 0.85g/(m^2 \cdot h)$
防火性能	系统不具有火焰传播性

注：1. 水中浸泡 24h，当只带有抹面层和带有抹面层及饰面层的系统的吸水量均小于 $0.5kg/m^2$ 时，不检验耐冻融性能。

2. 如系统设计带有防火构造，须检查防火构造是否符合设计和相关标准要求，并对带有防火构造的系统进行试验。

3. 对于系统的防火性能试验，每个企业的每一种外保温系统只做一次满足要求即可；当系统中的任一组成材料发生变化时，应进行再次试验。

3. 材料及机械远用

（1）材料选用

1）保温砂浆的技术要求应符合表 10-4-30 的规定。

保温砂浆的技术要求 表 10-4-30

项　目	指　标	
	胶粉聚苯颗粒保温砂浆	膨胀玻化微珠保温砂浆
湿表观密度（kg/m³）	≤420	≤600
干表观密度（kg/m³）	180～250	≤300
导热系数［W/（m·K）］（平均温度25℃）	≤0.060	≤0.070
蓄热系数［W/（m²·K）］	≥0.95	≥1.5
拉伸粘接强度（kPa）	≥50	
线性收缩率（%）	≤0.3	
软化系数	≥0.5	≥0.6
燃烧性能	不低于 B₁ 级	A 级

2）界面处理剂的技术要求应符合表 10-4-31 规定。

界面处理剂的技术要求 表 10-4-31

项　目		指　标	
		Ⅰ型（与保温材料）	Ⅱ型（与基层）
拉伸粘接强度（kPa）	原强度	≥100	≥600
	耐水（干燥 7d）	≥100	≥400
	耐冻融	≥100	—

3）抗裂砂浆的性能指标见表 10-4-32。

抗裂砂浆性能指标 表 10-4-32

项　目		单　位	指　标
抗裂砂浆	可使用时间 可操作时间	h	≥1.5
	在可操作时间内拉伸粘结强度	MPa	≥0.7
	拉伸粘结强度（常温 28d）	MPa	≥0.7
	浸水拉伸粘结强度（常温 28d，浸水 7d）	MPa	≥0.5
	压折比	—	≤3.0

注：1. 水泥应采用强度等级 42.5 的普通硅酸盐水泥，并应符合 GB 175—2007 的要求；砂应符合《普通混凝土用砂、石质量标准及检验方法标准》JGJ 52 的规定，筛除大于 2.5mm 颗粒，含泥量少于 3%。

　　2. 干拌抗裂砂浆的存运条件：−5～35℃条件下，贮存期为 6 个月。防潮、防雨。运输时按照非危险品办理。

4）玻纤网格布的性能指标应符合《玻璃纤维网布》JC/T 841 的规定，但单位面积质量不小于 130g/m²。

5）高弹底涂的性能指标见表 10-4-33。

高弹底涂性能指标 表 10-4-33

项 目		单 位	指 标
容器中状态		—	搅拌后无结块，呈均匀状态
施工性		—	刷涂无障碍
干燥时间	表干时间	h	≤4
	实干时间	h	≤8
断裂伸长率		%	≥100
表面憎水率		%	≥98

注：高弹底涂的存运条件：5～30℃条件下，贮存期为 6 个月。防晒、防冻。运输时按照非危险品办理。

6）柔性耐水腻子的性能指标见表 10-4-34。

柔性耐水腻子性能指标 表 10-4-34

项 目		单 位	指 标
容器中状态		—	无结块、均匀
施工性		—	刮涂无障碍
干燥时间（表干）		h	≤5
打磨性		—	手工可打磨
耐水性 96h		—	无异常
耐碱性 48h		—	无异常
粘结强度	标准状态	MPa	≥0.60
	冻融循环（5 次）	MPa	≥0.40
柔韧性		—	直径 50mm，无裂纹
低温贮存稳定性		—	－5℃冷冻 4h 无变化，刮涂无困难

注：柔性耐水腻子的存运条件：5℃～30℃条件下，贮存期为 6 个月。防晒、防冻。运输时按照非危险品办理。

7）面砖饰面按《外墙饰面砖工程施工及验收规程》JGJ 126 的要求进行。

8）辅助用料及附件：

水泥：强度等级 42.5 普通硅酸盐水泥，水泥性能符合《通用水泥》GB 175 的要求。

中砂：应符合《普通混凝土砂、石质量标准及检验方法标准》JGJ 52 中细度模数的规定，并筛除粒径大于 2.5mm 的部分，含泥量应小于 3%。

配套材料：主要有专用金属护角（断面尺寸为 35mm×35mm×0.5mm，高 $h=$ 2000mm）、密封膏、密封条、金属护角、盖口条等，应分别符合相应的产品标准的要求。

（2）主要机具

砂浆搅拌机、手提电动搅拌器、瓷砖切割器、电动冲击钻、8mm 合金钻头等。

10.4.3.2 施工技术要点

1. 施工工艺流程（图 10-4-13）

2. 施工技术要点

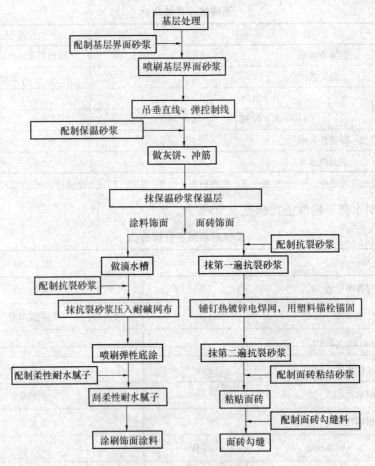

图 10-4-13　施工工艺流程

（1）基层墙面处理

墙面应清理干净，清洗油渍、清扫浮灰等。墙面松动、风化部分应剔除干净。墙表面凸起物大于10mm时应剔除。

为保证基层界面粘结力统一、均质，砖墙、混凝土墙和加气混凝土墙都要做界面处理，可用喷枪或滚刷均匀喷刷，保证所有的墙面应做到界面处理。墙体干燥时先浇水阴湿。脚手眼或施工废弃孔洞，在抹保温砂浆前修补完毕。

（2）做灰饼

根据垂直控制通线做垂直方向灰饼，再根据两垂直方向灰饼之间的通线，做墙面保温层厚度灰饼，每灰饼之间的距离（横、竖、斜向）不超过2m。灰饼可用保温砂浆做，也可用废聚苯板裁成50mm×50mm小块粘贴。

（3）抹保温砂浆保温层

1）界面砂浆基本干燥后即可进行保温砂浆的施工。

2）保温砂浆应分层作业施工完成，每次抹灰厚度宜控制在20mm左右，分层抹灰至设计保温层厚度，每层施工间隔时间为24h。底层抹灰抹至距保温标准贴饼差10mm左右为宜。中层抹灰厚度要抹至与标准贴饼一平。涂抹整个墙面后，用大杠在墙面上来回搓抹，最后再用铁抹子压一遍，使表面平整，厚度一致。面层抹灰应在中层抹灰 2～3h 之后进行，施工前应用杠尺检查墙面平整度，墙面偏差应控制在 ±2mm。保温面层抹灰时应以修为主，对于凹陷处用稀砂浆抹平，对于凸起处可用抹子刮平，最后用抹子分遍再赶抹墙面，先水平后垂直，再用托线尺、2m 杠尺检测后达到验收标准。

外墙外保温施工过程中建议涂料饰面体系不留控制温差变形的分格缝，若装饰需求进行分格时，建议采用涂料画出装饰分格线的做法。

（4）抗裂砂浆层饰面层施工

待保温层施工完成 3～7d 且验收合格以后，即可进行抗裂砂浆层施工。

1）抹抗裂砂浆，铺贴耐碱网格布：耐碱网格布尺寸应预先裁好。抗裂砂浆一般分两遍完成，总厚度约 3～5mm。抹抗裂砂浆后应立即用铁抹子压入耐碱网格布。耐碱网格布之间搭接宽度不应小于 50mm，先压入一侧，再压入另一侧，严禁干搭。阴阳角处也应压槎搭接，其搭接宽度≥150mm，应保证阴阳角处的方正和垂直度。耐碱网格布要铺在抗裂砂浆中，铺贴要平整，无褶皱，可隐约见网格。局部不饱满处应随即补抹第二遍抗裂砂浆找平并压实。

首层墙面应铺贴双层网格布，铺贴第一层网格布，网格布之间采用对接方法，第二层网格布铺贴方法同前，两层网格布之间抗裂砂浆应饱满，严禁干贴。

建筑物首层外保温应在阳角处双层网格布之间设专用金属护角，护角高度一般为 2m。在第一层网格布铺贴好后，应放好金属护角，用抹子在护角孔处拍压出抗裂砂浆，抹第二遍抗裂砂浆包裹住护角。保证护角安装牢固。

大面积铺贴网格布之前，在门窗洞口处应沿 45°方向先贴一道网格布（200mm×300mm），如图 10-4-9 所示。

2）喷刷弹性底涂：抗裂层施工完后 2～4h 即可喷刷弹性底涂。喷刷应均匀，不得有漏底现象。

3）刮柔性耐水腻子、涂刷饰面涂料：墙面门窗口检验合格后应满刮柔性耐水腻子，刮腻子时应沿竖方向披刮，要求将网格布的布纹全部覆盖。耐水腻子半干状态时用零号砂纸打磨平整。然后应沿横向墙体方向进行披刮，要求满刮，腻子的稠度可较第一遍腻子略稀。耐水腻子半干状态时用零号砂纸再打磨平整。要求平整度达到±1mm。

4）细部节点图：以下为部分节点，根据具体工程项目特点，由施工单位出具有针对性节点详图。见图 10-4-14、图 10-4-15、图 10-4-16、图 10-4-17。

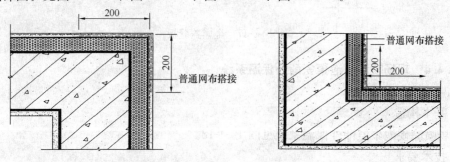

图 10-4-14　阴阳角网格布搭接做法

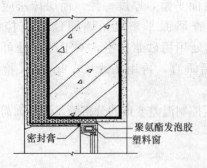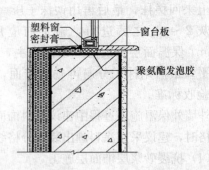

图 10-4-15 平窗侧口做法

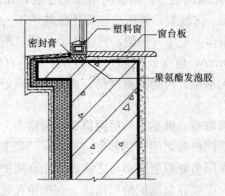

图 10-4-16 凸窗侧口做法

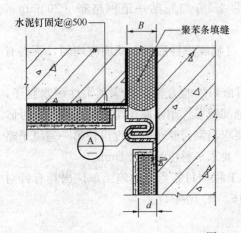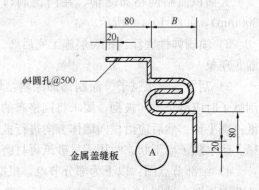

图 10-4-17 金属盖缝板

10.4.4 现场喷涂硬泡聚氨酯外保温系统

10.4.4.1 技术简介

1. 基本构造

现场喷涂硬泡聚氨酯外保温系统见图 10-4-18。

2. 技术要求

聚氨酯硬泡外保温系统性能应符合表 10-4-35。

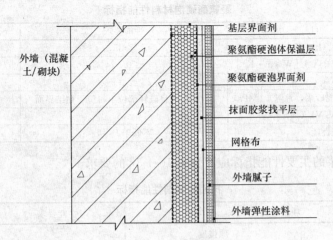

图 10-4-18 现场喷涂硬泡聚氨酯外保温系统示意图

聚氨酯硬泡外墙外保温系统性能指标　　　　表 10-4-35

序号	项　目	指　标	试验方法
1	耐候性	对于有饰面层的外保温系统，经过耐候性试验后，系统不得出现饰面层起泡或剥落、保护层空鼓或脱落等破坏，不得产生渗水裂缝；抹面层与保温层的拉伸粘结强度不得小于 100kPa	按《外墙外保温工程技术规程》JGJ 144 的规定进行
2	抗冲击性	3J 级，适用于建筑物二层及以上墙面等不易受碰撞部位	
3		10J 级，适用于建筑物首层墙面以及门窗口等易受碰撞部位	
4	吸水量	水中浸泡 1h，系统的吸水量小于 1.0kg/m²	
5	耐冻融性能	对于有饰面层的外保温系统，10 次冻融循环后，保护层无空鼓、脱落，无渗水裂缝；保护层与保温层的拉伸粘结强度不小于 100kPa	
6	热阻	实测值	
7	抹面层不透水性	2h 不透水	
8	水蒸气湿流密度	≥0.85g/(m²·h)（或符合设计要求）	
9	防火安全性	按大型窗口火试验的要求判定	

注：1. 水中浸泡 24h，若只带有抹面层和带有全部保护层的系统的吸水量均小于 0.5kg/m² 时，可不检验耐冻融性能。

2. 对于以干挂形式施工的聚氨酯硬泡保温装饰板外墙外保温装饰系统，系统的抗冲击性能试验仅针对饰面层进行，耐冻融性能、吸水量、水蒸气渗透阻、燃烧性能等试验分别针对聚氨酯硬泡保温层和饰面层单独进行；由于该系统不做抹面层，故对该系统不进行抹面层不透水性试验；抗风荷载性能、系统热阻及系统耐候性等试验均针对整个外保温系统进行。

3. 材料性能

（1）聚氨酯硬泡材料性能指标应符合表 10-4-36 的要求。

聚氨酯硬泡材料性能指标 表 10-4-36

项　目	性能要求	试验方法
表观密度（kg/m³）	≥35	GB/T 6343
导热系数（平均温度25℃）[W/(m·K)]	≤0.024	GB/T 10294
尺寸稳定性（70℃，48h）（%）	≤1.5	GB/T 8811
拉伸粘结强度（与水泥砂浆，常温）（MPa）	≥0.10 并且破坏部位不得位于粘结界面	JGJ 144
吸水率（V/V）（%）	≤3	GB/T 8810
燃烧性能	不低于 B_2 级	GB 8624

（2）抹面砂浆的主要性能指标应符合表 10-4-37 的要求。

抹面砂浆剂性能指标 表 10-4-37

项　目		性能要求	试验方法
拉伸粘结强度（MPa）（与硬泡聚氨酯）	原强度	≥0.10 破坏发生在聚氨酯板中	JGJ 144
	耐水强度（浸水 48h，干燥 7d）		
	耐冻融		
柔韧性	压折比（水泥基）	≤3.0	GB/T 29906
	开裂应变（非水泥基）（%）	≥1.5	
抗冲击性		3J 级	
吸水量（g/m²）		≤500	
不透水性		试样抹面层内侧无水渗透	
可操作时间（h）		1.5～4.0	

（3）基层界面剂的应符合表 10-4-38 的要求。

基层界面剂主要性能指标 表 10-4-38

检测项目	技术指标	检测方法
容器中状态	搅拌后无结块，呈均匀状态	《合成树脂乳液砂壁状建筑涂料》JG/T 24
施工性	涂刷无困难	
潮湿基面粘结强度	≥0.5MPa	《珍珠岩助滤剂》JC/T 849

（4）聚氨酯硬泡界面剂的主要性能指标应符合表 10-4-39 的要求。

聚氨酯硬泡界面剂主要性能指标 表 10-4-39

检测项目			单位	技术指标	检测方法
可操作时间			h	1.5～4	GB/T 29906
拉伸粘接强度	与水泥砂浆	原强度	MPa	≥0.6	《合成树脂乳液砂壁状建筑涂料》JG/T 24
		耐水	MPa	≥0.4	《合成树脂乳液砂壁状建筑涂料》JG/T 24
	与硬质聚氨酯	原强度	MPa	≥0.15 破坏界面在聚氨酯	《合成树脂乳液砂壁状建筑涂料》JG/T 24
		耐水	MPa	≥0.15 破坏界面在聚氨酯	《合成树脂乳液砂壁状建筑涂料》JG/T 24

(5) 玻纤网格布的主要性能指标应符合表 10-4-40 的要求。

玻纤网格布的性能指标　　　　　　　　　　表 10-4-40

序号	项　　目	指标要求	检测方法
1	网孔中心距（mm）	4×4	《胶粉聚苯颗粒外墙外保温系统》JG 158
2	单位面积质量（g/m²）	≥130	《增强制品试验方法》GB/T 9914.3
3	耐碱断裂强力（经、纬向）（N/50mm）	≥750	《增强材料　机织物试验方法》GB/T 7689.5，GB/T 29906
4	耐碱断裂强力保留率（经、纬向）（％）	≥50	GB/T 29906
5	断裂伸长率（经、纬向）（％）	≤5.0	《增强材料　机织物试验方法》GB/T 7689.5 GB/T 29906
6	涂塑量（g/m²）	≥20	《增强制品试验方法》GB/T 9914.2

(6) 柔性耐水腻子的主要性能指标应符合表 10-4-41 的要求。

柔性耐水腻子性能指标　　　　　　　　　　表 10-4-41

序号	项　　目		指　　标	试验方法
1	容器中状态		无结块、均匀	
2	施工性		刮涂无障碍	
3	干燥时间（表干）（h）		≤5	
4	打磨性		手工可打磨	
5	耐水性　96h		无异常	
6	耐碱性　48h		无异常	《建筑外墙用腻子》 JG/T 157
7	粘结强度（MPa）	标准状态	≥0.60	
		冻融循环（5 次）	≥0.40	
8	柔韧性		直径 50mm，无裂缝	
9	低温贮存		−5℃冷冻 4h 无变化，刮涂无困难	

(7) 饰面砖用材性能同"10.4.2 粘贴保温板薄抹灰外墙外保温系统"中有关内容。

(8) 锚固件的技术性能指标应符合表 10-4-42 的要求。

锚固件的技术性能指标　　　　　　　　　　表 10-4-42

项　　目		单位	技术指标	测试方法
埋入墙内套管外径		mm	φ8	
镀锌螺钉　镀锌厚度		μm	≥5	
拉力值	空心砖	kN	0.9	GB/T 29906
	实心砖			
锚固深度		mm	≥50	

注：实心砖设计抗压强度 MU10、空心砖设计强度 2.0 级。

(9) 热镀锌钢丝网性能要求应符合表 10-4-43 规定。

热镀锌钢丝网性能指标　　　　　　　　表 10-4-43

序号	项目名称	性能要求	试验方法
1	丝径（mm）	0.90～2.00	
2	网孔大小（mm）	12～40×12～40	《镀锌电焊网》
3	焊点抗拉力（N）	≥65	QB/T 3897
4	镀锌层质量（g/m²）	≥122	

10.4.4.2　施工技术要点

（1）一般规定

1）喷涂施工时的环境温度宜为 10～40℃，风速不应大于 5m/s，相对湿度应小于 80%，基层墙体潮湿度应符合喷涂要求，严禁雨雪天施工。当施工时的环境温度低于 10℃时，应采取可靠的技术措施。

2）喷枪头距作业面的距离应根据喷涂设备的压力进行调整，不宜超过 1.5m；喷涂时喷枪头移动的速度要均匀。喷涂后的聚氨酯硬泡保温层应至少熟化 48h，再进行下道工序的施工。

3）喷涂后的聚氨酯硬泡保温层表面平整度允许偏差不大于 6mm。

4）喷涂施工作业时，门窗洞口及下风口应做遮蔽。

（2）施工工艺流程

喷涂聚氨酯硬泡外保温系统施工流程，见图 10-4-19。

（3）施工操作要点及注意事项

1）喷涂施工时，符合《混凝土结构工程施工质量验收规范》GB 50204 和《砌体工程施工质量验收规范》GB 50203 要求的基层墙体可直接喷涂施工。

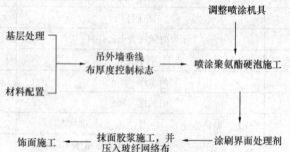

图 10-4-19　喷涂聚氨酯硬泡施工工艺流程

2）喷涂过程中应随时检查喷涂厚度，喷涂完毕后的保温层陈化时间不小于 48h，界面处理剂等材料应严格按配比及拌制工艺配制，并由专人负责，经试配满足施工可操作性要求后，方可使用，界面处理剂要刷涂均匀。

3）玻纤网格布裁剪应根据需要留出搭接（或重叠部分）长度。裁好后应卷放，不应折叠、重压、踩踏。抹砂浆的面积应大于玻纤网格布的长度和宽度，将玻纤网格布铺贴于其上，从中央向四周展开、刮平。砂浆施工后应防止雨淋或碰撞；容易碰撞的部位应采取保护措施；对损坏部位必须作修复处理。

4）干挂装饰板系统施工，主龙骨安装完毕并验收合格后可喷涂聚氨酯硬泡保温层，聚氨酯硬泡保温层应覆盖主龙骨，保温层的表面应涂抹防护层。

5）穿透外墙、阳台的孔洞等处应做好保温节点处理和密封防水处理，防止热桥的产生；屋面女儿墙保温处的顶部应做好防水节点处理。

6）喷涂聚氨酯硬泡保温层，可使用专用的找平材料进行找平，特殊情况下也可使用专用的工具对保温层进行切削找平。

（4）施工质量验收

1）硬泡聚氨酯外墙外保温工程采用的保温材料和粘结材料等的进场复验应符合现行国家标准《建筑节能工程施工质量验收规范》GB 50411 的规定，产品上应有产品标识。

2）硬泡聚氨酯外墙外保温各分项工程应以每 $500\sim1000m^2$ 划分为一个检验批，不足 $500m^2$ 也应划分为一个检验批；每个检验批每 $100m^2$ 应至少抽查一处，每处不得小于 $10m^2$。细部构造应全数检查。

3）硬泡聚氨酯外墙外保温工程应对下列部位或内容进行隐蔽工程验收，并应有详细的文字记录和必要的图像资料：

① 保温层附着的基层及其表面处理。

② 保温板粘结或固定。

③ 锚栓。

④ 玻纤网铺设。

⑤ 墙体热桥部位处理。

⑥ 带面层的硬泡聚氨酯板的板缝及构造节点。

⑦ 现场喷涂硬泡聚氨酯的基层。

⑧ 被封闭的保温材料厚度。

4）主控项目的验收应符合下列规定：

① 外墙外保温系统及主要组成材料的性能应符合设计要求。

② 门窗洞口、阴阳角、勒脚、檐口、女儿墙、变形缝等保温构造，必须符合设计要求。

③ 保温板粘结和锚栓现场拉拔。

④ 硬泡聚氨酯保温层厚度必须符合设计要求。

⑤ 硬泡聚氨酯板的涂胶粘剂面积不得小于板材面积的 40%。

5）一般项目的验收应符合下列要求：

① 喷涂硬泡聚氨酯保温层平整度，允许偏差为 5mm。

② 抹面层表面应光滑、洁净、接槎平整，分格缝应清晰。

③ 抹面层分项工程施工质量应符合现行标准《建筑装饰装修工程质量验收规范》GB 50210 中一般抹灰工程质量允许偏差和检验方法的规定。

10.4.5 岩棉板外墙外保温系统

10.4.5.1 技术简介

1. 系统构造

岩棉外墙外保温系统基本构造主要由基层墙体、粘结层、保温层、抹面层和饰面层组成，从系统的受力角度，将岩棉外墙外保温系统分成两大类：

（1）按风荷载设计值选用适宜的抗拉强度等级的岩棉板/带及其固定方式。岩棉板外保温系统与基层墙体的固定方式，宜采用以机械锚固为主、以粘为辅的方式；

（2）岩棉带外保温系统与基层墙体的固定方式，宜采用以粘为主、机械锚固为辅的方式。固定方式见表10-4-44。

<table>
<tr><td colspan="5" align="right">固定方式选用　　　　　　　　　　　　　　　　表 10-4-44</td></tr>
</table>

岩棉板/带			系统固定方式	
岩棉板	TR7.5		粘贴与锚固	
			粘贴与锚固，锚栓盘位于玻纤网外	
	TR10		粘贴与锚固	
	TR15		粘贴与锚固	
岩棉带	TR80	负风压<1.6kPa	粘贴 或粘贴附加锚固	锚栓盘设计位于岩棉带表面时，锚盘直径应为140mm
		负风压≥1.6kPa	粘贴与锚固	

（3）岩棉板系统（图 10-4-20）机械锚固结合粘接固定，将锚栓盘固定在网格布外侧，面层再使用一层网格布增强，同时起到找平的作用。或者外侧仅使用一层网格布，在实际的工程中多使用双层网格布的做法。

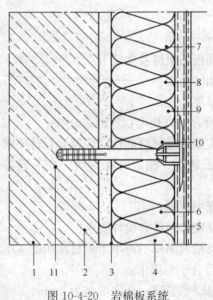

图 10-4-20　岩棉板系统

1—基层墙体（带或不带找平层）；2—胶粘剂（依据要求，满粘或部分粘接）；3—岩棉保温层（岩棉板 TR717.5kPa）；4—第一遍抹面层（聚合物砂浆）；5—增强层（玻璃纤维增强网格布）；6—第二遍抹面层（聚合物砂浆）；7—第二遍增强层（玻璃纤维增强网格布）；8—第三遍抹面层（聚合物砂浆）；9—饰面层（涂料或装饰砂浆）；10—锚栓压盘；11—锚栓套管和膨胀钉

2. 岩棉外保温系统的技术指标

岩棉外保温系统的技术指标应符合表 10-4-45 的要求。

<table>
<tr><td colspan="3" align="right">岩棉外保温系统技术指标　　　　　　　　　表 10-4-45</td></tr>
</table>

项　　目	指　　标	试验方法
抗风压值（kPa）	≥1.5 倍工程项目风荷载设计值	《外墙外保温工程技术规程》JGJ 144
系统热阻（m²·K/W）	复合墙体热阻符合设计要求	—

项　目		指　标	试验方法
耐候性		无渗水裂缝，无粉化、空鼓、剥落现象 拉伸粘接强度≥10kPa，或岩棉板破坏	《外墙外保温工程技术规程》 JGJ 144
抗冲击强度 （J）	标准做法	≥3.0	《外墙外保温工程技术规程》 JGJ 144
	首层做法	≥10.0	
不透水性		试样防护层内侧无水渗透	《外墙外保温工程技术规程》 JGJ 144
耐冻融		表面无裂纹、空鼓、起泡、剥离现象	《外墙外保温工程技术规程》 JGJ 144
水蒸汽湿流密度（包括外饰面） [g/(m² · h)]		≥0.85	《外墙外保温工程技术规程》 JGJ 144
吸水量（g/m²）		≤500	《外墙外保温工程技术规程》 JGJ 144

3. 材料要求

（1）岩棉板

技术指标应符合表 10-4-46 和表 10-4-47 的要求。

岩棉板技术指标　　　　　　　　　　　　　　　　表 10-4-46

项　目	性能指标	试验方法
导热系数（25℃） [W/(m · K)]	≤0.040	《绝热材料稳态热阻及有关特性的测定　防护热板法》 GB/T 10294
酸度系数	≥1.8	《建筑外墙用保温用岩棉制品》GB/T 25975
密重（kg/m³）	≥140	《矿物棉以及制品试验方法》GB/T 5480
尺寸稳定性（%）	≤1.0	《硬质泡沫塑料　尺寸稳定性试验方法》GB/T 8811
垂直于表面的抗拉强度（kPa）	≥10	《模塑聚苯板薄抹灰外墙外保温系统》JGJ 149
压缩强度（kPa）	≥40	《矿物棉制品压缩性能试验方法》GB/T 13480
吸水量（kg/m²）	≤0.5	GB/T 25975—2010 中 6.10
燃烧性能	A 级	《建筑材料及制品燃烧性能分级》GB 8624

岩棉板尺寸允许偏差（mm）　　　　　　　　　　　表 10-4-47

项　目	允　许　偏　差
长度	+10，−3
宽度	+5，−3
厚度	±3

（2）岩棉板胶粘剂

技术指标应符合表 10-4-48 的要求。

岩棉板胶粘剂技术指标　　　　表 10-4-48

项　目		指　标	试验方法
拉伸粘结强度（MPa）（与水泥砂浆）	常温常态	≥0.60	《外墙外保温工程技术规程》 JGJ 144
	耐水	≥0.40	
拉伸粘结强度（kPa）（与岩棉板）	常温常态	≥10，或岩棉板破坏	
	耐水	≥10，或岩棉板破坏	
可操作时间（h）		≥2	

（3）岩棉板抹面胶浆

技术指标应符合表 10-4-49 的要求。

岩棉板抹面胶浆技术指标　　　　表 10-4-49

项　目		指　标	试验方法
拉伸粘结强度（kPa）（与岩棉板）	常温常态	≥10，或岩棉板破坏	《外墙外保温工程技术规程》 JGJ 144
	耐水	≥10，或岩棉板破坏	
	耐冻融	≥1.0，或岩棉板破坏	
抗冲击（3J）		合格	《外墙外保温用膨胀聚苯乙烯板抹面胶浆》 JC/T 993
吸水量（g/m²）		≤500	
可操作时间（h）		≥2	

（4）增强网

1）玻纤网

技术指标应符合表 10-4-50 的要求。

玻纤网技术要求　　　　表 10-4-50

检测项目		性能指标（标准玻纤网）	试验方法
标准网孔尺寸（mm）	底层网	10×10	—
	面层网	4~6×4~6	
公称单位面积质量（g/m²）	底层网	≥120	《增强制品试验方法》 GB/T 9914.3
	面层网	≥160	
断裂应变（%）		≤5	《增强材料　机织物试验方法》 GB/T 7689.5
耐碱断裂强力保留率（%）		≥50	
耐碱断裂强力保留值（N/50mm）		≥750	

2）镀锌钢丝网

性能指标应符合表 10-4-51 的要求。

镀锌钢丝网的技术要求　　　　表 10-4-51

项　目	指　标	项　目	指　标
钢丝直径（mm）	0.8~1.0	焊点抗拉力（N）	≥65
网孔中心距（mm）	12~26	断丝（处/m）	≤1
镀锌层质量（g/m²）	≥122	脱焊（点/m）	≤1

（5）机械锚固件

技术指标应符合表 10-4-52 的要求。

机械锚固件技术要求　　　　　　　　表 10-4-52

试验项目	技术指标	试验方法
抗拉承载力标准值 （kN）	在 C25 以上的混凝土中，≥0.60	《外墙外保温用锚栓》 JG/T 366

10.4.5.2 施工技术要点

1. 施工准备

（1）技术准备

1）施工人员应熟悉图纸，了解材料性能，掌握施工要领。

2）施工组织方应对施工人员进行必要的技术培训，尤其是没有做过岩棉外保温系统的施工队伍，要结合做样板墙，掌握操作要领后，再展开大面积施工。

3）在施工前应编制专项施工方案，对施工人员进行书面技术交底。

4）必要时，设计人员应结合施工图纸要求，进行细部做法二次设计。

（2）材料存放要求

1）外保温材料应在库（棚）内存放，注意通风、防潮，严禁雨淋。如露天存放，必须苫盖。

2）材料应分类存放并挂牌标明材料名称。

（3）机具准备

主要机具包括磅秤、电动搅拌器、电锤（冲击钻）、裁刀、自动（手动）螺丝刀、剪刀、钢丝刷、扫帚、棕刷、开刀、墨斗、抹子、压子、阴阳角抿子、托线板、2m 靠尺等。

2. 作业条件

（1）基层墙体

经过工程验收，结构承重墙面或非承重墙面达到质量标准要求，即可进行外墙外保温施工。基层墙体的尺寸偏差应符合表 10-4-53 的规定。

基层墙体允许尺寸偏差　　　　　　　　表 10-4-53

工程做法	项　目			允许偏差（mm）	
砌体工程	垂直度	每层		5	2m 托线板检查
		全高	≤10m	10	经纬仪或吊线和尺检查
			>10m	20	
	基层平整度	清水墙		5	2m 直尺和楔形塞尺检查
		混水墙		8	
混凝土工程	垂直度	层间	≤5m	5	经纬仪或吊线检查
			>5m	8	经纬仪或吊线检查
		全高		$H/1000$ 且≤30	
	基层平整度	2m 长度		8	

（2）门窗口

门窗洞口经过验收，洞口尺寸、位置达到设计和质量要求；外门窗框或辅框已安装完成。

（3）气候条件

施工时，环境温度不低于 5℃，风力不大于 5 级。雨天不能施工。

3. 工艺做法

岩棉带/板薄抹灰外保温系统应按图 10-4-21 所示的流程施工。

4. 操作工艺

（1）岩棉带薄抹灰外保温系统施工应符合以下要求：

1）岩棉带粘贴前宜进行双面界面处理，用适当工具将界面剂涂刮或滚涂在岩棉带表面，并压入岩棉的表层纤维中（厚 1mm 左右）。界面剂不应削弱岩棉带与胶粘剂的粘结强度。这道工序可在工厂实施，也可在施工现场进行。

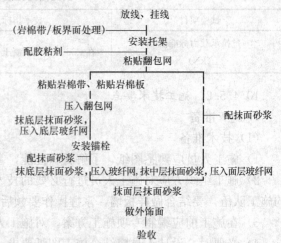

图 10-4-21　岩棉带/板薄抹灰外保温系统施工流程图

2）放线、挂线。在阴角、阳角、阳台栏板和门窗洞口等部位挂垂直线或水平线等控制线。

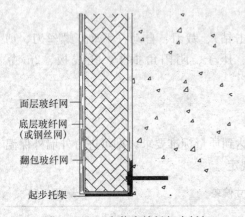

图 10-4-22　安装岩棉板起步托架

3）安装托架。用凸缘锚栓或膨胀螺栓将托架固定于基层墙体的勒脚、阳台栏板、窗口上沿等岩棉板或岩棉带安装的起始位置和设计要求的部位。托架构造及具体安装方法见图 10-4-22，在岩棉板的起始位置安装托架。

4）配制胶粘剂。胶粘剂应在现场制备，按胶粘剂产品说明书（先加水后加料）加水搅拌。搅拌好的胶粘剂应避免太阳直射。胶粘剂一次的配制量宜在 60min 内用完。已凝结的胶粘剂不得再加水搅拌使用。

5）粘贴翻包玻纤网。岩棉带安装起始部位及门窗洞口、女儿墙等收口部位粘结（在粘贴岩棉带前完成）翻包玻纤网，宽度为岩棉带厚加 200mm，长度应根据施工部位具体情况确定。

6）粘贴岩棉带应按以下操作工艺进行：

① 界面层干燥后方可粘贴岩棉带；

② 岩棉带排版宜按水平顺序进行，上下应错缝，错开尺寸宜不小于 200mm，阴阳角处应做错槎处理，岩棉板的拼缝位置不得在门窗口的四角处；

③ 岩棉带粘结面积率应不小于 70%；

④ 岩棉带在阳角处留马牙槎时，伸出阳角的部分不涂抹胶粘剂；

⑤ 粘结岩棉带时应轻柔均匀挤压其表面，随时用托线板检查平整度，每粘完一条，

用 2m 靠尺将相邻岩棉带表面拍平，并及时清除其边缘挤出的胶粘剂，带与带之间应无"碰头灰"；

⑥ 岩棉带应挤紧、拼严，局部不规则处粘贴岩棉带可现场裁切，切口应与表面垂直；

⑦ 墙面边角处岩棉带的长度应不小于 300mm。

7) 锚栓安装应按以下操作工艺进行：

① 岩棉带粘结完毕 24h，且经检查验收合格后进行锚栓安装施工；

② 钻头直径应按《外墙保温用锚栓》JG/T 366 的要求进行选择，基层墙体为加气混凝土时不得使用电锤和冲击钻，钻孔深度应大于锚固深度 10mm；

③ 锚栓应均匀分布，宜呈梅花形布置。

8) 压入增强及翻包玻纤网应按以下操作工艺进行：

① 门窗洞口四角处应在岩棉带表面沿 45°方向加铺 400mm×200mm 的玻纤网；

② 翻包玻纤网与洞口增强网重叠时，可将重叠处的翻包玻纤网裁掉。

9) 底层抹面胶浆、粘贴玻纤网应按以下操作工艺进行：

① 抹面胶浆施工应在锚栓安装完毕，且经检查验收合格后进行；

② 抹面胶浆应按照比例配制，应做到计量准确、机械搅拌、搅拌均匀，一次的配制量宜在 60min 内用完，超过可操作时间后不得再用；

③ 抹面胶浆应均匀涂抹于岩棉带表面，厚度约为 2~3mm；

④ 在抹面胶浆可操作时间内将玻纤网压入抹面胶浆中，玻纤网不得出现"干搭接"；

⑤ 玻纤网应从中央向四周抹平，铺贴遇有搭接时，搭接宽度应不小于 80mm；

⑥ 阳角宜采用角网增强处理，角网位于大面玻纤网内侧，不得搭接。

10) 面层抹面胶浆施工，宜在底层抹面胶浆凝结前或 24h 后进行，厚度 1~2mm，以仅覆盖玻纤网、微见玻纤网轮廓为宜。抹面胶浆总厚度应控制在 3~5mm。

11) 所有穿过岩棉带的穿墙管线和构件，其出口部位都应进行防水密封。

12) 外饰面作业应待抹面胶浆基层达到饰面施工要求时进行，具体施工方法按相关施工标准进行。

（2）岩棉板薄抹灰外保温系统施工应符合以下要求：

1) 岩棉板界面处理、放线挂线、安装托架、配制胶粘剂、粘贴翻包网分别按岩棉带薄抹灰外保温系统施工相关条款执行。

2) 岩棉板粘贴除岩棉板标准板尺寸和粘结面积率不同外，应符合以下要求：

① 岩棉板标准板尺寸宜根据密度、工程所需厚度和胶粘剂用量计算后确定；

② 岩棉板粘贴宜采用点框粘方法，粘结面积率不应小于 40%。

3) 压入翻包网和增强网工序执行岩棉带薄抹灰外保温系统施工相关条款执行。

4) 底层抹面胶浆和底层玻纤网施工应按以下操作工艺进行：

① 抹面胶浆施工宜在岩棉板粘结完毕 24h，且经检查验收合格后进行；

② 抹面胶浆应按照比例配制，应做到计量准确、机械搅拌、搅拌均匀，一次的配制量宜在 60min 内用完，超过可操作时间后不得再用；

③ 抹面胶浆应均匀涂抹于板面，厚度约为 2~3mm；

④ 在抹面胶浆可操作时间内将底层玻纤网压入抹面胶浆中；

⑤ 玻纤网应从中央向四周抹平，玻纤网应拼接严密。

5) 中层抹面胶浆和面层玻纤网施工应按以下操作工艺进行：

① 锚栓安装完毕经验收合格后，在底层玻纤网上抹抹面胶浆，厚度约为 2mm；

② 抹抹面胶浆后，即将面层玻纤网压入抹面胶浆中；

③ 玻纤网应从中央向四周抹平，铺贴遇有搭接时，搭接宽度应不小于 80mm；

④ 阳角宜采用角网增强处理，角网位于面层玻纤网内，不得搭接；

⑤ 面层抹面胶浆施工，宜在中层抹面胶浆凝结前或 24h 后进行，厚度 1～2mm，以仅覆盖玻纤网、微见玻纤网轮廓为宜。抹面胶浆总厚度应控制在 5～7mm。

(3) 非透明幕墙岩棉外保温系统应按图 10-4-23 所示的流程施工。

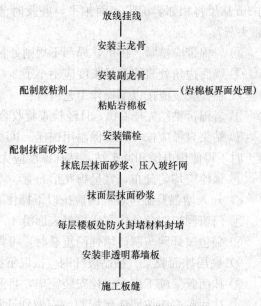

图 10-4-23 非透明幕墙岩棉外
保温系统施工流程图

10.4.5.3 质量验收

1. 一般规定

(1) 质量验收应符合《建筑节能工程施工质量验收规范》GB 50411。

(2) 材料和配套辅件（材）必须符合设计文件要求和产品标准的要求。材料或产品进入施工现场时，应具有中文标识的出厂质量合格证、产品出厂检验报告、有效期内的系统型式检验报告等。

(3) 材料进场时应按照相关规定的要求在施工现场抽样复验。复验应为见证取样送检。

(4) 岩棉外保温施工过程中应及时进行质量检查、隐蔽工程验收和检验批验收，施工完成后应进行墙体节能保温分项工程验收。

(5) 外保温工程验收的检验批划分应符合下列规定：

1) 采用相同材料、工艺和施工做法的墙面，每 500m²～1000m² 面积划分为一个检验批，不足 500m² 也为一个检验批。

2) 检验批的划分也可根据与施工流程相一致且方便施工与验收的原则，由施工单位与监理（建设）单位共同商定。

(6) 应对下列部位或内容进行隐蔽工程验收，并应有详细的文字记录和必要的图像资料：

1) 保温层附着的基层墙体（包括水泥砂浆找平层）及其处理。

2) 岩棉板或岩棉带粘结或固定。

3) 被封闭的保温层的厚度。

4) 网布的铺设与层数。

5) 锚栓类别、数量与锚固深度。

6) 抹面层厚度。

7）各加强部位及门窗洞口和穿墙管线部位的处理。

8）墙体热桥部位处理。

（7）岩棉外墙外保温工程竣工验收应提供下列资料，并纳入竣工技术档案：

1）外保温系统的设计文件、图纸会审记录、设计变更和洽商记录；

2）有效期内的外墙外保温系统的型式检验报告；

3）主要组成材料的产品合格证、出厂检验报告、进场复验报告和进场核查记录；

4）节能施工技术方案、施工技术交底；

5）隐蔽工程验收记录（包括基层墙体处理、岩棉板背面粘结胶浆和粘结点、锚栓固定的位置及数量、增强网的铺设等）和相关图像资料；

6）检验批、分项工程验收记录；

7）其他对外保温工程质量有影响的必要资料。

2. 主控项目

（1）所用材料和半成品、成品进场后，应做质量检查和验收，其品种、性能应符合设计文件和有关标准的要求。

（2）岩棉外墙外保温工程使用的岩棉板（岩棉带）及系统施工配套材料进场时，应对其性能进行复验。现场抽样复验材料：岩棉板（带）、胶粘剂、抹面胶浆、耐碱玻璃纤维网格布、锚栓等。复验应为见证取样送验。

（3）外墙外保温工程使用的抹面材料，其冻融试验结果应符合该地区最低气温环境的使用要求。

（4）墙体节能保温工程施工前应按照设计和施工方案的要求对基层墙体进行处理，处理后的基层应符合施工方案的要求。

（5）岩棉板外保温系统用锚栓进场后，应在基层墙体中进行抗拉承载力现场拉拔试验，其抗拉承载力标准值应符合设计和相关规定的要求。

（6）墙体节能保温工程的构造做法应符合设计以及相关规定对系统的构造要求。门窗外侧洞口周边墙面和凸窗非透明的顶板、侧板和底板等热桥部位应按设计和相关规定要求采取保温断桥措施。

（7）外墙外保温工程的施工，应符合下列规定：

1）岩棉带与基层墙体必须粘结牢固，无松动和虚粘现象。

2）岩棉带外保温系统与基层墙体拉伸粘结强度不得小于 $80kPa$。

3）岩棉板粘结面积率应满足要求，岩棉带粘结面积率应满足要求。

4）锚栓数量、锚固位置、锚固深度应符合设计要求，并做抗拉承载力现场拉拔试验。

5）岩棉板和岩棉带的平均厚度必须符合设计要求。

6）抹面胶浆与岩棉板或岩棉带必须粘结牢固，无脱层、空鼓，面层无裂缝。

（8）外墙热桥部位应按设计要求采取节能保温等隔断热桥措施。

3. 一般项目

（1）本系统各组成材料与配件进场时的外观和包装应完整无破损，符合设计要求和产品标准的规定。

（2）界面剂喷涂质量应符合施工要求。

（3）岩棉板和岩棉带安装应上下错缝，各板间应挤紧拼严，拼缝应平整，碰头缝不得抹胶粘剂。

（4）玻纤网应铺压严实，包覆于抹面胶浆中，不得有空鼓、褶皱、翘曲、外露等现象。搭接长度应符合规定要求。增强部位的玻纤网做法应符合设计和相关规定的要求。

（5）岩棉板和岩棉带安装允许偏差应符合表 10-4-54 的规定。

岩棉板和岩棉带安装允许偏差和检验方法　　　　　　表 10-4-54

项次	项　　目	允许偏差（mm）	检查方法
1	表面平整	4	用 2m 靠尺和楔形塞尺检查
2	立面垂直	4	用 2m 垂直检查尺检查
3	阴、阳角垂直	4	用 2m 托线板检查
4	阳角方正	4	用 200mm 方尺检查
5	接茬高差	1.5	用直尺和楔形塞尺检查

（6）变形缝构造处理和保温层开槽、开孔及装饰件的安装固定应符合设计要求。

（7）抹面层的允许偏差和检验方法应符合表 10-4-55 的规定。

外保温墙面抹面层的允许偏差和检验方法　　　　　　表 10-4-55

项次	项　　目	允许偏差（mm）	检查方法
1	表面平整	4	用 2m 靠尺和楔形塞尺检查
2	立面垂直	4	用 2m 垂直检测尺检查
3	阴、阳角方正	4	用直角检测尺检查
4	直线度（装饰线）	4	拉 5m 线，不足 5m 拉通线，用钢直尺检查

10.4.6　保温装饰板外墙外保温系统

10.4.6.1　技术简介

1. 保温装饰板外墙外保温系统基本构造（表 10-4-56）。

保温装饰板外保温系统基本构造　　　　　　表 10-4-56

基层①	系统的基本构造		构造示意图
	粘结层②	保温装饰层③	
混凝土墙体、各种砌体	保温板胶粘剂	保温装饰复合板	

注：必要时进行基层找平，保温装饰复合板必要时单面界面处理，必要时使用锚固件。

2. 系统技术要求

保温装饰板外墙外保温系统应符合表 10-4-57 的要求。

系统技术要求 表 10-4-57

项　目	指　标
耐候性能	试验后抹面层与保温层拉伸粘结强度不小于 100kPa，对于保温装饰复合板外墙外保温系统试验后饰面层与保温层拉伸粘结强度不小于 100kPa
	试验后系统不得出现起泡或剥落、抹面层及饰面层空鼓或脱落等破坏，不得产生目测可见裂缝
耐冻融性能	10 次冻融循环试验后抹面层与保温层拉伸粘结强度要求不小于 100kPa，对于保温装饰复合板外墙外保温系统试验后饰面层与保温层拉伸粘结强度不小于 100kPa
	试验后系统不得出现起泡或剥落、抹面层及饰面层空鼓或脱落等破坏，不得产生渗水裂缝
抗冲击性	普通型 3J 级，适用于建筑物二层及以上墙面等不易受碰撞部位
	加强型 10J 级，适用于建筑物首层墙面以及门窗口等易受碰撞部位
吸水量	水中浸泡 1h，系统的吸水量小于 $1.0kg/m^2$
热阻	实测值
抹面层不透水性	2h 不透水
水蒸气湿流密度	$\geqslant 0.85g/(m^2 \cdot h)$
防火性能	系统不具有火焰传播性

注：1. 水中浸泡 24h，当只带有抹面层和带有抹面层及饰面层的系统的吸水量均小于 $0.5kg/m^2$ 时，不检验耐冻融性能。

　2. 如系统设计带有防火构造，须检查防火构造是否符合设计和相关标准要求，并对带有防火构造的系统进行试验。

　3. 对于系统的防火性能试验，每个企业的每一种外保温系统只做一次满足要求即可；当系统中的任一组成材料发生变化时，应进行再次试验。

3. 材料技术要求

保温装饰板外观应颜色均匀一致、表面平整、无破损，其性能指标应符合表 10-4-58 的要求，其外观和尺寸允许偏差应符合表 10-4-59 的要求。装饰面板除涂料外，其他均应采用不燃材料。

保温装饰板性能指标 表 10-4-58

项　目		指　标	
		Ⅰ 型	Ⅱ 型
单位面积质量（kg/m^2）		<20	$20 \sim 40$
拉伸粘结强度（kPa）	原强度	$\geqslant 0.10$，破坏发生在保温材料中	$\geqslant 0.20$，破坏发生在保温材料中
	耐水	$\geqslant 0.10$	$\geqslant 0.20$
	耐冻融	$\geqslant 0.10$	$\geqslant 0.20$
抗弯承载力（kN/m^2）		$\geqslant 1.5$	
保温材料燃烧性能		有机型 B_2 或 B_1 级，无机型 A 级	
抗冲击强度（J）		用于建筑物首层 10.0J 冲击合格，其他层 3.0J 冲击合格	

项　目	指　标	
	Ⅰ 型	Ⅱ 型
保温材料导热系数	符合相应标准要求	
耐酸性，48h	无异常	
耐碱性，96h	无异常	
耐盐雾，500h	无损伤	
耐老化，1000h	合格	
耐沾污性（%）	≤10	
附着力（级）	≤1	

注：耐沾污性、附着力仅限平涂饰面。

保温装饰板外观和尺寸允许偏差　　　　表 10-4-59

项　目	指　标	项　目	指　标
厚度（mm）	±2.0	对角线差（mm）	≤3.0
长度（mm）	±2.0	板面平整度（mm）	≤2.0
宽度（mm）	±2.0		

4. 粘结砂浆

粘结砂浆性能指标应符合表 10-4-60 的要求。

胶粘剂性能指标　　　　表 10-4-60

项　目		指　标
拉伸粘结强度（MPa）	原强度	≥0.60
（与水泥砂浆）	耐水	≥0.40
拉伸粘结强度（MPa）	原强度	与 Ⅰ 型≥0.10，与 Ⅱ 型≥0.20
（与保温装饰板）	耐水	与 Ⅰ 型≥0.10，与 Ⅱ 型≥0.20
可操作时间（h）		≥1.5

5. 密封胶

密封胶主要性能指标应符合《硅酮建筑密封胶》GB/T 14683 的要求。

6. 锚固件

锚固件主要性能指标应符合《外墙保温用锚栓》JG/T 366 的要求。

7. 嵌缝材料

嵌缝材料燃烧性能不应低于《建筑材料及制品燃烧性能分级》GB 8624 中规定的 B_1 级。

10.4.6.2　施工技术要点

1. 施工准备

（1）基层墙体。结构承重墙面或非承重墙面，对于二次结构填充墙体要求采用强度不低于 M7.5 砂浆抹面，并经过工程验收达到质量标准，通过检测确认墙面基层其与所用胶粘剂有良好的附着力。即

$$F = B \cdot S \geqslant 0.10 \text{N/mm}^2 \qquad (10\text{-}4\text{-}2)$$

式中 F——基层墙体的附着力（N/mm²）；

B——实测基层墙体与所用胶粘剂的拉伸粘结强度（N/mm²）；

S——粘结面积率（%）。

锚固件必须进行现场拉拔试验。

（2）进行外墙外保温施工的墙体基面的尺寸偏差还应符合表 10-4-61 的规定。

外墙基面的允许尺寸偏差　　　　　　　　　　表 10-4-61

工程做法	项　目			允许偏差（mm）	
砌体工程	墙面垂直度	每层		5	2m 托线板检查
		全高	≤10m	10	经纬仪或吊线检查
			>10m	20	
	表面平整度			5	2m 直尺和楔形塞尺检查
混凝土工程	墙面垂直度	层间	≤5m	8	经纬仪或吊线检查
			>5m	10	
		全高		H/1000 且≤30	
	表面平整	2m 长度		5	2m 直尺和楔形塞尺检查

（3）施工环境温度不低于 5℃，风力 4 级以上及雨天不得施工。

（4）施工部位标高在 20m（含 20m）以上应增设锚固件，以增加连接安全度。应按设计要求采用锚固件固定保温装饰板，锚固件安装宜在胶粘剂凝固后进行。锚固件安装数量宜为 6 个/m 且应符合设计和产品说明书的要求，锚固点的位置和锚固件的规格应符合设计和产品说明的要求。

（5）建筑物高度 20m 以上时应按要求设置防火隔离带，防火隔离带应是用 A 级保温材料制作的保温装饰板，板高度不小于 300mm。

（6）材料应分类有标识存放，保温装饰板要码放整齐，远离明火火源，防雨防潮。胶粘剂和填缝剂等材料要放置在干燥处，不得受潮受损。液态胶存放温度不低于 0℃；嵌缝带、嵌缝胶粘剂存放注意防雨防潮和保质期。

（7）根据保温装饰板工程的施工图和设计要求，要做好排版设计和标记。

2. 施工机具

外接电源设备、电动搅拌器、开槽器、角磨机、电锤、称量衡器、密齿手锯、壁纸刀、剪刀、螺丝刀、钢丝刷、腻子刀、抹子、阴阳角捊子、托线板、2m 靠尺等。

3. 施工要点

（1）根据工程进度及现场情况，安装外墙外保温板由下到上施工，进行流水作业。

（2）基层处理：按基层墙体的要求将基层凹凸不平处、空鼓、浮渣、裂缝等进行处理，处理平整的基层上宜涂刷一层界面处理剂。

（3）测量放线：在处理完毕符合要求的基层墙体上，根据建筑立面设计和外墙外保温技术要求，在墙面弹出外门窗口水平、垂直控制线及膨胀缝线、装饰缝线等。

（4）挂基准线：在建筑外墙大角（阳角、阴角）及其他必要处挂垂直基准线，每个楼层适当位置挂水平线，以控制外保温板的垂直度和平整度。

（5）配制胶粘剂：根据生产厂使用说明书提供的配合比配制，专人负责，严格计量，机械搅拌，确保搅拌均匀。配好的料注意防晒避风，一次配制量应在可操作时间内用完。

（6）按产品供应商和设计要求的尺寸，在工程进行前应将保温装饰板进行预排列并编号、标记。阴阳角等异形部位可现场裁切或采用预制异形板，在整个墙面的边角处安装板时，应采用大于 300mm 的板，但板的拼缝不宜留在门窗口的边缝处。保温装饰板的板缝应采用弹性的密封胶处理，施工顺序纵向由下而上，横向施工应是先阳角后阴角。

（7）保温装饰板的粘贴应四边密封，粘结面积率应保证不小于 50%，不得在板的侧面涂抹胶粘剂。

（8）粘板时应按水平顺序操作，上下应错缝粘贴，阴阳角应错槎处理。粘板应轻柔、均匀挤压保温装饰板，随时用 2m 靠尺和托线板检查平整度和垂直度。粘板时注意清除板边溢出的胶粘剂，使板与板之间板缝控制在 10～15mm。

（9）外门窗口的保温装饰板做法应按设计要求预制特殊尺寸的保温装饰板进行粘贴锚固，上沿线必须做出外斜度流水坡度，下沿线必须做出内斜度滴水坡度。外门窗洞口的上沿采用不燃 A 类保温装饰板进全粘贴安装，见图 10-4-24。

（10）锚固件的安装必须与面板连接，不同保温装饰板锚固件安装构造不同，其构造及安装示意图见 10-4-25 和图 10-4-26，数量应符合设计要求。锚固件安装应用电锤（冲击钻）打孔，孔径视锚固件插孔直径而定，锚固深度应大于 50mm，拧入或敲入锚钉，锚钉头不得超过板面。

（11）防火隔离带的设置：防火隔离带设置应用 A 类不燃保温材料制备的保温装饰板，其宽度为 300mm，通常设置在门窗上方，安装方式同上。

（12）加强层做法：在建筑物首层和其他需要加强的部位如女儿墙，应按照防冲撞和防水的设计要求进行处理，应采用抗冲击面层保温装饰板。女儿墙部位要做

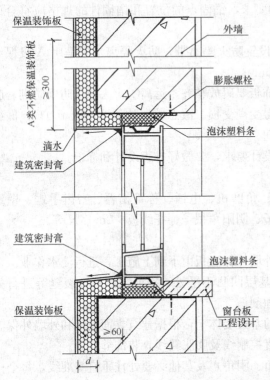

图 10-4-24 外门窗口保温饰面板做法

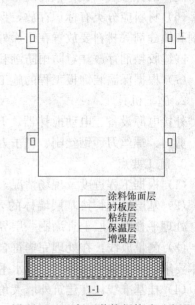

图 10-4-25 保温装饰板构造示意图

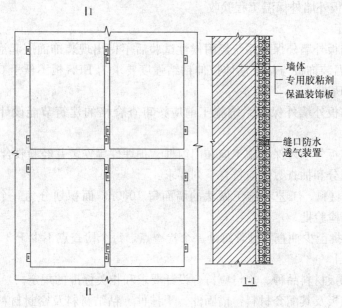

图 10-4-26 保温装饰板安装示意图

好外侧、顶端和内侧的保温防水密封工作，与屋面防水工程接口处要处理好，不得渗漏，具体见图 10-4-27。

（13）板缝的处理：在保温装饰板系统中，板缝同装饰缝基本相同，板缝均需密封处理。在处理板缝时，在缝间填塞泡沫塑料保温棒（PE，PVC 等）或聚苯乙烯板片，直径或宽度为缝宽的 1.3 倍，保温棒填入的厚度与保温装饰板中保温层的厚度相同；缝间也可用聚氨酯泡沫填缝剂填满。而后采用硅酮或聚硫密封剂进行建筑密封勾填，做面层防水处理，深度为缝宽的 50％左右。对工程中设置的沉降缝处理应按设计和相关标准缝处理的方式进行，最后采用金属盖板，并用射钉固定。具体做法见图 10-4-28。

（14）保温装饰板施工完成后，后续工序与其他正在进行工序应注意对成品进行保护。同时对板面进行清理、擦拭干净，显露出装饰效果。

图 10-4-27　女儿墙保温防水做法 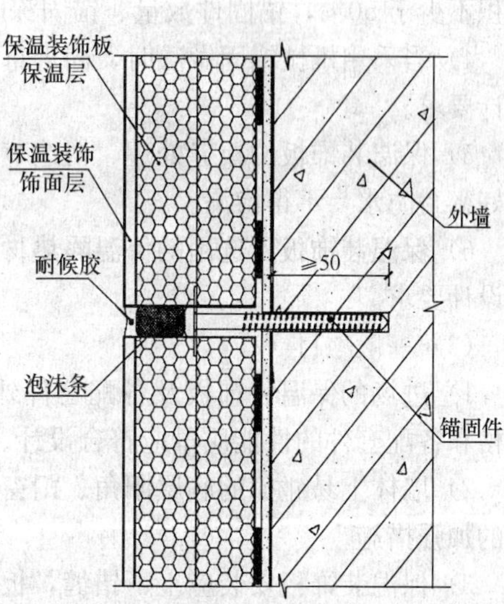　　　　图 10-4-28　板缝的处理

4. 保温装饰板外墙外保温工程验收

（1）一般规定

1）保温装饰板外墙外保温系统经耐候性试验后不得出现装饰面层起泡或剥落，不得有渗水裂缝。保温装饰板与基层墙体拉伸粘结强度要求为 EPS 板不低于 0.10MPa，XPS 板不低于 0.20MPa。

2）保温装饰板外墙外保温系统施工前应按审查合格的建筑节能设计要求编制施工方案。

3）保温装饰板外墙外保温施工应在门窗框、预埋件等安装并经验收合格后再进行。

4）检验批划分和抽查数量应符合下列要求：

① 采用相同材料、工艺和施工做法的墙面每 1000m² 面积划分为一个检验批，不足 1000m² 也为一个检验批。

② 每个检验批至少抽查 3 处，每处一个检查点，每个检查点不少于 3 块保温装饰板。

（2）主控项目

1）保温装饰板材料品种、规格应符合设计要求和相关标准的规定。

2）保温装饰板及其配套材料：锚固件、干挂件、粘结材料及密封材料应符合设计要求及相关标准的规定（复验项目见表 10-4-62）。

复验的主要材料和项目　　　　　　　　　　　　　　表 10-4-62

材料名称	项　目
保温装饰板	保温层导热系数、面密度、抗弯荷载、保温层厚度
金属挂件	单个抗拉承载力
锚固件	单个抗拉承载力
胶粘剂	常温常态拉伸粘结强度（与保温材料）
密封材料	拉伸粘结强度

3）当采用粘锚做法时，保温装饰板与墙面必须粘结牢固，无松动和虚粘现象，粘结面积不少于 50%，锚固件数量、锚固深度均应符合设计要求。

4）当采用机械锚固做法时，固定每块板的锚固件数量、锚固方式和锚入深度应符合设计要求。

5）保温装饰板的板缝处理、构造节点及嵌缝做法应符合设计要求，保温装饰板缝应做好密封防水，不得渗漏。

6）保温装饰板所选用的保温隔热材料其性能要符合相应标准要求，保温层厚度要符合设计要求。

（3）一般项目

1）进场的保温装饰板及各配套件外观和包装应完整、无破损，保温装饰板的性能、规格和各配套件的性能质量应符合设计、有关标准及产品标准的规定。

2）墙体上易碰撞的底层阳角、门窗洞口及不同材料交接处，其保温板应采取防止破损的加强措施。

3）保温装饰板安装应上下错缝，板缝均匀、整齐。

4）保温装饰板安装后，墙面层的尺寸偏差应符合表 10-4-63 的要求。

5）保温装饰板安装后墙面的造型、立面分格、颜色和图案等外观应符合设计的要求。

保温装饰板安装的允许偏差和检验方法　　　　　　　　表 10-4-63

项次	项　目		允许偏差（mm）	检验方法
1	表面平整		4	用 2m 靠尺和楔形塞尺检查
2	保温装饰板外表面平整度	宽度≤20m	≤5	用激光仪测量
		宽度≤40m	≤7	
		宽度≤60m	≤9	
		宽度＞60m	≤10	
3	阴、阳角垂直度		2	用 2m 托线板检查
4	阴、阳角方正度		2	用方尺和楔形塞尺检查
5	接缝高差		2	用直尺和楔形塞尺检查

10.4.7　真空绝热板外墙外保温系统

10.4.7.1　系统构造

真空绝热板薄抹灰外墙外保温系统由胶粘剂、真空绝热板、抹面胶浆、玻璃纤维网布及饰面材料等组成。真空绝热板外保温系统置于建筑物外墙外侧，与基层墙体连接采用粘贴方式，真空绝热板薄抹灰外墙外保温系统基本构造见图 10-4-29。

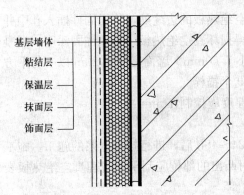

图 10-4-29　真空绝热板薄抹灰外墙外
保温系统基本构造

说明：粘结层——胶粘剂
　　　保温层——真空绝热板
　　　抹面层——抹面胶浆复合玻璃纤维网布，普
　　　　　　　通型厚度 3～5mm，加强型厚度 5～7mm
　　　饰面层——涂料腻子或饰面砂浆

10.4.7.2　性能与特征

建筑用真空绝热板性能指标应符合表 10-4-64 的要求。

建筑用真空绝热板性能指标

表 10-4-64

项　目		指　标
导热系数，W/(m・K)		≤0.008
垂直于板面的抗拉强度（MPa）		≥0.08
尺寸稳定性（%）	长度、宽度	≤0.5
	厚度	≤1.5
体积吸水率（%）		≤2.0
压缩强度（MPa）		≥0.15
燃烧性能		不低于 A2 级（A 级）

注：当材料燃烧性能分级达到 A2 级或 A1 级时，可视其
燃烧性能分级为 A 级。

10.4.7.3　真空绝热板薄抹灰外墙外保温系统施工

1. 挂基准线

在外墙各大角（阳角、阴角）及其他必要处挂垂直基准线，在每个楼层的适当位置挂水平线，以控制真空绝热板的垂直度和水平度。

2. 材料配置

粘结砂浆和抹面砂浆均为单组分材料，水灰比应按材料供应商产品说明书配制，用砂

浆搅拌机搅拌均匀，搅拌时间自投料完毕后不少于 5min，一次配制用量以 4h 内用完为宜（夏季施工时间宜控制在 2h 内）。

3. 粘贴方法

真空绝热板在基层墙体上的粘贴应采用满粘法，并符合下列要求：

（1）真空绝热板铺贴之前应清除表面浮尘。

（2）真空绝热板施工应从首层开始，并距地面 300mm 处弹出水平线，用 1：3 水泥砂浆并按照要求添加一定的防水剂，粉刷和真空绝热板相同厚度的防水层做托架，干固后自下而上沿水平方向横向铺贴真空绝热板，上下排之间真空绝热板的粘贴应错缝 1/2 板长。

（3）真空绝热板与基层墙体粘贴采用满贴法粘贴，粘贴时用铁抹子在每块真空绝热板上均匀批刮一层厚不小于 3mm 的粘结砂浆，粘贴面积大于 95%，及时粘贴并挤压到基层上，板与板之间的接缝缝隙不得大于 1mm。

（4）真空绝热板在墙角转角处应先排好尺寸，使其垂直交错连接，并保证墙角垂直度，不得裁切真空绝热板。

（5）在粘贴窗框四周的阳角和外墙角时，应先弹出垂直基准线，作为控制阳角上下垂直的依据，门窗洞口四角部位的真空绝热板应采用整块真空绝热板形进行铺贴，不得拼接。接缝距洞口四周距离应不小于 100mm。

4. 锚固件施工

锚固件锚固应在粘结砂浆凝结后进行，在真空绝热板的边缝处，将锚固件插入孔中并将塑料压盘的平面拧压到真空绝热板的边上，不得损坏真空绝热板，有效锚固深度：混凝土墙体不小于 25mm；加气混凝土等轻质墙体不小于 50mm。墙面高度在 20m 以下每平方米设置 4～5 个锚栓，20m 以上每平方米设置 7～9 个锚栓。

锚栓固定后抹第二道抹面砂浆，总抹面砂浆厚度应控制在 5mm。

5. 抹面砂浆施工

真空绝热板大面积铺贴结束后，视气候条件 24～48h 后，进行抹面砂浆的施工。施工前用 2m 靠尺在真空绝热板平面上检查平整度，对凸出的部位应刮平并清理真空绝热板表面碎屑后，方可进行抹面砂浆的施工。

抹面砂浆施工时，同时在檐口、窗台、窗楣、雨篷、阳台、压顶以及凸出墙面的顶面做出坡度，下面应做出滴水槽或滴水线。

6. 网布施工

用铁抹子将抹面砂浆粉刷到真空绝热板上，厚度应控制在 5mm，先用大杠刮平，再用塑料抹子搓平，随即用铁抹子将事先剪好的网布压入抹面砂浆表面，网布平面的搭接宽度不应小于 50mm，阴阳角处的搭接不应小于 200mm，铺设要平整无褶皱。在洞口处应沿 45°方向增贴一道 300mm×400mm 网布。首层墙面宜采用三道抹灰法施工，第一道抹面砂浆施工后压入网布，待其稍干硬，进行第二道抹灰施工后压入加强型网布，第三道抹灰将网布完全覆盖。

10.4.8 建筑外保温工程防火、防水施工技术

10.4.8.1 建筑外保温工程施工防火技术

1. 一般规定

（1）建筑外围护结构所用材料及系统的燃烧性能等级和耐火极限应符合《建筑设计防

火规范》GB 50016 的有关规定。

（2）将民用建筑外墙外保温分成非幕墙构造的外墙外保温和幕墙构造的外墙外保温两大类。在工程设计中遇到部分为幕墙构造、部分为非幕墙构造时，幕墙部分执行幕墙的防火设计规定，非幕墙部分执行非幕墙的防火设计规定。

（3）外保温系统中保温材料的燃烧性能等级不得低于 B_2 级，并应优先采用 A 级保温材料。

（4）粘贴保温板外墙外保温系统中必须采用抹面砂浆将保温层完全覆盖。首层抹面砂浆层的厚度应不小于 6mm，其他层应不小于 4mm。

（5）外保温系统在采取构造措施后，除应符合防火性能要求外，系统性能应满足外保温耐候性等要求。

（6）建筑设计图纸中应说明外保温系统（包括幕墙系统）的防火性能要求及主要的构造做法。严禁工程建设各方擅自修改设计文件。变更防火设计文件时，应征得设计单位、建设单位、施工单位以及设计审查单位的同意。

（7）外保温系统中，保温层与基层墙体之间以及保温层与面板之间不应形成非闭合的空腔。点式粘贴保温板时应使空腔封闭。保温层外加设龙骨时，也应按层封堵竖向的非闭合空腔。

（8）防火隔离带的高度不应低于 200mm，宜设置在楼层楼板处或窗口上方 200～400mm 处，并应沿水平方向通长、交圈设置。防火隔离带与基层墙体之间不得有空腔。防火隔离带应采用 A 级保温材料或与 A 级保温材料防火性能等效的复合材料制成。

2. 建筑外保温工程防火隔离带技术

防火隔离带基本构造应符合图 10-4-30 的规定。

（1）防火隔离带宽度不应小于 300mm。

（2）防火隔离带的厚度应与外墙外保温系统厚度相同。防火隔离带保温板应与基层墙体全面积粘贴。

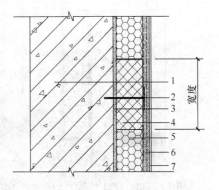

图 10-4-30　防火隔离带基本构造
1—墙体基层；2—锚栓；3—胶粘剂；4—防火隔离带保温板；5—外保温系统的保温材料；6—抹面胶浆＋玻纤网格布；7—饰面层

（3）防火隔离带保温板应使用锚栓辅助连接，锚栓应压住底层网格布。锚栓位置应设置在保温板宽度中间，锚栓间距不应大于 600mm，锚栓距离保温板端部不应小于 100mm，每块保温板上的锚栓数量不应少于 1 个。当采用岩棉隔离带时，扩压盘直径不应小于 100mm。

（4）防火隔离带应与保温层同时施工，其抹面层的厚度和构造做法与外保温系统相同，抹面层应将保温材料和锚栓完全覆盖。

（5）防火隔离带部位应加底层玻纤网格布，底层玻纤网格布垂直方向超出防火隔离带不应小于 100mm，见图 10-4-31，水平方向可对接，对接位置离防火隔离带保温板接缝位置不应小于 100mm，见图 10-4-32 面层玻纤网格布的上下如有搭接，搭接位置距离隔离带不应小于 200mm。

（6）当防火隔离带在窗口上沿时，窗口上部防火隔离带在粘贴时应做翻包处理，翻包玻纤网格布应超出防火隔离带保温板 100mm，见图 10-4-33。翻包网、底层网、面层网不得在窗口顶部搭接或对接，抹面层平均厚度不宜小于6mm。

（7）当防火隔离带在窗口上沿时，如果窗框外表面缩进基层墙外表面，窗洞口顶部外露部分也应设置防火隔离带，防火隔离带保温板宽度不小于300mm，见图10-4-34。

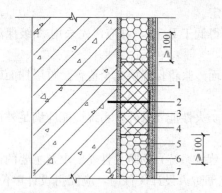

图10-4-31　防火隔离带网格布垂直方向搭接

1—墙体基层；2—锚栓；3—胶粘剂；4—防火隔离带保温板；5—外保温系统的保温材料；6—抹面胶浆＋玻纤网格布；7—饰面层

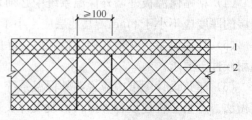

图10-4-32　防火隔离带网格布
水平方向搭接

1—底层玻纤网格布；2—防火隔离带保温板

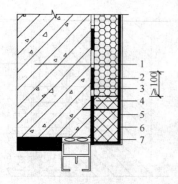

图10-4-33　窗口上部防火隔离带做法

1—墙体基层；2—外保温系统的保温材料；3—胶粘剂；4—防火隔离带保温板；5—锚栓；6—抹面胶浆＋玻纤网格布；7—饰面层

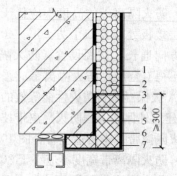

图10-4-34　窗口上部防火隔离带做法

1—墙体基层；2—外保温系统的保温材料；3—胶粘剂；4—防火隔离带保温板；5—锚栓；6—抹面胶浆＋玻纤网格布；7—饰面层

（8）防火隔离带应设置在门窗洞口上部，隔离带下边缘距洞口上沿不应超过500mm。

（9）在严寒、寒冷地区防火隔离带热阻不得小于外墙外保温系统热阻的50％；在夏热冬冷地区防火隔离带热阻不得小于外墙外保温系统热阻的40％。

（10）防火隔离带部位墙体内表面温度不得低于室内空气设计温湿度条件下的露点温度。

（11）防火隔离带部位应按《民用建筑热工设计规范》GB 50176进行防潮验算，防止内部结露。采用防火隔离带外墙外保温系统的墙体平均传热系数、热惰性指标应符合相关建筑节能设计标准要求。

3. 防火隔离带施工技术要点

（1）防火隔离带的施工组织应纳入外墙外保温工程中，与外墙外保温系统同步施工。

（2）防火隔离带的施工应按设计要求和施工方案要求进行，不得擅自改动。施工方案应包括：防火隔离带构造、样板墙要求、组成材料及主要指标、施工准备、施工流程、施工要点、主要节点做法、质量控制措施等。

（3）防火隔离带保温层施工应与外墙外保温系统保温层同步进行，不应在外墙外保温系统保温层中预留位置，后粘贴防火隔离带保温板。

（4）防火隔离带保温板与外墙外保温系统保温板之间应拼接严密，宽度超过 2mm 的缝隙应用外墙外保温系统保温材料填塞。

（5）在门窗洞口周边，先做洞口外露部位保温层，再做大面保温板和防火隔离带，最后做抹面胶浆抹面层，抹面层应连续施工，并应完全覆盖隔离带和保温层。在门窗角处应连续施工，不留槎。

（6）岩棉隔离带应采用界面剂或界面砂浆进行表面处理。

10.4.8.2 建筑外保温工程施工防火

1. 一般规定

（1）外保温工程施工应符合设计文件的要求，工程建设各方不得擅自修改设计文件。更改保温材料或防火构造，应征得设计单位、设计审批单位和建设单位的同意。

（2）外保温工程所用保温材料的燃烧性能应满足设计要求，并不得低于表 10-4-65 的要求。

可燃类保温材料燃烧性能要求   表 10-4-65

燃烧性能	聚苯乙烯泡沫塑料		硬质聚氨酯泡沫塑料	酚醛树脂泡沫塑料
	XPS	EPS		
氧指数	≥30	≥30	≥30	≥32
燃烧性能等级	不低于 B_2			不低于 B_1

（3）外保温工程施工现场的防火安全由总承包单位和分包单位共同负责。总承包单位对外保温工程施工现场的防火安全负总责，并应制定相应的消防管理制度，由各分包单位具体落实；分包单位应负责分包范围内外保温工程施工现场的防火安全，并接受总承包单位的监督管理。

（4）总承包单位和分包单位应分别落实外保温工程施工防火安全责任制，确定外保温工程施工单位现场负责人具体负责施工现场的防火安全工作；配备或指定防火工作人员，负责外保温工程施工期间的日常防火安全技术管理工作。

（5）外保温分包单位应根据外保温工程和保温材料特点编制施工方案，方案中应有具体的防火安全技术措施和施工现场火灾事故应急预案；方案中应避免外保温工程施工与有明火的工序交叉作业。

（6）总承包单位或分包单位应在施工现场合理有效地配置灭火器材与设施，作业前应对相关施工人员进行有关防火安全教育培训，并要求掌握外保温工程施工过程中防火、灭火的知识和技能。

2. 材料防火性能要求

（1）总、分包单位应对外保温工程所用的可燃类保温材料等进行严格的防火安全管理和监督检查。

（2）保温材料和配套材料进场时应按 GB 50411《建筑节能工程施工质量验收规范》

的规定进行检验。进场的保温材料必须有材料燃烧性能等级检验报告。

（3）进入施工现场的可燃类保温材料，应对其燃烧性能等级进行见证取样复验。复验结果应符合设计要求。

（4）组成保温装饰板的可燃类保温材料的燃烧性能应满足设计要求。

3. 防火施工

（1）施工准备

1）外保温工程施工现场为禁火区域，应远离火源、严禁吸烟。如附近有明火作业，必须严格执行动火审批制度。

2）外保温工程施工作业工位，应配备足够的消防器材，指定专人维护、管理，定期更新，应确保其适用、有效。

3）施工现场使用的电气设备必须符合防火要求；电缆、电线等带电线路应与可燃类保温材料堆放区保持安全距离。

（2）堆放

1）堆放场严禁吸烟，并应有显著标识；

2）堆放场 10m 范围内及上空不得有明火作业，并应有禁火标识；

3）堆放场及加工制作场地不得放置易燃、易爆等危险物品；

4）堆放场应按每 50m² 场地配备种类适宜的灭火器、砂箱或其他灭火器具；

5）在露天堆放时，材料存放量不应超过 3d 的工程需用量，并应采用不燃材料完全覆盖。采用库房堆放时，库房应采用不燃材料搭设。

（3）防火施工要点

1）采用防火构造的外保温工程，其防火构造的施工应与保温材料的施工同步进行。

2）外保温工程的施工应分区段进行，各区段应保持一定的防火间距，并宜尽早安排覆盖层（抹面层或界面层）的施工。保温层施工时，没有保护面层的保温层不得超过 3 层楼高，裸露不得超过 2d。

3）外保温工程施工区域动用电气焊、砂轮等明火时，必须确认明火作业涉及区域内没有裸露的可燃类保温材料，并设专门动火监护人和灭火器材。严禁在已安装的保温材料上进行电气焊接和其他明火作业。

4）幕墙的支撑构件和空调机等设施的支撑构件，其电焊等工序应在保温材料铺设前进行，确需在保温材料铺设后进行的，应在电焊部位的周围采用防火毯等防火保护措施。

5）聚氨酯等保温材料进行现场发泡作业时，应避开高温环境，施工工具及服装等应采取防静电措施。

6）喷涂、浇筑聚氨酯保温材料必须在喷涂、浇筑后 24h 内进行防护层施工。

7）施工用照明等发热设备靠近可燃类保温材料时，应采取可靠的防火保护措施。电气线路不应穿过可燃类保温材料，确需穿过时，应采取穿管（不燃材料）防火保护等措施。

8）现浇混凝土大模复合外保温工程施工，宜在安装就位前，对保温板面做好界面处理。若未事先作好界面处理，应在外墙混凝土拆模后及时对保温层表面进行防护层处理。

9）外保温施工期间如遇公休日及节假日，需对已安装的裸露的保温层进行防火覆盖处理，并将作业区域内剩余保温材料按条款要求堆放管理。放假前应对外保温工程进行检查，确保无裸露的保温层和板材堆放。

10）施工期间，施工单位应加强保温材料的堆放管理，随时清理遗留在施工现场的废弃保温材料。

（4）成品保护及其他

1）外保温工程完工后，与外墙相毗邻的竖井、凹槽、平台等，不得堆放可燃物。

2）外保温工程完工后，火源、热源等火灾危险源应与外墙保持一定的安全距离，并应加强对火源、热源的管理。

3）外保温工程附近不宜进行焊接、钻孔等明火施工作业，确需明火施工作业的，应采取可靠的防火保护措施。

4）施工所用照明、电热器等设备的发热部位靠近可燃类保温材料或导线穿越可燃类保温材料时，应采取有效隔热措施予以分隔。

10.4.8.3　建筑外墙外保温防水施工

1. 一般规定

（1）外墙防水防护施工前应通过图纸会审，掌握施工图中的细部构造及有关技术要求，施工单位应编制外墙防水施工方案或技术措施。

（2）外墙防水防护应由专业队伍进行施工。作业人员应持有有关主管部门颁发的上岗证。

（3）外墙防水防护施工应进行过程控制和质量检查；应建立各道工序自检、交接检和专职人员检查的制度，并应有完整的检查记录。每道工序完成，应经检查验收合格后方可进行下道工序的施工。

（4）外墙门框、窗框应在防水层施工前安设完毕，并应验收合格；伸出外墙的管道、设备或预埋件应在建筑外墙防水防护施工前安设完毕。

（5）外墙防水防护完工后，应采取保护措施，不得损坏防水防护层。

（6）外墙防水的基面应坚实、牢固、干净，不得有酥松、起砂、起皮现象，平整度应符合相应防水层材料对基层的要求。

（7）外墙防水防护层严禁在雨天、雪天和 5 级风及其以上时施工。施工的环境气温宜为 5～35℃。

（8）操作人员施工时应采取安全防护措施。

（9）保温层应固定牢固，表面平整、干净。

2. 抗裂砂浆层的施工

外墙保温层的抗裂砂浆层施工应符合下列规定：

（1）抗裂砂浆层的厚度、配比应符合设计要求。内掺纤维等抗裂材料时，比例应符合设计要求，并应搅拌均匀。

（2）抗裂砂浆施工时应先涂刮界面处理材料，然后分层抹压抗裂砂浆。

（3）抗裂砂浆层的中间宜设置耐碱玻纤网格布或金属网片。金属网片宜与墙体结构固定牢固。玻纤网格布铺贴应平整无皱折，两幅间的搭接宽度不应小于 50mm。

（4）抗裂砂浆应抹平压实，表面无接槎印痕，网格布或金属网片不得外露。防水层为防水砂浆时，抗裂砂浆表面应搓毛。

（5）抗裂砂浆终凝后，应及时洒水养护，时间不得少于 14d。

3. 隔潮层施工

隔潮层施工应符合下列规定：

（1）基层表面应平整、干净、干燥、牢固，无尖锐凸起物。

（2）铺设宜从外墙底部一侧开始，将隔潮层沿外墙横向展开，铺于基面上，沿建筑立面自下而上横向铺设，按顺水方向上下搭接；当无法满足自下而上铺设顺序时，应确保沿顺水方向上下搭接。

（3）隔潮层横向搭接宽度不得小于100mm，纵向搭接宽度不得小于150mm。搭接缝应采用配套胶粘带粘结。相邻两幅膜的纵向搭接缝应相互错开，间距不小于500mm。

（4）隔潮层搭接缝应采用配套胶粘带覆盖密封。

（5）隔潮层应随铺随固定，固定部位应预先粘贴小块丁基胶带，用带塑料垫片的塑料锚栓将隔潮层固定在基层墙体上，固定点每平方米不得少于3处。

（6）铺设在窗洞或其他洞口处的隔潮层，以"I"字形裁开，用配套胶粘带固定在洞口内侧。与门、窗框连接处应使用配套胶粘带满粘密封，四角用密封材料封严。

（7）幕墙体系中穿透隔潮层的连接件周围应用配套胶粘带封严。

10.5　屋面保温隔热工程施工技术

10.5.1　屋面保温隔热技术简介

高层建筑屋面保温隔热工程施工与防水工程交叉作业，可以参照屋面工程施工，本手册仅介绍一些常用、成熟的屋面保温隔热施工技术，其他如金属屋面、采光屋面等未列入。坡屋面在高层建筑中应用较少，本手册仅给出一些原则。屋面保温隔热工程施工应符合《屋面工程技术规范》GB 50345的规定。

本手册主要介绍施工技术，为了说清楚一些问题，所以增加了"系统构造"和局部施工做法图。关于种植屋面在高层建筑屋面中应用也不多，但在一些高层建筑地下室顶板中种植屋面也有应用。采光顶屋面施工与透光幕墙施工有许多共性，可参考门窗、幕墙相关章节。

10.5.1.1　屋面保温隔热系统构造、技术要点及适用范围

屋面保温隔热系统构造、技术要点及适用范围见表10-5-1。

屋面保温隔热系统构造、技术要点及适用范围　　　　　　　　　　表10-5-1

名称	构造简图	技术要点	适用范围
普通屋面	保护层 防水层 找平层 保温层 找坡层 基层	1. 由于防水层直接与大气环境接触，其表面易产生较大的温度应力，使防水层在短期内破坏；对防止火灾蔓延不利，应在防水层上加做一层保护层 2. 保温层宜选用吸水率低、密度和导热系数小并有一定强度的材料，如：XPS板、硬泡聚氨酯、泡沫玻璃等	1. 适合各类气候区 2. 不适合室内湿度大的建筑 3. 一般应设置隔汽层

名称	构造简图	技术要点	适用范围
倒置式屋面	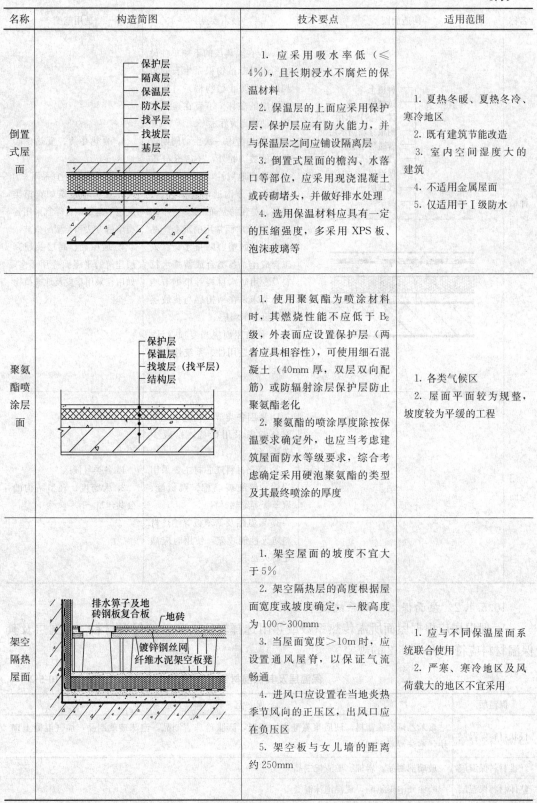保护层 隔离层 保温层 防水层 找平层 找坡层 基层	1. 应采用吸水率低（≤4%），且长期浸水不腐烂的保温材料 2. 保温层的上面应采用保护层，保护层应有防火能力，并与保温层之间应铺设隔离层 3. 倒置式屋面的檐沟、水落口等部位，应采用现浇混凝土或砖砌堵头，并做好排水处理 4. 选用保温材料应具有一定的压缩强度，多采用 XPS 板、泡沫玻璃等	1. 夏热冬暖、夏热冬冷、寒冷地区 2. 既有建筑节能改造 3. 室内空间湿度大的建筑 4. 不适用金属屋面 5. 仅适用于Ⅰ级防水
聚氨酯喷涂层面	保护层 保温层 找坡层（找平层） 结构层	1. 使用聚氨酯为喷涂材料时，其燃烧性能不应低于 B_2 级，外表面应设置保护层（两者应具相容性），可使用细石混凝土（40mm 厚，双层双向配筋）或防辐射涂层保护层防止聚氨酯老化 2. 聚氨酯的喷涂厚度除按保温要求确定外，也应当考虑建筑屋面防水等级要求，综合考虑确定采用硬泡聚氨酯的类型及其最终喷涂的厚度	1. 各类气候区 2. 屋面平面较为规整，坡度较为平缓的工程
架空隔热屋面	排水箅子及地砖钢板复合板 地砖 镀锌钢丝网纤维水泥架空板凳	1. 架空屋面的坡度不宜大于 5% 2. 架空隔热层的高度根据屋面宽度或坡度确定，一般高度为 100～300mm 3. 当屋面宽度＞10m 时，应设置通风屋脊，以保证气流畅通 4. 进风口应设置在当地炎热季节风向的正压区，出风口应在负压区 5. 架空板与女儿墙的距离约 250mm	1. 应与不同保温屋面系统联合使用 2. 严寒、寒冷地区及风荷载大的地区不宜采用

续表

名称	构造简图	技术要点	适用范围
种植屋面	种植土 过滤层 排（蓄）水层 耐根穿刺防水层 普通防水层 找平层 保温层 找坡层 基层	1. 应在隔离层的下侧单独设置专用阻断植物根系生长的阻挡层，以防止植物根系对防水保温层的破坏。不宜在建筑屋顶上种植高大乔木 2. 优先考虑一次生命周期较长的植被。此外，还应充分重视植被的地域性，应与当地农林部门充分沟通，选择合适、经济、美观的屋面植被 3. 种植屋面常用的配套产品及材料，如塑料防排水板、人工合成土、各类合成蓄排水材料及专用防水材料等根据节能设计要求，在结构层与找坡层之间设置保温层 4. 种植屋面应当专项设计，充分考虑适用性、系统性和协调性	1. 夏热冬冷、夏热冬暖地区 2. 严寒地区不宜采用 3. 服务性建筑如宾馆类或地下建筑顶板等宜采用各类培植方法和类型的植被 4. 坡屋面、高层及超高层建筑的平屋面应用不多，如用宜采用草皮及地被植物
金属屋面		1. 屋面各类节点构造中必须充分考虑采用措施，以减少热桥 2. 填充材料或芯材主要采用岩棉、超细玻璃棉、聚氨酯、聚苯板等绝热材料 3. 聚氨酯及聚苯板等绝热材料防火性能较差，使用时应满足防火要求	1. 各类气候区 2. 大跨度、轻型结构的公共建筑

10.5.1.2 屋面保温隔热系统技术要求

1. 保温层应根据屋面所需传热系数或热阻选择轻质、高效的保温材料，保温层及其保温材料应符合表 10-5-2 的规定。

保温层及其保温材料 **10-5-2**

保温层	保温材料
板状材料保温层	聚苯乙烯泡沫塑料，硬质聚氨酯泡沫塑料，膨胀珍珠岩制品，泡沫玻璃制品，加气混凝土砌块，泡沫混凝土砌块
纤维材料保温层	玻璃棉制品，岩棉、矿渣棉制品
整体材料保温层	喷涂硬泡聚氨酯，现浇泡沫混凝土

2. 屋面工程施工的防火安全应符合下列规定：

（1）保温层及其保温材料屋面板的耐火极限不低于 1h，材料燃烧性能不应低于 B₂ 级，屋面板的耐火极限低于 1h，材料燃烧性能不应低于 B₁，采用材料燃烧性能 B₁、B₂ 级保温材料时，应设不燃材料防护层，防护层厚度不应小于 10mm，屋面与外墙保温系统应设有宽度不小于 500mm 的防火隔离带。

（2）可燃类防水、保温材料进场后，应远离火源；露天堆放时，应采用不燃材料完全覆盖。

（3）防火隔离带施工应与保温材料施工同步进行。

（4）不得直接在可燃类防水、保温材料上进行热熔或热粘法施工。

（5）喷涂硬泡聚氨酯作业时，应避开高温环境；施工工艺、工具及服装等应采取防静电措施。

（6）施工作业区应配备消防灭火器材。

（7）火源、热源等火灾危险源应加强管理。

（8）屋面上需要进行焊接、钻孔等施工作业时，周围环境应采取防火安全措施。

3. 当严寒及寒冷地区屋面结构冷凝界面内侧实际具有的蒸汽渗透阻小于所需值，或其他地区室内湿气有可能透过屋面结构层进入保温层时，应设置隔汽层。隔汽层设计应符合下列规定：

（1）隔汽层应设置在结构层上、保温层下；

（2）隔汽层应选用气密性、水密性好的材料；

（3）隔汽层应沿周边墙面向上连续铺设，高出保温层上表面不得小于 150mm。

4. 倒置式屋面保温层设计应符合下列规定：

（1）倒置式屋面的坡度宜小于 3%；

（2）保温层应采用吸水率低，且长期浸水不变质的保温材料；

（3）板状保温材料的下部纵向边缘应设排水凹缝；

（4）保温层与防水层所用材料应相容匹配；

（5）保温层上面宜采用块体材料或细石混凝土做保护层；

（6）檐沟、水落口部位应采用现浇混凝土堵头或砖砌堵头，并应作好保温层排水处理。

5. 保温材料的质量应符合表 10-5-3、表 10-5-4 的要求。加气混凝土砌块导热系数和蓄热系数计算值可参照本手册表 10-2-1。

屋面用挤塑聚苯板、模塑聚苯板性能指标 表 10-5-3

项　　目	性能要求	
	聚苯乙烯泡沫板	
	挤塑（XPS）	模塑（EPS）
表观密度（kg/m³）	≥25	≥20
压缩强度（kPa）	≥250	≥100
导热系数［W/(m·K)］（不带表皮）	≤0.030（≤0.032）	≤0.039
70℃，48h 后尺寸变化率（%）	≤1.5	≤1.0

续表

项　目	性能要求	
	聚苯乙烯泡沫板	
	挤塑（XPS）	模塑（EPS）
吸水率（V/V,%）	≤1.2	≤4.0
燃烧性能	不低于 B₂	不低于 B₂
外观	按产品《绝热用模塑聚苯乙烯泡沫塑料》（GB/T 1080）1.2 和（10801.1）相关要求	

喷涂硬泡聚氨酯性能指标 表 10-5-4

项　目	性能要求		
	Ⅰ型	Ⅱ型	Ⅲ型
密度（kg/m³）	≥35	≥45	≥55
导热系数 [W/(m·k)]	≤0.024	≤0.024	≤0.024
压缩性能（形变 10%）(kPa)	≥150	≥200	≥300
不透水性（无结皮）0.2MPa，30min	—	不透水	不透水
尺寸稳定性（70℃，48h）(%)	≤1.5	≤1.5	≤1.0
闭孔率（%）	≥90	≥92	≥95
吸水率（%）	≤3	≤2	≤1
燃烧性能	不低于 B₂		

注：1. Ⅰ型仅用于屋面保温；Ⅱ型用于屋面复合保温防水层；Ⅲ型用于屋面保温防水层（择自：《聚氨酯保温防水技术规程》GB 50404）。

　　2. 燃烧性能 B₂ 是指按《建筑材料及制品燃烧性能分级方法》GB 8624 试验。

6. 喷涂硬泡聚氨酯面层抗裂聚合物水泥砂浆所用的原材料应符合下列要求：

（1）聚合物乳液的外观质量应均匀，无颗粒、异物和凝固物，固体含量应大于 45%。

（2）水泥宜采用强度等级不低于 42.5 的硅酸盐水泥，不得使用过期或受潮结块水泥。

（3）砂宜采用中细砂，含泥量不应大于 1%。

（4）水应采用不含有害物质的洁净水。

（5）增强纤维宜采用短切聚酯、聚丙烯等纤维或耐碱性能的玻纤网布。

7. 砂浆宜采用干拌砂浆。不具备使用干拌砂浆条件时，可用性能相同砂浆代替。

干拌砂浆其主要代号及性能如下：普通抹灰砂浆、找平砂浆见表 10-5-5；保温板粘结砂浆见表 10-5-6。

普通抹灰砂浆、找平砂浆 表 10-5-5

种　类	抹灰砂浆	找平砂浆
代号	DP	DS
稠度（mm）	≤100	≤50
分层度（mm）	≤20	≤20
保水性（%）	≥65	≥65

续表

种 类		抹灰砂浆	找平砂浆
拉伸粘结强度（MPa）		≥0.4 或基层破坏	≥0.4 或基层破坏
凝结时间	初凝	≥2	≥2
（h）	终凝	≤10	≤10
抗冻性		满足设计要求	
收缩率（%）		≤0.5	

注：找平砂浆也可用轻质保温砂浆。

保温板用粘结砂浆技术要求　　　　　　　表 10-5-6

检验项目			单位	指标
拉伸粘结强度	（与水泥砂浆）	常温常态	MPa	≥0.60
		耐水	MPa	≥0.40
	（与模塑聚苯板、硬泡聚氨酯板）	常温常态	MPa	≥0.10
		耐水	MPa	≥0.10
	（与配套的挤塑聚苯板）	常温常态	MPa	≥0.20
		耐水	MPa	≥0.20
胶粘剂与基层墙体拉伸粘结强度			MPa	≥0.30
可操作时间			h	≥2
与聚苯板、硬泡聚氨酯板的相容性　剥离厚度			mm	≤1.0

8. 进场后的保温隔热材料物理力学性能应检验下列项目：

（1）保温材料的导热系数、密度、压缩强度或抗压强度和燃烧性能。

（2）喷涂硬泡聚氨酯应先在施工现场做样板，达到要求后再进行施工。

（3）用于架空屋面的预制板的抗折强度。

9. 保温隔热材料的贮运、保管应符合下列规定：

（1）保温材料应采取防火、防雨、防潮的措施，并应分类堆放，防止混杂堆放。

（2）保温材料在搬运时应轻放，防止损伤断裂、缺棱掉角，保证外形完整。

10. 进场的保温材料应检验下列项目：

（1）板状保温材料：表观密度或干密度、压缩强度或抗压强度、导热系数、燃烧性能；

（2）纤维保温材料应检验表观密度、导热系数、燃烧性能。

10.5.2 屋面保温隔热工程施工

10.5.2.1 一般规定

1. 严寒和寒冷地区屋面热桥部位，应按设计要求采取节能保温等隔断热桥措施。

2. 倒置式屋面保温层施工应符合下列规定：

（1）施工完的防水层，应进行淋水或蓄水试验，并应在合格后再进行保温层的铺设；

（2）板状保温层的铺设应平稳，拼缝应严密；

（3）保护层施工时，应避免损坏保温层和防水层。

3. 隔汽层施工应符合下列规定：

（1）隔汽层施工前，基层应进行清理，宜进行找平处理；

（2）屋面周边隔汽层应沿墙面向上连续铺设，高出保温层上表面不得小于150mm；

（3）采用卷材做隔汽层时，卷材宜空铺，卷材搭接缝应满粘，其搭接宽度不应小于80mm；采用涂膜做隔汽层时，涂料涂刷应均匀，涂层不得有堆积、起泡和露底现象；

4. 屋面排汽构造施工排汽道应与保温层连通，排汽道内可填入透气性好的材料，排汽道及排汽孔均不得被堵塞；屋面纵横排汽道的交叉处可埋设金属或塑料排汽管，排汽管宜设置在结构层上，穿过保温层及排汽道的管壁四周应打孔。排汽管应作好防水处理。穿过隔汽层的管道周围应进行密封处理。

5. 板状材料保温层施工应符合下列规定：

（1）基层应平整、干燥、干净；

（2）相邻板块应错缝拼接，分层铺设的板块上下层接缝应相互错开，板间缝隙应采用同类材料嵌填密实；

（3）采用干铺法施工时，板状保温材料应紧靠在基层表面上，并应铺平垫稳；

（4）采用粘结法施工时，胶粘剂应与保温材料相容，板状保温材料应贴严、粘牢，在胶粘剂固化前不得上人踩踏；

（5）采用机械固定法施工时，固定件应固定在结构层上，固定件的间距应符合设计要求。

6. 喷涂硬泡聚氨酯保温层施工应符合下列规定：

（1）基层应平整、干燥、干净；

（2）施工前应对喷涂设备进行调试，并应喷涂试块进行材料性能检测；

（3）喷涂时喷嘴与施工基面的间距应由试验确定；

（4）喷涂硬泡聚氨酯的配比应准确计量，发泡厚度应均匀一致；

（5）一个作业面应分遍喷涂完成，每遍喷涂厚度不宜大于15mm，硬泡聚氨酯喷涂后20min内严禁上人；

（6）喷涂作业时，应采取防止污染的遮挡措施。

7. 保温层的施工环境温度应符合下列规定：

（1）干铺的保温材料可在负温度下施工；

（2）用聚合物水泥砂浆粘贴的板状保温材料环境温度不宜低于5℃；

（3）喷涂硬泡聚氨酯宜为15～35℃，空气相对湿度宜小于85％，风速不宜大于3级；

（4）现浇泡沫混凝土宜为5～35℃。

10.5.2.2　保温板保温屋面（XPS、EPS、PU、PF板）施工

1. 施工要点

（1）基层处理

1）现浇钢筋混凝土屋面板：将屋面板表面清理干净，灰浆、杂物全部清除，基层应干燥。

2）装配式钢筋混凝土屋面板：应用强度等级不小于C20的细石混凝土将板缝灌填密实。当板缝宽度大于40mm或上窄下宽时，应在缝中放置构造钢筋，细石混凝土浇捣密实。板端缝应进行密封处理。必要时，屋面板接缝应用一布二涂附加层进行加强处理。

（2）弹线找坡

按设计坡度及流水方向弹线，找出屋面坡度走向，确定保温层的厚度范围。

当设计屋面有隔汽层时，应先进行隔汽层施工，然后再铺设保温层。

隔汽层采用涂料时应满刷，涂刷均匀，薄厚一致，一般三遍成活。隔汽层采用卷材时，一般采用单层卷材空铺，搭接缝采用粘结。封闭式保温层，在屋面与墙的连接处，隔汽层应沿墙向上连续铺设，并高出保温层上表面不得小于 150mm。

（3）保温层铺设

干铺保温层：保温板可直接铺设在结构层或隔汽层上，紧靠需保温隔热要求的表面，铺平、垫稳、缝对齐。分层铺设时，上、下两层板的接缝应相互错开，表面两块相邻聚苯板板边厚度应一致。板间的缝隙应用同类材料的碎屑嵌填密实。

（4）保温层上应设保护层，保护层可采用水泥砂浆、块体材料或细石混凝土。保护层与女儿墙之间应预留宽度为 30mm 的缝隙，并用密封材料嵌填严密。保护层施工应避免损坏保温层、防水层和隔离层。

2. 质量要求

（1）保温层应紧贴（靠）基层，铺平垫稳，拼缝严密，找坡正确，上下层错缝，接缝嵌填密实。

（2）保温层厚度应达到设计要求，厚度偏差不得大于 4mm。

（3）检查数量，应按屋面面积每 100m² 抽查一处，每处 10m²，且不得小于 3 处。

（4）倒置屋面聚苯板保温层上宜采用块材或水泥砂浆做覆盖保护，铺设厚度按设计要求，并应均匀一致。

3. 成品保护

（1）保温层在施工中及完工后，应采取保护措施。下道工序施工应铺脚手板，不得直接踏踩保温层。

（2）保温层经质量验收合格后，应及时铺抹水泥砂浆找平层。

（3）施工有机板保温层时，现场严禁明火，并配备消防器材和灭火设施。

（4）粘贴（水乳型胶粘剂）有机板保温层宜在气温为 5℃以上施工。

10.5.2.3 喷涂聚氨酯硬泡体屋面施工

聚氨酯硬泡体防水保温工程是使用专用喷涂设备，在现场作业面上连续喷涂施工完成的。喷涂施工完成后，在施工作业面上形成一层无接缝的连续壳体。

聚氨酯硬泡体防水保温材料适用于混凝土结构、金属结构、木质结构的屋面以及墙体的保温隔热。

1. 材料要求

材料进场后，对材料的合格证、技术性能检测报告以及聚氨酯硬泡体的阻燃性能等进行检查。聚氨酯硬泡体防水保温材料的主要技术性能应达到表 10-5-4 的要求。

对原材料的要求，A 组分（多元醇）和 B 组分（异氰酸酯）在喷涂施工时，热反应过程中不得产生有毒气体；发泡剂等添加剂不应含氟等有毒物质；聚氨酯硬泡体防水保温材料的防火性能应符合《建筑设计防火规范》GB 50016 的要求。

2. 施工要点

（1）建筑屋面的结构层为混凝土时，应设找坡层或找平层。找坡层或找平层应坚实、平整、干燥（其含水率应小于 8%），表面不应有浮灰和油污。平屋面的排水坡度不应小于 2%，天沟、檐沟的纵向排水坡度不应小 1%。屋面与山墙、女儿墙、天沟、檐沟以及突出屋面结构的连接处应为圆弧形，其圆弧半径为 $R=80\sim100mm$。屋面上的设备、管线等应在聚氨酯硬泡体防水保温层喷涂施工前安装就位，管根部位应用细石混凝土填塞密实。

（2）清理基层

当施工作业基面的表面有浮灰或油污时，聚氨酯硬泡体防水保温层会从作业基面上拱起或脱离。因此，必须将基层表面的灰浆、油污、杂物彻底清理干净。

（3）聚氨酯硬泡体喷涂

1）聚氨酯硬泡体防水保温工程施工应使用现场连续喷涂施工的专用喷涂设备。

2）聚氨酯硬泡体防水保温材料必须在喷涂施工前配制好。两组分液体原料（多元醇和异氰酸酯）与发泡剂等添加剂必须按工艺设计配比准确计量，投料顺序不得有误，混合应均匀，热反应应充分，输送管路不得渗漏，喷涂应连续均匀。

3）基层检查、清理、验收合格后即可喷涂施工。根据防水保温层厚度，一个施工作业面可分几遍喷涂完成，每遍喷涂厚度宜在 $10\sim15mm$。当日的施工作业必须当日连续喷涂施工完毕。屋面上的异形部位应按设计的细部构造进行喷涂施工。

4）聚氨酯硬泡体材料喷涂施工后 20min 内严禁上人行走。

5）聚氨酯硬泡体防水保温层检验、测试合格后，方可进行防护层施工。

6）聚氨酯硬泡体防水保温层喷涂施工，应喷涂一块 $500mm\times500mm$ 同厚度试块，以备材料的性能检测。

（4）保护层施工

1）聚氨酯硬泡体防水保温层表面宜设置一层防紫外线的保护层。保护层可选用耐紫外线的防护涂料或聚合物水泥。

2）当采用聚合物水泥保护层时，可将聚合物水泥刮涂在保温层表面，要求分 3 次刮涂，保护层厚度在 5mm 左右，每遍刮涂间隔时间不小于 24h。

3. 质量要求

（1）聚氨酯硬泡体防水保温层不应有渗漏现象。

（2）聚氨酯硬泡体防水保温层的厚度应符合设计要求。

（3）聚氨酯硬泡体防水保温层表面应平整，最大喷涂波纹应小于 5mm；而且不应有起鼓、断裂等现象。

（4）聚氨酯硬泡体材料的密度、抗压强度、导热系数、尺寸稳定性、吸水率等性能指标应符合要求。

（5）平屋面、天沟、檐沟等的表面排水坡度应符合设计要求。

（6）屋面与山墙、女儿墙、天沟、檐沟以及突出屋面结构的连接处的连接方式与结构形式应符合设计要求。

（7）防水保温层表面的防辐射涂料防护层，不应有漏喷、裂纹、皱褶、脱皮现象。

4. 成品保护

（1）聚氨酯硬泡体保温材料喷涂施工后 20min 内，严禁上人行走。继续施工时应铺垫脚手板，避免破坏保温层。

（2）喷涂施工现场环境温度不宜低于 15℃，温度低则发泡不完全。空气相对湿度宜小于85%，风力宜小于3级。

（3）两组分材料在加热过程中应注意防火，材料贮存应远离火源，防止发生火灾。

10.5.2.4 加气混凝土砌块（其他保温砌块可参照）保温屋面施工

1. 施工准备

（1）加气混凝土（或泡沫混凝土）砌块保温材料进场抽样复验，表观密度为400～600kg/m³，抗压强度应不小于0.2MPa。

（2）穿过屋面和墙面结构层的管根部位，应用细石混凝土填塞密实，管根固定牢固。

2. 施工要点

（1）保温层铺设

1）干铺保温层

加气混凝土砌块可直接铺在结构层或隔汽层上，紧靠需隔热保温的表面，逐行铺设铺平、垫稳、缝对齐。相邻两行的加气块接缝应错开，厚度应一致。

分层铺设时，上、下两层加气混凝土砌块的接缝应错开。接缝的缝隙应用碎加气块嵌填密实。

2）粘贴保温层

加气混凝土砌块也可采用粘贴法铺设。用粘结材料平粘在屋面基层上，贴严、粘牢。板缝间或缺棱掉角处应用碎加气块加粘结材料拌均后填补严密。粘贴加气混凝土砌块采用水泥、石灰混合砂浆。其比例为：水泥：石灰：砂子＝1：1：8。

3）复合保温层的铺设

为了达到更高节能的要求，有的工程保温层设计为两种保温材料复合做法。

① 当采用聚苯板与加气混凝土砌块复合保温时，聚苯板保温层在下，加气混凝土砌块铺在聚苯板上面。

②当采用聚氨酯板与加气混凝土砌块复合保温时，聚氨酯板保温层在下，加气混凝土砌块铺在聚氨酯板上面。

（2）成品保护及安全注意事项

1）冬季施工时，保温层完工后，加气混凝土砌块中不得含有冰雪、冻块；施工中如遇下雨、下雪，应采取遮盖措施，防止雨淋吸水。

2）加气混凝土砌块搬运时应轻拿轻放，防止损伤断裂，缺棱掉角。

3）干铺加气混凝土砌块保温层可在负温度下施工，粘贴保温层宜在气温为5℃以上施工。

4）雨天、雪天、5级风以上天气不得进行加气混凝土砌块保温层施工。

10.5.2.5 架空屋面

架空屋面是利用通风空气层散热快的特点，提高屋面的隔热能力。实践证明：空气层高度在100～300mm较为适宜。

1. 材料要求

（1）预制混凝土板，常用规格为：50mm厚，498mm×498mm。

（2）砖墩，非黏土砖或砌块，115mm×115mm×90mm。

（3）砌筑砂浆。

2. 施工要点

屋面保温层、防水层或保护层均已完工，并已通过质量验收，屋面管道、设备等均已安装完毕，方可施工架空屋面。

（1）弹线分格

屋面隔热板应按设计要求设置分格缝。分格缝可按照防水保护层的分格或以不大于12m为原则进行分格。

（2）砖筑砖墩

1）屋面防水层如无刚性保护层，则应在砖墩下增铺一层卷材或油毡，以大于砖墩周边150mm左右为宜。

2）砌筑砖墩应灰缝饱满、平整。宜用M5水泥砂浆砌筑。

（3）坐砌隔热板

1）坐砌隔热板时宜横向拉线，纵向用靠尺控制板缝，使其横平竖直。

2）砌筑时应坐浆饱满，宜用M2.5水泥砂浆砌筑，砌平、粘牢。

（4）养护

隔热板坐浆完毕，需进行1~2d的养护，待砂浆强度达到上人要求时，可进行隔热板勾缝。

（5）表面勾缝

1）隔热板表面缝隙宜用1:2水泥砂浆填塞。勾缝水泥砂浆要调好稠度，随勾缝随拌料。

2）勾缝要填实、塞满，勾缝砂浆表面要反复压光。

3）勾缝要对缝进行湿养护1~2d。

3. 质量要求

（1）架空隔热板的质量必须符合设计要求，不得有断裂、露筋等缺陷。

（2）架空隔热板的铺设应平整、稳固，缝隙勾填密实。

（3）架空隔热板距山墙或女儿墙不得小于250mm，以免热胀冷缩影响墙的牢固。

（4）架空层中不得有灰浆、杂物堵塞，以免影响空气流动。

（5）当屋面宽度大于10m，应设通风屋脊。

4. 成品保护

（1）对无刚性保护层的屋面，在进行架空层施工时一定要采取有效措施，注意保护好防水层，严禁损伤防水层。

（2）隔热板坐砌完毕，在养护期间，严禁上人踩踏或堆放杂物。

（3）隔热板坐砌完毕，不得再在其上进行破坏性的其他施工。

10.5.2.6 种植屋面

种植屋面分为花园式种植屋面、简单式种植屋面及地下建筑顶板覆土种植3种形式。

花园式种植屋面以造景为主，设计成空中花园，一旦渗漏，修补代价极高。因此，保温、防水层设计必须高度重视。防水层上必须设置耐根穿刺层。

1. 材料要求

（1）种植基质

1）种植屋面所用材料及植物等均应符合环保要求。

2）种植基质材料应根据植物的要求，选择综合性能良好的材料。要求种植基质具有自重轻、不板结、保水保肥、适于植物生长、施工简便、经济、环保等功能。

3）种植基质层的厚度应根据植物的种类确定。种植基质厚度、荷载及植物种类见表10-5-7。

植物种类、种植基质厚度、种植荷载   表 10-5-7

植物种类	植物高度 （m）	种植土层厚度 （mm）	种植荷载 （N/m²）
小型乔木	2.0～2.5	≥600	2500～3000
大灌木	1.5～2.0	500～600	1500～2500
小灌木	1.0～1.5	300～500	1000～1500
地被植物	0.2～1.0	100～300	500～1000
草坪	≤0.2	50～150	300～500

（2）过滤层

过滤层可防止种植土流失，并且有足够的透水性。在种植基质下应设置一层过滤层。一般采用聚酯无纺布（重量宜为 $200～250g/m^2$）或玻纤毡。

（3）排（蓄）水层

1）排（蓄）水层材料应根据屋面荷载、功能等进行选用。一般宜选用专用的塑料排水板或橡胶排水板，厚度 10～25mm。

2）当屋面荷载足够大时，可采用粒径 20～40mm 卵石或陶粒，卵石层厚度宜为 80mm，陶粒层厚度宜为 150mm。

3）排水板只起排（蓄）水作用，不能代替耐根穿刺层。

（4）耐根穿刺层与防水层

种植屋面必须铺设一层耐植物根系穿刺的防水材料。耐根穿刺层材料宜选用下列几种：

1）铜复合胎基改性沥青（SBS）根阻防水卷材热熔法施工。

2）合金防水卷材（PSS）与双面自粘防水卷材复合施工。

3）金属铜胎改性沥青防水卷材与聚乙烯胎高聚物改性沥青防水卷材（PPE）复合施工。

4）高聚物改性沥青防水卷材与高密度聚乙烯土工膜（HDPE）复合施工。

5）湿铺法双面自粘防水卷材（BAC）与高密度聚乙烯土工膜（HDPE）复合施工。

（5）保温层

1）保温层宜用挤塑聚苯板、聚乙烯泡沫塑料板、聚氨酯硬泡体。

2）保温层的厚度由热工计算确定。

（6）结构层

种植屋面结构层应为现浇的整体钢筋混凝土屋面板，其荷载达到种植屋面的要求。

2. 施工要点

（1）施工前准备

伸出屋面的管道、设备、预埋件等在保温层施工前安装完毕，管道根部用细石混凝土填塞密实并将基层杂物、灰浆清理干净。

（2）保温层施工

按设计要求的厚度铺设保温材料，铺平、垫稳，验收合格。

（3）找平层施工

先找出排水坡度，然后抹 1∶2.5～1∶3 的水泥砂浆找平层，厚度为 20mm。

（4）防水层施工

若设计为 SBS 橡胶改性沥青防水卷材，采用热熔施工，单层厚度不小于 3mm。卷材接缝处应溢出熔化的沥青胶条，连续不间断、顺直。

（5）耐根穿刺层施工

1）当耐根穿刺材料采用合金防水卷材时，大面与自粘橡胶沥青卷材粘结，搭接缝采用热焊接法施工。

2）当耐根穿刺材料采用高密度聚乙烯土工膜时，大面采用空铺，搭接缝采用热焊接法施工。

3）采用其他耐根穿刺材料施工时，应符合《种植屋面防水施工技术规程》DB 11/366 的要求。

4）耐根穿刺防水层在平面与立墙转角处应向上铺设至种植基质表面上 250mm 处收头。

5）当防水层与耐根穿刺层不相容时，中间宜加一道隔离层，隔离层可采用聚乙烯膜（PE）、无纺布或油毡等。

（6）蓄水试验

防水层及耐根穿刺层完工后，应按相关材料特性进行养护，并进行蓄水或淋水试验，确认无渗漏后，再做保护层及其他工序。

（7）保护层施工

根据设计要求在防水层及耐根穿刺层上铺设相关保护层（聚乙烯膜或油毡），以保护防水层、耐根穿刺层不被损坏。

（8）铺设排（蓄）水板

排水层宜采用排（蓄）水板，凸面朝下，一般采用空铺对接方法，铺平。

（9）铺设过滤层

过滤层一般采用 200～250g/m² 聚酯纤维无纺布，搭接缝用线绳连接，大面空铺，四周向上翻 100mm，端部及收头处 50mm 范围内用胶粘剂与基层粘牢。

（10）砌筑挡土墙

挡土墙也称花台，可根据设计要求采用不同的材料，如塑料隔栅、小圆木、砌块、空心砖砌筑等。挡土墙一般不高于 400mm。

（11）铺设种植基质

1）根据设计要求，可以铺设 50mm～1.5m 不等厚度的种植基质。种植基质的厚度可采用造坡方式，边缘种草可薄，中间种乔可增厚。也可根据树木大小设置树池、花坛等。

2）种植基质不得采用田园土。一般采用无机质与有机质配制的、经过消毒的轻质种植基质。

3）在屋面与立面转角处、女儿墙根处、伸出屋面管道根、水落口、天沟、檐口等部位，300～500mm 范围内不得铺设种植基质，可用陶粒或卵石代替。

4）种植屋面女儿墙周边应设置缓冲带（约 250mm 宽）。当建筑物的排水系统设在屋面周边时，周边的排水沟可以作为防冻胀缓冲带。

3. 质量要求

（1）进入现场的保温材料、耐根穿刺材料、防水材料及配套材料应现场抽样复验合格。

（2）种植屋面及地下建筑顶板花园不得有渗漏现象。

（3）每道工序完工后，经质量验收合格才准许进行下道工序施工。

（4）种植屋面挡墙施工时，留设的排水孔位置应准确，并不得堵塞。

（5）种植屋面种植基质的厚度、质量应符合设计要求。

（6）种植屋面用耐根穿刺防水卷材的根阻性能应经过试验验证。

（7）种植屋面应确保建筑物的保温隔热性能。

（8）种植屋面应确保植物生长，建成真正的空中花园，供人们休闲。

4. 成品保护

（1）种植屋面防水层施工中及完成后必须注意成品保护，不得损坏防水层。

（2）排水口不得堵塞。

（3）种植基质及植物材料施工时不得损坏防水层及耐根穿刺防水层。在屋面作业时应均匀堆放。

（4）完工后的种植屋面应加强维护管理，定期检查建筑物安全、防水功能及植物生长情况。雨后及时疏通排水管道，水落口防止被枝叶堵塞，注意植物防风、防侧伏。

（5）种植屋面应注意检查防治病虫害。

10.5.2.7 保温板（XPS、PU、PF）倒置保温屋面施工

1. 施工准备

（1）技术准备

1）应对施工图中的细部构造及有关技术要求进行会审。

2）应针对工程特点及保温材料特性，编制具体的施工方案，并经监理（建设）单位批准。

3）应对施工操作人员进行技术、安全交底。

（2）材料及机具

高压吹风机、平铲、扫帚、滚刷、压辊、剪刀、墙纸刀、卷尺、粉线包及灭火器等。

（3）基层

保温层施工前，基层必须干净干燥，表面不得有酥松、起皮起砂现象。

2. 施工工艺

（1）工艺流程

基层清理 → 节点增强处理 → 找坡找平层施工 → 防水层施工 → 蓄水或淋水试验 →
保温层铺设 → 隔离层铺设 → 保护层施工

（2）保温层施工

1）保温层施工，应在防水层完工并验收合格后进行。保温材料接缝处可以是平缝也可以是企口缝，接缝处应挤严。

2）粘贴保温层。采用粘结法铺设时，聚苯板应用粘结材料平粘在屋面基层上，应贴

严、粘牢。粘结材料宜采用保温板粘结砂浆，不应采用溶剂型粘结材料。

（3）隔离层施工

在保温层与上层保护层之间设置隔离层，应按设计要求采用粘结力不强、便于滑动的材料，如不低于 $200g/m^2$ 聚酯纤维无纺布。

（4）保护层施工

1）上人屋面

① 采用细石混凝土作保护层时，并应按设计要求进行加筋和变形缝处理。

② 采用混凝土块材做上人屋面保护层时，应用水泥砂浆坐浆平铺，板缝用砂浆勾缝处理。

2）不上人屋面

① 可干铺预制混凝土板的方法进行压置，预制板要有一定强度。

② 可采用 20mm 厚的砂浆层作保护层，并应按设计要求进行加增强网和分格缝处理。

③ 有机保温板保温层不应直接接受太阳照射，还应避免与溶剂接触。为了防火的需要，一般不采用卵石或砂砾作保护层。

（5）成品保护及安全注意事项

1）保温层在施工中及完工后，应采取保护措施。

2）保温层完工后，经质量验收合格，应及时铺抹找平层。

3）聚苯板保温层施工现场严禁明火，并配备消防器材和灭火设施。

4）粘贴聚苯板保温层宜在气温为 5℃ 以上时施工。

5）雨天、雪天、5 级风及以上的天气不得进行保温层施工。

10.6 节能门窗工程安装技术

10.6.1 门窗节能技术简介

建筑门窗是整个建筑围护结构中保温隔热最薄弱的一个环节，是影响建筑节能和室内热环境质量的主要因素之一。据有关资料报道，在我国采暖住宅建筑中，当窗墙面积比为 25% 左右时，通过窗户的传热损失约古建筑物全部热损失的 1/4；通过门窗开启缝隙及门窗与墙体之间缝隙空气渗漏造成热损失约占 1/4。两者合计约占 1/2。

提高门窗保温性能就是要增大门窗的总热阻或减少窗户的总传热系数；提高门窗的隔热性能就是要隔离或减少太阳的辐射热。门窗保温隔热技术措施就是针对不同气候区域的热工性能要求，采取相应的技术来实现各地区对门窗保温隔热的技术措施。在寒冷和严寒地区以减少传热系数 K 值为主，在夏热冬暖地区以降低遮阳系数 S_c 为主。

10.6.1.1 门窗保温隔热的主要技术措施

1. 建筑的外窗、玻璃幕墙面积不宜过大。空调建筑或空调房间应尽量避免在东、西朝向大面积采用外窗、玻璃幕墙。采暖建筑应尽量避免在北朝向大面积采用外窗、玻璃幕墙。

2. 在有保温性能要求时，建筑门窗、玻璃幕墙应采用中空玻璃、Low-E 中空玻璃、充惰性气体的 Low-E 中空玻璃、两层或多层中空玻璃以及真空玻璃等。严寒地区可采用双层外窗、双层玻璃幕墙以提高保温性能。

3. 保温型外窗可采用塑料型材、隔热铝合金型材、隔热钢型材、玻璃钢型材、木-塑复合型材等。

4. 保温型门窗、保温型玻璃幕墙应采取措施，避免形成跨越分隔室内外保温玻璃面板的冷桥。主要措施包括：采用隔热型材，连接紧固件采取隔热措施，采用隐框结构，周边与墙体或其他围护结构连接处应采用有弹性、防潮型保温材料填塞，缝隙应采用密封剂或密封胶密封等。

5. 在有遮阳要求时，建筑门窗、玻璃幕墙宜采用吸热玻璃、镀膜玻璃（包括热反射镀膜、Low-E 镀膜、阳光控制镀膜等）、吸热中空玻璃、中空玻璃、真空玻璃等。

6. 空调建筑的向阳面，特别是东、西朝向的外窗、玻璃幕墙，应采取各种固定或活动式遮阳装置等有效的遮阳措施。在建筑设计中宜结合外廊、阳台、挑檐等处理方法进行遮阳。

7. 居住建筑的外窗应设置足够面积的开启部分，外窗的开启部位应与建筑的使用空间相协调，以有利于房间的自然通风和减少渗漏。

8. 严寒、寒冷、夏热冬冷地区建筑的外窗、玻璃幕墙应进行结露验算，在设计计算条件下，其内表面温度不应低于室内的露点温度。

9. 公共建筑的出入口处，在严寒地区应设置门斗或热风幕等避风设施；在寒冷地区宜设置门斗或热风幕等避风设施；在夏热冬冷、夏热冬暖地区，频繁开启的外门宜设置门斗或空气幕等防渗漏措施。

10. 空调建筑大面积采用玻璃窗、玻璃幕墙时，根据建筑功能、建筑节能的需要，可采用智能化控制的遮阳系统、通风换气系统等。智能化的控制系统应能够感知天气的变化，能结合室内的建筑需求，对遮阳装置、通风换气装置等进行实时监控，达到最佳的室内舒适效果和降低空调能耗。

10.6.1.2 提高门窗气密性，防止热量渗漏的措施

建筑外门窗是建筑外围护结构中具有多功能的构件，通风换气是它的主要功能之一，居住建筑都是靠门窗进行通风换气的，这样就必须具有开启扇和开启缝隙。此外，门窗构件是由各种构件拼装而成的，还具有拼装缝隙。在实际使用中开启及拼装缝隙引起空气渗透会造成能源的浪费。因此，在《建筑外窗保温性能分级及检测》GB/T 8484 和《建筑外窗气密性能分级及检测方法》GB/T 7107 标准中对气密性能都列为控制门窗保温性能的一个要求。

提高门窗气密性能的主要措施：

1. 合理选择窗型，减少不必要的缝隙。在满足换气要求的前提下，尽量减少开启扇。另外，尽可能不采用推拉窗窗型或提高推拉窗的密封措施。

2. 提高型材规格尺寸和组装制作的精度，保证框和扇之间应有的搭接量，平开窗一般不得小于 6mm，并且四周要均匀。

3. 增加密封道数并选用优质密封橡胶条。目前保温窗一般采用多道密封，并且根据各自型材断面形状不同，设计采用不同形状的密封条，密封条应选用三元乙丙橡胶为原料的胶条。

4. 合理选用五金件，最好选用多锁点的五金件。

10.6.1.3 其他应注意改善的问题

1. 在居住建筑设计中，应注意玻璃与墙面的比例。一般来讲，墙上玻璃面积占 15%

最理想，占 $15\%\sim35\%$ 良好，占 $35\%\sim70\%$ 就很差，应该尽量避免超过 70%。中低档居住建筑玻璃面积就更应该进行控制。

2. 为了减少玻璃窗的散热损失，应该采用双层玻璃乃至三层玻璃。增加玻璃的层数，在内外层玻璃之间形成密闭的气层，可大大改善门窗的保温效能。如，双层窗传热系数可比单层窗降低近一半，而三层窗传热系数比双层窗又可降低近 $1/3$。

3. 采用新型节能玻璃。高层建筑应积极地采用中空玻璃、吸热玻璃、热反射玻璃、真空玻璃等良好的保温隔热玻璃制品。

4. 提高门窗制作及安装质量，减少冷风渗透。门窗的制作和安装应进行严格验收。窗户的密封条应要求弹性良好、镶嵌牢固严密、经久耐用，增加气密性。户门和阳台门应选用填充聚苯板或岩棉板的门，并与防火、防水要求相结合。

5. 在窗户外使用遮篷或太阳隔板，一方面可以减少太阳辐射，平和风速；另一方面又可以增加艺术效果和特色。窗内安装遮光帘不但可以遮光，而且可以减少太阳辐射，装饰帘布不宜太薄。采用这些措施可以显著减少门窗热损耗。

10.6.2 节能门窗安装技术要点

10.6.2.1 安装施工准备

1. 门窗工程不得采用边砌口边安装或先安装后砌口的施工方法；门窗安装宜采用干法施工方式。

2. 门窗的安装施工宜在室内侧或洞口内进行；复核建筑门窗洞口尺寸，洞口宽、高尺寸允许偏差应为 $\pm10mm$，对角线尺寸允许偏差应为 $\pm10mm$。

3. 门窗的品种、规格、开启形式等，应符合设计要求，检查门窗五金件、附件，应完整、配套齐备、开启灵活，检查门窗的装配质量及外观质量，当有变形、松动或表面损伤时，应进行整修。

4. 安装所需的机具、辅助材料和安全设施，应齐全可靠。

10.6.2.2 施工工艺

一般门窗安装工程有带安装附框和无附框两种工艺。为了兼顾门窗洞口墙体保温施工和门窗安装质量，如果工程条件允许，应尽量采用有附框安装。

1. 施工工艺

(1) 建筑门窗无附框安装（湿法作业）工艺流程图见 10-6-1。

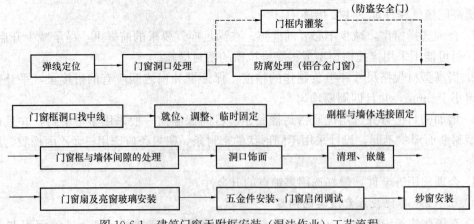

图 10-6-1 建筑门窗无附框安装（湿法作业）工艺流程

（2）建筑门窗带附框安装工艺流程图见10-6-2。

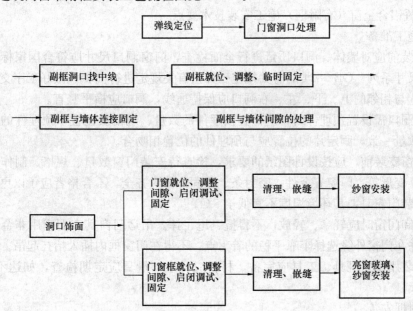

图 10-6-2　建筑门窗带附框安装工艺流程

2. 附框安装尺寸允许偏差

附框安装尺寸允许偏差见表10-6-1。

附框安装尺寸允许偏差及要求（mm）　　　　表 10-6-1

序号	项　　目		允许偏差及要求
1	附框槽口宽度、高度	≤1500	0～+2.0
		>1500	0～+3.0
2	对角线之差	≤2000	≤3.0
		>2000	≤5.0
3	下框水平度		2.0
4	正面、侧面垂直度		2.0
5	附框与墙体的连接须牢固、可靠		须牢固、可靠
6	弹性填充		均匀，不得有间隙

3. 连接形式

建筑门窗外框与附框连接宜采用软连接形式，也可采用紧固件连接方法，但四周间隙应适当调整，其间隙值可参照表10-6-2的要求。

建筑门窗外框与附框间隙表（mm）　　　　表 10-6-2

序号	项目名称	技术要求
1	左、右间隙值（两侧）	4～6
2	上、下间隙值（两侧）	3～5

注：建筑门窗宽度、高度大于1500mm时，应按门窗材料的热膨胀系数调整间隙值。

10.6.2.3　施工安装技术要点

1. 断桥铝合金窗（有附框）施工安装技术要点

（1）施工准备

1）安装前应对墙体、洞口质量进行全面检查，门窗洞口尺寸应符合国家标准《建筑门窗洞口尺寸系列》GB 5824 的有关规定。并按有关规定进行检验，做好工序交接。同一类型门窗，与相邻的上、下、左、右洞口应保持通线，洞口应横平竖直。

2）当洞口需设置预埋件时，应检查预埋件的数量、规格及位置，预埋件的数量应和固定片的数量一致，固定片的位置应与预埋件的位置相吻合。

3）门窗安装前，应按设计图纸的要求，检查待安装门窗数量、规格、制作质量以及有否损伤、变形等。门窗五金件、密封条、紧固件等应齐全，不合格者应予以更换。

4）安装门窗时，其环境温度不宜低于5℃。

5）装卸门窗时应轻拿、轻放，不得撬、甩、摔。吊运门窗其表面应用非金属软质材料衬垫，并在门窗外缘选择牢靠平稳的着力点，不得在门窗框内插入抬扛起吊。

6）安装用主要机具、工具应完备，材料应齐全，量具应定期检查，如达不到要求，应及时更换。

（2）附框安装

1）附框安装在外墙保温及室内抹灰施工前进行。将附框与主体结构用固定片和膨胀螺栓连接，安装点间距为500mm，保证进入结构墙体的长度不小于50mm。

2）安装前首先将固定片镶入组装好的附框，四角各一对，距端部150～200mm。严格按照图纸设计安装点安装膨胀螺栓和固定片。

3）安装就位后，在膨胀螺栓钉帽处将膨胀螺栓与附框点焊连接，以防止膨胀螺栓在外力作用下松动，并及时对膨胀螺栓钉帽焊缝用防锈漆进行防锈处理。

（3）铝合金主框、窗扇安装

1）铝合金主框在外保温和室内抹灰施工完毕、外墙涂料施工前进行安装，主框安装完毕验收后再安装窗扇。

2）根据附框的分格尺寸找出中心，确定上下左右位置，由中心向两边按分格尺寸安装窗的主框，铝合金主框内侧（朝向室内一侧）与附框内侧齐平，铝合金主框外侧（朝向室外一侧）超出附框部位下打发泡剂，使发泡剂与铝合金主框、附框、外窗台很好地粘结，防止该部位出现渗漏。

3）现场安装时应先对清图号、框号以确认安装位置，安装工作一般由上向下安装。

4）上墙前对组装的铝合金窗进行复查，如发现有组装不合格者，或有严重碰、划伤者，缺少附件等应及时处理。

5）将主框放入洞口，严格按照设计安装点将主框通过安装螺母调整。

6）用调整螺钉将主框与附框连接牢固，每组调整螺母与调整螺钉的间距为500mm。

7）铝合金主框安装完毕后，根据图纸要求安装窗扇；主框与窗扇配合紧密、间隙均匀；窗扇与主框的搭接宽度允许偏差为±1mm。

8）窗附件必须安装齐全、位置准确、安装牢固、开启或旋转方向正确、启闭灵活、无噪声，承受反复运动的附件在结构上应便于更换。

2. 塑料门窗施工安装技术要点

（1）施工准备

同"1. 断桥铝合金窗（有附框）施工安装技术要点"中的（1）施工准备。

（2）安装方法

1）塑钢门窗应采用预留洞口法安装，不得采用边安装边砌口或先安装后砌口施工方法。固定方法有膨胀螺栓固定法或固定片固定法。

2）多层建筑、高层建筑应测出窗口中线，并逐一做出标记。

3）在安装时，注意窗的朝向、上下、固定框，未装滑轮的窗扇应保证橡胶条接口处向上。

4）确定窗框上下边位置及内外朝向正确后，安装固定片，固定片的位置应装在距窗角、中横框、中竖框150～200mm，固定片间距应不大于600mm，不得将固定片直接装在中横框、中竖框的档头上。安装时必须先用直径为3.2mm的钻头钻孔，然后将十字槽盘头自攻螺钉拧入，不得直接锤击钉入。

5）将窗框装入洞口，其上下框中线应与洞口中线对齐。按设计图纸确定窗框在洞口墙体纵向的安装位置，并调整窗框的垂直度、水平度及直角度，以及对角线的允许偏差均应符合规定。

6）当窗与墙体固定时，应先固定上框，后固定边框。

7）窗框与洞口间伸缩缝内腔应采用闭孔聚氨酯发泡剂弹性材料填充，不得采用矿棉、水泥砂浆等材料填塞。填塞后，撤掉临时用木楔或垫板，其空隙也采用闭孔弹性材料填塞。

8）窗周密封胶应在涂料施工前填打，填打密封胶时应用力均匀、一气呵成，密封胶胶体斜面宽度不得少于12mm，以12～15mm为宜。填密封胶时应均匀不间断。

9）窗（框）扇上如沾有水泥砂浆，应在其硬化前，用湿布擦拭干净，不得使用硬质材料铲刮窗框、扇表面。

3. 门窗框与洞口间隙的密封和隔热处理施工技术要点

（1）填缝料选择

对门窗框或附框与洞口之间的间隙应采用弹性闭孔材料填充饱满，聚氨酯发泡填缝料的导热系数低、隔热性能好，具有较强的粘结性、弹性好。其封闭孔洞具有较好的防水功能，能较好地解决窗框与窗洞间的渗漏、热桥问题和框料胀缩问题。

（2）门窗与洞口的间隙要求

1）带附框的门窗一般是先装附框，连接固定后再进行洞口及室内外的装饰作业；不带附框门窗通常是在室内外墙面及洞口粉刷完毕后进行安装，即净口安装。洞口粉刷后形成的尺寸必须准确，对洞口精度要求见表10-6-3。

洞口精度要求（mm）　　　　　　　　　　　　　表10-6-3

构造类型	宽度		高度		对角线差		正、侧面垂直度		平行度
	≤1500	>500	≤500	>1500	≤2000	>2000	≤2000	>2000	
有附框门窗或组合拼管安装的允许偏差	≤2.0	≤3.0	≤2.0	≤3.0	≤4.0	≤5.0	≤2.0	≤3.0	≤3.0
无附框门窗洞口粉刷后尺寸允许偏差	+3.0	+5.0	+6.0	+8.0	≤4.0	≤5.0	≤3.0	≤4.0	≤5.0

注：洞口与门窗外框之间的缝隙，一般竖缝为3～5mm，横缝6～8mm。

2）清理缝隙。首先清除缝内砖屑、石子等杂物，再用毛刷、鼓风器（俗称皮老虎）清除里面的浮尘。

3）基层湿润。填缝料前先在基层用喷水壶喷洒一层清水，为保证喷洒均匀，要使其形成水雾（可用小型加压喷雾器）。其原因是基层湿润有利于填缝料充分膨化，且有利于填缝料与周围充分粘结。

4）填缝操作。将罐内料摇均 1min 后装枪，填注时按垂直方向自下而上，水平方向自一端向另一端的顺序均匀慢速喷射。由于填缝料的膨化作用，在施工时喷射量可控制在需填充体积的 2/3。

5）填缝料大约在施工后 10min 开始表面固化，1h 后即可进行下道工序。在充分固化后，应先对其进行修整，用美工刀修理成 10mm 深的槽。

6）打密封胶。窗框四周内外密封胶应在内外墙涂料施工前填打，填打前应将窗框四周的杂物、灰尘清理干净，填打时应用力均匀、一气呵成，胶体斜面宽度不得少于12mm，以 12～15mm 为宜。填密封胶时应均匀不间断，胶体宽度均匀一致。

4. 门窗安装其他应注意的问题

1）门窗搬运时应注意将门窗产品按编号搬运到相应的楼层。应特别注意防止低层门窗放到高层，高层的门窗放到低层。以避免高层门窗抗风压性能不足，低层门窗抗风压性能过剩。

2）安装方法选择与要求：门窗一般有两种固定方法：一是固定件安装；二是直连法安装。一般带附框的门窗都采用直连法安装，附框与墙体固定一般采用 M8×60mm 塑料膨胀螺钉，膨胀螺钉应符合有关标准规定。塑料膨胀螺钉离附框四个角为 100～150mm，两螺钉间距不能超为 600mm。附框与门窗主框相连采用 M8 的自攻螺钉，自攻螺钉位置应距窗角、中竖框、中横框 150～200mm，两螺钉间距应小于或等于 600mm，高层建筑应小于或等于 500mm。

采用固定片安装时，固定件的位置与门窗主框墙体连接相同。

3）窗框安装固定时，应在窗框装入洞口时（或附框入洞口时）将其上、下框中线和底线与洞口中线和底线对齐。窗的上下框四角及中横框的对称位置应用木楔或垫块作临时固定，然后按设计图纸要求确定窗框在洞口厚度方向的安装位置。见图 10-6-3。

在位置确认无误后，调整窗框在洞口内"三维"方向的垂直度和水平度

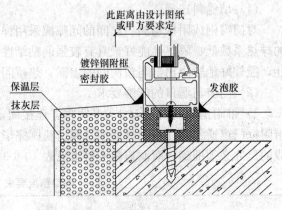

图 10-6-3　窗框安装要求

（即窗框在墙体厚度方向的垂直度、正立面方向的垂直度和水平度），其允许偏差符合应门窗安装质量要求。

4）门框安装：门的安装基本上与窗的安装一致。所不同的是门的安装应注意与地面施工配合，一般在地面工程施工前进行，依据图纸及门扇开启方向，确定门框的安装位置，安装时采取防门框变形的措施。安装无下框平开门应使两边框的下脚低于地面标高

30mm，带下框的平开门或推拉门下框底部应低于地面标高 10mm，然后将上框固定在墙体上，调整门框水平度和垂直度。安装连窗门时，一般采用拼管拼接，铝合金门窗、玻璃钢门窗有专用的拼接件。无论是否采用拼管拼装，都应将上、下门框、窗框牢固的固定在上、下楼板或墙体上。

5）安装缝隙及洞口处理：门窗洞口与门窗框或附框之间安装缝隙，必须采用聚氨酯发泡材料堵塞，缝隙应充满；采用附框安装时，附框与门窗框之间的缝隙同样采用聚氨酯发泡材料填充。

6）门窗扇安装：一般节能保温窗为平开窗，安装门窗扇时应对安装合页和锁块特别注意，锁块位置是否与传动器锁点匹配，合页部分密封胶条是否有损坏。安装完毕后要仔细检查框扇搭接量是否在设计范围内，四周是否均匀；推拉门窗，框扇搭接是否均匀，毛条、密封胶条质量尤为重要。

5. 成品保护措施

（1）加工阶段的防护

1）型材加工、存放所需台架、周转车、工具等凡与型材接触部位均设胶垫防护，不允许与钢质构件或其他硬质物品直接接触。

2）加工完的窗框应立放，下部垫木方。

3）玻璃周围应在玻璃架上采取垫胶皮等防护措施，加工平台须平整，并垫毛毡等软质物。

4）型材应采用先贴保护胶带，然后外包编织带的方法实施保护。包装前将其表面及腔内清理干净，防止划伤型材。

5）对于截面尺寸较小的型材，应视具体尺寸用编织带成捆包扎；不同规格、尺寸、型号的型材不能混在一起包装；包装应严密，避免在周转运输中散包。

（2）施工现场的防护

1）未上墙的框料，在工地临时仓库存放，要求按类别、尺寸摆放整齐。

2）框料上墙前，撤去包裹编织带；框料表面粘贴的工程保护胶带不得撕掉，以防止室内外抹灰、刷涂料时污染框料。主框、窗扇表面的保护胶带应在内外墙涂料及外脚手架拆除后撕掉。

3）窗框与墙面打密封胶及喷涂外墙涂料时，应在玻璃主框及窗扇上贴分色纸，防止污染框料及玻璃。

4）加强现场监管，防止拆除脚手架时碰撞框料表面，以防造成变形及表面损坏。

5）在窗附近进行电焊或使用其他热源，必须采取适当措施，以防造成铝合金型材表层受损。

10.7　建筑幕墙节能工程

高层建筑用幕墙比较普遍，其中幕墙式外保温系统占主要地位，一般采用龙骨连接，保温材料以岩棉、玻璃棉、发泡聚氨酯、酚醛树脂等材料为主，也有应用喷涂无机纤维，面板可用金属板、无机板、石材、玻璃等。幕墙外保温系统，板缝须采用保温材料进行密封，表面应嵌耐候性能好的如硅酮密封胶材料，满足防水及防裂要求。各种产品系统在结构构造、施工环节、性能特点等方面有较大的区别，其中，以龙骨连接件的断热，岩棉、玻璃棉保温材料的防潮，有机保温材料的防火问题以及饰面板阻断火蔓延能力等应重点解决。

10.7.1 幕墙节能基本技术要求

1. 建筑玻璃幕墙的基本技术要求

（1）建筑玻璃幕墙面积不宜过大。空调建筑或空调房间应尽量避免在东、西朝向大面积采用玻璃幕墙。

（2）在有保温性能要求时，建筑玻璃幕墙应采用中空玻璃、Low-E 中空玻璃、充惰性气体的 Low-E 中空玻璃、两层或多层中空玻璃、真空玻璃等。严寒地区可采用双层玻璃幕墙提高保温性能。

（3）保温型玻璃幕墙应采取措施避免形成跨越分隔室内外保温玻璃面板的冷桥。主要措施包括：采用隔热型材、连接紧固件采取隔热措施、采用隐框结构等。

（4）保温型玻璃幕墙可采取涂膜热反射玻璃（非透明），内侧可用轻钢龙骨加石膏板封闭，中间填矿棉保温材料。

（5）在有遮阳要求时，建筑玻璃幕墙宜采用吸热玻璃、镀膜玻璃（包括热反射镀膜、Low-E 镀膜、阳光控制镀膜等）、吸热中空玻璃、中空玻璃等。

（6）空调建筑的向阳面，特别是东、西朝向的玻璃幕墙，应采取各种固定或活动式遮阳等有效的遮阳措施。在建筑设计中宜结合外廊、阳台、挑檐等处理方法进行遮阳。

（7）居住建筑和医院、办公楼、旅馆、学校等公共建筑应设置足够面积的开启部分，并应与建筑的平面相协调。采用玻璃幕墙时，在每个有人员经常活动的房间，玻璃幕墙均应设置可开启的窗扇或独立的通风换气装置。

（8）当建筑采用双层玻璃幕墙时，严寒、寒冷地区宜采用空气内循环的双层形式；夏热冬暖地区宜采用空气外循环的双层形式；夏热冬冷地区和温和地区应综合考虑建筑外观、建筑功能和经济性采用不同的形式。空调建筑的双层幕墙内应设置可以调节的活动遮阳装置。

（9）空调建筑大面积采用玻璃窗、玻璃幕墙，根据建筑功能、建筑节能的需要，可采用智能化控制的遮阳系统、通风换气系统等。智能化的控制系统应能够感知天气的变化，能结合室内的建筑需求，对遮阳装置、通风换气装置进行实时的控制，达到最佳的室内舒适效果和降低空调能耗。

2. 建筑非透明幕墙的基本技术要求

（1）非透明幕墙的基本技术要求基本与外墙外保温一致。

（2）建筑幕墙的非透明部分，应充分利用幕墙面板背后的空间，采用高效、耐久、防火的保温材料进行保温。

在严寒、寒冷地区，幕墙非透明部分面板背后保温材料所在的空间应充分隔汽密封，防止结露。幕墙与主体结构间（除结构连接部位外）不应形成热桥。

（3）公共建筑的出入口处，在严寒地区应设置门斗或热风幕等避风设施；在寒冷地区宜设置门斗或热风幕等避风设施；在夏热冬冷、夏热冬暖地区，频繁开启的外门应设置门斗或空气幕等防渗漏措施。

10.7.2 幕墙节能施工技术要点

10.7.2.1 一般技术要求

1. 幕墙制作、安装的节能工程施工除应符合《建筑节能工程施工质量验收规范》

GB/T 50411 和《建筑装饰装修工程施工质量验收规范》GB/T 50210、《建筑幕墙》GB/T 21086 的规定外，尚应符合国家、行业现行标准，国家现行有关的规定。

2. 幕墙的保温安装施工应编制施工方案，其中应包括节能技术内容。

3. 幕墙附着在主体结构上的隔气层、保温层应在主体结构工程质量验收合格后施工。施工过程中应及时进行质量检查、隐蔽工程验收和检验批验收，施工完成后应进行幕墙节能分项工程验收。当幕墙面积大于 3000m² 或大于建筑外墙面积 50％时，应现场抽取材料和配件，在检测试验室安装制作试件进行气密性能检测，检测结果应符合设计规定的等级要求。密封条应镶嵌牢固、位置正确、对接严密。单元幕墙板块之间的密封加工、安装应符合设计要求。开启扇应关闭严密。气密性能检测试件应包括幕墙的典型单元、典型拼缝、典型可开启部分。试件应按照幕墙工程施工图进行设计。试件设计应经建筑设计单位项目负责人、监理工程师同意并确认。气密性能的检测应按照国家现行有关标准的规定执行。

4. 幕墙节能工程使用的保温材料，高度大于 24m 应使用燃烧性能为 A 级材料，高度不大于 24m 可使用燃烧性能为 B₁ 级材料，其厚度应符合设计要求，安装牢固，且不得松脱。幕墙工程热桥部位的隔断热桥措施应符合设计要求，断热节点的连接应牢固。幕墙隔汽层应完整、严密、位置正确，穿透隔汽层处的节点构造应采取密封措施。

10.7.2.2 施工准备

1. 施工前，幕墙安装承包商应会同土建承包商检查现场情况，确认是否具备幕墙施工条件。

2. 构件储存时应依照安装顺序排列，储存架应有足够的承载力和刚度。在室外储存时应采取保护措施。

3. 幕墙与主体结构连接的预埋件，应在主体结构施工时按设计要求埋设；预埋件位置偏差不应大于 20mm。预埋件位置偏差过大或未设预埋件时，应制定补救措施或可靠连接方案，经与业主、土建设计单位洽商同意后，方可实施。

4. 由于主体结构施工偏差而妨碍幕墙施工安装时，应会同业主和土建承包商采取相应措施，并在幕墙安装前实施。

5. 采用新材料、新结构的幕墙，宜在现场制作样板，经业主、监理、土建设计单位共同认可后方可进行安装施工。

6. 构件安装前均应进行检验与校正。不合格的构件不得安装使用。

10.7.2.3 玻璃幕墙节能施工技术要点

1. 层间保温材料安装（非透明部分）

工艺操作流程：保温材料尺寸测量→按尺寸下料→安放→固定→检查修补→隐蔽验收。

安装幕墙保温、隔热构造时，保温材料塞填应饱满、平整、不留间隙，其密度应符合设计要求；保温材料安装应牢固，应有防潮措施，在以保温为主的地区，保温材料板的隔汽铝箔面应朝室内，无隔汽铝箔面时，应在室内设置内衬隔汽板；保温材料与玻璃应保持30mm 以上的距离。

2. 玻璃幕墙与主体结构之间保温材料的安装

玻璃幕墙四周与主体结构之间的间隙，均应采用 A 级防火保温材料填塞，填装防火保温材料时一定要填实填平，不允许留有空隙，并采用铝箔或塑料薄膜包扎，防止防火保温材料受潮失效。所采用的防火保温材料如无防潮性能，则不得在受潮后使用。

3. 密封处理

（1）耐候硅酮密封胶的施工工艺流程：清洗基体表面→贴保护胶纸→清洗玻璃→打胶→刮平→撕去保护胶纸。

（2）耐候硅酮密封胶的施工应符合下列要求：

1）耐候硅酮密封胶的施工必须严格按工艺标准执行，施工前应对施工区域进行清洁，应保证缝内无水、油渍、铁锈、水泥砂浆、灰尘等杂物，可采用二甲苯、丙酮或甲基二乙酮作清洁剂。

2）施工时，应对每一管胶的规格、品种、批号及有效期进行检查，符合要求方可施工，严禁使用过期的密封胶。

3）耐候硅酮密封胶的施工厚度、施工宽度应符合设计要求。注胶后应将胶表面刮平，去掉多余的密封胶。

4）耐候硅酮密封胶在缝内应形成相对两面粘结，不得三面粘结，较深的密封槽口底部应采用聚乙烯发泡材料填塞。

5）为保护玻璃和铝框不被污染，应在可能导致污染的部位贴纸基胶带。填完胶刮平后应及时将纸基胶带除去。

6）注意不宜在夜晚打耐候胶，严禁在雨天打耐候胶。

7）幕墙内外表面的接缝或其他缝隙应采用密封胶连续密封，接缝应平整、光滑，并严密不漏水。

8）嵌缝胶的深度（厚度）应小于缝宽度。

（3）玻璃幕墙开启窗的周边缝隙、明框幕墙玻璃与型材间隙宜采用三元乙丙橡胶、氯丁橡胶或硅橡胶密封。开启窗扇与框间采用两道橡胶条密封，橡胶条拼接应严密，接缝处可注胶密封，窗框转角拼接处要注胶密封。

4. 绝缘断热垫片设置

1）不同金属材料（如连接件与立柱间）接触处，应合理设置绝缘断热垫片隔离。设置绝缘断热垫片可防电化腐蚀，另外间接起到了断热作用。

2）立柱与横梁接触处设置柔性垫片，横梁两端与立柱间隙可预留 1～2mm 的间隙，间隙内填胶。

3）隐框幕墙采用挂钩式连接固定玻璃组件时，挂钩面要设置柔性垫片，明框幕墙玻璃下端与金属槽间应采用弹性垫块支承。

5. 玻璃贴膜

（1）开料（裁膜）

根据用户选定的建筑膜移置裁膜垫上进行裁膜，裁膜尺寸要大于原玻璃边缘尺寸5cm，以便给贴膜时留有余量，注意裁膜的尺寸把握恰当，不浪费。

（2）清洁玻璃

玻璃的内侧面为贴膜面，清洁一定要彻底。

1）首先将长条形大毛巾铺设在施工位置楼/地面，避免施工中损伤地板或漆面，方便摆放工具。

2）在玻璃上喷洒清水，然后用手摸，检查和剔除稍大的尘粒，对于粘附得较牢的污垢和撕下的贴物残胶可用玻璃铲刀去除。

3）用玻璃清洁胶刮自上而下，由中间向两边清除玻璃上的灰尘，每刮一次必须用干净的擦蜡纸去除刮板上的污物。整幅玻璃每刮一遍，要用清水喷洒一次，最后用塑料刮板刮除积水，确认玻璃已"一尘不染"时才可转入贴膜施工。

4）仔细检查玻璃是否有暗伤，如有，须向业主说明情况，业主许可后再进行施工。

（3）贴膜

1）由于膜的尺寸面积较大，应由两人协同完成。

2）将手清洗干净，以避免手上的污物带到膜上。为保证质量，避免扬尘，应关闭施工场所的所有进出风口，不得启动室内空调，使整个工作环境处于相对密封的状态。

3）先撕掉建筑膜上的保护膜，在其粘胶面喷洒清水，再对整幅玻璃喷洒清水后将膜粘贴到玻璃上。

4）上膜时不能碰到任何物体，将膜正确定位后用塑料刮板由中间向两边刮，清除内部的气泡和水分，检查建筑膜与玻璃之间，达到没有任何气泡或皱纹，使膜与玻璃完全贴合，清理作业现场。

10.7.2.4　金属幕墙保温施工技术要点

1. 金属幕墙保温隔热做法

为满足幕墙的防火性能和保温节能的要求，除了安装防火隔断板外，还要在板内填塞防火岩棉。层间位置处应采用岩棉、矿棉、防火板等不燃烧性或难燃烧性材料作为隔热保温节能材料。

（1）板材边缘弯折后，同附框固定成型，同时根据板材的性质及具体分格尺寸的要求，在板材背面适当的位置设置加强筋。

（2）附框与板材的侧面可用抽芯铝铆钉紧固，抽钉间距应在200mm左右。在附框与板材间用结构胶粘结。

（3）复合铝塑板组框中采用双面胶带，只适用于较低建筑的金属板幕墙，并应有防火试验的报告。

（4）金属板幕墙注胶前，一定要用清洁剂将金属板及铝合金（型钢）框表面清洗干净，清洁后的材料须在1h内密封，否则重新清洗。

（5）如果在金属板幕墙的设计中，既有保温层又有防潮层，先安装防潮层，然后再在防潮层上安装保温层。大多数金属板幕墙的设计通常只有保温层而不设防潮层，只需将保温层直接安装到墙体上。

（6）保温板及防火隔离带安装：

1）保温板安装在主体墙外侧，一般采用硬质矿（岩）棉板、泡沫玻璃保温板、酚醛树脂保温板、保温砂浆等保温材料，其施工方法及安装要求与外墙外保温做法相同。

2）另一种方法是安装在幕墙金属框架内。防火保温板可直接附在金属板背面，应加设铝条加强筋，并用胶钉将保温板与加强筋固定好。保温板在板块安装的同时安装，以避免被水淋湿，保温板与框架周边的缝隙用胶带封闭。此方法要求板缝密封一定要严密，否则，板内外空气对流，起不到保温作用。

3）防火隔离带安装应采用优质防火材料，防火期限必须达到有关标准的要求。隔热保温材料必须固定牢固。防火隔离带可用镀锌铜板固定，应使防火材料连续地密封于楼板与金属板之间的空位上，形成一道防火隔离带，中间不得有空隙。金属幕墙保温做法示意见图 10-7-1。

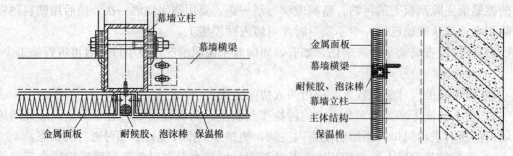

图 10-7-1　金属幕墙保温做法示意

4）当建筑大面为透明玻璃幕墙而结构梁处为金属幕墙时，金属幕墙分格线与结构梁之间的空隙部位应设置防火保温封堵。

2. 金属幕墙板缝部位密封

金属幕墙周边与墙体缝隙保温密封的填充部位处理应符合下列要求：

（1）注胶前，一定要用清洁剂将金属板及铝合金（型钢）框表面清洗干净，清洁后的材料须在 1h 内密封，否则重新清洗。

（2）密封胶须注满，不能有空隙或气泡。

（3）清洁用擦布须及时更换，以保持干净。

（4）应遵守标签上的说明使用溶剂，使用溶剂的场所严禁烟火。

（5）注胶之前，应将密封条或防风雨胶条安放于金属板与铝合金（钢）型材之间。

（6）根据密封胶的使用说明，注胶宽度与注胶深度最合适的宽深比为 2∶1。

（7）注密封胶时，应用胶纸保护胶缝两侧的材料，使之不受污染。

（8）金属板安装完毕，在易受污染部位用胶纸贴盖或用塑料薄膜覆盖保护；易被划伤的部位，应设安全护栏保护。

（9）所使用的清洁剂应对金属板、胶与铝合金（钢）型材无任何腐蚀作用。

（10）金属板固定以后，板间接缝及其他需要密封的部位要采用耐候硅酮密封胶进行密封，注胶时需将该部位基材表面用清洁剂清洗干净后，再注入密封胶。

10.7.2.5　石材与人造板幕墙施工技术要点

1. 石材与人造板幕墙保温材料安装

石材与人造板幕墙的节能宜在幕墙面板与主体结构之间，紧贴主体结构设置保温层，不宜将保温层设置在石材与人造板一侧。将保温层复合在主体结构的外表面上，类同于普通外墙外保温的做法，见图 10-7-2。

保温材料可采用半硬质矿（岩）棉板、泡沫玻璃保温板、酚醛树脂板、保温砂浆等。其应用厚度可根据地区的建筑节能要求和材料的导热系数计算值通过外墙的传热系数计算确定。保温板与主体结构的连接固定可采用粘贴或机械锚固，或两者结合。

2. 石材与人造板幕墙板缝打胶密封应符合下列要求

（1）幕墙面板安装完后，板块间缝隙必须用专用密封胶填缝，予以密封，防止空气渗

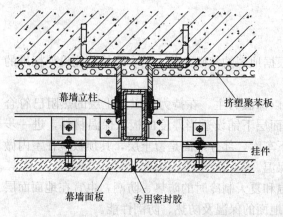

幕墙立柱   挤塑聚苯板

挂件

幕墙面板   专用密封胶

图 10-7-2　石材与人造板幕墙保温做法

透和雨水渗漏。

（2）打胶前，充分清洁板材间缝隙，不应有水、油渍、涂料、铁锈、水泥砂浆、灰尘等。

（3）为调整缝的深度，避免三边粘胶，在胶缝内按要求填充泡沫棒；在需打胶的部位的外侧粘贴保护胶纸，胶纸的粘贴要符合胶缝的要求。

（4）打胶时要连续均匀。胶注满后，应检查里面是否有气泡、空心、断缝、杂质，若有应及时处理。

（5）注胶后将胶缝表面抹平，去掉多余的胶。

（6）注胶完毕，等密封胶基本干燥后撕下多余的纸基胶带，必要时用溶剂擦拭面板。

（7）隔日打胶时，胶缝连接处应清理打好的胶头，切除已打胶的胶尾，以保证两次打胶的连接紧密统一。

（8）注胶不宜在气温低于5℃的条件下进行，温度太低胶液发生流淌，延缓固化时间甚至影响拉结拉伸强度，必须严格按产品说明书要求施工。严禁在风雨天进行，防止雨水和风沙浸入胶缝。

（9）胶在未完全硬化前，应避免沾染灰尘和划伤。

10.8　楼/地面保温隔热工程施工技术

10.8.1　楼/地面节能技术简介

高层建筑楼/地面节能工程包括采暖空调房间接触土体的地面、毗邻不采暖空调房间的楼地面、采暖地下室与土体接触的地面、不采暖地下室上的楼板、不采暖车库上的楼板、接触室外空气或外挑楼板的地面与楼面节能工程。本节主要介绍楼/地板节能技术及地板辐射采暖。

10.8.1.1　楼板的节能技术

楼板分层间楼板（底面不接触室外空气）和底面接触室外空气的架空或外挑楼板（底部自然通风的架空楼板），传热系数 K 有不同的规定。保温层可直接设置在楼板上表面（正置法）或楼板底面（反置法），也可采取铺设木搁栅（空铺）或无木搁栅的实铺木地板。

保温层在楼板上面的正置法，可采用铺设硬质挤塑聚苯板、泡沫玻璃保温板等板材或强度符合楼/地面要求的保温砂浆、泡沫水泥等材料，其厚度应满足建筑节能设计文件的要求。

保温层在楼板底面的反置法，可如同外墙外保温做法一样，采用符合国家、行业标准的保温浆体、喷涂无机纤维或粘贴保温板材外保温系统。底面接触室外空气的架空或外挑楼板宜采用反置法的外保温系统。

铺设木搁栅的空铺木地板，宜在木搁栅间嵌填阻燃的板状保温材料，使楼板层的保温和隔声性能更好。

10.8.1.2 底层地面的节能技术

底层地面的保温、防热及防潮措施应根据地区的气候条件，结合建筑节能设计标准的规定采取不同的节能技术。

严寒、寒冷地区采暖建筑的楼/地面应以保温为主，在持力层以上土层的热阻已符合地面热阻规定值的条件下，最好在楼/地面面层下铺设适当厚度的板状保温材料，进一步提高地面的保温和防潮性能。寒冷地区地下车库，部分地面是覆土层，其顶板应在室内做保温浆体、喷涂无机纤维或板状保温材料保温。

夏热冬冷地区应兼顾冬天采暖时的保温和夏天制冷时的防热、防潮，也宜在地面面层下铺设适当厚度的板状保温材料，提高楼/地面的保温及防热、防潮性能。

夏热冬暖地区应以防潮为主，宜在楼/地面面层下铺设适当厚度保温层或设置架空通风道，以提高地面的防热、防潮性能。

10.8.1.3 楼/地面辐射采暖技术

楼/地面辐射采暖是成熟的、健康的、卫生的节能供暖技术，在我国寒冷和夏热冬冷地区已推广应用，深受用户欢迎。

楼/地面辐射采暖技术的设计、材料、施工及其检验、调试及验收，应符合《辐射供暖供冷技术规程》JGJ 142 的规定。

为提高楼/地面辐射采暖技术的热效率，不宜将热管铺设在有木搁栅的空气间层中，地板面层也不宜采用有木搁栅的木地板。合理而有效的构造做法是将热管埋设在导热系数 λ 较大的密实材料中，面层材料宜直接铺设在埋有热管的基层上。

不宜直接采用低温（水媒）楼/地面辐射采暖技术在夏天通入冷水降温，必须有完善的通风除湿技术配合，并严格控制楼/地面温度使其高于室内空气露点温度，否则会形成楼/地面大面积结露。

10.8.2 楼/地面节能工程施工

10.8.2.1 楼/地面节能工程施工技术要点

1. 一般规定

（1）楼/地面节能工程的施工，应在主体或基层质量验收合格后进行。基层的处理应符合设计要求及施工工艺的规定。

（2）不同类型采暖建筑楼/地面的构造做法及面层、填充层、隔离层、找平层、垫层材料的热工性能应符合设计要求。

（3）施工单位应对楼/地面节能关键节点设计详图进行核查、确认。由施工单位完成的深化设计节点和系统供应商提供的二次设计详图应交设计单位审查、认可。

（4）施工前应编制包含楼地面节能施工内容的施工方案，并经审批后实施。方案实施前应对施工人员进行技术交底，施工过程中技术人员做好技术复核记录。

（5）楼/地面节能工程应对下列部位进行隐蔽工程验收：

1）保温层附着的基层；

2）保温板粘结或保温浆料性能；

3）防止开裂的加强措施；

4）楼/地面工程的隔断热桥部位；

5）有防水要求的楼/地面面层的防渗漏；

6）楼/地面辐射采暖工程的隐蔽验收应符合《楼/地面辐射供暖技术规程》JGJ 142 的规定。

（6）楼/地面节能工程的施工质量，应符合下列要求：

1）保温板与基体及各层之间的粘结应牢固，缝隙应严密。

2）保温浆料层应分层施工。

3）穿越楼/地面直接接触室外空气的各种金属管道应按设计要求，采取隔断热桥的保温绝热措施。

4）严寒、寒冷地区，底面接触室外空气或外挑楼板的楼/地面，应按照墙体的要求执行。

（7）有防水要求的楼/地面，其节能保温做法不得影响楼/地面排水坡度。其防水层宜设置在楼/地面保温层上侧，当防水层设置在楼/地面保温层下侧时，其面层不得渗漏。

（8）严寒、寒冷地区的建筑首层直接与土体接触的周边楼/地面毗邻外墙部位或房芯回填土的部位，应按照设计要求采取隔热保温措施。

2. 材料和机具

（1）材料要求

1）填充层采用的松散、板块、整体保温材料等，其材料的密度和导热系数、强度等级或配合比均应符合设计要求。填充层材料自重不宜大于 $9kN/m^3$，其厚度应按设计要求确定。

2）松散材料可采用膨胀蛭石、膨胀珍珠岩、炉渣、水渣等铺设，其中不应含有有机杂质、石块、土块、重矿渣块和未燃尽的煤块等。

3）整体保温材料可采用膨胀蛭石、膨胀珍珠岩、泡沫水泥等保温材料，以水泥、沥青为胶结材料，或和轻骨料混凝土等拌合铺设。沥青、水泥等应符合设计及国家有关标准的规定，水泥的强度等级应不低于32.5级。沥青在北方地区宜采用30号以上，南方地区应不低于10号。轻骨料应符合现行国家标准《粉煤灰陶粒和陶砂》GB 2838、《黏土陶粒和陶砂》GB 2839 和《天然轻骨料》GB 2841。所用材料必须有出厂质量证明文件，并符合国家有关标准的规定。

4）板状保温材料可采用聚苯乙烯泡沫塑料板、硬泡聚氨酯、加气混凝土板、泡沫水泥板、泡沫玻璃、矿物棉板等。

（2）主要机具

搅拌机、水准仪、抹子、木杠、靠尺、筛子、铁锹、墨斗、试压泵、电焊机、手电钻、热络机、喷棉机、高压胶泵、搅拌机、喷枪、滚筒、模具压板、测厚针尺等。

3. 施工准备

（1）施工所需各种材料已按计划进入施工现场。

（2）铺设保温材料的基层表面应平整、干燥，无杂物。

（3）穿过楼地面的管道根部应用细石混凝土填塞密实，将管根固定牢固。

（4）填充层的材料采用干铺板状保温材料时，其环境温度不应低于−20℃。

（5）采用掺有水泥的拌合料或采用沥青胶结料铺设填充层时，其环境温度不应低于5℃。

（6）5 级以上的风天、雨天及雪天，不宜进行填充层施工。

（7）有防水要求的楼地面应根据保温层在防水层的上、下位置采取相应的防水层保护措施。

（8）保温材料的运输、存放应注意防水、防潮，按要求控制其含水率。

4. 施工工艺

（1）工艺流程

1）松散保温材料铺设填充层的工艺流程

清理基层表面→抄平、弹线→管根、地漏局部处理及预埋件管线→分层铺设散状保温材料、压实→质量检查验收。

2）整体保温材料铺设填充层的工艺流程

清理基层表面→抄平、弹线→管根、地漏局部处理及管线安装→按配合比拌制材料→分层铺设、压实→检查验收。

3）板状保温材料铺设填充层的工艺流程

清理基层表面→抄平、弹线→管根、地漏局部处理及管线安装→干铺或粘贴板状保温材料→分层铺设、压实→检查验收。

（2）工艺要点

1）松散保温材料铺设填充层

① 检查材料的质量，其表观密度、导热系数、粒径应符合要求。

② 清理基层表面，弹出标高线。

③ 地漏、管根局部用砂浆或细石混凝土处理好，暗敷管线安装完毕。

④ 松散材料铺设前，预埋间距 800～1000mm 木龙骨（防腐处理）、半砖矮隔断或抹水泥砂浆矮隔断一条，高度符合填充层设计厚度要求，控制填充层厚度。

⑤ 虚铺厚度不宜大于 150mm，应根据其设计厚度确定需要铺设的层数，分层铺设保温材料，每层均应铺平压实，压实采用压滚和木夯，填充层表面应平整。

2）整体保温材料铺设填充层

① 所有材料质量应符合本节规定，水泥、沥青等胶结材料应符合国家有关标准的规定。

② 按设计要求的配合比拌制整体保温材料。

③ 水泥、沥青膨胀珍珠岩、膨胀蛭石应采用人工搅拌，避免颗粒破碎，拌合均匀，随拌随铺。

④ 水泥为胶结材料时，应将水泥制成水泥浆后，边拌边搅。当以热沥青为胶结材料时，沥青加热温度不应高于 240℃，使用温度不宜低于 190℃；膨胀珍珠岩、膨胀蛭石的余热温度宜为 100～120℃，拌合时以色泽一致，无沥青团为宜。

⑤ 铺设时应分层夯实，其虚铺厚度与压实程度通过试验确定，拍实抹平至设计厚度后宜立即铺设找平层。

3）板状保温材料铺设填充层

① 所有材料应符合设计要求，水泥、沥青等胶结材料应符合国家有关标准的规定。

② 板状保温材料应分层错缝铺贴，每层应采用同一厚度的板块，厚度应符合设计要求。粘贴的板状材料，应贴严、铺平。

③ 板状保温材料不应破碎、缺棱掉角，铺设时遇有缺棱掉角、破碎不齐的应锯平拼接使用。

④ 干铺板状保温材料时，应即靠基层表面，铺平、垫稳，分层铺设时，上下接缝应相互错开。

⑤ 用沥青粘贴板状保温材料时，应边刷、边贴、边压实，务必使沥青饱满，防止板块翘曲。

用水泥砂浆粘贴板状保温材料时，板缝向应用保温砂浆填实并勾缝。保温砂浆配合比一般为体积比 1：1：10（水泥：石灰膏：同类保温材料碎粒）。

⑥ 不得在已铺完的松散、整体、板状材料保温层上行走、推运输小车和堆放重物。

10.8.2.2 低温（水媒）辐射采暖地板

楼/地面辐射采暖系统是采用低温热水形式供热，适用于热水温度不高于 60℃，民用建筑供水温度宜采用 35～50℃，供回水温差不宜大于 10℃，将加热管埋设在地板中的低温辐射采暖系统安装。低温热水地面辐射供暖系统的工作压力，不应大于 0.8MPa；当建筑物高度超过 50m 时，宜竖向分区设置。将加热管设于地板中，热水在管内循环流动，加热地板，通过楼/地面以辐射和对流的传热方式向室内供热。该系统具有舒适、卫生、节能、不影响室内观感和不占用室内使用面积及空间，并可以分室调节温度，便于用户计量的优点。

10.9 建筑遮阳制品及太阳能应用技术（安装）

高层建筑宜结合外廊、阳台、挑檐等处理方法进行建筑遮阳，遮阳也可采用花格、挡板、百叶、卷帘等，挡板、百叶、卷帘可采用智能化的控制装置进行调节，以达到遮阳、采光的协调。

10.9.1 建筑遮阳制品

10.9.1.1 建筑遮阳技术简介

1. 建筑物遮阳制品

建筑物遮阳制品可分为外遮阳制品（遮阳制品安装在室外）、内遮阳制品（遮阳制品安装在室内）和中置遮阳制品（遮阳制品安装在外围护结构的中间，如中空玻璃中间、双层玻璃幕墙中间等）。按运动形式建筑物遮阳又可分为固定遮阳（遮阳制品的角度或运动方式不可即时调节）、活动遮阳（遮阳制品的角度和运动方式可即时调节）。建筑物遮阳制品形式包括水平遮阳、垂直遮阳、斜向遮阳和综合遮阳；遮阳制品的操作方式包括手动、电动、群组、智能等。

2. 建筑物遮阳制品安全性要求

（1）抗风压性能

在额定风压的作用下，遮阳制品应能正常使用，并不会产生塑性变形或损坏；在安全风压的作用下，遮阳制品不会从导轨中脱出而产生安全危险。

对于织物遮阳制品的额定风压为其测试风压 p，安全风压按照 $1.2 \times p$ 确定；对于百叶帘、百叶窗、滑移窗等遮阳制品的额定风压为其测试风压 p，安全风压按照 $1.5 \times p$ 确定。其他遮阳制品，如机翼遮阳制品、格栅遮阳制品，抗风压应符合《建筑结构荷载规范》GB 50009 要求。

（2）抗积雪荷载性能

使用的水平夹角小于 60°的外遮阳设施应进行雪荷载检测。其抗雪荷载要求应按当地降雪情况，确定名义雪压，由供需双方共同确定。

（3）耐积水荷载性能

适用于建筑用各种织物遮阳制品。织物遮阳制品完全伸展时，在雨水积水重力的作用下，应能承受相应荷载的作用。对于坡度≤25%的织物遮阳制品，在其完全伸展状态下，承受最大积水所产生的荷载时应不发生面料破损和破裂，并保持排水性能良好。在积水荷载释放、织物干燥后，手动织物遮阳制品的操作力应能保持在原等级范围内。当遮阳制品斜度小于 25%或小于制造商的推荐值，下雨时折臂遮阳篷应收回，并在使用说明书中应予说明。

（4）防雷性能

防雷性能应满足《建筑物防雷设计规范》GB 50057 要求。

（5）防火性能要求。

建筑物遮阳制品所用遮阳材料、连接杆件等主要部件材料的燃烧性能不得低于《建筑材料及制品燃烧性能分级》GB 8624 中 B 级要求。

（6）电机性能要求

外遮阳制品用电机整体结构防护等级不应低于《低压电器外壳防护等级》GB/T 4942.1 中 IP54 级的规定，内遮阳、中置遮阳制品用电机不应低于 IP44 级的规定。电机绝缘等级应符合《电气绝缘 耐热性分级》GB/T 11021 中 F 级的规定。电气运行条件和环境空气温度应符合《旋转电机 定额和性能》GB 755 的规定。电机应具有过热保护装置。电机连续工作时间不得小于 240s。

（7）噪声性能要求

建筑物遮阳制品所用电机的噪声不大于 45dB。

（8）建筑物遮阳制品操作性能

建筑物遮阳制品的操作方式可分为手动操作和电动操作。当手动操作方式操纵力过大不能满足使用者群体要求时，应采用电动操作方式。

电动操作方式可分为单机操控、群组操控和智能操控等形式。单机操控为对一个电机进行控制，操纵一个遮阳制品；群组操控对一个电机或多个电机进行控制，操纵多个（一组）遮阳制品；智能控制是指通过对光照强弱、风感、雨水等感应自动控制遮阳制品的开启和伸展等动作。群组操控一般适用于建筑物为透明幕墙的大型遮阳制品的控制。

（9）建筑物遮阳制品的耐久性和易维修性

耐久性指遮阳制品的材料、部件、零件、器件、机构等在使用过程中保持设计性能要求的能力。遮阳制品的耐久性应满足相关制品标准的要求。

10.9.1.2 遮阳制品施工（安装）要点

1. 施工前的准备

（1）遮阳制品安装工程施工前应编制专项施工组织设计（施工方案），内容包括：材料与制品的要求、工程进度计划、与其他分项工程的协调配合方案、搬运及吊装方法、测量方法、安装工艺、成品保护、检查验收、安全措施和环境、劳动保护等事项。

（2）遮阳制品的材料、零件、附件和结构件等应复核设计要求，进场时应提交产品质量合格证书。

（3）遮阳制品安装前，对其前一道基层施工的质量应验收合格并进行复核。

（4）凡对遮阳制品可能造成严重污染的分项工程，应在遮阳制品施工前完成或采取有效的保护；遮阳制品安装对其他工程可能造成污染的，在施工前应加以防护。

（5）进场的材料、零件、附件应分类存放，并进行得当的防潮、防雨、防压等防护保护措施。

（6）材料、零件、附件和结构件在搬运时不得碰撞或挤压。

（7）现场对材料、零件、附件、结构件进行的辅助性加工，其位置和尺寸应符合设计要求。

（8）所用的材料、零件、附件和结构件在安装前应进行检查，不得有变形、刮痕、错位等损伤，不合格的构件不得安装。

（9）遮阳制品与主体结构连接的预埋件应符合设计要求。后置的埋件应进行抗拉拔试验，确认是否达到设计要求。

2. 遮阳制品的施工安装

（1）手动机械线路安装

按照图纸确定手动机械线路的位置和走线路线，整体线路不得破坏其他预理和预设线路；当与其他线路、装置等相冲突，在安装图纸洽商时应协调。

机械线路安装时应保证线路的运行畅通，对需要维护、维修的部位预留通道。

（2）电动管线安装

按照图纸确定电动管线的位置和走线路线，整体线路不得破坏其他预理和预设线路，当与其他线路、装置等相冲突，在安装图纸洽商时应协调。

管线应连接紧密，管口光滑，护口齐全，明配管线及其支架、吊架应牢固、排列整齐，管线弯曲处无明显折皱，油漆防腐完整，暗配管线保护层应满足设计要求。

（3）遮阳制品与主体结构连接。

根据遮阳制品与主体结构的连接方式分为直接连接和间接连接。直接连接是遮阳制品直接安装在主体结构受力部位上；间接连接是遮阳制品安装在支撑构件（边框）上，支撑构件（边框）与主体结构受力部位连接。小型遮阳制品，如卷帘遮阳、织物遮阳、百叶帘遮阳等一般采用直接连接，大型遮阳制品，如机翼遮阳、格栅遮阳等一般采用间接连接。

（4）遮阳制品遮阳体安装

需要现场安装遮阳体，在拆卸包装时应检查包装和包装零部件完好程度。安装时应按照安装作业指导书的要求顺序安装，要求尺寸准确，调节到位，并不得在安装过程中磕碰、刻划、污损零部件。尺寸精度应满足对应制品的要求。

（5）遮阳系统调试、运行

遮阳系统安装完毕后，应对遮阳制品逐一调试。

调试内容包括遮阳体运行是否顺畅，有无障碍，运行是否到位，各种操作动作执行情况及其顺畅度和复位状况等；电动操作系统指令或信号的灵敏度，遥控操作有效距离执行情况，各种指令变换的执行情况，手动操作力的大小及有无障碍；误操作的控制等。对光照强弱、风速、雨水等感应的智能控制应有配套的现场检测方法。

3. 施工安全（遮阳制品可能种类较多，应要求供应商应有安装说明书）

（1）遮阳制品安装施工应符合现行行业标准《建筑施工高处作业安全技术规范》JGJ 80、《建筑机械使用安全技术规程》JGJ 33、《施工现场临时用电安全技术规范》JGJ 46 的有关规定。

（2）安装施工机具在使用前，应进行严格检查，电动工具应进行绝缘电压试验。

（3）采用外脚手架施工时，脚手架应经过设计，并应与主体结构可靠连接。采用落地式钢管脚手架时，应双排布置。

（4）当高层建筑的遮阳制品安装与主体结构施工交叉作业时，在主体结构的施工层下方应设防护网；在距离地面约3m高度处，应设挑出宽度不小于6m的水平防护网。

（5）采用吊篮施工时，应符合下列要求：吊篮应进行设计，使用前应进行安全检查；吊篮不应作为竖向运输工具，并不得超载；不应在空中进行吊篮检修；吊篮上的施工人员必须配系安全带。

（6）现场焊接等明火作业时，应采取防火措施。

10.9.1.3　工程质量验收

1. 遮阳制品工程验收时应提交的资料

（1）遮阳制品工程的竣工图或施工图、结构计算书、设计变更文件及其他设计文件；

（2）遮阳制品、结构连接构件的质量合格证；

（3）后置埋件的现场拉拔检测报告；

（4）设计要求的钢结构试验报告和焊接质量检测报告；

（5）隐蔽工程验收文件；

（6）施工安装自检记录。

2. 遮阳制品工程质量验收

（1）检测的内容包括外观质量、安装状态、启闭调节结构等。

（2）遮阳制品检测项目及方法见表10-9-1。

遮阳制品检测项目及检测方法

表 10-9-1

项目	质量要求	检验数量	检验方法
外观质量	洁净、平整，无大面积划痕、碰伤，织物无褪色、花色、割裂，型材无开焊、断裂	每个检验批抽查10%，并不少于10件	观察
安装状态	安装位置正确，满足设计要求。允许偏差符合相关技术标准的规定，无明显倾斜、偏离；安装牢固，不得有松动现象	检查全数的10%，并不少于5处；牢固程度全数检查	观察、尺量、手扳检查
启闭调节机构	活动遮阳设施的启闭调节机构调节到位，可灵活操作	每个检验批抽查10%，并不少于10件	现场调节试验，观察检查

（3）遮阳制品工程的检查：

1）在安装过程中，施工单位应按工序进行自检，在自检合格的基础上，应由验收部门进行抽检，检查数量应符合表10-9-1规定。

2）安装工程所用遮阳制品质量应符合相关标准的规定要求，生产厂家应提供产品合格证及检测单位的检验报告。检验报告应覆盖进场的不同生产厂家的不同产品类型。

3）所用遮阳产品的品种、规格、启闭方向及安装位置应符合设计要求。

10.9.1.4 建筑遮阳制品保养和维护

1. 遮阳制品工程竣工验收时，承包商应向业主提供"遮阳制品使用维护说明书"。"遮阳制品使用维护说明书"应包括下列内容：遮阳制品的设计依据、主要性能参数及设计使用年限；使用注意事项；环境条件变化对遮阳制品的影响；日常与定期的维护、保养要求；遮阳制品的主要结构特点及易损零部件更换方法；备品、备件清单及主要易损件的名称、规格等。

2. 遮阳设施的维护内容必须包括检查遮阳设施的固定情况，有无松动、脱落、偏斜、生锈、材料老化、开裂、撕裂，电路及电机系统等安全性内容；启闭是否灵活，能否调节到位，系统调节有无障碍等操作性内容；制品遮阳性能、保温性能等功能性内容。

3. 遮阳制品工程承包商在遮阳制品交付使用前，应为业主培训遮阳制品维修、维护人员。

4. 遮阳制品交付使用后，业主应根据"遮阳制品使用维护说明书"的相关要求及时制定幕墙的维修、保养计划与制度。

5. 遮阳制品外表面的检查、清洗、保养与维修工作不得在4级以上风力和大雨（雪）天气下进行。

6. 遮阳制品外表面的检查、清洗、保养与维修使用的作业机具设备（举升机、擦窗机、吊篮等）应保养良好，功能正常，操作方便，安全可靠；每次使用前都应进行安全装置的检查，确保设备与人员安全。

7. 遮阳制品外表面的检查、清洗、保养与维修的作业中，凡属高空作业者，应符合现行行业标准《建筑施工高处作业安全技术规范》JGJ 80 的有关规定。

8. 保养和维护必须按照"遮阳制品使用维护说明书"要求由经过培训的指定人员进行，使用者不得自行进行保养和维护。

9. 遮阳制品及其系统的检修、更换、拆除应由承包商或其指定的单位完成，使用者不得自行检修、更换、拆除。

10.9.2 建筑太阳能热水系统

10.9.2.1 建筑太阳能热水系统技术简介

热水是建筑物中排在供暖、空调和照明之后的第四大能耗。充分利用太阳能热水器产生的热水是降低建筑物能耗的有效手段之一。太阳能热水器是太阳能热利用技术中最成熟、应用最广泛、产业化发展最快的领域。目前，建筑物中大多数采用非聚光型集热器（含平板式和真空管集热器）对太阳能进行采集。

1. 平板式太阳能集热器

太阳能集热器是太阳能热利用装置中承担能量转换的核心部件，其性能和成本对整个装置起着决定作用。我国的平板式集热器的加工制造技术已比较成熟。

2. 真空管太阳能集热器

真空管太阳能集热器的结构类似热水瓶胆，二层玻璃之间抽成真空，大大地改善了集热器的绝热性能，提高了集热温度。真空管内壁采用选择性涂层，有的集热管背部还加装了反光板，因此具有较高的集热效率。真空管太阳能集热器可分为：全玻璃真空管太阳能集热器，适用于低、中温环境；玻璃-金属真空管太阳能集热器，产品有热管-半圆柱面吸热板、同轴热流体-平面吸热板和储热式真空管太阳能集热管等。

3. 太阳能热泵式热水器

由于常规的太阳能热水器在应用上因其本身的特点存在一些局限性，严重影响整个系统效率，影响其进一步的推广作用，早在 20 世纪 60 年代初期，在日本和美国曾利用无盖板的平板集热器与热泵系统结合，设计了可以向建筑物供热和供冷的系统。

目前，太阳能热泵系统按照集热器和热泵的连接方式分为串联式、并联式和双热源式三种形式，热泵蒸发器的热源分别是太阳能、周围空气以及两者兼而有之。

（1）串联式可分为两种：①常规太阳能辅助热泵装置中，太阳能集热器和热泵蒸发器是两个独立的部件，通过储热器进行热交换，储热器用于存储集热器收集到的热能，集热器内的工质为水或空气。②直接膨胀式太阳能热泵，内充制冷剂，将太阳能集热器用作热泵蒸发器。

（2）并联式由传统的太阳能集热器和传统的热泵共同组成。它们各自独立工作，太阳能集热器通过水箱中的换热器将工质的热能传递给水，热泵则以周围的大气为热源而将冷凝器设在水箱中。

（3）双热源系统实际上是串联和并联系统的结合，此时热泵需设两个蒸发器，一个以大气为热源，另一个以被太阳能系统加热的水为热源。

太阳能集热系统类型应根据建筑特点与功能、节能降耗和方便使用与维护等要求，合理确定太阳能集热系统的类型。集中式太阳能热水系统的辅助热源应当选用城市热网、燃气或居民低谷电。当必须采用普通电能作为辅助热源时，宜采用分散辅助热源形式。

新建建筑的太阳能热水系统应当按照国家有关标准规范，进行太阳能热水系统与建筑一体化设计，做到建筑物外观协调、整齐有序。

太阳能热水系统与建筑一体化设计的施工图纸，应当包括太阳能热水器的规格尺寸、系统布置、管道井、固定预埋件、电气管线敷设、节点做法、防雷等内容。确保结构安全、布局合理、性能匹配、使用安全和安装维修方便。应用主要应做到：太阳能热水系统设计应纳入建筑工程设计，统一规划、同步设计，并应符合国家有关标准的要求。太阳能热水系统应根据建筑物的使用功能和用户的用水要求统筹设计，并宜与建筑物和周边环境协调统一。太阳能热水系统应满足安全、实用、美观、运行可靠的原则，并应便于安装、维护、保养和使用。热水系统应有水温显示装置，必要时应安装水温控制装置。集热器周围应有防止热水泄漏烫伤人的措施。贮水箱的安装位置应满足载荷要求，水箱基座要注意保证绝热性能，避免热桥散热。太阳能热水系统的集热器总面积、集热器倾角和前后排间距等参数应符合规范要求。在既有建筑上增设或改造已安装的太阳能热水系统，须经建筑结构安全复核，并应满足建筑结构及其他相应的安全要求。建筑物上安装太阳能热水系统，不得降低相邻建筑的日照标准。

10.9.2.2 建筑太阳能热水系统施工要点

1. 施工准备

（1）设备材料技术要求

集热器应符合相关国家标准规定的要求：真空管太阳集热器应符合《真空管太阳集热

器》GB/T 17581规定的要求；平板型太阳集热器应符合《平板型太阳集热器技术条件》GB/T 6424规定的要求。贮水箱材料应符合现行国家标准《生活饮用水输配水设备及防护材料的安全性评价标准》GB/T 17219规定的要求。太阳能热水系统使用的管材及附件、电线电缆、钢材、防腐材料、保温材料等均应符合相关的国家标准及设计要求，并提供相应的质量合格证明文件。

（2）施工基本规定

太阳能热水系统施工前应有施工图纸和施工方案。太阳能热水系统施工单位应制定相应的施工安全措施，太阳能热水系统施工人员应具有相应的施工安全知识。

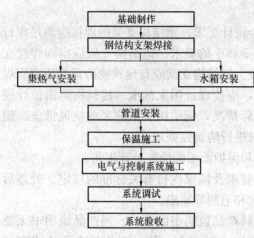

图 10-9-1 太阳能热水系统施工工艺流程图

（3）技术准备

熟悉施工图纸、技术交底、安全交底等。了解材料种类、设备要求。了解特殊施工要求。

2. 系统施工要点

（1）施工工艺流程图

图 10-9-1为太阳能热水系统施工工艺流程图。

（2）基座制作

太阳能热水系统基座包括集热器基座和水箱基座两部分，两种基座都应与建筑主体结构连接牢固。基座可以是现浇混凝土结构形式、钢结构形式、预制件形式等。现浇混凝土结构基础中的预埋件应与基座紧密结合，不得有空隙。现浇混凝土基座在坡屋面和平屋面的结构可参考图 10-9-2 和图 10-9-3。

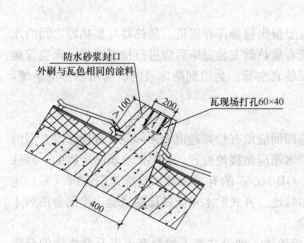

图 10-9-2 现浇混凝土基座在坡屋面的结构

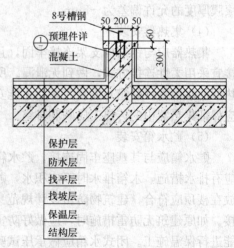

图 10-9-3 现浇混凝土基座在平屋面的结构

在屋面结构层上现场施工的基座，施工完毕后应与结构层一起做防水处理，并应符合现行国家标准《屋面工程质量验收规范》GB 50207 的规定。采用预制件基座时，应在屋面摆放平整、布局合理，并与建筑连接牢固，做好屋面防水层。钢基础或混凝土基础中的预埋件在集热器安装前应作防腐处理。基座施工的一般步骤：

1）定标。根据图纸找出关键点的位置；

2）画线。根据施工图纸画出横向和纵向轴线，定出各基座的中心位置；

3）安装模板；

4）定标高。保证各基座的顶面在同一水平高度上；

5）浇筑混凝土，安装预埋件；

6）混凝土养护。

（3）钢结构支架安装（桁架）

太阳能热水系统的钢结构支架及材料应符合设计要求，钢结构支架的焊接应满足现行国家标准《钢结构工程施工质量验收规范》GB 50205 的要求。钢结构支架应牢固焊接在基座上或基座的预埋件上，位置准确，角度一致。钢结构支架应与建筑物防雷接地牢固焊接。如钢结构支架高度超过建筑物避雷网（带），应按现行国家标准《建筑物防雷设计规范》GB 50057 制作安装接闪器。根据建筑物实际情况，钢结构支架应采取抗风措施。钢结构支架焊接完毕后，应按现行国家标准的要求进行防腐蚀处理。

1）钢结构的防腐处理一般采用涂装防锈漆和保护面漆的涂装处理工艺。

2）涂装前钢材表面的防锈处理应符合设计要求及国家现行有关标准的规定。处理后的钢材表面不应有焊渣、焊疤、灰尘、油污、水和毛刺等缺陷。

3）涂装时的环境温度和相对湿度应符合涂料产品说明书的要求。当产品说明书无要求时，环境温度宜在 5～38℃之间，相对湿度不应大于 85%。涂装时构件表面不应有结露，涂装后 4h 内应保护免受雨淋。

4）涂料的涂装遍数、涂层厚度均应符合设计要求。当设计对涂层厚度无要求时，涂层干漆膜总厚度：室外应为 150μm，室内应为 125μm，其允许偏差为 25μm。每遍涂层干漆膜厚度的允许偏差为 −5μm

（4）集热器安装

集热器应与钢结构支架连接牢固，且要留出检修保养通道。集热器与集热器之间的连接宜采用柔性连接方式，做到无泄漏。所有集热器安装完毕后应进行检漏试验。真空管集热器的联集管（联箱）安装完毕后才能安装真空管。为达到防冻目的所采用的排空系统，应保证集热器中的传热工质顺利排空。

（5）贮水箱安装

贮水箱应与其基座牢固连接。贮水箱四周应留有检修通道，顶部应留有检修口，周围应有排水措施，水箱排水时不应积水，贮水箱应做接地处理。如果贮水箱是金属的，而且放在楼顶应符合《建筑物防雷设计规范》GB 50057 的有关标准，直接与防雷网（带）连接。如原建筑无防雷措施时，应做好防雷接地。开式贮水箱应做检漏试验，检漏合格后才能进行保温施工。闭式水箱应做承压试验。

1）贮水箱的接地可以利用下列自然接地体。埋设在地下的没有可燃及爆炸物的金属管道、金属井管、与大地有可靠连接的建筑物的金属结构。

2）接地装置宜采用钢材。接地装置的导体截面积应符合热稳定和机械强度的要求，但不应小于表 10-9-2 所列规格。

钢接地体和接地线的最小规格

表 10-9-2

种类、规格及单位		地 上		地 下	
		室内	室外	交流电流回路	直流电流回路
圆钢直径（mm）		6	8	10	12
扁钢	截面（mm²）	60	100	100	100
	厚度（mm）	3	4	4	6
角钢厚度（mm）		2	2.5	4	6
钢管管壁厚度（mm）		2.5	2.5	3.5	4.5

3）接地体的连接应采用焊接，焊接必须牢固无虚焊，连接到水箱上的接地体应采用镀锌螺栓或铜螺栓连接。

4）开式贮水箱应做检漏试验，检漏合格后才能进行保温施工。

5）闭式水箱应做承压试验。

（6）管道安装

太阳能热水系统的管道安装应满足现行国家标准《建筑给水排水及采暖工程施工质量验收规范》GB 50242 的规定。

1）热水系统的管道材料应采用适应热水要求的复合管、金属管、塑料管等；

2）管道坡度应符合设计规定，排空系统不得有反坡存在；

3）温度控制器及阀门应安装在便于观察和维护的地方；

4）管道的最低处应安装泄水装置，最高点应设排气阀或排气管；

5）热水供应管道应尽量利用自然弯补偿冷热伸缩，直线段过长则应放置补偿器，补偿器形式、规格、位置应符合设计要求，并按有关规定进行预拉伸。

钢管不锈钢管及钢型管管道水平安装的支、吊架间距不应大于表 10-9-3 的规定。

钢管不锈钢管及钢型管管道支架的最大间距

表 10-9-3

公称直径（mm）		15	20	25	32	40	50	70	80	100	125	150	200
最大间距（m）	保温管	2	2.5	2.5	2.5	3	3	4	4	4.5	6	7	7
	不保温管	2.5	3	3.5	4	4.5	5	6	6	6.5	7	8	9.5

塑料管、铅型管及复合管管道垂直或水平安装的支架间距应符合表 10-9-4 的规定。

塑料管、铅型管及复合管管道支架的最大间距

表 10-9-4

管径（mm）			16	18	20	25	32	40	50	63	75
最大间距（m）	立管		0.7	0.8	0.9	1.0	1.1	1.3	1.6	1.8	2.0
	水平管	冷水管	0.5	0.5	0.6	0.7	0.8	0.9	1.0	1.1	1.2
		热水管	0.25	0.3	0.3	0.35	0.4	0.5	0.6	0.7	0.8

铜管管道垂直或水平安装的支架间距应符合表 10-9-5 的规定。

铜管管道支架的最大间距 表 10-9-5

公称直径（mm）		15	20	25	32	40	50	65	80	100	125	150
最大间距 （m）	垂直管	1.8	2.4	2.4	3.0	3.0	3.0	3.5	3.5	3.5	3.5	4.0
	水平管	1.2	1.8	1.8	2.4	2.4	2.4	3.0	3.0	3.0	3.0	3.5

各种泵、阀应按产品使用说明书规定的方式安装，安装在室外的泵、阀等部件应有防雨和防冻措施。管道和阀门安装的允许偏差和检验方法应符合表 10-9-6 的规定。

管道和阀门安装的允许偏差和检验方法 表 10-9-6

项次	项 目			允许偏差（mm）	检验方法
1	水平管 道纵横 方向弯曲	钢管	每米	1	用水平尺、 直尺、拉线和 尺量检查
			全长 25m 以上	≯25	
		铝塑管 复合管	每米	1.5	
			全长 25m 以上	≯25	
2	立管垂直度	钢管	每米	3	吊线和 尺量检查
			5m 以上	≯8	
		铝塑管 复合管	每米	2	
			5m 以上	≯8	
3	成排管段和成排阀门	在同一平面上间距		3	尺量检查

太阳能热水系统总进水管道必须加装过滤及止回装置。承压管道应做水压试验，试验压力应满足相应规范及设计要求；非承压管道应做灌水试验，在确认无泄漏后再做管道保温施工。太阳能热水地板辐射供暖系统中的管道敷设施工应符合《辐射供暖供冷技术规程》JGJ 142 的规定。

（7）保温施工

太阳能热水系统所有管道和设备均应做好保温处理。系统保温施工应按国家标准《工业设备及管道绝热工程质量检验评定标准》GB 50185 的规定执行。当系统介质温度在 100℃以下时，可按表 10-9-7 中数据选择保温层厚度，保温层外包敷保护层。

不同安装形式下管道直径和保温层厚度速查表（mm） 表 10-9-7

公称管径 （mm）			15	20	25	32	40	50	65	80	100
管道外径 （mm）			22	28	32	38	47	57	73	89	108
地沟安装	λ	0.02	20	20	20	25	25	25	25	25	25
		0.03	25	30	30	30	30	35	35	35	35
		0.04	35	35	35	40	40	40	40	45	45
		0.05	40	40	45	45	45	50	50	50	60

续表

		0.02	25	25	25	25	25	25	35	35	35
室内安装	λ	0.03	30	30	35	35	35	35	40	40	40
		0.04	35	40	40	40	45	45	45	50	50
		0.05	45	45	45	50	50	60	60	60	60
		0.02	30	30	30	30	30	35	35	35	35
室外安装	λ	0.03	35	40	40	40	45	45	50	50	50
		0.04	45	45	50	50	60	60	60	60	70
		0.05	60	60	60	60	70	70	70	80	80

注：对聚氯乙烯泡沫塑料以及聚氨酯泡沫塑料保温材料，其导热系数 λ 一般在 0.03～0.04W/(m·K)。

（8）电气与控制系统

在电缆进入建筑物、穿越楼板及墙壁处，从沟道引至电杆、设备、墙外表面或屋内行人容易接近处等，电缆应有一定机械强度的保护管或加装保护罩。电缆线路的施工应符合现行国家标准《电气装置安装工程电缆线路施工及验收规范》GB 50168 的规定。其他电气设备的安装应符合现行国家标准《建筑电气工程施工质量验收规范》GB 50303 的规定。所有电气设备都要做接地处理。电气接地装置应按现行国家标准《电气装置安装工程接地装置施工及验收规范》GB 50169 的规定执行。各种传感器的接线应牢固并做屏蔽处理。辅助热源系统中直接加热的电热管的安装，应符合现行国家标准《建筑电气工程施工质量验收规范》GB 50303 的相关要求。

10.9.2.3　质量验收

1. 系统调试

系统安装完成投入使用前，必须进行系统调试。调试所需的水、电应满足设计要求。系统调试包括设备单机调试和系统联动调试。设备单机调试合格后进行系统联动调试。设备单机调试应包括水泵、阀门、电磁阀、电气及自动控制设备、监控显示设备、辅助加热设备等。系统联动调试应按照实际运行工况进行。系统安装完毕后应进行冲洗工作，冲洗包括管道冲洗和水箱冲洗，应保证冲洗的管道和水箱没有任何杂质和污染物，水质干净，五色无味。

设备单机调试：水泵安装方向应正确。通电调试前，应保证水泵的进口端已经注满水；水泵运转时，检查水泵转动方向是否正确。在设计负荷下连续运转不小于 2h，无异常振动和声响，各密封处不得泄露，紧固连接部位不应松动。电机的电流和功率不超过额定值；温度在正常范围内。电磁阀安装方向必须正确。手动通断电试验时，电磁阀应开启正常，动作灵敏，密封严实，无异常振动和声响。电气装置接线必须正确。断流容量、过压、欠压、过流保护等整定值应符合规定值。温度、温差、水位、时钟等监控显示设备应动作灵敏、显示准确。各种安全保护装置和自动控制装置应动作灵敏，工作可靠。各种阀门应启闭灵活，关闭严密。各种辅助加热设备应工作正常、稳定，符合设计要求。

系统联动调试：调整水泵控制阀门，使系统循环的流量和扬程满足设计要求。调整电

1791

磁阀控制阀门，使电磁阀的阀前阀后压力满足设计要求。调整温度、温差、水位、光照、时间等控制仪的控制区间或控制点，使各种控制仪的工作参数满足设计要求。调整各个分支回路的调节阀门，使各回路流量平衡。调试辅助加热系统，检查系统是否正常启动和停止，并在满足定温出水功能的前提下，确保优先使用太阳能加热，以使辅助热源的消耗量最少。

系统试运行：在系统联动调试完成后，系统应连续试运行 3d，并达到设计要求。各种安全保护装置和自动控制装置应动作灵敏，工作可靠。各种阀门应启闭灵活，关闭严密。各种辅助加热设备应工作正常、稳定，符合设计要求。

2. 系统验收

新建建筑的太阳能热水系统验收应作为分部工程纳入建筑整体验收程序。太阳能热水系统工程由若干个分项工程组成，可根据工程施工特点分项进行验收。分项工程验收应由建设单位项目负责人组织施工单位专业质量（技术）负责人和监理等人员进行验收。分项工程又分为若干个工序。对于影响工程安全和系统性能的工序，必须在本工序验收合格后，方可进入下一道工序的施工。

各种设备和部件应符合国家相关产品标准的规定及设计要求，并具有质量合格证明文件。系统施工质量应符合设计要求。在前一道工序验收合格后，方可进入下一道工序施工的工序包括以下部分：

（1）在太阳集热器就位前进行支架承重和固定地基的验收；

（2）在水箱就位前进行水箱承重和固定地基的验收；

（3）在水箱保温前进行水箱检漏的满水试验；

（4）在管道保温前进行管道水压试验；

（5）在隐蔽工程隐蔽前进行隐蔽验收。

系统试运行后，应进行水质检验，从系统取出的热水应无铁锈、异味或其他不卫生的物质。质量检验工作应在施工过程中进行，检验合格后方可进行系统竣工验收。

竣工验收：系统移交建设单位前，应进行竣工验收。竣工验收应由建设单位组织并与施工、设计和监理等有关单位联合进行。系统试运行后，必要时可进行热性能检验。系统热性能检验需要由有资质的专业检测机构进行检测，由建设单位组织，设计、施工和监理等单位配合，并应按国家标准《太阳能热水系统性能评定规范》GB/T 20095 规定的方法进行。系统的热性能应满足标准规定的指标要求。所有验收应做好记录，签署验收文件，并保存归档。

系统竣工验收应提交下列资料：

（1）设计文件及其变更证明文件和竣工图；

（2）主要材料、设备、成品、半成品、仪器仪表的质量合格证明文件或检验资料，若为进口设备、材料，还应有商检合格证明文件；

（3）系统分项工程质量检验记录；

（4）隐蔽工程验收记录；

（5）系统水压试验及冲洗记录；

（6）系统调试记录及试运行报告；

（7）系统水质检验记录；

（8）系统热性能检验记录；

（9）系统使用维护说明书；

（10）其他需要提交的资料。

10.9.3 太阳能光伏系统安装

光伏系统的安装工程，既包括土建部分，也包括光电部分，本章仅简要介绍土建部分的安装注意事项。

10.9.3.1 太阳能光伏建筑一体化技术简介

1. 太阳能光伏建筑一体化

太阳能光伏建筑一体化（简称 BIPV）技术，即将太阳能发电（光伏）产品集成或结合到建筑上的技术。BIPV 即 Building Integrated Photovoltaic，其不但具有外围护结构的功能，同时又能产生电能供建筑使用。光伏与建筑一体化是"建筑物产生能源"新概念的建筑，是利用太阳能可再生能源的建筑。

太阳能光伏建筑一体化不等于太阳能光伏＋建筑。所谓太阳能光伏建筑一体化，不是简单的"相加"，而是根据节能、环保、安全、美观和经济实用的总体要求，将太阳能光伏发电作为建筑的一种体系进入建筑领域，纳入建设工程基本建设程序，同步设计、同步施工、同步验收，与建设工程同时投入使用，同步后期管理，使其成为建筑有机组成部分的一种理念、一种设计、一种工程的总称。

2. 太阳能光伏建筑一体化的类型和方式

光伏建筑一体化一般分为独立安装型和建材安装型两种类型。

（1）独立安装型是指普通太阳电池板施工时通过特殊的装配件把太阳电池板同周围建筑结构体相连。其优点是普通太阳电池板可以在普通流水线上大批量生产，成本低，价格便宜，既能安装在建筑结构体上，又能单独安装；其缺点是无法直接代替建筑材料使用，PV 板与建材重叠使用造成浪费，施工成本高。这种独立安装型一体化方式在设计时也并非是与建筑的简单"叠加"，而是将其作为建筑的一种独立的设计元素加以整合，创造出独特的造型效果。

（2）建材安装型则是在生产时把太阳电池芯片直接封装在特殊建材内，或做成独立建材的形式，如屋面瓦单元、幕墙单元、外墙单元等，外表面设计有防雨结构，施工时按模块方式拼装，集发电功能与建材功能于一体，施工成本低。相比较而言，建材安装型的技术要求相对更高，因为它不仅用来发电，而且承担建材所需要的防水、保温、强度等要求。

（3）建材安装型又分为四种方式：屋顶一体化、墙面一体化、建筑构件一体化和建筑立面一体化。

1）屋顶一体化方式是指将 PV 板做成屋面板或瓦的形式覆盖平屋顶或坡屋顶整个屋面，也可以覆盖部分屋面，后者与建筑的整体具有更高的灵活性。

2）墙面一体化方式是指 PV 板与墙面材料一起进行集成。现代建筑支撑系统和维护系统的分离使 PV 板能象木材、金属、石材、混凝土等预制板样成为建筑外围护系统的贴面材料。

3）建筑构件一体化方式是指 PV 板与建筑的雨篷、遮阳板、阳台、天窗等构件有机整合，在提供电力的同时可以为建筑增加美观的设计。

4）光伏 LED 一体化—光电 LED 多媒体动态幕墙和天幕。

光伏 LED 一体化夹层由太阳能电池和 IED 半导体的透明基板，可放置在幕墙、屋面边框内构成的光电单元，可以模块化。

5）光伏建筑一体化的形式。目前光伏建筑一体化大约有 10 种形式，包括光伏组件与屋顶的结合或集成、光伏组件与幕墙、光伏组件与玻璃窗、光伏组件与遮阳板的集成、光伏组件与 LED 组合或集成的幕墙、天幕等 10 种形式，如表 10-9-8 所示。

光伏建筑一体化的 10 种形式

表 10-9-8

序号	形式	光伏组件要求	建筑要求	类型
1	光伏屋顶（天窗）	透明光伏组件	有采光要求	集成
2	光伏屋顶	光伏屋面瓦	无采光要求	集成
3	光伏幕墙（或窗）	透明光伏组件	透明幕墙	集成
4	光伏幕墙	非透明光伏组件	非透明幕墙	集成
5	光伏遮阳板	透明光伏组件	有采光要求	集成
6	光伏遮阳板	非透明光伏组件	无采光要求	集成
7	屋顶光伏电站	普通光伏组件	无	结合
8	墙面光伏电站	普通光伏组件	无	结合
9	光伏 LED 幕墙	LED 光伏组件	有、无采光均可	结合或集成
10	光伏 LED 天幕	LED 光伏组件	有、无采光均可	结合或集成

10.9.3.2 太阳能光伏建筑一体化安装要点

1. 一般规定

新建建筑光伏系统的安装施工应纳入建筑设备安装施工组织设计，并制定相应的安装施工方案和特殊安全措施。

2. 光伏系统安装前应具备的条件

（1）设计文件齐备，且已审查通过；

（2）施工组织设计及施工方案已经批准；

（3）场地、电、道路等条件能满足正常施工需要；

（4）预留基座、预留孔洞、预埋件、预埋管和设施符合设计图纸，并已验收合格。

3. 施工流程与操作方案

光伏系统安装时应制定详细的施工流程与操作方案，选择易于施工、维护的作业方式。安装光伏系统时，应对已完成土建工程的部位采取保护措施。

4. 施工安装人员应采取的防触电措施

（1）应穿绝缘鞋，带低压绝缘手套，使用绝缘工具；

（2）在建筑场地附近安装光伏系统时，应保护和隔离安装位置上空的架空电线；

（3）不应在雨、雪、大风天作业。

5. 光伏系统安装施工时的安全措施

（1）光伏系统的产品和部件在存放、搬运、吊装等过程中不得碰撞受损。光伏组件吊装时，其底部要衬垫木，背面不得受到任何碰撞和重压；

（2）光伏组件在安装时表面应铺遮光板，遮挡阳光，防止电击危险；

（3）光伏组件的输出电缆不得非正常短路；

（4）对无断弧功能的开关进行连接时，不得在有负荷或能够形成低阻回路的情况下接通正负极或断开；

（5）连接完成或部分完成的光伏系统，遇有光伏组件破裂的情况，应及时设置限制接近的措施，并由专业人员处置；

（6）电路接通后应注意热斑效应的影响，不得局部遮挡光伏组件；

（7）在坡度大于 10°的坡屋面上安装施工，应设置专用踏脚板。

6. 基座安装

（1）安装光伏组件或方阵的支架应设置基座。

（2）基座应与建筑主体结构连接牢固，并由专业施工人员完成施工。

（3）屋面结构层上现场砌（浇）筑的基座，完工后应做防水处理，并应符合国家现行标准《屋面工程质量验收规范》GB 50207 的要求。

（4）预制基座应放置平稳、整齐，不得破坏屋面的防水层。

（5）钢基座及混凝土基座顶面的预埋件，在支架安装前应涂防腐涂料，并妥善保护。

（6）连接件与基座之间的空隙，应采用细石混凝土填捣密实。

7. 支架安装

（1）安装光伏组件或方阵的支架应按设计要求制作。钢结构支架的安装和焊接应符合国家现行标准《钢结构工程施工质量验收规范》GB 50205 的要求。

（2）支架应按设计要求安装在主体结构上，位置准确，与主体结构固定牢靠。

（3）固定支架前应根据现场安装条件采取合理的抗风措施。

（4）钢结构支架应与建筑物接地系统可靠连接。

（5）钢结构支架焊接完毕，应按设计要求做防腐处理。防腐施工应符合国家现行标准《建筑防腐蚀工程施工及验收规范》GB 50212 和《建筑防腐蚀工程施工质量验收规范》GB 50224 的要求。

8. 光伏组件安装

（1）光伏组件上应标有带电警告标识，光伏组件强度应满足设计强度要求。

（2）光伏组件或方阵应按设计要求可靠地固定在支架或连接件上。

（3）光伏组件或方阵应排列整齐，光伏组件之间的连接件，应便于拆卸和更换。

（4）光伏组件或方阵与建筑屋面之间应留有安装空间和散热间隙，不得被施工等杂物填塞。

（5）光伏组件或方阵安装时必须严格遵守生产厂家指定的其他条件。

（6）坡屋面上安装光伏组件时，其周边的防水连接构造必须严格按设计要求施工，不得渗漏。

（7）光伏幕墙的安装应符合以下要求：

1）双玻光伏幕墙应满足国家现行标准《玻璃幕墙工程质量检验标准》JGJ/T 139 的相关规定；

2）光伏幕墙应排列整齐、表面平整、缝宽均匀，安装允许偏差应满足国家现行标准《建筑幕墙》GB/T 21086 的相关规定；

3）光伏幕墙应与普通幕墙同时施工，共同接受幕墙相关的物理性能检测。

（8）在盐雾、寒冷、积雪等地区安装光伏组件时，应与产品生产厂家协商制定合理的安装施工方案。

（9）在既有建筑上安装光伏组件，应根据建筑物的建设年代、结构状况，选择可靠的安装方法。

9. 电气系统安装

（1）电气装置安装应符合现行国家标准《建筑电气工程施工质量验收规范》GB 50303 的相关要求。

（2）电缆线路施工应符合现行国家标准《电气装置安装工程电缆线路施工及验收规范》GB 50168 的相关要求。

（3）电气系统接地应符合现行国家标准《电气装置安装工程接地装置施工及验收规范》GB 0169 的相关要求。

（4）光伏系统直流侧施工时，应标识正负极性，并宜分别布线。

（5）带蓄能装置的光伏系统，蓄电池的上方和周围不得堆放杂物，保障蓄电池的正常通风，防止蓄电池两极短路。

（6）在并网逆变器等控制器的表面，不得设置其他电气设备和堆放杂物，保证设备的通风环境。

（7）穿过楼、屋面和外墙的引线应做防水套管和防水密封措施。

10.9.3.3 质量验收

1. 系统调试和检测

（1）建筑工程验收前应对光伏系统进行调试与检测。

（2）调试和检测应符合国家现行标准的相关规定。

2. 工程验收

（1）一般规定

1）验收时应对光伏系统工程进行专项验收。

2）建筑工程验收应符合现行国家标准《建筑工程施工质量验收统一标准》GB50300 的要求。

3）光伏系统工程验收前，应在安装施工中完成以下隐蔽项目的现场验收：

① 预埋件或后置螺栓/锚栓连接件；

② 基座、支架、光伏组件四周与主体结构的连接节点；

③ 基座、支架、光伏组件四周与主体围护结构之间的建筑做法；

④ 系统防雷与接地保护的连接节点；

⑤ 隐蔽安装的电气管线工程。

4）光伏系统工程验收应根据其施工安装特点进行分项工程验收和竣工验收。

5）所有验收应做好记录，签署文件，立卷归档。

（2）分项工程验收

1）分项工程验收宜根据工程施工特点分期进行。

2）对于影响工程安全和系统性能的工序，必须在本工序验收合格后才能进入下一道工序的施工。这些工序至少包括但不限于以下阶段验收：

① 在屋面光伏系统工程施工前，进行屋面防水工程的验收；

② 在光伏组件或方阵支架就位前，进行基座、支架和框架的验收；

③ 在建筑管道井封口前，进行相关预留管线的验收；

④ 光伏系统电气预留管线的验收；

⑤ 在隐蔽工程隐蔽前，进行施工质量验收。

（3）竣工验收

1）光伏系统工程交付用户前，应进行竣工验收。竣工验收应在分项工程验收或检验合格后进行。

2）竣工验收应提交以下资料：

① 设计变更证明文件和竣工图；

② 主要材料、设备、成品、半成品、仪表的出厂合格证明或检验资料；

③ 屋面防水检漏记录；

④ 隐蔽工程验收记录和分项工程验收记录；

⑤ 系统调试和试运行记录；

⑥ 系统运行、监控、显示、计量等功能的检验记录；

⑦ 工程使用、运行管理及维护说明书。

10.10 建筑节能工程施工质量验收

10.10.1 建筑节能工程施工质量验收要求

10.10.1.1 基本要求

1. 技术与管理

（1）承担建筑节能工程的施工企业应具备相应的资质，施工现场应建立有效的质量管理体系、施工质量控制和检验制度，具有相应的施工技术标准。如国家制定专门的节能工程施工资质，则应按照国家规定执行。

（2）参与工程建设各方不得任意变更建筑节能施工图设计。当确实需要变更时，应与设计单位洽商，办理设计变更手续。

当变更可能影响节能效果时，设计变更应获得原审查机构的审查同意；并应获得监理或建设单位的确认。

（3）建筑节能工程采用的新技术、新设备、新材料、新工艺，应按照有关规定进行鉴定或备案。施工前应对新的或首次采用的施工技术进行评价，并制定专门的施工技术方案。

（4）单位工程的施工组织设计应包括建筑节能工程施工内容。建筑节能工程施工前，施工企业应编制建筑节能工程施工技术方案并经监理单位。（建设单位）审批。施工现场应对从事建筑节能工程施工作业的专业人员进行技术交底和必要的实际操作培训。

（5）既有建筑节能改造工程必须确保建筑物的结构安全和主要使用功能。当涉及主体和承重结构改动或增加荷载时，必须由原设计单位或具备相应资质的设计单位对既有建筑结构的安全性进行核验、确认。

（6）承担建筑节能工程检测试验的检测机构应具备相应的资质。

（7）建筑节能工程是作为单位工程的一个分部工程，单位工程竣工验收应在建筑节能分部工程验收合格后进行。

2. 材料与设备

(1) 建筑节能工程使用的材料、设备应符合施工图设计要求及国家有关标准的规定。严禁使用国家明令禁止和淘汰使用的材料、设备。

(2) 材料和设备进场时,应对其品种、规格、包装、外观和尺寸进行验收并应经监理工程师(建设单位代表)检查认可,并形成相应的质量记录。材料和设备应有质量合格证明文件、中文说明书及相关性能检测报告;进口材料和设备应按规定进行出入境商品检验。

(3) 建筑节能工程所使用材料的燃烧性能等级和阻燃处理,应符合设计要求和国家现行标准《建筑设计防火规范》GB 50016、《建筑内部装修设计防火规范》GB 50222 的规定。

(4) 建筑节能工程使用的材料应符合国家现行有关材料有害物质限量标准的规定,不得对室内外环境造成污染。

(5) 建筑节能工程进场材料的复验项目应符合表 10-10-1 的具体规定。复验项目中应有见证取样送检。

(6) 建筑节能性能现场检验应由建设单位委托具有相应资质的检测机构对围护结构节能性能和系统功能进行检验。

进场材料的复验项目

表 10-10-1

序号	子分部工程	复验项目
1	墙体	1. 保温板材的导热系数、材料密度、抗拉强度、燃烧性能; 2. 保温浆料的密度、导热系数、压缩强度、抗拉强度; 3. 粘结材料和抹面砂浆的粘结强度; 4. 增强网的力学性能、抗腐蚀性能; 5. 其他保温材料的热工性能; 6. 必要时,可增加其他复验项目或在合同中约定复验项目
2	门窗	1. 严寒、寒冷地区应对气密性、传热系数和露点进行复验; 2. 夏热冬冷地区应对气密性、传热系数进行复验; 3. 夏热冬暖地区应对气密性、传热系数、玻璃透过率、可见光透射比进行复验
3	屋面	1. 板材、块材及现浇等保温材料的导热系数、密度、压缩(10%)强度、阻燃性; 2. 松散保温材料的导热系数、干密度和阻燃性
4	地面	1. 板材、块材及现浇等保温材料的导热系数、密度、压缩(10%)强度、阻燃性; 2. 松散保温材料的导热系数、干密度和阻燃性

(7) 现场配制的材料如保温浆料、聚合物砂浆等,应按设计要求或试验室给出的配合比配制。当无上述要求时,应按照施工方案和产品说明书配制。

(8) 当建筑节能工程采用其他材料、设备、工艺或做法时,应符合下列规定:

1) 所采用的保温材料,应符合施工图设计要求及国家有关标准的规定。严禁使用国家明令禁止和淘汰使用的材料;

2) 施工工艺或做法,应符合施工图设计要求和施工技术方案的要求;

3) 节能工程的施工质量,应符合本节相关规定。

10.10.1.2　施工与验收

1. 建筑节能工程施工应当按照经审查合格的设计文件和经审批的节能施工技术方案的要求施工。

2. 建筑节能工程施工前，对于重复采用建筑节能设计的房间和构造做法，应在现场采用相同材料和工艺制作样板间或样板构件，经有关各方确认后方可进行施工。

3. 建筑节能工程的施工作业环境条件，应满足相关标准和施工工艺的要求。

4. 建筑节能工程为单位建筑工程的一个分部工程。其子分部、分项工程和检验批应按照下列规定划分和验收：

(1) 建筑节能分部工程的子分部、分项工程和检验批划分，应与《建筑工程施工质量验收统一标准》GB 50300 和各专业工程施工质量验收规范规定一致。当上述规范未明确时，可根据实际情况按《建筑节能工程施工质量验收规范》GB 50411 相关章节确定。

(2) 当建筑节能验收内容包含在相关分部工程时，应按已划分的子分部、分项工程和检验批进行验收，验收时应按《建筑节能工程施工质量验收规范》GB 50411 对有关节能的项目独立验收，做出节能项目验收记录并单独组卷。

(3) 当建筑节能验收内容未包含在相关分部工程时，应按照《建筑节能工程施工质量验收规范》GB 50411 相关章节进行验收。

5. 建筑节能工程的各检验批，其合格质量应符合下列规定：

(1) 各检验批应按主控项目和一般项目验收；

(2) 主控项目应全部合格；

(3) 一般项目应合格，当采用计数检验时，应有 90% 以上的检查点合格，且其余检查点不得有严重缺陷；

(4) 各检验批应具有完整的施工操作依据和质量验收记录。

6. 建筑节能工程的分项工程质量验收合格应符合下列规定：

(1) 分项工程所含的检验批均应符合合格质量的规定。

(2) 分项工程所含的检验批的质量验收记录应完整。

7. 建筑节能工程分部、子分部工程质量验收，应在各相关分项工程验收合格的基础，进行质量控制资料检查及观感质量验收，并应对主要材料有关节能的技术性能，以及有代表性的房间或部位和系统功能的建筑节能性能进行见证抽样现场检验。

(1) 主要材料有关节能的技术性能见证抽样检测结果应符合有关规定；

(2) 严寒、寒冷地区的建筑外窗，应按照规定的方法和数量进行见证抽样现场检查其气密性，并出具检测报告。

(3) 建筑工程完工后，应根据要求抽取有代表性的房间或部位，按照规定对建筑节能性能中围护结构节能性能进行见证抽样现场检验，并出具检验报告或评价报告。

8. 单位工程竣工验收前，必须按照规定进行建筑节能分部工程的专项验收并达到合格。

9. 建筑节能工程验收应由总监理工程师（建设单位项目负责人）主持，会同参与工程建设各方共同进行。其验收的程序和组织应符合《建筑工程施工质量验收统一标准》GB 50300 的规定。建筑节能工程的验收资料应列入建筑工程验收资料中。

10.10.1.3　墙体

1. 一般规定

(1) 适用于采用板材、浆料、块材等墙体保温材料或构件的建筑墙体节能工程质量验收。

(2) 墙体节能工程应在主体结构及基层质量验收合格后施工，与主体结构同时施工的墙体节能工程，应与主体结构一同验收。

(3) 对既有建筑进行节能改造施工前，应对基层进行处理，使其达到设计和施工工艺的要求。

(4) 当墙体节能工程采用外保温成套技术或产品时，其型式检验报告中应包括耐候性检验。

(5) 墙体节能工程采用的保温材料和粘结材料，进场时应按表 10-10-1 对其性能进行复验。

(6) 墙体节能工程应对下列部位或内容进行隐蔽工程验收，并应有详细的文字和图片资料：

1) 保温层附着的基层及其表面处理；

2) 保温板粘结或固定；

3) 锚固件；

4) 增强网铺设；

5) 墙体热桥部位处理；

6) 预制保温板或预制保温墙板的板缝及构造节点；

7) 现场喷涂或浇注有机类保温材料的界面；

8) 被封闭的保温材料厚度；

9) 保温隔热砌块填充墙体。

(7) 墙体节能工程的隐蔽工程应随施工进度及时进行验收。

(8) 墙体节能工程验收的检验批划分应按规定执行。

当需要划分检验批时，可按照相同材料、工艺和施工做法的墙面每 1000m² 面积划分为一个检验批，不足 1000m² 也为一个检验批。

检验批的划分也可根据与施工流程相一致且方便施工与验收的原则，由施工单位与监理（建设）单位共同商定。

2. 主控项目

(1) 用于墙体节能工程的材料、构件等应符合设计要求和相关标准的规定。

(2) 用于墙体节能工程的保温材料、粘结材料、增强网等的复验应符合表 10-10-1 的规定。

(3) 严寒、寒冷、夏热冬冷地区的墙体节能材料，尚应符合下列要求：

1) 外保温使用的粘结材料，应进行冻融试验，其结果应符合有关规定。

2) 采用浆料保温时，在抹面层施工前应控制封闭在保温浆料层内的实际含水率，使其不应降低保温效果。

(4) 墙体节能工程施工前应按照设计和施工方案的要求对基层进行处理，并符合保温层施工工艺的要求。

（5）墙体节能工程各层构造做法应符合设计要求，并应按照经过审批的施工方案进行施工。

（6）墙体节能工程的施工，应符合下列要求：

1）保温材料的厚度应符合设计要求；

2）保温板与基层及各构造层之间的粘结或连接必须牢固。粘结强度和连接方式应符合设计要求和相关标准的规定；

3）浆料保温层应分层施工。当外墙采用浆料做外保温时，浆料保温层与基层之间及各层之间的粘结必须牢固，不应脱层、空鼓和开裂；

4）当墙体节能工程采用预埋或后置锚固件时，其数量、位置、锚固深度和拉拔力应符合设计要求；

5）对墙体的热桥部位应按照设计要求和施工方案采取隔断热桥措施。

（7）外墙采用预制保温板现场浇筑混凝土墙体时，保温材料的验收应执行相关的规定；保温板的安装应位置正确、接缝严密，保温板在浇筑混凝土过程中不得移位、变形，保温板表面应采取界面处理措施，与混凝土应粘结牢固。

混凝土和模板的验收，应执行《混凝土结构工程施工质量验收规范》GB 50204 的相关规定。

（8）当外墙采用保温浆料做保温层时，应在施工中制作同条件试件，检测其导热系数、干密度、压缩强度。

（9）墙体节能工程各类饰面层的基层及面层施工，应符合设计要求和《建筑装饰装修工程质量验收规范》GB 50210 的规定，并应符合下列要求：

1）饰面层施工的基层应无脱层、空鼓和裂缝，基层应平整、干净，含水率应符合饰面层施工的要求。

2）外墙外保温工程不宜采用粘贴饰面砖做饰面层。当采用时，必须保证保温层与饰面砖的安全性。

3）外墙外保温工程的饰面层不应渗漏。当外墙外保温工程的饰面层采用饰面板开缝安装时，保温层表面应具有防水功能。

4）外墙外保温层及饰面层与其他部位交接的收口处，应采取密封措施。

（10）采用保温砌块砌筑的墙体，应采用具有保温功能的砂浆砌筑。砌筑砂浆的强度等级应符合设计要求。砌体的水平灰缝饱满度不应低于 90%，竖直灰缝饱满度不应低于 80%。

（11）采用预制保温墙板现场安装的墙体，应符合下列要求：

1）预制保温墙板产品及其安装性能应有型式检验报告。

2）保温墙板的结构性能、热工性能及与主体结构的连接方法应符合设计要求，与主体结构连接必须牢固。

3）保温墙板的板缝、构造节点及嵌缝做法应符合设计要求。

4）保温墙板板缝不得渗漏。

（12）当设计要求在墙体内设置隔汽层时，隔汽层的位置、使用的材料及构造做法应符合设计要求和相关标准的规定。隔汽层应完整、严密，穿透隔汽层处应采取密封措施。隔汽层冷凝水排水构造应符合设计要求。

（13）外墙和毗邻不采暖空间墙体上的门窗洞口四周墙面，凸窗四周墙面或地面，应按设计要求采取隔断热桥或节能保温措施。

3. 一般项目

（1）当采用外墙外保温时，建筑物的抗震缝、伸缩缝、沉降缝的保温构造做法应符合设计要求。

（2）当采用玻纤网格布作防止开裂的加强措施时，玻纤网格布的铺贴和搭接应符合设计和施工工艺的要求。表层砂浆抹压应严实，不得空鼓，玻纤网格布不得皱褶、外露。

（3）外墙附墙或挑出部件如梁、过梁、柱、附墙柱、女儿墙、外墙装饰线、墙体内箱盒、管线等，应按设计要求采取隔断热源或节能保温措施。

（4）施工产生的墙体缺陷如穿墙套管、脚手眼、孔洞等，应采取隔断热桥的保温密封修补措施。

（5）墙体保温板材接缝方法应符合施工工艺要求。保温板拼缝应平整严密。

（6）墙体采用保温浆料时，保温浆料层宜连续施工；保温浆料厚度应均匀、接槎应平顺密实。

（7）不同材料基体交接处、容易碰撞的阳角及门窗洞口转角处等特殊部位的保温层，应采取防止开裂和破损的加强措施。

（8）采用现场喷涂或模板浇筑有机粪保温材料做外保温时，有机类保温材料应达到陈化时间后方可进行下道工序施工。

10.10.1.4　门窗

1. 一般规定

（1）建筑门窗节能工程包括金属门窗、塑料门窗、木质门窗、各种复合门窗、特种门窗，天窗以及门窗玻璃安装等节能工程的施工质量验收。

（2）严寒、寒冷地区的建筑外窗不宜采用推拉窗。其他地区设有空调的房间，其建筑外窗不宜采用推拉窗。当必须采用时，其气密性和保温性能指标应在原要求基础上提高一级。

（3）严寒、寒冷地区的建筑外窗不宜采用凸窗。夏热冬冷地区当采用凸窗时，其气密性和保温性能应符合设计和产品标准的要求。凸窗凸出墙面部分应采取节能保温措施。

（4）建筑外窗进入施工现场时，应按下列要求进行复验：

1）严寒、寒冷地区应对气密性、传热系数和露点进行复验；

2）夏热冬冷地区应对气密性、传热系数进行复验；

3）夏热冬暖地区应对气密性、传热系数、玻璃透过率、可见光透射比进行复验。

（5）外门窗工程施工中，应对门窗框与墙体缝隙的保温填充进行隐蔽工程验收，并应有详细的文字和图片资料。

（6）金属外门窗隔断热桥措施应符合设计要求和产品标准的规定。

（7）外门窗工程的检验批应按下列规定划分：

1）同一品种、类型、规格和厂家的金属门窗、塑料门窗、木质门窗、各种复合门窗、特种门窗及门窗玻璃每100樘应划分为一个检验批，不足100樘也应划分为一个检验批。

2）同一品种、类型和规格的特种门每50樘应划分为一个检验批，不足50樘也应划分为一个检验批。

3) 对于异形或有特殊要求的门窗，检验批的划分应根据其特点和数量，由监理（建设）单位和施工单位协商确定。

（8）检查数量应符合下列规定：

1) 建筑门窗每个检验批应至少抽查 5%，并不少于 3 樘，不足 3 樘时应全数检查；高层建筑的外窗，每个检验批应至少抽查 10%，并不得少于 6 樘，不足 6 樘时应全数检查。

2) 特种门每个检验批应至少抽查 50%，并不得少于 10 樘，不足 10 樘时应全数检查。

2. 主控项目

（1）建筑外窗的气密性、传热系数、露点、玻璃透过率和可见光透射比应符合设计要求和相关标准中对建筑物所在地区的要求。

（2）建筑门窗玻璃应符合下列要求：

建筑门窗采用的玻璃品种、传热系数、可见光透射比和遮阳系数应符合设计要求。镀（贴）膜玻璃的安装方向应正确。

（3）中空玻璃的中空层厚度和密封性能应符合设计要求和相关标准的规定。中空玻璃应采用双道密封。

（4）外门窗框与副框之间应使用密封胶密封；门窗框或副框与洞口之间的间隙应采用符合设计要求的弹性闭孔材料填充饱满，并使用密封胶密封。

（5）严寒、寒冷地区的外门安装，应按照设计要求采取保温、密封等节能措施。

（6）外窗的遮阳设施，其功能应符合设计要求和产品标准；遮阳设施安装的位置、可调节性能应满足使用功能要求，安装牢固。

（7）凸窗周边与室外空气接触的围护结构，应采取节能保温措施。

（8）特种门的节能措施，应符合设计要求。

3. 一般项目

（1）门窗扇和玻璃的密封条，其物理性能应符合相关标准中对建筑物所在地区的规定。密封条安装位置正确，镶嵌牢固，接头处不得开裂；关闭门窗时密封条应确保密封作用，不得脱槽。

（2）外窗遮阳设施的角度、位置调节应灵活，调节到位。

10.10.1.5 屋面

1. 一般规定

（1）建筑屋面的节能工程包括采用松散、现浇保温材料、板材、块材等保温隔热材料的屋面节能工程的质量验收。

（2）屋面保温隔热工程的施工，应在基层质量验收合格后进行。

（3）屋面保温隔热工程采用的保温材料，进场时应对其下列性能进行复验：

1) 板材、块材及现浇等保温材料的导热系数、密度、压缩（10%）强度、阻燃性；

2) 松散保温材料的导热系数、干密度和阻燃性。

（4）屋面保温隔热工程应对下列部位进行隐蔽工程验收，并应有详细的文字和图片资料：

1) 基层；

2) 保温层的敷设方式、厚度和缝隙填充质量;

3) 屋面热桥部位;

4) 隔气层。

(5) 屋面保温隔热层施工完成后,应及时进行找平层和防水层的施工,避免保温层受潮、浸泡或受损。

(6) 建筑屋面节能工程的检验批划分参照《屋面工程质量验收规范》GB 50207 执行。

(7) 建筑屋面节能工程的检查数量应按下列规定执行:

1) 按屋面面积每 $100m^2$ 抽查一处,每处 $10m^2$,且不得少于 3 处;

2) 热桥部位的保温做法全数检查;

3) 保温隔热材料进场复检按同一单体建筑、同一生产厂家、同一规格、同一批材料为一个检验批,每个检验批随机抽取一组。

2. 主控项目

(1) 用于屋面的保温隔热材料,其干密度或密度、导热系数、压缩(10%)强度、阻燃性必须符合设计要求和有关标准的规定。

(2) 屋面保温隔热层的敷设方式、厚度、缝隙填充质量及屋面热桥部位的保温隔热做法,必须符合设计要求和标准的规定。

(3) 屋面的通风隔热架空层,其架空层高度、安装方式、通风口位置及尺寸应符合设计及有关标准要求。架空层内不得有杂物。架空面层应完整,不得有断裂和露筋等缺陷。

(4) 天窗(包括采光屋面)的传热系数、遮阳系数、可见光透射比、气密性应符合设计要求。构造节点的安装应符合设计要求和技术标准要求。

3. 一般项目

(1) 屋面保温隔热层敷设施工应符合下列要求:

1) 松散材料应分层敷设、压实适当、表面平整、坡向正确;

2) 现场喷、浇、抹等施工的保温层配合比应计量准确,搅拌均匀,分层连续施工,表面平整,坡向正确;

3) 板材应粘贴牢固、缝隙严密、平整。

(2) 屋面金属板保温夹芯板材应铺装牢固、接口严密、表面洁净、坡向正确。

(3) 天窗(包括采光屋面)坡向和坡度应正确,封闭严密,嵌缝不得渗漏。

(4) 坡屋面、内架空屋面当采用敷设于屋面内侧的保温板材做保温隔热层时,保温隔热层应有防潮措施,其表面应有保护层,保护层的做法应符合设计要求。

10.10.1.6 地面

1. 一般规定

(1) 建筑室内地面节能工程的质量验收,包括毗邻采暖、不采暖空间及毗邻室外空气的地面工程。

(2) 地面节能工程的施工,应在主体或基层质量验收合格后进行。

(3) 地面节能工程采用的保温材料,进场时应对其下列性能进行复验:

1) 板材、块材及现浇等保温材料的导热系数、密度、压缩(10%)强度、阻燃性;

2) 松散保温材料的导热系数、干密度和阻燃性。

(4) 地面节能工程应对下列部位进行隐蔽工程验收,并应有详细的文字和图片资料:

1）基层；

2）保温材料粘结；

3）隔断热桥部位；

4）地面辐射采暖工程的隐蔽验收应符合《辐射供暖供冷技术规程》JGJ 142 的规定。

（5）地面节能工程检验批划分应符合《建筑地面工程施工质量验收规范》GB 50209 的规定：

1）每一楼层或按照每层的施工段或变形缝可划分为一个检验批，高层建筑的标准层每三层作为一个检验批；

2）不同隔热保温节能做法的地面节能工程应单独划分检验批。

（6）地面节能工程的检查数量：

1）每检验批抽检有代表性的房间不得少于 5%，并不应少于 3 间，不足 3 间时应全数检验，走廊（过道）应按 10 延米为一个自然间计算；

2）有防水或防潮要求的抽查间数不应少于 5%，且不应少于 4 间，不足 4 间时应全数检查；

3）保温隔热材料进场复检按同一单体建筑、同一生产厂家、同一规格、同一批材料为一个检验批，每个检验批随机抽取一组。

2. 主控项目

（1）用于地面节能工程的保温、隔热材料，其厚度、密度、压缩（10%）强度、导热系数和阻燃性必须符合设计要求和有关标准的规定。各种保温板或保温层的厚度不得有负偏差。

（2）地面节能工程施工前应按照设计和施工方案的要求对基层进行处理。基层应平整，并符合保温层施工工艺的要求。

（3）建筑地面保温、隔热以及隔离层、保护层等各层的设置和构造做法应符合设计要求。并应按照经过审批的施工方案进行施工。

（4）地面节能工程的施工质量，应符合下列要求：

1）保温板与基体及各层之间的粘结应牢固，缝隙应严密。

2）楼板下的保温浆料层应分层施工。

3）穿越地面直接接触室外空气的各种金属管道应按设计要求，采取隔断热桥的保温绝热措施。

4）严寒、寒冷地区，底面接触室外空气或外挑楼板的地面，应按照墙体的要求执行。

（5）有防水要求的地面，其节能保温做法不得影响地面排水坡度。其防水层宜设置在地面保温层上侧，当防水层设置在地面保温层下侧时，其面层不得渗漏。

（6）严寒、寒冷地区的建筑首层直接与土接触的周边地面毗邻外墙部位和房芯回填土的部位应按照设计要求采取隔热保温措施。

（7）保温和隔热层的表面保护层应符合设计要求。

3. 一般项目

地面辐射供暖工程的地面，其隔热层做法应符合《辐射供暖供冷技术规程》JGJ 142 的规定。

10.10.1.7　围护结构现场检验

1. 对涉及围护结构的节能效果应选择重要部位进行现场检验。建筑节能性能现场检验应由建设单位委托具有相应资质的第三方对围护结构节能性能进行检验。

2. 围护结构节能性能检验的主要项目应包括：

1）墙体、屋面的传热系数、隔热性能；

2）幕墙气密性能；

3）外窗气密性；

4）工程合同约定的项目；

5）必要时可检验其他项目。

3. 围护结构节能性能检验的抽样数量，按同样构造建筑面积每 5 万 m² 墙面不少于 2 处；屋面、地面各不少于 1 处；允许偏差不得大于 15%。

10.10.2　节能建筑检测与评估技术

10.10.2.1　主要技术内容

节能型建筑检测与评估技术是对建筑物的节能状况进行评估，是衡量建筑物是否节能的一种方法和手段。如何衡量建筑物是节能型建筑，各地区使用的方法和评价指标是不同的。严寒和寒冷地区主要是对建筑物耗热量指标进行评定，它包括围护结构的传热耗热量、空气渗透耗热量和建筑物内部得热。对于建筑物本身而言，其围护结构的热工性能是衡量建筑物是否节能的标志，包括墙、屋顶、地面和外窗的传热系数。

夏热冬冷地区是以建筑物耗热量、耗冷量指标和采暖、空调年耗电量，确定建筑物的节能综合指标，对于建筑物本身的热工性能是通过围护结构传热系数和热惰性指标（包括墙、屋顶和地面和外窗）采体现的，建筑物耗热量指标和耗冷量指标是直接反映节能型建筑物的能耗水平，围护结构传热系数和热情性指标是间接反映节能型建筑物的能耗水平。

夏热冬暖地区可采用空调采暖年耗电指数，也可直接采用空调年耗电量确定建筑物节能综合指标，对于建筑物本身的热工性能是通过围护结构传热系数和热情性指标（包括墙、屋顶和地面和外窗）来体现的。根据测试结果进行计算和当地住宅节能设计标准进行评估，也可用软件进行模拟计算。

测试方法和测试内容如下：

1. 严寒和寒冷地区

（1）建筑物耗热量指标测试

在采暖稳定期，有效连续测试时间不少于 7d。

使用超声波热量计法测试，在被测楼供热管道入口处安装超声波热量计或将流量计直接安装在管道内，测试室内外空气温度，供回水温度和流量，利用测试数据计算建筑物耗热量指标。

（2）围护结构传热系数测试

建筑外窗的传热系数可采用厂家提供的检测部门的建筑外窗的传热系数的报告或根据公式进行计算；墙、屋顶和地面的传热系数测试可用热流计法和热箱法（RX-Ⅱ型传热系数检测仪）进行测试。

热流计法应在冬季最冷月进行测试，热流计的标定和使用按照《建筑用热流计》JG/T 3016 和《采暖居住建筑节能检验标准》JGJ 132，该方法受季节限制，可使用时间短。

热箱法可用冷热箱式传热系数检测仪进行测试，其中 RX-Ⅱ型传热系数检测仪可自动采集、自动记录和计算；测试时间基本不受季节限制，除雨季外一年大部分时间均可测试，适合节能建筑的竣工测试和研究使用，热箱法的使用应符合《采暖居住建筑节能检验标准》JGJ 32。

2. 夏热冬暖和夏热冬冷地区

（1）建筑物耗热量指标和耗冷量指标测试

用建筑物空调采暖年耗热量指标按《夏热冬暖地区居住建筑节能设计标准》JGJ 75 B 法计算；也可直接采用空调年耗电量确定建筑物的节能综合指标。如果进行测试，则用空调采暖和制冷，测试室内外空气温度、耗电量（耗电指数），计算建筑物耗热量和耗冷量指标。

（2）围护结构传热系数测试

建筑外窗的传热系数、材料的热惰性指标可采用厂家提供的检测部门的建筑外窗的传热系数的报告；外窗的综合遮阳系数可根据《夏热冬暖地区居住建筑节能设计标准》JGJ 75 的附录 A 进行计算；墙、屋顶和地面的传热系数测试可选热流计法或热箱法测试。

公共建筑节能测试可参考上述方法进行测试和计算。

10.10.2.2 节能型建筑的评估

依据《严寒和寒冷地区居住建筑节能设计标准》JGJ 26、《夏热冬冷地区居住建筑节能设计标准》JGJ 134、《夏热冬暖地区居住建筑节能设计标准》JGJ 75、地方标准法规和设计值进行比较评估。

（1）分别参比法

将测得的和计算的数据，如围护结构传热系数、热惰性指标、室内外温差和耗电量等分别与标准（设计）要求值比较，均符合则判定为符合标准（设计）；若某一项不符合，应进行综合计算。

（2）综合评价法

测试建筑物的采暖能耗、采暖空调能耗、空调能耗，与标准规定值比较；或测试部分参数，经计算综合能耗，与标准值比较。符合即判定为符合标准（设计）；不符合即判定为不合格。